生 物 化 学

——基础理论与临床

(原书第六版)

Textbook of Biochemistry with Clinical Correlations

sixth edition

〔美〕T. M. 德夫林 等 编著
王红阳 等 译

科 学 出 版 社
北 京

图字：01-2007-1135号

内 容 简 介

《生物化学——基础理论与临床》（原书名：*Textbook o f Biochemistry with Clinical Correlations*）一书由美国John Wiley & Sons 出版社于1982年首次发行，该书一面世就受到了医学院校广大师生和生物化学领域众多研究人员的青睐，并且在美国长期畅销。2006年，该书已经出版了第六版，并被翻译成多种语言，在许多欧美国家用作生物化学课本或辅助教材，受到了很多知名教授和众多学生的好评。本书深入浅出地讲述了生命体细胞中的生物化学反应过程，从分子水平揭示了许多生命现象的本质，阐明了机体内生理过程中细胞层面的生化反应。在讲述理论的同时还引入了大量临床病例分析作为延伸，进一步解释了与人类疾病密切相关的生物化学过程，既可以帮助读者理解书本的内容，又能加深对理论知识的记忆。这是本书有别于同类专业书籍的一大特色。全书内容安排紧凑连贯、由浅入深，并用大量生动直观的插图对相关概念和生化反应加以清晰的描述。

本书主要适用于生物学和医学专业的大学本科生和研究生阅读，对基础医学和临床生物化学领域的研究人员也是一本不可多得的好书。

图书在版编目（CIP）数据

生物化学：基础理论与临床：原书第6版 /（美）德夫林等编著. 王红阳等译. —北京：科学出版社，2008.7

ISBN 978-7-03-021323-5

Ⅰ. 生… Ⅱ. ①德… ②王… Ⅲ. 生物化学 Ⅳ. Q5
中国版本图书馆CIP数据核字（2005）第031941号

责任编辑：李 晓 罗 静 王海光 王 静 / 责任校对：陈玉凤
责任印制：吴兆东 / 封面设计：陈 敬

科学出版社 出版
北京东黄城根北街 16 号
邮政编码：100717
http://www.sciencep.com
涿州市般润文化传播有限公司印刷
科学出版社发行 各地新华书店经销
*

2008年 7 月第 一 版 开本：787 × 1092 1/16
2008年 7 月第一次印刷 印张：88
2026年 1 月第八次印刷 字数：2 007 000

定价：180.00 元（上、下册）
（如有印装质量问题，我社负责调换）

向所有为本书做出贡献的科学家致敬！

也以此书献给

Marjorie

感谢她一直以来的鼓励、支持和爱！

《生物化学——基础理论与临床》（原书第六版）
翻译人员

主　译：王红阳

副主译：丁　劲

翻译和审校人员（按汉语拼音排序）：

陈　磊　陈　瑶　董立巍　冯　赟
付　静　何雅琴　洪　毅　胡　良
李　瑾　满晓波　任一斌　谈冶雄
文　文　鄢和新　杨朝旭　杨　文

参加工作人员：黄珊娜　王　迪　杨广珍

译 者 序

Textbook of Biochemistry with Clinical Correlations 一书由美国 John Wiley & Sons 出版社于 1982 年首次发行，一经面世就受到了医学院校广大师生和生物化学领域众多研究人员的青睐，在美国持续畅销。2006 年该书的第六版推出并被翻译成多种语言，在许多欧美国家已用作不可替代的生物化学课本或辅助教材，受到了很多知名教授和众多学生的推崇。

本书深入浅出地讲述了生命体细胞中的生物化学反应过程，从分子水平揭示了许多生命现象的本质，阐明了机体内生理过程中细胞层面的生化反应。在讲述理论的同时还引入了大量临床病例分析作为延伸，进一步解释了与人类疾病密切相关的生物化学过程，既可以帮助读者理解书本的内容，又能加深对理论知识的记忆。这是本书有别于同类专业书籍的一大特色。全书内容安排紧凑连贯、由浅入深，并用大量生动直观的插图对相关概念和生化反应加以清晰的描述。本书主要适用于生物学和医学专业的大学本科生和研究生阅读，当然，对基础医学和临床生物化学领域的研究人员而言，也是一本不可多得的好书。

为将原著译成中文以饷我国读者，应科学出版社之邀，我们第二军医大学国际合作生物信号转导中心承担了此项翻译校对工作。为尽快将这本书奉献给广大读者，所有编译人员加班加点，牺牲了大量的休息时间，为中译本《生物化学——基础理论与临床》（原书第六版）的面世做出了巨大的贡献。但是，由于本书专业性强、内容覆盖面广，受知识和能力所限，在翻译过程中难免存在错漏和不当之处，敬请同行专家和使用本教材的师生批评指正。

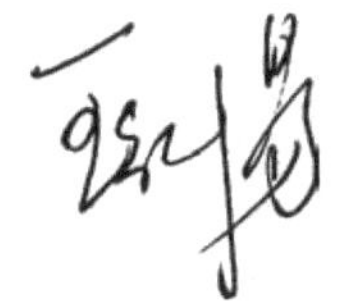

中国工程院院士

2007 年 10 月 1 日

译者序

前　　言

我们编撰《生物化学——基础理论与临床》（第六版）是为了：①清晰准确地论述真核细胞特别是哺乳动物细胞的生物化学过程；②将细胞层面上的生化反应联系到动物整体生理过程中；③引证大量人类疾病中异常生化反应的例子。由于生物化学研究的一个重要目的是认识疾病，故本书除在个别章节中探讨了原核细胞或其他真核细胞的生化反应过程外，将重点放在了对哺乳动物细胞的论述上。近年来，各学科领域中出现了大量的技术与方法革新，使得许多复杂的生物学和生理学过程得以阐明。生物化学、分子生物学、细胞生物学、细胞生理学和分子药理学之间的学科差异和研究方法的界限越来越模糊，生物化学和其他学科正在相互渗透。生命科学知识的持续飞速发展和学科之间的整合，不仅要求生物化学课程必须涵盖许多主题，还对生物化学教科书的内容提出了新的要求。在本次修订的准备过程中，每章的内容都有增删，有的章节还增加了新的主题，例如，基质层蛋白复合物和分子马达。另外还新增了**信号转导的基本原理**以及**细胞周期、程序性细胞死亡和癌症**的内容。

本书的知识面和深度可以满足绝大多数生物化学专业的高年级本科生和研究生的课程教学需要。所选章节覆盖了生物化学和生理化学的基本问题，内容编排也合适教学。第六版的内容主要分为五个部分，每个部分又包括一系列相关的主题。**第一篇为大分子结构**，其绪论部分概述了细胞的结构，随后两章叙述核酸和蛋白质的结构。**第二篇为信息传递**，包括了细胞大分子 DNA、RNA 和蛋白质的合成，由于生物技术提供的信息对生物化学发展的重大影响，所以专设一章进行介绍；最后一章关于基因表达和调控，包括了原核和真核细胞中的基因表达和调控机制。**第三篇为蛋白质功能**，首先阐述四个主要蛋白家族的结构功能关系；然后介绍酶的知识，其中，细胞色素 P450 的内容自成一章；随后的一章介绍了膜结构和跨膜转运机制；最后一章对细胞信号转导机制的基本原理进行了讨论。**第四篇为代谢途径与调控**，第一章介绍生物能量和氧化代谢，随后的章节分别讲述碳水化合物、脂类、氨基酸、嘌呤和嘧啶核苷酸以及血红素的合成和分解代谢，强调了每条代谢途径的调控机制。最后一章讨论了人体中这些代谢途径的整合。**第五篇为生理学过程**，主要介绍哺乳动物组织和细胞特有的生理生化现象，比如作为信使的激素的重要生化功能，细胞分子生物学一章涵盖了四个主要的生理信号转导系统：神经系统、眼球、肌肉收缩与分子马达以及血液凝固。本书结尾部分讲述了基本营养物质消化吸收的生物化学过程，最后是人类营养学的基本原理。

与人类生命过程相关的内容集中在每章的**临床相关知识**专题中，专门介绍疾病状态下异常的生化过程。随着越来越多疾病的遗传和生化基础被揭示，这部分知识也得到了相应的丰富。但是，本书主要目的不是描述大量的疾病，和临床联系的目的只是举例说明某些异常的生化过程。**临床相关知识**中给出了参考文献，以利于进一步深入研究相关问题。不同章节中可能出现相同疾病的例子，但是观察的角度各异。不阅读**临床相关知识**专题并不影响对各章主题的学习，仅当某一疾病的发病机制对生化过程的理解很有帮助时，才会作为主要内容的一部分进行介绍。

每章都附有**参考书目**以列举参考的研究文献和著作，最后还附有一套**习题**，包括多项选择题，类似国际医学测试中的病例分析题和问答题，并且给出了简要的参考答案。

本书**插图**中新增了大量蛋白质的结构图。俗话说“一图胜千言”，我们也建议读者多参考插图，有助于学习难于理解的内容。

附录包括了**有机化学回顾**，设置这部分的目的不是全面概括有机化学，而是为查阅本书中出现的有机分子的名称和结构提供现成的参考。这些内容涉及生物学中重要的分子，放在本书的最后。读者应该熟悉附录的内容，在阅读相关章节的时候可以翻阅。由于生物化学词汇的不断丰富，第六版中的**词汇表**列出了书中常用的专业词汇。封二和封三还设有**生物化学名词缩写**和**血、尿实验室检查正常值表**。

我们始终认为**合编教材**最有利于涵盖最新、最准确的生物化学知识。每个参编者都是活跃在医学院（研究所）的生化教学和相关领域的科研一线工作者。因此，他们能从教学的角度出发为学生选择适合的内容，并突出生物化学课程的重点。尽管合编可能造成表述上的一些差异，但是我们尽可能保证每章的风格基本一致，避免不必要的重复和累赘。为保持每部分内容的完整性，有少数几节在书中两个地方都有描述，以利于学习。

编者按照**教学用书**的要求，有目的地选择重要的相关内容来编写各章。本书所讨论的内容信息丰富，极具参考价值，绝不仅仅是生化现象的罗列或当前文献的综述。我们要求编者对某个内容的阐述，既不要局限于某几个研究者的发现，也不能停留于历史。尽管内容很多，也难免挂一漏万，还有许多默默奉献的科学家做出的杰出贡献本书未能收录，在此对他们表示歉意。

任何一个项目，都必须有人对其终产品负责。我对内容的选定、格式的规定、草稿的审阅和本书的最后检查负全部责任。欢迎各位学生、老师、教授的评论、批评和建议。不管是初次接触生物化学并开始这段激动人心学习过程的同学，还是重温这门知识飞速增长的学科的学者，能从本书获益就是我们最大的心愿。

Thomas M . Devlin
Berhyn , Pennsylvania
September , 2005
（文文　译）

致　谢

第六版生物化学教科书得以出版与许多人的努力和支持是分不开的。和以往一样，每一个参编者精心准备每个章节，提出中肯的意见，虚心接受修改的建议并且在整个编书过程中倾力合作，我谨在此对每位编者的出色工作表示衷心感谢。同时对那些默默无闻为编者提供无私帮助的同事或学生致以诚挚的谢意。前辈老师和同仁、参考资料和科技文献的作者为编者提供了启发，在此表示感谢。

特别感谢加拿大 Saskatchewan 大学的生物化学教授 Francis Vella，他在本书的内容编撰、文字修改和润色中给我以很大的帮助。Dr. Vella 是著名的生物化学家，为推进生物化学教学作出了巨大努力。我对他的热心参与深表感激。感谢慕尼黑 Ludwig-Maximilians 大学基因中心 Patrick Cramer 主任为我们提供 RNA 聚合酶Ⅱ延伸三维复合物的封面图片。

真挚感谢 John Wiley & Sons 公司科学、技术和医学（STM）分部参与本版教材编写的工作人员，很高兴能又一次和这样专业、睿智、鼓舞人心的团队合作。衷心感谢化学和生物化学类书籍高级编辑 Dr. Darla P. Henderson 长期不懈的帮助和指导。编辑助理 Christine J. Moore 在本书编写过程中处理了大量行政事务，感谢她迅速而高效的工作。感谢科学、技术和医学类（STM）书籍副主编 Janet D. Bailey 对本书编写的大力支持。Lisa M. Van Horn 是本书的高级制作编辑，她工作耐心细致，与我充分沟通，在处理很多细节事务的同时，对我的建议和意见及时做出回应，为本项目能够按时完成提供了有力保证。能和这样一位高效、渊博，有高度责任心和专业精神的人合作实乃人生之幸事。感谢设计师 Lee Goldstein 完成了本书的设计，以及版面文字编辑 Robert Golden 和提供索引服务的 Coughlin 的优异工作。

没有好的插图就不能成为一本好的教材，在这里我要对插图编辑 Dean Gonzalez 表示最诚挚的谢意。他负责插图的准备和修订，曾多次亲自动手修改以利本书尽快出版，还耐心地协助每章节的编者修改他们的插图。同时，感谢 J. C. Morgan 和他在 Precision Graphics 的同事们为我们绘制新的插图。

感谢电子书产品高级经理 Kimi Sugeno 开发了本书的 WileyPLUS 产品。一本书的发行没有市场部门的努力是无法取得成功的，所以，我要特别感谢市场销售部经理 Elizabeth Seth，项目市场部经理 Kim Mcdonnell，市场部主任助理 Fred Filler 和市场部主任 Ellen Nichols 的出谋划策和辛勤工作。

最后，应该提到我的妻子 Marjorie，她在很多年以前就鼓励我开始准备教科书的编写，并在这段紧张的工作中给我以支持，为我创造良好的环境，让我能全身心投入到本书编写中。Marjorie，请接受我最诚挚的谢意。

Thomas M. Devlin

（文文　译）

参 编 者

CAROL N. ANGSTADT, PH.D.
Professor Emerita
School of Nursing and Health Professions
Drexel University
490 S. Old Middletown Road
Media, PA 19063
Email: angstadtc@drexel.edu

WILLIAM AWAD, JR., M.D., PH.D.
Professor
Departments of Medicine and of Biochemistry and Molecular Biology
University of Miami School of Medicine
PO Box 016960
Miami, FL 33101
Email: w.awad.jr@miami.edu

DIANA S. BEATTIE, PH.D.
Professor and Chair
Department of Biochemistry and Molecular Pharmacology
West Virginia University School of Medicine
PO Box 9142
Morgantown, WV 26506
Email: dbeattie@hsc.wva.edu

STEPHEN G. CHANEY, PH.D.
Professor
Departments of Biochemistry and Biophysics and of Nutrition, CB# 7260
School of Medicine
University of North Carolina at Chapel Hill
Mary Ellen Jones Building
Chapel Hill, NC 27599
Email: stephen_chaney@med.unc.edu

MARGUERITE W. COOMES, PH.D.
Associate Professor
Department of Biochemistry and Molecular Biology
College of Medicine
Howard University
520 W Street, N.W.
Washington, DC 20059
Email: mcoomes@fac.howard.edu

JOSEPH G. CORY, PH.D.
Professor and Chair
Department of Biochemistry
Brody School of Medicine
East Carolina University
Greenville, NC 27858
Email: coryjo@mail.ecu.edu

DAVID W. CRABB, M.D.
John B. Hickam Professor and Chair
Department of Medicine
Indiana University School of Medicine
545 Barnhill Drive
Indianapolis, IN 46202
Email: dcrabb@iupui.edu

THOMAS M. DEVLIN, PH.D.
Professor Emeritus and Former Chair
Department of Biochemistry and Molecular Biology
College of Medicine
Drexel University
159 Greenville Court
Berwyn, PA 19312
Email: tdevlin@drexel.edu

JOHN E. DONELSON, PH.D.
Professor and Head
Department of Biochemistry
Carver College of Medicine
University of Iowa
Iowa City, IA 52242
Email: john-donelson@uiowa.edu

GEORGE R. DUBYAK, PH.D.
Professor
Department of Physiology and Biophysics
Case School of Medicine
Case Western Reserve University
2109 Adelbert Road
Cleveland, OH 44106
Email: george.dubyak@case.edu

HOWARD J. EDENBERG, PH.D.
Chancellor's Professor
Departments of Biochemistry and Molecular Biology and of Medical and Molecular Genetics
Indiana University School of Medicine
635 Barnhill Drive
Indianapolis, IN 46202
Email: edenberg@iupui.edu

ROBERT H. GLEW, PH.D.
Professor
Department of Biochemistry and Molecular Biology
School of Medicine
University of New Mexico
915 Camino de Salud NE
Albuquerque, NM 87131
Email: rglew@salud.unm.edu

DOHN G. GLITZ, PH.D.
Professor Emeritus
Department of Biochemistry
UCLA School of Medicine
11260 Barnett Valley Road
Sebastopol, CA 95472
Email: dglitz@mednet.ucla.edu

RICHARD W. HANSON, PH.D.
Leonard & Jean Skeggs Professor
Department of Biochemistry
Case School of Medicine
Case Western Reserve University
Cleveland, OH 44106
E-mail: rwh@cwru.edu

ROBERT A. HARRIS, PH.D.
Distinguished Professor
Showalter Professor of Biochemistry and Former Chair
Department of Biochemistry and Molecular Biology
Indiana University School of Medicine
1345 W. 16th Street
Indianapolis, IN 46202
Email: raharris@iupui.edu

ULRICH HOPFER, M.D., PH.D.
Professor
Departments of Physiology and Biophysics, and of Medicine
Case School of Medicine
Case Western Reserve University
10900 Euclid Ave.
Cleveland, OH 44106
Email: ulrich.hopfer@case.edu

MICHAEL N. LIEBMAN, PH.D.
Executive Director
Windber Research Institute
620 Seventh Street
Windber, PA 15963
Email: m.liebman@wriwindber.org

GERALD LITWACK, PH.D.
Professor Emeritus and Former Chair
Department of Biochemistry & Molecular Pharmacology
Jefferson Medical College
Thomas Jefferson University
Visiting Scholar
Department of Biological Chemistry
David Geffen School of Medicine, UCLA
4610 Ledge Avenue
Toluca Lake, CA 91602
Email: gerry.litwack@mail.tju.edu

BETTIE SUE SILER MASTERS, PH.D., D.SC., M.D. (HON.)
Robert A. Welch Professor of Chemistry
Department of Biochemistry
University of Texas Health Science Center at San Antonio
7703 Floyd Curl Drive
San Antonio, TX 78229
Email: masters@uthscsa.edu

J. DENIS MCGARRY, PH.D. (DECEASED)
Professor
Departments of Internal Medicine and of Biochemistry
University of Texas Southwestern Medical Center at Dallas
5323 Harry Hines Blvd
Dallas, TX 75235-9135

LINDA J. ROMAN, PH.D.
Assistant Professor
Department of Biochemistry
University of Texas Health Science Center at San Antonio
703 Floyd Curl Drive
San Antonio, TX 78229
Email: roman@uthscsa.edu

FRANCIS J. SCHMIDT, PH.D.
Professor
Department of Biochemistry
Univ. of Missouri-Columbia
M743 Medical Sciences
Columbia, MO 65212
Email: schmidtf@missouri.edu

THOMAS J. SCHMIDT, PH.D.
Professor
Department of Physiology and Biophysics
Carver College of Medicine
University of Iowa
Iowa City, IA 52242
Email: thomas-schmidt@uiowa.edu

Richard M. Schultz, Ph.D.
Professor and Former Chair, Department of Biochemistry
Division of Molecular and Cellular Biochemistry
Department of Cell Biology, Neurobiology, and Anatomy
Stritch School of Medicine
Loyola University of Chicago
2160 South First Avenue
Maywood, IL 60153
Email: rschult@lumc.edu

Nancy B. Schwartz, Ph.D.
Professor
Departments of Pediatrics and of
Biochemistry and Molecular Biology
University of Chicago,
5841 S. Maryland Ave.
Chicago, IL 60637
Email: n-schwartz@uchicago.edu

David R. Setzer, PH. D.
Professor
Division of Biological Sciences
University of Missouri
410 Tucker Hall
Columbia, MO 65211
E-mail: setzerd@missouri.edu

Thomas E. Smith, Ph.D.
Professor and Former Chair
Department of Biochemistry and Molecular Biology
College of Medicine
Howard University
520 W Street, N.W.
Washington, DC 20059
Email: tsmith@fac.howard.edu

Martin D. Snider, Ph.D.
Associate Professor
Department of Biochemistry
Case School of Medicine
Case Western Reserve University
10900 Euclid Ave
Cleveland, OH 44106
E-mail: mds@cwru.edu

Gerald Soslau, Ph.D.
Professor
Department of Biochemistry
and Molecular Biology
College of Medicine
Drexel University,
245 North 15th Street
Philadelphia, PA 19102
Email: Gerald.Soslau@drexel.edu

Francis Vella, M.D., Ph.D.
Professor-Retired
Department of Biochemistry
University of Saskatchewan
18 Leyden Crescent
Saskatoon, Saskatchewan
SK S7J 2S4, Canada
E-mail: f.vella@sasktel.net

Daniel L. Weeks, Ph.D.
Professor
Department of Biochemistry
Carver College of Medicine
University of Iowa
Iowa City, IA 52242
Email: daniel_weeks@uiowa.edu

Henry Weiner, Ph.D.
Professor
Department of Biochemistry
Purdue University
175 S. University Street
West Lafayette IN 47907
Email: hweiner@purdue.edu

Stephen A. Woski, Ph.D.
Associate Professor
Department of Chemistry
University of Alabama
Box 870336
Tuscaloosa, AL 35487
Email: swoski@bama.ua.edu

简 要 目 录

第一篇　大分子结构

第二篇　信息传递

第三篇　蛋白质功能

第四篇　代谢途径与调控

第五篇　生理学过程

目录

第四篇 代谢途径与调控

第一篇　大分子结构

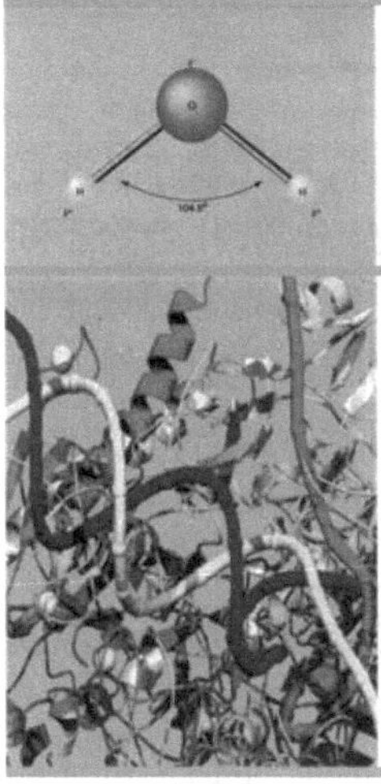

1

真核细胞结构

Thomas M. Devlin

1.1 总论:细胞及细胞组成

距今大约35亿年前,地球尚处于混沌状态。碳、氢、氧、氮、硫、磷六种元素在某些尚不完全为人类所知的条件下,经过化学反应形成了一些简单的化合物。这些化合物不断地组合、分解和重组,形成各式各样的大分子,直至最后形成具有自我复制能力的分子结构。在越来越多的复杂结构形成之后,这些能自我复制的分子周围又形成了膜状结构,进一步发育成原始的结构模式,该模式能在一定程度上调节自身的内环境。随着生命的不断进化,生命的一种简单形式形成了,即具有三维结构的生命基本单位——**细胞**(**cell**)——地球上所有生命的前身。随着时间的推移,各种细胞不断进化,它们的结构和化学成分变得越来越复杂;它们从外界环境中汲取营养物质,并转化成自身的能量来源或更为复杂的分子,调控自身的化学催化反应和细胞的复制进程。最早期的细胞是古细菌,它们较为原始,缺乏细胞核,是细菌等多种有机体的前体。大约30亿年前,生命的进化发生了实质性的飞跃,产生了含有细胞核的生命模式,这与先前的生命体完全不同。今天我们看到的最简单的细菌到复杂的多细胞生物(如植物和人类),都是生命进化演变的结果。尽管生物体存在着各种复杂模式,但是细胞仍然是所有生物最基本的生命单位。

所有的细胞都有一层外膜,即**质膜**(**plasma membrane**),由两性磷脂和蛋白质组成,它将细胞里相对恒定的内环境与外界多变的,甚至有害的外环境分离开来。质膜上的蛋白受体、通道和转运系统可以调节细胞内外物质的进出,从而将细胞的内外环境联系起来。

细胞可分为原核细胞和真核细胞,原核细胞不具细胞核和内膜结构,真核细胞含有细胞核和内膜包被形成的细胞器。**原核生物**(**prokaryote**)包括细菌和原生质体,它们通常为单细胞形态,某些情况下也可形成集落或丝状体。它们的细胞膜通常内陷,形状和大小多变,生存在各种环境中。原核生物的**脱氧核糖核酸**(**deoxyribonucleic acid,DNA**)为单链,通常由几段不连续的DNA集合成簇状,形成一个周围没有膜或囊状结构包被的区域,即**拟核**(**nucleoid**)区。虽然原核生物的细胞内没有被膜结构划分成各个区域,但是相对的各空间都发挥一定的功能。**真核生物**(**eukaryote**)包括酵母、真菌、植物和动物,它们的体积要比原核生物大一千到一万倍。真核生物具有完好的膜结构所包绕而成的细胞核,细胞核中含有DNA以及多种亚细胞器(图1.1b)。细胞中的膜结构为细胞内部营造出独立的空间,形成独特的亚细胞结构,如1.3节所述。这些空间结构经分隔分层后,使得不同条件下不同化学反应可以同时进行。此外,由于许多反应能在各种膜内或膜上进行,这为细胞行使不同的功能创造了条件。

原核细胞和真核细胞除了结构上不同,在化学组成和生化反应上也存在着显著差异(图1.1a和1.1b),例如,酶的组成及核糖体存在着差别,只有真核细胞含有组蛋白。组蛋白是一种高度保守的蛋白质,它与DNA结合形成复合物(见2.7节)。核糖体是核糖核酸与蛋白质结合而成的复合体,参与蛋白质的生物合成。但是,真核细胞与原核细胞之间也有许多相似之处。本书着重于阐述真核生物尤其是哺乳动物的生化反应过程,其中很多细胞生化的知识均以原核细胞或非哺乳动物细胞的认识为基础。所有细胞的基本化学组成和主要化学反应都是非常相似的,许多生化现象都具有普遍性,所以我们可以由原核生物的认知推广到人类。

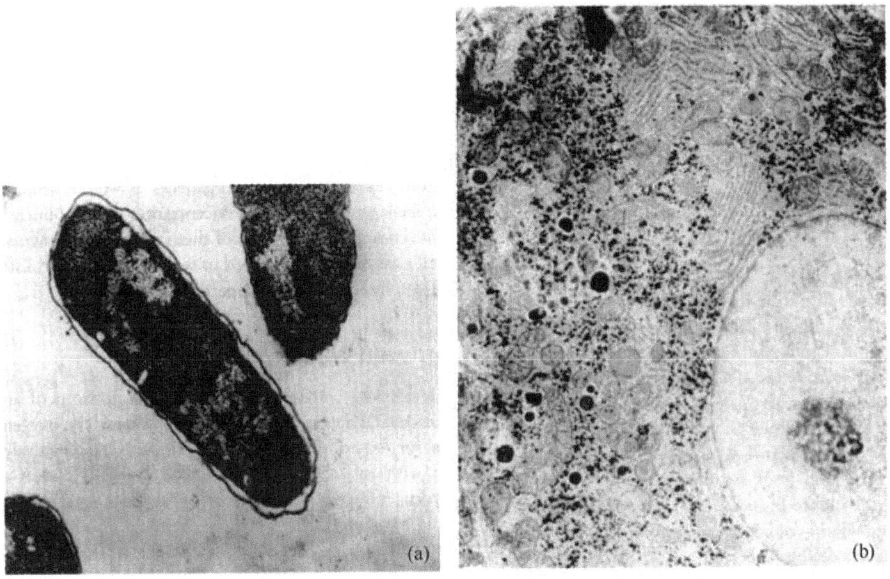

图 1.1　原核细胞和真核细胞的细胞结构

(a)原核生物的代表——大肠杆菌的电镜图片;约×30 000。显示一些小的明显的细胞内结构和没有膜包裹的细胞器。染色质密集分布在拟核区域内,没有核膜包被。原核细胞要比真核细胞小很多。(b)真核细胞的代表,肝细胞(大鼠肝脏)的切面的电镜图;约×7500。注意明显的核膜、不同膜包裹的细胞器或管道以及延伸的膜系统

细胞内环境尤其是其中的水环境决定着细胞的很多活性。下面将对哺乳动物细胞组成和功能进行描述。

1.2　水、pH 和溶质:细胞中的水环境

所有活细胞都含有生命所必需的相同的无机离子、有机小分子和大分子。细胞成分的常见类型见下表 1.1。

不同哺乳动物细胞中无机离子的浓度都基本相同,但是细胞内外环境间的离子浓度差别较大(见 1.3 节)。

细胞的**微环境**(**microenviroment**)是由细胞器产生的,分布于细胞内的大分子和膜的周围,决定着整个细胞内各种组分的浓度变化。**水**(**water**)是这些微环境中最为常见的组分,细胞生存所必需的物质都必须溶解或悬浮于水中;水独特的物化特性是地球上生命存在的根本。

表 1.1　细胞的化学组成

组成成分	分子质量范围/Da
H_2O	18
无机离子	23～100
Na^+,K^+,Cl^-,SO_4^{2-},HPO_4^{2-},HCO_3^-,Ca^{2+},Mg^{2+}等	
有机小分子	100～1200
碳水化合物,氨基酸,脂类,核苷酸,多肽	
大分子	6000～1 000 000
蛋白质,多聚糖,核酸	

水分子间的氢键

两个氢原子和一个氧原子共用一对电子，结合形成水分子。水是极性分子，因为氧吸引电子的能力比氢强，使得共用电子对向氧原子靠近，以致氧原子带负电荷而氢原子带正电荷。氢氧之间的两个共价键之间的键角为104.5°，这使得整个水分子的电荷分布并不平衡(图1.2)。

水分子中带正电荷的氢原子可与另一个水分子中带负电荷的氧原子相互作用形成分子间较弱的键(图1.3a)，这就是**氢键**(**hydrogen bond**，图中以虚线表示)。但是，近来研究提示，两个水分子间形成的键只是部分共价。分子间的非共价键相互作用包括静电作用力、范德华力和疏水作用力(见3.6节)。五个水分子间可形成正四面体结构(图1.3b)，每个氧原子与四个氢原子共用电子对，每个氢原子又与另外的氧原子共用电子对。这种四面体的点阵结构有助于形成冰的晶体结构。冰融化成水时，只有一部分氢键被打破。与共价键相比，氢键相对较弱，但正是这无数的氢键维持着水的物理性状。水的形状能快速改变，因为氢键被打破，新的氢键又不断形成；水中氢键的半衰期低于1×10^{-10}s。即使到100℃，液态水仍含有众多的氢键，所以水蒸发的过程中仍需要热能。有关液态水结构的模式很多，但是目前还没有哪个模式能完全解释水的各种特性。

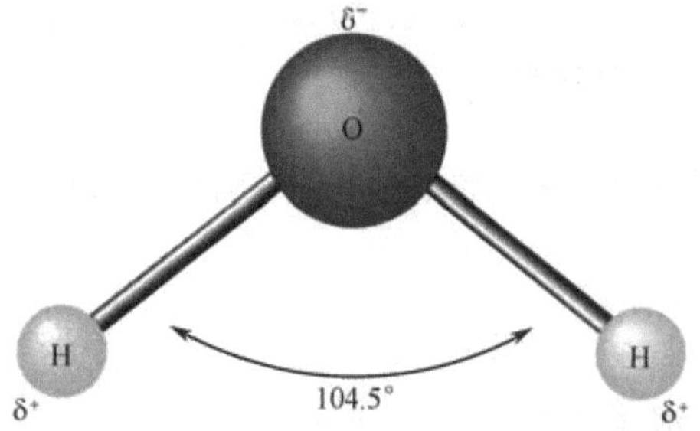

图1.2　水分子的结构H—O—H的键角为104.5°
两个氢原子带有部分正电荷，氧原子带有部分负电荷，从而产生偶极

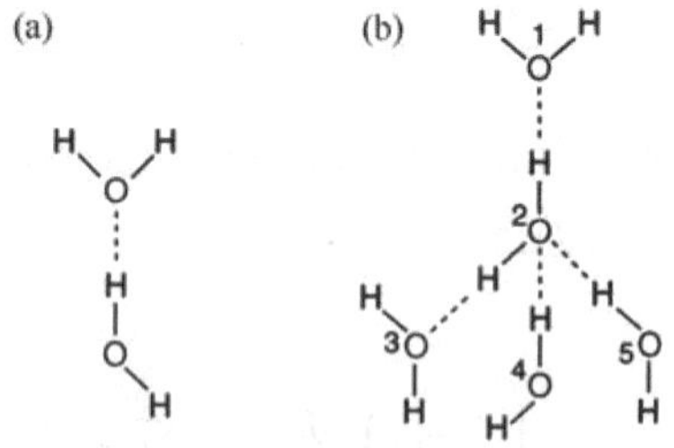

图1.3　水的氢键
(a)两个水分子间的氢键以虚线表示。(b)五个水分子间以氢键形成四面体结构。水分子1、2和3在同一平面之中，4在平面之下，而5在平面之上

当水中的氢键与其他化学结构作用时，纯水的结构可能发生改变。细胞中的水环境是不均匀的，水分子通过与脂膜表面相互作用，沿膜表面流动；由于膜上磷脂的两性特征，那些靠近膜表面的水分子排列更为有序，这样的微环境可改变其内的物质活性。与此类似，在蛋白质或核酸分子中出现的水分子可稳定此类大分子。

其他分子内部或分子之间也可形成氢键，带有负电荷的氧原子或氮原子与共价结合了其他阴性原子中的氢原子相距较近时，它们之间就可形成氢键。图1.4显示了各类氢键。许多蛋白质、核酸等大分子中都含有氢键，氢键在一定程度上维持了这些分子结构的稳定性。

水是一种独特溶剂

水的极性和形成氢键的能力是水成为独特溶剂的基础。极性分子都能够溶解于水。NaCl 分子中带电荷原子或原子团之间相互吸引而结合在一起形成晶体,入水后在水的带电基团吸引下,晶体结构被破坏,从而溶解在水中。NaCl 溶于水是因为:①Na^+ 与水带负电荷的氧原子相互作用;②Cl^- 与水带正电荷的氢原子相互作用力远大于 Na^+ 与 Cl^- 间的静电引力,这样在阴阳离子周围形成一层水化膜。诸多水分子对 Na^+ 和 Cl^- 的吸引力远远大于两种离子间的结合力,导致这两种离子不能结合。许多含有弱电荷基团的有机分子也可溶于水,因为这些分子群能吸引水分子,如糖和乙醇易溶于水。对于含有极性基团和非极性基团的**两性分子**(**amphipathic molecular**)复合物,如果水分子对它的引力大于其分子内的疏水作用,那它就能溶于水。脂类等疏水性强的分子,因含有长的烃链,在水中不像单个的分子那样容易分散开来,而是与其他的疏水分子相互作用以排除极性的水分子,所以不溶于水。

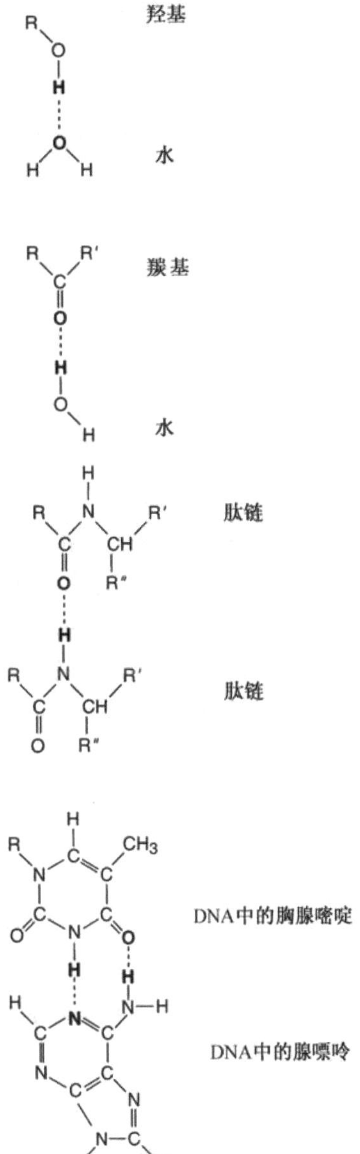

图 1.4　生物系统中一些重要的代表性的氢键

电解质

电解质(**electrolyte**)是能在水中解离为**阳离子**(**cation**,含有正电荷的离子)和**阴离子**(**anion**,含有负电荷的离子)的物质,这些离子能促进电流的传导。糖和乙醇属于**非电解质**(**nonelectrolyte**),它们虽易溶于水但不能解离成电荷。

低浓度下的碱性金属盐(如 Li^+、Na^+ 和 K^+)在水中能完全解离,但高浓度情况下却未必。通常认为机体中有机酸复合物和有机盐(如乳酸钠)的浓度很低,故能完全解离。有机酸解离出的阴离子(如乳酸离子)与水溶液中的质子反应形成不能解离的酸(图 1.5)。如果溶液中含有几种不同的盐(如 NaCl、K_2SO_4 和乳酸钠),它们在溶液中只以解离的离子形式存在(如 Na^+、K^+、Cl^-、SO_4^{2-} 和乳酸根离子)。

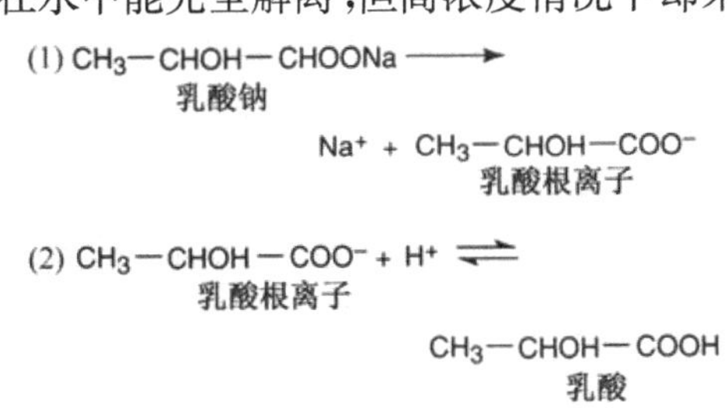

图 1.5　乳酸盐溶于水后的反应

然而，许多种酸在水中并不完全解离，它们在解离/未解离之间形成动态平衡。乳酸作为一种重要的代谢中间物只是部分地解离为乳酸根阴离子和质子(H^+)：

$$CH_3—CHOH—COOH \rightleftharpoons CH_3—CHOH—COO^- + H^+$$

一方面反应物不断解离，另一方面已解离的物质又不断地反应生成反应物，最终达到动态平衡。电解质的解离程度有赖于阴离子对 H^+ 的亲和力。如果水的去极化作用(即阴阳离子间的反应强度)强于阴离子和 H^+ 间的静电引力时，解离的趋势较强。所以，相同摩尔数的强电解质(能充分离解的电解质)比弱电解质(不能充分离解的电解质)带的电荷多。

弱电解质(以 HA 表示)部分解离后的平衡状态下，不同离子的浓度可由平衡常数计算得到

$$K'_{eq} = \frac{[H^+][A^-]}{[HA]} \tag{1.1}$$

K'_{eq}是一物理常量，A^-代表解离的阴离子，方括号代表每一组分的单位浓度，如摩尔每升(mol/L)或毫摩尔每升(mmol/L)。平衡常数显示的不只是离子浓度，也代表了每种电解质的解离活性，但是由于机体中的绝大部分电解质的浓度都很低，所以这一数值就近似于浓度了。平衡是动态的，以 K'_{eq}表示，它是一个基于浓度的表观常数，随着温度的升高而增强。由解离方程式可看出，解离程度低的物质，K'_{eq}小(即方程式 1.1 中的分母较大时)。反之，亦然。对于强电解质而言，平衡中不存在未解离的溶质，所以 K'_{eq}无法确定。

水是弱电解质

水的解离如下：

$$HOH \rightleftharpoons H^+ + OH^-$$

解离的质子与其他水分子中的氧原子结合形成水分子群，$H^+(H_2O)_n$，n 在 6～27 之间。水化 H^+ 常表示为 H_3O^+，即**水合氢离子(hydronium ion)**。通常用 H^+ 替代 H_3O^+，$H^+(H_2O)_n$才是水合氢离子实际的化学形式。25℃时水的解离常数 K'_{eq}为 1.8×10^{-16}：

$$K'_{eq} = 1.8\times10^{-16} = \frac{[H^+][OH^-]}{[H_2O]} \tag{1.2}$$

解离常数 K'_{eq}很小，表示只有极少数的水分子解离，而大多数并未解离。所以水的浓度为一常量，即 55.5mol/L，基本是不变的。方程式 1.2 可改写为：

$$K'_{eq}\times[H_2O] = [H^+][OH^-] \tag{1.3}$$

$K'_{eq}\times[55.5]$是一常量，叫做**水的离子常数(ion product of water)**。25℃时它的值为 1×10^{-14}。纯水中 H^+ 的浓度与 OH^- 相同，所以可以将方程式 1.3 中 $[OH^-]$用$[H^+]$替代，$[H^+]$的值为 1×10^{-7} mol/L。类似的，$[OH^-]$的值也是 1×10^{-7} mol/L。无论溶解物质是否存在，水的平衡反应中 H^+ 和 OH^- 的浓度都维持一个平衡状态。如果加入的溶质是酸或碱等物质，改变了 H^+ 或 OH^- 的离子浓度，那么 OH^- 或 H^+ 离子浓度就相应地发生变化，以维持水的解离平衡。根据解离常数，知道$[H^+]$或$[OH^-]$，就能计算得知另一个。机体中的氢离子对酶活性和生物代谢非常重要(见 10.7 节)。

为简化起见，$[H^+]$通常以 pH 表示，即定义为

$$pH = \log \frac{1}{[H^+]} \tag{1.4}$$

纯水中$[H^+]$和$[OH^-]$都是1×10^{-7} mol/L，即 pH=7.0。$[OH^-]$可用 pOH 表示。方程式中表示解离的水为$1\times10^{-14}=[H^+][OH^-]$；两边取负对数后方程式变为 14=pH+pOH。表 1.2 为 pH 和$[H^+]$之间的对应关系。

表 1.2　$[H^+]$、pH、$[OH^-]$之间的联系

$[H^+]$/(mol/L)	pH	$[OH^-]$/(mol/L)	pOH
1.0	0	1×10^{-14}	14
0.1(1×10^{-1})	1	1×10^{-13}	13
1×10^{-2}	2	1×10^{-12}	12
1×10^{-3}	3	1×10^{-11}	11
1×10^{-4}	4	1×10^{-10}	10
1×10^{-5}	5	1×10^{-9}	9
1×10^{-6}	6	1×10^{-8}	8
1×10^{-7}	7	1×10^{-7}	7
1×10^{-8}	8	1×10^{-6}	6
1×10^{-9}	9	1×10^{-5}	5
1×10^{-10}	10	1×10^{-4}	4
1×10^{-11}	11	1×10^{-3}	3
1×10^{-12}	12	1×10^{-2}	2
1×10^{-13}	13	0.1(1×10^{-1})	1
1×10^{-14}	14	1.0	0

不同生物液体的 pH 见表 1.3 所示。血浆的$[H^+]$为4×10^{-8} mol/L 或 pH 为 7.4，其他阳离子在 0.001～0.10mol/L 之间，比$[H^+]$高 10 000 倍。血液中的氢离子超过1×10^{-7} mol/L(pH 7.0)或低于2×10^{-7} mol/L(pH 7.8)就会导致严重后果，甚至有生命危险。

表 1.3　一些生物液的 pH

液体	pH	液体	pH
血浆	7.4	胃液	1.5～3.0
组织液	7.4	胰液	7.8～8.0
细胞内间隙液		人乳汁	7.4
胞质溶胶(肝)	6.9	唾液	6.4～7.0
溶酶体基质	低于 5.0	尿液	5.0～8.0

机体内许多重要的分子都是弱酸或弱碱

Lowry 和 Bronsted 提出的酸碱定义为生物学研究提供了许多便捷——**酸(acid)是质子供体(proton donor)，碱(base)为质子受体(proton acceptor)**。盐酸(HCl)和硫酸(H_2SO_4)是强酸，能完全解离释放出 H^+。OH^-离子能与 H^+ 结合，所以它是碱。水中加入酸或碱后打破了水原来的解离平衡，新的平衡建立 $OH^- + H^+ \rightleftharpoons H_2O$。当强酸与碱混合后，来自酸的 H^+ 与 OH^- 几乎完全结合相互中和。

强酸解离后产生的阴离子，如来自 HCl 的 Cl^- 为非碱性的，因为在溶液中它不能与质子结合。有机酸只能部分解离，所以为弱酸，在 HA(质子供体)和酸的阴离子(A^-)以及质子间形成的平衡如下：

$$HA \rightleftharpoons A^- + H^+$$

表中解离后形成的阴离子就是碱，能接受 H^+ 再生成酸。解离后形成的弱酸和相应的碱（阴离子）被称作**共轭对（conjugate pair）**；生物学中一些重要的共轭酸碱见表 1.4 所列。氨根离子（NH_4^+）被看做是酸，因为它解离后生成 H^+ 和不带电荷的氨（NH_3），后者为共轭碱。磷酸（H_3PO_4）为酸，因为 PO_4^{3-} 为碱，但是 $H_2PO_4^-$ 和 HPO_4^{2-} 的酸碱性取决于磷酸基团是接受 H^+ 还是提供 H^+。

表 1.4　生物系统中一些重要的共轭酸碱对

质子供体（酸）		质子受体（碱）
CH_3—CHOH—COOH （乳酸）	⇌	H^+ + CH_3—CHOH—COO^- （乳酸盐）
CH_3—CO—COOH （丙酮酸）	⇌	H^+ + CH_3—CO—COO^- （丙酮酸盐）
HOOC—CH_2—CH_2—COOH （琥珀酸）	⇌	$2H^+$ + $^-$OOC—CH_2—CH_2—COO^- （琥珀酸盐）
$^+H_3NCH_2$—COOH （甘氨酸）	⇌	H^+ + ^+H_3N—CH_2—COO^- （甘氨酸盐）
H_3PO_4	⇌	$H^+ + H_2PO_4^-$
$H_2PO_4^-$	⇌	$H^+ + HPO_4^{2-}$
HPO_4^{2-}	⇌	$H^+ + PO_4^{3-}$
葡萄糖 6-PO_3H^-	⇌	H^+ + 葡萄糖 6-PO_3^{2-}
H_2CO_3	⇌	$H^+ + HCO_3^-$
NH_4^+	⇌	$H^+ + NH_3$
H_2O	⇌	$H^+ + OH^-$

共轭酸（conjugate acid）释放 H^+ 的能力可用 K'_{eq} 表示（方程式 1.1）。K'_{eq} 越小表示释放 H^+ 的能力越弱，酸性也越弱；反之，K'_{eq} 越大，表示释放 H^+ 的能力越强，酸性也越强。水被看做是非常弱的酸，25℃时其 K'_{eq} 为 1.8×10^{-16}。

计算 K'_{eq} 的一种简便方法是用 pK' 形式，即

$$pK' = \log \frac{1}{K'_{eq}} \tag{1.5}$$

该定义与 pH 类似；与 pH 和 $[H^+]$ 一样，pK' 和 K'_{eq} 互为倒数：K'_{eq} 越小 pK' 越大。表 1.5 列出了机体中一些代表性的重要共轭酸 K'_{eq} 和 pK'。

表 1.5　生化中一些重要复合物的表观解离常数和 pK'

复合物	结构	K'_{eq}/(mol/L)	pK'
乙酸	CH_3—COOH	1.74×10^{-5}	4.76
丙氨酸	CH_3—CH—COOH 　　　NH_3^+	4.57×10^{-3} 2.04×10^{-10}	2.34(COOH) 9.69(NH_3^+)
柠檬酸	HOOC—CH_2—COH—CH_2—COOH 　　　　COOH	8.12×10^{-4} 1.77×10^{-5} 3.89×10^{-6}	3.09 3.74 5.41
谷氨酸	HOOC—CH_2—CH_2—CH—COOH 　　　　　　NH_3^+	6.45×10^{-3} 5.62×10^{-5} 2.14×10^{-10}	2.19(COOH) 4.25(COOH) 9.67(NH_3^+)

续表

复合物	结构	K'_{eq}/(mol/L)	pK'
甘氨酸	CH_2—COOH	4.57×10^{-3}	2.34(COOH)
	NH_3^+	2.51×10^{10}	9.60(NH_3^+)
乳酸	CH_3—CHOH—COOH	1.38×10^{-4}	3.86
丙酮酸	CH_3—CO—COOH	3.16×10^{-3}	2.50
琥珀酸	HOOC—CH_2—CH_2—COOH	6.46×10^{-5}	4.19
		3.31×10^{-6}	5.48
葡萄糖6-磷酸根	$C_{12}H_{11}O_5PO_3H^-$	7.76×10^{-7}	6.11
	H_3PO_4	1×10^{-2}	2.0
	$H_2PO_4^-$	2.0×10^{-7}	6.7
	HPO_4^{2-}	3.4×10^{-13}	12.5
	H_2CO_3	1.70×10^{-4}	3.77
	NH_4^+	5.62×10^{-10}	9.25
	H_2O	1.8×10^{-16}	15.74

碳酸

碳酸(H_2CO_3)是医学中一种非常重要的弱酸。二氧化碳溶于水后参与了下列平衡反应：

$$CO_2+H_2O \xrightleftharpoons{K'_2} H_2CO_3 \xrightleftharpoons{K'_1} H^+ + HCO_3^-$$

碳酸的 pK'_1 为 3.77，与乳酸等有机酸相近。反应的平衡方程式为

$$K'_1=\frac{[H^+][HCO_3^-]}{[H_2CO_3]} \tag{1.6}$$

但是 H_2CO_3 与溶解的 CO_2 相平衡，反应方程为

$$K'_2=\frac{[H_2CO_3]}{[CO_2][H_2O]} \tag{1.7}$$

因两个等式中都有$[H_2CO_3]$，将两个平衡反应式联合为一个方程式：

$$K'_1=\frac{[H^+][HCO_3^-]}{K'_2[CO_2][H_2O]} \tag{1.8}$$

将包括水的浓度在内的常量重新整合，方程式经简化后可得出新的常量 K'_3：

$$K'_1K'_2[H_2O]=\frac{K'_3=[H^+][HCO_3^-]}{[CO_2]} \tag{1.9}$$

医学中常将溶解的 CO_2 当做共轭酸；它是碳酸的酸酐。K'_3 的值为 7.95×10^{-17}，pK'_3＝6.1。水与空气接触时，CO_2 在水和空气之间会形成一个溶解平衡，CO_2(空气中)、CO_2(水中)、H_2CO_3、H^+ 或 HCO_3^- 中任何一成分的减少或增加均导致其他成分的改变。CO_2-HCO_3^-体系对于维持哺乳动物的 pH 内稳态极为重要，机体组织代谢不断产生的 CO_2 经呼吸系统排出体外。

pH、共轭酸和共轭碱之间的联系——Henderson-Hasselbalch 方程

平衡反应中任何组分浓度的变化必然引起其他组分的改变。例如，$[H^+]$增加使得共轭碱(如乳酸根离子)的浓度降低，相应的共轭酸(如乳酸)的浓度增加，这之间的关系可

以通过平衡方程式的重排以及 H^+ 的浓度计算表示出来：

$$共轭酸 \rightleftharpoons 共轭碱 + H^+$$

$$K'_{eq}=\frac{[H^+][共轭碱]}{[共轭酸]} \tag{1.10}$$

将 $[H^+]$ 和 K'_{eq} 拆开后重排方程式 1.10：

$$\frac{1}{[H^+]}=\frac{1}{[K'_{eq}]}\cdot\frac{[共轭碱]}{[共轭酸]} \tag{1.11}$$

两边取对数后

$$\log\frac{1}{[H^+]}=\log\frac{1}{K'_{eq}}+\log\frac{[共轭碱]}{[共轭酸]} \tag{1.12}$$

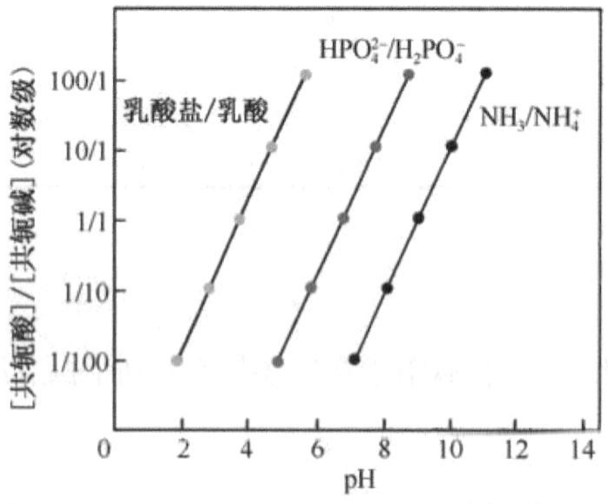

图 1.6　具有 pH 调节功能的共轭[碱]/[酸]的比值
当[碱]/[酸]的比值为 1 时，pH 与弱酸的 pK' 相等

由于 $pH=\log\frac{1}{[H^+]}$，$pK'=\log\frac{1}{K'_{eq}}$，方程式 1.12 变为

$$pH= pK'+\log\frac{[共轭碱]}{[共轭酸]} \tag{1.13}$$

Henderson 和 Hasselbalch 将方程式 1.13 演绎为更便捷的形式，直接反映溶液中的 pH 与共轭酸和共轭碱间的关系。方程式 1.13 表明，当[碱]/[酸]的比例为 1∶1 时，由于 log1=0，所以 pH 等于 pK'。如果 pH 比 pK' 少一个单位时，[碱]/[酸]的比例为 1∶10。图 1.6 显示了几种共轭酸与共轭碱的比值与 pH 之间的关系，其中纵坐标是对数值。

缓冲液对于 pH 的调控很重要

NaOH 加到乳酸等弱酸中后，[共轭碱]/[共轭酸]的比例将发生变化。NaOH 可以完全解离，生成的 OH^- 与酸解离出的 H^+ 中和生成 H_2O。$[H^+]$ 的减弱致使弱酸进一步解离，遵循平衡反应规律。弱酸解离的数量几乎等同于所加入的 OH^- 的量。所以共轭酸减少的量等于形成的共轭碱的量。两种弱酸的滴度曲线见图 1.7 所示。加入 0.5 当量的 OH^- 后，50% 的弱酸解离，[酸] / [碱]为 1，该点上 pH 等于酸的 pK'，每条滴度曲线的形状相似，但是因为 pK' 的不同而移位。加入 0.1 当量的 OH^- 后导致 pH 骤然上升，但加入的 OH^- 在 0.1～0.9 当量之间时，pH 的变化在 2 个 pH 之间。这种加入大量的 OH^- 后只引起微小的 pH 变化的过程叫作**缓冲**

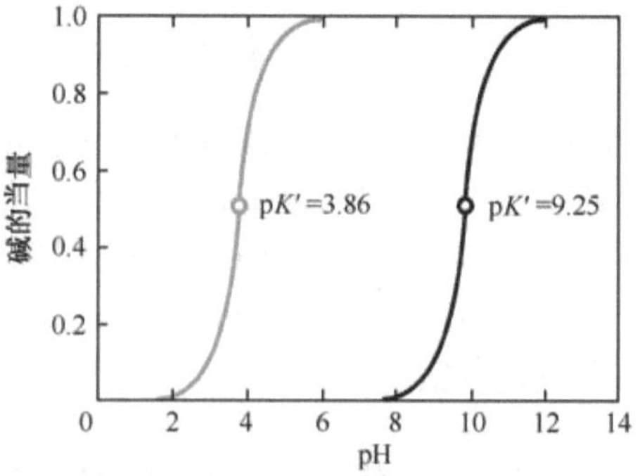

图 1.7　乳酸(pK' 3.86)和 NH_4^+ (pK' 9.25)的酸-碱滴定曲线
pH 等于各 pK' 时，每一共轭对间的酸碱量相等

(**buffering**)。缓冲是指溶液对抗外加的酸或碱所引起的 pH 变化的能力。如果没有弱酸,就没有 H^+ 来中和 OH^-,会导致溶液 pH 的急剧升高。

弱酸溶液的 pH 与弱酸的 pK'越接近,溶液的缓冲能力就越强。pH 在弱酸 pK'的上下各一个单位之内变化时,弱酸的离解度可以达到 82% 。向溶液中加入相当于 82% 弱酸量的 OH^-,溶液 pH 的变化范围也不超过 2。如果溶液的 pH 在溶液的 pK'上下各一个单位内时,溶液的缓冲能力最强。乳酸根离子/乳酸的pK'=3.86,有效缓冲的 pH 范围在为 3～5 之间,如果 pH 为 7 则几乎没有缓冲能力。HPO_4^{2-}/$H_2PO_4^-$ 的 pK'=6.7 时,有效缓冲液的 pH=7.0。所以在细胞质 pH 的环境下(7.0),可以用 HPO_4^{2-}/$H_2PO_4^-$ 缓冲系统而不能用乳酸根/乳酸缓冲系统。

缓冲能力(**buffering capacity**)的强弱还有赖于共轭酸碱的浓度。共轭碱浓度越高,越能中和更多的 H^+。共轭酸越多,通过解离就能中和更多的 OH^-。血浆的 pH 为 7.4。HPO_4^{2-}/$H_2PO_4^-$ 的 pK'为 6.7,表明该共轭对能有效缓冲;但是,磷酸对的浓度比 HCO_3^-/CO_2 体系(pK'为 6.1)的浓度低,HCO_3^-/CO_2 的浓度比磷酸盐缓冲体系浓度高达 20 倍,所以主要由 HCO_3^-/CO_2 来调节血浆的缓冲功能。评价缓冲能力时,必须同时考虑 pK'和共轭对的浓度。绝大多数有机酸在细胞液体环境下不起主要作用,因为与 HPO_4^{2-}/$H_2PO_4^-$ 和 HCO_3^-/CO_2 的缓冲体系相比,它们的 pK'和浓度都相对太低。

图 1.8 列举了一些运用 Henderson-Hasselbalch 方程式的典型问题。保持体液中合适的 pH 和缓冲体系对于机体功能的维持非常重要,临床相关知识 1.1 中列举了一些临床实践中的典型问题。

1. 计算 pH 为 5.7,6.7,8.7 时,HPO_4^{2-}/$H_2PO_4^-$(pK=6.7)的比值。

解法:

$$\mathrm{pH}=\mathrm{p}K'+\log\frac{[\mathrm{HPO_4^{2-}}]}{[\mathrm{H_2PO_4^-}]}$$

$$5.7=6.7+\log\frac{[\mathrm{HPO_4^{2-}}]}{[\mathrm{H_2PO_4^-}]};$$

$$-1=\log\frac{[\mathrm{HPO_4^{2-}}]}{[\mathrm{H_2PO_4^-}]}$$

−1 的反对数等于 0.1 或 1/10。所以,pH 为 5.7 时,HPO_4^{2-}/$H_2PO_4^-$=1/10;经相同步骤,pH 为 6.7 时,HPO_4^{2-}/$H_2PO_4^-$=1/1;pH 为 8.7 时,HPO_4^{2-}/$H_2PO_4^-$=100/1。

2. 如果血液的 pH 为 7.1,HCO_3^- 的浓度为 8mmol/L 时,血液中 CO_2 的浓度是多少(HCO_3^-/CO_2 的 pK'=6.1)?

解法:

$$\mathrm{pH}=\mathrm{p}K+\log\frac{[\mathrm{HCO_3^-}]}{[\mathrm{CO_2}]}$$

$$7.1=6.1+\log(8\mathrm{mmol/L}/[\mathrm{CO_2}]);$$

重排 $7.1-6.1=1=\log(8\mathrm{mmol/L}/[\mathrm{CO_2}])$.

1 的反对数等于 10。所以,10=8mmol/L/[CO_2],或[CO_2]=8mmol/L/10=0.8mmol/L。

3. 正常血液的 pH 为 7.4,HCO_3^-+CO_2 的和为 25.2mmol/L,此时 HCO_3^- 和 CO_2 的浓度是多少(HCO_3^-/CO_2 的 pK'=6.1)?

解法:

$$\mathrm{pH}=\mathrm{p}K+\log\frac{[\mathrm{HCO_3^-}]}{[\mathrm{CO_2}]}$$

$$7.4=6.1+\log\frac{[\mathrm{HCO_3^-}]}{[\mathrm{CO_2}]};$$

重排 $$7.4-6.1=1.3=\log\frac{[\mathrm{HCO_3^-}]}{[\mathrm{CO_2}]}.$$

因为 1.3 的反对数为 20,所以[HCO_3^-]/[CO_2]=20,[HCO_3^-]+[CO_2]=25.2,通过第一方程式的重排,计算这两个方程式中的[CO_2]。

带入第二方程式

$$20[\mathrm{CO_2}]+[\mathrm{CO_2}]=25.2 \quad 或 \quad [\mathrm{CO_2}]=1.2\mathrm{mmol/L}$$

然后替换 CO_2,1.2+[HCO_3^-]=25.2,解得[HCO_3^-]=24mmol/L。

图 1.8　pH 和缓冲液的典型问题

临床相关知识 1.1

代谢酸中毒时血液中的碳酸氢盐浓度

正常成人血液的 pH 维持在约 7.40;如果 pH 低于 7.35,医学上称作酸中毒。如果血液的 pH 接近 7.0 就可能导致严重后果并可能危及生命。酸中毒,尤其是代谢紊乱引起的酸中毒,使得监测患者血液中的酸碱参数尤为重要,医生尤为关注的是血液的 pH、HCO_3^- 和 CO_2 的浓度。这些参数的正常值为 pH = 7.40,$[HCO_3^-]$ = 24.0mmol/L,$[CO_2]$=1.20mmol/L。

代谢酸中毒的患者血液的 pH = 7.03,$[CO_2]$ = 1.10mmol/L。患者血液的 $[HCO_3^-]$值是多少以及需要多少 $[HCO_3^-]$用于缓冲这种酸性状况?

1. Henderson-Hasselbalch 方程式 $pH = pK' + \log([HCO_3^-]/[CO_2])$,$[HCO_3^-]/[CO_2]$的 pK' 为 6.10。
2. 将相应的数值带入方程式。

$$7.03 = 6.10 + \log([HCO_3^-]/1.10\text{mmol/L})$$

或

$$7.03 - 6.10 = 0.93 = \log([HCO_3^-]/1.10\text{mmol/L})$$

0.93 的反对数等于 8.5;所以

$$8.5 = [HCO_3^-]/1.10\text{mmol/L}$$

或

$$[HCO_3^-] = 9.4\text{mmol/L}$$

3. 所以每升血液中 HCO_3^- 减少了 14.6 mmol。如果更多的 HCO_3^- 丧失,血浆中的这种缓冲系统将不能再发挥缓冲作用,pH 将迅速下降,很可能导致患者死亡。

1.3 真核细胞的组成:细胞器和膜系统的功能

真核细胞含有各种**细胞器**(**cellular organelle**),如细胞核、线粒体、溶酶体、过氧化物酶体,每一细胞器都为膜所包被(图 1.9)。膜在整个细胞中形成管道状的网络结构,内质网和高尔基体,分别包装形成内部相互连通的空间或潴泡。**细胞膜**(**cellular membrane**)上的磷脂蛋白使包括水在内的许多分子局限在一定部位,不同分子的特定转运机制调节着各种膜结构内的物质浓度。细胞器中的胞质溶胶和液体中含有无机离子、有机分子、蛋白质和核酸等成分。细胞中的膜将不同的反应以及相应的不同成分划分到不同的区域中,这对于细胞整体而言显得经济而合理,这样一来可以:①固着底物、辅助因子和酶,保证大量代谢的有效进行;②调节 pH 和离子成分以保证生物反应的最大活性。

通过组织化学、免疫学和荧光染色等方法在细胞水平上可检测细胞结构、细胞活动以及细胞器的组成,还可以实时地观察完整的活细胞中各种变化。例如,通过特异离子指示

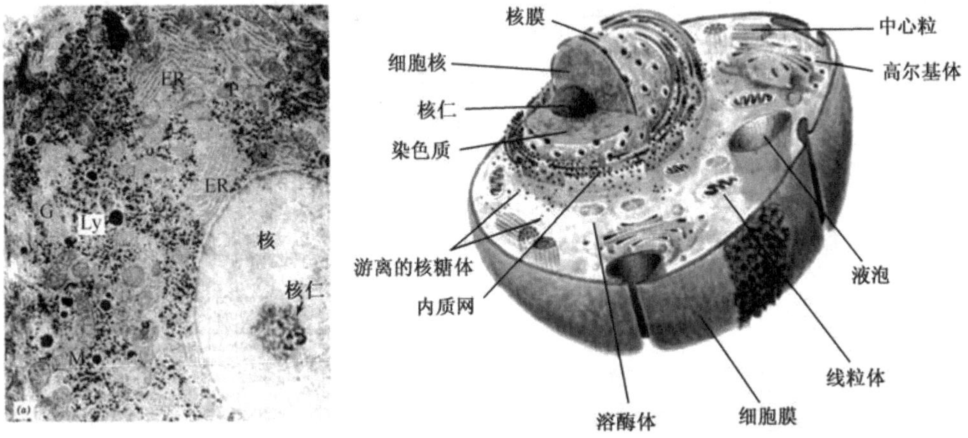

(a)　(b)

图 1.9　真核细胞组成

(a) 大鼠肝细胞的电子显微图,其中标识出了真核细胞中主要的结构组成;(b) 动物细胞的立体剖面图示。注意亚细胞的数量和多样性,包被各种通道和潴泡的相互关联的网络结构。所有的真核细胞表观上并不复杂,但是绝大多数都含有图示中的主要结构。ER,内质网;G,高尔基体带区;Ly,溶酶体;P,过氧化物酶体;M,线粒体

剂可检测细胞质中 pH 和 Ca^{2+} 浓度的变化。单个的细胞器、膜和细胞质中各成分可在细胞膜破碎后通过分离进行分析。破膜技术包括使用去污剂、低渗和组织匀浆等,使细胞膜破裂。在适当的分离液中,各种细胞器和膜系统由于存在大小和密度的差异,可通过离心后分离。哺乳动物组织中的各细胞组分可采取以上技术加以分离。此外,线粒体和过氧化物酶体等细胞器中的组成成分,可在细胞器膜破碎后分离提取。使用不同的分离技术可对多种细胞器的活性和功能进行研究。

分离出来的大多数细胞结构和细胞成分仍然保留着体内结构上的化学和生化特性。但是即使在非常温和的条件下,生物膜系统也易被损坏,在分离过程中生物膜系统的改变会导致其组成成分的变化。膜受损后,膜的通透性会发生变化,使得一些正常情况下不能通过的物质也能通透。此外,许多与膜松散结合的蛋白质在分离细胞组分时易于从膜上解离下来(见 12.4 节)。

不同组织在细胞的结构、组成成分和细胞活性上存在着差异,从而行使不同功能。但是,各种细胞之间主要的生化活性却是相对一样的,细胞类型间的主要差异在于它们各自特异的细胞活性。

细胞的化学组成

细胞内都含有**基质(matrix**,水溶性成分),包含着不同的离子、小分子和各种蛋白质,有时候还包含核酸。大多数酶的细胞定位和主要代谢途径以及核酸的细胞定位都已研究清楚,但是仍有些细胞器基质上的具体离子成分尚不清楚。每种细胞器基质的离子组成和 pH 都不相同。细胞中的液体(主要是细胞质)与血浆的离子组成对比见图 1.10。由于细胞的体积和水合度是动态的,所以这些浓度也只是实际浓度的大致估算。Na^+ 是细

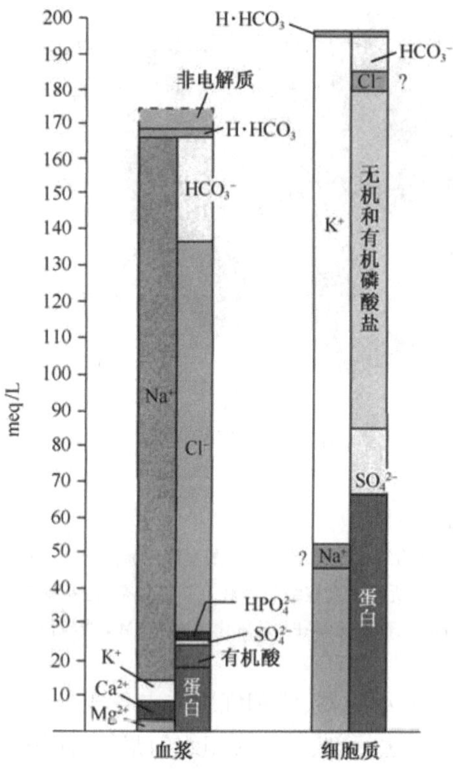

图 1.10　血浆和细胞质中的主要化学成分

每一组柱形图中左边的柱子代表阳离子的总浓度，右边的柱子代表阴离子的总浓度，两边都表示每升液体中的毫克量。细胞质中 Cl^- 和 Na^+ 的值不一定都相等，至少在肌肉细胞中只含有 Na^+ 不含 Cl^-

胞外主要的阳离子，浓度约为 140meq/L (mmol/L)；细胞内液体中的 Na^+ 的浓度很低。K^+ 也是细胞内主要的阳离子。Mg^{2+} 既是细胞外阳离子也是细胞内阳离子，其浓度比 Na^+ 和 K^+ 低很多。细胞外的阴离子主要有 Cl^- 和 HCO_3^-，还有小部分的磷酸根和硫酸根离子。pH 7.4 时大多数蛋白质带有负电荷，它们在组织的液体中以阴离子形式存在(见 3.3 节)。细胞外阴离子大多为无机磷酸盐、有机磷酸盐和蛋白质，其他无机离子、有机的阴阳离子的浓度均低于 meq/L 的浓度水平。除了由膜的分隔产生的微小差异以及膜电位的变化造成的微小差异外，不同的细胞内液体中的阴阳离子的浓度是相等的。

绝大多数有机小分子如糖类、有机酸、氨基酸和磷酸化的分子，在细胞外的浓度变化范围在 0.01～1.0 meq/L，有些更低。一些酶发挥活性时所需要的辅酶和有机分子，也在这个范围内变化。与无机离子相比，酶底物在细胞内的浓度要低很多；它们只能特异性地聚集在特定的细胞器内或细胞微环境内，这样它们的浓度会明显提高。测定细胞内单个蛋白质的摩尔浓度没有多大意义。多数情况下，这些蛋白质分子与其他的蛋白质结合定位在特定的细胞结构上才能形成活性形式。每种蛋白质发挥它们各自功能的场所是受到严格限制的，它们的结构功能、催化功能和调节功能只在特定的细胞位置上才能发挥。有意思的是，血浆中含有成千上万种蛋白质，浓度变化在 10^{-3} mol/L(白蛋白)到 10^{-13} mol/L(甲状旁腺激素)之间，有些蛋白质的浓度甚至更低。

细胞器和膜系统的功能

某些代谢路径定位于独立的细胞空间结构上。例如，三羧酸循环(见 15.2 节)在线粒体中进行，糖酵解在细胞质中进行，DNA 复制则在细胞核和线粒体中进行。某些代谢途径的中间产物可以在两个分离的空间中进行穿梭或转运，如血红素合成酶类分布在线粒体和细胞质中。每种细胞器都有其独特的功能，在细胞组分分离过程中，它们内部特异的酶促反应就是这些细胞器的标志。

以下将简要介绍真核细胞中各组成的主要生物学作用，由此我们可以看出细胞内部结构和功能的有序和复杂程度。表 1.6 中汇总了真核细胞中一些细胞器的功能，真核细胞结构鉴别见图1.9。

表1.6 真核细胞组成结构及其主要功能小结

组成结构	主要功能
细胞膜	转运离子和小分子
	识别分子
	分布着受体小分子
	维持细胞形态和细胞运动
细胞核	合成和修复DNA
	合成RNA
核仁	加工RNA和合成核糖体
内质网	合成膜
	合成某些细胞器的蛋白质和脂质以及将这些合成好的物质输出
	合成脂肪和类固醇
	脱毒反应
高尔基体片层	修饰和转运与膜和细胞器融合的蛋白质并将其输出
	蛋白输出
线粒体	生成ATP
	细胞呼吸
	氧化丙酮酸、氨基酸、脂肪酸
	生成尿素与血红素
溶酶体	细胞内消化;水解蛋白质、碳水化合物、脂肪、核酸
过氧化物酶体	氧化脂肪
	涉及氧的氧化反应
	利用H_2O_2
微管、中丝和微丝	细胞骨架
	维持细胞形态
	维持细胞活力
	维持细胞内的运动
胞质溶胶	代谢碳水化合物、氨基酸、核酸;合成脂肪酸
	合成蛋白

质膜是细胞的限制性屏障

质膜(**plasma membrane**)的外表层与多变的外环境相接触,内层则与相对较为恒定的胞膜内环境相连。质膜的两边具有不同的化学组成和不同的功能。**整联蛋白**(**integrin**)是一种跨膜蛋白,细胞通过整联蛋白使得细胞表面的黏附分子与细胞外基质以及其他细胞之间发生相互作用。整联蛋白结合细胞内的细胞骨架,参与跨膜的信号转导。质膜通过细胞骨架的改变调节细胞的形状和活动。膜的脂质特性将包括蛋白质和其他大分子在内的物质排除在细胞外,但是它特异的运输机制或者膜孔的存在,使得一些离子和有机分子得以选择性的跨膜运动。细胞通过质膜与其他细胞交流;膜上含有许多的特异性受体,能结合细胞外信号如激素和神经递质。真核细胞的质膜在不同**膜结构域**(**membrane domain**)上含有不同的蛋白质,而且蛋白质的组成随细胞类型不同而变化。有关膜结构和生化特性详见第 12 章。

细胞核是合成 DNA 与 RNA 的场所

早期的微生物学家将真核细胞分为含有内容物的**细胞核**(**nucleus**)与含有大的环状膜结构的**细胞质**(**cytoplasm**)两部分。细胞核为**核膜**(**nuclear envelope**)所包被,分为内外两层,外层的核膜为连续的与内质网相连的膜结构。核膜上含有众多直径约 90Å 的小孔——核膜孔复合物,它控制着颗粒和大分子在核内基质和细胞质间的运动。大分子的运输需要消耗能量,诸多载体蛋白和可溶性的转运因子使得大分子的运输得以顺利进行,而且通常物质间的循环在两个不同的空间中进行。细胞核是被单独隔离出来的,但是细胞核与细胞质两个空间中的物质流动是受到调控的。电子显微镜下看到的主要亚空间结构是**核仁**(**nucleolus**)。**脱氧核糖核酸**(**deoxyribonucleic acid**,**DNA**)带有遗传信息,在细胞核中与蛋白质形成 DNA-蛋白质的复合物即染色质。**染色质**(**chromatin**)在细胞核中有序地排列,压缩成染色体。细胞核中含有参与有丝分裂前 DNA 复制和有丝分裂中受损 DNA 修复的酶类(见第 4 章)。DNA 上的基因信息转录后被翻译成细胞所需的各种蛋白质。DNA 中遗传信息的转录过程包括核糖核酸(RNA)在细胞核内的合成及合成后的加工(见第 5 章)。核糖体 RNA 的加工及核糖体大小亚基的形成均在核仁中进行。

内质网在蛋白质合成和诸多合成途径中的重要作用

真核细胞的细胞质中含有大规模的膜与膜相连的网络,可以从核膜延伸到胞膜。这种大规模的网状结构就叫做**内质网**(**endoplasmic reticulum**, **ER**),它包括表面光滑的**光面内质网**(**smooth ER** 或 **SE**)和表面含有颗粒的**粗面内质网**(**rough ER** 或 **RE**)。内质网包裹形成的内质网管腔中,可对用于转运的或用于整合到细胞器和膜上的新合成蛋白质进行修饰加工。粗面内质网的表面含有**核糖核蛋白颗粒**(**ribonucleoprotein partcle**),即**核糖体**(**ribosome**),附着在面向细胞质的内质网表面。细胞分级分离时,内质网被打破,被打破的膜可重新愈合形成小的管状空泡,即**微体**(**microsome**,在正常细胞中是没有的),通过分级离心可分离提取。所以,微体并不是在细胞中发生的。粗面内质网上的核糖体的主要功能是生物合成蛋白质,所合成的蛋白质用于整合到膜和细胞器上,以及运出细胞外。光面内质网参与脂质的合成,上面含有**细胞色素 P450**(**cytochrome P450**,见 11.1 节),它能催化众多内源和外源复合物的羟化作用。这些酶在固醇类激素的生物合成和毒素的清除中具有重要作用。内质网和高尔基体参与了溶酶体和过氧化物酶体等细胞器的形成。

高尔基复合体参与蛋白质的分泌

高尔基复合体是扁平光滑的**膜囊**(**潴泡**,**cisterna**)和管状的网络结构,它与内质网协同作用,将细胞中的激素、血浆蛋白和消化酶等分泌至细胞外。高尔基体膜上的酶催化转运糖原到蛋白质上合成糖蛋白,从而决定着蛋白质运送到细胞中的不同位置。高尔基体也是新膜的合成场所,参与了溶酶体和过氧化物酶体的形成。膜管状通道使得蛋白质在潴泡间穿梭;蛋白质被某一潴泡截断,又与其他潴泡融合成为某个蛋白家族的来源,叫做SNARE蛋白。来源于高尔基复合体的空管结构，将蛋白质转运至细胞膜以分泌到细胞外。

线粒体供给绝大多数细胞所需的ATP

细胞的电子图片中，**线粒体(mitochondria)**呈球状、杆状或丝状，直径常在0.5～1μm之间，长度可达7μm。**线粒体基质(mitosol)**被两层外形和生化功能完全不同的膜所包被。线粒体的内膜折叠进基质中形成**嵴(cristae)**，嵴上含有众多的小的球状物，该球状物通过小柄延伸到基质中。上述结构中含有细胞所需的90%合成三磷酸腺苷(ATP)的酶类。嵴的结构从杆状到片层状的都有，复杂多变，这主要取决于组织和线粒体的功能状况。线粒体和其他细胞组成一样，它的发生和生物合成循环是持续的过程。运动可促进骨骼肌中线粒体的合成增多。线粒体内膜和外膜的功能与酶活性大不相同。电子传递链系统和氧化磷酸化是线粒体内膜组成中的一部分(见14.5节)。代谢途径中，糖酵解、脂肪酸和氨基酸合成中产生的丙酮酸盐的氧化，尿素和血红素生物合成中的一些反应都在嵴上进行。线粒体的外膜上含有膜孔蛋白(见12.2节)，可以使大分子进入线粒体，但是线粒体内膜具有很强的选择性，含有诸多的转运各种代谢物所需的特异性转运分子。线粒体在细胞老化中扮演着重要角色，细胞色素c(线粒体电子传递链系统组成之一)是细胞程序性死亡也即凋亡过程中必不可少的(见25.3节)。

线粒体能自我复制。它们含有数个拷贝的**环状线粒体DNA(mtDNA)**，环状DNA上编码了13个线粒体蛋白和一些RNA的基因信息。线粒体DNA的大小与细菌染色体类似(含16 569个碱基)，含有独立的基因组。鉴于线粒体和细菌的相似性，普遍认为在30亿年前，该细胞器可能是细菌被一些进化程度相对较高的细胞所吞噬，但没有被破坏，与宿主细胞共生，随着细胞的进化最终形成。线粒体的遗传为母性遗传，所以“人类全球性运动研究”可以通过检测线粒体的变化做评估。线粒体还含有一些自身所必需的RNA合成所需的酶类(见2.8节)以催化合成某些蛋白质。然而，线粒体中的绝大多数蛋白质都来自核DNA所编码的基因，在细胞质中由游离的核糖体合成，然后再运送到线粒体。有很多种遗传性疾病是由于线粒体活性的改变而引起；其中一些是由于编码线粒体蛋白的核DNA发生了突变，但是另外一些则是线粒体DNA突变所引起的(见临床相关知识1.2)。

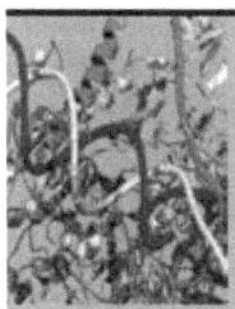

临床相关知识1.2

线粒体疾病

1962年，报道了涉及线粒体能量转导的首例疾病。一名三十岁的患者几种疾病缠身，大量地出汗，摄取了高能量饮食但体重不增加，基础代谢率上升过高(通过检测氧的利用率)。她的线粒体氧利用的调控机制异常(见第14章)。随后发现和鉴定出该患者有几百种基因异常，这些基因的异常导致了线粒体的酶类、核酸、电子传递链组成、核膜转运系统等的变化。

线粒体 DNA(mtDNA)的突变与核 DNA 一样,也会导致线粒体基因疾病。首例 mtDNA突变的疾病是 Leber's 遗传的视觉神经性疾病,它会导致青少年的突然失明。许多线粒体疾病影响到骨骼肌和中枢神经系统。线粒体 DNA 损伤可能是由于线粒体内形成了游离的自由基(过氧化物)。线粒体的异常还与精神分裂症、双极紊乱症、老年性相关的退行性病变(如帕金森病,Alzheimer 病)和心肌病等的病理生理学特征相关。近来有研究表明线粒体 tRNA 突变会成为高血压、高血脂、细胞质内 Mg^{2+} 的水平下降等症状的相关影响因素。线粒体疾病可见:临床相关知识 6.5、14.4、14.5、14.6、14.7。

溶酶体负责细胞内消化

溶酶体是负责**细胞内消化**(**intracellular digestion**)的细胞器。溶酶体为单层的膜包被,内部为酸性基质,pH 为 5 左右。该细胞器外被的荚膜是糖蛋白酶类——水解酶,可催化水解蛋白质、脂类、碳水化合物和核酸间的碳氧键,碳氮键,碳硫键和氧磷键。表 1.7 列出了一部分溶酶体酶。溶酶体水解酶在酸性 pH 情况下活性最佳,可将分子复合物裂解为能被再次利用的简单的低分子质量复合物分子(有关 pH 和酶活性之间的联系见 10.4 节)。

表 1.7 典型的溶酶体酶类及其相应的底物

底物和酶的类型	特异性底物	底物和酶的类型	特异性底物
多聚糖水解酶		**核酸水解酶**	
α-糖苷酶	糖原	核糖核酸酶	RNA
α-岩藻糖苷酶	岩藻糖	脱氧核糖核酸酶	DNA
β-半乳糖苷酶	半乳糖苷	**脂肪水解酶**	
α-甘露糖苷酶	甘露糖苷	脂酶	三酰甘油和胆固醇酯
β-葡萄糖醛酸糖苷酶	葡萄糖醛酸苷	酯酶	脂肪酸胆固醇
透明质酸酶	透明质酸和软骨素硫酸盐	磷酸磷脂酶	磷酸磷脂
芳香基硫酸酯酶	有机硫酸盐	**磷酸酶类**	
溶菌酶	细菌的细胞壁	磷酸酶	磷酸单酯
蛋白水解酶		磷酸双酯酶	磷酸双酯
组织蛋白酶	蛋白质	**硫酸酶**	
胶原酶	胶原		乙酰(型)肝素酶
肽酶	肽段		皮肤素酶

溶酶体中酶的组分在不同组织间差异较大,主要取决于特异的组织功能。溶酶体膜上含有特定的蛋白介导物、蛋白受体和转运分子,用于转运物质的进出。分离出来的溶酶体只有在其膜破损的情况下才会催化水解所加入的物质。细胞内溶酶体的膜破损后会引起细胞的消化反应。很多病理状况下例如关节炎、过敏性反应、一些肌肉性疾病和药物诱发的组织损伤,就是由于溶酶体酶释放引起的(见临床相关知识 1.3)。

临床相关知识 1.3

溶酶体酶和痛风

嘌呤和核酸中含有氮的杂环复合物代谢可导致尿酸的堆积，尿酸随尿液排出体外（见 20.3 节）。尿酸产生过多而血液中尿酸浓度显著增加导致尿酸结晶在关节处堆积沉淀引发痛风。临床表现为炎症、疼痛、肿胀、某些关节特别是大脚趾热肿。由于尿酸不能溶解，所以痛风的一些临床症状就是尿酸晶体损伤组织而引起的。晶体被关节处的细胞所吞噬，并堆积在含有溶酶体酶的细胞内消化性囊泡中。晶体对囊泡造成物理性损伤，使溶酶体水解酶释放到细胞质中。尽管溶酶体酶的最佳 pH 低于细胞质中的 pH，但是这些酶在较高的 pH 下仍具有部分酶活性，可导致细胞内物质的消化，这些物质从细胞中释放，导致细胞自溶。

细胞内和细胞外需要被清除的物质就在溶酶体中消化。细胞外的物质通过**内吞作用**(**endocytosis**)被吸入细胞中，被膜包裹成囊泡（见图 1.11）。内吞过程通过不同的机制：一

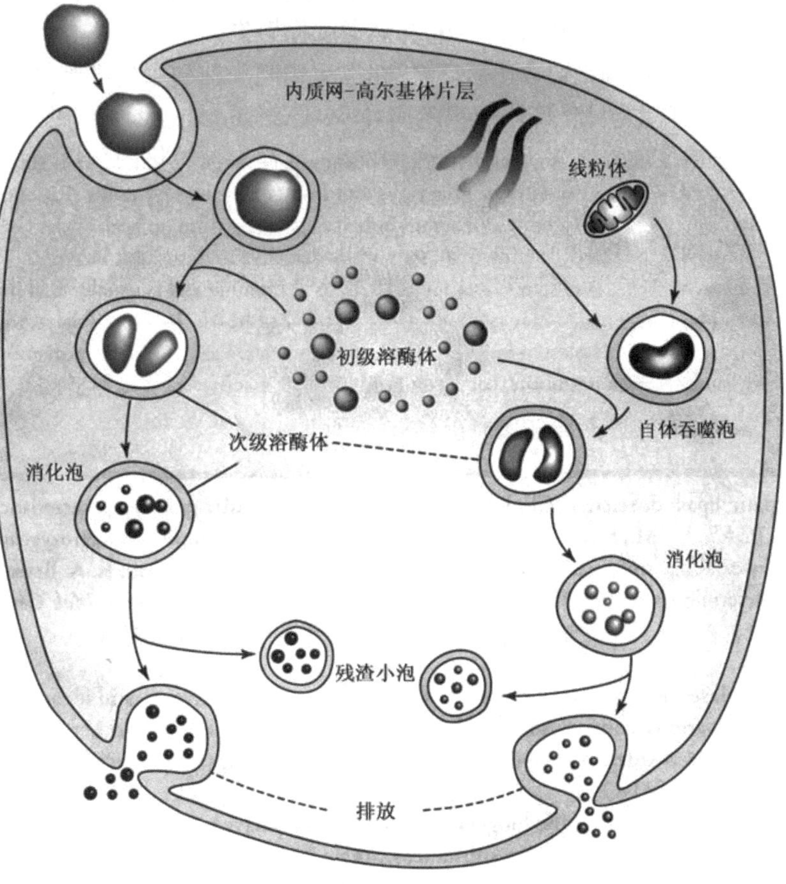

图 1.11　溶酶体细胞内消化

即吞噬外界陷入的物质（异吞噬）和细胞自身的组分（自体吞噬）。在上述的两个过程中，被消化的物质先被膜状的管泡所包被，随后与初级溶酶体融合形成次级溶酶体，消化作用在次级溶酶体中进行

种是需要包括内涵素在内的几种蛋白质的参与(见 23.2 节),从膜上内陷、出芽,最后小泡脱落下来。细胞膜环绕着病原体等较大的外来颗粒,然后内陷,这就是**吞噬作用**(**phagocytosis**);或者细胞膜环绕着含有悬浮物质的细胞外液体然后内陷,这是**胞饮作用**(**pinocytosis**)。上述的含有外来物的小囊泡与溶酶体融合形成**次级溶酶体**(**secondary lysosome**)或者**消化泡**(**digestive vacuole**),这些囊泡中含有将被消化的物质以及发挥消化功能的溶酶体水解酶。这些小泡可以通过各自的大小和消化时的形状加以辨别。**初级溶酶体**(**primary lysosome**)中含有消化酶,但其自身不参与消化过程。

细胞中的蛋白质、核酸、脂类以及线粒体之类的细胞器,它们的合成与降解处于动态平衡中。溶酶体负责对细胞内的这些组分进行水解,该过程叫做**自体吞噬**(**autophagy**)。目前已经鉴定出被消化降解的物质,这些物质被溶酶体吸收或先被膜状的小泡包被然后与溶酶体融合。整个融合过程见图 1.11。

溶酶体消化后的产物被释放出来,又被细胞重新利用。未被消化的物质堆积在小泡中称为残渣小体,经胞吐作用清除其内的残渣。一些残渣小体中含有高浓度的色素,这些色素为化学异质性,其内含有多聚不饱和脂肪酸和蛋白质,称之为**脂褐素**(**lipofuscin**)、**老年斑**(**age pigment**)或**衰褐色素** (**wear and tear pigment**)堆积在细胞中。一部分脂褐素分布在有丝分裂后期的神经元和肌细胞中,与衰老过程相关。

一些溶酶体的酶由细胞释放出后,消化相连组织间和前列腺的细胞外物质。在许多的基因型疾病中,有一类叫**溶酶体贮积疾病**(**lysosomal storage disease**,见 18.3 节),即某些溶酶体酶缺失导致缺失该酶所对应的底物堆积,这样未被消化的物质堆积而使得溶酶体体积增大,从而影响了细胞内其他的正常代谢(见临床相关知识 1.4)。如 **I 型细胞疾病**(**I cell disease**),就是由于溶酶体酶合成过程中,知道溶酶体酶进入溶酶体的细胞机制发生异常,导致水解酶被运至细胞外从而损伤细胞外的物质(见临床相关知识 6.8)。

临床相关知识 1.4
溶酶体酸性脂酶缺陷

人溶酶体酸性脂酶(hLAL)可将三酰甘油水解为游离的脂肪酸和甘油,将胆固醇酯水解为胆固醇和脂肪酸。它是胆固醇代谢中的关键酶,用于胆固醇的合成。胆固醇酯储存性疾病(cholesterol ester storage disease,CESD)和 Wolman 病是 hLAL 基因型缺陷的两种独立表型;是较为罕见的常染色体隐性疾病。CSED 通常在成人身上发生,表现为高胆固醇血症、肝肿大和早期出现严重的动脉粥样硬化。患者体内的溶酶体酸性脂酶仍具有活性,但水平非常低(<5% 正常值)。这种水平的溶酶体酸性脂酶足以水解三酰甘油,但不能水解胆固醇酯。患者染色体上溶酶体酸性脂酶的两个等位基因在剪切结合处发生同源性点突变(见 28.4 节),导致该酶的催化活性失活,稳定性下降。

Wolman 病在婴儿期显现,患儿常在一岁以内死亡。患儿体内 hLAL 失活,三酰甘油和胆固醇酯堆积在组织中。这是因为患儿染色体内 hLAL 基因同源性突变导致酸性脂酶的活性缺失。

过氧化物酶体在脂类代谢中具有重要作用

绝大多数的哺乳动物细胞、原生动物细胞和植物细胞中都含有**微体**(**microbody**)或**过氧化物酶体**(**peroxisome**),微体中的酶能产生或利用**过氧化氢**(**hydrogen peroxide**, H_2O_2)。过氧化物酶体体积非常小(直径在0.3～1.5μm),呈球状或卵圆形,它们的基质中是精细管道组成的网络。过氧化物酶体的功能和数目在不同细胞之间是不同的。目前已鉴定出的过氧化物酶超过五十多种,分别来自不同的组织,可催化氧化反应和生物合成反应。

(1) $2H_2O_2 \rightarrow 2H_2O + O_2$

(2) $RH_2 + H_2O_2 \rightarrow R + 2H_2O$

图1.12　过氧化氢酶催化的反应

过氧化物酶体对于长链脂肪酸的氧化,甘油酯、甘油醚脂(缩醛磷脂)、类异戊二烯(见18.2节)等的合成非常必要。小鼠体内实验表明过氧化物酶体在脂类的合成和降解中具有重要意义。过氧化物酶体中所含的酶可氧化D-氨基酸、尿酸以及经 O_2 和 H_2O_2 间形成的多种2-羟基。**过氧化氢酶**(**catalase**)催化 H_2O_2 逆转为水和氧,还催化 H_2O_2 参与多种复合物的氧化反应(图1.12)。通过过氧化物合成酶和过氧化物利用酶,细胞可防护自身免受 H_2O_2 的毒害。

目前人们已鉴定出过氧化物酶体生物合成所需的蛋白质。阿司匹林等**外源性物质**(**xenobiotics**),可导致肝脏中的过氧化物酶体激增。与过氧化物酶体相关的疾病超过25种,都是由于过氧化物酶体生物合成过程发生了紊乱(见临床相关知识1.5)。

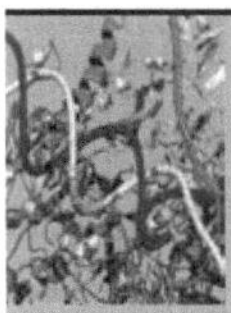

临床相关知识1.5
过氧化物酶体合成紊乱(peroxisome biogenesis disorder, PBD)

过氧化物酶体参与大量重要的代谢反应,包括甘油醚的合成、长链脂肪酸的减短,这有利于线粒体对它的完全氧化,也有利于胆酸合成中胆固醇侧链的氧化。过氧化物酶体合成紊乱(PBD)引发与酶活性相关的多种基因型和表型疾病的紊乱,通常是些罕见的常染色体隐性疾病,主要特征是甘油醚脂(缩醛磷脂)水平降低,长链脂肪酸(C24和C26)和胆甾烷醇酸衍生物(胆酸的前体)水平升高,这会影响到肝、肾、脑和骨骼系统。其中最为严重的是Zellweger综合征,因缺失了功能型的过氧化物酶体,患儿多在6周大小的时候死亡。该病机制上主要是由于负责编码运输酶到过氧化物酶体的基因缺陷引起。某些PBD综合征是由于错义突变造成(见4.6节);也有些是由于单个的代谢酶缺失或者膜上转运组分缺陷引起。这一疾病有时可通过检测羊水细胞中的过氧化物酶或脂肪酸分析而做产前诊断。

细胞骨架组织协调细胞内的各种组成

真核细胞的**细胞骨架**(**cytoskeleton**)包括微管、中间丝和肌动蛋白(微丝)(见24.8节)。细胞骨架可维持细胞形态、细胞内物质运输、细胞运动和细胞分裂。**微管**(**microtubule**)是微管蛋白的多聚体,**微管蛋白**(**tubulin**)能依据细胞需要快速集中组装成微管结构,也能快速地解散开来。**肌动蛋白**(**actin**)和**肌球蛋白**(**myosin**)形成斜纹肌中非常重要的细胞纤维，负责肌肉收缩（见 24.7 节）。机械蛋白有三个独立超家族——**肌球蛋白（myosin）**、**动力蛋白（dynein）**、**驱动蛋白（kinesin）**，它们可将化学能转变为机械能，用于细胞各部件运动（见 24.13 节）。这些分子引擎与细胞骨架相关联，动力蛋白参与纤毛和鞭毛运动，驱动蛋白质促使小囊泡和细胞器沿着微管、神经轴突运动。这类蛋白质的紊乱会引发诸多疾病。

胞质溶胶的可溶性组成

除细胞器外，细胞还有结构简单但化学组成十分复杂的**胞质溶胶（cytosol）**，许多生化反应和代谢路径都在这里发生（如糖酵解、糖原生成、糖原分解和脂肪酸的合成）。尽管胞质溶胶没有明显的结构，但其中所含的大量蛋白质是细胞行使功能的重要基础，许多生化反应都集中在这里进行。目前有关胞质溶胶理化特性的详细内容还知之甚少，它的主要功能之一就是为游离核糖体及附着核糖体合成蛋白质提供场所。胞质溶胶分离出来后，一些酶以可溶性蛋白形式存在，但若在完整的细胞中，许多酶则是松散地附着在膜结构或细胞骨架上。

1.4 细胞功能的整合和调控

真核细胞的结构非常复杂，细胞内环境中许多复杂的生化反应和生物学活动能高效有序地进行。多细胞生物的细胞还通过彼此间的相互影响，维持组织和细胞间的活性平衡从而维持整个机体的良好状态。细胞内的各种反应过程和代谢途径都是受到严格调控和整合的，从而达到上述平衡。很少有哪项功能是完全独立行使的，某一功能的变化可能会对影响其他的功能。细胞功能调控可以在很多水平上被调节，比如基因表达、酶浓度或蛋白效应分子的浓度改变、底物或辅酶水平的变化以调节特殊酶的反应速率。许多细胞的反应进程被蛋白质调控，这些蛋白质充当维持细胞内稳态的活性剂或阻遏剂。许多细胞反应进程在特定条件下程序化进行，例如正常细胞的细胞分裂只有在细胞分裂所需要的程序被激活的前提下才进行（见 25.2 节），然后有序整合的一系列反应结束时细胞才完全分裂为两个子细胞。细胞程序性活动中最为经典的就是凋亡，即细胞程序性死亡，也可看做是细胞的自杀行为（见 25.3 节）。整个凋亡的过程在所有哺乳动物组织的细胞中受到高度调控，但是该过程中的每一步骤在不同组织间的调控又有所不同。许多疾病就是由于相应的调控机制失控引起。随着对细胞复杂性研究越深，人们愈发惊奇于细胞调控的精密性，不会同时出现过多差错，不会有过多的个体同时处于异常状态。我们在后续章节中进一步研究细胞内各种化学成分和细胞活动，还需注意周围环境对细胞的限制和影响。只有将细胞的各个部分以及所有细胞活动结合起来，我们才能理解细胞世界的奇妙之处。

参考书目

Water and Electrolytes

Eienberg, D. and Kauzmann, W. *The Structures and Properties of Water*. Fairlawn, NJ: Oxford University Press, 1969.

Gestein, M. and Levitt, M. Simulating water and the molecules of life. *Sci. Am.* 279:100, 1998.

Klein, M. L. Water on the move. *Science* 291:2106, 2001.

Miyazaki, M., Fujii, A, Ebata, T., and Mikami, N. Infrared spectroscopic evidence for protonated water clusters forming nanoscale cages. *Science* 304:1134, 2004.

Morris, J. G. *A Biologist's Physical Chemistry*. Reading, MA: Addison-Wesley, 1968.

Westof, E. *Water and Biological Macromolecules*. Boca Raton, FL: CRC Press, 1993.

Wiggins, P. M. Role of water in some biological processes. *Microbiol. Rev.* 54:432, 1990.

Cell Structure

Alberts, B., Johnson, A., Lewis, J., Raff, M., Roberts, K., and Walter, P. *Molecular Biology of the Cell*, 4th ed. New York: Garland Publishing, 2002.

Becker, W. M. and Deamer, D. W. *The World of the Living Cell*, 2nd ed. Redwood City, CA: Benjamin, 1991.

DeDuve, C. *Guided Tour of the Living Cell*, Vols. 1 and 2. New York: Scientific American Books, 1984.

Dingle, J. T., Dean, R. T., and Sly, W. S. (Eds.). *Lysosomes in Biology and Pathology*. Amsterdam: Elsevier (a serial publication covering all aspects of lysosomes).

Holtzman, E. and Novikoff, A. B. *Cells and Organelles*, 3rd ed. New York: Holt, Rinehart & Winston, 1984.

Hoppert, M. and Mayer, F. Principles of macromolecular organization and cell function in bacteria and archaea. *Cell Biochem. Biophys.* 31:247, 1999.

Misteli, T. Protein dynamics: Implications for nuclear architecture and gene expression. *Science* 291:843, 2001.

Porter, K. R. and Bonneville, M. A. *Fine Structure of Cells and Tissues*. Philadelphia: Lea & Febiger, 1972.

Vale, R. D. Intracellular transport using microtubule-based motors. *Annu. Rev. Cell. Biol.* 3:347, 1987.

Cell Organelles

Baumann, O. and Walz, B. Endoplasmic reticulum of animal cells and its organization into structural and functional domains. *Int. Rev. Cytol.* 205:149, 2001.

Benedetti, A. *Endoplasmic Reticulum: A Metabolic Compartment*. New York: Ios Press, 2005.

Brocard, J. B., Rintoul, G. L., and Reynolds, I. J. New perspectives on mitochondrial morphology in cell function. *Biol. Cell* 95:239, 2003.

Cuervo, A. M. Autophagy: In sickness and in health. *Trends Cell Biol.* 14:70, 2004.

De Duve, C. The birth of complex cells. *Sci. Am.* April:50, 1996.

Eckert, J. H. and Erdmann, R. Peroxisome biogenesis. *Rev. Physiol. Biochem. Pharm.* 147:75, 2003.

Enns, G. M. The contribution of mitochondria to common disorders. *Mol. Genet. Metab.* 80:11, 2003.

Fujiki, Y. Peroxisome biogenesis and peroxisome biogenesis disorders. *Fed. Eur. Biochem. Lett.* 476:42, 2000.

Hirokawa, N. and Takemura, R. Biochemical and molecular characterization of diseases linked to motor proteins. *Trends Biochem. Sci.* 28:558, 2003.

Holtzman, E. *Lysosomes*. New York: Plenum Press, 1989.

Latruffe, N. and Bugaut, M. *Peroxisomes*. New York: Springer-Verlag, 1994.

Lemasters, J. J. and Nieminen, A. *Mitochondria in Pathogenesis*. New York: Kluwer, 2001.

Luzio, J. P., Poupon, V., Lindsay, M. R., Mullock, B. , M., Piper, R. C. and Pryor, P. R. Membrane dynamics and the biogenesis of lysosomes. *Mol. Membr. Biol.* 20:141, 2003.

Moser, H. W. Molecular genetics of peroxisomal disorders. *Frontiers Biosci.* 5:D298, 2000.

Osteryoung, K. W. and Nunnari, J. The division of endosymbiotic organelles. *Science* 302:1698, 2003.

Pavelka, M. *Functional Morphology of the Golgi Apparatus*. New York: Springer-Verlag, 1987.

Preston. T. M., King, C. A., and Hyams, J. S. *The Cytoskeleton and Cell Motility*. New York: Chapman and Hall, 1990.

Rothman, J. E. and Orci, L. Budding vesicles in living cells. *Sci. Am.* 274:70, 1996.

Scheffler, I. E. *Mitochondria*. New York: Wiley, 1999.

Strauss, P. R. and Wilson, S. H. *The Eukaryotic Nucleus: Molecular Biochemistry and Macromolecular Assemblies*. Caldwell, NJ: Telford Press, 1990.

Van der Klei, I. J. and Veenhuis, M. Peroxisomes: Flexible and dynamic organelles. *Curr. Opin. Cell Biol.* 14:500, 2002.

Web Sites

Endoplasmic reticulum: http://cellbio.utmb.edu/cellbio/rerlinks.html

Golgi: http://cellbiol.utmb.edu/cellbio/golgi.htm

Lysosomes and Peroxisomes: HTTP://www.ultranet.com/jkmball/biology/BiologyPages/L/lysosomes.html

Mitochondria: http://mit.edu:8001/esgbio/cb/org/organelles.html

习题和参考答案

选择题

1. 原核细胞具有而真核细胞没有的细胞组分有：
   A. 内质网
   B. 组蛋白
   C. 核酸
   D. 细胞核
   E. 细胞膜
2. 使水分子形成两极的因素有：
   A. 氢和氧类似的电子亲和力
   B. 液态水的四面体结构
   C. H—O—H 键角的强弱
   D. 水分子与多种化学结构间形成氢键
   E. 氢键和共价键之间键的强弱差别
3. 氢键可在含有负电荷的氧或氮原子与结合了____的氢原子之间：
   A. 碳
   B. 带负电荷的原子
   C. 氢
   D. 碘
   E. 硫
4. 下列分子在水中既能形成 Bronsted 酸又能形成 Bronsted 碱的有：
   A. $H_2PO_4^-$
   B. H_2CO_3
   C. NH_3

D. NH_4^+

E. Cl^-

5. 下列选项中除____之外是与生物膜有关的？

A. 阻挡可溶性离子的自由扩散

B. 细胞受损时释放蛋白质

C. 不带电荷分子的特殊转运系统

D. 生化反应的场所

E. 蛋白质与核酸跨膜的自由运动

6. 体液的组成分析，下列正确的是：

A. 血浆中主要的阳离子是 K^+

B. 细胞质中主要的阳离子是 Na^+

C. 细胞内主要的阴离子之一是 Cl^-

D. 细胞内主要的阴离子之一是磷酸根

E. 细胞膜和细胞质的离子组成非常类似

问题 7 和 8：患有 Luft 病的患者其症状为全身虚弱，过度出汗，摄入的热量高但体重不增加，基础代谢率过度升高。Luft 病是一种线粒体缺陷的疾病，主要是线粒体中氧的利用机制障碍。

7. 下列选项中与线粒体功能的说法不正确的是：

A. ATP 合成

B. DNA 合成

C. 蛋白质合成

D. 低 pH 条件下多种大分子的水解

E. 凋亡

8. 下列选项中哪些为线粒体的特征？

A. 内膜形成嵴，嵴上附着着带有小柄的小球

B. 外膜具有高选择的渗透性

C. 电子传递链的组成位于线粒体基质中

D. 线粒体 DNA 的大小和形状与核 DNA 类似

E. 以上都正确

问题 9 和 10：痛风是因为机体产生了过多的尿酸堆积到关节中。临床现象有炎症、疼痛、关节肿胀，尤其是大脚趾关节肿胀。晶体为关节中的细胞所吞噬，堆积在含有溶酶体酶的消化性小泡中。堆积的晶体对小泡造成物理性损伤后，其内的溶酶体酶释放到细胞质中。

9. 关于溶酶体酶下列说法正确的是：

A. 水解酶

B. 通常在酸性 pH 中发挥作用

C. 通常经溶酶体膜将酶与其底物分离

D. 如果溶酶体膜受损则导致细胞消融

E. 以上皆正确

10. 在许多基因型疾病中单个的溶酶体酶缺失被称作是溶酶体存储疾病。下述哪项是正确的：

A. 其缺陷是不能将合成好的酶转入溶酶体中

B. 患病细胞的溶酶体因含有未被消化的物质而变大

C. 脂褐素或“衰竭色素”堆积在细胞中

D. 运至溶酶体的任何物质均被堆积

E. 残渣小体中含有消化的产物

问题 11 和 12：Zellweger 综合征是一种过氧化物酶体生物发生紊乱（peroxisome biogenesis disorders，PBD）的疾病，其主要特征为肝、肾、脑和骨骼系统异常。Zellweger 综合征相当罕见，患者通常在六个月时死亡，他们缺少了功能性的过氧化物酶体。

11. 关于过氧化酶体的作用，不正确的是：

A. 长链脂肪酸的氧化

B. 甘油酯的合成

C. 胆固醇酯的水解

D. D-氨基酸的氧化

E. 尿酸的氧化

12. 过氧化物酶体的作用之一是将 H_2O_2 通过____变为无毒：

A. 和氧一起氧化氨基酸

B. 过氧化氢酶的作用

C. 将 H_2O_2 由血液转至过氧化物酶体

D. 组织蛋白酶的作用

E. 脂肪酸链的缩短

问答题

13. 如果弱酸在 pH 5.7 时有 91% 被中和，那么该酸的 pK' 是多少？

14. 代谢碱毒症中血液的 pH 高于其正常情况下的 7.40，原因之一是[$H_2CO_3^-$]升高。如果患者血液的 pH＝7.45，[CO_2]＝1.25mmol/L，其[$H_2CO_3^-$]是多少？碳酸氢盐/碳酸体系的 pK' 是 6.1。算出的碳酸氢盐值与正常值相比如何变化？

参考答案

1. C 原核细胞的DNA被组织在含有RNA和蛋白质的结构中，该结构被叫作拟核。A，B，D是在真核细胞中的，E是原核细胞和真核细胞都有的成分。
2. C 水是极性分子，因为形成键的电子在氢氧之间更易被氧所吸引。键角使得电荷分布不对称；如果将水分子线性化，它将不再是两性分子。A：氢氧的电子亲和力不同。B和D是水分子结构的结果，不是使其呈两性的原因。
3. B 只有与带有负电荷的分子(O，N，F)结合的氢原子才能形成氢键。参与形成氢键的氢必须在其两边都有一个带有负电荷的分子。
4. A $H_2PO_4^-$ 捐出一个质子后变为 HPO_4^{2-}，也可接受一个质子后变为 H_3PO_4。B和D是Bronsted酸；C是Bronsted碱。水中的 Cl^- 两者都不是。
5. E 这些分子太大不能自由跨膜，除非膜破损(B)。A：离子型的溶质不易穿过脂质膜。C：大多物质需要跨膜。D：不同的膜发生不同的反应。
6. D 磷酸盐和蛋白质是主要的细胞内阴离子。A，B和E：血浆和细胞质极不相同。Na^+ 是血浆中主要的阳离子。C：绝大多数氯化物存在于细胞外。
7. D 这是溶酶体的功能。A：这是线粒体的主要功能。B和C：线粒体可合成其自身的一些蛋白质。E：细胞色素c作为电子传递链的一部分是程序性细胞死亡的起始因子。
8. A 与外膜大不相同。B：与外膜相比，内膜在膜的渗透性上具有相对较高的选择性。C：电子传递链位于内膜上。D：线粒体DNA(mtDNA)为小的环状结构。
9. E A：有针对大分子所有家族的水解酶。B，D：过氧化物酶体中的pH通常在5左右但其中酶的活性需在较高的pH下发挥作用。C：底物和酶经吞噬作用或胞饮作用集合在一起。
10. B 肿胀干扰了正常的细胞进程。A：这是I型细胞病，影响所有运出细胞外的溶酶体酶。C：这是正常过程。脂褐素是化学异质型色素底物，不是因溶酶体酶缺失所造成的。D：每种溶酶体储存性疾病影响单一的酶，相应地，只有该酶所对应的底物受到影响。E：残渣小体含有未被消化的物质。
11. C 这发生在溶酶体中。
12. B H_2O_2 转化为 O_2 和 H_2O。A，E：这些生成 H_2O_2。C：H_2O_2 在溶酶体中生成和利用。D：这些是溶酶体的酶。
13. 如果弱酸有91%被中和，那么这91%的部分呈现为共轭碱的形式，而余下9%保持着未解离的酸的形式。所以共轭碱/酸的比例为10∶1。将该比值带入Henderson-Hasslbalch方程式中 $5.7=pK'+\log(10/1)$。计算解出该方程式中的 pK' 为4.7。该酸可能是β-羟基丁酸，这是一种重要的生理酸，它的 pK' 为4.7。
14. 需简单地将给定的值替换带入Henderson-Hasslbalch方程式中。

$$7.45=6.1+\log(x/1.25)$$
$$1.35=\log(x/1.25)$$

反对数1.35=22.39。所以，$[HCO_3^-]=22.39\times1.25=27.98$ mmol/L

正常的 $[HCO_3^-]=24.0$ mmol/L，所以 HCO_3^- 上升了3.98 mmol/L。

(陈瑶 译)

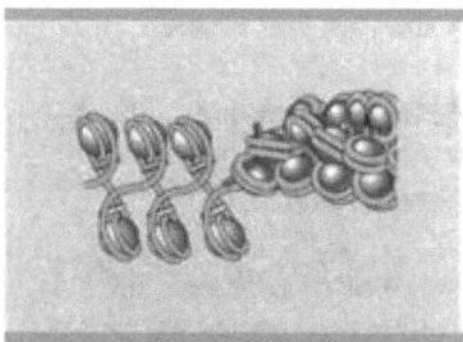

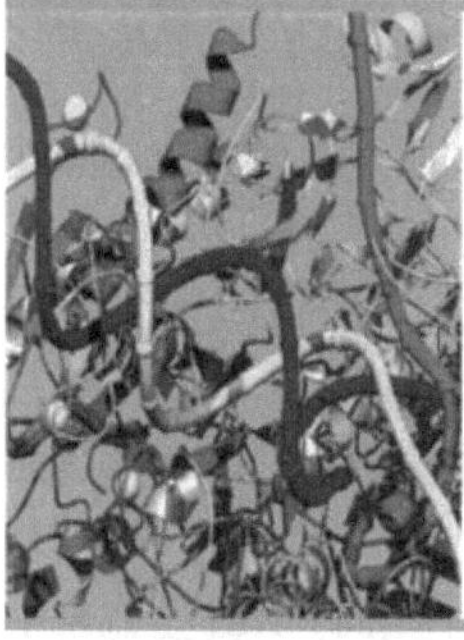

2

DNA 和 RNA 的组成和结构

Stephen A. Woski and Francis J. Schmidt

临床相关知识

2.1　概述

繁衍是生物体最重要的标志之一。生物繁衍后代过程中通过**核酸**(**nucleic acid**)将其特有的遗传信息保存并传递给后代。除病毒外，脱氧核糖核酸(DNA)是储存遗传信息的物质，它化学性能稳定，仅利用四个简单的字母排列从而编码大量的遗传信息。

分子生物学中心法则

DNA 的主要作用是储存遗传信息，因此，它是生命系统中最重要的活性分子。然而，DNA 仅是生命核心组成的一部分，RNA 和蛋白质同样起着非常重要的作用，它们三者间的相互关系组成了**“分子生物学中心法则”**(**central dogma of molecular biology**)(图 2.1)，该法则认为 DNA 储存的信息决定 RNA 序列，而 RNA 序列决定蛋白质结构。细胞的结构和生物化学性质由其组成蛋白的特性所决定，蛋白质特性由 DNA 的一段序列决定。遗传信息通过**转录**(**transcription**)从 DNA 传递至 RNA，随后，RNA 序列在核糖体上**翻译**(**translated**)成氨基酸序列。除了作为转录模板外，DNA 还可作为自我**复制**(**replication**)的模板。但这些分子在中心法则中的作用不是绝对的。例如，RNA 在生化反应中可以作为催化剂或**核酶**(**ribozyme**)以及**反转录**(**reverse transcription**)中 DNA 合成的模板。此外，RNA 组成核糖体的活性成分，而核糖体是细胞内蛋白质合成的机构。DNA 及 RNA 相互作用与蛋白质密切联系，表明蛋白质也能储存遗传信息。然而，核酸仍在生命中发挥着主导作用。

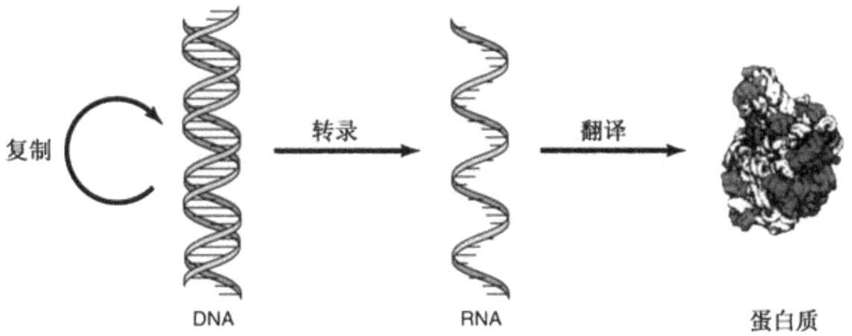

图 2.1　分子生物学中心法则

DNA 转化细胞

20 世纪 50 年代，人们已经普遍认为核酸是细胞的重要物质。20 世纪 20 年代人们第一次发现遗传物质是DNA，这一点直到1944年才被完全证实。当时实验中发现两株能引起肺炎的肺炎球菌，其中一株能形成光滑的克隆，标记为S型，而另一株形成粗糙的克隆，标记为R型。S型有毒性，而R型无毒，两者遗传性不同且不能自发地转化。将从S型菌落中提取的纯DNA处理R型菌落，R型就**转化**(**transformation**)成了S型，这种转化能永久不变地遗传给后代。这表明DNA将遗传信息从一代传递至下一代。临床相关知识2.1讲述了用DNA转化哺乳动物细胞的疫苗。

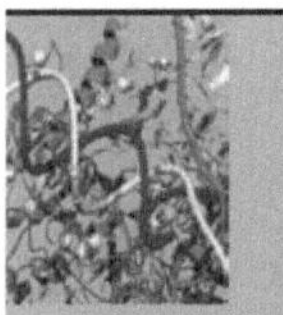

临床相关知识 2.1

DNA 疫苗

传统的疫苗接种过程是利用纯化的受感染生物体成分、病毒以及死的或毒性减弱的完整细胞去引起机体产生特异性抗体，激活个体的免疫反应。这样的疫苗成功地预防了脊髓灰质炎、天花、百日咳、伤寒和白喉等传染病。然而，对HIV及疟疾等传染性病原体的免疫防疫始终是个难题。这些病原体危害着全球，由于抗生素耐药性的不断增强，人类需要研制生产出新型疫苗。

近来人们用含有病原体基因序列的DNA进行免疫。该DNA是一种经特殊改造过的细菌质粒，含有编码病原体抗原的序列。该DNA能进入各型细胞，并且通过细胞的转录和翻译机制在细胞中表达，这一行为像病毒。然而，这些DNA疫苗仅包含有限的遗传信息而不具传染性。人们还不十分清楚这种免疫反应的机制。对病毒、细菌及寄生微生物的深入研究，有利于研制开发有效防疫HIV/AIDS、结核及疟疾等难以治疗的传染性疾病的疫苗。DNA疫苗还有望成为肿瘤疫苗。尽管肿瘤细胞表达的抗原免疫性很弱，但现代利用DNA质粒的研究已取得了较好成果。用来自毒性减弱的沙门氏菌中的质粒经口服免疫实验小鼠，能减慢或完全阻止致死性剂量药物引起的肿瘤细胞生长。细菌死亡后释放出大量的质粒，这些质粒被免疫系统的抗原呈递给细胞，至于该机制如何作用于人体仍在研究中。

DNA能储存海量的遗传信息

DNA的一个显著特性是它能编码海量的生物信息。例如，人细胞含有20 000～25 000个蛋白质信息，均储存在直径约0.000 01m的细胞核中。尽管DNA携带的信息如此密集，这些信息仍然能够依据命令轻易获得并复制，DNA储存或获得大量分子信息的能力远远超过了现代信息技术，这有赖于核酸的化学结构。

2.2 核酸的结构组成：核酸碱基、核苷及核苷酸

核酸(**nucleic acid**)是多个**核苷酸**(**nucleotide**)的线性多聚体。核苷酸由磷酸酯、戊糖和杂环碱基三种成分连接而成。RNA的戊糖是**D-核糖**(**D-ribose**)，DNA的戊糖是**D-2-脱**

氧核糖（2-deoxy-D-ribose）。两者的碱基均通过β-N-核苷键与戊糖的 C-1 相连接。核酸的碱基分为**嘌呤（purine）**和**嘧啶（pyrimidine）**两大类（图 2.2）。大部分嘌呤为腺嘌呤和鸟嘌呤，它们存在于 DNA 和 RNA 中，通过 N9 与戊糖相连。三类主要的嘧啶是：胞嘧啶、尿嘧啶和胸腺嘧啶。胞嘧啶存在于 DNA 和 RNA 中，胸腺嘧啶仅在 DNA 中，尿嘧啶仅在 RNA 中。所有的嘧啶通过 N1 与戊糖相连。碱基与核糖或脱氧核糖相连形成核糖核苷或脱氧核糖核苷（图 2.3、图 2.4）。RNA 分子中常见的四种核糖核苷是：**腺苷（adenosine，A）、鸟苷（guanosine，G）、胞苷（cytidine，C）**和**尿苷（uridine，U）**，而 DNA 分子中的四种脱氧核糖核苷是：**脱氧腺苷（deoxythymidine，dA）、脱氧鸟苷（deoxyguanosine，dG）、脱氧胞苷（deoxycytidine，dC）**和**脱氧胸苷（deoxythymidine，dT）**。另外研究发现核酸中有 80 多种次核苷。**核苷酸**是核苷的磷酸酯（图 2.5）。核糖环上的任何一个游离羟基均能被磷酸化。含一个磷酸基团的核苷酸称为核苷一磷酸。例如，脱氧胞苷的 5′核苷酸即是脱氧核苷 5′单磷酸（5′-dCMP）。游离羟基可以连接多个磷酸，形成 2～4 个磷酸酯。鸟苷的 5′核苷三磷酸 GTP 亦是磷酸双酯，即“第二信使”3′，5′-环磷酸腺苷（cAMP）和 3′，5′-环磷酸鸟苷（cGMP）。

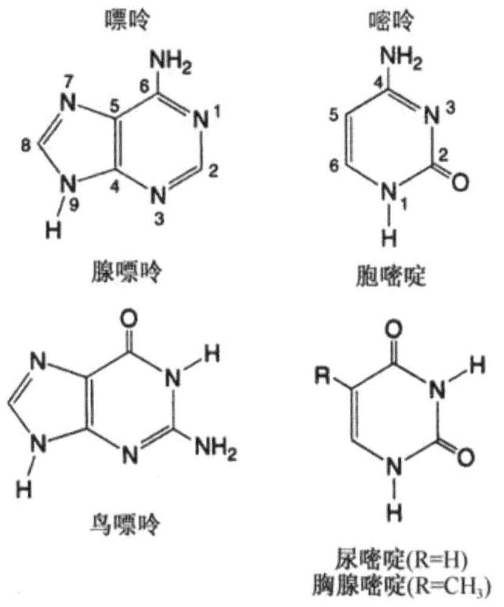

图 2.2　RNA 和 DNA 中主要的嘌呤和嘧啶碱基

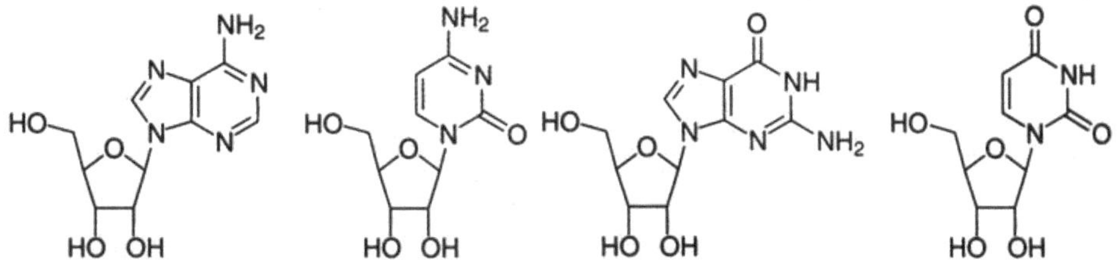

腺苷 A　　胞苷 C　　鸟苷 G　　尿苷 U

图 2.3　核苷的结构

A、C、G、U 是核苷的一字母缩写。这些缩写在相关碱基和核酸中使用，有时也代表脱氧核苷

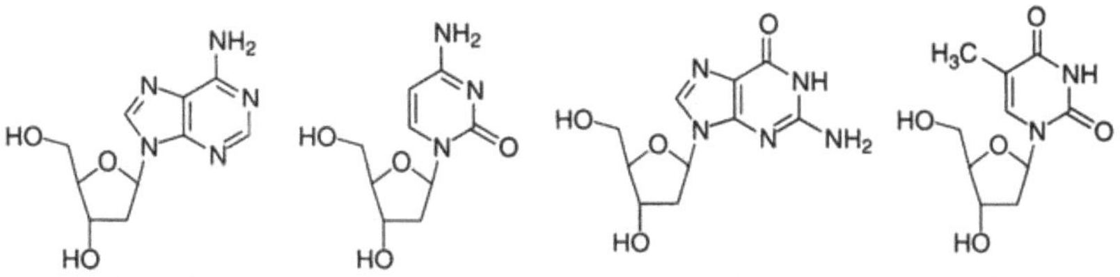

脱氧腺苷 dA　　脱氧胞苷 dC　　脱氧鸟苷 dG　　脱氧胸苷 dT

图 2.4　脱氧核苷的结构

2-脱氧核糖被缩写为 d 并冠于单字母缩写之前。胸腺嘧啶（T）常与脱氧胸腺嘧啶（dT）不加区分

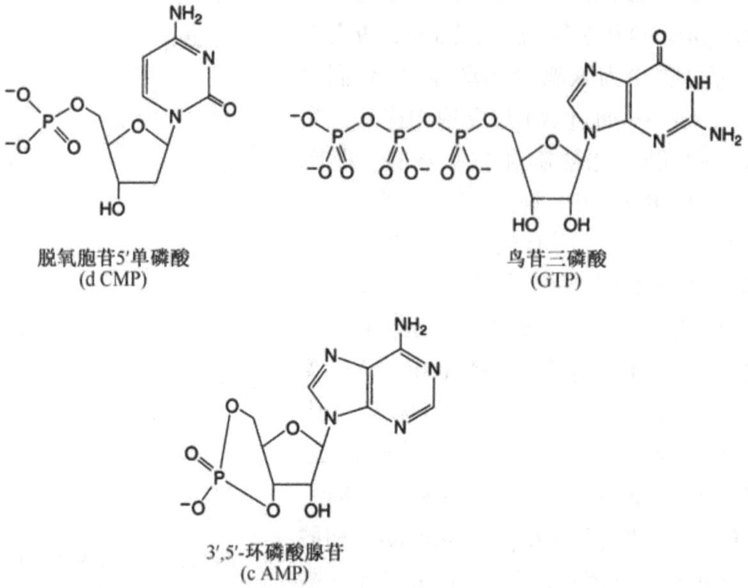

图 2.5　一些典型的核酸衍生物的结构

核苷和核苷酸的物理特性

碱基、核苷和核苷酸可溶解在 pH 范围较宽的各种溶液中。由于戊糖具有亲水性，核苷比对应的碱基更易溶解。然而，在生物学上相关的 pH 范围内（pH6～8）核苷是中性的。只有在极低或极高 pH 时，核苷才带电荷。磷酸化的核苷其水溶性会增加。核苷一磷酸酯或核苷双磷酸酯的 pK_a 约为 1，因此，在生理条件下的 pH 范围内，核苷磷酸酯带负电。核苷一磷酸的第二个 pK_a 约为 6.5，因此，在中性 pH 范围内，一价阴离子与二价阴离子间存在平衡。带两个和三个磷酸基团的核苷酸带多价负电荷，这些带电荷的磷酸基团提供位点，使核苷酸能与带正电荷的蛋白质和金属离子发生静电反应。

核苷和核苷酸在较大 pH 范围内都是稳定的。在强碱性条件下，磷酸酯会缓慢水解，核苷及核苷酸的 N-核苷键是稳定的，但在酸性条件下会不稳定。高温下，嘌呤碱基（G 和 A）的质子化效应会导致戊糖与碱基的结合键断裂。嘧啶（C、T 和 U）核苷和核苷酸较能耐酸。能断裂核苷键（如 60% 高氯酸，100℃）亦能破坏戊糖。

含有嘌呤或嘧啶碱基的分子能强烈地吸收紫外线。嘌呤及含嘌呤的核苷和核苷酸比嘧啶衍生物的吸光系数更高。核酸的紫外线最大吸收波长值在 260nm 附近。因为蛋白质及其他细胞成分在此波长值时无吸收，因此，在 260nm 处的强烈吸收就提示核酸碱基的存在。由于碱基在核酸中超浓缩且具有高吸光系数，因此，其 260nm 处的吸收可以用于精确定量某个样本中核酸（DNA 或 RNA）的含量。目前高效液相色谱法（HPLC）、薄层色谱法（TLC）、纸色谱法以及电泳等多种技术可用于进一步分析和分离碱基、核苷、核苷酸及核酸。

核苷和核苷酸的结构特点

核苷及核苷酸具有大量可能的构象。与相对稳定的六环结构不同，五环结构的构象更易改变。由于相互作用不对称，戊糖五环结构上的原子并不在同一平面。为了缓解这种情况，环上的一到两个原子脱离该平面，使得环戊烷在“船式”和“半椅式”构象间迅速转换。由于核苷中戊糖的不对称替代形式，两种构象均存在(图 2.6)。**糖环折叠(sugar puckering)**模型可根据 C1′-O4′-C4′基团平面上的 2′及 3′碳原子的替换来定义。按常规，“上方”是指碱基与 C5′在戊糖环上的投影，亦指戊糖的内结构。若 C2′在戊糖环平面上被取代，则该构象为 C2′-*endo*。从侧面看，这些戊糖碳原子排列似字母 S，因此，该构象有时被称为 South 构象。另一种常见折叠情况为 C3′-*endo*，是 C3′朝向内侧被取代，这时，戊糖碳原子排列似字母 N，称为 North 构象。在这些构象中，与戊糖相连的基团的定向各不相同。例如，和 C3′-*endo* 折叠构象相比，C2′-*endo* 折叠构象中的 5′和 3′磷酸基团相距更远。这两种构象中糖苷键的定向也存在明显差异。

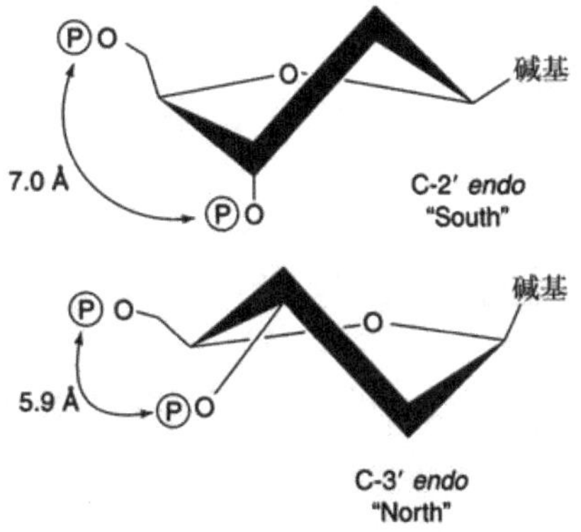

图 2.6　戊糖的构成

这两种构象在碱基的定位上及 3′5′磷酸基团的距离上产生变异。最终，这些不同效应形成了双螺旋复合体的构象

C3′-*endo* 与 C2′-*endo* 两种构象间可快速平衡。戊糖 2′端的负电荷被取代后倾向于 C3′-*endo* 构象。因此，RNA 中的核苷倾向于 C3′-*endo* 折叠构象。在 2′羟基基团与相邻基团中 O4′原子间形成的氢键可改变这两种构象间的平衡，更倾向于形成 C3′-*endo* 的构象。但是 DNA 中的 2′-脱氧核糖核酸中的氢键可替代 2′羟基基团，所以更易形成 C2′-*endo*的构象。

核苷上的碱基在一个平面上，由于碱基可以围绕糖苷键自由旋转，所以碱基的两种定位取决于戊糖的结构(图 2.7)。嘌呤中，**反式构象(*anti* conformation)**H8 在戊糖上方；然而，**顺式构象(*syn* conformation)**中 H8 却远离戊糖，大量嘌呤双环在戊糖上方。嘧啶中，反式构象中 H6 原子在戊糖环上方，而顺式构象中较大的 O2 原子在戊糖环的上方。因此

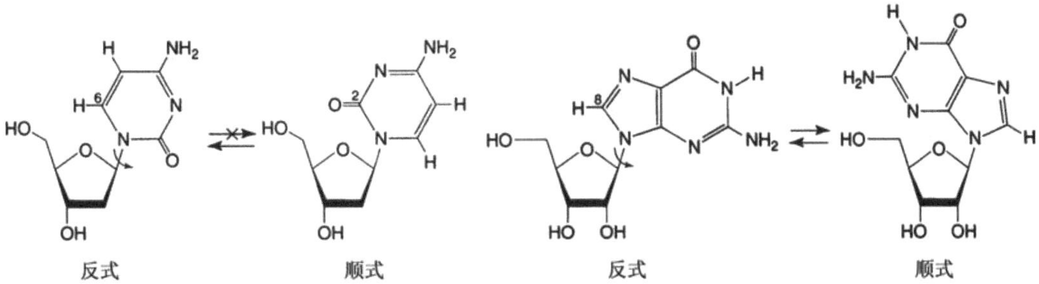

图 2.7　嘌呤和嘧啶的糖苷构成

在嘧啶中，糖和碱基的 O2 在立体空间上的冲突不适宜形成顺式构象。在嘌呤中，反式构象和顺式构象易在内部转换，多数情况下反构象更加稳定。5′磷酸鸟苷酸由于 2-NH₂ 与磷酸的氧基团的相互作用使得其在顺式构象上比较稳定

嘧啶更倾向于反式构象立体结构，此构象在立体空间上受到的阻力相对较小。嘌呤在两种构象中迅速转换，但较倾向于反式构象。然而，5′鸟苷酸为例外，在其结构中，2-NH_2 基团和 5′磷酸基团间的相互作用使顺构象结构更稳定。例如，dGMP 倾向于顺式糖苷键构象，在交替变换 GC 序列的双链 DNA 中也可见到该构象。这类 DNA 中 G 基团的顺式构象导致形成罕见的左手螺旋(见 2.2 节)。

2.3 DNA 的结构

多聚核酸结构

核苷酸之间由**磷酸二酯键**(**phosphodiester**)结合成链即形成核酸(图 2.8)。核酸之间链长各不相同，碱基数在两个至亿万个之间变化。核苷酸数≤50 的核酸链称为**寡核苷酸**(**oligonucleotide**)，而长于此的称为**多聚核苷酸**(**polynucleotide**)。磷酸二酯键将一个残基的 5′羟基基团与另一个残基的 3′羟基基团相结合。自然形成的 DNA 中没有两个 5′-OH 间或两个 3′-OH 间的结合。这种**方向性**(**directionality**)意味着线性寡核苷酸或多聚核苷酸含一个 5′-OH 末端和一个 3′-OH 末端，分别称为 **5′端**(**5′ terminus**)和 **3′端**(**3′ terminus**)。许多多聚核苷酸有一个或两个末端被部分磷酸盐基团或氨基酸基团所修

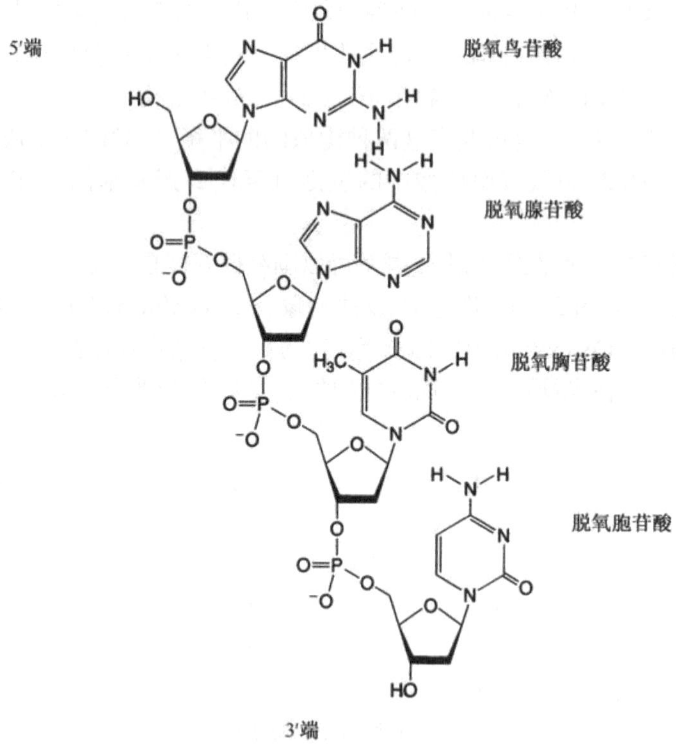

图 2.8　DNA 多聚核苷酸的结构

图所显示的是一个四核苷酸。一般少于 50 个核酸的核苷酸称为寡核苷酸，长的核苷酸称为多聚核苷酸

饰。多聚核苷酸环不含自由末端，由线性多聚核苷酸的 5′端通过磷酸二酯键与自身的 3′端相结合而成。

不论是线性或是环状多聚核苷酸，其中的糖基-磷酸二酯骨架结构是完全相同的，其化学差异性主要源于碱基的不同。碱基排列**序列**(**sequence**)赋予每个分子不同的化学特性(图 2.9)。类似情形同样见于多肽和蛋白质中(见 3.4 节)，它们化学结构的变化由氨基酸的侧链特性决定。

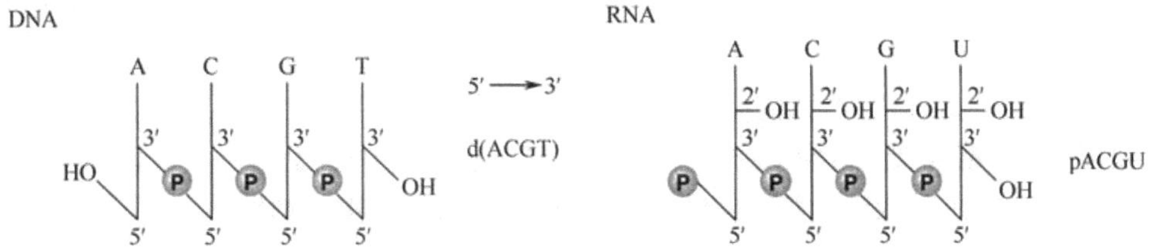

图 2.9 寡核苷酸结构的短手标记

常规书写寡核苷酸或多聚核苷酸的结构时用竖线表示糖环部分，糖环中的 5′-OH 位于竖线底端，3′-OH 或 2′-OH 位于中间，3′和 5′间的连线表示 3′,5′-磷酸键，竖线左边或右边的 P 分别表示 5′-磷酸基团或 3′-磷酸基团，竖线顶部表示碱基。交替的短手标记按 5′→3′方向从左到右用碱基起始的字母标识出，之间的磷酸基团为假定的，末端的磷酸基团表示为“P”。含有脱氧核糖的寡核苷酸序列以“d”字母开头

多聚核苷酸构象

多聚核苷酸的构象主要由碱基决定，碱基的边缘包含氮原子和氧原子(—NH_2、═N—和═O 基团)，它们能与其他极性基团或周围的水分子相互作用。多聚核苷酸中的环平面有疏水倾向，不参与这些相互作用；但环平面之间因相互作用而形成层叠构象。碱基堆积减少了被极化水分子溶解的疏水性表面区域；相反由于电子间作用，使得碱基的层叠构象变得更稳定。与其他芳香族化合物类似，在碱基环的上方和下方存在高度移位的 π 轨道。该电子能被附近的偶极子极化，这将促使偶极子与极化基团相互作用，它们之间微弱的相互作用能被伦敦色散力(感生偶极子-感生偶极子之间的相互作用)增强。由于电子间相互作用的强度在很大程度上由相互间的距离决定，因此，在层叠结构碱基间不存在任何空白空间。

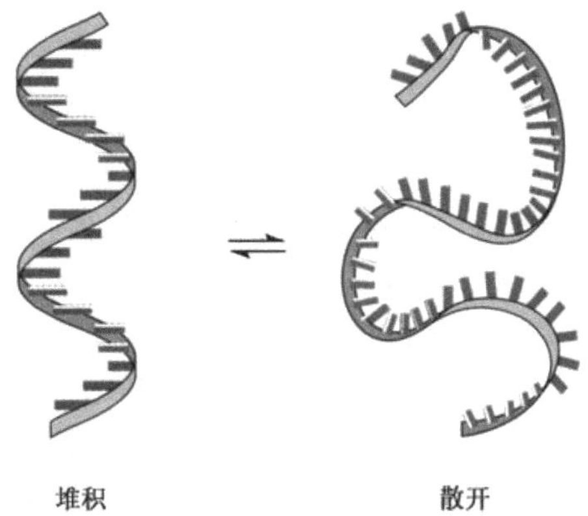

图 2.10 单链多聚核苷酸层叠环和离散环的构成

螺旋环代表了多聚核苷酸糖-磷酸盐骨架。侧面的碱基视为线状，可结合邻位的碱基。散开的碱基由于碱基随意朝向，导致形成更易弯曲的结构

多聚核苷酸所采取的构象为最适于与邻近碱基发生层叠作用。糖-磷酸二酯骨架结构趋向于螺旋结构(图 2.10)，该螺旋结构的稳定性由如下因素决定：依赖于序列的碱基层叠、pH、盐浓度和温度。例如，合成的多聚核苷酸包括多聚胞核苷酸和多聚腺核苷酸，形成碱基高度层叠的右手螺旋。其他许多的多聚核苷酸为**随机螺旋**(**random coil**)构象。大分子的多聚核苷酸

可能同时具有螺旋和无序区,这取决于局部的碱基顺序。多聚核苷酸是否采用层叠构象还取决于溶液的特性。例如,高浓度的阳离子尤其是 Mg^{2+} 等多价的金属离子,能屏蔽骨架上磷酸二酯基团的负电荷而保持螺旋结构的稳定。一旦屏蔽消除,带负电荷的磷酸盐因静电排斥将打破螺旋结构的稳定。

多聚核苷酸骨架的稳定性

多聚核苷酸在接近中性的水溶液中相对稳定。DNA 中磷酸二酯键水解的半衰期大约是 2 亿年,DNA 的高度稳定性适合于长期储存遗传信息。相反,RNA 较易水解。它的 2′-OH 基团为 3′,5′-磷酸二酯键间的转酯(基)作用提供了内在的亲核基团(图 2.11),这将导致多聚核苷酸骨架的分裂,形成一个带有 2′,3′-环磷酸盐的片段和一个带有游离 5′-OH 基团的片段。与 DNA 相比,由于 RNA 较易水解,不适合作为遗传物质。

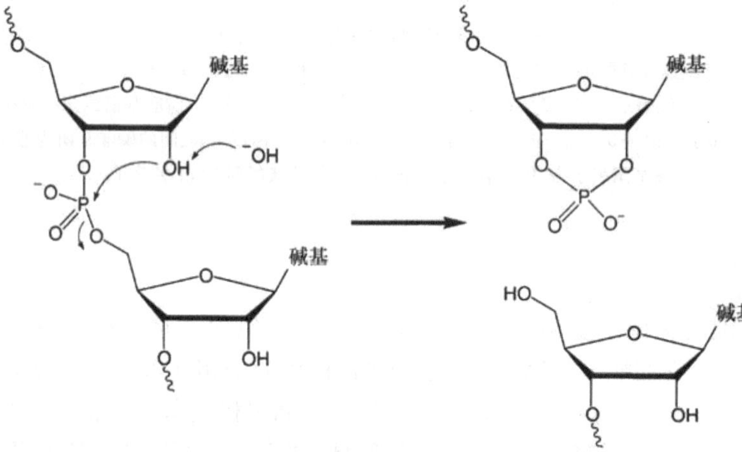

图 2.11　2′-OH 基团增强了 RNA 的水解

核糖上的 2′-OH 基团引起分子间的亲核作用,极大增强了磷酸二酯键骨架的水解效率,生成的 2′,3′-环磷酸二酯与水或氢氧化物反应形成 2′和 3′的磷酸单酯混合物

虽然 DNA 骨架不易水解,相对稳定,但仍有大量的酶可催化磷酸二酯键的断裂。这些核酸酶根据其水解的多聚核苷酸和断裂的特定键的类型加以分类(图 2.12)。**外切核酸酶(exonuclease)**水解多聚核苷酸 3′或 5′端的核苷酸,从多聚核苷酸的末端逐步水解单个的核苷酸,直至多聚核苷酸被完全水解。核酶能分离磷酸二酯键的两个非等价键中的一个,形成游离的 5′-OH 基团和 3′磷酸盐或是形成 5′磷酸盐和 3′-OH 基团。例如,用蛇毒磷酸二酯酶处理寡脱氧(核糖)核苷酸生成 5′磷酸脱氧核苷。相反,用脾磷酸二酯酶处理则产生 3′磷酸脱氧核苷。**内切核酸酶(endonuclease)**在多聚核苷酸内部切断磷酸二酯键;因为不需要游离末端的存在,它们能切断多聚核苷酸环。DNase Ⅰ 和 DNase Ⅱ 等内切核酸酶水解 DNA 没有序列特异性。**限制性内切核酸酶(restriction endonuclease)**可识别和切断特异性序列。限制性内切核酸酶对 DNA 多聚核苷酸测序方法的改进非常有用,并为 DNA 重组技术奠定了基础。就整个多聚核苷酸结构而言,核酶具有特异性。例如,一些核酶可作用于单链或双链多聚核苷酸,而另一些只能作用于其中之一。某些核酶可作用于 DNA 或 RNA,而有些则只能作用于某一种多聚核苷酸。

双螺旋 DNA

在 20 世纪早期到中期，研究认为 DNA 是遗传信息的载体，大量研究着眼于建立储存遗传信息的结构。然而，一些误解影响了研究进展。其中最为典型的是认为 DNA 中的四种核苷等量（dA、dG、dC 和 dT），实验认为 DNA 是由四种核苷酸组成的四核苷酸环（图 2.13），DNA 的分子质量是四核苷酸的几千倍。显然，这种单一而重复的四核苷酸排列结构不足以赋予 DNA 传递庞大数目遗传特性的复杂性。

人工合成实验以及 X 射线实验认可了 DNA 的线性多聚核苷酸结构。然而，DNA 的三维结构仍然是未知的。推导 DNA 的结构必须有三部分重要信息：第一，确定 DNA 的四种核苷酸含量各不相等，而不同生物中核苷酸的含量也不同。然而，研究发现 dA 与 dT 常常是等量的，而 dG 与 dC 等量。因此，人们认为核苷酸是成对存在的，dA 与 dT 配对，而 dG 与 dC 配对；第二，X 射线衍射数据推测出 DNA 含**双螺旋结构**（**double-helical**），而其对称性表明两条多聚核苷酸链相互间是**反向平行**（**antiparalled**）的；第三，碱基是酮类与氨基之间的**互变异构体**（**tautometric**），而不是烯醇与亚胺基的互变异构体。某分子上氢原子位置不同形成的异构体也是互变异构体。四种核苷酸均可能存在两个或更多的平衡态的互变异构体（图 2.14）。研究者曾经试图用不正确的氢键形式形成碱基，这导致了错误的优势互变异构体的分配。后来发现了正确的互变异构体，DNA 模型随即诞生了。

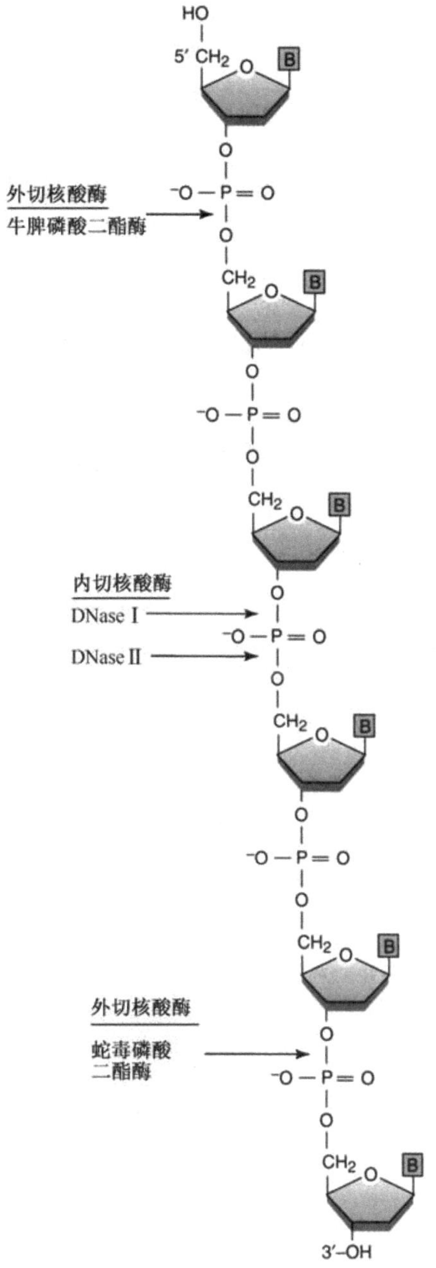

图 2.12　核酶的特异性

外切核酸酶特异性地去掉多聚核苷酸任一末端的核酸残基；内切核酸酶水解核酸内部的磷酸二酯键。内切核酸酶和外切核酸酶特异性识别水解氧磷键

1953 年，Watson 和 Crick 提出的 DNA 双螺旋结构假想受到极大关注，该结构简单且对称（图 2.15）；还解释了 DNA 现有的所有结构数据。随即人们提出关于遗传信息储存机制的假想。Watson-Crick 双螺旋结构被认为是两条右手螺旋的多聚核苷酸链围绕同一条轴互相盘绕而成，这两条双链通过碱基亲水边缘的氢键相互结合。碱基的 N—H 基团可作为氢键的供体，而 C ═ O 基团的

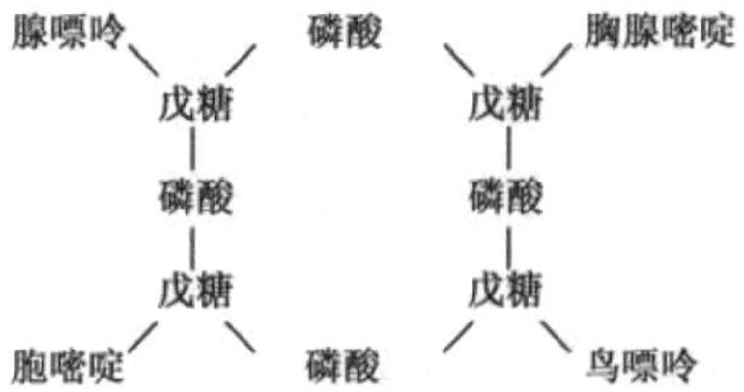

图 2.13　在 1930～1940 年间所提出的 DNA 四级结构

sp^2—杂交氧原子和═N—基团上的氮原子所含的电子对是氢键的受体；受体和供体形成氢键时是配对出现的。这些键在一条链的嘌呤残基与另一条链的嘧啶残基之间，且氢键受体和供体间的配对形成两种**碱基对**(**base pair**)：A-T 和 G-C（图 2.16）。氢键的特异性使**双链 DNA**（**double-stranded DNA，dsDNA**）包含的碱基比例与实际结果一致（dA＝dT 和 dG＝dC）。dA/dT 和 dG/dC 碱基对间的几何结构导致相似的 C1′—C1′距离（约 10.6Å）以及糖苷键的定向性。

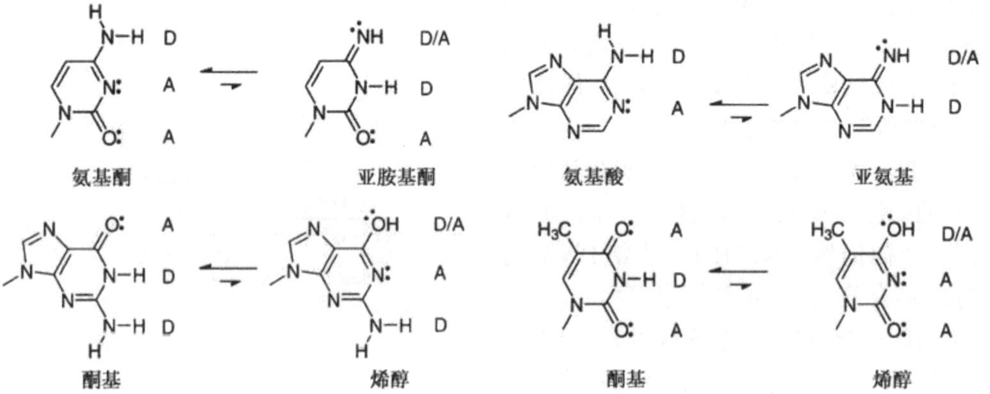

图 2.14　碱基的互变异构形式

互变异构体中的碱基决定了该异构体是作为氢键供体（D）还是氢键受体（A）。图中所显示为主要的互变异构体形式（左）和其对应的其他构象。每种互变异构体的主要氢键如图所示：在次级互变异构体中 OH 和 NH 的位置并不固定，因为它们所在的基团会旋转或形成同分异构体。这种主要构象形式相对于其他形式的平衡比率为 99∶1

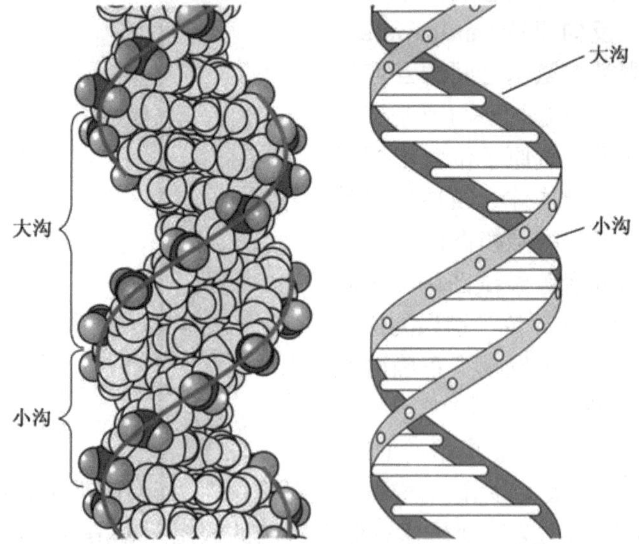

图 2.15　DNA 的 Watson-Crick 模型

左图是 DNA 空间充填的模型；在右图是骨架模型。碱基堆积在螺旋的内部，而亲水的糖-磷酸骨架位于外部

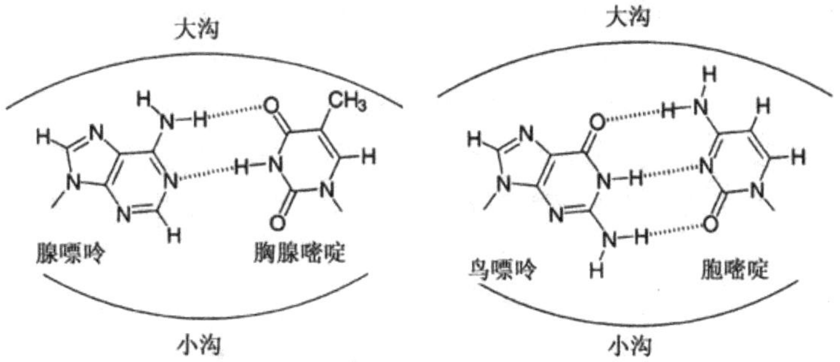

图 2.16　Watson-Crick 的配对碱基

在腺嘌呤和胸腺嘧啶以及鸟嘌呤和胞嘧啶中形成选择性的碱基配对。图示在 A-T 碱基配对和 G-C 碱基配对中氢键复合物的形成

这种**结构同型性**(**structural isomorphism**)意味着四种可能的碱基对(dA－dT、dT－dA、dG－dC 和 dC－dG)中的任何一对都可以定位于双螺旋结构中,骨架结构没有明显变化。

双螺旋结构相对应链上的碱基间关系称为**互补性**(**complementarity**)。由于一条链上的任何碱基与另一条链上的互补碱基通过氢键配对,形状也相匹配,因此碱基间是互补的(图 2.17)。例如,一个腺嘌呤向双螺旋轴心突出,对应链上必有一个胸腺嘧啶向氢键突

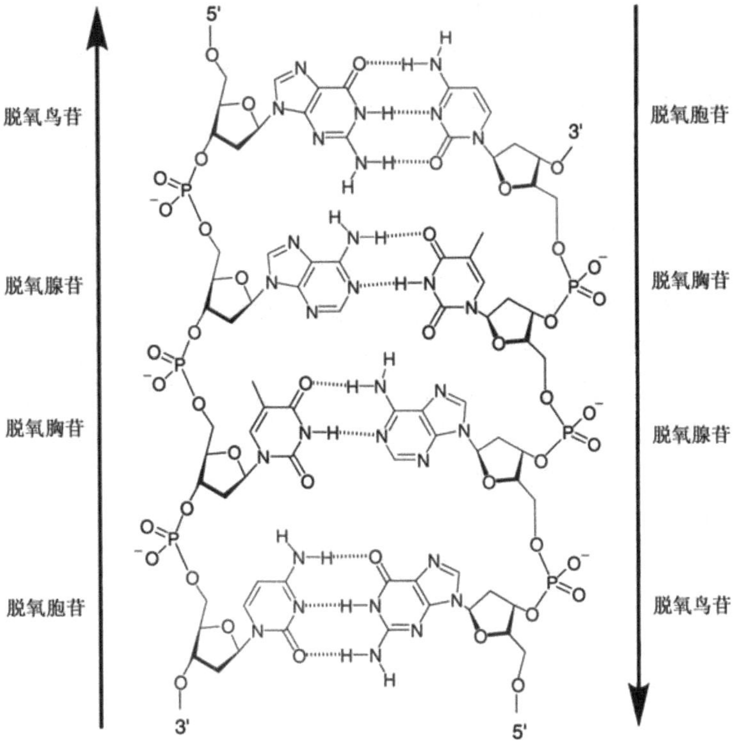

图 2.17　在双链 DNA 附属碱基中氢键的形成

多聚核苷酸链间的相互作用具有高度选择性,其互补性不仅取决于双链互补碱基间的几何因素,还取决于互补碱基特定的氢结合物的形成。图示双链 DNA 的链为反平行定位。螺旋的几何特性不会妨碍平行排列,但这种排列的 DNA 并未被发现

出，并且刚好填补两条链间的空隙；胞嘧啶或鸟嘌呤都无法精确地填入其与腺嘌呤的氢键所形成的空间。氢键的特异性确保了整个一条链上的碱基序列能与另一条链上的互补。

双螺旋的外侧为互补双链的糖-磷酸盐骨架。多聚核苷酸由于本身存在极性，所以不对称。两条链以相反的方向排列，如果一条链上两个相邻的碱基 T 和 C 以 5′→3′方向相连，那么，另一条链上与其互补的碱基 A 和 G 将以 3′→5′方向相连，这种反向平行排列导致双链间的稳定联合。

反向平行的双链互相盘绕，使得戊糖-磷酸盐骨架间形成两种不同的螺旋沟（图 2.15）。**大沟（major groove）**明显宽于**小沟（minor groove）**。这种差异来自碱基对的几何结构：碱基与骨架戊糖间的糖苷键并非直接相对地排列，而是朝向小沟排列；无需分离双螺旋，观察其内部的沟就能识别 DNA 的核苷酸序列。每个碱基通常显示出双螺旋上每一沟槽中相同的原子，这样，某些蛋白质与小分子能构成识别 DNA 特异性序列。例如，嘌呤的 N7 通常在大沟被取代后作为氢键的受体，与某些蛋白质供体基团相互作用（图 2.16）。与此类似，腺嘌呤环外的 2-NH_2 基团通常突入小沟，形成能阻断小分子结合的立体结构。

稳定双螺旋 DNA 的因素

稳定单链多聚合苷酸螺旋结构的堆积作用也是稳定双螺旋的重要因素。双链螺旋的排列更为合理，堆积碱基间的疏水中心与带电荷的糖-磷酸基团的亲水性外缘间是相排斥分离的，这种分离作用在双螺旋中比在单链螺旋结构中更为突出。碱基间堆积减少了碱基周围的水分子，造成单链多聚核苷酸间的堆积。双链螺旋的排列更为有效，因为这样有利于去除水环境中的核酸碱基，大大增强亲水的磷酸骨架在水中的溶解。

堆积作用、疏水作用及范德华力作用，可生成 4～15kcal/mol 能量，以维持每一堆积的核苷酸相邻碱基对之间的稳定（见表 2.1）；双螺旋结构的稳定还需要网络中其他共价氢键的维系。通常这种结合力非常弱（3～7kcal/mol），在 DNA 中更弱（2～3kcal/mol），因为它们受双螺旋结构中的几何空间限制。核酸碱基之间的这种氢键可以以累积效应稳定双螺旋。然而，这种双螺旋的氢键仅仅是取代了在能量上与之相近的单链多聚合核苷酸中核酸碱基和水之间的结合。因此，氢键结合并不是维持双螺旋结构的重要因素。但是，与堆积力相比较，氢键结合高度定向，有助于识别碱基配对是否正确。

氢键就好比是连着双链的“胶水”，而在维持双螺旋的稳定性上，堆积作用所起的重要性并不总比氢键弱。实验发现，有些试剂溶解后，双螺旋的稳定性减弱（变性），堆积作用相对较为主导（见表 2.2）。这表明，试剂的不稳定性与其自身打破氢键的能力强弱无关，而是取决于试剂中游离碱基的溶解性。试剂是否易于溶解取决于碱基，驱动堆积的作用减弱后双螺旋变得不稳定。

静电力也对双螺旋的稳定性和形成发挥着效应。磷酸二酯在生理 pH 下被离子化，所以每一碱基对所在的双螺旋外缘携带两个负电荷。双链中带负电荷的磷酸基团间的电子排斥作用不稳定，互补链之间易于分离。蒸馏水中，室温下 DNA 链分离。但是，诸如 Mg^{2+}、精胺（毒鼠强，羟化四甲胺）和蛋白质的侧链等阳离子可以屏蔽磷酸基团，减弱电子排斥力。

表 2.1　配对碱基堆积力的能量

辅酶碱基对	堆积能量 /(kcal/mol)
(GC)・(GC)	−14.59
(AC)・(GT)	−10.51
(TC)・(GA)	−9.81
(CG)・(CG)	−9.69
(GG)・(CC)	−8.26
(AT)・(AT)	−6.57
(TG)・(CA)	−6.57
(AG)・(CT)	−6.78
(AA)・(TT)	−5.37
(TA)・(TA)	−3.82

表 2.2　不同试剂稳定双链螺旋的效应

试剂	腺苷可溶性 /(mol/L)	引起 50% 变性的摩尔浓度
Ethylurea	22.5	0.60
丙酰胺	22.5	0.62
乙醇	17.7	1.2
脲、尿素	17.7	1.0
甲醇	15.9	3.5
甲酰胺	15.4	1.9

变性和复性

几乎 DNA 参与的所有重要生物反应过程中都存在双螺旋的断裂，包括 DNA 复制、转录、修复和重组。两条链间结合力能维持其稳定性，但很弱也易分离。双螺旋比单链稳定性高(每个碱基约 1kcal/mol)，轻微的干扰只能引起双螺旋中小片段的局部断裂；这些碱基对可以再次结合，释放出自由能使邻近的碱基对解开。在此过程中，双螺旋的小断裂沿着其长轴迁移(图 2.18)。这样，在任何时刻，绝大多数的碱基仍保存氢键，但所有碱基能通过单链状态瞬时传递，可看作是 DNA 双螺旋的“呼吸”，这是 DNA 发挥其生物学功能所必需的。

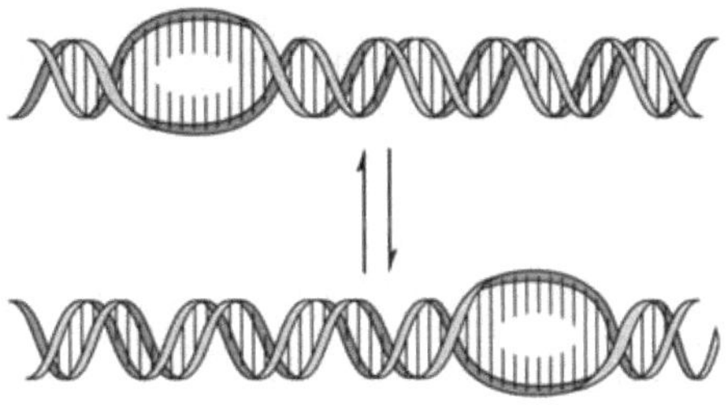

图 2.18　在双螺旋 DNA 中囊泡的迁移
DNA 含有沿着螺旋移动的短的开放链区段

升高溶液的温度可促进 DNA 双链分离。在相对较低的温度下，仅少量的碱基对断裂产生一个或多个开链空泡(图 2.19)。A-T 碱基对层叠所需的能量较低，所以最初形成空泡的那些片段中 A-T 碱基对的含量相对较高。随着温度的升高，开链空泡逐渐变大，多聚核苷酸的热运动最终克服了稳定双螺旋的作用力。温度更高时，双链分离，形成任意的螺旋构象，这一螺旋到线圈的转变过程常称为**变性**或**解链**(**denaturation** or **melting**)。

DNA 变性常伴随其溶液的物理性质变化，包括浮力密度增加、黏(滞)度下降、偏振光旋转能力的改变以及紫外吸光度的变化。DNA 紫外吸光度常被用于实验中跟踪观察 DNA 的变性过程(图 2.20)。由于嘌呤和嘧啶碱基的吸光度强，在紫外光 260nm 附近 DNA 的吸收值达高峰。然而，层叠碱基间的电子间相互作用使得单个碱基的吸光度减弱；与未层叠状态相比其全部吸光度减弱 40%。聚集碱基消光系数的下降即为**减色效应**(**hypochromicity**)。温度逐渐升高，双螺旋的有序结构被破坏，层叠相互作用力也逐渐减弱。因此，一个全然无序的多聚核苷酸的吸光度近似于其嘌呤及嘧啶组成的吸光度总和。

温度缓慢升高时，测量 DNA 复合体在 260nm 处的吸光度可作为观察变性的方法。在热变性实验中运用吸收光谱学分析可发现，多聚核苷酸的吸光度变化的特点是先缓慢变化，而后迅速达到最高峰值(图 2.20)。升高前，DNA 是双链结构。曲线升高过程中，越来越多的碱基对断裂。温度到达曲线高平台期时，双链完全分离。该变化区间的中点

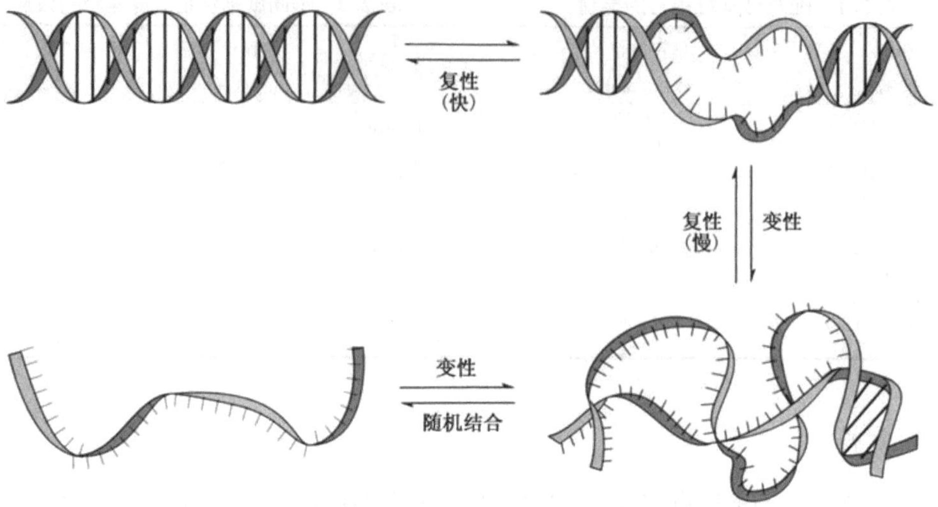

图 2.19 DNA 的变性

高温下 DNA 双螺旋结构被完全破坏,双链分离和单链开放环形成。pH 大幅度变化或是较高的离子强度也会使 DNA 变性

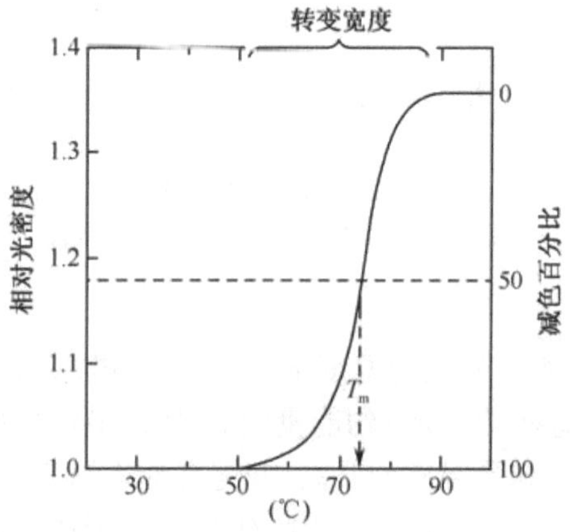

图 2.20 DNA 的温度-光密度曲线

当 DNA 被加热时,在 260nm 的吸光值随着温度的升高而增加。吸光值与温度比较的标绘图被称为熔解曲线。相对的,光密度是任一温度的吸光值与其对应的温度的比值。一般最大光密度所达到的温度就是中点温度(T_m)

值对应的温度,即**变性温度(T_m)**,表示在标准浓度和离子强度条件下 DNA 碱基含量。G-C 含量越高则双螺旋链与单链间的变性温度越高。T_m 的变化有赖于链中 G-C 碱基对的含量,因为 G-C 碱基对的稳定性比 A-T 强,相应的,碱基间的堆积作用也增强。

pH>11.3 时,碱基上的 N—H 基团去质子化,抑制氢键形成,DNA 变性。碱变性可避免高温或低 pH 引起的 DNA 损伤。低离子强度亦会引起 DNA 变性,因为此时带负电荷的磷酸盐增强了双链间的排斥力;其他各种变性剂也会引起变性,变性剂即指能破坏 DNA 中的疏水层叠作用力,使得以氢键与碱基有效结合的复合物随着所添加的变性剂(如尿素)的浓度变化。在相对较低且恒定的温度范围内可观察到类似图 2.20 的完全变性曲线。

适当处理能使变性分离后的互补 DNA 单链能够重新组成双链,该过程称为**复性**或**复性(renatureation** or **reannealing)**。如果变性不完全,双链间有一小部分碱基仍通过氢键相连,那么螺旋到线圈的转变可迅速逆转。即使互补链完全分离时仍旧可以复性。DNA 链经复性后重组为原先的结构,该过程缓慢地随浓度而变化。复性时,多聚核苷酸的短片段间形成氢键并延伸,而这些多聚核苷酸短片段在最初的天然结构中可能相距甚远。这些随机碱基配对结构是瞬时的,因为短互补片段周围的碱基不能配对,所以不能形成稳定而完整的氢键结构。一旦碱基配对正确,整个 DNA 分子的双螺旋将迅速重组。

变性/复性的突发过程揭示了螺旋到线圈/线圈到螺旋的“全或无”的转变特性。复性过程需要形成一个短的双螺旋区，以启动整个双螺旋的形成(图 2.21)。刚开始形成单个碱基对时并不稳定；第二个邻近碱基对形成后，空间上的阻隔减小使得碱基对稳定性增加；当新的碱基对开始形成层叠结构后，促进后续碱基对形成。每条链中未配对的核苷酸开始在延伸的螺旋结构上层叠，定位于最佳的互补配对；当双螺旋形成四到五个碱基对后，一个稳定双螺旋形成，剩下部分迅速自动“拉上闭合”。起始碱基对形成后，堆积和碱基配对将受到邻近碱基对的影响，该过程称为**合作化(cooperative)**。复性过程中，短双螺旋作为复性的成核位点，促进后续碱基对的形成。变性则相反：空泡作为去除碱基层叠结构的起始位点，迅速解开螺旋。

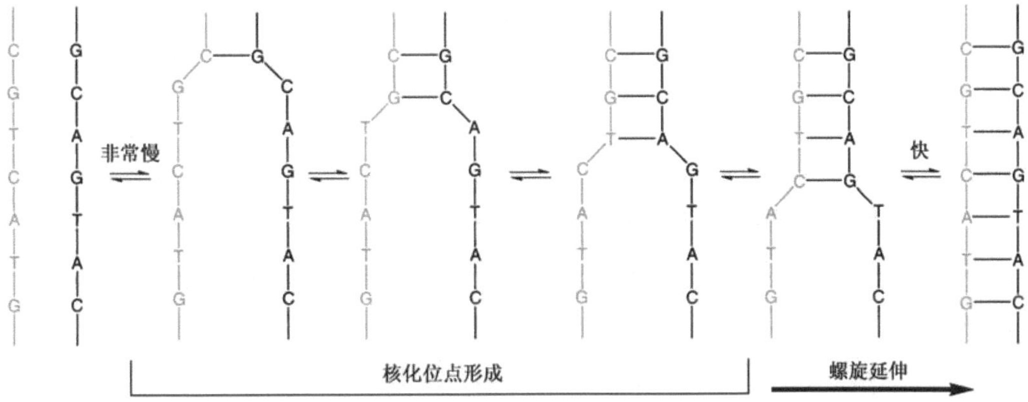

图 2.21　DNA 双螺旋变性/复性的协同性

复性期间，第一个碱基对形成的速度非常缓慢。临近碱基对的复性却是很容易的，尤其是 3～5bp 核酸位点的形成。变性也是一个相似的过程，但步骤相反

杂交

杂交(hybridization)是一种以互补多聚核酸链相结合为基础的技术，它可用于靶核苷酸的特异序列检测和定量。它作为分子生物学的重要工具，有以下用途：①检测生物体 DNA 中的特定序列；②反应不同生物遗传和进化的相关性；③转录成特定 mRNA 的基因数目；④任一 DNA 序列的定位。**探针(probe)**即复性后所形成的一段互补的多聚核苷酸，经适当标记后可检测杂交双螺旋(见 7.4 节)。

实验中用于杂交检测的 DNA 或 RNA 经变性后与适宜的非溶性介质固定结合，随后标记的 DNA 探针与结合在介质上的互补序列杂交(图 2.22)。探针通常都是短的单链 RNA 或 DNA 寡核苷酸，通常大于 20 个核酸，能与目的特异序列互补。条件适合时，探针仅仅与目的片段结合，可反应 DNA 样本中目的片段存在与否。探针标记可以用放射性物质、荧光发色团和生物素。由于含有探针的双螺旋复合体通常与非溶性的基质结合，而未杂交的探针易被洗脱，所以只要检测结合了标记的探针就能直接反映出目的序列的量。由于各个生物体的碱基序列是特异唯一的，杂交上的 DNA 最大数量可反映出不同种属间 DNA 的同源性，这种同源性可反映出进化的相关性，尤其是在原核生物的系统发育研究中最为常用。DNA 和 RNA 杂交为 DNA 的生物学功能，特别是转录机制的研究为医学诊断提供了有用的信息。探针阵列可用于遗传病、感染性疾病以及癌症(见临床相

关知识 2.2)的快速诊断。

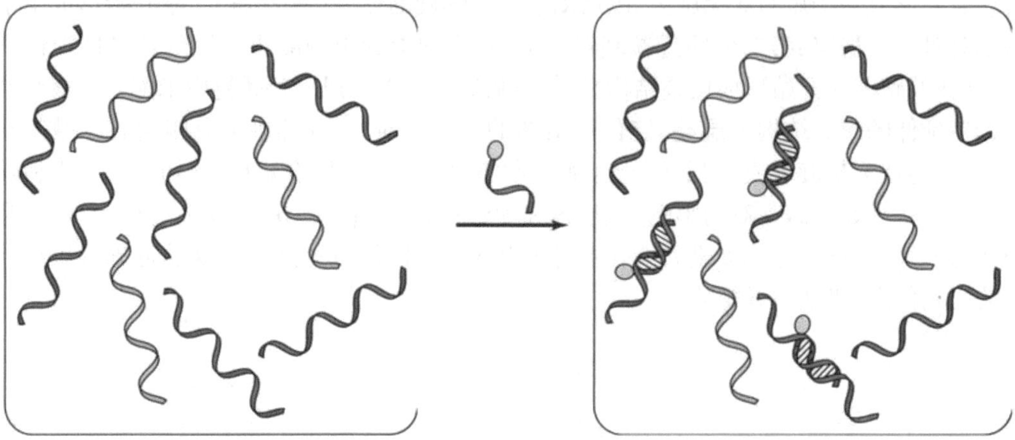

图 2.22 杂交实验

变性 DNA 的混合物与带标记的 DNA 探针混合,探针与互补的 DNA 序列杂交,所以检测双螺旋复合体可定量含有目的序列的 DNA。DNA 分离并标记固定在不同基质上可使杂交用于不同途径

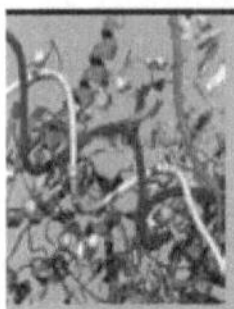

临床相关知识 2.2

DNA 阵列在医学和遗传学上的诊断运用

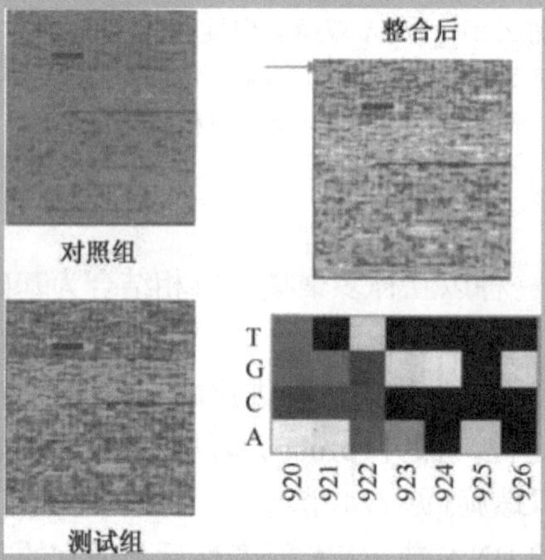

随着人类基因组计划的完成,人们可快速获取大量的基因组信息。这些知识信息要运用到医学上就需要能监控基因表达和快速分析基因突变的新技术的发展为支撑。

寡核苷酸点阵(基因芯片)由大量固定在固相矩阵上的特异基因寡核苷酸探针组成,可以含有上千个特异探针。将细胞中提取的靶序列(DNA 或 RNA)标记后作为探针与基因芯片孵育,这些标记好的探针通过其互补序列与点阵上的相应靶位点结合,由此结合上的特异序列可被检测出来,还可以进行定量。

诊断学上,基因芯片技术应用于快速筛查疾病关联突变基因组 DNA。例如,数千个寡核苷酸探针的高密度 DNA 点阵用于检测导致路巴综合征的突变体。路巴综合征是一种隐性遗传疾病,主要特征为神经机能紊乱, 呼吸系统反复感染,皮肤和眼睛血管扩张。芯片诊断还用于检测遗传性乳腺癌和卵巢癌基因 BRCA 中的突变、临床样本的病理检测，还可用于不同细胞中的 mRNA 定量以反映基因表达状况。这些将推动癌症等疾病预测和个性化治疗技术的发展。

高密度 DNA 点阵分析基因突变

用一张含有对照组(不含突变体)的芯片和一张含有待测样本的芯片分析毛细管扩张共济失调(A-T)基因，然后将两张芯片的结果整合。如果待测位点与对照上的序列相同，该点的合成图像颜色为黄色(红＋绿)。图中的样本表示，在点阵中的第 923 位基因突变，呈现红色，该突变(G 被 A 置换)导致蛋白质合成加工提前终止。由于该样本的第 923 位基因位点在图像整合后还呈现为黄点，所以这种突变在基因中只有一个拷贝(即该基因为杂合子)。在毛细管扩张共济失调(A-T)等隐性遗传疾病中，带有杂合性突变体的人群都只是携带者，本身并不患有该疾病。

双螺旋 DNA 的构象

早期 X 射线衍射研究表明 DNA 不仅一种构象(图 2.23)，其中 A-DNA 是在低湿度和高盐浓度下发现的。第二种是 B-DNA，发现于高湿度和低盐浓度下，这是 Watson-Crick 的结构基础。迄今为止已发现了 11 种双螺旋 DNA 构象，它们的碱基方向相对于螺旋、相对于彼此以及双螺旋的其他参数的不同而多变。Z-DNA 是另一种 DNA 构象，它是左手螺旋。

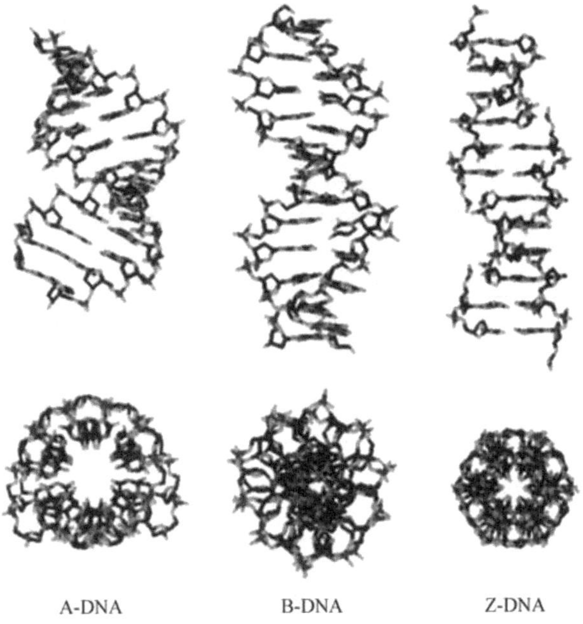

图 2.23　双螺旋 DNA 的不同构象

由于环境和碱基序列的影响，双螺旋环可以形成不同的几何构象。DNA 构象中有三个主要的家族成员：A、B 和 Z。B-DNA 和 A-DNA 是右手螺旋形式。A 螺旋没有 B 螺旋盘绕得充分，这种螺旋更短更宽。Z-DNA 是含有拉链状骨架的左手螺旋结构。糖的皱缩和糖苷键的构象在残基之间相互交替，并在链的走向上发生局部反转双螺旋DNA的结构多态性取决于碱基的组成和物理条件。DNA局部结构上可充分弯曲，这样有利于碱基尽可能地堆积，以减少DNA分子空间结构上不利的相互作用，所以堆积后的碱基只选择一种最为适合的构象。例如，一条链上如果排有连续的鸟嘌呤，那么这条链适合形成像A-DNA的构象。溶剂对DNA的分子构象也起决定作用，水分子与不同的双螺旋构象相互作用的方式是有差别的。例如，与A-DNA相比，水分子更易与B-DNA的磷酸基团作用。而且，在B-DNA构象中的极性基团更易与水分子结合。事实上，在B-DNA的富含A-T的序列中，水分子能有序排列占据B-DNA的狭窄小沟(图2.24a)。湿度降低后，余下的水分子可溶解高度极性化的磷酸盐基团。由于大沟可使水分子与磷酸基团键连(图2.24b)，因此A-DNA的构象得以稳定。

DNA不同的构象可分为三个家族：A-DNA，B-DNA和Z-DNA。表2.3列出了X射线衍射测定的这些构象的参数。机体中DNA结构通常认为是B-DNA。B-DNA构象比A-和Z-DNA构象更为多变，它所含的各个核苷酸局部空间结构多变，这种变化会影响不同种类的调节蛋白与DNA的结合程度，这对基因表达调控非常重要。

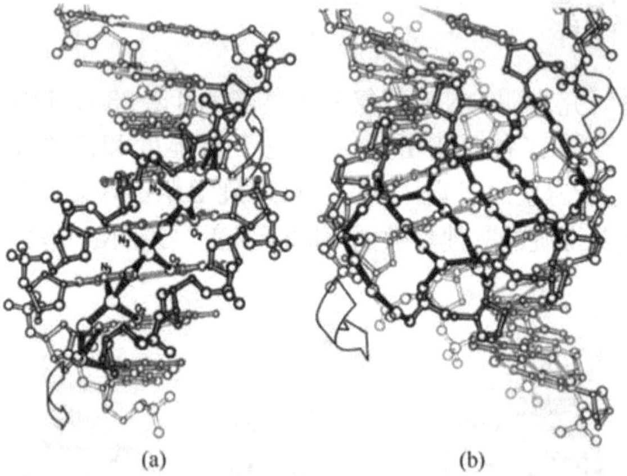

图2.24　DNA沟槽的水化作用

(a)一个水化作用后的突起填充在B-DNA的小沟中。(b)A-DNA中水分子网络可涵盖线性化大沟中的磷酸基团

表2.3　A-、B-和Z-DNA的结构特征

	A-DNA	B-DNA	Z-DNA
螺旋方向	右手	右手	左手
每周碱基对数(晶体)	10.7	9.7	12
每周碱基对数(纤维)	11	10	—
每周碱基对数(溶液中)	—	10.5	—
螺距	24.6Å	33.2Å	45.6Å
结构特点	短而粗	长而细	伸长而细
螺旋包装半径	25.5Å	23.7Å	18.4Å
每对碱基高度(晶体)	2.3Å	3.3Å	3.7
每对碱基高度(纤维)	2.6	3.4Å	—
螺旋轴方向	大沟	穿过碱基对	小沟
糖环构象(晶体)	C3′*endo*	可变	可转换
糖环构象(纤维)	C3′*endo*	C2′*endo*	—
糖键构象	反式	反式	C位反式，G位顺式

B 家族中 DNA 构象的特点是碱基对几乎垂直于螺旋轴，而且螺旋轴穿过碱基对，大沟和小沟的深度近乎相同，但小沟相对较窄，螺旋细长，每个螺圈约有 10 个碱基对，螺距为 3.4Å，大约是碱基的厚度。与此相反，A-DNA 结构粗短，每个螺圈有 11 个碱基对，螺距为 2.56Å。为了与碱基的厚度相适应，配对碱基从与轴心垂直的水平面向轴心倾斜 20°，螺旋轴心被大沟的配对碱基所取代。这导致大沟变深和小沟变浅，形成一个围绕螺旋中心的直径 3Å 的空穴。低湿度下更易形成 A-DNA 结构，它比 B-DNA 暴露出更多的疏水表面。Z-DNA 是左手双螺旋的双链 DNA，其 DNA 序列中的嘌呤和嘧啶[特别是 $d(GC)_n$]交替排列。A-DNA 和 B-DNA 构象上显得较为光滑，而 Z-DNA 的磷酸二酯键骨架呈之字形排列，所以整条链呈“Z”形。Z-DNA 比 B-DNA 更细长，每个螺圈有 12 个碱基对，它的小沟很深，包含了螺旋轴心，碱基对移入大沟后沟槽消失，这样一来堆积的碱基排在 Z-DNA 的外侧而不再是常规的排在双螺旋内侧。

一些数据表明 Z-DNA 影响基因表达和调控，含有嘌呤和嘧啶相互交替的小片段 DNA 通常位于基因的 5′端，而 5′端通常可调控基因的转录活性。而且，C8 和 N7 位置鸟苷酸残基或 C5 位置的胞嘧啶残基的甲基化均可以稳定 Z-DNA 形式(图 2.25)。即使序列中的嘌呤和嘧啶没有严格相互交替，但由于甲基化作用序列仍然需要 Z 构象。由于基因表达过程中伴随甲基化修饰，Z-DNA 在基因调控上起着一定作用。然而，目前尚未在体内实验中检测到 Z-DNA。

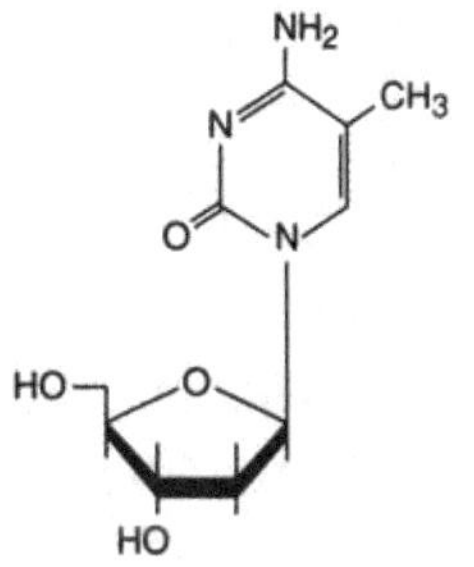

图 2.25 5-甲基胞苷的结构

非经典 DNA 结构

由于组成 DNA 的核酸构象的多态性，DNA 出现了 A-、B-和 Z-DNA 三种主要的构象。但目前认为经典的 B-DNA 不只是直线形的均一结构，还有十字形或三链排列，和某些蛋白质作用时发生弯曲。DNA 构象的诸多变化对于蛋白质和酶识别 DNA 的过程非常重要。DNA 结构和构象的多态性与多种因素相关，包括反向重复序列、回文结构、镜像重复序列、直接重复序列等特异的 DNA 序列模序、同源嘌呤-嘧啶二聚体、A 相轨道及富含 G 区域等等(图 2.26)。富含 AT 的序列易于形成简单的单链，位于 DNA 复制区域。人类基因组富含同源的嘌呤和嘧啶序列及交互更替的嘌呤和嘧啶。

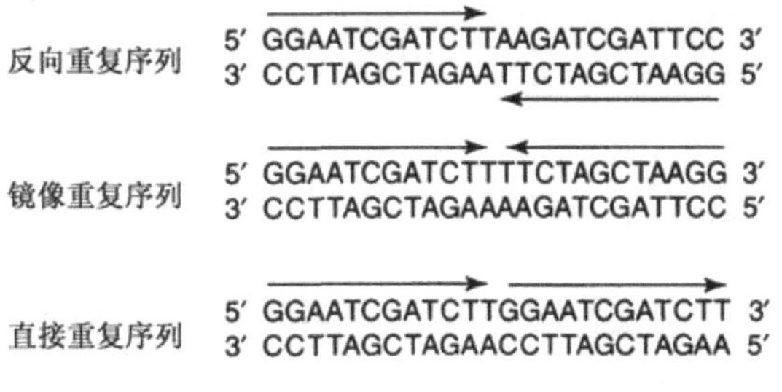

图 2.26 DNA 序列的对称要素

对于双链 DNA 序列显示的三种对称要素如图所示。箭头显示每条序列中各要素键的联系。在倒置重复序列或回文序列中，每条 DNA 链在包含对称成分的倒置重复区域内是自我互补的。镜像重复序列中，DNA 片段中相同碱基与对称中心等距。直接重复序列是一个特定序列重复的区域，这种重复序列不一定互相临近

转折 DNA

连续 4～6 个腺嘌呤的 DNA 序列被 10bp 间隔区分离即形成弯曲构象，这些序列的小沟被压缩。然而，尚不清楚这种弯曲是因为本身的特征还是因为异常构象与正常 B-DNA 之间的边界引起。DNA 弯曲似乎是 DNA 序列与蛋白质间相互作用的基本要素，它能催化一些关键步骤，如复制、转录和位点特异重组。无蛋白质参与的 DNA 弯曲形成，需要特定的核苷酸序列条件；而酶和其他蛋白质(如组蛋白)与 DNA 相互作用促使的弯曲形成不需要该序列。光化学损伤或碱基错配同样可导致弯曲，而弯曲可以作为启动 DNA 修复的识别信号。有关能产生弯曲结构的抗肿瘤抗生素的探讨见临床相关知识 2.3。

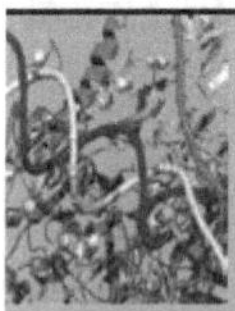

临床相关知识 2.3
抗肿瘤抗生素可引起 DNA 结构改变

DNA 的局部三维结构在蛋白质相互作用过程中非常重要，它与修复、转录、重组和染色质凝聚等过程相关。有研究提出抗生素能促使 DNA 形成促进蛋白质募集至细胞毒性区域的结构。最佳研究模型是抗肿瘤药物顺铂，即四价的顺铂复合物[*cis*Pt$(NH_2)_2Cl_2$]。顺铂可单独或与其他抗肿瘤药物联合用于治疗多种肿瘤，包括睾丸癌、卵巢癌、骨癌和肺癌，它可以在双链 DNA 中形成链间和链内交联。90% 的损伤 DNA 中存在链内交联。这些键是由于两个邻近鸟嘌呤的 N7 原子取代铂上的氯化物配体而形成的。双螺旋极大程度地朝大沟弯曲。

DNA-顺铂内收体的弯曲结构能被一些 DNA 结合蛋白特异性识别，包括核苷酸切除修复(NER)蛋白和非组蛋白 DNA 结合蛋白如 HMG-1。顺铂内收体的细胞毒性是上述蛋白质之间特异性的相互作用介导的复杂过程。顺铂-DNA 内收体结构形成同样影响转录和凋亡。损伤本身和内收蛋白复合物有可能干扰转录。NER 蛋白被用于修复

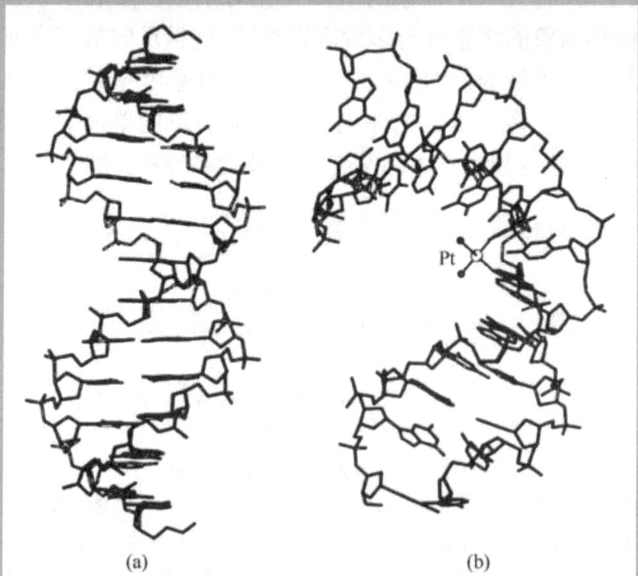

损伤，但是切除修复易导致 DNA 链的断裂。断裂累积后将使得 DNA 失去功能，最终引发凋亡。其他 DNA 结合药物也是通过类似的机制发挥细胞毒性作用，如 ditercalinium，这是一种双功能分子，能与 DNA 形成非共价的弯曲结构。细胞毒性是由于修复途径异常终止导致了 DNA 链断裂而产生的。顺铂-DNA 内收于 HMG 蛋白的相互作用亦协同细胞毒性作用。HMG 蛋白的结合可能传递错误信号，即 DNA 损伤区域仍具有转录活性，抑制折叠的染色质浓缩。这些复合物保护 DNA-顺铂内收体不被损伤。

十字形 DNA

反向重复序列在人类基因组里广泛存在，并且常发生于假定的基因调控区或 DNA 复制的起点，它可能作为复制和转录的分子开关。互补链间氢键的断裂与反向重复顺序序列之间氢键的形成即产生十字形结构（图 2.27）。在“发夹结构”的末端，十字结构产生

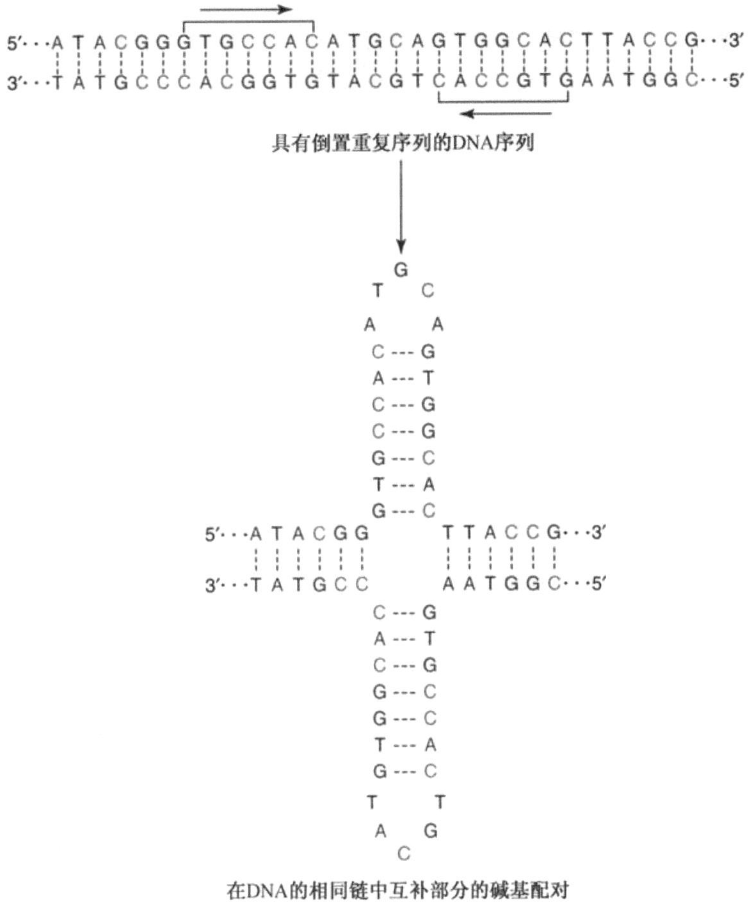

图 2.27　DNA 十字结构的构成

双链 DNA 倒置重复序列的存在对于十字结构的形成是必要的但不是充分条件。在松弛的 DNA 中，十字形结构是不可能形成的，因为线性 DNA 更适应于氢键结合的碱基对堆积而不是形成十字形结构。链与链之间，重复序列的对称部位形成氢键，双链 DNA 解旋形成十字形构象。含有镜像重复序列的 DNA 为非平行结构，易形成三链螺旋而不是十字形构象，因为十字形构象来自平行结构

的环需要 3～4 个不成对的碱基。这些结构依赖于序列，因为在螺旋末端该环的残基能保持层叠，因此该结构可能相对较稳定。

三链 DNA

poly(dA)和 poly(dT)的多聚核苷酸结合后形成三链复合物，化学计量学显示其中一条链包含同嘌呤序列，而另两条链包含同嘧啶序列。当参与 Watson-Crick 碱基配对时，嘌呤在大沟中占据两个氢键位点：鸟嘌呤的 N7 和 O6，腺嘌呤的 N7 和 6-NH_2。那些占据了大沟中适当位置的碱基对可形成特殊的 **Hoogsteen** 碱基三联体(图 2.28)。例如，T 能选择性地与 A-T 对中的 A 结合，形成两个 Hoogsteen 氢键，即 T-A-T。同样的，质子化

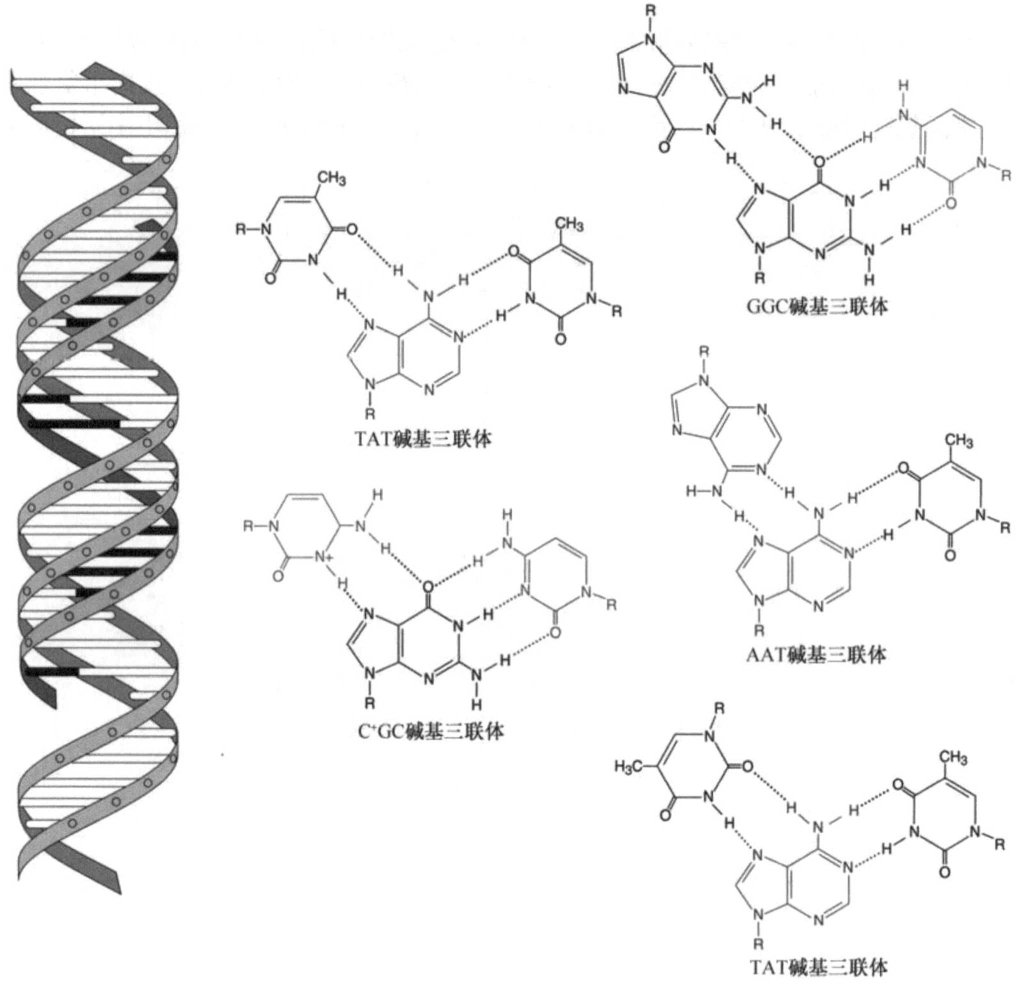

(a)　　(b)

图 2.28　三螺旋

(a)Hoogsteen 三螺旋。双螺旋的同源嘌呤链和大沟中平行的同源嘧啶链间形成 Hoogsteen 氢键，促成同构碱基三联体(TAT 及 C^+GC)，使得序列间可选择性地结合。(b)反向 Hoogsteen 三联体。三螺旋可通过大沟中的反平行寡核苷酸与 Watson-Crick 双螺旋中的同源嘌呤结合而形成。倒转的 Hoogsteen 氢结合力可产生三种三联体：GCC、AAT 和 TAT，其中 TAT 与其他两种的构象不同，因为三螺旋中的糖基团(用 R 代表)定位与 Watson-Crick 中的碱基对不同

的 C 能与 G-C 对中的 G 结合形成两个 Hoogsteen 氢键，从而形成一个与 T-A-T 同形的碱基三联体 C-G-C。C 的 pK_a 约 4.5，含 C-G-C 三联体的三螺旋结构较易受 pH 影响。然而，三联体的模板效应提高了胞嘧啶的 pK_a 近似值，使它即使在弱酸性溶液(pH=6)中也能形成三螺旋结构。鸟嘌呤和腺嘌呤形成的独特的 Hoogsteen 氢键模型有着同 Watson-Crick 碱基配对类似的特异性。改变大沟上的三链碱基的方向即形成**反-Hoogsteen** 三联体(图 2.28)。在一个腺嘌呤和 A-T 间，以及一个鸟嘌呤和 G-C 间可以形成不同的三联体。反-Hoogsteen 三联体可以由胸腺嘧啶与 A-T 形成，但该三联体与 pu. pu. py 三联体不同。然而，DNA 骨架能够适应与以上三联体结合所致的变形。

与双螺旋复合体一样，碱基层叠在维持三联体结构的稳定中同样起着重要作用。然而，带负电荷的三条骨架链集合在一起增加了静电排斥，因此，三螺旋复合物稳定性不及其对应的 Watson-Crick 双螺旋。Mg^{2+} 或其他多价阳离子的存在能中和磷酸盐上的负电荷而稳定三螺旋。

镜像重复序列中含有多聚嘌呤序列的 DNA 双螺旋链断裂后能形成分子内的三螺旋。镜像重复序列是指从该序列的中点向两个方向读取时碱基序列相同。如 AGGGGA，该区从中点往任一端方向具有同样的碱基序列。这种序列再折叠后产生一个三链区域和一个单链环，这种结构称为 **H-DNA**(图 2.29)。尽管由于层叠相互作用的减小，H-DNA 的形成不合乎热动力学，然而，在超螺旋力作用下，可在细胞的 DNA 中检测到分子内三螺旋。DNA 超卷曲提供能量使 DNA 链展开，这是形成三螺旋必需的。三螺旋形成后使得负性超螺旋松弛。同样的，DNA 单链上蛋白质的结合将促进 H-DNA 结构的稳定性，抑制环被核酶降解。

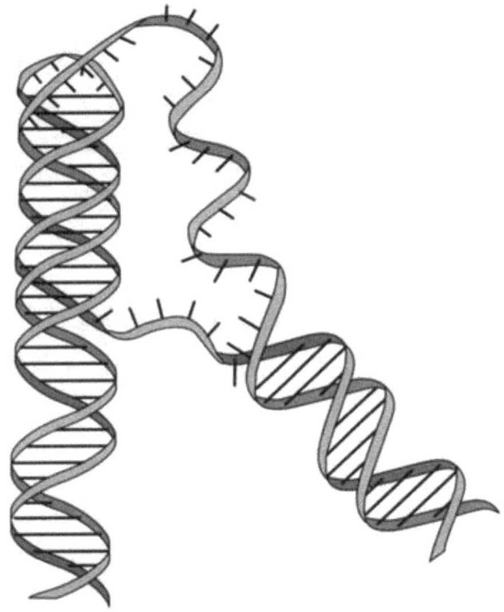

图 2.29　分子内三螺旋：H-DNA
含有镜像重复序列的多聚嘌呤-多聚嘧啶结合区域可以形成分子内三螺旋，其中第三链位于大沟内，它的互补链为单链构象

真核生物的基因组中许多序列有形成三链 DNA 结构的潜力，而且出现的频率比预想的高。超过 25 个核苷酸长度的多聚嘌呤占真核生物基因组的 0.5%。这些可能形成三螺旋区域在调控基因表达的序列附近尤为常见，因此，H-DNA 可能调控基因转录(即调控 DNA 合成 RNA 的过程)。形成 Hoogsteen 碱基对的 DNA 片段会产生分子内三联体，可能导致某种遗传疾病(见临床相关知识 2.4)。DNA 三螺旋会影响转录，人们利用此特点利用分子内三螺旋调控 RNA 的人工合成以及后续的蛋白质合成。DNA 三螺旋还可能在启动和终止基因复制和重组中起作用。但目前 DNA 三螺旋的生物学功能还不十分明确。

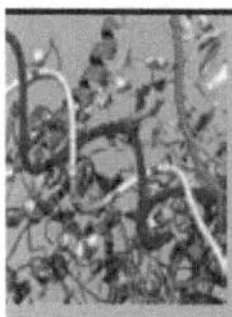

临床相关知识 2.4
胎儿血红蛋白的遗传

胎儿血红蛋白(HPFH)的遗传持续性表现为胎儿血红蛋白的合成在胎儿出生时并未停止,持续至成年期。该病症同型结合的形式极为罕见,患者体内红细胞的改变与遗传性β-珠蛋白障碍性生成贫血病相似。不管纯合子还是杂合子,HPFH 都会有轻度的临床异常症状或血液系统异常。尽管 HPFH 患者偶尔会发生轻度肌肉与骨骼的疼痛,但通常是无症状的。

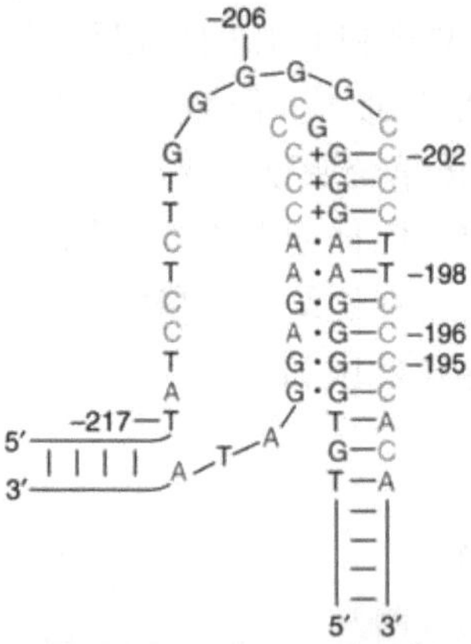

未能终止人类$^{G}\gamma$-和$^{A}\gamma$-珠蛋白基因转录的情况会导致胎儿血红蛋白水平升高。γ-珠蛋白基因(位于 −194 和 −215之间)转录起始位点上游约 200bp 的分子内形成分子内 DNA 三螺旋结构会抑制该基因的表达。该病患者的血红蛋白基因在该区含一个或更多突变,使得其三螺旋的稳定性下降,进而降低其抑制蛋白质合成的能力。

四链 DNA

鸟嘌呤核苷酸以及富含 G 的多聚核苷酸组成新的四聚体结构,该结构称为**G-四联体**(**G-quarter**),它包含一个由 Hoogsteen 氢键链接而成的鸟嘌呤组合平面(图 2.30)。多聚

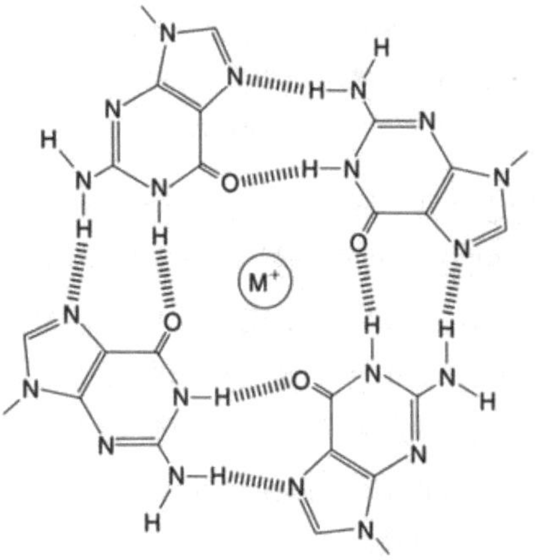

图 2.30 G-四联体的结构
四个共面的鸟嘌呤通过 Hoogsteen 氢键结合链接形成四联体结构,中心的空穴通过与四个 O6 协调容纳钠和钾离子

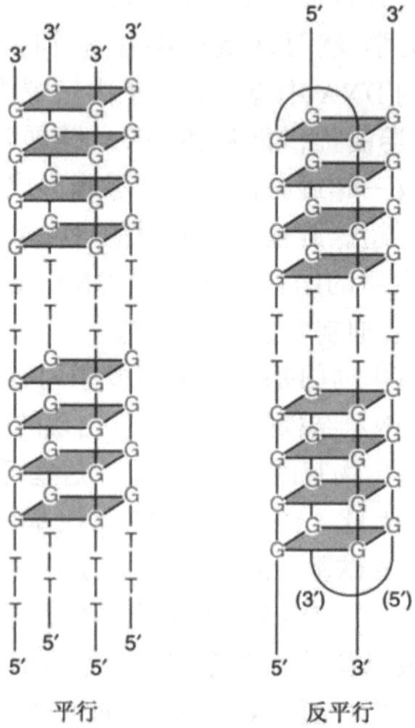

图 2.31 G-四联体 DNA
四级链结构可以引起 G-四联体,它可以是平行的或者是反平行(一种可能的排列)。后者形成于端粒 DNA 中的 G 富集区

核苷酸能相互作用形成**四联体**(**tetraplexe**),而 G-四联体间相互层叠形成多层结构(图 2.31)。Na^+ 和 K^+ 能稳定该结构,它们与四聚体平面中心或两个相邻平面上的鸟嘌呤氧(O6)相互作用。静电学上这些阳离子可以中和四链多聚体核苷酸上的负电荷,向溶液中释放出大量水分子,从而稳定四联体结构。

尽管人们通过 X 射线和核磁共振观察到 G-四联体,却仍然无法证实它们存在于体内。真核生物染色体的末端的**端粒**(**telomere**)富含重复的 G 序列。人的端粒含 800~2400 个重复的 $d(TTAGGG)_n$,终止于约含 150 核苷酸的单链。体外实验表明具有这种序列的寡核苷酸能形成四联体结构,四联体在端粒中所起的作用尚不知晓。但人们已开始关注于将端粒作为新的抗肿瘤化学药物治疗的靶点(临床相关知识 2.5)。另外,有研究将 G-四联体用于免疫球蛋白基因的重组和 HIV 双链基因组 RNA 二聚体的形成。

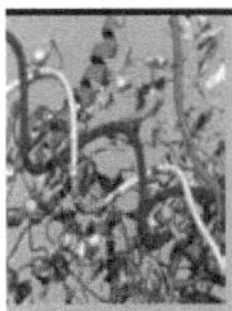

临床相关知识 2.5
端粒酶作为抗肿瘤药物的靶点

真核生物线状染色体的末端称为端粒,它们对维持基因的稳定性非常关键;端粒随着细胞分裂周期进行而缩短,当达到临界长度时,就引发细胞凋亡。端粒酶可以维持或延长端粒,但它在正常的体细胞中无活性,但在大部分肿瘤细胞系中具有活性,这可能是肿瘤无限增殖的原因。端粒酶数量增加与临床预后不良相关。

研究端粒酶的选择性抑制有两种方法:其一是靶向含有端粒酶部分的 RNA,该 RNA 是端粒重复序列伸展的模板。永生的人细胞中经化学修饰的糖-磷酸骨架的核酸与端粒酶 RNA 结合后能抑制端粒酶活性,最终导致细胞死亡。修饰过的核酸可阻止端粒被核酸酶降解,促使 RNA 与双螺旋复合体高度亲和。另一种方法是使用与 G-四联体 DNA 结合的药物。大的芳香族分子如卟啉和蒽醌能选择性结合并稳定 G-四联体 DNA 结构。尽管还没有证实 G-四联体在体内的存在,但是,已观察到其部分复合体能抑制端粒酶的活性。

另一个 DNA 四链结构富含胞嘧啶(C)序列。X 射线和核磁共振实验已经显示富含 C 的寡聚脱氧核苷酸能形成 **i-DNA**(图 2.32),它由两个双联体互相嵌入形成四链结构而组成。每个双联体由 C-C 碱基对组成,第二个双联体上 C-C 碱基对的层叠组成一个相互交错的四链复合体。其中胞嘧啶上 N3 的质子化效应能促进 C-C 碱基对形成三个氢键,并且能部分地中和各链间磷酸盐-磷酸盐间的排斥力。尽管富含 C 的端粒序列组成 i-DNA,然而由于它们在 pH7.4 时稳定性较低,人们对两者的生理学关联性提出了质疑。

滑动 DNA

同向重复对称的 DNA 区能形成滑动错配的 DNA(SMPDNA),需要双螺旋展开、重排,然后一个同向重复区与另一条链上邻近的同向重复区配对,随即产生两个单链环。SMPDNA 可能具有两种同质异构体形式(图 2.33)。尽管体内尚未检测到 SMPDNA,但遗传学上有证据提示它参与了自发移码突变,该突变导致单个碱基的添加或缺失(图 2.34)。含一个碱基以上的 DNA 片段的缺失和复制可在 DNA 复制时的同向重复序

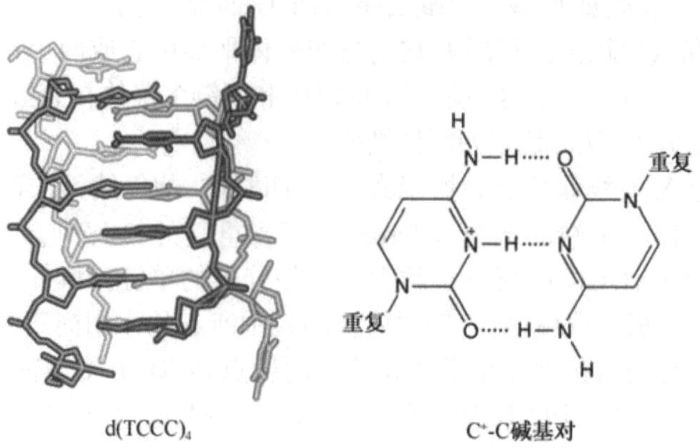

图 2.32　i-DNA

i-DNA 由含 C^+-C 碱基对的双倍体组成。每一碱基对中会有一胞嘧啶易被质子化，这使得该结构在酸性环境中更为稳定

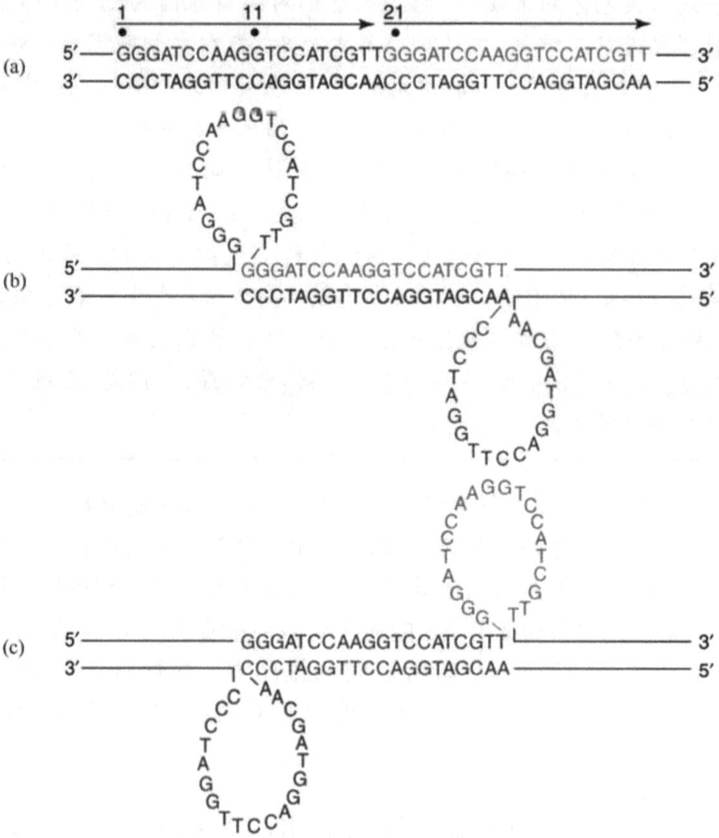

图 2.33　滑动、错配 DNA

两个临近串联重复序列的存在(a)将产生两个滑动错配的同分异构体；(b)上面那条链中同向重复序列的第二个拷贝与下面那条链的第一个拷贝相配对结合；(c)上面那条链中同向重复序列的第一个拷贝与下面那条链的第二个拷贝相配对结合；每个同分异构体产生两个单链的环

列间发生，形成滑动的环形结构。某些简单的三联体重复的复制会引发一些人类遗传性疾病(临床相关知识 2.6)，其发生与上述机制相关。

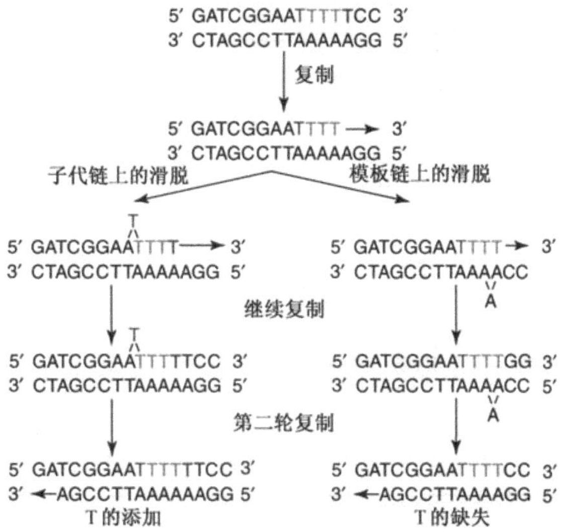

图 2.34　DNA 滑脱导致的移码突变

一系列单一碱基的 DNA 复制会产生单一碱基的移码。例如，连续 5 个 A 的复制，取决于滑脱发生在子代链还是模板链，一个 T 可能会加入或者从 DNA 中缺失

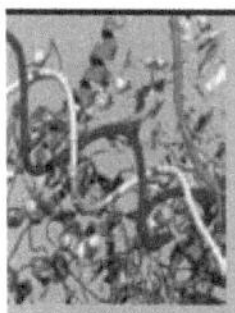

临床相关知识 2.6

DNA 三级重复序列扩增与人类疾病

人类许多基因疾病存在重复的 3bp DNA 序列，这些疾病包括脆性 X 综合征、强直性肌营养不良、X 伴性脊髓延髓肌肉萎缩(Kennedy 综合征)、Friedreich 共济失调以及 Huntington 舞蹈病。这些疾病与某些特定基因或其邻近的重复核苷酸三联体的延伸相关。研究发现 Kennedy 病患者的雄激素受体基因的第一个外显子包含一个 CAG 重复序列。三联体的重复亦可见于某些基因的非翻译区：Friedreich 共济失调症的一个内含子存在 GAA 重复序列，而强直性肌营养不良的某个基因 3′非翻译区存在 CTG 重复序列。脆性 X 综合征是精神发育迟缓的首要病因，研究发现其 FMR-1 基因的 5′端含 GCC 三联体的重复，这种重复可以是 30 个到数千个不等。FMR-1 基因的 CpG 位点被甲基化时，它将无法正常表达，致使该疾病进一步发展。所有病例都表明重复三联体的延伸将干扰其相关蛋白行使正常功能，蛋白质失去功能后会产生异常有害的后果。这些疾病世代延续，其发病年龄一代比一代早、病情一代比一代严重，该现象为早现遗传。

三联体的延伸可能是由于 DNA 合成时滑脱错配造成的。一种情况可能是在合成后随链时出现了新生 DNA 的滑脱，随后，滑脱的环形成一个稳定的发夹结构，不断重复该过程即导致大量重复三联体的积聚。

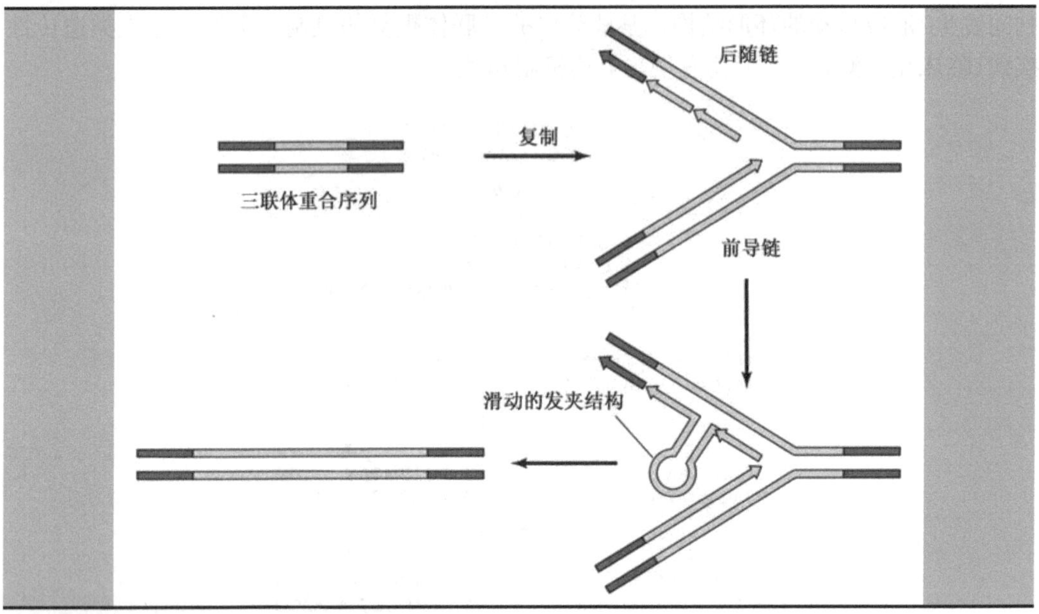

2.4 高级 DNA 结构

除了含 RNA 的病毒，地球上所有的生物都用 DNA 储存遗传信息。DNA 长度随物种的不同而不同，小病毒含几千个碱基对，细菌含几百万个碱基对，而动植物则含数十亿个碱基对。在所有的生物体中，通常基因组 DNA 的核酸链长度（假定为 B 形式双螺旋 DNA 的长度）远远大于其细胞本身。以一个中等大小的病毒为例，如 λ 噬菌体，它含 4.8×10^4 bp 的 DNA，长度是 16.5μm，但该病毒颗粒却仅有 0.19μm 长。大肠杆菌是常见的细菌，它大约 2μm 长，含 4.6×10^6 bp 单个染色体，而其核酸链长 1.5mm。人类一个简单的二倍体细胞含 6×10^9 bp 染色体的 DNA，这些 DNA 整合在 46 条染色体中。染色体 DNA 的核酸链长达 2m，却包裹于直径为 10μm 的细胞核中。很明显，所有生物的 DNA 都被精妙地包裹着。

线状或环状基因组 DNA

除了一些小的噬菌体（如 ΦX174）能够形成单链形式，大部分 DNA 以双螺旋复合体形式存在，可以是线状或环状。例如，一些小病毒的 DNA 是线性的双链螺旋，其中的一部分 DNA 自身就存在内部单链断裂；双螺旋结构之所以能维持是因为一条链上断裂的位置通常在其互补链上不同的位点。高级生物的 DNA 也是线性的。二倍体人的细胞中 46 条染色体，每条都是结合了蛋白质的线性双螺旋 DNA。

线状多聚核苷酸 3′和 5′端之间形成磷酸二酯键即构成环状 DNA。单链噬菌体 ΦX174DNA 不具有外切核酸酶的反应末端，因此人们觉得它是环状的。另外，外切核酸酶在一个位点酶切后仅能产生一个多聚核苷酸，电镜实验也证实了这一现象的存在。

部分机体在其生命周期的不同时期具有既不是线状也不是环状的 DNA。例如，λ 噬菌体在进入 *E. coli* 之前是线状的，含有悬于 5′末端的单链。这些悬置的单链约为 20 个核苷酸长并具有互补序列；感染后，悬置的单链末端之间相互杂交发生环化，各链间 3′和 5′端之间通过 **DNA 连接酶**（**DNA ligase**）形成磷酸酯键，即产生了共价闭合的环（图 2.35）。环状 DNA 的链变性不能被可逆性分离，因为它们作为相互盘绕的封闭环存在。3′和 5′端的缺失使 DNA 完全能抵抗外切核酸酶，从而增加了 DNA 的存活力。

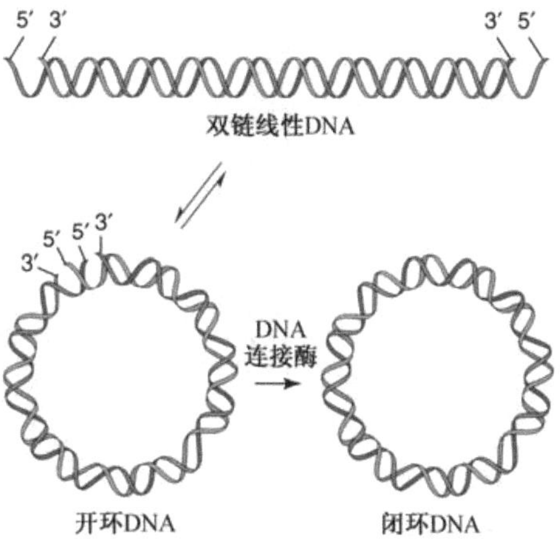

图 2.35　λDNA 的环化

噬菌体 λ 的 DNA 以线形和环状形式存在，它们间互变。噬菌体 λDNA 的环化可能是由于线性形式的 5′悬突形成互补序列时发生的

细菌中大多数 DNA 是闭环形式，包括细菌染色体和一些小的染色体外的**质粒**（**plasmid**）DNA。质粒 DNA 只有数千个碱基对，编码了一些附属基因，比如抵抗抗生素的基因。质粒的存在和复制不同于染色质，并且在细菌内的数量是成百上千的。环状 DNA 也存在于高等生物，酵母可以携带环状质粒。高级真核细胞中的线粒体和叶绿体含有的 DNA 环状长 $2\times10^6 \sim 1.5\times10^6$ 碱基，编码该细胞器的特定蛋白。线粒体和叶绿体中的独立基因组与蓝藻相似，所以人们认为此类细胞器的形成是由于几亿年前原核细胞和细菌间产生了共生关系。

DNA 超螺旋

通过交联线性 DNA 自由末端形成的环状双链 DNA 是**松弛型**（**relaxed**）的，具有热力学稳定的 B-DNA 结构。松弛型 DNA 降低了它复制、转录及重组的活性。具有 DNA 生物活性的构型是**超螺旋结构**（**superhelical**），这种结构是通过解旋或加旋双链而形成拓扑异构体。在形成环状 DNA 之前，线性 B-DNA 双螺旋每圈包含 10.5 个碱基。DNA 分子在形成环状结构前是解旋的，形成环状结构后将是紧张型的（图 2.36）。解旋降低了环状 DNA 结构中总螺圈数，螺旋结构的解旋可以通过打破局部区域的碱基对在松弛型环状结构中产生一对单链环来调节。环状结构中堆积碱基丢失在动力学上是不稳定的。但是，如果保留所有堆积碱基，那么解旋将在双链螺旋骨架中形成扭转张力。沿着最初的旋转，反向扭转环状 DNA 将释放张力，最终形成卷曲的螺旋，即我们熟知的超螺旋。解旋的 DNA 是反向超螺旋，将形成右手超螺旋（图 2.37）。相反的，超旋的 DNA 是正向超螺旋形成左手超螺旋。

尽管闭合型的 DNA 有助于形成超螺旋结构，双链 DNA 任何一段的两端固定同样能够形成超螺旋。例如，真核细胞 DNA 能够形成超螺旋构型，因为通过核蛋白的锚定能够产生大量闭合的**拓扑结构域**（**topological domain**），指能限制双螺旋旋转的 DNA 片段（图 2.38）。总之，无论 DNA 是环状或线性的，DNA 的一个重要特征就是存在负超螺旋

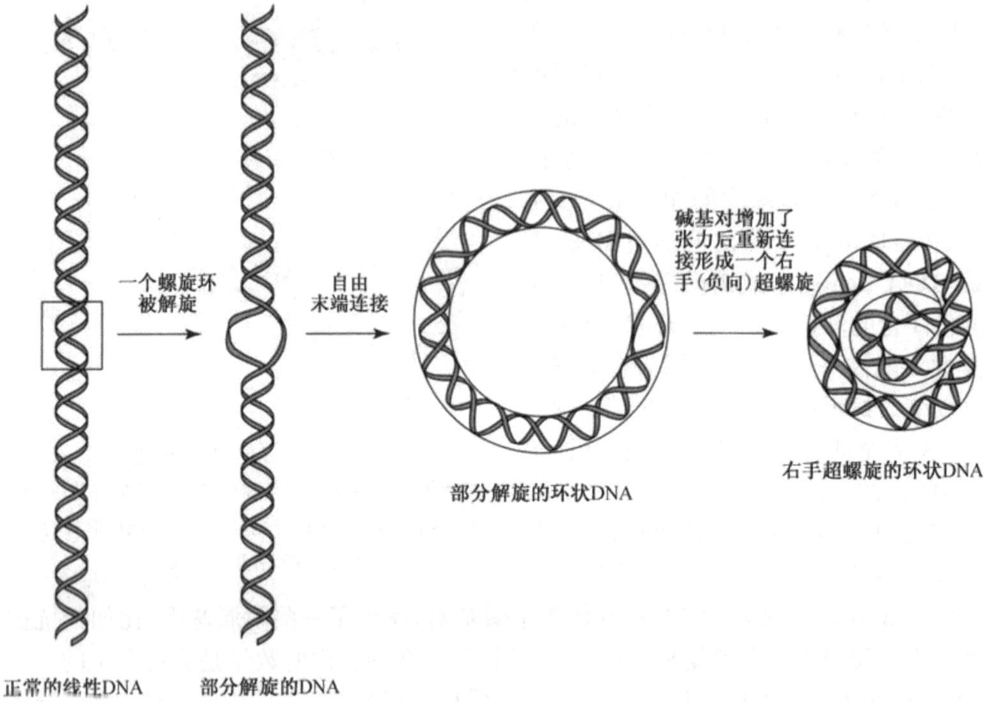

图 2.36　反向 DNA 超螺旋

松弛的 DNA 部分解旋后会破坏氢键或产生右手超螺旋(反向超螺旋),这样破损的碱基重新修复时产生的张力可被缓解

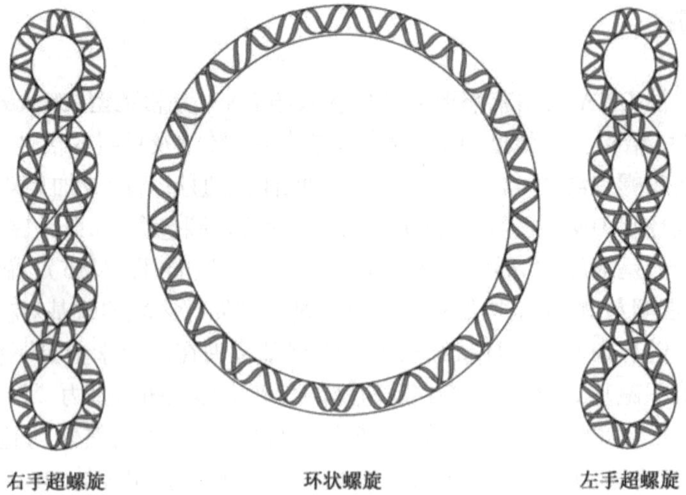

图 2.37　DNA 的松弛和超螺旋

松弛的 DNA 可在右手或左手超螺旋间相互变换。细胞中常见的是右手 DNA(反向超螺旋 DNA)。当 DNA 受酶的催化改变构象(复制,重组等)或者在某些种类的细菌中会瞬时产生左手 DNA。图中展示了右手或左手 DNA 超螺旋完全不同的折叠模式

模式。超螺旋促使 DNA 在细胞内包装以利于形成压缩结构，破坏氢键，产生泡状结构，促使局部 DNA 分开，便于 DNA 修复、合成及重组等过程。

(a)　(b)　(c)

图 2.38　DNA 超螺旋模型

用一橡皮圈可演示双链环状 DNA 拓扑异构学的特征。(a)皮圈的松弛状态。(b)皮圈两端用两拇指和食指固定后拧紧皮圈，可产生两种不同的拓扑结构域；皮圈上半部分左手旋转(逆时针旋转)，下半部分相应的就呈右手旋转(顺时针旋转)。(c)手指固定的那两点相互靠近时，含有左手螺旋的上半部分就形成右手超螺旋，而含有右手螺旋的下半部分就形成左手超螺旋。超螺旋只是 DNA 特定结构域的特点，并非 DNA 分子的整体特征

拓扑异构酶

拓扑异构酶调节超螺旋的形成，催化 DNA 链断裂或连接，产生一条比原先更多的超螺旋或更少的超螺旋(表 2.4)。DNA 超螺旋在细胞水平的紧密调节有利于它自身和蛋白质相互作用。细胞中 ATP 和 ADP 的比例在这个过程发挥重要的作用，因为它能够影响一些拓扑异构酶的活性。有效的抗菌或抗肿瘤药物能抑制拓扑异构酶或解旋酶(临床相关知识 2.7)。

表 2.4　DNA 拓扑异构酶的特征

拓扑异构酶	类型[a]	功能
E. coli 拓扑异构酶Ⅰ(*top*A)[b]	ⅠA	松弛反向超螺旋 DNA
E. coli 拓扑异构酶Ⅲ(*top*B)	ⅠA	松弛反向超螺旋 DNA，分离解链
真核细胞拓扑异构酶Ⅲ(*top3*)	ⅠA	可能在染色质重组和/或分离中起作用
反向 DNA 解旋酶	ⅠA	将正超螺旋引入 DNA 中
真核细胞拓扑异构酶Ⅰ(*top1*)	ⅠB	松弛反向或正向超螺旋 DNA
牛痘(天花病毒)DNA 拓扑异构酶	ⅠB	松弛反向或正向超螺旋 DNA；特异结合 DNA 序列
E. coli DNA 解旋酶(*gyrA*，*gyrB*)	Ⅱ	将反向超螺旋引入 DNA 中；松弛反向或正向超螺旋 DNA
E. coli 拓扑异构酶Ⅳ	Ⅱ	分离复制后的染色体；松弛反向超螺旋 DNA
真核 DNA 拓扑异构酶Ⅱ(*top2*)	Ⅱ	分离相连的染色体；松弛反向或正向超螺旋 DNA

[a] 拓扑异构酶Ⅰ用 Mg^{2+} 作为辅助因子，但不需要 ATP；拓扑异构酶Ⅱ需要 Mg^{2+} 和 ATP。

[b] 编码拓扑异构酶的基因名称用斜体标识。

临床相关知识 2.7
拓扑异构酶在疾病治疗中的应用

拓扑异构酶是抗生素和抗肿瘤药物的重要靶标，这些药物并不能抑制酶的全部活性；相反，它们能捕获作用于拓扑异构酶与 DNA 形成的瞬时性的复合体，引起DNA 降解、引入突变或抑制翻译和复制进程。

拓扑异构酶Ⅰ和拓扑异构酶Ⅱ均可用作癌症治疗的靶标。喜树碱及其衍生物可作用于拓扑异构酶Ⅰ，这在小鼠的白血病治疗模型中取得了较好的疗效。它们形成药物稳定性的共价DNA 裂解复合物后会损伤机体，随后的 DNA 复制会造成细胞毒性作用。喜树碱衍生药物对于恶化的大肠癌治疗有一定的疗效，因为肿瘤细胞中的拓扑异构酶Ⅰ水平相对较高。其他两种抗肿瘤药物安沙吖啶和依托泊苷可选择性地抑制拓扑异构酶Ⅱ，可以稳定共价的拓扑异构酶Ⅱ-DNA 裂解复合体，并激发这些复合物的形成，是非常好的临床药物。DNA 合成过程受阻时，拓扑异构酶Ⅱ引起的 DNA 断裂会在复合体的形成位点引发重组和突变，从而发挥相应的细胞毒效应。包括蒽环类抗生素(如阿霉素、柔霉素)、合成插入剂、艾力替新、鬼臼毒素在内的许多抗癌药物也能靶向抑制拓扑异构酶Ⅱ。因此，像淋巴性或非淋巴性白血病、高分化的非霍奇金淋巴瘤以及霍奇金淋巴瘤等血液病，可以通过拓扑异构酶Ⅱ抑制剂的联用进行治疗(可以加或不加细胞毒药)。

拓扑异构酶抑制剂也是有效的抗菌药物。喹诺酮类就是一大类选择性抑制促旋酶或其他拓扑异构酶的抗生素。这类抗生素包括萘啶酸、诺氟沙星、环丙沙星(盐酸环丙沙星制剂)，它们通过结合促旋酶-DNA 复合物来抑制超螺旋生成。由于这些促旋酶只存在于细菌中，故这些药物能够特异性地发挥细胞毒活性。针对革兰氏阴性菌(如肠杆菌科、奈瑟菌属、嗜血杆菌属)，喹诺酮类日趋成为最具活性的抗生素，其类似物也能作用于厌氧菌和革兰氏阳性菌。例如，盐酸环丙沙星制剂因其治疗吸入性炭疽而受到高度重视。

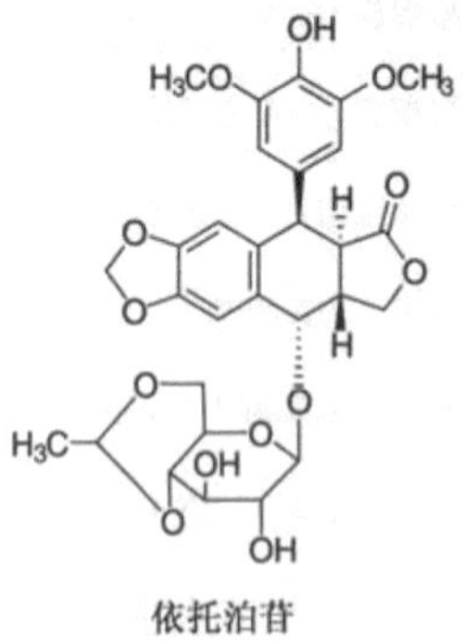

依托泊苷

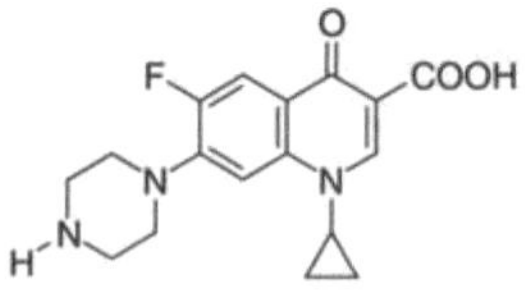

环丙沙星

拓扑异构酶Ⅰ(topoisomeases Ⅰ)在负超螺旋双链 DNA 中形成短暂的单链缺口，通过断裂链的缺口通道从 DNA 中消除了一个螺旋(图 2.39)。DNA 中的酪氨酸残基和磷酸基团在切口处形成共价键，酶与此 DNA 结合，保留了断裂磷酸酯键的能量，用于后续的缺口修复。拓扑异构酶Ⅰ两个亚型的区别在于：ⅠA 型形成 5′端磷酸酪氨酸；ⅠB 型形成 3′端磷酸酪氨酸。

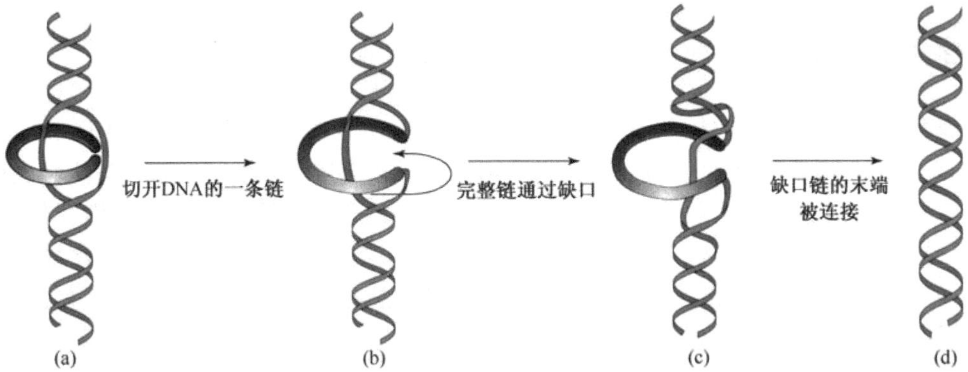

图 2.39　拓扑异构酶的作用机制

拓扑异构酶Ⅰ解链 DNA 是通过(a)与 DNA 结合并局部地分离互补链；随后(b)切断一条链并联结到这个新产生的末端上；(c)将已切断的切口通过重新形成磷酸二脂键而封闭起来，这样完整的那条链穿过缺口，产生减少了一个螺旋的松弛结构(d)

拓扑异构酶Ⅱ(**topoisomeases Ⅱ**)是结合到双链 DNA 中并剪切双链的二聚体蛋白(图 2.40)，它可通过缺口跨越另一条双链 DNA 片段去除或增加两个超螺旋。所有真核和原核生物的拓扑异构酶Ⅱ只能是松弛超螺旋 DNA，酶的翻转需要 ATP 水解，但是松弛反应并不需要 ATP。**促旋酶**(**gyrase**)是拓扑异构酶Ⅱ的一种亚型，只存在于细菌中，可增加 DNA 负超螺旋。真核生物利用 DNA 在染色体蛋白上的包绕来引进负超螺旋。促旋酶反应需要水解 ATP 提供能量，以 100 个/分钟的速率增加负超螺旋；它通过引进正或负超螺旋环的构型结合到 DNA 上，保持 DNA 的拓扑状态不变；还可以使双链 DNA 断裂后跨过 DNA 缺口引进两个负超螺旋。

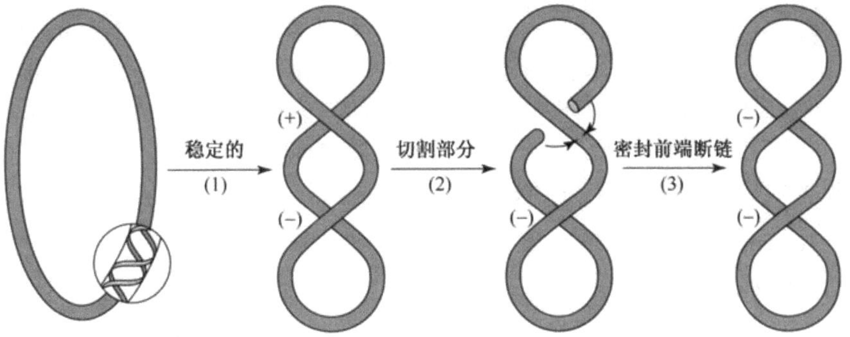

图 2.40　拓扑异构酶Ⅱ作用的机制

拓扑异构酶Ⅱ可以松弛 DNA 或导入负超螺旋。促旋酶可以将一个松弛的 DNA 转变成含有一个正超螺旋和一个负超螺旋的分子(1)；然后通过部分切开(2)和重接(3)将一个正超螺旋转变为负的，这个过程需要 ATP 供能

拓扑异构酶能催化其他拓扑异构化。细菌Ⅲ型拓扑异构酶具有Ⅰ型拓扑异构酶的特性，它不需要能量就能松弛超螺旋。拓扑异构酶在溶液中可将 DNA 复制结束前产生的环状 DNA 产物特异性地连锁起来(呈链状)。**逆促旋酶**(**reverse gyrase**)是拓扑异构酶的

异常亚型，最先在古细菌中发现，它能够引进正超螺旋到 DNA 中，保护 DNA 免受高温或细菌酸性环境下的变性。

原核 DNA 的包装

在原核细胞中，染色体是一条超螺旋结构的环状双链 DNA。在大肠杆菌中，DNA 分子的全长比细胞直径的 80 倍还大。因此，DNA 必须以高度压缩的形式包装进入细胞内。细菌中，通过 **HU** 和 **H-NS** 蛋白相互作用以及多种阳离子、**多胺**（**polymine**）（比如精胺、亚精胺、腐胺、尸胺）、RNA 和非组蛋白的参与，染色体被包装进高度压缩的结构——**拟核**（**nucleoid**）（图 2.41）。HU 是一个 18 kDa 的异源二聚体，含有两个类似的亚基（HU1 和 HU2），与 DNA 结合后改变了 DNA 的形状和超螺旋结构。在体外，HU 结合作用压缩 DNA 分子，并依据自身浓度限制其超螺旋结构。DNA-HU 复合体中，DNA 分子和 HU 蛋白等摩尔比时，两者相互作用阻止拓扑异构酶 Ⅰ 松弛 DNA 反向超螺旋。高浓度的 HU 蛋白并不能增加额外的超螺旋。HU 可能将 DNA 分子高度弯曲到紧密环状结构中，调节珠状拟核的形成。在大肠杆菌中，拟核由一条单链超螺旋 DNA 分子组装成 40 个环，每个环约含有 10^5 bp 碱基，这样就整合成一个富含蛋白质和 RNA 的支架结构。RNA 只在原核生物中包装染色体。大肠杆菌基因组最终形成一个直径为 2μm 的拟核被包装进细胞中。DNA 快速合成、细胞分裂及转录，都离不开细菌染色体的动态结构。

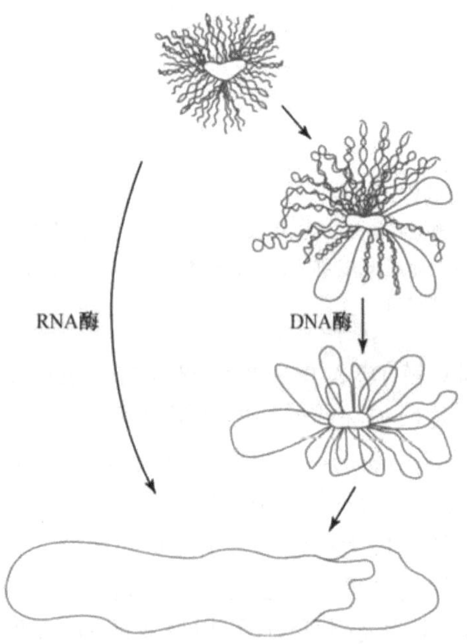

图 2.41　细菌染色体包装进拟核中

细菌的环状染色体可压缩到超螺旋 DNA 的 40～50 个环中，超螺旋 DNA 又被组装到 RNA-蛋白质中心支架上。DNA 酶每次打开一个环，逐个打开多个环后染色体松弛；但 RNA 酶可以打破拟核核心，一次性地完全展开染色体

真核染色质的组成

大多数真核生物基因组的全长要求基因信息分开进入独立的染色体中。人细胞包含 23 对染色体，平均长度为 1.3×10^8 bp，约 43mm。每条人染色体包含一条 DNA 分子，大小从 1 号染色体的 263×10^6 bp 到 Y 染色体的不足 50×10^6 bp 。如此多的 DNA 包装进一个直径约为 10μm 的细胞核中，这就要求将原有大小压缩五倍以上（图 2.42）。

在真核细胞中 DNA 分子结合大量的蛋白质形成**染色质**（**chromatin**）。在分裂间期（interphase）细胞中，染色质没有固定形状，分散在细胞核中。在细胞分裂前（中期 metaphase），染色质高度压缩为**染色体**（**chromosome**）。每条染色体含有**中心粒**（**centromere**），

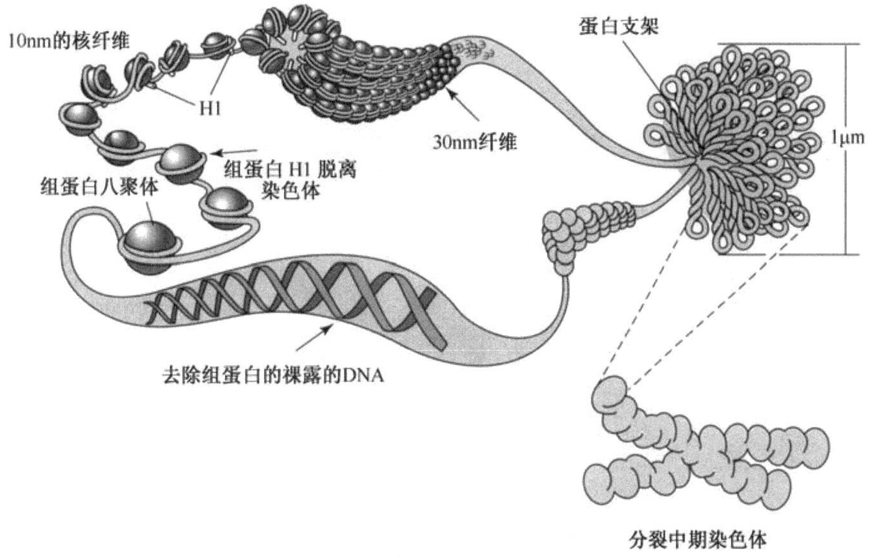

图2.42 DNA组装成为染色体

DNA首先绕在组蛋白上形成核小体,然后结合H1形成10nm纤维,最终缠绕在蛋白支架上形成染色体

是连接染色体和纺锤体的蛋白质的附着位点。**端粒**(**telomere**)是线性染色体的末端。染色体中同样包含DNA复制起始序列(**复制起点,origin of replication**)。

染色体中组蛋白是最丰富的蛋白质,有五种**组蛋白**(**histone**):**H1**、**H2A**、**H2B**、**H3**和**H4**。它们含有大量的碱性氨基酸(赖氨酸和精氨酸),所以组蛋白成为多聚阳离子,能够和DNA的多聚阴离子磷酸骨架相互作用形成不带电的核蛋白。组蛋白的氨基酸序列在各物种间高度保守,例如豌豆和奶牛的组蛋白H4只有两个氨基酸不同,但是这两个物种早在十亿年前就开始分化。组蛋白H3同样也是高度保守的,而H2A和H2B的非碱性区域保守性相对较低。组蛋白H1体积更大,碱性更强,是至今为止组织和物种间特异性最强的组蛋白。脊椎动物某些类型的细胞中,第六个组蛋白H5可替代组蛋白H1发挥作用。染色质中还存在其他的非组蛋白,它们具有物种和器官的高度特异性。这些非组蛋白蛋白有几百个成员,大多数是微量的,多和染色体的复制、基因表达和构成等功能相关。

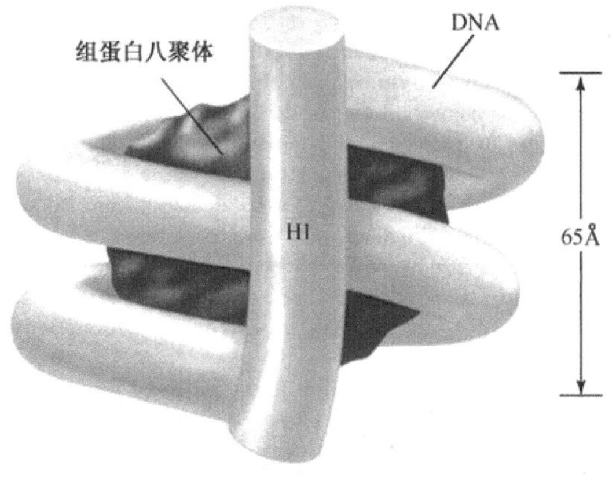

图2.43 核小体复合体模型

核小体含有大约146bp的DNA,相当于围绕在一个组蛋白八聚体的1 3/4超螺旋环。染色体由166bp的DNA(两个超螺旋环)组成。H1组蛋白与连接DNA相联结

核小体和多聚核小体

组蛋白和DNA相互作用形成一个重复的串珠状结构,称为多聚核小体,其中的组成单位是**核小体**(**nucleosome**)(图2.43)。每个核小体是盘状的,直径

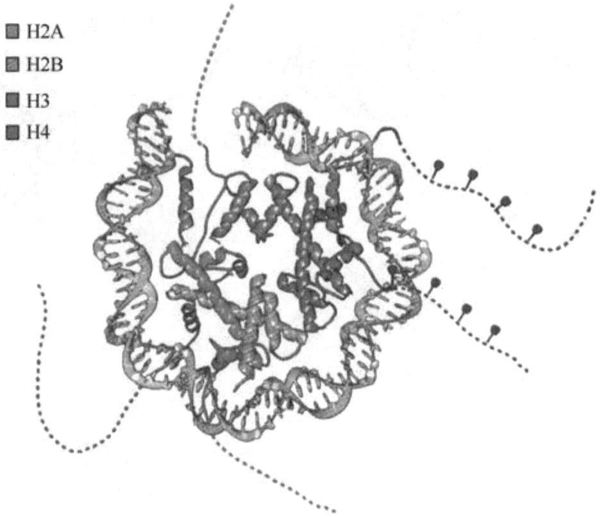

图 2.44 核小体核心的 X 射线衍射结构

核小体核心的圆盘一分为二，显示围在四个组蛋白分子上一圈 DNA。虚线表示组蛋白尾端的无结构部分

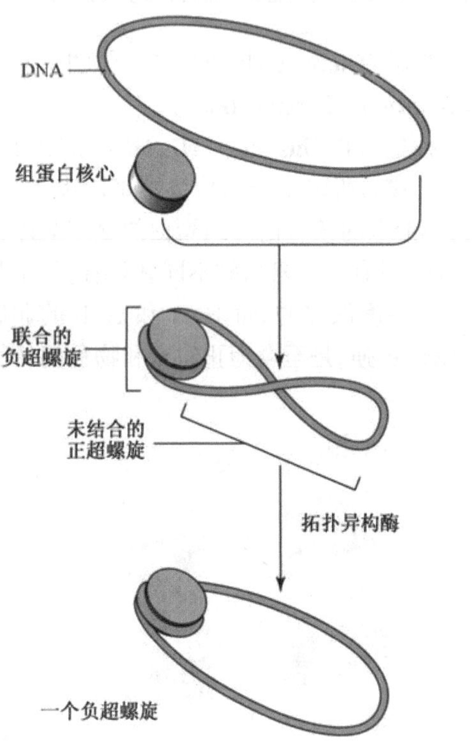

图 2.45 真核 DNA 中反向超螺旋的形成

组蛋白八聚体与松散闭合的 DNA 结合，促使 DNA 缠绕在八聚体外围，产生反向超螺旋。如果任意一条链都未被打破，那么 DNA 环绕的区域仍保持完好并在该区域产生代偿性的正向超螺旋；真核细胞的拓扑异构酶随即松弛正向超螺旋，剩下含有一个反向超螺旋的闭合结构域

约为 11nm，厚 6nm，包含一段 DNA 片段和组蛋白簇（H2A、H2B、H3 和 H4 各两个组成的八聚体）。每个八聚体是由 $(H3)_2$-$(H4)_2$ 四聚体和两个 H2A-H2B 二聚体组成。每个组蛋白含有一个中心非极性结构域，它们能形成球状结构，负责组蛋白之间的相互作用。相邻氨基末端包含大量带正电的氨基酸残基，提供了和 DNA 结合的静电作用，这些末端序列从组蛋白核心放射状延伸出来，可能参与核小体之间的相互作用。包绕在八聚体外围的长 146bp 的 DNA 与 $(H3)_2$-$(H4)_2$ 核心周围长70～80bp 的 DNA 相连接（图 2.44）。组蛋白与 DNA 小沟结合，使 DNA 大沟能与组蛋白相互作用，这些蛋白调节基因表达和其他 DNA 的功能。核小体的核心结构使得真核细胞即使缺少促旋酶仍然能够松弛 DNA。DNA 环绕在组蛋白核心外周（图 2.45），每次能去除一个 DNA 螺旋，最终在包绕组蛋白核心的序列中形成负超螺旋，而在 DNA 分子的其他地方产生代偿性的正超螺旋。真核拓扑异构酶能在正超螺旋松弛过程中在核小体区域产生一个负超螺旋。核小体间是 20～90bp 的连接

DNA(linker DNA),它和组蛋白 H1 相连闭合锁定环绕的 DNA,最终形成**染色体(chromosome)**(图 2.43)。多聚核小体结构中核小体的周期性重复可通过优先消化连接 DNA 的核酸酶来确定。核小体的分布不是随机的,与 DNA 碱基序列相关。DNA 分子并不是均匀地弯曲,而是先缓慢弯曲,然后沿组蛋白八聚体急剧弯曲,这表明 DNA 序列可以影响 DNA 的结合及核小体的位置,特定 DNA 区更易形成核小体。DNA 包含 PolyA 或者 GC 重复序列时,通常不能形成核小体。相反,某些弯曲 DNA 区域能和组蛋白紧密相连,如周期性 A 束。组蛋白八聚体能够沿着 DNA 序列迁移,这种迁移使得聚合酶和其他用于转录和复制的蛋白质能结合到 DNA 上。

多聚核小体组成高级结构

包绕组蛋白的 DNA 形成核小体时导致 DNA 的表观长度缩短十倍,形成一个直径 **10nm 核纤维(10-nm nucleofilament)**,随即再被压缩成一个**线圈(solenoid)**,每圈包含 6～7 个染色体,最后形成直径 **30nm 纤维(30-nm fiber)**(图 2.46)。组蛋白 H1 相互紧密结合,使相邻核小体在 30nm 纤维中靠得更近。在生理盐浓度下,30nm 纤维能够自发形成,但在低离子浓度强度下,它们解离成 10nm 核线。多聚核小体形成后压缩成 30nm 纤维使得 DNA 又压缩两倍。30nm 纤维只在 DNA 的某些区域形成,这些区域缺少序列特异性非组蛋白的结合。结合了非组蛋白 DNA 区域的转录状态也会影响 30nm 纤维形成。

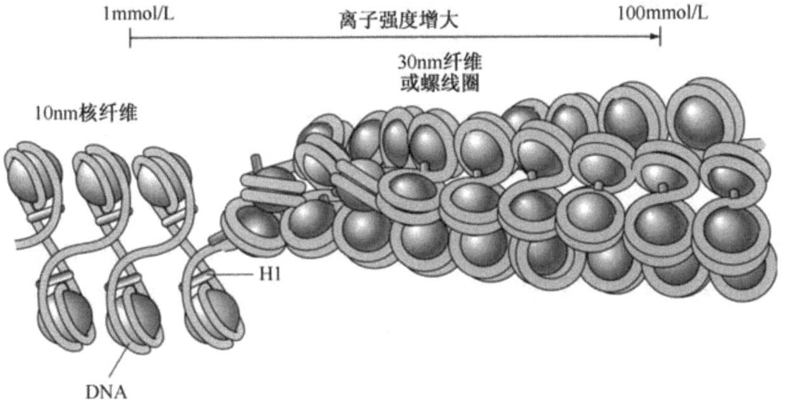

图 2.46 核纤丝结构

组蛋白 H1 附着在核小体间的连接区,促使染色质凝集为 10nm 纤维。高离子浓度下,核纤丝形成紧实的螺旋结构或螺线圈,该结构中组蛋白 H1 之间又相互紧密结合

30nm 纤维的高度包装模型是基于脊椎动物卵母细胞的灯刷染色体和果蝇大分泌细胞的线性染色体的间接证据。此类染色体并不常见,在细胞间期(即细胞非分裂期),染色体保持着更为高级有序的结构。基于细胞间期灯刷染色体的结构模式,人们认为通常染色体被组装为 30nm 纤维的环袢状凝集结构域,其大小随不同生物而变化;这些染色质环袢含有碱基 5000～12 000bp,平均为 20 000bp。单倍体的人类基因组包含了 60 000 个染色质环袢,每个环袢上的基因多数不连锁,这些环袢状结构与组蛋白 H1 和一些非组蛋白组成的蛋白支架相连,其中非组蛋白支架包括两个主要的支架蛋白 Sc1(一种拓扑异构酶Ⅱ)和 Sc2;然后环袢固定在相应的碱基上,堆积成超螺旋结构。特异的 A-T 富集区就是

支架附着区域(SAR, scaffold attachment region),优先与支架结构相连接,该区含有拓扑异构酶Ⅱ结合位点。拓扑异构酶的存在表明上述区域中超螺旋结构改变有相当重要的生物学意义。染色质形成环袢可以使 DNA 长度压缩 200 倍,总体压缩效率高于四级结构。每条环袢可以环绕成圈,再超螺旋成 0.4μm 的纤维。染色体的直径约 1μm,需要多次折叠才能将 20nm 的纤维压缩进单倍染色体,所以染色体组装的下一步是压缩环袢,即将 30nm 纤维环袢组装到紧密堆叠的螺旋环中。**单倍染色体(chromatid)**在高度凝集的中期染色体中通过复制的 DNA 的两条臂连接在一起,它包括了 30nm 纤维的螺旋压缩环。

染色体包装在细胞周期的不同阶段会有所变化,一定程度上受核心组蛋白的共价修饰。组蛋白 H3 和 H4 的 ε-赖氨酸族群可以被组蛋白酰基转移酶和组蛋白去酰基转移酶随细胞周期变化进行可逆的酰基化修饰。酰基化与转录活性调控相关,可以改变组蛋白所带电荷,影响特定转录因子结合区里负超螺旋张力。碱性氨基酸侧链(赖氨酸和精氨酸)甲基化以及丝氨酸/苏氨酸磷酸化都可调控核 DNA 的活性。例如,酰基化与磷酸化可显著改变核心组蛋白所带电荷,解开它们与 DNA 的结合;此外,还可以通过组蛋白的尾部和连接组蛋白来调节核小体之间的相互作用。随后松散的 30nm 纤维和去凝集化的染色体形成松散的**常染色质(euchromatin)**。高度迁移性族群蛋白(high-mobility-group protein,HMG)可促进染色质由高度压缩到去凝集的转变,此类蛋白质优先与转录活化的常染色质(10nm 纤维)结合。组蛋白与非组蛋白参与了真核细胞转录和复制的调控,转录起始的前提是组蛋白与染色体上 DNA 的解离,非组蛋白随后进行更为精细的转录调控。这两类蛋白质在细胞发育和分化过程中调控基因表达,也为激素和其他调节分子的结合提供了位点。

调节蛋白可以结合已活化的基因区域,不能接触到被持续抑制的基因。在整个细胞周期中,后者像其他一些区域,如着丝粒、端粒以及"垃圾 DNA"一样,被浓缩成一种称为"异染色质(heterochromatin)"的结构。这种非活化的形式具有染色质高度甲基化和组蛋白低乙酰化的特征。有一些修饰在关闭转录活性的过程中起到了特殊作用。例如,组蛋白 H3 尾部的赖氨酸甲基化为 HPI 提供了结合位点,而 HPI 可以阻碍转录因子与 DNA 结合。而保持非活化 DNA 的浓缩也决定了 DNA 对一些致损因素的敏感性。

2.5 DNA 序列和功能

不同物种之间,DNA 的组成大小和平均碱基数量有着很大差异。核酸序列决定着物种 DNA 的特异性,直接影响着基因组 DNA 的核酸序列测定。与人类基因组计划相关的各种先进技术的发展加快了测定 DNA 序列的速率,目前科学家已分析出了大多数物种的完整序列。

限制性内切核酸酶和回文结构

细菌**限制性内切核酸酶(restriction endonuclease)**的发现推动了测定序列基因组 DNA 的进程,它可通过酶切每一条链上的特定序列来切割双链 DNA(图 2.47)。细菌把限制性内切核酸酶用作不同阶段中抗感染的一种防御，这种酶的切割使病毒 DNA 暴露，最终被非特异的细菌外切核酸酶降解。细菌 DNA 通过特定序列甲基化免于被切割。限制性甲基化酶的识别位点与限制性内切核酸酶的相关位点相对应，识别位点中特定碱基的甲基化可阻止核酸酶的切割。碱基甲基化的位点大多位于 5′胞嘧啶和腺嘌呤的 6′ NH_2 基团。高等生物的基因表达调控中，碱基甲基化也发挥着重要作用。

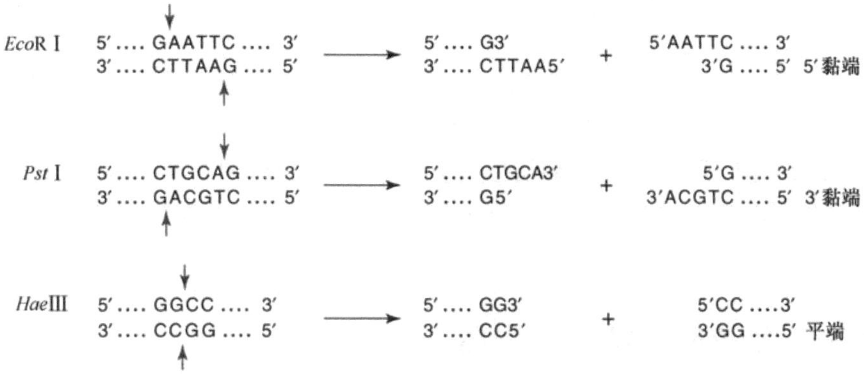

图 2.47　通过Ⅱ型限制性内切核酸酶所产生的产物类型

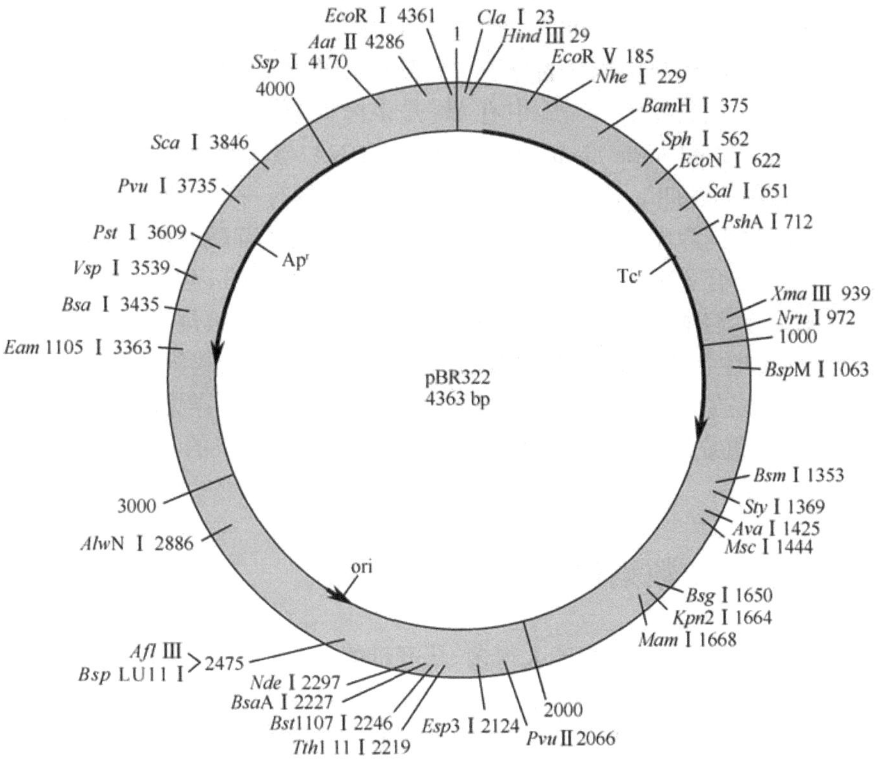

图 2.48　质粒 DNA 的限制性酶切图

细菌质粒 pBR322 是一个具有 4363 个碱基并含有起始复制点的 DNA，编码了能对氨苄青霉素和四环素产生抗性的基因。通过大量限制性内切核酸酶，特定 DNA 序列的定位被标识出来。其他内切酶可能切割很多次和不切割。例如，*Bgl* Ⅰ 识别序列在这个质粒上的位点有三个，而 *Bgl* Ⅱ 在这个质粒上是没有酶切位点的许多限制性内切核酸酶已被纯化出来，它们识别的序列可以是四到六个核酸长度。某些较为罕见的限制酶，通常识别位点较长，在真核生物的庞大数量的DNA中，由于它们的酶切频率相对较低，所以很有价值。例如，*Not* Ⅰ含有8个核酸序列的识别位点，通常为对称的反向重复或回文结构：回文结构中两条互补序列的碱基顺序是一致的，均由5′→3′读取。来自 *E. coli* 的 *Eco*RⅠ的序列为5′-GAATTC-3′，Ⅰ型和Ⅲ型限制性内切核酸酶能在识别位点相距较近的位置切割序列，但Ⅱ型限制性内切核酸酶能特异性的切割DNA。

限制性内切核酸酶所识别的特异性序列的出现频率相对较低，而且是选择性地切割DNA。例如，含有 3×10^6 bp的细菌DNA通常可被裂解成几百个片段。对于特定的限制性内切核酸酶而言，质粒DNA的酶切位点会很少甚至没有（图2.48）。所以对于任何既定的DNA分子而言，一个特异的限制性内切核酸酶能产生一组特异的切割片段或限制性消化位点。限制性内切核酸酶的应用和凝胶成像技术的发展使测序变得非常容易。

原核DNA多数编码特异性蛋白

原核细胞中存在着大量编码特异蛋白的DNA。完整的大肠杆菌含 4.6×10^6 个碱基和大约4200个基因，并不是所有的基因都编码蛋白质。例如，编码tRNA分子的80个基因，其中一些根本没有编码功能性的分子。大肠杆菌的DNA与序列信息一同被高度压缩，几乎没有重复。大肠杆菌基因组中有1%是多拷贝的短重复序列，即REP元件（repeated extragenic palindromic element），通常位于DNA与功能蛋白相互作用的位置，例如DNA复制起始区（也叫 *oriC*）。*oriC* 上的REP元素具有一个长34个核苷酸的一致序列（即在两个或多个同源序列的每一个位置上多次出现的核苷酸或氨基酸组成的序列），而且REP元素还结合了拓扑异构酶Ⅱ。含有GCTGGTGG（Chi位点）序列的REP元素与RecBCD酶结合，启动DNA重组。Chi位点每隔4000bp都被规则地分隔开来。在细菌噬菌体等较小的生物体中，基因信息被高度编排。结构基因（编码了蛋白的核酸序列）在DNA上占据的位置并不是唯一的，相反它们通常相互重叠，详见噬菌体ΦX174的序列（图2.49），这种重叠使得有限的DNA能得到更为高效和经济的利用，还可以调控基因的表达顺序。

真核DNA只有少数编码功能性基因

真核基因组要比原核基因组庞大得多，从酵母的 1.5×10^7 bp到百合 *Fritillaria assyrinca* 单倍体基因组的 1.15×10^{11} bp。但是人类基因组计划的结果提示人类基因组仅编码了20 000～25 000个基因，所以基因信息并不一定像细菌那样被高度压缩。哺乳动物DNA编码的基因只是大肠杆菌的7倍，但DNA的数量比大肠杆菌多500倍，实际只有2%～4%的DNA编码了其全部基因。目前人们已研究清楚了中心粒和端粒中的DNA功能，绝大多数的非编码DNA没有特别功能，被称作是“**垃圾DNA（junk DNA）**”，但越来越多的证据表明在发育过程中，它们可调节基因表达，而且垃圾DNA的数量与生物的复杂性相关，与生物含有的基因数量无关。

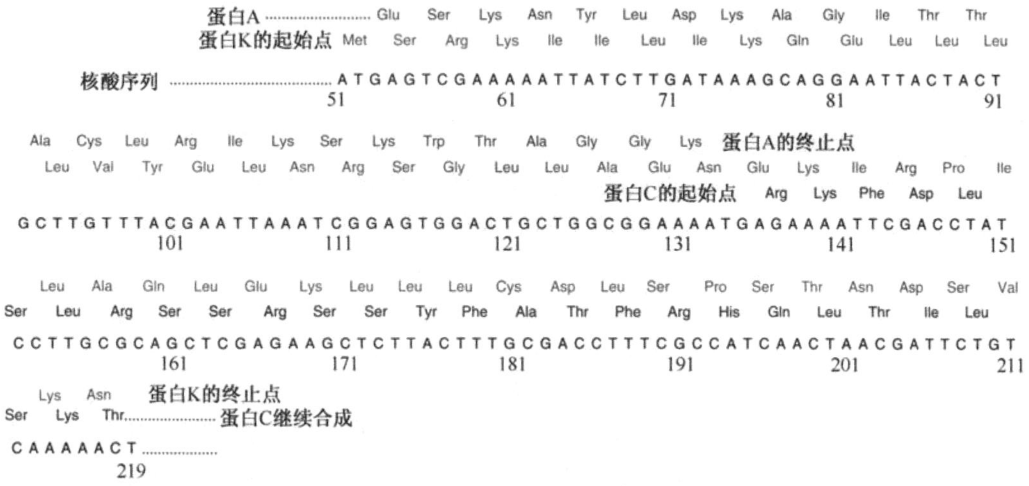

图 2.49　噬菌体 ΦX174 相邻重叠基因的部分核苷酸序列

图中显示的是编码了 ΦX174 蛋白酶 K 的核酸序列 51～219，其中的一部分 51～133 序列编码了蛋白酶 A，另外一部分 133～219 编码了蛋白酶 C。类似的重叠在 ΦX174 的其他基因中也可见到

真核基因相互并不重叠，平均相隔 40 000bp，但也有一些基因在含有基因簇的区域内靠得很近。绝大多数真核基因间间隔有非编码的核酸序列——**内含子**(**intron**)(图 2.50)。表达产物为成熟 RNA(mature RNA)或者蛋白质的基因就叫**外显子**(**exon**)。RNA 转录加工时内含子被**剪切**(**splicing**)，外显子首尾相连。不同物种间内含子序列和大小有很大差别，所有的加在一起要比它们间隔的外显子长 5～10 倍。大多数基因至少含一个内含子，有的更多，也有些基因如人的干扰素 α 不含内含子。

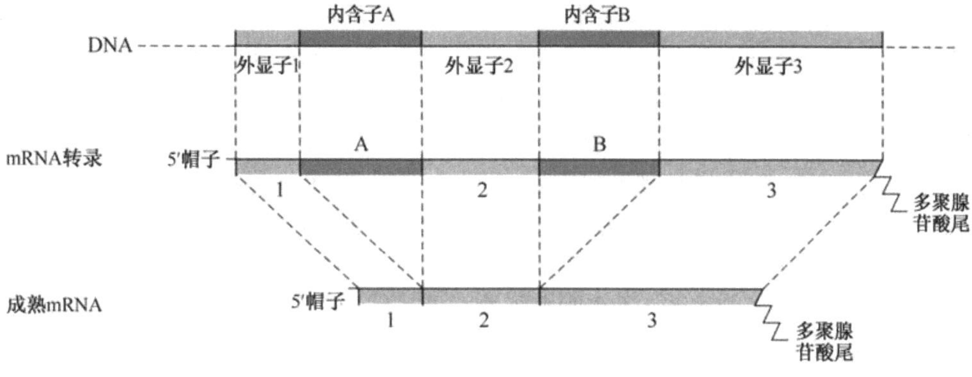

图 2.50　真核基因示意图

上面那条线代表一部分 DNA 基因组；中间的代表基因组产生的 mRNA。图例中 DNA 由两个内含子和三个外显子组成，内含子序列转录后经剪切去除，产生成熟的 RNA

内含子在脊椎动物和有花植物的基因中较为常见，在其他物种中出现得就不那么频繁了，它的作用还不十分清楚，进化上它们可能出现得相对较晚。它们有些可以从基因组上的其他位置发生迁移(转座子，transposon)，插入到编码蛋白的基因中(见 8.6 节)，突变后这些插入序列的移动性通常降低。

重复序列

原核生物中特殊的DNA序列很少重复,但真核生物却包含了不同重复序列的基因,从重复数次的特定编码基因到重复数百万次的简单且相对较短的基因组。重复DNA可占总DNA量的3%~80%,因物种的不同而变化。在哺乳动物包括人类的基因组中,25%~35%的DNA是重复的,这些序列可被分为**单拷贝**、**中度重复**、**高度重复**以及**反向重复**四类。真核生物中单拷贝DNA的含量各不相同,各种重复DNA的精确界限并没有严格定义。

约一半的人类基因组由独一无二的序列组成,其中仅小部分能编码蛋白质。部分DNA包含**拟基因或假基因(pseudogene)**,这些基因具有与功能性基因高度同源的核苷酸序列,但其中含有突变,可抑制基因表达。拟基因显著增加了真核生物基因组的大小,却没有增加其可表达基因的含量。额外的单拷贝DNA序列作为内含子以及基因边上的调控区。

中度重复DNA由相同的或密切相关的序列重复数次到数千次组成,这些序列相对较长且含数百个至数千个不等的核苷酸。约20%的鼠DNA含一些长几百个碱基的序列,这些序列重复千次以上。约15%的人类基因组含中度重复DNA,部分序列包含编码了许多蛋白及rRNA的基因。例如,海胆携带数百个重复的组蛋白基因。真核生物通常具有数百个编码核糖体RNA(rRNA)的重复序列,其余的中度重复序列的功能尚不清楚。通常单拷贝及中度重复序列有秩序地排列在染色体中,为**散开式(interspersion pattern)**,包含有单拷贝DNA或中度重复DNA的交替嵌段。**长散开元件(long interspersion element, LINE)**含数千个核苷酸长的序列,这些序列每个基因组最高可重复1000次,它们两侧为正向重复序列。**短散开元件(short interspersion element, SINE)**的一个例子是Alu家族,它是组成人类基因组实体部分(约5%)的一段未知功能的序列,该序列约300bp长,且重复了500 000次以上,这些提示了该序列作为转座子的存在。

大约1%~15%的真核生物基因组DNA含有短于20个核苷酸的序列,但这种序列重复上千甚至上百万次。大部分高度重复序列具有独特的碱基组成,将DNA剪切为数百个核苷酸长的片段后用密度梯度离心可以分离,这些片段被称为**卫星DNA(satellite DNA)**,因为离心后它们像主体DNA所携带的卫星。其他的高度重复序列虽不能通过离心分离,却能通过它们迅速复性的特性鉴别,这些高度重复的DNA亦称为单一序列DNA。单一序列特异性存在于大部分真核生物的DNA中。某些物种中存在一个主要的序列,而在另一个物种中一些单一序列却重复上百万次。单一序列DNA常当做卫星DNA分离。较为高等的真核生物的着丝粒含一个或数个短的重复序列组成的数千个串联拷贝。卫星序列仅为5~10bp长,是端粒酶的组成成分,并在DNA复制中具有明确作用。一些较长的单一序列已经被鉴定,例如,非洲绿猴基因组中有一个172bp长、含一些重复序列的片段为高度重复。

反向重复序列是DNA中的一种结构模序。由六个核苷酸(如重复序列GAATTC)组成的短反向重复序列出现的几率约为1/3000。短重复子不能形成像长重复序列那样稳定的十字结构，这种长到足够形成十字结构的重复子并不是随机出现的，它们应该成为真核序列中独立的一类。在人类 DNA 中存在约 200 百万个平均长度在 200bp 的重复子；目前已经找到超过 1000bp 的重复序列。细胞中绝大多数的重复序列在 1000bp 左右。

2.6　RNA 结构

RNA 为核糖核酸 5′磷酸多聚体

RNA 是线性的核酸聚合物。在 RNA 中的嘌呤碱基是腺嘌呤和鸟嘌呤，嘧啶是胞嘧啶和尿嘧啶。除了尿嘧啶取代了胸腺嘧啶，在 DNA 中它们都是相同的碱基。A、C、G 和 U 在转录中组成 RNA。许多 RNA 含有加工过程中产生的修饰核酸。核酸被修饰后稳定性增加，例如 tRNA 和 rRNA 就是典型例子；然而，真核 mRNA 中的一些核酸可被甲基化修饰。对于大多数 RNA 而言，被修饰的核酸在细胞中可用作精细调节，但不是细胞所必需的。

RNA 的 3′,5′-磷酸二脂键形成碱基延伸的主架（图 2.51）。真核 RNA 的长度为 20～200 000 个核酸。每条 RNA 与 DNA 其中一条链特定部分的碱基序列互补。因此不同于 DNA 的组成成分，RNA 的（A＋U）和（G＋C）的摩尔比不同。细胞内 RNA 是线形单链，但一些病毒基因组也存在双链 RNA。

化学性质上 RNA 和 DNA 是相似的，都含有负电荷磷酸二脂键和化学性质相近的碱基；不同之处在于：第一，RNA 的核酸糖成分是核糖而不是 2′-脱氧核糖；第二，RNA 通常是单链的。

与 DNA 相比，2′-羟基使 RNA 分子的磷酸二脂键易受化学水解作用的影响，尤其在碱性溶液中。RNA 代谢不稳定反映出它化学上的不稳定。一些 RNA 例如细菌 mRNA ，通常在几分钟内被合成、利用、降解。其他的，如人类 rRNA，代谢十分稳定，在整个生命周期中都能检测到。然而，即使最稳定的 RNA 也没有 DNA 稳定。

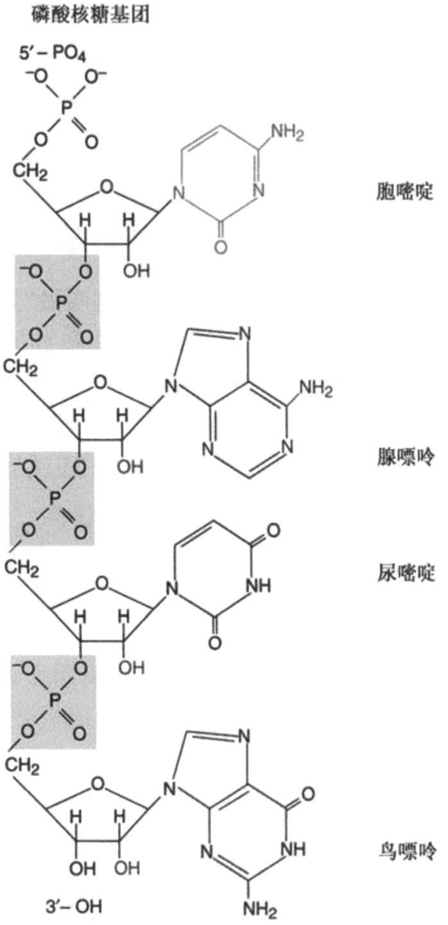

图 2.51　形成 RNA 单链的核酸间的 3′,5′-磷酸二脂键结构

磷酸基团连接一个核糖的 3′-羟基和下一个核糖的 5′-羟基，这种连接产生糖-磷酸主骨架的多聚核酸。嘌呤和嘧啶碱基以骨架为中心延伸，互补碱基配对形成双螺旋配对

RNA 的二级结构——分子间的碱基配对

由于 RNA 分子是单链,通常不会形成大规模的双螺旋。但 RNA 分子的二级结构来自分子内碱基配对的小区域。即使是单链 RNA 中没配对的序列也可含有相当多的螺旋结构(图 2.52)。RNA 中的螺旋通常是 A 型,双螺旋中每一螺圈带有 11 个核酸。

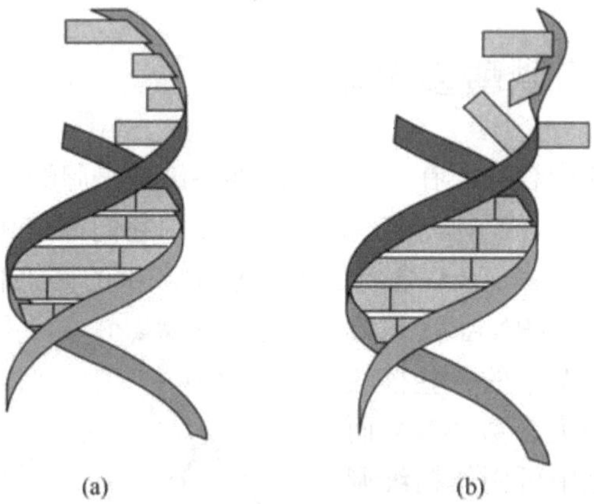

图 2.52　RNA 的螺旋结构模型

(a)在 tRNA 的 CCA 末端由于碱基堆积形成的螺旋结构,(b)在非碱基配对区域不发生堆积作用时,缺少有序的螺旋

RNA 中的双螺旋茎环结构通常叫做“发夹结构”。发夹结构中有许多精细变化,包括碱基对区域的长度、非配对环的大小和数量(图 2.53)。转运 RNA 是单链 RNA 分子中碱基堆积和氢键结合的极好例子(图 2.54)。大约 60% 的碱基配对发生在四个双螺旋柄上,两个环相互作用,形成一个 L 形分子。tRNA 的反密码子区域是非配对的 7 个核酸碱基堆积形成的环,通过环中碱基堆积和碱基配对形成 tRNA 的局部螺旋,与 mRNA 中的互补密码子结合促使翻译起始。

RNA 的三级结构

有功能的 RNA 分子结构要比前面所讲的碱基堆积和氢键结合产生的螺旋复杂得多;尤其是非配对区域的碱基可以形成氢键,或者彼此相互作用再与分子的螺旋部分相互作用。体内 RNA 是一个动态分子,它的形状随着合成、加工和功能等各阶段而改变。与蛋白质结合后,RNA 分子结构稳定性增强。事实上,细胞中的 RNA 是以 RNA-蛋白质复合体的形式发挥功能,而不是游离的 RNA 分子。

RNA 的三级结构是由分子的不同部分之间的碱基堆积和氢复合物而产生的。以 tRNA 为例,溶液中,tRNA 被折叠成一个紧密的“L 形”构象(图 2.54),其中 Watson-Crick 碱基配对,以及两个以上核苷酸的碱基间相互作用稳定该结构。此现象同样存在于其他 RNA 中。图 2.55a 中显示一个来自细菌核糖体的碱基三联体,碱基通过提供氢原子与磷酸二酯骨架结合。核糖体的 2′-羟基同样是氢键形成的重要供体和受体。上述所有相互作用都有利于 RNA 分子折叠的形成。

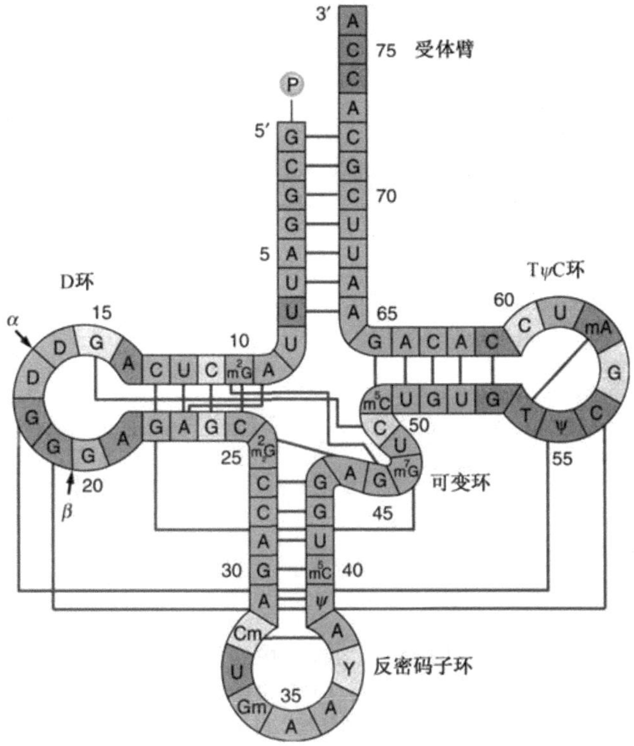

图 2.53　tRNA 的三叶草结构

酵母 tRNA 二维三叶草结构和核酸序列。连接环状核酸的红线表示氢键，玫瑰色的方块表示不变的核酸；褐色方块表示恒定的嘌呤和嘧啶。D 环的核酸插入点发生在不同 tRNA α 和 β 位置

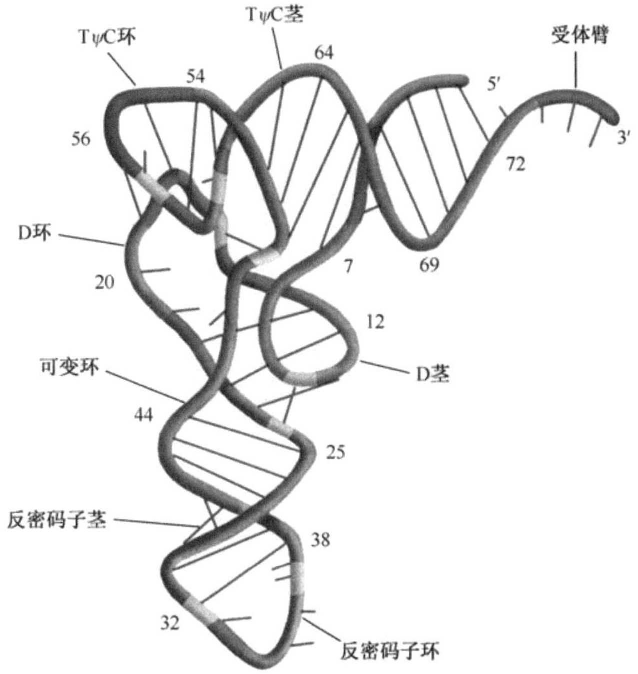

图 2.54　tRNA 的三级结构

$tRNA^{Phe}$三叶草结构的三级折叠。与图 2.53 作比较，交叉横档表示氢键

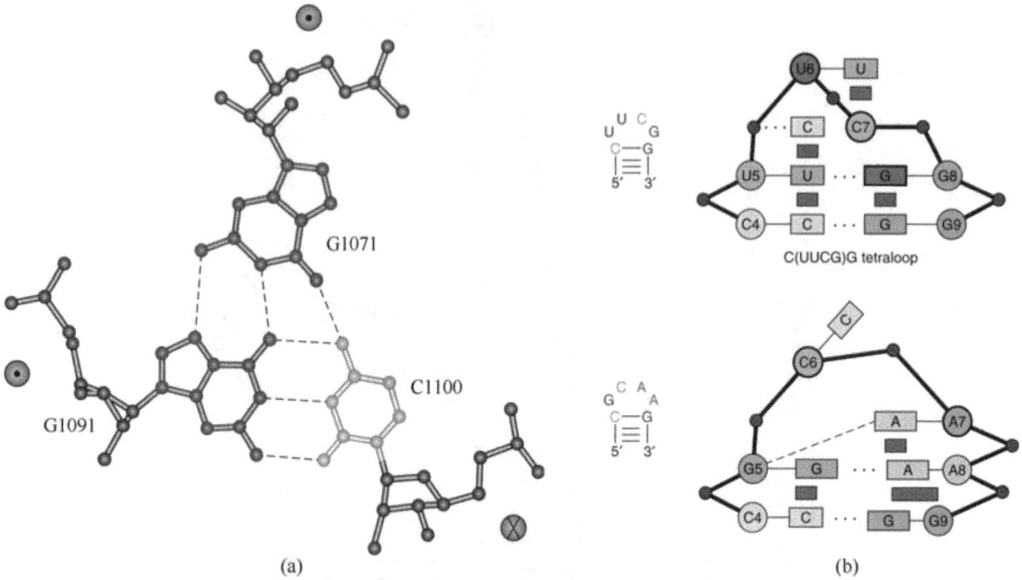

图 2.55　tRNA 中的氢键

(a)23S rRNA 的一个碱基三联体。此例中第三个碱基(G107)在 G109 和 C1100 的顶部和 Hoogsteen 侧形成氢键复合物。(b)示意图表示两个 RNA 四环具有相似的结构。两个结构的稳定都有赖于碱基堆积力、碱基间非 Watson-Crick 的氢键结合力，以及在糖基团、磷酸基团和核糖残基间的氢键结合力

从溶液或晶体中 RNA 的三维结构能推论出 RNA 三级结构的其他特征。“四环”指常见于 RNA 发夹结构闭合末端的特殊序列(如 UUCG 或 GAGA)(图 2.56)。这些四环

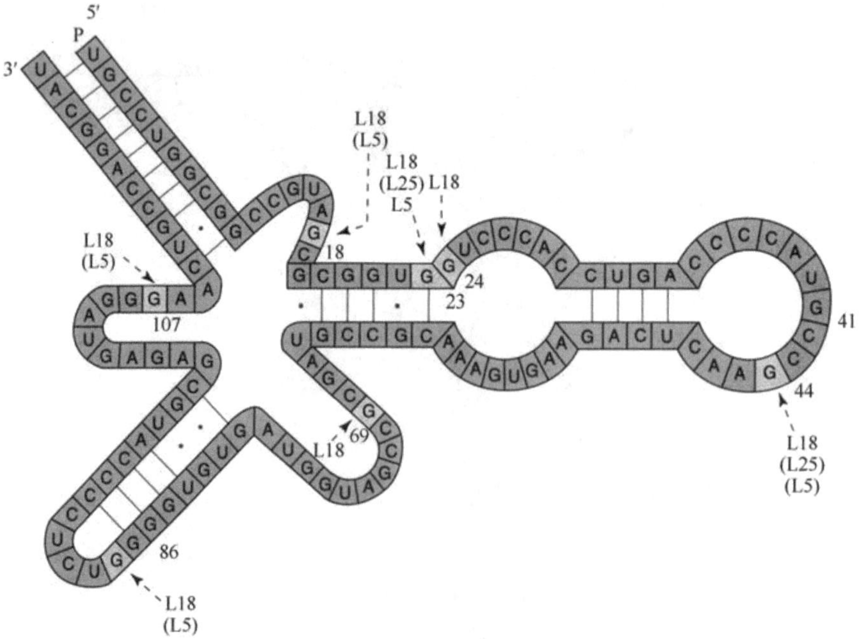

图 2.56　5SrRNA 的二级碱基配对结构

箭头所标识的区域是受大的核糖体亚基所保护

结构能通过内部碱基与糖之间形成氢键，稳定 RNA 发夹结构。四环结构与双螺旋或 RNA 中其他部位的内部环形成氢键，这样就形成了复杂的三级结构。

2.7　RNA 的类型

根据 RNA 的功能不同，通常分为：转运 RNA、核糖体 RNA 和信使 RNA；然而，在细胞中 RNA 分子还行使着其他多种功能。

转运 RNA——活化氨基酸和识别 mRNA 密码子

细胞中 15% 的 RNA 是 tRNA，它是中心法则里 DNA 与蛋白质形成所必需的中介。酶催化形成的氨酰 tRNA 激活蛋白质合成所需的氨基酸，然后氨基酸之间形成肽建。氨酰 tRNA 与核糖体相连，使氨基酸转运至延伸的肽链上（tRNA 因而得名）。tRNA 能识别 mRNA 核苷酸序列信息，以确保正确的氨基酸被结合在延伸中的肽链上。氨基酸激活发生在末端 CCA 序列的 3′羟基，此处有特异性氨基酸与酶吸附。密码子识别是通过反密码三联体与 mRNA 中的三核苷酸密码子相结合而完成的。mRNA 的碱基配对以及 tRNA的反密码子三联体是确保正确肽键形成的重要机制。

每个 tRNA 仅能转移一个氨基酸。尽管仅有 20 种氨基酸用于蛋白质合成，但是由于遗传密码过多（每个氨基酸不止一个密码子），独立生存的生物体合成了一大堆 tRNA。例如，流感（嗜血）杆菌的基因组序列包含了 54 种 tRNA 的基因，线粒体合成少量的 tRNA。接受相同氨基酸的 tRNA 被称为同功受体。这样，接受苯丙氨酸的 tRNA 应写成 $tRNA^{Phe}$，而接受酪氨酸的 tRNA 应写成 $tRNA^{Tyr}$。

tRNA 长为 65～110 个核苷酸，相应的分子质量在 22 000～37 000Da 之间。所有 tRNA的序列（目前所知有上千种）能通过互补的 Watson-Crick 碱基配对而被排列成一个常见的三叶草的二级结构，该结构能形成三个茎环结构。反密码子三联体序列位于三叶草结构的“一片叶子”上，而 CCA 受体茎位于“茎干”上。这种排列在 $tRNA^{Phe}$ 的三级结构中保存（图 2.54），该结构中反密码子及接纳茎分别位于 L 型分子的两个末端。额外的非 Watson-Crick 氢键形成 L 型分子的三级结构。

tRNA 含修饰过的核苷酸——如图 2.53 中位于 46 的 7-甲基鸟嘌呤。修饰过的核苷酸会影响 tRNA 的结构和稳定性，但核苷酸发挥基本作用时不需要被修饰。例如，紧邻反密码子的一个碱基经修饰后，密码子识别更有效，但是未被修饰的 tRNA 仍旧能被核糖体正确的阅读。所有 tRNA 三叶草结构有许多特征类似。七个碱基对形成氨基酸的接纳茎，由核苷酸三联体 CCA 终止，该 CCA 三联体不含碱基对。二氢尿嘧啶或“D”茎干含有三个或四个碱基对，而反密码子和 T 茎干各含五个碱基对。反密码子环和 T 一环都含七个核苷酸。环的形状较为多变，因为不同 tRNA 中核苷酸数量不同。大部分 tRNA 有易变的小环（含 4～5 个核苷酸），而其余的有较大的环（含 13～21 个核苷酸）。tRNA 中部分核苷酸的位置是恒定的（图 2.53）。

核糖体 RNA——蛋白质合成装置

蛋白质在核糖体中合成。真核生物中,核糖体 80S 复合体由四种 RNA 和 82 种蛋白质组成,其中 RNA 占核糖体分子质量的三分之二。40S 小亚单位,包含一条 18S RNA 和 33 种蛋白质;60S 大亚单位,包含三条 RNA 分子(28S、5.8S 和 5S)和 49 种蛋白质;这两个亚单位合在一起形成了真核生物 80S 核糖体。在原核生物内则相对较小,为 70S 核糖体复合体,其中 30S 亚单位包含一条 16S 的 rRNA 和 21 种蛋白质,50S 亚单位包含两条 rRNA 分子(5S 和 23S)和 34 种蛋白质(核糖体结构详见 6.2 节)

rRNA 在细胞内代谢稳定,占 RNA 总量的 80%,这种稳定是核糖体反复行使功能所必需的,核糖体蛋白的结合可增强稳定性。真核生物的 28S rRNA(4718 个核苷酸)、18S rRNA(1874 个核苷酸)、5.8S rRNA(160 个核苷酸)在核仁中合成;5S rRNA(120 个核苷酸)在核质中合成(图 2.56)。三条大的 rRNA 作为一条长核苷酸链转录形成,通过剪切形成单链分子。

rRNA 中核苷酸修饰主要通过甲基化形成 2′-O-甲基核糖。rRNA 甲基化与不同致病菌的抗性直接相关(临床相关知识 2.8)。18S 中存在少量的 N^6-二甲基腺嘌呤,28S rRNA 中有 45 个甲基基团而 18S rRNA 有 30 个。

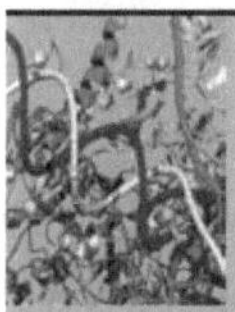

临床相关知识 2.8

葡萄球菌对红霉素的耐药性

临床或农业领域使用抗生素常导致细菌产生耐药性,这种耐药性可以来自靶细胞 DNA 的突变,而该突变能产生具耐药性的后代。随着质粒编码抗生素耐药性增殖的应用,在整个细菌群里就出现了一种可选择的并且更具临床意义的耐药模式。这些质粒携带复杂的耐药决定子,能使一些抗生素失效。

红霉素通过结合核糖体大亚单位抑制蛋白质的合成。由于质粒产生的 RNA 甲基化酶将 23S rRNA 中的单个腺苷转化成 N^6-二甲基腺苷,金黄色葡萄球菌就变得对红霉素及类似抗生素耐药。由于林可霉素和克林霉素有相同的核糖体结合位点,质粒同样能引起这类抗生素间的交叉耐药性。甲基化酶的合成是由红霉素引起的。

产生抗生素的微生物必定是对相应抗生素耐受的,否则它将被自己产生的毒素产物杀死。红霉素的制造者——红霉素链霉菌,它具有一种与金色葡萄球菌有相同核糖体位点的 rRNA 甲基酶。那么,哪个先出现呢?一种解释是药物靶向作用的生物体含有的许多耐药基因是由产生抗生素的生物体产生的。在部分情形下,有相同特异性的耐药基因的 DNA 序列在产生抗生素及其靶向作用的生物体内较为保存。因此,我们可以将质粒生产的抗生素耐药性视为一种"天然的基因工程",即来自一种生物体的 DNA(如链霉菌属生产者)借此原理表达到另一种生物体(如葡萄球菌)中。

核糖体 RNA 是核糖体的催化组分。X 射线晶体结构显示细菌核糖体大亚单位中肽键合成活性位点只存在于 23S rRNA;任何有潜在催化功能的氨基酸侧链因为距离太远而不能直接参与催化反应。大亚单位 rRNA 催化肽键合成的化学反应。

信使 RNA——携带蛋白质结构信息

mRNA 是遗传信息从基因组到核糖体的直接载体，真核生物的 mRNA 是**单顺反子**(**monocistronic**)，只包含一条多肽链信息。在原核生物中，**mRNA** 是**多顺反子**(**polycistronic**)，编码不止一个蛋白质。细胞的表型和功能状态与它们的 mRNA 相关。

在细胞质中，mRNA 的存在周期相对较短。一些合成的 mRNA 以非活性状态储存于胞浆中，以备细胞快速反应时合成所需蛋白质。许多动物中，一旦受精后，受精卵未经转录就快速合成蛋白质，说明参加蛋白质合成的 mRNA 和核糖体存在于胞质中。

真核 mRNA 具有相同的结构特征(图 2.57)，由于 mRNA 的遗传信息在核苷酸的线性序列中，所以这段序列的完整性极为重要。核苷酸的丢失或改变会改变翻译蛋白的结构。在核糖体上的 mRNA 必须在特定的序列起始和终止翻译。真核生物中，5′ 端帽子结构是翻译起始的特定位点。真核生物的帽子结构中包含着一个倒置的磷酸酯键，连接到 mRNA 上的甲基化碱基通过 5′磷酸和 5′磷酸而不是一般的 3′,5′磷酸酯键相连。帽子结构中的第一个转录核苷酸的常常是 2′-O-甲基嘌呤(图 2.58)，在帽子结构后面是非转

图 2.57　一个真核 mRNA 的通常结构

通常有一个终止 5′端，帽子结构，跟随在含有启动子序列的非转录的前导链。编码区域通常起始于起始密码子 AUG 并持续到翻译终止密码子 UAG，UAA 或者 UGA。伴随的就是非转录尾部以及 3′端的 poly(A)

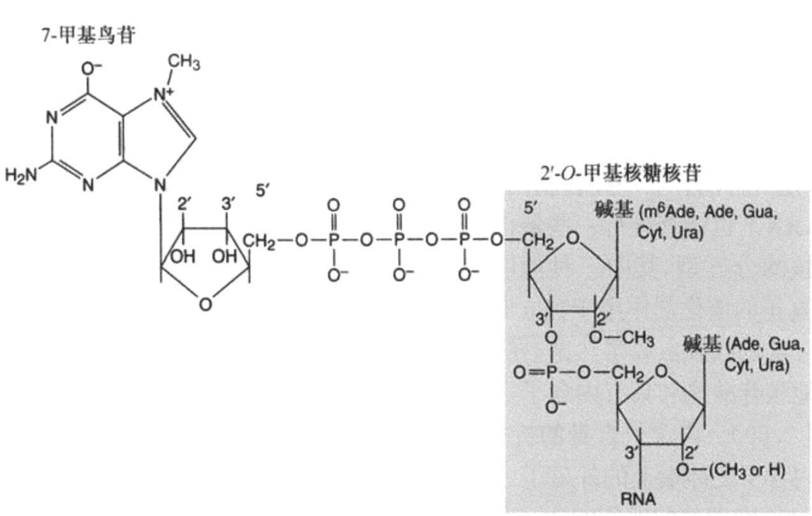

图 2.58　mRNA 的帽子结构或 5′端

7-甲基鸟苷被倒置形成以 5′磷酸基团与 5′磷酸基团链接在 mRNA 的第一个核酸上，这个核酸通常是一个甲基化的嘌呤

录序列。转录起始于起始密码子,常常是 AUG,一直延续到编码序列。在编码序列末端的终止序列有多肽链形成的终止信号,将 mRNA 从核糖体上释放出来。接下来是第二个非编码末端序列,以 20～200 个腺苷酸(polyA)尾组成了 mRNA 的 3′端。

5′端对 mRNA 起始转录起正调节效应。在 mRNA 转录起始阶段,帽子结构是一个起始辅助因子,被单个核糖体蛋白识别(见 6.3 节)。Poly(A)序列决定 mRNA 的稳定性,随着 poly(A)尾的缩短 mRNA 开始降解。

线粒体 RNA——含有特定的 RNA

线粒体具有自身蛋白质合成装置——核糖体、tRNA 及 mRNA。线粒体 rRNA(12S 和 16S)以及 22 种 tRNA 和 13 种 mRNA 由**线粒体 DNA(mtDNA)**转录而来,其中 mRNA 编码电子传递链和 ATP 合成过程的绝大多数蛋白质。研究发现真核生物中线粒体的 tRNA较原核生物或胞浆 tRNA 种类更少,线粒体中的每种核苷酸只对应一种 tRNA。线粒体 RNA 占细胞 RNA 总量的 4%。在线粒体特异性的 RNA 聚合酶作用下合成前体 RNA,通过剪切产生 tRNA 和 mRNA。胞核和线粒体基因组的表达紧密协调,大多数线粒体 tRNA 氨基乙酰化酶和所有的线粒体核糖体蛋白由胞核基因特异性转录,在胞浆翻译,然后转运到线粒体中;线粒体中 tRNA 的修饰甲基由胞核编码的酶合成。

核蛋白颗粒中的 RNA

其他一些稳定的小 RNA 存在于胞核、胞浆及线粒体中。这些小 RNA 和一个或多个蛋白质相连形成核蛋白发挥作用。不同的核蛋白在 RNA 处理过程(RNA 转运、翻译控制以及出胞蛋白的识别)中相互联系,这些 RNA 的真正作用将在特定事件中作更为详尽的讨论。

催化性 RNA——核酶

RNA 是一种酶。在一些核蛋白中 RNA 是酶的催化活性亚单位;体外不存在蛋白质的体系中,RNA 也能够进行一些催化反应。酶蛋白中 RNA 亚单位能执行催化反应的称为核酶。核酶分五型,其中三种能够进行自我剪切,另外两种——核酶 P(RNase P)和 rRNA,是真正的催化剂作用于独立底物。

具有纤毛的四膜虫属嗜热菌,在 rRNA 前体中一个内含子通过多步反应被除去。鸟苷酸或其他核苷酸能和具有内含子-外显子之间的磷酸酯键反应,把外显子从内含子上替换下来(图 2.59)。内含子自身的折叠结构能够促进转酯反应。自由供体外显子同样能够作用于内含子受体端上的外显子-内含子间的磷酸酯键。Ⅰ型内含子存在于真菌线粒体、细菌及 T4 噬菌体的基因组中。尽管这些内含子只参与某些反应,在体内不是真正的酶,但在特定的条件下它们能够进行催化反应。

Ⅱ型自我剪切内含子存在于酵母和其他真菌的线粒体 RNA 前体中。虽然这类 RNA 具有自身剪切的特点,但其反应仍然与 mRNA 加工过程中去除内含子有许多相似之处(见 5.4 节)。

Ⅲ型自我剪切内含子发现在一些 RNA 病毒的基因组中,这类剪切反应发生在由大的前体分子形成单链基因组 RNA 的过程中。能形成锤头结构的核酶的三维结构已经被确定(图 2.60)。虽然整个催化过程还不清楚,但我们知道分子中一个胞嘧啶的氨基在切割反应中发挥重要作用。切割后磷酸基团出现在 RNA 产物的 3′端。还有一种自身切割 RNA 存在于 HDV 中,这是一种能引起严重肝炎的小卫星病毒。以上所有具有自身加工功能的 RNA 都能在体内或体外作为真正的催化剂。

Ⅳ型核酶是一种含有蛋白质和 RNA 的复合物——RNase P,它在细胞内具有真正的酶的特性,切割 tRNA 前体形成成熟的 5′端的 tRNA 分子。RNase P 识别与 tRNA 前体相关的固定结构(如接受臂和 CCA 序列),而不是通过大范围的碱基配对使底物 RNA 与核酶相互作用。与锤头状核酶和一般 RNA 分子不同的是 RNase P 的产物 RNA 含有 5′磷酸。总的来说,催化性 RNA 的结构对于催化功能来说是必需的。

X 射线晶体衍射揭示细菌核糖体也是一种核酶,其活性位点位于 50S 亚基,但没有看到蛋白质功能基团相互接近以催化肽键形成。相反,23S RNA 上的残基能在肽键形成过程中协助 H^+ 转移。

RNA 酶的发现极大改变了我们对生化进化的概念和细胞内可能的生化反应的认识。现在我们认为 RNA 可以同时作为催化剂和遗传信息的载体,这提高了“最早期的生物完全建立在 RNA 的基础上,而 DNA 和蛋白质都是后来进化而来”这一观点的可能性。这种形式有时被称为“RNA 的世界”。其次,我

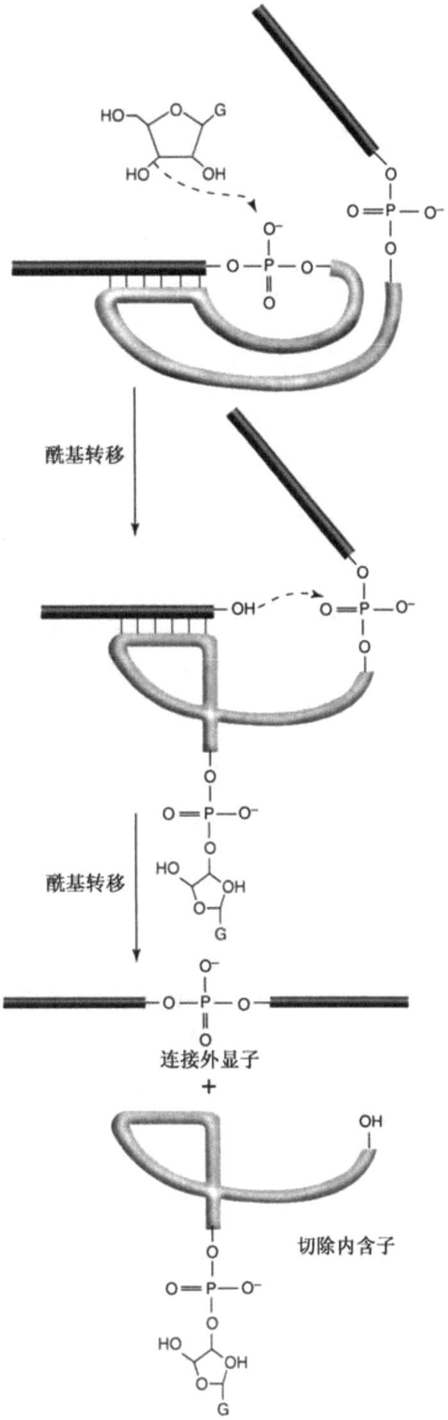

图 2.59　四膜虫属的 rRNA 前体自我剪接的机制
图中深蓝色部分表示 rRNA 的两个外显子。内含子中具有催化功能的残基(紫色的)。这种剪接功能需要额外加入一个鸟嘌呤或核酸

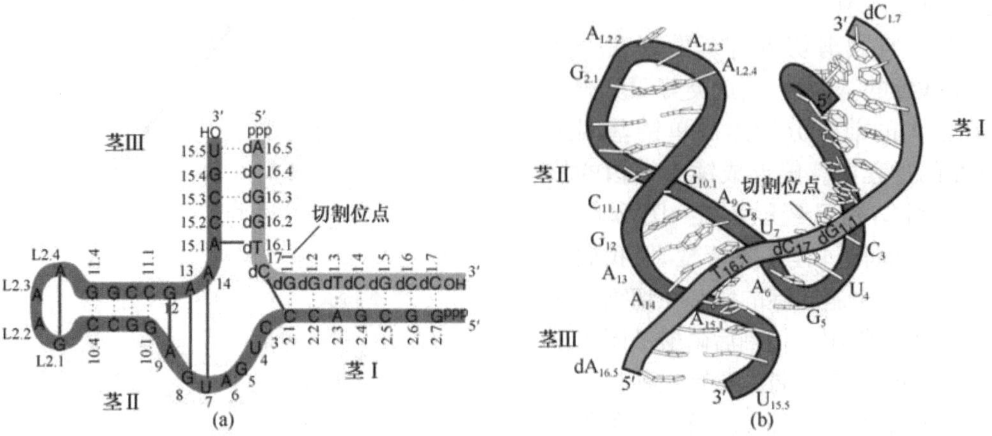

图 2.60　病毒 RNA 的锤头结构

(a)自我切割的病毒 RNA 的锤头结构。通过两种分离 RNA 的碱基配对这种人工分子可以形成。在顶部链中箭头所标识的切割位点需要底部链序列的碱基配对。在这种自我切割 RNA 的病毒 RNA 中这种核酸具有共有的一致序列。(b)锤头催化 RNA 的三维折叠

们知道包括人类病原体在内的许多病毒都以 RNA 作为遗传信息；而其中的一部分又具有酶的功能。因此，催化性 RNA 为基于 RNA 药物的开发创造了机会。第三，mRNA 剪切信息加工过程需要 RNA 组分，这些 RNA 可能同样作为催化剂。最后，核酶能被设计成特异性识别和切割病毒的 mRNA。把这类核酶导入到培养的细胞中，能够阻止基因表达。目前这只是一种研究工具，但这将是研究基因功能的有效策略，而不仅仅是通过基因组序列信息推测其代谢活性。

RNA 可结合其他分子

"RNA 世界"展现了一种新型的"组合化学"，将 A、G、C、U 随机插入到核酸的 N 个位置后形成的大量可能的序列(4^N)。随机化学合成 25 个碱基序列包含了 $4^{25}=10^{15}$ 种可能。这个集合也可以被认为是一个分子形状的集合，其数量的庞大暗示该集合中一些成员能够与配基强烈而特异地结合，如Ⅰ类内含子能特异性与鸟嘌呤核酸结合。这类能结合的 RNA 被定义为**适体**(**aptamer**)。虽然单个分子的研究有如"管中窥豹"，但在体外适体 RNA 能够被选择并优先复制。比如，一种能够在咖啡因中分离出茶碱的 RNA 分子从大量 RNA 分子中被筛选出来(图 2.61)。茶碱可以应用于支气管哮喘的治疗，但必须控制量以防止副反应。由于茶碱和咖啡因只存在一个碱基的差别，传统的利用抗体进行茶碱浓度的监测分析比较困难。研究发现 RNA 适体结合茶碱的能力比

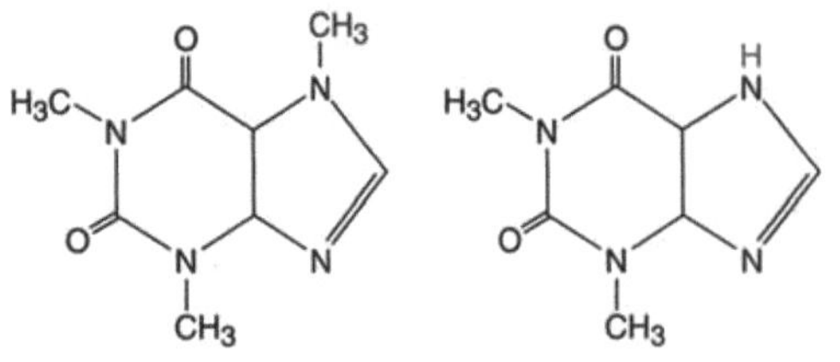

咖啡因　　胆茶碱

图 2.61　胆茶碱和咖啡因的结构

虽然这些复合物不同仅仅在于单一的甲基化集团，一个特定合成的 RNA 可以结合到胆茶碱的紧密度是结合到咖啡因的 10 000 倍

结合咖啡因强 10 000 倍。其他关于这项技术的应用包括选择流程以确定新的合成的核酶及潜在的治疗性 RNA。

RNA 调控翻译

mRNA 的翻译需要它结合到核糖体上，并在核糖体上移动。控制加工处理效率能够调控翻译，其中一种途径就是通过 mRNA 上的适体结合位点。通过筛选已经发现很多的适体，一些细菌 mRNA 存在天然的适体位点。这些位点在 mRNA 能结合配体，如氨基酸或维生素。该位点的结合能够阻止 mRNA 的翻译，因而能够控制基因表达。这是一种顺式调节，发挥调节作用的是包含适体位点的同一分子。

双链 RNA 能够负调控真核生物中在另一个分子上同源顺反子的表达，例如，双链 RNA 是某些病毒复制中的重要中间体，作为一种防御机制，宿主加工双链 RNA 产生短的单链 RNA，长约 23bp，这些被称作 miRNA 的 RNA 能够碱基互补配对到 mRNA 上，要么终止 mRNA 的翻译，要么触发 mRNA 的降解(见 5.5 节)。

参考书目

DNA

Bates, A. D. *DNA Topology*. Oxford, England: IRL Press, 1993.

Bell, J. I. The double helix in clinical practice. *Nature* 421:414, 2003.

Blackburn, G. M. and Gait, M. J. *Nucleic Acids in Chemistry and Biology*, 2nd ed. NY: Oxford University, 1996.

Cech, T. R. Life at the end of the chromosome: Telomeres and telomerase. *Angew. Chem. Int. Ed.* 39:34, 2000.

Champoux, J. J. DNA topoisomerases: Structure, function, and mechanism. *Annu. Rev. Biochem.* 70:369, 2001.

Crothers, D. M. and Shakked, Z. DNA bending by adenine–thymine tracts. In: S. Neidle (Ed.), *Oxford Handbook of Nucleic Acid Structure*. New York: Oxford University Press, 1999, p. 455.

De Bruijn, F. J., Lupski, J. R., and Weinstock, G. M. (Eds.). *Bacterial Genomes: Physical Structure and Analysis*. New York: Chapman & Hall, 1998.

Dickerson, R. E. DNA structure from A to Z. *Meth. Enzymol.* 211:67, 1992.

Felsenfeld, G. and Goudine, M. Controlling the double helix. *Nature* 421:448, 2003.

Hecht, S. M. (Ed.). *Bioorganic Chemistry: Nucleic Acids*. New York: Oxford University Press, 1996.

Hood, L. and Galas, D. The digital code of DNA. *Nature* 421:444, 2003.

Horn, P. J. and Peterson, C. L. Chromatin higher order folding: Wrapping up transcription. *Science* 297:1824, 2002.

Hud, N. V. and Plavec, J. A unified model for the origin of DNA sequence-directed curvature. *Biopolymers* 69:144, 2003.

Kornberg, R. D. and Lorch, Y. Twenty-five years of the nucleosome, fundamental particle of the eukaryote chromosome. *Cell* 98:285, 1999.

Leach, D. R. Long DNA palindromes, cruciform structures, genetic instability and secondary structure repair. *Bioessays* 16:893, 1994.

Mighell, A. J., Markham, A. F., and Robinson, P. A. Alu sequences. *FEBS Lett.* 417:1, 1997.

Rich, A. Speculation on the biological roles of left-handed Z-DNA. In: S. S. Wallace, B. van Houten, and Y. W. Kow (Eds.), *DNA Damage: Effects on DNA Structure and Protein Recognition*. New York: New York Academy of Sciences, 1994, p. 1.

Saenger, W. *Principles of Nucleic Acid Structure*. New York: Springer-Verlag, 1984.

Tenover, F. C. *DNA Probes for Infectious Diseases*. Boca Raton, FL: CRC, 1989.

Van Holde, K. and Zlatanova, J. Unusual DNA structures, chromatin and transcription. *Bioessays* 16:59, 1994.

Watson, J. D. and Crick, F. H. C. Molecular structure of nucleic acids: A structure for deoxyribose nucleic acid. *Nature* 171:737, 1953.

Wells, R. D. Unusual DNA structures. *J. Biol. Chem.* 263:1095, 1988.

Williamson, J. R. G-quartet structures in telomeric DNA. *Annu. Rev. Biophys. Biomol. Struct.* 23:703, 1994.

Yakubovskaya, E. A. and Gabibov, A. G. Topoisomerases: Mechanisms of DNA topological alterations. *Mol. Biol.* 33:318, 1999.

RNA

Cech, T. R. The ribosome is a ribozyme. *Science* 289:878, 2000.

Draper, D. E. A guide to ions and RNA structure. *RNA* 10:335, 2004.

Gesteland, R. F., Cech, T., and Atkins, J. F. (Eds.). *The RNA World*, 2nd ed. Cold Spring Harbor, NY: Cold Spring Harbor Laboratory Press, 1999.

Gold, L., Polisky, B., Uhlenbeck, O., and Yarus, M. Diversity of oligonucleotide functions. *Annu. Rev. Biochem.* 64:763, 1995.

Ibba, M., Becker, H. D., Stathopoulos, C., Tumbula, D. L., and Söll, D. The adaptor hypothesis revisited. *Trends Biochem. Sci.* 25:311, 2000.

Leontis, N. B. and Westhof, E. Analysis of RNA motifs. *Curr. Opin. in Struct. Biol.* 13:300, 2003.

McKnight, K. L. and Heinz, B. A. RNA as a target for developing antivirals. *Antiviral Chem. Chemotherapy.* 14:61, 2003.

Pace, N. R. and Brown, J. W. Evolutionary perspective on the structure and function of ribonuclease P, a ribozyme. *J. Bacteriol.* 177:1919, 1995.

Puerta-Fernandez, E., Romero-Lopez, C., Barroso-delJesus, A., and Berzal-Herranz, A. Ribozymes: Recent advances in the development of RNA tools. *FEMS Microbiol. Rev.* 27:75, 2003.

Westhof, E. and Fritsch, V. RNA folding: Beyond Watson–Crick pairs. *Structure* 8:R55, 2000.

习题和参考答案

选择题

1. 内切酶的最恰当的定义是能水解：
   A. 寡肽链 3′端的一个核苷酸
   B. 寡肽链任何一端的一个核苷酸
   C. 多肽链内部的磷酸酯键
   D. 核苷酸中特异序列的一个键
   E. 5′端距离碱基较远的一个键
2. 在 DNA 中的回文序列是：
   A. 高度重复的
   B. 真核生物基因组中内含子序列的一部分
   C. 结构基因
   D. 局部对称，不同蛋白的结合位点
   E. 包含细菌中抗生素抗性必需的信息
3. Z-DNA 双螺旋：
   A. 每圈比 B 型 DNA 含有较少的碱基数
   B. 交替的 GC 序列较多
   C. 较多出现在 3′端的基因
   D. 可以被碱基甲基化抑制
   E. 是 DNA 的恒定构象
4. 核小体：
   A. 包含 DNA 和组蛋白的规则重复结构
   B. 外周包被蛋白质的 DNA
   C. 每种核小体只含有一种组蛋白
   D. 两个核小体间没有组蛋白间隔
   E. 有和 DNA 的大沟相结合的组蛋白
5. RNA：
   A. 在转录过程中同时和修饰和未修饰的碱基相互作用
   B. 不具有双螺旋结构
   C. 呈现碱基堆积和氢键结合结构
   D. 通常包含 65～100 个核苷酸
   E. 不具有 Watson-Crick 碱基配对结构
6. 核酶：
   A. 任何的核糖蛋白颗粒
   B. 在 RNA 亚单位中具有催化功能的酶
   C. 能够进行自我剪切但称不上真正的酶
   D. 需要蛋白辅助子形成肽键
   E. 只有在处理 mRNA 是发挥作用

问题 7 和 8：几乎所有的 DNA 生命过程都需要其与蛋白质相互作用。这种作用取决于 DNA 的三维结构，一种抗肿瘤药物 cisplatin，与四个铂形成复合物。能够和 DNA 形成链接交联，导致双螺旋在大沟处强烈弯曲。细胞的生命过程如转录、程序性死亡就会受影响。

7. DNA 弯曲：
   A. 只有当外源性因子如抗肿瘤药物存在时才会发生
   B. DNA 和蛋白质相互作用的的基本组成
   C. 主要发生在三链 DNA 序列中
   D. 需要存在回文序列
   E. 只存在于 Z 型 DNA 双螺旋中
8. DNA 的另一种非正常构型是三链复合体。三链 DNA：
   A. 一般存在于不发生转录的 DNA 序列中
   B. 可能含有 Hoogsteen 结合氢键
   C. 特征性的存在于一系列嘌呤—嘧啶交替出现的碱基中
   D. 只存在于分子内部
   E. 呈十字构象

问题 9 和 10：端粒是真核生物线性染色体末端富含鸟苷酸的重复序列。这段序列随着细胞分裂周期而进行性的缩短，直至到达一个限制点而发生凋亡。核蛋白端粒酶能够维持端粒细胞在分裂过程中保持特定长度，然后终止反应。但是某些肿瘤细胞能够保持端粒酶的活性。肿瘤中端粒酶活性越高，临床预后就越难。目前正在研究的化疗方法是选择性的抑制端粒酶活性。某些药物能够选择性的结合到 G 期四倍体 DNA 的端粒酶上，呈现一定的端粒酶抑制活性。这些药物正在被用于临床抗肿瘤活性研究。

9. G 期四倍体 DNA：
   A. 鸟嘌呤四聚体杆状结构
   B. 在金属阳离子作用下稳定存在
   C. 关联碱基通过 Hoogsteen 氢键相互结合
   D. 能够形成平行或反向平行结构
   E. 以上都正确
10. 治疗肿瘤的另一种途径是用药物抑制拓扑异构酶。拓扑异构酶：
   A. 调节细胞中 DNA 超螺旋水平
   B. 只断裂 DNA 中的一条链
   C. 能够形成但不能够去除超螺旋

D. ATP依赖性的

E. 属于促旋酶亚类，在真核生物中负向调节超螺旋DNA

问题11和12：在真核生物DNA中许多编码基因能够重复很多次，而一些相对较短的基因能够重复上百万次。3bp DNA的非正常扩增能够引起一些疾病。脆性染色体X综合征是一种精神退行性疾病，特征性的表现为在FMR-1基因附近GCC三联体从正常的30拷贝扩增到上千拷贝。这种类型的疾病随着传代而逐渐加重，可能扩增机制是随从链DNA片段的迁移。

11. 在DNA中发生的迁移或错配：

A. 直接重复

B. 同嘌呤-同嘧啶序列

C. 反向重复

D. 镜像重复

E. 回文序列

12. 一般来说，某些重复序列以同源模式发生在同一条染色体上：

A. DNA序列高度重复

B. DNA中的一部分组成单拷贝DNA

C. Alu重复子

D. 单拷贝DNA和中度重复DNA交替排列

E. 短散在重复和长散在重复交替排列 i

问答题

13. 哪类DNA构型——完全双螺旋、局部展开、大部分展开，在260nm处具有相对较高的吸收值？一个DNA分子的GC含量高于AT含量是否比AT含量高于GC含量的具有更高的 T_m？

参考答案

1. C　A、B描述的是外切酶，D是特指一种限制性内切核酸酶而不是内切酶的定义，E：内切酶和外切酶对水解的键都有特异性。

2. D　回文序列顺向和反向读取序列相同。短回文序列被某些蛋白质所识别。A：不可能，因为不能被特异性的识别，B：可能，但没有显示，C：基因由成千上万个碱基组成，而回文序列是短片段，E：不可能，因为回文序列太短了。

3. B　嘌呤-嘧啶交替序列是重要的。A：Z型DNA较B型DNA长，但小；因为它每一圈含12个碱基而不是10个。C：在5′端可能发现这种结构，和它在转录调节中的功能相一致。D：甲基化倾向于Z型DNA，因为甲基基团被保护。E：B型到Z型DNA的转变可能被甲基化所影响。

4. A　“串珠”结构被称作核小体。B：DNA包被在组蛋白核心的外圈。C：存在五型组蛋白——四种在核小体上，一种在连接链上。D：连接区DNA为DNA。E：蛋白质通过结合到大沟而调节基因表达和其他活性，组蛋白结合到大沟。

5. C　堆积稳定单链螺旋，折叠部分含有氢键相连的碱基配对。A：转炉的时候只有四种碱基A、G、C和U参与。B：RNA为单链，但仍存在二级或三级结构。D：只有tRNA才可能这么小。E：这只发生在链内部螺旋区。

6. B　核酶是相当特异的酶类。A：见前面正文 B：RNase P四种核酶之一：催化剪接反应。D：X射线晶体衍射显示没有氨基酸侧链足够近可以催化肽键形成。E：核酶存在rRNA和tRNA的加工过程中。

7. B　弯曲的DNA可能是一个特异性的蛋白质结合位点。A和D：DNA弯曲天然存在于被间隔序列分开的4～6个腺苷酸中，或通过DNA和蛋白质相互作用诱导的。C：弯曲的DNA是双链。E：Z型DNA不存在大沟结构，而且弯曲是朝着大沟的。

8. B　在TAT或GGC三联体中Hoogsteen氢键负责结合第三链到大沟。A：它们常存在于基因调节序列中。C：要求同源嘌呤序列。D：它们也能在未折叠或再折叠的DNA分子内形成。E：十字形结构可能存在于DNA构象中，但不存在于第三条链中。

9. E　A和C：鸟嘌呤通过Hoogsteen氢键结合在一起形成G-四聚体。B：Na^+和K^+离子非常重要，因为它们能够进入到四聚体的中心，结合到G氢键。

10. A　拓扑异构酶Ⅰ解旋DNA，拓扑异构酶Ⅱ产生超螺旋。B：拓扑异构酶I切断单链，而拓扑异构酶

Ⅱ连接缺口。C:拓扑异构酶Ⅰ去除超螺旋。D:拓扑异构酶Ⅱ能够利用ATP而拓扑异构酶Ⅰ不能。E:促旋酶只存在于细菌中。

11. A　当DNA解链,复性时,一条链上的重复序列结合到另一条链上的相邻序列。B、C、D、E:这些是DNA中的其他一些重要结构。

12. D　A和B:这是DNA几种构型中的两种,但不是持续组成。C、E:Alu是一种短的重复插入序列,短插入序列和长插入序列是DNA中等重复序列中的两种类型。

13. 未堆积的嘌呤和嘧啶碱基比堆积的碱基具有相对较高的光密度,所以DNA的大多数解旋形式的吸光值最高。T_m是指DNA分子中50%双链结构被解开的温度。GC含量越高,意味着DNA更加稳定,所以T_m将更高。

(陈瑶　译)

3

蛋白质 Ⅰ:组成与结构

Richard M. Schultz and Michael N. Liebman

3.1 人类蛋白质的功能

蛋白质在哺乳动物机体内发挥着许多重要的动力学与结构学功能。动力学功能包括催化化学反应、物质运输、调控新陈代谢和肌肉收缩。在结构学方面,蛋白质为骨骼和结缔组织提供基质,形成结构并组成人体。

酶是具有催化功能的活性蛋白质,在其活性位点底物将形成产物。在生命的有机体内,几乎所有的化学反应都需要一种特定的酶以确保反应与生存周期同步。每种细胞的特性基于其特定的化学属性,该化学属性是由形成其表型的特定酶类组成所决定的。许多遗传性疾病是由酶的水平异常或其氨基酸序列的改变引起的。

物质运输是蛋白质的另一主要动力学功能。本书中详细讨论的例子是血红蛋白和肌红蛋白,这两种蛋白质分别在血液及肌肉中运输氧气。其他的运输蛋白可结合并携带血液中的类固醇激素,将其从合成部位运送至效应部位。许多药物和有毒复合物都是通过与蛋白质结合而运输的。蛋白质还参与了收缩机制。肌球蛋白和肌动蛋白在肌肉收缩及肌细胞变形过程中发挥作用。

具有保护功能的蛋白质包括(a)免疫球蛋白和干扰素,可抵抗细菌或病毒感染;(b)纤维蛋白原,当血管系统损伤时可阻止出血。

许多激素是蛋白质或多肽。胰岛素、促甲状腺激素、生长激素、催乳素、黄体生成素和促滤泡素均是蛋白质。许多多肽激素的分子质量较低(<5kDa),又被称做肽。一般情况下,**蛋白质**(**protein**)是指含有超过 50 个氨基酸的分子,**肽**(**peptide**)是指含有少于 50 个氨基酸的分子。重要的肽类激素包括肾上腺皮质激素、抗利尿激素、胰高血糖素和降钙素。

有些蛋白质控制和调节基因的转录和翻译。这些蛋白质包括与 DNA 紧密结合的组氨酸,控制基因转录的抑制子和增强子以及不均一核糖核酸 RNA 颗粒和核糖体的组分。

结构蛋白质以“砖-泥浆”的模式发挥功能。这些蛋白质有胶原蛋白和弹力蛋白,可形成骨骼和韧带的基质并为器官和血管系统提供结构上的强度和弹性。α 角蛋白存在于头发和其他表皮组织中。

对哺乳动物机体正常功能和病理状态的认识需要清晰地了解蛋白质的各种特性。

3.2　蛋白质的氨基酸组成

所有各种不同的蛋白质均是由 20 种氨基酸形成的聚合物。这些**常见氨基酸**(**common amino acid**)均是由基因编码区的密码子所编码。DNA 编码区的转录和翻译使得氨基酸多聚化并形成蛋白质的特异线性序列(图 3.1)。许多蛋白质还含有**衍生氨基酸**(**derived amino acid**),这些氨基酸通常是常见氨基酸形成蛋白质后经酶类修饰而得到。例如弹力蛋白中的胱氨酸(见 3.2 节)、锁链赖氨酸和异锁链赖氨酸,胶原蛋白中的羟赖氨酸,凝血素中的羟谷氨酰胺以及磷酸丝氨酸、磷酸苏氨酸和磷酸酪氨酸。

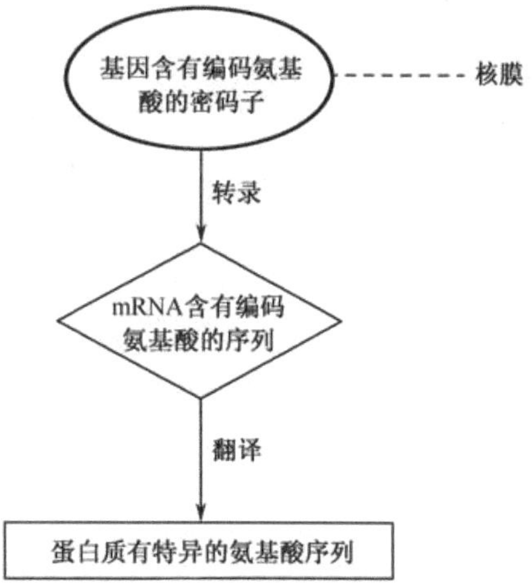

图 3.1　基因信息由 DNA 序列转录为 mRNA 并随后翻译成蛋白质的氨基酸序列

常见氨基酸

图 3.2 描述了常见氨基酸的一般结构。它们都含有一个中心 α-碳原子,并与一个羧基、一个氨基和一个氢原子共价结合。此外,α-碳原子还与一特殊的化学基团相连,该基团以 R 代表,称为侧链,20 种常见氨基酸其侧链各异。图 3.2 还显示了在 pH 为 7 的溶液中一种常见氨基酸的离子形式。在生理状态下,α-氨基是质子化的并以铵离子形式存在;羧基是非质子化的或以羧酸形式存在。

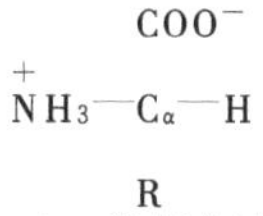

图 3.2　常见氨基酸的一般结构

侧链决定α-氨基酸的化学特性和结构

图 3.3 显示了常见氨基酸的结构。含有烷基侧链的氨基酸有甘氨酸、丙氨酸、缬氨酸、亮氨酸和异亮氨酸。**甘氨酸(glycine)**结构最简单,其 R＝H;**丙氨酸(alanine)**含有甲基侧链;**缬氨酸(valine)**的 R 基团为异丙基(图 3.4)。**亮氨酸(leucine)**和**异亮氨酸(isoleucine)**是结构上的同分异构体,均含有一异丁基侧链。在亮氨酸中其异丁基侧链连于 γ-碳原子,而异亮氨酸的侧链连于 β-碳原子。

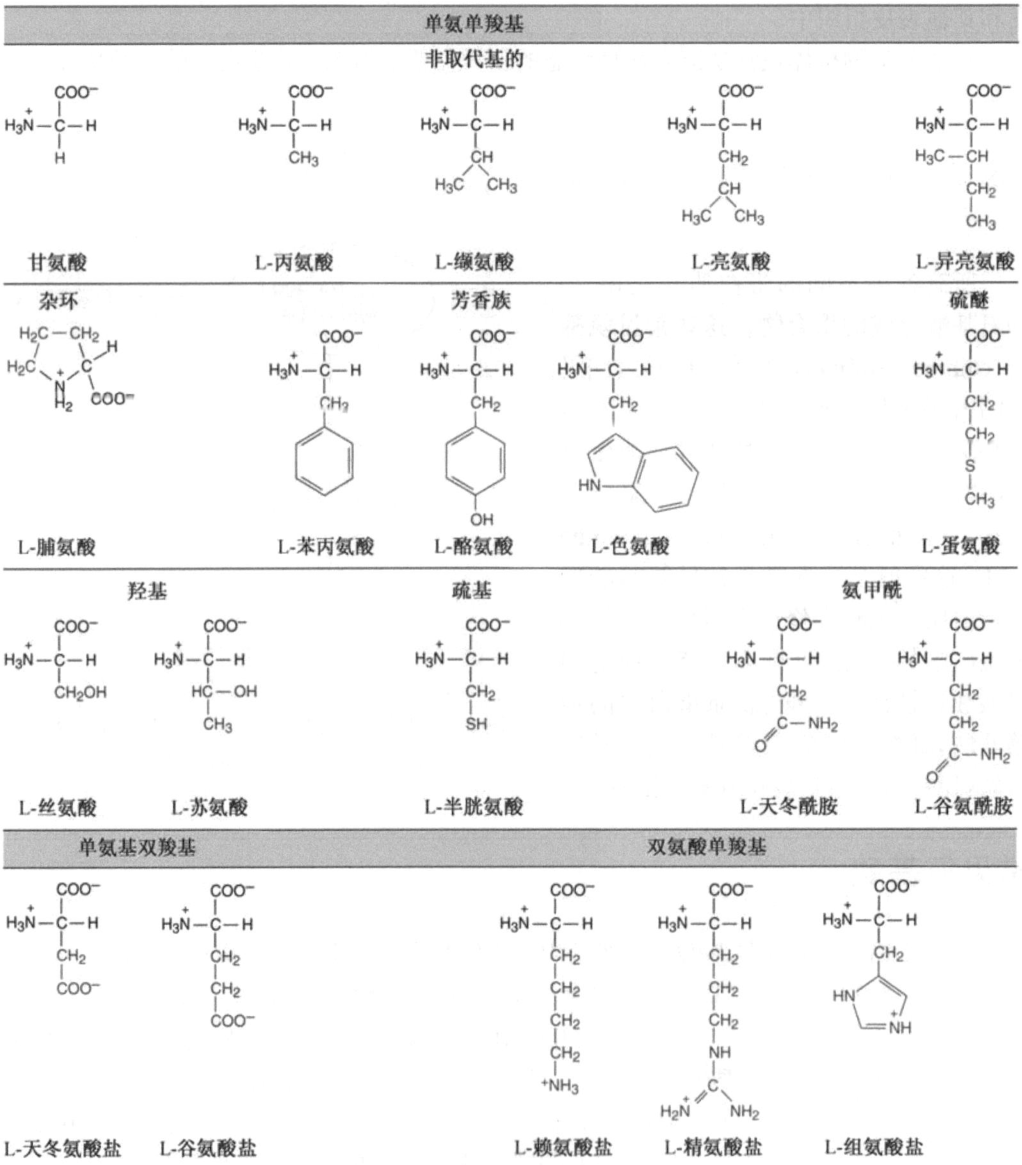

图 3.3　常见氨基酸的结构

图中所示为 pH 为 7.0 时的带电形式

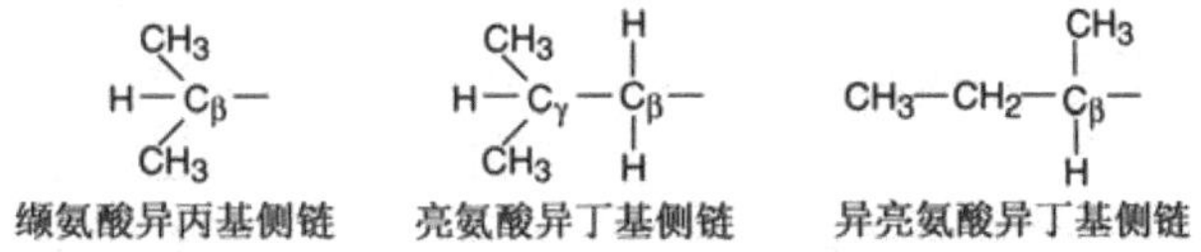

图 3.4　缬氨酸、亮氨酸和异亮氨酸的烷基侧链

芳香族氨基酸有异丙氨酸、酪氨酸和色氨酸。异丙氨酸侧链为苯环;**酪氨酸**(**tyrosine**)含有一酚基;**色氨酸**(**tryptophan**)含有一杂环结构——吲哚。在这几种氨基酸中,芳香基团均通过甲基(—CH_2—)碳原子连接在 α-碳原子上。

含硫氨基酸包括半胱氨酸和蛋氨酸。**半胱氨酸**(**cysteine**)的侧链基团是硫甲基($HSCH_2$—);**蛋氨酸**(**methionine**)的侧链是甲基乙烷基硫醚($CH_3SCH_2CH_2$—)。

两个含有羟基(醇基)的氨基酸是丝氨酸和苏氨酸。**丝氨酸**(**serine**)的侧链是羟甲基($HOCH_2$—),**苏氨酸**(**threonine**)中乙醇分子连于 α-碳原子上形成亚醇(CH_3—CHOH—CH_α—)。

脯氨酸(**proline**)是一种特别的氨基酸,其侧链包含 α-氨基,该氨基是亚氨基,α-氮原子通过两个共价键与碳原子相连,因此又别归类于亚氨基酸。α-氨基氮位于五元环内,这限制了脯氨酸内—N_α—C_α—键周围的旋转自由度,因而限制了脯氨酸参与一些特殊的多肽链空间构型。

前面所讨论的含侧链氨基酸在生理 pH 下是不带电的。**二羧基一氨基酸**(**dicarboxylic-monoamino acid**)在其侧链上含有一个羧基。在**天冬氨酸**(**aspartate**),羧基与 α-碳原子相隔一个甲基碳原子(图 3.5)。在**谷氨酸**(**glutamate**)中两个甲基碳原子(—CH_2—CH_2)将羧基与 α-碳原子分隔(图 3.2)。在生理 pH 下,这些羧基是非质子化的并带负电。**二碱基一羧基酸**(**dibasic-monocarboxylic acid**)有赖氨酸、精氨酸和组氨酸(图 3.3)。这些氨基酸的侧链含有一个或两个氮原子,通过与一个质子相连发挥碱基的作用。**赖氨酸**(**lysine**)的侧链是 *N*—丁基氨;**精氨酸**(**arginine**)的侧链含有胍基,通过三个甲基碳原子与 α-碳原子相连(图 3.6)。在生理 pH 下(约为 7),胍基和氨基均是质子化的并带正电荷。**组氨酸**(**histidine**)的侧链含有一五元杂环结构即咪唑基团(图 3.6)。水中咪唑基团的 pK_a'接近 6.0,因此生理溶液中组氨酸侧链上含有相对较高浓度的酸性及碱性咪唑基团。

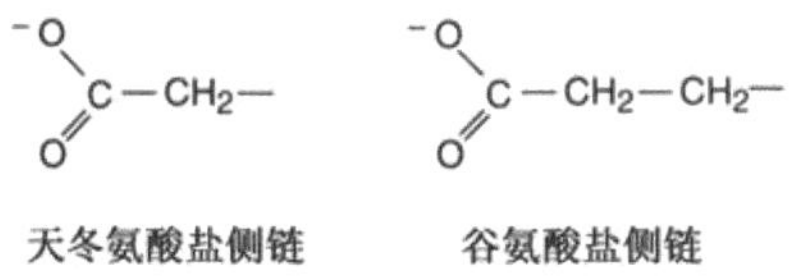

图 3.5　天冬氨酸和谷氨酸的侧链

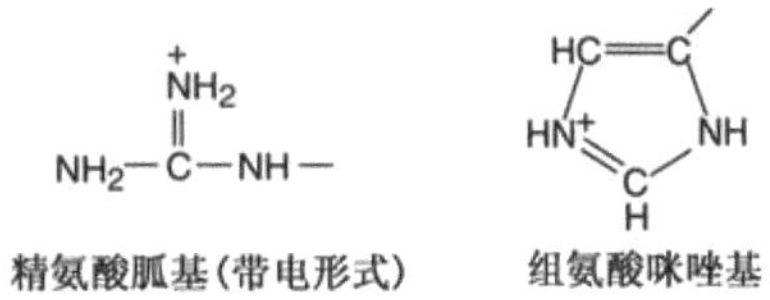

图 3.6　精氨酸的胍基基团和组氨酸的咪唑基团

谷氨酰胺(**glutamine**)和**天冬酰胺**(**asparagine**)是谷氨酸和天冬氨酸侧链羧基氨基化后形成的结构类似物,它们均各自拥有特异的 DNA 密码子。谷氨酰胺和天冬酰胺的氨基侧链不能被质子化,在生理 pH 下不带电荷。

为了代表蛋白质的氨基酸序列,制定了氨基酸的 3 个字母和 1 个字母缩写表(表 3.1)。这些缩写已经公认并在此书中贯穿使用。天冬氨酸(Asp)和谷氨酸(Glu)的 3

个字母缩写不应与天冬酰胺(Asn)和谷氨酰胺(Gln)的3个字母缩写相混淆。当用化学程序鉴定蛋白质的氨基酸时,我们难以简单地区分天冬氨酸和天冬酰胺或谷氨酸和谷氨酰胺,因为谷氨酰胺和天冬酰胺的氨基侧链在这个过程中通常已经水解并形成了谷氨酸和天冬氨酸。符号 Asx(代表 Asp 或 Asn)及 Glx(代表 Glu 或 Gln)表明分析中存在这两种可能。Asp 或 Asn 和 Glu 或 Gln 的1个字母缩写具有同样的作用。

表 3.1 氨基酸的缩写形式

氨基酸	三字母	单字母	氨基酸	三字母	单字母
丙氨酸	Ala	A	异亮氨酸	Ile	I
精氨酸	Arg	R	亮氨酸	Leu	L
天冬酰胺	Asn	N	赖氨酸	Lys	K
天冬氨酸	Asp	D	蛋氨酸	Met	M
天冬氨酸盐	Asx	B	苯丙氨酸	Phe	F
半胱氨酸	Cys	C	脯氨酸	Pro	P
甘氨酸	Gly	G	丝氨酸	Ser	S
谷氨酰胺	Gln	Q	苏氨酸	Thr	T
谷氨酸	Glu	E	色氨酸	Trp	W
谷氨酸盐	Glx	Z	酪氨酸	Tyr	Y
组氨酸	His	H	缬氨酸	Val	V

胱氨酸是衍生氨基酸

胱氨酸是一种存在于很多蛋白质中的衍生氨基酸。它通过氧化两个半胱氨酸巯基侧链构成一个二硫共价键而生成(图 3.7)。在蛋白质内,来源于半胱氨酸的胱氨酸二硫键在一多肽链内相互分隔(链内部)或位于两多肽链之间(链之间)。它在稳定蛋白质的折叠构象中发挥着重要作用。

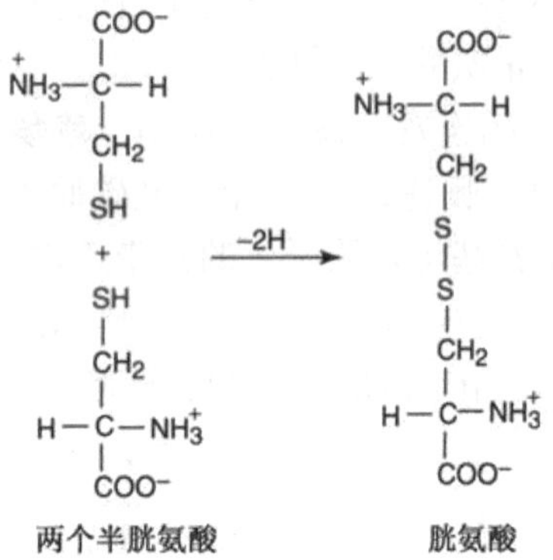

图 3.7 胱氨酸键的形成

氨基酸的不对称中心

图 3.2 中的常见氨基酸有四个置换基团(R,H,COO^-,NH_3^+)共价连于α-碳原子上。一个碳原子带有四个不同置换基团的**四面体构型(tetrahedral configuration)**是不对称的,并存在两种不同的形式。因此,除甘氨酸(侧链为氢原子,即四个置换基团中的两个均为氢)外,其他氨基酸都有光学同分异构体。图 3.8 描述了一个氨基酸的整体构型,用**Fischer 投影式(Fischer projection)**展示了四面体样排列的α-碳原子置换基团的空间位置。α-羧基向上并位于纸平面之后;侧链基团向下亦位于纸平面之后。α-氢原子及α-氨基向着读者。具有这种空间构型的氨基酸,其α-氨基位于α-碳原子的左侧或右侧。按照惯例,如果α-氨基指向左侧,氨基酸是L构象;它的光学同分异构体即

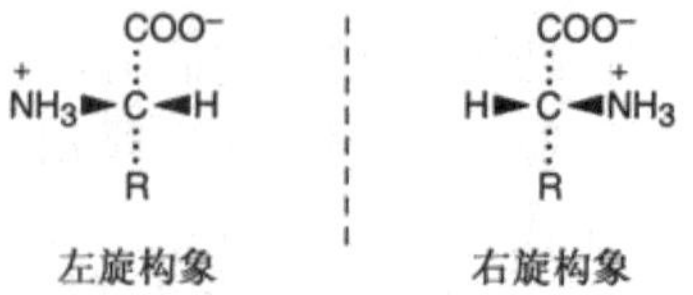

图 3.8 氨基酸的绝对构型

α-氨基指向右侧是 D 构象。哺乳动物蛋白质中的氨基酸均是 L 构象。L 和 D 的命名与使偏振光线从其偏振平面向左(L,levo)或右(D,dextro)旋转的能力有关。因为蛋白质内的氨基酸是不对称的,所以蛋白质亦有不对称的特性。

氨基酸聚合形成多肽及蛋白质

细胞内 20 种常见氨基酸的聚合是酶类催化的(见 6.3 节)。从化学上讲,这种聚合反应是脱水反应(图 3.9)。一个氨基酸的羧基与另一氨基酸的氨基通过去掉一分子的水形成了一个共价**肽键(peptide bond)**。**二肽(dipeptide)**可通过其末端的羧基与第三个氨基酸的氨基形成第二个肽键,即生成三肽。这一过程的重复进行生成了**多肽(polypeptide)**或具有特殊氨基酸序列的蛋白质。蛋白质的特定氨基酸序列就是蛋白质的**一级结构(primary structure)**,它是由其基因的核苷酸序列所决定的。不同的一级结构可使多肽链折叠生成具有蛋白化学及生理特性的特定三维立体结构。

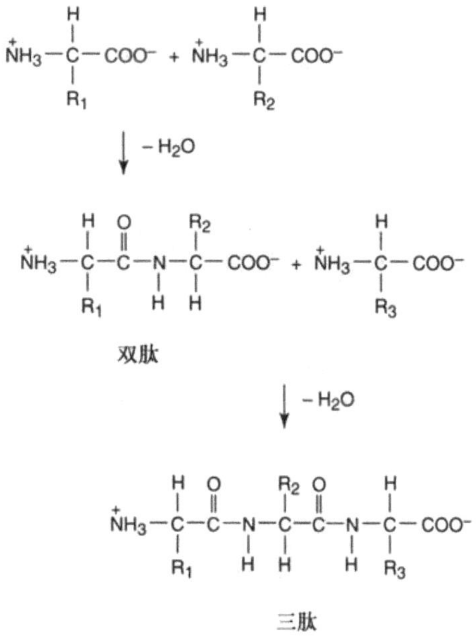

图 3.9　肽键的形成

一个肽键可由两个**共振异构体(resonance isomer)**代表(图 3.10)。在结构 Ⅰ 中,羧基碳原子与羧基氧原子间形成双键(C′═O);羧基碳原子与氮原子间形成单键(C′—N)。在结构 Ⅱ 中,羧基碳原子与羧基氧原子间是单键(C′—O⁻);羧基碳原子与氮原子间是双键(C′═N⁺)。在结构 Ⅱ 中,氧原子带一个负电荷,氮原子带一个正电荷。生物体内存在的肽键是两种电子异构体结构的共振混合物,即碳氮之间的化合键有 50% 的双键特性。X 射线衍射研究证实了这一点,并发现羧基碳原子与氮原子键长(1.33Å)近乎是 C—N 单键长(约 1.45Å)与 C═N 双键长(约 1.25Å)的中间值。

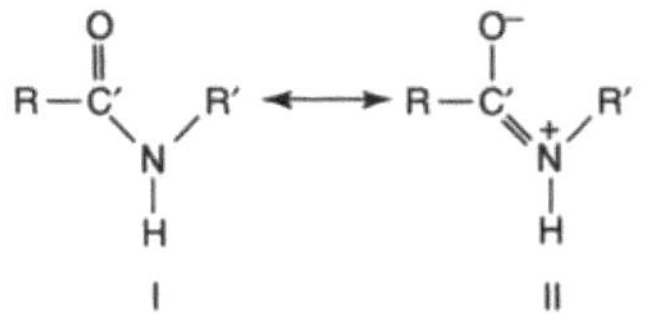
图 3.10　肽键的电子异构形式

羧基碳原子与氮原子间的肽键具有部分双键特性使得该键不能旋转。此外,这种双键特性使所有附着于碳原子和氮原子的原子均位于同一平面。

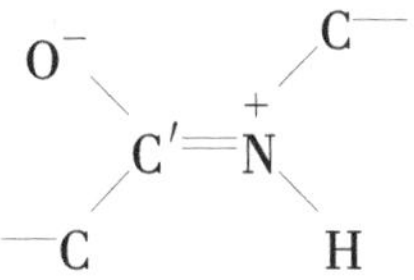

这样,与 α-碳原子相互连接形成的肽键平面组成了多肽链。α-碳原子通过单键与肽

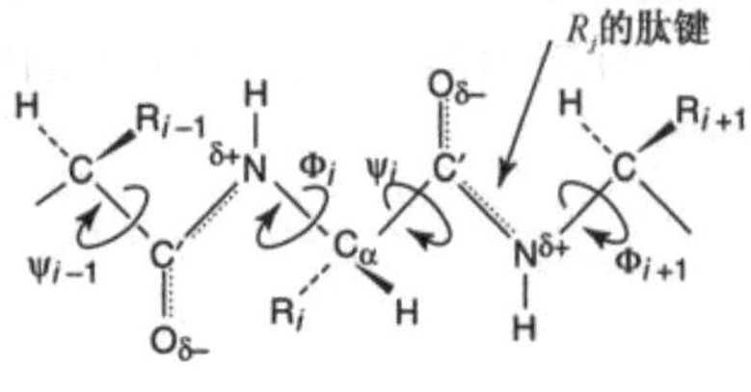

图 3.11　多肽链中的氨基酸残基

多肽链中的每个残基参与肽链中两个单键一个肽键的形成。单键分别位于 C_α 和羰基 C′ 以及 C_α 和 N 原子之间。见 3.5 节有关 Φ 角和 Ψ 角的定义

键相连，这使得肽键可相对性地旋转。每个**氨基酸残基**（**amino acid residue**）的一个 α-碳原子、两个单键和一个肽键参与形成多肽链（图 3.11）。残基是指多肽链中每个氨基酸的所有原子，包括侧链。

图 3.12a 显示碳原子和氢原子位于**反式构型**（***trans* configuration**）的肽键。当两个邻近残基的侧链（R 和 R′）位于反式构型时，肽键处于最稳定的状态。在**顺式构型**（***cis* configuration**）中（图 3.12b），两个侧链基团位于 C′＝N 键的同一侧，侧链基团间产生了相斥的立体作用力。除脯氨酸残基，蛋白质的肽键均为反式。脯氨酸的侧链包括 α-氨基，含有 α-氨基的顺式及反式肽键具有近乎相等的能量。脯氨酸肽键的空间构象取决于含有脯氨酸的特定蛋白质分子三维结构对脯氨酸的作用力。

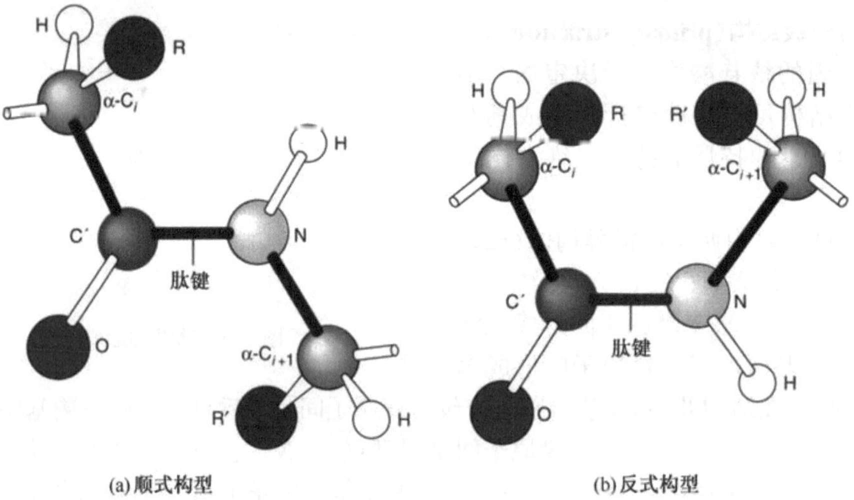

图 3.12　(a)反式肽键(b)稀少的顺式肽键 C-N 键具有部分双键的特性

人类最大的多肽链之一是肌肉蛋白质——**连接素**（**titin**），它含有 27 000 个氨基酸残基。但是，链长并不能决定多肽的功能。许多少于 10 个氨基酸的小肽在人体内发挥着重要的生物化学和生理功能（表 3.2）。蛋白质的一级结构以一种标准的格式书写，即从 N 端向 C 端的顺序编号，这于蛋白质生物合成时添加氨基酸的顺序一致。

因此，对于促甲状腺释放激素，左边的谷氨酸残基是该三肽的 N 端氨基酸，为氨基酸残基 1；脯氨酸是 C 端氨基酸，为氨基酸残基 3。多肽链的规定方向是从谷氨酸到脯氨酸（N 端氨基酸到 C 端氨基酸）。

表 3.2　生物活性多肽

氨基酸序列	名称	功能
1 3 pyroGlu-His-Pro(NH_2)[a]	促甲状腺激素释放激素	下丘脑分泌,使前部脑垂体腺体释放促甲状腺激素
1 9 H-Cys-Tyr-Phe-Gln-Asn-Cys-Pro-Arg-Gly(NH_2)[b,d] S——S	加压素(抗利尿激素)	后部脑垂体腺分泌,使肾脏从尿液中保持水分
1 5 H-Tyr-Gly-Gly-Phe-Met-OH	蛋氨酸脑啡肽	脑部阿片样肽,抑制疼痛感
1 10 pyroGlu-Gly-Pro-Trp-Leu-Glu-Glu-Glu-Glu- 11 17 Ala-Tyr-Gly-Trp-Met-Asp-Phe(NH_2)[c,d] SO_3	小胃泌素(人)	胃黏膜细胞分泌激素,使胃壁细胞分泌胃酸
1 10 H-His-Ser-Gln-Gly-Thr-Phe-Thr-Ser-Asp-Tyr- 11 20 Ser-Lys-Tyr-Leu-Asp-Ser-Arg-Arg-Ala-Gln- 21 29 Asp-Phe-Val-Gln-Trp-Leu-Met-Asn-Thr-OH	胰高血糖素(牛)	胰腺激素,可调节葡萄糖代谢
1 8 H-Asp-Arg-Val-Tyr-Ile-His-Pro-Phe-OH	血管紧张素Ⅱ(马)	加压或高压肽,刺激肾上腺皮质释放醛固酮
1 9 H-Arg-Pro-Pro-Gly-Phe-Ser-Pro-Phe-Arg-OH	血浆缓激肽(牛)	血管舒张肽
1 10 H-Arg-Pro-Lys-Pro-Gln-Phe-Phe-Gly-Leu-Met(NH_2)[d]	P 物质	神经递质

[a] N 端的焦磷酸形式 Glu 的 γ-COOH 以酰胺键共价连于 α-NH_2;C 端的氨基酸也是以酰胺形式存在的

[b] 1 和 6 位的半胱氨酸在九肽内部形成二硫键

[c] 12 位的酪氨酸酚环侧链上的 OH 形成磺酸盐

[d] C 端氨基酸以酰胺形式存在

3.3　氨基酸和蛋白质的电荷及化学特性

氨基酸和蛋白质的离子基团对其生物学功能至关重要

表 3.3 列出了氨基酸和蛋白质中常见离子基团。酸性形式位于平衡箭头的左边,碱性形似位于平衡箭头的右边。当形成共轭碱时,酸性形式释放一个质子。相反,碱性形式与一个质子结合形成相应的酸。我们以酸的解离常数 K'_a 及其 pK'_a 描述酸的解离特性,$pK'_a = \lg(1/K'_a)$。表 3.3 列出了每个酸性基团的 pK'_a 范围,因为实际的 pK'_a 取决于酸性基团所处的

环境。例如，蛋白质中带正电的氨基位于带负电的基团附近，负电荷可稳定正电酸性形式，使其质子更难以解离。当氨基周围没有邻近的负电荷使其稳定时，该氨基具有较正常稍高的 pK'_a。其他影响 pK'_a的因素包括环境的极性、水的有无及氢键形成的可能。此外，位于多肽链末尾的酸性基团（α-COOH 或 α-NH_3^+）比位于侧链时具有较低的 pK'_a（表 3.4）。侧链中含有氮原子的氨基酸（Lys 和 Arg）是**碱性氨基酸（basic amino acid）**，因为它们的侧链具有相对较高的 pK'_a，在生理 pH 下发挥碱性基团的功能。在生理 pH 下，它们通常以酸性形式存在并带正电荷。侧链中含有羧基酸的氨基酸为**酸性氨基酸（acidic amino acid）**，具有相对较低的 pK'_a且易失去质子。它们主要以其非质子形式存在，生理 pH 下带负电荷。当（$\sum$Lys＋$\sum$Arg）/（$\sum$Glu＋$\sum$Asp）比值大于 1 时，蛋白质为**碱性蛋白质（basic protein）**；比值小于 1 时，为**酸性蛋白质（acidic protein）**。

表 3.3　蛋白质中常见氨基酸的 pK'_a（方程式见 3.3 节）

酸性基团位置	酸性基团形式	碱性基团形式	pK'_a范围
N 端或赖氨酸侧链	铵	胺	7.6～10.6
C 端或谷氨酸或天冬氨酸侧链	羧基酸	羧基酸盐	3.0～5.5
精氨酸侧链	胍基盐	胍基	11.5～12.5
半胱氨酸侧链	巯基	巯基盐	8.0～9.0
组氨酸侧链	咪唑盐	咪唑	6.0～7.0
酪氨酸侧链	苯酚	苯酚盐	9.5～10.5

表 3.4　核糖核酸酶中侧链及末端酸性基团的 pK'_a

	—NH_3^+	—COOH
侧链	赖氨酸≈10.2	谷氨酸和天冬氨酸≈4.6
链末端	N 端＝7.8	C 端＝3.8

氨基酸与蛋白质的解离方式由特定的 pH 所决定

利用氨基酸或蛋白质每个酸性基团的 pK'_a 及 Henderson-Hasselbalch 方程（图 3.13），可计算出其在特定 pH 下离子形式。这是个重要的关系式，因为它体现了随着pH分子解离状态及带电情况的改变。分子的生理活性随pH和解离状态改变而变化。例如，一些酶类当组氨酸咪唑处于碱性形式时才具有催化活性。如果这个组氨酸的 pK'_a为 6.0，当 pH 是 6.0 时，一半的酶分子是有活性的碱性（咪唑碱）形式，一半的酶分子是无活性的酸性（咪唑盐）形式。因此，酶显示出 50% 的活性。当 pH 是 7.0 时，（咪唑碱）/（咪唑碱）的比率是 10 ∶ 1（表 3.5），酶显示出1/(10＋1)＝91% 的最高活性。因此，pH 的改变对于酶活性有很大影响。由于酸性和碱性基团的存在，大多数蛋白活性具有 pH 依赖性。

$$pH = pK_a + \log \frac{[共轭碱]}{[共轭酸]}$$

或

$$pH - pK_a = \log \frac{[共轭碱]}{[共轭酸]}$$

图 3.13　Henderson-Hasselbalch 方程
（关于此等式的详细阐述见 1.2 节）

表3.5　pH和酸 pK'_a 的差异与碱基与其共轭酸浓度比值的关系

pH-pK'_a(pH 和酸 pK'_a 的差异)	碱基和结合酸性基团浓度比值
0	1
1	10
2	100
3	1000
−1	0.1
−2	0.01
−3	0.001

一氨基一羧基酸的滴定:等电点 pH

对简单氨基酸离子基团的滴定有助于更好地理解蛋白质的酸性、碱性形式及它们与带电荷的关系。在图3.14中,亮氨酸有一个 pK'_a 为2.4的 α-COOH 和一个 pK'_a 为9.6的 α-NH_3^+。当pH为1.0时,主要的离子形式(形式Ⅰ)带有一个正电荷并在电场中向负极迁移。加入0.5倍量的碱半滴定 α-COOH,此时比率[COO^-]/[COOH]为1。在Henderson-Hasselbalch平衡式的右边,lg[碱/酸]= lg[1]=0 即酸碱的比率为1∶1,这表明半滴定 α-COOH 时的pH与 $pK_{a(\alpha COOH)}$ 相等(图3.15)。加入1倍量的碱基,pH为6.0,可完全滴定 α-COOH 但对 α-NH_3^+ 并无影响。形式Ⅱ中,正负电荷相互抵消,所带静电荷为0。形式Ⅱ为两性离子形式即所有正电荷与所有负电荷相等。因两性分子静电荷为0,故其在电场中不能迁移。在两性离子形式中再加入0.5倍量的碱(加入碱基共为1.5倍量)可半滴定 α-NH_3^+。此时比率[NH_2]/[NH_3^+]为1,pH与 α-NH_3^+ 的 pK_a 相等(图3.15)。再加入0.5倍量的碱(加入碱共为2.0倍量;图3.15)可完全滴定 α-NH_3^+,生成碱性形式(α-NH_2)。此时pH大于11,大多数分子为带负电荷的形式(形式Ⅲ)。

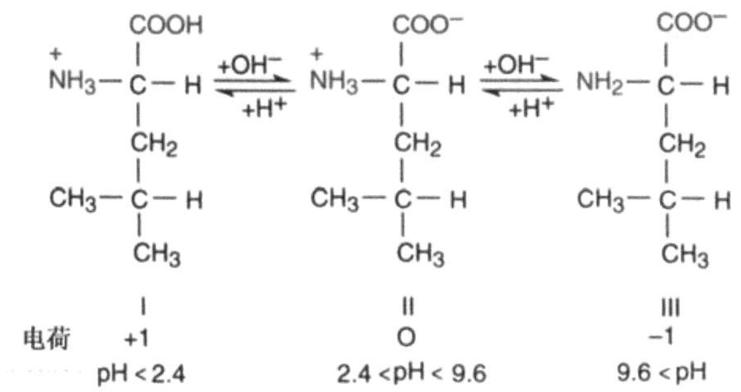

图3.14　亮氨酸的离子形式

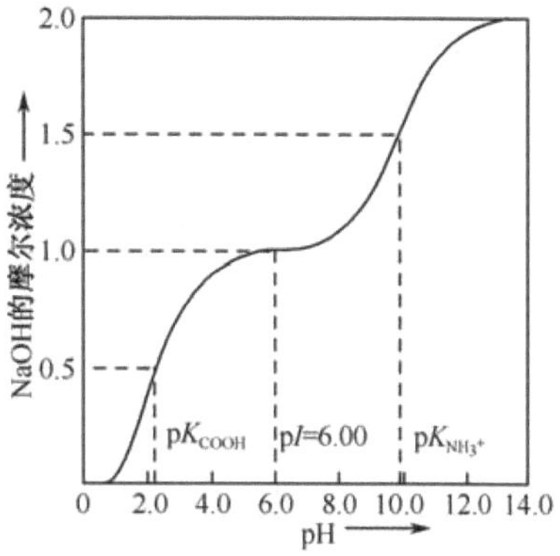

图3.15　亮氨酸的滴定曲线

计算氨基酸处于两性离子形式时的pH是非常有用的。这就是分子的**等电点pH(isoelectric pH)**,以 **p*I***代表。在特定的离子强度和温度下,化合物的 p*I* 是一常数。对于简单的氨基酸分子,如赖氨酸,p*I* 是调节兼性离子范围的两 pK_a 的均值。以赖氨酸为例:

$$pI = \frac{pK'_aCOOH + pK'_aNH_3^+}{2} = \frac{2.4 + 9.6}{2} = 6.0$$

当 pH>6.0 时，部分赖氨酸带负电荷，随 pH 的升高带负电形式逐渐增多，最后所有赖氨酸均带一个负电荷(形式Ⅲ)(图 3.14)。当 pH<6.0 时，部分赖氨酸带正电荷，直至较低的 pH 时所有赖氨酸均带一个正电荷(形式Ⅰ)(图 3.14)。在任一 pH 下，蛋白所带的电荷均可通过 Henderson-Hasselbalch 平衡式计算或图 3.15 中的滴定曲线推断得到。

一氨基二羧基酸的滴定

谷氨酸是一个更加复杂的例子。如图 3.16 和图 3.17 所示，谷氨酸中 α-COOH 的 pK'_a 为 2.2；γ-COOH 的 pK'_a 为 4.3；α-NH_3^+ 的 pK'_a 为 9.7。在低 pH 形式中加入 1.0 倍量的碱可得到兼性离子形式，并可通过计算兼性离子的两 pK'_a 的均值得到 pI。

$$pI = \frac{2.2 + 4.3}{2} = 3.25$$

因此，当 pH>3.25 时分子带负电荷，pH 较高时分子带 2 个负电荷。当 pH<3.25 时分子带正电荷，极低 pH 时带 1 个正电荷。

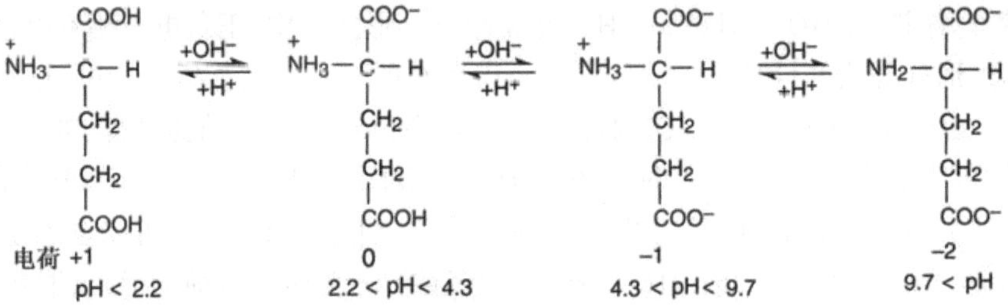

图 3.16 谷氨酸的离子形式

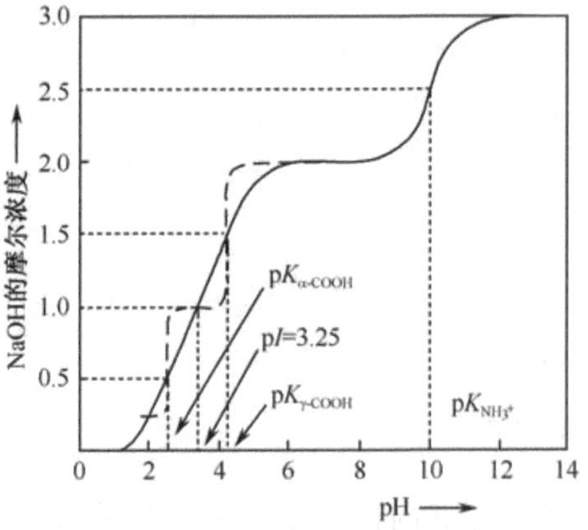

图 3.17 谷氨酸的滴定曲线

观察到的红色曲线掩盖了 pK'_γ 和 pK'_a 滴定，二者距离很近，无法分别观察。重叠的蓝色曲线显示了这些基团的滴定

氨基酸和蛋白质带电特性与 pH 的关系

亮氨酸与谷氨酸的带电特性与其 pH 之间的关系亦适用于其他氨基酸。当 pH 低于 p*I* 时,氨基酸分子带正电荷;当 pH 高于 p*I* 时,氨基酸分子带负电荷。分子带正电荷或负电荷的多少取决于 pH 与 p*I* 的差异大小。因为蛋白质是复杂的聚合电解质,含有许多可变兼性形式的离子基团,所以通过其多个酸基 pK'_a,利用 Henderson-Hasselbalch 平衡式计算其 p*I* 是非常困难的。因此,许多蛋白质的 p*I* 是通过实验测定的,即检测电场内蛋白质不发生迁移时的 pH。表 3.6 列出了一些蛋白质的 p*I*。

和氨基酸一样,当 pH 高于 p*I* 时,蛋白质带负电荷;当 pH 低于 p*I* 时,蛋白质带正电荷(图 3.18)。当 pH 与 p*I* 的差异增大时,蛋白质所带的净电荷亦增多。以人血浆白蛋白为例,该蛋白含有 585 个氨基酸,其中有 61 个谷氨酸,36 个天冬酸盐,57 个赖氨酸,24 个精氨酸和 16 个组氨酸。图 3.19 显示了其滴定曲线。白蛋白 p*I* 是 5.9,在此 pH 下其净电荷为 0。当 pH 为 7.5 时,组氨酸的咪唑盐基团被部分滴定,分子带 10 个负电荷。当 pH 为 8.6 时,分子所带净电荷约为 −20;当 pH 为 11 时,分子所带净电荷约为 −60;当 pH 为 3.0 时,分子所带净电荷约为 +60。

pH>p*I*,蛋白质带负电荷
pH<p*I*,蛋白质带正电荷

图 3.18　溶液 pH、蛋白 p*I* 和蛋白质所带电荷之间的关系

表 3.6　一些蛋白质的 p*I*

蛋白质	p*I*
胃蛋白酶	约为 1
人血清白蛋白	5.9
α_1-脂蛋白	5.5
纤维蛋白素原	5.8
血红蛋白 A	7.1
核糖核酸酶	7.8
细胞色素 c	10.0
胸腺组蛋白	10.6

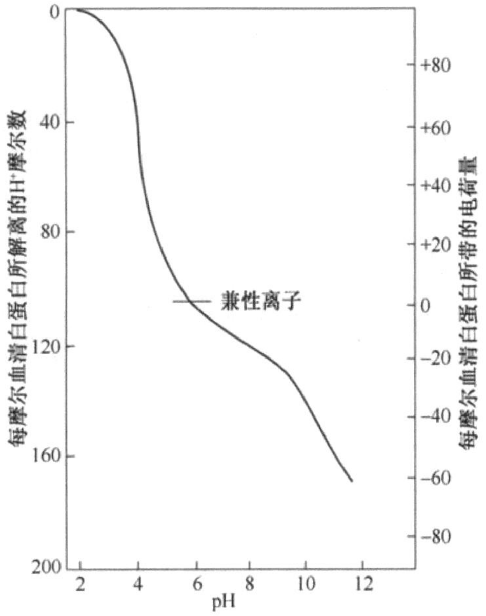

图 3.19　人血清白蛋白在 25℃、0.150 离子强度环境中的滴定曲线

根据等电点分离氨基酸和蛋白质

电泳、等电聚集和离子交换层析技术分离特定生物分子是以其 p*I* 为基础的(见 3.8

节)。在临床医学中,电泳分离**血浆蛋白(plasma protein)**可根据其电泳迁移率分类。通常在 pH 为 8.6 时,即高于多数蛋白质的 p*I* 时,可电泳分离血浆蛋白。此时,蛋白质带负电荷,并以依赖与其净电荷的速率向正极移动。按照它们迁移的顺序,主要的条带是:白蛋白;α1-、α2-和 β-珠蛋白;纤维蛋白原;γ1-和 γ2-珠蛋白(图 3.20)。某些条带代表了数十个或数百个蛋白质,这些蛋白在 pH 为 8.6 时具有相似的迁移率。但是,特定蛋白主要位于一个峰内,它们相对量的变化是某些疾病的特征(图 3.20 和图 3.21;见临床相关知识 3.1)。

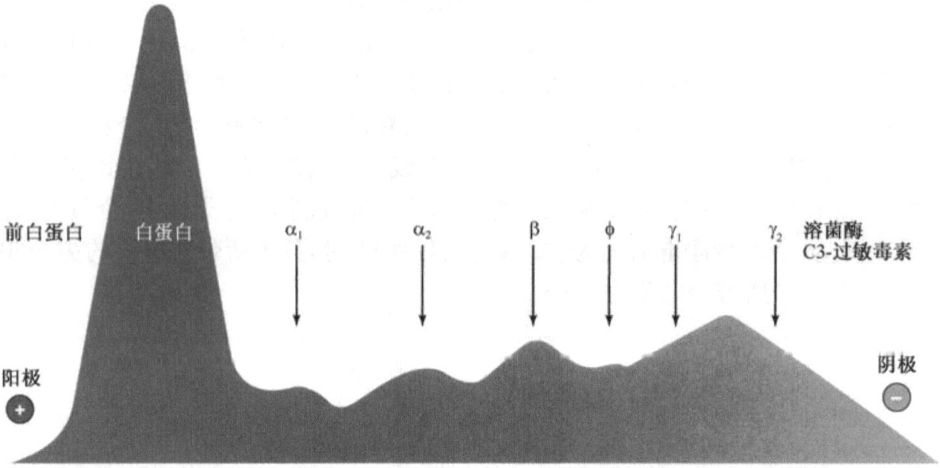

α_1	α_1/α_2	α_2	α_2/β_1
α_1-Acid glycoprotein α_1-T Glycoprotein α_1-Antitrypsin Transcortin α_1-Antichymotrypsin α_1-B Glycoprotein α_1-glycoprotein Vitamin D-binding protein α_1-Lipoproteins	Thyroxine-binding globulin Zn-α_2-glycoprotein Gc globulin Ceruloplasmin Inter-α-trypsin inhibitor Antithrombin III Factor X (Stuart-Prower) Transcobalamin I C9	Retinol-binding protein α_2 HS glycoprotein Histidine-rich 3,8 S-α_2-glycoprotein Haptoglobin Pregnancy zone protein α_2-Macroglobulin Prothrombin Antihemophilic factor C1 inactivator C1s	Serum cholinesterase α_3-glycoprotein α_2, β_1-glycoprotein Transcobalamin III
β_1	**β_2**	**γ_1**	**γ_2**
Hemopexin Steroid-binding β-globulin Transferrin Pregnancy-specific β_1-glycoprotein Cold insoluble globulin Factor V (Accelerin) Factor VII (Proconvertin) Factor IX (Christmas) Plasminogen C3 Proactivator Transcobalamin II β-Lipoproteins C1r, C2 C4, C5	β_2-Microglobulin β_2-Glycoprotein III β_2-Glycoprotein I Fibrinogen Factor XI (PTA) Factor XII (Hageman) Factor XIII (FSF) C3, C6, C7 C3 Activator (β_2II)	IgG IgA IgD IgE IgM Amylase	IgG Clq Properdin

图 3.20 pH 为 8.6 时血浆蛋白的电泳模式

柱形图显示靠近正极具有最大迁移率的蛋白沿水平轴的迁移顺序。迁移带沿垂直轴的高度代表蛋白的浓度。电泳迁移峰的下面标出了不同的主要组成蛋白。Φ 标出了纤维蛋白素原迁移峰,这种蛋白存在于血浆而非血清中

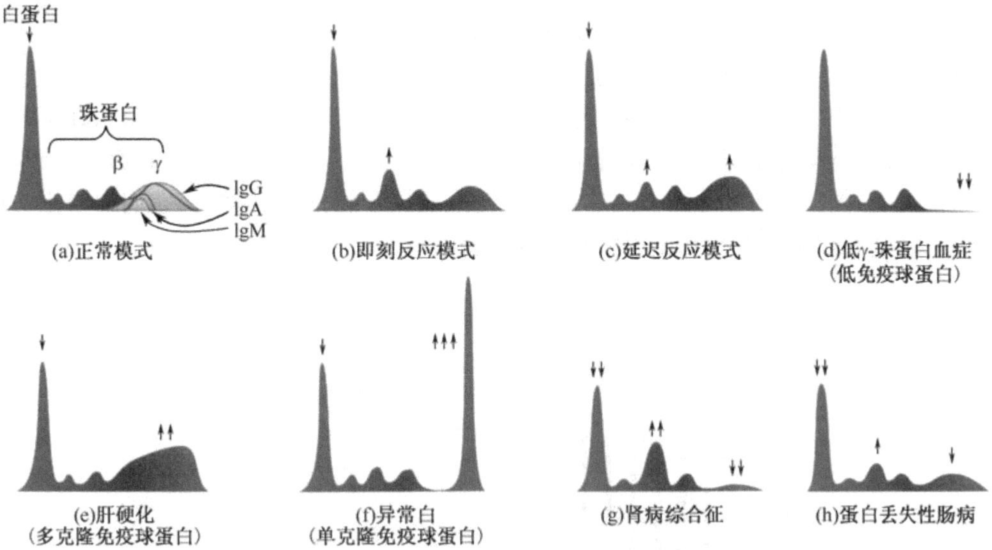

图 3.21　正常人及血清蛋白浓度异常患者的血清琼脂糖凝胶电泳迁移模式

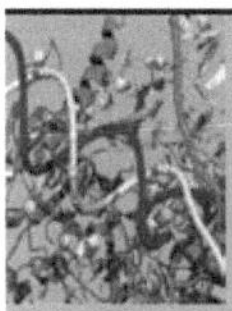

临床相关知识 3.1

血浆蛋白质在疾病诊断中的作用

血浆蛋白的电泳分析广泛应用于疾病的诊断中。在 pH 为 8.6 的缓冲液中,血浆蛋白在电场中向正极迁移,因其所带电荷不同,可出现不同的条带或峰值而被分离(见正文)。图 3.21 显示了一系列异常的电泳模式图。应激或感染、损伤、外科创伤引起炎症时出现快速应答反应,此时,处于 α_2 迁移带的结合珠蛋白升高(图 3.21b)。在与感染有关的延迟反应中,由于免疫球蛋白的增加,τ-珠蛋白峰值升高(图 3.21c)。图 3.21d 显示了一种免疫抑制疾病所引起的低 γ-珠蛋白血症。肝硬化时 τ-珠蛋白升高,白蛋白降低(图 3.21e)。单 γ-珠蛋白血症是由于同种细胞合成独特的免疫球蛋白并引起ζ-珠蛋白条带显著升高(图 3.21f)。肾病综合征时血浆内低分子质量的蛋白质选择性丢失(图 3.21g)。白蛋白(65kDa)减少,但大分子质量的蛋白质如:α_2-巨球蛋白(725kDa)和β-脂蛋白组成的蛋白条带不变。蛋白丢失性肠病患者因肠道内渗出而损失血浆。此类患者血浆中 α_2-条带略微升高,这是由于对应激刺激的快速或延迟反应,如图 3.21b、c。

氨基酸侧链的极性和非极性特性

氨基酸侧链的疏水性对氨基酸折叠至天然构象及稳定蛋白的折叠均非常重要。根据氨基酸在水和非极性溶剂中的分隔倾向,图 3.22 绘制了各氨基酸相应的疏水性。图中刻度以谷氨酸的值为 0。与谷氨酸相比，易溶于非极性溶液的侧链具有正(＋)**疏水值**(**hydrophobicity value**)，正疏水值越高越易溶于非极性溶液。多数疏水氨基酸位于蛋白质内部，远离与溶解蛋白表面相互作用的水溶液。但是，许多疏水氨基酸具有两性特性，它们会将侧链结构中极性更强的部分靠近蛋白质表面并与水分子相互作用。而且，并不是所有的疏水性侧链均位于球形蛋白质折叠三维结构的内部。当位于蛋白质表面时，疏水基团常常在极性侧链中疏散分布。当非极性侧链串联位于蛋白质表面时，它们常与蛋白质功能相关，如通过疏水性相互作用为底物分子提供结合位点。

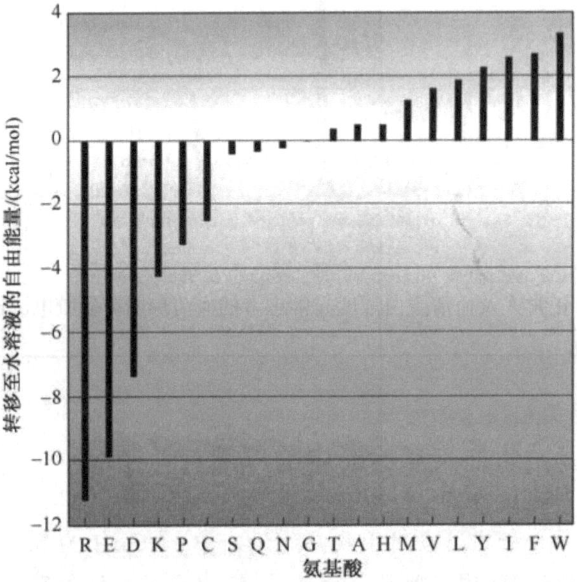

图 3.22　氨基酸侧链的相对疏水性

以氨基酸在有机溶液和水中的分布为基础。相对于谷氨酸而言，负值代表易溶于水，正值代表易溶于非极性溶液(乙醇或二氧杂环己烷)

多数带电侧链位于水溶性球形蛋白质的表面，并与水形成稳定的相互作用。极少数位于蛋白质内部的带电侧链通常具有重要功能，此位于非极性中心的电荷可稳定蛋白质构象或参加催化过程。

跨膜蛋白极性侧链的排列方式与水溶性球形蛋白相反。在膜内，这些蛋白质将疏水侧链置于外部，离子基团置于内部，以提供结合相互作用部位和形成离子通道。

氨基酸可发生多种化学反应

蛋白质内氨基酸可与多种物质发生反应，可用于研究特定侧链的功能。表 3.7 列出了一些常见的化学反应。许多化合物可以修饰酸性侧链或者与蛋白质结构中的特定位点结合，如底物结合位点。常用的策略是模拟酶类天然底物的结构特性并合成活性物质。像天然底物一样，这类物质可与活性位点结合并与特定侧链相互作用。这种方法可用于确定定位于底物结合位点的氨基酸，并有助于确定其在催化过程中的功能。

表 3.7　氨基酸的化学反应

活性基团	反应物或反应	产物
氨基(—NH_2)	茚三酮	蓝色产物,吸光峰 540nm[a]
羧基酸基团	荧光胺	荧光产物
	乙醇	酯类产物
	胺	酰胺产物
	碳化二亚胺	亲和基团反应活化产物
赖氨酸氨基	2,3,6-磺化三硝基苯	吸光峰 367nm
	酐	乙酰胺
	乙醛	希夫碱
精氨酸胍基	Sakaguchi 反应	粉红产物,可用于检测精氨酸
酪氨酸酚基	I_2	芳香环上邻近羟基位置发生碘化作用
	乙酸酐	羟基乙酰化作用
蛋氨酸侧链硫原子	CH_3I	甲基硫产物
	[O^-]或 H_2O_2	蛋氨酸硫氧化物或蛋氨酸亚砜
半胱氨酸巯基	碘醋酸盐	羧甲基巯基醚
	N-己基顺丁烯二酰亚胺	含硫加成产物
	有机汞	汞吸收物
	过甲酸	磺丙氨酸
	Dithionitrobenzoic acid	黄色产物用于测定—SH
组氨酸咪唑基团和酪氨酸苯酚基团	Pauly's 反应物	黄色至淡红色产物

[a] 脯氨酸亚胺基与茚三酮反应生成吸收光波长为 440nm 的产物(黄色)。

3.4　蛋白质的一级结构

蛋白质的一级结构(氨基酸序列)是其结构、作用机制及与具有相似生理功能蛋白质的相互作用的基础。胰岛素的例子证实了蛋白质一级结构对了解蛋白质生物合成及生理形式的作用。胰岛素在胰岛细胞内以一个单链、无活性前体即前胰岛素的形式合成,图 3.23 显示了其一级结构。多肽链含有 86 个氨基酸和 3 个胱氨酸链内二硫键。从胰岛细胞分泌前,前胰岛素被水解切割为有生物活性胰岛素。胰岛细胞内的蛋白酶从 30～31 残基,65～66 残基之间切割前胰岛素。切割后释放出两个分子,一段含有 35 个残基的片段(C-肽)和胰岛素。胰岛素由两条分别含有 21 个和 30 个氨基酸的多肽链(A 和 B)组成,这两条链通过与前胰岛素相同的二硫键共价结合(图 3.23)。C-肽被蛋白酶进一步加工,分别从其 N 端和 C 端水解去掉一个碱性二肽。修饰后的 C-肽与胰岛素一起分泌。

除了包含生物合成所需信息,胰岛素的一级结构还确定了决定其功能的氨基酸序列。通过比对不同动物种类的胰岛素氨基酸序列,人类胰岛素中重要和非重要氨基酸均已确

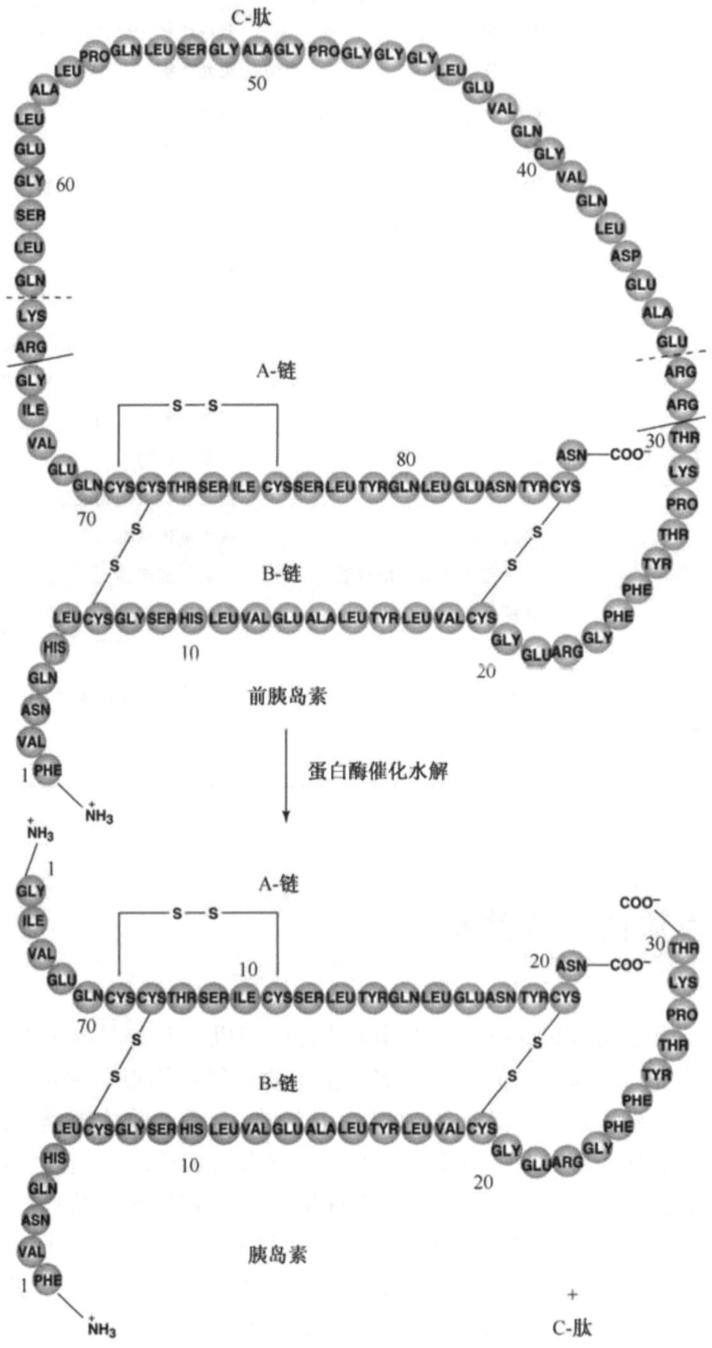

图 3.23　人前胰岛素、胰岛素和 C-肽的一级结构

在前胰岛素中，B-链多肽由第 1 位的苯丙氨酸至第 30 位的苏氨酸，C-肽由第 31 位的精氨酸至第 65 位的精氨酸，A-链多肽由第 66 位的甘氨酸至第 86 位的天冬酰胺。半胱氨酸二硫键位于第 7 和第 72、第 19 和第 85 以及第 71 和第 76 之间

定。一级结构的比对表明除了 A 链的第 8、9、10 残基和 B-链的第 30 残基外,大多数的氨基酸均相同。这些位置上的氨基酸差异很大(表 3.8)而且似乎并不影响蛋白质的生物学特性(见临床相关知识 3.2)。其他碱基很少被替代,这表明它们在功能上有重要作用。

表 3.8　胰岛素 A8、A9、A10 和 B30 位置上的氨基酸差异

种属	A8	A9	A10	B30	种属	A8	A9	A10	B30
人	Thr	Ser	Ile	Thr	马	Thr	Gly	Ile	Ala
牛	Ala	Ser	Val	Ala	狗	Thr	Ser	Ile	Ala
猪	Thr	Ser	Ile	Ala	鸡[a]	His	Asn	Thr	Ala
羊	Ala	Gly	Val	Ala	鸭[a]	Glu	Asn	Pro	Thr

[a] 鸡和鸭中 B 链第 1 位和第 2 位氨基酸均为丙氨酸,在表内其他种属里,B 链第 1 位是苯丙氨酸,第 2 位是缬氨酸。

临床相关知识 3.2
糖尿病治疗中所用胰岛素的差异

猪和牛的胰岛素均可用于治疗人类糖尿病。由于二者与人类胰岛素在氨基酸序列上的差异,一些糖尿病患者对于注射胰岛素产生一种早期过敏反应或形成胰岛素抵抗。这是因为他们的免疫系统将注射胰岛素识别为异物,或者在后期的治疗中产生的高滴度的抗胰岛素抗体。但是对猪和牛胰岛素产生的不良免疫反应是很少见的,大多数患者均可有效利用这些胰岛素。这是由于这些胰岛素与人胰岛素相比氨基酸序列差异很小,三维结构相近。在胰岛素反应性患者治疗中,猪胰岛素较牛胰岛素更合适,因其与人胰岛素在氨基酸序列上有更大的相似性(见表 3.8)。利用基因工程细菌或修饰猪胰岛素而得到的人胰岛素现正初步应用于发达国家。

序列比对常用于预测蛋白质间结构和功能的相似性。为完成这种比对需比较出序列间最大相同碱基数和最小插入或删除碱基数。当两序列高度匹配时,它们是**同源序列**(**homologoues**)。准确地说,同源性仅仅是指由同一基因进化而来的蛋白质。**类似性**(**analogy**)用于描述结构相似但已确认在进化上无关系的蛋白质序列。某一氨基酸被其他有相似极性的氨基酸替换是种**保守性**(**conservative**)替换(如胰岛素第 10 个碱基位置的异亮氨基酸被缬氨酸替换),并常见于不同动物种类同一蛋白质序列中。如果一特定的氨基酸规律地出现在同一位置,那么它就是一**固定残基**(**invariant residue**)。这种碱基常常在蛋白质结构和功能中发挥着重要作用。**非保守性**(**nonconservative**)替换是指某一氨基酸被其他不同相似极性的氨基酸替代。这将极大地改变氨基酸的特性,或发生在功能上非重要区域内(见临床相关知识 3.3)。极性仅是决定替换是否明显改变蛋白质功能的氨基酸生理特性之一,其他重要的特性还有残基的体积和表面积。

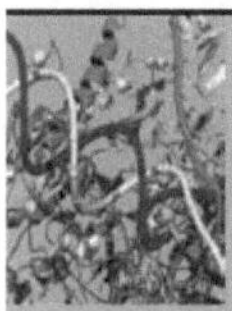

临床相关知识 3.3

镰状红细胞贫血中发生的非保守性突变

正常人血红蛋白(HbA_1)有两条 α 链和两条 β 链($\alpha_2\beta_2$)。血红蛋白 S 是 HbA_1 的一种变异形式,即在 HbA_1β-珠蛋白链第六位氨基酸位置上出现一非保守性替换。在 HbA_1 中该位置为谷氨酸残基,而 HbS 中为缬氨酸。这样就将分子外表面的一极性侧链基团替换为非极性疏水性侧链(非保守性突变)。通过与缬氨酸相关的疏水性相互作用,HbS 脱氧并与其他的脱氧-HbS 分子形成多聚体,导致血红细胞中小纤维的形成和血红蛋白的沉淀。红细胞呈镰状导致高溶血状态,红细胞丧失弹性,并可阻塞小毛细血管。

只有 HbS 纯合子个体才患有该疾病。HbS 杂合子个体红细胞中有约 50% HbA_1 和 50% HbS,仅在极度缺氧的情况下出现症状。

HbS 杂合子个体能够抵抗疟原虫,该类寄生虫需在红细胞中度过其生命循环中的一部分。这正是 HbS 基因在世界上疟疾疫区被筛选的一个因素,并解释了这一致死基因在人类基因中高频率出现的问题。将近 10% 的非裔美国人是 HbS 杂合子,0.4% 的非裔美国人是 HbS 纯合子,患有镰状红细胞贫血。可通过凝胶电泳检测 HbS。因 HbS 缺少一个谷氨酸,酸性较 HbA 弱。HbS 向正极迁移速度较 HbA 慢。通过重组 DNA 技术亦可诊断镰状红细胞贫血。

3.5　蛋白质的高级结构

蛋白质的一级结构是指共价结构,包括氨基酸序列和二硫键(胱氨酸)的位置。蛋白质的高级结构是指非共价作用力形成的多肽链空间构象。蛋白质的高级结构称作二级、三级和四级结构。**二级结构**(**secondary structure**)是指多肽链骨架的局部折叠生成的螺旋、折叠或无规则空间构象。多肽链的骨架是肽键上以共价键相连的原子和连接蛋白各氨基酸残基的 α-碳原子。二级结构不包括侧链的构象。**三级结构**(**tertiary structure**)是指多肽链的三维空间结构。它包括侧链的空间构象关系和多肽链远距离区域的几何关系。**四级结构**(**quaternary structure**)是指独立的多肽链亚单位非共价结合生成了多亚基蛋白质。不是所有的蛋白质都有四级结构。

蛋白质常呈现独特的二级、三级和四级结构,即蛋白质的**天然构象**(**native conformation**)。在大多数情况下,蛋白质的一级结构可自发通过非共价相互作用折叠形成天然构象。在发生折叠的特定离子强度、pH 和温度条件下,天然构象的 Gibbs 总自由能最小。侣伴蛋白(见 6.4 节)能够促进蛋白质折叠。

二级结构

多肽链骨架的空间构象可通过组成肽链的共价键旋转角度来描述。这些共价键由每个氨基酸共同组成,一般位于①氮原子和 α-碳原子;②α-碳原子和羧基碳原子之间。第一种是 Φ **键**(**phi bond**),第二种是 Ψ **键**(**psi bond**)(图 3.24)。每个氨基酸参与形成的第三种键是肽键。如前所述,肽键具有部分双键的特性,故旋转受限制。

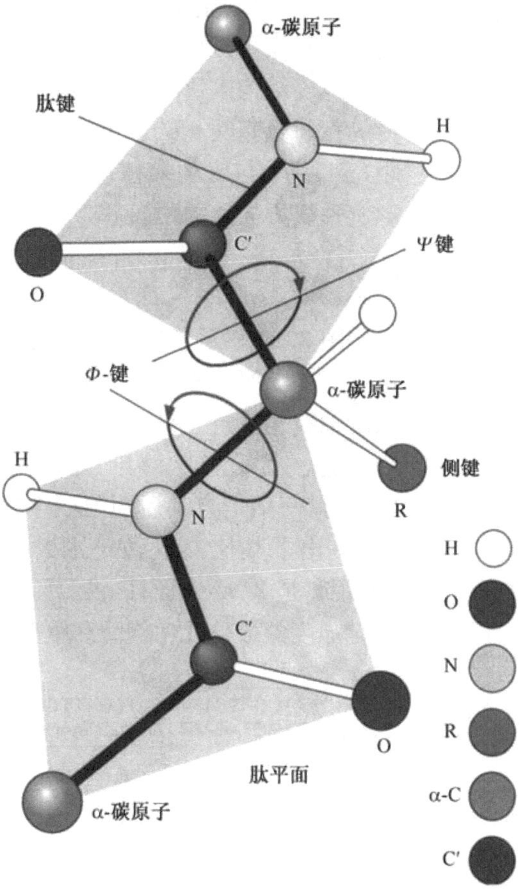

图 3.24　多肽链中残基 R_i 的 Φ 键、Ψ 键和肽键

当所有的 Φ 键角和所有的 Ψ 键角均各自相等时,多肽链的这一片段具有规则的二级结构。表 3.9 列出了常见规则二级结构 Φ 键和 Ψ 键的旋转角度。

表 3.9　规则二级结构的螺旋参数

结构	键角/度		每圈残基数/n	螺旋间距[a] p/Å
	Φ	Ψ		
右手 α 螺旋(3.6_{13} 螺旋)	−57	−47	3.6	5.4
3_{10} 螺旋	+49	−26	3.0	6.0
平行 β 链	−119	+113	2.0	6.4
反向平行 β 链	−139	+135	2.0	6.8
Ⅱ型聚脯氨酸[b]	−78	+149	3.0	9.4

[a] 平行于螺旋轴方向上重复螺旋间距离

[b] 出现于胶原蛋白多肽链中的螺旋类型

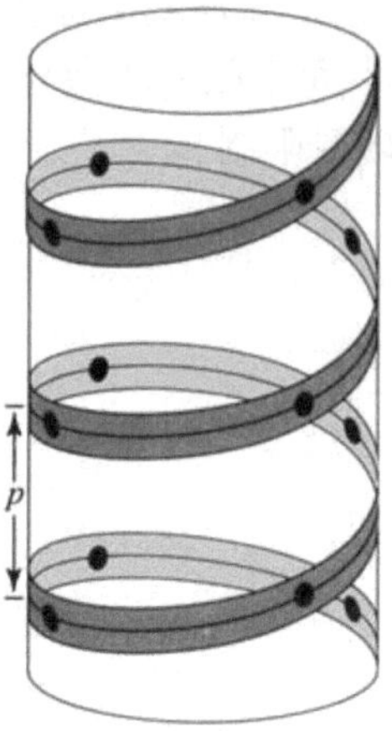

图 3.25　碱基数为 $n=4$ 时的螺旋间距（p）

线上的每个圆圈代表一氨基酸残基的 α-碳原子。α-碳原子间的距离为 p/n

多肽链的 α 螺旋和 β 折叠构象是规则二级结构中热力学最稳定状态。但是，一些特殊的序列具有无序或无规则的二级结构，这些序列中的 Φ 键角不相等，Ψ 键角也不相等。脯氨酸的吡咯烷侧链可与其前面的残基在空间上相互作用并阻碍 α 螺旋结构的形成。

螺旋结构以每圈螺旋的碱基数（n）和与螺旋轴线平行的相邻氨基酸 α 碳原子间的距离（d）为特征。螺旋间距（p），即 n 与 d 的乘积（$p=n\times d$），代表了各螺圈间在螺旋轴线方向上的距离（图 3.25）。

α 螺旋结构

图 3.26 显示了一右手 α 螺旋结构中的氨基酸序列，每 360°螺旋平均有 3.6 个氨基酸（$n=3.6$）。肽键平面与螺旋轴线相平行。在这个几何构象中，每个肽键形成两个氢键，一个是该肽键与其前面第四个氨基酸的肽键形成的，另一个是与其后面第四个氨基酸肽键形成的。表 3.9 列出了其他参数，如间距（p）。在肽键形成的氢键中，氢键供给原子与接受原子之间的距离是 2.9Å。而且，供给原子、接受原子和氢原子几乎在一条直线上。这是具有最大氢键强度的最佳几何构型和距离（见 3.7 节）。

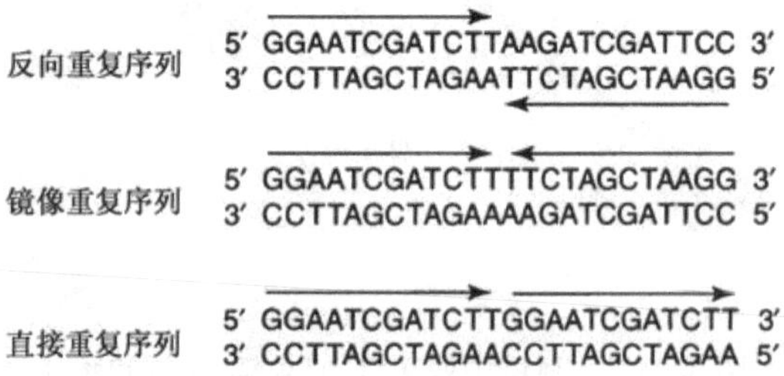

图 3.26　α-螺旋结构

侧链在螺旋结构的外侧。由于每圈 3.6 个碱基的特性，第一、第三和第四位氨基酸的侧链均相互靠近。如果氨基酸序列中每隔 3～4 个残基出现极性或非极性侧链，螺旋结构常具有极性和非极性表面。这使得螺旋具有独特的功能特性。但是，如果相互靠近的第三和第四个侧链带同种电荷或均在其 β-碳原子上发出分支（缬氨酸和异亮氨酸），它们之间相斥的作用力使螺旋结构处于不稳定状态。理论上 α 螺旋可以是左手或右手螺旋，这使得它具有不对称特性和相应的旋光性。右手 α 螺旋比左手螺旋更加稳定。

β 结构

β 结构（图 3.27）即一多肽链的氢原子结合在另一平行或反向平行排列的相似的多肽链区域上（图 3.28）。氢原子连接的 β 结构看起来像折叠的平面（图 3.29）。侧链向上和向下突出于折叠的片层样结构。

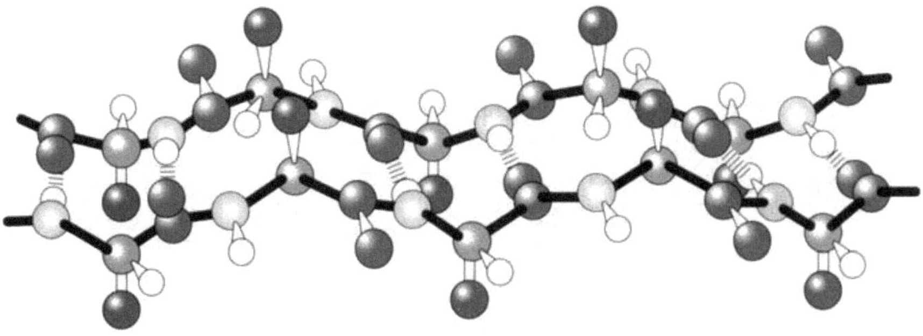

图3.27　β折叠构象的两多肽链

其他的多肽链可参与形成更长的结构

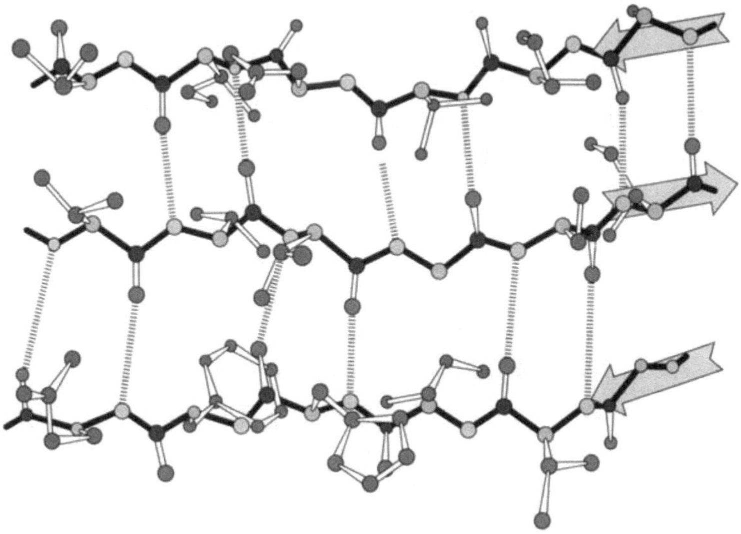

图3.28　反向平行β折叠结构例子[Cu,Zn超氧歧化酶中残基93～98(顶部)、28～33(中部)、16～21(底部)]

虚线代表羧基氧原子(红色)和肽氮原子(褐色)间的氢键;箭头代表多肽链从N端至C端的方向。在典型的反向平行β折叠结构中,肽链间紧密排列的氢键对与稀疏排列的氢键对交替出现

结构基序和蛋白折叠

出现于多个蛋白的二级结构的简单排列被称为**结构基序(structural motif)**。它们包括许多DNA结合蛋白中发现的"螺旋-环-螺旋"基序,具有反向平行β结构的蛋白质中的"线-圈-线"基序和许多α/β蛋白中交替的"线-圈-螺旋-圈-线"基序。在这些基序中,圈

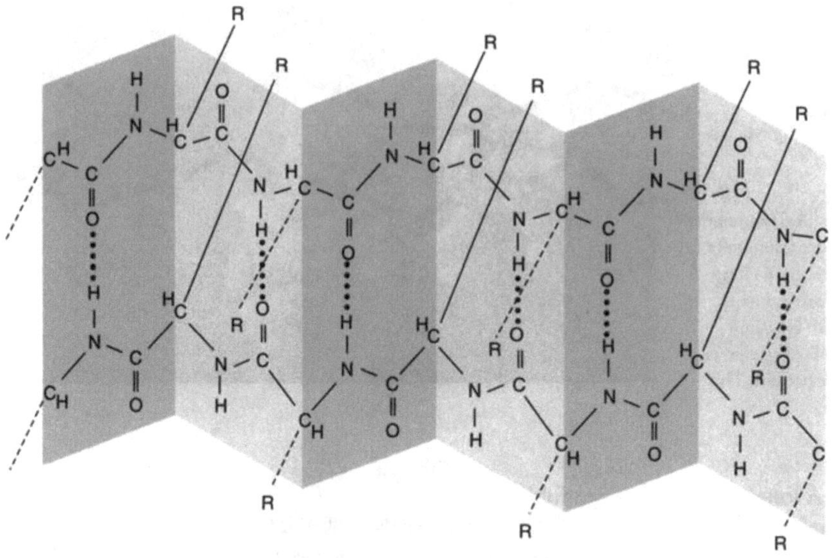

图 3.29 显示了相连肽键平面的两多肽链β折叠结构
其他的多肽链可从上、下两端加入形成更长的结构

是多肽链无规则二级结构中的小片段(约 3 或 4 个碱基),它连接着规则的二级结构;环是连接无规则结构的较大片段。多种基序的组合或二级结构更加复杂的排列可形成一**折叠(fold)**部分,它可组成二级结构的**结构域(domain)**。

三级结构

多肽链的**三级结构(tertiary structure)**描述了蛋白质中每个原子的空间定位。它包括一级结构远距离片段的几何关系和侧链之间的相对位置。图 3.30 展示了胰岛素的三级结构。图 3.30a 中的带状结构显示单个多肽链的空间构象和链折叠的整体模式(折叠结构)。图 3.30b 显示了各侧链的位置。活性位点催化侧链以黄色标示,包括丝氨酸的羟甲基(第 177 位残基)、组氨酸的咪唑基团(第 40 位残基)和天冬氨酸的羧基侧链(第 85 位残基)。虽然在一级结构中它们非常分散,三级结构使它们相互靠近形成了催化位点。在图 3.30c 中,一种空间填充模型以不同大小的球体显示了 C、N、O 原子,球体半径与其范德华半径成正比。模型结构与可溶性蛋白构象的一般规则相符(见 3.3 节)。疏水性侧链大多位于内部,远离水界面。离子化侧链位于外表面,通过与水作用而稳定。在蛋白质结构的内部(未显示)是隐藏的水分子,他们的相互作用力具有起稳定蛋白质的作用。在蛋白质分子的外表面环绕着一层由大量水分子形成的溶液层。

长的多肽链通常折叠形成多个紧密的半独立区或**域(domain)**,每个带有疏水性核心和极性表面的区或域均有一独特的、紧凑的几何构象。每一典型的区或域含有 100～150 个相连的氨基酸。**多结构域蛋白质(multidomain protein)**中的各结构域可通过不规则二级结构的片段相连。或者在三级结构中紧密的球形折叠区被低密度的裂隙或区域间隔(图 3.31)。胰岛素含有两个结构域,其间以一裂隙相隔,该裂隙中包含底物结合催化位

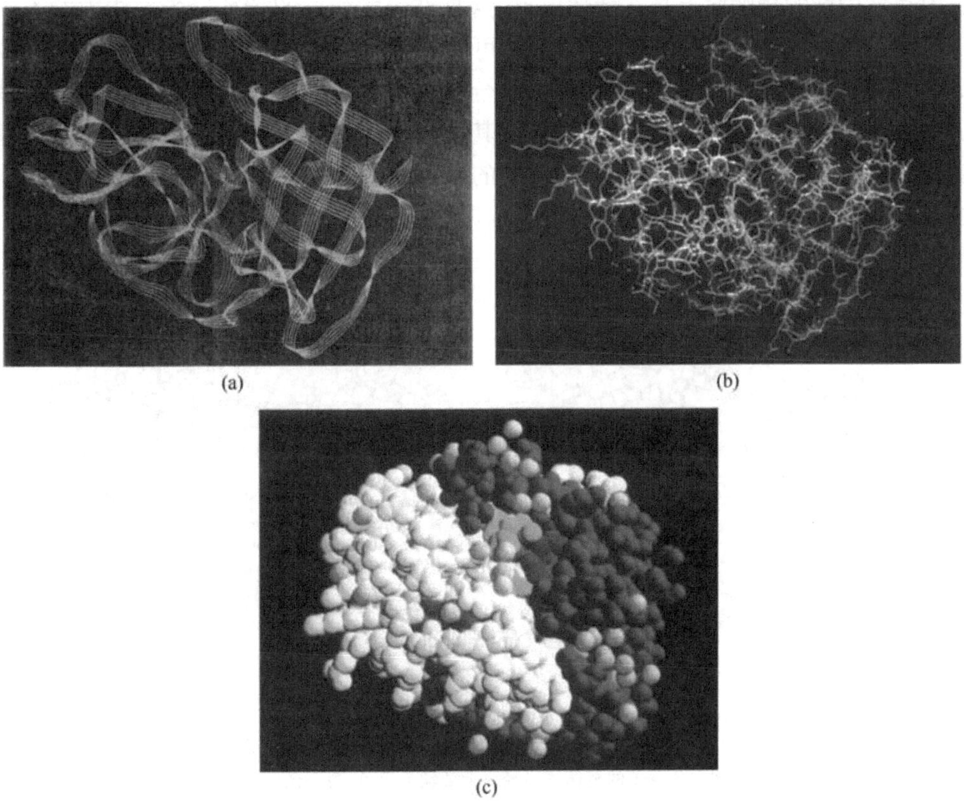

图 3.30　胰蛋白酶的三级结构

(a)带状结构描绘多肽链的整体构象。(b)显示活性位点残基(黄色)的侧链结构图,与多肽链的带状结构图相重叠。(c)以范德华半径显示各原子大小的空间填充结构。未显示氢原子。以深蓝色和白色显示不同的区域。黄色代表活性位点,红色代表链内半胱氨酸间二硫键。浅蓝色球代表与蛋白结合的水分子。该结构显示了蛋白质内部的密度

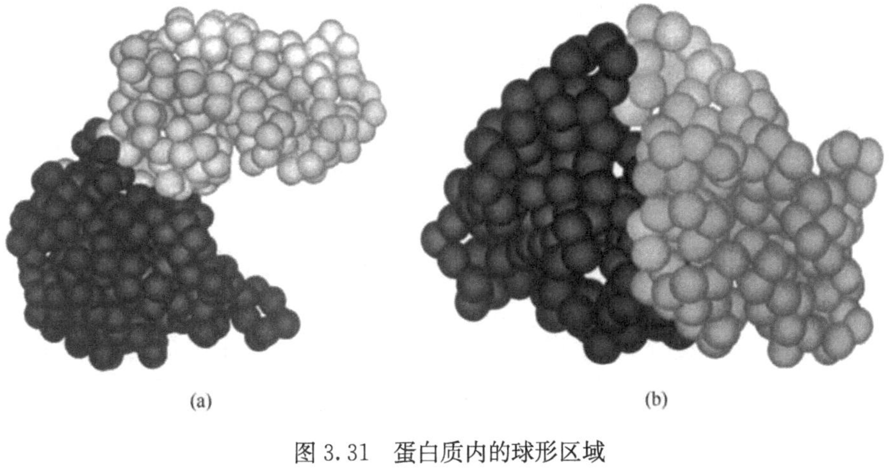

图 3.31　蛋白质内的球形区域

(a)磷酸甘油酸激酶具有两个球形区域,中间由一相对狭窄的颈部相连。(b)弹性蛋白酶有两个紧密相连的球形区域,中间有一狭窄的裂缝相隔

点。中间结构域的接触面上具有活性位点，这是许多酶蛋白的特征。蛋白质内的不同结构域可发生相对运动。已糖激酶(图 3.32)可利用三磷酸腺苷(ATP)催化葡萄糖的磷酸化，在其两结构域的中间区域有一葡萄糖结合位点。当葡萄糖与活性位点结合后，周围的区域发生移动并向底物靠拢，以捕获底物使其磷酸化(图 3.32)。有些酶类具有多个底物或变构因子位点，不同的位点可能位于不同的结构域中。在多功能蛋白质中，每个结构域可能都发挥着不同的功能。

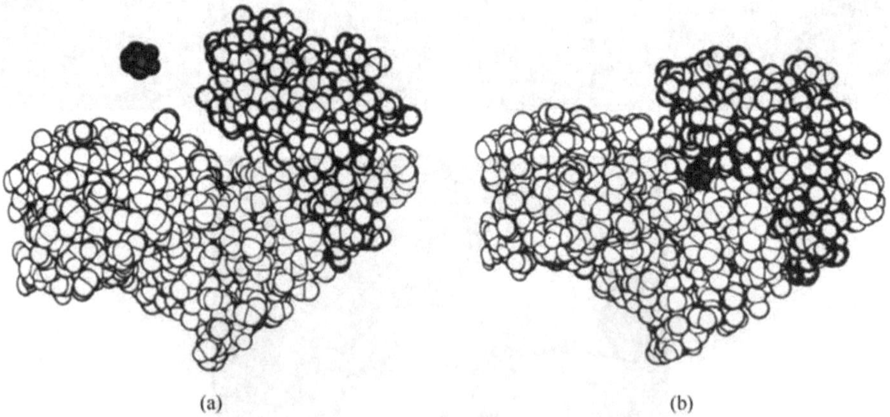

图 3.32

(a)已糖激酶的非配体结合形式和自由葡萄糖图像。(b)与葡萄糖结合的已糖激酶构象在这个空间填充图形中，每个球形代表结构中各原子的范德华半径。葡萄糖为黑色，每一区域以不同的阴影显示

四级结构

四级结构(quaternary structure)是指多链蛋白质中各多肽链的排列形式。在四级结构中，各亚基通过非共价作用力相连。胰凝血蛋白酶含有三个多肽链，他们通过链内的二硫键共价相连形成了一个共价单位，因此该蛋白酶没有四级结构。肌红蛋白只有一条多肽链，亦没有四级结构。但是，血红蛋白 A 含有四个多肽亚单位($\alpha_2\beta_2$)，他们非共价相连并形成了其功能所需的特殊空间构象(见 9.4 节)。因此，血红蛋白具有四级结构。细菌天冬氨酸氨甲酰基转移酶(见 19.4 节)有 12 个多肽亚单位组成，具有四级结构。脊髓灰质炎病毒核心蛋白含有 60 个多肽亚单位，烟草花叶病毒含有 2120 个非共价相连的亚单位。

生物信息学揭示蛋白基因产物的结构与功能的联系

生物信息学(bioinformatics)是以计算为基础的研究领域，主要是使用计算机算法对复杂的生物学数据进行整合与分析。生物信息学的重点之一即是确定核苷酸或氨基酸序列的模式，这些模式代表了其结构特征或基序以及基因产物属于何种蛋白质家族或种类。这种基于序列相似性的同源性检索用于基因产物的鉴定及分类。当明确蛋白质结构后，可根据结构相似性进行同源性查找。根据同等位置上碱基的相同性以及极性、疏水性和体积的相似性可得出序列相似性得分。该算法允许多肽链或结构中片段的插入或缺失，

以得到两蛋白质间最大的可能重叠部分。

蛋白质的结构域根据其种类、折叠以及家族而分类。**种类**(**class**)是指蛋白质二级结构的主要类型。例如,α 螺旋为主(全为 α)、β 折叠为主(全为 β)以及 α 螺旋和 β 折叠各占一半。折叠是指结构域内二级结构的特殊排列。**家族**(**family**)是指蛋白间序列的相似程度。同一家族的蛋白质有相同的进化关系,也就是说,他们来自于相同的原始基因。同一家族的蛋白质具有相同的折叠形式而且常常具有相似的功能。

在临床医学中,大家感兴趣的是找到可明显改变蛋白质功能的氨基酸序列突变。在分子水平,即使一个氨基酸的改变也可引起重要的功能变化。一个氨基酸的突变可破坏蛋白质的天然构象,影响构象的顺应性、能量、分子的运动以及酶类对底物和抑制剂的选择性。例如,血红蛋白中存在许多点突变及其他类型的突变。一些血红蛋白的突变可引起明显的临床症状,如镰状红细胞贫血。该疾病中,血红蛋白有一个氨基酸被替换,导致血红蛋白分子聚合并在红细胞中沉淀(见临床相关知识 3.3)。氨基酸序列中的一些特定位置的氨基酸在人群中变异很大。这些序列中的特定位置常含有氨基酸密码子单个碱基的改变,又被称做**单核苷酸多态性**(**single nucleotide polymorphisms**,**SNP**),可帮助我们理解人群中个体疾病的差别和对治疗的不同反应。

非同源氨基酸序列常形成同源折叠结构

虽然蛋白质的天然构象都是独特的,但是不同蛋白质三级结构的比对显示在其结构域的折叠结构中常可见相似的二级结构排列模式。蛋白质中与功能、序列或进化无关的相似的折叠结构被称做**超级折叠**(**superfold**)。这些超级折叠是因其二级结构排列的热力学稳定性或运动的易接近性而形成。

溶菌酶里有种常见的全 α 螺旋或结构域,又被称做球状折叠(图 3.33),因其在肌红蛋白和血红蛋白亚基中发现并初次报道(见 9.5 节)。这些全 α 结构含有通过小片段相连的七或八个 α 螺旋,小片段使得 α 螺旋可回返折叠形成特征性的球形形状。因为这些折叠产生于不同序列同源家族的蛋白质,所以又称为超级折叠。另一种常见的超级折叠是磷酸丙糖异构酶中的 α/β **区域结构**(α/β-**domain structure**)(图 3.34),该结构中心 β 折叠链(图中箭头表示)围成了一 **β 折叠桶**(**β-barrel**),β 折叠链通过位于折叠外部的 α 螺旋区域在蛋白质内部相互连接。丙酮酸激酶内也存在类似的折叠形成的结构域(图 3.34),该蛋白与磷酸丙糖异构酶并无序列或功能的同源性。另一种 α,β 超级折叠存在于无同源性的乳酸脱氢酶结构域 1 和磷酸甘油酸激酶结构域 2(图 3.35)。在这些结构域中,中间的部分形成了一种**盘旋 β 折叠**(**twisted β-sheet**)结构。与 α/β 超级折叠相同,β 折叠结构通过外部的 α 螺旋相连并形成了特征性的折叠模式。在 Gu,Zn 超氧化物歧化酶中有

图 3.33　溶菌酶中全 α 结构球形折叠例子

在此图和下图 3.34～3.36 中,只显示多肽链的轮廓图。箭头表示 β 折叠结构,方向由 N 端指向 C 端;亮区代表二硫键,圆圈代表金属离子共作用因子。全 α 结构是球形折叠

种**全β结构域(all-β-domain)**超级折叠,该折叠中反向平行的β折叠形成了“Greek key”β折叠桶(图3.36)。免疫球蛋白的每个结构域中均有相似的折叠模式。刀豆素A(图3.36)展示了全β结构域超级折叠,其中反向平行的β折叠形成了一种被称为“jelly roll”的β折叠桶。非水溶性蛋白形成另外的折叠模式(见3.6节)。

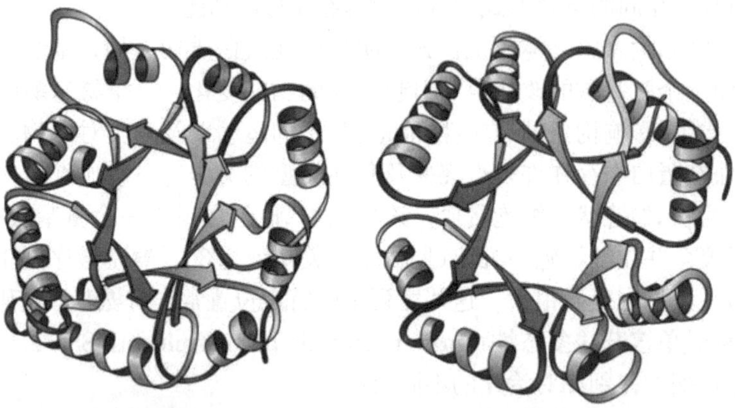

磷酸丙糖异构酶　　丙酮酸激酶结构域1

图3.34　磷酸丙糖异构酶和丙酮酸激酶结构域1中α,β结构域折叠例子

见图3.33的图例。在这种常见的超螺旋中,中间区域是β折叠形成的β折叠桶,α螺旋片段位于该区域的外围。β结构相互平行。多肽链中α螺旋和β折叠交替出现

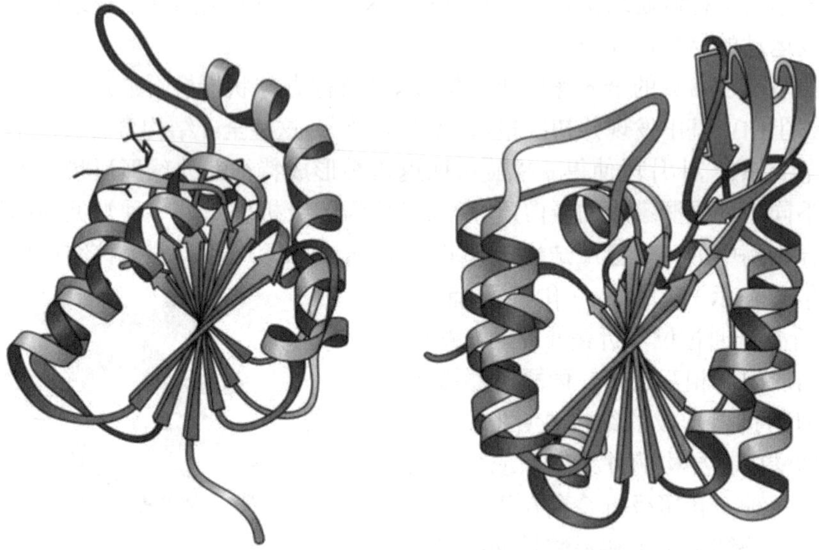

乳酸脱氢酶结构域1　　磷酸甘油酸激酶结构域2

图3.35　乳酸脱氢酶和磷酸甘油酸激酶中α/β结构域折叠例子
(其中β结构形成了典型的盘旋β折叠)

见图3.33的说明。在α/β结构域折叠中,多肽链内α螺旋和β折叠交替出现。β折叠位于内部,α螺旋位于外部。β折叠结构相互平行

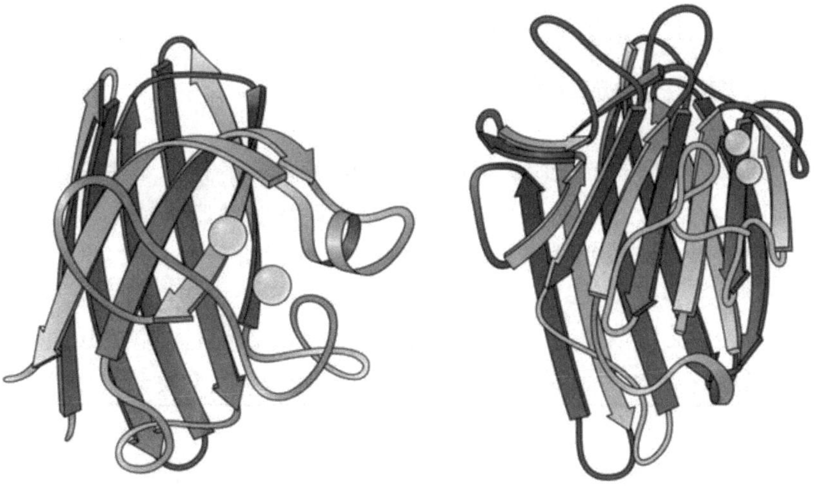

图 3.36 全β结构超螺旋例子:超氧歧化酶和刀豆球蛋白 A 中的 Greek key 桶和 jelly roll 折叠(见图 3.33 的图例)
全β结构折叠中β结构几乎全为反向平行

3.6 其他种类的蛋白质

前面讨论的蛋白质结构特征基于对球形、水溶性蛋白的观察之上。纤维蛋白和膜蛋白是非球形蛋白,水溶解度较低。而脂蛋白和糖蛋白含有脂质和糖类非蛋白质成分,可能具有或不具有球形结构。

球形蛋白(**globular protein**)形状为扁球形,大小不等,相对较高的水溶解度,并具有催化剂、转运蛋白及调节新陈代谢和基因表达的功能。

纤维蛋白:胶原蛋白、弹力蛋白、角蛋白和原肌球蛋白

纤维蛋白(**fibrous protein**)具有大量规则的二级结构、长柱状、低水溶解度并发挥着结构蛋白而非动力蛋白的功能。具有这些特征的纤维蛋白有胶原蛋白、角蛋白和原肌球蛋白。

胶原蛋白

胶原蛋白(**collagen**)是存在于所有组织和器官的一类蛋白质家族,可为组织提供骨架,使其具有一定的形状和强度。人类组织和器官中胶原蛋白的质量比例如下:肝脏 4%、肺 10%、主动脉 12%~24%、软骨 50%、角膜 64%、骨皮层 23%,皮肤 74%(见临床相关知识 3.4)。

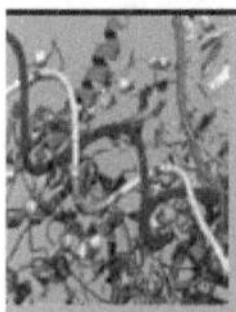

临床相关知识 3.4

胶原蛋白合成疾病

胶原蛋白存在于所有的组织,是人体内含量最丰富的蛋白质。许多器官依靠胶原蛋白发挥其生理功能,胶原蛋白合成或结构异常可导致多种器官机能障碍:心血管(主动脉和动脉瘤、心脏瓣膜机能障碍),骨(骨脆性增加并易骨折),皮肤(愈合困难且异常肿胀),关节(松动和关节炎)和眼(晶状体脱位)。胶原蛋白合成异常引起的疾病包括:Ehlers-Danlos 综合征、骨发生不全和坏血病。这些疾病的发生可能是由于胶原蛋白基因异常、翻译后修饰异常,或者缺乏胶原蛋白翻译后修饰酶类需要的共作用因子。

胶原蛋白的氨基酸组成

表 3.10 列出了Ⅰ型皮肤胶原蛋白和球形蛋白质(核糖核酸酶及血红蛋白)的氨基酸组成。皮肤胶原蛋白富含甘氨酸(占总氨基酸的 33%)、脯氨酸(占总氨基酸的 13%)和衍生氨基酸中的 4-羟基脯氨酸(占总氨基酸的 9%)及 5-羟基赖氨酸(占总氨基酸的 0.6%)(图 3.37)。羟基脯氨酸是胶原蛋白所特有的,由脯氨酸经酶催化形成。大多数的羟基脯氨酸在其 4-位(γ 碳原子)上含有羟基,但亦有少数的 3-羟基脯氨酸(表 3.10)。胶原蛋白是糖蛋白,碳水化合物通过 δ-羟基形成的 O-糖苷键与 5 羟基赖氨酸相连。

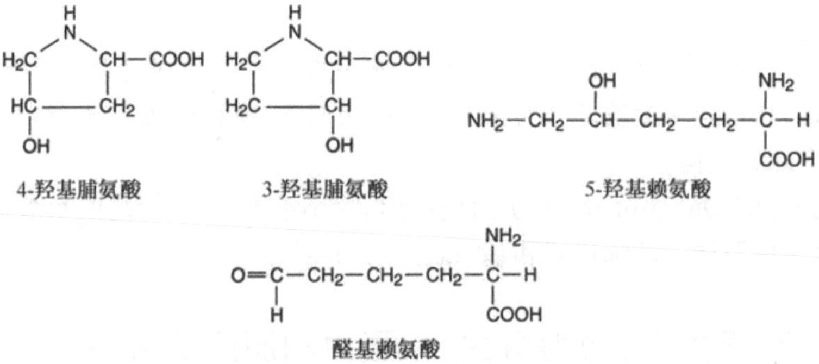

图 3.37　胶原蛋白中的衍生氨基酸

碳水化合物通过Ⅲ型糖苷链连于 5-羟基赖氨酸的 5′-OH 上。

表 3.10　人皮肤胶原蛋白(Ⅰ型)、成熟弹力蛋白和两种典型球蛋白[a] 氨基酸组成的百分比

氨基酸	胶原蛋白(人皮肤)	弹力蛋白(哺乳动物)	核糖核酸酶(牛)	血红蛋白(人)
Ala	11	22	8	9
Arg	5	0.9	5	3
Asn			8	3
Asp	5	1	15	10
Cys	0	0	0	1
Glu	7	2	12	6
Gln			6	1

续表

氨基酸	胶原蛋白(人皮肤)	弹力蛋白(哺乳动物)	核糖核酸酶(牛)	血红蛋白(人)
Gly	33	31	2	4
His	0.5	0.1	4	9
Ile	1	2	3	0
Leu	2	6	2	14
Lys	3	0.8	11	10
Met	0.6	0.2	4	1
Phe	1	3	4	7
Pro	13	11	4	5
Ser	4	1	11	4
Thr	2	1	9	5
Trp	2	1	9	2
Tyr	0.3	2	8	3
Val	2	12	8	10
衍生氨基酸				
胱氨酸	0	0	7	0
3-羟基脯氨酸	0.1		0	0
4-羟基脯氨酸	9	1	0	0
5-羟基赖氨酸	0.6	0	0	0
锁链赖氨酸和异锁链赖氨酸	0	1	0	0

加方框的数字强调了纤维蛋白(胶原蛋白和弹力蛋白)与典型球形蛋白的氨基酸组成差异。

胶原蛋白的氨基酸序列

胶原蛋白家族由约20种胶原蛋白多肽链组成,这些多肽链是40种已知胶原链基因的产物。每个成熟的胶原蛋白或胶原蛋白原分子均含有3条多肽链。一些种类的胶原蛋白含有3条相同的多肽链。Ⅰ型胶原蛋白中(表3.11)有两条α1链(Ⅰ)和一条α2链(Ⅰ)。Ⅴ型胶原蛋白含有α1(Ⅴ)、α2(Ⅴ)和α3(Ⅴ)链。虽然不同胶原蛋白的氨基酸序列不同,但是各种类型的胶原蛋白中均含有大量的同源性序列。胶原蛋白均含有**Gly-Pro-Y**和**Gly-X-Hyp**三肽(X和Y代表任意氨基酸)重复串联数百次形成的区域。在Ⅰ型胶原蛋白多肽链中,每1000个氨基酸中三肽重复序列超过了600个。各胶原蛋白含有不同的碳水化合物成分。表3.11总结了Ⅰ～Ⅵ型胶原蛋白的一些特点。

表3.11　胶原蛋白的分类

类型	链名称	组织分布	特性
Ⅰ	$[\alpha1(\text{Ⅰ})]_2\alpha2(\text{Ⅰ})$	骨、皮肤、肌腱、疤痕、心脏瓣膜、肠和子宫壁	低糖;每链含羟基赖氨酸少于10个
Ⅱ	$[\alpha1(\text{Ⅱ})]_3$	软骨、玻璃体	10%糖,每链含20个以上羟基赖氨酸
Ⅲ	$[\alpha1(\text{Ⅲ})]_3$	血管、新生皮肤、疤痕、肠和子宫壁	低糖,高羟基脯氨酸和甘氨酸,含半胱氨酸
Ⅳ	$[\alpha1(\text{Ⅳ})]_3$ $[\alpha2(\text{Ⅳ})]_3$	基底膜、晶状体囊	高3-羟基脯氨酸,每链含20个以上羟基赖氨酸,低丙氨酸、精氨酸,含半胱氨酸,高糖(15%)

续表

类型	链名称	组织分布	特性
V	[α1(V)]$_2$α2(V) [α2(V)]$_3$ α1(V)α2(V)α3(V)	细胞表面或与细胞相连的细胞外基质,量少但分布广泛	高糖,相对高甘氨酸和羟基赖氨酸
Ⅵ	α1(Ⅵ)α2(Ⅵ) α3(Ⅵ)	少量分布于主动脉膜、胎盘、肾和皮肤	肽链末端球形区域相对较大,半胱氨酸和酪氨酸含量高,分子质量相对较低(约 160kDa),等摩尔量的羟基赖氨酸和羟基脯氨酸

胶原蛋白的结构

合成的聚脯氨酸链在水溶液中呈现规则的二级结构,具有紧密缠绕延伸的螺旋样形状,每圈螺旋含有 3 个氨基酸($n=3$)。这些具有顺式肽键的螺旋是Ⅱ**型聚脯氨酸**(**polyproline type** Ⅱ)螺旋。(图 3.12 显示了顺式和反式肽键的区别)。聚脯氨酸螺旋与胶原蛋白链中每第三个位置含有一个脯氨酸或羟基脯氨酸的三肽重复序列非常相似,这表明脯氨酸的特性是形成胶原蛋白螺旋的动力学因素。脯氨酸中参与多肽链的 Φ 角是其五元环侧链的一部分,故 C_α—N 键必须形成与聚脯氨酸螺旋相符的角度。

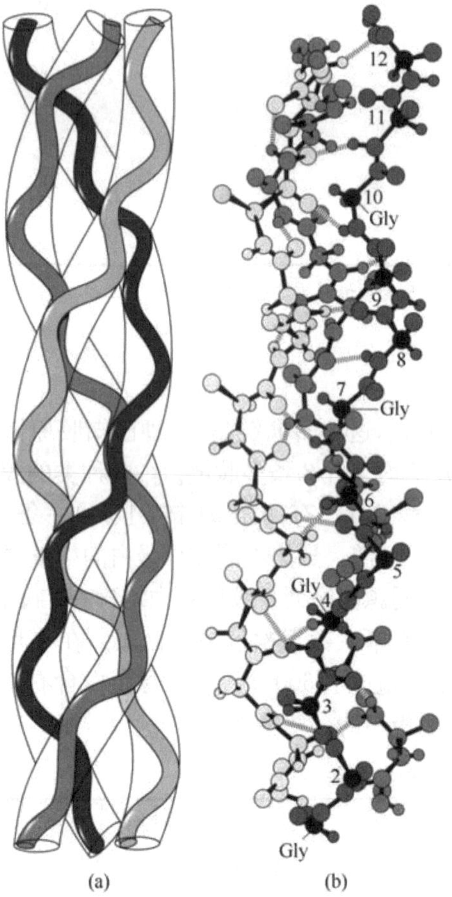

图 3.38　胶原蛋白示意图:每三个残基中的甘氨酸使得不同肽链在结构上可相互靠近

(a)胶原蛋白超螺旋结构的带状示意图,其中每条链均为Ⅱ型聚脯氨酸螺旋。(b)超螺旋结构更详细模式图。所有的 α-碳原子均被编号,虚线显示了推测的氢键

在Ⅱ型聚脯氨酸螺旋中,每个肽键平面均与螺旋轴线垂直,因此肽羧基朝向邻近肽链并形成很强的链间氢键。这与 α 螺旋相反,α 螺旋内肽键平面均与螺旋轴线平行而且肽链中的 NH 与羧基氧原子只形成链内氢键。胶原蛋白分子中呈Ⅱ型聚脯氨酸螺旋构象的三条多肽链互相缠绕形成了超螺旋结构(图 3.38)。和单链螺旋相同,胶原蛋白的三链**超螺旋**(**superhelix**)亦具有特征性的间距(d)和节距(p)。胶原蛋白三螺旋结构依靠链间氢键和每圈第三位的甘氨酸维持稳定。具有Ⅱ型聚脯氨酸螺旋构象的多肽链中每圈有三个残基($n=3$),甘氨酸形成了一**非极性边缘**(**apolar edge**)。三条多肽链的甘氨酸边缘可借

相互作用以稳定多肽链的超螺旋。甘氨酸之外的其他侧链可阻止邻近肽链靠近超螺旋结构(图3.38)。

在Ⅰ型胶原蛋白中，除C端和N端片段[又称做**末端肽**(**telopeptide**)]外，大多数序列都是三肽螺旋构象。Ⅰ型胶原蛋白聚分子长3000Å，宽15Å，为长柱状结构。在其他的胶原蛋白中，超螺旋区域被多个球形区域分隔。

胶原蛋白中共价交联的形成

细胞外酶作用于前胶原蛋白分子(见6.6节)，将一些赖氨酸侧链的ε-氨基转变成δ-醛基(图3.39)。该衍生氨基酸是**醛基赖氨酸**(**allysine**)。新生成的醛基侧链自发地与未修饰的赖氨酸ε-氨基和其他醛基赖氨酸的醛基δ-碳原子发生亲核添加反应。这些共价交联可位于一个超螺旋结构中的肽链之间或一个胶原纤维中的超螺旋胶原分子之间(见6.6节)。

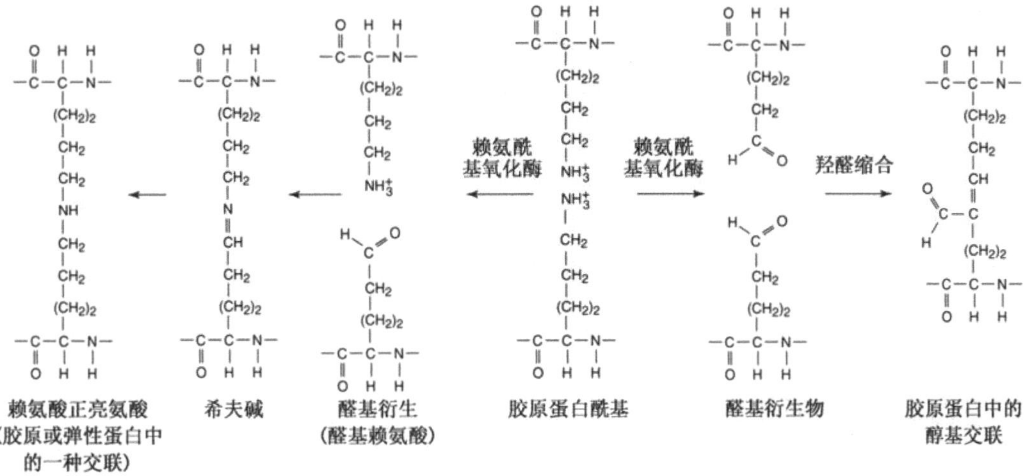

图3.39　胶原蛋白中通过醛基赖氨酸形成的共价交联
赖氨酰氧化酶催化形成ε-醛(基)赖氨酸

弹性蛋白是由醛基赖氨酸交联形成的纤维蛋白

弹性蛋白(**elastin**)使组织和器官具有拉伸的能力而不被撕裂。因其结构上的功能及水中相对不溶性，弹性蛋白被归类为纤维蛋白，在韧带、肺、动脉壁和皮肤中含量丰富。弹性蛋白缺乏规则的二级结构。和胶原蛋白相同，醛基赖氨酸在弹性蛋白中形成共价交联。细胞外的一种**赖氨酸氨基氧化酶**(**lysine amino oxidase**)将-Lys-Ala-Ala-Lys-和-Lys-Ala-Ala-Ala-Lys-序列中的赖氨酸侧链转变为醛基赖氨酸。多肽链中来自不同区域的三个醛基赖氨酸和一个非修饰赖氨酸反应生成**锁链赖氨素**(**desmosine**)和**异锁链赖氨素**(**isodesmosine**)的杂环结构，他们在弹性蛋白中交联各多肽链形成网状(图3.40)。

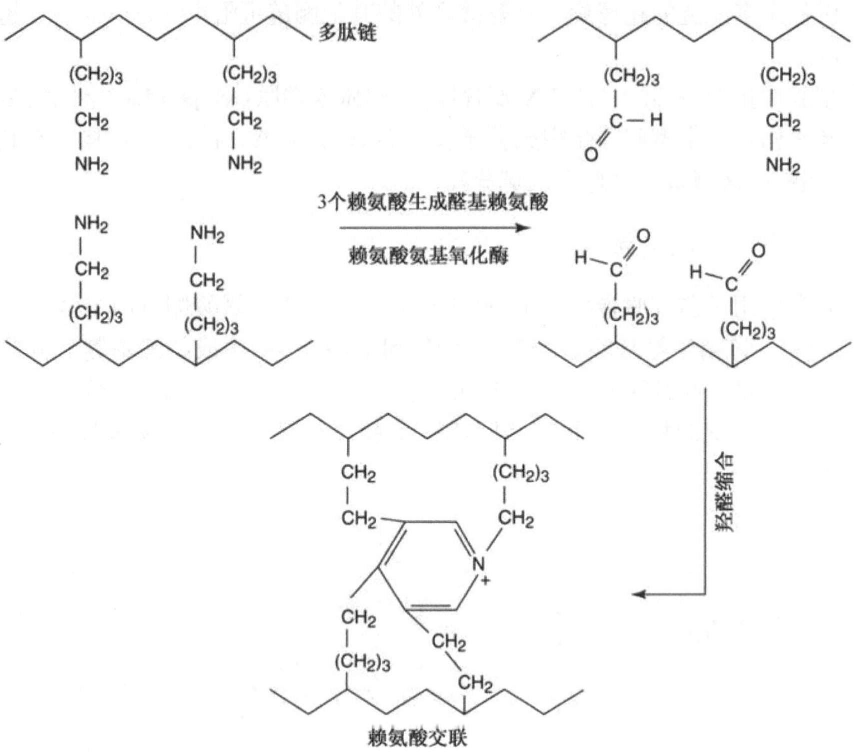

图 3.40 弹性蛋白中赖氨酸和醛基赖氨酸形成的锁链赖氨酸共价交联
多肽链模式图,直线的交叉点代表 α 碳原子

角蛋白和原肌球蛋白

角蛋白和原肌球蛋白也是纤维蛋白,他们的每个多肽链都是 α 螺旋结构。角蛋白存在于皮肤表层、指甲和头发中。原肌球蛋白是构成肌肉组织中细肌丝的一种成分。这两种蛋白质的序列中均含有串联的七肽重复片段(heptad),该片段中第一和第四个氨基酸具有疏水性侧链,第五和第七个氨基酸具有极性侧链。七肽重复片段中的疏水性和极性侧链可用公式(a-b-c-d-e-f-g)I 代表,其中 a 和 d 是疏水性氨基酸,e 和 g 是极性或离子性侧链基团。因为一个七肽片段可形成两个完整的 α 螺旋($n=3$),所以在 a 和 d 位置上的

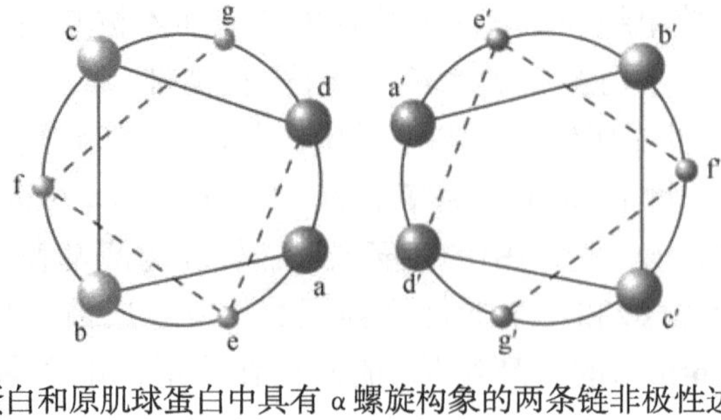

图 3.41 角蛋白和原肌球蛋白中具有 α 螺旋构象的两条链非极性边缘的相互作用
非极性 d-a 和 a′-d′残基的相互作用,两 α 螺旋沿 N 端(上)向 C 端反向平行

非极性碱基可沿着 α 螺旋的一边形成一非极性边缘(图 3.41)。这个非极性边缘与其他 α 角蛋白多肽链的非极性边缘相互作用,形成含有两或三个多肽链的**复绕**(**coiled-coil**)的超螺旋结构。由于 e 和 g 位置上是极性基团,每个多肽螺旋还有一极性边缘,可与超螺旋外面的水分子相互作用进而稳定超螺旋结构。

胶原蛋白、角蛋白和原肌球蛋白是多股样结构,并形成了杆状多链超螺旋构象,这些蛋白质内的多肽链都具有高度规则的二级结构(Ⅱ型聚脯氨酸螺旋或 α 螺旋)。超螺旋内位于多肽链边缘的氨基酸之间的疏水作用起到稳定超螺旋构象的作用,有时这些分子可进一步通过共价交联结合生成稳定的多分子纤维结构。

血浆脂蛋白是脂质与蛋白质的复合物

血浆脂蛋白是脂质与蛋白质的复合物,根据脂质与蛋白质的比例不同,可形成不同的复合物。脂质与蛋白质相对浓度比例的改变可预示人类常见疾病动脉粥样硬化的出现(见临床相关知识 3.5)。血浆脂蛋白在组织间转运脂质并参与脂质代谢。正常人体内空

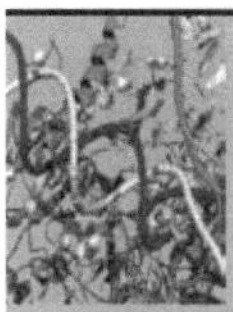

临床相关知识 3.5
高脂血症

高脂血症是由于血液中脂蛋白合成或清除速率异常造成的。通常可通过测定血浆中三酰甘油和胆固醇的浓度来诊断该类疾病,并以升高脂蛋白的种类为基础对该疾病进行分类。

Ⅰ型高脂血症是由乳糜微粒的累积引起的。已知有两种遗传形式:脂蛋白酯酶缺乏和 ApoC-Ⅱ缺乏。ApoC-Ⅱ为脂蛋白酯酶完全发挥活性所需。

Ⅰ型高脂血症患者有极高的血浆三酰甘油浓度(>1000 mg/dL)并常患有脂肪瘤(淡黄色三酰甘油沉积于皮肤)和胰腺炎。

Ⅱ型高脂血症特征是 LDL 水平升高。大多数患者是由于 LDL 受体的合成、剪切或功能基因缺陷所导致。因为是显性遗传的,所以杂合子个体易出现 LDL 水平升高。纯合子患者具有极高的 LDL 水平并常于 20 岁前患心肌梗塞。

Ⅲ型高脂血症中 ApoE 异常,阻止胆固醇的吸收并导致 VLDL 残留。甲状腺功能减退可导致一种非常相似的高脂血症。这些患者患动脉粥样硬化的风险升高。

Ⅳ型高脂血症是最常见的血脂异常。VLDL 水平升高,常是由肥胖、酗酒或糖尿病引起,亦可见家族性患病。

Ⅴ型高脂血症和Ⅰ型高脂血症一样,与高乳糜微粒和三酰甘油水平、胰腺炎和脂肪瘤有关。

高胆固醇血症发生于特定种类的肝脏疾病中,该类疾病中胆汁分泌胆固醇减少。另一种的脂蛋白异常是脂蛋白 X 蓄积。这种紊乱会引起心血管疾病,如动脉粥样硬化。

腹时有四种血浆脂蛋白(表 3.12),吸收后出现第五种脂蛋白——乳糜颗粒。各种脂蛋白的密度不同,可通过超速离心及电泳测定(图 3.42)。他们的蛋白成分又称做**载脂蛋白(apolipoprotein)**,每种脂蛋白均含有特征性的载脂蛋白。最重要的载脂蛋白(表 3.13)有:**高密度脂蛋白(HDL)**中的载脂蛋白**ApoA-1**;**低密度脂蛋白(LDL)**、**中等密度脂蛋白(IDL)**和**极低密度脂蛋白(VLDL)**中的 **ApoB**,中等密度脂蛋白和极低密度脂蛋白中的**ApoC**。每种载脂蛋白在遗传和结构上均有很大区别(见临床相关知识 3.6)。载脂蛋白的分子质量从 6kDa(ApoC-Ⅰ)到 550kDa(ApoB-100)不等。ApoB-100 是一长多肽链(4536 个氨基酸),其剪切形式是乳糜颗粒里的 ApoB-48(只含有 N 端 2512 个残基)。

表 3.12　血浆脂蛋白水合密度分类

脂蛋白类别	密度/(g/ml)	沉降系数/S_f(斯纬柏单位)	分子质量/Da	颗粒直径/Å
HDL	1.063～1.210		HDL_2,4×10^5	70～130
			HDL_3,2×10^5	50～100
LDL(或 LDL_2)	1.019～1.063	0～12	2×10^6	200～280
IDL(或 LDL_1)	1.006～1.019	12～20	4.5×10^6	250
VLDL	0.95～1.006	20～400	5×10^6～10^7	250～750
乳糜微粒	<0.95	>400	10^9～10^{10}	10^3～10^4

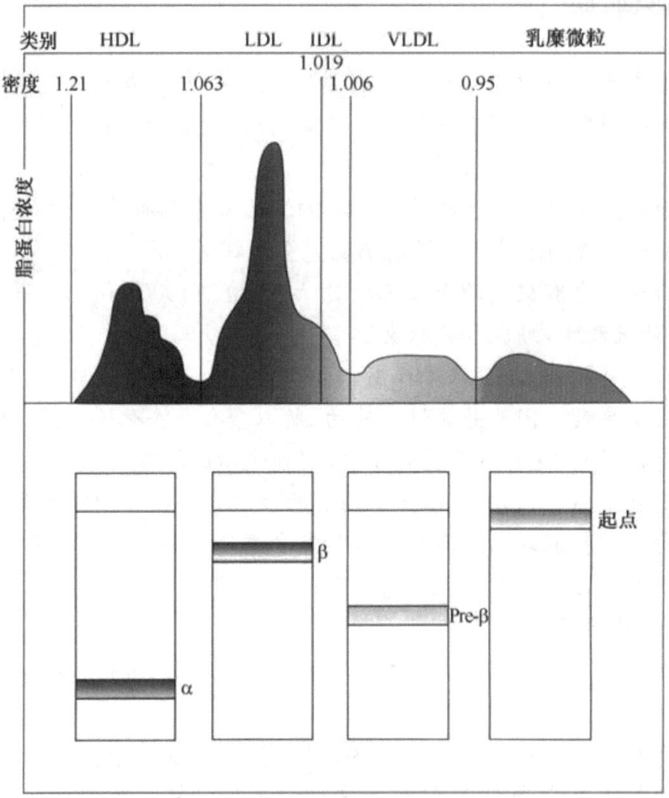

图 3.42　血浆脂蛋白密度分类与血浆蛋白电泳的关系

上半部分是超速离心的 Schlieren 图形,下半部分显示了纸质支持物上主要脂蛋白(α 和 β 珠蛋白)的电泳迁移带

表 3.13 人血浆脂蛋白的载脂蛋白(在总蛋白中所占百分比)[a]

载脂蛋白	HDL_2	HDL_3	LDL	IDL	VLDL	乳糜微粒
ApoA-Ⅰ	85	70～75	微量	0	0～3	0～3
ApoA-Ⅱ	5	20	微量	0	0～0.5	0～1.5
ApoD	0	1～2			0	1
ApoB	0～2	0	95～100	50～60	40～50	20～22[b]
ApoC-Ⅰ	1～2	1～2	0～5	<1	5	5～10
ApoC-Ⅱ	1	1	0.5	2.5	10	15
ApoC-Ⅲ	2～3	2～3	0～5	17	20～25	40
ApoE	微量	0～5	0	15～20	5～10	5
ApoF	微量	微量				
ApoG	微量	微量				

[a] 不同实验室的值有差异。

[b] 与 ApoB-48 相似。

临床相关知识 3.6
低脂蛋白血症

血β-脂蛋白缺乏症是种遗传性疾病,这是种由于无法合成载脂蛋白 ApoB-100 和 ApoB-48 导致的以乳糜微粒、VLDL 和 LDL 缺乏为特征的疾病。患有该疾病时出现小肠细胞内脂肪滴积聚、脂肪吸收不良、刺状红细胞增多和神经性疾病(视网膜色素沉着、共济失调和精神发育迟缓)。

Tangier 病,一种α-脂蛋白缺乏症,是种罕见的常染色体隐性遗传疾病。该类疾病患者的 HDL 水平是其正常值的 1%～5%。胆固醇在淋巴网内皮细胞内积聚导致肝肿大和脾肿大的临床症状。血浆胆固醇和磷脂明显减少。

卵磷脂酶:胆固醇酰基转移酶缺乏是种罕见的疾病,可导致脂蛋白 X 的过度生产(见临床相关知识 3.5)。此外,由于脂蛋白 X 的出现,该类疾病还具有电泳时可见α脂蛋白、前β脂蛋白减少及β脂蛋白增多的特点。

图 3.43 显示了极低密度脂蛋白颗粒的模型。颗粒的内部是中性脂质,如胆固醇酯和三酰甘油。在中性脂质内核周围是一厚约 20Å 的外壳,其内是蛋白质和带电荷的两性脂质,如非酯类胆固醇和磷脂酰胆碱(见 12.2 节)。外壳上的两性脂质和蛋白质的疏水非极性区域朝向颗粒内部,带电基团朝向外部彼此之间或者和水分子相互作用。

这种脂蛋白颗粒模型适用于所有的血浆脂蛋白。当颗粒的直径缩小时,外壳在颗粒总体积中占据更大的比例。因此,与大颗粒相比,小颗粒表面的蛋白和两性脂质占有更高的百分比。高密度脂蛋白颗粒比极低密度脂蛋白颗粒小很多,前者含有 45% 的蛋白质和 55% 的脂质,后者含有 10% 的蛋白质和 90% 的脂质(表 3.14)。

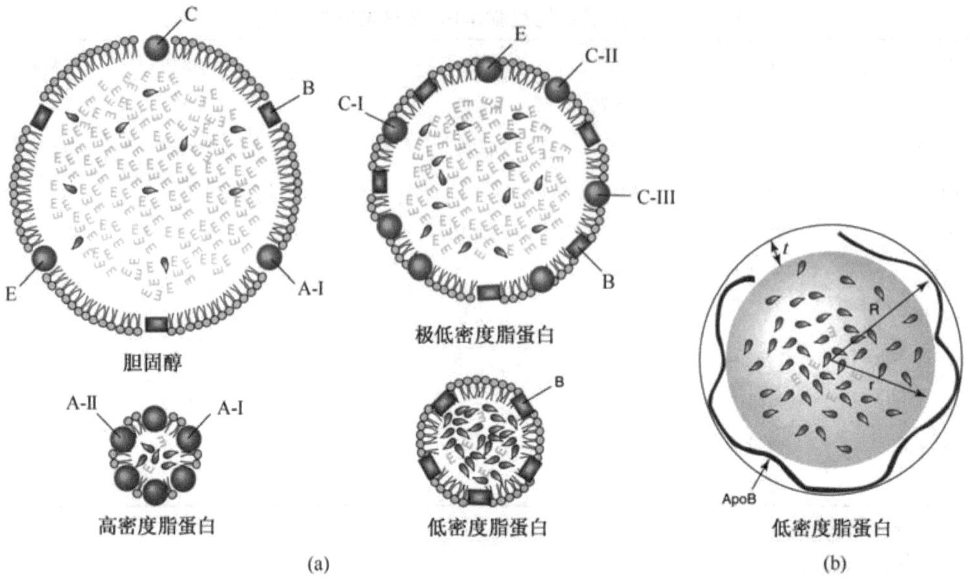

图 3.43 血浆脂蛋白的整体结构

(a)球形颗粒模型含有一个三酰甘油(浅灰 E)和胆固醇酯(液滴状)形成的核心及载脂蛋白(字母标示)、磷脂酰胆碱和非酯类胆固醇形成的厚约 20Å 的外壳。载脂蛋白的疏水性边缘朝向核心,亲水性边缘朝向外表面。(b)LDL 颗粒外壳中含有 ApoB-100 载脂蛋白

表 3.14 血浆各种脂蛋白的化学组成

脂蛋白种类	蛋白总量/%	脂质/%	各种脂质百分比组成			
			磷脂	酯化胆固醇	非酯化胆固醇	三酰甘油
HDL$_2$[a]	40～50	55	35	12	4	5
HDL$_3$[a]	50～55	50	20～25	12	3～4	3
LDL	20～25	75～80	15～20	35～40	7～10	7～10
IDL	15～20	80～85	22	22	8	30
VLDL	5～10	90～95	15～20	10～15	5～10	50～65
乳糜微粒	1.5～2.5	97～99	7～9	3～5	1～3	84～89

[a] HDL 的亚型。

与脂质结合的载脂蛋白具有大量的 α 螺旋结构。因为每第三或第四个氨基酸带有电荷,所以载脂蛋白的螺旋区域是两性的。带电碱基形成了螺旋的极性边缘,他可与磷酸脂质的极性头部和水性环境结合。螺旋的另一侧有疏水性侧链,他们朝向载脂蛋白颗粒的非极性核心。图 3.44 显示了 ApoC-Ⅰ的部分 α 螺旋结构。ApoB 含有 α 螺旋和 β 折叠片段。ApoB-100 的多肽链环绕于低密度脂蛋白颗粒的周边,如同一条带状物穿梭于磷酸脂质外壳内外(图 3.43)。

糖蛋白含有共价结合的碳水化合物

糖蛋白参与许多正常及和疾病相关的反应。最具特征的是位于质膜的外表面、细胞外基质和血浆中的糖蛋白。胞膜上的糖蛋白为其他细胞识别该细胞提供信息并可通过接触抑制调节细胞生长。他们还是红细胞上不同血型系统(如 ABO 和 Rh)的抗原决定簇,

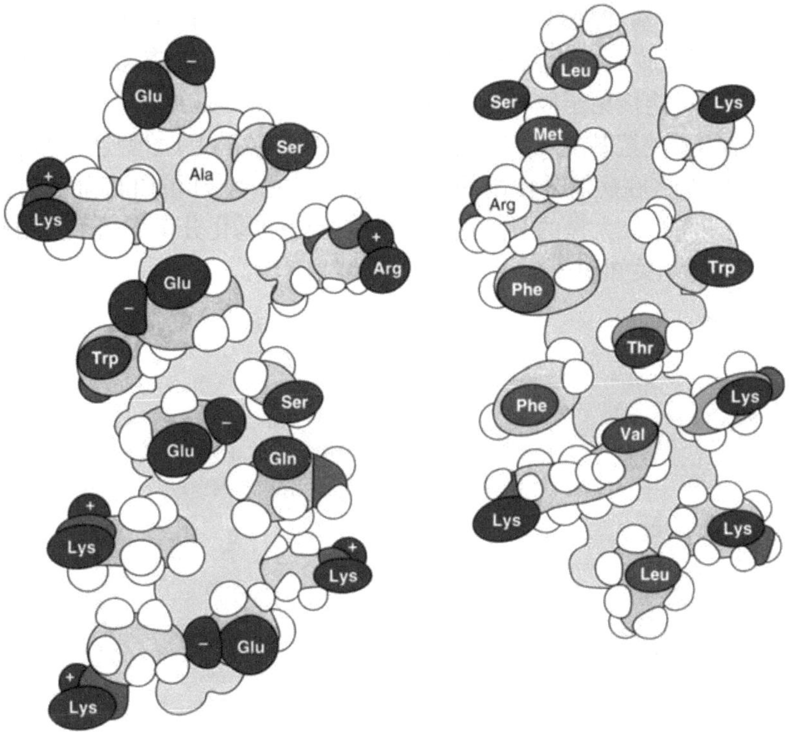

图 3.44　载脂蛋白螺旋两性片段(残基 32～53)的侧链

极性面中酸性残基位于中心,碱性残基位于边缘。螺旋的另一面疏水性残基形成了一纵向非极性面

决定着器官移植组织相容性和存活性,并成为激素、神经传递素和病毒的受体。肿瘤的发生和恶性转化与质膜上糖蛋白组成的改变有关。细胞外基质中,许多蛋白质附着有碳水化合物(如胶原蛋白和层粘连蛋白),他们作为黏性分泌物可润滑和保护组织表面。最主要的血浆蛋白(除白蛋白外)是糖蛋白,包括血凝聚蛋白、免疫球蛋白、补体蛋白、促滤泡素、黄体生成素和甲状腺刺激激素。

各种糖蛋白中碳水化合物的含量不等。在重量上,IgG 中糖类含量为 4%,人红细胞膜血型糖蛋白中含量为 60%,人胃糖蛋白中含量为 82%。糖类可分散分布于整个多肽链或集中于特定区域。在质膜蛋白中,碳水化合物附着于细胞外部,他们通常至少含有 15 个糖基。在一些特殊情况下只含有一个糖基。不同动物种类的具有相同功能的糖蛋白常含有同源性序列,但其所含的碳水化合物变化较大。同一生物体内,同样的蛋白质常含有不同的碳水化合物。例如,胰腺核糖核酸酶 A 和 B 具有完全相同的氨基酸序列,但他们的碳水化合物构成却不同。

多肽链在被转运通过内质网和高尔基体时,在一系列酶促催化反应作用下,蛋白与碳水化合物连接形成糖蛋白(见 6.5 节)。

碳水化合物-蛋白质共价连接

两种最常见的碳水化合物连接是(a)***N*-糖基连接**(***N*-glycosidic linkage**)(Ⅰ型连接),位于天冬酰胺的氨基和糖基之间;(b)***O*-糖基连接**(***O*-glycosidic linkage**)(Ⅱ型连接),位于丝氨酸或苏氨酸的羧基和糖基之间(图 3.45)。Ⅰ型连接中,糖基连接于 Asn-X-Thr(Ser)序列中的天冬酰胺上。哺乳动物糖蛋白中还含有连于5-羟基赖氨酸上的氧-糖基连接(Ⅲ型连接)。这种连接见于胶原蛋白和血清补体蛋白 C1q 中。一些较少见的连接分别位于4-羟基脯氨酸的羟基上(Ⅳ型连接),半胱氨酸的硫醇上(Ⅴ型连接)以及多肽链的α-氨基上(Ⅵ型连接)。在病情未控制的糖尿病患者体内,血红蛋白与血中的葡萄糖在无酶类催化的情况下可形成大量的Ⅵ型连接。血红蛋白糖基化分析可用于监测血中葡萄糖浓度的改变(见临床相关知识 3.7)。

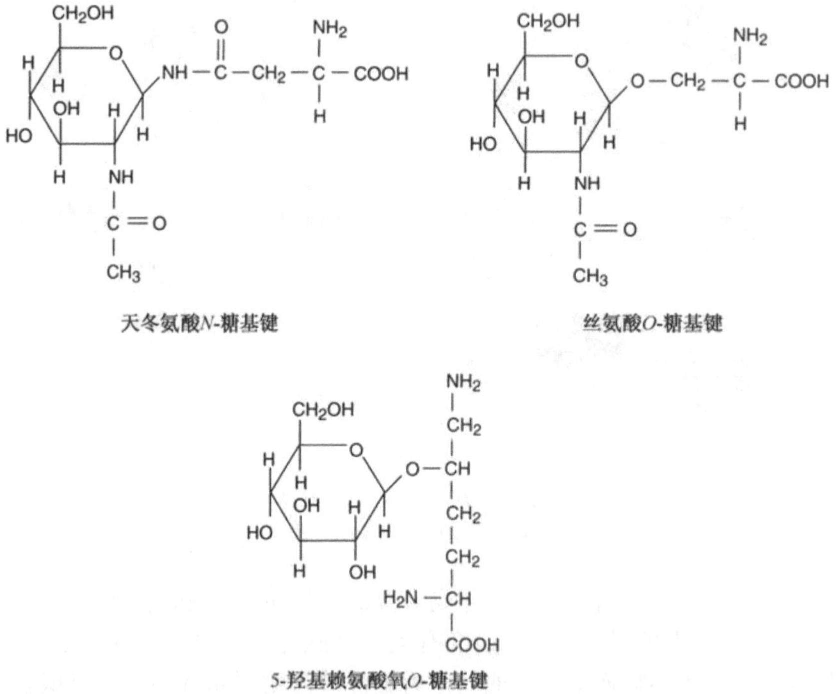

图 3.45　蛋白质中氨基酸的糖苷连接

Ⅰ型链接是 N-糖基连接,位于天冬酰胺的氨基上;Ⅱ型连接是 O-糖基连接,位于丝氨酸或苏氨酸的羧基上;Ⅲ型连接是 O-糖基连接,位于5-羟基赖氨酸的羟基上

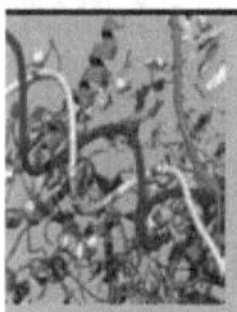

临床相关知识 3.7
糖基化血红蛋白 HbA_{1c}

HbA_{1c}是一种糖基化血红蛋白,在红细胞内由血红蛋白β链的 N 端和糖类通过非酶促反应结合形成。醛基糖先与 N 端氨基形成希夫碱,后者通过 Amadoti 重排形成一个更稳定的氨基酮键。HbA_{1c}的浓度取决于血液中葡萄糖的浓度以及高血糖持续的时间。在持续的高血糖时,HbA_{1c}的浓度可升高至12%或几乎比血红蛋白总量还要多。糖尿病患者血中葡萄糖浓度较高,因此 HbA_{1c}的含量亦较高。糖尿病患者 HbA_{1c}浓度的改变可用于跟踪检测糖尿病治疗的效果。

3.7 由无规则状态折叠成为结构独特的蛋白质:蛋白质的稳定性

蛋白质的折叠:一种可能方式

蛋白质的一级结构可自发性地折叠成天然的二级或三级空间构象,这只与氨基酸的序列及序列中的非共价作用力有关。胰腺核糖核酸酶变性后可自发性地再次折叠成天然构象,在肽键未被水解的情况下,其内部的二硫键可自行还原。这种现象支持了以下假说:在正确的溶解条件及结构补充基团存在的情况下,多肽序列可自发性折叠形成独特的活性空间构象。伴侣蛋白可能帮助蛋白质完成了其折叠过程,这在下面的内容中会进一步讨论。当各亚基的三级结构形成后,蛋白亦可自发形成四级结构。

一个多肽链可自行折叠使一级结构中每个单键周围各种可能的结构形成一个独特的空间构型,这显得非常令人惊奇。例如,血红蛋白的α链含有141个氨基酸,每个氨基酸残基周围至少有4个单键可自由旋转。如果每个可自由旋转的单键均有两或三个稳定的旋转异构体,则血红蛋白α链最少有4^{141}或5×10^{86}个可能的空间构象。

对于特定的氨基酸序列,其特定的蛋白质空间构象在生理构架下拥有最小的吉布斯自由能(Gibbs free energy)。蛋白质的折叠是在热力学及动力学的控制之下的。虽然,目前仍难以了解多肽链重新折叠的详细情况,但找到特定折叠过程的反应环境是可能的。例如,在许多情况下蛋白质折叠起始是通过侧链间或多肽链二级结构等局部最邻近基团间短距离的非共价相互作用。在多肽链中,一些特殊的侧链具有促使α螺旋、β折叠以及大的转弯或弯曲(β弯曲)形成的倾向,可自发性形成二级结构。这些区域称作**起始位点**(**initiation site**)。然后,部分折叠结构可相互作用成为**熔球**(**molten-globule**)状态。在蛋白质折叠过程中,这是一个聚集的中间构象,具有天然空间构象的大部分二级结构,以及相互作用力形成的许多不正确的三级结构。在处于熔球状态二级结构相对于其他区域具有高度的移动性,而且熔球状态与完全未折叠状态处于快速的动态平衡中。在熔球状态中,通过重排可形成不同起始位点间正确的中等及远距离相互作用力,然后具有低自由能的多肽链天然构象形成。随后,二硫键(胱氨酸)形成。多肽链天然构象的折叠和非折叠状态转换过程中反应速率决定性步骤是熔球向天然结构的转换。一些蛋白质可能存在两个或更多具有较低吉布斯自由能的热稳定折叠构象。临床相关知识3.8讨论了蛋白质的折叠和蛋白酶传染性因子。

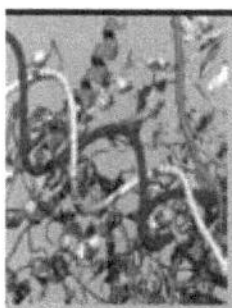

临床相关知识3.8

蛋白质作为传染媒介:普里昂和人传染性海绵状脑病(TSE)

无DNA或RNA的情况下可成为传染性物质的蛋白质称为蛋白酶传染性因子。Creutzfeldt-Jakob病(CJD)是最常见的蛋白酶传染性因子导致的疾病。CJD以共济失调、痴呆和麻痹为特征,而且常常可以致死。脑部病理诊断显示淀粉状蛋白斑点和海绵状(空泡样)变性。该疾病可由遗传性突变(家族性疾病)、散发性突变或感染性病变引起。这种感染性病变首先在新几内亚岛 Fore 人群中被发现,他们患有一种传染性海绵状脑病,称为 Kuru。蛋白酶传染性因子在这类患者中通过宗教的食肉习俗而传播。近来,牛海绵状脑病或疯牛病已传播至人类。这是由于人类摄入了感染海绵状脑病牛类的肉食。

一般认为 CJD 是由蛋白酶传染性因子蛋白(PrP)的构象改变引起的,即 PrP 由其正常的可溶性构象 PrP^{c} 变为一种毒性构象 PrP^{sc}。PrP^{sc} 聚合形成不溶的淀粉样纤维,产生神经毒性作用。可溶性 PrP^{c} 结构域含有三个 α 螺旋和两个小 β 折叠片段。PrP^{c} 向 PrP^{sc} 的转变以其两个 α 螺旋片段转变为 β 折叠为特征。PrP^{sc} 构象通过不同单体间 β 折叠的相互作用聚合形成淀粉状纤维。淀粉状聚合物的形成是不可逆的。一种未知因子,称为蛋白 X(也许是种伴侣蛋白)完成了 α 螺旋向 β 折叠构象的转变和/或促使 β 折叠构象聚合形成淀粉状纤维。

蛋白酶传染性因子可导致淀粉状斑点的形成,对于这一现象的机制人们提出了两种假说。在成核一聚合机制(A)中,PrP^{c}(绿色)与 PrP^{sc}(棕色)构象间处于快速的平衡状态(第一步),无起始因子存在时聚合形成淀粉状纤维的速度很缓慢(第二步)。PrP^{sc} 蛋白酶传染性因子(红色)的出现可促成聚合反应(第三步)。新生成的聚合物片段可持续聚合反应(第五步)。

在模板一指导机制(B)中,PrP^{sc} 蛋白酶传染性因子作为模板促使内源 PrP^{c} 向 PrP^{sc} 的构象的转变(步骤一和步骤二)。一旦转变为 PrP^{sc},PrP^{sc} 快速聚合形成不溶性纤维。家族性的 Creutzfeldt-Jakob 疾病由突变的 PrP 蛋白所引起,该蛋白具有高度自发转变为 PrP^{sc} 的倾向。

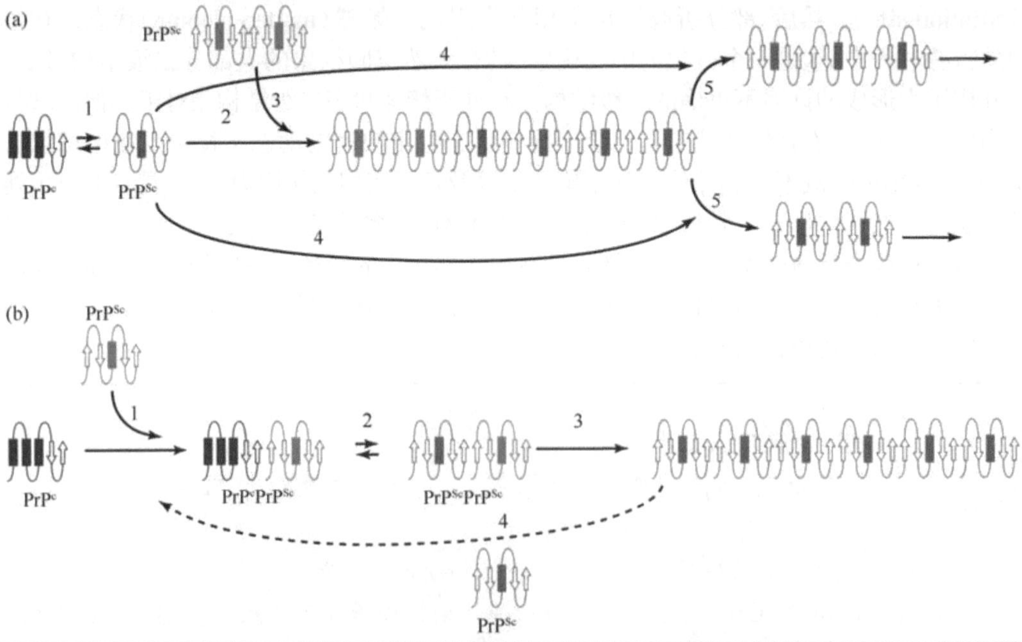

伴侣蛋白可辅助蛋白质的折叠过程

细胞内还存在帮助蛋白质完成折叠过程的蛋白质,包括反式-顺式-脯氨酰异构酶、蛋白二硫异构酶和蛋白伴侣。**顺式-反式-脯氨酰异构酶**(***cis-trans*-prolyl isomerase**)可互换辅氨酸残基的顺式及反式肽键。可使多个辅氨酸均形成正确的辅氨酸肽键空间构象,以满足天然构象的要求。**蛋白二硫异构酶**(**protein disulfide isomerase**)催化胱氨酸二硫键的断裂及形成,由于错误交联的蛋白质稳定性低,所以可以很快形成天然构象中正确的交联排列。

伴侣蛋白作为**热休克蛋白**(**heat shock protein, Hsp**)被发现,当温度升高时,这类蛋白质的合成增加。伴侣蛋白不改变蛋白折叠过程的最终结果,但能阻止折叠完成前的蛋白质聚集,防止形成亚稳定无作用形式或无活性中间体。

热休克蛋白是一个大小为70kDa的蛋白质家族,当多肽链在核糖体合成时,热休克蛋白与之结合并保护多肽链与溶液接触的疏水表面。这样,热休克蛋白即可保护蛋白质在全链合成及折叠形成前不发生聚集。但是,有些蛋白质在Hsp70伴侣蛋白存在时不能完成折叠过程,它们被传送给称为**伴侣分子**(**chaperonin**)的Hsp60伴侣蛋白家族。伴侣分子具有长圆柱形的多亚单位结构,与非折叠蛋白结合于其熔球结构的中心疏水腔内。伴侣分子具有ATP酶活性,在辅助蛋白完成折叠过程时水解ATP。图3.46显示了大肠杆菌内蛋白质的折叠过程。蛋白质通过细胞膜后发生重新折叠,这亦需要伴侣蛋白的辅助。一系列伴侣蛋白辅助蛋白质转运入线粒体及内质网。蛋白质以非折叠构象通过线粒体脂质层及内质网膜,局部的伴侣蛋白辅助蛋白质完成重新折叠。

非共价作用力促成蛋白折叠,增加蛋白质稳定性

非共价作用力促使一多肽链折叠形成一独特的天然构象并稳定这种天然构象不变性。非共价作用力强度为1~7kcal/mol(4~29kJ/mol),弱于共价键作用力。共价键作用力强度最小为50kcal/mol(表3.15)。尽管单个非共价键作用力很微弱,但蛋白质内大量相互接触的非共价键作用力提供促使蛋白质折叠所需的大量能量。

表3.15 蛋白质结构中的键强度

键的类型	键能/(kcal/mol)
共价键	>50
非共价键	0.6~7
疏水键(如苯丙氨酸的两苯甲基)	2~3
氢键	1~7
离子键(电解质运动)	1~6
范德华力	<1
动态运动的平均能量(37℃)	0.6

疏水相互作用力

疏水相互作用力(**hydrophobic interaction force**)是促使多肽链形成天然构象的重要

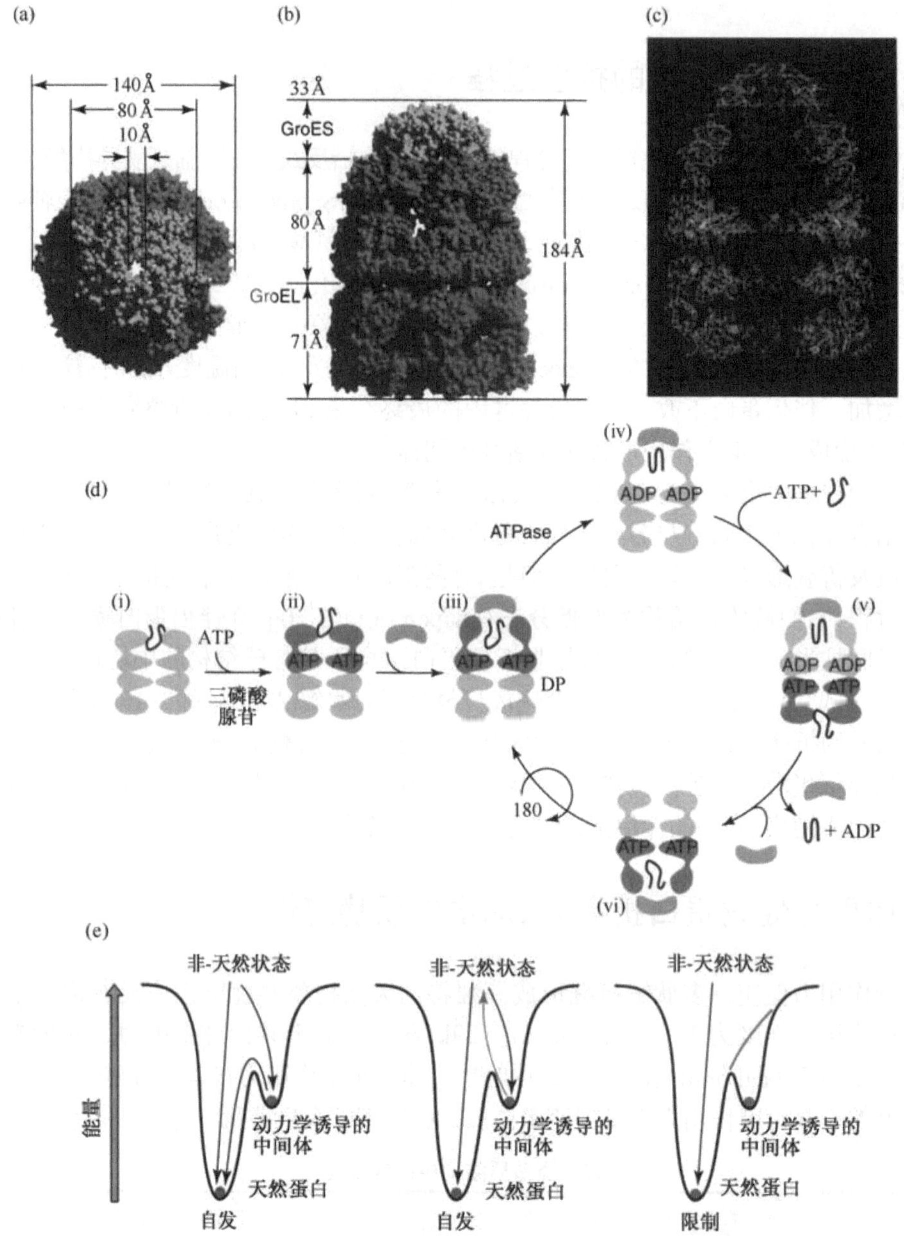

图 3.46　蛋白质折叠中 GroEL-GroES 伴侣分子体系

(a)从 GroES 伴侣蛋白上方观察到的整个伴侣复合物空间填充模型的俯视图。GroES 连于 GroEL 反式面。GroES 含有 7 个分子质量为 10kDa 的多肽链亚基，顺式和反式圆柱状 GroEL 结构均含有 7 个大小为 60kDa 的多肽链亚基(共 14 个)。(b)和(a)结构相同，为侧面观。顺式 GroEL 环为红色，反式 GroEL 环为绿色，GroES 帽为金色。(c)伴侣复合物中心断层的带状轮廓图显示了顺式和反式圆柱状区域的中心腔隙，变性蛋白进入此处并完成折叠过程。(d)GroEL 完成蛋白折叠的简要示意图；(ⅰ)变性蛋白(黑色曲线)进入 GroEL，与内部腔隙紧密结合。(ⅱ)ATP 结合于环形结构，引起构象改变。(ⅲ)结合有 ATP 的环形结构与 GroES 结合，将变性蛋白隔离于折叠腔内 。与 GroES 结合后，环形结构发生巨大构象改变使变性蛋白解开原有构象，并将蛋白释放入延伸腔内使其自发折叠。(ⅳ)蛋白质在腔内折叠，ATP 水解。(Ⅴ)ATP 结合于顺式环，后者释放 GroES 并折叠蛋白。(Ⅵ)一种新的蛋白被隔离于伴侣复合物中。(e)蛋白折叠中自由能变化。左：没有伴侣分子存在时，蛋白折叠形成一动力学阻滞中间体。中：有伴侣分子存在时，他可推动并释放解离的阻滞中间体，给予蛋白更多的机会进行正确折叠。右：同时，GroEL 可防止某些阻滞中间体的形成非共价作用力。他们的强度取决于非极性基团周围水的特性而不是非极性基团的内在吸引力。溶解于水中的蛋白质分子的非极性侧链或区域外围形成一层水化膜,此处水分子高度规则排列。当两个非极性侧链靠近时,暴露于溶液中的表面积缩小,水化膜内部分高度规则排列的水分子亦释放入溶液中。体系熵变增加(如体系内水分子的排列规律被打乱)。这种熵变的增加符合热力学规则,是水性溶液中非极性部分靠近相连的驱动力。在水溶液中,两个苯丙氨酸侧链相互靠近所需的 2kcal/mol 的自由能的改变即是由熵变得到的(图 3.47)。

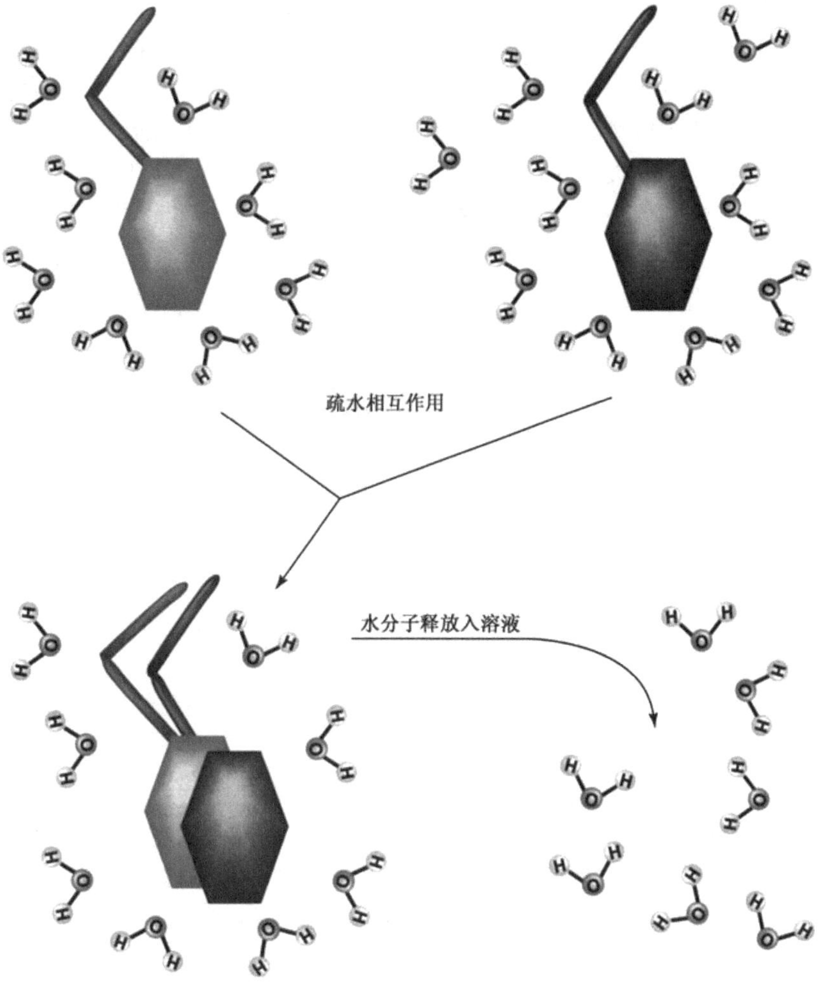

图 3.47 两苯丙氨酸侧链疏水相互作用力的形成

由无规则状态向规则二级空间构象如 α 螺旋或 β 结构转换的过程中,未折叠的多肽链中近 1/3 的水分子被释放至溶液中,这样每个肽键残基可产生约 0.5～0.9kcal/mol 的能量。当一多肽链形成其天然构象时,原水化膜中的另外 1/3 的水分子亦被释放。随着水分子的释放,所产生的能量可使折叠多肽链的不同部分相互靠近。

氢键

氢键(**hydrogen bond**)是由一氢原子与一带负电原子结合所形成,该氢原子亦被另一带负电的原子共享。与氢原子结合的原子称为氢**供给原子**(**donor atom**),另一共享氢原子的原子称为氢**接受原子**(**acceptor atom**)。图 3.48 显示了蛋白质内典型的氢键。广义上讲,α 螺旋及 β 折叠构象均是依靠氢键形成的。氢键的强度取决于供给氢的原子及接受氢的原子间的距离。当二者距离位于 2.7～3.1Å 之间时,氢键具有较高的结合能量。决定氢键强度的另一因素是几何构型,这一因素虽不是非常重要却亦值得考虑。具有线性几何构型,即氢供给原子、氢原子和氢接受原子处于一条直线上的氢键具有较高的能量。氢键的强度往往也可以反映周围介质的介电常数。蛋白质内常见的氢键强度是 1～7kcal/mol。虽然氢键有助于蛋白空间构象的热力学稳定,但并不是使蛋白折叠的一个主要驱动力。这是因为在变性状态下,肽键和其他氢原子结合基团与水溶液形成氢键,这些键在多肽链折叠前必须断裂。在已折叠蛋白质中,计算氢键结合力对蛋白折叠的最终作用时,需从原子间形成新氢键得到的能量中减去与水溶液间氢键断裂所需的能量。

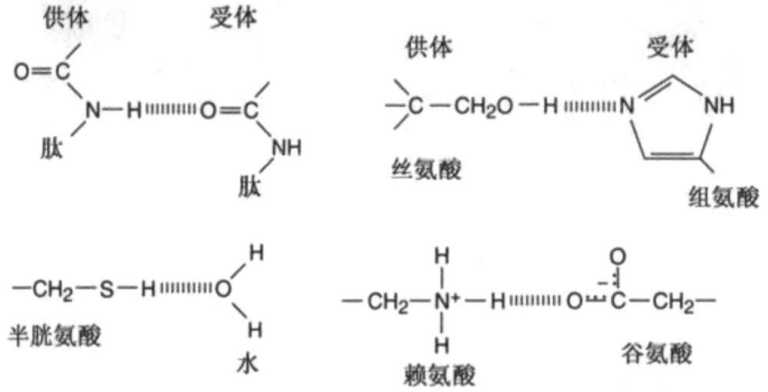

图 3.48　蛋白质内一些常见的氢键

静电相互作用力

静电相互作用力(**electrostatic interaction**)又称作**离子键或盐键**(**ionic or salt linkage**),存在于带电基团间。这种作用力在稳定蛋白质结构及蛋白质与带电配体或底物结合过程中发挥着重要作用。带电基团间的作用力可能相互排斥或相互吸引,这取决于相互作用电荷相同或相反。静电作用力的强度(E_{el})与每个离子的带电量(Z)成正比,与溶液的介电常数(D)及电荷之间的距离(r_{ab})成反比(图 3.49)。

$$E_{el} \approx \frac{Z_A \cdot Z_B \cdot \varepsilon^2}{D \cdot r_{ab}}$$

图 3.49　静电相互作用力的强度

水具有较高的介电常数(D=80),蛋白质的介电常数较低,因此,电荷在水中的相互作用力比在蛋白质内部弱。但是,因水的电介质常数较高,大多数带电基团位于蛋白质的表面,通过氢键及与水的极性作用力保持稳定,并不与同一蛋白质内其他的带电基团相互作用。这些相互作用是使大多数带电基团位于蛋白质折叠结构外表面的主要作用力。

范德华-伦敦色散作用力

范德华(van der Waal)-伦敦色散作用力(London dispersion force)是最弱的非共价作用力。这两种作用力中,吸引力(A)与两相互作用原子间距离(r_{ab})的六次方成反比,排斥力(B)与两相互作用原子间距离的十二次方成反比 (图 3.50)。

$$E_{VDW}=-\frac{A}{r_{ab}^{6}}+\frac{B}{r_{ab}^{12}}$$

图 3.50 范德华相互作用力的强度

当两原子的电子轨道靠近至较近的距离时,由于互补电荷或临近原子电子密度中偶极子的相互作用,A 形成一具有最佳距离的吸引力,对于每个相互作用原子该作用力低于 1kcal/mol。但是,当原子更加接近,临近原子的电子轨道开始重叠时,范德华力中的排斥力(B)发挥主要作用。这种排斥力又常被称为**空间阻力(steric hindrance)**。两原子间具有最大作用力的距离是**范德华力接触距离(van der Waals contact distance)**,它是两原子范德华力半径的总和(图 3.51)。表 3.16 列出了蛋白质内各原子的范德华力半径。

当特定的 Φ 角和 Ψ 角与 α 螺旋和 β 折叠空间构象相适时,肽键各原子间的范德华排斥作用力最微弱。因此,消除范德华排斥作用力对于蛋白质二级结构的形成至关重要。在蛋白质天然构象形成过程中,有数千个微弱的范德华作用力参与,这对于稳定折叠蛋白结构是非常重要的。

当两个芳香环相互靠近时,其电子相互作用,形成一种特殊的相互作用力(π 电子-π 电子)(图 3.52)。这种相互作用可形成高达 6kcal/mol 的吸引力。

表 3.16 不同原子的共价键和范德华半径

原子	共价键半径/Å	范德华半径/Å[a]
碳原子(四面体)	0.77	2.0
碳原子(芳香族)	双键为 0.69	1.70
	单键为 0.73	
碳原子(酰胺)	与酰胺氮原子间 0.72	1.5
	与氧原子间 0.67	
	与链碳原子间 0.75	
氢原子	0.33	1.0
氧原子(—O—)	0.66	1.35
氧原子(=O)	0.57	1.35
氮原子(酰胺)	与酰胺碳原子间 0.60	1.45
	与氢键氢原子间 0.70	
	与链碳原子间 0.70	
硫,对角的	1.04	1.70

[a] 范德华接触距离是两个邻近原子范德华半径的总和。

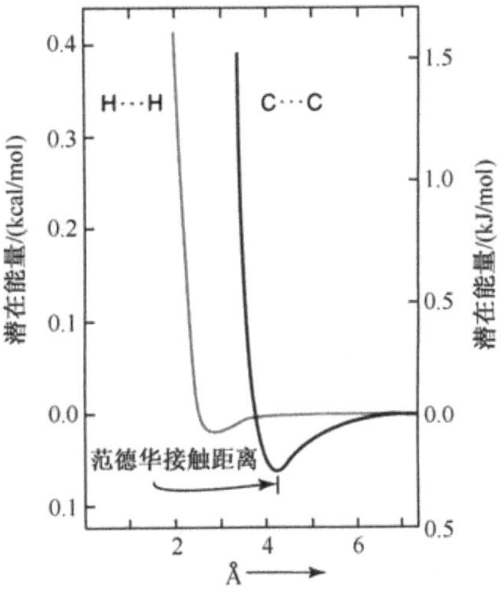

图 3.51 两个氢原子和两个碳原子(四面体)间范德华-伦敦色散作用力的能量
负性能量是有利的,正性能量是不利的

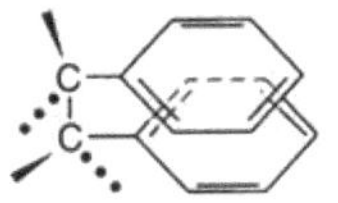

图 3.52 两芳香环间 π 电子—π 电子相互作用力

变性使蛋白质丧失天然构象

蛋白质发生变性时失去天然二级、三级和(或)四级结构,其一级结构不改变,蛋白质处于**变性状态**(**denatured state**)时没有功能。蛋白质功能丧失与变性并不等义,因为小的构象的改变可引起功能的丧失但并不会丧失折叠蛋白的天然构象。例如在酶的活性位点上,单独一个侧链位置的改变或侧链的质子化可导致酶活性的丧失但并不影响其天然构象。

虽然变性状态和天然结构在空间构象上有很大变化,但是这两种结构间自由能量的差异是很小的,约5~10 kcal/mol(3或4个非共价键的能量)。因此,单个氢键、静电或疏水作用力的丧失可导致折叠结构的不稳定,反过来,这种非共价键稳定性的改变可因pH、离子强度或温度变化所引起。互补性基因、共作用因子及底物的存在都可影响蛋白质天然构象的稳定性。

一个非共价键的断裂即可引起变性,而很多氨基酸的改变并不会影响蛋白质的结构,这似乎是矛盾的。解释这种现象的关键是看非共价相互作用力对于蛋白质天然构象的稳定是否必要。但是,当一个提供重要非共价作用力的必要氨基酸被替换或修饰,在没有代偿性作用力时,这种改变即会极大地影响蛋白质天然构象的稳定性。

氨基酸
合成率
[蛋白质]
变性率
蛋白质消化

图3.53 蛋白质合成和降解的速率决定其稳定状态的浓度

细胞内蛋白质浓度由其合成和降解速率决定(图3.53)。许多情况下,蛋白质变性是其降解过程中控制速率的步骤。细胞内酶类和消化蛋白质的细胞器识别并快速清除变性蛋白质。在实验中,加入尿素或去垢剂(硫酸钠或盐酸胍)可削弱蛋白质内极性键,使蛋白质变性并稳定变性状态。其他一些使蛋白质变性的方法有:(a)加入强酸、强碱或有机溶剂;(b)加热至60℃以上。

3.8 蛋白质结构的动力学特性

使用高分辨率的X射线衍射绘制蛋白质内每个原子的坐标轴并进行NMR、荧光显微镜和X射线衍射温度依赖性实验结果表明:蛋白质分子内每个原子并不位于一个固定的位置,他们均具有流动的动力学特性。X射线衍射实验可得到每个原子在一段时间内的平均位置而非精确定位。确定平均位置的时间指采集数据所持续的时间,可能为数天。因此,蛋白质的活性构象可能与其平均构象不同。X射线衍射结构显示了折叠结构的微小缺陷,这表明蛋白质结构中存在着一些腔隙,它们使得蛋白质在空间上具有一定的弹性。蛋白质内各个原子均处于不停运动中,像液体中的分子一样,虽然每个原子都被共价键、二级和三级结构所束缚,但其运动性仍是蛋白质结构的一个重要特点。

分子动力学(**molecular dynamic**)理论值的计算可描述原子在蛋白质结构和区域位置中的坐标变化,这些变化缘于同一区域中其他他原子的运动效应。欲计算动力学理论值必须同时计算蛋白质内所有运动原子及溶剂中与其相互作用原子的牛顿运动方程式。方程式中的能量包括来源于静电作用力、氢键和范德华力的所有共价及非共价键能量。在理论分布上,单原子具有随机分配的速率,牛顿方程式可计算特定温度下整个体系的能量。这是种非常密集的数值运算过程。即使将运动时间限制在数百皮秒($1ps=10^{-12}s$)之内,亦需要超级计算机的运算。动力学计算结果表明蛋白质中每个原子在皮秒范围内,均在 0.7Å 的距离范围内不停摆动。与该计算均值相比,某些原子或原子基团在更小或更大的距离范围内运动(图 3.54)。

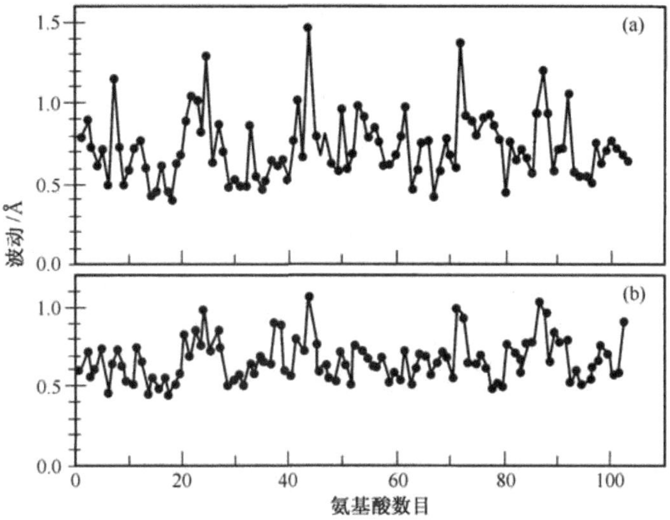

图 3.54　细胞色素 c 结构的波动

(a)细胞色素 c 折叠结构中每个氨基酸残基内 α-碳原子在皮秒范围内计算得到的结构波动。(b)通过温度依赖性 X 射线衍射实验观察到的每个氨基酸残基内 α-碳原子的结构波动。细胞色素 c 含有 103 个氨基酸残基。x 轴上的点代表细胞色素 c 中第 1～103 氨基酸残基,y 轴上点代表以埃为单位,原子波动的距离

多肽链中任一片段在一段时间内的运动包括:(a)原子快速摆动的作用力总和;(b)共价连接原子基团的局部轻微的弹性运动。这些在紧密排列的蛋白质内部的运动常可使隐藏的酪氨酸芳香环平面发生翻转。这种小振幅的摆动为蛋白质内大的运动提供缓冲作用,如区域运动和组织结构的改变,就像在血红蛋白与 O_2 结合过程中所观察到的情况(见 9.4 节)。蛋白的动力学行为是下列过程的基础:(a)酶和受体与底物、抑制剂或药物结合后发生的构象改变;(b)血红蛋白的变构效应;(c)细胞色素内电子的转移;(d)更加复杂的聚合形成物,如病毒。此外,这种运动在酶的催化过程中可能也发挥作用。

3.9　蛋白质的分离、纯化、鉴定和结构测定

利用电荷特性分离蛋白质

电泳(electrophoresis)时,将溶解于具有特定 pH 缓冲液中的蛋白质置于电场中。根据缓冲液 pH 与蛋白质 pI 的关系,蛋白质向电场的阴极(－)或阳极(＋)移动,或保持静止(pH＝pI)。电泳时还需使用一些支持物,如聚合凝胶(例如,聚丙烯酰胺)、淀粉或纸张。首先,惰性的支持物被缓冲液所渗透,将蛋白质样品置于支持物上,并在该支持物上加一电场,而后带电荷的蛋白在支持物内向相反电极迁移。

等电聚焦(**isoelectric focusing**)是种效果极好的蛋白质分离技术,即使用具有一定 p*I* 范围的多氨基多羧基酸两性电解质混合物在电场内建立一 pH 梯度。电泳时,带电蛋白质在 pH 梯度内迁移直至到达与其 p*I* 相等的 pH 区域。在这一位置上,蛋白质保持静止并可被观察到(图 3.55)。即使只有 0.0025 的 p*I* 差异,蛋白质仍可在合适的 pH 梯度内被分离。

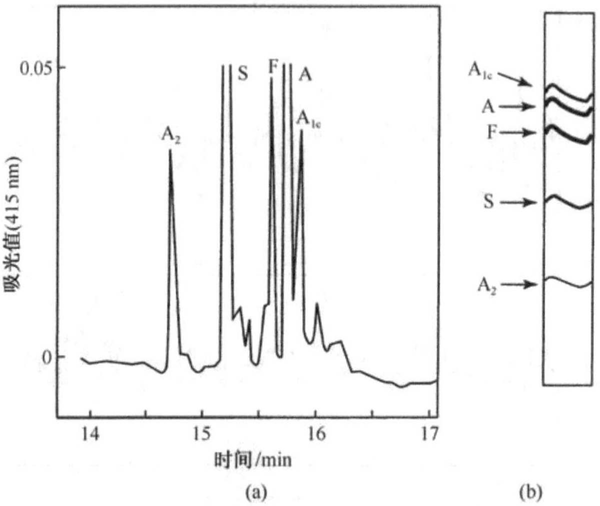

图 3.55　HbS 和 β 地中海贫血杂合子患者血红蛋白的等电聚焦

本图显示通过等电聚焦分离 HbA_{1c}[HbA *N*-糖基化(见临床相关知识 3.7)]、正常人 HbA、胎儿 HbF、镰状细胞 HbS(见临床相关知识 3.3)和未成年人 HbA_2。(a)毛细管电泳进行的等电聚焦,两性电解质的 pH 范围是 6.7～7.7,检测条带为 415nm。(b)在 Pharmacia Phast 体系凝胶上进行的等电聚焦,两性电解质的 pH 范围是 6.7～7.7

离子交换(**ion-exchange**)柱层析用于基于电荷的蛋白质预分离。离子交换树脂由含有带电基团的不溶性物质组成(琼脂糖、聚丙烯酰胺、纤维素和玻璃)(图 3.56)。带负电树脂可与阳离子有力结合,是**阳离子交换树脂**(**cation-exchange resin**);带正电树脂可与阴离子有力结合,是**阴离子交换树脂**(**anion-exchange resin**)。树脂阻滞蛋白质(或氨基酸)的程度取决于在特定 pH 环境中,蛋白质所带电荷的多少。带有与树脂同种电荷的分子首先在一个条带中被洗脱,而后是具有与树脂相反电荷的分子,以蛋白质电荷密度的顺序

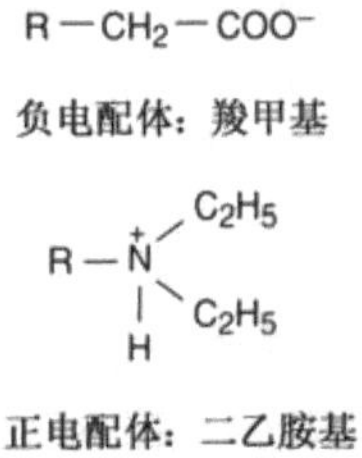

图 3.56　带电配体在离子交换层析中的应用实例

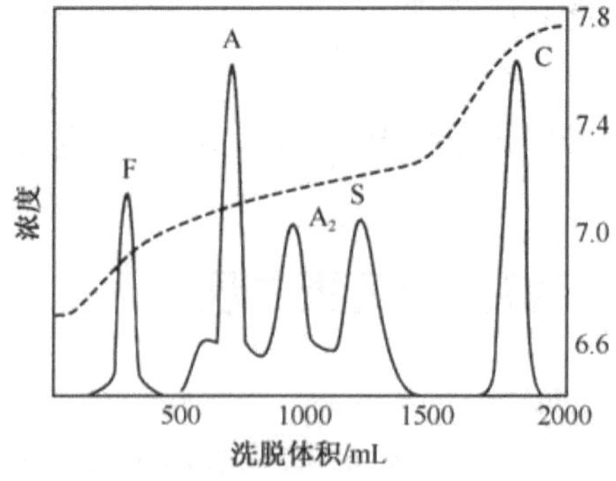

图 3.57　离子交换层析例子

羧甲基-交联葡聚糖凝胶 C-50 中血红蛋白 F、A_1、A_2、S 和 C 人工混合物的洗脱图谱

被洗脱（图 3.57）。由于树脂和结合分子间相互吸引力的强度，有时难以从树脂上洗去某分子。此时，改变体系的 pH 或离子强度可减弱这种相互作用。例如，阳离子交换树脂内逐渐增加的 pH 梯度可降低溶液 pH 与结合蛋白 pI 间的差异。降低 pH 与 pI 间差异的可减少蛋白所带净电荷并减弱蛋白和树脂间电荷相互作用力。逐渐增加的离子梯度也可以减弱电荷相互作用力并从树脂上洗脱紧密结合的电解质。

毛细管电泳

使用熔化的硅土毛细管的电泳具有很高的分离效应，该方法仅使用很少的样品且完成一次分析只需数分钟。首先，将长毛细管充满电泳介质，样品注射入毛细管正极附近的一条窄带，而后样品中各分子向负极迁移并被分离。毛细管熔化的硅土壁带负电荷，其表面固定有一阳离子层。邻近的阳离子扩散层在电场内向负极移动并带动溶液向负极流动。这种电渗透流动形成了带动分析物分子向负极流动的电流，该电流与分析物分子所带电荷无关（图 3.58）。随电流运动过程中，具有高正电荷/质量比值的分子具有最快的迁移率，而后是中性分子。带有阴离子的分子受负极排斥，向电渗透运动相反的方向移动。由于电渗透电流的阻碍作用，阴离子向负极移动时其速度较阳离子或中性分子慢。

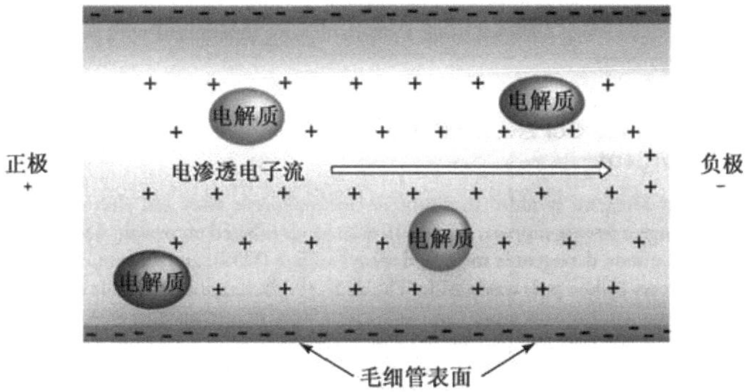

图 3.58　毛细管电泳中流向负极的电渗透电流的产生

普通电泳时，蛋白质在单一的缓冲液中被分离。毛细管电泳时，蛋白质在两性电解质中通过等电点聚焦或在胶束中通过疏水性而被分离。紫外线检测仪、荧光、拉曼分光镜技术、电化学检测或质谱分析技术使得毛细管电泳具有敏感性和多用性。

依据分子质量或体积分离蛋白质

超速离心法：Svedberg 系数

在离心力的作用下，蛋白质向作用力的方向移动，其速度取决于蛋白质分子质量的大小。利用适当的光学检测系统可测定蛋白质的运动速率，进而计算出以**斯韦柏**（**Svedberg**）为单位（10^{-13} s）的沉降系数。在图 3.59 的方程式中，v 代表蛋白运动速率，ω 代表离心机转子的角速度，r 代表从放置蛋白管中心到旋转中心的距离。表 3.17 列出了介于 1～200 斯韦柏单位（S）的蛋白质沉降系数。我们已推导出一些计算蛋白沉降系数与分子质量关系的方程式。图 3.60 列出了一个较简单的方程式，其中 R 代表气体常数，T 代表温度，s 代表沉降系数，D 代表扩散系数，$\bar{v}$ 代表蛋白特定部分的体积，ρ 代表溶液的密度。

D 和 $\bar{v}$ 的值必须在不同的实验中测定。使用该方程式时，我们假设蛋白是回转扁球形几何构象。由于这种假设可能并不正确而且难以分别测定 D 和 $\bar{v}$ 的数值，所以通常我们只能得出分子的沉降系数。蛋白质的沉降系数是其分子质量的一个计量标准。

$$s=\frac{v}{\omega^2 r}$$

图 3.59　斯韦柏系数计算方程式

$$分子质量=\frac{RTs}{D(1-\bar{v}\rho)}$$

图 3.60　斯韦柏系数与分子质量相关等式

表 3.17　部分血浆蛋白的斯韦柏系数

蛋白质	s_{20}，10^{-13}(cm s^{-1} dyn^{-1})[a]	分子质量/Da
溶菌酶	2.19	15 000～16 000
白蛋白	46	69 000
IgG	6.6～7.2	153 000
纤维蛋白原	7.63	341 000
C1q(补体因子)	11.1	410 000
α_2-巨球蛋白	19.6	820 000
IgM	18～20	1 000 000
血凝因子Ⅷ	23.7	1 120 000

[a] s_{20}，10^{-13}是以斯韦柏为单位的沉降系数，此时假设水温度为 20℃，蛋白浓度为 0。

分子扩散层析

以不溶性有孔小珠制成的渗透性凝胶常充填于层析柱中，以体积大小来分离蛋白质。体积小的蛋白渗透入凝胶腔隙中，与在腔隙外扩散的大分子蛋白质相比，他们在层析柱中运动时会遇到更大的凝胶阻滞。继而，蛋白混合物可根据分子体积不同而被分离。分子扩散层析时，体积较大的蛋白质被首先洗脱，体积较小的蛋白质在凝胶中受到更多的阻滞(图 3.61)，故较晚洗脱。和高速离心方法一样，利用分子扩散层析测定未知蛋白质的分子质量时，我们已假定了其几何构象。当使用回转扁球形蛋白形成的标准曲线测定蛋白质分子质量时，无法准确测得长的非回转扁球形蛋白质分子质量。

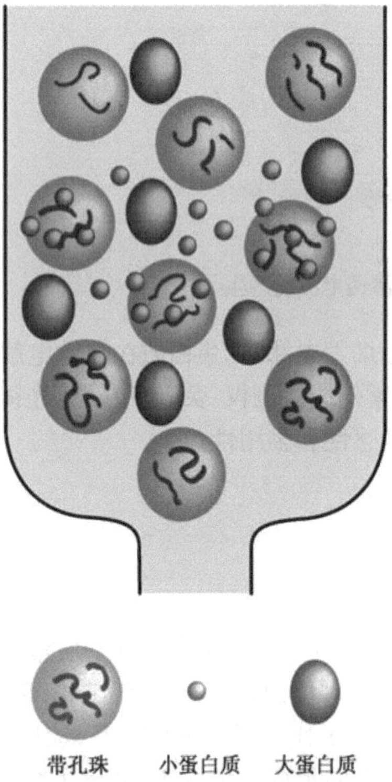

图 3.61　分子扩散层析

体积大的蛋白质不能进入凝胶颗粒，而体积小的则可进入多孔凝胶颗粒，进而被延缓阻滞于层析柱上

含有去垢剂的聚丙烯酰胺凝胶电泳

如果在蛋白质电泳体系中加入带电的去垢剂并在筛状支持物上进行电泳，那么蛋白质将根据其分子大小而非所带电荷被分离。常用的一种去垢剂是**十二烷基硫酸钠**(**sodium dodecyl sulfate，SDS**)，筛状支持物为**交联聚丙烯酰胺**(**cross-linked

polyacrylamide)。十二烷基硫酸钠是两性的 12 碳烷基硫酸盐,可在多肽链表面形成一带电的 SDS 微团溶剂层进而稳定变性的蛋白质。带负电的 SDS 分子抵消多肽链内部的电荷,而且每个蛋白质-SDS 可溶性聚合物均带有与其体积大小相对应的负电荷。带负电的颗粒通过聚丙烯酰胺凝胶向正极移动。聚丙烯酰胺凝胶发挥分子筛的作用,根据体积大小将蛋白质-SDS 微团复合物分离开,分子质量较大的蛋白质受到更多的阻滞。在 SDS 聚丙烯酰胺凝胶电泳中,一条单带常表明这是一种纯蛋白。蛋白质的天然构象并不影响对其分子质量的计算,因这种计算是通过与已知的标准变性蛋白的对比而得出其他蛋白质的分子质量。变性剂可解离多亚基蛋白质的四级结构并释放出组成蛋白质的各亚基。SDS 聚丙烯酰胺凝胶电泳只能测定蛋白质各亚基的分子质量。

高效液相色谱技术分离氨基酸、多肽和蛋白质

在**高效液相色谱**(**high-performance liquid chromatography**,**HPLC**)技术中,含有待鉴定分子混合物的溶液通过由不溶性小球样树脂组成的高密度层析柱。层析柱中树脂球体积越小,排列越紧凑,树脂柱的分离效果就越好。在 HPLC 中,树脂排列非常紧凑,液体必须在高压作用下泵出层析柱。因此,HPLC 使用精密的高压泵、金属管件和层析柱而不是重力层析中使用的玻璃和塑料制品。有带电荷基团的树脂珠可通过离子交换分离混合物;带有疏水基团的树脂珠可通过阻滞疏水非极性分子分离混合物。疏水性层析中,紧密相连的非极性混合物在含有不同浓度的有机物的水溶液中,从非极性疏水树脂珠上被洗脱下来。流出物中有机溶剂的浓度越高,非极性成分从疏水树脂上被洗脱下来的速度就越快。使用非极性树脂珠的层析技术称为**反向 HPLC**(**revere-phase HPLC**)(图 3.62)。

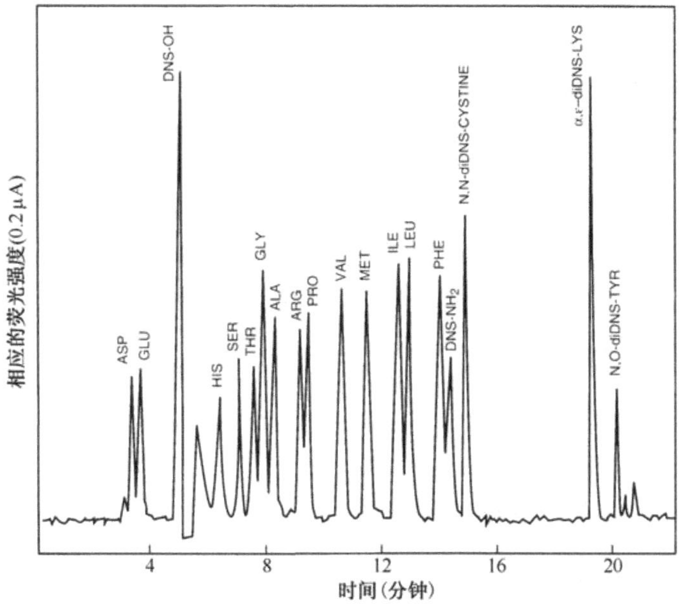

图 3.62　利用反向 HPLC 分离氨基酸

x 轴代表从柱子上洗脱的时间。氨基酸与丹酰氯反应后生成衍生物,发出荧光,该荧光可被用于检测氨基酸从层析柱上的洗脱

HPLC 技术具有极高的分离能力和可重复性。

亲和层析

蛋白质与其底物、互补基团、膜受体或特殊的非共价抑制剂及特异性抗体间具有高亲和力。这些高亲和力复合物可共价黏附于不溶性树脂上，在层析柱中，该树脂可用于纯化与其结合的蛋白质。当蛋白质混合物在树脂上洗脱时，感兴趣的蛋白质被选择性阻滞。

蛋白质纯化的一般方法

在鉴定蛋白质的化学组成、结构和功能前，我们必须纯化蛋白质。因为活细胞内含有数千种不同的蛋白质，所以从细胞各组分中纯化某种特定蛋白质是很困难的。首要的任务是改进蛋白质的简单分析方法。无论是使用底物-产物转化、抗原-抗体反应速率或动物反应体系中生理应答速率，蛋白质分析必须对单位浓度的蛋白质活性给出一个定量的检测标准。这种定量标准又称为样品的**比活性**(**specific activity**)。纯化程序的目的是增加样品的比活性直至分离出纯化蛋白。纯化细胞内可溶性蛋白的一经典操作流程包括：破碎细胞膜和密度梯度差别离心，该方法可从亚细胞颗粒及高分子质量的聚合物中分离蛋白质。进一步纯化蛋白要使用无机盐(盐析)或有机溶剂使蛋白质选择性沉降。最后的纯化步骤包括根据分子带电荷、体积和(或)亲和力分离蛋白质技术的联合应用。

蛋白质组学技术尝试在单次分析中鉴定在一个细胞或组织中表达的所有蛋白质

估计人类基因组中基因的总数约有 30 000 个。单个基因可生成多个蛋白质产物，因而人类蛋白质可能超过 250 000 种。**蛋白质组学**(**proteomic**)是鉴定特定条件下一种细胞或组织内表达的所有蛋白质的一门科学。

任何细胞和组织都可能同时表达成千上万的不同蛋白质。为了解一种细胞或组织的特性，必须检测其表达的蛋白质的种类，以及在发育、分化和疾病情况下，其蛋白质的表达发生了怎样的改变。DNA 微矩阵杂交技术已渐渐发展起来，利用此技术可在单次检测中分析细胞和组织内表达的所有 mRNA。近来，**双向电泳**(**2D electrophoresis**)技术也已发展起来用以检测活性基因产物，细胞和组织内表达的蛋白质。双向电泳时，首先从细胞及组织中提取出蛋白质，然后将其加入聚丙烯酰胺凝胶中电泳。蛋白质首先在第一个方向上根据其不同的 p*I* 而被分离。而后，90°旋转凝胶，并在电泳缓冲液中加入 SDS。在第二个方向上，蛋白质根据其不同的分子质量而被分离(见去垢剂条件下的聚丙烯酰胺凝胶电泳)。将得到的凝胶蛋白染色，测定数千个蛋白点中每个蛋白点的强度，该方法可用于检测特定的蛋白质是否表达及其浓度(图 3.63)。

鉴定二维凝胶中每个蛋白点中的蛋白质是件很有意义的工作。在标准条件下得到的二维凝胶电泳样式可与一些实验室提供的参考标准的凝胶模式相比较，这些实验室已鉴定了特定细胞种类二维凝胶模式中的大多数蛋白点。这些二维凝胶模式的参考标准可通

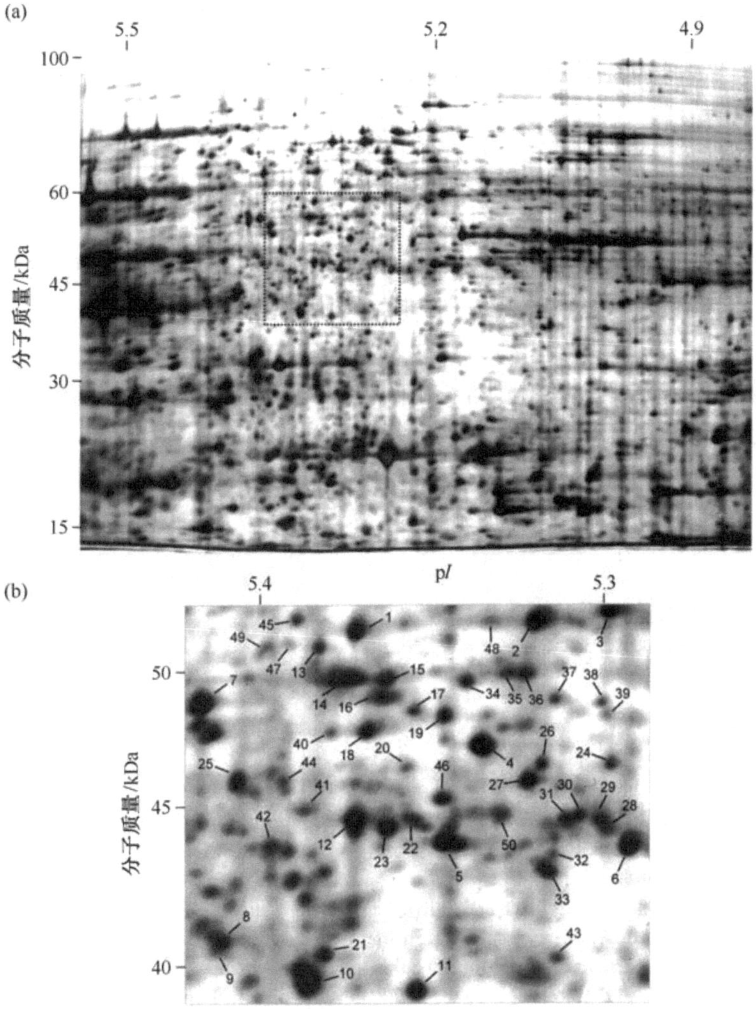

图 3.63　培养细胞表达蛋白的二维(2D)图谱

(a)细胞提取物(500μg)内可溶性蛋白被置于凝胶中,在水平方向通过等电聚焦(pH4.9～5.5)被分离,在垂直方向通过分子质量(带有去垢剂 SDS 的电泳)被分离。通过银染在凝胶中可观察到多于 1500 个蛋白点。(b)凝胶一区域的放大细节图。利用蛋白酶水解和质谱技术分析被编号的蛋白点,以测定其部分氨基酸序列,确定蛋白质种类

过因特网得到。为进一步确认蛋白点中的蛋白质,可将其从凝胶中分离出来,并通过蛋白酶(如胰蛋白酶或糜蛋白酶)消化为小肽段。然后,利用质谱分析快速鉴定小肽段的氨基酸序列。这种技术称作**肽指纹图谱**(**mass fingerprinting**)。利用肽段的序列确定蛋白质或基因序列可鉴定二维凝胶中分离出来的蛋白质。现有的机械设备可完成分离、鉴定蛋白质点的每个步骤,因此,细胞或组织所表达的成千上万个蛋白质均可得到鉴定。

现有的技术不能鉴定细胞或组织内表达量很低的蛋白质。而且,一些特殊种类的蛋白质因其低溶解性、低分子电荷或过低的分子质量而难以分析。例如,完整的膜蛋白具有强疏水性而且不溶于标准的等电聚焦溶液。

蛋白质氨基酸组成的鉴定

鉴定蛋白质的氨基酸组成是蛋白质结构及生理特性研究中非常重要的部分。在密封的真空管中，将蛋白质置于 6mol/L HCl 溶液中，110℃加热 18～36 小时，蛋白质即被水解成氨基酸。真空条件可防止氧化敏感侧链被空气中氧气氧化降解。使用这种方法时，色氨酸被破坏，因此，色氨酸的分析需采用其他程序。天冬酰胺和谷氨酰胺的酰基侧链水解，形成了天冬氨酸、谷氨酸和自由氨基，使用这种方法进行分析时，我们认为它们均是天冬氨酸和谷氨酸。

常用的氨基酸鉴定方法使用阳离子交换层析或反相 HPLC 来分离氨基酸，然后将其与茚三酮、荧光胺、丹酰氯、类似的发色或带荧光物质反应来定量(图 3.62)。利用一些派生的方法可鉴定浓度为 0.5×10^{-12} mol(0.5pmol)的蛋白质。体液(如血液和尿液)中氨基酸组成的分析已用于疾病的诊断(见临床相关知识 3.9)。

临床相关知识 3.9
氨基酸分析在疾病诊断中的应用

在许多临床疾病中均可出现血浆或尿液中氨基酸浓度升高。尿液中异常的高氨基酸浓度被称为氨基酸尿症。苯丙酮酸尿症是种代谢缺陷性疾病，患者缺乏足够的苯丙酮酸羟基酶，该酶可使苯丙氨酸转化为酪氨酸。因此，血浆和尿液中积聚了高浓度的苯丙氨酸、苯丙酮酸和苯基乳酸。苯丙酮酸尿发生在出生后前几个星期内，若不给予特殊的饮食，婴儿将发生严重的智力发育迟缓(见临床相关知识 19.5)。胱氨酸尿症大多数是由于上皮细胞内胱氨酸和基础氨基酸(赖氨酸、精氨酸和衍生鸟氨酸)的膜转运系统运输障碍引起的。这类疾病的其他症状可能是由于胱氨酸沉淀形成的肾结石引起(见临床相关知识 19.11)。Hartnup 病大多是由于上皮细胞对中性氨基酸(单氨基单羧基酸)的运输障碍引起的，尿中可见高浓度的中性氨基酸。该病的初期症状是由色氨酸缺乏引起的，包括糙皮病(部分烟酰胺是由色氨酸前体衍生而来)和小脑共济失调(不规则和抽搐的肌肉运动)。这些症状是由于细菌降解肠道内大量未吸收色氨酸衍生的吲哚的毒性作用造成的(见临床相关知识 27.2)。Fanconi 综合征是伴有低磷酸盐血症和葡萄糖尿的氨基酸尿症。肾小管细胞对氨基酸、磷酸盐和糖类的异常重吸收是导致该疾病的基础病因。

氨基酸序列的测定

应用基因克隆技术可利用 DNA 或 mRNA 序列测定蛋白质的氨基酸序列，这是得到蛋白质氨基酸序列较快的方法。但是，测定蛋白质合成后结构修饰需要明确其氨基酸序列，而且测定部分蛋白质序列可明确其基因是否能被克隆以及确定蛋白质是否为特定基因的产物。蛋白质一级结构的测定需要纯化的蛋白质并需测定其含有的肽链数目，在蛋白质复合物的纯化中需使用同样的技术分别纯化每个肽链。如果肽链由二硫键连接，则需断开这些共价键(图 3.64)。

最常用的多肽链测序方法有：**Edman 反应**(**Edman reaction**)及**质谱分析**(**mass spectroscopy**)。在 Edman 反应中，多肽链与异硫氰酸苯酯反应，后者可与多肽链 N 端的氨基发生反应。酸性条件催化分子内环化作用，剪切 N 端氨基酸形成一种异硫氰酸苯酯的衍生物(图 3.65)，可通过质谱技术以及与标准品对比的方法，分离和鉴定这些氨基酸衍生物。残余的多肽链被分离并再次进行 Edman 反应以鉴定下一个 N 端氨基酸。理论上讲，这种方法可不断重复，直至测定整个多肽链序列，但是，在特定环境下，该反应只能测定多肽链中 30～40 个氨基酸。在反应体系中，反应不完全产生的杂质会阻止下一步 **Edman 循环**(**Edman cycle**)进行。多于 30～40 个氨基酸的多肽链常被水解成小片段并通过上述反应测定其氨基酸序列。质谱测序时亦需要将多肽链水解成小片段。

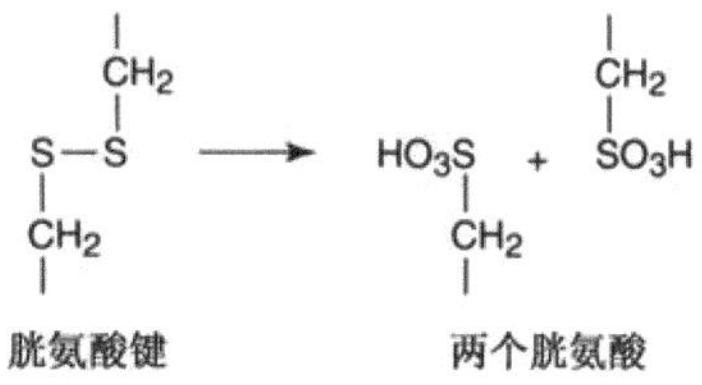

图 3.64　氧化作用打断二硫键

人们通常使用酶和化学方法将肽链水解为小片段(图 3.66)。**胰蛋白酶**(**trypsin**)剪切多肽链 C 端赖氨酸和精氨酸的肽键。**糜蛋白酶**(**chymotrypsin**)剪切多肽链 C 端大的非极性侧链。其他的酶剪切多肽链羧基端的谷氨酸和天冬氨酸。**溴化氰**(**cyanogen bromide**)剪切羧基端蛋氨酸残基的肽键(图 3.66)。蛋白质**部分水解**(**partial hydrolysis**)后，其片段被分离并通过 Edman 反应和质谱分析被分别测序。为了将已测序肽段置于蛋白质完整序列的正确位置上，另一原始多肽链样品被不同的水解物部分水解，生成的片段被进一步分离和测序，这样产生的重叠序列即可确定蛋白质的完整序列(图 3.67)。

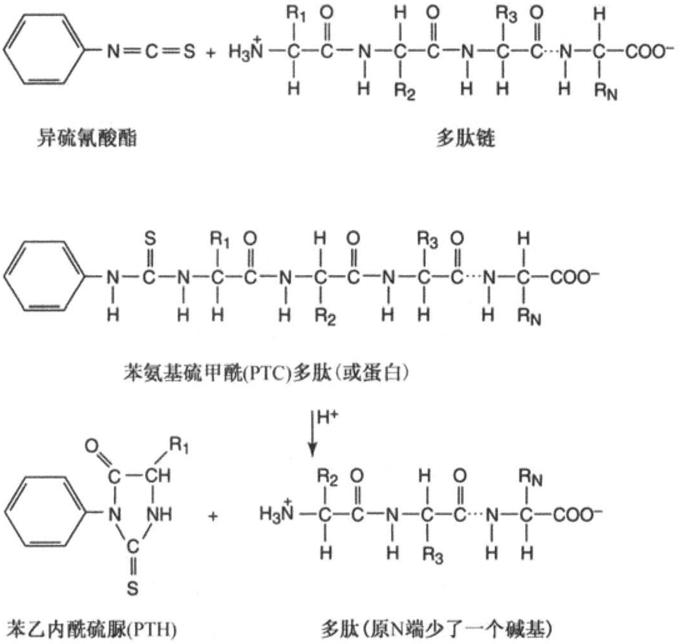

图 3.65　Edman 反应

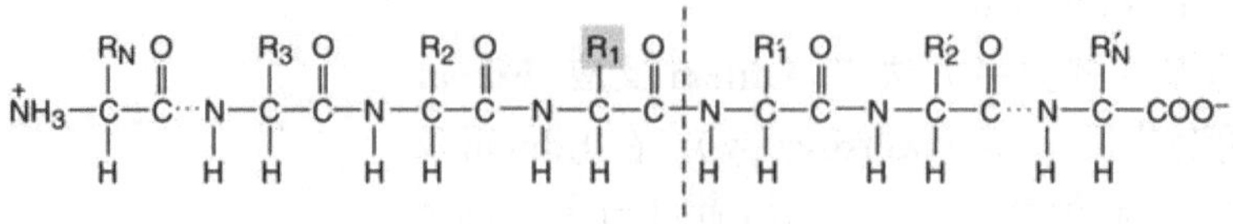

肽键水解

R_1	片段
Phe, Tyr, Trp	糜蛋白酶
Arg, Lys	胰蛋白酶
Met	溴化氰
Trp	邻亚碘酰苯甲酸
Glu	金黄葡萄球菌内切蛋白酶

图 3.66　一些多肽链剪切片段的特异性

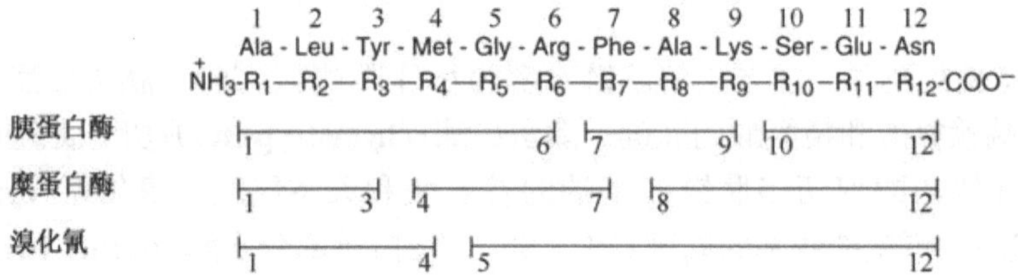

图 3.67　蛋白质水解肽链生成的重叠序列可确定肽段的顺序

用 X 射线晶体衍射技术测定蛋白质的三维结构

X 射线衍射(X-ray diffraction)技术可在原子水平测定蛋白质的结构。作为检测的目标，该方法要求蛋白质形成晶体形式，晶体内含有浓缩的溶剂。我们对蛋白质结构详细情况的了解来源于蛋白质的晶体状态，该状态与蛋白质结构在溶液中的其他物理测量值(如 NMR 光谱，见 3.9 节)一致性较好。

蛋白质晶体的形成是测量过程中最耗时的阶段，较小分子而言，蛋白质分子体积巨大。将大的蛋白质分子包装成晶体形式可生成含有大"腔隙"或溶液通道的晶体。典型的蛋白质晶体含有 40%～60% 的溶剂，常被认为是种浓缩的溶液，而不是大多数小分子形成的坚硬的晶体状固体。晶体中溶液空隙的存在使得底物和抑制剂可渗入晶体形式的蛋白质分子内部。

蛋白质区域结构的**动态弹性(dynamic flexibility)**可被看做是 X 射线衍射模式中的失序状态，这种失序状态是指观察到的电子密度适合于多个局部空间构象。对于这一现象现有两种解释需要说明。第一种是指两个或多个空间分子构象的存在，它们之间有一定的化学计量比。第二种是指原子或原子团在分子局部区域实际运动范围。这两种解释可以通过降低晶体的温度而区分，温度降低到一定程度，动力学无序状态便会消失，然而，多种空间构象并不是温度依赖的，它们将持续存在。利用 X 射线衍射技术通过其温度依赖性分析动力学无序状态是研究蛋白动力学的一种重要方法(见 3.8 节)。

晶体技术(crystallization technique)已取得很大进步，现可从极少量的蛋白质中得到晶体。已报道的令人感兴趣的蛋白结构有:(a) 特定残基被替换的蛋白质;(b)抗原一抗体复合物;(c)病毒产物,如人免疫缺陷病毒(HIV)感染人类所需的蛋白酶。HIV 可引起获得性免疫缺陷综合征(AIDS)。X 射线衍射技术已得到近三万个蛋白结构,这些结构的详细资料被储存于**蛋白质资料库内**(**protein data bank**),使用非常方便。

晶体发生 X 射线衍射可相应地生成具有特定波长(如铜原子,K_a = 1.54Å)的射线。晶体内原子核周围的电子使 X 射线光束发生衍射,衍射强度于核周围的电子数成正比。因此,X 射线衍射技术可明确该分子的**电子分布**(**election distribution**)并推测原子核的分布。可通过衍射**中子束射线**(**neutron beam radiation**)直接测定原子核的实际位置。因需要核反应器或特殊的加速器,所以中子衍射实验是种很有吸引力但是非常昂贵的技术。X 射线衍射是确定蛋白质结构最有效的方法,利用该方法我们可观察到 C、N、O 和 S 原子的衍射。因为电子的密度较低,即氢原子核周围仅有一个电子,所以氢原子的衍射观察不到。衍射光束通常可以在照相胶片或电子区域检测器上检测到。这使得定向观察衍射射线的振幅(或强度)成为可能。过去,为确定**相位角**(**phase angle**)大小需在蛋白质分子内放置重原子(如碘、汞或铅)。现代技术不使用重原子即可解决相位问题。

通过比较 X 射线晶体学与光学显微镜技术,我们能够更容易的了解该领域的技术革新。使用光学显微镜时,入射光线被待研究物体反射,反射光束在物镜镜片的作用下重新聚焦,形成物体影像。虽然这种分析方法亦适合于 X 入射光线,但是目前尚无材料可作为 X 射线的物镜镜片。在没有物镜镜片的情况下,我们测定了衍射光线的振幅和相位角,通过**傅里叶合成法**(**Fourier synthesis**)将其数字化重建,还可以建立物体的三维**电子密度图**(**electron-density map**)。低分辨率的电子密度图需要分析几百个反射点。例如,分析 400 个点可以得到肌红蛋白 6Å 电子图。在这种分辨率下,人们可以清晰地确定分子在晶体单元格内的位置,还能研究多亚基蛋白质中各亚基的整体密度。探测多肽链的构象非常困难。为了得到高分辨率的图像,我们需要分析更多的反射点。对肌红蛋白而言,400 点可得到 6Å 电子图,10 000 点可得到 2Å 的电子图,17 000 点可得到 1.4Å 电子图。这类工作的许多已利用电脑绘图技术实现部分自动化完成。图 3.68 展示了胰蛋白酶原三维电子密度图谱的断层图像。通过**修正**(**refinement**),已知蛋白质的一级结构与其电子密度模式相吻合,即通过电脑-程式将序列与电子密度图谱相匹配直至得到最佳吻合模式。

X 射线衍射为蛋白质作用机制提供了一些但并不完整的依据。不过显示了分子的一种平均结构,通常在溶液里这些分子中的原子都在不停地快速波动(见 3.8 节)。这种平均结构可能并不是蛋白质在溶液中的活性形式,在收集衍射数据的时间范围内,无法观察到反应中的酶-底物复合物、中间产物和过渡状态,只能通过蛋白质非活性形式或与其无活性的底物类似物形成的复合物的静态图像来推测(图 3.69)。

新型 X 射线衍射采用同步加速射线仪产生 X 射线光束,该光束较传统 X 射线发生器产生的光束至少强一万倍,使我们可以在毫秒范围内收集衍射数据。应用这种仪器可测定短暂存在的蛋白质结构,并可解决机械和动力学结构问题,这些都是传统技术做不到的。

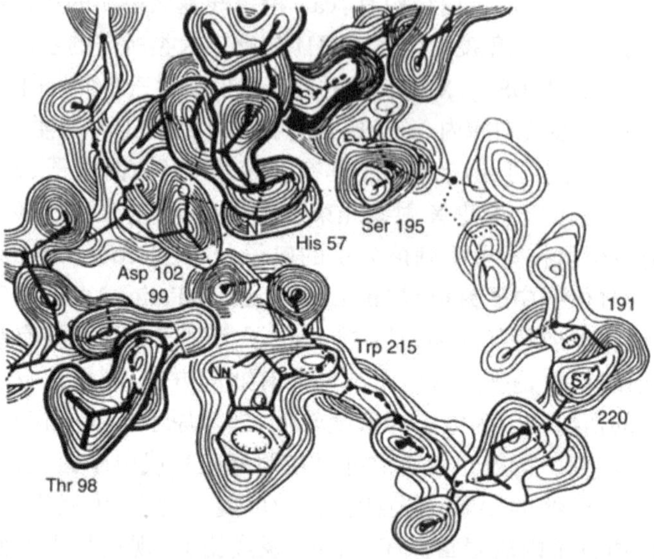

图 3.68　胰蛋白酶原活性位点区域的电子密度图谱(分辨率为 1.9Å)
活性位点的氨基酸残基与电子密度图谱吻合

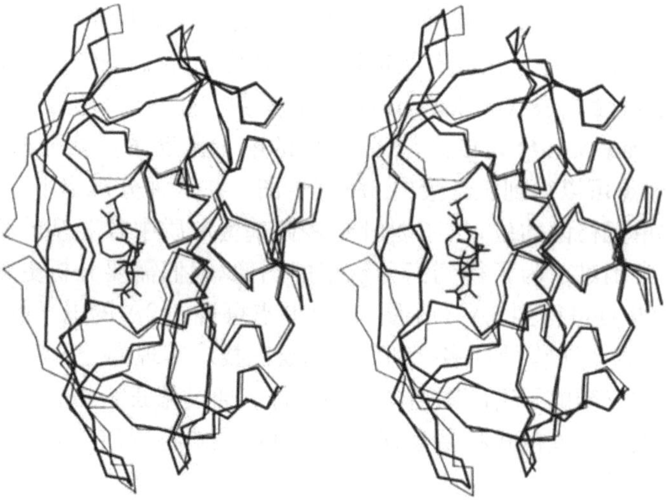

图 3.69　不带有(细线)或带有抑制子(粗线)的 HIV 蛋白酶
α-碳原子骨架结构的重叠立体图

光谱法鉴定蛋白结构与功能

紫外线光谱法

酪氨酸、苯丙氨酸、色氨酸侧链和肽链吸收紫外线(UV)。每个**生色基团**(**chromophore**)的吸光率与其**摩尔消光系数**(**molar extinction coefficient**, ε)有关。图 3.70 显示一典型的光谱图。当酪氨酸侧链在高 pH 环境中离子化时(此时 R 基团 $pK'_a \approx 10$),其吸光度移向更大的波长(红色移位),而且其摩尔吸光率增加(图 3.71)。肽链吸收远-紫外线(波长 180～230nm)。α 螺旋构象中的肽键与其上下的电子相互作用产生一**激发系统**(**exciton system**),该系统中电子发生离位。因此,与独立肽键相比,此种肽键的吸光率最大值移向更大或更小的波长(图 3.72)。紫外线分光镜可提供蛋白的二级和三级结构的信息。当蛋白质变性时,由于激发系统被破坏,蛋白中肽键的吸光特性发生改变。同时,水性环境中的芳香生色团与处于非极性环境中相比,其吸光率最大值移向较小的波长。

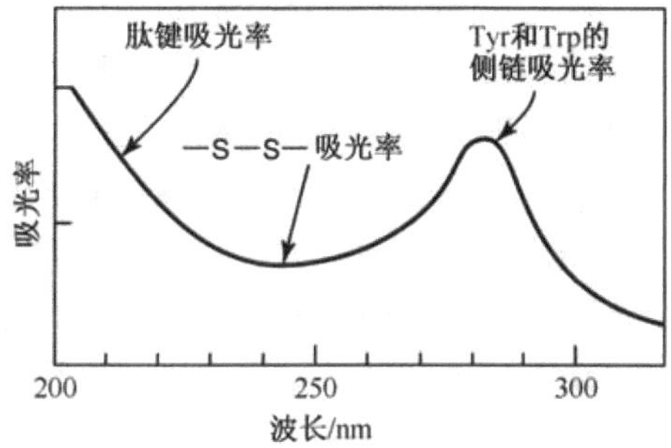

图 3.70　珠蛋白 α-糜蛋白酶的紫外线吸光谱

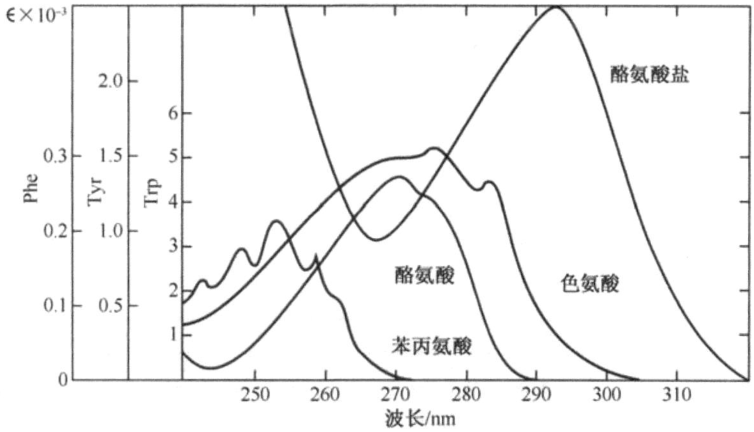

图 3.71　苯丙氨酸、酪氨酸、色氨酸和酪氨酸盐生色基团的紫外线吸光率

注意左侧坐标轴上不同的生色团的消光系数不同

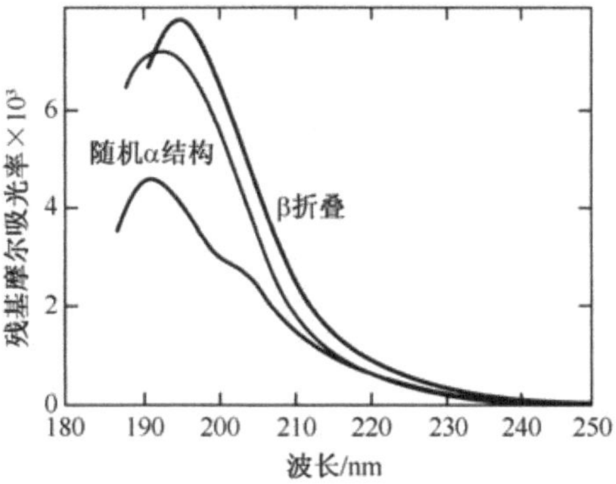

图 3.72　具有 α 螺旋、随机或反向平行 β 折叠构象的多肽链肽键的紫外线吸光率

生色基团底物的**摩尔吸光率**(**molar absorbency**)常随着其与蛋白的结合而变化,因此可用于测定其结合常数。酶催化反应中,生色基团消光系数的改变可为反应提供动力学参数。

荧光光谱法

吸光后被激发的电子的能量常转化为碰撞过程中的热能。有些生色基团其激发能量转化为荧光。由于在光吸收(激发)过程中,部分能量在产生荧光之前已转化为振动能量,所以**发射荧光**(**fluorescent emission**)与吸收荧光相比常具有更大的波长(低能量)(图 3.73)。如果另一分子吸收了**荧光基团**(**fluorophore**)发射的光能,那么发射荧光将转移至吸收分子上而不能被观察到。相应的,**接受分子**(**acceptor molecule**)发射出具有自身特性的荧光或将其激发能量转化为其他形式。如果接受分子将其激发能量转化为非荧光形式,那么该分子就是荧光**猝灭分子**(**quencher**),而发射荧光的称为**供体分子**(**donor molecule**)。**激发转换**(**the excitation transfer**)的效率取决于荧光供给分子与接受分子之间的方向和距离。

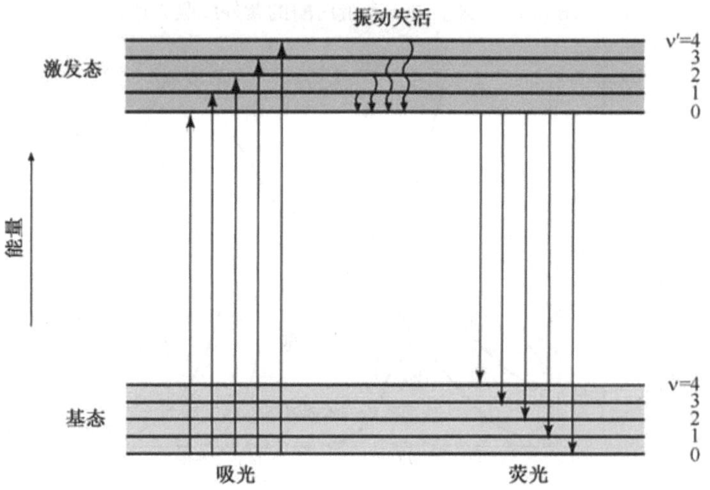

图 3.73 光吸收和荧光电子跃迁

光吸收后的激发是指由基态的零振动水平到各级更高振动水平的激发态。荧光发射是指由激发电子状态的零振动水平到基态的各级振动水平。发射荧光(低能量)的波长大于吸收荧光

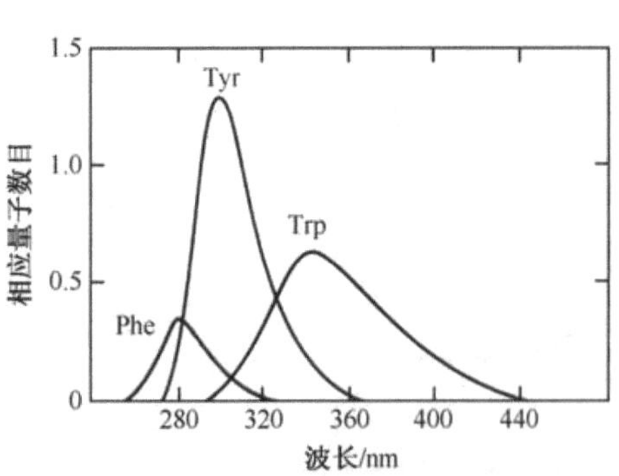

图 3.74 蛋白质中芳香基团的荧光特性

图 3.74 显示了苯丙氨酸、酪氨酸和色氨酸侧链的荧光发射谱。苯丙氨酸发射光波长与酪氨酸吸收光波长相重叠。酪氨酸发射光波长与色氨酸吸收光波长相重叠。因为发射光与吸收光波长间有重叠,所以只能观察到色氨酸的荧光。**激发转移**(**excitation transfer**)发生在 80Å 距离范围内,相当于红细胞直径的两倍。变性时供给基团与接受基团间距离增加,能量转移至色氨酸的效率也随之降低。所以

蛋白变性时可观察到酪氨酸和(或)苯丙氨酸荧光增加,色氨酸荧光降低。因为蛋白质内激发能量的转移是依赖于距离和方向的,所以产生的荧光波长范围取决于蛋白质构象。这种荧光类型的分析可检测蛋白质构象的改变和蛋白质结合相互作用引起的构象变化。

光学旋转色散和循环双色光谱法

当偏振光束通过光学活化分子溶液时,如左旋氨基酸,由于折射指数不同,可产生**旋光**(**optical rotation**),由于顺时针方向和逆时针方向光束组成成分的吸收率不同,可产生**循环双色性**(**circular dichroism, CD**)。在一定波长范围内测定旋光度或循环双色性时可生成一光谱。蛋白内芳香氨基酸和多肽链形成旋光和循环双色光谱(图 3.75)。由于 α 螺旋、β 折叠和随机构象的循环双色光谱不同,该光谱已成为测定蛋白质二级结构数目和种类的一种敏感指标。

核磁共振

利用**二维核磁共振**(**two-dimensional, 2D NMR**)和有效的核磁共振分光计可测定小分子质量蛋白质在溶液中的构象。多维核磁共振和三重共振可使测定敏感性增加 250 个残基以上。

常规的核磁共振技术利用射频放射研究原子核的磁场。核磁共振要求原子核具有磁性并处于不成对的旋转状态。因此,天然的大量的碳原子(^{12}C)、氮原子(^{14}N)和氧原子

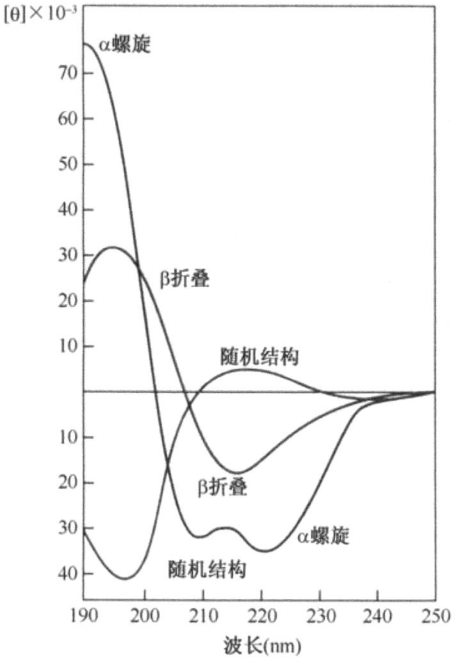

图 3.75　具有 α 螺旋、β 折叠或随机构象的多肽链的循环双色光谱

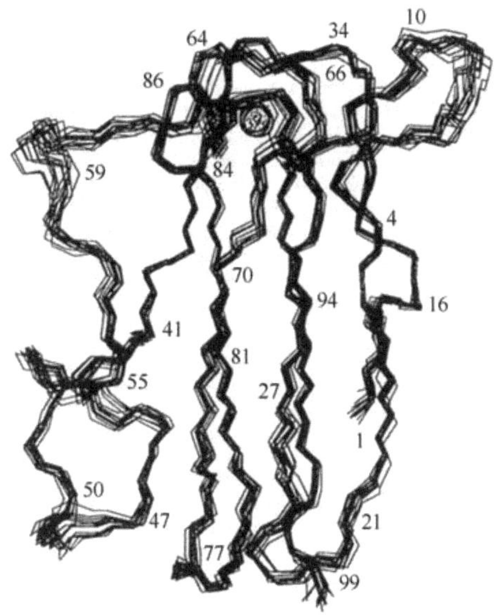

图 3.76　菜豆中质体蓝素的 NMR 结构
该图显示了蛋白中 8 部分结构的多肽链骨架重叠结构,此结构是通过对 NMR 光谱的计算得到的

(^{16}O)不吸收射频射线，只有^{13}C、^{15}N、^{17}O才吸收射频射线。吸收带的信息可确定最近临近基团的密度和数目，这些基团可通过结合相互作用影响吸收反应。但吸收带并不能提供蛋白天然构象空间相互作用(非结合状态)的信息。为确定空间相互作用和蛋白质三级结构需应用**核欧沃豪斯效应**(**nuclear Overhauser effect，NOE**)和二维技术。

二维(2D)和一维(1D)NMR的主要区别在于射频放射脉冲一秒的时间延迟。该技术要求确定蛋白质结构中特定位置的质子吸光谱。能观察到空间相互作用的最大距离是5Å。当确定蛋白质结构内残基对的距离信息后，即可得到与光谱相一致的蛋白质构象。通过计算所构建的距离模型包含了尽可能多的、可测量到的残基间相互作用的距离范围(最小值和最大值)。根据数据推测的可能性结构与NMR光谱提供的信息相一致。对初始结构的进一步计算精炼可优化共价键间距离和键角。这种方法可生成一系列结构，结构间差异是该技术的不精确性或折叠结构的动力学失序状态造成的(图3.76)。这种计算方式确定的蛋白质结构，与X射线衍射方法观察观察到的时间-平均结构基本相同。

用NMR测定蛋白质结构还有其他优势，包括：(a)合成富含同位素氨基酸(如含有^{13}C或^{15}N)的蛋白质；(b)研制顺磁位移物质，用于研究顺磁共振中局部区域，如稀土元素离子报告基团。

参考书目

Bioinformatics and Proteomics Software Portals

Nucleic Acids Research compiles annually and summarizes the Web accessible biological databases and tools for analysis of protein sequence and structure data. Vol. 33 (January 1, 2005) [http://nar.oupjournals.org/content/vol33/suppl_1/index.dtl] and Vol. 32 (July 1, 2004) [http://nar.oupjournals.org/content/vol32/suppl_2/index.dtl].

The National Institutes of Health Entrez site gives sequence, genomic, and expression protein databases and analysis tools, and it provides software (Cn3D) for visualization of structures [http://www3.ncbi.nlm.nih.gov/Entrez].

Expert Protein Analysis System (ExPASy) site contains tools for protein study and links to other sites and databases for the study and analysis of proteins. The Swiss PDB viewer allows the viewing of molecular structures of proteins is available from the ExPASy site [http://www.expasy.ch/tools].

Another protein structure viewer is Protein Explorer available at [http://molvis.sdsc.edu/protexpl/frntdoor.htm].

The public database of the European Bioinformatics Institute offers a comprehensive package of analysis tools [http://www.ebi.ac.uk].

InterPro is documentation resource of protein families, domains, functional sites, and 3-D data integrating major databases [www.ebi.ac.uk/interpro].

Discussions of Databases

Birney, E. et al. Databases and tools for browsing genomes. *Annu. Rev. Genomics Hum. Genet.* 3:293, 2002.

Day R., Beck, D. A., Armen, R. S., and Daggett, V. A consensus view of fold space: Combining SCOP, CATH, and the Dali Domain Dictionary. *Protein Science* 12:2150, 2003.

Sierk, M. L. and Kleywegt, G. J. Déjà vu all over again: Finding and analyzing protein structure similarities. *Structure* 12:2103, 2004.

von Mering, C., Krause, R., Snel, B., Cornell, M., Oliver, S. G., Fields, S. and Bork, P. Comparative assessment of large-scale data sets of protein–protein interactions. *Nature* 417:399, 2002.

Watson, J. D., Todd, A. E., Bray, J., Laskowski, R. A., Edwards, A., Joachimiak, A., Orengo, C. A., and Thornton, J. M. Target selection and determination of function in structural genomics. *IUBMB Life* 55:249, 2003.

Physical and Structural Properties of Proteins

Bryson, J. W., Betz, S. F., Lu, H. S., Suich, D. H., Zhou, H. X., O'Neil, K. T., and DeGrado, W. F. Protein design: A hierarchic approach. *Science* 270:935, 1995

Chothia, C. Principles that determine the structure of proteins. *Annu. Rev. Biochem.* 53:537, 1984.

Doolittle, R. F. The multiplicity of domains in proteins. *Annu. Rev. Biochem.* 64:287, 1995.

Fasman, G. D. Protein conformational prediction. *Trends Biochem. Sci.* 14:295, 1989.

Finkelstein, A. V., Gutun, A. M., and Badretdinov, A. Ya. Why are the same protein folds used to perform different functions? *FEBS Lett.* 325:23, 1993.

Jones, D. T. Learning to speak the language of proteins. *Science* 302:1347, 2003.

Orengo, C. A., Jones, D. T., and Thornton, J. M. Protein superfamilies and domain superfolds. *Nature* 372:631, 1994.

Richardson, J. S. The anatomy and taxonomy of protein structure. *Adv. Protein Chem.* 34:168, 1981.

Rose, G. D. and Wolfenden, R. Hydrogen bonding, hydrophobicity, packing, and protein folding. *Annu. Rev. Biophys. Biomol. Struct.* 22:381, 1993.

Srinivasan, R. and Rose, G. D. A physical basis for protein secondary structure. *Proc. Natl. Acad. Sci. U.S.A.* 96:14258, 1999.

Stevens, R. C. Long live structural biology. *Nature Structural Mol. Biol.* 11:293, 2004.

Protein Folding

Baldwin, R. L. and Rose, G. D. Is protein folding hierarchic? I. Local structure and peptide folding. *Trends Biochem. Sci.* 24:26, 1999.

Baldwin, R. L. and Rose, G. D. Is protein folding hierarchic? II. Folding intermediates and transition states. *Trends Biochem Sci.* 24:77, 1999.

Clark, P. L. Protein folding in the cell: Reshaping the folding funnel. *Trends Biochem. Sci.* 29:527, 2004.

Dinner, A. R., Sali, A., Smith, L. J., Dobson, C. M., and Karplus, M. Understanding protein folding via free-energy surfaces from theory and experiment. *Trends Biochem. Sci.* 25:331, 2000.

Dobson, C. M. Protein folding and misfolding. *Nature* 426:884, 2003.

Hartl, F. U. and Hayer-Hartl, M. Molecular chaperones in the cytosol: From nascent chain to folded protein. *Science* 295:1852, 2002.

Lins, L. and Brasseur, R. The hydrophobic effect in protein folding. *FASEB J.* 9:535, 1995.

Saibil, H. R. and Ranson, N. A. The chaperonin folding machine. *Trends Biochem. Sci.* 27:627, 2002.

Selkoe, D. J. Cell biology of protein misfolding: The examples of Alzheimer's and Parkinson's diseases. *Nature Cell Biology* 6:1054, 2004.

Shakhnovich, E., Abkevich, V., and Ptitsyn, O. Conserved residues and the mechanism of protein folding. *Nature* 379:96, 1996.

Proteomics and Protein Networks

Bray, D. Molecular networks: The top-down view. *Science* 301:1864, 2003.

Eisenberg, D., Marcotte, E. M., Xenarios, I., and Yeates, T. O. Protein function in the postgenomic era. *Nature* 405:823, 2000.

Gavin, A. C., Bosche, M., Krause, R., et al. Functional organization of the yeast proteome by systematic analysis of protein complexes. *Nature* 415:141, 2002.

Koonin, E. V., Wolf, Y. I., and Karev, G. P. The structure of the protein universe and genome evolution. *Nature* 420:218, 2002.

Pandey, A. and Mann, M. Proteomics to study genes and genomes. *Nature* 405:837, 2000.

Pawson, T. and Nash, P. Assembly of cell regulatory systems through protein interaction domains. *Science* 300:445, 2003.

Petricoin, E. F., III, Ardekani, A. M., Hitt, B. A, et al. Use of proteomic patterns in serum to identify ovarian cancer. *Lancet* 359:572, 2002.

Zhu, H., Bilgin, M., and Snyder, M. Proteomics. *Annu. Rev. Biochem.* 72:783, 2003.

Techniques for The Study of Proteins

Bax, A. and Grzesiek, S. Methodological advances in protein NMR. *Acc. Chem. Res.* 26:131, 1993.

Mann, M., Hendrickson, R. C., and Pandey, A. Analysis of proteins and proteomes by mass spectrometry. *Annu. Rev. Biochem.* 70:437, 2001.

Reif, O. W., Lausch, R., and Fritag, R. High-performance capillary electrophoresis of human serum and plasma proteins. *Adv. Chromatogr.* 34:1, 1994.

Rhodes, G. *Crystallography Made Crystal Clear*, 2nd ed. San Diego, CA: Academic Press, 2000.

Tugarinov, B., Hwang, P. M., and Kay, L. E. Nuclear magnetic resonance spectroscopy of high-molecular-weight proteins. *Annu. Rev. Biochem.* 73:107, 2004.

Dynamics in Folded Proteins

Daggett, V., and Levitt, M. Realistic simulations of native-protein dynamics in solution and beyond. *Annu. Rev. Biophys. Biomol. Struct.* 22:353, 1993.

Joseph, D., Petsko, G. A., and Karplus, M. Anatomy of a conformational change: hinged lid motion of the triosephosphate isomerase loop. *Science* 249:1425, 1990.

Glycoproteins

Drickamer, K. and Taylor, M. E. Evolving views of protein glycosylation. *Trends Biochem. Sci.* 23:321, 1998.

Grogan, M. J., Pratt, M. R., Marcaurelle, L. A., and Bertozzi, C. R. Homogeneous glycopeptides and glycoproteins for biological investigation. *Annu. Rev. Biochem.* 71:593, 2002.

Lis., H. and Sharon, N. Protein glycosylation. Structural and functional aspects. *Eur. J. Biochem.* 218:1, 1993.

Lipoproteins

Jonas, A. In: D. E. Vance and J. E. Vance (Eds.), Lipoprotein Structure in *Biochemistry of Lipids, Lipoproteins, and Membranes*, 4th ed. Amsterdam: Elsevier, 2002, p. 483.

Myers, G. L., Cooper, G. R., and Sampson, E. J. Traditional lipoprotein profile: Clinical utility, performance requirement, and standardization. *Atherosclerosis* 108:S157, 1994.

Segrest, J. P., Garber, D. W., Brouillette, C. G., Harvey, S. C., and Anantharamaiah, G. M. The amphipathic α helix: A multifunctional structural motif in plasma apolipoproteins. *Adv. Protein Chem.* 45:303, 1994.

Collagen

Brodsky, B., and Shah, N. K. The triple-helix motif in proteins. *FASEB J.* 9:1537, 1995.

Myllyharju, J. and Kivirikko, K. I. Collagens, modifying enzymes, and their mutations in humans, flies, and worms. *Trends Genetics* 20:33, 2004.

Prockop, D. J. and Kivirikko, K. I. Collagens: Molecular biology, diseases, and potentials for therapy. *Annu. Rev. Biochem.* 64:403, 1995.

习题和参考答案

选择题

1. 下列有关肽键的描述错误的是：
   A. 具有部分双键特征
   B. 反式构象较顺式构象更稳定
   C. 羧基碳原子和氮原子键周围原子旋转受限制
   D. 处于一个平面
   E. 脯氨酸中氮原子与侧链相连
2. 在 α 螺旋中：
   A. 侧链基团可排列形成一极性表面
   B. 每个肽键形成两个氢键
   C. 每圈有 3.6 个氨基酸
   D. 以上均正确
   E. 以上均不正确
3. 伴侣蛋白：
   A. 发挥作用时均需要 ATP
   B. 剪切错误的二硫键，使蛋白质形成正确的二硫键
   C. 指导多肽链折叠生成无伴侣分子时动力学不稳定构象
   D. Hsp70 家族与转运蛋白通过线粒体和内质网膜有关
   E. 只对完全合成的多肽链发挥作用
4. 通过下述哪种方法，可根据体积大小分离蛋白质：
   A. 等电聚焦
   B. 聚丙烯酰胺凝胶电泳
   C. 离子交换层析
   D. 分子扩散层析
   E. 反向 HPLC
5. 血中所有脂蛋白颗粒具有相同的整体结构，包括：
   A. 中性三酰甘油和胆固醇核心
   B. 两性脂质的极性基团朝向表面，输水性链朝向核心
   C. 大多数表面的载脂蛋白含有两性环
   D. 非脂质胆固醇与外壳相连

E. 上述所有均正确

6. 糖蛋白：

A. 存在于细胞内，而不是血浆内

B. 在浆膜上碳水化合物部分位于胞质面

C. 碳水化合物部分可共价连于蛋白的天冬酰胺上

D. 碳水化合物常与羟基赖氨酸的羟基相连

E. 特定种类的碳水化合物具有特定的糖链

问题 7 和 8：胶原蛋白合成或结构的异常可引起心脏、骨、皮肤、关节和眼机能障碍。问题可能是由于异常的胶原蛋白基因、异常的胶原蛋白翻译后加工，或者翻译后加工酶所需共作用因子的缺乏。坏血病缺乏维生素 C，是第三种类型的一个例子。

7. 胶原蛋白中：

A. 链内氢键稳定天然构象

B. 具有聚脯氨酸Ⅱ型螺旋构象的三条链由于甘氨酸的结构可互相缠绕形成超螺旋

C. 脯氨酸形成的 Φ 角可自由旋转

D. 整体结构中除了 N 端和 C 端，其余部分均为超螺旋

E. 赖氨酸转化为醛基赖氨酸后三螺旋间形成交联

8. 胶原蛋白中共价交联的形成：

A. 发生在多肽链合成过程中

B. 需要羟基脯氨酸

C. 需要甘氨酸残基

D. 需要一些赖氨酸 ε-氨基转化为 δ-醛基

问题 9 和 10：已知人血红蛋白有数百种变异，大约 95% 的变异导致单氨基酸被替换。许多替换并不引起临床症状，但有些替换可导致一系列异常。HbS 引起镰状细胞疾病。在 HbS 疾病中，位于 HbA β-链第六个氨基酸位置上的谷氨酸被替换为缬氨酸。这种替换使得 HbS 以脱氧的形式发生聚合。红细胞形状变为镰状并导致毛细血管堵塞。血红蛋白其他的一些变异有：Hiroshima (146 位组氨酸→天冬氨酸)、Riverdale-Bronx (24 位甘氨酸→天冬氨酸)和 $M_{hyde\ Park}$ (92 位组氨酸→酪氨酸)。

9. 下面哪种描述是正确的？

A. HbS 的氨基酸替换是保守的

B. 所有四条血红蛋白链均有非保守性替换

C. HbS 有一非保守性替换，但其他三条是保守的

D. $M_{hyde\ Park}$ 中氨基酸替换不引起结构改变

E. 蛋白内所有氨基酸替换均引起蛋白功能的改变

10. HbS 多聚化是因为：

A. 结构变换使得缬氨酸位于蛋白内部

B. 多肽链 C 端被修饰

C. 表面带有正电荷可吸引负电荷

D. 表面疏水基团与其他疏水基团相互吸引

E. 缬氨酸与氢键有强吸引力

问题 11 和 12：许多病理高脂血症是由血中合成与清除脂蛋白的比率异常所引起的。他们常以血中胆固醇和(或)三酰甘油水平升高为特征。Ⅰ型高脂血症由于乳糜微粒的堆积，使得血浆中三酰甘油水平异常升高($>1000g/Dl^{-1}$)。Ⅱ型高脂血症胆固醇水平升高，即特异性的 LDL(低密度脂蛋白)升高。另一种脂蛋白异常是低脂蛋白血症，由于特殊的载脂蛋白无法合成，脂蛋白亦无法生成。

11. 如果将Ⅰ型高脂血症患者的血清进行离心，脂质条带：

A. 在管子顶层

B. 位于管子顶层下面

C. 位于管子顶层之下，但仍处于上半部分

D. 位于管子中部

E. 接近底部

12. 无 β 脂蛋白血症患者缺乏胆固醇、VLDL 和 LDL，这是由于无法合成：

A. ApoA-Ⅰ

B. ApoB-100

C. ApoC-Ⅱ

D. ApoD

E. ApoE

问答题

13. 在当量 OH^- 与 pH 对比曲线中，当使用 0.5 当量 OH^- 时，pH 约为 2；当使用 1.5 当量 OH^- 时，pH 约为 6；当使用 2.5 当量 OH^- 时，pH 约为 9。此处滴定的是何种氨基酸？每种情况下，给出的点均为曲线的中间点。

14. 纯化后 Edman 反应用于测定十二多肽链序列，数据如下：C 端氨基酸是异亮氨基酸，N 端是蛋氨酸，肽段是丙氨酸-丙氨酸-异亮氨酸，亮氨酸-精氨酸-赖氨酸-赖氨酸-谷氨酸-赖氨酸-谷氨酸-丙氨酸，蛋氨酸-甘氨酸-亮氨酸和

蛋氨酸-苯丙氨酸-脯氨酸-亮氨酸。多肽链的　　　序列是什么?

参考答案

1. B　两侧链位于键的同侧不利于构象的稳定。C 是 A 的结果。D:所有连于 C—N 键的原子均处于同一平面。E:脯氨酸有一咪唑基团。

2. D　A:他们连接亦可形成一非极性表面 。B:一个氢键于第四个残基相连位于肽键上方,另一氢键位于肽键上方。C:这是右旋 α 螺旋的一个特征。

3. D　蛋白以非折叠形式通过膜类,而后再折叠。A:Hsp60 伴侣分子家族连有 ATP,Hsp70 家族没有。B:二硫异构酶催化该反应。C:终产物是热力学稳定的,伴侣分子阻止中间体的相互作用。E:Hsp70 伴侣分子与核糖体新合成的多肽链相互作用,而后多肽链被传递至 Hsp60 伴侣分子,在其辅助下完成最终折叠。

4. D　以体积为基础的蛋白分离方法为 SDS-PAGE。A～C:这些分离方法以电荷为基础。E:反向 HPLC 以极性为基础分离蛋白。

5. E　所有的脂蛋白具有相同的特性。C:极性面与水作用,疏水面朝向核心。D:胆固醇的羟基是极性的,因此其朝向外壳。

6. C　在 N-链接中,天冬酰胺位于序列天冬酰胺-X-丝(苏)氨酸。A. 大多数血浆蛋白,除了白蛋白,都是珠蛋白。B. 碳水化合物位于细胞外表面发挥功能,如细胞-细胞间识别。D. 这种链接只存在于胶原蛋白,其他的 O-链接碳水化合物连于丝氨酸或苏氨酸。E. 碳水化合物结构不是由基因决定的,它是多变的。

7. B　三螺旋内部的近距离接触只有当 R 基非常小,如为氢原子时,才有可能。A. 胶原蛋白内氢键位于链内。C. Φ 角脯氨酸环的一部分并不能自由旋转。D. 虽然这种描述对于Ⅰ型胶原蛋白是正确的,但是其他类型胶原蛋白的超螺旋区域可能被球形区域打破。E. 转变和交联是细胞外的。

8. D　他们之间相互作用,或与未修饰的赖氨酸 ε-氨基反应。A. 发生于翻译后。B-C. 这不是羟基脯氨酸或甘氨酸的作用。

9. B　非保守性替换是指可引起极性巨大变化的替换。A. 疏水基团带负电荷是非保守性的。C. Hiroshima 是正电荷变为负电荷、Riverdale-Bronx 是疏水性变为正电荷、$M_{\text{hyde Park}}$ 是正电荷变为极疏水性。D. 这种突变导致铁血红素配体位置的丢失以及 β-链血红素结合位点上血红素的丢失。E. 功能的改变取决于氨基酸的替换是否改变结构以及其位置是否重要。这些突变是病理的。

10. D　他们被称为黏性末端,因为缬氨酸是强疏水性的并可吸引其他疏水性基团。A. 谷氨酰胺的初始位置位于外部,这正是缬氨酸保留的位置。B. 链从 N 端开始计算,所以第六号位置临近 N 端。C. 此处无正电荷。E. 缬氨酸不能形成氢键。

11. A　胆固醇密度低于水,因此漂浮于表面。B. VLDL 可出现于此处。C. 这条带可能是 LDL。D. 此处可能没有脂蛋白位。E. HDL 邻近管子底部,因为其密度最大。

12. B　LDL 受体识别 ApoB-100,胆固醇中为 ApoB-48,它是由 ApoB-100 形成的。A. 它是 HDL 的主要蛋白。C. ApoC-Ⅱ存在于三种脂蛋白颗粒,可激活脂蛋白脂酶,但只占总蛋白的 2%～15%。D. 只存在于胆固醇中,并只占总蛋白的 1%。E. 存在于三种脂蛋白颗粒,占总蛋白的 5%～20%。

13. 这是一种酸的滴定曲线,该酸还有三个易解离基团。图中标示的点分别代表三个基团的半滴定位置,pH 是每个基团的 pK。根据这些 pK 分析,这种氨基酸是组氨酸。

14. 欲确定多肽序列,必须知道正确的 N 端和 C 端氨基酸以及正确的氨基酸残基总数 12。利用这些信息并将片段重叠即可得到多肽序列:Met-Phe-Pro-Met-Gly-Lea-Arg-Lys-Glu-Ala-Ala-Ile,Lys-Glu 片段不能提供确定多肽序列的信息。

(文文　译)

第二篇 信息传递

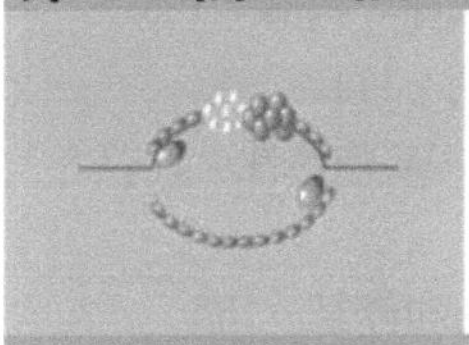

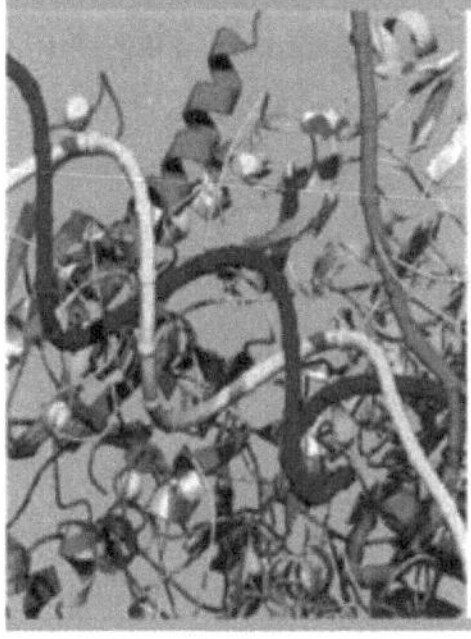

4 DNA 复制、重组和修复

Howard J.Edenberg

4.1　复制、重组和修复的共同特征

当提到 DNA 的三个“R”——复制(replication)、重组(recombination)和修复(repair)时,有必要归纳一下它们的相似点。复制、重组和修复的基本机制在整个进化过程中是高度保守的。由于它们均作用于 DNA,故其化学过程都包括磷酸二酯键的形成和断裂。有关 DNA 的化学反应大多涉及它的磷酸二酯键。磷酸二酯键受到亲核攻击,使它两侧所连接的基团被替换,这是复制、重组和修复过程所共有的现象。细胞 DNA 的双链互补特性也在这三个过程中起到了重要作用。由于遗传信息有两个拷贝,每条链都可以作为合成或另一条链修复的模板。DNA 双链的反向平行特性在任何作用于 DNA 的化学过程中均至关重要。虽然许多酶在复制、重组和修复这三个过程中是共有的,但是为了精确和便于调节,每个过程还是需要一些特定的酶来行使特异的功能。明确复制、重组和修复之间的异同有助于我更好地理解它们。

作为遗传信息的载体,细胞中的 DNA 必须能够精确地复制、维持,并能准确无误地传递给子代细胞,这是一项浩大的工程。普通细菌,如大肠杆菌(*Escherichia coli*)的基因组有 460 万个碱基对(bp)。而人类基因组有 23 对染色体,总共约 6×10^9 个碱基对(bp),每条染色体由一个 DNA 分子构成,所包含的碱基对数从最少的 3.4×10^7 个到最多的 2.63×10^8 个不等。

总体上讲,复制的精确度是极高的:每个复制周期中,平均每 10 亿个碱基才发生一个错误。然而,尽管精确度如此之高,在人类,每次细胞分裂还是有一些错误发生。这些错误就是突变,即一些可遗传的 DNA 序列改变。突变通常是有害的,它们使细胞失去生存能力或者引发不可控制的生长,导致癌症的发生。某些严重的疾病可能就是人类基因组的 60 亿对碱基中某一对发生了突变而引起的。同时,真核细胞还必须保证在每个细胞周期中所有染色体成分只复制一次,以免出现染色体的异常或基因表达的不平衡。

复制的精确性固然重要,但仅有精确性是远远不够的。DNA 还受到细胞内物理、化学因素持续不断的威胁,诸如水、正常细胞代谢的副产物——活性氧簇、食物或环境中的化学物质以及放射线等。因此,为了保持基因组的完好,细胞形成了识别和修复 DNA 损伤的系统,但尽管如此,突变的积累还是会导致细胞的死亡、衰老和癌变。

4.2　DNA 的复制

基本概念

通过 DNA 分子的复制，以碱基顺序记录的遗传信息得以代代相传。**模板**（**template**）提供了复制所需的序列信息。1953 年，Watson 和 Crick 阐明了 DNA 的互补双链结构，DNA 复制的基本原理也随之被揭晓。由于双链互补，一条链中的 A 总是与另一条链中的 T 配对，C 和 G 也是如此。复制过程中，双链分离并且各自作为模板链合成对应的互补新链。这样子代细胞的 DNA 双链中一条来自于亲代，另一条则是以亲代链为模板合成的新链，两者形成互补的双螺旋结构，因此，这一过程被称为**半保留复制**（**semiconservative replication**）（图 4.1）。

仅有模板是无法完成 DNA 合成的，**DNA 聚合酶**（**DNA polymerase**）也是必不可少的，它可以催化单个核苷酸的添加，但在复制开始时，DNA 聚合酶并不能通过直接连接两个单核苷酸而开始一条新链的合成，只能向已有的一段引物的 3′-OH 端逐个添加核苷酸（图 4.2，表 4.1）。需要引物的存在并不是磷酸二酯键的形成所必需的，因为 RNA 聚合酶可以在没有引物的情况下从头合成多核苷酸链（也有磷酸二酯键的形成），引物的存在可能只是为了增加复制的精确度。因为最初的几个核苷酸聚合时，由于碱基数目太少，无法稳定双螺旋结构并识别正确的碱基配对，会导致校读（见后文）的效率很低。在大多数生物中，初始引物由**引发酶**（**primase**）利用核糖核苷酸合成。由于 DNA 是由脱氧核糖核苷酸所构成的，所以这几个核糖核苷酸最后将被移除，遗留的缺口可以通过延长 DNA 链的方式得以精确地填补。在 DNA 链延长的过程中，延伸链与模板互补结合，并充当添加下一个核苷酸的引物。

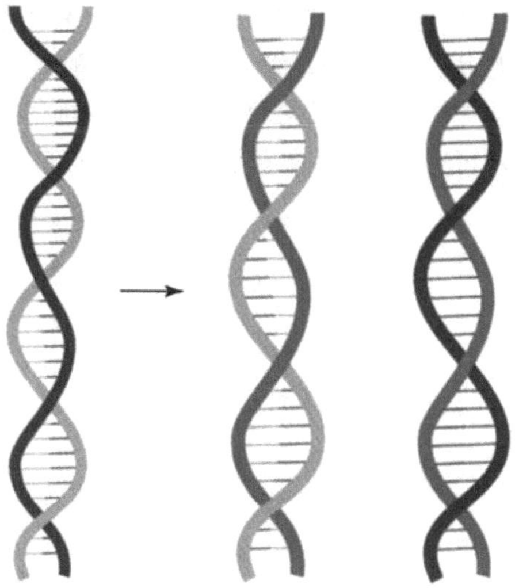

图 4.1　DNA 的半保留复制

亲代双链分离，各自作为模板指导子代互补链的合成。因此，每个子代双链包括一条亲代链和一条新合成链

图 4.2　模板和引物

引物（浅褐色）通过氢键连于模板（深褐色），是作为核苷酸添加反应的底物。模板决定了选择哪种核苷酸进行添加。引物提供 3′羟基基团作为核苷酸添加的位点。两条链（模板链和延伸链）反向平行

表 4.1 DNA 复制的要素

模板	提供序列信息
引物	提供游离 3′-OH，供添加核苷酸
前体	5′-脱氧三磷酸核苷(5′dNTP)
酶	DNA 聚合酶、滑动夹、解旋酶、单链 DNA 结合蛋白、核酸酶、连接酶

链延长的化学基础

DNA 的复制、修复和重组等化学反应很大程度上是 DNA 链中连接邻近核苷酸的**磷酸二酯键(phosphodiester bond)**所发生的反应。图 4.3 显示了一短链 DNA(**引物，primer**)和加入的单核苷酸之间磷酸二酯键的形成过程，加入每个核苷酸时均重复这一过程。

由于熵变很大，核苷酸加入延伸链的过程不是自发的。DNA 合成的原料是 5′-脱氧三磷酸核苷(5′-dNTP；见临床相关知识 4.1)。在加入的时候，延伸链的 3′端羟基亲核攻击 dNTP 中第一个磷酸(α 位磷酸，即与五碳糖的 5′碳原子直接相连的磷酸)和外侧两个磷酸(β 和 γ)之间的磷酸二酯键(图 4.3)。该键并不是被水解，而是发生了**酯交换(transesterified)**：原本与 β 磷酸形成磷酸二酯键的 α 磷酸直接连接到延伸链的 3′端。而 dNTP 末端的两个磷酸作为无机焦磷酸盐被释放，随后被细胞中的磷酸二酯酶所水解。焦磷酸的水解使本反应基本不可逆。复制、修复和重组的化学基础大多都是类似这样的酯交换反应。

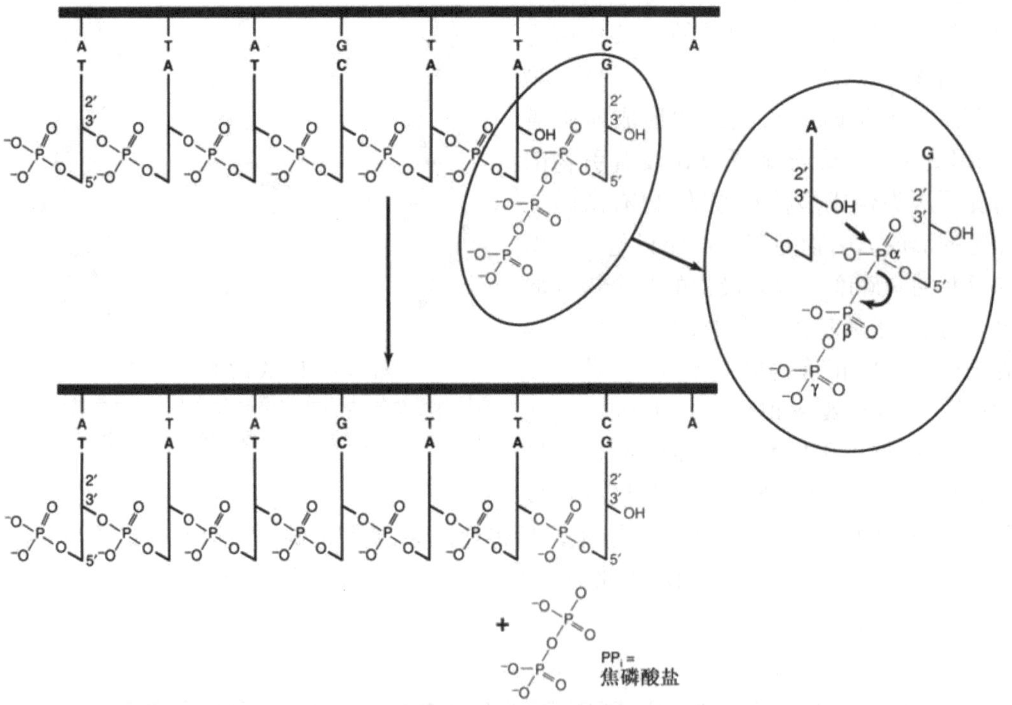

图 4.3 磷酸二酯键的形成

新加入的三磷酸核苷在 DNA 聚合酶的活性部位(紫色显示)处与模板链正确地形成氢键，引物的 3′-OH 攻击最内侧的磷酸(α 位)基团，以酯交换的形式取代另外两个磷酸(插入)。这样引物就延长了一个核苷酸。只要模板有效，这一过程就会不断地重复

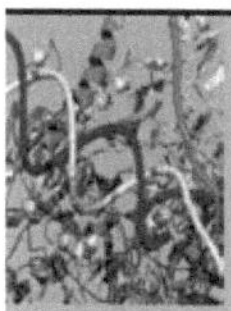

临床相关知识 4.1

针对 DNA 合成前体物质的化疗

肿瘤细胞的复制速度高于大多数正常的组织细胞。正因为这样，许多化疗方法都是以抑制 DNA 复制为策略的，因为分裂活跃的细胞较静止细胞对这类化疗药物更敏感，这就为治疗提供了可行性。但是，化疗药物不仅能杀死癌细胞，也会杀伤一些正常组织中分裂活跃的细胞，如肠道、骨髓和毛囊的细胞，从而导致一些副作用，使化疗的应用受到限制。

干预 DNA 合成所需的脱氧核糖核苷酸(dNTP)库是这种策略的方法之一。抗代谢药羟基脲可以抑制核苷酸还原酶，后者是催化核糖核苷酸生成脱氧核糖核苷酸的关键酶，这样羟基脲就能减少体内 dNTP 的量，抑制 DNA 合成，而对转录反应所需的 dNTP 的合成影响不大。羟基脲主要用于治疗黑色素瘤和骨髓异常增生性疾病，如慢性髓细胞性白血病。该药物可以与破坏 DNA 为策略的放疗同时应用，因为通过减少 dNTP 的储量，也可以抑制 DNA 的修复，从而与放疗产生协同治疗作用。由于使用羟基脲时骨髓中的 DNA 合成也会受阻，所以该药物的主要副作用是骨髓抑制。

DNA 聚合酶

DNA 聚合酶(DNA polymerase)负责催化向延伸链添加核苷酸，当然这一反应需要模板、引物以及 5′-dNTP(图 4.3)。我们知道，在 DNA 测序和聚合酶链反应这两个强大的实验技术中，模板和引物都是 DNA 聚合的必备条件。细胞中有几种 DNA 聚合酶，分别执行不同的功能，如复制以及修复模板损伤(表 4.2)。DNA 聚合酶通过两种方法保证复制的准确性，即选择性添加正确的核苷酸和校读。

表 4.2　DNA 聚合酶

功能	大肠杆菌中的酶	真核细胞中的酶
引发	DnaG primase[a]	Pol α/primase[b]
连续(前导)链的合成	Pol Ⅲ	Pol δ
冈崎片段起始部分的合成		Pol α/primase
冈崎片段主要部分的合成	Pol Ⅲ	Pol δ
引物去除后缺口的填补	Pol Ⅰ	Pol δ
跨损伤	Pol Ⅳ，Pol Ⅴ	Polε，Polξ，Polη，Polι
跨损伤，DNA 修复	Pol Ⅱ	Polε?
碱基切除修复	Pol Ⅰ	Polβ
线粒体 DNA 复制	—	Polγ

[a] 一般认为 DnaG 不是一种 DNA 聚合酶，它可以生成 RNA 引物。

[b] 在真核细胞 DNA 复制时，Pol α/primase 复合体中的引发酶负责生成初始的 RNA 引物，然后由复合体中 DNA 聚合酶 α 利用 dNTP 延长 20～30nt。

首先,所选添加的核苷酸必须适合聚合酶的活性部位。能与模板链的核苷酸准确形成氢键的单核苷酸才能被添加到生长链上,反之则不行。DNA 聚合酶的构象变化对保证这种精确性至关重要,错误发生率在 10^{-4} 到 10^{-6} 之间。虽然错误率很低,但还没达到复制所要求的精确度。

增加 DNA 聚合酶精确性的第二个方法是**校读(proofreading)**。DNA 聚合酶有 3′→5′ **核酸外切活性(exonucleolytic activity)**,可以移除延伸链中 3′端错配的核苷酸。校读是复制性 DNA 聚合酶所必须具有的功能,但复制复合体中的某个相关蛋白质也可以行使校读功能。正确配对了末端核苷酸的引物是添加下一个核苷酸的良好底物,但不适合作为 3′→5′ 外切核酸酶的底物(图 4.4)。反之,碱基错配的引物末端不适合添加下一个核苷酸,却是 3′→5′ 外切核酸酶的良好底物。事实上,在添加下一个核苷酸之前,所有错配的核苷酸已经被移除了。虽然校读也可能移除一些正确添加的核苷酸,但相对于它所提高的精确性,这点代价是完全值得的。当延伸链比较短的时候,由于它和模板链之间的配对碱基较少,二者的结合力弱,故鉴别所要连接的 dNTP 正确与否的能力降低。这正好解释了为什么 DNA 聚合酶不能从头合成新链,而需要利用核糖核酸引物来引发 DNA 的合成。

一些突变的 DNA 聚合酶实际上比正常 DNA 聚合酶的精确度更高,有人提出不断提高的精确性有进化的优势,那么 DNA 聚合酶是不是越精确越好呢?答案是否定的。事实上,超过某种程度的更高的精确性有害无利。第一,极高精确性的校读耗能巨大。为保证去除所有的错配碱基,DNA 聚合酶将不得不移除大量与模板正确配对的、但由于正常能量波动造成与模板之间位置发生轻度改变的碱基。这将会大大降低复制速度,并消耗额外的能量来生成 dNTP。第二,DNA 修复系统的能力使 DNA 聚合酶更高的精确性显得不那么优越。另外有人认为,低水平的突变率为生物的进化提供了可能,因为一些遗传变异有助于生物更好地适应环境的变化。

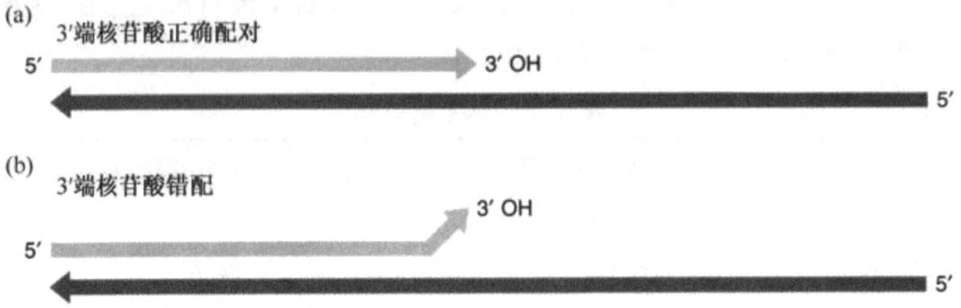

图 4.4 校读

(a)正确的核苷酸加入到引物的 3′端,形成添加下一个核苷酸的良好底物,但不适合 3′→5′外切核酸酶。(b)极少的情况下,错误的核苷酸加入到引物末端,这样聚合酶就无法催化下一个核苷酸的连接,但却是 3′→5′外切核酸酶进行校读的良好底物,错配的核苷酸被切除,引物缩短,等待连接正确的核苷酸

虽然 DNA 聚合酶催化复制反应的精确度很高,但合成的过程中也会掺入一些核苷酸类似物。核苷类似物常被用作化疗药来杀灭癌细胞和一些导致严重疾病的病毒。核苷类似物被磷酸化为核苷酸类似物后,可以掺入到 DNA 的合成中,它们与延伸链的连接可以抑制进一步的合成或者导致突变率升高。细菌、病毒与宿主的聚合酶在识别核苷酸类似物能力方面的差别为临床医生靶向性杀灭受感染的细胞提供了治疗窗。

亲代链的分离：复制叉

原核细胞与真核细胞的 DNA 复制过程是相似的。亲代双链会发生分离，各自作为模板指导互补新链的合成。亲代链分离所形成的结构称为**复制叉**(**replication fork**)(图 4.5)。解链需要消耗巨大的能量。通常只有当温度升高到 90℃以上时，双链 DNA 才能解开为两条单链。生理温度下，细胞可以利用**解旋酶**(**helicase**)将亲代链分离。解旋酶结合到 DNA 的一条单链上，沿着一个固定方向进行移动，每一步都需要 ATP 的水解来提供能量。这样就将亲代链"推开"，形成了复制叉(图 4.5)。

因为分开的互补双链靠得很近，排列井然有序，如果没有其他蛋白质的参与，它们很快又会复性结合。**单链 DNA 结合蛋白**(**single-stranded DNA binding protein，SSB**)可以防止复性的发生。SSB 能够保持双链分离，减少二级结构的形成(如发卡结构，可以阻碍 DNA 的合成)，并且使模板链呈一条直线以便于 DNA 合成的高速进行。SSB 不仅对于复制过程非常关键，在重组和修复中同样也很重要。

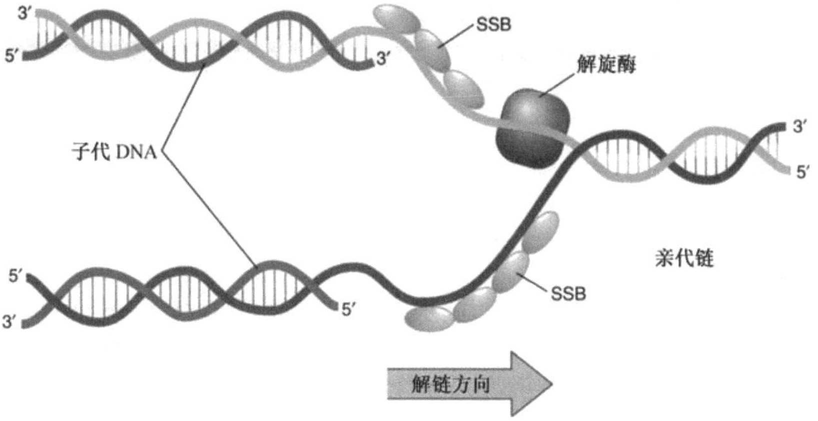

图 4.5　复制叉处亲代链的分离

亲代链分离形成复制叉，DNA 合成便在此处进行。解旋酶分离双链，推进复制叉。单链 DNA 结合蛋白(SSB)保持双链分离。由于亲代双链大约每 10.5 个碱基就会缠绕一周，所以要解开并分离双链会面临严重的拓扑问题。注意，图中一条延伸链的 3′端朝向复制叉，而另一条则是 5′端朝向复制叉

极性问题的解决：DNA 的半不连续合成

DNA 双链的反向平行特性为复制带来了困难，因为在复制时，一条子代链的 3′端朝向复制叉，而另一条则是 5′端朝向复制叉(图 4.5)。以 3′-OH 端朝向复制叉的子代链可以很方便地通过逐个连接核苷酸来延长(图 4.3)；这条链被称为**连续**(**continuous**)链，又叫**前导**(**leading**)链或**正向**(**anteriograde**)链。但另一条子代链的延伸则遇到了问题，因为没有哪种 DNA 聚合酶可以催化向延伸链的 5′端添加核苷酸的反应。而从总体上看，两条链复制的方向都是沿着复制叉向前移动的。生物体很好地解决了这一问题，具体方法是将这条链分成一系列短的片段来合成，每个片段都是按 5′到 3′的方向进行合成，然后

把它们逐一连接起来(图 4.6)。分段合成的子代链被称为**不连续**(**discontinuous**)链,又叫**后随**(**lagging**)链或**逆向**(**retrograde**)链(与延伸方向相反)。组成不连续链的短片段被称为**冈崎片段**(**Okazaki fragment**),以纪念首先证实这一现象的科学家 Reiji Okazaki。人类细胞的冈崎片段平均长度为 130～200 个核苷酸,大肠杆菌的冈崎片段长度约为人类的 10 倍。由于 DNA 复制时一条链是连续合成的,而另一条链的合成是不连续的,故 DNA 的合成过程又被称为半不连续合成。

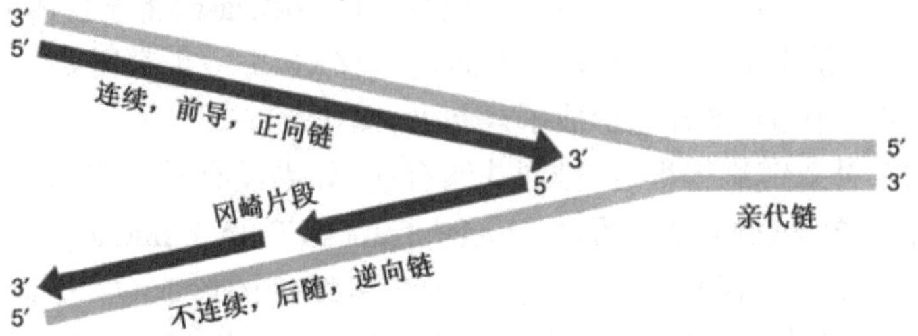

图 4.6　极性问题的解决:DNA 的半不连续合成

两条子代链都是由 5′→3′方向延伸的。3′端朝向复制叉的子代链被称为连续链或前导链。由于没有 DNA 聚合酶可以向子代链的 5′端添加核苷酸,5′端朝向复制叉的子代链被分成一系列片段分别进行合成,这些片段称为冈崎片段。每个冈崎片段都是由 5′→3′方向合成,然后各个片段互相连接起来。这条子代链则被称为不连续链,又叫逆向链或后随链

复制叉的运动

启动

DNA 聚合酶催化 DNA 合成需要引物的存在。**连续链**(**continuous strand**)的合成只需要在复制起始(见后文)的时候生成一个引物。但是不连续(后随、逆向)链的每个冈崎片段都需要一个独立的引物,这些引物是由**引发酶**(**primase**)合成的短链 RNA 分子。在真核细胞中,这种 RNA 引物长约 8～10 个核苷酸。引物为第一个脱氧核糖核苷酸的共价连接提供游离的 3′-OH(图 4.7)。因此,每个冈崎片段的 5′端都有一个短链 RNA 分子与之共价结合。

链延伸

DNA 链按照图 4.3 所示机制重复向 3′-OH 端添加核苷酸而得以延长。DNA 聚合酶负责催化这一反应。

引物去除

RNase H(**RNA hybridase**)是一种 RNA 酶,主要由它负责去除冈崎片段的 5′端 RNA 引物,因为 RNase H 可以催化水解 RNA 链和 DNA 链(如 RNA-DNA 杂交)之间的氢键。在真核细胞中,一种名为 FNE1(flap endonuclease)的酶也参与 RNA 引物的切除过程,FNE1 可以在 RNA 被揭起后的弯折部分切断 RNA,移除所有的核糖核酸,仅留下 DNA。

缺口填补

当 RNA 引物被移除后,两个冈崎片段之间将遗留一个**缺口**(**gap**)(图 4.7)。这一缺

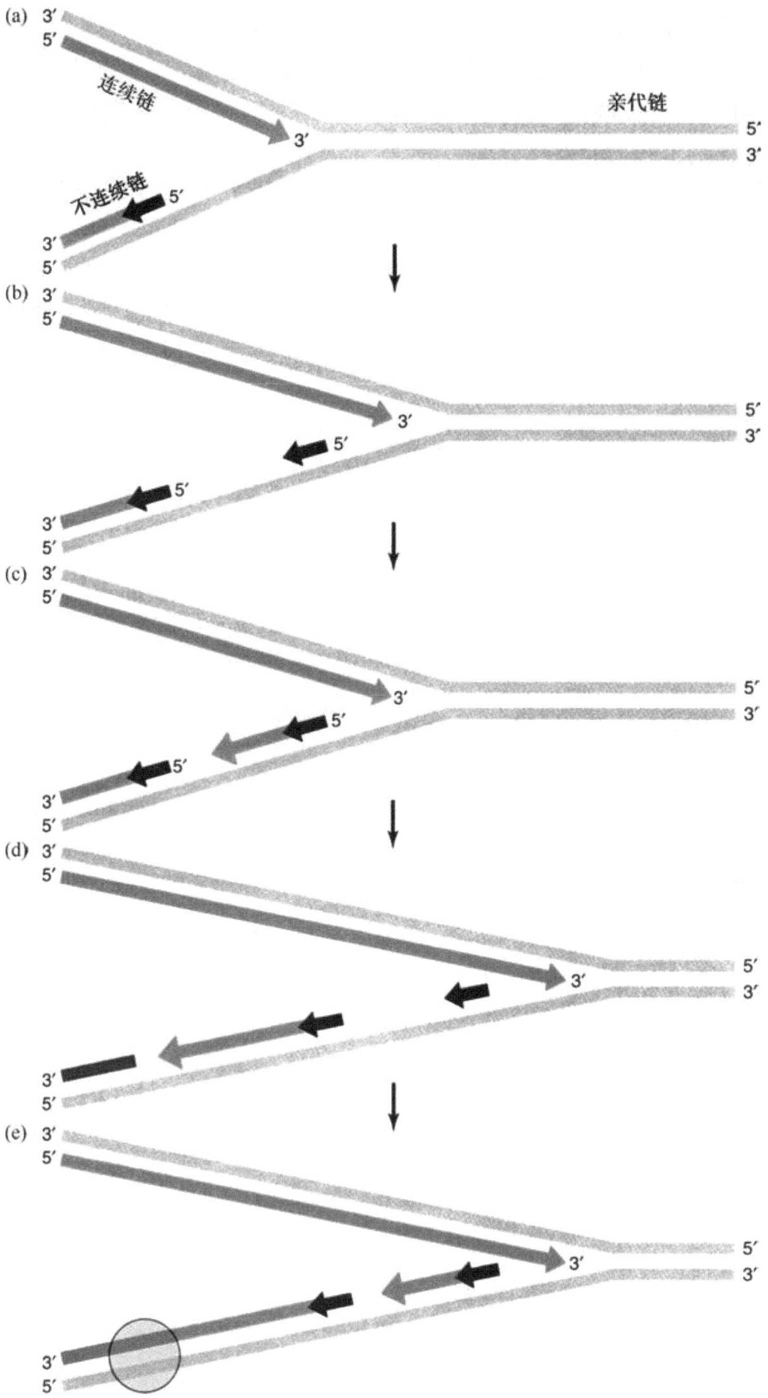

图4.7 复制叉处的DNA合成

(a)通过向连续链的3′端不断添加连接核苷酸,连续链得以逐步延长,如图4.2所示。另一条是已经合成好的一个带有RNA引物的冈崎片段。(b)引发酶以亲代链为模板,合成一段RNA引物(紫色)。(c)DNA聚合酶向引物的3′端添加脱氧核糖核酸,使得该片段得以延长。(d)当冈崎片段延长到接近已合成的片段时,已合成片段的RNA引物被移除,DNA聚合酶继续延长新片段,从而填补前面片段RNA引物被移除后留下的缺口。与此同时,复制叉继续向前移动,引发酶重新合成新的引物。(e)当两个冈崎片段之间的缺口都被填补后,DNA连接酶将这两个片段连接起来(圆圈内)。

通过不断地重复这一过程,即新的引物延长、旧的引物被移除、填补缺口、封闭切口,不连续链才得以延伸口必须由脱氧核糖核酸来填补，直到只留下一个**切口**(**nick**)。注意用词：缺口是指至少存在一个核苷酸的缺失；而切口意味着没有核苷酸缺失，只是磷酸二酯键骨架断开。缺口由 DNA 聚合酶利用新合成的冈崎片段作为引物进行填补。冈崎片段稳定的引物-模板结构为准确的校读提供了有力的保证。

连接

DNA 连接酶(**DNA ligase**)封闭遗留的切口需要形成新的磷酸二酯键。ATP(真核细胞)或者 NAD^+(原核细胞)提供这一反应所需的能量。首先，AMP 残基与酶结合(图 4.8)，随后 AMP 被转移至切口处，并与切口 5′侧片段的末端磷酸形成磷酸二酯键，然后切口 3′侧

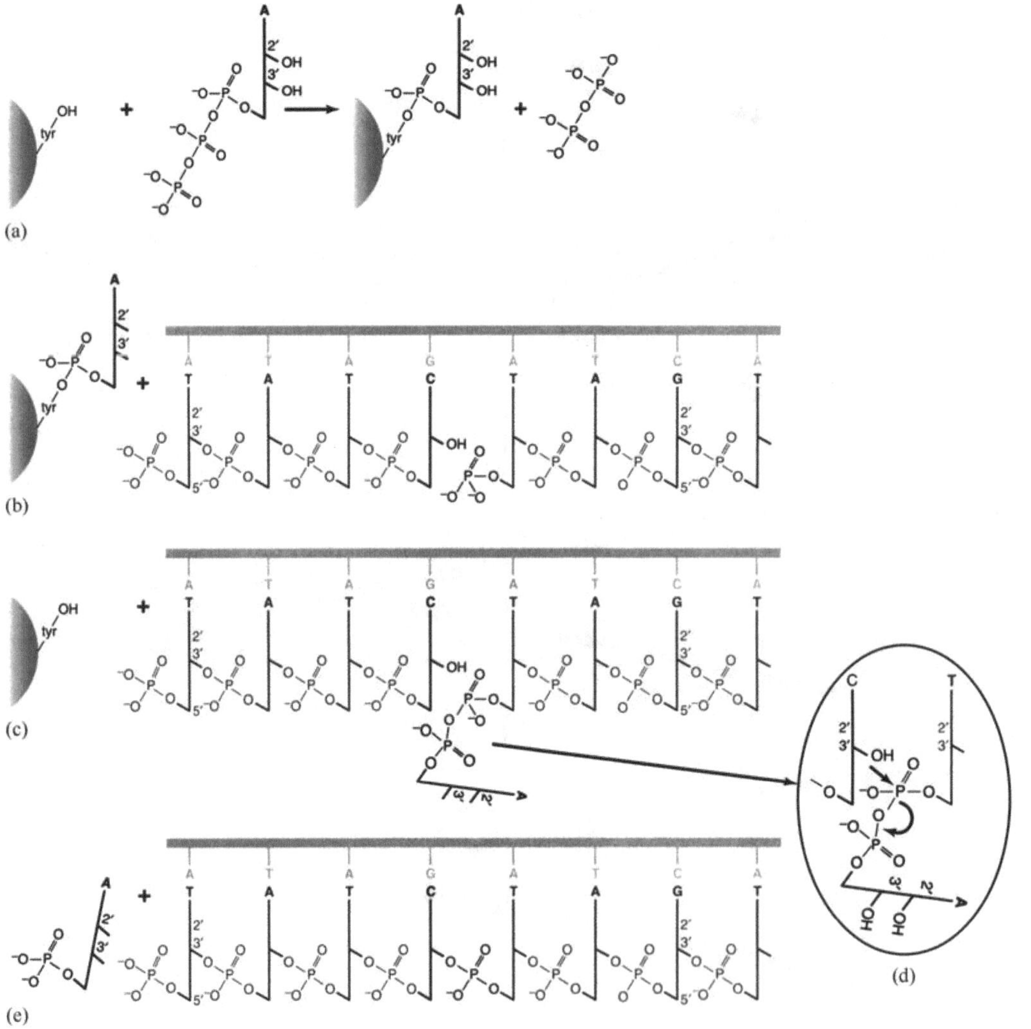

图 4.8　DNA 连接酶的工作机制

(a)DNA 连接酶首先在其酪氨酸残基上添加一个 AMP 分子。在真核细胞中，AMP 的供体是 ATP(裂解为 AMP＋焦磷酸，如图)；在原核细胞中，供体是 NAD^+(裂解为 AMP＋NMN)。(b)连接酶-AMP 复合体结合到带有切口 DNA 双链上(断裂部分用红色显示)。(c)连接酶将 AMP 转移到切口处的 5′核苷酸上。(d)嵌入：切口另一侧的 3′-OH 攻击切口处的核苷酸，形成新的磷酸二酯键，封闭 DNA 骨架，释放 AMP。这一过程类似于 DNA 复制的情况(见图 4.2)，但离去基团不是焦磷酸，而是 AMP。(e)最终结果是磷酸二酯键骨架的封闭，净消耗了一分子 ATP，ATP 裂解为 AMP＋PPi(或者 NAD 裂解为 AMP＋NMN)

片段的末端 OH 取代 AMP 与前一片段进行连接，而 AMP 则充当离去基团。与向延伸链添加核苷酸的反应不同，这里的离去基团是 AMP，而不是焦磷酸。

亲代链的解旋

以上的叙述和图示均简单地把 DNA 链看成是直线(图 4.7)。但实际上亲代双链每 10.5 个碱基就会缠绕一圈(图 4.5)。对于细胞来说，这种缠绕是不能忽略的。例如，在大肠杆菌中，基因组 40min 左右便可完成一次复制，要将含有 460 万对碱基的 DNA 在 40min 内解旋完毕，解旋速度需要达到 11 000r/min，显然，要是让折叠紧密、负载了巨大复制和转录复合体的整个染色体以如此高的速度旋转，非得把细胞内容物打成泡沫不可。

DNA 双链的双螺旋性质还会带来**拓扑学**(**topological**)的问题。在环状 DNA(比如大肠杆菌、线粒体、许多病毒和质粒)或者在末端不能相互自由旋转的长线性 DNA(比如受限于核内局限空间的人类基因组)中，一条链绕另一条链缠绕的圈数是恒定的，称为**环绕数**(**linking number**)，要想改变环绕数，至少需要打断两条链中的一条。DNA 螺旋有两层概念，一种是**"Watson-Crick"螺旋**(**Watson-Crick twisting**)，即每 10.5 对碱基的长度，一条链便绕另一条链一圈；另一种是双螺旋围绕其自身的轴线发生再螺旋，称为**扭转**(**writhing**)或**超螺旋**(**supercoiling**)。从拓扑学的角度讲，螺旋和扭转是等效的，而且是可以相互转化的，只要在双链均完好的情况下，一条链绕另一条链的圈数(即环绕数)不会改变。

解螺旋和降低环绕数的方法之一，是在复制叉的前方切开一条亲代链，以摆脱拓扑的约束，使两条亲代链可以相互旋转。不过，在 DNA 链上作一个切口是非常危险的，因为当复制叉到达切口位置时，亲代链的分离会导致新合成双链 DNA 的断裂，双链 DNA 的断裂严重影响基因组的稳定性，如果不修复，则将会是致命的。**拓扑异构酶**(**topoisomerase**)用更稳妥的方法解决了这个问题，它可以改变环绕数，使双链解旋，并最终达到分离的目的。拓扑异构酶能够暂时打断 DNA 骨架，然后再将它连接起来。打断 DNA 骨架不是糖-磷酸键的水解，而是通过酯交换的方式形成过渡的磷酸-酶连接(图 4.9)。酶在磷

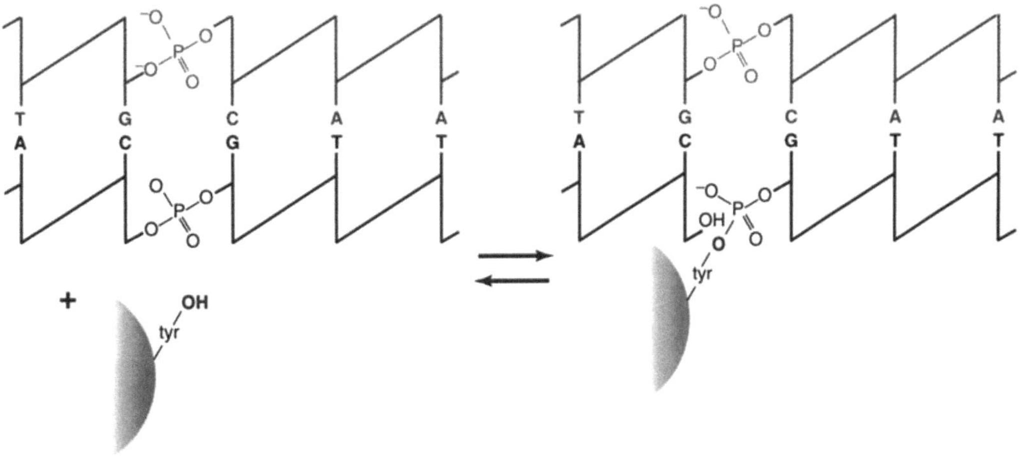

图 4.9　拓扑异构酶的工作机制

拓扑异构酶Ⅰ(同时阐述哺乳动物切口封闭酶的工作机制)催化的酯交换反应促成了 DNA 中某一残基的 3′碳原子与拓扑异构酶的酪氨酸残基之间磷酸二酯键的形成(右侧)。(也有一些拓扑异构酶是与 5′碳原子形成磷酸二酯键。)DNA 中糖-磷酸骨架的连续性被打断后，DNA 链的其余部分就可以进行旋转(或一条链穿过另一条)，环绕数发生改变。然后切口左侧的 5′-OH 攻击核苷酸和拓扑异构酶之间的磷酸二酯键，重新形成连续的 DNA 骨架，释放拓扑异构酶(左侧)。注意，这是一系列酯交换反应，不需要高能化合物参与

酸二酯键的重新连接时被取代。这样，就没有磷酸二酯键的净损失和生成，只涉及键连接的转换。即“切开”和“重新连接”不需要高能中间产物的参与（如 ATP 或 NAD^+ 的水解），也避免了 DNA 的游离切口。

拓扑异构酶主要分为两类：拓扑异构酶Ⅰ在一条链上打开一个临时的“切口”（形成蛋白-DNA 连接），让另外一条链可以通过，仅一步即改变环绕数。拓扑异构酶Ⅱ同时在双链上打开“切口”（略有交错），使双螺旋能够穿过，分两步改变环绕数。这两种酶都在 DNA 复制中起到重要作用，并且是化疗的重要靶标。

滑动夹与持续合成

当某种酶结合到一个多聚物上时，如果该酶仅催化某一反应的一个步骤（如聚合酶添加一个核苷酸或者外切酶移除一个核苷酸），然后即与底物分离，这个过程被称为**逐个的**（**distributive**）。相反，如果酶在解离前执行多次添加或者移除的任务，就被称为**连续的**（**processive**）。复制、重组和修复过程中既有逐个的、也有连续的酶参与。由于酶与模板的结合与解离需要消耗一定的时间，故逐个工作的酶效率明显低于连续工作的酶。

连续工作的酶更有利于 DNA 的快速合成。为了加强连续性，复制中的 DNA 聚合酶与一种叫做**滑动夹**（**sliding clamp**）的辅助蛋白结合，帮助聚合酶与延伸的 DNA 链结合。在哺乳动物细胞中，滑动夹由一种名为 PCNA（proliferating cell nuclear antigen）的蛋白质构成，三个 PCNA 分子环绕 DNA 双螺旋（图 4.10）。辅助此环形成的酶称为**滑动夹装**

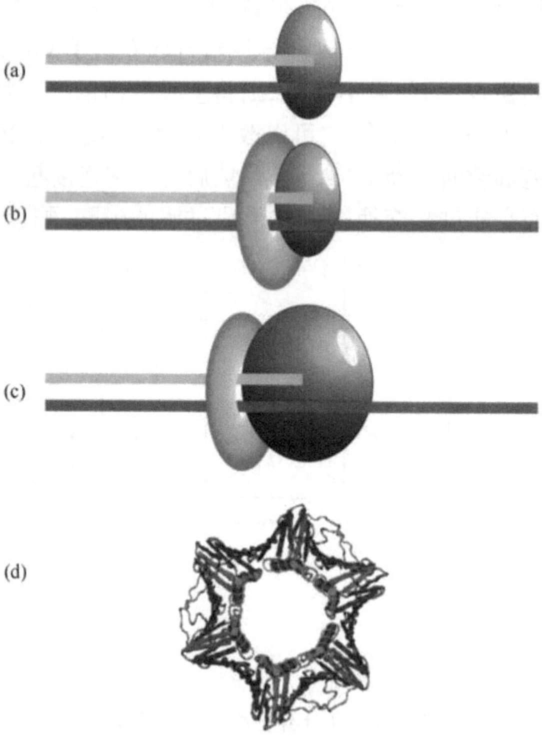

图 4.10　滑动夹

(a)滑动夹装载蛋白结合到 DNA 上。(b)滑动夹装载蛋白利用滑动夹亚基组装滑动夹。(c)DNA 聚合酶与滑动夹结合，开始连续工作。(d)哺乳动物细胞滑动夹是 PCNA 三聚体的结构。DNA 从复合体中心的洞中自由穿过

载器(**sliding clamp loader**)。与滑动夹的结合使 DNA 聚合酶工作更连续,合成速度更快、效率更高。

三维空间排布:复制体

以上所描述的庞杂复合物位于真核细胞的核内或细菌细胞中,这是一个局限的空间,其中还有许多其他分子执行着各自的功能。两个巨大的复制复合体在每个复制叉处绕 DNA 高速盘旋是行不通的。而如果让细长柱状的 DNA 以自我为轴心进行旋转并通过巨大的复制复合体则要容易得多。在前导链和后随链上工作的两个聚合酶组装成为一个巨大的复合体,称为**复制体**(**replisome**)(图 4.11)。在 DNA 贯穿复制体的时候,两条链都被复制。连续链直接贯穿复制体,其 3′端也随之不断延长;而不连续链通过的时候则合成了冈崎片段,然后离开复制体完成其他步骤(引物去除、缺口填补、切口连接),同时模板继续通过复制体,合成下一个冈崎片段。

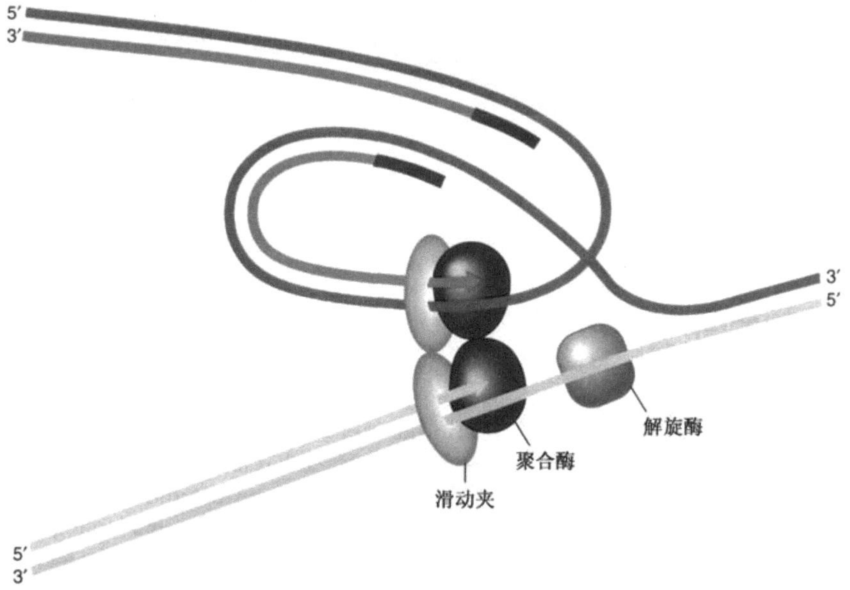

图 4.11　两条链都在一个复制体上复制

两个聚合酶结合在一起,不连续链绕圈后穿过复合体,使得两条链可以在同一个地方复制。DNA 在贯穿复合体时发生旋转,这样就不需要复合体绕 DNA 旋转

原核细胞中复制需要的酶

图 4.12 显示了大肠杆菌中复制叉向前移动所需的酶。大肠杆菌中主要行使复制功能的酶是 **DNA 聚合酶Ⅲ** (**DNA polymerase Ⅲ**,**Pol Ⅲ**)。Pol Ⅲ是一个多亚基复合体,负责合成连续链和大部分后随链。酶的核心包括一个催化磷酸二酯键形成的 α 亚基,一个具有 3′到 5′外切核酸酶活性以负责校读的 ε 亚基,以及一个 θ 亚基。大肠杆菌的滑动夹由 Pol Ⅲ的两个 β 亚基构成,通过滑动夹装载器 γ 复合体装载到 DNA 上,装载的过程需要

ATP 水解供能。β 亚基环绕 DNA 双链并沿着它滑动，使 PolⅢ附着于 DNA 之上，这样复制就得以高速连续地进行。这一复合体不断合成 DNA，直到模板耗尽或者到达某些 DNA 损伤的位置。在后随链中，当遇到前一个冈崎片段时，该复合体会释放 DNA。两个 PolⅢ分子靠 τ 亚基结合在一起，使得前导链和后随链的合成可以在同一个巨大的复制复合体上进行。

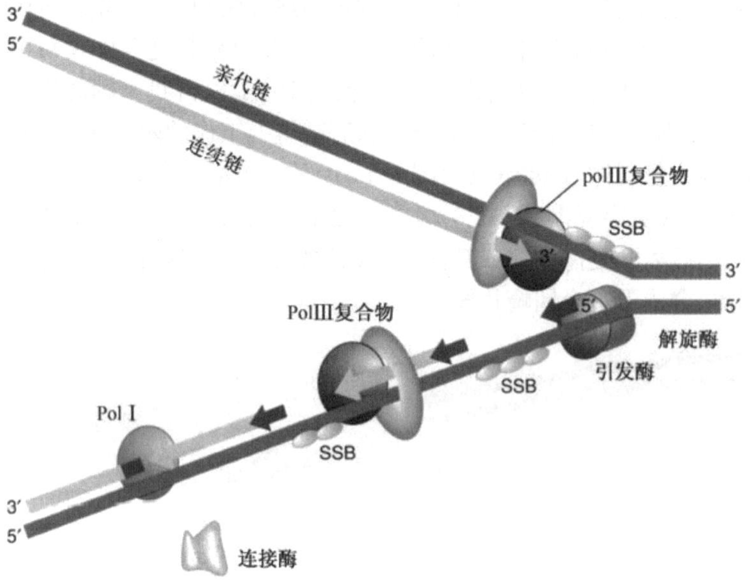

图 4.12 大肠杆菌中参与复制的酶

PolⅢ与滑动夹结合延长连续链(上)。DNA 解旋酶/引发酶复合物(DnaB/DnaG)沿模板向前滑动分离双链，并为不连续链的合成做准备(下)；但每 1000～2000nt 会发生一次暂停以便 DnaG 合成一段 RNA 引物。PolⅢ延伸引物，直到前一个冈崎片段的引物位置。此时，PolⅢ释放 DNA，PolⅠ结合到冈崎片段末端，运用 5′内切核酸酶活性移除引物核苷酸并同时填补缺口(切口平移)。当切口两侧均为脱氧核糖核酸时，DNA 连接酶就能封闭切口

在后随链中，DNA 引发酶(DnaG)与 DNA 解旋酶(DnaB)形成复合体。DnaB 使该复合体在不连续链的模板上向前滑动，消耗 ATP 水解的能量以推开亲链。解旋酶分开的 DNA 单链与**单链 DNA 结合蛋白(single-stranded DNA-binding protein，SSB)**结合，避免两条亲代链发生复性结合或者形成发卡等二级结构。解旋酶/引发酶复合体每 1000～2000bp 停止一次，然后由 DnaG 合成一条短链 RNA 引物。该引物被与滑动夹结合的 DNA 聚合酶Ⅲ延长为长约 1000～2000bp 的冈崎片段。聚合酶复合体遇到前一个冈崎片段时停止滑动，DNA 从 Pol Ⅲ复合体上解离。

在大肠杆菌，RNA 引物移除、缺口填补由同一个酶催化完成，即 **DNA 聚合酶Ⅰ(DNA polymerase Ⅰ，Pol Ⅰ)**。PolⅠ具有 5′到 3′外切核酸酶活性，能将冈崎片段的 5′端 RNA 引物移除，起到 RNase H 的功能。同时它也具有 DNA 聚合酶的活性，能够向新合成的冈崎片段 3′端添加核苷酸，直到引物移除后所遗留的缺口被填补。一种内在的 3′到 5′外切核酸酶起校读功能，可以增强缺口填补的精确性。Pol Ⅰ通过切除引物的核糖核苷酸和向冈崎片段添加脱氧核糖核苷酸从而使引物移除和缺口填补协调进行。这一步骤

不断重复,直到完全去除引物。Pol Ⅰ 可以沿着 DNA 持续地移除核糖核苷酸并替换成脱氧核糖核苷酸,即“切口平移”。虽然这是一个很耗能的过程,但 Pol Ⅰ 并不总是连续工作,它时常从底物上脱落下来。只要还有一个核糖核苷酸存在,DNA 连接酶就无法完成两个冈崎片段的连接,Pol Ⅰ 会再次与之结合,并替换掉那个核糖核苷酸。缺口被填补后,只剩下一个切口,Pol Ⅰ 于是与冈崎片段解离,DNA 连接酶便结合到切口上,催化生成新的磷酸二酯键,将冈崎片段连接到延伸链上。

如前所述,大肠杆菌的环状基因组受**拓扑束缚**(**topological constraint**)。而亲代链双螺旋必须完全展开才能进行复制并分别进入子代细胞。复制需要消除正超螺旋,为了使复制好的子代染色体分离,亲代链的环绕数必须从一个很大的值(约 440 000,因双链每 10.5 个碱基便缠绕一圈)降到 0,因此,**拓扑异构酶**(**topoisomerase**)对于 DNA 的复制就至关重要了。大肠杆菌含有Ⅰ型和Ⅱ型拓扑异构酶。大肠杆菌Ⅰ型拓扑异构酶被称为 omega 蛋白(ω),它是单向工作的,仅消除负超螺旋,无法满足复制的要求,必须要有Ⅱ型拓扑异构酶,即 **DNA 解旋酶**(**DNA gyrase**)的参与。DNA 解旋酶就像一个“动力转子”,引入方向相同的负超螺旋,以消除正超螺旋。解旋酶是一个四聚体,包含两个由 *gyrA* 编码的“解扭转酶”亚基和两个由 *gyrB* 编码的 ATP 酶亚基。解扭转酶亚基催化打断和连接磷酸二酯键骨架的酯交换反应,在双链上打开临时的切口然后封闭(暂时的双链中断)。ATP 水解是与解旋酶的活动偶联的,其提供的能量不是用于形成新的磷酸二酯键,而是为了触发双螺旋的构型改变,从而使其可以穿过临时的双链切口,单向降低环绕数。作用于解旋酶亚基的抗生素可以迅速中断大肠杆菌复制(见临床相关知识 4.2)。大肠杆菌还有第二种Ⅱ型拓扑异构酶——TopoⅣ,在染色体分散到子代细胞中起重要作用。

临床相关知识 4.2

药物靶标——拓扑异构酶

作用于解旋酶亚基的抗生素可以抑制环绕数的降低和双链的解旋,因此可以迅速阻止 DNA 的复制。有两种可以抑制拓扑异构酶的方法。其一是利用拓扑异构酶抑制剂,如香豆霉素 A1(coumermycin A1)和新生霉素(novobiocin)作用于 *gyrB* 编码的 ATP 酶亚基,抑制其催化活性;其二是利用拓扑异构酶毒性剂,如萘啶酸(nalidixic acid)作用于 *gyrA* 编码的“解扭转酶”亚基,可固定 DNA-蛋白质的共价连接,在复制中引起致命的 DNA 链断裂,常被用来治疗尿道感染;环丙沙星也是一种拓扑异构酶毒性剂,是临床应用中最有效的口服抗生素之一,被用来防治炭疽以及许多其他细菌的感染。

真核细胞中复制需要的酶

真核细胞 DNA 复制与原核细胞基本过程一致,所以需要的酶活性也大体类似,但是在特异性以及作用机制的细节上有所不同，临床中可以应用这些差异达到抗菌治疗的目的。

DNA 聚合酶 δ 在复制叉处与滑动夹结合，合成连续链，滑动夹被称为**增殖细胞核抗原**(**proliferating cell nuclear antigen，PCNA**)，因其最初发现于复制状态的细胞核中而得名。PCNA 的三个亚基组成一个环，围绕 DNA(图 4.10)，DNA 聚合酶 δ 结合于环上。此环的形成需要一个叫做**复制因子 C**(**replication factor C，RFC**)的**滑动夹装载因子**(**clamp-loading factor**)。

真核细胞后随链的合成情况比原核细胞要相对复杂一点(图 4.13)。亲代链在解旋酶的作用下发生分离，一种称为**复制蛋白 A**(**replication protein A，RPA**)的单链结合蛋白结合到暴露的单链上。在真核细胞中，引发酶与启动冈崎片段合成的 **DNA 聚合酶** α(**DNA polymerase** α，**Pol**α)结合为 Polα/引发酶复合物，该复合物先合成一段大约 10 个核糖核苷酸的引物，然后从引发酶活性变成 DNA 聚合酶活性，将引物延长 15～30 个脱氧核糖核苷酸，产生一小片段 DNA 共价结合于 RNA 引物。冈崎片段达到这个长度后，Polα/引发酶复合物和 DNA 分离。RFC 结合到被延长的引物上，充当**滑动夹装载器**(**clamp-loader**)，组装 PCNA **滑动夹**(**sliding clamp**)。随后 Pol δ 与 PCNA 结合，合成长度约为 130～200 核苷酸的冈崎片段。

引物的移除分为两个步骤，由 RNase H 和 FEN1 参与完成。首先 **RNase H** 降解 RNA 引物，在冈崎片段的末端只留下一个核糖核苷酸。随后由 **FEN1**(**flap endonuclease 1**)去除最后一个核糖核苷酸(可能也去除一些脱氧核糖核苷酸)，具体方法是 FEN1 揭起一个或几个核苷酸，形成一个“侧翼”样的结构，然后切断拐角处的磷酸二酯键，释放“侧翼”。如果冈崎片段起始部位有 Polα 催化的错配核苷酸，5′端就会变得不稳定，FEN1 则揭起更长的“侧翼”然后切除，这样就增加了复制过程的稳定性。

由 Pol δ 催化延伸新合成冈崎片段的 3′端，从而填补两个冈崎片段之间的缺口。当 Pol δ/PCNA 复合体遇到前一个片段的 5′端 dNTP 时，会从 DNA 上解离下来，转移到下一个部分合成好的冈崎片段上并重复这个过程。与大肠杆菌类似，负责两条链延伸的两个聚合酶分子(此处是指 Pol δ)在复制体(或“复制工厂”)中结合在一起，使两条链同时进行复制(图 4.11)。

真核细胞的 DNA 包装在核小体中，每个核小体包含有约 200bp 的 DNA。复制时需要解离核小体，所以可能会限制 DNA 合成的效率。一个核小体解离后，约 200bp 的亲代链 DNA 暴露出来，然后分离为两条单链，冈崎片段的引物合成就发生在暴露的单链 DNA 上。这就可以解释为什么人类的冈崎片段长度是固定的。

人类有Ⅰ型和Ⅱ型拓扑异构酶。人类的Ⅰ型拓扑异构酶被称为切口闭合酶(图 4.9)，其可以消除正超螺旋和负超螺旋，在 DNA 复制和转录的时候发挥作用。Ⅱ型拓扑异构酶在 DNA 合成的结束步骤以及染色体分离时非常重要，否则染色体会在许多复制泡完成任务后发生缠结。TopoⅡ是一种高丰度的蛋白质，在细胞分裂间期，其还可以辅助 DNA 结合到核内特定位点。人类Ⅱ型拓扑异构酶不是一种解旋酶，因为它不能引入负超螺旋。癌症的化疗常以拓扑异构酶为靶标，这类药物可以使复制时的 DNA 双链发生断裂。所以复制活跃的细胞较静息细胞对此类药物更为敏感。

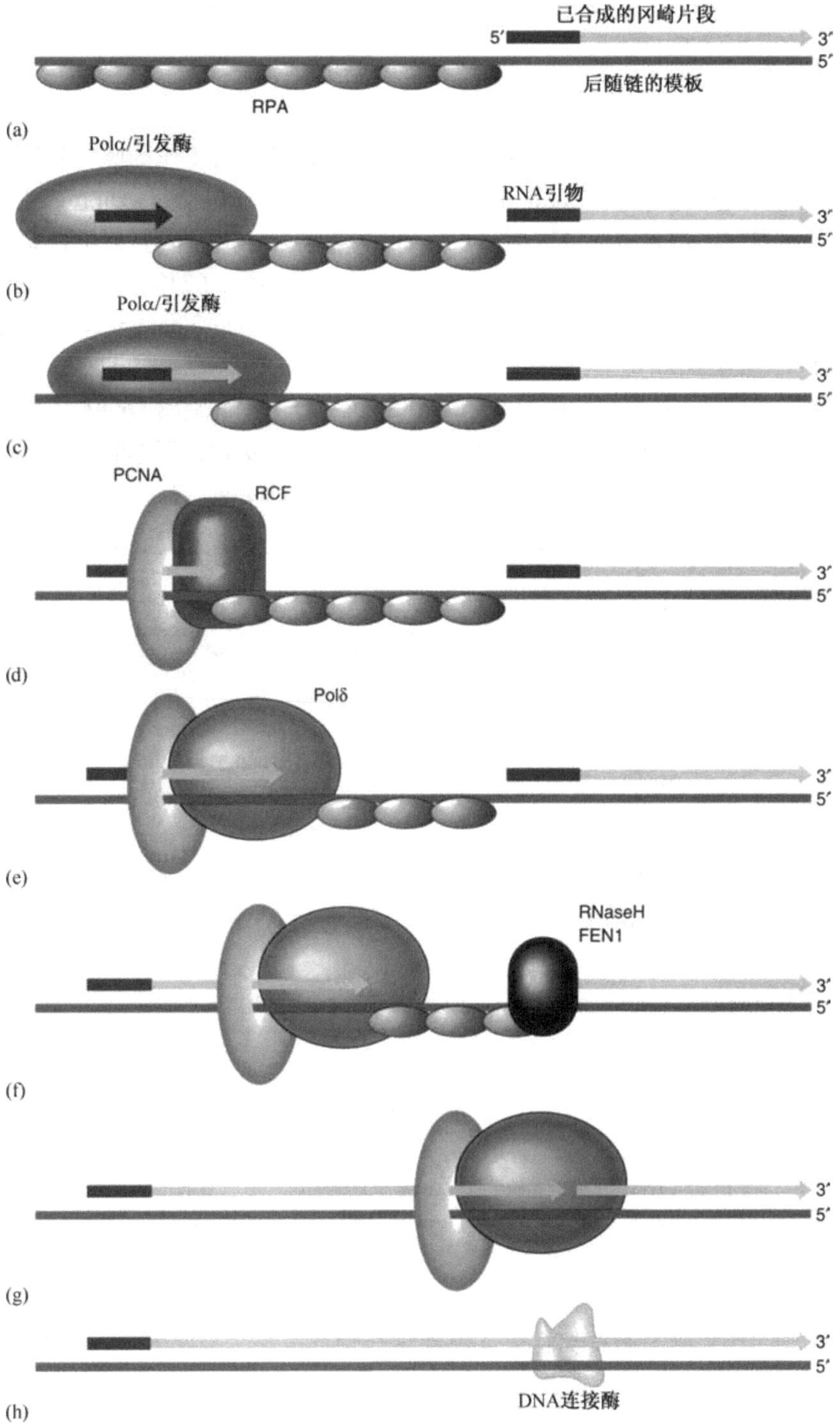

图 4.13 真核细胞中催化后随链合成的酶(未显示前导链)

(a)RPA(一种单链结合蛋白)结合到由前进的复制叉打开的单链模板上。图中右侧有一段已合成的冈崎片段，紫色部分是其 RNA 引物。(b)Polα/引发酶复合体利用其引发酶活性启动 RNA 引物的合成。(c)RNA 引物长度达到 10 个核苷酸时，Polα/引发酶复合体的聚合酶活性开始起作用，用脱氧核糖核酸将引物延长 15～30 个碱基，之后复合体脱落。(d)RFC 结合到部分合成的冈崎片段上，利用三个 PCNA 分子合成滑动夹。(e)Polδ 结合到滑动夹上，继续延伸冈崎片段。(f)当复制复合体到达前一个冈崎片段的 RNA 引物时，RNase H 和 FEN1 联合作用，将该 RNA 引物降解。(g)冈崎片段继续延伸，填补缺口。(h)最后切口由 DNA 连接酶封闭

复制的起始

前面内容已经描述了复制叉的行进过程,但它是如何开始工作的呢?复制过程开始于**复制起始点(origins of replication,ori)**。目前已经得知 *ori* 包括:(a)与起始蛋白结合的多个短重复序列;(b)富含 AT 的区域,也是亲代链解离开始的位置。大肠杆菌只有一个复制起始点 *oriC*(origin of chromosomal replication),长度大约 245bp。真核细胞有几千个复制起始点(图 4.14)。酵母 *ori* 被称为**自主复制序列(autonomously replicating sequence,ARS)**。人类执行 *ori* 功能的序列尚未被鉴定出来。

在大肠杆菌中,*oriC* 与**起始蛋白(initiator)DnaA** 结合。解旋酶 **DnaB** 以 **DnaC** 为"媒介"结合到双链 DNA 上并开始解链,形成复制叉。在每个 *ori* 位置出现一个复制泡,形成两个复制叉,分别向两侧移动。因此,复制是**双向(bidirectional)**的。

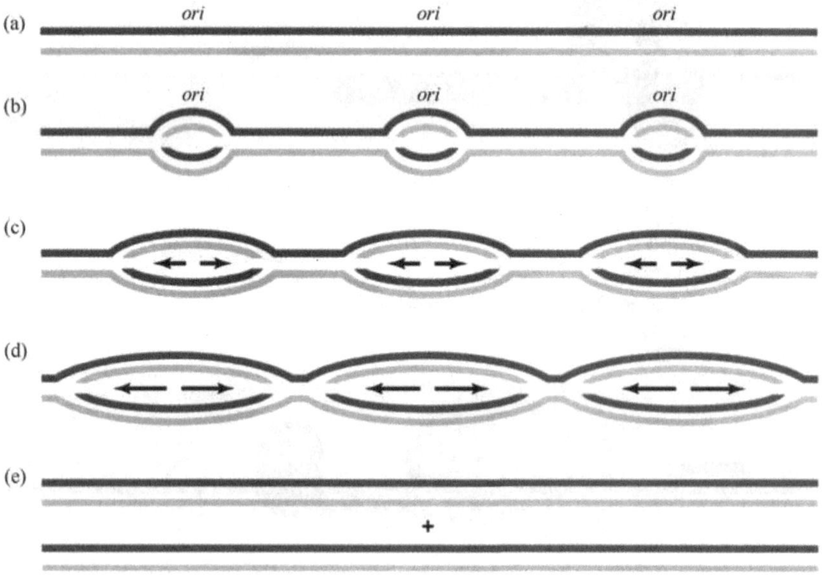

图 4.14 真核细胞中串联的复制子和 DNA 双向复制

(a)真核细胞染色体上串联排列着多个复制起始点(*ori*)。人类复制起始点大约间隔 50 000~100 000bp。(b)复制在每个 *ori* 处启动。邻近的复制子趋向于同时开始工作。(c)每个复制起始点形成两个相反方向的复制叉,所以复制是双向的。形成的结构称为复制泡。(d)随着复制进行,复制泡逐渐变大,直到彼此之间非常靠近。然后相邻的复制泡融合,复制终止,亲代链分离。拓扑异构酶Ⅱ对复制终止和染色体分离非常重要。(e)最后,复制好的染色体被分配到两个子代细胞中

真核细胞多个复制起始点都有**起点识别复合物(origin recognition complex,ORC)**的形成,但是启动复制并不一定需要 ORC 参与。ORC 与 *ori* 结合后,具有弱解旋酶活性的**微型染色体维持蛋白(minichromosome maintenance protein,MCM)**复合体会在 *ori* 处与 ORC 结合,它的结合必须在 Cdc6p(由 Cdc6 编码)的协助下完成。细胞周期蛋白依赖性蛋白激酶可以使 Cdc6p 磷酸化而失活,从而阻止复合体的形成。这是阻断复制再次启动的方法之一。ORC/MCM 的激活由**细胞周期蛋白和细胞周期蛋白依赖性蛋白激酶(cyclin and cyclin-dependent protein kinase)**(见 25.2 节)调节。ORC/MCM 复合物一旦与 *ori*

结合并被激活，便会立即开始催化亲代链解离形成小**复制泡**（**replication bubble**）（图 4.15）。SSB（人类的 **SSB** 称为 RPA，即 replication protein A）与解离的单链结合，维持两条单链的分离。然后 MCM 复合体起解旋酶的作用，使复制叉处的双链解旋。

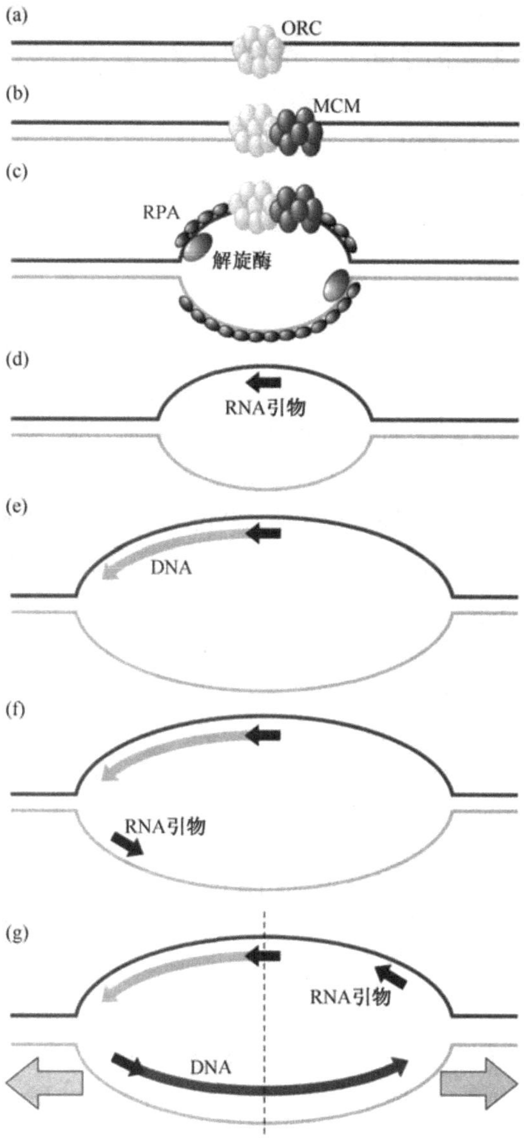

图 4.15　真核细胞复制起始点处复制的启动

(a)起点识别复合物(origin recognition complex，ORC)结合到复制起始点 *ori*。(b)MCM 复合体依赖 Cdc6p(cell division cycle 6 protein)结合到 ORC 和 *ori* 上。(c)起始复合物激活，解旋酶打开亲代双链，形成一个小复制泡。SSB 与暴露的单链结合，解旋酶在 DNA 上继续向两侧移动，复制泡不断扩大。(d)Polα/引发酶合成第一段 RNA 引物，长度达到 10nt 后，Polα/引发酶复合物发挥其聚合酶的活性，利用脱氧核糖核酸延长引物。此处及后面几个图主要描绘 DNA 的变化，蛋白质未显示(e)添加了 15～30 个脱氧核糖核苷酸后，Polα/引发酶复合体脱离，由 DNA 聚合酶 δ 利用脱氧核糖核苷酸继续延长新链。直到此时都与合成后随(逆向)链相似(比较图 4.13)，只不过不会遇到前一个冈崎片段，而是可以不断延伸，成为左向复制叉上的连续(前导)链。(f)在左向复制叉的不连续链一侧合成 RNA 引物。(g)如前述，该引物被延长，但是该延伸链同样不会遇到已合成的冈崎片段，可以持续延伸，成为右向复制叉上的连续(前导)链。而右复制叉另一条链上的引物按前述机制合成(比较图 4.13)。结果形成两个复制叉从复制起始点向两侧移动，以图中虚线呈镜像对称真核细胞和原核细胞在DNA合成的起始、复制叉移动过程的机制以及所利用的酶方面基本相同(图4.15)。真核细胞中,Polα/引发酶复合体首先合成一段RNA引物,然后利用dNTP延长引物。随后再由DNA聚合酶δ继续延伸这段短核苷酸(与不连续链中冈崎片段的延伸方式一样),并由复制体持续催化延伸,形成复制泡一侧复制叉上的前导链(图4.15)。在该复制叉的逆向链上,第一段冈崎片段的合成机制与复制叉移动时冈崎片段的合成机制相同(比较图4.13)。然而,这段冈崎片段延长后不会碰到“前一个”片段,而是可以沿5′到3′方向持续合成,一旦越过复制起始点,就变成了另一侧复制叉的前导链(图4.15)。两条前导链都持续合成,而两条对应的后随链则合成冈崎片段。两个复制叉从起始点处分别向两侧移动。

细胞周期

细胞周期(cell cycle)(图4.16)(见25.2节)是真核细胞进行的一种独特的、受调节的活动。其最显著的特点是有丝分裂,即染色体发生凝集、排列、分离,然后分裂为两个细胞。细胞分裂中有丝分裂出现的时相被称为**M期(mitotic phase,M phase)**。DNA复制发生在**S期(synthesis phase,S phase)**。有丝分裂期和S期之间是G_1期(Gap 1),S期和有丝分裂期之间是G_2期。G_1期、S期和G_2期被合称为间期,占据了细胞周期中的大部分时间。有丝分裂细胞中出现异常增多的碎片是癌症的组织学特征(见临床相关知识4.3)。

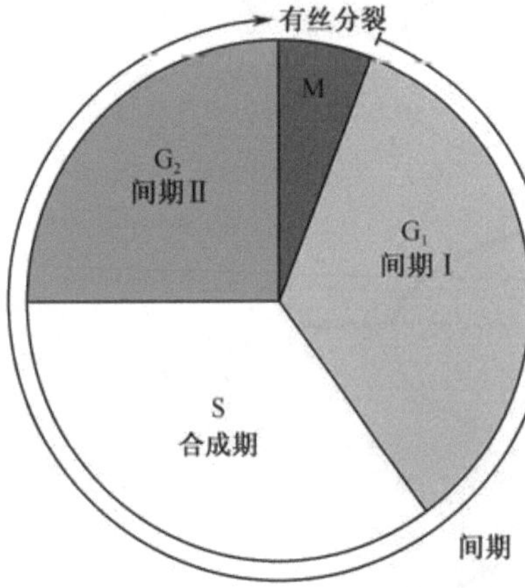

图4.16 细胞周期

在真核细胞,DNA复制(S期)和有丝分裂(M期)被G_1和G_2期间隔开。图中区域的大小比例代表了细胞周期中的时间划分比例

DNA在有丝分裂之前完整地进行复制才能保证子代细胞的活力。细胞在每个细胞周期检查点都有调节机制,确保复制能够协调地进行。由于复制叉可能碰到未修复的DNA损伤,所以细胞在复制过程中对DNA损伤尤为敏感(见临床相关知识4.4)。细胞在进化中获得了识别DNA损伤和阻止复制叉移动的能力,表现为S期延长,细胞周期停滞在G_1/S或G_2/M交界点,同时促进DNA修复相关的蛋白质合成。在酵母细胞中,对Polε进行突变后发现,修复DNA损伤相关的基因表达以及细胞周期检查点调控都受到明显影响。PCNA可能在协调复制和修复的过程中起重要作用。一种细胞周期蛋白依赖性蛋白激酶抑制剂$p21^{cip1}$可以和PCNA相互作用而抑制复制,但DNA的修复不受影响,这样就可以在复制继续进行之前完成DNA的修复。

在真核细胞中,是否启动DNA复制的决定对复制过程具有调节作用。一旦复制启动,细胞便会完成整个复制过程。起始点上复制的启动必须精确协调,保证每个细胞周期中染色体全部得到复制,并且只复制一次。如果基因组未能完全复制,就会导致染色体不稳定,遗传信息丢失。如果某一部分染色体DNA未能复制,两条子代染色体便不能正常分离,染色体还有可能在分离过程中发生断裂。断裂染色体是不稳定的,会引起基因重组,导致更严重的问题。由于染色体片段丢失可能会使细胞的关键基因缺失或者某一染色体增加一个拷贝,这样的后果不堪设想。比如 21 三体综合征,就是由于人类最小的染色体额外多了一个拷贝,该疾病又叫做唐氏综合征(Down's syndrome)。

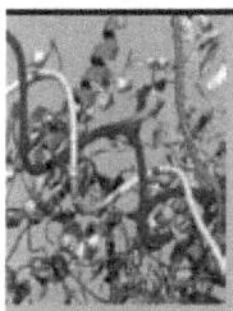

临床相关知识 4.3

癌症和细胞周期

癌细胞表现出不受控制的、过度的细胞分裂。癌组织的病理学特征是分裂活跃的细胞比例与其来源的正常组织相比明显增多,镜下可观察到许多处于有丝分裂期的细胞,当然,处于 S 期的细胞也很多。

多种药物可以阻断有丝分裂。比如,抗代谢药可干扰前体物 5'-dNTP 的合成。甲氨喋呤可抑制二氢叶酸还原酶的活性,后者是维持合成过程中还原态四氢叶酸所必需的。5-氟尿嘧啶可以抑制胸苷酸合酶,如果转变成三磷酸盐,还可掺入 DNA 的合成中,导致 DNA 链的断裂。长春碱类药物抑制微管的组装,从而干扰有丝分裂和染色体分离。拓扑异构酶抑制剂阻止亲代链解旋,使复制延缓或停止。拓扑异构酶毒性剂可以使 DNA-拓扑异构酶之间的共价连接无法通过酯交换而转变为磷酸二酯键,故而切口不能封闭,导致链的断裂,这一类的抗肿瘤药物包括依托泊苷和多柔比星。

基因组的不同区域在 S 期的不同时间点进行复制,通常,转录活跃的区域先复制,而异染色质区域(此处染色质浓缩,不常转录)后复制。

该过程的具体细节还不清楚,但可以介绍一下基本原理。目前比较公认的模型被称为“**许可(licensing)**”模型。必须有**许可因子(licensing factor)**结合到起始点才能启动复制,该过程发生在 S 期的开始阶段,涉及 MCM 复合物与起点识别复合物 ORC 的结合。包括 Cdc6p(cell division cycle protein 6)在内的“**媒介(matchmaker)**”蛋白辅助 MCM 与 ORC 结合的顺利进行。这种前复制复合物(pre-replication complex)的组装只发生在 DNA 合成之前的 G_1 期。一旦复制开始,许可因子便会随着 Cdc6 和 MCM 复合物的解离而失活。如果这个起始点再次开始复制,必须结合新的许可因子,但直到下一个 G_1 期开始之前,不会有新的前复制复合物形成,以免在同一细胞周期中再次启动复制。这个过程受到细胞周期蛋白依赖性蛋白激酶调控(见 25.2 节)。

环状基因组复制的终止

环状 DNA 复制时,两个复制叉在距离起点 180°的地方会合,最后一部分基因组合成完毕时,复制即终止。两个新的染色体拓扑结构的分离必须依靠Ⅱ型拓扑异构酶。在一些比较小的病毒中(如 SV40),复制叉会合时复制便终止,不涉及特异的序列。而大肠杆菌基因组包含特殊的终止序列,复制叉不能越过,可以将复制限定在某一个区域。

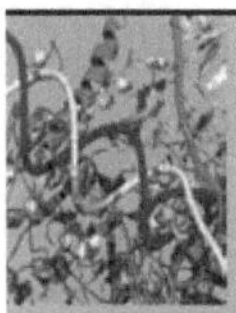

临床相关知识 4.4

核苷类似物与 HIV 耐药性

AIDS(获得性免疫缺陷综合征)是因 HIV(人类免疫缺陷病毒)感染引起的。该病毒生命周期中的关键步骤是形成病毒 RNA 基因组的 DNA 拷贝,这个反应是由反转录酶催化的,反转录酶对正常细胞不是必须的,所以可以成为化疗的主要靶标。

AZT(3-azido-2,3-dideoxythymidine)是最先被应用于 HIV 感染治疗的药物。它是一种核苷类似物,五碳糖上带有一个叠氮基。它可以被磷酸化为三磷酸形式,能够与 dTTP 竞争掺入反转录反应。由于 AZT 的五碳糖中 3′碳原子上的叠氮基不是添加核苷酸反应的底物,故能终止延长中的复制链,从而阻断了病毒 RNA 的反转录,但对更精确的 DNA 聚合酶则没有太大影响,这样就为治疗提供了可能。然而,它的副作用包括:骨髓毒性(由于含有分裂活跃的细胞)。还有其他一些核苷类似物应用于治疗 HIV 感染,DDI(2,3-dideoxyinosine;didanosine)和双脱氧胞苷(dideoxycytidine,zalcitabine)的磷酸化衍生物掺入反转录反应后,也可以终止反转录链的延伸。

反转录酶没有校读活性,所以出错的概率比 DNA 聚合酶高得多。如此高的错误率给 AIDS 的治疗带来了困难,因为一个患者体内可能有病毒的很多种突变体。某些突变体可能对任何治疗药物耐药。这样,许多药物最初能够降低病毒量,然而由于药物的筛选作用,耐药病毒繁殖,对药物的敏感性降低,从而出现耐药。解决耐药性的方法之一,是利用作用于不同病毒蛋白的药物联合治疗。

线性基因组复制的终止:端粒

人体细胞以及大多数真核细胞含有的都是线性基因组。线性基因组末端复制情况比较困难,问题在哪里呢?理论上讲,连续链的复制可以直到模板的末端,但是后随链不行。因为没有空间合成引物以供核苷酸添加(图 4.17a)。即使能在模板的末端合成引物,RNA 被去除之后也会留下缺口。如果不能在染色体的末端完成后随链的复制,即使下一代细胞不出现问题,多次分裂之后也会导致染色体缩短、重要基因丢失、细胞死亡。因此,必须防止染色体末端 DNA 的持续丢失。

真核细胞面临的另一个情况是,DNA 分子末端趋向于引发重组(后文详述)。为了避免这两个问题,真核细胞线性染色体末端有一个特殊的结构,称为**端粒(telomere)**,它是一段富含 G 碱基的六核苷酸重复序列。人类端粒含有几千个重复的 TTAGGG。3′端比 5′端(图 4.17b)长 18 个核苷酸,即三个拷贝的重复序列。突出的 3′端自行回折,形成非 Watson-Crick 配对的 G-G 氢键,与限定其长度的蛋白结合,防止染色体末端发生重组。

端粒酶

端粒靠端粒酶维持,该酶可以向端粒的 3′端添加六核苷酸重复序列。端粒酶是一种核苷酸蛋白复合物,含有一个小 RNA,能作为添加新六核苷酸重复序列的模板(图 4.18)。端粒酶依靠其小 RNA 与染色体末尾几个核苷酸形成氢键结合到 3′端链上。以 RNA 为模板,合成六核苷酸重复序列。随后端粒酶脱落并与另一个末端结合，添加重复序列。

由于重复序列不编码蛋白质，不同染色体的端粒长度并不一定相同，某些端粒略有缩短也没有关系。端粒的长度会经历周期性变化，可能由于后随链不能完全合成而缩短(图 4.17a)，也可能由于端粒酶向 3′端添加新的六核苷酸重复序列而延长(图 4.18)。虽然端粒的长度不是恒定的，但由于可以添加新的重复序列，也不会无限制缩短，通过端粒酶的作用仍可恢复以 3′端突出为特征的端粒结构。

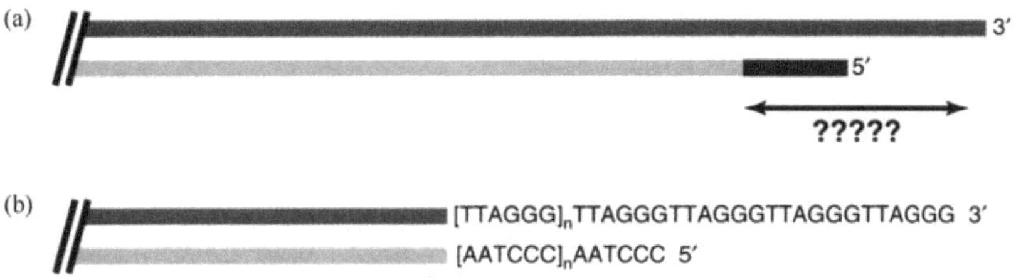

图 4.17　人类端粒

(a)端粒复制的问题。亲代链的 3′端(不连续链的模板)用深褐色显示；子链用浅褐色显示，RNA 引物用紫色显示。由于没有空间合成引物以供子链完全合成(以?????? 显示的区域)，子链就会比亲代链短。最后一段 RNA 引物去除之后则会更短。(b)端粒由许多 6nt 串联的重复序列组成，在人类是 TTAGGG，富含 G 碱基的链较富含 C 碱基链长 12～18nt

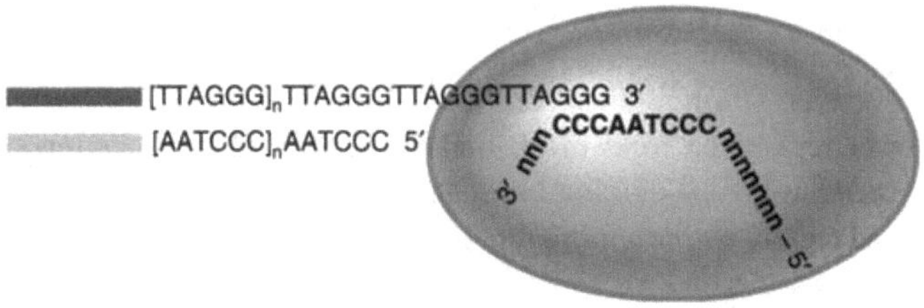

图 4.18　端粒酶

端粒酶是整合了一段短 RNA 链的核苷酸蛋白复合物，可以催化向 DNA 链 3′端添加新的 6nt 端粒重复序列的反应。端粒酶 RNA 部分碱基与端粒重复序列配对，充当模板。蛋白质部分充当反转录酶，利用 RNA 模板合成 DNA。添加一个 6nt 重复序列后，酶脱落，并可再次与 3′端结合并添加另一个 6nt 重复序列

分化好的、只分裂一定次数的细胞不表达端粒酶。这样，端粒随着分裂次数增加而缩短。细胞分裂一定次数之后，端粒消失，最终引发程序性细胞死亡——凋亡(见 25.3 节)。通常，端粒酶在肿瘤细胞中被激活。故端粒酶可以作为癌症治疗的靶标。值得注意的是，端粒酶失活后并不能使肿瘤生长立刻停止。只有在经历了多个细胞周期，染色体显著缩短之后，抑制肿瘤生长的效果才能体现出来。因此，端粒酶抑制剂最好与其他治疗联合使用。

RNA 基因组的复制

某些病毒含有 RNA 基因组。这些基因组复制的精度很低，突变相对更快一些。一个典型的例子是引起**获得性免疫缺陷综合征**(**acquired immune deficiency syndrome，AIDS**)的**人类免疫缺陷病毒**(**human immunodeficiency virus，HIV**)。HIV 病毒的 RNA 可

以反转录为 DNA,然后整合到人的染色体中。HIV 反转录酶是抗病毒化疗的靶标(见临床相关知识 4.4)。

HIV 的 RNA 基因组反转录的精确度比 DNA 复制的精度低得多,这样会导致一个患者体内可能有很多不同的病毒突变体。这些突变体中有一小部分可能对单一的药物治疗耐药。这部分病毒可能成为药物存在情况下的主要突变体,使得药物的疗效降低。考虑到病毒对多种药物耐药的可能性比较小,如今的联合治疗同时针对 HIV 反转录酶和 HIV 蛋白酶。

4.3 重组

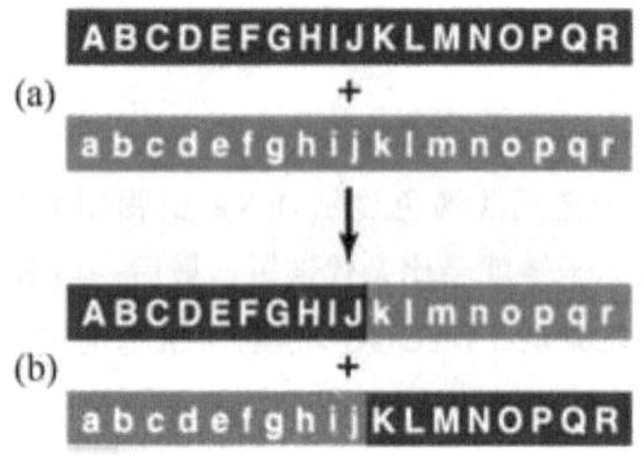

图 4.19　同源重组

(a)父本染色体中等位基因用蓝色大写字母表示。母本染色体中等位基因用红色小写字母表示。(b)基因 j 和 k 发生重组后,两条染色体都含有双亲的部分 DNA 序列。这两条染色体所携带的总体遗传信息不变,但每条所携带的遗传信息发生了互换

重组是基因信息的交换。有两种基本的类型:同源重组和非同源重组。同源重组,又称为**一般性重组**(**general recombination**),发生于同源序列或者同源性很高的序列,如一对父本和母本染色体。染色体不是一成不变地传递给下一代(图 4.19),每个人从父亲那里继承的每条染色体都包含了其父亲双亲的染色体成分,从母亲那里继承的也是如此。这是减数分裂中染色体排列、分离等自然过程中的一部分,目的是保证每个生殖细胞都是单倍体(即只含有一组染色体)。

同源重组是相互的,一条染色体中的一部分转移给另一条,反之亦然。通过重组,基因在传递到下一代之前发生重排,后代出现遗传多样性。染色上两个位点之间发生重组的可能性大致与它们之间实际距离成比例。这是遗传作图的基础。如果两基因重组的可能性为 1%,那么它们之间的距离被定义为 1 **厘摩**(**centimorgan,cM**),1cM 在染色体上的长度约为 1 000 000bp。

同源重组模型

重组对 DNA 的复制和修复也很重要(见 153 页)。同源重组的模型主要有三种,它们之间关系密切,都有相同的中间体,称为 **Holliday 连接体**(**Holliday junction**)。最简单的是 Holliday 模型,抓住该模型的要点有助于理解其他模型。

Holliday 模型

Holliday 模型的主要特征是:(a)同源性;(b)两条链的对称性断裂和链“侵入”;(c)关键中间体——四链“Holliday 连接体”的出现。在此模型中,重组开始的时候,两条 DNA 双链体中各有一条链在同源位点处发生断裂(图 4.20)。双链部分解旋,各以一条链“侵入”对方。即每条双链相互以一条链与对方另一条链形成碱基配对,然后共价连接到对方分

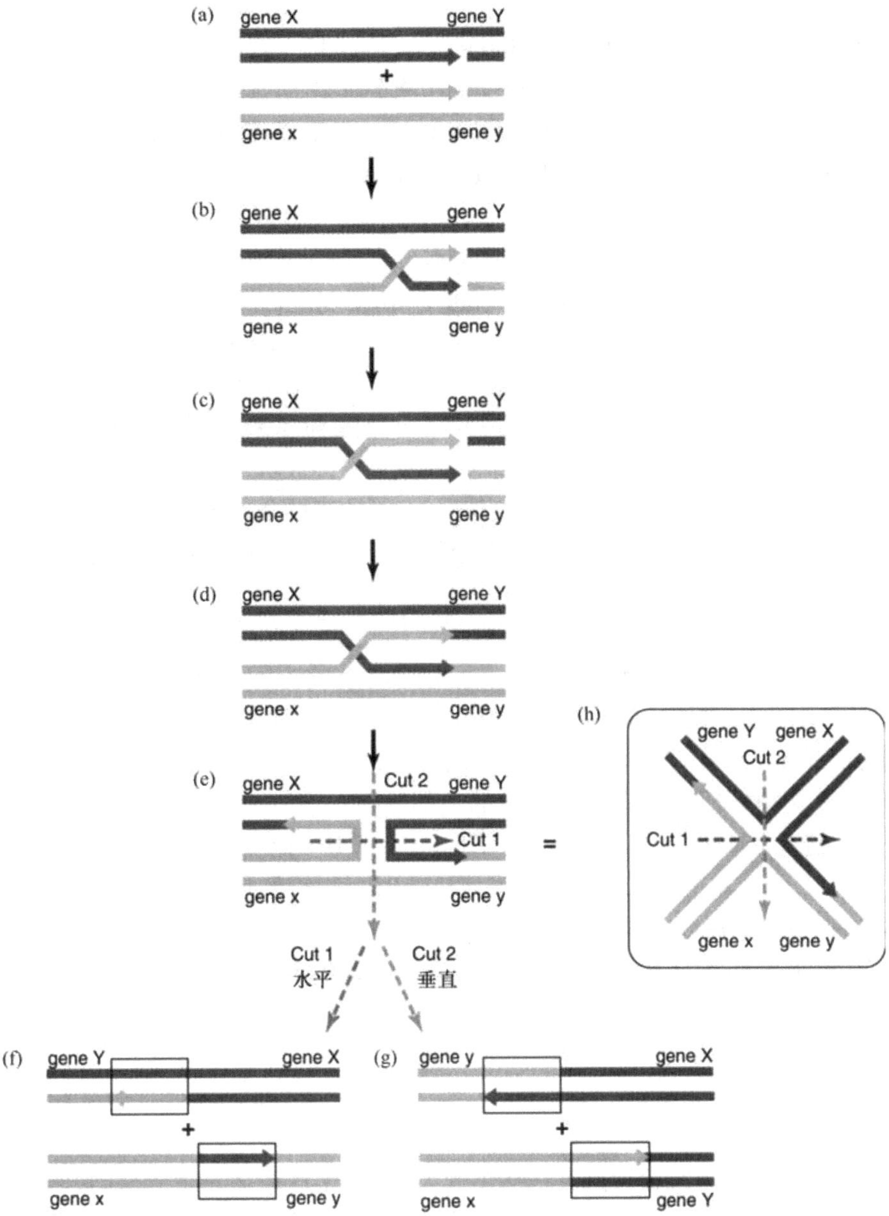

图 4.20　同源重组的 Holliday 模型

(a)联会(配对):两个同源 DNA 分子会合并适当排列。[X,x 和 Y,y 代表 X,Y 基因(或标记)的不同等位基因(或标记)]。双链中同一极性的同源位点发生单链断裂。(b)两条双链发生部分解旋,对称地以一条单链“侵入”(碱基配对)对方,形成两条交叉链连接两条双链的结构。来源于两条同源双链的单链组成的双链称为异源双链。(c)发生“分支移位”。(d)DNA 连接酶封闭切口,分支移位进一步发展。四条链通过一个交叉点连接。(e)旋转形成“Holliday 中间体”结构,如图所示。(f)拆分:通过两个方向上的对称剪切分离两个分子(橙色或者绿色箭头)。DNA 连接酶连接末端。剪切方向决定两侧区域是否发生交换。(g)如果按照水平方向(cut1)剪切,两侧基因(或标记)相位不变(XY/xy)。这些基因座之间没有发生重组。(h)若按照垂直方向(cut2)剪切,两侧基因(或标记)发生交换(Xy/xY。基因座之间发生重组)。注意两种剪切方式中均有一段异源双链(方框中);该区域中的错配修复会引起基因转换子上，在两个 DNA 分子间形成交叉连接。

然后发生**分支移动**（**branch migration**）（图 4.20c）；两个双链 DNA 分子解链的同时又形成新的双链，维持氢键的数目不变，交叉的位置发生移动。因为氢键的数目保持不变，细长、柱状的 DNA 分子能够很容易地绕其长轴进行转动，所以分支移动所需要的能量很少。通过分支移动，形成一段**异源双链**（**heteroduplex**）区域，该区域的双链中一条链来自原来的双链，一条则来自于另一对双链。在人类，两个个体间每 1000 对碱基就有一个不同，所以，异源双链中常含有至少一对错配碱基。

交叉链共价连接于对方的双链（图 4.20c）。如图 4.20e 和 4.20h，通过一个交叉点连接的两个 DNA 双链可以旋转形成一个含有四条链的"Holliday 连接体"。如图 4.20e 中显示，它可以通过水平或者垂直切开任意一种方法，形成两个双链分子。如果交叉链被切开（图中，cut1），图中异源双链两侧的基因相对位置和原来相同（X 和 Y，x 和 y）（图 4.20f）；总体上讲，染色体基本没有变化。如果未交叉链被切开（图中，cut2），则两条染色体的两侧发生了交换，产生一条新的染色体，包含了原来两条双链中的各一部分（X 和 y，X 和 y）（图 4.20g）。异源双链可进行错配修复，将一个等位基因转换为另一个，这个过程称为**基因转换**（**gene conversion**）。

Meselson-Radding 模型

理解了 Holliday 模型，那就很容易领会由 Meselson 和 Radding 提出的模型。首先是单链的切开和"侵入"，而不是一对切口和相互"侵入"（图 4.21a）。切开的链可作为引物被 DNA 聚合酶延长，取代被"侵入"链的一部分（图 4.21b）。被取代链"侵入"对方（直线排列的双链），形成 D 环（D-loop）结构（图 4.21c）。D-环单链部分被降解，DNA 修复合成并封闭切口，形成单链交叉。分支移动，切口封闭，链旋转，形成与前述相同的 Holliday 连接体（图 4.21e）。后续步骤相同，产生两侧标志交换（cut2：X 和 y，X 和 y）（图 4.21g），或者不变（cut1：X 和 Y，x 和 y）（图 4.21f）。**Meselson-Radding 模型**与 Holliday 模型最大的不同是两条双链中的只有一条单链侵入对方，形成不对称的异源双链。和 holliday 模型相同的是，错配可以引起基因转换。

双链断裂模型

第三个模型是双链断裂模型。在这个模型中，重组首先从一条双链的断裂开始（图 4.22a）。断裂处的末端被切除一部分（图 4.22b）导致该双链的基因信息部分丢失。此后该模型表现为两种形式，其一，断裂链的两条单链片段均入侵另一条完整的双链，连接形成含有两个 Holliday 中间体的分子。聚合酶以完整链为模板修复断裂链的末端，并在 DNA 连接酶催化下连接，然后再与前两个模型一样，发生分支移位；其二，断裂双链中的一条单链以断裂处的 3′端侵入完整双链中的一条，并形成 D-环，使得完整双链被部分复制，具体过程是：(a)形成小复制泡，完整链的两条单链都被复制较短的一段距离；(b)复制泡到达断裂的另一端时，即发生拆分。这将导致更广泛的基因转换。

两个 Holliday 连接体的拆分靠一对剪切步骤来完成（图 4.22f）。因为每个连接体的拆分都有两种方式，所以可能产生四种结果。其中两种结果表现为两侧的基因（或标记）相位不变（X 和 Y 以及 x 和 y），另两种结果则引起两侧的基因（或标记）发生交换（X 和 y

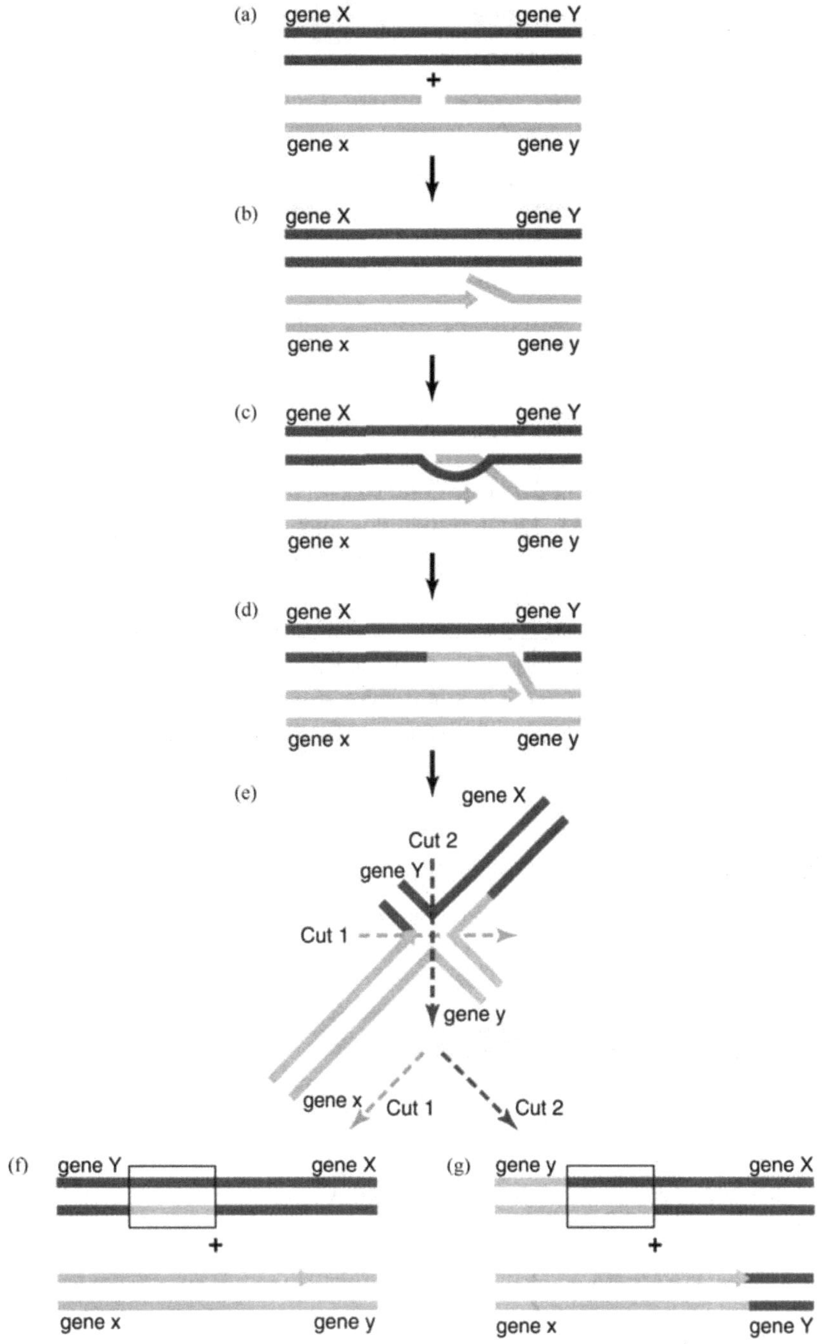

图 4.21　同源重组的 Meselson-Radding 模型

该模型与 Holliday 模型类似，但最初是单链的侵入。(a)联会(配对)：两个同源 DNA 分子会合并适当排列。一条单链发生断裂。(b)DNA 聚合酶延长 3′-OH 端，替换 5′端。(c)游离的 5′端侵入同源双链，形成“D 环”。(d)D 环被降解，DNA 修复合成并封闭切口，形成单链交叉。当一条链进一步被延长，发生分支移位。延长链交叉并连接到对方双链(图中未显示)，使四条链通过交叉点连接，与图 4.20 相同。(e)链旋转形成图 4.20e 和 4.20h 中的 Holliday 连接体。Holliday 连接体通过两种方式拆分，如图 4.20。剪切的方向决定两侧区域是否发生基因交换。注意两种情况下都有异源双链(方框中)，但不是相互的，仅在一个双链中存在；该区域中的错配导致基因转换

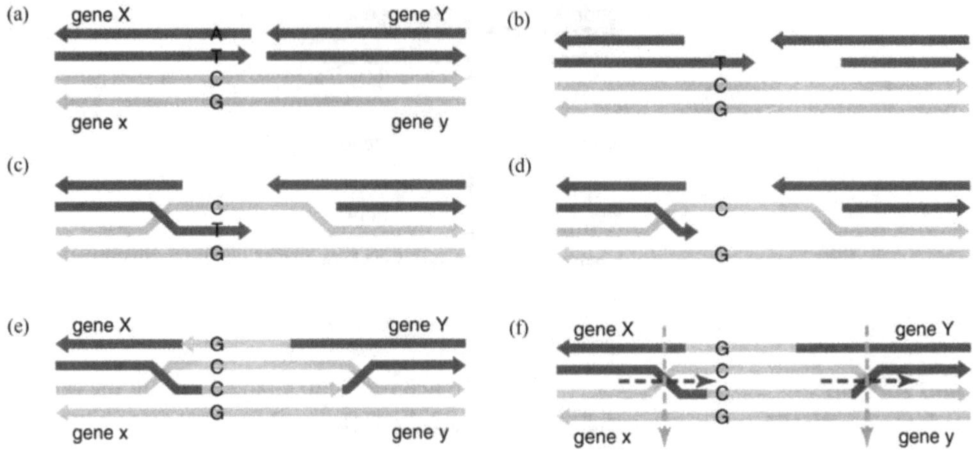

图 4.22 同源重组的双链断裂模型

此模型与前述二者有许多相似的地方，只不过重组是由双链的断裂启动。

(a)一个 DNA 分子中的双链断裂启动重组。图中显示两个排列好的双链；两侧是不同的等位基因(X，x；Y，y)。还显示了一个双链中是 AT 配对，另一个是 CG 配对的位点。(b)内切核酸酶在断裂处从 3′向 5′进行剪切核苷酸，形成两条 3′-OH 端突出的单链。图中显示断裂链中一条单链上与同源双链有差异的一个核苷酸被切除。(c)一条或两条突出单链可以侵入完整的同源双链。(d)负责错配修复的酶可以将断裂链游离末端与完整链错配的碱基切除。(e)DNA 聚合酶利用完整链为模板，延长游离末端，引起基因转换。切口封闭，形成两个 Holliday 连接。(f)两个 Holliday 连接都被拆分，每个连接都可以两种方式拆分(图 4.20h)，故最终结果有四种。有两种拆分(垂直/垂直，或者水平/水平剪切)不改变两侧标记的相位(XY/xy)。另外两种则引起两侧标记交换(Xy/xY)。可以由拓扑异构酶完成拆分

以及 X 和 y)。拆分也可能由Ⅱ型拓扑异构酶完成。由于断裂的双链在断裂部位损失了部分 DNA，产生的新染色体需要填补缺口，而这部分遗传信息只能来源于未断裂链。如果两对染色体在缺口部位的序列有差异的话，就必然发生基因转换。

大肠杆菌中参与重组的关键蛋白质

RecA

大肠杆菌中，参与重组反应的关键蛋白是 **RecA**，RecA 可以与单链 DNA 结合，形成螺线管，帮助单链 DNA 与同源双链 DNA 配对并部分复制该同源双链，形成局部三链的 D-环结构。然后两对双链 DNA 发生链转换，形成异源双链 DNA。真核细胞有 RecA 的同源蛋白质，在人类称为 RAD51。

RecBCD、RuvAB、RuvC

RecBCD 是大肠杆菌中具有多种活性的复合物。它可以结合在双链断裂的地方，启动重组。RecBCD 从切口部位开始降解双链中的一条，形成 3′-OH 端的单链，直到被称为 χ 位点的地方停止。然后 RecA 与单链结合，使其与同源双链配对结合。**RuvAB** 和 **RuvC** 形成具有 DNA 解旋酶的复合物，催化重组中的关键反应——分支移位。RuvC 结合于这

个复合物，具有内切核酸酶活性，催化 Holliday 连接体的拆分。

非同源重组

位点特异性重组

在位点特异性重组中，相应的酶将一段序列整合到 DNA 中的特定位点。位点特异性重组研究得最多的是 λ 噬菌体整合到大肠杆菌染色体的例子。**λ 整合酶**（**λ-integrase**）催化 λDNA 和大肠杆菌染色体特定序列的切开和连接，这是一个可逆的过程。已整合的 λ 序列也可以从染色体上切除。位点特异性重组参与重要的控制过程，例如，(a)酵母交配型(mating type)的转换，(b)锥虫(trypanosomes)的相转变(表面的主要蛋白变化)。锥虫的相转变帮助它逃脱宿主的免疫反应。

转座

转座(**transposition**)是基因组中的特定 DNA 片段的移动。和位点特异性重组类似，它也是由特殊的酶所催化的。转座有两种类型：(a)单纯转座，即从基因组中切下一段序列，插入到另一个位置；(b)复制性转座，是指将基因组中某处的一段序列复制后插入到另一个位置，原位没有发生序列缺失。催化转座反应的酶叫做转座酶。它识别并作用于**插入序列**(**insertion sequence**)。有一些 DNA 片段被称为**转座子**(**transposon**)，它们具有从几乎任何地方转移到目标部位的特性。转座子可以编码**转座酶**(**transposase**)，转座酶编码基因的两侧是插入序列。有时，转座子发生转移时会携带一些其他基因。也有一些含有插入序列的 DNA 片段不编码自己的转座酶，它们可以在别处编码的转座酶表达时发生转移。

转座子可以转移到所在染色体上的其他位置，也可以整合到其他染色体上。很大一部分人类基因组的现状是转座子和插入序列积累的结果。人类基因组中的**长散布元件**(**long interspersed nuclear element，LINE**)(其中最常见的是 L1 因子)就是转座子，有大约 50 000 个拷贝。Alu 序列是**短散布元件**(**short interspersed element**)中的一种，在人类单倍基因组中大约有 500 000 个拷贝，它们不编码反转录酶。一些突变引起的疾病就是因为转座子插入到某个基因，改变了它的编码活性或者影响了它的调节。

反转录转座子是这样一段序列，它首先转录为 RNA，然后又反转录为 DNA，再随机整合到基因组的某个位点。反转录病毒首先合成其 RNA 基因组的 DNA 副本(利用反转录酶)，然后再通过病毒编码的整合酶所催化的转座事件，整合到宿主的基因组中。

非同源末端连接

非同源末端连接(**nonhomologous end joining，NHEJ**)，有时也被称为异常重组(Illegitimate Recombination)，不要求具有同源性或者特异性的序列，表现为一个 DNA 双链断裂末端可以和另一个非同源双链相结合。这样就可以修复双链 DNA 的断裂，因此对于生存具有重要的保护价值。它也可以引起染色体易位或者 DNA 片段插入基因组的任何位置。在哺乳动物细胞中，一个被称为 Ku 的异源二聚体会紧密结合到 DNA 的末端，并且可以沿着 DNA 移动。Ku 与一个大的催化亚基结合形成 DNA-PK，DNA-PK 是一种 DNA 依赖的丝氨酸/苏氨酸蛋白激酶，被认为在 NHEJ 中起到重要作用，它可以结合到两个断裂双链的游离末端并使之相互靠近，防止核酸酶对它们的降解作用，还可以解旋断裂末端，直到具有“**微同源性（microhomology）**”的短片段区域发生配对。然后，FEN1 移除未配对的游离“侧翼”，DNA 聚合酶填补缺口，DNA 连接酶封闭切口，从而完成 NHEJ。Ku 缺乏导致染色体对 X 射线敏感，就是因为修复 X 射线引起的双链断裂能力下降。Ku 缺乏还会导致**重度联合免疫缺陷病（severe combined immunodeficiency disease，SCID）**，这是由于 Ku 在 V(D)J 重组中还发挥另外一个作用，即通过拆分和连接，组装有功能的免疫球蛋白基因。

当基因被人工导入哺乳动物细胞时，它通常会通过 NHEJ 随机整合到基因组中。DNA 片段的随机整合会导致基因的破坏、突变或功能失调。因此，当企图导入某个基因以治疗某个遗传性疾病时，可能会导致其他问题的出现，这是目前基因治疗的主要难题之一（见临床相关知识 4.5）。

临床相关知识 4.5

基因治疗

基因治疗就是导入某个新的或者经过修饰的基因，以纠正某种遗传缺陷或者治疗某种疾病的方法。随着我们对某个特定疾病了解的增加，进行遗传性干预的可能性也在增加。最早的基因治疗，不需要将基因工程细胞固定在某个特定部位，只需要它能够提供外周循环中的某种蛋白即可。对于某些生成需要严格调控的蛋白来说，基因治疗就相对要困难一点，例如胰岛素，值得庆幸的是，提供胰岛素的细胞可以位于身体的任何部位。其实真正困难的是要用正常细胞替代某种必须位于特定部位的缺陷细胞。

困扰基因治疗的发展目前主要有这样几个问题：一是如何将基因导入相关细胞，这个问题可以通过研究基因导入的载体和干细胞生物学来解决。另外一个问题是导入的基因趋向于被随机整合到基因组中。导入哺乳动物细胞的 DNA 最常见的是通过非同源末端连接的方法被整合到基因组中，这种随机整合可能会插入到染色质不适当的位置，从而导致新的突变，如果插入染色质的位置影响了它的调控，那么维持该基因的长时间表达也是个难题。

4.4 修复

虽然我们不断强调 DNA 复制的精确性，但复制也不是完全准确的。尽管出错的概率只有 10^{-9}，但每次复制还是会发生不少错误。同时，细胞中的 DNA 还会受到细胞成分的影响而发生变化，比如代谢副产物活性氧簇等。许多环境因素也在攻击和改变着 DNA。因此，遗传信息的维持，需要对 DNA 损伤进行不断地修复。

所有自由生活的有机体都有 DNA 损伤的修复机制。在这一部分内容中，我们将要讨论一些最重要的 DNA 损伤以及它们的修复机制。一些损伤能够直接修复，但多数都在修复过程中从 DNA 中移除。大部分修复的主要特征都是源于 DNA 的双链特性，利用互补链上的遗传信息，修复被损伤链上的序列。

DNA 损伤

在 37℃的水溶液中，DNA 中的 C、A 和 G 碱基有自发**脱氨基**(**deamination**)的现象。C 脱氨基形成 U(图 4.23)，A 会变成次黄嘌呤，G 则会变成黄嘌呤。DNA 中自发**脱嘌呤**(**depurination**)的发生率很高，它可以将连接嘌呤与 DNA 主链的糖基键打断(DNA 主链的完整性不受影响，图 4.23b)。据估计，每个哺乳动物细胞在 24 小时内大约有 2000～10 000个嘌呤缺失。这些脱嘌呤的位点称为脱碱基(abasic)位点或者 **AP 位点**(**AP site**)，AP 位点原意是指无嘌呤(apurinic)位点，即嘌呤缺失，后来被用以泛指任何碱基的缺失。

代谢副产物活性氧簇时常会将碱基氧化，使碱基发生改变，产生诸如 8-羟基鸟嘌呤(8-hydroxyguanine)等产物(图 4.23c)。氧化损伤随着年龄的增长而增加。脂质过氧化产物可以与碱基结合形成附加物(adduct)，特别是 G 碱基。烷化剂(包括一些化疗中应用

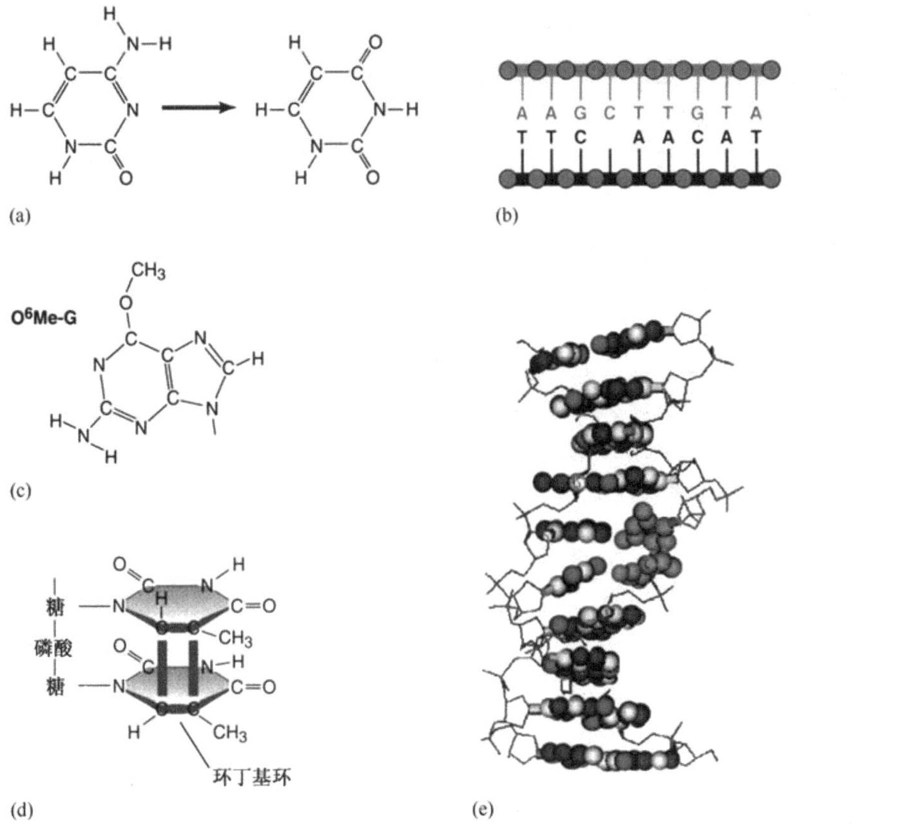

图 4.23　DNA 损伤

(a)氧化脱氨基使 C 变成 U；(b)AP 位点，脱嘌呤可切开 1′位糖环与碱基间的糖苷键使之形成一个 AP 位点，但不打断糖-磷酸骨架；(c)O^6-甲基鸟嘌呤是高突变位点；(d)UV 可导致同一链上相邻嘧啶形成交联体。图中是一个 TT 二聚体；(e)DNA 上的环丁烷二聚体

的)可向碱基添加甲基或者烷基等基团。S-腺蛋氨酸是正常代谢中的甲基载体,有时可以使DNA的碱基发生甲基化。

来自日光或者紫外灯(tanning lamp)的紫外辐射可以将一条DNA链上相邻的嘧啶基共价连接起来,形成 ***cis-syn* 型环丁烷嘧啶二聚体**(***cis-syn* cyclobutane pyrimidine dimer**)(图4.23d)和其他包括嘧啶6-4嘧啶酮(pyrimidine 6-4 pyrimidone)等光产物。电离辐射,包括X射线和放射性衰变可以导致双链断裂,并生成活性氧簇从而引起DNA损伤。

致癌剂和致突变剂也会攻击DNA。一些可以直接引起DNA损伤,而另一些则是**前致癌物**(**procarcinogen**)。前致癌物本身不会损伤DNA,但是可以在代谢中被激活(比如:被细胞色素P450氧化),成为可以损伤DNA的致癌剂。此过程被称为**代谢激活**。煤焦油中的**苯并[α]芘**(**benzo[α]pyrene**)是极强的前致癌剂,需要氧化形成环氧化物后才能损伤DNA。许多化疗药物可以攻击DNA,有的可以使碱基烷基化;而有的使双链发生交联,比如顺铂(见临床相关知识4.6)。分裂中的细胞对DNA损伤的敏感性较高,这意味着快速分裂的肿瘤细胞较正常细胞对这些化疗药物更敏感,但是药物对正常细胞的损伤限制了它们的剂量和应用。

临床相关知识 4.6

化疗、DNA损伤和修复

许多广泛应用的化疗药物是烷化剂,一般带有两个功能基团,能够引起DNA分子链内或者链间的交联。环磷酰胺、白消安和亚硝基脲都是烷化剂。烷化剂不但具有细胞毒性,还是一种致突变剂,有时会引起继发性肿瘤,如白血病。

顺铂(*cis*-diamminedichloroplatinum,*cis*platin)可以引起DNA的交联,被广泛应用于睾丸癌、卵巢癌等肿瘤的治疗。严重的副作用包括骨髓抑制、重度肾损伤、听力损伤和平衡能力下降。过去,播散性睾丸癌几乎是无法医治的(1973年,治愈率为5%),直到印地安纳大学医学院的Larry Einhorn和John Donohue医生发明了长春碱、博来霉素联合顺铂的化疗方法,使该病的存活率才大为提高。这种治疗方法随后被改进为依托泊苷、博来霉素联合顺铂的方案。现在,大约80%的患者能够存活。身患晚期睾丸癌的世界顶级自行车运动员Lance Armstrong在接受治疗后,仍参加环法自行车赛,并完成了七连冠的壮举。

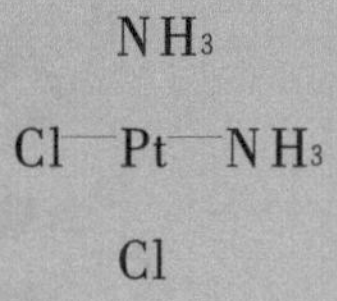

顺铂

突变

突变是DNA序列的可遗传改变,是来源于复制错误、DNA损伤或者损伤修复中的

DNA 序列改变。单个碱基对的改变称为点突变。点突变可以根据碱基的特性进行分类，**转换**（**transition**）是点突变的一种类型，是指嘌呤与嘌呤之间的替换（比如，A 替换 G 或者 G 替换 A）或者嘧啶与嘧啶之间的替换（比如，T 替换 C 或者 C 替换 T）。C 碱基脱氨基后如果不修复，就会引起转换。碱基类似物（比如 2-氨基嘌呤）存在时，转换的概率会升高（见临床相关知识 4.7）。**颠换**（**transversion**）也是点突变的一种，是指嘌呤和嘧啶之间的互换（比如，A 替换 C 或者 C 替换 A）。

点突变还有一个特征，即是可以影响编码序列。**错义突变**（**missense mutation**）是一种点突变，它改变了密码子中的一个碱基对，使其编码另一种氨基酸（图 4.24a）。**无义突变**（**nonsense mutation**）也是点突变，它改变了一个碱基对，使密码子变为终止密码，中断翻译的进行（图 4.24b）。无义突变通常比错义突变的危害更大，因为它通常使多肽链变短（一般变短的多肽链都不稳定）。**沉默突变**又叫**同义突变**（**synonymous mutation**），不会造成氨基酸编码的更改，它一般改变一个密码子的第三个核苷酸。

插入或缺失一个或多个碱基对（不是 3 的倍数）会引起**移码**（**frameshift**），扰乱蛋白质的编码（图 4.24c，d）。mRNA 的翻译没有标点，一旦起始密码子确定，后续的三连体就被认为是密码子。因此，在编码区添加或去除 3（或 3 的倍数）个碱基对只会增加或减少蛋白质中的氨基酸，但如果不是 3 的倍数，就会引起插入或缺失点下游读码框的移动，移码

点突变

---CUGACGUAUUUUAAUGUCATG--- ⇨ ---CUGACGU**C**UUUUAAUGUCATG---
---LeuThrTyrPheAsnValMet--- ⇨ ---LeuThr**Ser**PheAsnValMet---

(a)错义突变

---CUGACGUAUUUUAAUGUCATG--- ⇨ ---CUGACGUA**A**UUUAAUGUCATG---
---LeuThrTyrPheAsnValMet--- ⇨ ---LeuThr*****stop**

(b)无义突变

插入和缺失

---CUGACGUAUUUUAAUGUCATG--- ⇨ ---CUG**A**ACGUCUUUUAAUGUCATG---
---LeuThrTyrPheAsnValMet--- ⇨ ---Leu**AsnValPhe*****stop**

(c)A的插入改变读码框，引起移码突变

---CUGACGUAUUUUAAUGUCATG--- ⇨ ---UGACGUCUUUUAAUGUCATG---
---LeuThrTyrPheAsnValMet--- ⇨ ---*****stop**

(d)第一个C的缺失，改变读码框，引起移码突变

---CGGCGG [CGG $]_{45}$CGG--- ⇨ ---CGGCGG [CGG $]_{102}$CGG---

(e)三联体扩展可导致疾病

图 4.24 突变

点突变：(a)错义突变改变其编码多肽链的一个氨基酸。(b)无义突变将一个密码子变成终止密码子，中断其编码多肽链的合成。插入/缺失突变：(c)插入一个核苷酸改变了插入点下游所有密码子的读码框；通常产生一个新的终止密码，中断合成。(d)缺失一个核苷酸改变了缺失点下游所有密码子的读码框；通常也会产生一个新的终止密码，中断合成。(e)三联体扩展是三联体重复序列的大量增加。三联体扩展可以引起许多疾病，比如：亨廷顿舞蹈病（Huntington's disease，HD）和脆性 X 染色体病（Fragile X disease），都是由于向编码的多肽链添加一系列单氨基酸或干扰某个基因的调节而引起

导致编码氨基酸的改变。读码框移动可以使终止密码提前出现或消失，但通常使多肽链合成提前终止，合成延长的情况很少见。一些化学物质，如吖啶和原黄素，可以嵌入 DNA 两个相邻的碱基之间，时常会引起一个碱基对的插入或者缺失，从而造成移码。同样，更大范围的基因变化也可能引起突变，比如转座子的插入。虽然在一代的时间内，突变发生的几率比较小，但是经过数百万年的积累，人类两个个体基因组之间每 1000bp 就有 1 个碱基对不同。其中大多数的遗传差异没有影响，但是有一些就会影响到我们的生理过程、疾病易感性以及对治疗的反应(见临床相关知识 4.8)。

临床相关知识 4.7

核苷类似物药物：硫代嘌呤

6-巯基嘌呤(6-mercapto purine，6-MP)是一种口服嘌呤类似物，被用于急性白血病的化疗以及器官移植后的免疫抑制治疗。它通过几种机制发挥作用，包括抑制嘌呤的生物合成、掺入 DNA 中造成毒性。它可被代谢为 6-MP 核苷 5′-磷酸，后者由于受次黄嘌呤氧化酶的降解，半衰期很短，其降解速度在使用别嘌呤醇(一种次黄嘌呤氧化酶抑制剂)治疗痛风相关性高尿酸血症的患者体内大大降低，故对此类患者，该药的用量应该减量。

另一个代谢 6-MP(以及相关的抗代谢药 6-硫代鸟嘌呤)的酶是硫代嘌呤甲基转移酶(TPMT)。某些患者(人群中占 10%)是该基因的杂合子，故只有 50% 的酶活性，还有 1/300 的人是纯合子，没有 TPMT 活性，如果用 6-MP 治疗极其容易引发重度免疫抑制和死亡。相反，同样的剂量，对此药物代谢很快的患者则没有达到足够的剂量。因此，硫代嘌呤的药代动力学差异和与治疗应用的关系非常密切。

临床相关知识 4.8

个性化医疗

人群中多年来代代逐渐积累的突变，造成了个体间基因组中 DNA 序列的微小差异。每 1000bp 就有 1 个碱基对不同，这被称为单核苷酸多态性，简称 SNP。大多数多态性不改变细胞功能，但是有一些会造成了我们可以发现的差别。比如对某一疾病的易感性，对某种药物或者化合物代谢的影响(药代动力学)，还有对这些药物的反应(药效动力学)。

作为人类基因组计划的一部分，有一项主要的任务就是找到并归纳多态性。随着关于这些序列差异对疾病和治疗影响的认识加深，医疗也在变得更加个体化。已经有技术可以快速检测某个个体基因组中某个位点的多态性。当这些技术变得更廉价，更常规，检测某个关键基因的等位基因将成为诊断和制定治疗计划中的一个常规部分。例如，个体代谢某种药物的速度有很大差异(见临床相关知识 4.7)，依据体重制定的标准剂量对于代谢慢的人会产生毒性，而对代谢快的个体则往往太低。检测相关的多态性作为常规检查可以带来更有效的治疗，而副作用更少。

基因组中有很多长度为 2～5 个核苷酸的重复序列。这些简单的重复序列有可能在复制和重组的时候偶尔未能正确排列，使其发生突变的可能性增高，导致一些重复序列的插入或者缺失。经过很多代积累之后，人群中这些重复序列就长短不一了。我们称之为简单重复序列长度多态性（也称为微卫星或者简单重复序列多态性）。三联体重复序列（如 CGGCGG$[CGG]_n$CGG）数量的增加所导致的一种特殊突变，称为**三联体扩展**（**triplet expansion**）（图 4.24e）。当三联体重复序列的长度比正常情况长很多时，则会引起疾病，这是因为它会使其所编码的多肽链出现很多相同的氨基酸残基而明显延长，比如**亨廷顿病**（**Huntington's disease，HD**）。三联体扩展还可以影响某个基因的调节，比如在**脆性 X 综合征**（**Fragile X syndrome**）中，启动子中三联体序列的长度大大增加，从而改变了基因的表达。在这些三联体扩展引起的疾病中有一个反常的现象，由于三联体重复序列的增加，下一代的疾病往往更加严重。这可能是因为增长的重复序列在复制中更有可能不正常排列或者不对等交换导致其数目进一步增加。

剪切修复

剪切修复（**excision repair**）是许多不同种类的损伤修复所共有的机制。剪切修复的关键点是将受损的核苷酸移除，在 DNA 上留下缺口，然后利用互补链的遗传信息将缺损部分重新合成，最后封闭切口，恢复 DNA 链的完整性。剪切修复主要有两种方式：**碱基切除修复**（**base excision repair，BER**）和**核苷酸切除修复**（**nucleotide excision repair，NER**）（表 4.3）。

表 4.3　切除修复

基本步骤
- 识别损伤
- 单链部分切除，以去除损伤
- 利用互补链的遗传信息重新合成，填补缺口
- 连接酶连接从而恢复 DNA 主链的连续性

碱基切除修复	核苷酸切除修复
• 转葡萄糖基酶去除碱基，主链不受影响 • AP 内切核酸酶切断主链，AP 裂合酶移除糖基	• 两侧切除，将损伤作为寡核苷酸的一部分一并切除（大肠杆菌切除约 12～13nt，人类切除 27～29nt）
• DNA 聚合酶填补缺口	• DNA 聚合酶填补缺口
• DNA 连接酶封闭切口	• DNA 连接酶封闭切口

碱基切除修复

碱基切除修复是多种类型碱基损伤修复的基本过程，这些损伤包括：甲基化、脱氨基（如 C 脱氨基转变为 U）、氧化以及碱基缺失（AP）。初始步骤是由 **DNA 转葡萄糖基酶**（**glycosylase**）将受损碱基从 DNA 的主链上移除，该酶可以切断碱基和核糖之间的 N-糖基键（图 4.25）。这一步不会打断 DNA 主链的糖一磷酸骨架，仅在主链上留下一个脱碱基的脱氧核糖缺口，即 AP 位点，该位点的核糖是必须被去除的，具体是通过两个反应完成：（a）**AP 内切核酸酶**（**AP endonuclease**）打断 5′端一侧的磷酸二酯键，使核糖连于另一个核

苷酸，(b) **AP 裂合酶**(**AP lyase**)切断另一侧的连接而移除核糖，留下带有游离 3′-OH 的单核苷酸缺口，然后由 DNA 聚合酶和连接酶填补缺口，封闭切口(图 4.25)。

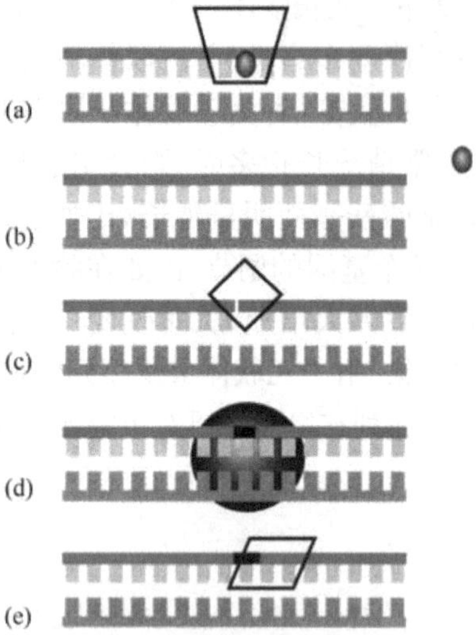

图 4.25 碱基切除修复

(a)转葡萄糖基酶识别受损部位(蓝点)。(b)连接碱基和脱氧核糖的糖基键被打断，碱基去除。糖一磷酸骨架未打断。留下 AP 位点。(c)AP 内切核酸酶切断 AP 位点的 5′端糖磷酸链骨架。AP 内切核酸酶或者 AP 裂合酶切断 3′端主链，将糖基切除。(d)DNA 聚合酶填补单核苷酸缺口。(e)DNA 连接酶封闭切口

人类至少有八种转葡萄糖基酶，每种都识别某一特定的受损碱基。其中，**尿嘧啶 DNA 转葡萄糖基酶**(**uracil DNA glycosylase**)专门识别并去除 DNA 上的 U 碱基。U 不是 DNA 的正常成分，它是由 C 脱氨基而来，偶尔会在复制时掺入到 DNA 中。前面提到的 C 常脱氨基成为 U，会引起比较高的突变率，因此，形成专门的去除 U 碱基的机制是非常必要的。但是哺乳动物 DNA 中很多 C 残基(CG 序列中)的 5 位碳都是被甲基化的，这对于基因表达的调节很重要。DNA 中 5 位甲基化的 C 脱氨基后转变成 T，而不是 U，于是这些残基就不能被尿嘧啶 DNA 转葡萄糖基酶识别。但是专门有一种转葡萄糖基酶能够识别这种 T∶G 错配，优先将它移除，留下一个 AP 位点(图 4.23b)。不过，有时错配修复系统会移除 G 而不是 T，造成突变，正因为这样，经过数百万年以来，哺乳动物 DNA 中 CG 序列的含量比预期要低很多。

人类最重要的 **AP 内切核酸酶**(**AP endonuclease**)是 APE1。该酶在 AP 位点 5′一侧打断 DNA 主链，产生 3′-OH 游离末端后，还会招募 DNA 聚合酶 β(Polβ)结合到该位点。Polβ 具有 AP 裂合酶活性，可以将无碱基的糖磷酸基团移除，遗留带有游离 3′-OH 端的单核苷酸缺口。Polβ 同时也具有 DNA 聚合酶活性，可以填补缺口。在很多种类的修复中，缺口都是用一到两个核苷酸填补的，这被称为**短补丁修复**(**short patch repair**)。当 AP 裂合酶不能轻易去除糖磷酸基团的时候，通过**链置换**(**strand displacement**)会产生数个核苷酸长度的“侧翼”，FEN1(前面提到它可以将 RNA 引物从冈崎片段移除)可以将它去除。略大一些的缺口可以由诸如 Polβ 这样的聚合酶进行填补，也可以由 PCNA 激活的 Polδ 或 Polε 进行填补。最后都是由 DNA 连接酶封闭切口。蛋白之间的相互作用协调整个修复过程，并且在下一个酶结合到此位点之前，对切口和中间体起到保护作用。

核苷酸切除修复

核苷酸切除修复(**nucleotide excision repair**)可以修复多种损伤，特别是大的附加体或者 DNA 双螺旋结构的扭曲。研究最多的是紫外线照射损伤的主要产物——嘧啶二聚体。带有致癌物的化学性加合物，比如**苯并[α]芘**(**benzo[α]pyrene**)和**黄曲霉毒素**(**aflatoxin**)，以及某些化疗药物(如**顺铂**)，就是通过这种途径从 DNA 上移除的，还有一些碱基错配和 DNA 环也是通过核苷酸切除进行修复的。大致过程是酶复合体在受损部位的两侧切除一些核苷酸，而且将受损碱基作为寡核苷酸的一部分去除(图 4.26)。

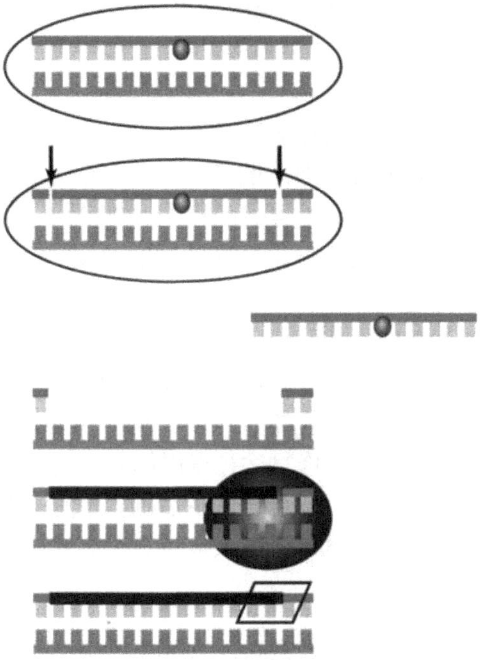

图 4.26　核苷酸切除修复

(a)DNA 损伤修复复合体识别受损碱基(蓝点)。(b)酶复合体在损伤两侧切开 DNA 链,将受损部位连同两侧的一小段核苷酸序列一并移除。(c)释放一段寡核苷酸链(人类约 27～29nt,大肠杆菌约 12～13nt)。(d)重新合成:DNA 聚合酶以互补链为模板,填补缺口。(e)DNA 连接酶封闭切口

在大肠杆菌中,包含 UvrA、UvrB 和 UvrC 的损伤切除复合体负责识别损伤部位,作两个内切核酸酶切口。3′端一侧延伸 3～5 个核苷酸,5′端一侧延伸 8 个核苷酸,把损伤部位作为一个长 12～13 个核苷酸的寡核苷酸链的一部分,将该寡核苷酸链整个切除。UvrA 介导的损伤识别启动了该修复过程,UvrB(一种解旋酶)利用 ATP 水解提供的能量打开双链,UvrC 与损伤部位结合,在损伤两侧作切口,移除寡核苷酸链。DNA 聚合酶填补缺口,然后连接酶封闭切口。

在人类,损伤识别、双链打开和片段清除涉及几个大的酶复合体。**着色性干皮病(xeroderma pigmentosum,XP)**是一种罕见的常染色体隐性遗传病,患者对光敏感,易患皮肤癌。该病就是因为涉及损伤修复的七个基因或者 DNA 跨损伤合成中的一个基因发生突变所导致(见临床相关知识 4.9)。XPC 是一种蛋白质复合物的组成部分,该复合物可以紧密结合到使 DNA 链发生扭曲的损伤部位,XPA 是识别损伤和组装切除复合物的关键成分,它的突变会导致个体无法去除紫外线诱导产生的嘧啶二聚体。XPA 参与形成一个大的复合物,称为 **TFⅡ-H**,它是转录起始中的普通转录因子。TFⅡ-H 还包括了 XPB 和 XPD 亚基,二者都有 ATP 酶活性和一定的解旋酶活性,可将 DNA 部分解旋,形成一个大小约 25bp 的泡。然后,XPF/ERCC1 异源二聚体在损伤处 5′端一侧约 22～24 个核苷酸的位置作内切核酸酶切口,XPG 在 3′端一侧 5 个核苷酸的位置作切口,这样就释放了一段长约 27～29 个核苷酸的包含了损伤部位的寡核苷酸链。切除修复需要单链结合蛋白 RPA 的参与。RPA 结合到 DNA 的缺口部位,然后 Polδ(或 Polε)在 PCNA 的激活下填

补缺口。DNA 连接酶(也可能是 LIG1)封闭切口。后几步与冈崎片段的情况类似。

转录偶联修复

很多损伤既可以阻止复制,也可以阻断转录。即使细胞没有在合成 DNA,它也面临着一个棘手的问题:如何保证关键蛋白质的转录不受影响? **转录偶联修复**(**transcription-coupled repair**)专门快速修复转录区模板链的损伤,以便这个区域的损伤修复能够比其他地方更快,这对于生物存活的意义是显而易见的。RNA 聚合酶复合体在损伤部位停止便会激活转录偶联的修复,这也是一种切除修复。体积巨大的转录复合体会遮挡损伤部位,阻止修复进行。真核细胞中,CSA 和 CSB(此蛋白质的突变会引起另一种 DNA 修复缺陷疾病——Cockayne 综合征)组成的复合体可以识别停顿的 RNA 聚合酶,使其后退,暴露损伤部位,然后组装损伤修复蛋白复合体。许多阻止转录的损伤都是通过利用 XPA、TFⅡ-H 和其他修复因子的核苷酸切除修复途径得以修复。近年来的资料表明,转录偶联修复也能在氧化损伤中发挥作用,转录复合物倒退后通过碱基切除修复的方式来完成损伤部位的修复。一旦修复完成,转录就可以继续进行。

错配修复

错配修复(**mismatch repair**)是一种特殊的核苷酸切除修复方式,主要用来去除复制中产生的错误。错配与 DNA 损伤不同:DNA 链并没有受到损伤或者出现碱基的变更,只是由于复制的过程中某个部位的碱基发生了错配。这样,必须通过双螺旋结构的扭曲来识别错配。DNA 损伤修复和错配修复最主要的不同就是选择切除哪个碱基。在碱基切除修复或者核苷酸切除修复中,酶可以逐个特异地识别受损碱基,并将它们去除。但是,当错配发生的时候,错配的两个碱基都是正常的,仅仅是发生了错误的配对而已,那么,应该切除哪一个? 去除新合成链中的对应碱基才是正确的选择,这样可以保存遗传信息;而去除亲代链中的对应碱基,则会导致 DNA 的永久改变,造成突变的发生。随机切除将有一半的概率会发生突变,这个概率太高,无法接受。所以,必须识别并去除新合成链中的错配碱基。

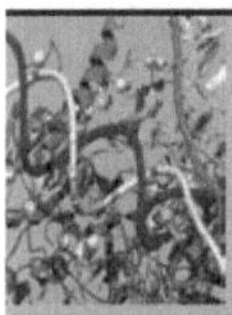

临床相关知识 4.9

着色性干皮病

着色性干皮病(xeroderma pigmentosum,XP)是第一个被证实由 DNA 修复缺陷引起的疾病。患者对光敏感,且身体暴露于阳光的部位极易患皮肤癌。皮肤癌的发生率是普通人群的 2000～5000 倍。许多患者还有神经系统的障碍。

XP 是一种罕见的常染色体隐形遗传疾病,可由八种基因中任意一种的缺陷引起,可见 DNA 嘧啶二聚体修复的复杂性,而嘧啶二聚体的形成又是暴露于紫外线最常见的损伤,其修复方式属于核苷酸切除修复。七种 XP 基因的突变会导致嘧啶二聚体修复的起始步骤受阻。这就解释了此病具有特征性极度光敏感的原因。另外一种被称为 XP-V(V 代表 variant)的着色性干皮病类型,并不是切除修复机制出现缺陷,而是由于在紫外线暴露后无法进行跨损伤合成所引起。XP 患者的细胞对香烟中的致癌物也非常敏感。

XPA 对嘧啶二聚体的识别至关重要，而且会和其他蛋白质结合共同发挥作用。XPB 和 XPD 编码 TFⅡ-H 的两个蛋白质亚基，TFⅡ-H 作为一种转录因子，在转录偶联修复中是必须的，它可以起到解旋酶的作用，打开嘧啶二聚体周围区域的双链。XPF-ERCC1 复合物可以与 TFⅡ-H 结合，然后在二聚体的 5′端一侧作切口。XPG 在 3′端一侧作切口。

资料来源：Online Mendelian Inheritance in Man，OMIM 有丰富的关于遗传疾病的资料．网址：http://www.ncbi.nlm.nih.gov/entrez/query.fcgi? db=OMIM．

就错配修复系统而言，大肠杆菌是所有物种中研究得最清楚的。大多数有机体(但不是全部)的 DNA 在特定位点都是甲基化的。大肠杆菌中最常被甲基化的是回文序列(从 5′到 3′方向读，两条互补链的序列完全相同)GATC 中的 A(图 4.27a)，两条互补链的 A 都被甲基化。A 残基以未修饰的形式掺入 DNA 的合成，由**维持甲基化酶**(**maintenance methylase**)识别 **DNA 半甲基化**的序列(序列中只有亲代链已被甲基化，而子代链尚未甲基化，所以从整体来说就是半甲基化；图 4.27b)，然后甲基化该部位的 A 碱基。在子代链还未甲基化的很短时间内，大肠杆菌错配修复系统可以识别新合成链中的错配碱基然后将其移除。由同型二聚体 MutS 识别错配碱基，形成包含错配部分的环(图 4.28)。MutL 同型二聚体结合至错配部位，并协调完成后续的切断和移除步骤。MutH 在尚未甲基化的新合成链上错配部位两侧的任一侧作一切口。解旋酶 UvrD 使这段双链解旋，然后这段切开的单链根据游离末端的不同，被 5′到 3′或者 3′到 5′外切核酸酶降解，造成的大缺口(通常有几百个核苷酸)由 DNA 聚合酶向 3′端添加核苷酸来负责填补，最后由 DNA 连接酶封闭切口。

人类的错配修复系统与此相似，蛋白具有同源性，但是过程更为复杂，而且新链识别的机制还不清楚。人类 DNA 甲基化的位点是 CG 序列中 C 的 5′-碳原子(图 4.27c)，但是在新链的错配碱基识别中发挥作用的究竟是半甲基化的 CG 序列、尚未连接的冈崎片段的缺口，还是新链与 PCNA 的结合，目前还不得而知。有几种 MutS 同源蛋白(MSH

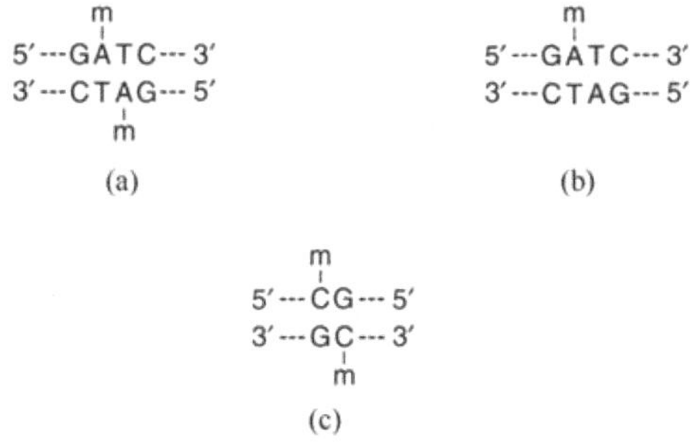

图 4.27　DNA 甲基化

(a)大肠杆菌 DNA 的甲基化发生在 GATC 序列中的 A。(b)半甲基化的大肠杆菌 DNA。亲代链已被甲基化，而子代链则没有。(c)人体细胞的 DNA 甲基化发生在 CG 序列的 C。

注意，两种序列都是回文结构，两条链从 5′→3′方向，序列相同。最后两条链的残基都被甲基化

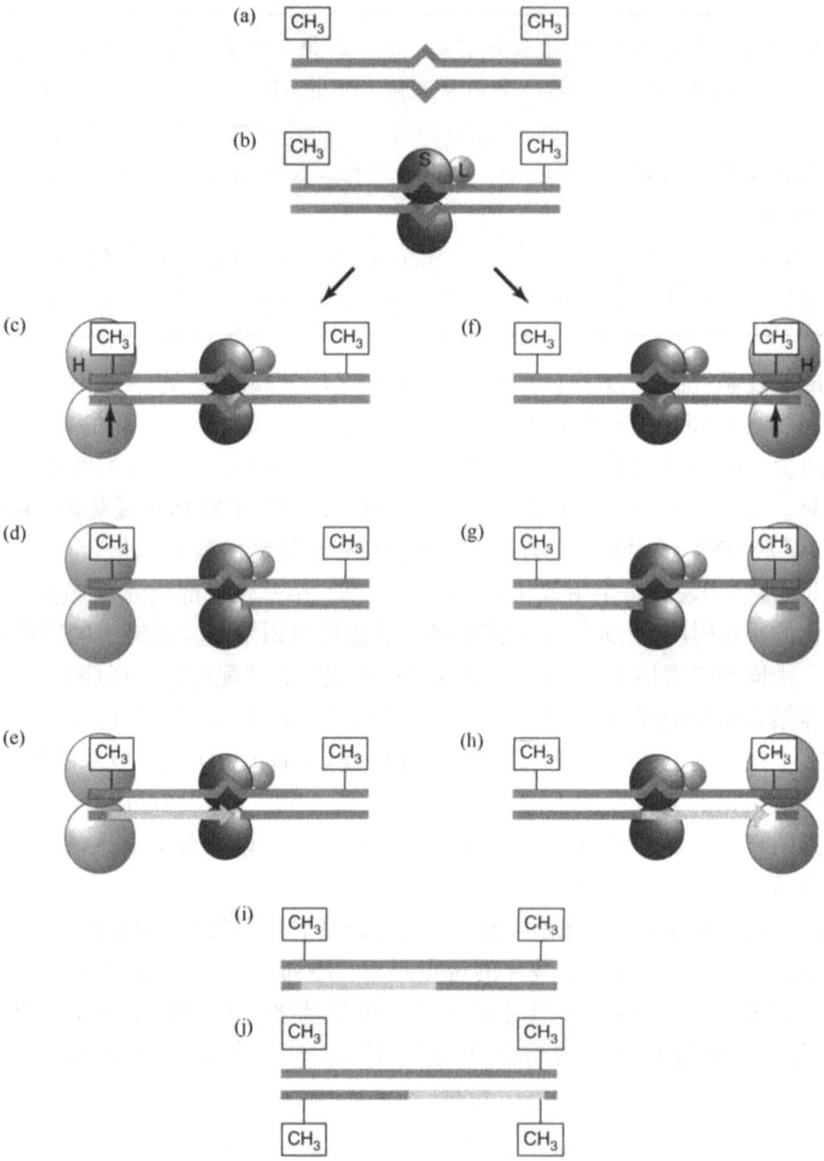

图 4.28 大肠杆菌中的错配修复

(a)新复制 DNA 中的错配。亲代链已被甲基化，子代链在合成后的很短时间内，还未被甲基化。如果某个位点处，两条链中有一条未被甲基化，则称为半甲基化。(b)MutS 和 MutL 结合到错配部位，依靠水解 ATP 的能量，在 DNA 上挤出一个小环。(c、f)MutH 结合到半甲基化位点(左侧和右侧都有可能)。(d、g)未甲基化的单链被切开，将损伤部位连同其一侧部分单链移除。两侧有可能(如 d 和 g)。(e、h)产生的缺口被 DNA 聚合酶填补，方法是向该链的 3′端(红色)添加核苷酸。(i)留下的切口由 DNA 连接酶封闭(对应图 e 中的链)。(j)半甲基化位点被甲基化(对应图 h 中的链)

蛋白)和 MutL 同源蛋白(MLH 蛋白和 PMS 蛋白)组成异源二聚体在错配修复中发挥作用。MSH2 和 MSH6 组成异源二聚体 MutSα，识别碱基一碱基错配以及短插入和短缺失；MSH2 和 MSH3 组成异源二聚体 MutSβ，仅识别短插入和短缺失。MutLα 二聚体由 MLH1 和 PMS2 组成，是切除过程中主要的复合物。将错配部位完全切除所需的酶还未被鉴定出来。因为在大肠杆菌中，切除的部位长度有几百个核苷酸，所以错配修复需要滑动夹 PCNA 的参与。也就是说，除了保证 DNA 聚合酶的连续工作，PCNA 还在切除修复步骤中发挥作用。大的缺口由 DNA Polδ(或 Polε)来填补。最后 DNA 连接酶封闭切口。

错配修复在重组过程中移除了异源双链中的一条，并以另外一条为模板重新合成，故可以引起基因转换。它还可以降低重组的概率。错配修复蛋白在转录偶连修复的 NER 途径中也发挥作用，但具体机制还不清楚。

错配修复系统缺陷可以引起**遗传性非息肉性结肠直肠癌**(**hereditary nonpolyposis colon cancer，HNPCC**)(见临床相关知识 4.10)。60%～70% 的 HNPCC 是由于 MLH1 或 MSH2 基因突变所引起，其他错配修复基因突变也会引起此病。还有一些癌症(特别是一些结直肠癌、胃癌和子宫内膜癌)也似乎和错配修复系统的功能抑制或者失活有关。

错配修复系统在细胞对于细胞毒性药物的反应方面有着互相矛盾的作用，这些细胞毒药物包括应用于癌症化疗的甲基化剂(N-亚硝基脲)和顺铂。识别烷基化损伤的错配修复蛋白可以通过诱导凋亡而引起细胞死亡，而缺乏错配修复的细胞(即没有或很少出现错配的细胞)可以逃避凋亡，从而对化疗药物产生耐药。所以缺乏错配修复的细胞突变率更高，可以演化为更具有侵袭性的肿瘤。

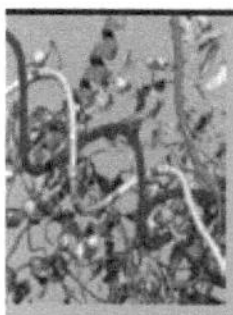

临床相关知识 4.10

错配修复与癌症

已有研究发现，一些结肠肿瘤患者体内存在微卫星(简单重复序列长度多态性，短重复序列，特别是一到两个核苷酸的重复)的频繁突变，这种突变的表型叫做微卫星不稳定型。根据这一提示进一步研究发现，错配修复的缺陷不但可以引起遗传性非息肉性结肠直肠癌(hereditary nonpolyposis colon cancer，HNPCC)，还参与其他几种恶性肿瘤形成。

HNPCC 是常染色体显性遗传病。由于影响 HNPCC 患病风险的基因定位于一段包含了某错配修复基因的区域，这就引起研究者们对 HNPCC 与错配修复基因之间关联性的重视，于是后续研究进一步发现，HNPCC 的原发缺陷在于错配修复基因中的一个发生了突变，随后又发现其他错配基因的缺陷也能引起 HNPCC，其中最常见的是 MLH1 和 MSH2 的突变。

为什么错配修复基因中单单一个等位基因的遗传特性发生改变就能引起 HNPCC 呢？沿着肠道分布的细胞在人的一生中分裂始终很活跃。所以一个人在一生中，某个结肠细胞很有可能会出现这样的情况：即某个错配修复基因的一对等位基因中，有一个发生了突变，但由于另一个是正常的，所以细胞仍然可以进行错配修复，也就不会发生癌变。但是，如果该个体已经由于遗传造成一个等位基因失活，那么另一个等位基因再发生突变失活的话，就会导致错配修复的缺陷。丧失错配修复能力的细胞发生突变的几率会增加 100～1000 倍。其结果是突变的不断累积并最终引起生长调节基因的突变，从而导致肿瘤的发生。

直接去甲基化

DNA 除了正常的甲基化修饰外，某些碱基还会与致癌剂，或者与细胞中的甲基载体(例如，S-腺苷甲硫氨酸)发生反应而引起异常的烷基化。如果烷基化的位点影响碱基配对，就很有可能引发突变。例如，O^6-甲基鸟嘌呤会与 T 发生配对，而不是 C(图 4.29a)，所以在复制的时候就会引起子代链的突变。细胞内含有的转葡萄糖基酶可以识别异常甲基化的碱基，启动碱基切除修复过程，不仅如此，细胞还有特异的蛋白能识别 DNA 中的 O^6-甲基鸟嘌呤，并直接移除甲基基团，从而保护 DNA。**O^6-甲基鸟嘌呤甲基转移酶**(**O^6-methyl guanine methyl transferase，MGMT**)即是识别 O^6-甲基鸟嘌呤的蛋白质，它可以将鸟嘌呤上的甲基转移到自身蛋白质的半胱氨酸上(图 4.29b)。由于该酶的半胱氨酸一旦发生甲基化便被灭活，并通过泛素化途径降解，所以一个 MGMT 分子只能移除一个甲基基团。对于细胞来说，通过此途径移除一个甲基的代价是巨大的，因为为了合成该酶，细胞必须经过复制和转录，加工和翻译 mRNA，每一步都需要消耗能量和原料。这恰好又强调了维持基因组完好的重要性，哪怕细胞需要付出高昂的代谢成本。

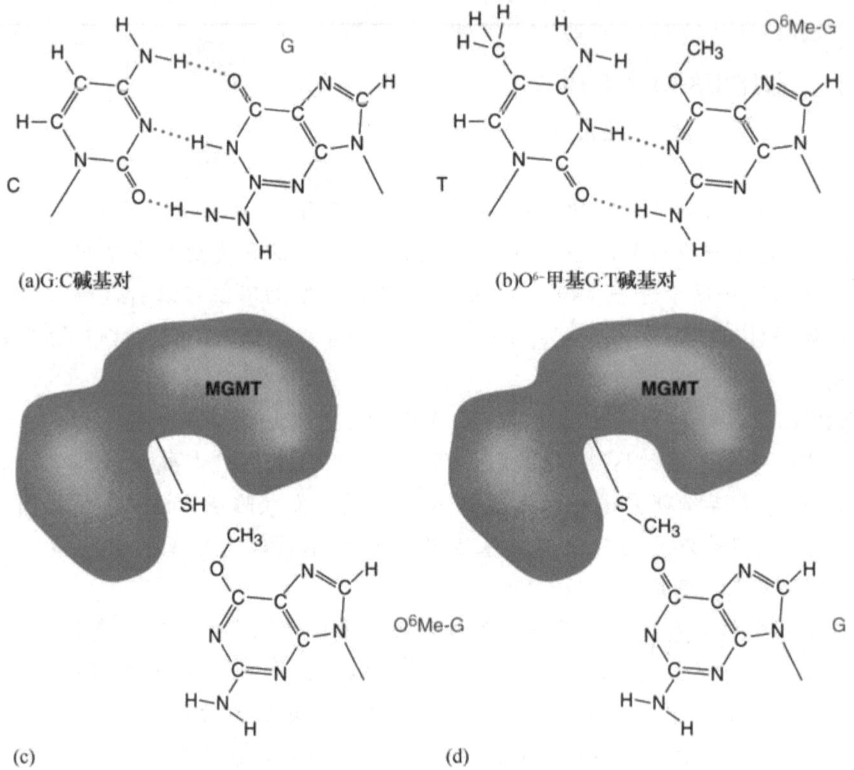

图 4.29　直接去甲基化

(a)正常 G：C 碱基配对。(b)O^6-甲基 G：T 配对。这样的碱基配对导致复制中出现 T 对 O^6-甲基 G 的情况，在下一代出现突变。(c)MGMT(methyl guanine methyl transferase)可以与 O^6-甲基鸟嘌呤结合。(d)MGMT 将鸟嘌呤 O^6 上的甲基变成自身蛋白质中的巯基基团，修复 DNA 中的 G。甲基化的 MGMT 被灭活，然后通过泛素化途径降解

光复活作用

DNA 的紫外线暴露损伤主要产生环丁烷嘧啶二聚体，**光复活作用**（**photoreactivation**）是修复这种损伤的特殊机制，可以直接逆转这类损伤。具体方法是由一种特化的**光裂合酶**（**photolyase**）结合到损伤部位（图 4.30），通过吸收光能，解开相邻两个嘧啶之间的共价键，使 DNA 恢复到损伤前的状态，这是对损伤的直接逆转。光复活作用对很多生物体很重要，但是在哺乳动物中作用并不显著。

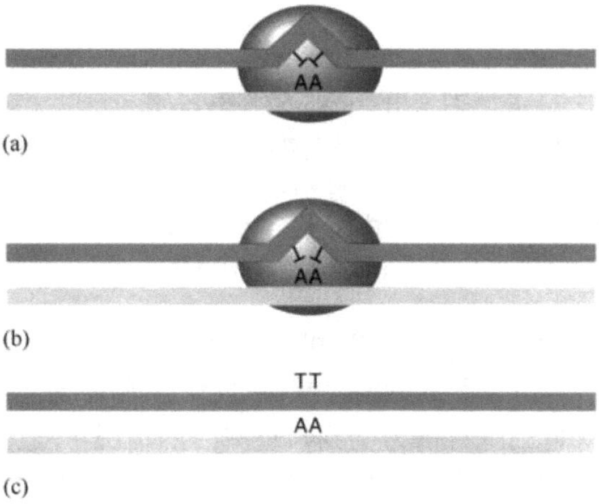

图 4.30　光复活作用

（a）光裂合酶与环丁烷嘧啶二聚体结合，这一步不需要光。（b）复合物吸收光能，打断相邻嘧啶之间的共价键。（c）酶从 DNA 上解离

损伤阻断复制

DNA 聚合酶的精确性和校读能力，使得核苷酸无法添加到有受损碱基的地方。只有每次都精确配对了才能前进并添加下一个核苷酸。所以，当复制复合体遇到模板的损伤时就会停止。有三种方法可以使复制得以继续前进：①解体或者倒退，待损伤修复后继续合成；②绕过损伤；③忽略损伤，越过它继续合成（在子代链中留下缺口）。三种机制都可以利用，但是各有利弊。

旁路合成（跨损伤合成）

高度精确、具有校读能力的聚合酶在复制过程到达受损碱基的地方不能添加核苷酸，这样会使复制出现停止或者留下缺口（如下述）。但是利用**旁路合成**（**bypass synthesis**）或称为**跨损伤合成**（**translasion synthesis**）的机制可以使复制经过损伤部位得以继续进行（图 4.31）。介导旁路合成（跨损伤合成）的是一类被称为“易错配”或者“不严谨”的 DNA 聚合酶，其校读能力存在缺陷（表 4.2）。由于其不严谨性，这类聚合酶可以在复制到达受损

碱基部位时仍可以添加核苷酸，使得复制能够继续进行。这类聚合酶会使 DNA 复制的精确性下降，在损伤部位添加错误碱基的概率提高。但是显然，这样的害处比复制出现长时间(或永久)的停止要小。

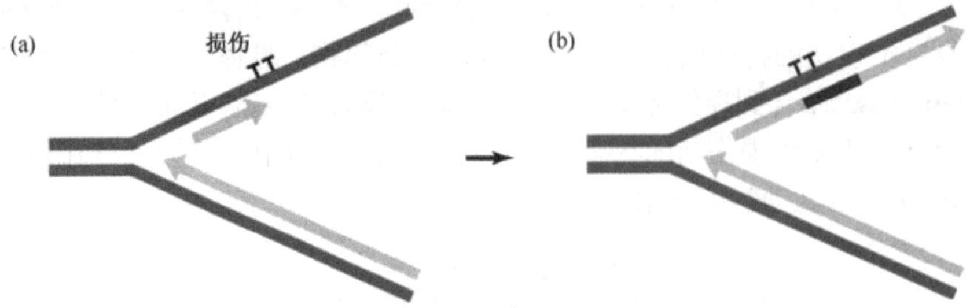

图 4.31 旁路(跨损伤)合成

(a)因为复制性 DNA 聚合酶不能向损伤或者扭曲的模板处添加核苷酸，所以模板损伤一般会使复制停止工作。(b)特化的 DNA 聚合酶保真性降低(见表 4.2)，可以向受损模板部位添加核苷酸，允许子代链越过损伤继续延伸，而不留下缺口。这些酶的保真性低且没有校读活性，意味着会经常发生错配(潜在的突变)。它们易于从 DNA 上解离，一般合成的长度比较短

在大肠杆菌中，DNA 聚合酶Ⅳ(DinB)和Ⅴ($UmuD_2'C$ 复合体)在 SOS 反应(见下述)中被诱导表达。细胞内，“易错配”的旁路合成(跨损伤合成)机制仅在损伤足以引起 SOS 反应时才发挥作用，以降低细胞在活力受到严重威胁的情况下发生突变的风险。Pol Ⅳ和Ⅴ比一般复制性 DNA 聚合酶Ⅲ和Ⅰ的精确性低得多，而且连续工作的能力差，一般合成不到 10 个核苷酸就从 DNA 上解离，以降低出错的可能。

真核细胞中也有“易错配”聚合酶执行旁路合成(跨损伤合成)功能(表 4.2)。DNA 聚合酶 η 在紫外线辐射引起的胸腺嘧啶二聚体部位优先添加 A，因为 A 是该二聚体中 T 正确配对的碱基，因此损伤部位发生突变的可能性就降低了(但并未消除)。由于聚合酶 η 缺乏内在的校读活性，每合成 20～400 个核苷酸就可能产生一个错配，故它的活性必须被严格控制。DNA 聚合酶 ι 负责在复制到达 DNA 高度扭曲的损伤处，或者碱基缺失而不能充当正常模板的位点处添加核苷酸。以上的这些聚合酶可能是与 DNA 聚合酶 ζ 一起发挥作用的，尽管 DNA 聚合酶 ζ 不能单独介导损伤部位的复制，但是它可以稳定其他旁路合成的聚合酶所形成的结构，直到正常的复制性聚合酶接手。这些旁路合成的聚合酶都是不连续工作的，所以可能发生错配的区域就比较小，降低了突变发生的可能性。

子代链缺口修复

如果 DNA 合成在某个损伤部位被阻断，但又重新启动并越过损伤部位，则子代链上会留下一个缺口(图 4.32)。这很类似于不连续链合成的情况，即聚合酶从停止的位置解离，利用复制的正常机制启动下一个冈崎片段的合成。DNA 链上的缺口可能是致命的。缺口在互补链上对应的损伤无法启动切除修复，因为该部位没有正确、完整的序列可以为修复提供所需的编码信息。**子代链缺口修复(daughter-strand gap repair)**(以前称为复制后重组)不是去除造成缺口形成的那段损伤，而是直接修

复缺口。这种修复不但防止了细胞受到缺口可能造成的伤害，还可以为切除修复提供适合的模板。

子代链缺口修复是通过重组来完成的。单链 DNA（比如缺口处即是局部的单链）可以引发重组。新合成的两条双链之间发生重组，即在损伤双链的缺口部位导入另一条双链中对应的亲代链片段（图 4.32a；复制叉一侧的亲代链与另一侧的子代链极性相同）。这使得提供这段核苷酸的亲代链出现一个缺口（图 4.32b），但由于其互补链是正常的，这个缺口很容易被 DNA 聚合酶和 DNA 连接酶填补和封闭（图 4.32c）。结果是缺口被修复，损伤依旧存在。如前所述，这样的损伤就可以作为切除修复的底物了。

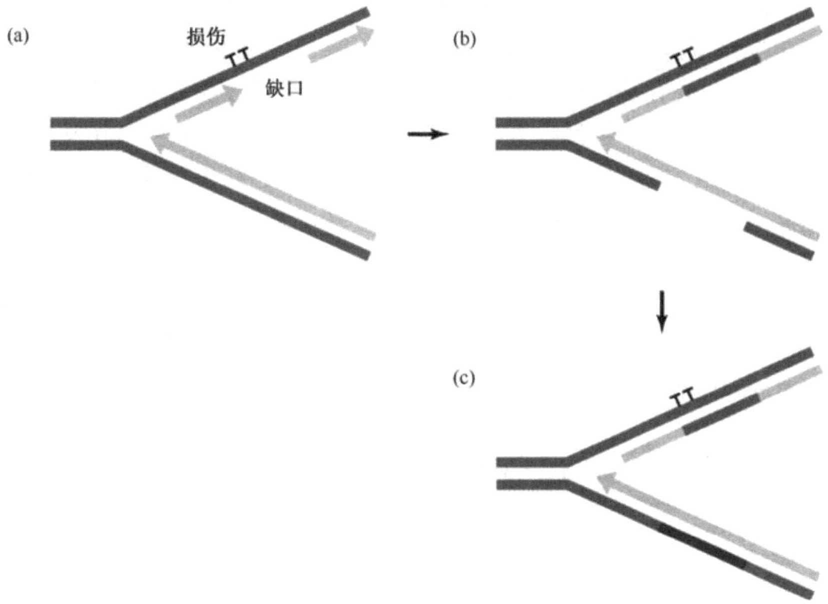

图 4.32　子代链缺口修复

(a)复制叉越过损伤部位继续前进，但在新合成链上留下一个缺口。由于损伤处对侧的互补链上是个缺口，故不能进行切除修复。(b)另一条双链中的亲代链（深褐色）通过重组，填补损伤双链中子代链（浅褐色）的缺口，导致其本身留下缺口。(c)由于互补链是完整的，亲代链上产生的缺口可由 DNA 聚合酶填补（紫色）。损伤双链中子代链上的缺口得到了重组修复，尽管该部位亲代链上的损伤依旧存在，但此时其互补链是完好的，所以可以进行切除修复

复制叉的倒退与修复

对于不连续链来说，在损伤部位停止前进的复制复合物可以很容易地利用 DNA 复制的正常机制（见前述）重新启动合成，从而形成一个新的冈崎片段。然而在连续链，越过损伤就显得不那么容易了，因为连续链上复制的起始是被复制起始点所牢牢控制的。在这种情况下，复制叉可以通过两条子代链的复性（即互补连接）发生倒退，使损伤得以修复，并重新开始复制。在大肠杆菌中，RecA 在复制叉停止的地方与单链区结合，维持 DNA 的完整性，在得到 RecA 很好地保护情况下，复制叉通过分支移位的方法倒退，使得 NER（核苷酸切除修复）或 BER（碱基切除修复）修复机制可以移除损

伤。然后要么通过分支移位将复制叉返回原位，要么将复制叉前方一小段已合成链(称作**移位链，displaced strand**)降解，使得合成继续进行。具体细节尚不清楚，比如，复制装置以及移位链是否保留；复制复合体是否需要以非起始点依赖的方式重新组装，这些还需要进一步阐明。

双链断裂修复

DNA上发生双链断裂(double-strand break，DSB)是致死性事件，将会引发遗传重组，导致染色体移位。如果不能得到修复，DSB可以引起染色体断裂甚至细胞死亡。许多物质都会导致双链断裂，特别是电离辐射、活性氧簇和化疗药物(如博来霉素等产生氧自由基的药物)或者是拓扑异构酶毒性剂。复制叉可以把单链断裂转变为双链断裂。细胞中存在一些机制，包括检查点控制(checkpoint control)，可以在发生DNA损伤的时候延缓或者停止复制，为修复提供时间，把复制叉遇到单链断裂的可能性降到最低。尽管如此，据估计，哺乳动物的细胞在一个复制周期中，大约会出现10次双链断裂。

细胞在发生双链断裂后主要的存活途径包括同源重组介导的双链断裂修复(见前述，图4.24)或者非同源末端连接。在酵母中以同源重组为主，而在哺乳动物细胞中则是以非同源末端连接为主。

DNA修复的调控：SOS调节子

大肠杆菌中，DNA损伤触发**SOS反应(SOS response)**，它可以协调基因表达的改变，帮助细胞从损伤中恢复。SOS反应实际上是许多基因的协调性诱导表达，这些基因的转录都或多或少受到一种共同的阻遏物(lexA)所调节。受同一种阻遏物调节的一组操纵子叫做一个**调节子(regulon)**。SOS调节子涉及的基因有：*uvrA*、*uvrB*、*uvrC*和*lexA*本身。一般情况下，SOS调节子中的基因只有比较低的组成性表达，因为LexA并不能完全阻遏它们的表达，而且某些基因还含有不受LexA抑制的启动子。

长单链DNA可以引发SOS反应，比如复制阻断的地方留下的大缺口(图4.33)。当这样的DNA链出现后，低水平、组成性表达的RecA蛋白可以有序地在单链DNA周围聚集，形成核蛋白丝，然后与LexA结合，加快LexA裂解为失活片段的速度。这样，平时受LexA阻遏的基因就得以诱导表达。如前所述，RecA参与子代链缺口修复并可以保护复制叉。其他损伤诱导基因(damage-inducible gene，*din*)合成一些蛋白质，用来帮助DNA修复和细胞恢复，并且在修复完成之前抑制新复制叉的启动和细胞分裂。

LexA自身的调节是一个简单的负反馈环，使之可以对DNA损伤作出快速而短暂的反应。当LexA蛋白被裂解的时候，LexA本身恰好是SOS调节单元诱导表达的基因之一，于是LexA的产生会大幅增加。但这个时候DNA损伤依旧存在，RecA蛋白仍是活化的，LexA蛋白继续被分解，仍然无法抑制其他基因的表达。但当损伤被修复后，活化

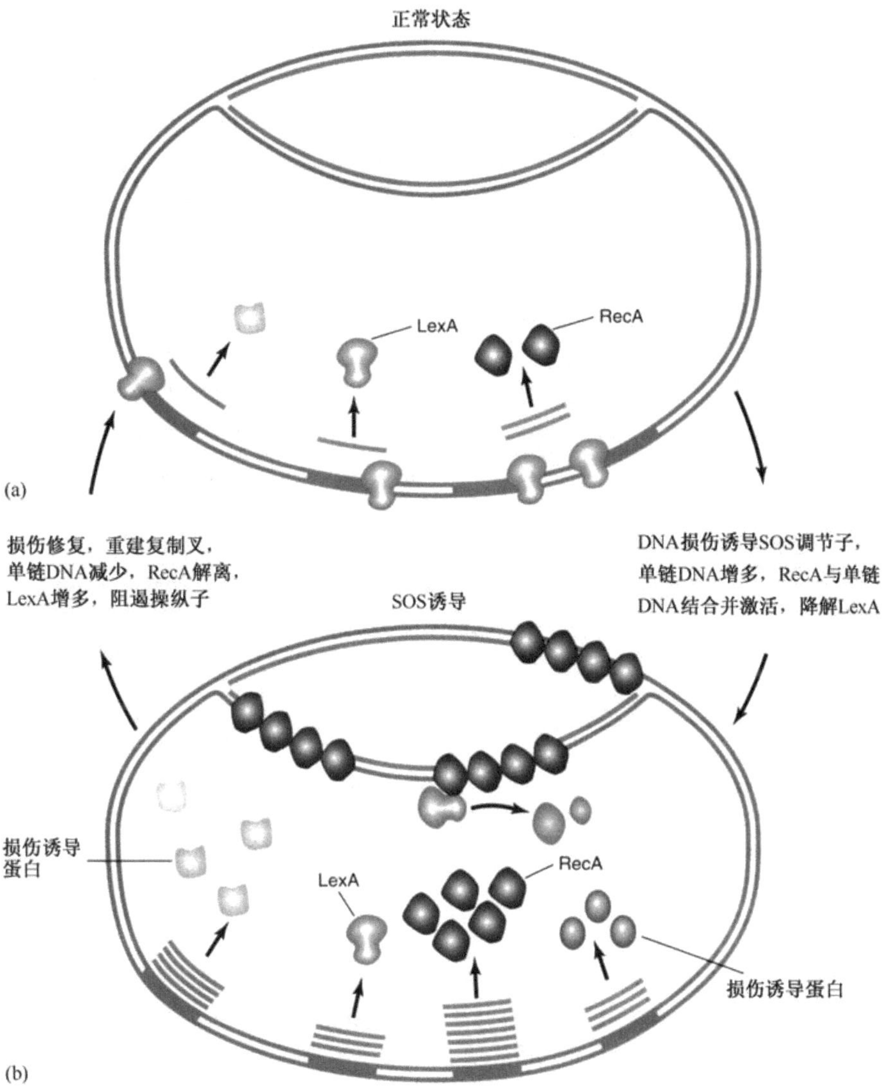

图 4.33　大肠杆菌中 DNA 修复和恢复的调节：SOS 反应

(a)在完好的细胞中，组成 SOS 调节子的一组操纵子受到共同阻遏物(LexA)的调节。调节单元包括 *lexA* 基因本身(自身调节)和 *recA* 基因，以及许多编码损伤修复酶的基因。即便在 LexA 存在的情况下，这些基因都有低水平、组成性的表达。(b)损伤使复制叉停止，产生单链 DNA。RecA 与单链 DNA 结合并活化，降解 LexA。降解的 LexA 片段不能与操纵子结合，阻遏作用消失，调节单元的所有蛋白被诱导表达。RecA 和 LexA 以及其他许多蛋白水平升高。只要损伤存在，RecA 就会持续活化，LexA 继续被降解，操纵单元仍旧发挥作用。当损伤被修复后，RecA 失活，LexA 不再被降解，LexA 活性升高，关闭操纵子

的 RecA 水平下降，LexA 的降解减少。LexA 水平增高，与 *din* 基因的操纵子结合，关闭 SOS 反应。

参考书目

Baynton, K. and Fuchs, R. P. P. Lesions in DNA: Hurdles for polymerases. *Trends Biochem. Sci.* 25:75, 2000.

Berger, J. M., Gamblin, S. J., Harrison, S. C., and Wang, J. C. Structure and mechanism of DNA topoisomerase II. *Nature* 379:225, 1996.

Blow, J. J. and Tada, S. A new check on issuing the license. *Nature* 404:560, 2000.

Cooke, M. S., Evans, M. D., Dizdaroglu, M., and Lunec, J. Oxidative DNA damage: Mechanisms, mutation, and disease. *FASEB J.* 17:1995, 2003.

Cox, M. M., Goodman, M. F., Kreuzer, K. N., Sherratt, D. J., Sandler, S. J., and Marians, K. J. The importance of repairing stalled replication forks. *Nature* 404:37, 2000.

Evans, A. R., Limp-Foster, M., and Kelley, M. R. Going Ape over Ref-1. *Mutat. Res.* 461:83, 2000.

Flores-Rozas, H. and Kolodner, R. D. Links between replication, recombination, and genome instability in eukaryotes. *Trends Biochem. Sci.* 25:196, 2000.

Friedberg, E. C. DNA damage and repair. *Nature* 421:436, 2003.

Friedberg, E. C. How nucleotide excision repair protects against cancer. *Nature Rev. Cancer* 1:22, 2001.

Gerson, S. L. MGMT: Its role in cancer aetiology and cancer therapeutics. *Nature Rev. Cancer* 4:296, 2004.

Haber, J. E. DNA recombination: the replication connection. *Trends Biochem. Sci.* 25:271, 2000.

Hanawalt, P. C. Transcription-coupled repair and human disease. *Science* 266:1957, 1994.

Hanawalt, P. C. The bases for Cockayne syndrome. *Nature* 405:415, 2000.

Hubscher, U., Maga, G., and Spadari, S. Eukaryotic DNA polymerases. *Annu. Rev. Biochem.* 71:133, 2002.

Human genome project. http://www.nhgri.nih.gov/HGP/

Human genome sequencing. http://www.ncbi.nlm.nih.gov/genome/seq/

Johnson, R. E., Washington, M. T., Haracska, L., Prakash, S., and Prakash, L. Eukaryotic polymerases ι and ζ act sequentially to bypass DNA lesions. *Nature* 406:1015, 2000.

Kowalczykowski, S. C. Initiation of genetic recombination and recombination-dependent replication. *Trends Biochem. Sci.* 25:156, 2000.

Lieber, M. R., Ma, Y., Pannicke, U., and Schwarz, K. Mechanism and regulation of human non-homologous DNA end joining. *Nature Rev. Mol. Cell Biol.* 4:712, 2003.

Lindahl, T. and Wood, R. D. Quality control by DNA repair. *Science* 286:1897, 1999.

Modrich P. Mismatch repair, genetic stability, and cancer. *Science* 266:1959, 1994.

Naktinis, V., Turner, J., and O'Donnell, M. A molecular switch in a replication machine defined by an internal competition for protein rings. *Cell* 84:137, 1996.

Online Mendelian Inheritance in Man (OMIM) http://www.ncbi.nlm.nih.gov/entrez/query.fcgi?db=OMIM

Rattray, A. J. and Strathern, J. N. Error-prone DNA polymerases: When making a mistake is the only way to get ahead. *Annu. Rev. Genet.* 37:31, 2003.

Sancar, A. Excision repair in mammalian cells. *J. Biol.Chem.* 270:15915, 1995.

Stillman, B. Cell cycle control of DNA replication. *Science* 274:1659, 1996.

Stahl, F. Meiotic recombination in yeast: Coronation of the double-strand-break repair model. *Cell* 87:965, 1996.

Ulaner, G. A. Telomere maintenance in clinical medicine. *Am. J. Med.* 117:262, 2004.

Von Hippel, P. H. and Jing, D. H. Bit players in the trombone orchestra. *Science* 287:2435, 2000.

Waga, S. and Stillman, B. Anatomy of a DNA replication fork revealed by reconstitution of SV40 replication *in vitro*. *Nature* 369:207, 1994.

Watson, J. D. and Crick, F. H. C. Genetical implications of the structure of deoxyribonucleic acid. *Nature* 171:964, 1953.

Wood, R. D., Mitchell, M., Sgouros, J., and Lindahl, T. Human DNA repair genes. *Science* 291:1284, 2001.

Yu, Z., Chen, J., Ford, B. N., Brackley, M. E., and Glickman, B. W. Human DNA repair systems. An overview. *Environ. Mol. Mutagenesis* 33:3, 1999.

Zakian, V. A. Telomeres: Beginning to understand the end. *Science* 270:1601, 1995.

习题和参考答案

选择题

1. 复制：
   A. 是半保留复制
   B. 只需要具有 DNA 聚合酶活性的蛋白质
   C. 利用 5′到 3′聚合酶活性合成一条链，3′到 5′聚合酶活性合成另一条
   D. 真核细胞需要引物而原核细胞不需要
   E. 必须从切除步骤开始

2. 在真核细胞 DNA 复制中：
   A. 只有一个复制起始点时只形成一个复制体
   B. 冈崎片段长度大约 1000～2000 核苷酸
   C. 复制泡一旦形成解旋酶便从 DNA 上解离
   D. FEN1(flap endonuclease 1)和引物去除有关
   E. 复制过程贯穿整个细胞周期

3. 以下有关端粒酶的描述，除了哪一项，其他都是正确的：
   A. 其 RNA 组分是合成 DNA 片段的模板
   B. 向 DNA 链的 5′端添加端粒
   C. 它协助线性染色体的合成
   D. 识别单链 DNA 中 G 丰富区
   E. 是一种反转录酶

4. 转换突变：
   A. 是嘌呤和嘧啶互换
   B. 是一个或者两个碱基插入 DNA 链的结果
   C. 在碱基类似物存在时，发生的频率降低
   D. 是一种嘌呤被另一种嘌呤取代或者一种嘧啶被另一种嘧啶取代的结果
   E. 总是错义突变

5. 同源重组：
   A. 仅发生在两个相同的 DNA 分子的片段之间
   B. 需要一段特定 DNA 序列的参与
   C. 需要参与重组的一条双链中两条单链都被切开
   D. 分支移位引起链交换

E. 由转座酶催化

6. 下列除哪一项外，都是正确的：

A. 转座子从同一条染色体的一个位置移动到另一个位置

B. 来源和目标位点必须是同源的

C. 转座子含有被转座酶识别的插入序列

D. 转座子可以被剪切转移，也可以被复制转移

E. 它们可以激活或者灭活一个基因

问题7和8：引起AIDS的HIV等一类反转录病毒，其遗传信息是以RNA储存的。反转录酶可以合成病毒基因组的DNA拷贝。脱氧胸腺嘧啶核苷类似物AZT被用于AIDS的治疗，在糖基的3′位上有一个叠氮基团。它可以被磷酸化，与dTTP竞争掺入到反转录中。一旦被掺入，便会终止链的合成。

7. 延伸链被终止，是因为：

A. 类似物不能与RNA形成氢键

B. AZT的存在可以抑制反转录酶的校读能力

C. AZT没有游离的3′-OH

D. 类似物导致生长链扭曲，抑制反转录酶

E. dTTP无法加入到延伸链中

8. DNA聚合酶的校读能力使AZT干扰细胞DNA复制的几率比干扰病毒复制要低得多，这样就为治疗提供了可能。这种维持DNA合成保真性的校读活性：

A. 仅在合成完成之后出现

B. 是DNA聚合酶内在的或相关的3′到5′外切核酸酶功能

C. 需要一种从DNA聚合酶中特化出来的酶

D. 存在于原核细胞，而真核细胞中没有

E. 在原核细胞中是独立于聚合酶活性之外的

问题9和10：罕见的遗传疾病着色性干皮病（XP）患者对光高度敏感，极度易患皮肤癌。因为着色性干皮病（XP）是由DNA修复（核苷酸切除修复）缺陷引起的，所以对这类患者的研究可以帮助我们了解DNA修复。

9. 下列有关核苷酸切除修复的描述，除哪一项外，都是正确的：

A. 受损碱基的移除仅限于DNA链中的一条

B. 它可以去除UV照射产生的嘧啶二聚体

C. 涉及一种剪切性核酸酶（内切核酸酶）的活性

D. 需要聚合酶和连接酶

E. 仅去除受损核苷酸

10. 另一种类型的DNA修复是碱基切除修复。碱基切除修复：

A. 仅作用于脱氨基的碱基

B. 利用DNA转葡糖基酶产生一个脱碱基位点

C. 去除大约10～15隔核苷酸

D. 不需要内切核酸酶

E. 识别巨大损伤

问题11和12：干扰拓扑异构酶是抑制DNA复制的一个方法。针对大肠杆菌DNA解旋酶（Ⅱ型拓扑异构酶）的抗生素可以抑制其催化活性。拓扑异构酶毒性剂可以阻止磷酸二酯键的再连接，保持蛋白-DNA的共价连接。这些化合物被用于治疗感染和化疗。

11. DNA解旋酶：

A. 含有ATP酶的亚基，可以水解ATP以形成新的磷酸二酯键

B. 消除负超螺旋

C. 解扭转酶亚基先形成、后封闭双链上的暂时性切口

D. 增加环绕数

E. 真核、原核细胞都有

12. 以下有关双链DNA断裂的描述，除了哪一项外，都是正确的：

A. 可以导致遗传信息的丢失

B. 总是涉及同源重组

C. 可涉及非同源重组

D. 与哺乳动物中的异源二聚体（Ku）有关

E. 可以引起突变或者基因表达的异常调节

问答题

13. 错配修复通过切除错配的碱基以消除复制中的错误。过程中没有DNA的损伤和碱基的改变。那么细胞是如何分辨新生链上的错误碱基，从而保证正确的亲代链不受影响呢？

14. 正常血红蛋白α基因的编码链中，第142位密码子是TAA，α链长142个氨基酸。在地中海贫血患者的血红蛋白（hemoglobin constant spring）α链的编码基因中，这三个碱基变成了CAA，其α链含有172个氨基酸。解释其中发生的突变。

参考答案

1. A　新的 DNA 分子含有一条亲代链和一条子代链。B 和 D:复制需要引发酶、连接酶和解旋酶等蛋白质。C:复制中出现冈崎片段是因为合成只能沿 5′到 3′方向进行。E:切除是 DNA 修复的识别步骤。
2. D　去除最后一个核苷酸。A:有多个起始位点。B:这是原核细胞冈崎片段的大小。真核细胞片段大小约为 200 核苷酸。C:连续合成也需要解旋酶活性。E:复制仅限于 S 期。
3. B　端粒在每条链的 3′末端,以便能够复制 5′末端。A 和 C:端粒酶结合到 DNA 的 3′末端,并提供延长该末端的模板。D:这是 3′末端的特点。E:它利用 RNA 模板合成 DNA。
4. D　这是定义。B:这是框架移动;转换是点突变。C:突变频率增高。E:如果突变使密码子编码的氨基酸变成另一个,则产生错义突变;如果突变使编码氨基酸的密码子变成终止密码,则产生无义突变。
5. D　这只是一个复杂过程中的一个事件。A 和 B:可以出现在两个不同 DNA 分子的同源序列之间。C:切口可以在一条单链上。E:这是催化位点特异性重组的酶。
6. B　只需要来源位点有特异性核苷酸序列,不需要同源性。A:这是定义。C:这是主要特点之一。D:两种类型都是由转座酶催化的。E:插入某个基因的中间可以灭活一个基因,插入到某个基因的启动子,可以激活该基因。
7. C　核苷酸的化学性质需要 3′-OH 才能向链末端添加下一个核苷酸。A:叠氮基团的存在不影响氢键形成。B:反转录酶没有校读特性。D:这种情况不存在。E:AZT 竞争抑制 dTTP,并不能消除它们。
8. B　此活性可以将新添加的错配碱基移除。A:合成完成之后的校读活性,出现在修复过程中。C:大多数聚合酶是多功能的,而且本身即具有校读能力。D:某些真核细胞的聚合酶具有 3′到 5′ 外切核酸酶活性,但不是所有。E:原核生物的聚合酶似乎可以发现并修复错配,具有校对活性。
9. E　在受损碱基的两侧几个核苷酸的地方作切口。A:未剪切的链作为修复的模板。B:巨大损伤不光由嘧啶二聚体引起。C 和 D:剪切酶是一种蛋白复合物,可以解旋 DNA 并移除损伤。聚合酶和连接酶填补并封闭缺口。
10. B　该酶催化此过程的第一步。A:甲基化或者其他化学修饰的碱基也可以被移除。C 和 E:这是另一种修复系统的特征。D:脱碱基的糖磷酸基团必须被移除。
11. C　这可以使 DNA 解旋。A:ATP 水解引起构象变化。B:它消除正超螺旋,引入负超螺旋。D:环绕数降低了。E:DNA 解旋酶是原核细胞特有的,真核细胞具有不同的拓扑异构酶。
12. B　同源重组也可以发生在单链存在切口的时候。A:这可以被修复,但是拓扑异构酶毒性剂引起的蛋白质-DNA 共价连接可能是致命的。C:DNA 双链的断裂末端可以和另一条双链发生重组。D:这在非同源末端连接中发挥作用。E:随机的 DNA 片段非同源连接可以破坏基因或者启动子。
13. 在大肠杆菌中,GATC 序列中的 A 被甲基化。因为这是回文序列,双链都被甲基化。在复制的时候,未甲基化的碱基添加到 DNA 中后再被甲基化。在合成过程中,DNA 有很短时间处于半甲基化状态。错配修复系统可以识别半甲基化状态,并可将未甲基化链(新链)上错配的核苷酸去除。真核细胞也有类似的修复系统,但是细节还不清楚。
14. 基因的编码链和 mRNA 的序列相同(除了在 RNA 中 T 被替换成 U)。在 HbA 中,mRNA 的第 142 个密码子是终止密码,所以最后一个氨基酸是第 141 个。在地中海贫血患者的血红蛋白中,DNA 发生点突变,mRNA 上的 142 位密码子变成编码氨基酸的密码子,而不是终止密码。所以翻译会一直继续,直到第 173 个密码子出现终止密码,翻译才停止(所以有 172 个氨基酸)。

(丁劲　译)

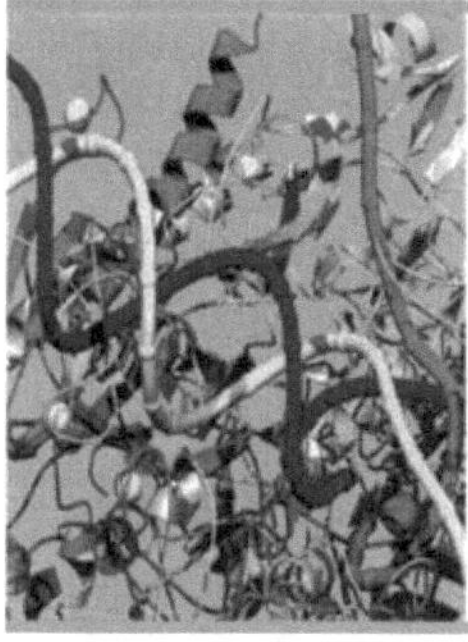

5

RNA 的转录与加工

Francis J.Schmidt and David R.Setzer

5.1 概述

RNA 分子的合成是指以 DNA 模板序列的一条链按 Watson-Crick 碱基互补配对原则进行复制的过程，这样模板(通常是 DNA)的核苷酸序列信息就传递到了复制出的**转录物(transcript)**中。转录的起始由 RNA 聚合酶介导，这一步可能是控制基因表达的最重要步骤。转录的起始需要特定的 DNA 序列的参与，这一序列称作**启动子(promoter)**，它可以决定 RNA 的合成的起始位点。启动子序列的识别依赖于 DNA 和各种蛋白**因子(factor)**的相互作用。蛋白因子通过氢键或者其他结合方式与 RNA 聚合酶以及 DNA 上的核苷酸相结合。初级转录产物在 RNA 合成的延伸过程中会发生剪切、拼接或者核苷酸修饰，被称之为 **RNA 的加工过程(RNA processing)**。这些加工可以与转录同时进行，也就是说就是当前面还在转录并生成 RNA 时，加工过程就已经在转录产物的某些部位开始了。

5.2 转录机制

RNA 合成的过程称为转录

转录就是以 DNA 为模板合成 RNA 的过程。转录反应是按下面的形式进行的：

$$\text{DNA 模板} + n(NTP) \longrightarrow pppN\ (pN)_{n-1} + (n-1)PP_i + \text{DNA 模板}$$

催化这一反应的酶叫做 **RNA 聚合酶(RNA polymerase)**，RNA 聚合酶和 DNA 聚合酶一样，都具有模板依赖性，但与 DNA 聚合酶不同的是，RNA 聚合酶反应时不需要引物分子。从能量学角度分析 RNA 聚合酶的反应是分两步的，第一步，一个三磷酸核苷酸的 5′端的三磷酸基团和另一个三磷酸核苷酸的 3′端形成一个磷酸二酯键，生成一个焦磷酸，并释放 3kcal(12.5kJ)/mol 的能量($\Delta G'$)；第二步，释放的焦磷酸，(PP_i)，在焦磷酸酶的催化下分解为两个磷酸，降低体系中焦磷酸的浓度，从而有利于标准条件下磷酸二酯键的形成(见 14.2 节)。

由于 DNA 模板是 RNA 合成所必需的，真核生物的转录都是在细胞核内或者线粒体、叶绿体的基质内进行。在转录的过程中，DNA 的构象会发生改变。用显微镜观察果蝇的线染色体，发现转录的活性基因在镜下表现为蓬松的状态，有别于不转录的非活性染色质的紧缩状态。事实上，通过化学试剂以及酶与活性基因的作用发现，这些基因位于结构发生改变的染色质中，显得比非活性基因更为蓬松。无论是在原核生物还是在真核生物体内，当转录复合物沿着模板 DNA 向前进行转录时，DNA 双螺旋结构都是暂时打开(或展开)的。

这种打开或者展开的结构是合成 RNA 所必需的，因为 DNA 是一种双螺旋结构，转录时 DNA 的两条链必须互相分离从而可以使 DNA 的模板链与新合成 RNA 链按 Wason-Crick 碱基互补配对原则进行碱基配对。DNA 链局部打开或展开的状态可以使得 DNA 模板周围的 RNA 转录产物不用进行特殊的包装就可以使得转录过程继续进行。

转录的过程大体上可以分为三个步骤：首先是 RNA 聚合酶识别特异的 DNA 序列以及转录复合体的形成；其次是真正意义上的 RNA 合成，即 RNA 链的延伸；最后是合成的终止以及 RNA 链的释放。

DNA 模板决定 RNA 的合成

人类基因组的大部分序列是不转录成 RNA 的。即使对于细菌，在几乎所有的 DNA 都编码基因产物的情况下，也不是所有的基因在某一时刻同时表达。所以 RNA 聚合酶分子必须分辨 DNA 序列中的基因和非基因，以及需要表达的基因和不需要表达的基因。

转录过程从 RNA 聚合酶识别 DNA 模板上的启动子序列开始，一般来说，**启动子**(**promoter**)位于转录起始处上游较短的一段距离内。不同的启动子经常会含有相似的序列，这样就可以总结出某些启动子的“**共有序列**”(**consensus**)(图 5.1)，但真正的启动子与“共有序列”有着不同程度的差别。原核与真核启动子虽然互不相同，但在这两种启动子中都可以发现相同的保守序列。有些 DNA 序列可以促进转录，但距离转录起始位点稍

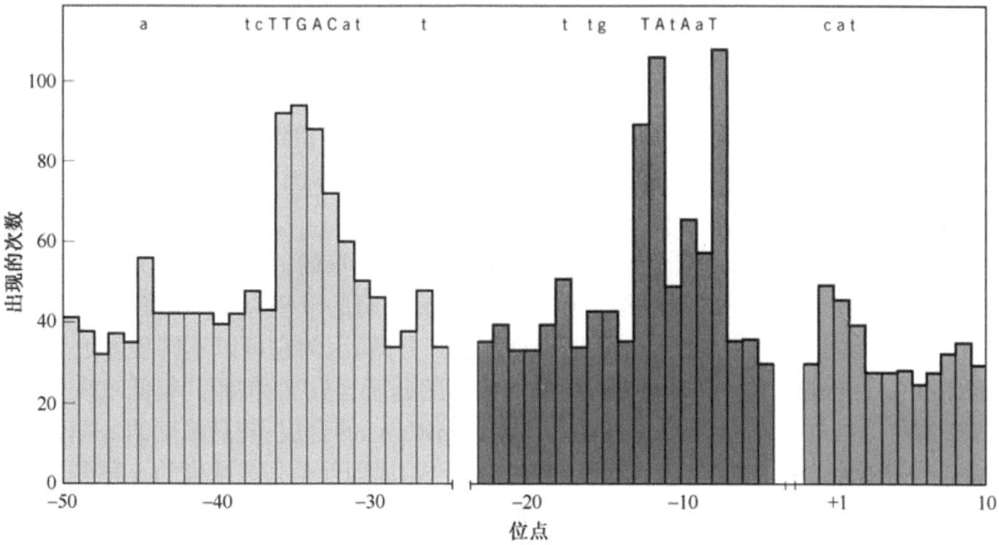

A	28 38 30 37 35	56 42 42 37 42	39 18 25 26 2	6 2 72 26 50	26 34 25 26 31	20 39 33	33 39 23 29 16	23 19 2 106 29	66 57 1 35 23	31 20 9	45 16 24 25 26	24 24 32 35 26
T	41 33 32 25 34	22 35 35 42 27	32 42 47 14 92	94 11 19 15 37	46 36 38 48 34	35 28 28	27 39 51 34 43	26 31 89 3 69	15 19 108 31 29	21 16 22	2 42 27 23 20	25 27 15 16 29
G	16 11 29 19 21	18 13 21 9 19	24 26 29 29 11	6 88 3 11 17	15 21 26 21 27	23 24 27	25 22 23 29 28	43 35 11 1 18	17 14 0 33 24	30 21 8	37 5 12 27 22	17 20 24 21 16
C	22 27 18 29 20	14 20 12 22 23	16 25 10 43 7	6 11 18 60 8	25 23 23 17 20	34 21 24	27 22 25 20 25	20 27 10 2 16	14 22 3 13 36	30 29 49	4 25 25 13 18	22 17 17 16 17

图 5.1　原核启动子的共有序列

通过统计大量的 *E. coli* 启动子序列，图下方的列表显示了 *E. coli* 启动子每一个碱基位置上出现的碱基种类的次数。而上方的直方图则显示每个位置上出现最频繁碱基的次数(纵坐标为次数，横坐标为碱基位置)。这些出现最频繁的碱基就构成了 *E. coli* 启动子的共有序列，可以被含有 σ^{70} 的 RNA 聚合酶全酶所识别。共有序列显示在直方图的顶端，其中大写字母代表高度保守的碱基，小写字母则代表相对保守的碱基。

远,其中的一些不管相对于转录起始位点的距离、位置、方位如何,均可起到促进转录的作用,起这种调节作用的DNA序列叫做增强子。只有一部分原核生物的RNA合成有增强子调节,而真核生物的mRNA合成即便不是全部,也是绝大多数都存在着增强子的调节。增强子通过结合特定的蛋白因子而发挥作用,这种蛋白因子叫做转录激活因子。当激活因子结合增强子后,DNA模板会发生结构的改变(常常是形成环或弯曲),从而有利于激活子再和其他因子或RNA聚合酶相互作用,这种相互作用可以通过"招募"RNA聚合酶以及其他因子,形成转录起始复合物,从而有利于转录的进行。

转录由RNA聚合酶催化

RNA聚合酶以DNA的一条链作为模板,按5′→3′的方向合成RNA,合成RNA的方式类似于模板依赖的DNA聚合酶(见4.2节)。但是与DNA聚合酶不同的是,RNA聚合酶无需DNA或RNA引物参与即可在启动子序列上开始合成过程。

原核生物以及真核生物的RNA聚合酶均是由多个亚基组成的分子质量较大的酶,它们的具体作用机制目前也只了解一部分。大肠杆菌(*E. coli*)的RNA聚合酶含有5个亚基,总分子质量超过了5000kDa(表5.1)。其**核心酶(core enzyme)**由2个α亚基、一个β亚基以及一个β′亚基构成,核心酶可以准确地进行转录,但是不能进行特异的(即启动子诱导的)RNA合成。σ因子是大肠杆菌RNA聚合酶的第5个亚基,核心酶加上σ因子即称为**全酶(holoenzyme)**,全酶在体内或体外均可以进行特异的RNA合成。许多生化方面的研究已经证实σ因子在特异性识别启动子方面起着重要作用。不同类型的基因可以为各自特异的σ因子所识别。如热休克蛋白就是通过特异的σ因子识别相应的基因启动子,并进行转录、表达的;细菌的芽孢形成也是特异的σ因子识别基因启动子并进行诱导表达的;某些噬菌体(即感染细菌的病毒)可以合成自己的σ因子,并利用所感染细菌的RNA核心酶对自身DNA进行转录。

普通的原核生物RNA聚合酶可以被利福平(治疗结核的一种抗生素)所抑制,利福平的主要成分是利福霉素,可以结合到其RNA聚合酶的β亚基上(见临床相关知识5.1)。真核生物的核内RNA聚合酶是比较容易区分的,因为它可以不同程度地受到**α-鹅膏蕈碱(α-amanitin)**(一种名为伞形毒蕈的有毒蘑菇所合成)的抑制。很低浓度的α-鹅膏蕈碱即可以抑制mRNA和一些核内小RNA(snRNA)的合成;较高浓度的α-鹅膏蕈碱可以抑制tRNA、5S rRNA以及其他snRNA的合成;而即使是很高浓度的α-鹅膏蕈碱也不能抑制rRNA的合成(5S rRNA除外),通过这种方法就能区分三种核内RNA聚合酶。由于三种纯化的RNA聚合酶不同程度上受α-鹅膏蕈碱抑制,可以得出这样的结论:RNA聚合酶Ⅱ的主要功能是合成mRNA,其受到α-鹅膏蕈碱的抑制也是最敏感的;RNA聚合酶Ⅲ主要是合成tRNA、5S rRNA、U6 snRNA以及其他细胞内小RNA和病毒RNA;RNA聚合酶Ⅰ主要集中在细胞核内,作用是进行rRNA的转录。(Ⅰ、Ⅱ、Ⅲ是根据相应的RNA聚合酶从层析柱上洗脱下来的顺序命名的。)每种酶都是由多亚基组成的复合结构(表5.1)。

表 5.1　一些 RNA 聚合酶的亚基构成[a]

酵母 Pol Ⅰ	酵母 Pol Ⅱ	酵母 Pol Ⅲ	*E.coli* RNA 聚合酶的核心酶
A190	B220(Rpb1)	C160	β′
A135	B150(Rpb2)	C128	β
AC40	B45(Rpb3)	AC40	α
AC19	B12.5(Rpb11)	AC19	ω
ABC23	ABC23(Rpb6)	ABC23	
ABC27	ABC27(Rpb5)	ABC27	
ABC14.5	ABC14.5(Rpb8)	ABC14.5	
ABC10α	ABC10α(Rpb12)	ABC10α	
ABC10β	ABC10β(Rpb10)	ABC10β	
A12.2	B12.6(Rpb9)	C11	
A14	B32(Rpb4)	C17	
A43	B16(Rpb7)	C25	
A49			
A34.5			
		C82	
		C53	
		C37	
		C34	
		C31	

a 上表中列在同一行的都是同源性亚基。表中显示酵母的 RNA 聚合酶Ⅰ、Ⅱ、Ⅲ有 5 个亚基是相同的，而 RNA 聚合酶Ⅰ和Ⅲ还有另外 2 个亚基是相同的。此外 RNA 聚合酶Ⅰ和Ⅲ分别有 2 个和 5 个特异的亚基，也就是除了自身以外在其他 RNA 聚合酶中找不到与其具有明显同源性的亚基，故它们所在的一行没有其他的亚基。*E. coli* RNA 聚合酶的核心酶含有 4 个不同的亚基，均可在酵母这一真核生物的三种 RNA 聚合酶中找到与之同源的亚基。酵母 RNA 聚合酶亚基名称中是否有大写字母 A、B 或 C 取决于该亚基是否出现在 RNA 聚合酶Ⅰ、Ⅱ或Ⅲ中，字母后面的数字则代表以千道尔顿(kDa)为单位的分子质量。以 RNA 聚合酶Ⅱ为例，各个亚基后面的括号内注明了编码该亚基的基因名称。

线粒体中的 RNA 聚合酶主要负责线粒体的 mRNA、tRNA 以及 rRNA 的合成。这种 RNA 聚合酶和细菌的 RNA 聚合酶一样，都可以被利福霉素所抑制(见临床相关知识 5.1)。

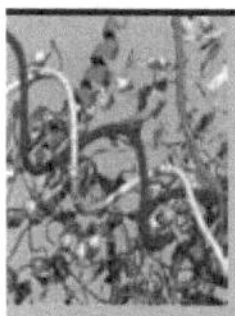

临床相关知识 5.1

以 RNA 聚合酶为靶点的抗生素和毒素

RNA 聚合酶是生物体非常重要的一种酶，因为转录是基因表达的第一步。缺乏 RNA 聚合酶活性就意味着没有蛋白质的表达与合成。下面以两个例子说明 RNA 聚合酶受抑制可以导致生物体的死亡。

伞形毒蕈是被称作“死亡之帽”或者“破坏天使”的一种毒蘑菇，它的毒性很强，虽然政府部门已经对业余的蘑菇采摘者进行了广泛的宣传和警告，但每年仍有人死于该蘑菇中毒(据称它的味道相当鲜美)。研究表明：它最致命的毒素——α-鹅膏蕈碱，可以抑制真核生物 RNA 聚合酶Ⅱ的活性，进而抑制 mRNA 的合成。中毒反应最开始表现为轻微的胃肠道症状，大约 48 小时之后，当体内至关重要的 mRNA 及其相应的蛋白质产物不断降解而得不到相应的补充时，就会出现广泛的肝坏死，而这时唯一的治疗就是支持治疗，包括肝移植等。

从我们人类对之加以利用的角度出发，这一机制带来的益处更多，比如应用利福平这种抗生素杀灭一些细菌，特别是在治疗结核病时杀灭结核菌，就是通过抑制细菌的 RNA 聚合酶实现的。结核病的致病原是结核分支杆菌，它对许多常用的抗生素都不敏感，但对于土壤中链霉菌的一种产物——利福霉素相当敏感。由于哺乳动物的 RNA 聚合酶与原核生物的差别很大，所以利福霉素在抑制原核生物 RNA 聚合酶的同时，不会对宿主产生明显的毒副作用，所以这种药在很好地治疗结核病的同时也不会对患者产生明显的毒副作用。随着公共卫生条件的提高，联合利福平和异烟肼（一种抗代谢药）治疗结核病已经大大降低了工业化国家结核病的死亡率。但很遗憾的是，结核病目前在美国以及其他国家的贫困人群中依然流行，而且免疫缺陷个体（特别是 AIDS 患者）患有活动性结核的人数在不断地上升。

原核生物的转录过程

染色体 DNA 一般只按一个方向进行转录，如下所示：

DNA：5′⟶3′

DNA：3′⟶5′

RNA：5′⟶3′…

在 RNA 合成过程中，作为模板的那条 DNA 单链与合成的 RNA 链是碱基互补的。按照惯例，一条双链 DNA 中作为模板链的那条单链叫做“底链”(bottom strand)；另一条单链，即非模板链或者叫做“顶链”(top strand)，与合成的 RNA 链方向一致，都是从 5′到 3′，这条链有时也称作编码链。如果这本书中只给出一条 DNA 单链的序列，如无特别说明即代表编码链。如果将编码链的碱基 T 置换成 U，则它的序列与合成的 RNA 链完全一致。

启动子的识别

转录过程开始于的 RNA 聚合酶与基因启动子的结合（图 5.2）。在 DNA 的模板链上，RNA 转录起始位点上游 45bp 到下游 10bp 的范围是 RNA 聚合酶全酶的结合位点。这一区域中有两段很短的序列是高度保守的（图 5.1），其中一段序列位于转录起始点上游约 10bp 处，也就是上文提到的共有序列（通常叫做“－10”区或者“Pribnow”区）：

T* A* TAAT*

标有星号的碱基是最保守的，事实上，最后一个碱基 T 在 *E. coli* 的绝大多数启动子中都是一样的。

另一段保守序列也属于共有序列，位于 **Pribnow** 区或“－10”区上游，由于其位于转录起始点上游约 35bp 处，故叫做“－35”区：

T* T* G* ACA

同样的，标有星号的碱基也是极其保守的。“－35”区和“－10”区之间有 17 个碱基也是高度保守的并且非常重要。这两段保守的共有序列“TTGACA ”和“TATAAT”属于非回文结构，所以启动子序列本身就决定了转录只能按一个方向进行。

那么这些共有序列和基因有什么区别呢？对 RNA 聚合酶与不同启动子的亲和力以

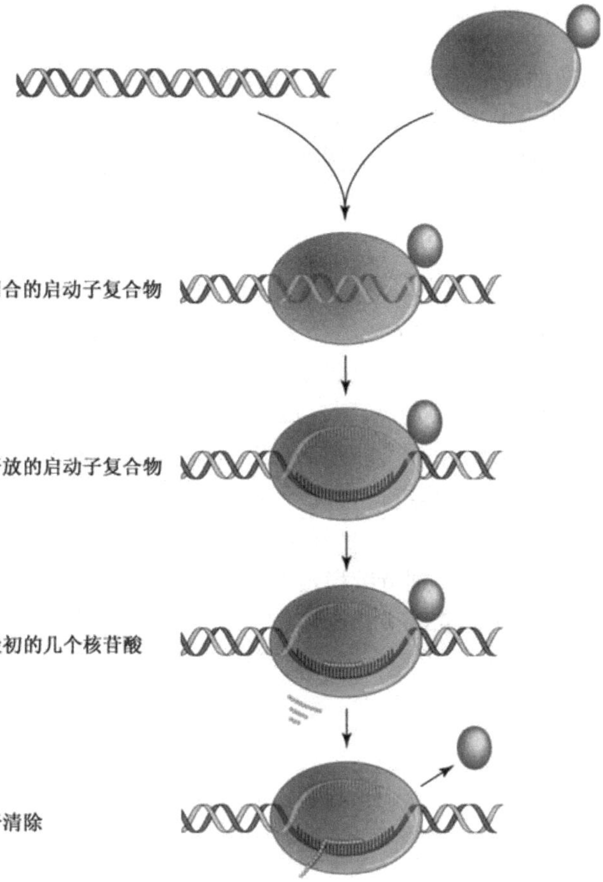

图 5.2　原核生物转录的起始过程

含有启动子的 DNA 是双螺旋结构的，*E. coli* 的 RNA 聚合酶全酶用两个椭圆形表示，较小的那个椭圆代表 σ 因子，较大的那个代表核心酶。新合成的 RNA 链在转录泡内与 DNA 的模板链配对，当 RNA 链从起始复合物上释放的同时，也可见一些无效的起始合成产物脱落。虽然这幅图显示当 RNA 聚合酶进入产物延长阶段时 σ 亚基是从核心酶上脱落的，但在转录的这一阶段，σ 亚基是否脱落尚存在争议

及启动转录的效率进行测量，发现最活跃的启动子与共有序列的一致性最好，启动子序列与共有序列相似的程度决定了这个启动子的“强度”，即它和 RNA 聚合酶一起启动相关基因转录的能力。

而“−35”区和“−10”区的侧翼区碱基序列、靠近转录起始点的碱基序列以及位于“−16”位点附近的碱基序列则不是非常的保守。在这些保守性较弱的区域中，RNA 聚合酶的识别可能需要某一特定的核苷酸缺失，或者出现 DNA 螺旋结构的局部变异。不同的 *E. coli* 热休克蛋白基因启动子在“−35”区和“−10”区具有不同的共有序列，这就符合了它们被不同的 σ 因子所识别这一事实。

RNA 的转录通常以嘌呤核糖核酸(即 pppG ...或 pppA ...)作为起始核苷酸，但也有以嘧啶核糖核酸开始的(图 5.1)。启动子不同，转录起始位点也有细微的差异，但通常是从距离 Pribnow 区最末端保守的 T 碱基下游 5～8bp 处开始的。

转录的起始

RNA 聚合酶启动转录需要经历两个不同的动力学步骤(图 5.2)。第一步,如上文所描述的那样,RNA 聚合酶全酶结合到 DNA 启动子上,形成一个“闭合的复合物”,这种结合相对较弱;第二步,全酶与启动子的结合变得紧密,并形成一个“开放的复合物”,其具体特征是 DNA 的双螺旋结构在局部开放 10bp 左右。由于 Pribnow 区是富含 A 和 T 的,这就使得局部解旋比较容易,因为在开放的过程中,AT 碱基对之间的化学键更容易断裂。第 2 章曾经提到过,开放 10bp 的 DNA 双螺旋在结构上首先取决于负性超螺旋链的松弛。从这一点我们可以预测,一些启动子的活性实际上取决于 DNA 模板的超螺旋状态。有些 DNA 的启动子在 DNA 链超螺旋程度较高时比较活跃,而有些启动子则是在模板的超螺旋密度越低的情况下越活跃。展开的 DNA 与起始的三磷酸核苷酸结合,在 RNA 聚合酶的催化下形成第一个磷酸二酯键。然后 RNA 聚合酶转位到下一个位置(这就是利福霉素抑制的步骤)继续进行合成。当数个核苷酸被催化连接到 RNA 链上时,聚合酶就进入到延伸模式,此时的特征是酶与 DNA 模板的结合比较稳定,不遇到转录终止信号就不会脱落。当合成进入到持续稳定的延伸状态时,σ 亚基可能会从核心酶上脱落。一旦这个 RNA 聚合酶向前移动过了启动子序列区,其他的 RNA 聚合酶分子又会结合到启动子上并启动新的转录,这样同一基因就可以同时受许多聚合酶催化而转录(图 5.3)。

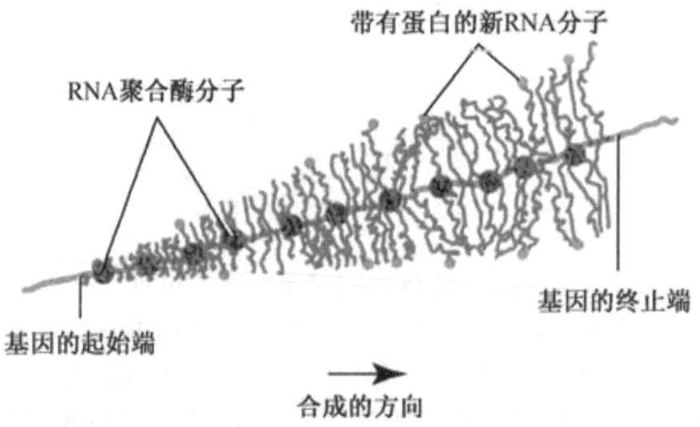

图 5.3　一个基因同时受多个 RNA 聚合酶催化而转录,并显示新合成的 RNA 分子在不断地延长

延伸

RNA 聚合酶进入延伸阶段后继续结合核苷酸、形成磷酸二酯键、转位,再结合核苷酸,如此不断循环,平均速度大约是每秒钟结合 40 个核苷酸。但是有许多例子显示当 RNA 聚合酶移动到特定序列处时,速度变得缓慢甚至暂停前进。下文将会讨论到,这些暂停可能与转录的终止有关。

由于 RNA 聚合酶沿着 DNA 的双螺旋结构进行延伸,它所到之处,DNA 的两条链就会分离,只有这样才能保证那条作为模板的单链可以与新合成的 RNA 链进行碱基配对。所以,一条简单的信息传递机制(即 **Watson-Crick 碱基配对原则,Watson-Crick base pairing**)在 DNA 复制、DNA 修复以及转录过程中均有应用,而且在翻译过程中,碱基配对机制也起着非常重要的作用(见 6.2 节)。双螺旋的展开以及恢复的过程可以导致 DNA 超螺旋密度的改变,当然 DNA 超螺旋的状态主要是受 DNA 拓扑酶Ⅰ和Ⅱ的活性所控制的。

在RNA合成的延伸阶段,转录复合物结构的改变可以影响转录的终止。这种结构改变有赖于其他细胞内蛋白质(如NusA蛋白)与核心酶相结合。如果不能结合这些蛋白因子就会导致转录终止发生的频率增加,继而导致基因表达水平的降低。

终止

RNA聚合酶复合物能够识别转录基因序列的终点(图5.4)。转录终止主要有两种模式,它们的区别在于其终止作用的发生是否与**蛋白因子**ρ(**factor** ρ,**Rho**)相关。所以所谓的终止子序列就分为ρ因子非依赖型和ρ因子依赖型2种。**Rho非依赖型终止子**(**Rho-independent terminator**)目前已经研究得比较清楚(图5.4),它们是mRNA链末端的一段序列,其共同特征是包含了一段富含GC的回文序列(即序列两端自身互补),紧接着是6～7个U碱基,正因为这一回文序列,RNA链就可以在末端数个U碱基的上游形成一个茎环(stem and loop)结构。实验证明,这一茎环状的二级结构对于转录的终止至关重要,因为如果将回文序列中的某些碱基进行突变而破坏茎环结构的形成,则转录的终止的发生就会减少。茎环结构在转录终止后会脱离mRNA链,并可以稳定原核生物的mRNA免受核酶的降解。

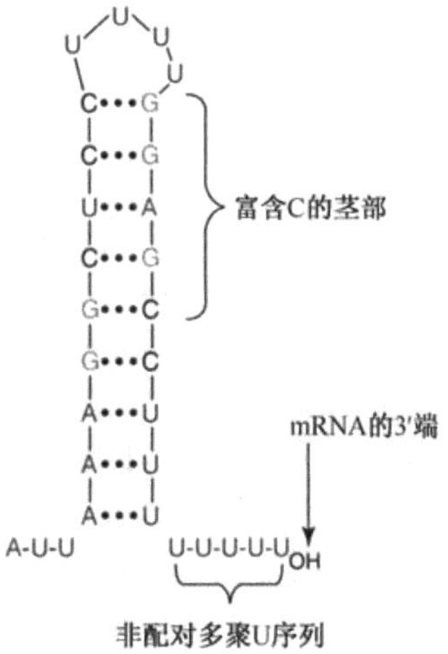

图5.4 决定Rho因子非依赖型转录终止的茎环结构,位于转录物RNA链上
图中标出了这一结构的两个部分:富含GC的茎环部分以及多聚U碱基组成的短序列部分

Rho依赖型终止子(**Rho-independent terminator**)的研究就不是很清楚,Rho因子是一个六聚体蛋白,具有RNA依赖的ATP酶活性。ρ因子依赖的终止序列有个特点,就是在终止序列的上游不远处有数个富含C碱基的序列,故可以这样认为,转录终止是发生在一个范围较广的区域,而不是某个特异的位点。一般认为ρ因子沿着新合成的RNA链向前移动(和RNA合成的方向一致,即5′至3′),其动力来自于利用自身的ATP酶活性催化ATP获得的能量,直到赶上同样在向前移动的RNA聚合酶。当二者相遇时,Rho因子通过某种方法使延伸复合物失去稳定性,直接导致DNA模板和合成完毕的RNA链分离并且其本身也从RNA聚合酶上解离下来。

原核生物的核糖体通常在转录正在进行的时候就会结合到新合成的mRNA链上并开始翻译。这种转录和翻译的偶联对于通过衰减方式(attenuation)进行的基因调控非常重要(见8.4节)。

5.3 真核生物的转录过程

真核生物的转录起始与原核生物的转录起始有着本质的区别。但是启动子的定义是相同的,即DNA上决定转录起始的一段序列信息。真核生物转录起始所涉及的分子过程比原核生物更加复杂。首先,包含启动子序列的染色质必须能让复杂的转录起始复合物容易接近;其次,不仅 RNA 聚合酶,其他转录因子也必须能够结合到所要表达基因的启动子区域;还有,增强子和其他起转录调控作用的顺式作用元件,可以通过结合其他的蛋白因子(激活子)来刺激、促进转录进行。真核转录因子可以结合到 DNA 上,并且募集 RNA 聚合酶到基因的启动子区域,这就与细菌等原核生物的 σ 因子不同,σ 因子并不和 DNA 结合,而是与原核生物 RNA 聚合酶的核心酶结合。真核生物有三种 RNA 聚合酶,每一种都合成各自特定的 RNA;而所有原核生物的基因都是由同一种形式的核心酶进行转录,只是不同的基因在转录起始时起作用的 σ 因子不同而已。

活性染色质的特性

真核生物染色体的结构组成在第 2 章与第 8 章都有详细的介绍。不管染色质能否被转录,它都是以核小体的形式存在。但转录活跃的基因与转录不活跃的基因相比其所在的染色质区域有一个更为“松散”的构型。这种松散程度的差别在启动子序列处最为明显,转录活跃基因启动子的某些区域甚至松散到没有形成完全的核小体(图 5.5)的程度。这种缺乏核小体的状态可以通过实验得到证实,当用外源性试剂如 DNase Ⅰ 来裂解 DNA 时,启动子序列区域显示出比其他染色质更为敏感的状态,也就是更容易降解。启动子序列区的这种**易接近性**(**accessibility**)(称为 DNase Ⅰ 高敏性)保证了各种转录因子能够结合到相应的调节序列。即使某些活跃基因的转录序列区域以核小体的形式存在,这种核小体结构也比转录不活跃基因的核小体更为松散。组蛋白的各种不同的共价修饰可以使核小体存在形式的转录基因结构发生改变。其中一种修饰与转录激活相关,即**组蛋白乙酰转移酶**(**histone acetyltransferase**)对组蛋白的乙酰化,具体反应过程是将乙酰基团从乙酰辅酶 A 转移至组蛋白,尤其是组蛋白 H4 和 H3 的 N 端区域。还有一些影响基因活性的组蛋白修饰包括甲基化、磷酸化以及泛素化。发生在组蛋白不同特异性部位的修饰共同

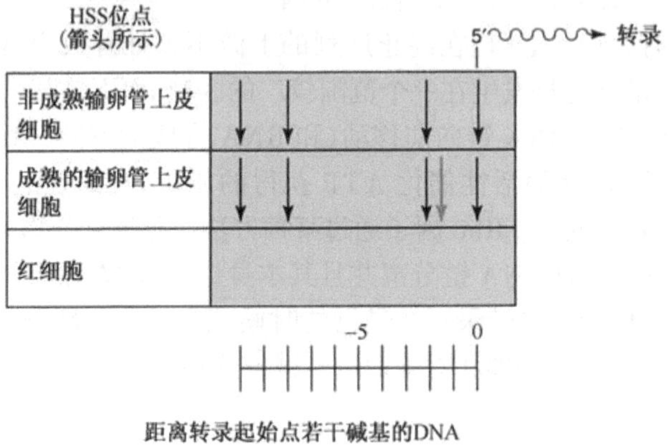

图 5.5　典型的真核转录单位——鸡溶菌酶基因启动子上游的 DNA 酶高敏感位点(HSS)

高敏感位点在图中用箭头标示,是一段 DNA 序列,靠近溶菌酶基因,即使包裹在染色质里面,其对核酶的消化作用也特别敏感。这些位点可能是游离在核小体之外的。图中显示无论是成熟的输卵管上皮细胞还是非成熟的输卵管上皮细胞都能在其溶菌酶基因启动子区域发现高敏感位点,尽管非成熟输卵管上皮细胞并不合成溶菌酶。成熟输卵管细胞诱导合成溶菌酶的同时会伴随新的高敏感位点出现。而在从不合成溶菌酶的有核红细胞内就不能在相应部位发现高敏感位点

构成了**"组蛋白密码(histone code)"**,主要是和组蛋白修饰、染色质浓缩、DNA 修饰以及基因的活性相关(见临床相关知识 5.2)。总的来说就是染色质的局部展开对于基因的转录是必要的,但并不是充分条件。

转录的激活取决于 RNA 聚合酶的募集

真核生物的蛋白因子无论与什么样的序列结合,其作用方式都与 *E. coli* 的 σ 因子有着本质的区别。σ 因子是先与核心酶形成起始蛋白复合物,然后再识别相关的 DNA 序列并发生结合,而真核生物的蛋白因子则是先结合到 DNA 上特定的位点(序列),再与 RNA 聚合酶结合(有或无中间因子的参与)。这一机制就叫做"募集"。募集作用在原核生物的基因激活中微不足道,但对于真核生物却是基因激活的主要机制。

增强子

增强子(Enhancer)可以成倍地增强基因的表达。与增强子结合的转录因子称为**激活子(activator)**。激活子蛋白至少有两个结构域,一个与增强子序列结合,另一个则与其他的蛋白因子或 RNA 聚合酶结合。最广为接受的增强子作用模式是染色质形成一个**"环(loop)"**,使得增强子与启动子能在空间上互相接近,即使它们之间隔了较长的 DNA 序列,也可以使增强子发挥增强基因表达的作用。

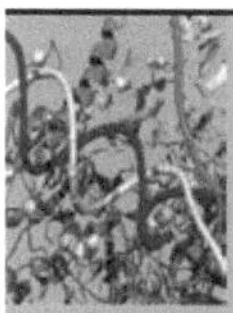

临床相关知识 5.2

脆性 X 综合征:一种 RNA-染色质疾病?

脆性 X 综合征是遗传性脑发育迟缓病最常见的一种类型,男女发病率分别是 1/1250和 1/2000。该病是由于位于 X 染色体上的 *FMR1* 基因的低表达导致了神经系统在解剖结构和功能上的一系列异常所导致的。这一综合征的遗传特征由于 X 染色体脆性突变的分子机制而显得比较复杂。

脆性 X 染色体的形成是由于在 *FMR1* 基因的 5′端非翻译区域出现了比正常状态下更多的 CGG 核苷酸重复序列。正常状态时,这个重复序列只出现 30 个拷贝,尽管也有个别正常人可以达到 200 个拷贝。但对于脆性 X 综合征的患者,这个拷贝数要多得多,可以从 200 到数以千计不等。而这一疾病的遗传特征就是大量的 CGG 重复序列可以在染色体上代代相传。

异常存在的大量 CGG 重复序列诱导了 *FMR1* 基因的整个启动子区域广泛的甲基化,甲基化后的基因出现转录失活,导至 FMR1 的 mRNA 不能合成。缺乏 FMR1 蛋白是这一疾病的病理学基础,正常情况下,FMR1 蛋白存在于早期胚胎所有组织细胞的胞浆中,后期主要存在于胎儿的脑和其他神经组织中。FMR1 蛋白可以影响许多 mRNA 的翻译,有一种假说认为,在个体成长的过程中,FMR1 蛋白可以帮助特异的 mRNA 进行翻译和定位。最近的研究认为 FMR1 可能涉及 RNA 的干扰,缺少它可以导致广泛的基因调节异常(见 5.7 节)。可能有好几条信号转导途径与这一复杂疾病的病理学过程有关。

RNA 聚合酶Ⅱ催化的转录过程

RNA 聚合酶Ⅱ(**RNA polymerase Ⅱ**)主要负责核内的 mRNA 合成。从大量的基因研究中可以得出几个普遍的现象(图 5.6)。①控制转录的 DNA 序列是复杂的，一个基因不单单受到启动子的调控，可能还会受众多 DNA 序列上顺势作用元件的调控，这些元件中就包括了 RNA 聚合酶复合物识别的位点。该复合物又称之为"前起始复合物"(pre-initiation complex)，是由许多**基本的**(**basal-level**)或者**通用的**(**general**)转录因子组成，其主要功能是：使 RNA 聚合酶Ⅱ结合到正确的位点从而为转录的起始做准备；促使转录起始点处的 DNA 双链相互分离；以及控制聚合酶从起始模式转变为延伸模式。但是仅仅有这些调控转录的蛋白因子是不够的，如果不与增强子以及其他顺式作用元件进行相互作用，它们的转录效率会很低。只有这些序列元件和转录因子联合起来一起发挥功能，才能形成一个精细的调控模式。②每个序列元件在转录调控过程中的效能是通过结合相应的蛋白转录因子起作用的，这些蛋白转录因子可以识别正确的调控序列元件。③结合在一起的转录因子相互之间发生作用并最终达到募集 RNA 聚合酶的目的，这些因子主要是"前起始复合物"中的因子或其他一些中间因子。转录因子的 DNA 结合域和激活域位于蛋白质的不同区域。④RNA 聚合酶Ⅱ在转录反应中被修饰，修饰后的聚合酶在转录的延伸

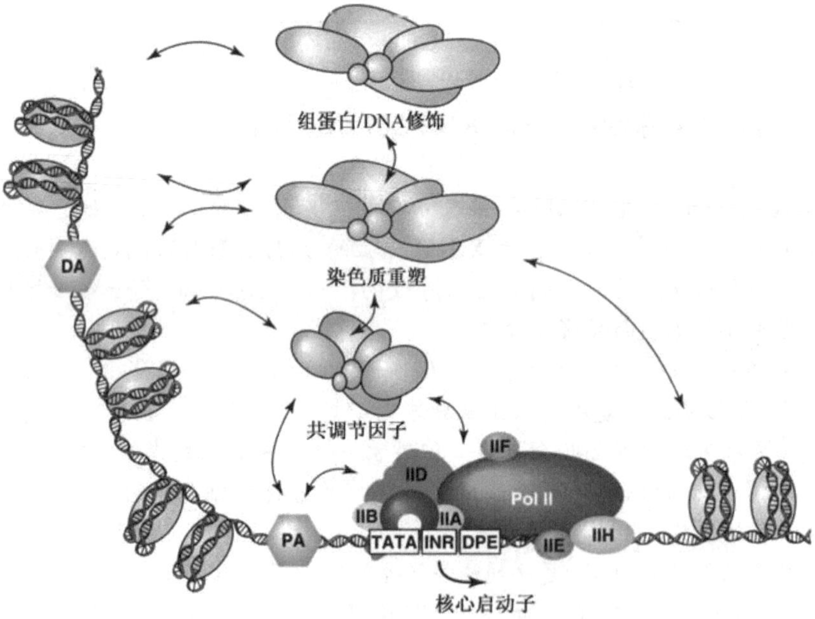

图 5.6　转录因子和染色质修饰因子与真核启动子的相互作用

顺式作用转录调控元件位于转录起始点附近，可能包括一个 TATA 盒、一个起始作用因子元件(INR)或者一个下游启动子元件(DPE)，图中显示它们与 RNA 聚合酶Ⅱ介导的特异性转录所需的核心因子相互作用的过程。典型的启动子只包含这三个元件中的一个。核心因子包括 TFIIA、TFIIB、TFIID、TFIIE、TFIIF、TFIIH 以及最关键的 RNA 聚合酶Ⅱ。转录的激活子可以结合到启动子近端(PA)或启动子远端(DA)序列，通过与核心因子、共调节因子或者染色质修饰复合物(如图所示)的相互作用来激活转录。启动子区域无论是与核心因子还是转录激活子结合可能都必须伴随染色质结构的修饰，这种修饰包括核小体的解体

阶段可以募集其他的组分,包括一些 RNA 加工酶等等。

mRNA 合成的启动子

与原核 RNA 聚合酶只识别单一的启动子序列相比,真核生物的 RNA 聚合酶Ⅱ与转录因子协同作用可以识别 mRNA 转录起始位点上游的好几类共有序列,其中一个非常非常重要的序列叫做 **TATA 盒(TATA box)**,序列如下:

TATA(A/T) (A/T)A

括号中的核苷酸可以是 A 也可以是 T。

TATA 盒位于转录单位上游约 25bp 处的中心位置,切除 TATA 盒的相关实验可以提示,TATA 盒是许多基因高效率转录所必需的,但在其他一些基因中,它的作用仅是指明正确的转录起始位点,而在某些基因的启动子中可以完全缺如。

在 RNA 聚合酶Ⅱ介导转录的基因中经常还会发现一些位于启动子近端的其他调控元件,尽管这种现象并不普遍。其中有一个元件叫做 CAAT 盒,序列如下:

GG(T/C)CAATCT

另外还有一些序列(详见图 5.6)也能促进转录。

CAAT 盒与 TATA 盒与图 5.6 显示的其他序列一样,都不与 RNA 聚合酶Ⅱ直接接触。事实上,它们需要结合特定的转录因子才能发挥功能。要指明的一点是我们需要关注的不仅是蛋白因子与它们对应的识别序列之间的结合作用,还包括蛋白因子之间,以及蛋白因子与 RNA 聚合酶(本身就是一种大的复合酶)的结合作用。如果这些转录因子出现了突变体,则往往是癌基因的表达产物(见临床相关知识 5.3)。

RNA 聚合酶Ⅰ催化的转录过程

核糖体 RNA(rRNA)是在核仁这种特定的核单位中合成的,rRNA 基因位于一个叫做**“核仁组成区”(nuleolar organizer)**的特定染色体区域。每个 rRNA 的转录单位都按顺序包含了 28S、5.8S 和 18S rRNA 的基因序列。数百个相同的转录单位串联(一个接一个)排列于染色体上。转录单位之间有间隔序列分隔,间隔序列包含了与 RNA 聚合酶Ⅰ结合的序列元件以及与增加 RNA 聚合酶Ⅰ活性的Ⅰ型转录因子结合的序列元件。图 5.7 描绘了 rRNA 转录单位的结构。每个转录单位都是独立进行转录的,产生的初始转录产物包含了 28S、5.8S 和 18S rRNA 各一个拷贝,保证了这三种 rRNA 等量合成。初

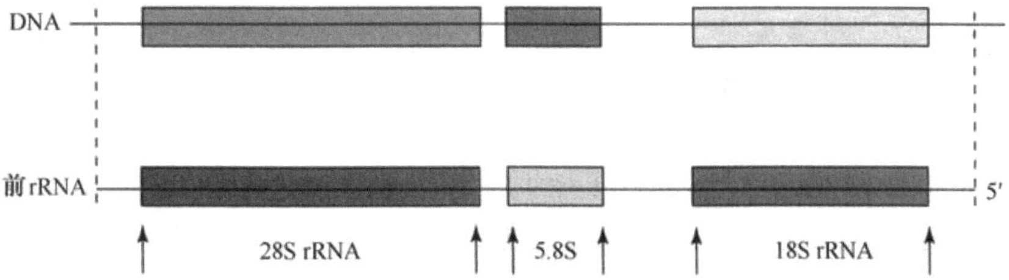

图 5.7　rRNA 转录单位的结构

rRNA 基因常常多个拷贝串联在一起,每一个拷贝单独转录。每一个转录物被加工成三种独立的 RNA。启动子和增强子则位于串联重复序列的非转录区

始转录产物随后被核糖核酸酶和其他修饰酶加工成各种成熟的 rRNA。转录的终止发生在 RNA 聚合酶 Ⅰ 到达下一个转录单位的启动子之前，具体位置位于非转录间隔区域，其发生机制不同于前文提到的 *E. coli* RNA 转录终止的机制。

临床相关知识 5.3
与癌症形成机制有关的转录因子

一个正常细胞向癌细胞转化需要经历一系列过程，其最终结果是转变成一个能够无限制增殖和并可以向远处转移的恶性肿瘤细胞。对癌基因的分子生物学研究让我们对这一过程有了一定的认识，证实了癌基因突变产物的过度表达促使了肿瘤的形成。癌基因最初是指肿瘤病毒的 DNA 或者 RNA，后来发现在正常细胞中也存在与癌基因类似的序列，于是就将未突变的正常细胞中类似于癌基因的 DNA 序列叫做原癌基因。原癌基因的产物大都是调节正常细胞生长与分化的重要物质，但是一旦原癌基因突变成癌基因就会表达出异常的产物，这些产物失去了对正常调控的反应而且会促进细胞的恶性增殖。

有些原癌基因的产物涉及激素的信号转导或者细胞内生长因子的识别，它们是在胞浆中发挥作用的。还有一些原癌基因产物在核内发挥作用，它们常常与转录过程有关(可以作为转录因子起作用)，且合成受到生长激素的调控。我们可以推测的是，如果本来低表达或在控制范围内表达的基因由于调控机制的失调而出现了过表达，从而使得起促进作用的转录因子过度表达或者永久激活是可以使一个正常细胞转变为恶性细胞的。

通过对人肿瘤抑制蛋白 p53 的研究，我们能更好地了解癌症发生的分子机制。p53 蛋白是一个显性癌基因的产物。只要该基因的一个拷贝发生突变就会造成 Li-Fraumeni 综合征，这是一种遗传性疾病，该病患者极易得乳腺癌、肾上腺皮质恶性肿瘤、肉瘤、白血病以及脑肿瘤。

所有人类恶性肿瘤中大约有一半都经证实存在有体细胞 p53 基因的突变。基因的突变意味着蛋白质功能的丧失——不是影响了 p53 蛋白的稳定性就是影响了 p53 蛋白与 DNA 的结合能力。野生型 p53 蛋白可以抑制肿瘤细胞的形成，辅助调控细胞是否通过 G1 期和 S 期之间的检查点(checkpoint)；激活 DNA 的修复功能；以及在某些情况下引导程序性细胞死亡(又叫做凋亡)。所以 p53 的主要作用是保持细胞正常地、受调节地生长，维持基因组信息内容不变以及清除受损的细胞。所有的这些功能都具有抵抗肿瘤形成的作用。

以上介绍的都是 p53 蛋白作为转录因子所表现出来的功能，具体地说就是抑制某些基因的表达而激活另一些基因的表达。举例来说，p53 蛋白可以抑制含有 TATA 盒序列的基因表达(可能是通过结合到转录因子与 TATA 盒形成的复合物上发挥其作用)而同时作为一个位点特异的 DNA 结合蛋白，可以促进某些基因的转录，比如与 DNA 修复有关的基因等。

人们对p53蛋白的三级结构已经研究的比较清楚。通过这些研究我们了解到肿瘤组织来源的突变型p53蛋白在DNA结合域出现了异常。大约有将近20%的突变型p53蛋白都涉及2个位点的突变,对野生型p53-DNA复合物的晶体结构进行研究发现,容易突变的这两个位点的氨基酸都是精氨酸,并且可以与DNA形成氢键。第248位精氨酸在DNA双螺旋的小沟内与胸腺嘧啶的氧原子以及腺嘌呤的氮环形成了氢键。一旦该位置突变成其他氨基酸就破坏了这个氢键网络,也就对p53调节转录的能力产生了影响。

被RNA聚合酶Ⅰ所识别的rRNA基因启动子位点位于非转录间隔序列中,具体位置是从−40bp～+10bp,以及−150bp～−110bp(以转录起始点为0点)。转录起始时,首先是一个转录因子结合到启动子上,然后介导RNA聚合酶Ⅰ识别该启动子序列。另外在人核糖体DNA启动子上游约250bp处还有一个增强子。但是这个增强子位置在不同的生物中差别很大,同样它们非转录间隔序列的长度差别也很大。

rRNA的转录非常迅速,因为核糖体的合成可以影响细胞生长的速度,所以增殖旺盛的细胞对于rRNA的需求是很高的。如果在细胞生长不是很快的情况下,只有一部分rRNA的转录单位处于活跃的转录状态。

RNA聚合酶Ⅲ催化的转录过程

与前文提到的RNA聚合酶Ⅰ、Ⅱ的功能不同,**RNA聚合酶Ⅲ(RNA polymerase Ⅲ)**主要负责5S RNA、tRNA、其他细胞内小RNA以及病毒RNA的合成。我们知道,转录因子的作用是与DNA序列结合并辅助和介导RNA聚合酶进行转录。RNA聚合酶Ⅲ的特殊之处在于其转录因子与DNA结合的位点不同于前两种聚合酶,它的转录因子是直接与编码RNA的序列结合的,这一结合区常称作“内部控制区域”。在某些情况下,如果将该基因的5′端至转录起始点之间的序列(即位于转录起始点上游)替换成其他序列,对转录效率的影响并不大;而另外一些情况下,这一段序列却可能在高效转录过程中起主要作用。这种差别可能是由不同基因中该部位DNA与蛋白质结合的相对重要性所决定的,这种结合在稳定由多种蛋白因子和RNA聚合酶Ⅲ构成的转录复合物中起的作用越大,则对转录效率的影响就越大。图5.8详细描绘了5S rRNA和tRNA基因中不同的蛋白因子与相应DNA序列之间的结合关系。

RNA聚合酶作用的酶学基础

最近,利用X射线晶体学对σ因子、细菌RNA聚合酶的核心酶和全酶、真核生物RNA聚合酶Ⅱ以及转录延伸过程中RNA聚合酶Ⅱ的三级结构进行了研究,使得我们对RNA聚合酶作用的分子基础有了进一步的了解。尽管各种RNA聚合酶在亚基构成、大小以及作用机制上存在一些差异,但是它们与DNA模板、核苷酸底物以及新合成的RNA链之间相互作用的基本模式都是相似的。

原核生物和真核生物的聚合酶在形态上非常相似,尤其是酶的核心催化区。细菌

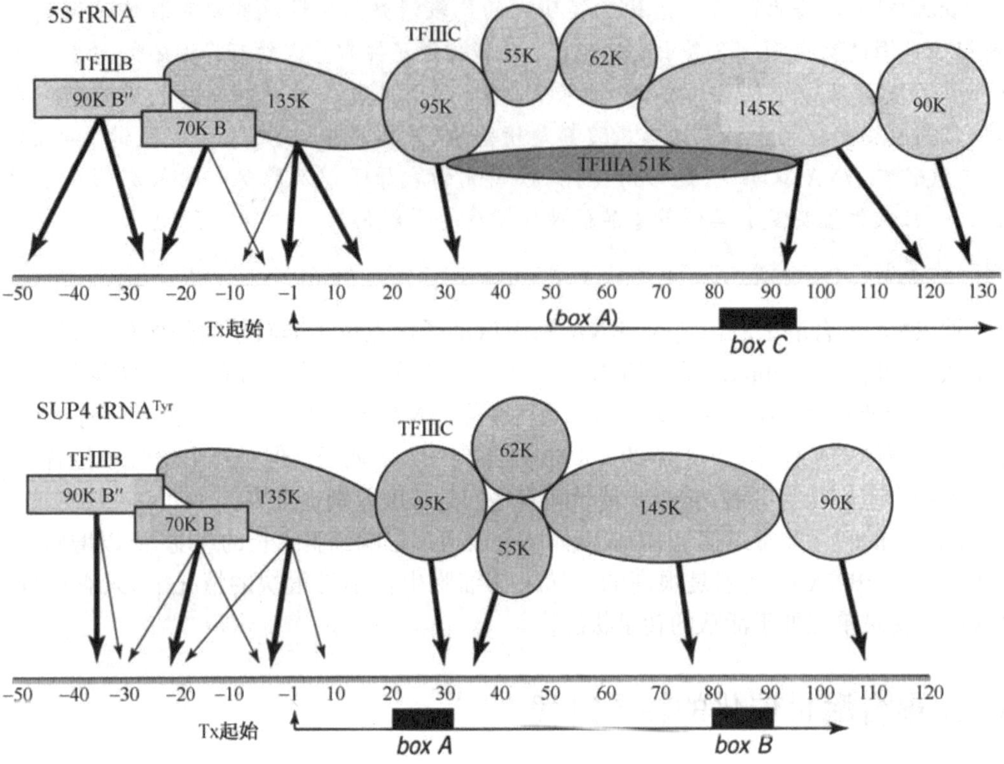

图 5.8　酵母基因 5S rRNA 和 tRNA 的编码链序列图，以及转录因子 TFⅢA、TFⅢB 和 TFⅢC 各亚基与该序列作用的示意图

各个转录因子的亚基与两种基因 DNA 序列作用的确切位置在图中用箭头标出。从图中我们可以看到，TFⅢA 是构成 5S rRNA 基因的转录复合物所必需的，但不是 tRNA 基因所必需的。TFⅢA 主要负责 5S rRNA 基因的“内部控制区”(internal control region)序列与蛋白因子的特异性识别，而在 tRNA 基因中，这项功能是由 TFⅢC 行使的。不论是 5S rRNA 基因还是 tRNA 基因，TFⅢB 和 TFⅢC 都是转录所必需的

RNA 聚合酶和酵母 RNA 聚合酶Ⅱ的核心酶形状都与蟹爪比较相似(图 5.9)。转录时 DNA 从酶分子的一端进入，沿着聚合酶内部一条较深的裂隙移动，然后发生 90°的弯曲，再从聚合酶中出来。聚合酶的催化位点就位于这条通道的末端，也是每个核苷酸连到新 RNA 链上的部位。转录起始时，DNA 分子双螺旋结构的两条链在 RNA 聚合酶作用下发生分离，并且在分离处构成一个**转录空泡**(**transcription bubble**)结构，泡内暂时形成了 9bp 的 DNA-RNA 互补短链，转录过程中，核苷酸(NTP)进入转录空泡与 RNA 链延伸出转录空泡是通过另外两个独立的通道完成的。尽管原核生物和真核生物的 RNA 聚合酶在基因序列以及亚基构成方面存在差别，但是它们保留了相似的结构以达到催化合成新 RNA 链合成的目的。这些相似点主要包括：①两种酶都是经自身内部的一个通道与 DNA 模板结合；②都需分离 DNA 双链并且构成一个空泡样的结构，泡内新合成的 RNA 与 DNA 模板链形成互补双链，RNA 链的 3′端位于酶的活性位点处；③合成的原料-核苷酸(NTP)都是经聚合酶的一个孔道进入到活性位点处的；④都需要金属离子辅助催化，从而在新 RNA 链的 3′端和 NTP 的 α 磷酸之间形成磷酸二酯键；⑤都是经过另一个独立的孔道产生出新合成的 RNA 产物；⑥两种酶在合成结束脱离 DNA 链时都能催化 DNA

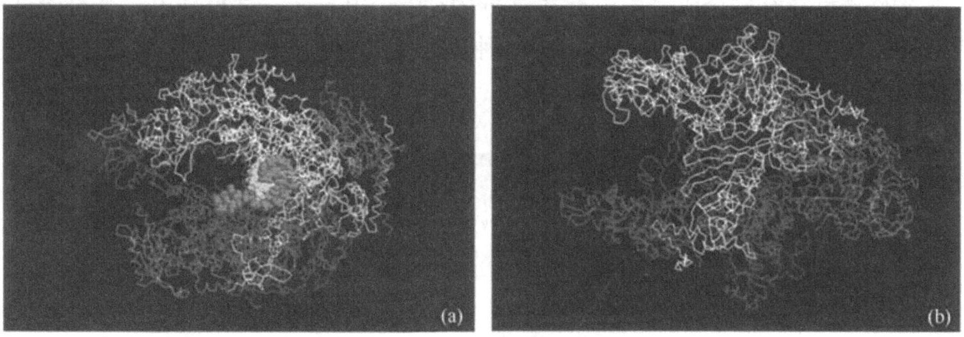

图5.9 (a)酵母RNA聚合酶Ⅱ在转录延伸阶段的三维结构示意图。(b)嗜热水生菌(Taq)RNA聚合酶的核心酶结构

图中不同的亚基用不同的颜色标示,其中最大的亚基是灰色的,第二大亚基是白色的,DNA模板链是实心蓝色的,新合成的RNA链是实心红色的。图中的RNA聚合酶结构缺少了两个亚基(即*rpb4*和*rpb7*基因的产物),且DNA的非模板链(又叫编码链)并未显示。β′亚基显示为灰色,β亚基为白色,两个α亚基为红色,ω亚基为蓝色。注意这两种酶在外形上的相似性

双链的复性(即重新恢复双螺旋结构)。

我们知道,原核生物RNA聚合酶的σ亚基主要负责介导全酶结合到启动子的−10区和−35区。结构研究发现,σ亚基是一个椭圆形的分子,由一系列α螺旋构成,从而形成一个"V"形的开放式结构。这个"V"字的一个臂含有启动子识别以及核心酶结合的关键结构:该臂的一边含有一个α螺旋,可以与−10区序列结合,另一边则通过疏水性作用与核心酶结合。

5.4 RNA的加工

不论是原核生物还是真核生物,复制了DNA序列的RNA链必须经过修饰才能变成成熟的、有功能的RNA分子。RNA的加工包括多余核苷酸的剪切、碱基的修饰、补充必要的核苷酸以及通过特异的核酸酶对不同的RNA进行作用而加以分离。加工既可以发生在转录的同时(即前方RNA仍在转录,后方已经开始加工),也可以发生在转录结束后(合成完毕的RNA链从聚合酶上释放出来后)。真核生物中,RNA最终将被转运出细胞核。

转运RNA(tRNA)转录后的加工

剪切

tRNA基因的初始转录物与成熟的tRNA相比,在3′端和5′端都有多余的核苷酸序列。这些初始转录产物在反密码子区还可能含有内含子序列,转录后的加工过程有严格的时序性但又相对灵活。首先,初始转录物以一种非特异性的方式被修剪,产生一种5′和3′端多余序列均相对较短的前体分子,然后**核糖核酸酶P(ribonuclease P)**(见2.7节)以核酸内切的方式剪去该前体分子的5′端的多余序列。而3′端则是在外切核酸酶作用下剪去多余的序列,并合成含有CCA的末端。切除内含子的过程是在多余序列被切除

以及3′端修饰性核苷酸合成完毕以后才进行的(图5.10),这一过程是由一个可溶性的、具有两种酶成分的组合酶所催化的,其中一种成分负责剪去内含子,另一种成分则负责重新连接tRNA链。

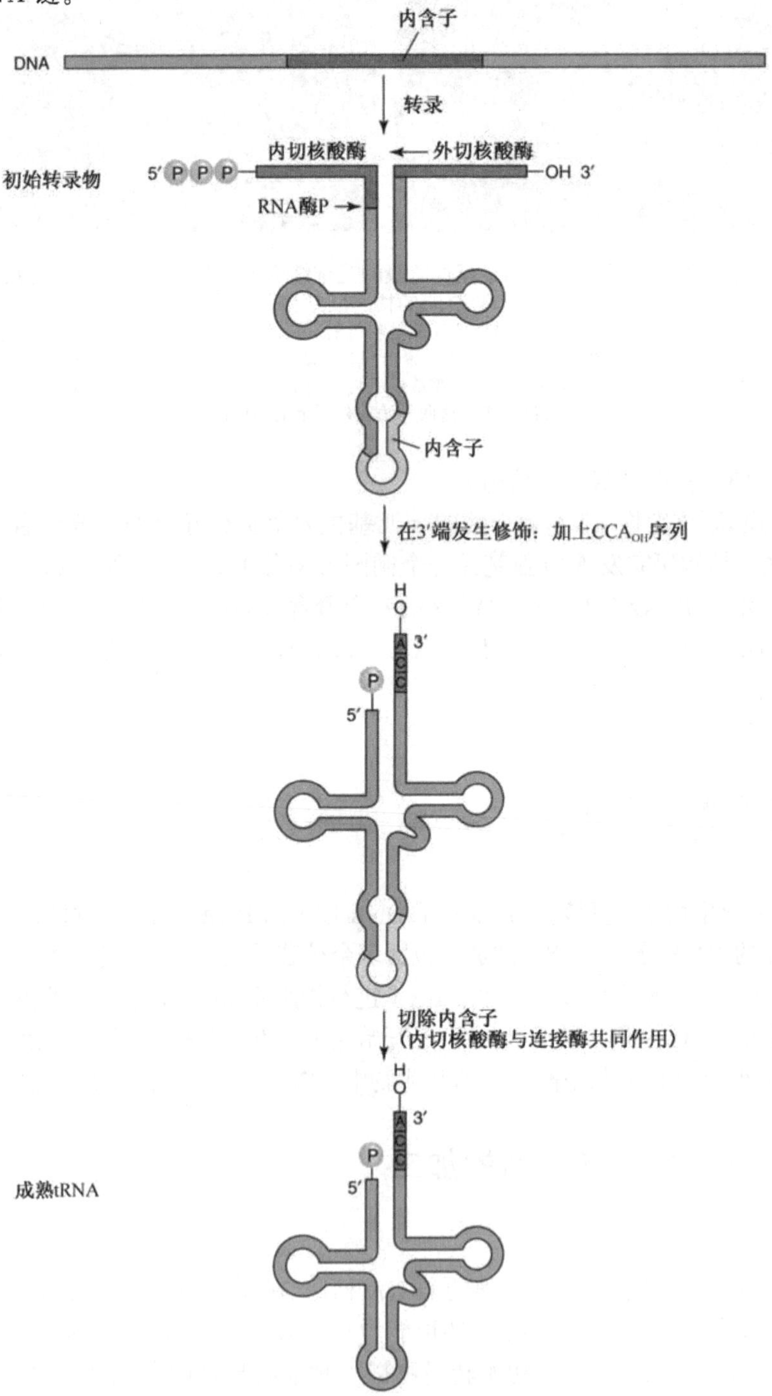

图5.10　真核生物tRNA转录后加工的示意图
初始转录物会先通过RNase P和一种3′端外切核酸酶切去5′端和3′端多余部分。在内含子切除前,如有必要,在tRNA的核苷酸转移酶的作用下3′端会合成CCA序列

3′端补充核苷酸

每个有功能的 tRNA 在其 3′端均有 CCA 的序列，这三个核苷酸对于 tRNA 的转运氨基酸功能来说至关重要。大多数情况下，这段序列是按顺序在 tRNA 核苷酸转移酶的催化下合成的。核苷酸转移酶的底物是 ATP 和 CTP，而且常常是按 2CTP/ATP 的比例连接至 tRNA。细胞质 tRNA 和线粒体 tRNA 都发现有 CCA 末端。

核苷酸的修饰

在所有种类的核酸中，tRNA 的核苷酸修饰程度是最高的。目前在 tRNA 中已经发现了 60 多种不同的碱基修饰和核糖修饰，需要 100 多种不同的酶促反应来完成。其中许多修饰都是比较简单的，如一步甲基化反应即可，但也有不少修饰涉及了多步骤反应。某些碱基修饰需要核糖与碱基之间的 β 糖苷键发挥作用。修饰酶是具有位点特异性的，并且对不同的物种的 tRNA 都会催化相同的特异性修饰反应。大部分核苷酸修饰都是在 tRNA 前体被剪接为成熟的 tRNA 之前所完成的。

核糖体 RNA(rRNA)的加工

rRNA 基因的初始转录产物是一个很长的 RNA 链，称之为 45S RNA，这条 RNA 链

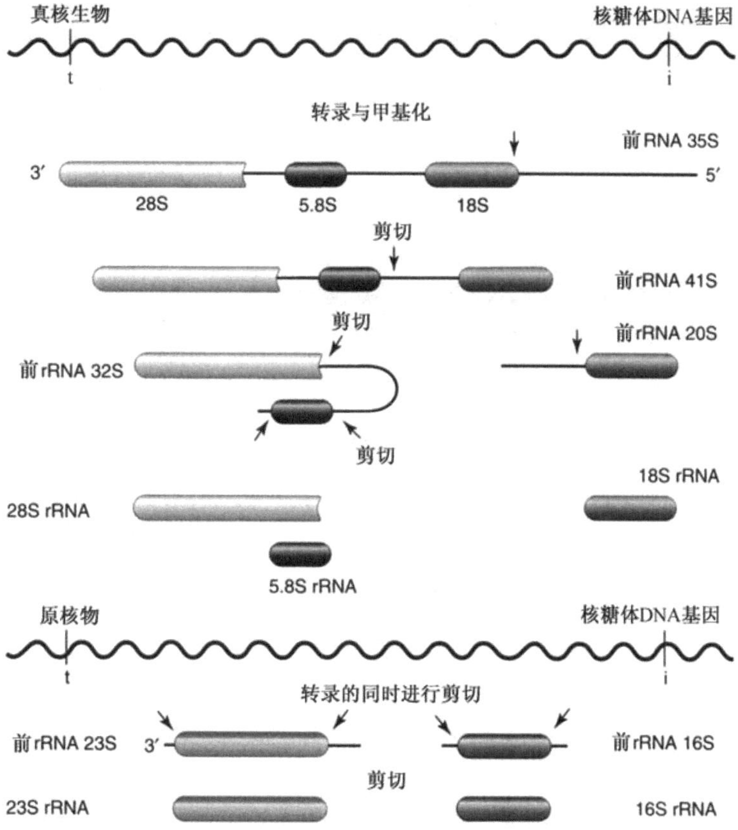

图 5.11　rRNA 的转录与加工示意图

上包含了 28S、5.8S 和 18S rRNA 的序列。45S RNA 的加工过程发生在核仁内，是由一个多亚基的核糖核蛋白所催化的。rRNA 的加工按照一定的序列顺序进行(图 5.11)。

原核生物前体 rRNA 的加工也包括了从大分子前体剪切成较小分子的过程。在加工的早期阶段，35S rRNA 的一些碱基会在氮环上发生甲基化修饰以及形成假尿嘧啶。这些反应是由小核仁 RNP 颗粒(snoRNP)在核仁内催化的完成。每个 snoRNP 都含有一个**向导 RNA(guide RNA)**，可以在修饰部位与前体 rRNA 进行碱基配对，并决定甲基化修饰的部位以及形成假尿嘧啶的部位。一些其他小 RNA 的修饰也具有相似的机制。

mRNA 的加工保证了编码序列的正确性

大部分真核生物的 mRNA 都在核内酶系统的催化修饰下增加了一些特征性的结构。这些修饰包括 3′端加上 poly(A)的尾巴、内部核苷酸的甲基化以及 5′端的帽化。成熟的 mRNA 分子比初始转录产物要短，初始转录产物在末端以及中间部分都含有多余序列。前体 mRNA 中的非编码序列叫做插入序列或者内含子，其余的序列则叫做外显子，成熟的 mRNA 分子中是没有内含子的。mRNA 加工的大致过程见图 5.12。未加工完全的 mRNA 是构成**核内不均一 RNA(heterogeneous nuclear RNA，hnRNA)**的主要部分。

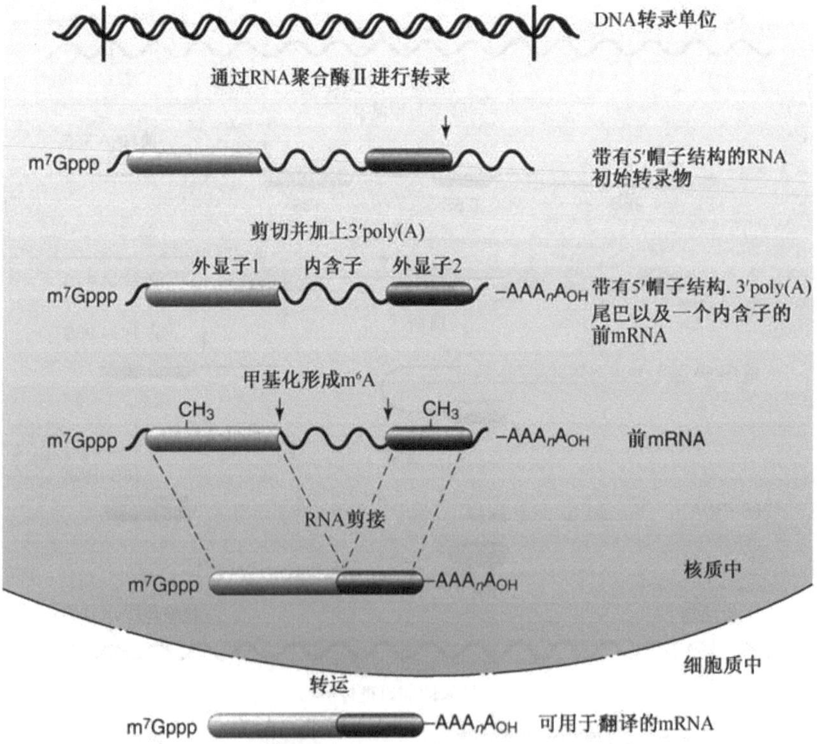

图 5.12 mRNA 的加工示意图

转录的起始位点和终止位点都标在 DNA 上。箭头表示剪切点。许多与 RNA 相关的蛋白质以及三级结构均未显示真核生物前体 mRNA 的加工涉及许多反应,而且所有的反应都必须非常精确,尤其是在切除初始转录产物中的内含子时更是如此。mRNA 含有的都是编码序列,即使多出一个核苷酸都会造成读框的改变,导致翻译出的蛋白质的功能改变或丧失。例如,影响内含子剪切的一些突变往往是某些人类遗传性疾病的主要病因,如β地中海贫血等(见临床相关知识 5.4)。由于人类的某些重要基因 90% 左右都含有内含子序列,所以细胞中内含子的剪切这一功能就非常关键。这一复杂过程是在胞核内完成的,由多组分的 RNP 酶系统来催化实现。当加工完毕后,mRNA 被运送至胞浆中,并与核糖体结合从而启动蛋白质的翻译。大部分加工过程是和转录同时进行的。

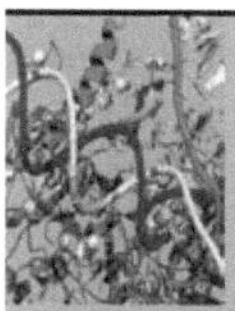

临床相关知识 5.4

mRNA 合成缺陷引起的地中海贫血

地中海贫血是一种由于α-或β-珠蛋白肽链合成障碍引起的一种遗传性疾病,如果是β-珠蛋白合成障碍就称为β地中海贫血,同理,α-珠蛋白链合成障碍则称之为α地中海贫血。β地中海贫血患者体内的 HbF 合成出现障碍性的终止,而 HbA 的合成占主导,患者常常在出生6个月的时候就会出现贫血症状。按照症状的严重程度可以分为重型和轻型,重型地中海贫血会出现某种珠蛋白严重缺乏,而轻型地中海贫血仅是珠蛋白比例出现轻度的失衡。偶尔也会有症状处于重型与轻型之间的中间型。地中海贫血的主要治疗方法就是反复输血,这样会由于铁超载而增加一些并发症的危险。除非对铁的螯合治疗成功,否则铁元素会沉积到外周组织,引起含铁血黄素沉着症,会导致未成年即死亡。地中海贫血属于隐性遗传性疾病,所以突变基因的携带者基本不发病。从人种的分布来看,该疾病在地中海人、阿拉伯人以及东亚人群中多发。疾病携带者的红细胞和镰状细胞贫血以及6-磷酸葡萄糖脱氢酶缺乏症的红细胞一样,在一定程度上会保护个体不受疟疾的感染,那么疟疾引起的自然选择就会造成这些疾病基因在人群中更频繁的出现,则携带者与患者在疟疾的流行区也会增加,所以全世界疟疾流行的分布图与这些疾病的高发地区分布图不谋而合。

α地中海贫血最常见的基因突变模式是基因缺失,大概是由于相邻的α-珠蛋白等位基因发生了不等价交叉置换所造成的。相比而言,β地中海贫血的基因突变可谓是多种多样,包括在β-珠蛋白的编码序列出现的框移突变,以及造成β-珠蛋白肽链合成过早终止的一些突变;还有不少β地中海贫血是由于发生了影响β珠蛋白 mRNA 合成的基因突变,比如β-珠蛋白的基因启动子发生突变,造成转录效率下降;其他还有一些突变会引起转录产物的加工异常,比如造成在剪切前体 mRNA 的两个内含子时在3′端加上 poly A 尾巴时出现错误。正文会提到一些分子缺陷的例子,从而使大家对 mRNA合成的总体原则有一个具体的认识。

真核生物转录过程中 RNA 聚合酶Ⅱ对加工酶的募集作用

RNA 聚合酶Ⅱ最大的亚基含有一个 **C 端结构域(C-terminal domain, CTD)**,具有偶联转录和加工的功能。当 RNA 聚合酶Ⅱ处于转录起始模式的时候,CTD 没有被修饰,而当转录产物达到约 25 个核苷酸长度时,CTD 就会被广泛地磷酸化,磷酸化后的 CTD 可以募集帽化酶、剪接酶以及增加 poly(A)的酶复合物。

加帽

当转录复合物沿着 DNA 向前移动时,**加帽酶复合物(capping enzyme complex)**就已经开始了对新合成 mRNA 链的 5′端的修饰。加帽的具体过程是:在加帽酶的催化下,mRNA 链 5′端的第一个核苷酸与一个三磷酸鸟苷酸形成 5′-5′三磷酸酯键。这一结构还要进一步进行甲基化修饰。

内含子的剪切

前体 mRNA 链刚从 RNA 聚合酶复合物中延伸出来的时候,核内小核糖核蛋白体——**snRNP("snurps")**就会立即结合上去,并且分两步剪接前体 mRNA 链:(1)首先在 5′端**给位(donor site)**切断内含子;(2)然后将断裂区的上游和下游外显子序列连接起来。所有的内含子序列都是以 GU 开头、以 AG 结尾,我们把 GU 称为内含子-外显子连接的给位,而 AG 则称为**受位(acceptor site)**。但是,并不是所有的前体 mRNA 分子上的GU-AG序列都被剪切下来(因为除了给位和受位外还有其他的 GU 和 AG 序列),那么细胞是如何分辨哪些是内含子上需切除的 GU,哪些 GU 需要保留在成熟 mRNA 上呢?原来 U1 RNA(snRNP 的成分)可以与前体 mRNA 的给位附近的序列形成碱基配对,从而完成这一识别过程(图 5.13)(见临床相关知识 5.5)。同样有另一种 snRNP 含有 U2 RNA,可以识别内含子 3′端受位附近的序列,正是这种识别机制保证了剪切的正确性。还有一些 snRNP 含有 U5 和 U6 RNA,可以结合到前体 mRNA 上,形成一个叫做**剪接体(spliceosome)**的大复合物(类似于核糖体)。剪接体利用水解 ATP 的能量进行精确的内含子剪切,其机制如下:首先是外显子和给位处 GU 之间的磷酸二酯键断裂,在外显子断裂处形成 3′羟基基团,在内含子的断裂处,即核苷酸 G 上形成 5′端磷酸基团,用 pG 表示。这个 pG 随后与内含子中一个腺苷酸的 2 号位羟基形成一种特殊连接,此时的 RNA 结构呈分支状或索套状,如图 5.14 所示。当套索状结构形成后,第二步剪接过程随之开始,内含子受位的 AG 与外显

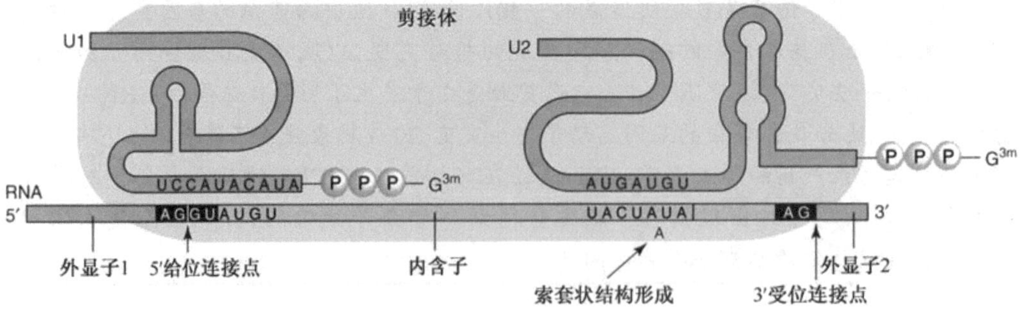

图 5.13 剪接点识别的机制

5′端剪接位点主要依靠内含子-外显子连接处的序列与 snRNP 的成分 U1 RNA 进行碱基配对来识别的。这里碱基配对的目的是切除内含子

子连接处的磷酸二酯键迅速被切断，之后两段外显子便被连接起来。

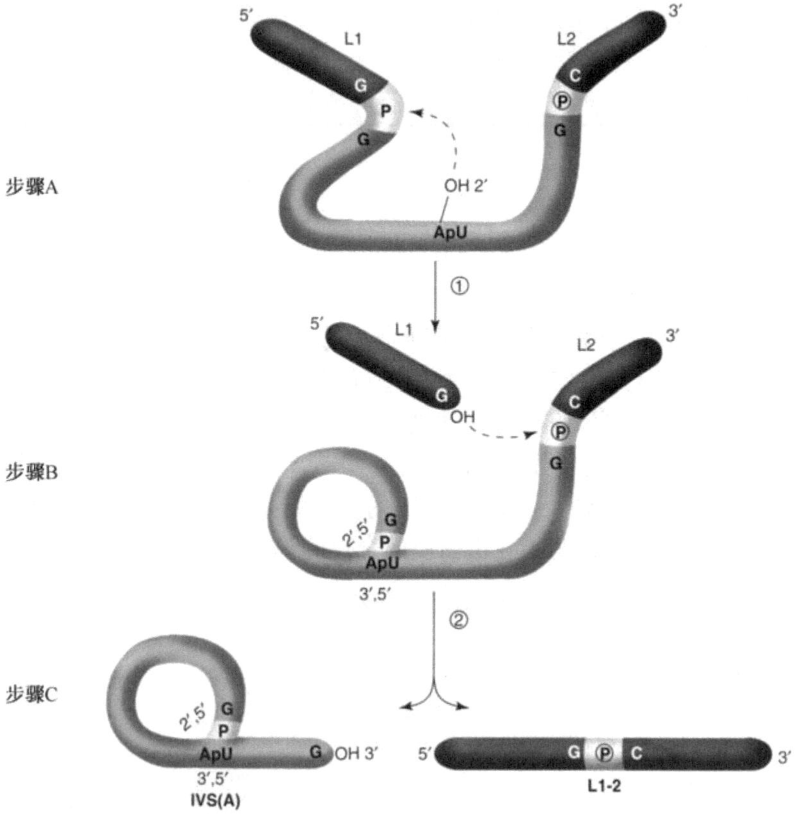

图 5.14　mRNA 剪接成套索状结构的模式图

图中的这条 mRNA 含有 2 个外显子(深蓝色标记)和一个内含子(浅蓝色标记)。内含子序列中间的一个 2′羟基与自身 5′端的一个 5′磷酸基形成 2′-5′连接，使得内含子变成套索状结构。与此同时，1 号外显子与内含子之间的磷酸二酯键断裂，外显子的 3′端形成羟基，此羟基与 2 号外显子的 5′端磷酸基团反应，替换了内含子的 3′端羟基，此时 mRNA 剪接完毕。切下来的套索状内含子随后会被细胞内的核酶所消化

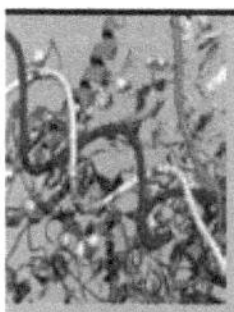

临床相关知识 5.5

结缔组织病中的自身免疫

各种结缔组织病患者血清中的抗体可以识别许多核糖核蛋白复合物。例如系统性红斑狼疮患者血清中有种抗体叫做 Sm 抗体，而混合性结缔组织病患者血清中有种抗体叫做 RNP 抗体。这两种抗体可以识别同一种 RNA-蛋白质复合物，即 U1 RNP，但每个抗体的识别位点各不相同。哺乳细胞的 U1 RNP 在 mRNA 的加工中起重要作用。U1 RNA 是 U1 RNP 复合物的重要组分，长约 165bp，在真核生物中高度保守，其 5′端有一段序列与 mRNA 上外显子-内含子连接处的序列互补。在体外 mRNA 剪接分析实验中加入 Sm 抗体和 RNP 抗体可以抑制剪接，具体机制可能就是反应中的 U1

RNP 与抗体结合而失活。一些其他种类结缔组织病患者的血清也能识别不同的核抗原、核蛋白或者染色体的着丝粒。肌炎患者的血清经证实还可以识别诸如氨酰 tRNA 合成酶这样的胞浆蛋白。尽管有报道证实体液中的抗体可以通过 Fc 受体进入细胞内,但这一过程与自身免疫病的发病机制是否有关仍不清楚。

多聚腺苷酸化

基因转录过程中,RNA 聚合酶沿着 DNA 模板向前行进的过程中会遇到一个多腺苷酸化的信号序列(图 5.15)。此序列包含有 AAUAAA 的共有序列,成熟的 mRNA 中是含有这段序列,但它并不编码氨基酸,但是新合成的前体 mRNA 分子在被修饰时会以这段序列为标记,在其下游大约 20 个核苷酸处进行剪切,然后在聚合酶的催化下,接上多聚腺苷酸尾巴。随后 RNA 聚合酶Ⅱ的 C 端结构域(CTD)负责募集与剪切以及多聚腺苷酸化相关的酶复合物,伴随着这个分子事件的发生,RNA 聚合酶介导转录的终止,这种终止过程的具体细节目前尚不清楚。mRNA 加工的最终结果是产生出不含内含子且功能完全的编码 mRNA,从而可以作为指导蛋白质的合成的模板。

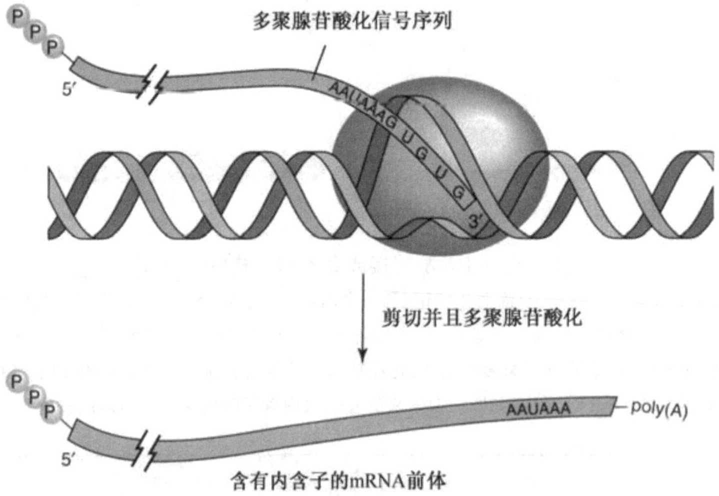

图 5.15　真核生物前体 mRNA 3′端剪切与多聚腺苷酸化的示意图

图中显示了真核生物 mRNA 的 3′端加工过程,mRNA 中的 AAUAAA 序列是 3′端剪切的特异性位点。剪切后 mRNA 的 3′端自由羟基为 poly(A)的合成提供了引物

由于剪接信号突变导致的疾病

mRNA 的剪接是一个由许多分子事件组成的复杂过程,如果这些分子事件没有准确的进行,就不能产生有正确功能的 mRNA,地中海贫血的发病机制——α 或 β-珠蛋白合成障碍或失衡-已经充分阐述了这一点(见临床相关知识 5.4):突变使得 β-珠蛋白的 mRNA 前体分子不能进行正确的剪接,于是导致了 β 地中海贫血。该病的发病的具体分子机制如下:我们知道所有的内含子序列都是以 GU 这两个核苷酸开始的,如果其中的 G

突变为 A，就意味着剪接装置不能识别这两个核苷酸组成的“给位”，剪接就会跳过这一正确位点，导致成熟的β-珠蛋白 mRNA 中存在多余序列，或者该有的序列被错误的剪切掉（图 5.16）。不论是哪种情况，功能性β-珠蛋白的合成都会减少，从而导致特征性贫血症状的出现。

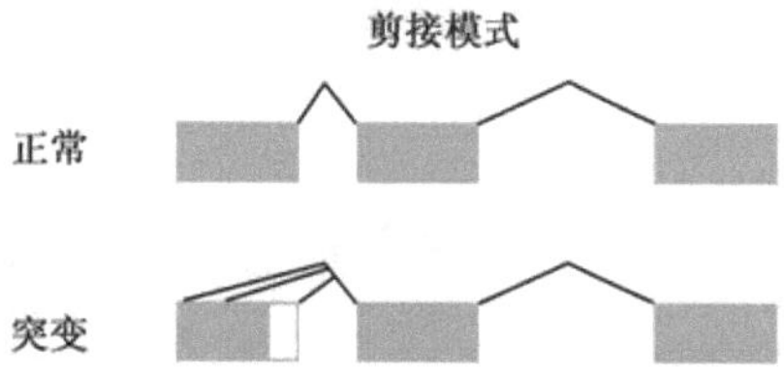

图 5.16　人珠蛋白基因的内含子-外显子连接处核苷酸的置换，导致了 mRNA 剪接出现错误，引发β地中海贫血

此图显示了初始转录产物在第一个内含子开始的两个碱基由 GU 突变成 AU 后进行剪接的模式。由于正确的序列发生了突变，导致了 mRNA 不能正常地进行剪接。U1 snRNA 也不能很好地与错误序列进行碱基配对，也就不能识别正常状态下作为给位的剪接点。图中突变转录物上的斜线表示可能会发生剪接的位置。我们可以看到，发生突变后，剪接位点可能从正确位置处前移，使得部分内含子（以白色标示）没有被剪切掉而保留在成熟的 mRNA 分子中，或者剪接位点后移，使得部分外显子被错误地切除。无论哪种情况都无法产生有功能的β-珠蛋白

对前体 mRNA 的选择性剪接可使同一 DNA 编码序列表达出多种蛋白质亚型

内含子序列的存在似乎是多余的，因为转录初始产物的内含子必须被精确地切除才能产生编码正常蛋白质的 mRNA。前文已经讲过，仅一个简单的碱基突变就能彻底改变正确的 mRNA 剪接，从而造成严重的疾病；而且，一个基因存在许多内含子就意味着基因的实际长度远大于编码相应蛋白质所需要的核苷酸长度，而基因长度越大，突变发生的几率就越大，比如 Duchenne 肌肉萎缩症这样的遗传性疾病就是那些由数百万个碱基组成的基因发生突变的结果。但如果内含子是多余的，为什么生物在漫长的进化过程中没有去除这些看似无用的内含子呢？事实上，正是由于这些内含子的存在，生物才能通过不同的加工方式将一个基因的初始转录产物转变成可以翻译多种蛋白质亚型的成熟 mRNA。

原肌球蛋白是存在于三种肌肉组织中与收缩功能相关的一种重要的蛋白质（见 24.9 节），每种类型的肌肉都有自己特异的原肌球蛋白。这三种原肌球蛋白其实来源于同一条基因。该基因的初始转录产物按图 5.17 所示的方式进行加工。每个类型的肌肉细胞都按照自己特征性的方式对转录初始物进行加工，产生的 mRNA 则会翻译成各个细胞特有的原肌球蛋白。这就是真核生物基因表达的总体模式。人的基因组中只有大约 34 000～36 000 个编码蛋白质的基因，但是其中有将近三分之二可以通过转录物的差异性剪接进行加工。同一基因的初始转录物经过差异性剪接加工后可以产生不同的 mRNA，并可翻译成位于不同部位、与不同分子作用以及具有不同酶活性的蛋白质分子。所以内含子的存在使得生物体具有强大的能力来产生蛋白多样性。差异性剪接模式的选择是受结合到外显子序列上的蛋白因子所调节的，这些蛋白因子大都结合到外显子-内含子连接处附近，对特定模式的剪接起着增强或抑制作用。

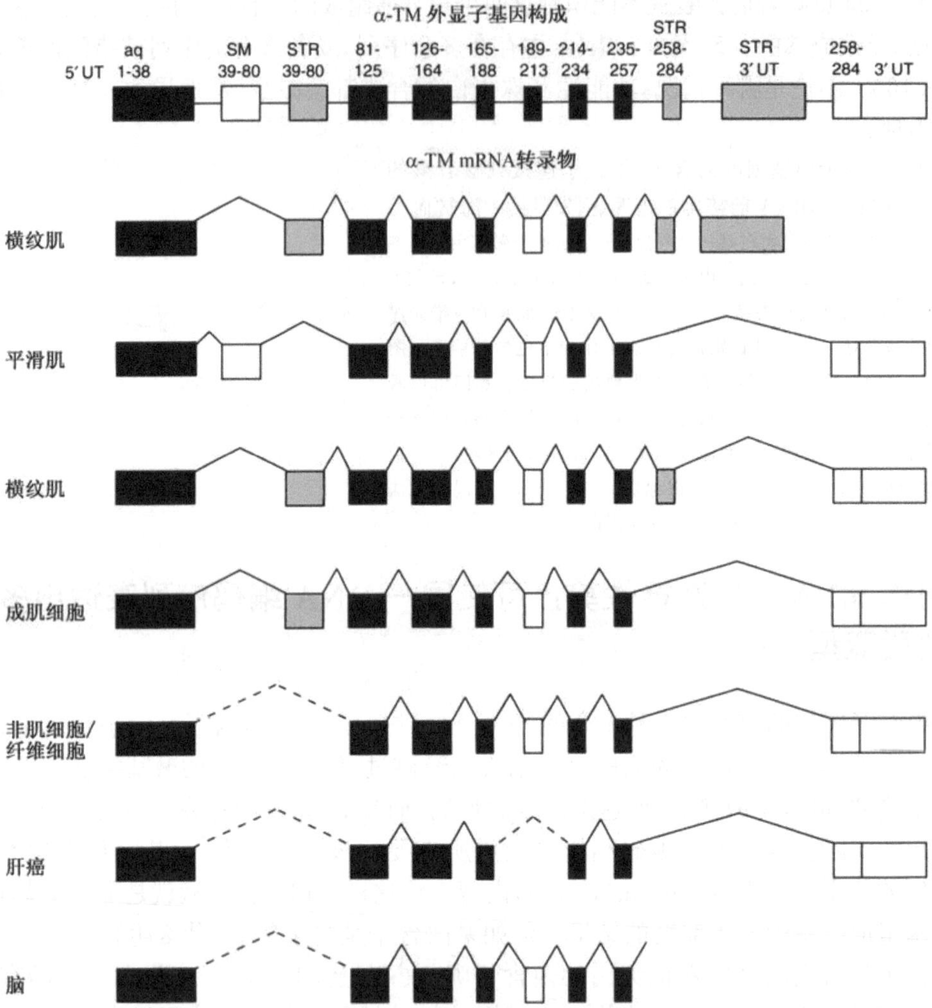

图 5.17　原肌球蛋白基因转录物的选择性剪接图

由此产生的蛋白质构成了组织特异性原肌球蛋白家族

5.5　RNA 的转运与合成后的质量控制

mRNA、tRNA 和 rRNA 都是在细胞质中行使功能的，它们主要是通过细胞核上的孔道从核内转运至细胞质中。这些细胞核的孔道是一个个跨核膜的圆筒状结构，圆筒内有两个叠加的环和一个位于中间的**塞子**(**plug**)。小离子可以经塞子与环之间的孔隙通过，但 RNA 分子由于体积较大则无法从该孔隙通过。RNA 主要是通过塞子上的一个通道转运至细胞质的，这一过程需要 RNA 分子结合相应的蛋白质以形成核糖核蛋白颗粒来完成。rRNA 是在核内先组装成核糖体以后才转运至细胞质中；而由于 tRNA 可以在核内先发生氨酰化再运送至细胞质，所以其可能是与氨酰 tRNA 合成酶结合并转运出核的；mRNA 也与相应的蛋白质结合成复合物后再进行转运，其 5′端有“帽子结合蛋白”，并且沿着mRNA链均结合有“RNA 结合蛋白(RNA-binding protein)”。转运是消耗能量的,能量主要来源于 GTP、蛋白质中特异的信号序列以及 G 蛋白偶联的 GTP 酶。

RNA 剪接与转运对 mRNA 的完整性起到了质量控制的作用。**终止密码**(又称**无义密码子**即 UAA、UAG 或 UGA)应该位于 mRNA 链的最后一个外显子上。如果 mRNA 上游含有终止密码子,则翻译就会到此结束,编码出的蛋白质比正常蛋白质要短,而且可能没有功能,甚至会干扰细胞的其他功能。**“无义密码子介导的降解”**(**nonsense-mediated decay**)途径可以阻止这些上游外显子含有终止密码(即无义密码子)的 mRNA 进行转运和翻译。具体原理是,在 mRNA 剪接完毕后,一些剪接体蛋白仍会停留在外显子与外显子的接头处。如果 mRNA 的上游外显子内含有无义的终止密码子,接头处的剪接体蛋白就会对其进行识别,这些 mRNA 也就随之成为“无义密码子介导的降解”的目的序列。对上游无义密码子的识别之所以会涉及翻译过程,是因为结合到 mRNA 上进行翻译的核糖体会负责清除外显子接头处的蛋白质,如果核糖体在未清除掉所有外显子接头处的蛋白质之前即遇到终止密码子,那么就会出现一组特异性的核酶来降解该 mRNA,阻止其翻译成蛋白质,即发生了无意密码子介导的降解。类似的,如果某条 mRNA 链在正确位置没有出现终止密码(即无义密码子),此 mRNA 也会被降解掉,因为这样的 mRNA 不是转录地不准确,就是剪接的时候出了错。这种错误的 mRNA 翻译出的蛋白质也会比正常的短。

5.6　小干扰 RNA(siRNA)

细胞内 mRNA 的双链区域通常很短,一般不到 10bp。RNA 病毒的复制、重复序列的转录会产生较长的双链序列,某些天然 mRNA 中相对较长的片段也会形成稍长的双链结构。这些双链 RNA 通常在翻译的时候会被加工成单链的**小干扰 RNA(siRNA)**,随后这些小干扰 RNA 就会通过某种方式阻止自身所属基因的表达,起到基因沉默的作用。

siRNA 的具体加工过程见图 5.18。首先,一种双链 RNA 特异的 RNA 酶(RNaseⅢ家族的一个成员)将这段双链 RNA 加工成较小片段的双链 RNA,然后小片段双链 RNA 被转运出细胞核,一旦到达细胞质,它就会被另一种叫做 Dicer 的 RNA 酶Ⅲ进一步加工成更短的、仅 21bp 大小的双链 RNA,再在蛋白质复合物 RISC(RNA 诱导的沉默复合物,RNA-induced silencing complex)或者 miRNP(微小核糖核蛋白 micro RNA-protein)的作用下,双链发生解离。无论哪种情况(RISC 或者 miRNP 介导的解链),其中的一条单链(几乎总是与目标mRNA互补的那条)会带着与之结合的蛋白质,和目标 mRNA 发生碱基配对结合,从而引起以下两种情况:一种是 RISC 复合物作为催化的酶对目标 mRNA 进行剪切;另一种是 miRNP 通过其 miRNA 与目标 mRNA 的碱基配对,对 mRNA 的翻译进行抑制。siRNA 到底是造成 mRNA 被剪切还是引起 mRNA 翻译受抑制,取决于它与哪种蛋白质形成复合物。RNA 干扰之所以效率高是因为一个 RISC-siRNA 复合物可以剪切许多个目的 mRNA 分子,而且 miRNP 介导的翻译抑制可能还会导致 mRNA 的降解。

小 RNA 家族是一种新发现的能够对基因进行相对精确调控的新的有效工具,初步研究发现,一些遗传性疾病例如脆性 X 综合征和一些肿瘤的发生被认为与 siRNA 的功能缺陷有关。

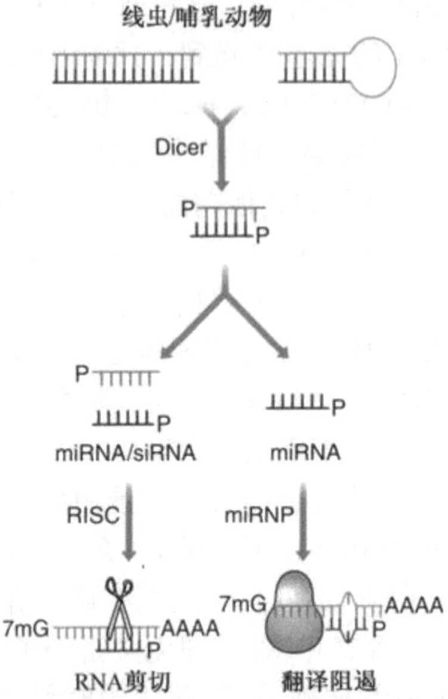

图 5.18　真核生物小干扰 RNA 代谢的效果图

来自于 RNA 病毒的复制(左上角)或者长 RNA 转录物的发卡结构(右上角)的双链 RNA 被 Dicer 酶加工成较短的双链 RNA,在 RISC(左侧途径)或者 miRNP(右侧途径)的辅助下,双链发生解离,其中一条单链与目标 mRNA 互补且发生碱基配对结合。RISC 在结合区域剪切 mRNA,而 miRNP 通过碱基配对停止了 mRNA 的翻译。

5.7　转录偶联的 DNA 修复

DNA 的化学损伤只有在突变的序列被转录时才会影响基因表达。如果发生突变的序列并不被转录,那么这个突变就不会表现出来。这一点很有意义,正因为如此,DNA 的修复多针对的是转录活跃的序列区域。发生在 DNA 模板链上的损伤(如形成环丁烷二聚体,见 4.4 节)会引发 RNA 聚合酶Ⅱ转录的停顿,也就提供了信号以启动切除-修复系统来切除这些错误序列并合成正确的相应序列,所以说转录与修复是偶联的。Cockayne 综合征(Cockayne syndrome)的特征就是无法进行转录偶联的修复(见临床相关知识 5.6)。

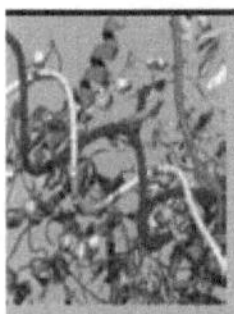

临床相关知识 5.6

Cockayne 综合征(早老性侏儒综合征)

Cockayne 综合征(Cockayne syndrom,CS)是一种常染色体隐形遗传病,病因是由于特定的两个基因中有一个发生突变所引起的。CS 的患者主要表现为生长发育以及神经系统方面的异常,同时伴有骨骼与视网膜的病变以及“鸟样”(bird-like)的面部畸形。患者死亡年龄多在 20 岁左右,死因主要是神经系统的严重退化。大部分 CS 患者同时还伴有光敏感症,且易患发皮肤癌。

光敏感常常提示存在 DNA 修复的缺陷。如着色性干皮病(XP)患者就存在光敏感症状,主要是由于 DNA 修复途径中的成分发生突变所致。CS 也是一种与 DNA 修复缺陷相关的疾病,开始研究该病的病因时发现了一个奇怪的现象,该病发病相关的两个基因中,发生突变的是一个编码构成 RNA 聚合酶Ⅱ其中一个亚基的基因:即 Cockayne 综合征 B 基因(Cockayne syndrom B gene),其编码的蛋白质可以增加 RNA 聚合酶Ⅱ转录时的延伸速度。

那么为何 RNA 聚合酶的基因缺陷会导致 DNA 的修复障碍呢?深入研究发现 CS 患者在转录偶联的 DNA 修复方面存在缺陷。转录偶联的修复发生在 RNA 聚合酶遇到错误序列(如胸腺嘧啶光化二聚体,thymine photo dimmer)而发生停顿的时候。此时转录就会停止,不完整的转录产物发生降解,DNA 模板链也会被修复。很明显,是 CSB 蛋白引起的转录增强对转录偶联的 DNA 修复作用产生了影响。

如果这就是 Cockayne 综合征全部的发病机制,那么 Cockayne 综合征可能就是着色性干皮病的一种变异类型,但是着色性干皮病在神经系统和生长发育方面都是正常的,仅有光敏感症。那究竟是什么导致了 CS 的其他症状呢?也许就是因为转录延伸因子 CSB 蛋白的突变所导致的原发性转录延伸缺陷才造成了其他症状的出现。这一观念加深了我们对基因突变与疾病之间关系的了解。通常情况下,我们认为引起遗传性疾病的生化过程突变并不涉及细胞核心生命信息传递的过程,这种观念是有一定道理的,因为如果一个突变会影响到生物体的 DNA、RNA 和蛋白质的合成等基本生命活动,常会导致生物体早期即发生死亡。CS 这种疾病出现如此多的症状可能就是因为,它的突变对一些细胞赖以生存的基本的生化过程产生了影响,因此对基因转录的影响就比其他遗传疾病更加明显。

5.8　核酶以及 RNA 的代谢

RNA 与 DNA 的最终的代谢结果也反映了它们在基因表达中的不同作用。作为细胞信息的储存载体——DNA 必须保留且保持完整,所以在细胞核内有多个 DNA 的修复与剪切体系。尽管 DNA 个别部位的核苷酸可能会出现代谢周转,但 DNA 分子作为一个整体来说,在没有复制的时候都是处于惰性代谢状态的。另一方面,各种各样的 RNA 分子从个体来说就是可以被具有新合成的相同特性的 RNA 所取代的,所以生物体不存在 RNA 修复系统就不足为奇了。事实上,有缺陷的 RNA 分子在细胞内会被降解为单个核苷酸,并供合成新的 RNA 之用。

我们知道,mRNA 分子是非常不稳定的。即使是所谓稳定的 RNA 也会发生代谢周转,如在肝组织中,tRNA 的半衰期大约是 5 天;对于哺乳细胞 mRNA 来说,30 小时的半衰期已经是算比较长的了。

胞浆中 RNA 的清除主要是由细胞内的 **RNA 酶(ribonuclease)**完成。核酶有好几种分类方法,这些分类方法各有用处。最常用的一种分类方法是将核酶分为内切核酸酶与外切核酸酶,外切核酸酶从 5′端或者 3′端开始降解 RNA,而内切核酸酶则是直接剪断分子内的磷酸二酯键。由于 RNA 酶的水解产物既有 3′磷酸核苷酸,也有 5′磷酸核苷酸,所以按照水解下来的核苷酸中单磷酸所处的位置(即单磷酸位于核苷酸的 3′端还是 5′端),可以将 RNA 内切酶分为 5′端内切酶和 3′端内切酶,同样 RNA 外切酶也可以分为 5′端外切酶和 3′端外切酶。RNA 的结构也能影响核酶的活性。大部分 RNA 酶在 RNA 结构的高度有序区域效率是相对较低的,所以 tRNA 的非成对区域优先发生降解;同样的,涉及 RNA 加工的许多 RNA 酶需要底物呈特定的三级结构(相对松弛状态)才能够识别并发挥其活性。

mRNA 是在胞浆中降解的。不同类型的 mRNA 降解速度也不同,这就使得对 mRNA进行差异性降解调控成为可能。mRNA 的降解通常是由 3′端 poly(A)被切短所触发,接着 5′端帽子结构也被切除。没有了帽子结构的 mRNA 开始由外切核酸酶催化从两端同时开始降解。催化 3′端降解的外切核酸酶是以复合物的形式存在,称之为**外核体(exosome)**,它是由多个 3′端外切核酸酶和一个 RNA 解旋酶构成的。另外内切核酸酶也可以触发 mRNA 的降解。

RNA 的稳定性在基因调控方面也发挥着作用,有两个例子可以阐明 mRNA 的稳定性是如何影响基因表达的。微管是许多种细胞都含有的一种细胞骨架,而微管蛋白则是微管的主要组成部分,当细胞内微管蛋白过剩时,该蛋白质的单体就会结合到微管蛋白 mRNA 上并促其降解,从而减少其合成。还有一个例子,单纯疱疹病毒(HSV)是一种可以引起唇疱疹以及生殖系统感染的病原体。HSV 感染宿主后在具有降解宿主细胞 mRNA的能力从而使该病毒 mRNA 可以充分利用细胞内核糖体进行病毒蛋白的合成而不存在来自细胞本身 mRNA 的竞争,一旦病毒蛋白出现大量合成,感染也就形成了。

参考书目

Allmang, C., Kufel, J., Chanfreau, G., Mitchell, P., Petfalski, E., and Tollervey, D. Functions of the exosome in rRNA, snoRNA and snRNA synthesis. *EMBO J.* 18:5399, 1999.

Bentley, D. Coupling RNA polymerase II transcription with pre-mRNA processing. *Curr. Opin. Cell Biol.* 11:347, 1999.

Berk, A. J. Activation of RNA polymerase II transcription. *Curr. Opin. Cell Biol.* 11:330, 1999.

Blanc, V. and Davidson, N. O. C-to-U RNA editing: Mechanisms leading to genetic diversity *J. Biol. Chem.* 278:1395, 2002.

Carmo-Fonseca, M., Mendes-Soares, L., and Campos, I. To be or not to be in the nucleolus. *Nature Cell Biol.* 2:E107, 2000.

Caskey, C. T. Triple repeat mutations in human disease. *Science* 256:784, 1992.

Citterio, E., Vermeulen, W., and Hoeijmakers, J. H. J. Transcriptional healing. *Cell* 101:447, 2000.

Conaway, J. W. and Conaway, R. C. Transcription elongation and human disease. *Annu. Rev. Biochem.* 68:301, 1999.

Cramer, P. Multisubunit RNA polymerases. *Curr. Opin. Struct. Biol.* 12:89, 2002.

Daneholt, B. A look at messenger RNP moving through the nuclear pore. *Cell* 88:585, 1997.

Decatur, W. A. and Fournier, M. J. RNA-guided nucleotide modification of ribosomal and Other RNAs. *J. Biol. Chem.* 278:695, 2002.

Friend, S. A glimpse at the puppet behind the shadow play. *Science* 265:334, 1994.

Gesteland, R. F., Cech, T., and Atkins, J. F. (Eds.). *The RNA World.*, 2nd ed. Cold Spring Harbor, NY: Cold Spring Harbor Laboratory Press, 1998.

Hawley, D. K. and McClure, W. R. Compilation and analysis of Escherichia coli promoter DNA sequences. *Nucleic Acids Res.* 11:2237, 1983.

Hochheimer, A. and Tjian, R. Diversified transcription initiation complexes expand promoter selectivity and tissue-specific gene expression. *Genes Dev.* 17:1309, 2003.

Holbrook J. A., Neu-Yilik, G., Hentze, M. W., and Kulozik, A. E. Nonsense-mediated decay approaches the clinic. *Nat. Genet.* 36:801, 2004.

Izaurralde, E., Kann, M., Panté, Sodeik, B., and Hohn, T. Viruses, microorganisms and scientists meet at the nuclear pore. *EMBO J.* 18:289, 1999.

Koleske, A. J. and Young, R. A. The RNA polymerase II holoenzyme and its implications for gene regulation. *Trends Biochem. Sci.* 20:113, 1995.

Larson, D. E., Zahradka, P., and Sells, B. H. Control points in eucaryotic ribosome biogenesis. *Biochem. Cell. Biol.* 69:5, 1991.

Lewin, B. *Genes VII*. New York: Oxford University Press, 2000.

Maas, S., Rich, A., and Nishikura, K. A-to-I RNA editing: Recent news and residual mysteries. *J. Biol. Chem.* 278:1391, 2003.

Meister, G. and Tuschl, T. Mechanisms of gene silencing by double-stranded RNA. *Nature* 431:343, 2004.

Mooney, R. A. and Landick, R. RNA polymerase unveiled. *Cell* 98:687, 1999.

Parker, R. and Song, H. The enzymes and control of eukaryotic mRNA turnover. *Nature Struct. Mol. Biol.* 11:121. 2004.

Paule, M. R. and White, R. J. Survey and summary: Transcription by RNA polymerases I and III. *Nucleic Acids Res.* 28:1283, 2000.

Proudfoot, N. Connecting transcription to messenger RNA processing. *Trends Biochem. Sci.* 25:290, 2000.

Ptashne, M. and Gann, A. Transcriptional activation by recruitment. *Nature* 386:569, 1997.

Samuel, C. E. RNA editing minireview series. *J. Biol. Chem.* 278:1389, 2002.

Smith, C. W. J. and Valcárcel, J. Alternative pre-mRNA splicing: The logic of combinatorial control. *Trends Biochem. Sci.* 25:381, 2000.

van Hoof, A. and Parker, R. The exosome: A proteosome for RNA? *Cell* 99:347, 1999.

Weatherall, D. J., Clegg, J. B., Higgs, D. R., and Wood, W. G. The hemoglobinopathies. In C. R. Scriver et al. (Eds.), *The Metabolic and Molecular Bases of Inherited Disease*, 8th ed. New York: McGraw-Hill, 2001. p. 4571.

Weinstein, L. B. and Steitz, J. A. Guided tours: From precursor snoRNA to functional snRNP. *Curr. Opin. Cell Biol.* 11:378, 1999.

习题和参考答案

选择题

1. 在真核细胞的转录中：
   A. RNA 聚合酶不需要模板
   B. 所有的 RNA 都是在核内合成的
   C. 共有序列是目前所知的唯一启动子元件
   D. 焦磷酸盐的水解有利于磷酸二酯键的形成
   E. RNA 聚合酶需要引物
2. 原核生物 RNA 聚合酶中的 σ 亚基：
   A. 是核心酶的组成部分
   B. 可以与利福霉素结合
   C. 可以受 α-鹅膏蕈碱的抑制
   D. 是转录反应所必需的
   E. 特异性识别启动子上位点
3. 原核生物转录的终止：
   A. 是一个随机的过程
   B. 必需核心酶中的 ρ 亚基参与
   C. 如果基因的末端有富含 G-C 的回文序列则不需要 ρ 因子参与
   D. 如果基因的末端有富含 A-T 的序列片段，效率会非常高
   E. 除了需要 ρ 因子参与外，还需要 ATP 酶
4. 真核生物的转录：
   A. 与基因上游的共有序列无关
   B. 在某些情况下，启动子可以位于受转录区域，而不是转录起始点上游
   C. 三种 rRNA 中的任一种进行转录都需要独立的启动子
   D. 整个基因都必须以核小体的形式存在
   E. 只有临近启动子区域的增强子才能发挥增强转录的作用
5. 下列有关真核生物初始转录物的描述，错误的是：
   A. 一般比功能性 RNA 要长
   B. 可能会含有功能性 RNA 中没有的核苷酸序列
   C. 不含有修饰性碱基
   D. 可以含有多个 RNA 分子的信息
   E. 含有 TATA 盒
6. 关于细胞内 RNA 的转归，正确的是：
   A. 修复比降解更活跃
   B. 具有碱基配对的区域更易于被剪切
   C. 内切核酸酶可以从 3′端或 5′端开始剪切 RNA 分子
   D. 降解的产物是单磷酸核苷酸，磷酸可以位于 3′-羟基处也可位于 5′-羟基处
   E. 除了 rRNA，其余所有的 RNA 都会被降解掉

问题 7 和 8：脆性 X 综合征是遗传性脑发育迟缓常见的一种类型，病因是基因发生了突变，使得某一特定的基因中 CGG 重复序列增多，由正常 30 个左右的拷贝增加至 200～1000 个拷贝不等。该重复序列正常情况下位于 FRM1 基因的 5′端非翻译区域。而 FMR1 蛋白可能在大脑发育过程中，与脑特异 mRNA 的翻译有关。大量出现的 CGG 重复序列，造成了 FMR1 基因的整个启动子区域发生广泛的甲基化。

7. DNA 中碱基的甲基化通常：
   A. 有利于转录因子与 DNA 结合
   B. 只有发生在增强子区域才会造成活性的改变
   C. 可以阻止染色质的展开
   D. 使 DNA 转录活性降低
   E. 无论什么基因发生了甲基化都会引起其转录产物的增加
8. 真核基因转录需要启动子的存在，有时也需要增强子存在，有关增强子的叙述正确的是：
   A. 是 DNA 上的一段共有序列，位于 RNA 聚合酶最开始结合的地方
   B. 在不同的基因中，增强子可以位于各种不同的部位
   C. 可以位于 DNA 双链的任一条链上
   D. 与 RNA 聚合酶结合行使功能
   E. 能促进所有原核与真核生物的转录

问题 9 和 10：正常成人血红蛋白(HbA)的合成需要 α-珠蛋白和 β-珠蛋白合成的协调。β 地中海贫血是一种 β-珠蛋白链缺乏的遗传性疾病，导致了红细胞不能够正常地携氧。很多突变都可能引起 β 地中海贫血。

9. 下列哪种突变不会导致 β-珠蛋白缺乏或无功能性合成：
   A. 导致蛋白质合成提早终止的移码突变

B. β-珠蛋白基因启动子区域发生的突变

C. β-珠蛋白基因中编码多腺苷酸化位点的 3′端发生的突变

D. 位于内含子中间的非 A 碱基突变

E. 上述突变均可

10. 有种引起 β 地中海贫血的突变发生在剪接点处，下列哪项关于内含子剪切的叙述是正确的：

A. 核内小核糖核蛋白(snRNP)是内含子剪切所必需的

B. 内含子的 5′端和 3′端共有序列都是一样的

C. 切除内含子不需要能量

D. 内含子切除后，两端的外显子必须连接

E. 内含子一端剪切下来后，其末端的核苷酸与内含子内部一个核苷酸的 3′羟基形成化学键

问题 11 和 12：原癌基因的表达产物具有调节普通细胞生长和分化的特异性作用。原癌基因一旦突变成癌基因，其表达产物就无法进行正常调控。未突变的 p53 蛋白是一种具有肿瘤抑制功能的转录因子，可以抑制某些基因，也可以激活某些基因。p53 蛋白主要是抑制含有 TATA 序列的基因，激活的是 DNA 修复相关的基因。

11. 有关 TATA 序列叙述正确的是：

A. 位于转录起始位点下游约 25bp 处

B. 直接与 RNA 聚合酶结合

C. 与那些结合 RNA 聚合酶的转录因子结合

D. 与 p53 蛋白结合

E. 是一个增强子序列

12. 转录偶联的 DNA 修复：

A. 当 DNA 损坏导致了 RNA 聚合酶转录停顿时会发生

B. 当 DNA 在高度致密的区域中出现损坏时才会发生

C. 能够产生正常的转录物，是因为在 DNA 修复后转录继续进行

D. 当模板链和编码链都出现损坏是才会发生

E. 上面选项所说的都正确

问答题

13. 简述 tRNA 加工过程中的主要事件。

14. (a)你如何设计一个实验来分辨一种纯化的 RNA 聚合酶制剂是原核生物来源还是真核生物来源的？(b)如果某种纯化的 RNA 聚合酶非常敏感地受到 10^{-8} mol/L 浓度的 α-鹅膏蕈碱抑制，那么哪些种类地 RNA 合成也就会相应受到抑制？

参考答案

1. D　这是反应能量来源的重要机制。A，B：转录是在核内由 DNA 指导进行的，前体 rRNA 是在核仁中合成的，而前体 mRNA 与前体 tRNA 则是在核浆中合成的。C：真核转录是有内部启动子区域的，同样也有增强子。E：这就是与 DNA 聚合酶的区别所在。

2. E　A，D，E：Sigma 因子在转录起始的时候是必需的，但当第一个磷酸二酯键形成以后，它会从核心酶上解离下来。核心酶可以进行转录，但不能起始转录。B，C：利福霉素是与 β 亚基结合的，α-鹅膏蕈碱是真核生物 RNA 聚合酶的抑制物。

3. C　非 ρ 因子依赖的转录终止与一个茎环状的二级结构有关，其特征就是富含 GC 的回文序列。A，B，E：转录终止模式有两种：ρ 因子依赖的转录终止与非 ρ 因子依赖的转录终止。ρ 因子是不同于 RNA 聚合酶的一种蛋白质，其本身即具有 ATP 酶活性。D：末端序列富含 G-C 才会提高转录终止的效率。

4. B　RNA 聚合酶Ⅲ使用的就是内部启动子，即启动子位于受转录区域。A：RNA 聚合酶Ⅱ的活性与上游的共有序列 TATA 盒以及 CAAT 盒有关。C：RNA 聚合酶Ⅰ只产生一种初始转录物，经剪切加工以后才产生三种 rRNA，所以三种 rRNA 是共用一个启动子的。D：启动子的某些区域可以非核小体的形式存在。E：增强子可以距离启动子上千个 bp。

5. E　TATA 盒是启动子的一部分，启动子通常是不被转录的。A～D：碱基修饰、剪切和剪接都是转录后加工的重要步骤，只有经过这些加工才能形成有功能的 RNA 分子。

6. D　羟基位于 3′端还是 5′端取决于磷酸二酯键的哪一边被切断。A：RNA 是没有修复过程的。B：

大多数降解的酶在致密结构处活性都不高，而碱基配对区域相对更致密些。C：内切核酸酶不是从两端开始剪切的，而是对内部的磷酸二酯键进行剪切。E：所有的 RNA 都会降解。

7. D DNA 的甲基化-脱甲基化是调控的一种方式，甲基化的 DNA 转录活性会降低。A，E：这两个选项都提示了甲基化会促进转录，因此不正确。B：增强子发生甲基化固然会有所改变，但启动子区域发生甲基化当然也会有改变。C：这一区域染色质的展开对于转录是必须的，但甲基化与这一过程并不直接相关。

8. B B，C：增强子不论是位于基因的开头还是末尾，都可以促进转录，但是它必须与被转录的基因序列在同一条 DNA 单链上(也就是说只能位于模板链上)。A：RNA 聚合酶首先与启动子结合。D：增强子好像是与结合了 RNA 聚合酶的蛋白因子结合而发挥作用，而不是直接与 RNA 聚合酶结合。

9. D 无论是内含子的两端中的哪端发生突变都会引起剪接错误，但中间发生突变则应该不会，除非一种情况，就是当中的某个腺苷酸发生了突变，而这个腺苷酸碰巧就是与切下来的 5′端形成套索结构的那个。A～C：都是正确的。

10. A 不仅内含子 5′端的剪切需要 snRNP，两个外显子的连接也需要 snRNP。B：内含子两端的序列是不同的，5′端是 GU，而 3′端是 AG。C：剪接体切除内含子的时候需要消耗 ATP。D：不连续的外显子也能连接，这就是一个基因表达多个蛋白亚基的原理。E：套索结构是发生在 2′羟基。

11. C B，C：RNA 聚合酶不与 TATA 直接结合，但通过转录因子与 TATA 间接结合。A，E：TATA 是启动子的一部分，所以是位于转录起始点上游的。D：p53 蛋白可能是与位于转录因子和 TATA 之间复合物结合，从而达到干扰转录的作用，并不是直接与 TATA 结合。

12. A DNA 损坏导致了 RNA 聚合酶转录停顿就会给修复系统发出信号来修复该 DNA 损坏。B：DNA 修复主要针对的是基因转录活跃的染色质松散处。C：当 DNA 修复发生时，RNA 聚合酶从模板链上解离下来，转录物也会被降解。D：典型的损坏是模板链上形成胸腺嘧啶二聚体，编码链是正常的，并作为模板链修复的参照。

13. tRNA 的初始转录产物比成熟的功能性分子要长，剪切多余核苷酸从产物的两端均可以进行(有时候其他部位也会发生)。广泛的修饰(如甲基化)常发生在特定的碱基。CCA 序列通过核苷酸转移酶的催化加至 RNA 分子的 3′端。一些转录物在反密码区域有内含子，必须切除。

14. (a)用高浓度的 α-鹅膏蕈碱作用于该 RNA 聚合酶制剂，所有的真核生物 RNA 聚合酶功能都会受抑制，但原核生物 RNA 聚合酶则不会受抑制。如果该制剂不能被高浓度的 α-鹅膏蕈碱所抑制，用利福霉素作用于该试剂可进一步确证是原核生物来源的。但是想要区分真核生物的线粒体 RNA 聚合酶与原核生物 RNA 聚合酶不太可能，因为它们对于利福霉素敏感性是相同的。(b)RNA 聚合酶Ⅱ对非常低浓度的 α-鹅膏蕈碱即非常敏感，所以其负责合成的 mRNA 与一些 snRNA 的合成就会受到抑制。

(杨朝旭 译)

6

蛋白质合成:翻译与翻译后修饰

Dohn Glitz

6.1　概述

遗传信息是以“DNA 语言”进行储存和传递的,这一语言的字母表中只有 4 个“字母”,每一种“字母”代表一种核苷酸;而遗传信息最终则是以“蛋白质语言”进行表达的,其字母表中含有 20 个氨基酸“字母”。蛋白质的生物合成之所以被称作翻译,是因为它涉及核苷酸语言与蛋白质语言之间的生化转换。翻译过程需要蛋白因子的参与,需要一个可靠的能量来源,最重要的一点,还需要各种功能性的 RNA:来自细胞核的、带有遗传信息的 mRNA 分子;多种具有“双语转换”功能用来阅读遗传信息的 tRNA;构成核糖体(作为蛋白质合成的催化与组织中心)的 rRNA;以及一些起调节作用的小 RNA。多肽是由氨基酸按照特定的顺序一个个连接起来的,而多肽中的特异的氨基酸序列则是由 mRNA 上的核苷酸序列所决定的。多肽链可以在伴侣蛋白的辅助下正确折叠,形成特定的三维结构。蛋白质合成后常常需要加工、修饰才能变成成熟的蛋白质分子,加工的目的在于可以将其送至细胞内的某个特定部位或分泌出细胞,抑或是调整它的稳定性、活性或者功能。这些复杂的过程以惊人的速度与精确性进行着,而且既可以进行全局性调节,也能针对特定的蛋白质进行调节。如果某个蛋白质被错误的翻译而没有功能,或者不再需要了,它就会被降解掉,降解所得的氨基酸要么被分解代谢,要么被循环使用以合成新的蛋白质。

各种细胞合成蛋白质的需求与能力均各不相同。分化成熟的红细胞是没有翻译装置的,所以它的寿命只有 120 天。而其他细胞则必须保持一定浓度的酶和其他蛋白质,而且要保持活力,该细胞就必须进行蛋白质的合成。细胞的生长与分裂则需要合成大量的蛋白质;还有一些细胞则需要合成分泌性蛋白。肝细胞就需要合成多种代谢途径中需要的酶,还要合成大量分泌性蛋白,包括血浆中的主要蛋白质——血清白蛋白。肝细胞作为蛋白质的合成工厂,其胞内的翻译装置非常丰富。

6.2 参与蛋白质翻译合成的物质

mRNA 传递 DNA 的编码信息

生物体的遗传信息储存在 DNA 的核苷酸序列中，并且代代相传。这些信息的选择性表达需要通过转录的方式从细胞核的“数据库”中以 mRNA 的形式提取特异的、准确的信息，并运送至细胞质中进行蛋白质合成。在真核细胞中，刚合成的前体 mRNA 分子常常要比成熟的功能性 mRNA 分子大，所以在转运出细胞核核之前必须进行相应的加工(见 5.4 节)。真核生物的 mRNA 基本上都是**单顺反子**(**monocistronic**)，也就是说它只能编码一种蛋白质，其 5′端有一个 **7-甲基鸟苷**(**7-methylguanosine**)的帽子，这个帽子是通过 5′-三磷酸与 mRNA 的 5′端核苷酸连接形成的(见 2.6 节)。在帽子结构与翻译的**起始信号**(**initiation signal**)之间间隔有数百个核苷酸长度的 5′端非翻译区。翻译过程是按 5′到 3′的方向读取 mRNA 信息的，通常情况下起始信号是 AUG，但也并不总是它。随后按顺序每三个核苷酸组成一个密码子，密码子决定一条特定多肽链的氨基酸组成，翻译直到遇见终止密码子才会结束。终止密码后面还有一段长约 100 个核苷酸的 3′端非翻译区(或者叫 UTR)，完整的 mRNA 链在非翻译区后还含有 100～200 个核苷酸长度的 poly(A)尾巴。

原核生物的 mRNA 与真核生物相比有着很大的区别。其 5′端没有帽子结构，但通过其 RNA 聚合酶的作用，5′端核苷酸上带有一个三磷酸基团。原核生物的大部分 mRNA 是**多顺反子**(**polycistronic**)，也就是一条 mRNA 可以编码功能相关的几种蛋白质，而且起始密码子 AUG 常不止一个。核糖体结合序列位于起始密码 AUG 上游约 10 个核苷酸的位置。终止密码子后也有一个 UTR，但没有 poly(A)的尾巴。

tRNA 是两种编码语言的转换分子

所有的 tRNA 分子在结构上有几个共同的特征：3′端都是 CCA 的序列，其作用是结合氨基酸；二级结构都是“三叶草”(cloverleaf)样的保守结构；三级结构都呈“L”型(见 2.6 节)。尽管 tRNA 的种类很多，但每一种 tRNA 都有自己唯一的核苷酸序列，这样才能保证其与 mRNA 高度特异的发生作用，以及在氨酰 tRNA 合成酶的作用下偶联特定的氨基酸。

遗传密码表由 4 个代表核苷酸的字母构成

生物体的遗传信息是以线性核苷酸序列存在于 DNA 中的，就类似于单词中特定的字母序列。只是 DNA 语言采用的是**四个字母的字母表**(**four-letter alphabet**)：两种嘌呤 A 和 G(腺嘌呤和鸟嘌呤)以及两种嘧啶 C 和 T(胞嘧啶与胸腺嘧啶)。信息转录至 mRNA 时，使用的是类似的四字母表，与 DNA 的字母表相比，只不过是用 U(尿嘧啶)替换了 T(胸腺嘧啶)。所以 RNA 语言只是 DNA 遗传语言的一个分支。遗传信息的表达是以合成蛋白质的形式进行的,而蛋白质的功能由氨基酸的序列决定的,所以在蛋白质的生物合成中,核苷酸组成的“四字母”语言必须翻译成 20 个“字母”组成的蛋白质语言。将蛋白质合成与语言的翻译进行类比还有一个内涵,就是序列的方向性。一般来说,核酸的序列是按 5′到 3′的方向书写的,蛋白质的氨基酸序列是按 N 端到 C 端的方向书写的,这些方向性在信息读取与生物合成方面也有其相应的意义。

mRNA 上的每个密码子由三个连续的核苷酸构成

如果碱基与氨基酸按 1∶1 对应翻译的话,所有的 mRNA 就都只能编码由 4 个氨基酸组成的蛋白质,比例扩大到 2∶1,就能编码 $4^2=16$ 个氨基酸。由于大多数蛋白质都含有 20 种不同的氨基酸,所以上述 2 种对应比例都不能满足要求。但如果按 3∶1 的比例对应,则可以有 $4^3=64$ 种变换,不仅满足 20 种氨基酸的要求,而且也提供了起始信号与终止信号等起标志性作用的密码。这些三个一组的核苷酸就叫做**密码子(codon)**。密码子的构成习惯上以表 6.1 的形式列出。有两种氨基酸仅有单一的对应密码子:蛋氨酸对应的 AUG;色氨酸对应的 UGG。其余的氨基酸或多或少都有 2 个、3 个、4 个或者 6 个密码子相对应。一个氨基酸对应多个密码子反映了遗传密码的**简并性(degeneracy)**。遗传密码也具有**通用性(universality)**的特点,所有的生物都使用相同的遗传密码,通用性唯一的例外是,在同一生物体内,线粒体的几个密码子和细胞质中对应的通用密码所表示的意义不同(表 6.2)。

表 6.1　遗传密码[a]

5′碱基		U	C	A	G		3′碱基
		UUU Phe	UCU	UAU Tyr	UGU Cys	U	
	U	UUC	UCC Ser	UAC	UGC	C	
		UUA Leu	UCA	UAA Stop	UGA Stop	A	
		UUG	UCG	UAG	UGG Trp	G	
		CUU	CCU	CAU His	CGU	U	
	C	CUC Leu	CCC Pro	CAC	CGC Arg	C	
		CUA	CCA	CAA Gln	CGA	A	
		CUG	CCG	CAG	CGG	G	
		AUU	ACU	AAU Asn	AGU Ser	U	
	A	AUC Ile	ACC Thr	AAC	AGC	C	
		AUA	ACA	AAA Lys	AGA Arg	A	
		AUG Met	ACG	AAG	AGG	G	
		GUU	GCU	GAU Asp	GGU	U	
	G	GUC Val	GCC Ala	GAC	GGC Gly	C	
		GUA	GCA	GAA Glu	GGA	A	
		GUG	GCG	GAG	GGG	G	

[a]遗传密码共有 64 个,是由 4 种碱基按 3 个一组排列组合而成。注意序列的重要性:如果每个碱基只能在三联密码子中出现一次,则可以组成 6 个密码子:ACG,AGC,GAC,GCA,CAG 和 CGA,分别对应苏氨酸、丝氨酸、天冬氨酸、丙氨酸、谷氨酰胺以及精氨酸。

表 6.2 哺乳动物线粒体中的密码子与通用密码子的对比

密码子	通用密码	线粒体密码
UGA	终止密码	色氨酸
AUA	异亮氨酸	蛋氨酸
AGA	精氨酸	终止密码
AGG	精氨酸	终止密码

标志性密码子

有四个密码子或全职或兼职担任标志性密码。AUG 是**起始信号**(**start signal**),但同时也是编码蛋氨酸的密码子。AUG 密码子若位于 mRNA 翻译的起始部位,就意味着该肽链是以蛋氨酸起始的,并以蛋氨酸作为 N 端;AUG 若位于 mRNA 的中间序列,仅意味着该位点的氨基酸应为蛋氨酸。UAG、UAA 和 UGA 是**终止信号**(**stop signal**),但它们仅作为**终止密码**(**termination codon**)而不编码任何氨基酸,有时我们也把它们叫做**无义密码子**(**nonsense codon**)。

mRNA 信息的读取通过密码子-反密码子的相互作用来实现

翻译涉及 mRNA 上的密码子与 tRNA 上互补的**反密码子**(**anticodon**)之间的相互作用。每种 tRNA 只负责运送一种氨基酸,而且都有其特异的反密码子。如同 DNA 上的碱基配对方向一样,密码子与反密码子碱基配对的方向也是**反向互补平行**(**antiparallel**)的(图 6.1)。密码子是按严格的序列顺序读取的,**读框**(**reading frame**)绝无重叠。tRNA 分子呈"L"形,反密码子位于分子的一端而氨基酸的结合位点位于分子的另一端(见 2.6 节)。tRNA 是辅助核糖体按照 mRNA 上的核苷酸序列信息编码蛋白质的重要的中介分子。

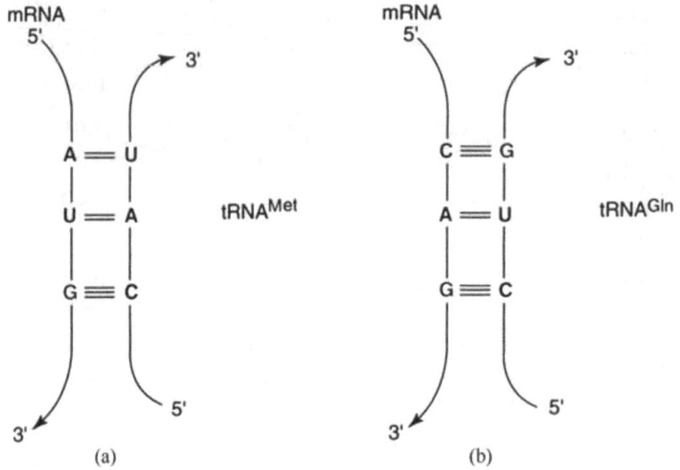

图 6.1 密码子-反密码子相互作用图

图中显示的是 AUG(蛋氨酸)密码子与它对应的反密码子 CAU 的相互作用(a)以及 CAG(谷氨酰胺)密码子与对应的反密码子 CUG 的相互作用(b)。注意:mRNA 与 tRNA 进行碱基配对时,链的方向是反向互补平行的

因为有 61 个密码子编码 20 种氨基酸,似乎理应也需要 61 种不同的 tRNA 与这 61 个密码子一一对应。但事实并非如此。由于密码子的简并性许多氨基酸可以由不止一种 tRNA 所携带;与此同时,密码子也可以由不同的反密码子所识别,在密码子与反密码子

的碱基配对中，不按标准的 A-U、C-G 原则配对比较常见。这一复杂的现象可以用**“摆动假说”(wobble hypothesis)**来解释，该假说认为反密码子的第 1 位碱基与密码子的简并位(即第 3 位)的碱基之间的配对无需很严格。反密码子中常出现的一个核苷酸是次黄嘌呤核苷酸，用 I 表示，可以与 U、C 或者 A 进行配对。摇摆碱基配对规则见表 6.3。许多tRNA的反密码子中第 1 位核苷酸附近的核苷酸修饰也会影响密码子与反密码子的作用。

表 6.3　摆动碱基配对规则

密码子的 3′碱基	反密码子 5′可能的碱基
A	U 或 I
C	G 或 I
G	C 或 U
U	A、G 或 I

如果按照摇摆规则，61 个编码氨基酸的密码子只需 31 种 tRNA 分子与之相对应即可，可实际上大多数细胞都有 50 种或者更多的 tRNA。对于一些密码子来说，可能存在不止一个反密码子，而且这些反密码子与该密码子作用的效率也有高低之分。并不是所有的密码子出现的次数都是均等的，有些密码子极少用到。对许多 mRNA 序列进行研究，可以让我们构建**密码子使用频率表(codon usage)**，该表显示了不同种类的生物都有各自优先使用的密码子，尽管这些密码子不同，但由于存在简并性，不同的密码子可以对应相同的氨基酸，所以可以产生相似序列的多肽。

遗传密码的“破译”

遗传密码(表 6.1)在 mRNA 测序技术出现之前就已经被破译了。密码破译实验利用简单合成的 mRNA 或者三个核苷酸组成的密码子，来对这些决定蛋白质编码序列的核苷酸序列进行研究。

利用**多核苷酸磷酸化酶(polynucleotide phosphorylase)**催化下列这一模板非依赖的反应：

$$x\text{NDP} \leftrightarrow \text{多聚核苷酸 } (\text{pN})_x + x\ \text{P}_i$$

NDP 可以是任意一个 5′端带有 2 个磷酸的二磷酸核苷酸，如果是 UDP，则产物是尿嘧啶核糖核苷酸的聚合物，即 poly(U)，用 poly(U)作为 mRNA 进行体外蛋白质合成，可以产生聚苯丙氨酸；类似的，poly(A)编码聚赖氨酸，poly(C)编码聚脯氨酸，这样就可以知道 UUU 编码的是苯丙氨酸，AAA 编码的是赖氨酸，而 CCC 编码的是脯氨酸。那么将 UDP 和 CDP 放在一起进行反应则会生成一个由 U 和 C 随机排列的 mRNA，则合成的多肽链中不仅含有脯氨酸和苯丙氨酸，还有丝氨酸(从 UCU 和 UCC 翻译而来)和亮氨酸(从 CUU 和 CUC 翻译而来)，但密码子的简并性与产物的复杂性使得该实验中 mRNA 含有的随机序列较难被破译。为解决这一问题，科学家们又合成了短序列 DNA，并进行上述多聚反应，从而产生了重复的短序列 DNA，再将其转录成 mRNA，这样 mRNA 的序列就已知了，然后再进行相应的体外翻译，就可以得知氨基酸的对应密码子。比如将重复序列 poly(dAT)转录成 poly(AU)，体外翻译的蛋白质则变成数个氨基酸组成的重复的短肽，即 Ile-Tyr-Ile-Tyr...，则可以推出编码的核苷酸依次是 AUA UAU AUA UAU...。同样的，Poly(CUG)可能含有的密码子有 CUG(编码 Leu)、UGC(编码 Cys)以及 GCU(编码 Ala)，一旦将**读框(reading frame)**设定在某个点，则合成出的肽链只能是其中一种氨基酸的不断重复，由于起始密码的选择是随机的，所以就产生了三种单一氨基酸组成的肽链，即聚亮氨酸、聚半胱氨酸以及聚丙氨酸。用 poly(CUCG)进行体外合成蛋白质，发现无论起始点设在哪里，产生的多肽序列都是-Leu-Ala-Arg-Ser-。这些例子都列在表 6.4 中，该表显示了 mRNA 是严格按照序列顺序进行三联体密码子阅读的，没有碱基的重叠或遗漏。还有一些实验直接合成三核苷酸的密码子作为最小的 mRNA，进行体外翻译，虽不能产生蛋白质(只有一个氨基酸)，但可以发现核糖体与带有特定氨基酸的 tRNA 发生了结合，这样就可以得知该氨基酸与所合成的三核苷酸密码子相对应。以上这些方法破译的密码子在后来都通过 mRNA 的序列测定而得到了证实。

表 6.4　人工合成 mRNA 的多肽产物[a]

mRNA	密码子序列				产物
—$(AU)_n$—	—AUA	UAU	AUA	UAU —	—$(Ile\text{-}Tyr)_{n/3}$—
—$(CUG)_n$—	—CUG	CUG	CUG	CUG —	—$(Leu)_n$—
	—UGC	UGC	UGC	UGC —	—$(Cys)_n$—
	—GCU	GCU	GCU	GCU —	—$(Ala)_n$—
—$(CUCG)_n$—	CUC	GCU	CGC	UCG	—$(Leu\text{-}Ala\text{-}Arg\text{-}Ser)_{n/3}$—

[a]水平方括号表示的是读框。

突变

对遗传密码以及其阅读方式的研究为我们了解突变的本质提供了理论基础。突变简单来说就是一个可遗传的基因改变。点突变是指 DNA 上单个碱基发生的改变，从而导致 mRNA 上相应的碱基发生变化。如果该点突变发生在一个简并密码子的第 3 位，则翻译时该位置的氨基酸种类不会改变(例如，从 UCC 突变为 UCA，同样都编码丝氨酸)。这样的**沉默突变(silence mutation)**是必须靠基因序列测定才能发现的。这种现象在比较一些相似蛋白质的编码基因比如不同物种血红蛋白编码基因时会经常会看到。单碱基突变也会引起**错义突变(missense mutation)**，是指由于某个密码子的改变造成了蛋白质分子中对应的氨基酸发生了改变(见临床相关知识 6.1)。点突变还可以形成或者破坏终止密码子，也就相应的改变了蛋白质的长度。从一个编码氨基酸的密码子突变成终止密码(见临床相关知识 6.2)是一个**无义突变(nonsense mutation)**，它会导致翻译的提前终止并会产生了不完整的蛋白质。若终止密码子突变成一个编码氨基酸的密码子，则序列信息被**"通读"(read through)**，翻译会继续进行下去直到遇见下一个终止密码，其后果是合成的蛋白质比正常蛋白质大。这个现象是一些疾病的发病基础(见表 6.5 和临床相关知识 6.3)。

临床相关知识 6.1
错义突变与血红蛋白

临床上影响血红蛋白结构最重要的错义突变就是密码子 GAA 或 GAG(均编码谷氨酸)中的第 2 位核苷酸由 A 突变为 U，密码子也就变成了 GUA 和 GUG(均编码缬氨酸)，结果是造成血红蛋白的 β 链上第 6 位氨基酸由谷氨酸变成了缬氨酸。据估计，有 10% 的非洲裔美国人是这种突变的携带者，如果是这种突变是纯合子的话就会患

"镰状细胞贫血"这一最常见的血红蛋白病。血红蛋白 C 病是错义突变引起的又一常见的血红蛋白病,其基因突变表现为密码子 GAA 或 GAG(均编码谷氨酸)中的第 1 位核苷酸由 G 突变为 A,密码子也就变成了 AAA 和 AAG(均编码赖氨酸),这样 β 链上第 6 位氨基酸由谷氨酸变成了赖氨酸。目前所知的血红蛋白的错义突变有数百种(见临床相关知识 2.4 和 9.6)。镰状细胞贫血的一种治疗方法是利用药物羟基脲刺激血红蛋白 γ 链的合成,以此来增加成人患者的胎儿血红蛋白(fetal hemoglobin)量,这样可以阻止红细胞内的 HbS 形成线性多聚体而引起细胞变形的趋势。这些由于错误编码造成的血红蛋白异常类疾病也是基因治疗的所想要攻克的主要目标之一。

临床相关知识 6.2
形成终止密码的突变

Mckees Rocks 血红蛋白病的发病机制是正常情况下编码血红蛋白 β 链上第 145 位酪氨酸的密码子 UAU 或者 UAC 突变成终止密码 UAA 或 UAG,使得 β-珠蛋白链由正常的 146 个氨基酸缩短为 144 个,则由此产生的异常血红蛋白对氧具有非常高的亲和力,因为正常的 β 链 C 端可以结合 2,3-二磷酸甘油酸,而突变后 C 端少了 2 个氨基酸,也就失去了对 2,3-二磷酸甘油酸的结合能力。这种异常的血红蛋白对氧的高亲和力造成其在组织中无法正常释放氧,也就降低了红细胞输送氧的能力,于是肾脏就会反馈式地分泌促红细胞生成素,大量增加红细胞的生成。

β 地中海贫血中也有相当一部分是由于终止密码发生突变而引起的。地中海贫血是以 α-和 β-珠蛋白链合成的比例失调为特征的一种疾病。在 β^0 型地中海贫血中,β-珠蛋白无合成,那么 α-珠蛋白也就无法与 β-珠蛋白结合形成血红蛋白,同样也无法在红系造血细胞中富集和沉淀。这样会对细胞膜造成损害,引起溶血性贫血并刺激红细胞生成。一种在东南亚很常见的 β^0 地中海贫血是由于 β-珠蛋白的第 17 号密码子的突变造成的,由编码赖氨酸的 AAG 突变成了终止密码 UAG,因此无法合成有用的 β 链,造成了 β 链的缺如,这样也就导致了贫血以及 α 链在红细胞的前体细胞中聚集。人们推测该病 β 链的 mRNA 水平之所以较低,可能是其通过无义密码子介导的途径发生了降解(nonsense-mediated decay)。

表 6.5 终止密码发生"通读"突变,产生长度上异常的 α-珠蛋白链

血红蛋白	α-珠蛋白 142 位密码子	142 位氨基酸	α-珠蛋白长度(氨基酸残基数)
A	UAA		141
Constant Spring	CAA	谷氨酰胺	172
Icaria	AAA	赖氨酸	172
Seal Rock	GAA	谷氨酸	172
Koya Dora	UCA	丝氨酸	172

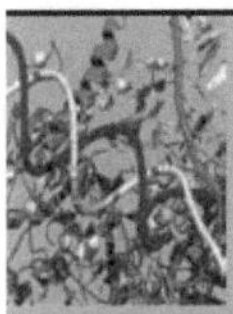

临床相关知识 6.3
α 地中海贫血

人第 16 对染色体中的每一条均含有 2 个可表达的 α-珠蛋白基因，也就是说共有 4 个这样的基因。许多 α 地中海贫血就是因为其中的 2 个、3 个甚至全部 4 个 α-珠蛋白基因发生了缺失所造成的，缺失的基因数目越多，临床表现就越严重。与之不同的是，表 6.5 中列举的都是终止密码突变造成 α-珠蛋白长度异常而导致的 α 地中海贫血，这些异常的蛋白质替代了正常的 α-珠蛋白，而且在量上也比较正常的少，其原因可能是合成速度的降低（长度比正常的蛋白质要长）或是结构异常所导致衰变速度的提高。从表中我们可以看出，正常的终止密码 UAA 可以突变成其他四种编码氨基酸的密码子，从而造成 α-珠蛋白合成的延长。正常的 α-珠蛋白是 141 个氨基酸长度，而 4 种异常的 α-珠蛋白均有 172 个氨基酸，原因在于 142 位的密码子由终止密码突变为编码氨基酸的密码子，引起翻译继续进行，使得 mRNA 上的非翻译区域也被翻译，直到遇到位于 173 位后的又一个终止密码，翻译才会停止。当然，珠蛋白链发生延长也可以是移码突变的结果。

在基因的编码区插入或删减一个核苷酸会导致**移码突变**(**frameshift mutation**)，也就是在突变的部位，读框发生了改变，其后的密码子会按照新的顺序重新排列，直至到达终止密码。表 6.6 详细阐述了这一现象。读框在某些情况下是有选择性的(reading frame selection)，其意义在一些小分子病毒中显得尤为重要。由于这些病毒很小，含有的 DNA 也非常有限，所以一个单片段 DNA 往往要编码多条蛋白质，具体方法就是在翻译时选择不同的读框。能够引起猿猴产生肿瘤的病毒 **SV40** 就是一个典型的例子(图 6.2)。还有其他的一些病毒通过翻译过程中读框的**移位**(**frame-shifting**)，可以从一条 mRNA 合成不同的蛋白质(见临床相关知识 6.4)。

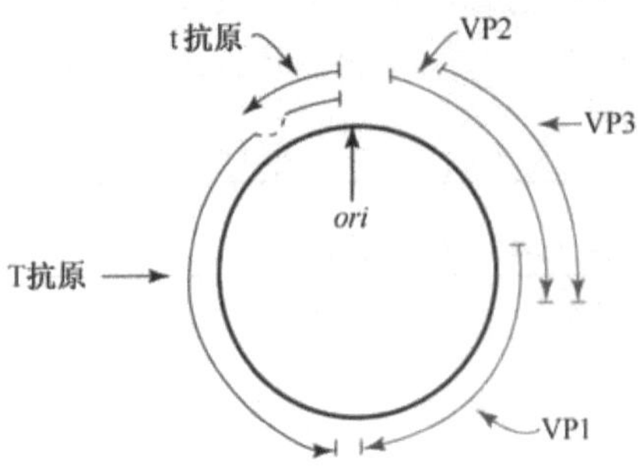

图 6.2　猿猴病毒 40(SV40)的基因组

图中用红色表示的是 SV40 的 DNA，为一个双链的环形结构，长度大约 5000bp 多一点，编码该病毒在宿主细胞内存活和复制所需蛋白质的所有信息。此图也显示了生物基因组高效率编码蛋白质的潜在能力。VP1、VP2 和 VP3 是该病毒的结构蛋白，VP2 和 VP3 是从不同的起始位点开始翻译的，但在相同的位点终止，所以它们的羧基端是相同的。VP1 蛋白是按照一个不同的读框进行翻译的，其开始的一段编码序列与 VP2、VP3 的末端序列有所重叠，但由于读框的不同，VP1 的氨基端与 VP2、VP3 的羧基端在氨基酸组成上是不同的。还有两个蛋白质，一个是较大的 T 肿瘤抗原，一个是较小的 t 肿瘤抗原，它们都是促进感染的宿主细胞发生转变的蛋白质。这两种蛋白质是由同一个前体 mRNA 分子编码的，两者具有相同的 N 端氨基酸序列，但羧基端却各不相同，t 蛋白的羧基端是由前体 mRNA 的中间一小段 mRNA 片段所编码；而 T 蛋白的 C 端则是跳过 t 蛋白羧基端编码序列，由剩下的前体 mRNA 继续编码完成。该病毒 DNA 复制的起始点(*ori*)位于编码区外。

表 6.6　一次移码突变导致 Wayne 血红蛋白[a] 的产生

位点	137	138	139	140	141	142	143	144	145	146	147
正常α-珠蛋白氨基酸序列	-Thr	-Ser	-Lys	-Tyr	-Arg						
正常α-珠蛋白密码子序列	-ACP	-UC(U)	-AAA	-UAC	-CGU	-[UAA]	-GCU	-GGA	-GCC	-UCG	-GUA
Wayne α-珠蛋白密码子序列	-ACP	-UCA	-AAU	-ACC	-GUU	-AAG	-CUG	-GAG	-CCU	-CGG	-[UAG]
Wayne α-珠蛋白氨基酸序列	-Thr	-Ser	-Asn	-Thr	-Val	-Lys	-Leu	-Glu	-Pro	-Arg	

[a]被圈中的碱基即是缺失的碱基，也是导致了移码突变的原因。方框中的是终止密码。

P＝A，G，U 或 C。

tRNA 的氨酰化反应对合成蛋白质的氨基酸具有活化作用

氨基酸在组装成蛋白质之前必须连接到它们相应的 tRNA 载体上进行“活化”。这一连接反应分为 2 个步骤，由**氨酰 tRNA 合成酶**家族所催化。该家族中的每个成员都只特异性催化某一种氨基酸和相应的数种 tRNA 发生连接。反应的方程式如下：

$$\mathrm{H{-}\overset{H}{N}{-}\overset{R}{C}H{-}\overset{\overset{O}{\|}}{C}{-}OH + ATP + E \rightleftharpoons \left[H{-}\overset{H}{N}{-}\overset{R}{C}H{-}\overset{\overset{O}{\|}}{C}\sim AMP\cdot E\right] + PP_i} \tag{1}$$

$$\mathrm{\left[H{-}\overset{H}{N}{-}\overset{R}{C}H{-}\overset{\overset{O}{\|}}{C}\sim AMP\cdot E\right] + tRNA \rightleftharpoons H{-}\overset{H}{N}{-}\overset{R}{C}H{-}\overset{\overset{O}{\|}}{C}{-}tRNA + AMP + E} \tag{2}$$

合并：

$$\mathrm{H{-}\overset{H}{N}{-}\overset{R}{C}H{-}\overset{\overset{O}{\|}}{C}{-}OH + ATP + tRNA \rightleftharpoons H{-}\overset{H}{N}{-}\overset{R}{C}H{-}\overset{\overset{O}{\|}}{C}{-}tRNA + AMP + PP_i}$$

方程式中，方括号内的是氨酰 AMP-酶复合物，此复合物只是暂时的一个酶联中间产物。氨酰腺苷酸是一种带有羧基和磷酰基的混合性酸酐，也是一个“高能”的中间产物。氨酰基与 tRNA 形成的酯键所含的能量要低于氨酰基与腺苷酸形成的酯键所含的能量，但比自由氨基酸中的羧基基团所含的能量要高。由于焦磷酸酶分解了反应中生成的焦磷酸，所以平衡强烈地偏向氨酰 tRNA 的生成。从翻译的精确性角度来说，这些只能通过侧链基团(R-group)来辨认的氨基酸，通过上述反应连接到了一个大而复杂的但更容易识别的载体——tRNA 上。

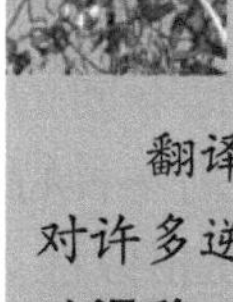

临床相关知识 6.4
HIV 蛋白生物合成中的程序性移码

翻译过程中保持读框不变对于翻译的准确性与保真性来说是比较关键的。但是对许多逆转录病毒而言，包括引起 AIDS 的人类免疫缺陷病毒(HIV)，利用mRNA读框的**滑移(slippage)**，可以从一条相同的 mRNA 翻译出不同的蛋白质分子。HIV 中编码 GAG-POL 蛋白的 mRNA，如果选用不同的读框，可以翻译出两种多聚蛋白，这两种多聚蛋白在编码序列上存在有 200 个核苷酸的重叠。通常情况下，GAG 多聚蛋白的翻译从起始密码开始，到位于 *gag* 基因末端与 *pol* 基因连接点附近的终止密码结束，翻译成功的 GAG 多聚蛋白再通过剪切产生 HIV 的几种结构性蛋白质。但是在这一过程中，有 5% 的几率会在 *gag* 与 *pol* 编码序列的重叠区域因为一个核苷酸的缺失或增加而发生移码突变。一旦移码突变发生，读框就发生了变化，原来的终止密码处就不再形成终止密码，翻译会继续进行下去，也就合成了 GAG-POL 融合蛋白，而其中的 POL 多聚蛋白在蛋白水解酶的作用下剪切出病毒逆转录酶和病毒复制所需要的一些其他蛋白。

氨酰化反应的特异性与保真性

几乎所有的细胞都含有 20 种不同的氨酰 tRNA 合成酶，而每一种都特异地对应一种氨基酸以及携带这种氨基酸的数个 tRNA。密码子与反密码子的相互作用决定了蛋白质合成中氨基酸的连接顺序，如果某个 tRNA 携带了错误的氨基酸就会导致整个蛋白质的合成错误。所以，氨酰 tRNA 合成酶正确选择氨基酸与其对应的 tRNA 进行催化连接对于蛋白质的正确合成非常重要。所有的氨酰 tRNA 合成酶的作用机制都是一样的，而且一些氨酰 tRNA 合成酶在细胞内是相互关联的。氨酰 tRNA 合成酶的结构形式也可以多种多样，有的可以含有 1 个、2 个或 4 个相同的亚基，有的也可以含有一对不同的亚基。氨酰 tRNA 合成酶中独立结构域的功能主要涉及氨酰腺苷酸的形成、tRNA 的识别以及可能存在的亚基间相互作用。每种酶几乎都可以无差错地进行氨基酸与 tRNA 的连接。氨基酸中有的可以通过它们的主体部分被酶所识别(如色氨酸)，有的小氨基酸虽然没有主体部分，但也容易被识别(如甘氨酸)，也有的氨基酸通过各自侧链的负电荷或正电荷被酶所识别(如赖氨酸与谷氨酸)；不过还有一些氨基酸相对来说则比较难识别，比如缬氨酸的识别就比苏氨酸和异亮氨酸要困难的多，这主要是因为它的侧链存在独特之处，不是被加了一个羟基，就是以一个单独的亚甲基基团作为侧链。

即使每种氨基 tRNA 合成酶的氨基酸识别与活化位点都有很高的特异性，有时候也会发生氨基酸的识别错误。但由于还存在一个校正的步骤，这样就明显提高了识别的准确性。这个校正步骤是通过水解氨酰腺苷酸这一中间产物而实现的，并可以释放氨基酸和 AMP。例如，缬氨酰 tRNA 合成酶可以高效水解苏氨酰腺苷酸，而在结合性(非酰化性)$tRNA^{Val}$存在的情况下则可以水解异亮酰腺苷酸。无论哪种情况，都说明缬氨酰 tRNA合成酶可以识别连接了错误氨基酸的 tRNA，并进行脱酰化分解。缬氨酰 tRNA 合成酶、苯丙氨酰 tRNA 合成酶、异亮氨酰 tRNA 合成酶可以分别对错误连接 tRNA 的苏氨酸、酪氨酸和缬氨酸进行脱酰化分解。当然并不是所有错误连接的氨酰 tRNA 都可以进行这样的校正，所以大约每 10^4～10^5 个酰化反应中就会出现一个错误。

每一种氨酰 tRNA 合成酶必须能够正确识别数种运送同一种氨基酸的不同的 tRNA，并具有排除那些不与之对应的 tRNA 的干扰的能力。这可能要比只识别一种特定的氨基酸要相对简单一些。本书前面曾经介绍过，所有 tRNA 在结构上存在相似性，并且有共有序列元件(见 2.6 节)。但是，不同的氨酰 tRNA 合成酶识别的是对应 tRNA 上的特有序列元件，通常来说 tRNA 上有多个结构性元件有利于酶的识别，但要注意的是这些元件并不是识别的唯一决定因素。

tRNA 被氨酰 tRNA 合成酶识别的最重要元件之一就是反密码子,因为反密码子是特异性针对某个氨基酸的。例如,对于 $tRNA^{Met}$(带有蛋氨酸的 tRNA)来说,反密码子如果改变了,合成酶的识别的氨基酸也就会发生改变。但在某些情况下,反密码子并不是识别的决定性因素。这种情况在**抑制突变(suppressor mutation)**中可以充分反映出来。抑制突变可以“抑制”无义突变的基因进行表达,例如发生在谷氨酰胺密码子(CAG)上的一个点突变可以产生终止密码 UAG,可以造成蛋白质合成提早终止。但是此时如果 $tRNA^{Tyr}$ 的反密码子上发生抑制突变,从正常的反密码子 GUA 变成 CUA(可以与终止密码进行配对而连接上 Tyr,翻译会继续进行),就使得终止密码被“通读”(read through),那么产生终止密码的突变就被抑制了,也能合成基本正常的蛋白质,只不过是谷氨酰胺被酪氨酸所替代。发生突变的 $tRNA^{Tyr}$ 与酪氨酸的氨酰化说明了在这种情况下,反密码子也并不能决定合成酶的特异性的唯一因素。tRNA 上其他一些可供识别的特征性元件可能包括接纳茎(acceptor stem)以及可变环(variable loop)或 D 茎/环(D-stem/loop)的一部分。比如,在大肠杆菌的 $tRNA^{Ala}$ 中,首选的识别特征是位于接纳茎的一个 G3-U70 碱基对,即使 $tRNA^{Ala}$ 没有其他变化发生,但这一位点的任何变异都会破坏该 tRNA 与丙氨酰 tRNA合成酶的结合能力。图 6.3 中显示的是谷氨酰 tRNA 合成酶与 tRNA 组成复合物的 X 射线结构,从该图中我们可以看到二者的结合部位位于 tRNA 表面的凹陷部分,这一部位也与生化实验的观察到的结果相一致。

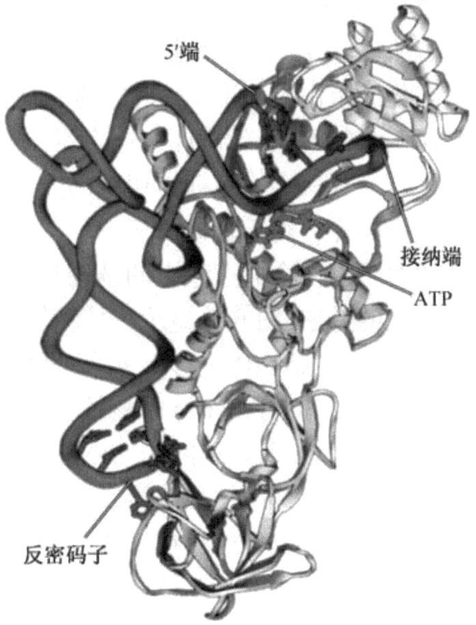

图 6.3　tRNA 与相应的氨酰 tRNA 合成酶的相互作用

图中绿色表示的是大肠杆菌谷氨酰 tRNA 复合物的糖-磷酸盐骨架,而彩色表示的是大肠杆菌谷氨酰 tRNA合成酶的肽骨架。请注意,合成酶与 tRNA 部分展开的接纳茎以及反密码子环发生相互作用,还应注意用红色标记的 ATP 所处的位置是在距离 tRNA的 3′端数个 Å(10^{-10}m)的范围内。该tRNA与酶的实心模型图显示了两个分子就像固体实物一样,在好几个位点发生直接接触。

核糖体是蛋白质生物合成的场所

核糖体是由多个**核糖核酸蛋白(ribonucleoprotein)**颗粒构成的,含有大小两个亚基,每个亚基都含有 RNA 与许多蛋白质,但是核糖体中每种蛋白质和每种 RNA 均只有一个拷贝。核糖体的结构和功能在进化过程中高度保守,如果比较不同物种来源的核糖体或其亚基,就会发现它们的相似之处多于不同之处。核糖体的主要类型与组成见表 6.7。

表 6.7　核糖体的分类与组成

核糖体来源	整体大小	亚基	
		小亚基	大亚基
真核生物细胞质	80S	40S： 34 个蛋白质，18S RNA	60S： 50 个蛋白质，28S，5.8S，5S RNA
动物线粒体	55S～60S	30S～35S；12S RNA	40～45S；16S RNA 70～100 个蛋白质
高等植物	77S～80S	40S；19S RNA	60S；25S，5S RNA 70～75 个蛋白质
叶绿体	70S	30S： 20～40 个蛋白质，16S RNA	50S：34～38 个蛋白质， 23S，5S，4.5S RNA
原核生物大肠杆菌	70S	30S；21 个蛋白质，16S RNA	50S；34 个蛋白质 23S，5S RNA

用电子显微镜对染色的或冰冻的标本进行观察，可以看到核糖体和它的亚基。以前，我们用抗体与核糖体中不同的组成成分发生作用，再利用电子显微镜观察，了解了大部分核糖体蛋白质、RNA 等一些元件以及各个亚基的功能性位点在核糖体中的定位；利用化学性交联法确定了核糖体结构中相邻的成分；并且利用中子衍射的方法定量测量了**蛋白质分子对**(**pairs of protein**)之间的距离。序列比较、化学性探针或者酶探针也可以帮助我们了解 RNA 构型的一些信息。由于原核生物的核糖体是自我组装的，所以其天然结构可以由纯化的蛋白质和 RNA 组成的混合物进行人工重组。改变所使用的组分来进行原核核糖体亚基的重组，就能证实这个蛋白质对于核糖体亚基的组装或者一些特异性的功能是否重要。真核生物核糖体亚基的完整重组尚未取得成功，但是原核核糖体如何发挥功能的结论同样适用于真核系统。

通过对蛋白质合成过程中的结构与功能之间关系的总结使得对核糖体模型结构的研究有了很大的进展，图 6.4 显示了核糖体的模型图。一些类型的核糖体以及它们的亚基可以形成结晶，对结晶体进行 X 射线的结构分析，证实了这些核糖体模型的正确性。图 6.5 显示了 5.5Å 的分辨率下原核核糖体的结构，此分辨率足以辨别各亚基中的 RNA 元件、表面的蛋白质以及亚基间的 tRNA 分子。分离出的亚基的高分辨率结构可以帮助我们更进一步的了解其结构和功能。

核糖体有两种以上的存在方式。通常情况下好几个核糖体会在一条 mRNA 分子上同时进行翻译，所以 mRNA 偶联的**多聚核糖体**(**polysome**)是核糖体的一种细胞内存在形式，纯化的多聚核糖体可以通过电子显微镜进行观察(图 6.6)。真核细胞中，有些核糖体是在细胞质中独立存在的，叫做**游离核糖体**(**free ribosome**)，但更多的是结合在粗面内质网的膜上，叫做**膜联核糖体**(**membrane-bound ribosome**)。总的来说，游离核糖体合成的蛋白质主要留在细胞质中，或者运送至细胞核、线粒体以及其他一些细胞器；而膜联核糖体主要合成一些分泌性蛋白，或者内质网、高尔基体、溶酶体中的功能性蛋白。在细胞溶胶中，结合有核糖体的膜片段构成了**微粒体**(**microsome**)，如果用去污剂(detergent)破坏膜结构可以释放出这些核糖体。

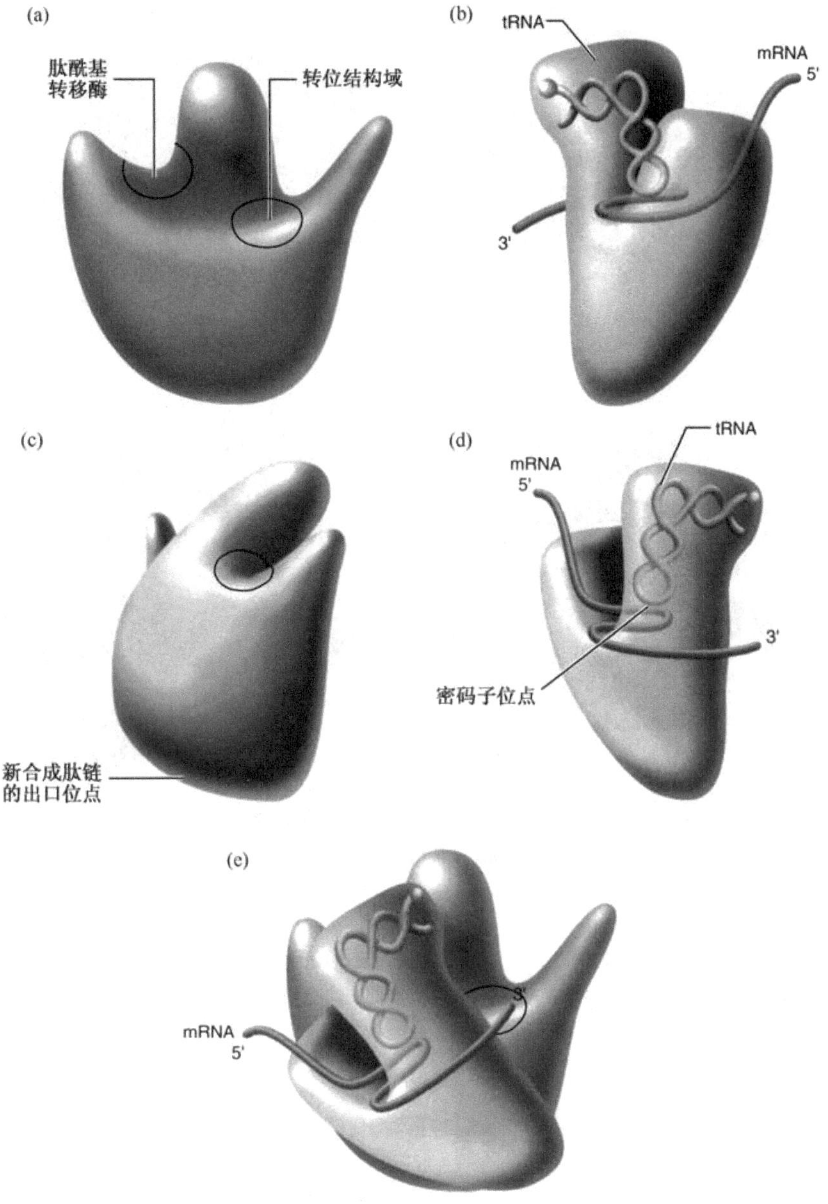

图 6.4　核糖体结构以及功能性位点的模型图

最上面一行图显示了功能性核糖体的各个亚基与其他成分作用的结构。(a)显示的是大亚基的正面，主要有两个结构位点，即左上部的肽键形成位点(图中的肽酰基转移酶结合位点，peptidyl-transferase）和右上部的延伸因子结合位点(图中的转位结构域，translocation domain)，它们位于中间隆凸的两侧。在大亚基的右侧还有一个突起的茎部。(b)显示的是小亚基模型，其中平台部突向读码器(reader)，mRNA 与 tRNA 在译码位点(decoding site)处相互作用，该位点位于小亚基平台部与体部之间的沟内。(c)图显示的是(a)图中大亚基顺时针旋转 90°后的模型图，其基底部可见新合成肽链的出口位点(exit site for growing peptide chain)，该位点是核糖体与粗面内质网膜结合的位点。肽键形成位点与出口位点相距较远，所以延伸的肽链是通过核糖体内部的一个沟槽或者隧道从而到达出口位点的。(d)图则是(b)图中的小亚基旋转了 90°的模型，其平台部正对(c)图中大亚基的正面。(e)图显示的是大小亚基的组合图，可以看到它们在核糖体中各自所处的方位。小亚基的氨酰 tRNA 结合位点位于其接纳端(acceptor end)，与大亚基的肽酰基转移酶结合位点邻近，而大亚基的转位结构域与小亚基的译码位点邻近

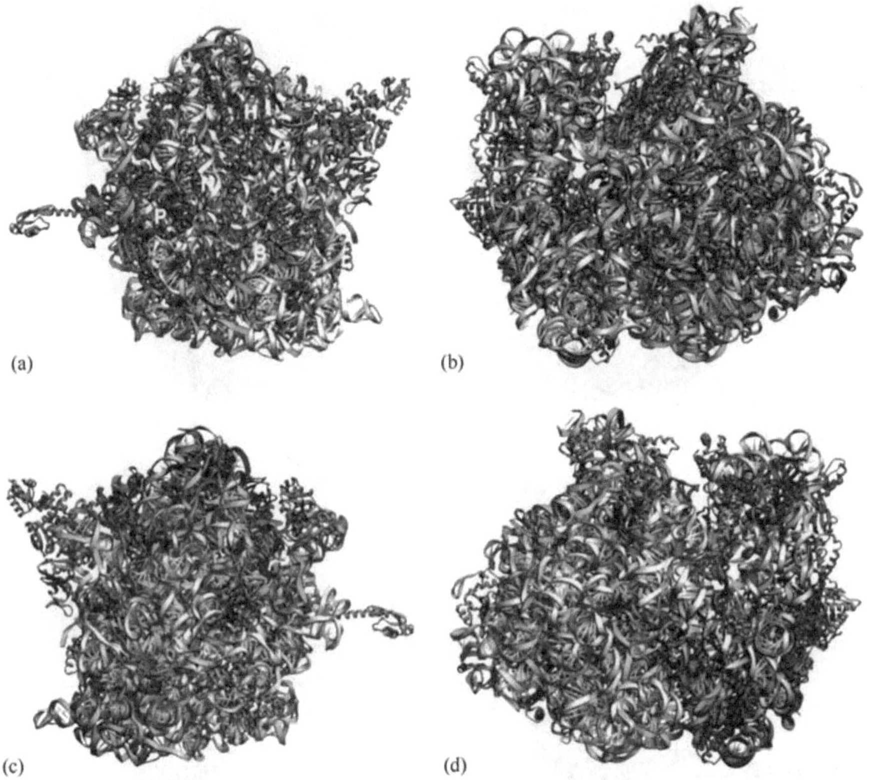

图 6.5　70S 核糖体的晶体结构

图中显示的是 5.5Å 分辨率的 *Thermus thermophilus* 核糖体结构。(a)、(b)、(c)、(d)显示的是该结构连续的 90°旋转图。(a)图中小亚基位于大亚基的顶部，如同图 6.4(e)所示，小亚基的特征性部位包括平台部(platform，P)、头部(head，H)、体部(body，B)和一个连接颈(connecting neck，N)。蓝绿色标记的是 16S RNA，深蓝色标记的是小亚基。(b)中大亚基位于右侧，灰色标记的是 23S RNA，浅蓝色标记的是 5S RNA，紫红色标记的是大亚基。tRNA 分子(金色标记)跨越了大小亚基。(c)中大亚基位于顶部，其茎部凸向左侧。(d)图中大亚基位于左侧，亚基表面可见 tRNA 的元件

6.3　蛋白质的生物合成

翻译是有方向性的并且与 mRNA 的合成方向一致

mRNA 是按 5′到 3′的方向转录的，其书写也是按照 5′到 3′的顺序。在翻译的时候，mRNA 同样是按 5′到 3′的顺序被核糖体所读取。蛋白质中氨基酸序列的书写与合成也是有方向性的，都是从 N 端到 C 端。翻译时，核糖体结合到 mRNA 分子上并且沿着该分子向前移动来合成肽链，当遇到终止密码时，合成停止。当对比 mRNA 序列和它所编码蛋白质的氨基酸序列时，你会发现这两种序列之间的对应是完全相符，方向一致的，没有重叠，也没有间隔(除了一个罕见的例外，见临床相关知识 6.4)。实际上，一个蛋白质的氨基酸序列可以通过编码它的 mRNA 或基因组 DNA 的序列推算出来，但

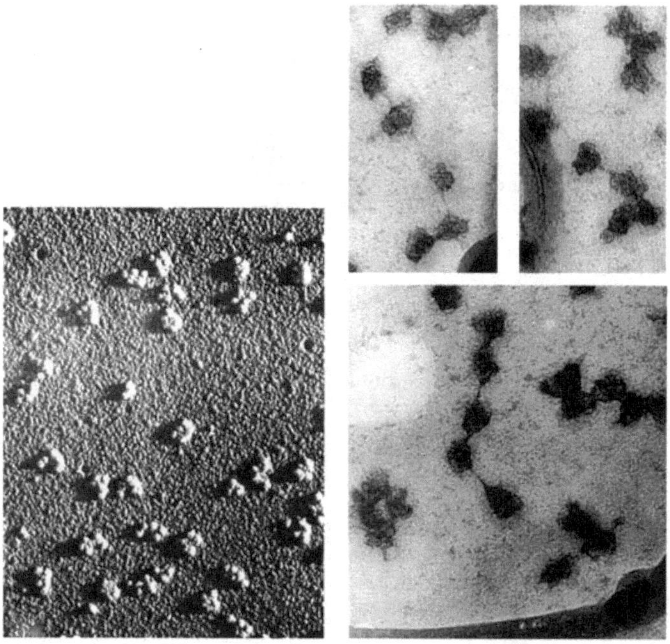

(a)　(b)

图 6.6　微粒体的电子显微镜照片

(a)显示的是用铂遮蔽光线的情况下,网织红细胞的多聚核糖体,可以看见这些多聚核糖体多以 3～6 个单核糖体成簇而成,以这样的数目成簇是与珠蛋白的 mRNA 长度相匹配的。(b) 将多聚核糖体用醋酸双氧铀染色并在更高倍数的显微镜下观察,可见多聚核糖体上连有部分 mRNA 链

是推算出的氨基酸序列可能与实际的氨基酸序列并不完全相同,其原因是存在蛋白质存在翻译后的修饰。

蛋白质合成的起始是一个复杂的过程

翻译过程的起始需要核糖体的 40S 小亚基、mRNA 分子以及该蛋白质 N 端的首个氨基酸与 tRNA 的复合物这三种成分先按照正确的方位组合起来,随后再结合核糖体的 60S 大亚基,这样才能形成一个位于 80S 核糖体上的完整的起始复合物。这一过程需要一组结合蛋白来辅助完成,称为**起始因子(initiation factor)**,它们仅在翻译的起始阶段发挥作用。某些真核生物起始因子的特异性功能目前仍不清楚,但是通过研究原核生物蛋白质合成可以为之提供一个简单的类比模型。翻译的起始见图 6.7。第一步,**真核起始因子 2a(eukaryotic initiation factor 2a,eIF-2a)**结合到 GTP 以及 Met-tRNA$_i^{Met}$(蛋氨酰 tRNA,也是起始 tRNA,因为起始密码同时也是编码蛋氨酸的密码子)上,组成一个复合物。此步骤中,任何其他的氨酰 tRNA 都不能取代起始特异的 Met-tRNA$_i^{Met}$。原核生物也使用一种特异的起始 tRNA,但其中蛋氨酸的氨基基团受到甲酰化修饰。只有 fMet-tRNA$_i^{Met}$(即甲酰化蛋氨酸 tRNA)才能被原核生物的 IF-2 所识别。

第二步则需要 40S 小亚基先与一个非常复杂的蛋白质——**eIF-3** 相结合。哺乳动物的 eIF-3 含有 8 条不同的多肽链,大小约 600～650kDa,它可以结合在 40S 小亚基表面,

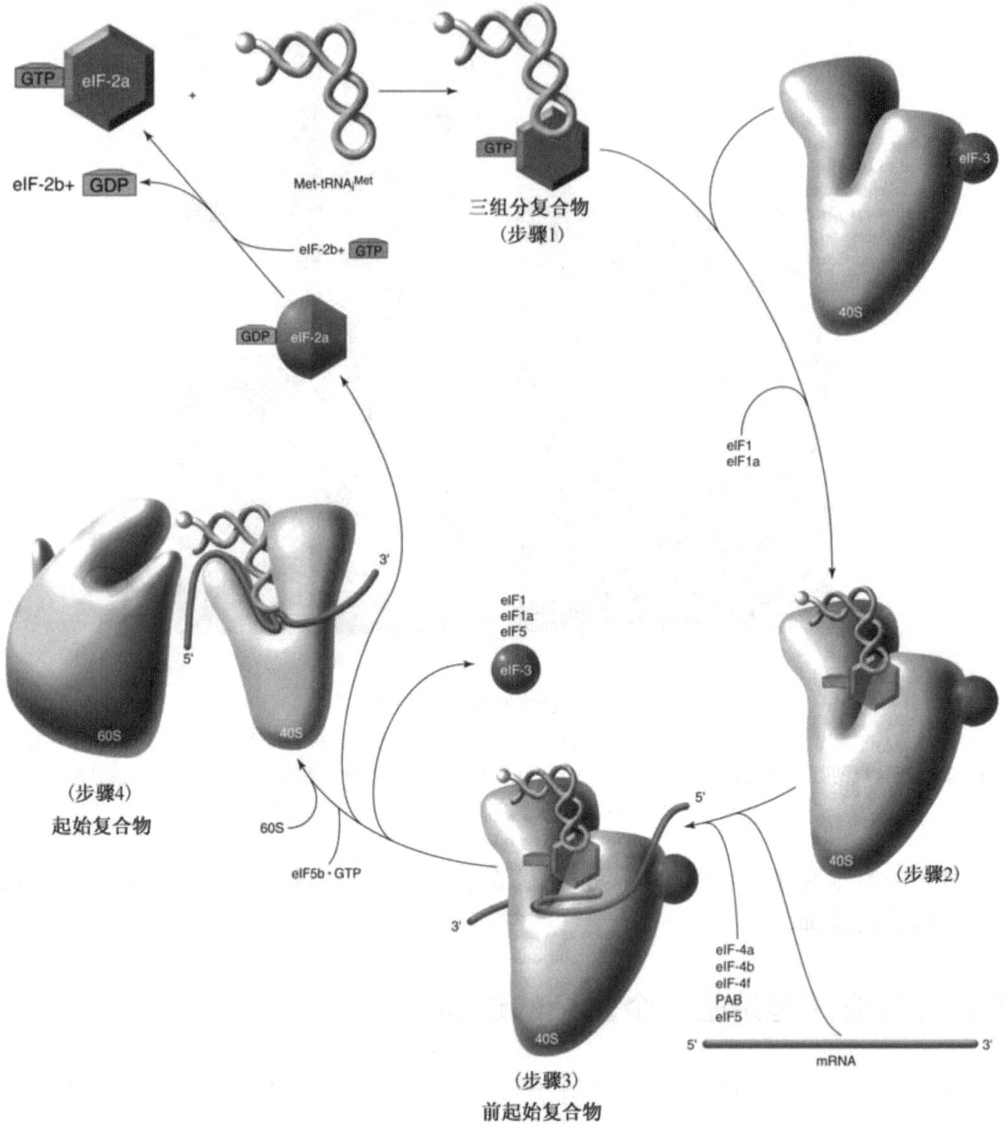

图 6.7　真核生物翻译的起始

具体细节见正文。(1)中形成的一个三组分复合物与核糖体小亚基结合(2)。再与 mRNA 结合形成前起始复合物(3)。最后与核糖体大亚基结合，形成最终的起始复合物(4)。eIF2a 与 GTP 和 GDP 结合的不同构型提示其在三磷酸的水解过程中发生了构型改变。在延伸开始后，另外的小亚基会结合到同一 mRNA 上以形成多聚核糖体

并可作为桥梁与 60S 大亚基结合，在空间位置上阻断了大小亚基的直接接触，所以 eIF-3 与结合在大亚基上的 eIF-6 一样，都是一种核糖体的**抗关联因子**(**anti-association factor**)。40S 小亚基与 eIF-3 结合后，再结合第一步所形成的 GTP－eIF2a－Met-tRNA$_i^{Met}$ 复合物，以及一些辅助蛋白因子，组成了一个大的组合体。第三步，形成翻译的**起始前复合物**(**pre-initiation complex**)，也就是在第二步所形成的大复合物基础上再结合 mRNA、eIF-4f、eIF-4a、PAB 以及另外几种蛋白因子。eIF-4f 又叫做**帽结合复合物**(**cap binding complex**)；eIF-4a 是一种 RNA 解旋酶，作用是在 mRNA 的非翻译前导序列处解开 mRNA 的

二级结构;PAB 是一种 polyA 结合蛋白,作用是将 mRNA 的 3′端迂回到 5′端帽子结构附近。然后 mRNA 按照 5′到 3′的方向开始被读取,直到遇见第一个 AUG 三联密码子,即起始密码。也有在很罕见的情况下,第一个 AUG 不被采用,而使用下一个 AUG 作为起始密码。eIF-2a 在 eIF-5 的辅助下水解与之结合的 GTP,产物 eIF-2a-GDP 以及一些其他因子被释放。eIF-2a-GDP 与鸟苷酸交换因子 eIF-2b 以及 GTP 反应,生成新的 eIF-2a-GTP 供下一轮翻译起始所用。

第四步也是最后一步,核糖体 60S 大亚基结合到翻译起始前复合物上,再结合一个辅助因子 **eIF-5b-GTP**。其中 GTP 被水解,产物 eIF-5b-GDP 以及其他因子被释放。这样就形成了一个完整的**起始复合物(initiation complex)**,即 80S 的核糖体、正确定位的 mRNA 以及起始 tRNA 组成的复合物。

原核生物翻译的起始使用很少的起始因子,形成的起始复合物也较为简单。首先核糖体 30S 亚基与 IF-3 形成复合物,该复合物分别与 mRNA 以及 IF-2—fMet-tRNA$_i^{Met}$—GTP复合物结合(并无严格的先后顺序)。其中 mRNA 的定位部分取决于其起始密码 AUG 上游 10 个核苷酸处的富含嘌呤的"Shine-Dalgarno"序列与 16S rRNA 中 8 个富含嘧啶的核苷酸序列之间的碱基配对关系。rRNA 与 mRNA 之间的互补结合可以允许包含几个错配碱基,但是互补结合越是严密,翻译起始的效率也就越高。起始因子 IF1 也参与形成起始前复合物。最后,起始前复合物结合核糖体 50S 亚基,GTP 发生水解,起始因子被释放。有趣的是,原核生物使用 RNA-RNA 碱基配对来定位 mRNA,而真核生物则使用许多蛋白因子达到定位 mRNA 的目的。

翻译的延伸过程就是肽键的逐步形成的过程

蛋白质的合成过程就是肽键逐步形成的过程。在延伸的每一步,核糖体的**肽酰基转移酶(peptidyl transferase**,又叫转肽酶)催化延伸中的肽链(如果是第一步则为起始的蛋氨酸)从携带它的上一个密码子对应的 tRNA 上,转移至下一个密码子对应的氨酰 tRNA 上,同时伴有肽键的形成。

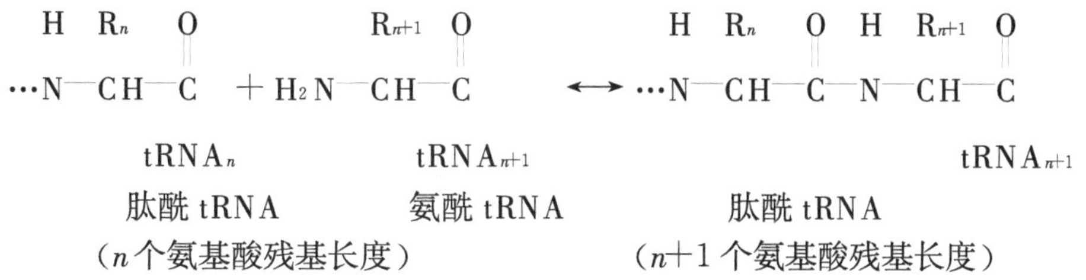

非核糖体蛋白延伸因子利用 GTP 水解所释放的能量提高了翻译延伸的效率与保真性,保证了延伸时正确的氨酰 tRNA 定位于核糖体,以及通过核糖体移动 mRNA 和相关的 tRNA。延伸的示意图见图 6.8。

翻译过程中,最多可以有 3 个 tRNA 分子同时结合在核糖体 2 个亚基的特定位置。起始的蛋氨酰 tRNA 首先在核糖体中定好位,使得其蛋氨酰残基可以被转移至(或者说是给到)下一个氨酰 tRNA 的自由 α 氨基基团。所以蛋氨酰 tRNA 在核糖体中占据的位

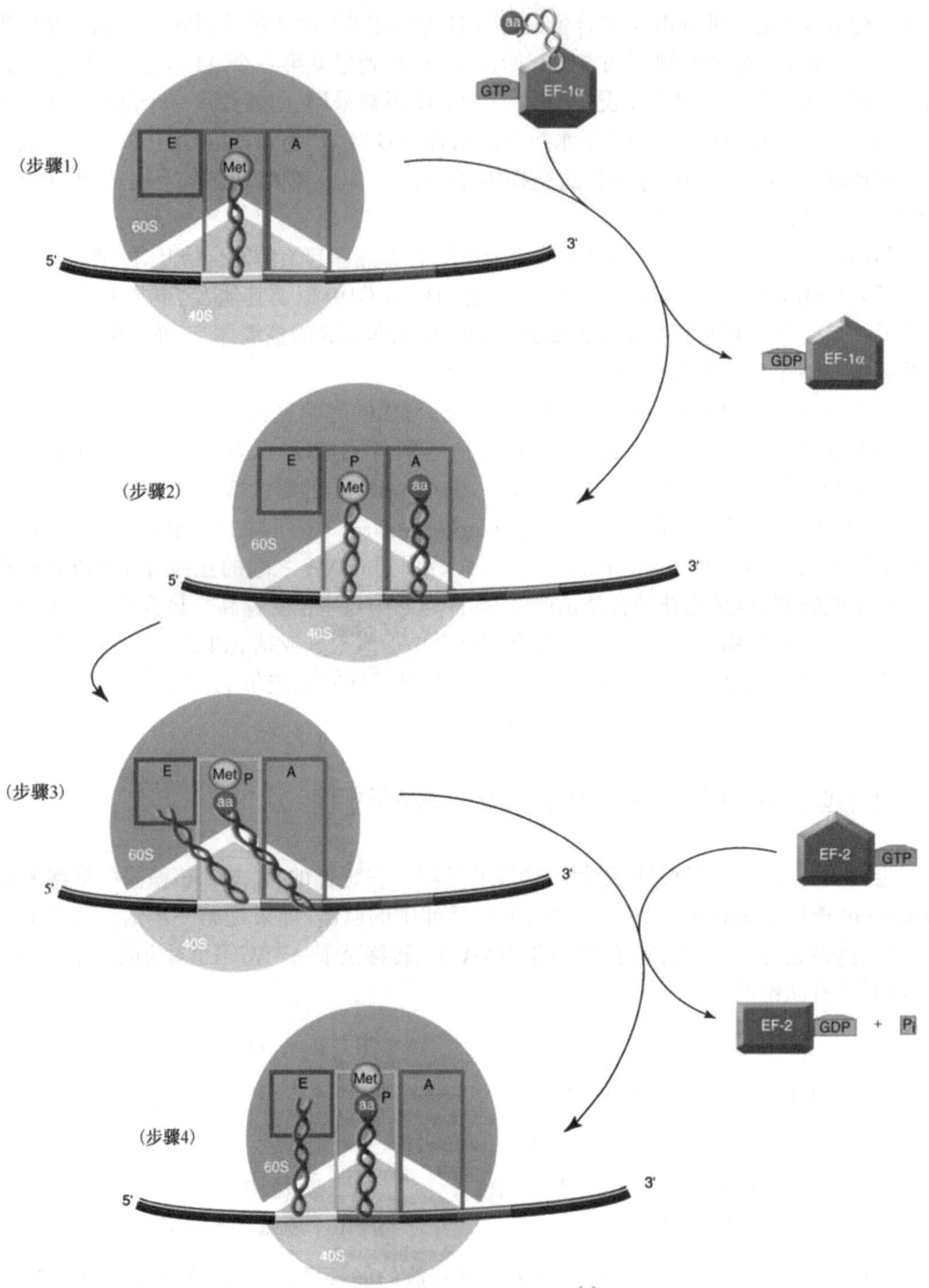

图 6.8　真核生物蛋白质合成的延伸步骤

(a)图显示延伸的第一轮。(1):起始复合物形成,Met-tRNA$_i^{Met}$ 位于 80S 核糖体的 P 位。(2):EF1α 携带氨酰tRNA 至核糖体的 A 位。GTP 水解导致 EF1α 的构型改变。(3):第一个肽键已经形成,新的肽酰 tRNA 占据了核糖体的一个“杂和”(A/P)位点,脱酰基 tRNA$_i^{Met}$ 的接纳茎则移至大亚基的 E 位。(4):mRNA—肽酰 tRNA 复合物转位至 P 位,而脱酰基的起始 tRNA 则移至 E 位。(b)下一轮的延伸。(5):下一个氨酰 tRNA 与 A 位点结合造成脱酰基 tRNA 从 E 位上释放。(6):新肽键的形成导致新的肽酰 tRNA 占据核糖体上杂和的 A/P 位。(7):新的肽酰 tRNA 完全转位至 P 位,并伴随 mRNA 的前移。如此不断重复这一过程。具体细节见文本

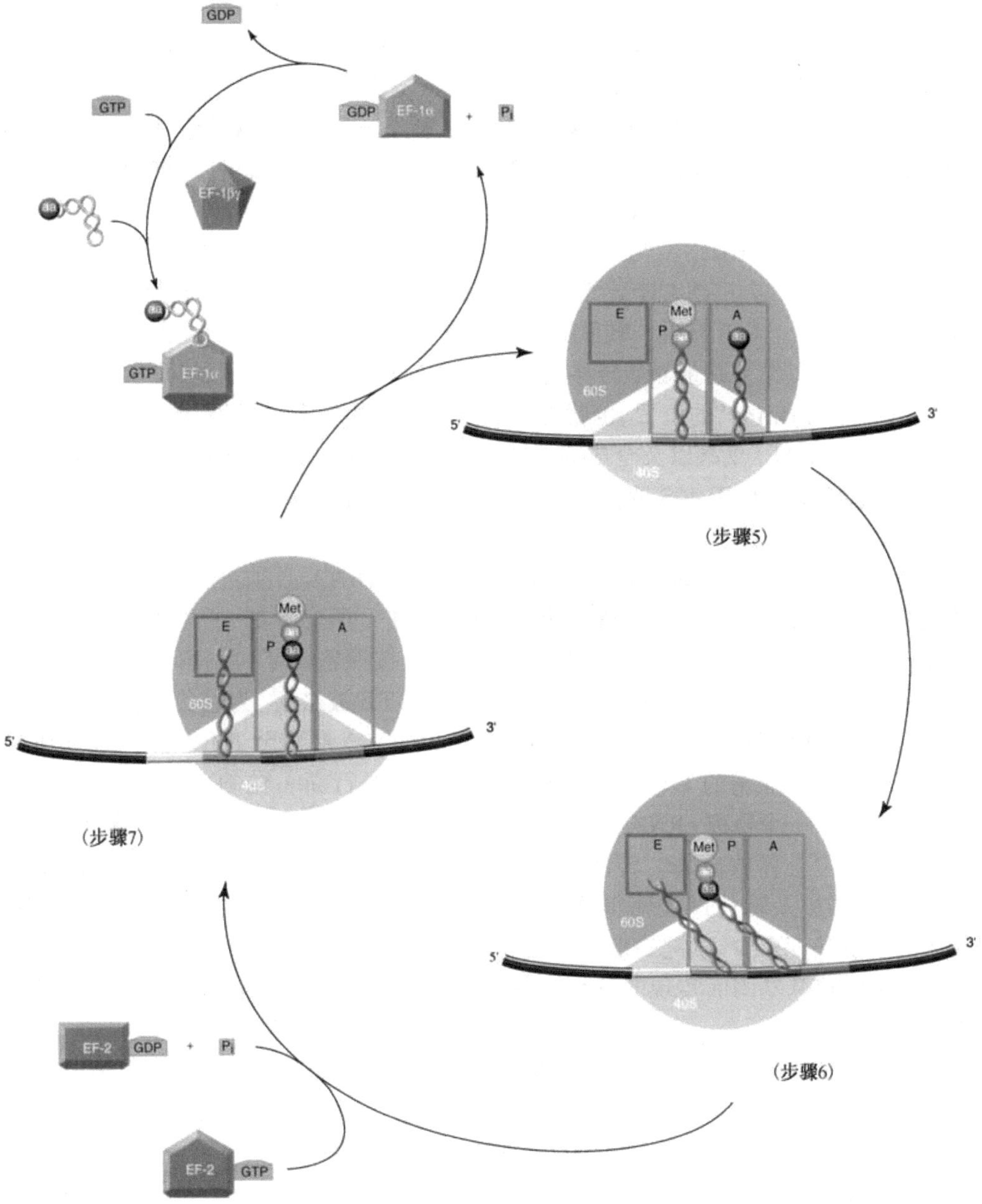
GDP
GTP
GDP
EF-1α
+
Pi
EF-1βγ
aa
aa
GTP
EF-1α
E
Met
P
aa
A
aa
60S
5'
3'
40S
(步骤5)
Met
E
aa
P
aa
A
60S
5'
3'
40S
(步骤7)
E
Met
P
A
aa
aa
60S
5'
3'
40S
(步骤6)
EF-2
GDP
+
Pi
EF-2
GTP

(b)

图 6.8(续)

置叫做**给位**(**donor site**),也可以叫做**肽酰位**(**peptidyl site**,**P** 位);而对应下一个密码子的氨酰 tRNA 在核糖体中所处的位置叫做**受位**(**acceptor site**),也可以叫做**氨酰位**(**aminoacyl site**,**A 位**)。延伸因子 EF-1 增强了氨酰 tRNA 选择的正确性。EF-1α 是 EF-1 的一个组分,其在延伸时首先与氨酰 tRNA 以及 GTP 形成一个三组分复合物 EF-1α-氨酰 tRNA-GTP,如果在密码子-反密码子作用正确的情况下,该复合物就可以与核糖体结合,其中氨酰 tRNA 结合到核糖体的 A 位,GTP 被水解,产生的 EF-1α-GDP 从复合物上分离下来。此时起始的蛋氨酰 tRNA 与下一个对应的氨酰 tRNA 并列位于核糖体的 P 位和 A 位,它们的反密码子与 mRNA 上连续的 2 个密码子相配对,它们各自携带的氨基酸在大亚基的转肽酶位点上相互靠近。转肽酶催化氨酰 tRNA 的 α-氨基基团"进攻"蛋氨酰 tRNA 的羧基基团,其结果是蛋氨酸转移到了氨酰 tRNA 的氨基基团上,从而在核糖体上占据了一个"**杂合**(**hybrid**)"的位置,也就是说氨酰 tRNA 的反密码子仍位于 40S 亚基的 A 位上,而该 tRNA 的接纳端以及合成的二肽则位于 60S 亚基的 P 位上;脱了蛋氨酸酰基的 tRNA 其反密码子位于 40S 亚基的 P 位,而空的接纳端则位于 60S 亚基的**出口位**(**exit site**,**E 位**)。

mRNA 与位于 40S 亚基 A 位点上脱了肽酰基的 tRNA 必须进行移位以便于下一轮的氨基酸延伸的开始。这一步骤是由延伸因子 EF-2 所介导的,所以 EF-2 又叫**转位酶**(**translocase**)。EF-2 催化 mRNA 和二肽酰 tRNA 按照密码子-反密码子规则向前移位,从 40S 亚基的 A 位移至 P 位。在这一过程中,GTP 被水解,为移位提供了能量,移位完成后,核糖体的 A 位也空了出来。随着二肽酰 tRNA 移至 P 位,脱酰基的 tRNA 也完全移位至 60S 亚基的 E 位。此时核糖体就可以进行新一轮的延伸。mRNA 序列信息所决定的下一个氨酰 tRNA 由 EF-1α-GTP 递送至 A 位,上一轮脱酰基的 tRNA 从 60S 亚基的 E 位上释放出来。转肽过程继续进行。下一轮的氨酰 tRNA 结合至核糖体、肽键的形成以及转位过程使得肽链按步骤向前延伸,直至肽链的羧基末端。不管延伸中的肽链长度多少,肽键的形成总是通过下一个氨酰 tRNA 的 α-氨基基团"进攻"肽酰 tRNA 的羧基基团而实现的,所以,参加反应的各种分子在转肽酶位点上的位置安排总是固定的。

肽键的形成不需要任何诸如 ATP 或 GTP 这样的外源性能量,因为蛋氨酰基(或肽酰基)与 tRNA 的酯键连接可以释放能量,从而驱使整个反应向着肽键形成的方向进行。分离出的核糖体 60S 亚基在没有任何非核糖体辅助因子参与的条件下,具有转肽酶的活性。(但是活性非常低。)转肽酶活性的发挥离不开大亚基,但是没有证据证实转肽酶是一种特异的核糖体蛋白;反而有证据表明核糖体的大亚基本身就是一种复杂的**核酶**(**ribozyme**),发生在其内部的肽键形成是由 **RNA 催化**(**RNA-catalyzed**)来实现的。大亚基的 X 线晶体衍射分析显示其转肽酶区域完全是由 RNA 构成的,并且发现转肽酶区域距离最近的氨基酸侧链至少有 20 埃。rRNA 与 tRNA 的**催化元件**(**catalytic element**)似乎都参与催化了转肽反应。据此推测蛋白质形成的关键反应几乎都是由 RNA 催化完成的。rRNA 也是 A 位和 P 位的主要组成部分。据推测,初始核糖体仅是一个 RNA 分子,当结合了可以稳定 RNA 折叠状态的核糖体蛋白后,才成为成熟的核糖体,但这一假说仍有争议,而且很难证实。

原核生物模型证实了 GTP 在 EF-1α 和 EF-2 中的作用与这两个蛋白质的构型改变

有关。原核生物的 EF-Tu 作用就相当于真核生物的 EF-1α,晶体学研究显示,当 GTP 水解时,EF-Tu 内发生了较大的结构域重排,移动范围有数个埃。真核生物的 EF-1α 和 EF-2 都是与 GTP 形成复合物后再与核糖体结合的,而且结合非常紧密,但是它们与 GDP 形成的复合物却很容易从核糖体上解离下来。从另一个观点来看,EF-1α 与 GTP 结合的构型可以使其与氨酰 tRNA 以及核糖体都以高亲和力结合;而与 GDP 的构型对于这两者亲和力均较低,这样才使 tRNA 的递送以及 EF 的解离得以顺利进行。解离下来的 EF-1α 要恢复在 GTP 存在时的高亲和力构型,必须有 EF-1βγ 的参与,EF-1βγ 使得 GDP 从 EF-1α 上释放,形成 EF-1α—EF-1βγ 复合物(图 6.9)。然后 GTP 再促使 EF-1βγ 释放,从而再次形成 EF-1α—GTP 复合物,又可以牢固地结合氨酰 tRNA 与核糖体。原核生物也具有相似的机制,EF-Tu 结合 GTP 和氨酰 tRNA,递送完成后生成的 EF-Tu—

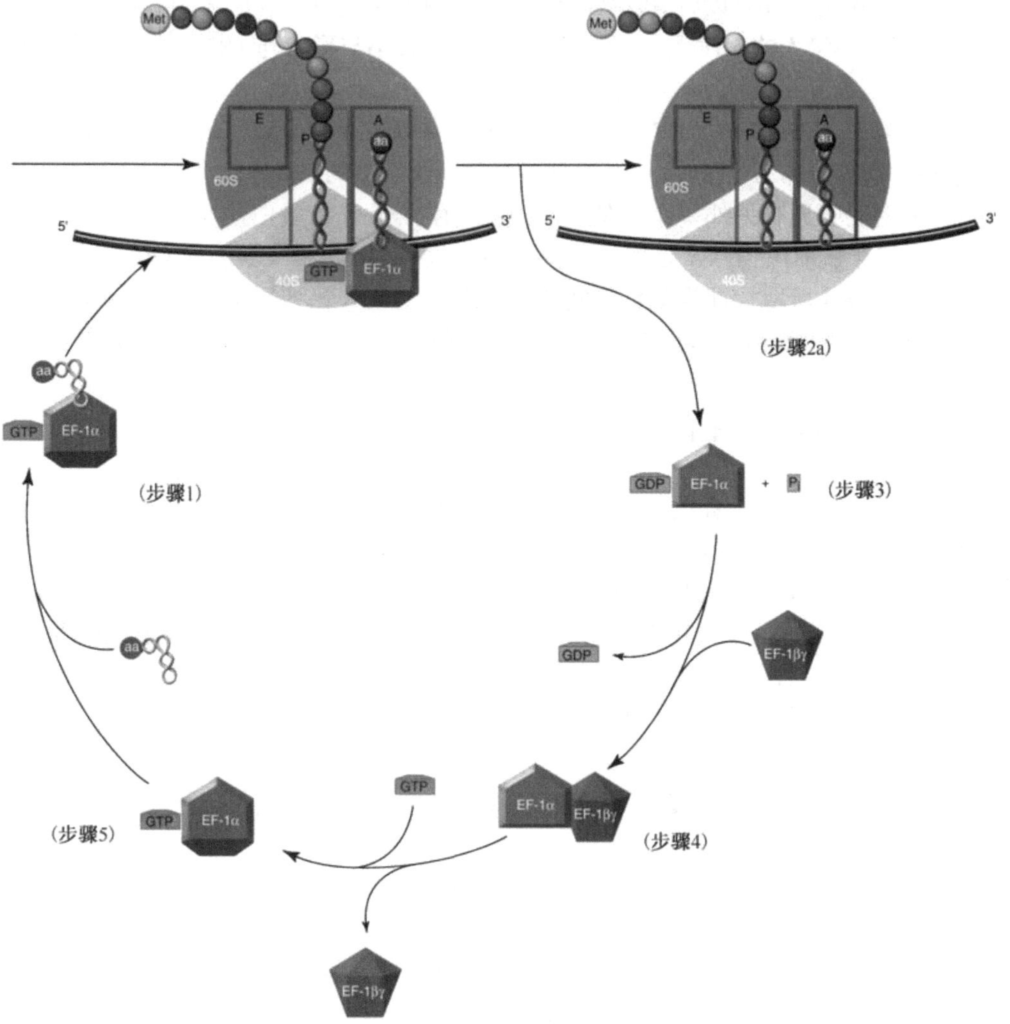

图 6.9　EF1 在延伸循环中的作用

(1)EF1α-GTP-氨酰 tRNA 复合物结合到核糖体上。(2)氨酰 tRNA 被送至核糖体的 A 位后(2a)GTP 水解,EF1α 构型发生改变(3),使得其与 tRNA 以及核糖体的亲和力下降。(4)GDP 被 EF1βγ 所取代,从 EF1α 上解离下来。(5)GTP 再取代 EF1βγ 与 EF1α 结合,EF1α 恢复高亲和力构型,又可以与氨酰 tRNA 结合

GDP解离下来，EF-Ts再替换GDP形成EF-Tu—EF-Ts，随后EF-Tu又可以与GTP结合并循环下去。原核生物也使用GTP依赖的转位酶，作用与EF-2类似，称之为**EF-G**或者**G因子**。

多肽合成的终止信号由终止密码子提供

当终止密码UAG、UAA或者UGA出现在A位点时，可以启动释放因子**eRF**(**release factor**)与核糖体的结合(图6.10)，也标志着多肽合成的完毕。肽链与tRNA之间的酯键连接是由转肽酶进行剪切的，其催化的方式就像水解酶一样，剪切后完整的多肽链就可以从核糖体中释放出来。eRF行使完功能后从核糖体上释放需要水解其结合的GTP来提供能量，释放了eRF以后，核糖体就可以自由地解离为亚单位形式，再参与下一轮的蛋白质合成。尽管人的eRF是一种蛋白质，但它的大小与形状与tRNA颇为类似，其一个结构域的末端有几个氨基酸可以识别终止密码子并与其相互作用。这种"分子模拟"在细菌的EF-G结构中也存在，EF-G的一个结构域模拟tRNA的反密码子茎部，并且在延伸过程中替换核糖体A位上的tRNA，使其移位至小亚基的P位上。

UGA密码子还有另外一个功能，可以编码存在于少数蛋白质中的硒代半胱氨酸(Sec)。硒代半胱氨酰tRNA是由一种特异的丝氨酰$tRNA^{(Sec)Ser}$合成而来的；其中丝氨酸的-OH被-SeH所取代即为硒代半胱氨酰tRNA。UGA密码子只有在**Sec-insertion**序列(mRNA中一种特定的茎环结构)中时，才会编码硒代半胱氨酸用于蛋白质的合成。

翻译是一个消耗能量的过程

多肽链的合成需要消耗比较多的能量。氨基酸的活化可以将ATP转换至AMP，并且释放焦磷酸，焦磷酸又被水解为磷酸(Pi)，这一过程净水解2个高能磷酸键并且释放相应的能量。在EF-1α和EF-2的作用过程中，2个能量更高的化学键被水解，以供形成4个肽键所需的能量。翻译的起始、终止以及翻译后的修饰也会增加能量的消耗。反应中多次使用的mRNA、tRNA、核糖体以及蛋白因子的生物合成则需要更多的能量，但是这些能量最后实际上都转化至它们所合成的蛋白质中。

线粒体中的蛋白质合成有轻微的差异

线粒体的许多特征提示它是需氧原核生物的后代，被真核细胞内吞后与真核细胞形成共生关系，所以其保留了一些独立性以及原核生物的一些特性。人线粒体存在有环状的DNA基因组，大小为16 569bp，可以编码13种蛋白质、22种tRNA以及线粒体特异的12S和16S rRNA。线粒体蛋白合成的装置包括RNA聚合酶、氨酰tRNA合成酶、tRNA和相应的核糖体，这些成分只用于线粒体蛋白合成，但是翻译的一些具体细节与细胞质中蛋白质的合成有所不同。线粒体的核糖体相对较小，它们的rRNA比真核生物的细胞质rRNA以及原核生物的rRNA更短(表6.7)。线粒体蛋白质合成时，起始$Met\text{-}tRNAi^{Met}$会被转甲酰酶利用N^{10}-甲酰-H_4-叶酸酯所修饰，形成$fMet\text{-}tRNAi^{Met}$。线粒体的遗传密码

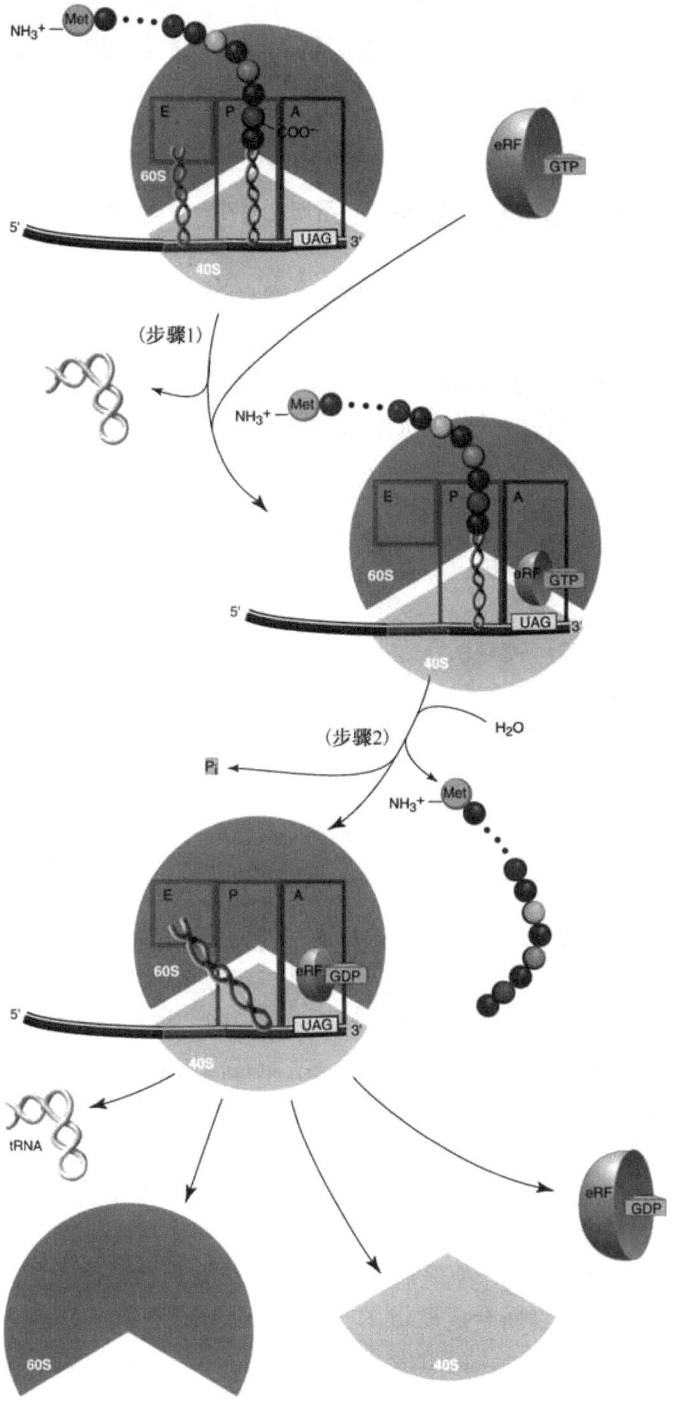

图 6.10　蛋白质合成的终止

当 mRNA 上的终止密码子占据 A 位时,释放因子-GTP 复合物开始与核糖体结合(1),同时脱酰基 tRNA 释放。(2):转肽酶起着水解酶的作用,水解蛋白质与 tRNA 之间的酯键,从而释放合成的蛋白质,剩下脱酰基-tRNA 的接纳端可能发生移位,即由 P 位移至 E 位,同时 GTP 发生水解,产生的释放因子-GDP 复合物从核糖体上解离下来。解离的成分可以进入下一轮的蛋白质合成中也与通用密码有所不同(表 6.2)。大部分线粒体蛋白是由细胞核 DNA 所编码并在细胞质中合成的,随后被转运至线粒体中。细胞必须能够将线粒体内的蛋白质合成与细胞质中转运至线粒体的蛋白质合成协同起来。线粒体蛋白质合成的重要性在临床相关知识 6.5 中将详细阐述。

一些抗生素与毒素具有抑制蛋白质生物合成的作用

蛋白质的生物合成对于细胞的存活与繁殖非常关键。有机体能否获得合成蛋白质的生物学优势在于其抵抗竞争性抑制物的能力,而许多抗生素和毒素就可以作为这种竞争性抑制物。其中有一些抗生素可以选择性抑制原核生物的蛋白质合成,所以在临床治疗方面作用很大。表 6.8 中列举了几个抗生素作用机制的例子。

表 6.8 蛋白质生物合成的一些抑制物

抑制物	影响的步骤	作用的位点
链霉素	起始、延伸	原核生物:30S 亚基
新霉素	翻译	原核生物:多个位点
庆大霉素	氨酰 tRNA 结合	30S 或 40S 亚基
嘌罗霉素	肽链转移	70S 或 80S 核糖体
红霉素	转位	原核生物:50S 亚基
夫西地酸	转位	原核生物:EF-G
放线菌素	延伸	真核生物:80S 核糖体
蓖麻毒素	多个步骤	真核生物:60S 亚基

链霉素可以结合原核生物核糖体的小亚基,干扰蛋白质合成的起始,导致 mRNA 的误读(见临床相关知识 6.5)。链霉素结合小亚基后可以影响其与 tRNA 以及 mRNA 的相互作用,具体机制可能是改变了核糖体小亚基的构型。核糖体蛋白或者小亚基 rRNA 的突变可以引起链霉素抵抗或者依赖。其他一些氨基糖甙类抗生素如**新霉素(neomycin)**或**庆大霉素(gentamycin)**,也可以引起原核生物的翻译出错,它们同样可以与核糖体的小亚基相互作用,但是作用的位点与链霉素不同。**春雷霉素(kasugamycin)**可以抑制翻译的起始,对春雷霉素的敏感性取决于小亚基 rRNA 中两个相邻腺嘌呤的甲基化。**四环素(tetracyclin)**也可以与核糖体结合从而干扰氨酰 tRNA 与核糖体的结合。**嘌罗霉素(puromycin)**(图 6.11)的结构类似于氨酰 tRNA,它可以结合到核糖体大亚基的 A 位点并且在转肽酶催化的反应中充当新合成肽链的接纳者,而形成的肽酰基-嘌罗霉素不发生转位,而且在转肽反应中不能充当肽链的给与者,这样肽链的合成就会提早终止,肽酰-嘌罗霉素也会被释放出来。氯霉素可以结合到转肽酶的中心部位,这样转肽酶的活性受到抑制,肽链的传递也就不能进行,肽酰 tRNA 被保留在核糖体上。红霉素属于大环内酯内抗生素,它可以干扰原核核糖体上的肽链转位。

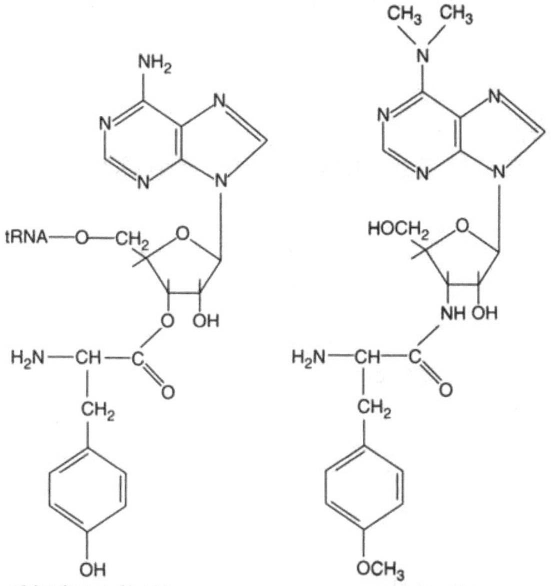

酪氨酰tRNA的3′端　　　嘌罗霉素

图 6.11　嘌罗霉素(图下方的结构)是氨酰 tRNA(图上方的结构,这里是酪氨酰 tRNA)的结构类似物,通过结合到核糖体的 A 位点来终止翻译

在转肽反应中,嘌罗霉素结构中的 α-氨基基团是接受位点,形成的肽酰基-嘌罗霉素会从核糖体上释放出来

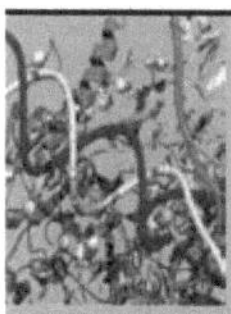

临床相关知识 6.5

线粒体 rRNA 的突变所导致的抗生素诱发的耳聋

在使用安全有效剂量的氨基糖甙类抗生素如链霉素、巴龙霉素、庆大霉素的情况下,偶有发生永久性耳聋的例子。这种对于氨基糖甙类抗生素异常的敏感性属于母系遗传,提示这种疾病与线粒体的基因有关(精子不会向受精卵传递线粒体基因)。氨基糖甙类抗生素以细菌的核糖体为靶点,所以线粒体核糖体是便成为寻找该病突变位点的合理部位。家族性遗传学分析发现,在线粒体 DNA 上编码 12S rRNA 基因的第 1555 位核苷酸发生单碱基突变(由 A 突变至 G)与氨基糖甙类的高敏感性相关。这个突变发生在 rRNA 序列的高度保守区域,而该区域涉及氨基糖甙类抗生素的结合;同一区域的一些突变会产生对此类抗生素的耐药性,这段 RNA 区域也是核糖体译码位点的一部分。很有可能造成这种异常敏感的突变增加了氨基糖甙类抗生素对线粒体的亲和力从而对线粒体一些蛋白质的合成产生了抑制。线粒体蛋白质合成的减少降低了氧化磷酸化系统酶的水平,从而造成受累细胞极度缺乏 ATP。

真核生物蛋白质合成中的转位会受到白喉毒素的抑制,白喉毒素是由白喉杆菌产生的一种蛋白质,可以结合到真核细胞的细胞膜上,从而使它的一个亚基进入到细胞质中并催化 ADP 核糖基化,起到灭活 EF-2 的作用,反应的方式如下:

$$EF\text{-}2 + NAD \rightleftharpoons ADP\text{-}核糖基\ EF\text{-}2 + 尼克酰胺 + H^+$$

（活性状态）　　　　　　　（失活状态）

ADP-核糖在白喉毒素的催化下结合到 EF-2 的白喉酰胺残基上，白喉酰胺是 EF-2 中组氨酸经修饰后的一种氨基酸衍生物（见 6.10 节图 6.20）。

蓖麻籽提炼的产物**蓖麻毒蛋白**（**ricin**）以及相关毒素具有 N-糖苷酶的活性，可以从核糖体大亚基的 rRNA 骨架中剪切掉一个腺苷酸。α-**sarcin** 是一种真菌毒素，也可以在单一位点剪切大亚基 rRNA，核糖体经这两种毒素剪切后都会失活。一些大肠杆菌菌株可以产生细胞外毒素从而影响其他细菌，其中一种毒素叫做**大肠菌素 E3**（**colicin E3**），具有核糖核酶的活性，可以在 16S RNA 上靠近 mRNA 结合位点处以及译码位点处进行剪切，使得小亚基失活从而造成蛋白质合成的停止。

6.4 翻译后蛋白质的加工：折叠、修饰、分泌以及靶向定位

有些蛋白质从核糖体中释放出来就可以行使功能，而有的蛋白质则需要进行一系列翻译后的修饰，修饰的结果可能是将其转换成有功能的形式，或者是运送到某个亚细胞结构中，也可以是分泌出细胞抑或是对蛋白质的活性与稳定性产生影响。决定翻译后修饰结果的信息储存在于它们自身结构中，蛋白质的氨基酸序列以及构型决定了该蛋白质到底是作为某种修饰酶的底物，还是被运送至细胞内某处或细胞外。

新合成的蛋白质在伴侣蛋白的辅助下进行折叠

许多蛋白质可以自发形成它们的天然构型，比如完全变性的胰脱氧核酸酶在合适的条件下可以重新折叠，形成正确的**二硫键**（**disulfide bridge**）从而完全恢复活性。许多新合成的蛋白质在从核糖体释放的时候就会进行正确的折叠；但有些蛋白质则需要伴侣蛋白的辅助才能正确折叠（见 3.7 节），伴侣蛋白能够与新生的蛋白质或者处于折叠过程中的蛋白质的疏水区域可逆性结合，其作用包括：稳定折叠过程中的蛋白质中间产物、保持蛋白质以未折叠的状态进行穿膜运送、帮助错误折叠的多肽片段重新展开、阻止错误折叠的中间产物形成，以及阻止折叠中的蛋白质发生聚集或者与其他蛋白质发生作用。这些过程可以帮助蛋白质形成非常紧凑的功能性结构。蛋白质若无法进行折叠常常会导致快速的降解（见临床相关知识 6.6），而错误折叠的蛋白质积累会导致蛋白质聚集以及一些严重的疾病（见临床相关知识 6.7）。

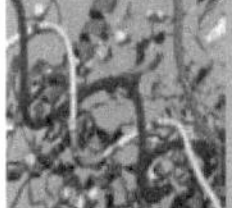

临床相关知识 6.6

密码子缺失、翻译后的错误修饰以及未成熟蛋白质的异常降解所致的疾病：囊性纤维化

囊性纤维化是高加索人群中最常见的一种常染色体隐形遗传疾病，其发生率为 1/2000。囊性纤维化基因（CF gene）长度为 230kb，包含了 27 个外显子，编码一个长约 1480

个氨基酸的蛋白质。这个蛋白质叫做囊性纤维化跨膜转导调节因子,简称 CFTR(见 12.9 节),是 ATP 依赖的转运蛋白家族成员之一。它含有 2 个跨膜结构域,每个结构域都 7 次跨膜,还含有 2 个 ATP 结合区域以及一个带有数个磷酸化位点的调节结构域。CFTR 作为一个周期性的、AMP 调节的氯化物通道行使功能。电解质转运缺陷是 CF 的特征。囊性纤维化受累最严重的器官包括肺、胰腺和肝,最致命的后果是病变支气管上皮分泌大量脓稠的黏液,从而导致慢性阻塞性肺疾病以及肺部的持续性感染。

大约 70% 的囊性纤维化患者都存在 CF 基因中编码第 508 位苯丙氨酸的三个核苷酸缺失,而该苯丙氨酸正常情况下位于 CFTR 蛋白的 1 号 ATP 结合域(该结构域位于细胞膜的细胞质侧)。和其他几种 CF 基因突变一样,Phe508 缺失的 CFTR 蛋白不能在 ER 中正确地折叠,也无法正确地进行糖基化以及运送至细胞膜,相反,这种突变的蛋白质会返回至细胞质中在蛋白水解酶的作用下发生降解。有一种治疗此疾病的方法就是使用药物培育伴侣蛋白与突变的 CFTR 相互作用,从而帮助其进行正确的折叠以及运送至胞膜,但这一治疗方法尚未在人体中得到运用。

临床相关知识 6.7

蛋白质错误折叠以及聚集所致的疾病:Creutzfeldt-Jacob 病、疯牛病、Alzheimer 病以及 Huntington 病

错误折叠的蛋白质通常会发生降解,就如同囊性纤维化的突变 CFTR 蛋白一样(见临床相关知识 6.6)。几种神经系统疾病的发生过程可以帮助我们了解细胞内错误折叠的蛋白质或其部分降解的产物发生聚集而导致疾病的机制。

普里昂(prion)没有核酸,但其具有一些病毒或者微生物病原体的特征。由普里昂所致的第一个被发现的疾病是发生在绵羊身上的病症,叫做绵羊瘙痒病(Scrapie)。而普里昂导致的人类疾病有库鲁病(Kuru)、克雅病(Creutzfeldt-Jacob disease, CJD)和变异型克雅氏病以及常被称作疯牛病的牛海绵状脑病(BSE)。这些疾病在病程与病情发展速度方面有所不同,有通过遗传发病的,有自发起病的,也有通过感染起病的,但是它们都会引起神经退行性变,并最终导致死亡。尸检提示脑组织海绵状变性,脑细胞内淀粉样斑块积累并呈杆状沉积。

在正常情况下由 254 个氨基酸组成的普里昂(记做 PrP^{C})发生构型转换会导致这些疾病的发生。这种蛋白质主要分布在神经元细胞的外膜上,但它的功能尚不清楚。结构性研究显示该蛋白质富含 α 螺旋而缺少 β 折叠,可以溶解于低浓度的**去污剂(detergent)**,而且不太会形成大的聚集体。而普里昂蛋白的感染形式(记做 PrP^{Sc})却是富含 β 折叠且溶解性很低,由于其对蛋白酶具有抵抗作用,所以极易聚集而形成斑块。PrP^{C} 编码基因中数个位点的点突变与感染性的 PrP^{Sc} 形成有关。当进食含有 PrP^{Sc} 的神经元组织时就会发生感染。新几内亚的一个部落有一种宗教仪式是吃人的脑组织,这样就会增加库鲁病的扩散;同样如果用受感染的肉类喂养动物就会增加绵羊瘙痒病和疯牛病的扩散。人类目前因为吃了感染疯牛病的牛肉,也已经出现了变异型克雅氏病(也就是人类疯牛病)。PrP^{Sc} 通过改变正常细胞上 PrP^{C} 的构型产生致病作用,PrP^{Sc} 可能通过协同某个伴侣蛋白或者自身作为伴侣蛋白，来促使已有的或新合成的 PrP^{C} 转变为 PrP^{Sc} 的构型模式，这种蛋白酶抵抗的构型及其部分蛋白水解的产物不断累积，从而形成了 CJD 具有特征性的神经元细胞内蛋白聚集现象(但不一定是引起该病症状的原因)。

阿尔茨海默病(**Alzheimer disease；AD**，又称早老性痴呆)是以进行性记忆丧失以及认知障碍为特征的退行性脑变性疾病，多起病于年纪稍大的人群，普遍存在神经元细胞的线粒体功能障碍。阿尔茨海默病并不是由普里昂或者其他的外部感染素所引起的，但是它的病变也是以神经元细胞内以及细胞外串状或细丝状蛋白积聚并形成斑块为特征的。这些斑块的主要成分是β-淀粉样蛋白，该蛋白质是一种 39～43 个氨基酸组成的多肽，来源于一个更大的淀粉样前体蛋白。斑块的其他成分高度泛素化，同样对蛋白酶具有抵抗作用，从而形成致密的、缠绕的纤维结构。

舞蹈病(**Huntington disease**)是一种神经元退化性疾病，也是与蛋白质聚集物的累积有关。此病患者体内存在一种变异的细胞内蛋白，叫做 Huntingtin 蛋白。该蛋白质的基因中 CAG 密码子增多，导致多聚谷胺酰胺重复出现，在 Huntingtin 蛋白中共有 180 个谷氨酰胺。这种蛋白质以包涵体的形式积聚在细胞核内，使得转录过程受到影响。其他几种神经退行性疾病也与多聚谷胺酰胺增多以及蛋白质沉积有关。

蛋白质的胞外分泌

运送至细胞外的蛋白质是在粗面内质网膜上的核糖体中合成的(图 6.12)。这些蛋白质都有一个疏水的信号肽，通常位于或者靠近氨基末端。信号肽没有统一的氨基酸序列，其特征包括一个带正电的 N 端区域、8～12个疏水氨基酸组成的呈 α 螺旋结构的核心以及一个更为极化的 C 端片段。这个 C 端片段就是信号肽被剪切的位点。蛋白质合成的起始以及延伸的初始阶段都是在细胞质中游离的核糖体中进行的，当合成了大约 15～30 个氨基酸(也就是信号肽的一部分)时，这段信号肽成分就会与信号识别颗粒(SRP)结合(图 6.13)。SRP 由 6 个不同的蛋白质以及 1 个小 RNA 分子(7S)组成。信号肽结合至 SRP 的疏水性“口袋”中，使其带正电荷的 N 端片段与 SRP 的 RNA 相接触。此时蛋白质的翻译会暂时停止，形成的复合物移至内质网(ER)附近，与 ER 膜细胞质面上的**锚定蛋**

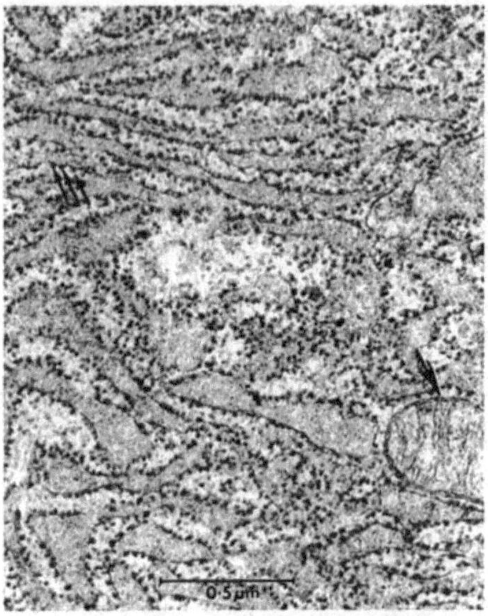

图 6.12 粗面内质网
内质网膜上结合有许多核糖体，三个平行的箭头所指的就是其中的三个。单一的箭头所指的是线粒体

白(**docking protein**，又叫 SRP 受体)识别并结合，核糖体于是被运送至**转位子**(**translocon**)上。转位子是一种穿内质网膜的核糖体受体，可以介导蛋白质的穿膜输送。核糖体与转位子结合后 SRP 被释放，翻译的阻断作用解除，同时转位子途径开放使得新生的蛋白质分子穿膜运送，已合成的疏水性信号序列于是便插入至内质网腔中，随后蛋白质通过转位子穿膜入 ER 的过程与翻译同时进行。即便是疏水性很强的或者带电荷很多的片段也能通过这种方式穿膜进入 ER 管腔中。此后蛋白质中的信号肽被**信号肽酶**(**signal peptidase**)切除。信号肽酶是位于 ER 膜管腔面上的一个完整的膜蛋白。合成的蛋白质可以在翻译后或者翻译过程中折叠成三级结构，蛋白质内部可以形成二硫键，多亚基蛋白质也可以进行组装。其他的步骤可能还包括蛋白水解酶对蛋白质的加工以及蛋白质的糖基化，这些步骤主要发生在 ER 管腔、蛋白质运送至高尔基体的过程中以及运送至分泌通道的过程中。

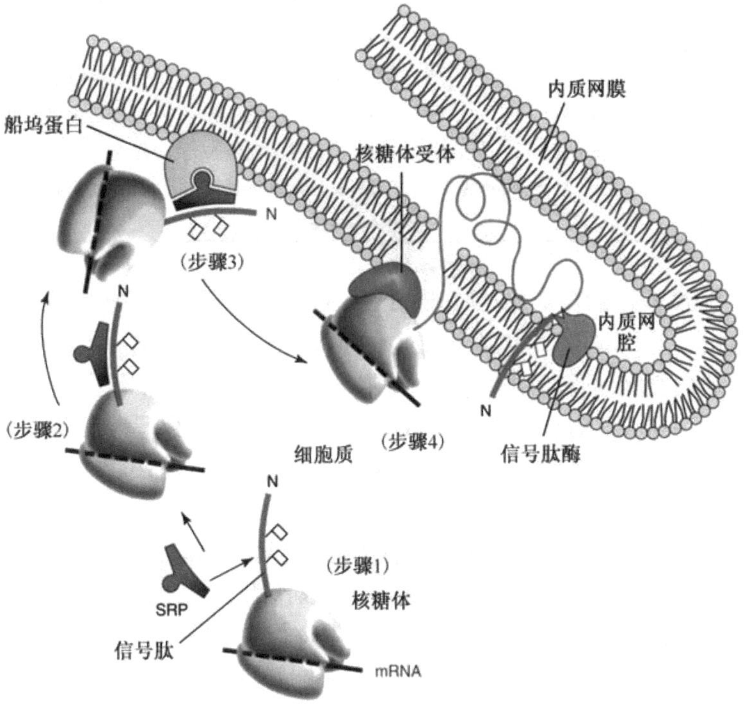

图 6.13　分泌型途径：信号肽的识别

(1)细胞质中游离的核糖体合成出一段疏水性的信号肽。(2)信号识别颗粒(SRP)结合信号肽，翻译的延伸暂时中止。(3)核糖体移至内质网膜附近，SRP 结合膜上的锚定蛋白。(4)核糖体与转位子结合，SRP 释放，翻译的延伸继续进行，新合成的蛋白质穿膜进入内质网腔中

蛋白质的糖基化发生在内质网和高尔基体中

蛋白质糖基化形成糖基化蛋白(见 9.4 节)是一个非常重要的生化修饰。糖基化可以改变蛋白质的特性、稳定性、溶解度以及空间体积。另外，糖基化蛋白的糖基部分可以作为识别信号来指导蛋白的靶向定位以及影响细胞间的相互作用和机体的发育。糖基化位

点是由蛋白质中氨基酸的类型、附近的氨基酸序列以及糖基化反应中酶与蛋白底物接触的难易程度所决定的。**糖基转移酶(glycosyltransferase)**一共有 100 种,其分类情况总结于表 6.9,它们催化相似的基础反应,主要是将一个糖分子从激活的供给底物中转移给正确的接受体——通常是蛋白结构中寡糖链的一个糖基。糖基转移酶对于所转移的**单糖(monosaccharide)**、**接纳体(acceptor)**的结构和序列以及形成的**异头连接键(anomeric linkage)**的位点和构型具有特异的识别作用。

表 6.9　真核细胞的糖基转移酶

被转移的糖	缩写	供体	糖基转移酶
甘露糖	Man	GDP-甘露糖 多萜醇-甘露糖	甘露糖基转移酶
半乳糖	Gal	UDP-半乳糖	半乳糖基转移酶
葡萄糖	Glc	UDP-葡萄糖 多萜醇-葡萄糖	葡萄糖基转移酶
岩藻糖	Fuc	GDP-岩藻糖	岩藻糖基转移酶
N-乙酰半乳糖胺	GalNAc	UDP-*N* 乙酰半乳糖胺	*N*-乙酰半乳糖胺转移酶
N-乙酰葡萄糖胺	GlcNAc	UDP-*N* 乙酰葡萄糖胺	*N*-乙酰葡萄糖胺转移酶
N-乙酰神经氨酸 (或唾液酸)	NANA or NeuNAc SA	CMP-*N* 乙酰神经氨酸 CMP-唾液酸	*N*-乙酰神经氨酸转移酶 (唾液酸转移酶)

蛋白质发生 **N 连接的糖基化(N-linked glycosylation)**时,寡糖链是通过天冬酰胺的酰胺氮连接到蛋白上的(衣霉素可以阻止蛋白的 N 端连接的糖基化。)蛋白质 N 端连接的寡糖链形成过程从内质网的管腔中开始,在高尔基体中继续进行。蛋白进行糖基化需要一个特异的氨基酸序列,即 **Asn—X—Thr**(或 Ser),其中的 X 可以是除脯氨酸和天冬氨酸外的任意氨基酸,并不是含有 Asn—X—Thr/Ser 序列的蛋白质都可以进行糖基化,有的因为不能接触到糖基转移酶而无法糖基化。

蛋白质的 N 连接的糖基化过程以脂质连接的中间产物起始(图 6.14)。位于内质网膜细胞质面的**磷酸多萜醇(dolichol phosphate)**可以作为 *N*-乙酰葡萄糖胺的糖基受体,其逐步发生糖基化并在内质网膜的细胞质侧形成一个带有侧支的结构,称之为$(Man)_5(GlcNAc)_2$-焦磷酸-多萜醇。这一结构随后转至内质网膜的管腔面,并且在此再连接上 4 个甘露糖和 3 个葡萄糖基团。然后所形成的完整的寡糖链就会从它的载体一多萜醇上转移至正向内质网管腔中延伸的多肽链上,与多肽链的天冬酰胺残基连接。所以 N 端连接的糖基化过程是在翻译的同时进行的,即与蛋白合成同时发生并且影响蛋白质的折叠。

当寡糖链连接至多肽链后,**糖苷酶(glycosidase)**会去除寡糖链上的一些糖基,主要是葡萄糖基团,这些葡萄糖基团是寡糖链从多萜醇转移至蛋白质过程中所必需的,但在转移成功后需要被切除。折叠后的糖蛋白随后被转运至高尔基体,在那里会进行进一步修饰或者会被加上几个糖基,这种加工的目的是使得各种蛋白 N 连接的寡糖链呈多样化,但还是可以分为两大类。这两大类都有一个共同的核心区域(GlcNAc2-Man3),这一结构就是从多萜醇转移而来并且与蛋白质的天冬酰胺相连的初始寡糖链。两大类中一类是**多甘露糖型(high-mannose type)**,它们含有的甘露糖相对较多,而且寡糖链从多萜醇转移过来后经过的加工不多。另一类是**复杂型(complex type)**,在寡糖链转移后进行的加工较

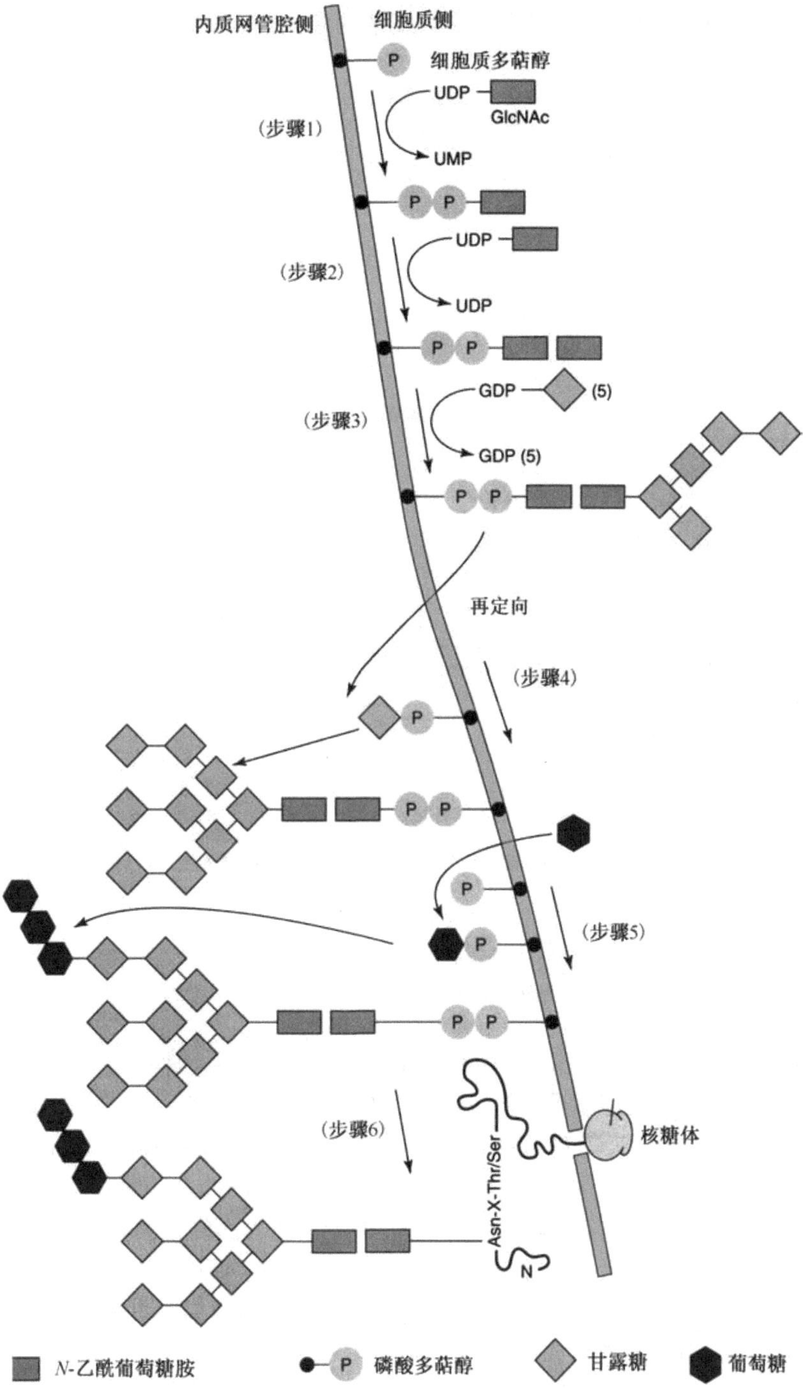

图 6.14　内质网表面 N 连接寡糖链的生物合成

(1)合成开始于内质网膜细胞质面,先是磷酸化 *N*-乙酰葡萄糖胺被转移至一个磷酸多萜醇上。(2)再转移一个 *N*-乙酰葡萄糖胺并与前一个连接,形成第一个糖苷键。(3)5 个甘露糖按顺序(通过 GDP)被加至寡糖链上,此后这个与脂质(多萜醇)连接的寡糖链转至内质网的管腔中。(4)又有几个甘露糖以及葡萄糖基团被转运至寡糖链上,如(5)。多萜醇-寡糖链中的糖基来自于细胞质中的核苷二磷酸糖。(6)完整的寡糖链被转移至内质网膜上的新生肽链中,此时,信号肽可能已经被剪切掉了多，而且在糖基的种类与连接方式上有更为复杂的多样性(图 6.15)。

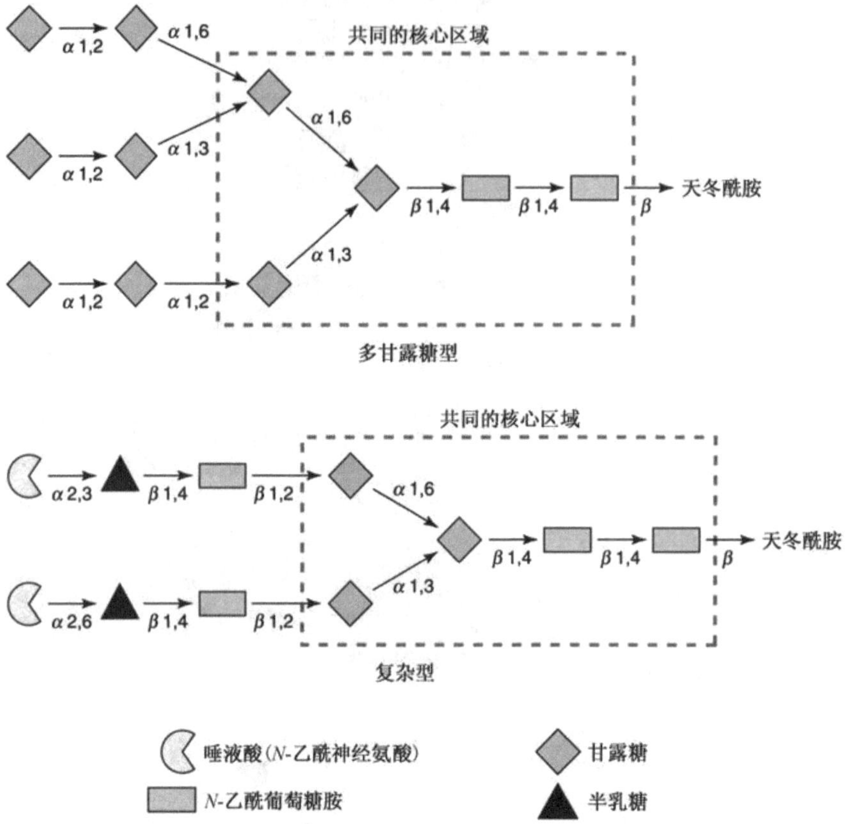

图 6.15 N 连接的寡糖链结构

图中显示的是两种类型 N 连接的寡糖链的基本结构。这两种结构都是来源于起始的多萜醇连接的寡糖链，并在糖苷酶和糖基转移酶作用下形成的。注意两种结构中糖苷键连接的多态性

蛋白质发生**氧连接的糖基化(O-linked glycosylation)**时，寡糖链是与蛋白质中丝氨酸或苏氨酸的羟基基团发生连接的(见 9.4 节)。O 连接的糖基化只有在蛋白质运送至高尔基体之后才会发生，也就是说 O 连接的糖基化是在**翻译后(posttranslational)**进行的，而且只在折叠后的蛋白质中发生。进行 O 连接糖基化的蛋白质并不需要特异性的氨基酸序列，但必须有丝氨酸或者苏氨酸，而且只有位于蛋白质表面的这两种氨基酸残基才能作为 *N*-乙酰半乳糖胺(GalNAc)转移酶的受体，接受并连接 *N*-乙酰半乳糖胺，随后更多的糖基逐步被加至乙酰半乳糖胺上形成寡糖链。在特定的细胞内，这样的寡糖链合成依赖于糖基转移酶的类型和数量。如果一个受体(指某个蛋白质表面的丝氨酸或者苏氨酸)是多个糖基转移酶的底物，则各种糖基转移酶会按照数量进行竞争性催化。一旦某个糖基转移酶催化寡糖链合成开始，合成过程会一直进行，直至形成完整的结构从而无法再作为其他种类糖基转移酶的受体。不同糖基转移酶的催化可以将相同的多肽链糖基化成不同的糖化蛋白，所以糖蛋白的多态性是比较常见的(见图 6.16)。

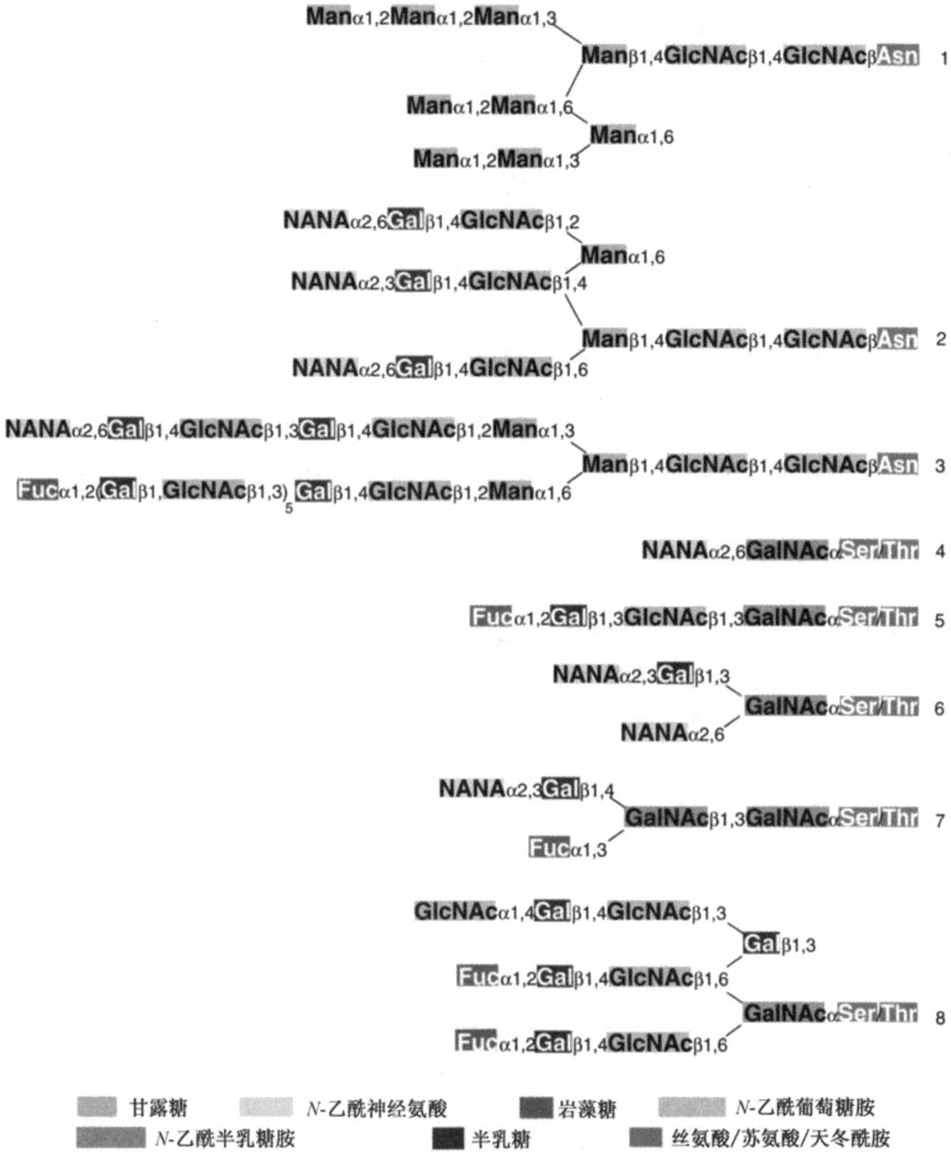

图 6.16　寡糖链结构的举例

图中 1～3 是典型的 N 连接的多甘露糖型寡糖链(1)和复杂型寡糖链(2,3)；请注意它们与天冬氨酸直接连接的核心结构部分是相同。4～8 显示的都是 O 连接的寡糖链结构，有的结构简单，有的结构复杂。注意，虽然它们的核心结构(GalNAc-Ser/Thr)不同于 N 连接的寡糖链，但两种寡糖链的末端却非常相似(如 2 和 6；3 和 7)。缩写：Man＝mannose(甘露糖)；Gal＝galactose(半乳糖)；Fuc＝fucose(岩藻糖)；GlcNAc＝ *N*-acetylglucosamine(*N*-乙酰葡萄糖胺)；GalNAc＝ *N*-acetylgalactosamine(*N*-乙酰半乳糖胺)；NANA＝ *N*-acetylneuraminic acid(*N*-乙酰神经氨酸，即唾液酸)

6.5　蛋白质在胞膜及细胞器中的定位

蛋白质合成完毕后会从内质网转运至高尔基体并穿越高尔基体，这一过程无需使用转运囊泡。只有正确折叠的蛋白质才会被转运载体所识别并进行转运，内质网中的伴侣蛋白质可以帮助新生的蛋白质正确地折叠以及形成正确的二硫键。错误折叠的蛋白质或者破坏了的蛋白质会被运送至细胞质中进行降解。各种蛋白质的最终去向与它们在穿越高尔基体时进行的糖基化修饰以及蛋白水解性修饰有关。囊泡家族以及蛋白受体家族为蛋白质的膜定位和融合提供了特异性的信号。

按照分泌后定位不同对蛋白质进行分类

定位于**溶酶体**(**lysosome**)的特异性糖基化蛋白已经研究的比较清楚了。在顺式高尔基体中，溶酶体蛋白三级结构的某个特性会导致其被一种糖基转移酶(GlcNAc-P 糖基转移酶)所识别，该酶可以催化磷酸 *N*-乙酰葡萄糖胺(GlcNAc-P)连接到溶酶体蛋白的多甘露糖型寡糖链上。随后连接上去的 GlcNAc 又会被一种糖苷酶切除，从而在寡糖链的 6 号甘露糖上留下一个磷酸基(见图 6.17)，这个磷酸基对于这些溶酶体蛋白**区室化**(**compartmentation**)并通过囊泡转运至溶酶体起关键作用。虽然这些蛋白质的其他寡糖链可能会被进一步加工成更加复杂的寡糖链结构，但是这个 6 号甘露糖上的磷酸基是决定该蛋白质最终被转运至溶酶体的关键基团。**I 型细胞病**(**I-cell disease**)患者就是缺乏 GlcNAc-P 糖基转移酶，不能够标记应该被运送至溶酶体的蛋白酶，而将这种溶酶体酶分泌至细胞外而引起疾病(见临床相关知识 6.8)。

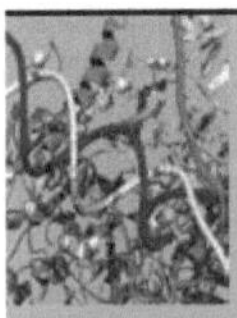

临床相关知识 6.8
溶酶体功能性疾病

I 型细胞病(I-cell disease，又叫黏脂贮积症Ⅱ型)和假-Hurler 多营养障碍(黏脂贮积症Ⅲ型)是由于溶酶体酶定位障碍所导致的疾病。该病患者缺乏一种糖基转移酶，该酶可以催化磷酸 *N*-乙酰葡萄糖胺(GlcNAc-P)转移至溶酶体酶(一种糖蛋白)的多甘露糖型寡糖链，从而介导溶酶体酶转运至溶酶体。缺乏这种糖基转移酶会造成合成的溶酶体酶无法转运至溶酶体。该病患者的成纤维细胞内可见致密的包涵体(即 I 型细胞)，由于溶酶体酶都被分泌至细胞间质中，细胞中有多种溶酶体酶的缺如。患者的血清以及其他体液中含有异常高水平的溶酶体酶。该疾病以严重的精神运动性迟缓、骨骼异常、粗糙面容以及关节活动受限为主要表现。I 型细胞病患者出生时即表现出症状，并不断进展，通常在 8 岁前死亡。黏脂贮积症Ⅲ型患者症状发作的年龄有所推迟，往往在 2～4 岁时发作，疾病进展也相对缓慢，患者可以存活至成年期。产前可以诊断出这两种疾病，但目前还没有切实有效的治疗方法。

黏多糖贮积症ⅠH 型(Hurler 综合征)是由 α-L-艾杜糖苷酸酶缺陷所引起的，该酶是一种降解糖胺聚糖的溶酶体酶。目前已证实该病有 70 多种突变型，症状轻重不等，严重的可以表现为智力发育迟缓和儿童早期死亡；较轻的症状包括听力丧失、角膜混浊，但智力发育与寿命正常。目前已有试验使用重组的人 α-L-艾杜糖苷酸酶进行替代治疗，显示了较好的治疗前景。

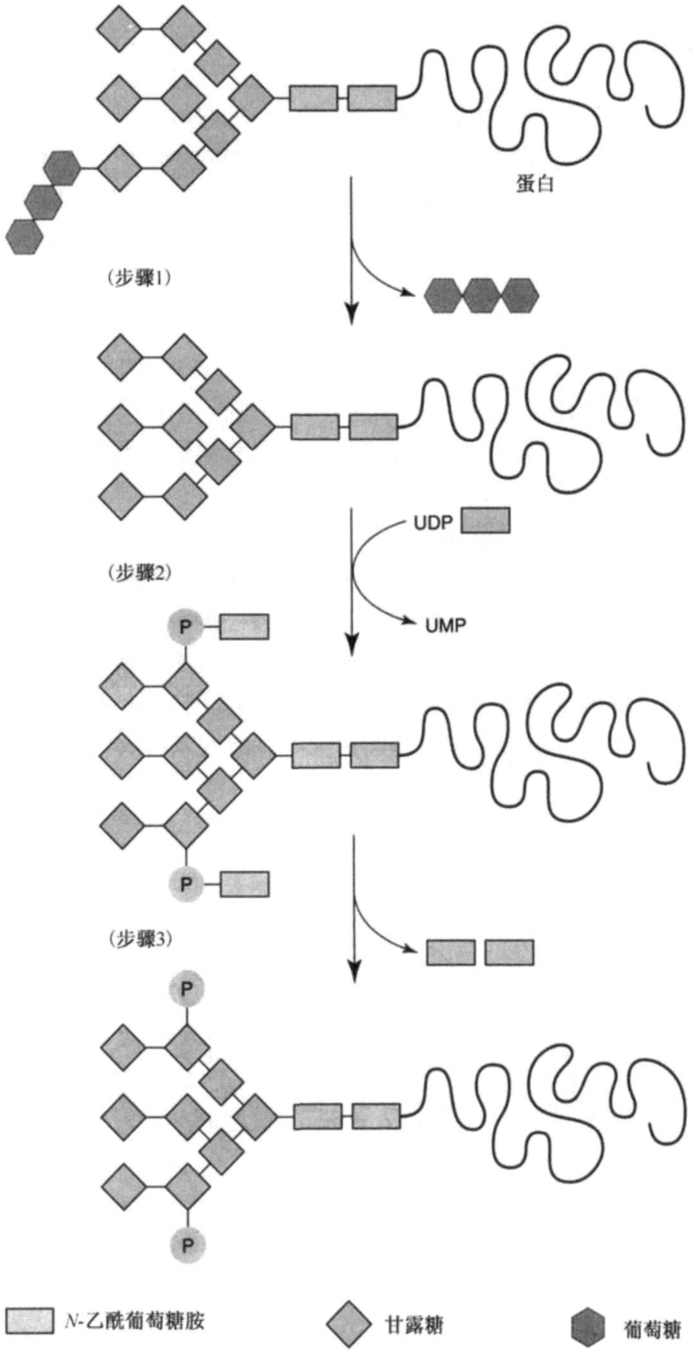

图6.17　溶酶体酶的靶向分泌示意图

N连接的糖蛋白完全折叠后从内质网膜上释放出来,首先转运至高尔基体,糖苷酶水解去除葡萄糖基团(1),其中的一个甘露糖基团也可能会被水解去除。(2)在高尔基体中,糖基转移酶催化1个(有时可能是2个)磷酸 *N*-乙酰葡萄糖胺连接至寡糖链上。(3)糖苷酶水解去除 *N*-乙酰葡萄糖胺,在寡糖链上留下1个或2个6号位甘露糖上的磷酸基,形成6-磷酸甘露糖。该蛋白质就可以被6-磷酸甘露糖受体所识别,并介导该蛋白质以囊泡的方式转运至溶酶体其他一些种类的信号可以决定蛋白质定位于高尔基体亚室、各种各样的储存或分泌小体、或者成为质膜的特异性成分，但这些信号有些尚未被完全解译出来。比如，一些可溶性蛋白的 C 端 KDEL(Lys-Asp-Glu-Leu)序列决定了它们将会滞留在内质网管腔中；而另有一些蛋白质由于具有不同的 C 端序列，决定它们最终会被定位于在内质网膜上；还有一些蛋白质的穿膜区决定了该蛋白质将会滞留在高尔基体中；垂体前叶分泌的某些激素属于糖蛋白，这些激素的**多肽特异性**(**polypeptide-specific**)糖基化和硫酸化修饰可以介导它们进入储存颗粒中。再比如一种神经细胞黏附蛋白的多聚唾液酸修饰对于该蛋白质是特异性的，在其合成过程中是必须进行的。

蛋白质通过分泌后的定位可以被运送至溶酶体、质膜或者分泌出细胞。内质网和高尔基体中的蛋白质就是部分使用这种方式进行补充的。比如内质网膜两侧的蛋白质以及跨内质网膜的蛋白质可以使用信号识别颗粒(SRP)进行定位，但方式和前面提及的分泌性蛋白修饰的分泌途径有轻微的差异(图 6.18)。有时候信号肽序列并不位于蛋白质的 N 端附近，而是位于其下游某处，所以与 SRP 结合的位置也就相应地下移。蛋白质的 N 端并不插入内质网膜中，而是保留在膜的细胞质面，信号序列以及 C 端片段则通过转位子进入到内质网管腔中。蛋白质中含有一种疏水性的**锚定序列**(**anchoring sequence**)，可以埋植于膜中，这种结构特点使得其中的一些氨基酸序列或是保留在内质网膜的细胞质侧或是停留在膜的管腔侧。一个多肽如果含有多个锚定序列就可以使该蛋白质多次穿膜，也就比较牢固地埋植于膜中。这种疏水性序列(即锚定序列)是被**极化环**(**polar loop**)所分隔的，而极化环的位置是由带正电荷的侧翼氨基酸残基所决定，这种侧翼残基在膜的细胞质侧大量存在。

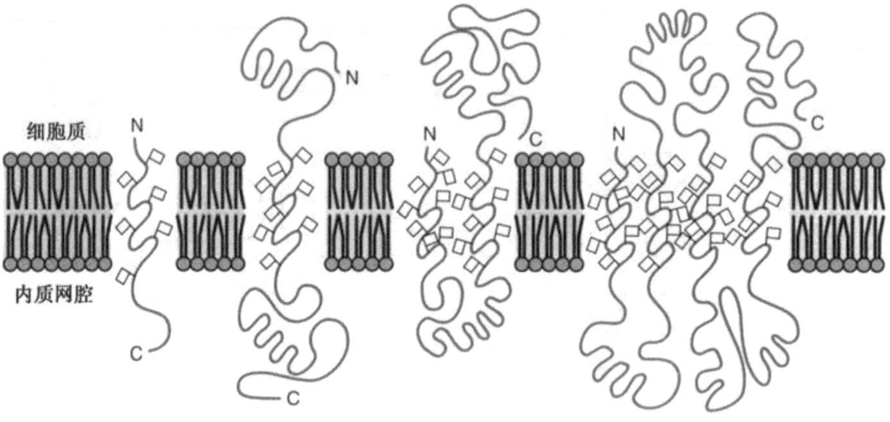

图 6.18 内质网膜上蛋白质的拓扑结构

(a)图中的蛋白质通过一个未剪切的信号肽锚定在内质网腔侧。(b)图显示的蛋白质中，信号序列并不位于蛋白质 N 端，在信号肽出现之前蛋白质的结构域既已合成完毕，信号肽在翻译后的插入使得该蛋白质由一个位于细胞质侧的 N 端结构域、一个跨膜中心片段以及一个位于内质网腔侧的 C 端结构域组成。(c)图显示的蛋白质与前两种蛋白质方向相反，含有：一个 N 端信号序列，这个信号序列也可能被信号肽酶所剪切，导致了蛋白质的部分片段伸入细胞质中；一个疏水性的锚定序列保持了与膜的相连，并且防止蛋白质再次穿膜，所以形成了细胞质侧特定的 C 端结构域。(d)中的蛋白质含有数个内部信号序列与锚定序列，使得蛋白质不同位置的片段定位于内质网膜的两侧

蛋白质进入线粒体需要特异性信号

线粒体蛋白的定位问题比较复杂。大部分线粒体蛋白来自于细胞质中游离核糖体合成的较大的**前蛋白**(**preprotein**)。N 端的**前序列**(**presequence**)是该蛋白质属于线粒体基质蛋白的标志,这些蛋白质的定位信号并不是一段特异性的氨基酸序列,而是带正电荷的、两亲的(指分子中一部分亲水,另一部分疏水)α 螺旋,这个信号可以被线粒体受体所识别。细胞质中合成好的前体蛋白(未折叠状态)在伴侣蛋白的帮助下向线粒体运送,通过转位穿过线粒体的两层膜,并进入到线粒体的基质中,这些反应都是能量依赖型的。穿膜过程发生于黏附位点,该位点处的线粒体内膜和外膜都是密闭的,所以穿膜过程需要几种膜蛋白的辅助(见临床相关知识 6.5)。蛋白质到达基质后,蛋白酶可以去除其基质定位信号,但可能保留其他序列信号以便于进一步在线粒体中进行定位,如定位于线粒体的内膜、外膜或者是内外膜之间。

举例来说明一下构成线粒体的不同蛋白质的定位情况:在线粒体基质中修饰加工后的细胞色素 *b*2 前体蛋白,由于含有疏水性序列,所以在合成后会重新穿越内膜,在穿越内膜的过程中会发生蛋白质的水解,从而将其留在了内外膜之间。而细胞色素 *c* 载体蛋白(未结合血红素)先是结合到线粒体的外膜上,然后穿外膜到达内外膜之间,并在那里获得血红素,并发构型的改变,目的是使其定位在内外膜之间而防止其再返回细胞质中。线粒体外膜蛋白定位时,他的一部分穿膜过程是通过上文提及的基质定位机制来完成的,但是在这一过程中,由于存在一段大而无极性的序列信号,会对完整的穿膜过程产生阻断作用,使其成为一个 C 端结构域尚位于线粒体外膜细胞质面的膜蛋白。

其他细胞器蛋白质的定位也需要特异性信号

细胞核所需的蛋白质也是在细胞质中合成,核蛋白的定位信号主要是一些基础氨基酸,通过这些信号与载体蛋白的(如 importin)相互作用,核蛋白就可以通过圆筒状的核孔复合体进入到核内。核蛋白从载体蛋白上释放以及载体蛋白返回细胞质均需要 GTP 的水解提供能量。过氧化物酶体所需的蛋白质也是在细胞质中合成并在伴侣蛋白的帮助下完成转运的,其中一种定位信号是位于蛋白质 C 端的三肽,即 **Ser-Lys-Leu**(SKL)。N 端的一个九肽定位信号也可能发挥一定的功能,可能还有其他的定位信号存在。

有些蛋白是多种细胞内结构所需要的,如果没有定位信号的引导会导致无效的蛋白定位以及二重定位,纤溶酶原激活剂抑制物的部分分泌就是这样一种情况。一个蛋白质如果含有 2 个定位信号,就可以进行双重定位。基因的复制以及间断的分布可以在成熟的多肽中产生不同的定位信号。转录起始位点的选择以及前体 mRNA 剪接方式的不同可以从同一基因中产生不同的蛋白定位信号。如钙/钙调蛋白依赖的蛋白激酶在 mRNA 剪接方式上的不同选择,决定了该 mRNA 中编码核定位信号的内部片段是否存在,如果没有了这个片段,则该蛋白质将会滞留在细胞质中而不是定位于胞核内。

还有一些情况下,mRNA 的第一个起始密码会被绕过而选择下一个起始密码。如在大鼠中,翻译起始密码的选择会导致其肝脏产生两种延胡索酸酶,一种由于包含线粒体定位序列而定位于线粒体;而另一种则是由于缺乏该序列而滞留在细胞质中。

6.6 其他一些翻译后修饰过程

蛋白质的修饰加工可以促进蛋白质的成熟并最终转变为有功能的活性形式。这些修饰有的比较普遍,而有的却是高度特异性的。很多可逆性的修饰还与蛋白质活性的调节有关。

蛋白质的局部水解与胰岛素的释放以及酶原的激活之间的关系

蛋白质的局部水解是非常常见的蛋白成熟修饰步骤。在此过程中,蛋白质的两端或者中间的某些序列都可能被去除。发生在内质网和高尔基体内的蛋白质水解作用可以辅助胰岛素的成熟(图 6.19)。前胰岛素原在合成后被转运至内质网的管腔中,随后被信号

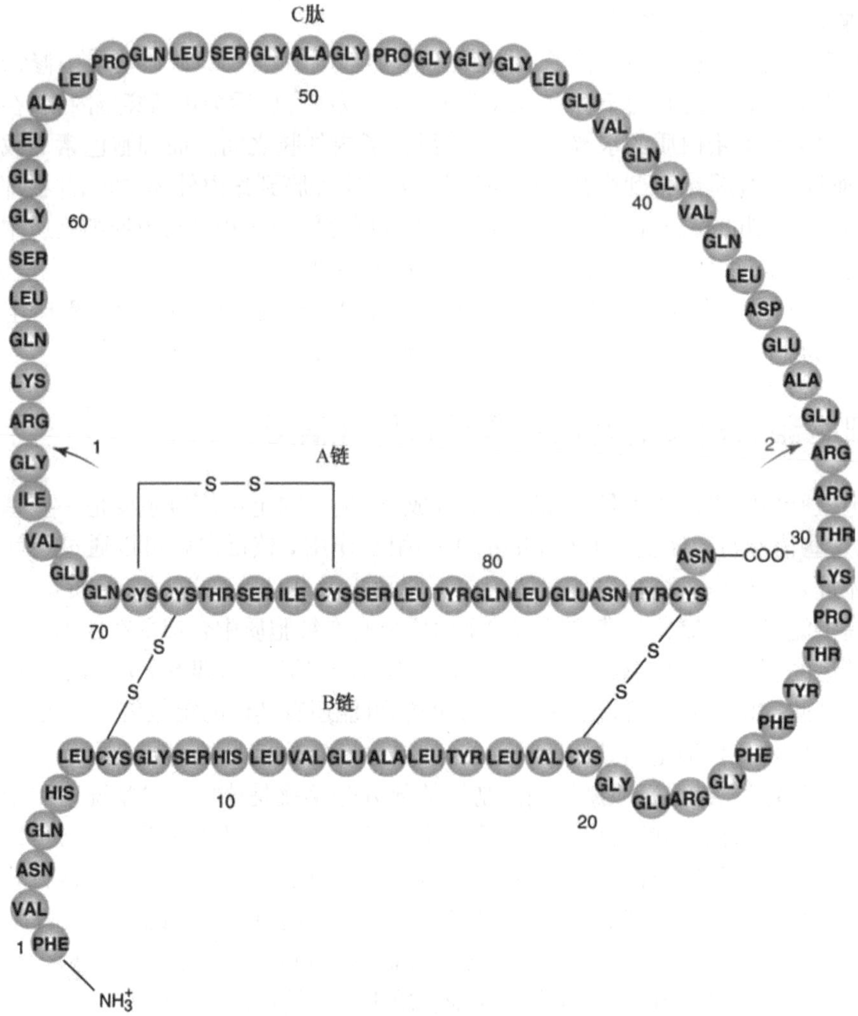

图 6.19 成熟的人胰岛素原结构图

在图中箭头所指的 2 个位点处进行剪切后,再将第 31 位、32 位和 65 位精氨酸和第 64 位赖氨酸切除,这样就生成了胰岛素和 C 肽

肽酶剪切去信号肽形成胰岛素原,胰岛素原进行折叠并在蛋白质内部形成正确的二硫键,随后被转运至高尔基体,在那里形成分泌性颗粒,此时会通过蛋白质的水解作用去除一段内部连接肽(C 肽),这样就形成了成熟的可供分泌的胰岛素。而家族性高胰岛素原血症患者的胰岛素加工是不完全的存在着缺陷(见临床相关知识 6.9)。胰岛素生物合成的途径保证了产生的 A 链和 B 链的数量相等。还有,胰岛素原折叠的构型有利于半胱氨酸残基形成正确的二硫键。还原的和变性的胰岛素原可以重新进行正确的折叠,但是要想使还原的和变性的胰岛素发生复性却不太可能,因为胰岛素无法形成正确的二硫键。

前体蛋白的剪切是酶原活化的常见方式。消化性蛋白酶的活化就是典型的例子(见 26.5 节)。尚未活化的**酶原(zymogen)**前体位于细胞的储存颗粒中,在分泌后通过蛋白水解作用进行活化。所以**胰蛋白酶原(trypsinogen)**经剪切后形成**胰蛋白酶(trypsin)**以及氨基端的一个十个氨基酸长度的肽段;**糜蛋白酶原(chymotrypsinogen)**经剪切后产生**糜蛋白酶(chymotrypsin)**与另外两条肽链(见 26.5 节)。

临床相关知识 6.9
家族性高胰岛素原血症

家族性高胰岛素原血症是一种常染色体显性遗传性疾病,该病患者的胰岛素水平与正常人差不多,但存在异常加工的胰岛素原释放入血。尽管受累个体的外周血中有高浓度的胰岛素原,但他们的葡萄糖代谢功能正常,既没有糖尿病也没有低血糖症状。该病是由于三种加工胰岛素原的蛋白酶中的一种发生缺陷所引起的,发生缺陷的酶可能是:(a)内肽酶,作用是切断第 31、32 位精氨酸之间的肽键以及第 64 位赖氨酸与 65 位精氨酸之间的肽键;(b)羧肽酶。有些发病的家族中,患者的胰岛素原第 65 位精氨酸被组氨酸或亮氨酸所取代,这样就会妨碍胰岛素原被剪切成 C 肽与胰岛素,导致不完全加工的胰岛素原释放入血。还有一个存在点突变(His10 ⟶ Asp10)从而引起高胰岛素原血症的家族,但是这一突变如何干扰胰岛素原加工目前还不清楚。

氨基酸在组装成蛋白质后的修饰过程

虽然从遗传学的角度来说构成蛋白质的只有 20 种氨基酸,但对氨基酸进行的**翻译后修饰(posttranslational modification)**则可以在蛋白质中形成众多不同的氨基酸衍生物。这些修饰可以是永久性的,也可以是可逆性的。虽然一个蛋白质中发生修饰的氨基酸数量不多,但它们对于蛋白质发挥功能具有重要的作用。表 6.10 列举了一些氨基酸修饰的例子。

氨基酸的修饰常发生在蛋白质的氨基端。虽然蛋白质的合成是从蛋氨酸开始的,但在许多情况下蛋白质会通过水解作用去掉氨基端的一个到几个氨基酸残基,因此新合成蛋白的 N 端常常会被改变(如通过乙酰化作用)。例如,起信号转导功能的 G 蛋白的 α 亚基(见 13.8 节)中的氨基酸会发生修饰从而衍生为肉豆蔻酸或棕榈酸。在一些蛋白质中,N 端的谷氨酰胺可以自身环化而形成焦谷氨酸,还有些蛋白质的 N 端可以通过添加氨基酸而延长(见 6.8 节蛋白质降解)。

表 6.10　蛋白质中氨基酸的修饰[a]

氨基酸	发现的修饰方法
N 端	甲酰化,乙酰化,氨酰化,豆蔻酰化,糖基化
C 端	甲基化,磷脂酰肌醇糖基化锚的形成,ADP-核糖基化
精氨酸	N-甲基化,ADP-核糖基化
天冬酰胺	N-糖基化,N-甲基化,脱酰胺
半胱氨酸	胱氨酸形成,棕榈酰化,结合血红素,S-糖基化,异戊烯化, ADP-核糖基化
谷氨酸	甲基化,γ-羧基化,ADP-核糖基化
谷氨酰胺	脱酰胺,交联,焦谷氨酸形成
组氨酸	甲基化,磷酸化,白喉酰胺形成
赖氨酸	N-乙酰化,N-甲基化,氧化,羟基化,交联,泛素化,ε-醛(基)赖氨酸形成,生物素化
甲硫氨酸	硫氧化物形成
苯丙氨酸	β-羟基化和糖基化
脯氨酸	羟基化,糖基化
丝氨酸	磷酸化,糖基化,乙酰化,α-甲酰甘氨酸形成
苏氨酸	磷酸化,糖基化,甲基化
色氨酸	β-羟基化,二酮形成
酪氨酸	磷酸化,碘化,腺苷酰化,磺酰化,羟基化

a 该表列举的有些修饰方式并不是常见。应该注意的是:丙氨酸、甘氨酸、异亮氨酸以及缬氨酸没有发现在蛋白中有修饰的衍生物。

翻译后的蛋白质在链内和链间的二硫键是由**二硫化物异构酶**(**disulfide isomerase**)催化形成的。二硫键的形成可以防止折叠的蛋白质结构展开,从而阻止其穿越细胞膜,因此能够使蛋白质定位于膜上。而胰岛素中形成的二硫键能将其距离较远的区域通过共价键的方式连接起来,而且这种连接对于胰岛素发挥功能是必需的。半胱氨酸也同样存在修饰,其发生的 S-棕榈酰化有助于细胞膜的交互作用以及运送某些蛋白质,如杂三环 G 蛋白 γ 亚基(见 13.8 节)的修饰是通过其羧基端或羧基端附近的半胱氨酸与类异戊二烯连接形成硫酯键来完成的。多种硫酸酯酶缺乏症就是由于对半胱氨酸翻译后修饰的能力减弱所引起的(见临床相关知识 6.10)。

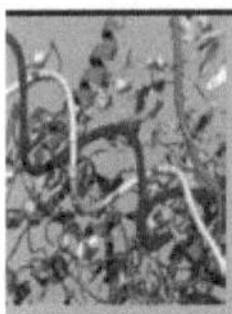

临床相关知识 6.10

翻译后修饰缺陷所致的疾病:多种硫酸酯酶缺乏症

很多生物分子都要经历硫酸酯化修饰的过程(如葡萄糖胺聚糖,甾族化合物,糖脂等)。软骨中硫酸软骨素和硫酸角质素(见 16.6 节)的葡萄糖胺聚糖如果发生无效的硫酸酯化,将会导致主要骨骼发生畸形。硫酸酯化分子的降解依赖于几种相关的硫酸酯酶,这些硫酸酯酶大多数具有溶酶体酶的特性。

多种硫酸酯酶缺乏症是一种罕见的溶酶体储存紊乱的疾病。受累者发育变慢,至发病第二年起就不能站立、坐或说话,并逐渐出现身体残疾和神经系统发育不全,通常在 10 岁前死亡,病因就是由于多种硫酸酯酶的严重缺乏。当然,也存在单个硫酸酯酶缺乏的情况,有几种特征性的疾病就与单个硫酸酯酶缺乏有关。

多种硫酸酯酶缺乏症是由于对所有硫酸酯酶均不能进行翻译后修饰所引起的,而这些修饰作用对该酶的活性来说是必需的。正常情况下,硫酸酯酶的半胱氨酸基团会被修饰成为 Cα -甲酰甘氨酸。从多种缺乏症患者体内提取成纤维细胞进行研究发现,细胞内催化这种修饰的速度相当慢,而且未修饰的硫酸酯酶还会被催化灭活,进一步导致了多种硫酸酯酶的严重缺乏。

组蛋白中赖氨酸的 ε-氨基发生**乙酰化**(**acetylation**)和**甲基化**(**methylation**)可以起到调节组蛋白与 DNA 间相互作用的目的。组蛋白中的 H2A 部分可以被赖氨酸的 ε-氨基与甘氨酸 C 端的泛素相连接而形成的异构肽所修饰(泛素是一个具有多种调节功能的小蛋白质)。生物素作为一种小分子调节蛋白也可以通过与羧化酶中的赖氨酸形成酰胺键从而与几种羧化酶发生连接而起到修饰的作用(见 28.6 节)。

丝氨酸和苏氨酸的羟基基团是糖基化的主要位点,同时也是蛋白激酶和蛋白磷酸酶可逆性**磷酸化**(**phosphorylation**)的位点。一个经典的例子就是糖原磷酸化酶上的丝氨酸可以被磷酸化酶激酶催化而发生磷酸化(见 15.6 节)从而发生功能的改变。酪氨酸残基的磷酸化需要高度特异的酪氨酸激酶。许多生长因子受体有一个重要的特性就是其本身具有激酶的活性,当它与生长因子结合后其激酶活性就会被激活,从而起到刺激细胞分化的作用。一些在细胞转化和肿瘤细胞增殖中起作用的癌基因的编码蛋白通常含有酪氨酸激酶的活性,并与正常的生长因子受体具有高度的同源性。还有众多的例子也表明,蛋白激酶和蛋白磷酸酶可以调控许多对于正常和异常细胞生长均有非常重要作用的蛋白质的活性。

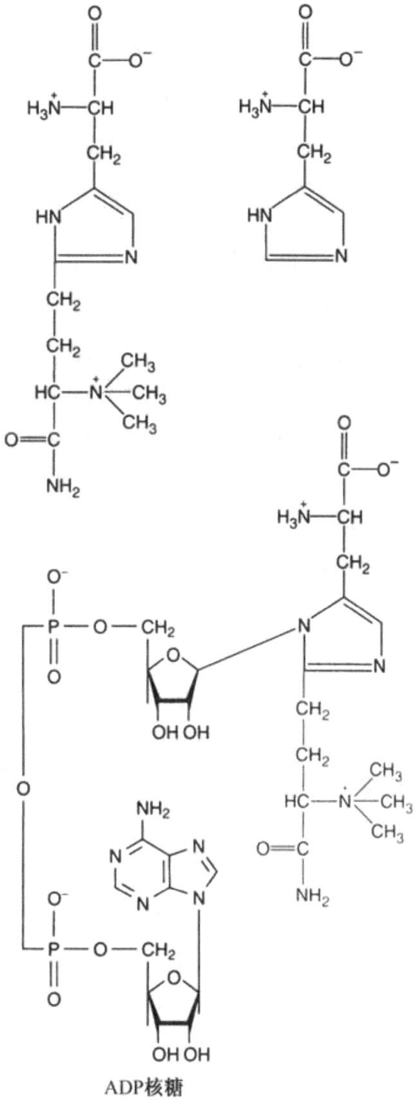

图 6.20　白喉酰胺(左上方)是 EF2 中特异的组氨酸残基(右上方)在翻译后的修饰产物。最下方的是 ADP-核糖基化白喉酰胺的结构

EF2 发生 **ADP 核糖基化**(**ADP-ribosylation**)的位点位于**白喉酰胺**(**diphthamide**)上,而白喉酰胺则是 EF2 中某个特定的组氨酸经过修饰的氨基酸衍生物(图 6.20)。一旦 EF2 的该位点发生 ADP 核糖基化,其催化活性就会被抑制,**白喉毒素**(**diphthamide toxin**)正是通过这种作用抑制了 EF2 的活性。生理情况下(不是由细菌毒素介导)ADP 核糖基化

通常发生在精氨酸和半胱氨酸基团上。

一些促凝血蛋白质中的谷氨酸基团会被修饰而形成 γ-羧基谷氨酸盐,这些促凝血蛋白质包括凝血酶原以及凝血因子Ⅶ、Ⅸ、Ⅹ。γ-羧基谷氨酸盐能够螯合 Ca^{2+} ,这对于凝血过程来说是必需的(见 24.5 节)。谷氨酸的这种修饰还需维生素 K 的辅助。香豆素衍生物(见 24.5 节)可以通过拮抗维生素 K 而阻断这种修饰,所以临床治疗时用香豆素衍生物来延长凝血时间。

胶原蛋白的翻译后修饰

胶原蛋白家族是**人类关联蛋白(human related protein)**中成员最多的蛋白家族,它能为组织和器官提供结构性骨架。胶原蛋白在翻译后需经历大量的修饰,这些修饰将直接影响它的结构和功能,如果该过程中存在缺陷就会引起严重的疾病。

各种不同类型的胶原(Ⅰ型、Ⅱ型、Ⅲ型、Ⅳ型等等,具体结构见 3.7 节)由数条染色体上的基因编码,并在不同的组织内表达。它们的氨基酸序列虽然不同,但都以长约 1000 个氨基酸残基的重复序列——Gly-X-Y 为主。每一个重复序列(Gly-X-Y)中的第一个残基都是甘氨酸(Gly),X 位置上的残基约三分之一是脯氨酸,而 Y 位置上也有大约三分之一是 4-羟基脯氨酸(脯氨酸翻译后修饰的产物)。脯氨酸和羟基脯氨酸残基赋予这一结构以高度的稳定性,因为它们能形成聚脯氨酸Ⅱ型螺旋(图 6.21)。每 ·条胶原多肽被称为一条 α 链,三条 α 链互相缠绕,以螺旋三聚体的形式组成一个胶原分子,其中甘氨酸残基占据了螺旋结构的中心位置(见 3.7 节)。

前胶原蛋白在内质网和高尔基体中的合成

胶原的 α 链最初在细胞质中开始合成并且其 N 端的信号序列与信号识别颗粒也在细胞质中结合。于是胶原蛋白的前体,比如前蛋白 α1(I),被插入到内质网管腔中,并切除信号肽。蛋白质中的脯氨酸和赖氨酸在翻译的同时进行羟基化修饰。脯氨酰 4-羟化酶只有在-X-Pro-Gly-序列中才能起羟化作用(因此 4-羟基脯氨酸只存在-Gly-X-Y-序列的 Y 位置上)。脯氨酰 3-羟化酶负责修饰一小部分脯氨酸残基,而赖氨酰羟化酶负责修饰 Y 位置上的一部分赖氨酸残基。这些羟化酶需要在 Fe^{2+} 和抗坏血酸(维生素 C)存在的条件下才能发挥其催化功能。羟基化修饰的程度取决于 α 链的特定类型。脯氨酸的羟化能稳定胶原,赖氨酸的羟化为链内的相互连接提供了位点,并为内质网特异性糖基转移酶催化的糖基化反应提供位点。

三螺旋结构的组装(triple helix assembly)是在多肽链合成结束后进行的。三个前胶原蛋白的球形羧基末端结构域首先发生折叠,并相互之间形成二硫键。随后,三螺旋缠绕从羧基端开始向氨基端进行。完成组装的三螺旋结构在其两端均含有球形的前蛋白区域,该三螺旋结构随后被转运至高尔基体。在高尔基体内,对其寡糖链进行加工,最后形成成熟的三螺旋分子。有些情况下,蛋白质中的一些酪氨酸会发生硫酸化修饰;一些丝氨酸会发生磷酸化修饰。加工完毕的前胶原(即成熟的三螺旋结构)通过分泌囊泡的形式释放出细胞。

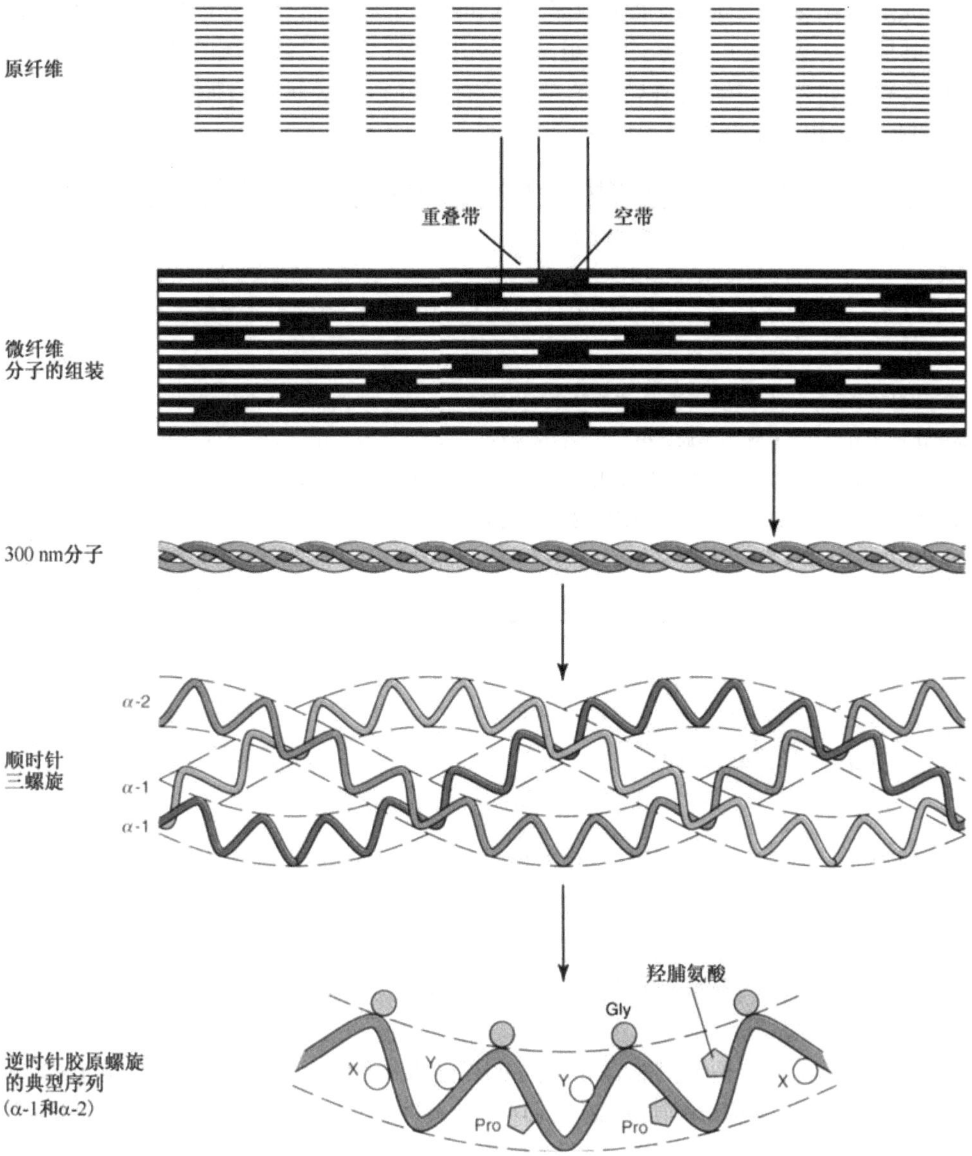

图 6.21　胶原结构

从下至上分别显示了:左旋的聚脯氨酸Ⅱ型螺旋中规律的原始序列;右旋的三螺旋结构;300nm 的三螺旋结构;一条典型的原纤维中胶原分子的组装,并显示在其内部胶原分子是互相交联的

胶原蛋白的成熟

前胶原向胶原的成熟性转变是在细胞外发生的。首先前胶原 N 端和 C 端的前肽(propeptide)会被各自的蛋白酶切除,与此同时三螺旋分子按照端对端(end-to-end)和边对边(side-to-side)的方式聚集形成原纤维,原纤维的稳定性依赖于三螺旋分子之间形成的广泛交联。在这一过程中赖氨酸氧化酶能使一些赖氨酸或羟基赖氨酸转化成为有活性的乙醛、ε-醛(基)赖氨酸、羟醛赖氨酸的形式,这些残基相互凝聚或与附近氨基酸链上的

赖氨酸或羟基赖氨酸凝聚后就能形成希夫碱和羟醛交联。还有些未能详细阐述的反应可能会有其他氨基酸残基的参与，包括组氨酸的，这些反应与三条 α 链的连接也有关。目前对这些步骤中如果存在缺陷所导致的结果已有了解。一些研究透彻的相关疾病列于表 6.11，并在临床相关知识 6.11 中详述。

表 6.11 胶原生物合成和结构形成中出现的缺陷导致的特定疾病

疾病	胶原的缺陷	临床表现
1 型成骨不全	Ⅰ型胶原合成减少	在青春期前发生长骨骨折
2 型成骨不全	编码三螺旋分子的基因区域出现点突变或外显子重排	围产期死亡；骨骼畸形，硬度低，脆性大
Ehlers-Danlos Ⅳ	Ⅲ型胶原分泌少，未成熟即发生降解	皮肤透明，容易擦伤动脉和结肠破裂
Ehlers-Danlos Ⅵ	Ⅰ型、Ⅲ型胶原中羟基赖氨酸减少	皮肤伸缩性差，关节运动过度
Ehlers-Danlos Ⅶ	Ⅰ型前胶原积聚；N 末端的前肽不能被切除	关节运动过度和错位
皮肤松弛症（枕骨角综合征）	铜分布不良产生的羟基赖氨酸的减少	皮肤松弛，柔软；青春期时形成枕骨角
坏血病	维生素 C 缺乏导致的羟基脯氨酸减少	骨生长不良，伤口愈合不良严重的擦伤

6.7 翻译过程的调节

对细胞内蛋白质合成的调控可以在转录、翻译以及降解水平上进行。由于翻译需要消耗相当多的能量，所以对其进行精细的调控是非常必要的。最有效和最常见的调节机制发生在翻译的起始阶段，主要是通过对起始因子的磷酸化作用来实现的，这种作用主要依赖于细胞当时所处的环境，调节的结果要么是增强翻译的进行，要么就是抑制翻译的进行。

最容易理解的翻译调节机制是 eIF-2a 的可逆性磷酸化。细胞在某些情况下（如极度缺乏营养、热休克以及病毒感染），eIF-2a 可以被磷酸化。eIF-2a 在磷酸化后仍保留功能，但磷酸化后的 eIF2a-GDP 与鸟苷酸交换因子 eIF-2b 的结合力大大增强，eIF-2b 被牢牢结合而不能行使功能。由于 eIF-2b 的数量有限，所以无法再进行鸟苷酸的交换，也就没有 eIF2a-GTP 可以用于翻译的起始，从而对翻译过程起到了抑制作用。

eIF2a 的磷酸化是由**亚铁血红素调节的激酶**（**heme-regulated kinase**）所催化的，在亚铁血红素缺乏的条件下，该激酶呈活性状态。这种激酶存在于许多细胞中，但是在合成血红蛋白的网织红细胞中研究的最为透彻。合成能量来源障碍或者是任何亚铁血红素的前体缺乏都会活化这种激酶。多种双链 RNA 病毒的感染会引起一种**双链 RNA 依赖的激酶**（**double-stranded RNA-dependent kinase**）通过结合病毒的双链 RNA 而激活，这种激酶也可以由干扰素诱导产生。与之相对的是，起始因子 eIF-4e 可以由生长因子诱导其磷酸化而激活；当病毒感染时激活的 eIF-4e 又会受蛋白磷酸酶脱磷酸化而失活。这些效应是由 eIF-4g 所介导的，而 eIF-4g 也可以通过磷酸化作用而激活。

临床相关知识 6.11
胶原合成缺陷病

成骨不全

成骨不全是一组以多发性骨折继而引起骨骼畸形为特点的疾病,按临床表现、遗传学特点和生化组成的不同,至少可以分为四种类型。它们的病因都是由于基因突变造成了翻译出来的胶原蛋白 α(Ⅰ)链出现异常所致。最明显的例子就是缺失突变造成 α1(Ⅰ)链中 84 个氨基酸的缺失。由于这种缺失突变能使读框停留在突变位置,因此合成的 α1(Ⅰ)链要比正常的短。异常的 α1(Ⅰ)链与正常的 α1(Ⅰ)链、α2(Ⅰ)链即使相互缠绕也不能形成正常的胶原三螺旋结构,这样的结构三条链会很快发生降解,这种现象称为"蛋白质自杀"。该类患者合成的所有胶原分子中有四分之三至少包含了一个缺失突变的 α1(Ⅰ)链。成骨不全的另外一种突变形式是将甘氨酸置换其他的氨基酸。由于甘氨酸必须装配到胶原三螺旋的内部,因而这种替换就会使螺旋结构的稳定性明显下降。

Ⅳ型 Ehlers-Danlos 综合征

Ehlers-Danlos 综合征是一组表现为结缔组织结构疏松的疾病,按临床表现,遗传学特点和生化组成的不同至少可以分为十种类型。常见的临床表现有皮肤脆性大,皮肤易伸展过度和关节运动过度。Ⅳ型 Ehlers-Danlos 综合征是由于Ⅲ型胶原存在缺陷引起的。由于Ⅲ型胶原对皮肤、动脉和中空器官尤为重要。所以如果Ⅲ型胶原存在缺陷,皮肤会表现出变薄、成半透明状、易看见皮肤下的静脉、擦伤痕迹明显等症状,有时候还会出现手以及其他部位皮肤的不正常衰老;而对于动脉和中空器官而言,则会在妊娠或劳动时出现动脉破裂,肠道穿孔和子宫破裂。由于组织结构的脆性使得即使手术治疗都会十分困难。Ⅳ型 Ehlers-Danlos 综合征中Ⅲ型胶原的缺陷在于其分子链发生了改变。胶原基因发生的点突变造成了甘氨酸残基被替换,从而破坏了胶原的三螺旋结构。此外,一些外显子被跨越而没有翻译导致了多肽的长度的缩短以及胶原的分泌减少,稳定性减弱,以及异常的Ⅲ型原胶原纤维的形成。在某些情况下,Ⅲ型胶原还可能在粗糙的内质网内积聚并慢慢降解。

赖氨酰羟化酶缺乏

Ⅵ型 Ehlers-Danlos 综合征的特点是缺乏赖氨酰羟化酶,其结果是参与皮肤Ⅰ型和Ⅲ型胶原合成的羟赖氨酸含量减少,从而使得胶原原纤维交联时的稳定性变差。虽然 ε-醛(基)赖氨酸和赖氨酸也可以交联胶原的原纤维,但在稳定性上和胶原蛋白的成熟度上不如羟赖氨酸介导的交联。另外,羟赖氨酸还含有一个糖基化修饰的位点,但目前还不清楚这一修饰的功能。Ⅵ型 Ehlers-Danlos 综合征的临床特征是皮肤和关节的过度伸展和过度活动、伤口愈合困难和骨骼肌的畸形。除了赖氨酰羟化酶的缺乏,一些Ⅵ型 Ehlers-Danlos 综合征患者体内含有赖氨酰羟化酶的突变体,与正常的酶相比，突变体对维生素 C 的吸收具有较高的米氏常数，因此这些患者需要大剂量的维生素 C 来治疗。

Ⅶ型 Ehlers-Danlos 综合征

这种疾病的患者很易出现皮肤擦伤和皮肤的过度伸展，但临床上的主要表现是重要关节的错位，如髋关节和膝关节。其发病机制是前胶原链在向高尔基体内转移的时候，N 端的前肽不能完全被切除，因而造成关节韧带的松弛。其中的一种亚类是由于缺乏前胶原 N 端蛋白酶而引起的。相似的情况如果发生在牛、羊和猫身上，就会形成一种被称为皮肤脆裂症的常染色体隐性遗传疾病。患这种疾病的动物会因皮肤的高度脆性而死亡。另外一种亚类是由于在前 α1(I)链和前 α2(I)链中找不到供前胶原 N 端蛋白酶切开的位点，从而产生了异常的 α1(I)链和 α2(I)链。造成这种变异的原因是前 α1(I)链和前 α2(I)链基因在翻译时跳跃了一个外显子，而这个外显子正是编码了前胶原 N 端蛋白酶识别的氨基酸序列。

枕骨角综合征

Ⅸ型 Ehlers-Danlos 综合征和 Menkes 扭曲发综合征均存在赖氨酰氧化酶活性的缺乏。该酶活性缺乏导致Ⅸ型 Ehlers-Danlos 综合征在胶原交联中存在缺陷，临床上表现为皮肤松弛、柔软，到青春期时会出现异常的枕骨角(故也称为枕骨角综合征)。由于赖氨酰氧化酶发挥功能需要一价铜离子的辅助，所以在铜缺乏的动物体内，弹性蛋白和胶原蛋白的交联就会发生缺陷。Menkes 扭曲发综合征就是由于细胞内的铜转运出现缺陷，从而导致了赖氨酰氧化酶活性的降低；枕骨角综合征的患者也存在细胞内铜分布的缺陷。服用高剂量的铜螯合剂、*d*-青霉胺的妇女所生的婴儿可能会患有获得性 Ehlers-Danlos 样综合征，但婴儿的这种症状随后会逐渐改善。*d*-青霉胺治疗的副作用就包括伤口愈合困难和皮肤的伸展过度。

坏血病和羟基脯氨酸合成

除了人类，大多数的动物都能自身合成抗坏血酸(维生素 C)。坏血病多数是由于食物中缺乏维生素 C 造成的。维生素 C 的缺乏能导致羟基脯氨酸的合成减少，因为脯氨酰羟化酶需要维生素 C 的参与才能催化合成羟基脯氨酸。羟基脯氨酸能为胶原分子提供额外的带有氢键的原子，因而能进一步稳定胶原的三螺旋结构。在正常的人体温度下，羟基脯氨酸含量不足的胶原要比会正常胶原的稳定性差很多。坏血病在临床上主要表现为儿童正常的骨生长受抑，伤口愈合困难，以及毛细血管(尤其是皮肤)脆性增加引起的出血。严重的维生素 C 缺乏还能引起前胶原合成的速率下降。

细胞内同样也存在有对特异性 mRNA 进行调节从而实现对翻译进行调节的机制。这方面研究地比较清楚的一个例子就是铁蛋白合成的调节，在缺乏铁元素的情况下，一种抑制性蛋白就会与铁蛋白 mRNA 中的**铁反应元件**(**iron response element，IRE**)结合，导致铁蛋白 mRNA 的 5′端前导序列出现一个茎环结构(见 21.2 节),这样的 mRNA 就会被"隔离"起来并留作以后使用。δ-氨基乙酰丙酸合成酶是血红素生物合成的催化酶,它的生物合成也可以通过其 mRNA 的 5′-IRE 来进行调节。铁元素缺乏的情况下,机体需要更多的铁蛋白受体,而铁蛋白受体的 mRNA 在 3′端非翻译区也有 IRE,这些 mRNA 通过 IRE 与抑制性蛋白结合可以稳定自身结构并延长寿命。许多编码生长调节蛋白的 mRNA,包括编码核糖体蛋白质的 mRNA,在它们的前导序列中都有一个多聚嘧啶的结构,某些蛋白质可以与该多聚嘧啶结构结合从而对它们的翻译进行辅助调节。

小 RNA 分子(**small RNA molecular**)可以在两种水平上调节蛋白的生物合成。**微 RNA** (**miRNA**)是一种 21～23 个核苷酸长度的 RNA,由较大的双链 RNA 或者发卡 RNA 被细胞质中一种叫做 Dicer 的内切核酸酶进行剪切所得。RNA 解旋酶解开这些短小的双链 RNA,其中一条链与 **RNA 诱导的沉默复合物**(**RISC**)结合,引导该单链与其目的 mRNA上与之互补的序列结合,形成一个有缺陷的 mRNA-miRNA 复合结构,这一结构可以抑制翻译,但不影响 mRNA 的稳定性。多个 miRNA 协同作用于一条 mRNA 可以增强抑制翻译的程度。Dicer 与 RISC 也能介导小 RNA 分子与 mRNA 产生互补性很好的复合结构,这些**小干扰 RNA**(**small interfering RNA**, **siRNA**)的复合物可以在一种叫做 **slicer** 的 RISC 内切核酸酶作用下,导致目标 mRNA 的剪切与失活。RNA 的沉默与干扰对于正常发育以及肿瘤的发生均具有重要意义。

6.8　蛋白质的降解与再利用

蛋白质有其各自的寿命,而且时间跨度很大。如晶状体细胞是不可再生的,其细胞中的蛋白质也是不能再循环利用的,因而其寿命很长。而红细胞中血红蛋白的寿命就比较短,也就因此决定了红细胞的生存时间通常为 120 天。还有其他一些蛋白质,其寿命可以用天、小时,甚至分钟来度量。一些促凝血蛋白质的寿命只有几天,因此对于血友病患者,通过输入或注射相关促凝血因子来预防出血的效果只能维持很短的时间。糖尿病患者需要规律地注射胰岛素也是由胰岛素本身的代谢特点所决定的。代谢酶在数量上变化很大,因为随着体内状态的改变,需要的代谢酶的量也会随之发生改变,例如,体内尿素循环代谢酶类的浓度就是随着进食而变化的。在某些情况下,蛋白质很容易被破坏,如发生氧化作用、水解作用、蛋白质变性或其他不可逆的修饰作用等。在翻译和折叠时发生的错误可能产生无功能的蛋白质,在蛋白质水解过程中亦可能产生无功能的多肽,如前胰岛素的 C 肽。无论是哪种情况,机体都需要处理这些无功能的蛋白质"垃圾"。蛋白质的水解作用可使蛋白质先分解成多肽,并最终分解为氨基酸。这些氨基酸多数被再利用从而合成新的蛋白质,但有些氨基酸会发生代谢,其降解产物会被排出体外。消化性的蛋白酶,如胃蛋白酶、胰蛋白酶、糜蛋白酶和弹性蛋白酶,能水解食物蛋白,但不参与细胞内蛋白质的再利用。这些消化性蛋白酶消化食物产生的氨基酸补充了细胞内翻译时所需的氨基酸,是补充人体必需氨基酸的重要途径。

ATP 依赖的蛋白质水解发生在蛋白酶体中

蛋白酶体中的蛋白质水解是一个研究得相对比较清楚的过程。蛋白酶体包含了 28 个多肽,是由一个圆柱状的核心蛋白和两个 V 型的复合体组成的哑铃状结构(图 6.22)。其中的复合体能识别和解开蛋白质的多肽链,并将多肽链运输至 ATP 依赖的蛋白质水解核心中。蛋白质向蛋白酶体靶向式转运时常常需要**泛素**(**ubiquitin**)的帮助,泛素是一个高度保守的、由 76 个氨基酸组成的蛋白质。如图 6.23 所示,蛋白质需要经历多个**泛素化**(**polyubiquitinylation**)的步骤后才能被降解。

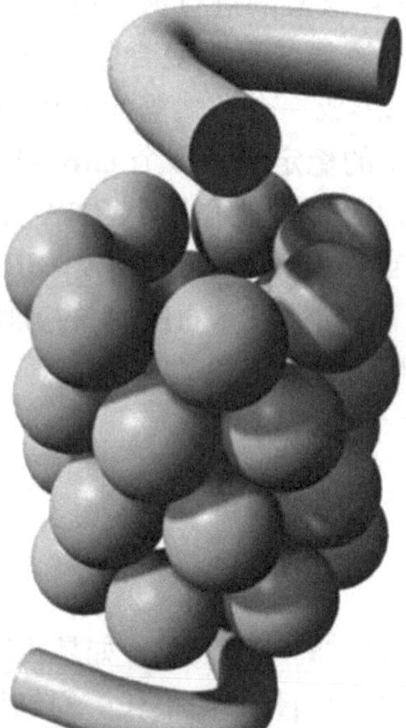

图 6.22 蛋白酶体的模型

包含了 12～15 个不同多肽的 20S 中央片段,它是由四个叠加的七聚体环和一个中空的核心所组成的,其中含有数种具有不同特异性的蛋白酶。在圆筒状结构的两端是 V 形片段,该片段能以依赖 ATP 的方式识别和解开蛋白质的多肽链,并将多肽链运送至中空核心。图示中上方的 V 形片段也应该是与中央片段相连接的,但是为了显示圆筒的中空核心部分,就将其移位了。

泛素首先被 E1 酶激活后形成硫酯,在这过程中需要 ATP 和瞬时的 AMP-泛素复合物参与。接下来泛素被转运至 E2 酶,最后通过一组 **E3 多蛋白复合物**(**a group of E3 multiple complex**)而到达靶蛋白。靶蛋白通过其赖氨酸的 ε-氨基与泛素的甘氨酸残基的羧基端形成的**异构肽**(**isopeptide**)键而与泛素连接起来。一些泛素分子不仅与蛋白质连接,它们相互之间也能发生连接。经历多步泛素化的蛋白质被运送到蛋白酶体中,随后发生降解。在抵达蛋白酶体的同时,**异构肽酶**(**isopeptidase**)通过水解异构肽键将泛素与靶蛋白分离开来,从而使泛素可以重复利用。

已经被破坏了的蛋白质、或者是有缺陷的、错误折叠的,或存在突变的蛋白质均可通过泛素途径被快速降解。囊性纤维化患者 CF 基因存在的突变造成了一个氨基酸的缺失,严重影响了所编码的囊性纤维化跨膜转导调节因子(CFTR)的稳定性,这种突变的蛋白质就会发生快速的降解,从而促使了囊性纤维化的发生(见临床相关知识 6.6)。对天然蛋白质的选择性降解依赖于 E3 酶的特异性;这种特异性取决于被选择的蛋白质的氨基酸序列及其构象。在一些寿命较短的蛋白质中可以发现不稳定的 PEST 序列(也就是富含脯氨酸,谷氨酸,丝氨酸和苏氨酸的序列),而且在这些蛋白质中还发现了有时候具有促进泛素化作用的泛素结合基序。另外一个决定是否被降解的因素是氨基酸的氨基末端。根据 N 端规则,具有不同 N 端残基的蛋白质其降解的速率是大不相同的,由氨酰tRNA提供的不稳定 N 端残基掺入蛋白质后会影响蛋白质的寿命。同真核生物的蛋白酶体一样,*E. coli* 蛋白酶(Lon 和 Clp 组成的复合物),以及其他微生物和线粒体中相似的酶系统都需要 ATP 来完成对蛋白质的水解。但是原核生物中不存在泛素,它们是如何识别和降解蛋白质的,目前仍不清楚。

泛素依赖的蛋白质水解过程对于细胞内一些事件的调控起着十分重要的作用。细胞周期蛋白(见 25.2 节)和受体型蛋白酪氨酸激酶能调控细胞的分化。细胞周期蛋白中泛素依赖途径的破坏可使细胞从 M 期通向 G1 期,而一些受体的降解又能影响细胞信号转导,从而抑制细胞的增殖。其他依赖泛素途径降解的蛋白质还有转录因子、p53 肿瘤抑制因子、**癌蛋白(oncoprotein)**、蛋白激酶、免疫细胞以及其他细胞的表面受体。多步骤的泛素化作用对蛋白质水解信号的产生是必需的:如 p53 经多步骤的泛素化而降解,而一次的泛素化作用可使 p53 从胞核中转运出来。

泛素和组蛋白中 H2A 和 H2B 的连接与蛋白质的再利用无关,因为连接后的蛋白质都相当的稳定,但是这种修饰可以影响染色质的结构和转录。**泛素相关的小调节因子(small ubiquitin-related modifier,SUMO)**的结构与泛素很相似,在细胞内调控的许多方面也起着非常重要的作用。

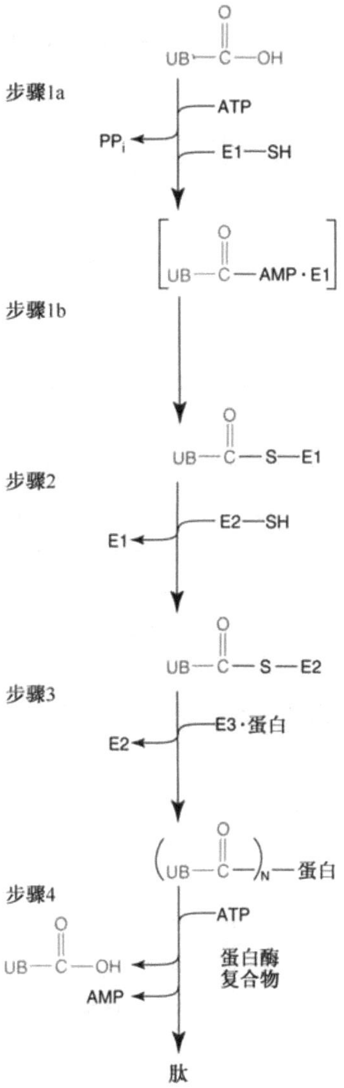

图 6.23　ATP 和泛素依赖的蛋白质降解
泛素需要经过两步来激活:(1a)AMP 和泛素羧基末端临时形成混合酸酐,(1b)混合酸酐与 E1 酶之间形成硫酯键。接着 E2 与泛素形成硫酯键(2),并作为 E3 的供体将 E3 催化的泛素与靶蛋白相连接(3)。在这个阶段,更多的泛素分子会与该泛素的赖氨酸残基结合,并且/或者与靶蛋白的赖氨酸残基结合。经多步骤泛素化的蛋白质在 ATP 的存在下被水解(4);泛素不被降解,并能重新进入蛋白质降解过程的(1)

一些蛋白质在溶酶体中的降解过程

来自于细胞外的蛋白质可在细胞内富含蛋白酶的**溶酶体**(**lysosome**)中进行消化。一些不能穿过细胞膜的物质可以通过胞吞方式进入到细胞内。如在细胞外液中存在大的颗粒、分子的聚集体或其他分子,细胞就可以通过吞噬的方法进行摄取,这种作用就称之为**胞饮作用**(**pinocytosis**)。巨噬细胞就是通过上述机制摄取细菌和死亡细胞的。

受体介导的胞吞作用(**receptor-mediated endocytosis**)利用存在于细胞表面一些"小坑"内的受体与特异的分子结合来实现,这种小坑的细胞质面被一种叫做**网格蛋白**(**clathrin**)的多亚基蛋白所覆盖,胞吞作用发生时胞膜发生内陷,结合了配体的受体随之就变成了细胞内的囊泡。这些囊泡的命运之一就是与溶酶体融合后在溶酶体内部进行降解。一些细胞内蛋白质的再利用也发生在溶酶体中。在某些情况下,大量的细胞内物质可通过溶酶体降解。例如,在缺乏血清的成纤维细胞中,或在饥饿的大鼠体内,溶酶体会降解细胞内的蛋白质亚群。在降解蛋白质的过程中,也包含了对特异性多肽序列的识别,这就再次提示蛋白质的寿命最终是由其编码的序列所决定的。

其他的蛋白质降解体系

细胞凋亡(见 25.3 节),又称细胞程序性死亡,是在细胞内的 caspase(半胱氨酸天冬氨酰蛋白酶,cysteine aspartyl protease)被激活后所发生的一种有序的细胞死亡。应激状态如炎症、细胞损伤或生长因子的缺乏可以直接激活 caspase,或者使得线粒体释放细胞色素 c 和其他因子来激活 caspase 的级联反应,从而导致细胞内蛋白质的快速降解。内质网中的 caspase 只有在内质网应激诱导的凋亡中才会发挥作用,而高尔基体和内质网中的其他蛋白酶主要负责降解发生在蛋白质成熟和分泌过程中所产生的错误折叠的蛋白质和多肽片段。蛋白质也可被先运送出内质网,再由细胞质中的蛋白酶降解。

钙依赖的巯基蛋白酶,又称为**钙蛋白酶**(**calpain**),存在于大多数的细胞中,并具有一系列功能,如调节细胞增殖、细胞分化,以及通过选择性和限制性的蛋白质水解作用调节细胞的迁移。钙蛋白酶也参与了蛋白质的再利用,但它们的作用目前还不清楚。可能蛋白质的再利用过程就像蛋白质的生物合成过程一样复杂、重要。

参考书目

Ribosomes and Transfer RNA

Ban, N., Nissen, P., Hansen, J., Moore, P. B. and Steitz, T. A. The complete atomic structure of the large ribosomal subunit at 2.4 Å resolution. *Science* 289:905, 2000.

Hale, S. P., Auld, D. S., Schmidt, E., and Schimmel, P. Discrete determinants in transfer RNA for editing and aminoacylation. *Science* 276:1250, 1997.

Hong, K. W., Ibba, M., Weygand-Durasevic, I., Rogers, M. J., Thomann, H. U., and Söll, D. Transfer RNA-dependent cognate amino acid recognition by an aminoacyl-tRNA synthetase. *EMBO J.* 15:1983, 1996.

Hou, Y.-M., Francklyn, C., and Schimmel, P. Molecular dissection of a transfer RNA and the basis for its identity. *Trends Biochem. Sci.* 14:233, 1989.

Moore, P. B. and Steitz, T. A. The structural basis of large ribosomal subunit function. *Annu. Rev. Biochem.* 72:813, 2003.

Nomura, M. The role of RNA and protein in ribosome function: a review of early reconstitution studies and prospects for future studies. *Cold Spring Harbor Symp. Quant. Biol.* 52:653, 1987.

Perona, J., Rould, M., and Steitz, T. Structural basis for transfer RNA aminoacylation by *Escherichia coli* glutaminyl-tRNA synthetase. *Biochemistry* 32:8758, 1993.

Silvian, L. F., Wang, J., and Steitz, T. A. Insights into editing from an Ile-tRNA synthetase structure with tRNA and mupirocin. *Science* 285:1074, 1999.

Yusupov, M. M., Yusupova, G. Z., Baucom, A., Lieberman, K., Earnest, T. N., Cate, J. H. D., and Noller, H. F. Crystal structure of the ribosome at 5.5 Å resolution. *Science* 292:883, 2001.

Protein Biosynthesis and its Regulation

Agarwal, R. K., Heagle, A. B., Penczek, P., Grassucci, R. A., and Frank, J. EF-G-dependent GTP hydrolysis induces translocation accompanied by large conformational changes in the 70 S ribosome. *Nature Struct. Biol.* 6:643, 1999.

Barrell, B., et al. Different pattern of codon recognition by mammalian mitochondrial tRNAs. *Proc. Natl. Acad. Sci. USA* 77:164, 1980.

Bartel, D. P. MicroRNAs: genomics, biogenesis, mechanism, and function. *Cell* 116:281, 2004.

Berchtold, H., Reshetnikova, L., Reiser, C. O., Shirmer, N. K., Sprinzl, M., and Hilgenfeld, R. Crystal structure of active elongation factor Tu reveals major domain rearrangements. *Nature* 365:126, 1993.

Burkhardt, N., Jünemann, R., Spahn, C. M. T., and Nierhaus, K. M. Ribosomal tRNA binding sites: three site models of translation. *Crit. Rev. Biochem. Mol. Biol.* 33:95, 1998.

Gallie, D. R. The role of the initiation surveillance complex in promoting efficient protein synthesis. *Biochem. Soc. Trans.* 32:585, 2004.

Gilbert, R. J. C., Fucini, P., Connell, S., Fuller, D., Nierhaus, K. D., Robinson, C. V., et al. Three dimensional structures of translating ribosomes by cryo-EM. *Mol. Cell* 14:57, 2004.

Hutvanger, G. and Zamore, P. D. A microRNA in a multiple-turnover RNA_i enzyme complex. *Science* 297:2056, 2002.

Kapp, L. and Lorsch, J. R. The molecular mechanics of eukaryotic translation. *Annu. Rev. Biochem.* 73:657, 2004.

Kryukov, G. V., Castellano, S., Novoselov, S. V., Lobanov, A. V., Zehtab, O., Guigo, R., and Gladyshev, V. N. Characterization of mammalian selenoproteins. *Science* 300:1439, 2003.

Hatfield, D. L. and Gladyshev, V. N. How selenium has altered our understanding of the genetic code. *Mol. Cell Biol.* 22:3565, 2002.

Nakamura, Y., Ito, K., and Ehrenberg, M. Mimicry grasps reality in translation termination. *Cell* 101:349, 2000.

Rhoads, R. E. Regulation of eukaryotic protein biosynthesis by initiation factors. *J. Biol. Chem.* 268:3017, 1993.

Samuel, C. E. The eIF2a protein kinases as regulators of protein synthesis in eukaryotes from yeasts to humans. *J. Biol. Chem.* 268:7603, 1993.

Song, H., Mugnier, P., Das, A. K., Webb, H. M., Evans, D. R., Tuite, M. F., et al. The crystal structure of human eukaryotic release factor eRF1—mechanism of stop codon recognition and peptidyl-tRNA hydrolysis. *Cell* 100:311, 2000.

Spahn, C. M. T., Jan, E., Mulder, A., Grassucci, R. A., Sarnow, P., and Frank, J. Cryo-EM visualization of a viral internal ribosome entry site bound to human ribosomes: The IRES functions as an RNA-based translation factor. *Cell* 118:465, 2004.

Weinger, J. S., Parnell, K. M., Dorner, S., Green, R., and Strobel, S. R. Substrate-assisted catalysis of peptide bond formation by the ribosome. *Nat. Struct. Mol. Biol.* 11:1101, 2004.

Ziff, E. B. Transcription and RNA processing by the DNA tumour viruses. *Nature* 287:491, 1980.

Protein Targetting and Posttranslational Modification

Bukau, B., Deuerling, E., Pfund, C., and Craig, E. A. Getting newly synthesized proteins into shape. *Cell* 101:119, 2000.

Corda, D. and Di Girolamo, M. Functional aspects of protein mono-ADP-ribosylation. *EMBO J.* 22:1953, 2003.

Corsi, A. K. and Schekman, R. Mechanism of polypeptide translocation into the endoplasmic reticulum. *J. Biol.Chem.* 271:30 299, 1996.

Dahms, N. M., Lobel, P., and Kornfeld, S. Mannose 6-phosphate receptors and lysosomal enzyme targeting. *J. Biol. Chem.* 264:12 115, 1989.

Danpure, C. J. How can products of a single gene be localized to more than one subcellular compartment? *Trends Cell Biol.* 5:230, 1995.

Doudna, J. A. and Batey, R. T. Structural insights into the signal recognition particle. *Annu. Rev. Biochem.* 73:539, 2004.

Fang, Y., Morrell, J. C., Jones, J. M., and Gould, S. J. PEX3 functions as a PEX19 docking factor in the import of class 1 peroxisomal proteins. *J. Cell Biol.* 164:863, 2004.

Feldman, D. E. and Frydman, J. Protein folding *in vivo*: the importance of molecular chaperones. *Curr. Opin. Struct. Biol.* 10:26, 2000.

Gelse, K., Poschl, E., and Aigner, T. Collagens-structure, function, and biosynthesis. *Adv. Drug Deliv. Rev.* 55:1531, 2003.

Gilbert, H. F. Protein disulfide isomerase and assisted protein folding. *J. Biol. Chem.* 272:29 399, 1997.

Hartl, F. U. and Hayer-Hartl, M. Molecular chaperones in the cytosol: From nascent chain to folded protein. *Science* 295:1852, 2002.

Helenius, A. and Aebi, M. Roles of N-linked glycans in the endoplasmic reticulum. *Annu. Rev. Biochem.* 73:1019, 2004.

Koehler, C. M., Merchant, S., and Schatz, G. How proteins travel across the mitochondrial intermembrane space. *Trends Biochem. Sci.* 24:428, 1999.

Meltzer, P. S. Small RNAs with big impacts. *Nature* 435:745, 2005.

Paulson, J. C. and Colley, K. J. Glycosyltransferases: structure, localization, and control of cell type-specific glycosylation. *J. Biol. Chem.* 264:17 615, 1989.

Rudd, P. M., Woods, R. J., Wormald, M. R., Opendakker, G., Downing, A. K., Campbell, I. D., and Dwek, R. K. The effects of variable glycosylation on the functional activities of ribonuclease, plasminogen and tissue plasminogen activator. *Biochim. Biophys. Acta* 1248:1, 1995.

Schimöller, F., Simon, I., and Pfeffer, S. R. Rab GTPases, directors of vesicle docking. *J. Biol. Chem.* 273:22 161, 1998.

Stewart, M. Nuclear trafficking. *Science* 302:1513, 2003.

Stroud, R. M. and Walter, P. Signal sequence recognition and protein targeting. *Curr. Opin. Struct. Biol.* 9:754, 1999.

Subramani, S. Protein translocation into peroxisomes. *J. Biol. Chem.* 271:32 483, 1996.

Tokatlidis, K. and Schatz, G. Biogenesis of mitochondrial inner membrane proteins. *J. Biol. Chem.* 274 35 285, 1999.

Wedegaertner, P. B., Wilson, P. T., and Bourne, H. R. Lipid modification of trimeric G proteins. *J. Biol. Chem.* 270:503, 1995.

Wickner, S., Maurizi, M. R., and Gottesman, S. Posttranslational quality control: Folding, refolding, and degrading proteins. *Science* 286:1888, 1999.

Zhou, A., Webb, G., Zhu, X., and Steiner, D. F. Proteolytic processing in the secretory pathway. *J. Biol. Chem.* 274:20 745, 1999.

Protein Turnover and Proteasomes

Ciechanover, A. The ubiquitin-proteasome proteolytic pathway. *Cell* 79:13, 1994.

DeMartino, G. N. and Slaughter, C. A. The proteasome, a novel protease regulated by multiple mechanisms. *J. Biol. Chem.* 274:22 123, 1999.

Fesik, S. W. and Shi, Y. Controlling the caspases. *Science* 294:1477, 2001.

Johnson, E. S. Protein modification by SUMO. *Annu. Rev. Biochem.* 73:355, 2004.

Li, M., Brooks, C. L., Wu-Baer, F., Chen, D., Baer, R., and Gu, W. Mono- versus polyubiquitinylation: Differential control of p53 fate by Mdm2. *Science* 302:1972, 2003.

Löwe, J., Stock, D., Jap, B., Zwickl, P., Baumeister, W., and Huber, R. Crystal structure of the 20 S proteasome from the archaeon *T. acidophilum* at 3.4 Å resolution. *Science* 268:33, 1995.

Miller, M. H., Finger, A., Schweiger, M., and Wolf, D. H. ER degradation of a misfolded luminal protein by the cytosolic ubiquitin–proteasome pathway. *Science* 273:1725, 1996.

Miller, S. L. H., Malotky, E., and O'Bryan, J. P. Analysis of the role of ubiquitin-interacting motifs in ubiquitin binding and ubiquitinylation. *J. Biol. Chem.* 279:33 528, 2004.

Perrin, B. J. and Huttenlocher, A. Calpain. *Int. J. Biochem. Cell Biol.* 34:722, 2002.

Rock, K., Gramm, C., Rothstein, L., Clark, K., Stein, R., Dick, L., et al. Inhibitors of the proteasome block the degradation of most cell proteins and the generation of peptides presented on MHC class II molecules. *Cell* 78:761, 1994.

Rogers, S., Wells, R., and Rechsteiner, M. Amino acid sequences common to rapidly degraded proteins: The PEST hypothesis. *Science* 234:364, 1986.

Wolf, B. B. and Green, D. R. Suicidal tendencies: Apoptotic cell death by caspase family proteinases. *J. Biol. Chem.* 274:20 049, 1999.

习题和参考答案

选择题

1. 遗传编码子的简并性意味着可能存在：
   A. 多种密码子可以编码同一种氨基酸
   B. 密码子只由两个碱基组成
   C. 三联体密码子不编码任何氨基酸
   D. 在不同的系统中，相同的三联体密码子编码不同的氨基酸
   E. 密码子可以包含一个或更多的非常规碱基
2. 在氨酰 tRNA 形成的过程中：
   A. ADP 和 Pi 是反应的产物
   B. 氨酰腺苷酸作为游离的中间产物出现在细胞质中
   C. 氨酰 tRNA 合成酶被认为能识别并水解所产生的不正确的氨酰 tRNA
   D. 组成功能性蛋白质的每一个氨基酸都有其各自的氨酰 tRNA 合成酶
   E. 每一种 tRNA 都有其各自的氨酰基-tRNA 合成酶
3. 蛋白质合成起始过程中：
   A. 蛋氨酰 tRNA 出现在 80S 起始复合物的 A 位点
   B. eIF-3 与 40S 核糖体亚基参与前起始复合物的形成
   C. eIF-2 被 GTP 磷酸化
   D. 所用的蛋氨酰 tRNA 与延伸过程中的蛋氨酰 tRNA 一样
   E. mRNA、60S 核糖体亚基与某些起始因子组成复合物
4. 真核生物蛋白合成的延伸阶段中：
   A. 氨酰 tRNA 结合到 P 位点
   B. 转肽酶介导的新肽键合成需要 GTP 的水解
   C. 肽酰 tRNA 被转至核糖体的另一个位点
   D. 链霉素可以导致未合成完毕的肽链提前释放
   E. 肽键形成是通过氨酰 tRNA 的羧基基团进攻延伸中肽链的氨基基团而实现的
5. 成熟的胰岛素形成需要下列步骤，除了：
   A. 切除信号肽
   B. 折叠成三级结构
   C. 形成二硫键
   D. 在内部区域切除一段肽链
   E. 谷氨酸残基的 γ 羧化
6. 伴侣蛋白：
   A. 在蛋白质折叠过程中总是需要的
   B. 当与蛋白质结合时会增加蛋白降解的速度
   C. 会很紧密地与未折叠蛋白的疏水区域结合
   D. 有时会帮助蛋白质保持其未折叠的状态进行穿膜
   E. 促使蛋白质聚集成斑块

问题 7 和 8：囊性纤维化是高加索人群中的一种常见的遗传性疾病。CF 基因编码一种叫做囊性纤维化跨膜转导调节因子(CFTR)的蛋白质，这种蛋白质是一种 cAMP 调节的氯化物通道，它含有 2 个跨膜结构域、2 个 ATP 结合区域以及 1 个调节结构域。该基因最常见的缺陷是 2 个 ATP 结合区域中的 1 个在编码区域出现 3 个连续碱基的缺失，其结果导致该蛋白质不能在内质网中正确的折叠，也无法正确地进行糖基化以及运送至细胞表面，而是返回至细胞质中，在蛋白水解酶的作用下发生降解。

7. 上述的这种特定的突变最可能导致蛋白质：
   A. 肯定比正常的蛋白质要长
   B. 肯定比正常的蛋白质短几个氨基酸
   C. 从突变点到末端这段氨基酸序列与正常蛋白质的相应序列均不相同
   D. 与正常的蛋白质相比会有一个氨基酸的替换
   E. 与正常的蛋白质相比会缺失一个氨基酸
8. 蛋白酶体定位于待降解的蛋白质时需要泛素，下列有关泛素的功能错误的是：
   A. 泛素的激活需要 ATP
   B. 泛素的羧基端与赖氨酸的一个 ε 氨基基团形成肽键
   C. 蛋白质与泛素连接并不一定意味着该蛋白质会发生降解
   D. 泛素的 N 端氨基酸决定了降解的选择性
   E. 催化泛素转运至待降解蛋白的酶在发挥作用时需要 ATP

9 和 10：胶原在其氨基酸的组成上与一般的蛋白质不同，而且在形成成熟的功能性蛋白分子之前需经过一次变异度很大的翻译后修饰。正因为胶

原蛋白的合成过程非常复杂,许多导致结缔组织结构脆弱的疾病都是由这一过程的缺陷所引发的。坏血病就是由于缺少足够的羟脯氨酸从而导致胶原的相对不稳定。

9. 胶原合成过程中,特异性脯氨酰残基发生 4 羟基化需要下列选项,除了:
   A. Fe^{2+}
   B. 在羟基化位点处的一段特异性氨基酸序列
   C. 抗坏血酸
   D. 赖氨酸的共羟基化
   E. 尚未组装成三螺旋结构的 α 链单体

10. 前胶原的形成发生在内质网与高尔基,而翻译后的分子在进入内质网时需要信号肽的介导,下面关于蛋白质进入内质网的叙述都是正确的,除了:
   A. 信号肽通常有一个带正电荷的 N 末端以及一个疏水性氨基酸组成的伸展结构
   B. 信号肽在游离核糖体中产生,与信号识别颗粒(SRP)结合
   C. 信号肽在蛋白质插入到内质网膜之前会从蛋白质上剪切下来
   D. 船坞蛋白实际上是信号识别颗粒受体,主要介导 SRP 与内质网结合
   E. SRP 与船坞蛋白并不进入内质网管腔,而是循环再利用

问题 11 和 12:蛋白质合成对于细胞的存活与增殖非常关键,任何干扰蛋白质合成的因素都会产生非常显著的效应。许多抗生素与毒素都可以通过干扰蛋白质合成产生效应。许多抗生素由于对原核生物的蛋白质合成具有选择性作用,故而在临床上得到应用,但如果同时影响真核生物蛋白质合成则不能应用。

11. 链霉素可以结合原核生物核糖体的小亚基,从而:
   A. 导致肽链未合成完毕即提早释放
   B. 阻止 40S 亚基与 60S 亚基结合
   C. 干扰蛋白质合成的起始过程
   D. 抑制转肽酶的活性
   E. 作为 N-糖苷酶发挥作用

12. 白喉毒素:
   A. 具有催化作用
   B. 使得未合成完毕的多肽链从核糖体上释放
   C. 可以激活转位酶
   D. 阻止释放因子识别终止信号
   E. "进攻"RNA 的大亚基

问答题

13. I 细胞(包涵体)病是由于一种酶的缺乏所致,该酶主要作用是催化磷酸 N-乙酰葡萄糖胺(GlcNAc-P)连接到某些蛋白质的多甘露糖型寡糖链上。请问 I 细胞病患者缺少哪些酶?这种疾病为何命名为包涵体病?

14. 简述下面这些结构的意义:带正电荷的两亲(指一部分亲水、一部分疏水)α 螺旋、赖氨酸与精氨酸残基簇、羧基端 Ser—Lys—Leu(SKL)序列。

参考答案

1. A　这是有关简并性概念的题目。B 和 E 目前所知并不存在,事实上有时 tRNA 只读取三联体密码子的前两个碱基(摆动性),而且有时非常规碱基会出现在反密码子中。C 项是指终止密码子(无意义密码子)。D 项是指密码子通用性的变异,在线粒体中可以出现。

2. C　tRNA 可以与错误合成的氨基酸形成化学键并且迅速的发生降解。A 和 B 选项:ATP 与氨基酸反应形成酶联的氨酰腺苷酸,并且释放 PPi。D 选项:某些氨基酸如羟脯氨酸、羟赖氨酸会在翻译的同时或者之后通过修饰而产生。E 选项:一种氨酰基 tRNA 合成酶可以识别负责转运一种特定氨基酸的几种 tRNA。

3. B　形成的复合物随后即结合 mRNA。A 选项:蛋氨酰 $tRNAi^{Met}$ 出现在 P 位点。C 选项:eIF-2 的磷酸化可以抑制蛋白质合成的起始。D 选项:延伸过程中使用的是蛋氨酰 $tRNAc^{Met}$。E 选项:mRNA 最早是与 40S 亚基作用。

4. C　空出 A 位点以供下一个 tRNA 结合在蛋白质合成过程中非常重要。A:下一个氨酰 tRNA 结合到 A 位点。B:肽键的形成不需要能量。D:链霉素可以抑制原核生物 70S 起始复合物的形成,从而导致遗传密码的误读。E:氨酰 tRNA 的氨基基团通过电子对攻击羧基基团以形成肽键。

5. E γ羧基化在好几种凝血蛋白合成中非常重要，但在胰岛素的合成中不发生。A：前胰岛素原插入到内质网中并被切除信号肽。B：除了纤维蛋白外，所有的蛋白质都必须折叠成三级结构。C：胰岛素原在被剪切之前会发生折叠并形成二硫键。D：切除的这段肽链就是C肽。

6. D 这只是伴侣蛋白众多功能中的一个。A：许多蛋白质可以正确地进行自我折叠。B：错误折叠的蛋白质才会被识别并迅速发生降解。C：伴侣蛋白结合到未折叠蛋白的疏水性区域。E：错误折叠的蛋白质更容易发生聚集而形成斑块。

7. E 一个密码子整体缺失意味着某个特定的氨基酸不会出现。A：只有在一种情况下才会发生，就是缺失的这个密码子是终止密码子。B：突变蛋白比正常蛋白质仅短1个氨基酸，而不是几个。C：1个或2个核苷酸缺失导致的移码突变才会引起这种变化，缺失连续3个核苷酸导致这样的移码突变只有在一种情况下才会发生，就是这3个核苷酸横跨2个密码子，而这样的情况比较罕见。D：这种情况是点突变造成的。

8. E 泛素的激活以及蛋白酶解步骤中需要ATP，此步则不需要。B，D：都是正确的。C：泛素连接到组蛋白上并不引起组蛋白的降解。

9. D 赖氨酸是通过另一种酶催化而发生羟基化的。A，C：脯氨酸羟化酶催化需要Fe^{2+}和抗坏血酸。B：这个序列是—X—Pro—Gly—。E：羟基化是与翻译过程同时进行的。

10. C 信号肽酶位于内质网的管腔面。A：这些以及一个标志信号肽酶识别的极性片段，都是信号肽的共同特征。B，D，E：叙述的都是这一生化过程中的必要步骤。

11. C 链霉素通过改变tRNA、mRNA以及核糖体亚基的相互作用来干扰翻译的起始，它还可以导致密码的误读。A：嘌罗霉素结构与氨酰tRNA类似，可以导致肽链提早释放。B：40S与60S亚基是真核生物的核糖体亚基。D：氯霉素可以抑制转肽酶的活性。E：这是蓖麻毒素以及相关毒素的作用。

12. A 该毒素催化转位酶(即EF-2)发生ADP核糖基化，形成其衍生物ADP-核糖基EF-2，从而失去活性。

13. I细胞病患者的溶酶体中存在多种酶的严重缺乏，但却在外周血和其他体液中呈异常的高水平。6-磷酸甘露糖是运送至溶酶体的酶类的特征性标志，其形成的第一步是磷酸N-乙酰葡萄糖胺(Glc-NAc-P)被催化连接至酶蛋白的多甘露糖型寡糖链上，然后通过剪切产生6-磷酸甘露糖。缺少溶酶体酶就会导致溶酶体中未降解的产物不断聚积，所以会形成包涵体。

14. 这些结构都是运送蛋白质到特定细胞亚结构中去的特异性靶向信号。这三个结构分别是线粒体、细胞核以及过氧化物酶体的靶向信号。

（杨朝旭 译）

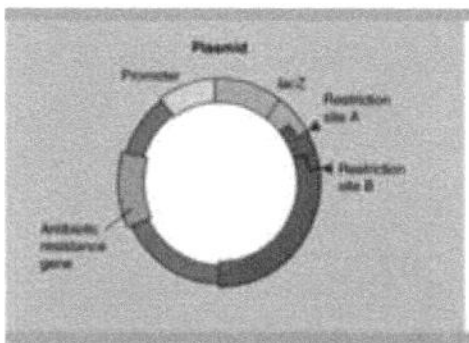

7

重组 DNA 和生物技术

Gerald Soslau

7.1 概 述

直到 1970 年,现代分子生物学才登上了历史舞台。在之前的 30 年间,虽然科学家们始终无法解释一个生化实体是如何高精度地复制生命的,但他们在基因测序和操纵基因表达方面所做的大量研究为现代分子生物学时期的到来奠定了基础。从那以后,科学家们加快了对生理和病理状态下基因调控的全面了解。脱氧核糖核酸是由四种不同核苷酸共价结合组成的、具有糖-磷酸骨架的遗传物质,它的碱基序列具有非随机性;具有多种在生态环境中可以稳定存在的构象;脱氧核糖核酸中存在特定蛋白质可以识别并结合的特定区域。尽管表面上来看很复杂,但是基于以往对细胞内大分子物质及其变化过程研究的认识,基因的表达显然是受到严密调控的。经过科学工作者的不懈努力,涉及 DNA 复制和 RNA 转录的酶已经被纯化出来,并且已经明确它们的具体功能;遗传密码已经被破译;从许许多多突变体的基因拼接中已经建立起了原核生物染色体的基因图谱;最后,人们已经可以在实验室中将各种 RNA 纯化,然后酶促水解成不同的片段并完成测序。然而,对基因调控的进一步了解还需要能选择性地将 DNA 切成同源性片段的技术。由于高度纯化的小病毒 DNA 基因都十分复杂而难以译解,可想而知破解人类超过 3×10^9 个碱基对是多么的繁重的任务。

限制性内切核酸酶的分离、纯化和鉴定促进了重组 DNA 方法学的发展。随着 DNA

测序的发展，人们揭开了各种生物基因组组成的奥秘。随着基因组测序最终获得成功，调控基因表达的侧翼序列也得以知晓。这样就产生了"共有序列"的概念，比如启动子、增强子以及许多供调节性蛋白结合的位点都属于共有序列的范畴(见8.2节)。一些DNA的调控位点就在转录起始点的上游紧挨着起始点的区域，而有些调控位点则位于起始点上游距离起始点数千个碱基的区域，还有一些则位于转录起始点的下游。

本章将介绍许多成熟的技术，这些技术可以将复杂的基因切割成已知的基因片段，并对这些片段的核苷酸序列和的功能进行完整的分析。基因工程(基因的修饰和人工处理)的方法让我们更容易了解基因在原核和真核细胞里的组成和表达。通过引入选择性快速扩增DNA片段的方法，即PCR方法，简化了基因工程中的许多步骤。实验和临床应用的蛋白质很容易通过这些基因工程的方法获得。在不久的将来，这些技术将会形成许多针对遗传性疾病的基因替代治疗方法。对遗传性大分子进一步了解和加以处理，对于整个社会具有重要的意义。

7.2　多聚酶链反应(PCR)

直到最近，分析一段特定区域的DNA序列和功能仍需要纯化大量的DNA片段。随着PCR技术的出现，快速、大量扩增特定DNA序列的方法有了飞跃的发展。PCR反应需要两个寡核苷酸片段，它们能与人们感兴趣的DNA片段互补并杂交。这两个寡核苷酸片段作为DNA聚合酶的引物，各自复制DNA的两条单链。PCR反应的重复循环就能在数小时内产生大量人们感兴趣的DNA片段，而用克隆技术则需要数天乃至数周时间。

无论是纯化的DNA还是复杂的DNA混合物，用PCR的方法都能完成对特定DNA序列的扩增。反应的原理见图7.1。待扩增的DNA序列必须克隆入一个插入位点两侧序列已知的载体中。PCR的产物是双链DNA分子，在每一个循环中所有的模板链都将被复制。为了下一轮的PCR扩增，上一轮扩增的PCR产物会被加热，使得DNA双链解离成单链。在足够的寡核苷酸引物存在的条件下，随着温度的下降，单链状态的模板链将与剩余的引物再次杂交，在DNA聚合酶和四种dNTP的参与下，DNA片段又将被扩增。解离DNA双链需要将温度提高至95℃，但这个温度会使大多数的DNA聚合酶灭活。有一种从 *Thermus aquaticus* 中提取出来的热稳定的Taq聚合酶，在解链温度下不会被灭活，也就免去了在每个扩增循环后需重新添加聚合酶的麻烦，同时也使得PCR的反应完全自动化，这样，理论上一条DNA分子一次反应可以被扩增一百万倍。

当目的DNA片段相对于整个DNA样品而言浓度很低时，反应中除了目的DNA片段会被扩增，还会伴随其他一些不需要的非特异性序列的扩增。在这种情况下，可以运用**套式PCR(nested PCR)**来增强PCR扩增的特异性。经过10～20个循环的第一轮PCR扩增后，取一小部分产物作为模板进行第二次PCR扩增，但第二次PCR的引物与第一次不同，其与模板的结合位点位于第一次引物结合位点的下游，即扩大了扩增的范围，第二次PCR的引物也可以称为外引物。这种两次扩增目的DNA片段的方法可以大大增强PCR的特异性。PCR应用于基因诊断和法医调查时只需一滴干血或一根头发，并且可以对现存的生物体做进化方面的研究(见临床相关知识7.1)。

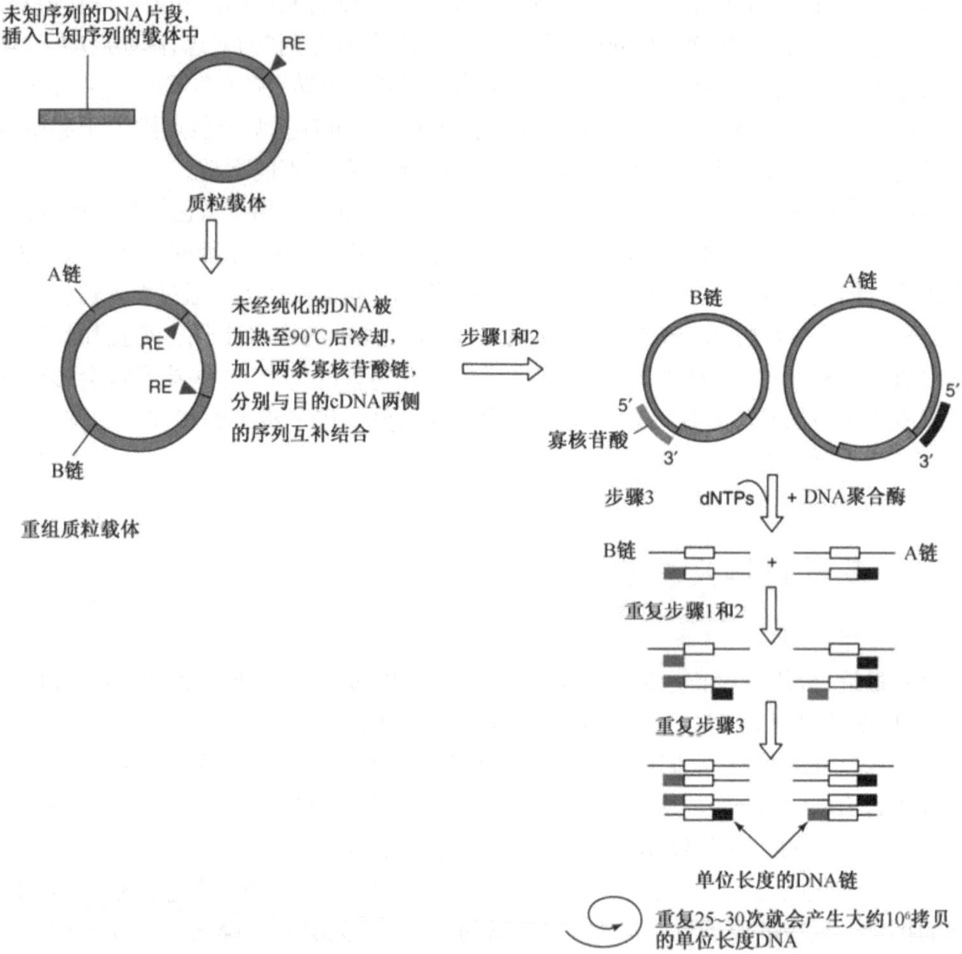

图 7.1　多聚酶链反应(PCR)

运用常规的重组方法将一段未知序列的 DNA 片段插入一个已知序列的载体中。不需纯化重组的 DNA，将其加热至 90℃后，DNA 双链解离成单链，在足量的两条寡核苷酸链存在的条件下进行冷却，这两条寡核苷酸链在冷却的过程中可以分别与插入的 DNA 片段两侧已知序列的质粒载体部分互补性结合。只有重组的单链 DNA 才能作为模板，与寡核苷酸引物结合进行 DNA 的扩增，从而产生序列未知的外源性双链 DNA 片段。“加热-扩增”循环的不断重复，可以快速产生大量特定的目的 DNA 片段。通过特定的限制性内切核酸酶的切割、琼脂糖凝胶电泳分离以及胶回收的方法可以将目的片段从 PCR 产物中纯化出来

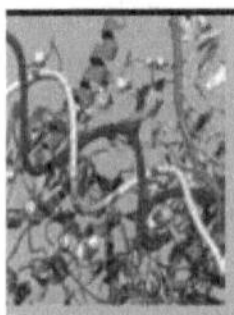

临床相关知识 7.1
多聚酶链反应

PCR 筛选人类免疫缺陷病毒

使用 PCR 扩增微量 DNA 革新了 DNA 的检测和分析方法。PCR 能产生足量的 DNA 用于分析。用常规的方法检测和鉴定人类免疫缺陷病毒(HIV)，如 Southern 印迹 (DNA 杂交)和抗原分析，不仅耗费人力而且价格昂贵，而且敏感性低。一个感染

HIV病毒的患者,如果没有AIDS(获得性免疫缺陷综合征)的临床表现,通过常规的检测方法可能得到假阴性的结果。HIV感染的早期发现对疾病的早期治疗和病程发展的监测至关重要。还有,一种敏感的检测方法还能确保献血者的血中不携带HIV病毒。在出现抗体之前,即所谓的血清阴性反应期,从HIV携带者的白细胞中分离得到DNA,以其为模板通过PCR扩增的方法就能检测到潜在的HIV DNA。但由于现今的PCR方法成本较高,以至于尚不能将该方法大规模地用于献血标本的筛选。PCR还可用于检测以及研究其他人类感染性病原体的DNA序列。

套式PCR检测微嵌合体

输血时,供者的白细胞能在受者的外周血中存活下来。但是,这些具有微小嵌合体性质的白细胞群存在的意义仍有待于认识和了解。检测受者血中供者来源的白细胞最好的方法就是应用PCR来检测主要组织相容性复合物(MHC)的HLA-DR区域多态性。套式PCR方法比常规的PCR方法至少敏感100倍。然而,随着敏感性的提高,可能是由于引物与假基因的错误配对,导致了非特异性的产物的出现。鉴于此,建立患者输血前血样的基线PCR模式就显得非常必要了,这样如果一旦扩增出错误的条带就能立即排除。如此一来,供者白细胞检测的准确性就会大大提高。

7.3 限制性内切核酸酶和限制性图谱

限制性内切核酸酶选择性水解DNA

限制性内切核酸酶(restriction endonuclease)能选择性地将DNA水解成小片段。它对细菌具有保护作用,能防止病毒的侵入(如噬菌体)。在细菌体内,正常情况下可以被限制性内切核酸酶所识别的细菌DNA序列,其内部回文结构的碱基会发生甲基化,这样细菌自身的DNA就会受到保护而不被酶切。而没有甲基化的病毒DNA就被认为是外来物质,被限制性内切核酸酶识别并水解。如今,许多Ⅱ型限制性内切核酸酶都已广泛商品化。(见2.5节,限制性内切核酸酶活性的讨论)

将限制性内切核酸酶的酶切位点组成限制性图谱,那么特定的DNA中哪些位点可以被酶切就一目了然了。含有酶切位点的纯化DNA对限制性内切核酸酶十分敏感,通过调节纯化DNA酶切的时间,可以得到大小不同的DNA片段。通过琼脂糖凝胶电泳分离得到的这些片段就能构建限制性图谱(图7.2)。不同限制性内切核酸酶的相继使用能够得到更详细的限制性图谱,其中包括许多环状DNA的限制性图谱,如细菌质粒、病毒和线粒体DNA。这种方法对于同一种类纯化的线性DNA片段同样也适用。

限制性图谱使得特定DNA片段的常规准备成为可能

在不同的DNA片段中,相对于基因或调控元件,限制性图谱包含的信息量较少。它们

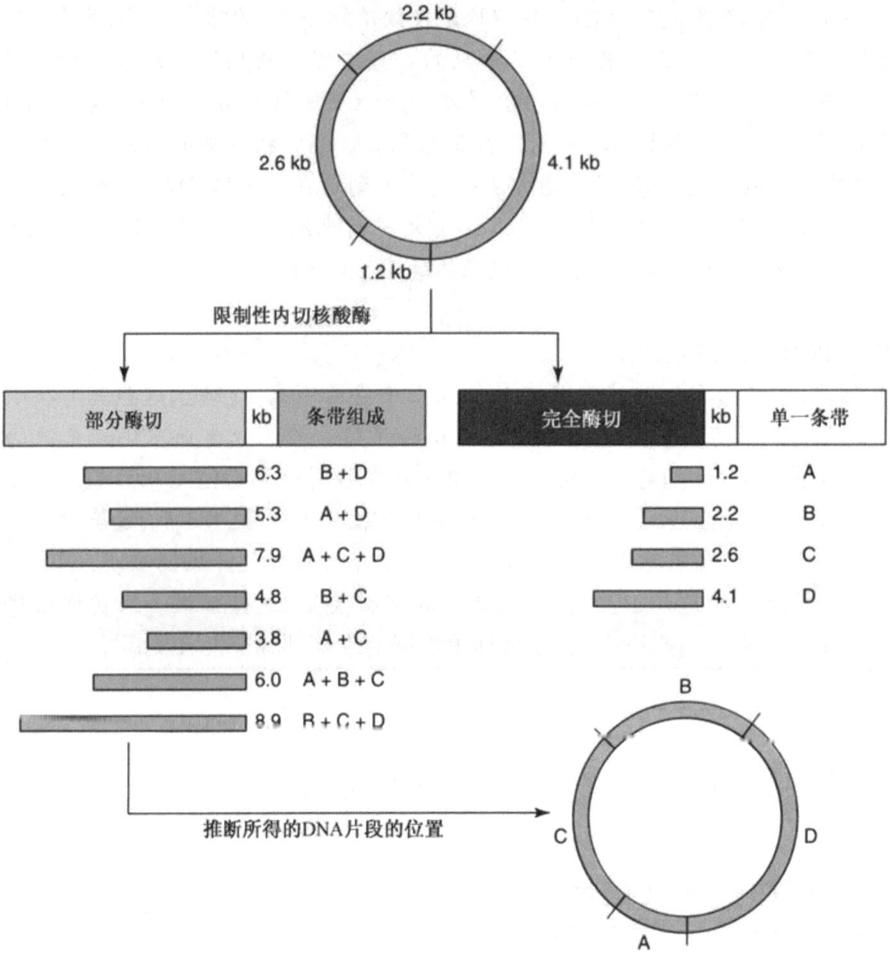

图 7.2　DNA 限制性内切核酸酶图谱的绘制

纯化的 DNA 很容易被限制性内切核酸酶消化并切断，在不同的消化时间就会得到部分切断或完全切断的 DNA 片段。靠琼脂糖凝胶电泳分开这些片段后，用溴化乙啶染色，在紫外线下就可以看见这些条带，并用照相机拍摄下来。在电泳时，同时加入标准的 DNA 分子做参照，通过观察他们的迁移就能得知 DNA 片段的大小。由此，DNA 分子内每个片段的相对位置可以通过不完全水解片段的大小推断出来

一直被用来演示种群中细胞器 DNA 的序列多样性，如线粒体 DNA（见临床相关知识 7.2）。它们还可以用来检测缺失突变，如一个来源于亲代的 DNA 片段突变成相对较短的片段。最重要的是，限制性内切核酸酶可以将 DNA 切成特定的同源性片段，这些片段很容易被纯化。限制性图谱对于基因及其侧翼 DNA 区域的克隆和测序都有非常重要的作用。

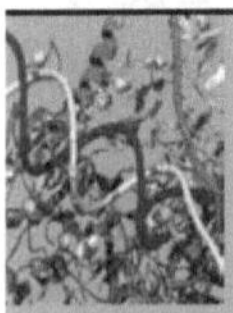

临床相关知识 7.2
限制性图谱与进化

过去，物种的进化研究仅仅依靠化石记载的解剖变化和碳年代的测定来推算。现在，人们正用分子分析的方法支持进化方面的研究，如对整个 DNA 分子或选定的基因

进行大小和序列的分析。通过绘制限制性图谱就能很快对来源不同物种的特定 DNA 分子的变化作出评价，但这个过程需要纯化 DNA。哺乳动物的线粒体含有 16 569 个碱基组成的闭合环形 DNA 分子，它能迅速从细胞中纯化出来用于研究，所以不需要克隆特定的基因就能观察 DNA 在进化中的变化。

从几内亚狒狒、恒河短尾猴、长尾猴和人类中提取的线粒体 DNA 被纯化后，分别用 11 种限制性内切核酸酶进行酶切。将绘制成的限制性图谱均从 DNA 复制起始处的核苷酸位点开始，按同一方向成直线排列。通过对该图谱的比较，就能计算不同物种核苷酸序列的变异程度。线粒体的碱基替换比率(将核苷酸的变异程度和时间的变异程度相比所得)比核内基因高约 10 倍。这种高频突变的纯化线粒体 DNA 对于物种间的进化关系研究来说是一个很好的模型。

对线粒体 DNA 的分析还能用于研究迁移人群的组成。在不同地理区域定居的人群，无论其定居在哪里，都拥有与其出生地人群相同的限制性酶切图谱。根据线粒体 DNA 的限制性图谱结构，可以将美洲土著居民分成四个主要的**单倍群(haplogroup)**。根据对图谱的分析发现，这些单倍群主要是在大约 18 000 年前，也就是冰河时代之前从亚洲和西伯利亚迁移而来的。

7.4 DNA 测序

20 世纪 70 年代后期，两种不同的测序技术相继出现，一种是由 A. Maxam 和 W. Gilbert 提出的化学降解法，另外一种则是由 F. Sanger 提出的酶解法。这两种方法都是标记末端的核苷酸，然后分离和检测生成的寡核苷酸。相比较，Sanger 的方法步骤简单，并且能检测含 400 个碱基的 DNA，而 Maxam 和 Gilbert 的方法只能检测含 250 碱基的 DNA，因此人们常用 Sanger 的方法进行 DNA 测序。

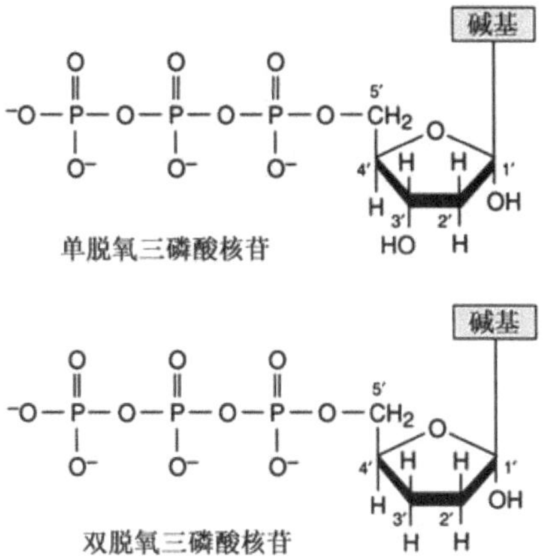

图 7.3　单脱氧三磷酸核苷和双脱氧三磷酸核苷的结构

双脱氧三磷酸核苷(ddNTP)的核糖 3′位缺乏 OH 基团。这个分子通过其 5′位的磷酸与正进行延伸的 DNA 分子形成磷酸二酯键。一旦 ddNTP 插入后就能阻止 DNA 的继续延伸，因为其 3′位缺乏 OH 基团，不能与下一个核苷形成磷酸二酯键

中止性产物分析测序法：Sanger 测序法

Sanger 测序(Sanger procedure)方法的依据是 DNA 链在合成过程中能在任意一个位点被终止。正常情况下 DNA 的合成是通过 DNA 聚合酶催化四种正确的核苷酸(dNTP)相互连接而进行的，Sanger 测序法是向该反应中加入 dNTP 的类似物——双脱氧核苷酸

(图 7.3),从而阻断了 DNA 合成的进一步延伸,该类似物全称叫做**双脱氧三磷酸核苷(dideoxynucleoside triphosphate ,ddNTP)**,其所含的核糖在 2′位和 3′位处都缺少 OH 基团,而 dNTP 只在2′位处缺乏 OH 基团。在 DNA 延长的过程中如果插入 ddNTP 后就不能与其他的 dNTP 形成磷酸二酯键,因为其核糖在 3′位处缺乏 OH 基团,那么 DNA 的延长将不能继续。因此只要在 PCR 反应体系中按一定比例加入 ddNTP 和 dNTP(如 dATP 和 ddATP),使它们竞争性地参与 PCR 反应,就有可能在任何位点处终止反应。要想在反应结束后识别这些长度不一的 DNA 片段,就需要在 DNA 分子的 5′端做好标记或事先将 ddNTP 标记好。这一测序技术(图 7.4)能很好地对单链 DNA 进行测序,也能用于变性的双链 DNA。通常需要测序的 DNA 是从重组的单链噬菌体中分离得到的,其中目的 DNA 的 3′端需要含有一个能与通用引物互补结合的序列。引物可以用含有^{32}P或者^{35}S的核苷酸进行标记。多种 DNA 聚合酶均能催化完成引物的延伸,其中噬菌体 T7 DNA 聚合酶是基因工程中通用性较强的一种聚合酶。将含有靶 DNA、标记的引物和四种 dNTP 的反应混合物加入四个试管中,在每个试管里再分别加入不同的 ddNTP。随着 ddNTP 的任意插入,DNA 链的延伸被终止。由于 ddNTP 在反应试管里的浓度相对 dNTP 较低,因而 DNA 合成的终止可以发生在相对于模板链的任意一个互补位点上,这样就可以产生大小不同的 5′标记的 DNA 分子。用聚丙烯酰胺凝胶电泳分离不同大小的 DNA 分子后,再用 X 射线放射自显影法检出被标记的产物,序列就能被读取出来。

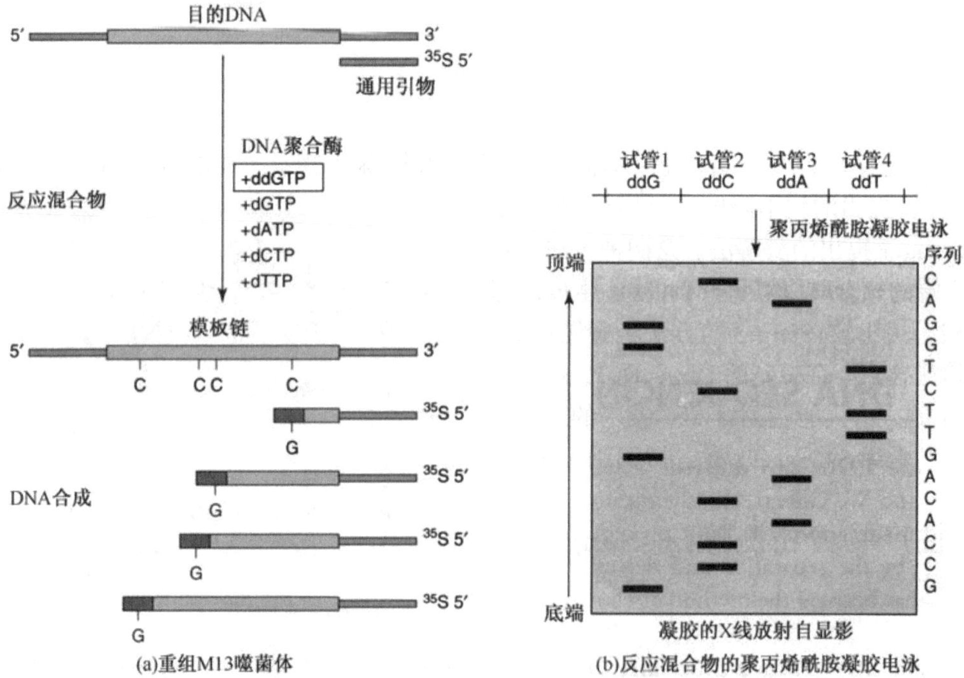

图 7.4 Sanger 双脱氧三磷酸核苷测序法

目的 DNA 片段被插入噬菌体 DNA 分子中。噬菌体的复制可以产生较易纯化的单链重组 DNA 分子。目的 DNA 下游的噬菌体 DNA 序列是已知的,可以与通用引物进行互补结合,而该通用引物在末端进行了标记。在 DNA 聚合酶的催化下,以四种 dNTP 和一种 ddNTP(如 ddGTP)作为原料,引物进行延伸。当 ddNTP 插入分子后 DNA 合成即停止。注意 ddNTP 和 dNTP 是竞争性参与 DNA 分子合成的。如此 DNA 合成反应不断的进行就能产生任一长度的末端标记的 DNA 片段,用电泳方法将片段分离后,其 DNA 序列就能从电泳图像上读取起初，这个方法需要单链的 DNA 模板、特定的互补寡核苷酸引物和相对较纯的 *E. coli DNA* 聚合酶Ⅰ的 Klenow 片段。随后这些困难逐渐被克服，对方法进行的修改简化了反应的步骤。

PCR 和 Sanger 方法相结合能对小片段目的 DNA 进行**定向测序**(**direct sequencing**)。双链的 PCR 产物可以直接作为模板，只要将条件控制好，使得复性后的其中一条模板链与引物结合，而不与互补链结合就可以进行测序了。随着标准双脱氧链终止反应的进行(由测序酶替代 Klenow 酶)，引物在不断延伸的同时可以合成长度不一的 DNA 链，再通过标记进行识别，就能完成测序。这个方法已经成功应用于遗传性疾病的诊断(见临床相关知识 7.3)。

临床相关知识 7.3

用 DNA 测序的方法诊断遗传性疾病

X 染色体隐性遗传的出血性疾病——B 型血友病，是由于凝血因子Ⅸ缺陷引起的。Ⅸ因子是肝脏细胞分泌的一种糖蛋白，其编码基因包含了 8 个外显子，长度为 34kb。目前已发现Ⅸ因子基因有超过 300 种突变，其中约 85% 的突变是单碱基置换，其余则是完全的或部分的基因缺失。以往用于鉴定缺陷基因携带者和产前检查的方法费时、费钱，还不准确。对基因组 DNA 进行 PCR 扩增以获得相应基因的 PCR 产物，再对 PCR 产物进行直接测序就可以弥补上述方法的不足。从患者的血样品中分离得到约 0.1～1μg 的基因组 DNA，用合适的引物就能扩增出Ⅸ因子基因的每一个外显子。对扩增后的产物进行测序，就能得知基因中有没有发生突变，如果有突变存在，还能明确是 B 型血友病的哪一种亚型。例如，London 6 是中度 B 型血友病的一个亚型，该亚型患者在Ⅸ因子基因的第 10 442 位点上发生了 A→G 的置换，从而使得第 64 位上的天冬氨酸变成了甘氨酸。

7.5　重组 DNA 和克隆

不同来源的 DNA 可连接形成新的 DNA：重组 DNA

在运用限制性内切核酸酶选择性剪切 DNA 分子的基础上，把两个不同的 DNA 分子连接起来，形成的 DNA 叫做**重组 DNA**(**recombinant DNA**)。这一过程与复制、分离和鉴定三种技术结合起来称为 DNA 重组技术，可以获得大量纯化的重组 DNA 片段。DNA 重组技术可以将一个 DNA 片段从大分子复合物(如病毒或人类的基因组)中分离出来并进行扩增，而且不仅可以将细菌的 DNA 片段和人类的 DNA 片段连接起来，也可以将不同病毒的 DNA 连接起来等。连接两个不同的 DNA 片段需要一种限制性内切核酸酶和一种 DNA 连接酶。目前已有许多种限制性内切核酸酶可供使用，它们所识别的特异性核苷酸序列是不同的(见 7.3 节)。一些限制性内切核酸酶水解双链 DNA 时采用交错的方式,切开后产生黏性末端(图 7.5),而另一些限制性内切核酸酶则对称地切开双链,继而产生平端。无论 DNA 来源如何(细菌、植物、哺乳动物等),特定的限制性内切核酸酶总能在相同的序列位点处精确地切开 DNA。有的 DNA 分子可能一个限制性酶切位点都没有,而有的 DNA 分子则可能含有多个限制性酶切位点。如果是交错切开的话,就会出现含有单链末端的 DNA 片段,即黏性末端。用相同的限制性内切核酸酶切断不同的 DNA 片段后再将其混合,它们的黏性末端可能发生杂交并一起复性,再用 DNA 连接酶连接这两个片段后就产生了重组的 DNA 分子。

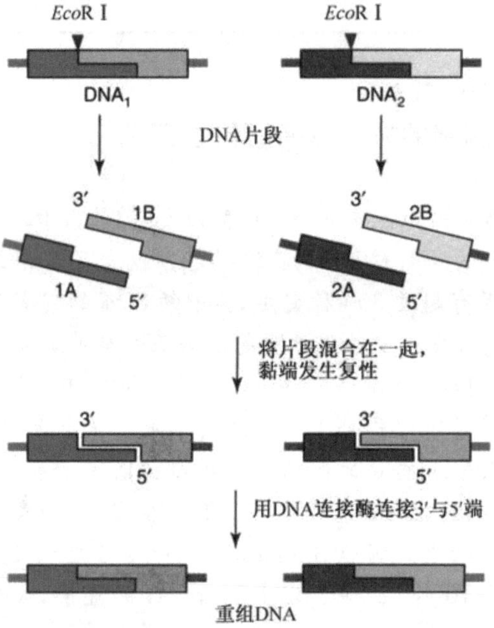

图 7.5 由限制性内切核酸酶产生含有黏性末端的片段形成了重组 DNA

许多限制性内切核酸酶以交错的方式水解 DNA,产生带有 5′和 3′单链末端的片段。不同的 DNA 分子经相同的限制性内切核酸酶切开后产生的 DNA 片段具有互补的单链末端,这些末端能在 DNA 连接酶的作用下经复性共价连接起来。混合物中存在任何可能的连接形式。当两个不同来源的 DNA 片段连接起来时,重组 DNA 分子就产生了

含有平端的 DNA 片段也可以被连接,但连接的效率就低得多。如果在一条 DNA 的末端加上一个能酶解的 poly(dA)尾巴,而在另一条的末端加入 poly(dT)尾巴,那么尾部的两条互补链就能经复性而连接起来,从而提高了两条 DNA 片段的连接效率。

通过克隆产生重组 DNA 载体

当重组的 DNA 进入细胞后,随着重组 DNA 的复制,目的 DNA 也得到了扩增。DNA 的重组需要载体 DNA 或者克隆载体。细菌质粒被认为是最理想的重组 DNA 载体。

许多细菌都含有一个约 4×10^6 碱基对组成的环状基因组染色体,以及被称作**质粒**(**plasmid**)的微小环形 DNA 分子。质粒通常只含有数千个碱基对,它们几乎与基因组染色体无关。质粒中常含有抗生素的抗性基因,可以帮助细菌抵抗抗生素的杀灭作用。这

一特点在筛选特异性细菌克隆时非常有用。质粒的复制是独立于细菌基因组染色体的复制而进行的。**松弛控制型**(**relaxed-control**)质粒是质粒的一种类型,其在细菌中可有数十乃至数百个拷贝,它的复制只依赖于宿主的酶,这些酶的半衰期往往较长。因此,在蛋白质合成抑制剂存在时,**松弛型质粒**(**relaxed plasmid**)照样能进行自我复制。在这种情况下,一个细菌通常能累积几千个拷贝的质粒。正因为如此,松弛型质粒被常规应用于 DNA 的重组。还有一种**紧密控制型**(**stringent control**)质粒,它的复制依赖于质粒本身不断编码合成的蛋白质。紧密型质粒复制的速度与细菌基因组 DNA 的复制速度大致相同,在一个细胞中只有几个拷贝。

第一个成功的重组 DNA 是将外源性 DNA 与 *E. coli* 的**质粒 pSC101**(**plasmid pSC101**)载体相连接而形成的,这个质粒载体包含一个 *Eco*RI 的限制性酶切位点和一个抗生素抗性基因。另外,质粒中还含有复制的起始点以及相关的 DNA 调控序列,它们统称为**复制子**(**replicon**)。但是,该载体中单一的 *Eco*RI 限制性酶切位点使得克隆的目的 DNA 仅限于可以被 *Eco*RI 酶切的 DNA 片段;单个抗生素抗性的选择标记还不够方便;另外质粒的复制效果也较差。

通过 DNA 重组技术,人们已经可以将质粒改造成带有多种功能的载体。理想的质粒载体包含的特征有:相对较小的分子质量(3～5kb)以便于插入大片段目的 DNA;含有多个不同的限制性酶切位点可用于克隆不同的目的片段;多个选择性标记以便于重组 DNA 分子的筛选;具有快速复制的特点。第一个构建成功的满足这些要求的质粒是 **pBR322**(图 7.6),由它衍生出的许多载体至今仍在使用。它们都包含一个叫做**聚合接头**(**polylinker**)的插入性 DNA 序列,其实质是一组**限制性酶切位点**(**restriction site bank**),也可以叫作**多克隆位点**(**polycloning site**),其中含有了多个该质粒特有的限制性酶切位点。

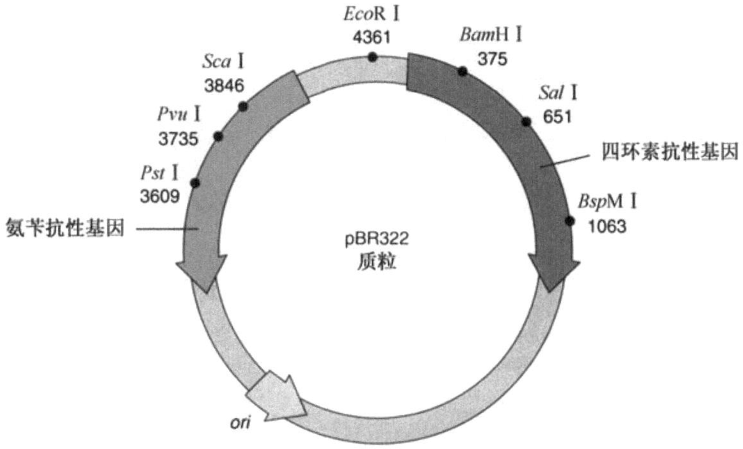

图 7.6　实验室构建的质粒 pBR322 具有方便于外源 DNA 片段克隆的特征

按照常规,质粒的核苷酸是从 *Eco*RI 识别序列(GAATTC)的第一个 T 开始编号的,图中的点显示的是不同限制性核酸酶切位点的 5′端碱基所在的位置。可见只有一部分的酶切位点位于带有抗生素抗性的基因中,从图中可以看出,整个质粒中没有同一种限制性内切核酸酶存在两个或两个以上的酶切位点

定向克隆:DNA 按特定的方向插入 DNA 载体

定向克隆可以减少“重组子”形成的种类,增加了筛选出所需重组子的可能性。使用两种限制性内切核酸酶,就能将带极性的外源 DNA 插入质粒中,并且可以使酶切后的质粒无法自身环化(也就是说必须连接外源 DNA 后才能环化)(图 7.7)。携带多克隆位点的载体是实现定向克隆的理想选择。经两种限制性内切核酸酶作用后就能产生一段 DNA 以及带有不同黏端的线性质粒。在这种情况下,质粒是无法自身重新复性复性的,而且外源 DNA 只能以一种方向插入载体。将潜在的功能基因定向克隆至启动子调控元件下游对于重组质粒的表达是十分重要的(见 7.11 节)。

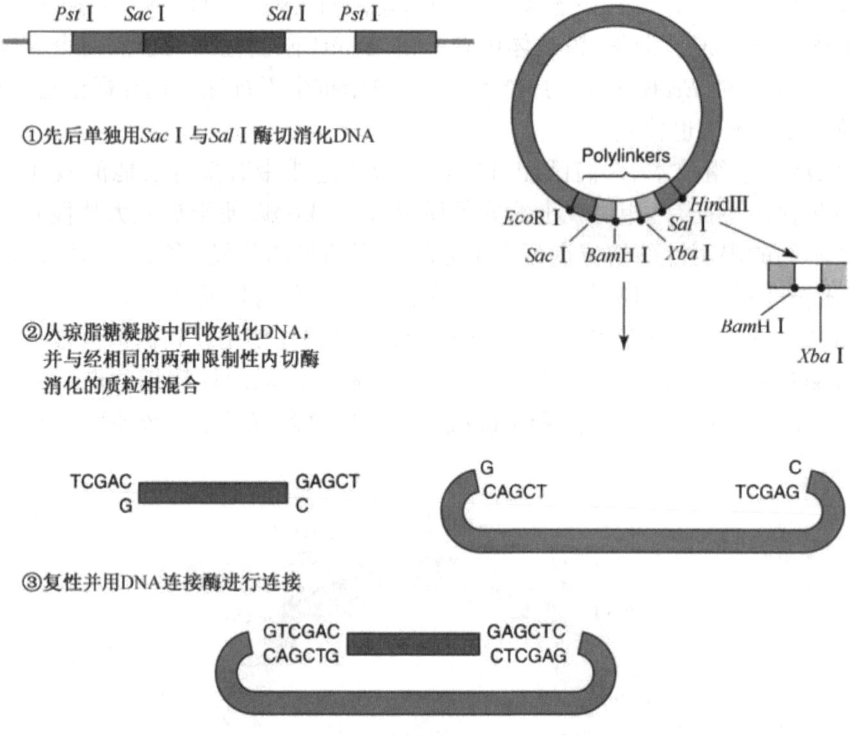

图 7.7 外源 DNA 按照特定的方向克隆入载体

将外源 DNA 按照特定的方向插入载体时需要目的片段的两端序列不相同,且可以分别与线性载体两端的序列互补结合,从而可以复性而连接。两端不同的复性序列是由特定的两种限制性内切核酸酶对外源性 DNA 片段以及载体进行酶切而产生的。载体中包含了带有多个独立的限制性酶切位点的 polylinker,这样就使得定向克隆更简便易行。在明确目的 DNA 的限制性图谱的基础上就可以选择合适的限制性内切核酸酶

重组 DNA 转化细菌和筛选过程的必要性

人为地将 DNA 导入细菌的过程称为转化。首先应将细胞置于二价阳离子的环境中,使其对小的 DNA 分子具备短暂的通透性,而后将包含外源 DNA 的重组质粒导入细菌,随后质粒在细菌中进行自行复制。

一旦质粒被导入细菌，质粒以及细菌都能进行自我复制。在转化的过程中，某些细菌可能没有被导入质粒，或者导入了不带有外源 DNA 的质粒(可能在连接过程中载体发生了自身复性连接而未能插入外源 DNA)。在某些实验条件下，外源 DNA 片段可以很容易地通过纯化小片段的、高纯度的 DNA 种类(如某些病毒 DNA)而得到。然而，限制性内切核酸酶通过酶切 DNA 可以产生许多 DNA 片段，这些片段的数目取决于被酶切 DNA 的大小和复杂性，而且各个酶切片段无法从酶切产物中分离。限制性内切核酸酶酶切产生的片段不一定包含一个完整的基因。即使一些片段包含了一个完整的基因，但也可能缺乏必要的侧翼性调控序列，如启动子区域。如果一个外源基因来自于哺乳动物，那么它的调控序列无法被细菌的 mRNA 合成装置所识别。初始基因转录本(前 mRNA)可能含有内含子，在细菌体内是无法进行加工的。这就使得筛选出含有正确的目的 DNA 的细菌变得尤为重要，而相应的筛选方法也已经得到了一定的发展。

基因文库中的重组 DNA 分子

人类基因组是含有成千上万个基因的染色体集合，用单一的限制性内切核酸酶对人类基因组进行酶切可以产生无数的 DNA 片段。如果再用相同的限制性内切核酸酶切开质粒载体，那么这些 DNA 片段就能够与已被酶切成线性分子的质粒发生复性而连接。通过调整质粒和 DNA 片段的比例，就可以使得每一种 DNA 片段至少有一个拷贝与载体形成了环形的重组 DNA 质粒。通常情况下，每个质粒载体中只能插入一个 DNA 片段。将重组的质粒分子转化入细菌中，使得一个细菌携带一个重组质粒。每个重组质粒在细菌里进行复制，细菌又能自己进行生长繁殖，每个细菌中都携带有某个重组质粒的多个拷贝。结果是整个细菌的群体将包含所有的 DNA 片段，这些片段代表了整个人类基因组。这就形成了**基因文库**(**gene library**)，就像图书馆里收藏了成千上万册的图书，此时，人们就需要一个系统去筛选感兴趣的基因。

质粒用于克隆的目的片段通常来源于较小的、不太复杂的 DNA(如病毒 DNA)。质粒也可以用于对已经被克隆至其他载体的大片段 DNA 进行亚克隆。基因组 DNA 片段通常用能携带较大外源 DNA 片段的载体进行克隆，而不常用质粒进行克隆。

使用 PCR 的方法可以免于 DNA 克隆

DNA 片段经克隆以及扩增后可以用于亚克隆、突变研究以及测序研究。PCR 的方法已经很大程度上取代了在自我复制的生物体系统内进行重组 DNA 扩增的方法，因为 PCR 大大缩短了时间，节省了后者中必要的准备步骤。由于载体 DNA 上位于目的片段两侧区域的序列是已知的，那么就可以在目的片段序列未知的情况下(最多可达 6kb)利用 PCR 反应将其扩增出来。

使用 PCR 方法有时可以完全不必克隆目的 DNA。例如，一个已知序列的基因如果在患者的 DNA 中发生了突变，可以用**多重 PCR 策略**(**multiplex PCR strategy**)来进行检测。首先从患者的血细胞中分离 DNA，再合成多对寡核苷酸引物用来扩增整个基因或基因的特定区域(图 7.8)。通过琼脂糖凝胶电泳分析扩增的 DNA 片段，并与正常的基因扩

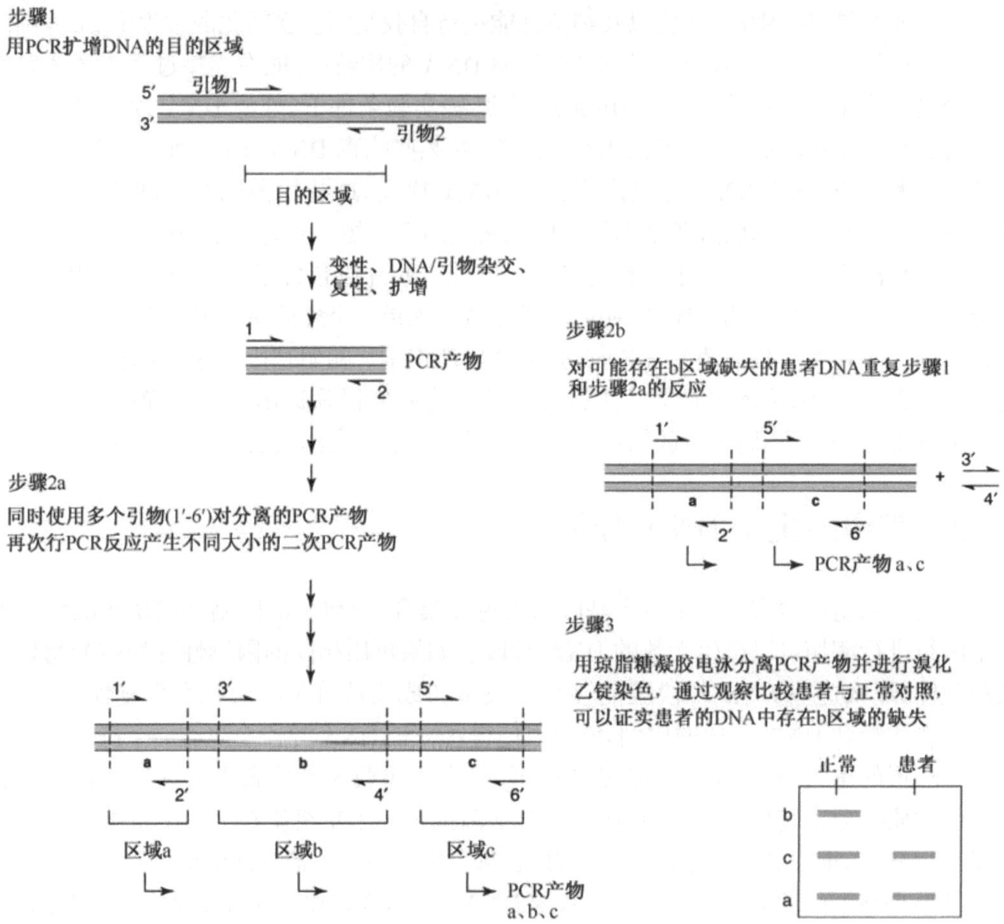

图 7.8　多重 PCR 分析 DNA 的一段目的区域中存在的突变

步骤 1：用 PCR 的方法扩增一个复杂 DNA 分子的一个区域，其所用的引物与目的区域两侧的序列互补。步骤 2a：将 PCR 的产物作为模板，同时用多对与产物 DNA 互补的引物再次扩增(图中与 DNA 互补的区域分为 a，b，c 三段)。这一步骤需要知道正常的 DNA/基因的序列。步骤 2b：从可能存在突变的患者身上取得目的 DNA，重复步骤 2a。步骤 3：多重 PCR 扩增后(2a)和(2b)的产物用琼脂糖凝胶电泳进行分析，可以明确患者的样本中是否出现目的基因的突变

增产物进行比较，就可以很容易地发现存在的缺失突变。对多重 PCR 的产物直接测序后还能检测到患者基因中的点突变。多重 PCR 已经用于检测 Lesch-Nyhan 患者次黄嘌呤鸟嘌呤磷酸核糖基转移酶(HGPRTase)的基因缺陷(见临床相关知识 7.4)。

临床相关知识 7.4

多重 PCR 分析 Lesch-Nyhan 综合征中次黄嘌呤鸟嘌呤磷酸核糖基转移酶基因的缺陷

Lesch-Nyhan 综合征，如临床相关知识 20.2 中所描述的，是由于次黄嘌呤鸟嘌呤磷酸核糖基转移酶(HGPRTase)的活性不足而引起的。目前已经检测到了数种具有功能

缺陷的 HGPRTase 变异体。用多重 PCR 的方法扩增 HGPRT 的基因座,已经被用于分析 Lesch-Nyhan 患者细胞中 HGPRT 基因(即编码 HGPRTase 的基因)的缺陷,正是由于该基因的各种缺陷导致了所编码的 HGPRTase 的多样性。HGPRT 基因包含 9 个外显子,在单次 PCR 反应中用 16 个不同的引物对它进行多重扩增,并用琼脂糖凝胶电泳分离产物进行分析。通过对数名患者细胞中的 DNA 进行多重 PCR,扩增 HGPRT 的基因座并进行分析可以检测到多种基因变异,其中有外显子区域的部分缺失,甚至还有整个外显子的缺失。

7.6 基因文库内特定克隆 DNA 的筛选

通过抗性缺失筛选转化菌

当一个转化细菌携带了重组 DNA 的质粒后,它所有的后代都将携带这种重组质粒的拷贝。问题是如何在成千上万的细菌克隆中筛选出这种包含重组质粒的细菌克隆。构建的 pBR322 质粒及其衍生体都携带了两个抗生素的抗性基因,而且这两个基因对一些限制性内切核酸酶十分敏感。当一个外源 DNA 片段插入质粒的某一限制性酶切位点处,而该位点正好位于某一抗性基因中,那么这个抗性基因的功能就将被破坏,携带该重组质粒的细菌将变的对这种抗生素敏感起来(图 7.9)。而质粒上的另一个抗性基因仍保存完整,那么细菌对这种抗生素仍具有抗性。这种质粒基因产物的**插入失活**(**insertional inactivation**),使得我们可以筛选出携带重组质粒的细菌克隆。

pBR322 质粒携带的基因对**氨苄西林**(**ampicillin**)(amp^r)和**四环素**(**tetracycline**)(tet^r)具有抗性。基因文库若是通过将细胞 DNA 片段插入到质粒的 tet^r 基因中而构建的,两步之内即可筛选出含有重组质粒的细菌克隆(图 7.9)。第一步,细菌在含有氨苄西林的培养基中生长。没有被转化的细菌,即缺乏正常质粒或重组质粒的细菌,将无法在这种抗生素中生长,这些细菌就将被剔除。然而这也不能表明,剩下的有活力的细菌一定带有重组的质粒,还有可能是没有 DNA 插入的正常质粒。第二步,将带有重组质粒的细菌鉴别出来,这些细菌因含有无功能 tet^r 基因而变得对四环素敏感。具有氨苄西林抗性的细菌在含有氨苄西林的琼脂平板中菌落可以生长(图 7.9),通过滤纸,将原来琼脂平板上的细菌克隆复制到新的无菌平板上,并保持各个细菌克隆的位置不变。新平板中含有四环素,那些携带 tet^r 基因失活质粒的细菌克隆则不能生长,这些克隆即是含有重组质粒的细菌克隆。将含有四环素和不含四环素的平板进行比较,就能发现,原来在氨苄平板上生长的细菌克隆如果在四环素平板中没有生长,则这些细菌克隆就是含有重组质粒的克隆。

DNA 或 RNA 探针(见 7.7 节和 7.15 节)都可用于目的 DNA 的鉴定。将琼脂平板上具有氨苄抗性的细菌克隆复制到硝酸纤维素膜上,并用 NaOH 溶解黏附在膜上的细菌(图 7.9)。细菌中的 DNA 在 NaOH 的作用下发生变性,并且更牢固地黏附在膜上。标记的 DNA 探针或 RNA 探针与目的 DNA 的序列是互补的,它们能够与硝酸纤维素膜上的 DNA 发生杂交。通过 X 线放射自显影法,检测出携带目的 DNA 的细菌克隆。这些点

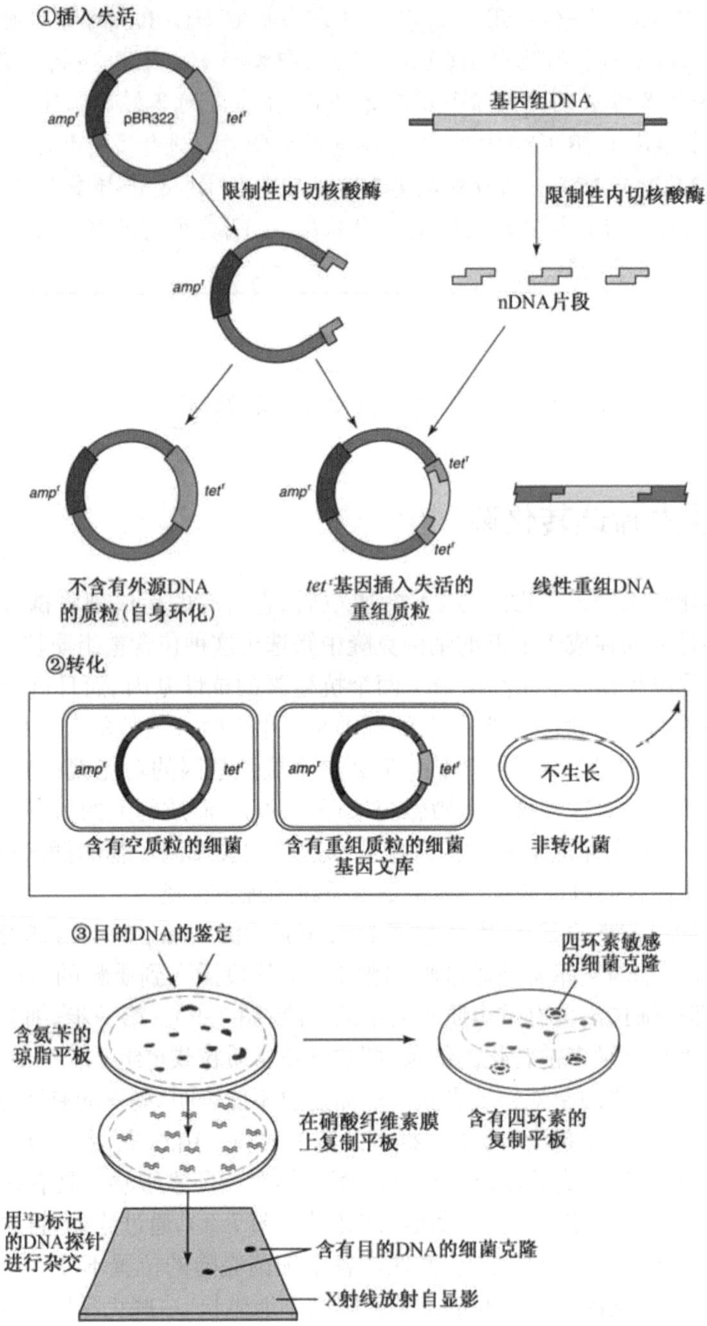

图 7.9　重组质粒的插入型失活和携带目的 DNA 的转化菌的检出

当外源性 DNA 片段插入载体后将破坏功能基因的序列,使得重组 DNA 不表达该基因。随着 DNA 的插入,编码四环素抗性(tet^r)的基因被破坏,而氨苄西林抗性基因仍保留功能。由于重组载体的一个抗性基因被破坏,另一个抗性基因保留,通过其在转化菌中的复制即可以鉴定出携带外源 DNA 的细菌克隆

在原来琼脂平板上对应的细菌克隆便能大规模的培养并进行进一步的处理。

克隆并扩增的 DNA 片段通常不包含一个完整的基因,也就不能被诱导表达。但是,

这段克隆的 DNA 片段可以用作测序，也可以作为探针去检测基因组 DNA 混合物中的某个基因，或分析 mRNA 的转录水平，以及检测疾病患者中该基因存在的突变。

利用 α 互补筛选携带重组质粒的细菌

携带重组质粒(pUC 系列)的细菌也可以通过视觉识别出来(图 7.10)。pUC 质粒中含有 *lac* 操纵子(见 8.3 节)中 β-半乳糖苷酶基因(即 *lac* 基因)的调节序列和部分 5′端编码序列(N 末端的 146 个氨基酸)。该质粒 DNA 只能翻译出 β-半乳糖苷酶 N 端片段，当然是没有活性的，但突变株 *E. coli* 则编码了前者所缺失的 β-半乳糖苷酶的羧基端片段，通过将 pUC 质粒转化至突变株 *E. coli* 中，则宿主菌与质粒所翻译的两个 β-半乳糖苷酶片段可以在**异丙基-β-D-硫代半乳糖苷**(**isopropyl thio-β-d-galactoside**，**IPTG**)的诱导下互补结合，从而产生完整的、有活性的 β-半乳糖苷酶。这个过程就称为 α **互补**(**α-complementation**)。当这些转化的细菌在生色底物 X-gal(5-溴-4-氯-3-吲哚基-β-d-半乳糖苷)的

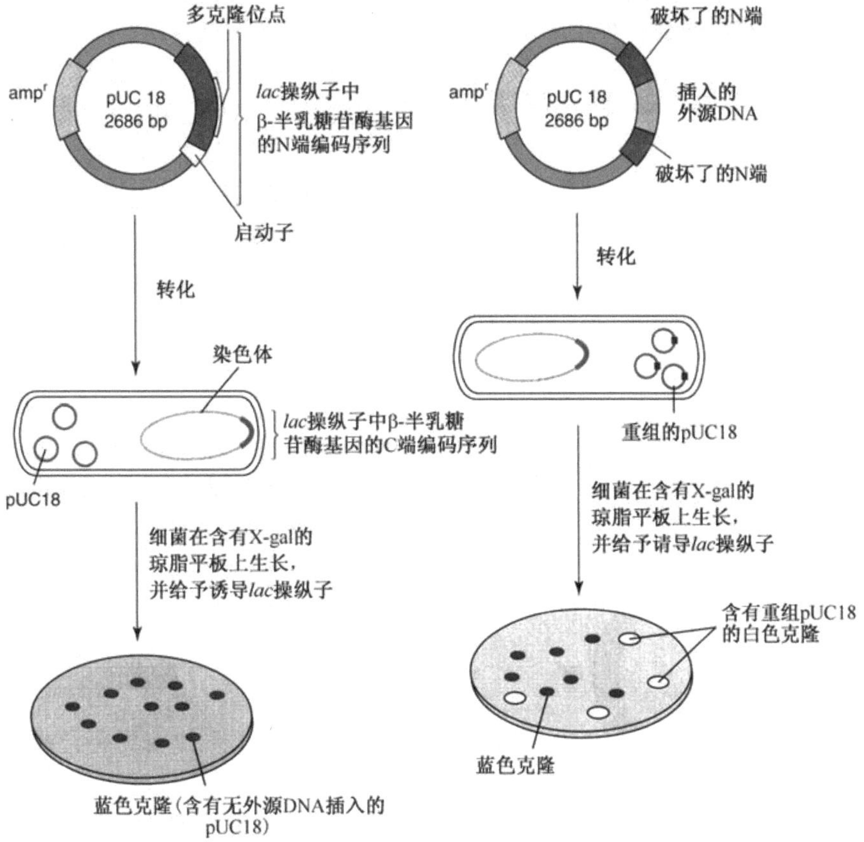

图 7.10　α 互补法筛选出转化菌

构建的载体(pUC18)能表达 *lac* 操纵子中 β-半乳糖苷酶的 N 端。用 pUC18 载体转化编码 β-半乳糖苷酶 C 端的细菌突变株。转化的这些细菌在特殊的底物(X-gal)中生长时，伴随完整的 β-半乳糖苷酶的合成，酶与底物发生作用，形成了蓝色菌落克隆。因为此时编码 N 端和 C 端的功能序列互补结合从而产生了有功能的酶。然而，如果外源 DNA 片段的插入破坏了 pUC18 载体中编码 β-半乳糖苷酶 N 末端的序列，携带重组质粒的转化细菌将不能产生有功能的酶，那么这些含有重组 DNA 载体的细菌将形成白色克隆，从而可通过视觉鉴别出来

培养基上生长时，形成的β-半乳糖苷酶就会催化底物，从而形成蓝色的菌落克隆。然而如果将外源 DNA 片段插入 pUC 质粒的β-半乳糖苷酶 N 端序列中后，就破坏了 α 互补作用，无法形成有活性的酶。带有重组质粒的细菌在 X-gal 培养基中将产生白色的菌落克隆。利用这方法可以通过视觉将带有重组质粒的白色克隆从携带空载体的蓝色克隆中筛选出来。

7.7 核酸和 DNA 结合蛋白的检测和鉴定

用核酸探针检出特异的 DNA 或 RNA 序列

DNA 和 RNA 探针可用来筛选携带重组 DNA 的细菌、分析细胞中 mRNA 的表达以及在基因组中进行 DNA 序列的鉴定。这些探针含有靶核苷酸的互补序列，因此能与靶序列进行杂交。它们的互补程度就决定了探针结合的牢固程度。探针不需要含有整个 DNA 的互补序列。它们的核苷酸通常可以用放射性 ^{32}P 标记；或用无放射性的酶的底物标记，当加入该底物的酶时，就会发生酶促反应，从而检出标记的核苷酸。

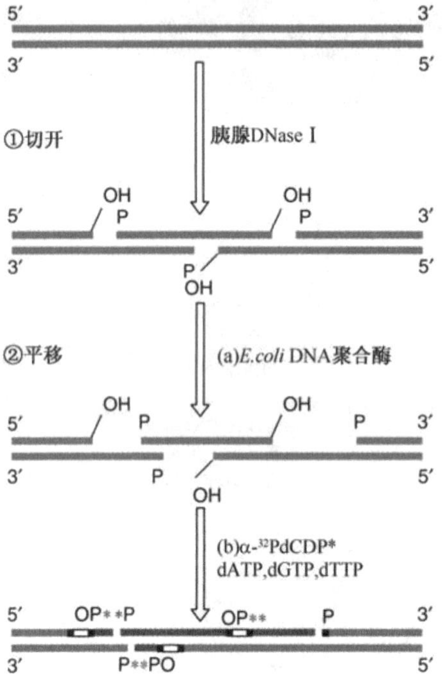

图 7.11　切口平移法(Nick translation)标记 DNA 探针

纯化的 DNA 分子经放射活性标记后，通过杂交可用于检测实验样本中存在的互补 RNA 或 DNA。(1)缺口形成：在 DNA 中引入任意的单链切口。(2)切口平移：*E. coli* DNA 聚合酶(PolⅠ)具有(a)5′→3′的外切酶活性，能去除切口处 5′端的核苷酸；(b)聚合酶活性，能同时以 3′端作为引物用放射性标记的核苷酸填补单链的缺口

标记性探针可以用双链 DNA 的切口平移法产生。**切口平移法(nick translation)**(图 7.11)是用 DNaseⅠ将 DNA 主链上的任意一个磷酸二酯键切开，切开的部位就叫作切口(nick)。随后用 *E. coli* DNA 聚合酶Ⅰ处理该 DNA，由于 *E. coli* DNA 聚合酶Ⅰ具有 5′→3′的外切酶活性和 DNA 聚合酶活性，它会利用外切酶的活性在切口的 5′端水解数个核苷酸，随后再利用聚合酶的活性填补被水解掉的核苷酸，只不过用于填补的核苷酸都是用放射性元素标记的。所以这个反应需要在 α-^{32}P 标记的一种 dNTP 和无标记的其他三种 dNTP 存在的条件下进行。用该方法制作探针的 DNA 通常是经过纯化的，来源于克隆的 DNA、病毒 DNA 或 cDNA。

随机引物法标记 DNA(random primer labeling of DNA)相对于切口平移法具有独特的优点。随机引物法只需 25ng 的 DNA，而切口平移法需要 1～2μg；随机引

物法制作的标记性探针活性($>10^9$ cmp /μg)比切口平移法高大约 10 倍,且常常能产生较长的标记性探针。具体方法是将双链的探针融解变性后,与含有所有可能碱基序列的六核苷酸混合物(如 ACTCGG,ACTCGA,ACTCGA 等)进行杂交。杂交后的六核苷酸作为引物在 DNA 聚合酶(如 Klenow 酶)的作用下,以一种或多种放射性标记的 dNTP 为原料,合成双链 DNA 探针。

标记的 RNA 探针比 DNA 探针更具有优势。比如,从 DNA 模板转录的 RNA 数量相对较多,所以使用的 RNA 探针只需很少量即能发挥作用。一个双链 DNA 探针在与靶 DNA 杂交之前必须变性,变性后的 DNA 探针虽能与靶 DNA 进行杂交,但与自身互补链的复性会与杂交发生竞争。如果用单链的 RNA 探针与互补的 DNA 或 RNA 分子进行杂交就不会发生类似的竞争现象。合成 RNA 探针需要模板 DNA。转录合成时,这个 DNA 的模板上游必须共价结合一个启动子,因为只有存在启动子才会被 DNA 依赖的 RNA 聚合酶所识别,从而启动 RNA 探针的合成。适合这一技术的载体已经构建成功。

标记的 DNA 或 RNA 探针与硝酸纤维素膜结合的 DNA 进行杂交,并通过标记探针的检测而识别目的片段。目的核苷酸片段可以从琼脂上生长的细菌克隆转移至硝酸纤维素膜上,也可以从已被电泳分离的琼脂糖凝胶上转移至硝酸纤维素膜。

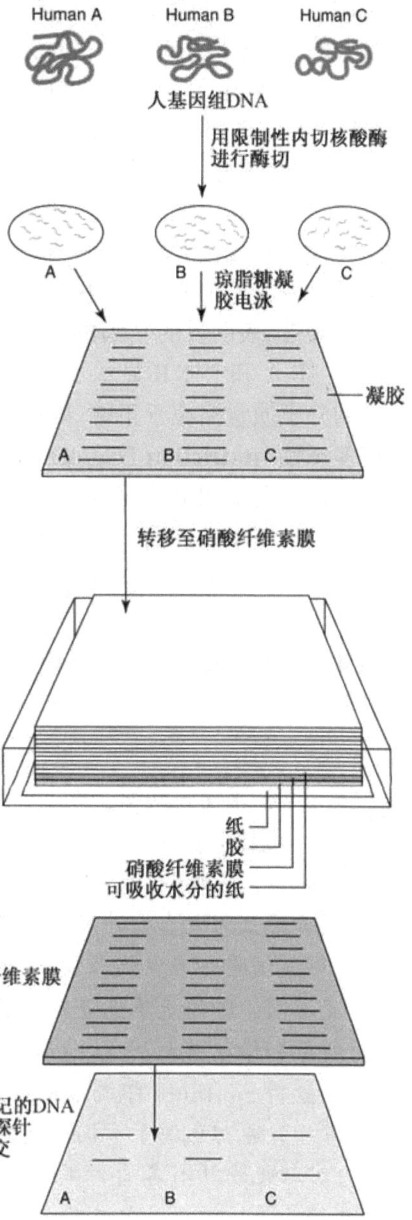

图 7.12　Southern 印迹技术将 DNA 从琼脂糖凝胶转移至硝酸纤维素膜上

将单链的 DNA 分子转移至硝酸纤维素膜后,就能从复杂的 DNA 混合物中检出特定的 DNA 序列。用切口平移法标记的探针进行杂交可以证实目的 DNA 序列在基因组中出现的区域是相同的还是不同的

Southern 印迹技术鉴定 DNA 片段

将从琼脂糖凝胶电泳分离得到的 DNA 转移至滤膜上再进行分析是在 20 世纪 70 年代由 E. M. Southern 提出的,现已成为一种不可缺少的方法。这种方法称为 **Southern 印迹技术**(图 7.12)。限制性内切核酸酶水解产生的 DNA 片段混合物可以按大小经琼脂糖凝胶电泳分离开来。将凝胶浸在碱性溶液中使 DNA 变性。然后按顺序从下至上依次叠放滤纸、

凝胶、硝酸纤维素膜和滤纸。最底层的滤纸浸泡在一定浓度的盐溶液中，通过毛细管吸引作用使得凝胶、硝酸纤维素膜和上层的滤纸也被盐溶液湿润。通过高盐溶液离子向上运动的趋势，将 DNA 从凝胶中洗脱到位于上方的硝酸纤维素膜上。DNA 吸附在硝酸纤维素膜上的位置与其在凝胶上的位置完全相同。由于是以单链形式吸附在膜上(已变性)，因此膜上的 DNA 可用标记的探针来检测分析。

Southern 印迹技术在许多方面都有着巨大的应用价值。比如：检测并明确复杂基因组 DNA 中特定序列的拷贝数；确认 DNA 克隆的结果；显示人类基因组中疾病相关性 DNA 的多态性等等。使用 Southern 印迹的例子见图 7.12。从三个不同的个体中分离出人类基因组 DNA，用限制性内切核酸酶切成成千上万的 DNA 片段，在电溶液中通过电泳作用将这些片段按大小顺序分布在琼脂糖凝胶上，随后将 DNA 转移至硝酸纤维素膜上，并用^{32}P 标记的 DNA 或 RNA 探针杂交目的基因。如果在所有的三个人中，探针均检测到了两条带，表明目的基因的序列中存在一个酶切位点，基因在该点上被酶切成了两段；如果个体 A 和个体 B 显示了正常的图像，而患者 C 的两条带中只有一条是正常的，另一条带的分子质量略小于正常，则说明患者在该基因处存在突变。这就是一个**限制性片段长度多态性**(**restriction fragment length polymorphism，RFLP**)分析的例子，它能检出在同一个物种内不同个体间由限制性内切核酸酶产生的不同 DNA 片段。患者 C 中检测到了分子质量减小的片段暗示了这个基因可能发生了小片段的缺失，并可能与某种疾病相关。于是这个基因就能被克隆、测序，并对其突变后的特性作一全面的分析(见临床相关知识 7.5)。

其他一些技术也应用了 Southern 印迹的原理，如将 RNA 转移至硝酸纤维素膜或尼龙膜上的 Northern 印迹(下文讲述)以及将蛋白质转移的 Western 印迹。

临床相关知识 7.5
限制性片段长度多态性可以明确肿瘤的克隆来源

人们普遍认为大多数肿瘤都是单克隆的，即极少发生的事件改变了单个细胞的基因组，使得该细胞异常生长形成一个肿块，而该突变细胞的所有子细胞均带有完全相同的突变基因。肿瘤是单克隆的而不是多克隆的证据有利于区别过度增生(正常细胞的数量增加和体积增大)和肿瘤形成(新细胞或肿瘤细胞的生长)。用限制性片段长度多态性来分析 Southern 印迹法所得的 DNA 样本能确认人类肿瘤的克隆来源。如果所有的肿瘤细胞都来源于不同的父方细胞，那么它们应该是一个 DNA 标记物的混合体，即每种标记物具有各自细胞的特性。然而，如果在所有细胞中的 DNA 标记都相同，那就预示着该肿瘤是单克隆的。分析仅限于女性，因为只有女性的性染色体是两条 X。受精卵细胞的两条 X 染色体中只有一条是有活性的，这条 X 染色体或者来自父方，或者来自母方，而另一条 X 染色体是失活的。在胚胎发生期间，X 染色体的激活是随机发生的，而且是保真地传递到所有子代细胞中，所以子代细胞有一半的可能是携带母方的 X 染色体，而另一半可能将携带父方的 X 染色体。

X 染色体激活时，DNA 分子中的部分胞嘧啶残基发生了甲基化，根据这一特性可以分析人类肿瘤的克隆特征。一些限制性内切核酸酶，如 *Hha*Ⅰ，原来能将 GCGC 序列切开，如果序列中的C碱基发生了甲基化，那么 *Hha* I 就不能在原位点切开DNA。因此，可以应用限制性内切核酸酶来探查X染色体(有活性/无活性)甲基化的状态。另外，在一定数量的个体中，对X染色体的特定区域用限制性内切核酸酶水解，根据酶切片段在电泳中迁移的差异可以区分父方来源的X染色体和母方来源的X染色体。用Southern印迹技术将与X染色体该区域互补的DNA探针和这些片段杂交，发现了一个与X染色体连锁的基因，即次黄嘌呤鸟嘌呤磷酸核糖基转移酶(HGRPTase)基因。该基因均含有两个 *Bam*H I 的限制性酶切位点(B_1 和 B_3)，有些个体中还有第三个位点(B_2)(见图)。

父方来源的一条X染色体中，HGRPTase基因除了 B_1 和 B_3 外还存在 B_2 位点，我们可以利用RFLP的方法进行检测。所以，一个女性细胞的X染色体中HGRPTase基因或带有2个 *Bam*H I 位点(酶切产生一条24kb大小的DNA片段)，或带有3个 *Bam*H I 位点(酶切产生大小为12kb的单一DNA片段)。下图显示了对肿瘤细胞DNA分析的结果，以此确定其来源到底是单克隆还是多克隆。正如预期的那样，通过这种方法检测的三种人类肿瘤均显示是单克隆来源的。

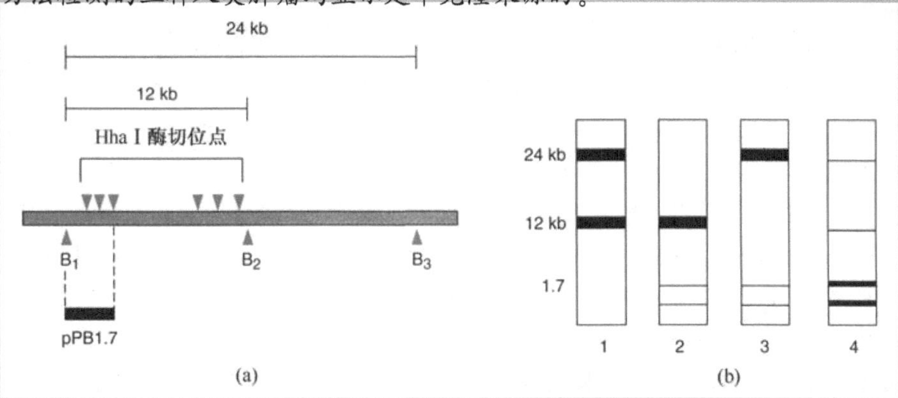

对基因组DNA进行分析从而明确肿瘤的克隆来源

(a)与X染色体连锁的HGRPTase基因含有两个恒定的Bam HI限制性酶切位点(B_1 和 B_3)，有些个体中还会有第三个位点(B_2)。该基因中还包含若干个 *Hha* I 的酶切位点；然而，所有的这些 *Hha* I 位点，除了H1，在活化的X染色体中通常都是被甲基化的。所以，在活化的X染色体中只有H1位点能用 *Hha* I 切开。使用克隆的标记探针—pPB1.7，可以确定某一肿瘤细胞中的HGRPTase基因是怎样的形式(即含有几个 *Bam*HI 酶切位点)，以及该基因是否存在于活化的X染色体上。(b)利用限制性内切核酸酶来判断肿瘤是单克隆来源的还是多克隆来源的，其电泳图如下：(1)只用 *Bam*HI 进行酶切。电泳图中如果只有一条长度为24kb的片段，则说明该基因只含有B1和B3两个位点；如果还存在一条长度为12kb的片段，则说明该基因不纯，除了B1和B3外，还存在B2位点，表明该肿瘤细胞系杂合子。(2)用 *Bam*HI 和 *Hha* I 同时酶切，单克隆肿瘤出现来源于活性X染色体(甲基化的)的12kb条带。(3)用 *Bam*HI 和 *Hha* I 同时酶切，单克隆肿瘤出现来源于活性X染色体(甲基化的)的24kb条带。(4)用 *Bam*HI 和 *Hha*I 同时酶切，多克隆的肿瘤的条带特征。研究的所有肿瘤结果均显示为(2)、(3)泳道的图像

单链构象多态性

Southern印迹分析法和检测不同个体中DNA碱基变化的RFLP方法的依据都是依赖于限制性酶切位点发生了改变。可是在限制性酶切位点内部很少发生碱基的置换、缺

失和插入。但即使这些突变不发生在酶切位点内部，却还可以用**单链构象多态性**(**single-strand conformation polymorphism，SSCP**)的分析方法检测出来。这个方法的主要依据是单链的 DNA(小于 400 碱基)在聚丙烯酰胺凝胶上电泳时其迁移率部分是由它的构象决定的。单一碱基的改变常常引起 DNA 构象的变化，这一变化已经足够使 DNA 在非变性的聚丙烯酰胺凝胶电泳时发生位置迁移，而被检测出来。

分析小区域内的基因组 DNA 或 cDNA 的单链构象多态性时，可以先用 PCR 的方法对目的区域进行扩增。根据目的区域的侧翼 DNA 序列合成正义和反义的寡核苷酸引物，在放射性标记的核苷酸存在的情况下，用 PCR 的方法扩增该 DNA 区域。对放射性标记的双链 PCR 产物进行纯化后，在 80% 的甲酰胺中进行热变性，随后立即在非变性的聚丙烯酰胺凝胶上进行电泳。用正常对照的产物与实验研究样本或患者样本的产物进行迁移率的对比。患者样本中检出的突变可以鉴定为遗传的缺陷。这些步骤已成功地应用于分析长 QT 综合征相关的基因，而该综合征又与婴儿猝死综合征(sudden infant death syndrome，SIDS)密切相关(见临床相关知识 7.6)。单链构象多态性的分析方法需事先知道目的基因/基因片段的序列，而用 RFLP 方法只需要 DNA 的限制性图谱即可。

临床相关知识 7.6

单链构象多态性检测致 SIDS 的自发突变

在美国，婴儿猝死综合征(SIDS)是婴儿出生后第一年内死亡的最主要原因。一个前瞻性研究结果显示，用心电描记法对 34 000 多名新生儿进行监测，发现心电图上的长 QT 间期与 SIDS 的高发明显相关。基于这个研究的结果，人们试图在发病的新生儿中寻找与长 QT 间期综合征相关的一个或多个基因突变。对象选择的是因紫绀、室息或无脉被送往急诊室救治的出生 44 天的新生儿。这些新生儿在多次直流电刺激后随即给予药物治疗，QT 间期延长造成的心律失常逐渐稳定了下来。从这些新生儿和其父母的外周血淋巴细胞中提取基因组 DNA。对这些新生儿的样本用 SSCP 的方法分析一个与长 QT 间期综合征相关的基因，发现该基因的第 2971 到 2972 位置上发生了碱基的置换，即由 AAC 替代了 TCC。这个基因编码的蛋白质与钠通道有关，而这样的突变在新生儿父母的 DNA 样本中却没有发现。这个基因的突变使得它所编码蛋白质的高度保守区域内的一个丝氨酸被天冬酰胺取代。在 200 名对照的人群里没有检测到这样的突变。从以上的结果得出结论，即与长 QT 间期综合征相关的基因在这些新生儿中发生了自发突变，从而导致了类似 SIDS 的事件。治疗后，这些新生儿在近 5 年的时间里没有再出现类似的症状。这项研究表明，对新生儿进行心电图检查从而筛选长 QT 间期的患儿具有重要的潜在价值，此方法可以降低新生儿由 SIDS 引起的死亡率。

mRNA 的检测

分析组织内 mRNA 的数量或者总 RNA 的水平对理解细胞生长和组织分化的基因调控具有十分重要的作用。通过分析特异性 mRNA 可以评估基因表达的时限、水平以及组织中的定位。很多技术都可以用来分析一个 RNA 样本中特异性 mRNA 的数量。①**Northern 印迹分析**方法：和 Southern 印迹方法类似，需要将 RNA 先根据大小在琼脂糖凝胶上进行电泳分离，再转移至一张膜上。然后针对目的 mRNA，用特定的标记性探针与膜上的混合 RNA 进行杂交，也可以用无放射性的探针。Northern 印迹的方法可以确定 mRNA 分子的大小，鉴定出可能选择性剪接的转录物和/或可能存在的多基因家族转录产物。②**RT-PCR**(见 7.8 节)：与 Northern 印迹方法不同，能直接测出 RNA 样本中一种 mRNA 的数量，其原理是先将样本中特异性 mRNA 和内参照 mRNA 都反转录成 cDNA，然后通过比较这两者的 PCR 产量从而得到特异性 mRNA 的一个相对值。典型的内参照为 GAPDH(磷酸甘油醛脱氢酶)和 β-actin。③**核酸酶保护法(nuclease protection assay，NPA)**：这个方法不能直接给出目的 mRNA 的大小，但是在同时分析多个不同细胞来源的 mRNA 时，它是一个理想的方法。放射标记的或非同位素标记的探针先与溶液中的 RNA 样本杂交。溶液里的杂交效率要明显高于膜上(如 Northern 印迹方法)的杂交效率。任何残留的、没有发生杂交的探针或 RNA 都将被核酸酶水解(包括杂交后没有形成双链的多余部分)。然后杂交的混合物通过低浓度(6%)的丙烯酰胺凝胶进行电泳分离。每个杂交体的大小由探针的大小所决定。核酸酶保护法常用来检测不同组织来源的 mRNA(图 7.13)。④**原位杂交(*in situ* hybrid-**

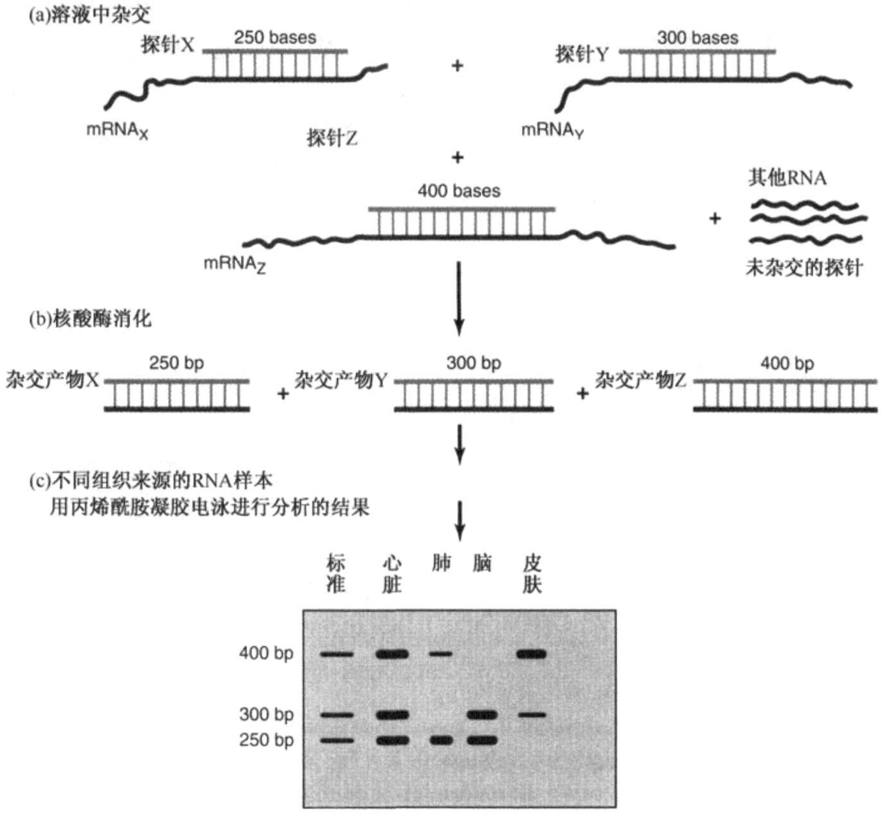

图 7.13　核酸酶保护法

从不同的组织内抽提细胞的总 mRNA。将 RNA 混合物与各种单链 DNA 探针进行杂交，这些 DNA 探针可以与 RNA 混合物中已知序列的不同基因转录产物(mRNAx，mRNAy，mRNAz)互补结合。用核糖核酸酶消化已杂交的 mRNA 链中没有与 DNA 探针结合的单链区域，以及所有没有发生杂交反应的 RNA 样本。仅留下不能被核糖核酸酶降解的 DNA-RNA 杂交产物，用丙烯酰胺凝胶电泳作进一步分析。观察特定组织内基因的差异表达

ization)：是这些方法中唯一能明确甲醛固定的组织样本中哪种细胞表达了特异性基因的方法。该方法无需将 RNA 抽提出来或用电泳的方法分离出来，只要将所研究的组织固定、切片后置于载玻片上，然后用蛋白酶 K 对蛋白质进行消化，来增强标记探针和细胞中目的 RNA 杂交的效能。这种方法不仅可以验证并支持核酸酶保护分析法的结果，而且还能明确组织中何种细胞类型表达了目的 mRNA。

序列特异性 DNA 结合蛋白的检测

调控蛋白结合至位于基因侧翼区的特异 DNA 序列后可以上调或下调基因的表达。**电泳迁移率变动分析**(**electrophoretic mobility shift assay，EMSA**)，或称作凝胶阻滞法，已被广泛地用于分析序列特异性 DNA 结合蛋白以及与这些蛋白质结合的 DNA 序列。具有潜在 DNA 结合特性的蛋白质可以来自于全细胞抽提物或者细胞核抽提物，也可以来源于纯化的蛋白质或者遗传工程所表达的重组蛋白。放射性标记的 DNA 探针可以是 DNA 片段，也可以是合成的双链寡核苷酸，抑或是克隆的 DNA，它们均包含了一个已知的或者潜在的(未知的)蛋白质结合位点。这些 DNA 必须是双链的，因为从全细胞或细胞核抽提的蛋白质中会存在非特异性单链 DNA 结合蛋白，如果用单链 DNA 作为探针就会与它们发生非特异性结合而干扰结果。在对样本进行电泳分析之前，将纯化的标记性 DNA 探针和蛋白质样品预孵育，形成稳定的蛋白-DNA 复合物。

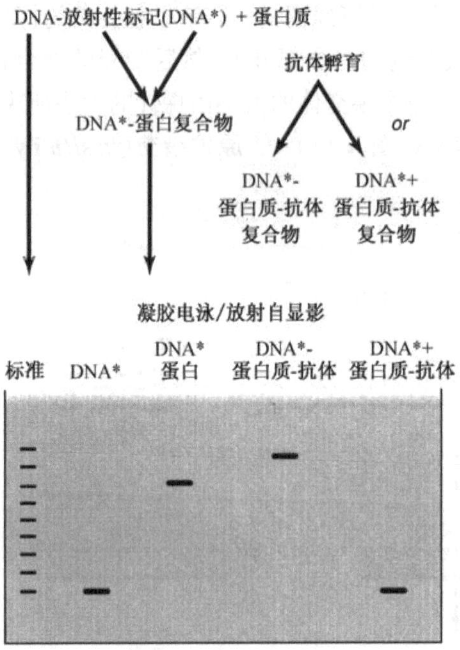

图 7.14　电泳迁移率变动分析

纯化的 DNA 在凝胶上迁移时主要取决其电荷和分子质量的大小。如果一个蛋白质与纯化的 DNA 形成复合物后，它们的分子质量就明显增大了，使得它们在凝胶上的迁移变慢-迁移率发生变化。如果在蛋白质-DNA 复合物的基础上再加入一个抗体，将形成更大的复合物，从而进一步降低迁移率。如果加入的抗体与蛋白质的 DNA 结合区域发生了反应，那么就不能形成 DNA-蛋白的复合物。加入抗体后出现的两种情况都有助于鉴定 DNA 结合蛋白

图 7.14 显示了预期结果的图像。相对于没有结合蛋白的 DNA，标记的蛋白-DNA 复合物在凝胶上发生了**迁移的迟滞**(**supershift**)。如果在预孵育的试管里再加入 DNA 结合蛋白的抗体，那么还可能出现两种情况。第一种情况是抗体结合在蛋白质的抗原表位上，但没有阻碍蛋白质与 DNA 结合，那么这个包含 DNA-蛋白-抗体的复合物将变得更大，使得其在凝胶上电泳时迁移地更慢，迟滞也更明显。相反，第二种情况就是如果抗体遮盖了蛋白质与 DNA 的结合位点，那么就只能形成蛋白-抗体复合物，在凝胶上将出现标记的 DNA 探针和蛋白-抗体复合物的两条带。无论上述的哪种情况，都将进一步证实 DNA 结合蛋白的鉴定。

7.8　cDNA 和 cDNA 文库

将特异的功能性真核基因插入载体后，在原核细胞内诱导表达可以产生大量的遗传工程蛋白，这些蛋白质在医学、农业和实验研究中具有重要的价值。如今临床上使用的激素和酶，包括胰岛素、红细胞生成素、血小板生成素、白介素、干扰素以及组织纤溶酶原激活物都是通过这个方法生产出来的。除了极少数的情况，一般不可能从基因组 DNA 中直接克隆出有功能的基因，其中一个原因是哺乳动物基因组中的大多数基因直接转录的产物都包含了内含子，在转录后的修饰过程中这些内含子会被切除。但原核系统不能切除这些内含子，从而无法产生有功能的 mRNA。如果将真核生物中已修饰的功能性 mRNA 反转录成**互补 DNA（complementary DNA，cDNA）**再进行克隆就能解决这个问题。

以 mRNA 为模板用反转录酶合成 DNA

mRNA 反转录的 cDNA 可以插入至载体并进行扩增、鉴定和表达。在细胞周期的任何时间段，哺乳动物细胞通常包含了 10 000～30 000 种不同的 mRNA 分子。在某些情况下，一个细胞内某种特定的 mRNA 几乎占据了整个细胞总 mRNA 的 90%，如网织红细胞中珠蛋白的 mRNA。大多数的 mRNA 在细胞中只有 1～14 个拷贝。我们可以从整个细胞的 mRNA 来构建 cDNA 文库，但如果目的 mRNA 在细胞中仅有数个拷贝，则对应的 cDNA 就很难被鉴定出来。通过一些方法来增加目的 mRNA 的量或者它们所对应的 cDNA 量，可以使得构建的 cDNA 文库中其他种类 cDNA 的数目减少，也就增加了鉴定出目的片段克隆的可能性。

需要的 mRNA 可以通过分离技术来富集

mRNA 可以按照分子质量大小经凝胶电泳或离心进行分离。在一定的分子质量范围内抽提 mRNA 可以将目的 mRNA 的浓度提高数倍。根据目的基因所编码蛋白质的分子质量大小，可以大致推断相应的 mRNA 或 cDNA 的大小。如果 mRNA 中存在一定长度的非翻译区，那么预计的分子质量大小可能会与实际大小出现偏差。

通过免疫学的方法富集特异性 mRNA 分子时需要针对目的基因编码蛋白质的抗体。在体外翻译的蛋白质混合物中加入抗体，能与多聚核糖体中正在延伸的氨基酸链发生作用，并使这样的多聚核糖体发生沉淀。通过对免疫沉淀得到的多聚核糖体片段进行纯化就能得到目的 mRNA。

cDNA 的合成

以 mRNA 的混合物作为模板，使用 RNA 依赖的 DNA 聚合酶（即反转录酶）可以将 mRNA 反转录成与之互补的 cDNA 链（图 7.15）。真核细胞的 mRNA 在其 3′端有一个 poly(A)的尾巴，所以反转录时可以利用一个长 12～18 个碱基的寡聚 dT 作为引物与 poly(A)序列杂交。当 cDNA 合成后，这个杂交体会发生变性或者 mRNA 在碱性溶液中水解从而获得单链的 cDNA。单链 cDNA 的 3′端形成的发夹结构将作为引物，在 Klenow 片段或反转录酶的作用下继续合成 cDNA 的第二链。随后用 S1 核酸酶识别并消化该双链 cDNA 中包含的发夹结构。在将 cDNA 克隆入载体前，必须对其两端进行修饰。一种方法是将含有平末端的 cDNA 分子与一种连接分子以及噬菌体 T4 DNA 连接酶共同孵育，催化该连接分子与 cDNA 的平末端进行连接(图 7.16)。该连接分子是通过人工合成的，其内部含有限制性酶切位点，在其连至 cDNA 分子后，便可用特定的限制性内切核酸酶对 cDNA 进行酶切，以便于该 cDNA 插入由同种内切酶消化后的质粒载体中。

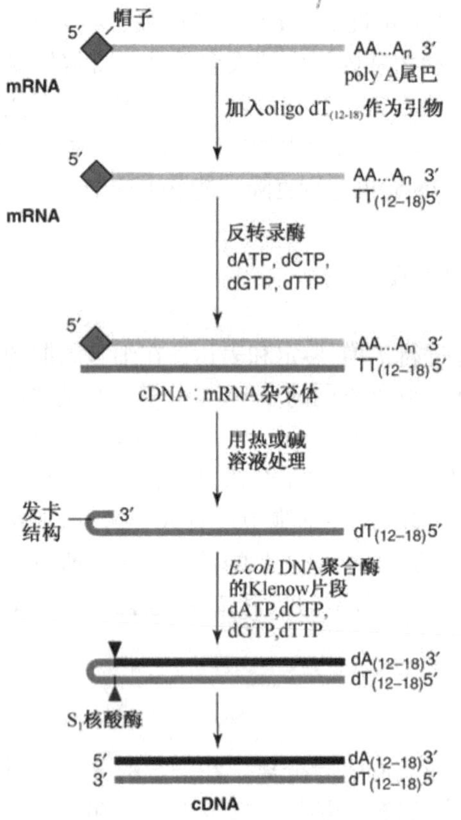

图 7.15 从 mRNA 合成 cDNA

用可与 mRNA 的 3′端 poly(A)尾巴杂交的寡聚 dT(长 12～18 个碱基)作为引物，在反转录酶和四种 dNTP 的参与下，以 mRNA 为模板合成互补的 DNA 链。加热使形成的 cDNA：mRNA 双链分离或者用碱性溶液水解 mRNA，从而得到单链的 cDNA。在 *E. coli* DNA 聚合酶 Klenow 片段的催化下，cDNA 分子 3′端发夹结构将作为引物继续合成 cDNA 的第二链。当末端不配对的 DNA 单链环被 S1 核酸酶水解后，一个双链 DNA 分子就形成了

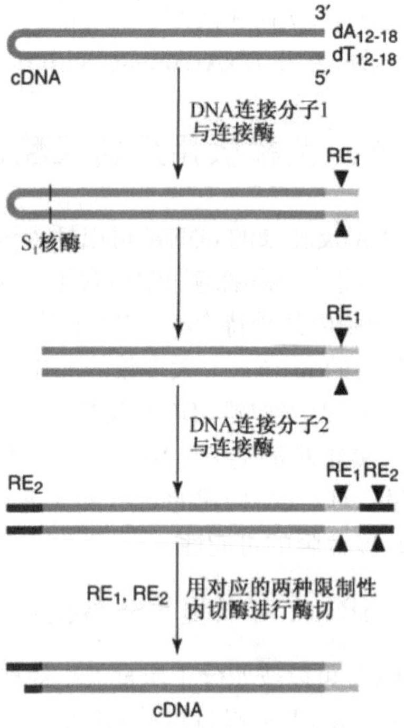

图 7.16 cDNA 克隆前的修饰

这个过程是从带有发夹结构的双链 DNA 开始的。如图，内含一个限制性酶切位点的连接分子(RE1)以平末端连接的形式分别连至 cDNA 分子的两个末端。随后单链的发夹环结构在 S1 核酸酶的作用下发生水解，cDNA分子形成了双链结构。此时，带有另一个限制性酶切位点的第二个连接分子(RE2)也将以平末端连接的方式连至新生成的双链 cDNA 分子的两条链上。与 RE1 连接不同的是，RE2 将分别与两条链的四个末端连接，但不影响 RE1 连接分子上的酶切位点。修饰后的 DNA 用两个对应的限制性内切核酸酶水解后，就能在其两端产生两个不同的酶切位点，可插入质粒或噬菌体 DNA 中进行定向克隆

噬菌体 DNA(见 7.9 节)是构建 cDNA 文库最方便、最有效的载体，因为它们可以很容易地扩增而且保存条件不苛刻。**λgt10** 和 **λgt11** 这两个噬菌体载体以及它们所衍生的新载体，已被用于构建 cDNA 文库。当目的 cDNA 的序列未知时，对于 λgt10 为载

体的 cDNA 文库只能用标记的核酸探针将目的 cDNA 筛选出来；而对于以表达载体 λgt11 为载体的 cDNA 文库，还可以用抗体去结合 cDNA 表达的蛋白质或抗原来筛选目的 cDNA。如果目的 cDNA 序列是已知的，那么可以直接用 PCR 的方法筛选重组的噬菌体。

以整个细胞的 RNA 作为模板用 RT-PCR 合成 DNA

构建 cDNA 文库的另一种方法是使用**反转录酶-PCR(reverse transcriptase-PCR，RT-PCR)**技术，这种技术不需要纯化 mRNA。图 7.17 描述的是其中的一种策略，即先用反转录酶合成 DNA-mRNA 杂合体，然后用末端转移酶在杂合体两条链的 3′端均加上一个 poly(dG)的“尾巴”，再水解 mRNA，只留下 cDNA，那么该 cDNA 的一端是末端转移酶加上的 poly(dG)，一端则是 poly(dT)。此时再人工合成一对 PCR 引物，其中一条引物含有 poly(dC)，可以与 cDNA 一端的 poly(dG)互补结合，并带有一个限制性酶切位点；另一条

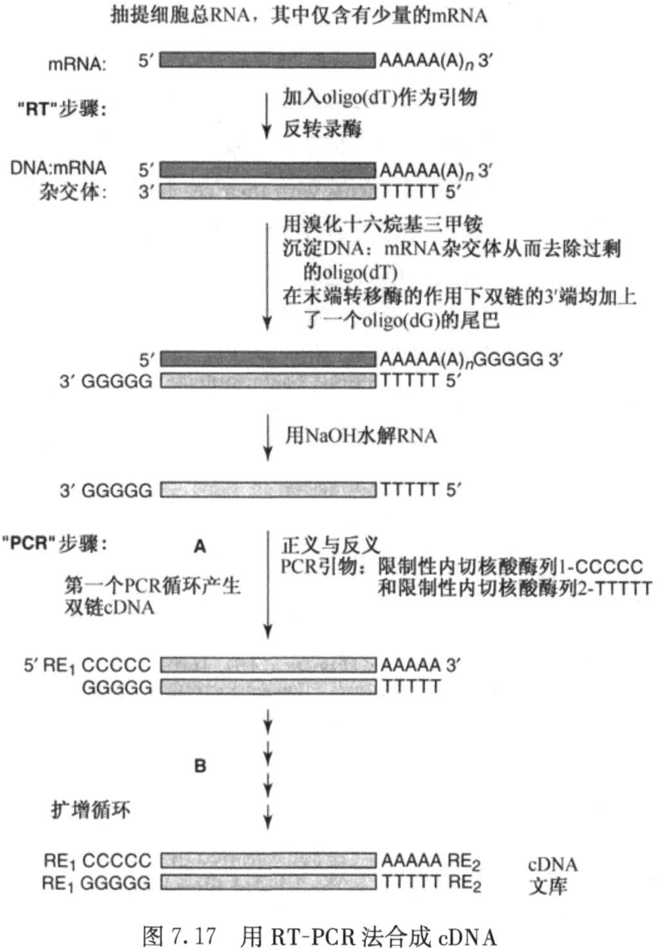

图 7.17　用 RT-PCR 法合成 cDNA

应用 RT-PCR 的方法，整个细胞的 RNA 或 mRNA 都可以用来合成 cDNA。带有 poly(A)尾巴的 mRNA 在寡聚 dT 作为引物的情况下被反转录成 cDNA。在末端转移酶的作用下，poly(dG)的尾巴分别被加至 mRNA 链和 DNA 链的 3′端，随后用 NaOH 水解 mRNA 链。带有限制性内切核酸酶切序列的正义和反义引物参与了 PCR 扩增 cDNA 的过程。由此得到的产物经特异的限制性内切核酸酶(RE1 和 RE2)水解后可进行克隆以及下一步研究

引物含有 poly(dA),与 cDNA 另一端的 poly(dT)互补结合,带有另一个限制性酶切位点。这样经 PCR 扩增后的 cDNA 双链用相应的两个限制性内切核酸酶进行酶切,在其两端产生两个不同的酶切位点,插入合适的载体中进行定向克隆(见 7.5 节)。

7.9 噬菌体、黏粒以及酵母克隆载体

在检测大多数真核基因中的非编码序列(如内含子)和基因侧翼远端的调控区域时,所需的载体必须能够插入大片段的 DNA。质粒只能插入 5～10kb 长度的外源 DNA,而大于这个长度的重组 DNA 片段在质粒复制的过程中会发生随机性的丢失。正是这种研究的需要促使了其他克隆载体的出现。

噬菌体作为克隆载体

λ 噬菌体(λ phage)是一种病毒,它能够感染细菌,并能在细菌中进行自我复制。对于克隆 15kb 长度的 DNA 片段,λ 噬菌体是理想的载体。λ 噬菌体能选择性感染细菌,并通过裂解途径或溶源途径进行自我复制。λ 噬菌体的双链 DNA 大小约 50kb,其两端是带有 12 个碱基的单链末端,两个末端可以互补结合,又叫做黏性末端(*cos* 点)。一旦感染细菌,λ 噬菌体的黏性末端在宿主细胞 DNA 连接酶的作用下发生自身复性,共价连接起来形成环状的 DNA 分子。这个环状的 DNA 将作为转录和复制的模板。λ 噬菌体作为载体,可以插入由限制性内切核酸酶酶切产生的所有片段,这些片段代表了整个细胞的基因组 DNA。用重组的 λ 噬菌体感染细菌,噬菌体在细菌裂解时释放出来,收集后就可以构建 λ 噬菌体的基因文库。由于与质粒载体相比,插入的片段要大很多,因此噬菌体文库的筛选速度要快于质粒文库。

目前已经构建了许多 λ 噬菌体载体用于不同的克隆策略。下面只介绍普通的 λ 噬菌体载体。噬菌体中发生 15～25kb DNA 片段的置换不会影响它在大肠杆菌(*E. coli*)中的复制(图 7.18)。能包装成病毒颗粒的 λ 噬菌体 DNA,其长度必须达到 50kb 左右。线性的 λ 噬菌体 DNA 被特定的限制性内切核酸酶消化后可以产生带有 *cos* 位点的小末端片段(该片段也可称为“噬菌体臂”或“*cos* 臂”)。这些小末端片段可以从较大的中间片段中分离出来。细胞的基因组 DNA 用合适的限制性内切核酸酶部分消化,产生的片段即可与“噬菌体臂”发生复性并连接。目前都是将基因组 DNA 酶促水解,其目的是为了产生随机片段以便可以克隆至噬菌体载体中并能够被包装成噬菌体颗粒。小于 15kb 或大于 25kb 的 DNA 片段虽然能与 *cos* 臂杂交而连接,但却不能被包装成具有感染性的噬菌体颗粒。噬菌体感染细菌以及在细菌中复制所需的所有信息都位于具有黏性末端的“噬菌体臂”上。重组的 λ 噬菌体 DNA 在体外与 λ 噬菌体蛋白质混合后,可以组装成具有感染功能的病毒颗粒。这些病毒颗粒会在合适的 *E. coli* 菌株中不断繁殖,从而产生 λ 噬菌体文库。许多 *E. coli* 菌株经过遗传学的修饰后,都能被特异的重组病毒颗粒所感染,从而为它们提供复制的场所。

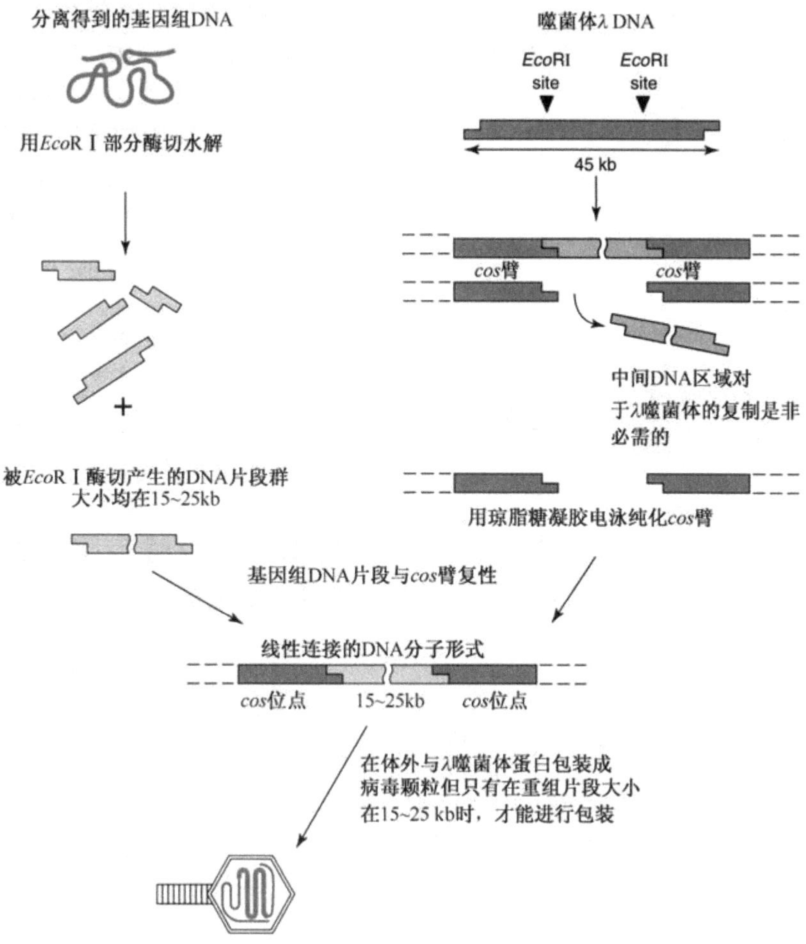

图7.18　在λ噬菌体中克隆基因组DNA

整个基因组DNA用某一限制性内切核酸酶(如 *EcoR* Ⅰ)不完全消化。这样就产生了随机大小的并且带有单链黏性末端的DNA片段。用相同的限制性内切核酸酶酶切噬菌体DNA可以产生被称为 *cos* 臂的噬菌体DNA片段。纯化后的 *cos* 臂携带了DNA包装入噬菌体病毒颗粒中所必需的序列信号。基因组片段与噬菌体的 *cos* 臂混合后发生复性、连接，形成线性连接的DNA阵列。在体外，只有长度为15～25kb的基因组DNA片段与噬菌体的 *cos* 臂连接后，才可以和λ噬菌体蛋白组装成完整的病毒颗粒

噬菌体文库的筛选

筛选噬菌体文库时，将重组噬菌体涂布在一个有连续生长细菌层的琼脂平板上(图7.19)。每一个噬菌体都将感染一个细菌并在细菌内不断复制，最终造成该细菌的裂解。细菌裂解后释放的子代噬菌体病毒会马上再感染和裂解周围的细菌。这样就可以在不透明的细菌层中出现若干透明的小区域或称作噬斑。将含有噬斑的平板复制到硝酸纤维素膜上，这样每个噬斑中的重组噬菌体也会按原来的位置转移至硝酸纤维素膜上，再用NaOH将噬菌体DNA固定于膜上。用标记的DNA或RNA探针与膜上固定的DNA杂交后，通过放射自显影就能将目的DNA在膜上定位。这时提取膜上相应位置的噬菌体，并在细菌里扩增后可作进一步的分析。如果知道目的DNA的全部或部分序列，就可以

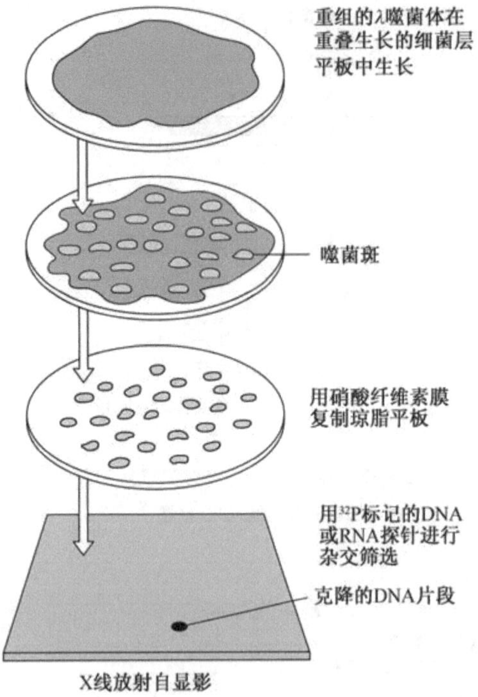

图 7.19　基因组 λ 噬菌体文库的筛选

有活力的 *E. coli* 细菌在琼脂平板上生长后融合成一层，随后将重组的噬菌体覆盖在细菌层的上面。当细菌被 λ 噬菌体感染、裂解后就出现了噬菌斑。将平板复制到硝酸纤维素膜上，用 NaOH 使得 DNA 变性并黏附于硝酸纤维素膜上。将 ^{32}P 标记的探针与膜上固定的 DNA 杂交，并在 X 射线下暴露，用放射自显影法即可鉴定出携带重组目的 DNA 的噬菌斑

用 PCR 的方法直接进行筛选。有时候会出现不止一个噬菌斑有阳性结果，如果目的 DNA 出现在一个或数个噬菌斑中，这些噬菌斑中的重组片段可以应用合适的引物进行 PCR 扩增，再行凝胶电泳法检测 PCR 的产物，看这些片段的大小是否相同。构建 cDNA 的噬菌体文库也需要含有 *cos* 臂。如果 cDNA 与噬菌体 DNA 重组后能进行基因表达，比如使用 λgt11 作为载体，那么噬菌斑可以用免疫学的方法筛选出来，例如，加入针对目的抗原的特异性抗体进行筛选。

将 DNA 片段克隆入黏粒和人工染色体载体

虽然 λ 噬菌体在构建基因组 DNA 文库时是十分常用的载体，但有些基因的长度超过了噬菌体臂所能插入片段的最大限度。而**黏粒载体**(**cosmid vector**)可以插入的外源 DNA 长度达 45kb。**细菌人工染色体**(**bacterial artificial chromosomes，BAC**)和**酵母人工染色体**(**yeast artificial chromosomes，YAC**)能克隆的片段长度分别可达 100～200kb 和 200～500kb。尽管黏粒和酵母人工染色体操作起来比较困难，但它们能克隆带有侧翼调控序列的大基因，也能克隆基因家族或连续的数个基因。

黏粒是质粒载体和噬菌体载体的一个交叉产物。它含有能用于筛选重组 DNA 分子的抗生素抗性基因、一个 DNA 复制的起始位点以及一个 *cos* 位点。我们知道在噬菌体 DNA 中，*cos* 位点可以将重组的 DNA 分子包装到噬菌体颗粒中去，带有重组 DNA 的噬菌体能感染 *E. coli* 并可将其 DNA 注入细菌中。但是黏粒载体只含有噬菌体 DNA 50kb 中约 5kb 的 DNA，所以不能如噬菌体般直接进行自我复制并且组装成新的具有感染性的噬菌体颗粒。但作为大的质粒，连接了大片段目的 DNA 的重组黏粒能形成环状并进行自我复制。可以用类似于前文所述的质粒筛选方法进行筛选，并扩增目的重组子的细菌克隆。

在构建酵母人工染色体(YAC)时引入了标准的克隆程序和一些新的方法。很大的外源 DNA 片段被插入到酵母 DNA 序列中，其中一个作为人工染色体的端粒(位于染色体的远端)，另一个作为着丝粒并且同时作为复制的起始点。重组的 YAC DNA 可以通过转化导入酵母细胞。可以通过对 YAC 载体的构建，使得酵母细胞在转化重组的染色

体后能生长为肉眼可辨的克隆，这就方便了克隆 DNA 片段的筛选和分析。

7.10　长片段 DNA 的分析

亚克隆有助于确定大片段 DNA

完整分析克隆 DNA 片段的功能性元件时，需要对整个分子进行测序。通用的测序技术只能对 200～400 个碱基进行测序，而插入的 DNA 往往要大得多。初始 DNA 克隆的限制性图谱对于将该 DNA 剪切成更小的片段并进行亚克隆来说是必不可少的。亚克隆的片段相对较小，此时便可以通过直接测序的方法明确其碱基序列。根据亚克隆 DNA 序列的重叠区域，经适当的拼接后就能明确初始 DNA 克隆的完整序列了。

不通过亚克隆也能进行测序。使用与克隆 DNA 的 3′端已知序列互补的反义引物进行测序，当测到一定长度后无法继续时，根据测得的序列信息再次合成与中断处序列互补的引物，然后再重复测序反应，这种头尾相接的测序过程不断重复，直至完成对整个克隆片段的测序。这个方法不需要亚克隆，但需要不断地合成或购买大量的引物。另一方面，亚克隆的 DNA 常常可以利用初始克隆的质粒载体作为载体进行克隆。所以，合成一对引物，使得其可以与质粒 DNA 上位于插入片段侧翼的序列互补结合，利用这对引物即可完成对所有亚克隆 DNA 的测序。

染色体步移法确定长片段 DNA 上的基因排列

了解基因及其调控序列在染色体上的排列顺序有利于认识一组系列基因是如何被调节的。要想克隆包含一组连续基因的大片段 DNA 目前来说还是比较困难的。但几种技术的组合应用便使得我们可以分析长度为 50～100kb 的 DNA 片段。**染色体步移法（chromosome walking）**就是这样的一种方法，由于 λ 噬菌体文库或黏粒文库携带的是基因组 DNA 部分酶切后的片段，所以这些克隆片段的序列信息可能会有部分重叠。染色体步移法可以通过限制性图谱、亚克隆、λ 噬菌体文库或黏粒文库的筛选以及测序技术来明确这些重叠的部分。

图 7.20 显示了染色体步移法的步骤。用 DNA 或 RNA 探针在 λ 噬菌体文库中筛选目的 DNA 片段。筛选得到的目的 DNA 再进行克隆以及限制性图谱分析，参照图谱中的酶切位点从目的 DNA 中酶切出小片段，将该小片段在质粒中进行亚克隆、扩增、纯化，并用切口平移法标记探针。随后这个标记的探针再次到 λ 噬菌体文库中筛选另外的可与其互补结合的 DNA 片段，该片段与第一次筛选片段的重叠的部分包含了探针的序列。将第二次筛选出来的 DNA 片段按照同样的方法进行限制性图谱分析、切出小片段制作探针，用探针继续到噬菌体文库中筛选片段。在高等的真核基因组中，尤其要注意亚克隆作为探针的小片段不能含有那些在基因组中多次、大量重复的序列，因为一旦含有这样的序列，将会筛选出无数的阳性克隆，从而给特异性重叠克隆的鉴定带来困难。

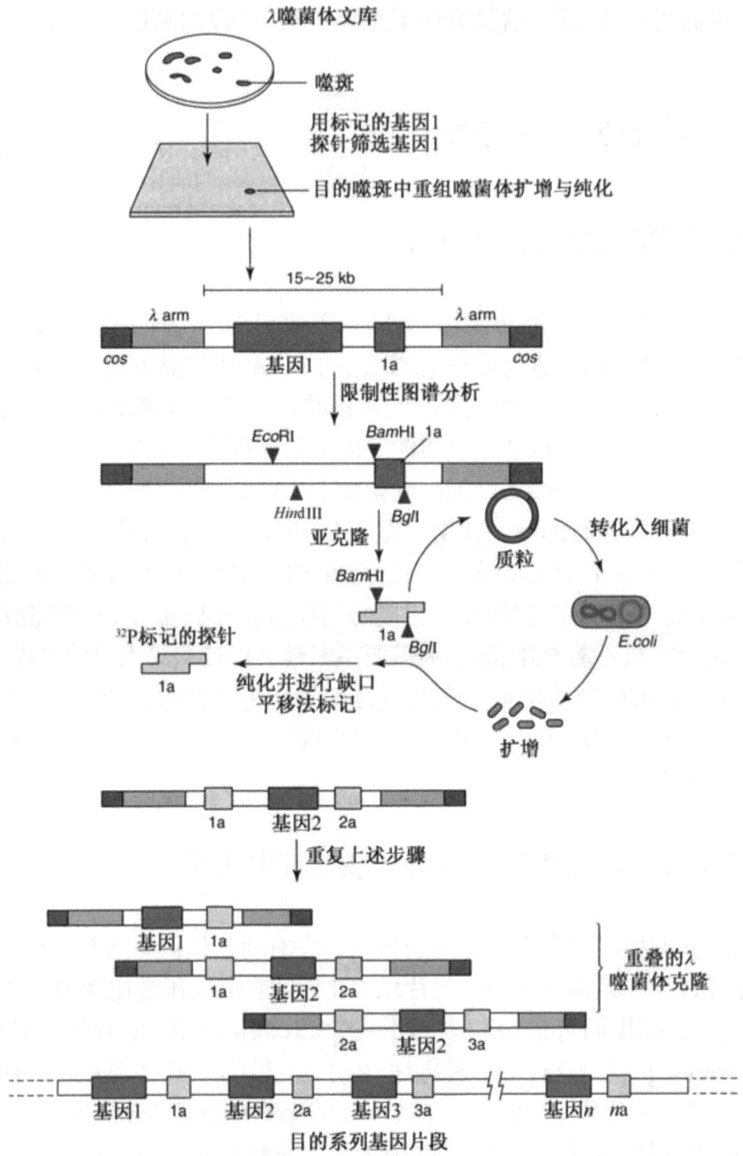

图 7.20 染色体步移法分析基因组中相邻的 DNA 片段

最初，用缺口平移法标记的 DNA 探针在文库中筛选出携带目的基因的重组 λ 噬菌体。将筛选出的 DNA 克隆扩增后分析限制性图谱，并用限制性内切核酸酶进一步切出可用于亚克隆的小片段区域。亚克隆的 DNA 加工成探针后再次在噬菌体文库中筛选与初始扩增的 DNA 区域具有重叠部分的 DNA 片段。多次重复上述步骤就能明确位于初始目的 DNA 上游和下游的 DNA 区域

7.11 表达载体和融合蛋白

目前所说的重组 DNA 方法学就是筛选、扩增以及纯化克隆的 DNA 片段。重组 DNA 研究的一个重要目的是能够使外源基因在细菌中表达，从而产生具有生物学活性的

产物。通过对许多细菌基因及其侧翼区域的序列测定,我们已经明确了基因表达所需调控序列的空间排列。基因转录时需要基因的启动子和位于上游的其他调控元件(见 8.3 节)。真核重组基因所转录的 mRNA 不能在细菌体系中进行翻译,因为真核 mRNA 中缺乏细菌翻译系统的识别序列,即 S-D 序列(Shine-Dalgarno 序列),这个序列对功能性细菌核糖体的正确定位是必须的。**表达载体(expression vector)**方便了真核 DNA 插入子在原核系统中的功能性转录。在表达载体中,外源性基因插入的位点通常位于调节性启动子下游某个细菌基因的内部,而这个基因通常是 *lacZ* 基因,那么这个重组 DNA 转录的 mRNA 就包含了 *lacZ* 的核糖体结合位点,能够编码 LacZ 蛋白的 3′端部分,从而也使得该目的基因的 mRNA 在原核系统中可以进行翻译。这个产物是一个**融合蛋白(fusion protein)**,包含了 LacZ 蛋白的 N 端氨基酸和外源蛋白的全部序列。

外源基因在细菌内表达从而合成相应的蛋白质

许多质粒和噬菌体载体能使真核基因在细菌中表达。快速增殖的细菌成了一个能生产大量特异性蛋白的生物工厂,这些蛋白质在科学研究、临床和商业领域都具有重要价值。举例来说,应用重组技术得到的人类激素能够治疗那些激素异常或缺乏的患者。图

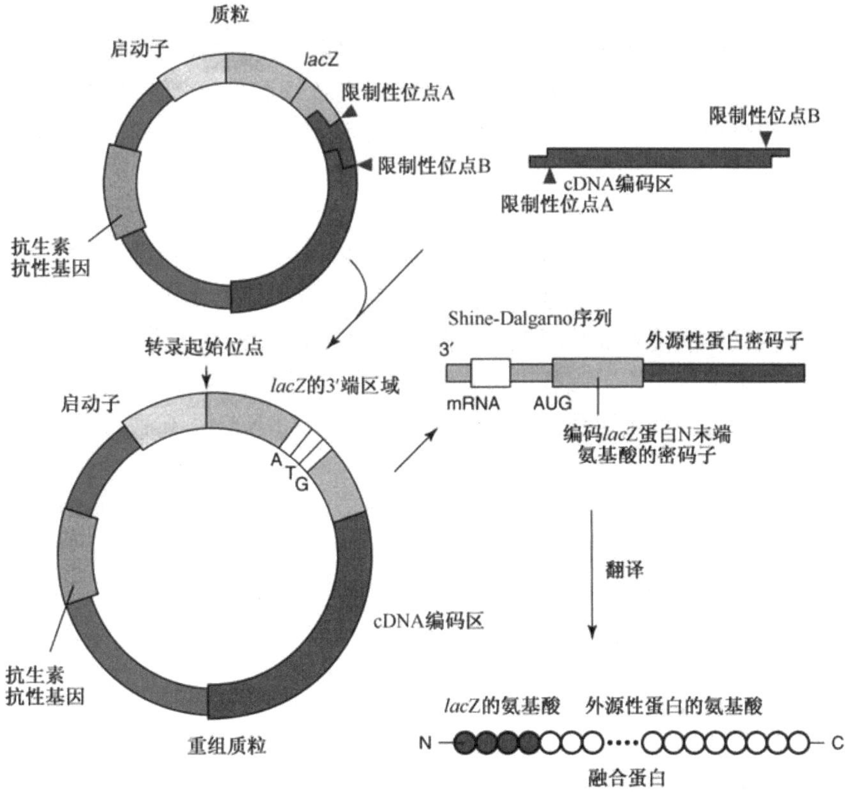

图 7.21　细菌表达载体的构建

将编码目的蛋白质的 cDNA 插入 *lacZ* 基因的调控序列、mRNA 的核糖体结合位点编码序列(Shine-Dalgarno 序列)、AUG 密码子和编码 LacZ 蛋白 N 端氨基酸部分密码子的下游。表达载体中的 mRNA 将在细菌内合成融合蛋白,这个融合蛋白包含了 LacZ 蛋白的 N 端部分

7.21 显示了能够表达哺乳动物基因的通用质粒载体的结构图。需注意的是,插入的基因必须是与 mRNA 相对应的 cDNA 形式,因为细菌系统不能去除基因中存在的内含子。外源 DNA 必须插入细菌蛋白 3′端编码区的指定位置,这样才能形成融合蛋白。也就是说,插入目的基因后必须使细菌蛋白的三连密码子呈整数,后面紧接着目的基因的第一个密码子,使得融合蛋白正确的进行翻译而不会发生移码。最终,为了产生有功能的转录物,外源基因必须相对于启动子按正确的方向插入。这可以通过定向克隆的方法完成。

细菌内合成的真核蛋白常常很不稳定,容易被细胞内的蛋白酶降解。但融合蛋白产物通常比较稳定。原核基因编码的氨基酸序列可以用酶法或化学法从纯化的融合蛋白中去除。有种策略可以克服某些真核蛋白在细菌中不稳定的缺点,也就是以分泌的方式表达蛋白质。这种方法需要将外源基因克隆入一个载体,使合成的融合蛋白中含有一个信号肽,这个信号肽可以被细菌信号肽酶识别,从而在信号肽酶的帮助下将融合蛋白分泌出细胞。

7.12 真核细胞内的表达载体

哺乳动物的遗传性疾病是由于细胞内缺乏某种蛋白质或蛋白质功能缺陷所引起的。若试图用重组技术治疗这些疾病,就需要将重组载体导入哺乳动物的细胞里。载体必须对病变的组织或细胞具有高度选择性。许多载体能使外源基因在组织培养基中生长的哺乳动物细胞内表达。这些载体已被广泛用于研究真核细胞的翻译后加工以及蛋白质合成。但目前要想将外源基因导入特异性组织或是该组织特定的发育阶段,成功率还非常低。

表达载体(expression vector)经过改造、发展,已经能够在培养的真核细胞中介导外源基因的复制、转录和翻译。它们包括 RNA 病毒载体和 DNA 病毒载体。穿梭载体同时包含了细菌和真核生物的复制信号,既可以在细菌里,又可以在哺乳动物的细胞里进行载体的复制。穿梭载体能使外源基因先在细菌系统里得到大量的复制和纯化,然后再转染到哺乳动物细胞里进行表达。一些表达载体能整合到宿主细胞的基因组中,在后代的细胞里稳定表达。而另一些表达载体只能作为染色体外的 DNA,在细胞死亡之前瞬时表达它的外源基因。

外源性 DNA(如病毒表达载体)导入真核细胞的过程称为**转染(transfection)**。这个过程和 DNA 转化细菌是相似的。磷酸钙法和二乙氨乙葡聚糖法是转染常用的两种方法,分别是将重组 DNA 与磷酸钙或者二乙氨乙葡聚糖形成复合物,然后进入细胞中并被转运至核内,在那里进行复制和表达。这两种方法都可以用来建立瞬时表达的载体,磷酸钙法还可以用于外源基因的永久性表达。通常情况下,使用这两种方法可以使培养基中 10%～20% 的细胞被转染。

哺乳动物细胞中载体的表达需要 DNA 元件

哺乳动物细胞中重组基因的表达需要载体中存在合适的控制元件。克隆的基因需插入载体中相对于控制元件正确的方位才能被表达,这些控制元件包括一个启动子,多腺苷酸化信号和一个增强子。如果还有内含子的话,表达的效率就会提高。假设整个基因组DNA都被克隆的话,那么重组的基因就可能包含部分或所有的这些控制元件。但是用限制性内切核酸酶酶切产生的一个特定的克隆片段则可能不含这些元件。当然,cDNA也不含有这些必需的DNA元件。因此,在哺乳动物细胞中进行表达的载体必须包含所有必需的控制元件。

控制元件可以通过重组技术插入载体。插入载体的增强子和启动子能被广谱的细胞识别,使得载体发挥最大的应用性。使用的控制元件常来源于具有较广宿主范围的病毒,如**乳头状瘤多型空泡形病毒(papovavirus)**、**猴肾病毒40(simian virus 40,SV40)**、**劳斯肉瘤病毒(Rous sarcoma virus)**或**人巨细胞病毒(human cytomegalovirus)**。载体还必须包含病毒的复制起始序列。该起始序列可以被特定的蛋白因子所识别并与其发生作用从而启动DNA的复制,特定的蛋白因子可由插入的基因编码,也可由前期导入宿主基因组的基因进行编码。

利用突变的细胞和特定的培养基筛选转染的真核细胞

由于细胞的转染效率只有10%～20%,因此选择性培养转染成功的细胞十分重要。插入细胞的基因能赋予细胞对某种药物的抗性或选择性的生长能力。通过**共转染(cotransfection)**的方法可以将两个不同的载体同时有效地转入细胞,一个携带了选择性标记物,另一个携带了目的基因。在大多数情况下,超过90%的转染细胞是同时携带这两种载体的。两种常用的选择性标记物是胸腺嘧啶脱氧核苷激酶基因(*tk*)和二氢叶酸还原酶基因(*dhfr*)。胸腺嘧啶脱氧核苷激酶能在大多数的哺乳动物细胞里表达,并参与了胸腺嘧啶脱氧核苷的补救合成途径。缺少功能性胸腺嘧啶脱氧核苷激酶基因(tk^-)的突变细胞系不能在含有次黄嘌呤、氨基喋呤以及胸腺嘧啶脱氧核苷的培养基中存活。如果在*tk*基因突变的细胞系中共转染进携带有*tk*基因的载体,就能够在这样的培养基中生长,所用的*tk*基因通常来源于单纯疱疹病毒。多数情况下,这些细胞还将被共转染进目的基因。

二氢叶酸还原酶能维持细胞内四氢叶酸酯的浓度,从而有利于核苷酸的合成(见28.7节)。缺乏该酶的细胞只能在含有胸腺嘧啶脱氧核苷、甘氨酸和嘌呤的培养基里才能存活。突变的细胞(二氢叶酸还原酶基因突变)在转染了二氢叶酸还原酶基因后就能在不含有上述成分的培养基里生长。所以表达外源基因时所用的宿主细胞一般仅限于选择标记物突变的细胞株,这样才能通过共转染选择标记物从而将转染成功的细胞分离出来。

正常的细胞转染了携带二氢叶酸还原酶基因的载体后,会对甲氨喋呤(一种二氢叶酸还原酶的抑制剂)产生抗性,这样就能在含有甲氨喋呤的培养基里生长而被挑选出来。同样的,正常的细胞转染了编码氨基糖甙3′端磷酸转移酶(APH)的细菌基因后,会对氨基糖甙类抗生素产生抗性,如新霉素和卡那霉素,这类抗生素能抑制原核和真核细胞内的蛋白质合成。携带APH基因的载体在细菌和哺乳动物的细胞里均可作为选择标记物。

外源基因在病毒转化的真核细胞里的表达

图7.22显示了转染的基因在COS细胞里的瞬时表达,这个细胞是常用的表达外源

真核基因的体系。COS 细胞是转入了**起点缺陷(origin-defective)**的 SV40 基因组、并可以永久传代的猿猴细胞。缺陷的病毒基因组可以整合到宿主细胞的基因组中，并表达病毒蛋白。但不会出现病毒不断复制从而导致细胞的裂解现象，那是因为病毒复制起点存在缺陷。如果将携带有 SV40 复制起点的载体转染进 COS 细胞内，细胞本身表达的 SV40 蛋白与载体上的复制起点相互作用，就能启动载体的复制，从而在一个细胞内形成超过 10^5 拷贝的载体。可能由于载体 DNA 的超负荷导致的细胞毒性，转染的 COS 细胞会在 3～4天内死亡。

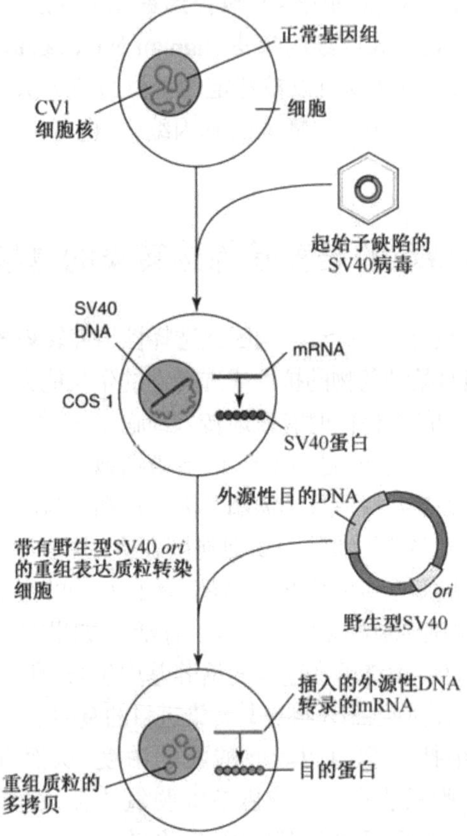

图 7.22　外源基因在真核 COS 细胞里的表达

CV1 是建立的猿猴组织培养细胞系，被猿猴 DNA 病毒(SV40)感染后有利于病毒的裂解性复制。用起始子缺陷的突变 SV40 感染 CV1 后，病毒的 DNA 能永久地整合到宿主 CV1 的细胞基因组中。缺陷病毒不断编码的蛋白质可以与正常的 SV40 的复制起点作用而调节复制。由于整合的病毒 DNA 存在复制起点的缺陷，不能自行进行大量复制。由于 CV1 细胞系里 SV40 蛋白的不断合成，使得该细胞系改名为 COS-1。COS-1 细胞能诱导携带野生型 SV40 复制起点的重组质粒进行复制，使得其拷贝数达 10^5/细胞。可用免疫学方法或酶学方法检测转染后的 COS 细胞内外源蛋白的合成

7.13　定向突变

通过在克隆的 DNA 中进行选定区域的突变或单一核苷酸的突变，有可能明确 DNA 序列在基因调控中的作用和氨基酸序列在蛋白质功能中的作用。

定向突变(**site-directed mutagenesis**)可以控制性改变 DNA 分子中选定区域的核苷酸序列。它可以是特定 DNA 序列的插入或缺失，也可以进行特异的单碱基替换。许多化学方法通常都是在 DNA 分子的随机位点处诱发突变。

通过缺失和插入突变评价 DNA 侧翼区域的作用

定向突变可以应用于 DNA 序列的不同区域，包括编码基因区以及相应的侧翼调控区。图 7.23 显示了一个简单的缺失突变方案。用限制性内切核酸酶选择性切除目的片段中的一部分特异性序列，改变后的重组质粒在 DNA 连接酶的作用下又重新环化。用免疫法或酶法比较缺失突变前后基因的蛋白表达水平，就能明确缺失序列的作用。插入突变的技术也类似，即在特定的切开位点处插入新的序列。对克隆基因的侧翼区域 DNA 序列进行的缺失突变研究可以明确该序列对基因表达的调控作用。调控元件相对于基因、相对于启动子以及相互之间的空间位置对于基因表达的调控都是十分重要的(见第 8 章)。

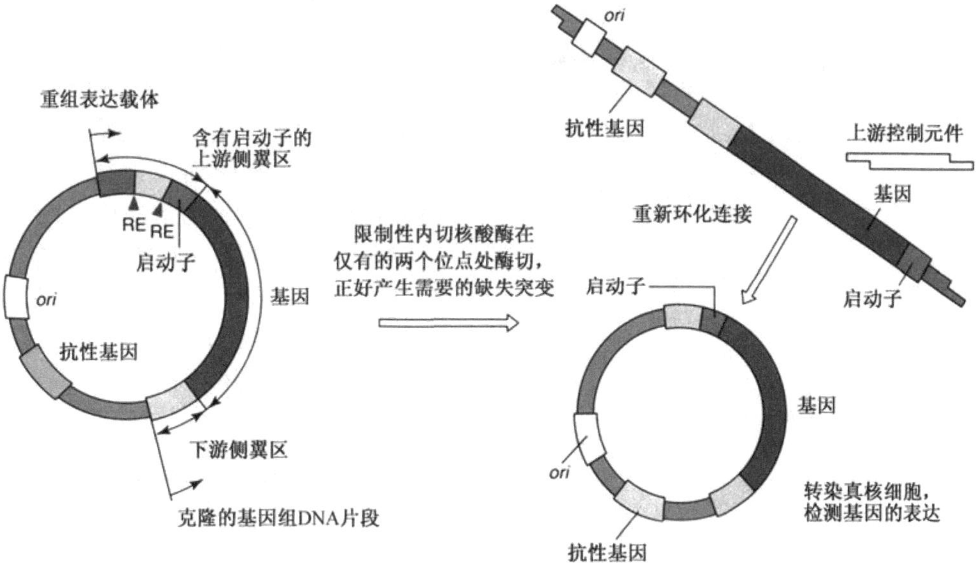

图 7.23　应用表达载体研究 DNA 调控序列

将目的 DNA 连同其上游和/或下的侧翼区域游插入并克隆到表达载体中，这个基因的基础表达水平已经在合适的细胞中得到确定。用限制性内切核酸酶切除调控序列中特定的区域，酶切后的重组 DNA 表达载体可以再次环化、连接，并转染到相应的宿主细胞里。将缺失调控序列的基因表达水平和完整调控序列的基因表达水平作比较，就可以明确缺失的 DNA 侧翼序列的调控作用

分析调控序列的潜在作用时，需要在表达载体中报告基因的上游插入这段调控序列。报告基因，一般是原核生物来源的，它编码的蛋白质不同于非转染细胞正常情况下存在的蛋白质，这种蛋白质可以方便、快速地被检测到。通常使用的报告基因是细菌的氯霉素乙酰转移酶(CAT)基因。该酶可以乙酰化并灭活氯霉素，而氯霉素能抑制原核细胞的蛋白合成。调控元件的作用可以通过 CAT 基因的表达而明确。先将调控元件的序列进行人

工突变，然后再插入携带报告基因的载体中，这样就可以确定调控元件的空间位置和序列的必要性。

调控元件可能缺乏限制性酶切位点。在这种情况下，可以在调控序列的下游用限制性内切核酸酶切开载体，形成线性的克隆 DNA，然后再制造缺失突变。用外切核酸酶可以截短 DNA，方式是从 DNA 双链的游离端开始切除核苷酸。消化时间越长，产生的 DNA 片段越短。图 7.24 显示了如何形成较大的缺失突变（通过酶切产生较小片段）来进行功能活性研究。通过外切核酸酶作用后，线性载体的两个末端均发生 DNA 的水解，切短序列的同时也破坏了原来的限制性酶切位点（RE2）。但可以通过重新构建限制性酶切位点（RE2），从而将两端截短的 DNA 分子重新环化，这样就可以进一步评价缺失片段的功能了。具体方法是将接头 DNA（linker DNA）连接到被外切酶消化后 DNA 的两个平末端，通常连接 DNA 都是人工合成的、包含了一个或多个限制性酶切位点的寡核苷酸。用对应的限制性内切核酸酶处理连接 DNA 后就可以通过连接而重新得到环化的 DNA。

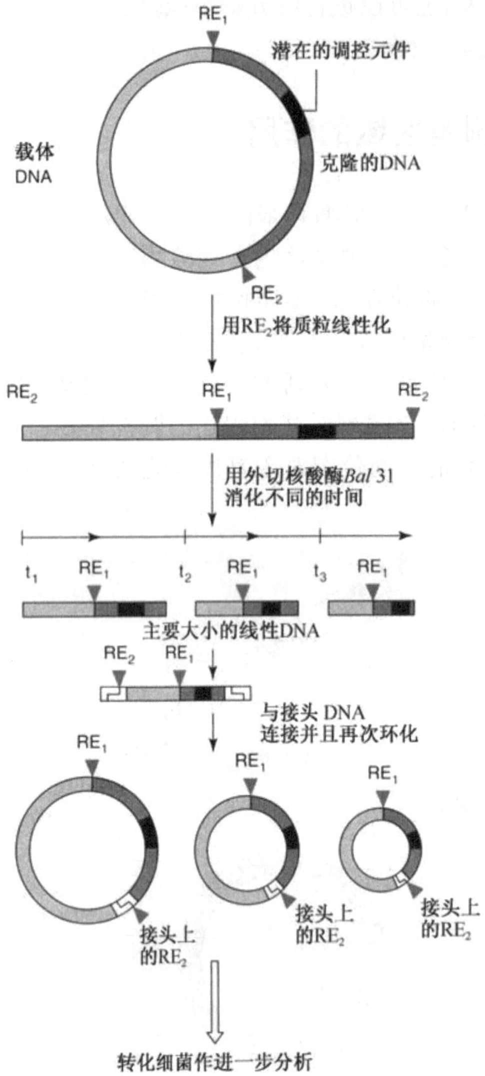

图 7.24　用酶修饰潜在的 DNA 调控序列

纯化的重组 DNA 分子中在侧翼区内可能存在基因的调控元件。用限制性内切核酸酶（RE2）对重组 DNA 分子进行酶切，形成线性分子。线性重组的 DNA 分子再用外切核酸酶－Bal31 消化不同的时间，可以得到不同长度的含有 DNA 侧翼潜在性调控元件的片段。在外切酶处理过的长度不一的重组 DNA 分子两端均连接一个小的 DNA 寡聚物（linker），这个寡聚物的序列包含了限制性内切核酸酶 RE2 的位点序列。linker 修饰后的 DNA 再用 RE2 水解后，就在线性 DNA 分子的两端形成了互补的黏性末端，这样可以使线性 DNA 重新环化。包含有潜在调控元件的不同大小的重组 DNA 将被扩增、纯化和测序，并插入到表达载体的活性基因的上游。通过监测转染细胞里基因表达的情况，就可以评价调控序列与基因之间的间距不同时，调控序列的作用有无变化

单核苷酸的定点突变

前面详述的过程能够阐明 DNA 序列的作用。然而我们常常需要评价 DNA 特定位点上单个核苷酸的作用，用来进一步明确蛋白质中某个特定氨基酸的作用（见临床相关知识 7.7），单核苷酸定向突变可以达到这样的目的。该方法还可以在特定的位置创建或破坏一个限制性酶切位点。特定核苷酸的定向突变是一个多步骤的过程，从以噬菌体为载体的正常基因克隆开始（图 7.25）。M13 系列噬菌体是最常用的重组载体。这种丝状噬菌体能够特异性感染雄性大肠杆菌，也就是菌体

内的质粒可以编码表达“性伞毛”(sex pili,又叫 F 因子)的大肠杆菌。M13 噬菌体的 DNA 是以单链形式或者说是复制形式存在的,当它感染细胞后,单链 DNA 就会复制成双链 DNA。双链形式的 DNA 可以从感染的细胞里分离出来,用作突变基因的克隆。所产生的目的噬斑可以用 α 互补的方法识别出来(见 7.6 节)。

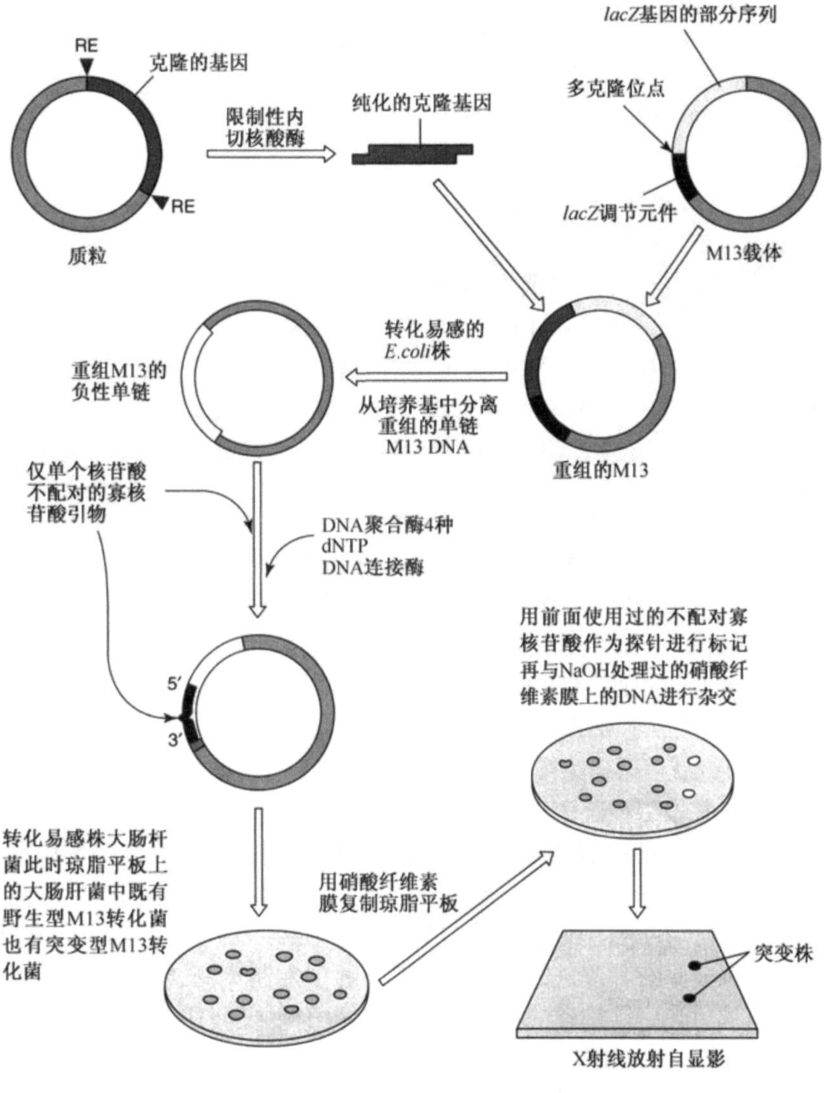

图 7.25　单个核苷酸的定向突变以及突变 DNA 的检测

本图是该方法的简单概述。具体步骤先是将扩增并纯化的 DNA 片段插入修饰后的噬菌体载体 M13 中。重组的 M13 DNA 转化易感的大肠杆菌株,合成(+)单链 DNA 并包裹在噬菌体蛋白中的。从培养基中分离噬菌体,并且纯化重组的单链 M13 DNA。在 DNA 聚合酶、dNTP、DNA 连接酶和特定的引物存在的条件下,重组的 M13 DNA 作为模板进行 DNA 的复制。这个特定的引物通过人工合成产生,其特点是除了定点突变的那个碱基外与目的 DNA 完全互补。那么新合成的 M13 DNA,与原有的重组 M13DNA 相比仅有一个特定位点的点突变,将新的 M13DNA 再次导入易感的大肠杆菌中进行复制。转化的大肠杆菌在琼脂平板上生长,将平板上的细菌克隆复制转移至硝酸纤维膜上。每个细菌克隆的 DNA 经 NaOH 变性后固定于硝酸纤维素膜上,用 ^{32}P 标记的寡核苷酸探针与滤膜上点突变的 M13 DNA 进行杂交,在 X 射线照射下就可以鉴定出点突变株

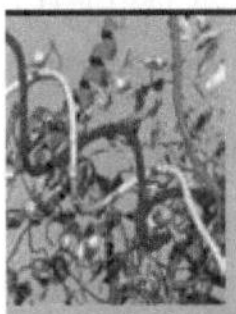

临床相关知识 7.7
HSV IgD 的定向突变

用定向突变的方法可以研究与蛋白质共价结合的碳水化合物的结构和功能。首先需要克隆一种糖蛋白的基因，该糖蛋白中的天冬酰胺是糖基化(N 端相连的)的位点。Ⅰ型单纯疱疹病毒(HSV Ⅰ)的糖蛋白 D(gD)至少含有三个 N 端相连的糖基。这一病毒的被膜蛋白可能对于病毒的吸收和穿透作用具有重要的作用，而蛋白质中的糖基在这些过程中又起着非常关键的作用。

对 HSV Ⅰ的糖蛋白 D 基因中一个或所有三个编码糖基化位点的序列进行定向突变，再克隆至表达载体上并转染真核细胞(COS-1)，从而瞬时表达糖蛋白 D(gD)。这些突变的 gD 缺少一个或全部三个糖基，可用几种抗 gD 的单克隆抗体来检测，从而来确定其免疫性表位(即蛋白结构中由抗体识别的特异性位点)是否发生了改变。蛋白质中有两个糖基化位点的突变会改变蛋白质的天然构象，使其与抗体的反应性降低。第三个糖基化位点的突变没有相似的效应，然而即使三个位点均缺少了糖基也不会影响该蛋白质的正常加工过程。

重组的 M13 用来感染易感的大肠杆菌株，细菌裂解后，单链 DNA 的子代噬菌体被释放到培养基中。人工合成一段寡核苷酸(18～30 个核苷酸长度)，使其与目的片段的序列互补，除一个核苷酸外，该核苷酸即是要突变的核苷酸。将这个含有一个不配对碱基的寡核苷酸作为引物与重组的 M13 单链 DNA 进行杂交。在噬菌体 T4 DNA 聚合酶的作用下引物得到延伸，形成了双链的 DNA，该双链 DNA 可以转化易感株大肠杆菌，在细胞内突变的 DNA 单链就可以作为模板合成新的含有突变核苷酸的 DNA 了。

将先前合成的那段寡核苷酸链进行标记，作为探针杂交并筛选含有突变 DNA 的噬斑。通过调整杂交探针的洗脱温度，可以得到完全匹配的、含有突变 DNA 的杂交复合物，而由于探针与野生型的 DNA 有一个碱基不匹配，结合程度不牢而发生解离。携带突变基因的 M13 噬菌体在细菌中复制，其 DNA 经纯化后可以对点突变区域进行测序，以进一步确认该点突变。有种改进的方法可以选择性地复制突变链，从而提高了定向突变的效率。这一方法首先必须构建一种突变的大肠杆菌株，使其在 dUTP 向 dTTP 合成的过程中存在代谢缺陷，并且缺少正常情况下可以清除 DNA 中尿嘧啶的酶，M13 噬菌体转化到这种大肠杆菌中进行复制时，由于没有胸腺嘧啶可利用，就会以尿嘧啶作为替代进行 DNA 的合成。含有尿嘧啶的纯化单链 M13 DNA，与含有单个错配碱基(即需要进行点突变处)的互补寡核苷酸进行杂交。以该寡核苷酸作为引物，以含尿嘧啶的单链 M13 DNA 作为正链模板在体外复制 DNA，由于含有 dTTP，新合成的负链就含有胸腺嘧啶，并包含了点突变。将该双链 M13 DNA 转化至野生型大肠杆菌中，含有尿嘧啶的单链会被破坏，仅存留含有点突变的负链作为模板复制产生子代噬菌体的 DNA，这样产生的噬菌体绝大多数都会带有该点突变。

PCR 也可以用于单核苷酸的定向突变。在 PCR 的引物中引入一个错配的碱基。其中一些步骤采用了 M13 噬菌体的方法，具体的原理见图 7.26。这种变异的 PCR 方法，称之为

反向 PCR 诱变(**inverse PCR mutagenesis**),这种方法已经应用于小重组质粒(4～5kb)(图 7.25)。该方法非常迅速,在产生的克隆中,50%～100%含有突变的序列。PCR 反应合成的两个引物必须可以紧靠着(back-to-back)进行复性,其中一个引物携带特定的错配碱基。

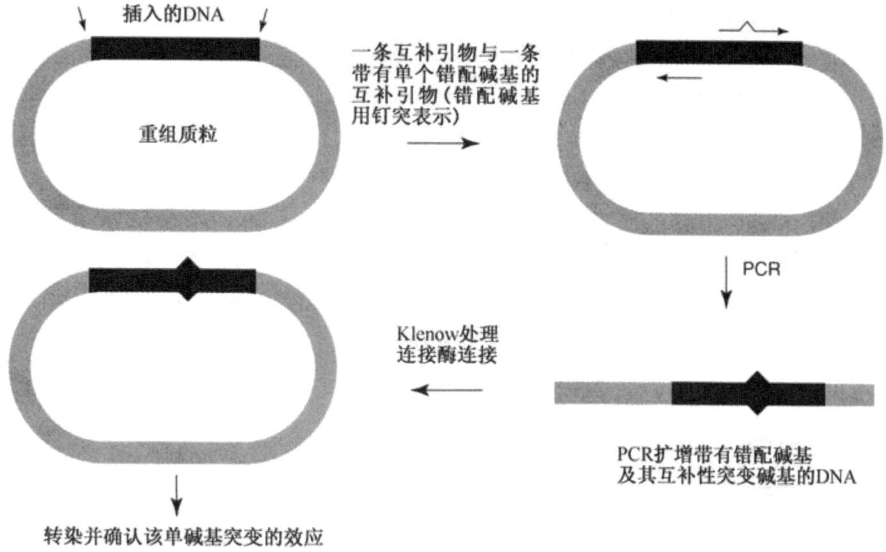

图 7.26　反向 PCR 诱变

用反向 PCR 法可以构建重组 DNA 质粒的单碱基突变。合成两条引物,使其 5′端分别与 DNA 两条链上的几个相邻碱基反向互补。其中一条引物携带特定的错配碱基,并能在 PCR 扩增的步骤中被高保真地复制,从而最终合成带有单碱基突变的重组质粒

7.14 重组 DNA 技术的应用

重组 DNA 方法在许多生物学领域都得到了应用,包括农业、进化研究、法医学和临床医学。基因工程能在庄稼中引入新的或改良的蛋白质(如谷物),使得它们含有人类必需的氨基酸,而这些氨基酸常常是植物蛋白所缺乏的。那些对特定的害虫具有致死毒性而对人类无害的杀虫剂用于保护农作物的生长,不仅可以保护庄稼,还可以避免对环境的破坏。从孕妇的羊水细胞中提取 DNA 可以分析胎儿是否有基因缺陷。从古代的沥青坑或冰冻苔原的生物样本里提取的微量 DNA 经过扩增、测序后可以用于进化学的研究。从一根头发,一滴血或被性侵犯者体内的精子中分离得到的 DNA 经扩增、制成图谱后可以用于法医学的研究。如今技术上的不断改进,使得人们可以选择性地将基因导入缺陷的细胞或将核苷酸导入特定的细胞,抑制有害基因的表达。

反义核苷酸在研究和治疗中的应用

反义核苷酸(**antisense nucleic acid**)(RNA 或 DNA),可以用来研究蛋白质在细胞内的表达和功能。天然和人工合成的、与 mRNA 互补的反义核苷酸,可以灭活 mRNA 并阻

止其翻译。将反义核苷酸导入细胞的方法为人们开辟了研究如何在细胞内选择性抑制蛋白质功能的新途径。这个方法同样也为控制病毒感染带来了希望。反义核苷酸技术和定向突变是反向遗传学的一部分，反向遗传学研究的顺序是从基因到表型，是通过选择性地修饰一个基因来评价它的功能，而经典的遗传学是分离和分析细胞内发生的随机突变。目前与某些疾病相关的分子机制还不清楚，因此**反向遗传学**(**reverse genetics**)的第二个用处是能把与人类疾病相关的基因绘制成基因图谱并进行克隆。

反义 RNA 可以用一般的克隆技术导入细胞。图 7.27 显示了一个基因被克隆到表达载体中启动子的下游，但是插入的方向与正常的相反。这样就使得 DNA 的互补链或反义链(而非模板链)可以在启动子的控制下转录出反义 RNA。用这种反义表达的载体转染细胞，可以使得表达的 RNA 与细胞内正常的 mRNA 进行杂交，就会形成 mRNA—反义 RNA 的复合物，但是这个复合物不能被翻译，原因有很多，可能是由于它不能结合核糖体，阻断了正常的加工程序，以及容易被酶快速降解。

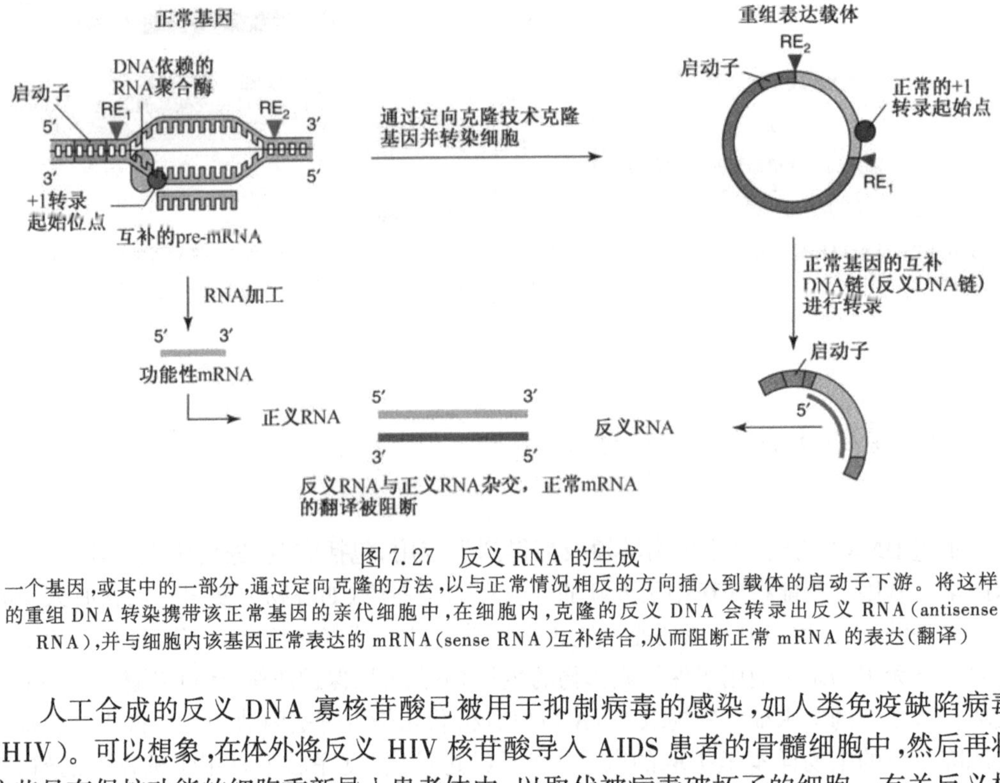

图 7.27　反义 RNA 的生成

一个基因，或其中的一部分，通过定向克隆的方法，以与正常情况相反的方向插入到载体的启动子下游。将这样的重组 DNA 转染携带该正常基因的亲代细胞中，在细胞内，克隆的反义 DNA 会转录出反义 RNA(antisense RNA)，并与细胞内该基因正常表达的 mRNA(sense RNA)互补结合，从而阻断正常 mRNA 的表达(翻译)

人工合成的反义 DNA 寡核苷酸已被用于抑制病毒的感染，如人类免疫缺陷病毒(HIV)。可以想象，在体外将反义 HIV 核苷酸导入 AIDS 患者的骨髓细胞中，然后再将这些具有保护功能的细胞重新导入患者体中，以取代被病毒破坏了的细胞。有关反义核苷酸调控癌基因、癌症形成相关基因表达的研究已经取得了一定的进展。反义核苷酸技术的利用为人类疾病的治疗带来了巨大的希望(见临床相关知识 7.8)。

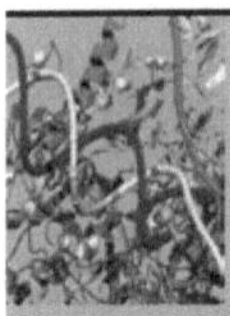

临床相关知识 7.8

RNA 介导抑制 HIV

核酶(**ribozyme**)是一种具有催化活性的 RNA 分子，其作用对象是 *tat* 和 *rev* 两个基因转录的 HIV-1 RNA，而这两个基因是 HIV-1 表达的关键基因。通过在外周血 $CD34^+$ 的造血祖细胞中导入重组的逆转录病毒载体表达核酶。HIV-1 感染的患者可以通过输入这种遗传修饰的 $CD34^+$ 细胞，从而抵抗 HIV-1 的表达。这些细胞通过骨髓移植输入体内，其功效能够维持将近一年，随后失效，这表明还需更有效地处理这些干细胞以便于提高它们的作用时间。最近的相关研究是构建抗 HIV 的核酶和小干扰 RNA 的共表达系统。siRNA 是双链小 RNA 分子(21～23 个核苷酸)，含有靶 mRNA (如 *tat* 和 *rev* 的 HIV-1 RNA)的反义序列，能形成 RNA 诱导沉默复合物，从而导致靶 RNA 的破坏。在体外培养的细胞中，这个构建的 siRNA 已经能够十分有效地控制 HIV-1 的表达。在不久的将来，这些 RNA 依赖的抗 HIV 基因疗法有望达到最终的治疗目的。

分子技术在整体动物中的应用

前面我们已经描述在许多体外和细胞内的系统中如何进行基因、cDNA 以及具有潜在调控功能的 DNA 侧翼区的纯化、测序和修饰。目前我们已经能够将外源基因导入整个动物，也可以使动物的基因组中缺失某个基因，甚至还可以克隆一个动物。虽然在使用这些新方法的时候会遇到生物伦理学的问题和障碍，但这些方法本身给将来的基因治疗带来了希望。

基因治疗：将正常基因导入有缺陷基因的细胞中

对于携带缺陷基因从而导致体弱或致命的患者，理论上可以通过提供正常的基因获得治疗。**基因治疗(gene therapy)**，就是通过逆转录病毒载体将正常的基因导入人体(见临床相关知识 7.9)。基因转移的成功与否，部分依赖于导入基因和宿主基因组的整合，这个整合的过程由逆转录病毒系统完成。然而，整合是一个随机性的事件，有可能造成有害的后果。不过已有研究表明，病毒整合装置可能通过蛋白质相互作用方式选择性地“拴”在宿主 DNA 的特异性靶序列上，从而可以避免上述不良后果的发生。

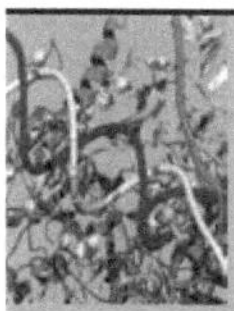

临床相关知识 7.9

基因治疗：正常基因可被导入有基因缺陷的细胞中

迄今为止，人们已经了解了大约 4000 种以上的遗传性疾病，其中有许多能使人变得非常虚弱，甚至面临生命危险。还有很大一部分此类疾病仍无法治愈。随着分子生物学新技术的发展，基因转移和基因治疗的临床应用已成为一种现实。因腺苷脱氨酶(ADA)缺乏导致的疾病和由于编码数种细胞因子受体共同亚单位——γc 的基因突变而导致的疾病，目前已能用基因疗法治愈。

腺苷脱氨酶在嘌呤的补救合成途径中非常重要，可以催化腺苷转化成次黄嘌呤核苷酸或催化去氧腺苷转化为脱次氧黄苷。ADA 包含 363 个氨基酸，在甲状腺和其他淋巴组织中有很高的活性。ADA 基因中有 30 个以上的突变与严重联合免疫缺陷病(SCID)相关,SCID 是一种常染色体隐性遗传病,患者主要表现为免疫力的缺乏,患病儿童经常早年就死于严重的感染。第一项被批准的人类基因治疗开始于 1990 年 9 月 14 日,治疗的对象是一个患有腺苷脱氨酶缺乏症的四岁女孩。具体步骤是先取患者的外周血 T 细胞用合适的生长因子刺激进行培养,然后通过逆转录病毒介导的基因转移技术将 ADA 基因导入这些细胞中。逆转录病毒通过重组以及修饰后含有人的 ADA 基因,并能在细胞内表达 ADA 而不出现病毒的复制。重组后含有 ADA 基因的 T 细胞通过自体移植被重新注入人体中。体内的 ADA 水平只要达到正常人的 10%,就能维持机体的正常运转。经过 10 年,该患儿已年满 13 岁,仍然健康地存活着,而且可以保持循环血中基因修正的 T 细胞占总 T 细胞的 20%~25%。

X 染色体相关的遗传疾病 SCID-X1,可以导致 T 淋巴细胞和自然杀伤性(NK)淋巴细胞分化受阻。SCID-X1 是由于细胞因子 IL-2、4、7、15 受体的共同亚单位 γc 的基因突变所造成的。对于 8 个月或 10 个月大的该病患者,其治疗方法同 ADA 缺乏的 SCID 患者类似,ADA 缺乏的 SCID 和 SCID-X1 相比,症状要轻些。SCID-X1 的研究表明,以逆转录病毒作为载体将携带正常 γc cDNA 的 $CD34^+$ T 细胞导入人体,要比早期研究方法观察到的基因转导水平高得多。治疗 3 个月后,婴儿的免疫系统能完全恢复并可以脱离医院的隔离保护而生存。但是最近对于 SCID-X1 患者的基因治疗已被停止,这是因为 14 名接受该治疗的欧洲儿童中有两人出现了类似白血病的症状。这种 T 细胞白血病是由于逆转录病毒插入到 LMO2 基因中并上调其转录、表达所造成的,而 LMO2 基因编码了血细胞生成所需的转录因子。预计将来用于基因治疗的载体经修饰后能阻止逆转录病毒优先在活性基因附近的插入。

转基因动物

为了研究特定的基因产物在动物生长和发育过程中的作用,必须将基因导入受精卵细胞中。外源基因可被插入到受精卵的基因组中。由这种受精卵发育成的动物中每个细胞都带有插入的基因,这样的动物就被定义为**转基因动物**(**transgenic animal**)。

图 7.28 描述了制造转基因动物的一般方法。人们感兴趣的基因通常是一段自身带有启动子的克隆 DNA 分子,或是带有不同启动子可进行选择性调控的重组 DNA 分子。基因的多个拷贝被微量注射入受精卵的**前核**(**prenucleus**)中。外源基因会随机地插入到染色体 DNA 中。如插入后使得关键基因断裂,胚胎就会死亡。通常所说的非致死的遗传突变事件就是由外源 DNA 插入染色体而引起的。

转基因动物目前被用来研究 DNA 的调控元件,分化过程中的蛋白质表达,组织的特异性,以及癌基因产物在生长、分化、诱导肿瘤发生中的作用。这些技术应该允许用于胚胎形成过程中缺陷基因的替代治疗(见临床相关知识 7.10)。

基因敲除鼠

构建一种动物,使得其体内所有的细胞都存在一个特异的基因“破坏”(该基因的缺失是非致命的),可以帮助研究者明确该基因的生物学作用。构建**基因敲除鼠**(**null or knockout**

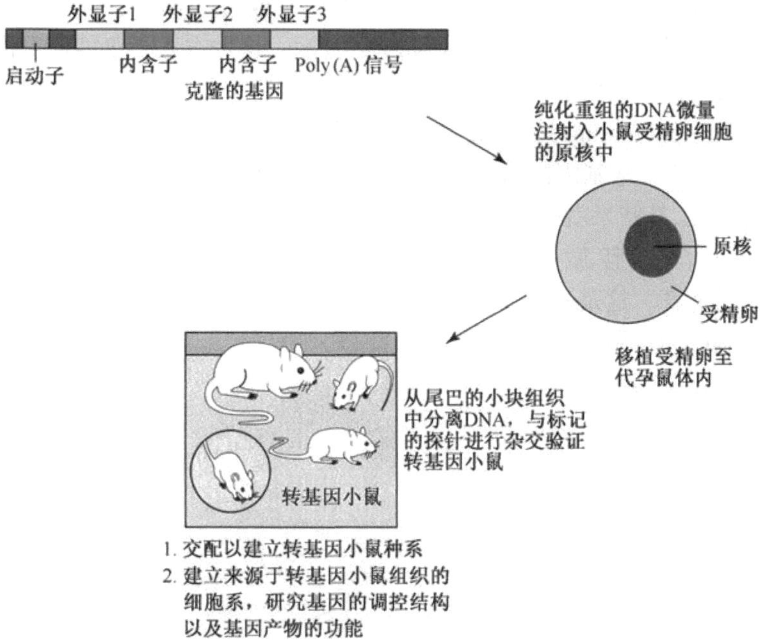

图 7.28　转基因小鼠的生成

经克隆、扩增、纯化的功能基因在体外被微注射入一些小鼠受精卵的原核中。受精卵被移植入代孕母体内。从转基因幼仔鼠的一小片尾巴组织中提取 DNA，通过与标记的探针杂交来证实动物所携带的外源基因（转基因鼠）。转基因鼠交配后可建立一个新的小鼠种系。建立来源于转基因鼠组织的细胞株后就能研究基因调控和外源基因产物的结构和功能

临床相关知识 7.10
转基因动物模型

转基因的动物模型有望为人类治疗胎儿发育早期形成的遗传性疾病提供帮助。转基因技术被用来研究动物中特异性基因产物的功能和表达水平的调节，还可以产生有商业价值的新动物品种。转基因小鼠是将大鼠生长激素(GH)基因显微注射入小鼠受精卵细胞的雄性前核（见 7.9 节）后发育而来的。外源性 GH 基因可以融合到小鼠的金属硫蛋白(MH-1)基因启动子区域，每个小鼠的受精卵细胞大约导入了 600 个拷贝的 GH 基因，然后这个受精卵细胞再被移植到代孕鼠的生殖道。由此产生的转基因鼠的基因组中就带有了大鼠的 GH 基因。在分娩后动物的饲料中添加 $ZnSO_4$，33 天后可以激活转基因鼠的 MH-1 启动子，大鼠 GH 基因就开始转录。大鼠的 GH 基因在小鼠体内持续过度表达，使得小鼠的体积成为正常同品种小鼠的两倍大。转基因鼠能将大鼠的 GH 基因遗传给一半的后代，这表明导入的基因能稳定整合到生殖细胞的基因组中，从而产生新一代的物种。

mouse）的基本步骤包括：使纯化的重组基因失活；将该失活基因导入胚胎干（ES）细胞中使其替代对应的正常基因；将这种经基因修饰的胚胎干细胞注入正在形成的胚泡中；将胚

泡移植到代孕母体中;筛选该基因成功敲除的幼仔。使特定基因失活的常用办法就是在克隆的目的基因中插入抗生素抗性基因,如 *neo* 基因。这种方法不仅能使目的基因失活,还有利于筛选转染成功的胚胎干细胞。少量胚胎干细胞中的正常基因可能会通过**同源重组**(**homologous recombination**)的方式被插入 *neo* 而失活的重组基因所取代。改变(或破坏)的核苷酸序列和正常基因的核苷酸序列对齐后交换位置,或直接插入到正常的基因中。无论哪种情况,其结果就是破坏(或敲除)胚胎干细胞中特定的正常基因。挑选成功敲除该基因的胚胎干细胞,微量注射入小鼠的胚泡中,生育嵌合体的子代,再选择基因敲除的纯合子进行哺育。这是一项十分费力的工程(图 7.29),在许多实验中都使用这个方法来评价特定基因的作用(见临床相关知识 7.11)。

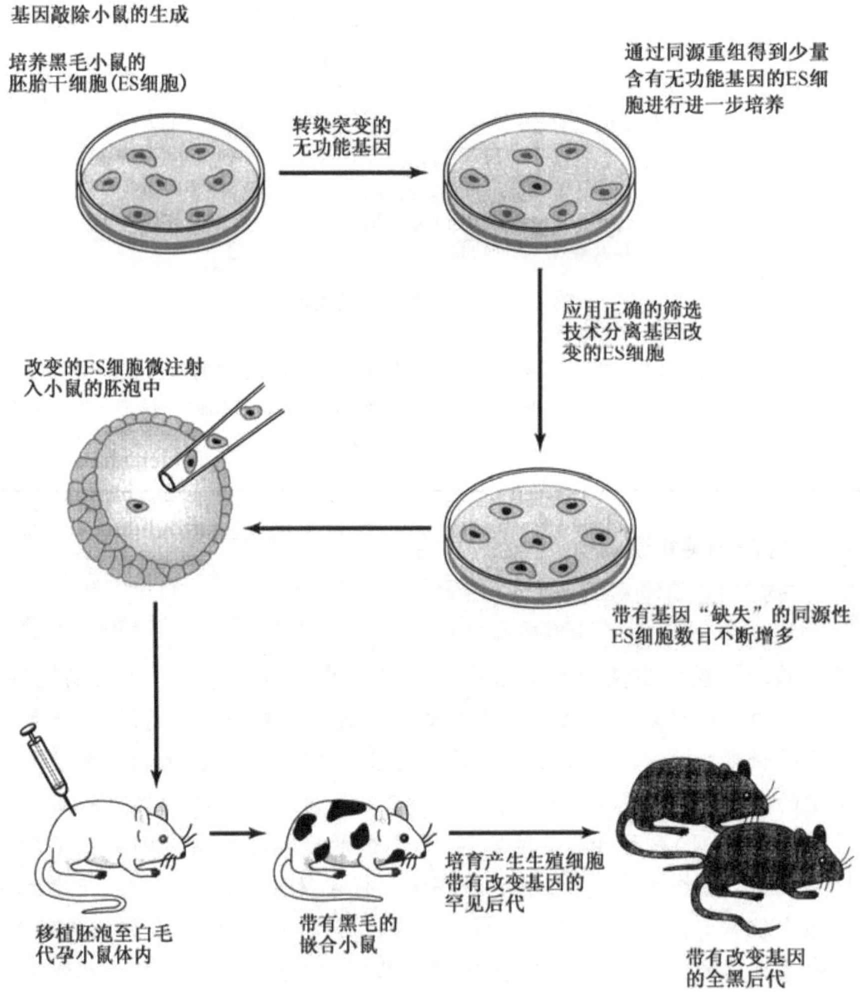

图 7.29 基因敲除小鼠的生成

培养的胚胎细胞通过重组技术操作后能携带缺陷的或"缺失"的基因。基因发生改变的细胞导入到胚泡后再植入到代孕母体中。挑选所有细胞的特定基因均发生无功能性"缺失"的子代,作为基因敲除动物

临床相关知识 7.11
通过基因敲除鼠来确定 $P2Y_1$ 嘌呤受体的作用

血小板在止血和凝血过程中起着非常重要的作用。ADP 是一种诱导血小板聚集的重要生理激动剂。20 世纪 70 年代的研究得出了这样的结论，认为 ADP 通过与 G 蛋白偶联受体相结合从而诱导血小板的聚集，但细胞外的 ATP 能作用于相同的受体从而竞争性地抑制血小板聚集。有时候，即使没有充分证据的一些观点也会变得根深蒂固，需要花几年时间才能修正过来。20 世纪 90 年代，人们清楚地认识到血小板拥有至少三个不同的嘌呤受体，且对于 ATP 和 ADP 具有不同的结合特异性。了解这些有潜在交互作用的受体如何发挥功能对于临床具有非常重要的指导意义。ADP 和 ATP 在各种不同的生理和病理条件下释放到心血管系统/血液中。ADP 的激动剂作用和 ATP 的拮抗剂作用之间的平衡，在血小板的调节过程中起到了关键的作用。明确这些作用机制有助于人们研发一些新的抗血栓药物。最近，嘌呤受体——$P2Y_1$ 的作用已经通过该基因的基因敲除小鼠模型研究得到了正确的认识。

除了血小板外，$P2Y_1$ 受体在许多组织中均有表达。$P2Y_1$ 受体基因敲除鼠表面上没有出现明显的异常，然而正常水平的 ADP 不能诱导其血小板聚集，只有高浓度的 ADP 才能诱导。而且血小板在聚集时并没有像正常情况下那样出现形态的改变。$P2Y_1$ 基因敲除小鼠能抵抗血栓栓塞，因此 $P2Y_1$ 受体可以作为抗血栓药较好的作用靶点。

从成年羊细胞克隆的羊——多莉

克隆动物引发了很多伦理问题，例如：人们有权去选择动物的基因构成并繁殖这些动物吗？很明显，开发具有相同遗传信息的动物在实验研究上具有很多优势。然而，把整个动物克隆技术应用到人类会引发很多伦理问题，大部分人都难以接受。

从成年哺乳动物的体细胞克隆出能够存活的子代是一项非常困难的工程。人们就是通过这种技术制造了克隆羊"多莉"，它是由六岁的芬兰多塞特母羊的乳腺细胞克隆而来的。首先将乳腺细胞阻止在细胞周期的 G_0 期，并在低血清含量的培养基中维持这种状态。将这种处于休止期的二倍体供体细胞的胞核转移到去核的英格兰黑脸母羊的卵母细胞中，形成"受精卵"。这种人工制造的"受精卵"在培养基中发育到桑葚胚或胚泡期后，再转移到受体母羊体内继续生长发育成足月羊。只有很小比例的植入胚胎能存活到足孕期。目前，用成熟体细胞克隆子代的方法学已被沿用到牛、小鼠和猴子。

多莉于 2004 年因为进行性的肺部疾病并出现过早衰老而被处以安乐死。现在还不明确这种缺陷是克隆本身所致还是环境因素所致，抑或是两者联合作用的结果。由于克隆技术具有很大的治疗价值，因此人们还是在有目的地继续探索。最近有种研究方法用两只雌性小鼠的卵细胞生成了一只雌性小鼠，这样就绕过了**印记**(**imprinting**)规则，因为印记规则认为，某些活性基因必须来自母方，而另一些则必须来自父方。通常情况下，含有 2 套父系或母系染色体的哺乳动物胚胎将不能存活。但这只由两个卵母细胞克隆而来的雌性小鼠一直长到了成年，并生育了幼仔。

随着克隆羊多莉的问世以及人胚胎干细胞（hESC）分离的成功，科学家们开始探寻通过结合这两种技术对人胚胎干细胞进行遗传性改造，并用于治疗特定患者，这样的方法被称为**治疗性克隆**（**therapeutic cloning**）。通过不懈努力，该方案的主要步骤已经完成，并由此合成了来源于克隆囊胚的单一 hESC 细胞株。克隆囊胚是通过把人卵丘细胞（卵巢中卵子周围的细胞）的胞核导入至去核的人卵细胞中，并将其置于适当的化学环境下诱导复制而成的。人胚胎干细胞株可以在培养基中正常生长，并能够分化成各种类型的体细胞。这些细胞经诱导后能形成任何组织的正常细胞，从而替代患者体内有缺陷的组织。

农业的重组 DNA 技术有其商业价值

人类使用基因重组技术最大的收获莫过于提高农作物的产量。要想达到这样的目的就必须鉴定并分离那些具有特殊功能的基因，这些特殊性能包括提高农作物产量，加快农作物生长，抵御干燥、寒冷等有害环境，增加产物体积等。将一些农作物没有的新基因导入至农作物中还能抵抗害虫、真菌以及细菌的侵害。还有，结构蛋白的基因经修饰后编码的蛋白质能含有正常情况下不具备的必须氨基酸，而蛋白质的功能不会发生改变。要想获得具有新基因特性的农作物，必须将这些基因导入到能分化为完整农作物的植物细胞中 。

携带有新基因信息的**冠瘿质粒**（**crown gall plasmid**）可以通过**农杆菌**（**agrobacteria**）感染植物细胞从而导入植物中。农杆菌正常情况下包含一个冠瘿质粒，也可称为 Ti（tumor-induced）质粒，该质粒的基因能整合到感染细胞的染色体中，指导植物宿主细胞合成一组叫做**冠瘿碱**（**opines**）的新种类氨基酸（如精氨酸和丙酮酸酯的氨基酸衍生物、章鱼（肉）碱、精氨酸和 α 酮戊二酸或胆脂碱），冠瘿碱对正常细菌的生长是必须的。植物在农杆菌感染的部位会形成由未分化植物细胞所组成的肿块，即冠瘿。插入到 Ti 质粒中的新基因可以随着农杆菌的感染而被导入到植物细胞中。这些细胞可以在培养基中生长并且能够被诱导再分化，从而形成完整的植物。这样的植物中每个细胞都包含有新基因的信息，所以又叫做转基因植物。

在改变农作物的遗传性状以达到增产目的的同时，还必须克服这一过程中存在的一些限制，只有这样才能使世界的粮食产量取得更大的增长。当然，我们首先必须能够识别并分离那些含有所需特性的基因。有些重要的农作物（如玉米和小麦），是不能通过 Ti 质粒进行转化的，因此需要寻找其他的载体。在设计农作物抵抗害虫和病毒感染方面我们也取得了巨大的成功。现在通过遗传工程学的方法，在豌豆类植物的基因组中插入一种外源基因可以产生一种蛋白质，它可以阻止象鼻虫幼虫食用豌豆种子，这样我们就可以在不使用保护性化学杀虫剂的情况下保存豌豆和其他豆类的种子（最近在巴西，害虫的侵袭导致农民的豌豆储备损失了 20%～40%）。

7.15 基因组学、蛋白质组学和微阵列分析

基因组学是研究整个基因组分子特点的一门学科。其研究内容包含基因组的测序，基因以及相应调控序列的识别，以及基因表达的模式。目前已经对几十种原核和真核生

物的基因组以及超过 1000 种病毒的基因组进行了测序(表 7.1)。最近对大量的海洋微生物进行了基因组的测序研究,使得原有的 180 000 个生物基因又增加了将近100 000个新基因。据估计地球上所有的生物基因有近 100 亿个。RNA 转录中出现的选择性剪切以及各种蛋白产物翻译后的加工,使得单个基因可以编码出多种蛋白质。一个细胞中蛋白质的组成被称为蛋白质组。蛋白质组学是研究在各种环境下蛋白质在组织中的表达、蛋白质间相互作用以及蛋白质修饰的一门学科。临床相关知识 7.12 叙述了怎样通过鉴定肿瘤相关生物标记物,从而将蛋白组学应用于早期癌症的诊断。

表 7.1　已经完成基因组测序的部分原核和真核生物列表

	物种	基因组大小
原核生物		
(超过 100 种微生物)	流感(嗜血)杆菌	1.83Mb
	肺炎衣原体	1.23Mb
	脑膜炎奈瑟氏菌	2.27Mb
	霍乱弧菌	4.0Mb
		染色体的数目
简单真核生物	酿酒酵母	16
	镰状疟原虫(间日疟的病原微生物)	14
	冈比亚按蚊(蚊子)	3
	黑腹果蝇(果蝇)	5
农作物	燕麦	7
	大麦	7
	稻(稻谷)	12
	玉米	10
脊椎动物	斑马鱼	25
	原鸡(鸡)	39
	小鼠	21
	沟鼠	22
	人类	24

临床相关知识 7.12
乳腺癌的微阵列分析

人类乳腺癌的治疗模式很大程度上取决于肿瘤细胞上雌激素受体(ER)的状态。ER 阳性的肿瘤对辅助性激素/药物治疗有很好的反应,而 ER 阴性的肿瘤则不然。ER 阴性的乳腺癌患者对化疗的反应差异较大,而且在手术治疗的预后评价方面没有很好的指标。在含有 25 344 个基因的 cDNA 微阵列中,分析两组患者经扩增的细胞内 RNA,一组是 10 名 ER 阴性且在发病后 5 年内死亡的乳腺癌患者,一组是 10 名 ER 阴性、至今仍无病生存的乳腺癌患者。分析结果表明死亡组和生存组相比有 71 个基因高表达,生存组和死亡组相比有 15 个基因高表达。根据这些标记性基因,人们可以建立一个 ER 阴性乳腺癌患者预后的评分系统,用于评价哪些患者会有好的预后而哪些患者预后较差。这一评分系统具有较高的精确度,有助于指导治疗方案以及确定可以作为靶向治疗靶点的新基因。

微阵列分析

微阵列分析技术最初用于核酸的分析，但是随着这一技术的不断发展，其在基因组和蛋白质组分析中也得到了应用，且大大方便了基因组、蛋白质组的分析。核酸杂交和抗原-抗体复合物的形成已被广泛应用于前述的核酸或蛋白质等大分子的分析技术中。然而，同时分析一个细胞中的成百上千个基因要求技术具有高通量的特点。微阵列技术依赖于大分子物质相互作用的一些原理与方法，如 Southern 印迹、Northern 印迹以及 Western 印迹。把 DNA 探针固定在无渗透作用的固体表面上可以减少溶液体积以及所需的杂交时间。DNA 微阵列是通过电脑控制将克隆的或 PCR 合成的 DNA 序列作为探针，以微滴的形式加到含有左旋多聚赖氨酸底物的载玻片上而形成的，这些 DNA 探针与载玻片上的底物可以共价连接。要进行分析的 DNA 或 RNA 样本用同位素或荧光进行标记，然后再与载玻片上固定的探针进行杂交(图 7.30)。最后通过高分辨率的图像和计算机的分析来检测阳性反应并进行量化。许多涉及诸如信号转导、凋亡等重要过程和途径的一些特定基因已被用于微阵列的检测。图 7.31 显示的是疟疾感染后的细胞中基因表达变化的检测。DNA 寡核苷酸(通常 20 或更多个碱基)也可在玻片上合成微点阵。微点阵的大小可以在 1μm×10μm×5μm 至 100μm×100μm×20μm 之间变化。无数个不同的寡核苷酸固定在所谓的 **DNA 芯片(DNA chip)**上，这些寡核苷酸是与特定的基因序列互补的。一个简单的人类基因组的芯片微阵列，就包含了 100 万个寡核苷酸探针。这

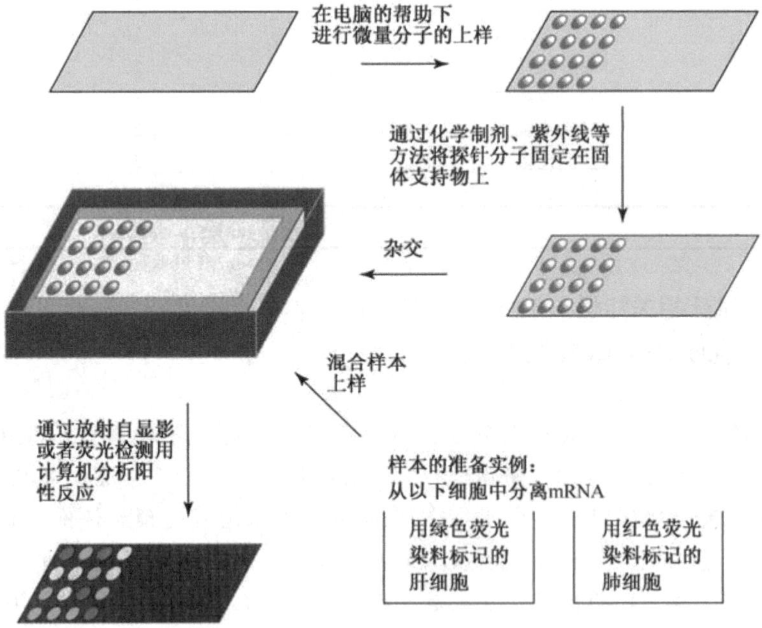

图 7.30 DNA 的微阵列分析

非渗透性的支持物表面通常是玻璃或聚丙烯材料，有利于多个 DNA 或寡核苷酸的上样。玻片上代表成百上千个基因的寡核苷酸或核苷酸在适当的条件下于小室内与样本 cDNA 进行孵育杂交，然后经适当的冲洗除去未杂交的 cDNA 。绿色荧光点提示该基因在肝细胞中表达，红色荧光点提示该基因在肺细胞中表达。黄色荧光点则提示该基因在两种组织中均有表达

种 **DNA 芯片**是可以购买到的，它能从约 30 000 个人类基因中检测出 50 000 种 RNA 转录物。该生物芯片类似于电子芯片，因为它们均能以高通量的模式同时进行多种反应。

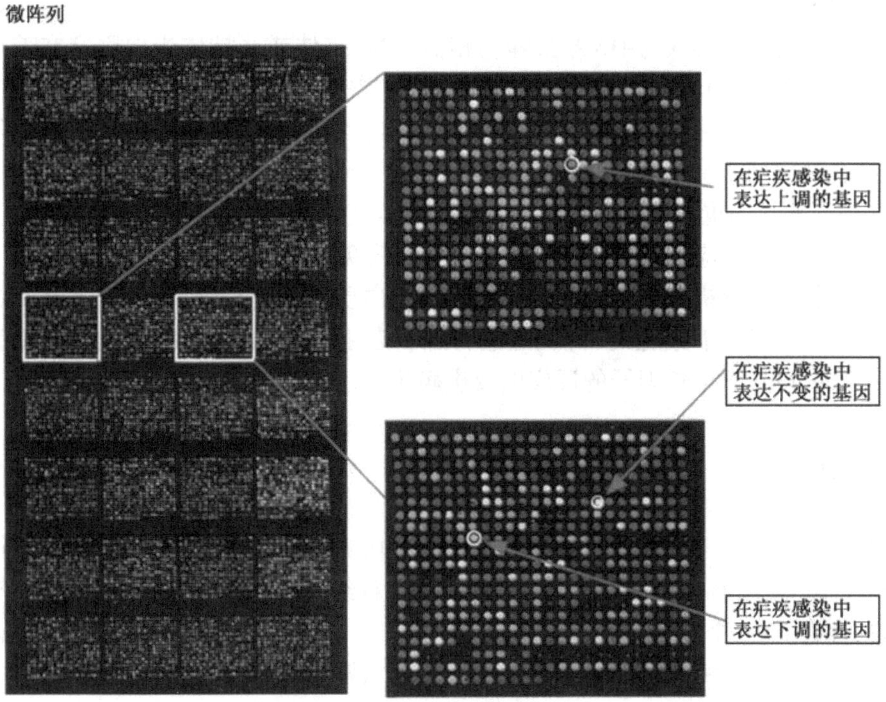

图 7.31　微阵列分析疟原虫感染的小鼠基因表达

整个基因组的 DNA、RNA、寡核苷酸或代表细胞内蛋白质组的部分蛋白质或抗体被固定在不通透的支持物上。这些固定的探针与细胞内适当标记的成分经杂交或蛋白质间相互作用后形成稳定的复合物。通过鉴定在微阵列上与固定的探针相结合的核苷酸或蛋白质就能分析出在不同的情况下细胞内基因的表达。

小鼠 DNA 微阵列是专为小鼠基因组生产的，它包括 13 443 个合成的寡核苷酸，很好地代表了小鼠的基因。从每个基因的 3′端开始合成长度为 70 个碱基的寡核苷酸。这样可以最大限度地减少小鼠基因之间的交叉杂交。这个微阵列包含的内容相当广泛，有一整套编码免疫系统相关蛋白的基因，如淋巴细胞亚型标志物，淋巴细胞活化标记物，细胞因子、趋化因子以及它们的受体，黏附分子，共刺激因子，免疫调节因子，转录因子和信号转导蛋白等。

样本：从无感染小鼠的脾细胞提取 RNA 反转录成 cDNA，并用荧光（Cy3，绿色）标记。从感染疟原虫第八天的小鼠脾细胞提取 RNA 并反转录成 cDNA，也用荧光（Cy5，红色）标记。将两种荧光标记的 cDNA 探针混合后再与微阵列中的所有寡核苷酸进行杂交。显示为红色的基因即是感染疟原虫后小鼠细胞内上调的基因，而显示为绿色的基因是感染疟原虫后下调的基因。没有受疟原虫感染影响的基因则显示为黄色。

数据来自于 Drexel 大学医学院微生物教研室 Dr. James Burns 实验室，数据未发表

微阵列能够进行整个基因组的表达分析或者特定途径中相关基因的表达分析。对特定组织中表达的基因，或在某些特定的代谢、疾病状态下表达的基因进行检测，可以提示我们在这些特定的条件下，哪些基因是被激活的。可惜的是，单一的微阵列只能提供某一特定条件下基因组基因表达信息的静态快照。从这个单一的微阵列图像上，我们很难推断出哪些调控基因参与了表达的调节，因为在向最后细胞状态转换的过程中，有许多基因可能通过调控的途径发生了表达的开启或关闭。在不同代谢或疾病状态之间参与调控基因开启或关闭的共调节基因，可以通过多个时间点（从基因表达的开始到最后状态）的微

阵列分析得出结论。计算机分析这个时间跨度中进行的微阵列检测可以汇集那些被调控表达的基因。**聚类分析(cluster analysis)**可以鉴定出那些共同调控细胞从一个状态向另一个状态改变的基因。

蛋白质微阵列的模式与DNA微阵列相似,它将抗体或非抗体蛋白固定在玻片上或膜上,这样就能按照DNA微阵列相似的模式捕捉样本中的目标蛋白。另外,在蛋白质微阵列中还可以应用**适体(aptamer)**作为蛋白探针,它是合成的DNA或RNA小片段,能特异性地结合特定的蛋白质。通常情况下,蛋白质微阵列上的检测蛋白是由组织特异的cDNA文库所表达的重组蛋白。用荧光标记的特异性抗体就能进行蛋白质微阵列分析。这种方法已被成功地应用于检测血浆中某些与自身免疫疾病相关的抗体组成。

微阵列技术对分析基因组的表达和细胞的蛋白质状态是十分重要的,尤其是在对比正常细胞和特殊状态下细胞的时候,这些特殊状态主要包括代谢环境的改变、细胞的分化、对药物的反应、对生长因子的反应以及疾病状态。

人类基因组

1996年,酵母(属于真核生物)的基因组被成功测序,其基因组含有约14×10^6个碱基,分布在16条染色体上。1998年测得秀丽新小杆线虫的基因组含有约18 000个基因,而酵母只含有6000个基因。到了2000年,由于引入了**鸟枪法测序(shotgun sequencing)**,人们又测出了黑腹果蝇的基因组含有180×10^6个碱基。这个方法是将整个基因组断裂成小片段,然后用快速自动程序进行测序,在高级计算机的帮助下,根据其中的重叠序列将这些序列片段合理地组装起来。如果事先克隆了序列会使得测序更为容易。鸟枪法的应用加快了人类基因组的测序工作。好几条人类染色体已经被绘制出图谱,成千上万的cDNA克隆已经被测序或即将被测序,最终我们将绘制出庞大的人类基因组的图谱。在2000年,J. C. Venter和F. S. Collins发表联合申明,声称他们已经完成了人类基因组97%的测序工作。

完成基因测序只是基因图谱绘制中的一部分。我们还需明确每个基因表达的起始和终止位点,以及这个基因编码的是什么蛋白质,这是一个类似于**注解(annotation)**的工作。真核基因组通常在着丝粒周围一直存在浓集的异染色质区域,这些区域中重复的DNA用现今的测序方法还不能对其进行测序和克隆。也许还要再过十多年甚至更长的时间才能完全了解所有的基因和它们的调控元件。

人类基因组计划的完成产生了相当多的数据。这个计划的完成只是为我们了解单细胞功能活动的分子基础开了个头,更别提整个生物体了。现已知道,人类基因组总共编码30 000个基因,比预期设想的基因数要少很多,只比一个植物的基因组多了20%的基因,比线虫*C. elegans*多了40%的基因。然而,"静态的"基因组如果转录成RNA分子就变得相对"动态"了,同样当它们翻译成蛋白质时也可视为动态。来源于同一个基因的初始RNA转录物经过不同的剪接后就能形成不同的蛋白质产物。蛋白质产物也需经过无数的化学修饰以及与其他多肽亚单位或蛋白质进行交联。据估计,30 000个基因最终能产生20万到200万种蛋白质,其种类的多少部分取决于组织的特异性、发育的阶段以及代谢的状态。我们现在的工作是要在结构和功能的水平上分析转录物和它的最终翻译产物。

所有人类基因及其调控序列的示意图将帮助我们更好地了解许多基因疾病。在操纵基因和基因表达方面的先进技术为我们调节和(或)治愈许多疾病铺平了道路。基因疾病将最终通过基因置换的方法获得治愈;目前临床上基因治疗的开展还很有限。考虑到过去三十年分子生物学取得的巨大进步,我们有理由相信这个时刻已经不远了。过去科学家们面临的挑战是如何测序人类基因组,而现在新的挑战是如何有效地利用这些知识来造福于人类。

参考书目

Adams, D. M., Celniker, S. E., Holt, R. A., plus 192 collaborators. The genome sequence of *Drosophila melanogaster*. *Science* 287:2185, 2000.

Brown, W. M., George, M., Jr., and Wilson, A. C. Rapid evolution of animal mitochondrial DNA. *Proc. Natl. Acad. Sci. USA* 76:1967, 1979.

Bushman, F. Targeting retroviral integration. *Science* 267:1443, 1995.

Capecchi, M. R. Altering the genome by homologous recombination. *Science* 244:1288, 1989.

C. elegans Sequencing Consortium. Genome sequence of the nematode *C. elegans*: A platform for investigating biology. *Science* 282:2012, 1998.

Chilton, M. D. A vector for introducing new genes into plants. *Sci. Am.* 51:36 June 1983.

Davis, L. G., Kuehl, W. M., and Battey, J. F. *In vitro* amplification of DNA using the polymerase chain reaction (PCR). *Basic Methods in Molecular Biology*, 2nd ed. Appleton and Lange, Norwalk, CT: 1994, p. 111.

Feinberg, A. and Vogelstein, B. Addendum: A technique for radiolabeling DNA restriction endonuclease fragments to high specific activity. *Anal. Biochem.* 137:266, 1984.

Fields, S. Proteomics in genomeland. *Science* 291:1221, 2001.

Goffeau, A., et al. Life with 6,000 genes. *Science* 274:546, 1996.

International Human Genome Sequencing Consortium. Initial sequencing of the human genome. *Nature* 409:860,2001.

Jaenisch, R. Transgenic animals. *Science* 240:1468, 1988.

Kerr, L. D. Electrophoretic mobility shift assay. *Methods Enzymol.* 254:619, 1995.

Kreeger, K. Y. Influential consortium's cDNA clones praised as genome research time-saver. *Scientist* 9:1, 1995.

Kunkel, T. A. Rapid and efficient site-specific mutagenesis without phenotypic selection. *Proc. Natl. Acad. Sci. USA* 82:488, 1985.

McPherson, M. J., Quirke, P., and Taylor, G. R., eds. *PCR. A Practical Approach*, Vol. 1. Oxford, England: Oxford University Press, 1994.

Marshall, E. Gene therapy's growing pains. *Science* 269:1050, 1995.

Maxam, A. M., and Gilbert, W. A new method of sequencing DNA. *Proc. Natl. Acad. Sci. USA* 74:560, 1977.

Mulligan, R. C. The basic science of gene therapy. *Science* 260:926, 1993.

Palmiter, R. D., et al. Dramatic growth of mice that develop from eggs microinjected with metallothionein-growth hormone fusion genes. *Nature* 300:611, 1982.

Reddy K. S. and Perrotta P. L. Proteomics in transfusion medicine. *Transfusion* 44:601, 2004.

Rigby, P. W. J., Dieckmann, M., Rhodes, C., and Berg, P. Labelled deoxyribonucleic acid to high specific activity *in vitro* by nick translation with DNA polymerase I. *J. Mol. Biol.* 113:237, 1977.

Sambrook, J., Fritsch, E. F., and Maniatis, T. *Molecular Cloning. A Laboratory Manual*, 2nd ed. New York: Cold Spring Harbor Laboratory Press, 1989.

Sanger, F., Nicklen, S., and Coulson, A. R. DNA sequencing with chain-terminating inhibitors. *Proc. Natl. Acad. Sci. USA* 74:5463, 1977.

Simon R., Mirlacher, M., and Sauter, G. Tissue microarrays. *BioTechinques* 36:98, 2004.

Southern, E. M. Detection of specific sequences among DNA fragments separated by gel electrophoresis. *J. Mol. Biol.* 98:503, 1975.

Southern, E. M. Microarrays. In: J. B. Rampal, Ed., *DNA Arrays, Methods and Protocols, Methods in Molecular Biology*, Vol. 170, Totawa, NJ: Humana Press, 2001, p. 1.

Venter, J. C., Adams, M. D., Myers, E. W., Li, P. W., et al. The sequence of the human genome. *Science* 291:1304, 2001.

Venter, J. C., Remington, K, Heidelberg, J. F., Halpern, A. L., et al. Environmental genome shotgun sequencing of the Sargasso Sea. *Science* 304:66, 2004.

Vogelstein, B., Fearon, E. R., Hamilton, S. R., and Feinberg, A. P. Use of restriction fragment length polymorphism to determine the clonal origin of human tumors. *Science* 227:642, 1985.

Watson, J. D., Tooze, J., and Kurtz, D. T. *Recombinant DNA: A Short Course*. Scientific American Books. San Francisco: Freeman, 1983.

Weintraub, H. M. Antisense RNA and DNA. *Sci. Am.* 262:40, 1990.

Wilmut, I., Schnieke, A. E, McWhir, J. Kind, A. J., and Campbell, K. H. S. Viable offspring derived from fetal and adult mammalian cells. *Nature* 385:810, 1997.

Zhang, Y., and Yunis, J. J. Improved blood RNA extraction microtechnique for RT-PCR. *BioTechniques* 18:788, 1998.

习题和参考答案

选择题

1. 重组 DNA 方法学的发展是建立在发现什么的基础上:
   A. 多聚酶链反应(PCR)
   B. 限制性内切核酸酶
   C. 质粒
   D. 互补 DNA(cDNA)
   E. 酵母人工染色体(YAC)

2. 下列都是构建 DNA 限制性图谱所需的,除了:
   A. DNA 的部分水解
   B. DNA 的完全水解
   C. 在凝胶上电泳分离片段
   D. 将电泳的凝胶染色以定位 DNA
   E. 反复加热和冷却反应中的混合物

3. 重组 DNA 时需要准备什么:
   A. 以交叉的方式进行酶切的限制性内切核酸酶
   B. 酶切产生平末端的片段的限制性内切核酸酶

C. poly(dT)
D. DNA 连接酶
E. cDNA

4. 筛选携带克隆 DNA 质粒的细菌时,pBR322 质粒含有两个抗生素的抗性基因,其中:
   A. 在想要的细菌克隆中,一个抗性基因是无功能的
   B. 未转化的细菌是具有抗生素抗性的
   C. 在想要的细菌克隆中,两个抗性基因都是有功能的
   D. 标记的 DNA 或 RNA 探针起了一定作用
   E. 上述各项都不是
5. 确定长片段 DNA(50～100kb)中基因排列的技术是:
   A. RFLP
   B. 染色体步移法
   C. 缺口平移法
   D. Southern 印迹
   E. SSCP
6. 反义核苷酸:
   A. 是与 mRNA 互补的,能增强 mRNA 的翻译
   B. 如果一个基因以与正常相反的方向插入启动子的下游时就能产生
   C. 没有临床应用价值
   D. 只能和 DNA 反应
   E. 是重组 DNA 技术必须的

问题 7 和 8:在美国,婴儿出生后一年内死亡的主要原因之一是婴儿猝死综合征(SIDS)。一项研究发现,SIDS 发病的危险性与心电图检查时发现的长 QT 间期明显相关。其中一个小孩,其与长 QT 综合征相关的基因发生了序列替换,使得 AAC 变成了 TCC。这个基因编码了与钠通道相关的蛋白质。这个突变可以用单链构象多态性(SSCP)的方法检测。

7. 下面哪项关于 SSCP 的叙述是正确的?
   A. 应用 SSCP 技术时,小单链 DNA 在聚丙烯酰胺凝胶上电泳移动的速度部分取决于它的二级结构
   B. 用 SSCP 研究的 DNA 区域内必须包含限制性酶切位点
   C. 这个技术不使用放射性标记
   D. 不必要知道研究的 DNA 的序列
   E. 上述的都是正确的
8. 为了获取更多的 DNA 用于分析,需要经 PCR 扩增。使用的聚合酶关键特性是:
   A. 不需要引物
   B. 通常没有活化
   C. 具有热稳定性
   D. 可以催化复制双链 DNA
   E. 既能复制真核 DNA,也能复制原核 DNA

问题 9 和 10:基因治疗的目的就是将正常的基因导入含有缺陷基因的细胞中。第一例授权的人类基因治疗是治疗一名腺苷脱氨酶(ADA)缺乏的 4 岁女孩。ADA 儿童具有重度联合免疫缺陷(SCID),通常在患病后不到一年就因无法控制的感染而死亡。包含有人类 ADA 基因的经修饰过的逆转录病毒载体,在人细胞里表达而不发生病毒的复制。分离的儿童 T 细胞经重组的逆转录病毒感染就能导入正常的基因。再将修饰过的 T 细胞重新输入患者体内。这个女孩现在 13 岁,身体状况一切正常。

9. 重组基因在哺乳动物细胞里的表达:
   A. 如果重组基因含有内含子就不能表达
   B. 如果使用 cDNA 进行克隆,那么表达的效率最高
   C. 不需要将重组基因定向插入载体中
   D. 载体必须通过修饰而包含增强子和启动子的元件
   E. 载体中不需要复制起始点(*ori*)
10. 重组 DNA 技术的另一个临床应用通过快速复制细菌来产生大量的特异性蛋白(如激素)。真核基因在原核细胞中的表达与下列哪一项相关:
   A. mRNA 中的 Shine-Delgarno 序列
   B. 不能含有内含子
   C. 基因上游的调控元件
   D. 产生融合蛋白
   E. 以上都是

问题 11 和 12:从三个不同的个体中分离得到全基因组 DNA,经限制性内切核酸酶消化成片段后在琼脂糖上电泳分离。用 Southern 印迹技术分离并分析目的基因。每一个个体均显示了两条带。其中两个人的条带是完全相同的。第三个人的其中一条条带与前两人相同,而另一条条带的分子质量略小。这就是限制性片段长度多态性(RFLP)分析的一个例子。

11. 关于第三个人目的基因RFLP分析结果的合理解释是：
  A. 缺乏限制性内切核酸酶的识别序列
  B. 在切开位点处发生了突变
  C. 有另外一个内切酶的识别位点
  D. 基因的片段存在缺失
  E. 发生了随机剪切
12. Southern印迹技术：
  A. 将DNA片段从琼脂糖凝胶转移到硝酸纤维素膜上
  B. DNA片段需要保持双链结构
  C. DNA在琼脂糖凝胶电泳之前需要进行放射性标记
  D. 在这一过程中，改变了DNA片段的位置
  E. 扩增了DNA的量

问答题

13. 利用Sanger测序方法，通过X线放射自显影获得了DNA片段一条链的序列。核苷酸的5′端用^{32}P标记。从放射自显影图的底端计数到顶端。ddG试管的泳道出现的条带在位置4和11；ddC试管泳道出现的条带在位置1，2，7，8，9和13；ddA在5，10和15；ddT在3，6，12和14。那么请问这个片段的序列是什么？构建互补序列的放射自显影图。
14. 如果DNA片段为250kb，那么使用什么样的载体克隆该片段是最好的？其他类型的载体可以用吗？为什么？

参考答案

1. B　在特定的位点切开DNA是重组DNA技术的关键。A，C，D和E：这些技术或结构都是后来参与到重组DNA技术中去的。
2. E　加热和冷却的循环是PCR过程的一部分，而不是绘制限制性图谱的过程。A，B：限制性图谱包括各种程度的酶解。部分水解能产生不同大小的片段，完全水解能产生最小的可能片段。C，D：DNA片段在琼脂糖上根据大小进行电泳分离，染色后可显示条带。
3. D　DNA连接酶能使两个带有黏性末端的片段共价连接起来。A：这是使用限制性内切核酸酶最理想的状态，但是不是必须的。B：如果需要的话，可以用平端酶切的限制性内切核酸酶。C：如果限制性内切核酸酶切开的是平端，需要用它来和poly dA连接，但是这也不是重组DNA时必须准备的。E：cDNA只是可以使用的一种类型。
4. A　外源DNA插入了其中的一个抗生素抗性基因中，因此该抗性基因被破坏。B：抗性是由质粒决定的。C：见A的解释。D：放射标记能检测出目的DNA，但不能筛选含有重组DNA的细菌克隆。
5. B　A：限制性片段长度多态性(RFLP)是DNA的特性，而不是一种技术。C：缺口平移法是染色体步移法中用来标记DNA的方法。D：Southern印迹是用来分析DNA的方法。E：单链构象多态性(SSCP)是检测DNA中碱基变化的方法，不会改变限制性内切核酸酶的位点。
6. B　这将使DNA的反义链在启动子的控制下转录成为反义mRNA。A：反义核苷酸结合mRNA后阻止了翻译的过程。C：即使不是现在，将来反义DNA核苷酸能用于抑制病毒的感染。D：和DNA、RNA均能作用。
7. A　单个碱基的置换使得构象发生了改变，泳动后位置也发生了变化，这样就可以用SSCP的方法检测到。B：如果没有限制性核酸酶切位点，那么SSCP是一种可选择的方法。C：DNA需在放射性标记的核苷酸存在条件下进行PCR扩增，因为要检测扩增的条带。D：SSCP需要事先知道序列。
8. C　PCR需要低温和高温的不断循环，低温使得模板链DNA和寡核苷酸引物杂交，而高温则使得双链DNA解链。Taq DNA聚合酶是从温泉中发现的嗜热生物中提取的，它在高温下很稳定，所以能参与多个PCR的循环，而不需要在每个循环结束后再加入新的聚合酶。
9. D　真核系统中需要控制元件，而细菌系统则不需要。A：如果内含子存在的话可以提高表达的效率。B：cDNA没有必需的控制元件。C：基因必须插入相对控制元件合适的位置上。E：载体必

须进行复制，因此需要启动复制的序列。

10. E A：SD 序列是细菌核糖体识别 mRNA 所必需的。B：细菌中没有切除 mRNA 中内含子的装置。C：合适的调控元件是 DNA 转录所必需的。D：融合蛋白可能是表达的产物。

11. D 这个能够解释其中一个条带的分子质量略小。A，B，E：切开的位点处有特异的识别序列。C：这样产生的条带将超过两条。

12. A 这一步是用高盐溶液将 DNA 从凝胶上洗脱下来，并转移至硝酸纤维素膜上的。B：用碱作用后，单链 DNA 就将结合在滤膜上。C：鉴定滤膜上条带的探针是用放射性标记的。D：滤膜上的位置应该和凝胶上的完全一致。E：不可能发生。

13. 从 5′端到 3′端的方向，序列是 C C T G A T C C C A G T C T A。互补序列的放射自显影图应该是：ddG 在位置 1，2，7，8，9 和 13；ddC 在位置 4 和 11；ddA 在位置 3，6，12 和 14；ddT 在位置 5，10 和 15。

14. 酵母人工染色体（YAC）应是最好的载体，因为它能携带 200～500kb 的 DNA。黏粒携带的 DNA 大小是第二大的，但只有 45kb。质粒和噬菌体所能携带的 DNA 片段更小。

（文文 译）

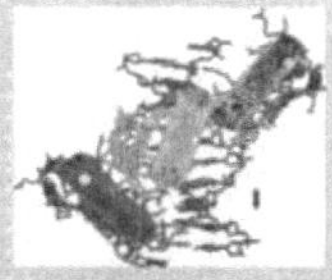

8

基因表达调控

Daniel L. Weeks and John E. Donelson

8.1 概述

细胞必须对环境变化作出反应才能存活。方法之一就是调节特定基因的表达，从而改变细胞中某种蛋白质的分子数目。基因表达调控的研究是当今生物化学领域中的热点问题之一。本章主要讨论某一基因何时进行表达以及表达水平变化的分子机制。

大肠杆菌（*E. coli*）含有的基因能够合成大约4300种蛋白质，但是并不需要同时合成所有的蛋白质。阐明细菌基因调控最经典的例证是**β-半乳糖苷酶**（**β-galactosidase**）基因，β-半乳糖苷酶能够将乳糖（一种二糖）转变成葡萄糖和半乳糖。大肠杆菌在以葡萄糖为碳源的培养基中生长时，每个细胞中仅含有5个β-半乳糖苷酶分子。而当乳糖成为唯一的碳源时，细胞内的β-半乳糖苷酶分子就会增加到5000个，甚至更多。这样，如果细菌需要代谢乳糖时，它们就会增加β-半乳糖苷酶的合成。反之如果去除培养基中的乳糖，该酶的合成也会迅速停止。

与原核细胞相比较，真核细胞有着更为复杂的调控机制。高等生物终末分化的细胞具有高度复杂的结构，执行特定的生物学功能，都是由其基因表达所决定的。例如，虽然几乎所有的体细胞都含有编码**前胰岛素原**（**preproinsulin**）的基因，但是它只能由胰腺β细胞合成，肾脏细胞则不行。机体发育过程中，某一细胞中特定蛋白质的表达严格遵守发育事件的时间和顺序。

对原核细胞基因表达调控的认识比真核细胞要丰富。原核细胞的研究可以为真核细胞的研究带来新的思路，而且对探索细菌所导致疾病的合理治疗方法具有重要意义。

首先讨论几个细菌基因调控中研究得比较清楚的例子，然后介绍人类基因组中，参与基因表达调控的多种蛋白转录因子。

8.2 细菌转录单元：操纵子

大肠杆菌染色体是一个双链环状DNA分子，大小为4600kb，其全部序列已被测定，含有大约4300个基因，其中大部分基因不是随机排列的，比如，编码某一代谢通路中所需酶的相关基因成簇地排列于DNA上的某一区域。同样，互相关联的结构蛋白，如组成**核糖体**（**ribosome**）的约70种蛋白质的编码基因也彼此靠近。一簇基因的调控通常是协调的。也就是说，这些基因被转录为一类包含各种蛋白质编码序列的“多顺反子”mRNA。**操纵子**（**operon**）是指一系列基因的完全调控单元，包含编码相关酶和蛋白质的**结构基因**（**structural gene**）、**调节基因**（**regulatory gene**）或者编码调节蛋白的基因，以及靠近结构基因的调控元件（control element）或者调节蛋白作用的结合位点。图8.1显示了部分大肠杆菌遗传图谱和某些大肠杆菌操纵子的结构基因位置。

如果操纵子含有的结构基因在培养基中某种底物的作用下表达增加，这种情况被称为**诱导**（**induction**）。例如，当乳糖是唯一的碳源时，β-半乳糖苷酶基因的转录增强。同

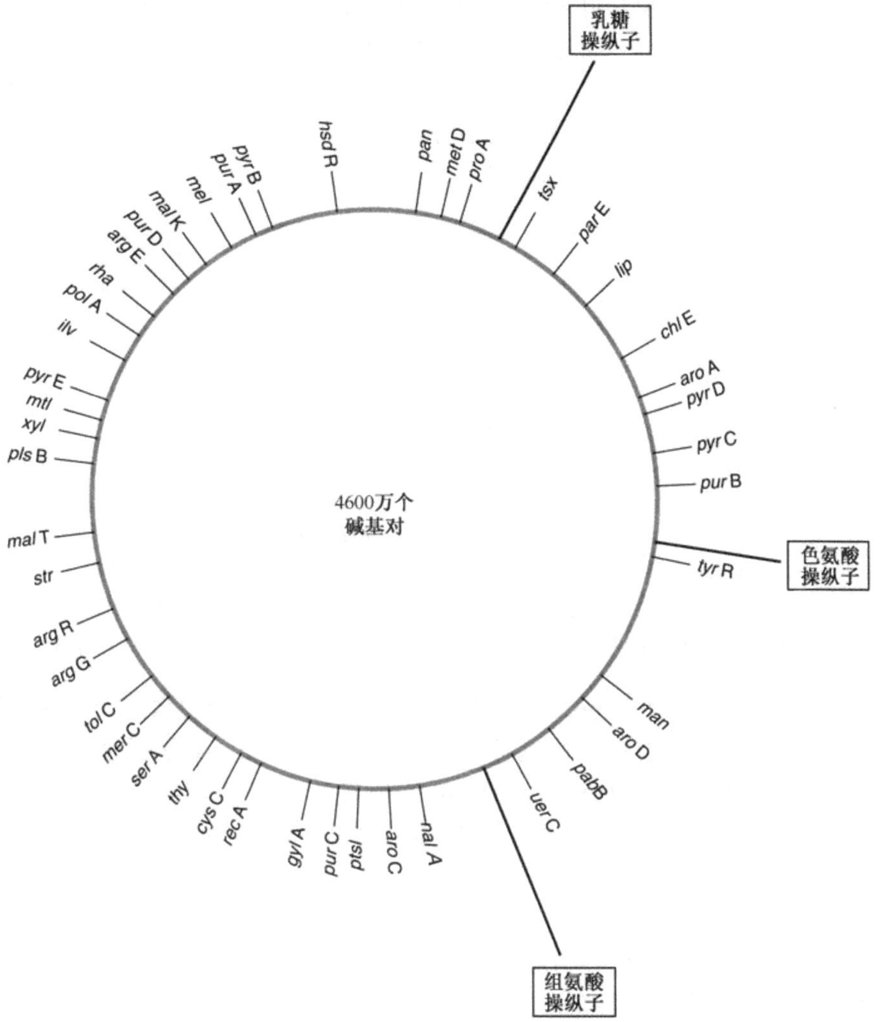

图 8.1　大肠杆菌部分遗传图谱

图中显示了大肠杆菌环状基因组 4300 个基因中的一些基因，并标示了本章所介绍的三个操纵子

样，营养条件改变时，细菌能够迅速停止合成不再需要的酶。例如，色氨酸是大肠杆菌一条生物合成途径的终产物。但是，如果培养基中有色氨酸时，该途径中的酶就不会合成，这一过程被称为**阻遏**(**repression**)，用以防止细菌合成不必要的蛋白质而浪费能量。

8.3　大肠杆菌乳糖操纵子

乳糖操纵子包含 3 个相邻的结构基因(图 8.2)。*lacZ* 编码由四个相同的、大小为 1021 个氨基酸的亚基所组成的β-半乳糖苷酶。*lacY* 编码细胞膜上一种大小为 275 个氨基酸的透性酶，协助乳糖等糖类的跨膜转运。*lacA* 编码一种大小为 275 个氨基酸的β-半乳糖苷乙酰基转移酶，它可以将乙酰基团从乙酰辅酶 A 转移到β-半乳糖苷上。这三种酶中，只有β-半乳糖苷酶参与已知的代谢通路。透性酶协助乳糖跨膜转运，而乙酰基转移酶可能参与细胞不能代谢的β-半乳糖苷酶类似物的解毒和排泄反应。

lacZ 或 *lacY* 的突变会导致β-半乳糖苷酶或透性酶失活，使细胞不能分解乳糖或从基质中获得乳糖。*lacA* 突变使乙酰基转移酶失活，但似乎并不影响细胞的生长和分裂。

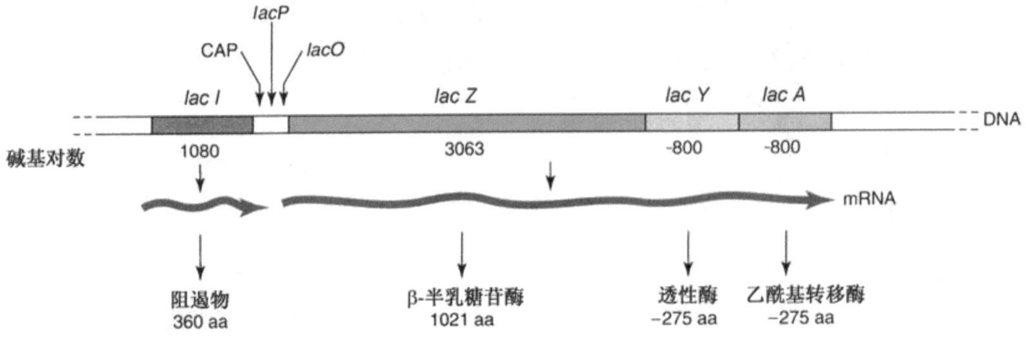

图 8.2　大肠杆菌乳糖操纵子

乳糖操纵子包含以下结构：*lacI* 基因（编码抑制子），调控元件 CAP、*lacP* 和 *lacO*，3 个结构基因 *lacZ*、*lacY* 和 *lacA*，它们分别编码β-半乳糖苷酶、透性酶和乙酰基转移酶。*lacI* 基因的转录由其自身的启动序列起始。*lacP* 是启动子，可以启动下游 3 个结构基因的转录，形成一条多顺反子 mRNA（即包含了 3 个基因的 mRNA）

一个叫做 *lacP* 的**启动子**（**promoter**）位于 *lacZ* 上游，它诱导包含三个结构基因编码序列的 mRNA 转录。这些基因的诱导发生在转录的起始阶段。缺乏诱导物时，它们的转录水平很低。当诱导物存在时，从 *lacP* 开始，直到略微超过 *lacA* 的转录终点，3 个基因同时被转录。要么都转录，要么都不转录，这样，三个基因得以**协调表达**（**coordinately expressed**）。

由于三个编码序列都在同一个 mRNA 分子上，故不论在何种诱导条件下，三种蛋白质的转录水平总是相同的。诱导物是影响三个基因 mRNA 合成的分子开关。但是，由于翻译和降解的效率不同，这三种蛋白质的含量往往是不一样的。

乳糖作为诱导物所产生的 mRNA 半衰期大约 3min。因此，操纵子的表达可以作出迅速改变。诱导物一旦消失，转录立即停止，现有的 mRNA 迅速降解，蛋白质停止合成。

乳糖操纵子阻遏物是可扩散蛋白质

乳糖操纵子的调节基因是 *lacI*，它编码 *lac* **阻遏物**（**repressor**），唯一的功能就是控制 *lac* 结构基因转录的起始。虽然在乳糖操纵子中 *lacI* 恰好位于 *lacZYA* 基因控制元件的上游，但是调节基因的位置并不一定需要靠近它所调节的基因。*lacI* 的转录是不受调节的，该基因的转录从自己的启动子开始，而且转录的水平较低，受细胞所处状态影响不大。

lac 阻遏物由四个大小为 360 个氨基酸的单体组成具有活性的同源四聚体。通常每个细胞含有 10 个这样的四聚体，它们与 *lacP* 和 *lacZ* 之间的**操纵基因**（**operator**）（即 *lacO*）有高度的亲和性。*lacO* 与 *lacP* 序列有部分重叠，所以 *lacO* 结合了阻遏物后能够防止 RNA 聚合酶与 *lacP* 结合并启动转录。

除了识别并与 *lacO* 结合，阻遏物还与乳糖操纵子的诱导物具有高度的亲和性。每个阻遏物单体可以与一个诱导物分子结合，这使得阻遏物的构象发生变化，大大降低其与 *lacO* 的亲和力(图 8.3)。所以，当诱导物存在的时候，抑制物不再与 *lacO* 结合，RNA 聚合酶便可以在启动子位置开始转录。

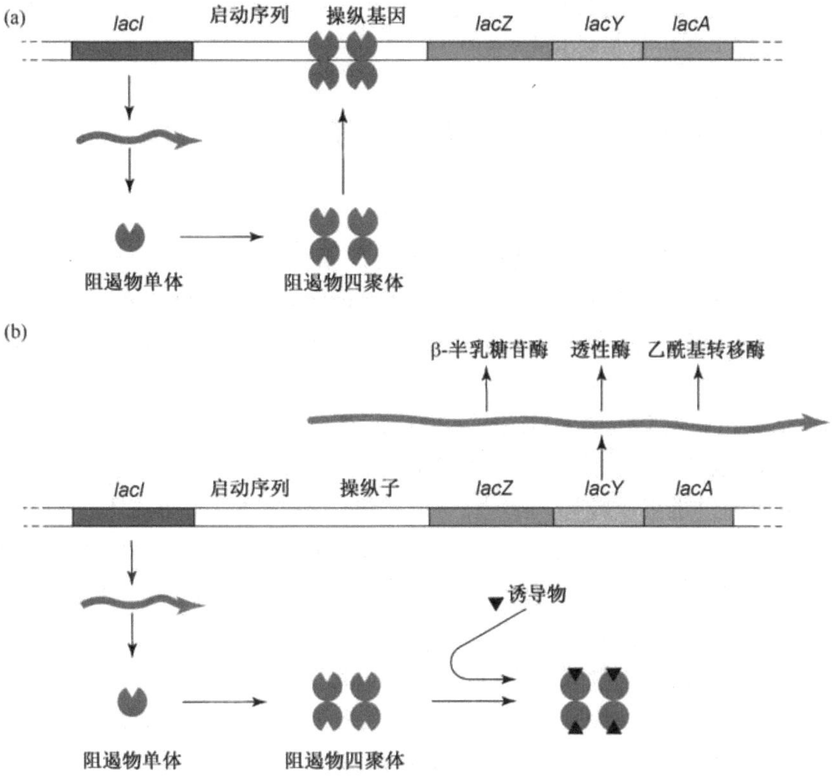

图 8.3　乳糖操纵子的调控

(a)阻遏物四聚体结合到操纵基因上，阻止结构基因转录。(b)诱导物结合到阻遏物四聚体上，防止其与操纵基因结合。结构基因从启动序列开始转录

某些小分子物质，如异丙基硫代半乳糖苷(isopropylthiogalactoside，**IPTG**)可以充当诱导物却不被 β-半乳糖苷酶分解，这一偶然的发现有效地促进了乳糖操纵子的研究。这些**安慰诱导物**(**gratuitous inducer**)可以像诱导物一样与阻遏物分子结合。

阻遏蛋白是顺式作用的，也就是说它可以弥散到起作用的位点。某些 *lacI* 的突变会造成其编码的阻遏物与诱导物结合部位的氨基酸发生改变或缺失，即使这种改变并不影响阻遏物与操纵基因(*lacO*)的亲和力，但由于诱导物不能使其失活，阻遏物会一直与操纵基因结合，这样，即便在诱导物存在的情况下，*lacZYA* 转录水平仍旧会很低。如果 *lacI* 突变造成阻遏物与操纵基因结合部位的氨基酸改变，则阻遏物与操纵基因的亲和力降低，无法有效地与操纵基因结合，*lacZYA* 就会持续转录，这样的突变称为**阻遏物组成型突变**(**repressor-dconstitutive mutation**)，因此 *lac* 基因会持续表达。少数几种 *lacI* 突变会增加阻遏物与操纵基因的亲和力，这时，即使诱导物分子可以与阻遏物结合，但不足以使阻遏物与操纵基因分离。

阻遏物组成型突变具有负调控系统的特征。在没有诱导物的情况下，有活性的阻遏

物可以关闭 *lac* 结构基因的表达。而阻遏物失活会导致这些基因不受调控地广泛表达。利用第 7 章所描述的重组 DNA 技术，可以将含有野生型 *lacI*（不含乳糖操纵子的其他成分）的质粒导入 *lacI* 突变的细胞中。这样的细胞同时合成有活性和没有活性的阻遏物分子，此时，正常的野生型乳糖操纵子便恢复了调控。用遗传学的表述来说，就是在组成型突变体中，导入野生型进行显性诱导。

乳糖操纵子的操纵基因序列邻近启动子和三个结构基因

乳糖操纵子结构基因上游的控制元件是操纵基因和启动子。和 *lacI* 一样，操纵基因也是通过影响 *lacZYA* 区转录的突变而得以鉴定。某些突变造成 *lac* mRNA 的组成型合成，这些突变称为**操纵基因组成型突变**（**operator-constitutive mutation**），这时，操纵基因的 DNA 序列出现一个或多个碱基对的变化，使得阻遏物不能和该序列紧密结合。这样，阻遏物就不能有效地阻止 RNA 聚合酶启动转录。

与 *lacI* 编码可扩散阻遏物不同，操纵基因的突变并不改变某一可扩散蛋白质，它只是通过对同一 DNA 分子中紧靠其下游的 *lac* 基因表达产生影响而发挥作用。如果将另一个乳糖操纵子通过重组质粒导入细菌，一个操纵子中的操纵基因就不会对另一个操纵子发挥作用。这样，正常情况下带有野生型操纵基因的操纵子由于阻遏物的阻遏作用而被抑制，但含有操纵基因组成型突变的工程菌由于操纵基因突变导致阻遏物不能发挥作用，故该操纵子会持续进行转录。

操纵基因突变常被称为**顺式显性**（***cis*-dominant**）突变，以表明它只影响同一 DNA 分子上相邻的基因。顺式显性突变发生在可以被蛋白质识别的 DNA 序列中，而不是编码可扩散蛋白的 DNA 序列中。**反式显性**（***trans*-dominant**）突变则是发生在可扩散产物的编码基因中。因此，顺式显性突变也可以在启动子和转录终止序列中发生，而反式显性突变也可出现在 RNA 聚合酶、核糖体等亚基的编码基因中。

图 8.4 显示了 *lac* 操纵基因和启动子。操纵基因的序列含有**双重对称**（**dyad symmetry**）的轴，因为操纵基因中左侧的上游序列与右侧的下游序列几乎完全相同，只有三处差异。操纵基因的对称性与阻遏物四聚体的对称情况相符，使得阻遏物的亚基更易于与操纵基因结合。双链 DNA 序列的双重对称性是许多蛋白质结合位点或者蛋白质识别位点的一个普遍特征，包括大部分限制性内切核酸酶的识别位点。

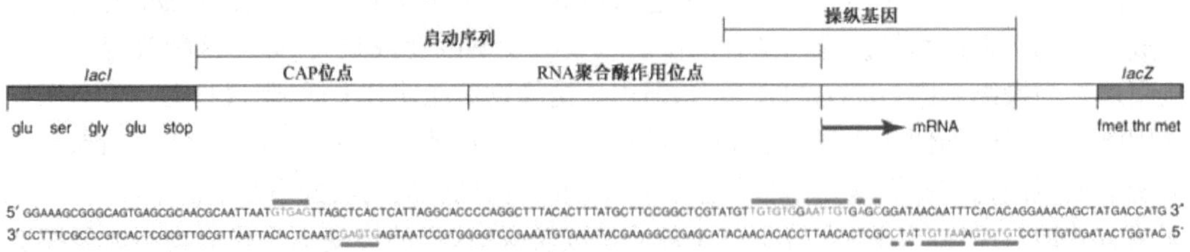

图 8.4　乳糖操纵子调控元件的核苷酸序列

图中还显示了 *lacI* 基因（编码乳糖阻遏物）末端和 *lacZ* 基因（编码 β-半乳糖苷酶）的起始端。序列上下的线条显示 CAP 位点和操纵基因内的对称序列

30bp 的 *lac* 操纵基因在整个大肠杆菌基因组中是极小的一个部分，相对整个细胞来

说就更小了。而大约 10 个阻遏物四聚体局限于细胞中很小的空间。由于阻遏物编码基因(*lacI*)距离 *lac* 操纵基因(*lacO*)很近,所以阻遏物在 mRNA 合成、翻译后不需要扩散很远的距离就能到达操纵基因并与之发生作用。更重要的是,阻遏物与所有 DNA 序列的亲和力都比较低。当诱导物与阻遏物结合后,阻遏物与操纵基因结合力就会下降 1000 倍,但是它与其他随机 DNA 序列的亲和力则不变。因此,正常情况下细胞中所有的乳糖阻遏物与 DNA 的结合都不紧密,当阻遏物在诱导物作用下从操纵基因上解离后,随即迅速和附近的 DNA 区域结合。因此,诱导是使阻遏物在 DNA 上重新分布,而不是解离成游离的阻遏物分子。

既然透性酶是乳糖穿细胞膜转运所必须的,那么作为诱导物的乳糖又如何在最初编码透性酶的 *lacY* 基因处于抑制状态的情况下进入细胞的呢? 实际上,乳糖操纵子即便处于抑制状态的情况下也有低水平的表达,使每个细胞都含有 5～6 个透性酶分子,可能这对于几个分子的乳糖进入细胞并启动诱导来说已经足够了。

另一个有趣的现象是,乳糖起始并不是乳糖操纵子天然的诱导物。当阻遏物从已诱导的细胞中被分离出来时,科学家们发现,与每个阻遏物单体结合的小分子是**异乳糖**(**allolactose**),而不是乳糖。异乳糖和乳糖一样,由半乳糖和葡萄糖组成,但是糖的连接方式不同。β-半乳糖苷酶(一般情况下将乳糖裂解为半乳糖和葡萄糖)的一个副反应将这两种产物转变成异乳糖。

因此,少数乳糖分子被摄取后由 β-半乳糖苷酶转变为异乳糖,与阻遏物结合,诱导操纵子。实验发现,将乳糖与纯化的阻遏物结合后,阻遏物与操纵基因的亲和力反而增强了,这进一步表明乳糖并不是真正的诱导物。所以,诱导状态下,少量的异乳糖是必需的,以克服乳糖的"抗诱导"效应。

RNA 聚合酶和一种调节蛋白识别乳糖操纵子的启动子

紧靠 *lac* 操纵基因上游的就是启动子。该序列包括 RNA 聚合酶的结合位点和**降解物激活蛋白**(**catabolite activator protein**,**CAP**,也称为 **cAMP 受体蛋白**或 **CRP**)的结合位点(图 8.4)。RNA 聚合酶结合位点已经用遗传学和生物化学的方法得以鉴定。这个位点的点突变和缺失(或插入)将会严重影响到 RNA 聚合酶的结合。此序列的结束位置也通过 DNA 酶保护实验的方法得以鉴定。将纯化的 RNA 聚合酶与事先克隆到噬菌体或者质粒上的 *lac* 启动子结合,然后用 DNase Ⅰ 消化此蛋白质-DNA 复合物,最后测定未被 DNA 酶降解的 DNA 片段的序列。未降解片段末端在不同 DNA 分子中变化很小,是由图 8.4 所示 RNA 聚合酶结合位点的界限所决定的。

与操纵基因序列不同,RNA 聚合酶结合位点没有对称的序列。因为转录只是沿一个方向进行,那么 RNA 聚合酶与 DNA 的结合自然也就不是对称的。但是,部分由 CAP 识别的启动序列确实含有一些对称的部分。

代谢物激活蛋白与乳糖启动子结合

葡萄糖是大肠杆菌优先利用的碳源。例如,如果培养基中同时含有葡萄糖和乳糖,那

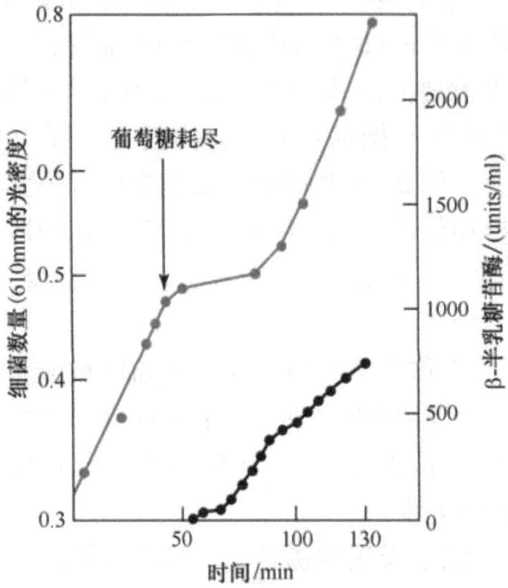

图 8.5　葡萄糖存在时 β-半乳糖苷酶停止合成

细菌生长的培养基中，葡萄糖起始浓度为 0.4mg/ml，乳糖浓度为 2mg/ml。左侧纵坐标表示培养物的吸光度。右侧纵坐标表示每毫升 β-半乳糖苷酶的单位数。注意，直到葡萄糖耗竭之后，β-半乳糖苷酶才开始合成

么，细菌将会优先选择代谢葡萄糖。图 8.5 显示，直到葡萄糖耗竭后，β-半乳糖苷酶才出现。说明葡萄糖可以干扰乳糖操纵子的诱导，由于这一现象发生在葡萄糖代谢的过程中，故被称为**代谢物抑制**(**catabolite repression**)。在其他可诱导的操纵子中也有相同的效应，如阿拉伯糖操纵子和半乳糖操纵子。这可能是一种普遍存在的协调机制，葡萄糖存在时关闭其他不需要的酶的合成。

葡萄糖可以抑制腺苷酸环化酶(合成 cAMP 的酶)，降低细胞内 cAMP 的浓度，引起代谢物抑制。cAMP 可以与**降解物激活蛋白**(**catabolite activator protein，CAP**)形成复合物，然后结合到乳糖操纵子(或其他操纵子)启动序列的 CAP 调控位点上(图 8.6)。CAP-cAMP 复合物可以使 DNA 螺旋发生大约 90°的弯折或者扭曲，起到一种对转录的正性调控作用。这种 DNA 弯曲，以及 CAP-

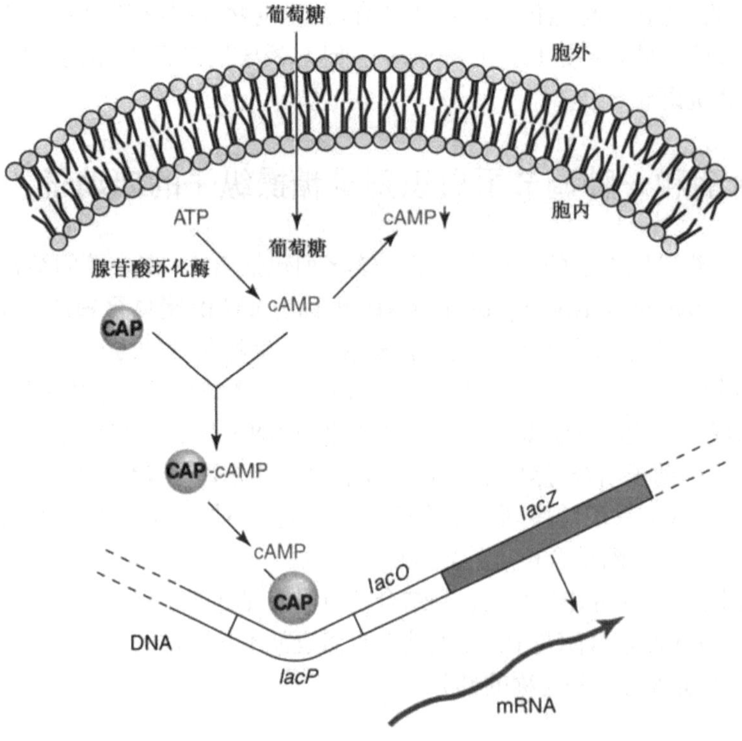

图 8.6　*lacP* 受 cAMP 调控

CAP-cAMP 复合物结合到 CAP 位点，增强 *lacP* 部位的转录。当葡萄糖降低细胞内 cAMP 的浓度时，发生代谢物抑制(catabolite repression)，从而减少 CAP-cAMP 复合物的量，减弱从 *lacP* 以及其他几个启动序列位置开始的转录

cAMP 与 RNA 聚合酶的相互作用激活了转录的起始。如果 CAP 位点没有被结合，那么 RNA 聚合酶与启动子序列的结合就比较困难，催化的转录效率也会比较低。

乳糖操纵子揭示了细菌是如何协调某一代谢条件下的总体反应(需要利用糖作为能量来源和碳源)以及这种条件下的一种特异性反应(需要利用乳糖)。

8.4 大肠杆菌色氨酸操纵子

细菌必须维持合成蛋白质所需的 20 种氨基酸的浓度以及它们之间的相对平衡。例如，色氨酸是所有包含它的蛋白质在合成的时候都需要的。那么，如果基质中缺乏色氨酸，细菌就必须自行合成。相比较而言，乳糖并不是生长所必须的，细胞可以利用其他很多糖源来代替它。因此，色氨酸生物合成所需的酶与乳糖操纵子所编码的酶在调控上就大相径庭了。

色氨酸操纵子受阻遏蛋白控制

大肠杆菌可以在三种酶作用下利用分支酸，通过五步反应合成色氨酸(图 8.7)。色氨酸操纵子含有五个结构基因，编码三种酶(其中两种酶分别含有两个不同的亚基)。此基因簇上游是转录起始的启动序列，以及一个操纵基因，操纵基因上可以结合 *trpR* 基因编码的阻遏蛋白。通常情况下，乳糖操纵子是“关闭”或者受抑制的，在小分子诱导物的作用下开放。而色氨酸操纵子一般情况下是激活或者去抑制的，在小分子**辅阻遏物**(**corepressor**)的作用下被抑制，对于色氨酸操纵子来说，辅阻遏物就是色氨酸本身。

色氨酸的生物合成受到合成过程中催化酶的活性及其合成的调控。例如，催化第一步反应的邻氨基苯甲酸合成酶，包含两个亚基，分别由 *trpE* 和 *trpD* 编码，它的活性受**反馈抑制**(**feedback inhibition**)调节。这种第一步反应的短期调节方式在很多代谢通路中都很常见。色氨酸可以与邻氨基苯甲酸合成酶的变构效应位点结合，抑制其活性。这样，当色氨酸的浓度逐渐升高时，便可以抑制邻氨基苯甲酸合成酶。另外色氨酸也是关闭色氨酸操纵子的辅阻遏物。反馈抑制效应是这条通路的短期快速调节方式，而阻遏效应则能够更长时间地抑制转录。

色氨酸阻遏物是一个同源二聚体，每个亚基含有 108 个氨基酸残基。正常情况下，细胞内含有约 20 个阻遏物二聚体分子。阻遏物必须和两分子色氨酸形成复合物才能和操纵基因结合；而前述的乳糖阻遏物只有在没有诱导物的情况下才能和操纵基因结合。色氨酸阻遏物还能调节编码其本身的 *trpR* 基因的表达。当细胞中色氨酸的浓度升高时，阻遏物-色氨酸复合物结合到 *trpR* 上游，关闭它的转录，保持每个细胞中含有 20 个阻遏物分子。*trp* 操纵基因完全位于 *trp* 启动序列内，而不是和它相邻(图 8.8)。*trp* 的操纵基因是一个双重对称的区域，其抑制转录的机制与乳糖操纵子相同；也就是说，阻遏物-辅阻遏物复合体与操纵基因的结合阻碍了 RNA 聚合酶与启动序列的结合。

阻遏效应使 *trp* 启动序列所引发转录的效率降低了约 70 倍(一般情况下乳糖操纵子的产物水平比诱导情况下低 1000 倍)。但是，色氨酸操纵子还含有其他调控元件。次级

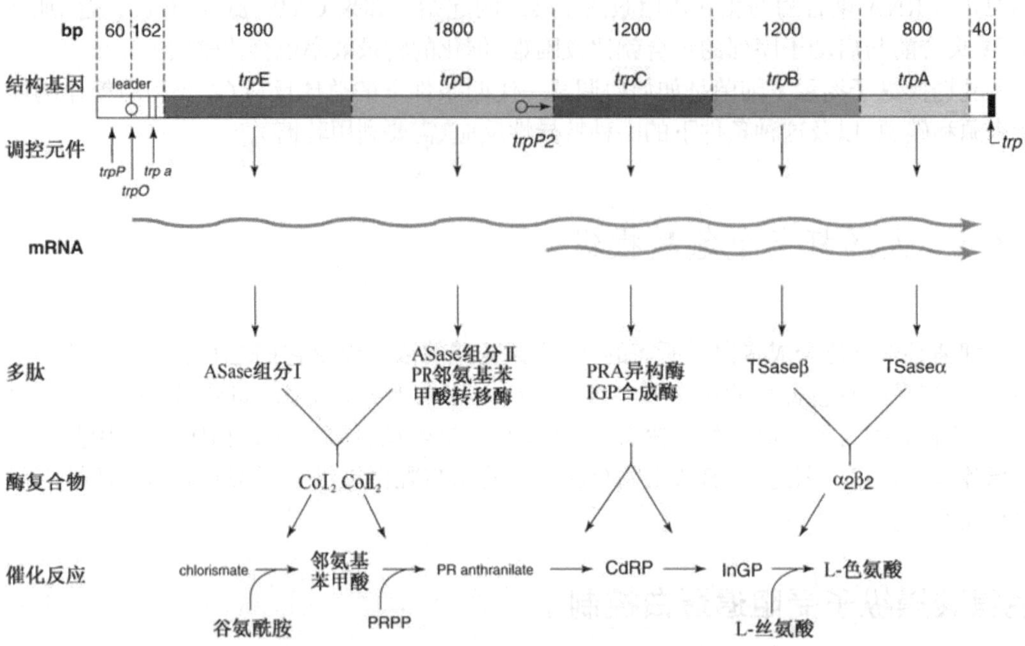

图 8.7　大肠杆菌色氨酸操纵子的基因

调节元件包含：基本启动序列（*trpP*），操纵基因（*trpO*），衰减子（*trpa*），次级内部启动序列（*trpP2*）和终止序列（*trpt*）。代表 mRNA 的波浪箭头显示合成的方向。CoⅠ$_2$ 和 CoⅡ$_2$ 分别表示邻氨基苯甲酸合成酶复合物（ASase）的组分Ⅰ和Ⅱ。PR-邻氨基苯甲酸表示 N-5′-磷酸核糖基-邻氨基苯甲酸；CdRP 表示 1-(*o*-羧基-苯氨基)-1-脱氧核酮糖-5-磷酸；InGP 表示吲哚-3-甘油磷酸；PRPP 表示 5-磷酸核糖基-1-焦磷酸；TSase 表示色氨酸合成酶

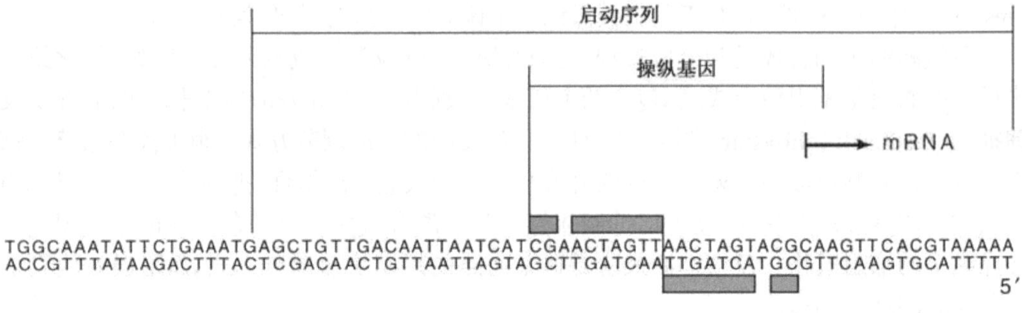

图 8.8　色氨酸操纵子调控元件的核苷酸序列

序列上下方的长方形标示了操纵基因内部的对称序列

启动序列 *trpP2* 位于 *trpD* 编码序列内（图 8.7），并且不受色氨酸阻遏物的调节，它组成性地转录相对低水平的、包含了 *trpCBA* 编码序列的 mRNA。这样，色氨酸操纵子可以生成两个多顺反子 mRNA，其中一个含有所有 5 个结构基因，而另一个仅含有后 3 个。

位于 *trpD* 内部的次级启动序列对于色氨酸操纵子来说是必要的，因为五个基因中的三个所转录的 mRNA 是不含色氨酸密码子的，只有 *trpB* 和 *trpC* 的 mRNA 中各含有一个色氨酸密码子。这样，在色氨酸极度缺乏的情况下，*trpB* 和 *trpC* 这两种蛋白质便不被合成，阻止了该通路激活。然而，由于这两个基因都在不受调控的次级启动序列的下游，所以它们的蛋白产物可以维持在基础水平，保持这一通路的活化。

色氨酸操纵子的衰减区

在色氨酸操纵子中，存在一个乳糖操纵子所缺少的调控元件，即是衰减子区（图 8.9），它是位于启动序列和 *trpE* 蛋氨酸起始密码子之间的一段区域，长度为 162 个核苷酸。最初是由于该区域内的突变使五个结构基因的转录都增强而被发现的。这个区域内有一段相邻密码子组成的**前导序列（leader sequence）**，从蛋氨酸密码子开始，到终止密码子结束。这些密码子前方有一个标准的核糖体结合位点。前导序列可以编码一段长为 14 个氨基酸残基的前导肽。前导肽可能降解非常迅速，故至今还未能在细菌中检测到。

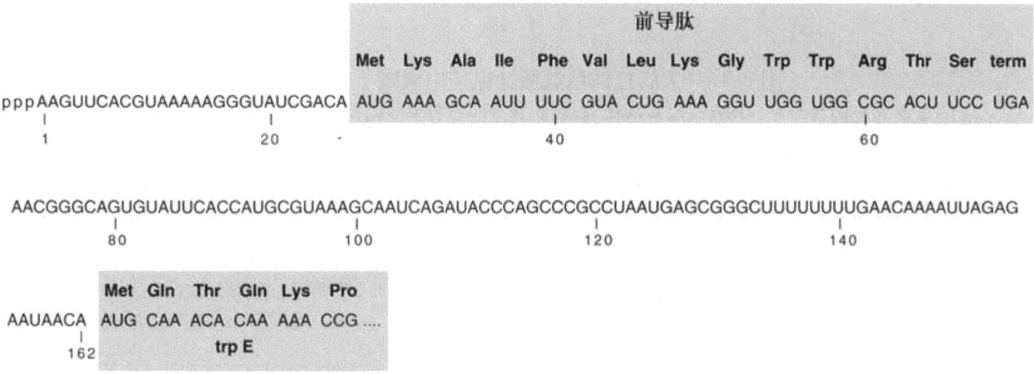

图 8.9　色氨酸操纵子前导 RNA 的核苷酸序列

已知的、组成前导肽的 14 个氨基酸被标记在其密码子上方

RNA 聚合酶还可以通过衰减子区对色氨酸操纵子的转录作进一步的调控。色氨酸存在时，转录仍可以从启动序列开始，但是在衰减子区的末端提前终止，只转录一条长为 140 核苷酸的 mRNA 片段。色氨酸缺乏时，衰减子区不影响转录，可以合成包含五个结构基因的多顺反子 mRNA。因此，在操纵基因区和衰减子区，色氨酸所起到的总效应是一致的。在操纵基因中，色氨酸参与抑制转录，而在衰减子中，色氨酸可以终止逃脱阻遏机制的 RNA 聚合酶所介导的转录。衰减子可以使色氨酸操纵子结构基因的转录降低 10 倍，而操纵基因的阻遏效应为 70 倍，所以二者共同作用的抑制效应可以使转录降低 700 倍。

在转录和翻译的相互协调作用下，转录可以终止于衰减子位点。色氨酸操纵子的前导序列在 10 和 11 密码子位置有两个相邻的色氨酸（图 8.9），这是不正常的，因为大肠杆菌中色氨酸相对比较宝贵。这样的密码子提示 $tRNA^{Trp}$ 参与了负调控。如果细胞中色氨酸的水平很低，合成的色氨酰 $tRNA^{Trp}$ 也会很少。核糖体在翻译时就不能越过这两个色氨酸密码子，从而停止在前导 RNA 序列处。

衰减子的 RNA 序列可以形成几种二级结构（图 8.10）。核糖体位于前导序列的位置决定了产生哪种二级结构，反过来，已经转录过这一区域的 RNA 聚合酶可以识别它的二级结构。RNA 聚合酶没有停滞在前导序列的色氨酸密码子位置时，二级结构的形成就是 RNA 聚合酶停止的信号，转录停止，合成一段 140 核苷酸的片段，然后这个片段迅速降解。当核糖体在色氨酸密码子位置停止时，形成的二级结构就不是终止转录的信号，转录会继续进行，*trpE* 基因被转录。

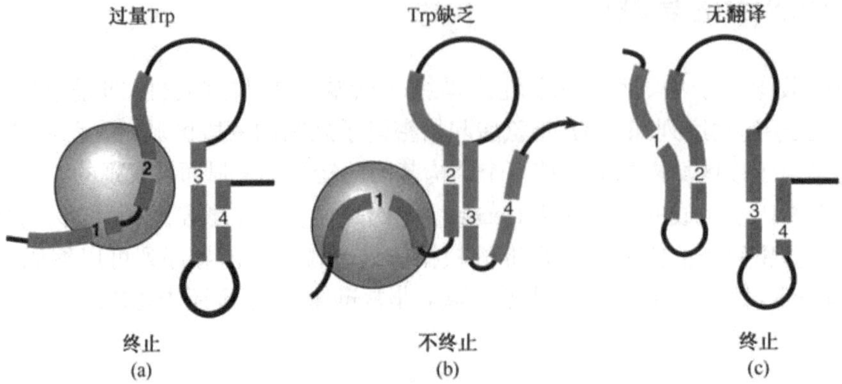

图 8.10　大肠杆菌色氨酸操纵子中衰减子的模式图

(a)色氨酸充足的条件下，核糖体(绿色球体)翻译新转录的前导 RNA，合成完整的前导肽。合成过程中，核糖体结合到 RNA 的 1 和 2 区，防止形成茎-环结构 1-2 或 2-3。茎环结构 3-4 的形成不受影响，这样的二级结构可以阻止 RNA 聚合酶(图中未显示)完成转录。(b)在色氨酸缺乏的情况下，色氨酰 $tRNA^{Trp}$很有限，核糖体停滞在前导肽编码区的 1 区起始部位的色氨酸密码子处。由于 1 区和核糖体结合，便可以形成茎环结构 2-3，而作为转录终止信号的茎环结构 3-4 不能形成。这样，RNA 聚合酶就会持续转录，结构基因得到充分表达。(c)前导肽不被翻译的情况下，茎环结构 1-2 和 3-4 形成，而不形成茎环 2-3。这是终止转录的信号

其他氨基酸生物合成的操纵子也受转录衰减作用的调控

转录的衰减在真核生物中是不存在的，因为真核生物的转录和翻译发生在细胞的不同部位，转录发生在核内而翻译发生在细胞质中。但是衰减作用在细菌的基因表达调控中很常见，参与调控氨基酸合成通路的酶的操纵子中，至少有六种存在衰减调控。图 8.11 显示这些操纵子中特异的**前导肽(leader peptide)**序列。每个前导肽中都含有几个作为该通路终产物的特定氨基酸。比如，组氨酸操纵子编码的前导肽有 16 个残基，其中含有 7 个连续的组氨酸。组氨酸缺乏会降低组氨酰 $tRNA^{His}$ 的水平，增加组氨酸操纵子的转录。衰减子区的核苷酸序列提示，核糖体停滞在这些氨基酸对应的密码子处时，会影响发夹环不同构型的形成，其中一种发卡环构型后面是几个 U 残基，这就是终止信号。与色氨酸操纵子不同，组氨酸操纵子主要受衰减作用的调控，因为它没有被阻遏蛋白识别的操纵基因。而核糖体起到正调控蛋白的作用，类似乳糖操纵子中 cAMP-CAP 复合物。如果核糖体结合到衰减子位点(也就是停滞在那里)，下游结构基因的转录增强。如果核糖体没有结合，这些基因的转录就大大减弱。

如图 8.11 所示，某些操纵子的转录可以被一种以上的氨基酸抑制。例如，苏氨酸和异亮氨酸都可以减弱苏氨酸操纵子的转录，缬氨酸、亮氨酸和异亮氨酸都可以抑制 *ilv*(Isoleucine-Valine)操纵子的转录。这都是由于核糖体停滞在相关密码子的位置，干扰了提供终止信号的发卡结构形成。可能在比较长的前导序列中，有不只一个导致核糖体停滞的密码子是必要的，以便通过衰减子区达到最大程度的转录。

操纵子	前导肽序列	调控氨基酸
his	Met-Thr-Arg-Val-Gln-Phe-Lys-His-His-His-His-His-His-His-Pro-Asp	His
pheA	Met-Lys-His-Ile-Pro-Phe-Phe-Phe-Ala-Phe-Phe-Phe-Thr-Phe-Pro	Phe
thr	Met-Lys-Arg-Ile-Ser-Thr-Thr-Ile-Thr-Thr-Thr-Ile-Thr-Ile-Thr-Thr-Gly-Asn-Gly-Ala-Gly	Thr, Ile
leu	Met-Ser-His-Ile-Val-Arg-Phe-Thr-Gly-Leu-Leu-Leu-Leu-Asn-Ala-Phe-Ile-Val-Arg-Gly-Arg-Pro-Val-Gly-Gly-Ile-Gln-His	Leu
ilv	Met-Thr-Ala-Leu-Leu-Arg-Val-Ile-Ser-Leu-Val-Val-Ile-Ser-Val-Val-Val-Ile-Ile-Ile-Pro-Pro-Cys-Gly-Ala-Ala-Leu-Gly-Arg-Gly-Lys-Ala	Leu, Val, Ile

图 8.11　大肠杆菌中参与生物合成的操纵子编码的前导肽

所有的前导肽序列中都含有其操纵子编码的酶所合成氨基酸的数个拷贝

8.5　细菌中其他的操纵子

核糖体蛋白的合成受协同调控

许多细菌都有 *lac*、*trp* 和 *his* 操纵子等一般性的调节机制。但是，每个操纵子都特征鲜明。例如，组成核糖体的 70 多种蛋白的结构基因(图 8.12)。每个核糖体都含有各种**核糖体蛋白(ribosomal protein)**的一个拷贝(除了蛋白质 L7～L12 可能含有 4 个拷贝)。因此，这 70 多种蛋白质需要等摩尔数合成，那么它们的合成必须是协调进行的。两个主要基因簇中六个不同的操纵子，包含了一半的核糖体蛋白基因。一个簇中含有四个相邻的操纵子(*Spc*、*S10*、*str* 和 *α*)，另一个簇位于大肠杆菌染色体中其他位置，含有两个操纵子(*L11* 和 *rif*)。这些操纵子中基因分布没有明显的规律。有些操纵子编码核糖体一个亚基中的蛋白质；还有一些操纵子可以编码核糖体全部两个亚基中的蛋白质。这些操纵子中还含有编码其他相关蛋白质的基因。例如 *str* 操纵子除了含有核糖体 30S 亚基中一些蛋白质的编码基因，还含有可溶性翻译延长因子、EF-Tu 和 EF-G 的编码基因。*α* 操纵子既含有编码核糖体亚基中蛋白质的基因，也含有编码 RNA 聚合酶 α 亚基蛋白的基因。*rif* 操纵子含有编码 RNA 聚合酶 β、β′ 亚基以及核糖体蛋白质的基因。

操纵子	调节蛋白	操纵子特异蛋白序列
Spc	S8	L14-L24-L5-S14-S8-L6-L18-S5-L15-L30
S10	L4	S10-L3-L2-L4-L23-S19-L22-S3-S17-L16-L29
str	S7	S12-S7-EFG-EFTu
α	S4	S13-S11-S4-α-L17
L11	L1	L11-L1
rif	L10	L10-7-β-β′

图 8.12　含有大肠杆菌核糖体蛋白基因的操纵子

编码组成大肠杆菌核糖体大(L)小(S)亚基蛋白质的基因集中分布在几个操纵子上。其中一些操纵子还含有编码 RNA 聚合酶 α、β 和 β′ 亚基，以及蛋白合成因子 EF-G 和 EF-Tu 的基因。每个操纵子至少有一种蛋白质产物调节该操纵子的表达编码核糖体蛋白的六个操纵子的共同特点是它们的表达受其结构基因产物的调控，即所谓**自我调节(self-regulated)**。某些情况下，调节发生在翻译水平，而不是像 *lac* 和 *trp* 操纵子那样发生在转录水平。多顺反子 mRNA 合成后，“调节性”核糖体蛋白与该 mRNA结合，决定哪个区域能够翻译。这种核糖体蛋白虽然能够调节操纵子的表达，但是一般情况下，它还是与 rRNA 结合组装成核糖体。它与 rRNA 的亲和力高于和自身 mRNA 上一个或多个区域的亲和力。这样，rRNA 和操纵子 mRNA 竞争性地与调节蛋白(即核糖体蛋白)结合。当此蛋白质积累到一定程度，高于游离的 rRNA 水平时，就会和其自身的 mRNA 结合，干扰一个或几个编码序列所指导的蛋白合成(图 8.13)。随着更多的核糖体形成，该调节性核糖体蛋白会不断地和 rRNA 结合而被消耗殆尽，其 mRNA 的翻译又会得以继续进行。

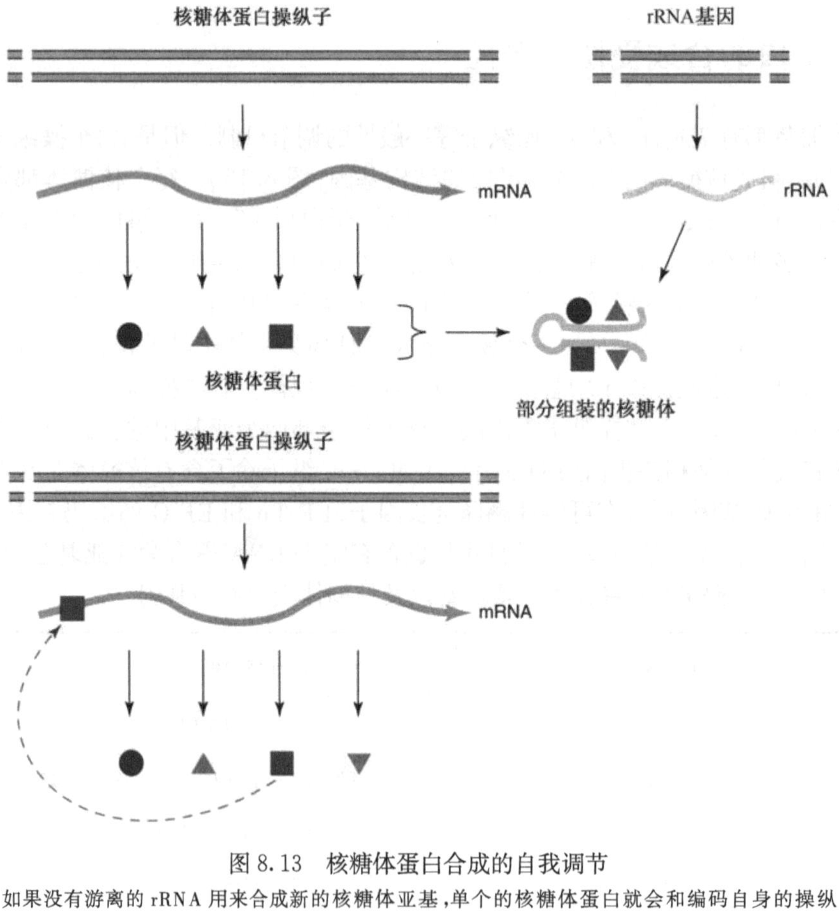

图 8.13 核糖体蛋白合成的自我调节

如果没有游离的 rRNA 用来合成新的核糖体亚基，单个的核糖体蛋白就会和编码自身的操纵子所合成的多顺反子 mRNA 结合，阻止进一步的翻译

rRNA 和 tRNA 合成的应急反应调控

在**极度应激条件(extreme general stress)**下，细菌通过几种途径作出反应。其中一种

情况是当没有足够的氨基酸来维持蛋白质合成时，细胞激活**应急反应**(**stringent response**)，使 rRNA 和 tRNA 合成水平下降 20 倍，mRNA 合成水平也下降约 3 倍。

当负载了某一氨基酸的 tRNA 浓度很低，造成核糖体上的 A 位点出现空载(uncharged)的 tRNA 时，就会引发细菌的应急反应。首先，核糖体正在合成的肽链停止延伸，并促使一种叫做**应急因子**(**stringent factor**，*relA* 基因的产物)的蛋白质利用 ATP 和 GTP 或者 GDP 来合成**鸟苷四磷酸**(**guanosine tetraphosphate，ppGpp**)和**鸟苷五磷酸**(**guanosine pentaphosphate，pppGpp**)(图 8.14)。正常情况下应急因子松散地结合于细胞中的某些核糖体上。可能 A 位点上出现的空载 tRNA 会引起核糖体的构象变化，这种构象改变又顺次激活了结合在核糖体上的应急因子。ppGpp 和pppGpp的确切作用还未阐明。但已经发现，他们可以抑制 rRNA 和 tRNA 转录的启动，影响一些操纵子的转录。

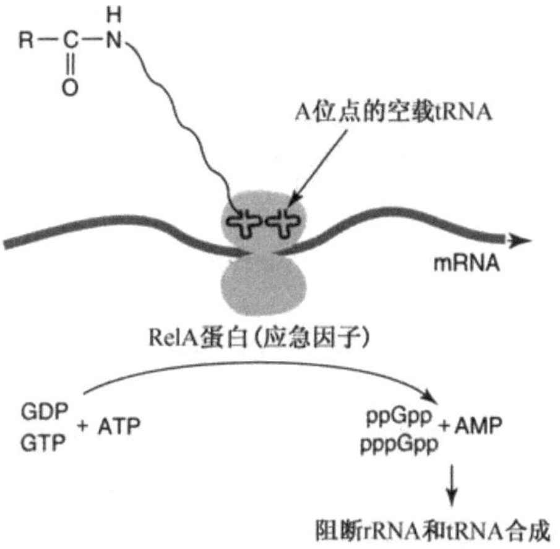

图 8.14　大肠杆菌中蛋白质合成的应急调控

在氨基酸极端缺乏的情况下，核糖体 A 位点上空载的 tRNA激活了 Rel A 蛋白，合成 ppGpp 和 pppGpp，它们可以降低编码 rRNA 和 tRNA 基因的转录水平

8.6　细菌转座子

转座子是一段可移动的 DNA 片段

细菌中大多数基因在染色体上都有固定的位置。事实上，大肠杆菌和鼠伤寒沙门(氏)菌的遗传图谱很相近，提示在进化过程中，细菌染色体的大部分基因没有太多的移动。但是，有一小部分细菌的基因，在复制传代的过程中，有 10^{-7} 的概率从基因组中一个位置移动到另一个位置，这和点突变发生的概率相同。这些可移动的 DNA 片段被称为**转座元件**(**transposable element**)或者**转座子**(**transposon**)(图 8.15)。细菌转座子中的一些基因可以控制转座子的存在以及转座的发生，而另一些则通常是抗生素耐药基因，可以使细菌获得筛选优势。

转座子最初是由于外源 DNA 偶然插入到细菌操纵子的结构基因中而被发现的。通常，这些片段的插入会破坏翻译的读码框，产生转录终止信号，影响 mRNA 的稳定性等，从而干扰了操纵子中相应的结构基因及其下游基因的表达。利用 DNA 重组技术，已经分离和鉴定了许多转座子和它们的插入位点。

某些转座子长度为几千个碱基对，包含 2～3 个基因，另外一些则更长，含有很多的基因。有时，大的转座子中会含有一些小的转座子。所有活动的转座子都至少含有一个编码**转座酶**(**transposase**)的基因，转座酶是转座，或者说是“跳跃”事件发生所必须的。转座

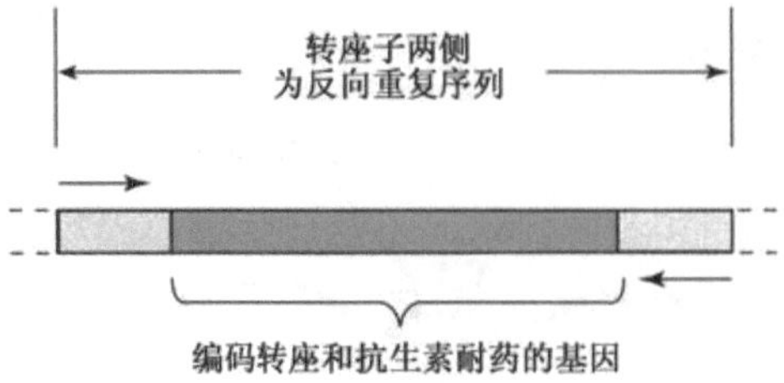

图 8.15　转座子的一般结构
转座子是相对少见的可移动的 DNA 片段，含有的基因可以使其自身重排，并且通常含有各种抗生素的耐药基因

子中还常含有抗生素和重金属抗性的基因。转座过程往往是转座子的复制并插入到另一个位置。副本插入目标位点并不影响原来的转座子。转座子含有**反向末端重复序列**（**inverted terminal repeat sequence**），该序列在插入机制中的作用很重要，常作为转座子两侧的边界。尽管某些转座子倾向于插入特定的"热点"位置，但插入的目标位点通常是随机的。复制后的转座子可以插入到与其来源完全不同的 DNA 分子中。通常，从一个菌株转移到另一菌株的质粒中便含有转座子，使受体菌株对一种或多种抗生素产生耐药（见临床相关知识 8.1）。

临床相关知识 8.1
可传播的多重耐药性

病原菌对越来越多的抗生素耐药，这是值得警惕的趋势。很多病例中，患者所感染的菌株突然对正在使用的抗生素耐药，同时对另外几种抗生素，甚至是该患者先前从未使用过的抗生素也发生耐药。这是由于致病菌突然从另外的菌株获得了含有几种转座子的质粒，而这些转座子中含有一个或几个耐药基因。这些耐药基因所编码的产物可以灭活多种抗生素，例如：β-内酰胺酶可以灭活青霉素和头孢菌素；氯霉素乙酰基转移酶可以灭活氯霉素；磷酸转移酶可以灭活氨基糖甙类抗生素，如新霉素和庆大霉素。

Tn*3* 转座子含有 3 个结构基因

有一种转座子称为 **Tn*3* 转座子**（**transposon Tn*3***），长度为 4957bp，两端各含有 38bp 的反向重复序列（图 8.16）。Tn*3* 中含有 3 个基因，一个编码 β-内酰胺酶，可以水解氨苄西林，使细胞对这种抗生素耐药；另两个是 *tnpA* 和 *tnpR*，分别编码转座酶和阻遏蛋白。转座酶含有 1021 个氨基酸，可以与单链 DNA 结合。它识别转座子的末端重复序列，负责打开转座子将要插入的目标位点。185 个氨基酸组成的阻遏蛋白负责控制转座酶及其自身基因的转录。*tnpA* 和 *tnpR* 分别从位于二者中间的、长 163bp 的控制区开始，向相反的方向进行转录，阻遏蛋白结合位点

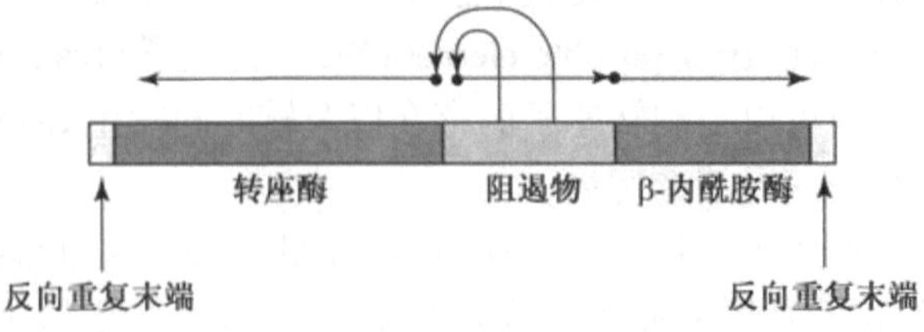

图 8.16　Tn*3* 转座子的功能组件
遗传和 DNA 序列分析显示有 4 个明确的区域：反向重复的末端序列；编码 β-内酰胺酶的基因，这使细菌对氨苄西林类抗生素耐药；转座酶的编码基因；阻遏蛋白的编码基因，阻遏蛋白负责调控转座酶基因及其自身基因的转录。水平箭头指示转录的方向

位于该控制区。阻遏蛋白还参与转座子的插入过程,但并不影响氨苄西林抗性基因的转录。

tnpA 的突变可以使转座酶失活,从而降低 Tn*3* 转座的发生率。而 *tnpR* 的突变可以使阻遏蛋白失活,转座发生率提高,这种突变会使 *tnpA* 去抑制,从而生成更多的转座酶分子,并且产生更多的转座子拷贝。它们同样也可使 *tnpR* 去抑制,但由于阻遏物是失活的,所以没有抑制效应。

细菌质粒上的转座子介导对抗生素产生抗性,这在临床应用中变得越来越重要。未被实验改造的天然细菌质粒,通常含有一些基因可以使它们易于从一个细菌中转移到另一个细菌中。由于这些质粒在不同的感染性菌株之间传播,带有的**抗生素耐药基因**(**antibiotic-resistance gene**)也随之转移到另一个新的菌株中。一旦进入新的细胞,转座子便可以被复制并插入到染色体中,而且永久存在于这一菌株中。这导致更多的病原菌株对越来越多的抗生素产生耐药。

8.7 真核细胞基因表达

真核生物的基因转录也必须合理调控以满足机体的生物学需要。除了根据环境中的营养情况调节基因的表达外,多细胞生物还要调节影响细胞分化的基因以及特定细胞中特有基因的表达。某些基因被称为"看家基因",它们在大多数细胞中都有表达;另一些基因只有在需要时才会表达,还有一些基因仅仅在少数几种细胞中才能表达,而在大多数细胞中都是不活动的。在真核细胞中,核膜作为一种屏障,只允许某些蛋白质接触到 DNA,而其他蛋白质只能位于细胞质中。在细菌中,一种 RNA 聚合酶负责所有 RNA(tRNA、rRNA 和 mRNA)的转录;而在真核细胞中,有三种不同的 RNA 聚合酶(见 5.3 节)。RNA 聚合酶Ⅰ负责 rRNA 基因的转录,RNA 聚合酶Ⅱ负责蛋白质编码基因的转录,其产物是mRNA,RNA 聚合酶Ⅲ则负责 tRNA 和其他小 RNA 基因的转录。虽然某些真核细胞基因激活和调控的机制对三种 RNA 聚合酶都是适用的,但是本部分讨论的主要是 RNA 聚合酶Ⅱ催化的转录过程。RNA 聚合酶Ⅱ至少由 10 个不同的亚基组成,大小从 10～220kDa 不等。某些亚基也参与组成 RNA 聚合酶Ⅰ和Ⅲ复合体,而另一些则是 RNA 聚合酶Ⅱ所独有的。RNA 聚合酶Ⅱ最大的亚基在 C 端结构域(CTD)中含有(依物种不同而异)52 个 PTSPSYS 氨基酸重复基序。这些重复基序最显著的特征是其中的苏氨酸(T)、丝氨酸(S)和酪氨酸(Y)可以被磷酸化。

在这部分,我们首先复习一下 DNA 组装形成**染色质**(**chromatin**)的过程以及 DNA 修饰(如胞嘧啶的特异性甲基化)对基因激活的影响,这会有助于我们更好地理解真核细胞转录的调控。此外还会介绍 RNA 聚合酶Ⅱ是如何定位到某个基因启动序列的适当位置,并与**通用转录因子**(**general transcription factor,TF**)组装形成前起始复合物,从而启动该基因转录的。然后,学习一下细胞如何通过增强子、**转录因子结合位点**(**transcription factor binding site**)和 **RNA 聚合酶组装位点**(**RNA polymerase assembly site**)来调节某一特定基因的转录活性。最后讨论特异性转录因子所激活的转录,这类转录因子的一些共性,以及它们是如何进行调节的。

真核细胞 DNA 与组蛋白结合形成染色质

由 H2A、H2B、H3 和 H4 四种组蛋白各两个分子组成一个组蛋白八聚体，真核细胞的 DNA 分子包围在八聚体外，形成**核小体(nucleosome)**(见 2.4 节)。组蛋白靠静电吸引与 DNA 结合。组蛋白含有大量带正电荷的赖氨酸残基，与带有负电荷的 DNA 磷酸二酯键骨架相互吸引。在大多数细胞中，组蛋白八聚体-DNA 复合物形成后再与 H1 或者 H5 结合。大约每 200bp 的 DNA 可以形成一个核小体，其中 130～160bp 的 DNA 直接与八聚体结合，其余的 DNA 一部分与 H1 和 H5 结合，另一部分连接相邻的两个核小体，这部分被称为**连接 DNA (linker DNA)**。虽然组蛋白八聚体与 DNA 的结合不是序列特异性的，但是还是有一些序列依赖的结合模式。例如，当 DNA 双螺旋在 AT 富集区发生弯折的时候，双螺旋的小沟往往面向核小体的中心，而在 GC 富集区，则情况正好相反。但是除了这些弯折的部位，没有明确的方法可以预测位于核小体外周的这些大沟和小沟所含有的序列特征。然而这一点却很重要，因为转录起始复合物以及其他影响基因表达的蛋白质需要接触到 DNA 双螺旋上的沟，与其边缘的碱基对形成氢键，才能与特定序列发生相互作用。当 DNA 与组蛋白结合后，与转录因子结合的特定序列可能被封闭。暴露这些序列不需要将 DNA 和核小体完全分离，只要使双螺旋相对于组蛋白八聚体发生旋转，就可以使小沟或者大沟出现在核小体的表面，以供结合(图 8.17)。

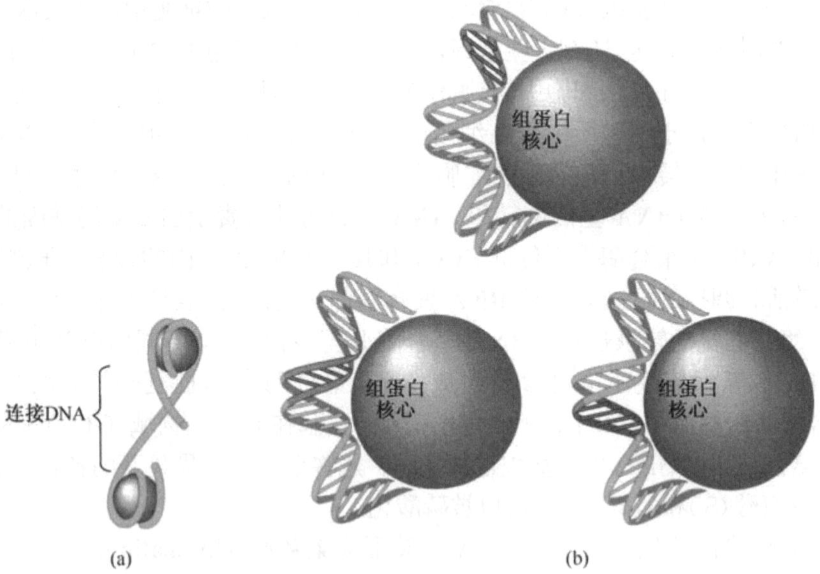

图 8.17 与核小体的相对位置决定了 DNA 上的大小沟暴露情况

(a)DNA 围绕核心组蛋白八聚体(四种组蛋白 H2A、H2B、H3 和 H4 各两分子)形成核心颗粒，大多数情况下，组蛋白 H1 或 H5(未显示)在 DNA 开始围绕组蛋白八聚体的位置与 DNA 发生作用。核心颗粒之间的 DNA 被称为连接 DNA。当暴露于微球菌核酸酶或其他化学物时，位于连接区的 DNA 比围绕在核心颗粒上的 DNA 更易于受到攻击。(b)在核小体中，双螺旋背向组蛋白核心的一侧是可以被结合的，而朝向组蛋白核心的一侧则不能被结合。如果我们相对于核小体的组蛋白核心旋转 DNA 双螺旋，并追踪任意相同的 5 个碱基对所处的位置，就会发现，双螺旋上的大沟和小沟能否与其他物质接触取决于它们的碱基对到底是位于核小体核心颗粒(打开状态)的内侧还是外侧细胞中不需转录的基因会形成高度浓集的异染色质。相反,转录活跃的 DNA 区域密度比较低,有很多开放的结构。组蛋白翻译后修饰的不同是造成这种差异的原因之一。组蛋白 N 端附近的赖氨酸残基上 ε-氨基发生乙酰化可以减少组蛋白所带的正电荷,削弱它和 DNA 之间的静电吸引。一般情况下,组蛋白的乙酰化可以增强基因表达,而去乙酰化则起到相反的作用。组蛋白发生乙酰化,组蛋白与 DNA 之间作用的稳定性降低,核小体结构改变,为暴露 DNA 特定序列提供了必要条件(图 8.18)。

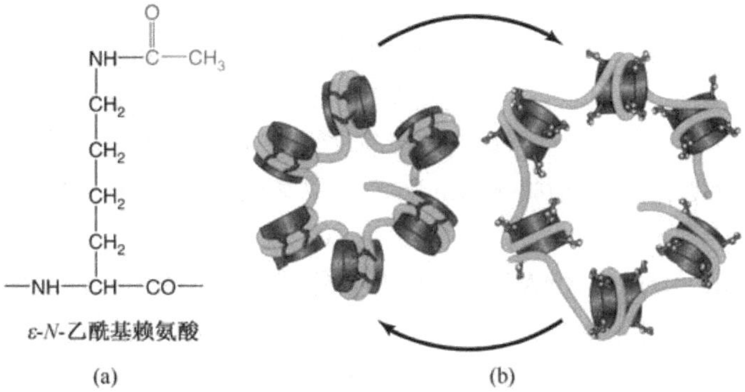

图 8.18　组蛋白 N 端赖氨酸残基被乙酰化修饰,改变组蛋白与 DNA 结合的强度
组成八聚体核心的组蛋白含有赖氨酸残基,由于它的侧链基团带正电,能够与带负电的 DNA 磷酸二酯键骨架相互吸引。乙酰化修饰使带正电的基团被电中性的乙酰基替代,削弱 DNA 和八聚体核心之间的静电吸引。该过程是可逆的,这样就可以通过乙酰化和去乙酰化来松解和收紧染色质结构

核小体的相对位置还受 SWI/SNF 复合物的影响,该复合物最早是在酿酒酵母(*S. cerevisiae*)中发现和鉴定的,因 switching and sucrose non-fermenting strains 交配型而得名。该复合物含有大约 10 种蛋白质,能与 RNA 聚合酶Ⅱ大亚基的 C 端相互作用,并依赖 ATP 改变核小体的结构,从而暴露 DNA 上的转录因子结合区域,使基因得以激活。SWI/SNF 复合物在细胞中的数量比正在转录的基因数目要少,提示它具有催化活性(见临床相关知识 8.2)。

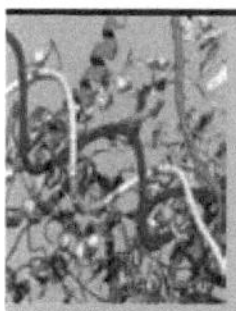

临床相关知识 8.2
Rubinstein-Taybi 综合征

组蛋白的乙酰化调节影响基因表达的激活和关闭。哺乳动物细胞中两种主要的酶负责组蛋白的乙酰化,它们是乙酰基转移酶 p300 和 CBP。p300 是依据其分子质量来命名的,而 CBP 代表 CREB 结合蛋白,CREB 是 cAMP(regulatory-element bingding protein)的缩写,它是一种转录因子。乙酰基转移酶促使与 CREB 以及其他转录因子相关的基因激活,减弱组蛋白-DNA 间的相互作用,打开染色质结构。

Rubinstein-Taybi 综合征,以智力障碍和其他发育异常为特点,是由于 CBP 基因的点突变、少量缺失和重排所引起的。随着更多突变的出现,机体也会发生更多的发育缺陷。CBP 基因的完全缺失可能是致命的。

基因失活与 DNA 的甲基化有关

人类 DNA 甲基化主要是指 5-甲基胞嘧啶的形成(图 8.19)。该反应是序列特异性的,主要以 5′CpG3′(规定:p 代表中间的磷酸,将 C 固定在 5′端)为底物。结果是双链都被甲基化。人类 DNA 中大约 70% 的 CpG 序列都是甲基化的。基因组 DNA 利用甲基化作**印记(imprinting)**。DNA 甲基化的模式究竟从精子还是卵子继承而来,与等位基因表达的选择有关。甲基化的模式通过半甲基化酶(hemimethylase,只甲基化 CpG 双链中的一条链)介导的复制而得以保留。近来发现,导入与被甲基化序列互补的 siRNA(short interfering RNA),可以引起导致基因沉默的 DNA 甲基化(图 8.20)。

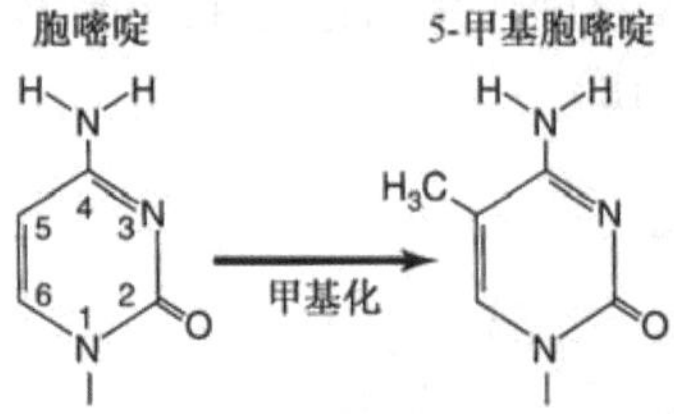

图 8.19 人类最常发生甲基化的碱基是 5-甲基胞嘧啶

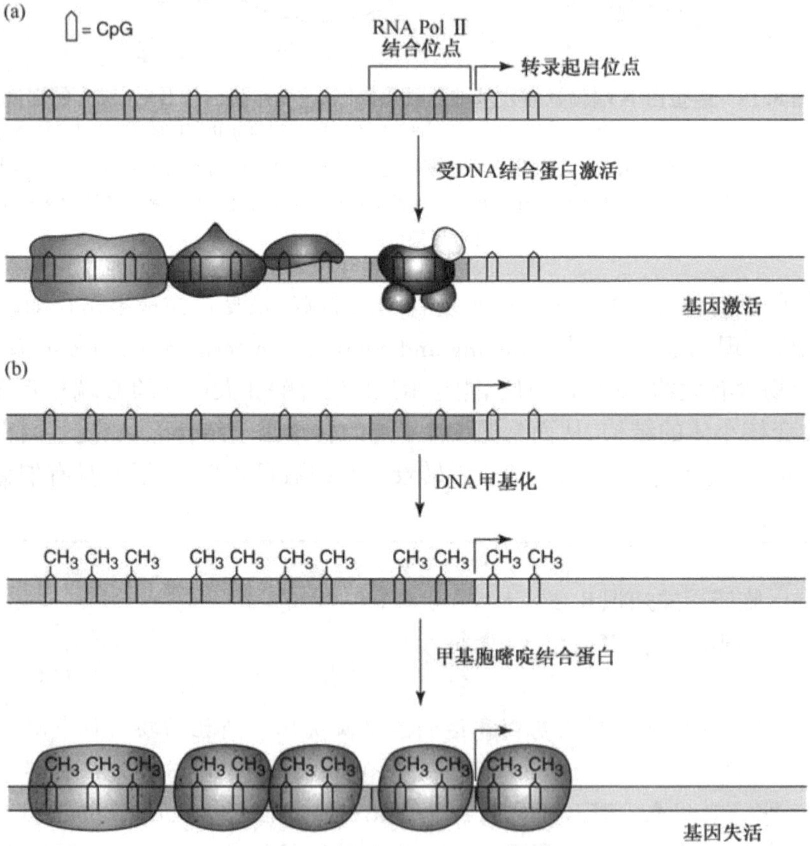

图 8.20 DNA 甲基化导致基因活性改变

为使大多数基因得到最大程度的转录,转录因子必须识别并结合到启动子上特定的 DNA 序列。RNA 聚合酶Ⅱ起始复合物中的转录因子与 DNA 相互作用,使基因得到表达。DNA 的甲基化,特别是 5-甲基胞嘧啶的形成,为其他蛋白质与 DNA 的相互作用提供了位点。5-meC DNA 结合蛋白与甲基化 DNA 的结合会阻止转录因子的结合。这不是一种序列特异的竞争性抑制,而是空间位阻讨论 DNA 甲基化的文献中经常提到的一个词汇是“CpG 岛”或者“CpG 富集区”，但 CpG 序列在基因组中的比例很低，这可能是由于长期以来，生物体内 5-甲基胞嘧啶引起的脱氨基使 C 变成 T，并经过历代积累而形成的现象。维持 CpG 存在而保留可调节区可能是自然选择的结果。实际上，CpG 岛在基因启动序列区域很常见。被甲基化的 DNA 常常缺乏转录活性，这被认为是由于那些与甲基化 DNA 识别并结合的蛋白质阻止了转录因子的结合。DNA 甲基化与组蛋白去乙酰化互相关联，在一个特定位置通过两种不同的方式抑制转录。

DNA 的高度甲基化是癌细胞的一个共同特点。越来越多的证据表明，发生甲基化的基因常常编码那些能够引导不正常分裂细胞进入程序性细胞死亡（凋亡）的蛋白质，这些基因的甲基化会导致转录活性下降。相反，在那些全能和多能的哺乳动物细胞中，比如受精卵和早期胚胎细胞，DNA 几乎是全面去甲基化的。

8.8　真核细胞的前起始复合物：转录因子、RNA 聚合酶Ⅱ和 DNA

与细菌的 RNA 聚合酶不同，真核细胞 RNA 聚合酶Ⅱ不能通过识别特定序列结合到启动序列上。需先由基本转录因子 TFⅡD 与启动序列结合，形成起始复合物。RNA 聚合酶启动的转录需要至少六种基本转录因子（TFⅡA、TFⅡB、TFⅡD、TFⅡE、TFⅡF、TFⅡH），TFⅡD 便是其中之一。TFⅡ的命名正好与它参与 RNA 聚合酶Ⅱ前起始复合物的形成是对应的(表 8.1)。

表 8.1　真核细胞中发现的基本转录因子

因子	亚基数	分子质量/kDa
TFⅡD		
TBP	1	38
TAF	12	15～250
TFⅡA	3	12,19,35
TFⅡB	1	15
TFⅡE	2	34,57
TFⅡF	2	30,74
TFⅡH	9	35～89

TFⅡD 是一个多亚基的复合物，包含 TBP（TATA binding protein）和很多不同的 TAF（TBP-associated factors）。TFⅡD 与位于 DNA 双螺旋小沟部位的、称为 TATA 盒的序列结合，此序列位于转录起始位点上游大约 27bp 的位置。如果要形成前起始复合物，TFⅡD 必须要接触到 TATA 盒，所以该序列只能位于核小体核心颗粒的表面。TBP 与 DNA 的相互作用使 DNA 双链发生比较大的扭曲(图 8.21)。TBP 曾经被认为是所有 RNA 聚合酶转录时所必须的，但近来又发现了 TLF（TBP-like factor），提示某些基因的转录使用的是不同于 TBP 的其他蛋白质。TBP 与 TATA 盒结合后，通过有序地添加几个转录因子和 RNA 聚合酶Ⅱ，指导前起始复合物的组装(图 8.22)。我们知道，RNA 聚合酶Ⅱ大亚基 C 端结构域（CTD）含有七氨基酸 PTSPSYS 的重复基序。只有 CTD 没有被磷酸化的 RNA 聚合酶Ⅱ才能参与组装前起始复合物。而 CTD 的磷酸化可以从组装位置去除 RNA 聚合酶Ⅱ。前起始复合物的组装并不能保证转录进行，必须有进一步的信号才能使转录开始，比如磷酸化。

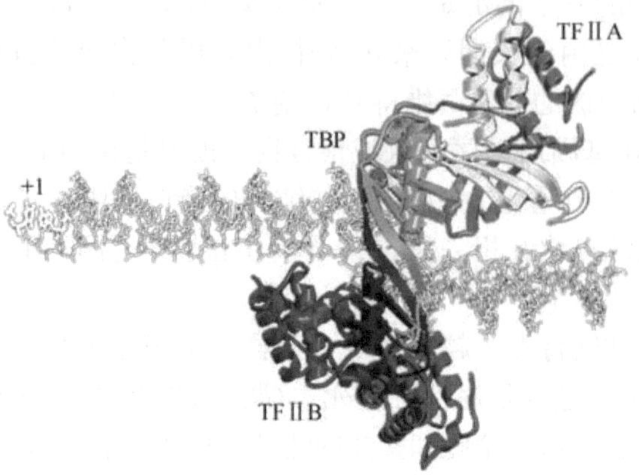

图 8.21　TATA 结合蛋白(TATA -binding protein,TBP)与 DNA 的共结晶结构图
为了形成转录复合物,以便 RNA 聚合酶Ⅱ催化基因转录,首先需要通用转录因子 TFⅡD 与 DNA 结合。大多数情况下,这是由 TFⅡD 蛋白复合物中的 TBP 所介导的,它可以通过与 TATAA 序列作用而与 DNA 结合。TBP 与 DNA 的共结晶结构图可以更清晰地观察这种相互作用,从图中可以发现 TBP 的结合使 DNA 发生明显的弯曲。本图中还包含另外两个通用转录因子 TFⅡA 和 TFⅡB,二者在开始步骤中都不直接与 DNA 结合。TFⅡA 与 TBP 结合,增加 TBP:DNA 相互作用的稳定性。TFⅡB 与 TBP 结合将 RNA 聚合酶Ⅱ募集到起始复合物上,它还与转录起始位点的识别有关

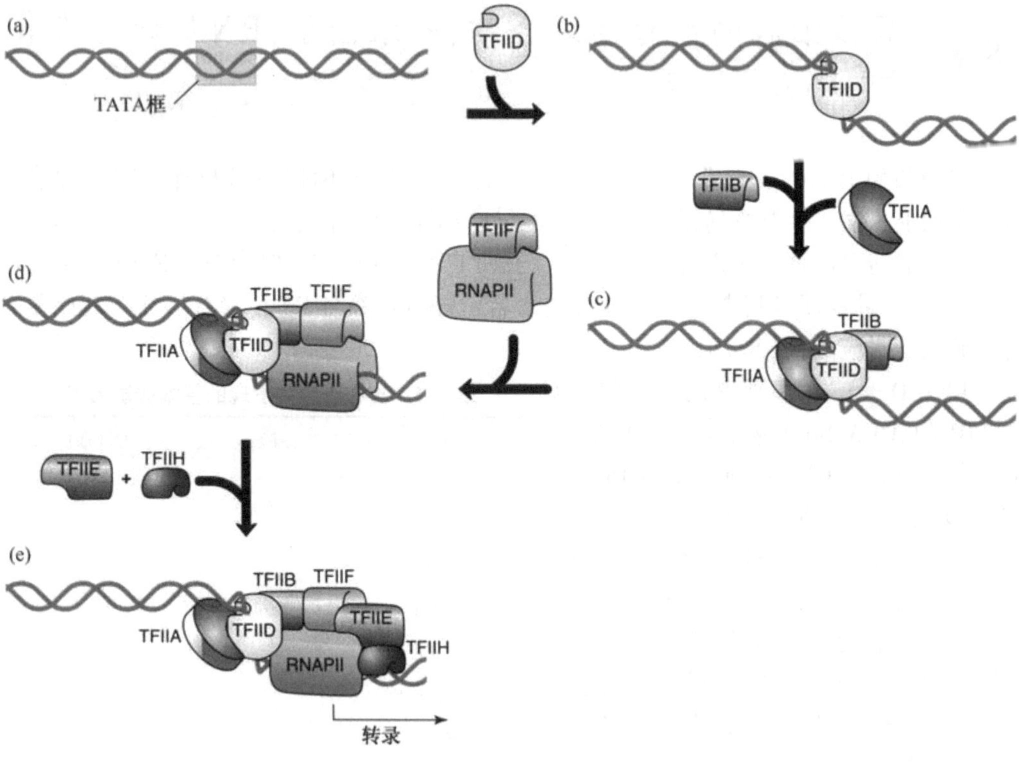

图 8.22　RNA 聚合酶Ⅱ所转录基因的起始复合物是按程序合成的

当前已知的起始复合物的组装是按照以下步骤进行的。(a)显示了带有 TATA 盒的某个基因的启动子区域,此时 TFⅡD 尚未结合上去。(b)包含 TBP 的 TFⅡD 结合到 TATA 盒上,使 DNA 发生弯曲。(c)DNA:TFⅡD 复合物协同结合其他通用转录因子。TFⅡD 复合物与 TFⅡA 以及 TFⅡB 结合。TFⅡA 稳定 TFⅡD 与 DNA 之间相互作用,TFⅡB 为 RNA 聚合酶Ⅱ的结合提供位点。(d) TFⅡF 和 RNA 聚合酶Ⅱ加入到复合物中。在这一阶段,RNA 聚合酶Ⅱ的 C 端结构域(CTD)未被磷酸化。TFⅡF 可以降低非特异性 RNA 聚合酶Ⅱ和 DNA 相互作用的稳定性,从而引导 RNA 聚合酶Ⅱ至正在组装中的起始复合物上。(e)另外两个通用转录因子加入复合物。TFⅡE 招募 TFⅡH 到复合物。TFⅡH 具有解旋酶、ATP 酶和激酶活性。TFⅡH 的作用是暂时打开 DNA 双链,磷酸化 RNA 聚合酶Ⅱ和 CTD,使聚合酶离开起始复合物并开始转录

前起始复合物的形成使依赖ATP的解旋酶与TFⅡH结合，打开DNA双链，为后续的RNA合成的延长提供模板。而TFⅡD仍留于原处，与TATA盒结合，促使前起始复合物进一步组装。mRNA链延伸时，TFⅡF会随着RNA聚合酶Ⅱ的移动而移动，而其他转录因子则从延伸复合物上解离。

真核细胞启动序列及其他影响转录的序列

由RNA聚合酶Ⅱ催化转录的基因中所含的启动序列被定义为能够影响基因转录启动的序列。真核细胞启动序列的特点是利用多个转录因子结合位点来调控基因的转录活性。一般来说，这些结合位点都很靠近标志前起始复合物组装位置的TATA盒。真核启动序列中其他的共有序列包括CAAT和GC盒(图8.23)。不同启动序列中CAAT盒的确切位置以及GC盒的位置、方向和数量都各不相同。CAAT盒是几个转录因子的结合位点，包括NF1。含有CAAT盒的启动序列往往是一个强的启动序列。GC盒提供转录因子SP1的结合位点，这是许多看家基因的特点。

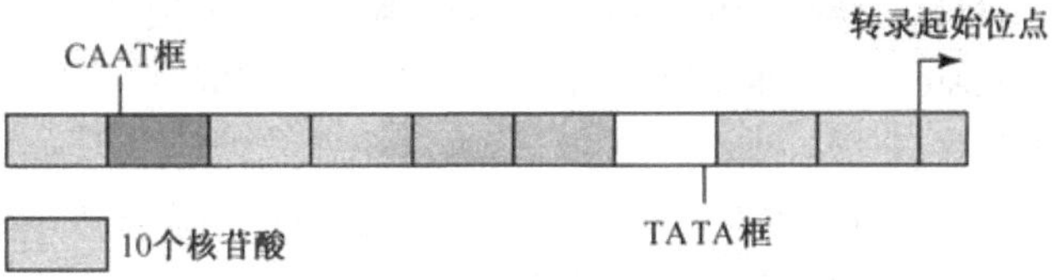

图8.23 真核细胞中转录的基因一般都含有TATA盒，也可含有CAAT盒、GC盒和多个转录因子结合位点

与类固醇应答转录因子相关的激素，或者磷酸化修饰的氨基酸等信号分子可以影响转录因子同启动序列中其他序列的结合。与受调控的转录因子结合的DNA序列常常被称为**应答元件**(**response element**)。转录因子可以是组织特异性的，或者只出现在发育的特定时期。启动子中调节序列的相对效应取决于它们的位置和方向，它们和TATA盒的距离改变有可能使效应消失。

许多细胞和病毒的基因组中含有**增强子元件**(**enhancer element**)，在与相应蛋白质结合后，可以增强转录。增强子与启动序列的不同主要有两个方面。第一，增强子可以位于距离前起始复合物组装位点几千碱基处，既可以在转录起始位点的上游，也可以在其下游。第二，增强子起作用不受方向限制。与靠近转录起始部位反应元件结合的转录因子可以直接与起始复合物作用，也可以通过桥接蛋白质分子与起始复合物间接结合从而发挥其效应(图8.30)。很多影响转录的蛋白质都可以起到这种桥接作用。但是，增强子和起始复合物的直线距离往往比较远。

与增强子结合的转录因子借助DNA的弯曲而靠近前起始复合物。这就解释了为什么增强子可以在很远的地方发挥作用，而且方向不受限制。一旦蛋白质与增强子结合，DNA便可以通过弯曲，调整前起始复合物与该蛋白质的位置，使它们正确排列。

真核细胞转录因子的功能元件

真核细胞转录因子含有很多执行特定功能的结构域。DNA 识别结构域负责特异性位点的识别，活化结构域负责与通用转录因子、RNA 聚合酶Ⅱ或者其他的转录调控因子相互作用。许多转录因子还含有二聚化结构域，以便形成同源或异源二聚体，与蛋白质相互作用的结构域可以和组蛋白乙酰基转移酶等蛋白质结合，还有与**共激活物**(**co-activator**)结合的结构域。共激活物包括类固醇激素和 cAMP，它们改变转录因子与 DNA 结合的能力或者直接作为激活物。与这些活性相关的结构域可以被归纳为几种特征性的氨基酸序列。

与 DNA 结合并调节转录的蛋白质所共有的基序

转录因子(反式作用因子)中一般都含有几种共同的氨基酸基序，包括：**螺旋-转折-螺旋**(**helix-turn-helix，HTH**)、**锌指结构**(**zinc finger**)、**螺旋-环-螺旋**(**helix-loop-helix，HLH**)、**碱性区亮氨酸拉链**(**basic region leucine zipper，bZIP**)。已知的序列特异性结合蛋白中约有 80% 都含有这些基序。

大肠杆菌中的乳糖阻遏物以及一类对发育很重要的转录因子(称为同源结构域蛋白)都含有螺旋-转折-螺旋(HTH)基序。这些转录因子中的同源结构域是 DNA 识别的部分。同源结构域蛋白最初是在果蝇中发现的，编码它们的蛋白质发生突变后，可以出现同源异形(Homeosis)现象，或身体的某个部位被另一部位替代。例如，某一同源结构域蛋白的突变可以使腿长在原本应该长触角的地方。同源结构域蛋白在哺乳动物发育过程中起了关键性的调节作用。HTH 基序大约有 20 个氨基酸，组成了蛋白质的很小一部分。该基序内前七个氨基酸形成一个螺旋，随后是 4 个氨基酸形成的转折，最后九个氨基酸再次形成螺旋。两个螺旋之间的疏水性相互作用(hydrophobic interaction)可以稳定蛋白质结构，第二个螺旋是"识别螺旋"，可以结合到大沟的特定序列上。蛋白质的其他成分可能含有变构效应位点，与其他调节分子或区域结合，从而产生其他的蛋白质间相互作用(图 8.24)。

含有锌指结构的蛋白质有：TFⅢA，一种 RNA 聚合酶Ⅲ的通用转录因子，可以与 RNA 聚合酶Ⅲ所转录基因的启动序列相结合；SP1(使所有带 GC 盒的基因转录活性增强 10～20 倍)；酵母中的 Gal4；类固醇激素受体超家族。锌指蛋白的各个亚类是通过蛋白质结构中协调与 Zn 结合的特定氨基酸来进行定义的。例如，在 TFⅢA 中，由两个半胱氨酸和两个组氨酸辅助 Zn 的结合，属于 C_2H_2 类；而类固醇激素受体的转录因子利用四个半胱氨酸结合一个 Zn，属于 C_4 类。在锌指区一侧形成的 α 螺旋介导下，锌指结构基序可以结合到 DNA 大沟的特定序列上。比如 HLH 蛋白，其 α 螺旋适应大沟的形状，氨基酸侧链可以与特定序列的碱基形成氢键。

这两类锌指蛋白(C_2H_2 类和 C_4 类)都含有 DNA 的结合位点，这些位点以特定的方式将它们定位于 DNA 的特定部位。对于 TFⅢA，先是将锌指定位于大沟，逐个与特定碱基形成氢键。C_4 类的锌指蛋白，例如类固醇激素受体转录因子，利用一个锌指结构与

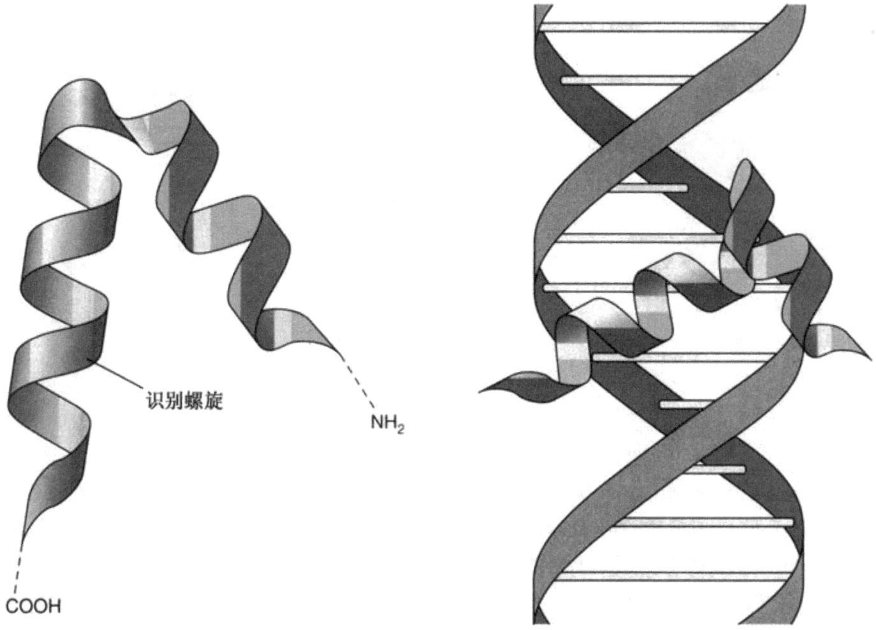

图 8.24　螺旋-转折-螺旋蛋白利用一个螺旋与大沟结合,而另一个则通过疏水作用稳定这一结合
(a)典型的蛋白质的 HTH 结构域含有大约 20 个氨基酸,形成两个 α 螺旋,中间由非螺旋的转折连接。(b)α 螺旋的大小使其能够适应 DNA 双螺旋的大沟。此螺旋(识别螺旋)直接与 DNA 相互作用,它含有能够与大沟中所暴露的特定碱基形成氢键的氨基酸侧链。另一个螺旋不直接与 DNA 作用,但是可以通过疏水作用稳定识别螺旋与 DNA 的结合。这样,两个螺旋都含有能够产生疏水作用的氨基酸(比如缬氨酸和亮氨酸)

DNA 结合,而利用另一个来稳定与 DNA 的结合。类固醇激素受体转录因子组成二聚体与 DNA 结合,DNA 上的结合位点由两个反向重复的"半位结构(half site)"组成,可以容纳二聚体中两个与 DNA 结合的锌指结构(图 8.25)。

碱性区亮氨酸拉链(bZIP)蛋白包括 fos、jun 和 CREB。bZIP 蛋白在 α 螺旋中每七个残基便有一个是亮氨酸。这些亮氨酸与另一个带有亮氨酸这一相同模式重复结构的蛋白质分子发生疏水性相互作用,形成同源或者异源二聚体(图 8.26)。

bZip 蛋白有一个碱性区组成的 DNA 结合结构域,因含精氨酸和赖氨酸这样的碱性氨基酸而得名,正是由于精氨酸和赖氨酸的存在,使得 bZip 蛋白在第一个亮氨酸前含有七个氨基酸并产生 α 螺旋。碱性氨基酸不但可以与带负电的 DNA 骨架之间通过静电相互吸引,还可以在大沟中形成氢键,从而稳定 DNA-蛋白质的结合。同源二聚体的结合位点具有双重对称性,而异源二聚体则没有。

具有螺旋-环-螺旋(helix-loop-helix,HLH)结构域的一类转录因子包括:myoD、myc 和 max。此类蛋白质的特征是两个兼性的 α 螺旋,中间被一个环分隔。和锌指结构不同,α 螺旋不是与 DNA 结合的区域,而是用来与另一个蛋白质形成二聚体的。如同 bZip 蛋白,所形成的二聚体可以是同源的,也可以是异源的。DNA 结合域是二聚体形成的四螺旋束中某个 α 螺旋的延长部分(图 8.27)。

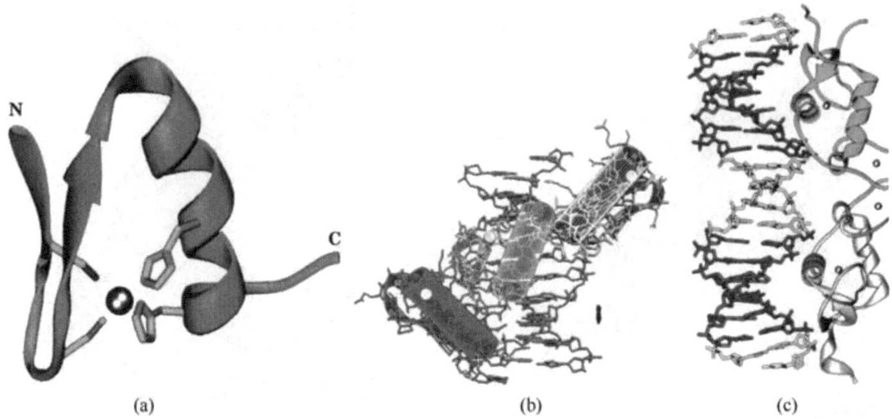

图 8.25　转录因子中两个不同的锌指结构

虽然两类锌指结构蛋白都利用与 Zn 分子的共同结合来形成它们最终的结构，但是两种主要的基序还是有着显著的不同。两类蛋白质都通过 α 螺旋来形成与 DNA 大沟结合的结构域。(a)C_2H_2 类的蛋白质可能含有很多锌指结构。每个 α 螺旋都形成一个锌指结构，可以沿着大沟与 DNA 形成序列特异性的结合。蛋白质-DNA 相互作用的过程取决于锌指蛋白中每个 α 螺旋的氨基酸侧链特定的排列方式。(b)C_x 类锌指蛋白一般含有两个锌指结构域，一个锌指结构域中的 α 螺旋与 DNA 大沟结合，而另一个锌指结构域中的 α 螺旋通过与前一个 α 螺旋的疏水作用维持前者与 DNA 结合的稳定性。C_x 类锌指结构蛋白一般通过形成二聚体来与 DNA 结合。图中显示的是雌激素受体二聚体与 DNA 的相互作用，两个单体都与 DNA 结合。球体表示 Zn 分子

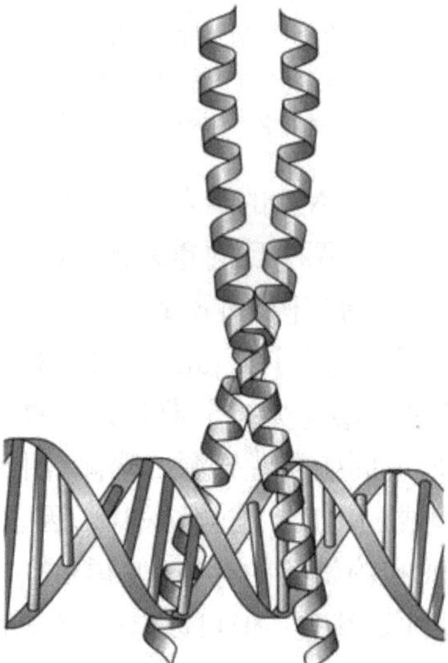

图 8.26　亮氨酸拉链蛋白以二聚体和 DNA 结合

在亮氨酸拉链蛋白中，沿着 α 螺旋每七个残基就含有一个亮氨酸，亮氨酸拉链蛋白可以通过这种结构形成二聚体。这些亮氨酸形成一个疏水面，与另一个相似的 α 螺旋疏水面相对。蛋白质-蛋白质相互作用的区域用蓝色显示。α 螺旋在越过相互作用区域之后继续延伸，使得每个单体都可以和 DNA 大沟(绿色)结合。对于同源二聚体，与 DNA 结合的部位具有对称的半位结构(half site)

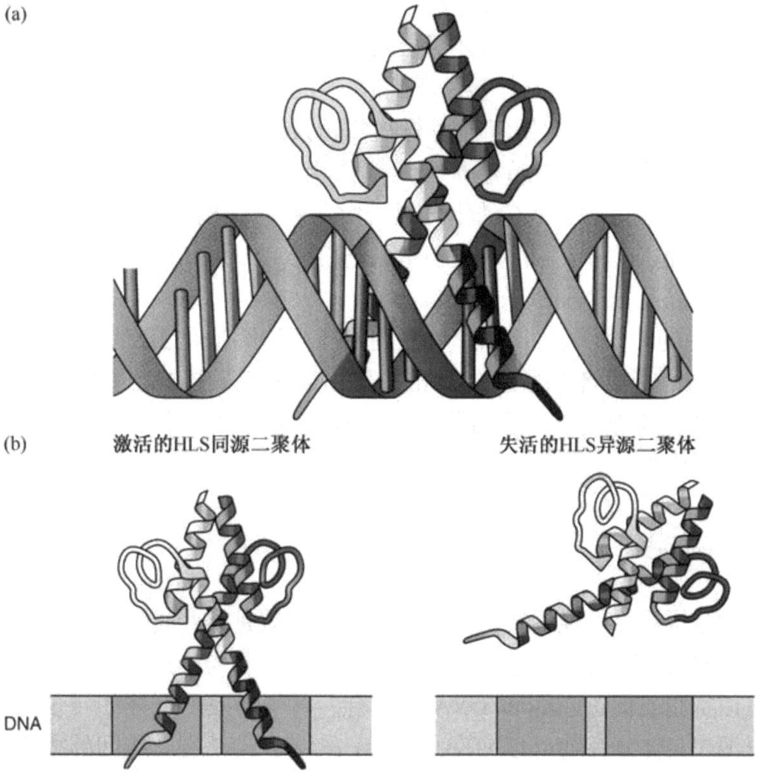

图 8.27　螺旋-环-螺旋相互作用形成转录因子二聚体

两个分子借螺旋-环-螺旋基序形成二聚体，与 DNA 结合。(a)每个单体中，两个螺旋通过环连接。一个螺旋介导蛋白质间的相互作用，另一个与 DNA 大沟结合。每个二聚体含有四个螺旋。如果二聚体是由两个相同的单体形成，那么两个 DNA 结合部位就是相似或者相同的，如果二聚体由两个不同的单体形成(即异源二聚体)，则两个 DNA 结合位点可能就互不相关。(b)当转录因子二聚体中出现一个截短的单体时，即便另一个是完整的，二聚体也不能和 DNA 结合。例如，二聚体中的一个单体出现 DNA 结合结构域缺失，虽然也可以和另一个完整的单体形成二聚体，但是不能有效地和 DNA 结合

8.9　真核基因表达调控

如前所述，调节蛋白中只有相对的很小一部分区域起到和 DNA 发生序列特异性结合的作用，而其他结构域都参与蛋白质-蛋白质或者蛋白质与配体之间的相互作用。几个明确的激活结构域已经得以鉴定，包括酸性结构域(富含带有酸性侧链的氨基酸)、谷氨酰胺富集结构域、脯氨酸富集结构域。在实验条件下，通过重组技术，提高这些结构域的含量，即便没有相应的 DNA 结合结构域，这些调节蛋白也能激活多种基因的异常转录。它们可能是通过提高前起始复合物组装的效率来激活转录的。有些可以直接与 TFⅡD 相互作用，增强它与 TATA 盒的结合，另一些则与 TFⅡB 或者 TAF(TFⅡD 复合体的一部分)发生相互作用。当多种转录因子与启动序列结合后，它们可以对前起始复合物的组装和结合起到一个综合

的效应。许多转录因子的激活结构域都针对前起始复合物中的同一蛋白质。所以,转录的调节和 DNA 结合位点的位置相关,而不是针对某一特定基因的蛋白质间相互作用。

转录因子还可以通过募集其他蛋白质到启动序列区来调节基因的表达。这些蛋白质不直接与 DNA 结合,而是在起始复合物与某些转录因子之间发挥桥接作用。它们还可以含有修饰染色质的酶,从而对特定基因发挥作用,比如组蛋白乙酰化酶(CBP/p300 复合物就含有这个酶)。组蛋白的乙酰化可以松解染色质结构。一些招募 CBP/p300 复合物的转录因子和细胞应答产生的分子和事件包括:CREB 和 cAMP、SREBP 和胆固醇、NFκB 和细胞因子以及 p53 和生长停止。

降低基因表达的转录因子(比如起负性调控作用的甲基化 DNA 结合蛋白)相对于正性调控作用的转录因子或者普通的转录相关蛋白质来说,可以优先地和 DNA 结合。转录抑制因子可以直接抑制前起始复合物的组装和结合,也可以与转录活化因子结合,阻止它和 DNA 的结合或加速其降解。

调节蛋白的调控

转录因子可以受许多途径的调节。最简单的例子就是某些转录因子经过调控,只在特定的细胞中或者发育的特定时期才会合成。有些转录因子与辅助因子结合而受到调节,因为辅助因子可以抑制或促进它们和 DNA 的结合。对于形成二聚体的转录因子,生成无效的同源或者异源二聚体复合物可以改变与 DNA 的结合或者蛋白质间的相互作用,从而改变基因的活性。蛋白质加工和磷酸化等翻译后修饰可以影响转录因子与 DNA 或其他蛋白质的结合,还可以影响它们从细胞质到细胞核的转移(见临床相关知识 8.3 和 8.4)。

由于增强子在远距离起效,而且不受方向限制,那么就需要保证它们能正确地对基因转录发挥作用。这是通过一种称为**绝缘子**(**insulator**)的序列来完成的,它界定了增强子作用范围的边界。当 DNA 中的绝缘子序列与锌指蛋白 CCTF(即 CCCTC 结合因子)结合后,如果位于增强子和 TATA 盒之间,就能阻止增强子引起的基因激活。绝缘子还有一个作用是防止异染色质扩展而引起基因沉默。

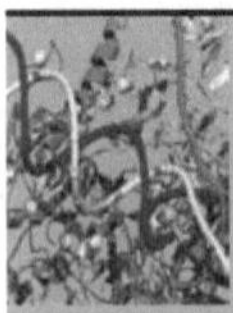

临床相关知识 8.3
他莫昔芬与雌激素受体靶向治疗

他莫昔芬(一种治疗乳腺癌的药物)是一种**雌激素受体**(**estrogen receptor**,**ER**)的竞争性抑制剂。生理水平的雌激素可以使乳腺癌细胞加快增殖。他莫昔芬阻止雌激素激活其受体,降低雌激素受体所介导的蛋白质表达,从而抑制乳腺癌细胞生长。美国国立癌症研究所在 2004 年明确提出:"他莫昔芬在乳腺癌的治疗中利远大于弊"。但是,他莫昔芬治疗会增加罹患子宫癌的风险。显然,这是由于雌激素受体存在两种亚型(α 和 β)所造成的。乳腺组织同时含有这两种受体,而子宫组织主要表达雌激素 α 受体。然而在子宫组织中,他莫昔芬能激活 α 受体,而不是抑制它,其结果是导致了包括 fos 和 jun 在内的转录因子表达增加。

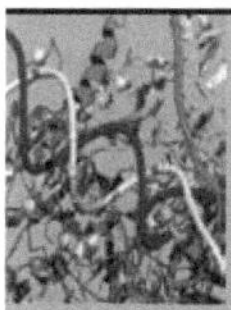

临床相关知识 8.4

转录因子与心血管疾病

近年来发现，两种引起人类心血管疾病的基因是两个编码转录因子的基因。其中一个编码 Nkx2-5，这是一种含有同源异型结构域的蛋白质，同源异型结构域蛋白往往参与决定胚胎细胞的命运，而 Nkx2-5 与心脏形成有关。它的一个等位基因突变可以引起房间隔缺损和传导系统缺陷。**无义突变(null mutation)**则可以导致胚胎死亡。还有一个基因是 Tbx，它的突变会导致 Holt-oram 综合征，症状包括房间隔缺损(ASD)、室间隔缺损(VSD)、传导缺陷以及上肢发育缺陷。

以低密度脂蛋白受体基因的转录调控为代表的真核基因调控的特点

对真核细胞某个基因表达调控的说明中含有大量的字母和符号，一会儿是转录因子，一会儿又是转录因子的调节分子，恐怕除了研究这个基因的学者外，多数人都很难理解。前文所述的转录因子的许多特性都是通过研究**低密度脂蛋白(low-density lipoprotein，LDL)**受体基因的调控而得以阐明的。当细胞内缺乏胆固醇的时候，该基因的转录激活，增加 LDL 受体的数量，加强对血液中 LDL 及其所携带胆固醇的摄取(见 8.9 节)。

LDL 受体基因的启动序列中有一个 TATA 盒以及许多转录因子的结合位点(图 8.28)。TATA 盒是 TFⅡD 的结合部位，也是带有 RNA 聚合酶Ⅱ的前起始复合物的形成位点。启动序列中的三个**共有结合位点(consensus binding site)**，可以结合含有锌指蛋白的转录因子 Sp1(前面提到 Sp1 在启动序列中与 GC 盒结合)。Sp1 含有一段富含谷氨酰胺的激活结构域，能够在**转录辅助因子复合物(cofactor required for Sp1 activation，CRSP)**协助下，将 TFⅡD 募集到 TATA 盒。但是 Sp1 的结合不足以激活基因转录，还需要第二个转录因子**固醇反应元件结合蛋白-1a(sterol responsive element-binding protein 1a，SREBP-1a)**。SREBP-1a 是一种含螺旋-环-螺旋-亮氨酸拉链结构的蛋白质，与 LDL

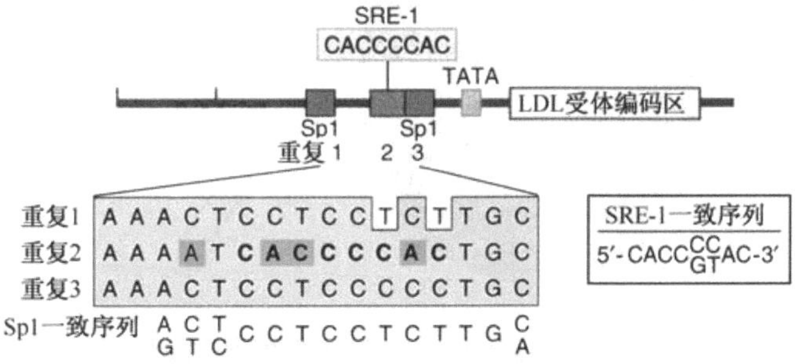

图 8.28　LDL 受体基因启动序列示意图

同其他真核基因一样，LDL 受体基因启动序列含有几个转录因子结合位点。图中所示的是根据胆固醇水平调节 LDL 受体基因的几个主要的结合位点。包括紧靠转录起始位点上游的 TATA 盒，几个 GC 盒(Sp1 结合位点)以及 SREBP 结合的反应元件受体基因中位于 Sp1 结合位点之间的固醇调节元件结合。

处于**膜结合状态**(**membrane-bound state**)的 SREBP 不能进入细胞核，当胆固醇浓度改变时，SREBP 被释放以发挥作用。SREBP-1a 含两次跨膜结构域，锚定于内质网膜(endoplasmic reticulum，ER)上，能够发挥转录因子作用的结构域暴露在细胞质中。SREBP-1a 转移到细胞核必须经历两步蛋白质水解反应，第一步由位于高尔基体顺面(cis-Golgi)的一种活性蛋白酶完成。将 SRCBP-1a 运输到高尔基器顺面需要 **SREBP 裂解激活蛋白**(**SREBP cleavage-activating protein，SCAP**)参与，SCAP 最初也是锚定于 ER 膜上的。SCAP 含有一个胆固醇敏感区，当感知膜胆固醇水平偏低时，SCAP- SREBP-1a 复合物会转运至高尔基器顺面，在那里 SREBP 被蛋白酶水解，释放具有转录因子活性的细胞质部分，并进入核内(图 8.29)。一旦进入细胞核，它便和 LDL 启动序列中的类固醇反应元件(steroid response element，SRE)结合，募集一种称为 CBP 的组蛋白乙酰基转移酶(histone acetyl transferase)以及其他蛋白质到启动序列区域。然后与 Sp1 和 CRSP 相互作用，转录 LDL 受体基因(图 8.30)。这个例子体现了真核基因调控的复杂过程，其中，转录因子激活、多种转

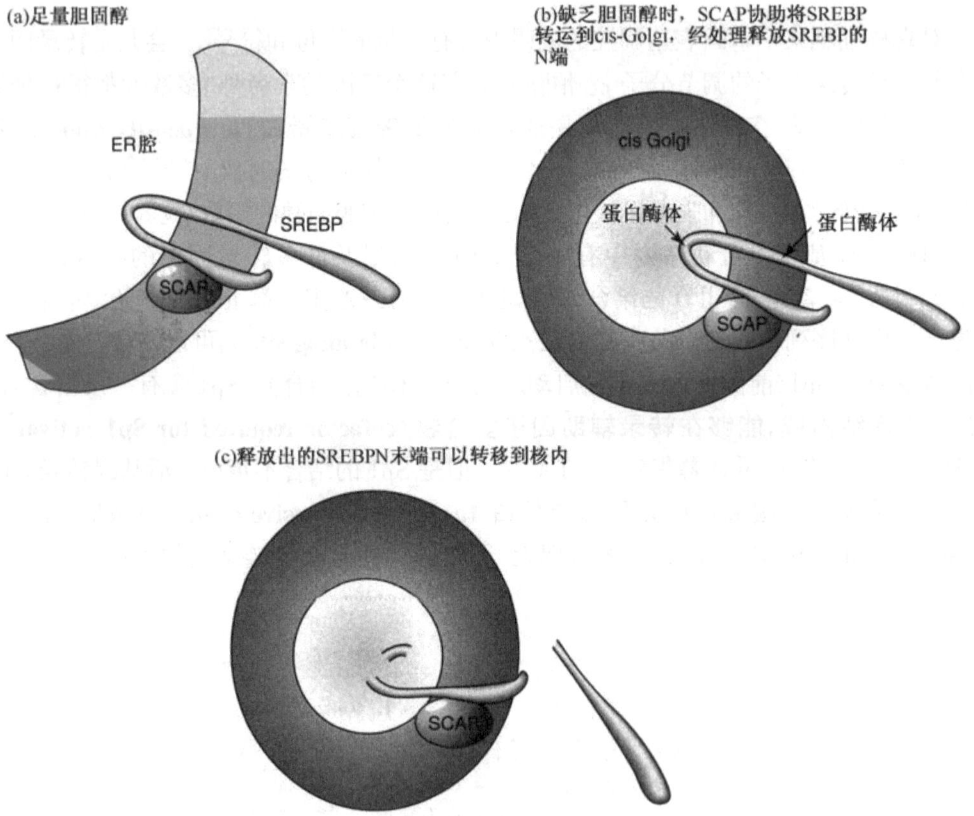

图 8.29 通过蛋白质水解反应，释放处于膜结合状态的 SREBP 前体

(a)固醇反应元件结合蛋白(SREBP)作为前体蛋白被合成后，必须通过水解才能发挥其转录因子的作用。前体物通过两次跨膜区锚定在 ER 膜上，并紧靠 SREBP 裂解激活蛋白(SCAP)，但在 ER 膜的胆固醇水平正常的情况下，前体物不会被水解。(b)SCAP 感受到 ER 膜上的胆固醇水平降低，于是和 SREBP 一起转移到高尔基体顺面，在两种蛋白酶作用下裂解 SREBP，并将裂解后的细胞质部分转移到核内。通过这种方式，SREBP 在低胆固醇水平情况下，激活 LDL 受体基因

录因子的协作、染色体重构酶的募集等多种因素相互配合，共同调节基因表达。

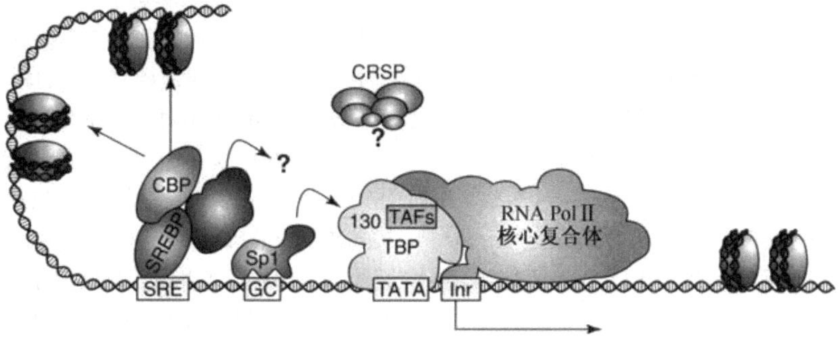

图 8.30　几种转录因子协调工作，激活 LDL 受体基因

LDL 受体基因的激活有几种因子参与。一旦 SREBP、Sp1 以及 Sp1 活化所需的辅助因子（CRSP）发生结合，组蛋白乙酰基转移酶 CBP 便会被招募到启动序列区域。这些因子组合后，增强起始复合物与 TATA 盒的结合，并通过聚集具有组蛋白乙酰基转移酶活性的 CBP 来影响附近的染色质结构

参考书目

Prokaryotic Gene Expression

Blattner, F. R., Plunkett, G., Bloch, C. A., Perna, N. T., et al. The complete genome sequence of *Escherichia coli* K-12. *Science* 277:1453, 1997.

Cohen, S. N. and Shapiro, J. A. Transposable genetic elements. *Sci. Am.* 242:40, 1980.

Miller, J. H. The lac gene: Its role in lac operon control and its use as a genetic system. In: J. H. Miller and W. S. Resnikoff (Eds.), *The Operon.* Cold Spring Harbor, NY: Cold Spring Harbor Laboratory Press, 1978, p. 31.

Platt, T. Regulation of gene expression in the tryptophan operon of *Escherichia coli*. In: J. H. Miller and W. S. Resnikoff (Eds.), *The Operon.* Cold Spring Harbor, NY: Cold Spring Harbor Laboratory Press, 1978, p. 263.

Schultz, S. C., Shields, G. C., and Steitz, T. A. Crystal structure of a CAP–DNA complex: The DNA is bent by 90 degrees. *Science* 253:1001, 1991.

Eukaryotic Gene Expression

Alberts, B., Johnson, A., Lewis, J., Raff, M., Roberts, K., and Walter, P. *Molecular Biology of the Cell*. New York: Garland, 2002.

Brown, M. S., Ye, J., Rawson, R. B., and Goldstein, J. L. Regulated intramembrane proteolysis: A control mechanism conserved from bacteria to humans. *Cell* 100:391, 2000. Brown, C. E., Lechner, T., Howe, L., and Workman, J. L. The many HATs of transcription coactivators. *Trends Biochem. Sci.* 25:15, 2000.

Burley, S. K. and Roeder, R. Biochemistry and structural biology of transcription factor IID (TFIID). *Annu. Rev. Biochem.* 65:769, 1996.

Dantonel, J. -C., Wurtz, J. -M., Poch, J. M., Moras, D., and Tora, L. The TBP-like factor: An alternative transcription factor in Metazoa. *Trends Biochem. Sci.* 24:335, 1999.

Goldstein, J. L. and Brown, M. S.. Regulation of the mevalonate pathway. *Nature* 343:425, 1990.

Kawasaki, H. and Taira, K. Induction of DNA methylation and gene silencing by short interfering RNAs in human cells. *Nature* 431:211, 2004.

Kornberg, R. D. Mechanism and regulation of yeast RNA polymerase II transcription. *Cold Spring Harbor Symp. Quant. Biol.* LXIII:229, 1998.

Latchman, D. S. (1998). *Eukaryotic Transcription Factors*, 3rd ed. New York: Academic Press.

Lemon, B., and Tjian, R. Orchestrated response: a symphony of transcription factors for gene control. *Genes Dev.* 14:2551, 2000.

Lewin, B. *Genes VII*. New York: Oxford University Press, 2000.

Naar, A. M., Ryu, S., and Tjian, R. Cofactor requirements for transcriptional activation by Sp1. *Cold Spring Harbor Symp. Quant. Biol.* LXIII:189, 1998.

Ng, H. and Bird, A. Histone deacetylases: silencers for hire. *Trends Biochem. Sci.*:121. 2000.

Pruss, D., Hayes, J. J., and Wolffe, A. Nucleosomal anatomy—Where are the histones? *BioEssays* 17:161, 1995.

Stewart, S. and Crabtree, G. Regulating the regulators. *Nature* 408:46, 2000.

West, A. G., Gaszner, M., and Felsenfeld, G. Insulators: Many functions, many mechanisms. *Genes Dev.* 16:271, 2002.

Wolffe, A. P. *Chromatin: Structure and Function*, 3rd ed. New York: Academic Press, 1998.

Wolffe, A. P. The cancer-chromatin connection. *Sci. Med.* 6:28, 1999.

Woychik, N., and Young, R. RNA polymerase II: Subunit structure and function. *Trends Biochem. Sci.* 15:347, 1990.

习题和参考答案

选择题

1. *lac* 操纵子完全表达需要：

   A. 乳糖和 cAMP

   B. 异乳糖和 cAMP

   C. 只需要乳糖

   D. 只需要异乳糖

   E. *lac* 辅阻遏物缺乏或失活

2. 在操纵子中：

   A. 操纵子的每个基因都单独受调控

B. 通过诱导或者阻遏来进行调节
C. 操纵基因和启动序列可以在基因上横向移动
D. 结构基因要么完全不表达,要么全部表达
E. 基因表达调控仅包括诱导和阻遏

3. 下列哪种情况下大肠杆菌的 *lacZYA* 区表达上调?
A. 诱导物未能和 *lacI* 基因产物结合
B. 葡萄糖和乳糖同时存在,但是细胞不能结合 CAP 蛋白
C. 培养基中葡萄糖和乳糖都很丰富
D. 启动序列突变,不能结合阻遏物
E. 缺乏 *lac* 辅阻遏物

4. 以下关于操纵子的描述哪项不正确?
A. 是真核基因的调控机制
B. 包含结构基因
C. 编码多顺反子 mRNA
D. 包含诸如操纵基因的调控序列
E. 可以含有多个启动序列

5. 缺乏氨基酸的时候,细菌会合成鸟苷四磷酸和鸟苷五磷酸。这种情况被称为:
A. 衰减
B. 辅阻遏
C. 阻遏
D. 自身调节
E. 应急反应

6. 作为 *trp* 操纵子的辅阻遏物——色氨酸,其结合的部位是:
A. 操纵基因
B. 启动序列
C. 阻遏蛋白
D. RNA 聚合酶
E. 启动序列上游的区域

7. 真核细胞中,由 RNA 聚合酶Ⅱ催化的转录,其起始前复合物的形成:
A. 首先是 TBP 与启动序列的 TATA 盒结合
B. 由几个转录因子和 RNA 聚合酶有序地添加
C. 依赖 ATP 打开 DNA 双链
D. 要求 RNA 聚合酶Ⅱ的 C 端未被磷酸化
E. 以上均正确

8. 增强子:
A. 位于启动序列中,能够和激素转录因子复合物结合
B. 离 TATA 盒越近,作用越强
C. 可以距离前起始复合物组装点几千个碱基
D. 必须位于前起始复合物组装点的上游
E. 与直接作用于起始复合物的转录因子结合

问题 9 和 10:病原菌对很多抗生素耐药是一个严重的公共健康问题。接受某种抗生素治疗的患者体内的菌株突然发生耐药,甚至包括那些该患者从未使用过的抗生素。这是由于细菌获得了来自其他菌株的包含了几个不同转座子的质粒。

9. 下列关于转座子的描述,哪一项是不正确的:
A. 是耐药基因永久性插入细菌染色体的一种方法
B. 包含反向末端短重复序列
C. 编码合成鸟苷四磷酸和鸟苷五磷酸的酶,抑制进一步转座
D. 至少包含一个编码转座酶的基因
E. 包含很多基因

10. 转座子:
A. 一般从源位置转移到另一个位置
B. 新复制的转座子必须插入其来源的 DNA 分子
C. 所有的转座子大小均接近
D. 插入位点必须位于共有序列中
E. 转座酶可以识别转座子的重复末端,并参与打开插入位点

问题 11 和 12:位于高度浓集的异染色质区的基因不能转录。为了能够转录,此区域的 DNA 必须变为开放的结构,这需要具有组氨酸乙酰基转移酶活性的 CBP(即 CREB 结合蛋白)将组蛋白乙酰化。CREB 是一种转录因子。CBP 基因突变可以引起 Rubinstein-Taybi 综合征,患者有智力发育迟缓和其他发育异常,严重程度取决于突变的程度。

11. 在染色质中:
A. 四个组蛋白分子包绕一个 DNA 核心组成核小体
B. DNA 大小沟若都暴露在核小体的外面,会比面向内部更容易被转录
C. 转录时,DNA 必须完全从核小体上解离
D. 只有连接 DNA 可以结合转录因子
E. 组蛋白八聚体包含 8 种不同的组蛋白

12. 组蛋白乙酰化使 DNA 结构开放,是通过:
A. 减弱组蛋白和 DNA 之间的静电吸引力

B. 使组蛋白和 RNA 聚合酶的 C 端结构域(CTD)相互作用

C. 使组蛋白和 DNA 之间发生静电排斥

D. 促使 DNA 甲基化

E. 将转录因子聚集到 DNA

问答题

13. 如果突变导致腺苷酸环化酶失活，在乳糖和葡萄糖并存或者仅有乳糖时，*lac* 操纵子转录将处于什么情况？

14. 若合成某种氨基酸的操纵子部分或者完全受衰减作用控制，那么为什么该氨基酸存在时转录被抑制，而缺乏时转录得以进行？

参考答案

1. B　真正的诱导物是异乳糖，通常在 β-半乳糖苷酶的作用下利用乳糖合成。A：见前述。C、D：除了糖与阻遏物结合外，cAMP 必须和 CAP 蛋白结合，以促进转录。E：*lac* 操纵子不涉及辅阻遏。

2. B　诱导和阻遏是操纵子的调控机制。A：结构基因受协同调控。C：操纵基因和启动子是它们所控制的操纵子 DNA 链上的元件，不能扩散。D：有时候，操纵子的调控并不针对所有结构基因。E：操纵子的调节机制还包括衰减作用。

3. D　如果操纵基因无法和阻遏物结合，转录水平将大大高于正常。A：*lacI* 基因的产物是阻遏蛋白。当它和诱导物结合后，就不再与操纵基因结合，转录会增强。如阻遏蛋白不能与诱导物结合则结果相反。B、C：乳糖存在时，发生代谢物抑制。葡萄糖降低细胞内 cAMP 的水平，转录激活物 CAP-cAMP 复合物减少。E：*lac* 操纵子不涉及辅阻遏。

4. A　操纵子是原核细胞的调控机制。B～D：操纵子是一簇基因的完整调控单位，包括结构基因、调节基因和调控元件，例如操纵基因。E：操纵基因可能含有不止一个的启动序列，如大肠杆菌的色氨酸操纵子。

5. E　具体机制仍不明确，但是在缺乏氨基酸的时候，rRNA 的转录起始是受抑制的。

6. C　阻遏物必须和两分子色氨酸结合，以便能够结合启动序列，抑制转录。

7. E　A：TBP 是基本转录因子 TFⅡD 的一部分。B：涉及许多蛋白质。C：转录因子 TFⅡH 具有解旋酶活性。D：带有非磷酸化 CTD 的 RNA 聚合酶才能进入前起始复合物。

8. C　DNA 通过弯曲使结合了转录因子的增强子与距离很远的前起始复合物靠近。A、B、E：这些是反应元件的特点，比如类固醇反应元件。D：由于 DNA 可以弯曲，所以增强子发挥作用不受方向限制。

9. C　这些磷酸鸟苷是由 *relA* 基因的产物催化合成的；它们可以阻止 rRNA 和 tRNA 转录的启动，大范围关闭蛋白质合成。这就是应急反应。

10. E　Tn*3* 转座子就是例证。A：大部分转座事件中，转座子都产生一个副本，插入 DNA 另一个位置，而不是本身的移动。B：副本可以插入到另一 DNA 分子中。C：长度差别很大，依所带有的基因数目而定。D：虽然某些转座子倾向于插入某些“热点”，但大多数插入位点的序列是随机的。

11. B　转录起始复合物的组装和其他调节基因有表达的蛋白质发挥作用都需要接触 DNA 沟。A、E：核小体的核心由四种组蛋白组成，每种蛋白质有两个分子。C：DNA 相对于组蛋白核心移动 5 个碱基对，就可以改变沟的朝向，以供结合。D：参与构成核小体的 DNA 才是与转录因子和其他蛋白质结合的 DNA。

12. A　组蛋白 N 端赖氨酸的 ε-氨基酸基团乙酰化使其成为中性基团，与带负电的 DNA 磷酸骨架之间吸引力减弱。B：组蛋白不能与 RNA 聚合酶Ⅱ的 CTD 直接发生作用。C：从带正电变为中性，而不是带负电，所以不会发生静电排斥。D：DNA 甲基化确实影响转录，但是与组蛋白的乙酰化无关。E：核小体结构发生变化。

13. 正常情况下，葡萄糖降低细胞内的 cAMP 水平。转录激活复合物 CAP-cAMP 相应地减少或消失，

lac 操纵子的转录减弱。腺苷酸环化酶的基因若发生突变,所发生的情况与葡萄糖存在时的情况类似。如果不存在突变,葡萄糖缺乏时,cAMP 水平升高,发生正调控,*lac* 操纵子进行转录。如果发生这种突变,会造成合成 cAMP 的酶缺陷,不能合成 cAMP,无论有无葡萄糖,均不能进行正调控,*lac* 操纵子也就不能有效地转录。

14. 这样的操纵子会编码一段含有该氨基酸的前导肽。一旦前导肽的 mRNA 合成好并准备翻译的时候,根据核糖体是否停滞在 mRNA 上而形成不同的二级结构。如果氨基酸充足(tRNA 都可以装载),核糖体不会停止,形成的二级结构就是终止信号,操纵子的合成停止。如果该氨基酸缺乏导致相应的 tRNA 出现空载,核糖体停滞,形成的二级结构则不是终止信号,操纵子的转录可以继续进行。

(丁劲　译)

第三篇　蛋白质功能

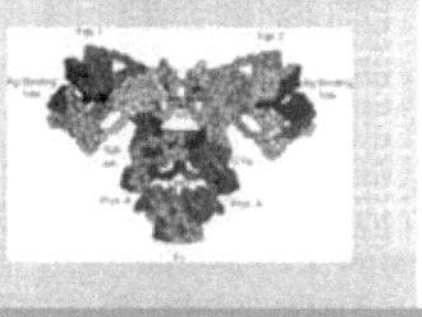

9

蛋白质Ⅱ：蛋白家族结构与功能的关系

Richard M . Schultz

9.1 概述

蛋白质结构的理论在第 3 章已经讲到过了。这一章里我们将对免疫球蛋白、丝氨酸蛋白酶、血红蛋白这三种蛋白质家族的结构与功能的关系做一个讨论，并描述参与构成包绕细胞和组织的细胞外间质基底膜的蛋白质的组织机制。我们通过测定其氨基酸序列，结构组织和生物学功能来研究这个课题。

免疫球蛋白(Innmunoglobulin)家族的例子主要表明多功能域的结构构象使其能够识别并结合外源分子，阻断外源物质的侵入。蛋白家族成员的多样性则决定这种对分子的特异性识别和结合能力。

丝氨酸蛋白酶(serine protease)家族的例子主要说明不同的酶发挥着独特的生理功能，通常体现在高度有组织的酶级联反应中。蛋白酶在催化机制和分子三维结构上的相似性是存在的一个共同的联系。

血红蛋白(hemoglobin)家族的例子主要代表那些高度协调的蛋白质，它们能够同时调节多种生理功能。它们能适应小的置换和突变，并依然保留它们的生理活性，其中很多都是有临床意义的。它们揭示了多种氨基酸序列替代可被忍受，使得蛋白质仍能有效的发挥其功能。

基底膜(basement membrane)是由细胞分泌蛋白形成的细胞外蛋白，它们相互结合连接在细胞外间隙形成了一个分子网状结构，以分隔不同组织细胞并调控其周围环境。这是一种由不同的蛋白亚单位组成的复杂的网络结构，它们特异的连接形成一个特殊的分子阵列。这些网状结构无论在胞内还是胞外都发挥着重要功能。

9.2 抗体分子：免疫球蛋白超家族

抗体分子是在外源性物质入侵时应激所产生的。外源物可以是蛋白质、也可以是碳水化合物聚合物和核酸。抗体分子与外源性物质以非共价形式结合，启动清除这些外源物质的过程。诱导产生抗体的分子称为**抗原(antigen)**，它可能包含着多个抗原决定簇，即抗原分子中那些能诱导产生与抗原结合的特异性抗体的小的区域。蛋白质中的一个抗原决定簇可能仅仅包含 6 到 7 个氨基酸。

半抗原(hepten)是一种小分子，它不能单独地诱导产生特异性抗体，但当它与一个大分子共价结合之后，就能够像一个抗原决定簇那样诱导抗体的合成。虽然半抗原需要与一个大分子结合来诱导抗体的合成，它在游离态时却能紧密结合抗体。

每个人体都可产生大约 1×10^8 个不同结构的抗体。但是所有的抗体总体上有一个相似的结构。对于抗体的氨基酸序列分析、抗体分子以及抗体分子与抗原的复合物的 X 射线衍射的研究已经验证了这点。抗体的结构研究需要纯化的均一蛋白质。但从血浆中纯化抗体分子是极其困难的，因为抗体分子极其多样。而通过单克隆杂交瘤技术可得到均一抗体，即利用鼠源的骨髓瘤细胞与来自于产生抗体的鼠的 B 淋巴细胞融合来构建一个永生化的能表达单抗的杂交瘤细胞来获得单一抗体。

抗体分子包含四条多肽链

抗体分子是一种糖蛋白，由两条具有相同序列的**轻链(light chain，L)**结合两条相同序列的**重链(heavy chain，H)**而形成$(LH)_2$ 的结构。在最常见的免疫球蛋白家族 IgG 中，其重链包含近 440 个氨基酸(50kDa)，轻链则包含约 220 个氨基酸(25kDa)。这四条链通过二硫键共价结合(图 9.1 和图 9.2)。每条重链都与一条轻链相联，它们的 N 端都彼此靠近。由于轻链的大小为重链的一半，所以重链只有 N 端的二分之一与轻链相连。在其

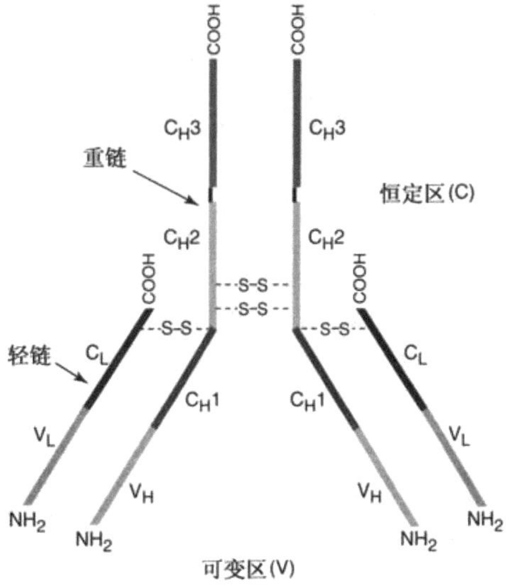

图 9.1　IgG 抗体分子的线性示意图

两条重链(H)之间通过链间二硫键相结合，并通过链间二硫键各自结合一条轻链(L)，链与链之间互相平行。在重链的恒定区(C)包括 C_H1、C_H2、C_H3 三个重复折叠区，而轻链的恒定区称为 C_L。重链和轻链的可变区分别称为 V_H 和 V_L

他免疫球蛋白的种类中(表 9.1),其重链较 IgG 类的稍长。重链存在不同程度的糖基化水平(依抗体种类不同而变化,2%～12%不等)。

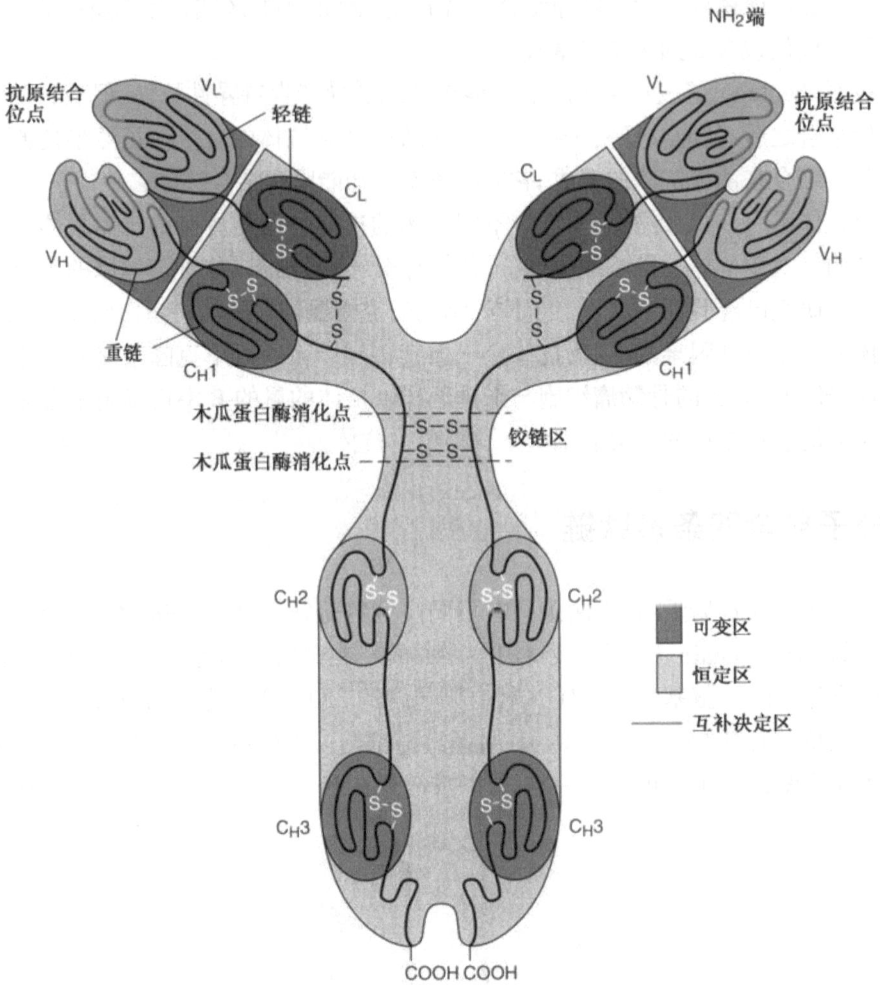

图 9.2 IgG 分子结构示意图

轻链(L)分为 V_L(可变氨基酸序列区)和 V_C(恒定氨基酸序列区)两个折叠区。重链(H)分为 V_H 和 C_H1、C_H2 和 C_H3 区。V_H 和 V_L 共同构成抗原结合位点。"铰链"多肽将结构域相连。数个链间与链内胱氨酸键位置如图所示

表 9.1 免疫球蛋白家族

免疫球蛋白类型	分子质量/Da	重链亚型	糖基化比例/%	白清中的浓度/(mg/100ml)
IgG	150 000	γ,53 000	2～3	600～1800
IgA	170 000～720 000[a]	α,64 000	7～12	90～420
IgD	160 000	δ,58 000		0.3～40
IgE	190 000	ε,75 000	10～12	0.01～0.10
IgM	950 000[a]	μ,70 000	10～12	50～190

a. 聚合后。

一级结构的恒定和可变序列区

比较由不同抗原诱导产生的抗体分子的氨基酸序列，显示了相同序列和变化序列的区域。尤其，轻链的 N 端二分之一序列和重链的位于 N 端的四分之一序列是高度可变的。这些**可变区**(**variable，V**)被分别命名为重链和轻链的 V_H 和 V_L 域。在这些可变区域中，某些特定的区域是“高度变异的”。位于 V_L 区域三个由 5～7 个残基组成的**高度可变区**(**hypervariable region**)和位于 V_H 区域 3～4 个 6～17 个残基组成的高度可变区是共同的。它们就是形成互补于抗原拓扑结构的抗原结合位点的**互补决定区**(**complementary-determining region，CDR**)。

与 CDR 形成对比，位于重链羧基端的 3/4 序列和轻链羧基端的 1/2 序列与同一家族其他成员的重链和轻链序列同源。C_H 区和 C_L 区分别代表重链和轻链的恒定区(**constant region**)。

C_H 区决定抗体的家族，含有补体蛋白结合位点(见临床相关知识 9.1)以及抗体穿越胎盘黏膜屏障的必需位点。V 区决定抗体的抗原识别特异性。

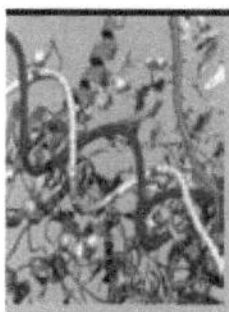

临床相关知识 9.1
补体蛋白

在血浆中至少存在 11 种不同的补体蛋白(见 24.5 节)。IgG 或 IgM 通过与存在于侵入的细菌细胞、原生动物或肿瘤细胞外膜上的抗原结合，从而依次激活这些补体蛋白。随后，这些补体蛋白交联于细胞膜并溶解细胞膜，杀死靶细胞。

许多补体蛋白都是未活化的蛋白水解酶的前体。一旦活化，它们能裂解通路上后续蛋白特定的肽键从而激活通路下游的蛋白，产生级联效应。水解特定的肽键是许多胞外酶活化的一种重要方法。例如那些催化血凝集形成引起血凝块的纤维蛋白溶解以及消化肠中食物蛋白质的酶都是由特定的蛋白酶活化的(见 24.5 节和 26.2 节)。

与细胞抗原结合后，存在于抗体 Fc 段的补体结合位点暴露，并结合 C1 补体蛋白(由 C1q、C1r、C1s 组成的复合物)。首先 C1r 和 C1s 蛋白经历一次构象改变成为细胞表面活化的酶。活化的 C1 复合物(Cla)水解 C2 和 C4 的肽键后也交联于细胞表面，活化了的 C2—C4 复合物则接着水解位于 C3 的肽键。然后活化的 C3 蛋白结合于细胞表面而活化的 C2—C4—C3 复合物则激活 C5，最后活化的 C5 与 C6、C7、C8 及 C9 的六个分子交联形成复合物，结合于细胞表面，启动细胞膜裂解。

这代表了触发事件产生的级联放大效应。概括来说，活化的 C1 可以激活许多 C4—C2—C3 的分子，而每一个活化的 C4—C2—C3 复合物又可以接着激活许多 C5 到 C9 的分子。这种经典补体激活途径可归结如下，“a”和“b”表示水解修饰的蛋白质，而蛋白质上面的横线表明酶活性。

$$\text{IgG or IgM} \xrightarrow{\text{Clq,Clr,Cls}} \overline{\text{C1a}} \xrightarrow{\text{C2,C4}}$$

$$\text{C4b}\cdot\overline{\text{C2a}} \xrightarrow{\text{C3}} \text{C4b}\cdot\overline{\text{C2a}}\cdot\text{C3b} \xrightarrow{\text{C5,C6,C7,C8,C9}} \text{溶胞(作用)}$$

C3 复合物活化的旁路激活途径可由 IgA 聚合体启动或当缺乏结合于细胞膜上抗原的免疫球蛋白时由侵入的细菌多糖启动。这条途径包括备解素 P 因子(properdin)、B 因子(C3 proactivator convertase)和 D 因子(C3 proactivator)。

补体系统的一个主要作用是产生调理素(opsonin),一种能激发嗜中性粒细胞和巨噬细胞吞噬作用的蛋白质。最主要的调理素是 C3b,巨噬细胞有该蛋白质的特定受体。遗传的 C3 缺乏患者会反复发生细菌感染。

同一家族免疫球蛋白含有共同同源序列区

免疫球蛋白 C_H 序列的差异决定了各种类的特性。其中一些种类,C_H 序列促进基本结构$(LH)_2$ 分子的聚合。如 **IgA** 类的抗体通常共价结合成二聚体$[(LH)_2]_2$。IgM 结合成五聚体$[(LH)_2]_5$。不同的重链,即 γ、α、δ、ε 和 μ,分别存在于 IgG、IgA、IgM、IgD,和 IgE 的 C_H 区(表 9.1 和临床相关知识 9.2)。两种类型的轻链已被合成,命名为 λ 和 κ,它们任何一个都和五类抗体的重链结合。

IgG 是血浆中主要的免疫球蛋白。暴露于新抗原后大约需要 10 天才能合成高浓度的 IgG(见临床相关知识 9.3)。IgM 类的抗体合成较快,是第一道防线,直到大量的 IgG 产生(图 9.3 和临床相关知识 9.3)。

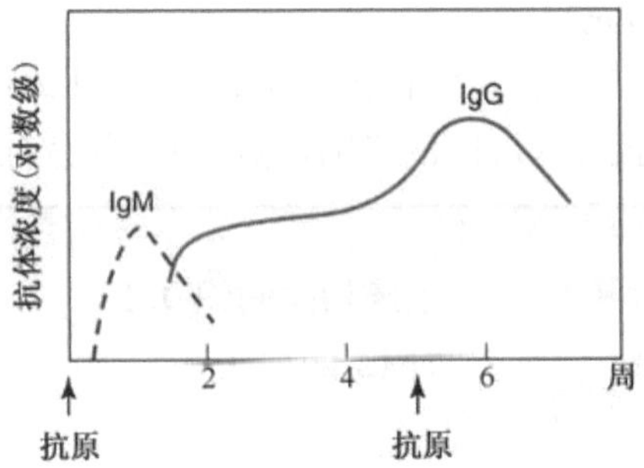

图 9.3 特异性 IgM 与 IgG 对于外加抗原的响应时间曲线

临床相关知识 9.2
不同抗体家族的功能

IgA 类免疫球蛋白主要存在于黏膜分泌物(支气管、鼻腔、肠黏膜分泌物以及眼泪、乳汁和初乳)中。当病毒、细菌等病原体侵入人体的血浆或其他组织时,它们是第一道防线。

免疫球蛋白 IgM 主要存在于血浆中,是机体暴露于外来抗原后首先被大量诱导产生的一类抗体。它们促进巨噬细胞和**多形核**(**polymorphonuclear**)白细胞对微生物的吞噬作用,同时也是有效的补体激活物(见临床相关知识 9.1)。它们出现在许多外分泌物中,但其浓度低于 IgA。

在血浆中有高浓度的免疫球蛋白 IgG。IgG 产生所需的时间比 IgM 的要长。但 IgG 的峰值浓度比 IgM 的更高。如同 IgM,IgG 促进血浆中的吞噬作用并能激活补体系统。

IgD 和 IgE 正常的生物学功能还不为人所知,然而,IgE 在过敏反应,如过敏性休克、花粉热以及哮喘中起着重要作用。

缺乏免疫球蛋白会增加机体对感染的易感性，如 X 连锁的无 γ 球蛋白血症以及常见的多种免疫缺陷症。最普遍的病症是选择性的 IgA 缺乏，引起反复发作的窦房结和呼吸道感染。

临床相关知识 9.3

免疫接种

疫苗包括灭活或减毒的病原体（细菌、病毒或寄生虫）、无毒的活菌、变性的细菌毒素或重组蛋白质等。在人体内注射一种疫苗能使机体对含有同种抗原的微生物或毒素的毒性产生防护。无毒力物质中的抗原会引起淋巴细胞的分化使之产生对抗外来抗原的抗体并使一些淋巴细胞分化为记忆细胞。记忆细胞不会分泌抗体，但能使抗体在其作为抗原感受器的外表面上结合抗原。这些记忆细胞就像探测潜在毒力抗原的雷达。以后再引入抗原时，抗原和记忆细胞表面的抗体结合，刺激记忆细胞分化成为产生抗体的淋巴细胞和新的记忆细胞。一旦一种抗原引入后，记忆细胞缩短了产生抗体所需的时间并增加了抗原特异性抗体的浓度。这是免疫接种提供保护作用的基础。

近来为成年人接种的疫苗包括肺炎球菌菌苗（用来预防肺炎双球菌引起的肺炎）、乙型肝炎疫苗以及流感疫苗。流感疫苗的组成每年都在变化是为了适应流感病毒的抗原变异性。

抗体分子中重复序列产生同源三维折叠

一个抗体分子的每条链内都包含重复的氨基酸序列模式。对于 IgG 类来说，该重复模式包含了大约 110 个氨基酸，L 和 H 链都有。虽然这些同源性还不完全，但是清楚的是许多氨基酸在这些片段上的排列完全相同。其他的残基在这序列上的一致性表现为有相同的极性和非极性侧链。在 H 链上，重复片段是在 V_H 和 C_H 区域（指 C_H1，C_H2，C_H3）（图 9.1 和图 9.2）。L 链包含一个轻链可变区（V_L）和一个轻链恒定区（C_L）。每一个重复区都包含一个链内二硫键（图 9.2）。

X 射线衍射研究显示，重复片段形成相似的三级结构的折叠。每个 110 个氨基酸片段都有相似的反向平行的 β 链排列，即被认为是**免疫球蛋白折叠**（**Immunoglobulin fold**，图 9.4）。这种基序由 7 到 9 个多肽构成的两条面对面排列的反向平行的 β 片层组成。两个免疫球蛋白折叠的强烈相互作用形成了球形结构域（图 9.5）。这种折叠的相互作用分别在 H 链的轻链可变区（V_L）和重链可变区（V_H）之间，以及 L 链的轻链恒定区（C_L）和重链恒定区 1（C_H1）之间。在重链的 C 端侧一半，两条链组成了 C_H2-C_H2 和 C_H3-C_H3（图 9.2）两个结构域。绞链区将 C_H-C_L1 和 C_H2-C_H2 联系在一起。这样抗体就可分为 6 个结构域，每一个结构域都是在两个折叠的免疫球蛋白作用下形成的。NH_2 端 V_L-V_H 结构域在疏水的核心区有一用来与抗原结合的浅隙。可变区缝隙中**高度变异的序列**（**Hypervariable sequence**）形成了数个环，它们能够接近并成为互补结合位点（互补决定区，Complementary determing region，CDR）。高度变异序列形成的环为每个抗体提供了特定的

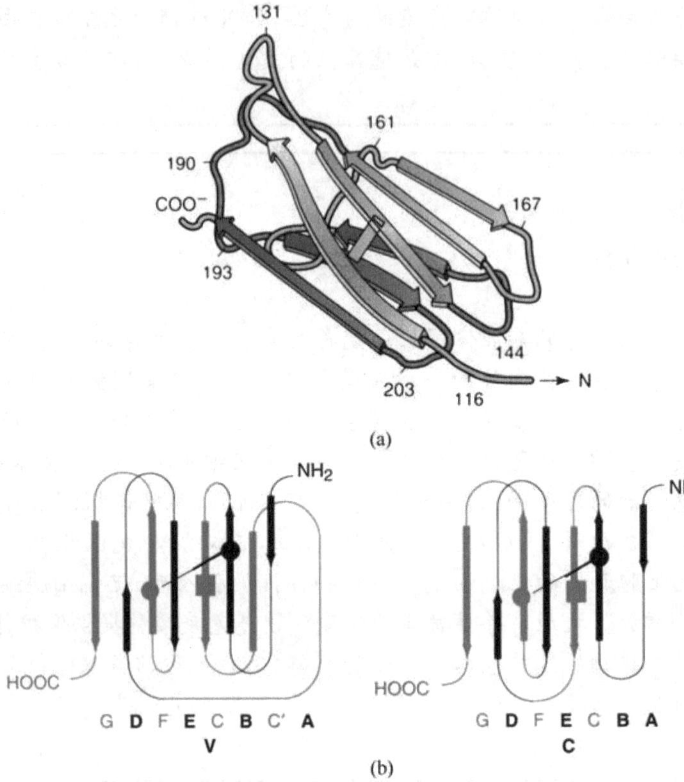

图 9.4　免疫球蛋白折叠

(a)C_L 结构域折叠示意图,示意了一个 β 片层结构。箭头表示 β 片层链,数字(蓝)表示胱氨酸键的位置。粉色箭头表示的 β 线段在上平面,深红色表示在下平面。(b)免疫球蛋白折叠模体中 β 线段的拓扑学排列示意图。上图表示 IgG 的可变区,下图表示恒定区。粗箭头表示 β 线段,细弧线表示连接 β 线段的环。圆圈表示形成域内二硫键的半胱氨酸残基。方块表示作为免疫球蛋白折叠中心必要组成的色氨酸残基的位置。粗体字字母标识的线段构成片层的一个平面,其他字母表示的线段构成与之平行并位于其后的另一个平面

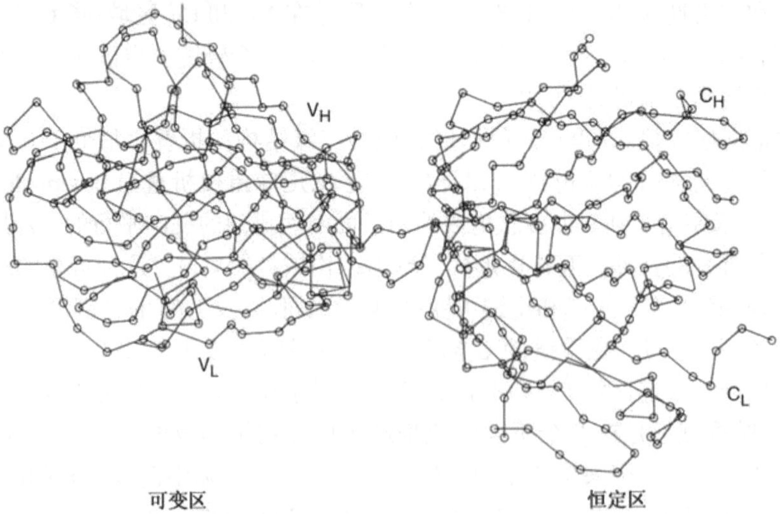

图 9.5　IgG F_{ab} 片段中 α 碳原子结构示意图

V_L-V_H 和 C_L-C_H1 结构域在铰链区作用下连接

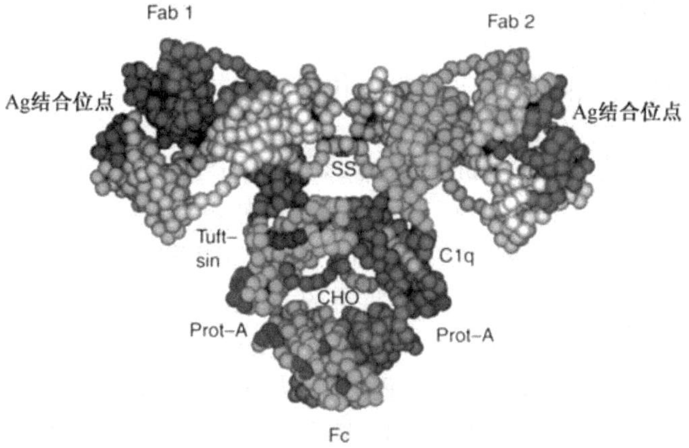

图 9.6　IgG 抗体分子模型

仅标示 α 碳原子。两条 L 链由浅灰色小球表示，H 链由淡紫色和蓝色小球表示。两个 CH2 结构域上附着的糖链由浅绿和橙色表示。V_H-V_L 结构域 CDR 区于 H 链部分由深红色表示，于 L 链部分由粉红色表示。L 链和 H 链间的二硫键由洋红色球-棒结构表示(部分被遮掩)。由深红色表示的七肽铰链位于 C_H1 和 C_H2 之间，连接 Fab 段和 Fc 段。Ch2 结构域的 C1q 结合位点中心由黄色表示，C_H2 和 C_H3 接合处的蛋白 A 附着位点由洋红色表示，C_H2 的促吞噬肽(tuftsin)结合位点由灰色表示。促吞噬肽是一种天然四肽，它能诱导巨噬细胞的吞噬作用，其转运可能由免疫球蛋白介导。蛋白 A 是一种对免疫球蛋白有高亲和力的细菌源性蛋白

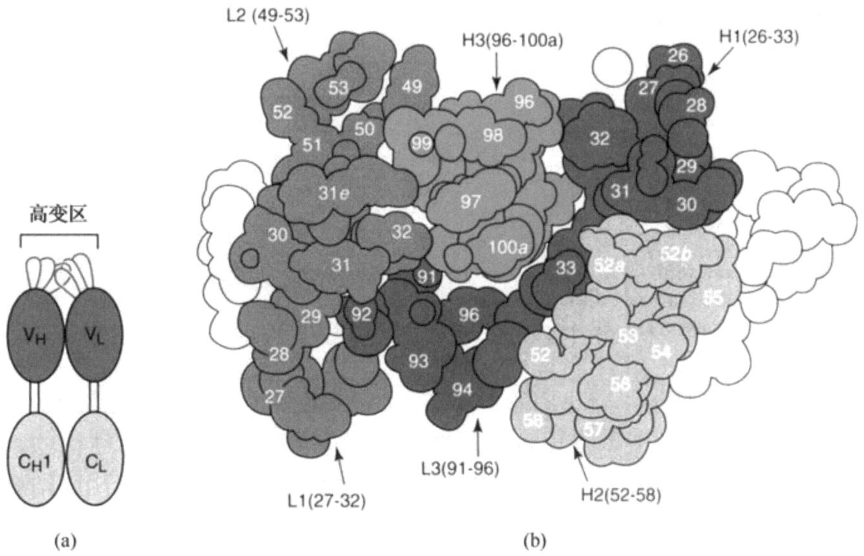

图 9.7　免疫球蛋白的高变异袢环结构

(a)V_L-V_H 结构域中构成抗原结合位点的高变异袢环结构(CDR)示意图。(b)CPK 空间充填原子模型表示的抗原结合位点截面图，示不同 CDR 的分布。数字表示 L 链及 H 链的高变异性环结构序列中氨基酸残基数

三维结构，使它们特异性地与相应抗原结合。在 V_L-V_H 结构域，结合抗原后 CDR 的结构会发生细小的改变，表明抗原结合诱导产生了可变互补决定区的最佳结合位点。抗原的结合可能也会诱导 V_L-V_H 区和其他区域之间发生结构的改变来激活它们，正如补体与 C_H2-C_H2(见图 9.6 的 C1q)结构域上位点的结合。抗原抗体间结合的强度取决于非共价键(见 3.6 节)。抗原决定簇和抗原结合表位的互补结构导致了非常高的平衡亲和常数，

这种非共价键的亲和力大约 $10^5 \sim 10^{10}\ M^{-1}$ (7～14kcal/mol)

单个抗体分子包含两个抗原结合位点

轻链和重链的 N 端可变区为抗原结合区，所以每个抗体分子有两个抗原结合区。我们可以用蛋白水解酶木瓜酶(一种可以水解重链的铰链区，从而释放出三个多肽片段的酶)来证明位于轻重链 N 端的抗原结合区的存在(图 9.2 和图 9.8)。被酶解下的其中两个片段是相同的，每个片段都包括了 1/2 重链的 N 端以及整条轻链(图 9.8)。每一个片段都以相似的亲和力结合完整的分子，命名为 **F_{ab} (antigen binding)**片段。另一个片段是两段重链恒定区的 C 端以二硫键相结合而成，称为 **F_c (crystallizable)**段，这个片段不结合抗原。通过还原二硫键可使轻链从重链 F_{ab} 片段上解离下来，从而消除抗原结合能力。因此，每一个抗原结合区必须由轻链和重链的可变区共同构成。

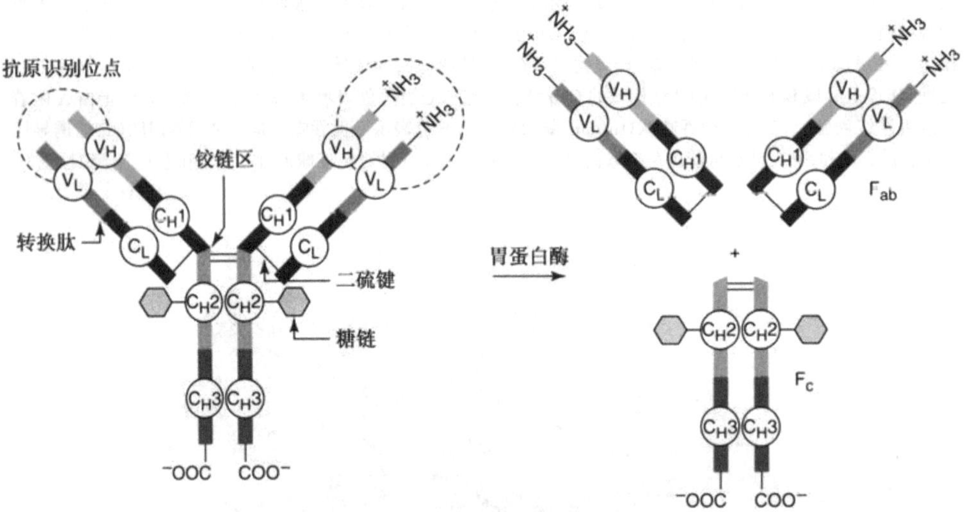

图 9.8　木瓜蛋白酶将 IgG 水解为两个 F_{ab} 片段及一个 Fc 片段

抗体结构和抗原-抗体相互作用的主要特征如下：①多肽链被折叠成多个免疫球蛋白折叠区。②不同链上的两个免疫球蛋白折叠连结形成免疫球蛋白基本结构的六个结构域。重链和轻链的可变区组成了两个可以结合抗原的 N 端结构域。③抗原结合位点位于高度变异的袢环(CDR)，CDR 形成拓扑结构与抗原决定簇互补的连续表面。④抗原与抗体 CDR 之间强大的结合力主要是非共价键包括范德华引力、氢键和疏水键，另外还存在一小部分的离子盐桥。⑤在轻重链可变区抗原结合时可有微小的结构改变，表明是可诱导的适配(induced fit)。⑥变构重轻链可变区与抗原的结合诱发了抗体远端结构域的构象改变。这些变构改变了恒定区的效应位点的亲和力，如补体蛋白 C1q 与 C_H2-C_H2 结构域的结合(见临床相关知识 9.1)。

免疫球蛋白的遗传学

重链和轻链的 V 区和 C 区由不同基因编码。在 IgG 类抗体中，由四个特异的基因来编码重链的 C 区。每一个基因编码一个完整的恒定区。它们已经被确认是 γ 基因——γ_1、γ_2、γ_3 和 γ_4，这些基因编码形成了 IgG 的独特型，即 IgG_1、IgG_2、IgG_3 和 IgG_4。图 9.9 给出了三个 γ 基因编码的蛋白序列。这些基因编码的氨基酸序列有 95% 的同源性。

```
Constant Region C1:
Cγ1: AlaSerThrLysGlyProSerValPheProLeuAlaProSerSerLysSerThrSerGlyGlyThrAlaAlaLeuGly
Cγ2                                         C     R           E  S
Cγ4

Cγ1  CysLeuValLysAspTyrPheProGluProValThrValSerTrpAsnSerGlyAlaLeuThrSerGlyValHisThr
Cγ2
Cγ4

Cγ1  PheProAlaValLeuGlnSerSerGlyLeuTyrSerLeuSerSerValValThrValProSerSerSerLeuGly
Cγ2                                                                        N  F
Cγ4

Cγ1  ThrGlnThrTyrIleCysAsnValAsnHisLysProSerAsnThrLysValAspLysLysVal
Cγ2              T           D                                T
Cγ4     K                                                     R

Hinge Region H:
Cγ1  GluProLysSerCysAspLysThrHisThrCysProProCysPro
Cγ2     R     C     V  E  C  P  P        -  -  -
Cγ4     S     Y  G  P  P        S        -  -  -

Constant Region C2:
Cγ1  AlaPro   GluLeuLeuGlyGlyProSerValPheLeuPheProProLysProLysAspThrLeuMetIleSerArg
Cγ2           -  P  V  A
Cγ4        E  F     G

Cγ1  ThrProGluValThrCysValValValAspValSerHisGluAspProGluValLysPheAsnTrpTyrValAspGly
Cγ2                                                        Q
Cγ4                                      Q

Cγ1  ValGluValHisAsnAlaLysThrLysProArgGluGluGlnTyrAsnSerThrThrArgValValSerValLeuThr
Cγ2                                            F           F
Cγ4                                                        Y

Cγ1  ValLeuHisGlnAspTrpLeuAsnGlyLysGluTyrLysCysLysValSerAsnLysAlaLeuProAlaProIleGlu
Cγ2     V                                                     G
Cγ4                                                                    S  S

Cγ1  LysThrIleSerLysAlaLys
Cγ2                 T
Cγ4

Constant Region C3:
Cγ1  GlyGlnProArgGluProGlnValTyrThrLeuProProSerArgAspGluLeuThrLysAsnGlnValSerLeuThr
Cγ2                                               E     M
Cγ4                                            Q

Cγ1  CysLeuValLysGlyPheTyrProSerAspIleAlaValGluTrpGluSerAsnGlyGlnProGluAsnAsnTyrLys
Cγ2
Cγ4

Cγ1  ThrThrProProValLeuAspSerAspGlySerPhePheLeuTyrSerLysLeuThrValAspLysSerArgTrpGln
Cγ2              M
Cγ4                                                     R

Cγ1  GlnGlyAsnValPheSerCysSerValMetHisGluAlaLeuHisAsnHisTyrThrGlnLysSerLeuSerLeuSer
Cγ2
Cγ4  E

Cγ1  ProGlyLysStop
Cγ2
Cγ4  L
```

图 9.9　IgG 重链 γ1、γ2、γ4 基因编码的恒定区氨基酸序列

C_H1、铰链区重链、C_H2 和 C_H3 区的氨基酸序列如图所示。γ1 编码的序列完整显示，γ2 和 γ4 编码的序列与 γ1 的不同部分以氨基酸单字母缩写形式列出。短横杠表示与 γ1 序列相比较对应位置的一个氨基酸缺失。这样表示是为了以序列的排列最大化地展现同源性特征

可能，原始基因编码含有大约 110 个氨基酸的单个免疫球蛋白折叠序列，它的**基因重复**(**gene duplication**)可能会导致在相同 IgGHγ 基因中出现三个重复单元。基因突变修饰了个别序列以至不再出现序列的完全一致性。然而，每个免疫球蛋白折叠有一个相似的长度，并且它们的折叠方式由胱氨酸连接而显得很稳定。在后来的进化中，进一步的基因重复导致出现了多个基因来编码 IgG 类的恒定区。

许多具有不同功能的蛋白家族中都存在免疫球蛋白折叠

免疫球蛋白折叠出现在许多非免疫球蛋白的蛋白质家族中，并显示出多种不同的功能。基于它们结构的同源性，它们被划分到一个**蛋白质超家族**(**protein superfamily**，图 9.10)。比如，I 类主要组织相容性复合体蛋白属于此超家族；它们拥有免疫球蛋白基序，该基序由两个叠加的反向平行 β 片层组成，这些片层包绕着一个主要由疏水氨基酸组成

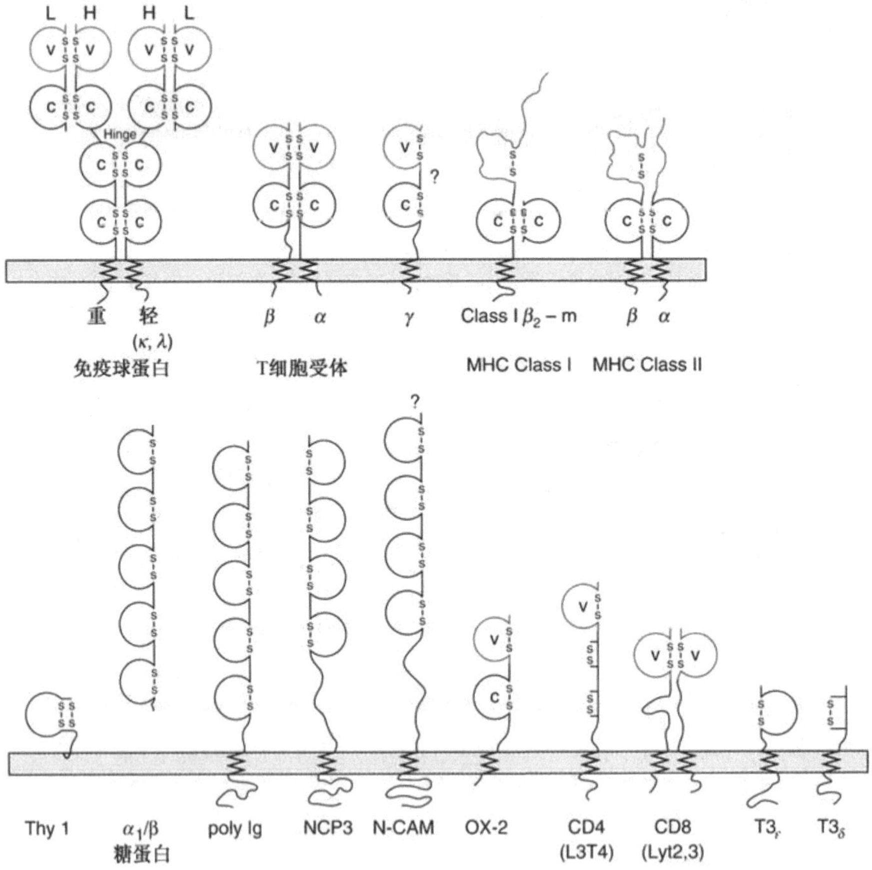

图 9.10　免疫球蛋白超家族中不同种免疫球蛋白折叠示意图

所示蛋白质包括：免疫球蛋白的重链和轻链、T 细胞受体、I 类和 II 类 MHC、参与 I 类(CD8)和 II 类(CD4)MHC 识别和可能参与离子通道形成的 T 细胞辅助蛋白、poly-Ig(一种跨黏膜细胞转运特定类型免疫球蛋白的受体)、β2 微球蛋白(一种与 MHC I 类分子相结合的蛋白质)、α1/β 糖蛋白(功能未知的浆蛋白)、Thy-1 及 OX-2(两种在淋巴细胞和神经元中分布的功能未知的分子)和两种在脑中特异性表达的蛋白质，即神经细胞黏附素(neuronal cell-adhesion molecule，N-CAM)及神经细胞质蛋白 3(Neurocyoplasmic protein，NCP3)

的内部空间。这个结构中的两个半胱氨酸形成了一个二硫键来连接面对的β片层。转录因子 NF-κB 和 p53 也具有一个免疫球蛋白折叠基序。由此可以推测，在进化过程中的基因重复致使该结构基序分布于不同功能蛋白。

9.3 具有相同的催化机制的蛋白质：丝氨酸蛋白酶

丝氨酸蛋白酶(**serine proteases**)家族，通过在底物结合部位的一种特异活化的丝氨酸残基来催化水解肽键。这种丝氨酸的特征为能够通过它的支链羟基基团和二异丙基氟磷酸(diisopropylfluophosphate，DFP)发生不可逆反应(图 9.11)。蛋白质所含的所有丝氨酸中，DFP 只与具有催化活性的丝氨酸反应生成磷酸酯。

蛋白水解酶按催化机制分类

蛋白水解酶是根据其催化机理分类的。除了丝氨酸蛋白酶，其他类型的酶是利用半胱氨酸(**半胱氨酸蛋白酶**)、天冬氨酸(**天冬氨酸蛋白酶**)、金属离子(**金属离子蛋白酶**)来发挥其催化功能。那些作用于多肽内部肽键的水解酶属于**内肽酶**(**endopeptidase**)，那些能够切除 C 端或者 N 端氨基酸的肽链属于**外肽酶**(**exopeptidase**)。

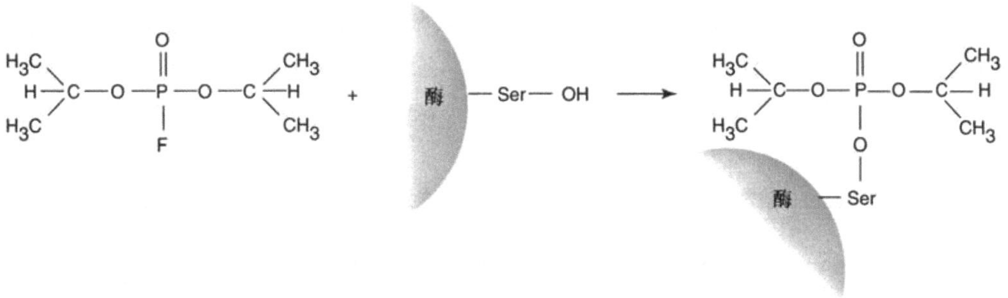

图 9.11　二异丙基氟磷酸与丝氨酸蛋白酶的活性丝氨酸位点的反应示意图

丝氨酸蛋白激酶常常通过断裂一特异的肽键，使其他丝氨酸蛋白激酶由非活性的前体形式(**酶原**，**zymogen**)转化为活性型。这种酶原的激活机制使得丝氨酸蛋白激酶能够参与生理过程的严格调控。如血液凝固(见临床相关知识 9.4)、纤维蛋白溶解作用、补体激活(见临床相关知识 9.1)、受精和激素生成(表 9.2)。

丝氨酸蛋白激酶的激活是**有限水解**(**limited proteolysis**)的例子，因为在蛋白底物成百上千的肽键中只有一个或两个特殊的肽键被水解。然而这些相同蛋白酶水解复杂肽键将导致肽、蛋白质的消化甚至自溶(auto lysis)。一些疾病如肺气肿、关节炎，血栓症、癌症转移(见临床相关知识 9.5)和一些类型的血友病被认为是特异丝氨酸蛋白激酶调控的缺乏所导致的。

临床相关知识 9.4
纤维蛋白在心肌梗死中的形成和重组型组织纤溶酶原激活物的应用

凝血是一个酶级联反应过程。该过程是丝氨酸蛋白酶非活性前体(酶原)在其他丝氨酸蛋白酶的激活作用下通过级联反应而逐步形成(这个凝血过程在第 24 章已经有过描述)。这种激活作用产生了具有活性的蛋白酶,并诱导这个途径初始信号的显著放大。凝血过程的最终产物是一种交联纤维凝块。酶原组分包含了凝血因子Ⅱ(prothrombin)、凝血因子Ⅶ(proconvertin)、凝血因子Ⅸ(Christmas factor)、凝血因子Ⅹ(Stuart factor)、凝血因子Ⅺ(plasma thromboplastin antecedent)和凝血因子Ⅻ(Hageman factor)。这里的罗马数字只是表明它们的发现先后顺序,并不代表它们在凝血途径中的发挥作用的先后顺序。活化后的酶就会被标记上后缀“a”。因此,凝血酶原和凝血酶就分别用凝血因子Ⅱ和凝血因子Ⅱa 表示。

凝血的主要作用是在血管受损后保持封闭的循环系统的完整性。但是,这个过程在心肌梗死时可被危险性地被激活,减少血液回流心肌。每年大约有 150 万人罹患心脏疾病,并导致约 60 万人死亡。

血液中的纤维蛋白溶解途径可以降解纤维蛋白凝块,也是由酶原形式激活的丝氨酸蛋白酶承担。最终反应是形成纤维蛋白溶解酶(Plasmin,一种丝氨酸蛋白酶),该丝氨酸蛋白酶可以直接作用于纤维蛋白降解纤维凝块。重组型组织纤溶酶原激活剂(recombinant tissue plasminogen activator,rt-PA)是一种纤溶酶原活化因子。rt-PA 可以通过基因克隆技术生产(见第 18 章)。临床试验表明在心肌梗死后短时间内给予 rt-PA 可以显著地提高患者恢复率。其他诸如链激酶和尿激酶一类的纤溶酶原活化因子也是有用的。

临床相关知识 9.5
丝氨酸蛋白酶与肿瘤细胞转移的关系

丝氨酸蛋白酶尿激酶已经被认为是癌细胞的转移所必需的条件。转移是指原发性肿瘤癌细胞离开通过血液或者淋巴系统等途径到达另一个组织或者器官,即继发性肿瘤生长的地方。尿激酶合成的增加与许多癌细胞的转移能力增强有关。

尿激酶激活纤维蛋白溶酶原形成纤维蛋白溶酶。纤维蛋白溶酶原在细胞外空间广泛存在,它激活为纤维蛋白溶酶使细胞外基质(肿瘤细胞迁移经过)的蛋白质降解。纤维蛋白溶酶也使原胶原酶转化为胶原蛋白酶并促使包绕毛细血管和淋巴系统的基底膜上的胶原蛋白降解。这种肿瘤细胞中分泌的尿激酶推动的水解活性使肿瘤细胞易于侵入靶组织中并形成继发性肿瘤灶。

丝氨酸蛋白激酶在肽键水解过程中表现高特异性

许多丝氨酸蛋白激酶倾向水解紧靠特殊氨基酸的肽键。胰蛋白酶优先切割碱性氨基酸(精氨酸和赖氨酸)的羧基侧肽键。而胰凝乳蛋白酶则作用于如色氨酸、苯丙氨酸、酪氨酸、亮氨酸等大疏水性氨基酸残基的羧基侧肽键。弹性蛋白酶作用于小疏水性氨基酸残基如丙氨酸的羧基侧。

表 9.2　部分丝氨酸蛋白酶及其生理生化性质

蛋白酶	作用	缺乏或功能异常可能导致的疾病
血浆激肽释放酶	血液凝集(见临床相关知识 9.4)	脑梗死(中风),冠状动脉梗塞,血栓,出血性疾病
Factor Ⅻa		
Factor Ⅺa		
Factor Ⅸa		
Factor Ⅶa		
Factor Ⅸa		
活化的蛋白 C		
Factor Clr	补体(见临床相关知识 9.1)	炎症,风湿性关节炎,自身免疫性疾病
Factor Cls		
Factor D		
Factor B		
C3 转化酶		
胰蛋白酶	消化	胰腺炎
糜蛋白酶		
弹性蛋白酶(胰腺来源)		
肠肽酶		
尿激酶型纤溶酶原激活物	纤维蛋白溶解(fibrinolysis),细胞迁移,胚胎形成,月经	血栓性疾病,肿瘤转移(见临床相关知识 9.5)
组织型纤溶酶原激活物		
纤溶酶		
组织激肽释放酶	激素活化	
顶体酶	受精	不育
神经生长因子 α 亚单位	生长因子活化	
神经生长因子 γ 亚单位		
中性粒细胞弹性蛋白酶	细胞外蛋白和肽的降解,肥大细胞功能	炎症,变态反应
组织蛋白酶 G		
肥大细胞糜酶		
肥大细胞类糜蛋白酶		

如果丝氨酸蛋白酶与已命名的酶特异性相似的话,那么它就是胰蛋白酶样、糜蛋白酶样或者弹性蛋白酶样的酶。对某种类型氨基酸的特异性仅表明酶的相对偏爱性。胰蛋白酶同样可以酶解疏水氨基酸后的肽键,但是比从碱性氨基酸裂解的速率慢得多。因此,水

解肽键的特异性可能不绝对，但是可以更准确的说成最为可能的靶点。蛋白质底物中的每个相同的氨基酸水解位点的敏感性是不相同的。胰蛋白酶以不同的催化速度水解特定蛋白质中的每个精氨酸肽键，其中一些可能需要改变构象来使它们暴露于酶。

我们已通过少于十个氨基酸的合成底物确定丝氨酸蛋白酶识别的特定肽链的特异性(表 9.3)。因为这些比天然的底物短很多，他们只与催化位点(主要结合位点 S1，见下文)相互作用，被称为**活性位点导向(active-site directed)**的。这些关于小底物和抑制剂的研究表明水解位点两侧约四个残基结合酶，也影响水解反应的活性。底物中两个提供可水解肽键的残基被称为 P_1-P_1' 。在胰蛋白底物中 P1 残基可能是赖氨酸或精氨酸，在胰凝乳蛋白酶底物中 P_1 残基则是一个疏水的氨基酸。

表 9.3　α 糜蛋白酶和弹性蛋白酶对于不同结构的底物的催化活性

结构	S_1 位点侧链基团变化(糜蛋白酶)	相对反应性[a]
甘氨酰(Glycyl)	H—	1
亮氨酰(Leucyl)	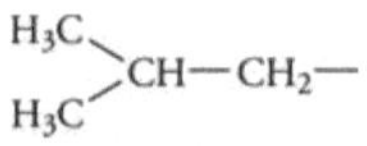	1.6×10^4
甲硫氨酰(Methionyl)	CH_3—S—CH_2—CH_2—	2.4×10^4
苯丙氨酰(Phenylalanyl)	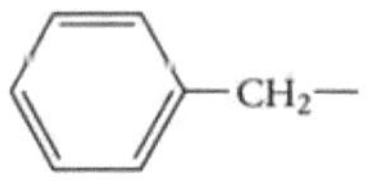	4.3×10^6
六氢苯丙氨酰(hexahydro phenylalanyl)	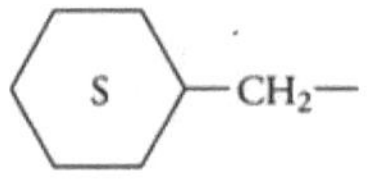	8.2×10^6
酪氨酰(Tyrosyl)	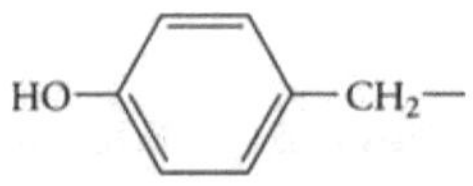	3.7×10^7
色氨酰(Tryptophanyl)	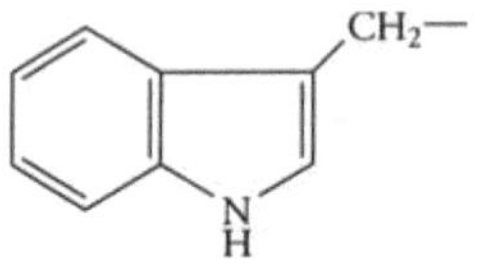	4.3×10^7
链长度变化(弹性蛋白酶水解 Ala 的 N 端氨基[b]		
	Ac—Ala—NH_2	1
	Ac—Pro—Ala—NH_2	1.4×10^1
	Ac—Ala—Pro—Ala—NH_2	4.2×10^3
	Ac—Pro—Ala—Pro—Ala—NH_2	4.4×10^5
	Ac—Ala—Pro—Ala—Pro—Ala—NH_2	2.7×10^5

a：由糜蛋白酶水解 N-乙酰氨基酸甲酯反应的 k_{cat}/K_m 计算得到。

b：来自于 Biocdemistry 1973；12：57(Thornpson R. C. 和 Blout，E. R.)的 k_{cat}/K_m。

蛋白底物中另外一个相互作用的氨基酸残基在易断肽链的两端分别被命名为 P_2-P_4 和 P_2'-P_4'。那些连接这些底物残基的酶上的互补区域被命名为 S_4-S_4' (图 9.12)。正是和

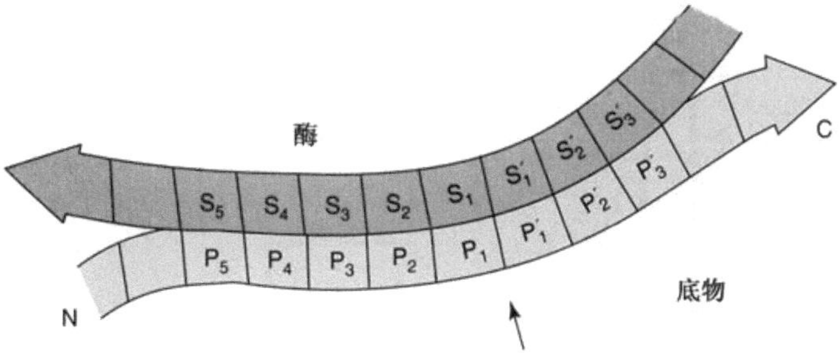

图 9.12　多肽底物与蛋白酶结合位点结合示意图

P_5-P_3'是底物的氨基酸残基，与酶的 S_5-S_3'亚基结合，促使肽的水解反应在 P_1-P_1'间发生（箭头所指）。多肽底物的 N 端由“N”标注，其 C 端由“C”标注

底物 S_1-S_1'外的**继发反应**(**secondary interaction**)最终决定了一个蛋白酶对一个特定蛋白底物的特异性。丝氨酸蛋白酶因子 Xa 仅仅切割凝血酶原里的特定精氨酸位点来产生凝血酶。正是继发反应使得凝血因子 Xa 识别凝血酶原里特定的精氨酸并切断之。P_4-P_4'和 S_4-S_4'亚位点的作用是非共价的。底物中伸展的连接位点和酶中的结合位点相互作用产生一个在底物和酶之间的 β 片层结构。这个反应将底物的易断肽链定位于 S_1-S_1'位点(图 9.13)。

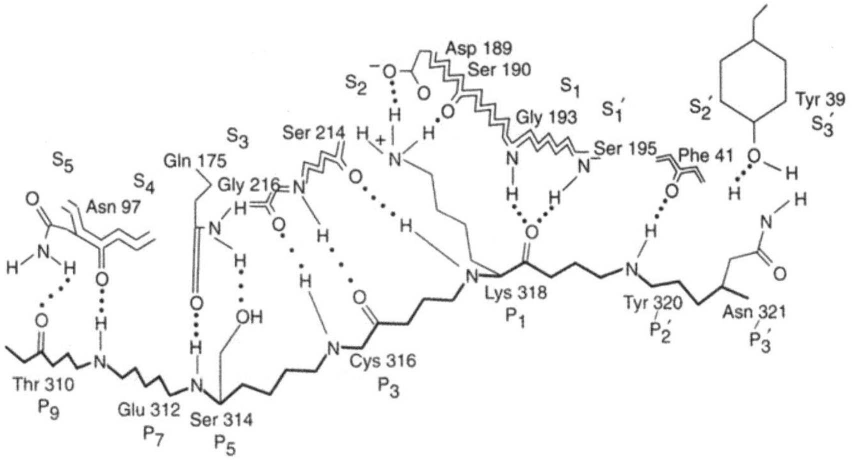

图 9.13　胰蛋白酶抑制剂与胰蛋白酶的结合示意图

胰蛋白酶结合位点（蓝）与胰蛋白酶抑制剂（金）形成复合物。抑制剂模仿了蛋白底物的结合。点状线表示氢键。抑制剂的构象充分延展以使氨基酸 P_9、P_7、P_5、P_3、P_1-P_3'与胰蛋白酶的 S_5-S_3'亚单位互相作用。抑制剂潜在的可水解键位于 P_1-P_1'之间。本示意图是基于胰蛋白酶抑制剂与胰蛋白酶原复合物的 X 线衍射结果绘制的。复合物中胰蛋白酶原的结合区域呈现了与胰蛋白酶结合底物时相似的构象

丝氨酸蛋白酶以酶原形式合成

丝氨酸蛋白酶以**酶原**(**zymogen**)形式合成，需要限制性的蛋白质水解来产生活性酶。凝血酶原在肝细胞中合成，然后分泌到血液中用于之后血管损伤时被其他丝氨酸蛋白酶激活。酶原经常通过在酶的名字后添加后缀-ogen 的方式命名（如胰蛋白酶和糜蛋白酶）；有些酶原被命名为前酶（如凝血酶的前酶是凝血酶原）。

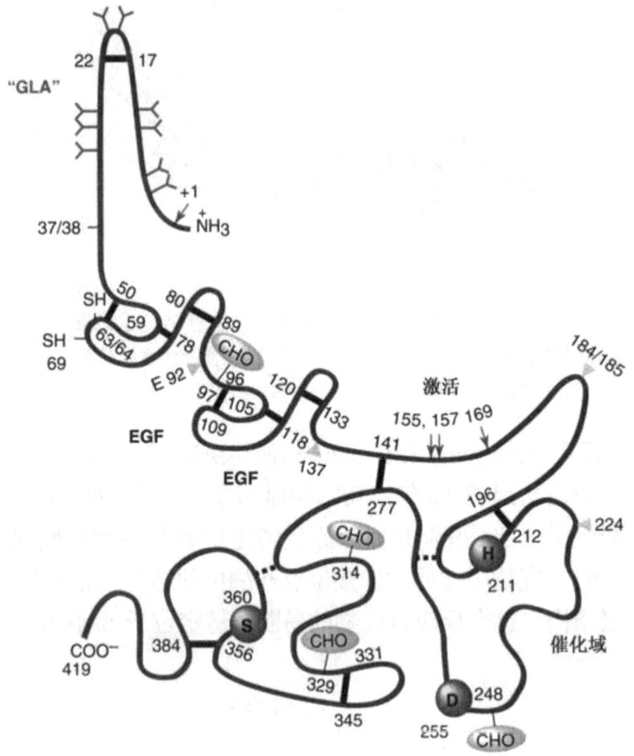

图 9.14　蛋白质 C 的多结构域结构

"GLA"是指 N 端结构域中的 γ 羧基谷氨酸残基(图中用树枝形表示)。二硫键用粗横杠表示。EGF 标示的位置是表皮生长因子样结构域。CHO 标示的位置是糖基结合肽链处。箭头标示处为导致催化功能激活的蛋白裂解位点。氨基酸残基编号从 N 端开始，催化结构域的丝氨酸、组氨酸和天冬氨酸残基分别由缩写 S、H、D 标示

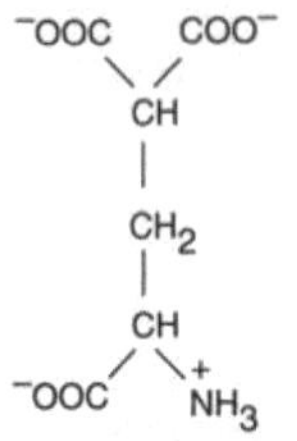

图 9.15　在许多凝固蛋白的 N 端结构域中存在的衍生氨基酸——γ 羧基谷氨酸(Gla)的结构

一些血浆丝氨酸蛋白酶酶原的形式包括**多个非相似结构域(multiple non-similar domain)**。参与血液中纤维蛋白溶解作用的蛋白质 C 就具有 4 个不同的结构域(图 9.14),其氨基端含衍生氨基酸——**γ-羧基谷氨酸(γ-carboxyglutamic acid)**,以维生素 K 依赖的谷氨酸残基的羧基化反应形成(图 9.15)。γ-羧基谷氨酸螯合钙离子,形成结合膜的结构的一部分。C 端含催化活性区。蛋白质 C 激活需要对催化区外部的多肽进行切割(图 9.14),并受含 γ-羧基谷氨酸的 N 端经钙离子介导的与膜位点的结合的控制。

丝氨酸蛋白酶的特异性蛋白抑制剂

参与生理过程的丝氨酸蛋白酶家族的演化也平行推动了抑制剂的演化。丝氨酸蛋白酶的生理作用终止时,特殊蛋白质抑制了它们的活性(表 9.4)。因此,凝集作用局限于血

管损伤部位，补体激活导致的溶解细胞作用的对象仅为展示外来抗原的细胞。这些蛋白酶如失控，比如缺失了一种特异抑制剂，就会导致意外的后果；比如心肌梗死中的血栓形成，自身免疫疾病中失去控制的补体反应。这些丝氨酸蛋白酶的天然抑制剂叫做**丝氨酸蛋白酶抑制剂**(**serine protease inhibitor, serpin**)，它们出现在产生蛋白酶的动物中，但奇怪的是它们还存在于缺乏蛋白酶的植物中。

表 9.4　部分具有丝氨酸蛋白酶抑制活性的人源性蛋白质

抑制剂	作用
α_1-蛋白酶抑制剂	抑制组织蛋白酶，包括中性粒细胞弹性蛋白酶；缺乏导致肺气肿(pulmonary emphysema)
α_1-抗糜蛋白酶	抑制来自中性粒细胞、嗜碱性粒细胞和肥大细胞等的糜蛋白酶样蛋白酶
内 α-胰蛋白酶抑制剂(inter-α-trypsininhibitor)	广谱抑制血浆中的丝氨酸蛋白酶
α_2 抗纤维蛋白溶酶(α_2-antiplasmin)	抑制纤维蛋白溶酶
抗凝血酶Ⅲ(antithrombin Ⅲ)	抑制凝血酶和其他凝集蛋白酶
C_1 Inhibitor	抑制补体反应
α_2 巨球蛋白(α_2-macroglobulin)	通用蛋白酶抑制因子
蛋白酶连接蛋白Ⅰ(protease nexin Ⅰ)	抑制凝血酶、尿激酶和纤维蛋白溶酶
蛋白酶连接蛋白Ⅱ(protease nexin Ⅱ)	抑制生长因子相关的丝氨酸蛋白酶
纤溶酶原激活物抑制物Ⅰ	抑制纤溶酶原激活物
纤溶酶原激活物抑制物Ⅱ	抑制尿激酶纤溶酶原激活物

丝氨酸蛋白酶有相似的结构与功能关系

丝氨酸蛋白酶的结构和功能之间的关系总结为以下几点：①只有一个丝氨酸残基具有催化活性并参与肽键的断裂过程。牛胰蛋白酶包含 34 个丝氨酸残基却只有一个有催化活性并能够与 DFP 抑制剂反应(图 9.11)。②X 射线衍射和**序列同源**(**sequence homology**)研究显示组氨酸和天冬氨酸总是与催化区域的活化丝氨酸相联系。这 3 个不变的残基命名为 Ser195，His57，Asp102，称为"催化三联体(catalytic triad)"。这种编号基于他们在糜蛋白酶原中的序列位置，用在任何丝氨酸蛋白酶中确定这些残基而不考虑他们的真实位置。③真核生物丝氨酸蛋白酶具有高度的序列和结构相似性。④编码丝氨酸蛋白激酶的基因的组织架构相似(图 9.16)。它们这种**外显子和内含子间隔**(**exon-intron pattern**)的模式表明每一个催化必需氨基酸残基(Ser195，His57 和 Asp102)位于不同的外显子。必需的组氨酸和丝氨酸的基因大多毗邻于它们的外显子的边界。种属间基因结构的同源性支持编码丝氨酸蛋白酶的基因是从同一原始的基因进化而来的理论。⑤丝氨酸蛋白酶的催化结构由两段长度几乎相同的结构域组成。催化位点位于两个结构域的交界面或缝隙。⑥与细胞膜相互作用的丝氨酸蛋白激酶含另一结构域用以与细胞膜的作用。⑦天然的丝氨酸蛋白激酶的蛋白质底物和抑制因子通过一段特定的伸展区域连接。⑧天然的蛋白抑制因子作用的特异性体现在其极紧密的结合。胰岛素和胰岛素抑制因子的结

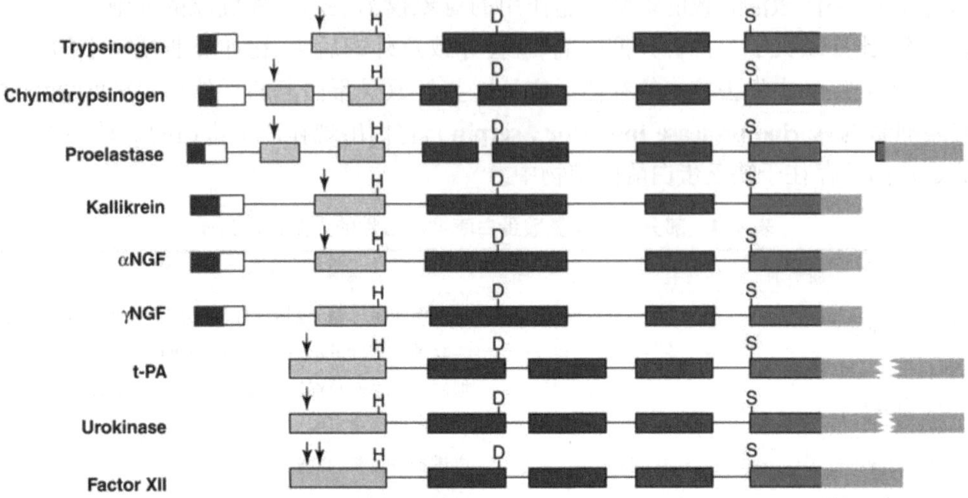

图 9.16　丝氨酸蛋白酶基因的内含子与外显子组成

t-PA 是一种血纤维蛋白溶酶原激活剂。NGF 是神经生长因子，它含有与丝氨酸蛋白酶同源的结构。外显子由块状表示，内含子由线状表示。活性位点的丝氨酸、组氨酸和天冬氨酸密码子位置分别由 S、H 和 D 标示。左侧红色块序列编码 N 端信号肽，信号肽在分泌之前被切割。右侧高亮色块表示只转录为 mRNA 而不被翻译的序列。箭头所指处密码子编码为酶原激活时水解的氨基酸残基

合常数约为 $10^{13}M^{-1}$，其自由结合能大约为 18kcal/mol。⑨天然蛋白抑制因子通常不是合适的底物，需要蛋白酶水解一个肽键产生高抑制能力。⑩真核生物的丝氨酸蛋白激酶以酶原的形式合成，来保证它们从未被激活的区域向需要作用的区域转移。⑪酶原的激活往往需要另一个丝氨酸蛋白激酶的水解作用。⑫有些丝氨酸蛋白激酶有**自溶**(**autolysis**)或自水解的过程，这种过程有时水解特定肽键导致催化活性的进一步激活；有时，自水解导致蛋白激酶的失活。

丝氨酸蛋白激酶中的序列同源性

许多早期对丝氨酸蛋白激酶家族的认识是来自于从牛组织纯化得到的胰蛋白酶和糜蛋白酶。这形成了一个有用却复杂的命名法，就是与糜蛋白酶的氨基酸序列进行比对，以此来命名和编号其他的丝氨酸蛋白酶的残基。就如先前提到的那样，必需的催化氨基酸残基是 Ser195、His57 和 Asp102。在其他丝氨酸蛋白激酶中插入或删除一段氨基酸是与糜蛋白酶的残基编号比对。校对的算法是通过精确校对丝氨酸、组氨酸和天冬氨酸的残基将同源序列最大化，这三个残基在所有的丝氨酸蛋白激酶中是不变的。整个糜蛋白酶家族中的丝氨酸蛋白激酶中与三个残基相邻的序列也是不变的(表 9.5)。

糜蛋白酶的 Ser195 与抑制因子 DEF 反应，酶和 DEF 的摩尔比为 1∶1(和图 9.11)。糜蛋白酶的三维结构显示 Ser195 位于一个内部的口袋，与溶解界面(solvent interface)间有个通道。His57 和 Asp102 是定向分布的，使得它们能与 Ser195 一起参与催化机制(见第 10 章)。

表 9.5　催化必要残基——丝氨酸(S)和组氨酸(H)附近的低变异序列

酶	序列(与糜蛋白酶相同的残基以粗体显示)
	催化必需的组氨酸周围残基
糜蛋白酶 A	F H **F C G G S L I N E N W V V T A A H*** **C** G V T T S D
胰蛋白酶	Y **H F C G G S L I N** S Q **W V V** S **A A H C** Y K S G I Q
胰弹性蛋白酶	A **H** T **C G G** T **L I** R Q **N W V** M **T A A H C** V D R E L T
凝血酶	E L L **C G** A **S L I** S D R **W V** L **T A A H C** L L Y P P W
Factor X	E G **F C G G** T I L **N E** F Y **V** L **T A A H C** L H Q A K R
纤溶酶	M **H F C G G** T **L I** S P E **W V** L **T A A H C** L E K S P R
血浆激肽释放酶	S F Q **C G G** V **L** V **N** P K **W V** L **T A A H C** K N D N Y E
链霉菌胰蛋白酶	— — — **C G G** A L Y A Q D I **V** L **T A A H C** V S G S G N
枯草杆菌蛋白酶	V G G A S F V A G E A Y N T D G N G **H** G T H V A G T
	催化必需的丝氨酸周围残基
糜蛋白酶 A	**C A G** — — — A S **G V** — — **S S C M G D S*** **G G P L V**
胰蛋白酶	**C A G** Y — — L E **G** G K — D **S C** Q ***G D S G G P*** V **V**
胰弹性蛋白酶	**C A G** — — — G N **G V** R — **S** G **C** Q **G D S G G P L H**
凝血酶	**C A G** Y K P G E **G** K R G D A **C** E **G D S G G P** F **V**
Factor X	**C A G** Y — — D T **Q** P E — D A **C** Q **G D S G G P** H **V**
纤溶酶	**C A G** H — — L A **G** G T — D **S C** Q **G D S G G P L V**
血浆激肽释放酶	**C A G** Y — — L P **G** G K — D T **C M G D S G G P L** I
链霉菌胰蛋白酶	**C A G** Y — P D T **G** G V — D T **C** Q **G D S G G P** M F
枯草杆菌蛋白酶	A G V Y S T Y P T N T Y A T L N **G** T **S** M A S P H

胰凝乳蛋白酶成员同样存在于原核生物中。因此来源于链霉菌灰霉素和黏细菌 450 的丝氨酸蛋白激酶同胰凝乳蛋白酶是同源的。然而，首先在细菌中发现的独立的一类丝氨酸蛋白激酶在结构上与哺乳动物的胰凝乳蛋白酶并不同源。一种称为枯草杆菌蛋白酶(subtilisin，从枯草杆菌分离而来)的丝氨酸蛋白激酶可以水解肽链并且含有一种活性丝氨酸，在它的活化位点上带有组氨酸和天冬氨酸。但是它的活性位点来自与胰凝乳蛋白酶没有序列或结构同源性的结构区。这就是酶的催化机制**趋同进化**(**convergent evolution**)的例子。很明显，一类完全不同的基因参与了相同的肽链水解催化机制。

丝氨酸蛋白酶家族三级结构的相似性

应用 X 射线晶体衍射已经解析了许多这类蛋白质家族成员(表 9.6)的结构，包括活性酶、酶原、多种物种的同一种酶、酶-抑制因子复合物和不同温度下不同溶剂中特定的酶。一种高分辨率分析胰岛素的方法已经产生高过 1.7Å 的分辨能力，这种方法可以在 1.3Å 水平分析原子像羰基中的 C═O(1.2Å)。然而这样高的分辨率在整个结构中并不是均一的。不同区域被定位的潜力是不一样的，对于一些原子来说，他们的位置并不能像其他原子一样能精确判定。结构的无序性尤其表现于那些存在于表面，与邻近分子不接触的残基。

胰岛素是球形的分子，包含两个差不多大小的不同的结构域(图 9.17)，它们互不交错。除了C端,很少有α螺旋,大部分结构为β折叠片,每个结构域都呈现变形的β桶状结构。桶状结构末端突出的环袢状部分由几乎对称的两个折叠结构域组成。这些环状结构结合在一起形成一个在催化位点之上向外暴露的表面区域,功能上相似于免疫球蛋白的互补决定区。

表 9.6　X射线晶体学方法测定结构的丝氨酸蛋白酶

酶	来源物种	抑制剂存在否	分辨率(Å)
糜蛋白酶[a]	牛	是[b]	1.67[c]
胰凝乳蛋白酶原	牛	不是	2.5
弹性蛋白酶	猪	是	2.5
激肽释放酶	猪	是	2.05
蛋白酶 A	灰链菌	不是	1.5
蛋白酶 B	灰链菌	是	1.8
蛋白酶Ⅱ	大鼠	不是	1.9
胰酶[a]	牛	是[b]	1.4[c]
胰蛋白酶原[a]	牛	是	1.65[c]

a:这种酶的结构被两个或更多的研究者独立确定。b:得到了无抑制子和有抑制子存在的两种结构。抑制子包括低分子质量抑制剂(benzamidine,DFP 和 fosyl)以及蛋白抑制剂(如牛胰蛋白酶抑制子)。c:多次测定中最高的分辨率

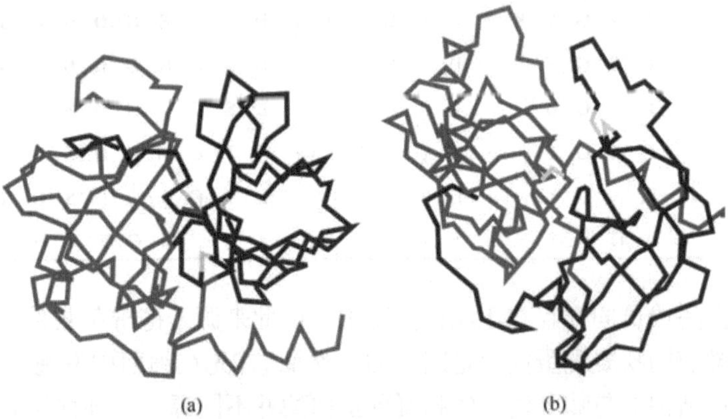

图 9.17　从两个视角观察的胰蛋白酶催化结构域折叠结构
活性位点区的丝氨酸、组氨酸和天冬氨酸以黄色标示

三维结构比对方法可应用于丝氨酸蛋白酶的结构研究。表 9.7 显示了几组成对的蛋白酶,列示了它们在三维结构上重叠的氨基酸数目和序列上不同但化学上相同的氨基酸的数目。在结构上重叠的氨基酸,即使化学性质上不同,X 射线衍射的分辨率也无法区别。蛋白质在结构上比在序列上同源性更高。最大不同的区域在于互补决定区样袢形结构域,这些结构的改变可以影响蛋白酶**结合大分子的专一性(macromolecular binding specificity)**,如凝血因子 Xa 的互补决定区样袢形结构允许凝血酶与它的特异结合。Serpins 通过与袢形结构的特异亲和与不同蛋白酶作用,与真核生物的丝氨酸蛋白酶家族相关的细菌的蛋白酶也含有与真核生物相同的两个结构域,但是缺少这种袢形结构。这与它们缺少复杂相互作用的需求和细菌不合成酶原相一致。

因此,丝氨酸蛋白酶家族组成了一个结构相关的蛋白酶体系,这些蛋白酶都利用具有催化活性的丝氨酸。在进化过程中,基本的两个结构域和催化活性必需残基被保留下来,

但是，继发作用区域（袢形结构）已改变而具有对底物、激活剂及抑制剂等不同的特异性，由此发挥多种生理作用。

表 9.7　某些胰蛋白酶家族的丝氨酸蛋白酶结构重叠性，以及对应的氨基酸序列的比较

比较对象	序列中氨基酸数目		与结构相关残基数	相同残基数
	蛋白酶 1	蛋白酶 2		
胰酶-弹性蛋白酶	223	240	188	81
胰酶-糜蛋白酶	223	241	185	93
胰酶-肥大细胞蛋白酶	223	224	188	69
胰酶-前激肽释放酶	223	232	194	84
胰酶-灰链蛋白酶	223	180	121	25

9.4　血红蛋白和肌红蛋白

血红蛋白是一种高浓度存在于红细胞中的球形蛋白，它能结合肺中的氧气并将其转运到细胞中。同时，它还能将组织所产生的二氧化碳和 H^+ 转运到肺部，并且在组织血管中携带和释放一氧化氮。一氧化氮是一种强有力的血管舒张剂和血小板凝集抑制剂。血红蛋白的分子结构和化学特征使其能很好的行使这些复杂且相互关联的生理功能。

人血红蛋白存在几种形式

人的血红蛋由四条多肽链组成，是一种异二聚体。每条肽链都含有一个结合氧分子的血红素辅基。在结合氧的过程中，四个氧结合位点是相互协作的。人类成人血红蛋白的主要存在形式是 **HbA1**，包含 2 条 α 链和 2 条 β 链。α 多肽和 β 多肽分别包含 141 和 146 个氨基酸。胎儿血红蛋白（HbF，图 9.18）包含了与血红蛋白 A_1 同样的 α 链，和不同于 β 链序列的 γ 链（表 9.8）。其他两种形式的血红蛋白在受孕后的第一个月出现。其中 α 链被不同序列的 ζ 链取代，ε 链发挥 β 链的功能。一种微量的成人血红蛋白，HbA_2，占正常成人血红蛋白的 2%，由 2 条 α 链及 2 条 δ 链构成（表 9.8）。关于异常血红蛋白的讨论列于临床相关知识 9.6。

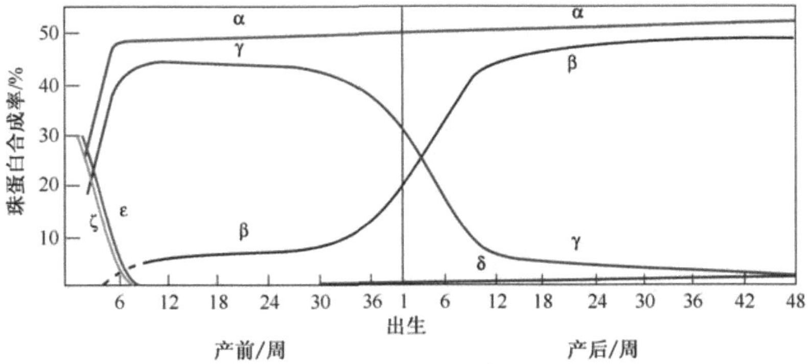

图 9.18　发育过程中的珠蛋白链组成变化

表 9.8　人血红蛋白的链组成

发育阶段	标志	链组成
成人	HbA1	$\alpha_2\beta_2$
成人	HbA_2	$\alpha_2\delta_2$
胎儿	HbF	$\alpha_2\gamma_2$
胚胎	Hb Gower-1	$\zeta_2\epsilon_2$
胚胎	Hb Pornand	$\zeta_2\gamma_2$

临床相关知识 9.6

血红蛋白病

人类血红蛋白有 800 多种突变体。突变能够导致血红蛋白的结构变得不稳定，增加或降低与氧的亲和力，加快 Fe^{2+} 氧化为 Fe^{3+} 的速度。无功能的 Fe^{3+} 血红蛋白又被称为高铁血红蛋白，用 HbM 表示。

脯氨酸替换珠蛋白折叠的 α 螺旋区域的氨基酸产生不稳定血红蛋白。脯氨酸不参与构成 α 螺旋结构，因此，α 螺旋结构的破坏产生不稳定的血红蛋白(如 $Hb_{Saki}^{\beta Leu\text{-}Pro}$ 和 $Hb_{Genova}^{\beta 28 Leu\text{-}Pro}$)。其他不稳定血红蛋白是由于珠蛋白的氨基酸被较大或较小的氨基酸替代而导致不能正确的与血红素结合，或是由于在结构域内部被带电荷的或极性的基团所代替。不稳定血红蛋白很容易变性并沉淀形成珠蛋白小体(Heinz 小体)，这种小体能够破坏红细胞的膜结构。患不稳定血红蛋白病的患者可出现贫血、网织血球过多症、脾肿大和胆素尿等。

有些突变血红蛋白能够增加与氧的亲和力(低 P_{50})。一个有趣的例子是 $Hb_{Cowtown}^{\beta His146\text{-}Leu}$，该突变体中能够解离 50% 的波尔效应质子的组氨酸丢失了。突变体阻碍了氢离子浓度对氧解离的调节，并且使得 T 构象与 R 构象的比例变得不稳定，从而引起了氧亲和力的增加并减少了氧向组织的释放。妨碍与 PDG 结合的血红蛋白突变也能够增加氧的亲和力。氧亲和力增加的血红蛋白病常常表现为溶血性贫血和变性珠蛋白小体的形成。

形成高铁血红蛋白的突变体包括 $HbM_{Iwate}^{\alpha 87 His\text{-}Tyr}$ 和 $HbM_{Hyde\ Park}^{\beta 92 His\text{-}Tyr}$，这两个突变体中，分别是 α 链和 β 链的近端组氨酸 F8 突变了。在 $HbM_{Boston}^{\alpha 58 His\text{-}Tyr}$ 和 $HbM_{Saskatoon}^{\beta 63 His\text{-}Tyr}$ 中，远端的组氨酸 E7 发生了突变。包裹血红素或结合氧的位点的突变将导致高铁血红蛋白病。患有高铁血红蛋白的患者经常表现出紫绀。

两种最多出现的突变发生在相同的氨基酸位点——β 链第六位谷氨酰胺。当谷氨酰胺被缬氨酸代替时，产生 $HbS^{\beta 6 Glu\text{-}Val}$，当被赖氨酸代替时，产生 $HbS^{\beta 6 Glu\text{-}Lys}$。HbS 纯合子表现为镰刀细胞贫血，其血红蛋白分子沉淀表现为类晶体或长阵列，从而使得红细胞呈镰刀状(见临床相关知识 3.3)。HbC 形成一个不同的聚集结构，它由钝端的类晶体组成。这种突变体能够缩短红细胞的寿命，但是相对于 HbS 来说不易产生溶血。这种血红蛋白病表现出更为局限的病理学效应。因为 HbS 和 HbC 广泛存在于某些非洲黑色人群中，所以在这些人群中经常发现同时具有这两种突变体的杂合体基因人群。杂合子发生溶血的概率介于纯合的 HbS 和 HbC 之间。

肌红蛋白：具有一个 O_2 结合位点的单一多肽

肌红蛋白是一种 O_2 运载蛋白，它能随着骨骼肌细胞肌质中氧浓度变化而结合和释放 O_2。相比有四条链和四个氧结合位点的血红蛋白，肌红蛋白只含一条多肽链和一个氧结合位点。肌红蛋白是以一种原聚体(protomer)形式单独发挥功能，而不像血红蛋白那样在复杂的四聚体分子中四个氧结合位点协同作用来发挥功能。

血红素辅基是 O_2 结合位点

血红蛋白中的四个珠蛋白亚基和肌红蛋白中的亚基均包含一个血红素辅基。**辅基(prosthetic group)**是一个蛋白质中具有一定功能的非多肽部分。与辅基分离的蛋白质称为**脱辅蛋白质(apoprotein)**。结合辅基的则称为**全蛋白(holoprotein)**

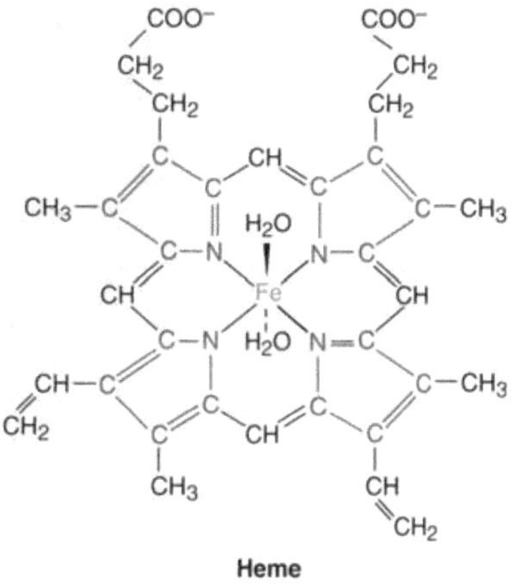

图 9.19　血红素的结构

血红素是铁原子结合在中心的原卟啉 IX 化合物(图 9.19)。在功能性血红蛋白和肌红蛋白中铁原子处于+2 价，与氧结合或解离时它能分别形成 5 个或 6 个共价结合键。四个键是结合卟啉中吡咯的四个氮原子。因为吡咯环及其相连的碳原子同属于一个芳香族系统，这些原子都排列在同一平面上，与之结合的铁原子同样也趋向于排列在同一个平面。与铁原子结合的第五和可能的第六个键排列在与这个吡咯环平面垂直的轴线上(图 9.20)。第五个键是结合组氨酸咪唑基的一个氮原子，这个在血红蛋白和肌红

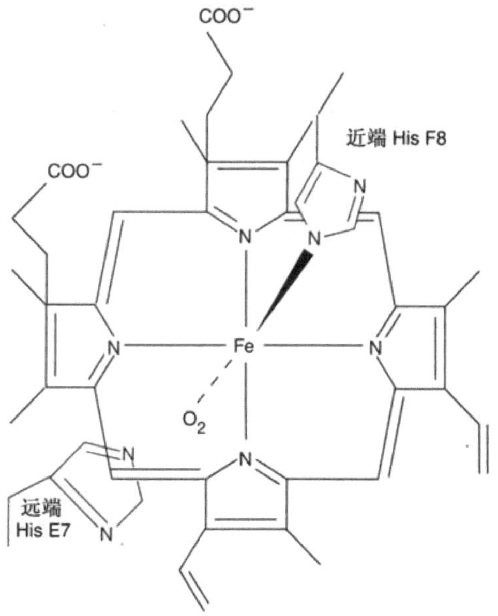

图 9.20　氧合血红蛋白中配体与二价铁原子的结合

蛋白结构中的组氨酸被命名为**近端组氨酸**(**proximal histidine**，图 9.20 和图 9.21)，与 O_2 形成第六个键；O_2 分子位于 Fe^{2+} 和第二个组氨酸咪唑即**远端组氨酸**(**distal histidine**)之间。在去氧血红蛋白中第六个位点是缺如的。

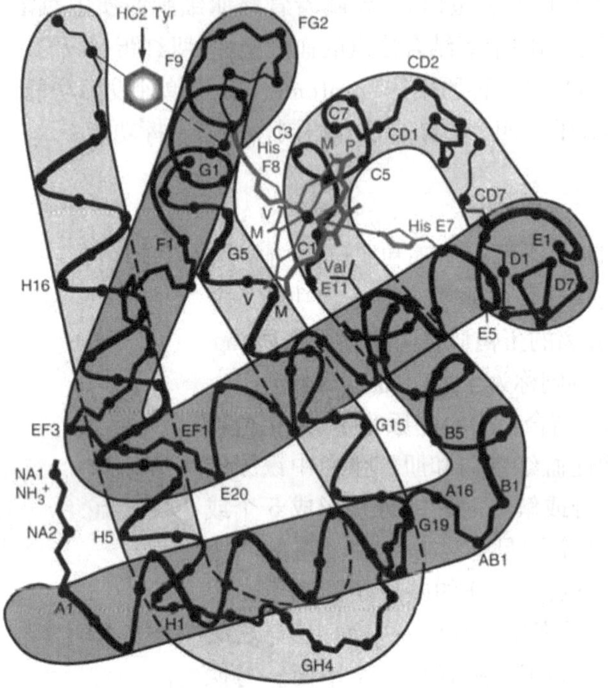

图 9.21　血红蛋白中珠蛋白的二级和三级结构特征

图中特别标示了近端组氨酸 F8，远端组氨酸 E7 和缬氨酸 E11 支链位置，而多肽链中的其他氨基酸仅标示了其 α 碳原子位置。字母 M、V、P 分别表示血红素中甲基、乙烯基和丙酸基的支链位置

血红素位于每个珠蛋白亚基的疏水口袋中，与主要在卟啉的非极性区域和非极性链之间存在的大约 18 个残基有近 80 个相互作用。根据第 3 章的讨论，这些相互作用的驱动力来自于血红素口袋中疏水性的血红素与非极性侧链的结合产生的水的溶剂化排阻作用。肌红蛋白中还存在另外相互作用，这些反应是在血红素中带负电荷的稳态丙酸盐基团和正电荷的精氨酸及组氨酸侧链间发生的。然而，在血红蛋白链中血红素结合位点的氨基酸序列不同，导致卟啉丙酸盐的稳定化，这种稳定化效应是通过与不带电荷的组氨酸咪唑以及和溶剂水分子之间的方向分子外表面的相互作用实现的。

X 射线晶体衍射法解析血红蛋白和肌红蛋白的结构

血红蛋白和肌红蛋白携氧和去氧形式的结构已经可以用 X 射线晶体衍射法分析。事实上，抹香鲸的肌红蛋白是第一种用这种技术分析结构的球蛋白，之后是马血红蛋白。这些结构显示，每一种珠蛋白都是由多重 α 螺旋构成，这些 α 螺旋之间形成转角，形成珠蛋白特征性的球形结构(图 9.21 和图 3.33)。这种对与协同携氧相关作用机制的认识是基于对含氧血红蛋白、脱氧血红蛋白和与多种血红蛋白衍生物的 X 射线结构。

肌红蛋白和血红蛋白的一级、二级和三级结构

许多动物的肌红蛋白的珠蛋白的氨基酸序列已经测定完成。所有肌红蛋白均包含 153 个氨基酸，其中 83 个是固定不变的。仅有 15 个不变的残基与哺乳动物血红蛋白的不变残基相同。然而，这些改变大多是保守的而且是保留了残基的物理性质（图 9.9）。因为肌红蛋白是一种单体，其表面的许多位点与水相互作用，并且阻止来自其他肌红蛋白分子的联系。相反，血红蛋白的单个亚单位的表面残基在四级结构水平上能提供氢键并且能与其他亚单位进行非极性联系。肌红蛋白所有珠蛋白链的近端和远端组氨酸都保留着，类似于血红蛋白的疏水口袋与血红素的非极性联系。

虽然在序列上存在相当的多变性，但其二级和三级结构是几乎相同的（图 9.22）。血红蛋白的 α、β、γ、δ 链和肌红蛋白链之间任何生理功能上的明显差别都归因于它们结构上的细微改变。在三级结构的相似性上显示：不同的序列可以折叠成相同的多肽结构。

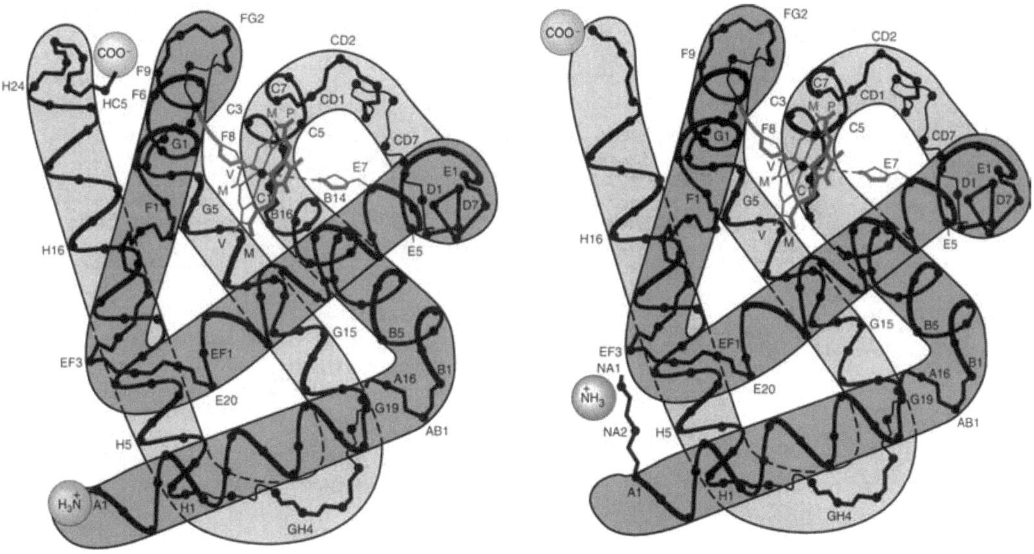

(a)　　　　(b)

图 9.22　肌红蛋白(a)和 HbA_1 的 β 亚基(b)的构象比较

两者的大致结构极为相似，差异主要出现在 N 端和 C 端序列

大约 70% 的残基参与形成珠蛋白折叠的 α 螺旋结构，在 α 链中生成 7 条 α 螺旋，β 链中形成 8 条。后面的 8 条螺旋区域通常用 A-H 标记，从 N 端开始，螺旋间的区域分别标示为 AB，BC，CD，…，GH。氨基端的非螺旋区域称为 NA；羧基端的称为 HC（图 9.21）。对每个以字母标记的螺旋和螺旋间区域，氨基酸残基被连续地从 1 开始用数字标记。这个编号系统可以用来讨论血红蛋白和肌红蛋白中具有相似结构和功能的特定区域及其残基。

O_2 结合肌红蛋白的简单平衡关系

氧和肌红蛋白之间的关联用简单的平衡常数表示（方程 9.1 和 9.2）。在方程 9.2

中，$[MbO_2]$是含氧血红蛋白的浓度，$[Mb]$是脱氧肌红蛋白的浓度，$[O_2]$是氧的浓度，单位是 mol/L。平衡系数 Keq，单位也是 mol/L。而作为真实的平衡常数，Keq 的值受 pH、离子强度和温度的影响。

$$Mb + O_2 \xrightleftharpoons{K_{eq}} MbO_2 \qquad \text{(方程 9.1)}$$

$$K_{eq} = \frac{[Mb][O_2]}{[MbO_2]} \qquad \text{(方程 9.2)}$$

由于氧是气体状态，就方便用氧分压来表示它的浓度(1torr 代表 1mm 汞柱在 0 摄氏度和标准重力下的压力)。

表 9.9　血红蛋白链和肌红蛋白的氨基酸序列[a]

	NA 1	2	3	A 1	2	3	4	5	6	7	8	9	10	11	12	13	14	15	A 16	AB 1	B 1	2	3	4	5	6
肌红蛋白	Val	…	Leu	Ser	Glu	Gly	Glu	Trp	Gln	Leu	Val	Leu	His	Val	Trp	Ala	Lys	Val	Glu	Ala	Asp	Val	Ala	Gly	His	Gly
血红蛋白 鼠 α	Val	…	Leu	Ser	Ala	Ala	Asp	Lys	Thr	Asn	Val	Lys	Ala	Ala	Trp	Ser	Lys	Val	Gly	Gly	His	Ala	Gly	Glu	Tyr	Gly
血红蛋白 鼠 β	Val	Gln	Leu	Ser	Gly	Glu	Glu	Lys	Ala	Ala	Val	Leu	Ala	Leu	Trp	Asp	Lys	Val	Asn	…	…	Glu	Glu	Glu	Val	Gly
血红蛋白 人 α	Val	…	Leu	Ser	Pro	Ala	Asp	Lys	Thr	Asn	Val	Lys	Ala	Ala	Trp	Gly	Lys	Val	Gly	Ala	His	Ala	Gly	Glu	Tyr	Gly
血红蛋白 人 β	Val	His	Leu	Thr	Pro	Glu	Glu	Lys	Ser	Ala	Val	Thr	Ala	Leu	Trp	Gly	Lys	Val	Asn	…	…	Val	Asp	Glu	Val	Gly
血红蛋白 人 γ	Gly	His	Phe	Thr	Glu	Glu	Asp	Lys	Ala	Thr	Ilu	Thr	Ser	Leu	Trp	Gly	Lys	Val	Asn	…	…	Val	Glu	Asp	Ala	Gly
血红蛋白 人 δ	Val	His	Leu	Thr	Pro	Glu	Glu	Lys	Thr	Ala	Val	Asn	Ala	Leu	Trp	Gly	Lys	Val	Asn	…	…	Val	Asp	Ala	Val	Gly

	7	8	9	10	11	12	13	14	15	16	C 1	2	3	4	5	6	7	CD 1	2	3	4	5	6	7	8	D 1
肌红蛋白	Gln	Asp	Ilu	Leu	Ilu	Arg	Leu	Phe	Lys	Ser	His	Pro	Glu	Thr	Leu	Glu	Lys	Phe	Asp	Arg	Phe	Lys	His	Leu	Lys	Thr
血红蛋白 鼠 α	Ala	Glu	Ala	Leu	Glu	Arg	Met	Phe	Leu	Gly	Phe	Pro	Thr	Thr	Lys	Thr	Tyr	Phe	Pro	His	Phe	…	Asp	Leu	Ser	His
血红蛋白 鼠 β	Gly	Glu	Ala	Leu	Gly	Arg	Leu	Leu	Val	Val	Tyr	Pro	Trp	Thr	Gln	Arg	Phe	Phe	Asp	Ser	Phe	Gly	Asp	Leu	Ser	Gly
血红蛋白 人 α	Ala	Glu	Ala	Leu	Glu	Arg	Met	Phe	Leu	Ser	Phe	Pro	Thr	Thr	Lys	Thr	Tyr	Phe	Pro	His	Phe	…	Asp	Leu	Ser	His
血红蛋白 人 β	Gly	Glu	Ala	Leu	Gly	Arg	Leu	Leu	Val	Val	Tyr	Pro	Trp	Thr	Gln	Arg	Phe	Phe	Glu	Ser	Phe	Gly	Asp	Leu	Ser	Thr
血红蛋白 人 γ	Gly	Glu	Thr	Leu	Gly	Arg	Leu	Leu	Val	Val	Tyr	Pro	Trp	Thr	Gln	Arg	Phe	Phe	Asp	Ser	Phe	Gly	Asn	Leu	Ser	Ser
血红蛋白 人 δ	Gly	Glu	Ala	Leu	Gly	Arg	Leu	Leu	Val	Val	Tyr	Pro	Trp	Thr	Gln	Arg	Phe	Phe	Glu	Ser	Phe	Gly	Asp	Leu	Ser	Ser

	2	3	4	5	6	7	E 1	2	3	4	5	6	7	8	9	10	11	12	13	14	E 15	16	17	18	19	20
肌红蛋白	Glu	Ala	Glu	Met	Lys	Ala	Ser	Glu	Asp	Leu	Lys	Lys	His	Gly	Val	Thr	Val	Leu	Thr	Ala	Leu	Gly	Ala	Ilu	Leu	Lys
血红蛋白 鼠 α	…	…	…	…	…	Gly	Ser	Ala	Gln	Val	Lys	Ala	His	Gly	Lys	Lys	Val	Ala	Asp	Gly	Leu	Thr	Leu	Ala	Val	Gly
血红蛋白 鼠 β	Pro	Asp	Ala	Val	Met	Gly	Asn	Pro	Lys	Val	Lys	Ala	His	Gly	Lys	Lys	Val	Leu	His	Ser	Phe	Gly	Glu	Gly	Val	His
血红蛋白 人 α	…	…	…	…	…	Gly	Ser	Ala	Gln	Val	Lys	Gly	His	Gly	Lys	Lys	Val	Ala	Asp	Ala	Leu	Thr	Asn	Ala	Val	Ala
血红蛋白 人 β	Pro	Asp	Ala	Val	Met	Gly	Asn	Pro	Lys	Val	Lys	Ala	His	Gly	Lys	Lys	Val	Leu	Gly	Ala	Phe	Ser	Asp	Gly	Leu	Ala
血红蛋白 人 γ	Ala	Der	Ala	Ilu	Met	Gly	Asn	Pro	Lys	Val	Lys	Ala	His	Gly	Lys	Lys	Val	Leu	Thr	Ser	Leu	Gly	Asp	Ala	Ilu	Lys
血红蛋白 人 δ	Pro	Asp	Ala	Val	Met	Gly	Asn	Pro	Lys	Val	Lys	Ala	His	Gly	Lys	Lys	Val	Leu	Gly	Ala	Phe	Ser	Asp	Gly	Leu	Ala

	EF 1	2	3	4	5	6	7	8	F 1	2	3	4	F 5	6	7	8	9	FG 1	2	3	4	5	G 1	2	3	4
肌红蛋白	Lys	Lys	Gly	His	His	Glu	Ala	Glu	Leu	Lys	Pro	Leu	Ala	Gln	Ser	His	Ala	Thr	Lys	His	Lys	Ilu	Pro	Ilu	Lys	Tyr
血红蛋白 鼠 α	His	Leu	Asp	Asp	Leu	Pro	Gly	Ala	Leu	Ser	Asp	Leu	Ser	Asn	Leu	His	Ala	His	Lys	Leu	Arg	Val	Asp	Pro	Val	Asn
血红蛋白 鼠 β	His	Leu	Asp	Asn	Leu	Lys	Gly	Thr	Phe	Ala	Ala	Leu	Ser	Glu	Leu	His	Cys	Asp	Lys	Leu	His	Val	Asp	Pro	Glu	Asn
血红蛋白 人 α	His	Val	Asp	Asp	Met	Pro	Asn	Ala	Leu	Ser	Ala	Leu	Ser	Asp	Leu	His	Ala	His	Lys	Leu	Arg	Val	Asp	Pro	Val	Asn
血红蛋白 人 β	His	Leu	Asp	Asn	Leu	Lys	Gly	Thr	Phe	Ala	Thr	Leu	Ser	Glu	Leu	His	Cys	Asp	Lys	Leu	His	Val	Asp	Pro	Glu	Asn
血红蛋白 人 γ	His	Leu	Asp	Asp	Leu	Lys	Gly	Thr	Phe	Ala	Gln	Leu	Ser	Glu	Leu	His	Cys	Asp	Lys	Leu	His	Val	Asp	Pro	Glu	Asn
血红蛋白 人 δ	His	Leu	Asn	Asp	Leu	Lys	Gly	Thr	Phe	Ser	Gln	Leu	Ser	Glu	Leu	His	Cys	Asp	Lys	Leu	His	Val	Asp	Pro	Glu	Asn

	5	6	7	8	G 9	10	11	12	13	14	15	16	17	18	19	GH 1	2	3	4	5	6	H 1	2	H 3	4	5
肌红蛋白	Leu	Glu	Phe	Ilu	Ser	Glu	Ala	Ilu	Ilu	His	Val	Leu	His	Ser	Arg	His	Pro	Gly	Asn	Phe	Gly	Ala	Asp	Ala	Gln	Gly
血红蛋白 鼠 α	Phe	Lys	Leu	Leu	Ser	His	Cys	Leu	Leu	Ser	Thr	Leu	Ala	Val	His	Leu	Pro	Asn	Asp	Phe	Thr	Pro	Ala	Val	His	Ala
血红蛋白 鼠 β	Phe	Arg	Leu	Leu	Gly	Asn	Val	Leu	Ala	Leu	Val	Val	Ala	Arg	His	Phe	Gly	Lys	Asp	Phe	Thr	Pro	Glu	Leu	Gln	Ala
血红蛋白 人 α	Phe	Lys	Leu	Leu	Ser	His	Cys	Leu	Leu	Val	Thr	Leu	Ala	Ala	His	Leu	Pro	Ala	Glu	Phe	Thr	Pro	Ala	Val	His	Ala
血红蛋白 人 β	Phe	Srg	Leu	Leu	Gly	Asn	Val	Leu	Val	Cys	Val	Leu	Ala	His	His	Phe	Gly	Lys	Glu	Phe	Thr	Pro	Pro	Val	Gln	Ala
血红蛋白 人 γ	Phe	Lys	Leu	Leu	Gly	Asn	Val	Leu	Val	Thr	Val	Leu	Ala	Ilu	His	Phe	Gly	Lys	Glu	Phe	Thr	Pro	Glu	Val	Gln	Ala
血红蛋白 人 δ	Phe	Arg	Leu	Leu	Gly	Asn	Val	Leu	Val	Cys	Val	Leu	Ala	Arg	Asn	Phe	Gly	Lys	Glu	Phe	Thr	Pro	Gln	Met	Gln	Ala

	6	7	8	9	10	11	12	13	14	15	16	17	18	19	20	H 21	22	23	2	HC 1	2	3	4	5
肌红蛋白	Ala	Met	Asn	Lys	Ala	Leu	Glu	Leu	Phe	Arg	Lys	Asp	Ilu	Ala	Ala	Lys	Tyr	Lys	Glu	Leu	Gly	Tyr	Gln	Gly
血红蛋白 鼠 α	Ser	Leu	Asp	Lys	Phe	Leu	Ser	Ser	Val	Ser	Thr	Val	Leu	Thr	Ser	Lys	Tyr	Arg						
血红蛋白 鼠 β	Ser	Tyr	Gln	Lys	Val	Val	Ala	Gly	Val	Ala	Asn	Ala	Leu	Ala	His	Lys	Tyr	His						
血红蛋白 人 α	Ser	Leu	Asp	Lys	Phe	Leu	Ala	Ser	Val	Ser	Thr	Val	Leu	Thr	Ser	Lys	Tyr	Arg						
血红蛋白 人 β	Ala	Tyr	Gln	Lys	Val	Val	Ala	Gly	Val	Ala	Asn	Ala	Leu	Ala	His	Lys	Tyr	His						
血红蛋白 人 γ	Ser	Trp	Gln	Lys	Met	Val	Thr	Gly	Val	Ala	Ser	Ala	Leu	Ser	Ser	Arg	Tyr	His						
血红蛋白 人 δ	Ala	Tyr	Gln	Lys	Val	Val	Ala	Gly	Val	Ala	Asn	Ala	Leu	Ala	His	Lys	Tyr	His						

a. 抹香鲸血红蛋白。

方程 9.3 中这些单位的变化可以被以下几种指标的改变表示：平衡常数，P_{50}，氧浓度，pO_2 用托表示。

$$P_{50} = \frac{[Mb] \cdot pO_2}{[MbO_2]} \quad (方程 9.3)$$

氧结合与饱和曲线中纵坐标 Y 是氧饱和度，即氧合蛋白占总蛋白质的百分数，横坐标是氧分压。方程 9.5 中 Y 表示肌动蛋白 Mb 的氧饱和度，把方程 9.3 中的 $[MbO_2]$ 带入 9.5，消去 [Mb]，得到方程 9.6，表明 Y 与 P_{50} 和 pO_2 值有关。从方程 9.3 和 9.6 可以看出当 $Y=0.5$ 时 P_{50} 等于 pO_2，所以确定平衡常数就是 P_{50}。

$$Y = \frac{被结合的值合域数量}{溶液中结合域总量} \quad (方程 9.4)$$

$$Y = \frac{[MbO_2]}{[Mb]+[MbO_2]} \quad (方程 9.5)$$

$$Y = \frac{pO_2}{P_{50}+pO_2} \quad (方程 9.6)$$

方程 9.6 中 Y 对 pO_2 作曲线，得到的肌红蛋白氧解离曲线是直角双曲线(图 9.23)。

通过简单的数学操作可得到式 9.7，两边同时取对数得到公式 9.8，即**希尔方程**(**Hill equation**)。由式 9.8 中 $\log \frac{Y}{1-Y}$ 对 $\log\ pO_2$ 作曲线，得到关于肌红蛋白的斜率为 1 的直线，这就是希尔曲线，斜率就是希尔系数。

$$\frac{Y}{1-Y} = \frac{pO_2}{P_{50}} \quad (方程 9.7)$$

$$\log \frac{Y}{1-Y} = \log pO_2 - \log P_{50} \quad (方程 9.8)$$

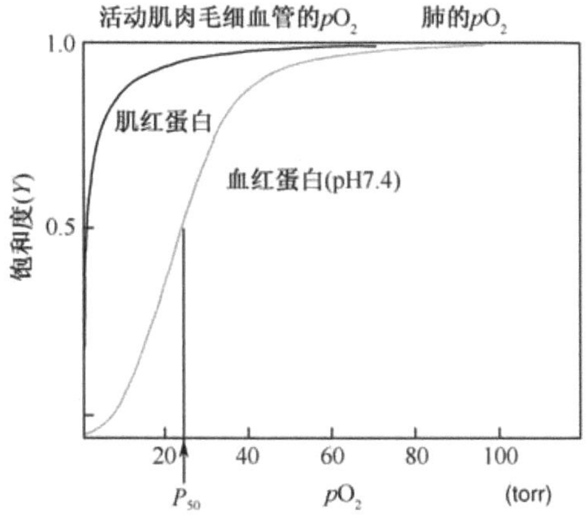

图 9.23　肌红蛋白和血红蛋白的氧结合曲线

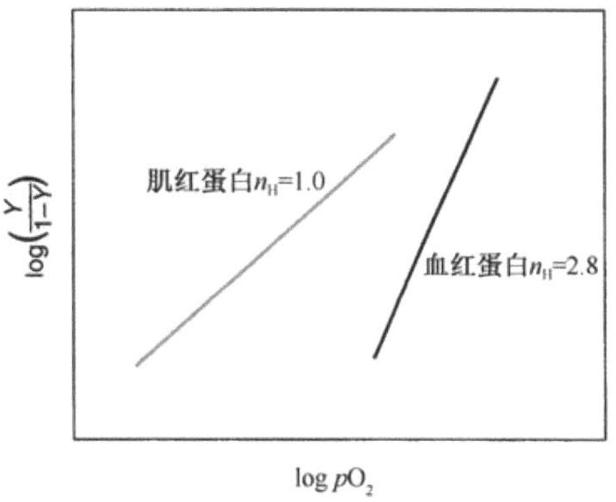

图 9.24　肌红蛋白和血红蛋白 A_1 的希尔曲线

O_2 与血红蛋白结合过程中亚单位的协同作用

血红蛋白结合 4 分子 O_2 的过程表现出明显的**正协同**(**positive cooperativity**)效应，当血红蛋白结合上第一个 O_2 分子后会促进第二个 O_2 分子与其他亚基的结合。相反，第一个 O_2 分子从 $Hb(O)_4$ 的解离易化由其他亚单位的解离过程。因为这种协同效应，血红蛋

表 9.10　希尔系数 n_H 与协同效应指数 R_x 的联系

n_H	R_x	观测结果
0.5	6560	负向底物协同
0.6	1520	
0.7	533	
0.8	243	
0.9	132	
1.0	81.0	无协同
1.5	18.7	正向底物协同
2.0	9.0	
2.8	4.8	
3.5	3.5	
6.0	2.1	
10.0	1.6	
20.0	1.3	

白与肌红蛋白的氧饱和曲线不同。比较 Y 值可知血红蛋白的氧分压曲线为 S 型，显示了 O_2 结合协同效应。依据 Hill 方程得到血红蛋白斜率为 2.8。

$$\log\frac{Y}{1-Y}=n_H\log pO_2-\text{常数}\quad(\text{方程 }9.9)$$

希尔系数与结合 O_2 的协同性的关系可以按表 9.10 所示进行定量评价。**协同效应指数（cooperativity index，R_x）**，指希尔系数值 Y 从 0.1 变化到 0.9 所需的氧分压的变化倍数。对于肌红蛋白来说，希尔系数为 0.1，Y 从 0.1 变为 0.9，所需氧浓度变化倍数为 81，而对于血红蛋白来说，希尔系数为 2.8，Y 从 0.1 变为 0.9，同样的氧浓度改变倍数仅为 4.8。

O_2 结合过程中协同作用的分子机制

去氧血红蛋白的 X 射线衍射数据表明二价铁离子处于其自身卟啉平面以外大约 0.4～0.6Å 的地方。在去氧血红蛋白的 5 个并列二价铁离子的电子排布比从每个卟啉的中心到每一个吡咯氮的距离有稍大的半径。据此，铁离子只能位于构象有扭曲的卟啉的中心。可能更重要的是：如果铁离子位于卟啉表面，近端的 HisF8 咪唑与卟啉将不能合适的结合。不合适的空间相互作用，部分是由于去氧血红蛋白构象中 HisF8 和卟啉的构

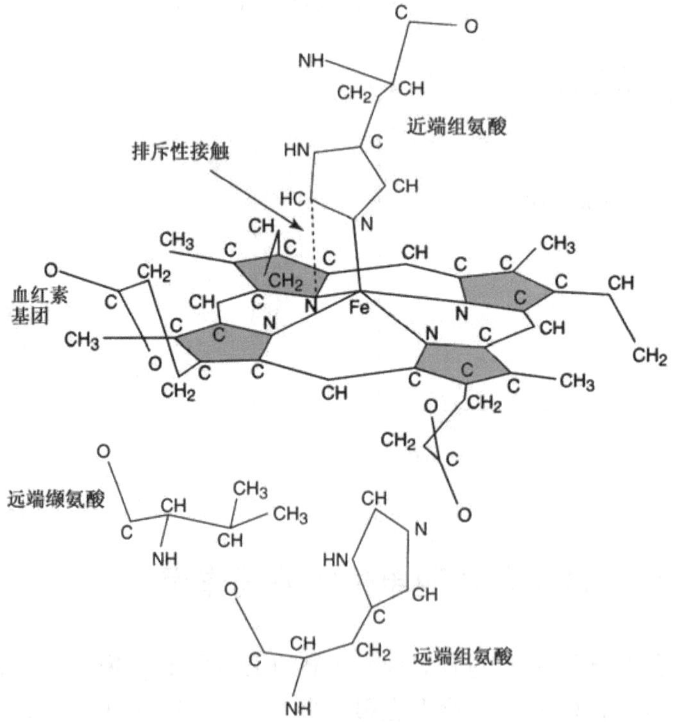

图 9.25　脱氧血红蛋白构象中近端组氨酸和卟啉之间的空间位阻

象限制，迫使 HisF8 以特殊途径接近卟啉(图 9.25)。这些限制在氧合血红蛋白中的意义不大。

铁离子位于卟啉的平面之外，则构象较松散且能量上更倾向于五个协同的亚铁离子，但当 O_2 形成铁的第六个结合位点时，这种构象变得紧密，氧结合铁离子的能量更有利的构象是铁离子在卟啉平面内。

氧的结合能克服了组氨酸 F8 和卟啉环之间的排斥作用，使亚铁离子进入了卟啉平面之中，这是氧化亚铁血红素热力学上最稳定的构象，六键的铁原子在卟啉的每一面都有

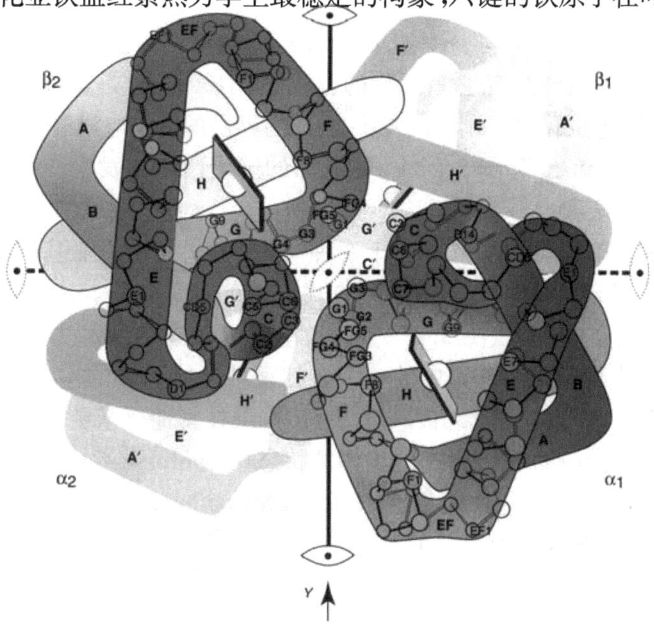

(a)

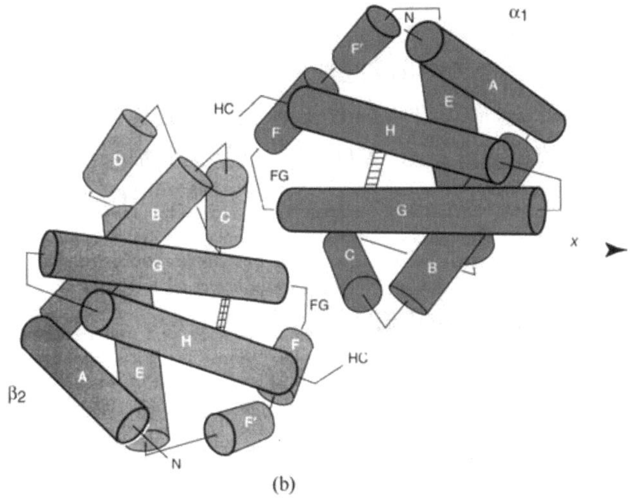

(b)

图 9.26　血红蛋白的四级结构示意图

示意 FG 转角与 C 螺旋之间的跨 α_1-β_2 分界面的互相作用；(a)：α_1-β_2 分界面之间 FG 转角与 C 螺旋的连接。(b)：将(a)图中 x 和 y 平面倒置的 α_1 和 β_2 亚基的柱面示意图。示意 α_1-β_2 分界面之间 FG 转角与 C 螺旋的连接

一个轴向配合基，铁原子在中心的时候轴向配基的空间排斥力是通过在对侧边上的轴向配基的排斥力来保持平衡的。同时，六价铁原子的半径将会下降，以能够适合于进入无构象扭曲的卟啉的中心。

O_2 的结合必需克服脱氧构象时卟啉和 His F8 间的立体排斥力，因此第一个 O_2 的结合只具有比较低的亲和力常数。不过，在第一个血红素结合 O_2 后，铁元素发生变化进入卟啉中心，引发了血红蛋白分子其他亚基的构象变化。这一变化导致 O_2 对其他空载血红素的结合位点有更大的亲和力。

构象的变化涉及以下一系列事件：①O_2 的结合将 Fe^{2+} 拉进卟啉平面。②偶联的 His F8 移向卟啉。③O_2 的结合改变了 F-螺旋的位置，而 His F8 也是其(F-螺旋)一部分。④亚基上 FG 转角的位置变化，使 $\alpha_1\beta_2$ 或 $\alpha_1\beta_2$ 亚基的界面的 FG 与毗邻亚基的 C 螺旋的非共价作用去稳定化(图 9.26 和图 9.27)。⑤毗邻的球蛋白结构发生变化，使血红素对 O_2 的结合具有了较高的亲和力。

从 FG 到 C 的亚单位间的联系类似于一种“开关”，调控一个亚基的 FG 转角和邻近的亚基的 C-螺旋间呈现的两种不同的排列方式。新的构象允许与 O_2 结合时 His F8 残基靠近卟啉有更小的空间位阻(图 9.27)。因此，O_2 以较高的亲和力在“松弛”构象上结合空载血红素。此外，由于 O_2 与其中的一个血红素结合所诱导的构象改变，使得能稳定脱氧构象的离子相互作用(图 9.28)被破坏，使 R 构象在其他亚基更易形成。

脱氧构象是血红蛋白的“紧张”或是 **T 构象状态(T conformational state)**。高 O_2 的亲和力的氧结合构象是“松弛”或 **R 构象状态(R conformational state)**。该变构机制描述了最初 O_2 与一个四聚体分子的血红素亚基的结合是如何推动分子构象从 T 态变成 R 态。O_2 亲和力常数在 R 构象时更大，通常为 T 构象的 150～300 倍，具体取决于溶液的条件。

血红蛋白易化 CO_2 和 NO 的转运

细胞的存活依赖于红细胞中的血红蛋白运输细胞代谢所需 O_2 和促进 CO_2 从细胞转运到肺。血红蛋白同样结合血管舒张剂 NO，转运 NO 通过血管壁进入组织，血红蛋白分子 T 和 R 间构象的平衡控制着把 O_2、CO_2 和 NO 转运到恰当部位。T—R 之间的平衡是由 H^+ 浓度控制的，从而可将 O_2 和 NO 转运进入组织和 CO_2 从组织中转运出去两个过程偶联起来。

从 T 到 R 的构象改变降低酸性基团的 pK_a 而释放质子

方程 9.10 显示了当 T 构象转化为 R 构象时质子释放。质子释放到血液 pH 条件下质子释放是碱性**玻尔效应(Bohr effect)**的结果，具有重要的生理意义。

$$\underset{\text{T}}{\text{Hb}} + 4O_2 \rightleftharpoons \underset{\text{R}}{\text{Hb}(O_2)_4} + nH^+ \qquad \text{(方程 9.10)}$$

在方程 9.10 中，n(当一分子脱氧血红蛋白转化到携氧血红蛋白时，质子释放的当量数)的值在 1.2 和 2.7 之间变化，实际数值取决于溶液状态以及氯离子和 2,3-二磷酸甘油的浓度。根据质量作用定律，在方程 9.10 的右手侧的 H^+ 的浓度的增加迫使平衡偏向了左

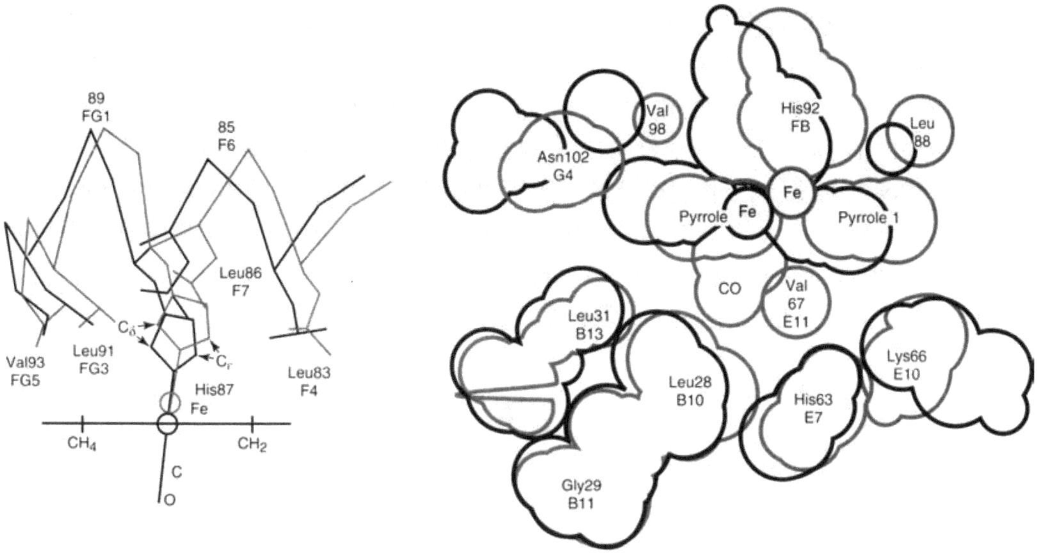

(a)　　(b)

图 9.27　计算机绘制的棒状和空间充填示意图

示意去氧血红蛋白向氧合血红蛋白转换时氨基酸残基在血红素中的位移：(a)以一氧化碳结合的血红蛋白作为氧合血红蛋白的模型。氧合血红蛋白的多肽链和组氨酸 F8 的大致位置由黑线标示，去氧血红蛋白的以红线标示。圆圈标示铁离子的位置。图中表示的是一个 α 亚基中的位移模式。(b)以空间充填图的形式表现 β 亚基中的类似氨基酸残基位移。氨基酸残基的标签标在去氧构象的对应密度中心

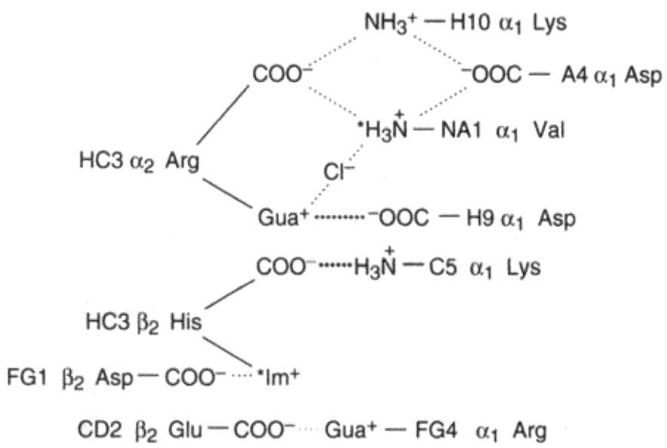

图 9.28　去氧血红蛋白亚基间存在而在氧合血红蛋白中被破坏的盐桥

im^+ 表示咪唑；Gua^+ 表示胍基；星号标记的氨基酸残基约占发生碱性波尔反应的残基数的 60%

边，朝着脱氧血红蛋白和游离氧分子浓度增加的方向。增加细胞代谢活动会促进由 CO_2 和乳酸形成碳酸，从而增加了在细胞环境中的血液酸度，O_2 向细胞释放。这是一种反馈环路，即细胞代谢酸性产物传递需要增加释放 O_2 的信号，满足持续细胞代谢的要求。酸性的增加迫使由携氧血红蛋白向脱氧血红蛋白转化并且加快了细胞间氧的传递速率。质子浓度的增加，通过改变血红蛋白 R 和 T 构象之间平衡，引起 O_2 释放。

为什么当 T 构象转变成 R 构象时质子会从血红蛋白中解离？当血红蛋白的酸性侧链在 R 构象中比 T 构象酸性更强时，质子便会解离。这要求酸性侧链基团在 R 构象时 pK_a 更低。

T 构象向 R 构象转变时的质子分裂过程中，**组氨酸 146**(β)起主要作用。在 T 构象中，组氨酸 146(β)侧链咪唑啉酮上的正电荷与天冬氨酸 94(β)羟化物侧链的负电荷组成离子对(图 9.29)。带负电荷的羧化物稳定带正电荷的咪唑啉酮。这样就有了一个比普通 pK_a 更高的值(大约 7.7)。血红素向 R 构象的转变破坏了这个离子对，把这两个残基安置在 R 构象的新位置，带相反电荷的基团不再强烈相互作用，使组氨酸 146(β)咪唑回复到一个较低的 pK_a，大约 7.3。向 R 构象转变中组氨酸 146(β)pK_a 向酸性值的变化使质子在血液 pH(7.4)时解离。大约 50% 分裂的质子来自组氨酸 146(β)咪唑啉酮。剩下的同样来自其他发生 T 构象向 R 构象转变，pK_a 从高到低转变的酸性基团。

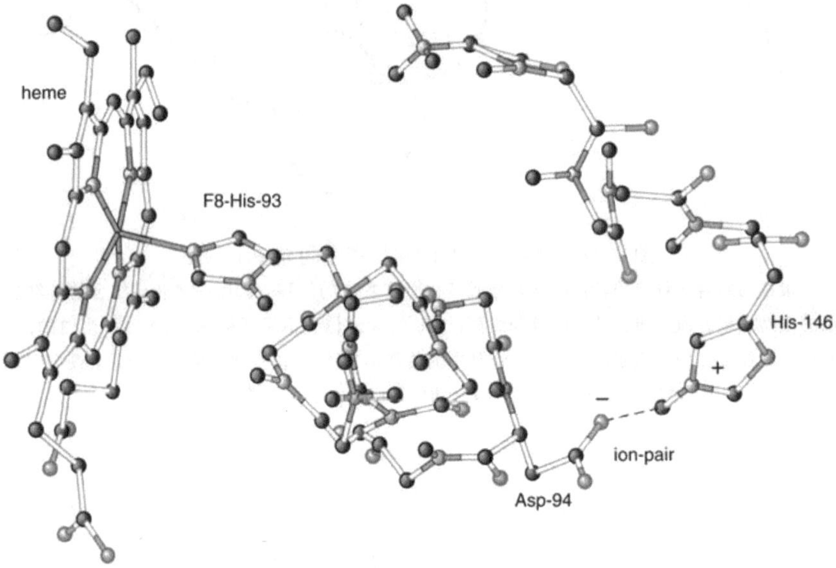

图 9.29 血红蛋白的去氧(T)构象中 βHis-146 咪唑基与 βAsp-94 羧基侧链间的离子对

图中所示为 β 亚基主链第 87～95 位和第 142～146 位氨基酸残基的去氧构象，仅标示了配位结合于血红素的 Asp-94、His-146 和 F8 His-92 残基的侧链。红色表示氧原子，蓝色表示氮原子，黑色表示碳和氢原子。βHis-146 咪唑基的 N-H 键(正电性)与 βAsp-94 羧基氧(负电性)之间存在氢键，用虚线表示

图 9.30 显示了血红素的氧结合位点数对氧浓度的的饱和程度在不同 pH 的浓度曲线。在相对较低的 pH 时($[H^+]$较高)，血红素解离自身的氧气较易(方程 9.10)，曲线右移。相应的，P_{50} 在 pH 越低时越高。在 pH 较高时，曲线左移，P_{50} 值降低，反映了血红蛋白结合 O_2 的高亲和力。

CO_2 和 O_2 的转运通过 Bohr 效应质子相偶联

细胞代谢利用 O_2 并产生 CO_2。细胞生产的 CO_2 扩散到周围的血液中并进入红细胞。随后，CO_2 由碳酸酐酶催化，经简单水解反应，转化为碳酸(方程 9.11)。

$$CO_2 + H_2O \rightleftharpoons H_2CO_3 \qquad \text{(方程 9.11)}$$

接着碳酸自发分解为 HCO_3^- 和 H^+ (方程 9.12)，HCO_3^- 从红细胞中扩散出来由血浆转运至肺部(方程 9.12)。这种通过血浆以碳酸氢盐(HCO_3^-)的形式将 CO_2 从组织中转运到肺部的过程被称为**等氢离子转运(isohydric transport)**。大约 70% ～80% 由细胞产生的

CO_2 通过这种机制传输到肺部。

$$H_2CO_3 \rightleftharpoons HCO_3^- + H^+ \quad (方程\ 9.12)$$

根据方程 9.10，从碳酸中分解出来的氢离子与血红素结合，并且促使 $Hb(O_2)_4$ 解离 O_2，O_2 就从红细胞中扩散到组织细胞。因此，血红素是一种血液 pH 缓冲剂，通过与 H^+ 结合来稳定血液 pH，阻止血液的 pH 过酸。这些质子结合到侧链上如 β 链上 His^-146(β)上的咪唑基，脱氧的 H^+ Hb 在红细胞中转运至肺部。

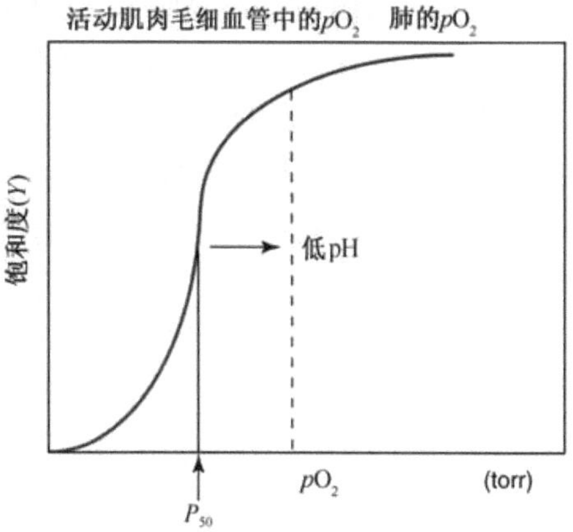

图 9.30　降低 pH(升高 [H^+])可以使氧解离曲线向高 P_{50} 值位移

在肺部，发生在组织中反应在肺部高浓度 O_2 的条件下以相反方向进行。氧分压高的肺部环境促使 H+Hb(T)转化为 $Hb(O_2)_4$(R)构象，使质子解离出来(方程 9.10)，结合 HCO_3^- 分子(这些 HCO_3^- 分子从血浆中扩散回红细胞中)形成碳酸(方程 9.12 的逆反应)。红细胞的碳酸酐酶将 H_2CO_3 转化为 CO_2 和 H_2O(方程 9.11 的逆反应)。CO_2 扩散到肺部气泡中，从而被呼出到外界空气中(图 9.31)

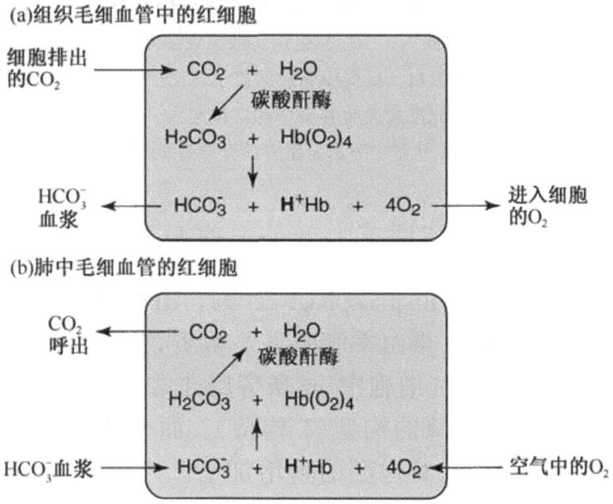

图 9.31　碳酸氢盐形式的等氢离子转运 CO_2

(a)发生在组织中的红细胞内的反应。CO_2 从组织扩散至红细胞中，在碳酸酐酶作用下转换为碳酸。碳酸自发地分解为 H^+ 和 HCO_3^-(方程 9.12)。从碳酸中分离出的质子(红色的 H^+)与去氧血红蛋白结合，推动 O_2-Hb 平衡从氧合血红蛋白向去氧血红蛋白方向移动(方程 9.10)，从而游离的氧得以释放并从红细胞进入组织中。而 HCO_3^- 从红细胞中扩散至血浆并运输至肺(在细胞外)。(b)发生在肺中的红细胞内的反应。在肺中，高氧分压推动反应向相反方向移动，反应过程与毛细血管中发生的正好相反

CO_2 转运的另一种机制是通过氨基甲酸$^-$血红素途径，由 CO_2 和 Hb 多肽链上的 N 端氨基进行无酶催化反应进行(方程 9.13)，这种途径占 CO_2 从组织转运到肺部总量的 15%～20%。这种生成氨基甲酰 Hb 的反应同时产生一个 H^+。

$$HbNH_2 + CO_2 \rightleftharpoons HbNHCO_2^- + H^+ \quad (方程\ 9.13)$$

由于氨甲酰基 Hb 的形成致使 H^+ 的增加，然后 H^+ 与血红素结合并且稳定其脱氧形式，从而促进 O_2 的释放并传递至代谢活跃的细胞(方程 9.10)。

在肺部，氧分压高的环境产生 $Hb(O_2)_4$ 并伴随 H^+ 的分解(方程 9.10)。H^+ 的增加使得氨甲酰基分解并伴随 CO_2 的释放(方程 9.13 的逆反应)。释放的 CO_2 从肺部呼出(图 9.32)。

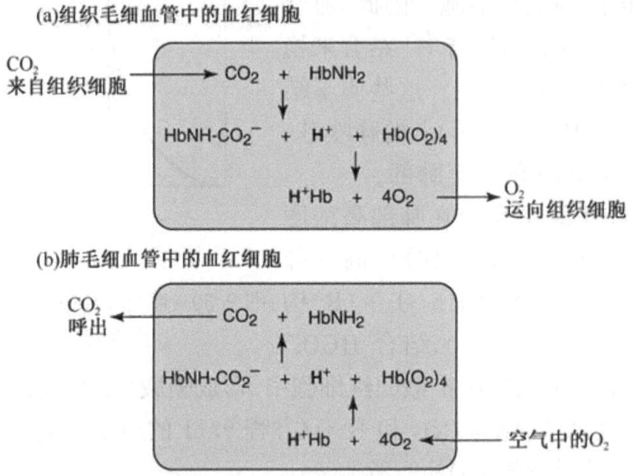

图 9.32　氨甲酰基-血红素途径的 CO_2 转运

(a)此反应发生在组织中的红细胞内。CO_2 从组织扩散至红细胞中，并与血红蛋白氨基端氨基组反应，形成氨甲酰基-血红蛋白。反应中释放的质子(红色 H^+)促使 O_2 从血红蛋白释放，从红细胞进入组织中。(b)此反应发生在肺中的红细胞内。在肺中，高氧分压推动反应向相反方向移动导致 CO_2 从肺中呼出。反应过程与毛细血管中发生的正好相反

红细胞中的 2,3-二磷酸甘油酯调节血红蛋白的 O_2 释放

2,3-二磷酸甘油酯(2,3-Bisphosphoglycerate，BPG 或 2,3-diphosphoglycerate，DPG，图 9.33)是一种调控血红蛋白平衡的重要物质，它在葡萄糖代谢旁路中形成，微量存在于所有细胞中。但在红细胞中，这条旁路非常活跃。并且 BPG 的摩尔浓度与血红蛋白相当。BPG 结合脱氧的构型(T 构型)。而不是 R 构型，BPG 与 HB 结合时 T 构型变稳定，相对 R 构型，T 构型的量增加了。当脱氧 Hb 转化为氧合 Hb 时 BPG 解离(方程 9.14)。

$$H^+ BPG\cdot Hb + 4O_2 \rightleftharpoons Hb(O_2)_4 + BPG + nH^+ \qquad (方程 9.14)$$

当 BPG 浓度增加时，以上平衡式左移，饱和曲线右移，并伴随着 P_{50} 的升高(图 9.34)。相反的，当 BPG 浓度降低时，平衡式右移，饱和曲线左移，P_{50} 下降。

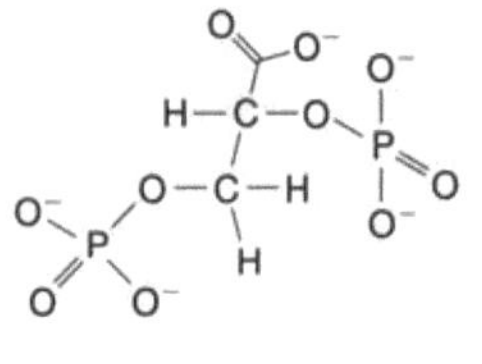

图 9.33　2,3-二磷酸甘油酯(BPG)的结构

在 pH 为 7.4 时分子为−5 价

BPG 结合在 β1-β2 亚基界面上的一个口袋内，这个位点包含了带 8 个正电荷的组件(来自两条 β 链的 HIS-143，LYS-82，HIS-2 及 N 端氨基残基)。BPG 呈−5 价(图 9.33)，强烈地倾向于与 β1-β2-界面的正电基团相互吸引。在 R 构象中，结合口袋被减小致使 BPG 不易进入。

低氧状态如贫血、吸烟、高海拔都会增加在血液中 BPG 的

水平，而氧过多，会使 BPG 水平下降，血中 BPG 水平下降是缓慢的，要几小时或几天来代偿 pO_2 水平的变化。

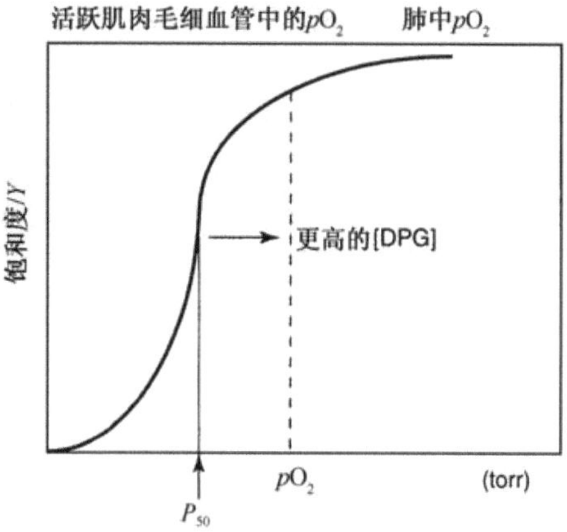

图 9.34　升高 BPG 浓度可以提高氧解离曲线中的 P_{50} 值

血红蛋白转运 NO 到毛细血管并促进 O_2 转运

血红蛋白可逆地结合 NO（一种在血中的存活时间很短的血管舒张剂），通过与 NO 结合，血红蛋白能够避免 NO 被快速破坏，当 Hb 从 R 构型转化为 T 构型时，它通过将 NO 转化为一小的 X-SH 来释放 NO。一个共同的 X-SH 分子是谷胱甘肽。被释放的以 X-S-NO 的形式存在的 NO 使 NO 免于快速降解，

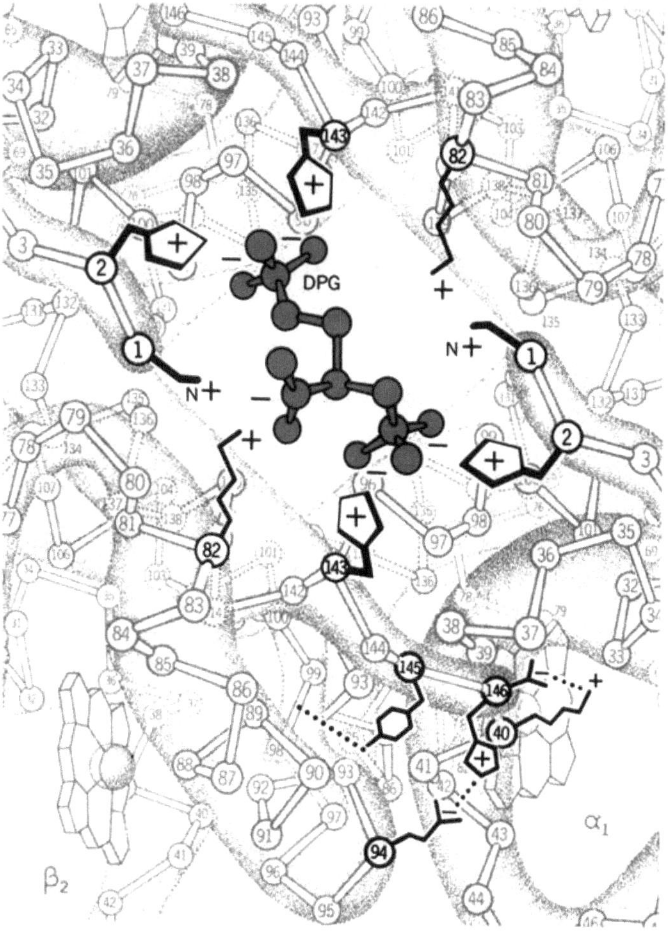

图 9.35　去氧血红蛋白上位于 β-β 交界面的 2,3-二磷酸甘油酯的结合位点

带正电的两个 βVal-1 氨基端氨基、βHis-2 咪唑基、βLys-82 ε-NH_3^+ 和 β143- His 咪唑基的侧链。而带负电的 2,3-二磷酸甘油酯分子结合在正电基团环的中央

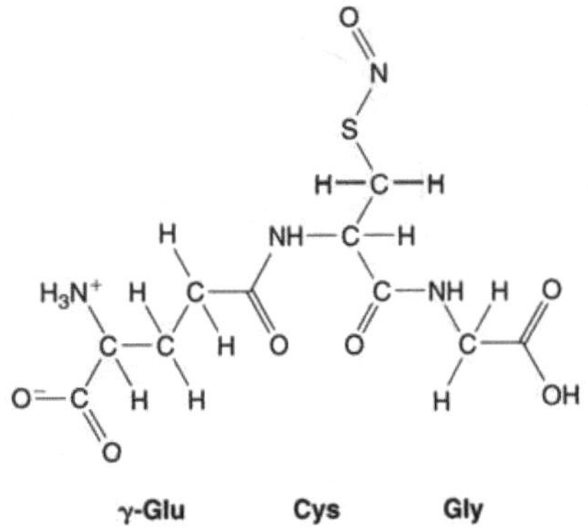

图 9.36 X-S-NO 形式的谷胱甘肽(γ-谷氨酸-半胱氨酸-甘氨酸)转运体将 NO 结合至半胱氨酸的巯基侧链

使得有生物活性的 NO(X-S-NO)能够有效传递到血管壁 NO 受体上,促使血管松弛。这样有利于血液和组织中细胞间的气体传递。在血中 NO 的摩尔浓度是 Hb 的 1/70,但 X-S-NO 的生理学活性强,使低浓度 NO 具有重要的生理功能。

NO 首先被亚铁血红素中的 Fe^{2+} 捕获,然后再转移至 β-半胱氨酸-93(βCys^{93})的巯基。在 T 构象中,亚铁血红素中的 $Fe2^{+}$ 倾向于结合 NO;在血红素 R 构象中,NO 被转移至 βCys^{93}。当 R 结构转变为 T 构象,O_2 转运到组织时,NO 转移至 S-XH 分子,如谷胱甘肽(图 9.36 和图 9.37)。净效应是将不稳定的游离 NO 转换成稳定的 X-S-NO。

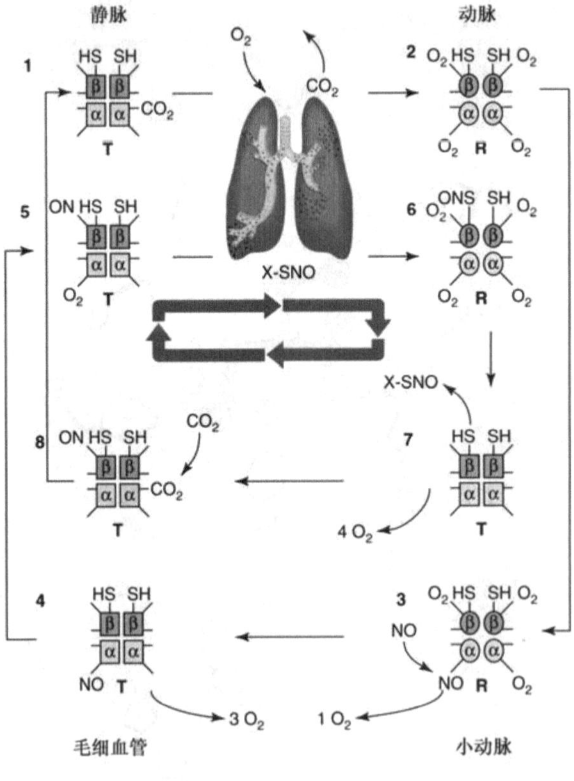

图 9.37 呼吸循环中血红蛋白对于 NO 的结合与释放

这一模型展现了一个血红蛋白分子对于 NO、O_2 和 CO_2 的结合与释放过程,形成了两个完整的环路。第一个环路包括第 1~4 环节,第二个环路包括第 5~8 环节。T、R 构象已经标示在图中。SH 基团是由 βCys-93 的侧链提供的。NO 既可以直接结合血红素铁离子也可以结合 βCys-93 SH。NO 转运的关键步骤是:(1) 在环节 3 中最初与血红素结合,并在环节 6(R 构象)中,由 β 亚基血红素转移至 βCys-93 SH;(2) 在环节 7 中,当血红蛋白由 R 构象变为 T 构象时转移至小分子巯基化合物 X-SH。但产生如此转运效应的血红蛋白也许 1000 个中也不足 1 个,因为血液中 NO 摩尔浓度相当低

图9.38显示血红素的包含βCys[93]—S—NO的结构域。在T构象中，S—NO在外侧可以结合谷胱甘肽分子，发生反式亚硝基化反应。不同的是，在R构象中，βCys[93]—SH指向亚铁血红素中的Fe^{2+}，并不能和外侧溶剂结合。而且两者之间的距离利于NO从亚铁血红素转移到βCys[93]—SH。因此，通过肺和组织之间氧分压差诱导的血红素分子结构上的变化，调节着NO摄取和由βCys[93]解离。净效应是在氧分压较低时，将具有生物活性的NO传递至组织毛细血管发挥功能。

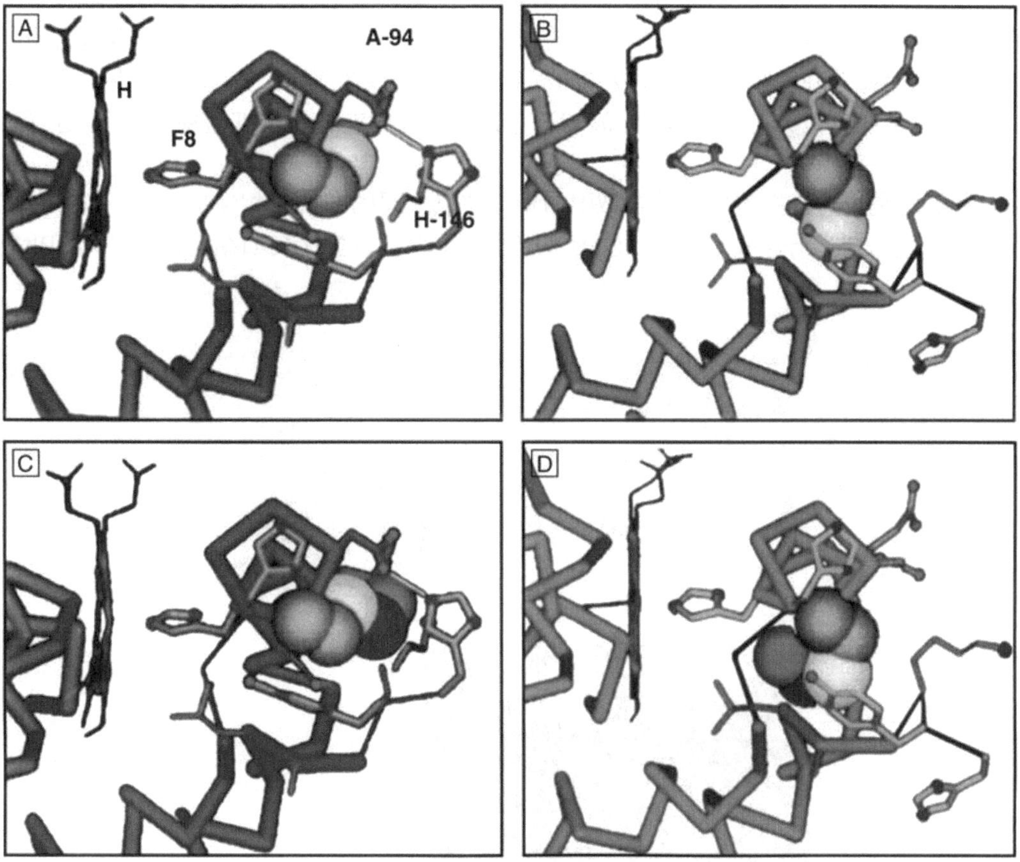

图9.38　T和R构象中的βCys[93]和βCys[93]—S—NO结构

每个结构图中的血红素(H，红)的边缘都是指向读者的，并且可见其与近端组氨酸咪唑基(F8)相结合。Cys93侧链的两个碳原子(蓝灰)和硫原子(黄绿)由空间充填模型表示。在图C和D中，NO与βCys[93]的硫原子结合，其N原子标为蓝色，O原子标为红色。(A)去氧构象(T)中βCys[93]的侧链(—CH_2—SH)远离血红素伸向分子表面。图片右上方，半胱氨酸的侧链因βHis[146]咪唑基与βAsp[94]羧基形成离子对(两者间的氢键由黄色表示)，无法进入血红素结合位点。(B)含氧构象(R)中，βCys[93]的侧链指向血红素而无法接触分子外的溶液。在R构象中βHis—[146]与βAsp[94]之间的盐桥被打断，从而βCys—SH得以向血红素的疏水口袋中折叠。(C)去氧构象(T)中的βCys[93]-SNO结构模型。SNO处于分子的外侧得以与溶液中的X-SH小分子反应。和图(A)中一样，半胱氨酸的侧链被βHis[146]咪唑基和βAsp[94]羧基形成的离子对阻挡而无法进入血红素结合位点。(D)含氧构象(T)中的βCys[93]-SNO结构模型。SNO被埋藏于血红素旁而无法接触外溶液。这种构象有助于NO由血红素铁离子转移至半胱氨酸的SH而避免βCys[93]-SNO与溶液中X-SH分子反应

9.5　基底层蛋白复合体

基底层(**basal lamina**)是高度结构化的细胞外基质蛋白复合体,最初在显微镜下观察到,显示为无特定外形,厚约 50～100nm,包绕组织或细胞的稠密填充区(图 9.39)。**基底膜**(**basement membrane**)这个术语用于描述基底层和连接在它外表面的胶原纤维。基底膜不仅能够起到支持组织和调节细胞接触基质间隙的功能,还参与决定黏着在基底膜上的细胞的命运,包括分裂、凋亡、分化和迁移等重要过程。所有细胞均能够产生基底膜的各种组分,而每个基底膜均体现合成它的细胞的特性。基底膜位于表皮和内皮细胞层的下层,同时包绕其他类型的细胞(图 9.39),它在肾小球中能将两个细胞层分离,起选择性过滤作用。

基底层是通过连接蛋白的结合域中的特定位点之间的非共价相连形成的。许多基底膜蛋白通过其细胞结合域与细胞外膜的细胞受体结合。许多蛋白质结构是由序列和折叠

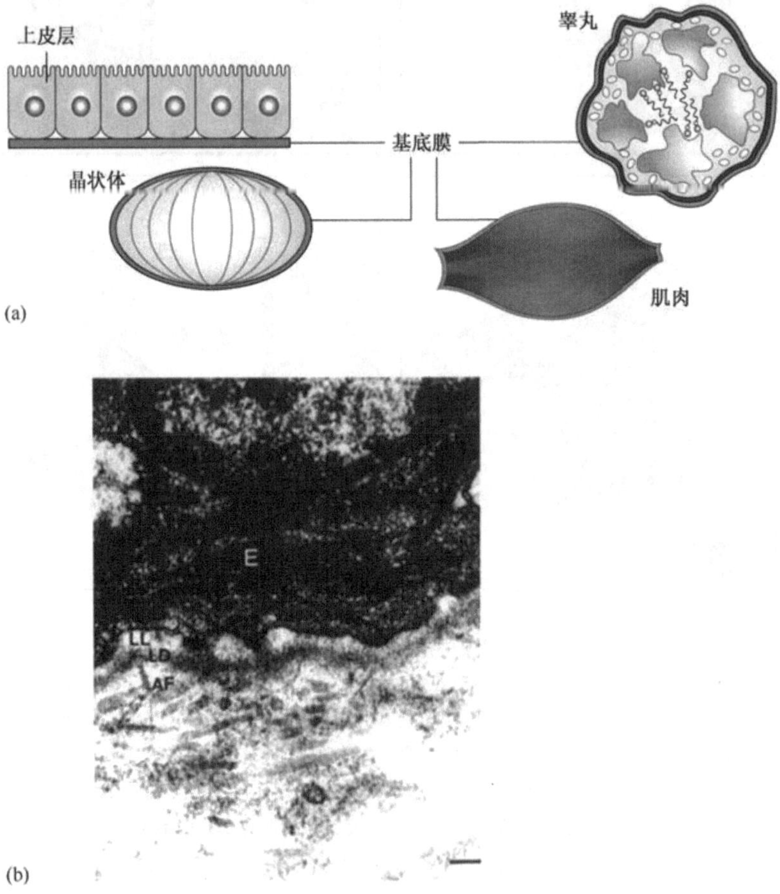

图 9.39　基底膜

(a)包裹多种组织和细胞的基底膜示意图。(b)电镜下的上皮细胞(E)细胞外间质中基底膜超微结构。图中标示了薄层透明部(LL)和薄层致密部(LD)或基底膜中的基底层。在薄层透明部以下的是胞外间质中的基质部分。图中标签所示长度为 100nm

与超级折叠(像免疫球蛋白和表皮生长因子的折叠)同源的模块单位组成。这些折叠被重复发现，是细胞外基质蛋白的构建模块。这些蛋白质中的 EGF 模块没有生长因子的功能，但生长因子和细胞因子蛋白存在于基底层中，和蛋白多糖中的糖链相互作用。在蛋白酶和类肝素酶诱导下的基底膜更新时，基底膜上的生长因子和细胞因子能作用于邻近的细胞。另外，许多基底膜蛋白具有潜在活性，该活性可以通过蛋白酶水解切割整段序列来激活(见 25.4 节)。在细胞外基质中广泛存在的**前蛋白酶纤溶酶原**(**pro-protease plasminogen**)，它由细胞分泌的纤维蛋白溶酶原活化因子激活(见 24.5 节)。

基底层蛋白组成

基底层由Ⅳ型胶原、层粘连蛋白、巢蛋白(nidogen，也称 entactin)、基底膜蛋白聚糖(perlecan)和具有硫酸肝素蛋白聚糖的组成。还存在其他 50 种微量蛋白质，如骨桥蛋白(osteopontin，也称为 BM-40 或 SPARC)、纤蛋白(fibulin)、XV 型胶原、XVIII型胶原和聚集蛋白(agrin)中。基底层的多样性和组织特异性由Ⅳ型胶原、层粘连蛋白和微量蛋白的类型决定。Ⅳ型胶原亚型由七种不同的Ⅳ型胶原基因产生。这些亚型含有同源性结构域，但它们的氨基酸序列有 30%～50% 不同。基底层中至少有 12 种**层粘连蛋白**(**laminin**)亚型。合成基底膜的细胞类型和组织决定表达Ⅳ型胶原和层粘连蛋白的亚型。

基底层的分子结构由层粘连蛋白和Ⅳ型胶原的网状结构形成

基底层由相互交联的层粘连蛋白和Ⅳ型胶原构成的平面网状结构。巢蛋白和基底膜

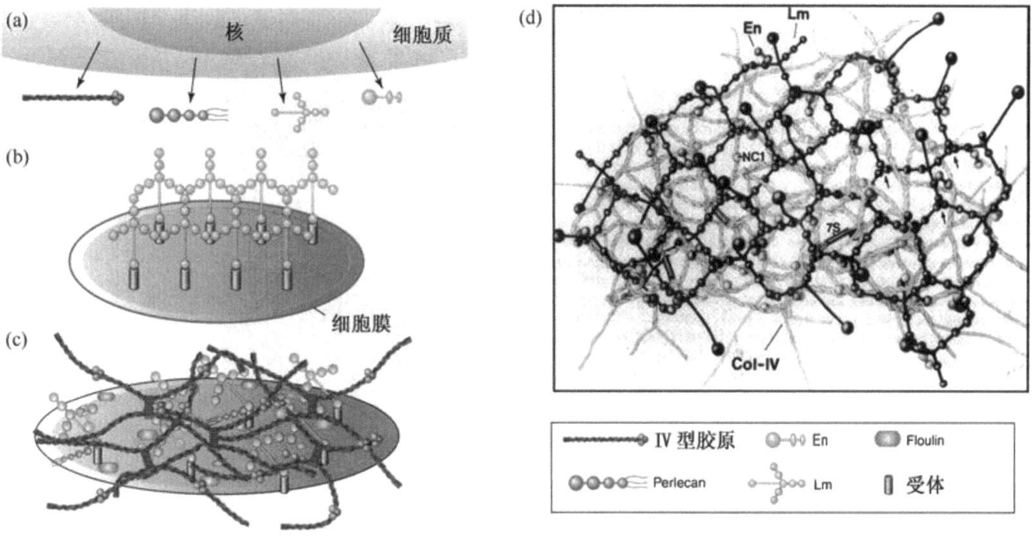

图 9.40　基底层的分子结构

层粘连蛋白和Ⅳ型胶原自连接形成了片层样网状结构，并由巢蛋白和硫酸乙酰肝素蛋白聚糖连接在一起。(a)细胞合成基底膜蛋白质。(b)层粘连蛋白与细胞表面受体结合启动层粘连蛋白网状结构组装。(c)Ⅳ型胶原网状结构组装，连接层粘连蛋白和Ⅳ型胶原支架样结构的蛋白质联系。(d)通过 7S 和 NC1 结构域的互相作用形成Ⅳ型胶原网状结构，而巢蛋白(En)桥联胶原与层粘连蛋白(Lm)网络

多糖蛋白连接这些网状结构，层粘连蛋白聚合物启动基底膜结构形成，通过与细胞受体结合得到巩固(图 9.40)。

层粘连蛋白网络

层粘连蛋白由三种肽链(α，β，γ)以二硫键交联而成。每条肽链包含约 1500 个氨基酸。层粘连蛋白-1 亚型分子质量约为 800kDa。其总体空间结构类似于一个不对称的十字架(图 9.41)。这种十字型结构包含三个短臂和一个长臂，三条短臂分别由不同的肽链构成，长臂则由上述 三个肽链共同构成。α 链可由 5 个不同的基因编码，β 和 γ 链则分别由 3 个不同的基因编码，它们可以结合形成至少 12 种不同的 αβγ 单体。该十字型结构中不同的结构域分别可以连接基底膜蛋白聚糖和巢蛋白，至少两个结构域包含细胞表面受体结合位点。在细胞表面附近，层粘连蛋白分子通过十字结构短臂结构域中的结合位点自身连接形成片层样网状结构(图 9.42)。

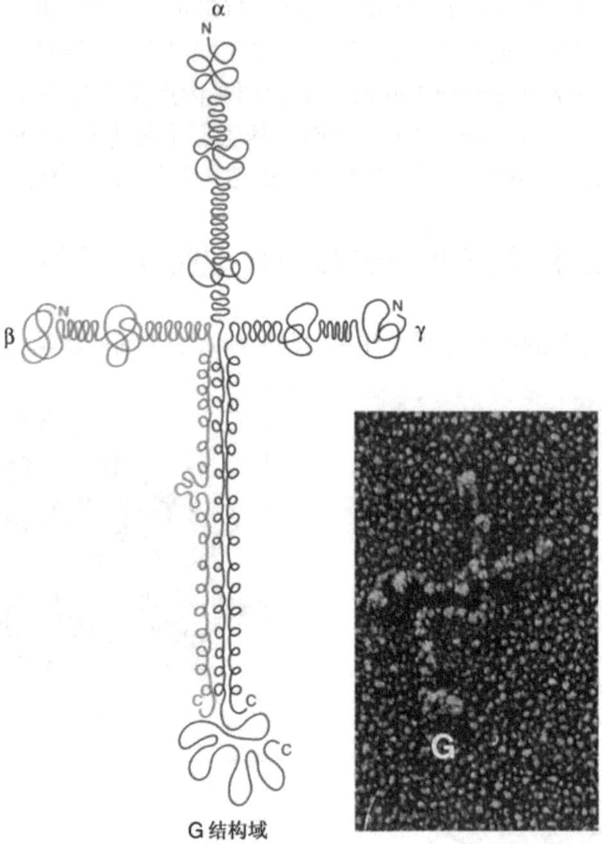

图 9.41　层粘连蛋白(1 型异构体)的结构

(a)层粘连蛋白 1 的示意图。α、β 和 γ 链各形成十字结构的一条短臂。而三条链的 α 螺旋区共同卷曲形成长臂，α 链向外延伸形成了 C 端球形 G 结构域。短臂是由几个球状结构域连接而成的，球状结构域间由表皮生长因子(EGF)样重复序列隔开。(b)层粘连蛋白的对比-反相旋转阴影复制图(contrast-reversed glycerol rotary shadowed replica)。图中标示了 α 链 N 端构象和 C 端的球状结构域(G)

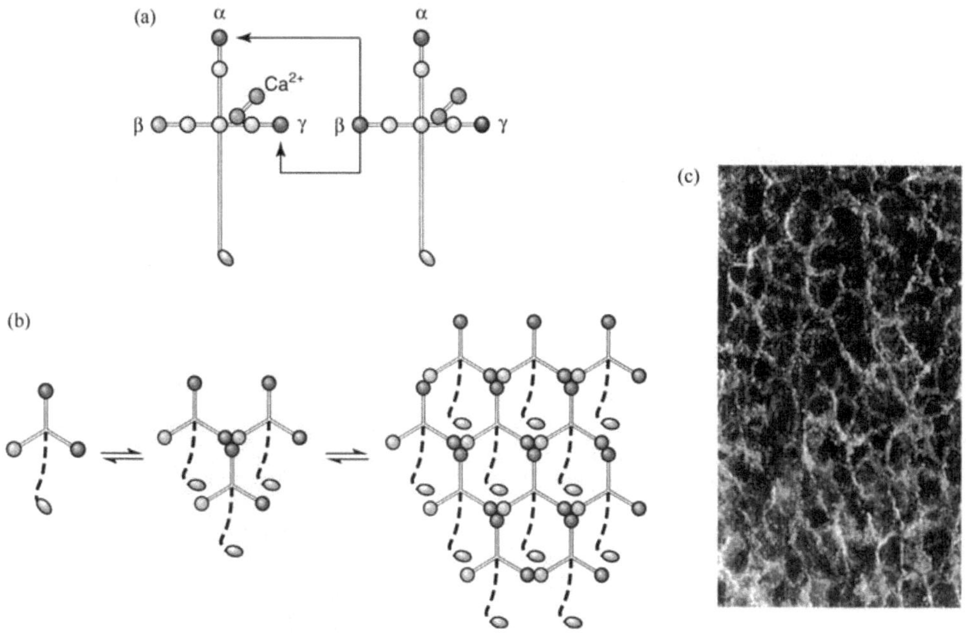

图 9.42　层粘连蛋白网状结构的形成

(a、b)不同层粘连蛋白分子的短臂间互相作用形成了片层样网状结构。图中一条短臂结合有巢蛋白，但这并不是聚合反应所必需的。长臂认定未互相连接以备其他用途。(c)层粘连蛋白的高角度铂复型(high angel platinum replicas)视图

Ⅳ型胶原网络

胶原蛋白由三条以非共价键结合的多肽链组成(见 3.7 节)。形成纤维原的胶原，如胶原蛋白 I，包含由重复序列(Gly-Pro-X)n/(Gly-Y-HyPro)n 形成的纵向延伸结构，这种重复序列几乎每三个残基就包含一个脯氨酸或羟脯氨酸(HyPro)和一个甘氨酸(见 3.6 节)。

序列中包含衍生的羟脯氨酸，是以内质网上胶原肽链中的脯氨酸为原料，由脯氨酸羟化酶催化生成。高含量的脯氨酸和羟脯氨酸使此重复序列形成多聚脯氨酸Ⅱ型螺旋，其特征是每个螺旋含 3 个氨基酸残基，Gly 每隔 3 个残基重复出现，形成螺旋一侧纵向的富含 Gly 的边缘，促使三分子多聚脯氨酸以多脯氨酸螺旋构象自组装成三股螺旋束或超螺旋结构，该三链分子组成胶原原聚体的基本单位。

Ⅳ型胶原形成片层网络结构，而不像Ⅰ型形成纤维结构。Ⅳ型胶原多肽链含有(Gly-X-Pro)n/(Gly-HyPro-Y)n 区域，促使形成杆状的三聚螺旋结构，与Ⅰ型胶原不同的是该结构中散在的交联域和球状结构域阻止了超螺旋结构的形成(图 9.43)。羧基端的球状结构域被称为 NC1(non-collagenous 1)结构域，在它的前面是三螺旋(TH)中心结构域以及一个铰链区连接氨基端的小三螺旋(7S)。

Ⅳ型胶原组装成网状结构时，原聚体之间通过 NC1 间“头-头”相互作用(图 9.44)，该二聚物再通过 7S 区形成四聚体，四聚体进一步自聚集形成网状结构。7S 相互作用是形成网状结构的结点。

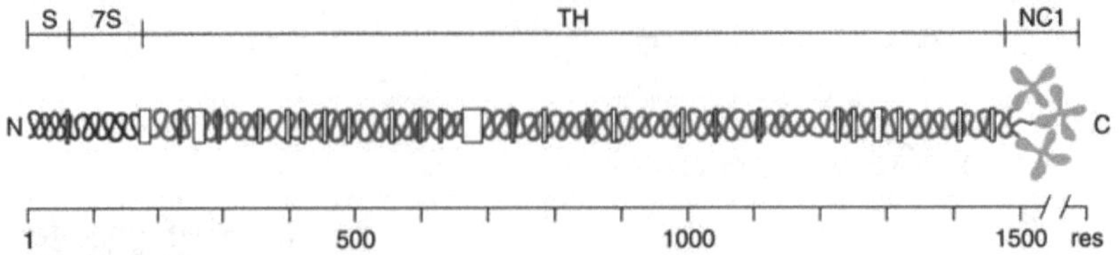

图 9.43　由三条肽链组成的Ⅳ型胶原原聚体(protomer)示意图

上方线段表示 NC1 区、超螺旋结构的中心三螺旋区(TH)、N 端 7S 区和信号肽(S)的一级结构位置。黑色竖杠、线段和盒表示Ⅳ型胶原链中 Gly-X-Y 序列的多个中断点位置

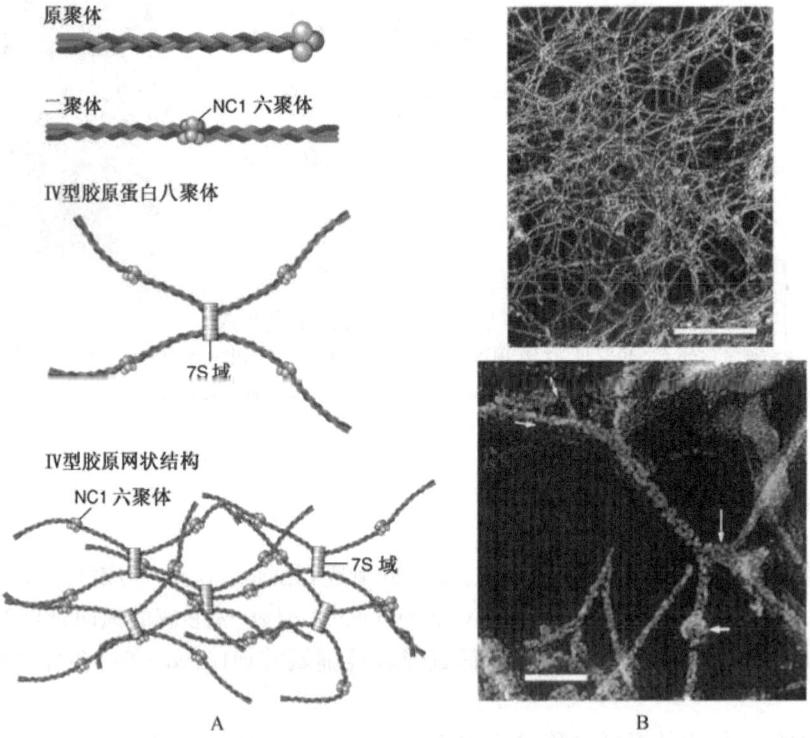

图 9.44　Ⅳ型胶原网状结构的形成

(A)网状结构形成过程示意图。(a)三条肽链(红、青、蓝)在内质网和高尔基体中结合形成Ⅳ型胶原原聚体。胶原链的 N 端 7S 区在同一端而 C 端 NC1 区位于另一端。(b)两原聚体可以通过 NC1 区结合形成启动单位二聚体(每个原聚体有三条链,所以互相作用发生在六条链的 NC1 结构域)。(c)两个原聚体二聚体通过 7S 区结合在一起。(d)原聚体四聚体间的聚合反应形成了Ⅳ型胶原网状结构。(B)羊膜(amniotic)的基底膜的高角度复型(high-angle replicate)原位观察下的Ⅳ型胶原网状结构

巢蛋白连接层粘连蛋白和Ⅳ型胶原网络

巢蛋白 1 与巢蛋白 2 有 46% 的相似性。两种蛋白均由 3 个球形结构域组成——G1、G2 和 G3。G1 与 G2 间有一连接结构域,G2 与 G3 间也有一更长的杆状区域(图 9.45)。G3 是 β 螺旋结构,由反向平行的 β 链组成,就像飞机螺旋桨叶。这种蛋白质折叠方式类似于 LDL 受体蛋白。巢蛋白通过 β 螺旋与层粘连蛋白结构域Ⅲ和Ⅳ相互作用而结合(图 9.46)。巢蛋白的其他位点与Ⅳ型胶原和基底膜蛋白多糖结合形成复合体(图 9.47)。

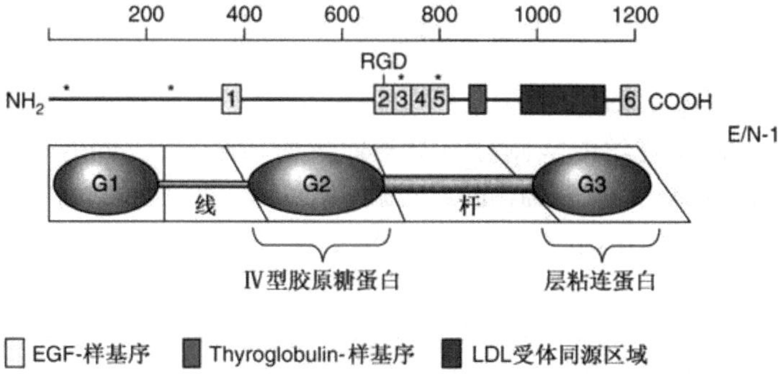

图 9.45　巢蛋白的结构：巢蛋白-1 的结构简图

星形表示潜在的钙结合位点。Ⅳ型胶原和基底膜蛋白多糖结合位点在 G2 结构域内，层粘连蛋白结合位点在 G3 结构域内

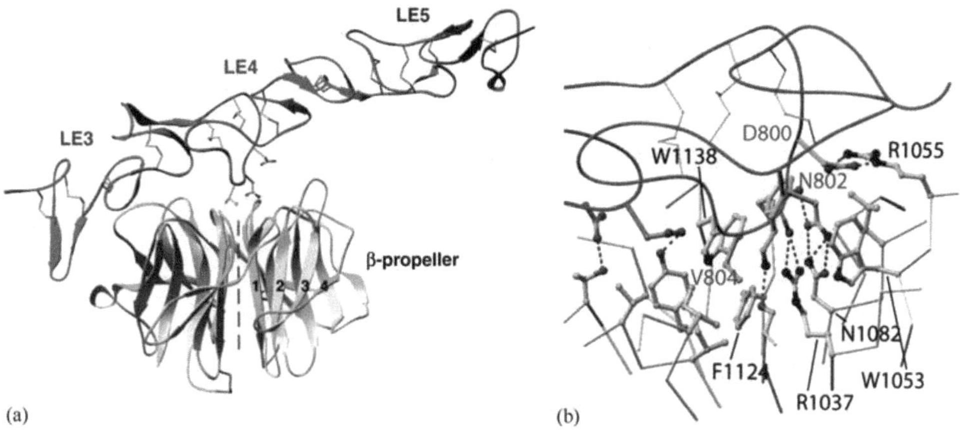

图 9.46　巢蛋白和层粘连蛋白互相作用的分子模型

(a)巢蛋白 G3 结构域中 β-螺旋复合体与层粘连蛋白 LE3-5 单位的带状图。螺旋结构 β 片层中的 β 线段已标号。(b)巢蛋白与层粘连蛋白 LE4 结构域互相作用图，临近的层粘连蛋白 LE3 结构域也部分包含在图中。巢蛋白主干部分由 α 碳原子表示，并由金色表示。参与互相作用的侧链也由金色表示。绿色虚线表示氢键

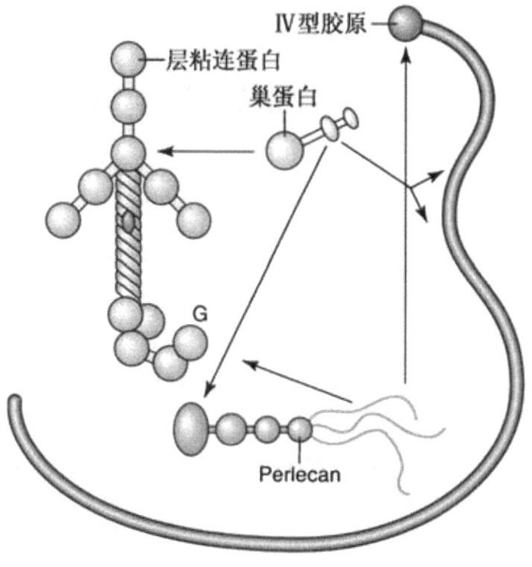

图 9.47　巢蛋白与基底膜蛋白多糖的互相作用

箭头所指为超微结构下的基底膜主要蛋白质之间结构域-结构域结合互相作用

硫酸肝素蛋白聚糖连接层粘连蛋白和Ⅳ型胶原网络

基底层蛋白聚糖(perlecan，分子质量为600kDa)是基底层主要的蛋白聚糖。蛋白聚糖中肽链骨架通过四糖将丝氨酸侧链与氨基葡聚糖(gly*cos*aminoglycan，GAG)侧链相连，氨基葡聚糖由氨基糖(乙酰葡萄糖胺或乙酰半乳糖胺)和糖醛酸(葡糖醛酸或艾杜糖醛酸)的二糖组成。基底膜蛋白多糖中氨基葡聚糖是被高度硫酸化的肝素(图 9.48)。每个基底膜蛋白多糖包括 2～15 个硫酸肝素链(图 9.49)。硫酸化的氨基葡聚糖链高度负离子化，结合阳离子和水形成胶体。从而提供一膨胀压，使得基底膜具有抵抗力。基底膜蛋白多糖通过它的核心蛋白与Ⅳ型胶原，或通过它的硫酸肝素链与层粘连蛋白结合，从而与基底膜其他三种主要成分相互作用。硫酸肝素的其他位点与细胞受体结合，而另一些则与生长因子如 TGF-β 结合。

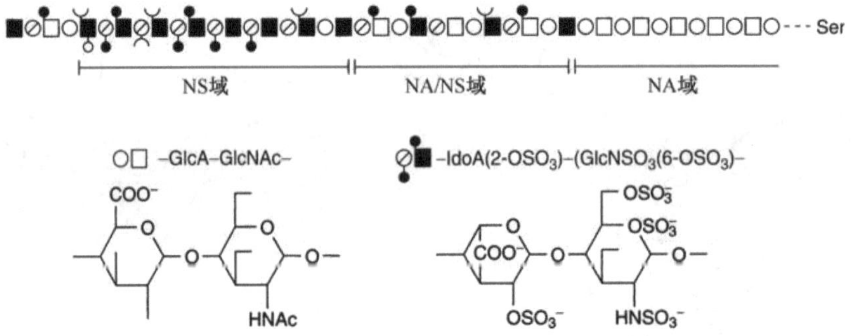

图 9.48　硫酸肝素链的结构

GAG 二糖聚合体交替地包含抗坏血酸(D-葡萄糖醛酸(GlcA)或 L-艾杜糖醛酸(IdoA))和 D-葡萄糖胺(GlcN)基团。位于 NA 区的 GlcN 是 N-乙酰化的。沿着肝素聚合物链延伸至前方的区域，N-乙酰基被 N-硫酸基部分代替，被称为 NA/NS 区。再向前延伸，N-乙酰基被完全代替，则称为 NS 区。图中的半圆标志表示 3-O-硫酸基。聚合物受 GlcA 到 IdoA 残基的 C5 差向异构化作用以及最终结合在不同位置的 O-硫酸基的进一步调节。肝素链通过与丝氨酸侧链结合而得以掺入蛋白质的中心

图 9.49　蛋白质中心基底膜蛋白多糖的结构域组成模块

图示为小鼠基底膜蛋白多糖的结构域组成。附着的硫酸肝素链由 HS 标示。结构域 SEA 表示在sea urchin sperm，肠激酶enterokinase 和聚集蛋白agrin 中发现的同源性结构域；结构域 LA 表示 LDL 受体 A 型结构域同源性结构域；结构域 L4 表示层粘连蛋白结构域Ⅳ同源性结构域；结构域 IG 表示免疫球蛋白样结构域；结构域 LE 表示层粘连蛋白同源性表皮生长因子样结构域；结构域 EG 表示表皮生长因子样结构域；结构域 LG 表示层粘连蛋白 G 样同源性结构域

蛋白质复合物相互作用构成信号沟通网络

在生物学中多亚基组成的结构化分子复合物相当常见。活细胞内部可视为蛋白质分子复合物的液态混浆。许多蛋白质以不止一种复合体的形式存在。这样的共享蛋白质可

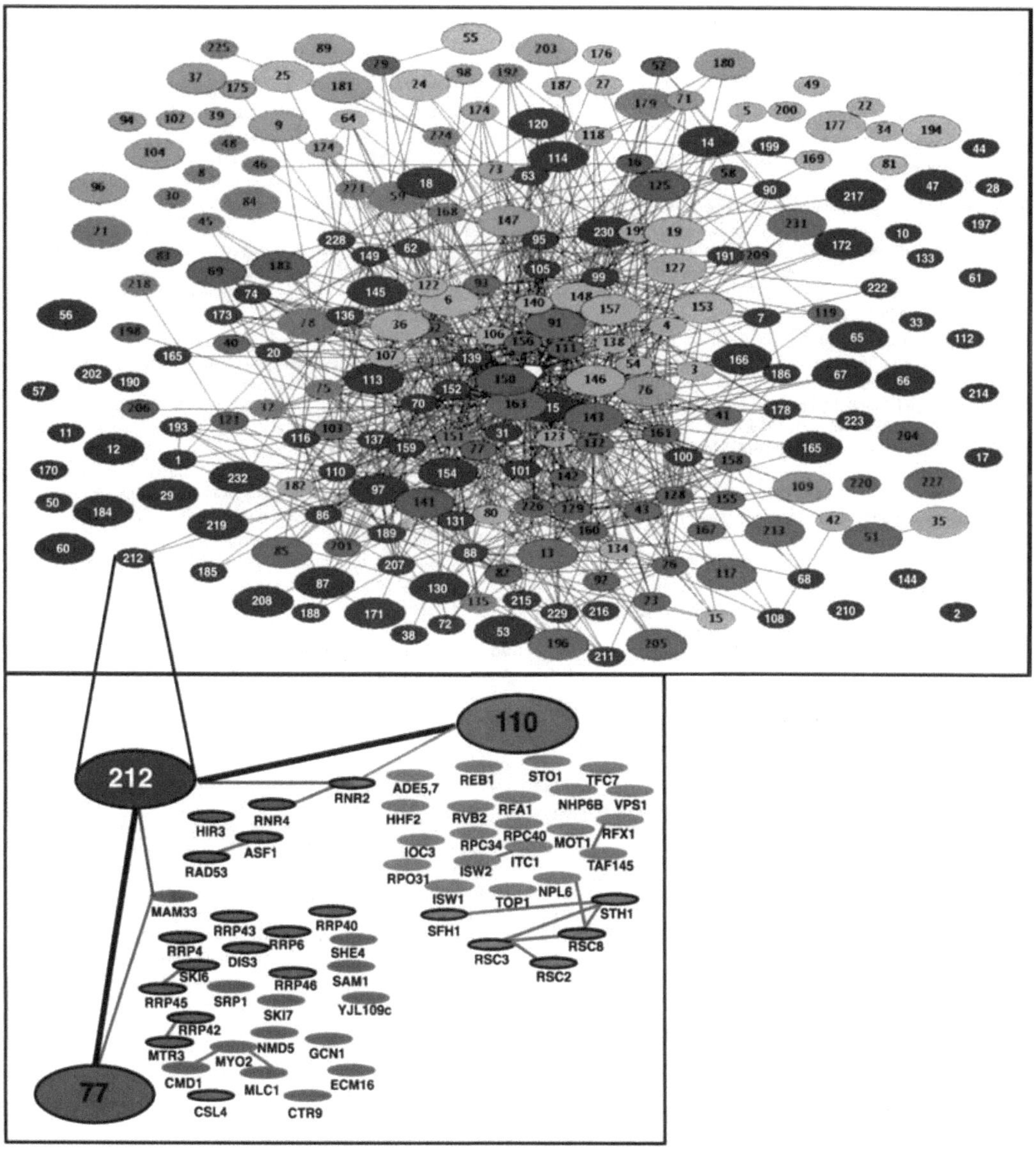

图 9.50　由蛋白复合物的互相连系而构成的细胞网络

对 *E.coli* 蛋白质组不完全分析得到的蛋白质复合物互相连系网络图。每一个复合物中不同种蛋白质的种类由2～83个不等(平均 12 种)。含有同种蛋白质的两种复合物由直线相连。复合物连接越多，处于图的位置就越靠中心。放大一倍表示的复合物中至少有 50% 的蛋白质与人类蛋白存在进化同源关系。复合物的颜色表示它的功能：红表示细胞周期；深绿表示信号转导；深蓝表示转录、DNA 稳定性维持、染色体结构；粉红表示蛋白质和 RNA 转运；橘红表示 RNA 代谢；浅绿表示蛋白质合成和转换；浅蓝表示膜的发生和激发。下方的图是一个复合物和另两个复合物因共有蛋白质而产生连接的示例。红线表示在已在酵母蛋白质数据库(YPD)中提出的互相作用关系

联系两个复合物，形成了一个**信号沟通网络**(**communicating network**，图 9.50)。

基底膜结构是与胞内骨架蛋白质复合物相连的胞外蛋白质复合体，因为该两种复合物都与胞膜表面同一受体相互作用。这种蛋白质之间互相作用，将胞外基质与胞内骨架连接起来，对于细胞内的一些生理变化，如细胞迁移和细胞死亡，是至关重要的。在大多数癌细胞里，胞膜上受体蛋白复合物与胞外基底膜和细胞骨架蛋白的结合被破坏了。

参考书目

Immunoglobulins

Alzari, P. M., Lascombe, M. B., and Poljak, R. J. Structure of antibodies. *Annu. Rev. Immunol.* 6:555, 1988.

Barclay, A. N. Ig-like domains: Evolution from simple interaction molecules to sophisticated antigen recognition. *Proc. Natl. Acad. Sci. USA* 96:14,672, 1999.

Chothia, C., Lesk, A. M., Tramontano, A., Levitt, M., Smith-Gill, S. J., Air, G., Sheriff, S., Padlan, E. A., Davies, D., Tulip, W. R., Colman, P. M., Spinelli, S., Alzari, P. M., and Poljak, R. J. Conformations of immunoglobulin hypervariable regions. *Nature* 342:877, 1989.

Davies, D. R., Padlan, E. A., and Sheriff, S. Antibody–antigen complexes. *Acc. Chem. Res.* 26:421, 1993.

Guddat, L. W., Shan, L., Fan, Z. -C., Andersen, K. N., Rosauer, R., Linthicum, D. S., and Edmundson, A. B. Intramolecular signaling upon complexation. *FASEB J.* 9:101, 1995.

Hunkapiller, T. and Hood, L. Diversity of the immunoglobulin gene superfamily. *Adv. Immunol.* 44:1, 1989.

Padlan, E. A. Anatomy of the antibody molecule. *Mol. Immunol.* 31:169, 1994.

Rini, J. M., Schultze-Gahmen, U., Wilson, I. A. Structural evidence for induced fit as a mechanism for antibody–antigen recognition. *Science* 255:959, 1992.

Serine Proteases

Birk, Y. Proteinase inhibitors. In: A. Neuberger and K. Brocklehurst (Eds.), *Hydrolytic Enzymes*. Amsterdam: Elsevier, 1987, p. 257.

Liebman, M. N. Structural organization in the serine proteases. *Enzyme* 36:115, 1986.

Neurath, H. Proteolytic processing and physiological regulation. *Trends Biochem. Sci.* 14:268, 1989.

Perona, J. J. and Craik, C. S., Structural basis of substrate specificity in the serine proteases. *Protein Sci.* 4:337, 1995.

Polgar, L. Structure and function of serine proteases. In: A. Neuberger and K. Brocklehurst (Eds.), *Hydrolytic Enzymes*, series in *New Comprehensive Biochemistry*, Vol. 16. Amsterdam: Elsevier, 1987, p. 159.

Hemoglobin

Website of interest: The Globin Gene Server database of sequence alignments and experimental results for the β-like globin gene cluster of mammals. http://globin.cse.psu.edu/

Baldwin, J. and Chothia, C. Haemoglobin: the structural changes related to ligand binding and its allosteric mechanism. *J. Mol. Biol.* 129:175, 1979.

Benz, E. J., Jr. Genotypes and phenotypes-another lesson from the hemoglobinopathies. *N. Engl. J. Med.* 351:1490, 2004.

Dickerson, R. E. and Geis, I. *Hemoglobin: Structure, Function, Evolution and Pathology*. Menlo Park, CA: Benjamin-Cummings, 1983.

Gross, S. S. and Lane, P. Physiological reactions of nitric oxide and hemoglobin: A radical rethink. *Proc. Natl. Acad. Sci. USA* 96:9967, 1999.

Hsia, C. C. W. Mechanisms of disease: Respiratory function of hemoglobin. *N. Engl. J. Med.* 338:239, 1998.

Perutz, M. Hemoglobin structure and respiratory transport. *Sci. Am.* 239:92, 1978.

Perutz, M. F., Fermi, G., and Shih, T. -B. Structure of deoxy cowtown [His HC3(146)beta to Leu]: origin of the alkaline Bohr effect. *Proc. Natl. Acad. Sci. USA* 81:4781, 1984.

Perutz, M. F., Wilkinson, A. J., Paoli, M., and Dodson, G. G. The stereochemical mechanism of the cooperative effects in hemoglobin revisted. *Annu. Rev. Biophys. Biomol. Struct.* 27:1, 1998.

Takashi Yonetani, T., Park, S., Tsuneshige, A., Imai, K., and Kanaori, K. *Global allostery model of hemoglobin; modulation of O_2 affinity, cooperativity, and Bohr effect by heterotropic allosteric effectors. J. Biol. Chem.* 277:34,308, 2002.

Veeramachaneni, N. K., Harken, A. H., and Cairns, C. B. Clinical implications of hemoglobin as a nitric oxide carrier. *Arch. Surg.* 134:434, 1999.

Basal Lamina and Basement Membrane

Annes, J. P., Munger, J. S., and Rifkin, D. B. Making sense of latent TGFβ activation. *J. Cell Science* 116:217, 2003.

Brooke, B. S., Karnik, S. K., and Li, D. Y. Extracellular matrix in vascular morphogenesis and disease: Structure versus signal. *Trends Cell Biol.* 13:51, 2003.

Dityatev, A. and Schachner, M. Extracellular matrix molecules and synaptic plasticity. *Nature Rev. Neurosci.* 4:456, 2003.

Erickson, A. C., and Couchman, J. R. Still more complexity in mammalian basement membranes. *J. Histochem. Cytochem.* 48:1291, 2000.

Kalluri, R. Basement membranes: Structure, assembly and role in tumour angiogenesis. *Nature Cancer Rev.* 3:422, 2003.

Yurchenco, P. D. Assembly of basement membrane networks. In: P. D. Yurchenco, D. E. Birk, and R. P. Mecham (Eds.), *Extracellular Matrix Assembly and Structure*. New York: Academic Press, 1994. p. 351.

习题和参考答案

选择题

1. 半抗原：
   A. 与抗原功能相同
   B. 能特异性地与抗体牢固结合
   C. 可能是大分子
   D. 不能作为抗原决定簇
   E. 能直接引出特异性抗体的生成

2. 在免疫球蛋白的三维结构中：
   A. β片层相互依靠
   B. 在每条链中(H 和 L)，C 区和 V 区在另一个上方折叠，形成 CV 联合
   C. C_L-V_L 联合形成互补位点来结合抗原
   D. 游离的—SH 基团被保留，在与抗原进行牢固的共价键时起作用
   E. 铰链区连接球形区

3. 所有丝氨酸蛋白酶的活性位点包括以下氨基酸残基的哪项？
   A. 天(门)冬酰胺
   B. γ-羧基谷氨酸
   C. 组氨酸
   D. 赖氨酸或精氨酸
   E. 苏氨酸
4. 血红蛋白和肌红蛋白都具有以下所有特征除了：
   A. 提供与其他亚基结合的氢键和发生非极性反应的亚基
   B. 高度 α 螺旋化
   C. 每个珠蛋白结合一个血红素分子
   D. 在一个疏水袋内结合血红素
   E. 每个血红素能结合一个 O_2
5. CO_2 从组织到肺的等氢离子转运指：
   A. 溶解于血浆中的游离的 CO_2
   B. 血浆中的 HCO_3^-
   C. 氨甲酰基复合物
   D. 玻尔效应
   E. 血浆中存在的碳酸脱水酶
6. 基底层结构是层粘连蛋白和Ⅳ型胶原蛋白相连的二维网络结构。以下哪些结论是正确的？
   A. 层粘连蛋白和Ⅳ型胶原蛋白都是由三条多肽链组成的
   B. 层粘连蛋白有一个十字型结构
   C. 层粘连蛋白和Ⅳ胶原之间是由肝素硫酸蛋白聚糖连接的
   D. Ⅳ型胶原蛋白含有重复序列 $(Gly\text{-}Hypro\text{-}Y)_n$
   E. 以上观点都是正确的

问题 7 和 8：免疫球蛋白是外界的异物侵入时所产生的一类蛋白质，机体就是通过这种蛋白质来清除异物的。抗体和补体在入侵的微生物比如细菌的细胞膜上结合，从而激活补体系统。被激活的补体系统会刺激中性粒细胞和巨噬细胞产生吞噬作用。一个个体无论是免疫球蛋白缺乏还是某一种补体缺乏都易产生反复感染。

7. 关于免疫球蛋白的说法错误的是：
   A. 由四条多肽链组成
   B. 每一条类型的链都有两条
   C. 链与链之间是由二硫键连接的
   D. 碳水化合物和蛋白质之间是靠共价键连接的
   E. 决定免疫球蛋白家族种类的是 C_L 区
8. IgG：
   A. 主要是在黏膜的分泌物中发现
   B. 是外界异物进入血浆后机体首先诱导表达的抗体
   C. 在所有的免疫球蛋白中，分子质量最大
   D. 在 H 链上包含共价键结合的碳水化合物
   E. 在过敏反应中起重要作用

问题 9 和 10：当血管受损时，凝血过程被启动以便保护机体少失血和保持循环系统的完整。凝血是一个酶原活化成丝氨酸蛋白酶的分步级联反应过程，最终的结果是产生交联的纤维蛋白血块。在心肌梗死中，这个过程被激活会使心肌的供血量下降。纤维蛋白溶解路径中溶解纤维血块也涉及酶原激活丝氨酸蛋白酶，最后一步是活化的纤溶酶原变成纤维蛋白溶酶直接作用到纤维血块上。当前治疗心肌梗死的方法是快速给予 t-PA（组织纤溶酶原活化剂）。实际上经过生物技术基因克隆重组的 t-PA 已经生产并应用。

9. 丝氨酸蛋白酶：
   A. 水解丝氨酸残基羧基侧的肽键
   B. 其特征是每个分子含有多个活性位点，每个位点含有一个丝氨酸残基
   C. 由于一分子蛋白质和一分子异氟磷(抗胆碱酯酶药，缩瞳药)反应而失活
   D. 属肽链端解酶
   E. 仅识别能裂解肽链的氨基酸
10. 下面属于丝氨酸蛋白酶类特性的是：
   A. 只有一个丝氨残基可催化激活
   B. 天然蛋白酶底物和抑制剂可与该蛋白酶紧密结合
   C. 它们的基因编码形式相同
   D. 催化单位含有两个大小截然不同的结构域
   E. 酶原向活化的激酶的转化通常涉及一个或多个水解反应

问题 11 和 12：共有 800 多突变的人血红蛋白。突变体的不稳定性会导致迅速降解，氧亲和力的改变，也会促使 Fe^{2+} 向 Fe^{3+} 的氧化作用。所有这些变化都改变了血红蛋白的生理功能。在突变体 $Hb_{Cowtown}$ 中，参与玻尔效应的 His^{146} 是缺失的。由质子调控的氧解离程序被阻碍，T-构象的不稳定

与R-构象有关，同时氧亲和力增强。

11. 下列选项与脱氧反应和T-构象的稳定性无关的是：

A. 和五个离子配位相比较，六个二价亚铁离子配位组成的离子半径更大

B. 当离子在平面上时，HisF8 和卟啉环的空间相互作用的不紧密性

C. GF角和邻近亚单位C螺旋的相互作用

D. 离子间相互作用

12. 当血红蛋白从T型转化为R型时：

A. 它变得更具酸性同时释放离子

B. 氨甲酰基构型加速生成

C. 有利于2,3-BPG间的连接

D. 被连接上的NO被转化为谷光苷肽

E. 上述选项都正确

问答题

13. 在高海拔处的一个适应反应之一就是提高BPG的浓度。当达到氧压曲线的饱和剂量时会出现什么反应？为什么BPG增高可加强对组织的供氧能力？

14. 肌红蛋白和血红蛋白都由含亚铁血红素辅基的蛋白质组成的。一个亚单位能结合一分子O_2，而为什么肌红蛋白的氧饱和曲线是直角双曲线而血红蛋白是S型的？

参考答案

1. B　半抗原是一种小分子物质，不能单独诱导机体产生抗体，所以它不是抗原。如果半抗原共价结合到一个大分子上，则它可作为抗原决定区，游离的半抗原也可以牢固的结合在它所诱导产生的抗体上。

2. E　见图9.2。A：β片层对应排列成直线 B：V和C区互相毗邻 C：互补区是重链和轻链的可变区(V(H)—V(L))D：抗原结合是非共价的

3. C　组氨酸参与催化机制。A：天冬氨酸而不是天冬酰胺参与 B：γ羧基谷氨酸对于一些丝氨酸蛋白酶是必须的，但不在活性位点 D：这些是底物特异性胰蛋白酶 E：未提及

4. A　血红蛋白有四条链和四个氧结合位点，而肌红蛋白有一条链和一个氧结合位点。每个氧结合位点就是一个血红素。

5. B　H_2CO_3离解成HCO_3^-时释放质子，H^+与氧合血红蛋白结合，能促进O_2释放到组织 A：非常少的CO_2采用这种方式 C：这是携CO_2的另一条途径 D：当脱氧血红蛋白聚集时以Bohr效应释放H^+ E：碳酸酐酶存在于红细胞中

6. E　所有能形成由原纤维胶原附着于外层的基底层的物质叫做基底膜

7. E　C_H区决定分类。A：两种多肽链中的每一种都有两条拷贝

8. D　所有的免疫球蛋白都是糖蛋白。A：IgA与黏膜的分泌作用有关 B：IgM浓度最先升高，IgG出现较慢但最终以高浓度存在 C：IgM分子质量最大 E：IgE在过敏反应中起重要作用

9. C　这是丝氨酸蛋白酶和丝氨酸水解酶之间最显著的特点 A：它们有许多的特异性 B：每个分子只有一个活性位点 D：它们都是内肽酶 E：一个包含可水解键以及任何一侧大约四个氨基酸的“扩展结合位点”与特异性有关

10. D　结构域大小几乎一致

11. A　六价的亚铁离子半径比五价的小，正好可以就嵌入无变形的卟啉环的中央

12. A　当带正电荷的组氨酸很靠近天冬氨酸根时不再稳定，这就是波尔效应。B：升高的氢离子浓度会使氨基甲酸离解，肺中的作用就是这样的 C：BPG不能有效的与氧合血红蛋白结合，因为结合的袋状结构太小 D：在氧合血红蛋白中，当O_2释放时，NO与半胱氨酸结合变成谷胱甘肽(R型回复成T型)

13. 对于一定量的O_2，BPG与血红蛋白结合能使T构象变得稳定，除非O_2与血红蛋白结合。这种现象使饱和曲线右移并且提高了P_{50}的值。这种平衡表明BPG的增加能导致O_2的释放，为了使O_2进入组织，这种情况必定发生。

$$H^+BPGHb + 4O_2 \rightleftharpoons Hb(O_2)_4 + BPG + nH^+ \qquad \text{(方程 9.14)}$$

14. 肌红蛋白是一种有一个球蛋白和一个与 O_2 结合的血红素的单体。O_2 结合反应是一个 Hill 系数为 1 的简单平衡反应。血红蛋白是一个有四个 O_2 结合到四个血红素上的四聚体。无氧的血红蛋白以 T 构象存在，不容易结合氧。因此当 O_2 分压升高时，曲线开始升高较慢。与第一个 O_2 结合后能使整个分子变成 R 构象，此时结合 O_2 更容易。因此曲线急速上升呈 S 型。这是一个协同作用的例子。血红蛋白的 Hill 系数为 2.8。

（谈冶雄　译）

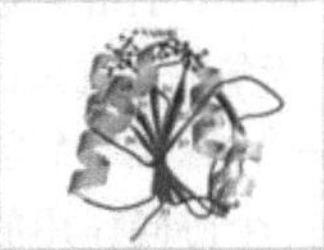

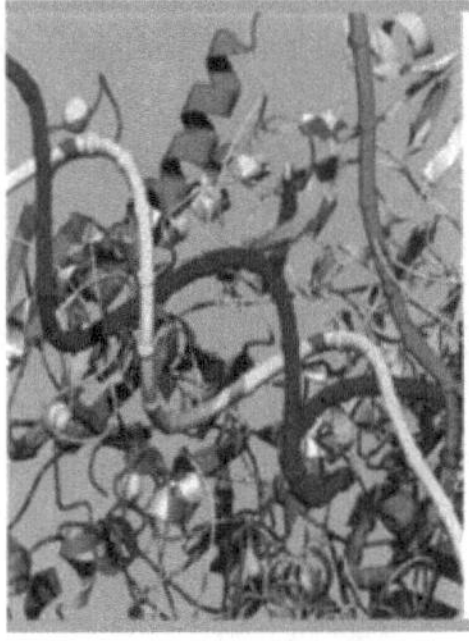

10

酶:分类、动力学与调控

Henry Weiner

10.1　概述

酶是专门催化生物反应的蛋白质,因为多数生化反应在生理条件下(pH、温度、离子环境)是不会发生的,因此每个发生在细胞内的反应都需要酶的参与。无机物或有机物的催化剂会加快化学反应的速率。而酶正是有效的催化剂:它们不但加速底物向产物转化,而且可区分看似相近的特殊结构并产生唯一的产物。酶主要有 6 种,每类催化一种类型的化学反应。酶通过降低活化能来加速产物转化率,**活化能(energy of activation)**指底物转变为产物所需的能量。酶与底物结合后形成有利于产物生成的稳定复合体,从而降低反应的活化能,该过程称为**过渡态(transition state)**。在底物转化为产物过程中,过渡态越稳定,能量消耗越少,且反应更快。目前有许多酶的详细过渡态已获知,这在药物设计中很有用。每对底物及产物均可与酶结合但具有不同的亲和力。

有一类维生素的衍生物称作辅酶,在酶促反应中具有重要作用。一些辅酶在反应过程中是必需的,但在反应结束并不改变结构。而另一些辅酶在反应过程中发生了化学改变。在酶与蛋白质结合和解离蛋白质的过程中,辅酶可能以共价键方式或者是游离方式与酶结合。那些没有辅因子的酶称**脱辅基酶蛋白**(**apoenzyme**),与辅因子结合后称**全酶**(**haloenzyme**)。金属离子通常是许多酶的辅助因子。

酶比底物要大得多,酶与底物作用的部位称为活性位点或底物结合位点。某些酶的底物作用位点是兼容的,可与多种不同底物结合,而另一些却只能与特定的结构结合。酶催化底物转化为产物的速率可用**米氏方程**(**Michaelis-Menten equation**)描述,K_m 与酶和底物结合亲和力有关,k_{cat} 与酶催化底物产生产物的速率有关。

除了底物和辅助因子结合位点,某些酶还有其他调节催化活性的位点,称**别构部位**(**allosteric site**),它的配体称之为**别构修饰剂**(**allosteric modifier**)或**别构效应剂**(**effector**)。它们结合通常会改变酶的三维结构而加速或减缓催化反应。这种催化特性受蛋白质的共价修饰,比如蛋白磷酸化的调节,这样细胞通过改变某些酶的活性,保持与细胞代谢需求一致。一些反应由不同的酶催化,它们由不同基因编码,这些蛋白质具有相似的氨基酸序列,称为**同工酶**(**isozyme**)。

并非所有的生物催化剂都是酶。催化 RNA 已被证明参与内含子和 tRNA 的加工。它们也可通过水解自身的核酸链中的磷酸二酯键完成自我加工过程。人工合成酶——**抗体酶**(**abzyme**)已被合成,并用于催化超过 100 种化学反应。合成的抗体酶可模拟与底物形成过渡态。

接下来的部分将介绍各类型的酶及一些普通的反应机制概念,用以解释催化是如何发生的、催化是如何估算的、酶化学机制和酶动力学性质,同时还介绍抑制剂影响酶的方式。

10.2 酶的分类

随着基因组测序完成,许多酶业已被鉴定,到 2004 年已有超过 83 000 种不同的酶从 9800 不同的组织中获得。按参与催化反应的类型,所有的酶被分为 6 类。由国际生化与分子生物学组织(IVBMB)提出了由一个简单的数字系统组成的酶定义方案:每个酶由 4 个数字编码,第一个数字代表催化的反应类型,接下来数字代表反应的具体细节。所有生化反应都可以归纳为 6 种类型(表 10.1)。

表 10.1 酶分类与酶主要分类小结

1. 氧化还原酶	脱氢酶、氧化酶、还原酶、过氧化物酶、过氧化氢酶、加氧酶、羟化酶
2. 转移酶	转醛酶、转酮酶、酰化酶、甲基酶、葡萄糖基化酶、磷酸转移酶、激酶
3. 水解酶	酯酶、糖苷酶、肽酶、磷酸酶、硫解酶、磷脂酶、酰胺酶、脱氨酶、核糖核酸酶
4. 裂合酶	脱羧酶、醛缩酶、水合酶、脱水酶、合酶、裂合酶
5. 异构酶	消旋酶、差向异构酶、异构酶、变位酶
6. 连接酶	合成酶、羧化酶

某些酶有特有名称,如醛缩酶特指那些催化 3-磷酸甘油酸与磷酸二羟丙酮的醛缩反应的酶,溶菌酶是指破坏细菌细胞壁的酶。

系统的命名包括底物和反应类型。例如乙醇脱氢酶是使乙醇氧化成醛的酶,在 IVB-MB 的编码是 1.1.1.1,这表明此酶催化一个氧化还原反应(第一位),由 NAD^+ 作为脱 H^+ 的受体(第二位),以乙醇为底物(第三位),末位数字用来区别每种催化相同反应但不同底物的酶。乳酸脱氢酶(1.1.1.27)催化与乙醇脱氢酶相同的反应,但底物是乳酸。酶的常用名通常与细胞中重要反应相对应,有人建议弃用酶的常用名而采用系统命名,但许多文献仍同时沿用两种命名方式。

第一类:氧化还原酶

催化氧化还原反应的酶称为氧化还原酶。氧化意味着失电子,还原为得电子。电子从一底物(供体或还原剂)转移出为氧化,进入第二底物(受体或氧化物)为还原。许多不同的电子受体在生物系统中被使用。脱氢酶是典型的氧化反应酶,比如乳酸脱氢酶,3-磷酸甘油酸脱氢酶。而丙酮酸还原酶、1,3-二磷酸甘油酸还原酶则是典型的还原反应酶。

氧化还原反应包括如下成对的供体-受体:饱和与不饱和的碳-碳键,乙醇-乙醛,乙醛-乙酸,胺-亚胺。O_2 分子作为电子受体,参与多种不可逆氧化还原反应。单加氧酶催化形成羟基,而双加氧酶将 O_2 的两个氧原子加入底物。细胞色素 P450 是一类加氧酶,在异源物如药物和毒物代谢中发挥重要作用,它们利用 O_2 分子中的一个氧原子,通过羟化反应将饱和化合物转化成乙醇 (图 10.1)。

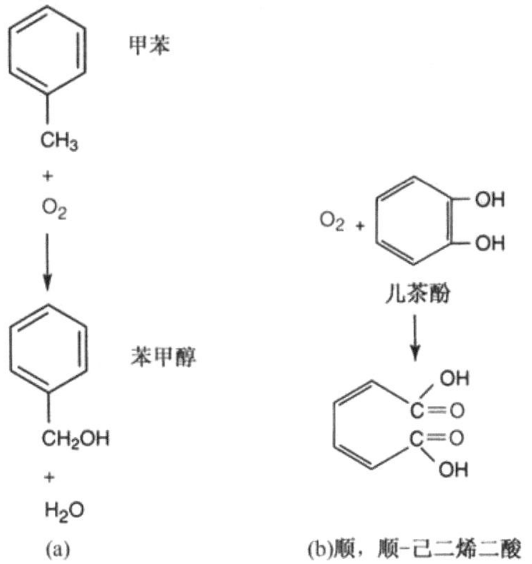

图 10.1　酶催化氧化反应
(a)甲苯的羟基化(b)氧化酶催化儿茶酚氧化

第二类:转移酶

这类大家族的成员将化学基团从一个分子转移到另一个分子,它们有 2 个底物并生成2个产物。己糖激酶把一个磷酸基团从一个 ATP 转移到一个受体如葡萄糖(图 10.2)。当酶以三磷酸核苷酸为供体,把一个磷酸转移到另一个分子,称**激酶(kinase)**,受体可以是小分子或蛋白质。另一例转移酶是酰基转移酶催化的酰基基团从辅酶 A 酰基到一受体,如赖氨酸或色氨酸(图 10.3)。

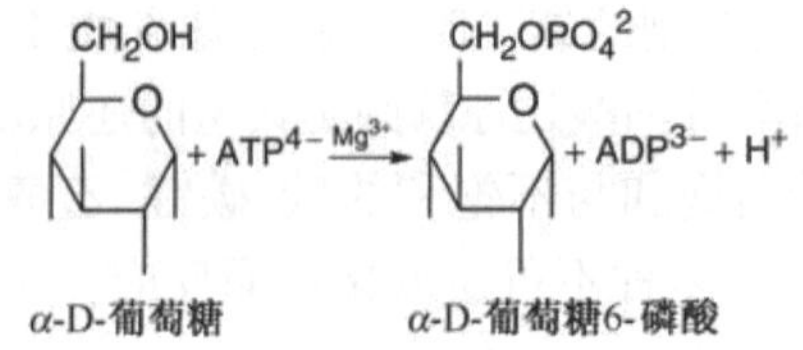

图 10.2 磷酸化反应
己糖激酶催化 ATP 磷酸化葡萄糖的反应

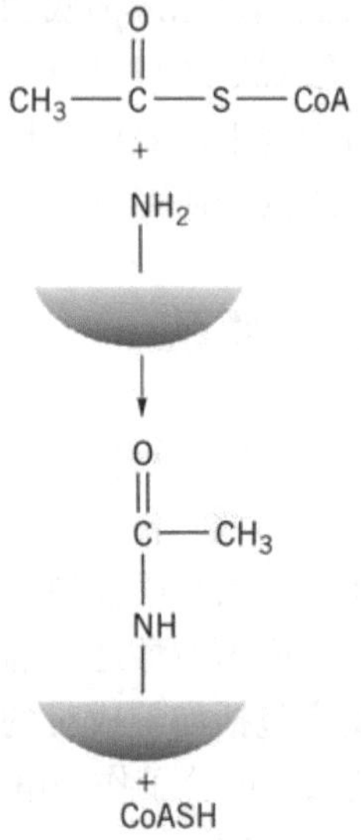

图 10.3 氨基酸残端的乙酰化

一个重要的胺转移反应发生于氨基酸和含碳复合物之间,**氨基转移酶(aminotransferase)**转移氨基基团并转化氨基酸成酮酸;底物受体——另一个酮酸转变为氨基酸(图 10.4)。氨基转移酶需要由维生素 B_6 来源的磷酸吡哆醛作为辅酶。

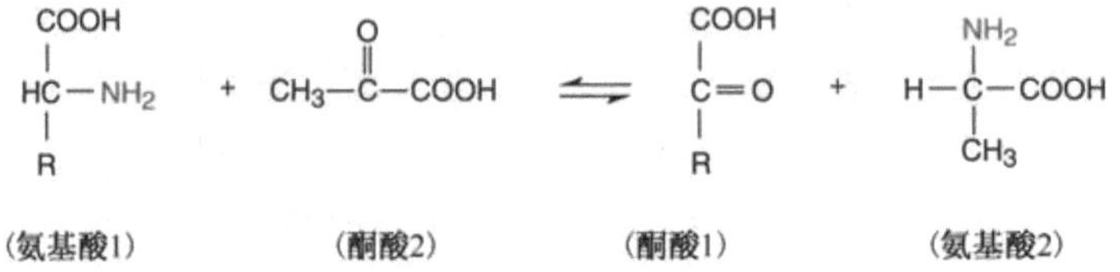

图 10.4 氨基酸转移酶催化反应的例子
氨基酸转移酶需要磷酸吡哆醛

第三类:水解酶

水解酶催化水解反应,将水加成到一化学键中(图 10.5),这种转移的本质是将 H_2O 中的 OH 转移到底物,但此类酶却不称为转移酶。水解本质是不可逆反应。典型的底物是酯或酰胺,如乙醇和羧基酸中的酯。胆固醇酯可水解生成胆固醇和脂肪酸。产生的酸不一定是羧酸,也可以是硫酸、磷酸或任何可形成酯键的酸。RNA 酶和 DNA 酶可水解磷酯键。

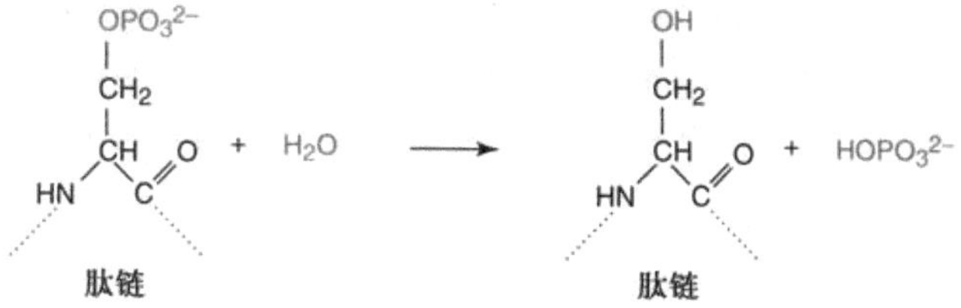

图 10.5　蛋白磷酸酶水解磷酸化蛋白

第四类：裂合酶

裂解即是断裂成片，此类酶通常催化碳－碳键的断裂，还可催化碳－氮键形成或断裂，或是使 CO_2 从 β-酮酸中解离。某些反应是可逆的，如醛缩酶可催化碳－碳键的重新形成(图 10.6)。某些裂合酶需要磷酸吡哆醛作为辅酶(见 28.5 节)，重要的神经化学反应如多巴胺(图 10.7)和 5-羟色胺形成即是这类反应。如果在新键形成中不需三磷酸核苷参与的酶称**合酶(synthase)**；若需要 ATP 水解供能，则该酶称为**合成酶(synthetase)**。

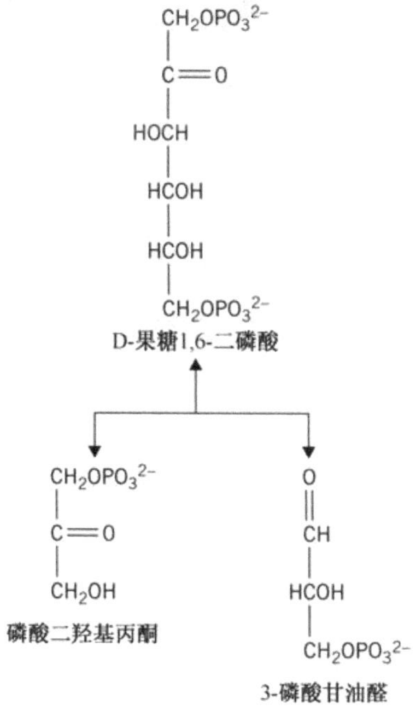

图 10.6　醛缩酶催化的裂合酶反应

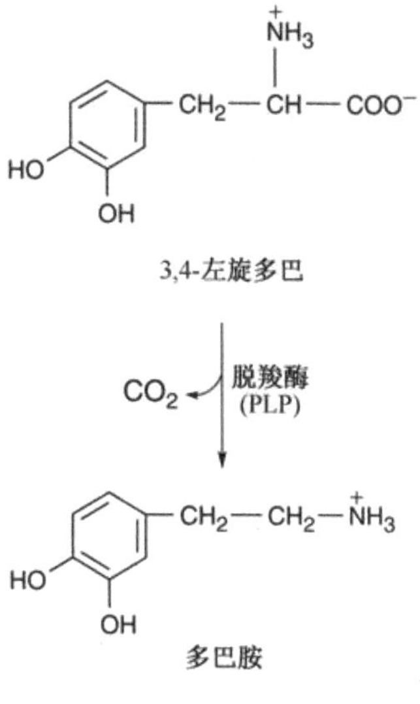

图 10.7　裂合酶参与多巴胺合成，反应需磷酸吡哆醛参与

第五类：异构酶

此类酶可移动分子内的一个基团或一个双键，包括改变羟基和羰基的位置，就像 6-磷酸葡萄糖转变成 6-磷酸果糖(见 15.3 节)，以及在脂肪酸代谢中可见双键被移动到邻近位置。当此酶催化同一分子中磷酸从一碳键移动到另一碳键，称为变位酶。就像磷酸甘

油变位酶转变 2-磷酸甘油酸成 3-磷酸甘油酸(图 10.8)。异构酶和差向异构酶可改变碳原子化学空间构象。异构酶的例子有 D-乳酸转变为 L-乳酸。差向异构酶例子是 D-5-磷酸木糖变为 D-5-磷酸核酮糖(图 10.9)。UDP-葡萄糖-4-差向异构酶催化反应需要 NAD 参与。

图 10.8　转变 2-磷酸甘油酸成 3-磷酸甘油酸

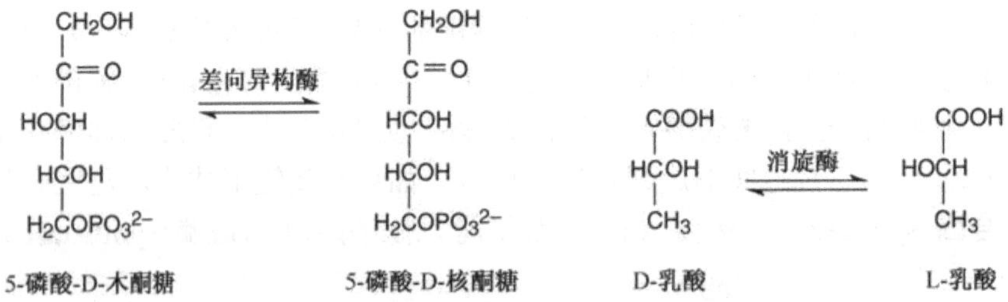

图 10.9　差向异构酶和消旋酶催化例子

第六类:连接酶

连接酶催化碳原子连接,但与第四类的裂合酶不同,它的反应需能量,因此被称为**合成酶(synthetase)**。典型的能量来源是 ATP。例如,催化 CO_2 与丙酮酸的合成反应中,CO_2 与辅酶生物素的结合需要水解 ATP 供能(图 10.10)。催化氨基酸与 tRNA 的合成反应也由此类酶完成(见 6.2 节)。在反应复合物之间存在许多相互作用,利用水解 ATP 的能量来合成新键。

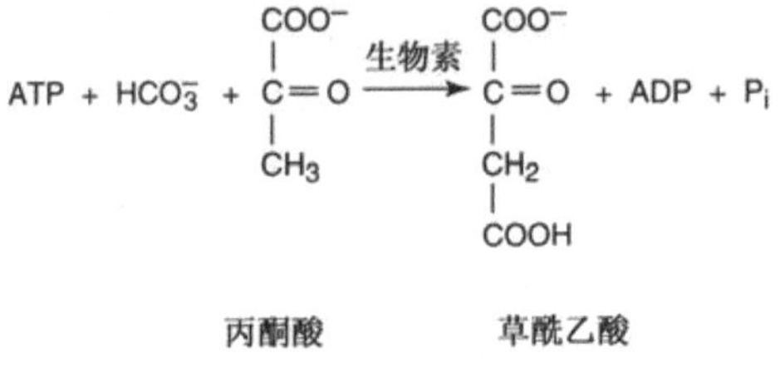

图 10.10　丙酮酸羧化酶反应

10.3　酶作用机制基本概念

热力学因素

反应物和产物的形成均需要能量,这里的能量是指**生成热(heats of formation)**。反应物和产物形成的能量需求之间具有**热力学联系**(**thermodynamic relationship**),能量差异用 ΔG_0 表示,单位是卡路里(kcal/mol)。当反应达到平衡,反应式中物质浓度如下:

$$\Delta G_0 = -2.3RT \times \log[\text{产物}]/[\text{反应物}] \qquad (\text{方程 } 10.1)$$

R:国际气体常数(1.38cal/mol-℃K)

T:温度 K

催化剂的加入使反应加速达到平衡。产物/反应物的比率为反应平衡常数 K_{eq}。它意味着不同产物与反应物的自由能(生成热)差异决定了反应达到平衡时各自的数量,但它不能决定反应达到平衡的速率。催化剂的作用加快了反应达到平衡的速率,但不改变平衡常数,K_{eq} 由生成热决定,每个反应的 K_{eq} 是恒定的。

许多反应即使在酶存在时也是不可逆的,不可逆反应的产物不能再转变为起始物质。在此情况下,基本上 100% 的起始物将变为产物。这种说法并非完全准确,因为即便是完全不可逆反应,起始物与产物的比率实际可能是 1∶200 000 或 1∶1 000 000。反应达到平衡后起始物的量难以检测,所以认为此类反应基本不可逆。

酶与底物结合

酶要发挥催化剂功能首先必须与底物结合,进而降低活化能使反应加速。两个普遍认同的理论解释了底物与酶是如何结合的。经典是**锁钥理论**(**lock-and-key theory**)。其假设酶与底物结合位点是固定且唯一的,具有特殊形状,类似于锁(酶)与钥匙(底物)的结合方式。新近的理论产生于 20 世纪 60 年代,称**诱导契合理论**(**induced fit theory**),即在酶与底物相互接近时,其结构相互诱导,相互变形,相互适应,进而相互结合。两种理论都需要以蛋白结构为基础,目前许多酶的三维结构已知,并发现底物结合时有肽键的移动,因此现有证据支持后一种学说(图 10.11)。

酶结构的改变尽管在大多数情况下与无底物时非常相似,但已足以使之与底物发生相互作用。底物上的疏水性结构临近酶的氨基酸残端从而形成氢键,底物上的电荷可被

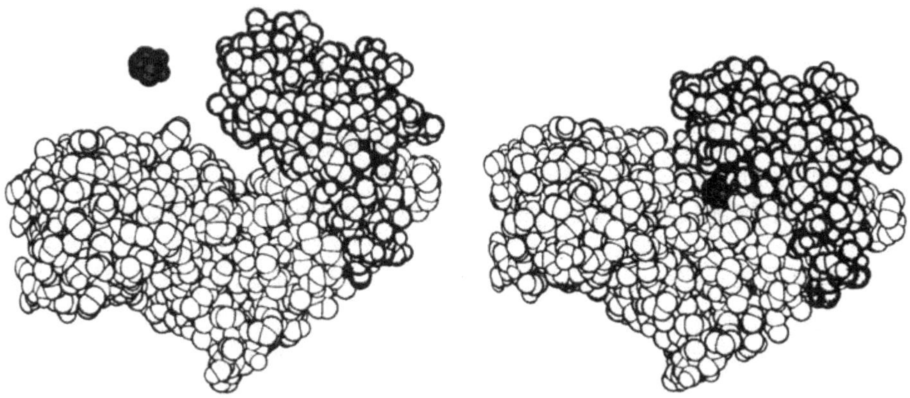

(a)　(b)

图 10.11　葡萄糖诱导己糖激酶结构改变

(a)无配体的己糖激酶与游离葡萄糖拉近(b)己糖激酶构型改变并与葡萄糖结合。在此空间相互作用结构中,圆的范围代表原子的范德华半径。图中葡萄糖标为黑色,每个区域灰度不同

相对应的电荷中和或通过形成的氢键而稳定。底物疏水区结合于蛋白疏水区，后者被称为**疏水口袋**(**hydrophobic pocket**)。

过渡态

此理论描述化学反应是如何在过渡态模式上发生的。起始物质(底物)和产物有各自特定的结构和化学性质。过渡态是一种既非起始态又非产物的结合转化状态，可以用胺添加到反式肉桂酸生成苯丙氨酸的反应来说明(图 10.12)。起始物的双键在同一平面上，加胺后碳成为了四面体结构的一部分。过渡态中的键形成伴随几何形态改变需要能量，反应速率与形成过渡态所需的能量成反比。图 10.13 是能量反应曲线，它描绘了底物转变为过渡态所必需的能量改变。过渡态的实体目前还未被发现或分离出来。过渡态可能会向产物转变也可能变回起始物。催化剂仅仅是降低过渡态的能量(ΔE^*)，也就是说加速起始物转变的速率。

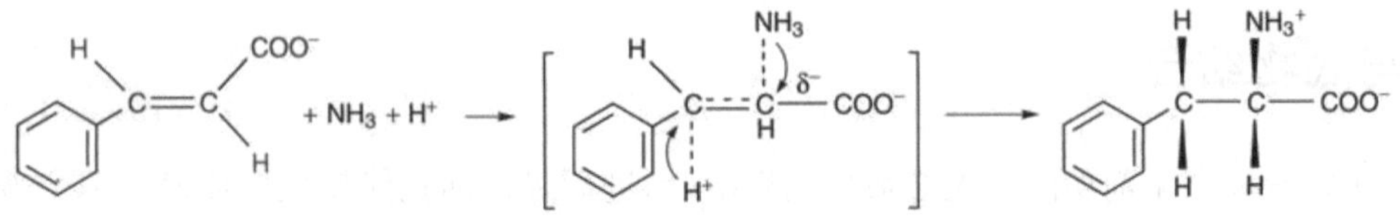

图 10.12　过渡态

过渡态双键上电子移动以容纳质子，使碳带正电荷以结合氮元素上的电子对

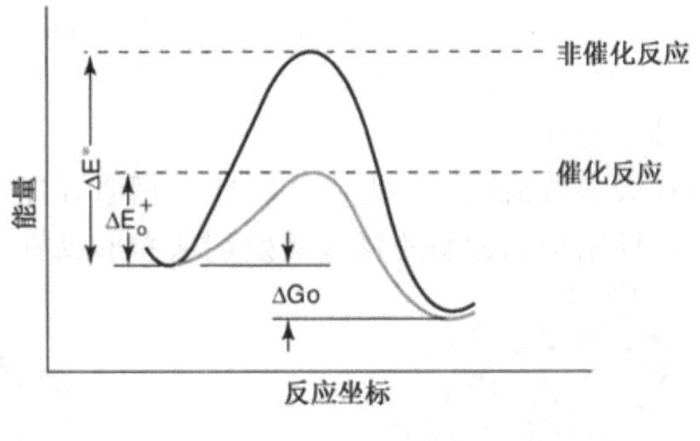

图 10.13　催化与非催化反应能量图

图示了反应物与产物能量的不同。ΔG^0 为基线，ΔE^* 为过渡态。反应速率与 ΔE^* 成反比而 K_{eq}与不同的 ΔG^0 相关。ΔE^* 是反应达到假定过渡态需要的能量

酶通过降低活化能稳定过渡态，因而加速了反应，这是通过酶的氨基酸残基与过渡态分子相互作用来完成的。

水解肽键产生羧酸和游离的氨基基团可用来说明酶是如何稳定过渡态的(图 10.14)。水加至肽键，使碳基团成为四面体，并改变共用键的角度和形状。过渡态不是四面体的中间态，而是形成共价键并能转化为四面体的形式。反应过程中，不仅碳-氧键改变使平面结构变成四面体，而且氧负电荷也需要被稳定。

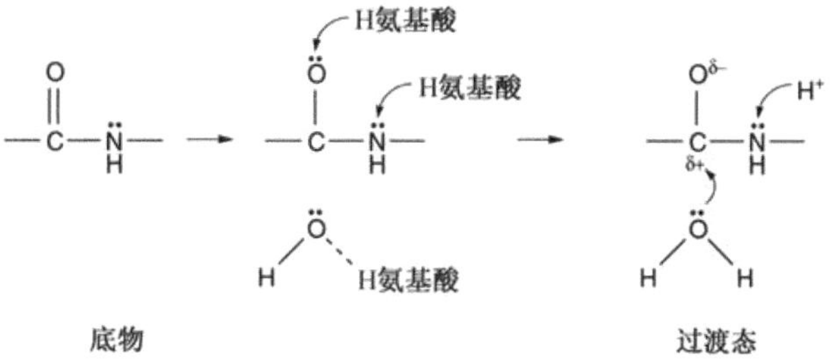

图10.14　水解肽键的过渡态

同一肽键平面的羰基在水(或 OH^-)作用下转变为四面体结构,氮被质子化,随后肽键被水解。活性位点的氨基酸提供 H^+ 稳定羰基氧和氮原子的负电荷,所以会游离一个胺。不同的氨基酸从水中移去质子产生更多的活性 OH^-

过渡态中的紧密结合

酶与过渡态而不是与底物或最终产物紧密结合,是因为如果酶与底物紧密结合则需更多能量来达到过渡态。同样的,酶也不可能与产物太紧密结合,否则产物与酶的解离将很难。酶是需要与产物解离进而再与其他底物分子作用的,这些概念详见图10.15。

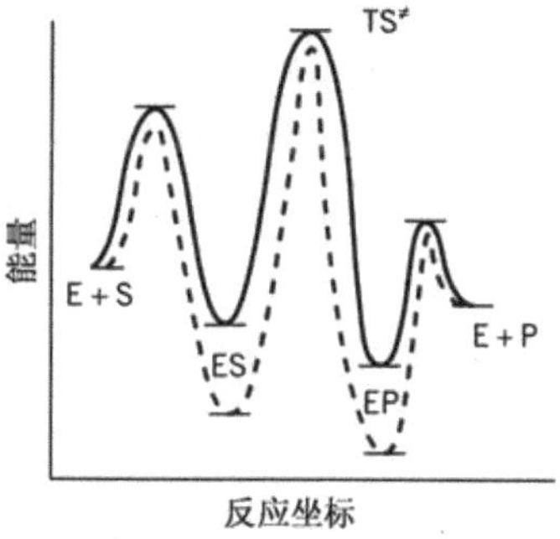

图10.15　紧密结合底物的能量图

红线表示与酶底物紧密和疏松结合的比较。紧密结合需要更多的能量,因此会较慢地达到过渡态。同样情况也发生在产物结合太紧时,因为需要更多的能量解离产物变为过渡态。反应的每一步都有过渡态

无需离子键的离子作用

自然界中大多数反应可用离子作用解释,也就是说,许多细胞内的反应需要阳离子和阴离子相互作用。酶可以添加或移去底物上的质子以改变其电荷或使酶中性基团变成离子形式。移去质子使基团变得更具亲核性,即基团(亲核物质)更趋于阳性中心。举例来说,OH^- 比水更具亲核性。离子化半胱氨酸比非离子化硫原子更具亲核性。酶可以使基团质子化,即使其阳离子化,从而更易受亲核性攻击。水解的肽键更具亲核性的基团是 OH^- 而不是水。还有,亲核作用将极化羰基基团,使碳原子带正电荷(图10.14),添加或移去质子分别称为**广义酸**(**general base**)和**广义碱**(**general base**)的催化。酶使用酸和碱的优点在于即使在 OH^- 和 H^+ 都非常低的中性pH条件下,它也可进行酸碱反应。

局部电荷键

通常形成碳-碳键的方式是负碳离子攻击一个羰基基团。比如两个3碳复合体形成果糖-1,6-二磷酸(图10.16),磷酸二羟丙酮中的羰基团使碳上的氢原子连接显示更多酸性。酶失去质子,使碳带有负电荷。中性羰基基团中电子靠近氧,所以碳带着部分正电荷。这种情况下碳负离子是稳定的,因为电子是游离的且没与碳连接,碳负离子这时可以攻击羰基形成新键,酶同时拉着两底物彼此靠近,增加碰撞机会,并参与极化羰基和移去

质子。

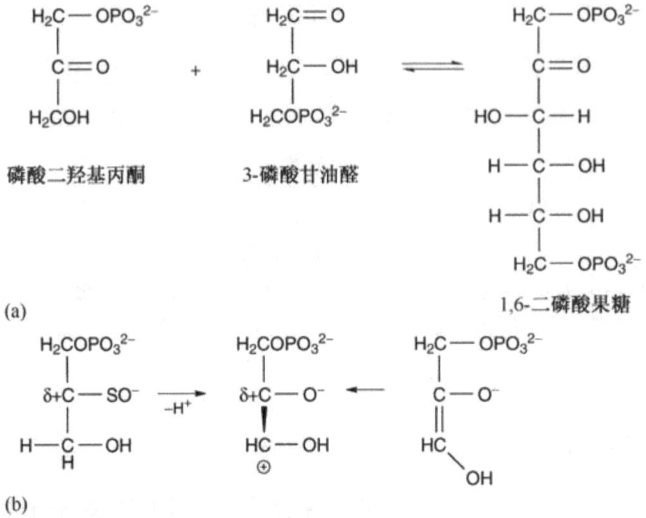

图 10.16 羰基团稳定相邻的碳负电荷

(a)磷酸二羟丙酮和3-磷酸甘油醛生成1,6-二磷酸果糖反应。(b)磷酸二羟基丙酮过渡态。碳的部分正性电荷可被碳负离子攻击形成新的碳－碳键。羰基可使邻近的碳原子失去质子从而生成负碳离子

重要的羰基

许多代谢转化有赖于特定的羰基团及其稳定与之结合的碳负电荷的能力。比如β-酮酸中的β-酮戊二酸(图 10.17)可以被脱羧,但是丙酮酸就难以被脱羧。当—CH_2—COO—键断裂,电子留在β-碳原子上,并被携带部分正电荷的羰基基团稳定。酶稳定过渡态是通过质子与羰基氧和β-碳原子上的负电荷相互作用来完成的。

相反,丙酮酸不能进行脱羧反应,因为没有办法平衡由于CO_2基团解离而留下的电子对,同时α-酮酸脱羧必须有辅酶参与。

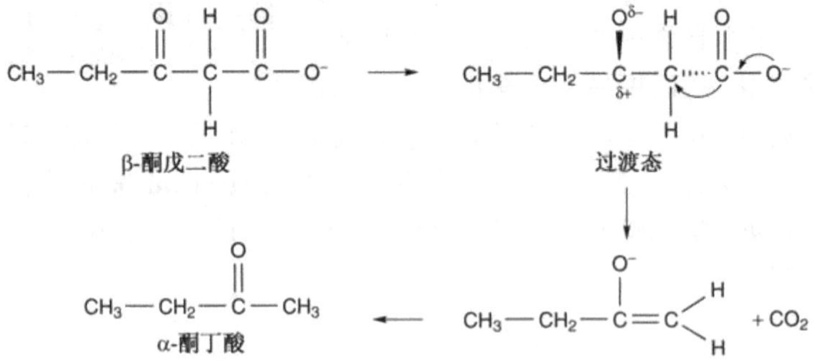

图 10.17 β-酮戊二酸脱羧

β-酮戊二酸脱羧的发生是因为当羰基键断裂,碳的部分正电荷稳定了形成的负电荷。邻近解离的CO_2的羰基起不到稳定电荷作用

氧化作用

氧化反应中也有离子的作用。在乙醇转变为乙醛或碳-碳饱和键变成不饱和键的氧化反应中,电子不是自由移动而是以氢离子形式移动,也就是一个质子与两个电子携带一个负电荷形式移动(图 10.18),脱氢酶通过稳定过渡态以产生电荷和构型改变。

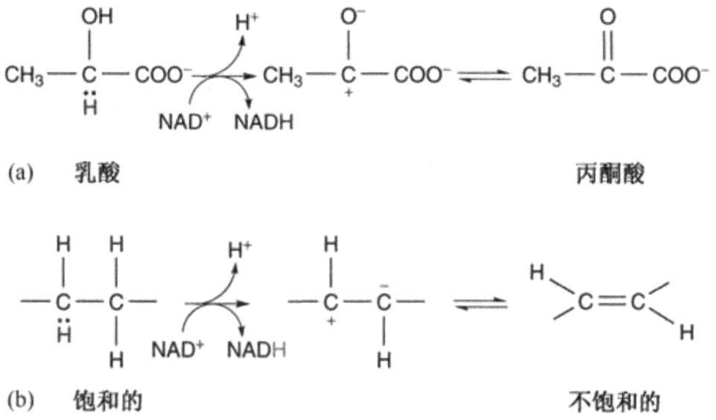

图 10.18　乳酸氧化和饱和碳键

(a)乳酸变丙酮酸。(b)饱和键与不饱和键。尽管有氢离子参与,这些反应仍属于离子反应

质子的得失

大多数酶能有效地添加或移去质子,但方式各异。蛋白酶可以极化肽键连接的羰基基团使此键更易水解,从而促进对酸、碱和金属离子的催化作用。

蛋白磷酸化,特别在色氨酸、羟丁氨酸或酪氨酸羟基基团被 ATP 或 GTP 磷酸化的过程中有 OH 基团攻击磷酸(图 10.19),通过去除一个质子使 OH 更具亲核性,同时磷酸-氧键极化使磷原子部分正极化而更利于亲核性攻击。几乎每个酶(激酶)催化这类反应都要用到 Mg^{2+}。二价离子可结合二到三个磷酸根。正电荷的存在使 P═O 键中的电子靠近 O 原子,并使磷酸根带有少量的正电荷。

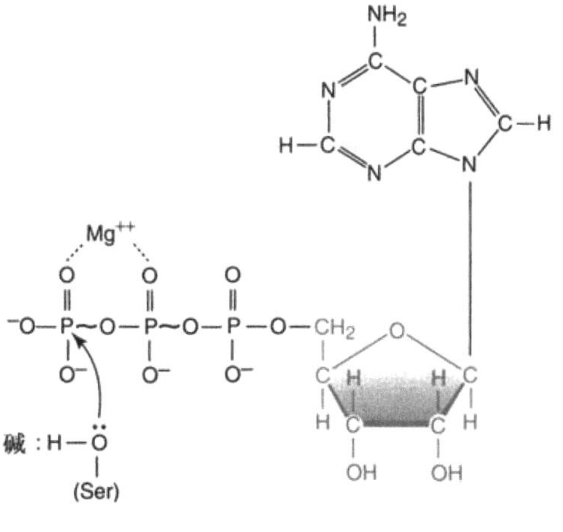

图 10.19　磷酸化是亲核基团攻击三磷酸核苷(NTP)的反应

ATP 或其他 NTP 被丝氨酸、苏氨酸、酪氨酸的羟基氧电子对攻击。Mg^{2+} 离子与 NTP 结合把电子从磷酸基团拉离,使得更易受亲核攻击

底物与酶的共价结合

酶不但能催化酸碱反应，有时还可与一些底物形成共价键。比如糜蛋白酶和 3-磷酸葡萄糖脱氢酶(图 10.20)，这两种酶的亲核性氨基酸可作用于底物的羰基形成共价键。甚至一些激酶也通过共价催化行使功能，该过程中 ATP 首先与酶连接，随后磷酸被转移到亲核性残基上，形成被磷酸化的酶。该反应与糖作用于 ATP 相同。此时酶的色氨酸和苏氨酸羟基被活化而开始发挥作用。底物结合后被酶的广义碱活化，后者作用于磷酸基团形成最终产物。

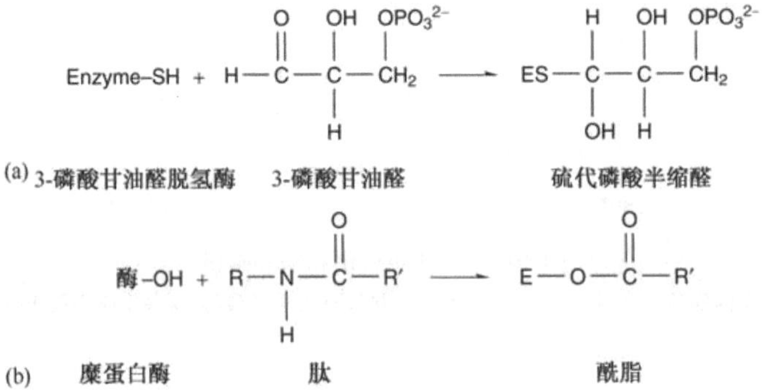

图 10.20　某些底物与酶形成共价键

(a)3-磷酸葡萄糖脱氢酶。(b)糜蛋白酶与底物首先形成共价结合中间体

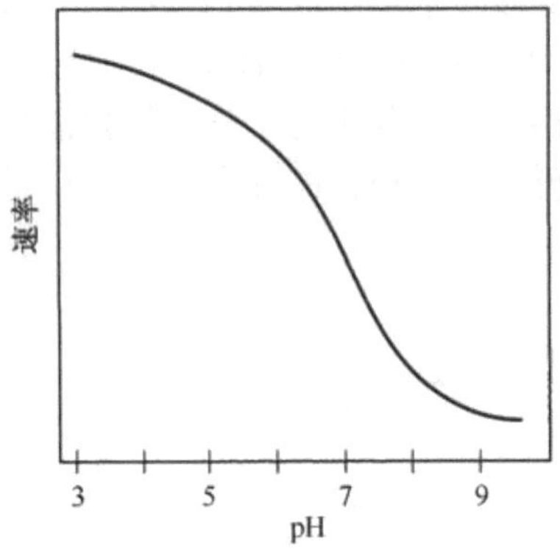

图 10.21　受 pH 影响的酶促反应速率

如果组氨酸的咪唑需要被质子化才显现酶的催化活性，反应速度将随 pH 上升并超过残基的 p*Ka* 而下降。如果基因不需质子化，则曲线相反并在 pH8.0 时活性最大

pH 对酶作用的影响

实际上所有的酶都是广义的酸或碱催化剂，因而反应效率将受 pH 的影响。比如在酶需要组氨酸提供质子的反应中，pH 不可高于 8，因为组氨酸的咪唑基团提供质子，它的 p*Ka* 接近 7(图 10.21)。所有酶都有一个 pH 与效率的关系表(见 10.7 节)，它也反映了一些参与活性位点的重要基团的特性。因为蛋白质空间结构在催化活性中很重要，如果改变 pH 也会改变蛋白质空间构象，活性也将随之改变。

10.4　酶活性部位

酶活性位点占整个蛋白质比重是很小的。大多氨基酸残基不与底物连接(图

10.22)。酶催化残基与底物之间的距离和角度必须非常精确才能发挥催化作用。

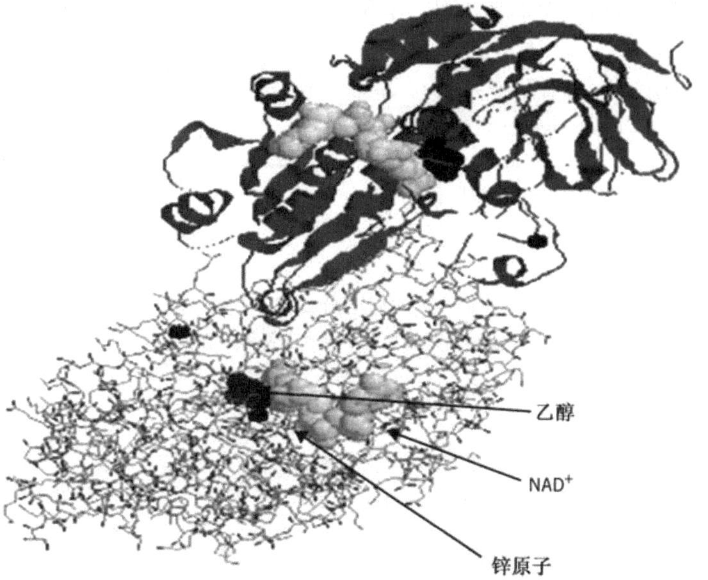

图 10.22　酶远大于其底物

乙醇脱氢酶的羟基与 Zn^{2+} 和 NAD^{+} 在活性位点连接。大多数氨基酸是不与底物接触的。图中二聚体的一个亚基以带状显示,其他为原子

酶中的大多数氨基酸发挥着支架的作用,以使底物的功能基团形成正确的构型。活性位点远端残基的突变可造成酶活性的改变,图 10.23 显示了人肝乙醛脱氢酶中的一个

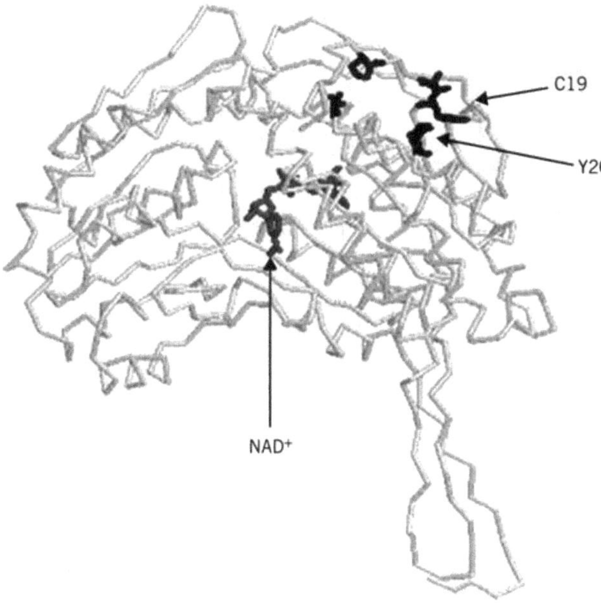

图 10.23　远离活性位点的氨基酸是至关重要的

酶表面的一个氨基酸残基对维持其构型是必须的。乙醛脱氢酶(500 个氨基酸)亚基上的 19 位半胱氨酸残基突变为酪氨酸后导致突变体不可溶。而残基 19 通常与残基 203 连接,从而保持酶的正确三维结构

点突变。

针对底物的酶活性位点是特异的。细微的几何形状限制了酶水解两个糖分子间的β-

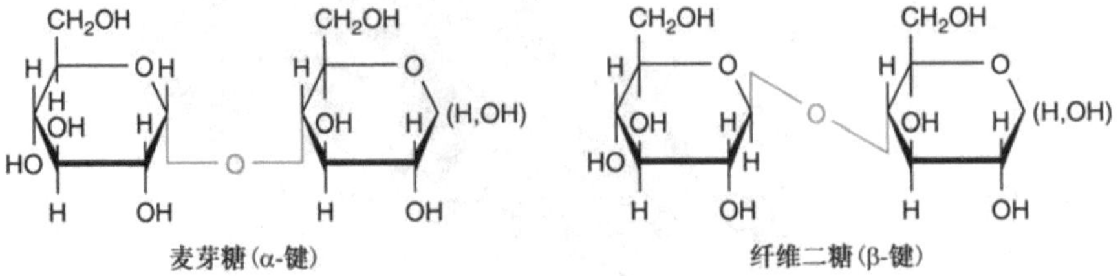

图 10.24 酶可区分α-和β-糖苷键

水解麦芽糖的酶不会水解纤维二糖

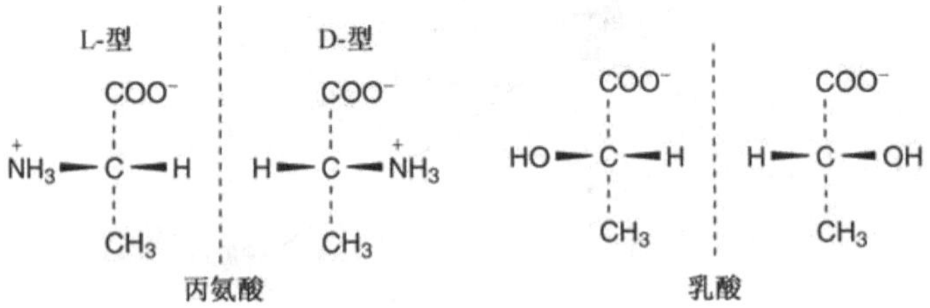

图 10.25 酶区分旋光异构体

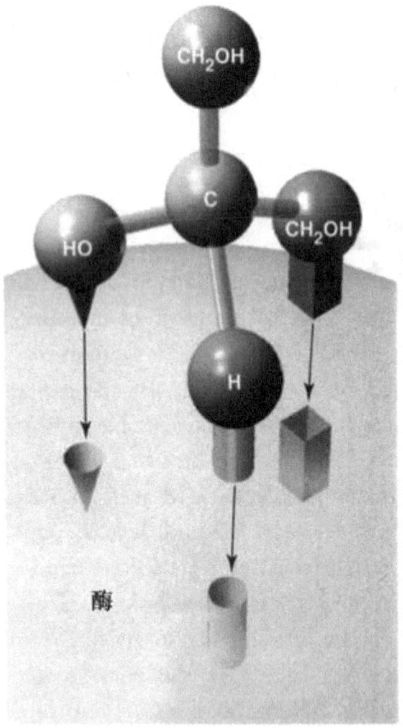

图 10.26 对称底物与不对称底物结合位点的三点连接

通过与甘油的 H 和 OH 基团结合的不同位点，甘油激酶结合α′-羟甲基基团催化生成立体异构体 L-甘油-3-磷酸。活性位点为右侧的立方体

糖苷键，而允许酶水解α-糖苷键(图 10.24)。酶也区分旋光异构体。虽然许多复合物同时存在 D、L 两种形式，但哺乳动物细胞只利用其中一种立体异构体。D-乳酸很难被哺乳动物乳酸脱氢酶识别，L-型却易被识别(图 10.25)。与潜手性中心的结合可产生旋光性复合物。手性碳有 4 个不同的基团且具旋光性。**潜手性中心(pro-chiral center)**是一个非旋光性的碳，但加上一个基团后具有旋光性。非旋光性复合物以单一方向与酶结合并催化反应进行，产生旋光性的纯产物。甘油是一个非旋光性物质，被甘油激酶磷酸化后产生 L-型产物。由于酶表面不对称，而氨基酸全是 L-构造且是右手螺旋，因此酶与甘油的结合使一个伯醇靠近 ATP。简单地说，如果酶与底物有三点结合，那么潜手性中心将形成旋光性纯产物(图 10.26)。

结构化学对酶催化机制的解释

酶催化的正碳离子反应将产生具立体化学结构的产物。正碳离子不是以自由态而是与酶结合存在于溶液中，碳的亲核性作用来自去除基团的方向。产物的立体构象也可由酶的共价催化而产生。酶的乒乓催化机制(见 10.8 节)包括 2 个反向步骤,产生具有相同空间构象的产物。如双糖的磷酸解过程中底物开始时是 β 构象,结束时磷酸化产物也是 β 构象。底物与酶的结合产生 α 构象,但磷酸作用方向相反,导致最后仍维持 β 构象。如果反应发生是通过磷酸直接作用于底物,则产物构象被反转。旋光性构象反转通常发生在一个三元复合物中,由于亲核性攻击直接作用于底物而引起。(见临床相关知识 10.7 和 10.9 节)

末端修饰对基团与底物结合的影响

酶的活性位点与底物上的特定部位结合,但该部位的临近区域对反应的发生也是必不可少的。如线粒体加工蛋白肽酶需要至少 12 个在水解位点之前的残基方能发挥功能。溶菌酶,一种水解细菌细胞壁的酶,需要糖残基位于连接臂两端(图 10.27),该毗邻的糖部分可帮助形成有助于键断裂的构象改变。这样,活性位点不只是氨基酸残基的键断开或形成之处,而是一个酶上的一个复杂区域,它可以调整结构以适应底物结合和稳定过渡态。

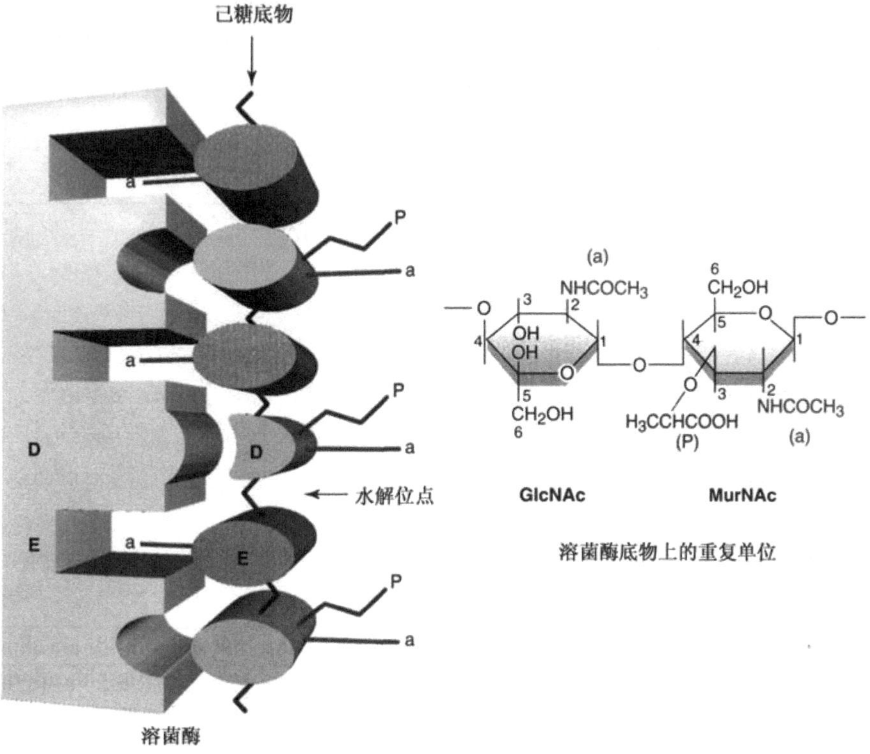

图 10.27　六糖结合溶菌酶活性位点

图示模型中,右边椭圆形代表溶菌酶底物重复吡喃糖单环。环状 D 被酶拉伸成半椅结构,水解发生在 D 和 E 间。酶通过六个亚位点与底物结合。在 *N*-乙酰胞壁酸残端,替换位点特异结合乙酰胺基团但不能结合乳糖侧链。这样底物只能与酶以唯一方向结合

10.5 辅酶、辅底物和辅因子

许多酶需要特别的辅酶,辅底物或辅因子参与催化反应。**辅酶**(**coenzyme**)是小分子有机物,通常是维生素的衍生物。它们有些在反应中可以被修饰(如氧化或还原),在反应中可被修饰而改变的辅酶又称为**辅底物**(**co-substrate**)。一些反应的能量来自 ATP 水解,但没有磷酸掺入产物,ATP 在这些反应中称辅底物。在酶催化反应中需要金属离子等作**辅因子**(**co-factor**)。

辅酶

表 10.2 列出辅酶和维生素衍生物。辅酶参与酶催化反应,但不是被修饰的主要成分。一些辅酶参与多种不同酶的反应,而另一些只参与少数几种反应。它们可以像酶与底物那样结合,也可以是紧密结合或共价结合。一些辅酶在反应中被修饰,但在结束时会回到初始状态,也有一些在结束时保持被修饰状态。如果在反应终止时被改变了(如氧化或还原),它们必须通过参与另一反应,回到它们的初始态。辅酶在细胞中的浓度相对恒定,但在代谢中扮演着多样的角色。临床相关知识 10.1 指出了辅酶结合位点的重要性和该位点改变引起的代谢障碍。

表 10.2　辅酶

辅酶	维生素	参与反应
生物素	生物素	羧化
维生素 B_{12}	维生素 B_{12}	烷基化
辅酶 A	泛酸盐	转酰基
黄素辅酶	维生素 B_2	氧化-还原
硫辛酸		转酰基
烟酰胺辅酶	烟酰胺	氧化-还原
磷酸吡哆醛	维生素 B_6	转氨基
四氢叶酸	叶酸	一碳单位转移
焦磷酸硫胺素	维生素 B_1	转羰基

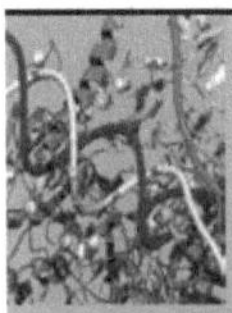

临床相关知识 10.1

辅酶结合位点突变引起的临床疾病

胱硫醚尿症是一种 γ-胱硫醚酶缺乏或失活的遗传性疾病。γ-胱硫醚酶催化反应为:

胱硫醚→半胱氨酸+α-酮丁酸

此酶缺乏会导致胱硫醚在血浆中堆积。由于胱硫醚酶是一种磷酸吡哆醛依赖性的酶,患者需服用维生素 B_6,在其成纤维细胞中可检测到与抗胱硫醚酶抗体发生交叉反应的物质。许多对维生素 B_6 治疗都有反应的患者血浆中的胱硫醚水平下降。这些患者产生的脱辅蛋白质可与抗体反应。在一例患者的成纤维细胞匀浆中未检测到酶活性,但在反应中加入 1mmol/L 磷酸吡哆醛后,酶活性上升到正常值的 31%。一般认为这是结合位点突变使与酶结合的磷酸吡哆醛的 K_m 增加所致。通过增加辅酶的浓度可部分恢复酶的活性。显然,患者需要更高的稳定辅酶浓度来维持 γ-胱硫醚酶活性。

来源于烟酸的辅酶 NAD、NADP

烟酰胺腺嘌呤二核苷酸(NAD,辅酶 I)和烟酰胺腺嘌呤二核苷酸磷酸(NADP,辅酶 II)(图 10.28)都是烟酸的衍生物,参与脱氢酶催化的氧化还原反应。两者的不同在于腺

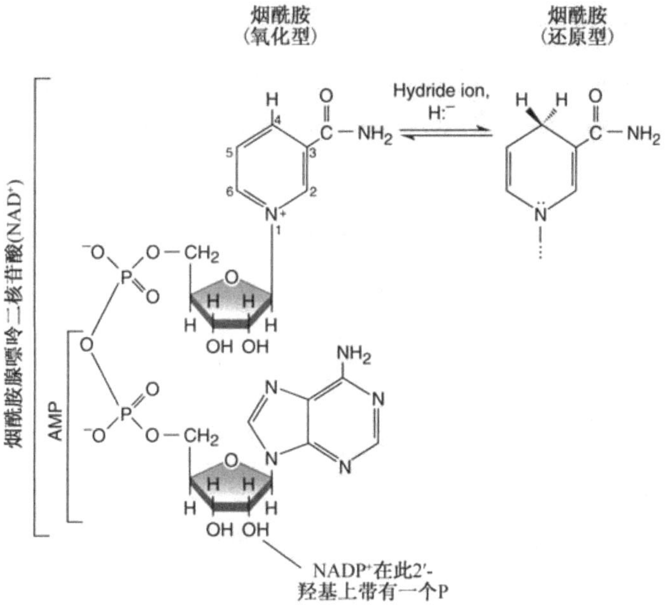

图 10.28　烟酰胺腺嘌呤二核苷酸(NAD)和烟酰胺腺嘌呤二核苷酸磷酸(NADP)

嘌呤 2′-C 上的磷酸基团。NAD 和 NADP 上的标记是用来说明辅酶是氧化态还是还原态。NAD^+ 和 $NADP^+$ 特指氧化型,NADH 和 NADPH 特指还原型。图 10.29 归纳了 NAD 参与的常见脱氢酶反应。大多数脱氢酶只专用一种辅酶,但也有一些可以两者都用。多数脱氢酶反应是可逆的。

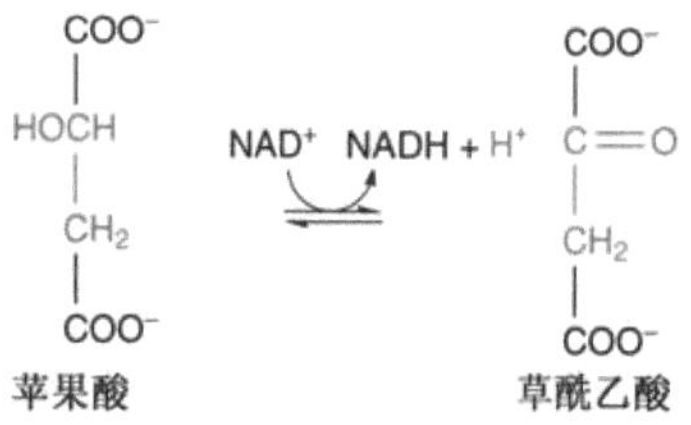

图 10.29　苹果酸脱氢酶催化的反应
酶与 NAD^+ 和苹果酸形成三维复合物,而氢离子被传递给 NAD^+

辅酶的功能部位在烟酰环,环上有 1 位氮原子并因结合核糖环而带有正电荷。烟酰胺上的正电荷使得它可以接受一个氢离子并转移出两个电子(图 10.30)。酶、辅酶、底物形成三元结构,氢离子从底物转出传递给 $NAD(P)^+$ 并释放一个质子。氢离子不存在自由态,

所以不从复合体解离而在底物与辅酶间直接传递。辅酶接受或提供氢离子后与酶分离，进入 NAD 和 NADP 的细胞池，可以继续参与其他反应。NAD^+/NADH 和 $NADP^+$/NADPH 的比例不依赖于特定的脱氢酶，而由细胞质和细胞器中的氧化还原状态所决定(见 14.1 节)。通常 NAD^+/NADH 比例较高而 $NADP^+$/NADPH 比例较低。NAD 依赖脱氢酶常参与分解代谢，而 NADP 通常参与合成代谢。

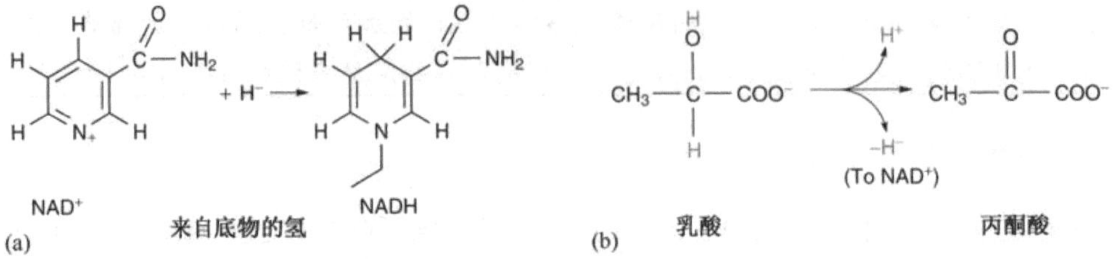

图 10.30 NAD 参与氧化还原反应

(a)NAD^+烟酰胺基团在氧化底物同时接受氢离子。(b)当氧化成丙酮酸时乳酸提供氢离子

几乎所有 NAD(P)依赖的脱氢酶都拥有类似的结构域，这些结构域包含在与辅酶的连接区域中，称为 **Rossmann 折叠(Rossmann fold)**，乙醇脱氢酶中的该结构见图 10.31。

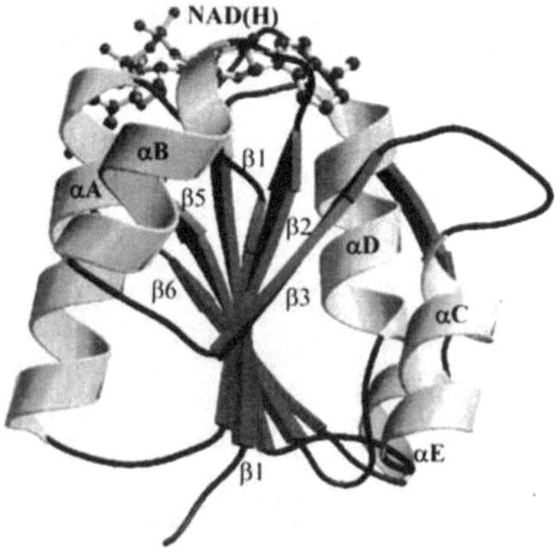

图 10.31 肝脏乙醇脱氢酶中的 Rossmann 折叠

大多数脱氢酶中 NAD(H)与 Rossmann 折叠结合

来源于核黄酸的辅酶 FMN 和 FAD

单核苷酸黄酸(FMN)和**二核苷酸腺嘌呤黄酸(FAD)**是核黄酸的两种辅酶形式。维生素 B_2 由杂环，等位四氧嘧啶(黄酸)组成，通过 N_{10} 和核糖醇连接(图 10.32)。FMN 有一磷酸酯与核糖醇 5′-OH 相连。FAD 与 FMN 的结构相似，都是由腺苷通过焦磷酸键连接至核黄酸(图 10.33)，FAD 和 FMN 在氧化还原反应中的功能是以氢离子的形式通过等位四氧嘧啶环接受或提供 $2e^-$。在某些情况下，这些辅酶可作为 $1e^-$ 的受体形成半醌黄酸(一种自由基)。黄酸辅酶在溶液中不以游离形式存在，而与酶发生较强的相互作用或直接共价结合，它们被称为**辅基(prosthetic group)**(见 9.4 节)。酶参加氧化反应产生

的还原态结合黄酸,必须通过催化另一底物发生还原反应才能使氧化态黄酸重新被合成。饱和 C—C 键的氧化过程是典型的黄酸依赖型脱氢酶反应,如琥珀酸转变成延胡索酸(见 14.4 节)(图 10.34)或饱和脂肪酸转变成不饱和脂肪酸。在单胺氧化酶(含核黄酸酶)催化的反应中,氢离子从氨基酸上解离,但电子的最终受体是分子氧。

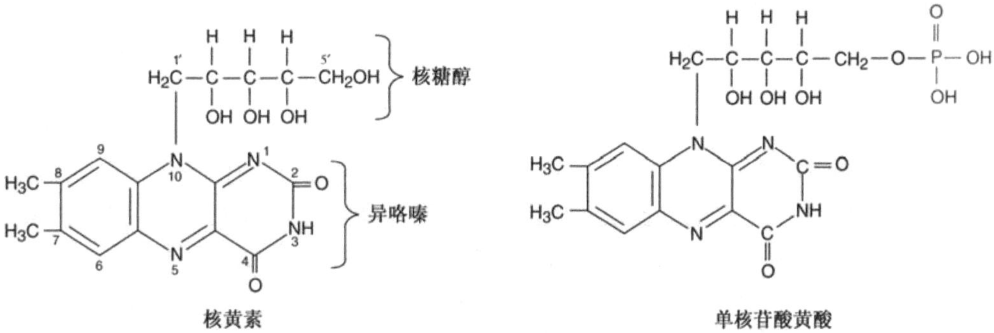

图 10.32　核黄素和单核苷酸黄酸

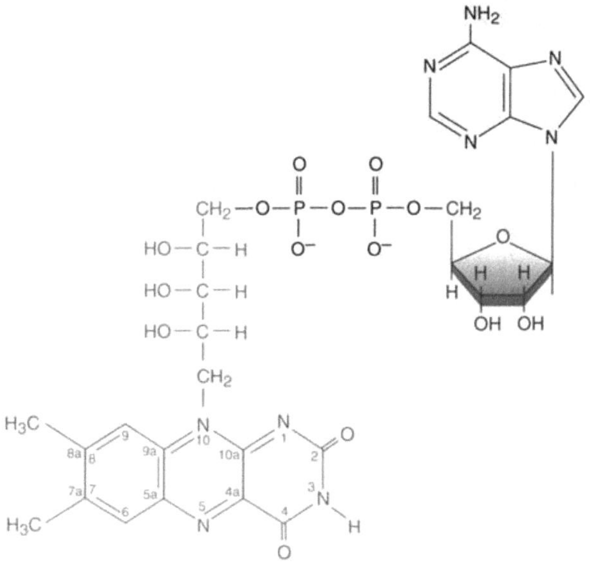

图 10.33　二核苷酸腺嘌呤黄酸(FAD)

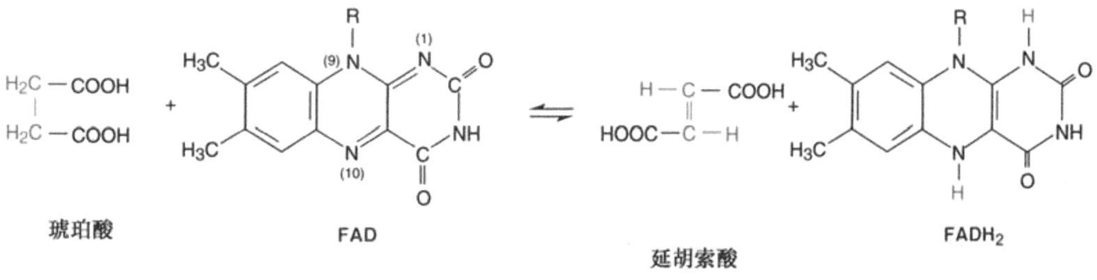

图 10.34　FAD 是琥珀酸脱氢酶的辅酶

来源于吡哆醛的辅酶磷酸吡哆醛

磷酸吡哆醛(图 10.35)主要参与氨基酸反应。主要利用磷酸吡哆醛的反应是氨基转移反应(图 10.4)。反应的受体是羰基团如 α-酮酸,供体是氨基酸如谷氨酸或天门冬氨酸(图 19.8,见 19.2 节)。氨基酸与磷酸吡哆醛结合后转移氨基基团,形成酶结合吡哆胺。α-酮酸解离后,酶、羰基和与酶连接的受体将氨基从吡哆胺转移到一个新的 α-酮酸,而吡哆醛重新被合成。这是一个辅酸在反应中被改变但反应完成后又重回最初状态的例子。辅酶吡啶环中的共振使 α-碳原子上的负电荷稳定,反应的基础是在吡哆醛上的乙醛部分与氨基酸连接形成所谓希夫碱,正是由这种共价结合使酶催化了基团的移动。一对电子从碳原子离开,它们的电荷靠吡哆醛环的共振来稳定。重要的神经递质多巴胺和 5-羟色胺的合成需要磷酸吡哆醛的参与。

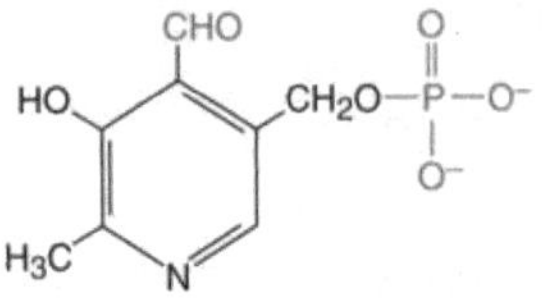

图 10.35　磷酸吡哆醛

磷酸吡哆醛与氨基酸基团结合,帮助移去 R 基团、H 或 CO_2

腺苷三磷酸——可能是第二底物或活性调节剂

腺苷三磷酸(ATP)(图 10.36)的功能是作为辅助底物(又称第二底物),它在特异酶的活性调节中也发挥辅因子的作用。该化合物是生物化学的中心,在所有哺乳动物细胞中都能合成,采用的氮杂环是腺嘌呤,生化反应的产物是三磷酸,末端的磷氧键具有较高的水解能,这意味着磷酸可以从 ATP 转移到另一受体基团。举例来说,激酶可利用辅底物 ATP 将磷酸根转移给多种受体。典型例子是已糖激酶催化的反应(图 10.2,10.2 节)。

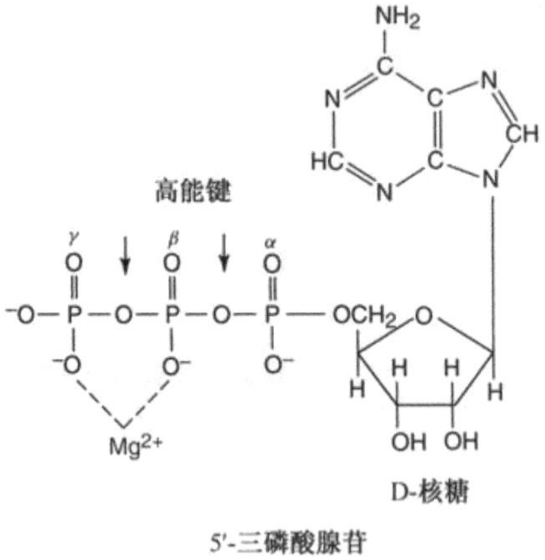

图 10.36　Mg^{2+}-ATP 结构

ATP 也可在一些酶中发挥活性调节作用,这些酶有 ATP 结合位点,结合后改变酶亲和力或酶对底物的反应性,此时 ATP 叫**别构效应剂**(**allosteric effector**)(10.10 节)

金属辅因子

许多酶需金属离子参与才能具有活性。金属离子起到结构调节作用或充当 Lewis 酸功能(一个正离子可以与非成对电子结合)或在氧化还原反应中充当电子受体或供体。

依赖 ATP 的反应需要二价离子,典型的如 Mg^{2+} 离子与 ATP 上磷酸作用,形成复合物,这样实际底物是 ATP-Mg^{2+} 复合物(图 10.36)。Mg^{2+} 不直接与酶作用,它的作用是极化 P═O 键,使磷酸能更易于亲核性攻击,这种三元复合物结构叫"底物-桥连"(Enz-S-M)。几乎所有激酶都形成"底物-桥连"复合物。ATP- Mg^{2+} 和葡萄糖的连接对己糖激酶中的活性位点影响见图 10.37。

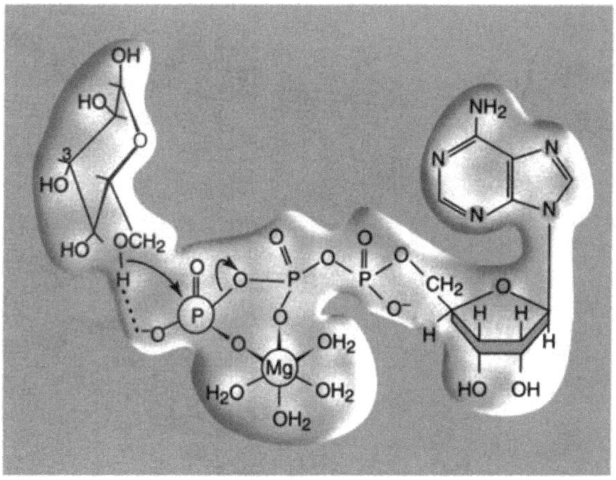

图 10.37 激酶的活性位点中 Mg^{2+} 作为底物桥连复合物

在己糖激酶作用下 ATP 末端磷酸转移至葡萄糖,形成 6-磷酸葡萄糖。Mg^{2+} 与 ATP 联合形成的真底物使末端 ATP 的 P═O 键去稳定,以促进磷酸转移。在酶(深蓝色标记)上有与葡萄糖(左上,红色标记)结合的特异位点(天蓝),以及与腺嘌呤和 ATP 的结合位点

金属能螯合底物或 ATP,与酶形成"**金属-桥连(metal-bridged)**"的三元复合物(Enz-M-S)。如 Mg^{2+} 可将 ATP 螯合至丙酮酸肌酶和磷酸烯醇式丙酮酸羧化酶。其他的**金属酶(metalloenzyme)**含有紧密连接的过渡金属,如 Zn^{2+} 或 Fe^{2+},通过形成金属桥连复合物促进与底物的结合。金属离子要么与底物结合,促进键断裂部位的亲核攻击催化反应;要么通过稳定反应过程的中间媒介。乙醇脱氢酶可结合 Zn^{2+} 并与底物氧结合,从而改变碳的性质使氧可以连接(图 10.38)。Zn^{2+} 在**羧基肽酶(carboxypeptidase)**和**嗜热菌蛋白酶(thermolysin)**(二者具有完全相同的活性位点)中的作用是从水中产生羟基并稳定其对肽键攻击产生的过渡态。图 10.39 描绘了通过 Zn^{2+} 产生羟基活性位点的过程。Glu270 的作为一个必需

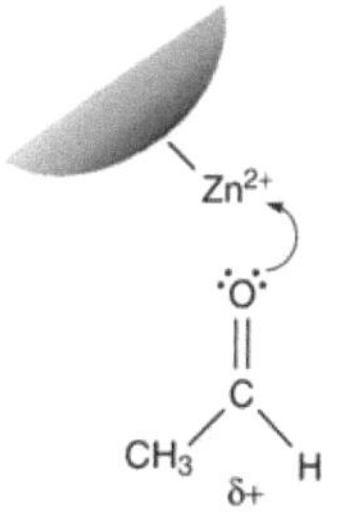

图 10.38 羰基与 Zn^{2+} 的连接

Zn^{2+} 与乙醛的羰基结合导致碳原子部分正极化,更易于接受从 NADH 来的氢离子

碱从水中移出质子,通过 Zn^{2+} 稳定四面体过渡态(图 10.40)。Zn^{2+} 提供平衡离子来稳定在四面体 C 上的负性氧。

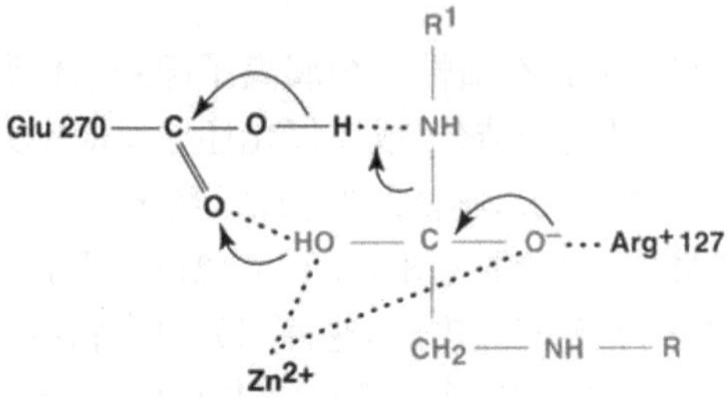

图 10.39　通过 Zn^{2+} 稳定四面体过渡态

Zn^{2+} 的正电荷会稳定四面体过渡态碳上的负电荷。四面体如箭头所示崩解,导致肽键断裂

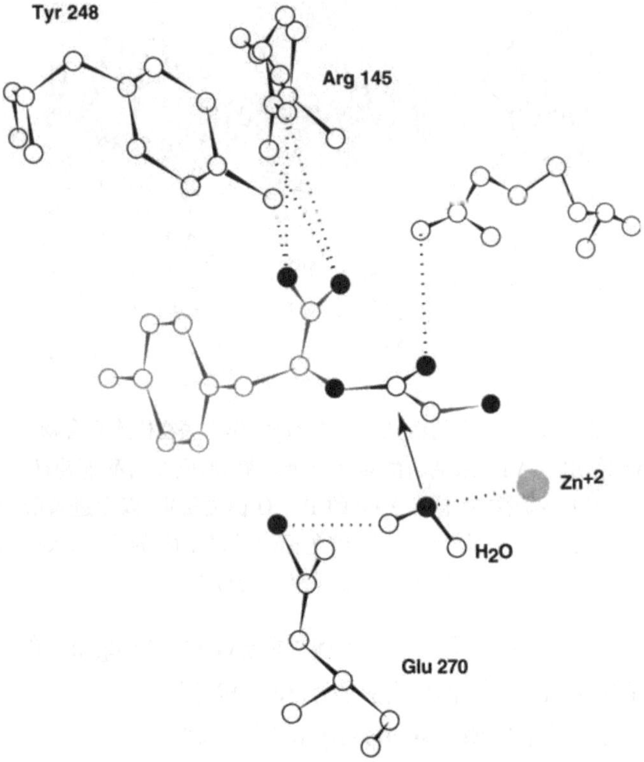

图 10.40　羧肽酶 A 反应机制中的 Zn^{2+}

酶与 Zn^{2+} 结合,从结合水中产生亲核物质羟基,如箭头所指攻击肽键羰基。Glu270 通过从 Zn^{2+} 结合的水中移出质子而辅助反应

另外在酶和底物结合的过程中,金属也可直接与酶结合达到稳定其结构的作用或诱导活性位点形成。Mn^{2+} 具有类似较弱的强碱金属(Na^+ 或 K^+)的结合特性。K^+ 可诱导丙酮酸激酶发生最初的结构变化,形成三元复合结构,这一过程 K^+ 是必需的,但作用并不充分。当与底物结合后,K^+ 诱导第二次结构变化形成具催化活性的三元复合体。图示 10.41 哺乳动物乙醇脱氢酶每单位带有 2 分子 Zn^{2+},其中一分子参与催化,另一分子扮演结构上的角色。

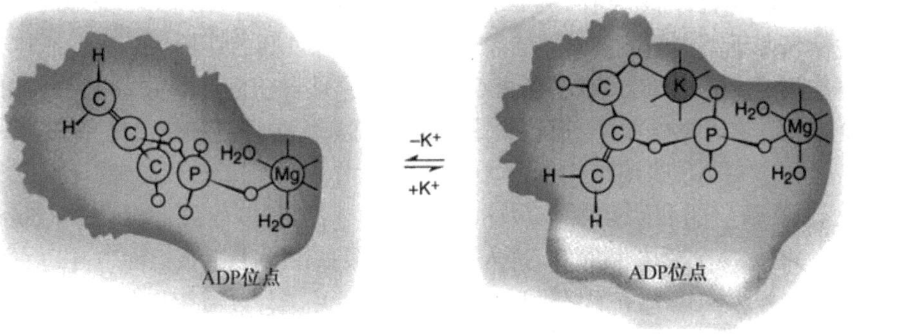

图 10.41 K^+离子在丙酮酸激酶活性位点的角色模型

丙酮酸激酶催化反应:磷酸烯醇式丙酮酸+ADP→ATP+丙酮酸。K^+的最初结合诱导激酶结构的改变导致磷酸烯醇式丙酮酸亲和力增加。另外,K^+使磷酸烯醇式丙酮酸正确定位,转移磷酸到ADP-第二底物。Mg^{2+}与底物共同作用活性位点

氧化还原反应中金属的作用

金属离子如铜、铁有不饱和电子层,可以在氧化还原反应中接受或提供电子,但一价的离子(Na^+、K^+)或二价离子(Zn^{2+}、Mg^{2+}、Ca^{2+}),因其外壳电子完整而不能在氧化还原反应中接受或提供电子。

硫铁蛋白(iron-sulfur protein)常指亚铁血红蛋白,是一种独特的金属酶,在它的活性

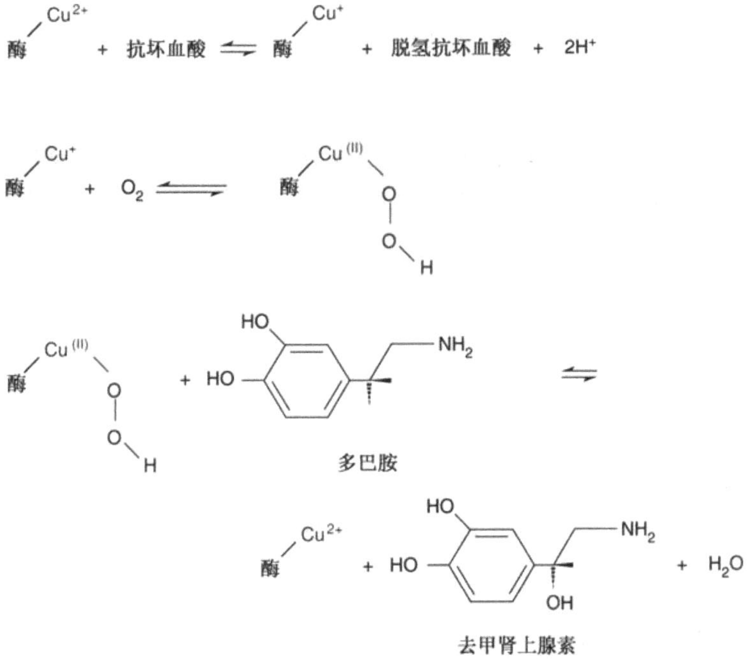

图 10.42 多巴胺脱氢酶活化氧分子中铜的作用

结合 Cu^{2+}的酶通常不与氧反应,但与辅底物、抗坏血酸发生还原反应后,产生活性酶-铜结合氧,与多巴胺反应形成去甲肾上腺素和灭活的铜结合酶

中心有一簇或多簇硫-铁螯合物(见 21.3 节)。在某些情况下,硫原子仅来源于半胱氨酸,另一些时候来源于游离的硫。这些含铁血红蛋白具有较低的还原势(E_0'),在电子转移反应中发挥作用(见 14.6 节)。**细胞色素(cytochrome)**是含铁血红蛋白,其中的铁能可逆地转移 1 个电子。在某些情况下,血红素是通过协调氨基酸侧链和血红素的铁与脱辅蛋白质相连。这样金属不仅扮演结构角色,也参与化学作用(见 14.6 节)。铜与铁也参与分子氧的活化,铜在氧化酶和羟化酶作用中是积极参与者,如**多巴胺 β-羟化酶(dopamine β-hydroxylase)**催化一个氧原子从 O_2 进入多巴胺形成去甲肾上腺素(图 10.42)。活性酶包括 1 个原子的亚铜离子与氧形成活性的氧-铜复合物。铜-过氧化氢复合物转变为 Cu^{2+}-O^- 族,在 DOPA 的羟化反应中发挥活性氧作用。其他种类的活性氧也由金属酶催化产生并作用于羟基化反应。

10.6 化学反应动力学

产物形成速率

所有化学反应的速率均可用数学方程表示。在方程中的产物和底物浓度都可以被测定。从产物形成的速率和底物消失的浓度以及两者的关系,可以确定酶催化反应的某些特性。反应的方程式中应包括速率常数(k)以及在反应中量发生变化的所有底物浓度。在反应 A+B→P 中,产物浓度随时间的改变表示为 dP/dt,P 表示任何时间 t 的产物浓度,基本酶促反应速率方程是:

$$d[P]/dt = k[A][B] \quad \text{(方程 10.2)}$$

k 是速率常数,在特定反应中是不变的。[A]和[B]是任何时间底物的浓度,速率常数与达到过渡态的活化能相关,并随着催化剂加入而改变。速率常数只在反应条件变化下改变,也就是说加入催化剂或改变 pH 或离子构成才改变。

第一和第二类反应

反应中只有一个底物(A→P)叫第一类反应。

$$d[P]/dt = k[A] \quad \text{(方程 10.3)}$$

如果有 2 个底物,则称第二类反应(方程 10.2)。k 的单位在两类反应是不同的。$d[P]/dt$ 的单位是 mol/min(或任何其他浓度和时间单位),所以 k 在方程 10.2 的单位是 $mol/s \times min^{-1}$,但在方程 10.3 中 k 是 min^{-1}。如果 2 分子 A 变为 P,则方程是第二类反应,因为产物 P 的速率相当于[A]+[A],方程是 $d[P]/dt = k[A][A]$ or $k[A]^2$,所以这仍是 2 类反应,即使只有一种底物参与反应。由于 $d[P]/dt = k[A][B]$,单对 A 和 B 来说是一类反应,但对总反应是二类反应。

方程中浓度项仅用来表示反应中底物浓度的改变,反应中有水参与,水的浓度是不变的(不能测定)。也就是说 B 是反应中的水,A+B→C,[B]的浓度是常数,因此反应是一类反应(方程 10.3)。

底物消失速率

在 A→P 简单反应中,反应速率可用底物随时间消失表示,即 $-d[A]/dt$。由于 A 的浓度随时间减少,因此用负号表示。但 $d[P]/dt = -d[A]/dt$,也就是方程的速率方程看起来像方程 10.3。

$$d[P]/dt = -d[A]/dt = k[A] \quad \text{(方程 10.4)}$$

变形后方程为

$$d[A]/dt = -k[A] \quad \text{(方程 10.5)}$$

因为 dA/A 的积分是 lnA 积分得方程

$$\ln[A] = 2.3\log[A] = -kt + 常数 \quad \text{(方程 10.6)}$$

方程 10.6 是表示底物随时间减少的数学关系。在 0 点[A]为初始浓度$[A_0]$,方程写为

$$\ln[A/A_0] = -kt \quad \text{(方程 10.7)}$$

图示 lnA 与时间的直线斜率($-k$)关系(图 10.43)。

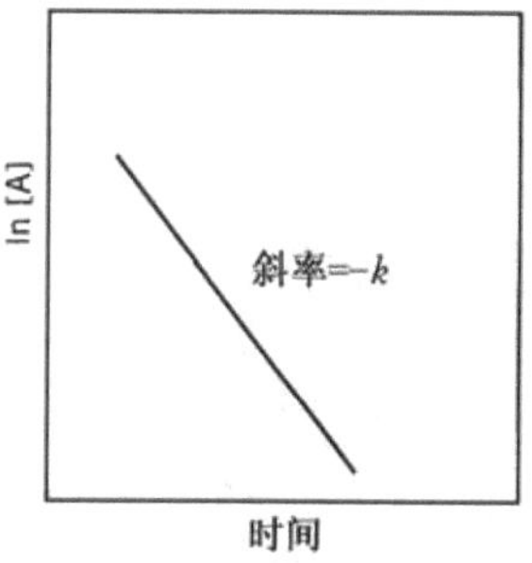

图 10.43　第一类反应 lnA 与时间的直线斜率关系图

为了便于比较,常用到半衰期($t_{1/2}$ 或 $t_{50\%}$),它是底物 50% 变为产物的时间。因为$[A/A_0]$值是 0.5,ln(0.5)= −0.69,则

$$-0.69 = -kt_{50\%} \quad \text{(方程 10.8)}$$

或半衰期等于 $0.69/k$。这样,速率常数越大,反应消耗一半底物的时间越快。

可逆反应

许多反应是可逆的——也就是 $A \underset{k_2}{\overset{k_1}{\rightleftharpoons}} P$,对产物 P 或反应物 A 列出方程 10.9 和 10.10。

$$d[P]/dt = k_1[A] - k_2[P] \quad \text{(方程 10.9)}$$

$$d[A]/dt = k_2[P] - k_1[A] \quad \text{(方程 10.10)}$$

在平衡时,反应组分浓度基本不变,一个组分的生成与另一个组分生成的速率相当。图 10.44 图示底物消失与产物生成关系。速率方程反映了物质的生成($k_1[A]$)同时伴随着物质减少并变回起始物质($-k_2[P]$)。负号表示物质的减少,同样的方程也可表示起始物质改变。因为方程(10.11)

$$d[P]/dt = d[A]/dt \quad \text{(方程 10.11)}$$

则

$$k_1[A] = k_2[P] \quad \text{so} \quad k_1/k_2 = [P]/[A] \quad \text{(方程 10.12)}$$

([P]/[A])比率是平衡常数 K_{eq} 等于 k_1/k_2,虽然反应速率常数是恒定的,不依赖平衡常数,但受平衡常数约束。

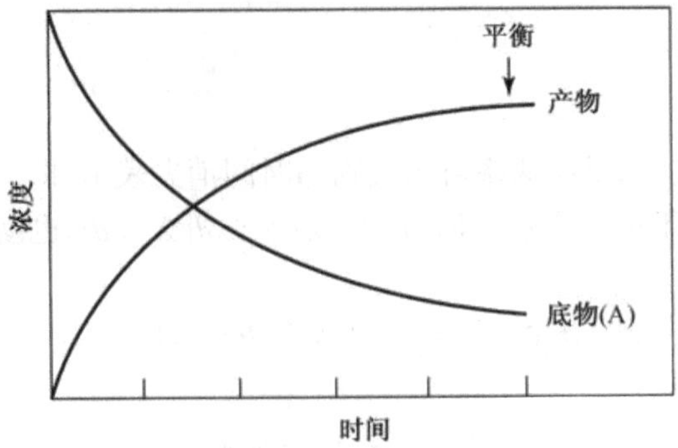

图 10.44　底物消失与产物生成关系图

可逆反应中，底物和产物浓度在平衡时不再改变

复杂反应

亲核性置换是一种常见的有机反应，也发生在生物化学反应中。反应发生形式通常是 R—X＋Y→Y—R＋X（R 代表有机物的一部分，X 或 Y 代表乙基或氨基等基团），反应可经 2 种途径发生，有各自的速率方程。

第一种是复合物 R—X 解离成为 $R^+ + X^-$，接着 Y 与 R^+ 作用形成终产物 R—Y。第

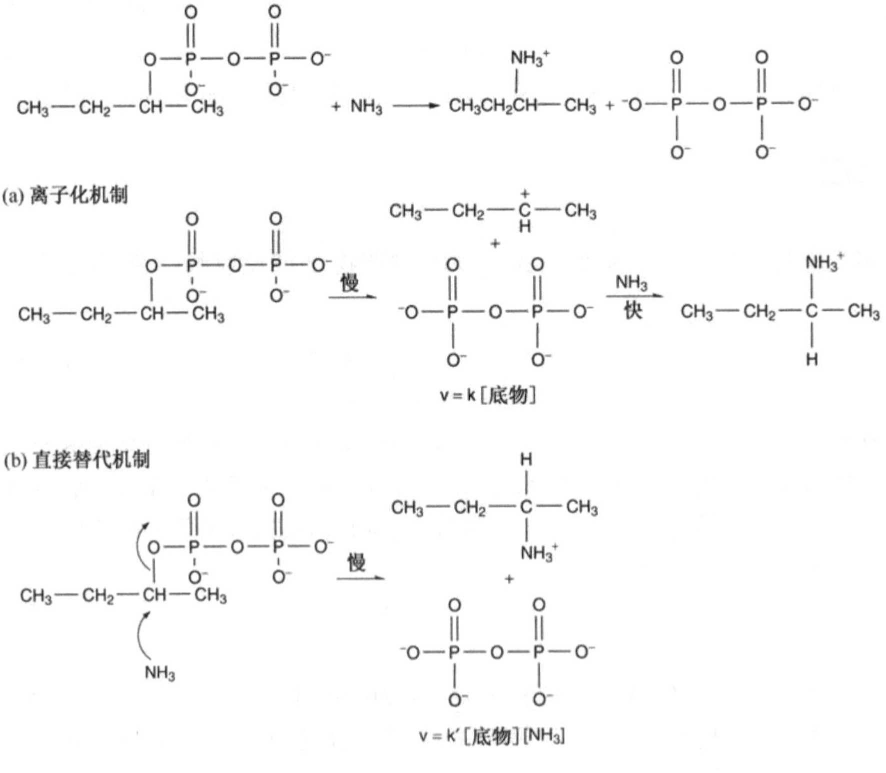

图 10.45　亲核性转移反应

离子化机制中，反应速率与单一底物浓度对应，而替代机制中速率依赖于两底物浓度

二种是 Y 与 R—X 直接作用，替换 X 形成最终产物，两种动力学方程是不同的。

反应第一步 R—X 变为 $R^+ + X^-$ 的速率是

$$d[R—X]/dt = -k[R—X] \quad \text{(方程 10.13)}$$

第二步反应，$R^+ + Y$ 的速率由 $k'[R^+][Y]$ 决定。如果第一步比第二步慢，则整体速率将受控于第一步。在动力学上，只有慢的那一步骤可测定。举例来说，假设 R—X 变为 $R^+ + X^-$ 的速率是 10μmol/min，且产生 Y、R^+ 速率是 1000μmol/min。即分子 R^+ 一旦形成即很快转变成终产物。加快快速的步骤不会改变产物生成速率。这意味着形成产物的速率描述为方程 $d[R—X]/dt = -k_1[R—X]$，该反应与组分 Y 无关，因此是第一类反应。可以说这是 Y 零级(zero order)反应，即不依赖 Y 浓度($[Y]^0 = 1$)。增加 Y 浓度，不会对反应速率有影响。在反应 Y 与 R—X 作用方程中速度包括两者底物浓度，即 $d[R—Y]/dt = k_2[R—X][Y]$，这是典型的二类反应。两类反应的主要区别是第一类反应最慢步骤为过渡态 R—X 变为 $R^+ + X^-$。而在第二类反应中发生了 Y 与 R—X 的作用(图 10.45)。要重申的是，动力学反映的是慢步骤反应的特性。酶催化反应中最慢的步骤称**限速步骤(rate-limiting step)**。

10.7　单一底物反应的酶动力学

单一底物反应的酶促反应类似第二类反应，随着底物浓度的增加，反应速率相应增加(图 10.46)。但反应速率会随着底物浓度的下降或产物浓度的增加而下降。若反应可逆，反应将达到平衡。通过计算在不同底物浓度最初反应速率(V_0)，可获得图 10.47 的反应曲线。反应速率若不再升高表明底物达到了高浓度，即速率不再因[S]增加而增加。原因是酶与底物形成复合物并且产物形成速率与复合物浓度是成正比的。在底物达到一定高浓度时所有酶都形成了复合物。复合物通过可逆的解离或形成产物可使酶重新游离。全反应方程为：

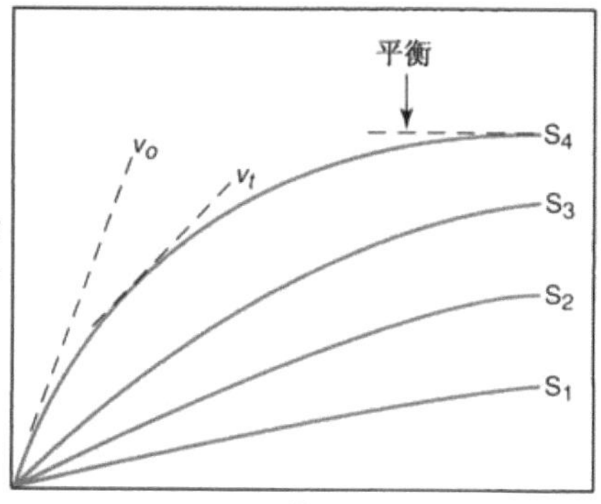

图 10.46　酶促反应曲线组

反应初速度(v_0)由反应开始的斜率决定。初速度随底物浓度(S_1～S_4)增加而增加，但受每个酶的特性限制。即时速度用 v_t 表示

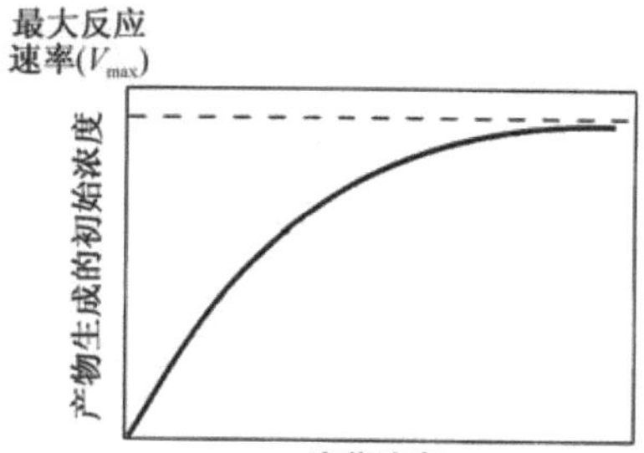

图 10.47　速度与底物浓度酶促反应曲线

反应初速度由相应的底物浓度确定。曲线为矩形双曲线，提供足够的酶，渐进线能够逼近最大反应速度

$$E + S \underset{k_2}{\overset{k_1}{\rightleftharpoons}} ES \xrightarrow{k_3} E + P$$ （方程 10.14）

速率常数(k)编号用奇数表示产生产物(k_1、k_3、k_5)而可逆步骤用偶数编号(k_2、k_4、k_6)。某些是一类而另一些是二类反应常数。一类和二类反应常数单位不同，不可相加，但可相乘或相除。

产物形成速率表示为产物乘速率常数

$$dP/dt = k_3[ES]$$ （方程 10.15）

为确定产物产生速率，有必要建立 ES 值与酶和底物浓度函数。方程 10.15 可推导反应速率(见知识框 10.1 求导数)，最后形式为

$$v = \frac{k[E][S]}{K + [S]}$$ （方程 10.16）

其中 k 是反应常数，而 K 常数包括了与酶发生相互作用的每个底物的速率常数。

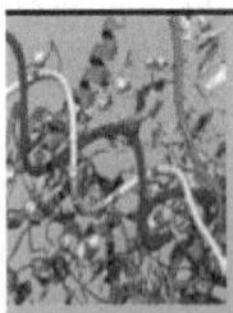

知识框　10.1

米氏方程推导

为了推导米氏方程，必须确定 ES 浓度，ES 形成的速率由 $k_1[E_f][S]$决定，其中$[E_f]$是自由酶的浓度。ES 的利用受制于 2 种反应。

(1)ES 变回初始物质，由 $k_2[ES]$决定；(2) ES 变为产物，即 $k_3[ES]$。结合这些参数导出描述 ES 浓度变化的方程。

$$d[ES]/dt = k_1[E_f][S] - k_2[ES] - k_3[ES]$$

假设 ES 浓度恒定(除了底物和酶接触后的瞬间变化)，则 $d[ES]/dt = 0$，于是就有稳定态假说，意味着 ES 的浓度在酶促反应起始期间恒定。稳定态条件的有效性可由数学证明。设$[E_f]$为$[E_t]-[ES]$，其中 E_t 是总的酶的浓度，整理方程得到：

$$k_1([E_t] - [ES])[S] = (k_2 + k_3)[ES]$$

求[ES]解得：

$$[ES] = \frac{k_1[E_t][S]}{((k_2 + k_3) + k_1[S])}$$

因为反应速率(v)是 $k_3[ES]$，用 k_3 乘以以上公式，则

$$v = \frac{k_3 k_1[E_t][S]}{(k_2 + k_3) + k_1[S]}$$

为将此公式转化成米氏方程，分子、分母除以 k_1：

$$v = \frac{k_3[E_t][S]}{\frac{(k_2 + k_3)}{k_1} + [S]} \quad \text{or} \quad v = \frac{V_m[S]}{K_m + [S]}$$

所有酶均处于 ES 形式，k_3E_t 是最大反应速率(V_m)，所以 k_3 就是 k_{cat}。分母中 K_m 是常数，但不是解离常数。如果 k_3 远小于 k_2，则比例式变为 k_2/k_1，即解离常数 k_d。

米氏方程

最简单的酶促反应是一个底物产生一个产物：

$$E + S \underset{k_2}{\overset{k_1}{\rightleftharpoons}} ES \underset{k_4}{\overset{k_3}{\rightleftharpoons}} E + P \qquad \text{(方程 10.17)}$$

如果方程 10.17 反应不可逆($k_4 = 0$),则反应的速率方程为

$$v = \frac{k_3[E][S]}{\frac{(k_3 + k_2)}{k_1} + [S]} \qquad \text{(方程 10.18)}$$

将分母合并为 K_m，如果 ES→E＋P 在方程 10.1 6 中为限速步骤,则 K_3 变为酶促活性常数(k_{cat}),方程变为

$$v = \frac{k_{cat}[E_t][S]}{K_m + [S]} \qquad \text{(方程 10.19)}$$

注意方程 10.16 与 10.19 相似。因 k_{cat}(速率常数) 和[E_t](总酶浓度) 是恒定的,所以 $k_{cat}[E_t] = V_{max}$,方程可写为：

$$v = \frac{V_m[S]}{K_m + [S]} \qquad \text{(方程 10.20)}$$

方程 10.20 称**米氏方程**(**Michaelis-Menten equation**)。对于复杂反应,k_{cat} 由许多速率常数组合而成(见 10.7 节)。方程 10.19 中的 V_m 称为特定酶浓度下的**最大反应速率**(**maximum velocity**),单位是产物 mol/单位时间,即 V_m(如 $k_3[E_t]$或 $k_{cat}[E_t]$)对固定浓度的酶是恒定的。如果酶浓度增加或降低,V_{max} 将随之升高或降低(图 10.48)。K_m 由各自的速率常数组成,但根据方程 10.19 可推知 K_m 是反应速率达到最大速率一半时的底物浓度,即 $v/V_m = 0.5$(图 10.49) 。当 $v = 1/2V_m$，酶与底物一半是结合,一半是分开的。

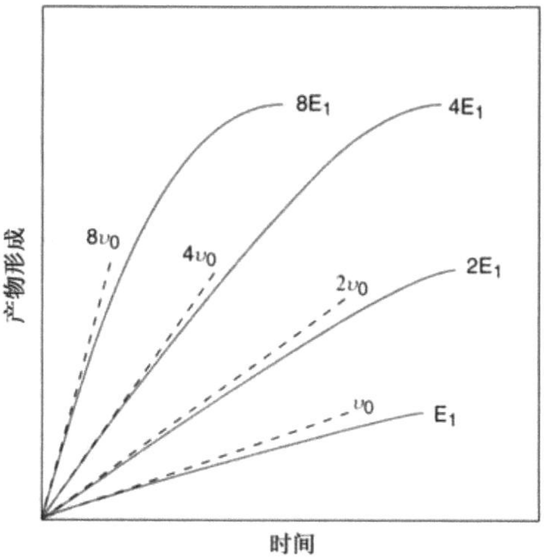

图 10.48　底物浓度饱和时不同酶浓度的曲线图
当酶浓度加倍时初速率(v_0)加倍。因为底物浓度相同,最终平衡时产物浓度是确定的;若酶量减少则达到平衡速率减慢

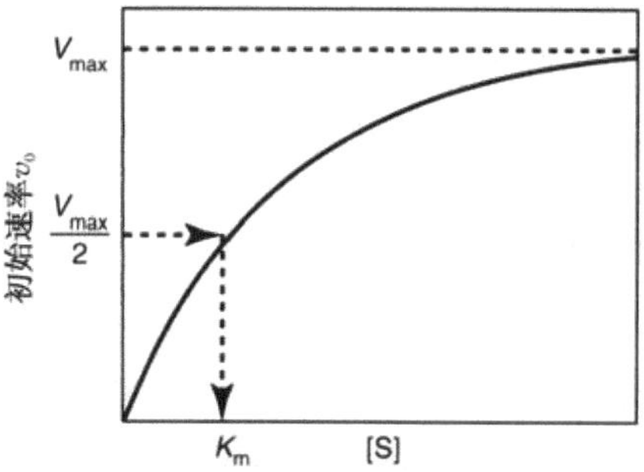

图 10.49　通过 v_0 比[S]图估算 K_m
K_m 是反应速率达到最大速率一半时的底物浓度

相反，当[S]≫K_m 时，基本上100%的酶是与ES结合，在这种条件下反应达到 V_m，因为速率 $v=V_m$，通常可认为当[S]10倍于[K_m]，反应速率接近 V_m。酶的双相特性机制即结合底物并进行调节的论证见临床相关知识10.2。

临床相关知识 10.2

痛风病例说明酶的作用机制分两个阶段

对一个痛风家族的研究充分证实了酶作用的米氏模型分两个阶段，即酶与底物结合以及结合后底物对酶的修饰。痛风患者每天排泄的尿酸是正常值的3倍，红细胞中的5′-磷酸核糖-α-焦磷酸PRPP水平显著上升。PRPP是AMP和GMP生物合成过程中的中间产物，AMP和GMP再分别转化成ATP和GTP。尿酸由AMP和GMP的降解直接生成。体外试验表明患者红细胞的PRPP合成酶的活性增加了3倍！V_{max} 加快并非由于酶量增加，酶特异性抗体的免疫学试验表明患者的酶蛋白数量与正常红细胞相当。这个结果说明在催化作用中，底物的结合(由 K_m 反映)与后序的催化反应(由 V_{max} 反映)在整个催化过程中是分别独立的阶段。这种情况下适用于那些机制为 $K_3 \gg K_2$ 的酶。

如果反应更复杂些，如下：

$$E + S \underset{k_2}{\overset{k_1}{\rightleftharpoons}} ES \xrightarrow{k_3} ES' \xrightarrow{k_5} E + P \qquad (方程 10.21)$$

ES′代表修饰过的但独立的复合物形式，速率方程为

$$v = \frac{k_3 k_5/(k_3+k_5)[E_t][S]}{k_5(k_2+k_3)/k_1(k_3+k_5)+[S]} \qquad (方程 10.22)$$

对方程10.20、10.21整理可得通用方程

$$v = \frac{常数[E_t][S]}{常数+[S]} \qquad (方程 10.23)$$

这也是方程10.19的通用形式。分子由速率常数整合成 k_{cat} 而分母由速率常数组成 K_m。因此 k_{cat} 和 K_m 是典型的由复杂独立速率常数组合而成的常数。这些特定常数组成的参数项反映了实际动力学曲线和不同速率常数大小。比如，在方程10.22中 k_3 值远大于 k_5，则 k_{cat} 相当于 k_3，因为 k_3、k_5 之和基本等值 k_3。如果两常数相等，k_{cat} 和 K_m 将由许多参数项组成，后者的单位是浓度。

游离酶的浓度

导出米氏方程需要对所有形式的酶仔细计算。假设底物浓度远高于酶浓度，则反应的初始[S]值不变。显然，[S]值会有不同，但在反应中基本恒定。在简单反应 E+S=ES→E+P中，酶浓度总是等于游离酶和结合底物酶之和

$$[E_t] = [E_f] + [ES] \qquad (方程 10.24)$$

即[E_t]是酶的总浓度，[E_f]是游离酶浓度。只有游离形式的酶才能与底物结合(E_f+S)。游离酶浓度不能直接测定但总的酶浓度可知，则[E_t]−[ES]=[E_f]

$$[E_t] - [ES] = [E_f] \qquad (方程 10.25)$$

如果有另外形式的酶,如与抑制剂结合(见 10.9 节),则方程为方程 10.25 将展开以包括每种形式的酶。

K_m 的含义

K_m 由多种速率常数组成,而不是从解离常数 K_d 导出,它的值通常表示底物与酶结合的牢固程度。K_m 为 10^{-7} mol/L 指底物与酶比 10^{-5} mol/L 有更好的亲和性。K_m 越小,酶与底物结合越紧密。虽然 K_m 不是分离常数,值越小意味着用更少的底物可与 50% 酶结合(临床相关知识 10.3)。

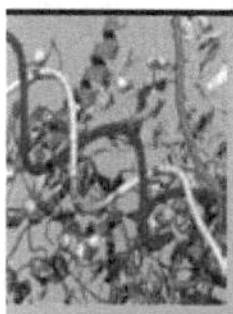

临床相关知识 10.3
K_m 改变的生理学效应

亚洲人对酒精饮料的异常敏感性是有生化基础的。在一些日本人和中国人中,造成血管舒张引起面部发红和心跳加速所需的酒精比欧洲人更少,这些生理作用由肝脏乙醇脱氢酶产生的乙醛引起。正常情况下,醛脱氢酶(ALDH)将乙醛转化成乙酸,从而清除它。有一些易感人群中,位于四聚体酶中的含 500 个氨基酸的亚单位的第 487 位氨基酸发生变化。有活性酶的该氨基酸是谷氨酸,而无活性的变种是赖氨酸。亚洲人的变种活性很低,对 NAD^+ 的 K_m 从 30μmol/L 增加到 700μmol/L,由于 K_m 太高,k_{cat}很低,即使酶有活性,它在肝脏中的活性也非常低。

另外,易感人群是杂合性的,既含编码有活性的谷氨酸酶的基因,也含编码基本上无活性的赖氨酸酶的基因。按期望他们的酶应该有 50% 的活性,但事实上活性却非常低。ALDH 由两种单体形成四聚体(E4,E3K,E2K2,EK3 和 K4),E4 和 K4 分别是含谷氨酸和赖氨酸的亚单位的同源四聚体,其他的是杂合四聚体。E3K 具有 50% 的活性,而非 75%,而 EK3 基本上没有活性,而不是根据一个活性亚单位预测的 25% 的活性。四聚体的 K 亚单位是显性的,因为当第 487 位残基与第 475 位的精氨酸相互作用时,它能使与之成对的亚单位失活。第 487 位是谷氨酸时,可形成稳定的盐键,但当第 487 位是赖氨酸时,它使精氨酸移位。即使第 487 位残基不与 Rossmann 折叠接触,移位也会破坏 NAD 结合口袋。这个例子说明一个点突变可影响酶的活性部位,即使这个残基不与活性区域接触。也进一步说明了一个亚单位如何支配其他亚单位。

葡萄糖的生理运用说明了 K_m 的重要性。葡萄糖可被 2 种不同激酶磷酸化形成 6-磷酸葡萄糖。肝脏中有 2 种葡萄糖代谢酶,己糖激酶的 K_m 是 0.1nmol/L,而葡萄糖激酶 K_m 是 5mmol/L。当血糖浓度低如饥饿时,己糖激酶先利用并磷酸化葡萄糖,但当进食后血糖升高,高 K_m 的酶才能发挥作用(见 15.4 节)。

转化数(k_{cat})

在方程 10.19 分子中 k_{cat}单位是(时间$^{-1}$)。这个常数指酶的**转化数(turnover number)**。即单位时间内每个酶分子催化底物转变为产物的分子数。酶 k_{cat}越大时,反应越快。通常这项反映了反应中的最慢步骤。和 K_m 一样,k_{cat}由许多独立的速率常数组成。

k_{cat}在米氏方程中的重要性

当底物浓度远大于 K_m

方程 10.19 是双曲线方程。当[S]远大于 K_m，分母值接近[S]，方程可简化为

$$v=\frac{k_{cat}[E][S]}{[S]}=k_{cat}[E] \quad (方程 10.26)$$

即反应速率不依赖 S 浓度，也不随[S]增加而增加(图 10.47)，这时速率-底物曲线变平缓，几乎 100% 的酶与 ES 形成复合物，反应达到最大速率，此时一分子产物产生，而解离的酶和另外分子的 S 结合，并一直保持酶被 S 饱和。在此条件下反应速率完全由决定 ES 生成产物(ES→E+P)的因素决定。

当底物浓度远小于 K_m

当[S]与 K_m 相比很小，方程 10.18 约可简化为

$$v=\frac{k_{cat}[Et][S]}{K_m} \quad \text{or} \quad v=\frac{V_{max}[S]}{K_m} \quad (方程 10.27)$$

当[S]≪K_m 时，速率-底物浓度曲线的斜率为线性。任何化学反应产物的形成速率是速率常数乘以反应物浓度。k_{cat}/K_m 可以被认为是第 2 类速率常数，因为在速率方程中有两个浓度项[E_t]和[S]。实际上该比率因与第 2 类速率常数相同而受到制约。比如速率常数不可能比 2 分子在溶液中的扩散率更快。即使反应不需要活化能，2 分子也必需碰撞才能发生反应。速率常数在第二类扩散反应中大概是 10^9/(mol·s)，即如果 k_{cat}很大，K_m 不可能很小，否则会超过扩散速率。如过氧化氢酶的 k_{cat}是 4×10^7/s，而过氧化氢 K_m 却是 1mol，k_{cat}/K_m 比率为 25(10^9 : 4×10^7)，仅略低于第 2 类反应理论可达到的最大速率，因此过氧化氢酶是已知 k_{cat}/K_m 经测定的最快的酶之一。

如果底物 K_m 很低(如 1×0^9 mol/L)，则 k_{cat}可为低值(如 1～10/s)。如此低速意味着每秒 1 分子酶仅催化生成 1～10 分子产物，而低速的原因是底物与酶结合过紧，大量的能量用来将酶结合的底物转化为过渡态。一个极小的底物 K_m(高亲和性)使化学反应很慢，而高 K_m 值(低亲和性)意味着 k_{cat}很高。k_{cat}/K_m 的值范围在 10～10^7/s 之间。

可逆反应

另一种对 k_{cat}/K_m 有限制的反应是可逆反应

$$E+S \underset{k_r}{\overset{k_f}{\rightleftharpoons}} E+P \quad (方程 10.28)$$

k_f 和 k_r 分别是正向和逆向反应的速率常数(ES 和 EP 被忽略，因为它们在各方向相同)。可推导得知 k_f 为$(k_{cat}/K_m)_f$，而 k_r 为$(k_{cat}/K_m)_r$。对可逆反应而言，平衡常数 K_{eq}=([P]/[S])是 k_f/k_r 或

$$K_{eq}=\frac{(k_{cat}/K_m)_f}{(k_{act}/K_m)_r} \quad (方程 10.29)$$

k_{cat}和 K_m 不能随机改变，因为它们的比值必须等于 K_{eq}，这意味着如果一个酶突变而具有较高 k_{cat}，其他常数必须改变以满足平衡条件，这种平衡模式称为 Haldane 相关。

低 K_m 与高 k_{cat}

既然 k_{cat}/K_m 比率有一上限,那么酶是否倾向于具有极低的 K_m 或极高的 k_{cat}? 通常认为 K_m 越低越好,而 K_m 最低的底物被认为是最佳底物。但实际上 k_{cat}/K_m 比率最高的化合物才是最佳底物。如表 10.3 所示,当底物浓度固定时(如 1mmol/L),当 K_m 较高时总体反应速率反而加快。这是因为 k_{cat} 被加大以满足 k_{cat}/K_m 比率。也就是说当衡量不同底物与酶相互作用时,具有最高 k_{cat}/K_m 值的底物比具有最低 K_m 的底物更好。在细胞中 k_{cat} 和 K_m 并非唯一重要,必须把酶的总浓度考虑进去。速率对酶来讲是第一位的,微摩尔的酶即使 k_{cat}/K_m 值较低[10^7/(s · mol)],但相比较 k_{cat}/K_m 较高[10^5/(s · mol)]的 1nmol 酶,其在细胞中催化底物转化为产物的效率要低。

表 10.3　K_m 和 k_{cat} 关系

K_m/(mol/L)	k_{cat}/(1/s)	比率/(1/s)
10^{-6}	1	1
10^{-5}	10	9
10^{-4}	10^2	90
10^{-3}	10^3	500
10^{-2}	10^4	909
10^{-1}	10^5	990
1	10^6	999

反应条件:$k_{cat}/K_m = 10^6 M^{-1}s^{-1}$,$[S] = 10^3$ mol/L。

常数计算

K_m 可通过 v 比[S]的斜率计算,作图法可以计算动力学常数。最常见作图法基于**林-贝方程(Lineweaver-Burk equation)**,是米氏方程倒数。方程 10.20 倒数是

$$\frac{1}{v} = \frac{1}{V_m} + \frac{K_m}{V_m} \times \frac{1}{[S]} \qquad \text{(方程 10.30)}$$

$1/v$ 比 $1/[S]$的斜率是条直线(图 10.50),y 轴上的截距是 $1/V_m$,x 轴上截距是 $-1/K_m$,斜率是 K_m/V_m,即从图上 $1/v$ 随 $1/[S]$浓度改变的线性关系可以确定酶促反应的 2 个关键参数。电脑程序可根据速率和底物数据计算 k_{cat} 和 K_m。

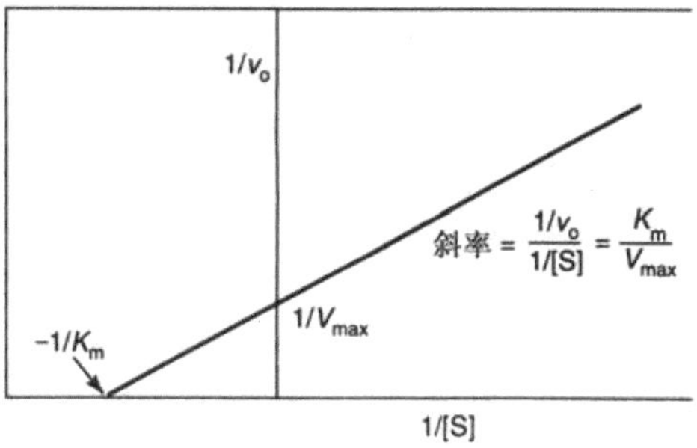

图 10.50　Lineweaver-Burk 双倒数图确定 K_m 和 V_{max}
通过初速度倒数与底物浓度倒数图确定初速度直线,其 x 轴截距为 $-1/K_m$

底物与产物在同一位点结合

生成的产物可能作为抑制剂阻止酶与底物结合。当 S 和 P 均结合 E_f 时，产物是竞争性抑制剂，方程如下：

$$v=\frac{V_m[S]}{K_m(1+[P]/K_{mp})+[S]} \qquad (方程\ 10.31)$$

假设反应可逆，其中 K_{mp} 是产物的 K_m。如果是不可逆反应，K_{mp} 为 K_{dp}，即产物与酶的解离常数。在反应过程最初产物并不存在，但随时间积聚。因此产物形成早期为线性，但斜率将随时间下降而产物积聚产生抑制剂作用(图 10.46 和 7.15 节)。

影响试验的条件

当反应在低于 V_m 条件下进行时基本上 100% 酶处于和 ES 结合状态。相反，当反应在[S]≪K_m 条件下进行时，检测的是处于游离与结合状态的酶促反应效果。为研究环境改变如 pH 对效果的影响，试验通常控制在低于 V_{max} 条件下进行。此条件下得到关于总酶浓度的 k_{cat} 参数。为估计 pH 对游离酶的影响，k_{cat}/K_m 与 pH 的函数关系要先被确定。

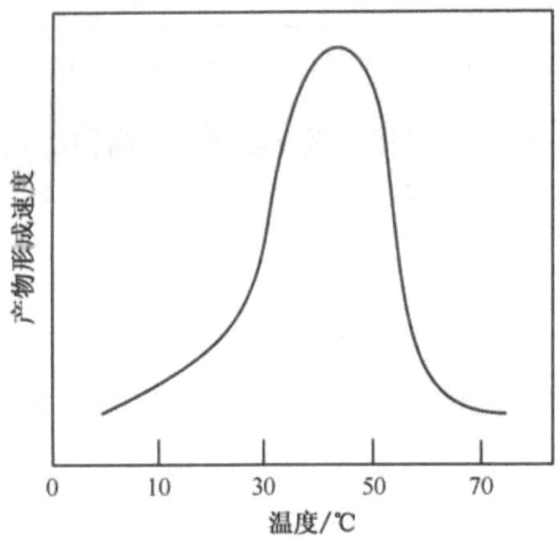

图 10.51　温度依赖的哺乳动物酶
小于最适温度时反应速率低是因为不能提供足够的活化动力学能量。大于最适合温度酶被高温变性灭活

外部条件如 pH、温度、盐浓度可以影响酶活性，这些影响在体内一般情况下可能不重要，但在体外实验设定中很重要，如在测定患者的血浆或组织样本酶活性的实验中。

温度

大多数酶速率与温度关系图是一钟型曲线，对哺乳动物最适合温度在 40～45℃ (图 10.51)，超过这温度，热使酶变性。在 0～40℃，许多酶每升高 10℃，活性成倍增长。耐热型的突变酶可产生许多严重后果(见临床相关知识 10.4)。

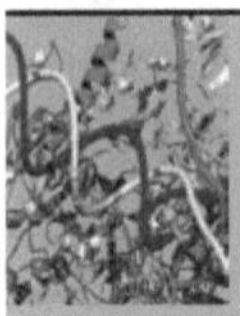

临床相关知识 10.4

6-磷酸葡萄糖脱氢酶的热不稳定性导致的溶血性贫血

在红细胞中，6-磷酸葡萄糖脱氢酶(G6PD)对维持膜的完整性至关重要，此酶缺乏或失活会导致溶血性贫血。在其他病例中，变异的酶在正常情况下有足够的活性维持膜的完整性，但在氧化应激状态下，就不能维持膜的完整性了。此酶突变使其具有正常的动力学常数，但热稳定性下降。这种情况对红细胞尤为重要，因为红细胞没有蛋白质合成能力，当酶变性时不能更新，结果导致那些含不稳定的 G6PD 的红细胞的寿命大大缩短。这些红细胞对药物诱导的溶血更加敏感。

pH

几乎所有酶表现出钟型“pH-速率”关系,但不同的酶最大 pH 适合值变化很大。在人体内碱性和酸性磷酸酶有不同的 pH 适合值(图 10.52)。钟型曲线和其在 x 轴上的位置视底物特殊的电离状态而定,决定了是否底物与酶处于最佳结合状态,而这又与组成底物结合位点的特殊氨基酸残基离子状态相关。另外,参与催化反应的氨基酸残基必须在正确的电荷状态才发挥功能。临床相关知识 10.5 指出,突变会影响重要生理活性酶的最适 pH。

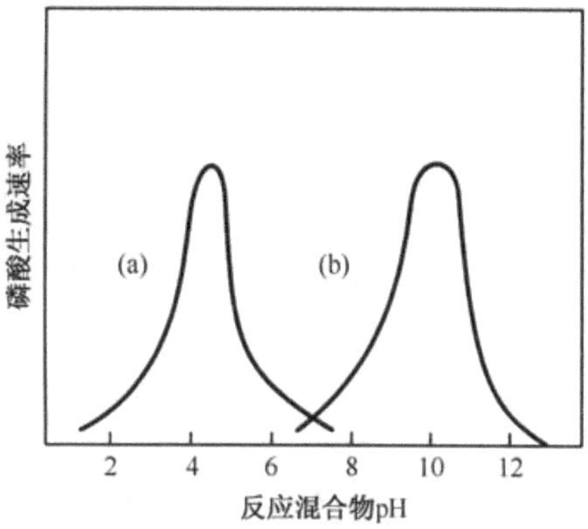

图 10.52　温度依赖的酸(a)碱(b)磷酸酶反应曲线反映了酶与底物结合的最适离子状态及参与催化反应的氨基酸残基的最适离子状态

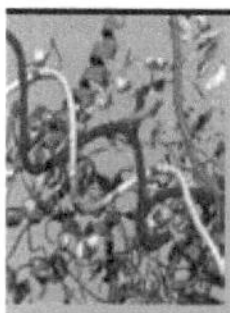

临床相关知识 10.5
具有不同最适 pH 的乙醇脱氢酶同工酶

在一些亚洲人中除了醛脱氢酶同工酶的组成有变化外,还发现了不同的乙醇脱氢酶同工酶。乙醇脱氢酶(ADH)由三种基因编码,生成 α、β 和 γ 三种不同的多肽。β 基因有三种等位基因,只有一个核苷酸碱基不同,导致精氨酸被替换。替换如下:

	第 47 位	第 369 位
β_1	精氨酸	精氨酸
β_2	组氨酸	精氨酸
β_3	精氨酸	半胱氨酸

肝脏的 β_3 型有 ADH 活性的最适 pH 约为 7,而 β_1 为 10,β_2 为 8.5。乙醇脱氢酶的限速步骤是释放 NADH。NADH 通过辅酶的磷酸基团与 47 位和 369 位的精氨酸之间以离子键连接在酶上。在 β_1 同工酶中,直到 pH 非常碱性时才能破坏这种离子相互作用,精氨酸的胍基开始解离 H^+。氨基酸以较低的 pK 被替换,就像在 β_2 和 β_3,会减弱相互作用,降低最适 pH。由于 NADH 解离较容易,β_2 和 β_3 的 V_{max} 也比 β_1 更高。

10.8　双底物反应动力学

顺序机制

图 10.53 中说明存在两种双底物反应作用机制。在**连续机制**(**sequential mechanism**)

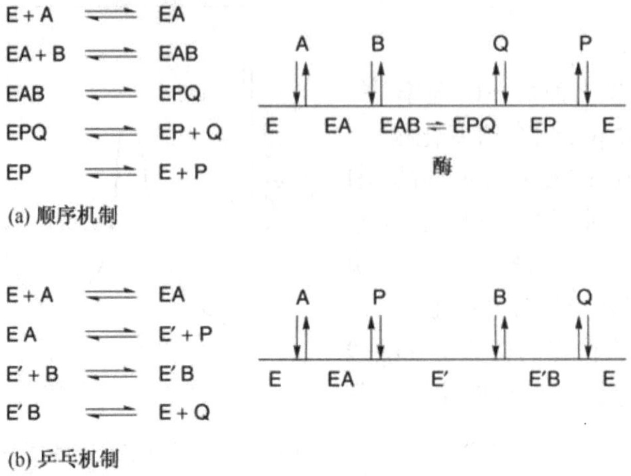

图 10.53 双底物反应作用机制

(a)顺序反应机制。(b)乒乓机制

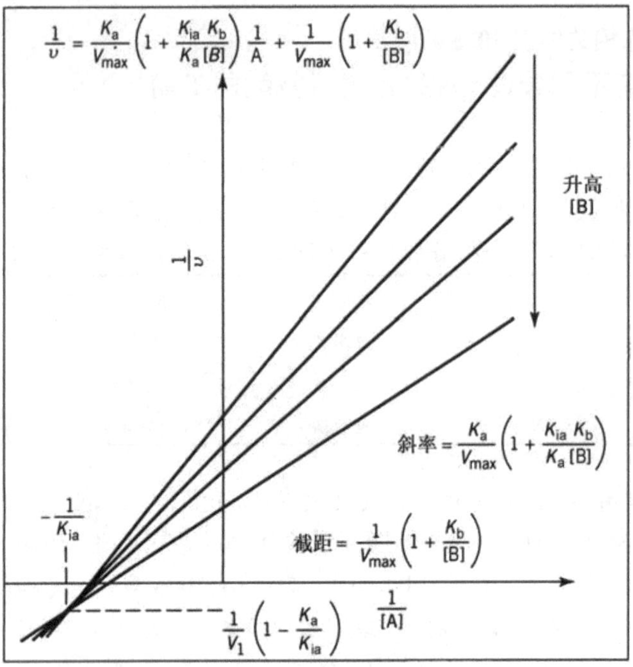

图 10.54 顺序反应机制初速率双倒数图

底物 B 浓度固定，底物 A 浓度可变。速率方程是：

$$\frac{1}{v}=\frac{K_a}{V_{max}}\left(1+\frac{K_{ia}K_b}{K_aB}\right)\frac{1}{A}+\frac{1}{V_{max}}\left(1+\frac{K_b}{B}\right)$$

中，两底物与酶以连续方式结合形成三元结构，底物 A 与 B 三元结构是 E-A-B(A，B，C 为底物，P，Q，R 为产物)。如果底物 A 先于 B 结合，则称**依次顺序反应**(**ordered-sequential reaction**)，如果 A 或 B 都可先结合，则称**随机顺序反应**(**random-sequential reaction**)。连续反应方程包括底物 A 和 B 的 K_m(K_a，K_b)还有 K_{ia}(第一个底物的解离常数)。为了确定不同反应常数,可在不同的固定底物 B 浓度时作 $1/v$ 与 $1/[A]$ 的双倒数图(图 10.54),图示表明一系列直线相交,而各独立常数可从斜率与截距得出。

乒乓(pingpong)机制

第二种双底物反应机制称为**乒乓机制**。底物 A 与酶结合产生产物 P,释放出修饰过的酶,已修饰的酶结合底物 B,又产生 Q。采用乒乓机制的激酶可被底物修饰,如激酶首先与 ATP 或其他三磷酸核苷酸结合,使酶磷酸化。然后 ADP 与酶解离,第二底物与被磷酸化的酶结合,随后磷酸转移产生磷酸化受体(产物)。采用共价催化或与辅酶不解离的酶均采用乒乓机制(见临床相关知识 10.2)。

在乒乓机制中反应速率与 AB 浓度相关方程与连续机制反应方程相似,主要区别在于前者没有 K_{ia} 参数。而 K_m 和 V_m 可从斜率与截距得出(图 10.55)。

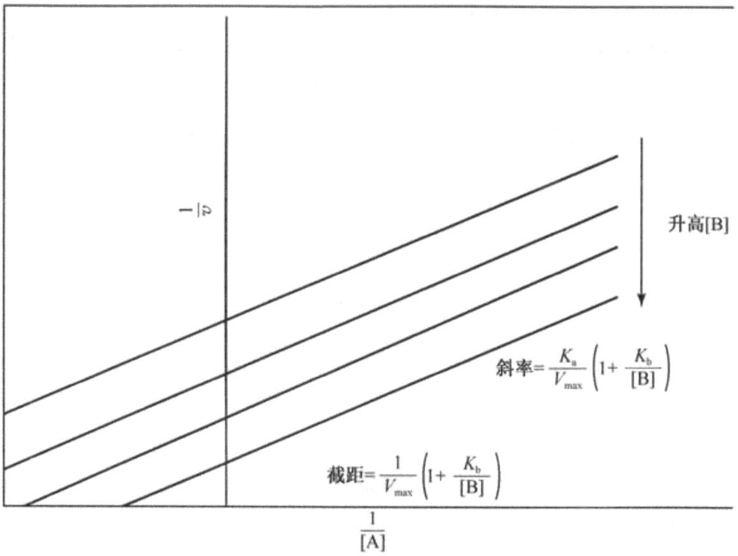

图 10.55　乒乓机制初速率双倒数图

底物 B 浓度固定,底物 A 浓度可变。速率方程是:

$$\frac{1}{v}=\frac{K_a}{V_{max}}\left(1+\frac{K_b}{B}\right)+\frac{1}{V_{max}}\left(1+\frac{K_b}{B}\right)$$

K_{mapp}

通常 K_m 只用于描述 1 个底物,当底物 A 浓度很高而 B 浓度变化时,K_{mapp} 可用于表示底物 B。这是因为当 $[A]\gg K_a$ 时速率方程变为简单的米氏方程。

10.9　抑制剂

我们对许多代谢途径的基本认识是通过用特定酶的抑制剂研究而获得的。许多药物化合物被设计成特定酶的抑制剂，还有许多自然存在的化合物也是酶的抑制剂(临床相关知识 10.6)。抑制剂可与自由酶或 ES 复合物结合影响反应速率。酶结合抑制剂后形成 EI 和/或 ESI(I 是抑制剂)。酶总浓度与所有可能与之结合的复合体的反应方程导出新的米氏方程，其速率常数为 $(1+[I]/K_i)$，K_i 是 EI 或 ESI 的解离常数。在抑制剂存在时 k_{cat} 表现为 K_{catapp} 而 K_m 表现为 K_{mapp}。抑制剂浓度[I]在整个反应中保持不变([I]是常数)。基于这些反应动力学可定义以下几种类型的抑制剂。

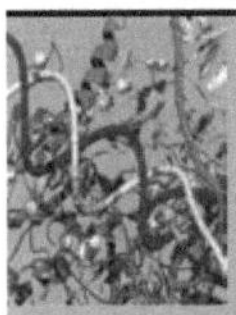

临床相关知识 10.6

植物来源的黄嘌呤氧化酶抑制剂

痛风是一种由嘌呤衍生物尿酸生成过多或排泄减少引起的炎性疾病(见 20.3 节)。嘌呤代谢的最后一步由黄嘌呤氧化酶催化，常规用别嘌呤治疗，它是一种黄嘌呤的结构类似物，也是黄嘌呤氧化酶的抑制剂。一些年老的人群利用药用植物对痛风治疗有效。越南传统医学的记录表明包括茼蒿属在内的 96 种植物被用于治疗痛风。检测了这些植物提取物抑制哺乳动物的黄嘌呤氧化酶的能力，发现有一些几乎与别嘌呤一样有效。它们的结构与别嘌呤和黄嘌呤截然不同。这些结果说明研究传统医药中的化合物有可能产生新药。

竞争性抑制

竞争性抑制是一个抑制剂与底物竞争性结合游离酶。某些**竞争性抑制剂**(**competitive inhibitor**)的结构与底物或产物相似，另一些却结构完全不同。如丙二酸是琥珀酸脱氢酶竞争性抑制剂(见 14.4 节图 10.56)，结合相似位点。然而，吡唑作为乙醇脱氢酶的竞争性抑制剂，其结构与底物完全不同。如果一个抑制剂与活性位点结合并阻止底物 S 结合，则反应将如图 10.57 所示。抑制剂与底物竞争结合酶，酶 ES 混合物中的数量由[S][I]K_m 和 K_i (k_5/k_6)决定。根据 $E_t=E_f+ES+EI$，可求得方程 10.32。

$$v=\frac{k_3k_1[E_t][S]}{((k_2+k_3)(1+[I]/K_i)+k_1[S])} \qquad \text{(方程 10.32)}$$

当没有抑制剂时 $(k_2+k_3)/k_1$ 是 K_m，分子分母同除以 k_1 得到方程

$$v=\frac{k_3[E][S]}{K_m(1+[I/K_i])+[S]} \qquad \text{(方程 10.33)}$$

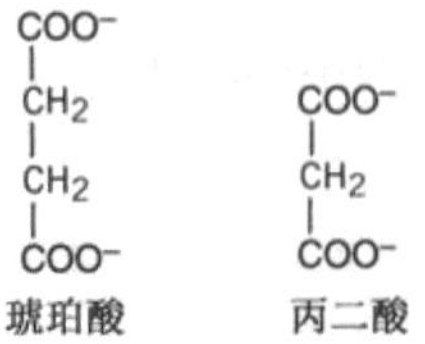

图 10.56 琥珀酸脱氢酶底物和抑制剂

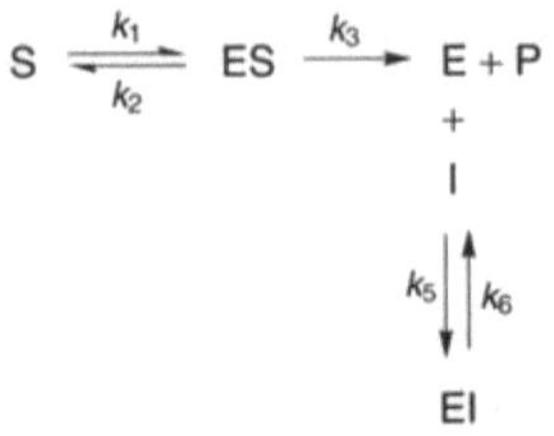

图 10.57 竞争性抑制剂与酶的竞争反应

因为[I]是常数，$(1+[I]/K_i)$也是常数，K_m 将会是 K_{mapp}，它等于 $K_m\times(1+[I]/K_i)$。存在抑制剂时，如果底物浓度较低会造成反应变慢，因为分母比没有抑制剂时大。只有当[S]远大于 K_{mapp}时，分母为[S]，此时才可达到 V_{max}。在这种条件下，实际上没有抑制剂与酶结合(见临床相关知识 10.7)。因底物和抑制剂竞争结合，增加底物浓度可克服抑制剂活性。从治疗上看，只有当$[I]/K_i$ 很高时竞争性抑制剂才有效，此时即使底物浓度很高抑制剂也能发挥作用。如果 K_i 低(结合牢固)，则不需大量抑制剂即可抑制酶活性。

临床相关知识 10.7
选择性抑制剂的设计

前列腺素是一类非常重要的旁分泌激素，由长链不饱和脂酸衍生而来(见 18.5 节)。合成的早期步骤有环加氧酶(COX)参与。前列腺素与关节炎有关的生理作用是疼痛和炎症。传统上，用阿斯匹林和其他非甾体类抗炎药物治疗关节炎，其机制是抑制环加氧酶(见 18.5 节)，降低引起症状的“不好的”前列腺素水平。使用这些药物的一个严重问题是引起胃肠道出血和穿孔，这是由于伴随产生的保护胃肠黏膜的“好的”前列腺素减少所致。

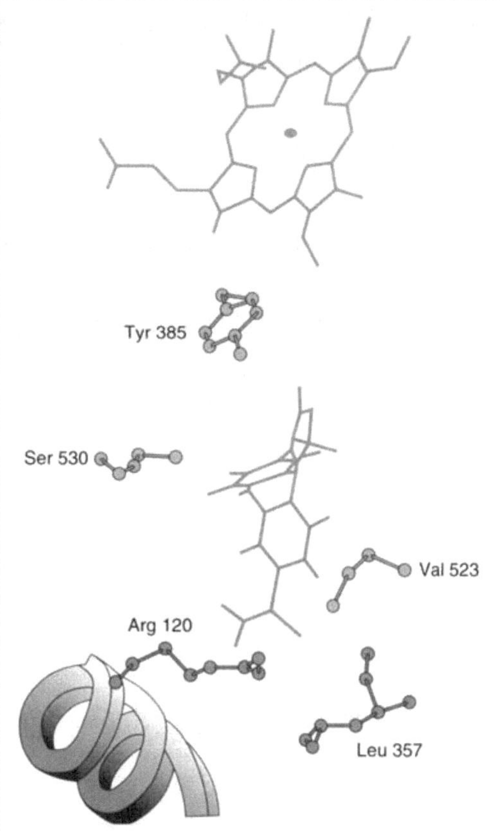

有 COX-1 和 COX-2 两种不同的环加氧酶(见 18.5 节)，具有不同的组织分布。COX-2 由关节炎性介质诱导，而 COX-1 主要生成黏膜少量的前列腺素。两个酶的活性部位的唯一显著区别是 COX-2 第 523 残基是缬氨酸而不是异亮氨酸。较小的缬氨酸更容易与靶向设计的抑制剂结合而选择性抑制 COX-2 活性。图示这种靶向设计的药物 VIOXX™ (绿色)与 COX-2 的活性部位结合。

形成底物结合口袋的关键氨基酸侧链用红色显示，参与合成前列腺素的血红素用蓝色表示。现已表明，阿司匹林使 COX-1 和 COX-2 的 530 位丝氨酸都乙酰化，而 VIOXX™选择性结合并抑制 COX-2，这样就保留了由 COX-1 生成的“好的”前列腺素。阿司匹林的酚基与 VIOXX 的酚基占据相同的活性部位。起初，VIOXX 样药物似乎是竞争性抑制剂，但它们表现为时间依赖性的不可逆地抑制 COX-2 而非 COX-1，且该效应不影响共价键。VIOXX2000 年上市，使关节炎患者的生存质量得到巨大改善。不幸的是，在一些患者中出现了心脏方面的严重副作用，该药已经撤市了。

反竞争性抑制

抑制剂与 ES 复合物结合而不与游离酶结合，如图 10.58。米氏方程

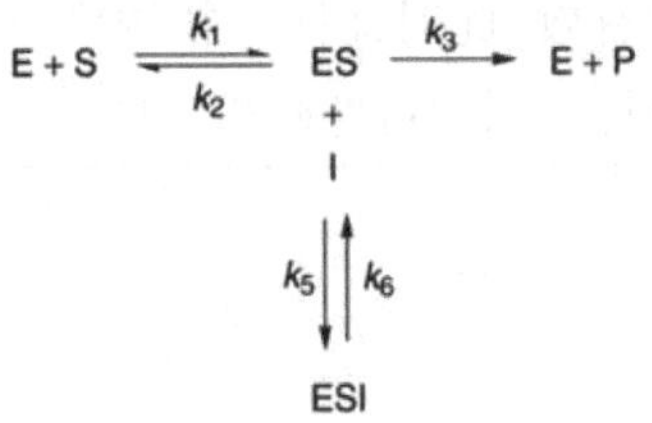

图 10.58 反竞争性抑制剂与酶-底物复合物的反应

$$v=\frac{\dfrac{V_{max}[S]}{(1+[I]/K_i)}}{\dfrac{K_m+[S]}{(1+[I]/K_i)}} \quad \text{(方程 10.34)}$$

与没有抑制剂存在相比，此时 k_{cat} 降低，V_{max} 在减小，K_{mapp} 也相应改变，这种情况称**反竞争性抑制**（**uncompetitive inhibition**）。与竞争性抑制相比，增加底物浓度不会影响抑制剂的效果，因为它与 ES 复合物结合而不是游离酶。

非竞争性抑制

如果抑制剂可逆性与自由酶和 ES 复合物结合，则情况会复杂许多。这主要依赖于抑制剂如何与底物结合及酶催化反应的能力（图 10.59）。当 ES 和 ES-I 都产生产物，米氏方程变得十分复杂。如果抑制剂以相同亲和力与 E 和 ES 结合且 K_3' 是 0，则方程如下：

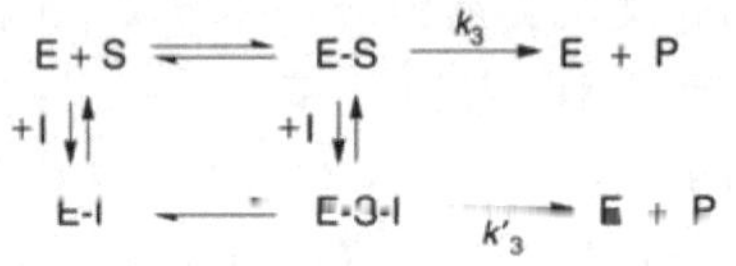

图 10.59 非竞争性抑制剂与酶的反应

$$v=\frac{\dfrac{V_{max}[S]}{(1+[I]/K_i)}}{K_m+[S]} \quad \text{(方程 10.35)}$$

这种结合类型导致抑制活性甚至在高浓度[S]仍存在，如 k_3' 不是 0，则有不同的情况，因为 ES-I 复合物可产生产物。

抑制剂的实时 Lineweaver-Burk 图

竞争性与非竞争性抑制剂

三种不同类型可逆性抑制剂具有不同的双倒数图（图 10.60），这是因为参数 $(1+[I]/K_i)$ 与 K_m 或 k_{cat} 相关，而后者取决于抑制剂的类型。图 10.60a 是竞争性抑制剂，V_{max} 不变，而有无抑制剂的各直线在纵轴上截距相同。在反竞争性抑制中，抑制剂浓度改变，一系列平行直线形成，斜率不变。图 10.60b 非竞争抑制中抑制剂与 E 和 ES 都结合，Lineweaver-Bark 图是一族与 y 轴相交的直线。

双倒数图可用来确定抑制剂类型，从 x 和 y 轴截距，可计算出 V_{mapp} 和 K_{mapp}，如果 K_m 已知，则 K_i 可求。

非竞争性抑制剂减少了有效酶浓度，使 V_{max} 下降（图 10.60c）。即使底物浓度饱和时（$[S]\gg K_m$），V_{max} 也会降低。这类抑制剂的药物十分有用，因为它们能抑制酶而不受底物

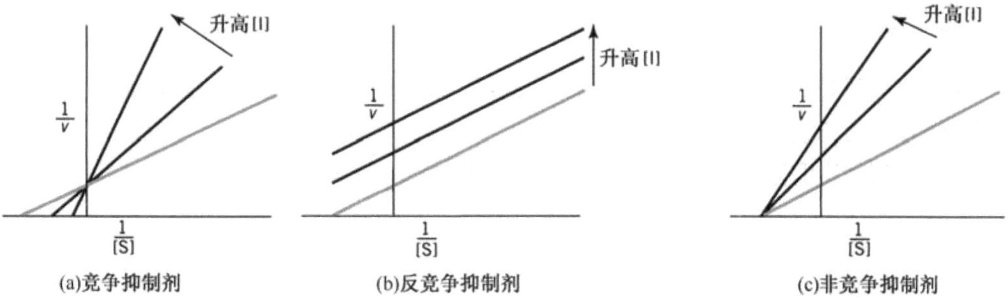

图 10.60　竞争性、反竞争性以及可逆非竞争抑制反应的双倒数图

竞争性抑制剂与底物结合位点结合,提高了底物的 K_m。反竞争性抑制剂造成 K_m 和 V_{max} 同时变化,导致直线平行移动。可逆非竞争性抑制剂与 E 和 ES 都结合,结合位点不在底物结合位点,因此 K_m 不变但表观 V_{max} 下降

浓度影响。

双底物反应抑制剂

双底物反应竞争性抑制剂通常抑制 2 个底物之一,如果化合物只与游离酶结合,它将竞争性与底物 A 结合。如果抑制剂与 E-A 复合物结合,则将竞争性抑制底物 B。其 K_i 可通过改变一个底物浓度,另一底物浓度过量来计算。非竞争性抑制剂的反应与单个底物一样。

其他抑制剂

过渡态抑制剂

如前所述,酶通过稳定过渡态而不是结合底物来降低活化能(见 10.3 节)。因此,如果一个化合物类似过渡态,它可能会比类似底物的化合物与酶结合的更紧密,这些抑制剂的 K_i 远低于底物的 K_m。因为过渡态未被证实,所以可能的结构仅基于化学猜想。证明过渡态的例子是脯氨酸消旋酶的抑制剂(图 10.61)。在 D-脯氨酸转变成 L-脯氨酸时,四面体底物将变成一平面,而抑制剂吡咯-2-羰基的结构与可能的过渡态结构相似。

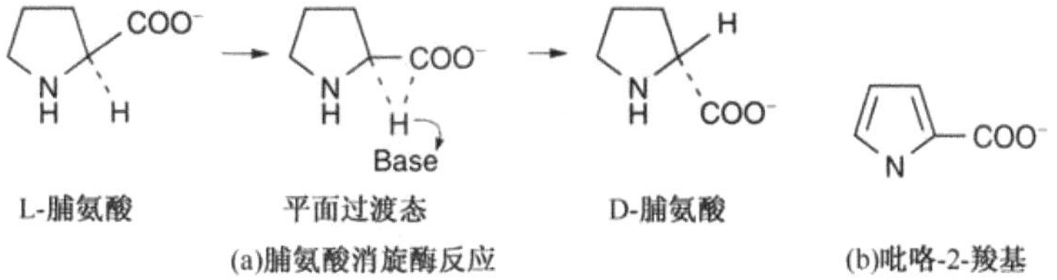

图 10.61　2-羰基吡咯类似平面过渡态,是有效的脯氨酸消旋酶的抑制剂

自杀抑制剂

酶催化底物转变为产物过程中会形成许多瞬时中间体。在催化反应早期产生的化合物可将底物转变成为与酶共价结合的形式,从而破坏酶的活性,因此将该化合物称为自杀抑制剂。

不可逆抑制剂

能通过化学修饰灭活酶的化合物称为**不可逆抑制剂**(**irreversible inhibitor**),它们可与氨基酸残基发生反应(图 10.62、图 10.63)。如阿司匹林和双硫仑(一种阻止人们滥用酒精的药物)是不可逆抑制剂的临床应用实例(见临床相关知识 10.8、10.9)。

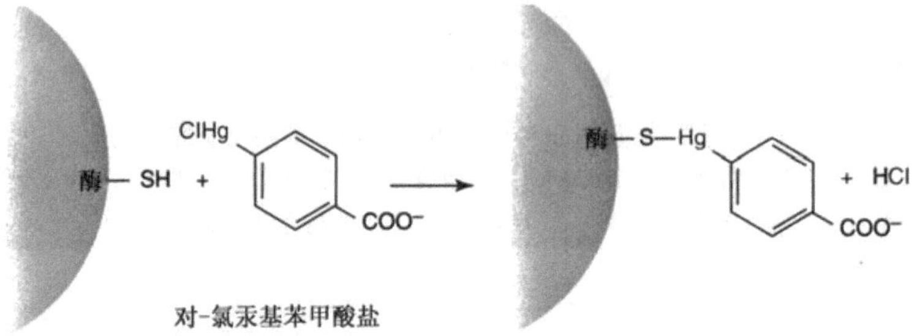

图 10.62　通过半胱氨酸活性位点的共价修饰抑制酶活性

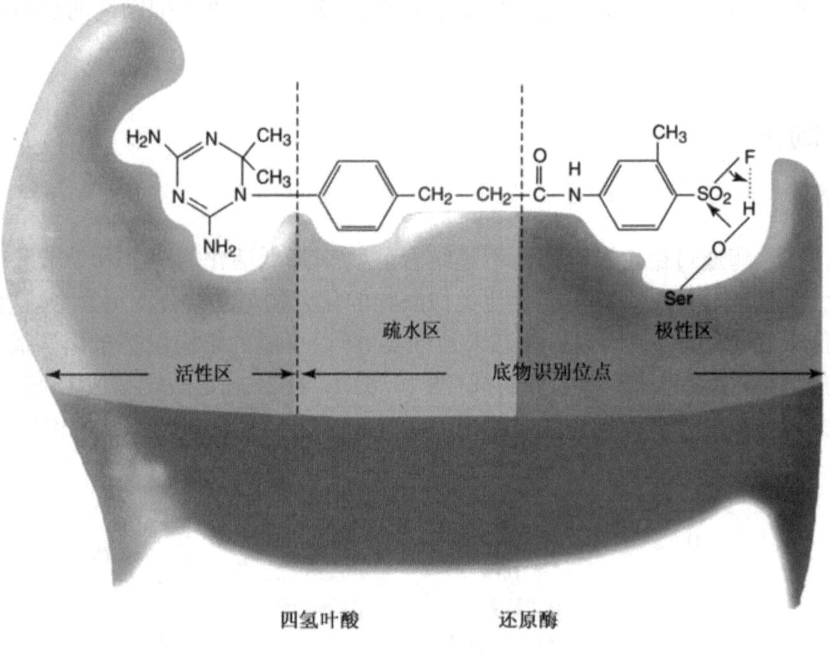

图 10.63　四氢叶酸还原酶位点特异性灭活

不可逆抑制剂-替代型双氢三嗪,结构与二氢叶酸相似,与四氢叶酸还原酶结合。抑制剂三嗪的部分与蝶呤部分相似且结合于活性位点。乙基苯基团(红)则占据了通常与 p-甲酰基氨基酸结合的疏水位点。抑制剂反应的终止是硫酰基氟化物与羟基丝氨酸在酶表面形成共价键。也就是说,抑制剂通过占据二氢叶酸结合的活性位点不可逆抑制酶活性。这不是自杀性抑制剂而是与活性位点结合并形成新基团的不可逆抑制剂的例子

临床相关知识 10.8
农药中毒一例

急诊室医务人员经常会遇到农药中毒的病例,他们必须能认识并处理这些情况。许多常用的杀虫剂都是有机磷化合物,通过与酯酶活性部位的特定丝氨酸形成稳定的磷酸酯,不可逆地抑制在胆碱能神经元突触后纤维中的乙酰胆碱酯酶(AChE)。抑制 AChE 可阻碍突触乙酰胆碱的水解,导致这些神经元末梢器官持续刺激。人农药中毒时最突出的影响是呼吸肌麻痹和肺水肿。如果治疗及时,象解磷定一类的药物可取代与活性部位丝氨酸结合的农药烷基磷酸,使有活性的 AChE 再生。

AChE 中毒为重症肌无力的医学治疗也提供了指导。后者突触后乙酰胆碱受体的数量出现功能性减少。克服这种缺陷的一个办法是给患者用 AChE 抑制剂来增加乙酰胆碱水平。

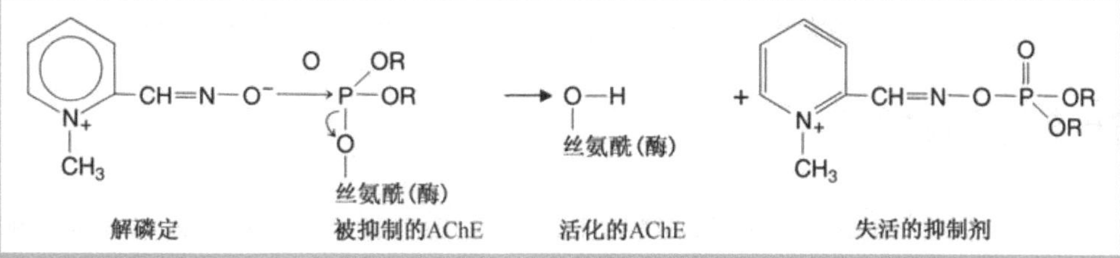

临床相关知识 10.9
蘑菇与乙醇代谢

鬼伞菌素是墨汁帽蘑菇产生的一种毒素,可与参与乙醇代谢的醛脱氢酶形成共价键。鬼伞菌素通常毒性不高,但食用者吃蘑菇时若摄入乙醇,会导致乙醇氧化形成的乙醛堆积而出现中毒反应。双硫仑(disulfuram)是一种用于戒酒的药物,商品名为安塔布司,也是一种醛脱氢酶的共价抑制剂。该药使患者在喝酒时感觉不适。双硫仑起初在橡胶工业中用作抗氧化剂,后来发现工人在工作后喝酒会生病。抑制剂不与酶解离,恢复活性的唯一办法是在组织中合成新的酶。

酶抑制剂药物

如前所述,许多药物通过抑制特定的酶而发挥作用。一些新的具有药理学活性的化合物就通过它们对酶的效果而筛选获得。设计抑制微生物特有酶的药物副作用较少。经典例子是磺胺类药物,因为细菌可将 P-氨基酸苯甲酸转化成叶酸而人类无此类反应酶(图 10.64)。哺乳

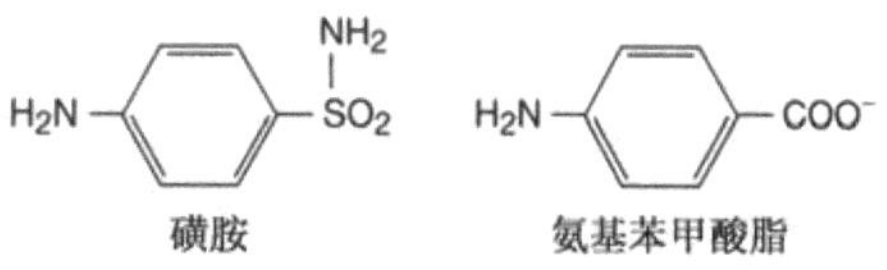

图 10.64　P-氨基酸苯甲酸和氨苯磺胺——参与细菌叶酸合成的竞争性抑制剂

动物同工酶间存在微小的区别正被利用来制造特殊抑制剂，如昔多酚(sildenafil)(商品名万艾可，Viagra)，一种勃起功能障碍药物，是磷酸二酯酶同工酶的抑制剂(见 11.7 节)。然而，在体外找到的针对酶的抑制剂也可能对其他未测试的酶起作用。

10.10 酶活性调节

共价修饰

细胞可通过共价修饰或与配体的可逆结合来调节关键酶的活性。对酶的共价修饰如磷酸化的具体例子将在其他章节介绍。许多蛋白激酶可催化丝氨酸、苏氨酸或酪氨酸残基发生磷酸化(见 15.4 节)，而蛋白磷酸酶可通过水解反应移去磷酸基团。对不同的蛋白质而言，磷酸化可以增加也可减小酶的活力。除了磷酸基团外，硫酸根和醋酸根也可修饰酶并改变其活性。蛋白质的共价修饰是调控蛋白或酶活性快速而有效的途径。

酶活性别构调节

虽然酶的底物结合区和活性位点结构十分精密，但许多酶的活性还是可以通过配体以竞争性或非竞争性抑制剂以外的方式调节。配体可以是激动剂、抑制剂或甚至是酶的底物。配体可改变酶活力，但本身不因酶的功能而变化，它们被称为效应剂、修饰剂或调节剂，大多数受配体调节的酶在代谢途径中是限速酶。

酶受调节剂作用的位点称别构位点。**别构(Allosteric)**一词来源希腊词，意思是“其他的”，别构位点是酶中独特区域，区别于底物结合位点，存在别构位点的例子见临床相关 10.10。与别构位点结合的配体称别构效应剂或调节剂。别构效应剂的结合引起酶结构发生改变，使其与底物或其他配体的亲和性改变。正性(+)别构效应剂增加酶与底物或其他配体的亲和力。负性(－)则反之。正性别构剂结合位点称为激活域，负性别构剂结合位点称为抑制域。

别构酶根据别构效应剂的 K_m 和 V_{max} 分两类，K 类(K class)效应剂使 K_m 改变而 V_{max} 不变，V 类(V class)反之。K 类酶双倒数图类似竞争性抑制剂，V 类酶双倒数图类似非竞争性抑制剂，但竞争性和非竞争性的参数与别构酶系统意义不同，因为两者机制不同。例如 K 类负性效应剂与别构位点结合，影响底物结合位点的亲和力，而简单抑制剂是直接与底物位点竞争性结合。对 V 类酶而言，正性和负性别构修饰剂可增加或降低 ES 复合物解离生成产物，只有少数酶 K_m 和 V_{max} 两者都会被别构效应剂影响。

理论上单体酶结合调节配体后会发生别构效应，但目前仅发现两个这样的单体别构酶即核苷二磷酸还原酶和丙酮酸-VDP-N-乙酰葡萄糖胺转移酶。大部分别构酶是**寡聚体(oligomeric)**，它们由多个单位组成。寡聚性别构酶一个亚基与配体结合后可影响该配体与其他亚基结合。这样的配体效应称**等位相互作用(homotropic interaction)**。等位效应在不同亚基间的传递是协同作用的一方面。底物之间、激活剂之间或抑制剂之间对结合的影响都是等位相互作用，它通常是正性的。

临床相关知识 10.10
别构位点与底物结合位点不同的痛风病例

对红细胞 PRPP 水平增高的痛风患者的研究说明,别构抑制部位不同于别构激活位点,也不同于底物结合和催化位点。已经发现患者的 PRPP 合成酶有正常的 K_m 和 V_{max},具有被磷酸激活的敏感性。由于通路(ATP,GTP)的终末产物不能通过别构抑制位点(I)抑制合成酶的作用,从而引起 PRPP 水平升高以及高尿酸血症。这说明发生在抑制位点或影响抑制性和催化性位点之间偶联机制的突变使反馈调控机制失效。

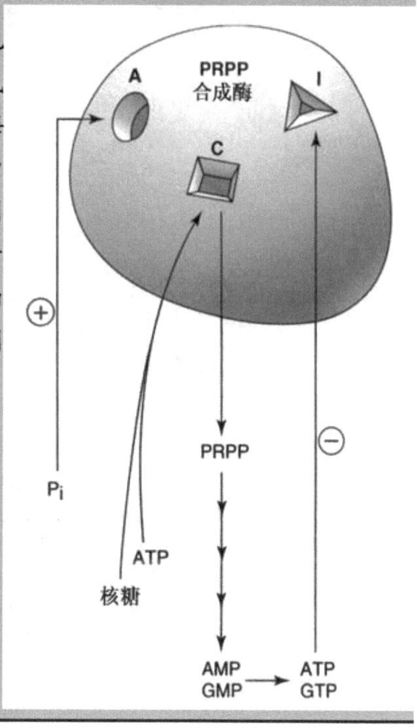

异位相互作用(heterotropic interaction)是指配体影响不同的配体的结合。如负性效应剂对底物或别构激活剂的结合就是异位相互作用。异位相互作用可以是正性或负性,且可以发生在单体别构酶上。寡聚酶异位或同位效应是通过亚单位之间的合作而实现的。

多亚基酶的协同性

许多酶是多聚体,由相同或不同单体组成。一些多聚体酶的亚单位各自独立,一个亚单位不会影响另一个亚单位的活力。四亚基单位酶的 k_{cat} 或 V_{max} 应除以 4 以获得每个亚单位的实际参数。在另一些多亚单位酶中,一个亚单位会影响与之相联的另一个亚单位的活性。在这些情况下,底物的 K_m 通常会改变,而 k_{cat} 在特定情况才改变(临床相关知识 10.5、10.8 节)。一个亚单位对相邻亚单位的影响是由于结合底物后其构型发生了改变(图 10.65a),使单体可与底物容易结合且易饱和。如果结合变得更容易(降低 K_m),则称为正向协同性,如血红蛋白与氧的结合(见 9.4 节)。当构型改变使底物结合变得困难(升高 K_m),则称为负向协同性。

协同性实验

可以用速率与[S]之间关系图反应一个酶不同亚基间的协同性。无协同作用的酶满足米氏方程的正常双曲线图。而当存在协同作用时,曲线将不再符合简单方程,这是因为

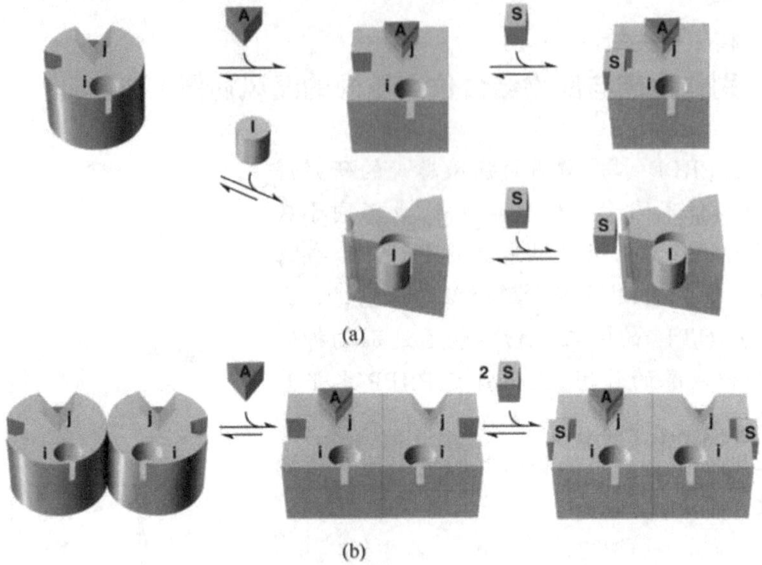

图 10.65 别构酶系统模型

(a)单体酶模型。酶与正性别构效应剂结合—A(绿色),占据活性位点—j,诱导酶变形成新的与底物高亲和性的构型。酶与负性别构效应剂结合(紫色),占据活性位点—I,诱导酶变形成新的与底物低亲和性的构型(橙色)。(b)多聚体酶模型。正性别构效应剂结合—A(绿色),占据活性位点—j,造成与效应剂结合的亚基构型改变。这种改变会通过单体间相互作用传递到第二个亚基,并使两个亚基对底物的亲和性都增加。负性效应剂则相反

当底物浓度改变时,K_m 会变化。曲线呈 S 形而不再是双曲线(图 10.66a),且双倒数图将变为非直线(图 10.66b)。

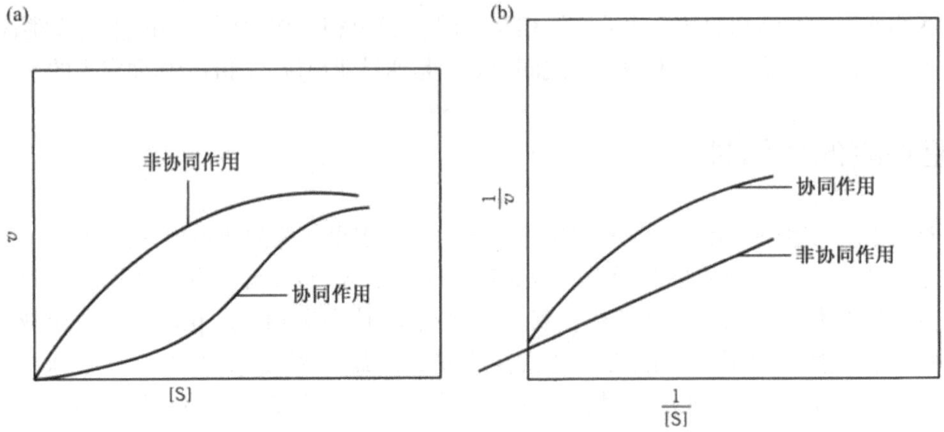

图 10.66 具协同作用酶的曲线不典型

(a)速率与底物曲线图。(b)双倒数图。正性协同性曲线

很难精确计算具有正性或负性协同作用酶的 K_m,但它可从反应速率达到 V_{max} 一半时的底物浓度估计出,称之 K_{mapp}。

用来解释血红蛋白与氧结合的协同性(见 9.4 节)的 Hill 方程可用来评价酶各亚基间的协同作用程度,Hill 系数是酶协同效应程度的指标。它的值小于 1 意味负协同效应,

而大于 1 则意味正协同效应。正向和负向协同性的代表性见图 10.67。

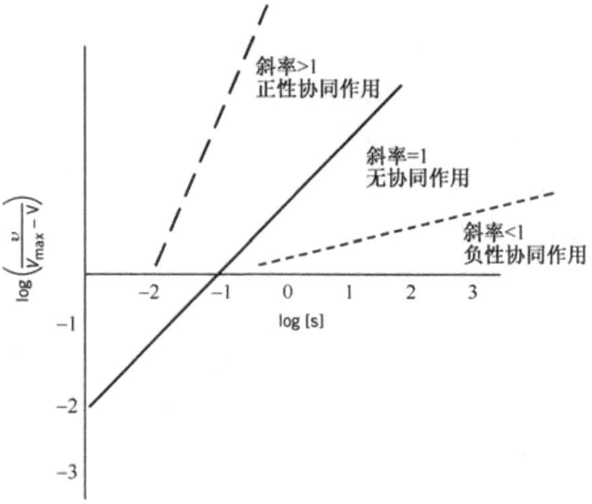

图 10.67　别构酶的 Hill 曲线图

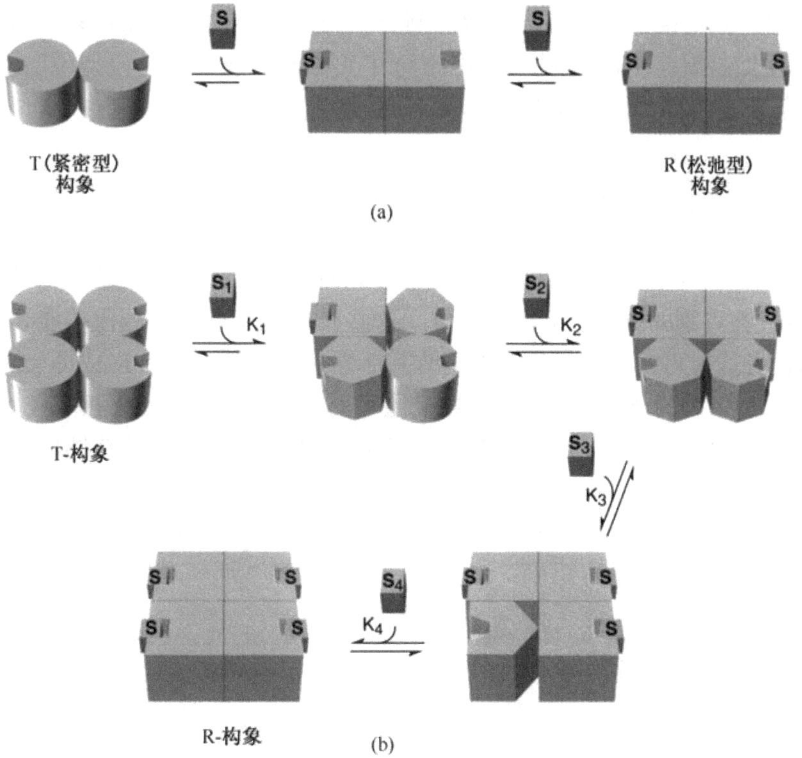

图 10.68　协同效应模型

(a)协作模式。酶只有两种存在形态,T(紧密形)和 R(松弛形)型。底物和激活剂与 R 型的亲和力强于 T 型,而抑制剂与 T 型亲和力强。配体改变 T 型与 R 型之间的平衡。(b)顺序诱导适应模式。任何亚单位结合配体会导致其结构改变。这种改变会通过亚单位之间的相互作用传递到相邻的亚单位。产生如下影响,第一个配体的结合协同和顺序地传递至其他亚单位(启动子),造成配体与其他亚单位的亲和力增加或降低。视不同配体,协同性可以是正性或负性

协同性的模型

有两个各自独立的模型用于解释蛋白质之间的协同性，两者均未被证实完全正确。两者都假设亚单位之间互相作用且亚单位结合配体的构象不同于未结合配体的亚单位。两模型主要的区别在于不同的构象是否已经存在。

连续模型由 Koshland、Némethy 和 Filmer(KNF)提出，它假设配体结合底物后亚单位构象发生改变，进而诱导邻近的亚单位构象改变。配体结合的效应通过亚单位间连续传递使配体的亲和力升高或降低(图 10.68a)。在这种模式中通过许多杂合状态产生协同效应，形成速率与[S]的 S 形图。正向和负向协同效应都可用此模型解释。另外，正向别构修饰剂可以诱导亚单位构象改变增加对底物的亲和力。负性修饰剂诱导亚单位的构象改变可导致对底物的亲和力降低。两种效应均可经协同作用传递给相邻亚单位。酶的 k_{cat} 改变也可用此模型解释。

协作模型假说由 Monol、Myman 和 Chargeux 提出，它假设两种构象在没有配体时已存在且是均衡的，当配体结合后，平衡趋向利于配体结合的构象。协作模型中的两种状态分别称为 T(紧密型)和 R(松弛型)(图 10.68b)。激活剂和底物与 R 型结合后促进原来的平衡趋向 R 型，使接下来的底物或激活剂分子与之结合变得更加容易。相反，抑制剂偏好 T 型，在抑制剂存在时，底物将会很难与 T 型结合。虽然这种模型说明了许多酶动力学行为，但不易解释负性协同作用。

调节亚基对催化亚基活性的调节

前述别构位点与催化位点位于相同亚单位，而且所有亚单位是相同的。但在几种特别重要酶中存在特别的调节性蛋白亚单位。这些限制性亚单位无催化功能，但它们与催化亚基结合，并通过可诱导的构象改变调节其活性。蛋白激酶 A(PKA)即受这种机制调节(图 10.69)。每个调节亚单位(R 型)在其主序列上有一片段是催化亚基(C)的伪底物。在没有 AMP 时(见 13.9 节)，R 亚基通过伪底物序列结合 C 亚基的活性位点，从而抑制

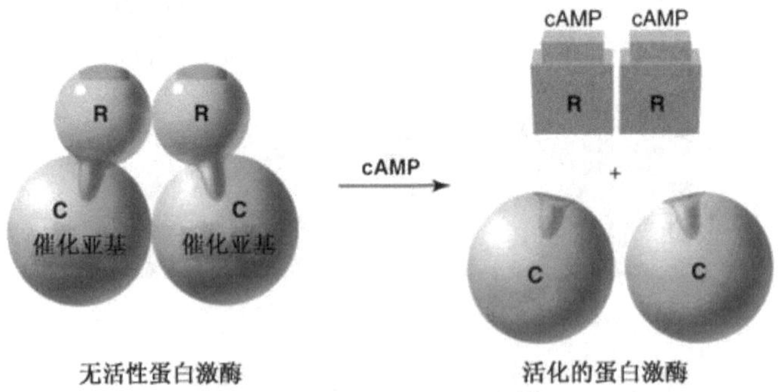

图 10.69 具有催化(C)和调节(R)亚单位的别构酶模型

在蛋白激酶 A 的调节亚单位主序列上有假底物区域，可结合催化亚单位上的底物结合区。存在 cAMP 时，R 亚单位结构改变使假底物区域失去结合功能，导致其与催化亚单位 C 的解离

蛋白质的激酶活性。当细胞内 cAMP 水平上升时,cAMP 与 R 亚基特定位点结合,造成构象改变,使伪底物片段从 C 亚基活性位点上解离,使 C 亚基能够接受包括伪底物序列在内的其他蛋白底物。

钙调蛋白(见 12.4 节)(一种 Ca^{2+} 结合蛋白),是 Ca^{2+} 依赖酶的调节亚单位。Ca^{2+} 与钙调蛋白的结合导致结构改变,使其可以结合 Ca^{2+} 依赖酶,进而诱导酶结构改变而恢复酶的活性。

10.11 代谢途径的调节

有许多酶参与一条生理代谢途径中,而不同途径的代谢产物间又彼此相关联,因此需要精密的调控。然而并不需要对代谢途径的所有酶进行调控,仅对途径中一个或几个关键酶的活性进行调节就足够了。总有某一酶的催化反应比其他步骤慢——即**限速步骤**(**rate-limiting step**),这样整个代谢途径的底物流量就受该酶的限制,改变其动力学性质对最终产物形成有巨大影响。另一个重要的调节点是酶催化的**关键步骤**(**commitment step**),即该途径的第一步不可逆反应。限速酶催化的不一定是关键步骤。另外,一个底物可能充作两个或多个代谢转变的中间物,并产生不同的产物。接下来章节会详细介绍这些限制酶,与关键步骤或限速步骤相关的酶活性可受多种方式调控。

细胞内酶浓度

许多关键酶半衰期相对很短,有的少于 1 小时。细胞可通过转录或翻译水平调节新生酶的合成率调节酶的浓度。比如葡萄糖可抑制磷酸烯醇式丙酮磷酸羧激酶的重新合成,而该酶是催化丙酮酸转变为葡萄糖的限速酶。如果血中葡萄糖足够,羧激酶在肝脏中水平很低,而低血糖时会增加酶的浓度(见 4.4 节)。

激活剂、抑制剂、共价修饰

激活剂、抑制剂和共价修饰可对酶的活性进行瞬时调节。当细胞内脱氧核苷酸浓度增加使细胞有充足 DNA 原料时,合成步骤中的关键酶会受最终产物抑制,导致合成步骤变慢,这称为**反馈抑制**(**feedback inhibition**)(图 10.70a)。另外此过程中抑制反馈可发生在其他途径,称为**交叉调节**(**cross regulation**)。这里的产物可作为另外途径早期的抑制剂或激活剂(图 10.70b)。一个典型的交叉调节的例子是 4-脱

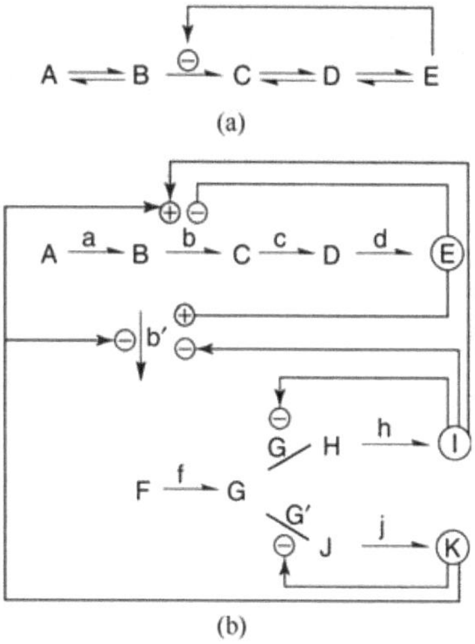

图 10.70　代谢途径的调控

(a)反馈抑制。产物 E 可以抑制酶催化 B 到 C 的反应。这可以是可逆或限速反应。(b)假定复杂通路的调节。产物 E 可以抑制 b 酶但活化 b′酶。同样,产物 I 和 K 可以通过抑制 b′,g,g′酶并同时活化 b 酶从而抑制它们自身的合成

氧核苷酸合成 DNA 的产物作用(见 20.5 节)。

区室化作用

代谢途径的活性还可通过细胞区室的物理分割来调节。这些区室由不透膜分隔(见 12.4 节)。底物、产物和辅因子的跨膜转运形成了它们在区室中的浓度,进而决定了酶活性。这被称为**区室化作用**(**compartmentation**)。如乙酰 CoA 是线粒体内形成,必须转运出胞质才能用于脂肪酸合成。乙酰 CoA 羧化酶是脂肪酸合成的第一步,需要乙酰 CoA 作为底物。但底物不能扩散入胞质,需经复杂的机制穿膜(见 17.4 节)。合成与分解代谢途径通常被不同细胞器隔开,目的是更好控制每个途径。不会出现在同一时刻同一区室既有脂肪酸的氧化又有合成。可通过调节共同中间产物穿越线粒体膜来保持脂肪酸在细胞质的合成和在线粒体的氧化。

10.12 酶的临床应用

血浆中发现的酶有 2 类:(1)正常存在于血浆中且具有功能;(2)从组织中释放的。后者正常时也可在血浆中存在,但含量极低且无功能,然而对疾病的诊断有重要意义。正常情况下血浆中所含细胞内的酶很少或没有,然而一旦细胞受损,其中包含的酶会出现在血液中。疾病的过程会改变细胞膜通透性或加快细胞死亡(见 15.3 节),导致释放细胞内的酶。低分子质量成分也可从细胞扩散出来,组织受损越重,细胞内成分释放越多。根据其自身的稳定性和网状内皮系统的吸收情况,细胞内酶从血清中以不同速率被清除。分析血液中细胞内成分是临床医生评估机体组织部位损伤的一个方便的途径。在诊断疾病过

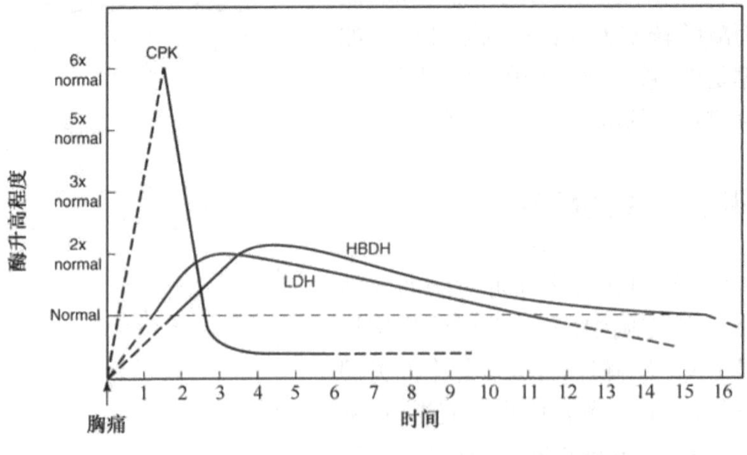

图 10.71　心肌梗死后心肌酶释放入血的动力学

CPK:肌酸激酶;LDH:乳酸脱氢酶;HBDH-α-羟基丁酸脱氢酶。这些酶的图谱可以帮助确定患者心肌受损和恢复情况。CPK 上升快但持续时间短;HBDH 上升慢但持续时间长

程中特殊器官损伤时,如果某种酶特定存在于某些器官就容易辨别。大多数酶同时存在于许多组织中,但存在一些器官特异酶或同工酶。如乙醇脱氢酶同工酶特异存在于肝组织,酸性磷酸酶主要存在于前列腺中,可用于这些器官的疾病鉴别。因为某些酶中组织特异性同工酶拥有不同的动力学性质,所以确定 K_m 和 k_{cat} 可以用来定其组织来源。

检测血浆中特殊酶出现和消失的时间可判断特定器官的情况。图 10.71 显示了在心脏病发生后,心肌释放入血浆中的酶活性随时间变化情况。

这些图谱可帮助判断心脏损伤发生的时间和治疗是否有效。临床相关知识 10.11 列举了通过特异酶的诊断,进行了合理的临床治疗,并最终使患者恢复健康。

临床相关知识 10.11
酶缺陷的鉴别与治疗

酶缺陷通常导致特定的中间代谢产物在血浆和尿中过多堆积。认识在体液中堆积的中间产物有助于确切地找到可能的酶缺陷。确定了缺陷的酶之后,为了弥补酶缺陷引起的代谢异常,可以外源性提供那些在正常情况下存在于通路中,但在阻断点远侧的代谢物。在遗传性乳清酸尿患者中,其嘧啶生物合成通路中缺乏两种酶,导致乳清酸堆积。乳清酸磷酸核糖转移酶和 5′-磷酸乳清酸核苷脱羧酶都缺乏,引起体内 CTP 和 TTP 水平降低。两种酶分别位于一个含 480 个氨基酸的双功能多肽的不同结构域,因此酶的缺陷使活性丧失。dCTP 和 dTTP 分别由 CTP 和 TTP 生成,是细胞分裂所必须的。在这些酶缺陷疾病中,患者苍白无力,不能健康成长。摄入缺失的嘧啶,如尿嘧啶或胞嘧啶,则可改善生长和全身健康状况,还能减少乳清酸排泄。这是因为由提供的尿嘧啶和胞嘧啶生成的 TTP 和 CTP 可通过负反馈抑制氨甲酰磷酸合成酶,从而使乳清酸生成减少。

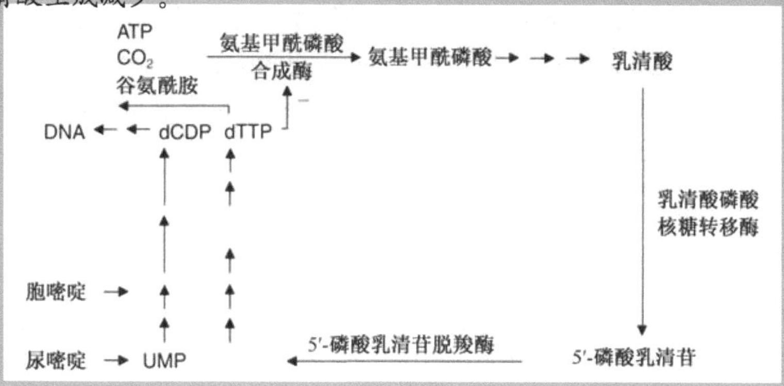

临床酶学检测

研究血浆中酶出现和消失的动力学需要一种高重现性的酶检测方法。一个好的检测基于对温度和 pH 以及底物、辅底物、辅因子浓度的控制,而 K_m 必须已知。典型的检测在低于 V_{max} 条件下进行(虽然不是必须的)。临床实验室的检测条件通常经优化以适用于正常酶的性质,因此可能不能正确测定变异酶水平,因为其最佳 pH 和/或底物及辅因子的 K_m 与正常酶是不同的(临床相关知识 10.12)。

临床相关知识 10.12

突变酶试验中的不确定性

由于结构基因突变而导致酶的 K_m 升高或降低非常常见。一个典型的例子就是患高尿酸血症和痛风患者的红细胞次黄嘌呤-鸟嘌呤-磷酸核糖转移酶(HGPRT),在体外实验中几乎没有活性,该酶参与嘌呤碱基的再利用,催化的反应如下:

次黄嘌呤＋PRPP→单磷酸肌苷＋PPi　　PRPP 为磷酸核糖焦磷酸

缺乏 HGPRT 活性可引起被称之为 Lesch-Nyhan 综合征的严重神经性疾病(见 20.2 节),但一患者并没有这种疾病的临床表现。用酶的特异性抗体进行的免疫学试验表明患者红细胞中的酶量与正常对照一样多。这说明酶虽然被合成,但在体外试验中无活性。在试验中增加底物浓度可使患者红细胞的溶血产物的活性完全恢复。这种异常被解释为 HGPRT 的底物结合位点的突变使 K_m 增大,导致试验中的底物浓度以及细胞中的底物含量均不足以与酶结合。这个例子支持了准确的酶定量有赖于零阶动力学的观点,即酶需被底物饱和。

测量产物或底物在反应不同时间的浓度是必要的。在某些反应中,产物或底物可吸收光,因此可直接跟踪吸光值的变化确定浓度。许多合成底物的产物是生色团复合物(吸收光或放出荧光)。如采用 NAD(P)和 FAD 作为辅酶的酶类很容易检测,因为它们的还原形式吸收可见光。许多酶不直接还原 NAD^+ 或 FAD 产生产物,而是作用于 NAD(P)或 FAD 相关脱氢酶,因此可通过两种酶的偶联反应来确定待测酶的活性。

酶被用来做筛选目的的临床分析。如在几分钟中内可以对少量血浆中的胆固醇和三酰基甘油完成分析。胆固醇氧化酶用于检测胆固醇而脂肪酶用于检测三酰基甘油。酶被固定于脂双层中并加入必须的辅因子和指示剂,后者被还原时成为生色团。在胆固醇氧化酶例子中,过氧化氢是氧化酶反应的产物,可通过过氧化酶将无色的过氧化氢氧化成为有色产物。

酶作为酶联免疫测定的指示剂

现代临床化学得益于酶化学和免疫学的融合。蛋白抗原的特异性抗体结合如辣根过氧化物酶等指示剂酶,成为了特异性和敏感性极高的检测方法。过氧化物酶标记的抗体与抗原结合后,过氧化物酶被用来产生显色物,后者可被测定并反映了抗原的浓度。因为酶的催化特性使系统信号成倍放大,这种检测缩写为 ELISA,即酶联免疫检测。随着单克隆抗体技术的诞生,使生成针对同工酶或相似酶家族特定成员的特异性抗体成为可能。

辣根过氧化物常用来作为 ELISA 的指示剂,如用于测定人免疫缺陷病毒(HIV)外壳蛋白抗原,步骤见图 10.72。该方法因过氧化物酶的特性使信号被成倍放大,因此可用于测定非常微量的抗原。

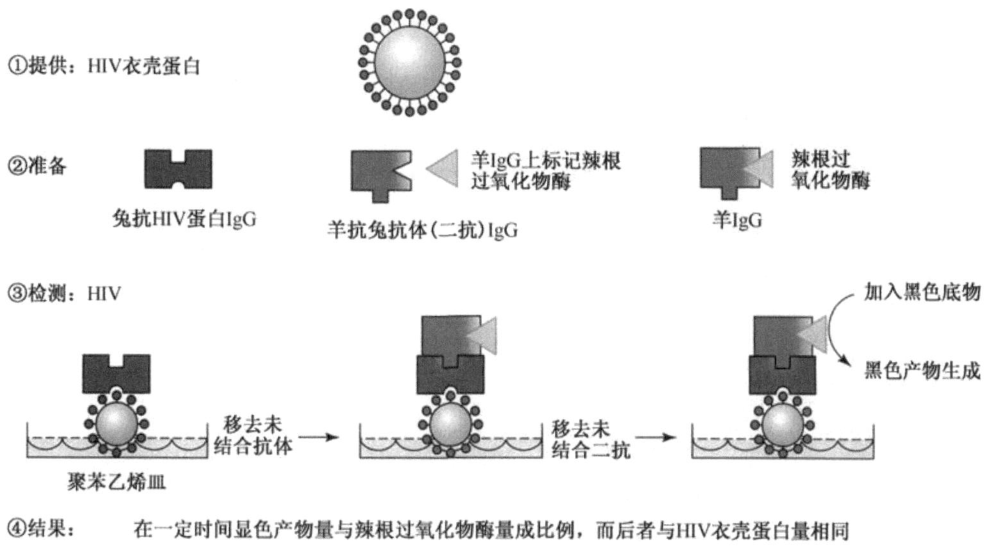

图 10.72 ELISA(酶联免疫试验)检测人免疫缺陷病毒(HIV)衣壳蛋白

同工酶测定在诊断中应用

同工酶(**isozyme**)可通过电泳彼此分离。在某些情况下不同组织存在不同的同工酶，另一些情况同工酶存在于所有组织。如果酶是多聚体，将有许多组合形式。同工酶有广泛的临床应用，如乳酸脱氢酶、肌酸磷酸激酶、碱性磷酸酶，肌酸磷酸激酶(CPK)等(见 24.4 节)。**肌酸磷酸激酶**(**creatine phosphokinase**)是具有 2 个亚单位的二聚体，M(肌肉型)和 B(脑型)。在脑中两种亚单位电泳型相同被命名为 B 型，在骨骼肌中亚型都是 M 型。由 M 和 B 型亚单位(MB)组成的同工酶只存在于心肌。其他组织包含各种含量的 MM 和 BB 同工酶，这些同工酶可电泳的迁移速率快慢进行分辨——CPK1(BB)、CPK2(MB)、CPK3(MM)。

组织特异同工酶—乳酸脱氢酶(LDH)由两种基因编码。酶是四聚体，即有 5 种酶形式存在，这是因为亚单位可自由地解离和聚积。一种同工酶几乎只存在于心肌中(缩写为 H)，即同源四聚体(H4)是 LDH1。各种 LDH 同工酶见表 10.4。肝脏和骨骼肌含 M-亚单位，同源四聚体(M4)是 LDH5。通常血中 LDH1 含量很少，但心脏损伤时其水平升高。H 和 M 亚单位有不同的等电点，所以每种四聚体有不同的电荷，所有 5 种形式可通过电泳分离，并可直接在胶上测定它们的活性。

表 10.4

类型	组成	定位
LDH_1	HHHH	心肌和血红细胞
LDH_2	HHHM	心肌和血红细胞
LDH_3	HHMM	脑和肾
LDH_4	HMMM	——
LDH_5	MMMM	肝和骨骼肌

为说明临床中如何应用同工酶分析，图 10.73 显示了心肌梗死后乳酸脱氢酶同工酶的作用形式。不仅是酶总活性增加，而且同工酶形式也发生改变。更多的 LDH1 可被检测到，而这例中 LDH5 也增加，提示患者有肝损伤。这样心脏损伤的并发症也可被监控。

2 周后同工酶形式恢复到健康人状态。

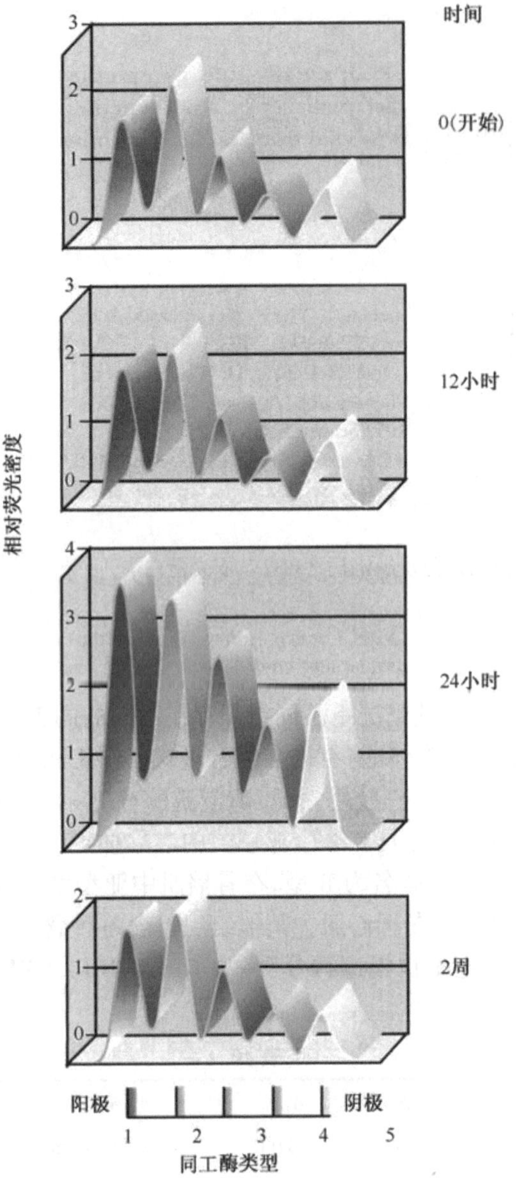

图 10.73 心肌梗死不同时段光密度检测 LDH 同工酶

所有 LDH 同工酶都升高，在 12 到 24 小时 LDH1 比 LDH2 高。LDH5 的增加可诊断继发阻塞性肝损伤。注意 Y 轴刻度不同。凝胶电泳后，通过检测 LDH 催化反应中 NADH 产生的光信号确定 LDH 活性

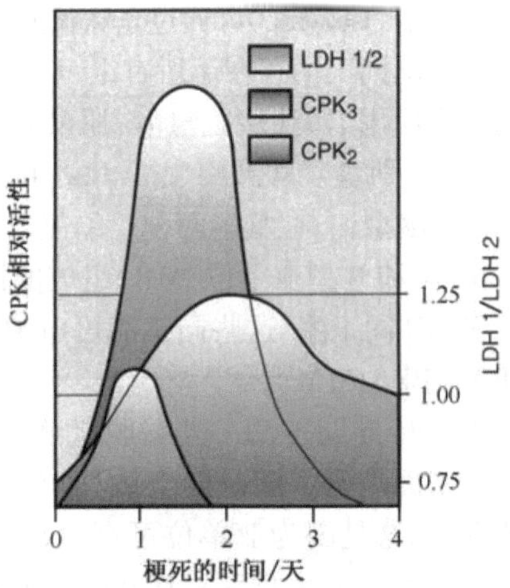

图 10.74 心肌梗死后血清中 CPK 和 LDH 同工酶的特征性改变

CPK2(MB)同工酶在受损后 1 天上升到最大值。CPK3 滞后 CPK2 一天。所有 LDH 水平较慢增加，12～24 小时内 LDH1 和 LDH2 增加伴 CPK2 的增加可诊断心肌梗死

肌酸激酶和乳酸脱氢酶的动力学分析对诊断很有用，CPK 和 LDH 同工酶图示见图 10.74，是心脏受损后时间函数图。在心梗头 6～8 小时内，组织损伤释放 CPK2 入血，但 LDH 释放滞后于 CPK2 1～2 天。正常情况下 LDH2 活性高于 LDH1；然而在损伤后

LDH1 活性远大于 LDH2,同时 CPK2 水平恢复到基线(48～60 小时)。LDH“开关”的协同变化,伴 CPK2 增高可以几乎 100% 诊断为心肌梗死(M1)(见临床相关知识 10.9)。

某些用于治疗的酶

在少数情况下,酶可用作治疗剂。**链霉素激酶(Streptokinase)**是一种从链球菌属获得的混合酶,对发生于心梗后肢端血凝块的清除很有效。它活化了正常存在于血浆中的纤维蛋白前酶——**纤溶酶原(plasminogen)**(见 24.5 节)。被活化的纤溶酶是一种色氨酸蛋白酶,可将血凝块中的不溶性纤维裂解成为多块可溶性的碎片。另一种丝氨酸蛋白酶、人组织纤溶酶原活化剂,t-PA,通过生物工程大肠杆菌已商业化生产,用于心梗患者的血栓溶解(见 24.5 节)。链霉蛋白酶,另一种细菌酶,被用于创伤清理。

大多数酶在血中半衰期很短,但为保持治疗水平而用大剂量的酶是不合理的。现在可通过把酶偶合到固态物质,并把其植入灌流较好的部位可提高酶的稳定性。

参考书目

Blackburn, G. M., Kang, A. S., Kingsbury, G. A., and Burton, D. R. Review of abzymes. *Biochem. J.* 262:381, 1989.

Bugg, T. *An Introduction to Enzyme and Coenzyme Chemistry*. London: Blackwell Press, 1997.

Cornish-Bowden, A. *Fundamentals of Enzyme Kinetics*. London: Portland Press, 1995.

Eliot, A. C. and Kirsch, J. F. Pyridoxal phosphate enzymes: Mechanistic, structural, and evolutionary considerations. *Annu. Rev. Biochem.* 73:383, 2004.

Fersht, A. *Enzyme Structure and Mechanism in Protein Science: A Guide to Enzyme Catalysis and Protein Folding*. New York: Freeman, 1999.

Holden, H. M., Rayment, I., and Thoden, J. B. Structure and function of enzymes of the Leloir pathway for galactose metabolism. *J. Biol. Chem.* 278:43885, 2003.

Keffer, J. H. Myocardial markers of injury. *Am. J. Clin. Pathol.* 105:305, 1996.

Knowles, J. R. and Alberty, W. J. Evolution of enzyme function and the development of catalytic efficiency. *Biochemistry* 15:5631, 1976.

Koshland Jr., D. E. A new model for protein stereospecificity. *Nature* 403:614, 2000.

Koshland, Jr., D. E. and Hamadani, K. Proteomics and models for enzyme cooperativity. *J. Biol. Chem.* 277:46841, 2002.

Kraut, D. A., Carroll, K. S., and Herschlag, D. Challenges in enzyme mechanism and energetics. *Annu. Rev. Biochem.* 72:517, 2003.

Kraut, J. How do enzymes work? *Science* 242:533, 1988.

Kyte, J. *Mechanism in Protein Chemistry*. New York: Garland, 1995.

Lerner, R. A., Benkovic, S. J., and Schultz. P. G. At the crossroads of chemistry and immunology: Catalytic antibodies. *Science* 252:659, 1991.

Lilley, D. M. C. The origins of RNA catalysis in ribozymes. *Trends Biochem. Sci.* 28:495, 2003.

Nevinsky, G. A. and Buneva, V. N. Catalytic antibodies in healthy humans and patients with autoimmune and viral diseases. *J. Cell Mol. Med.* 7:265, 2003.

Plowman, K. M. *Enzyme Kinetics*. New York: McGraw-Hill, 1972.

Silverman, R. B. *The Organic Chemistry of Enzyme-Catalyzed Reactions*. San Diego: Academic Press, 2000.

Wackett, L. P. Evolution of enzymes for the metabolism of new chemical inputs into the environment. *J. Biol. Chem.* 279:41259, 2004.

习题和参考答案

选择题

1. 所有酶的活性位点:
   A. 包含底物结合位点
   B. 在主序列上邻近底物结合位点
   C. 在主序列上远离底物结合位点
   D. 包含金属离子作为辅基团
   E. 包含氨基酸侧链参与催化反应
2. 下列哪种酶促反应是不可逆的:
   A. 底物热力学稳定性远大于反应物
   B. 低于平衡条件
   C. 如果产物积聚
   D. 酶高浓度
   E. 高温度
3. 金属离子参与以下选项除了:
   A. 提供电子对给酶蛋白中主要结构的功能基团
   B. 酶反应中充当 Lewis 酸
   C. 参与氧化还原过程
   D. 稳定酶活性结构
   E. 与底物螯合形成真正的底物
4. 酶的特异性与以下情况相关除了:
   A. 底物的化学特性
   B. 在活性基团中(如 ^{12}C 不是 ^{14}C)元素的原子

质量

C. 来自于对称性底物的产物光学活性

D. 催化反应类型

E. 催化哪一对旋光异构物反应

5. 在以下反应序列中，控制化合物 6 的最佳点在：

Cpd3

B

方程式：Cpd1 $\xrightarrow{A}$ Cpd2 $\xrightleftharpoons{C}$ Cpd4 $\xrightarrow{D}$ Cpd5 $\xrightleftharpoons{E}$ Cpd6

A. A

B. B

C. C

D. D

E. E

6. 如果血浆中细胞内酶活性异常升高，以下选项可解释除了：

A. 血浆中酶清除率被抑制

B. 组织损伤发生

C. 酶被激活

D. 同工酶分布测定产生有用的信息

E. 酶合成率增加

问题 7 和 8：一日裔男子发现自己喝了含酒精饮料后血流加快，心跳加速。而他的同伴，高加索人，即使是喝第二次，也未出现相同的症状，这些生理现象与酒精产生的乙醛有关。乙醛通常由线粒体中乙醛脱氢酶通过以下催化反应分解。

$CH_3CHO + NAD^+ \rightleftharpoons CH_3COO^- + NADH + H^+$

7. 乙醛脱氢酶是：

A. 氧化还原酶

B. 转移酶

C. 水解酶

D. 裂合酶

E. 连接酶

8. 日本男子的这种不同于他人的生理现象可解释为，他缺乏正常的线粒体内的乙醛脱氢酶，只有胞质同工酶。该胞质同工酶：

A. 不与 CH_3CHO 反应

B. 激活产生 CH_3CHO 的酶

C. 与线粒体酶不同，有对 CH_3CHO 更高的 K_m

D. 比线粒体酶有更高的与底物的亲和能力

E. 在摄入乙醇后产生低稳定水平的乙醛

问题 9 和 10：一个研究有机磷化合物的技师每周都需要测定其血中乙酰胆碱酯酶的活性。如果出现酯酶活性一段时间内相对恒定，然后突然下降为 0 这种典型情况，技师必须立即停止与有机磷化合物相关的工作。有机磷化合物与酯酶中关键的丝氨酸羟基形成稳定的酯。

9. 在这酯酶中，丝氨酸转移一个质子到组氨酸残基，下列哪些是正确的：

A. 丝氨酸充当广义酸的作用

B. 组氨酸充当广义酸的作用

C. 丝氨酸与组氨酸形成共价中间产物

D. 酶会对 pH 改变相对不敏感

E. 丝氨酸充当转移稳定催化剂

10. 有机磷化合物通过什么灭活酯酶：

A. 竞争性抑制

B. 反竞争性抑制

C. 非竞争性抑制

D. 自杀性抑制

E. 不可逆性抑制

问题 11 和 12：痛风是血和尿中尿酸升高的疾病。某患者排泄三倍于正常的尿酸，而血中都有很高水平的 PRPP——一种 AMP、GMP（ATP 和 GTP 的前体）合成的中间产物。这些产物降解会产生尿酸，这个患者 PRPP 合成酶的 K_m、V_{max} 正常，但是受终产物（ATP、GTP）的调节途径不敏感，他们是 PRPP 合成酶的负性别构调节剂。

11. 以下关于别构效应剂描述错误的是：

A. 它们会增加酶与底物亲和力

B. 它们会降低酶与底物亲和力

C. 它们在底物结合位点结合

D. 它们造成酶结构改变

E. 它们能改变反应的 K_m 或 V_{max}

12. 大多数别构酶：

A. 是单聚体

B. 超过一个亚基

C. 只表现出同源相互作用

D. 只表现出异源相互作用

E. 与别构效应剂结合不影响其他配体的结合

问答题

13. 一个用来测定反应速率与底物浓度关系的实验，首先缺少底物 A 之后加入底物 A 获得以下数据：

[S]/(μmol/L)	无 A 时的速率/(μmol/min)	有 A 时的速率/(μmol/min)
2.5	0.32	0.20
3.3	0.40	0.26
5.0	0.52	0.36
10.0	0.69	0.56

问底物 A 是激活剂还是抑制剂？如果是抑制剂是哪一类？

14. 问题 13 的实验中，计算在缺少或存在底物 A 时的 K_m、V_{max}，这些结果与 13 题回答一致吗？

参考答案

1. E　活性位点包含了选项中的所有的机制，也包括氨基酸侧链。A～D 都是可能的，但不是必须的。
2. A　稳定产物不会逆向反应。B、平衡时正向与反向反应速率一样。C、产物积聚会趋于逆向反应。D、酶仅催化反应，不影响平衡。E、温度影响反应率，也影响平衡，但不能使可逆和不可逆反应互变。
3. A　金属离子缺乏电子，可接受电子对。B、可充当 Lewis 酸，但不提供电子。C、相反它们有时接受电子对。D、接受电子对时会形成螯合物使结构稳定。E、有时他们会被底物螯合，成为真正的底物。
4. B　酶并不区分元素的不同核素，虽然重核素反应速率比轻核素要低。A、D 酶对底物和反应类型具有特异性。C、E：不对称结合位点通常只允许一对旋光异构体发生反应。而当对称底物产生不对称产物时，仅会产生一个旋光异构体。
5. D　反应 D 是不可逆的；如果失去调控，Cpd5 可能会积累到毒性水平。A：控制反应 A 会影响产物 Cpd3 和 Cpd6 的生成。B：反应 B 并不在反应的直接通路上。C、E：反应 C 和 E 可逆，不需调控。
6. E　因为血浆细胞内酶升高通常是因为细胞损伤而漏出，而它们在细胞中的合成速率改变是不会影响血浓度的。A、这会导致水平上升。B、组织损伤，细胞内酶会出现在血中。C、实验室分析除了酶浓度外其他所有因素均需恒定。D、不同的组织特征性分布的同工酶不同。
7. A　乙醛变酸的转变是氧化反应，NAD^+ 的存在提示它是脱氢酶的亚型。
8. C　低亲和性(高 K_m)使酶更难移除 CH_3CHO。A：同工酶催化同样反应。B：通常一个酶不可能激活另一个酶。D、高亲和性(低 K_m)反应速率快，可移去 CH_3CHO。E、这些效应是由于稳定态浓度较高。
9. A　酸提供质子，广义酸在生理 pH，弱电离。蛋白丝氨酸的环境促进其转移质子并具有亲核性。B、碱接受质子。C、没有共价键形成。D、组氨酸接受质子对 pH 依赖度很高。E、不可能。
10. E　磷酸酯不会解离，酶不会被恢复，A-C 这些类型的抑制剂与酶或酶/底物复合体的结合是可逆的。D、自杀性抑制剂形成来源于底物且与酶保持共价结合，有机磷不是酯酶的底物。
11. C　“别构”意思是另外的，A 和 B 别构效应剂可以是正向或负向。D、这是改变了对底物的亲和性。E、K 族改变 K_m，V 族改变 V_{max}。
12. B　大多数是寡聚体。A、仅已知 2 个单体的别构酶。C、D 同种和异种相互作用都是常见。E 别构调节的原则是结合一个配体影响另外的配体结合。
13. 作[S]、v 的倒数 Lineweaver-Burke 图，可得 2 条曲线相交于 Y 轴，但 A 存在时曲线与 X 轴相交并趋近于原点，这说明 A 是竞争性抑制剂。
14. 存在竞争性抑制剂时，V_{max} 保持恒定，但表观 K_m 变大，需更多底物才能达到最大速率，这是因为底物与抑制剂竞争结合酶，如下表。

	$-1/K_m$	K_m	$1/V_{max}$	V_{max}
A 存在	−0.14	7.1	0.8	1.25
A 缺乏	−0.08	12.5	0.8	1.25

（鄢和新　译）

11

细胞色素 P450 和一氧化氮合酶

Linda J. Roman and
Bettie Sue Siler Masters

11.1 概述

细胞色素 P450 组成了一个独特的血红素蛋白酶家族，它存在于细菌、真菌、昆虫、植物、鱼类、哺乳类和灵长类动物中，能催化许多结构各异的化合物的单氧化反应(即单个氧原子的插入)。该酶系统的底物包括胆固醇、类固醇激素和脂肪酸等内源性化合物，以及通过注射、吸入或者皮肤吸收的外源性化合物，如药物、食品添加剂、香烟的各种成分、杀虫剂和化学制品等。细胞色素 P450 参与以下反应过程：①类固醇激素的生成；②脂肪酸产物、前列腺素、白三烯和维生素 A 类的代谢；③治疗性试剂的灭活或活化；④将化学试剂转化为具有高度活性的分子，可引起细胞损伤；⑤酶活性的抑制或诱导作用引起的药物-药物间相互作用和副作用。

一氧化氮合酶是双结构域酶，它由一个含血红素蛋白的氧化酶域和一个含黄素的还原酶域组成，可催化一氧化氮的生成。一氧化氮是一种具有高度活性的气体自由基分子，依其产生部位的不同，分别在神经传递、血液动力学调节和免疫反应中发挥作用。一氧化氮合酶是以半胱氨酸硫醇盐为配体并含有血红素蛋白的酶类，以与细胞色素 P450 相同的机制催化底物发生单氧化反应。下面将详细讨论细胞色素 P450 和一氧化氮合酶的相关内容，并阐明两个系统间的异同点。

11.2 细胞色素 P450：特性和功能

细胞色素 P450 是一种含有**铁原卟啉**Ⅸ(血红素蛋白)修复基团(见 21.6 节)的膜整合蛋白，其血红素铁能形成六个键，其中四个与卟啉环上的四个吡咯氮原子结合，两个和轴配体结合。一个轴配体(称为近端)是位于细胞色素 P450 分子 C 端半胱氨酸残基中的巯基基团(图 11.1)，另一个轴配体(称为远端)键能被打开(产生一个五基协同的高度自旋的血红素蛋白)或被氧气、一氧化碳、一氧化氮、水蒸气和其他配体占据(产生六基协同的低度自旋的血红素蛋白)。血红素蛋白的自旋状态是指其 *d*-电子外壳被铁原子占据的情况，它由配体决定，能通过分光镜识别。

如图 11.1 所示，所有的细胞色素 P450 都具有非常相似的三角形分子结构，其一半是 α 螺旋，另一半是 β 折叠和其他结构；一条长的Ⅰ型螺旋在血红素蛋白之后贯穿于整个酶分子。虽然细胞色素 P450 各部分的相对位置可能不同而且一些微量元素可能丢失，但是这个基本构架在所有已知的细胞色素 P450 中都是保守的。哺乳动物的细胞色素 P450 中有一个 N 端膜锚定序列和膜内的联结序列，它们可使这些蛋白质深埋于细胞膜内。

细胞色素 P450 的命名是因为当其还原型亚铁形式的血红素蛋白与 CO 结合时可产生独特的吸收光谱，该光谱在 450nm 左右达到峰值(图 11.2)，因此，P450 代表吸光度为 450nm 的色素。这种吸收光谱是含有硫醇盐配体的血红蛋白所特有的。和血红蛋白中的血红素铁一样，细胞色素 P450 的血红素铁与 CO 结合的亲和力要远远高于氧气，因此，

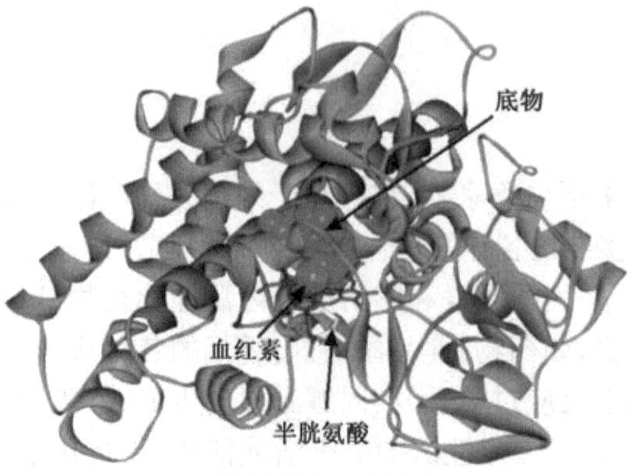

图 11.1 哺乳动物 CYP2C5 活性位点模型

该模型显示铁原卟啉Ⅸ基团(红)和半胱氨酸硫醇盐配体(黄)依附在血红素铁上。底物双氯酚酸是一种非甾体类抗炎药(绿),它位于 P450 的活性位点上。I型螺旋(粉)横跨整个分子,并且细胞色素 P450 是可辨认的最具特点的结构之一

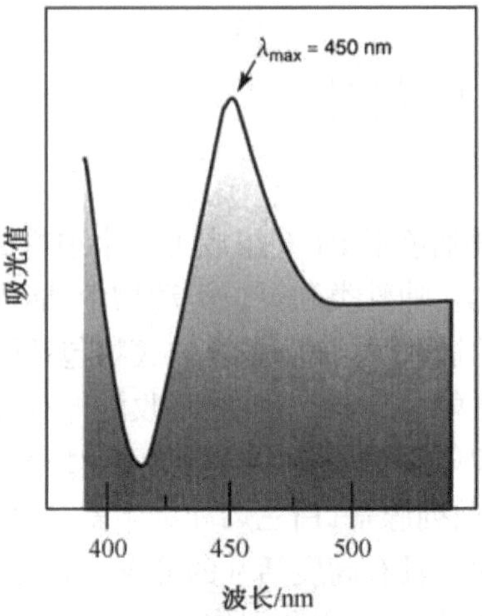

图 11.2 结合 CO 的细胞色素 P450 的吸收光谱

还原态的细胞色素 P450 结合 CO 后产生的最大吸光值约为 450nm

CO 是 P450 功能的有效抑制剂。

细胞色素 P450 催化的一般反应式:

$$NADPH + H^{+} + O_2 + SH \longrightarrow NADP^{+} + H_2O + SOH$$

此处,NADPH 是双电子供体,底物(S)是甾类、脂肪酸、药物或含有烷基、烯基芳香环及其他能作为氧化位点的杂环取代物的化学物质。因为该反应仅将一个氧原子引入底物中,所以是单氧化反应,酶为单氧化酶。

11.3 细胞色素 P450 的循环反应

细胞色素 P450 催化底物发生单氧化反应的机制如图 11.3 所示。该循环反应从底物与 P450 中天然低自旋、五基、三价铁形式的血红蛋白的结合开始。P450 与底物结合后,第一个电子就转移到 P450 中三价铁形式的血红蛋白上,将其还原为高自旋、六基的二价铁血红蛋白。如果缺乏底物,电子将不能转移到血红蛋白中,这是因为还原态血红蛋白的电势(−300mV)比 FMN 部分(−270mV)的电负性更高,从热力学角度来讲这样的电子转移是不可能实现的。但一旦与底物结合,血红素铁周围的蛋白构象就发生改变,血红素还原电势的电负性降低(−230mV),这时电子即可转移到血红蛋白上,P450 血红素铁亦可被还原(图 11.3)。此时氧气与二价铁血红蛋白结合,第二个电子开始转移。继而,分子氧活化,一个氧原子插入到底物中(单氧化反应),另一个氧原子结合两个质子和电子形成水分子。

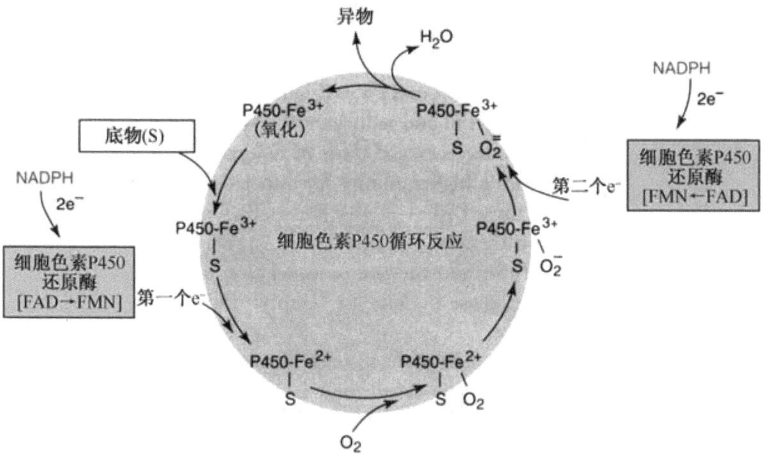

内质网 P450 氧化还原电势/mV	
NADPH	−324
FAD	−290
FMN	−270
P450 血红素	−300
与底物结合的 P450 血红素	−230

图 11.3　细胞色素 P450 的循环反应

图示细胞色素 P450 与底物结合，从 NADPH-细胞色素 P450 还原酶复合物上转移第一个和第二个电子，结合 O_2 分子。各部分的还原电势已列出

11.4　细胞色素 P450 的电子运输系统

NADPH 是双电子供体(见 10.5 节)，单氧化反应需要的两个电子均由它提供，但细胞色素 P450 仅含有一个血红素铁，每次只能接受一个电子，因而引起了一个基本的机制性问题。该问题因 **NADPH 依赖性黄素蛋白还原酶(NADPH-dependent flavoprotein reductase)**的存在而得到解决，它能同时从 NADPH 接受两个电子并将其各自转移：一个转移到中间媒介铁硫蛋白上，另一个直接转移到细胞色素 P450 上。黄素蛋白还原酶中的活性氧化还原基团是异咯嗪环，它能以氧化、单电子或双电子还原态存在，因此特别适合完成这一化学任务(图 11.4)。从 NADPH 到细胞色素 P450 的电子转移由存在于线粒体或内质网(微粒体)中的独立的电子运输系统完成。

NADPH-细胞色素 P450 还原酶是内质网中黄素蛋白的电子供体

大多数哺乳动物的细胞色素 P450 都位于内质网的胞质侧(微粒体碎片)，存在于肝细胞、肾和肾上腺细胞、卵巢细胞、睾丸细胞和呼吸道细胞中。这些微粒体状的细胞色素 P450 通过 NADPH-细胞色素 P450 还原酶完成电子转移，该还原酶是同时含有黄素腺嘌呤二核苷酸(FAD)和黄素单核苷酸(FMN)辅基的表面膜蛋白，大小约为 76.6kDa。在最近发现的一氧化氮合酶之前，细胞色素 P450 还原酶还是已知的唯一一个同时含有黄素腺嘌呤二核苷酸和黄素单核苷酸辅基的哺乳动物黄素蛋白。NADPH 向 P450 还原酶的 FAD 组分提供电子，而 FMN 组分则作为外部的黄素蛋白向细胞色素 P450 以每次一个的方式转移两个电子。单个黄素蛋白分子以单电子或双电子还原态存在，两个黄素蛋白分子常可与还原酶结合，因此，还原酶可从 NADPH 接受电子并将其储存在两个黄素蛋

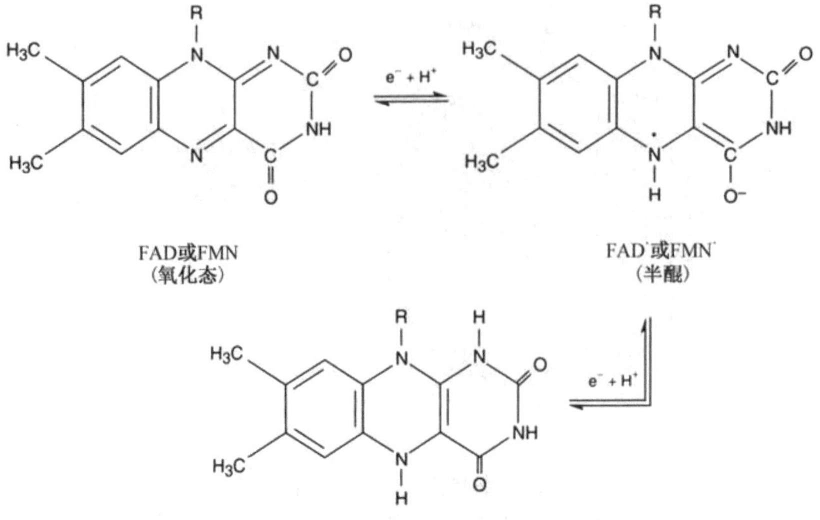

图 11.4　FMN 或 FAD 氧化态、半醌(单电子-还原态)或完全还原态(双电子-还原态)的异咯嗪环

白分子中,随后再将其转移到微粒体细胞色素 P450 分子中(图 11.5)。

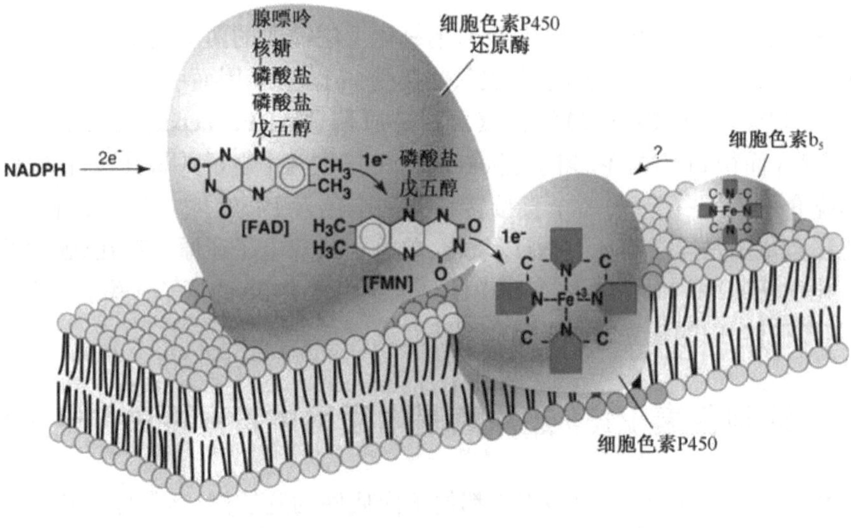

图 11.5　内质网(微粒体)细胞色素 P450 系统的各组分

NADPH-细胞色素 P450 还原酶通过其疏水尾端连接在膜上(膜周边蛋白质),而细胞色素 P450 深埋于膜内(膜内在蛋白质)。该图还显示了细胞色素 b_5,它可选择性地参与细胞色素 P450 介导的反应

细胞色素 P450 与还原酶的结合是通过静电相互作用力而不是疏水性作用力。在肝内,细胞色素 P450 与还原酶的比值为 10∶1～20∶1。如果某些 P450 与还原酶具有更强的亲和力,那么电子将优先转移至这些 P450。当然,那些具较低亲和力的 P450 必定也有使其接受电子的机制。在某些情况下,P450 与底物的结合可同时提高其与还原酶结合的亲和力和速率。这个机制是很必要的,因为一个“空”的(即未与底物结合的)P450 占据还

原酶是没有任何生理意义的。

在某些反应中，第二个电子并不直接来自于 P450 还原酶，而是细胞色素 b_5。它是一种小铁红素蛋白（15.2kDa），能被 P450 还原酶或另一种内质网结合黄素蛋白 NADH-细胞色素 b_5 还原酶所还原。细胞色素 P450 催化的某些反应需要细胞色素 b_5 参与使其达到最佳的酶活性，这是因为细胞色素 b_5：①可改变 P450/还原酶相互作用的亲和性；②可改变 P450 与特定底物的亲和性；③可加快第二个电子向 P450 血红素蛋白转移的速率。

NADPH-皮质铁氧还蛋白还原酶是线粒体中黄素蛋白的电子供体

线粒体细胞色素 P450 位于线粒体内膜，参与类固醇的羟基化反应。这个电子转移系统还需要另外两个蛋白参与以形成产物，即含有一个单独 FAD 辅基的 NADPH-皮质铁氧还蛋白还原酶（51kDa）及 12.5kDa 的铁硫蛋白——**皮质铁氧还蛋白（adrenodoxin）**（图 11.6）。皮质铁氧还蛋白还原酶只能与线粒体内膜微弱结合，因此不能直接将电子转移到细胞色素 P450 的血红素铁上。皮质铁氧还蛋白也只能与线粒体内膜微弱结合，但它含有一个铁硫基团，能在分子内作为氧化还原中心，因此起到了皮质铁氧还蛋白还原酶 FAD 基团和线粒体细胞色素 P450 血红素铁之间电子转移开关的作用。一个皮质铁氧还蛋白分子从线粒体黄素蛋白还原酶上接受一个电子，再与第二个皮质铁氧还蛋白相互作用，第二个皮质铁氧还蛋白再将电子转移到特定的细胞色素 P450 中。线粒体细胞色素 P450 系统的各组分先在胞质中以具有大分子质量的前体形式合成，随后转运到线粒体中，经蛋白酶处理成为具有小分子质量的成熟蛋白。

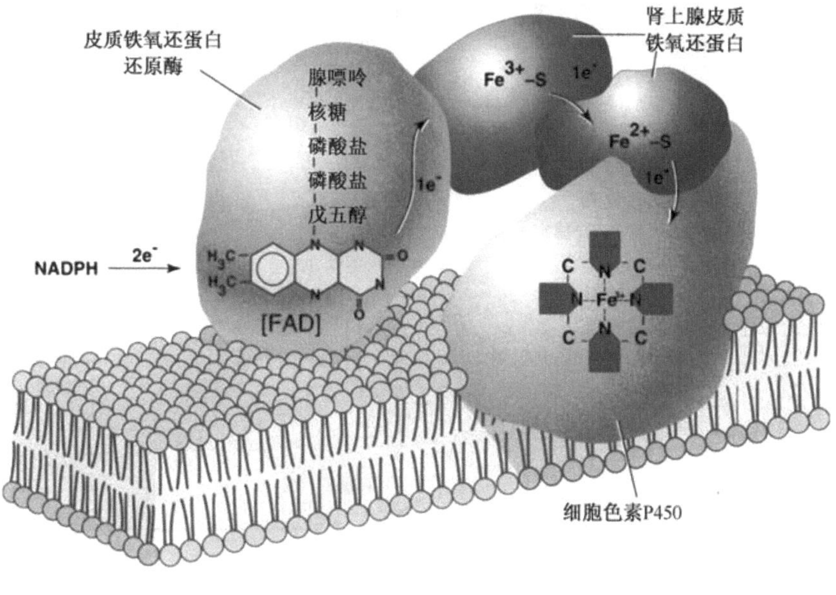

图 11.6　线粒体 P450 系统各组分

细胞色素 P450 是一种线粒体内膜的膜内在蛋白质。NADPH-皮质铁氧还蛋白还原酶和皮质铁氧还蛋白都是膜周边蛋白质，未埋于膜内

11.5 细胞色素 P450:术语和同型异构体

目前已鉴定出许多细胞色素 P450(至 2005 年 1 月已超过 4500 种),这就要求我们建立一个完善的按功能进行分类的酶分类体系和术语体系。该体系是在酶的氨基酸序列同源性的基础上进行分类的,因此细胞色素 P450 超家族各成员最初被归类于氨基酸序列同源性大于 40% 的家族中,各家族以前缀"**CYP**"命名(**cy**tochrome **P**450),后跟一个阿拉伯数字(如 CYP1、CYP2、CYP3 等)。这些家族还可进一步分为不同的亚家族,各亚家族内成员的氨基酸序列同一性大于 55%,每个亚家族由额外的字母区分(如 CYP1A、CYP1B、CYP1C 等),亚家族中各成员按照它们被发现的顺序排序(如 CYP1A1、CYP1A2、CYP1A3 等)。尽管细胞色素 P450 属于酶类,但我们常使用"**型(form)**"或是"**同型(isoform)**"这样的术语而不用"同工酶"来描述这些蛋白质。

表 11.1 和表 11.2 列出了已知的人类细胞色素 P450 的同型物,共有 57 个同型物分属于 18 个家族和 41 个亚家族。人类基因组还编码了不形成活性蛋白的 58CYP 假基因。表 11.1 列出了代谢外源性化合物(如药物和异生素)的同型物,这些同型物均可代谢广泛的底物。表 11.2 列出了参与代谢内源性化合物的同型物,如表所示这些同型物只能识别 1~2 种特定的底物。

表 11.1 参与外源性代谢的人细胞色素 P450

CYP 家族	同型物	选择性底物	选择性抑制剂	选择性诱导剂
1	1A1	苯并芘[α],双氯芬酸	酮康唑	苯并芘[α]
	1A2	苯并芘[α],华法林	Ciprofloxin	圣约翰草
	1B1	苯并芘[α],黄曲霉毒素 B1	他莫昔芬	NC[a]
2	2A6	对乙酰氨基酚,烟碱	大麻酚	右苯丙胺
	2A7	NC	NC	NC
	2A13	六甲基磷酸酰胺	NC	NC
	2B6	安定,美芬妥英	酮康唑	利福平
	2C8	泰素,布洛芬,异搏定	奎宁	苯巴比妥
	2C9	阿米替林,甲氧萘丙酸	磺胺苯吡唑	利福平
	2C18	丙咪嗪,美沙酮	NC	利福平
	2C19	安定,奥美拉唑	异烟肼	利福平
	2D6	氟伐地汀,可待因,利哌酮	奎宁	二甲基亚砜
	2E1	对乙酰氨基酚,氟烷	水田芥	异烟肼,乙醇
	2F1	萘,苯乙烯	NC	NC
	2J2	丁呋洛尔	NC	NC
	2R1,2S1	NC	NC	NC
	2U1,2W1	NC	NC	NC
3	3A4	乙琥红霉素,硝苯地平,可待因,华法林,特非那定	醋竹桃霉素,酮康唑	氢化可的松,利福平,苯巴比妥
	3A5	异搏定,他汀	NC	右苯丙胺
	3A7	维甲酸,可待因,氢化可的松	脱氢表雄酮	NC
	3A43	睾丸酮	NC	NC

a:NC 未明确鉴定

表 11.2　参与内源性代谢的人细胞色素 P450

CYP 家族	同型物	底物	活性
4	4A11	脂肪酸	ω-羟化酶
	4B1	精氨(基)琥珀酸	12-羟化酶
	4F2	精氨(基)琥珀酸,白三烯 B_4	ω-羟化酶
	4F3	白三烯 B_4	ω-羟化酶
	4F8	精氨(基)琥珀酸,前列腺素	18-羟化酶
	4F12	精氨(基)琥珀酸	ω-羟化酶
	4A22,4F11,4F22,4V2,4X1,4Z1	未知	未知
5	5A1	前列腺素 H_2	Thromboxin A_2 合成酶
7	7A1	胆固醇	7-α-羟化酶
	7B1	孕烯醇酮,脱氢表雄酮(DHEA)	7-α-羟化酶
8	8A1	前列腺素 H_2	前列环素合成酶
	8B1	甾醇	12-α-羟化酶
11	11A1	胆固醇	侧链切割
	11B1	11-脱氧皮质醇,11-脱氧皮质(甾)酮	11-β-羟化酶
	11B2	皮质固醇	18-羟化酶
17	17A1	孕烯醇酮,孕酮	17-α-羟化酶
		17-羟基-孕烯醇酮,17-羟基-孕酮	17-20 赖氨酸
19	19A1	雄烯二酮,睾丸酮	芳香酶
20	20A1	未知	未知
21	21A2	孕酮,17-羟基-孕酮	21-羟化酶
24	24A1	25-羟基维生素 D3	24-羟化酶
26	26A1	维甲酸	4-羟化酶
	26B1	维甲酸	未知
	26C1	未知	未知
27	27A1	甾醇	27-羟化酶
		维生素 D3	25-羟化酶
	27B1	维生素 D3	1-α-羟化酶
	27C1	未知	未知
39	39A1	24-羟基胆固醇	7-羟化酶
46	46A1	胆固醇	24-羟化酶
51	51A1	羊毛固醇	14-α-脱甲基酶

11.6　细胞色素 P450:底物和生理学功能

细胞色素 P450 参与代谢许多内源性或外源性的亲脂化合物。如图 11.7 所示,细胞色素 P450 能催化甲基和链烷亚甲基中碳原子的羟基化作用,能羟基化芳香环形成苯酚,或另外带入一个氧原子形成环氧化物。它们还能催化与氧、氮、硫原子相连的烃基的脱烃作用。氧、硫、磷原子的氧化作用和脱卤作用也是由各型细胞色素 P450 催化的。

内源性和外源性的底物均由细胞色素 P450 代谢。内源性底物包括胆固醇、甾体、前列腺素和脂肪酸。外源性底物(又称异生素,意为生命体外来物)包括许多药物、化学物质、环境污染物和食物添加剂。细胞色素 P450 氧化这些亲脂(疏水)化合物,增加它们的水溶性(亲水性)以利于排泄。

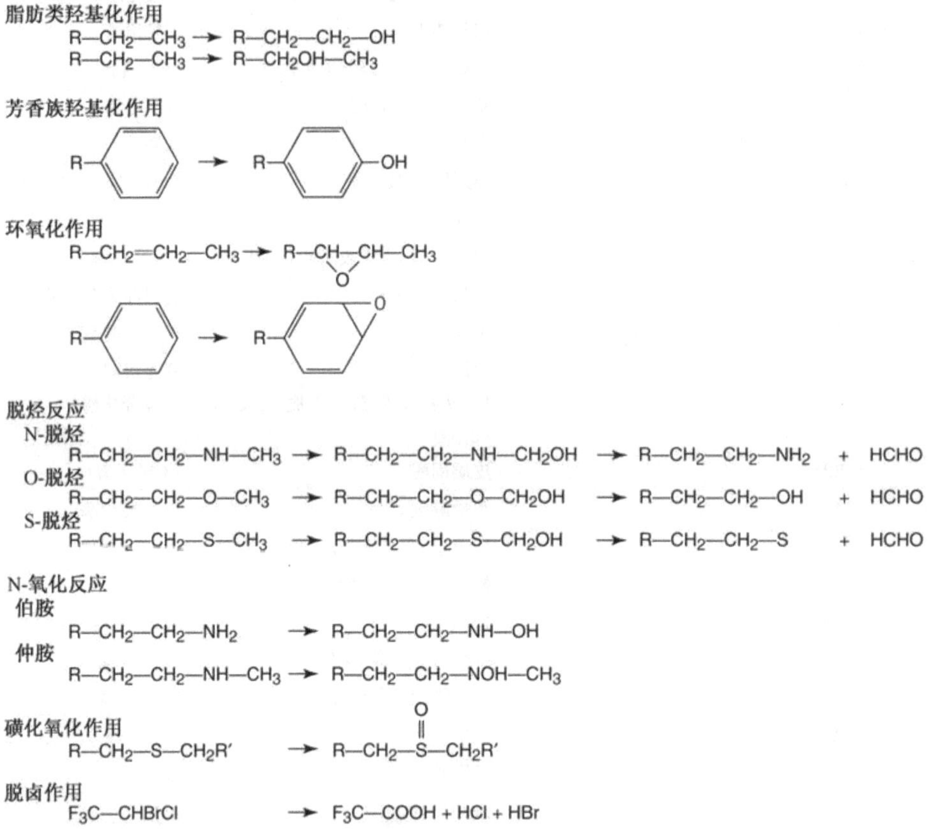

图 11.7　细胞色素 P450 催化的常见反应

11.7　细胞色素 P450 参与类固醇激素的合成和内源性化合物的氧化

细胞色素 P450 对内源性底物的催化反应是非常重要的,这可由 P450 在肾上腺皮质和性腺中利用胆固醇合成类固醇激素来证明。线粒体和微粒体(内质网)细胞色素 P450 系统都参与激素的合成,它们可在肾上腺皮质内将胆固醇转化为醛固酮和氢化可的松,在睾丸内利用胆固醇合成睾酮,并在卵巢内利用胆固醇合成雌二醇。

在肾上腺中,细胞色素 P450 参与醛固酮(调节水盐平衡的盐皮质激素)和氢化可的松(调节蛋白质、糖、脂类代谢的糖皮质激素)合成过程中的几个步骤。此外,肾上腺中细胞色素 P450 还催化少量**雄性激素雄烯二醇**(**androgen androstenedione**)的合成,它是第二性征的调节剂,同时也是雌激素和睾酮的前体。图 11.8 列出了这些过程的主要步骤。

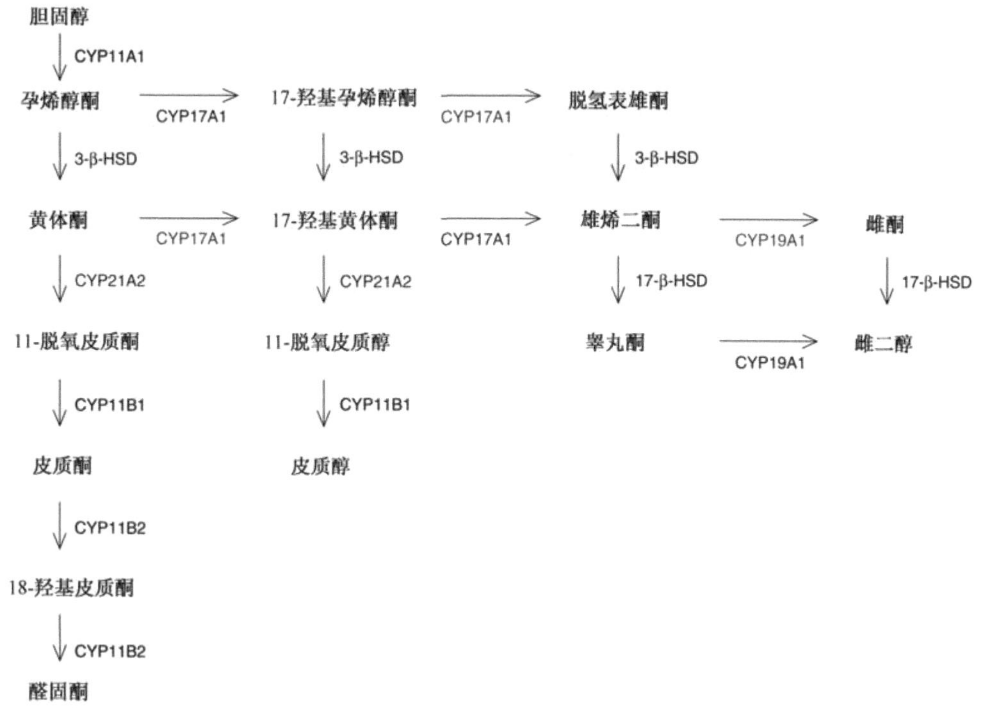

图 11.8　肾上腺合成的类固醇激素

线粒体内的细胞色素 P450 同型物 CYP11A1、11B1、11B2(红色),内质网内的 CYP17A1,19A1 和 21A2(蓝色)参与其中。该图显示的其他酶类,3-β-HSD 和 17-β-HSD 是类固醇激素羟基脱氢酶

在肾上腺线粒体中,一种细胞色素 P450(CYP11A1)催化**侧链裂解反应**(**side-chain cleavage reaction**),将胆固醇转化为孕烯醇酮,这是类固醇激素生物合成中必需的一步。该反应包括在 22 号碳原子上的羟基化作用形成 22-羟基胆固醇和之后在 20 号碳原子上的羟基化作用形成 20,22-双羟基胆固醇(图 11.9)。随后,CYP11A1 裂解 C20 和 C22 之间的碳碳键形成含 21 个碳原子的类固醇激素——孕烯醇酮。这个反应需要三个 NADPH 和三个 O_2 分子并完全由 CYP11A1 催化。

孕烯醇酮(**pregnenolone**)在线粒体内生成,而后转移至细胞溶胶内被 3-β-胆固醇羟基脱氢酶 $\Delta^{4,5}$ 异构酶氧化为孕酮,而后孕酮在甾核 C21 位置被细胞色素 P450 羟基化形成脱氧皮质酮(DOC)。DOC 在 C11 位置被线粒体 P450 CYP11B1 羟基化形成皮质酮,随后,在另一个线粒体细胞色素 P450 酶 CYP11B2 的作用下,C18 被羟基化最终形成盐皮质激素醛固酮(图 11.8,见 21.5 节)。

氢化可的松可由孕烯醇酮或孕酮转化而来,两个反应均由微粒体 P450 CYP17A1 在 C17 位置的羟基化作用开始。CYP21A2 在 C21 位置羟基化 17α-羟孕酮产生 11-脱氧酮醇,而后 11-脱氧酮醇被转移至线粒体内由 CYP11B1 在 C11 位置进一步羟基化生成氢化可的松(图 11.8)。编码 CYP21A2 的基因突变导致的先天性缺陷将在临床相关知识 11.1 中讨论。

含有 19 个碳原子的类固醇激素的合成反应开始于 17α-羟基孕烯醇酸或 17α-羟孕酮在 C17 位置的去乙酰作用。和羟基化类固醇第 17 位碳原子的细胞色素 P450 一样,这个

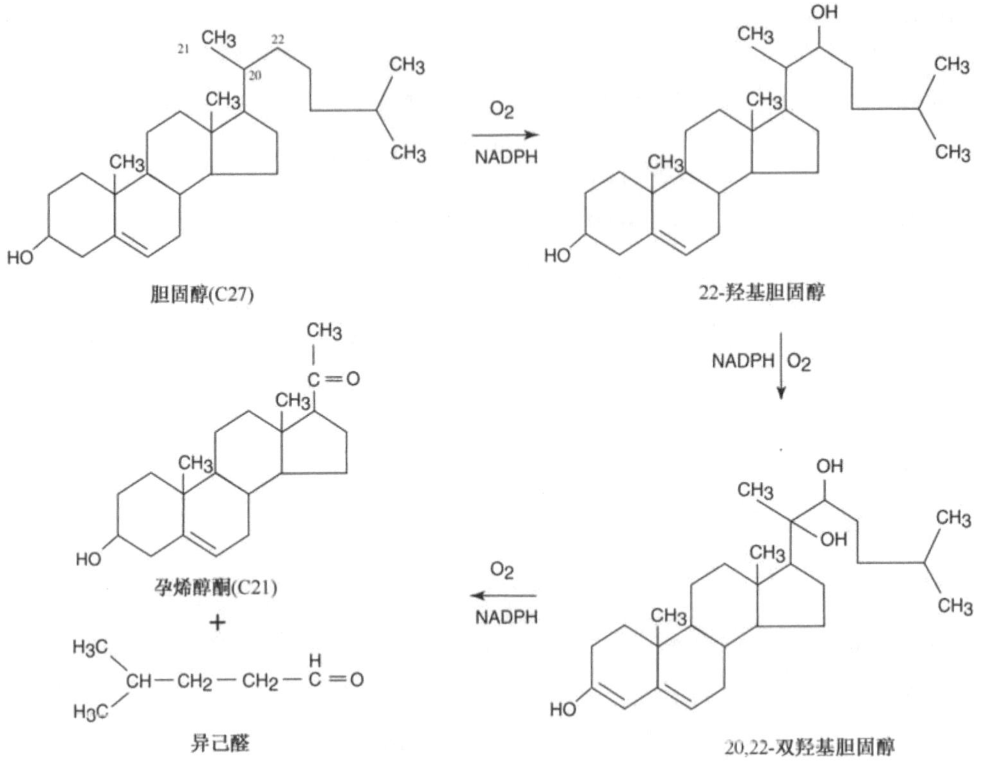

图 11.9　胆固醇的侧链裂解反应

CYP11A1 催化三个相继发生的反应以生成孕烯醇酮和异己醛

临床相关知识 11.1

先天性肾上腺增生症：CYP21A2 的缺乏

肾上腺皮质是胎儿和成人产生类固醇激素的主要位置，它在胎儿期代谢最为活跃，大约每天产生 100～200mg 类固醇激素，而非应激状态成人的肾上腺每天只产生 20～30mg 类固醇激素。据报道，氢化可的松合成过程的每一步都可能有酶的缺乏，氢化可的松合成不足可引起先天性肾上腺增生症(CAH)。引起 CAH 的最常见的原因是缺乏 CYP21A2，它是一种 21-羟化酶。缺乏 CYP21A2 时，17α-羟孕酮就无法转化为 11-脱氧酮醇，也无法被 CYP11B1 转化为氢化可的松。氢化可的松的缺乏可导致垂体后叶素 ACTH 分泌增加，ACTH 水平的持续升高将引起肾上腺增生，雄激素、脱氢表雄酮(DHEA)和雄烯二酮生成增加。

雄性类固醇激素增多引起了许多临床问题，如女性男性化、青春期前男性性早熟，或是醛固酮水平下降导致的盐平衡失调引起的许多疾病。严重的 21-羟化酶缺乏引起的临床症状可能在出生时就显现出来，尤其是女性，过量雄性类固醇激素的积聚可能会引起明显的外生殖器发育异常。但在男性新生儿，21-羟化酶的缺乏引起的临床症状可能会被忽略，患儿男性生殖器外观正常，但之后会出现男性化和生理功能早熟。CAH 发病后期，临床表现可能会有很大的不同，如阴毛发育过早、骨骺早期闭合导致生长停滞或女性男性样秃顶。

去乙酰作用也是由 CYP17A1 催化的。尽管性腺组织中的细胞色素 b_5 可使 CYP17A1 催化裂解反应，但决定该细胞色素 P450 是仅发挥羟基化作用生成 17-羟基产物，还是进一步裂解 C17—C20 的因素还没有确定。17α-羟基孕烯醇酸去乙酰基后产生脱氢表雄酮(DHEA)，17α-羟孕酮去乙酰基后产生雄烯二酮。DHEA 可在 3-羟基位置发生脱氢反应生成雄烯二酮，它是睾酮的直接前体，也是有效的促雄性类固醇激素。

雌激素的合成来自于雄激素的**芳香化**(**aromatization**)反应，即在类固醇产物的 A 环中生成一个芳香环。在这个复杂的反应中，多重羟基化反应均由细胞色素 P450 (CYP19A1 或芳香化酶)催化 C19 脱甲基从而形成芳香环。图 11.10 详细描述了芳香化反应，两个相继发生在甲基 C19 位置上的羟基化作用引入了一个乙醛基团，最后一个羟基化反应可能伴有 C19 上的氧化攻击及去甲基和氢原子，以形成一个芳香环，三个羟基化反应均由 CYP19A1 催化。孕期复杂的类固醇激素生成过程和各 P450 的作用将在临床相关知识 11.2 中详细描述。

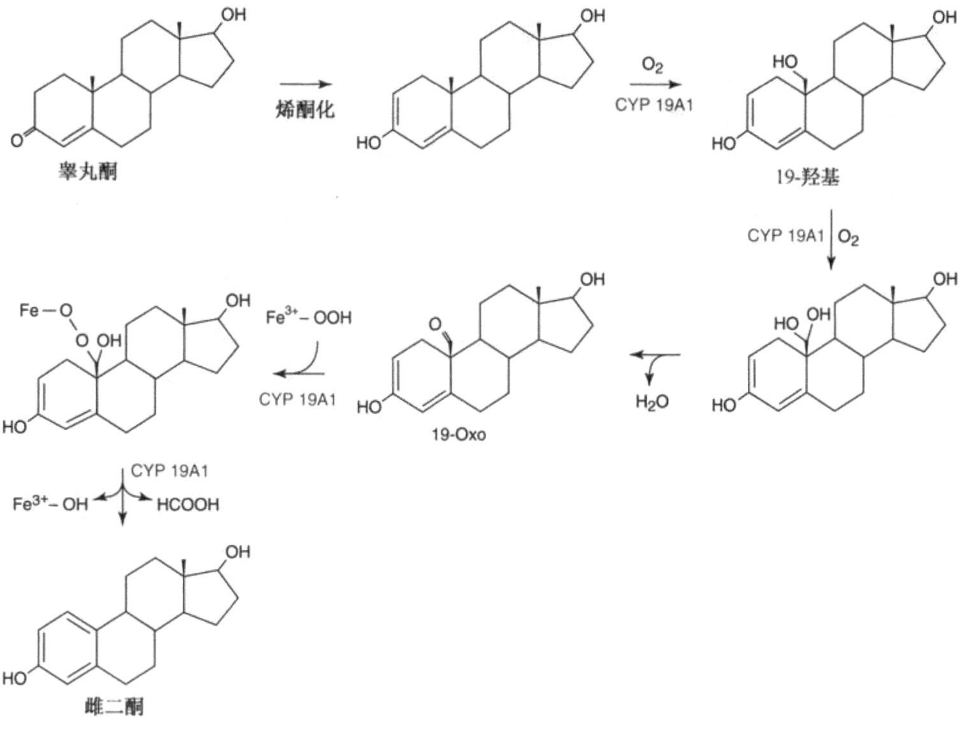

图 11.10　雄激素转化为雌激素的芳香化反应过程

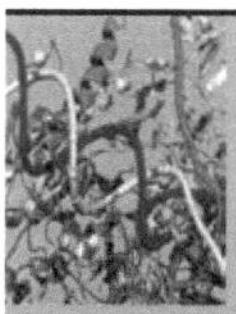

临床相关知识 11.2
孕期类固醇激素的生成

细胞色素 P450 在雌激素的合成中起重要作用。孕期不同器官内的细胞色素 P450 间发生一种独特的相互协同作用以合成所需的大量雌激素。孕期类固醇激素合成急剧增加，足月时，每天可产生 15～20mg 雌二醇、50～100mg 雌三醇以及大约 250mg 的黄体酮,激素合成量是绝经前非孕期妇女的1000倍。

孕期最初几周,卵巢的黄体是生成雌激素的最主要器官,大约4周后,胎盘开始合成并分泌黄体酮和雌激素,8周后,胎盘成为黄体酮最主要来源。人胎盘缺乏CYP17,不能催化17α-羟基化反应和C17—C20键的断裂,因此不能利用胆固醇合成雌激素。然而,胎盘能够催化侧链断裂反应由胆固醇合成孕烯醇酮,再氧化孕烯醇酮为黄体酮,分泌到母体循环中。胎盘不能合成DHEA和雄烯二酮,那么它又是如何生成雌激素的呢?这是由于胎儿的肾上腺是一个高度活跃的类固醇激素生成器官,能够催化胆固醇合成DHEA并释放入胎儿循环。大量的胎儿DHEA被胎儿的肾上腺和肝代谢为16α-羟基-DHEA,再在胎盘内被CYP19转化为雌激素雌三醇。这是胎儿和母体系统细胞色素P450介导的羟基化反应协同合作的完美体现,使妊娠过程中雌激素合成逐步增加。

细胞色素P450也参与其他各种内源性化合物的代谢并调节它们的生理活性。例如,花生四烯酸被细胞色素P450代谢形成19-羟基二十碳四烯酸和20-羟基二十碳四烯酸(HETE),环氧二十碳三烯酸(EET)和二羟基二十碳四烯酸(DiHETE),这些代谢产物可调节血管、肾、肺、心血管系统功能,并参与炎症反应和生长反应。20-HETE,由CYP4A和CYP4F代谢体内花生四烯酸而生成,是一种有效的血管收缩剂。EET是由CYP1A、CYP2B、CYP2C和CYP2J代谢合成的内皮来源的血管舒张剂。CYP4A还催化前列腺素和脂肪酸的羟基化反应,因此可以激活或灭活这些重要的调节因子。

细胞色素P450还生成其他维持系统稳态的重要代谢产物。CYP7A1催化肝内胆汁酸合成的第一步限速反应(见18.3节和26.7节)。在肝内,CYP27B1催化肾合成的25-羟基-维生素D3的1-羟基化反应,生成1,25-二羟基代谢物,使之成为活性状态,对骨发育和骨形态的维持均有重要作用(见28.4节)。与此相反,CYP24A1可降解或灭活维生素D3的代谢物。在免疫系统中,CYP4F3羟基化多形核白细胞的化学诱导物白介素B4,使它成为活性稍弱的20-羟基-白介素B4,这对免疫应答的失活至关重要。维甲酸在某些器官中与细胞周期和信号转导有关,CYP26A1可将维甲酸代谢为4-羟基衍生物,使它在这些器官中具有更强的活性。表11.2列出了人类细胞色素P450代谢的内源性底物,并详细描述了这些底物的特性和功能。

细胞色素P450氧化外源性亲脂底物

细胞色素P450代谢的外源性底物包括治疗性药物、工业用化学物质、污染环境物的工业副产品以及食品添加剂。人类细胞色素P450参与代谢的异生素如表11.1所示。这些细胞色素P450具有相当广泛的底物特性,能氧化许多异生素,尤其是亲脂化合物。羟基基团可使化合物的极性增强,进而使其在细胞的液态环境中水溶性增加。许多外源性化合物都具有高度的亲脂性,并可在细胞内反复富集,除非被代谢成高水溶性的产物,否则它将影响细胞的功能。

据估计,治疗性药物大约有50%被CYP3A4代谢,CYP2D6代谢20%,CYP2C9和

CYP2C19 代谢 15%，CYP1A2、CYP2A6、CYP2B6 和其他的 P450 代谢剩下的 15%。CYP3A4 是人类代谢药物最主要的 P450，它位于胃肠道和肝内，这正是许多药物口腔给药生物利用率非常低的原因。由于细胞色素 P450 具有非常广泛的底物特性，所以一种化合物可能被多种 P450 在相同或不同的位点代谢，安定的代谢如图 11.11 所示。

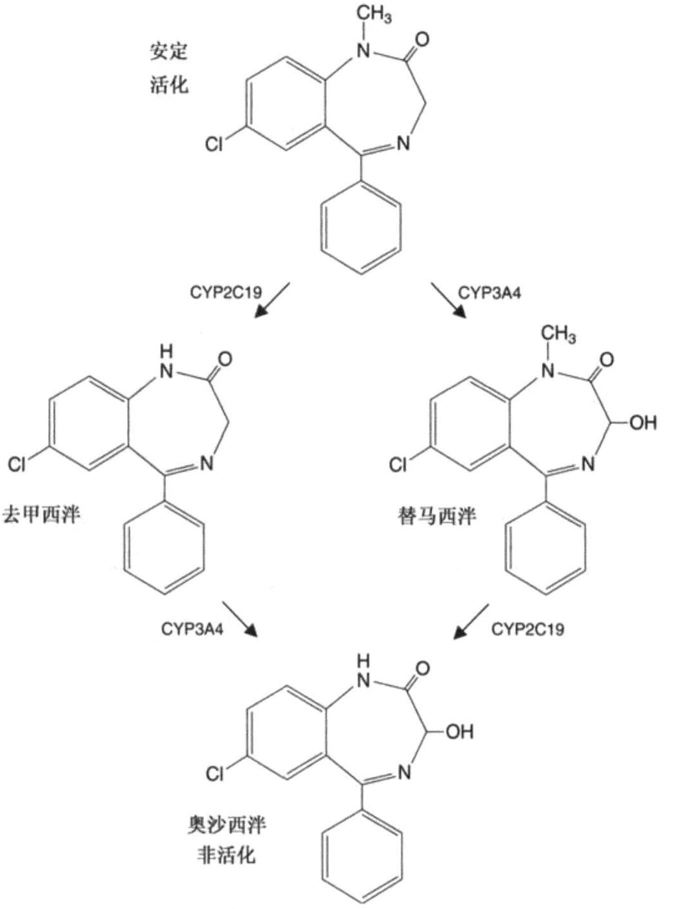

图 11.11　安定被 CYP3A4 和 2C19 代谢的过程

安定可被多种 P450 代谢，一种化合物的代谢产物可被组织内不同形式 P450 的表达量影响

药物和异生素通常有两条代谢途径：途径Ⅰ(氧化功能性反应)和途径Ⅱ(生物合成反应)。它们可能经一条或同时经两条途径代谢。在途径Ⅰ代谢过程中，功能性基团(如羟基)在细胞色素 P450(还有其他酶类，表 11.3)的作用下被引入或暴露于药物表面。随后，途径Ⅱ的酶类将这些功能基团与内源性物质连接起来，内源性物质包括葡萄糖醛酸、硫酸盐、谷胱甘肽、硫酸盐、氨基酸和醋酸盐。这些修饰的目的是使外源性化合物具有更强的水溶性并因此更易于经肾脏或分泌入胆汁经肠道排泄。细胞色素 P450 参与途径Ⅰ而不参与途径Ⅱ。异生素的代谢酶及其功能如表 11.3 所示。

表 11.3 异生素代谢反应和酶

反应类型	酶类	酶类催化反应
氧化反应	脱氢酶	氧化乙醇或乙醛基团
	含黄素单加氧酶(FMO)	氧化一级、二级和三级胺、氧化氰、硫醚、硫代氨基甲酸酯和磷化氢
	单胺氧化酶	通过氧化脱氨作用去掉一个氨基
	细胞色素 P450	见表 11.1 和 11.2,图 11.7 所示 P450 酶类催化的化学反应
还原反应	乙醛和甲酮还原酶	还原羰基形成羟基
	偶氮还原酶	还原偶氮基团形成一级胺
	醌还原酶	还原醌形成氢醌
水解反应	环氧化物水解酶	在氧苯肼或环氧化物基团中加入水分子形成邻位的羟基
	羧酸酯酶	在酯键中加入水分子
	脱酰胺酶	在胺键中加入水分子
结合反应	*N*-乙酰转移酶	将来源于乙酰-CoA 的 CoA 加入芳香胺或含肼复合物
	UDP-葡糖醛酸木聚糖转移酶	将来源于尿苷-5′-双磷酸(UDP)、葡糖醛酸的葡糖醛酸加入羧基、酚基、羟基脂肪、芳香或脂肪胺或巯基
	硫转移酶	将磷酸腺苷和磷酸硫中的硫基加入酚基、脂肪乙醇或芳香胺
	甲基转移酶	将 *S*-腺苷蛋氨酸中的甲基加入含酚、邻苯二酚、脂肪或芳香胺、巯基的复合物
	谷胱甘肽-*S*-转移酶	结合含亲电子杂原子、硝基离子、有机离子、自由基、环氧化物或氧苯肼的复合物

细胞色素 P450 对异生素的代谢可使化合物产生三种效应:**灭活**(**inactivation**)、**活化**(**activation**)或**生成毒性代谢产物**(**formmation of a toxic metabolite**)。灭活就是将药物由活性状态转变为非活性状态,降低其生物利用率,或者降低有毒异生素的潜在有害作用(如苯巴比妥)。以安定(商品名 Valium,一种镇静剂)为例,它被 CYP2C19(*N*-脱烃作用)和 CYP3A4(羟基化作用)代谢为无生物学功能的奥沙西泮(图 11.11),再经由途径Ⅱ与葡萄糖醛酸结合排出体外。

有些药物需经细胞色素 P450 代谢转化为生物活性状态。特酚伪麻片[商品名特非那定(Seldane),组胺 H1 受体拮抗剂,用于季节性哮喘]是一种非活化状态的药物,或者说是一种前体药,它经 CYP3A4 顺序性地羟基化后成为非索非那定这种具有功能活性的药物(图 11.12)。影响特非那定活化的相关问题将在临床相关知识 11.3 中详细讨论。

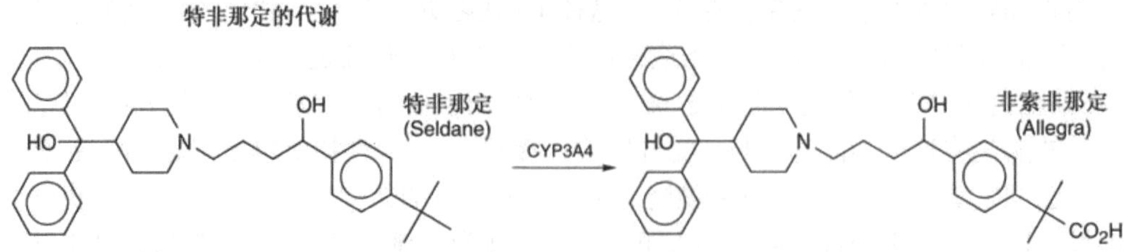

图 11.12 特非那定代谢为活性化合物非索非那定的过程

临床相关知识 11.3
细胞色素 P450 抑制作用：药物-药物间相互作用和副作用

细胞色素 P450 在药物代谢和药物间相互作用中发挥重要作用，这一点可从两种药——特酚伪麻片(Seldane)和西沙必利(Propulsid)的代谢被其他药物抑制的例子中得到很好的证实。使用上述两种药物的一小部分患者产生了严重的副作用，生产厂商和食品与药品管理局(FDA)发表警告，表明这两种药物不能与其他抑制 CYP3A4 的药物同时使用。这些严重副作用最终迫使 FDA 将这两种药物撤出了市场。

1985 年，FDA 批准了一种第二代 H1 抗组胺药——特酚伪麻片用于治疗季节性过敏症。如图 11.12 所示，特酚伪麻片在肝内迅速被 CYP3A4 代谢为非索非那定，因此服药后母药水平很低，而特酚伪麻片有效的治疗成分是非索非那定。因为其他许多药物都是 CYP3A4 的底物或抑制剂，特酚伪麻片的代谢可能被抑制。同服特酚伪麻片和强效 CYP3A4 抑制物如大环内酯类抗生素红霉素或抗真菌药酮康唑等，会显著提高胞质内特酚伪麻片的水平。在少数特酚伪麻片的使用者中，由于母药水平增高引起心脏钾离子通道改变而增加了患一种罕见扭转型(室性)心动过速的风险，从而引发了严重的心血管问题，有些患者甚至死于这些心血管问题。由于特酚伪麻片的治疗效用与其非毒性代谢物非索非那定有关，所以生产厂商试制非索非那定为一种新药，并向 FDA 提出申请，现已作为抗过敏药上市。

西沙必利在 1993 年被批准用于治疗胃食管返流疾病引起的夜间烧心症状。该药在体内的清除依赖于 CYP3A4 的代谢，当单独给药或与不抑制 CYP3A4 活性的药物同服时，母药不会在胞质内蓄积。然而，当与 CYP3A4 的底物或是抑制物同服时，西沙必利的代谢清除减少，并在体内蓄积。在一些患者中，升高的西沙必利浓度能引起心律失常。1999 年末，有报道称 341 名服用西沙必利的患者心率异常，并有 80 人死亡。因此，2000 年后制造商停止了西沙必利在美国上市。

除活化或灭活异生素外，细胞色素 P450 催化的代谢反应还能非特异地生成毒性代谢产物。苯并芘[α]是一种煤及烟草的燃烧产物、烧烤食物和工业生产中的弱致癌物，可被 CYP1A1、1A2 和 1B1 转化为苯并芘[α]-7，8-二氢二醇-9，10-环氧化物(一种强致癌物)(图 11.13)。苯并芘[α]被 CYP1A1 转化为 7，8-环氧化物，随后被环氧化物酶水解为邻位羟基衍生物苯并芘[α]-7，8-二氢二醇，再在 CYP1A1 或 3A4 的作用下发生二次环氧化反应形成苯并芘[α]-7，8-二氢二醇-9，10-环氧化物，此物可形成 DNA 鸟嘌呤合物，引起基因中断导致突变。苯并芘[α]-7，8-二氢二醇-9，10-环氧化物和 *p53* 基因的相互作用是苯并芘[α]导致人类肿瘤发生机制中至关重要的一步。苯并芘[α]还和芳香烃受体(AhR)结合诱导这些 P450 形成，从而增加其毒性代谢产物的产量。

对乙酰氨基酚(acetaminophen)是一种常用的止痛剂和退热剂，它可被 CYP2E1 代谢为 *N*-乙酰-*p*-苯醌亚胺(NAPQI)。NAPQI 是一种能导致蛋白融合(protein adduct)、氧化应激和毒性的具高度活性的化合物。对乙酰氨基酚通常经葡萄苷酸化作用和硫酸盐化作用代谢为易于排泄的极性、非活性的化合物(图 11.14，分别为上下途径)，也可被 CYP2E1

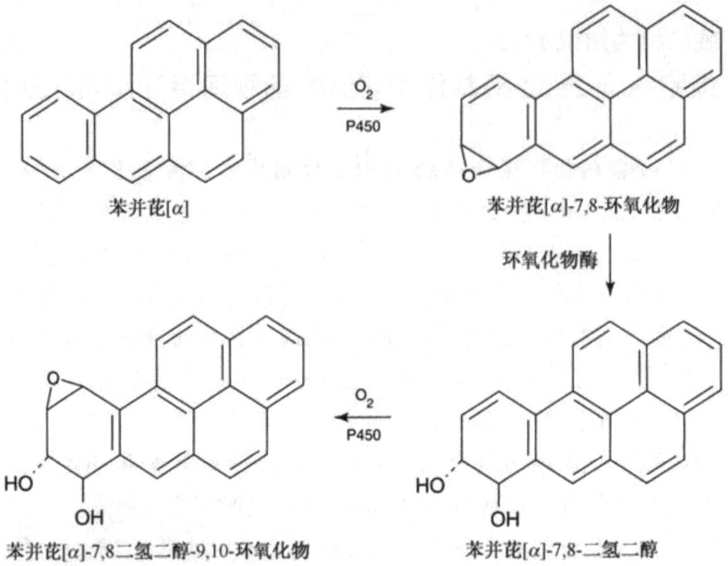

图 11.13 苯并芘被细胞色素 P450 和环氧化物酶代谢形成苯并芘[α]-7,8-二氢二醇-9,10-环氧化物

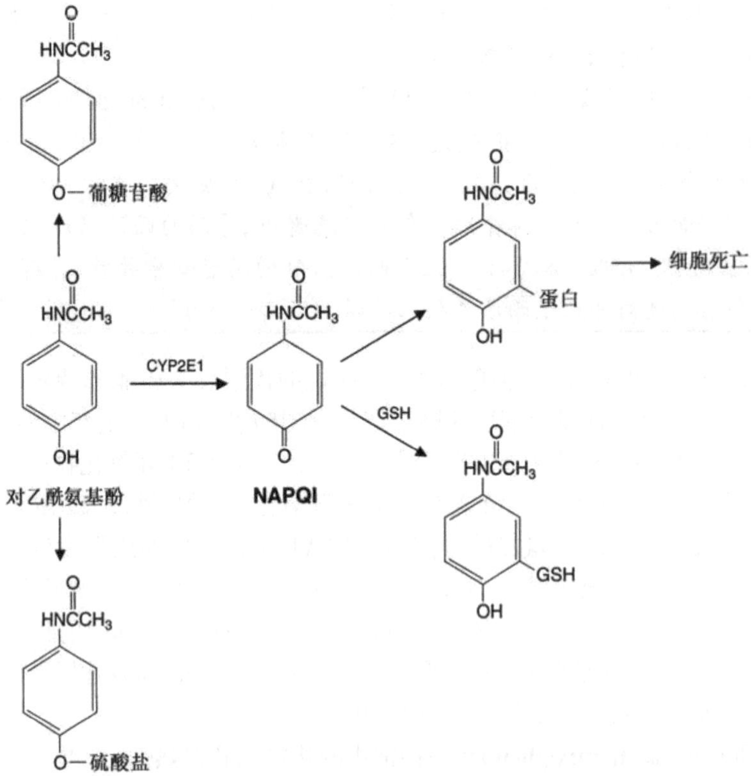

图 11.14 对乙酰氨基酚可被Ⅱ相酶、磺基转移酶、葡糖醛酸基转移酶和 CYP2E1 代谢

对乙酰氨基酚被 CYP2E1 代谢后形成 *N*-乙酰-*p*-苯醌亚胺(NAPQI),当 NAPQI 形成的量很少时,NAPQI 能被谷胱甘肽结合形成非毒性代谢物;然而,当 NAPQI 生成过量时,它能够逃脱谷胱甘肽的结合与肝细胞成分反应引起细胞损伤

代谢为具高度活性的 NAPQI(图 11.14,中间途径)。CYP2E1 代谢的对乙酰氨基酚通常少于被葡萄甘酸化作用和硫酸盐化作用代谢的量,所形成的少量 NAPQI 可迅速与谷胱甘肽结合(见 19.18 节)形成非毒性代谢产物。但是,一旦谷胱甘肽减少,NAPQI 将跳过与谷胱甘肽的结合并与肝细胞成分结合,引起细胞损伤。与其他细胞色素 P450 相比,细胞内的 CYP2E1 水平很低,因此当摄入正常剂量的对乙酰氨基酚时,NAPQI 的产量也很少,但摄入大量的对乙酰氨基酚将增加 NAPQI 的生成并可能导致严重的肝损伤。对乙酰氨基酚引起肝毒性的另一个因素是酒精代谢可诱导 CYP2E1 的生成,导致 NAPQI 生成增加,但酒精同时也是该细胞色素 P450 的底物并能抑制其代谢其他底物。因此,肝损伤的程度取决于摄入对乙酰氨基酚的时机和总量。美国中毒控制中心接到的药物中毒事件报告中,对乙酰氨基酚引起的中毒要多于其他药物。另据美国肝脏基金会报道,35% 的肝衰竭都是由对乙酰氨基酚中毒引起。酒精对对乙酰氨基酚代谢的影响将在临床相关知识 11.4 中讨论。

临床相关知识 11.4
CYP2E1 在对乙酰氨基酚引起的肝毒性中的作用

对乙酰氨基酚是非处方药中最常用的止痛药和退热药,它可单独用药或是其他 100 多种非处方药的成分,对乙酰氨基酚的代谢途径如图 11.14 所示。酒精是 CYP2E1 的诱导物和底物,饮酒对对乙酰氨基酚的代谢有极大影响。饮酒即指 6～7h 内摄入 750ml 的葡萄酒、2.1L 的啤酒或 256ml 80°的烈酒,酒精摄入几小时后就能引起 CYP2E1 介导的对乙酰氨基酚的代谢增加 22%。因此,最后饮酒与摄入对乙酰氨基酚之间的时间间隔和对乙酰氨基酚引起肝损伤间关系密切。一个饮酒的人,饮酒同时或是饮酒之后不久摄入的对乙酰氨基酚的代谢通常是被延迟的,这是因为乙醇和对乙酰氨基酚都是 CYP2E1 的底物,因此会竞争结合 CYP2E1。在慢性饮酒者中,CYP2E1 被诱导可生成更大量的 *N*-乙酰-*p*-苯醌亚胺(NAPQI)。因此,如果饮酒同时或是稍早一些服用对乙酰氨基酚,酒精可能还会保护肝脏免受对乙酰氨基酚的损伤。如果在酒精摄入几小时后服用乙酰氨基酚,此时酒精已被代谢且 CYP2E1 水平升高,那么对乙酰氨基酚将被更多地代谢为 NAPQI,增加了肝损伤的风险。

饮酒时间和每日饮酒量影响肝细胞内 CYP2E1 的表达,摄取的乙酰氨基酚的量也是其导致肝脏损伤的主要决定因素,通常推荐的正常剂量不会产生可造成肝细胞损伤的 NAPQI。很多药物均通过 CYP2E1 途径代谢,因此高剂量的对乙酰氨基酚会增加肝细胞损伤的风险。硫酸盐化作用和糖脂化作用途径对于决定将被 CYP2E1 代谢的对乙酰氨基酚的量非常重要。另外,细胞内谷胱甘肽的水平也极为重要,因为谷胱甘肽能与 NAPQI 形成结合物以保护肝脏不受这种活性代谢产物损伤。存在大量 NAPQI 时,谷胱甘肽迅速减少,不能继续保护肝脏免于损伤。

正如**苯并芘[α](benzo[α]pyrene)**和**对乙酰氨基酚(acetaminophen)**的代谢所示,细胞色素 P450 系统能催化生成毒性代谢产物,但这些毒性化合物未必引起细胞损伤或引发肿瘤,细胞内其他的生理过程将决定损伤的程度。如苯并芘[α]-7,8-二氢二醇-9,10-环氧化物与谷胱甘肽转移酶的结合就在抑制 DNA 加合物的形成和降低其致癌性方面发挥了重要的保护性作用。与谷胱甘肽和硫酸盐结合的各种解毒酶系统的活性、免疫状态、营养状态、遗传倾向和暴露于环境化学物质等因素都可决定细胞色素 P450 诱导的细胞损伤和毒性的程度。通常哺乳动物中不存在能产生高度毒性化合物的酶系统，细胞色素 P450 系统的目的是增加或暴露功能基团，使分子极性增加和(或)更易于被其他解毒酶系统代谢，产生毒性代谢产物只是这一过程的非特异性结果。

尽管这些细胞色素 P450 的大部分底物都是外源性化合物(表 11.1)，但它们似乎也参与某些内源性过程。CYP1A1 和 CYP1A2 分别参与血红素的分解代谢和雌二醇的代谢过程。还有证据证明，CYP2A、CYP2B、CYP2C 和 CYP3A 亚家族的成员参与睾酮代谢，CYP2D 和 CYP2E 亚家族成员分别参与儿茶酚胺代谢和糖异生作用。

11.8 细胞色素 P450 的诱导和抑制

显然，某一特定个体的细胞色素 P450 水平和活性将显著影响特定药物或异生素对系统的效应。因此，抑制或诱导 P450 活性的化合物和 P450 基因的多态现象将产生许多难以预料的效应。

药物-药物相互作用

许多药物可诱导参与其代谢的细胞色素 P450 的生成，而有些药物可抑制参与其代谢的细胞色素 P450 的活性。特定药物代谢率的改变可能会引起意外效用和副作用，这对于联合用药个体影响尤其大。由于药物均通过 P450 代谢排出体外，所以对 P450 活性的抑制将会导致药物累积并达到毒性浓度，相反，诱导参与某种药物代谢的 P450 的生成将会引起个体对药物的过代谢并使其达不到有效的药物浓度。

细胞色素 P450 水平被其他药物诱导或抑制而导致的非特异效应称为药物-药物相互作用。如果将经细胞色素 P450 代谢的药物与可诱导或抑制 P450 的药物同时服用，那么这些 P450 代谢药物的半衰期即会改变，若这些药物可影响机体的重要系统，则将引起致命的后果。例如，CYP2E1 可被酒精或异烟肼诱导，它还能代谢如氟烷和恩氟烷之类的麻醉剂生成损伤肝脏的异常蛋白，随后，免疫系统攻击这些异常蛋白，引发某型肝炎。因摄入酒精导致体内 CYP2E1 量高于正常水平的个体在麻醉药引起的肝炎反应中风险更大。

药物-药物相互作用(drug-drug interaction)还见于 CYP3A4，它是药物代谢 P450 中最重要的一员，也是肝和小肠内最丰富的 P450。CYP3A4 水平能被利福平、抗惊厥剂(如卡马西平和本妥英)、糖皮质激素(如地塞米松)所诱导，还能被抗真菌药(如酮康唑)、HIV 蛋白酶抑制剂、钙通道阻滞剂、环孢霉素 A、抗生素(如红霉素)、SSRI 抗抑郁药甚至葡萄柚汁所抑制。表 11.1 已列出了少量此酶代谢的化合物。

很明显，将 CYP3A4 的诱导剂和(或)抑制剂与其他各种药物(其本身可以是诱导剂或抑制剂)混用可能会引起意外效应甚至致命。同服 CYP3A4 的诱导剂利福平和由

CYP3A4 代谢的口服避孕药，会降低避孕药的药效而导致意外妊娠。同服 CYP3A4 抑制剂酮康唑或葡萄柚汁和经 CYP3A4 代谢的抗凝药华法林，会导致过度出血。与药物代谢酶相关的临床效应在临床相关知识 11.3 和 11.5 中阐述。

临床相关知识 11.5
细胞色素 P450 的诱导：药物-药物间相互作用和副作用

诱导特定的细胞色素 P450 可降低药物的治疗效应，这是因为肝细胞色素 P450 水平的增加可提高药物代谢率，使药物失活和(或)排泄出体外。诱导细胞色素 P450 系统也导致毒性代谢物合成增加并产生副作用(见临床相关知识 11.4)。

例如，CYP3A4 被抗结核药利福平诱导后会大大增加对口服避孕药乙炔雌二醇的清除，使胞质内达不到有效药物浓度，增加意外怀孕的风险。同时使用抗惊厥药苯妥英或卡马西平也会诱导 CYP3A4 的活性，降低避孕药乙炔雌二醇的效能。同时服用避孕药乙炔雌二醇和 CYP3A4 诱导剂的妇女必须增大避孕药的剂量或是采取另一种避孕方式或药物。

圣约翰草是一种被广泛使用的草药，不需要处方即可买到，它也能诱导 CYP3A4 活性。同服这种草药将降低经 CYP3A4 代谢的药物的疗效，这一点已越来越受到关注。服用这种草药会导致胞质内口服避孕药、抗 HIV 蛋白酶药物、免疫抑制药环孢菌素和某些特定抑制剂以及胆固醇浓度水平的降低，因为它们都是 CYP3A4 的底物。由于圣约翰草是一种天然物质而非药物，患者可能在没有通知医生或不清楚其对其他药物药效影响的情况下服用。

细胞色素 P450 的诱导机制可能发生在转录水平或转录后水平(如 mRNA 的稳定或蛋白质降解的减少)，目前预测诱导化合物对 P450 的诱导模式是不可能实现的。诱导过程的复杂性可通过 CYP2E1 在人和鼠肝中的诱导机制来证实。在这两种物种中，CYP2E1 蛋白均能被有机小分子如乙醇、丙酮或吡唑等诱导，或是被饥饿及糖尿病状态诱导。在人类中，CYP2E1 蛋白的 mRNA 水平不变，其诱导作用很可能是 CYP2E1 蛋白不被蛋白酶水解而稳定在一定水平。而在糖尿病鼠中，CYP2E1 mRNA 水平增高 10 倍但其转录水平并未改变，最终 CYP2E1 蛋白量增加 6 倍，提示其诱导机制可能是 mRNA 的稳定性增加。

特定的胞质受体蛋白被认为是某些诱导剂的作用位点，研究最深入的就是**芳香烃(Ah)受体(aryl hydrocarbon receptor)**，它与四氧二苯二氧杂环已二烯(TCDD)相互作用引起 CYP1A1、CYP1A2 和 CYP1B1 的诱导效应。多环芳香烃是 Ah 受体的配体，它们与 Ah 受体结合形成复合物，经 Ah 受体核移位因子(Arnt)作用移入细胞核中，并与细胞色素 P450 基因上游调节区的反应元件结合，进而诱导其表达。图 11.15 解释了这一过程。

另一调节 P450 表达的受体系统是**孕烷 X 受体(pregnane X receptor，PXR)**，它可调节 CYP3A 基因的表达。孕烷是 21-碳类固醇如孕酮代谢物 5α-孕烷-3，20-二酮，它是 PXR 的配体，也是人 CYP3A4 基因有效的诱导物。除 21-碳类固醇外，其他不同结构的化合物如卡马西平(一种抗惊厥药)、利福平(一种抗结核药)和圣约翰草(一种用于治疗心境障碍

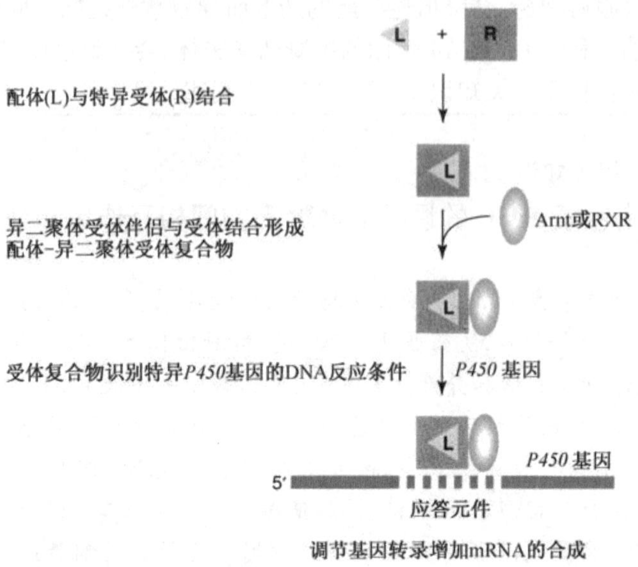

图 11.15 配体与其受体和受体伴侣相互作用形成异二聚体受体复合物,诱导细胞色素 P450 生成

的非处方草药)也是 PXR 的受体。PXR 与维甲酸 X 受体(RXR)结合形成一个异二聚体化合物(PXR-RXR),它可与 CYP3A 基因 5′端的特定反应元件结合。大约 50% 的处方药都是由细胞色素 P450 CYP3A 代谢的。

苯巴比妥(phenobarbital)是细胞色素 *P450* 基因的一种诱导剂。该诱导作用是由组成性雄甾烷受体(CAR)介导的,它也与 RXR 结合形成一个异二聚体化合物,并与 CYP2B 基因 5′端的特定反应元件相互作用。两种内源性雄甾烷类固醇(雄烷醇和雄甾烯二醇)也是 CAR 的配体。配体与 CAR 结合后可阻止 CAR-RXR 受体复合物与核受体共激活因子 SRC-1 的相互作用,而这种相互作用在 CAR 的转录激活作用中是必不可少的。用苯巴比妥或苯巴比妥类诱导剂取代雄甾烷配体,可使 CAR-RXR 结合 SRC-1,转录 CYP2B 基因。

细胞色素 P450 的遗传多态性

除了各种不同的诱导剂可能会改变细胞色素 P450 在肝和其他器官的表型外,因为不同个体拥有其独特的 *P450* 基因或等位基因,所以它们对特定药物的代谢率也不同,这就是细胞色素 P450 的遗传多态性。**多态性(polymorphism)**是在 1% 或比例更高的人群中发现的 DNA 序列差异,这些差异可引起药物代谢的差异。由于这些变异可遗传,所以某些特定种族在服用某些药物时更易发生副作用。据估计,人类代谢异生素的各种细胞色素 P450 中大约有 40% 存在多态性现象。

我们已深入研究 CYP2D6 的遗传多态性,并鉴定出 65 种不同的等位基因。按照 CYP2D6 表达水平的不同,可将人群分为"强代谢者"和"弱代谢者"。若人体内没有其他可清除某种药物的途径,那么弱代谢者将面临药物副作用的问题,相反,强代谢者可能会出现许多药物无效的情况。

许多埃塞俄比亚人和沙特阿拉伯人高表达 CYP2D6，这些同型的 CYP2D6 可代谢许多药物使之失效，如抗抑郁药和神经镇静药。同时，许多经 CYP2D6 活化的药物前体也将被广泛活化，如可待因将被迅速转化为大量吗啡。

相反，许多个体缺乏功能性的 CYP2D6，这些患者易于出现抗抑郁药和神经镇静药的毒性作用，并且由于缺乏活化作用，可待因对它们也无效。哌克昔林（一种钙通道阻滞剂）由于可引起 CYP2D6 失活患者的神经病变而被迫下市，β 受体阻滞剂（如普奈洛尔）因可能损伤 CYP2D6 缺乏患者也被停止使用。临床相关知识 11.6 讨论了多态性效应。

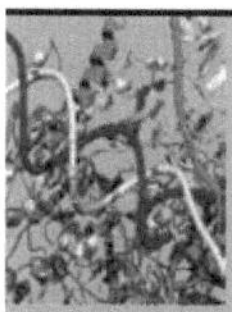

临床相关知识 11.6

细胞色素 P450 的遗传多态性

复等位基因已被证实存在于大约 40% 的人类 P450 基因中，这些遗传的多态现象可能会导致功能缺陷性 P450 蛋白的产生。CYP21 的多态性及其对于某些内源性化合物代谢的重要性已在临床相关知识 11.1 中描述。某种细胞色素 P450 活性的缺乏可能会导致治疗性药物不能被代谢而富集，进而引发许多问题。抗高血压药物异喹胍降压作用增强的现象使人们发现了不能完全代谢 CYP2D6 底物的患者。大约 5%～10% 的白种人、8% 的非洲人和美国黑人，还有 1% 的亚洲人存在 CYP2D6 催化活性的缺陷。除异喹胍之外，其他被 CYP2D6 代谢的药物有司巴丁、阿米替林、右美沙芬和可待因。以可待因为例，正常人体内的 CYP2D6 催化大约 10% 的可待因发生 *O*-脱甲基化作用，使之转化为吗啡，缺乏功能性 CYP2D6 的个体不能催化这一反应，因此不能实现可待因的镇痛作用。

与 CYP2C19 有关的遗传多态现象已被证明存在于抗癫痫药美芬妥英的弱代谢者中；CYP2C19 羟基化美芬妥英的 S-对映体的 C4 以使其生理效应失活，正常剂量下，弱代谢者即产生更大的镇静效应。大约 14%～22% 的亚洲人、4%～7% 的非洲人和美国黑人、3% 的白种人缺乏具有活性形式的 CYP2C19。

CYP2C9 的多态现象发生于不到 0.003% 的非洲人或美国黑人、0.08% 的亚洲人和 0.36% 的白种人中。CYP2C9 的功能缺失可能会在代谢 S-华法林时引发严重的后果。华法林是一种口服药，用于抑制血液凝固，它通常用于预防心脏病发作或中风患者再发致命的凝血，药物浓度要求维持在一定的范围内，过量可能会引起不可控制的出血甚至导致死亡。华法林由 CYP2C9 代谢清除，CYP2C9*3 是它的等位变异体，它在第 359 位残基的位置由异亮氨酸取代了亮氨酸，导致酶失活。缺乏 CYP2C9 的患者每周可能只需要 0.5～1mg 的华法林，而 CYP2C9 正常个体的需要量是 4～5mg/天。如果缺乏功能性 CYP2C9 的患者摄取了 5mg 的华法林，他将会仅仅因为一个小伤口而发生不可控制的出血。

细胞色素 P450 的治疗性抑制

细胞色素 P450 存在于几乎所有的有机体内并在细胞稳态方面发挥着重要的作用，

因此选择性抑制这些酶的活性将具有重要的临床意义，如吡咯抑制剂(酮康唑、伊曲康唑、氟康唑)被用来控制艾滋病患者、肿瘤化疗患者、使用免疫抑制剂患者的真菌感染。CYP51 催化真菌中重要的膜磷脂麦角固醇合成过程中固醇分子的脱甲基作用。在人体内，相关的 P450 CYP51A 催化胆固醇生成过程中非常重要的羊毛甾醇的脱甲基作用。尽管人体和真菌的 CYP51 蛋白结构相似，但其不同之处仍可使吡咯类抗真菌药能有效的抑制真菌麦角固醇合成。然而，如前讨论，这些药物也可能诱导或抑制人体内天然细胞色素 P450 的表达，进而引起药物-药物相互作用现象。

特定肿瘤(如乳腺癌肿瘤)的生长依赖于雌激素，因此，抑制雌激素生成而不影响其他类固醇激素的产生可作为选择性化学治疗方法，以减小和消除肿瘤。CYP19A1 催化雄烯二酮生成雌二醇，这是种很好的干预靶点。一种独特的选择性抑制剂通常是以机制为基础的或自杀性抑制剂，这些化合物与某一种酶的底物具有很强的相似性，但不会在催化循环中与酶的辅基或蛋白形成不可逆的抑制产物。这样的抑制剂对于某种特定的细胞色素 P450 具有高度特异性，是种很好的靶点药物。

如果没有深入地了解对细胞色素 P450 系统介导的药物代谢和药物相互作用，那么药物疗法就是不安全的，尤其对于同时使用多种药物的老年人。确定治疗性药物如何代谢和细胞色素 P450 是否被不同的化合物抑制是非常重要的，美国食品和药品管理局(FDA)的药物审批过程就要求在药物被最终批准应用于人群之前提供有关药物代谢的大量信息。

11.9 一氧化氮合酶：特性和功能

一氧化氮合酶(nitric oxide synthase，NOS)是含有血红素和黄素，可通过两个连续的单加氧反应催化一氧化氮(NO)合成的酶，它的功能与细胞色素 P450 相似。NOS 是功能性二聚体，含有两个主要的结构域，一个结构域含血红素加氧酶域，与细胞色素 P450 系统结构不相似；另一个结构域含黄素还原酶域，结构上与 P450 还原酶相似(图 11.16)。电子通过黄素分子的 FAD 和 FMN 从 NADPH 转移到血红素铁结合活化氧分子的位置。两个结构域由钙调素结合位点连接在一起，此位点可结合钙调素且是电子从还原酶域向氧化酶域转移所必需的。

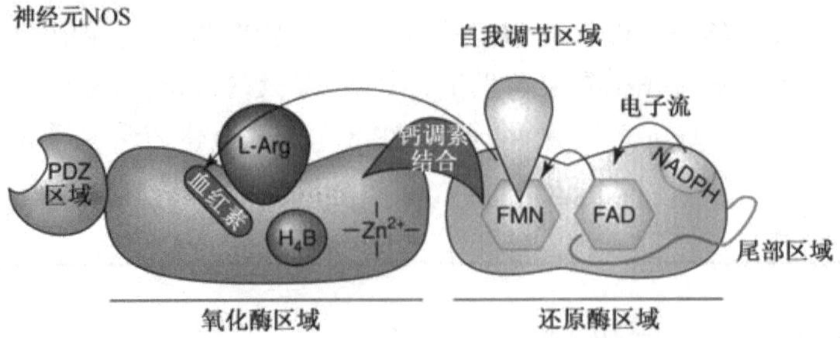

图 11.16 神经元一氧化氮合酶的结构模型，显示辅基和辅因子的大致位置

与细胞色素 P450 相似，NOS 的血红素部分与其半胱氨酸部分结合形成硫醇盐配体，当 CO 与还原态亚铁形式的血红素结合时产生相同的吸收光谱（吸收峰值大约为 450nm）。然而，NOS 氧化酶域与细胞色素在结构上完全不同（比较图 11.17 NOS 氧化酶域的晶体结构和图 11.1 P450 的结构）。除血红素部分和底物结合位点外，NOS 的氧化酶域还含有用于电子转移的四氢生物蝶呤（H_4B）结合位点和一个对结构整合非常重要的四锌原子结构。

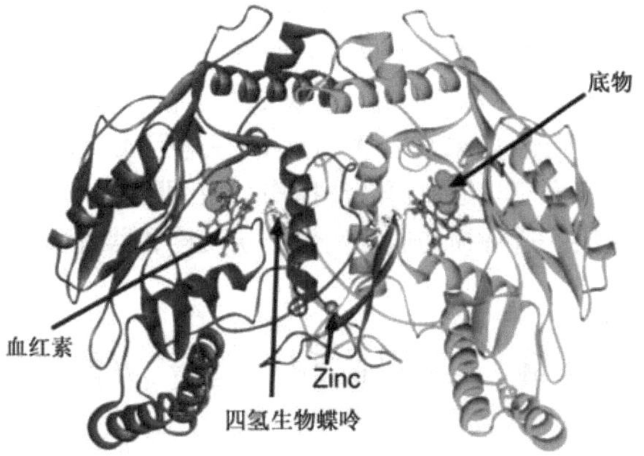

图 11.17　牛 NOSⅢ的二聚结构模型，显示原卟啉Ⅸ（红）和四氢生物蝶呤（黄）辅基
两个单体分别用淡蓝和深蓝显示，底物精氨酸（绿）位于 NOSⅢ的活性位点，锌原子位于两个单体的分界面

NOS 催化的整个反应是连续性地单氧化 L-精氨酸以形成 NO 和瓜氨酸，如图 11.18 所示。反应循环由钙调素和位于还原酶域与氧化酶域之间的"开放"位点结合开始，电子供体 NADPH 提供两个电子给 FAD，FAD 还原 FMN，FMN 再还原血红素铁为能结合氧的亚铁状态。第一步反应中，精氨酸被氧化为稳定的中间物 *N*-羟基-L-精氨酸，第二步反应中，*N*-羟基-L-精氨酸被氧化为 NO 和瓜氨酸。整个过程需要 2 分子氧和 1.5 分子 NADPH，并和细胞色素 P450 一样，反应能被 CO 抑制。

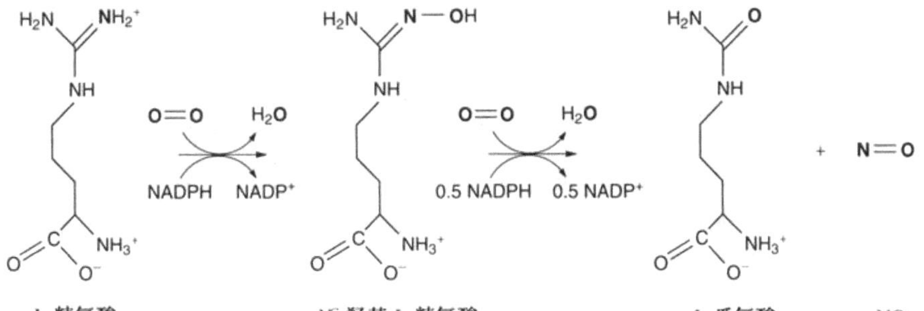

图 11.18　一氧化氮的生成
NOS 催化 L-精氨酸经过两个连续的单氧化反应生成 NO，其机制与微粒体细胞色素 P450 系统相似。NO 的氮原子（蓝）来自于精氨酸侧链的胍基，NO 的氧原子（红）来自于氧分子

NOS 形成 NO 的整个电子转移链和转移机制与细胞色素 P450 相似，但在调节电子转移的过程中，仍有一些显著的不同，最明显的就是 NOS 需要与**钙调素**（**calmodulin**）结

合。钙调素在细胞内基础钙离子水平下不与酶结合，当钙离子流入、浓度升高时，钙与钙调素的结合(见 12.4 节)增加。随后，钙-钙调素复合物结合并活化 NOS。如果缺乏钙调素的结合，血红素的还原反应只能以非常缓慢的速度进行且不能生成 NO，FAD 和 FMN 之间电子的转移也非常缓慢。钙调素的结合引起酶构象改变，加快了黄素间的电子转移并使血红素被还原。NOS 的还原酶域也含有几个调节区域，如图 11.16 所示，它们参与酶的钙调素结合信号转导。

NOS 和 P450 的另一个不同点是 NOS 不需要与底物结合来启动反应循环，且底物的结合也不会改变血红素的还原电势。如果没有底物，转移到血红素的电子就激活氧分子，使之以超氧化物形式释放，如果第二个电子在释放之前被转移至血红素，就形成了氧的过氧态，并生成过氧化氢。因此，如果没有底物且 NOS 被活化，就会形成具潜在破坏性的活性氧。这些还原性氧的形成与缺血再灌注损伤有关，即组织首先经历氧的缺乏，之后又被富含氧气的血液再灌注。这种损伤通常发生于脑血栓和器官移植。

11.10 一氧化氮合酶的异构体和生理学功能

尽管在许多不同的生物体中 NOS 有许多变化，但目前主要有三种 NOS 异构体：神经元性(**NOSⅠ** 或 **nNOS**)、可诱导性(**NOSCⅡ** 或 **iNOS**)和内皮性(**NOSⅢ** 或 **eNOS**)。表 11.4 概述了这些异构体的特性。

表 11.4　NOS 异构体的特性

特性	NOSⅠ	NOSⅡ	NOSⅢ
分子质量	160kDa	130kDa	135kDa
表达	组成性	诱导性	组成性
细胞分布	细胞质	细胞质	结合于膜上
钙流入的依赖性	依赖	不依赖	依赖
生理作用	神经递质	细胞毒性	血管舒张

NO 的许多生理功能是通过活化可溶性谷氨酸环化酶介导的，该酶是一个含有异二聚体(α/β)血红素并能将 GTP 转化为 cGMP 的蛋白。cGMP 是许多信号转导级联反应中的第二信使(见 13.10 节)。可溶性鸟苷酸环化酶在非活化状态时有一个五配基血红素，其 β 亚单位与组氨酸结合。NO 结合第六个配基形成一个六配基血红素并引起血红

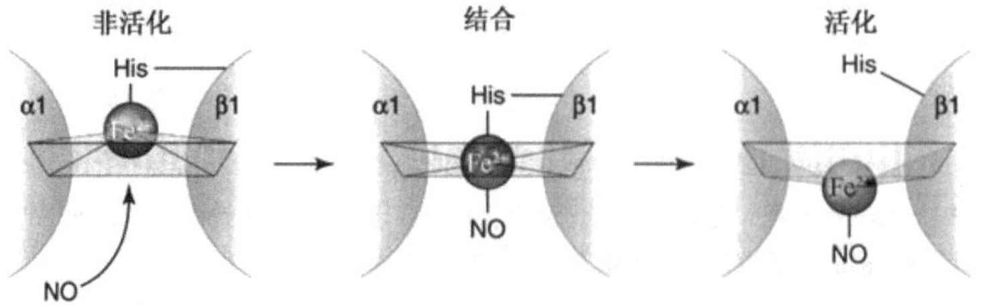

图 11.19　NO 活化可溶性鸟苷酸环化酶

素-组氨酸连接的断裂，产生活化的可溶性鸟苷酸环化酶的五配基亚硝酰化合物（图 11.19），可溶性鸟苷酸环化酶的活化使得 cGMP 的生成增加 400 倍。cGMP 水平由可溶性鸟苷酸环化酶的活性和磷酸二酯酶（PDE）（尤其是 PDE5）之间的平衡调节，PDE5 可特异性地水解 cGMP 为 5′-GMP，进而使信号终止。

NOS Ⅰ

NOSⅠ最初发现于骨骼肌和中枢或外周神经系统中。尽管 NOS Ⅰ可通过与一些调节和定位蛋白相互作用而定位于胞膜，但它仍是一种可溶性酶。NOS Ⅰ组成性表达，这意味着它并不能在转录水平被诱导，此酶可被钙离子流活化。就 NOS Ⅰ而言（以及 NOS Ⅲ，见下），钙调素在细胞内基础钙离子水平下不与酶结合，当钙离子流入，钙离子浓度升高时钙与钙调素的结合增强，钙调素与酶结合并进而激活 NO 生成。当 NOS Ⅰ处于活化状态时，NO 的合成量也很低，为皮摩尔级。NO 在中枢和外周神经系统发挥神经递质的作用，在骨骼肌中还是介导肌肉收缩的介质。

在中枢神经系统中，NO 主要由突触后神经元的 NOS Ⅰ催化生成，可通过突触间隙弥散至突触前神经元。兴奋性神经递质谷氨酸刺激突触后 *N*-甲基-D-天冬氨酸（NMDA）受体后，钙离子流通过受体依赖性通道流入并调节 NO 的合成。谷氨酸环化酶被 NO 活化后生成 cGMP，调节神经递质去甲肾上腺素和谷氨酸的合成，并进一步增加 NO 的生成（图 11.20）。NO 与神经信号转导、神经毒性、突触可塑性、学习和记忆以及疼痛的感知有关。

除氧化酶和还原酶域外，NOS Ⅰ在其 N 端还有一个约 300 个氨基酸大小的 PDZ 域，它可介导 NOS Ⅰ与其他蛋白质的相互作用。在中枢神经系统中，NOS Ⅰ的 PDZ 域与突触后密度蛋白 PSD-95 相互作用。NMDA 受体也与 PSD-95 相互作用，使得 NOS Ⅰ和 NMDA 受体相互靠近，进而使 NOS Ⅰ直接暴露于由 NMDA 受体激活的流入离子通道的钙流。

NO 与其他已知的神经递质有很大的不同（见 24.2 节）。因其能够自由地跨膜弥散，

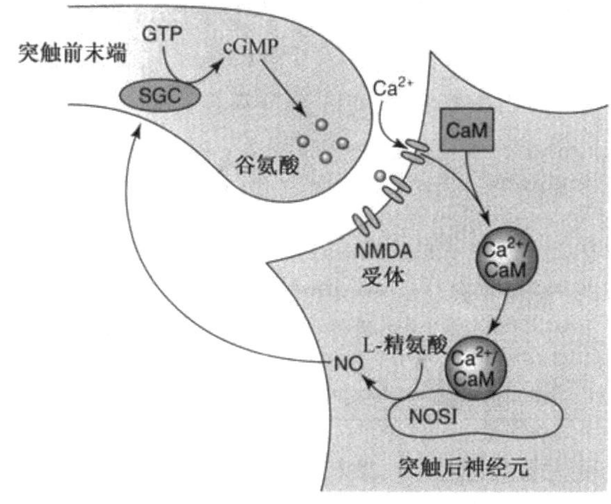

图 11.20　中枢神经系统中 NOS Ⅰ生成 NO

此时，NO 由突触后细胞生成，而后移至突触前细胞并在此激活 SGC，使之生成 cGMP，并活化 PKG。PKG 在神经递质小囊泡中磷酸化蛋白质，引起更多的神经递质释放并增强信号

因此只在需要时才被合成，且不能储存于脂囊泡内。NO 的功能不会因降解或重吸收而终止，只有当其靶点即细胞内第二信使而不是膜结合受体的作用终止时，NO 的作用才会被消除。

外周神经系统的 NO 由胃肠道、肺、血管和泌尿生殖系统肠肌层神经元的 NOS Ⅰ 催化生成。胃肠道系统的 NO 与肠动力和幽门括约肌的控制有关。NO 介导主支气管扩张药在人肺系统的作用途径，并和血管系统的神经控制有关，特别是在脑血流的控制中发挥着重要作用。泌尿生殖系统的 NO 参与尿道和膀胱的控制以及阴茎勃起。性兴奋时，NO 从邻近的神经释放入阴茎血管内，使血管松弛，血液在海绵体中充盈，引起勃起。NOS Ⅰ 在这些系统中由电压依赖性钙通道流入的钙离子流活化(见 12.6 节)。NO 弥散至邻近的平滑肌细胞，引起可溶性谷氨酸环化酶活化，平滑肌松弛，其机制将在后面内容中描述。临床相关知识 11.7 描述了有关 cGMP 的治疗性处理。

临床相关知识 11.7

昔多芬的作用机制

细胞内环核苷酸(cGMP 和 cAMP)水平不单取决于腺嘌呤核苷酸或鸟苷酸环化酶的催化合成，也取决于磷酸二酯酶(PDE)的催化降解。PDE 可将环核苷酸羟基化为 5′-核苷酸，这在第二信使信号通路的调节中起至关重要的作用。抑制 PDE 引起的环核苷酸降解可使环核苷酸引起的生理反应延长。昔多芬(伟哥)是一种治疗男性勃起功能障碍的药物，它是一种有效的 PDE5 抑制剂。PDE5 能特异性地降解 cGMP，最初发现于人类阴茎海绵体、血管和胃肠道平滑肌中。在阴茎中，NO 通过如前文所述的 cGMP 依赖途径引起勃起。由于 cGMP 被 PDE5 降解，血管舒张信号减弱，勃起消退。昔多芬抑制 PDE5，延迟 cGMP 的降解，因而能够延长勃起时间。

昔多芬对于 PDE5 的抑制选择性要远远大于 PDE3，后者是种针对参与心肌收缩的 cAMP 的特异性 PDE。这点非常重要，因为抑制 PDE3 会增加心律失常的风险并缩短心衰患者的存活时间。有意思的是，昔多芬同样也会较弱地抑制 PDE6，后者主要位于视网膜的光感受器上，因此偶有报道使用昔多芬者出现蓝绿视现象。

PDE5 也存在于血管平滑肌中，因此使用昔多芬会导致血管扩张并引起轻微的、临床不显著的血压下降。但更重要的是，昔多芬会大大加剧硝酸酯和外源性 NO 供体(如硝酸甘油)用于治疗心绞痛药物的效应，从而可能引起致死性低血压。这些低血压效应的发生与服药的时间和顺序无关，因此昔多芬禁用于使用任何形式的硝酸酯的患者。昔多芬同时通过 CYP2C9 和 3A4 两条途径代谢，能抑制这些代谢途径的药物可能会增加昔多芬的胞质水平，增强副作用。

高水平的 NOS Ⅰ 表达于骨骼肌中，参与肌肉收缩、神经分配并可能与葡萄糖的摄取有关。NO 也能通过 cGMP 途径引起骨骼肌松弛，其机制与血管平滑肌松弛机制一样，将在之后内容中描述。NOS Ⅰ 通过与抗肌萎缩蛋白复合物的成员之一 α-syntrophin 的结合锚定于肌膜。NOS Ⅰ 既能被由电压依赖性钙通道流入的钙离子流活化，也能被由肌质网流入的钙离子激活。

NOSⅡ

NOSⅡ最初发现于活化的中性粒细胞、巨噬细胞、星形胶质细胞和肝细胞中，并与早期免疫反应有关。它是一种可溶性酶，其转录可被多种细胞因子，如干扰素-γ、白介素-1、肿瘤坏死因子-α，或内毒素（如脂多糖）诱导。整个诱导过程通过炎症反应的NFκB途径在数小时内完成。在基础生理条件下（不依赖钙离子流）钙调素就能与NOSⅡ结合，因此，只要能被合成，该酶总是活化的。NOSⅡ合成的NO是纳摩尔水平，比NOSⅠ或NOSⅢ合成的均多约1000倍。

NOSⅡ合成的NO是一种有效的细胞毒素，其作用是消除被中性粒细胞和巨噬细胞吞入的病原体。NOSⅡ控制细胞内的病原体，如寄生虫[疟原虫（疟疾）、血吸虫（血吸虫病）、利什曼原虫（利什曼原虫病）和弓形虫（弓形虫病）]和微生物[细菌和分枝杆菌（结核和麻风）、真菌甚至肿瘤细胞]。NOSⅡ生成的NO的细胞内靶点是含金属的血红素蛋白（如细胞色素P450），铁硫蛋白（如顺乌头酸酶）以及线粒体复合物Ⅰ、Ⅱ，NO可抑制它们的功能。NO还可与巯基和酪氨酸相互作用，引起蛋白质的亚硝化和氧化，并通过氧或超氧原子形成具有高度活性的氮氧中间产物（如过氧化亚硝酸）。这些活性中间产物可引起DNA的许多改变，包括链的裂解和脱氨基作用，这些改变可影响许多重要的代谢酶，进而导致病原体细胞生长抑制和细胞毒性作用。

除急性炎症反应外，NO在慢性炎症反应中也能由NOSⅡ催化生成。NOSⅡ存在并活动于许多慢性炎症反应中，包括风湿性关节炎、Crohn病和哮喘。尽管关于NOSⅡ催化生成的NO也有保护性作用的报道，但我们通常认为NO可潜在地加剧这些疾病的病情。

NO在巨噬细胞抗微生物的功能中发挥着重要作用，但NOSⅡ生成的过量NO也与脓毒性/细胞因子诱导的循环休克有关，其机制为可溶性谷氨酸环化酶引起的平滑肌松弛，这将在下面内容中讨论。此时，过量的NO引起大循环血管舒张，血压急剧甚至致命性下降，随后发生多器官功能衰竭。一般的血管收缩药对这些患者的低血压无效，但NOS抑制剂治疗性干预已显示出一定的应用前景。NO生成与临床各方面的关系将在临床相关知识11.8中讨论。

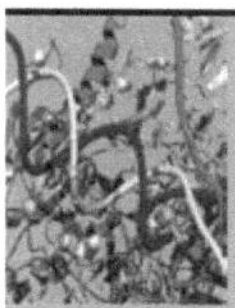

临床相关知识11.8
一氧化氮的临床意义

尽管NO对巨噬细胞的破坏癌细胞和杀菌作用十分重要，但是过量的NO（由NOSⅡ产生）也与鸟苷酸环化酶活化引起的脓毒性/细胞因子介导的循环休克有密切关系。NO过量还与术后伴有产内毒素细菌感染患者的严重低血压有关，传统的血管收缩药对这种低血压无效。目前用于治疗脓毒性休克、胃肠道炎性疾病（如胰腺炎和溃疡性结肠炎），以及关节炎的NOS抑制剂正在研究中。

NOSⅢ在维持血管基本紧张度的血液动力学调节中起重要作用，因此NO减少可能会引起高血压、血栓或动脉粥样硬化,从另一方面来说,直接应用 NO 可能对治疗肺高压患者有益。给某些特定的患者(如血氧饱和度低的儿童和成人)吸入 NO 能改善动脉的氧合作用并降低肺动脉压。在低氧性呼吸衰竭新生儿中,NO 能减少昂贵且侵入性的体外膜式人工氧合法的应用。吸入 NO 也已被用来治疗急性呼吸窘迫综合征(ARDS),它可诱导肺血管舒张,降低肺动脉压(MPAP),并增加心排血指数。

由于幽门括约肌的舒张是由支配肠肌丛神经元的 NOS Ⅰ 信号通路介导的,所以老鼠的 *NOS* Ⅰ基因被敲除后,幽门括约肌收缩导致胃静脉扩张。这项工作意外地建立了一个婴儿肥厚性幽门狭窄的模型。这些 NOS Ⅰ 缺失的老鼠同样也对脑缺血损伤有抵抗作用,提示 NOS Ⅰ 可能参与该损伤过程。因此,特异性的抑制或诱导性一氧化氮合酶的异构体是治疗性干预的一个理想目标。

NOSⅢ

NOSⅢ最初发现于血管和心肌细胞的血管内皮细胞中,并通过 N 端的共翻译十四烷酰化和翻译后十六烷酰化作用定位于胞膜上。和 NOS Ⅰ 一样,它组成性表达并被钙离子流活化,可合成少量的活化状态的 NO(皮摩尔级)。NO 发挥血管平滑肌舒张剂的作用,既是配体介导的又是流量依赖性的。NO 还可通过抗血小板和白细胞黏附与聚集作用发挥抗血栓和抗炎功能。此外,它还能抑制血管收缩剂——加压素Ⅱ的作用。

当配体(如乙酰胆碱、缓激肽、组胺或胰岛素)与受体结合的增加或血流在血管内皮腔表面切应力、血流速度的增加刺激钙离子流释放时,NOSⅢ被激活,其介导的 NO 合成增加,进而引起血管舒张。

NO 由内皮细胞弥散进入邻近的平滑肌细胞,与鸟苷酸环化酶结合,使之催化生成 cGMP(图 11.21),cGMP 激活蛋白激酶 G。蛋白激酶 G 是一种 cGMP 依赖性激酶,能够磷酸化包括 L-型钙离子通道在内的许多通道和受体,可抑制钙离子流入平滑肌细胞。血管平滑肌的收缩需要钙离子流与钙调素结合,激活肌球蛋白轻链激酶(MLCK),随后 MLCK 磷酸化肌球蛋白轻链(MLC),导致肌球蛋白头部与肌丝之间形成横桥结构,引起

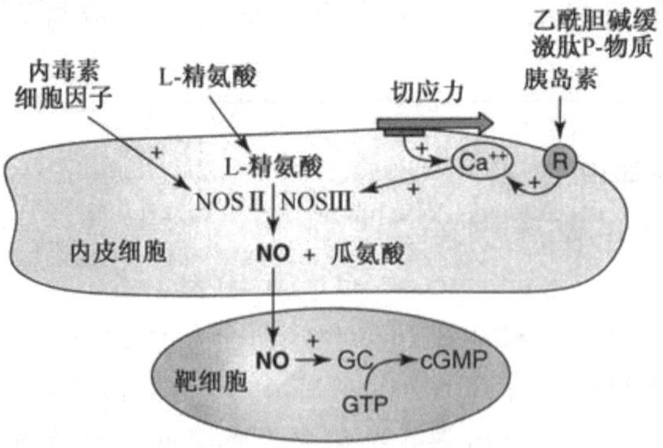

图 11.21 内皮细胞中 NOSⅢ生成 NO

配体结合或切应力作用引起内皮细胞内钙离子浓度升高,NOSⅢ活化,生成 NO。NO 弥散穿过内皮细胞膜到达平滑肌细胞,并在此活化 sGC

肌肉收缩(见 24.10 节)。钙离子流的抑制导致钙调素对 MLCK 刺激和 MLC 磷酸化减少,使平滑肌张力减小,血管舒张。cGMP 的增加也可激活 MLC 磷酸酶直接导致 MLC 去磷酸化。和 NOSⅠ一样,cGMP 水平由鸟苷酸环化酶和磷酸二酯酶之间的活性平衡调节,磷酸二酯酶能水解 cGMP 为 5′-GMP,进而使蛋白激酶 G 失活,血管舒张。临床相关知识 11.7 讨论了硝酸甘油引起的 NO 介导的血管舒张,临床相关知识 11.9 介绍了硝酸甘油的使用历史。

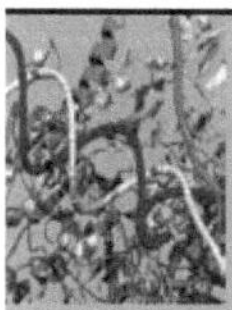

临床相关知识 11.9

硝酸甘油的使用历史

硝酸甘油,更准确地说应称为三硝酸甘油酯,最早在 1846 年由 Ascanio Sobrero 合成。硝酸甘油极具爆炸性且发生了许多致命事故,Alfred Nobel 于 1864 年将其与硅藻土混合制成稳定的炸药,由此赚得的钱财成为诺贝尔奖奖金的基础。诺贝尔奖是一个奖励在物理学、化学、生理学或医学、文学、经济学和世界和平方面作出杰出贡献的人的奖项,每年在瑞典颁发一次。此后不久,1867 年 Thomas Lauder Brunton 最先报道了给胸痛患者吸入亚硝酸异戊酯的治疗方法,1879 年 William Murrell 发表了一篇论述长效且使用更为方便的硝酸甘油化合物缓解心绞痛的文章。硝酸甘油通过舒张心脏动脉使组织发生更多氧合作用而起效。然而,Murrell 本人在 1912 年死于未经治疗的心脏功能衰竭,他从未使用过硝酸甘油。诺贝尔本人也拒绝服用医生为治疗其心脏病所开的硝酸甘油。

直到 1987 年,即 Murrell 的文章发表一年多之后,硝酸甘油代谢释放的一氧化氮气体才被假定是引起冠状血管舒张的活性物质。直到今天,硝酸甘油释放一氧化氮的确切机制仍不清楚。

NOSⅢ有一段独特的 N 端序列,该序列的一个位点可发生十四烷酰化,另两个位点可发生十六烷酰化,进而将酶聚集于胞膜穴样凹陷内。穴样凹陷是细胞质膜表面的小内陷,其内含有不同的蛋白(称为小窝蛋白),这些小窝蛋白可组织或黏附信号分子(如受体、G 蛋白和 NOS)到质膜。细胞质内钙离子浓度较低时,小窝蛋白-1 结合并抑制 NOSⅢ,使其维持在非活化状态。当钙离子流入使细胞质内钙离子浓度升高时,钙调素竞争性地替代小窝蛋白与 NOSⅢ结合,激活 NO 合成反应。

聚集于穴样凹陷的还有其他几种蛋白质,它们对 NOSⅢ的活性也有重要的作用。阳离子氨基酸转运子 CAT-1 存在于穴样凹陷中,参与摄取 L-精氨酸,确保合成 NO 底物的供给。NOSⅢ与一种细胞外膜孔道蛋白相互作用,它是一种电压依赖性的阴离子/阳离子通道,可将 NOSⅢ集中于钙离子流源附近。穴样凹陷中还有缓激肽 B2 受体,它结合 NOSⅢ并使其失活。当缓激肽刺激 B2 受体时,复合物解离,NOSⅢ活化。

集中于穴样凹陷内是 NOSⅢ活性的一种重要的调节方式,若十六烷酰化被抑制,穴样凹陷中将不存在 NOSⅢ,细胞也不能合成 NO。十六烷酰化是一种能被许多激动剂影响的可逆反应,对蛋白的膜定位有重要的作用。细胞重定位引起的失活可能也是在十六烷酰化的基础上发生的。

所有的 NOS 都可产生 NO,发挥诸如神经传导、血管舒张、肌肉松弛和细胞毒性等不同的作用。NO 的生成对人体是有益的，它能维持血管紧张度、对抗病原体的入侵并能使人类获得记忆和学习能力；但它同样也是有害的，包括引起脓毒性休克、慢性炎症反应和致突变反应。NO 产生的最终效应取决于其生成的部位、生成的调节、产量的多少以及是否存在其他活性物质。

参考书目

General References on Drug Metabolism and Cytochrome P450

Coon, M. J. Multiple oxidants and multiple mechanisms in cytochrome P450 catalysis. *Biochem. Biophys. Res. Commun.* 312:163, 2003.

Cupp, M. and Tracy, T. S. Cytochrome P450: New nomenclature and clinical implications. *Am. Family Phys.* 57:107, 1998. http://www.aafp.org/afp/980101ap/cupp.html

Estabrook, R. W., Cooper, D. Y., and Rosenthal, O. The light reversible carbon monoxide inhibition of the steroid C21-hydroxylase system of the adrenal cortex. *Biochem. Zeit.* 338:741, 1963.

Gibson, G. G. and Skett, P. *Introduction to Drug Metabolism*, 2nd ed. London: Academic Press, 1994.

Lewis, D. F. V. *Guide to Cytochromes P450 Structure and Function*. New York: Taylor and Francis, 2001.

Lewis, D. F. 57 varieties: The human cytochromes P450. *Pharmacogenomics* 5:305. 2004.

Nelson, D. R. Cytochrome P450 and individuality of species. *Arch. Biochem. Biophys.* 369:1, 1999.

Nelson, D. R. website: http://drnelson.utmem.edu/CytochromeP450.html

Substrate Specificity of Cytochromes P450: Physiological Functions

Cunningham, F. G., MacDonald, P. C., Gant, N. F., Leveno, K. J., Gilstrap, L. C., Hankins, G. D. V., and Clark, S. L. The placental hormones. In: *Williams Obstetrics*, 20th ed. Stamford, CT: Appleton and Lange, 1997, Chapter 6, p. 125.

Donohoue, P. A., Parker, K., and Migeon, C. J. Congenital adrenal hyperplasia. In: C. R. Scriver, et al. (Eds.), *The Metabolic and Molecular Bases of Inherited Disease*, Vol. II, 7th ed. New York: McGraw-Hill, 2001, Chapter 94, p. 4077.

Masters, B. S. S., Muerhoff, A. S., and Okita, R. T. Enzymology of extrahepatic cytochromes P450. In: F. P. Guengerich (Ed.), *Mammalian Cytochromes P450*. Boca Raton, FL: CRC Press, 1987, Chapter 3, p. 107.

New, M. I. Inborn errors of adrenal steroidogenesis. *Mol. Cell. Endocrinol.* 211:75, 2003.

Rendic, S. Summary of information on human CYP enzymes: Human P450 metabolism data. *Drug. Met. Rev.* 34:83, 2002.

Stratakis, C. A., and Bossis, I. Genetics of the adrenal gland. *Rev Endocr. Metab. Disord.* 5:53, 2004.

Cytochrome P450 Induction and Inhibition

Cascorbi, I. Pharmacogenetics of cytochrome P4502D6: Genetic background and clinical implication. *Eur. J. Clin. Invest.* 33:17, 2003.

Denison, M. S. and Whitlock, J. P. Xenobiotic-inducible transcription of cytochrome P450 genes. *J. Biol. Chem.* 270:18175, 1995.

Guengerich F. P. Cytochromes P450, drugs, and diseases. *Mol. Interv.* 3:194, 2003.

Handschin, C. and Meyer, U. A. Induction of drug metabolism: The role of nuclear receptors. *Pharmacol Rev.* 55:649. 2003.

Ingelman-Sundberg, M. Pharmacogenetics of cytochrome P450 and its applications in drug therapy: the past, present and future. *Trends Pharmacol. Sci.* 25:193, 2004.

Kalow, W. *Pharmacogenetics of Drug Metabolism*. New York: Pergamon Press, 1992.

Kalow, W. Pharmacogenetics in biological perspective. *Pharmacol. Rev.* 49:369, 1997.

Lin, J. H. and Lu, A. Y. H. Role of pharmacokinetics and metabolism in drug discovery and development. *Pharmacol. Rev.* 49:403, 1997.

Meyer, U. A. and Zanger, U. M. Molecular mechanisms of genetic polymorphisms of drug metabolism. *Annu. Rev. Pharmacol. Toxicol.* 37:269, 1997.

Schwarz, U. I. Clinical relevance of genetic polymorphisms in the human CYP2C9 gene. *Eur. J. Clin. Invest.* 33:23, 2003.

Shimada, T. and Fujii-Kuriyama, Y. Metabolic activation of polycyclic aromatic hydrocarbons to carcinogens by cytochromes P450 1A1 and 1B1. *Cancer Sci.* 95:1, 2004.

Thummel, K. E. and Wilkinson, G. R. *In vitro* and *in vivo* drug interactions involving human CYP3A. *Annu. Rev. Pharmacol. Toxicol.* 38:389, 1998.

Waxman, D. J. P450 gene induction by structurally diverse xenochemicals: Central role of nuclear receptors CAR, RXR, PPAR. *Arch Biochem. Biophys.* 369:11, 1999.

Zanger, U. M., Raimundo, S., and Eichelbaum, M. Cytochrome P450 2D6: Overview and update on pharmacology, genetics, biochemistry. *Naunyn Schmiedebergs Arch. Pharmacol.* 369:23, 2004.

Zhou, S., Chan, E., Pan, S. Q., Huang, M., and Lee, E. J. Pharmacokinetic interactions of drugs with St. John's wort. *J. Psychopharmacol.* 18(2):262, 2004.

Biochemistry and Physiology of Nitric Oxide Formation

Alderton, W. K., Cooper, C. E., and Knowles, R. G. Nitric oxide synthases: Structure, function and inhibition. *Biochem. J.* 357:593, 2001.

Bredt, D. S. Endogenous nitric oxide synthesis: biological functions and pathophysiology. *Free Radical Res.* 31:577, 1999.

Bredt, D. S. Nitric oxide signaling specificity—The heart of the problem. *J. Cell Sci.* 116:9, 2003.

Esplugues, J. V. NO as a signalling molecule in the nervous system. *Br. J. Pharmacol.* 135:1079, 2002.

Garthwaite, J. and Boulton, C. L. Nitric oxide signalling in the central nervous system. *Annu. Rev. Physiol.* 57:683, 1995.

Griffith, O. W. and Stuehr, D. J. Nitric oxide synthases—Properties and catalytic mechanism. *Annu. Rev. Physiol.* 57:707, 1995.

Huang, P. L. Endothelial nitric oxide synthase and endothelial dysfunction. *Curr. Hypertens. Rep.* 5:473, 2003.

Ignarro, L. J., Buga, G. M., Wood, K. S., Byrns, R. E., and Chaudhuri, G. Endothelium-derived relaxing factor produced and released from artery and vein is nitric oxide. *Proc. Natl. Acad. Sci. USA* 84:9265, 1987.

Khan, M. T. and Furchgott, R. F. Additional evidence that endothelium-derived relaxing factor is nitric oxide. In: M. J. Rand and C. Raper (Eds.), *Pharmacology*. Amsterdam: Elsevier, 1987, p. 341.

Kleinert, H., Schwarz, P. M., and Forstermann, U. Regulation of the expression of inducible nitric oxide synthase. *Biol. Chem.* 384:1343, 2003.

Liaudet, L., Soriano, F. G., Yaffe, M. B., and Fink, M. P. Biology of nitric oxide signaling. *Crit. Care Med.* 28:N37, 2000.

Masters, B. S. S. Nitric oxide synthases: Why so complex? *Annu. Rev. Nutr.* 14:131, 1994.

Palmer, R. M. J., Ferrige, A. G., and Moncada, S. Nitric oxide release accounts for the biological activity of endothelium-derived relaxing factor. *Nature* 327:524, 1987.

Raman, C. S., Martasek, P., and Masters, B. S. Structural themes determining function in nitric oxide synthases. The Porphyrin Handbook, Vol. 4. Academic Press: San Diego, 2000, p. 293.

Roman, L. J., Martasek, P., and Masters, B. S. Intrinsic and extrinsic modulation of nitric oxide synthase activity. *Chem. Rev.* 102:1179, 2002.

Vallance, P. Nitric oxide: Therapeutic opportunities. *Fund. Clin. Pharmacol.* 17:1, 2003.

Walford, G. and Loscalzo, J. Nitric oxide in vascular biology. *J. Thromb. Haemost.* 1:2112, 2003.

Website: http://metallo.scripps.edu/PROMISE/NOS.html

习题和参考答案

多项选择题

1. 以下有关细胞色素 P450 分子的描述错误的是：
   A. 它含有一个血红蛋白辅基
   B. 它催化疏水性底物的羟基化
   C. 它可以从一个底物(如 NADPH)接受电子
   D. 结合底物后血红素铁部位构象发生改变
   E. 它与其他的细胞色素 P450 来自于同一个基因家族
2. 黄素蛋白通常介导电子从 NADPH 向细胞色素 P450 的转移，这是因为：
   A. NADPH 不能进入膜
   B. 黄素蛋白能从 NADPH 接受两个电子，并把它们依次提供给细胞色素 P450
   C. 它们比 NADPH 的还原电势负性更大，因此能更容易地接受电子
   D. 作为蛋白，它们能与细胞色素 P450 结合而非蛋白的 NADPH 不能
   E. 它们含有铁-硫中心
3. 胆固醇在肾上腺转变为类固醇激素：
   A. 所有的细胞色素 P450 氧化作用均发生在内质网中
   B. 所有的细胞色素 P450 氧化作用均发生在线粒体中
   C. 胆固醇转变为孕烯酮醇的侧链裂解反应是应用肾上腺皮质铁氧还蛋白还原酶的细胞色素 P450 系统所催化
   D. 醛固酮激素和可的松的合成需要细胞色素 P450，而雌激素和雄激素的合成不需要
   E. 细胞色素 P450 不参与类固醇激素第一个环的芳香化作用，它参与去甲基化而不是羟基化反应
4. 苯并芘(许多化学物质燃烧产生的异生素)：
   A. 诱导细胞色素 P450 合成
   B. 在一种细胞色素 P450 作用下发生环氧化作用
   C. 在动物体内被细胞色素 P450 转变为一种强有力的致癌物
   D. 与细胞色素 P450 作用后其水溶性更强
   E. 以上均正确
5. 细胞色素 P450 基因的遗传多态现象：
   A. 能引起某一个体对某些特定药物的代谢减弱
   B. 能引起某一个体对某些特定药物的代谢增强
   C. 能引起某些特定药物对某些人种有更多的效应
   D. 以上均正确
   E. 以上均不正确
6. 存在活性一氧化氮合酶，但没有底物的情况下：
   A. 电子不能转移到血红蛋白上
   B. 钙调素不能结合 Ca^{2+}
   C. 氧化酶和还原酶域裂解
   D. cGMP 生成增加
   E. 将形成超氧和(或)过氧化氢

问题 7 和 8：草药制剂是非处方药，因此很多患者不告诉医生他们正在服用这些制剂。一个患者被医生告知其血浆中的胆固醇水平对常用的抑制素无反应。这个患者同时也在服用 St.John(圣约翰)草以改善他的情绪。St.John 草诱导某种细胞色素 P450(CYP3A4)活性，抑制素是被 CYP3A4 代谢的许多药物之一。

7. 细胞色素 P450 的诱导：
   A. 只发生于外源性化合物
   B. 只发生在转录水平
   C. 必定起因于 mRNA 转录的增加
   D. 需要一个诱导-报告化合物的合成
   E. 可能发生于转录后过程
8. 抑制素可以被认为是异生素(被机体代谢的外源性物质)。许多异生素被细胞色素 P450 氧化以使：
   A. 它们具有致癌性
   B. 增加它们在水性环境的溶解度
   C. 增强它们在脂肪组织的沉积作用
   D. 增加它们的药理学活性
   E. 以上所有

问题 9 和 10：一些患者在腹部损伤伴有产内毒素性细菌感染时出现严重低血压，传统的血管收缩药物对这种低血压无效。这种低血压产生的原因可能是诱导状态的一氧化氮合酶(NOS)产生过量的一氧化氮。给予这些患者特异性针对

NOS 的抑制剂可能是一种恰当的治疗手段。

9. 一氧化氮：
   A. 由还原态的 NO_2 自动形成
   B. 只在巨噬细胞中合成
   C. 其合成来自于精氨酸
   D. 起强效的血管收缩剂作用
   E. 有三种异构体

10. 一氧化氮合酶：
   A. 催化一个双加氧酶反应
   B. 和细胞色素 P450 一样结合锌和四氢生物蝶呤
   C. 从 NADH 接受电子
   D. 利用从 NADPH ⟶ FAD ⟶ FMN ⟶ 血红素铁的电子流
   E. 被 Ca^{2+} 抑制

问题 11 和 12：一名女性婴儿因为外生殖器异常送到医生处，之后被诊断为先天性肾上腺增生(CAH)，缺乏 CYP21A2——一种内质网的 21-羟化酶。这种疾病导致了可的松减少，ACTH 增加，雄性激素增加以及与盐平衡相关的问题。NADPH-细胞色素 P450 还原酶是 CYP21A2 反应的电子供体。

11. NADPH-细胞色素 P450 还原酶：
   A. 同时具有 FAD 和 FMN 辅基
   B. 通过强有力的疏水反应结合细胞色素 P450
   C. 其活性需要一个铁硫中心
   D. 总是把它的电子传递给细胞色素 b_5
   E. 能像使用 NADPH 一样容易地使用 NADH

12. 21-羟基化反应之后生成可的松和雄激素的反应发生在线粒体中，它需要 NADPH-肾上腺皮质铁氧还蛋白还原酶和肾上腺皮质铁氧还蛋白。NADPH-肾上腺皮质铁氧还蛋白还原酶：
   A. 同时含有 FAD 和 FMN
   B. 通过铁硫中心将电子传递到一个蛋白
   C. 是一种膜整合蛋白
   D. 直接与细胞色素 P450 反应
   E. 直接与细胞色素 b_5 反应

问答题

13. 苯巴比妥是一种强效的细胞色素 P450 诱导剂。抗凝剂华法林是细胞色素 P450 的底物，因此它的代谢比正常药物更快。一个已服用苯巴比妥的患者，如果不改变华法林的剂量，将会发生什么？如果华法林的剂量调节到恰当量，将发生什么？之后若撤除苯巴比妥而不调节华法林的剂量，将会发生什么？

14. 对乙酰氨基酚主要经硫酸盐化反应和糖脂化反应代谢排出，它也能被一种细胞色素 P450 (CYP2E1)代谢为能造成肝损伤的具高度活性的 NAPQI。酒精是 CYP2E1 的诱导剂和底物。如果喝酒几小时后服用对乙酰氨基酚，肝毒性将会大大增强。如果同时消耗对乙酰氨基酚和酒精，却观察不到毒性的增强。为什么？

参考答案

1. E　已知有若干个基因家族。A：所有的细胞色素都是血红素蛋白。B：底物的类型是疏水性的。C：这是通常的电子供体。D：五基协同到六基协同的改变使得化合物具有阳性更高的还原电势。

2. B　血红素蛋白一次只能接受一个电子，而 NADPH 总是同时提供两个电子。A：NADPH 只传递电子，不能进入膜。C：如果这是真的，电子流将不能以它通常的方式流动。D：蛋白-蛋白结合在这里的作用还不清楚。E：铁硫中心在某些但不是全部的系统中起作用。

3. C　这是一个线粒体过程。A，B：激素的合成包括线粒体和内质网的一系列的反应。D，E：侧链的去除通常从氧化反应开始。

4. E　A：异生素通常会诱导促进它们自身代谢的物质的合成。B，C：环氧化作用是这一化合物转化为致癌物的第一步。D：苯并芘是高度疏水性的；氧原子的介入增加了水溶性。

5. D　A：这种情况发生于等位基因变异为编码失活或活性更弱的蛋白。B：如果有基因副本，一个个体可能会有更大量的活性蛋白。C：特定等位基因变异可能更多的表达于特定的人种中。

6. E　O_2 被活化产生这些毒性产物。A：超氧因转移引起。B，C：这些不会发生。D：NO 增加 cGMP，并且在缺乏底物的情况下不会形成 NO。

7. E 可能有 mRNA 的稳定作用或者蛋白降解的减少。A：内源性和外源性底物都能诱导细胞色素 P450。B，C：转录修饰仅仅是诱导机制中的一种。D：可以存在于某些但不是全部的诱导反应中。

8. B 被细胞色素 P450 氧化的异生素通常是高度亲脂的，但必须以液态形式从尿液或胆汁排出。A：这种现象会发生但并不是目的。C：它们不会先于氧化作用。D：氧化易于降低药理学活性。

9. C 另一种产物是瓜氨酸。A：它从精氨酸转化而来。B：NO 合酶的其中一种异构体被发现存在于巨噬细胞中，但同样也存在于神经元和内皮中。D：NO 是一种血管舒张剂。E：已鉴定出三种一氧化氮合酶的异构体，但 NO 是一种特殊的化合物。

10. D 这是同时含用 FAD 和 FMN 的两种哺乳动物酶中的一种。A：此反应是单氧化反应。B：细胞色素不与这些物质结合。C：供体是 NADPH。E：此系统需要 Ca^{2+}-钙调素，至少神经元和内皮中的异构体需要 Ca^{2+}。

11. A 这种酶是已知的两种同时具有 FAD 和 FMN 辅基的哺乳动物蛋白之一。B：这种结合是静电性的。C：某些还原酶如此，但这一种不是。D：只有特定的反应由此酶催化。E：存在 NADH-依赖性的还原酶，但它们是不同的。

12. B 此铁硫蛋白是肾上腺皮质铁氧还蛋白。A：它只有 FAD。C：它与膜微弱结合。D，E：肾上腺皮质铁氧还蛋白在还原酶和细胞色素 P450 血红蛋白之间起电子开关的作用。

13. 如果华法林被细胞色素 P450 更快地代谢和清除，它的治疗效力将会下降，在同样剂量的情况下，它作为抗凝剂的效力降低。如果撤除苯巴比妥，细胞色素 P450 的水平将随时间减少到非诱导水平，此时若不改变华法林的剂量，最终将会导致出血的可能性增加。

14. 对乙酰氨基酚的毒性效应是因为 CYP2E1 产生了 NAPQI。在酒精存在的情况下，CYP2E1 的水平增加。同时摄入对乙酰氨基酚和酒精时，它们竞争结合此酶，对乙酰氨基酚通过该途径的代谢减慢。如果单独摄入酒精，它会诱导 CYP2E1 的生成，之后再摄入对乙酰氨基酚时，它通过这个途径的代谢将会加快（此时没有与酒精的竞争），即会生成更多的 NAPQI。对乙酰氨基酚摄入的量同样也是一个影响因素，少量的对乙酰氨基酚可通过正常的结合途径代谢为非毒性形式。

（付静　译）

12

生物膜:分子结构与跨膜转运

Thomas M. Devlin

12.1 概述

真核生物细胞和原核生物细胞在化学组成、结构以及其他方面都有很多相似的特性，但是在具体构成膜结构的脂质、蛋白质及碳水化合物方面则有所不同。在电镜下观察(图12.1)，生物膜有三层结构，即两边电子层密度较高的暗层和中间电子层密度较低的亮层。大部分哺乳动物细胞的厚度为 7～10nm，里面的暗层密度比外面的暗层密度还要高一些。生物膜有一种叫做化学不均一的特性，随着科学技术的发展，人们在分子水平认识到，膜的表面并不是光滑的，而是镶嵌着很多突出的球状分子。

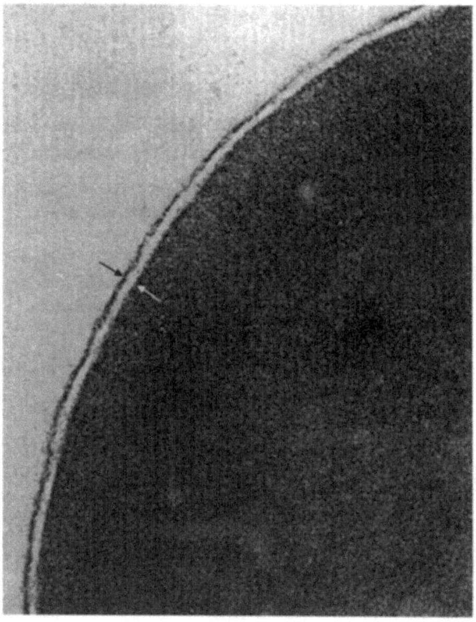

图 12.1　电镜下生物膜的三层结构
150 000×。电镜下可见中间层密度较低而两边密度较高并且内部膜的密度通常比外膜的密度更高

生物膜是一个动态的结构，从而可以允许细胞及其表面的一些次级结构改变形状和位置。组成膜的脂质和蛋白组分为这一功能的实现提供了理想的角色。膜结构总的来说可以认为是一个由脂质组成的液体海洋，蛋白和脂质体分布其中并且能够自由弥散和相互作用。

细胞膜空间构象的维持是通过排出一系列的离子和分子，以及选择性的转运体系跨膜转入一些必需的物质来实现的。通过控制一些底物、辅助因子和离子在膜表面的分布，可以使这些物质在胞质内组分的浓度发生相应的变化，进而影响到细胞的代谢。一些激素、生长调节因子、代谢调节因子等通过和膜表面特定的受体结合，从而将其携带的信息传递到胞内，再通过细胞内的一些中介分子(一般称之为第二信使)引起一系列级联反应，对相应的代谢通路产生影响。膜结构在细胞与细胞间的识别、细胞形状的维持和细胞运动方面也起着重要的作用。

本章的内容主要是以哺乳动物的细胞膜为例进行讨论的，但其中所描述的生化原理和活动特性是适用于所有生物膜的。

12.2 生物膜的化学组成

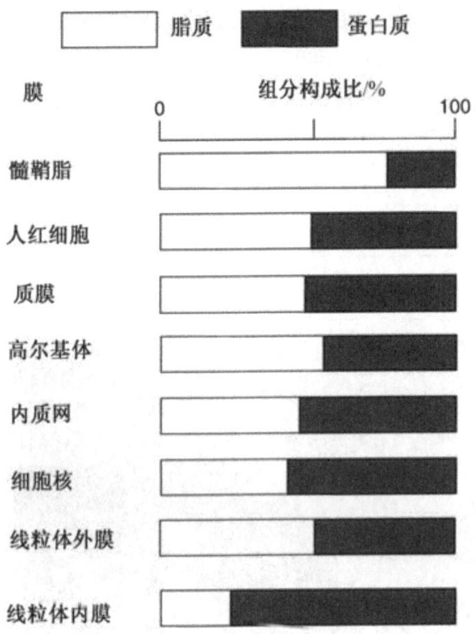

图 12.2　脂质和蛋白质在各种生物膜中的比例

比例是从鼠肝细胞中分析中得到的，除了红细胞和髓鞘细胞膜，其他物种的肝细胞包括人类都有相似的比例

脂质与蛋白质是所有生物膜的主要组成成分。它们在不同的生物膜的构成中变化很大(图 12.2)。蛋白质所占的比例可从髓鞘中的大约 20% 到线粒体内膜的大约 70% ，膜蛋白是膜功能的实现者，因此不同细胞的膜蛋白组成也千差万别。编码膜蛋白的基因约占编码基因的 25% 左右。生物膜上也含有少量的糖类，但都是以糖蛋白或者糖脂的形式存在的，没有单糖。

脂质是构成生物膜的主要成分

真核生物细胞膜上的脂质主要有三类：磷酸甘油酯、鞘脂和胆固醇。磷酸甘油酯和鞘磷脂(指的是含有磷酸基团的鞘脂)，被统称为磷脂。细菌与蓝绿藻所含的三酰甘油的结构是碳水化合物直接与甘油相连；一些生物膜表面还有其他一些脂类，如三酰甘油、二元醇衍生物(见 16.4 节的示意图)，以及与蛋白质共价结合的脂类等。

构成生物膜脂质的主要是甘油磷酰酯

甘油磷酰酯(glycerophospholipid)的结构是一分子甘油在 α 碳原子上连接了一个磷酸基团(图 12.3)，在其余的碳原子上连接了两个长链脂肪酸(图 12.4)。甘油没有不对称碳原子，但是 α 碳原子在立体空间构象上并不完全相同，由于磷酸根的作用也使得整个分子呈现出不对称性，这一部分的详细内容见 18.2 节。

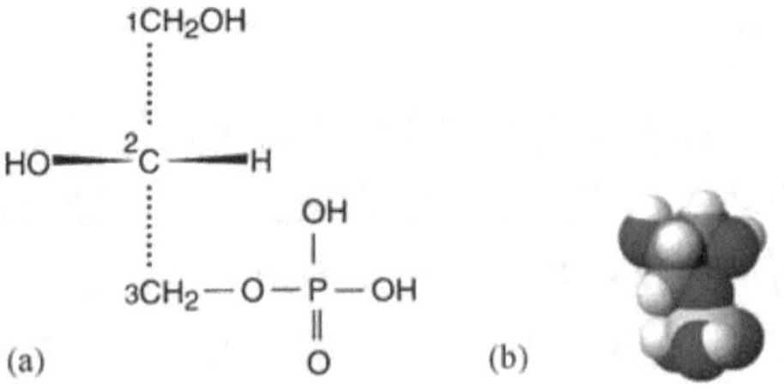

图 12.3　L-3-磷酸甘油的结构

(a)L-3-磷酸甘油的立体化学空间构型，连接在 C2 上的 H 和 OH 位于 C2 平面的上方，而 C1 和 C3 则位于下方。(b)L-3-磷酸甘油的空间构型示意图

颜色标识：H. 白色；C. 灰色；O. 红色；P. 黄色

1，2-二酰甘油 3-磷酸(1，2-diacylglycerol 3-phosphate)或**磷脂酸(phosphatidic acid)**是磷酸甘油酯的前体形式。甘油的**磷酸二酯键(phosphodiester bridge)**可以连接**胆碱(choline)**、**乙醇胺(ethanamidine)**、**丝氨酸(serine)**、**肌醇(inositol)**等(图 12.5)。**脑磷脂(phosphatidylethanolamine 或 cephalin)**和**卵磷脂(choline glycerophospholipid 或 lectine)**是生物膜上分布十分广泛的磷酸甘油酯(图 12.6)。**磷脂酰甘**

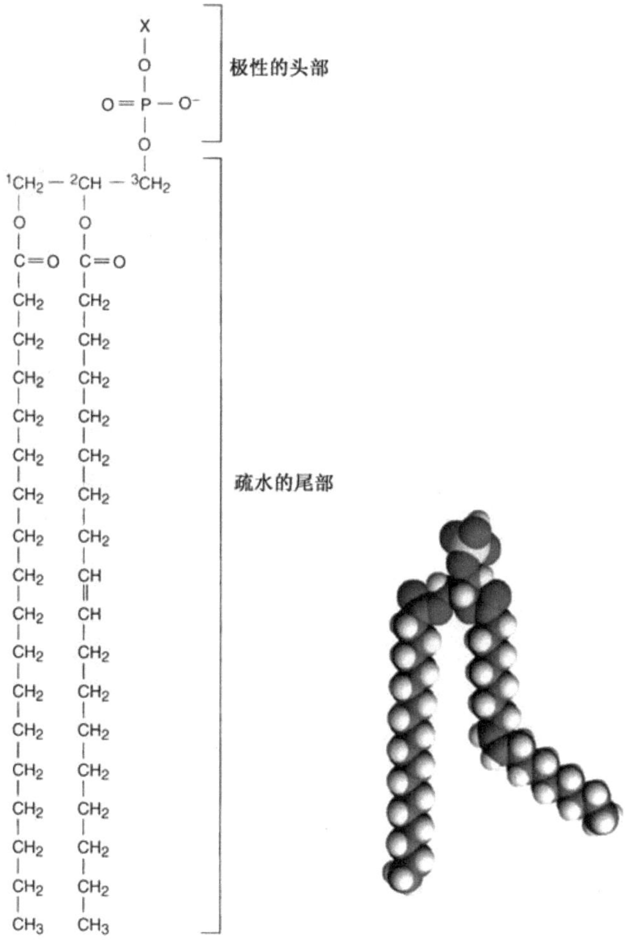

(a)　　　　(b)

图 12.4　磷酸甘油酯的结构示意图

(a)长链脂肪酸通过酯键连接在 C1 和 C2 的 L-3-磷酸甘油上。X 可以是 H(磷脂酸)或者是在表 12.5 中所列举的醇类之一。(b)空间构型示意图。颜色标示见图 12.3

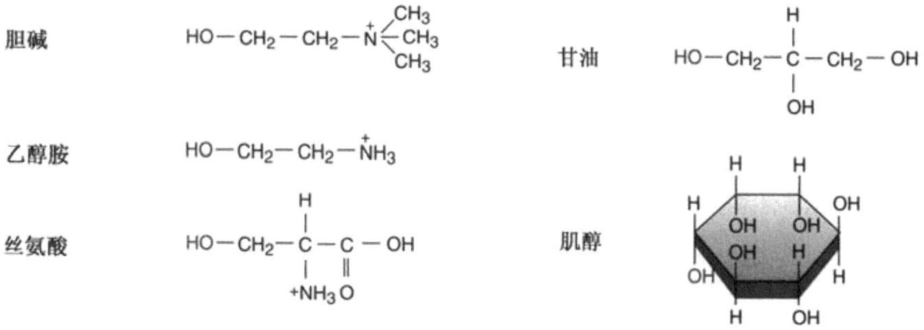

图 12.5　与磷脂酸酯化形成磷酸甘油酯的主要的醇类结构示意图

油磷酸甘油酯(phosphatidylglycerol phosphoglyceride)(图 12.7)[**双磷脂酰甘油**(**diphosphatidyl-glycerol**)、**心磷脂**(**cardiolipin**)](一分子甘油结合两分子磷脂酸)只分布于线粒体和细菌表面。

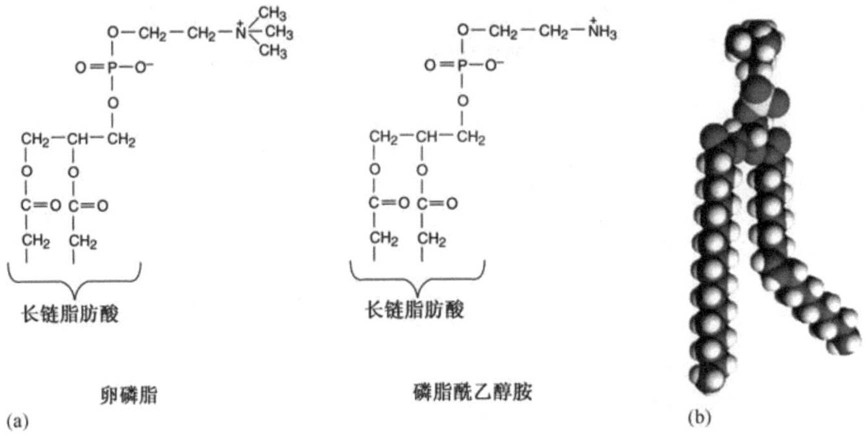

图 12.6　两类主要的磷酸甘油酯的结构示意图

(a)磷脂酰乙醇胺和卵磷脂。(b)磷脂酰乙醇胺的空间结构示意图

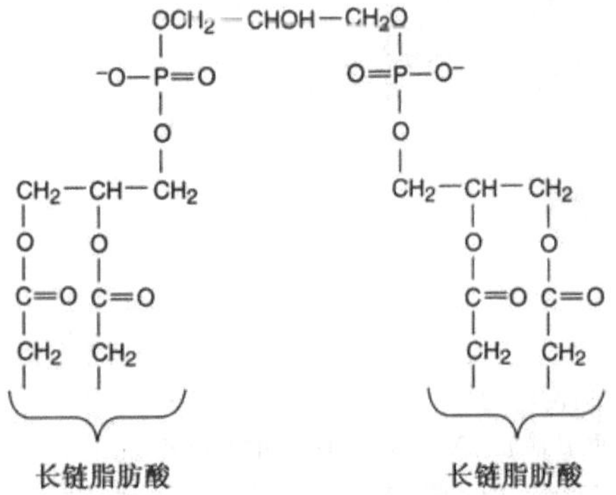

图 12.7　磷脂酰甘油磷酸甘油酯(心磷脂)

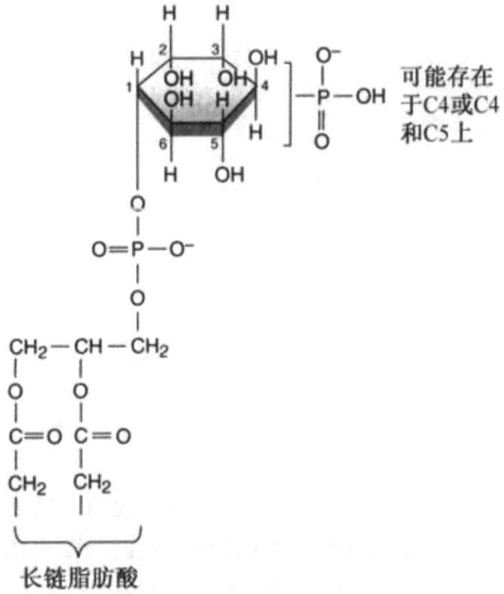

图 12.8　磷脂酰肌醇结构示意图

磷酸基团还连接在 C4 和(或)C5 上，多余的磷酸根可以增加该分子头部的极性

磷脂酰肌醇(六元醇)是**肌醇(phosphatidy-linositol)**被磷酸酯化之后形成的(图 12.8)。在高尔基体中，4 位碳原子上带有磷酸基团的磷脂酰肌醇占有大多数，而在生物膜上则是 4，5 位都有磷酸基团的肌醇占明显优势。后者是三磷酸肌醇和二酰甘油的来源，而这两者是细胞内重要的第二信使，对于细胞内一些激素的调节起着重要作用。3 位及 3，5 位有磷酸基团的磷脂酰肌醇主要存在于内体表面，与细胞内的物质运输有关。

磷酸甘油酯在甘油的 C1 和 C2 碳原子被两个脂肪酸酯化(磷酸甘油酯中发现的主要脂肪酸见表 12.1)，C1 碳原子上连接的通常是饱和脂肪酸而 C2 碳原子上连接的通常是不饱和脂肪酸。不同类别的磷酸甘油酯的名称中并不包含它们所含有的脂肪酸的信息。磷脂酰胆碱在 C1 区域含棕榈酸或者是硬脂酸，在 C2 碳原子上含有 18 碳不饱和脂肪酸、油酸、亚油酸或亚麻酸。

表 12.1　构成磷酸甘油酯的主要脂肪酸

常用名	系统名	结构式
豆蔻酸	十四(烷)酸	$CH_3—(CH_2)_{12}—COOH$
棕榈酸	十六(烷)酸	$CH_3—(CH_2)_{14}—COOH$
棕榈油酸	顺式-9-十六烯酸	$CH_3—(CH_2)_5—CH═CH—(CH_2)_7—COOH$
硬脂酸	十八(烷)酸	$CH_3—(CH_2)_{16}—COOH$
油酸	顺式-9-十八烯酸	$CH_3—(CH_2)_7—CH═CH—(CH_2)_7—COOH$
亚油酸	全顺式-9,12-十八碳二烯酸	$CH_3—(CH_2)_3—(CH_2—CH═CH)_2—(CH_2)_7—COOH$
亚麻酸	全顺式-9,12,15-十八碳三烯酸	$CH_3—(CH_2—CH═CH)_3—(CH_2)_7—COOH$
花生四烯酸	全顺式-5,8,11,14-二十碳四烯酸	$CH_3—(CH_2)_3—(CH_2—CH═CH)_4—(CH_2)_3—COOH$

脑磷脂在 *sn*-1 位点上通常连接的是棕榈酸或者是油酸，但是在 C2 碳原子上通常是长链的不饱和脂肪酸，如花生四烯酸。在脑磷脂脂肪酸的组成上每一种细胞都有其独特的特点。而在相同的组织类型中，即便是在不同的物种中，它们的脂肪酸基团也是类似的。需要补充的一点是，脂肪酸基团的组成会在不同营养条件及病理生理条件下发生变化。

饱和脂肪酸呈现出一条直链的结构，与反式不饱和脂肪酸相同。同侧双键存在于多数天然的脂肪酸中，使得其碳氢链呈现出缠结状(图 12.9)。非饱和脂肪酸的存在对于细胞膜的流动性也起着至关重要的作用(见 12.4 节)。

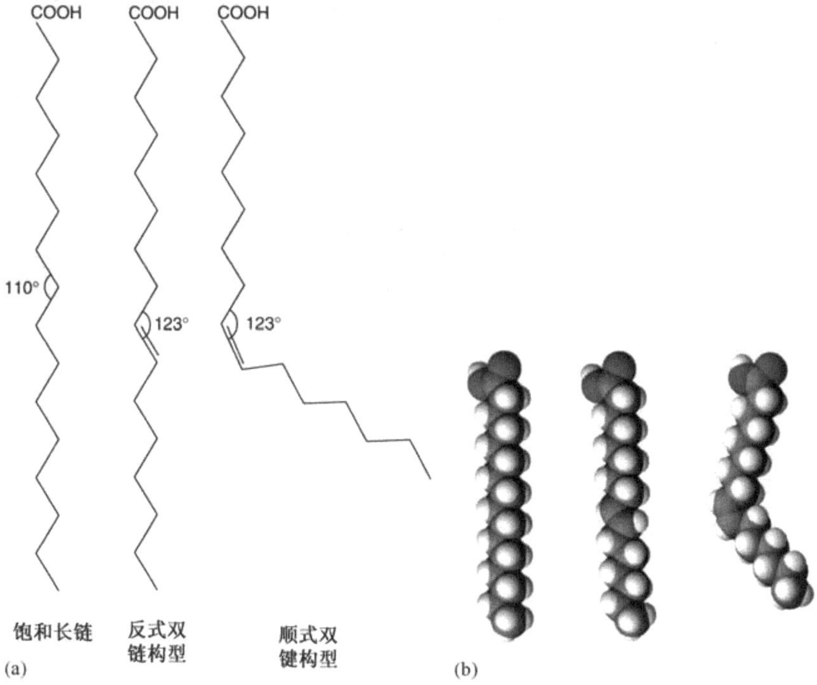

图 12.9　磷脂分子中脂肪酸基团的构型

(a)内能最小情况下饱和与不饱和脂肪酸的构象是一条直链，虽然也有双键的构型存在，但是在自然条件下这种形式很少见。(b)空间的立体构象

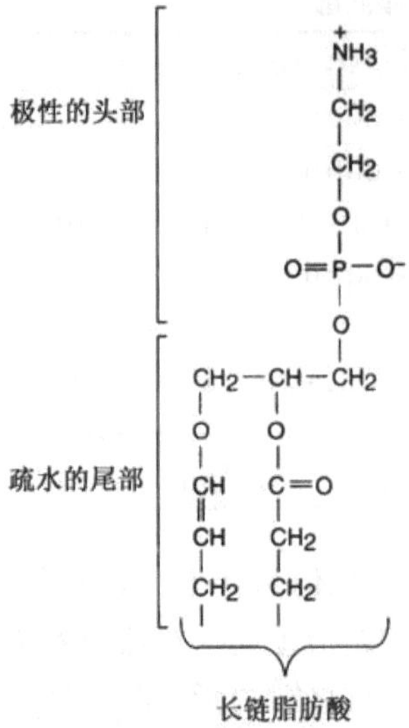

图 12.10　乙醇胺缩醛磷脂的结构示意图
注意脂肪酸的侧链也可以连接在 C1 原子上

与甘油的 C1 碳原子相连接的甘油或者磷酸通常连接有长链的脂肪酸结构(图 12.10),醚磷酸根包含有烷基基团或者 α,β-不饱和醚,后者又被称为**缩醛磷脂(plasmalogen)**。缩醛磷脂包括与乙醇胺结合的**磷脂酰乙醇胺(ethanolamine plasmalogen)**或者与胆碱结合的**磷脂酰胆碱(choline plasmalogen)**。这两者主要分布于神经系统和心脏,而在肝中却没有分布。在人类的心肌组织中,超过 50% 的磷脂酰乙醇胺是缩醛磷脂,有报道表明在转移的肿瘤细胞表面有高水平的与醚连接的脂质分子的表达,这从一个侧面反映了脂质也许在恶性肿瘤细胞的侵袭转移方面起着作用。

磷酸甘油酯是双亲极性分子

磷酸甘油酯包含极性和非极性两个末端,所以是**双亲极性分子(amphipathic)**。在其头部的一端是带电的磷酸基团(pK≈2),在 pH 为 7.0 的时候其电荷被中和(表 12.2)。磷脂酰胆碱和磷脂酰乙醇胺在 pH 为 7.0 的时候是两性分子,因为其所含的磷酸根带负电荷而硝酸根带正电荷。磷脂酰丝氨酸的 α-氨基酸基团带正电荷而磷酸及糖基基团都带负电荷,所以其所带的净电荷是－1。与之相比,磷脂酰肌醇和磷脂酰甘油在磷酸基团上则带负电荷。4-磷酸甘油酯和 4,5-二磷酸甘油酯的衍生物在磷酸基团上也是带负电荷的,因此是强极性化合物。磷酸甘油酯上的非极性分子主要是由脂肪酸基团上的疏水的碳氢链组成的。

表 12.2　pH7.0 时一些磷酸甘油酯和鞘磷脂的电位

脂质	磷酸基因	碱基	净电荷
磷酸卵磷酯	－1	＋1	0
磷脂酰乙醇胺	－1	＋1	0
磷脂酰丝胺酸	－1	＋1,－1	－1
磷脂酰甘油	－1	0	－1
双磷脂酰甘油(心磷脂)	－2	0	－2
磷脂酰肌醇	－1	0	－1
鞘磷脂	－1	＋1	0

生物膜上的鞘脂

鞘氨醇(sphingosine)与**二氢鞘氨醇(dihydrosphingosine)**是**鞘脂**的主要组成成分(图 12.11)。神经酰胺的鞘氨醇通过酰胺键连接有长链的饱和与不饱和脂肪酸(图 12.12)。神经酰胺在结构上与二酰甘油相似,都有两个非极性的末端。C1 原子上羟基基团被不同的基团所取代,是鞘脂产生衍生物的一个主要方式。比如在哺乳动物组织中分布最广的**鞘磷脂**(**sphingomyelin**),就是在 C1 原子上被一分子磷酸酯化形成的(图 12.13)。鞘磷脂与磷脂酰胆碱相似,都属于磷脂酰甘油,并且在很多性质上也有相同的地方,比如两者都是两性分子等。脂肪酸在鞘磷脂中的含量因组织不同而不同,如髓脂质中含有的长链脂肪酸(24 碳)就特别多。

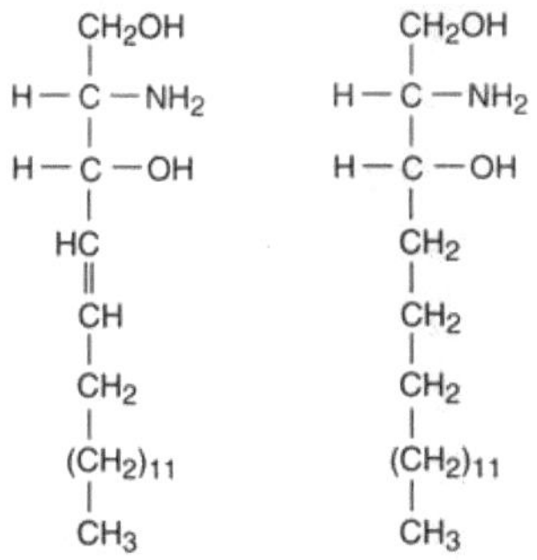

鞘氨醇
(D-4-鞘氨醇)

二氢鞘氨醇
(D-鞘氨醇)

图 12.11　二氢鞘氨醇和鞘氨醇的结构

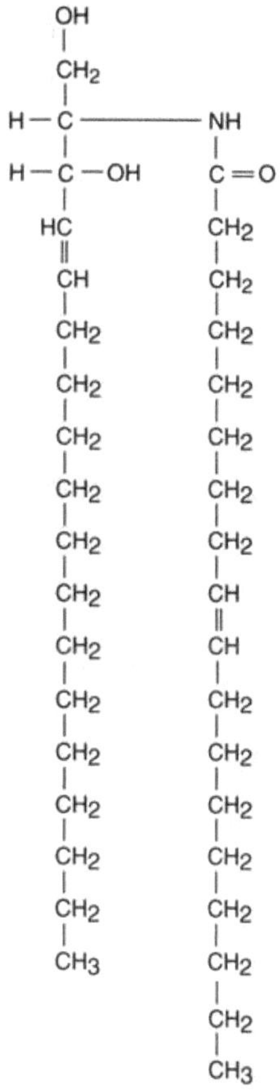

图 12.12　神经酰胺的结构

鞘糖脂(**glycosphingolipid**)上的糖分子由 β-糖苷键与神经酰胺的 C1 碳原子上的羟基基团连接,这些糖分子没有被磷酸化并且不带有电荷。**脑苷脂** (**cerebroside**)就是其中的一类,它连接的糖分子包括**葡萄糖**(葡糖脑苷脂)或者**半乳糖**(半乳糖脑苷脂)。phrenosine(图 12.14)就是一种半乳糖脑苷脂并以酰胺键连接有 24 碳长链脂肪酸。半乳糖脑苷脂主要分布在脑和其他神经组织中,而葡糖脑苷脂只少量存在于非神经系统。半乳糖脑苷脂因其在 C3 原子上被硫酸酯化而被定为硫脂类(图 12.15)。脑苷脂和硫脂通常包含有 22～26 个 C 原子的脂肪酸结构。

神经鞘糖脂通常在神经酰胺的第一个 OH 的位置连接有 2～4 个糖基基团。***N*-乙酰葡萄糖胺**(***N*-acetyldiglucosamine**)和 ***N*-乙酰果糖胺**(***N*-acetyldigalactosamine**)是常见的糖基成分。

神经节苷脂(**ganglioside**)由一个寡聚糖连接一个或者多个 *N*-乙酰神经氨酸组成,是最复杂的鞘糖脂(见 18.4 节),它是两性分子,在 pH7.0 时带负电,约占组成大脑脂质的

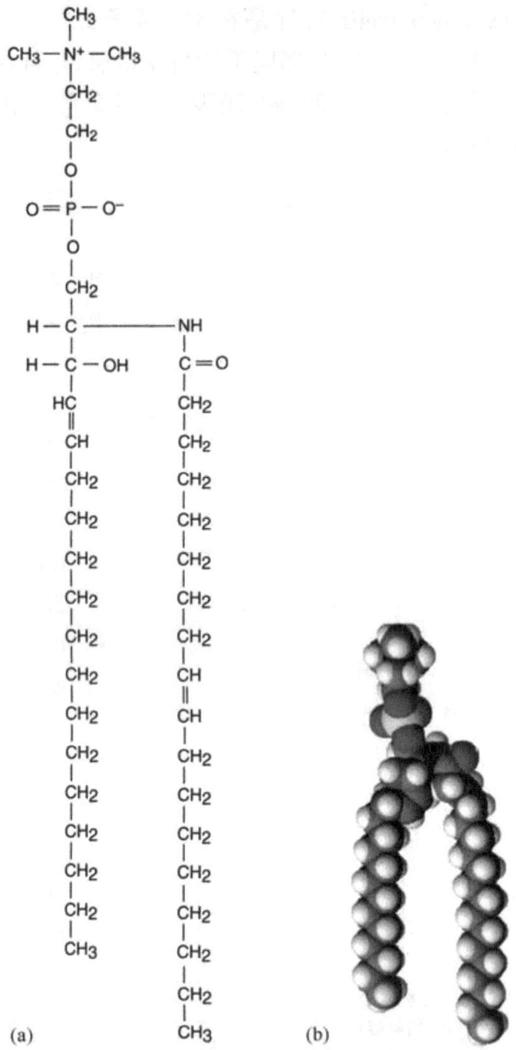

图 12.13　含有鞘脂的胆碱结构示意图

(a)分子式示意图。(b)空间立体示意图

5%～8%，其种类约有 20 多种，主要是在所含的己糖与唾液酸的组成及位置上有所不同(见 13.8 节)。神经节苷脂所含的碳水化合物部分可以延伸到生物膜的外面而与细胞间的识别作用有关，也可以作为激素或者一些细菌毒素如霍乱毒素的结合位点。

胆固醇是细胞质膜的重要组成成分

胆固醇(cholesterol)是组成生物膜第三类主要的脂质，它是一个紧凑坚实的疏水性分子，由四个相互融合的环组成并在 D 环的第 17 位 C 原子的位置连接了一个含有 8 个 C 原子的碳氢化合物支链，在 C3 原子上连接有一个极性的羟基基团(图 12.16)。胆固醇主要与膜的流动性有关并且参与膜的一些微小结构改变的调控。

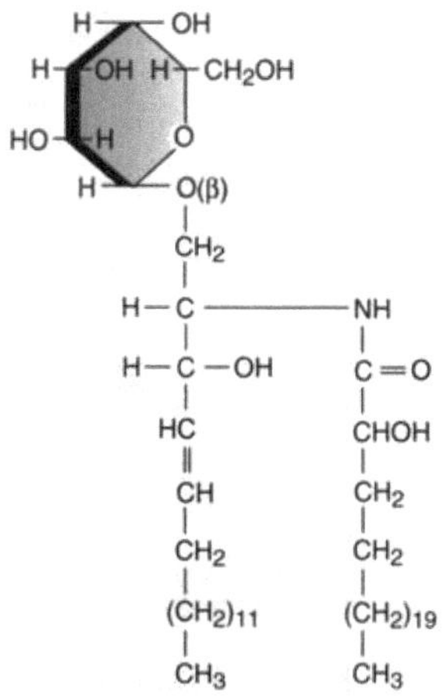

图 12.14　在 C24 位上带有一个脂肪酸侧链的半乳糖脑苷脂的结构示意图

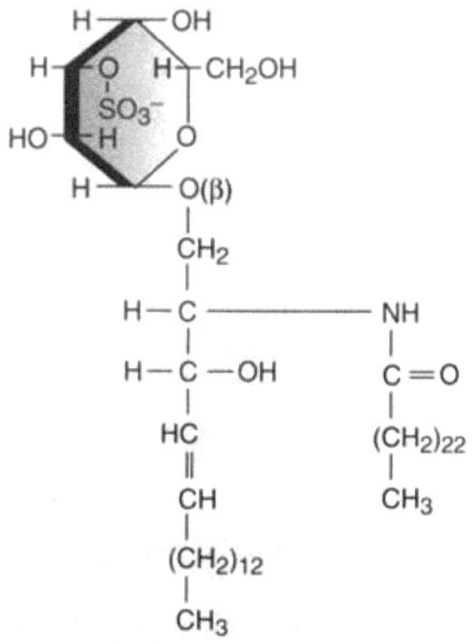

图 12.15　硫苷脂结构示意图

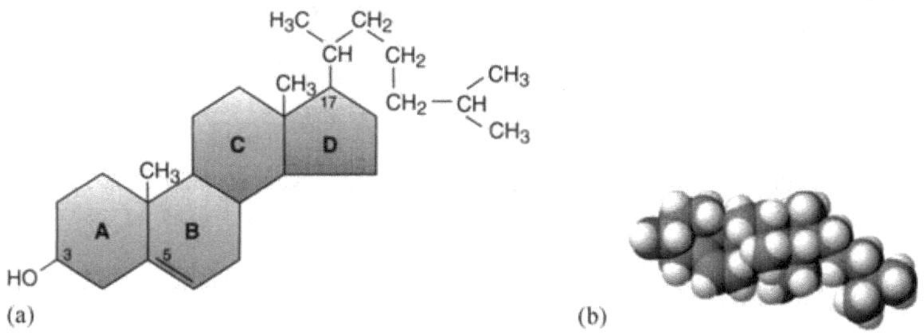

图 12.16　胆固醇结构示意图
(a)分子式结构。(b) 空间立体结构

不同生物膜上脂质组成的差异

不同的组织以及细胞膜的脂质组成有很大不同(图 12.17)。但对于同一组织来说不同的物种之间的细胞膜的脂质组成在种类构成上又有相似性(如肝组织)。质膜之所以在组成成分的比例上有巨大差别的一个重要的原因就是胆固醇的含量受动物营养状况的影响很大。神经轴突鞘膜富含鞘脂并且含有大量的鞘糖脂,而细胞的内膜系统,以内质网为例,则主要由磷酸甘油酯组成,仅仅含有很少量的鞘脂。线粒体、细胞核、粗面内质网的组成与之大致相同。高尔基体的膜组分构成介于内膜系统与质膜之间。心脂质在线粒体的内膜很丰富但在外膜却很低,在其他膜表面则几乎没有。含有胆碱的脂质,最常见的是磷酸卵磷脂、鞘磷脂,其次是磷脂酰乙醇胺。膜组分组成虽然在比例上有所不同,但是在大类上都大致相同,表现出了膜组分的恒定性以及不同细胞功能的特异性。

生物膜上的蛋白

膜蛋白主要是根据蛋白与膜分离的难易程度来分类的。**膜内在蛋白质(integral**

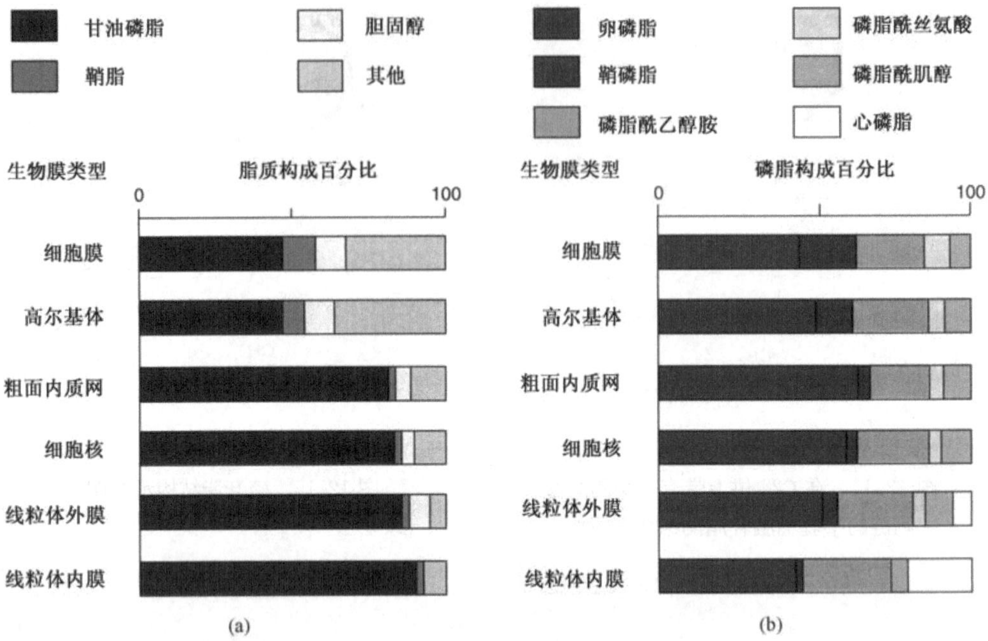

图 12.17　鼠肝分离的细胞膜的脂质构成

(a)主要的脂质成分以占总成分的百分比的形式表示,"其他"表示单、双或者三酰甘油,脂肪酸和胆固醇。(b)磷脂构成占所有磷脂的百分比示意图

membrance protein)需要去污剂或者组织溶解剂的作用从膜上分离而且即使分离之后其还往往和脂类紧密结合。膜内在蛋白质富含疏水性氨基酸(见 3.3 节),可以和脂类的疏水性碳氢基团相互作用从而达到稳定蛋白脂质复合物的目的。膜内在蛋白质横跨整个脂质双分子层从而可以和膜内外的水性环境相接触,并且大部分膜内在蛋白质都是糖蛋白。**膜周边蛋白质**(**peripheral membrance protein**)只是分布在细胞膜的内外表面,可以用一些比较温和的方法加以去除,而不必破坏膜的完整性。比如可以通过改变盐溶液的离子浓度强度,或者溶液的 pH,或者破坏其与膜脂质分子的共价结合来达到使其脱离的目的。膜周边蛋白质的再分类主要根据它们与膜之间的连接方式来划分(见 12.4 节),这类蛋白质主要是一些酶类并且大部分是可溶性蛋白。

脂蛋白(**proteolipid**)都是疏水性蛋白,在氯仿和甲醇中可溶而不溶于水。它们在多种膜表面都存在而且尤其以髓鞘上最为丰富(占大约 50%)。如 lipophilin 是组成脑髓鞘的主要脂蛋白,含有超过 65% 的疏水性氨基酸与脂肪酸。

膜蛋白有着各种各样的功能,有些可以作为带电或者不带电分子穿膜运动的载体,有些作为激素或者生长因子的受体,有些作为激酶参与细胞信号转导过程(见 13.4 节),还有一些对于维持细胞的特有形状是必需的。

膜上的糖类以糖蛋白或糖脂的形式存在

碳水化合物在膜上主要以寡聚糖的方式共价结合蛋白质或脂类构成**糖蛋白**(**glycoprotein**)或**糖脂**(**glycolipid**)。寡聚糖所含的糖包括葡萄糖、果糖、甘露糖、岩藻糖、*N*-乙酰半乳糖胺、*N*-乙酰葡萄糖胺、*N*-乙酰神经氨酸等(图 12.18 及附录)。糖蛋白及糖脂的结构(见 16.5 节及 18.4 节)。这些糖类碳水化合物主要分布在细胞质膜的外表面以及内质网的腔表面中,与蛋白结合的碳水化合物的主要功能包括细胞与细胞之间的识别、黏附以及受体的识别等。在膜表面几乎没有以单糖的形式存在的碳水化合物,而都是以糖蛋白或者糖脂的形式存在。

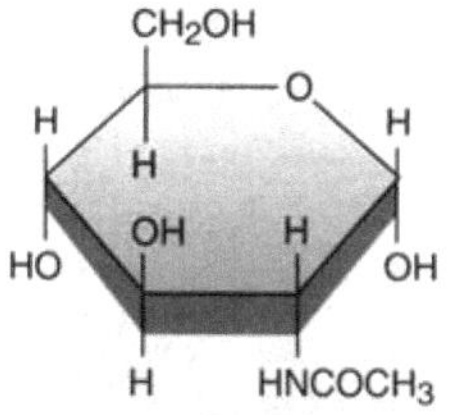

N-乙酰-α-*D*-葡萄糖胺

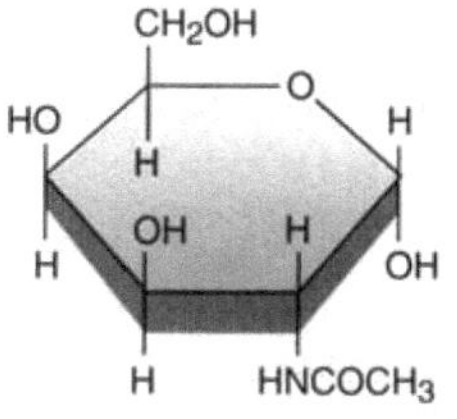

N-乙酰-α-D-半乳糖胺

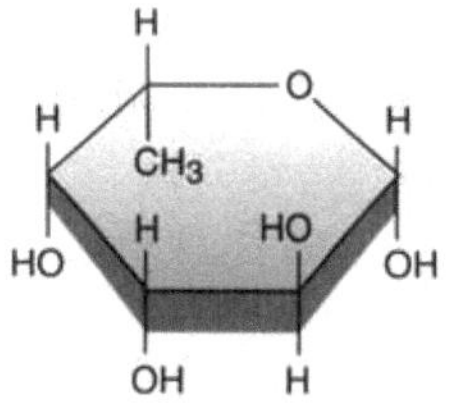

α-L-岩藻糖

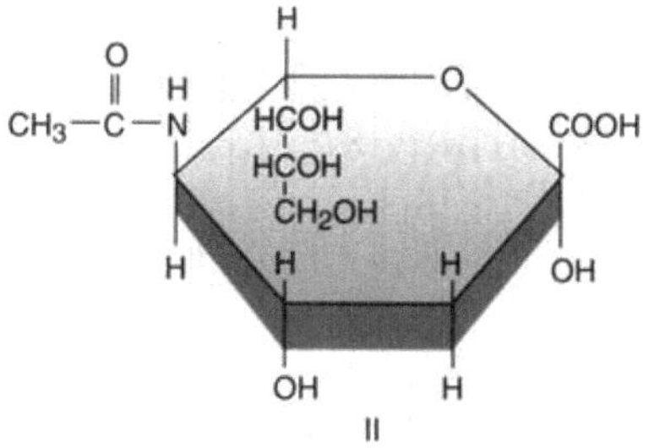

N-乙酰-D-神经胺酸

图 12.18　膜上一些碳水化合物的结构示意图

12.3　胶粒、脂质双分子层与脂质体

脂质所形成的囊泡状结构

膜的基本结构特性是由磷酸甘油酯或者鞘脂的生理化学特性所决定的。由于这些两性分子都有一个亲水的末端和疏水的末端(图 12.19a),在体外水环境中相互作用会聚集成球面状,称为**胶粒** (**micelle**)(图 12.19b)。极性亲水的头部聚集在外面与水接触而疏水的尾部则聚集在里面,所以胶态分子团只有一个极性的表面与水环境接触。构成胶粒的脂质可以是一种也可以是几种,胶粒形成所需的最低的脂质浓度称之为**最低成团浓度** (**critical micelle concentration**)。胶粒的形成也取决于温度,如果组成分子团的脂质不止是一种,则还取决于脂质混合物的组成成分浓度的比例(见 26.6 节)。由于碳氢链之间的疏水作用以及极性的头部与水分子之间的吸引作用,胶粒的结构是非常稳定的。胶粒对于肠道的消化作用以及脂质的吸收是非常重要的。

合成的脂质双分子层与脂质体

如处于合适的实验条件,两性的脂质分子比如磷脂酰甘油酯形成一种脂质双层的结构以便使疏水的碳氢链尽可能少的接触到水分子。极性的头部位于水相介质和脂类之间,疏水的尾部紧密接触,形成一个内部疏水的环境(图 12.19c)。脂质双层构象是所有生物膜脂质分子的基本结构,通过碳氢链之间的疏水作用以及亲水的极性头部与水分子之间的相互吸引,其结构相当稳定,即使被人为破坏这种构象也同样具有自我恢复的特性。

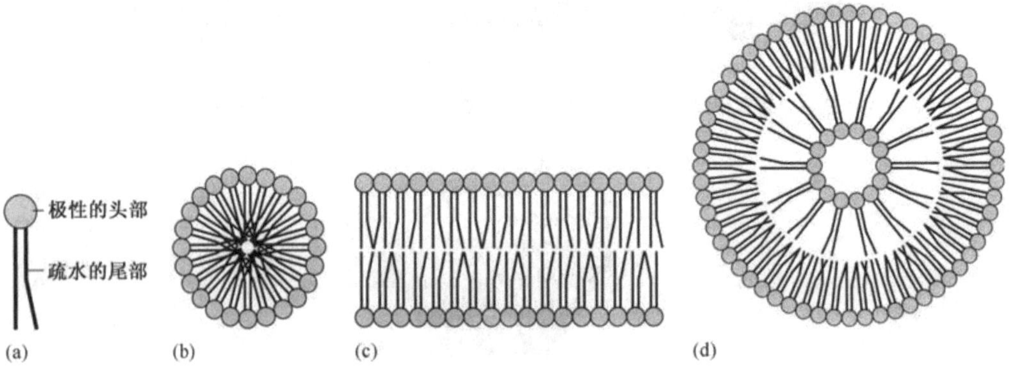

图 12.19　磷脂分子在水相中如何作用的示意图

(a)两性的脂分子的结构。(b)胶粒的截面示意图。(c)脂质双层的截面示意图。(d)脂质体的横截面示意图。每种结构都具有很强的内在稳定性,这是由构成它们的碳氢链及极性头部与水的相互吸引作用决定的

脂质双层分子在水环境中具有自动聚拢的倾向,使亲水的头部暴露在外,与水接触,疏水的尾部则藏在里面,形成一个球体,即**脂质体(liposome)**(图 12.19b),脂质体可以通过提纯脂质的方式来人工复制从而对其特性进行研究,并且根据提取的步骤不同可以人工制造出单层或者多层的脂质球,直径从 20～1000nm 不等。脂质分子作为两性分子具有自我聚拢的趋势是其形成生物膜的一个重要特性。

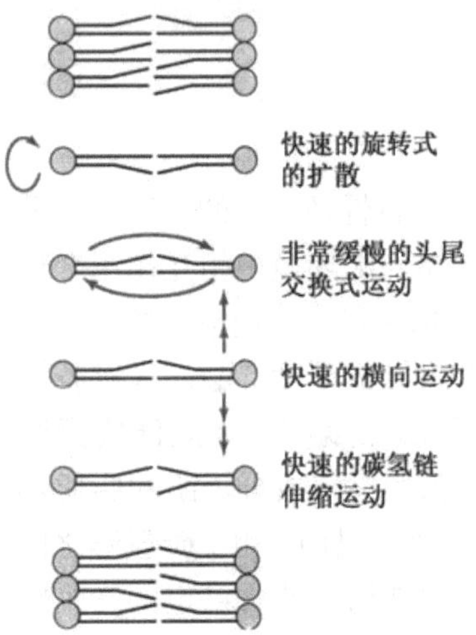

图 12.20　脂质组分在膜上的流动示意图

脂质双分子层的一般特性

双分子层上的磷脂分子可以通过与邻近分子横向交换位置而实现在膜表面的快速侧向扩散(图 12.20)。脂肪酸侧链的酰基键上的碳碳连接可以有一定程度的旋转,而在甲基末端的碳碳连接可以有更大程度的旋转,这些特性使得脂质双层的中间比其表面更具有可移动性。磷脂分子相互交换位置一般并不能从脂质双层的内层到外层,或者外层到内层,也就是说不能**翻转(flip flop)**,这是因为极性的头部穿越脂质核心的运动存在有热动力学的限制,并且脂质分子也不会很轻易地从双分子层中的一层脱离。所以,脂质双

分子层的特性可以概括为具有相当的稳定性并且具有**流动性**(**fluidity**)(这种流动性只局限于同一单分子层而不是两层之间的分子流动)。在人工模拟的不同脂质构成的双分子层中,脂质分子随机分布于双分子层的两个表面。

图 12.21　某时刻脂质双层构象的示意图

这是一张人工合成的由计算机模拟出的示意图,双分子层由双软脂酰磷酸卵磷脂组成,周围包裹以水相。颜色标志:C 链,灰色(末端甲基化的碳用黄色,甘油中的碳用棕色);酯键中的 O,红色;P 和 O,绿色;胆碱中的 C 和 N,用紫白色;水中的 O 用深蓝色;水中的 H 用浅蓝色。脂质中的 H 被忽略而没有标示

脂质分子在脂质双层中的相互作用要比在图12.19c 中复杂得多,脂质双层的内层富于流动性并且不停地运动。磷酸甘油酯与鞘脂的酰基可以与对侧的脂质层的分子链相互作用。越接近头部脂质分子之间的黏滞性越强。胆固醇分子具有限制膜的流动性的特性,因为它在脂质双层中的位置不如磷脂的酰基分布得深入。图 12.21 展示的是一张在某时刻细胞膜中的磷脂分布示意图。

脂质双层对于非脂溶性分子(如糖类分子)以及极性分子的通透性很差,但是对于中性的疏水性分子具有一定的通透性。无机离子如 Na^{+}、K^{+}、Cl^{-} 等,以及带电的有机分子和一些脂质体外的大分子并不能直接进入到膜的内部。在脂质体形成的过程中,不溶性的分子有可能被包裹入内部水相中。一些脂溶性化合物如三酰甘油或者一些非解离的有机酸很容易就分布入脂质双层,被固定在疏水的环境中。脂质体的内外环境都是可以人工操控的,它的一些特性,比如排斥一些分子、与一些分子间的相互作用、在不同条件下的稳定性,也是可以用一些模型加以评估的。脂质体是研究自然条件下细胞膜结构特性(如膜弯曲)的重要手段,也是研究一些生物学过程,比如质膜融合和膜结合蛋白活性的重要工具。与分子转运有关的蛋白质可以通过将其从细胞膜上分离下来融入脂质体加以研究。一些虽有限但成功例子显示利用不同蛋白质与脂质比例组成的脂质体还可以作为红细胞替代物,或者作为囊泡包裹药物,或者作为基因治疗的载体(见临床相关知识 12.1)。

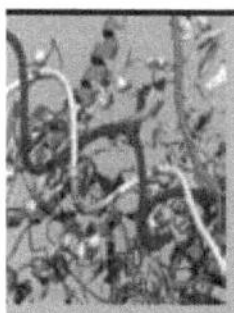

临床相关知识 12.1

脂质体作为药物和酶的载体在医学上的应用

许多药物在应用中的一个问题就是缺乏组织特异性。经口服和静脉给药,最终药物都是在组织中弥散分布而不具有特异性,还可能会引起不良反应。举例来说,抗肿瘤的化疗药物会引起骨髓造血功能的抑制。有些代谢很快的药物因为在体内停留的时间太短而使得有效作用时间很短。人们为了解决这些问题想出了用脂质体包裹这些药物、蛋白、酶和 DNA。用磷脂和胆固醇为原料制备的脂质体无毒并且不会被降解但是仍然缺乏组织特异性。所以人们一直在尝试利用一些方法来使其具有特异性,一

个方法就是在脂质体中加入一些化合物来改变其表面的特性以便使其能够与特异性的膜受体起作用(如叶酸盐受体)。关于这些方面的研究的确有一些进展,促进了药物与靶组织的结合与释放。抗生素、抗肿瘤药物、抗病毒药、抗真菌药和抗炎药在经脂质体包裹后变得更有效了。一些药物在经脂质体处理后有效作用时间得到了延长。令人欣慰的是通过脂质体作用使药物获得更高的组织特异性甚至替代体内的一些酶的作用的研究展现出了很好的前景。

12.4 生物膜的结构

生物膜的流动镶嵌模型

对于细胞膜结构的认识是在物理化学、显微技术,以及生物化学不断进步的基础上逐步深入的。所有的生物膜都是由两性的脂质分子和胆固醇构成的脂质双层,这种结构的特性就是能够使这些两性分子尽可能的与水分子或者其他极性分子少接触,而构成双层的极性分子则暴露在外与水环境相接触。这个模型是由 J. D. Davson 和 J. Danielli 在 1935 年提出的,并由 J. D. Robertson 将该模型细化。在 20 世纪 70 年代早期,S. J. Singer 和 G. L. Nicoson 提出了著名的生物膜的**流动镶嵌模型**(**fluid mosaic model**)。这个模型认为在生物膜表面的蛋白质分为膜内在蛋白质和膜周边蛋白质,膜内在蛋白质是真正完全浸没在脂质双层中,而膜周边蛋白质只是分布在膜的表面。一些蛋白质横跨整个脂质双层而与生物膜两侧的水环境都有接触。所有的脂质和蛋白质都被认为是均匀地横向分布在膜上。图 12.22 是一张生物膜结构的传统模式图。但在膜上的脂质以一种非板层结

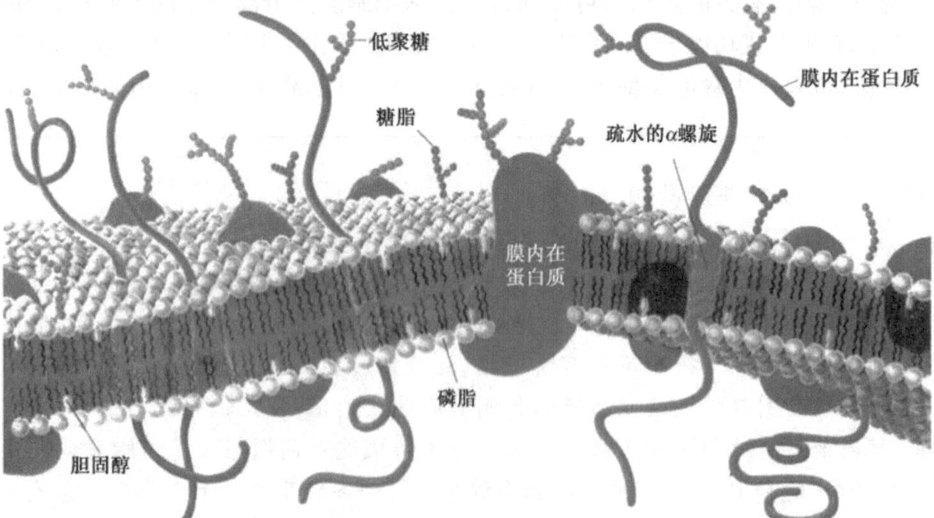

图 12.22　生物膜的动态镶嵌模型

构的形式存在,两层脂质分子上的酰基链交错对插。脂质与蛋白质在生物膜表面的分布并不均一,一些膜的表面分布有有序的脂质和蛋白质的微小区域,这表明生物膜的实际结构并不仅仅用流动镶嵌模型就可以完全解释,而是具有更加复杂的结构。但是脂质双层这种结构已经可以解释细胞膜的很多特性,如流动性、形状与构成的可变性、自我封闭的特性以及细胞膜的通透性等。蛋白质提纯技术、蛋白质结构解析以及特定的功能区域确定等研究的进步,促进了人们对疏水脂质双层分子与膜蛋白之间的结构关系的认识。

虽然生物膜模型提示膜内在或者膜周边蛋白质在膜上的分布是随机的,事实上一些功能蛋白质的分布是有高度组织性的。例如在线粒体中,构成电子转移链的蛋白质就是按照严格的顺序分布在线粒体的内表面;肾脏内腔表面上,构成肾单位的细胞在膜的腔面分布着特定功能的膜蛋白,这些蛋白质在细胞的基底面却并没有分布。一些酶类在细胞膜上的分布也是局限于特定的区域以满足细胞特定的功能需要。因此,生物膜上的分子分布是有高度组织性的,这在示意图上无法完全显示出来。

脂质分子在膜上的分布是不对称的

脂质分子在生物膜上的分布总体是不对称的。脂质双层每一层的磷脂酰甘油酯和鞘脂的含量都有所不同。图 12.23 展示的是人红细胞膜的脂质分子的不对称分布。鞘磷脂

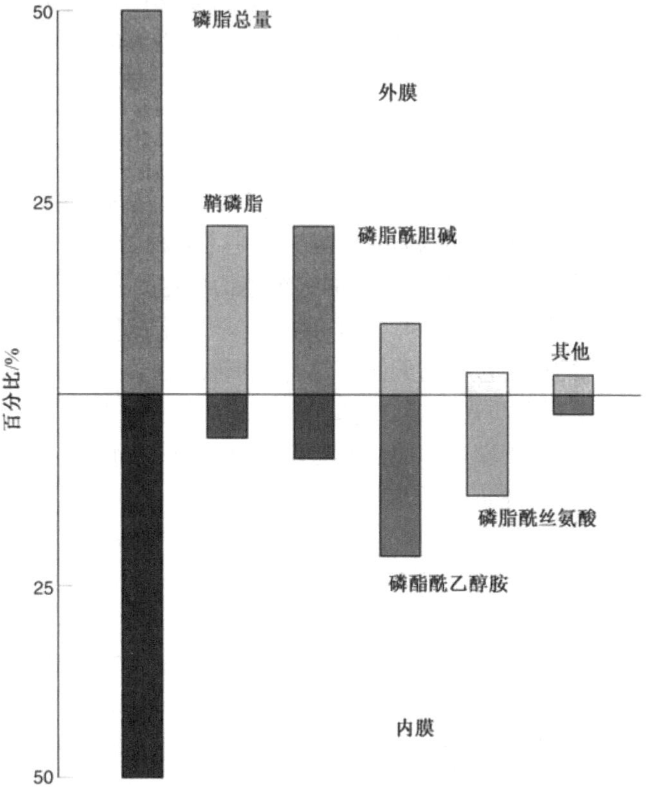

图 12.23　人红细胞膜内外膜表面的磷脂分布示意图

用百分比来表示磷脂在膜上的分布情况

主要分布在外层，而磷脂酰乙醇胺则主要分布在内层。有研究表明，胆固醇是等量的分布在脂质双层的表面。磷脂酰肌醇(因含量太低未在图中显示)，主要分布在细胞膜的内层，但也会随组织和膜类型的变化而变化。

在细胞膜表面确实存在有非酶催化的内外双层之间的磷酸甘油酯和鞘脂分子之间的交换，虽然这种交换不常发生而且效率极低。脂质分子分布的不对称性是由**脂质转运体(lipid transporter)**来维持的，它可以通过催化脂质分子从一层单向转移到另一层，有时这种作用是逆浓度梯度进行的。依赖于 ATP 酶的脂质转运体、**氨基脂质转运体(aminophospholipid translocase)**或者称之为**翻转酶(flippase)**，是磷脂酰丝氨酸和磷脂酰乙醇胺等氨基磷脂从外表面向胞质面转运的特异性酶类。它们可以保持细胞膜外层此类磷脂的低浓度状态。还有一种向细胞外转运磷脂的 ATP 依赖的转运体，名为 floppase，对磷脂的转运则没有特异性。**多重耐药相关蛋白(multidrug resistance-associated protein，MRP1)**有可能就是一种存在于红细胞膜表面的 floppase，它与一些肿瘤细胞的耐药有关。

重要性位居第三的磷脂转运分子磷脂融合酶 1 (PLSCR1)，主要由细胞内部的高 Ca^{2+} 离子浓度驱动，可以通过其两个小叶结构对磷脂进行非特异的双向转运。磷脂融合酶 1 可以可逆的在棕榈酰化和去棕榈酰化之间进行变换并且由一个蛋白激酶 C 的磷酸化位点来调控其活性(见 13.12 节)。脂质转运体在细胞介导的凝血过程(见 24.13 节)和网状内皮系统对死亡细胞的识别与清除方面都起着重要作用(见 25.3 节)。在这两个过程中磷脂酰丝氨酸要从内表面转运至外表面，从而启动下游的级联瀑布反应。

膜内在蛋白质镶嵌于脂质双分子层中

蛋白质在生物膜表面存在的各种模型见图 12.24。**膜内在蛋白质(integral membrance protein**，见 12.2 节)镶嵌在脂质双层中并且是不对称的。它们都具有明确的，而非随机的方向性。蛋白质的方向性是由它们的一级结构决定的。它们的体积以及热力学特性限制了它们不能做双分子层之间的跨层移动。与非膜蛋白质相同，它们也有一些特定的功能区，这些功能区的作用包括与配体相结合、催化或者转运、与碳水化合物或者脂质分子相结合。对于一些蛋白质来说，其氨基端和羧基端都分布在膜的一侧，而有的则是分别分布在膜的两侧，通常是碳端在胞质面而氨基端在另外一面。一些膜内在蛋白质还通过形成一些亚单位结构来行使它们的功能。

通过测量膜内在蛋白质的蛋白质裂解产物和一些氨基酸残基的疏水值可以发现氨基酸其实是镶嵌入膜的表面的。如图 12.24a 中所展示的一些蛋白质只含有单一的跨膜片段，主要由疏水性氨基酸所构成的 α 螺旋组成，一个典型的例子就是由 131 个残基所组成的分布在人红细胞表面的**血型糖蛋白(glycophorin)**，其跨膜的氨基酸残基集中在 73～91 的位置，氨基末端暴露在细胞外并且连接包括有 ABO 与 MN 血型决定簇的寡聚糖链。如果按照重量计算，血型糖蛋白所含的碳水化合物的比例超过 60%。**整联蛋白(integrin)**也具有一个单独的跨膜片段，这类普遍存在的蛋白质连接细胞质与细胞外的基质(见 9.5 节)，并且介导双向跨膜信号的传递。其他一些膜内在蛋白质有不止一个跨膜区从而可以在脂质双分子层形成多个跨膜的环状结构(图 12.24b，c)。依赖于基因序列分析,虽然很多膜内在蛋白质还没有被分离出来,但是现在已经知道它们的氨基酸组成。通过检测每一个氨基酸残基的疏水性,在理论上找出一个膜内在蛋白质的跨膜区域也是可能的(见 3.3 节)。图 12.25 显示的是对一个水通道蛋白进行疏水性检测的结果,表明有六个跨膜序列。利用这种方法已鉴定出包含 2～24 个跨膜序列的蛋白质。这些构成膜内在蛋白质的跨膜结构一般是 α螺旋,也有 β折叠,多个 α螺旋通常会形成一个管道样的结构,这种结构往往可以成为一些分子跨膜运动的通道(图 12.26)。红细胞表面的由 926 个氨基酸组成的糖蛋白构成的**阴离子通道**(**anion channel**),主要介导 Cl^- 与 HCO_3^- 的跨膜转运。它主要有两个功能区,在细胞质内可以与**锚定蛋白**(**ankyrin,锚定细胞骨架和其他细胞质蛋白**)结合亲水的氨基末端功能区和一个有 509 个氨基酸残基构成的,12 次跨膜的功能区。由于包含双数的跨膜序列,该蛋白质的羧基端也是位于细胞质中。

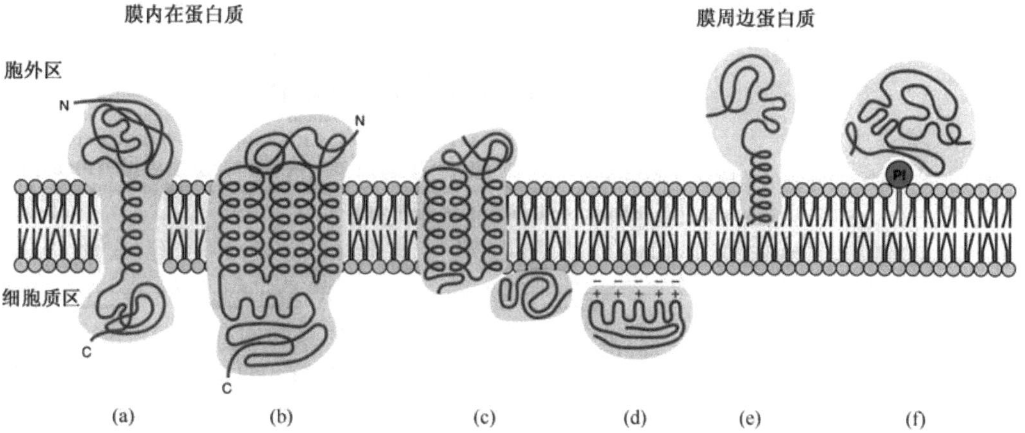

图 12.24　膜蛋白在脂质双层中的分布形式示意图

图中展示的是膜蛋白在脂质双层中的分布形式。(a)单跨膜区;(b)有两个跨膜区;(c)与胞质内的蛋白质相连;(d)通过电子键与脂质分子相连;(e)与氨基酸短的疏水区相连;(f)通过非共价键与膜上的磷脂酰肌醇相连

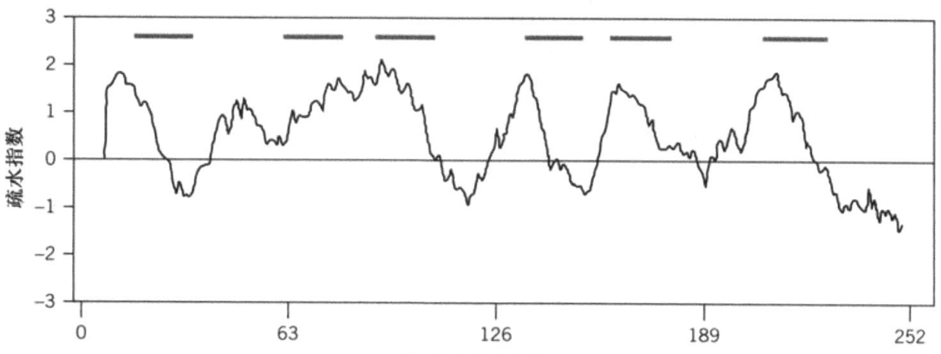

图 12.25　人红细胞表面的 aquaporin 1 的疏水性曲线

一种氨基酸的疏水指数反映的是其亲水与疏水的特性。这个值如果是正值并且值越大反映其疏水性越高。正值是对一种氨基酸是否可以存在于水环境中的很好的预测指数。一种蛋白质中富含疏水性氨基酸的部分一般被推定为跨膜区。图中用蓝色的横线标示

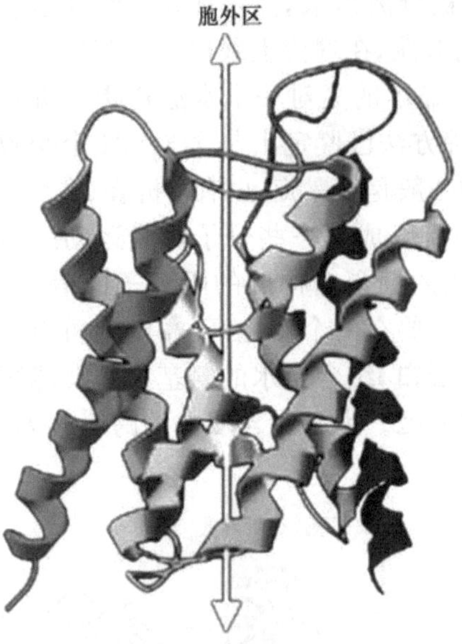

图 12.26 多重 α 螺旋的跨膜区结构示意图
图示的是人红细胞 AQP1 单体的彩带结构模型，多个 α 螺旋跨膜形成一个管型的通道，氨基一端用蓝色表示而羧基一端用黄色表示。六个跨膜的 Tilted α 螺旋结构围绕两个半球形结构并在生物膜的中心相互接触。白色箭头表示的是蛋白质中水通道的位置

许多膜表面酶的活性取决于其周围的脂质。D-β-羟丁酸脱氢酶(见 17.6 节)是一种存在于线粒体内膜上的酶类，它的激活需要卵磷脂的作用，心磷脂也具有稳定呼吸链的作用但是并非其激活所必需的(见 14.6 节)。二酰甘油激酶与卵磷脂的 C18 原子结合之后活性才达到最大，胆固醇也与许多膜离子泵的活性有关，包括 Na^+-K^+ ATP 酶、依赖于 ATP 的 Ca^{2+} 转运酶，以及胆碱受体等(见 12.6 节)。脂质分子的变化在一定程度上反映了膜的流动性和可塑性，并且脂质分子很有可能对蛋白质的活性有直接的影响。

膜表面的膜周边蛋白质

膜周边蛋白质(peripheral membrance protein)分布在膜的内外表面并且可以在不破坏膜脂质双层结构的前提下较容易地去除。图 12.24c～f 显示的是膜周边蛋白质在膜上的附着形式。一些是与膜内在蛋白质相连，比如红细胞表面的锚定蛋白与阴离子通道蛋白之间的结合(图 12.24c)。膜表面带负电荷的磷脂与带正电荷的蛋白质通过静电作用相互连接(图 12.24d)，在某些情况下是通过 Ca^{2+} 介导这种相互作用的。一些膜周边蛋白质一端的一些疏水性氨基酸可以作为其在膜表面的锚定位点(图 12.24e)，细胞色素 b_5 就是通过这样的结构由羧基端连接到内质网的表面。一些膜周边蛋白质有一些特定的保守区域通过非共价作用与膜表面的三磷酸肌醇相连接(图 12.24f)，其他一些膜周边蛋白质在膜表面有其他一些连接方式。

通过脂质分子锚定的膜蛋白

一些膜周边蛋白质是通过与脂质分子之间的共价键连接在外膜上的。因为脂质分子是插入到膜表面的，所以可以作为蛋白质在膜表面的锚定位点。图 12.27 和表 12.3 给出了这些**脂质锚定位点(lipid anchor)**的信息。在 12.2 节，图 12.8 给出这个锚定位点包括与一个与**聚糖(glycan)**连接的磷脂酰甘油酯、乙醇胺、磷酸、三分子甘露糖和一分子葡萄糖胺(见 16.6 节)。聚糖通过共价键与蛋白质羧基端的乙醇胺相连接，葡萄糖胺则通过共价键与磷脂酰肌醇相连。磷脂酰肌醇的脂肪酸末端插入到膜的脂质分子中，所以可以作为蛋白质锚定的位点。这种结构被称为**糖基磷脂酰肌醇锚定区(glycosylphosphatidylinositol，GPI)**。额外的碳水化合物可以和最后一个甘露糖分子相连接。磷脂酰甘油酯的脂肪酸基团似乎对不同的蛋白质具有一定的特异性。因为 GPI 锚定

蛋白一般都分布在生物膜的外表面并且常常是鞘磷脂-胆固醇富集区的组成部分(见 12.4 节)。这种形式的锚定结构之所以重要是因为它对蛋白质的锚定和释放是可控制的,所以这种结构就往往与蛋白质活性的调控有关。一种磷脂酰肌醇特异的磷脂酶 C 能够催化磷脂与肌醇之间的键的水解从而达到从锚定位点释放蛋白质的目的。GPI 锚区也可以控制蛋白质在膜上的分布。大约有超过 50 个蛋白质包括一些酶、抗原和细胞连接蛋白就是通过这种方式连接在细胞膜上的,这种连接方式从原生生物到脊椎动物都存在。

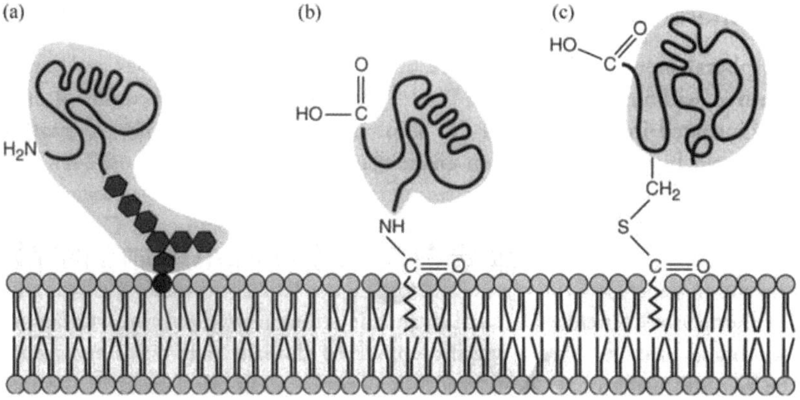

图 12.27　附着膜蛋白的脂质锚定方式

(a)磷脂酰肌醇锚定方式。(b)肉豆蔻酰锚定方式。(c)硫酯锚定方式

表 12.3　脂质锚定位点的类型

锚定类型	参于锚定的脂质分子	连接分子	代表性蛋白
磷脂酰肌醇(GPI)	磷脂酰肌醇	聚糖(乙醇胺、磷酸盐、甘露糖、甘露糖、甘露糖、葡萄糖胺)	乙酰胆碱酯酶碱性磷酸酶碳脱水酶细胞-细胞间黏附分子细胞表面水解酶脂蛋白脂酶羊瘙痒症介导蛋白质表面抗原分子
肉豆蔻酰	肉豆蔻酸(C14)	酰胺键连接在 N 端的甘氨酸上	β-肾上腺素受体 c-cAMP 蛋白激酶 胰岛受体,G 蛋白 α 亚单位
硫醚与羟基酯键	肉豆蔻酸(C14)、棕榈酸(C16)硬脂酸(C18)、油酸(C18)	半胱氨酸、丝氨酸、苏氨酸上的—SH 或—OH	G 蛋白偶联受体 转铁蛋白受体
硫醚键连接	异戊二烯酸法呢基(C15) 牻牛儿基 多萜醇	半胱氨酸	许多 GTP 结合蛋白 核纤层蛋白 蛋白激酶 蛋白磷酸酶

通过**硫酯键**(**thio-ester**)或**羟基酯键**(**hydroxy-ester**)连接的酰基锚定方式也广泛存在(表 12.3),一般涉及的有豆蔻酸(C14)、棕榈酸(C16)、硬脂酸(C18)、亚油酸(C18)等,通过共价键与蛋白质的半胱氨酸、丝氨酸,或者苏氨酸残基进行连接。与其他脂质连接蛋白相同,酰基锚定脂质双层中的蛋白质,并且特异的脂肪酸确定蛋白质在膜上的定位。在另外一种连接方式中,豆蔻酸以酰胺键与 N 端的甘氨酸相连接。

膜周边蛋白质与脂质的连接还存在有另外一种方式,即蛋白质与类异戊二烯之间通过

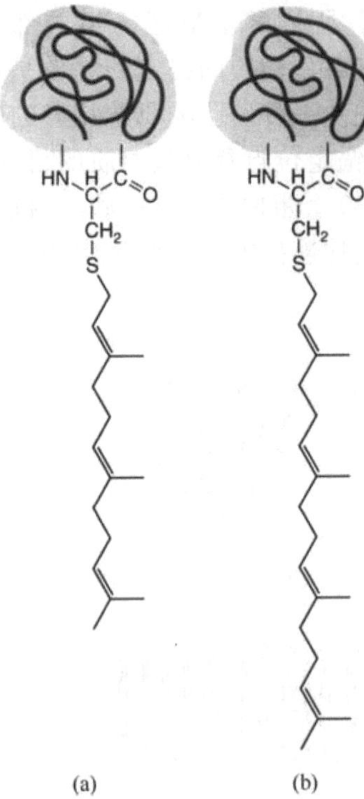

图 12.28　类异戊二烯硫醚键锚定方式示意图
(a)法呢基锚定。(b)牻牛儿基牻牛儿基锚定

与法呢基(**farnesyl**)或牻牛儿基牻牛儿基(**geranylgeranyl**)之间的硫醚键相连(图 12.28)。这种连接方式称为**CAAX 异戊烯化连接蛋白**(**CAAX prenylated protein**),因为类异戊二烯是与 CAAX 序列碳末端的半胱氨酸残基相连接而得名。X 指的是与类异戊二烯相连接的氨基酸,通常是谷氨酸、甲硫丁氨酸、丝氨酸通过法呢基相连,另外,亮氨酸对牻牛儿基牻牛儿基的形成也是必需的。CAAX 异戊烯化连接蛋白通常连接于细胞膜的一侧。

许多脂质锚定都与细胞内部的信号转导过程有关(见 13.4 节),蛋白质通过与锚定位点的快速结合与脱离来实现活性的改变。

膜蛋白与脂质在膜小叶中的扩散

膜表面脂质分子之间和脂质分子与蛋白质之间的相互作用呈现出动态性与复杂性。膜表面的脂质分子具有**流动性**(**fluidity**),单个脂质分子与蛋白质能够在膜表面快速移动。脂质分子的流动性取决于温度与膜的组成。温度较低时,脂质处于一种凝胶结晶(gel-crystalline)的状态,从而限制了其流动性。当温度升高时,发生相变,由凝胶态向液体结晶(liquid-crystalline)发生转变,其流动性也跟着增强(图 12.29)。由单一一种磷脂组成的脂质体,其相变温度 T_m 值是非常精确的。对于由不同脂质分子所构成的脂质体,其相变温度就不那么容易确切估算,因为每个成簇的脂质可以以凝胶结晶,也可以以液体结晶状态存在。因此由于组成的异质性,生物膜的 T_m 值并不能精确地加以估算。另外,膜上的脂质与蛋白之间的相互作用也会导致整个膜的胶-液状态的波动,而且会导致不同区域的流动性不同。

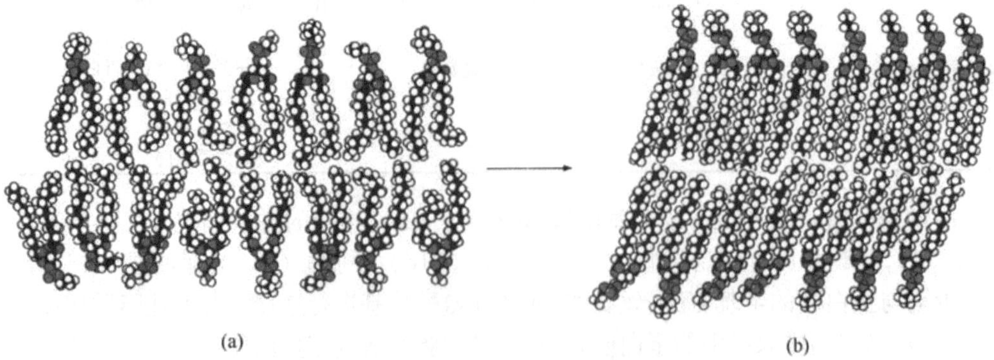

图 12.29　相变温度之上和之下的脂质双层的结构
(a)高于相变温度。(b)低于相变温度

富含由短链以及不饱和脂肪酸组成的磷酸甘油酯的细胞膜更加具有流动性。不饱和脂肪酸中磷脂上的双键导致了碳链的折叠，从而避免了碳链紧密聚集，并在疏水区产生了口袋结构。胆固醇由于其含有环状结构从而降低了脂肪酸的折叠效应并且降低了膜的流动性。类固醇使膜的外表面更加坚硬，因为其结构并不深入到膜的内部。高胆固醇对细胞膜的流动性的临床意义见临床相关知识 12.2。Ca^{2+} 离子能够降低膜的流动性，因为它可以和磷脂分子带负电的头部基团相互作用从而降低极性的头部之间的相互排斥，增加脂质分子间的堆砌。这也就导致了脂质分子聚集成簇，从而降低了膜的流动性。

临床相关知识 12.2

膜流动性异常所致的疾病

膜的流动性可以影响膜上结合的酶的活性，所以它对下列一些功能，如吞噬、细胞生存和死亡发挥一些作用。在一些组织器官中，膜的一个重要组成成分就是胆固醇。胆固醇的含量越高，生物膜外表面的流动性就越低，而其核心的流动性就越高。镰状红细胞贫血的患者的细胞膜上的胆固醇含量就异常的增高以至于细胞在脾脏中特别容易被破坏。这种情况还可发生于严重的肝病如慢性肝硬化患者的身上。在这种患者中，其细胞膜的胆固醇含量增高到 25%～60%，膜的流动性下降了很多。对于红细胞，其顺应性必须很高以便于在毛细血管内穿行。其他细胞的胆固醇含量增高主要引起其生物膜内面的胆固醇含量的增高，这也会影响到其流动性。酒精对神经系统的麻醉作用很可能也是由于其对膜流动性的影响从而改变了膜上的受体和膜通道的特性。血 β-脂蛋白缺乏症的患者膜表面的鞘磷脂含量升高而膜的流动性却是下降的。最近有研究表明膜上卵磷脂的改变在胆固醇酰基转移酶缺乏症、高血压和阿尔茨海默症中都起到一定的作用。随着对膜的流动性的测量和评估技术的不断提高，一些病理性改变可以从膜流动性方面加以解释。

磷脂和鞘脂在膜双面分布的不对称性导致了膜两面的流动性的差异。由于含有脂质的碳氢链具有更大的灵活性，所以脂质双层的疏水核心部分的流动性就比表面要大，因为分布在表面的脂质所含的碳氢链折叠得更为紧密。

细胞膜的流动性受饮食以及生理状态的影响。细胞膜的磷脂以及胆固醇的脂肪酸侧链的构成受自由基释放、Ca^{2+} 离子浓度的变化以及脂质过氧化反应的影响。一些药物因素会直接影响膜的流动性，如麻醉剂在体外可以增加膜的流动性并且在体内可以通过对膜流动性的影响对特定的细胞起作用。一些麻醉剂在化学结构上并不相同但是其共同的基本特点是均为脂溶性药物。另外，有报道称在高脂血症、高血压、厌食症、肥胖症、嗜酒、精神分裂症以及阿尔茨海默症等疾病中都有细胞膜流动性的改变。

膜表面的脂质蛋白复合物

在生物膜的内外表面都存在由脂质和蛋白质构成的一些**微区**(**microdomain**)，这些功能区在细胞质中一些与细胞膜相关的细胞器表面也存在，比如在高尔基体的反面(transside)就存在这种结构。因此,生物膜事实上是由很多脂质块镶嵌在膜上所组成的而不是单个的脂质分子分布在膜上,我们称之为**脂筏(lipid raft)**。脂筏并不大并且大小可变,但是可能在生物膜的总面积中占了相当的比例。它们可以自由融合,形成较大的有组织的一些功能区域并且分布于细胞膜上的特定功能区域从而行使特定的功能。在哺乳动物细胞中脂筏是通过高尔基体来组装完成的。

这些由脂质蛋白组成的微小功能区在结构上也很有可能是双层的并且其脂质的分布与整个膜表面的脂质分布是不同的。脂筏的外表面主要由鞘糖脂和胆固醇组成(见 12.2 节);内表面主要由磷脂和胆固醇组成。鞘糖脂通常包括长链脂肪酸,它们在外表面的增多通常会导致膜局部厚度的增加。脂筏中的脂质比周围的脂质双层排列更有序、压缩更紧密。极性头部基团之间的静电作用,胆固醇与特定磷脂和糖脂分子的疏水作用,以及蛋白脂质的相互作用都可以限制脂质分子的流动。构成脂筏的脂肪酸链要比非脂筏区的脂肪酸链的饱和性大得多,这也就导致了这些脂肪酸链的堆积更加紧密。胆固醇的存在也限制了脂筏的流动性并且认为它的存在是维持脂筏形态与功能的完整性所必需的。因此,单个脂质分子在脂筏中的存在是受约束的并且并不能自由弥散于整个细胞膜。

蛋白质在脂筏内外的分配是受严格调控的。一些蛋白质与脂筏相连而另外一些蛋白质则可以进出脂筏,还有一些蛋白质则分布在膜上,其他的并不以脂筏形式存在于脂质周围。这种分配方式可以有目的组织膜上的蛋白质。GPI 锚定蛋白(见 12.4 节)就以这样的方式分配于脂筏中并且可以作为这些二级功能区的标志物。CAXX 异戊烯化锚定蛋白(见 12.4 节)主要分布于脂筏的内表面。在一些细胞中,脂筏和被隔离的蛋白质还与细胞骨架相连。一些分布在单个脂筏中的与细胞信号转导相关的蛋白质独自处于一个脂筏时为无活性状态,必须与其他一些脂筏相互融合形成一个大的脂筏功能单位后才具有活性(图 12.30)。一些蛋白质在与配体结合之前与脂筏的亲和力很低而与受体结合后构象发生改变或者寡聚化从而与脂筏的亲和力增强。一些表面膜蛋白可以发生可逆棕榈酰化从而与脂筏发生结合,在去棕榈酰化后解除与脂筏的结合。

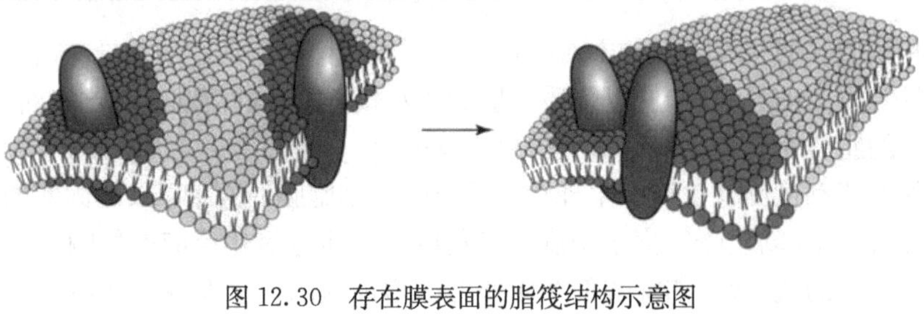

图 12.30 存在膜表面的脂筏结构示意图
图示脂筏可以融合并且可以和蛋白质连接

一些组织的细胞质膜含有**穴样凹陷(caveolae)**,是一种小盒样的凹陷,其脂质组成与脂筏相似。与脂筏相似,它含有丰富的胆固醇与鞘糖脂。但是这些穴样凹陷还含有与胆固醇结合的蛋白质,分别是 **caveolin-1**、**caveolin-2**、**caveolin-3**,这些蛋白质具有稳定结构的作用。

脂筏参与细胞生命活动的许多过程,包括细胞膜的物质运输、细胞的极化以及细胞信号转导过程,参与调节细胞的生存、增殖、凋亡(见 25.3 节),同时也对其他脂筏的形成起作用。细菌、普里昂、病毒、寄生虫可以对不是自身细胞的脂筏加以利用。

细胞膜的动态性

因为膜结构相对于其他组分来说更容易分离，人们对人红细胞的生物膜结构已经进行了深入的研究。图 12.31 展示的是膜上一些蛋白质的相互作用。虽然蛋白质在膜上并不能横向的自由流动，但是细胞膜处在一种动态变化之中，每时每刻都有蛋白质与脂质分子的横向运动、脂质锚定蛋白的可逆性结合以及分子的进出细胞膜等。生物膜上有许多微小的功能区域，从其疏水的内核区到与周围环境接触的表面都存在，由于生物膜处在不停的变化之中，所以无论是用语言还是图示来描述这一过程都很困难。

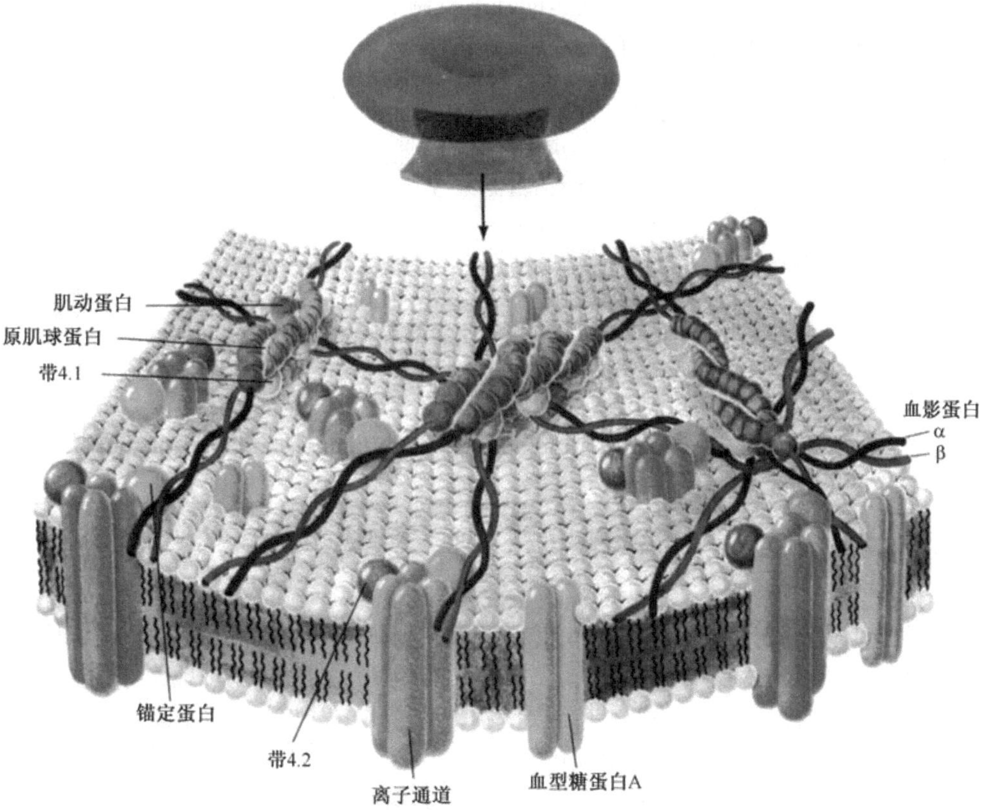

图 12.31　红细胞膜表面示意图

图示 4 种膜相关蛋白质。血型糖蛋白包含有 131 个氨基酸残基；阴离子通道蛋白包括超过 900 个氨基酸残基并且与锚定蛋白相互作用介导 Cl^- 和 HCO_3^- 的协助扩散；锚定蛋白和血影蛋白是细胞骨架蛋白质的一部分并且是表面膜蛋白；锚定蛋白与阴离子通道蛋白相连接并且将血影蛋白锚定在生物膜上

12.5　跨膜分子运动

生物膜的脂质双层特性限制了很多分子自由进出细胞膜。无机离子和带电的有机离子因为它们的亲水性以及膜的疏水环境对带电离子的排斥使得它们不能够自由进出细胞

膜，而其他一些大分子，如蛋白质和核酸分子，由于它们的大小和极性而不能自由地进出细胞膜。一些营养素和一些无机离子的自由**扩散速率**(**rate of diffusion**)远远不能满足细胞对这些物质的需求，因此，细胞膜上有一些特定的通道和转运体来介导物质的跨膜转运。一般由细胞内部的膜蛋白来介导一些物质的转运。迄今为止，已经有大约几千个离子通道和转运体已经通过基因组技术被鉴定出来。大多数这些转运分子分布在原核生物细胞膜上，这些转运蛋白和离子通道蛋白的信息见表 12.4。对于一些物质来说有多种转运体系，但是除了在细菌的转运体系中存在的基团转运的方式外，物质在转运的过程中都保持不变。真核生物的跨膜转运有时涉及转运物质与细胞外膜上一些受体或者受体功能区的结合、能量的消耗，以及在蛋白质胞质面的一些调节性蛋白功能区的参与等。接下来的内容主要侧重于真核细胞的跨膜转运的基本机制，一些对于细胞体内稳态起重要作用的特殊转运机制将在本书中分专门的篇章讨论。

表 12.4　根据被转运的溶质不同来区分的通道蛋白家族和转运体

被转运物质	不同蛋白家族		
	通道及孔道蛋白	初级转运蛋白	次级转运蛋白
无机分子	45	16	44
糖、有机酸及其他物质	5	2	26
氨基酸	4	2	26
碱、核苷和核苷酸	2	0	10
维生素和辅助因子	2	1	11
药物及毒素	1	1	6
小分子	14	8	4

一些分子通过自由扩散的方式进出脂质双分子层

溶质分子通过**自由扩散**(**diffusion**)的方式进出细胞包括以下过程：①从细胞膜一侧含水的环境中离开进入到细胞膜中；②在细胞膜内部穿行；③离开细胞膜进入到细胞膜另一侧的新环境中(图 12.32)。每一步都要求两种状态下的溶质平衡。热力学和动力学因素决定了溶质达到两侧平衡时的溶质的浓度和速率。一些气体分子，比如 O_2、N_2、CO_2、NO、CO 和 H_2S 等跨膜自由扩散发生得很快并且其跨膜扩散的速率仅仅取决于膜两侧的浓度梯度。水分子的跨膜扩散取决于膜两侧渗透压的变化；但是为了满足膜两侧水分子迅速平衡的需要，膜上有一些专门的通道蛋白称之为水通道蛋白来专职负责水分子的转运(见 12.6 节)。对于一个特定溶质分子的跨膜运动来说，它在进入到脂质双层之前要先去掉它在水环境中的水分子外壳，在脱离脂质环境时还要重新形成这种水分子的外衣。亲脂性分子在水相和脂质膜中的分布取决于其脂溶性高低，高脂溶性分子很容易溶解在细胞膜中。自由扩散的速率一方面取决于分子的可溶性；另一方面取决于分子在脂质中的溶解效率，后者跟分子的大小和形状有关。

溶质分子以自由扩散的方式进出细胞膜一般都是从高浓度一侧向低浓度一侧运动，扩散的速率可以用 **Fick 扩散第一定律**(**Fick's first law of diffusion**)来加以描述：

$$J = -D(\delta c/\delta x) \tag{12.1}$$

式中,J 是单位时间内溶质分子移动的量;D 是指扩散系数;$\delta c/\delta x$ 是指溶质分子的化学梯度。当膜一侧的溶质分子浓度增加时,就会有一个如图 12.33 所示的起始扩散速率的增加,溶质分子会从膜的一侧净流向另外一侧直到两侧的化学浓度平衡为止,即使达到了平衡,两侧的溶质分子还是会相互交换只是不存在一侧分子净含量的增加罢了。

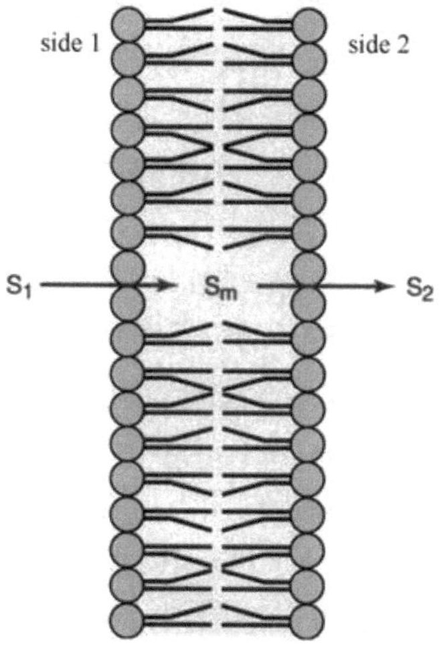

图 12.32　溶质分子的跨膜运动
S_1 和 S_2 表示的是膜两侧的溶质分子,S_m 是溶质分子在脂质膜中的状态

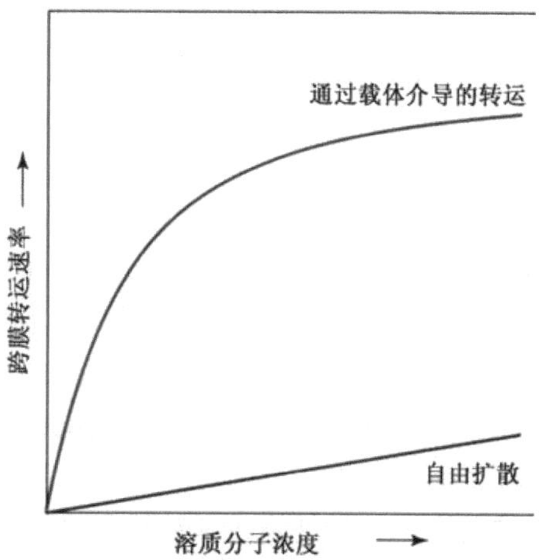

图 12.33　溶质分子跨膜转运的饱和动力学曲线示意图
自由扩散的速率随着溶质分子浓度的增高而增高;通过载体介导的溶质转运速率则当载体饱和时达最大值

膜转运系统的分类与命名

根据转运机制的不同,生物膜分布着两种与跨膜运动有关的蛋白质:**通道蛋白**(**channel/pore**)和**转运蛋白**(**transporter**)。根据具体转运方式的不同又可以分为很多类。国际生物化学与分子生物学联盟(IUBMB)建立了一种以"功能-系统"相关的体系来对这些蛋白质加以区分和命名(表 12.5)。

表 12.5　膜转运系统的分类与命名

类型	分类	举例
通道蛋白	1. 电压调节型	Na^+ 通道
	2. 通过激动剂调节型	乙酰胆碱受体通道
	3. cAMP 调节型	Cl^- 通道
	4. 其他	压力敏感型
		拉力敏感型
		热敏型
转运蛋白	1. 协同转运型	葡萄糖转运体
	2. 主动转运型	
	a. 初级主动转运之氧化还原型	呼吸链相关
	初级主动转运之 ATP 酶偶联型	Na^+,K^+ ATP 酶
	ATP 结合蛋白	多重耐药结合蛋白转运体
	b. 次级转运型	Na^+-依赖的葡萄糖转运体

在一些科研文献中可以看到膜上这些蛋白质的各种各样的名称，有转运体、转运酶、转运载体、通透酶、泵、转运体系、转运机制、转运介导体系等。IUBMB 建议的名称是**通道蛋白**(**channel**)、**孔隙**(**pore**)、**转运系统**(**transport system**)、**转运体**(**transporter**)、**门控蛋白**(**porter**)、**通透体系**(**permease system**)或者**通透酶**(**permease**)。

通道蛋白(**channel**)和胞膜上的一些**孔隙**(**pore**)主要是在细胞胞膜上形成一些水性通道供一些离子和分子双向进出细胞膜。一般是从高浓度的一侧向低浓度的一侧转移。这种转运方式的蛋白质并不与要转移的分子或者离子结合或者对它进行分隔，只是取决于这些物质的大小和所带的电荷。通道可以受很多因素的调节从而实现其开放或关闭的功能。

转运蛋白(**transporter**)则是以催化的方式通过与待转运分子或者离子的结合通过物理作用使其通过细胞膜。这种转运机制的活性可以以酶促反应的方式加以评估。每种转运蛋白对转运的分子有相对的特异性，因此具有酶的特性，而被转运的分子可以被看作是酶的作用底物，因此这种转运机制能够被一些竞争性的或者是非竞争性的抑制剂所抑制。一些转运蛋白只能顺浓度梯度转运[通常被称之为**被动转运**(**passive transport**)或**蛋白质介导的自由扩散**(**protein-mediated diffusion**)]，所以被动转运介导蛋白质不能在膜两侧建立一种分子的浓度梯度。而另外一些蛋白质可以逆浓度梯度对分子进行转运(主动转运蛋白或称之为泵)，这种转运方式往往要消耗能量。转运蛋白也可以按照其转运物质是入膜还是出膜的方式进行分类。转运体系受多种因素的调节从而对进出细胞和组织的物质进行调节。

通过通道蛋白转运物质的速率要比通过转运蛋白转运的速率高几个数量级，通道蛋白转运物质的速率通常是 10^7 个/s 分子左右，也就是一种物质在水中弥散的速率，而转运蛋白转运的速率一般只有 10^2～10^3 个/s 分子左右，但是转运蛋白对转运物质具有更高的特异性。因此人们开发出了针对特定离子通道或者转运蛋白的药物。

一些细菌对一些糖类的利用是通过一种叫做集团转运的方式进行的，这种方式的一个特点就是在转运过程中对要转运的分子进行化学修饰。比如在对糖的摄取过程中，糖与转运蛋白分离之前就要进行磷酸化修饰，这种转运方式在哺乳动物细胞中尚未发现。**γ-谷氨酸循环**(**γ-glutamyl cycle**)是一种对于一些哺乳动物细胞非常重要的氨基酸摄取机制，虽然在这个循环过程中，γ-谷氨酰转移酶在细胞外表面会对一些氨基酸进行修饰后再通过转运蛋白将其转移到细胞膜胞质侧，但是这种转运过程并不能被定义为集团转运，因为有特定的酶对修饰过程和转运过程进行催化。

12.6 膜通道

膜通道的分类

α-型膜通道蛋白(**α-type channel**)通常由同种或者几种不同的亚单位组成，在一些情况下这些亚单位的结构也不相同。这些蛋白质可以有 2～22 个**跨膜的 α 螺旋结构**(**transmembrance α-helical segment**)(图 12.26)。溶质分子通过通道蛋白的扩散是顺浓度梯度的，所以并不需要能量。一些蛋白质负责无机离子的转运，一些负责有机分子(如尿素)或蛋白质的转运，而还有一些则没有特异性。即使对于同一溶质分子来说在不同的组织中负责转运它的通道蛋白也并不相同。举例来说，在人类不同的组织中就有超过 15 种不同的 K^+ 离子通道蛋白。α-通道蛋白的一个亚家族选择性的转运水分子(水通道，见下述)，但是这些蛋白质有时还可以转运一些有机的营养小分子。通道蛋白的转运机制有很多种，包括电压门控离子通道、Ca^{2+} 离子调控的离子通道、神经介质调节的离子通道、G 蛋白调节的离子通道(见 13.8 节)以及磷酸化调节的离子通道等。在哺乳动物，电压门控的离子通道参与许多生理过程，包括作为感受器对温度、触摸、疼痛、渗透压、激素、味道和其他一些刺激作出反应。

β-桶状离子通道(或称之为**孔道蛋白**，**β-barrel channel** or **porin**)，是由 **β 桶**(**β-barrel**)构成的一个跨膜的桶状结构，该桶状结构被水离子所填充的直径从 0.6～3nm 不等(图 12.34)。它们存在于线粒体、一些细菌、脂质体的表面。一些孔道蛋白包含有 16 个往复折叠的 β 桶结构，片层与片层之间由氢键相连。在桶状的通道内部有多肽环，从而可以限制孔道的直径宽度和通过通道的分子的大小。这种通道家族对从无机离子到蛋白质的一个很宽范围的分子转运都具有选择性。同样有趣的是一些孔道蛋白对所要转运的分子的选择性很低，只要是小于其直径的分子都可以通过。通道蛋白与所谓的孔隙蛋白的主要差异在于其直径大小不一样。在线粒体外膜上存在着一种电压依赖型的离子通道，据估计其直径为 2.5～3nm，它调控着线粒体的稳态与凋亡(见 25.3 节)。

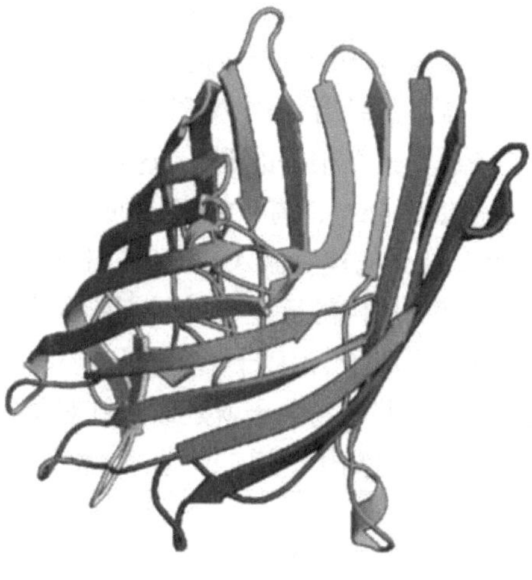

图 12.34　细胞膜通道蛋白的立体构象

孔道形成毒素(**pore-forming toxin**)是由细菌核糖体合成产生的具有多个亚族的一大类蛋白家族，在哺乳动物组织中也有表达。这些毒素由一种细胞分泌出来并且可以在另外一种细胞表面形成通道。这些形成的通道使得细胞外的一些电解质和小分子物质进入到细胞内从而发挥毒素效应。**防卫素**(**defensin**)是由上皮细胞和造血细胞分泌的一种具有广谱抗菌活性的孔道形成的毒素。

细菌和真菌通过合成由 L 型和 D 型氨基酸链组成的分子和其他一些小分子物质，如羟基酸形成寡聚的跨膜通道。这些离子通道被称为**非核糖体合成的通道**(**non-ribosomally synthesized channel**)，那些专门负责离子转运的载体被称为**离子载体**(**ionophore**，见 12.10 节)。

膜通道的特性

膜上的离子通道有很多种，并且对离子的转运都具有选择性。例如，真核细胞膜上的**钠离子通道**(**Na^+ channel**)对钠离子的转运效率要比对钾离子的转运效率高 10 倍左右。

这些通道蛋白质的物理结构一般都是由一段多肽链的 α 螺旋或蛋白质亚基组成的跨膜结构并围绕形成一个水性通道(图 12.26 和图 12.34)。

这些通道蛋白可以处于开放或者关闭的状态,由蛋白质上的感应区域进行调控。对于一些通道而言,开放过程就是要把疏水的蛋白质从离子转运通道上移开。对于 α 螺旋跨膜结构来说,门控元件可以通过加帽、旋转,或弯曲螺旋的方式加以移开。通道在通常状态下是关闭的,但是可以通过很多方式使其开放,其中还包括物理性的刺激(如机械的刺激或者热刺激)。两种研究最广的离子通道是**电压门控离子通道(voltage-gated channel)**和**配体门控型离子通道(ligand-regulated channel)**。电压门控离子通道蛋白有一个专门感应膜上电压变化的元件并且可以将膜能量的变化传递到通道元件来控制其开放。举例来说,细胞膜的去极化可以导致钠通道的开放,线粒体上也有电压依赖型的离子通道。细胞内或者细胞外特定配体与受体的结合导致通道的开放是离子通道调节开闭的一个非常广泛的机制。乙酰胆碱与其配体的结合导致 ***N*-乙酰胆碱受体通道(nicotinic-acetylcholine receptor)**开放,使得钠离子内流就是一个很好的例子,这种机制对于神经信号的传导来说非常重要(见 12.6 节)。膜上还存在着 cAMP 调节的离子通道。离子通道的开放十分迅速,可以使得相应的离子以 10^7 个/s 离子的速度流入或流出。这种快速的离子流动非常必要,因为很多反应涉及神经信号的传递和肌肉的反应。神经细胞的表面可以有成千上万个不同类型的离子通道,包括电压门控的钾离子、钙离子、氯离子、配体依赖型的离子通道,还有通过拉伸就可以激活的离子通道等。一些药物分子就是通过针对这些离子通道起作用而发挥功能,临床相关知识 12.3 就介绍了对氯离子通道的调节来治疗组织纤维化。

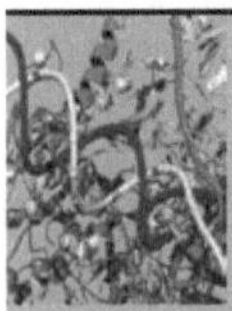

临床相关知识 12.3

囊性纤维化和 Cl^- 通道

囊性纤维化(CF),是一种常染色体隐形遗传病。这是一种白人常见的很严重的遗传性疾病。发病率大约为 1/2000。这是一种多器官累及的疾病并且以肺部的梗阻为主要表现。肺部分泌的不正常的黏液阻塞小呼吸道并且引起反复的细菌感染。胰腺外分泌功能的异常会引起脂肪泻,关于胰腺在脂肪吸收中的作用详见 26.5 节的内容。组织纤维化的患者对 Cl^- 离子的渗透压异常,并且会影响到水和电介质的分泌,从而导致脱水。诊断囊性纤维化的一个重要的特征就是其 Cl^- 的含量与正常人相比较高。

1989 年鉴定出了囊性纤维化的异常基因,大约有 800 处基因的突变都可以引起这种疾病的发生,其中在 70% 的患者中最常见的是在蛋白的第 508 位苯丙氨酸的突变,但是缺失突变、错义突变、剪切突变等也有发现(见 4.6 节)。许多突变会引起蛋白的折叠异常。CF 基因的产物是组织纤维化跨膜传导调解因子(CFTR)。CFTR 是 cAMP 依赖的 Cl^- 离子通道,并且具有调节其他离子通道的功能。它主要表达于上皮组织的细胞表面。蛋白激酶 A 可以磷酸化胞质的调节区域从而激活通道。CFTR 是一个由 1480 个氨基酸组成的多肽,在结构上与 ABC 转运蛋白具有同源性。这个基因已经被克隆而且对于囊性纤维化的基因治疗也正在研究中,准备利用病毒载体和非病毒载体来完成(见临床相关知识 12.1)。

水通道与脂质水通道

所有的细胞都必须控制水的跨膜分布,因为渗透压的改变会使细胞内部的组分发生膨胀或者萎缩。水分子可以通过自由扩散的方式进出细胞膜,但是这样的速度远远不能满足细胞对水分子运动的需要。在植物、细菌、昆虫、脊椎动物中分布着大约有 200 多种不同种类的通道蛋白来专门负责水分子和其他一些小分子的转运,我们统称它们为**水通道蛋白(aquaporin, AQP)**。已经有 11 种哺乳动物细胞膜上分布的水通道蛋白被鉴定出来,并且根据氨基酸序列的同源性和其功能的不同被分为只负责水分子转运的水通道蛋白和不仅可以转运水分子而且对其他小分子也有转运功能的**水甘油通道蛋白(aquaglyceroporin)**。水通道蛋白可以转运水分子但是对 H_3O^+ 却不具有通透性,因此可以维持细胞膜两侧的 pH 的梯度。人类有 10 种不同的水通道蛋白和水甘油通道蛋白(AQP0～AQP9),表 12.6 展示的是这些水通道蛋白在人类不同组织中的表达和定位情况。一些组织中可能会有几种不同的蛋白质分布并且行使不同的功能,例如,肾脏在肾单位和集合管中就分布有至少 7 种不同的通道蛋白。临床相关知识 12.4 就主要描述了这些蛋白质在肾脏的分布及其行使的生理功能。分布在植物中的水通道蛋白主要与根对水的吸收、转运和种子的干燥有关。

表 12.6

组织	表达位置	水通道类型	功能
血细胞	红细胞	AQP1	渗透压保护
	白细胞	AQP9[a]	?
脑组织	脉络膜	AQP1	脑脊液生成
	室管膜细胞	AQP4	脑脊液平衡
	下丘脑	AQP4	监测渗透压
眼	晶状体纤维细胞	AQP0	晶状体内部液体平衡
	睫状上皮	AQP1	水液生成(?)
肾	近端小管	AQP1	浓缩尿液
	集合管	AQP2	介导 ADH[b] 活性
	集合管	AQP3[a]	重吸收水分入血
	集合管	AQP4	水的重吸收
	集合管	AQP6	?
肺	肺泡上皮细胞	AQP1	肺泡的水合作用
	支气管上皮	AQP4	支气管液的分泌
口与喉	气管上皮	AQP3[a]	气管内水分的分泌
	唾液腺	AQP5	产生唾液

临床相关知识 12.4

肾脏和水通道

肾脏的主要功能就是调节血液的 pH，排出组织代谢的废物，调节机体的水盐平衡。每个肾脏都包含有数百万个肾单位。每个肾单位在其肾小球滤过血液时又都有不同的功能区。每天大约有 150L 血液被肾脏滤过，所以肾脏的重吸收功能非常关键，因为人每天大约只生成 1.5L 的尿液。水通道在肾脏的重吸收过程中起着非常重要的作用，像下图中所示的那样，至少有 7 种不同的水通道分布在肾小球和集合管来负责水的重吸收。

对水通道的研究发现有数种肾脏疾病与其功能的异常有关。相应的动物模型对于阐明这些疾病的病理机制来说非常重要。AQP2 的低表达和多尿症在获得性肾源性糖尿病(NDI)初期、低钾血症、高钙血症中都有表现。NDI 是肾脏对抗利尿激素的反应性下降，并由此引起了 AQP2 在膜上的表达和结合的降低。在其他一些类型的 NDI，可能是由于基因突变引起的，在一些病例中，这种异常还可以是单体形成多聚化蛋白障碍导致的。在局部组织缺血的情况下，AQP1、AQP2、AQP3 的表达水平都降低。在一些情况下，如充血性心衰、肝纤维化、妊娠、肾脏的 AQP2 表达增高，使体外循环血量增加。在平时人类肾脏如果没有 AQP1 并不会有什么功能性的异常，但是可能在一些应激条件下出现异常。随着研究的深入，越来越多的疾病可能与水通道的异常有关。

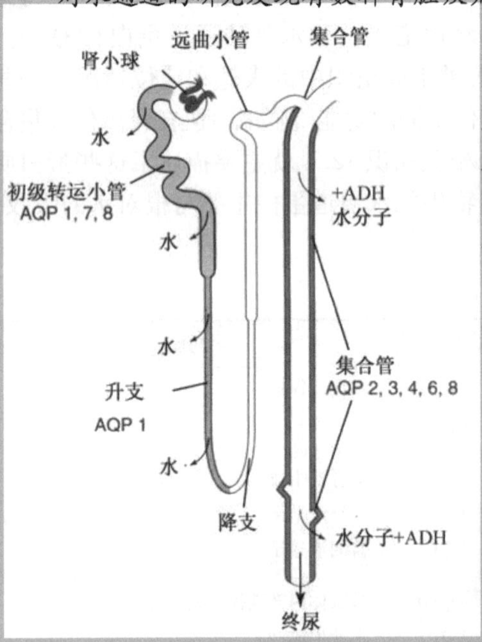

肾单位每段功能区上水通道的分布

水通道蛋白的共同特点都是非常小、高度疏水，是膜内在蛋白质并且有很保守的氨基酸序列。它们在膜上以同源四聚体的方式存在，每一个单体都由六个 α 螺旋结构组成(图 12.35)，并且包括一个独立的水通道。人类的 AQP1 通道蛋白含有一个在水通道蛋白中非常保守的模序即天冬酰胺-脯氨酸-丙氨酸的结构，形成两个独立的环。这两个环状结构在脂质膜上形成一个沙漏的形状，从而形成水通道。通道的选择特异性之一就是其直径只有 2.8Å，所以就可以对其允许通过的离子进行选择。AQP1 水通道可以允许一些保守的疏水分子以及不多的亲水分子(如 H_3O^+)通过(图 12.36)。水分子则是以单行排列的方式通过。

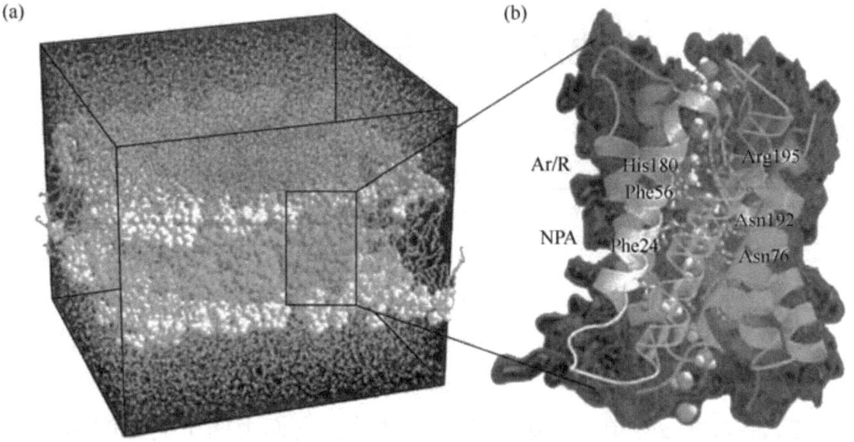

图 12.35　水分子通过 AQP1 弥散的示意图

(a)AQP1 四聚体模拟图。(图中橘黄/红紫/蓝/蓝绿色组成的部分)位于油棕榈酰磷脂酰乙醇胺组成的脂质双层中(图中黄色和绿色表示的部分),脂质双层外围绕着水相,整个结构大约由 10 万个分子组成。(b)水分子通过 APQ1 一个单体水通道的模拟示意图

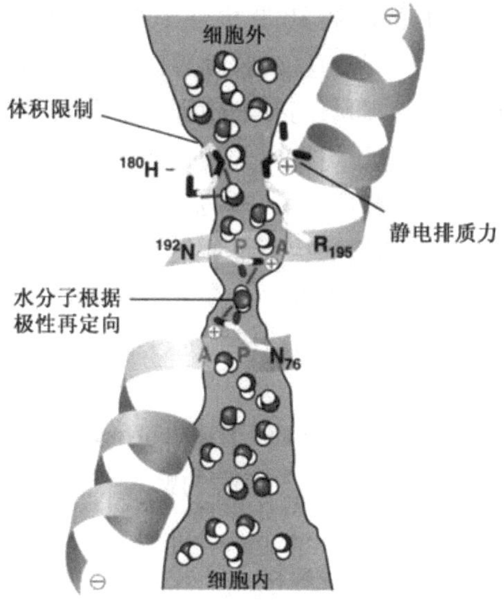

图 12.36　AQP1 亚单位的水通道示意图

此示意图是根据牛的 AQP1 计算出来的,对水分子的特异性取决于以下几个方面:(a)大小。通道最大处有 8Å,孔径直径有 2.8Å(很可能是一个水分子的直径)。(b)静电排斥力。在通道最窄的地方有保守的亚基对阳离子有排斥力包括对 H_3O^+ 的排斥。(c)水分子的再定向作用。在通道的中部有两个 α 螺旋,当水分子通过通道时可以通过静电作用使其分开为单个的水分子。纵列(single-file)水分子无法形成氢键从而避免了质子连动的产生

除了水分子,AQP1 蛋白还允许 CO_2,AQP3 还允许甘油,AQP9 允许甘油、尿素、多元醇、嘌呤、核酸、羧化物等物质通过。AQP1 可以被 $HgCl_2$ 可逆性地抑制。AQP2 在肾脏受激素的调节,而至少有其他三种则受 pH 的调节。

Na^+、Ca^{2+}、K^+、Cl^-的电压门控离子通道

表 12.7 几种电压门控性离子通道的亚基组成

离子通道	亚基组成
Na^+	α,β_1,β_2
K^+	$4\alpha,\beta$
Ca^{2+}	$\alpha_1,\alpha_2,\delta,\beta$

在细菌、原生质、病毒和真核细胞中均有 Na^+、Ca^{2+}、K^+ 特异的**电压门控离子通道(voltage-gated ion channel,VIC)**。这些离子通道受跨膜电位的调控,开放和关闭都十分迅速(以毫秒计),在哺乳动物细胞中主要负责神经细胞和可兴奋细胞的电信号的传导。每一种离子通道蛋白都有几种同源或异源的特异的糖蛋白亚单位组成(表 12.7),一般在 α 亚单位有离子通过的孔隙。它们由四个同源的功能区组成,每个功能区又含有六个跨膜区域,由细胞内和细胞间的环状结构进行连接,所以总共由 24 个跨膜结构所组成(图 12.37)。另外的一些附属的亚单位(β、γ 或 δ),没有相同的结构,一些有数个跨膜区,其他的则是一些分布在膜外侧或者内侧的表面膜蛋白。它们常常起着调节通道蛋白的作用。如 β 亚单位就能够与细胞骨架和细胞外的基质相互作用。图 12.38 是 **Na^+ 通道(Na^+ channel)**的示意图,其中一个跨膜区每三个氨基酸有一个带正电的基团,可能作为电压感受器,这个跨膜区的移动可以导致蛋白质的重构并引起离子通道的开放。关于电压感受器究竟是如何与门控通道偶联并最终引起其开放和关闭,人们提出了两种完全不同的解释机制。电压门控离子通道有三种不同的结构和功能状态,一种是关闭状态(静止),一种是开放状态(激活),还有一种是失活状态。当膜发生去极化时,通道由关闭转为开放。静止状态和失活状态下通道都是关闭的,这两种状态的转变取决于配体与受体的结合或者是蛋白质的磷酸化。在人体中,有 6 种 Ca^{2+} 通道和 10 种 K^+ 通道对不同的刺激起作用。临床相关知识 24.12 讲述了肌肉强直症病理状态下电压门控阳离子通道的改变。

相对于阳离子通道而言,对**电压门控 Cl^- 通道(voltage-gated Cl^- channel)**结构的认识就很有限(见 24.2 节)。这些通道有 12 个跨膜的螺旋结构。Cl^- 通道可以调节细胞体

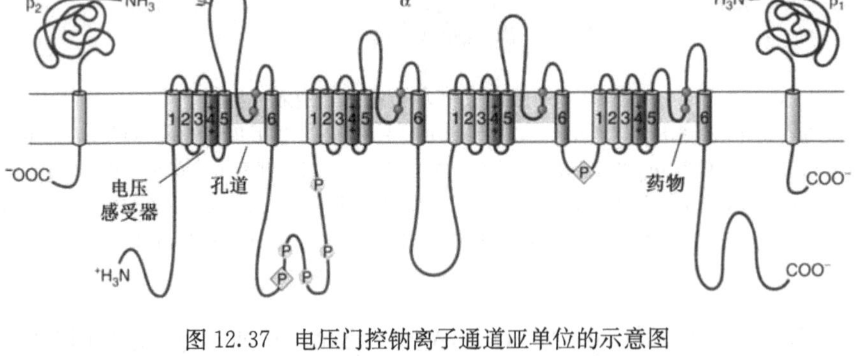

图 12.37 电压门控钠离子通道亚单位的示意图

电压门控钠离子通道的一级结构示意图。圆柱形表示的是跨膜的 α 螺旋,红色表示的是电压感受器,紫红色表示的位于核心的螺旋结构(图 12.38),紫色线条表示的是多肽链,其长度是根据脑组织 Na^+ 通道的长度按比例来确定的。β_1 和 β_2 亚基的细胞外区域显示为球形。磷酸化位点以 P 标明

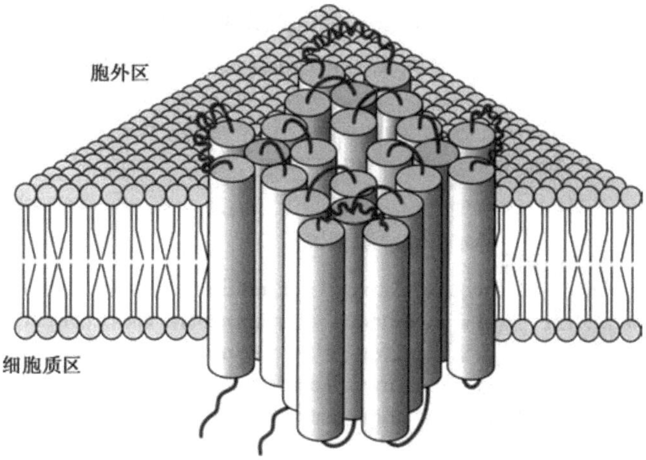

图 12.38　Na^+ 通道模型
单一肽链由四个相同的单位组成,每一个单位组成六个跨膜的螺旋,红色的穿膜部分表示电压感受器

积、稳定细胞膜、参与细胞信号转导过程,并调节上皮细胞的跨膜物质转运。组织纤维化的跨膜调节因子就是 Cl^- 通道。电压门控离子通道在不同的组织中有不同的表达方式。有大量的由于离子通道异常所引起的人类遗传性疾病,称之为离子通道病,主要是由离子通道变异引起的(见临床相关知识 24.11,24.4 节)。

烟碱-乙酰胆碱通道

烟碱-乙酰胆碱离子通道(**nicotinic-acetylcholine channel**),也被称为**乙酰胆碱受体**(**acetylcholine receptor**),是一个典型的受体调控的离子通道,通过与乙酰胆碱的结合来开放通道(图 12.39)。第二个名字通常用来与其他机制调控的乙酰胆碱受体进行区分(见 24.4 节),这种类型的通道一般位于神经肌接头的位置(见 24.4 节),是神经介质调控的离子通道超家族的一部分,这个家族的神经递质还包括 5-羟色胺、γ-氨基丁酸,以及酪氨酸受体等(见 24.2 节)。乙酰胆碱弥散到神经肌接头的间隙中,与乙酰胆碱受体相结合,开放离子通道,使阳离子和一些非电介质离子通过通道,但是对阴离子却没有通透性。这些离子通道是五聚体的结构,由两个 α 亚基、一个 β 亚基、一个 γ 和一个 δ 亚基组成(图 12.40)。每一个 α 亚基都被糖基化,另外两个亚基共价结合磷脂。每一个亚基都有细胞外的 N 端和 C 端,四个跨膜结构(M1、M2、M3、M4),并且在 M3 和 M4 之间有一个环状结构相连,其上有磷酸化和激酶敏感的位点。五个并列的 M2 亚基组成了离子通道,富含带负电氨基酸的受体则分布在通道口的位置,这种结构可以吸引像 Na^+ 一样的阳离子而排斥像 Cl^- 一样的阴离子。细胞外的受体与神经递质结合之后会引起 M2 亚基发生微小的重排,使其聚集得更加紧密,而正是这种微小的重排使得离子流可以通过孔道。另外,通道的激活还需要 α 亚基的磷酸化,随着乙酰胆碱被水解为乙酸和胆碱并从蛋白质上被释放,通道的关闭可以在数个毫秒之内发生。

N-乙酰胆碱受体可被数种致命性的神经毒素所抑制,包括 ***d*-筒箭毒碱**(***d*-tubocurarine**),这是一种**箭毒**(**curare**)的活性成分;还可以被数种毒蛇毒素所抑制,包括 α-**银环蛇毒素**(α-

bungarotoxin)、半环扁尾蛇(海蛇)毒液(**erabutoxin**)、眼镜蛇毒素(**cobratoxin**)等。琥珀胆碱(**succinycholine**),一种肌肉松弛剂,可以开放通道,从而使膜表面去极化而发挥作用。琥珀胆碱因其在给药后可以很快被水解的这种可逆性而广泛应用于外科手术中。

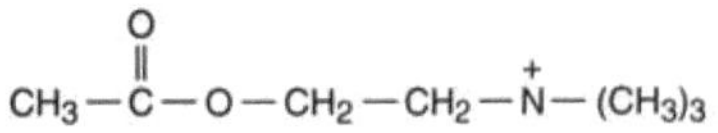

图 12.39　乙酰胆碱的分子式

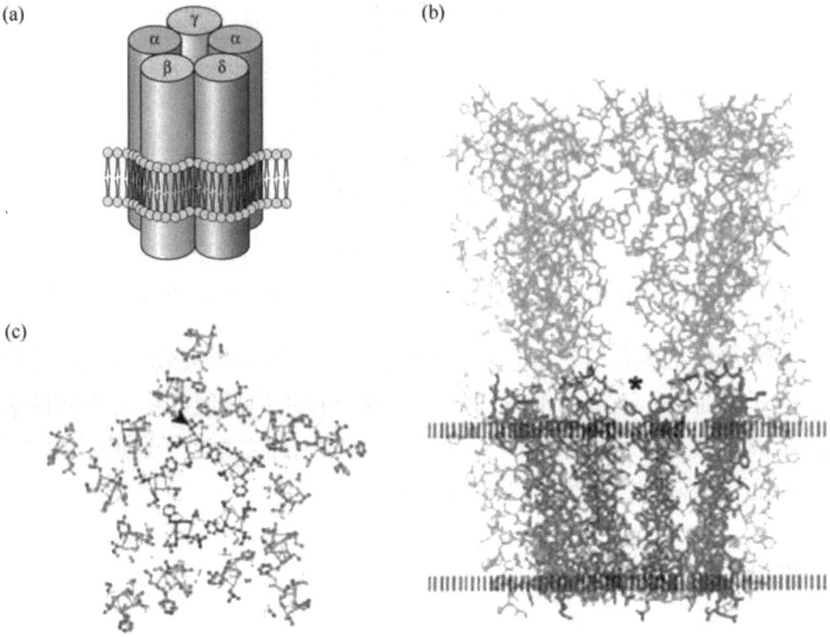

图 12.40　乙酰胆碱受体的模型示意图

(a)乙酰胆碱受体的亚基排布和拓扑结构。(b)示意乙酰胆碱受体的 α 螺旋的孔道结构在膜上的排布情况(蓝色表示面向孔道的一方,红色表示面向脂质的螺旋结构)和组成受体结合区的 β 折叠构象(绿色),星号标示一个亚基的界面上开放的空间。(c)在膜上的五聚体的横截面示意图。展示的是分别面向孔道和面向脂质的分子排布情况

间隙连接与核孔通道

间隙连接和核孔通道几乎是万用蛋白通道。**间隙连接**(**gap junction**)广泛存在于哺乳动物的细胞膜上,是由一种跨膜通道,又称为**连接子**(**connexon**)组成的,它可以在两个细胞之间建立起一种交通机制。连接子由同种或者异种六聚体的**连接蛋白**(**connexin**),或称为**通道连接蛋白**(**gap junction protein**)组成,人们迄今为止知道大约超过 15 种连接子亚基,并且推测每一种有四个 α 螺旋结构。每一种通道连接蛋白由 12 个亚基组成,每 6 个分布在一侧的细胞膜上(图 12.41),通道连接蛋白的分子构成见图 12.42。通道的直径从 1.2～2nm 不等。带电离子、电介质和一些代谢产物可以通过该通道进行细胞之间的交换,但是巨大的分子是不能通过该通道的。由不同亚基构成的间隙连接可能会对溶质分子显示出不同的选择特异性。这种通道在通常情况下是开放的,关闭见于下列情况:细胞内 Ca^{2+} 离子的浓度升高、代谢产物的变化、膜电位的变化,或细胞质的酸化。一些间隙连接蛋白还受磷酸化作用的影响。在通道关闭时,蛋白亚基呈现出一些倾斜的状态,但是当通道关闭时亚基是垂直于细胞膜的,表明亚基之间是相互移动的。

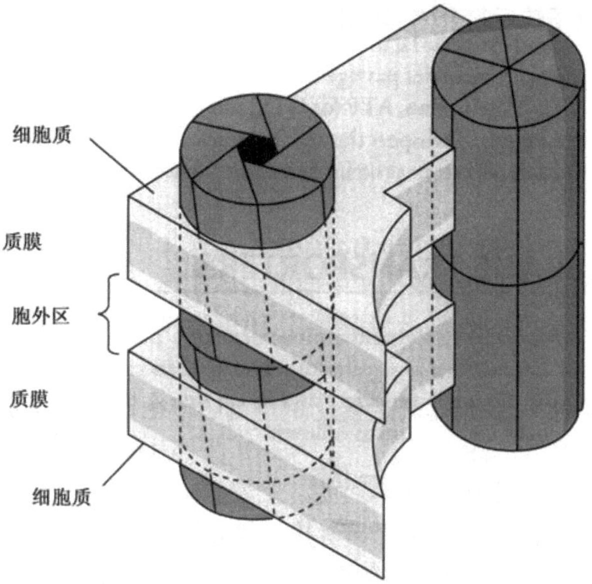

图 12.41　间隙连接的模型示意图

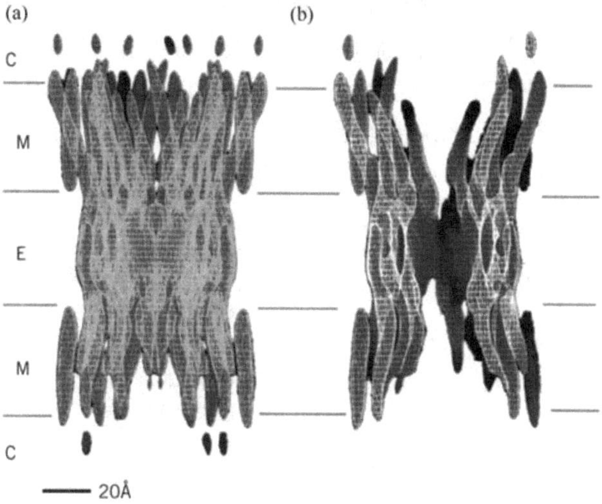

图 12.42　心肌细胞间隙连接的分子组成

根据电镜观察结果绘制而成。(a)侧面观。(b)通道内部结构示意图,密度以深浅不同加以定义;M 表示生物膜,E 表示胞膜外空间,C 表示胞膜内空间

核孔复合体(**nuclear pore complex**)存在于真核细胞核表面,跨越双层核膜,在核膜表面构成一个通道。核孔直径大约为 9～20nm,长度大约是 45nm,核孔复合体由超过 50 个蛋白质组成,称为核孔蛋白。大分子,包括蛋白质、RNA、核糖核蛋白和小分子都可以自由地通过核孔双向进出核质和胞质。要进入细胞核的蛋白质通常含有一些短的氨基酸序列,称之为**核定位序列**(**nuclear localization sequence**),可以介导这些蛋白质的入核。核受体和一些细胞因子参与了蛋白质的入核和出核过程。核受体蛋白 β通过与核孔蛋白的相互作用介导一种被称为 Ran 的大分子 GTP 酶的入核过程。核受体蛋白 β的这种作用过程需要 ATP 或 GTP 的作用。入核的一些溶质分子通过协同转运蛋白转运而另外一些

大分子则通过大分子转运复合体起作用。

12.7　膜转运体

膜转运蛋白(**membrane protein tranporter**)主要介导分子的跨脂质双层膜运动,这种运动比单纯扩散的速率要快得多。在下面的公式中 S_1 代表的是一边溶质的浓度,S_2 代表的则是另一边溶质的浓度,转运蛋白就是要使其达到下列的平衡:

$$[S_1] \rightleftharpoons [S_2]$$

方括号表示溶质的浓度,假设是转运蛋白 T 进行的转运,那么上述公式将改写为:

$$[S_1]+T \rightleftharpoons [S-T] \rightleftharpoons [S_2]+T$$

如果没有其他来源的能量消耗,膜两边的溶质浓度会达到一个平衡,但是如果有能量的消耗,膜两边就常常会建立起溶质的浓度梯度。需要注意的是膜转运蛋白和酶的相似性,它们都只起到调节溶质分子转运速率的作用,本身并不能改变溶质分子在膜两边的平衡。

表 12.8 给出了膜转运蛋白的主要特性。蛋白质介导的转运显示出饱和动力学特性(图 12.33 和见 11.10 节),当溶质分子的浓度增加时,转运蛋白的转运速度也随之增加,但是当溶质的浓度达到一个特定值之后转运蛋白被充分饱和,所以转运速度就达到最大。而简单扩散就不存在这种饱和动力学特性。一些动力学参数,如 V_{max} 和 K_m 等值也同样可以适用于转运蛋白。理论上来说转运蛋白可以介导溶质分子的双向运动,但是在很多情况下溶质分子都是单向运动的,因为反应所需的 $\Delta G^{0'}$ 值很大。

表 12.8　膜转运体的特性

被动转运	主动转运
1. 有饱和动力学特性	1. 有饱和动力学特性
2. 对转运的溶质分子具有特异性	2. 对转运的溶质分子具有特异性
3. 可以被抑制	3. 可以被抑制
4. 顺浓度梯度转运	4. 逆浓度梯度转运
5. 不消耗能量	5. 需消耗能量

大多数转运蛋白对溶质分子的结构和立体特性的要求很严格。例如,在红细胞上转运 D-葡萄糖的反应,转运 D-半乳糖的 K_m 值要比其大 10 倍而转运 L-葡萄糖的反应的值要比其大 1000 倍,而对 D-果糖和二糖实际上无活性。所以就保证了对 D-葡萄糖的转运的特异性。底物的结构类似物具有竞争性抑制的作用,和转运蛋白上的特定基团反应的试剂为非竞争性抑制物。

识别:　$S_1 + T_1 \rightleftharpoons S-T_1$

转位:　$S-T_1 \rightleftharpoons S-T_2$

底物释放:　$S-T_2 \rightleftharpoons T_2 + S_2$

复原:　$T_2 \rightleftharpoons T_1$

图 12.43　溶质分子跨膜传递的四个步骤
S_1 和 S_2 分别表示溶质分子在膜两侧的 1 和 2 的分布;T_1 和 T_2 分别表示转运蛋白的结合位点

可溶性分子跨膜转运的四个步骤

转运蛋白转运溶质分子分为四步(图 12.43):①转运蛋白对要转运的溶质分子的特异性**识别**(**recognition**);②溶质分子的**跨膜运**

动(**translocation**);③溶质分子的**释放**(**release**);④转运蛋白**恢复**(**recovery**)到初始状态。

第一步,转运蛋白对特定底物的识别。这一步与酶对其底物的识别有很多相似之处(见 24.3 节)。蛋白上的特殊位点对溶质分子上的位点进行识别。第二步,转位。需要转运蛋白进行变构并且携带溶质分子进行短距离的移动(图 12.44),大约移动 2～3Å 的距离,这里并不需要转运蛋白携带溶质分子进行整个细胞膜的转运。第三步,底物的释放。它取决于转运蛋白对溶质分子亲和力的改变。如果溶质分子的亲和力(K_{eq})没有改变,而且底物在新环境中的浓度低于起始浓度,因与底物结合与否形成的平衡移动,它将被释放到浓度低的一侧,这种情况常见于被动的载体蛋白转运。而对于主动转运来说,由于它是逆浓度梯度转运,所以将溶质分子释放到高浓度一侧需要降低转运蛋白对溶质分子亲和力。转运蛋白构象的改变可达到降低亲和力的目的。最后一步,复原,即转运蛋白回复到其初始状态而准备再次接受转运的溶质分子。

以上讨论是一种转运蛋白针对单一底物的**转运**(**uniporter**)。此外,还存在可一个方向同时移动 2 个分子底物(**同向转运**)和 2 个底物相反方向(**反向转运**)的系统(图 12.45)。当带电的物质,如 K^+ 离子,被单向转运而没有相应的负电荷离子被反向转运,就会在膜的两侧形成电位差。这种转运机制又被称为**生电转运**(**electrogenic transport**),因为它可以在膜上形成电位差。如果有相应的反向电荷离子被转运达到电平衡,这种转运机制被称为**平衡**(**neutral**)或者**电静默转运**(**electrically silent transport**)。

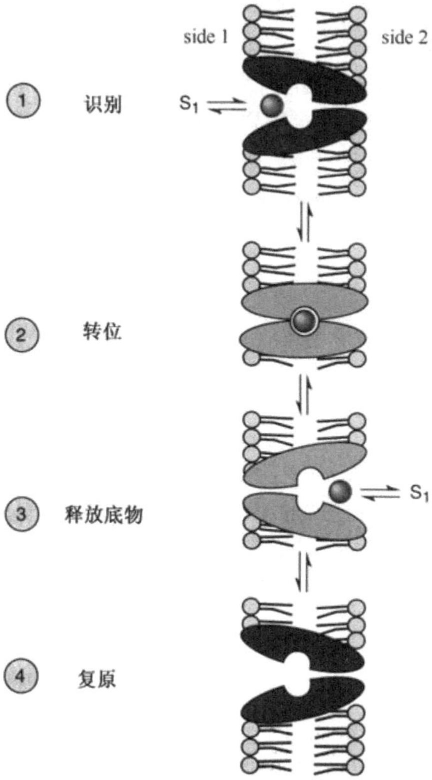

图 12.44　生物膜上转运系统的示意图
这个模型主要展示的是转运蛋白对溶质分子的特异性结合和发生结合后构象的改变情况

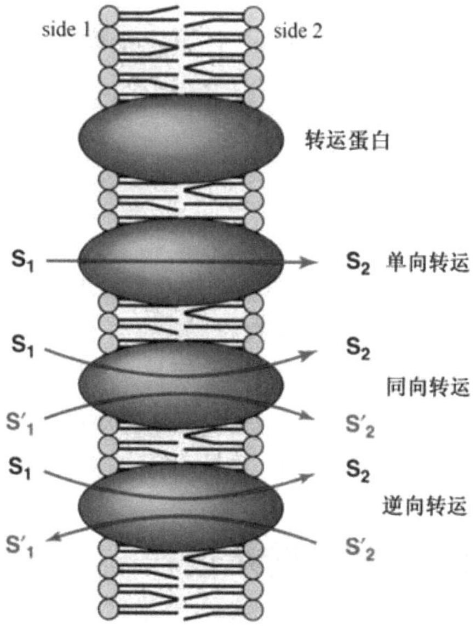

图 12.45　溶质分子的单向转运、逆向转运、同向转运机制示意图 S 和 S′分别表示不同的分子

跨膜转运体系的动能学

公式 12.2 给出的是当一个不带电离子从膜的一侧浓度 C1 移动到另一侧浓度 C2 时自由能的变化情况。

$$\Delta G' = 2.3RT\log(C2/C1) \quad (12.2)$$

当 $\Delta G'$ 是负值时，意味着自由能的释放，溶质分子的移动不需要外界驱动力。当 $\Delta G'$ 是正值时，例如当 C2 大于 C1 时，则需要消耗能量来驱动溶质分子的移动。对于带电离子（如 Na^+）所带的电荷数和浓度在计算自由能时都要计算在内，详见公式 12.3：

$$\Delta G' = 2.3RT\log(C1/C2) + Z\mathscr{F}\Psi \quad (12.3)$$

$\Delta G'$ 是电化学势能，Z 是转运物质所带的电荷，$\mathscr{F}$ 是法拉第常量[23.062kal/(V · mol)]，$\Delta\Psi$ 是膜两侧的电压差。Z 和 $\Delta\Psi$ 的高低及变化都会影响到 $\Delta G'$。

当 $\Delta G'$ 是负值时，**被动转运（passive transport）**，又称**协助转运（facilitated diffusion）**，或者**蛋白质介导的自由扩散（protein-mediated diffusion）**即溶质借助蛋白质介导的自由扩散就会发生。当 $\Delta G'$ 是正值时，溶质分子的转运就需要消耗能量，这个过程称为**主动转运（active transport）**或者叫做**泵（pump）**。不同的化学反应可以为主动转运提供能量，原核生物可以通过脱羧或者甲基转移过程来提供，而植物则由光能吸收驱动转运蛋白。哺乳动物细胞则是通过三磷酸核苷酸的水解（如 ATP 分解为 ADP 和磷酸）来提供能量，或者利用跨膜的 Na^+ 或者 H^+ 的电化学梯度来提供能量。

一些转运蛋白维持着细胞膜内外某种物质的高浓度梯度差。比如负责生物膜内外的 Na^+ 和 K^+ 浓度梯度维持的转运蛋白。一个令人称奇的例子就是胃腺细胞的壁细胞能够分泌 HCl 到胃腔中，而这种细胞本身的胞质的 pH 在 7.4 左右，而胃内的 pH 可以达到 0.8，氢离子跨膜分泌的浓度差达到 $1\times10^{6.6}$ 倍。假设没有带电成分的转移，氢离子分泌的能量可以用公式 12.2 计算出来就是 9.1kal/mol。

12.8　被动转运

被动转运（passive transport）过程不需要消耗能量（表 12.8，12.7 节），现在已经报道的被动转运体大约有数百种，大多存在于细菌，它们特异性的负责无机离子、糖类、氨基酸、三羧酸循环和糖酵解中间体的物质转运过程，这些被动转运蛋白通常由 400～600 个氨基酸残基，2～24 个跨膜的 α 螺旋组成。被动转运蛋白具有饱和动力学特性，对转运分子的类别具有特异性，并且可以被特异的抑制剂所抑制。

葡萄糖的被动转运过程

葡萄糖转运体（glucose transporter）家族（GLUT）主要通过一种独特的机制介导 D-葡萄糖的跨膜转运。GLUT 家族的基因表达具有组织特异性。葡萄糖转运体，命名的方式是 GLUT1、GLUT2 等（表 12.9），它们都有 12 个跨膜区，并且有着高度同源的氨基酸序列。大多都在生物膜的表面表达并且葡萄糖的转运方向多数都是从细胞外向细胞内进行的。然而,红细胞膜上的 GLUT1 却可以根据浓度梯度的方向对葡萄糖分子进行双向转运,表明了该体系的双向性。三个极其相似的转运体 GLUT1、GLUT2、GLUT3 基本上都是以最大的转运速率进行转运,因为它们的 K_m 值比正常血液中的葡萄糖浓度要低。D-半乳糖、D-甘露糖、D-阿拉伯糖,和其他一些 D-型糖类,包括甘油,由该家族的其他一些亚型所转运。分布在肌肉外膜上的 GLUT5 对果糖的转运具有特异性。GLUT1 对红细胞和脑细胞获得葡萄糖来说必不可少。GLUT2 对葡萄糖的亲和力较低从而增加了血液中葡萄糖的浓度从而在消化道对糖的吸收中起重要的作用(见 26.5 节)。在肝细胞,GLUT2 催化葡萄糖的入膜与出膜,并负责葡萄糖的输出。在胰腺的 β细胞 GLUT2 还与检测血糖水平有关。GLUT4 是一种存在于脂肪组织、心肌组织和骨骼肌组织中胰岛素敏感的转运体蛋白(见 22.3 节),一些在肌肉中的葡萄糖转运体可以受运动或者缺氧的激活,因为在这两种情况下肌肉对氧的利用增加。一些糖的类似物包括 2,4,6-三羟基苯乙酮(图 12.46)是竞争性的抑制剂。

表 12.9　葡萄糖转运体的主要亚型分类

亚型	组织	细胞定位	注释
葡萄糖转运体 1	肌肉、心、血脑屏障、神经胶质细胞、胎盘	质膜	在肌肉中可被胰岛素、饮食、缺氧所激活
葡萄糖转运体 2	肝、胰腺、肠道、肾	质膜	
葡萄糖转运体 3	脑、肾、胎盘	质膜	
葡萄糖转运体 4	肌肉、脂肪、心脏、胚细胞	质膜	在肌肉和脂肪中可被胰岛素所激活,另外在肌肉中还可被缺氧和进食所激活
葡萄糖转运体 5	肌肉、精子	肌膜	以果糖作为底物

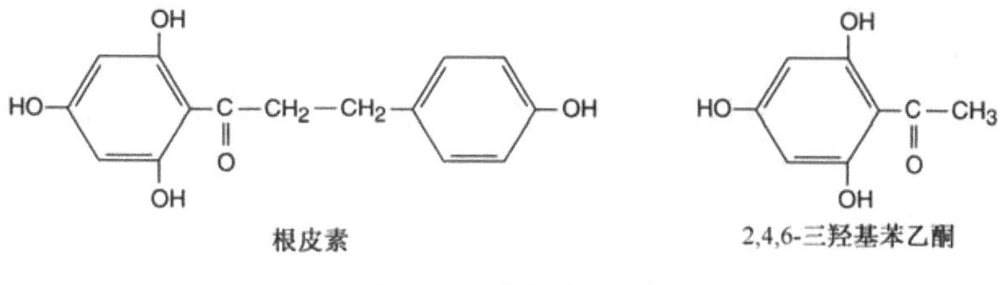

图 12.46　红细胞膜上的 D-葡萄糖被动转运蛋白的抑制剂

Cl^- 和 HCO_3^- 的逆向协同转运机制

在红细胞和肾脏细胞上存在着 Cl^- 和 HCO_3^- 的逆向协同转运机制(图 12.47)。这种转运蛋白被称为 **Na^+ 依赖的 Cl^--HCO_3^- 逆向交换蛋白**(**Na^+ independent Cl^--HCO_3^- exchanger**)或者**阴离子交换蛋白**(**anion exchanger**),在红细胞中则被称为 **band 3**,因其在红细胞膜蛋白的 SDS 聚丙烯酰胺凝胶电泳中的位置而得名。离子流的流向取决于跨膜的离子浓度梯度。这种转运蛋白对于调节动脉和静脉血中 HCO_3^- 的浓度非常重要。存在于肾脏上的转运蛋白是红细胞表面的转运蛋白的类似物,负责碱(HCO_3^-)的流出以平衡由 ATP 驱动的 H^+ 的分泌。

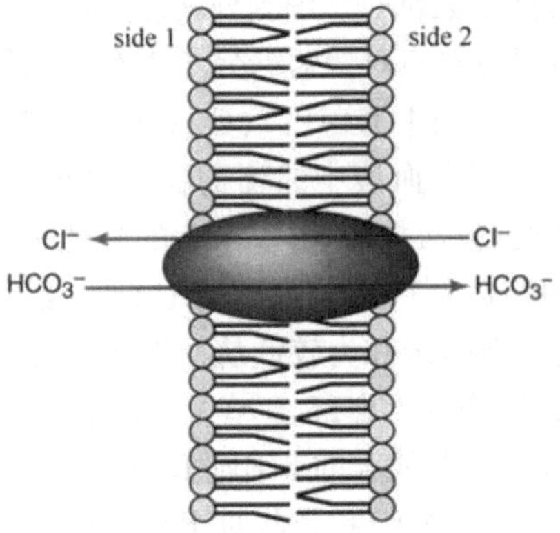

图 12.47　红细胞膜表面 Cl^- 和 HCO_3^- 的逆向协同转运

线粒体上存在的膜转运蛋白

在线粒体内膜上存在着转运蛋白以便在线粒体基质和胞质中进行阴离子交换。这些转运蛋白包括：①ATP 和 ADP 逆向转运蛋白；② H^+ 和磷酸协同转运蛋白；③双羧酸转运蛋白；④谷氨酸-天冬氨酸逆向转运蛋白（见 14.8 节）。这些转运蛋白对能量储存和代谢都非常重要。在没有能量输入的情况下，这些转运蛋白可以介导代谢物顺浓度梯度被动转运从而达到一个热力学平衡。在逆向转运机制中，一种溶质分子的浓度梯度差可以驱动另外一种溶质分子的跨膜运动。在一些情况下，转运蛋白介导的溶质分子逆向转运的电荷数是相等的，膜上的电位差也会影响到平衡的形成。

12.9　主动转运

主动转运蛋白可以催化溶质分子逆浓度梯度转运从而可以产生化学或者电化学梯度。像被动转运蛋白一样，它们也具有饱和动力学曲线特性，对要转运的一种或几种相关物质具有相对特异性，可以被抑制剂所抑制（表 12.8，12.7 节）。

初级主动转运蛋白（primary active transporter）存在于所有的活体组织中，需要能量的供应来完成对溶质分子的摄取与释放。在哺乳动物细胞中由 ATP 或者其他种类的三磷酸腺苷供给能量，转运蛋白可以被瞬间磷酸化而底物分子却并不受此影响。利用 ATP 供能的转运蛋白又称为 **ATP 酶（ATPase）**，它具有酶的活性，可以水解 ATP 而达到能量释放的目的。在其他一些组织中，脱羧作用、甲基转移、氧化还原作用，以及光能的吸收都可以作为转运蛋白能量的来源。

催化无机阳离子转运的初级主动转运蛋白家族可以分为三型，即 P 型、V 型、F 型转运体。**P 型转运体（P-type transporter）**在转运 Na^+、K^+、Ca^{2+} 等时可以被磷酸化和去磷酸化，这个家族有超过 300 个成员。**V 型转运体（V-type transporter）**是一种质子泵，对溶酶体、内体、高尔基体和分泌小泡等内部的酸化起着重要作用。**F 型转运蛋白（F-type transporter）**存在于线粒体、叶绿体和细菌之中，消耗 ATP 转运质子，但是当质子顺浓度梯度转运时可以对合成 ATP 发挥作用（见 14.7 节）。ATP 结合（ATP-binding cassette，ABC）转运蛋白超家族是 ATP 依赖的初级主动转运蛋白的一个重要而且独特的分支。

次级主动转运蛋白（secondary active transporter）利用的是 Na^+（钠盐驱动力，SMF）或 H^+（质子驱动力，PMF）的跨膜电化学梯度等作为能量来源进行物质的转运。SMF（图 12.48）的产生是通过 ATP 的水解等初级能量来源供能，PMF 的产生是通过氧化还原反应供能(见 14.7 节)。抑制 ATP 的合成或者使 PMF 分解就会破坏 Na^+ 和(或)H^+ 的浓度梯度从而使次级转运蛋白失去活性。次级转运蛋白可以转运很多有机分子像氨基酸、糖类和各种各样的有机分子。

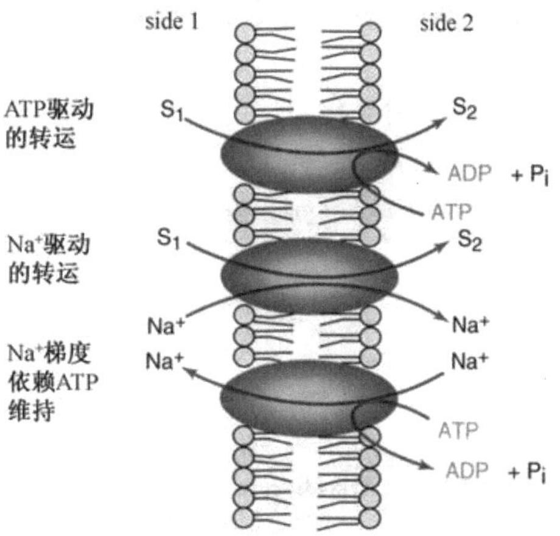

图 12.48　主动转运体系的能量代谢示意图
ATP 水解的能量用来驱动主动转运蛋白对溶质分子的转运,例如 Na^+,跨膜的 Na^+ 浓度梯度同时也可以作为其他物质转运的动力

初级主动转运蛋白对 Na^+ 和 K^+ 的联合转运

所有生物的细胞外膜上都存在有 P 型的 Na^+/K^+ 逆向转运蛋白,它可以利用 ATP 水解的能量来进行两种离子的逆向转运。这种蛋白质被称之为 **Na^+/K^+ 交换 ATP 酶(${Na}^+/K^+$-exchanging ATPase)**,通常简称为 **Na^+/K^+ ATP 酶(Na^+/K^+-ATPase)**或者 **Na^+ 泵(Na^+ pump)**。这种多亚基的蛋白超家族在细菌、原生物、真核细胞生物中都存在,催化 ATP 的水解和离子的转运。在细菌中这个超家族的成员负责 K^+、Mg^{2+}、Ca^{2+}、Ag^+、Zn^{2+}、Co^{2+}、Pb^{2+}、Ni^{2+}、Cd^{2+}、Cu^{2+} 等离子的转运。所有哺乳动物细胞都有下列催化反应的发生:

$$ATP \xrightarrow[Mg^{2+}]{Na^+ + K^+} ADP + P_i \tag{12.4}$$

该反应完全需要 Na^+、K^+ 和 Mg^{2+} 作为辅因子。这种转运体负责维持细胞内部高钾低钠的环境(见 1.3 节)。可兴奋的组织,比如肌肉和神经,以及主动参与 Na^+ 的转运的细胞,比如唾液腺和肾单位的细胞,具有高活性的 Na^+/K^+ 交换 ATP 酶。这些转运体消耗大约 60%～70% 的由肌肉和神经产生的 ATP,在个体处于安静状态时消耗大约 35% 的 ATP。

转运蛋白由一个 α 亚基(110kDa)和一个 β 亚基(55kDa)组成,也有人认为是由 2 个 α 亚基和 2 个 β 亚基组成的四聚体。α 亚基由 10 个跨膜的 α 螺旋组成(图 12.49),具有 ATP 酶的活性和转运活性,可以在特异的位点被可逆性的磷酸化,在离子转运的时候可以生成一个 β-天冬酰胺基磷酸。离子和 ATP 酶活性位点分布在 α 亚基的不同部位。β 亚基糖基化的程度很高,可以辅助 α 亚基合成后在膜上的定位并且具有稳定复合物的作用,同时也有可能参与离子的转运过程。存在于肾的转运体还包括一个 γ 亚基,可能对饱和动力学参数有影响。α 亚基的磷酸化需要 Na^+ 的结合和 Mg^{2+} 的辅助,但是并不需要 K^+,而去磷酸化的过程正好相反,需要 K^+ 而不需要 Na^+ 和 Mg^{2+}(图 12.50)。蛋白复合物有两种可以区别的构型,它们被分别定义为 E1 型和 E2 型转运蛋白。

Na^+ 和 K^+ 的转运过程是一个生电的转运过程,因为每转移出 3 个 Na^+ 只有 2 个 K^+ 转移进入细胞内,同时伴有一分子的 ATP 水解。因此这个过程使得胞外的正电势不断增加,并且是维持细胞膜电位差的一个重要的机制,只有当 Na^+ 和 K^+ 同时被转运时 ATP 才会被水解,转运的模式图见 12.51。在 Na^+ 和 K^+ 离子转运的过程中蛋白质会发

生构象的改变从而使得对两种离子的亲和力下降继而导致了离子向高浓度一侧的释放。

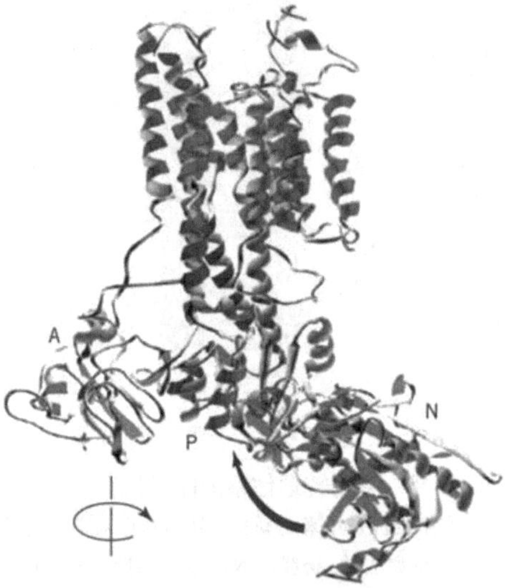

图 12.49　Na^+/K^+ ATP 酶的 α 亚基的结构示意图

图示的是与核苷酸结合的位点 N 和磷酸化位点 P，α 螺旋用蓝色和绿色来表示，β 折叠用红色和黄色来表示，螺旋圈用灰色表示

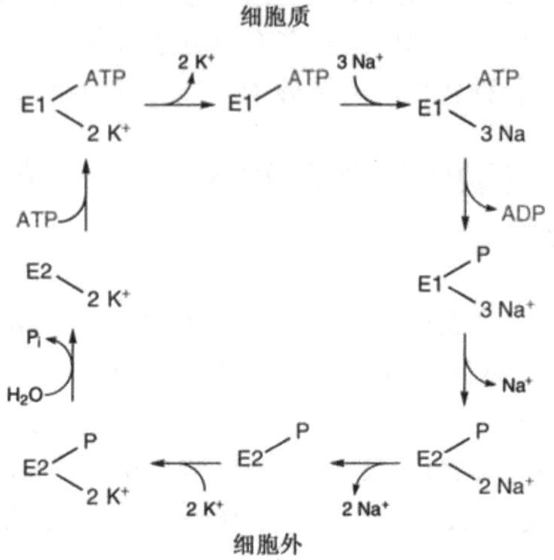

图 12.50　Na^+/K^+ ATP 酶水解放能转运 Na^+ 和 K^+ 的连锁反应示意图

E1 和 E2 表示酶的不同构象，酶的磷酸化需要 Na^+ 和 Mg^{2+}，去磷酸化需要 K^+

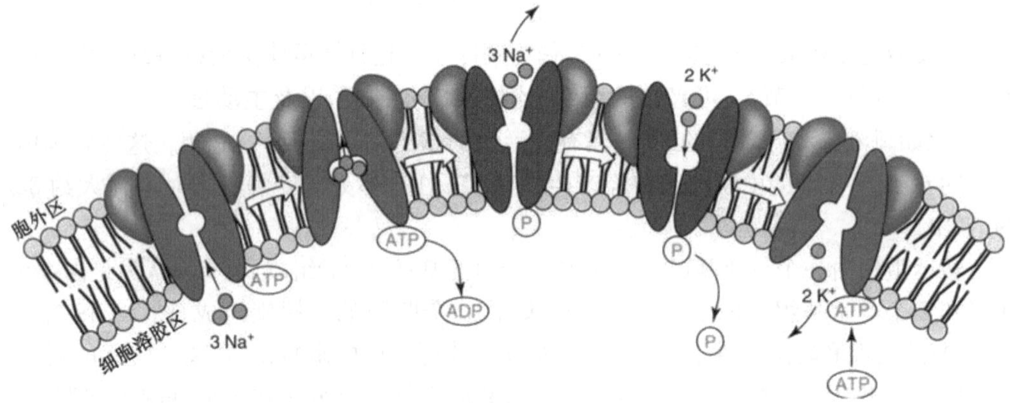

图 12.51　Na^+ 和 K^+ 跨膜转运示意图

(1)摄取 Na^+；(2)构象改变状态释放 Na^+；(3)构象改变状态摄取 K^+；(4)恢复到原始构象并释放 K^+。所有步骤见图 12.50

许多转运蛋白可以被多种不同的机制调节，包括底物的浓度、细胞骨架、抑制剂，以及多种激素。ATP 酶的活性需要磷脂的参与，在脑组织中二十二碳六烯酸（docosahexaenoic acid，长链多聚不饱和脂肪酸）的浓度同样会影响到 ATP 酶的活性。**强心类固醇（ditonic steroid）**，如**洋地黄（digitalis）**，是 Na^+/K^+ ATP 酶的抑制剂，可以增强心肌的收缩力并且可以改变心肌的顺应性。**哇巴因（ouabain）**（图 12.52）是 Na^+/K^+ ATP 酶的强抑制剂，通过结合该蛋白质在胞外的一个亚基而发挥作用。

Ca^{2+} 主动转运蛋白

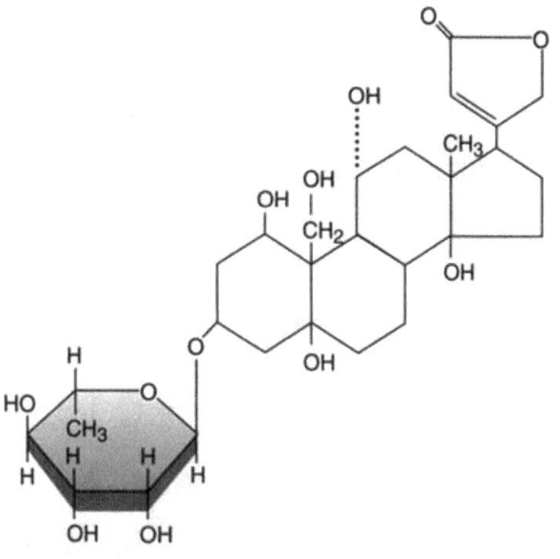

图 12.52　哇巴因的分子式示意图
它是一种 Na^+/K^+ ATP 酶的抑制剂

钙离子(**calcium**)是细胞内一种十分重要的信使分子,广泛参与从碳水化合物代谢到肌肉收缩的生理过程。细胞质中的 Ca^{2+} 浓度大约是 0.1μmol/L,比细胞外的浓度大约低 10 000 倍左右。细胞内的钙离子浓度可以通过下列方式快速提高:①内质网或者肌质网中的钙的释放;②细胞膜上钙离子通道的瞬间开放使钙离子顺浓度梯度内流(见 1.3 节)。为了重建胞内钙离子的低浓度环境,有两种 Ca^{2+} 转运蛋白发挥作用,一种将钙离子重新输送到内质网或者肌质网中;另一种则是将多余的 Ca^{2+} 重新送到细胞外。**Ca^{2+} ATP 酶**(**Ca^{2+}-transporting ATPase, Ca^{2+}-ATPase**)是 P 型转运蛋白,可以通过 ATP 在天冬氨酸残基上磷酸化,同样有 E1、E2 两种构型。

在肌肉细胞肌质网中的 Ca^{2+} ATP 酶(SERCA)对于肌肉细胞的缩张反应循环非常重要,在肌细胞中 80% 的膜内在蛋白质都是这种蛋白质并且覆盖细胞 1/3 的表面积(见 24.4 节)。这种蛋白质是由一条多肽链组成并且大约有 10 个跨膜的螺旋结构(图 12.53)。2 个钙离子逆浓度梯度,由细胞溶胶侧转向腔侧,需要克服巨大的浓度差(10^4 左右),转运的过程同时伴有 2 个氢离子的转运。在 E1 构象下蛋白质对钙离子的亲和力很高并且可从胞质中摄取钙,在 E2 构象下则对钙离子的亲和力很低并且开放向网腔(图 12.54)。钙离子结合时的构象和没有结合的构象有很大不同(图 12.53)。结合时两个钙离子被四个跨膜的螺旋结构包围在中间,肩并肩排列。有学者提出在肌质网中的 Ca^{2+} ATP 酶还参与了**非寒战产热**(**nonshivering thermogenesis**)的过程,通过与钙离子的结合导致 ATP 的分解,但是最后还是把钙离子送回胞质内,没有阳离子的转位。ATP 分解产生的能量则以热量的形式加以释放。一种小的肽段,**肌脂**(**sarcolipin**),可以增加热量的产生。

钙调蛋白调控的生物膜上的 Ca^{2+} 转运 ATP 酶

生物膜上的 Ca^{2+} 转运 ATP 酶(PMCA)主要分布在内质网膜上。现在已知的 PMCA 大约有 30 多种。与 SERCA 相比,这种转运蛋白分解一分子的 ATP 只转运一分子的 Ca^{2+}。在真核细胞中,这种转运蛋白是通过钙调蛋白(图 12.55)感知细胞内的 Ca^{2+} 水平来进行调节的。当细胞内 Ca^{2+} 浓度升高时,钙调蛋白就可以和钙离子进行结合,结合后的复合物与钙离子转运蛋白结合,从而降低其 K_m 值而增加对钙离子的转运,使细胞内的钙离子水平降低(20～0.5μmol/L)。当钙离子浓度恢复到其正常水平时(0.1μmol/L),钙离子与钙调蛋白复合物分解,钙转运蛋白也回复到其初始状态。钙调蛋白是细胞内几种与钙离子结合的蛋白质之一,还有**微清蛋白**(**parvalbumin**)和**肌钙蛋白 C**(**troponin C**),

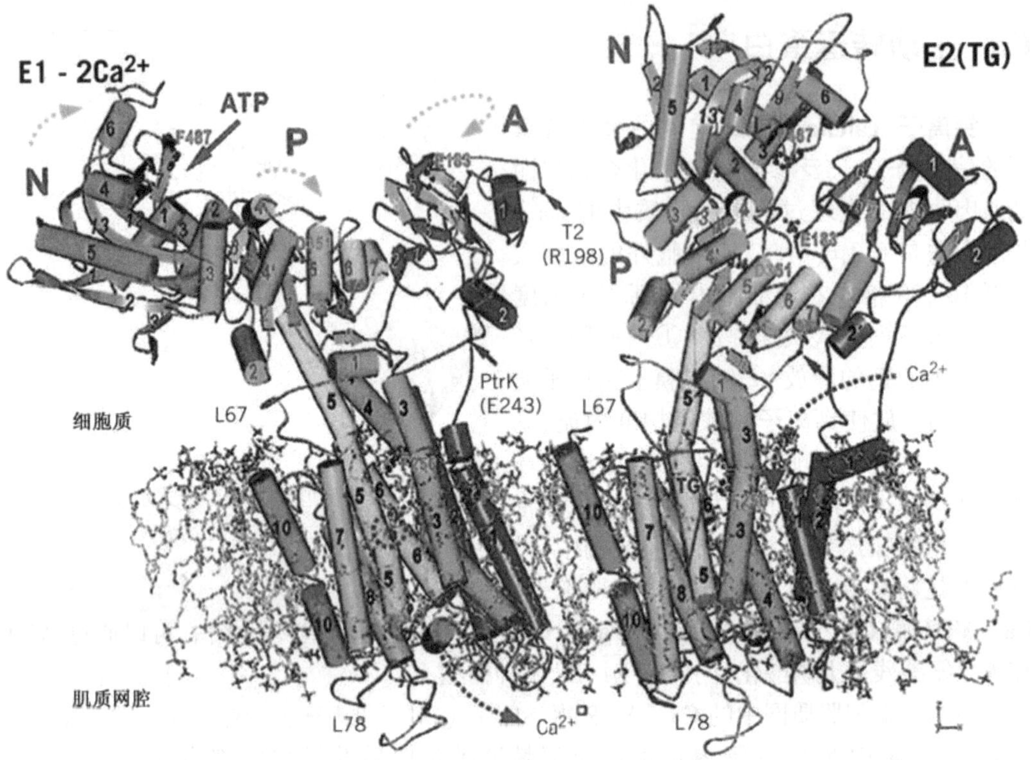

图 12.53　Ca^{2+} 转运 ATP 酶的结构示意图

图示肌质网上 Ca^{2+} 转运 ATP 酶的构象的改变；Ca^{2+} 的进出位点由紫色箭头表示，左侧图示结合 Ca^{2+}，右侧图示没有结合 Ca^{2+}

它们都有相似的结构。钙离子和钙调蛋白复合物也同时控制着其他一些受钙离子浓度调节的细胞活动过程。钙调蛋白(17kDa)呈哑铃型，两个圆形的末端由中间 7 个 α 螺旋连接，包括四个与钙离子结合的位点，其中两个高亲和力的在一端，两个低亲和力的在另外一端。钙离子与低亲和力的位点相结合可以引起钙调蛋白构象的改变，这个位点是疏水性的并且与它调控的蛋白质相互作用。每一个钙调蛋白都有螺旋-环-螺旋结构，钙离子就是与环结构相结合。在其他钙调蛋白中也有类似的结构。这种结构被称为 EF 手型结构，是由于在研究鼠骨肌钙蛋白时发现钙离子结合在钙蛋白的 E 螺旋与 F 螺旋结构之间而得名。

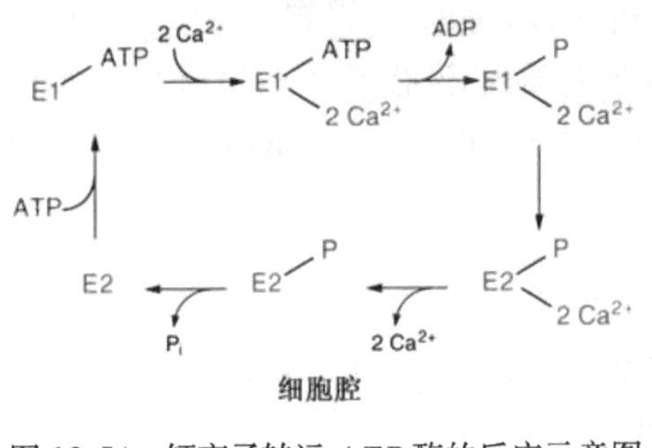

图 12.54　钙离子转运 ATP 酶的反应示意图

E1 和 E2 表示的是酶的不同状态

上述的两个大家族的钙离子转运蛋白具有一些相同的特性，例如，都对钙离子有很高的亲和力、其胞外的结构都很相似、催化亚基也具有相似的结构等。它们主要的不同在于其受调控的方式不同。

ATP 结合性盒型转运蛋白

从原核生物到真核生物都存在有**ATP 结合性盒型转运蛋白**(**ATP-binding cassette transporter,ABC**),它催化各种分子的转运。这个大家族有很多小的分支并且有 1000 多个基因,很多都存在于细菌中。已经有很多 ABC 转运体蛋白的基因被克隆出来,在人类基因组中大约有 49 个已经克隆。ABC 转运体蛋白存在于细胞外膜和细胞内膜的细胞器上,催化各种脂质(包括磷脂、长链脂肪酸等的转运)、肽段,以及一些毒性有机分子和一些化学物质的转运。在细菌中存在的 ABC 转运蛋白的功能非常广泛,可以转运离子、重金属离子、糖类、药物、氨基酸、肽段和蛋白质。这些转运体都有一些模块式的结构,包括 6 个跨膜区和 1 个 ATP 结合催化区。ATP 结合区高度保守,许多亚家族的 ATP 结合区域含有 2 个串联的跨膜区域和 2 个 ATP 结合位点(图 12.56)。ATP 结合会导致跨膜区构象的改变,但是 ATP 的水解并不会导致转运蛋白的磷酸化。具体的 ATP 水解释放能量的过程究竟怎样和溶质分子的转运相联系的机制还不清楚。

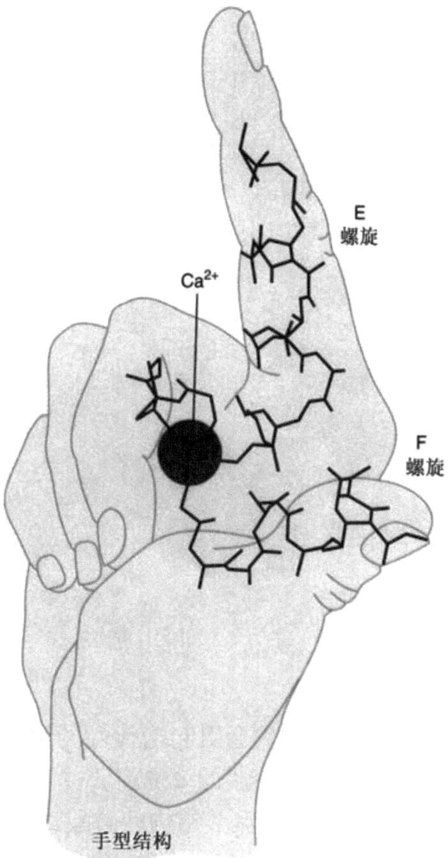

图 12.55　钙调蛋白的 Ca^{2+} 结合位点
钙调蛋白包括四个钙离子结合位点,每一个都含有螺旋-环-螺旋结构,Ca^{2+} 结合在连接有两个 α 螺旋结构的环中。这种结构在钙离子结合蛋白中非常多见被称之为 EF 手型结构

在人类 ABC 转运蛋白中有一个重要的亚家族,即**多重耐药相关基因家族**(**multidrug resistance family of gene, Mdr**)。这些基因的产物是一种糖基化蛋白,称为 **P-糖基化蛋白**(**P-glycoprotein**),这些蛋白质部分负责细胞内外源性化学物质的出胞过程。肿瘤细胞过表达这种基因可以增强其对化疗药物的耐药性,因为药物成分很快被转移出胞而很难达到有效作用浓度。其他一些 P-糖基化蛋白主要负责脂质分子,如三磷酸甘油酯等的出胞过程(见 26.7 节)。其他一些**多重耐药相关蛋白**(**multidrug resistance associated protein, MRP**)主要负责转运细胞内与谷胱甘肽、葡萄糖醛酸、硫酸盐结合的蛋白质。其中的一个成员对于葡萄糖醛酸胆红素由肝到胆汁的生理转运过程起着非常重要的作用(见 21.7 节)。另外一个重要的 ABC 转运蛋白是与钾通道相连的**硫胺尿素受体**(**sulfonylurea receptor**),它的主要功能是调节葡萄糖诱导的胰岛素分泌过程。

组织纤维化跨膜传导调节因子(**cystic fibrosis transmembrance conductance regulator, CFTR**)也是一种 ABC 转运蛋白,但是和其他这类蛋白质不同的地方在于它既是一种传导蛋白又是一个 Cl^- 通道蛋白。这个通道蛋白可以介导跨膜的盐分和脂质分子的运动。

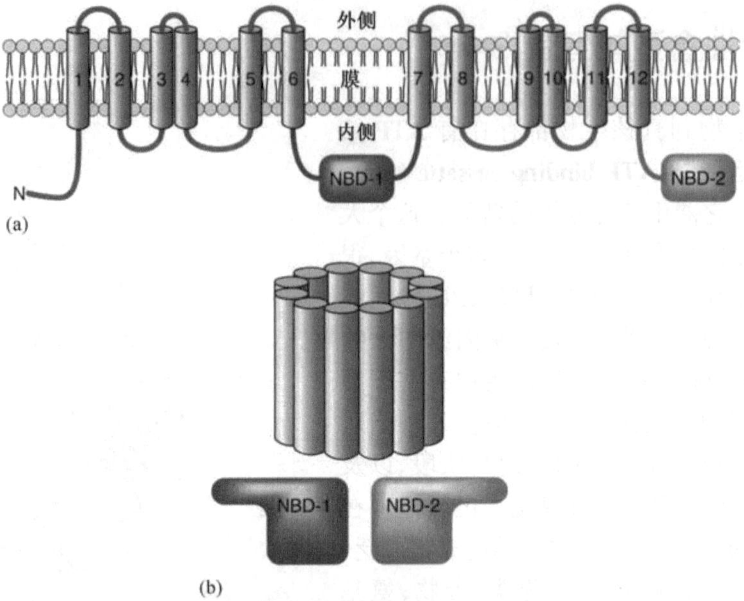

图 12.56　P 型糖蛋白的构型示意图

NBD-1 和 NBD-2 分别表示与核苷结合的区域

CFTR功能的缺失会引起遗传性的组织纤维化疾病。CFTR 共有 5 个不同的功能区，2 个功能区有 6 个跨膜的 α 螺旋，2 个与核苷酸结合的环状结构，还有 1 个可以调节的圆形结构(图 12.57)。调节结构的磷酸化可以对通道的活性进行调控而 ATP 的水解则控制着通道的开放。在 ATP 结合环状亚基 NBD-1 区的苯丙氨酸的缺失见于 70% 的组织纤维化的患者。因为这个缺失会妨碍 NBD-1 区的正确折叠。

与 ABC 转运蛋白相关的其他一些遗传性疾病(见临床相关知识 12.5)包括脑白质肾上腺萎缩症(adrenoleukodystrophy)、斯塔加特黄斑退化(Starardt macular dystrophy，一

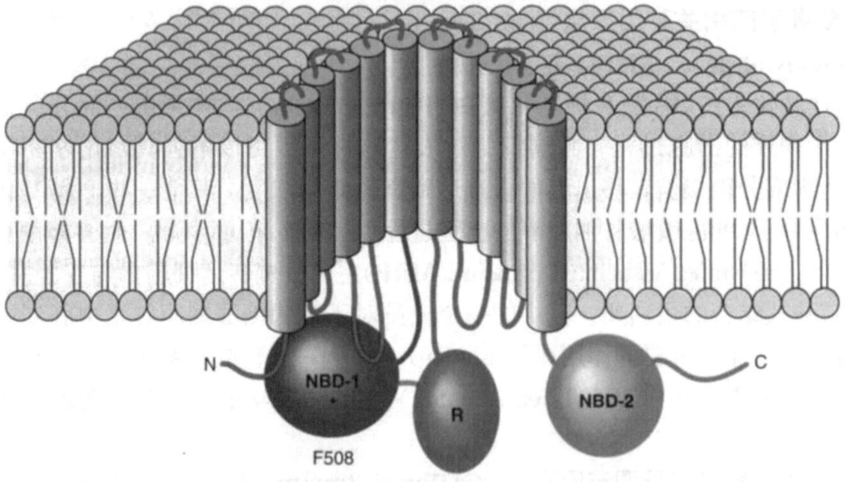

图 12.57　组织纤维化跨膜传导调节因子(CFTR)，ABC 转运蛋白的一种结构示意图

NBD-1 和 NBD-2 是 ABC 转运蛋白亚单位，R 是调节亚基，F508 是大约 70% 的囊性纤维化患者缺失苯丙氨酸的位置

种黄斑的遗传性退化病,导致视觉敏度的快速丧失)以及Dubin-Johnson综合征等。

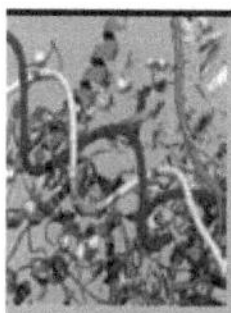

临床相关知识12.5
ABC转运蛋白超家族异常所致的疾病

ABC转运蛋白超家族包括很多亚族并且都含有保守的ATP结合区和各种各样的跨膜区。这个大家族的蛋白可以催化ATP水解并且转运各种各样的溶质分子,广泛分布于各种组织中。下面列出了ABC转运蛋白异常所致的一些疾病。

转运蛋白	亚型	疾病
ABCA1	磷脂	Tangier病
ABCG5	植物类固醇	谷固醇血症
ABCR	磷脂酰乙醇胺	青少年型斑点性视网膜炎
ABC7	离子?	贫血伴共济失调
BSEP	胆酸盐	家族性进展性肝内胆汁淤积
MRP1	外源性化学物质	多重耐药
MRP2	胆红素葡萄糖醛酸苷	Dubin-Johnson综合征
PGY3	长链磷酸卵磷脂	孕期胆汁淤积
TAP1	肽段转运体	强直性脊椎炎
		胰岛素依赖型糖尿病
		腹腔脏器疾病

要注意的是与ABC转运蛋白相关的遗传疾病可有各种病理表现,可以累及到全身各组织和生化代谢过程,要用整体的观点去认识。

Na^+依赖的次级转运蛋白

Na^+依赖的次级转运(Na^+**-dependent second active transport)**的机制广泛存在于所有细胞的外膜上。这类蛋白有400多种。Na^+的跨膜电化学梯度是Na^+伴随其他离子如糖类、氨基酸分子、无机离子和其他小分子的同向转运的原动力。图12.58所示的就是**Na^+-葡萄糖共同转运体(sodium/glucose cotransporter, SGLT)**在共同转运Na^+和D-葡萄糖的过程。在这个过程中,两个Na^+顺浓度梯度转运进细胞膜,同时伴有一分子的葡萄糖逆浓度梯度协同转运进细胞膜。钠离子浓度梯度虽然在这个过程中被降低,但是Na^+-K^+ ATP酶会通过其作用形成新的浓度梯度(见12.9节和图12.58)。所以,这种以消耗ATP实现的能量供给是间接方式,即以维持钠离子浓度梯度的形式参与共转运的,如果

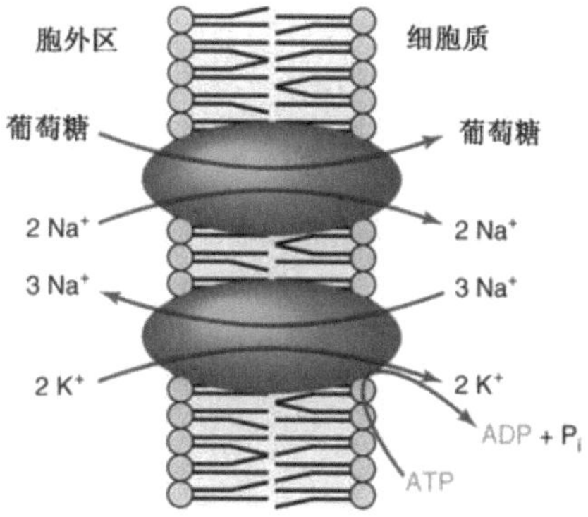

图12.58　Na^+依赖的葡萄糖同向跨膜转运过程

细胞内的ATP减少或者是抑制 Na^+/K^+ ATP酶的活性就会导致经由该机制的葡萄糖摄取的减少。

在动物细胞、酵母、细菌中迄今为止已经有超过37个SGLT基因家族的成员被鉴定出来，其中有4个在人体中表达。一些表达于肾脏上皮细胞的近曲小管，一些表达于小肠上皮(见26.5节)。所有的SGLT蛋白都有一个由13个螺旋结构组成的核心区域，但是也有其他类型，比如人类的SGLT1就有14个区段。SGLT可以在没有葡萄糖存在的条件下催化 Na^+ 和水分子的单向转运。我们这样认识这种转运机制，即 Na^+ 与空的转运载体相结合引起转运载体的构象发生改变从而使其对葡萄糖的亲和力增加，进而形成一个三元的复合物，诱导转运蛋白对 Na^+ 的释放和亚基向膜另一侧的转移。Na^+ 离子的释放会导致膜蛋白构象的改变从而使其对葡萄糖的亲和力减低，进而葡萄糖也释放出来，空载体再次回复到初始状态准备再次转运。

氨基酸在小肠上皮细胞的转运是由 **Na^+/氨基酸协同转运体**(**Na^+/amino acid co-transporter**)来完成的，至少有7种不同的协同转运体来转运不同类型的氨基酸(见26.4节)。跨膜的 Na^+ 离子浓度梯度也被用来作为转运其他一些离子的动力，包括 Cl^- 摄取的同向转运和 Ca^{2+} 出膜的逆向转运。

转运体系小结

在哺乳动物细胞中有着各种各样的转运体系，并且在很多种情况下多种转运载体转运同一种底物。表12.10列出了一些主要转运体系的特点。细胞膜表面可以有多种转运蛋白并且很多都转运同一种底物。在一个特定的时间点，膜上开放的主动转运蛋白的数目决定了转运速率。许多遗传性疾病都与转运体系的缺陷有关(见临床相关知识12.6)。

表12.10 哺乳动物细胞膜上具有代表性的转运体系

被转运溶质	转运机制	组织
糖类		
葡萄糖	被动转运	广泛分布
果糖	Na^+ 协同的主动转运	小肠和肾小管细胞
	被动转运	肠和肝
氨基酸		
氨基酸特异的转运体	Na^+ 协同的主动转运	肠道、肾、肝
特定的氨基酸	被动转运	小肠
其他有机分子		
ATP-ADP	逆向转运核苷酸，可主动转运	线粒体
抗坏血酸	Na^+ 协同的主动转运	广泛分布
生物素	Na^+ 协同的主动转运	肝
胆固醇	ABC主动转运蛋白	广泛分布
胆酸及去氧胆酸，牛磺胆酸	Na^+ 协同及ABC转运蛋白介导的主动转运	肠道和肝
二羟酸	Na^+ 协同的主动转运	肾

续表

被转运溶质	转运机制	组织
叶酸	主动转运	广泛分布
药物	ABC 主动转运蛋白	广泛分布
乳酸及一元羟酸	H^+协同的主动转运	广泛分布
神经递质（如 γ-氨基丁酸、去甲肾上腺素、谷氨酸、多巴胺）	Na^+协同的主动转运	脑
有机离子（如苹果酸、α-酮戊二酸、戊二酸）	逆浓度梯度转运	线粒体
肽（2～4 个氨基酸残基）	H^+协同的主动转运	肠
尿素	被动转运	红细胞与肾
无机离子		
H^+	主动转运	线粒体
H^+	主动转运、液泡 ATP 酶	广泛分布，溶酶体、内质网、高尔基体
Na^+	被动转运	肾远曲小管
Na^+，H^+	主动转运	小肠与肾近曲小管细胞
Na^+，K^+	主动转运（ATP 驱动）	所有细胞膜
Na^+，HPO_4^{2-}	主动转运	肾
Ca^{2+}	主动转运（驱动）	质膜和内质网，肌质网
Ca^{2+}，Na^+	主动转运	广泛分布
H^+，K^+	主动转运	胃黏膜分泌 H^+的壁细胞
Cl^-，HCO_3^-	被动转运	红细胞与肾

这些转运体系只是众多已知的转运体系中具有一定代表性的，许多体系只在几种组织中进行过研究，因此这些体系的实际分布可能更为广泛。ABC 表示 ATP 结合盒。

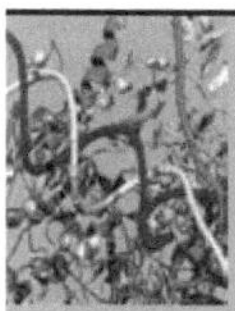

临床相关知识 12.6
膜转运体系缺陷引起的疾病

许多病理过程都与膜转运体系对特定的细胞组分的转运缺陷有关。例如，葡萄糖摄取障碍就与肠道中缺乏相应的与钠盐偶联的葡萄糖-果糖转运体有关。果糖吸收不良综合征也是由于转运体系的功能改变引起的。Hartnup 病患者的肠道和肾小管上皮细胞对中性氨基酸的吸收减少。胱氨酸尿症是由于肾脏对胱氨酸、赖氨酸、鸟氨酸的吸收障碍引起的，可以导致肾脏胱氨酸结石的形成。血磷酸盐过少性疾病、维生素 D 缺乏性佝偻病，是肾脏对磷酸盐的吸收障碍引起的。近来有报道由于多巴胺和肌酸吸收障碍以及线粒体的天冬氨酸和谷氨酸转运酶功能障碍引起的疾病。需要 ATP 供能的主动转运蛋白的功能障碍也与许多病理过程相关。

12.10 离子载体

离子载体是由细菌合成和分泌的一种介导无机离子向其他细胞转移的一类复合物。这种复合物属于非核糖体合成的通道蛋白(见 12.6 节)，并且分子质量与其他的大分子蛋白质相比很小。这类化合物主要包括两类：①可以在膜上自由扩散的通道蛋白；②通道形成蛋白，主要的离子载体见表 12.11。

表 12.11　主要的离子载体

化合物	被转运的离子	转运方式
真菌霉素	K^+ 或 Rb^+	单向转运，电子特异
无活性菌素	NH_4^+，K^+	单向转运，电子特异
A23187	$Ca^{2+}/2H^+$	逆向转运，电中性
尼日利亚菌素	K^+/H^+	逆向转运，电中性
莫能菌素	Na^+/H^+	逆向转运，电中性
短杆菌肽	H^+，Na^+，K^+，Rb^+	形成转运通道
丙甲菌素	K^+，Rb^+	形成转运通道

每一个离子转运体都有明确的离子特性。**真菌霉素(valinomycin)**(图 12.59)对 K^+ 的亲和力要比 Na^+ 强 1000 倍左右。而 A23187(图 12.60)对 Ca^{2+} 的亲和力要比 Mg^{2+} 强 10 倍左右。很多移动的离子载体具有环状结构，并且在核心部位有与氧原子等价的离子，在分子周围含有疏水性的基团。当被转运离子与载体螯合时，其水分子外壳被移开，离子被包围在疏水基团的外壳中。离子载体与被转运离子构成的复合物可以通过细胞膜进行自由扩散。因为离子和离子通道的结合是一个平衡反应，因此在膜的两侧形成的离子浓度梯度是相等的。

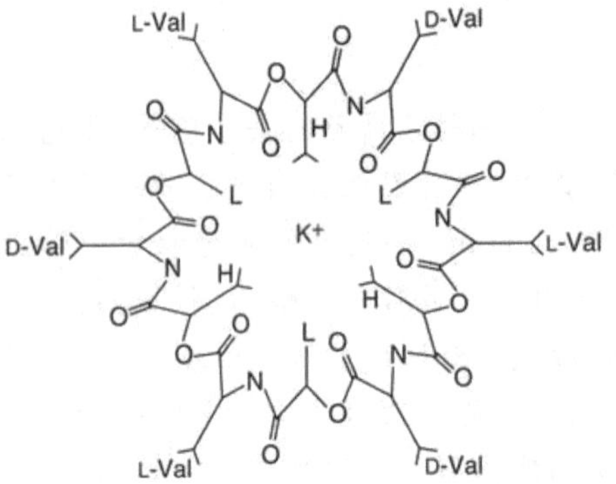

图 12.59　真菌霉素-K^+ 复合物的结构示意图

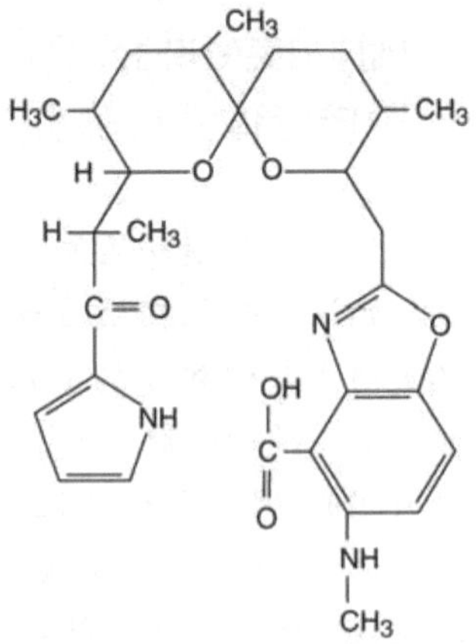

图 12.60　A23187，一种钙离子载体的结构示意图

真菌霉素对 K^+ 的转运采用单向生电的机制，因其对带正电荷的 K^+ 的转运可以在膜两侧形成 K^+ 的跨膜电化学梯度(图 12.61a)。**尼日利亚菌素(nigericin)**是一种电中性转运体，它的羧基基团解离时可以结合正电荷，如 K^+，导致中性的复合物的跨膜运动。扩

散回原位时携带一个质子,形成 K^+ 和 H^+ 的交换。

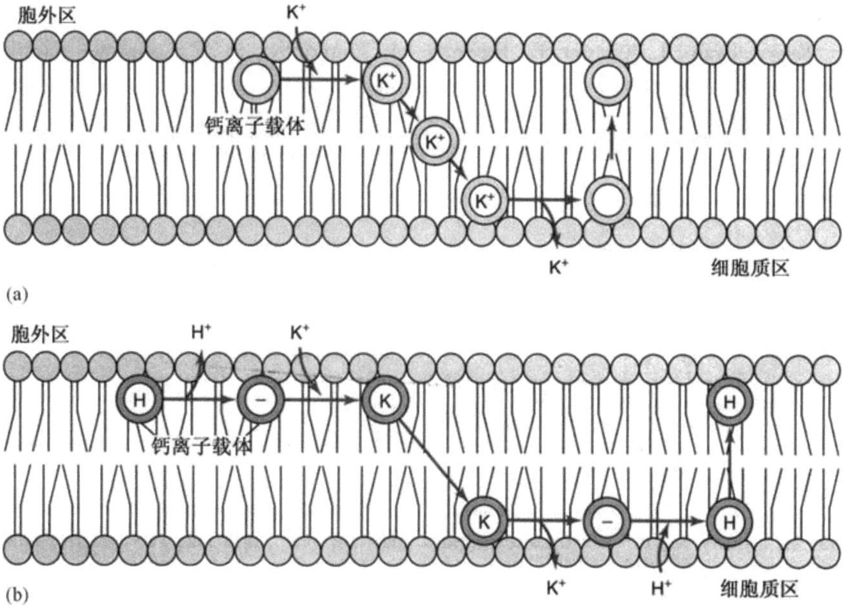

图 12.61　真菌霉素和尼日利亚菌素跨膜转运机制示意图

(a)真菌霉素转运钾离子示意图。(b)尼日利亚菌素转运示意图,I 表示的是离子载体,真菌霉素-K^+复合物带正电,所以转运过程是一个生电的过程,以膜为界形成电位差。尼日利亚菌素是在转运钾离子的同时逆向转运氢离子所以不伴有生电的过程

短杆菌肽 A(**gramicidin**)含有 15 个氨基酸残基(由 D-或 L-氨基酸构成)组成的短肽。在膜上它可以形成 β 螺旋并且可以二聚化,从而形成一个长的跨膜区段(25Å)和一个短窄的(5Å)跨膜通道(图 12.62)。极性的残基构成通道疏水性的基团则分布在通道的表面与脂质细胞膜相互作用。这种结构允许水分子和单价的阳离子通过通道但是对阴离子却没有通透性。单体之间的聚合和解聚的过程控制离子流入的速率。

离子通道还可以具有抗生素的活性,因为它们可以破坏细胞内部的离子平衡。在实验研究方面它们同样是重要的工具,这些研究包括探讨生物膜的离子转运机制以及操控细胞的离子组分等。

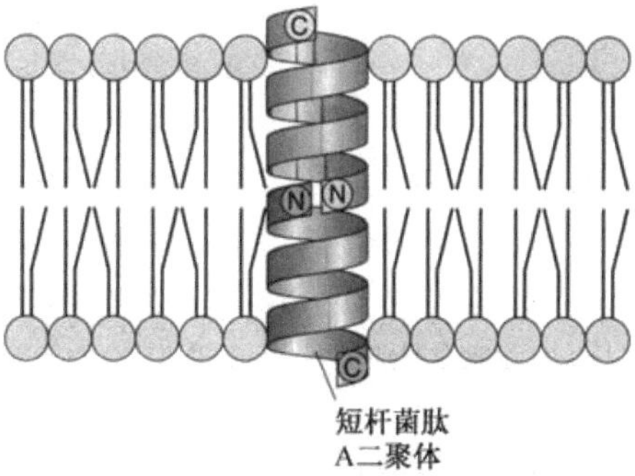

图 12.62　短杆菌肽 A 的示意图

两分子短杆菌肽 A 通过氨基末端的氢键相互连接在膜上形成离子通道

参考书目

General

Dobler, M. *Ionophores and Their Structure*. New York: Wiley-Interscience, 1981.

Gil, T., Ipsen, J. H., Mouritsen, O. G., Sabra, M. C., Sperotto, M. M., and Zuckermann, M. J. The theoretical analysis of protein organization in lipid membranes. *Biochim. Biophys. Acta* 1376:245, 1998.

Jones, M. N. *Micelles, Monolayers, and Biomembranes*. New York: Wiley-Liss, 1995.

Maxfield, F. R. Plasma membrane microdomains. *Curr. Opin. Cell Biol.* 14:483, 2002.

Scott, H. L. Modeling the lipid components of membranes. *Curr. Opin. Struct. Biol.* 12:495, 2002.

Van Winkle, L. J. *Biomembrane Transport*. San Diego: Academic Press, 1999.

Membrane Structure

Daleke, L. D. and Lyles, J. V. Identification and purification of aminophospholipid flippase. *Biochim. Biophys. Acta* 1486:108, 2000.

Gregoriadis, G. Engineering liposomes for drug delivery: progress and problems. *Trends Biotechnol.* 13:527, 1995.

Ikezawa, H. Glycosylphosphatidylinositol (GPI)-anchored proteins. *Biol. Pharm. Bull.* 25:409, 2002.

McMurchie, E. J. Dietary lipids and the regulation of membrane fluidity and function. In: Aloia, R. C., Curtain, C. C., and Gordon, L. M. (Eds.), *Physiological Regulation of Membrane Fluidity*. New York: Liss, 1988, p. 189.

Pike, L. J. Lipid rafts: Heterogeneity on the high seas. *Biochem. J.* 378:281, 2004.

Roth, M. G. Phosphoinositides in constitutive membrane traffic. *Physiol. Rev.* 84:699, 2004.

Rothman, J. E. and Lenard, J. Membrane asymmetry. *Science* 195:743, 1977.

Simons, K. and Ehehalt, R. Cholesterol, lipid rafts, and disease. *J. Clin. Invest.* 110:597, 2002.

Transport Processes

Borgnia, M., Nielsen, S., Engel, A, and Agre, P. Cellular and molecular biology of the aquaporin water channels. *Annu. Rev. Biochem.* 68:425, 1999.

Borst, P. and Elferink, R. O. Mammalian ABC transporters in health and disease. *Annu. Rev. Biochem.* 71:537, 2002.

Carafoli, E. and Brini, M. Calcium pumps: Structural basis for and mechanism of calcium transmembrane transport. *Curr. Opinion Chem. Biol.* 4:152, 2000.

Chapman, D. E. TRP channels as cellular sensors. *Nature* 426:517, 2003.

Chin, D. and Means, A. R. Calmodulin: A prototypical calcium sensor. *Trends Cell Biol.* 10:322, 2000.

Davis, L. I. The nuclear pore complex. *Annu. Rev. Biochem.* 64:865, 1995.

Dutzler, R., Campbell, E. B., and MacKinnon. Gating the selectivity filter in ClC chloride channels. *Science* 300:108, 2003.

Facciotti, M. T., Rouhani-Manshadi, S., and Glaeser, R. M. Energy transduction in transmembrane ion pumps. *Trends Biochem. Sci.* 29:445, 2004.

Hatta, S., Sakamoto, J., and Horio, Y. Ion channels and diseases. *Med. Electron Micros.* 35:117, 2002.

Holland, I. B., Kuchler, K., Higgins, C, and Cole, S., eds. *ABC Proteins: From Bacteria to Man*. London: Academic, 2002.

Jung, H. The sodium/substrate symporter family: Structural and functional features. *FEBS Lett.* 529:73, 2002.

Kakuda, D. K. and MacLeod C. L. Na^+-independent transport (uniport) of amino acids and glucose in mammalian cells. *J. Exp. Biol.* 196:93, 1994.

Kaplan, J. H. Biochemistry of Na, K-ATPase. *Annu. Rev. Biochem.* 71:511, 2002.

Lee, A. G. A calcium pump made visible. *Curr. Opin. Struct. Biol.* 12:547, 2002.

Leo, T. W. and Clarke, D. M. Molecular dissection of the human multidrug resistance P-glycoprotein. *Biochem. Cell Biol.* 77:11, 1999.

Miyazawa, A., Fujiyoshi, Y., and Unwin, N. Structure and gating mechanism of the acetylcholine receptor pore. *Nature* 423:949, 2003.

Murata, K., Mitsuoka, K., Hirai, T., Walz, T., Agre, P., Heymann, J. B., Engel, A., and Fujiyoshi, Y. Structural determinants of water permeation through aquaporin-1. *Science* 407:599, 2000.

Nielsen, S., Frøkiær, J., Marples, D., Kwon, T., Agre, P., and Knepper, M. A. Aquaporins in the kidney: From molecules to medicine *Physiol. Rev.* 82:205, 2002.

Peracchia, C. (Ed.) *Gap Junctions: Molecular Basis of Cell Communication in Health and Disease*. San Diego: Academic Press, 2000.

Poole, R. C. and Halestrap, A. P. Transport of lactate and other monocarboxylates across mammalian plasma membranes. *Am. J. Physiol.* 264:C761, 1993.

Saier, M. H. A functional–phylogenetic classification system for transmembrane solute transporters. *Micro. Mol. Biol. Rev.* 64:354, 2000.

Scarborough, G. A. Structure and function of the P-type ATPases. *Curr. Opin. Cell Biol.* 11:517, 1999.

Toyoshima, C. and Inesi, G. Structural basis of ion pumping by Ca^{2+}-ATPase of the sarcoplasmic reticulum. *Annu. Rev. Biochem.* 73:269, 2004.

Wright, E. M. and Turk, E. The sodium/glucose cotransport family SLC5. *Eur. J. Physiol.* 447:510, 2004.

习题和参考答案

选择题

1. 下列哪种方式不是表面膜蛋白同细胞膜的连接方式：
   A. 同细胞内的蛋白质相连接
   B. 磷脂和蛋白质的阳性带电基团以电子键互相连接
   C. 通过蛋白质一端短的疏水基团相连接
   D. 通过蛋白质分子羧基端带电的羧基基团相连接
   E. 通过非共价键与膜上的三磷酸甘油酯相连接

2. 转运体系的特点包括：
   A. 溶质分子非特异的与转运蛋白相连
   B. 在转运过程完成后转运蛋白从膜上脱离
   C. 转运的速率直接取决于溶质分子的浓度
   D. 只把溶质分子释放到比原来浓度低的一侧
   E. 是一种将转运的溶质分子从膜的一侧转移到另外一侧的体系

3. 关于 Ca^{2+} 的跨膜转运，下列说法正确的有：
   A. 是一种被动转运过程
   B. 是同向协同转运
   C. 过程包括了 ATP 对丝氨酸残基的磷酸化过程

D. 转运体可以被 Ca^{2+}-钙调蛋白复合物所调节

E. 保持细胞内的钙离子浓度比细胞外的钙离子浓度高

4. 关于膜上的三磷酸甘油酯和鞘脂，下列说法正确的有：

A. 都含有磷

B. 都是双亲极性分子

C. 各自都有带电基团但都是兼性离子

D. 两者在膜上分布所占的比重相等

E. 都含有一个或者多个单糖

5. 下列关于离子载体通道的表述都是正确的除了：

A. 介导离子的转运过程需要消耗代谢能量

B. 可以跨膜分布

C. 可以在膜上形成通道以便转运相应的离子

D. 介导离子转运的过程中可以在膜两侧形成电位差

E. 对要转运的离子具有相对特异性

6. 细胞通过水通道来介导水分子的跨膜转运因为通过自由扩散的方式水分子跨膜运动的效率太低，关于水通道，下列表述正确的是：

A. 可以介导水分子和一些小分子的转运

B. 可以转运 H_3O^+ 所以可以降低膜内外的 pH 梯度

C. 是分布在膜上的表面膜蛋白

D. 形成的通道可以让水分子流入

E. 开放和关闭没有特定的调控机制

问题 7 和 8：口服和静脉给药有两个最主要的问题就是缺乏组织特异性和代谢过快，所以其药物的有效作用时间很短。为了克服这些问题的一个尝试就是用脂质体包裹药物，一些药物也因此获得了更长的作用时间。用脂质体包裹来获得更高的组织特异性。脂质体对于研究生物膜的特性也非常重要，因其具有和生物膜相似的结构。许多我们对生物膜的认识都来源于对脂质体的研究。

7. 细胞膜的典型特点是：

A. 90% 都是磷脂

B. 含有膜内在蛋白质和膜周边蛋白质

C. 含有胆固醇酯

D. 含有以单体形式存在的糖如葡萄糖

E. 含有大量的三酰甘油

8. 下列关于细胞膜的表述中哪些是正确的？

A. 微小功能区，又称之为脂筏，在细胞膜上的位置是固定的

B. 两层脂质膜在脂质成分的构成上是完全一样的

C. 正如脂质体所表现出的那样，膜表面的液化程度非常高

D. 胆固醇含量的增加会增加膜的流动性

E. 脂质转运体可以催化两层膜上的脂质相互转移

9. 关于膜通道：

A. 在蛋白质结构上有一个很大的水性区域所以选择性不高

B. 通常含有两个 α 螺旋

C. 只有膜上的电势发生变化才会开放和关闭

D. 与间隙连接很相似

E. 只允许溶质分子从膜外向膜内转运

10. 关于 ATP 结合盒（ABC），表述正确的是：

A. 每一个都有一个负责离子转运的跨膜区和一个 ATP 催化区

B. 转运是都要形成通道

C. 只在真核细胞中表达

D. 每一种都有两种功能即形成通道和调节溶质分子的传导效率

E. 都是 P 型糖基化蛋白

问题 11 和 12：对一些细胞组分的转运障碍会导致一些列疾病，在 Hartnup 病就是肠道和肾小管对中性氨基酸的吸收障碍引起的。如果是肠道葡萄糖果糖转运体障碍就会对葡萄糖的吸收出现障碍。在这些疾病中是 Na^+/氨基酸或者 Na^+/葡萄糖共同转运体出现了障碍。

11. 在这种转运体系：

A. Na^+ 和氨基酸或者 Na^+/葡萄糖是反向转运的

B. 利用的是钠离子的跨膜浓度梯度来逆浓度梯度转运另外一种溶质分子

C. 转运过程中伴有 ATP 的水解

D. 也是由多重耐药相关基因家族的基因编码的

E. 是膜上转运葡萄糖的唯一的机制

12. 维持膜内外 Na^+ 和 K^+ 离子浓度的转运蛋白依靠的是另外一种不同的机制

A. 转运蛋白是一种钠钾 ATP 酶
B. 钠钾是同向转运
C. 对 Na^+ 可以是出膜转运也可以是入膜转运
D. 是一个电中性的转运体系，转运过程不伴有膜两侧电位差的改变
E. 在膜上，水解 ATP 的过程不依赖于钠钾离子的转运

问答题

13. 画一张溶质跨膜转移速率随溶质分子浓度变化的示意图，溶质分子分别是(a)O_2；(b)红细胞摄取葡萄糖的过程。
14. 骨骼肌细胞膜上的乙酰胆碱受体属于哪一类的转运蛋白？它是怎样调控的？

参考答案

1. D　单独靠静电作用可能不够。A：一个例子就是红细胞膜上的锚定蛋白与离子通道相连接就是这种方式。B：正确，有时也需要带负电的磷脂。C：这将插入到脂质双分之层中。E：是通过一个特定的功能区与三磷酸甘油的头部相连。
2. E　对于溶质分子的跨膜转运过程来说这是必不可少的。A：结合是有特异性的。B：恢复到初始状态是膜转运蛋白的特性之一。C：只有在溶质分子浓度低时转运蛋白才显示出饱和动力学特性。D：主动转运蛋白可以逆浓度梯度转运。
3. D　在真核生物细胞膜上是这样的。A，B：钙离子的转运过程是主动转运。C：像钠钾 ATP 酶是在天冬氨酸上磷酸化的。E：是细胞外的钙离子浓度较高。
4. B　这个特性对于它们在膜上的功能来说是必需的。A：鞘脂并不含有磷。C：脑苷脂并不带电，一些磷酸甘油酯和鞘磷脂是中性的，其他的带负电。D：磷酸甘油酯的质量通常比鞘脂大得多。E：只有鞘脂含有单糖。
5. A　离子通道载体是通过被动转运机制进行作用的。B，C：离子通道载体总共有两类。D：真菌霉素转运钾离子是单向转运。E：真菌霉素对钾离子的亲和力要比钠离子高 1000 倍。
6. D　它们形成一个二聚物以形成一个特殊的孔洞。A：这是对脂质水通道的描述。B：不转运 H_3O^+。C：是膜内在蛋白质。E：通道是需要调控的。
7. B　一些蛋白质是膜内在蛋白质而另外一些是膜周边蛋白质。A：并没有占有这么大的分量。C：胆固醇在膜上并不被酯化。D：所有在膜上的糖类都是以糖蛋白和糖脂的形式存在的。E：这只是占有一小部分的组分。
8. E　不对称性是由 ATP 依赖的翻转酶所维持的。A：它们是在膜上自由分布的并且可以聚集成大的功能区。B：并不完全相同。C：膜表面上流动性最高的位置在中心。D：胆固醇是一种降低膜流动性的分子。
9. B　α螺旋可以形成通道。A：通道是有特异性的。C：电压门控性通道是这样调节的但是像乙酰胆碱类通道就不是。D：间隙连接是由几个膜通道连接在一起形成的。E：溶质分子可以根据浓度梯度在膜两侧移动。
10. A　这是最基本的特性。B：它们有几种不同的转运机制，既可以作为转运体也可以作为受体。C：原核细胞和真核细胞都有。D：CFTR 并不具有这些功能。E：一些是，另外一些却不是。
11. B　这些是 Na^+ 离子依赖的次级转运蛋白。A：是同向转运。C：ATP 是用来维持 Na^+ 的浓度梯度的，但并不是在转运氨基酸或者葡萄糖的过程中水解。D：Mdr 是 ABC 转运蛋白。E：葡萄糖同样能够以被动机制转运。
12. A　钠钾转运蛋白是一种钠钾 ATP 酶，是一种逆向的生电转运过程。
13. 见图 12.33。(a)O_2 是通过自由扩散的方式跨膜传递的，其转运速率随着溶质浓度的增加而增加，不存在饱和的现象。(b)红细胞摄取葡萄糖是一个通过受体介导的被动的转运过程，所以其转运速率呈现出饱和动力学特性。

14. 这种通道又被称之为烟碱-乙酰胆碱通道,是典型的受体调节的离子通道。乙酰胆碱与膜上的乙酰胆碱受体相互作用,引起受体蛋白的构象发生改变进而使通道开放,阳离子(不是阴离子)内流,随后乙酰胆碱被水解通道也随之关闭。

(杨朝旭　译)

13

信号转导基础知识

George R. Dubyak

13.1 总论

细胞和组织之间的交流或信号转导包括两个方面:其一是胞间信号转导,一个细胞通过细胞外环境向另一个细胞(靶细胞)传递信息;其二是胞内信号转导,这指的是靶细胞接收信号后对细胞内信号蛋白逐级调控并最终改变其在新陈代谢、基因表达、细胞运动和膜转移中的作用(图 13.1)。这种胞间、胞内信号联合作用使不同组织或器官间的两个细胞通信交流成为可能,从而使整个器官系统处于稳定状态。下面的论述会有助于读者弄清楚细胞内分泌、突触、旁分泌和自分泌的相似与不同,同时也会探讨细胞信号转导过程中所涉及的主要元素,如受体、效应物、第二信使、G 蛋白、蛋白激酶等。

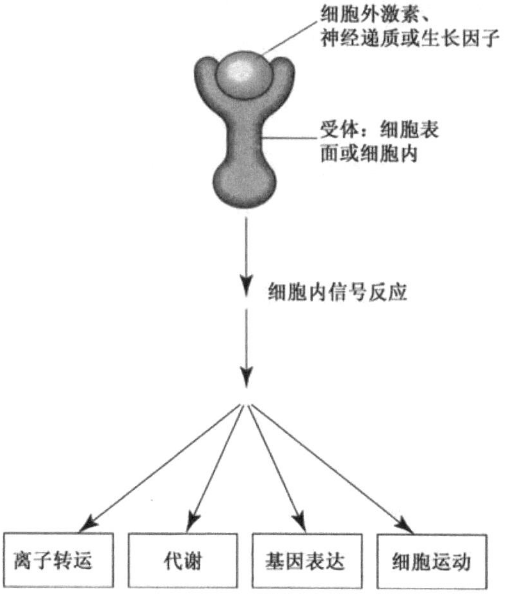

图 13.1 细胞水平信号转导通路的基本元件

13.2 细胞间信号转导

细胞间信号转导的两种基本模式

细胞间信号转导是指：一个细胞（信号发送细胞）通过发送信息来改变另一个细胞（靶细胞或接受细胞）的功能机制。两个细胞之间可以通过多种方式进行交流（如相互信息传递）（图 13.2）。第一种方式要求细胞之间有直接的接触，被称为**近分泌**或**接触依赖模式**（**juxtacrine** or **contact-dependent**）。第二种信号模式中信号发送细胞不需要直接与靶细胞接触，而是释放一种**分泌素分子**（**secreted molecule**），这种分子通过细胞外环境扩散至靶细胞并与其受体蛋白相互作用，从而引起靶细胞胞内信号的激活和功能改变。因此，后一种模式允许两个细胞间长距离的信号传递，例如，不同组织器官间的细胞信号转导。分泌信号分子有 4 种主要的形式：**内分泌**（**endocrine**）、**旁分泌**（**paracrine**）、**自分泌**（**autocrine**）和**神经元突触**（**synaptic**），这 4 种方式因以下的不同而分类：①信号细胞与靶细胞的实际距离；②分泌分子的生化本质。

近分泌或接触依赖信号

在**近分泌信号传递**（**juxtacrine signaling**）中，细胞间相互交流的方式有两种：①通过间隙连接通道，这种间隙允许邻近细胞间的离子或者代谢物直接穿过；②通过信号发送细胞的膜表面蛋白与靶细胞膜表面的受体蛋白结合（图 13.2a），这种反应改变了靶细胞受体蛋白的结构并触发其后续的信号转导，从而改变靶细胞的一系列功能。近分泌形式信号转导的重要元素是细胞间起黏附作用的各种蛋白质。

内分泌信号

内分泌是指近或远距离细胞间的信号传递。腺体组织中的发送细胞合成、包装并分泌一种被称为激素的信号分子（图 13.2b）。从定义上讲，激素是分泌入血液并长距离运送至靶细胞的一类分子。这是一种远距离广播式的信号传播形式，血液会运载激素到多数组织中的大部分细胞中去。虽然多数人体内的细胞都要暴露在激素中，但只有能产生相应受体蛋白的细胞才能成为激素的靶细胞。内分泌信号有两个重要特征：其一，因为激素被分泌到整个血液中，所以当它到达外周组织靶细胞时已经被稀释许多倍。即使腺体分泌量达到最大值，激素在血液和组织间隙中的浓度通常也会很低（例如，10^{-12}～10^{-9} mol/L），这就要求靶细胞对激素有较高的亲和力和选择特异性。高亲和力的结果是：一旦激素和靶细胞上的受体结合，就不会解离。其二，由于血液的较大体积或容积，激素浓度的升高或降低都需要花费相当长的时间。激素分泌之后，在血液和组织液中的浓度可持续升高数十分钟甚至数个小时。以上两个方面对靶细胞终止对激素的应答机制有着重要的影响，并且还确保了对靶细胞的信号传递可持续较长时间。

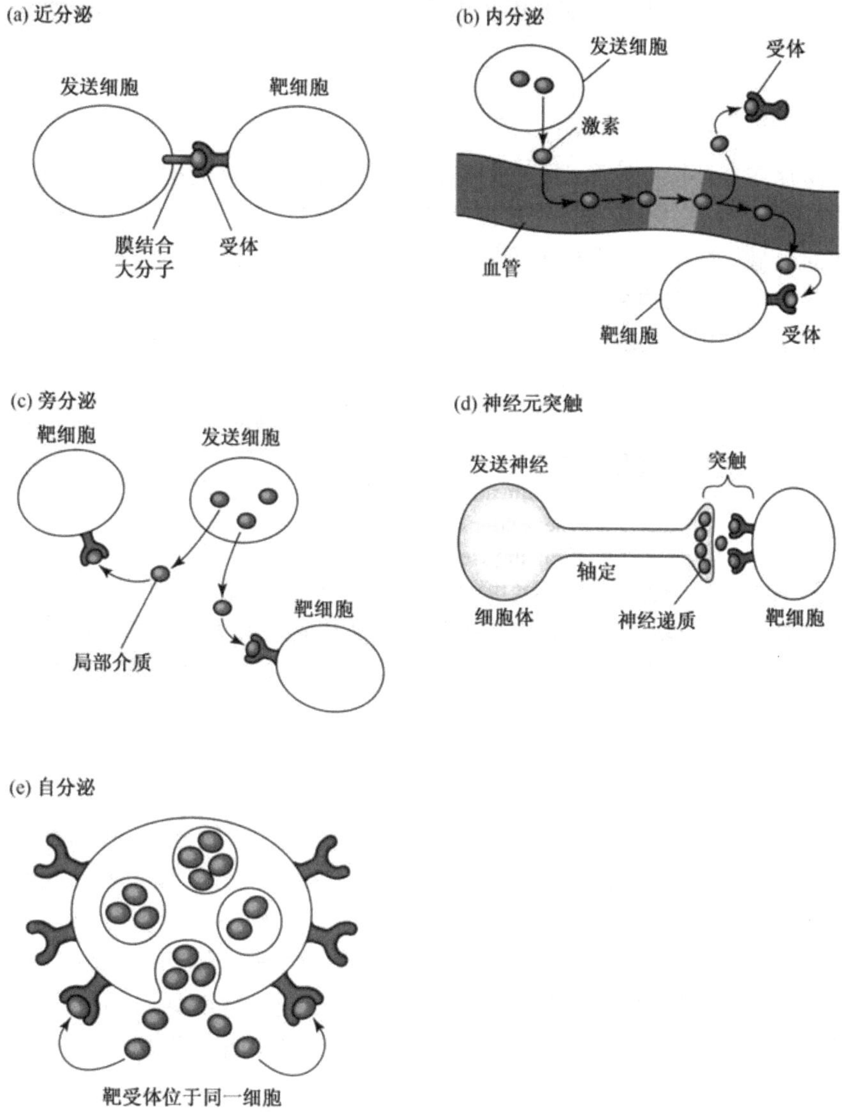

图 13.2　五种主要的细胞间信号转导模式

旁分泌信号

旁分泌信号中发送细胞分泌的信号分子并不通过血液进行长距离运输，而是分泌到发送细胞附近或周围的环境中去(图 13.2c)。这种方式极大地限制了分泌分子传播的距离(通过被动扩散)，并因此决定了其靶细胞只能是信号发送细胞周围的细胞，基于此，旁分泌信号也被称为“局部调节信号”。因为这种分泌分子不会因远距离的传输而被稀释(类似激素)，它可以在靶细胞附近聚集并形成很高的浓度(例如，$10^{-9}\sim10^{-6}$ mol/L)，所以它的靶细胞受体与它的结合能力通常会很低。低结合力意味着当细胞外局部调节信号浓度下降时，它很容易和靶细胞受体蛋白解离。而且，因为这种调节信号只是分泌到它周边很小的细胞外环境区，所以它在靶细胞附近聚集与浓度的升高都只是短时间的，它会很快地扩散和稀释到更大的组织空间中。因此,旁分泌信号被用于在细胞间快速和局部的交流应答。

突触或神经信号

旁分泌存在一种特殊的形式,它被神经细胞用于进行特殊的细胞扩展(轴突),从而直接作用临近靶细胞——通常是另一种神经细胞或肌肉细胞(图 13.2d)。神经细胞与其靶细胞之间的突触形成了一种严格的细胞外环境,这种环境中神经分泌的信号分子称为神经递质。基于这种特殊的突触几何结构,神经递质只能作用于距离很近的靶细胞。因为细胞间的短距离作用和突触容量的严格控制,神经递质到达靶细胞的局部浓度非常高(微摩尔级到毫摩尔级,$10^{-6}\sim10^{-3}$ mol/L)。因此,靶细胞受体与神经递质的结合力相对也较低。这种低亲和力确保神经递质随局部浓度的降低可迅速与其受体解离。这对神经递质作用的快速终结起着重要的作用。

自分泌信号

旁分泌信号的另一种形式是一个细胞既是信号发送细胞又是靶细胞(图 13.2e)。自分泌信号多见于胚胎/新生儿组织和器官发育中以及成人的免疫和炎症应答系统中。自分泌的特点和无突触的旁分泌很相似,只是信号发放细胞同时也是能产生受体蛋白的靶细胞。

分泌的信号分子

许多生物分子包括蛋白质、糖蛋白、多肽、氨基酸、胺、脂质(脂肪酸和类固醇)、核苷酸,甚至一些气体(如 NO)都可以作为信号分子。这些信号分子最主要的区别在于它们的大小和水溶性。内分泌的激素通常是分子质量很大的蛋白质、糖蛋白、聚合多肽或稍小的肽链和类固醇。突触神经递质通常是分子质量很小的简单分子,例如,氨基酸(如谷氨酸酯和甘氨酸)、可取代的胺(如肾上腺素和乙酰胆碱)、核苷酸(如 ATP)或者小的肽链。旁分泌信号和自分泌信号的种类很多,包括蛋白质、多肽、简单的有机分子、脂肪酸衍生物等(如前列腺素)。

13.3　分泌信号分子的受体

分泌信号分子受体大体上被分为两类:**胞内受体**(**intracellular receptor**)和**膜受体**(**cell-surface receptor**)(图 13.3)。疏水的信号分子如类固醇激素和一些特殊维生素,容易跨膜进入靶细胞。它们一旦进入靶细胞,就会与**胞内受体**蛋白相结合并进入细胞核内,从而调控核内的转录过程。

胞内受体包括类固醇激素、维生素 D_3 衍生物、维甲酸和甲状腺激素受体(图 13.3a),这些受体组成了结构上非常相似的蛋白质族群。一些受体是胞质体蛋白,只有结合与它们同类的激素才可以进入细胞核内;另一些受体不必结合激素就可以进入细胞核。所有的激素结合受体以二聚体(同源或异源)形式发挥作用,与各基因上游调节元件中的特定

DNA 序列结合,增强或减弱转录活性从而改变这些基因编码蛋白质的表达。因能够改变基因的表达,胞内受体活性会长时间地改变靶细胞的功能(数小时或数天)。这类受体的结构与功能在 13.4 节有更为详细的论述。

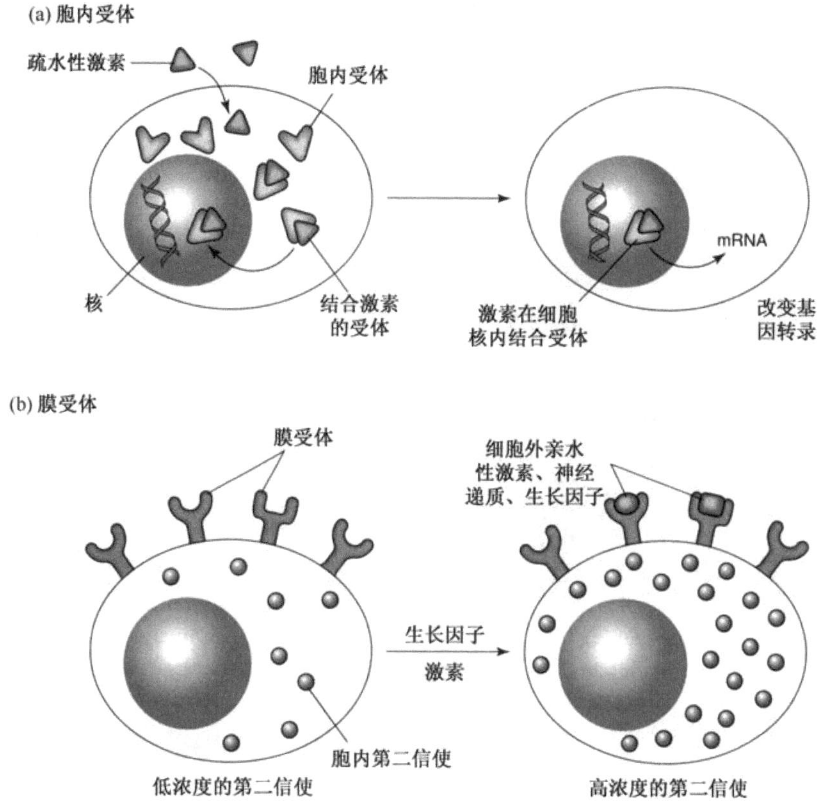

图 13.3　胞内受体与膜受体特性对比

膜受体(**cell-surface receptor**)是大量信号分子的识别位点。这些信号分子有的太大(蛋白质或多肽激素),有的亲水性太强而不能快速穿过细胞膜。这种信号分子通过与膜受体(膜内在蛋白质)的结合与靶细胞相互作用(图 13.3b)。膜受体蛋白可介导大量的胞内生化反应,被称为**信号转导级联**(**signal transduction cascade**)或**通路**(**pathway**)。膜受体与信号分子结合以后,其结构将发生改变并产生以下的结果:①产生被定义为**第二信使**(**second message**)(胞外的信号被认为是第一信使)的胞内信号分子;②改变细胞膜等离子区的电势;③蛋白激酶、蛋白磷酸酶或蛋白酶被级联激活。从结构和功能上分,有四种最主要的受体超家族,调控着细胞间大多数的信号转导通路(图 13.4)。这四种超家族包括:**配体门控离子通道受体**(**ligand-gated ion channel receptor**)、**酶偶联**(**enzyme-linked**)或**催化性受体**(**catalytic receptor**)、**细胞因子家族受体**(**cytokine family receptor**)和 **G 蛋白偶联受体**(**G-protein-coupled receptor**,**GPCR**)。

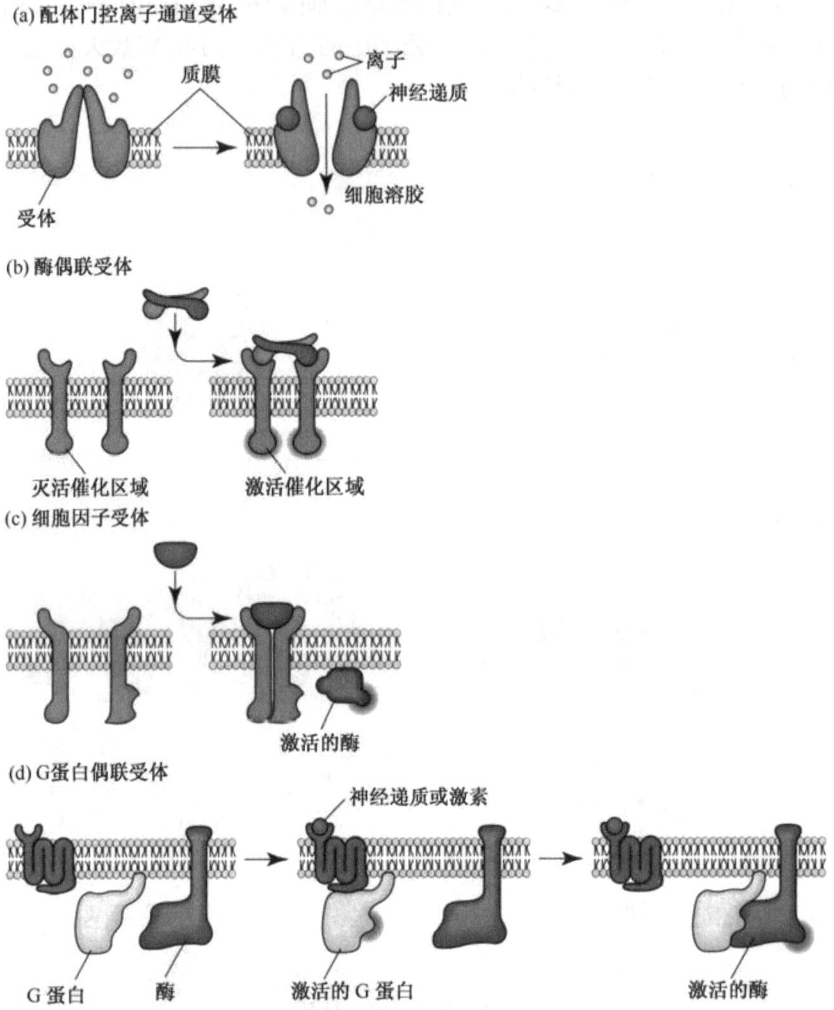

图 13.4 分泌信号分子膜受体的主要种类

13.4 膜受体介导的细胞内信号转导

配体、受体和配体-受体相互作用

任何一种与受体蛋白相结合的分子都可称为**配体(ligand)**。**激动剂(agonist)**是一种激活信号转导通路的配体(激活型配体),而**抑制剂(antagonist)**与受体结合后可抑制信号转导。生理上的**激动剂**或**抑制剂**是自然生成的分子(比如激素或者神经递质),药理上的**激动剂**或**抑制剂**是人工合成的分子,可发挥受体配体的功能。许多临床药物实质上都是受体的**激动剂**或**抑制剂**。

有些生理激动剂可激活多个受体种类，又称为**受体亚型**（**receptor subtype**）。它的核心概念是：相同的胞外信号分子可以结合不同基因所表达的受体蛋白。例如，乙酰胆碱可以和配体门控离子通道受体（见 12.6 节）相互作用引起骨骼肌收缩，也可以与 G 蛋白偶联受体（见 13.4 节）相互作用引起心肌松弛（图 13.5）。某些神经递质，如乙酰胆碱、5-羟色胺和多巴胺等能够识别数十种甚至更多的受体亚型。每个受体亚型可表达于不同的组织/细胞或共表达于相同的组织/细胞。而且，各种受体亚型常常激活相反的信号转导反应。这大大地增大了设计和测试合成激动剂、抑制剂的复杂度，同时，这也是多数以受体为靶向药物在使用不当时出现危险副作用的原因。

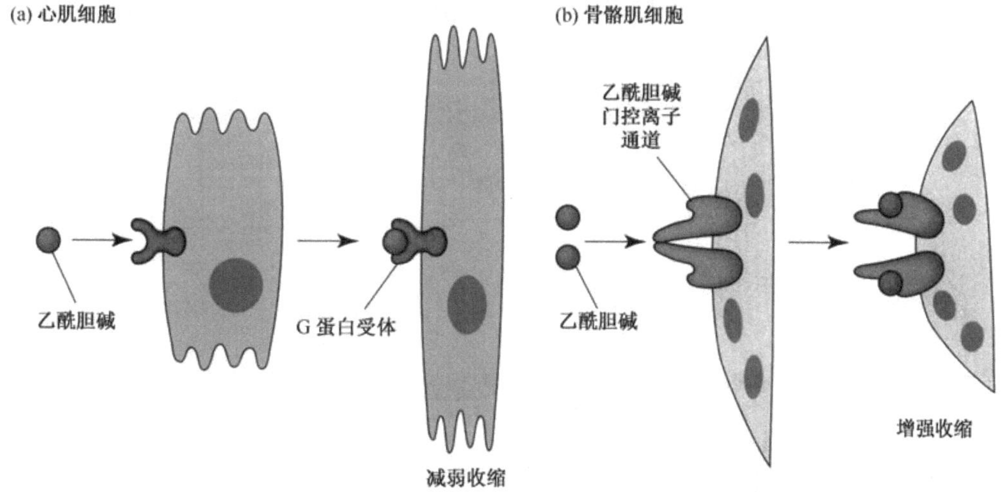

图 13.5　结合同一种细胞外信号分子，发挥不同功能的受体亚型的基本特征

受体、效应物和第二信使的关系

膜受体传递信号的第一步是与细胞外的激动剂结合并由此改变受体的内部张力和构象。在这种构象下，受体可与效应物相互作用。**效应物**（**effector protein**）是一种信号蛋白（酶或离子通道），它位于受体蛋白末端，并在受体与激动剂结合后被受体激活（图 13.4）。在某些情况下，受体蛋白自身可作为效应物。效应物被激活后，可生成**第二信使**（**second message**），或者改变膜电位。某些受体可以直接与效应物相互作用，而其他受体需要**偶联或转导蛋白**（**coupling or transducing protein**）与效应物相互作用。GTP-结合调节蛋白（G 蛋白）是一类非常重要的偶联蛋白。

酶效应物可以是受体蛋白的一部分（如受体酪氨酸激酶），也可以是单独的蛋白（如非受体酪氨酸激酶）；可以是组膜蛋白（如腺苷酸环化酶），也可以是胞质体蛋白（如鸟苷酸环化酶）。它包含有核苷酸环化酶、磷脂酶、蛋白激酶和蛋白磷酸酶，这些在后续部分会继续讨论。离子通道的效应物是某些受体的内部组分（配体门控离子通道），而另一些效应物被受体通过 G 蛋白或第二信使间接调控。

第二信使（**second message**）是细胞内部的小分子，它可传递和放大来自配体活化受体的初始信号（图 13.6）。它们可以是无机离子，也可以是酶催化反应的有机产物。

离子(ion)：离子通过受体调控通道扩散，以两种方式发挥第二信使的作用。如果离子的流量很大，那么胞质中特定调节离子的浓度会略有改变；Ca^{2+} 是细胞内主要的调节离子。如果流经细胞膜等离子区的离子流量过大，则细胞膜电位就要因此而改变从而达到平衡电位，这会导致细胞膜的去极化或者超极化。

水溶性第二信使(water-soluble second message)：一些效应物酶可以快速催化合成水溶性第二信使，例如环腺嘌呤单核苷酸(cAMP)、环鸟嘌呤单核苷酸(cGMP)、三磷酸肌醇(IP_3)等(图 13.6)。

脂质第二信使(lipid second message)：一些磷酸酶效应物可以快速催化合成疏水的膜结合第二信使，例如二酰甘油(DAG)或 3,4,5-三磷酸磷脂酰肌醇(PIP_3)等(图 13.6)。

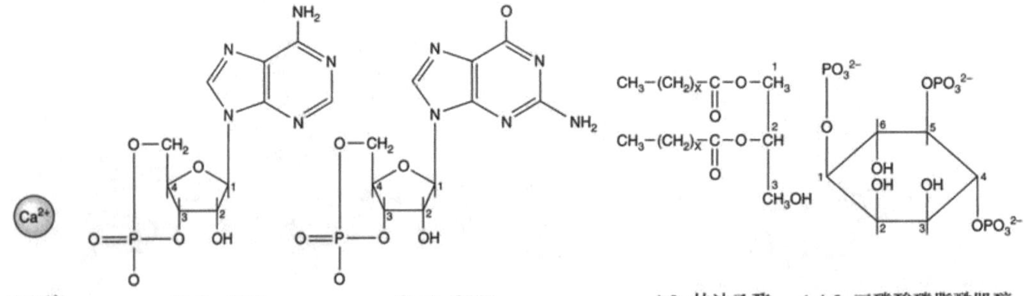

图 13.6　四种第二信使分子的结构

信号转导过程中的蛋白质磷酸化

多数(并不是全部)的细胞内信号转导都包括某些蛋白质的磷酸化改变。蛋白质的磷酸化使其二级，三级甚至四级结构改变，从而改变其功能。蛋白质的磷酸化过程涉及各种激酶和蛋白磷酸酶活性的调节(图 13.7a)。蛋白激酶以其对氨基酸选择性的不同而分类。多数被第二信使激活的蛋白激酶在丝氨酸/苏氨酸残基位点磷酸化特殊蛋白质。很多生长因子和细胞因子可刺激激酶在酪氨酸残基位点磷酸化蛋白质。这些蛋

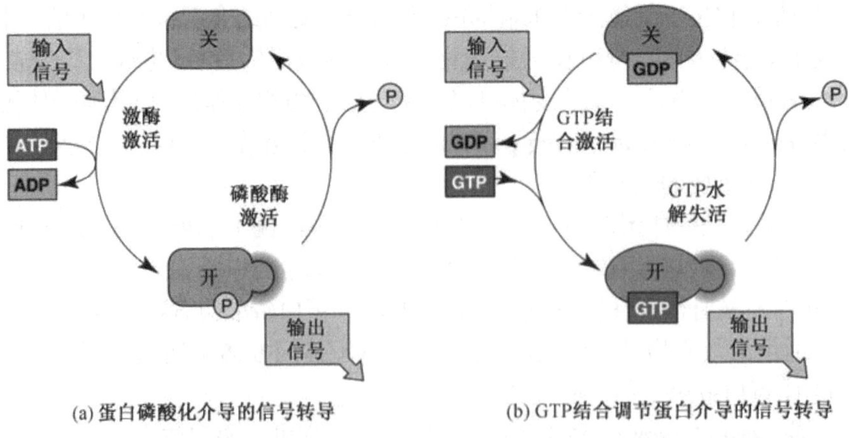

图 13.7　细胞内信号转导过程中改变蛋白质功能的两种主要的分子开关的比较

白酪氨酸激酶在调节细胞的生长和分化中发挥重要的作用。丝氨酸/苏氨酸激酶或酪氨酸激酶的蛋白质底物均非常广泛，包括代谢酶、离子通道、转录因子和其他一些蛋白激酶。蛋白质磷酸化对丝氨酸/苏氨酸残基和酪氨酸残基具有选择性。一些蛋白激酶磷酸化的靶蛋白又刚好是它自身的蛋白激酶，从而刺激产生**蛋白激酶级联效应**(**protein kinase cascade**)以调节复杂的细胞反应。这种效应通常是细胞内信号传递与**放大**(**amplification**)的重要因素。

受体可以通过几种方式来调节蛋白激酶。一些酪氨酸激酶是受体蛋白的结构组分(如受体酪氨酸激酶)，而其他的则是胞质蛋白，可以与活性受体短暂的结合(如非受体型酪氨酸激酶与细胞因子受体结合)。大多数的丝氨酸/苏氨酸蛋白激酶是水溶性蛋白，它们通常是受第二信使的浓度所调控(如 cAMP 依赖的蛋白激酶)。同样，还有几种磷酸酶，它们的激活可以阻止受体或第二信使激活的激酶信号的传递。

信号转导中的 GTP 结合调节蛋白

G 蛋白与 **G 蛋白偶联受体**(**G-protein-coupled receptor**)结合形成一个蛋白家族亚群，可结合并水解 GTP(图 13.7b)。这些 **GTP 酶**(**GTPase**)在一些重要的生物功能诸如蛋白质合成的起始、伸长和终止、微管聚集、酶活性的调节以及膜通透中扮演着**分子开关**(**molecular switch**)的重要角色。许多这样的开关都是以单体形式存在的，这使它们与三聚体受体偶联 G 蛋白有所区别。所有的 GTP 结合蛋白(单分子和三聚体)的构象和活性都依赖于它们所结合的是 GTP 还是 GDP。GDP 结合形式蛋白与其他分子作用能催化 GDP 转变为 GTP，GTP 结合形式蛋白与其他分子作用并改变第三类分子——效应物的活性。GTP 酶催化蛋白质从 GTP 结合的形式转化为与 GDP 结合的形式，这使它与效应物的结合能力减弱，并且需要与核苷酸交换子作用才能重新获得活化的构象。许多膜受体的主要功能就是直接或间接启动 GDP/GTP 交换反应并导致 G 蛋白活化。

受体介导的信号复合物与级联反应的其他组分

除了效应物、第二信使、三聚体 G 蛋白和蛋白激酶，可能还有更多的胞内蛋白在膜受体介导的细胞内信号转导通路中起着重要作用。通过使特定信号通路中多个信号蛋白共定位，**支架蛋白**(**scaffold protein**)和**接头蛋白** (**adaptor protein**)增加了复杂信号级联反应的可靠性和速度。其他一些被称为"**锚蛋白**(**anchoring protein**)"的大分子可锚定和聚集可溶性信号蛋白于特定的亚细胞位置。例如，许多种类的 AKAP(A 激酶锚定蛋白)可将 c-AMP 调节蛋白激酶(PKA)固定在细胞膜、细胞骨架或细胞核内。受体、接头蛋白、效应物和其他一些信号蛋白聚集形成信号复合物往往与这些蛋白特定区域的相互作用有关(图 13.8)。**SH2 区**(**SH2 domain**)和 **PTB 区**(**PTB domain**)特异地识别和结合各种信号蛋白特定的磷酸化酪氨酸残基。**SH3 区**(**SH3 domain**)通常结合富含脯氨酸的蛋白区，而 **PH**(**PH domain**)区特异地识别和结合某些类型的磷脂肌醇，这种磷脂通常作为脂质第二信使或磷脂酶 C 的脂质底物发挥重要作用。

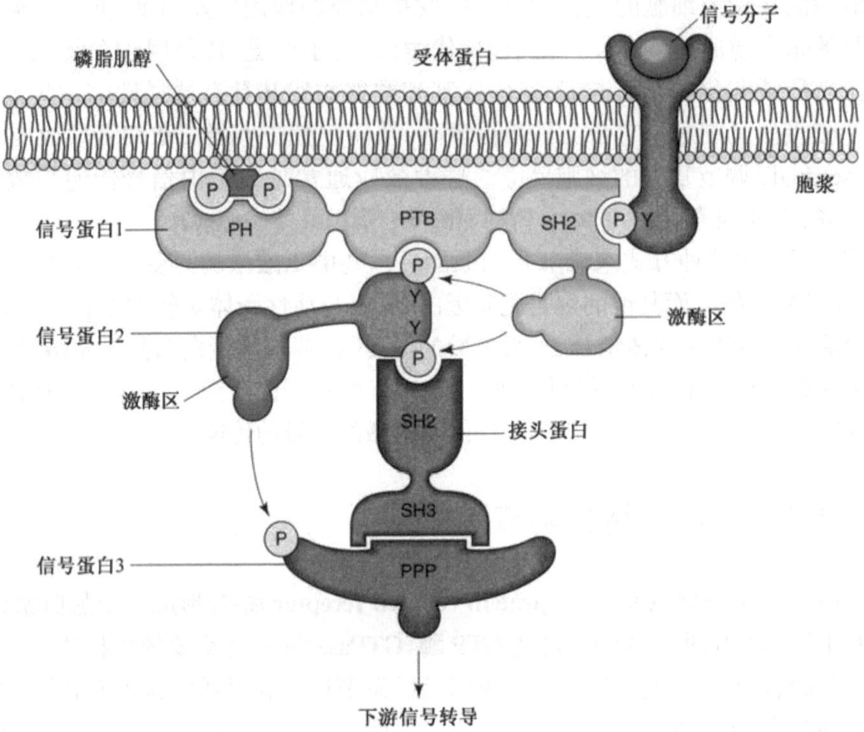

图 13.8 接头蛋白与蛋白质-蛋白质相互作用区域在胞内信号复合物聚集中的作用

配体-受体相互作用及下游信号转导

信号转导的第一步是**配体**(**agonistic ligand**)通过竞争的方式与受体结合,受体与配体的**亲和力**(**affinity**)与受体**容量**(**capacity**)决定了竞争的结合机制。亲和力描述了激动剂浓度和激动剂-受体复合物形成的相互关系。亲和力与解离常数或者 K_D(描述配体的摩尔浓度)有关(图 13.9)。K_D在数值上等于可以结合 50% 受体总结合位点的游离激动剂的分子浓度(半数占有量)。势能也是一个用来衡量受体与配体亲和力的物理量。具有高势能的激动剂即使浓度很低也可以与受体结合(高亲和力,低 K_D)。容量是用来度量受体全部结合位点的物理量,因为每个细胞的受体表达通常是微量的,所以激动剂与受体的结合曲线会趋于饱和。除了直接度量激动剂与其受体的结合能力外,我们还可以通过各种激动剂与受体结合所触发的功能性应答间接地分析它们相互之间的结合状况。总的来说,反应的强度与配体结合受体复合物的数量成正比。这种剂量-应答曲线描述了激动剂浓度与生物应答之间的关系。

可引起半数应答的激动剂浓度称为半数效应浓度或 **EC_{50}**。EC_{50} 直接与激动剂-受体复合物的 K_D值成比例(图 13.9)。然而,EC_{50} 通常要比 K_D值低很多。这就是说,可引起细胞生物效应的半数激活量所需激动剂浓度比细胞受体总量半数占有量所需激动剂浓度低很多。这意味着细胞的受体表达量通常比生物反应所需受体量高。多余或空闲的受体使细胞在激动剂结合受体失活或降解的状态下仍然可对激动剂作出应答。如下所述,受体的失活或降解对受介导的信号转导的终止起着重要的作用。

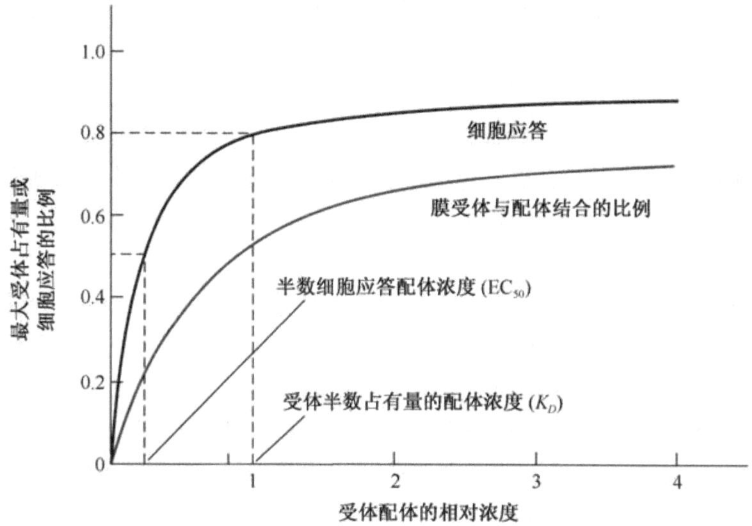

图 13.9　K_D(配体-受体结合亲和力的度量单位)与 EC_{50}
(配体-受体复合物形成后触发的功能应答的度量单位)的关系

膜受体所介导的信号转导的终止

细胞也存在着很多终止或稀释对各种激素、神经递质和局部介质应答的机制。这些机制对于细胞恢复至基础、刺激前状态以及阻止特定受体过度激活或不恰当激活均非常重要(图 13.10)。这些终止机制包括：①减弱激动剂对于其附近的靶细胞的可触及性；②消化降解激动剂结合受体复合物；③快速修饰受体(如磷酸化)使其失活或脱敏。

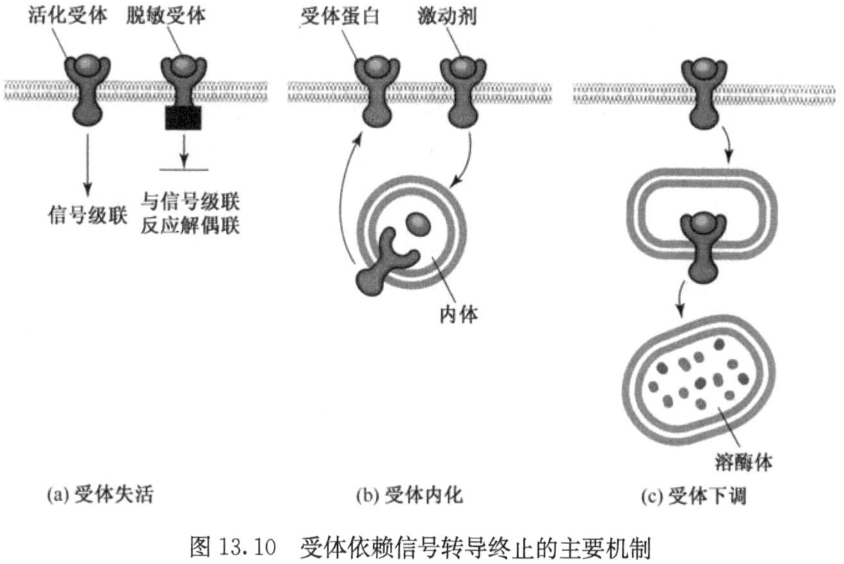

图 13.10　受体依赖信号转导终止的主要机制

终止信号转导最简单的机制就是降低细胞外分泌激动剂的浓度。该终止机制的效果和速度取决于：①所分泌激动剂的稳定性；②激动剂所在细胞外间隔空间的大小；③信号发送细胞与靶细胞间的距离。因为激素会被分泌到体积很大的细胞外环境中去，所以靠快速降低激动剂的可接触性来终止内分泌信号是很困难的。相反，快速降低激动剂的可接触性在突触信号的终止过程中却起着至关重要的作用，这是由于神经递质被分泌到局部、较低容量空间即突触间隙中，可迅速弥散。某些细胞也可以通过重聚集已释放激动剂(如突触重新摄取如血清素和多巴胺这样的神经递质)或代谢细胞外激动剂来主动降低邻近激动剂浓度。胞外代谢可被特定的靶细胞表面的酶类(如乙酰胆碱酯酶)所催化。一些神经毒素可抑制神经递质的降解。

细胞也可以通过调控受体功能来终止信号转导，称为**适应**(**adaptation**)或**脱敏**(**desensitization**)。如果反复暴露于同种激动剂下，细胞将会适应这种激动剂，继而对一般情况下能引起最大活性的激动剂浓度的敏感性越来越弱。导致脱敏有以下几点原因：首先，许多受体与激动剂型配体结合后其复合物将会内陷于内体中。随后，内体酸化会使配体与受体组成的复合物解离。如果内体含有释放了配体的受体，那么这种内体将返回细胞膜，其内部的受体将重新进入细胞膜中。而其他的内体将被送往溶酶体中，受体和配体都在溶酶体中被降解。因此，细胞膜上的受体将会越来越少。

其次，一种更快的脱敏机制，涉及受体**结构修饰**(**structural modification**)，即可导致受体功能性失活。这种活性丧失的受体仍然留在细胞膜表面并可以结合激动剂。然而，它们不能触发胞内信号转导。很多时候，受体的失活是由其本身的蛋白质可逆磷酸化造成的，因此，当与激动剂结合的受体触发细胞内的信号转导通路时，某些蛋白激酶使受体自身磷酸化，从而使其失活，这是一种负反馈机制。这种功能性失活的恢复速度取决于受体自身的特性。

13.5 配体门控的离子通道受体

神经-神经间或神经-肌肉间信号传递需要有极快的速度(毫秒量级)，而机体的生物化学反应是比较慢的(秒量级到分钟量级)，所以神经递质受体需要以最少的酶促反应步骤来改变细胞的应答。许多神经递质(但不是全部)结合的受体是配体门控离子通道型受体(图 13.4a)。这些受体的细胞外配体往往是保守的有机小分子(如氨基酸、胺、核苷酸等)，通常被囊泡包裹着，并通过突触的快速胞吐作用被释放。由于这些配体都很小，所以能很快被溶解(图 13.11)。配体能在低亲和力的条件下与其受体结合(微摩尔量级到毫摩尔量级的 K_D)，因此降低胞外神经递质的浓度可使配体-受体复合物快速解离。

神经递质与膜受体的胞外配体结合位点结合后可以改变受体结构从而使离子穿过受体复合物。这些离子流可快速改变细胞的膜电位。如果类似 Na^+ 这样的阳离子穿过受体通道，细胞会去极化；如果类似 Cl^- 这样的阴离子穿过受体通道，细胞会过极化(图 13.12)。阳离子选择性受体由**兴奋性神经递质**(**excitatory neurotransmitter**)(乙酰胆碱、谷氨酸、血清素和 ATP)门控；阴离子选择性受体由抑制性神经递质[GABA(γ-氨基丁酸)和甘氨酸]门控。这些神经递质门控离子通道的激活能改变细胞的膜电位，从而导致对许多电压门控通道的二级控制作用(激活或抑制)，包括 Ca^{2+} 电压门控通道。这些通道的变化可改变一种关键的第二信使——Ca^{2+} 的细胞溶胶浓度。同时，升高的 Ca^{2+} 细胞溶胶浓度可引起靶细胞的强烈应答，如神经元或收缩肌细胞向胞外释放含有神经递质的囊泡。Ca^{2+} 细胞溶胶浓度的升高还可引起长期反应，如激活 Ca^{2+} 敏感基因的表达。多数激活门控离子通道的神经递质还可与其他的受体亚型——G 蛋白偶联受体相互作用。因此，乙酰胆碱的受体是：①配体门控通道类型的烟碱受体；②G 蛋白偶联类型的毒蕈碱受体。

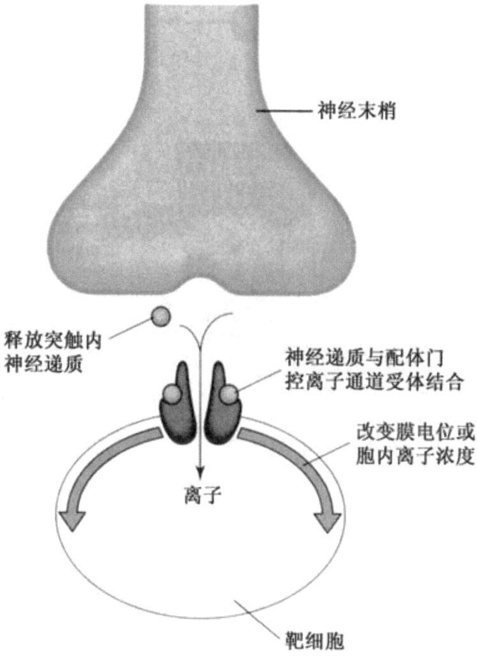

图 13.11　神经递质-门控离子通道受体是神经突触中主要的信号转导元件

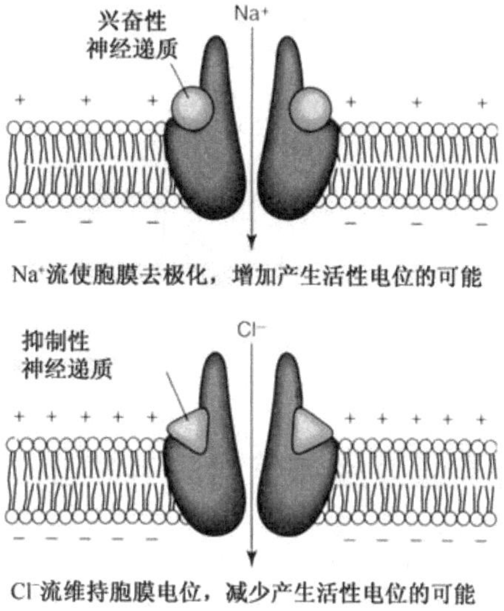

图 13.12　作为离子门控通道受体激动剂的兴奋性和抑制性神经递质的比对

离子通道受体

所有的**离子通道受体**(**ion channel receptor**)都是由 3～5 个蛋白质亚基组成的低聚复合物。某些离子通道受体是相同蛋白质亚基组成的多拷贝同源复合物(每个亚单元都由相同的基因所表达)，另外一些是由不同的蛋白质亚基组成的异源复合物(每个亚单元都由不同的基因所表达)。每个独立的亚基都是一个完整的膜蛋白，拥有多个跨膜区。**烟碱乙酰胆碱受体**(**nicotinic acetylcholine receptor**)为我们提供了一个有关配体门控离子通道受体结构特征的好例子。这种受体是由亚基组成的五聚体，每个亚基都有一个细胞外的 N 端、C 端以及四个跨膜区(M1、M2、M3、M4)。五个并列的 M2 区，组成了离子穿梭的通道。神经递质与受体的胞外结合位点结合会导致 M2 区精细微小的重排。这种近距离的重排改变了原本阻挡离子流通过受体通道的结构。在这种状况下，受体与配体结合并被激活。然而，这种配体结合受体通道的活性状态只能维持几秒钟至几分钟(时间根据不同的离子通道受体而不同)，然后就要进入下一个亚基重排阶段。第二次重排导致信号不能够传递下去，尽管神经递质仍然与受体结合(例如，受体与配体结合但仍处于失活状态)。这种快速的失活是受体脱敏作用的非共价形式(图 13.13)。只有当神经递质与胞外结合位点解离后，受体通道才能被重新激活。因此，这些受体在三种主要的功能状态之间循环反复(无配体/失活＞配体结合/激活＞配体结合/失活)。

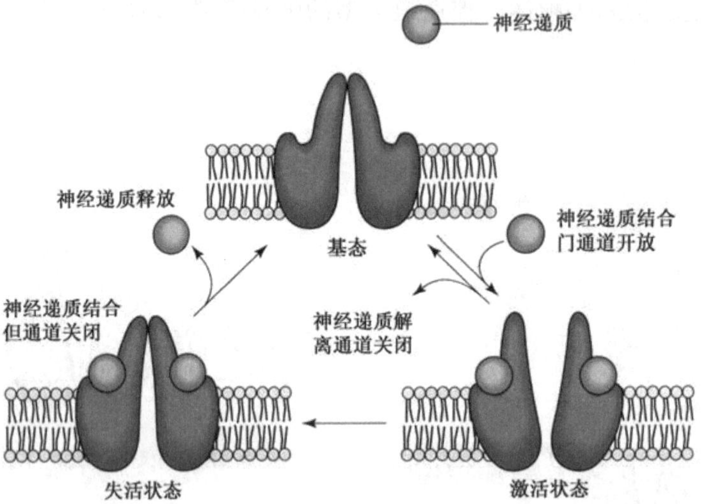

图 13.13　激活和失活下配体门控离子通道的构象改变

离子通道受体信号转导终止

细胞中存在一些机制可终止离子通道受体的信号转导。首先，这些受体的配体被瞬时分泌到较小并局限的细胞外空间内(如突触)，这使得它们能快速地弥散。其次，胞外的神经递质浓度在胞外酶(如乙酰胆碱酯酶)的作用下快速降低，并很快地被神经元重新吸收。最后，配体结合，但失活状态的受体结构确保了神经递质受体的信号转导时间非常短暂。

尽管快速门控离子流是这些受体的直接作用，但是受体也可与大量的细胞蛋白在生理情况下相互作用。一些相互作用蛋白是接头蛋白，可使受体与下游的信号分子有效的共定位。它们在特定的亚细胞区域如突触的质膜中形成聚集**信号复合物(signaling complex)**。例如，谷氨酸门控离子通道的胞内的 C 端与一种**接头蛋白(adapter protein)**——PSD-95 在突触接触位点处相互作用。这种相互作用由 PSD-95 上的 PDZ 相互作用区域介导。PSD-95 包括多个 PDZ 区(除了与谷氨酸门控通道结合的特定 PDZ 区域外)，这使得受体可与各种激酶、磷酸酶和细胞支架蛋白共定位。

其他与神经递质门控通道相互作用的胞内蛋白家族可帮助靶向和特异集结突触膜上的受体。例如，烟碱乙酰胆碱受体通过与相关蛋白(rapsyn)的相互作用在神经肌肉突触中高度聚集。

其他受体调控的离子通道

除神经递质门控的离子通道受体外，其他受体家族也能利用离子通道来进行细胞内的信号转导。某些类型的离子通道可通过与激活的三聚体 G 蛋白亚基直接相互作用而被激活，并反作用于上游的 G 蛋白偶联受体。其他类型的离子通道因结合细胞内的第二信使配体如 cAMP、cGMP 或 Ca^{2+} 而被激活。这些第二信使配体在多种类型的细胞表面受体激活时聚集，如 G 蛋白偶联受体、某些生长因子的催化受体和一些细胞因子受体。因此，这些配体门控的离子通道被膜受体间接调控。一些非常重要的第二信使门控离子通道是 Ca^{2+} 通道，它们分布在内质网表面而不是细胞膜表面。最后，离子通道的活性可以因各种第二信使调控的蛋白激酶引起的磷酸化而改变(增强或减弱)。这是膜受体间接调控离子通道功能的另一种机制。

13.6　酶结合受体

生理作用和胞外配体

许多多肽生长因子和激素的受体都是含有内在催化活性的跨膜蛋白(图 13.4b)。这些"超家族"相关蛋白的酶结合或催化型受体有几个主要的结构特征。一些是单亚基受体，一些以多亚基复合物(如胰岛素受体)的形式存在。它们的胞内区可能含有蛋白激酶、蛋白磷酸酶、蛋白酶或核苷酸磷酸二酯酶等酶活性，从而具备了催化能力。这些受体可在数分钟或数小时的时间范围内起始细胞内信号级联反应，激活或抑制基因表达，并调节细胞的长期功能。然后，这些基因表达的改变直接改变细胞应答的基本通路，如**细胞分裂**(**cell division**)、**细胞凋亡**(**programmed cell death**)或**细胞分化**(**cell differentiation**)。它们的激动剂通常是很大的分泌型蛋白，作为旁分泌或内分泌生长因子或分化因子。这些配体通常以高亲和力(皮摩尔 K_D)结合于它们的相关受体。然而，某些催化性受体的竞争性配体是表达于邻近细胞细胞膜表面的大分子。最常见的催化型受体具有酪氨酸激酶活性。这些**受体酪氨酸激酶**(**receptor tyrosine kinase，RTK**)包括表皮生长因子受体(EGF)、血小板生长因子受体(PDGF)、胰岛素受体和许多其他的多肽**生长因子**(**grow factor**)受体。一小部分的催化性受体具有**丝氨酸/苏氨酸激酶**(**serine/theonine kinase**)活性。最后，某些与血压调控有关的激素可以结合有鸟苷酸环化酶活性的受体。

酪氨酸激酶受体(RTK)

大多数的 RTK 是单亚基结构但是某些也以多聚复合体的形式存在(如胰岛素受体)(见 23.6 节图 23.27)。受体的每个单体均拥有一个含有 25～28 个氨基酸的跨膜区。这些受体的 N 端位于细胞外，组成一个很大的结构域，用于结合生长因子或激素。受体的 C 端位于细胞内，组成一个与受体催化活性相关的结构域。

当生长因子与 RTK 的细胞外区结合时，便会触发与相邻 RTK 亚基形成二聚体从而快速激活胞质激酶区(图 13.14)。酪氨酸激酶最初的底物是受体本身。受体内部的许多酪氨酸残基开始自身磷酸化。每个磷酸化的酪氨酸残基均可作为其他 RTK 底物的识别

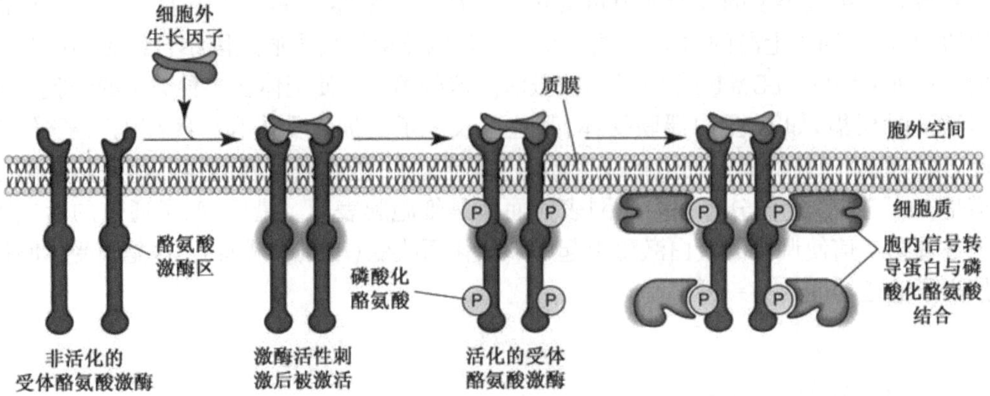

图 13.14 受体酪氨酸激酶被生长因子激活后其结构和功能的改变

或锚定位点。这些底物蛋白通常含有保守的 SH2 蛋白相互作用序列，它们能识别受体上磷酸化的酪氨酸。这使得底物与受体紧密结合并使其酪氨酸发生磷酸化。因此，RTK 的激活可导致多种酪氨酸磷酸化蛋白的聚集。这些下游底物包括像蛋白激酶这样的信号蛋白、小 GTP 酶调节子、有关磷脂合成与分解的辅酶等，扮演着 RTK 效应子的角色。当酪氨酸残基被磷酸化时，这些效应蛋白开始激活信号转导级联通路并最终导致转录因子定位及功能活性，或其他有丝分裂及分化相关蛋白质的改变。

RTK 基因突变可以导致具有活性构象受体的表达，这些受体在缺乏生长因子刺激状态下一直处于活性状态(图 13.15)。突变的 RTK 基因发挥**癌基因(oncogene)**的作用(见 25.4 节)或是促使肿瘤发生发展(见临床相关知识 13.1)。

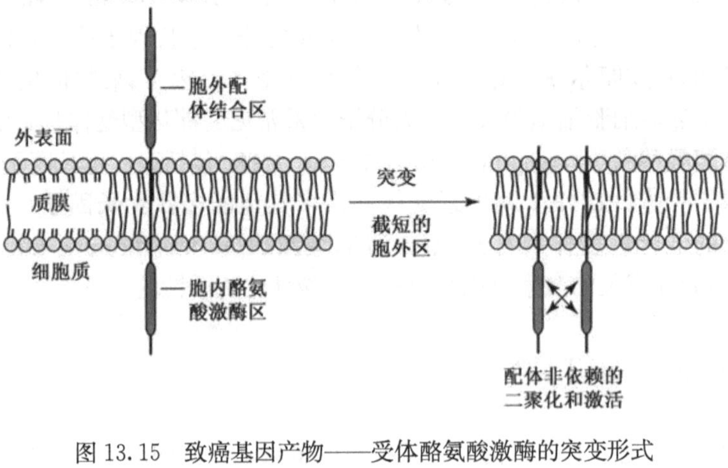

图 13.15 致癌基因产物——受体酪氨酸激酶的突变形式

受体的二聚化也可以触发对生长因子-RTK 复合物的内吞作用。内体酸化会导致生长因子与受体的解离。内吞的生长因子在溶酶体中降解。尽管一些内吞的受体也会被降解，但是大部分受体还是会返回细胞膜。这种受体-配体复合物的内吞以及配体解离的过程，是终止此类受体信号转导的主要机制。

临床相关知识 13.1

ErbB/HER 家族受体酪氨酸激酶作为肿瘤化疗靶点

表皮生长因子受体是第一个被鉴定和详细描述的具有内在酪氨酸激酶活性的受体。这种催化性受体是四个相关蛋白家族的一员，因其与导致鸟类红细胞系统白血病的鸟类成红细胞增多症病毒 V-erbB 癌基因相似而被称为 ErbB/HER 受体。这种 ErbB/HER 蛋白和肿瘤之间的联系在人体内也存在。人类 ErbB1 基因编码人 EGF 受体(HER1)，它的过表达是膀胱癌、乳腺癌、肾脏肿瘤、前列腺癌和非小细胞肺癌的特征。突变的 ErbB1 基因编码生成一种缺乏胞外 EGF 结合区的受体，它在恶性胶质瘤中高表达，该肿瘤占成人脑肿瘤的 25%。人类的 ErbB3、ErbB4 基因编码 HER3 和 HER4 受体，这两种受体可结合属于生长和分化因子 NGR(神经调节蛋白/神经鞘)家族的胞外蛋白。ErbB3 常在乳腺癌、结肠癌、前列腺癌和胃癌中过表达，而 ErbB4 在卵巢粒层细胞瘤中过表达。还有一种家族成员是编码 HER2 的 ErbB2 基因，令人惊讶的是，它缺乏结合任何已知胞外生长因子的能力。然而，HER2 受体具有一种基础构象，该构象允许它们与其他非配体结合的 HER2 蛋白形成同源二聚体或与生长因子结合的 HER1、HER3 或 HER4 受体形成异源二聚体。因为二聚作用是活化此类蛋白内在酪氨酸激酶活性的第一步，所以即使少量的 HER2 过表达也可以改变正常细胞的生长调控。值得注意的是，在 20%～30% 的人类侵入性乳腺癌中，ErbB2 基因表达比原有水平增加了两个数量级。

ErbB/HER 蛋白在多种人类肿瘤中的异常表达促进了以这些受体为靶点的多种药物疗法的发展。一类治疗试剂是结合不同 HER 亚型胞外重要功能区的单克隆抗体。曲妥单抗(基因技术公司的赫赛汀)是一种抗 HER2 的抗体，自从 1998 年以来被用于治疗过表达 ErbB/HER 的乳腺癌。曲妥单抗/赫赛汀的抗肿瘤机理包括杀肿瘤细胞免疫因子的抗体依赖性募集和 HER2 外功能区蛋白质水解作用(通过天然金属蛋白酶)的弱化，这种蛋白水解作用可使受体组成性二聚化。西妥昔单抗(Imclone 公司的 IMC-C225 或 Erbitux®)是一种与 ErbB1/HER1 蛋白 EGF 结合区相互作用的抗体，并因此阻止配体诱导的受体激活。这种试剂正在患有脑部和颈部鳞状细胞癌或非小细胞性肺癌的患者中进行试验治疗。除了这些抗体为基础的疗法，人们已设计了多种以 ErbB/HER 蛋白胞内酪氨酸激酶区为靶点的小分子药物。这些试剂是以 4-苯胺奎哪唑啉为基础的复合物，是激酶(尤其是 ErbB1/HER1 亚型)ATP 结合位点的竞争性抑制剂。目前，这些药物正在非小细胞肺癌患者中进行试验测试，此类患者对其他的化疗药物均无反应。

Ras GTP 酶和 MAP 激酶

Ras 是一种小 GTPase 或 GTP 结合调控蛋白单体，在细胞增殖过程中起着重要的作用。大约 30% 的人类肿瘤细胞中含有突变的 Ras 癌基因。接头蛋白与活化 RTK 磷酸化位点直接结合，募集并刺激 Ras 激活蛋白(图 13.16)。在这种刺激情况下，Ras 激活蛋白会促使 Ras 自身的鸟苷酸结合位点中的 GTP 向 GDP 的转化，导致 Ras 活化、GTP 结合构象使得 Ras 积聚。然后，活化的 Ras 蛋白瞬时结合并刺激丝/苏氨酸蛋白激酶家族，从而触发丝裂原-激活蛋白激酶级联反应或 **MAPK 级联反应**(**MAP kinase cascade**)(图 13.17)。这些放大了的级联反应包括三种蛋白激酶的级联激活，初始的 Ras 激活蛋白激酶(或 MAPKKK)激活 MAPKK，而 MAPKK 激活最终的 MAPK 效应物。当被激活时，终端 MAPK 可以在细胞质或细胞核中磷酸化大量的靶蛋白，包括在细胞分裂、细胞存活、表型分化中调控基因表达的转录因子。

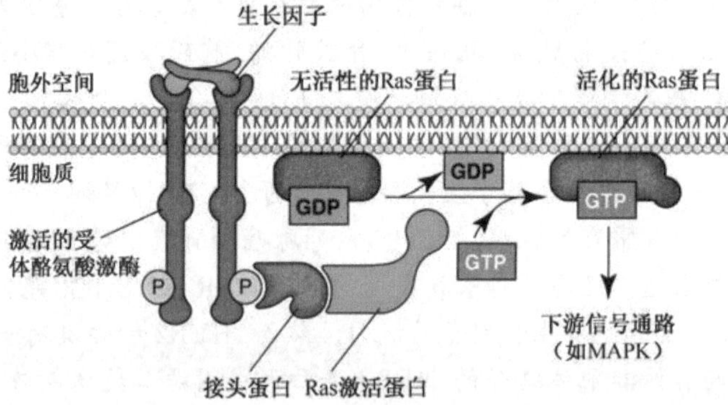

图 13.16　Ras GTP 酶在受体酪氨酸激酶激活的细胞内信号转导中的作用

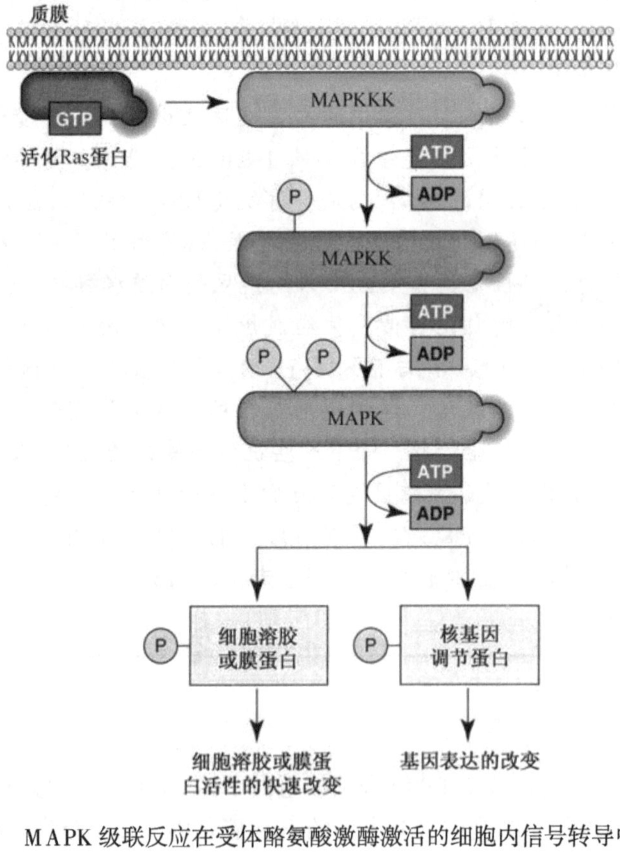

图 13.17　MAPK 级联反应在受体酪氨酸激酶激活的细胞内信号转导中的作用

丝氨酸/苏氨酸激酶受体

作为生长调控因子的**转录生长因子-β(TGF-β)**和**骨形态发生蛋白(bone morphogenetic protein,BMP)**,拥有具有丝氨酸/苏氨酸激酶活性的受体。这些生长因子在胎儿和新生儿组织发育和成人器官分化组织表型的维持中起着重要的作用。和酪氨酸激酶受体一样,TGF-β受体或其他丝氨酸/苏氨酸激酶受体的突变会促使某些肿瘤的发生。同样,这些受体组成了细胞膜蛋白,它们拥有一个细胞外氨基末端、一个单独的跨膜区和细胞内具有催化作用的羧基末端。当激动剂与串联的胞外区结合时,这些受体也可以形成同源二聚体(图 13.18)。受体结构的改变引起一个催化亚基磷酸化其相邻亚基的丝氨酸/苏氨酸残基。这种自身的磷酸化作用使邻近亚基募集并磷酸化一种被称作**SMAD**的细胞溶胶蛋白,该蛋白质包括基因调节蛋白的多个家族成员。在未被磷酸化的时候,SMAD具有折叠构象,这可以阻止它们与其他的SMAD反应亦可以维持其保持细胞溶胶定位。然而,激活的受体激酶引起的磷酸化作用允许某些SMAD亚型具有非折叠构象或与其他的SMAD亚型结合成二聚体。这种二聚体同样可暴露位于SMAD上的**核定位序列(nuclear localization sequence,NLS)**,从而使得细胞溶胶复合物移位入核,在胞核SMAD二聚体与其他的基因调节蛋白结合,以此来调控有关器官发育和组织分化的基因转录。

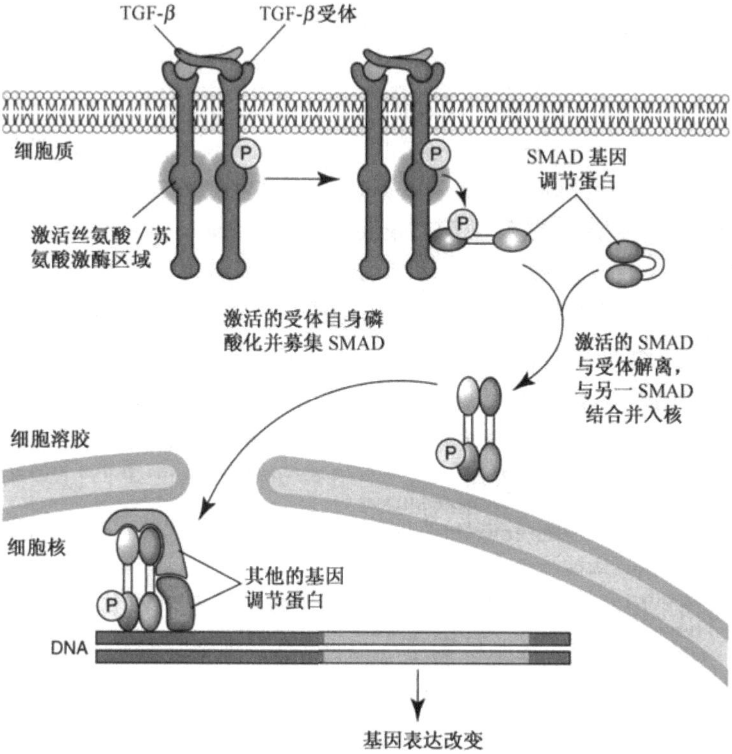

图 13.18　TGF-β激活丝氨酸/苏氨酸激酶受体触发的细胞内信号转导

13.7 细胞因子受体

细胞因子(**cytokine**)是另一种分泌型多肽,是生长和分化过程的自分泌或旁分泌调节子。许多(但不是全部)细胞因子调控**造血**(**hematopoietic**,blood-forming)细胞的生长和分化,包括各种白细胞或粒细胞。因此,许多细胞因子被称为**白细胞介素**(**interleukin**),它们在不同免疫或炎症应答阶段调控不同类型白细胞的信息传递。另一些细胞因子被称作**干扰素**(**interferon**),因为它们能干扰因病毒或细菌**病原体**(**pathogen**)感染而引起的细胞和组织的功能改变。与生长因子结合于催化性受体相同,细胞因子与其同源受体以高亲和力结合并快速触发蛋白激酶的级联应答和磷酸化信号蛋白的聚集并最终引起基因表达的长期改变。但是,细胞因子的膜受体缺乏内在的酪氨酸激酶或丝氨酸/苏氨酸激酶活性(图 13.4c)。

细胞因子受体:结构和功能

细胞因子受体是多聚体,每个亚基都有一个单独的跨膜区,一个用于结合细胞因子的较大的胞外氨基末端区,一个胞内羧基末端区,羧基端含有不同的蛋白质-蛋白质相互作用基序,但还缺少内在酶活性。功能型细胞因子受体以一种稳定的**低聚复合物**(**hetero-oligomeric complex**)形式存在,含有两个或多个不同的受体亚基。细胞因子与受体的高亲和力结合一般需要其至少与两个不同的受体亚基相互作用。这种胞外细胞因子配体的协同结合触发了受体亚基细胞内区的构象变化,从而实现了受体与其他细胞内信号转导酶的快速结合。细胞因子-家族受体的每个亚基结构和多聚体结构都有很大的差异。因此,不同的细胞因子受体亚家族可以募集大量的胞内信号蛋白。其中最重要的结合蛋白是**非受体酪氨酸激酶**(**nonreceptor tyosine kinase**),如各种 src 家族激酶和 **Janus 激酶**(**JAK**)(图 13.19)。后一种酪氨酸激酶不是完整的膜蛋白,而是可溶性蛋白或微弱膜结合蛋白,并在与配体结合的细胞因子受体结合时才能被激活。它们通常磷酸化细胞因子其他亚基的酪氨酸残基。这些磷酸化的酪氨酸可作为与其他含有 SH2 区信号蛋白结合的识别位点。因此,一些白细胞介素型的细胞因子受体募集 JAK,JAK 磷酸化受体生成基因调控蛋白 **STAT**(**signal transducers and activators of transcription**)结合位点。像 SMAD 蛋白一样,未磷酸化的 STAT 蛋白以细胞溶胶单体存在。后续的 JAK 促使酪氨酸磷酸化,从而引起的二聚作用导致复合物向细胞核内移位并结合基因调控蛋白。

其他类型的细胞因子受体募集接头蛋白,起始蛋白激酶复合体的聚集并促使 **NFκB** 复合物(来源于活化 B 细胞的细胞核因子,一种调控多种炎症和免疫应答相关基因表达的重要转录因子)从细胞质向细胞核移位。许多细胞因子受体也触发 MAP 激酶级联反应的激活。

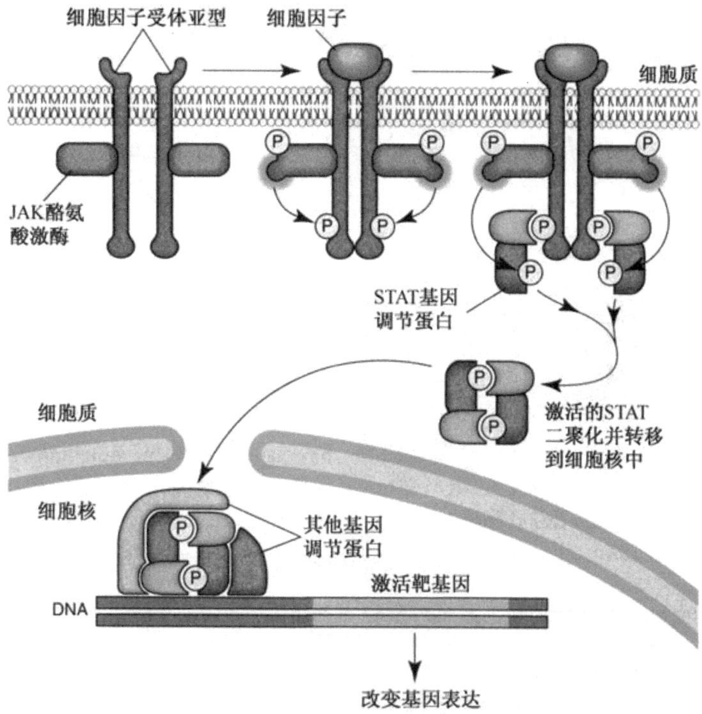

图 13.19 非催化细胞因子受体触发的信号转导通路

13.8 G 蛋白偶联受体

生理学作用和胞外配体

G 蛋白偶联受体(G-protein-coupled receptor)超家族(GPCR)可以与很多类型的竞争性配体结合,包括蛋白质、多肽、氨基酸衍生物、邻苯二酚胺、脂类、核苷酸和核苷(图13.20)。这些配体包括激素、神经递质和局部介质。G 蛋白偶联受体在几乎所有组织和细胞类型的内分泌、突触联合、旁分泌和自分泌中起着重要的作用。据估计,在人类基因组中编码 GPCR 的基因要占总量的百分之几。配体与 GPCR 亲和结合浓度为纳摩尔到微摩尔量级,介于高亲和力的酶连接受体和低亲和力的配体门控离子通道受体之间。许多重要的感知蛋白是 GPCR,包括视网膜紫质(见 24.3 节)和许多感知味觉和嗅觉的受体。然而,这些味觉和嗅觉受体的配体大多都不清楚。许多 GPCR 与重要生理应答,如心肌收缩、新陈代谢和复杂行为的快速调节有关。因此,这些受体及它们下游的信号转导通路为许多治疗人类疾病的药物提供了靶点(见临床相关知识 13.2)。

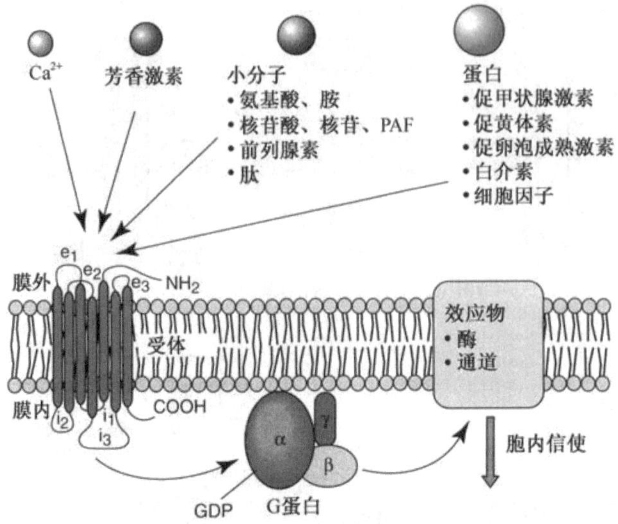

图 13.20 七次跨膜 G 蛋白偶联受体介导的信号转导通路的主要元件

临床相关知识 13.2

G 蛋白偶联趋化因子受体是人类免疫缺陷病毒(HIV)的靶点

人类约有 1000 个编码不同 G 蛋白偶联受体的基因编码趋化因子受体亚型，这些受体在淋巴细胞(白细胞)中高表达。趋化因子包括近 50 种多肽因子，可在各种组织中被多种细胞类型分泌(如上皮细胞和间质细胞)。不同的趋化因子是表达于各种白细胞(如单核细胞、T 淋巴细胞、B 淋巴细胞、自然杀伤细胞)的 19 种趋化因子受体的竞争性配体，这些趋化因子配体在外界病原体(原生动物、细菌或病毒)入侵组织时介导了重要的免疫和炎症应答。趋化因子可作为趋化性物质募集白细胞向感染组织定位，还可作为与快速杀死或隔离病原体相关的 G 蛋白依赖的信号转导通路的快速调节子，以及与对病原体长期继发性免疫相关的基因表达的诱导子。因此，趋化因子受体信号通路中断或无作用将导致许多感染性疾病。最有意义的是最近(10 年内)人们发现人类免疫缺陷病毒利用内源趋化因子 GPCR 来感染并最终杀伤免疫效应白细胞。

HIV 进入白细胞需要病毒包装糖蛋白(gp120)与目标宿主细胞外表面蛋白直接相互作用。早期的研究证实，CD4 膜蛋白，一种重要的辅助性 T 淋巴细胞免疫受体，是 gp120 主要的靶点(CD4 在其他类型的白细胞中亦低水平表达)。这就解释了为什么辅助性 T 细胞在多数感染 HIV 并具有典型 AIDS 症状(急性免疫缺陷综合征)的患者中急剧减少。然而，早期研究亦表明不同的 HIV 菌株优先感染 T 淋巴细胞(T-trophic virus)或单核巨噬细胞(M-trophic virus)，流行病学分析发现了对 M-trophic HIV 菌株感染具有高抵抗性的人类亚群。这种抵抗性源自编码 CCR5 基因的突变，CCR5 是一种高表达于单核细胞/巨噬细胞的趋化因子受体，这些突变导致细胞表面 CCR5 蛋白低表达或不表达。因此，M-trophic HIV 菌株要求 CCR5 与 CD4 同时存在并作为共受体来有效地感染单核细胞/巨噬细胞。其他的研究表明，CXCR4，一种高表达于 T 淋巴细胞的趋化因子受体，可作为

CD4 的共受体结合 T-trophic HIV 菌株的 gp120 糖蛋白。CCR5 和 CXCR4 结合 gp120 进而使 HIV 顺利进入宿主白细胞的能力不需要 G_i 家族蛋白的激活，这些 G_i 蛋白在正常情况下偶联于结合生理趋化因子配体的受体。因此，利用百日咳毒素(使受体与下游的 G_i 蛋白解离)处理白细胞不能减少 HIV 进入白细胞的程度。虽然 CCR5 或 CXCR4 介导的 G 蛋白活化在 HIV 进入白细胞的过程中并不是必需的，但是 gp120 与这些受体的结合确实诱导了下游 G 蛋白信号级联反应的功能激活。最近研究表明在 HIV 感染的细胞中，这些信号通路的激活可能促使了为对原始未感染白细胞的趋化吸引并因而加速了病毒在宿主细胞中的繁殖与传播。CCR5 和 CXCR4 作为 HIV 共受体的鉴定亦引发了人们对于发展竞争性配体的浓厚兴趣，这些配体可选择性减弱 gp120 与受体的结合并进而延缓这种破坏性病原体在被感染宿主中的集群与播散。

G 蛋白偶联受体的结构

当与配体结合后，这些受体会直接激活**异源三聚体 GTP 结合调控蛋白(G 蛋白)(heterotrimeric GTP-binding regulatory protein)**(图 13.20)，而后 G 蛋白直接与其他称为效应剂的信号元素相互作用，这些效应剂通常是酶或离子通道。受体并不直接调节效应蛋白。因此，最早的信号事件要求至少五种蛋白参与：受体、G 蛋白(拥有三个不同的蛋白亚基)和效应蛋白。多种类型 G 蛋白可以耦合不同的受体和效应剂，从而形成了大量不同的信号转导通路。

尽管与 GPCR 结合的配体差异相当大，但是每一类受体均具有高度的结构而非序列相似性(图 13.20)。每个受体都是一个单亚基膜蛋白，拥有 7 个 α 螺旋跨膜区(GPCR 也被称为**七螺旋**或**七次跨膜受体，heptahelical** or **7-transmembrane receptor**)。每个受体都由 1 个细胞外氨基末端、3 个胞外环、3 个胞内环和 1 个胞内羧基末端组成。胞外区提供了糖基化位点，该位点在不同 GPCR 之间有很大的差异。胞外环含有重要的半胱氨酸残基，用于形成环间二硫键桥。跨膜区(TM)具有高度同源性，但各 GPCR 之间并不相同。TM 区形成一个“口袋”结构，通常会含有用来与配体结合的重要氨基酸残基。细胞内环结构的序列和大小都是不同的，第三个环中含有用于选择性结合 G 蛋白的重要序列。不同的受体细胞内尾部的序列和长度也差异很大，这个区域含有与识别和活化 G 蛋白相关的位点，以及可被蛋白激酶磷酸化的丝氨酸/苏氨酸位点。这些残基的磷酸化对 GPCR 介导的信号转导通路终止起着重要作用。

生物膜内 GPCR 的三级结构是一个七次跨膜的螺旋结构簇。这些区段精确的簇状结构控制着细胞内环和羧基末端的构象与位置。大配体如多肽激素与细胞外环状结构结合，而小配体如乙酰胆碱和肾上腺素与七次跨膜区段所形成的袋状结构相结合。两种结合均可引起跨膜螺旋发生重排从而改变细胞内环状结构和羧基末端的构象。羧基端构象的改变会暴露出受体偶联 G 蛋白识别位点。因此，与配体结合的 GPCR 可以与 G 蛋白瞬时形成一个复合物。抑制剂可与受体结合，但是这种结合不能引起跨膜区的重排或暴露胞内环状和尾部的 G 蛋白识别位点。

当配体结合的受体与其 G 蛋白瞬时结合时，这种反应既影响受体的功能也影响 G 蛋白的功能。G 蛋白功能上的改变将在下面内容中讲述。与 G 蛋白结合后的受体功能变化主要表现为其与配体亲和力明显降低，这通常导致激动剂与受体的解离。与激动剂解离的受体转变为失活构象，不再具有与 G 蛋白结合的能力。G 蛋白从受体/G 蛋白复合体中解离，使配体恢复为无配体的失活状态。

三聚体 G 蛋白

与七次跨膜受体偶联的 G 蛋白是三聚体复合物，由 α、β、γ **三个亚基**（**α-，β-，γ-subunit**）组成（图 13.21）。α 亚基是三聚体复合物中的最大亚基，是分子质量为 39～46kDa 的亲水性蛋白。α 亚基具有鸟嘌呤核苷酸结合位点和 GTP 酶活性，这对于调解 G 蛋白和受体之间的相互作用非常重要。α 亚基还具有与各种效应蛋白相互作用的区域。二十多种 α 亚基的亚型被归类为若干种亚家族，这种分类方式以其结构特征、偶联效应蛋白种类和级联的第二信使为基础。G_s 家族的 α_s 亚基（兴奋性 α 亚基）刺激**腺苷酸环化酶**（**adenylate cyclase**）的活性，导致细胞内 cAMP 增加（见临床相关知识 13.3）。相反的，G_i 家族的 α_i 亚基（抑制性 α 亚基）抑制腺苷酸环化酶活性，从而降低细胞内 cAMP 的水平。G_i 家族的 α_o 和 α_z 亚基，缺乏明确的效应靶蛋白。G_i 家族还包括 α_t 亚基（"t"代表转导，G 蛋白靠视紫红质型 GPCR 转导光觉，见 24.6 节），它激活 **cGMP 磷酸二酯酶**（**cGMP phosphodiesterase**）活性从而导致 cGMP 含量快速下降。G_q 家族包括各种 α 亚基（α_q、α_{11}、α_{15}、α_{16}），它们与**磷脂酶 C**（**phospholipase C**）效应酶结合，触发第二信使的增加，包括：IP_3（肌醇三磷酸）、DAG（三羟甲基氨基）和 Ca^{2+}。最后，$G_{12/13}$ 家族的 α_{12} 和 α_{13} 亚基刺激效应蛋白——**鸟嘌呤交换子**（**guanine nucleotide exchange factor，GEF**），它是一种单体 GTP 酶，与细胞迁

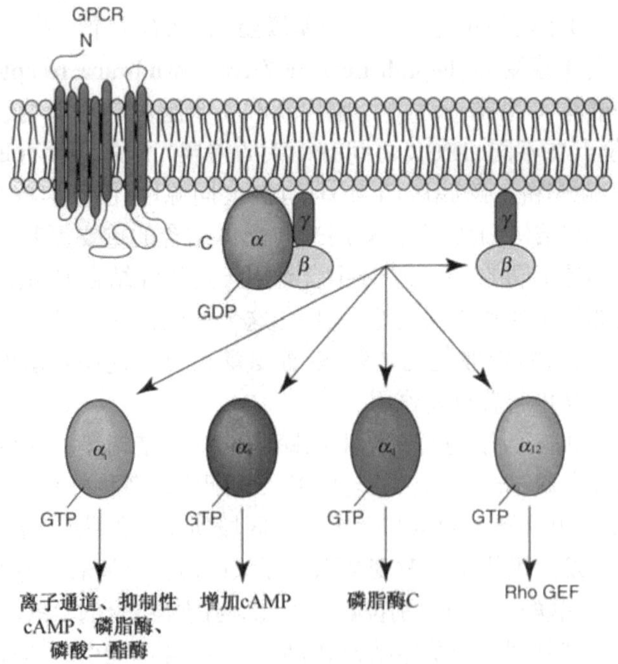

图 13.21　G 蛋白偶联受体七次跨膜区激活的三聚体 G 蛋白主要类型

移、细胞形状调节和细胞分裂有关。

G 蛋白的 β、γ **亚基**(β-,γ-**subunit**)是极疏水性蛋白,在非变性的情况下以**二聚复合物**(**dimeric complex**)形式存在。不同 G 蛋白的 β 亚基(约 35kDa)和 γ 亚基(10kDa)非常相似。由 G 蛋白分离纯化的 β、γ 复合物通常可与从另一 G 蛋白纯化的 α 亚基结合,形成一个三聚体复合物,它与含有该 α 亚基的 G 蛋白在功能上没有明显区别。β、γ 复合物对于 α

临床相关知识 13.3

$G_s\alpha$ G 蛋白在脑垂体肿瘤和内分泌疾病中的突变

脑垂体在调控哺乳动物内分泌过程中起着重要的作用,它通过分泌多种激素调节其他器官和腺体如肝、甲状腺、肾上腺、生殖腺等的功能。脑垂体每秒释放的激素受神经递质、神经肽和其他下丘脑区释放的激素所调节。例如,下丘脑和垂体细胞作为促生长细胞共同控制着生长激素(GH)的释放,生长激素在许多外周组织中调节新陈代谢和细胞的生长。被称为生长激素释放激素(GHRH)的下丘脑衍生因子是垂体促生长细胞表达的七次跨膜受体的一种激动剂。GHRH 受体与腺苷酸环化酶通过 G_s 异源三聚体 G 蛋白偶联在一起。GHRH 受体触发的 cAMP 增加可激活 CREB 依赖的 GH 基因转录,导致 GH 的合成与释放增加。特定的脑垂体肿瘤可引起 GH 分泌过多,这将导致会一种内分泌综合征——肢端肥大症,以多种组织的异常生长为特征。这些肿瘤通常是非转移性的,被认为是来自于单个的转化的脑垂体细胞,这些细胞由于关键调控基因的自发性突变而具有生长和存活优势。

值得注意的是,人类 30%～40% 的 GH 分泌型脑垂体肿瘤表达一种突变的 GNAS1 基因,可编码 G_s 蛋白的 α_s 亚基。这种突变基因被称为 *gsp* 癌基因,源于对结合与水解 GTP 起重要作用的两残基的任意单核苷酸置换。每种突变都会导致 GTP 酶活性明显减弱的 $G_{s\alpha}$ 蛋白的表达并进而引起 G_s 与其腺苷酸环化酶效应蛋白的组成性激活。随后,腺苷酸环化酶活性的增加将显著增加 cAMP 的生成、PKA 的激活、CREB 和其他 cAMP 敏感基因调节蛋白的 PKA 依赖性磷酸化,以及 cAMP 诱导的基因表达如编码 GH 的基因。相似的 *gsp* 突变已在其他的脑垂体肿瘤细胞中被发现,包括分泌 ACTH(促肾上腺皮质激素)的促皮质激素细胞,这些转化细胞的引起的组成性 ACTH 过分泌可导致肾上腺过量生成糖皮质激素。

很有趣的是,$G_{s\alpha}$ 自发性突变中改变的两个氨基酸早在体外生物化学研究中就被确定为调节 GTP 酶活性的重要功能性残基。精氨酸-201,在多数 *gsp* 突变中被半胱氨酸取代,是霍乱毒素引起的共价 ADP 核糖基化的接受位点。霍乱患者肠上皮细胞中野生型 $G_{s\alpha}$ 的 ADP 核糖基化可抑制 GTP 酶活性,从而导致 cAMP 生成速率大大增加并干扰 cAMP 依赖的盐和水分的转运。谷氨酰胺-227,在一些 *gsp* 突变中被丙氨酸或其他氨基酸替代,是保守的谷氨酰胺,位于所有 G 蛋白 α 亚基的 switch-Ⅱ区域。X 线晶体研究表明 switch-Ⅱ区域具有较大的构象相对运动,这取决于与 α 亚基结合的是 GTP 还是 GDP。在所有已知的 α 亚基中对该谷氨酰胺进行置换可导致 GTP 酶活性下降,这项技术被广泛应用于分子生物学中以生成组成性激活的各种 G 蛋白用于转基因动物研究。

亚基与受体的结合是必需的。同时，一些活化G蛋白的β、γ复合物还可直接结合并激活多种下游效应蛋白。例如，G_i来源的β、γ二聚体可门控心脏中K^+通道的开放，因此可导致心肌细胞的超极化并减慢心率。

G蛋白循环

在基础状态下，G蛋白以α、β、γ三聚体复合物形式存在，GDP占据着α亚基的核苷酸结合位点(图13.22)。在未与配体结合的受体(基础状态)中，GDP的释放速率非常缓慢(尽管不是零)。α亚基自身的GTP酶活性催化GTP水解为GDP和P_i。当P_i将被释放后，GDP仍然要与受体结合一段时间。这种连续的释放使这种GTP酶催化反应不可逆。α-GDP复合物与β、γ二聚物有高度的亲和性，进而α、β、γ三聚复合物重新生成。因而，在未受刺激的稳定状态下，G蛋白分子中只有一小部分处于效应活性构象(GTP结合状态)。当α、β、γ三聚复合物与结合有激动剂的GPCR相互作用时，α亚基释放GDP的速率大大增加。这使得胞质中含量远高于GDP的GTP可以结合α亚基，并促使α-GTP复合物与β、γ二聚物解离。被释放的α亚基及β、γ二聚物与下游的效应酶分子相互作用，

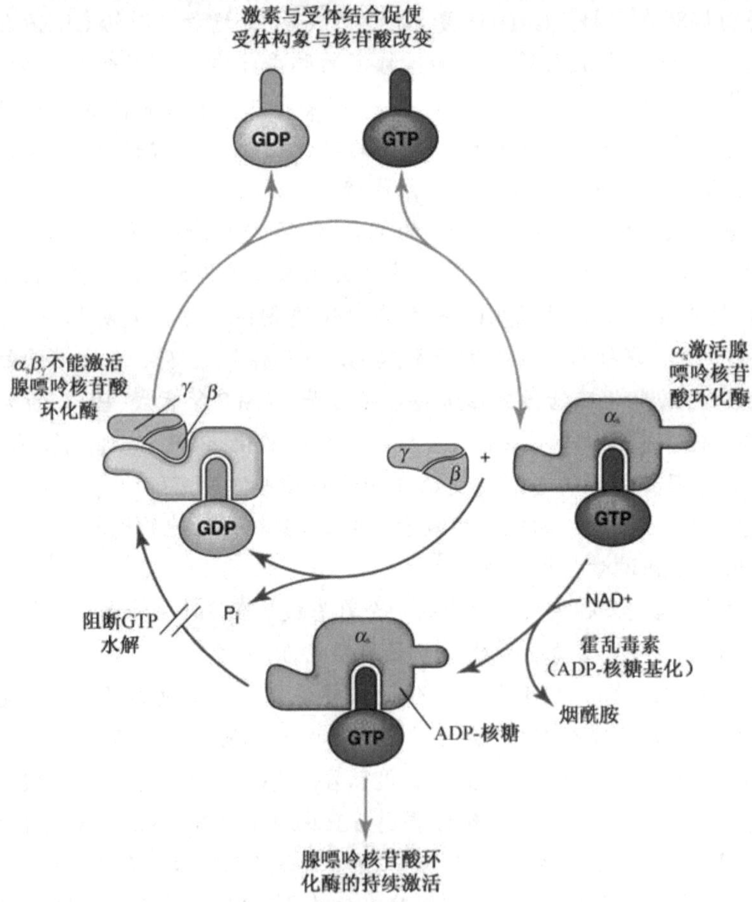

图13.22　三聚体G蛋白的活化与失活循环

进而改变第二信使的胞内水平。激动剂结合的 GPCR 活化时 G 蛋白其催化能力非常强。因此，基于 GPCR 的类型，一个激动剂结合的 GPCR 分子可连续与 10～100 个三聚体 G 蛋白分子相互作用。这导致主要的信号在 GPCR 活化的最早期即被扩大。尽管被释放 α 亚基的自身 GTP 酶活性保证了 α、β、γ 三聚复合物的瞬时溶解，但只要细胞膜上有激动剂结合的 GPCR 存在，这种周期重复率便会越来越高。

G 蛋白偶联受体的信号终止

许多 GPCR 的小型配体可被细胞外酶快速代谢或失活，且大多数的受体具有快速**脱敏作用**(**desensitization**)或**适应性**(**adaptation**)。尽管某些适应性是由于受体的内化和下游所致，但是 GPCR 快速脱敏的主要机制是细胞表面受体磷酸化引起的功能丧失(图 13.23)。这种磷酸化受体不能有效地激活 G 蛋白。蛋白激酶的两个家族成员可磷酸化 GPCR 并引起其脱敏。第二信使依赖的蛋白激酶如 cAMP 依赖的**蛋白激酶 A**(**protein kinase A**，**PKA**)可磷酸化许多类型的 GPCR。PKA 可以磷酸化这些受体，无论它们是否与激动剂结合。有一种 GPCR 特异的蛋白激酶(GRK)，因 β 肾上腺素受体是第一个被确定的底物(见临床相关知识 13.4)，故也被称作 **βARK**(**βAR 激酶**)。与 PKA 和其他的第二信使调控激酶不同，βARK 只磷酸化与激动剂结合的 GPCR，而不磷酸化非激动剂结合的 GPCR。

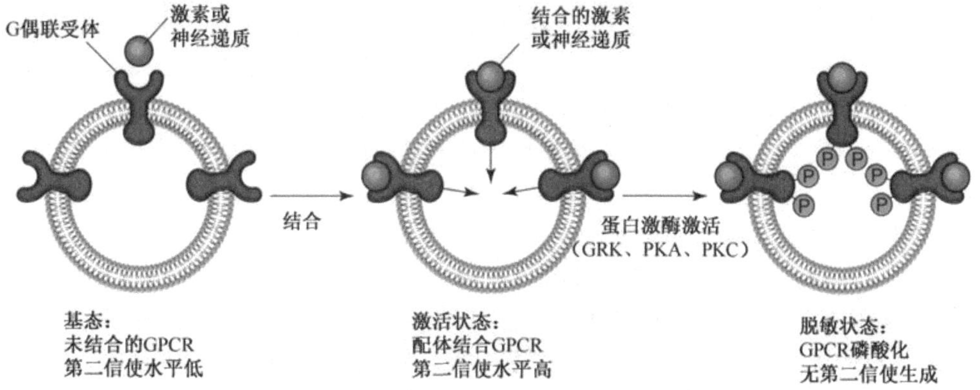

图 13.23　受体的磷酸化是 G 蛋白偶联受体脱敏/失活的主要机制

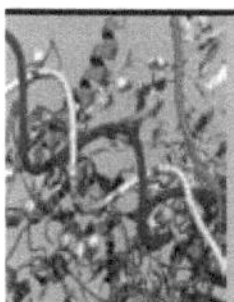

临床相关知识 13.4
充血性心力衰竭中 β 肾上腺素受体信号蛋白的改变

充血性心力衰竭是一种病理状态，即心脏不能泵出足够的血液灌注到周边的组织。心力衰竭伴随有心肌细胞在心肌损伤或过度血流负荷(如高血压)时对维持心脏输出的代偿过程。这些代偿包括心肌肥厚(收缩性组织增加)，也包括交感神经输出信号激活，尤其是心脏交感神经释放肾上腺素或去甲肾上腺素，它们可增加心肌收缩性。虽然这些代偿性机制在心力衰竭发展的早期可能足以将心肌收缩维持在相对正常水平，但它们最终会失代偿并导致心脏功能逐步下降。这种由代偿到失代偿的转变在 β 肾上腺素受体信号系统中更为明显。

在正常的心肌细胞中，肾上腺素激活 G 蛋白偶联的 β1 和 β2 肾上腺素受体亚型。这两种 β 肾上腺素受体都与 G_s 蛋白偶联，刺激腺苷酸环化酶，增加 cAMP 的含量，激活蛋白激酶 A(PKA)。在心肌细胞中，PKA 磷酸化多种靶蛋白，包括 L-typ 型、二氢吡啶敏感性 Ca^{2+} 通道和受磷蛋白，后者是种心肌肌质网(SR)Ca^{2+} 移位 ATP 酶的变构调节子。L-型 C 通道的磷酸化可延长这些通道应答去极化而开放的时间，这将导致 Ca^{2+} 流量的增加。在未被磷酸化的状态下，受磷蛋白抑制 Ca^{2+}-ATP 酶泵的功能。当受磷蛋白被 PKA 磷酸化后，这种抑制作用减弱并导致 SR 泵送 Ca^{2+} 的速率和总量增加。通过胞膜的 Ca^{2+} 流量增加(通过 L-型受体)并隔断于 SR 之内，在其后的心脏动作电位中可被释放以使 Ca^{2+} 浓度升高。因此，当肾上腺素刺激时，更多的 Ca^{2+} 释放将会在动作电位中引起更强的收缩(正收缩性作用)。同时，释放的 Ca^{2+} 也可被 SR 快速的隔离以形成更快的收缩/释放循环(正变时性作用)。因此，在整个器官水平，β 肾上腺素对心脏的刺激会引起更强的收缩(心搏出量)、更多的血液泵出和更快的收缩/释放循环(心率)。心脏输出(心搏出量×心率)增加使更多的血液向体循环中输出。然而，这就意味着心脏要做更多的工作(更高的能量输出)，因而需要更多的氧和更多的代谢以提供能量。

一些慢性疾病减弱了心肌功能，心力衰竭时便会触发肾上腺素/去甲肾上腺素分泌以代偿上述的收缩信号应答。这些应答最初引起 β1、β2 受体活性增加，同时也会引起这些受体的脱敏反应。而且，这些 β 受体还可激活"非经典"(如除了 Gs-腺苷酸环化酶-PKA)信号级联反应来调节收缩性和变时性。β1 受体亚型可诱导失代偿后的非经典级联反应(如存活基因表达减弱和凋亡前体信号的激活)。相反，β2 受体可诱导保护性非经典级联反应。心力衰竭伴随有 β 肾上腺素信号通路的改变，即 β1 受体亚型相对于 β2 受体亚型的比率降低。心力衰竭也可诱导 GRK 2/βAR 激酶活性增加，从而磷酸化受体并将它们从 G 蛋白依赖性信号通路中解离出来。

尽管看起来很反常，但是至今对心力衰竭的治疗都是基于 β 肾上腺素阻滞剂(β-blocker)的使用。目前，治疗心肌衰竭最常用的 β 肾上腺素阻滞剂有**美托洛尔**(**metoprolol**)或比索洛尔，它们对 β1 受体亚型均具有高度选择性。最近，一些临床研究报道了另一种治疗心力衰竭的有效的药物——**卡维地洛**(**carvedilol**)，它对 β1 和 β2 受体都具有非选择性阻滞作用。卡维地洛还可阻滞高表达于脉管平滑肌细胞中的 α1-肾上腺素受体。α1-肾上腺素受体偶联 Gq 蛋白和磷酸酶 C，激活后诱导 IP_3 积聚和 SR 中 Ca^{2+} 通过从 IP_3 门控 Ca^{2+} 通道释放。β-肾上腺素阻滞剂治疗心力衰竭可能与其抑制 β1 受体激活的非经典和失代偿信号通路有关。

细菌毒素对三聚体 G 蛋白的作用

某些 G 蛋白的 α 亚基含有特殊的氨基酸，它们可被细菌病原体(如弧菌和百日咳杆菌)分泌的**外毒素**(**exotoxin**)引起 ADP-核糖基化(图 13.22)。这些毒素既有 **NAD 糖水解酶**(**NAD glycohydrolase**)活性可以催化降解 NAD^+ 生成尼克酰胺和 ADP-核糖，又具有 **ADP-核糖转移酶**(**ADP-ribosyl transferase**)活性可以催化转运半数 ADP-核糖至某些 G 蛋白 α 亚基侧链的特殊残基位点(每种毒素具有一种特定的残基选择性)。这些毒素催化的核糖基化作用可干扰 G 蛋白的正常功能，并导致异常的信号转导和细胞功能调节。例如,霍乱毒素引起的Gsα亚基ADP-核糖基化抑制了其自身GTP酶活性,因此导致GTP结合α亚基与β、γ二聚体的组成性解离,即使此时GPCR未与激动剂结合。GTP结合α_s亚基的慢性增加可导致腺苷酸环化酶的持续激活和cAMP生成。在大肠中,cAMP的慢性增加导致PKA介导的氯通道的持续磷酸化。这些通道调节着盐类和水分的转运,过度的这种磷酸将严重干扰盐类和水分的转运,导致可危及生命的腹泻。

13.9 cAMP介导的信号转导

cAMP的合成与降解的调节

许多不同激素和神经递质引起的代谢与行为应答都由细胞内cAMP的增加所介导。cAMP作为第二信使主要与GPCR相关。细胞可以主动调节这类第二信使的合成与降解。cAMP的合成由**腺苷酸环化酶(adenylate cyclase)**催化,它们以ATP作为底物生成cAMP和焦磷酸盐(PP_i)(图13.24)。细胞溶胶内cAMP正常的基础含量为10^{-7} mol/L。在最大限度的激素刺激下,cAMP含量可以增加2~100倍,增加的程度取决于细胞类型。目前已鉴定出至少6个基因可编码不同的亚型。所有的腺苷酸环化酶都是整合膜蛋白,拥有12个跨膜区、一个细胞内催化区与跨膜片段六和七相连,还有另一个催化区在细胞内羧基末端。不同的酶类亚型在不同的组织中特异性表达,并可分别被特定的信号蛋白调控。所有的腺苷酸环化酶亚型都被G_s蛋白的α_s亚基正向调控。然而,各种G蛋白(包括G_s)的β、γ二聚体可刺激某些腺苷酸环化酶而抑制另外一些亚型。G_i蛋白的α亚基可以直接抑制腺苷酸环化酶各亚型(图13.25)。

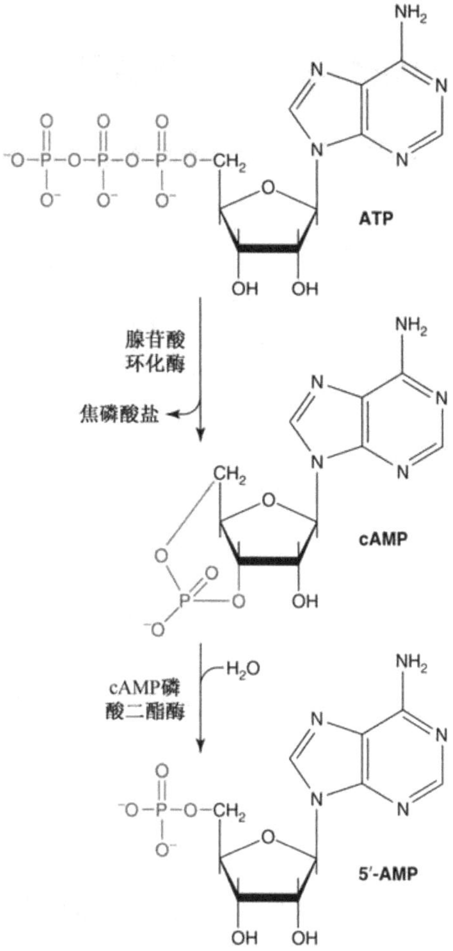

图13.24　腺苷酸环化酶和环核苷酸磷酸二酯酶催化的cAMP合成与分解

cAMP的降解由各种**环核苷酸磷酸二酯酶(cyclic nucleotide phosphodiesterases,PDE)**所催化,它们可以水解环状二酯键生成AMP(图13.24)。PDE的活性可被激素和一些药物调控。抑制PDE的活性可使细胞内cAMP水平升高。黄嘌呤衍生物如胆茶碱和咖啡因,可以抑制PDE从而使cAMP水平在不受激素被刺激的情况下升高。

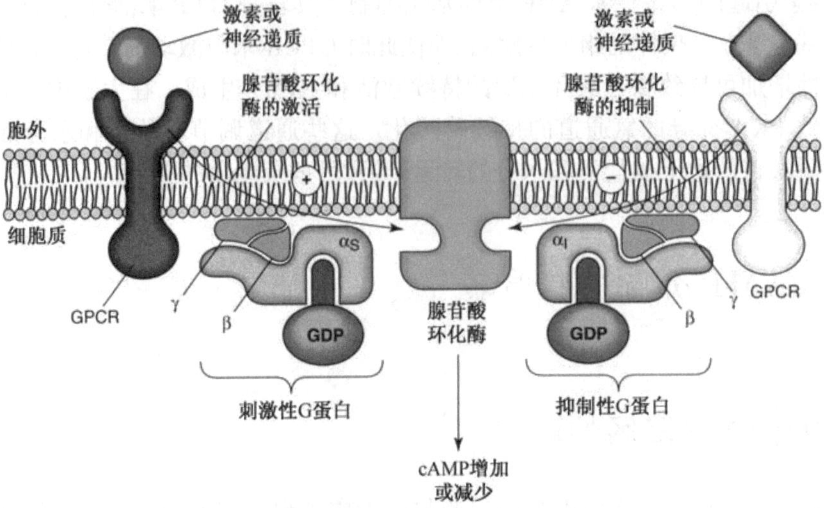

图 13.25　G_s,G_i家族三聚体 G 蛋白对腺苷酸环化酶作用子的正向与负向调控

cAMP 的细胞内信号转导机制

cAMP 依赖性**蛋白激酶 A(protein kinase A,PKA)**介导大多数 cAMP 作用(图 13.26)。在没有 cAMP 时,PKA 是由两个含有 **cAMP 结合位点**的调节亚基(R 亚基)和两个含有激酶活性的催化亚基(C 亚基)组成的四聚体。当处于四聚体构象时,激酶不能催化靶蛋白使其磷酸化。当 cAMP 分子与调节亚基结合时,四聚体解离,游离的催化亚基被活化。许多 cAMP 依赖性激酶的蛋白底物是它们自身拥有特殊靶酶的激酶 。这使得该级联反应的特性与大多数其他的受体介导的信号体系有所不同 。还有一些特殊的磷酸酶可使那些磷酸化蛋白去磷酸化进而使 cAMP 介导的信号级联反应失活。这些磷酸酶自身由受体相关通路调控。

cAMP 通过改变许多分解代谢酶的活性和表达来改变细胞的新陈代谢,这些分解代谢酶包括与脂质和糖类代谢有关的酶类(见 15.4 节和 18.2 节)。cAMP 调节的新陈代谢通常包括 PKA 介导的次级激酶或磷酸酶,它们可改变各种酶类的磷酸化水平。PKA 也可以磷酸化一些细胞膜离子通道或离子运载体,从而导致膜电位或发挥调控作用离子(如 Ca^{2+})的流量发生改变。因为神经递质如血清素、多巴胺和肾上腺素可以与调控 G_s或 G_i 的 GPCR 相互作用,所以在神经元中 cAMP 和 PKA 调控离子通道活性的能力是复杂行为应答中的一个主要组分。

真核细胞中 cAMP 水平的升高也能快速改变编码重要新陈代谢酶类、多肽激素和离子转运蛋白等基因的转录和表达。PKA 催化亚基与调控亚基的解离暴露了催化亚基中的核定位序列从而使这些亚基实现了由细胞溶胶到胞核的移位(图 13.26)。核内的 PKA 磷酸化并激活 **cAMP 调控基因调节蛋白(cAMP-regulated gene regulatory protein,CREB)**,从而控制含有 **cAMP 敏感性调节元件(cAMP-sensitive regulatory element,CRE)**基因的表达,该调节元件位于许多 cAMP 应答基因的 5′区。通过这种方式,细胞表面 GPCR 触发的瞬时 cAMP 含量增加可引起核内基因表达与细胞功能的长期改变。

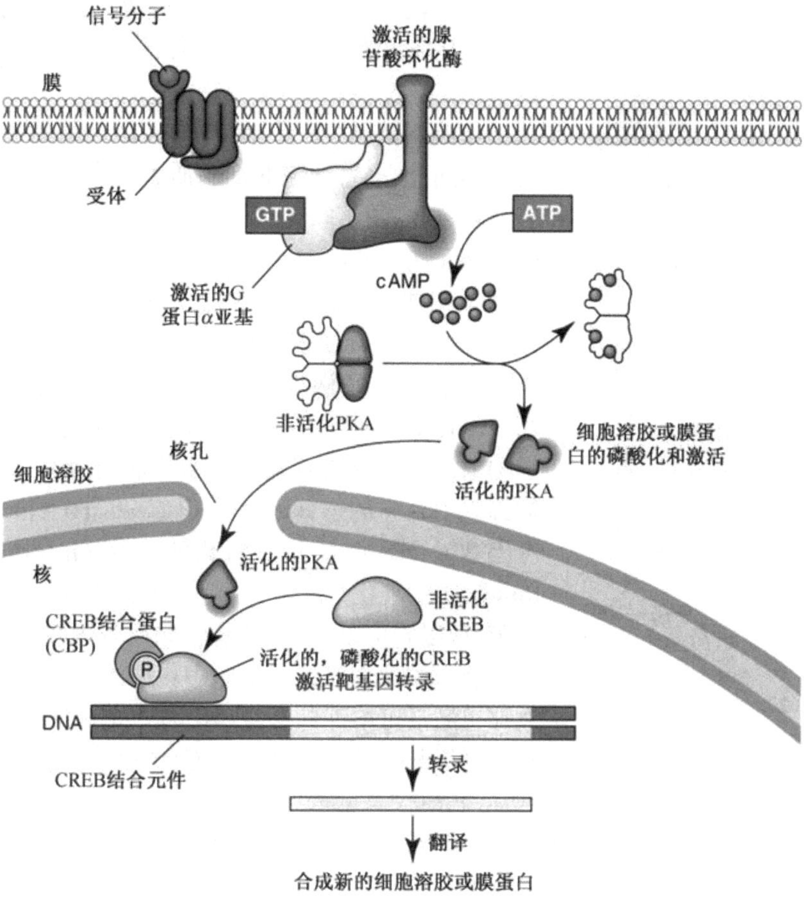

图 13.26　PKA 在 cAMP 调控的细胞内信号级联反应中的作用

13.10 cGMP 介导的信号转导

cGMP 合成与降解的调控

cGMP 是种重要的第二信使，它在肌肉和非肌肉的伸缩性调节、视觉信号转导和血容量的自稳中均发挥着重要作用。细胞内 cGMP 的水平靠其**合成酶**(**鸟苷酸环化酶，guanylate cyclase**)和降解酶(**cGMP 磷酸二酯酶，cGMP phosphodiesterase**)之间的动态平衡来调节。哺乳动物细胞中有两种主要的鸟苷酸环化酶，每一种类型都与催化 cAMP 合成的腺苷酸环化酶有本质的不同。**膜结合鸟苷酸环化酶**(**membrane-associated guanylate cyclase**)的活性存在于激素**心房钠尿因子**(**atrial natriuretic factor，ANF**)酶结合受体的催化区。ANF 受体最初表达于血管的平滑肌细胞和肾脏细胞中；当循环血容量和(或)压力增加时心房的心肌细胞分泌 ANF。ANF 受体由一个较大的细胞外结合 ANF 区、单个跨膜区和

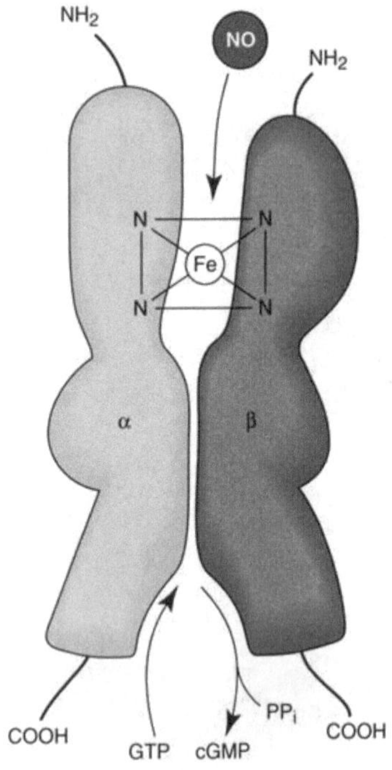

图 13.27　NO 与可溶性鸟苷酸环化酶的结合

一个相对较小的细胞内催化区组成。ANF 与受体结合后激活其催化活性的机制与受体的二聚化和被募集至激素结合受体的一些调节蛋白有关。

与催化性 ANF 受体-鸟苷酸环化酶的组织限制性表达不同,大多数细胞的细胞质中都存在一种可溶性鸟苷酸环化酶(图 13.27)。这种**可溶性鸟苷酸环化酶**(**soluble guanylate cyclase**)是由两个亚基(分别是 82kDa 和 70kDa)组成的二聚体复合物。每个完整的二聚体组成性结合一分子**血红素**(**heme**)。当该血红素基团未与气体配体结合时,可溶性鸟苷酸环化酶催化活性非常低,而当一氧化氮与血红素基团结合时,可溶性鸟苷酸环化酶的构象发生改变从而大大增加其催化活性。因此,大多数细胞中升高的 NO 水平是引起 cGMP 积聚的主要刺激因素。NO 的产生由**氧化氮合酶**(**nitric oxide synthase,NOS**)催化(见 11.1 节)。因为 NO 可快速渗透生物膜,所以它可以在一种细胞(如血管内皮细胞)中产生并快速地扩散到邻近的细胞中(如血管平滑肌细胞),并在那里激活可溶性鸟苷酸环化酶。cGMP 在平滑肌中的聚集可引起伸缩性器官快速而持久的松弛(见临床相关知识 13.5)。

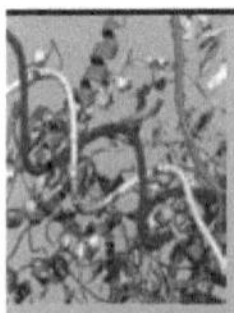

临床相关知识 13.5
作为治疗心脏和血管疾病靶点的一氧化氮/cGMP 信号通路

血管内表面上的上皮细胞是可舒张血管平滑肌细胞的一氧化氮(NO)的主要来源。在这些血管平滑肌细胞中,可溶的鸟苷酸环化酶被邻近上皮细胞生成的 NO 激活,从而催化 cGMP 生成。cGMP 是一种重要的第二信使,它可诱导血管平滑肌松弛,进而使血管舒张,流向周围组织的血液流量亦增加。某些药物可通过增加 NO 的含量而增加 cGMP 的含量。cGMP 的水平还可被磷酸二酯酶(PDE)调控,该酶可将 cGMP 转化为 GMP(丧失第二信使功能)。因此,用于抑制血管 PDE 的药物同样也可用来增加特定组织的血流量。

心绞痛是由不同原因的心脏供血不足而引发的胸部疼痛。硝酸甘油是可快速缓解此类病痛的常用药物(见临床相关知识 11.9)。硝酸甘油是外源性 NO 供体,可代谢生成 NO。它还可以直接与 NO 敏感性蛋白(如可溶的鸟苷酸环化酶)结合。因此,像血管内皮细胞来源的氧化亚氮 NO 一样,它可导致平滑肌松弛和舒张。但是,硝酸甘油缓解心绞痛的机制目前还未完全弄清楚。由于局部缺血,冠状动脉功能不全患者的冠状动脉和心脏微血管可能已扩张至最大限度。因此,硝酸甘油可能是通过降低心脏负荷和心肌对氧的需求来缓解心绞痛。这伴随着小静脉向心脏回流血液(前负荷)减少和外周血压（后负荷）降低。

伟哥是枸橼酸西地那非的俗称，用来治疗勃起功能障碍。它选择性抑制高表达于血管平滑肌的环化核苷酸磷酸二酯酶（PDE）亚型 5。作为抑制剂，伟哥对其他环化核苷酸磷酸二酯酶亚型（包括主要表达于心肌细胞的 PDE3）的抑制效率比其对 PDE5 的抑制效率低 80～4000 倍。这种选择性抑制避免了伟哥对心脏功能的影响。伟哥对 PDE5 的抑制效率只是其对 PDE6 抑制效率（在视网膜中大量表达）的 10 倍。当勃起组织中 NO 释放和鸟苷酸环化酶激活引起血管舒张时，伟哥的抑制作用将导致 cGMP 的浓度更高和 PKG 的持久激活。由于伟哥对视网膜 PDE6 的抑制作用，高剂量的伟哥可能导致轻微的色觉变化。

cGMP 的降解由多种可溶性并与胞膜微弱结合的 cGMP 磷酸二酯酶（PDE）催化。有些降解酶为不活泼的代谢酶，视网膜光感细胞中的 cGMP-PDE 是三聚体 G 蛋白信号转导通路的效应酶分子。

cGMP 介导的胞内信号转导机制

cGMP 主要通过激活在许多组织中广泛表达的 **cGMP 敏感性蛋白激酶（cGMP-sensitive protein kinase，PKG）**来发挥其第二信使功能。在不同的细胞中，PKG 可磷酸化多种重要的靶蛋白，包括新陈代谢酶类、结构蛋白和离子转运蛋白。例如，刺激平滑肌细胞和非肌细胞中的 PKG 可相应磷酸化多个靶蛋白，这些蛋白可抑制依赖性收缩或运动，包括：①内质网中减弱 Ca^{2+} 通道释放的蛋白；②抑制肌球蛋白与肌动蛋白相互作用的肌球蛋白轻链磷酸酶；③导致细胞膜过极化并抑制电压门控 Ca^{2+} 流（见 12.6 节）的 K^+ 通道。cGMP 也可直接调控表达于特殊感觉组织如视网膜的环核苷酸门控阳离子通道（见 24.3 节）。

13.11　钙介导的信号转导

细胞质中 Ca^{2+} 浓度的调控

Ca^{2+} 是一种重要的细胞内调节子，可调控多种基础的细胞功能，包括各种肌肉细胞的收缩、激素和神经递质的分泌、细胞分裂、非肌细胞的定向迁移和基因表达的调节等。对于多种激素和神经递质，细胞以快速瞬时的细胞溶胶 Ca^{2+} 浓度升高为应答，而后 Ca^{2+} 与多种 Ca^{2+} 依赖性调节蛋白结合。细胞溶胶中 Ca^{2+} 浓度升高是由细胞膜或内质网中 **Ca^{2+} 通道（Ca^{2+} channel）**的开放引起的（见 13.11 节）。释放的 Ca^{2+} 通过 ER 快速聚集进而中断细胞对激素或神经递质的应答。

多数细胞细胞溶胶中自由 Ca^{2+} 基础浓度常保持在 10^{-7} mol/L 左右（图 13.28）。当细胞溶胶 Ca^{2+} 浓度增加到 10^{-6} mol/L 时，这种少量的增长即可快速并最大限度地活化各种 Ca^{2+} 调节的细胞功能。细胞外 Ca^{2+} 浓度为 10^{-3} mol/L，跨膜浓度梯度可达 10 000 倍，同时由于胞膜内侧面的负向电势,Ca^{2+} 的跨膜流动非常快速。在可兴奋细胞如神经元细胞和肌肉细胞中,Ca^{2+} 流动与电压门控 Ca^{2+} 通道有关(见 12.6 节)。这种类型的 Ca^{2+} 信号通路大多由兴奋性神经递质如乙酰胆碱、谷氨酸、血清素和 ATP 等的离子通道受体所引起。细胞膜中还含有两种转运系统,Na^{+} / Ca^{2+} 反向转运子和 Ca^{2+} 转运 ATP 酶,它们可将过量的 Ca^{2+} 有效地泵出细胞质(见 12.9 节)。

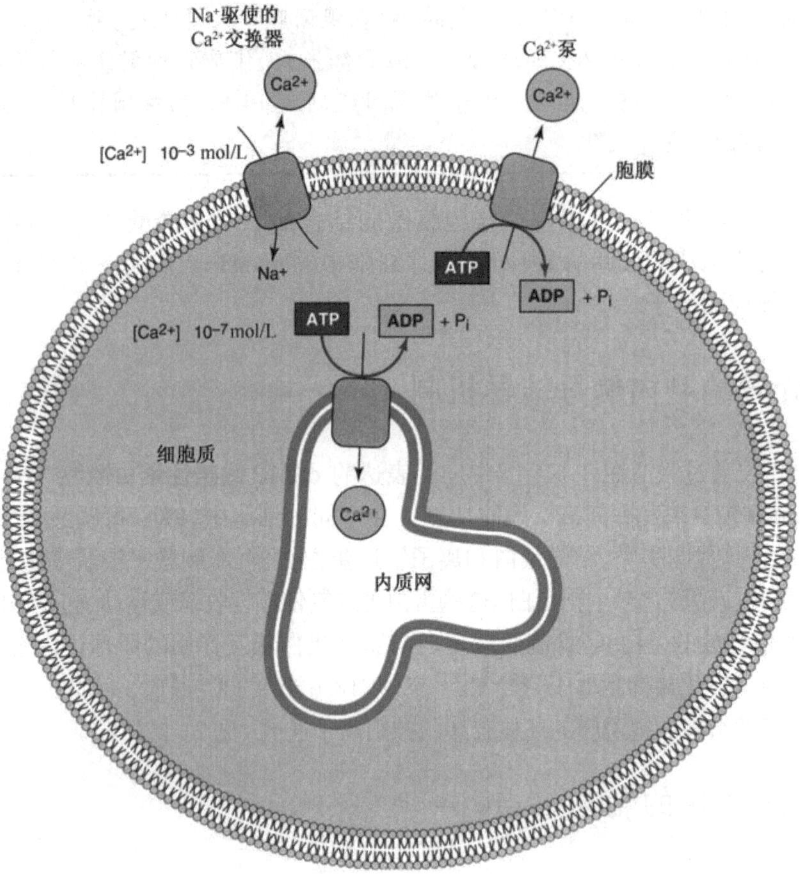

图 13.28 细胞膜和 Ca^{2+} 转运蛋白在调节和区室化胞内 Ca^{2+} 中的作用

Ca^{2+} 通过转运 ATP 酶的作用在内质网(ER)(在肌细胞中命名为肌质网或 SR)中大量的聚集(见 12.9 节)。ATP 酶转运子允许 Ca^{2+} 在 ER/SR 腔中积聚,自由 Ca^{2+} 浓度可上升至 1mmol/L(10^{-3} mol/L)左右,这个浓度和细胞外 Ca^{2+} 浓度相同。积聚的 Ca^{2+} 可通过两种类型的 ER/SR-Ca^{2+} 通道释放,这些通道的开放由多种细胞表面受体介导的信号调控。第一种通道是广泛表达的 **1,4,5-三磷酸肌醇(1,4,5-inositol triphosphate,IP_3)受体(IP_3R)**或 **IP_3 门控 Ca^{2+} 通道(IP_3-gated Ca^{2+} channel)**(图 13.29)。当磷脂酶 C 被多种激素或神经递质刺激时,第二信使 IP_3 可快速生成(见 13.11 节)。另一种配体门控的 Ca^{2+} 释放通道表达于骨骼肌和心肌的 ER/SR 中,因其与药物斯里兰卡肉桂碱结合,故被称为斯里兰卡肉桂碱受体(RyR)或斯里兰卡肉桂碱敏感性 Ca^{2+} 释放通道(图 13.30)。在心肌中,RyR 通道受穿过胞膜通道的 Ca^{2+} 门控,这被认为是 Ca^{2+} 诱导的 Ca^{2+} 释放。相反,骨骼肌中 RyR 通道通过与电压敏感 Ca^{2+} 通道的直接相互作用而开放,这可能是因为骨骼肌中的 SR 与胞膜的特殊内陷区直接接触。

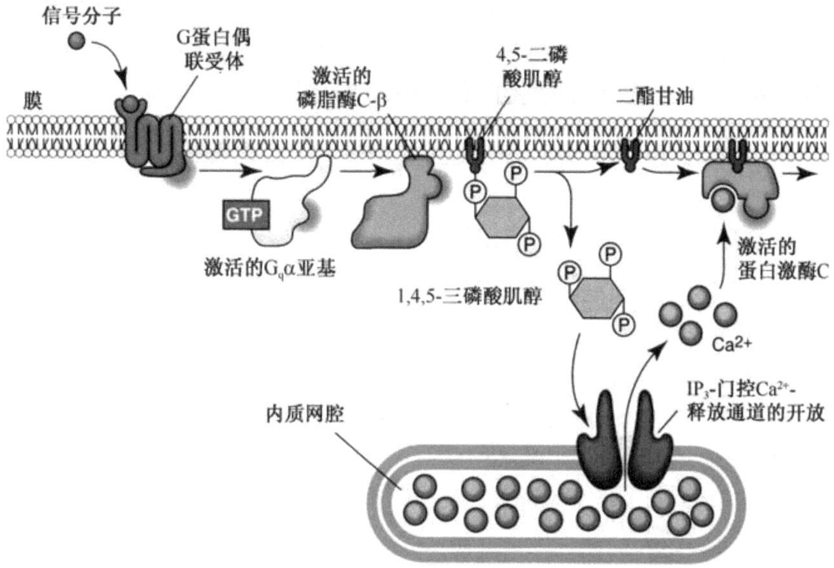

图 13.29　受体刺激磷脂酶 C 介导的磷脂肌醇水解,进而引起内质网 Ca^{2+} 的运动和蛋白激酶 C 的活化

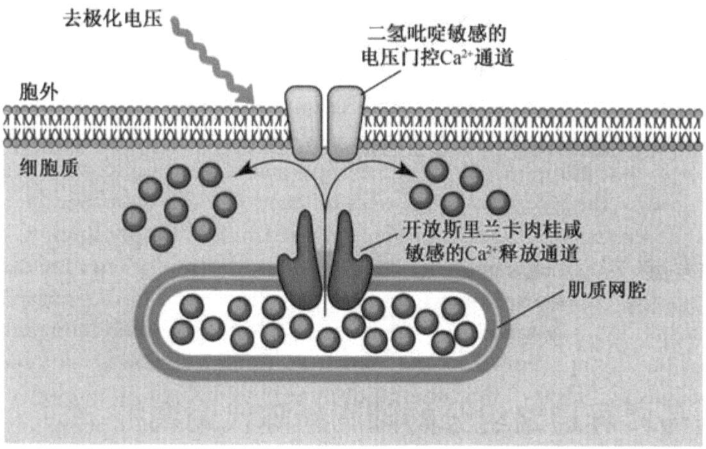

图 13.30　去极化诱导的斯里兰卡肉桂碱敏感性 Ca^{2+} 释放通道激活条纹肌细胞中肌质网 Ca^{2+} 的运动

钙调蛋白依赖性蛋白激酶和磷酸酶的钙激活

细胞质中 Ca^{2+} 浓度增加可导致多种钙结合调节蛋白的活化。例如,肌钙蛋白 C,它可调节横纹肌的收缩,只表达于少数组织并具有高度的专一性。相反,**钙调蛋白**(**calmodulin,CaM**)却广泛表达于各种组织中,介导 Ca^{2+} 在多种细胞功能中的调节作用(图 13.31 和 12.9 节)。当与 Ca^{2+} 结合时,钙调蛋白构象改变,进而与多个下游信号蛋白(包括丝氨酸/苏氨酸特异的蛋白激酶、磷酸酶和一氧化氮合酶)相互作用。一些钙调蛋白依赖性蛋白激酶,如肌球蛋白轻链激酶,只以特定的蛋白质作为靶蛋白;其他一些类型的蛋白激酶(多功能 CaM 激酶Ⅱ)则可磷酸化多种蛋白质底物。改变这些蛋白质的活性是增加的

Ca^{2+}改变细胞行为的主要机制。当与钙调蛋白结合时,CaM 激酶Ⅱ也可以发生自身磷酸化。细胞表面受体激活时,即使细胞溶胶中 Ca^{2+} 只是瞬时增加,但是 CaM 激酶Ⅱ的自身磷酸化使其在细胞溶胶中 Ca^{2+} 浓度恢复基础水平后保持长久的活性。CaM 激酶可磷酸化并调节多种酶、离子通道、收缩性蛋白和基因调节蛋白。

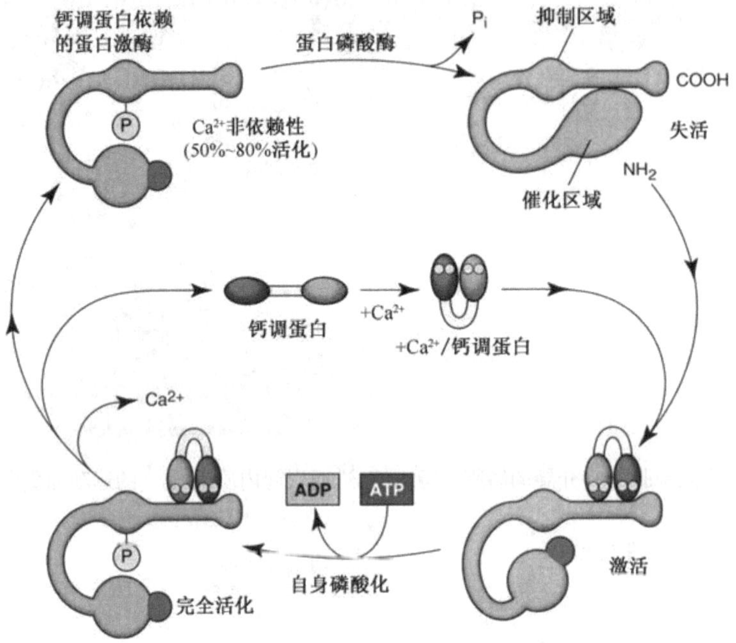

图 13.31　钙调蛋白和钙调蛋白-调节蛋白激酶在 Ca^{2+} 调控的胞内信号级联反应中的作用

13.12　以磷脂为基础的信号转导

作为胞内信号转导通路组分的磷脂新陈代谢调控

许多细胞表面受体介导的信号转导都包括一个或多个催化不同种类磷脂(如肌醇或胆碱磷脂)水解的磷脂酶的激活。一些重要的磷脂酶效应酶能催化不同的产物生成,这些产物有的是第二信使,有的是第二信使生成的调节子(图 13.32)。**磷脂酶 C**(**phospholipase C enzyme ,PI-PLC**)水解肌醇磷脂生成第二信使**肌醇磷酸盐**(**incsitol phosphate**)和**二酰甘油**(**diacylglycerol**)。肌醇磷酸盐可进一步被**磷酸肌醇-3-激酶**(**phosphoinositide-3 kinase ,PI-3K**)磷酸化为**磷脂酰肌醇-3 ,4 ,5-三磷酸**(**phosphoinositide-3-4-5-trisphosphate , PIP_3**),这也是一种第二信使。**磷脂酶 D**(**phospholipase D ,PLD**)主要水解胆碱磷脂和乙醇胺磷脂生成**磷脂酸**(**phosphatidic acid**),而后磷脂酸可被磷脂酸磷酸水解酶(PAP)代谢生成第二信使二酰甘油。**磷脂酶 A2**(**phospholipase A2 ,PLA2**)水解各种磷脂生成自由脂肪酸,如花生四烯酸和溶解性磷脂。

磷脂酶C和磷脂酶D的调控

正如前面对Ca^{2+}为基础的信号转导的描述，许多G蛋白偶联受体和受体酪氨酸激酶都可通过激活**1,4,5肌醇三磷酸(1-4-5 inositol triphosphate,IP_3)**的生成刺激Ca^{2+}从内质网中释放。这种水溶性第二信使是从**磷脂酰肌醇二磷酸(phosphatidylinosital biphosphate,PIP_2)**的水解反应中衍生出来的，PIP_2是种相对较小的膜磷脂，它是从磷脂酰肌醇的肌醇残基磷酸化得来的。PIP_2的水解反应由对磷脂肌醇具有高度选择性的磷脂酶C(PLC)所催化(图13.32)。PLC催化的PIP_2水解反应产生两种不同的第二信使：水溶性IP_3和**二酰甘油(diacylglycerol,DAG)**，后者为一种疏水性第二信使。**PI-PLCβ**酶通过与$G_{q/11}$家族G蛋白的α亚基或G_i家族的β、γ亚基相互作用而激活。然而，**PI-PLCγ**酶通过酪氨酸磷酸化及与受体酪氨酸激酶的相互作用而激活。一些非受体型酪氨酸激酶也可磷酸化PLCγ酶。

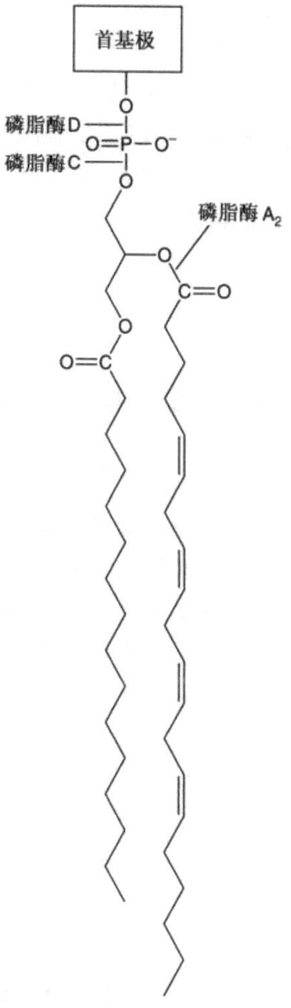

图13.32 受体介导的信号转导通路中主要的磷脂酶种类

除IP_3外，PI-PLCβ和PI-PLCγ的激活同样也会导致DAG聚集。然而，在许多细胞中，受体介导的二酰甘油含量的增加并不能单纯地归因于PIP_2的降解。虽然PIP_2的水解可在短时间内生成少量的DAG，但是大量磷脂如磷脂酰胆碱(PC)的水解才是受体激活应答中持续生存DAG的原因。最终，PLC和**磷脂酶D(phospholipase D,PLD)**催化的PC水解反应介导了需持续DAG升高的细胞进程调控。在受体刺激过程中，PC-PLC和PC-PLD被复杂的初始信号网络间接激活，这些信号包括Ca^{2+}、小GTP酶和蛋白激酶C。

二酰甘油和蛋白激酶C

二酰甘油(diacylglycerol DAG)由PIP_2或PC降解生成，它作为第二信使结合并活化**蛋白激酶C(protein kinase C,PKC)**家族的许多成员。非活化PKC以可溶的、细胞溶胶的蛋白质形式存在，其N端(包括DAG结合位点)掩盖了C端(包括底物蛋白和ATP结合位点)(图13.29)。当DAG在细胞膜上被合成时，PKC的DAG结合位点被占据，从而在激酶中得到一个伸展的、暴露的底物和ATP结合区。PKC激酶其他的N端位点结合酸性磷脂，从而使 PKC 与细胞膜结合。一些 PKC 亚型在 N 端还含有 Ca^{2+} 结合位点；细胞溶胶中 Ca^{2+} 含量的增加使 PKC 结合于胞膜。PKC 酶的活化导致许多底物蛋白丝氨酸/苏氨酸的磷酸化，这些磷酸化的蛋白可相应地引发多种细胞的应答。像 cAMP 依赖性蛋白激酶和钙调蛋白依赖性蛋白激酶一样，各种 PKC 同工酶可以磷酸化：①调控基因表达的转录因子；②离子通道和运载体；③其他的蛋白激酶。一些 PKC 同工酶还可触发各种 MAP 激酶级联反应，从而调控多个基因调节蛋白。PKC 激酶直接或间接调控转录因子磷酸化的能力正是 PKC 在调控细胞和组织生长、分化和死亡中发挥重要作用的基础。

PIP_3、磷脂酰肌醇 3-激酶和蛋白激酶 B

磷脂肌醇是肌醇脂质激酶的底物，该激酶可特异性磷酸化肌醇的 3′-OH。**磷脂酰肌醇 3-激酶（phosphatidylinositol 3 kinases，PI_3-kinase）**组成了一个多成员的基因家族。一些磷脂酰肌醇 3-激酶通过 SH2 区与酪氨酸磷酸化的生长因子受体或激活的细胞因子受体结合并被其激活。其他的 PI-3 激酶被活化的 G 蛋白的 βγ 二聚体激活。磷脂酰肌醇 3-激酶主要磷酸化磷脂酰肌醇-4，5-二磷酸盐，生成**磷脂酰肌醇-3，4，5-三磷酸盐（phosphatidylinositol -3，4，5- trisphosphate，3，4，5-PIP_3）**。值得注意的是，PIP_3 并不是 PLC 的底物，而是一种脂质第二信使。PIP_3 在调节跨膜运输、细胞运动和细胞存活信号通路的激活中起着重要的作用。近期的研究证实，激酶中的 **Akt/蛋白激酶 B（Akt/protein kinase B，PKB）**家族是 PIP_3 发挥作用的主要介质（图 13.33）。活化的 PKB 通过抑制特定细胞死亡信号通路使细胞存活（见 25.3 节），并可调节其他与葡萄糖转运和糖原代谢有关的蛋白质和激酶。

磷脂酶 A_2 和花生四烯酸代谢产物的生成

在许多细胞类型中细胞表面受体的占据会促使**花生四烯酸（arachidonic acid，AA）**（见 17.2 节）从膜磷脂中释放。AA 的释放由磷脂酶 A_2（PLA_2）家族成员所催化（图 13.32）。PLA_2 的调控非常复杂，与多种因子有关系，包括 Ca^{2+}，它可能控制一些 PLA_2 亚型从细胞溶胶到细胞膜的移位以及激酶介导的磷酸化。花生四烯酸可被快速代谢为多氧化产物，统称**类花生四烯酸物质（eicosanoid）**（见 18.5 节）。与其他的第二信使如环核苷酸和 Ca^{2+} 不同，类花生四烯酸几乎都是作为胞外激动剂被细胞分泌，可与邻近细胞的表面受体结合。类花生四烯酸几乎可由所有类型的细胞生成，并在炎症、凝血、血管紧张度的控制、肾功能和其他多种过程中发挥着基础自分泌或旁分泌的作用。

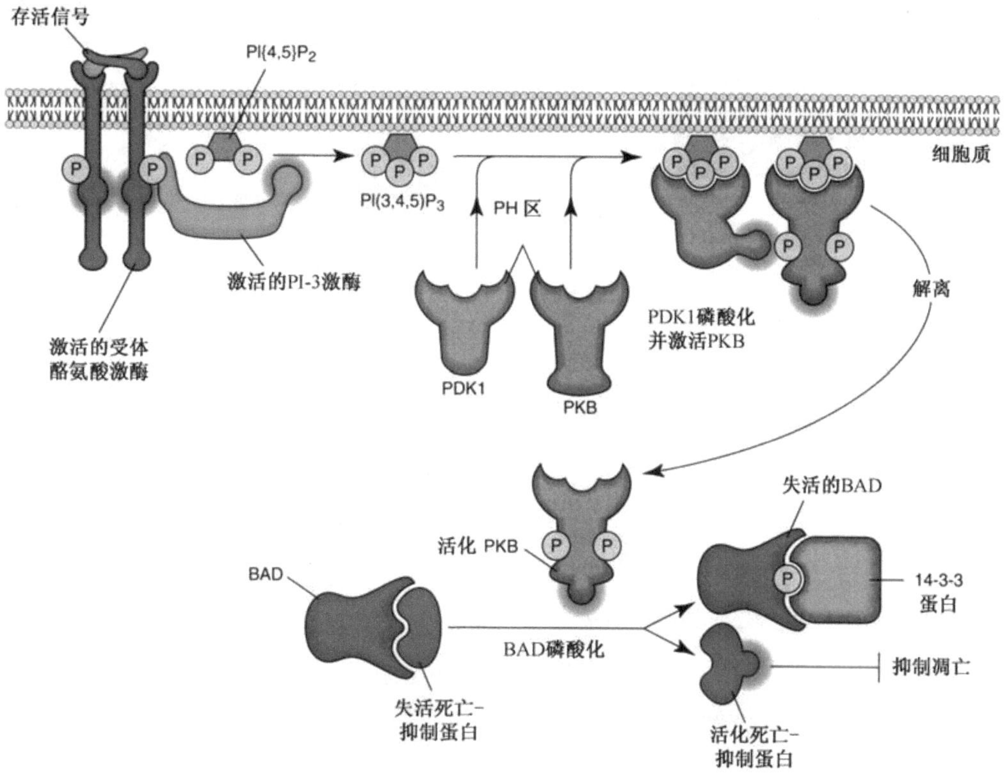

图 13.33　磷脂酰肌醇-3-激酶和蛋白激酶 B 在 3,4,5-磷脂酰肌醇三磷酸调节的胞内信号级联反应中的作用

13.13 信号转导通路整合组成的信号转导网络

由于组织局限性和专一化程度不同,单个细胞可特异地对数十种胞外信号作出应答。许多重要的胞内信号级联反应可被不同种类和家族的受体协同调控(图 13.34)。例如,MAP 激酶通路可以被 G 蛋白偶联受体和生长因子受体激酶调控。这种“串话”(cross-talk)使细胞能够整合多种胞外刺激信号并形成唯一特殊的改变细胞应答的模式。不同的第二信使激酶可以磷酸化同一靶蛋白的不同残基,例如转录因子,在基因表达过程中可具有相同或相异的改变。因此,特定细胞表面受体激活引发的整体细胞应答常取决于被同时激活的其他表面受体。例如,在特定细胞类型中诱导特定基因表达的受体,在其他的细胞表面受体被同时激活或失活时可能触发细胞程序性死亡。虽然现代细胞生物学在确定单一信号通路的基本组件和连续步骤中取得了很大的进展,但是关于这些独立的信号通路如何整合为信号转导网络仍是一个艰巨的挑战。

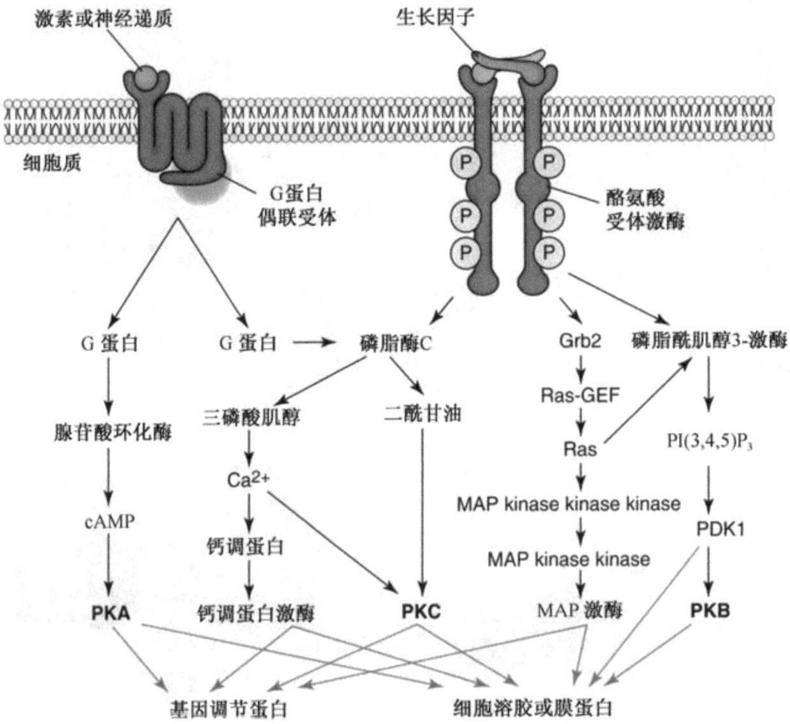

图 13.34 不同细胞表面受体调控的主要胞内信号级联反应间的串话与整合

参考书目

Ligand-Gated Ion Channel Receptors

Barnard, E. A. Receptor classes and transmitter-gated ion channels. *Trends Biochem. Sci.* 17:368–373, 1992.

Corringer, P.-J., Le Novere, N., and Changeaux, J.-P. Nicotinic receptors at the amino acid level. *Annu. Rev. Pharmacol. Toxicol.* 40:431–458, 2000.

Madden, D. R. The structure and function and function of glutamate receptor ion channels. *Nature Reviews-Neurosci.* 3:91–101, 2002

Sheng, M. and Pak, D. T. Ligand-gated ion channel interactions with cytoskeletal and signaling proteins. *Annu. Rev. Physiol.* 62:755–778, 2000.

Receptor and Nonreceptor Tyrosine Kinases

Hubbard, S. R. and Till, J. H. Protein tyrosine kinase structure and function. *Annu Rev. Biochem.* 69:373–398, 2000.

Schlessinger, J. Ligand-induced, receptor-mediated dimerization and activation of the EGF receptor. *Cell* 110:669–672, 2002.

Wiley, H. S. Trafficking of the ErbB receptors and its influence on signaling. *Exp Cell Res.* 284:78–88, 2003.

Yaffe, M. B., Phosphotyrosine-binding domains in signal transduction. *Nature Rev. Mol. Cell Biol.* 3:177–186, 2002.

G-Protein-Coupled Receptors

Bockaert J. and Pin, J-P. Molecular tinkering of G protein-coupled receptors: An evolutionary success. *EMBO J.* 18:1723–1729, 1999.

Gether, U. and Kobilka, B. K. G protein-coupled receptors: II. Mechanism of agonist activation. *J. Biol. Chem.* 273:17979–17982, 1998.

Ji, T. H., Grossman, M. and Ji, I. G protein-coupled receptors: I. Diversity of receptor–ligand interactions. *J. Biol. Chem.* 273:17299–17302, 1998.

Shendy, S. K. and Lefkowitz, R. J. Multifaceted role of β-arrestins in the regulation of seven-membrane-spanning receptor trafficking and signalling. *Biochem. J.* 375:503–515, 2003.

Sodhi, A., Montaner, S., and Gutkind, J. S. Viral hijacking of G protein-coupled receptor signaling networks. *Nature Rev. Mol. Cell Biol.* 5:998–1012, 2004.

Trimeric G Proteins

Berman, D. M. and Gilman, A. G. Mammalian RGS proteins: Barbarians at the gate. *J. Biol. Chem.* 273:1269–1272, 1998.

Preminger, A. M and Hamm, H. E. G protein signaling: Insights from new structures. *Science STKE 2004*. 218:1–9, 2004.

Sprang, S. R. G protein mechanisms: Insights from structural analyses. *Annu. Rev. Biochem.* 66:639–678, 1997.

Small GTPases

Vojtek, A. B. and Der, C. J. Increasing complexity of the Ras signaling pathway. *J. Biol. Chem.* 273:19925–19928, 1998.

Mackay, D. J. G. and Hall, A. Rho GTPases. *J. Biol. Chem.* 273: 20685–20688, 1998.

Cyclic AMP and Cyclic GMP Signaling

Hurley, J. H. Structure, mechanism, and regulation of mammalian adenylyl cyclase. *J. Biol. Chem.* 274:7599–7602. 1999.

Lucas, K. A, Pitari, G. M., KazerounianS., Ruiz-Stewart I., Park J., Schulz S., Chepenik K. P., and Waldman S. A. Guanylyl cyclases and signaling by cyclic GMP. *Pharmacol. Rev.* 52:375–413, 2000.

Schwartz J. H. The many dimensions of cAMP signaling. *Proc Natl Acad Sci. USA* 98:13482–13484, 2001.

Phospholipid Signaling

Liscovitch, M. Crosstalk among multiple signal-activated phospholipases. *Trends Biochem. Sci.* 17:393–399, 1992.

习题和参考答案

选择题

1. 细胞间的信号转导类型中，细胞与细胞可以远距离应答的类型被称为：
   A. 自分泌　B. 内分泌　C. 近分泌
   D. 旁分泌　E. 突触
2. 细胞内的受体：
   A. 经常结合疏水性配体
   B. 可以在细胞质和细胞核中以未结合的形式存在
   C. 当与配体结合时可以调控基因转录
   D. 当与配体结合时会作为二聚复合物与特殊的 DNA 序列结合
   E. 以上均正确
3. 细胞表面受体：
   A. 只和不能穿过细胞膜的大分子反应
   B. 当与其配体结合时可激活酶促级联反应
   C. 当与其配体结合时常会打开离子通道
   D. 当与其配体结合时一定会产生第二信使
   E. 通常被称为 GPCR
4. 蛋白质磷酸化是大多数细胞内信号转导通路的组成部分。以下关于磷酸化的描述错误的是：
   A. 磷酸化可以发生在丝氨酸或苏氨酸上
   B. 磷酸化改变蛋白质的结构和功能
   C. 蛋白激酶级联反应导致信号的扩大
   D. 酪氨酸激酶总是受体蛋白的一部分
   E. 丝氨酸激酶通常由第二信使的浓度调控
5. 细胞可以通过何种方式终止细胞表面受体介导的信号转导：
   A. 降低临近靶细胞对激动剂的利用率
   B. 内化并降解受体-激动剂复合体
   C. 修饰受体使其失活或脱敏
   D. 以上均正确
   E. 以上均不正确
6. 钙调蛋白：
   A. 非特异性蛋白激酶
   B. 与 Ca^{2+} 结合的蛋白质
   C. 一种第二信使
   D. 一氧化氮合酶活化子
   E. 使 Ca^{2+} 流动的蛋白通道

问题 7 和 8：躁狂忧郁可能是由特定的中心神经系统细胞过度活化引起，也可能是由异常高水平的激素或神经递质刺激磷脂为基础的信号转导引起(例如磷脂酰肌醇，PI)。锂被用来治躁狂忧郁已经好多年了。在 Li^{+} 存在的情况下，PI 系统反应速度减慢，尽管仍然持续地受到刺激，但是细胞对这些刺激的敏感性已经下降。Li^{+} 可能有两种功能：抑制肌醇三磷酸的磷酸化和去磷酸化，并可直接干扰 G 蛋白的功能。

7. PI 系统以磷脂酶 C 活化作为开始，磷脂酶 C 活化后引发一系列事件，不包括：
   A. 磷酸酶激活 IP_3
   B. 细胞内 Ca^{2+} 浓度增加
   C. 从磷脂中释放 DAG
   D. 蛋白激酶 C 的活化
   E. 特定胞质蛋白的磷酸化
8. 以下有关 G 蛋白的描述，正确的是：
   A. 在细胞表面 G 蛋白与激素结合
   B. 在静息状态，GTP 与 G 蛋白结合
   C. α亚基可以是刺激性的或抑制性的，因为它有两种结构
   D. 只有当 G 蛋白的 α、β 亚基相互结合时腺苷酸环化酶才能被激活
   E. G 蛋白亚基的解离需要 GTP 的水解

问题 9 和 10：下丘脑产生的生长激素释放激素(GHRH)与其脑垂体受体结合可增加 cAMP 含量进而导致生长激素(GH)的生成。一些脑垂体肿瘤可导致 GH 的过多分泌，这是由于突变产生了一种具有极低 GTP 酶活性的 $G_s\alpha$ 蛋白。

9. GHRH 与其受体结合后引起 cAMP 含量增加的原因有：
   A. 单体 G 蛋白激活
   B. G_s 蛋白 α_s 亚基激活腺苷酸环化酶
   C. 环核苷酸磷酸二酯酶激活
   D. 蛋白激酶 A 激活
   E. 以上均正确
10. 突变蛋白的低 GTP 酶活性导致 G_s 蛋白和腺苷酸环化酶的持续性激活是因为：
    A. GTP 结合的 α 亚基不能改变 α、β、γ 三聚复合体
    B. GTP 结合的 G 蛋白与膜受体结合更加有力

C. GTP 直接与腺苷酸环化酶反应并使其活化

D. G 蛋白的三聚复合体结构非常稳定

E. 腺苷酸环化酶更容易被磷酸化

问题 11 和 12：位于血管内表面的内皮细胞是可激活鸟苷酸环化酶的一氧化氮（NO）的来源。cGMP 是种可引起血管舒张和增加附近组织血流的第二信使。增加特定组织血流的治疗性药物可以加一氧化氮的生成或抑制磷酸二酯酶（PDE）的脉管亚型。

11. 对 NO 作出应答的鸟苷酸环化酶：

A. 位于膜受体的催化区

B. 当心房利钠因子（ANF）与其受体结合时也会被激活

C. 当 NO 与血红素结合时鸟苷酸环化酶构象改变，活性增加

D. 是单体酶

E. 只存在于平滑肌细胞

12. Viagra（伟哥）用来治疗勃起机能障碍，可选择性抑制高表达于血管平滑肌的 PDE 亚型。Viagra 的作用是：

A. 增加一氧化氮的生成

B. 激活鸟苷酸环化酶

C. 增加 cGMP 合成速率

D. 在所有应用 cGMP 的组织中的作用相同

E. 抑制 cGMP 向无活性 GMP 的转变

问答题

13. 真核细胞如何通过提高 cAMP 含量来改变特定基因的表达？

14. 兴奋性和抑制性神经递质在对配体门控离子通道的作用上有何不同？

参考答案

1. B 激素被释放入血并到达靶组织。A：既是信号发送者又是信号靶点的一种细胞类型。C：这是种接触依赖性信号。D：细胞间距离较近。E：这是神经细胞的一种旁分泌信号转导。

2. E A：类固醇激素样物质。B：一旦与配体结合，细胞溶胶受体移位至胞核。C，D：它们与上游的调节元件结合并增强或抑制转录。

3. B 这是信号转导的一种方式。A：它们与极亲水的分子反应。C，D：还存在其他的细胞表面受体反应方式。E：只有当受体与 G 蛋白偶联时才正确。

4. D 一些是细胞溶胶蛋白，一些不是。A：丝氨酸、苏氨酸和酪氨酸是常见的磷酸化位点。B：这可相应地引起其他蛋白的改变。C：这发生于激酶磷酸化激活时。E：例如 cAMP。

5. D 这些均有可能。

6. B 这是种常见的 Ca^{2+} 结合蛋白。A：Ca^{2+}-钙调蛋白调节某些激酶活性，但不是这一个。C：第二信使常是些小分子或离子。D：这是 Ca^{2+}-钙调蛋白复合物。E：钙调蛋白结合 Ca^{2+}，但它并不是使 Ca^{2+} 进入细胞的通道的一部分。

7. A IP_3 是激活形式。磷酸酶使其失活转变为肌醇。B：IP_3 引起 Ca^{2+} 的释放。C，D：这是另一种第二信使，它激活蛋白激酶 C。E：这是蛋白激酶 C 的作用。

8. C 哪种形式被释放取决于相互作用的激素与受体的类型。A：受体与激素结合，两者的复合物与 G 蛋白相作用。B，E：GDP 与静息状态的酶类结合。它被 GTP 替换后引起 α 亚基的解离。GTP 的水解使亚基重新结合。D：当与其他的两个亚基解离时，α 亚基与酶相互作用并激活或抑制其活性，这取决于它是 $α_s$ 或 α 亚基。

9. B 腺苷酸环化酶将 ATP 转化为 cAMP。A：G 蛋白偶联受体均是异源三聚体。C：这将减少 cAMP，将其水解为 AMP。D：cAMP 可激活蛋白激酶 A，但这并不是引起 cAMP 增加的原因。

10. A α-GTP 与 βγ 二聚体解离。B：GTP 结合 G 蛋白，并不与受体结合。C：α-GTP 激活酶类。D：见 A。E：腺苷酸环化酶的活化是种构象改变，并不是磷酸化。

11. C 当血红素未与气体分子结合时，可溶性酶分子具有较低的活性。A 和 B：当 ANF 与其受体结合时，膜结合酶分子被激活，并不是通过 NO。D：它是二聚体。E：可溶性酶存在于大多数细胞类型中。

12. E 细胞内 cGMP 水平受其合成与降解间平衡调节。A，B，C：并没有这些作用。D：PDE 的不同亚型存在于不同的组织。伟哥对于心肌细胞中的 PDE 亚型作用微弱。

13. cAMP 结合蛋白激酶 A，使其催化亚基与调节亚基解离，暴露调节亚基上的核定位序列。cAMP 与蛋白激酶 A 的催化亚基移位至胞核，磷酸化并激活 cAMP-调节的基因调节蛋白（CREB），CREB 可调控特定基因的转录，包括 cAMP-敏感的调节元件（CRE）。

14. 兴奋性神经递质（如乙酰胆碱和谷氨酸）结合阳离子选择性受体，使类似 Na^+ 的离子进入细胞，除极化细胞膜。抑制性神经递质（如 GABA 和甘氨酸）结合阴离子选择性受体，使类似 Cl^- 的离子进入细胞，超极化细胞膜。

（付静　译）

生 物 化 学

——基础理论与临床

（原书第六版）

Textbook of Biochemistry with Clinical Correlations

sixth edition

〔美〕T. M. 德夫林 等 编著

王红阳 等 译

科 学 出 版 社

北 京

图字：01-2007-1135号

内 容 简 介

《生物化学——基础理论与临床》（原书名：*Textbook o f Biochemistry with Clinical Correlations*）一书由美国John Wiley & Sons 出版社于1982年首次发行，该书一面世就受到了医学院校广大师生和生物化学领域众多研究人员的青睐，并且在美国长期畅销。2006年，该书已经出版了第六版，并被翻译成多种语言，在许多欧美国家用作生物化学课本或辅助教材，受到了很多知名教授和众多学生的好评。

本书深入浅出地讲述了生命体细胞中的生物化学反应过程，从分子水平揭示了许多生命现象的本质，阐明了机体内生理过程中细胞层面的生化反应。在讲述理论的同时还引入了大量临床病例分析作为延伸，进一步解释了与人类疾病密切相关的生物化学过程，既可以帮助读者理解书本的内容，又能加深对理论知识的记忆。这是本书有别于同类专业书籍的一大特色。全书内容安排紧凑连贯、由浅入深，并用大量生动直观的插图对相关概念和生化反应加以清晰的描述。

本书主要适用于生物学和医学专业的大学本科生和研究生阅读，对基础医学和临床生物化学领域的研究人员也是一本不可多得的好书。

图书在版编目（CIP）数据

生物化学：基础理论与临床：原书第6版 /（美）德夫林等编著. 王红阳等译. —北京：科学出版社，2008.7

ISBN 978-7-03-021323-5

Ⅰ.生… Ⅱ.①德… ②王… Ⅲ.生物化学 Ⅳ.Q5

中国版本图书馆CIP数据核字（2005）第031941号

责任编辑：李 晓 罗 静 王海光 王 静 / 责任校对：陈玉凤

责任印制：吴兆东 / 封面设计：陈 敬

科学出版社 出版
北京东黄城根北街16号
邮政编码：100717
http://www.sciencep.com
涿州市般润文化传播有限公司印刷
科学出版社发行 各地新华书店经销
*
2008年7月第 一 版 开本：787×1092 1/16
2008年7月第一次印刷 印张：88
2026年1月第八次印刷 字数：2 007 000

定价：180.00元（上、下册）

（如有印装质量问题，我社负责调换）

向所有为本书做出贡献的科学家致敬！

也以此书献给

Marjorie

感谢她一直以来的鼓励、支持和爱！

《生物化学——基础理论与临床》（原书第六版）
翻译人员

主　译：王红阳

副主译：丁　劲

翻译和审校人员（按汉语拼音排序）：

陈　磊　陈　瑶　董立巍　冯　赟
付　静　何雅琴　洪　毅　胡　良
李　瑾　满晓波　任一斌　谈冶雄
文　文　鄢和新　杨朝旭　杨　文

参加工作人员：黄珊娜　王　迪　杨广珍

译　者　序

Textbook of Biochemistry with Clinical Correlations 一书由美国 John Wiley & Sons 出版社于 1982 年首次发行，一经面世就受到了医学院校广大师生和生物化学领域众多研究人员的青睐，在美国持续畅销。2006 年该书的第六版推出并被翻译成多种语言，在许多欧美国家已用作不可替代的生物化学课本或辅助教材，受到了很多知名教授和众多学生的推崇。

本书深入浅出地讲述了生命体细胞中的生物化学反应过程，从分子水平揭示了许多生命现象的本质，阐明了机体内生理过程中细胞层面的生化反应。在讲述理论的同时还引入了大量临床病例分析作为延伸，进一步解释了与人类疾病密切相关的生物化学过程，既可以帮助读者理解书本的内容，又能加深对理论知识的记忆。这是本书有别于同类专业书籍的一大特色。全书内容安排紧凑连贯、由浅入深，并用大量生动直观的插图对相关概念和生化反应加以清晰的描述。本书主要适用于生物学和医学专业的大学本科生和研究生阅读，当然，对基础医学和临床生物化学领域的研究人员而言，也是一本不可多得的好书。

为将原著译成中文以飨我国读者，应科学出版社之邀，我们第二军医大学国际合作生物信号转导中心承担了此项翻译校对工作。为尽快将这本书奉献给广大读者，所有编译人员加班加点，牺牲了大量的休息时间，为中译本《生物化学——基础理论与临床》（原书第六版）的面世做出了巨大的贡献。但是，由于本书专业性强、内容覆盖面广，受知识和能力所限，在翻译过程中难免存在错漏和不当之处，敬请同行专家和使用本教材的师生批评指正。

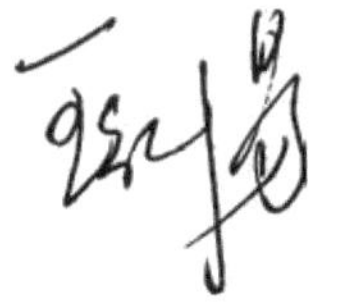

中国工程院院士

2007 年 10 月 1 日

前言

我们编撰《生物化学——基础理论与临床》（第六版）是为了：①清晰准确地论述真核细胞特别是哺乳动物细胞的生物化学过程；②将细胞层面上的生化反应联系到动物整体生理过程中；③引证大量人类疾病中异常生化反应的例子。由于生物化学研究的一个重要目的是认识疾病，故本书除在个别章节中探讨了原核细胞或其他真核细胞的生化反应过程外，将重点放在了对哺乳动物细胞的论述上。近年来，各学科领域中出现了大量的技术与方法革新，使得许多复杂的生物学和生理学过程得以阐明。生物化学、分子生物学、细胞生物学、细胞生理学和分子药理学之间的学科差异和研究方法的界限越来越模糊，生物化学和其他学科正在相互渗透。生命科学知识的持续飞速发展和学科之间的整合，不仅要求生物化学课程必须涵盖许多主题，还对生物化学教科书的内容提出了新的要求。在本次修订的准备过程中，每章的内容都有增删，有的章节还增加了新的主题，例如，基质层蛋白复合物和分子马达。另外还新增了**信号转导的基本原理**以及**细胞周期、程序性细胞死亡和癌症**的内容。

本书的知识面和深度可以满足绝大多数生物化学专业的高年级本科生和研究生的课程教学需要。所选章节覆盖了生物化学和生理化学的基本问题，内容编排也合适教学。第六版的内容主要分为五个部分，每个部分又包括一系列相关的主题。**第一篇为大分子结构**，其绪论部分概述了细胞的结构，随后两章叙述核酸和蛋白质的结构。**第二篇为信息传递**，包括了细胞大分子 DNA、RNA 和蛋白质的合成，由于生物技术提供的信息对生物化学发展的重大影响，所以专设一章进行介绍；最后一章关于基因表达和调控，包括了原核和真核细胞中的基因表达和调控机制。**第三篇为蛋白质功能**，首先阐述四个主要蛋白家族的结构功能关系；然后介绍酶的知识，其中，细胞色素 P450 的内容自成一章；随后的一章介绍了膜结构和跨膜转运机制；最后一章对细胞信号转导机制的基本原理进行了讨论。**第四篇为代谢途径与调控**，第一章介绍生物能量和氧化代谢，随后的章节分别讲述碳水化合物、脂类、氨基酸、嘌呤和嘧啶核苷酸以及血红素的合成和分解代谢，强调了每条代谢途径的调控机制。最后一章讨论了人体中这些代谢途径的整合。**第五篇为生理学过程**，主要介绍哺乳动物组织和细胞特有的生理生化现象，比如作为信使的激素的重要生化功能，细胞分子生物学一章涵盖了四个主要的生理信号转导系统：神经系统、眼球、肌肉收缩与分子马达以及血液凝固。本书结尾部分讲述了基本营养物质消化吸收的生物化学过程，最后是人类营养学的基本原理。

与人类生命过程相关的内容集中在每章的**临床相关知识**专题中，专门介绍疾病状态下异常的生化过程。随着越来越多疾病的遗传和生化基础被揭示，这部分知识也得到了相应的丰富。但是，本书主要目的不是描述大量的疾病，和临床联系的目的只是举例说明某些异常的生化过程。**临床相关知识**中给出了参考文献，以利于进一步深入研究相关问题。不同章节中可能出现相同疾病的例子，但是观察的角度各异。不阅读**临床相关知识**专题并不影响对各章主题的学习，仅当某一疾病的发病机制对生化过程的理解很有帮助时，才会作为主要内容的一部分进行介绍。

每章都附有**参考书目**以列举参考的研究文献和著作，最后还附有一套**习题**，包括多项选择题，类似国际医学测试中的病例分析题和问答题，并且给出了简要的参考答案。

本书**插图**中新增了大量蛋白质的结构图。俗话说“一图胜千言”，我们也建议读者多参考插图，有助于学习难于理解的内容。

附录包括了**有机化学回顾**，设置这部分的目的不是全面概括有机化学，而是为查阅本书中出现的有机分子的名称和结构提供现成的参考。这些内容涉及生物学中重要的分子，放在本书的最后。读者应该熟悉附录的内容，在阅读相关章节的时候可以翻阅。由于生物化学词汇的不断丰富，第六版中的**词汇表**列出了书中常用的专业词汇。封二和封三还设有**生物化学名词缩写**和**血、尿实验室检查正常值表**。

我们始终认为**合编教材**最有利于涵盖最新、最准确的生物化学知识。每个参编者都是活跃在医学院（研究所）的生化教学和相关领域的科研一线工作者。因此，他们能从教学的角度出发为学生选择适合的内容，并突出生物化学课程的重点。尽管合编可能造成表述上的一些差异，但是我们尽可能保证每章的风格基本一致，避免不必要的重复和累赘。为保持每部分内容的完整性，有少数几节在书中两个地方都有描述，以利于学习。

编者按照**教学用书**的要求，有目的地选择重要的相关内容来编写各章。本书所讨论的内容信息丰富，极具参考价值，绝不仅仅是生化现象的罗列或当前文献的综述。我们要求编者对某个内容的阐述，既不要局限于某几个研究者的发现，也不能停留于历史。尽管内容很多，也难免挂一漏万，还有许多默默奉献的科学家做出的杰出贡献本书未能收录，在此对他们表示歉意。

任何一个项目，都必须有人对其终产品负责。我对内容的选定、格式的规定、草稿的审阅和本书的最后检查负全部责任。欢迎各位学生、老师、教授的评论、批评和建议。不管是初次接触生物化学并开始这段激动人心学习过程的同学，还是重温这门知识飞速增长的学科的学者，能从本书获益就是我们最大的心愿。

Thomas M . Devlin
Berhyn，Pennsylvania
September，2005
（文文　译）

致　　谢

第六版生物化学教科书得以出版与许多人的努力和支持是分不开的。和以往一样，每一个参编者精心准备每个章节，提出中肯的意见，虚心接受修改的建议并且在整个编书过程中倾力合作，我谨在此对每位编者的出色工作表示衷心感谢。同时对那些默默无闻为编者提供无私帮助的同事或学生致以诚挚的谢意。前辈老师和同仁、参考资料和科技文献的作者为编者提供了启发，在此表示感谢。

特别感谢加拿大 Saskatchewan 大学的生物化学教授 Francis Vella，他在本书的内容编撰、文字修改和润色中给我以很大的帮助。Dr. Vella 是著名的生物化学家，为推进生物化学教学作出了巨大努力。我对他的热心参与深表感激。感谢慕尼黑 Ludwig-Maximilians 大学基因中心 Patrick Cramer 主任为我们提供 RNA 聚合酶Ⅱ延伸三维复合物的封面图片。

真挚感谢 John Wiley & Sons 公司科学、技术和医学（STM）分部参与本版教材编写的工作人员，很高兴能又一次和这样专业、睿智、鼓舞人心的团队合作。衷心感谢化学和生物化学类书籍高级编辑 Dr. Darla P. Henderson 长期不懈的帮助和指导。编辑助理 Christine J. Moore 在本书编写过程中处理了大量行政事务，感谢她迅速而高效的工作。感谢科学、技术和医学类（STM）书籍副主编 Janet D. Bailey 对本书编写的大力支持。Lisa M. Van Horn 是本书的高级制作编辑，她工作耐心细致，与我充分沟通，在处理很多细节事务的同时，对我的建议和意见及时做出回应，为本项目能够按时完成提供了有力保证。能和这样一位高效、渊博，有高度责任心和专业精神的人合作实乃人生之幸事。感谢设计师 Lee Goldstein 完成了本书的设计，以及版面文字编辑 Robert Golden 和提供索引服务的 Coughlin 的优异工作。

没有好的插图就不能成为一本好的教材，在这里我要对插图编辑 Dean Gonzalez 表示最诚挚的谢意。他负责插图的准备和修订，曾多次亲自动手修改以利本书尽快出版，还耐心地协助每章节的编者修改他们的插图。同时，感谢 J. C. Morgan 和他在 Precision Graphics 的同事们为我们绘制新的插图。

感谢电子书产品高级经理 Kimi Sugeno 开发了本书的 WileyPLUS 产品。一本书的发行没有市场部门的努力是无法取得成功的，所以，我要特别感谢市场销售部经理 Elizabeth Seth，项目市场部经理 Kim Mcdonnell，市场部主任助理 Fred Filler 和市场部主任 Ellen Nichols 的出谋划策和辛勤工作。

最后，应该提到我的妻子 Marjorie，她在很多年以前就鼓励我开始准备教科书的编写，并在这段紧张的工作中给我以支持，为我创造良好的环境，让我能全身心投入到本书编写中。Marjorie，请接受我最诚挚的谢意。

Thomas M. Devlin

（文文　译）

参 编 者

CAROL N. ANGSTADT, PH.D.
Professor Emerita
School of Nursing and Health Professions
Drexel University
490 S. Old Middletown Road
Media, PA 19063
Email: angstadtc@drexel.edu

WILLIAM AWAD, JR., M.D., PH.D.
Professor
Departments of Medicine and of Biochemistry and Molecular Biology
University of Miami School of Medicine
PO Box 016960
Miami, FL 33101
Email: w.awad.jr@miami.edu

DIANA S. BEATTIE, PH.D.
Professor and Chair
Department of Biochemistry and Molecular Pharmacology
West Virginia University School of Medicine
PO Box 9142
Morgantown, WV 26506
Email: dbeattie@hsc.wvu.edu

STEPHEN G. CHANEY, PH.D.
Professor
Departments of Biochemistry and Biophysics and of Nutrition, CB# 7260
School of Medicine
University of North Carolina at Chapel Hill
Mary Ellen Jones Building
Chapel Hill, NC 27599
Email: stephen_chaney@med.unc.edu

MARGUERITE W. COOMES, PH.D.
Associate Professor
Department of Biochemistry and Molecular Biology
College of Medicine
Howard University
520 W Street, N.W.
Washington, DC 20059
Email: mcoomes@fac.howard.edu

JOSEPH G. CORY, PH.D.
Professor and Chair
Department of Biochemistry
Brody School of Medicine
East Carolina University
Greenville, NC 27858
Email: coryjo@mail.ecu.edu

DAVID W. CRABB, M.D.
John B. Hickam Professor and Chair
Department of Medicine
Indiana University School of Medicine
545 Barnhill Drive
Indianapolis, IN 46202
Email: dcrabb@iupui.edu

THOMAS M. DEVLIN, PH.D.
Professor Emeritus and Former Chair
Department of Biochemistry and Molecular Biology
College of Medicine
Drexel University
159 Greenville Court
Berwyn, PA 19312
Email: tdevlin@drexel.edu

JOHN E. DONELSON, PH.D.
Professor and Head
Department of Biochemistry
Carver College of Medicine
University of Iowa
Iowa City, IA 52242
Email: john-donelson@uiowa.edu

GEORGE R. DUBYAK, PH.D.
Professor
Department of Physiology and Biophysics
Case School of Medicine
Case Western Reserve University
2109 Adelbert Road
Cleveland, OH 44106
Email: george.dubyak@case.edu

HOWARD J. EDENBERG, PH.D.
Chancellor's Professor
Departments of Biochemistry and Molecular Biology and of Medical and Molecular Genetics
Indiana University School of Medicine
635 Barnhill Drive
Indianapolis, IN 46202
Email: edenberg@iupui.edu

ROBERT H. GLEW, PH.D.
Professor
Department of Biochemistry and Molecular Biology
School of Medicine
University of New Mexico
915 Camino de Salud NE
Albuquerque, NM 87131
Email: rglew@salud.unm.edu

DOHN G. GLITZ, PH.D.
Professor Emeritus
Department of Biochemistry
UCLA School of Medicine
11260 Barnett Valley Road
Sebastopol, CA 95472
Email: dglitz@mednet.ucla.edu

RICHARD W. HANSON, PH.D.
Leonard & Jean Skeggs Professor
Department of Biochemistry
Case School of Medicine
Case Western Reserve University
Cleveland, OH 44106
E-mail: rwh@cwru.edu

ROBERT A. HARRIS, PH.D.
Distinguished Professor
Showalter Professor of Biochemistry and Former Chair
Department of Biochemistry and Molecular Biology
Indiana University School of Medicine
1345 W. 16th Street
Indianapolis, IN 46202
Email: raharris@iupui.edu

ULRICH HOPFER, M.D., PH.D.
Professor
Departments of Physiology and Biophysics, and of Medicine
Case School of Medicine
Case Western Reserve University
10900 Euclid Ave.
Cleveland, OH 44106
Email: ulrich.hopfer@case.edu

MICHAEL N. LIEBMAN, PH.D.
Executive Director
Windber Research Institute
620 Seventh Street
Windber, PA 15963
Email: m.liebman@wriwindber.org

GERALD LITWACK, PH.D.
Professor Emeritus and Former Chair
Department of Biochemistry & Molecular Pharmacology
Jefferson Medical College
Thomas Jefferson University
Visiting Scholar
Department of Biological Chemistry
David Geffen School of Medicine, UCLA
4610 Ledge Avenue
Toluca Lake, CA 91602
Email: gerry.litwack@mail.tju.edu

BETTIE SUE SILER MASTERS, PH.D., D.SC., M.D. (HON.)
Robert A. Welch Professor of Chemistry
Department of Biochemistry
University of Texas Health Science Center at San Antonio
7703 Floyd Curl Drive
San Antonio, TX 78229
Email: masters@uthscsa.edu

J. DENIS MCGARRY, PH.D. (DECEASED)
Professor
Departments of Internal Medicine and of Biochemistry
University of Texas Southwestern Medical Center at Dallas
5323 Harry Hines Blvd
Dallas, TX 75235-9135

LINDA J. ROMAN, PH.D.
Assistant Professor
Department of Biochemistry
University of Texas Health Science Center at San Antonio
703 Floyd Curl Drive
San Antonio, TX 78229
Email: roman@uthscsa.edu

FRANCIS J. SCHMIDT, PH.D.
Professor
Department of Biochemistry
Univ. of Missouri-Columbia
M743 Medical Sciences
Columbia, MO 65212
Email: schmidtf@missouri.edu

THOMAS J. SCHMIDT, PH.D.
Professor
Department of Physiology and Biophysics
Carver College of Medicine
University of Iowa
Iowa City, IA 52242
Email: thomas-schmidt@uiowa.edu

RICHARD M. SCHULTZ, PH.D.
Professor and Former Chair, Department of Biochemistry
Division of Molecular and Cellular Biochemistry
Department of Cell Biology, Neurobiology, and Anatomy
Stritch School of Medicine
Loyola University of Chicago
2160 South First Avenue
Maywood, IL 60153
Email: rschult@lumc.edu

NANCY B. SCHWARTZ, PH.D.
Professor
Departments of Pediatrics and of Biochemistry and Molecular Biology
University of Chicago,
5841 S. Maryland Ave.
Chicago, IL 60637
Email: n-schwartz@uchicago.edu

DAVID R. SETZER, PH. D.
Professor
Division of Biological Sciences
University of Missouri
410 Tucker Hall
Columbia, MO 65211
E-mail: setzerd@missouri.edu

THOMAS E. SMITH, PH.D.
Professor and Former Chair
Department of Biochemistry and Molecular Biology
College of Medicine
Howard University
520 W Street, N.W.
Washington, DC 20059
Email: tsmith@fac.howard.edu

MARTIN D. SNIDER, PH.D.
Associate Professor
Department of Biochemistry
Case School of Medicine
Case Western Reserve University
10900 Euclid Ave
Cleveland, OH 44106
E-mail: mds@cwru.edu

GERALD SOSLAU, PH.D.
Professor
Department of Biochemistry and Molecular Biology
College of Medicine
Drexel University,
245 North 15th Street
Philadelphia, PA 19102
Email: Gerald.Soslau@drexel.edu

FRANCIS VELLA, M.D., PH.D.
Professor-Retired
Department of Biochemistry
University of Saskatchewan
18 Leyden Crescent
Saskatoon, Saskatchewan
SK S7J 2S4, Canada
E-mail: f.vella@sasktel.net

DANIEL L. WEEKS, PH.D.
Professor
Department of Biochemistry
Carver College of Medicine
University of Iowa
Iowa City, IA 52242
Email: daniel_weeks@uiowa.edu

HENRY WEINER, PH.D.
Professor
Department of Biochemistry
Purdue University
175 S. University Street
West Lafayette IN 47907
Email: hweiner@purdue.edu

STEPHEN A. WOSKI, PH.D.
Associate Professor
Department of Chemistry
University of Alabama
Box 870336
Tuscaloosa, AL 35487
Email: swoski@bama.ua.edu

简 要 目 录

第一篇　大分子结构

第二篇　信息传递

第三篇　蛋白质功能

第四篇　代谢途径与调控

第五篇　生理学过程

目录

第四篇 代谢途径与调控

下　册

第四篇　代谢途径与调控

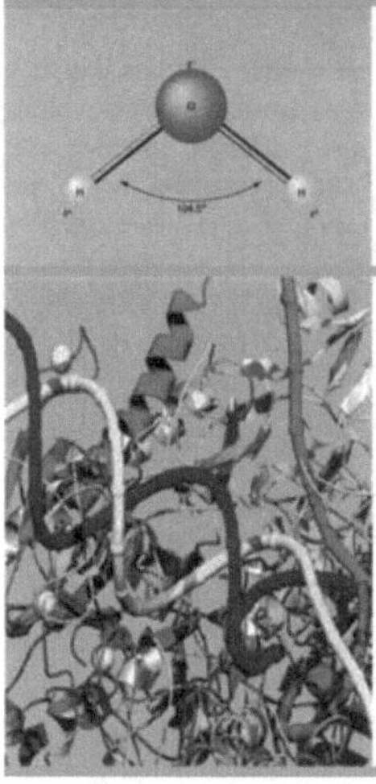

14

生物能量与氧化代谢

Diana S. Beattie

14.1　能量生成与利用系统

活细胞受到生成和利用能量的化学反应精确而复杂的调控，这一系列化学反应即为新陈代谢。由**合成代谢**(**catabolism**)和**分解代谢**(**anabolism**)这两个相反的过程组成，它们共同将食物转化为可利用的能量形式和复杂的生物分子。分解代谢是将消化的食物降解或将机体中储存的碳水化合物、脂类或蛋白质等养料转化成可利用的或可储存的能量形式的过程，通常将大分子化合物转化为小分子(最终转变为 CO_2 和 H_2O)。在哺乳动物中，该过程通常需要消耗 O_2。耗能反应能发挥多种必需的作用，多具组织特异性，如神经传导、肌肉收缩、生长和细胞分裂等。分解代谢反应通常是放能过程并伴有 ATP 的生成，其中的氧化反应将还原当量转移至辅酶 NAD^+ 和 $NADP^+$，形成 NADH 和 NADPH。而合成代谢通常是将小分子前体物质合成生物大分子，并消耗 ATP 或还原当量的 NADPH(图 14.1)。

ATP 是能量生成和能量利用系统的桥梁

细胞产能和耗能过程之间的能量关系如图 14.1 所示。能量由机体利用碳水化合物、脂类和蛋白质等的氧化代谢产生。每一种营养物质作为能量来源，被利用的比例取决于机体的组织、饮食和激素状态。例如，在进食状态下，成熟红细胞和成人脑组织只利用碳水化合物作为能量来源，而糖尿病患者以及禁食者的肝则主要代谢脂类以满足能量需要。能量会在各种耗能过程中消耗，其中一些耗能过程如图 14.1 所示。值得注意的是，肝和胰腺主要参与生物合成和分泌功能，而心肌和骨骼肌则在肌肉收缩过程中将化学能转化为机械能。

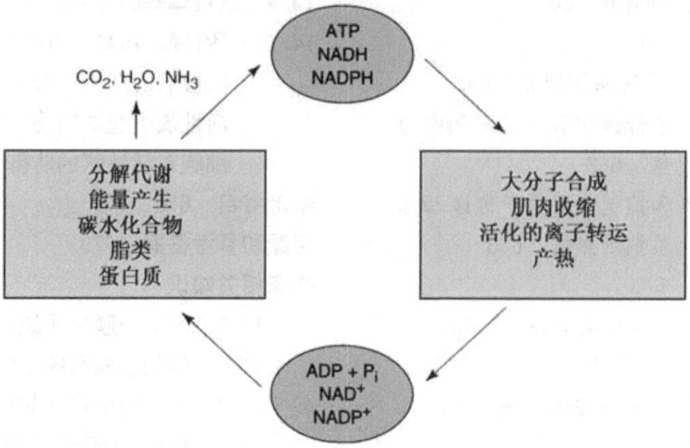

图 14.1 产能过程(分解代谢)和耗能过程(合成代谢)之间的能量关系

食物的氧化分解是放能过程,释放自由能,合成 ATP,并生成还原当量 NADH 或 NADPH。合成代谢是吸能过程,消耗 ATP 和 NADPH

产能和耗能通路的本质联系就是**5′-三磷酸腺苷(adenosine 5′-triphosphate,ATP)**(图 14.2)。ATP 是嘌呤核苷酸,其中腺嘌呤由糖苷键连接于 D-核糖上,三磷酰基团被酯化到核糖的 5′端,两个末端磷酰基团(如 β、γ)是高能磷酸键或**高能键(high-energy bond)**。ATP 的合成或消耗均涉及 ATP 末端磷酸基团的形成和水解或转移。它在生理条件下与镁离子等二价金属阳离了螯合。

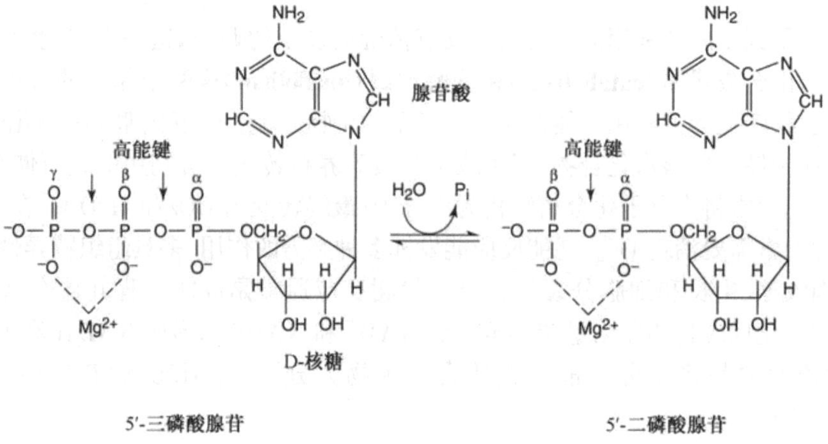

图 14.2 与 Mg^{2+} 络合的 ADP 和 ATP 的结构

高能键被重点标出

NAD^+ 和 NADPH 在合成代谢与分解代谢中的作用

由于许多底物如碳水化合物、脂类和蛋白质中的碳都处于部分或高度还原状态,因此许多分解代谢过程在本质上是氧化性的(图 14.3)。**还原当量(reducing equivalent)**以质子和电子的形式从底物中释放出来,再经脱氢酶转移至**尼克酰胺腺嘌呤二核苷酸(nicotinamide adenine dinucleotide,NAD^+)**,将 NAD^+ 转化为 NADH(图 14.4)。NADH 作为还原当量被转运到线粒体中被电子传递链转移至最终的电子受体 O_2(见 14.6 节)。线粒体中的氧化反应是放能的,伴有 ATP 合成,该过程被称为**氧化磷酸化**(**oxidative phosphorylation**)。在将食物中的碳化合物的化学能转化为 ATP 高能磷酸键中的化学能的过程中,NAD^+-NADH 的氧化还原反应循环是核心,这个过程叫作能量转导,将在后面的章节中详述。相反,合成代谢主要是还原反应,在此过程中较小的高度氧化的分子被合成大分子(图 14.5)。用于合成高度还原的生物大分子的还原当量由 NADPH 提供(见 17.4 节),它是 3′端磷酸化的 NADH(图 14.4)。

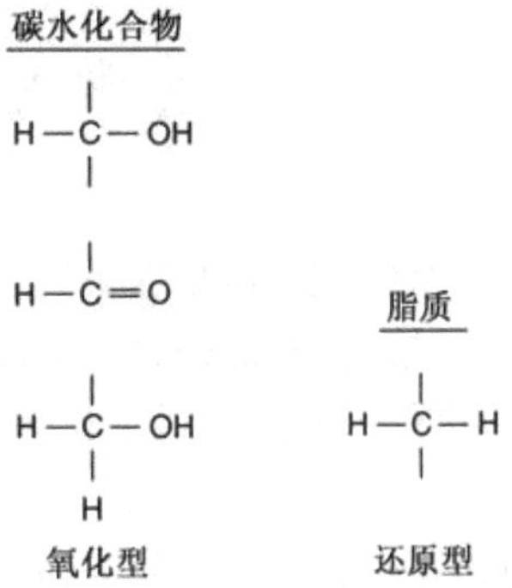

图 14.3　碳水化合物和脂肪中典型碳原子的氧化状态

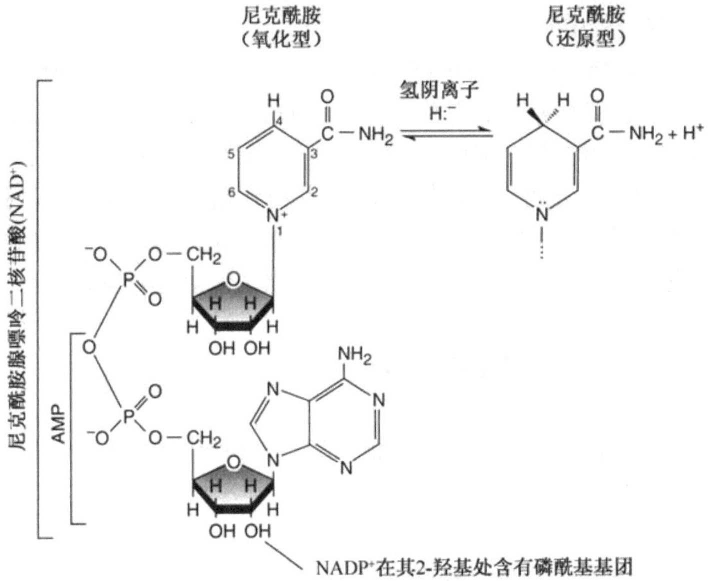

图 14.4　NAD^+ 的结构

氢阴离子(H :⁻,带两个电子的质子)转移至 NAD^+ 形成 NADH

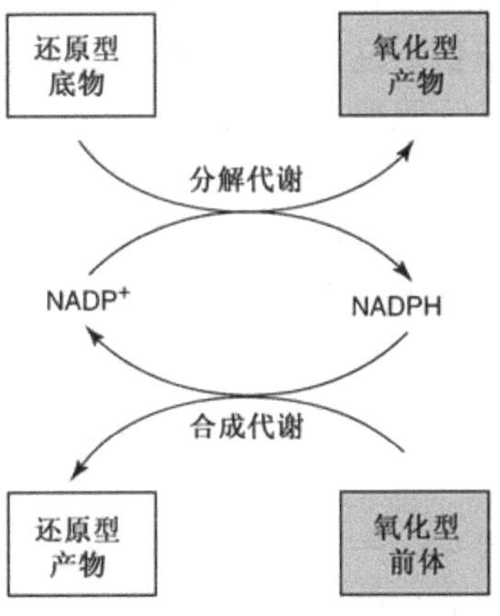

图 14.5　通过 NADPH 和 NADH 在合成代谢和分解代谢过程中转移还原当量

14.2 热动力学关系和高能组分

活细胞将能量在不同形式之间进行转化，同时与周围环境进行能量交换。这类反应遵循**热动力学原理**（**thermodynamics**）。理解这一原理有助于理解产能和耗能反应如何发生在同一细胞中，以及机体是如何完成上述各种功能的。**热力学第一定律**（**the first law of thermodynamics**）指出能量既不能创造也不会消失。这个能量守恒定律认为尽管能量可以从一种状态转化为另一种状态，但整个系统的总能量保持恒定不变。如食物中所含的葡萄糖的化学能在糖酵解过程中可以转化为 ATP 中的化学能。在骨骼肌中，ATP 高能磷酸键的化学能可转化为肌肉收缩时的机械能。质子泵跨线粒体内膜的电化学梯度势能可在合成 ATP 的过程中转化为化学能。

热力学第二定律（**the second law of thermody-namics**）涉及**熵**（**entropy**）。熵用 S 表示，反映一个系统中的无序或随机程度。熵被认为是一个系统中无法用来做有用功的那部分能量。所有过程，无论是化学还是生物学过程，都趋向于熵的最大化。因此，高度有序的机体不可能与周围环境处于平衡状态，因为只有在随机或无序化（即熵）达到最大时，才会出现系统平衡。然而，由于系统几乎不会处于平衡状态，因此在生物系统中，几乎不可能量化熵的变化。为了简单起见，就引入了自由能这个量化的概念。

自由能是可用于做有用功的能量

系统的自由能（用 G 或 Gibbs 表示自由能）是指系统中可用于做有用功的那部分能量。定义式为：

$$\Delta G = \Delta H - T\Delta S$$

对于在常温常压下趋于平衡的系统而言，表达式中的 ΔG 代表自由能的变化量，ΔH 代表焓的变化量，T 代表绝对温度，ΔS 代表熵的变化量。如果在一个反应中 ΔG 等于 0，它就处于平衡状态，没有任何方向的净能量流动。而 ΔG 为负值的过程将自发地趋向于向等式右方的平衡状态进行，在某种程度上是因为系统的熵或无序状态增加，这种过程是**放能**（**exergonic**）过程。ΔG 为正值的过程则自发趋向于向等式左方进行，必须利用其他系统的能量才能趋于平衡状态，此为**吸能**（**endergonic**）过程。值得注意的是 ΔG 的值并不反映反应速率。

特定的反应速率取决于自由能的活化，而与 ΔG 的大小无关。而且无论达到最终状态的过程与机制如何，生化过程中自由能的变化量都是相同的。例如，一个反应可以表示为：

$$A + B \rightleftharpoons C + D$$

其平衡常数表示为：

$$K_{eq} = [C][D]/[A][B]$$

在标准状态下，反应物和产物初始浓度为 1mol/L，在 1 个大气压以及 H^+ 浓度为 1mol/L 或 pH 为 0 时，标准自由能变化量定义为 ΔG^0。生化学家们修订了这个表达式以便在 pH

为 7.0(H^+ 浓度为 10^{-7} mol/L)时能计算出标准自由能,因为生化反应通常在这种条件下发生。此时自由能的变化量可以表示为 $\Delta G^{0'}$ 或 K'_{eq}。由于在平衡状态时 $\Delta G^{0'}$ 为 0,关系式表示如下:

$$\Delta G^{0'} = -RT\ \ln K_{eq}$$

这里 R 代表气体常数,为 1.987cal/(mol · K)或 8.134J/(mol · K),T 代表绝对温度。

因此,如果**平衡常数**确定了,就能计算出标准自由能的改变量($\Delta G^{0'}$)。$\Delta G^{0'}$ 或 K'_{eq} 的关系见表 14.1。当平衡常数低于标准值时,反应是吸能的,$\Delta G^{0'}$ 为正值。当平衡常数高于标准值时,反应是放能的,$\Delta G^{0'}$ 为负值。如上所述,一个反应中的 $\Delta G^{0'}$ 代表底物和产物浓度为 1mol/L 时可利用的自由能。但这种情况不会发生在细胞中,因为细胞中的生物分子浓度很少能达到 1mol/L。因此需要能够真实反映细胞内底物与产物浓度条件下的精确表达式。这种能在任何底物或产物浓度下反映 ΔG^{0} 的表达式为:

$$\Delta G = \Delta G^{0'} + RT\ \ln([C][D]/[A][B])$$

例如,肌细胞中 ATP 浓度为 8.1mmol/L,ADP 为 0.93mmol/L,P_i 为 8.1mmol/L。如果在 37℃、pH7.4 时,ATP+HOH↔ADP+P_i 这个反应的 $\Delta G^{0'}$ 值为 7.7kcal/mol,那么该反应的总 ΔG 为:

$$\Delta G = \Delta G^{0'} + RT\ \ln([ADP][P_i]/[ATP])$$

$$\Delta G = \Delta G^{0'} + RT\ \ln(0.93 \times 10^{-3})$$

$$\Delta G = -7.7\text{kcal/mol} + (-4.2\text{kcal/mol}) = -12\text{kcal/mol}$$

结果表明,在肌细胞中有比 $\Delta G^{0'}$ 值更多的自由能可用于做功。而且,在这种条件下的逆反应中,肌细胞合成 ATP 需要+12kcal/mol 的能量。

表 14.1　K_{eq} 值和 $\Delta G^{0'}$

K_{eq}	$\Delta G^{0'}$/(kcal/mol)	$\Delta G^{0'}$/(kJ/mol)
10^{-4}	5.46	22.8
10^{-3}	4.09	17.1
10^{-2}	2.73	11.4
10^{-1}	1.36	5.7
1	0	0
10	−1.36	−5.7
10^{2}	−2.73	−11.4
10^{3}	−4.09	−17.1
10^{4}	−5.46	−22.8

在产能和耗能代谢途径中,每一步酶促反应的自由能变化可以累加,如

$$A \longrightarrow B \longrightarrow C \longrightarrow D$$

$$\Delta G^{0'}_{A\rightarrow D} = \Delta G^{0'}_{A\rightarrow B} + \Delta G^{0'}_{B\rightarrow C} + \Delta G^{0'}_{C\rightarrow D}$$

在一系列酶促反应中,某一特定反应的自由能改变可能是正值,只要总自由能改变为负值,该反应就能进行。也就是说自由能为正值的酶促反应可能与自由能为负值的酶促反应相偶联。如在糖酵解途径中,有些反应的 $\Delta G^{0'}$ 为正值,有些反应的 $\Delta G^{0'}$ 接近 0,但其他反应有较大的负 $\Delta G^{0'}$ 值,后者推动了整个途径的反应。关键是在整个途径中所有反应

的 $\Delta G^{0'}$ 总和必须为负值，这在热力学上才是可行的。对于所有化学反应而言，如果底物浓度超过产物浓度，将有助于整条途径向产物方向进行。

饮食成分中的热价

葡萄糖是细胞中的主要代谢燃料，完全氧化产生大量能量。反应如下：

$$C_6H_{12}O_6 + 6O_2 \longrightarrow 6CO_2 + 6H_2O \quad \Delta G^{0'} = -686\,000\ \text{cal/mol}$$

在多数细胞中，当该过程发生在有氧条件下时，可产生 38 分子 ATP，并以该形式保存约一半能量。其他代谢燃料氧化的 $\Delta G^{0'}$ 和热价列在表 14.2 中。碳水化合物和蛋白质（氨基酸）的热价为 3～4kcal/g，而脂类（如棕榈酸，一种长链脂肪酸，或三酰甘油）的热价约为它们的 3 倍。脂类能比碳水化合物或蛋白质产生更多的能量与这类底物中碳原子的平均氧化状态有关。碳水化合物中的碳原子较脂类中的碳原子处于更高的氧化状态（或更低的还原状态）（图 14.3），因此脂类在分解代谢过程中能比碳水化合物释放出更多还原当量（一个还原当量是指一个质子加上一个电子，如 $H^+ + e^-$）。

表 14.2　各种代谢燃料总代谢过程的自由能改变与热价

化合物	相对分子质量	$\Delta G^{0'}$/(kcal/mol)	热价/(kcal/g)
葡萄糖	180	−686	3.81
乳酸	90	−326	3.62
棕榈酸	256	−2380	9.30
棕榈酸甘油酯	809	−7510	9.30
甘氨酸	75	−234	3.12

根据特殊基团水解释放的能量对化合物进行分类

ATP 的两个末端磷酸基团为高能磷酸键，因为磷酸酐键水解的自由能比单个磷酸酯键要高得多。这里的"高能"既不等同于化学键的稳定性，也不是指打断该键所需的能量。高能化合物是指水解产物比其初始化合物更稳定。如磷酸酯键（低能化合物）水解的 $\Delta G^{0'}$ 值为 −1～−3kcal/mol，而高能键水解的 $\Delta G^{0'}$ 值为 −5～−15kcal/mol。6-磷酸葡萄糖等磷酸酯和 3-磷酸甘油就是低能化合物。表 14.3 列出了水解的 $\Delta G^{0'}$ 相近的各种高能化合物。

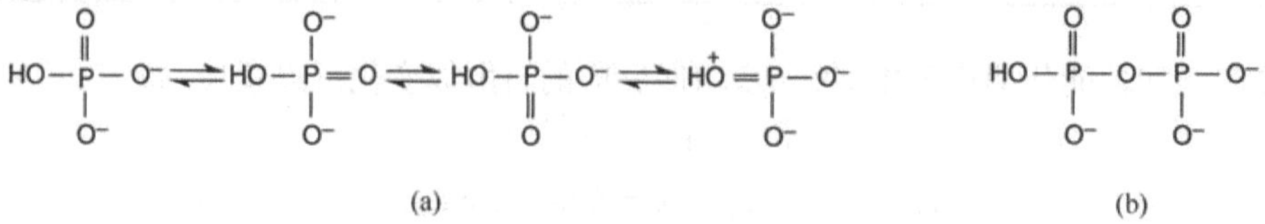

图 14.6　磷酸的共振形式(a)与焦磷酸的结构(b)

某些化合物或键排列是高能的，其原因有多种。首先，高能键的水解产物比其前体分子具有更加共振的形式，而一种分子的**共振形式**（**resonance form**）可使之稳定。无机磷

(P_i)的共振形式见图 14.6。ATP 或 PP_i 的共振形式较无机磷(P_i)少。第二,许多高能键的空间排列在彼此接近的末端具有相同的静电基团,就像电荷同性相斥一样,高能键水解则能缓解这种情况,使水解产物稳定。第三,某些高能键水解形成不稳定化合物,后者会自发异构形成更稳定的化合物。磷酸烯醇型丙酮酸的水解就是一例(图 14.7)。$\Delta G^{0'}$ 对异构而言是足够的,而终产物,如这里的丙酮酸,则更加稳定。再次,如果高能键的水解产物是不溶性酸,质子的解离及其所形成的缓冲作用则有助于水解反应的总 $\Delta G^{0'}$。总之,任何能稳定水解产物的属性或过程都倾向于赋予化合物高能特性。**3′,5′-环腺苷酸(3′,5′-cyclic adenosine monophosphate,cAMP)**的高能特性是由于磷酸酯键连接了核糖的 3′和 5′位点,从而被拉紧。巯基酯化合物如**乙酰辅酶 A(acetyl CoA)**或琥珀酰辅酶 A 的高能特性源于巯基基团相对酸性的特性。因此,乙酰辅酶 A 的巯基酯键在能量上与磷酸酐键相当。

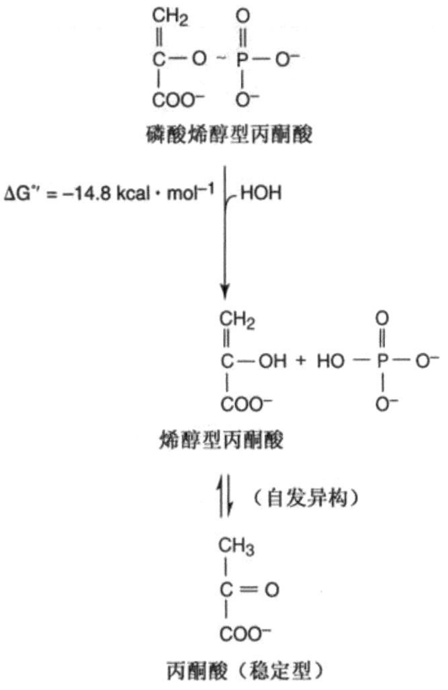

图 14.7　磷酸烯醇型丙酮酸的水解,提示有自由能释放

通过酶联反应测定自由能的改变

ATP 的末端磷酸水解时的 $\Delta G^{0'}$ 值由于反应的 K'_{eq} 值显著右偏而难以简单测定。

$$ATP + HOH \rightleftharpoons ADP + P_i + H^+$$

但如前所述,由于自由能改变具有叠加性,可以间接测定 ATP 水解时的 $\Delta G^{0'}$ 值。因此,ATP 水解时的 $\Delta G^{0'}$ 值可以通过以下方法测定,以己糖激酶为例,将利用 ATP 的反应中的 $\Delta G^{0'}$ 值与从己糖激酶的反应产物 6-磷酸葡萄糖水解出磷酸这一反应中的 $\Delta G^{0'}$ 值相加。如下所示:

$$\text{葡萄糖} + ATP \xrightarrow{\text{己糖激酶}} \text{6-磷酸葡萄糖} + ADP + H^+ \quad \Delta G^{0'} = -4.0\,\text{kcal/mol}$$

$$\text{6-磷酸葡萄糖} + HOH \xrightarrow{\text{葡萄糖-6-磷酸酶}} ADP + P_i + H^+ \quad \Delta G^{0'} = -3.3\,\text{kcal/mol}$$

其他高能化合物水解的自由能可用类似的方法测定。

表 14.3　高能化合物列举

键型	水解的 $\Delta G^{0'}$ /(kcal · mol⁻¹)	水解的 $\Delta G^{0'}$ /(kJ · mol⁻¹)	举例
磷酸酐	−7.3	−35.7	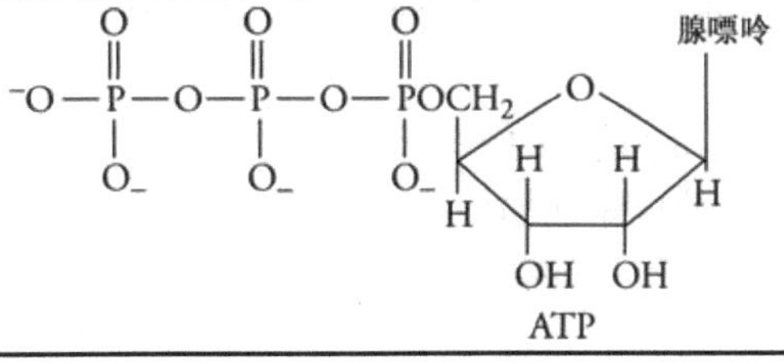

续表

键型	水解的 $\Delta G^{0'}$ /(kcal·mol^{-1})	水解的 $\Delta G^{0'}$ /(kJ·mol^{-1})	举例
	−11.9	−50.4	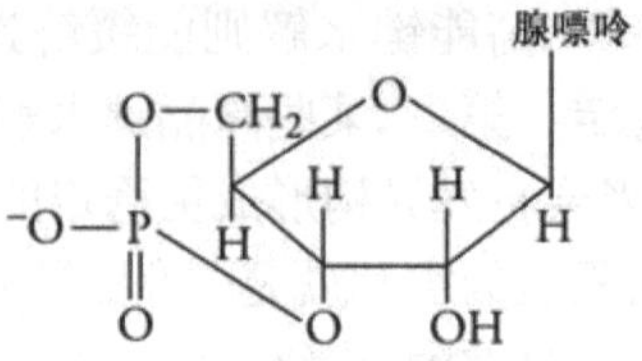 3′,5′-cAMP
磷酸-羧酸酐	−10.1	−49.6	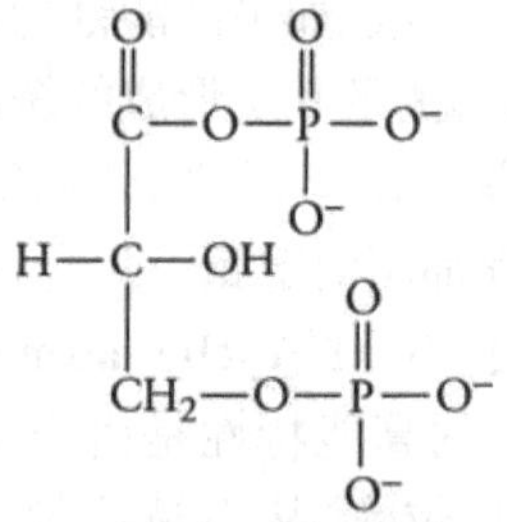 1,3-二磷酸甘油酸
	−10.3	−43.3	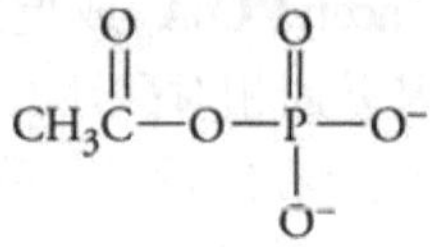 乙酰磷酸
磷酸胍	−10.3	−43.3	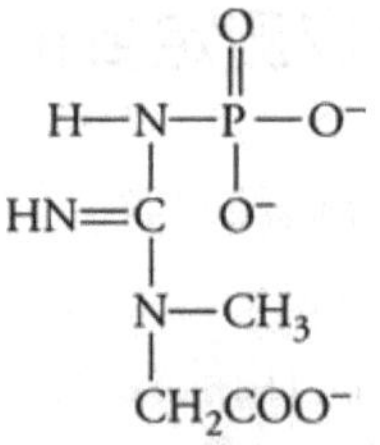 磷酸肌酸
烯醇磷酸	−14.8	−62.2	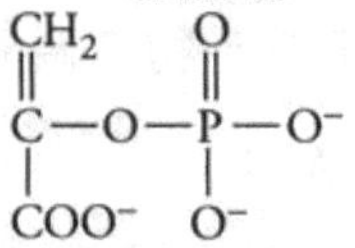 磷酸烯醇型丙酮酸
巯基酯	−7.7	−31.5	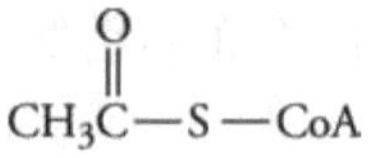 乙酰CoA

各种基团的高能键能量可从一个基团转移至其他基团

当存在适当的酶时，高能化合物可以热力学上可行的方式将多种基团转移给受体化合物。如糖酵解的高能中间代谢物 1,3-二磷酸甘油酸和磷酸烯醇型丙酮酸可以分别在磷酸甘油酸激酶和丙酮酸激酶的作用下将它们的高能磷酸转移至 ADP(图 14.8)，两个反应的 $\Delta G^{0'}$ 值分别为 −4.5kcal/mol 和 −7.5kcal/mol，因此高能磷酸的转移在热力学上是可能的，ATP

就是这样合成的。ATP 能将其末端的磷酸基团转移,形成具有类似高能特性的化合物[如肌酸激酶反应中的磷酸肌酸(图 14.8)或己糖激酶反应中的 6-磷酸葡萄糖等相对低能的化合物(图 14.8)]。磷酸基团的转移在联系细胞产能和耗能代谢中具有重要意义。

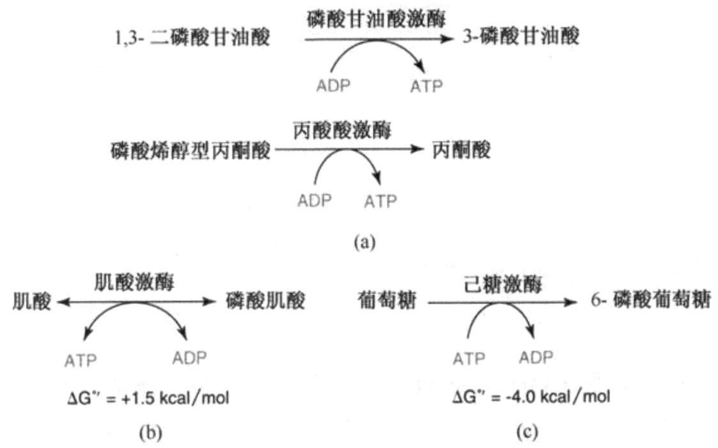

图 14.8　有关高能磷酸键转移反应的例子

尽管腺苷酸主要涉及能量生成和储存,但各种三磷酸核苷,包括 ATP,也都参与生物合成途径中的能量转移。鸟嘌呤核苷酸 GTP 是糖异生和蛋白质合成的能量来源,而 UTP 和 CTP 分别用于糖原合成和脂类合成(见 2.2 节的结构)。ATP 磷酸键的能量可通过二磷酸核苷激酶或单磷酸核苷激酶转移至其他核苷酸(图 14.9)。两个二磷酸核苷可在多种单磷酸核苷激酶的作用下,如腺苷酸激酶反应,转化为一个三磷酸核苷和一个单磷酸核苷(图 14.10)。这样,ATP 末端的高能磷酸键就可转移至恰当的核苷酸,用于各种生物合成过程。

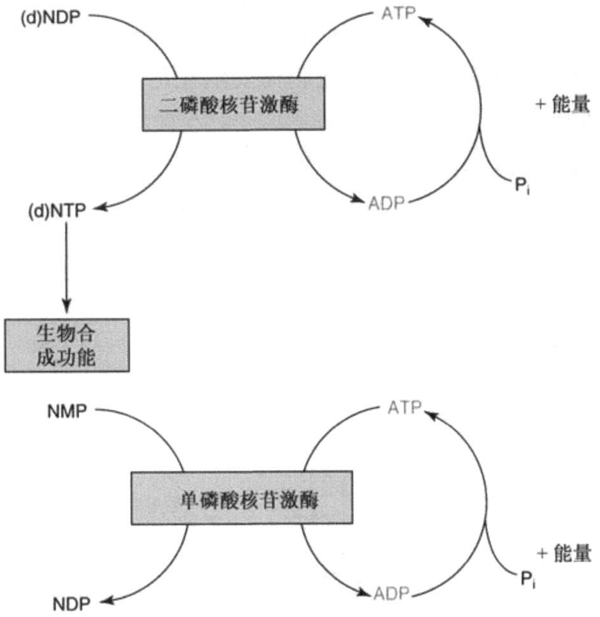

图 14.9　二磷酸核苷激酶或单磷酸核苷激酶反应

N 代表任意嘌呤或嘧啶碱基;(d)代表脱氧核糖核酸

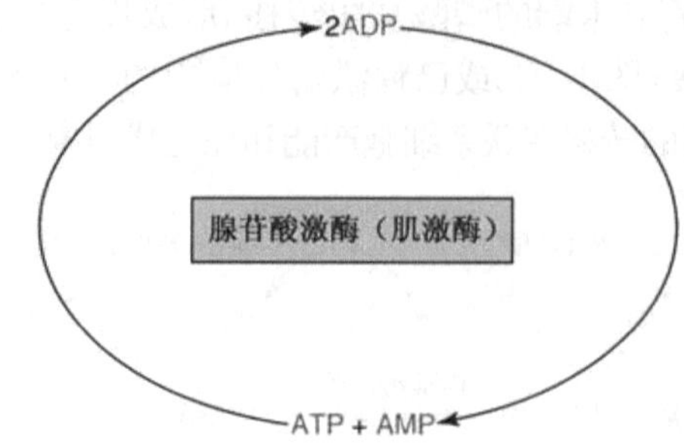

图 14.10　腺苷酸激酶(肌激酶)反应

14.3　乙酰辅酶 A 的来源和归宿

乙酸基团是**三羧酸循环**(**tricarboxylic acid, TCA**)的原料，来源于细胞的主要产能代谢通路，包括长链脂肪酸的 β-氧化、碳水化合物的**糖酵解**(**glycolysis**)、**酮体**(**ketone body**)的氧化(**乙酰乙酸**和 β-**羟丁酸**)(**acetoacetate** and β-**gydroxybutyrate**)、乙醇的氧化以及某些氨基酸的氧化分解(图 14.11)。这些物质最终生成二碳单位**乙酰辅酶 A**(**acetyl coenzyme A**)。辅酶 A，缩写为 CoA 或 CoASH，由 β-巯基乙胺、**泛酸**(**pantothenic acid**)和腺苷酸组成(图 14.12)。在细胞中，CoA 以还原巯基(CoASH)的形式存在，形成酰基的高能巯酯键并参与酰基转移反应，先作为酰基受体，然后又充当其供体。许多代谢途径只涉及酰基-CoA 的衍生物，如脂肪酸的 β-氧化和支链氨基酸的降解。由于 CoA 是大的亲水分子，它及其衍生物如乙酰辅酶 A 都无法自由穿过细胞膜，这就使机体进化出某些跨膜的转运或穿梭机制，以便一些中间产物或基团能跨膜转运。乙酰基或长链酰基转移酶反应将在第 16 章详述。酰基辅酶 A 衍生物中的巯酯键是高能键，在转酰基反应中是酰基的有效供体。合成一分子酰基辅酶 A 的衍生物需要消耗两个 ATP 高能磷酸键，如在**乙酸硫激酶**(**acetate thiokinase**)反应中，

$$\text{乙酸} + \text{CoASH} + \text{ATP} \xrightarrow{\text{乙酸激酶}} \text{乙酰 CoA} + \text{AMP} + \text{PP}_i$$

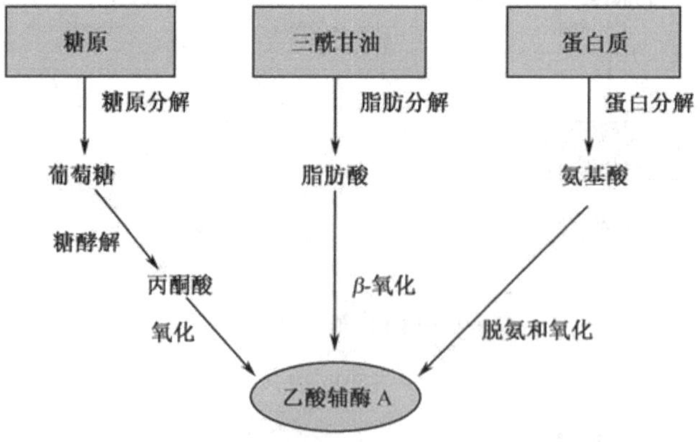

图 14.11　乙酰辅酶 A 的常见前体物质

碳水化合物、脂类或蛋白质分解为乙酰辅酶 A

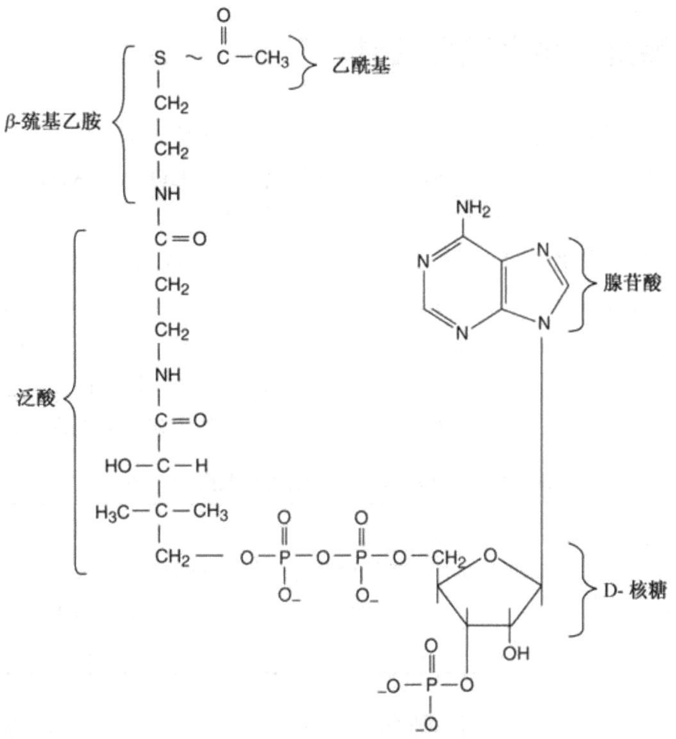

图 14.12　乙酰辅酶 A 的结构

丙酮酸的代谢来源和归宿

在有氧糖酵解途径中(见 15.2 节),葡萄糖及其他己糖被转化为丙酮酸,它是在细胞溶胶中的终产物。丙氨酸、丝氨酸等氨基酸分解代谢也能生成丙酮酸。丙酮酸的代谢归宿取决于组织及其代谢状态。其归宿及所参与的反应类型如图 14.13 所示。丙酮酸在**丙酮酸脱氢酶(pyruvate dehydrogenase)**反应中的氧化脱羧过程将在下文中探讨,其他涉及丙酮酸的反应见 19.2 节。

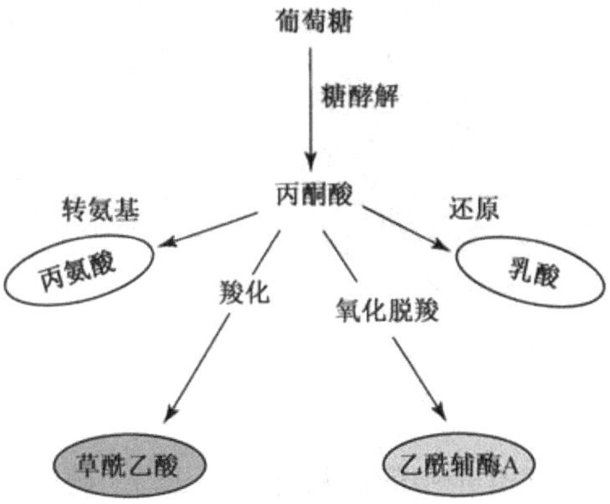

图 14.13　丙酮酸的代谢归宿

丙酮酸处于代谢的交叉点,根据细胞的需要可以转化为乳酸、丙氨酸、草酰乙酸或乙酰辅酶 A

丙酮酸脱氢酶是一种多酶复合体

丙酮酸在丙酮酸脱氢酶复合体的作用下转化为乙酰 CoA：

$$丙酮酸 + NAD^+ + CoASH \longrightarrow 乙酰辅酶A + CO_2 + NADH + H^+$$

$$\Delta G^{0'} = -8kcal/mol$$

该反应的机制比从总的化学计量学推论出的更复杂。**硫胺焦磷酸素(thiamine pyrophosphate，TPP)**、**硫辛酸(lipoamide)**和**黄素腺嘌呤二核苷酸(flavin adenine dinucleotide，FAD)**三个辅因子与复合体的亚基结合。反应的 $\Delta G^{0'}$ 是 −8kcal/mol，因此在生理条件下是不可逆的。哺乳动物的丙酮酸脱氢酶复合体包含三种催化亚基，它们在肾脏、心脏和肝脏中结合成一个分子质量约 $7\times10^6 \sim 8.5\times10^6$ kDa 的多酶复合体。催化亚基及其辅因子见表 14.4。

表 14.4　哺乳动物的丙酮酸脱氢酶复合体

酶	亚基数	辅基	所催化的反应
丙酮酸脱氢酶	20 或 30	硫胺素焦磷酸	丙酮酸氧化脱羧
二氢硫辛酸转乙酰酶	60	硫辛酰胺	乙酰基转移给 CoA
二氢硫辛酸脱氢酶	6	FAD	氧化型硫辛酰胺的再生和电子转移给 NAD

已在电镜下观察到 *E. coil* 的丙酮酸脱氢酶复合体(4.6×10^6 kDa)(图 14.14)。管状核心包括 24 个转酰基酶亚单位(图 14.14 模型中的白色半球，每个分子质量为 64.5 kDa)。12 个丙酮酸脱氢酶二聚体(灰色半球，每个分子质量为 56kDa)分布在立方体的六个面。由于中间产物与丙酮酸脱氢酶的亚单位紧密结合，并不释放到周围介质中，因此丙酮酸脱氢酶复合体的这种空间排列方式在整个反应中更加有效。

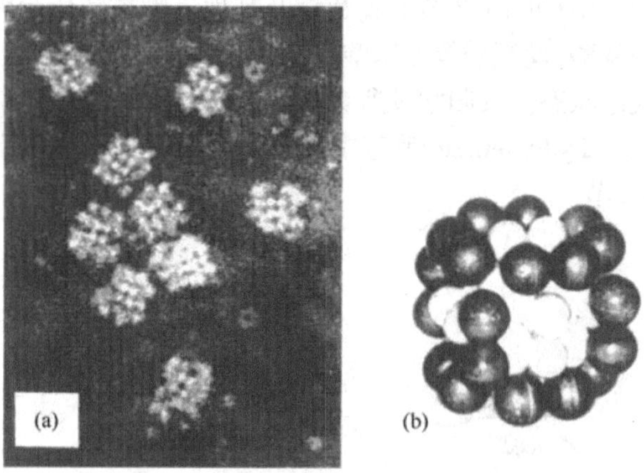

图 14.14　*E. coil* 的丙酮酸脱氢酶复合体

(a)电镜。(b)分子模型

TPP 的功能基团参与形成共价中间产物(图 14.15)。硫辛酸通过酰胺键与转酰基酶亚单位的赖氨酸相连，称作硫辛酰胺。而 FAD 则与每个二氢硫辛酰基脱氢酶亚单位紧密结合。反应机制见图 14.16。

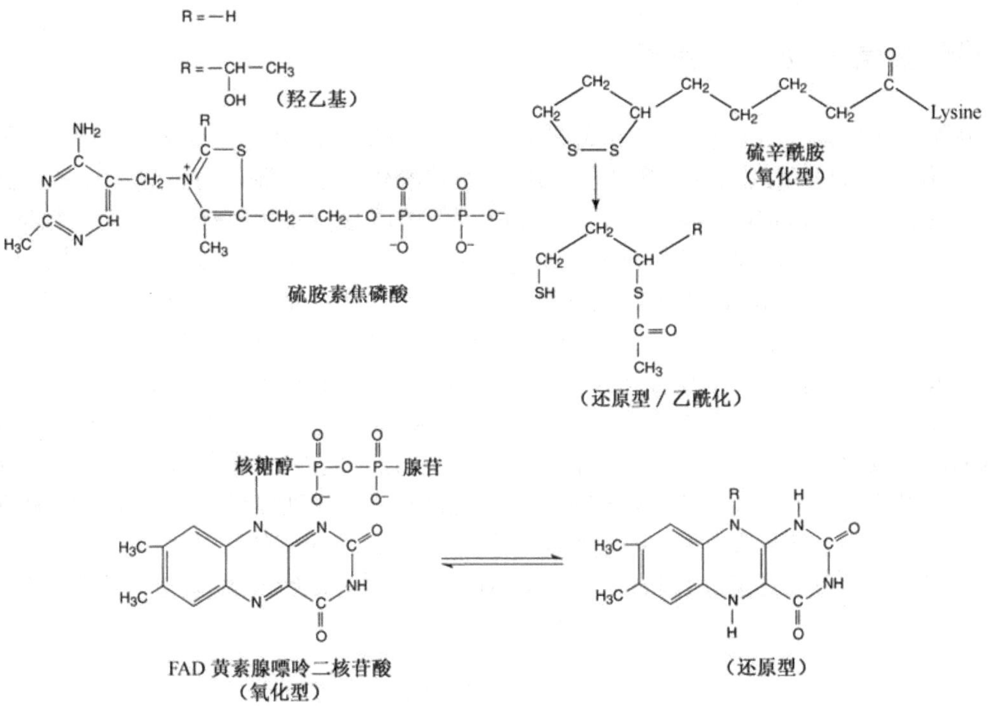

图 14.15　参与丙酮酸脱氢酶反应的辅酶结构

NAD^+ 的结构见图 14.4,CoA 的结构见图 14.13

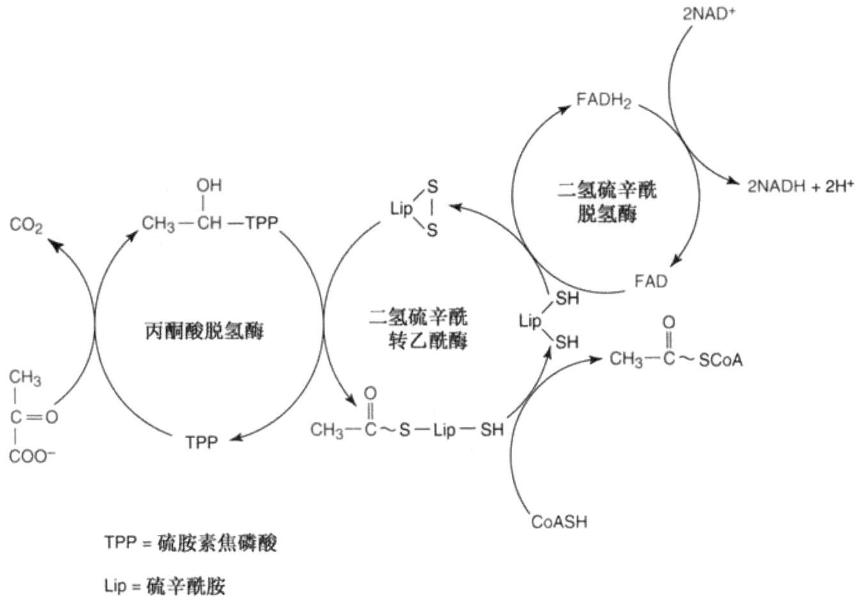

图 14.16　丙酮酸脱氢酶多酶复合体的机制

丙酮酸脱氢酶催化丙酮酸的氧化脱羧并将乙酰基转移至硫辛酰胺。二氢硫辛酰转乙酰酶将乙酰基团从硫辛酰胺转移至辅酶 A。二氢硫辛酰脱氢酶将还原型硫辛酰胺氧化

丙酮酸脱氢酶受精确调控

丙酮酸脱氢酶复合体受两种方式调控。首先，该反应的两个产物乙酰辅酶 A 和 NADH 作为反馈抑制剂竞争性抑制它。其次，受磷酸化和去磷酸化的调节。与之紧密结合的**蛋白激酶**(**protein kinase**)以 Mg^{2+}-ATP-依赖的方式使之磷酸化而失活。相反，与之连接的**磷蛋白磷酸酶**(**phosphoprotein phosphatase**)则以 Mg^{2+}-Ca^{2+}-依赖的方式使之去磷酸化而激活。丙酮酸脱氢酶激酶和磷酸酶的不同调控是该复合酶调控的关键因素。调控的基本特征见图 14.17。乙酰辅酶 A 和 NADH 抑制该酶的去磷酸化(活性)形式，并激活蛋白激酶反应，使复合体失活。而游离的 CoASH 和 NAD^+ 则能抑制蛋白激酶。因此，线粒体中 NADH/NAD^+ 或乙酰 CoA/CoASH 比例增加以及伴随的 NAD^+ 和 CoASH 减少都会激活激酶反应而使丙酮酸脱氢酶失活。此外，该酶的底物丙酮酸是蛋白激酶的强抑制剂，因此，当组织中丙酮酸水平升高时，激酶受到抑制，而丙酮酸脱氢酶则显著活化。Ca^{2+} 也能激活丙酮酸脱氢酶复合体，它是蛋白磷酸酶的强激动剂。这一效应在骨骼肌中具有重要意义，肌肉收缩时，Ca^{2+} 释放可激活蛋白磷酸酶，促进丙酮酸氧化，

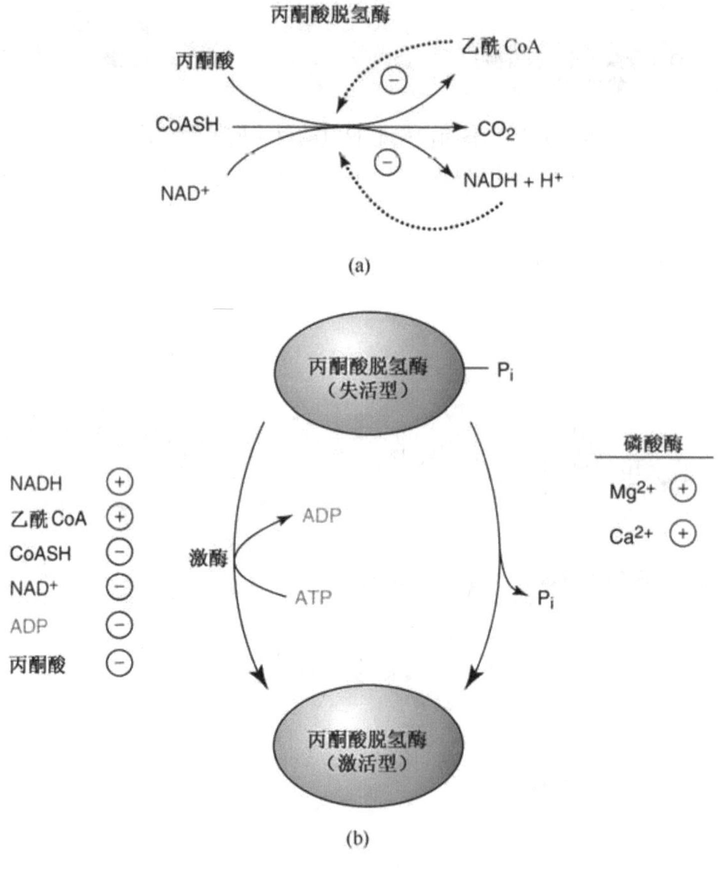

图 14.17　丙酮酸脱氢酶多酶复合体的调控

(a) 丙酮酸脱氢酶受其产物乙酰辅酶 A 和 NADH 的抑制。(b) 丙酮酸脱氢酶磷酸化而失活、去磷酸化而激活。Mg^{2+} 和 Ca^{2+} 激活磷酸酶。激酶被 ATP、NADH 和乙酰辅酶 A 激活，而被 CoASH、NAD^+、ADP 和丙酮酸抑制

从而产生能量。最后,**胰岛素**(**insulin**)可激活脂肪组织中的丙酮酸脱氢酶,而**儿茶酚胺**(**catecholamine**),如肾上腺素,则激活心血管系统中的丙酮酸脱氢酶。虽然这些激素效应的机制尚未完全弄清,但胞内 Ca^{2+} 分布的改变可激活线粒体基质中的蛋白磷酸酶反应。这些激素效应并非直接由组织中的 cAMP 水平介导,因为丙酮酸脱氢酶蛋白激酶和蛋白磷酸酶都是 cAMP 非依赖性的(见临床相关知识 14.1)。

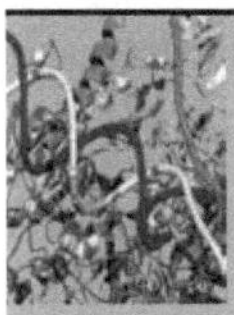

临床相关知识 14.1
丙酮酸脱氢酶缺乏症

在儿童中已发现多种丙酮酸代谢性疾病。有的涉及丙酮酸脱氢酶复合体的催化亚基或调节亚基的缺陷。通常丙酮酸脱氢酶缺乏的儿童血浆中乳酸、丙酮酸和丙氨酸水平升高,导致慢性乳酸性酸中毒。临床多表现为严重的神经缺陷,常导致死亡。丙酮酸脱氢酶缺乏症的常见诊断方法是取患者的皮肤成纤维细胞进行体外培养,检测其中的丙酮酸脱氢酶复合体或(和)其催化亚单位。减少碳水化合物摄入的饮食疗法对一些患者有效。由于乳酸性酸中毒使氧气在体内的运输减少,抑制丙酮酸脱氢酶并促进无氧代谢,患者可出现休克。临床上已用肝乐对部分患者进行治疗,这是一种丙酮酸脱氢酶复合体的蛋白激酶抑制剂。完全抑制丙酮酸脱氢酶的蛋白激酶可激活丙酮酸脱氢酶复合体。

乙酰辅酶 A 在不同代谢途径中的作用

线粒体中产生的乙酰辅酶 A 的归宿包括:①乙酰基在三羧酸循环中完全氧化生成能量;②肝中多余的乙酰辅酶 A 转化为乙酰乙酸和 β-羟丁酸等酮体;③以柠檬酸形式将乙酰单位转移到细胞溶胶中用于合成长链脂肪酸(见 17.4 节)和固醇(图 14.18,18.3 节)。

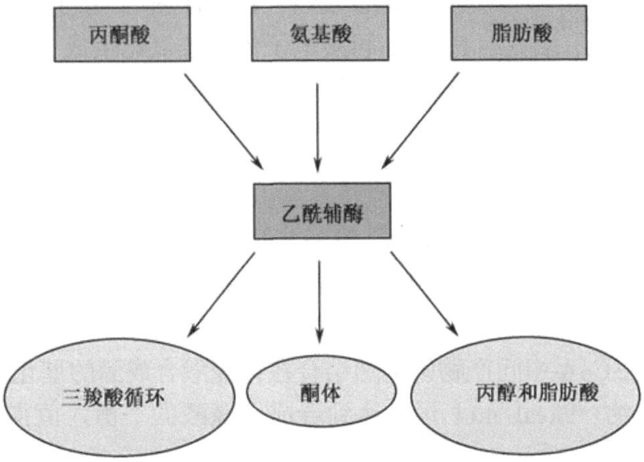

图 14.18　乙酰辅酶 A 的来源和归宿

14.4 三羧酸循环

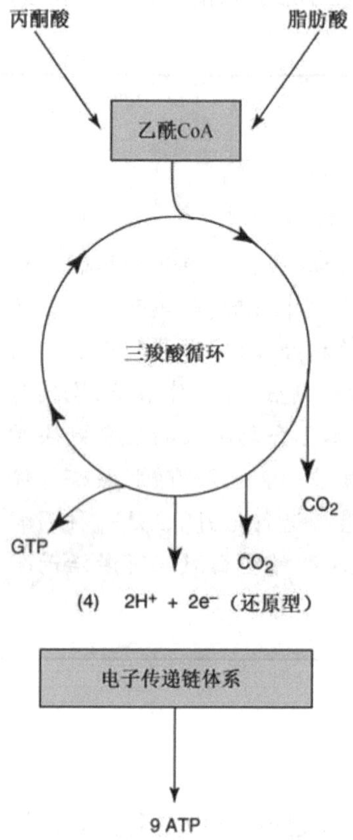

图 14.19　在线粒体中合成 ATP 的简图

丙酮酸和脂肪酸氧化所产生的乙酰辅酶 A 通过三羧酸循环代谢生成还原当量,后者再被电子传递链氧化。在此氧化过程中产生的能量用以合成 ATP

大多数细胞在产能过程中生成的乙酰辅酶 A 在**三羧酸循环**(**the tricarboxylic acid, TCA**)中完全氧化为 CO_2。三羧酸循环又叫**柠檬酸循环**(**citric acid cycle**)或者 **Krebs 循环**(**Krebs cycle**),Hans Krebs 在 1937 年首次提出了它的基本特征。三羧酸循环的酶主要位于线粒体,但其中一些酶的同工酶也存在于细胞溶胶中。这种分布非常合理,因为丙酮酸脱氢酶复合体和脂肪酸的 β-氧化是乙酰辅酶 A 的两个主要来源,均位于线粒体中。三羧酸循环的四个反应将电子转移至 NAD^+ 或 FAD,生成 NADH 或 $FADH_2$,再经线粒体中的**电子传递链**或**呼吸链**(**electron transport chain** or **respiratory chain**)氧化生成能量,并通过**氧化磷酸化**(**oxidative phosphorylation**)形成 ATP(见 14.7 节)。电子传递链的酶和参与 ATP 合成的酶都位于线粒体中。图 14.19 是三羧酸循环的总反应图。第一步,乙酰辅酶 A 的乙酰基与草酰乙酸(四碳二羧酸)缩合形成柠檬酸(六碳三羧酸)。柠檬酸的碳原子重排后,经两个氧化脱羧反应生成 2 分子 CO_2,2 分子 $NADH+H^+$,1 分子琥珀酸和 1 分子 GTP。再经两个氧化反应生成另 1 分子 $NADH+H^+$ 和 1 分子 $FADH_2$,并使草酰乙酸再生。

综上所述,三羧酸循环的底物是二碳单位乙酰辅酶 A,一个完整循环生成 2 分子 CO_2、1 个高能磷酸键(GTP)、3 分子 NADH 和 1 分子 $FADH_2$。NADH 和 $FADH_2$ 再被电子传递链氧化生成 10 分子 ATP(见 14.7 节辅酶氧化过程中的 ATP 生成)。

三羧酸循环反应

三羧酸循环的每步反应见图 14.20。第一步反应发生在线粒体基质中,由**柠檬酸合成酶**(**citrate synthase**)催化。这一步反应产生大量能量,乙酰基生成**柠檬酸**(**citrate**),并在循环中完全氧化。如下所示,柠檬酸合成酶将乙酰基缩合到**草酰乙酸**(**oxaloacetate**)的 α-酮酸上。柠檬酰-SCoA 中间产物则仍然结合在柠檬酸合成酶的催化位点上。

该反应的 $\Delta G^{0'}$ 约 −9kcal/mol,远未达到合成柠檬酸的平衡。值得注意的是,线粒体中草酰乙酸的浓度很低(低于 1μmol/L);但强大的负 $\Delta G^{0'}$ 驱动反应进行。草酰乙酸这种低于反应 K_m 值的低浓度可能也是调控该反应的主要因素。

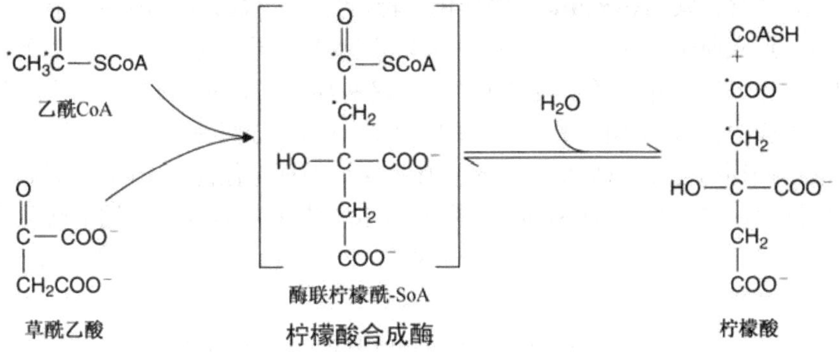

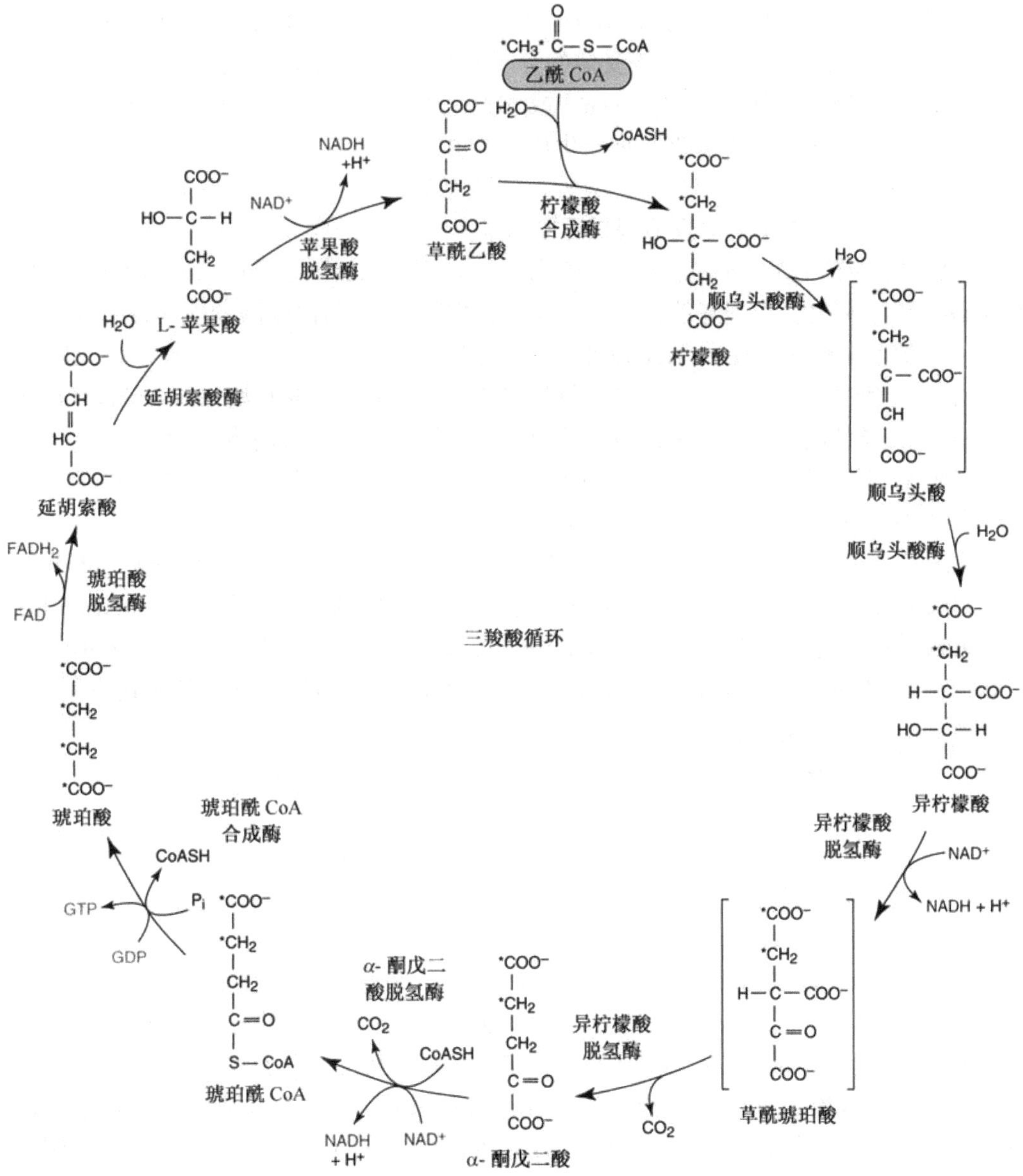

图 14.20　三羧酸循环

标星号的碳原子表示酰基基团中碳原子的去向

柠檬酸在**顺乌头酸酶**(**aconitase**)的催化下转化为**异柠檬酸**(**isocitrate**),在反应中柠檬酸的羟基与邻近碳原子上的氢原子交换。这样,羟基紧邻异柠檬酸的羧基,以便于氧化脱羧反应的进行。该反应并不释放出中间产物**顺乌头酸**(***cis*-aconitate**),顺乌头酸酶含一个非血红素铁硫簇,与催化机制有关。反应的总平衡有助于柠檬酸的生成。

氟醋酸是循环的强抑制剂,但它并不直接抑制该循环中任何一个酶,而是转化为氟柠檬酸,后者是顺乌头酸酶的强抑制剂。氟醋酸在乙酰辅酶A合成酶作用下转化为氟乙酰辅酶A,再经柠檬酸合成酶作用转化为氟柠檬酸。小剂量氟醋酸就有致死性,已被用作灭鼠药,其 LD_{50},即半数致死量为0.2mg/(kg体重)。

异柠檬酸在**异柠檬酸脱氢酶**(**isocitrate dehydrogenase**)的催化下氧化脱羧生成α-酮戊二酸,并伴随着 NAD^+ 还原为 $NADH+H^+$。哺乳动物线粒体内的异柠檬酸脱氢酶需要 NAD^+ 作为还原当量的受体,该受体的分子质量为380kDa,由8个相同的亚基组成。反应需要一个二价金属阳离子(如 Mn^{2+} 或 Mg^{2+})移除草酰琥珀酸的β-羧基。反应的 $\Delta G^{0'}$ 约为−5kcal/mol,平衡显然趋向于生成α-酮戊二酸。

线粒体中也含有需要 $NADP^+$ 的异柠檬酸脱氢酶。与 $NADP^+$ 偶联的酶也见于细胞溶胶中,为细胞溶胶中的还原反应提供还原当量。

α-酮戊二酸转化为琥珀酰辅酶A,该反应由**α-酮戊二酸脱氢酶**(**α-ketoglutarate dehydrogenase**)复合体催化,根据它催化的反应及其结构特点,它与丙酮酸脱氢酶复合体类似。另外,**硫胺素焦磷酸**(**thiamine pyrophosphate**)、**硫辛酸**(**lipoic**)、CoASH、FAD和 NAD^+ 也参与其催化作用。该复合体由α-酮戊二酸脱氢酶、**二氢硫辛酰胺转琥珀酰酶**(**dihydrolipoyl transsuccinylase**)、二氢硫辛酰胺脱氢酶组成。反应的 $\Delta G^{0'}$ 为−8kcal/mol,平衡显著趋向于生成琥珀酰辅酶A。该反应生成三羧酸循环中的第二个 CO_2 和还原当量(如 $NADH+H^+$)。另一个产物**琥珀酰辅酶A**(**succinyl CoA**)是类似于乙酰辅酶A的高能巯基酯。

琥珀酰辅酶A连锁的巯基酯的高能特性保存在下一步**底物水平磷酸化**(**substrate-level phosphorylation**)的过程中。在哺乳动物组织中,**琥珀酰辅酶A合成酶**(**succinyl-CoA synthetase**)[或称**琥珀酸硫激酶**(**succinate thiokinase**)]将琥珀酸辅酶A转化为琥珀酸,并使GDP磷酸化为GTP。这个反应的 $\Delta G^{0'}$ 为−0.7kcal/mol,是可逆的,其催化机制与中间产物Enz-琥珀酰磷酸有关。

$$\text{琥珀酰 CoA} + P_i + \text{Enz} \longrightarrow \text{Enz-琥珀酰磷酸} + \text{CoASH}$$

$$\text{Enz-琥珀酰磷酸} \longrightarrow \text{Enz-磷酸} + \text{琥珀酸}$$

$$\text{Enz-磷酸} + \text{GDP} \longrightarrow \text{Enz} + \text{GTP}$$

在反应中,酶的第3位组氨酸残基被磷酸化,保存了巯酯的能量用以合成GTP。这个GTP用于在线粒体中合成蛋白质、RNA和DNA。

琥珀酸经**琥珀酸脱氢酶**(**succinate dehydrogenase**)氧化为延胡索酸,该酶紧密结合在线粒体内膜。它由1个70kDa亚基、1个30kDa亚基和2个小的疏水蛋白组成,其中70kDa的亚基含底物结合位点(FAD与一个组氨酸残基共价结合),30kDa的亚基含3个**铁硫蛋白**(**iron-sulfur center**)[**非血红素铁**(**nonheme iron**)]。此酶是典型的黄素蛋白,其中底物的电子和质子通过共价结合的FAD和铁硫中心进行传递,在此过程中铁硫中心的非血红素铁发生氧化还原反应。接下来,电子被转移至辅酶Q,通过电子传递链进一步传递,这个过程将在14.6节详述。琥珀酸脱氢酶受丙二酸和草酰乙酸的强烈抑制,并被

ATP、P_i 和琥珀酸激活。由于丙二酸和琥珀酸结构非常相似，丙二酸可完全抑制琥珀酸脱氢酶的活性（图 14.21）。

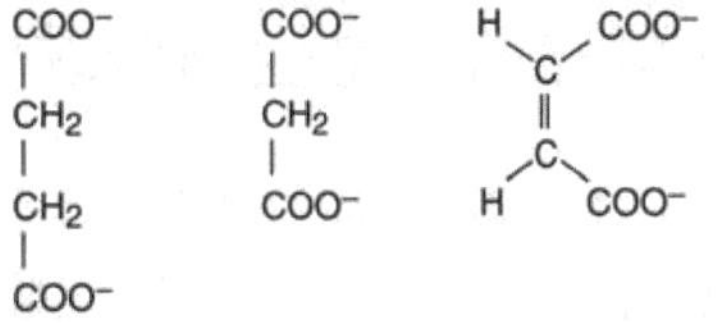

琥珀酸　　丙二酸　　马来酸

图 14.21　琥珀酸的结构
琥珀酸为三羧酸循环的中间产物；丙二酸是琥珀酸脱氢酶以及循环的抑制剂；马来酸是不参与循环的化合物

随后，延胡索酸被延胡索酸酶水化为 L-苹果酸。**延胡索酸**（**fumarase**）是同型四聚体（200kDa），对底物的反式构型具有立体特异性[顺式构型的马来酸不是其底物（图 14.21）]。在生理条件下，该反应是可逆的。临床相关知识 14.2 讲述了延胡索酸酶的遗传缺陷。

三羧酸循环的最后一步反应由**苹果酸脱氢酶**（**malate dehydrogenase**）催化，生成的还原当量转移至 NAD^+，生成 $NADH+H^+$。反应的 $\Delta G^{0'}$ 为 +7.0kcal/mol，平衡显著趋向于生成 L-苹果酸。这个吸能反应通过柠檬酸合成酶和其他反应减少草酰乙酸而得以进行 。

在三羧酸循环中产生的 NADH 迅速被呼吸链氧化为 NAD。这是另外一个利于苹果酸脱氢酶反应进行的因素。

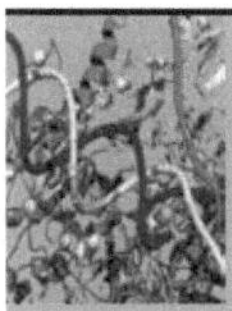

临床相关知识 14.2
延胡索酸酶缺乏症

三羧酸循环中的酶缺乏比较罕见，提示该途径对生命的重要性。但已有在线粒体和细胞溶胶中严重缺乏延胡索酸酶的病例报道（如血液淋巴细胞），典型表现为出生后很快出现严重的神经系统受损、脑肌病和张力障碍。尿液中的延胡索酸含量异常，琥珀酸、α-酮戊二酸、柠檬酸和苹果酸水平升高。线粒体和细胞溶胶延胡索酸同工酶起源于单基因。患者双亲的酶活性只有正常的一半，但并无临床症状，是常染色体隐性遗传病。在延胡索酸酶基因中发现的第一个突变是第 319 位的谷氨酸残基突变为谷氨酰胺。

乙酰辅酶 A 的乙酰基通过转化为 CO_2 和水储存能量

三羧酸循环（图 14.20）是绝大多数物质代谢的最终氧化通路。乙酰辅酶 A 中的二碳单位被完全氧化为 CO_2 和 H_2O，4 步氧化过程形成 3 分子 $NADH+H^+$ 和 1 分子 $FADH_2$，用以合成 ATP。每分子 $NADH+H^+$ 通过氧化磷酸化生成 2.5 分子 ATP，而每分子在琥珀酸脱氢酶反应中生成的 $FADH_2$ 氧化可生成 1.5 分子 ATP。在琥珀酰辅酶 A 合成酶反应中还生成 1 分子高能磷酸键（GTP）。因此，一个乙酰基在一个三羧酸循环中完全氧化净生成 10 分子 ATP 或 GTP。

三羧酸循环是生物合成中间产物的来源

对三羧酸循环的讨论主要集中在乙酰基团氧化分解为 CO_2 和 H_2O、生成还原性辅酶以及合成 ATP。一般来说,三羧酸循环是食物分解代谢最终的共同机制,但如图 14.22 所示,三羧酸循环中所生成的四碳、五碳、六碳中间产物是**生物合成过程**(**biosynthetic process**)中的重要中间代谢物。琥珀酰辅酶 A、苹果酸、草酰乙酸、α-酮戊二酸和柠檬酸都是合成细胞内重要化合物的前体。

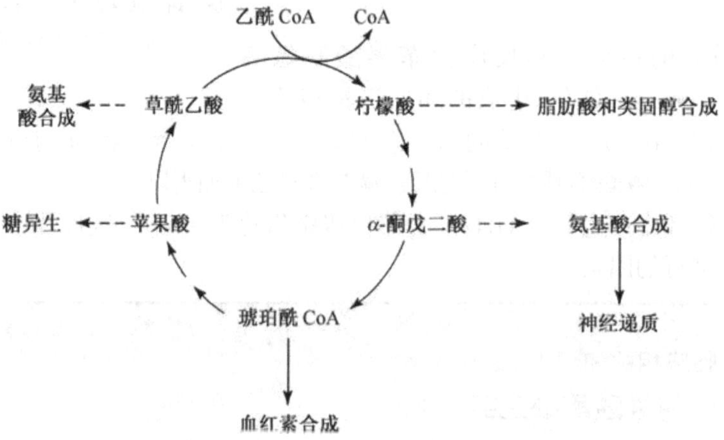

图 14.22 三羧酸循环为氨基酸、脂肪酸和葡萄糖合成提供前体

α-酮戊二酸通过**转氨基作用**(**transamination**)生成谷氨酸,谷氨酸可出线粒体并转化为其他氨基酸。在神经系统中,α-酮戊二酸转变为谷氨酸和 γ-氨基丁酸。同样,当存在 NADH 或 NADPH 和氨时,在线粒体谷氨酸脱氢酶催化下,α-酮戊二酸可生成谷氨酸。转移至谷氨酸的氨基在不同的氨基转移酶作用下可生成多种氨基酸。这些酶以及由氨生成 α-酮酸或由 α-酮酸释放氨的联系将在 19 章讨论。

琥珀酰辅酶 A 代表一种代谢支路(图 14.23),它可由三羧酸循环中的 α-酮戊二酸生成,或由奇数链脂肪酸,或缬氨酸,或异亮氨酸等支链氨基酸分解代谢最后一步产生的甲基丙二酰辅酶 A 生成。它还能转化为琥珀酸或与甘氨酸缩合形成 δ-氨基酮戊酸,该反应是卟啉生物合成的初始反应(见 21.6 节)。

草酰乙酸通过转氨基作用生成天冬氨酸,它是天冬酰胺和胞嘧啶、尿嘧啶、胸腺嘧啶等嘧啶类的前体。草酰乙酸转化为**磷酸烯醇型丙酮酸**(**phosphoenolpyruvate,PEP**),是**糖异生**(**gluconeogenesis**)中的一个重要中间产物(见 15.5 节)。草酰乙酸不能穿过线粒体内膜,它先转化为苹果酸,被特异的载体转运出线粒体,再被氧化成草酰乙酸,最后转化为磷酸烯醇型丙酮酸(见 15.5 节)。

柠檬酸从线粒体转运到细胞溶胶中,在**柠檬酸裂合酶**(**citrate lyase**)的作用下转化为草酰乙酸和乙酰辅酶 A,后者是合成长链脂肪酸和固醇的前体。草酰乙酸迅速还原为苹果酸,再在**苹果酸酶**(**malic enzyme**)的作用下转化为丙酮酸和 NADPH,NADPH 是细胞溶胶中生物合成过程中还原当量的来源。此外,柠檬酸也是其他代谢途径的调控因子(见 15.4 节)。

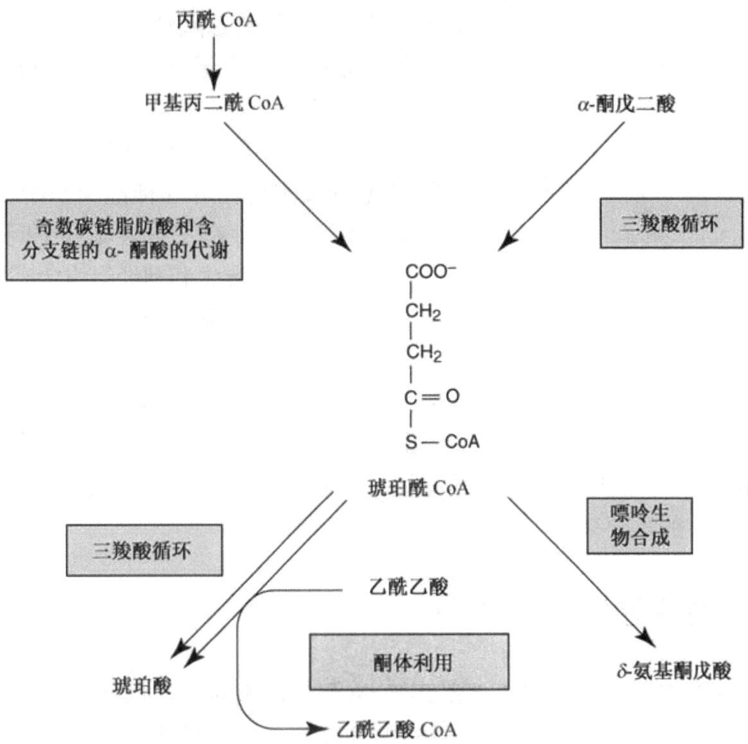

图 14.23　琥珀酰辅酶 A 的来源与归宿

三羧酸循环中的中间产物通过补缺反应得到补充

在三羧酸循环中，每个循环氧化 1 分子乙酰辅酶 A，释放 2 分子 CO_2。而草酰乙酸，作为乙酰基的受体，也在循环中得以再生。但各种组织中的生物合成途径都消耗三羧酸循环的中间产物。因此，为了维持功能性循环，需要补充四碳酸以弥补消耗的草酰乙酸。这种将四碳或五碳中间代谢物补充到三羧酸循环中的反应称为**补缺反应**(**anaplerotic reaction**)(意思是填满)(图 14.24)，这类反应中最重要的酶是**丙酮酸羧化酶**(**pyruvate carboxylase**)，使丙

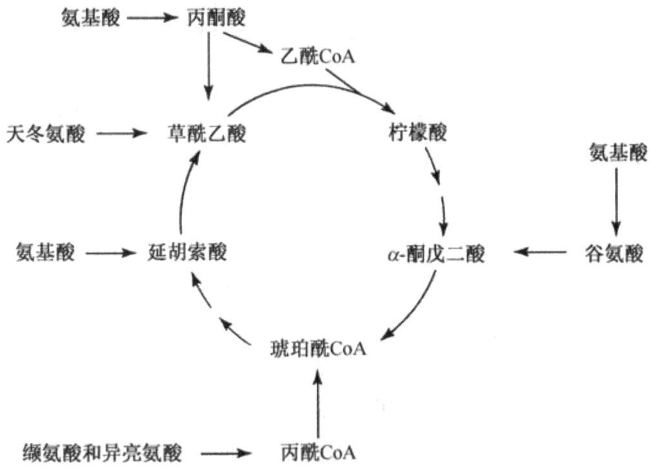

图 14.24　补缺反应重新补充三羧酸循环中的中间产物

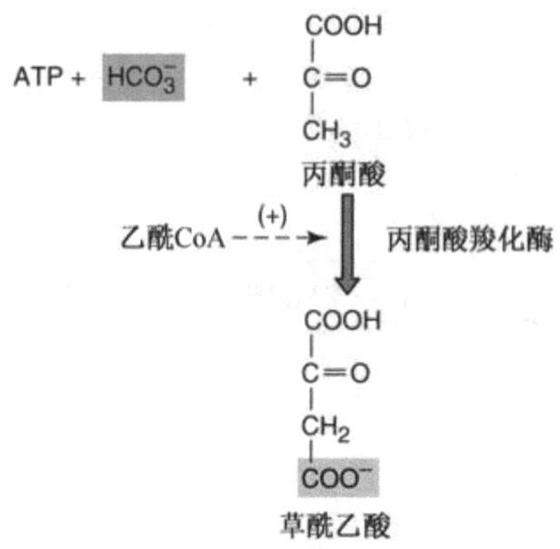

图 14.25　丙酮酸羧化酶反应

酮酸和 CO_2 合成草酰乙酸(图 14.25)。丙酮酸羧化酶含一个生物素分子,它通过一个酰胺键连接到赖氨酸残基的 ε-氨基上。生物素在有 ATP 和 Mg^{2+} 存在时能与 CO_2 结合,并以羧基形式转移至丙酮酸(见 15.5 节)。丙酮酸羧化酶在肝和神经组织中的含量较高,因为在这些组织中存在三羧酸循环中间产物的恒定外流,用于肝中的糖异生和神经组织合成神经递质。

有些氨基酸是四碳或五碳原子中间产物的来源。在线粒体中,谷氨酸在谷氨酸脱氢酶的催化下转变为 α-酮戊二酸。天冬氨酸通过转氨基作用转化为草酰乙酸。而缬氨酸和异亮氨酸则分解成丙酰辅酶 A,以琥珀酰辅酶 A 的形式进入三羧酸循环。肌肉组织分解产生的氨基酸是饥饿时用于糖异生的苹果酸的重要来源(见 22.2 节)。

三羧酸循环的活性受精确调节

三羧酸循环受多种因素调控。首先,无论来源于丙酮酸(通过糖酵解)还是脂肪酸(通过 β-氧化),乙酰基团的供应是决定三羧酸循环速率的关键因素。对丙酮酸脱氢酶复合体、脂肪酸转运进入线粒体和脂肪酸 β-氧化的调控都是决定三羧酸循环活性的因素。其次,由于三羧酸循环中的脱氢酶有赖于 NAD^+ 和 FAD 的持续供应,其活性受到氧化 NADH 和 $FADH_2$ 的呼吸链的严格调控。如 14.7 节所述,在氧化磷酸化过程中,呼吸链的活性和 ATP 的生成是紧密偶联的,这个过程称为**呼吸控制**(**respiratory control**)。因此,三羧酸循环的活性依赖于 ATP 合成的速率(因此也依赖于电子传递的速率),而 ATP 的合成速率又受 ADP、P_i 和 O_2 的可利用度的严格限制。因此,任何阻断 O_2、ADP 的供应或减少还原当量(如三羧酸循环的底物)的抑制性药物或代谢条件都会降低三羧酸循环的活性。总之,这些三羧酸循环的调控机制对循环进行粗略调控。

而一些效应剂介导的中间产物或核苷酸与各种酶的调节性相互作用则对三羧酸循环进行精细调节。部分效应剂的作用见图 14.26,但还有许多调节性相互作用的生理功能尚不明确。

纯化的**柠檬酸合成酶**(**citrate synthase**)能被 ATP、NADH、琥珀酰辅酶 A 和长链脂酰辅酶 A 的衍生物抑制,但这些效应在生理条件下并未得到证实。利用底物乙酰辅酶 A 和草酰乙酸是调节柠檬酸合成酶的最可能方式。如上所述,线粒体中存在非常低浓度的草酰乙酸(低于柠檬酸合成酶的草酰乙酸的 K_m 值)。

与 NAD^+ 偶联的**异柠檬酸脱氢酶**(**isocitrate dehydrogenase**)通常被认为是调节三羧酸循环的关键酶,被 ADP 和 AMP 激活,被 ATP 和 NADH 抑制。因此,在高能状态下(如 ATP/ADP+P_i 和 $NADH/NAD^+$ 高比值),脱氢酶的活性是受抑制的。相反,在低能状态下,酶的活性以及三羧酸循环都被激活。因此与 ATP 合成偶联的电子传递链在 NAD^+ 连锁的异柠檬酸脱氢酶这一步通过影响 ADP 和 NAD^+ 水平而调节三羧酸循环。

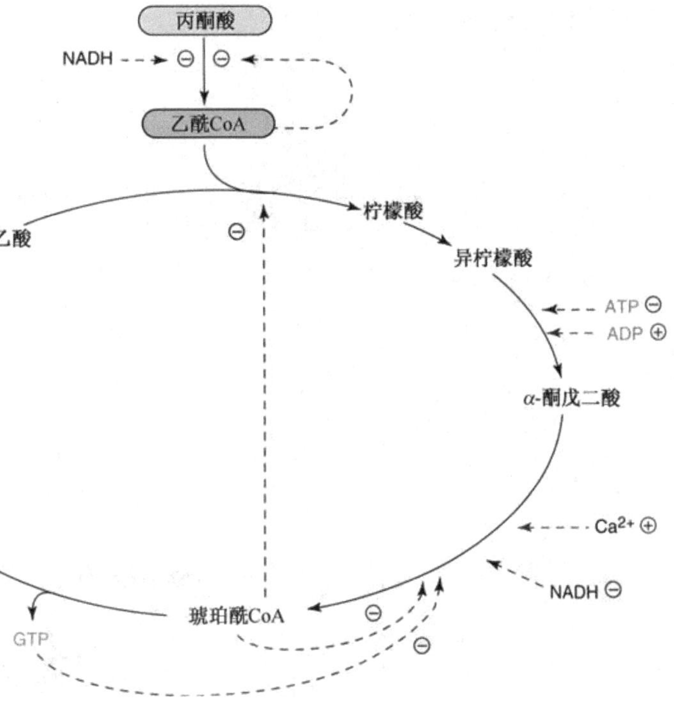

图 14.26　列举三羧酸循环中的调节作用

α-**酮戊二酸脱氢酶复合体**（α-**ketoglutarate dehydrogenase**）受 ATP、GTP、NADH 和琥珀酰辅酶 A 的抑制，而被组织中的 Ca^{2+} 激活。与丙酮酸脱氢酶复合体不同的是，α-酮戊二酸脱氢酶复合体不受蛋白激酶磷酸化的调控。

14.5　由线粒体膜形成的结构和隔室

碳水化合物和脂肪酸分解代谢的最后步骤都在线粒体中进行，其中 NADH 和 $FADH_2$ 氧化所释放的能量通过**氧化磷酸化**（**oxidative phosphorylation**）过程被转化为 ATP 的化学能。因此，线粒体被称为细胞的能量库。一种组织在有氧代谢功能中的作用及其对能量的需求可以通过细胞中线粒体的数量和活性来反映（图 14.27）。心肌细胞高度需氧，需要 ATP 的持续供应。线粒体占据了心肌细胞约一半的细胞质容积，并且含有许多**线粒体内嵴**（**cristae**），因此含有高浓度的电子传递链酶复合体。肝也是需氧器官，哺乳动物的每个肝细胞中约有 800～2000 个线粒体。而红细胞则不含线粒体，只能通过糖酵解获取能量。

根据功能不同，线粒体的形态也各异。如图 14.27，肝线粒体是球形的，而心肌线粒体则是椭圆形或圆柱形的，并且线粒体内嵴比肝线粒体多。

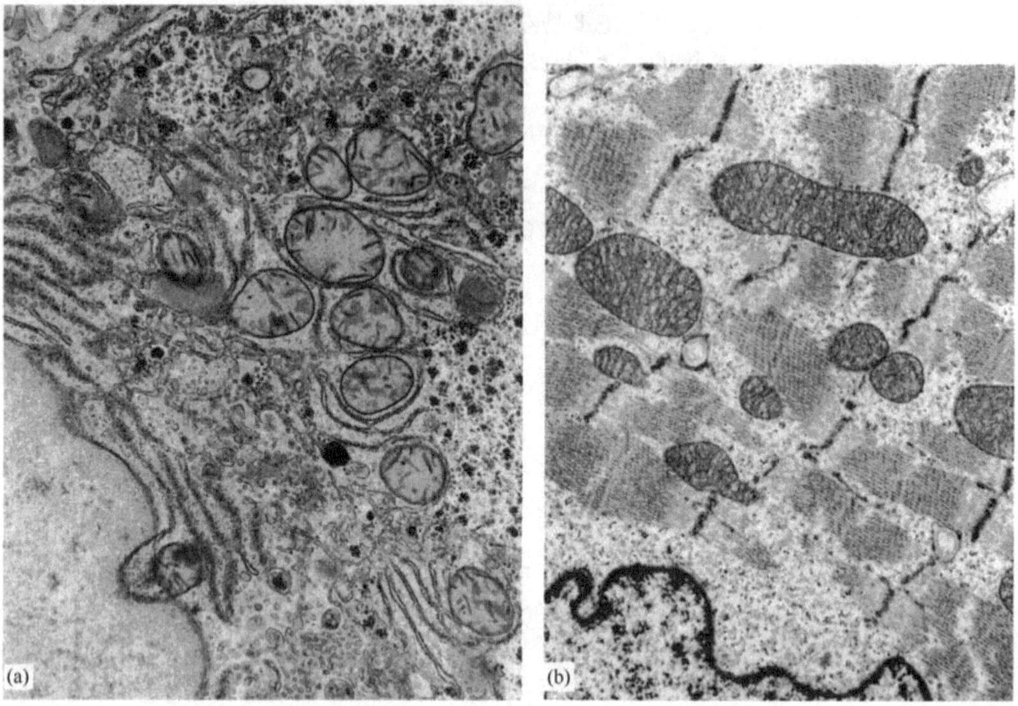

图 14.27 大鼠肝细胞线粒体电镜照片(×39 600)(a)和兔心肌细胞线粒体电镜照片(×39 600)(b)

线粒体内膜和外膜存在不同组分和功能

线粒体由**外膜**(**outer membrane**)和**内膜**(**inner membrane**)组成,内膜在结构和功能上都比外膜更复杂(图 14.28),两膜之间的空间是**膜间隙**(**intermembrane space**)。参与ATP γ-磷酸键能量转移的酶,如腺苷酸激酶、肌酸激酶和二磷酸核酸激酶等都位于膜间隙(表 14.5)。线粒体外膜由 30%~40% 的脂类和 60%~70% 的蛋白质组成,包括少量酶和转运蛋白。线粒体含有丰富的膜内在蛋白,即孔蛋白(porin)或电压依赖性阴离子通道(voltage-dependent anion channel,VDAC),由 β 折叠组成,形成通道,允许不超过10kDa 的粒子穿过膜。单胺氧化酶和 3-氨茴酰丙氨酸羟化酶在清除神经组织中的神经递质时具有重要作用,也位于线粒体外膜表面。

线粒体内膜由 80% 的蛋白组成,并含大量不饱和脂肪酸。此外,还含有高浓度的**心磷脂**(**cardiolipin**)(即**双磷脂酰甘油**,**diphosphatidylglycerol**)。电子传递链和氧化磷酸化的酶都位于内膜上,参与在细胞溶胶和线粒体基质间转移底物、中间产物和腺苷酸的多种脱氢酶和转运系统也位于内膜上。线粒体内膜通过增加内陷形成折叠或**嵴**(**cristae**)而增加表面积(图 14.28)。

线粒体内膜以内的空间是**基质**(**matrix**),其中包含除与线粒体内膜相连的琥珀酸脱氢酶以外的其他各种三羧酸循环酶和脂肪酸氧化酶,以及合成卟啉(见 21.6 节)和尿素(见 19.4 节)的酶。此外,线粒体 DNA (mtDNA)、核糖体以及用于 mtDNA 转录和mRNA翻译的蛋白质也都位于线粒体基质中。

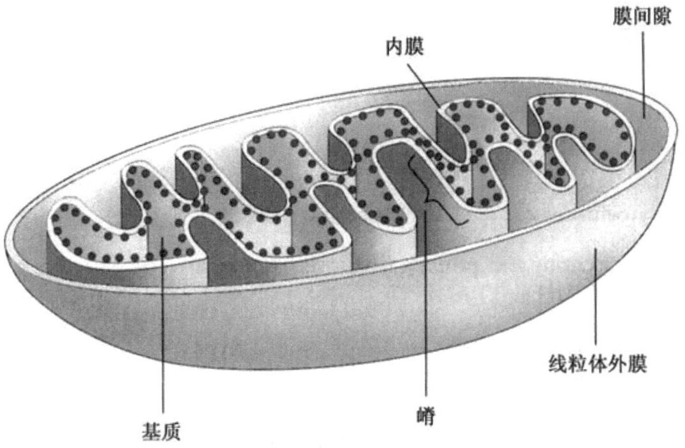

图 14.28　线粒体亚结构图

绿色球体代表线粒体内膜 ATP 合成酶的 F_1 部分

表 14.5　线粒体亚隔室的酶

外膜	膜间隙	内膜	基质
单胺氧化酶	腺苷酸激酶	琥珀酸脱氢酶	丙酮酸脱氢酶复合体
尿素羟化酶	核苷酸二磷酸激酶	F_1F_0ATP 合酶	柠檬酸合成酶
核苷酸二磷酸激酶	肌酸激酶	NADH 脱氢酶	异柠檬酸脱氢酶
磷脂酶 A		β-羟丁酸脱氢酶	α-酮戊二酸脱氢酶复合体
脂酰-CoA 合成酶		细胞色素 b,c_1,c,a,a_3	顺乌头酶
NADH 细胞色素 C-还原酶(鱼藤酮-不敏感性的)		内碱:酰基-辅酶 A 转移酶	延胡索酸酶 琥珀酰辅酶 A 合成酶
胆碱磷酸转移酶		腺苷酸转位酶	苹果酸脱氢酶
		一、二、三羧酸转运体	脂肪酸 β-氧化体系
		谷氨酸-天冬氨酸转运体	谷氨酸脱氢酶
		3-磷酸甘油脱氢酶	谷氨酸草酰乙酸转氨酶
			鸟氨酸甲酰基转移酶
			氨基甲酰磷酸合成酶 I
			血红素合成酶

14.6　电子传递链

在脂肪酸氧化和三羧酸循环反应中,底物氧化生成的还原当量转移至 NAD^+ 和 FAD(生成 NADH 和 $FADH_2$),然后被**电子传递链(electron transport chain)**氧化(图 14.29)。在有 O_2存在时,电子传递链通过氧化磷酸化过程将还原当量转化为可利用的能量形式 ATP。每分子 NADH 和 $FADH_2$完全氧化分别可产生 2.5 和 1.5 分子 ATP。

氧化还原反应

线粒体电子传递链由一系列偶联的氧化还原反应组成。在反应中,电子从电子供体

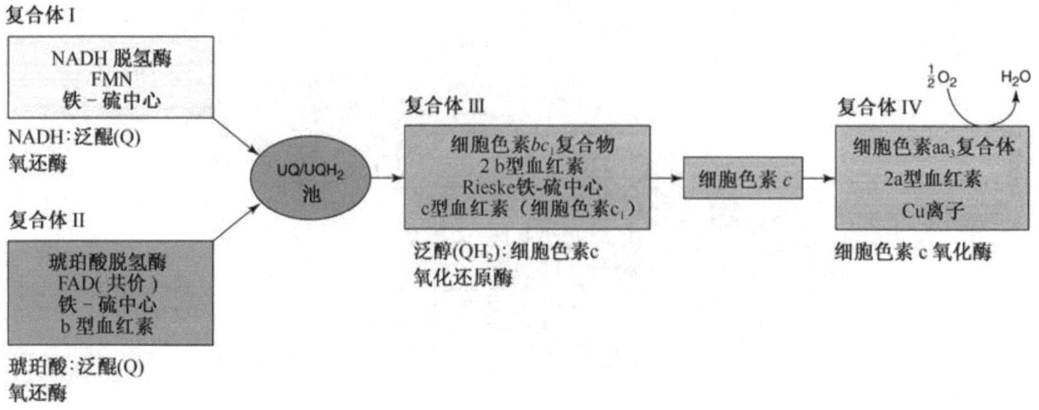

图 14.29　线粒体电子传递链中的电子传递复合体及通路的概况

[**还原剂**(**reductant**)]转移至适当的电子受体[**氧化剂**(**oxidant**)]。在一些氧化还原反应中,只有电子从还原剂转移至氧化剂(如电子在细胞色素之间传递)。

$$细胞色素\ c(Fe^{2+})+细胞色素\ a(Fe^{3+})\longrightarrow 细胞色素\ c(Fe^{3+})+细胞色素\ a(Fe^{2+})$$

而在其他反应中,电子和质子(氢原子)同时被转移(如电子在 NADH 和 FAD 之间转移)。

$$NADH+H^{+}+FAD\longrightarrow NAD^{+}+FADH_2$$

一个氧化剂和一个还原剂形成一个**氧化还原对**(**redox couple**)。电子从电子供体(还原剂)转移到适当的电子受体(氧化剂)可以用系统的**氧化还原势能**(**oxidation-rcduction potential**)表示,即用半个细胞组成的氧化还原对的**电动势**(**electromotive force,emf**)电压表示。标准的氢电势规定,pH 为 0.0 时电势为 0.0V,而在生物体内 pH 是 7.0,相应的氢电势就是−0.42V。各种重要的生化反应的电势列于表 14.6。为便于理解表中的数据,记住在氧化还原对中,有较大负电势能的还原剂比其中负电势能相对较小或具有正电势能的还原剂更易放出电子。具有大的负电势能的化合物是强还原剂。相反,强氧化剂(如具有大的正电势能的化合物)与电子具有高亲和力,同时可氧化相对为负标准势能的化合物。

Nernst 方程(**Nernst equation**)描述了氧化还原对的标准氧化还原势能(E_0')、待测势能(E)以及系统中氧化剂与还原剂的浓度之间的关系:

$$E=E_0'+2.3(RT/nf)\log([氧化剂]/[还原剂])$$

E 是待测势能,E_0' 是在标准状态下的标准势能,R 是 8.3J/(deg · mol),T 是绝对温度(K),n 是被转移的电子数,f 为法拉第常数 96 500J/V。

在大量生化反应的标准氧化还原电势中,当 2 个以上氧化还原对通过恰当的酶偶联时,我们可以预测电流方向或电子转移的方向。如表 14.6 显示,NAD^{+}-NADH 对的标准电势能是−0.32V,丙酮酸-乳酸对的标准电势能是−0.19V。这就表明只要乳酸脱氢酶出现在如下反应中,电子就从 NAD^{+}-NADH 流向丙酮酸-乳酸。

$$丙酮酸+NADH+H^{+}\longrightarrow 乳酸+NAD^{+}$$

NAD^{+} 和 FAD 连锁的脱氢酶反应生成还原当量,其标准电势能接近 NAD^{+}-NADH。然后电子通过电子传递链最终传递至 O_2-H_2O,标准氧化还原电势能为+0.82V。

表 14.6　各种生化反应的标准氧化还原电势

氧化还原反应	标准氧化-还原反应电势能 E_0'/V
乙酸$+2H^++2e^-\rightleftharpoons$乙醛	−0.60
$2H^++2e^-\rightleftharpoons H_2$	−0.42
乙酰乙酸$+2H^++2e^-\rightleftharpoons$β-羟丁酸	−0.35
$NDA^++2H^++2e^-\rightleftharpoons NADH+H^+$	−0.32
乙醛$+2H^++2e^-\rightleftharpoons$乙醇	−0.20
丙酮酸$+2H^++2e^-\rightleftharpoons$乳酸	−0.19
草酰乙酸$+2H^++2e^-\rightleftharpoons$苹果酸	−0.17
辅酶 $Q_{ox}+2e^-\rightleftharpoons$辅酶 Q_{red}	+0.10
细胞色素 b(Fe^{3+})$+e^-\rightleftharpoons$细胞色素 b(Fe^{2+})	+0.12
细胞色素 c(Fe^{3+})$+e^-\rightleftharpoons$细胞色素 c(Fe^{2+})	+0.22
细胞色素 a(Fe^{3+})$+e^-\rightleftharpoons$细胞色素 a(Fe^{2+})	+0.29
$\frac{1}{2}O_2+2H^++2e^-\rightleftharpoons H_2O$	+0.82

氧化还原反应中自由能的改变

两个氧化还原对之间的氧化还原电势的改变类似于化学反应中的自由能的改变，两者都依赖于反应中反应物和产物的浓度，而且存在以下关系：

$$\Delta G^{0'}=-nf\Delta E_0'$$

如果两个氧化还原对之间的氧化还原电势差是已知的，根据这个表达式就可以计算电子传递反应中自由能的改变。因此，可以计算出线粒体电子传递链中的电子在 NAD^+-NADH 对($E_0'=-0.32V$)与 1/2 O_2-H_2O 对($E_0'=+0.82V$)之间转移这一过程的自由能改变：

$$\Delta G^{0'}=-nf\Delta E_0'=-2\times96.5kJ/V\times1.14V$$

$$\Delta G^{0'}=-219kJ/mol$$

其中，96.5 kJ/V 是法拉第常数，n 是转移的电子数。比如，在 NADH $\longrightarrow O_2$ 时，$n=2$。在电子传递链中，由 NADH 与 O_2之间的电势差产生的自由能足以满足每 2 个还原当量或 2 个电子转移给 O_2时合成 3 分子 ATP。而且，由于电子传递中可获得的自由能是负值，因此只要存在相应的酶，该反应就能进行，并且是放能的。

线粒体的电子传递过程是多组分体系

碳水化合物、脂肪和氨基酸等食物氧化的最终步骤是在线粒体基质中形成 NADH 和 $FADH_2$。电子传递链将电子传递给最终受体 O_2而氧化这些还原性辅因子，同时这些反应的自由能也促进 ATP 合成(图 14.29)。在电子从辅酶转移的过程中，质子从基质中泵到膜间隙，形成跨线粒体内膜的电化学梯度，此能量用于合成 ATP。将电子从 NADH 转移至 O_2的载体的标准氧化还原势能从电阴性最强的电子供体 NADH (−0.32V)跨度到电阳性最强的电子受体 O_2(+0.82V)(图 14.30)。不同线粒体的电子传递体并不是以线性形式组织的，而是组成 4 个大分子质量的复合体(复合体Ⅰ～Ⅳ)，分别催化电子传递链不同部分的反应(图 14.29)。

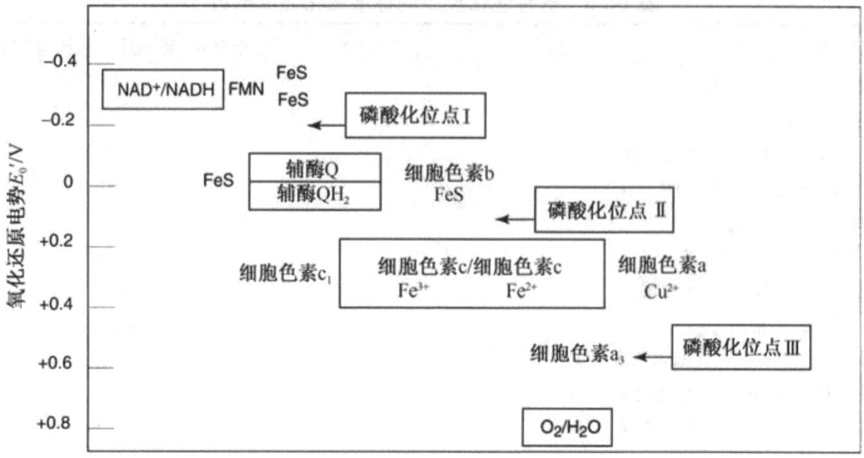

图 14.30　线粒体电子传递链载体的氧化还原电势

复合体Ⅰ(complex Ⅰ)是 NADH-泛醌氧化还原酶,催化电子从 NADH 转移至**泛醌(ubiquinone,UQ)**或**辅酶 Q(coenzyme Q,CoQ)**;**复合体Ⅱ(complex Ⅱ)**是琥珀酸-泛醌氧化还原酶或琥珀酸脱氢酶,将电子从琥珀酸转移至辅酶 Q;**复合体Ⅲ(complex Ⅲ)**,或称为**细胞色素 bc_1 复合体(cytochrome *bc*₁ complex)**,或称为泛醌-细胞色素 c 还原酶,将电子从泛醇(还原形式的泛醌,记作 $CoQH_2$ 或 UQH_2)转移至**细胞色素 c(cytochrome c)**;**复合体Ⅳ(complex Ⅳ)**,即细胞色素 c 氧化酶,将电子从细胞色素 c 转移至 O_2(图 14.29)。另一个复合物,即 **ATP 合成酶(ATP synthase)**,或**复合体Ⅴ(complex Ⅴ)**,利用电化学梯度释放的能量合成 ATP。复合体Ⅰ～Ⅳ分别由以下部分组成:①含有**黄素蛋白**的电子载体,黄素蛋白与 FMN 或 FAD 紧密结合并能传递 1 个或 2 个电子;②含有血红素蛋白的**细胞色素类(cytochromes)**(细胞色素 b、c_1、c、a 以及 a_3),这些细胞色素从血红素的 Fe^{2+} 转移 1 个电子;③**铁硫蛋白(iron-sulfur protein)**,含有结合的无机 Fe 和 S,可转移一个电子;④复合体Ⅴ(细胞色素 c 氧化酶)中的**铜(copper)**,可转移 1 个电子。泛醌参与 1 个或 2 个电子转移的反应。

复合体Ⅰ:NADH-泛醌氧化还原酶

复合体Ⅰ是其中最复杂的复合体,在哺乳动物中由至少 40 种不同的多肽链组成,总分子质量约 1MDa。通常称之为 NADH 还原酶,其作用是将电子从 NADH 转移至泛醌(辅酶 Q)。NADH 的氧化始于 2 个电子和 2 个质子从 $NADH+H^+$ 转移到**黄素单核苷酸(flavin mononucleotide,FMN)**。FMN 含有核黄素(维生素 B_2),它与复合体的一个亚单位紧密结合(图 14.31)。

$$NADH+H^+ +FMN \longrightarrow NAD^+ +FMNH_2$$

通过一系列 FeS 中心,其中 2Fe2S 和 4Fe4S 类型每次转移一个电子至泛醌(图 14.32)。FMN 是 NADH 的 2 个电子的受体,又是 FeS 中心的 1 个电子的供体。FMN 的这种能力源于其稳定的半醌形式(图 14.33)。除了 FMN 具有醌的亲水部分,泛醌也含有一个长的疏水侧链,由 10 个异戊二烯组成,埋藏于膜脂质双层中。泛醌和泛醇可在膜中自由扩散,能将电子从复合体Ⅰ和Ⅱ转移至复合体Ⅲ。

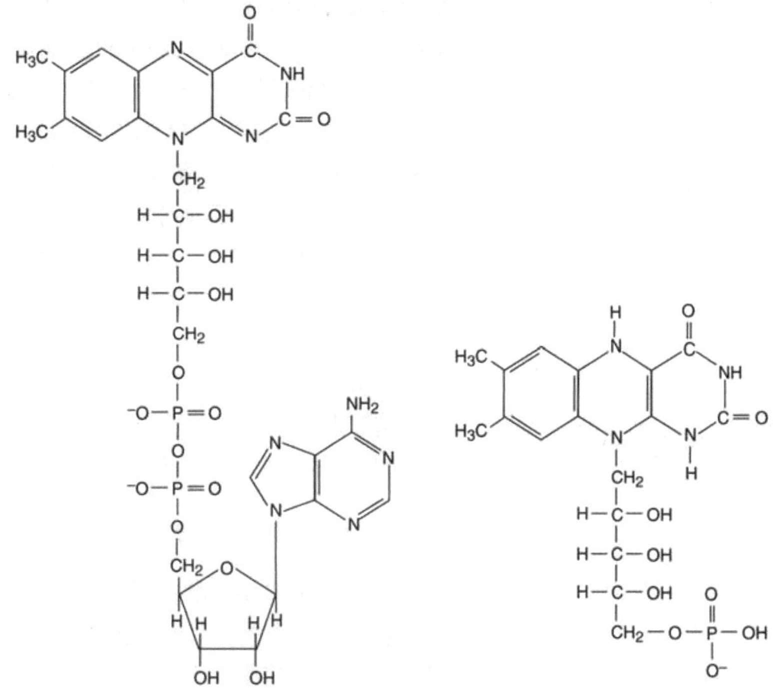

黄素腺嘌呤二核苷酸(FAD)　　　　黄素腺嘌呤单核苷酸($FMNH_2$)

图 14.31　FAD 和 FMN 的结构

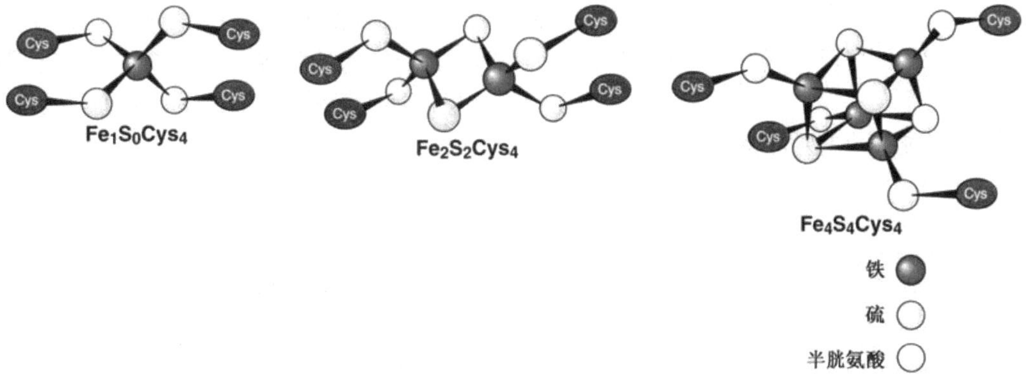

图 14.32　铁-硫中心的结构

黄色,无机硫;灰色,半胱氨酸中的硫;红色,铁

在 2 个电子通过复合体Ⅰ转移至泛醌的同时,4 个质子从线粒体内膜的基质侧(*N* 代表反面)泵到细胞溶胶侧(*P* 代表正面)。氧化反应释放的能量通过质子的跨膜运动得到储存。目前对复合体Ⅰ质子转移的机制还知之甚少。图 14.34 是这个过程的模式图。

复合体Ⅱ:琥珀酸-泛醌氧化还原酶

复合体Ⅱ,即熟知的琥珀酸脱氢酶,由一个 70kDa 的亚基和一个 30kDa 的亚基以及两个

图 14.33　泛醌(辅酶 Q)的氧化与还原

泛醌每次接受一个电子,形成中间产物半泛醌

小的疏水蛋白组成,其中 70kDa 的亚基含 FAD,共价结合于组氨酸残基;30kDa 的亚基含 3 个铁硫中心。在琥珀酸氧化为延胡索酸的过程中,有 2 个质子和 2 个电子转移至 FAD(图 14.35)。$FADH_2$ 通过复合体Ⅱ的铁硫中心将电子转移至泛醌。

$$琥珀酸 \longrightarrow 延胡索酸 + 2H^+ + 2e^-$$

$$UQ + 2H^+ + 2e^- \longrightarrow UQH_2$$

$$(总反应)琥珀酸 + UQ \longrightarrow 延胡索酸 + UQH_2$$

$$\Delta E_0' = 0.029V \qquad \Delta G^{0'} = -5.6 kJ/mol$$

这些反应释放出的自由能不足以使质子泵到内膜的细胞溶胶侧,因此在复合体Ⅱ中不能获得自由能。图 14.35 是该过程的示意图。

其他线粒体黄素蛋白脱氢酶

其他线粒体脱氢酶在泛醌水平向电子传递链提供电子。3-磷酸甘油由三酰甘油水解产生(见 17.5 节)或在糖酵解中由二羟丙酮磷酸还原形成,能被 **3-磷酸甘油脱氢酶(glycerol 3-phosphate dehydrogenase)**氧化(图 14.35)。

$$3\text{-磷酸甘油} + FAD \longrightarrow 二羟丙酮磷酸 + FADH_2$$

黄素蛋白是一条多肽链,位于线粒体内膜的外侧面,直接将电子传递给泛醌。3-磷酸甘油脱氢酶在还原当量从细胞溶胶 NADH 到线粒体电子传递链的穿梭中的重要性将在 14.8 节详述。

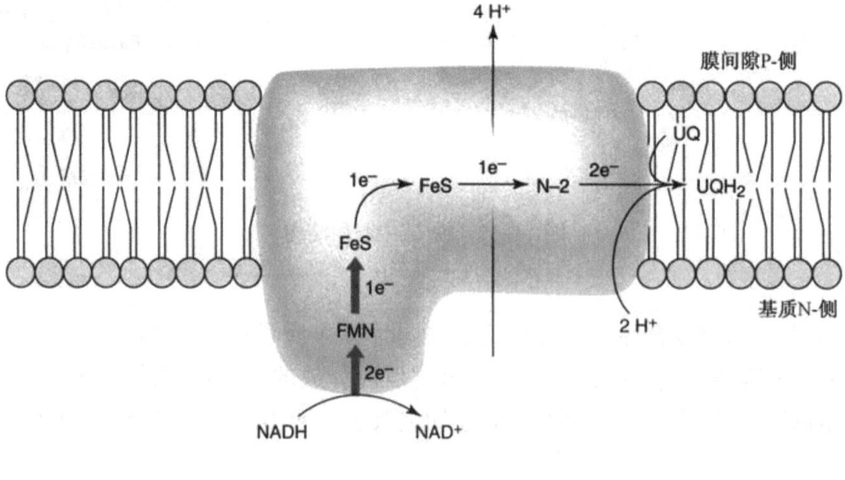

图 14.34　复合体Ⅰ的模型

电子在复合体Ⅰ中通过 FMN 和一些 FeS 中心从 NADH 转移至泛醌(UQ)。电子从 N_2 至 UQ 形成 UQH_2,UQH_2 散布于脂质双层中。通过复合体Ⅰ每转移 2 个电子的同时从基质中泵出 4 个质子

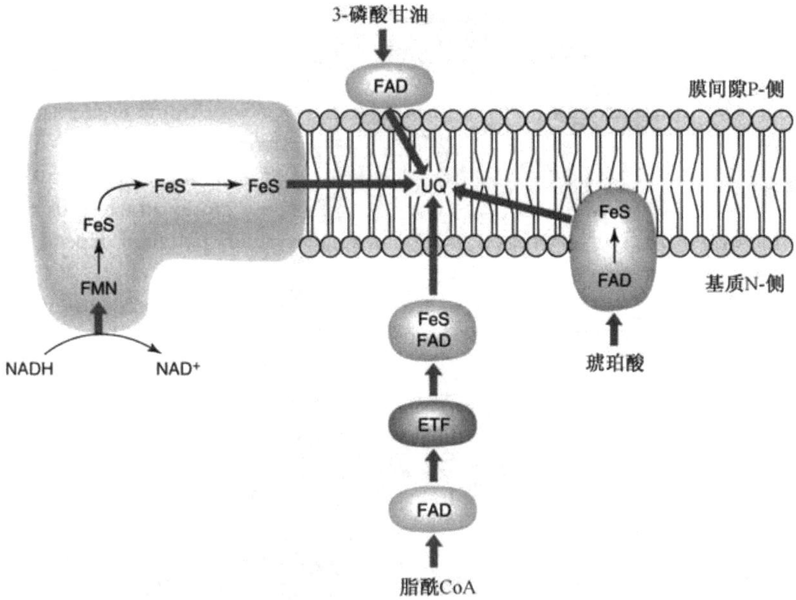

图 14.35　黄素蛋白 NADH、琥珀酸、3-磷酸甘油、脂酰辅酶 A 脱氢酶使线粒体内膜中的泛醌(UQ)还原

酰基辅酶 A 脱氢酶(**acyl-CoA dehydrogenase**)是一种黄素蛋白,可催化脂肪酸 β-氧化的第一步,将电子从脂酰辅酶 A 转移至 FAD,然后再转移至**电子转运黄素蛋白**(**electron transferring flavoprotein,ETF**)。接着转移至 **ETF-泛醌氧化还原酶**(**ETF-ubiquinone oxidoreductase**),在内膜中直接将电子转移给泛醌。图 14.35 说明了泛醌也在复合体Ⅰ、复合体Ⅱ、3-磷酸甘油脱氢酶和 ETF-泛醌氧化还原酶的作用下被还原。而泛醌则被复合体Ⅲ氧化。

复合体Ⅲ:泛醌-细胞色素 c 氧化还原酶

复合体Ⅲ,或细胞色素 bc_1 复合体,催化电子从泛醇转移至细胞色素 c,同时伴随质子的跨膜转移。在哺乳动物中,这个酶复合体由 11 个亚基组成,其中 3 个亚基有假基团,充当氧化还原中心。它们分别是细胞色素 b、细胞色素 c_1 和 Rieske 铁硫蛋白,其中**细胞色素 b** 含 2 个血红素,即 b562 和 b566;**细胞色素 c_1** 含 1 个血红素基团;**Rieske 铁硫蛋白**含 1 个 2Fe2S 簇。最近已经通过 X 射线晶体衍射法弄清了复合体Ⅲ的结构(图 14.36)。如图 14.36 所示,二聚体复合物(每个单体 250kDa)呈梨形,其中大结构域向线粒体基质突出 75Å,较小的结构域含有 Rieske 铁硫蛋白的头部基团和细胞色素 c_1,向膜间隙突出。复合体Ⅲ的每个单体的跨膜结构域包括 8 个疏水蛋白 α 螺旋、细胞色素 b、Rieske 铁硫蛋白膜锚定螺旋、细胞色素 c_1 及单体的其他亚基。

细胞色素

细胞色素是含有与蛋白质紧密结合的血红素的一类蛋白(见 21.6 节)。其中的血红素不同于血红蛋白或肌红蛋白中的血红素,它们的血红素在氧气运输过程中保持 Fe^{2+} 状态,而细胞色素中的血红素在电子传递链中发挥功能时处于氧化型(Fe^{3+})与还原型

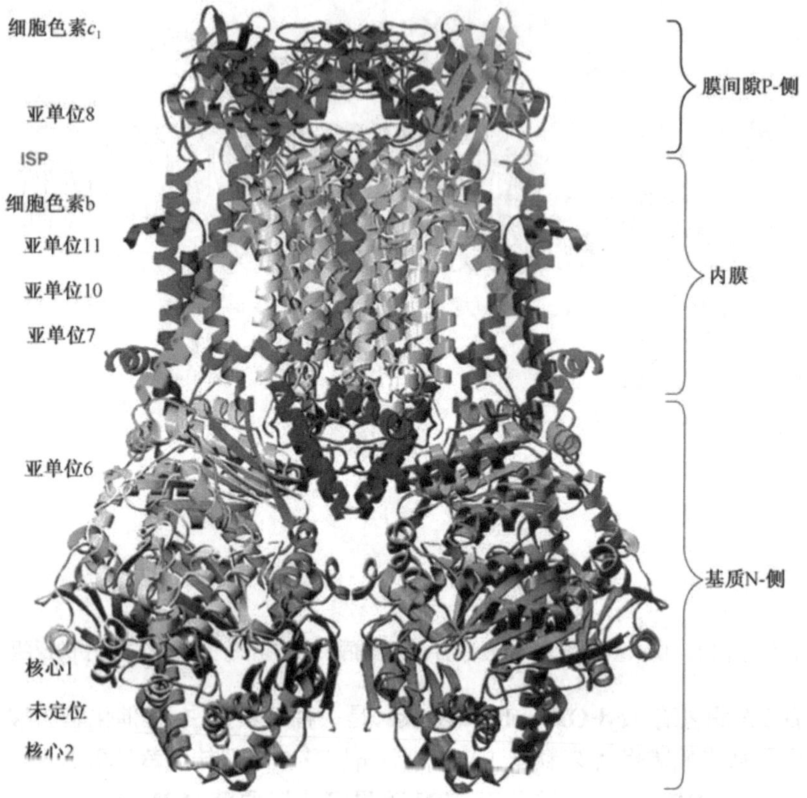

图 14.36 二聚体细胞色素 bc_1 复合体的晶体结构模型

细胞色素 b 的 α 螺旋形成复合体的跨膜结构域。该复合物向基质突出 75Å，向膜间隙突出 38Å。ISP 代表铁硫蛋白

(Fe^{2+})相互转化的状态。根据吸收光谱的 α 带以及与蛋白结合的血红素基团的类型，哺乳动物线粒体中的细胞色素分别命名为 a、b 和 c(图 14.37)。它们的吸光带和标准氧化还原势能取决于血红素的结构及其在蛋白质中的环境。

细胞色素 b 及其他 **b 类细胞色素**(***b*-type cytochrome**)所含的铁卟啉Ⅸ与血红蛋白和肌红蛋白相同(图 14.37)，但它们的血红素埋在细胞膜中，无法与 O_2 结合。**c 类细胞色素**(**c-type cytochrome**)含血红素 *c*，通过硫酯键与原卟啉Ⅸ的乙烯基侧链连接，从而与蛋白的两个半胱氨酸残基共价结合。**a 类细胞色素**(***a*-type cytochrome**)含血红素 ***a***，它是原卟啉Ⅸ添加了甲酰基和类异戊二烯侧链的修饰型(见 21.6 节)。细胞色素 c 氧化酶，即复合体Ⅳ中存在 2 种类型的细胞色素 a。

复合体Ⅲ中进行电子传递的 Q 循环以及质子泵

复合体Ⅲ中的细胞色素 b 结合一个+0.50V 的高势能的血红素和一个−0.10V 的低势能血红素，并且含细胞色素 c_1。由它进行的电子转移可以用 **Q 循环**(**Q cycle**)很好地解释，每 2 个电子从泛醇转移到细胞色素 c 时，有 4 个质子发生跨膜转运(图 14.38)。为了使电子能够持续传递，在细胞色素 bc_1 复合物中需要 2 个独立的泛醌或泛醇的结合位点：一个是泛醇氧化位点(Q_o)，与位于正侧膜上的低势能血红素 *b*(血红素 b_L)有关，可结合 myxothiazol 等抑制剂；另一个是泛醌还原位点(Q_i)，与位于负侧膜上的高势能血红素 *b*(血红素

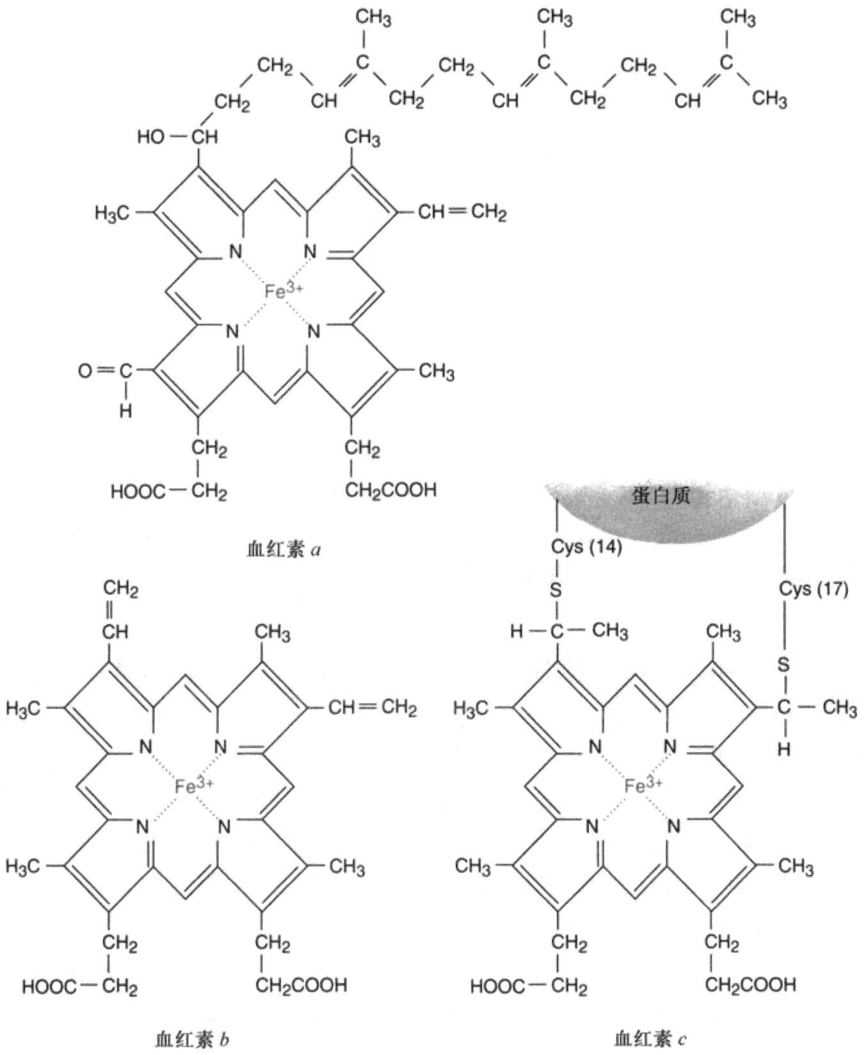

图 14.37　血红素 *a*、*b*、*c* 的结构

b_H)有关,可结合 antimycin 等抑制剂。泛醇在 Q_o 位点氧化使 1 个电子转移到铁硫蛋白的 2Fe2S 簇,同时 2 个质子释放到膜间隙。然后,铁硫蛋白将 1 个电子转移给细胞色素 c_1 的血红素。从泛醌转移第一个电子后,在 Q_o 位点形成的强还原性半泛醌阴离子迅速将 1 个电子转移给细胞色素 b_L,它再将 1 个电子转移给 Q_i 位点的细胞色素 b_H 的高势能血红素。还原型细胞色素 b_H 将这个电子转移至 Q_i 位点的泛醌,形成稳定的泛半醌。为完成 Q 循环,第二个泛醇分子在 Q_o 位点处被氧化,同时释放另外 2 个质子,并转移一个电子给铁硫蛋白,转移另一个电子给血红素 b_L。血红素 b_L 转移 1 个电子给 b_H,并最终传递给 Q_i 位点的泛半醌,从而生成泛醇。Q 循环解释了在 Q_o 位点的两个泛醇的氧化过程中,4 个质子是如何释放到膜间隙的,并同时从基质侧摄取两个质子使 Q_i 位点的泛醌还原。

复合体Ⅲ中的铁硫蛋白在电子传递过程中的假想运动

晶体衍射研究表明复合体Ⅲ中存在几种不同的**铁硫蛋白**(**iron-sulfur protein，ISP**)构象，

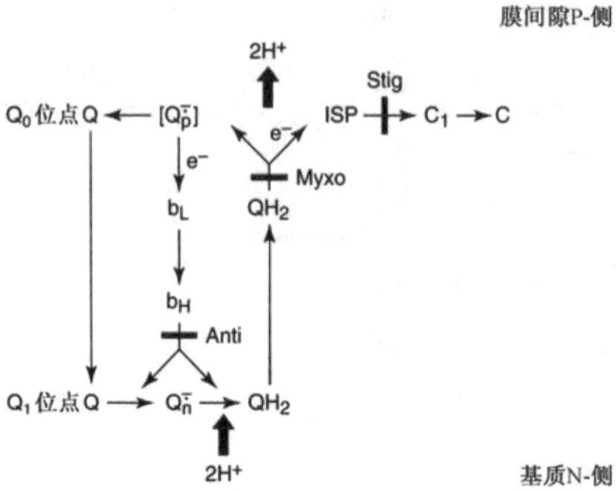

图 14.38　泛醌循环

泛醌(QH_2)转移一个电子至铁硫蛋白而被氧化,释放两个质子到膜间隙,并在 Q_o 位点形成半泛醌,后者通过血红素 b_L 和 b_H 转移电子,在 Q_i 位点形成一个半泛醌。第二个泛醌分子在 Q_o 位点被氧化,释放 2 个质子,并转移一个电子至铁硫蛋白和半泛醌形成泛醌,同时从基质中摄取两个质子。抑制剂 myxothiazol(Myxo)、stigmatellin(Stig)和 antimycin(Anti)的作用位点如图所示

这取决于晶体形式和存在的特异性抑制剂。在一种构象中,含有 2Fe2S 簇的铁硫蛋白头部基团临近细胞色素 b 的胞外环区,后者参与形成部分 Q_o 位点,在另一种构象中,2Fe2S 簇紧靠其电子受体,即细胞色素 c_1 的血红素,而在其他构象中 2Fe2S 簇位于细胞色素 b 和 c_1 之间。铁硫蛋白的头部基团在电子传递经过复合体Ⅲ时可能会发生运动。已经有一些实验为该假设提供了依据。一种解释电子传递通过细胞色素 bc_1 复合体的模型表明,当泛醇结合在 Q_o 位点并且去质子化时,铁硫蛋白的头部基团移动到接近细胞色素 b,此时为"b"状态。该去质子的泛醇通过一定的机制被氧化,在此过程中,一个电子转移给铁硫蛋白的 2Fe2S 簇,而另一个电子则直接转移给位于 Q_o 位点的细胞色素 b_L。于是,泛醌从 Q_o 位点被释放出来,而还原的铁硫蛋白转化为靠近细胞色素血红素的"c_1"状态(图 14.39)。

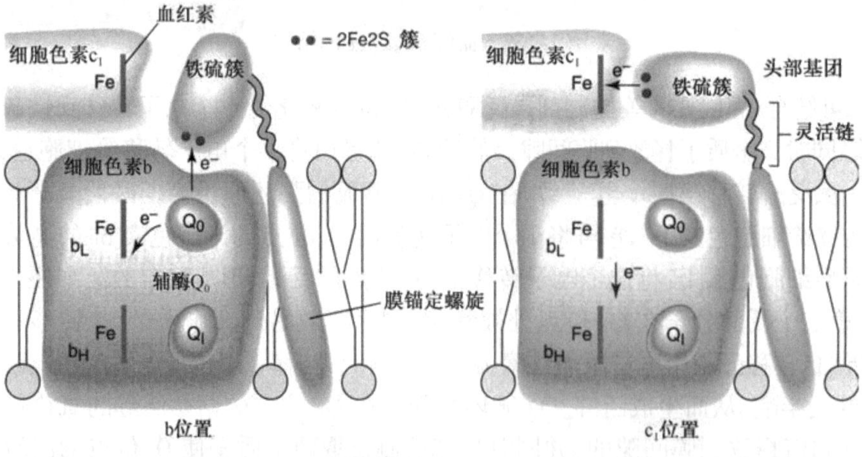

图 14.39　在电子通过细胞色素 bc_1 复合体的传递过程中铁硫蛋白的假想运动

在"b"位置,铁硫蛋白(ISP)头部基团中的铁硫簇(2Fe2S),与临近 Q_o 位点的细胞色素 b 结合。在"c"位置,铁硫蛋白的头部基团结合在细胞色素 c_1 血红素的附近

细胞色素 c 是移动的电子载体

电子通过复合体Ⅲ传递给细胞色素 c，这是一个球形亲水性蛋白，分子质量为 13kDa。平面的血红素基团位于其中部，被疏水残基包围，通过乙烯醚键与两个保守的半胱氨酸残基共价连接(图 14.37)。血红素铁与组氨酸的一个氮原子和蛋氨酸的一个硫原子共同作用，从而阻断了血红素与氧气的相互作用(图 14.40)。

与泛醌类似，细胞色素 c 是一种可移动的电子载体。它通过静电力松散地连接在线

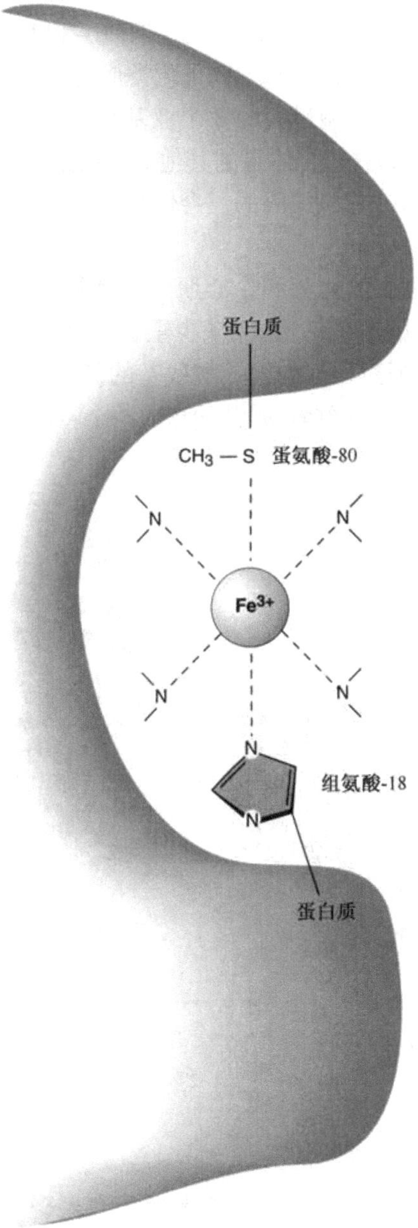

图 14.40　细胞色素 c 的 6 个坐标位置

粒体内膜的外表面,在此处与复合体Ⅲ的细胞色素 c_1 连接接受电子。处于还原状态的细胞色素 c 沿膜表面运动,并通过静电力与细胞色素 c 氧化酶的Ⅱ亚基相互作用,同时将电子传递给 Cu_A 位点。

复合体Ⅳ:细胞色素 c 氧化酶

复合体Ⅳ将电子从细胞色素 c 转移至终末电子受体 O_2 生成水,这是与质子的跨膜传递相偶联的。哺乳动物的复合体Ⅳ由 13 个亚基组成,总分子质量为 200kDa,含 2 个细胞色素,即细胞色素 a 和 a_3,以及 2 个铜原子中心,即 Cu_A 和 Cu_B。在细菌膜中存在较简单的细胞色素 c 氧化酶,只含 3 个或 4 个亚基,催化类似电子传递和质子泵的反应。这 3 个亚基与哺乳动物细胞色素 c 氧化酶最大的 3 个亚基具有同源性,均由**线粒体 DNA(mitochondrial DNA, mtDNA)**编码。复合体Ⅳ的其他亚基由染色体 DNA 编码,可能参与复合体Ⅳ的组装和功能调控。对一些核编码的复合体Ⅳ亚基的组织特异性亚型的鉴定为这些亚基的调控作用提供了有力证据。

现已弄清细菌细胞色素 c 氧化酶和牛心肌线粒体复合体Ⅳ的晶体结构(图 14.41)。最大的亚单位Ⅰ含 12 个跨膜螺旋结构,但缺少重要的胞外结构域。*a* 和 a_3 两个血红素基团所在的平面与膜垂直,通过保守的组氨酸残基的氮原子结合到亚单位Ⅰ上。亚单位Ⅰ还包含一个铜原子(Cu_B),与血红素 a_3 共同形成一个将电子从血红素 *a* 转移到 O_2 的双

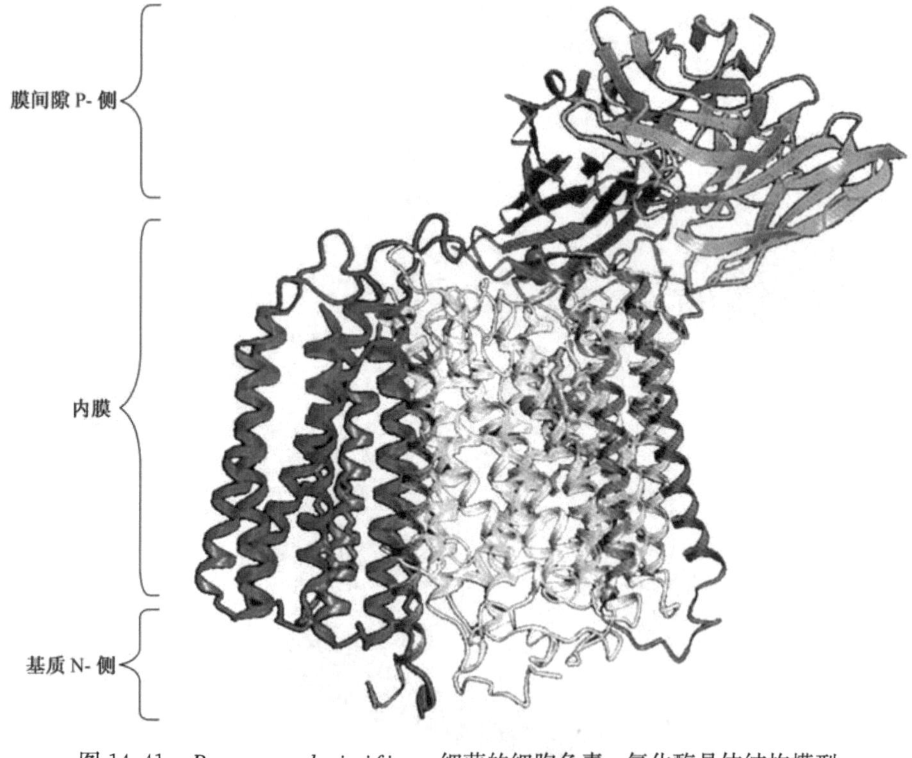

图 14.41 *Paracoccus denitrificans* 细菌的细胞色素 c 氧化酶晶体结构模型

黄色是亚基Ⅰ(12 个跨膜螺旋);紫色是亚基Ⅱ(2 个跨膜螺旋);蓝色是亚基Ⅲ(7 个跨膜螺旋),包埋在粉红色的磷脂双层中。用来进行结晶的抗体片段用淡蓝色表示

核中心(图 14.42)。亚单位Ⅱ含有一个大的结构域,突出于内膜的细胞溶胶面,这里结合着还原型细胞色素 c,还含有 2 个铜原子,通过巯基与 2 个半胱氨酸结合(称为 Cu_A)。亚单位Ⅲ含有 7 个跨膜螺旋,胞外区很小,但无任何氧化还原载体。亚单位Ⅱ和Ⅲ位于亚单位Ⅰ的对侧,亚单位Ⅲ的功能尚不明确。

通过复合体Ⅳ进行电子传递的通路

电子从还原型细胞色素 c 转移到亚单位Ⅱ上的 Cu_A 位点,再传递给复合体Ⅳ的亚单位Ⅰ中的血红素 *a*(图 14.43)。Cu_A 和血红素 *a* 之间的距离在 1.5Å 以内,使电子能快速传递。接下来电子再传递到由 Cu_B 和血红素 a_3 组成的双核中心,并将电子最终传递给 O_2。最初,有2个电子传递至与双核中心紧密结合的 O_2,形成超氧阴离子(O_2^{2-})。从基质中摄取 4 个质子的同时再转移 2 个电子,从而生成水。由于复合体Ⅳ中的每个氧化还原载体都是单电子载体,而将 O_2 还原为水需要 4 个电子,因此由复合体Ⅳ催化的反应已进化成能够避免超氧化物、过氧化氢或羟自由基等部分还原的有毒氧中间产物释放(见 14.10 节)。在生成水的过程中形成的中间产物都与双核中心保持紧密结合,这样,在水生成之前就最大限度地阻止了这些中间产物被解离释放出来。

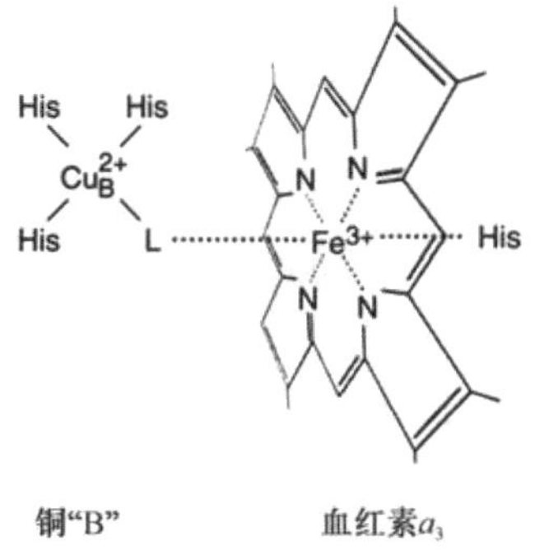

图 14.42　显示血红素 a_3 和 Cu_B 的细胞色素 c 氧化酶的双核中心。L 代表未知的假想配体

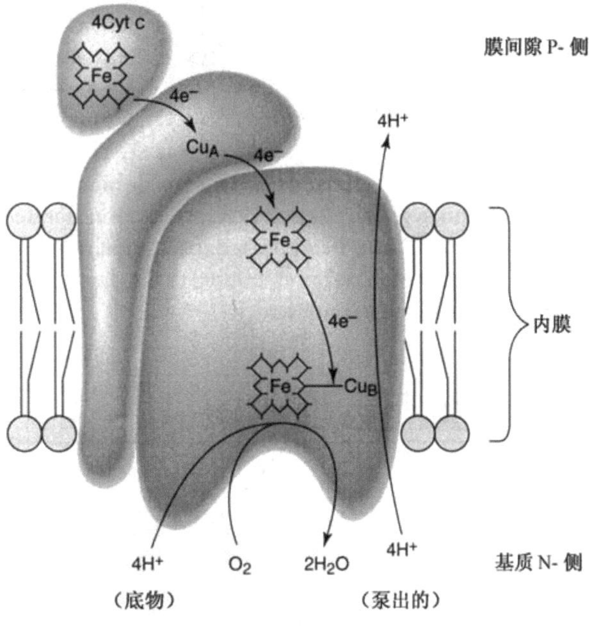

图 14.43　电子和质子通过细胞色素 c 氧化酶转移的通路
细胞色素 c 结合到亚基Ⅱ的表面将电子转移至 Cu_A。电子从 Cu_A 转移到血红素 *a* 后再到双核中心(血红素 a_3 与 Cu_B),氧在这里被还原为水。4 个质子转移到双核中心以还原氧,并通过其他通道被泵到膜外

复合物Ⅳ又是质子泵

在复合物Ⅳ中通过 4 个电子把 O_2 还原为水的过程,需要从基质中摄取 4 个质子以还原 O_2,而 4 个质子穿过线粒体膜会形成电化学梯度。已有实验表明亚单位Ⅰ上带电的氨基酸残基可形成 2 个假定的双质子转移通道。在复合物Ⅳ中的 4 个电子转移给 O_2 的同

时，有 4 个质子被释放到细胞溶胶中(图 14.43)。

电子传递链的抑制剂

随着对呼吸链的不同复合体认识的加深，已经形成了电子传递链的动态图(图 14.44)。每个复合物在内膜中独立存在并能自由移动。复合体Ⅰ和Ⅱ以及其他黄素蛋白脱氢酶散布在膜中，将电子转移给膜内的泛醌池。泛醌也可在膜中自由弥散，并被复合体Ⅲ氧化。电子从复合体Ⅲ转移至细胞色素 c，再通过膜表面传递给复合物Ⅳ，最终传递给 O_2。

目前普遍认为从 NADH 转移 2 个电子到 O_2 可引起 10 个质子的跨膜转运，其中各 4

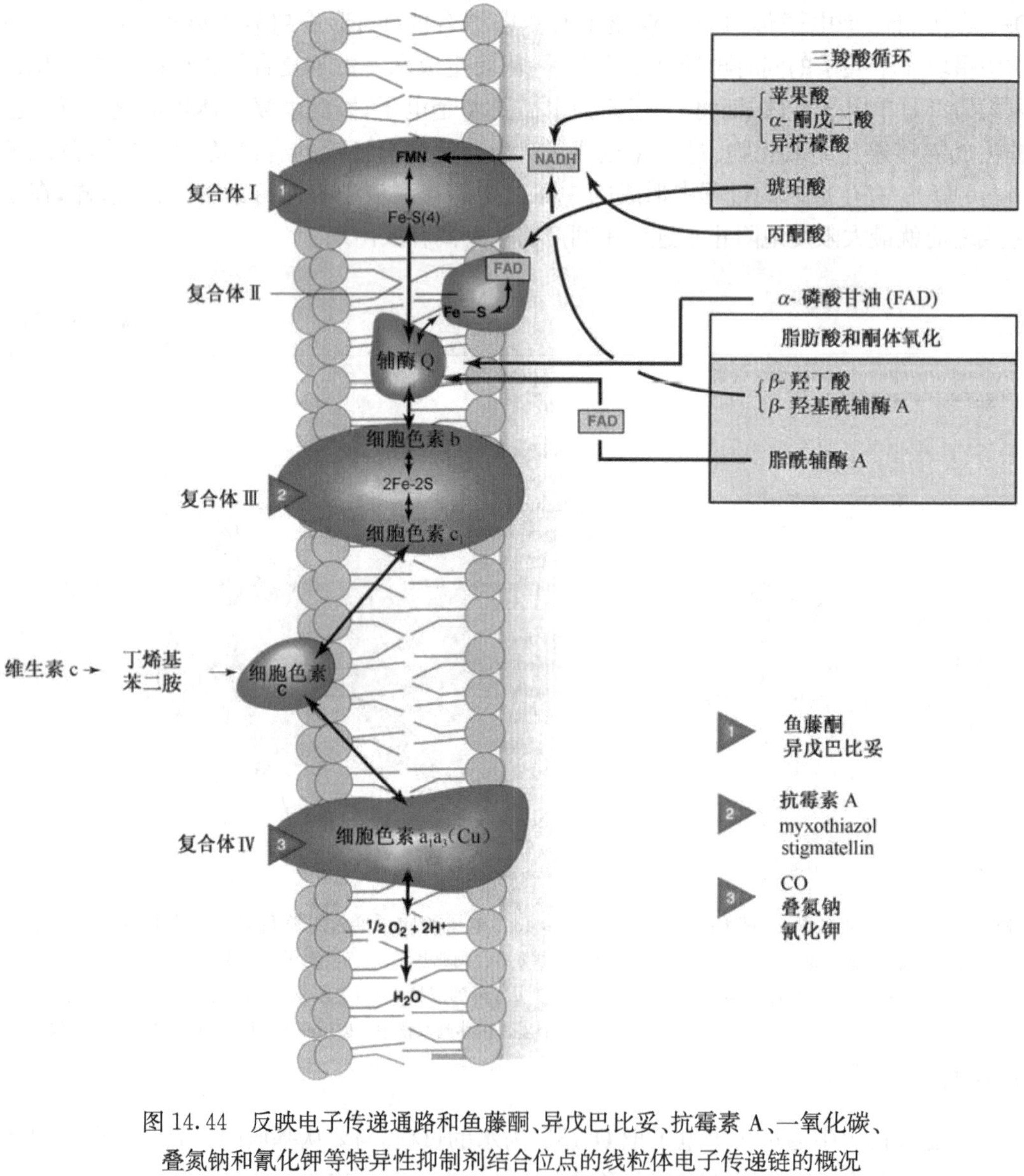

图 14.44 反映电子传递通路和鱼藤酮、异戊巴比妥、抗霉素 A、一氧化碳、叠氮钠和氰化钾等特异性抑制剂结合位点的线粒体电子传递链的概况

存在丁烯基苯二胺时，抗坏血酸可还原细胞色素 c

个分别来源于复合体Ⅰ和Ⅳ,2 个来源于复合体Ⅲ。由此形成的电化学梯度为驱动 ATP 合成提供了潜在的能量。

图 14.44 标明了特异性抑制剂和阻断电子流的位点。用作杀虫剂的鱼藤酮可与复合体Ⅰ结合,阻止泛醌的还原。杀粉蝶菌素、异戊巴比妥以及其他巴比妥类药物同样可以通过阻断电子从铁硫蛋白中心传递到泛醌而抑制复合体Ⅰ。复合体Ⅱ可被底物琥珀酸的竞争性抑制剂丙二酸、萎锈灵、噻吩甲酰三氟丙酮等抑制。抗生素抗霉素通过结合 Q_i 位点阻断电子从细胞色素血红素 b_H 转移至泛醌,进而抑制电子通过复合体Ⅲ进行传递。其他一些抗生素,如 myxothiazol、stigmatellin,通过结合 Q_o 位点,阻断电子从泛醌转移至铁硫蛋白的 2Fe2S 簇,从而抑制电子通过复合体Ⅲ进行传递。复合体Ⅳ能被氰化物(CN^-)、叠氮化合物(N_3^-)和一氧化碳(CO)抑制。氰化物和叠氮化合物与氧化型血红素 a_3(Fe^{3+})紧密结合,阻止电子从血红素 a 转移至双核中心。相反,一氧化碳与还原型血红素 a_3(Fe^{2+})紧密结合,阻止电子转移至 O_2。因此,抑制线粒体的电子传递会破坏氧化磷酸化的能量生成,导致机体死亡(见临床相关知识 14.3 有关氰化物中毒的讨论)。

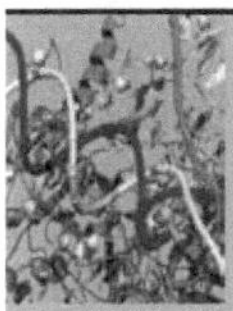

临床相关知识 14.3

氰化物中毒

吸入氢氰酸气体或摄入氰化钾会在细胞色素 c 氧化酶这一步迅速而普遍的抑制线粒体电子传递链。氰化物是目前已知毒性最快最强的毒物。它与催化电子传递链最后一步的细胞色素 c 氧化酶中血红素 a_3 的 Fe^{3+} 结合,使线粒体呼吸和能量生成停止,细胞迅速死亡。细胞死于缺氧,最明显的器官是中枢神经系统。如果氰化物中毒诊断及时,解毒方案是给予多种亚硝酸盐,使血红蛋白中的 Fe^{2+} 氧化为 Fe^{3+},从而将氧合血红蛋白转化为高铁血红蛋白。后者通过形成高铁血红蛋白-氰化物复合物而与细胞色素 a_3 竞争氰化物。摄入硫代硫酸盐能使氰化物与硫氰酸酶反应,生成无毒的硫氰酸盐。

14.7　氧化磷酸化

电子传递链将电子传递给 O_2 时释放的能量用于质子穿过内膜形成**质子电荷梯度**(**proton and charge gradient**)(图 14.45),这使膜间隙更偏酸性而基质更偏碱性。同时,由于没有负电荷离子的补偿性转位,膜的外侧面正电荷增多,而基质面负电荷增多。

在 2 个电子从 NADH 转移至 O_2 的过程中,约有 10 个质子泵出内膜形成电化学梯度。根据下列公式可计算出质子转位和电荷跨膜分布的总自由能:

$$\Delta G = 2.3RT\Delta pH + Zf\psi$$

其中,Z 是电荷绝对值,f 为法拉第常数,ψ 是膜电位。在呼吸活跃的线粒体中,观察到的跨膜 pH 变化是 0.75～1.0,膜电位的变化是 0.15～2.0V。因此,电子从 NADH 转移到

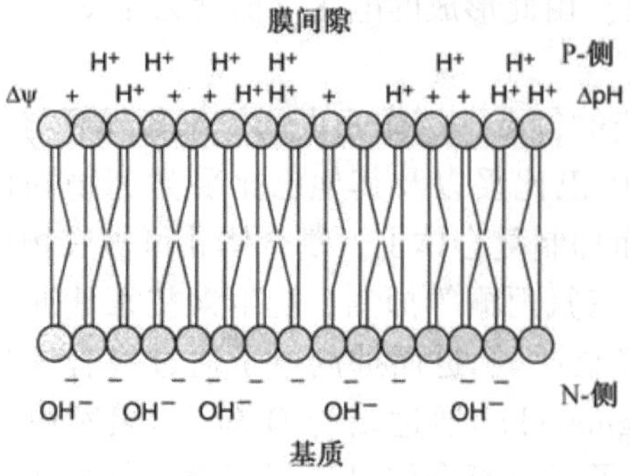

图 14.45　电化学梯度由电荷梯度(Δψ)和跨线粒体内膜的质子浓度(ΔpH)组成

O_2的过程中10个质子跨膜转位的 ΔG 约为200kJ。也可通过氧化还原对的标准氧化还原势能差计算 ΔG,这种方法计算出的 ΔG 为219kJ/mol(见14.6节),提示电子传递反应的能量被有效地捕获到电化学势能中。储存于电化学梯度中的能量**质动势(protonmotive force)**在质子顺着电化学梯度经过ATP合成酶时驱动ATP的合成。这个过程被称为**化学渗透学说(chemiosmosis)**,是Peter Mitchell提出的,他也因此荣获1978年的诺贝尔生理学与医学奖。质子通过ATP合成酶的运动与ATP的化学合成相偶联的详细机制将在随后的章节中讨论。

ATP合成与电子传递相偶联

ATP的利用速率调控线粒体中ATP合成的速率,后者反过来又调节电子传递的速率。如图14.46所示,**电化学梯度(electrochemical gradient)**实现了ATP合成与电子传递的偶联。电子传递速率只有在加入电子受体(如琥珀酸)、ADP(磷酸受体)和磷酸(P_i)才会增加。如果将加入的ADP转换为ATP,电子传递速率将恢复到加入ADP之前。因此,电子传递速率,或摄取O_2的速率是与ATP合成紧密偶联的。化学渗透学说能解释它们之间的联系,被称为呼吸控制。当细胞的能量需求比较低时,ATP积累,质子梯度并不用来合成ATP。只有当质子逆电势梯度进行跨膜转运所需的能量与电子从NADH转移到O_2所释放的能量相持平时,质子梯度的幅度才会增加。此时,电子传递过程由于已经达到平衡状态而停止。细胞对ATP的利用导致ADP积累,后者激活ATP合成酶。随着ATP合成,质子在ATP合成酶上移动,为合成ATP提供能量,因此质子梯度减少。结果,电子传递链上的质子反压也减少。电子传递速率的增加促进NADH氧化生成NAD^+。细胞中NAD^+与ADP浓度的增加会激活三羧酸循环和脂肪酸氧化。这样,细胞对ATP的需求以协同方式调节电子流经电子传递链的速率、三羧酸循环反应速率和脂肪酸氧化速率。

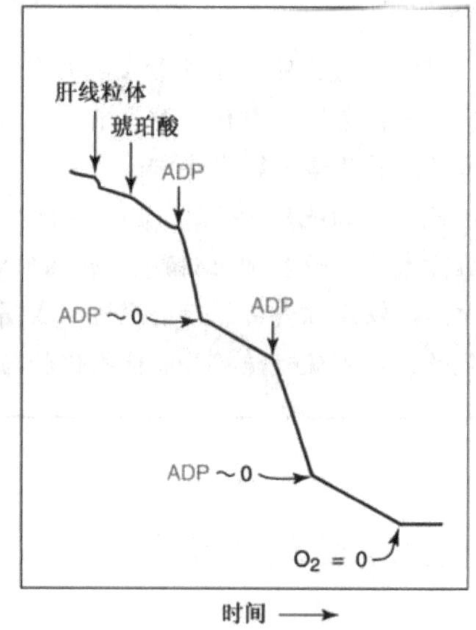

图 14.46　肝线粒体悬液中电子传递与氧化磷酸化的偶联
加入ADP加快电子传递速率,根据呼吸控制的定义测定氧摄取量

线粒体电子传递和氧化磷酸化中的 P/O 比值

P/O 比值(P/O ratio)是指物质氧化时，每消耗 1mol 氧原子所消耗无机磷的摩尔数，也即在 2 个电子经整个或部分电子传递链转移时生成 ATP 的摩尔数。经典教科书认为 P/O 比值是整数，2 个电子从 NADH 连锁的底物传递至 O_2 的 P/O 比值是 3，从琥珀酸传递至 O_2 的 P/O 比值是 2，而从还原型细胞色素 c 传递至 O_2 的 P/O 比值是 1。这些 P/O 比值表明电子每传递通过 1 个质子泵复合体Ⅰ、Ⅲ和Ⅳ时生成 1 个 ATP。当研究发现每 2 个电子从 NADH 传递给 O_2 的过程中，约有 10 个质子泵出内膜，而每生成 1 个 ATP 需要 4 个质子跨膜时，人们对 P/O 比的实际值提出了质疑。质子化学计量学分析发现计算出的 P/O 比值为 2.5。事实上，最近的实验研究结果表明，经过 NADH 呼吸链的 P/O 比值是 2.5，经过琥珀酸呼吸链的 P/O 比值是 1.5。

解偶联剂和抑制剂对电子传递-氧化磷酸化系统的影响

如图 14.47 所示，在存在 ADP 的肝线粒体中加入 ATP 合酶抑制剂**寡霉素(oligomycin)**后，O_2 摄取受到抑制。寡霉素通过阻断质子通过 ATP 合酶而抑制 ATP 合成。由于 ATP 的合成与电子传递紧密偶联，因此，线粒体呼吸或电子传递过程几乎被完全抑制。

在某些条件下或在 2,4-二硝基苯酚等化学试剂的作用下，可出现电子传递和 ATP 合成的解偶联。如图 14.47 所示，在氧耗和 ATP 都被寡霉素抑制的一个反应体系中加入**解偶联剂(uncoupler)**后，发现耗氧迅速加快。由于 O_2 摄取或电子传递与 ATP 合成出现解偶联，电子传递可能继续进行却并不伴有 ATP 的合成。解偶联剂是疏水性弱酸，在质子浓度较高的膜间隙中被质子化。由于这些质子化的解偶联剂是亲脂性的，可在线粒体基质中快速弥散，但基质中质子浓度较低，它们又发生去质子化。这样，如图 14.48 所示，质子梯度就会完全消除。

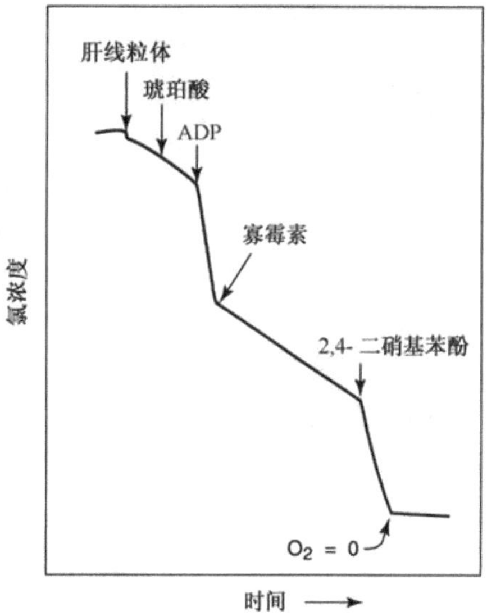

图 14.47　肝线粒体氧化磷酸化的抑制与解偶联

由 ADP 激活的 O_2 摄取被寡霉素所抑制，它阻断质子流经 ATP 合成酶的 F_0 亚基。加入解偶联剂 2,4-二硝基苯酚可解除寡霉素的抑制作用，并加快摄取 O_2 的速率

ATP 合成酶

哺乳动物、酵母、真菌的线粒体内膜以及细菌胞质膜上的 ATP 合成酶，又称复合体Ⅴ，在质子流经时，利用质子梯度势能催化合成 ATP。ATP 合成酶由 F_1 和 F_0 两个亚基组成。F_1 亚基是外周复合体，在电子显微照相中首次观察到它结合在线粒体内膜上的小粒子(图 14.49)；F_0 亚基是膜内在蛋白复合体。F_1 亚基含 ATP 和 ADP 结合位点并催化 ATP 的合成(图 14.50)。F_0 亚基为质子跨膜转位提供通道。通过轻微刺激从线粒体内膜去除 F_1，留下完整的电子传递链，仍能传递电子但无法形成质

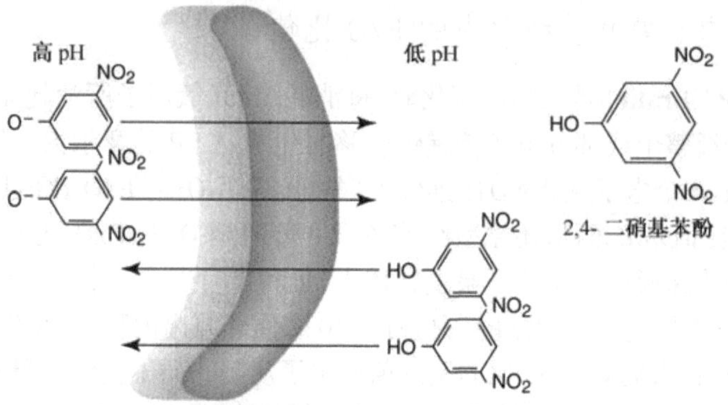

图 14.48 解偶联剂 2,4-二硝基苯酚发挥质子载体的作用，平衡跨线粒体内膜的 pH
2,4-二硝基苯酚是弱酸，将质子从浓度高的膜间隙（膜的 P-侧）转运到线粒体基质中（膜的 N-侧），由于基质中的质子浓度低而发生解离

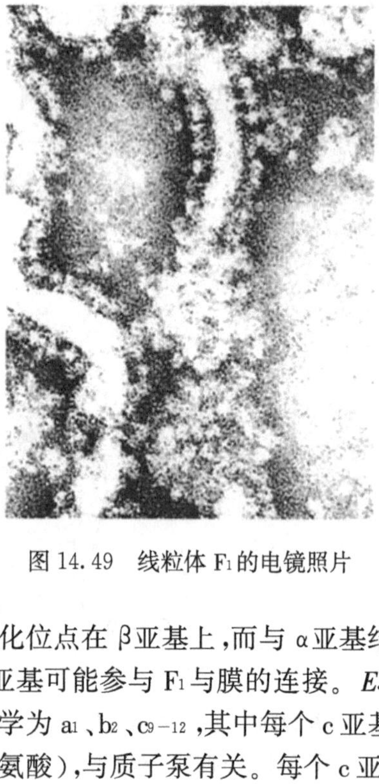

图 14.49 线粒体 F_1 的电镜照片

子梯度，因为在电子传递过程中泵出的质子会迅速通过 F_0 亚基流回基质中。而重新加入 F_1 亚基后，只要能与 F_0 亚基发生重构，仍然可以形成质子梯度，并且能恢复合成 ATP 的能力。离体的 F_1 亚基是 ATP 酶，与合成 ATP 相反，它能使 ATP 发生水解。由于这个原因，ATP 合成酶起初叫做 **F_1/F_0 ATP 酶（F_1/F_0 ATPase）**。整个 ATP 合成酶可被分离，而且将它整合到人工膜载体上时，如果形成跨膜电化学梯度，它同样能合成 ATP。将纯化的 F_0 亚基整合到人工膜则能使质子通过此膜。

ATP 合成酶是分子质量为 480～500kDa 的多组分复合体（表 14.7 和图 14.50）。F_1 亚基由 5 种不同的亚单位组成（α、β、γ、δ 和 ε 亚基），亚单位计量学为 α_3、β_3、γ、δ 和 ε，分子质量为 350～380kDa。ATP 和 ADP 结合位点位于 α 和 β 亚基。催化位点在 β 亚基上，而与 α 亚基结合的核酸功能目前尚不清楚。γ 亚基是 F_1 的核心，δ 亚基可能参与 F_1 与膜的连接。*E. coli* 的 F_0 由 a、b、c 三种不同的疏水亚单位组成，计量学为 a_1、b_2、c_{9-12}，其中每个 c 亚基含有一个必需带电残基（在 *E. coli* 是第 61 位的天冬氨酸），与质子泵有关。每个 c 亚基由 2 个跨膜 α 螺旋组成，其中第 61 位的天冬氨酸位于中间。该位点的天冬氨酸突变为天冬酰胺会使质子泵功能丧失。带电残基突变也提示了 F_0 的 a 亚基在质子运动中的作用，而 b 亚基的作用显然是连接 F_1 和 F_0。线粒体中的 F_0 结构域所含亚单位与 *E. coli* 的 a、b、c 亚单位同源，但还存在其他亚单位。

ATP 在 F_1 结构域中合成

同位素置换实验阐释了 F_1 合成 ATP 的机理，该实验显示当存在计量学数量的 ADP、ATP、P_i 与离体的 F_1 时，反应必然会平衡，$\Delta G^{0'}$ 接近 0。置换反应 Enz：ADP＋P_i $\rightleftharpoons$ Enz：

ATP，甚至在没有质子梯度形成的情况下也能继续。该结果表明由于 F_1 的 β 亚基的保守残基有结合底物的天然属性，因此 F_1 合成 ATP 时并不需要能量；同时此结果还表明，质子通过 ATP 酶的移动过程是 F_1 释放 ATP 所必需的。这样，质子通过 F_0 通道的运动必定会影响 β 亚基上 ATP 的结合力。目前认为，在质子的跨膜运动中释放的能量可改变 ATP 合成酶的构象，使之与紧密结合的 ATP 解离。**结合-电荷机制（binding-charge mechanism）**表明三个 β 亚基的构象各异，在催化过程中不断变化，只有一个亚基作为催化位点。如图 14.51 所示，三个亚基中一个亚单位是开放型构象（O），与配体的亲和力低并且是空位的；第二个亚基是疏松型构象（L），与配体的亲和力低且处于失活状态；而第三个亚基是紧密型构象（T），与配体的亲和力高且在催化中处于活化状态。据此模型，ATP 的合成发生在紧密型构象的 β 亚基上。质子流动提供的能量引发下列构象变化：紧密型变为开放型，释放 ATP；疏松型变为紧密型，合成 ATP；开放型变为疏松型，结合 ADP 和 P_i。根据此模型，电子传递释放的能量以质子梯度的形式储存，使 ATP 合成酶构象发生变化，引起底物的结合、ATP 在酶上合成以及产物 ATP 的释放。

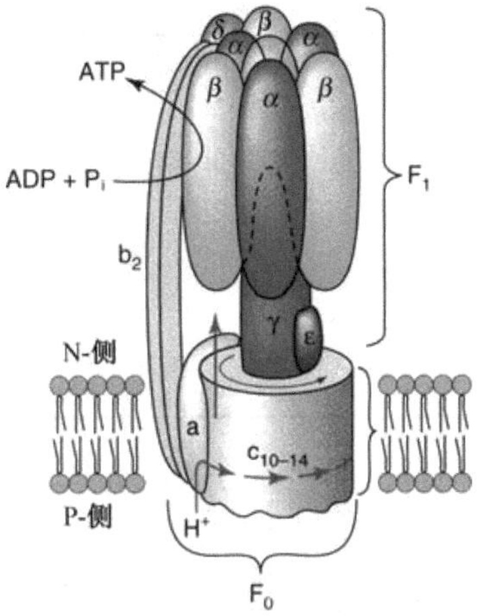

图 14.50 线粒体 F_0F_1-ATP 合成酶模型是 1 个旋转的分子马达

ATP 在 F_1 的 β 亚基上合成，而 F_0 含一个质子通道。F_0 的两个 b 亚单位和 α、β 与 δ 亚基共同组成一个定子。在 F_0 中，膜中的 c 亚基与 F_1 中含有 γ 和 ε 亚基的柄结合组成一个转子。质子流经 F_0 的 a 和 c 亚基，引起转子转动，这使 β 亚基的构象发生改变，并在此合成 ATP

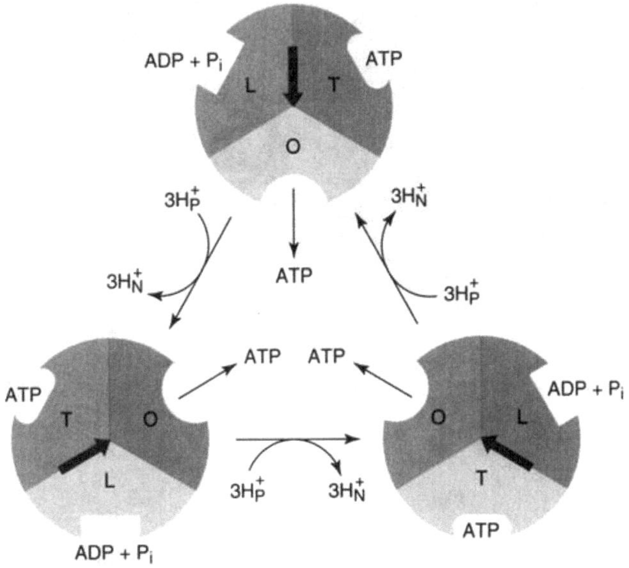

图 14.51 由 ATP 合成酶催化的 ATP 合成的结合改变模型

每个 F_1 的 β 亚基存在一个不同的腺苷酸结合位点。无论何时，这些 β 亚基中一个为 T（紧密型）构象，能与 ATP 紧密结合；第二个为 L（松弛型）构象，与 ATP 和 P_i 结合松弛；第三个为 O（开放型）构象，不结合核苷酸。质子梯度引起 γ 亚基旋转，依次与上述各种 β 亚基接触，产生协调的构象改变，从 T 位点转到 O 位点释放 ATP，从 L 位点转到 T 位点促进 ATP 合成，再从 O 位点转到 L 位点结合 ADP 和 P_i

表 14.7　大肠杆菌中 F_0 F_1-ATP 合成酶的亚基

复合体	蛋白质亚基	分子质量/kDa	计量化学
F_1	α	55	3
	β	52	3
	γ	30	1
	δ	15	1
	ε	5.6	1
F_0	a	30	1
	b	17	2
	c	8	9～12

ATP 合成的机制

对 F_1 晶体结构的认识为动态观察 β 亚基的构象提供了依据，也为结合-改变假说提供了有力证据。在晶体结构中，交替改变的 α 与 β 亚基形成 F_1 的球部，而单独的 γ 亚基形成 F_1 的中心(图 14.52a，b)。根据不同的底物，每个 β 亚基具有不同构象。存在 ADP 和不能水解的 ATP 类似物时，F_1 结晶表明 ATP 类似物结合在一个 β 亚基上，ADP 结合在第二个 β 亚基上，而第三个 β 亚基为空位(图 14.52c)。

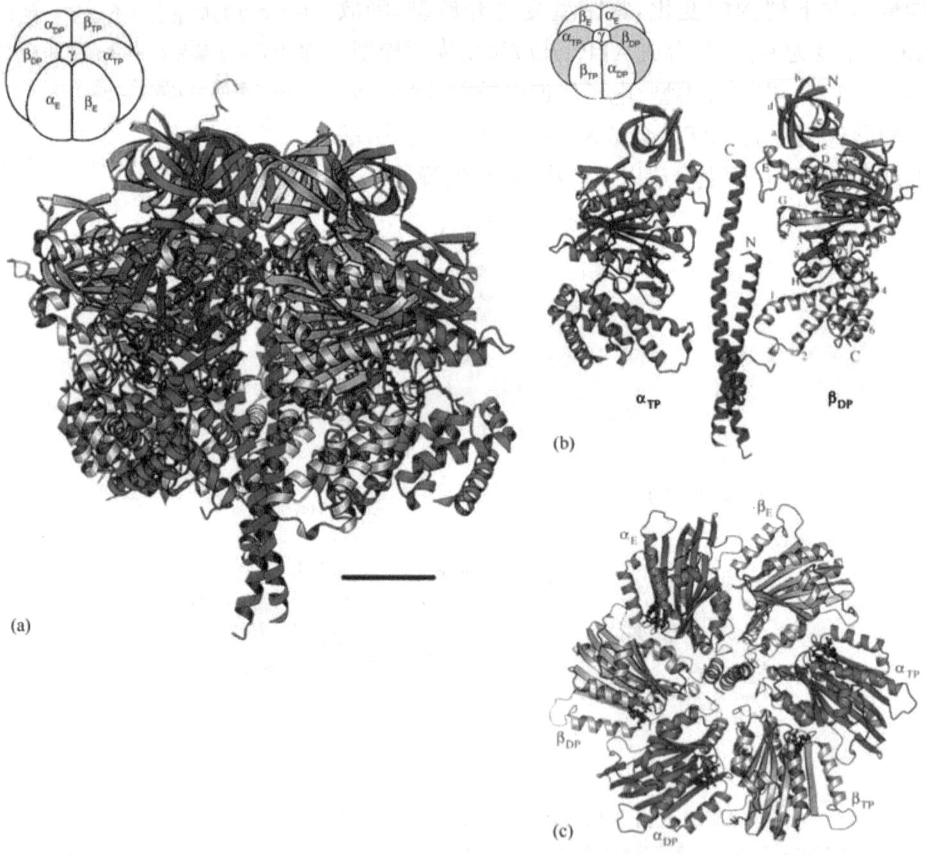

图 14.52　线粒体 ATP 合成酶复合体

(a)F_1复合体晶体结构侧面观。(b)去除 α、β 亚基，显示中心的 γ 亚基的 F_1亚单位侧面观。(c)上面观 F_1复合体，显示环绕中心 γ 亚基交替的 α、β 亚基

ATP 合成模型认为:质子先通过与 F_0 的 a 亚基的保守酸性氨基酸结合而发生跨膜流动。然后质子结合到 c 亚基的保守氨基酸残基上,使 c 亚基环连接到 γ 和 ε 亚基上,并开始旋转(图 14.50)。γ 亚基的运动引起 β 亚基构象变化。F_0 的 a、b 亚基与 F_1 的 δ 亚基形成定子以保持 α 与 β 亚基的定位,而 γ 亚基和 c 亚基构成运动的转子。

结合-改变模型(**the binding-change model**)预测:γ 亚基在 ATP 合成过程中向一个方向运动,但在 ATP 水解时向反方向运动,而 ATP 的水解引起质子梯度的形成。单个 F_1 亚基中 γ 亚基的转动通过以下实验得到证实:将一个荧光肌动蛋白多聚体连接到 F_1 的 γ 亚基上,此时在显微切片上 $\alpha_3\beta_3$ 亚基已被固定,加入 ATP 后观察到荧光 γ 亚基发生了转动。还有相似的实验:实验中使用完整的 F_1/F_0 复合体,通过连接到 c 亚基的带荧光的肌动蛋白显示,c 亚基复合体与 γ 亚基能共同转动(图 14.53)。在这些实验中,转动并非连续不断的,而是每次转动约 120°,这与 γ 亚基从一个 β 亚基运动到另一个 β 亚基的逐步运动模式相符合。ATP 合成酶是目前已知最小的分子马达。

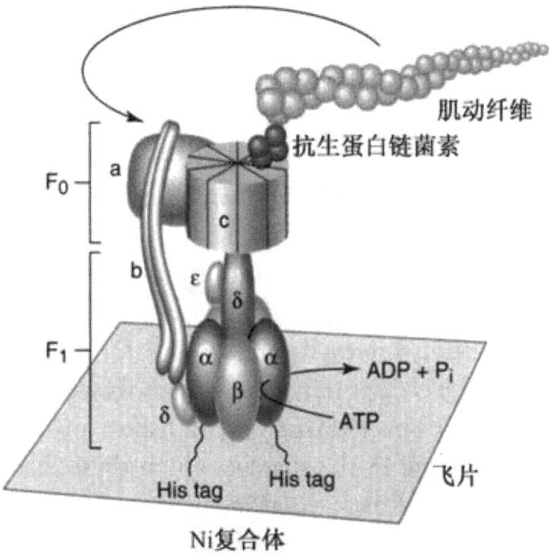

图 14.53 γ 亚基和 c 亚基旋转的实验证据
加入 ATP 引起肌动蛋白丝向一个方向旋转,证明 F_0 的 c 亚基可旋转。稍早的肌动蛋白丝与 γ 亚基结合实验证实 γ 亚基同样能旋转。因此假设:γ 亚基和 c 亚基可视为一个旋转单位

14.8 线粒体内膜包含底物转运系统

虽然线粒体外膜在能量代谢中几乎不能屏障底物或核苷酸的通透,内膜却对细胞溶胶到基质扩散的底物、中间产物或核苷酸有一定限制。线粒体中存在多种转运载体,其中一部分已得到详细研究(图 14.54)。转运体系有利于各种底物和中间产物在线粒体内膜往返运输。通过这类载体,各种底物可在基质中积累,因为转运载体能够逆浓度梯度进行转运。

腺苷酸和磷酸的转运

线粒体基质中 ATP 的持续合成需要将在能量消耗过程中生成的 ADP 转运到内膜基质中以便合成 ATP。同样,新合成的 ATP 也需从内膜转运到细胞溶胶中才能满足细胞对能量的需要。带电的亲水腺苷酸的转运由位于内膜上的特异的**腺苷酸转位酶**(**adenine nucleotide translocase**)催化(图 14.55)。腺苷酸转位酶是分子质量为 30kDa 的同二聚体,以 1∶1 的比例催化 ATP 转化为 ADP。在载体上存在一个核酸结合位点,表明该酶在转运过程中交替面向线粒体基质和膜间隙,新合成的 ATP 在基质中与转位酶结合,酶通过改变构象而面向细胞溶胶并释放 ATP,与 ADP 交换。然后转位酶再次改变构象

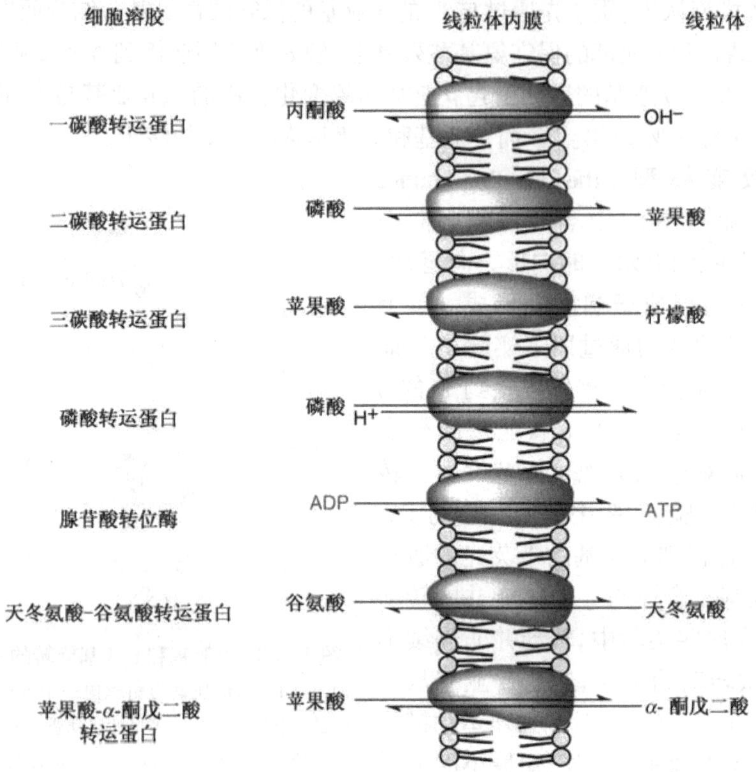

图 14.54　线粒体的代谢物转运蛋白

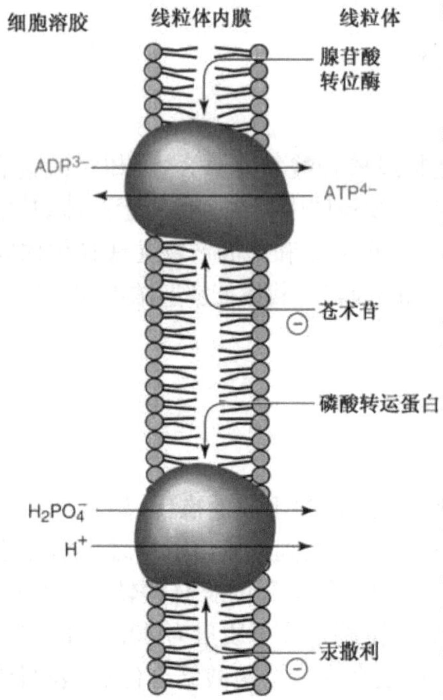

图 14.55　腺苷酸转位酶和磷酸转运蛋白

携带含 ADP 的核酸结合位点恢复到面向基质侧。因此，腺苷酸转位酶促进 ATP 的外移和 ADP 的内移。在 pH 为 7 时，ADP 带 3 个负电荷，而 ATP 带 4 个负电荷。因此，1 个 ATP 与 1 个 ADP 交换的结果是 1 个负电荷外移，这相当于内移 1 个质子。在电子传递过程中形成的膜电位是外侧带正电，这有利于向外转运更多带负电荷的 ATP。内膜中腺苷酸转位酶的含量较高，接近总蛋白的 14% 。因此，腺苷酸跨线粒体内膜的转运过程不会是 ATP 合成的限速步骤。

氧化磷酸化的另一个转运体是**磷酸转运蛋白**(**phosphate transporter**)，它将细胞溶胶中的磷酸与质子一起转运到基质中(图 14.55)。当磷酸和质子以 1∶1 的比例进行同向转运时也是依赖于质子梯度的。转运 ADP 和磷酸需要较大一部分在电子传递过程中形成的电化学梯度势能。因此是质动能为合成 ATP 以及摄取两个所需的底物提供了能量。

通过线粒体内膜的底物穿梭转运还原当量

参与细胞氧化还原反应的核苷酸(如 NAD^+、NADH、$NADP^+$、FAD 和 $FADH_2$)和辅酶 A 及其衍生物并不能跨线粒体内膜进行转运。这样,在细胞溶胶与基质之间转运还原当量(如质子和电子)就需要底物穿梭机制。

图 14.56 显示了两种底物穿梭机制。苹果酸−天冬氨酸穿梭机制和 α-磷酸甘油穿梭机制是将还原当量从细胞溶胶转移到基质的主要机制。它们的正常运行需要在膜的两侧有合适的酶,并且在内膜上有恰当的转运体。

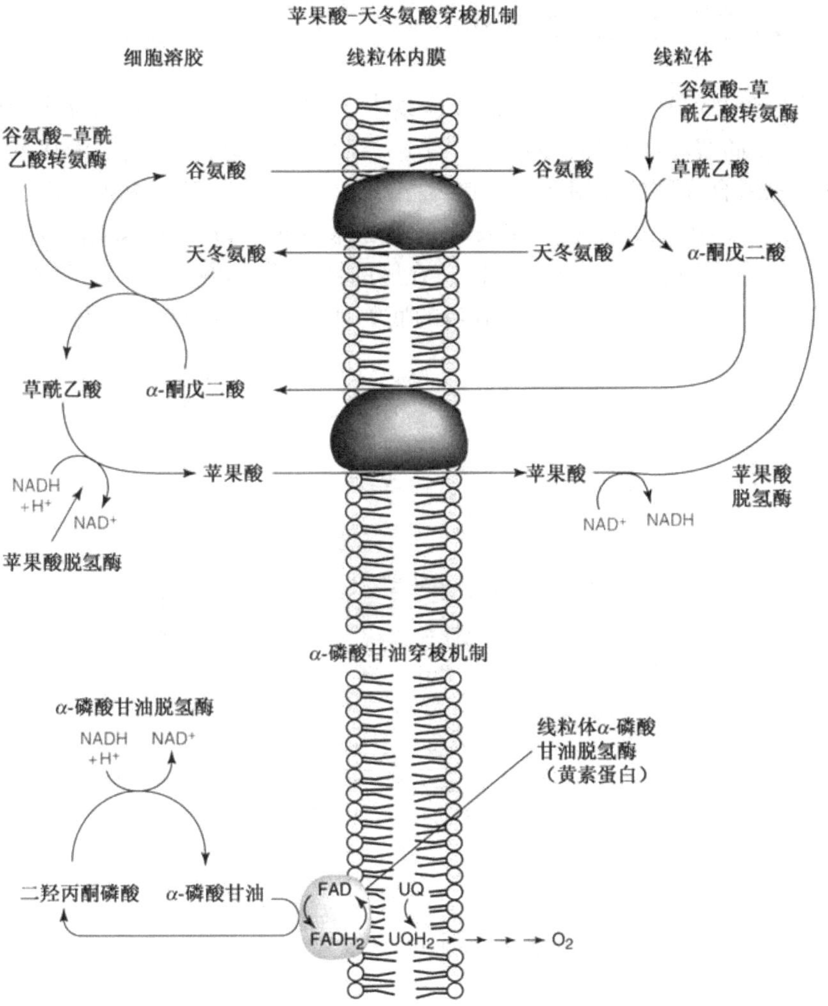

图 14.56　还原当量的转运穿梭

在**甘油−磷酸穿梭(glycerol-phosphate shuttle)**中涉及两个甘油磷酸脱氢酶,分别位于细胞溶胶和线粒体内膜的外侧面。细胞溶胶中产生的 NADH 在同工酶的作用下抑制二羟丙酮磷酸转化为3-磷酸甘油。相反,3-磷酸甘油可被线粒体中的同工酶即黄素蛋白氧化,生成二羟丙酮磷酸和 $FADH_2$,后者进一步被电子传递链氧化。

苹果酸-天冬氨酸穿梭(**malate-aspartate shuttle**)的原理与之相似。细胞溶胶中的NADH将草酰乙酸还原为苹果酸。苹果酸易被线粒体中的苹果酸脱氢酶氧化为草酰乙酸和NADH,NADH再被电子传递链氧化。产生的草酰乙酸则被线粒体中的天冬氨酸转氨酶转化为天冬氨酸,然后通过天冬氨酸-谷氨酸转运蛋白跨膜转运到细胞溶胶中,被其中的天冬氨酸转氨酶转化为草酰乙酸。与α-磷酸甘油穿梭途径不同的是,苹果酸-天冬氨酸穿梭途径是可逆的,而且是将还原当量从线粒体基质转移到细胞溶胶中的一种机制。

乙酰单位以柠檬酸的形式转运

线粒体内膜并没有乙酰辅酶A的转运载体,但乙酰基团可以从线粒体转移到细胞溶胶中,作为脂肪酸和固醇合成的原料(图14.57)。线粒体内的乙酰辅酶A在三羧酸循环中的柠檬酸合成酶的作用下中转化为柠檬酸,继而通过三羧酸转运蛋白运送到细胞溶胶中。细胞溶胶中的柠檬酸在**ATP-柠檬酸裂合酶**(**ATP-citrate lyase**)作用下裂解为乙酰辅酶A和草酰乙酸(见17.4节)。在肝的糖原合成(见15.5节)与尿素合成(见19.4节)过程中,底物穿梭机制参与适当的底物和中间代谢物在线粒体内膜两侧的跨膜转运。

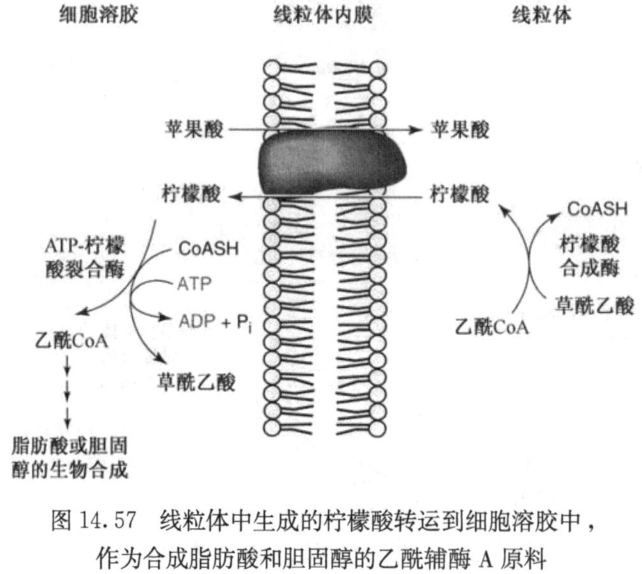

图14.57 线粒体中生成的柠檬酸转运到细胞溶胶中,作为合成脂肪酸和胆固醇的乙酰辅酶A原料

线粒体中存在特异的钙转运蛋白

许多哺乳动物组织的线粒体中存在跨内膜的 Ca^{2+} 运输体系。细胞内 Ca^{2+} 池的分布(重新分布)对肌肉收缩、神经传导、分泌以及激素作用都至关重要。目前已发现内

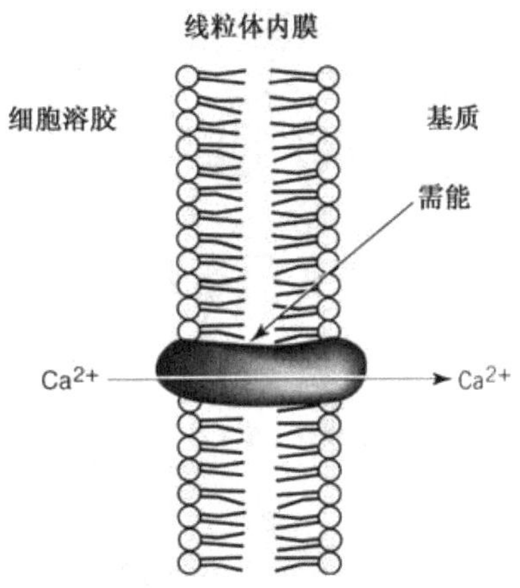

图 14.58 线粒体钙载体

质网、线粒体、细胞核和高尔基体内 Ca^{2+} 池的差别。一些胞内 Ca^{2+} 与核苷酸、代谢产物或胞膜配体结合，而一部分则游离于溶液中。细胞溶胶中 Ca^{2+} 浓度约 10^{-7} mol/L，而细胞外 Ca^{2+} 浓度至少是细胞溶胶中 Ca^{2+} 浓度的 10^4 倍以上。内膜中的单向转运蛋白利用电化学梯度释放的能量将 Ca^{2+} 转运进入细胞溶胶中(图 14.58)。活细胞共定位显微镜提供的证据表明，线粒体参与调控细胞溶胶中 Ca^{2+} 浓度的改变。线粒体位于内质网和肌质网的近端。某些激素结合到细胞膜上引起磷脂酰肌醇释放 IP_3，使 Ca^{2+} 从内质网中释放(见 13.12 节)。所形成的局部瞬时高浓度的 Ca^{2+} 可被周围的线粒体摄取而受到调节。在线粒体中，Ca^{2+} 不仅调控异柠檬酸脱氢酶和 α-酮戊二酸脱氢酶，同时也调控丙酮酸脱氢酶复合体。线粒体摄取高浓度 Ca^{2+} 的一个结果是开放外膜的孔隙，使细胞色素 c 进入细胞溶胶并激活细胞凋亡机制。

解偶联蛋白

棕色脂肪组织(**brown adipose tissue**)在新生儿、冬眠动物以及实验动物的非战栗性产热过程中发挥主要作用。在**棕色脂肪**(**brown fat**)中参与冷诱导产热的主要物质是解偶联蛋白 UCP-1，它只分布在棕色脂肪组织的线粒体内膜。UCP-1 从线粒体基质中携带质子，使 ATP 合成与电子传递过程解偶联(图 14.59)。暴露于寒冷时，交感神经兴奋，释放去甲肾上腺素，与棕色脂肪细胞膜表面的 β-肾上腺能受体结合，产生热量。去甲肾上腺素与棕色脂肪细胞膜表面的 β-肾上腺能受体的结合释放 cAMP 并激活有脂解作用的蛋白激酶 A。游离脂肪酸的生成激活 UCP-1，将质子转移回基质中(图 14.59)。游离脂肪酸激活质子转运被认为是由游离脂肪酸羧基基团释放一个质子引起的。UCP-1 与腺苷酸转位酶和磷酸转运蛋白一样，也是线粒体转运蛋白家族中的一个成员，但存在特异的孔隙可将质子转移到线粒体的基质中。慢性寒冷诱导的去甲肾上腺素对 β-肾上腺能受体的刺激可引起 UCP-1 基因转录水平上调，刺激线粒体的生物合成，最终导致棕色脂肪组织增生。不冬眠的大型哺乳动物，如狗、猫及灵长类动物(包括人类)，在出生时存在散在分布的棕色脂肪，但在后来的发育过程中逐渐减少。

其他四种解偶联蛋白，UCP-2、UCP-3、UCP-4 和 UCP-5，与 UCP-1 的序列相似，已在非棕色脂肪组织的其他组织中发现。在骨骼肌等组织中存在解偶联蛋白促进了人们对这些蛋白在调节能量消耗及肥胖过程中可能发挥作用的研究。现已表明影响解偶联蛋白的药物可用于治疗肥胖。最近，有人提出解偶联蛋白可能阻止线粒体中活性氧基团的生成。

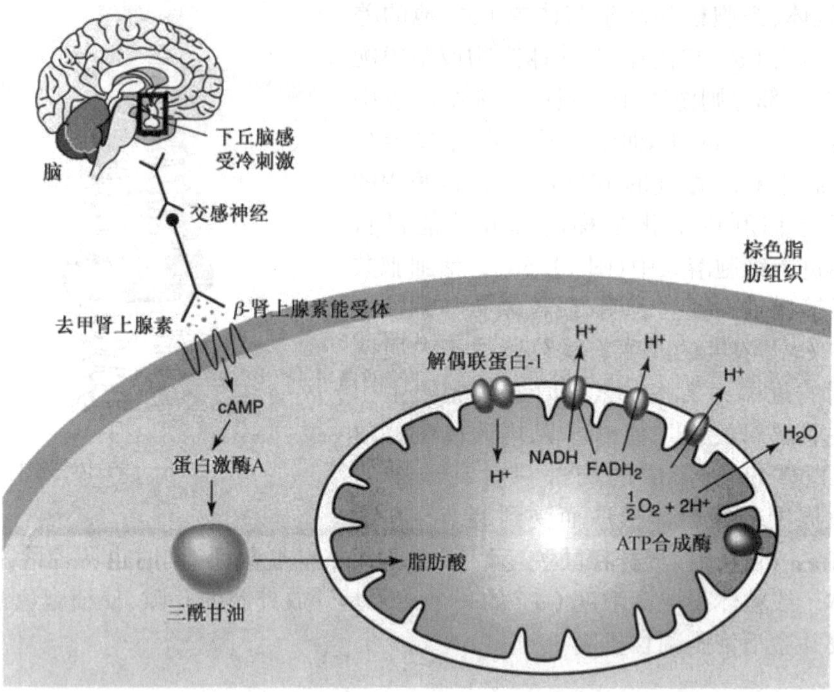

图 14.59　冷适应对 UCP-1 的激活

寒冷刺激交感神经释放去甲肾上腺素。去甲肾上腺素与 β-肾上腺能受体结合，激活激素敏感性脂肪酶，后者激活质子传递蛋白 UCP-1

14.9　线粒体基因与疾病

线粒体拥有自己的基因组，为环状双链 DNA，含电子传递链的十三个蛋白的结构基因，分别是 NADH：泛醌氧化还原酶（复合体Ⅰ）的七个亚单位、泛醇的一个亚单位（细胞色素 b）、细胞色素 c 氧化还原酶（复合体Ⅲ）、细胞色素 c 氧化酶（复合体Ⅳ）的三个亚单位以及 ATP 合成酶的两个亚单位（表 14.8）。**线粒体 DNA（mitochondrial DNA，mtDNA）**还包括两个核糖体 RNA（rRNA）以及线粒体内蛋白质合成所需的所有转运 RNA（tRNA）的编码基因（图 14.60）。线粒体并非自我复制细胞器，因为 90% 以上的线粒体蛋白由核 DNA 编码，这些蛋白在细胞溶胶中合成，然后再被转运到线粒体中。

表 14.8　人线粒体 DNA 编码的电子传递复合物的亚基

复合体	总亚基数	编码线粒体 DNA 的亚基数
NADH-泛醌氧化还原酶	>40	7
琥珀酸脱氢酶	4	0
泛醌细胞色素 c 氧化还原酶	11	1
细胞色素 c 氧化酶	13	3
ATP 合成酶	12	2

线粒体缺陷与衰老等退行性疾病有关，包括帕金森氏病和阿尔茨海默病等。其中一些疾病由线粒体 DNA 中的 tRNA 或结构基因点突变引起。还有一些疾病由线粒体 DNA 的大片段缺失突变所致。通常，这类疾病由电子传递链的活性下降所致，电子传递链的活性下降使丙酮酸和脂肪酸积累，导致乳酸性酸中毒和三酰甘油堆积。因此，ATP 合成减慢，导致肌肉萎缩和运动不耐受。线粒体病的特征是母系遗传病，因为实际上受精卵中所有的线粒体都来源于卵子。关于线粒体 DNA 突变所致的疾病见临床相关知识 14.4、14.5 和 14.6。

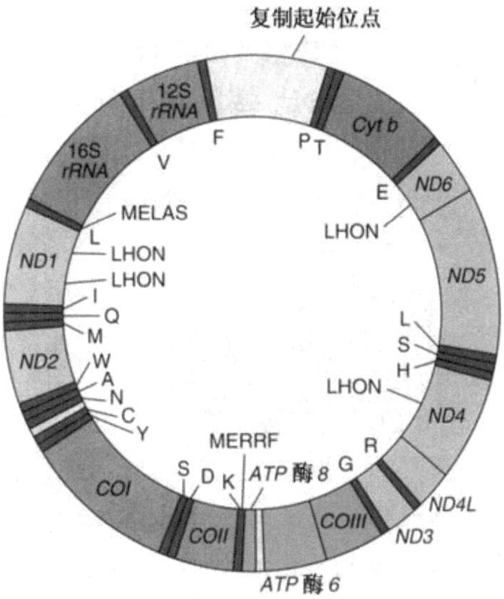

图 14.60　线粒体 DNA 的基因图谱

线粒体中的其他突变导致进行性肌萎缩、视网膜炎、视网膜色素沉着（视网膜丧失反应）、听力丧失、共济失调并伴有心脏增大和心功能衰退。衰老也是由于每个人一生中线粒体 DNA 都在不断突变，包括氧自由基在内的致 DNA 损伤剂都可以引起线粒体 DNA 的损伤。

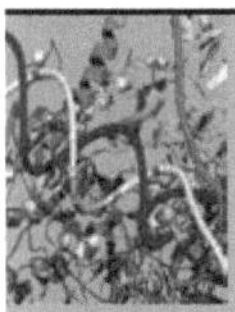

临床相关知识 14.4
Leber 遗传性眼神经病

第一个在分子水平阐明机制的线粒体病是母系遗传的 Leber 遗传性眼神经病（Leber's hereditary optic neuropathy，LHON），该病影响中枢神经系统，包括视神经，引起成人早发的突发性眼病。在几乎所有的受累家庭中，LHON 都源于编码线粒体复合体Ⅰ的 3 个亚基（ND1、ND4 和 ND6）基因的单碱基突变，使 NADH：泛醌氧化还原酶（复合体Ⅰ）的活性降低。

线粒体疾病的严重程度取决于细胞中发生突变的线粒体 DNA 的数量。每个细胞含有成千上百个线粒体，突变的线粒体 DNA 的数量在不同患者中存在较大差异。线粒体 DNA 突变率低的患者会在成年早期突然出现失明以及其他一些 LHON 的典型症状。线粒体 DNA 突变率高的患者，其 ND6 中保守的丙氨酸被缬氨酸取代，早期便会出现运动异常、脾受损、精神迟滞等严重症状。

临床相关知识 14.5
tRNA 基因突变所致的线粒体肌病

编码线粒体 tRNA 基因的点突变可引起两种最常见的以脑病为主要特征的线粒体疾病。转运赖氨酸的 tRNA 基因突变会引起肌阵挛性癫痫和红纤维不整齐（myoclonic epilepsy and ragged red fiber，MERRF）。临床症状包括肌阵挛、共济失调全身发作以及肌病。骨骼肌的线粒体形态异常，晶体结构不完全，外观就像红色的破纤维（见插图），其中的细胞色素 c 氧化酶活性也下降。

线粒体中转运赖氨酸的 tRNA 基因突变可引起常见的线粒体脑病、乳酸性酸中毒和中风样活动（mitochondrial encephalopathy，lactic acidosis and stroke-like activity，MELAS）。骨骼肌象不整齐的红纤维，但仍具有细胞色素 c 氧化酶活性。症状的严重程度随着发生突变的百分比而不同。85% 以上的线粒体 DNA 发生突变的患者表现出较严重的中枢神经系统病变，而 5%～30% 发生突变的患者则表现为母系遗传性糖尿病和耳聋。这两种 tRNA 突变使线粒体蛋白合成受损，导致复合体 Ⅰ 和细胞色素 c 氧化酶的活性下降。

临床相关知识 14.6
细胞色素 b 突变所致的运动不耐受

1993 年有人报道了细胞色素 b 突变导致细胞色素 bc_1 复合物活性降低的病例，患者为 25 岁男性，表现为运动不耐受和近端肌无力，其第 290 位保守的甘氨酸被天冬氨酸所替代。后来发现第 339 位保守的甘氨酸突变为谷氨酸或第 34 位保守的甘氨酸突变为苏氨酸的其他患者也具有相同症状和 bc_1 复合物低活性。最近发现一例患有严重的肥大性心肌病的患者的第 166 位保守的甘氨酸被谷氨酸所替代。甘氨酸到天冬氨酸或谷氨酸的突变位于细胞色素 b，接近泛醇氧化的 Q_o 位点，而甘氨酸到苏氨酸的突变接近泛醌还原的 Q_i 位点。所有这些突变都涉及线粒体 DNA 中鸟嘌呤到腺嘌呤的改变，表明突变可能源于氧化损伤。而且在每个错义突变中，保守的甘氨酸被较大的带电分子所替代，使细胞色素 b_1 的结构发生改变，导致 bc_1 复合物活性降低。引起细胞色素 b 截断的无义突变和缺失 4～24bp 的线粒体 DNA 突变已得到鉴定，这些无义突变和缺失突变常引起严重的运动不耐受、静息状态下乳酸性酸中毒以及偶发的肌红蛋白尿。不同于大多数线粒体 DNA 突变的是，细胞色素 *b* 基因的突变并非母系遗传。而且，大部分只在肌肉组织中表达，这提示它们为体细胞突变，发生于肌源干细胞胚层分化过程中。

14.10 活性氧(ROS)

氧是生命所必需的。绝大多数细胞内的氧化最终使两个电子转移到恰当的受体上，如 NAD^+ 或 FAD，再进一步被电子传递链氧化。电子传递链的最后一步由细胞色素 c 氧化酶催化，它将 O_2 结合在其双核中心并在氧化过程中将 O_2 逐步还原(见 14.6 节)。O_2 的电子结构有利于它每次接受一个电子，因而易生成氧自由基，引起细胞损伤。自由基是指在外层轨道存在高活性的未成对电子。电子逐步传递给 O_2 可依次生成**超氧阴离子(superoxide anion，O^{2-})**、**过氧化氢(hydrogen peroxide，H_2O_2)**以及**羟自由基(hydroxyl free radical，OH·)**(图 14.61)。羟自由基是最危险的未成对自由基，因为它参与脂质过氧化过程，并能生成其他毒性自由基。过氧化氢本身不是自由基，但可以在有 Fe^{2+} 或 Cu^+ 存在时通过 Fenton 反应转化为羟自由基，而 Fe^{2+} 或 Cu^+ 在细胞中是普遍存在的(图 14.62)。

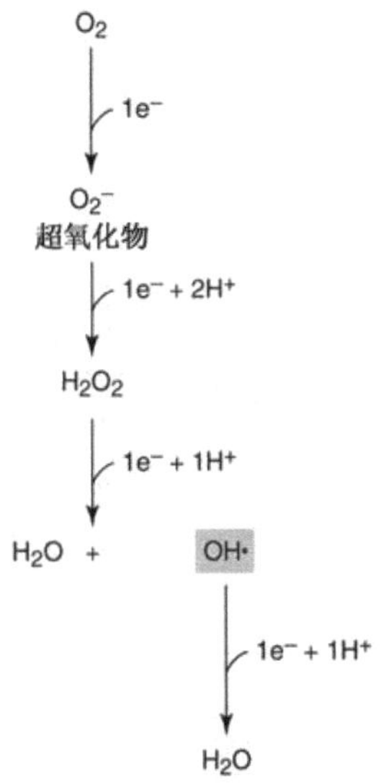

图 14.61　氧气还原的单电子步骤导致活性氧生成，如超氧化物、过氧化氢和羟自由基

活性氧的产生

当胞内的氧化过程使电子传递给氧形成水却不释放中间产物时，由于电子传递过程中的泄漏会不可避免地产生少量**氧自由基(oxygen radical)**。胞内主要的氧自由基来源于线粒体电子传递链，泛醌在复合物Ⅰ和复合物Ⅱ的作用下还原成半醌，当一个电子从稳定的半醌传递至 O_2 则形成超氧化物(图 14.63)。在一个电子从 FMN 等黄素蛋白转移的过程中也能生成超氧化物。线粒体中生成的活性氧基团包括过氧化物、**过氧化氢(hydrogen peroxide)**以及**羟自由基(hydroxyl radical)**。在过氧化物酶体中也能形成毒性氧基团，长链脂肪酸及其他化合物在两个电子从 $FADH_2$ 传递给 O_2 的过程中被氧化，生成过氧化氢，它容易转化为羟自由基(图 14.63)。内质网中的细胞色素 P450 也能产生氧自由基。

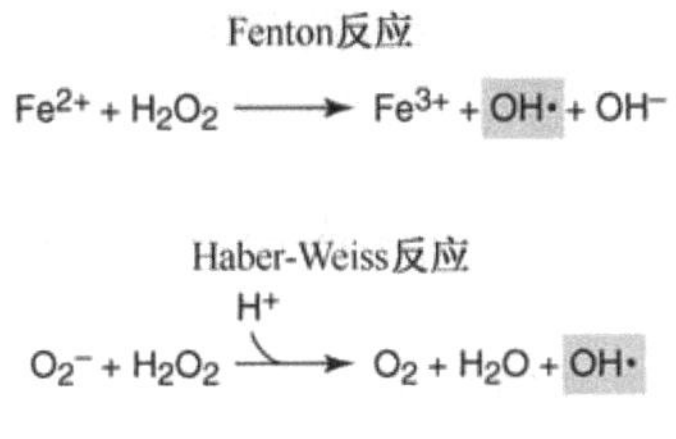

图 14.62　形成毒性羟自由基的 Fenton 和 Haber-Weiss 反应

氧自由基也能在细菌感染引起的炎症过程中形成。为对抗微生物感染，巨噬细胞产生毒性氧自由基，该过程称为呼吸爆发。巨噬细胞通过这种方式杀伤入侵的细菌(图 14.64)。在急性感染中，生成氧自由基和杀伤细菌是有效的过程，但在迁延感染中，巨噬细胞趋于死亡，释放出毒性氧自由基会影响周围细胞。

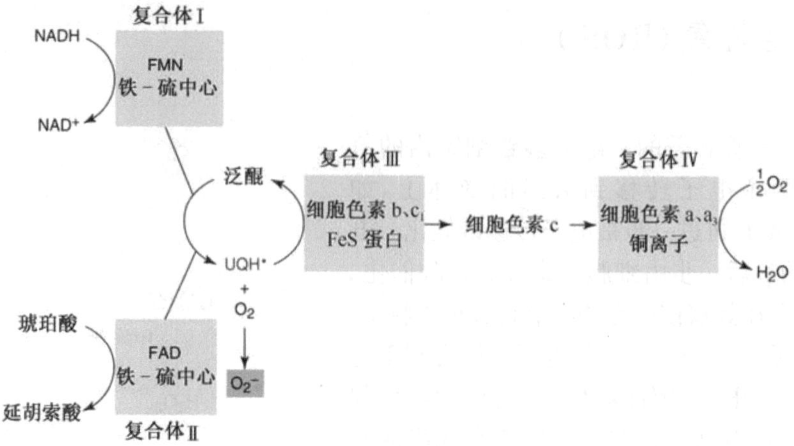

图 14.63　线粒体电子传递链产生超氧阴离子

一个电子从半醌转移至 O_2 形成超氧阴离子。细胞色素 c 氧化酶的双核中心阻止中间产物在氧的还原过程中被释放

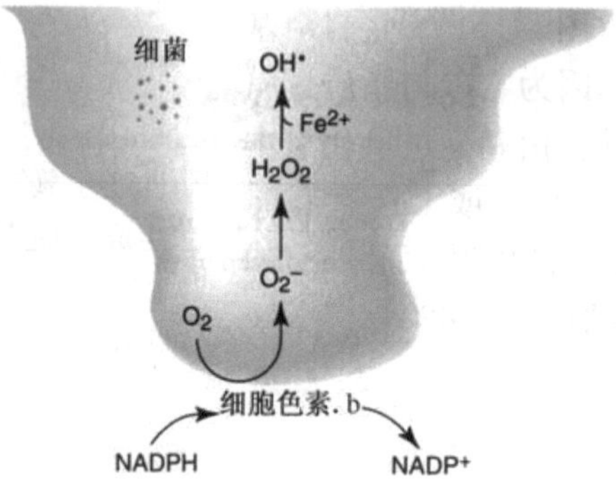

图 14.64　巨噬细胞的呼吸爆发

与细胞色素 b 有关的电子传递链将电子从 NADPH 向 O_2 传递，形成超氧阴离子。超氧化物再被转化为羟自由基以杀伤被巨噬细胞吞噬的细菌

宇宙射线、食物和药物的消化以及吸烟都可生成活性氧基团。活性氧基团造成的损害也常发生在缺血再灌注过程中(见临床相关知识 14.7)。

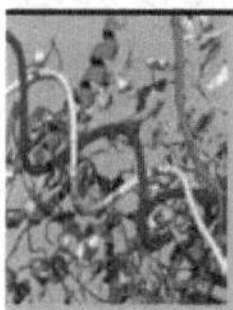

临床相关知识 14.7
缺血/再灌注损伤

主要冠状动脉阻塞会引起缺氧或氧供下降，导致线粒体电子传递链受抑制、细胞内 ATP 和磷酸肌酸含量下降。随着 ATP 水平下降，无氧糖酵解被激活以试图维持细胞的正常功能。糖原水平迅速降低，乳酸水平显著升高，使细胞内 pH 降低。缺血虽然直接对细胞造成损害，但当再灌注以及超氧阴离子(O^{2-})、过氧化氢(H_2O_2)和羟自由基($OH^{\cdot}$)等氧自由基形成时，受累组织的损伤会进一步加重。最近有研究发现在心肌

急性缺血再灌注过程中，有包括过氧化亚硝酸盐（$ONOO^-$）在内的氧自由基和超氧化物的形成。$ONOO^-$使缺血心肌的机械功能恢复较差，而谷胱甘肽等抗氧化剂能清除过氧化亚硝酸盐自由基，保护细胞的机械功能。缺血心肌再灌注可激活白细胞，产生炎症介质，使组织损伤进一步加重。

心肌缺血再灌注常见于溶栓、血管成形术、冠脉搭桥术等临床治疗中。心肌缺血再灌注引起的损伤包括心肌收缩障碍、心律失常、不可逆的心肌细胞损伤等。缺血也可发生在手术过程中，尤其是器官移植手术中。抗氧化剂能保护缺血组织的再灌注损伤。目前，保护免受缺血再灌注损伤的主动干预方法正在进行动物实验。随着临床医学中侵入性技术的使用日益增多，发展能保护机体免受缺血再灌注损伤的方法显得越来越重要。

活性氧引起的损伤

活性氧基团可损伤细胞内的主要生物大分子。质膜和细胞器膜上的磷脂会发生**脂质过氧化**（**lipid peroxidation**），该过程由羟自由基从多不饱和脂肪酸上移除一个羟基而启动。所得的脂自由基与 O_2 反应生成脂质过氧化自由基、脂类过氧化物及丙二醛，后者是水溶性的，可在血液中检测到。脂质过氧化对人的影响通常可从老年人手上的棕色斑点观察到。这些老年斑含有脂褐素，可能是交联的脂类和脂质过氧化产物的混合物，它在人的一生中不断积累。脂质过氧化的一个主要结果是使膜的通透性增加，导致 Ca^{2+} 及其他离子内流，引起细胞肿胀。细胞器膜的通透性增加可导致胞内离子分布异常以及细胞损伤，如胞内 Ca^{2+} 含量过高可诱发细胞凋亡。

脯氨酸、组氨酸、精氨酸、半胱氨酸和蛋氨酸都易受羟自由基的攻击而形成蛋白质片段、交联或凝聚。氧自由基引起的蛋白质损伤会成为胞内蛋白酶体降解的目标。

氧自由基最严重的损害是对线粒体和核 DNA 的损害，可导致突变。亚铁离子（Fe^{2+}）与 DNA 的非特异性结合可使局部形成羟自由基，后者攻击个别碱基引起链断裂。由于电子传递链是毒性氧自由基的主要来源，线粒体 DNA 更易受到损伤。核 DNA 由于受到组蛋白和主动有效的 DNA 修复机制的保护，较少受到氧自由基的损害。线粒体 DNA 受损通常引起突变，影响能量生成。当肌肉收缩等能量需求增加时，症状就会表现出来。由氧自由基引起的线粒体细胞色素 *b* 基因突变病例见 14.7 节的临床相关知识。

细胞对活性氧的防御

生活在需氧环境中的细胞已进化出多种方式清除活性氧基团从而保护自身免受损害。哺乳动物有三种**超氧化物歧化酶**（**superoxide dismutase**）的同工酶（图 14.65）。细胞溶胶与细胞外的超氧化物歧化酶一样，在其活性位点含

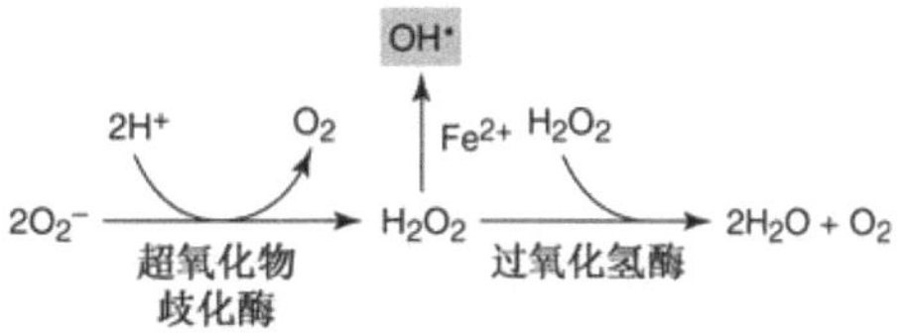

图 14.65　超氧化物歧化酶和过氧化氢酶通过清除细胞内的超氧化物和过氧化氢而保护细胞

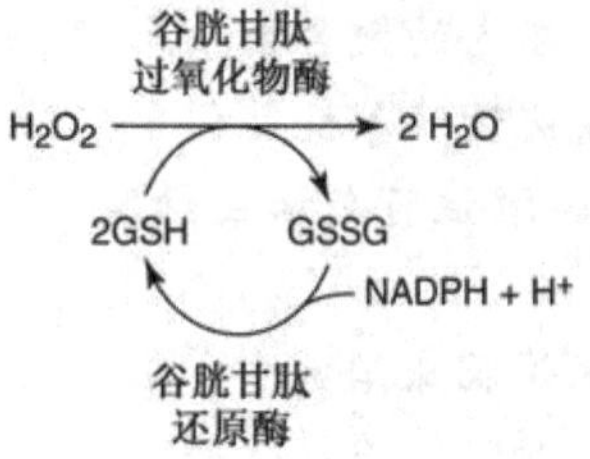

图 14.66　谷胱甘肽过氧化物酶清除脂质过氧化物和过氧化氢

电子从还原型谷胱甘肽(GSH)的巯基转移到过氧化氢,形成水和氧化型谷胱甘肽(GSSG)。谷胱甘肽还原酶再以 NADPH 为还原剂,将 GSSG 还原为 GSH

Cu/Zn,而线粒体中的超氧化物歧化酶在其活性位点则含有 Mn。过氧化氢由**过氧化氢酶**(**catalase**)清除,它含有血红素,在过氧化物酶体中含量最高,而在线粒体和细胞溶胶中含量较少。

谷胱甘肽过氧化物酶(**glutathione peroxidase**)使过氧化氢和脂质过氧化物还原(图 14.66)。这个含硒酶以谷胱甘肽(GSH)的巯基作为羟基供体,形成氧化型或二硫型谷胱甘肽(GSSG)。**谷胱甘肽还原酶**(**glutathione reductase**)则将二硫型谷胱甘肽转化为巯基型谷胱甘肽,该过程以在磷酸戊糖途径中生成的 NADPH 作为电子受体。从食物中摄入维生素 C、维生素 E、β-胡萝卜素等还原剂也能保护机体免受活性氧基团损害。

参考书目

Energy-Producing and Energy-Utilizing Systems

Hanson, R. W. The role of ATP in metabolism. *Biochem. Educ.* 17:86, 1989.

Sources and Fates of Acetyl Coenzyme A

Harris, R. A., Bowker-Kinley, M. M., Huang, B., and Wu, P. Regulation of the activity of the pyruvate dehydrogenase complex. *Adv. Enzyme Regulation* 42:249, 2002.

Holness, M. J. and Sugden, M. C. Regulation of pyruvate dehydrogenase complex activity by reversible phosphorylation. *Biochem. Soc. Trans.* 31:1143, 2003.

The Tricarboxylic Acid Cycle

Krebs, H. A. The history of the tricarboxylic acid cycle. *Perspect. Biol. Med.* 14:154, 1970.

Hajnoczky, G., Csordas, G., Krishnamurthy, R., and Szalai, G. Mitochondrial calcium signaling driven by the IP_3 receptor. *J. Bioenerg. Biomembr.* 32; 15, 2000.

Ovadi, J. and Srere, P. A. Macromolecular compartmentation and channeling. *Int. Rev. Cytol.* 192:255, 2000.

Owen, O. E., Kalhan, S. C., and Hanson, R. W. The key role of anaplerosis and cataplerosis for citric acid cycle function. *J. Biol. Chem.* 277:30409, 2002.

Structure and Compartmentation of Mitochondrial Membranes

Scheffler, I. E. *Mitochondria*. New York: Wiley-Liss, 1999.

Electron Transport

Hunte, C., Pasldottir, H., and Trumpower, B. L. Protonmotive pathways and mechanisms in the cytochrome bc_1 complex. *FEBS Lett.* 545:39, 2003.

Iwata, M., Bjorkman, J., and Iwata, S. Conformational change of the Rieske [2Fe2S] protein in cytochrome bc_1 complex. *J. Bioenerg. Biomembr.* 31:169, 1999.

Mills, D. A. and Ferguson-Miller, S. Understanding the mechanism of proton movement liked to oxygen reduction in cytochrome *c* oxidase: Lessons from other proteins. *FEBS Lett.* 545:47, 2003.

Richter, O.-M. H. and Ludwig, B. Cytochrome *c* oxidase—structure, function, and physiology of a redox-driven molecular machine. *Rev. Physiol. Biochem. Pharmacol.* 147:47, 2003.

Xia, D., et al. Crystal structure of the cytochrome bc_1 complex from bovine heart mitochondria. *Science* 277:60, 1997.

Yagi, T. and Matsuno-Yagi, A. The proton-translocating NADH-Quinone oxidoreductase in the respiratory chain: The secret unlocked. *Biochemistry* 42:2266, 2003.

Zhang, Z., Berry, E. A., Huang, L. S., and Kim, S. H. Mitochondrial cytochrome bc1 complex *Subcell. Biochem.* 35:541, 2000.

Oxidative Phosphorylation

Boyer, P. D. A research journey with ATP synthase. *J. Biol. Chem.* 277:39045, 2002.

Mitchell, P. Vectorial chemistry and the molecular mechanism of chemiosmotic coupling: power transmission by proticity. *Biochem. Soc. Trans.* 4:399, 1976.

Rich, P. Chemiosmotic coupling: The cost of living. *Nature* 421:583, 2003.

Sambongi, Y., et al. Mechanical Rotation of the c subunit oligomer in ATP Synthase (F_0F_1): Direct observation. *Science* 286:1722, 1999.

Stock, D., Gibbons, C. Arechaga, I., Leslie, A. G., and Walker J. E. The rotary mechanism of ATP synthase, *Curr. Opin. Struct. Biol.* 10:672, 2000.

Weber, J. and Senior A. E. ATP synthesis driven by proton transport in F_1F_O–ATP synthase. *FEBS Lett.* 545:61, 2003.

Mitochondrial Transport Systems

Palmieri, F. The mitochondrial transporter family (SLC25): Physiological and pathological implications. *Pflugers Arch.* 447:68909, 2003.

Pebay-Peyroula, E., Dahout-Gonzalez, C., Kahn, R., Trezeguet, V., Lauquin, J.-M., and Brandolin, G., Structure of mitochondrial ADP/ATP carrier in complex with carboxyatractyloside. *Nature* 426:39, 2003.

Rousset, S., Alves-Guerra, M.-C., Mozo, J., Miroux, B., Cassard-Doulcier, A.-M., Bouillaud, F., and Ricquier, D. The biology of mitochondrial uncoupling proteins. *Diabetes* 53(Suppl.1):S130, 2004.

Mitochondrial Genes and Mitochondrial Diseases

DiMauro, S. and Schon, E. A. Mitochondrial respiratory-chain diseases. *N. Engl. J. Med.* 348:2656, 2003.

Schon, E. A. and Manfredi, G. Neuronal degeneration and mitochondrial dysfunction, *J. Clin. Invest.* 111:303, 2003.

Wallace, D. C. Mitochondrial diseases in mice and man. *Science* 283:1482, 1999.

Reactive Oxygen Species

Hansford, R., Tsuchiya, N., and Pepe, S. Mitochondria in heart ischemia and aging. *Biochem. Soc. Symp.* 66:141, 1999.

Raha, S. and Robinson, B. H. Mitochondria, oxygen free radicals, disease and ageing. *Trends Biochem. Sci.* 25:502, 2000.

Sastre, J., Pallardo, F. V. and Vina J., The role of mitochondrial oxidative stress in aging. *Free Radical Biol. Med.* 35:1, 2003.

Turrens, J. F. Mitochondrial formation of reactive oxygen species. *J. Physiol.* 552:335, 2003.

习题和参考答案

选择题

1. 化学键除以下哪种原因外可能是“高能的”：
   A. 其分解产物比原始化合物具有更高的共振稳态
   B. 化学键通常是稳定的，需要吸收较大能量来断裂该键
   C. 当化学键被打断后，静电斥力减小
   D. 分解产物可能不稳定，异构成一个更稳定的构型
   E. 化学键可能张力大
2. 在下列三羧酸循环酶促反应的哪一步发生了水掺入循环中间产物中：
   A. 顺乌头酸酶
   B. 柠檬酸合成酶
   C. 苹果酸脱氢酶
   D. 琥珀酸脱氢酶
   E. 琥珀酰辅酶 A 合成酶
3. 下列三羧酸循环的中间产物除哪项外可被其他代谢途径补充或清除：
   A. 柠檬酸
   B. 延胡索酸
   C. 异柠檬酸
   D. α-酮戊二酸
   E. 草酰乙酸
4. 线粒体内膜包含以下哪种物质的转运体：
   A. NADH
   B. 乙酰辅酶 A
   C. GTP
   D. ATP
   E. NADPH
5. 化学渗透假说涉及以下陈述，除了：
   A. 对质子不通透的膜
   B. 通过呼吸链将质子泵出线粒体
   C. 质子流入线粒体依赖于 ADP 和 P_i 的存在
   D. 可逆的 ATP 酶活性
   E. 只严格调节质子转运，其他离子可自由弥散
6. ATP 合成酶由 F_1 和 F_0 亚基组成：
   A. F_1 和 F_0 都是线粒体外膜的内在蛋白复合物
   B. F_1 提供质子跨膜离子通道
   C. F_1 与 ATP 而非 ADP 结合
   D. F_1 结构域催化 ATP 的合成
   E. 只有 F_0 结构域含有一个以上亚基

问题 7 和 8：某儿童表现为严重的神经系统缺陷。血液检测发现乳酸、丙酮酸和丙氨酸水平升高。皮肤成纤维细胞培养显示丙酮酸脱氢酶复合体活性降低。尽管无论哪个亚基缺陷对代谢的影响本质上都是相同的，但进一步研究可能会明确缺陷究竟发生在复合物的哪个亚基。

7. 下列对丙酮酸脱氢酶激酶的影响都有助于丙酮酸脱氢酶的活化形式，除了：
   A. 低 Ca^{2+} 浓度
   B. 低乙酰辅酶 A/CoASH
   C. 高丙酮酸浓度
   D. 低 NADH/NAD^+
8. 假设特异性缺陷是丙酮酸脱氢酶突变，使之与假基团的结合能力减弱。在这类突变中，经常从饮食中大量摄入假基团前体是有益的。在这种情况下，增加下列哪一项是有帮助的：
   A. 硫辛酸
   B. 尼克酸(针对 NAD)
   C. 泛酸(针对辅酶 A)
   D. 核黄素(针对 FAD)
   E. 硫胺素(针对 TPP)

问题 9 和 10：主要冠状动脉阻塞时，会发生缺血缺氧，从而抑制线粒体电子传递链和氧化磷酸化。缺血使受累组织受到损伤。但再灌注则由于生成氧自由基可能会引起更严重的组织损害。服用抗氧化剂可减少再灌注损伤。

9. 下列陈述都是正确的，除了：
   A. 当一次有 4 个电子转移给 O_2 时，便会生成活性氧基团
   B. 超氧阴离子和羟自由基是活性氧基团的两种形式

C. 超氧化物歧化酶是一种天然酶，通过将 O_2^- 转变为 H_2O_2 而保护免受活性氧基团损害

D. 活性氧基团可损害磷脂、蛋白质和核酸

E. 谷胱甘肽通过将 H_2O_2 还原为水而清除 H_2O_2

10. 下列情况均由缺血所致，除了：

A. 细胞内 ATP 减少

B. 细胞内磷酸肌酸减少

C. $NADH/NAD^+$ 减少

D. 乳酸性酸中毒

E. 细胞糖原缺乏

问题 11 和 12：氰化物是速效的剧毒物。它与细胞色素氧化酶中的细胞色素 a_3 的血红素结合。死亡原因是组织缺氧，尤其是神经组织。迅速给予亚硝酸盐可使氧合血红蛋白转化为高铁血红蛋白。后者与细胞色素 a_3 竞争氰化物。

11. 氰化物：

A. 由于细胞色素氧化酶是电子传递链的终末端组分，它只能最小地抑制电子传递链

B. 抑制线粒体呼吸，但能量产生未受影响

C. 也与细胞色素氧化酶的铜元素结合

D. 结合到细胞色素 a_3 的 Fe^{3+}

E. 通过提高氧浓度可逆转中毒症状

12. 线粒体活跃氧化琥珀酸，如果将氰化物加到紧密偶联的线粒体中：

A. 再加入 2,4-二硝基酚会引起 ATP 水解

B. 再加入 2,4-二硝基酚将恢复琥珀酸氧化

C. 电子传递将停止，但 ATP 合成将继续

D. 电子传递将停止，但再加入 2,4-二硝基酚后 ATP 合成将恢复

E. 再加入 2,4-二硝基酚和磷酸化抑制剂寡霉素后将引起 ATP 水解

问答题

13. 反应 A $\rightleftharpoons$ B 的 $\Delta G^{0'} = -7.1$kcal/mol，在 37℃时，$-2.303RT = -1.42$kcal/mol。那么 B/A 的平衡比率是多少？

14. 将丙酮酸的酮基碳用 ^{14}C 标记，在丙酮酸脱氢酶反应和三羧酸循环过程中，一个三羧酸循环结束时标记的碳在什么位置？在第二个三羧酸循环结束时标记的碳在什么位置？

参考答案

1.　B　高能并不是指键稳定性结构的高能。之所以称为“高能”键是因为其拥有水解的高自由能。这可以由 A、C、D 和 E 项的原因产生。

2.　B　水解乙酰辅酶 A 的硫酯键需要水。A：顺乌头酸酶去除水，而后又加入水。C、D：脱氢酶去除了两个质子和两个电子。E：这里硫酯键被磷解，而非水解；然后磷酸从琥珀酰磷酸转移到 GDP。

3.　C　A：柠檬酸从线粒体中转移出来用作胞质中乙酰辅酶 A 的原料。B：延胡索酸是在苯丙氨酸和酪氨酸降解过程中产生的。D：可由谷氨酸生成。E：草酰乙酸由丙酮酸羧化酶产生，草酰乙酸用于糖异生。

4.　D　ATP 和 ADP 以相反的方向被转运。A、B：来源于 NADH 的还原当量作跨膜转运。乙酰辅酶 A 的乙酰基团，而非 NADH 和乙酰辅酶 A 可以跨膜。C：在核苷酸中，只有 ATP 和 ADP 可以转运。E：同 NADH 一样，NADPH 无法跨膜转运。

5.　E　如果电荷隔离可以通过其他离子的自由弥散而消散，ATP 将无法合成。

6.　D　A：都与线粒体内膜相连。B：这是 F_0 结构域的功能。C：结合与 ATP 合成都发生。E：改变不同亚单位的构象在各自结构域功能中都重要。

7.　A　高 Ca^{2+} 有利于通过活化磷酸酶而激活脱氢酶。B、C、D：NADH 和乙酰辅酶 A 激活丙酮酸脱氢酶激酶，从而使丙酮酸脱氢酶失活。丙酮酸抑制该激酶，有利于活化其脱氢酶。

8.　E　TPP 是丙酮酸脱羧过程中第一步反应的辅酶。A、C：它们是二氢硫辛转乙酰酶的辅酶。B、D：它们是二氢硫辛脱氢酶的辅酶。

9.　A　四个电子转移到氧生成水。当电子逐步加到 O_2 上时会产生氧自由基。B：H_2O_2 也是活性氧。C：H_2O_2 被过氧化氢酶所清除。D：所有这些都被氧化。E：谷胱甘肽过氧化物酶催化该反应。

10.　C　由于低氧抑制了 NADH 的再氧化，因此，$NADH/NAD^+$ 比率增加。A、B：ATP 由于氧化磷酸化被抑制而减少。这将使得肌酸激酶反应倾向于 ATP。D：无氧酵解被激活提供 ATP，导致

乳酸生成增多。E:糖原是无氧酵解的底物。

11.　D　这就是为什么高铁血红蛋白是有效解毒药的原因,因为高铁血红蛋白也含有 Fe^{3+} 。B:呼吸和能量生成是偶联的,抑制一个也会抑制另一个。C:铜是细胞色素氧化酶的重要组分,但氰化物不与它结合。E:问题是不能与 O_2 反应,而非缺 O_2。

12.　A　氰化物阻断电子传递在复合物Ⅲ处。在偶联的线粒体中,ATP 的合成也中止。加入解偶联剂使得线粒体 ATP 合酶开始工作(在正常情况下,驱动合成),它催化 ATP 水解反应,除非被磷酸化抑制剂,如寡霉素。

13. $\Delta G^{0'} = -RT\ln K = -2.303RT\log K$。取代过程使得 $\log K = 5$。则 $K = 100\,000$。因此,B/A = 100 000/1。

14. 丙酮酸上标记的酮基的碳成为带标记的乙酰辅酶 A 的碳。在与草酰乙酸缩合后,柠檬酸的第一个碳被标记。该标记在直到生成琥珀酸之间的反应过程中仍然保持。而琥珀酸是该酶的对称化合物。因此琥珀酸的两个羧基都被标记。这意味着再次产生的草酰乙酸的两个羧基基团都被标记。值得注意的是,CO_2 并未被标记。在第二个循环中,加入同样羧基被标记的乙酰辅酶 A,这次标记到草酰乙酸上。两个草酰乙酸的羧基基团以 CO_2 形式被释放,因此 CO_2 将被标记上,同样再产生的草酰乙酸也会被标记。

(何雅琴　译)

15

碳水化合物的代谢Ⅰ:主要代谢通路及其调控

Robert A. Harris

15.1　概述

碳水化合物代谢的主要途径既始于葡萄糖也终于葡萄糖(图 15.1)。本章主要讲述葡萄糖作为能源的利用,从非碳水化合物前体生成葡萄糖,葡萄糖以糖原形式储存以及由糖原生成葡萄糖。由于葡萄糖在机体中发挥着重要作用,理解这些途径及其调控是非常必要的。葡萄糖是碳水化合物经肠道吸收进入细胞的主要形式。它是机体某些特化细胞能量来源的唯一形式,也是脑组织能量的主要来源。事实上,机体的一些组织已进化出相应的机制以确保为这些特化细胞和脑组织持续提供葡萄糖这一必需底物。葡萄糖代谢在肥胖、糖尿病等常见代谢性疾病中是有缺陷的,可引起动脉粥样硬化、高血压、小血管病、肾病以及失明等多种常见病。

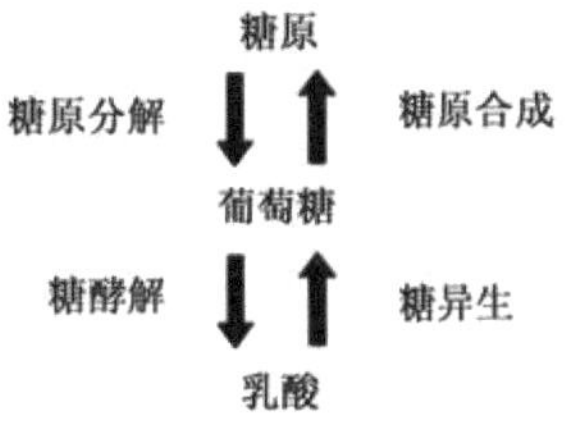

图 15.1　葡萄糖与碳水化合物的主要代谢途径的联系

我们将从**糖酵解**(**glycolysis**)开始讨论。糖酵解是机体内所有细胞从葡萄糖分子固有的化学能中提取部分能量的一种途径。它使葡萄糖转化为丙酮酸,最终完全氧化成 CO_2 和 H_2O。接下来讨论糖异生,即从头合成葡萄糖,其中多种酶都与糖酵解过程相同,反应是可逆的。与糖酵解生成 ATP 不同的是,糖异生需要消耗 ATP,是一个需能过程。因此,在糖酵解与糖异生过程中有些酶促反应步骤是不同的。全章将重点探讨其中的关键酶如何进行调控，尤其是对糖原合成和糖原降解的介绍。许多细胞储存糖原以备后来之需，但肝比较无私，它储存糖原是为了维持血糖恒定以确保其他组织细胞，尤其是脑组织得到足够的能量供应。糖原合成与降解的调控对我们理解激素作用以及代谢途径的调控提供很典型的范例。这些内容将有助于我们理解糖尿病、饥饿以及机体组织如何对应激、严重创伤和损伤进行应答。

碳水化合物的化学术语见附录。

15.2　糖酵解

糖酵解发生于所有人体细胞

Embden-Meyerhof 或**糖酵解**(**glycolytic pathway**)途径是人体所有细胞都具有的一个古老过程，在此过程中葡萄糖无氧降解成乳酸，同时伴有 ATP 生成。糖酵解是**无氧发酵**(**anaerobic fermentation**)的例子，是用来描述机体在无氧代谢过程中从高能化合物中提取化学能的一个术语。对许多组织而言，糖酵解只是应急产能途径，在无氧情况下，1mol 葡萄糖能生成 2mol ATP(图 15.2)。当组织缺氧时，通过糖酵解至少在短期内仍能维持体内正常的 ATP 水平。这样的例子很多，人体在自然分娩过程中利用糖酵解提供能量显得尤其重要。在分娩过程中，除脑组织外，身体绝大部分组织的循环血量都减少。通常脑组织并不直接缺氧，但其他组织在恢复正常供氧之前必须依赖糖酵解生成 ATP 来供能。这样可节省氧气供脑组织利用，是确保**脑组织**(**brain tissue**)在应激情况下得以存活的机制之一。糖酵解时不需要氧气，事实上，氧气可通过**巴斯德效应**(**Pasteur effect**)间接抑制糖酵解，这将在后面详述(见 15.4 节)。但细胞中有充足的氧气时也能发生糖酵解。由于细胞含有线粒体，在有氧时糖酵解的终产物是丙酮酸而非乳酸。丙酮酸被线粒体中的丙酮酸脱氢酶和三羧酸循环中的各种酶最终氧化成 CO_2 和 H_2O(图 15.3)。因此糖酵解是碳水化合物有氧氧化的第一步。糖酵解及线粒体将丙酮酸有氧氧化成 CO_2 和 H_2O 的总反应式如下：

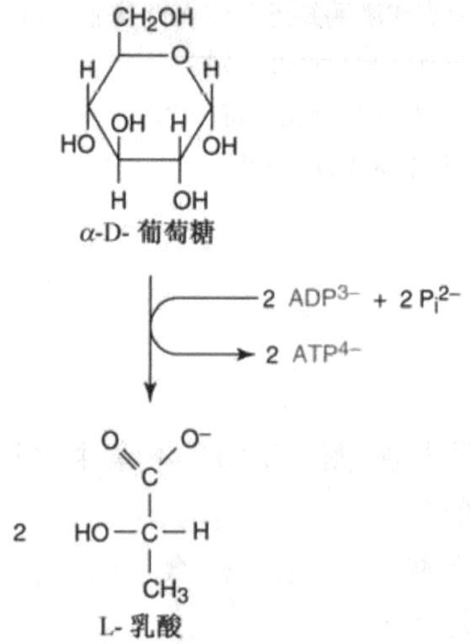

图 15.2　糖酵解反应的总平衡方程式

$$\text{D-葡萄糖}(C_6H_{12}O_6)+6O_2+32ADP^{3-}_i+32P_i^{2-}+32H^+ \longrightarrow 6CO_2+6H_2O+32ATP^{4-}$$

葡萄糖完全氧化生成 CO_2 和 H_2O(32ATP/葡萄糖)比转化为乳酸生成更多的 ATP(2ATP/葡萄糖)。后面的章节将详述其重要意义。由于脑组织对葡萄糖有绝对的依赖性，因此糖酵解作为供能的预备途径有着重要意义。糖酵解过程中产生的丙酮酸在线粒体中被氧化成 CO_2。一个成人脑组织每天消耗约 120g 葡萄糖以满足其对 ATP 的需求。而在其他一些组织中，以乳酸为终产物的糖酵解是生成 ATP 的主要机制。红细胞没有线粒体，不能将丙酮酸转化为 CO_2。角膜、晶状体和视网膜血供有限，并且缺乏线粒体(因为线粒体会吸收和散射光线)，所以糖酵解是它们生成 ATP 的主要机制。肾髓质、睾丸、淋巴细胞以及白肌纤维细胞中线粒体含量相对较少，因此几乎也完全依赖糖酵解供能。正常成人每天以糖酵解方式生成 ATP 大约要消耗 40g 葡萄糖。

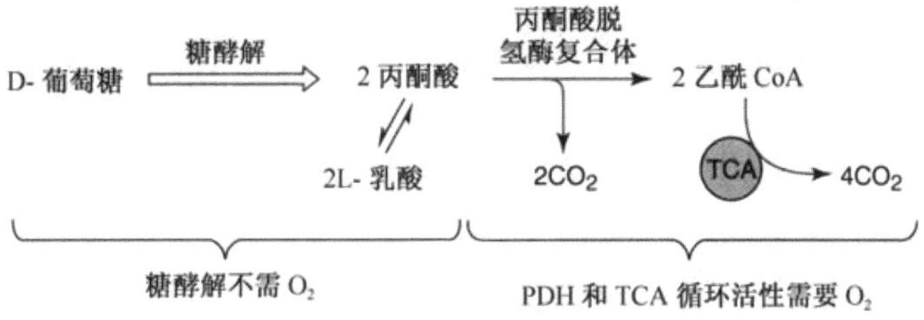

图 15.3　糖酵解是葡萄糖有氧氧化代谢的准备步骤

PDH 指丙酮酸脱氢酶复合体；TCA 指三羧酸循环

淀粉(starch)是植物储存葡萄糖的形式，含有 **α-1,4-糖苷键(α-1,4-glycosidic linkage)**和 **α-1,6-糖苷分支(α-1,6-glycosidic branch)**。**糖原(glycogen)**是动物体内储存葡萄糖的形式，含有同样的糖苷键和分支。外源性糖原是指我们从动物体内获得的糖原；内源性糖原则是由机体自身合成的。外源性淀粉或糖原在消化道中水解成葡萄糖，而内源性糖原则在细胞内的酶催化下转化为葡萄糖或 6-磷酸葡萄糖。乳糖、蔗糖等二糖是我们饮食中葡萄糖的主要来源。有关其水解酶的探讨见 26.4 节。尽管葡萄糖也能作为胃肠道细胞的能量来源，但这些细胞在很大程度上并不依赖葡萄糖供能，而主要由谷氨酰胺代谢提供(见 19.2 节)。大多数葡萄糖被肠道细胞吸收后经门静脉进入全身循环，供其他组织利用。肝是第一个利用门静脉血糖的主要器官。当血糖较高时，肝通过糖原合成及糖酵解来降低血糖，而血糖偏低时，肝则通过糖原分解和糖异生来升高血糖。肝也是经胰腺的血液流经的第一个器官，因此**胰高血糖素(glycagon)**和**胰岛素(insulin)**浓度也最高。激素对血糖调控的重要性将在后面的章节讨论。

葡萄糖在不同细胞中的代谢方式不同

红细胞通过质膜上的**葡萄糖转运体 1(glucose transporter 1，GLUT1**，见 12.8 节)将葡萄糖转运至胞内，主要以糖酵解途径代谢(图 15.4A)。由于缺乏线粒体，糖酵解生成乳酸释放到血浆中。红细胞中进入磷酸戊糖途径的葡萄糖可生成 NADPH，它使谷胱甘肽保持还原状态，后者在清除机体内的过氧化物和过氧化氢时具有重要作用(图 15.5)。过氧化物可引起细胞膜、DNA 及其他细胞内成分不可逆的损伤，必须清除以避免细胞损伤和死亡。

脑组织通过**葡萄糖转运体 3(glucose transporter 3，GLUT3)**以胰岛素非依赖性方式摄取葡萄糖(图 15.4B)。糖酵解生成丙酮酸，然后经丙酮酸脱氢酶复合物和三羧酸循环氧化成 CO_2 和 H_2O。脑细胞中的磷酸戊糖途径很活跃，产生的 NADPH 用于满足还原性合成和维持还原型谷胱甘肽的部分需要。

骨骼肌和心肌细胞容易利用葡萄糖(图 15.4C)。胰岛素通过**葡萄糖转运体 4(glucose transporter 4，GLUT4)**促进葡萄糖进入这些细胞。在胰岛素缺乏时，GLUT4 位于细胞内

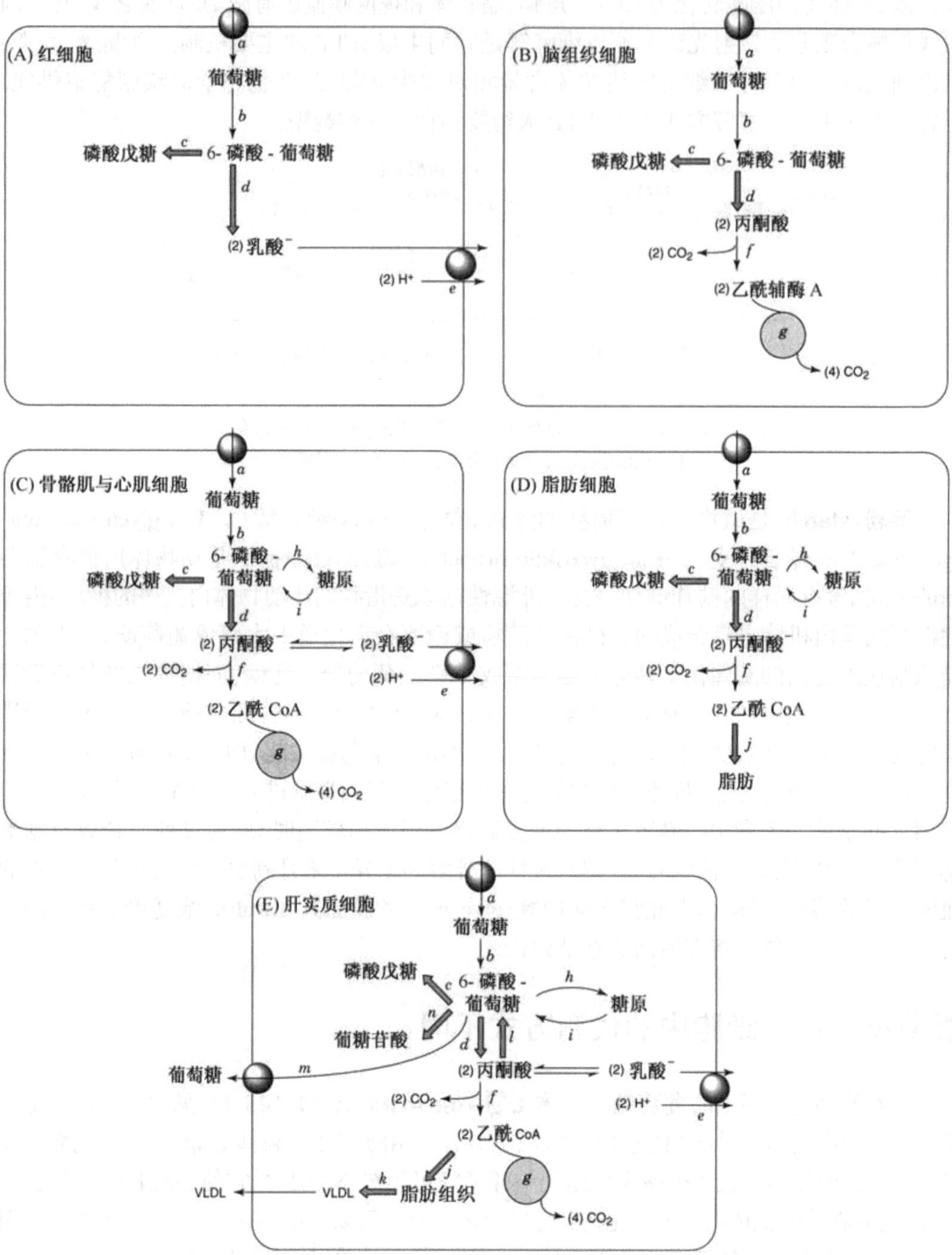

图 15.4　葡萄糖在一些组织细胞中的主要代谢途径的概况

(A)红细胞;(B)脑细胞;(C)心肌和骨骼肌细胞;(D)脂肪细胞;(E)肝实质细胞。(a)葡萄糖通过葡萄糖转运体进入细胞;(b)葡萄糖被己糖激酶磷酸化;(c)磷酸戊糖途径;(d)糖酵解;(e)乳酸转运出细胞;(f)丙酮酸脱氢酶将丙酮酸脱羧;(g)三羧酸循环;(h)糖原合成;(i)糖原分解;(j)脂肪合成;(k)极低密度脂蛋白(VLDL)的产生和释放;(l)糖异生;(m)6-磷酸葡萄糖的水解及葡萄糖释放入血;(n)经葡萄糖醛酸途径生成葡糖苷酸

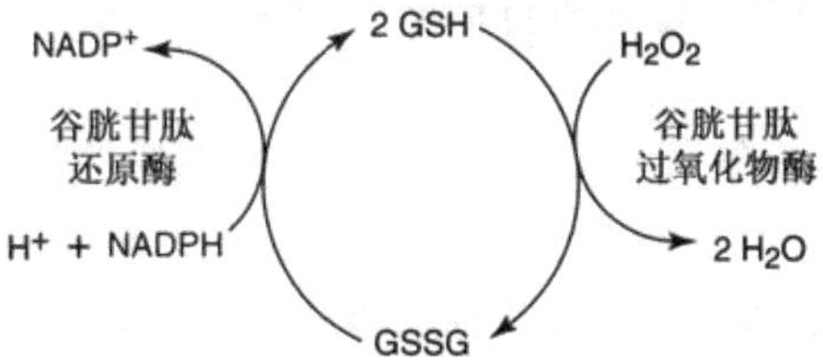

图 15.5　清除 H_2O_2取决于磷酸戊糖途径产生的 NADPH 对氧化型谷胱甘肽的还原

囊泡中,这时并不能促进葡萄糖转运(图 15.6)。胰岛素与质膜的相应受体结合后,启动促进 GLUT4 转位到质膜的信号转导通路,从而促进葡萄糖转运至胞内。被骨骼肌和心肌细胞摄取的葡萄糖可经糖酵解生成丙酮酸,然后经丙酮酸脱氢酶和三羧酸循环生成 ATP。这些细胞也能合成大量糖原,以备其以后利用。

与肌肉组织一样,脂肪组织摄取葡萄糖也依赖于胰岛素并受其激活(图 15.4D 和 15.6)。同样,经糖酵解生成丙酮酸并被丙酮酸脱氢酶复合体氧化生成乙酰辅酶 A,主要用于脂肪酸的从头合成。糖酵解还为合成 3-磷酸甘油提供碳原子,它是合成三酰甘油所

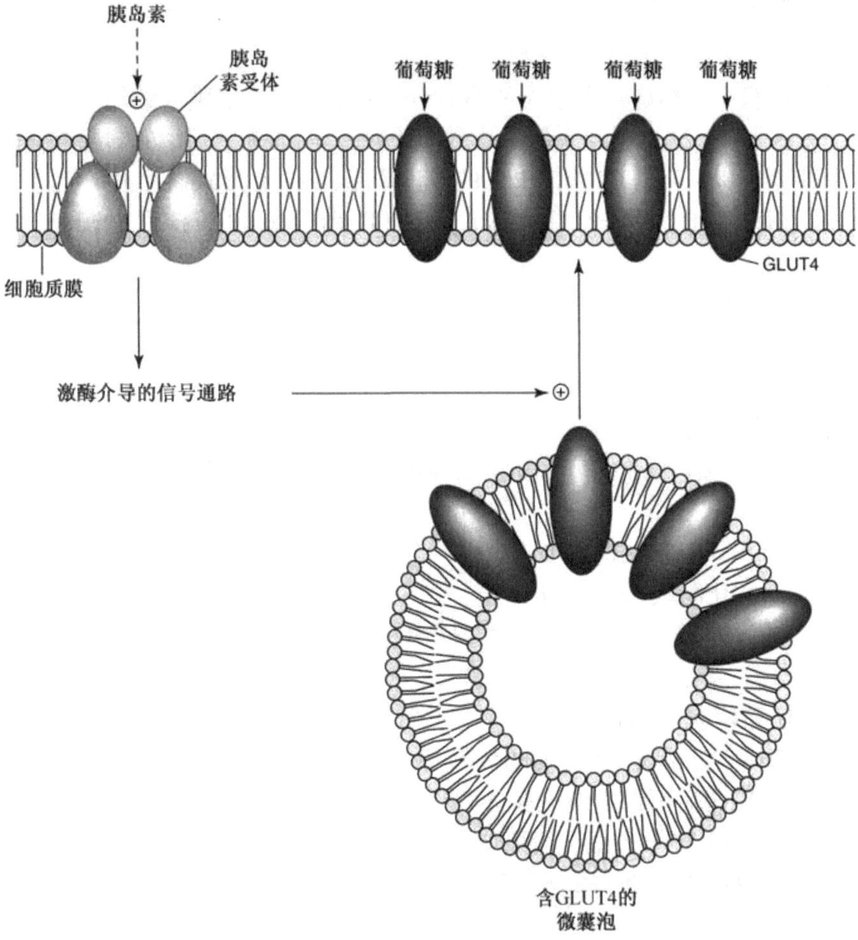

图 15.6　胰岛素通过增加质膜上葡萄糖转运体 4(GLUT4)的数量而促进脂肪和肌细胞对葡萄糖的摄取

必需的(见 17.5 节)。脂肪组织也能进行糖原合成和糖原分解,但相对于骨骼肌、心肌和肝来说,非常有限。

肝利用葡萄糖的方式最多(图 15.4E)。它可通过不依赖胰岛素的 GLUT2 摄取葡萄糖,GLUT2 是一种低亲和力,高容量的葡萄糖转运体。磷酸戊糖途径利用葡萄糖生成 NADPH,它是还原性合成、维持还原型谷胱甘肽以及内质网酶系统催化的多种反应所必需的。磷酸戊糖途径的一个主要功能是为合成 ATP 以及 DNA 和 RNA 中的核苷酸提供磷酸核糖。肝的另一个重要特点是以糖原形式储存葡萄糖。葡萄糖也用于葡萄糖醛酸途径,在药物和胆红素解毒过程中具有重要作用(见 11.7 节和 21.7 节)。肝糖酵解生成的丙酮酸进一步生成乙酰辅酶 A,在三羧酸循环中被彻底氧化或用于合成脂肪酸。糖酵解还为三酰甘油的甘油部分提供碳原子,三酰甘油在合成极低密度脂蛋白(VLDL)的过程中由肝合成(见 18.3 节)。肝通过糖异生途径也能将三碳单位前体(乳酸、丙酮酸、甘油、丙氨酸)转化为葡萄糖,从而满足其他细胞和脑组织对能量的需求。

15.3 糖酵解途径

葡萄糖在试管中可燃烧并产生光和热,但不生成 ATP。细胞大约用 30 步反应将葡萄糖氧化为 CO_2 和 H_2O,这看起来似乎是个低效的过程,因为它可以在试管中一步实现。但细胞将葡萄糖逐步氧化为 CO_2 和 H_2O 的过程却能以 ATP 形式储存大量能量。换句话说,细胞是通过有控制的“燃烧葡萄糖”来产生 ATP,糖酵解只是最初的几步,见图 15.7。

糖酵解分 3 个阶段

糖酵解分 3 个主要阶段:

启动阶段(图 15.7a)

$$\text{D-葡萄糖} + 2ATP^{4-} \longrightarrow \text{1,6-二磷酸-D-果糖}^{4-} + 2ADP^{3-} + 2H^{+}$$

分解阶段(图 15.7b)

$$\text{1,6-二磷酸-D-果糖}^{4-} \longrightarrow \text{2,3-D-磷酸甘油醛}$$

氧化还原-磷酸化阶段(图 15.7c)

$$\text{2,3-磷酸-D-甘油醛} + 4ADP^{3-} + 2P_i^{2-} + 2H^{+} \longrightarrow \text{2 L-乳酸}^{-} + 4\ ATP^{4-} + 2H_2O$$

总反应:

$$\text{D-葡萄糖} + 2ADP^{3-} + 2P_i^{2-} \longrightarrow \text{2L-乳酸}^{-} + 2ATP^{4-} + 2H_2O$$

启动阶段消耗 2 分子 ATP 将葡萄糖转化为 1,6-二磷酸果糖。ATP 在这个阶段是“投资”而非丢失,因为后面将生成更多 ATP。分解阶段将 1,6-二磷酸果糖分解为 2 分子 3-磷酸甘油醛。在氧化还原磷酸化阶段,2 分子 3-磷酸甘油醛转化为 2 分子乳酸并生成 4 分子 ATP。因此总反应消耗 1 分子葡萄糖,生成 2 分子乳酸和 2 分子 ATP。

第一阶段:葡萄糖的启动

虽然己糖激酶反应消耗 ATP(图 15.7a),但它使葡萄糖以 **6-磷酸葡萄糖(glucose 6-**

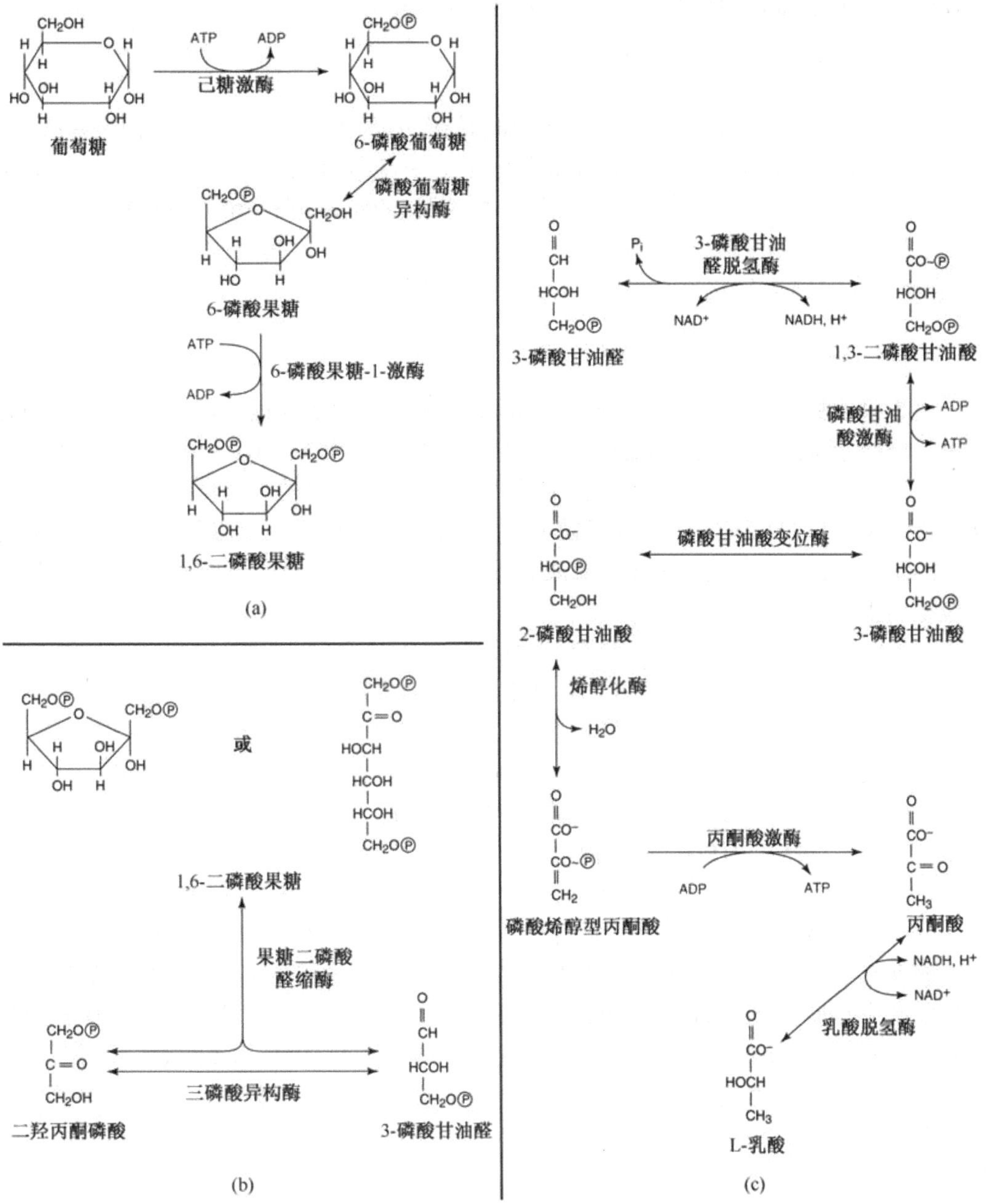

图 15.7　糖酵解途径分为 3 个阶段

P 代表磷酰基团;～代表高能磷酸键。(a)启动阶段;(b)中间产物的分解阶段;(c)氧化还原磷酸化阶段

phosphate, G6P)的形式被局限于细胞溶胶中,所有糖酵解酶均分布其中,便于糖酵解顺利进行。磷酸酯带电荷且是疏水性的,因此不能通过细胞膜。ATP 使葡萄糖磷酸化在热力学上是可行的,在生理条件下是不可逆反应,其逆反应不能合成 ATP。

下一步由磷酸葡萄糖异构酶催化的反应是可逆的,不受调控。

6-磷酸果糖-1-激酶(6-phosphofructo-1-kinase)使 6-磷酸果糖(F6P)转化为 1,6-二磷酸果糖(FBP),是 ATP 依赖性的。此酶受多种效应物调节,是糖酵解途径的主要调节酶。

该反应不可逆，需要消耗第 2 个 ATP 才能启动葡萄糖。

第二阶段：磷酸化中间产物的分解

1，6-二磷酸果糖在 1，6-二磷酸果糖醛缩酶的作用下分解为 1 分子二羟丙酮磷酸（dihydroxyacetone phosphate，DHAP）和 1 分子 3-磷酸甘油醛（glyceraldehydes 3-phosphate，GAP）（图 15.7b）。该反应是可逆的，**醛缩酶（aldolase）**在一个方向使醛裂解，在反方向使醛缩和。磷酸丙糖异构酶催化二羟丙酮磷酸和 GAP 之间可逆的相互转化。当二羟丙酮磷酸（DHAP）转化为 GAP 时，1 分子葡萄糖便转化为 2 分子 GAP。

第三阶段：氧化还原反应与 ATP 合成

由 **3-磷酸甘油醛脱氢酶（glyceraldehydes 3-phosphate dehydrogenase）**催化的反应很有意思。醛（3-磷酸甘油醛）氧化成羧酸，并伴随 NAD^+ 还原为 NADH。生成的酸是 1，3-二磷酸甘油酸，是一个羧酸和一个磷酸的混合酐，它具有大量负的水解自由能，使其能参与接下来生成 ATP 的反应。总反应可被视为一个非常有利的放能反应与一个不利的吸能反应的偶联。放能反应是醛氧化为羧酸的反应，该反应与 NAD^+ 还原为 NADH 的吸能反应相偶联。

$$\text{醛} + H_2O \longrightarrow \text{羧酸} + 2H^+ + 2e^-$$

$$NAD^+ + 2H^+ + 2e^- \longrightarrow NADH + H^+$$

总反应放出大量能量：

$$\text{醛} + H_2O + NAD^+ \longrightarrow \text{羧酸} + NADH + H^+,\ \Delta G^{0'} = -10.3\text{kcal/mol}$$

反应中另一个吸热过程是羧酸与磷酸形成混合酐：

$$\text{羧酸} + HPO_4^{2-} \longrightarrow \text{混合酐} + H_2O,\ \Delta G^{0'} = +11.8\text{kcal/mol}$$

总反应是放热和吸热过程的偶联，总的标准自由能改变为 +1.5kcal/mol：

$$\text{醛} + NAD^+ + HPO_4^{2-} \longrightarrow \text{混合酐} + NADH + H^+,\ \Delta G^{0'} = +1.5\text{kcal/mol}$$

该反应在细胞中是可逆的。催化机制涉及 3-磷酸甘油醛与半胱氨酸残基的巯基反应生成巯基半缩醛（图 15.8）。内部发生氧化还原反应，其中 NAD^+ 还原为 NADH，巯基半缩醛氧化为高能硫酯键。外源的 NAD^+ 替代了结合的 NADH，而硫酯键与磷酸反应形成混合酐，同时使游离巯基得到再生，混合酐则从酶上解离。应该注意的是，游离的羧酸基团在反应中并非由醛基产生的。相反，酶以高能硫酯键的形式生成羧基，再与磷酸反应生成羧酸和磷酸的混合酐。

由 3-磷酸甘油醛脱氢酶催化的反应需要 NAD^+，同时产生 NADH。由于细胞溶胶中的 NAD^+ 有限，只有当 NADH 再氧化为 NAD^+，糖酵解途径才能持续进行。在以后的章节中将探讨细胞将 NADH 转化为 NAD^+ 的选择机制（见 15.3 节）。

在接下来的反应中，**磷酸甘油酸激酶（phosphoglycerate kinase）**使高能化合物 1，3-二磷酸甘油酸生成 ATP（图 15.7c）。这是糖酵解过程中第一个生成 ATP 的反应。由于在启动阶段，每分子葡萄糖需要投资 2 分子 ATP，而每分子葡萄糖生成 2 分子 1，3-二磷酸甘油酸，因此投资的所有 ATP 在这一步得到补充。3-磷酸甘油醛脱氢酶-磷酸甘油酸激酶体系是典型的**底物水平磷酸化（substrate-level phosphorylation）**，其中的底物参与生成 ATP 或 GTP 的酶促反应。

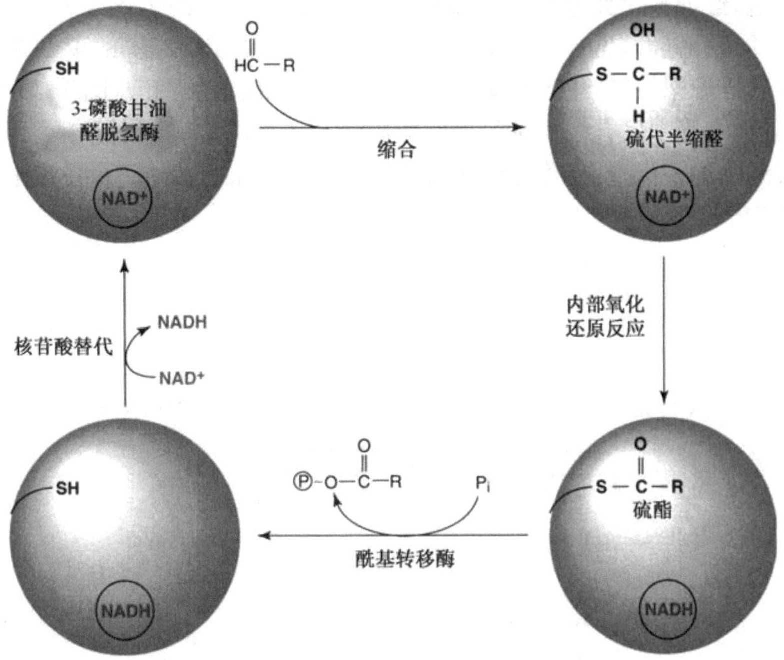

图 15.8　3-磷酸甘油醛脱氢酶催化机制

大环代表酶，小环代表 NAD^+ 的结合位点。—RCOH 代表 3-磷酸甘油醛的醛基；—SH 代表酶活性位点处半胱氨酸残基的巯基；—P 代表 1,3-二磷酸甘油酸的高能磷酸键

上述底物水平磷酸化与线粒体电子传递链和 ATP 合成酶所催化的氧化磷酸化截然不同(见 14.7 节)。值得注意的是，在没有质膜系统的参与下，由 3-磷酸甘油醛脱氢酶与磷酸甘油酸激酶共同完成了氧化过程(醛基氧化为羧酸)与磷酸化的偶联。

磷酸甘油酸变位酶(phosphoglycerate mutase)使 3-磷酸甘油酸转化为 2-磷酸甘油酸。这是一个可逆反应，其中 2,3-二磷酸甘油酸是在活性位点处所必需的中间产物。

E-磷酸＋3-磷酸甘油酸 ⟶ E＋2,3-二磷酸甘油酸

E＋2,3-二磷酸甘油酸 ⟶ E-磷酸＋2-磷酸甘油酸

总反应：3-磷酸甘油酸 ⟶ 2-磷酸甘油酸

这个中间产物形成了对细胞中 2,3-二磷酸甘油酸的催化量的绝对需求。这可以通过下列事实加以理解：没有 2,3-二磷酸甘油酸就不能产生 E-磷酸，同样没有 E-磷酸也就不能生成 2,3-二磷酸甘油酸。细胞通过 2,3-二磷酸甘油酸变位酶将 1,3-二磷酸甘油酸转变为 2,3-二磷酸甘油酸，从而解决了这个问题。

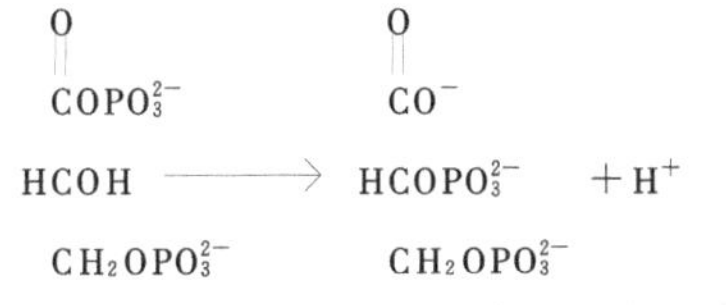

1,3-二磷酸-D-甘油酸　　2,3-二磷酸-D-甘油酸

该酶为双功能酶，既是形成 2,3-二磷酸甘油酸的变位酶，也是将 2,3-二磷酸甘油酸水解为 3-磷酸甘油酸和磷酸的**磷酸酶(phosphatase)**。所有的细胞都含有微量 2,3-二磷酸甘油酸，用于形成新合成的磷酸甘油酸变位酶的磷酸化形式(E-P)。与其他细胞

截然不同的是，红细胞含大量2，3-二磷酸甘油酸，作为重要的负性变构调节剂调节氧与血红蛋白的结合能力(见9.4节)。在红细胞中，有15%～25%的葡萄糖通过"2，3-二磷酸甘油酸分流途径"转化为乳酸，用于合成2，3-二磷酸甘油酸(图15.9)，而与此不同的是，在其他细胞中仅有极少量的葡萄糖用于合成2，3-二磷酸甘油酸。由于绕过了磷酸甘油酸激酶这一步骤，当葡萄糖通过"2，3-二磷酸甘油酸分流"途径转化为乳酸时，并不产生ATP。

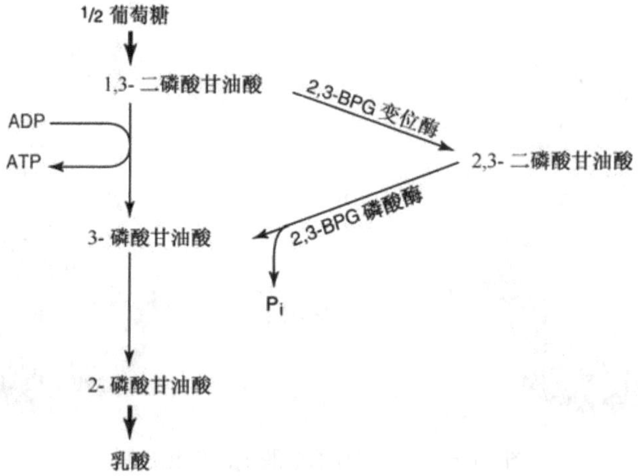

图15.9　2，3-二磷酸甘油酸分流反应由双功能酶2，3-二磷酸甘油酸变位酶/磷酸酶所催化

烯醇化酶(**enolase**)使2-磷酸甘油酸去水形成磷酸烯醇型丙酮酸(图15.7c)。该反应产生一个高能磷酸键。磷酸烯醇型丙酮酸水解的$\Delta G^{0'}$是-14.8kcal/mol，而2-磷酸甘油酸水解的$\Delta G^{0'}$只有-4.2kcal/mol。

丙酮酸激酶则完成另一个底物水平磷酸化(图15.7c)，该反应在细胞内是不可逆的。

糖酵解的最后一步是由**乳酸脱氢酶**(**lactate dehydrogenase**)催化的可逆的氧化还原反应(图15.7c)。丙酮酸还原为L-乳酸而NADH氧化为NAD^+。这是机体内唯一生成或利用L-乳酸的反应。

ATP的生成与无氧糖酵解的平衡方程式

1分子葡萄糖转化为2分子乳酸可形成2分子ATP。在总反应中，消耗2分子ATP而生成4分子ATP，净生成2分子ATP。总反应如下

$$\text{葡萄糖} + 2ADP^{3-} + 2P_i^{2-} \longrightarrow 2\,\text{乳酸} + 2ATP^{4-} + 2H_2O$$

细胞中只有有限的ADP和P_i。通过糖酵解的流量取决于这些底物的足量供给。如果不需要利用ATP做功，糖酵解对ADP和(或)P_i的需求也停止。因此，生成的ATP只能用于正常做功以便发生糖酵解。任何利用ATP做功的过程可简单表示为

$$ATP^{4-} + H_2O \longrightarrow ADP^{3-} + P_i^{2-} + H^+ + \text{"功"}$$

当数量加倍并与前面的糖酵解方程式合并时，不算所做的功，因为这对抵消ATP是必需的，总平衡方程变成

$$\text{D-葡萄糖} \longrightarrow 2\ \text{L-乳酸}^- + 2H^+$$

这表明无氧糖酵解会产生对机体有害的酸(见临床相关知识 15.5)，因为细胞内 pH 必须保持在接近中性才能维持酶的最佳活性。

糖酵解产生的 NADH 再被氧化为 NAD^+：乳酸脱氢酶的作用和底物穿梭

无氧糖酵解

NADH 和 NAD^+ 并没有出现在无氧糖酵解的总方程式中。在该途径中，NADH 的产生与利用是偶联的(图 15.7c)。3-磷酸甘油醛脱氢酶产生的 2 分子 NADH 又被乳酸脱氢酶利用。由于 NAD^+ 含量有限，因此为了使糖酵解持续进行必须再生。这两个反应是

$$\text{3-磷酸-D-甘油醛} + NAD^+ + P_i \longrightarrow \text{1,3-二磷酸-D-甘油酸} + NADH + H^+$$

$$\text{丙酮酸} + NADH + H^+ \longrightarrow \text{L-乳酸} + NAD^+$$

总反应为

$$\text{3-磷酸-D-甘油醛} + \text{丙酮酸} + P_i \longrightarrow \text{1,3-二磷酸-D-甘油酸} + \text{L-乳酸}$$

在缺氧情况下或细胞中缺少线粒体时，还原当量会通过这些反应发生完美的偶联。

有氧糖酵解

当存在氧气和线粒体时，由 3-磷酸甘油醛脱氢酶产生的 NADH 还原当量被分流到线粒体中进行有氧氧化，糖酵解的终产物是丙酮酸而非乳酸。NADH 不能穿过线粒体内膜(见 14.8 节)，而是通过**苹果酸-天冬氨酸穿梭(malate-aspartate shuttle)**和**3-磷酸甘油穿梭(glycerol phosphate shuttle)**(图 15.10)将 NADH 转运至线粒体基质中(见 14.8 节)。肝主要利用苹果酸-天冬氨酸穿梭，而一些骨骼肌更依赖于 3-磷酸甘油穿梭。苹果酸-天冬氨酸穿梭的总反应为

$$NADH(\text{细胞溶胶中}) + H^+(\text{细胞溶胶中}) + NAD^+(\text{线粒体}) \longrightarrow NAD^+(\text{细胞溶胶中}) + NADH(\text{线粒体}) + H^+(\text{线粒体})$$

3-磷酸甘油穿梭在线粒体内膜上产生 $FADH_2$。其总反应是：

$$NADH(\text{细胞溶胶中}) + H^+(\text{细胞溶胶中}) + FAD(\text{内膜}) \longrightarrow NAD^+(\text{细胞溶胶中}) + FADH_2(\text{内膜})$$

由苹果酸-天冬氨酸穿梭在线粒体中形成的 NADH 能被电子传递链氧化，通过氧化磷酸化产生 2.5 分子 ATP：

$$NADH(\text{线粒体}) + H^+ + 0.5O_2 + 2.5ADP + 2.5P_i \longrightarrow NAD^+(\text{线粒体}) + 2.5ATP + H_2O$$

而由 3-磷酸甘油穿梭形成的 $FADH_2$ 只产生 1.5 分子 ATP：

$$FADH_2(\text{内膜}) + 1.5O_2 + 1.5ADP + 1.5P_i \longrightarrow FAD(\text{内膜}) + 1.5ATP + H_2O$$

因此，由糖酵解产生的 NADH 氧化生成 3 或 5 分子 ATP 取决于其依赖的底物穿梭机制。

底物穿梭在其他氧化还原反应途径中同样重要

乙醇氧化

乙醇被乙醇脱氢酶(alcohol dehydrogenase)氧化为乙醛，生成 NADH。

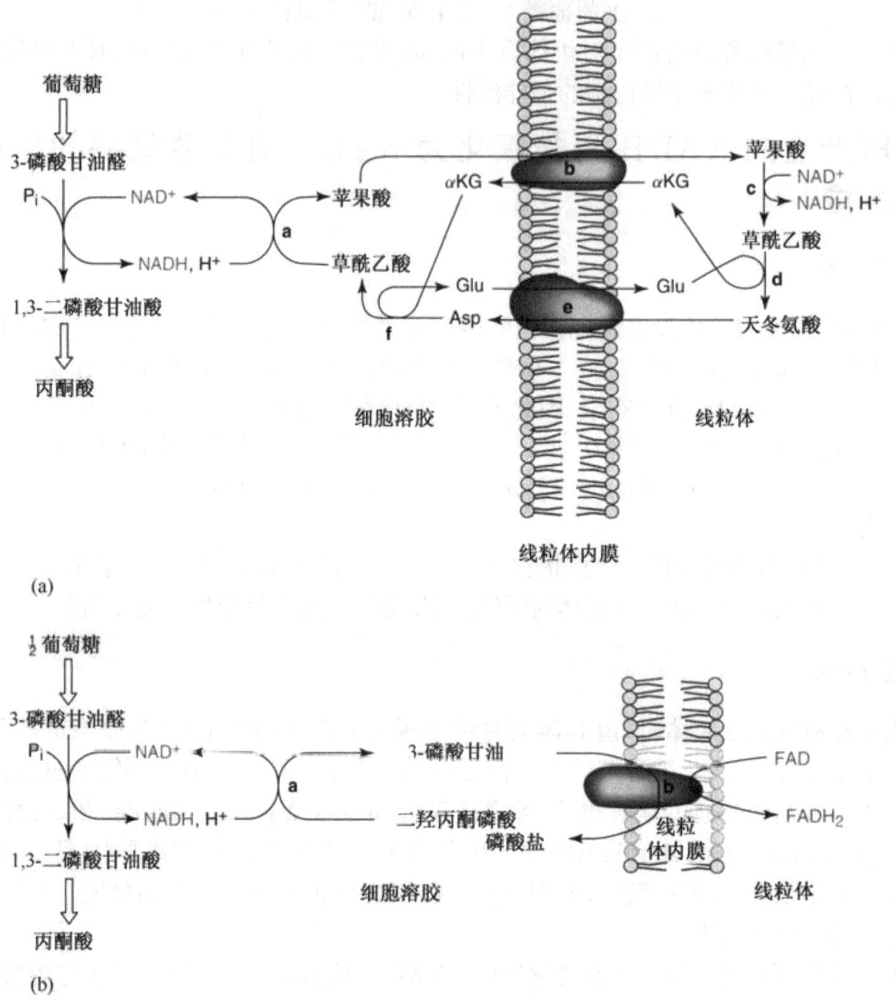

图 15.10　将还原当量从细胞溶胶转移到线粒体电子传递链的穿梭机制

(a)苹果酸-天冬氨酸穿梭;a,细胞溶胶中苹果酸脱氢酶通过将草酰乙酸(OAA)还原为苹果酸(Mal)而氧化NADH;b,二羧酸在线粒体内膜反向转运催化苹果酸与α-酮戊二酸(α-KG)进行电中性交换;c,线粒体苹果酸脱氢酶通过将Mal氧化为OAA而还原NAD^+;d,线粒体天冬氨酸氨基转移酶使谷氨酸和OAA发生转氨基作用;e,谷氨酸-天冬氨酸在线粒体内膜反向转运催化谷氨酸与天冬氨酸(Asp)进行生电交换;f,细胞溶胶中天冬氨酸氨基转移酶使谷氨酸和α-KG发生转氨基作用。(b)3-磷酸甘油穿梭;a,细胞溶胶中3-磷酸甘油脱氢酶通过将二羟丙酮还原为3-磷酸甘油而氧化NADH;b,线粒体内膜外表面的3-磷酸甘油脱氢酶还原FAD,被线粒体电子传递链利用

$$CH_3CH_2OH + NAD^+ \longrightarrow CH_3CHO + NADH$$

该酶几乎只存在于肝细胞的细胞溶胶中。乙醛穿过线粒体内膜,被线粒体基质中的**乙醛脱氢酶(aldehyde dehydrogenase)**进一步氧化。

$$CH_3CHO + NAD^+ + H_2O \longrightarrow CH_3COO^- + NADH + 2H^+$$

最后一步产生的NADH可直接被线粒体电子传递链利用。而细胞溶胶中产生的NADH通过底物穿梭被重新氧化成NAD^+。因此,对乙醇的氧化能力便取决于肝通过这些穿梭系统将还原当量从细胞溶胶转移到线粒体的能力。

葡萄糖醛酸的形成

水溶性胆红素与各种药物的葡萄糖醛酸经尿液和胆汁排泄。在葡萄糖醛酸形成过程中，UDP-葡萄糖被氧化为**UDP-葡萄糖醛酸(UDP-glucuronic acid)**(结构见 16.3 节)。

$$\text{UDP-D-葡萄糖} + 2NAD^{+} + H_2O \longrightarrow \text{UDP-D-葡萄糖醛酸} + 2NADH + 2H^{+}$$

最初在肝中，这种“活化的”葡萄糖醛酸被转移给无极性的受体分子，如胆红素或机体摄入的外来化合物

$$\text{UDP-D-葡萄糖醛酸} + \text{R-OH} \longrightarrow \text{R-O-葡萄糖醛酸} + \text{UDP}$$

由第一个反应产生的 NADH 通过底物穿梭再次被氧化。由于乙醇氧化和药物结合反应都发生在肝中，同时摄入这两种物质可能会超出底物穿梭的荷载能力。这就解释了为何建议不要用酒精吞服药物(见临床相关知识 15.1)。

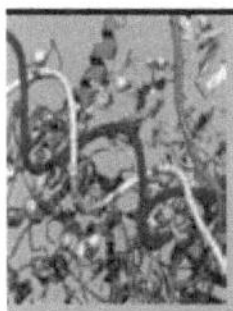

临床相关知识 15.1

酒精和巴比妥类药物

急性酒精中毒增加对巴比妥类药物抑制作用的敏感性。巴比妥类药物和酒精能与 γ-氨基丁酸(GABA)-活化的氯离子通道相互作用。激活该通道会抑制神经元放电，这就解释了这两种化合物协同的抑制作用。这种联合作用很危险，当与酒精合用时，正常剂量的巴比妥也有潜在的致死性。而且，酒精抑制巴比妥的代谢，延长其在体内的半衰期。肝细胞中 NADPH 依赖的内质网细胞色素 P450 系统对巴比妥类药物的抑制作用受酒精的抑制。这就减慢了巴比妥类药物转化为水溶性衍生物经肾脏和胆汁排出的速度。巴比妥类血药浓度保持高水平，增加了对中枢神经系统的抑制。

令人惊讶的是，清醒的嗜酒者对巴比妥类药物较不敏感。长期饮酒可明显引起对巴比妥类药物敏感性的适应性改变(交叉耐受)，并诱导肝细胞内质网细胞色素 P450 参与药物羟化反应。因此，清醒的嗜酒者能更快地代谢巴比妥类药物。这就造成清醒的嗜酒者很难入睡，即使服用大量安眠药也无济于事，因为其肝对药物中所含的巴比妥的羟化能力增强了。由于挫折感而加大药量并饮酒，虽然能入睡，但接着可能会出现呼吸抑制和死亡，因为尽管嗜酒者在清醒时对巴比妥并不敏感，但对酒精的协同作用还是敏感的。

巯基试剂和氟化物抑制糖酵解

3-磷酸甘油醛脱氢酶的活性位点因含具有重要催化活性的半胱氨酸残基而被**巯基试剂(sulfhydryl reagent)**抑制。在催化循环中，巯基基团与 3-磷酸甘油醛反应形成巯基半缩醛(图 15.8)。巯基试剂，通常是含汞化合物或碘乙酸等烷基化合物，则阻止巯基半缩醛的形成(图 15.11)。

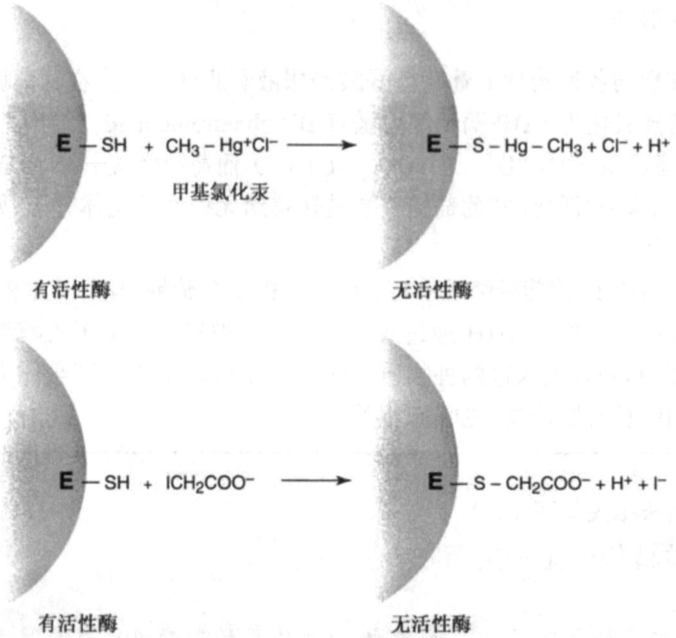

图 15.11 巯基试剂使 3-磷酸甘油酸脱氢酶失活的机理

氟化物(**fluoride**)是烯醇化酶的强抑制剂。Mg^{2+} 和 P_i 与氟化物形成离子复合体,通过干扰底物的结合(Mg^{2+} 2-磷酸甘油酸$^{2-}$)抑制烯醇化酶。

砷酸阻断 ATP 的净生成但并不抑制糖酵解

五价**砷化合物**(**arsenic**)或**砷酸**(**arsenate**)通过使 3-磷酸甘油醛脱氢酶反应中的砷分解而阻断 ATP 的净生成(图 15.12)。砷酸的结构类似于五价磷酸,容易取代酶促反应中的 P_i(也是五价的)。经 3-磷酸甘油醛脱氢酶作用,生成砷酸与 3-磷酸甘油酸的羧基基团的混合酐。1-砷酸-3-磷酸甘油酸不稳定,可自发水解为 3-磷酸甘油酸和砷酸。结果,在有砷酸存在时,糖酵解持续进行,但并不生成 1,3-二磷酸甘油酸。因此,ATP 也就不能通过磷酸甘油酸激酶生成。所以,在有砷酸存在时,不能净生成 ATP,因为在启动阶段消耗的 ATP 与在丙酮酸激酶阶段生成的 ATP 抵消了。砷分解还能干扰氧化磷酸化生成 ATP,因此砷酸是有毒的(见临床相关知识 15.2)。

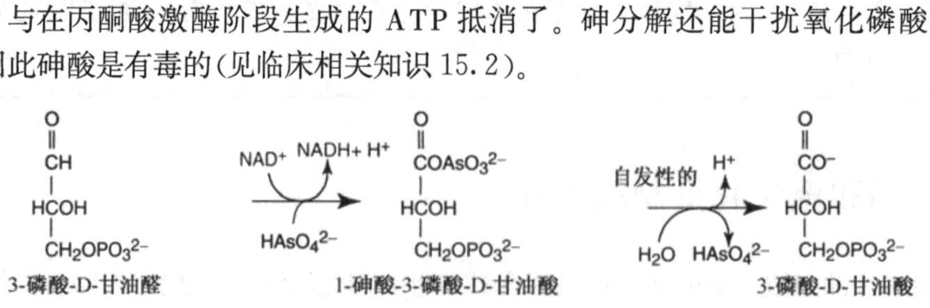

图 15.12 砷酸在 3-磷酸甘油醛脱氢酶反应阶段使氧化与磷酸化解偶联

临床相关知识 15.2
砷中毒

大多数砷化物具有毒性，其三价形式(AsO_2^-)比五价形式(砷酸或 $HAsO_4^{2-}$)的毒性更强。在生化反应中，当砷酸替代磷酸时，生成的 ATP 减少。砷酸竞争酶上的磷酸结合位点，形成不稳定的砷酸酯。而亚砷酸盐的作用机理则不同，与结合硫辛酸的酶形成稳定复合物(见图)。

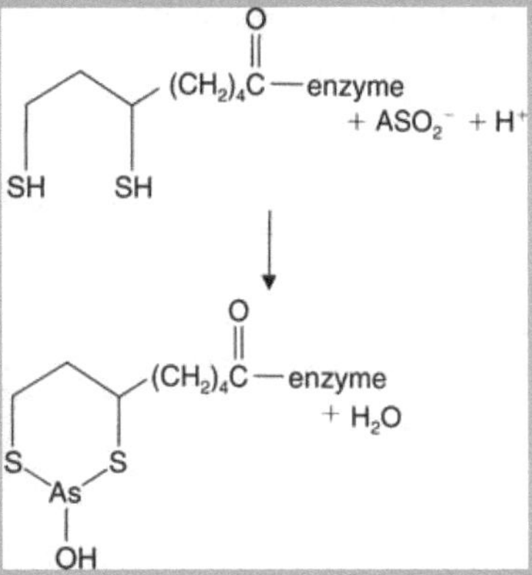

在很大程度上，砷中毒是抑制了以硫辛酸为辅酶的酶活性。这些酶包括丙酮酸脱氢酶、α-酮戊二酸脱氢酶以及支链 α-酮酸脱氢酶等。诊断慢性砷中毒最好的方法是检测受害者头发或指甲中的砷含量。正常人头发中的砷含量约为 0.5mg/kg，而慢性砷中毒者头发中砷含量是正常水平的 100 倍。

15.4　糖酵解的调控

与其他涉及多步骤的复杂调控通路一样，经糖酵解的流量取决于多种酶的活性，而不是只受单个“限速”酶调节。定量测定酶在特定条件下对经过一种通路的流量的相对影响最好的方法是测定该酶的“控制力”。根据下列公式来测定酶的控制力

$$控制力=\frac{流量的变化量}{酶活性的变化量}$$

举例来说，如果一个酶活性抑制 10% 对流量无影响，那么该酶的控制力就是 0(0/10)。假设一个酶活性抑制 10% 对流量产生 10% 的抑制，则该酶的控制力就是 1(10/10)，这意味着流量完全依赖于这种条件下的酶活性。若一个酶活性抑制 10% 对流量产生 5% 的抑制，则该酶的控制力就是 0.5(5/10)，这意味着有一半的流量依赖于该酶活性。而剩下的控制力则由其他酶促反应步骤调节，因为一个线性通路的总控制力必然是 1。

对糖酵解流量的调节除了取决于组织、营养和激素状态外，控制力最强的糖酵解酶是**己糖激酶**(**hexokinase**)、**6-磷酸果糖-1-激酶**(**6-phosphofructo-1-kinase**)和**丙酮酸激酶**(**pyruvate kinase**)(图 15.13)，这些酶受变构调节或共价修饰调节。

非调控酶很可能是催化“近平衡反应”，而调控酶则催化“非平衡反应”。非调控酶的活性自发地使其底物和产物达到平衡浓度，而调控酶的活性则不足以使其底物和产物达到平衡。一个酶促反应是近平衡还是非平衡可通过比较该反应的平衡常数与其所在细胞的质量-作用比率来确定。反应 A+B ⟶ C+D 的平衡常数定义为

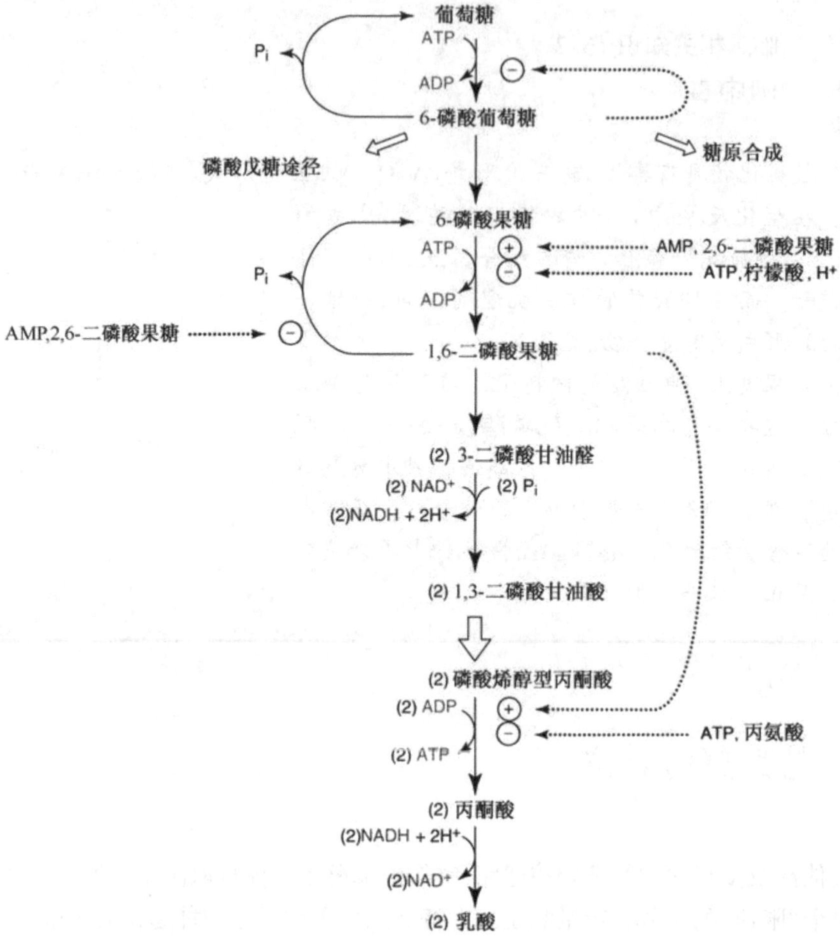

图 15.13　糖酵解的重要调控特征

由于同工酶表达具有组织差异,并非所有组织都有这里显示的全部调控机制

$$K_{eq}=\frac{[C][D]}{[A][B]}$$

括号表示平衡时的浓度。质量-作用比率的计算公式相似,不过用的是稳定-状态(ss)的浓度:

$$质量\text{-}作用比率=\frac{[C]_{ss}[D]_{ss}}{[A]_{ss}[B]_{ss}}$$

如果质量-作用比率接近 K_{eq},则该酶催化一个近平衡反应,不是调控酶。如果质量-作用比率与 K_{eq} 不同,则该酶催化一个非平衡反应,通常是调控酶。比较肝糖酵解过程中酶的质量-作用比率与 K_{eq},发现许多酶是催化平衡反应的。而己糖激酶、6-磷酸果糖-1-激酶和丙酮酸激酶的反应则远离平衡,提示它们可能是调控位点。

己糖激酶和葡萄糖激酶具有不同特性

不同组织中存在不同的**己糖激酶同工酶**(**hexokinase isoenzyme**)。相对血糖浓度(约

5mmol/L)而言，己糖激酶同工酶在大多数组织中对葡萄糖的 K_m 值很低(<0.1mmol/L)，并受产物 6-磷酸葡萄糖的显著抑制。后者很重要，能阻止己糖激酶与细胞中的无机磷结合形成磷酸化己糖(见临床相关知识 15.3)。由于能被加入的 6-磷酸葡萄糖所抑制，己糖激酶反应属于不平衡反应。肝实质细胞和胰腺 β细胞比较特殊，它们含葡萄糖激酶，是己糖激酶的同工酶，但与其动力学特性截然不同。它与其他己糖激酶一样，催化 ATP 依赖的葡萄糖磷酸化，但对葡萄糖的 $S_{0.5}$(使酶活性达到最大速率的一半时的底物浓度)明显高于其他己糖激酶对葡萄糖的 K_m 值(图 15.14)。而且葡萄糖激酶对 6-磷酸葡萄糖的产物抑制并不敏感，其葡萄糖饱和曲线是 S 形的，也就是说具有协同效应(见 10.10 节)。由于不能运用米-孟方程(见 10.7 节)，因此用 $S_{0.5}$ 值(使反应速率达到最大速率的一半时所需的底物浓度)而非 K_m 值来描述其动力学特性。虽然葡萄糖激酶对生理浓度的 6-磷酸葡萄糖的抑制作用并不敏感，但它间接地受 6-磷酸果糖调节，6-磷酸果糖与 6-磷酸葡萄糖只相差一步，处于平衡状态。一种特异的**葡萄糖激酶抑制蛋白(glucokinase inhibitory protein，GK-RP)**位于肝细胞核中，负责这种调节作用(图 15.15)。GK-RP 将葡萄糖激酶以非活性形式隔绝在细胞核中。**6-磷酸果糖(fructose 6-phosphate)**促进葡萄糖激酶与调节蛋白结合，从而抑制葡萄糖激酶。6-磷酸果糖促进葡萄糖激酶从细胞溶胶转位入核，使之被抑制性蛋白完全抑制。这种抑制效应可通过增加葡萄糖浓度而完全逆转。葡萄糖促进葡萄糖激酶从调节蛋白上解离下来，从而促进它从细胞核转位到细胞溶胶。葡萄糖激酶的这些特异的调节特性(葡萄糖的高 $S_{0.5}$，与葡萄糖浓度有协同性，葡萄糖刺激它从胞核到细胞溶胶的转位)有助于肝"缓冲"血糖水平。因为 GLUT2，即肝细胞的葡萄糖转运体，可将葡萄糖快速转运到细胞质中，使胞内浓度与血液浓度相同。由于葡萄糖激酶对葡萄糖的 $S_{0.5}$ 值(约 7mmol/L)高于正常血糖浓度(约 5mmol/L)，而且葡萄糖能促进葡萄糖激酶从细胞核转位到细胞溶胶中，任何使门静脉血糖浓度高于正常值的因素都会引起肝中经葡萄糖激酶作用的葡萄糖磷酸化速率显著加快(图 15.14 和图 15.15)。同样，任何血糖的降低都有相反的效应。因此，只有当血糖水平显著升高时，肝才会大大加

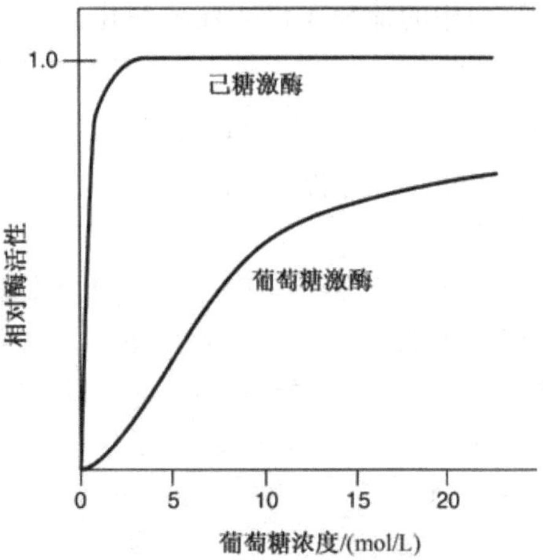

图 15.14　对己糖激酶和葡萄糖激酶的底物饱和曲线的比较

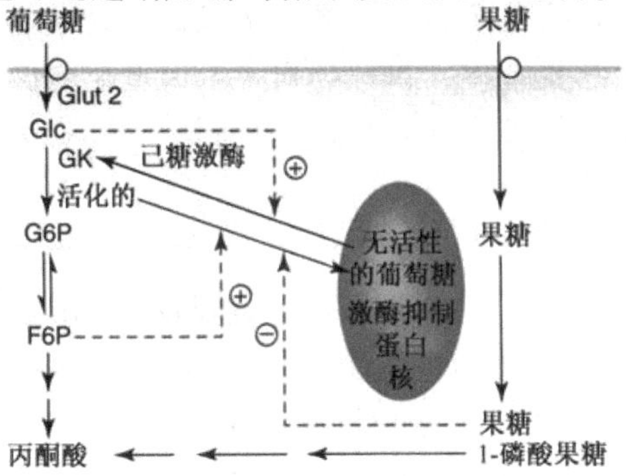

图 15.15　葡萄糖激酶活性受酶在细胞质与细胞核之间转位的调控

葡萄糖通过促进葡萄糖激酶(GK)转位到细胞质中而增加葡萄糖激酶活性。6-磷酸果糖通过促进该酶入核而降低 GK 活性。1-磷酸果糖通过抑制该酶入核而增加 GK 活性。核内 GK 与调节蛋白(RP)的结合完全抑制 GK 活性

快对葡萄糖的利用，当血糖水平较低时，肝脏会减少对葡萄糖的利用。如果葡萄糖激酶的 K_m 值也像其他己糖激酶一样低，它就不会具有这种对血糖水平的缓冲作用，因为在葡萄糖的生理浓度下，它会被完全饱和。另一方面，低 K_m 值的己糖激酶对脑组织等是有利的，因为这种机制确保了即使血液和组织中的葡萄糖浓度达到危险的低限时，脑组织中的葡萄糖仍能被磷酸化。

临床相关知识 15.3
果糖不耐受

遗传性果糖不耐受患者肝中缺乏醛缩酶 B，它可将 1-磷酸果糖分解为二羟丙酮磷酸和甘油醛。在哺乳动物中存在 3 种同工酶(醛缩酶 A、B、C)。醛缩酶 B 主要分布于肝中。它催化 1-磷酸果糖和 1,6-二磷酸果糖，但对 1,6-二磷酸果糖的亲和力更大(K_m 值更小)。醛缩酶 B 缺乏的患者摄入果糖会引起肝脏中 1-磷酸果糖堆积而 ATP 和 P_i 缺乏。相关反应如下

$$\text{果糖} + \text{ATP} \longrightarrow \text{1-磷酸果糖} + \text{ADP}$$

$$\text{ADP} + P_i + \text{“电子传递链提供的能量”} \longrightarrow \text{ATP}$$

$$\text{净反应}: P_i + \text{果糖} \longrightarrow \text{1-磷酸果糖}$$

1-磷酸果糖与 P_i 结合使肝脏线粒体无法通过氧化磷酸化产生 ATP。ATP 水平骤然下降，使肝脏无法行使正常功能。由于依赖 ATP 的离子泵无法正常运行，正常离子梯度无法保持，便出现细胞损伤。

尽管果糖不耐受患者对果糖尤其敏感，但人体通常对果糖还是具有一定代谢能力的。正常肝使果糖磷酸化的能力远超过其分解 1-磷酸果糖的能力。这意味着肝对果糖利用的调节很差，而且过量摄入果糖会引起肝中 ATP 和 P_i 的缺乏。临床上已尝试以果糖替代葡萄糖用于肠外营养患者。其原理是果糖的利用相对不依赖患者的胰岛素状态，因此与葡萄糖相比，果糖是一种更好的能量来源。但静脉内输入大量果糖会迅速引起肝损害。也有人试图用木糖醇和山梨醇替代果糖，但它们与果糖一样，也会引起肝中 ATP 和 P_i 的缺乏，因此不能用于肠外营养。

由于高 $S_{0.5}$ 值的速率限制以及调节蛋白的抑制作用，在生理条件下，**葡萄糖激酶(glucokinase)**的酶促反应并不处于平衡状态。另一个抑制葡萄糖激酶活性的因素是葡萄糖-6-磷酸酶，它与葡萄糖激酶一样，相对于胞内浓度(约 0.2mmol/L)而言，对 6-磷酸葡萄糖有较高的 K_m 值(3mmol/L)，因此糖酵解的流量几乎直接与胞内 6-磷酸葡萄糖的浓度成正比。如图 15.16 所示，己糖激酶和**葡萄糖-6-磷酸酶(glucose 6-phosphatase)**联合作用会形成一个无效循环，即总反应是将 ATP 水解为 ADP 和 P_i 却不做功。当血糖浓度约为 5mmol/L 时，葡萄糖激酶的活性通过具有相反活性的葡萄糖-6-磷酸酶的激活而达到几乎完全平衡。结果在两个方向均不产生净流量。这个**无效循环(futile cycling)**虽然浪费 ATP，但与糖异生过程相协同(见 15.5 节)，共同发挥肝“缓冲”血糖水平的重要作用，这也阻止了葡萄糖激酶与肝中所有的磷酸结合(见临床相关知识 15.3)。

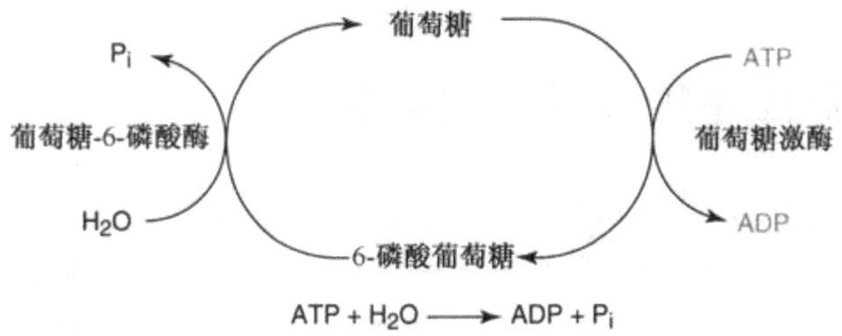

图 15.16　葡萄糖的磷酸化和去磷酸化形成肝实质细胞中的一个无效循环

果糖(**fructose**)是水果、蜂蜜、蔬菜中的成分,通过间接机制促进肝利用葡萄糖。它在肝中被转化为 1-磷酸果糖(见临床相关知识 15.3),后者能促进葡萄糖激酶从它的调节蛋白上解离下来并转位出核。正常情况下,6-磷酸果糖对葡萄糖激酶的抑制作用有时会有相反的效应,与饮食中摄入过多的果糖有关,如肝碳水化合物利用增加、脂肪生成以及高三酰甘油血症等。

葡萄糖激酶还是一种**可诱导酶**(**inducible enzyme**)。诱导和阻遏酶的合成是一个较缓慢的过程,通常需要几个小时才能有明显的变化。血糖水平升高促进胰腺 β 细胞释放胰岛素,**胰岛素**(**insulin**)促进肝葡萄糖激酶的转录并增加其蛋白水平。因此,摄入大量碳水化合物的人比其他人的葡萄糖激酶含量高。肝中被诱导的已糖激酶有利于降低升高的血糖浓度。缺少胰岛素使糖尿病患者肝中缺乏葡萄糖激酶,从而降低了肝对血糖浓度改变的"缓冲"作用(见临床相关知识 15.4)。编码葡萄糖激酶的基因缺陷使 $S_{0.5}$ 值和(或)V_{max} 值发生改变会导致青年人在成年后发病的糖尿病(MODY),这是一种 2 型糖尿病。

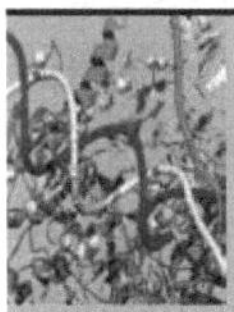

临床相关知识 15.4
糖尿病

糖尿病是以碳水化合物、脂肪和蛋白质代谢紊乱为特征的慢性病。临床上主要分为 1 型(见临床相关知识 22.8)和 2 型(见临床相关知识 22.7)。

没有空腹高血糖的患者可用口服糖耐量试验进行诊断。该方法是在受试者摄入 100g 碳水化合物后检测空腹、30min、60min、2h 或更长时间的血糖水平。正常人在餐后 2h 内血糖恢复到正常水平。而糖尿病患者的血糖会达到更高水平或在更长时间内处于高水平,这取决于疾病的严重程度。但许多因素都会影响糖耐量试验。患者在试验前 3 天内必须进食高碳水化合物饮食,以充分诱导利用葡萄糖的酶,包括葡萄糖激酶、脂肪酸合成酶以及脂酰辅酶 A 羧化酶。几乎任何感染(甚至感冒)或小的"应激"(可能对交感神经系统的影响)都会导致糖耐量试验结果的暂时异常。因此,空腹高血糖是诊断糖尿病的必要条件。糖尿病患者的胰岛素敏感组织(如肌肉或脂肪组织)对血糖的摄取减少,患者或者缺乏胰岛素,或者出现"胰岛素抵抗"。对胰岛素的抵抗可能是由于胰岛素受体异常或者其受体后通路异常。肝实质细胞并不需要胰岛素帮助其摄取血糖。但没有胰岛素,肝脏转移血糖的能力会下降,这在一定程度上是由于葡萄糖激酶活性下降以及胰岛素对糖原合成和糖酵解途径关键酶的作用丧失所致。

6-磷酸果糖-1-激酶是糖酵解的调控酶

6-磷酸果糖-1-激酶(6-phosphofructo-1-kinase)是糖酵解重要的调控酶。它催化糖酵解的第一个限速步骤,因为磷酸葡萄糖异构酶催化的反应是可逆的,而且细胞利用磷酸戊糖途径中的6-磷酸葡萄糖进行糖原合成。柠檬酸、ATP和H^+是其重要的负性变构效应剂,而AMP和2,6-二磷酸果糖则是其重要的正性变构效应剂(图15.13)。这些化合物对糖酵解速率的调控取决于以下因素的变化:①细胞中的能量状态(ATP和AMP);②细胞内环境(H^+);③其他可利用的能源,如脂肪酸、酮体(柠檬酸);④血液中胰岛素/胰高血糖素的比例。

ATP和AMP对6-磷酸果糖-1-激酶的调控

巴斯德效应(Pasteur effect)是指有氧氧化能抑制糖酵解。这从热力学上很容易理解,因为葡萄糖完全氧化为CO_2和H_2O能比无氧糖酵解产生更多ATP。

糖酵解

D-葡萄糖$+2ADP^{3-}+2P_i^{2-}\longrightarrow 2$ L-乳酸$+2ATP^{4-}$

完全氧化

D-葡萄糖$+6O_2+32ADP^{3-}+32P_i^{2-}+32H^+\longrightarrow 6CO_2+6H_2O+32ATP^{4-}$

细胞利用ATP为其活动和代谢过程提供能量。葡萄糖有氧氧化能提供更多ATP,因此消耗较少的葡萄糖就能满足能量需求。产生巴斯德效应在一定程度上是因为ATP在6-磷酸果糖-1-激酶水平对糖酵解的抑制作用,这很容易理解,ATP是6-磷酸果糖-1-激酶的抑制剂,而有氧氧化又能比无氧酵解生成更多ATP。由于6-磷酸果糖-1-激酶在细胞ATP浓度正常(2.5~6mmol/L)时受到显著抑制,因此无论有氧还是无氧,ATP浓度相对较小的变化并不会引起经6-磷酸果糖-1-激酶流量的显著改变。但AMP浓度的变化较大,它是6-磷酸果糖-1-激酶的正性变构激动剂(图15.13)。当有氧时,AMP的稳态浓度显著下降,降低了6-磷酸果糖-1-激酶的活性,抑制糖酵解,从而引起巴斯德效应。当ATP水平升高时,AMP水平自动下降,这是因为胞内腺苷酸总含量,即ATP+ADP+AMP接近一个常数,而且ATP的量总是明显多于AMP。腺苷酸通过腺苷酸激酶在细胞溶胶中处于平衡状态,腺苷酸激酶催化下列可逆反应:2ADP$\longrightarrow$ATP+AMP。该反应的平衡常数K'_{eq}为

$$K'_{eq}=\frac{[ATP][AMP]}{[ADP]^2}$$

因为在生理条件下,此反应为“近平衡反应”,所以AMP浓度为

$$[AMP]=\frac{K'_{eq}[ADP]^2}{[ATP]}$$

由于胞内[ATP]≫[ADP]≫[AMP],[ATP]稍微下降会引起[ADP]的明显上升,而[AMP]与$[ADP]^2$有关,因此[ATP]稍微下降就会引起[AMP]更显著地升高。这使[AMP]成为很好的指示细胞能量状态的指标,而且它还是重要的6-磷酸果糖-1-激酶变构调节剂。6-磷酸果糖-1-激酶还以其他方式受[AMP]影响。果糖-1,6-二磷酸酶催化一个

与 6-磷酸果糖-1-激酶相反的不可逆反应

$$果糖\text{-}1,6\text{-}二磷酸酶 + H_2O \longrightarrow 6\text{-}磷酸果糖 + P_i$$

果糖-1，6-二磷酸酶和 6-磷酸果糖-1-激酶共同催化一个无效循环（$ATP + H_2O \longrightarrow ADP + P_i$ + 热量），因此会互相降低“效率”。但 AMP 抑制果糖-1，6-二磷酸酶，与它对 6-磷酸果糖-1-激酶的作用相反。所以，[ATP]略微下降会引起[AMP]显著升高，这就意味着有大量 6-磷酸果糖转化为 1，6-二磷酸果糖。这样，便通过增加分解阶段可利用的 1，6-二磷酸果糖的量而增加糖酵解的流量。

巴斯德效应引起的乳酸减少可以用糖酵解流量的减少来解释。而且，乳酸脱氢酶无法与底物穿梭体系竞争 NADH，也无法与丙酮酸脱氢酶复合体竞争丙酮酸。

细胞内 pH 对 6-磷酸果糖-1-激酶的调控

如果糖酵解的终产物乳酸能抑制糖酵解的最主要的调控酶，这将非常有意义。但抑制 6-磷酸果糖-1-激酶的是氢离子而非乳酸（图 15.13）。如图 15.17 所示，无氧糖酵解产生乳酸，细胞必须清除它们，否则就会引发酸中毒的副作用。这也解释了为什么过度糖酵

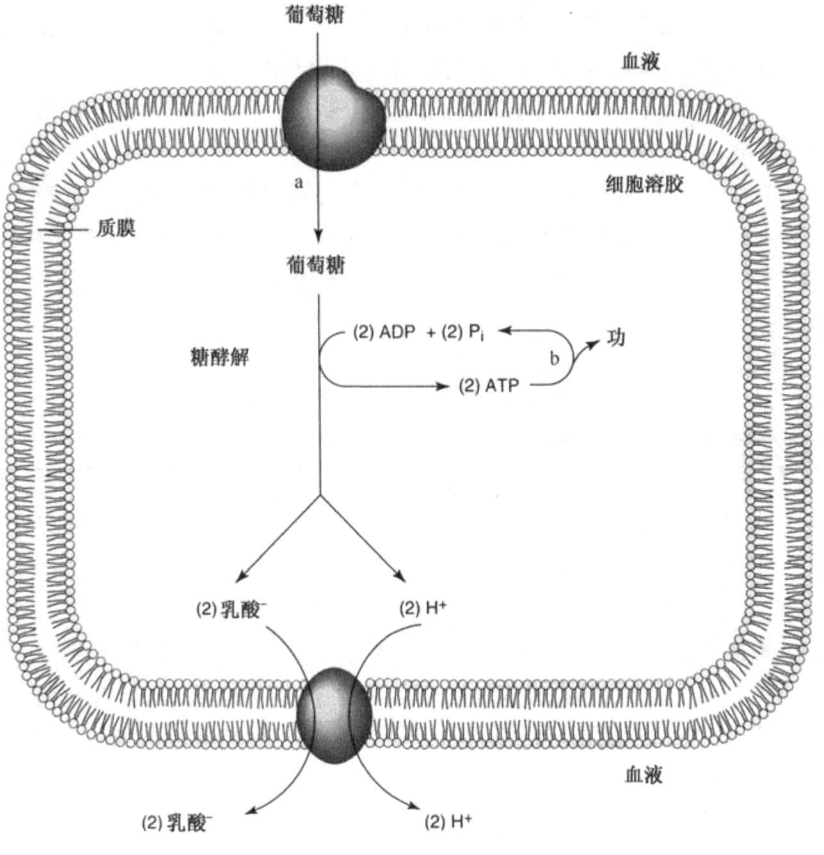

图 15.17　只有将糖酵解形成的乳酸转运出细胞，才能避免胞内 pH 因乳酸堆积而下降（等同于乳酸⁻和 H^+，因为在细胞内 pH 条件下乳酸是离子化的）

低 pH 会降低 6-磷酸果糖-1-激酶的活性，因此抑制乳酸进一步产生。(a)葡萄糖转运到细胞内；(b)将 ATP 转化为 ADP 和 P_i 所做的总功；(c)乳酸⁻和 H^+ 同相转运。

解会降低 pH，并导致**乳酸性酸中毒(lactic acidosis)**的临床急症(见临床相关知识 15.5)。质膜上存在乳酸和氢离子的共同转运体，可以将乳酸转运到血液中。这种防御机制能防止产生乳酸的组织因细胞内 pH 过低而被酸渍(见临床相关知识 15.6)。将乳酸转运出细胞需要充足的血流将其携带走。当血流不足时，如心肌遭受心绞痛，或骨骼肌经受剧烈运动时，氢离子不能及时从细胞中清除。但对 ATP 的需求，可能会超过氢离子对 6-磷酸果糖-1-激酶的抑制作用。氢离子不断堆积会引起肌肉酸痛，停止运动可以缓解。而对心肌而言，休息、服用增加血流量或减少对 ATP 需求的药物等方法可能有效(见临床相关知识 15.7)。

临床相关知识 15.5
乳酸性酸中毒

乳酸性酸中毒以血乳酸升高(通常高于 5mmol/L)、血 pH 以及碳酸氢盐下降为特征，在代谢性酸中毒中最常见，可由乳酸生成增多、利用不足或两者兼而有之引起。通常乳酸的生成与利用平衡，因此正常血乳酸水平不超过 1.2mmol/L。所有组织无氧酵解都能产生乳酸，但由于氧供好，大多数组织并不产生大量乳酸。ATP 生成减少会增加 6-磷酸果糖-1-激酶的活性，因此，缺氧时组织只能利用糖酵解产生 ATP 从而使乳酸生成过多。肌肉锻炼就是一个例子，但组织缺氧还可发生在各种休克、痉挛、循环与呼吸衰竭等情况下。

体内的乳酸或者完全氧化为 CO_2 和 H_2O，或者通过糖异生转化为葡萄糖，但都需要氧气。氧利用下降会使乳酸生成增加而利用减少。肝疾病、酒精以及多种药物都能降低乳酸利用。降糖灵是一种治疗 2 型糖尿病的药物，已有报道它能使部分患者发生乳酸性酸中毒。

通常用碳酸氢盐治疗乳酸性酸中毒。治疗成功的关键在于消除引起乳酸过度产生或乳酸利用下降的原因，其中多数需要恢复正常的血液循环。

临床相关知识 15.6
酸渍猪与恶性发热

在恶性高热中，许多药物，尤其是全麻药氟烷，可引起体温急剧升高、代谢性和呼吸性酸中毒、高钾血症以及肌肉僵硬。这种显性遗传性病在儿童中的发生率为 1/15 000，在成人中的发生率为 1/(50 000～100 000)。易感者麻醉后可致死。用药后数分钟内发病，必须立即确诊。有效的方法是用冰块对患者进行物理降温，还要进行抗酸中毒治疗，肌松药硝苯呋海因也有效。

类似恶性高热的症状也可发生于猪，叫做猪应激综合征。恶性高热的猪对应激反应非常迟钝，通常在被运送到市场的过程中发作。一旦暴露于氟烷，易感的猪就会表现出与恶性高热患者类似的症状。死于该病的猪肉是苍白的，含水较多且 pH 偏酸。

氟烷麻醉后，患者骨骼肌变得僵硬并产生热和乳酸。肌质网中的斯里兰卡肉桂碱受体异常(见 12.6 节)，这是一种 Ca^{2+} 释放通道，在兴奋-收缩偶联中具有重要作用。由于该蛋白缺陷，麻醉诱发了肌质网中 Ca^{2+} 的不恰当释放以及不受调控的产热过程，包括肌球蛋白 ATP 酶、糖原分解、糖酵解、线粒体和肌质网对 Ca^{2+} 循环摄取与释放等。肌细胞由于过度产热、乳酸性酸中毒以及 ATP 丢失而出现不可逆转的损伤。

临床相关知识 15.7
心绞痛与心肌梗死

心绞痛是指胸痛伴随可逆的心肌缺血。胸痛是由于心肌的血氧供求失衡所致，主要是由冠状动脉狭窄引起的。患者出现胸骨下压榨性疼痛，常放射到肩膀和手臂，偶尔也放射到下巴和颈部。通常为劳力性疼痛，持续 1～15min，休息或深呼吸后可缓解。冠状动脉阻塞的病因是动脉粥样硬化或较少见的冠状动脉痉挛。如果缺血持续时间过长会导致心肌严重损伤(坏死)，出现心肌梗死。通常，血栓在狭窄处形成，甚至完全阻塞血管。心肌梗死时，心肌组织死亡，会出现持续而剧烈的疼痛。

硝酸甘油及其他硝酸盐常用于缓解心绞痛，可预防性使用。硝酸甘油能扩张冠状动脉，改善氧供并冲走堆积的乳酸，从而发挥作用。更重要的是它对周围循环的影响。硝酸甘油分解产生一氧化氮(见 11.10 节)，后者能松弛血管平滑肌，使全身静脉扩张，结果减少了回心血量和心输出量，因而降低了心脏对氧气和能量的需求。其他有效的药物包括钙离子通道阻断剂，它是冠状动脉的血管扩张剂，还有 β-肾上腺素能受体阻断剂，能阻断由心脏交感神经兴奋引起的心肌氧耗增加。

冠状动脉搭桥术常用于药物治疗无效的严重心绞痛病例。该手术将患者腿部的一段静脉移植到主动脉和冠状动脉之间，绕过梗塞的冠状动脉区，为受累区提供充足的血供。术后可明显减轻心绞痛，部分患者可恢复正常的工作生活。

柠檬酸对 6-磷酸果糖-1-激酶的调控

许多组织优先利用脂肪酸和酮体替代葡萄糖氧化供能。这有利于节省葡萄糖供脑组织等完全依赖于葡萄糖的组织利用。脂肪酸和酮体氧化都能使细胞溶胶中柠檬酸水平升高，而柠檬酸可抑制 6-磷酸果糖-1-激酶(图 15.13)，减少对葡萄糖的利用。

cAMP 和 2,6-二磷酸果糖对 6-磷酸果糖-1-激酶的激素调控

2,6-二磷酸果糖(图 15.18)与 AMP 一样，是**6-磷酸果糖-1-激酶(6-phosphofructo-1-kinase)**的正性变构激动剂，也是果糖-1,6-二磷酸酶的负性变构抑制剂(图 15.13)。事实上，没有它，肝就不能进行糖酵解，因为 6-磷酸果糖-1-激酶活性不足，而**果糖-1,6-二磷酸酶(fructose 1,6-bisphosphatase)**活性太高，以至于不能将 6-磷酸果糖转化为 1,6-二磷酸果糖。

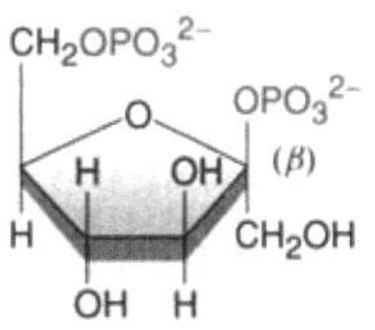

图 15.18　2,6-二磷酸果糖的结构

图 15.19 概括了 2,6-二磷酸果糖在肝糖酵解的激素调控中的作用。从机制上讲，cAMP 发挥第二信使的作用(图 15.20)，这在第 22 章将作更详细的探讨。胰高血糖素由胰腺 α 细胞释放，经血循环与肝细胞膜表面的胰高血糖素受体结合，再通过第二信使**环腺苷酸(cAMP)**激活腺苷酸环化酶，从而减少 2,6-二磷酸果糖。这使 6-磷酸果糖-1-激酶活性下降而果糖-1,6-二磷酸酶活性增加，因此，显著限制了糖酵解途径中从 6-磷酸果糖到 1,6-二磷酸果糖的流量。

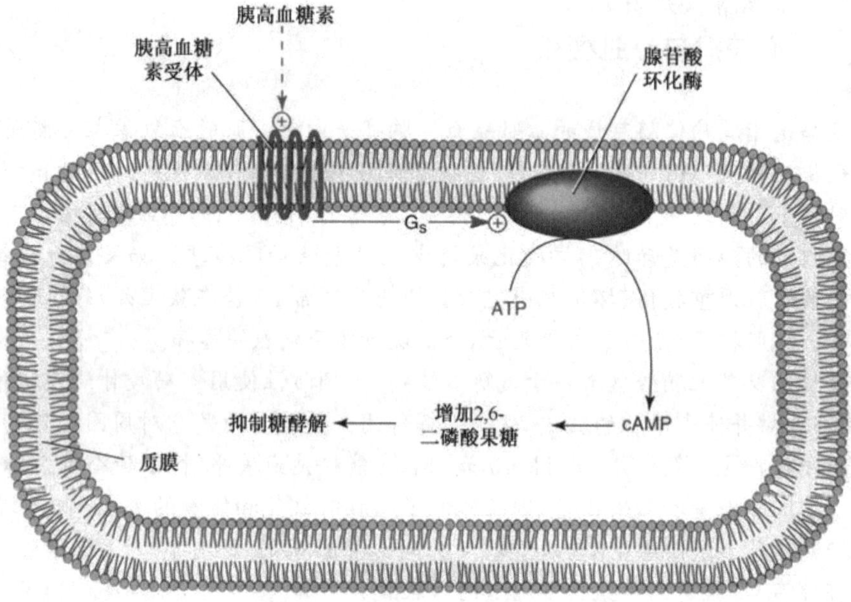

图 15.19　胰高血糖素抑制肝脏糖酵解的机制

胰高血糖素与其膜受体结合后通过活化型 G 蛋白激活腺苷酸环化酶的活性(G_s:为周围膜蛋白)。(+)表示活化

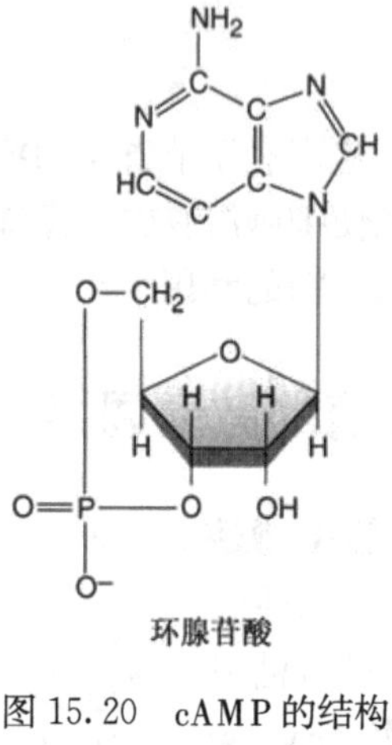

图 15.20　cAMP 的结构

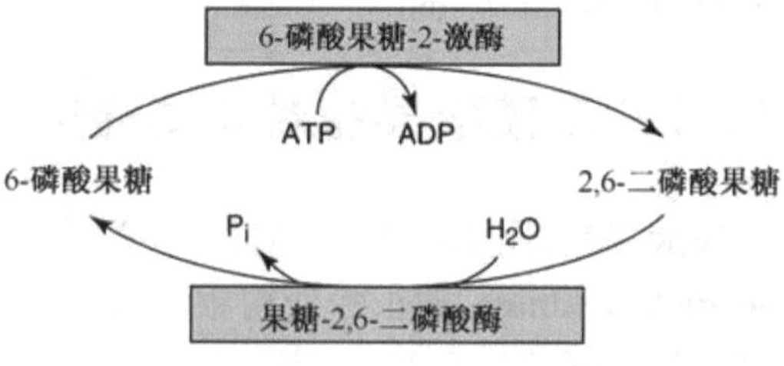

图 15.21　参与生成和降解 2,6-二磷酸果糖的反应

2,6-二磷酸果糖是 6-磷酸果糖在 **6-磷酸果糖-2-激酶(6-phosphofructo-2-kinase)**的作用下生成的(图 15.21)，是反应的一个副产物，并非糖酵解的中间产物。果糖-1,6-二磷酸

酶的作用与 6-磷酸果糖-2-激酶相反,使 2,6-二磷酸果糖水解为 6-磷酸果糖。决定 2,6-二磷酸果糖含量的激酶与磷酸酶活性位于同一蛋白质,是一个**双功能酶**(**bifunctional enzyme**),即 **6-磷酸果糖-2-激酶/果糖-2,6-二磷酸酶**(**6-phosphofructo-2-kinase/fructose 2,6-bisphosphatase**)。cAMP 通过激活双功能酶的磷酸酶并灭活其激酶来调节肝脏中 2,6-二磷酸果糖的水平,这是通过激活 cAMP 介导的蛋白激酶 A 实现的。未激活的蛋白激酶 A 由两个调节亚基和两个催化亚基组成。cAMP 与其两个调节亚基结合可引起酶的构象改变,释放并激活其催化亚基。活化的催化亚基可使多种酶上特定位点的丝氨酸残基磷酸化(图 15.22)。

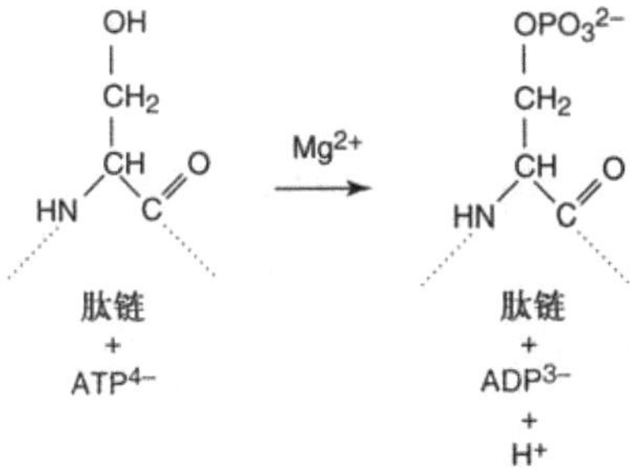

图 15.22　受共价修饰的酶通常在其特定的丝氨酸残基处被磷酸化
酪氨酸和苏氨酸残基也是磷酸化共价修饰的重要位点

酶的磷酸化可表示为:

$$\boxed{\cdot} + \text{ATP} \longrightarrow \odot\text{-P} + \text{ADP}$$

其中,$\boxed{\cdot}$和$\odot$-P 表示酶的去磷酸化和磷酸化形式。磷酸化可引起酶活性位点的构象改变,使一些酶的活性增加而另一些酶的活性降低。许多酶受这种磷酸化与去磷酸化的共价修饰调节。无论是磷酸化还是去磷酸化,若能使酶激活,其活性形式称作 *a* 型,非活性形式称作 *b* 型。类似地,蛋白激酶的活性总与蛋白磷酸酶的活性相反

$$\odot\text{-P} + H_2O \longrightarrow \boxed{\cdot} + P_i$$

这就构成一个环状调控系统(图 15.23),酶的磷酸化和去磷酸化比例取决于蛋白激酶和蛋白磷酸酶的相对活性,而蛋白激酶和蛋白磷酸酶本身也同样受到调控。

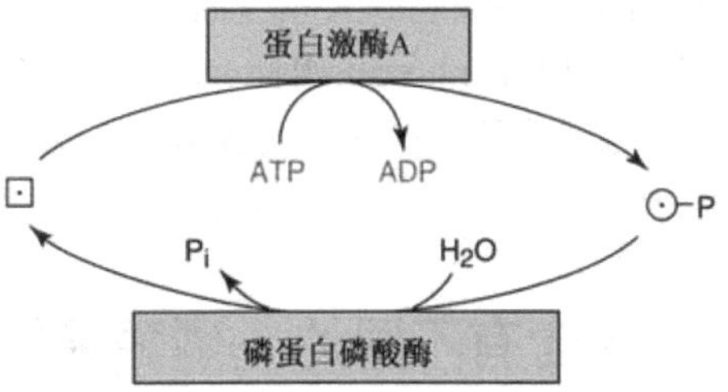

图 15.23　通过磷酸化和去磷酸化调节酶活性的一般模式
⊡和⊙-P 代表酶受磷酸化和去磷酸化调节的不同构象和活性状态

双功能酶 6-磷酸果糖-2-激酶/果糖-2,6-二磷酸酶受磷酸化调控

通常,被磷酸化的酶或被激活或被抑制。6-磷酸果糖-2-激酶/果糖-2,6-二磷酸酶的双功能特性使它在这方面具有独特性。肝中 6-磷酸果糖-2-激酶/果糖-2,6-二磷酸酶的单一磷酸化能抑制其激酶活性而激活其磷酸酶活性(图 15.24)。去磷酸化则有相反的效

应。这就提供了一个非常灵活的机制来调控肝细胞内 2,6-二磷酸果糖的浓度,从而对血液中胰高血糖素和肾上腺素水平的变化作出应答(图 15.25)。当**胰高血糖素(glucagon)**和**肾上腺素(epinephrine)**水平升高时,它们通过作用于细胞膜上的相应受体,使细胞内 cAMP 水平升高,激活蛋白激酶 A,使双功能酶的一个丝氨酸残基磷酸化(图 15.26),从而抑制其激酶活性而激活其磷酸酶活性。2,6-二磷酸果糖的减少使 6-磷酸果糖-1-激酶活性下降而果糖-1,6-二磷酸酶活性增加,从而在 6-磷酸果糖转化为 1,6-二磷酸果糖的水平上抑制糖酵解。磷蛋白磷酸酶能去除双功能酶的磷酸,激活其激酶活性而抑制其磷酸酶活性,使 2,6-二磷酸果糖累积到较高的稳定浓度,从而加快糖酵解速率。因此,胰高血糖素和肾上腺素是阻止肝利用葡萄糖的胞外信号,而 2,6-二磷酸果糖则是促进肝细胞利用葡萄糖的胞内信号。

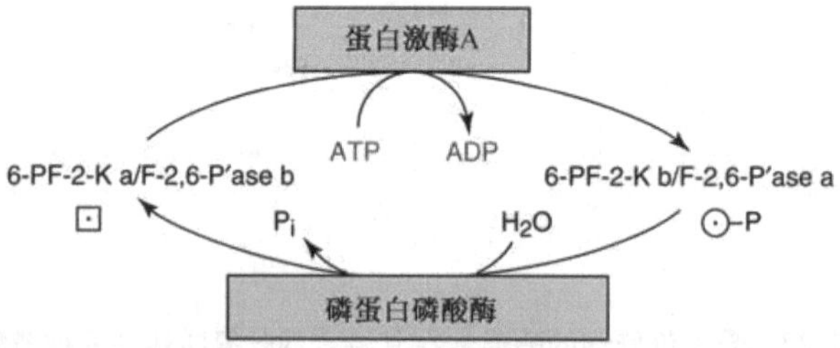

图 15.24 6-磷酸果糖-2-激酶/果糖-2,6-二磷酸酶共价修饰的机制

该酶简写为 6-PF-2-K/F-2,6-P'ase。字母 a、b 分别代表酶的活性与非活性状态

胰岛素(insulin)则与胰高血糖素和肾上腺素相反,它通过激活其受体的酪氨酸激酶,启动信号转导级联放大效应而实现这一作用(见 23.6 节)。胰岛素也能激活 **cAMP 磷酸二酯酶(cAMP phosphodiesterase)**(可降低 cAMP 水平),抑制**蛋白激酶 A(proteinkinase A)**,并激活**磷蛋白磷酸酶(phosphoprotein phosphatase)**,这些都与胰高血糖素和肾上腺素的作用相反(图 15.27)。因此胰岛素是促进糖酵解的。

心肌中含有不同的 6-磷酸果糖-2-激酶/2,6-二磷酸果糖同工酶

血液中**肾上腺素(epinephrine)**水平升高对心脏糖酵解的影响与对肝截然不同。当糖酵解在肝受到抑制而以储存的葡萄糖供其他组织利用时,肾上腺素却促进心脏中的糖酵解以满足心肌对 ATP 需求的增加。在肝中,肾上腺素作用于细胞膜上的 β-肾上腺素能受体,促进 cAMP 形成(图 15.28),激活蛋白激酶 A,从而使 6-磷酸果糖-2-激酶/果糖-2,6-二磷酸酶磷酸化。但与肝不同的是,该双功能酶在心脏中的磷酸化会升高而非降低 2,6-二磷酸果糖水平。这是因为在心脏中表达的双功能酶同工酶与肝中的不同,前者磷酸化发生在能激活而非抑制其蛋白激酶活性的位点上(图 15.29)。2,6-二磷酸果糖浓度升高使 6-磷酸果糖-1-激酶活性升高,从而增加糖酵解的流量。

丙酮酸激酶也是糖酵解的调控酶

生理浓度的 ATP 能显著抑制**丙酮酸激酶(pyruvate kinase)**(图 15.13)(见临床相关

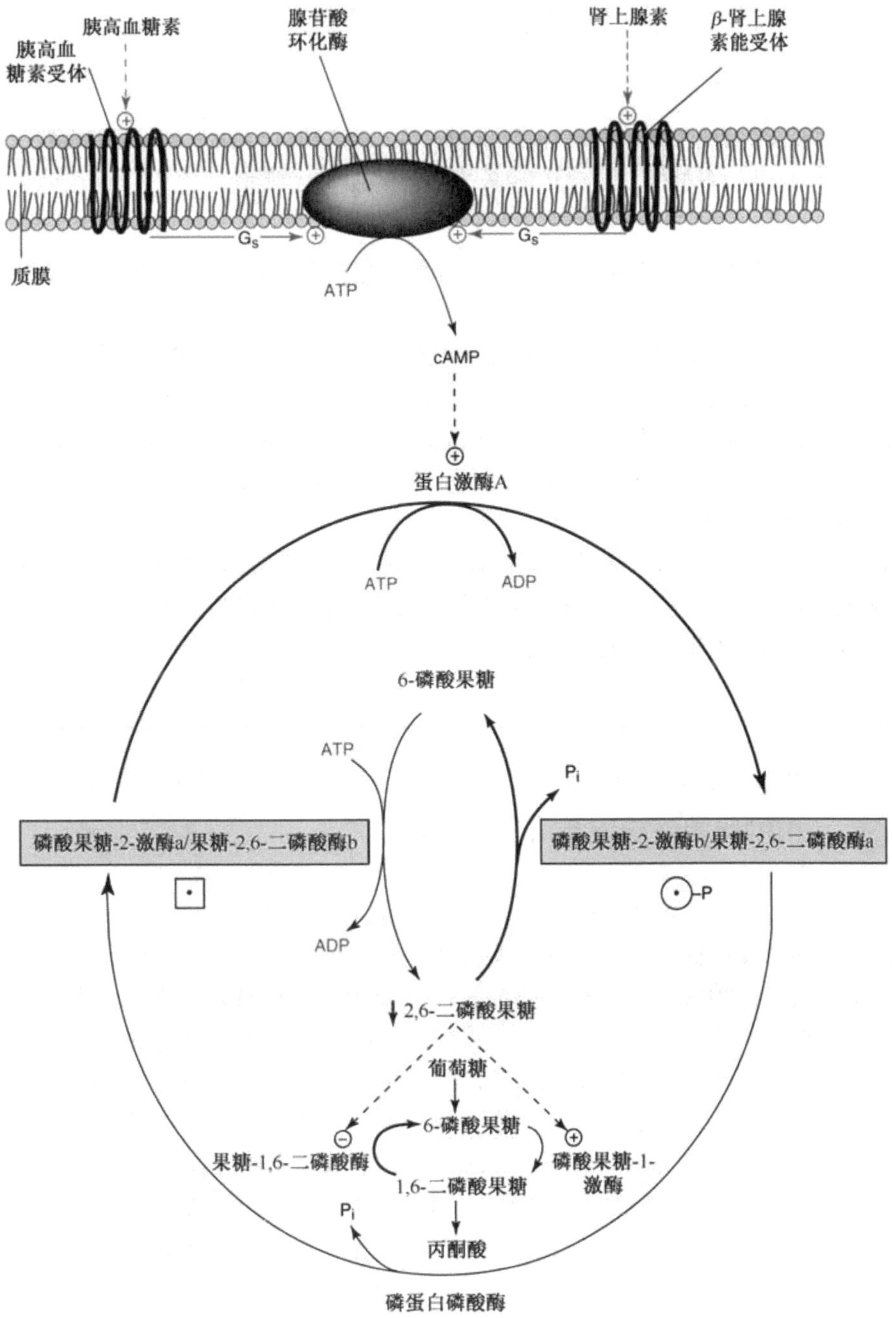

图 15.25　胰高血糖素和肾上腺素通过 cAMP 介导 2,6-二磷酸果糖减少从而抑制肝糖酵解的机制
见图 15.19 的图注。粗箭头表示胰高血糖素存在时占优势的反应。2,6-二磷酸果糖前的小箭头表示其浓度降低

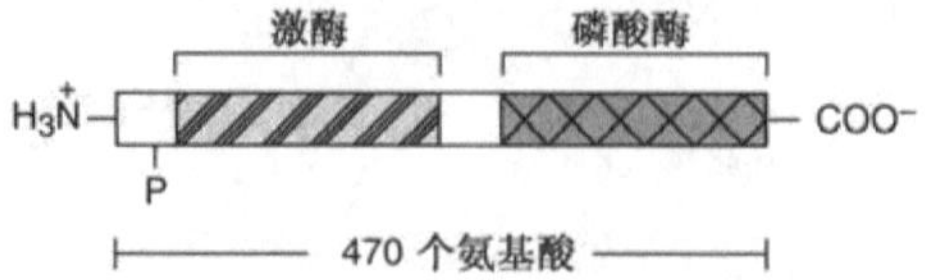

图 15.26　肝中 6-磷酸果糖-2-激酶/果糖-2,6-二磷酸酶同工酶的一级结构模式图

NH_2和 COOH 分别表示 N 端和 C 端。激酶活性区位于 N 端,磷酸酶活性区位于 C 端。字母 P 表示被蛋白激酶 A 磷酸化的位点(32 位丝氨酸)

知识 15.8),因此它在生理条件下几乎没有活性。它在肝中的同工酶被 1,6-二磷酸果糖(FBP)激活,从而将丙酮酸激酶的调控与 6-磷酸果糖-1-激酶的调控联系起来。这样,如果条件有助于通过 6-磷酸果糖-1-激酶增加糖酵解的流量,那么 FBP 含量就会增加,作为丙酮酸激酶的前馈激动剂。肝中的同工酶也受蛋白激酶 A 共价修饰的调节,去磷酸化时被激活,磷酸化时失活(图 15.30)。cAMP 激活蛋白激酶 A 从而抑制丙酮酸激酶,这在某种程度上可以解释胰高血糖素能同时抑制肝糖酵解并促进肝脏糖异生。这部分将在 15.5 节糖异生中详细探讨。

和葡萄糖激酶一样,摄入高碳水化合物以及高水平的胰岛素可诱导肝中的丙酮酸激酶。这就解释了为什么健康人的肝脏比禁食者或糖尿病患者的肝脏具有更强的利用碳水化合物的能力(见临床相关知识 15.4)。

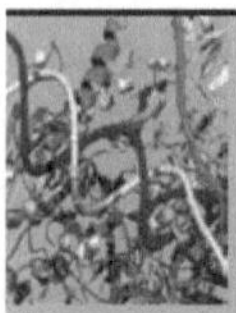

临床相关知识 15.8
丙酮酸激酶缺乏与溶血性贫血

成熟红细胞完全依赖糖酵解生成 ATP。离子泵需要 ATP 维持其正常工作,尤其是维持红细胞双凹形膜上的 Na^+-K^+-ATP 酶,使红细胞能自由进出毛细血管,为组织输送氧气。没有 ATP 酶,细胞就会肿胀裂解。由于红细胞破坏过多而引起的贫血称为溶血性贫血。丙酮酸激酶缺乏症比较罕见,但却是最常见的引起溶血性贫血的糖酵解遗传性疾病。大多数患者红细胞内丙酮酸激酶水平是正常人的 5%～25%,糖酵解流量严重受限,导致 ATP 合成明显下降。糖酵解过程中丙酮酸激酶步骤以前的中间产物堆积,而丙酮酸和乳酸水平下降。2,3-二磷酸甘油酸水平升高,使血红蛋白与氧气的结合力下降。但网织红细胞中 ATP 水平正常。虽然丙酮酸激酶缺乏,但这些“不成熟的红细胞”内有线粒体,能通过氧化磷酸化产生 ATP。网织红细胞成为成熟的红细胞后线粒体消失,便完全依赖糖酵解提供 ATP。因此成熟红细胞在循环中迅速丢失。由于红细胞生成慢于丢失,便出现贫血。

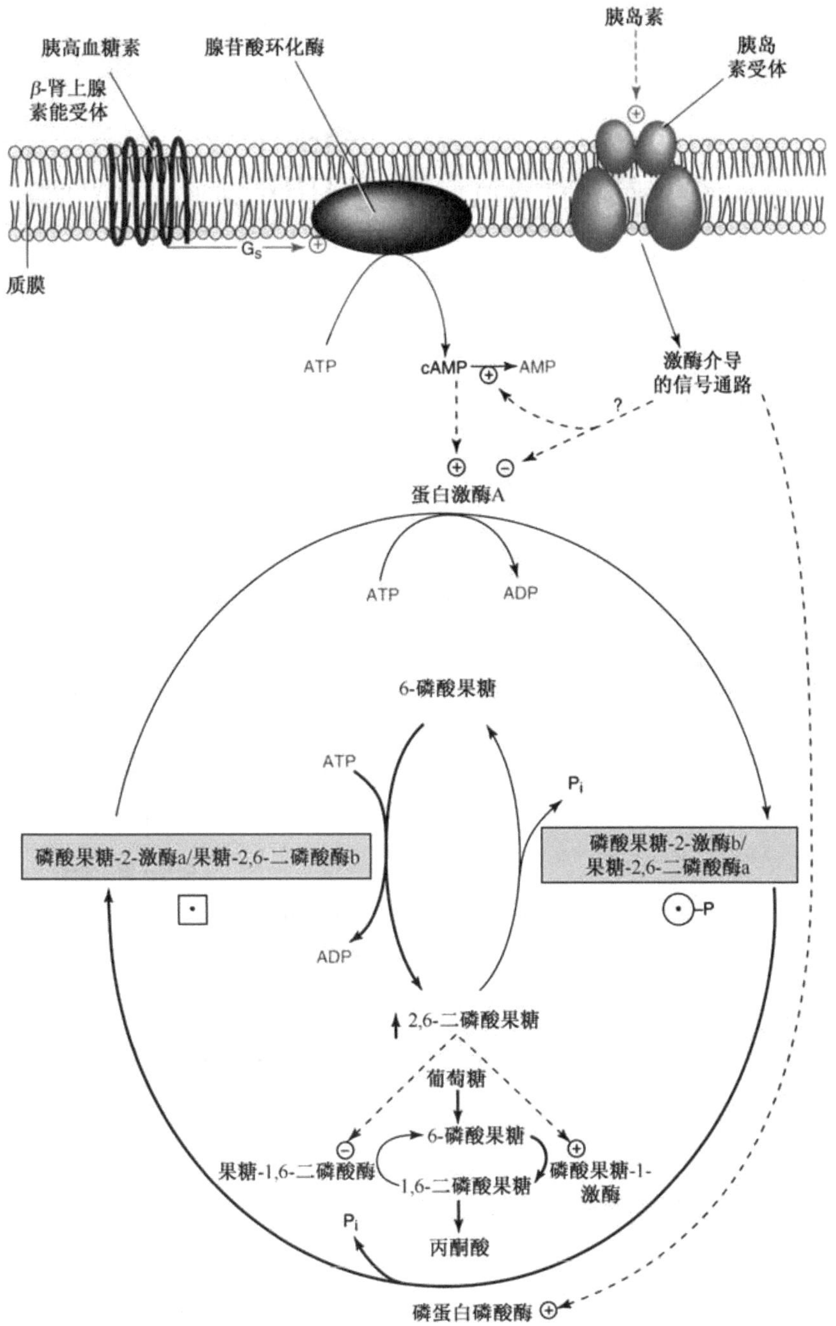

图 15.27　血液胰高血糖素和肾上腺素水平降低而胰岛素水平升高促进肝糖酵解的机理

见图 15.19 和 15.25 的图注。胰岛素受体为质膜内在蛋白。2,6-二磷酸果糖前的小箭头表示其浓度升高

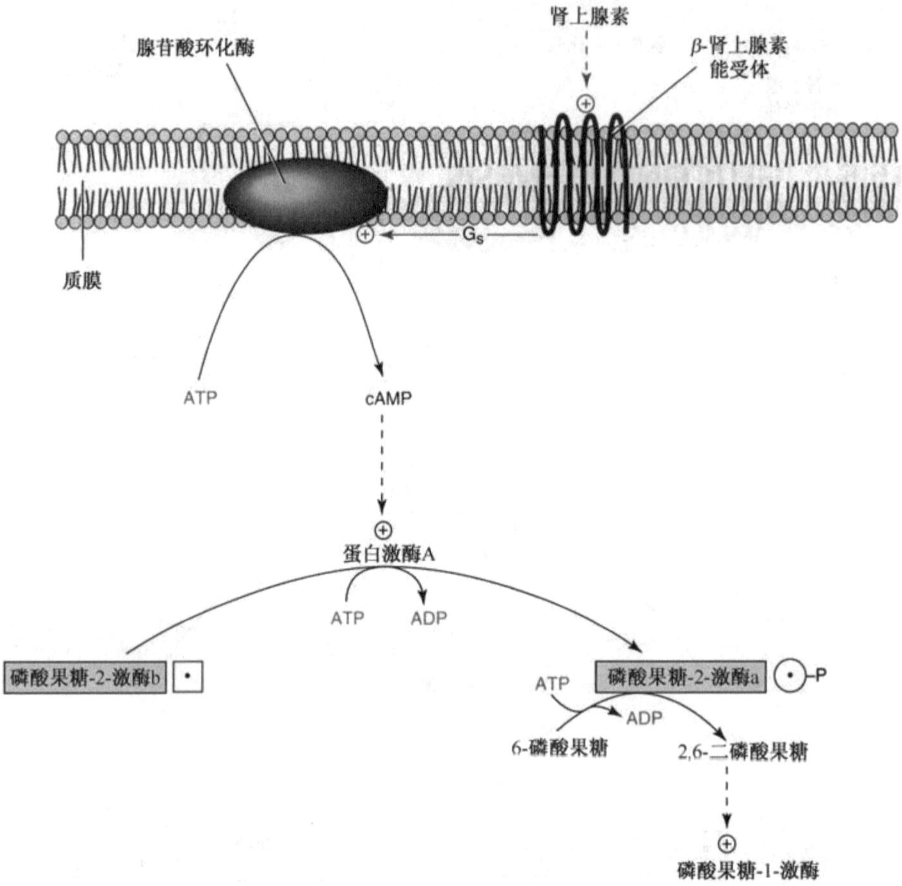

图 15.28 肾上腺素促进心肌糖酵解的机理

见图 15.19 和 15.27 的图注

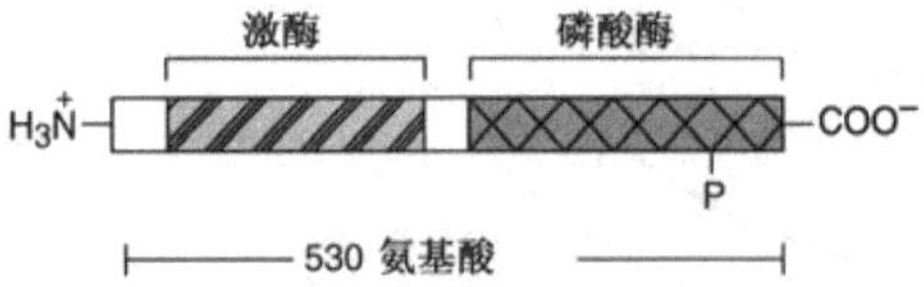

图 15.29 心肌 6-磷酸果糖-2-激酶/果糖-2，6-二磷酸酶同工酶的一级结构模式图

见图 15.26 的图注。字母 P 表示被蛋白激酶 A 磷酸化的位点(466 位的丝氨酸)

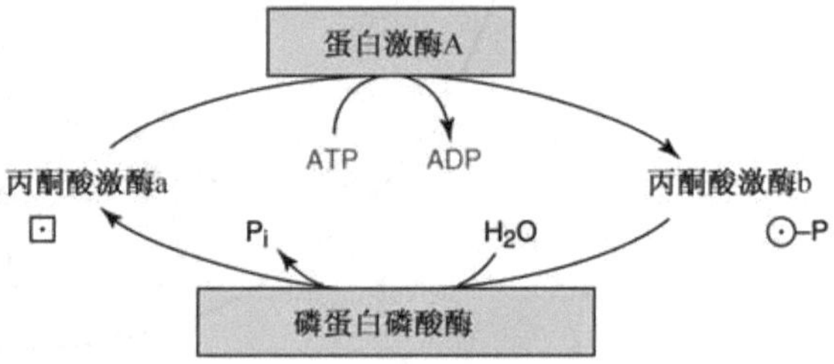

图 15.30 胰高血糖素通过 cAMP 使肝丙酮酸激酶磷酸化而失活

15.5　糖异生

葡萄糖合成是生存所必需的

由非碳水化合物从头合成葡萄糖的过程称为**糖异生**(**gluconeogenesis**)。各种氨基酸、乳酸、丙酮酸、丙酸以及甘油都能为糖异生过程提供碳源(图 15.31)。葡萄糖也可由果糖合成。糖原分解是指由糖原分解生成葡萄糖或 6-磷酸葡萄糖的过程，应该与糖异生加以区分。**糖原分解**(**glycogenolysis**)是指糖原分解代谢为葡萄糖，并非从头合成葡萄糖。糖异生对于动物和人来说是必需的，因为血糖必须保持恒定以满足以葡萄糖为主要供能物质的组织代谢需求(见临床相关知识 15.9)。这些组织包括脑、红细胞、肾髓质、晶状体、角膜和睾丸。糖异生使机体在食物中的糖以及机体的糖原耗尽后很长时间内仍能维持血糖稳定。

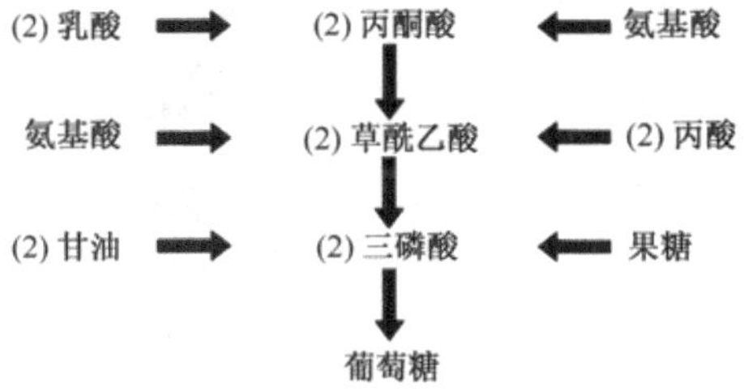

图 15.31　简要的糖异生途径，显示该过程的主要底物前体

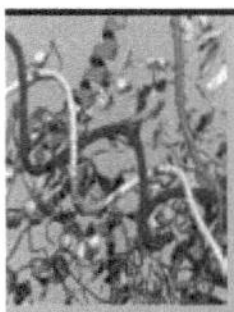

临床相关知识 15.9
低血糖与早产儿

早产儿对低血糖比足月儿更敏感。儿童对低血糖通常比成人更敏感，因为他们的脑/体比例相对较大，而脑组织对葡萄糖的需求明显高于其他组织。新生儿生成酮体的能力有限，主要是因为他们将长链脂肪酸转移至肝脏线粒体的能力尚未发育完全。由于脑利用酮体的能力是与循环中酮体的浓度直接成比例的，新生儿无法在很大程度上通过利用酮体来节约葡萄糖。因此，新生儿的大脑组织几乎完全依赖由糖原分解和糖异生生成的葡萄糖。

新生儿肝脏由乳酸和丙氨酸异生葡萄糖的能力也很有限，因为糖异生的限速酶磷酸烯醇型丙酮酸羧激酶在出生后的最初几小时含量很低，需要数小时才能诱导它达到在饥饿应激时防止低血糖所需的水平。早产儿的肝糖原储备也低于足月儿，饥饿会更快耗尽他们的糖原储备，使他们比正常婴儿更依赖糖异生。

Cori 和丙氨酸循环

组织间有两个重要的循环参与糖异生。**Cori 循环(Cori cycle)**(或葡萄糖-乳酸循环)和**丙氨酸循环(alanine cycle)**(或葡萄糖-丙氨酸循环)(图 15.32)依赖于肝中的糖异生,并把葡萄糖转运到周围组织加以利用。两个循环都为以葡萄糖为主要能源的周围组织持续不断地供应葡萄糖。周围组织则释放丙氨酸或乳酸作为葡萄糖代谢的终产物参与这些循环。这两个循环的主要区别在于丙氨酸循环中的糖酵解所产生的 NADH 并不用于将丙酮酸还原为乳酸;否则,就不存在丙酮酸与谷氨酸通过转氨基作用转化为丙氨酸。在有线粒体的组织中,NADH 作为还原当量通过**苹果酸-天冬氨酸穿梭(malate-aspartate shuttle)**或**磷酸甘油穿梭(glycerol phosphate shuttle)**转移到线粒体中,通过氧化磷酸化参与 ATP 合成

$$NADH + H^+ + 0.5O_2 + 2.5ADP + 2.5P_i \longrightarrow NAD^+ + 2.5ATP + H_2O$$

或

$$FADH_2 + 1.5O_2 + 1.5ADP + 1.5P_i \longrightarrow FAD + 1.5ATP + H_2O$$

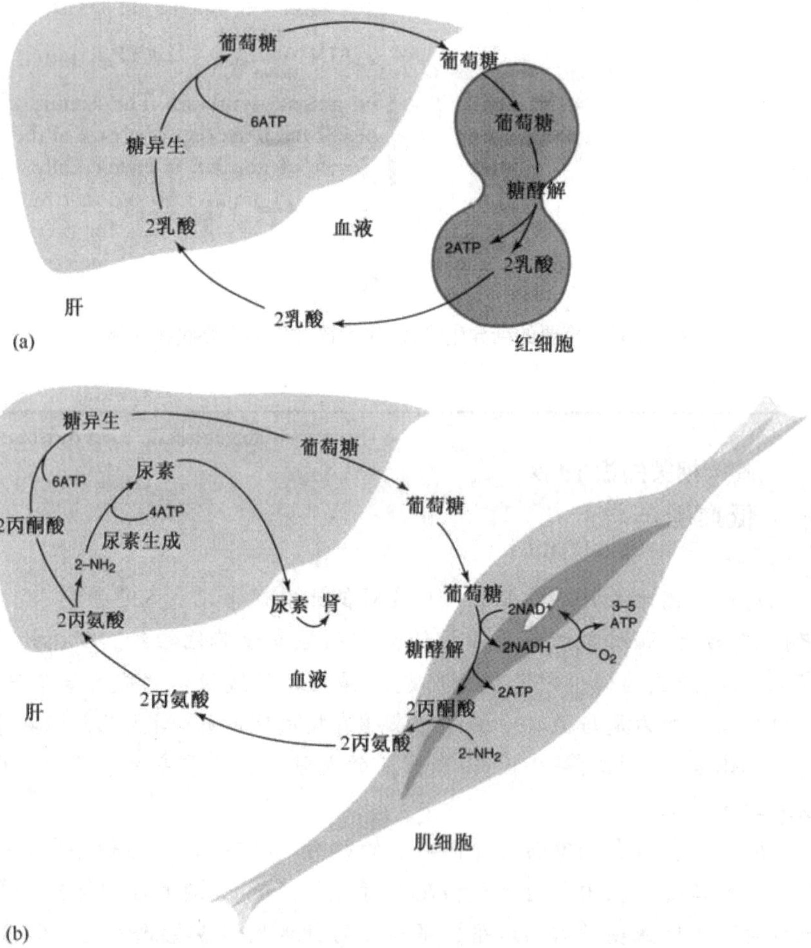

图 15.32 肝糖异生与其他组织糖酵解之间的联系

(a)Cori 循环。(b)丙氨酸循环

结果,在参与丙氨酸循环的周围组织中,每分子葡萄糖能产生 5~7 分子 ATP。而在 Cori 循环中(图 15.32a),只能产生 2 分子 ATP。

$$6ATP_{肝}+2(ADP+P_i)_{红细胞}\longrightarrow 6(ADP+P_i)_{肝}+2ATP_{红细胞}$$

肝合成 1 分子葡萄糖需要 6 分子 ATP。丙氨酸循环(图 15.32b)从肝向周围组织转移能量,由于每分子葡萄糖能产生 5~7 分子 ATP,因此在能量上更有效。但在丙氨酸循环中向肝提供的氨基氮必须转化为尿素(见 19.4 节)。每产生 1 分子尿素需要消耗 4 分子 ATP,因此在丙氨酸循环中对 ATP 的需要量增加到每分子葡萄糖需要 10 分子 ATP:

$$10ATP_{肝}+(5\sim7)(ADP+P_i)_{肌肉}+O_{2肌肉}\longrightarrow 10(ADP+P_i)_{肝}+(5\sim7)ATP_{肌肉}$$

另外,周围组织对氧气和线粒体需求的差别也将丙氨酸循环和 Cori 循环区分开来。

从乳酸合成葡萄糖

由乳酸合成葡萄糖是一个消耗 ATP 的过程

$$2L\text{-乳酸}^-+6ATP^{4-}+6H_2O\longrightarrow \text{葡萄糖}+6ADP^{3-}+6P_i^{2-}+4H^+$$

许多糖酵解的酶用于乳酸的糖异生。但糖酵解产生 2 分子 ATP,而糖异生合成 1 分子葡萄糖需消耗 6 分子 ATP。由葡萄糖激酶、6-磷酸果糖-1-激酶和丙酮酸激酶催化的 3 步反应是不可逆的。乳酸糖异生的起始步骤是在乳酸脱氢酶的作用下将乳酸转化为丙酮酸(图 15.33)。丙酮酸不能通过丙酮酸激酶转化为磷酸烯醇型丙酮酸(PEP),因为在细胞内环境中该反应是不可逆的。丙酮酸通过偶联需 ATP 的丙酮酸羧化酶和需 GTP 的 PEP 羧激酶所催化的反应才能转化为 PEP(图 15.34)。在这里 GTP 和 ATP 是等价的($GDP+ATP\longrightarrow GTP+ADP$)。其中,由 PEP 羧激酶生成的 CO_2 和丙酮酸羧化酶所需的 HCO^{3-} 由碳酸酐酶催化的反应所连接($CO_2+H_2O\rightleftharpoons H_2CO_3\rightleftharpoons H^++HCO^{3-}$)。总反应如下

$$\text{乳酸}^-+2ATP^{4-}\longrightarrow \text{磷酸烯醇型丙酮酸}^{3-}+2ADP^{3-}+P_i^{2-}+2H^+$$

这样,丙酮酸转化为 PEP 需要消耗 2 分子 ATP。这与 PEP 在糖酵解中转化为丙酮酸生成 1 分子 ATP 相反。

丙酮酸羧化酶位于线粒体中,因此必须将细胞溶胶中的丙酮酸转化为细胞溶胶中的 PEP(图 15.33)。PEP 羧激酶在细胞溶胶和线粒体基质中都存在,因而有两种将草酰乙酸转化为葡萄糖的途径。一种是利用线粒体中的 PEP 羧激酶将草酰乙酸转化为 PEP,再将其转运出线粒体内膜。另一种则是将草酰乙酸转化为天冬氨酸,通过谷氨酸-天冬氨酸逆向转运出线粒体。天冬氨酸为细胞溶胶中的 α-酮戊二酸提供氨基生成草酰乙酸,再在细胞溶胶中的 PEP 羧激酶的作用下生成 PEP。

糖异生利用糖酵解途径中的多种酶按逆方向进行反应

糖酵解的酶在糖异生过程中按相反的方向将 PEP 转化为 1,6-二磷酸果糖。乳酸脱氢酶产生的还原当量(NADH)被 3-磷酸甘油醛脱氢酶利用而平衡。6-磷酸果糖-1-激酶催化的是一个不可逆反应,不能将 1,6-二磷酸果糖转化为 6-磷酸果糖。这步反应由果糖-1,6-二磷酸酶催化,将 1,6-二磷酸果糖水解为 6-磷酸果糖(图 15.35)。

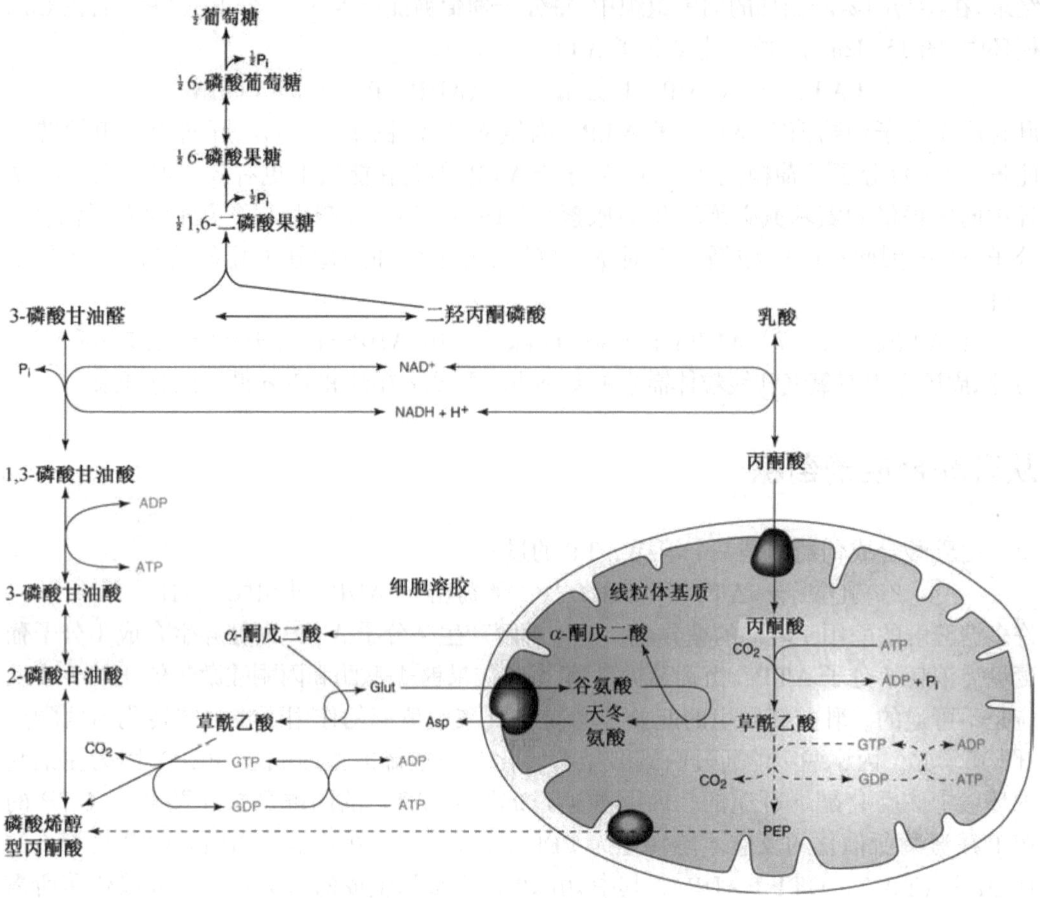

图 15.33 从乳酸进行糖异生的途径

该图显示线粒体参与该过程。短箭头代表另一条途径，

它利用线粒体中的磷酸烯醇型丙酮酸(PEP)羧激酶而非细胞溶胶中的同工酶

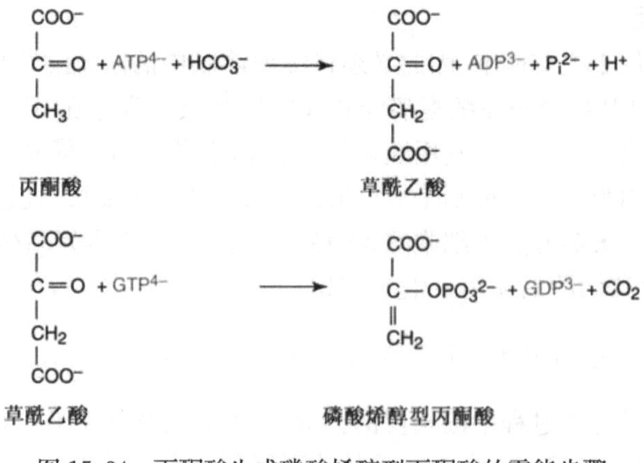

图 15.34 丙酮酸生成磷酸烯醇型丙酮酸的需能步骤

反应分别由丙酮酸羧化酶和磷酸烯醇型丙酮酸羧激酶催化

磷酸葡萄糖同工酶在糖酵解和糖异生过程中的作用是可逆的。葡萄糖-6-磷酸酶在糖异生的最后一步取代葡萄糖激酶的作用(图 15.36)，生成葡萄糖并释放入血。葡萄糖-6-磷酸酶是一个内质网膜蛋白，其活性位点可在内质网的腔面水解 6-磷酸葡萄糖(图 15.37)。6-磷酸葡萄糖由转运体转移至内质网中。转运体或磷酸酶的遗传性缺陷会影响糖酵解并导致糖原在肝中堆积，这将在糖原代谢章节中探讨。

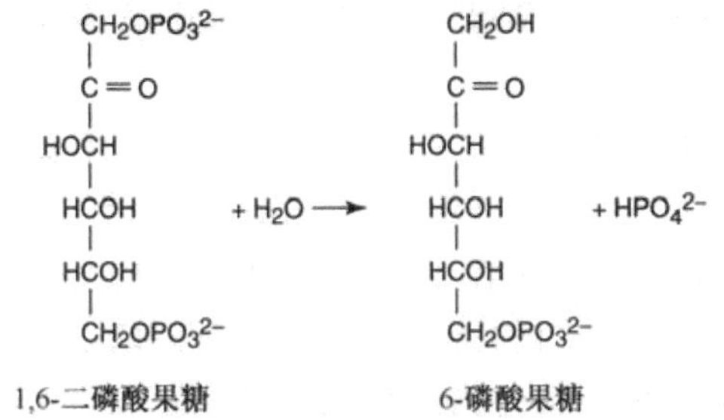

图 15.35　由果糖-1,6-二磷酸酶催化的反应

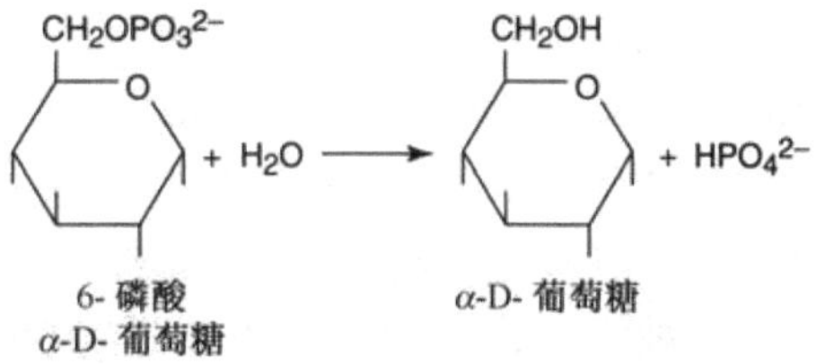

图 15.36　由葡萄糖-6-磷酸酶催化的反应

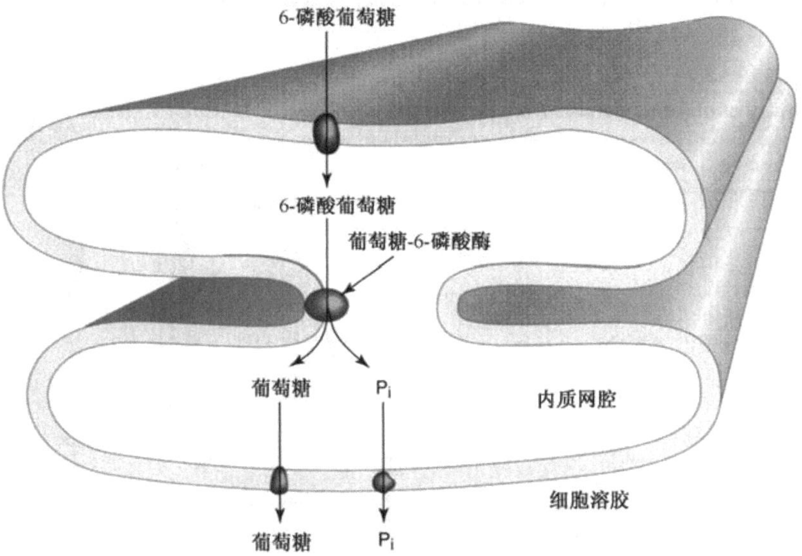

图 15.37　6-磷酸葡萄糖由位于内质网腔面的葡萄糖-6-磷酸酶水解
包括 3 种转运体：一种将 6-磷酸葡萄糖转移到腔面；第二种将 P_i 转移回细胞溶胶中；第三种将葡萄糖转移回细胞溶胶中

葡萄糖可由多种氨基酸异生

除了亮氨酸和赖氨酸以外的其他所有氨基酸都可为糖异生提供碳源(见 19.2 节)。若一种氨基酸代谢能生成丙酮酸或草酰乙酸，那么它就能异生为葡萄糖。草酰乙酸是糖异生的中间代谢物，而丙酮酸经**丙酮酸羧化酶**(**pyruvate carboxylase**)便能转化为**草酰乙酸**(**oxaloacetate**)(图 15.33)。氨基酸通过几个位点进入三羧酸循环。只要能生成三羧酸循环的中间代谢物，就能合成草酰乙酸。合成三羧酸循环中间代谢物的反应叫做补缺反应，因为它们能合成草酰乙酸，所以补缺反应支持糖异生。由丙酮酸羧化酶和谷氨酸脱氢

酶催化的反应就是典型的补缺反应。

$$丙酮酸^{-} + ATP^{4-} + HCO_3^{-} \longrightarrow 草酰乙酸^{2-} + ADP^{3-} + P_i^{2-} + H^{+}$$

$$谷氨酸^{-} + NAD(P)^{+} \longrightarrow \alpha\text{-}酮戊二酸^{2-} + NAD(P)H + NH_4^{+} + H^{+}$$

另一方面，由**谷氨酸-草酰乙酸转氨酶**(**glutamate-oxaloacetate aminotransferase**)催化的反应(α-酮戊二酸+天冬氨酸⟶谷氨酸+草酰乙酸)并非补缺反应，因为并不生成三羧酸循环的中间代谢物，也就是说，从天冬氨酸产生的草酰乙酸被α-酮戊二酸转化为谷氨酸抵消了。

由于从氨基酸来源的糖异生会给肝脏增加氮负荷，因此在氨基酸来源的**尿素合成**(**urea synthesis**)和**葡萄糖合成**(**glucose synthesis**)之间存在密切联系。在图 15.38 中，两分子丙氨酸代谢，一分子生成 NH_4^{+}，另一分子生成天冬氨酸，两者都是尿素循环的主要底物。天冬氨酸与瓜氨酸反应后出线粒体成为尿素循环的一部分。天冬氨酸的碳以延胡索酸形式被释放，后者在细胞溶胶延胡索酸酶的作用下转化为苹果酸。该苹果酸与另一个来自线粒体的苹果酸在细胞溶胶糖异生酶的作用下转化为葡萄糖。细胞溶胶与线粒体基质中生成和消耗的还原当量(NADH)相平衡。图 15.38 反应可概括为：

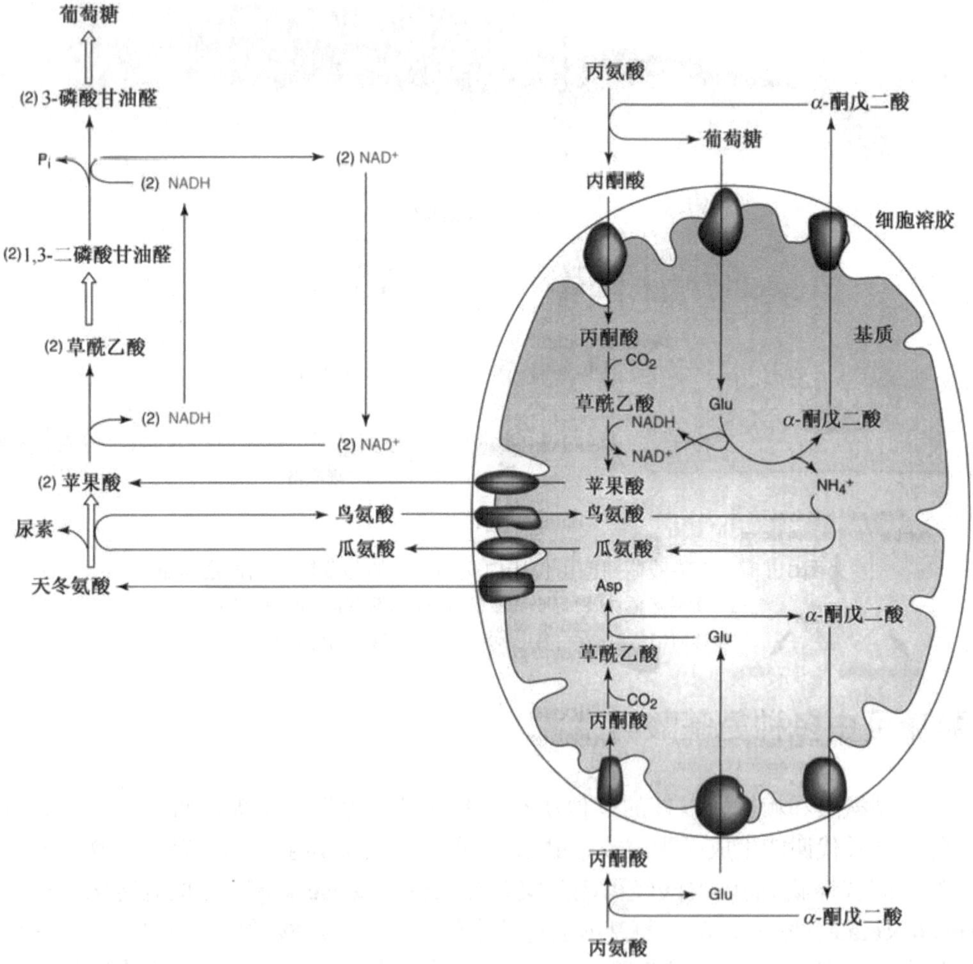

图 15.38　丙氨酸糖异生途径及其与尿素合成的联系

$$2\text{丙氨酸}+10ATP+CO_2 \longrightarrow \text{葡萄糖}+\text{尿素}+10ADP+10P_i$$

亮氨酸和赖氨酸是仅有的两个不能进行糖异生的氨基酸。它们是生酮氨基酸而非生糖氨基酸。其他氨基酸都是生糖氨基酸或既是生酮氨基酸又是生糖氨基酸(表 15.1)。生糖氨基酸能生成丙酮酸或草酰乙酸,既生酮又生糖的氨基酸还能生成酮体、乙酰乙酸或乙酰辅酶 A,后者可转化为乙酰乙酸。乙酰辅酶 A 是亮氨酸代谢的终产物。机体中尚未发现能将乙酰乙酸或乙酰辅酶 A 转化为丙酮酸或草酰乙酸的途径。乙酰辅酶 A 无法合成葡萄糖,因为丙酮酸脱氢酶复合体催化的反应是不可逆的:

$$\text{丙酮酸}+NAD^{+}+CoASH \longrightarrow \text{乙酰辅酶 A}+NADH+CO_2$$

可以认为草酰乙酸是由乙酰辅酶 A 通过以下系列反应经三羧酸循环生成:

$$\text{乙酰辅酶 A} \longrightarrow \text{柠檬酸} \longrightarrow 2\,CO_2+\text{草酰乙酸}$$

但这并没有考虑乙酰辅酶 A 和草酰乙酸合成柠檬酸对草酰乙酸的需求:

$$\text{乙酰辅酶 A}+\text{草酰乙酸} \longrightarrow \text{柠檬酸}+\text{辅酶 A}$$

三羧酸循环中柠檬酸脱羧可生成草酰乙酸:

$$\text{柠檬酸} \longrightarrow \longrightarrow 2\,CO_2+\text{草酰乙酸}$$

一个三羧酸循环的总反应是:

$$\text{乙酰辅酶 A} \longrightarrow 2\,CO_2+\text{辅酶 A}$$

这样,在三羧酸循环中乙酰辅酶 A 的完全氧化并没有净生成三羧酸循环的中间代谢物,因此机体不能从乙酰辅酶 A 异生葡萄糖。

表 15.1 生糖和生酮氨基酸

生糖氨基酸	生酮氨基酸	生糖生酮氨基酸
甘氨酸	亮氨酸	苏氨酸
丝氨酸	赖氨酸	异亮氨酸
缬氨酸		苯丙氨酸
组氨酸		酪氨酸
精氨酸		色氨酸
半胱氨酸		
脯氨酸		
羟脯氨酸		
丙氨酸		
谷氨酸		
谷氨酰胺		
天冬氨酸		
天冬酰胺		
蛋氨酸		

葡萄糖可由奇数碳原子的脂肪酸异生

体内许多脂肪酸都是偶数碳原子的直链脂肪酸。它们通过脂肪氧化生成酮体或完全氧化为 CO_2，代谢简图见图 15.39。由于乙酰辅酶 A 和含偶数碳的脂肪酸氧化后不能转化为草酰乙酸或糖异生的其他中间代谢物，因此不可能从脂肪酸合成葡萄糖。但含甲基的支链脂肪酸[如**植烷酸**(**phytanic acid**)，叶绿素的分解代谢产物；见临床相关知识 17.6 的 Refsum 病]以及含奇数碳的脂肪酸例外。它们代谢生成丙酰辅酶 A：

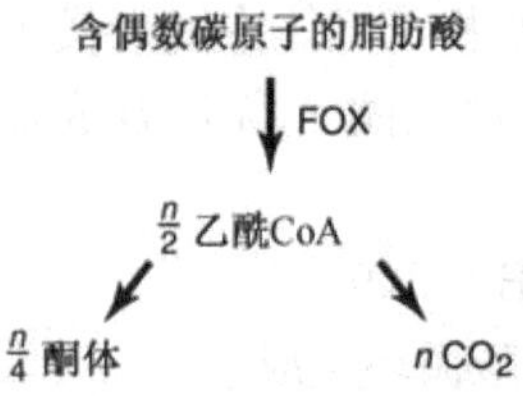

图 15.39　脂肪酸代谢成酮体和 CO_2 的简图
FOX，脂肪酸氧化

含奇数个碳原子的脂肪酸 $\longrightarrow$ $(n-3)/2$ 乙酰辅酶 A＋1 丙酰辅酶 A

丙酰辅酶 A(**propionyl-CoA**)是糖异生的前体，因为它能通过补缺反应(图 19.71，19.5 节)生成草酰乙酸(图 15.40)。在缬氨酸和异亮氨酸代谢(图 19.69，19.5 节)以及胆固醇转化为胆汁酸(见 18.3 节)的过程中也能产生丙酰辅酶 A。

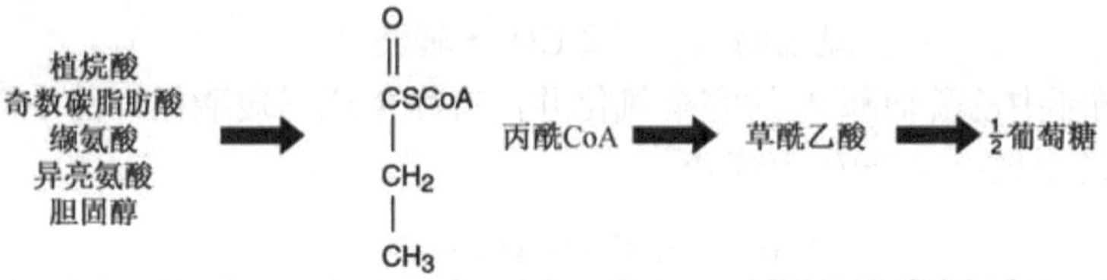

图 15.40　丙酰辅酶 A 的糖异生途径
粗箭头表示三羧酸循环和糖异生的步骤(图 15.33)

一般来说，动物不能将脂肪转化为碳水化合物(葡萄糖)，这是针对含偶数碳的脂肪酸而言的。但"脂肪"通常是指三酰甘油，它由 3 个脂肪酸和 1 个甘油分子结合而成。三酰甘油可水解形成 3 个脂肪酸和 1 个甘油分子，而甘油是糖异生的理想底物(图 15.41)。

甘油被甘油激酶磷酸化形成 3-磷酸甘油，它在 3-磷酸甘油脱氢酶的作用下转化为二羟丙酮磷酸，这是糖异生途径的中间代谢物(图 15.33)。糖酵解的最后阶段可与糖异生途径相互竞争，将二羟丙酮磷酸转化为乳酸(或丙酮酸并最终完全氧化为 CO_2 和 H_2O)，这取决于机体的营养状态。

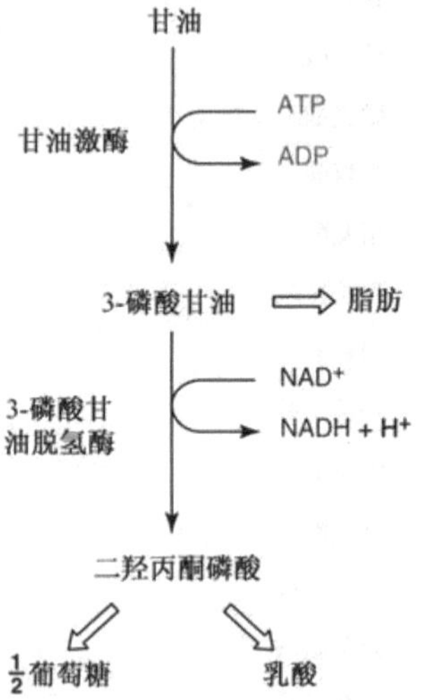

图 15.41　甘油糖异生途径以及竞争途径
空心箭头分别表示图 15.6 的糖酵解和图 15.33 的糖异生过程。指向脂肪的空心箭头表示三酰甘油和甘油磷脂的合成过程

葡萄糖也可由果糖合成

人类以蔗糖形式消耗大量果糖，蔗糖在肠道中被蔗糖酶水解成葡萄糖和果糖(见 26.5 节)。在肝中，果糖被**果糖激酶**(**fructokinase**)磷酸化(图 15.42)，生成 1-磷酸果糖而非 6-磷酸果糖(见临床相关知识 15.3)。烯醇化酶先分解 1,6-二磷酸果

糖,继而分解 1-磷酸果糖产生二羟丙酮磷酸和甘油醛。甘油醛有多条去路:可被醛脱氢酶氧化,或被醇脱氢酶还原,或被激酶磷酸化,优先途径是在丙糖激酶的催化下转化为 3-磷酸甘油醛。2 分子二羟丙酮磷酸可在糖异生酶的催化下转化为葡萄糖,或在糖酵解的最后阶段转化成丙酮酸或乳酸。与糖酵解相似,果糖转变为乳酸称为**果糖分解**(**fructolysis**)。

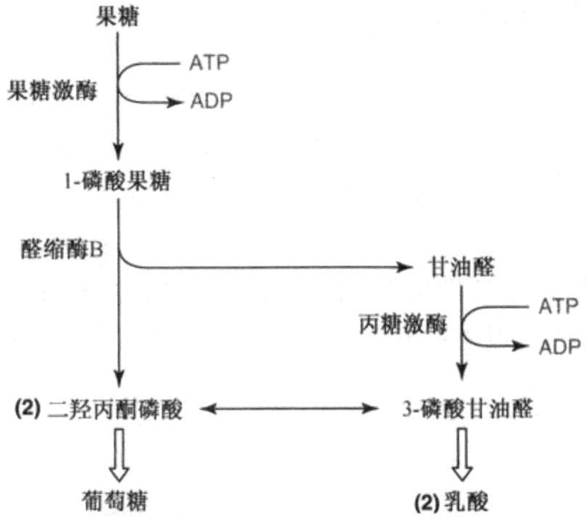

图 15.42　果糖糖异生途径和果糖分解的竞争途径

空心箭头分别表示图 15.6 的糖酵解和图 15.33 的糖异生过程

精子(**spermatozoa**)的主要能量来源就是果糖,如图 15.43 所示,由生精细胞利用葡萄糖生成。葡萄糖以 NADPH 依赖性的方式还原为山梨醇,接着以 NAD^+ 依赖性的方式氧化为果糖。由曲精小管分泌形成精液的一部分。尽管人体精液中果糖的浓度超过 10mmol/L,但周围组织并不主要利用其中的果糖,这为精子寻找卵子储备了充足的能量。精子含有线粒体,能通过连接果糖分解和三羧酸循环将果糖完全氧化为 CO_2 和 H_2O。

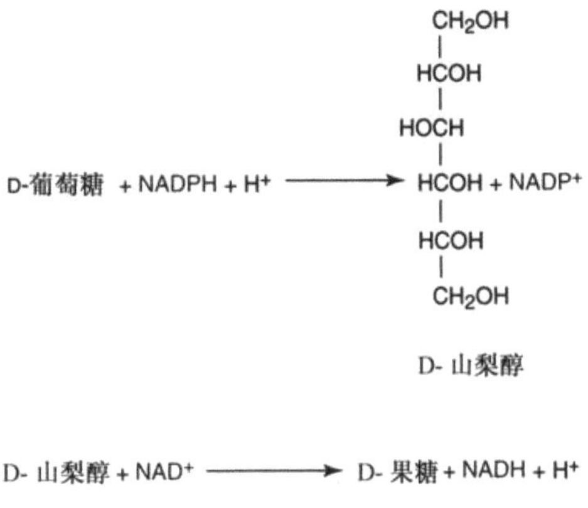

图 15.43　葡萄糖生成山梨醇和果糖的途径

糖异生需要消耗 ATP

合成葡萄糖需要消耗 ATP。从乳酸异生葡萄糖需要消耗 6 分子 ATP,而从丙氨酸异生葡萄糖则要消耗 10 分子 ATP。糖异生所需的 ATP 很大一部分是由脂肪酸氧化提供的。肝进行糖异生的环境通常有利于提高肝对血液中脂肪酸的利用率。这些脂肪酸被肝线粒体氧化生成酮体并伴随产生大量 ATP。

$$\text{棕榈酸} + 7O_2 + 26ADP + 26P_i \longrightarrow 4\ \text{乙酰乙酸} + 26ATP$$

糖异生存在一些调控位点

糖异生的调控发生在多个位点(图 15.44)。这些绕过糖酵解途径的不可逆反应的酶就是糖异生的主要调控位点,即**丙酮酸羧化酶**(**pyruvate carboxylase**)、**磷酸烯醇型丙酮酸羧激酶**(**PEP carboxykinase**)、**果糖-1,6-二磷酸酶**(**fructose 1,6-bisphosphatase**)和**葡萄糖-6-磷酸酶**(**glucose 6-phosphatase**)。肝糖异生的调控与肝糖酵解的调控很相似。在主要调控位点抑制糖酵解的酶(葡萄糖激酶、6-磷酸果糖-1-激酶、丙酮酸激酶)会显著增强糖异生酶的活性。糖异生的激活在很大程度上是通过抑制糖酵解而实现的。

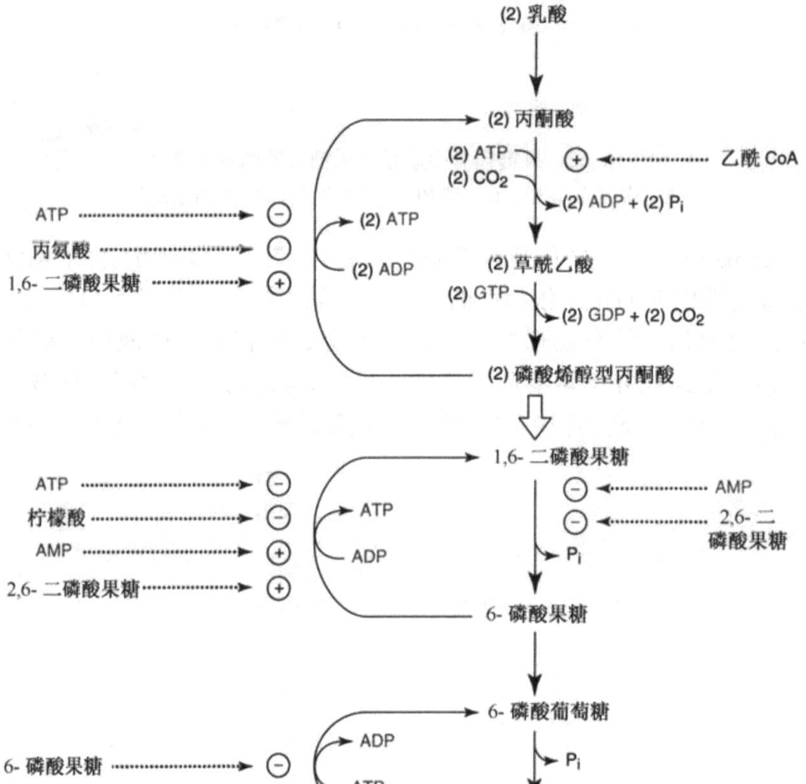

图 15.44 糖异生的重要变构调节特点

脂肪酸的氧化不可避免的与糖异生密切相关。脂肪酸氧化通过提供所需 ATP 和增加线粒体内乙酰辅酶 A 及 NADH 的稳态浓度而促进葡萄糖合成。乙酰辅酶 A 和 NADH 都是丙酮酸脱氢酶激酶的强激动剂,而该激酶磷酸化可使丙酮酸脱氢酶复合体失活。这就抑制了丙酮酸转化为乙酰辅酶 A,储存丙酮酸以便用于合成葡萄糖。乙酰辅酶 A 是丙酮酸羧化酶的正性变构效应物,它与丙酮酸脱氢酶复合体的抑制作用共同引导丙酮酸的碳掺入草酰乙酸用于合成葡萄糖。增加的草酰乙酸和乙酰辅酶 A 共同促进柠檬酸合成，后者是 6-磷酸果糖-1-激酶的负性变构效应物。对 6-磷酸果糖-1-激酶的抑制降低了 1，6-二磷酸果糖的浓度，而 1，6-二磷酸果糖是丙酮酸激酶的激动剂。这就降低了由丙酮酸激酶所催化的 PEP 到丙酮酸的糖酵解流量，从而提高了丙酮酸羧化酶和 PEP 羧激酶偶联使丙酮酸转化为磷酸烯醇型丙酮酸的效率。ATP 升高和 AMP 降低能抑制 6-磷酸果糖-1-激酶和丙酮酸激酶，并激活果糖-1，6-二磷酸酶，从而促进糖异生(图 15.44 和 15.4 节)。另一方面，缺氧、缺脂肪酸，或使氧化磷酸化解偶联等因素均会使肝脏从糖异生转变为糖酵解。

糖异生的激素调节对内环境稳定至关重要

激素对糖酵解途径的调节不仅对糖酵解和糖异生的酶进行调节，同样也对脂肪酸供应进行调节。胰高血糖素通过促进脂肪分解而增加血浆脂肪酸水平(见 17.4 节)，而胰岛素的作用则相反。脂肪酸利用增加使肝脏对脂肪酸的氧化增加，从而促进葡萄糖合成。胰岛素则通过抑制脂肪酸分解而发挥相反的效应。胰高血糖素和胰岛素都直接调控肝脏中的糖异生过程，这主要是通过调节肝脏中受共价修饰调节的酶的磷酸化状态而实现的。如前所述(图 15.30)，丙酮酸激酶在去磷酸化时被激活，磷酸化时失活。胰高血糖素激活腺苷酸环化酶生成 cAMP，后者激活蛋白激酶 A，使丙酮酸激酶磷酸化而失活。抑制糖酵解的酶通过阻断 PEP 向丙酮酸的无效转化而促进糖异生过程。胰高血糖素还通过降低 2，6-二磷酸果糖的水平而促进糖异生，它是 6-磷酸果糖-1-激酶的变构激动剂和果糖-1，6-二磷酸酶的变构抑制剂。胰高血糖素通过第二信使 cAMP 促进双功能酶 6-磷酸果糖-2-激酶/果糖-2，6-二磷酸酶的磷酸化，抑制其激酶活性而激活其磷酸酶活性，从而降低 2，6-二磷酸果糖水平。胰高血糖素介导的 2，6-二磷酸果糖水平降低导致 6-磷酸果糖-1-激酶活性降低而果糖-1，6-二磷酸酶活性升高(图 15.44)。总效应是促进 2，6-二磷酸果糖向 6-磷酸果糖转化，相应提高了糖异生的效率。6-磷酸果糖的增加还可抑制葡萄糖激酶(见 15.4 节)而有助于糖异生。胰岛素发挥与胰高血糖素相反的作用，因为胰岛素能激活 cAMP 磷酸二酯酶，抑制蛋白激酶 A 并激活磷蛋白磷酸酶。

胰高血糖素(glucagon)和**胰岛素(insulin)**还可通过诱导和阻遏糖酵解及糖异生的关键酶而对这两条途径发挥长期调控效应。胰高血糖素/胰岛素的比例升高能促进肝脏进行糖异生而抑制糖酵解，比例降低则相反。当机体需要糖异生时，该比例升高，而当机体从胃肠道摄入足量葡萄糖时，该比例下降。胰高血糖素能诱导 PEP 羧激酶、果糖-1，6-二磷酸酶、葡萄糖-6-磷酸酶和各种转氨酶的合成增多。图 15.45 阐明了上述这些过程是如何发生的。胰高血糖素与其细胞膜受体结合可增加胞内 cAMP，激活蛋白激酶 A。它使 **cAMP 反应元件结合蛋白(cAMP-response element binding protein，CREB)**磷酸化，这是一个转录因子，被磷酸化后可与 **cAMP 反应元件(cAMP-response element，CRE)**结合(见 22.3 节)。被磷酸化的 CREB 促进 PEP 羧激酶等糖异生的关键酶转录。胰高血糖素还可降低葡萄糖激酶、6-磷酸果糖-1-激酶和丙酮酸激酶的基因转录水平。而胰岛素通过激活一个激酶介导的信号转导通路，最大限度地使糖异生关键酶基因的转录因子失活而发挥与胰高血糖素相反的作用(见 22.3 节和图 22.21)。当不需要合成葡萄糖时,血液中胰高血糖素/胰岛素比例下降,糖异生关键酶的合成减少,而糖酵解关键酶的合成增加。

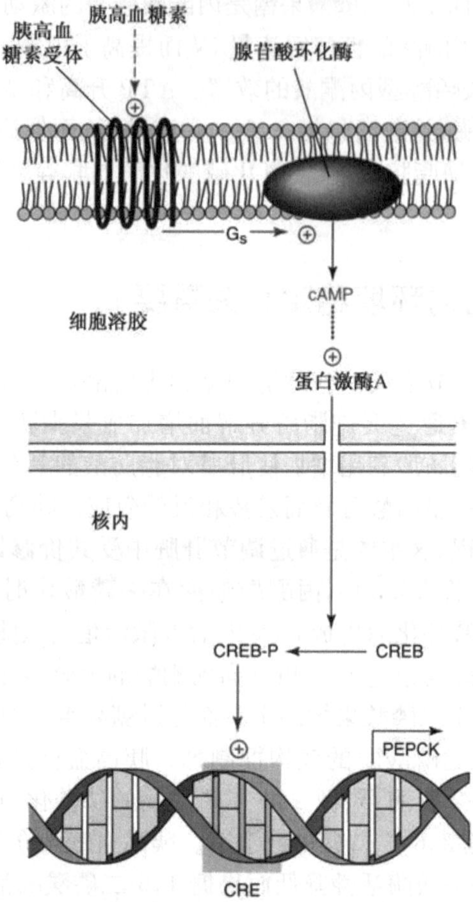

图 15.45　胰高血糖素促进磷酸烯醇型丙酮酸羧激酶基因的转录
PEPCK,磷酸烯醇型丙酮酸羧激酶;CRE,cAMP-反应元件;CREB,cAMP-反应元件结合蛋白

醇氧化抑制糖异生

肝中醇(乙醇)的氧化会产生大量还原当量(NADH),而 NADH 必须通过苹果酸-天冬氨酸穿梭机制转移到线粒体中。细胞溶胶中过量的 NADH 会干扰糖异生过程(临床相关知识 15.10),因为它使乳酸脱氢酶和苹果酸脱氢酶所催化的反应平衡分别向乳酸和苹果酸方向进行:

$$乙醇 + NAD^+ \longrightarrow 乙醛 + NADH + H^+$$

$$丙酮酸 + NADH + H^+ \longrightarrow 乳酸 + NAD^+$$

总反应　　$$乙醇 + 丙酮酸 \longrightarrow 乙醛 + 乳酸$$

或

$$草酰乙酸 + NADH + H^+ \longrightarrow 苹果酸 + NAD^+$$

总反应　　$$乙醇 + 草酰乙酸 \longrightarrow 乙醛 + 苹果酸$$

这就限制了丙酮酸和草酰乙酸分别在丙酮酸羧化酶和 PEP 羧激酶反应中的作用，从而抑制糖异生。

临床相关知识 15.10

低血糖与酒精中毒

饮酒，尤其是营养不良的人饮酒会发生低血糖。剧烈运动后饮酒也会出现低血糖。这两种情况的低血糖都是由于酒精对肝糖异生的抑制作用所致，在肝糖原耗尽的情况下发生。肝无法及时代谢酒精氧化产生的还原当量而避免代谢紊乱，过剩的还原当量抑制乳酸转化为葡萄糖，并促进丙氨酸转化为乳酸，从而使乳酸在血液中大量积聚，引起乳酸性酸中毒(见临床相关知识 14.5)，尽管酸中毒的程度通常较轻微。

少量饮酒可使运动和智力受损，大量饮酒则会导致不省人事和麻醉。低血糖可加重酒精的这些副作用。而且患者可能被认为是醉酒，而实际上却是低血糖，这可能会引起不可逆的中枢神经系统损害。儿童在饥饿时更依赖糖异生，因此儿童偶尔饮酒会引起更严重的低血糖(见临床相关知识 14.9)。

15.6　糖原分解与糖异生

糖原是体内葡萄糖的储存形式

糖原分解(**glycogenolysis**)是指糖原分解为葡萄糖或 6-磷酸葡萄糖，而糖原合成是指由葡萄糖合成糖原。在所有组织中几乎都能进行，尤其是肌肉和肝。健康人的肝糖原约占其湿重的 10%。肌肉中储存的糖原比例相对较少，最多可占其湿重的 1%～2%。但由于机体肌肉远多于肝，因此肌糖原总量约为肝糖原的 2 倍。

健康人的肝中存在大量**糖原颗粒**(**glycogen granule**)(图 15.46)，但禁食 24h 后消失。强体力运动同样也会使肌糖原减少。这些糖原颗粒是糖原分子簇，分子质量达 2×10^7 kDa。糖原以葡萄糖基为单位，主要以 **α-1,4-糖苷键**(**α-1,4-glycosidic linkage**)连接(图 15.47)，分支出现在 **α-1,6-糖苷键**(**α-1,6-glycosidic linkage**)处。糖原“树”枝的典型特点是在分子较中心处每四个葡萄糖残基有一个分支，在外区则分支较少(图

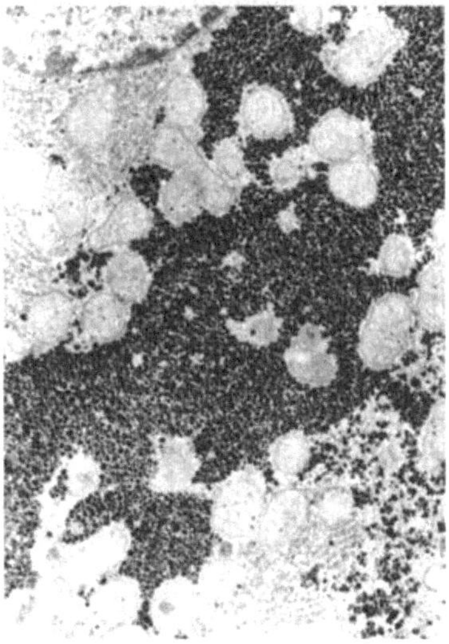

图 15.46　电镜照片显示大鼠肝中的糖原颗粒(深着色物质)

15.48)。糖原由于存在分支而与蛋白质和核酸截然不同,它是能源的一种储存形式,既不催化反应,也不在细胞内传递信息。

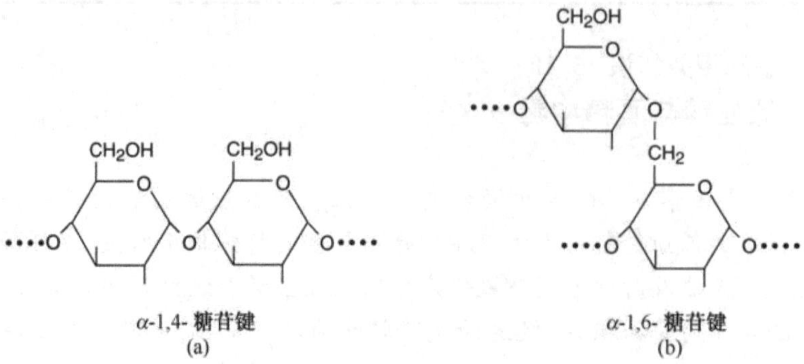

图 15.47　糖原中葡萄糖分子间的两种键

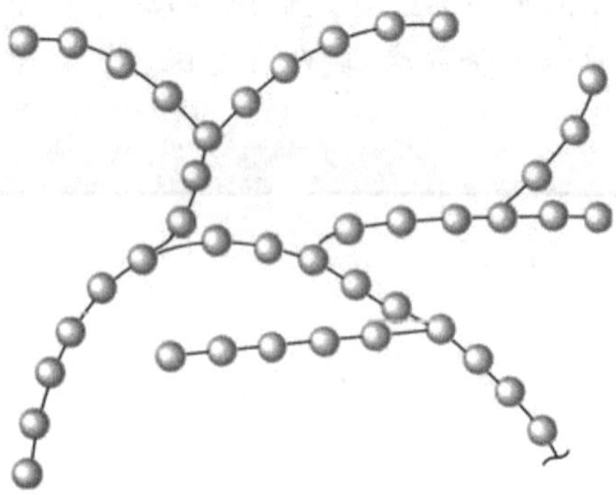

图 15.48　糖原的分支结构

储存在肌肉和肝中的糖原功能截然不同。肌糖原是供给肌肉组织 ATP 的能量储存形式,而肝糖原是为了维持血糖恒定的葡萄糖储存形式。肝糖原水平在餐后迅速升高,然后缓慢下降以维持血糖稳定(图 15.49)。在人和大鼠中,储存的肝糖原能维持 12～24h,当然,这取决于机体的运动状态。

肌糖原主要被肌肉消耗,并不形成游离葡萄糖。但由于糖原的分支点断裂,组织中约有 8% 的肌糖原转化为游离葡萄糖,但大多数在肌肉中发生糖酵解。由于肌肉缺乏**葡萄糖-6-磷酸酶**(**glucose 6-phosphatase**),因此肌糖原并不能用来维持血糖稳定。而肝糖原才是维持血糖稳定的关键来源。肌肉中的糖原合成对降低高碳水化合物饮食后的血糖水平具有重要作用。肝糖原的合成在这方面可能不如肌糖原重要。

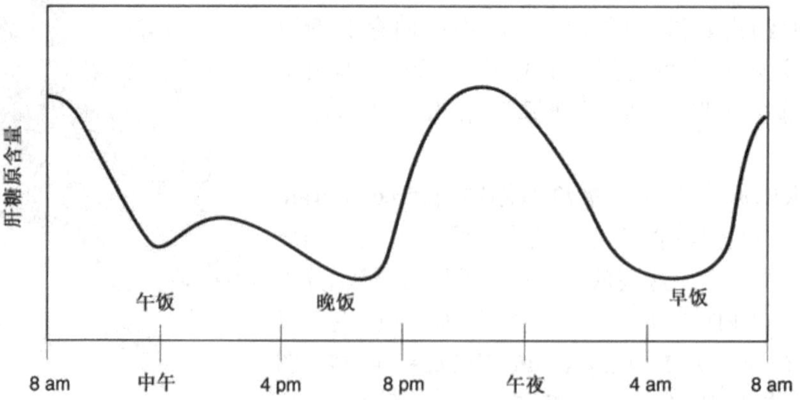

图 15.49　在三餐之间和夜间禁食过程中肝糖原含量的变化

运动时可动员肌糖原合成 ATP。红肌纤维有丰富的血流,含大量肌红蛋白,并富含线粒体。这些细胞中被动员的糖原转化为丙酮酸,经三羧酸循环彻底氧化为 CO_2 和 H_2O。而白肌纤维所含的肌红蛋白和线粒体较少,其中的糖原分解主要用于糖酵解,终产物为乳酸。白肌纤维有更强的糖原分解和糖酵解能力,但只能在短时间内充分发挥功效。鸡的胸肌和腿肌就分别是白肌纤维和红肌纤维。鸡的胸肌并不持续工作,但能让鸡在短距离内迅速飞起,以逃脱捕食者。一般认为白肌纤维在短时间内具有最大活性。大多数人体骨骼肌是白肌纤维和红肌纤维的混合物,既有快速收缩能力又有持续收缩能力。人体骨骼肌中白肌纤维和红肌纤维横断面上的分布见图 15.50 的特殊染色。

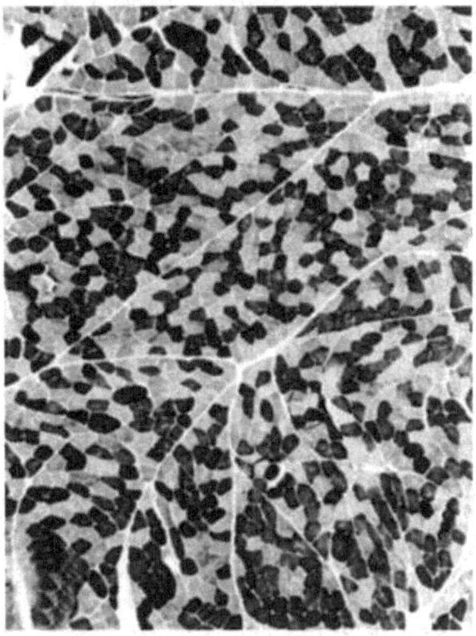

图 15.50　人体骨骼肌横切面显示红肌纤维和白肌纤维

切片染色显示 NADH 脱氢酶的活性。黑色为红肌纤维,白色为白肌纤维

糖原磷酸化酶启动糖原分解

P_i 在糖原磷酸化酶的作用下使糖原磷解,α-1,4-糖苷键断裂形成 1-磷酸葡萄糖(图 15.51)。反应总是发生在糖原分子的非还原末端。

该反应不同于 α淀粉酶催化的反应,后者由水而非 P_i 裂解肠道内糖原和淀粉的 α-1,4-

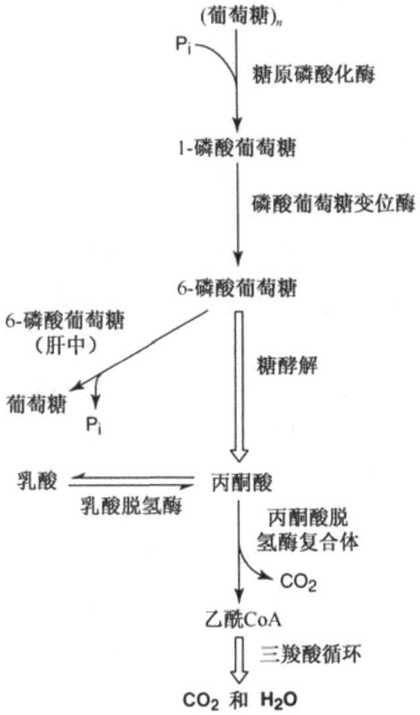

图 15.51　糖原分解以及糖原在肝和其他组织中降解的去路

糖苷键(见 26.5 节)。尽管 1 分子糖原可能含有 100 000 个葡萄糖残基,但其结构可简单表示为(葡萄糖)$_n$,n 代表分子中葡萄糖残基的数量。反应可表示为

$$(\text{葡萄糖})_n + P_i^{2-} \longrightarrow (\text{葡萄糖})_{n-1} + \alpha\text{-1-磷酸-D-葡萄糖}^{2-}$$

接下来由磷酸葡萄糖变位酶催化

$$\text{1-磷酸葡萄糖} \longrightarrow \text{6-磷酸葡萄糖}$$

该反应在糖原分解和糖原合成中都是近平衡反应。

下一步反应的酶取决于组织(图 15.51)。在肝中,6-磷酸葡萄糖被葡萄糖-6-磷酸酶水解为游离葡萄糖

$$\text{6-磷酸葡萄糖}^{2-} + H_2O \longrightarrow \text{葡萄糖} + P_i^{2-}$$

缺乏此酶或是缺乏将 6-磷酸葡萄糖转移至细胞质内质网的转运体(图 15.51)都会导致Ⅰ型糖原累积症(见临床相关知识 15.11)。肝中糖原分解的总反应平衡式为

$$(\text{葡萄糖})_n + H_2O \longrightarrow (\text{葡萄糖})_{n-1} + \text{葡萄糖}$$

虽然肝糖原分解涉及糖原的磷解作用,但由于磷酸酶切割的是 6-磷酸葡萄糖,因此总反应为糖原水解。此过程既不消耗 ATP 也不生成 ATP。在周围组织中,6-磷酸葡萄糖被糖酵解,在白肌纤维中主要转化为乳酸,而在红肌纤维中则主要转化为 CO_2(图 15.51)。由于在糖原分解生成 6-磷酸葡萄糖的过程中没有消耗 ATP,因此糖原分解及随后的糖酵解的总平衡式为

$$(\text{葡萄糖})_n + 3ADP^{3-} + 3P_i^{2-} + H^+ \longrightarrow (\text{葡萄糖})_{n-1} + 2\,\text{乳酸}^- + 3ATP^{4-} + 2H_2O$$

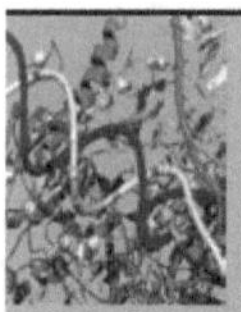

临床相关知识 15.11

糖原累积症

许多已经明确的糖原累积症都是由糖原合成与降解过程中一个或多个酶的遗传性缺陷引起的。肝通常是受累最严重的器官,但心肌和骨骼肌糖原代谢也可能有缺陷。

von Gierke 病

Ⅰ型糖原累积症或 von Gierke 病是最常见的糖原累积症,由肝、小肠黏膜和肾脏缺乏葡萄糖-6-磷酸酶所致,因此可通过小肠活检确诊。这类患者可能缺乏葡萄糖-6-磷酸酶本身(Ⅰa 型)或葡萄糖-6-磷酸酶转运体(Ⅰb 型)(图 15.37)。葡萄糖-6-磷酸酶缺乏的发生率为 1/200 000,是常染色体隐性遗传病。表现为空腹低血糖、乳酸血症、高脂血症、高尿酸血症和痛风性关节炎。空腹低血糖是葡萄糖-6-磷酸酶缺乏的结果。患者的肝在糖原脱支酶的作用下确实能释放一些葡萄糖,但由于肝不能有效利用乳酸进行糖异生,而且对胰高血糖素应答不当而生成乳酸,因此发生乳酸血症。胰高血糖素本应促进葡萄糖释放而并不产生乳酸,但由于缺乏葡萄糖-6-磷酸酶,事实却相反了。高尿酸血症可能是因为促进了肝中的嘌呤降解;高脂血症则是因为硫辛酸提高了脂肪的利用度以及由于低血糖刺激胰高血糖素升高而增加了脂肪动员。全天补充碳水化合物防止低血糖可明显缓解这些症状,在睡眠中可通过鼻饲将碳水化合物灌入肠道中。

Pompe 病

Ⅱ型糖原累积症或者 Pompe 病是由于缺乏 α-1,4-糖苷酶(或酸麦芽糖酶)所致,它通

常分布在溶酶体中。这使糖原在所有组织的溶酶体中累积。奇怪的是,如果溶酶体不能水解糖原颗粒,它摄入糖原颗粒会出现其他相应的功能缺陷。由于糖原代谢的其他合成和降解途径都是完好的,所以患者并不出现类似 von Gierke 病的代谢紊乱。但会出现严重的张力减退、弥漫性心脏扩大、心肌病,并因心衰导致死亡,通常发生在出生后第 1 个月。成年发病者会出现严重的肌无力,尤其是呼吸肌(膈肌),常死于呼吸困难。

Cori 病

Ⅲ型糖原累积症或者 Cori 病是缺乏糖原脱支酶所致。由于只有糖原的外侧分支才能被磷酸化酶分解,因此糖原不断积累。患者会出现肝肿大,但随着年龄增大而消失。临床表现与 von Gierke 病类似,但由于糖原合成并未受损,因此症状比较轻微,而且低血糖及其并发症也不严重。

McArdle 病

Ⅴ型糖原累积症或者 McArdle 病是肌肉中缺乏磷酸化酶所致。患者出现疼痛性肌痉挛,无法进行强体力运动,这主要是因为肌糖原储备不能被肌肉所利用。因此,运动后不会出现正常的血浆乳酸水平升高(从肌肉中释放)。肌肉会因为能量供应不足和糖原累积而受损,并释放肌酸磷酸激酶、醛缩酶和肌红蛋白。这些蛋白质在血液中的含量升高提示肌肉受损。

脱支酶是糖原分解所必需的

糖原磷酸化酶对 1,4-糖苷键的催化是特异的。它在距离 α-1,6-糖苷键分支点 4 个葡萄糖残基处停止水解 α-1,4-糖苷键。**脱支酶(debranching enzyme)**的作用是使磷酸化酶能持续降解糖原。脱支酶是双功能酶,催化糖原脱支的两个必要反应。第一种是 **4-α-D-葡聚糖转移酶(4-α-D-glucanotransferase)**活性,能从 4 葡萄糖残基分支的糖原上去除一段 3 葡萄糖残基链,留下一个 1,6-糖苷键残基(图 15.52)。这个 3 葡萄糖残基链与酶保持共价连接,直到被转移至同一个或邻近的糖原分子末端的 4-羟基形成更长的分支。而 1,6-糖苷键的单葡萄糖残基则被脱支酶的第二种酶活性水解,即**淀粉-α-1,6-葡萄糖苷酶(amylo-α-1,6-glucosidase)**活性。

磷酸化酶和脱支酶不断的联合作用使糖原完全降解为 1-磷酸葡萄糖和葡萄糖。当其中任何一种酶有缺陷时就会出现糖原累积症。1 分子糖原在脱支酶作用下产生的游离葡萄糖,经磷酸化酶作用,平均可产生 12 分子 1-磷酸葡萄糖。

还有另一条相对较次要的糖原降解途径,它主要依赖溶酶体中的**葡萄糖苷酶(glucosidase)**。进入溶酶体的糖原必然被降解,否则就会发生临床相关知识 15.11 中所描述的疾病。

糖原合成需要特殊的酶

糖原合成的第一个反应由肝中的葡萄糖激酶或周围组织中的已糖激酶催化(图 15.53)

$$\text{葡萄糖} + ATP \longrightarrow \text{6-磷酸葡萄糖} + ADP$$

接着在**磷酸葡萄糖移位酶(phosphoglucomutase)**的作用下形成 1-磷酸葡萄糖

$$\text{6-磷酸葡萄糖} \rightleftharpoons \text{1-磷酸葡萄糖}$$

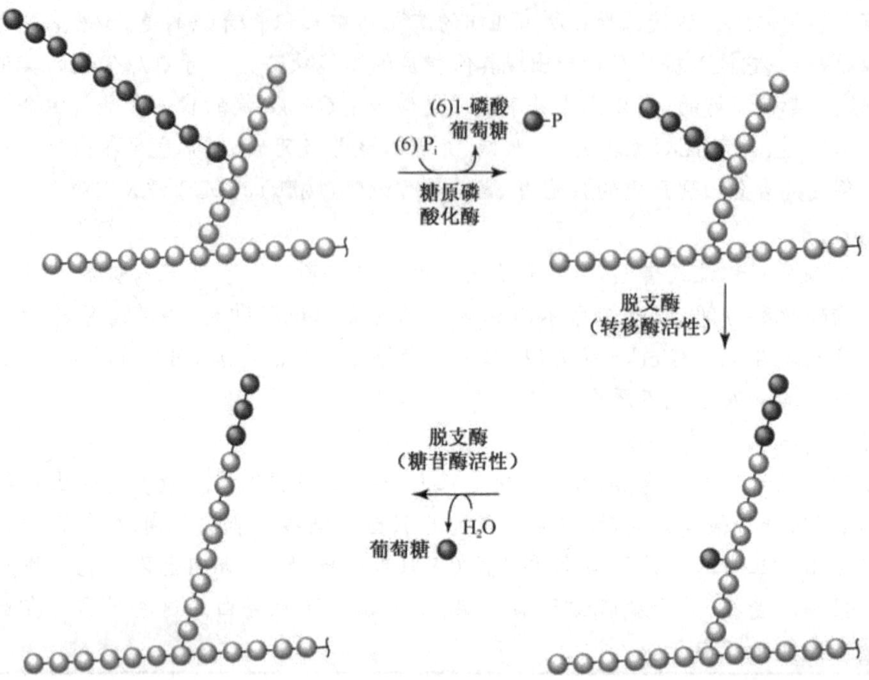

图 15.52　糖原脱支酶的作用

再经 **1-磷酸葡萄糖尿苷酰转移酶**（**glucose 1-phosphate uridylyltransferase**）催化生成 UDP-葡萄糖

$$1\text{-磷酸葡萄糖} + UTP \longrightarrow UDP\text{-葡萄糖} + PP_i$$

UDP-葡萄糖是“活化的葡萄糖”，只有在此基础上才能合成糖原。焦磷酸经**焦磷酸酶**（**pyrophosphatase**）水解为无机磷酸，释放的能量用于形成 UDP-葡萄糖，反应是不可逆的。

$$PP_i^{4-} + H_2O \longrightarrow 2P_i^{2-}$$

然后糖原合酶将 UDP-葡萄糖上活化的葡萄糖残基转移至延伸糖原链的葡萄糖残基的第 4 位碳，从而与活化糖的第 1 位碳的羟基形成新的糖苷键。葡萄糖的还原末端（第 1 位碳是醛基，在其氧化过程中能还原其他化合物）总是加至糖原链的非还原末端（葡萄糖残基的第 4 位碳）。因此，每分子糖原应该都有一个位于核心处的游离还原端。但事实并非如此，因为潜在的一个游离醛基在其核心处与糖原蛋白共价连接（见 15.6 节）。糖原合酶反应生成的 UDP 经**二磷酸核苷激酶**（**nucleoside diphosphate kinase**）作用转化为 UTP

$$UDP + ATP \rightleftharpoons UTP + ADP$$

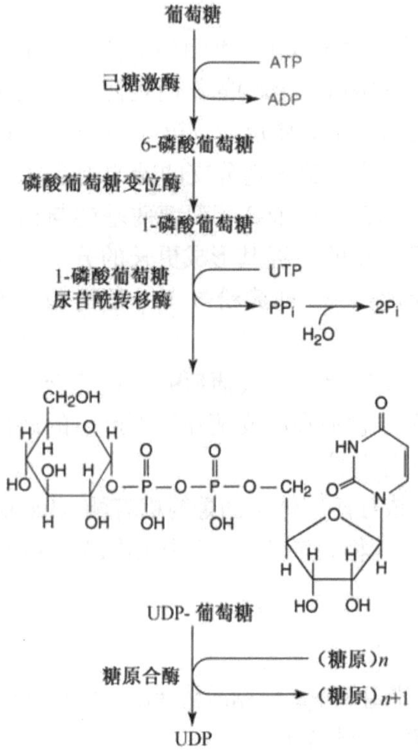

图 15.53　糖原合成途径

糖原合酶不能形成 α-1,6-糖苷键。它单独作用只能生成淀粉,即以 α-1,4-糖苷键连接的直链多聚葡萄糖。一旦形成至少含 11 个残基的淀粉链,“分支酶”,即 1,4-α-葡聚糖分支酶便从延伸的糖原链上去除一段大约 7 个残基的链,并转移到另一个链上形成 α-1,6-糖苷键(图 15.54)。新的分支与最近的分支点之间至少必须有 4 个葡萄糖残基。因此,要形成多分支就需要糖原合酶和分支酶的协同作用。糖原合成的总反应平衡式为

$$(\text{葡萄糖})_n + \text{葡萄糖} + 2ATP^{4-} + H_2O \longrightarrow (\text{葡萄糖})_{n+1} + 2ADP^{3-} + 2P_i^{2-} + H^+$$

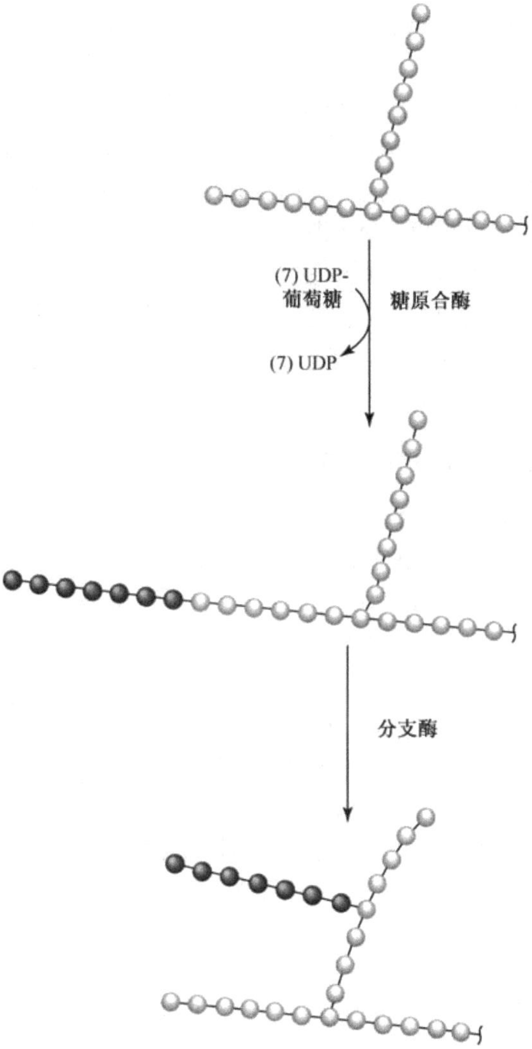

图 15.54　糖原分支酶的作用

如前所述,糖原分解和糖酵解联合作用每产生 1 个葡萄糖残基便生成 3 分子 ATP

$$(\text{葡萄糖})_n + 3ADP^{3-} + 3P_i^{2-} + H^+ \longrightarrow (\text{葡萄糖})_{n-1} + 2\,\text{乳酸}^- + 3ATP^{4-} + 2H_2O$$

这样,糖原合成和糖原降解成乳酸总共只产生 1 分子 ATP

$$\text{葡萄糖} + ADP^{3-} + P_i^{2-} \longrightarrow 2\,\text{乳酸}^- + ATP^{4-} + H_2O + H^+$$

但细胞中糖原合成和糖原降解通常发生在不同时间 。比如,在静息状态下,若葡萄糖充足而

利用 ATP 进行肌肉收缩的需求较少,白肌纤维就合成糖原,然后在运动时利用糖原供能。尽管糖原储存并不是一个高效的过程,但却能迅速而高效地动员,以便为细胞提供储备能源。

糖原分解和糖原合成的特征

为什么以糖原的形式储存葡萄糖

糖原是一种很好的能源储备,这个事实让我们很容易理解为何我们的机体在肝和肌肉中储存糖原。但我们为何不完全以脂肪的形式储存多余的能源呢?原因至少有 3 个方面:①脂肪不能像糖原那样被快速动员;②脂肪不能在缺氧的情况下作为能量来源;③脂肪无法转化为葡萄糖维持血糖稳定以满足大脑所需。但为什么不是仅将葡萄糖泵入细胞内以游离葡萄糖形式储存呢?为何要消耗 ATP 形成多聚葡萄糖呢?这是因为葡萄糖具有渗透性。将葡萄糖逆浓度梯度泵入细胞内需要消耗 ATP,而且在肝细胞中葡萄糖的浓度要达到 400mmol/L 才能与肝糖原储备相同。而细胞内聚积的大量葡萄糖会使大量水渗透入细胞,使之发生渗透性破裂。假设一个糖原分子的分子质量为 10^7 kDa,400mmol/L 的葡萄糖以糖原形式储存的浓度只有 0.01μmol/L。因此,以糖原形式储存葡萄糖不会引起细胞内渗透压改变。

糖原蛋白是糖原合成所必需的引物

和 DNA 的合成一样,糖原合成也需要引物,但不需要模板。糖原本身就是通常的引物,因为糖原合成总是将葡萄糖基添加到糖原"核心"分子上,后者几乎总存在于细胞中。去除或者重新合成糖原分子的外区比内部核心区要迅速得多。细胞中的糖原频繁地被糖原磷酸化酶和脱支酶剪切,但在再次进食前很少完全消失,而糖原合酶和分支酶则会重建糖原分子。这就提出一个问题:为什么糖原是只有一个起点的多分支分子而且分支以非还原端为末端呢?答案就是这能为糖原磷酸化酶催化成熟的糖原提供大量的作用位点,也为糖原合成提供引物位点。若细胞合成 α-直链淀粉,即形成不分支的葡萄糖聚合物,就会只有一个非还原端。这使糖原合成和降解的速度都显著减慢。由于糖原合酶不能在单个葡萄糖分子上启动糖原的合成,因此合成糖原需要引物。糖原合酶对高分子质量糖原的 K_m 值很低,因此很容易把葡萄糖基添加到糖原上。但糖原分子越小,K_m 值越大,因此单个葡萄糖在生理条件下不能作为糖原合成的引物。这就得出一个结论,糖原可能是一直存在的;也就是说,部分糖原可能从一代细胞传递到下一代细胞用以合成糖原。目前认为一个由 332 个氨基酸构成的多肽链,即**糖原蛋白(glycogenin)**,是糖原合成的引物。糖原蛋白是一种自身糖基化酶,利用 UDP-葡萄糖将葡萄糖连接到自身的酪氨酸残基上(图 15.55)。这种糖基化的糖原蛋白可作为

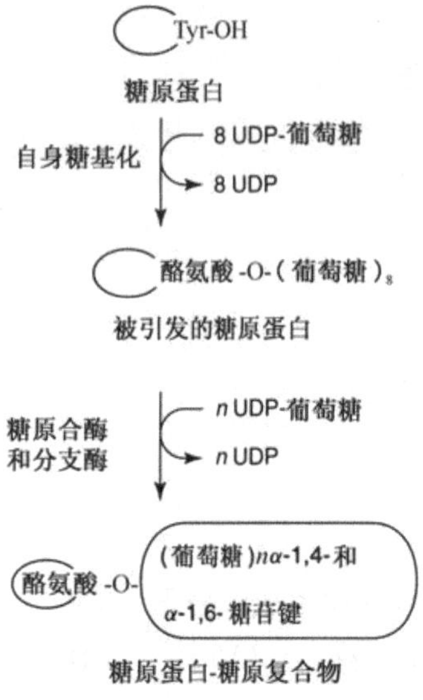

图 15.55 糖原蛋白为糖原合酶合成糖原提供引物
Tyr 代表糖原蛋白上的酪氨酸残基

糖原合酶合成糖原的引物。

糖原抑制自身合成

如果糖原合酶的效率随着糖原分子变大而越来越高，那么这个糖球的合成如何终止呢？脂肪细胞有无限储存脂肪的能力，但没有其他功能。肌肉细胞参与机械运动，而肝脏细胞除了糖原合成外还参与许多生理活动。甚至当葡萄糖过多时，总有办法限制细胞内的糖原积聚。糖原本身便可抑制糖原合成，其机理将在后面探讨（见 15.6 节）。

糖原合成与降解受严格调控

糖原合成和糖原降解受糖原合酶和糖原磷酸化酶的调控。这两个酶均催化非平衡反应，也都受变构效应物和共价修饰的调控。

糖原磷酸化酶的调节

糖原磷酸化酶受 AMP 激活，受葡萄糖和 ATP 抑制（图 15.56）。变构效应物的调节与**共价修饰**（**covalent modification**）调节协同作用。磷酸化酶以**激活的** ***a*** **形式**（**active** ***a*** **form**）和**失活的** ***b*** **形式**（**inactive** ***b*** **form**）存在，在**磷酸化酶激酶**（**phosphorylase kinase**）和**磷蛋白磷酸酶**（**phosphoprotein phosphatase**）的作用下相互转化。磷酸化引起的构象改变会

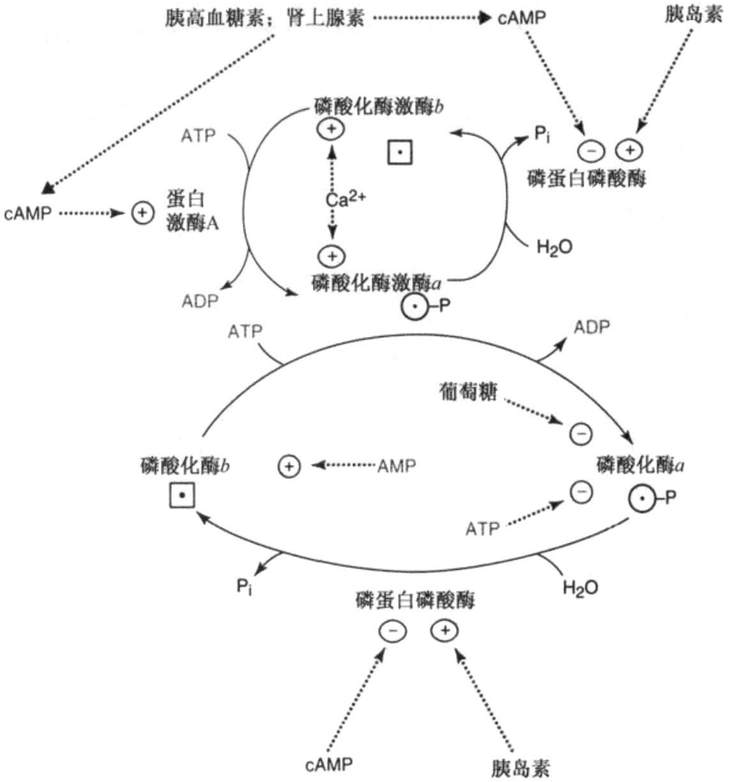

图 15.56　对糖原磷酸化酶的共价修饰和变构调节

磷酸化使糖原磷酸化酶和磷酸化激酶从无活性的 *b* 形式转化为有活性的 *a* 形式

产生更活跃的催化状态。非磷酸化的磷酸化酶，即 *b* 形式的活性低，可被 AMP 激活。AMP 对已经激活的磷酸化酶 *a* 没有活化作用。因此，共价修饰调节可以绕过 AMP 介导的激活机制。

磷酸化酶激酶可使磷酸化酶磷酸化而激活（图 15.56），其自身也受磷酸化和去磷酸化调控。蛋白激酶 A 使磷酸化酶激酶磷酸化而激活，磷蛋白磷酸酶则使之去磷酸化而失活。磷酸化酶激酶是一个 1 300 000kDa 的复合物，由 4 种不同的亚基分别以 4 个拷贝聚合而成（$\alpha_4\beta_4\gamma_4\delta_4$）。催化活性在 γ 亚基，α、β、δ 亚基发挥调节作用。α、β 亚基在从非活性的 *b* 形式转变为有活性的 *a* 形式过程中被磷酸化。蛋白激酶 A 使磷酸化酶激酶磷酸化而激活，从而对磷酸化酶发挥作用。这样，对 cAMP 介导的信号作出应答需要双循环系统来激活磷酸化酶。

δ 亚基是结合 Ca^{2+} 的调节蛋白，即**钙调蛋白**（**calmodulin**）（见 12.9 节）。它以游离形式存在于细胞中并与酶复合物紧密结合。它发挥细胞内 Ca^{2+} 受体的作用，对细胞内 Ca^{2+} 浓度变化作出应答，并影响多种酶的活性。Ca^{2+} 结合到钙调蛋白使磷酸化酶激酶活性更强。如图 15.56 所示，Ca^{2+} 既是磷酸化酶激酶 *a* 也是磷酸化酶激酶 *b* 的激动剂。只有特定的苏氨酸残基磷酸化，并且 Ca^{2+} 与钙调蛋白相互作用，才能最大限度地激活磷酸化酶激酶。这是 Ca^{2+} 发挥其第二信使作用的一种途径。通过磷酸化和 Ca^{2+} 激活磷酸化酶激酶对糖原磷酸化酶具有显著影响。同样，抑制磷蛋白磷酸酶也能实现这种效应。对糖原磷酸化酶的调控最终涉及磷蛋白磷酸酶和磷酸化酶激酶活性的相互作用。调控磷蛋白磷酸酶活性与 cAMP 有关（见 13.9 节）。提高 cAMP 水平的激素，如胰高血糖素、肾上腺素等会通过信号转导激活磷酸化酶激酶并灭活磷蛋白磷酸酶，从而促进糖原磷酸化酶活化。胰岛素，通过一条激酶介导的信号转导通路促进磷蛋白磷酸酶活化，从而对磷酸化酶发挥相反的作用。

糖原磷酸化酶受级联放大效应调节

调节糖原磷酸化酶磷酸化的双循环调控系统能将极其微小的初始信号显著放大。1 分子肾上腺素活化腺苷酸环化酶可生成许多分子的 cAMP。每个 cAMP 可激活 1 个蛋白激酶 A，后者又可激活许多分子的磷酸化酶激酶，同样可灭活许多分子磷蛋白磷酸酶。反过来，磷酸化酶激酶又使许多分子糖原磷酸化酶磷酸化，后者又能催化糖原的许多糖苷键磷酸水解。这样，极其微小的激素初始信号得到显著放大。如果每一步放大倍数为 100，四步可以把信号放大 100 000 000 倍。这个系统非常迅速，比如白肌纤维中储存的糖原可在几秒钟内被完全动员。

糖原合酶的调节

糖原合酶在糖原合成时被激活，在糖原分解时被抑制。糖原合酶、糖原磷酸化酶、1-磷酸葡萄糖尿苷酰转移酶以及二磷酸核苷激酶几个反应总和是一个无效循环，总平衡式为

$$ATP + H_2O \longrightarrow ADP + P_i$$

因此，当糖原磷酸化酶激活时，糖原合成是被抑制的，反之亦然。

6-磷酸葡萄糖是否激活糖原合酶取决于其磷酸化状态（图 15.57）。糖原合酶存在依

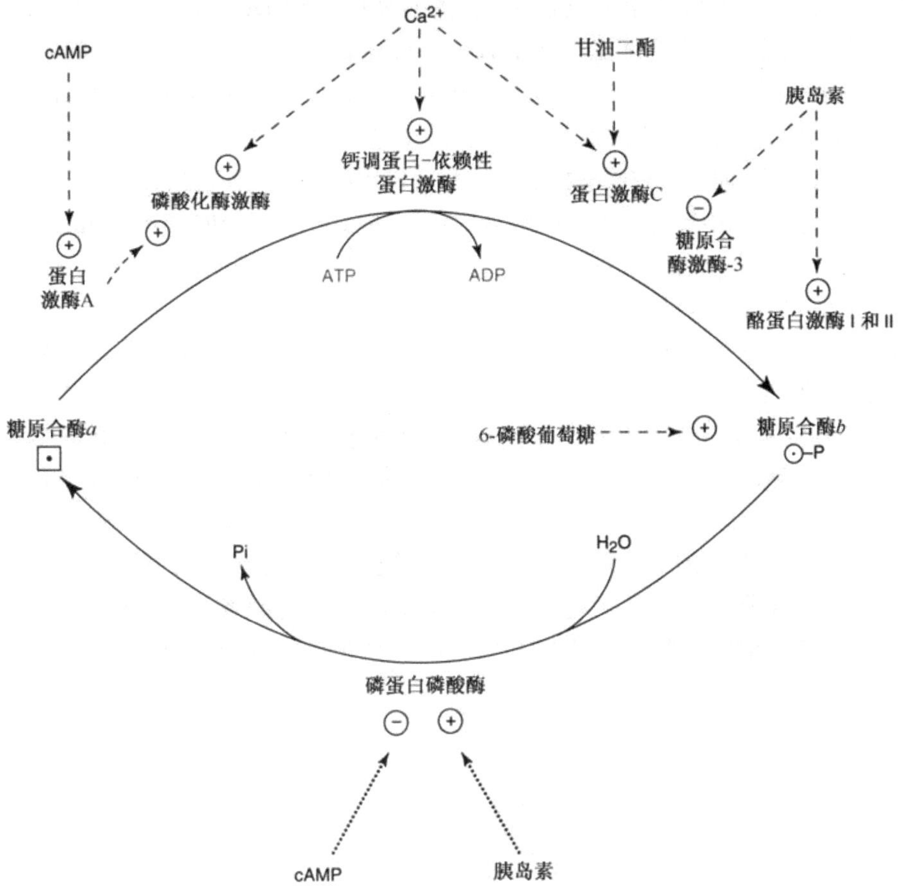

图 15.57　共价修饰调节糖原合酶

糖原合酶磷酸化使之从有活性的 *a* 形式转化为无活性的 *b* 形式

赖于 6-磷酸葡萄糖的磷酸化的"D"型,以及不依赖 6-磷酸葡萄糖的非磷酸化的"I"型。D 型等同于 *b* 型或酶的非活性形式,而 I 型则等同于 *a* 型或酶的活性形式。一些蛋白激酶催化糖原合酶的磷酸化,后者又受第二信使调控,包括 cAMP、Ca^{2+}、二酰甘油以及其他未明确的物质。图 15.57 鉴定的每一种蛋白激酶均能使糖原合酶磷酸化而失活。糖原合酶是分子质量为 85kDa 的同源四聚体(α4),至少有 9 个不同的丝氨酸残基可被磷酸化。已鉴定了 11 种蛋白激酶能使糖原合酶磷酸化。这与糖原磷酸化酶截然不同,后者只受特异性酶在特异位点的磷酸化调控。

cAMP 分别调控糖原合酶(图 15.57)和糖原磷酸化酶(图 15.56)。cAMP 升高激活糖原磷酸化酶而抑制糖原合酶,这是通过激活蛋白激酶 A 和抑制磷蛋白磷酸酶而实现的。Ca^{2+} 同样影响这两种酶的磷酸化状态,并通过对磷酸化酶激酶的作用而调控这两个酶的活性。已鉴定了两个 **cAMP-非依赖性的 Ca^{2+}-活化的蛋白激酶(cAMP-independent, Ca^{2+}-activated protein kinase)**,具有重要的生理学意义。一个是钙调蛋白依赖性的蛋白激酶,另一个是 Ca^{2+} 和磷脂依赖性的蛋白激酶(**蛋白激酶 C, protein kinase C**)。两者都能使糖原合酶磷酸化,但均不能使糖原磷酸化酶磷酸化。蛋白激酶 C 需要磷脂、二酰甘油和 Ca^{2+} 才能发挥其活性。有趣的是,促肿瘤药物佛波醇酯能模拟二酰甘油而作为其激动剂。

二酰甘油是激素作用的第二信使，通过蛋白激酶 C 调控细胞内多种生理过程（见 13.12 节）。

糖原合酶也能被**糖原合酶激酶-3（glycogen synthase kinase-3）**，**酪蛋白激酶Ⅰ（casein kinaseⅠ）**和酪蛋白激酶Ⅱ磷酸化。这些激酶不受 cAMP 或 Ca^{2+} 调控，但存在调节它们的特殊机制。胰岛素信号级联放大反应（见 13.12 节）激活蛋白激酶 B，使糖原合酶激酶-3 磷酸化而失活，而磷蛋白磷酸酶的去磷酸化作用则激活糖原合酶。

使糖原合酶由 *b* 型转化为 *a* 型的**磷蛋白磷酸酶（phosphoprotein phosphatase）**受到与糖原磷酸化酶类似方式的调控（图 15.57）。cAMP 促进磷蛋白磷酸酶活化，胰岛素则促进糖原合酶活化，这是通过对磷蛋白磷酸酶相反的作用实现的。

目前正在研究从**丝氨酸残基（serine residue）**上去除磷酸的磷蛋白磷酸酶。一般说来，磷蛋白磷酸酶以催化亚基与调节亚基相结合的形式存在于细胞中。对糖原代谢很重要的一个调控蛋白是 G 亚基或**糖原-结合蛋白（glycogen-binding protein）**。G 亚基既与糖原结合，也与磷酸酶的催化亚基结合（图 15.58），这使磷酸酶的活性比糖原合酶和糖原磷酸化酶高出 10 倍。但蛋白激酶 A 对 G 亚基的磷酸化可使磷酸酶的催化亚基释放，从而降低其活性。游离催化亚基与另一个调节蛋白（抑制物 1）的相互作用进一步抑制磷酸酶的活性。有效抑制磷酸酶的残留活性需要蛋白激酶 A 将抑制物 1 磷酸化，形成与激素的另一种联系，使 cAMP 水平升高。胰岛素的作用则与 cAMP 相反，它能促进磷酸酶催化亚基的活化。

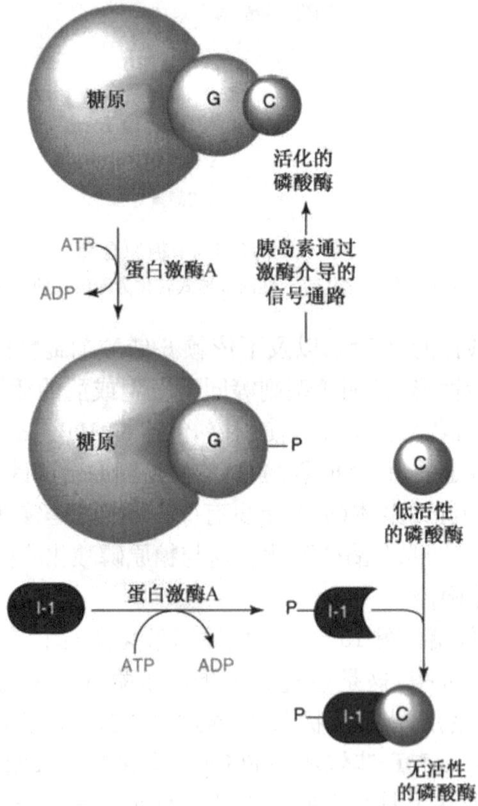

图 15.58　与糖原结合的磷酸酶的调控机制

糖原结合亚基 G 亚基直接与糖原结合；磷蛋白磷酸酶催化亚基 C 亚基通过 G 亚基结合到糖原上；磷酸化的抑制物 1（Ⅰ-1）与游离催化亚基结合

效应物对糖原代谢的调节

某些肌肉能在缺氧情况下快速动员糖原储备而无需明显地将磷酸化酶 *b* 型转化为 *a* 型,或将糖原合酶 *a* 型转化为 *b* 型。这可能是由效应物调节的,ATP 减少,对磷酸化酶的抑制减弱;6-磷酸葡萄糖减少,则对糖原合酶的活化减弱;而 AMP 增加则使磷酸化酶活化。这使肌肉能在短时间内利用由糖原分解生成的 6-磷酸葡萄糖进行糖酵解而产生的 ATP 持续工作。

对肌肉磷酸化酶激酶缺陷小鼠的研究也证实效应物具有调控作用。这种小鼠肌肉中的 *b* 型磷酸化酶不能转化为 *a* 型磷酸化酶。但由于 AMP 对 *b* 型磷酸化酶的刺激作用,强体力活动也能导致肌糖原缺乏。

糖原负反馈调控糖原合成

糖原对其自身合成发挥负反馈调控作用。当糖原在组织中积聚时,*a* 型糖原合酶减少。机理还不太清楚,但糖原可能将 *a* 型糖原合酶转化成了蛋白激酶的一个更好的底物,或者,糖原可能通过磷蛋白磷酸酶抑制 *b* 型糖原合酶的去磷酸化。任何一种机理都可以解释上述现象。

磷酸化酶是肝中的“葡萄糖受体”

高碳水化合物饮食能增加血液与肝中的葡萄糖,从而增加肝中的糖原合成。机制包括葡萄糖促进胰岛素释放以及胰岛素对肝糖原磷酸化酶和糖原合酶的影响。但不依赖于激素的机制在肝中也同样重要(图 15.59)。葡萄糖对 *a* 型磷酸化酶的直接抑制可能很重要。

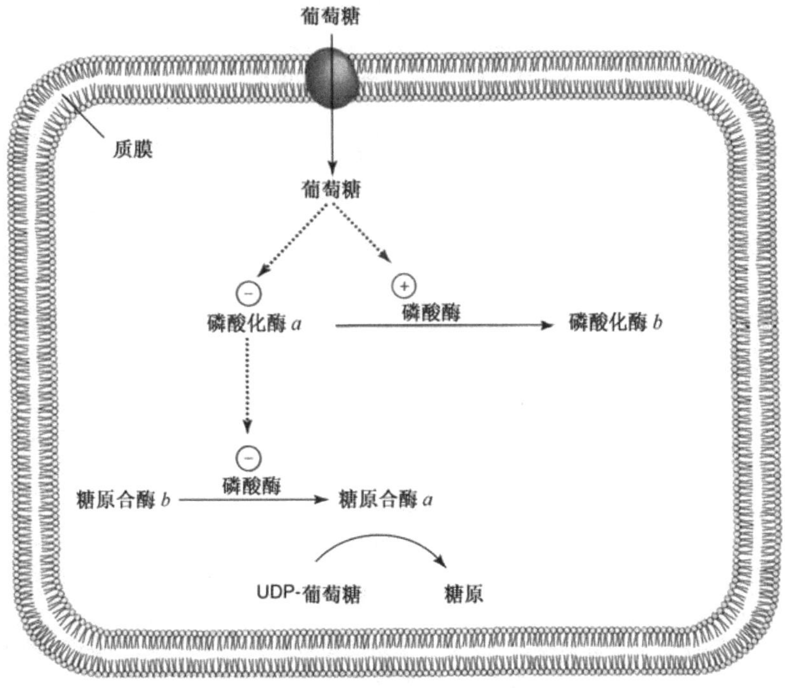

图 15.59　葡萄糖促进肝糖原合成的机制

葡萄糖与磷酸化酶结合，使 *a* 型磷酸化酶成为磷蛋白磷酸酶去磷酸化的一个更好底物。因此，肝中的 *a* 型磷酸化酶发挥细胞内葡萄糖受体的作用。葡萄糖与 *a* 型磷酸化酶的结合促进其灭活，从而抑制糖原分解。这种葡萄糖对糖原分解的"负反馈"调控并不一定促进糖原合成。但 *a* 型磷酸化酶通过磷蛋白磷酸酶抑制 *b* 型糖原合酶的去磷酸化过程。一旦 *a* 型磷酸化酶转化为 *b* 型磷酸化酶，这种抑制作用便消失(图 15.59)。换句话说，只有当 *a* 型磷酸化酶去磷酸化后，磷蛋白磷酸酶才主要作用于 *b* 型糖原合酶。这样，葡萄糖与 *a* 型磷酸化酶作用的结果是，糖原在肝中被合成而非被降解。*a* 型磷酸化酶之所以能在肝中发挥这种**"葡萄糖受体"(glucose receptor)**的功能是因为肝中葡萄糖的浓度可以反映血糖的浓度。但肝外组织并非如此。肝细胞具有转运葡萄糖能力很强的葡萄糖转运体(GLUT2)和 $S_{0.5}$ 很高的使葡萄糖磷酸化的酶(葡萄糖激酶)，但肝外组织的葡萄糖转运体和磷酸化体系只能使胞内葡萄糖浓度维持在较低水平，不能使 *a* 型磷酸化酶发挥"葡萄糖受体"的功能。

糖原合成和糖原分解的激素与神经调控

胰高血糖素促进肝糖原分解

出现低血糖时，胰腺 α 细胞分泌胰高血糖素。在禁食或饥饿等情况下，胰高血糖素刺激糖原分解，以确保葡萄糖依赖性的组织能获得足够血糖(图 15.60)。胰高血糖素与肝

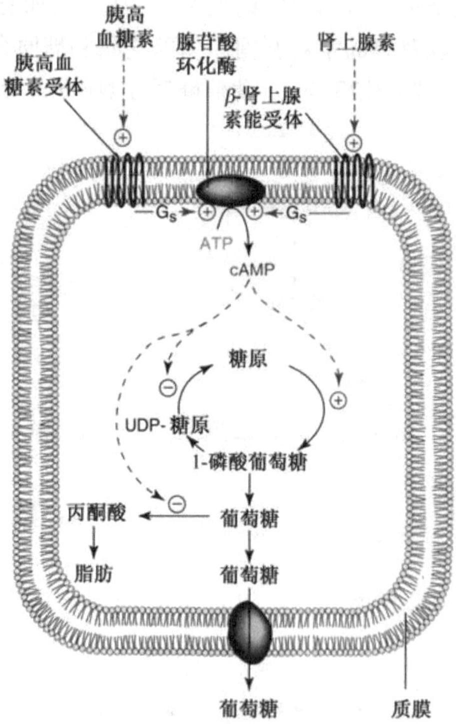

图 15.60　cAMP 介导胰高血糖素和 β-肾上腺素能受体激动剂(肾上腺素)促进肝糖原分解
见图 15.19 和 15.25 的图注

细胞表面的受体结合可激活腺苷酸环化酶,从而激发能活化糖原磷酸化酶并使糖原合酶失活的级联反应(图 15.56 和图 15.57)。分别如图 15.27 和图 15.30 所示,胰高血糖素还在 6-磷酸果糖-1-激酶和丙酮酸激酶的水平上抑制糖酵解。所有这些由 cAMP 和共价修饰介导的效应使血糖水平迅速上升。因为随着血糖水平升高,胰高血糖素释放减少,所以不会发生高血糖。

肾上腺素促进肝糖原分解

受到应激时,肾上腺髓质的嗜铬细胞分泌**肾上腺素**(**epinephrine**)入血。这种"惊吓,逃跑或战斗"激素使机体做好战斗或逃跑的准备。肾上腺素与肝细胞表面的 **β-肾上腺素能受体**(**β-adrenergic receptor**)结合可激活腺苷酸环化酶(图 15.60),cAMP 具有与胰高血糖素一样的效应——激活糖原分解,抑制糖原合成与糖酵解,最大限度升高血糖。肾上腺素与肝细胞表面的 α-肾上腺素能受体结合,激活相应细胞信号转导通路,生成 IP_3 和 DG(图 15.61)。这些第二信使由磷脂酶 C 水解细胞膜上的 PIP_2 形成(图 15.62)。IP_3 刺激内质网释放 Ca^{2+},后者能激活糖原磷酸化酶激酶从而激活糖原磷酸化酶(图 15.56)。此外,**Ca^{2+} 介导**的糖原磷酸化酶激酶和钙调蛋白-依赖性的蛋白激酶的**激活**(**Ca^{2+}-mediated activation**),以及二酰甘油介导的蛋白激酶 C 的活化均有助于使糖原合酶失活

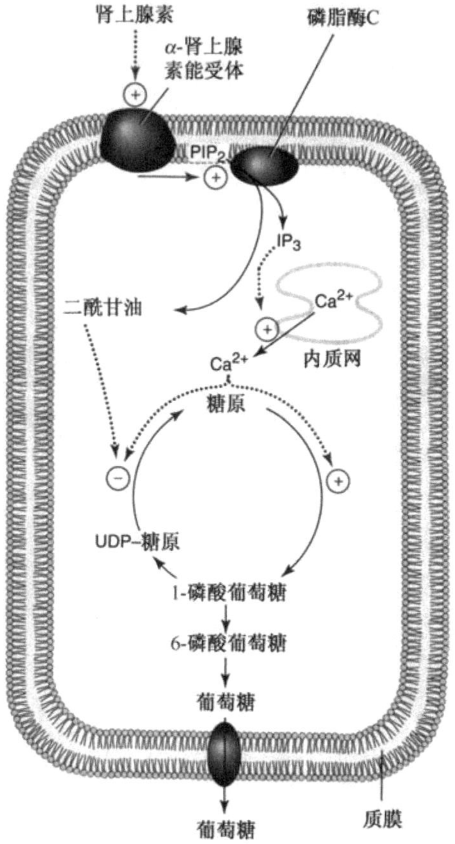

图 15.61　IP_3 和 Ca^{2+} 通过 α-肾上腺素能受体激动剂介导激活肝糖原分解

α-肾上腺素能受体、葡萄糖转运体和 PIP_2 都是质膜组分

(图 15.57)。

肾上腺素作用于肝的主要效应是加快葡萄糖释放入血。这可以满足应激情况下机体组织对葡萄糖的需求。

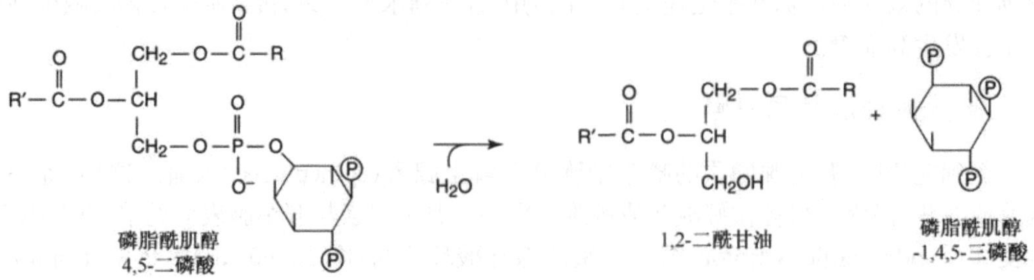

图 15.62　磷脂酶 C 将 PIP_2 分解为 DG 和 IP_3

肾上腺素促进心肌与骨骼肌中的糖原分解

肾上腺素也促进心肌与骨骼肌中的糖原分解(图 15.63)。它与 β-肾上腺素能受体结合,激活腺苷酸环化酶生成 cAMP,后者激活糖原磷酸化酶而使糖原合酶失活,机制见

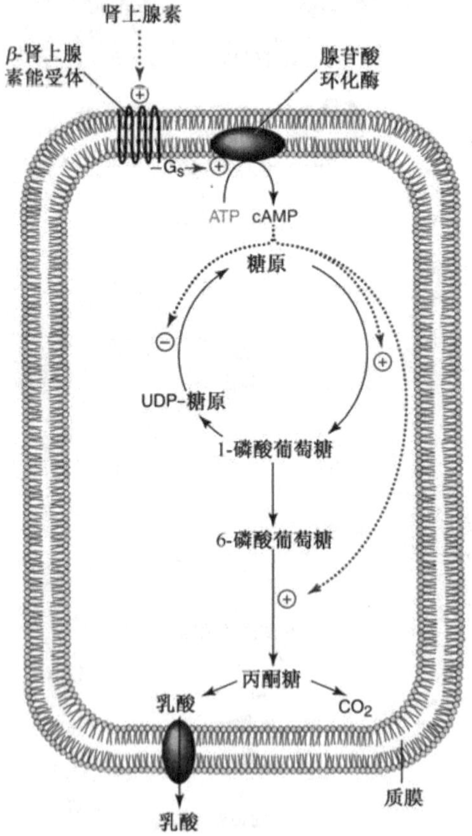

图 15.63　cAMP 介导 β-激动剂(肾上腺素)对肌糖原分解的激活

β-肾上腺素能受体是质膜组分,通过刺激型 G 蛋白激活腺苷酸环化酶

图 15.56和图 15.57。由于这些组织中缺乏葡萄糖-6-磷酸酶,因此导致糖酵解被激活(图 15.28)而不是将葡萄糖释放入血。这样,肾上腺素对心肌与骨骼肌的作用是使更多的 6-磷酸葡萄糖能用于糖酵解。由糖酵解产生的 ATP 可满足应激情况下骨骼肌和心肌对能量的需求。

肌糖原分解的神经调控

肌肉活动的神经兴奋由胞内 Ca^{2+} 浓度的变化所介导(图 15.64)。神经冲动引起细胞膜去极化,使肌细胞中肌质网的 Ca^{2+} 释放到肌质中。这触发肌肉收缩,而肌质网对 Ca^{2+} 的再摄取则使肌肉舒张。Ca^{2+} 浓度的变化也可激活糖原磷酸化酶激酶和糖原磷酸化酶,并使糖原合酶失活。这样,更多糖原转化为 6-磷酸葡萄糖,产生更多的 ATP 以满足肌肉收缩对能量的需求。

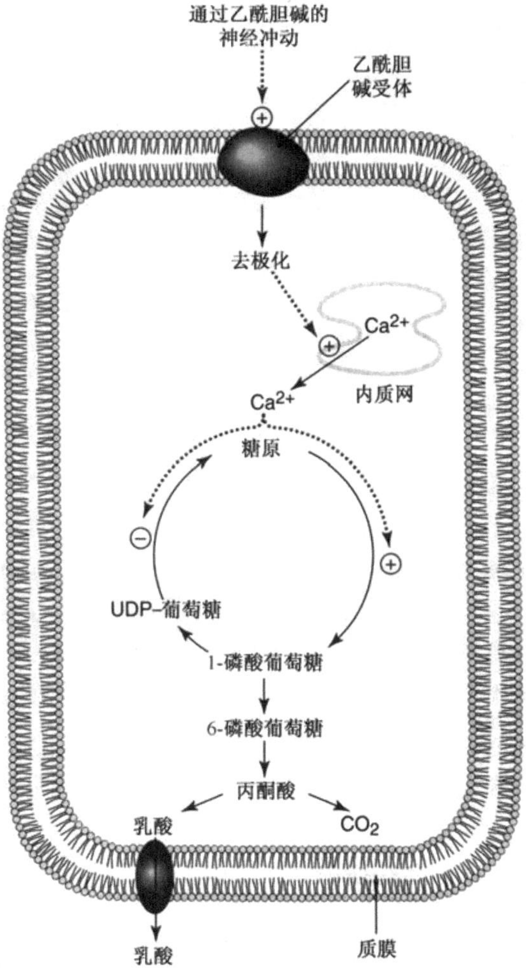

图 15.64　Ca^{2+} 通过神经兴奋介导激活肌糖原分解

胰岛素促进骨骼肌和肝中的糖原合成

血糖浓度升高会刺激胰腺 β细胞释放胰岛素。胰岛素与其受体结合,通过信号级联反应促进对葡萄糖的利用(图 15.65 和图 15.66)。血糖降低时,胰腺释放胰岛素减少,释放胰高血糖素增加。这两种激素对肝利用葡萄糖具有相反的效应,因此胰腺是阻止血糖水平显著波动的精细调控器官。胰岛素在某种程度上通过促进肌肉和肝中的糖原合成并抑制糖原分解来增加对葡萄糖的利用。在肌肉中,胰岛素促进葡萄糖转运进入肌细胞是其作用的重要特征,但在肝中并非如此。肝细胞具有高容量、胰岛素-不敏感的葡萄糖转运体 2,而骨骼肌细胞和脂肪细胞则存在胰岛素-敏感性的葡萄糖转运体 4(见 12.8 节)。胰岛素通过促进胞内的葡萄糖转运体 4 转位至质膜,从而增加质膜上的葡萄糖转运体 4 的数量(图 15.6)。如前所述,胰岛素通过激活糖原合酶并抑制糖原磷酸化酶,(图 15.56,图 15.57 和图 15.58)促进肝糖原和肌糖原的合成。

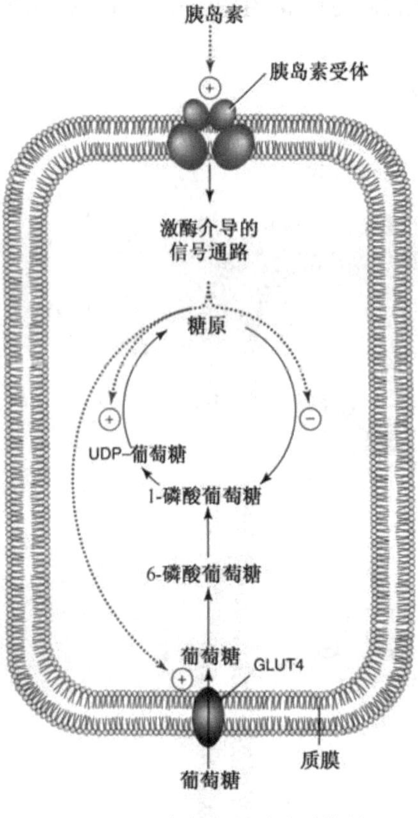

图 15.65　胰岛素与质膜受体结合促进肌糖原合成

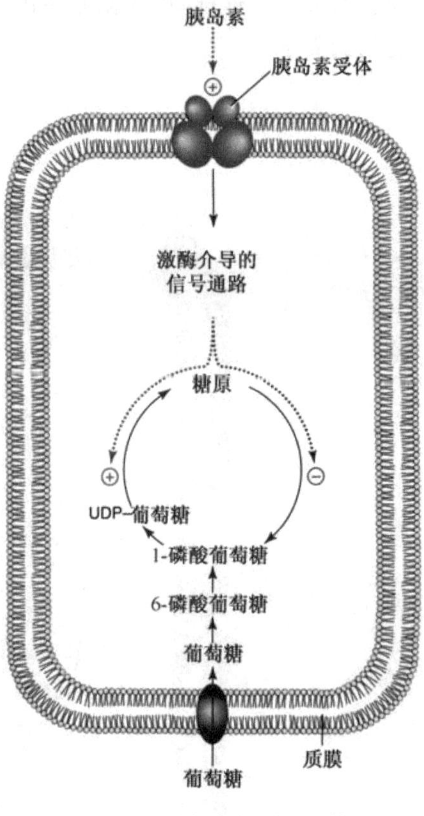

图 15.66　胰岛素与质膜受体结合促进肝糖原合成

参考书目

Brosnan, J. T. Comments on metabolic needs for glucose and the role of gluconeogenesis. *Eur. J. Clin. Nutr.* 53: S107, 1999.

Chen, Y-T. Glycogen storage diseases. In: C. R. Scriver, A. R. Beaudet, W. S. Sly, and D. Valle (Eds.), *The Metabolic and Molecular Bases of Inherited Disease*, 8th ed. New York: McGraw-Hill, 2001, p. 1521, 2001.

Croniger, C., Leahy, P., Reshef, L., and Hanson, R. W. C/EBP and the control of phosphoenolpyruvate carboxykinase gene transcription in liver. *J. Biol. Chem.* 273:31629, 1998.

DePaoli-Roach, A. A., Park, I. -K., Cerovsky, V., Csortos, C., Durbin, S. D., Kuntz, M. J., Sitikov, A., Tang, P. M., Verin, A., and Zolnierowicz, S. Serine/threonine protein phosphatases in the control of cell function. *Adv. Enzyme Regul.* 34:199, 1994.

Depre, C., Rider, M. H., and Hue L. (1998). Mechanisms of control of heart glycolysis. *Eur J. Biochem.* 258:277, 1998.

Fell, D. *Understanding the Control of Metabolism*. London: Portland Press, 1997.

Gibson, D. M. and Harris, R. A. *Metabolic Regulation in Mammals*. Lon-

don: Taylor and Frances, 2001.
Gould, G. W. and Holman, G. D. The glucose transporter family: Structure, function and tissue-specific expression. *Biochem. J.* 295:329, 1993.
Gurney, A. L., Park, E. A., Liu, J., Giralt, M., McGrane, M. M., Patel, Y. M., Crawford, D. R., Nizielski, S. E., Savon, S., and Hanson, R. W. Metabolic regulation of gene transcription. *J. Nutr.* 124:1533S, 1994.
Hanson, R. W. and Mehlman, M. A. (Eds.). *Gluconeogenesis, its regulation in mammalian species*. New York: Wiley, 1976.
Harris, R. A. Glycolysis overview. *Encyclopedia of Biological Chemistry, Section of Metabolism, Vitamins, and Hormones*. In press as Web article. New York: Elsevier/Academic Press, 2005.
Harper, E. T. and Harris, R. A. Glycolytic pathway. *Nature Encyclopedia of Life Sciences*. www.els.net. 2005.
Hunter, T. Protein kinases and phosphatases: The yin and yang of protein phosphorylation and signaling. *Cell* 80:225, 1995.
King, M. W. *Dr. King's Medical Biochemical Page*. http://web.indstate.edu/thcme/mwking/ January 16, 2005.
King, M. W. Glycogen, starch, and sucrose. *Nature Encyclopedia of Life Sciences*. www.els.net. 2005.
Lalli, E. and Sassone-Corsi, P. Signal transduction and gene regulation: The nuclear response to cAMP. *J. Biol. Chem.* 269:17359, 1994.
Lopaschuk, G. D. Glycolysis regulation. *Nature Encyclopedia of Life Sciences*. www.els.net. 2005.
Metzler, D. E. *Biochemistry, the Chemical Reactions of Living Cells*. San Diego: Academic Press, 2001.
Newsholme, E. A. and Leech, A. R., *Biochemistry for the Medical Sciences*. New York: Wiley, 1983.
Newsholme, E. A. and Start, C. *Regulation in Metabolism*. New York: Wiley, 1973.
Pilkis, S. J., Claus, T. H., Kurland, I. J., and Lange, A. J. 6-Phosphofructo-2-kinase/fructose-2,6-bisphosphatase: A metabolic signaling enzyme. *Annu. Rev. Biochem.* 64:799, 1995.
Pilkis, S. J. and El-Maghrabi, M. R. Hormonal regulation of hepatic gluconeogenesis and glycolysis. *Annu. Rev. Biochem.* 57:755, 1988.
Price, T. B., Rothman, D. L., and Shulman R. G. NMR of Glycogen in Exercise. *Proc. Nutr. Soc.* 58:851, 1999.
Roach, P. J., Skurat, A. V., and Harris, R. A. Regulation of glycogen metabolism. In: L. S. Jefferson and A. D. Charrington (Eds.), *The Endocrine Pancreas and Regulation of Metabolism; Handbook of Physiology*. Oxford University Press, Oxford, UK, 2001, p. 609.
Scriver, C. R., Beaudet, A. L., Sly, W. S., and Valle, D. (Eds.). *The Metabolic and Molecular Bases of Inherited Disease*, 8th ed. New York: McGraw-Hill, 2001.
Smith, C., Marks, A. D., and Lieberman, M. *Basic Medical Biochemistry. A Clinical Approach*. Baltimore: Lippincott Williams & Wilkins, 2005.
Steinmann, B., Gitzelmann, R., and Van den Berghe, G. Disorders of fructose metabolism. In: C. R. Scriver, A. R. Beaudet, W. S. Sly, and D. Valle (Eds.), *The Metabolic and Molecular Bases of Inherited Disease*, 8th ed. New York: McGraw-Hill, 2001, p. 1489.
Taylor, S. I. Insulin action, insulin resistance, and type 2 diabetes mellitus. In: C. R. Scriver, A. R. Beaudet, W. S. Sly, and D. Valle (Eds.), *The Metabolic and Molecular Bases of Inherited Disease*, 8th ed. New York: McGraw-Hill, 2001, p. 1433.
van Schaftingen, E. and Geren, I. Review article. The glucose-6-phosphatase system. *Biochem. J.* 362:513, 2002.
van Schaftingen, E., Vandercammen, A., Detheux, M., and Davies, D. R. The regulatory protein of liver glucokinase. *Adv. Enzyme Regul.* 32:133, 1992.
Wallace, J. C. and Baritte, G. J. Gluconeogenesis. *Nature Encyclopedia of Life Sciences*. www.els.net. 2005.

习题和参考答案

选择题

1. 除以下哪项外,NADH 与下列物质反应可以在细胞质中重新生成 NAD^+:
   A. 丙酮酸
   B. 二羟丙酮磷酸
   C. 草酰乙酸
   D. 与 NADH 脱氢酶结合的黄素蛋白
2. 葡萄糖激酶:
   A. 比正常血糖浓度的 $S_{0.5}$ 值更高
   B. 存在于在肌肉中
   C. 被 6-磷酸葡萄糖抑制
   D. 也就是 GLUT2 蛋白
   E. 既有激酶活性也有葡萄糖-6-磷酸酶活性
3. 除以下哪项外,都可降低 6-磷酸果糖-1-激酶的活性:
   A. 高浓度的 ATP
   B. 柠檬酸
   C. AMP
   D. 低 pH
   E. 2,6-二磷酸果糖浓度降低
4. 下列哪项支持糖异生:
   A. α-酮戊二酸+天冬氨酸⇌谷氨酸+草酰乙酸
   B. 丙酮酸+ATP+HCO_3^-⇌草酰乙酸+ADP+P_i+H^+
   C. 乙酰辅酶 A+草酰乙酸+H_2O⇌柠檬酸+辅酶 A
   D. 亮氨酸降解
   E. 赖氨酸降解
5. Cori 循环:
   A. 只有有氧代谢的组织(如线粒体和 O_2)参与
   B. 糖酵解生成的三碳化合物转化为糖,消耗脂肪酸氧化产生的能量
   C. 在缺氧组织中,葡萄糖转化为丙酮酸,丙酮酸转移到肝后转化为葡萄糖
   D. 在肝中合成葡萄糖消耗的 ATP 和糖酵解过程中产生的 ATP 是等量的,因此对机体能量平衡无净效应
   E. 丙氨酸来源的氮必须转化为尿素,增加了对能量的需求
6. 当血液中胰高血糖素升高,下列哪个酶活性会下降:
   A. 腺苷酸环化酶

B. 蛋白激酶
C. 6-磷酸果糖激酶-2
D. 果糖-1,6-二磷酸酶
E. 已糖激酶

问题7和8:McArdle病患者会出现疼痛性肌痉挛,并且不能进行强体力运动。该病也称为Ⅴ型糖原累积症,是由于缺乏肌肉磷酸化酶。与von Gierke病(Ⅰ型糖原累积症)患者不同的是,McArdle病患者在禁食后无典型的低血糖。von Gierke病患者会出现高乳酸血症,而McArdle病患者在运动后却并不出现高乳酸血症。

7. McArdle病患者:
A. 不能恰当的合成糖原
B. 正常情况下对胰高血糖素不反应
C. 在运动过程中糖酵解下降
D. 三羧酸循环受损
E. 由于所有乳酸均转化为丙酮酸,因此乳酸减少

8. von Gierke病患者缺乏的葡萄糖-6-磷酸酶是从下列哪项中生成血糖所必需的:
A. 肝糖原
B. 果糖
C. 氨基酸链
D. 乳酸
E. 以上都是

问题9和10:恶性发热是一种遗传性疾病,患者通常在使用一些药物后出现该病,尤其是麻醉上广泛使用的氟烷。患者使用氟烷后除了出现体温骤升以外,还伴随有酸中毒、高钾血症和肌肉僵硬。如果病情未得到治疗,患者很快死亡。该疾病可引起 Ca^{2+} 从肌质网中不恰当的释放。许多产热过程可由于 Ca^{2+} 不可控制的释放而被激活,包括糖酵解和糖原分解。

9. Ca^{2+} 通过下列哪些机制可增加糖原分解:
A. 即使缺乏cAMP也激活磷酸化酶激酶 *b*
B. 与磷酸化酶 *b* 结合
C. 激活磷蛋白磷酸酶
D. 抑制磷蛋白磷酸酶
E. 抑制cAMP的降解

10. 酶的磷酸化和去磷酸化以及变构激活在促进糖原分解过程中发挥重要作用。除下列哪项外,都能激活酶:
A. 磷酸化酶激酶的磷酸化
B. AMP与 *b* 型磷酸化酶结合
C. 磷酸化酶的磷酸化
D. 蛋白激酶A的磷酸化
E. 糖原合酶的去磷酸化

问题11和12:在遗传性果糖不耐受患者的肝中缺乏醛缩酶。消耗果糖会引起肝中缺乏ATP和 P_i,从而导致细胞损伤。多数细胞损伤是由于ATP-依赖性的离子泵无法保持正常的离子梯度。

11. 果糖在肝中代谢的第一步是:
A. 同分异构为葡萄糖
B. 消耗ATP,磷酸化为1,6-二磷酸果糖
C. 消耗ATP,磷酸化为1-磷酸果糖
D. 消耗ATP,磷酸化为6-磷酸果糖
E. 被醛缩酶裂解

12. 醛缩酶作用于由果糖形成的底物的初产物是:
A. 2分子二羟丙酮磷酸
B. 2分子3-磷酸甘油醛
C. 2分子乳酸
D. 二羟丙酮磷酸和3-磷酸甘油醛
E. 二羟丙酮磷酸和甘油醛

问答题

13. 如果细胞只能无氧代谢葡萄糖,那么它的糖酵解必须要多快才能与葡萄糖有氧代谢所产生的ATP的量相同?

14. 营养状态较差或经受强体力运动的人摄入酒精会出现低血糖。那么在摄入酒精后有哪些相关的生化反应被抑制?

参考答案

1. D 黄素蛋白在线粒体中。A可能转化为乳酸。B和C是穿梭体系的胞质受体。
2. A 血糖浓度约5mmol/L,葡萄糖激酶的 $S_{0.5}$ 约7mmol/L。B:葡萄糖激酶位于肝中,与肌肉中的已糖激酶不同,前者不受6-磷酸葡萄糖抑制。
3. C AMP是减轻受ATP抑制的变构调节剂。B和D可能是肌肉中重要的生理调节剂,E在肝中至关重要。

4. B　该反应是将丙酮酸转化为葡萄糖的直接途径。A:α-酮戊二酸和草酰乙酸都能生成葡萄糖;二者相互转化,不生成新分子;C:柠檬酸最终生成草酰乙酸,在该过程中失去2个碳原子;同样也不生成新分子;D和E与两种仅生酮氨基酸有关。
5. B　肝利用脂肪酸氧化过程释放的能量为糖异生提供能量。A:肝是Cori循环的必需器官,是需氧的。C:在缺氧组织中糖酵解的代谢终产物是乳酸;而在需氧组织中糖酵解的代谢终产物则是丙酮酸,但丙酮酸会在有氧环境下被氧化;D:糖异生生成1分子葡萄糖需要6分子ATP;在1分子葡萄糖被糖酵解代谢时可生成2分子ATP。E:丙氨酸不是Cori循环的一部分。
6. C　当血中胰高血糖素升高时,A被激活,生成cAMP;cAMP激活B,而B使C失活。低浓度的2,6-二磷酸果糖可活化D。E不是肝中重要的酶。
7. C　肌肉利用糖原分解产生的葡萄糖进行糖酵解供能。缺乏磷酸化酶会阻止糖原降解。A:磷酸化酶在糖原合成中不是必需的,只有在糖原分解中才必需。B:肌肉对胰高血糖素不应答,而肝却应答,但在此病中,肝磷酸化酶不受影响。D:肌肉通过三羧酸循环利用脂肪酸和氨基酸的碳链。E:由于糖酵解缺乏足够的底物,乳酸生成减少。
8. E　入血的葡萄糖必然是游离的,不是被磷酸化的。A:糖原被降解为1-磷酸葡萄糖,再转化为6-磷酸葡萄糖。B:果糖被代谢为二羟丙酮磷酸,后者或者进一步进行糖酵解,或者转化为6-磷酸葡萄糖,这取决于细胞状态。C,D:氨基酸的碳链和乳酸是糖异生的底物。
9. A　糖原磷酸化酶激酶的δ亚基是钙调蛋白。该酶的*a*型和*b*型都能被Ca^{2+}激活。B,E:这些反应并不发生。C,D:Ca^{2+}并不影响糖原磷酸化酶。
10. D　蛋白激酶A催化磷酸化,但结合cAMP后被激活。A,C:这两个酶都在它们的*a*型状态下被磷酸化。B:*b*型磷酸化酶通过结合AMP被变构激活。E:*a*型糖原合酶是非磷酸化形式的。
11. C　生成的ADP与P_i反应转化为ATP。不能进一步代谢1-磷酸果糖导致P_i缺乏。A:这并不发生。B:这需要两个磷酸化。D:这在肝中并不发生。E:果糖必须首先被磷酸化。
12. E　甘油醛可转变为3-磷酸甘油醛,因此两个产物都可以补充糖酵解或糖异生途径。
13. 无氧时,1分子葡萄糖净生成2分子ATP。有氧时,同样生成2分子ATP,还有2分子NADH,此时丙酮酸是产物。如果细胞利用苹果酸-天冬氨酸穿梭机制,那么1分子NADH可生成2.5分子ATP。因此,每分子葡萄糖可生成7分子ATP。丙酮酸被氧化为乙酰辅酶A,后者再被三羧酸循环彻底氧化。2分子丙酮酸可生成25分子ATP。因此,在有氧时,1分子葡萄糖共生成32分子ATP(见14章)。所以糖酵解必须要加速到原先的16倍才能与葡萄糖有氧代谢所产生的ATP的量相等。
14. 在这两个病例中,肝糖原是缺乏的,糖异生成为维持血糖稳定的主要来源。乙醇在肝中代谢会产生大量NADH。这使丙酮酸-乳酸的平衡反应移向乳酸,同时草酰乙酸-苹果酸的平衡反应移向苹果酸。为了进行糖异生,乳酸首先要转化为丙酮酸。由丙酮酸或氨基酸的碳链转化而来的草酰乙酸必须转化为磷酸烯醇型丙酮酸才能异生为葡萄糖。

(何雅琴　译)

16

糖代谢Ⅱ:特殊途径和糖化合物

Nancy B. Schwartz

16.1　概述

细胞中的糖代谢除了葡萄糖通过分解代谢以 ATP 形式供能外,还有多种其他途径,如**磷酸戊糖途径**(**pentose phosphate pathway**)、**单磷酸己糖旁路**(**hexose monophosphate shunt**)或**6-磷酸葡萄糖酸途径**(**6-phosphogluconate pathway**)等,它们在动物细胞中尤为重要。它们与糖酵解和三羧酸循环一起产生 NADPH 还原当量和戊糖的中间产物,其中 NADPH 是还原性生物合成反应中的氢原子和电子供给体,而在大多数生化反应中产生的 NADH 则通过呼吸链被氧化,从而产生 ATP(见 14.6 节)。磷酸戊糖途径还能将己糖转化成戊糖,尤其是 5-磷酸核糖。5-磷酸核糖及其衍生物是 ATP、CoA、NAD、FAD、RNA 和 DNA 的组成部分。磷酸戊糖途径还能催化 C_3、C_4、C_6、C_7 糖的相互转化,其中部分糖可进入糖酵解。一些特殊途径参与合成和降解单糖、寡糖或复杂的多糖。多种化学转化使一种糖得以转化成另一种糖,从而使所有单糖以及由单糖合成的大部分寡糖和多糖都能来源于葡萄糖。这些转化反应可直接发生或通过核苷酸连接糖发生,其中后者是复杂多糖合成所必需的活化形式。单糖是更复杂的糖蛋白、糖脂和蛋白聚糖等大分子的组成部分。在高等生物中,这些复合多糖主要存在于胞外基质中或与细胞膜相关,通常作为识别标志或决定生物特异性。本章仅讨论存在于动物组织和体液中的复合糖的生化特性。糖的命名和化学特性见附录。

16.2　磷酸戊糖途径

磷酸戊糖途径分两个阶段

磷酸戊糖途径使糖分子碳链一次降解一个碳原子。与三羧酸循环相比,该途径并不与 6-磷酸葡萄糖(G6P)一样直接分解成 6 个 CO_2 分子,而是分两个阶段。第一阶段,己糖通过两次氧化脱羧反应生成戊糖和 NADPH;第二阶段,经过一系列转化反应,将六分子的戊糖重排生成五分子的己糖。

6-磷酸葡萄糖氧化脱羧生成磷酸戊糖

第一个反应是 G6P 的 C_1 经 G6P 脱氢酶**脱氢**(**dehydrogenation**)生成**6-磷酸葡萄糖酸-δ-内酯**(**6-phosphoglucono-δ-lactone**)和 **NADPH**(图 16.1),这是该途径主要的调节位点。红细胞中 **G6P 脱氢酶**(**G6P dehydrogenase**)的缺乏或遗传变异可导致严重贫血(见临床相

关知识 16.1)。由于葡萄糖酸内酯是葡萄糖酸内酯酶的底物,因此可确保该反应的完成。两个反应的总平衡主要依赖于 NADPH,以维持细胞内 NADPH/NADP 的高比例。第二个脱氢**脱羧**(**decarboxylation**)反应由 **6-磷酸葡萄糖酸脱氢酶**(**6-phosphogluconate dehydrogenase**)催化,该反应生成磷酸戊糖——**5-磷酸核酮糖**(**ribulose 5-phosphate**)和第二个 NADPH 分子。接下来是 5-磷酸核酮糖通过中间产物发生**异构化**(**isomerization**)。在特定的代谢条件下,磷酸戊糖途径在这一步即终止,生成的 NADPH 用于还原性生物合成反应,而 5-磷酸核酮糖则可作为合成核苷酸的前体。总反应平衡式可写成

$$6\text{-磷酸葡萄糖} + 2NADP^+ + H_2O \rightleftharpoons 5\text{-磷酸核酮糖} + 2NADPH + 2H^+ + CO_2$$

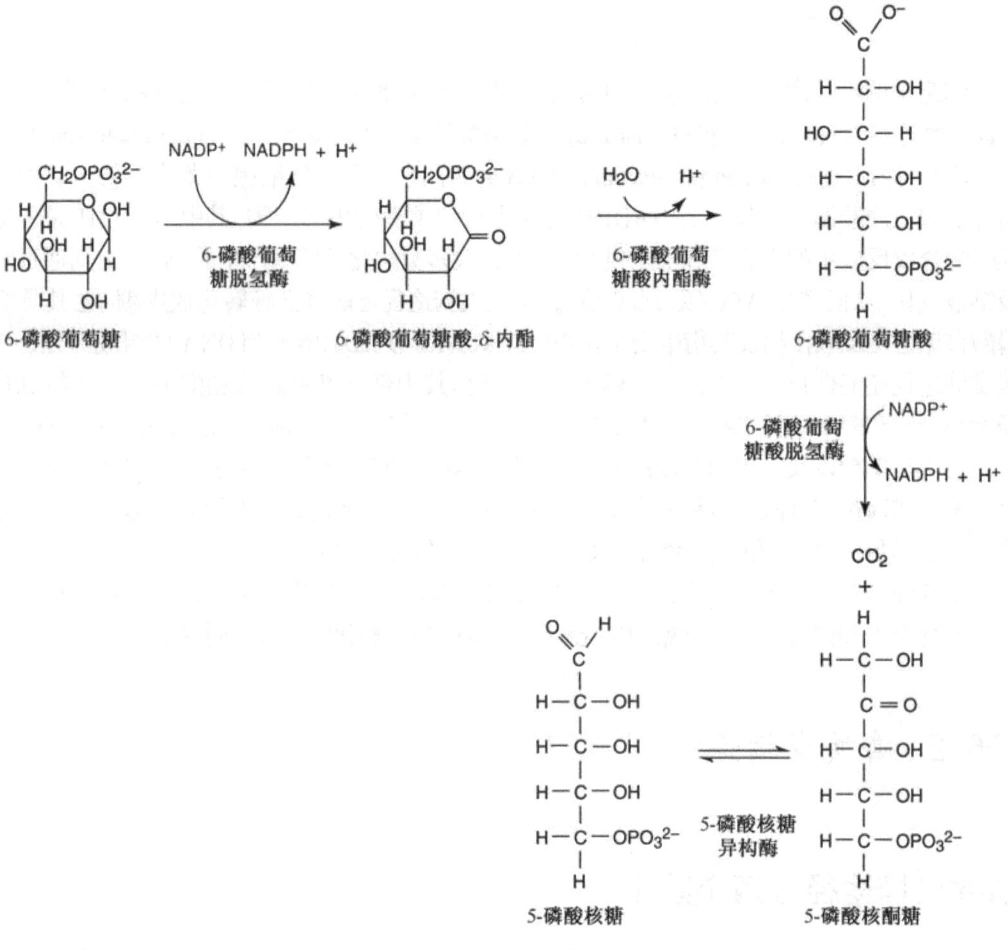

图 16.1　磷酸戊糖途径的氧化阶段:生成磷酸戊糖和 NADPH

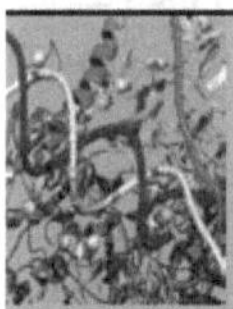

临床相关知识 16.1
6-磷酸葡萄糖脱氢酶:在红细胞中的遗传性缺乏或变异

某些看似无害的药物,如抗疟药、解热药、磺胺类抗生素等,易感者服用后可在 48～96h 内引起急性溶血性贫血。药物诱导的溶血性疾病可能与红细胞中的 6-磷酸葡

萄糖(G6P)脱氢酶有关,是对存在 X 染色体连锁的 6-磷酸葡萄糖脱氢酶缺陷的早期提示。6-磷酸葡萄糖脱氢酶催化 G6P 氧化成 6-磷酸葡萄糖酸以及 $NADP^+$ 的还原,磷酸戊糖途径是红细胞中产生 NADPH 的主要途径,因此该酶尤为重要。例如,相对较轻的 A 型 G6P 脱氢酶缺乏的红细胞在对 NADPH 的需求正常时可以正常速度氧化葡萄糖,而一旦机体对 NADPH 的利用速度加快,细胞就不能充分地增加该途径的活性。细胞不能还原足够的 NADP 用以维持还原性谷胱甘肽,从而避免脂质过氧化。还原性谷胱甘肽对维持红细胞膜的完整性是必需的,因此缺乏 6-磷酸葡萄糖脱氢酶的红细胞更易受多种化合物的影响而发生溶血。由于该酶变异不稳定,年轻红细胞(网织红细胞)中酶的活性显著高于老化的红细胞。一次溶血发作后,年轻红细胞占绝对优势,只有等红细胞老化后才会出现这种遗传缺陷。该酶的缺陷清楚地说明了遗传与环境对疾病发生的相互影响。目前已知 6-磷酸葡萄糖脱氢酶有 300 多种变异,该酶包括 516 个氨基酸,这也解释了症状的多样性。这些变异可通过临床、生化、分子分型等手段相互区分。

磷酸戊糖之间相互转化生成糖酵解中间产物

在某些细胞中,与 5-磷酸核糖合成核苷酸相比,还原性生物合成(reductive biosynthesis)需要更多的 NADPH。糖类相互转化(interconversion)过程(图 16.2)可通过戊糖形成丙糖、丁糖、己糖、庚糖,这样,通过常见的中间产物既利用了 5-磷酸核糖,又为磷酸戊糖途径和糖酵解之间提供了一种可逆的联系。5-磷酸核酮糖在**磷酸戊糖差向异构酶(phosphopentose epimerase)**的催化下生成同分异构体——**5-磷酸木酮糖(xylulose 5-phosphate)**,使 5-磷酸核酮糖、5-磷酸核糖和 5-磷酸木酮糖达到平衡,并在转酮醇酶和转醛醇酶的作用下继续转化。

在**焦磷酸硫胺(thiamine pyrophosphate,TPP)**和 Mg^{2+} 存在下,**转酮醇酶(transketolase)**将 5-磷酸木酮糖的活性乙醇醛的 C_2 单位转移至 5-磷酸核糖,生成**景天庚酮糖(sedoheptulose)**和糖酵解中间产物 **3-磷酸甘油醛(glyceraldehydes 3-phosphate)**。此酶异常可引起 Wernicke-Korsakoff 综合征(见临床相关知识 16.2)。7-景天庚酮糖的 C_3 单位(二羟基丙酮)则在**转醛醇酶(transaldolase)**的作用下转移至 3-磷酸甘油醛生成 **4-磷酸赤藓糖(erythrose 4-phosphate)**和糖酵解的另一个中间产物 **6-磷酸果糖(fructose 6-phosphate)**。4-磷酸赤藓糖和 5-磷酸木酮糖在转酮醇酶的作用下再生成 6-磷酸果糖和 3-磷酸甘油醛。总反应平衡式为

$$2\text{ 分子的 5-磷酸木酮糖} + \text{5-磷酸核糖} \rightleftharpoons 2\text{ 分子的 6-磷酸果糖} + \text{3-磷酸甘油醛}$$

由于 5-磷酸木酮糖是由 5-磷酸核糖衍生而来,因此从 5-磷酸核糖开始的反应可表示为

$$3\text{ 分子的 5-磷酸核糖} \rightleftharpoons 2\text{ 分子的 6-磷酸果糖} + \text{3-磷酸甘油醛}$$

这样,在磷酸戊糖途径的第一阶段生成或者由核糖降解产生的多余的 5-磷酸木酮糖就被有效地转化成糖酵解中间产物。

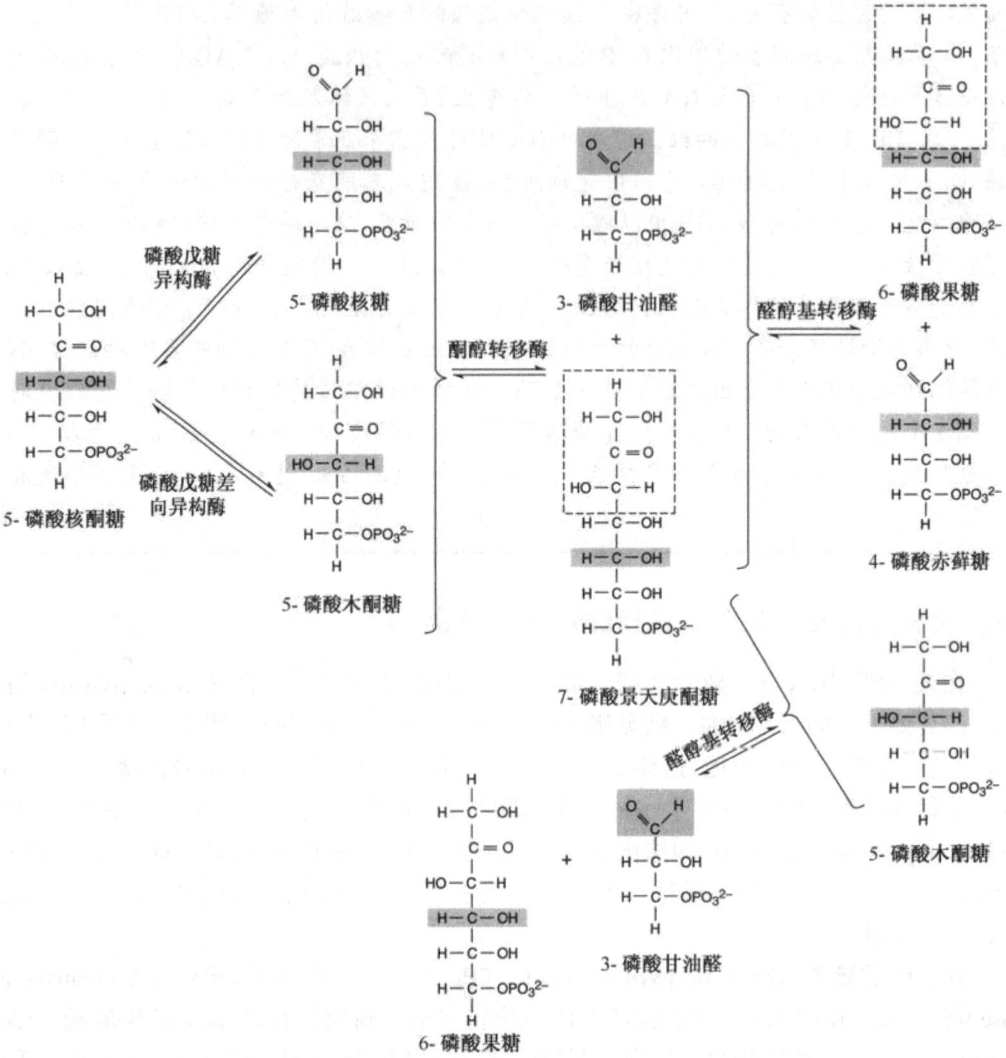

图 16.2　磷酸戊糖途径的非氧化反应:戊糖的相互转化

临床相关知识 16.2

Wernicke-Korsakoff 综合征:转酮醇酶缺乏或遗传变异

Wernicke-Korsakoff 综合征患者在受到对正常人无影响的中等压力后便会出现明显症状。其分子机制是转酮醇酶的改变使之与焦磷酸硫胺(TPP)的亲和力显著下降(>10 倍)。TPP 浓度波动很常见,但并不影响正常人的转酮醇酶与 TPP 的紧密结合。此综合征表现为精神失常、失忆和局部麻痹。饮食中缺乏维生素的酗酒者可出现明显的上述症状。

6-磷酸葡萄糖可完全氧化生成 CO_2

6-磷酸葡萄糖(G6P)还能被完全氧化成 CO_2,同时 NADP 被还原成 NADPH(图 16.3)。G6P 不断地进入该途径,在第一阶段生成 CO_2 和 NADPH。6 分子 G6P 氧化生成 6 分子 5-磷酸核酮糖和 6 分子 CO_2,并使 12 对电子转移至 NADP,这正是 1 分子葡萄糖完全氧化成 6 分子 CO_2 所需的还原当量。6 分子 5-磷酸核酮糖被重排而再生成 5 分子 G6P。总反应式即

$$6G6P+12NADP^{+}+7H_2O \Longrightarrow 5G6P+6CO_2+12NADPH+12H^{+}+P_i$$

净反应为

$$G6P+12NADP^{+}+7H_2O \Longrightarrow 6CO_2+12NADPH+12H^{+}+P_i$$

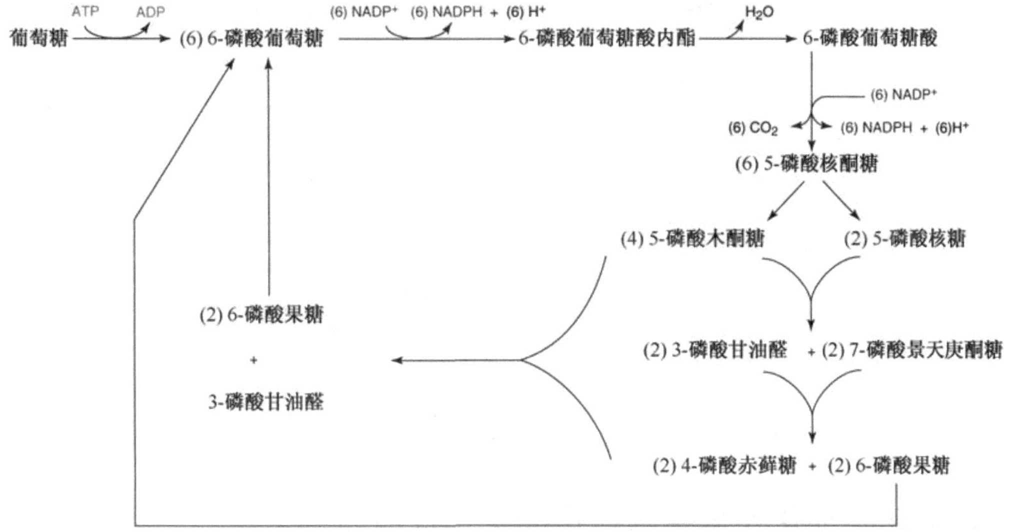

图 16.3　磷酸戊糖途径

磷酸戊糖途径合成 NADPH

磷酸戊糖途径具有多种作用,包括合成和降解除己糖以外的其他糖类,尤其是 5-磷酸核糖用于合成核苷酸,而产生的 NADPH 在生物合成中也具有特殊用途。G6P 进入磷酸戊糖途径后向哪个方向反应在很大程度上取决于细胞对 NADPH 和糖中间产物的需求。如果与 5-磷酸核糖相比更需要 NADPH,G6P 就完全氧化成 CO_2,并由 5-磷酸核酮糖再生成 G6P。如果与 NADPH 相比更需要 5-磷酸核糖,G6P 便转化成 5-磷酸核酮糖,用于核酸合成或再循环生成糖酵解中间产物。

磷酸戊糖途径的组织分布与其功能是一致的。在红细胞中,它生成 NADPH 用于维持还原性谷胱甘肽,保护红细胞膜的完整性。而在肝、乳腺、睾丸和肾上腺皮质等合成脂酸或类固醇的部位则需要 NADPH 提供还原当量。在肝中,约 20%～30% 的 CO_2 是由磷酸戊糖途径生成的。糖酵解和磷酸戊糖途径之间的平衡取决于器官的代谢需要。由于

在哺乳动物的横纹肌中几乎没有脂酸和类固醇合成，因此 G6P 的所有分解代谢都经糖酵解和三羧酸循环进行，而不通过磷酸戊糖途径的 G6P 直接氧化。

16.3　糖转化和核苷酸连接糖的生成

机体化合物中的许多单糖均由葡萄糖衍生而来。哺乳系统中最常见的糖转化概括如图 16.4。

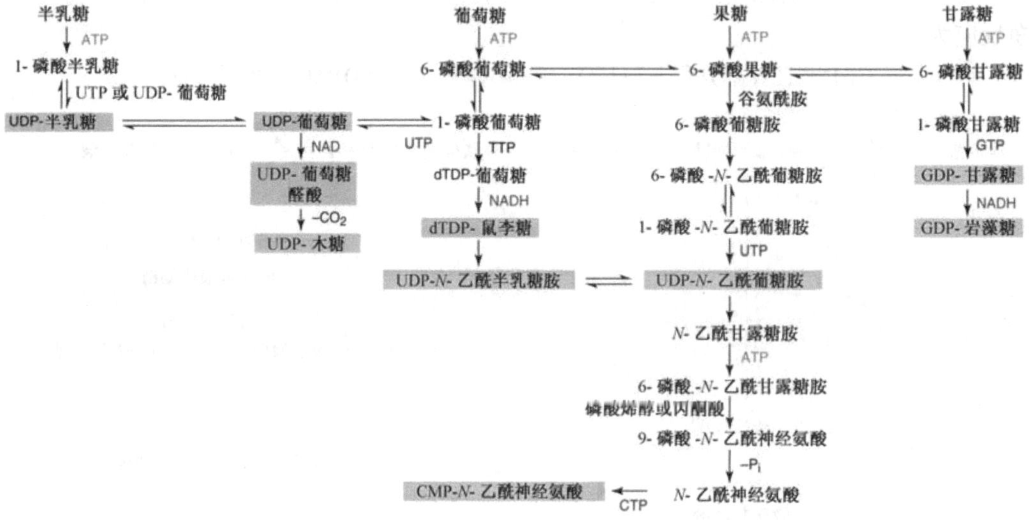

图 16.4　核苷酸连接糖的合成与己糖间的相互转化通路

异构化和磷酸化作用是糖转化的常见反应

一些糖可由葡萄糖经化学修饰直接合成，如在糖酵解中 G6P 在磷酸葡萄糖异构酶的作用下转化成 6-磷酸果糖。同样，由**磷酸甘露糖异构酶**（**phosphomannose isomerase**）催化的**酮醇异构作用**（**aldose-ketose isomerization**）可生成 **6-磷酸甘露糖**（**mannose 6-phosphate**）。此酶缺乏可引起碳水化合物缺乏性糖蛋白综合征（CDGS）（见临床相关知识 16.3）。

临床相关知识 16.3

碳水化合物缺乏性糖蛋白综合征（CDGS）

CDGS 在临床上是一类多基因常染色体隐性遗传性糖基化疾病。以血清转铁蛋白的糖基化状态为敏感指标，已确定了几种类型的 CDGS。Ⅰ型最常见，分三种不同的亚型，其中两型发生在甘露糖生物合成通路的早期（图 16.4）。Ⅰb 型的病因是缺乏甘露糖异构酶，通常在一岁之内发病，表现为低血糖、呕吐、腹泻、蛋白丢失性肠病、肝脏纤维化，由于抗凝血酶Ⅲ水平低，易发生血栓。Ⅰa 型的病因则是缺乏磷酸甘露糖变位酶 2,约占该病的 70%,临床症状包括张力过低、畸形、肝功能异常、运动和语言发育迟缓、停止发育。这类患者约有 20% 在幼年死亡。Ⅰc 型缺陷发生于糖蛋白生物合成的晚期,如将第一个葡萄糖残基添加至 $Man_9GlcNac_2$-PP-Dol 前体的糖基化转移酶。Ⅱ型病因为缺乏 *N*-乙酰葡萄糖胺糖苷酶,它启动第二个 *N*-连接的糖链的合成。Ⅳ型病因是磷酸甘露糖长醇合成酶缺陷,Ⅴ型由缺乏 dolichol-P-Glc:$Man_3GlcNAc_3$-PP-dolichy 葡萄糖酰转移酶所致。单糖间相互转化或糖蛋白生物合成通路的缺陷常在新生儿时期引起严重的营养和代谢异常。

磷酸化和磷酸基团在同一糖分子内部转移也是常见的修饰。糖酵解生成的 1-磷酸葡萄糖经**磷酸葡萄糖移位酶**(**phosphoglucomutase**)作用转化成 G6P,半乳糖由**半乳糖激酶**(**galactokinase**)催化生成 1-磷酸半乳糖,甘露糖在**甘露糖激酶**(**mannokinase**)的作用下生成 6-磷酸甘露糖。游离果糖是饮食中的重要成分,在肝中经特异的果糖激酶磷酸化生成 1-磷酸果糖。但不存在使 1-磷酸果糖和 6-磷酸果糖相互转化的移位酶,也没有磷酸果糖激酶使 6-磷酸果糖磷酸化生成 1,6-二磷酸果糖。又如,1-磷酸果糖被 **1-磷酸果糖醛缩酶**(**fructose 1-phosphate aldolase**)水解成**二羟丙酮磷酸**(**dihydroxyacetone phosphate,DHAP**),直接进入糖酵解途径,而甘油醛则先被还原成甘油,再被磷酸化,继而被氧化成 DHAP。一旦缺乏这种醛缩酶就会导致果糖不耐受(见临床相关知识 16.4)。

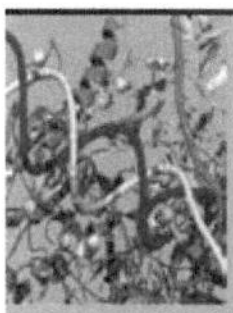

临床相关知识 16.4

特发性果糖尿和果糖不耐受:果糖激酶和 1-磷酸果糖醛缩酶缺乏

果糖约占哺乳动物摄入糖类的 30%~60%,主要由果糖的特异途径代谢。若缺乏果糖激酶可引起果糖尿,这是一种无症状的良性代谢异常,是一种常染色体隐性遗传病。患者若摄入果糖,血和尿中的果糖水平就会异常升高,但最终 90% 都能被代谢。相反,如果遗传性果糖不耐受患者摄入果糖就会出现严重低血糖,患儿长期摄入果糖甚至会导致死亡。1-磷酸果糖醛缩酶缺乏则使 1-磷酸果糖在细胞内堆积(见临床相关知识 15.3)。

核苷酸连接糖是许多糖转化的中间产物

许多糖转化反应需要转化成**核苷酸连接糖**(**nucleotide-linked sugar**)。**焦磷酸化酶**(**pyrophosphorylase**)催化 1-磷酸己糖和三磷酸核苷(NTP)生成二磷酸核苷(NDP)-糖。由于焦磷酸被**焦磷酸酶**(**pyrophosphatase**)迅速水解的反应是不可逆的,因而可促进核苷酸连接糖的合成,反应概括如下

$$\text{NTP}+\text{1-磷酸糖}+H_2O \rightleftharpoons \text{NDP-糖}+PP_i$$
$$P_i+H_2O \rightleftharpoons 2P_i$$

$$\text{NTP}+\text{1-磷酸糖}+H_2O \rightleftharpoons \text{NDP-糖}+2P_i$$

UDP-葡萄糖(UDP-glucose)由**UDP-葡萄糖焦磷酸化酶(UDP-glucose pyrophosphorylase)**合成,用于合成糖原和糖蛋白。

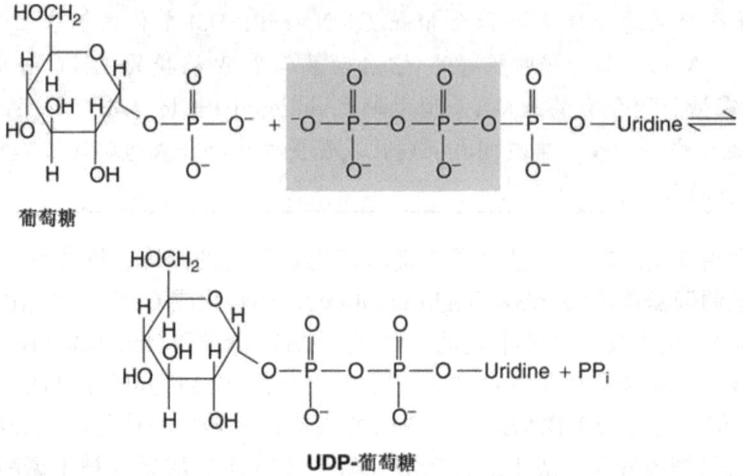

二磷酸核苷-糖含两个磷酰基键,每个键水解产生大量的 ΔG,可进一步在转化和转移反应中提供糖基,还能在反应中决定底物特异性。UDP 通常是葡萄糖酰基的载体,而 ADP、GDP 和 CMP 则是其他糖的载体。许多糖转化反应只能在核苷酸连接糖的水平上发生(图 16.4)。

葡萄糖和半乳糖通过差向异构作用相互转化

在动物体内,葡萄糖和半乳糖通过差向异构作用发生转化,**UDP-葡萄糖经 UDP-葡萄糖-4-差向异构酶(UDP-glucose-4-epimerase)**催化,生成 UDP-半乳糖(图 16.5)。由消化道中的乳糖水解衍生的游离半乳糖也能生成 UDP-半乳糖。**半乳糖激酶(galactokinase)**催化半乳糖和 ATP 反应生成 1-磷酸半乳糖,继而与 UDP-葡萄糖在**1-磷酸半乳糖尿苷酸转移酶(galactose 1-phosphate uridylyltransferase)**的作用下发生置换反应生成 UDP-半乳糖和 1-磷酸葡萄糖。反应概括如下

$$半乳糖+ATP \rightleftharpoons 1\text{-}磷酸半乳糖+ADP$$

$$UDP\text{-}葡萄糖+1\text{-}磷酸半乳糖 \rightleftharpoons UDP\text{-}半乳糖+1\text{-}磷酸葡萄糖$$

这些反应使饮食中摄取的半乳糖转化成 1-磷酸葡萄糖,如前所述被代谢。或者根据合成需要,由 4-差向异构酶催化,生成 UDP-半乳糖。缺乏尿苷酸转移酶的人会患半乳糖血症这种遗传病(见临床相关知识 16.5)。

图 16.5 葡萄糖转化成半乳糖

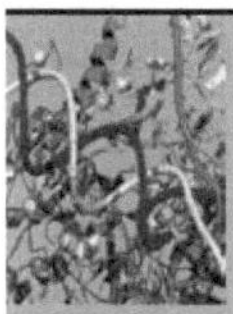

临床相关知识 16.5

半乳糖血症:半乳糖转化成葡萄糖障碍

由于人体的半乳糖反应易发生先天性缺陷,而导致遗传性半乳糖血症,因此该病一直以来备受关注。这类患者不能将乳糖衍生的半乳糖(奶糖)代谢成葡萄糖,多会发生白内障、生长停滞、精神发育迟缓,或最终死于肝损害。出现这些表型可能是因为①细胞缺乏乳糖激酶,导致相对轻微的白内障;②缺乏 1-磷酸半乳糖尿苷酸转移酶,导致严重疾病。与葡萄糖生成山梨醇类似,半乳糖可被还原成半乳糖醇,导致在晶状体形成白内障,并且与中枢神经系统损害也有关。1-磷酸半乳糖堆积可引起肝功能衰竭,一旦饮食中不含半乳糖,其代谢产物的毒性作用便会消失。

GDP-果糖的合成(图 16.4)首先是由 **GDP-甘露糖-4,6-脱氢酶(GDP-mannoose-4,6-dehydratase)**催化 GDP-甘露糖生成 GDP-4-酮-6-脱氧甘露糖,继而经差向异构化生成 GDP-4-酮-6-脱氧-L-半乳糖,后者再被还原成 GDP-果糖。后面两步的反应由具有双重功能的 **GDP-4-酮-6-脱氧甘露糖 3,5-差向异构酶-4-还原酶(GDP-4-keto-6-deoxymannose 3,5-epimerase-4-reductase)**或红细胞中富含的 FX 蛋白所催化。

D-葡萄糖醛酸在掺入硫酸肝素和硫酸软骨素后通过差向异构作用生成 D-艾杜糖醛酸(见 16.6 节)。

UDP-葡萄糖氧化生成葡萄糖醛酸

如图 16.7 所示,UDP-葡萄糖经 UDP-葡萄糖脱氢酶氧化生成葡萄糖醛酸(图 16.6)。葡萄糖醛酸在人体进一步转化成 L-木酮糖。酮戊糖排泄则形成特发性戊糖尿(临床相关知识 16.6)。葡萄糖醛酸还能通过生成葡萄糖醛酸化合物发挥解毒作用(临床相关知识 16.7)。在能合成维生素 C 的动物体内,葡萄糖醛酸是 **L-抗坏血酸(L-ascorbic acid)**的前体。葡萄糖醛酸被 NADPH 还原成 L-古洛糖酸(图 16.8),在植物和一些高等动物体内继而将 L-古洛糖酸经 L-古洛糖酸内酯转化成 L-抗坏血酸(**维生素 C,vitamin C**)。由于人和其他灵长类动物以及豚鼠缺乏将 L-古洛糖酸内酯转化成 L-抗坏血酸的酶,因此对于他们而言,抗坏血酸就是维生素。古洛糖酸还能被氧化成 3-酮古洛糖酸并脱羧生成 L-木酮

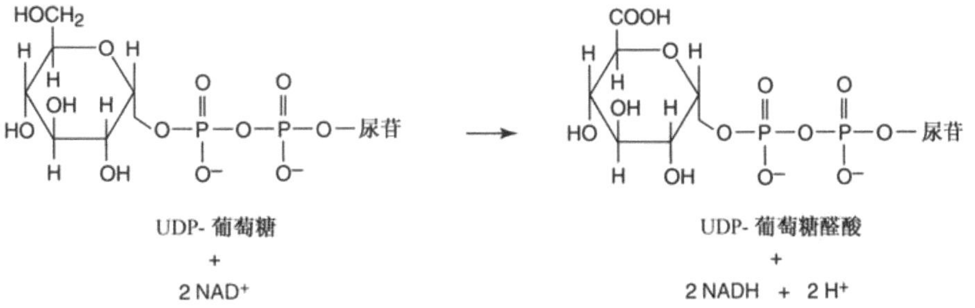

图 16.6　由 UDP-葡萄糖生成 UDP-葡萄糖醛酸

糖。后者被还原成木糖醇，再被氧化生成 D-木酮糖，继而磷酸化生成 5-磷酸木酮糖，即可进入如前所述的磷酸戊糖途径。葡萄糖醛酸途径在脂肪组织中发挥作用，其活性在饥饿组织或糖尿病动物中通常增强。

葡萄糖→6-磷酸葡萄糖→1-磷酸葡萄糖→UDP-葡萄糖→UDP-葡萄糖醛酸→1-磷酸-D-葡萄糖醛酸→D-葡萄糖醛

图 16.7　由葡萄糖合成 D-葡萄糖醛酸

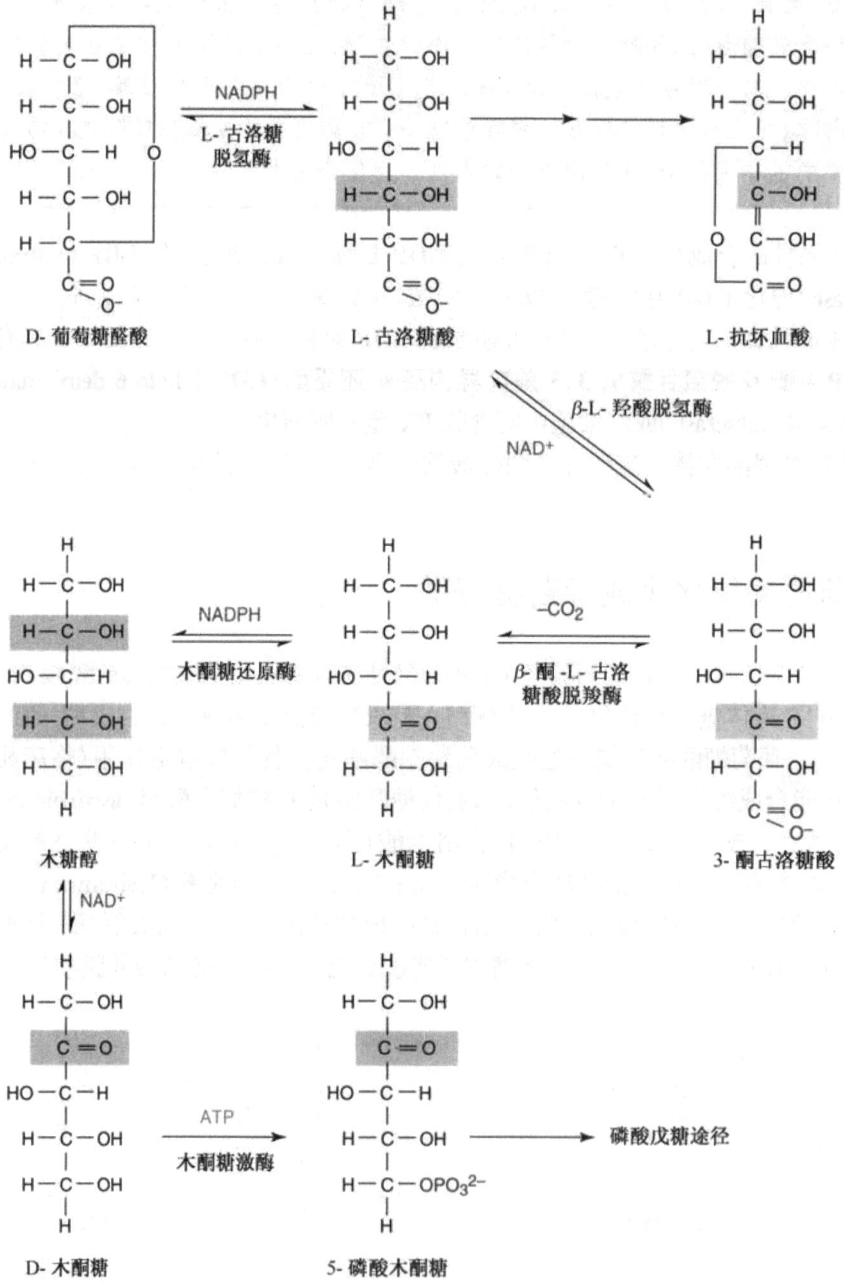

图 16.8　葡萄糖醛酸氧化通路

临床相关知识 16.6
戊糖尿:木糖醇脱氢酶缺乏

葡萄糖醛酸氧化途径对人体糖代谢不是必需的,此途径受阻并无大碍。将木酮糖还原成木醇糖的 L-木酮糖还原酶的活性降低可引发特发性戊糖尿。这类患者尿中含大量戊糖,尤其是在摄入葡萄糖醛酸之后。

临床相关知识 16.7
葡萄糖醛酸:葡萄糖醛酸合成的生理意义

葡萄糖醛酸的生理意义在于它在 UDP-葡萄糖醛酸转移酶的作用下与内源性或外源性物质化合,从而生成强酸性的葡萄糖醛酸盐。它在生理性 pH 状态下比葡萄糖醛酸的水溶性更好,有助于促进其转运或排泄。葡萄糖醛酸盐在药物脱毒、类固醇分泌或胆红素代谢中都具有重要作用。胆红素是血红素降解的主要代谢产物。胆红素排泄的一个关键步骤是在 UDP-葡萄糖醛酸转移酶的作用下与葡萄糖醛酸结合。在人体内,此酶从产生到具备完全活性需要数天至两周。由于新生儿肝形成葡萄糖醛酸胆红素的速度不及胆红素的合成,许多新生儿会出现所谓的“新生儿生理性黄疸”。Wistar “Gunn”大鼠的突变品系由于缺乏 UDP-葡萄糖醛酸转移酶,结果导致遗传性高胆红素血症。人先天性家族性非溶血性黄疸(Crigler-Najjar 综合征)是一种与之类似的疾病,该类患者不能将外来化合物有效的与葡萄糖醛酸结合。

糖经氧化脱羧、氧化还原和转酰胺作用生成必需产物

UDP-葡萄糖醛酸转化成 UDP-木糖是唯一已知的核苷酸连接糖的**脱羧作用**(**decarboxylation**),UDP-木糖是合成蛋白聚糖所必需的,并且是 UDP-葡萄糖脱氢酶的一种强抑制剂,后者可催化生成 UDP-葡萄糖醛酸(图 16.6)。核苷酸连接糖前体正是通过这种敏感的反馈机制受到调节。

脱氧己糖(**deoxyhexose**)和**双脱氧己糖**(**dideoxyhexose**)也是由与二磷酸核苷连接的前体糖合成的。例如,L-鼠李糖由葡萄糖经过一系列氧化还原反应合成,从 dTDP-葡萄糖开始,最终生成 dTDP-鼠李糖。类似反应还可见于由 GDP-甘露糖合成 GDP-果糖(见前面章节)和其他多种双脱氧己糖的反应中。

糖类还可通过**转氨基作用**(**transamidation**)生成氨基糖,后者是人体寡糖和多糖的主要成分,也是抗生素的组分。例如,6-磷酸果糖和谷氨酰胺合成 6-磷酸葡萄糖胺,后者 N 端乙酰化生成 6-磷酸-*N*-乙酰葡糖胺,它是合成糖蛋白和 UDP-*N*-乙酰半乳糖胺的前体,而 UDP-*N*-乙酰半乳糖胺是合成蛋白聚糖所必需的。6-磷酸果糖谷氨酰胺转氨酶受 UDP-*N*-乙酰葡糖胺的负反馈调节(图 16.4)。这种调节在特定组织中具有重要意义,如在皮肤中该途径占葡萄糖流量的 20% 左右。

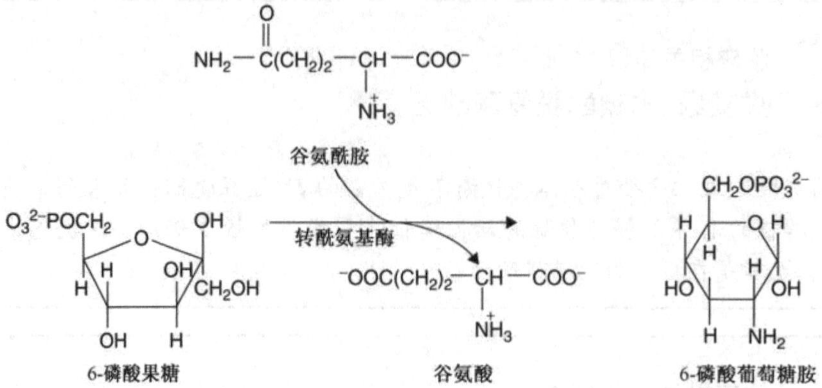

唾液酸由 *N*-乙酰葡萄糖胺衍生而来

UDP-*N*-乙酰葡萄糖胺的另一产物 **N-乙酰神经氨酸**(***N*-acetylneuraminic acid**)是 C9 糖家族成员之一,又叫**唾液酸**(**sialic acid**)(图 16.9)。它经 2-差向异构酶作用生成 *N*-乙

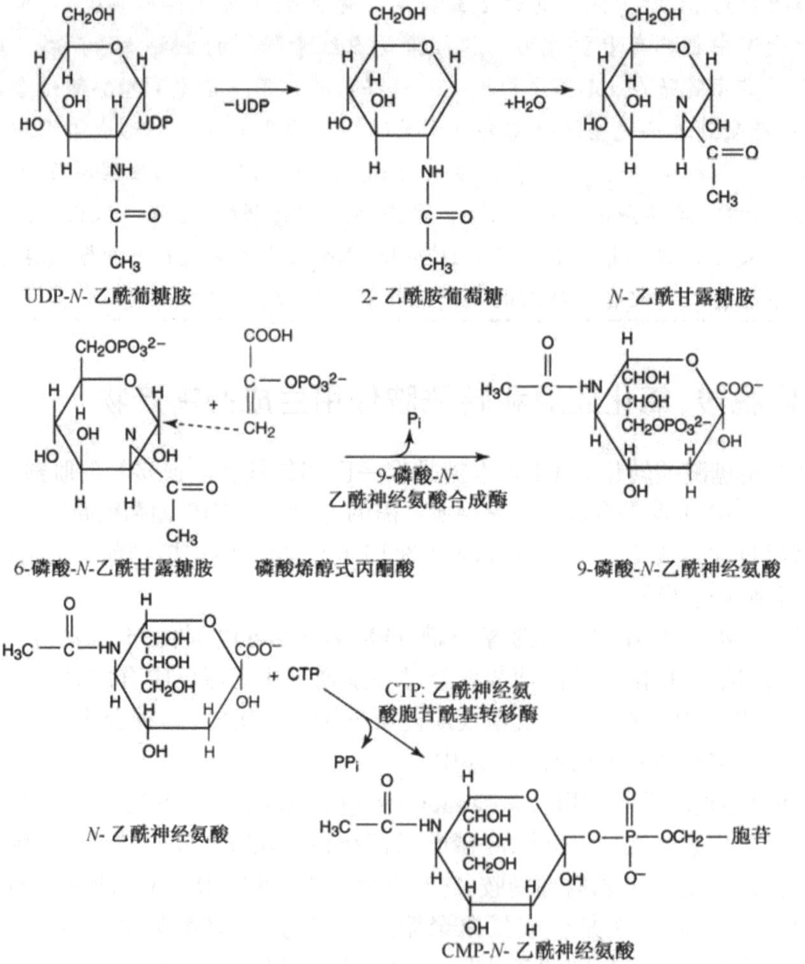

图 16.9　CMP-*N*-乙酰神经氨酸的生物合成

酰甘露糖胺。该反应很可能通过对 UDP 的反式清除而进行,并生成不饱和中间产物 2-乙酰胺葡萄糖。在哺乳动物组织中,*N*-乙酰甘露糖胺生成 6-磷酸-*N*-乙酰甘露糖胺,再与磷酸烯醇型丙酮酸缩合成 9-磷酸-*N*-乙酰神经氨酸,最后移除磷酸基,生成 CMP-*N*-乙酰神经氨酸。除了最后一步反应在细胞核中进行,然后以 CMP-*N*-乙酰神经氨酸的形式转运至细胞溶胶中以外,其余反应均在细胞质中进行。

16.4　复合多糖的生物合成

复合多糖化合物的糖通过糖苷键连接。特定的**糖基转移酶**(**glycosyltransferase**)将核苷酸衍生物的糖基单位转移至受体糖的非还原末端,从而形成糖苷键。糖基转移酶对糖受体、被转移的糖以及形成的键都具有特异性。糖基转移酶反应概括如下

$$\text{二磷酸核苷-糖}+\text{糖}\xrightarrow{\text{糖基转移酶}}\text{糖基}_1\text{-O-糖}_2+\text{二磷酸核苷}$$

(供体)　(受体)　(糖苷)

目前在哺乳动物中已经鉴定了 40 余种寡糖和 15 种糖胺多糖。单糖的多样性以及与受体糖的每个羟基形成 α 或 β 连接决定了连接的多样性,这提示寡糖具有信息容量大的潜能。事实上,已经知道有许多生物分子的活性都取决于其糖残基结构。如主要血型的抗原特异性就由糖成分决定(见临床相关知识 16.8)。*N*-乙酰半乳糖胺和半乳糖分别是 A 型血和 B 型血的抗原决定簇,若从 A 型血红细胞中移除 *N*-乙酰半乳糖胺或从 B 型血红细胞中移除半乳糖就可将它们转化成 O 型血红细胞。除此之外,人们正逐步认识到糖类作为决定簇发挥着诸如决定细胞表面的受体特异性、参与植物凝集素的相互作用、将细胞靶向特定组织,以及从循环中清除特定分子等重要作用。目前已明确的生物化合物的糖苷键均由相应的特定糖苷酶降解。糖苷酶不仅可作为从结构上阐明寡糖的有效工具,而且糖苷酶的缺陷还可导致许多影响复合糖代谢的遗传性疾病(见临床相关知识 16.10 和 16.11)。

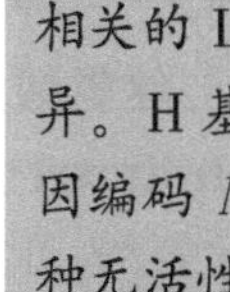

临床相关知识 16.8
血型物

红细胞表面存在复杂的特异性抗原决定簇,其中许多是复合多糖。约有 100 余种血型决定簇,属于 21 种独立的血型系统,研究最广泛的是 ABO 血型系统和与其密切相关的 Lewis 系统。通过负责合成杂多糖决定簇的特异性糖基转移酶可获得遗传变异。H 基因编码的岩藻糖转移酶将岩藻糖添加至杂多糖前体末端的半乳糖,A 等位基因编码 *N*-乙酰半乳糖胺乙酰转移酶,B 等位基因编码乳糖转移酶,O 等位基因编码一种无活性的蛋白。A、B 两种酶转移的糖添加至 H 酶特异性的寡糖。Lewis(Le)基因编码的另一种岩藻糖转移酶将岩藻糖添加至前体末端的 *N*-乙酰葡萄糖胺残基。缺乏 H 基因编码产物会引起 Le^a 特异的决定簇升高,而缺乏 H 酶和 Le 酶与 Le^b 特异性有关。对这些寡糖决定簇结构的解释在糖化学领域是一个里程碑。这些知识对输血操

作、法律和了解病史都是必要的。例如,含复合糖的组织屑已被用于血清学分析以确定 *Tutankha* 人的血型以及他们可能的祖先背景。

16.5 糖蛋白

糖蛋白被定义为结合蛋白,含一个或多个缺乏连续重复单位的糖,并以共价键与蛋白质连接,该定义不包括蛋白聚糖(见 16.6 节)。细胞膜上的糖蛋白在细胞行为中,尤其是在膜的生物功能方面,具有重要作用。糖蛋白是某些上皮细胞分泌的黏液中的组分,在呼吸、消化和女性生殖系统中起润滑和保护作用。许多分泌蛋白都是糖蛋白,包括激素(如卵泡刺激素、黄体生成素、绒毛膜促性腺激素)和血浆蛋白(如血清类黏蛋白、血浆铜蓝蛋白、纤维蛋白溶酶原、凝血酶原和免疫球蛋白)。

糖蛋白包含可变量的碳水化合物

糖蛋白中糖的数量是高度可变的。IgG 含糖 4%,血型糖蛋白含糖 60%,人卵巢糖蛋白含糖 70%,而人胃糖蛋白含糖高达 82%。糖可沿多肽链均一分布或集中在特定区域。例如,人血型糖蛋白 A 中的糖局限于胞外区 N 端的多肽链(见 12.4 节)。

糖蛋白中的糖通常不超过 12～15 个残基。某些糖蛋白由一个糖组成,如颌下腺糖蛋白(含单个 *N*-乙酰-α-D-半乳糖胺残基)和一些哺乳动物胶原(含单个半乳糖残基)。一般来说,除了 L-岩藻糖、L-阿拉伯糖和 L-艾杜糖醛酸以外,糖残基均为 D 型。来源于不同动物种系的糖蛋白通常都具有相同的初级蛋白结构,但糖组分却千差万别。在同一机体中还存在特定蛋白的异源性,例如,胰核糖核酸酶 A 和 B 的初级结构相同,有相似的底物特异性,但两者糖组分却截然不同。

碳水化合物通过 *N*-糖基键或 *O*-糖基键与糖蛋白相连

到目前为止,完全清楚糖结构的糖蛋白还非常有限。由于不完全合成或部分降解造成的糖蛋白的微小异源性使得结构分析非常困难,但也存在一些共性。糖以共价键与蛋白连接是糖蛋白结构的核心部分,只发现了少量键型(见 3.6 节)。如图 16.10 所示,三种主要的糖肽键分别是:以 *N*-糖基与**天冬酰胺**(**asparagine,Asn**)连接、以 *O*-糖基与**丝氨酸**(**serine,Ser**)或**苏氨酸**(**threonine,Thr**)连接,以及以 *O*-糖基与 **5-羟赖氨酸**(**5-hydroxyl-ysine**)连接,后者一般限于胶原中。在一些糖蛋白中还存在其他键型。只有与丝氨酸/苏氨酸连接的 *O*-糖苷键对裂解不稳定。通过这个过程可释放两种寡糖(单纯型和复合型)。对猪的颌下腺黏液的单纯型寡糖的分析显示其核心结构为 *N*-乙酰半乳糖胺(GalNAc)的 β(1～3)半乳糖以 *O*-糖苷键与丝氨酸/苏氨酸残基连接。L-岩藻糖(Fuc)、唾液酸(NeuAC)和 *N*-乙酰半乳糖胺则位于其非还原末端。主要结构如下

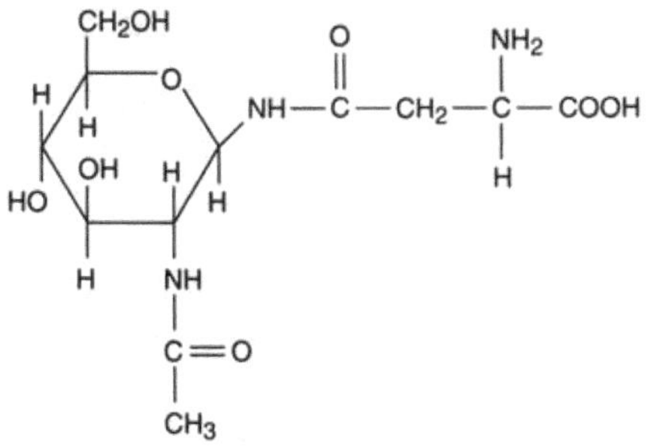

Ⅰ型　以N-糖醛与天冬酰胺连接

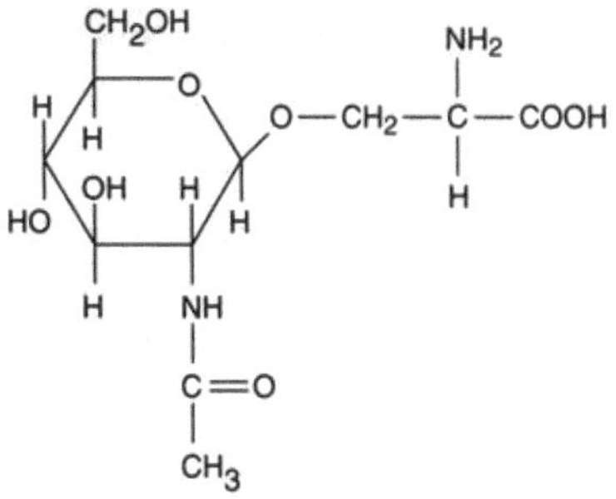

Ⅱ型　以O-糖基与丝氨酸连接

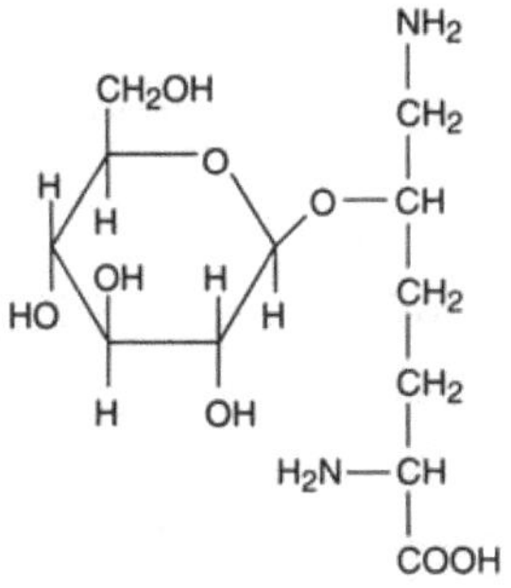

Ⅲ型　以O-糖基与5-羟赖氨酸连接

图 16.10　三种主要糖肽键的结构

GalNAc —(1→3)→ Gal —(1→3)→ GalNAc ——→ O-Ser/Thr

1→2　　1→2

Fuc　　NeuAC

以血型分子作为复合寡糖的例子(见临床相关知识 16.8),寡糖以 N-糖苷键与天冬酰胺连接。这些糖蛋白的核心结构通常是甘露糖残基(Man)与 N-乙酰葡萄糖胺(GlcNAc)连接。

$(Man)_n$ —(1→4)→ Man —(1→4)→ GlcNAc —(1→4)→ GlcNAc ——→ Asn

核心结构的三聚化或修饰造成 N-连接糖蛋白的结构多样性,从而生成大量高甘露糖、杂合或复合 N-聚糖亚型。

磷酸多萜醇参与 N-连接糖蛋白的合成

一系列糖基转移酶参与合成 O-糖苷键连接的糖蛋白,而 N-糖苷键连接的糖蛋白的合成则涉及更为复杂的机制(图 16.11)。普通核心在内质网的细胞质先被装配成**脂肪连接寡糖(lipid-linked oligosaccharide)**,再穿过双层膜整合到多肽上。在合成过程中,寡糖中间产物与**磷酸长醇(dolichol phosphate)**连接。

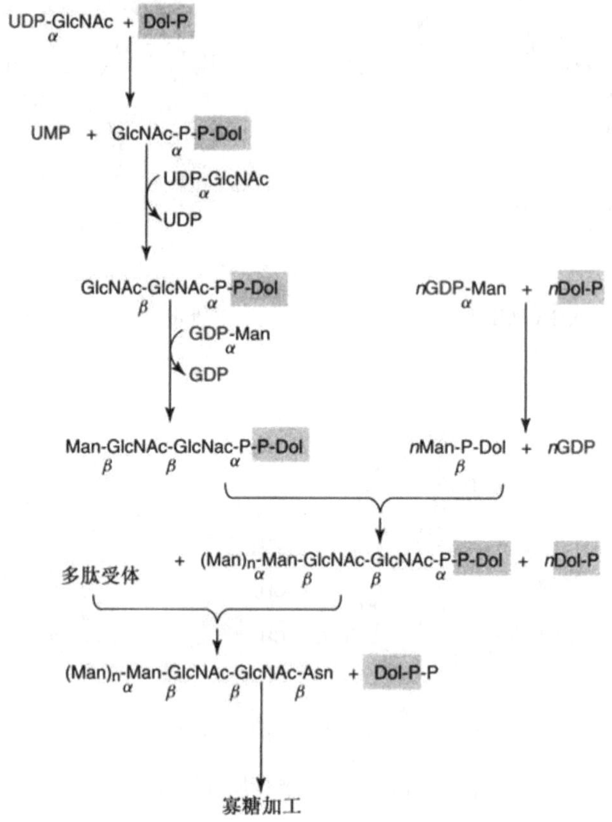

图 16.11 与天冬酰胺-N-乙酰葡萄糖胺连接的糖蛋白的寡糖核心的生物合成

$$H(CH_2-\overset{CH_3}{\overset{|}{C}}=CH-CH)_n-CH_2-\overset{CH_3}{\overset{|}{C}H}-CH_2-CH_2O-PO_3H_2$$

磷酸长醇

长醇是含 16～20 个异二戊烯单位的聚异二戊烯醇，其最后一个单位饱和。这些脂肪单位以两种形式参与合成，第一种是由 UDP 与磷酸长醇形成 *N*-乙酰葡萄糖胺酰焦磷酸长醇，第二种是 *N*-乙酰葡萄糖胺、甘露糖直接从核苷酸转移，勿需形成中间体。在最后一步，寡糖从磷酸长醇转移至多肽链的天冬酰胺残基。

转移至多肽后，不需脂肪中间体的参与，糖基转移酶便可完成其核心结构。一系列早期反应在内质网中进行，似乎伴随着糖蛋白的折叠，这些加工在脊椎动物种系和细胞系中高度保守。经过初期修饰，从内质网释放后，*N*-聚糖进一步被糖苷酶和糖基转移酶修饰，这些修饰大部分在高尔基体中进行。在加工过程中的多种修饰方式决定了聚糖结构最后的多样性（如高甘露糖、杂种或复合亚型）以及糖蛋白的最终分拣。例如，在最终定位于溶酶体的糖蛋白表面，Man_8 $GlcNAc_2$-Asn *N*-聚糖经 **GlcNAc-磷酸转移酶（GlcNAc-phosphotransferase）**催化后添加一个 GlcNAc 残基，然后该残基再被 **GlcNAc 磷酸二酯糖苷酶（GlcNAc phosphodiester glycosidase）**移去，暴露 Man-6-P 残基。该过程的缺陷便构成了被称为Ⅰ型细胞病的溶酶体贮积病的病理基础（见临床相关知识 16.9）。

正如合成杂合寡糖需要特异的糖基转移酶一样,其降解也需特异的糖苷酶。外糖苷酶逐次从非还原末端移除糖,为下一个糖苷酶暴露底物。缺乏特异的糖苷酶会使分解代谢停止,从而导致产物堆积(见临床相关知识 16.10)。内糖苷酶具有更广泛的特异性,内、外糖苷酶的作用均是催化糖蛋白的分解代谢。在糖蛋白和糖脂中发现了许多相同的 *N*-或 *O*-连接聚糖链。因此特定酶的缺陷会影响这两类糖化合物的降解(见临床相关知识 16.11)。

临床相关知识 16.9

常用的溶酶体靶向糖标志物与Ⅰ型细胞病

Ⅰ型细胞病,之所以这么命名,是因为该病变广泛出现于从患者身上分离出来的培养细胞中。该病表现为严重的临床和放射学特征,包括先天性脱位、胸廓畸形、疝、关节活动受限和精神发育阻滞。这种罕见而致命的先天性疾病为糖蛋白的生物合成与人类疾病之间提供了最早的联系。由于不能产生 Man-6-P 残基,在糖蛋白酸性水解酶的加工过程中存在缺陷,酸性水解酶含量低,从而导致溶酶体功能缺陷。没有这种特定的识别标志,酸性水解酶不能靶向溶酶体,但可被分泌到胞外环境中。在许多患者体内还缺乏连接 6-P-*N*-乙酰葡萄糖胺残基的 GlcNAc 磷酸转移酶。

临床相关知识 16.10

天冬氨酰葡萄糖胺尿:4-L-天冬氨酰葡萄糖胺的氨基水解酶缺乏

一些人体先天性代谢性疾病与糖脂、糖肽、黏多糖和杂寡糖等的储存有关。由于溶酶体糖苷酶活性不足,阻碍寡糖的分解代谢,从而导致这类疾病,造成寡糖不完全降解衍生的化合物在组织和尿中逐渐堆积,还可能伴有骨骼异常、肝脾肿大、白内障或智力发育迟缓。天冬酰胺-*N*-乙酰葡萄糖胺连接寡糖的分解代谢缺陷会导致天冬氨酰葡萄糖胺尿。在这个过程中,由于缺乏 4-L-天冬酰胺葡萄糖胺氨基水解酶,使天冬氨酰葡萄糖胺连接化合物堆积(见附表)。糖蛋白和糖脂具有共同的寡糖结构,由它们衍生的寡糖堆积还可引起其他疾病(见附表和临床相关知识 16.11)。

在 Asn-GlcNAc 型糖蛋白降解过程中的酶缺陷[a]

疾病	缺乏的酶[b]
天冬酰胺葡萄糖胺尿	4-L-天冬氨酰葡萄糖胺氨基水解酶(2)
β-甘露糖苷贮积病	β-甘露糖苷贮积病(7)
α-甘露糖苷贮积病	α-甘露糖苷贮积病(3)
GM_2神经节苷脂贮积病变量 O(Sandhoff-Jatzkewitz 病)	β-*N*-乙酰己糖胺酶(A 和 B)(4)
GM_1神经节苷脂贮积病	β-半乳糖苷酶(5)

续表

疾病	缺乏的酶[b]
黏脂贮积病Ⅰ(唾液酸贮积病)	唾液酸酶(6)
岩藻糖苷贮积病	α-岩藻糖苷酶(8)

a. Asn-GlcNAC 寡糖的典型结构。

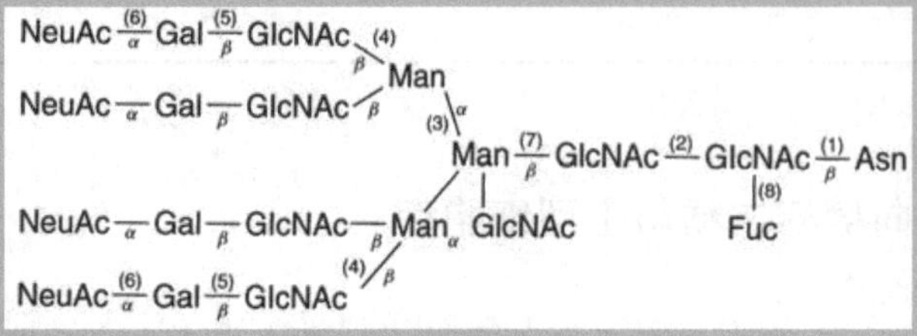

b. 括号里的数字代表水解这些键的酶。

临床相关知识 16.11
糖脂病

在糖脂代谢中起主要作用的水解酶不足可引起遗传性疾病,导致糖脂和神经节苷脂产物堆积。不同糖化合物引起的临床症状也各异。但由于脂质在神经系统中含量丰富,这类疾病通常出现相关的神经变性和严重的精神运动性发育阻滞。

在糖脂降解过程中的酶缺陷

疾病	缺乏的酶
Tay-Sachs 病	β-己糖胺酶 A
Sandhoff 病	β-己糖胺酶 A 和 B
GM_1神经节苷脂贮积病	β-半乳糖苷酶
唾液酸贮积病	唾液酸酶
Fabry 病	α-半乳糖苷酶
Gaucher 病	β-葡萄糖脑苷脂酶
Krabbe 病	β-半乳糖脑苷脂酶
异染性脑白质营养不良	芳基硫酸酯酶(脑苷脂硫酸酯酶)

16.6 蛋白聚糖

蛋白聚糖是一类复杂的大分子物质,含 95% 以上的糖,它与多糖更类似,而非蛋白。为了与其他糖蛋白区别,称之为**蛋白聚糖**,糖链则被称为**糖胺聚糖**(**glycosaminoglycan**)或**黏多糖**(**mucopolysaccharide**)。由于不能降解这类分子引起的相关贮积病被称为黏多糖病(见临床相关知识 16.13)。

蛋白聚糖分六类

蛋白聚糖由许多与蛋白质核心共价连接的不同糖胺聚糖链组成。六种蛋白聚糖分别是:**硫酸软骨素**(**chondroitin sulfate**)、**硫酸皮肤素**(**dermatan sulfate**)、**硫酸角质素**(**keratin sulfate**)、**硫酸类肝素**(**heparan sulfate**)、**肝素**(**heparin**)和**透明质酸**(**hyaluronate**)。不同的蛋白聚糖具有一些相同的特性。长非分枝杂多糖链大多由二糖重复单元组成,二糖重复单元由一个已糖胺和一个糖醛酸组成。糖胺聚糖的常见组成部分是硫酸基团,通过酯键与单糖连接,或通过酰胺键与葡萄糖胺的氨基连接。只有透明质酸不被硫酸化,也不与蛋白共价连接。糖醛酸的羟基和硫酸基团有助于糖胺聚糖形成高电荷特性,电荷和大分子结构在它们充当润滑剂和结缔组织中的支持成分时具有重要作用。糖胺聚糖是胞外基质和细胞表面的主要成分,其参与细胞黏附与信号转导。

透明质酸是 *N*-乙酰葡糖胺和葡萄糖醛酸的聚合物

透明质酸不同于其他类型的糖胺聚糖,它不被硫酸化,不与蛋白质共价连接,也不局限于动物组织,可由细菌产生。由于结构与这些聚合物相似而被划分为糖胺聚糖,它仅由重复的 *N*-乙酰葡糖胺和葡萄糖醛酸组成的二糖单位构成(图 16.12)。尽管它在糖胺聚糖中的结构最简单,其链仍可达 $10^5 \sim 10^7$ Da。透明质酸的高分子质量、高电荷以及在溶液中所占容积大等理化特性有助于其作为润滑剂和休克吸收剂 。它主要分布于滑液、玻璃体液和脐带。

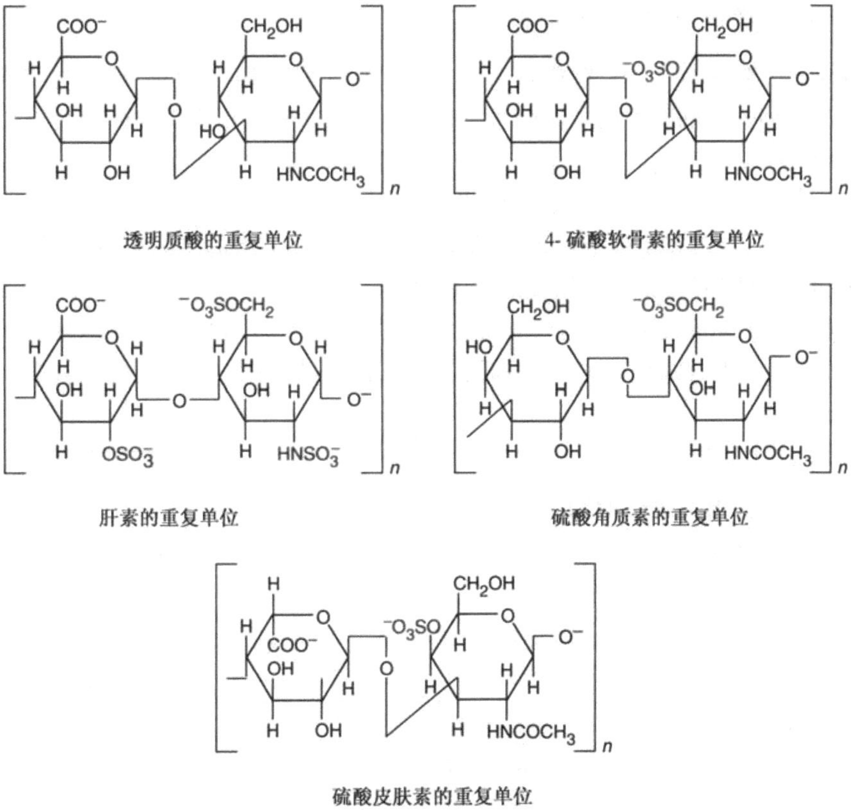

图 16.12　糖胺聚糖链的主要重复单位

硫酸软骨素是最丰富的糖胺聚糖

硫酸软骨素是机体中最丰富的糖胺聚糖，它通过四糖连接区与蛋白核心中特异的丝氨酸残基连接。

$$\text{GluUA} \xrightarrow[1\to3]{} \text{Gal} \xrightarrow[1\to3]{} \text{Gla} \xrightarrow[1\to4]{} \text{Xyl} \longrightarrow O\text{-Ser}$$

典型的二糖单位由 *N*-乙酰半乳糖胺和葡萄糖醛酸组成，与连接区相连(图 16.12)，二糖可在 *N*-乙酰半乳糖胺的第 4 位或 6 位被硫酸化，每条链含 30～50 个二糖单位(15～25kDa)。一个硫酸软骨素蛋白聚糖分子平均约含 100 条与蛋白核心连接的硫酸软骨素链，分子质量约 1.5×10^6～2×10^6 Da。蛋白聚糖制品极不均匀，蛋白核心的长度、置换反应的程度、多糖链的分布、硫酸软骨素链的长度以及硫酸化的程度也各不相同。硫酸软骨素可与透明质酸非共价性竞争，它是软骨、肌腱、韧带、主动脉、脑、肾和肺组织的重要成分。

硫酸皮肤素包含 L-艾杜糖醛酸

硫酸皮肤素不同于 4-硫酸软骨素或 6-硫酸软骨素，尽管也存在 D-葡萄糖醛酸，但主要的糖醛酸是 L-艾杜糖醛酸。D-葡萄糖醛酸整合入聚合链后经差向异构形成 L-艾杜糖醛酸，并被硫酸化。其糖苷键的位置和构型与硫酸软骨素相同，多糖链平均分子质量为 2×10^4～5×10^4 Da。硫酸皮肤素与肝素一样具有抗血栓作用，但只有微弱的抗凝和清除血脂活性。它主要分布于皮肤、血管和心脏瓣膜。

硫酸肝素及其类肝素不同于其他糖胺聚糖

在肝素中，葡糖胺与 D-葡萄糖醛酸或 L-艾杜糖醛酸形成典型的二糖单位(图 16.12)。与其他许多糖胺聚糖不同的是，肝素含 α-糖苷键。几乎所有葡糖胺都含磺酰胺键，只有少数是 *N*-乙酰化的。肝素在生物活性最高时每个二糖单位结合 2.5 个硫酸残基。除了位于葡糖胺 C6 位的 *N*-硫酸酯或 *O*-硫酸酯，硫酸酯还可位于己糖胺的 C3 位和糖醛酸的 C2 位。与其他糖胺聚糖不同的是，肝素是多种细胞的胞内成分，功能主要是用作抗凝剂和脂质清除剂(见临床相关知识 16.12)。

硫酸类肝素(**heparin sulfate**)与肝素含相同的二糖重复单位，但含较多的 *N*-乙酰基团，*N*-硫酸基团较少，*O*-硫酸酯程度更低。它分布于细胞外并普遍存在于包括血管壁和脑在内的许多组织的细胞表面。

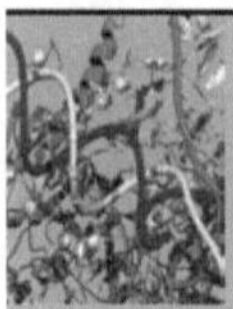

临床相关知识 16.12

肝素是一种抗凝剂

肝素是天然存在的硫酸糖胺聚糖，可减少患者的凝血倾向。它在体内和体外均能通过与凝血过程中的抑制因子结合而阻断凝血因子的激活。这个凝血因子就是抗凝血酶Ⅲ，它是一种丝氨酸蛋白持，酶的血浆蛋白抑制因子。肝素缺乏时，抗凝血酶Ⅲ缓慢地与多种凝血因子结合(10～30min)，生成缺乏蛋白质水解活性的复合物。抗凝血酶Ⅲ包含一个与Ⅹa、ⅨⅩa 因子的活性位点丝氨酸结合的精氨酸残基，因此抑制是剂量依赖性的。缺乏杂合的抗凝血酶Ⅲ会增加静脉血栓的风险，并导致肝素抵抗。

硫酸角质素有两种存在形式

硫酸角质素主要由 N-乙酰葡糖胺和半乳糖二糖单位组成,不含糖醛酸(图 16.12)。硫酸容量随着硫酸酯位于半乳糖或己糖胺的 C_6 位差别很大。两种硫酸角质素的区别在于糖容量和组织分布的不同。二者还包括甘露糖、岩藻糖、唾液酸和 N-乙酰半乳糖胺。来自角膜的硫酸角质素通过 N-乙酰葡糖胺–天冬酰胺键与蛋白质连接,是糖蛋白的典型例子。来自软骨的Ⅱ型硫酸角质素通过 N-乙酰半乳糖胺与丝氨酸/苏氨酸连接。骨骼中的硫酸角质素通常与和硫酸软骨素相同的核心蛋白共价连接。

硫酸软骨素的生物合成是糖胺聚糖合成的典型例子

经过一系列糖基转移酶反应将单糖从核苷酸连接的衍生物转移至适当的受体,或者是另一个糖的非还原末端,或者是多肽,继而装配成糖胺聚糖。其中硫酸软骨素的生物合成研究得最透彻(图 16.13)。

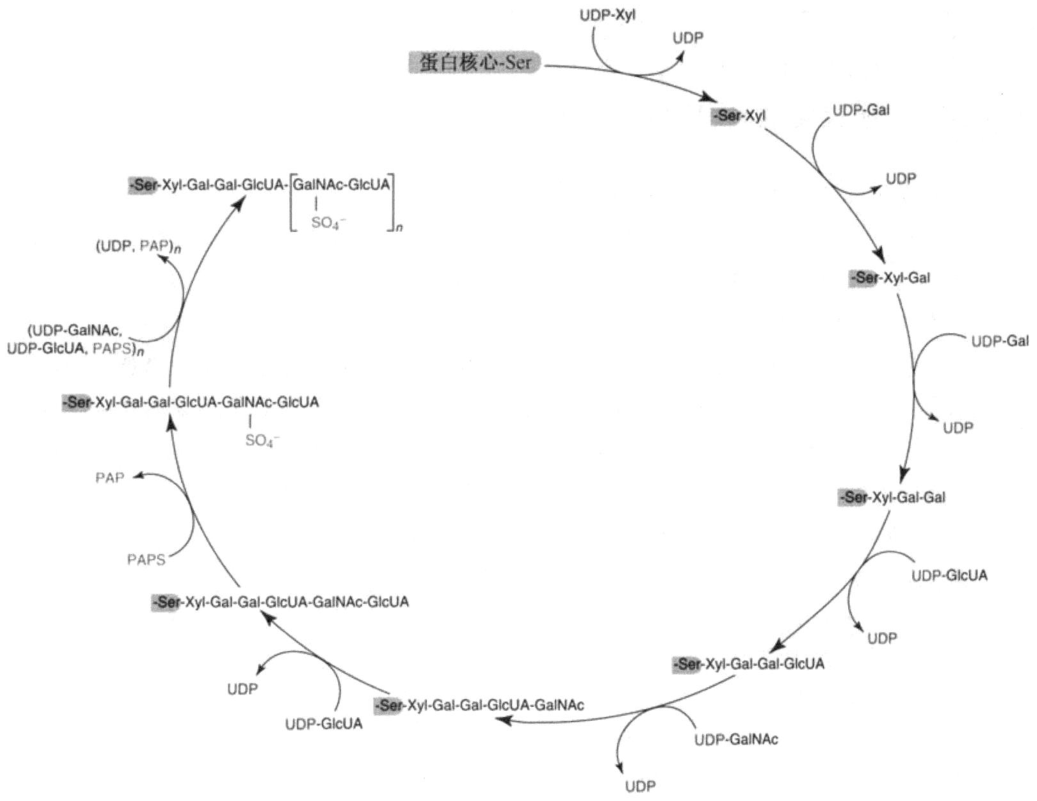

图 16.13　硫酸软骨素蛋白聚糖的合成

第一步是合成核心蛋白,继而是六步不同的糖基转移酶反应。合成的独特的四糖连接区具有严格的底物特异性。接着,在 N-乙酰半乳糖胺酰基转移酶和葡萄糖醛苷转移酶的联合作用下,聚合形成典型的二糖单位。然后,N-乙酰半乳糖胺的 4-或 6-位形成硫酸酯,并同时伴随链的延长。与其他生物体系一样,硫酸的供体是**3′-磷酸腺苷5′-酰硫酸(3′-phosphoadenosine 5′-phosphosulfate, PAPS)**,它由ATP和硫酸在具有双重功能的PAPS合成酶催化下分两步合成(图16.14)。动物和人体硫酸化加工不足会导致软骨营养不良(见临床相关知识16.13)。

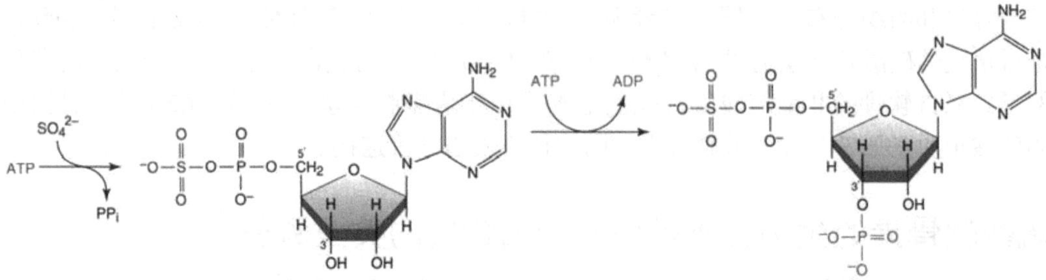

腺苷5′-酰硫酸(APS)　　3′-磷酸腺苷5′-酰硫酸(PAPS)

图16.14　3′-磷酸腺苷5′-酰硫酸(PAPS)的生物合成

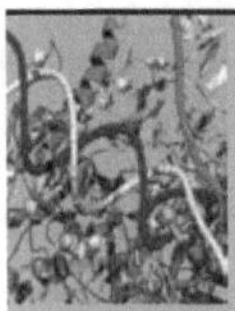

临床相关知识16.13
硫酸化缺陷引起软骨营养不良

形成硫酸酯是各种蛋白聚糖家族中的糖胺聚糖的一种必需的修饰,整个过程包括通过质膜转运因子将无机硫酸根转运至细胞内,以及在细胞溶胶中由PAPS合成酶催化经两步转化成PAPS,再直接被细胞溶胶磺基转移酶利用或将PAPS从细胞溶胶转运至高尔基氏复合体被细胞溶胶磺基转移酶宿主利用。编码硫酸根转运因子的DTDST基因突变可引起弯曲畸形的发育不全(DTD),Ⅱ型口腔发育不全(AOⅡ)和软骨成长不全(ACG-1B)三种常染色体隐性遗传疾病。DTD患者表现为不相称的矮小身材和广泛的关节发育不良,但一般有正常寿命。ACG-1B的特征是四肢和躯干非常短小。AOⅡ是一种围产期致死性软骨营养不良,由具有双重功能的磺酰酶/激酶(PAPS合成酶)所催化的PAPS合成缺陷而引起的遗传性疾病。该病已在动物(如短形小鼠,表现为严重的生长障碍、躯干四肢非常短小、头颅小)和人类[如脊椎外干骺端营养不良(Pakistani型)]中被确证,其特点是短小的弓形下肢、扩大的膝关节和早期发生变性关节病。这些突变进一步显示了翻译后修饰成具有功能的蛋白聚糖的重要性,尤其是在骨骼系统的发育和维持方面。

其他糖胺聚糖的合成需要其他对糖和连接具有特异性的转移酶。完成合成常涉及*O*-硫酸酯化、差向异构、乙酰化或*N*-硫酸酯化。蛋白聚糖和糖蛋白的合成在己糖胺合成水平受相同机制的调节。6-磷酸果糖葡糖胺转氨酶反应(图16.4)易受UDP-*N*-乙酰葡糖胺的反馈抑制,后者与UDP-*N*-乙酰半乳糖胺处于平衡状态。对蛋白聚糖合成更特别的是,UDP-木糖和UDP-葡萄糖醛酸的浓度严格受将UDP-葡萄糖转化成UDP-葡萄糖醛酸从而生成UDP-木糖的UDP-葡萄糖脱氢酶的负调节(图16.4)。因为木糖是在合成硫酸软骨素、硫酸皮肤素、硫酸肝素和类肝素过程中添加的第一个糖，核心蛋白合成减少的最早影响就是导致 UDP-木糖的堆积，因此后者有助于维持蛋白质和糖胺聚糖合成的平衡。

正如糖蛋白一样，蛋白聚糖依次通过蛋白酶、糖苷酶、**去乙酰酶（deacetylase）**和**硫酸酯酶（sulfatase）**的作用而被降解。许多有关蛋白聚糖代谢与降解的知识都是从对**黏多糖病（mucopolysaccharidose）**的研究中得来的（见临床相关知识 16.14）。这些遗传性疾病的特点是蛋白聚糖不完全降解产生的杂寡糖在组织中堆积并从尿中排泄，这是由于缺乏一种或多种**溶酶体水解酶（lysosomal hydrolase）**。

尽管一直是根据所含的糖胺聚糖链来定义蛋白聚糖的，但更多还是根据功能特性或定位来命名。**聚集蛋白聚糖（aggrecan）**和**多能蛋白聚糖（versican）**是主要的胞外种系，**黏结蛋白聚糖（syndecan）**、CD$_{44}$和**凝血调节蛋白（thrombomodulin）**是必需的膜蛋白，**神经聚糖（neurocan）**、**短聚糖（brevican）**、**脑聚糖（cerebrocan）**和磷酸聚糖（phosphacan）主要局限于神经系统。许多蛋白聚糖[如聚集蛋白聚糖、**黏结蛋白聚糖（syndecan）**和 β **聚糖（betaglycan）**]带有两种糖胺聚糖链，大小和相对数量会随着发育、年龄或疾病而变化。目前人们已克隆出编码蛋白聚糖核心蛋白和合成酶的基因，结果提示这类蛋白质属于起源与功能相关的蛋白家族成员。

临床相关知识 16.14
黏多糖病

黏多糖病是一类以蛋白聚糖的寡糖过度堆积和排泄为特征的遗传性疾病，病因是缺乏一种或多种降解硫酸皮肤素和（或）类肝素的溶酶体水解酶。Hurler 综合征和 Sanfilippo 综合征是常染色体隐性遗传病，而 Hunter 综合征是 X 染色体连锁的遗传病。Hurler 和 Hunter 综合征的特点是骨骼异常、精神发育阻滞，严重者可致早期死亡。相比之下，Sanfilippo 综合征的生理缺陷相对较轻，而精神发育阻滞则较严重。黏多糖病的发病率约为 1/30 000。多发性硫酸酯缺乏（MSD）的特点是所有已知的硫酸酯酶活性都很低。新近有证据表明翻译或翻译后将半胱氨酸修饰成 2-氨基 3-氧丙酸是硫酸酯酶活性所必需的，因为这种修饰的缺乏就会导致 MSD。这些疾病能在产前得到诊断，因为羊水中发生变化的细胞的代谢模式与正常细胞显著不同。

黏多糖病的酶缺陷

综合征	堆积的产物[a]	缺乏的酶[b]
Hunter 综合征	硫酸类肝素 硫酸皮肤素	艾杜糖醛酸硫酸酯酶(1)
Hurler-Scheie 综合征	硫酸类肝素 硫酸皮肤素	α-L-艾杜糖醛酸酶(2)
Maroteaux-Lamy 综合征	硫酸皮肤素	*N*-乙酰半乳糖胺硫酸酯酶(3)
黏脂贮积病Ⅶ	硫酸类肝素 硫酸皮肤素	β-葡萄糖醛酸酶(3)
A 型 Sanfilippo 综合征	硫酸类肝素	肝素磺酰胺酶(6)

续表

综合征	堆积的产物[a]	缺乏的酶[b]
B 型 Sanfilippo 综合征	硫酸类肝素	*N*-乙酰葡萄糖胺酶(9)
C 型 Sanfilippo 综合征	硫酸类肝素	乙酰 CoA：α-葡萄糖胺乙酰转移酶
D 型 Sanfilippo 综合征	硫酸类肝素	乙酰葡萄糖胺-6-硫酸酯酶(8)
A 型 Morquio 综合征	硫酸角质素/软骨素	半乳糖胺-6-硫酸酯酶
B 型 Morquio 综合征	硫酸角质素	β-半乳糖苷酶

a. 硫酸皮肤素和硫酸类肝素的结构。

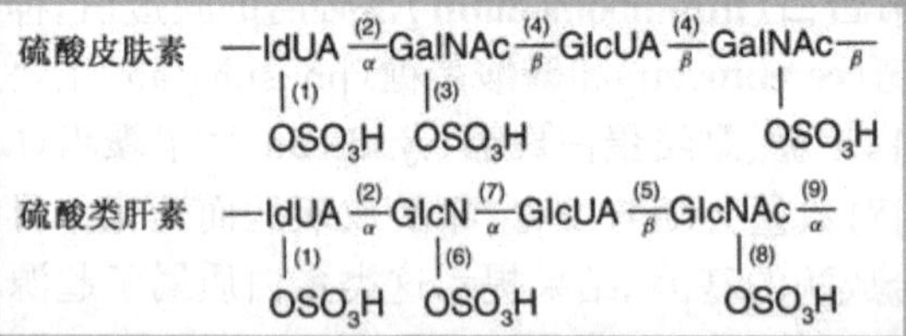

b. 括号里的数字代表水解这些键的酶。

参考书目

Allen, H. L. and Kisailus, E. C. (Eds.). *Glycoconjugates: Composition, Structure and Function*. New York: Marcel Dekker, 1992.

Collins, P. M. and Ferrier, R. J. *Monosaccharides—Their Chemistry and Roles in Natural Products*. Chichester: Wiley, 1995.

Dutton, G. J. (Ed.). *Glucuronic Acid, Free and Combined*. New York: Academic, 1966.

Ginsburg, V. and Robbins, P. (Eds.). *Biology of Carbohydrates*. New York: Wiley, 1984.

Horecker, B. L. *Pentose Metabolism in Bacteria*. New York: Wiley, 1962.

Hughes, R. C. *Glycoproteins*. London: Chapman & Hall, 1983.

Kornfeld, R., and Kornfeld, S. Assembly of asn-linked oligosaccharides. *Annu. Rev. Biochem.* 54: 631, 1985.

Kornfeld, S. Diseases of abnormal protein glycosylation—An emerging area. *J. Clin. Investigation* 101: 1293, 1998.

Lennarz, W. J. (Ed.). *The biochemistry of Glycoproteins*. New York: Plenum, 1980.

Neufeld, E. F. Lysosomal storage diseases. *Annu. Rev. Biochem.* 60: 257, 1991.

Schwartz, N. B., Lyle, S., Ozeran, J. D., Li, H., Deyrup, A., and Westley, J. Sulfate activation and transport in mammals: System components and mechanisms. *Chemico-Biol. Interactions* 109: 143, 1998.

Schwartz, N. B., Pirok, E. W., Mensch, J. R., and Domowicz, M. S. Domain organization, genomic structure, evolution and regulation of expression of the aggrecan gene family. *Prog. Nucleic Acid Res. Mol. Biol.* 62: 177, 1999.

Schwartz, N. B. Proteoglycans. In: *Embryonic Encyclopedia of Life Sciences*. London: Nature Publishing Group, 2000. www.els.net

Schwartz, N. B. Biosynthesis and regulation of expression of proteoglycans, *Front. Biosci.* 5: 649, 2000.

Scriver, C. R., Beaudet, A. L., and Valle, D., Sly, W. S. (Eds.). *The Molecular and Metabolic Bases of Inherited Disease*, 8th ed., New York: McGraw-Hill, 2001.

习题和参考答案

选择题

1. 以下所有单糖(或衍生物)间的相互转化均需要核苷酸连接的糖中间产物,除了：
   A. 1-磷酸半乳糖转化成 1-磷酸葡萄糖
   B. 6-磷酸葡萄糖转化成 6-磷酸甘露糖
   C. 葡萄糖转化成葡萄糖醛酸
   D. 葡萄糖醛酸转化成木糖
   E. 6-磷酸葡萄糖胺转化成 *N*-乙酰神经氨酸(一种唾液酸)

2. 重症半乳糖血症：
   A. 是先天性缺乏将 1-磷酸半乳糖与 UDP-葡萄糖上的葡萄糖交换的尿苷酸酰基转移酶
   B. 由差向异构酶缺乏所致
   C. 在婴儿期不明显,但在以后很严重
   D. 不能生成 1-磷酸半乳糖
   E. 会干扰果糖和半乳糖的利用,因为缺乏的酶是这两种糖代谢所共用的

3. 以下所有关于葡萄糖醛酸的描述都是正确的,除了：
   A. 生理性 pH 时是带电荷的分子
   B. 作为 UDP 衍生物,它可脱羧成一种用于合

成蛋白聚糖的成分
C. 是人体抗坏血酸前体
D. 葡萄糖合成的过程受 UDP 连接的中间产物的反馈调控
E. 它最终转化成 5-磷酸木酮糖进入磷酸戊糖途径

4. 岩藻糖和唾液酸：
A. 均是 UDP-*N*-乙酰葡糖胺的衍生物
B. 是与蛋白共价连接的糖链的组成部分
C. 可见于某些 D-连接糖蛋白的核心结构
D. 与磷酸长醇连接时被转化成糖链
E. 是蛋白聚糖的重复单元

5. 糖胺聚糖：
A. 是糖蛋白的碳水化合物部分
B. 包含由己糖和糖醛酸组成的重复大片段
C. 总是含硫酸酯
D. 仅存在两种形式
E. 通过离子相互作用与蛋白连接

6. 以下关于蛋白聚糖全都正确，除了：
A. 其特异性部分由糖基转移酶决定
B. 其合成部分受 UDP-葡萄糖转化成 UDP-糖醛酸的 UDP-木糖抑制所调控
C. 合成包括糖残基被 PAPS 硫酸酯化
D. 核心蛋白的合成要与多糖部分合成平衡
E. 在细胞溶胶中被非特异的糖苷酶降解

7. [NADPH/NADP$^+$]在细胞中通过以下哪一项维持在高水平：
A. 乳糖脱氢酶
B. 6-磷酸葡萄糖脱氢酶和葡萄糖内酯酶的联合作用
C. 电子传递链的作用
D. 诸如 α-磷酸甘油脱氢酶等穿梭机制
E. 转酮醇酶和转醛醇酶的联合作用

8. 如果细胞需要比 5-磷酸核糖更多的 NAPDH：
A. 只能发生在磷酸戊糖途径的第一阶段
B. 糖酵解中间产物会进入磷酸戊糖途径的可逆阶段
C. 会有糖的相互转化，但 6-磷酸葡萄糖没有碳释放
D. 6-磷酸葡萄糖的碳原子当量以 6 个 CO_2 释放
E. 磷酸戊糖途径仅部分满足这种需求，其部分由其他途径提供

问题 9 和 10：
某 6 个月大的婴儿出现低血糖、呕吐、腹泻，蛋白丢失性肠病和肝脏纤维化。测定内源性血清转铁蛋白的糖基化状态表明是 Ⅰb 型 CDGS(糖缺乏的糖蛋白综合征)，是由磷酸甘露糖异构酶活性缺陷引起的。

9. 磷酸甘露糖异构酶的作用是使什么相互转化：
A. 6-磷酸甘露糖和 1-磷酸甘露糖
B. 6-磷酸葡萄糖和 6-磷酸甘露糖
C. 6-磷酸果糖和 6-磷酸甘露糖
D. 1-磷酸果糖和 6-磷酸甘露糖
E. 1-磷酸葡萄糖和 1-磷酸甘露糖

10. 在 Ⅰc 型 CDGS，将葡萄糖酰基转移至高甘露糖的焦磷酸长醇前体的酶缺陷，它是什么糖结构的一部分
A. N-连接糖蛋白
B. O-连接糖蛋白
C. 蛋白聚糖
D. 糖胺聚糖
E. 复合脂

问题 11 和 12：一婴儿出现多发性骨骼异常，最突出的症状是四肢和躯干短小。尿中不含部分降解的寡糖或蛋白聚糖寡糖。血硫酸酯浓度和胞外酸性水解酶均正常。

11. 上述疾病最可能是由什么缺陷引起：
A. 生成 6-磷酸甘露糖
B. 溶酶体糖苷酶活性
C. 编码硫酸酯转运因子的基因
D. PAPS 合成酶
E. 硫酸酯酶

12. 硫酸酯是合成什么的重要成分
A. 大部分蛋白聚糖
B. 透明质酸
C. 大部分糖蛋白
D. 结合胆红素
E. 以上全都是

问答题

13. 多余的 5-磷酸核糖如何转化成糖酵解的中间产物？务必说明所涉及的酶。

14. 特发性果糖尿是由于一种果糖激酶缺陷，而果糖不耐受是因为 1-磷酸果糖醛缩酶缺陷，这两种疾病中的哪一种在摄入果糖后会导致严重的低血糖？为什么？

参考答案

1. B 磷酸葡萄糖和果糖均通过磷酸己糖异构酶与 6-磷酸果糖维持平衡。A:在 UDP-半乳糖水平通过差向异构酶发生。C,D:葡萄糖的氧化由 UDP-半乳糖脱氢酶催化,产物可被脱羧生成 UDP-木糖。E. 差向异构作用发生于核苷酸中间产物。

2. A B:差向异构酶正常 C:半乳糖对婴儿是一种重要的糖 D:在这种疾病中,半乳糖激酶正常,但在轻度病变中,它是不足的。E:果糖代谢不需要尿苷酸酰基转移酶,它在半乳糖血症中缺乏。

3. C 人体不能产生抗坏血酸。A:带电荷的酸性基团增加水溶性是葡萄糖醛酸的主要生理作用,如胆红素代谢。B,D:UDP-葡萄糖醛酸脱羧形成 UDP-木糖,它是 UDP-葡萄糖氧化成酸的强抑制剂。E:D-葡萄糖醛酸还原成 L-古洛糖酸生成抗坏血酸和 5-磷酸木酮糖,参与磷酸戊糖途径。

4. C 核心结构也包括半乳糖和 *N*-乙酰半乳糖胺。A:只有唾液酸是。岩藻糖来源于 UDP-甘露糖。B:通常见于糖的外周。D:*N*-连接糖包含甘露糖和 *N*-乙酰半乳糖胺。E:重复单元是己糖胺和醛酸。

5. B 这是与糖蛋白的主要区别,根据定义,糖蛋白没有一系列重复单元。A:是蛋白聚糖的糖。C:大部分是,但透明质酸不是。D:至少有六种不同类型。E:糖通过共价键连接。

6. E 降解发生在溶酶体内;一种或多种溶酶体水解酶缺乏会导致黏多糖的蛋白聚糖堆积。A:酶严格的底物特异性对其所合成的蛋白聚糖的类型和数量至关重要,对生成糖的特异蛋白受体也很重要。B,D:木糖和葡萄糖醛酸水平均受此调控;木糖是合成过程中添加的第一个糖,一旦核心蛋白合成减少就会堆积。C:这对合成大部分蛋白聚糖都是必需的。

7. B 尽管 NADP 特异的 6-磷酸葡萄糖脱氢酶反应是可逆的,但内酯的水解使整个平衡取决于 NADPH。A,C,D:这些均利用 NAD 而非 NADP。E:这些酶都是磷酸戊糖途径中的一部分,但均催化不涉及 NADP 的可逆反应。

8. D A,C,D,E:在氧化阶段,6-磷酸葡萄糖生成 5-磷酸木糖和 CO_2。如果乘以 6,6 分子 5-磷酸木糖可在下一步的可逆反应中重排成 5 分子 6-磷酸葡萄糖。B:如果需要的 5-磷酸木糖多于 NADPH,反应会朝该方向进行以提供更多的戊糖。

9. C 这与 6-磷酸葡萄糖和 6-磷酸果糖之间的相互转化是相同的。A:变位酶催化 1-6 磷酸移位。B,D,E:这些转化不直接发生。

10. A 糖链装配至磷酸长醇是 *N*-连接糖蛋白的典型特征。B,C,D:合成 *O*-连接糖蛋白涉及一系列与丝氨酸/苏氨酸连接的 *N*-乙酰半乳糖胺的添加。E:磷酸长醇是脂质,但一旦糖链添加至蛋白上就会被清除,包含甘露糖和 *N*-乙酰葡糖胺。E:重复单元是己糖胺和醛酸。

11. D 这些结构异常与蛋白聚糖的硫酸酯化缺陷有关。A:会导致不能将酸性水解酶靶向溶酶体,增加胞外浓度。B,E:这些溶酶体缺陷会导致在尿中出现部分降解的寡糖。C:缺乏转运因子会引起血清硫酸酯水平升高。

12. A B:透明质酸是一种不被硫酸酯化的糖胺聚糖。C:糖蛋白不包含硫酸酯。D:胆红素与葡萄糖醛酸结合。

13. 3 个磷酸戊糖(5-磷酸核糖+2 个 5-磷酸木酮糖)经过一系列的醛醇基转移酶和酮醇基转移酶的 2 碳和 3 碳转移转化成 2 个 6-磷酸果糖和 2 个 3-磷酸甘油醛。

14. 缺乏果糖激酶导致果糖堆积和果糖尿。缺乏醛缩酶使 1-磷酸果糖增加,屏蔽了细胞的无机磷酸盐,从而抑制了细胞生成 ATP 的能力。

(胡良 译)

17 脂类代谢Ⅰ:脂肪酸和三酰甘油的合成、储备与利用

Martin D. Snider, J. Denis McGarry and Richard W. Hanson

17.1 概述

脂肪(**lipid**)是一类**疏水性**(**hydrophobic**)化合物,不溶于水,大部分含有或者来源于脂肪酸(图17.1),具有多种生物学功能。**三酰甘油**(**triacylglycerol**)(图17.2)是机体主要的能量储存形式,**磷脂**(**phospholipid**)、**糖脂**(**glycolipid**)和**胆固醇**(**cholesterol**)等其他脂类则是生物膜的重要组分,它们具有独特的表面活性,可构成膜的骨架,分离并限定细胞内的含水区域。具有表面活性的脂肪还有其他重要功能,包括维持肺泡的完整性和稳定体液中的非极性物质。一些脂肪还是重要的信号转导分子。**类固醇激素**(**steroid hormone**)和**类花生酸**(**eicosanoid**),如**前列腺素**(**prostaglandin**),在细胞间信号转导中具有重要作用,还有一些脂肪则在细胞内具有信号转导功能。脂肪酸和三酰甘油的代谢非常重要,代谢失衡或不足会在人体引起严重的病变。与脂肪代谢相关的疾病包括肥胖症糖尿病和酮症酸中毒等。影响脂肪酸代谢的还有先天性疾病,包括Refsum病、肉碱及脂肪酸氧化缺陷。

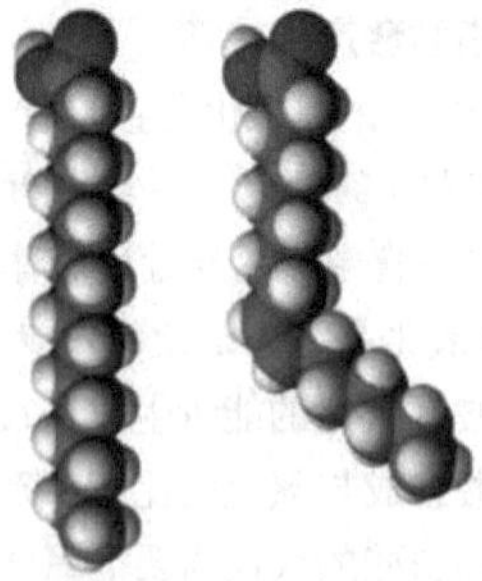

图17.1 长链脂肪酸
左:棕榈酸(饱和)。右:顺式棕榈油酸(不饱和)。
颜色方案:H,白色;C,灰色;O,红色

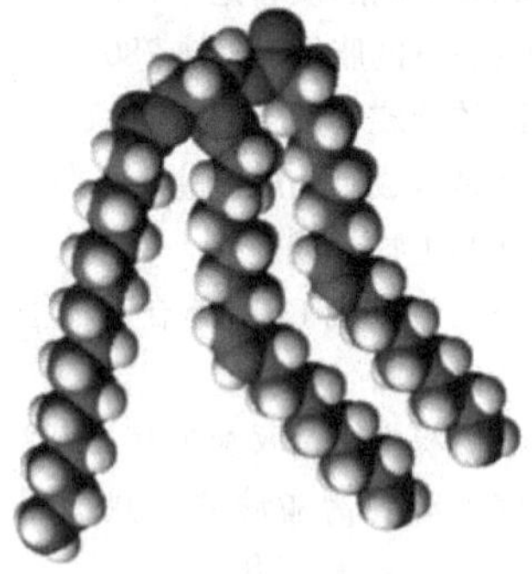

图17.2 三酰甘油(1-棕榈酰2,3-油酰甘油)
颜色方案同图17.1

下面讲述脂肪酸及其主要储存形式三酰甘油的结构和代谢。先讲述脂肪酸和三酰甘油的结构,接下来概述在进食和饥饿状态下的代谢变化,并讨论其合成。然后阐述脂肪酸产能的主要过程及其调控,甘油在进食后的累积,以及在饥饿时的利用。附录包括脂类的命名和化学特性,并在26.6节有对脂肪的消化与吸收的讨论。

17.2 脂肪酸和甘油酯的化学性质

脂肪酸是末端为羧基的烷基链

脂肪酸(**fatty acid**)(图 17.1)由末端为羧基的**烷基链**(**alkyl chain**)组成,完全饱和脂肪酸的基本分子式为 $CH_3(CH_2)_nCOOH$。尽管有些有机体也合成奇数个碳原子的脂肪酸,但几乎所有的哺乳动物脂肪酸均含偶数个碳原子。虽然人体可以利用前者供能,但它们很少掺入到复合脂中。非饱和脂肪酸也很常见,一些非饱和脂肪酸链可达六个双键。如果一个分子含一个以上的双键,则由**亚甲基**(**methylene group**,—CH_2—)分隔。双键几乎都是顺式构型,诱导脂肪酸链的转折,避免在脂质相有序包装。通过诱导这种无序,可降低双键的熔点温度,增加含非饱和脂肪酸的脂质流动性。

哺乳动物的大部分脂肪酸含 16～20 个碳原子,但也发现 C14 分子与蛋白质连接,在神经系统的复合脂中发现了超长的脂肪酸,如神经酸(22∶1)和含六个双键的二十二碳碳六烯酸(图 17.3)。已发现一些含 α-OH 的脂肪酸是膜脂的组分。在某些动物包括人体内还发现了**支链脂肪酸**(**branched-chain fatty acid**),在其链的一个或多个位置含有甲基。支链脂肪酸具有促进某些分泌或结构分子的特殊生理特性。例如,在海生动物的回声定位结构的脂质中存在大量支链脂肪酸,尤其是异戊酸(图 17.4)。

$CH_3—(CH_2)_7—CH=CH—(CH_2)_{13}—COOH$

神经酸

$CH_3—(CH_2—CH=CH)_6—(CH_2)_2—COOH$

全顺式-4,7,10,13,16,19-二十二碳六烯酸

图 17.3 特长链的脂肪酸

$$\begin{array}{c} CH_3 \\ | \\ CH_3—CH—CH_2—COOH \end{array}$$

图 17.4 异戊酸

人体最丰富的脂肪酸见表 17.1。符号代表碳原子数和双键数(冒号后)。碳原子从羧基端的碳开始计数。双键位置注明在括号里,其数字表示双链位于自羧基侧起的碳原子序号处。

表 17.1 人体重要的脂肪酸

名称	数字式	在人体的功能
甲酸	1	
乙酸	2∶0	
丙酸	3∶0	奇数链脂肪酸以及异亮氨酸、缬氨酸和蛋氨酸的代谢产物
丁酸	4∶0	乳汁三酰甘油包含短链脂肪酸
豆蔻酸	14∶0	与某些蛋白质共价结合
棕榈酸	16∶0	脂肪酸合成酶的产物
棕榈油酸	16∶1(9)	C_{16}～$_{18}$脂肪酸包含了大部分三酰甘油和复合脂中的脂肪酸
硬脂酸	18∶0	
油酸	18∶1(9)	
亚油酸	18∶2(9,12)	必需脂肪酸

续表

名称	数字式	在人体的功能
亚麻酸	18∶3(9,12,15)	必需脂肪酸
花生四烯酸	20∶4(5,8,11,14)	前列腺素和其他类花生酸的前体
木蜡酸	24∶0	
神经酸	24∶1(15)	在鞘脂中富含

人体脂肪酸主要以三酰甘油的形式存在

脂肪酸主要以甘油酯的形式储存(图 17.2 和图 17.5),人体内的脂肪酸大多是**三酰甘油**(**triacylglycerol**),甘油的三个羟基均被脂肪酸酯化。一个(**单酰甘油,monoacylglycerol**)或两个(**二酰甘油,diacylglyceerol**)羟基被酯化的化合物相对较少,多数是含甘油的脂肪合成或降解的中间代谢产物。这些化合物也用甘油单酯、甘油二酯、甘油三酯来命名。

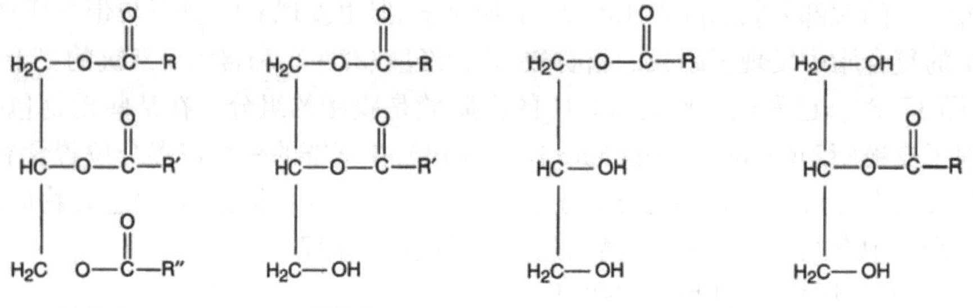

图 17.5　甘油酯

人体大多数脂肪酸是饱和的,或含一个双键的不饱和脂肪酸,如油酸(18∶1)最为普遍。尽管三酰甘油较易分解,但其化学特性相对稳定。三酰甘油中的多不饱和脂肪酸更易发生非酶促氧化。

三酰甘油的疏水性对其功能至关重要

由于脂肪酸的长烃链不能形成氢键,三酰甘油和其他复合脂均不溶于水。所以三酰甘油的水溶性很低,易彼此结合或与其他疏水性基团结合,如类固醇或氨基酸的疏水面。这种特性是三酰甘油的储存和生物膜装配所必需的。

三酰甘油是比糖原更高效的能量储存形式。在同样重量的前提下,它完全氧化产生的 ATP 是糖原的 2.5 倍。另外,储存三酰甘油不需结合水,而糖原是亲水性的,约结合其自身 2 倍重量的水。因此,每克储存的三酰甘油生成的能量是水合糖原的 4 倍。比起糖原,人体以三酰甘油的形式可储存更多能量。平均体重 70kg 的人在肝和肌肉中储存约 350g 糖原,相当于 1400kcal 热量,不足一天的能量需求。相反,同一个体含 10kg 三酰甘油,提供的能量足够饥饿时存活数周。不像糖原和氨基酸的储存非常有限,三酰甘油的储存可根据摄入的热量而大大增加,因此三酰甘油不失为一种极好的能量储存形式,但也可引起肥胖症,在某些情况下,还能引发糖尿病(见临床相关知识 17.1 和 17.2)。皮下脂肪组织因为提供了一层绝缘层,在体温调节中也具有重要作用。

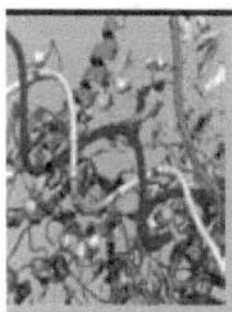

临床相关知识 17.1

肥胖症

肥胖症已成为全世界的流行病。据估计,2004 年美国有 25% 的人是肥胖者,预计到 2020 年该数据会上升至 40%。同样令人震惊的数据在中国、印度等经济迅速增长的国家中也引起了关注。肥胖症的定义比较随意,是根据理想体重(IBW)的估计值定义的,理想体重也就是与最低发病率和死亡率有关的体重。超重的定义是体重超过 IBW 达到 20%,肥胖症是体重超过 IBW20% 以上。体重指数(BWI)是另一个常用的肥胖症指标,计算公式为体重(kg)/身高^2(m^2)。BWI≥25 是超重,BWI≥30 则认为是肥胖。脂肪沉积的解剖学部位是一个很好的预示肥胖症的发病率和死亡率风险的指标,中心分布的身体脂肪(腹部脂肪组织)比外周分布的脂肪(皮下脂肪组织)的健康风险更高。

肥胖症是代谢综合征的一部分,代谢综合征的症状包括肥胖症、高血压、高三酰甘油、血中的高密度脂蛋白水平低下和胰岛素抵抗。多达 4 700 000 美国人患此综合征。代谢综合征患者患糖尿病和心血管疾病的风险很高。肥胖症和糖尿病之间的生化关系会在临床相关知识 17.2 中讨论。由于这些健康风险,控制肥胖症成为一个主要的公共健康目标。

肥胖症的病因及其在人群中迅速增长的潜在原因很复杂。甲状腺功能低下或 Cushing 病(皮质类固醇过多)等内分泌紊乱很罕见,它们的病因常常是编码有关调控进食的激素的基因突变,如 leptin 或其受体。可能性更大的是个体的遗传因素与环境因素(饮食选择、运动量)共同导致肥胖症。生活方式的改变显然是肥胖症的流行病学的主要因素,摄入高脂高糖饮食增加,加上运动量下降是导致全世界人群体重增加和身体脂肪沉积的主要原因。因此,肥胖症不是一种单纯的疾病,而是一组多病因多基因疾病。不幸的是,肥胖症很难治愈,它的治疗一直是医学难题。减少热量摄入和增加能量消耗的标准方法在肥胖患者中的效果并不显著,因为为了达到效果,必须无限期地坚持,才能保持已减轻的体重。肥胖患者常求助于外科方法去除多余的脂肪或减少胃的容积以阻止饥饿感和进食。目前有许多药物用于治疗肥胖症,包括 β-苯拉明等药物,可以选择性抑制去甲肾上腺素、5-羟色胺和多巴胺的再吸收。这类药物可减少进食,增加产热。另一种方法是用 orlistat 抑制胰脂肪酶,减少三酰甘油的消化,从而阻断脂肪吸收。现已表明产热药麻黄素与咖啡因联用可使人体氧耗增加 10%,但这种联合用药引起的体重下降主要还是因为进食减少。对治疗肥胖症有潜力的新方法还包括研发调节饱感的药物。已经明确胆囊收缩素、胰高血糖素样肽等胃肠肽能减少进食。脑中的大麻素受体拮抗剂可降低食欲,通过与这些受体结合发挥作用的小分子是用于控制食欲药物的备选分子。

临床相关知识 17.2

脂肪酸代谢在 2 型糖尿病中的作用

肥胖症是发生胰岛素抵抗，即 2 型糖尿病前驱的主要致病因素。在胰岛素抵抗期，肌肉等组织对激素的反应性下降，调节血糖就需要更高浓度的胰岛素，这会导致血糖水平瞬时升高。胰岛素抵抗和肥胖症之间的关系在某种程度上是由于肥胖患者血中的游离脂肪酸(FFA)浓度升高。例如，整晚禁食的肥胖患者血浆 FFA 浓度是非肥胖患者的 5 倍。FFA 代谢的增加降低全身的葡萄糖利用和肌糖原的合成达到 50%，这是对饥饿的一种重要生物适应，因为脂肪酸的氧化可抑制肝脏和肌肉组织对葡萄糖的利用。这样，可节省有限的葡萄糖以供应脑和红细胞等不能氧化脂肪酸的组织利用。

1968 年 Phillip Randle 及其同事提出了现在被称之为 Randle 循环的假说。该循环以葡萄糖和脂肪酸利用的相互关系为基础。脂肪酸氧化可通过抑制糖酵解过程中的限速酶，即磷酸果糖激酶和丙酮酸脱氢酶，阻止丙酮酸转化成乙酰 CoA 进入三羧酸循环，从而减少肌肉对葡萄糖的利用(见 22.2 节)。脂肪酸还可阻断 GLUT4 转运到细胞表面，干扰胰岛素刺激的葡萄糖转运至肌肉组织，这部分是由于脂肪酸代谢产生的酰基 CoA 激活了特异的蛋白激酶 C 同源体和转录因子 NF-κB。胰岛素抵抗在临床上通常表现为经整夜饥饿后胰岛素和血糖浓度升高。在该病早期，胰岛素 β 细胞尚能产生足够的胰岛素调节血糖，但长期过度产生胰岛素会使 β 细胞衰竭，最终导致 2 型糖尿病。尽管这个过程不会发生在所有肥胖患者中，但据估计经过 5～10 年，约 40% 患者会由胰岛素抵抗演变成糖尿病。目前，全世界 2 型糖尿病患者超过 2.2 亿，预计在未来 20 年还会急剧增多。更可怕的事，在儿童糖尿病中，2 型糖尿病已取代 1 型糖尿病成为主要类型。显然，2 型糖尿病的防治已成为一个要优先考虑的医疗问题。令人鼓舞的是随着减肥和加强锻炼，许多患者的胰岛素抵抗是可以逆转的。

17.3 脂肪酸及其主要产物在器官间的转运

在所有哺乳动物中，脂肪酸的转运和储存都受饮食状态调节。在进食状态下，三酰甘油沉积在脂肪组织，在饥饿状态下，脂肪组织中的三酰甘油水解，产物输送到全身用于产能。长时间禁食(大于 2 天)，肝会将脂肪酸转化成**乙酰乙酸**(**acetoacetate**)和 **β-羟丁酸**(**β-hydroxybutyrate**)等**酮体**(**ketone body**)，释放入血，成为多种组织的主要能源，这些过程概括如图 17.6。

进食状态下的脂质转运

饮食中的三酰甘油在胃和小肠中经**胃脂肪酶**(**gastric lipase**)和**胰脂肪酶**(**pancreatic**

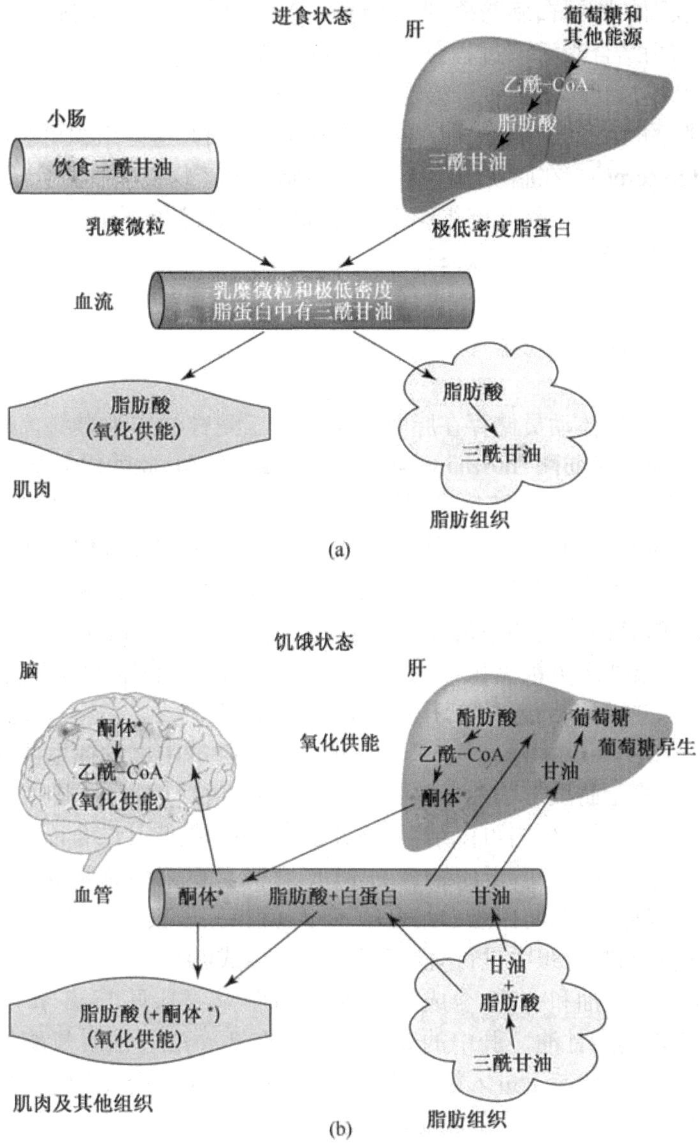

图 17.6　脂肪酸在器官间的转运

(a)在进食状态下,三酰甘油沉积在脂肪组织中。来源是饮食中的脂肪以及多余的糖和氨基酸在肝中合成的脂肪酸。(b)在饥饿状态下,三酰甘油被水解,游离脂肪酸和甘油释放入血。*长期禁食期间,肝合成酮体,成为血液中的主要燃料

lipase)消化(见 26.6 节),主要产物是二酰甘油和**游离脂肪酸**(**free fatty acid**,**FFA**),它们被小肠上皮细胞吸收,再合成三酰甘油(见 26.6 节),被包裹成**乳糜微粒**(**chylomicron**),这是一种富含三酰甘油的原生质脂蛋白(见 26.6 节)。乳糜微粒被分泌入淋巴管再进入血循环。在进食状态下,肝是三酰甘油的另一个来源。多余的糖和氨基酸在肝中合成脂肪酸,再合成三酰甘油,并被包裹合成另一种富含三酰甘油的脂蛋白——**极低密度脂蛋白**(**very-low-density lipoprotein**,**VLDL**),然后分泌入血(见 18.3 节)。

循环的乳糜微粒和 VLDL 中的三酰甘油被位于脂肪组织和骨骼肌等组织中的毛细

血管内皮细胞表面的**脂蛋白脂肪酶**(**lipoprotein lipase**)水解,其中的脱辅蛋白质 ApoC-Ⅱ通过使脂蛋白与酶结合激活该过程。脂蛋白脂肪酶反应产物是 FFA 和甘油,FFA 被组织利用,而甘油穿过血管,主要被肝摄取,用于糖酵解或糖异生。

脂蛋白脂肪酶在脂肪组织、心肌和骨骼肌中表达,因此这些组织可利用脂蛋白中的**三酰甘油**(**triacylglycerol**)。在脂肪组织中,脂蛋白脂肪酶产物被吸收并合成三酰甘油,最后沉积在此(见 17.5 节)。虽然肌肉组织中也有部分三酰甘油的合成,但是脂肪酶反应的脂肪酸在肌肉中主要是作为供能的燃料。

饥饿状态下的脂质转运

在饥饿状态下,机体动员储存在脂肪组织中的三酰甘油作为燃料。这个过程由脂肪细胞内的**激素敏感性脂肪酶**(**hormone-sensitive lipase**)启动,此酶由 cAMP 依赖的蛋白激酶 A 磷酸化而被激活。相反,胰岛素通过诱导其去磷酸化而抑制其活性。包被于脂滴表面的蛋白 **perilipin** 在调节中也具有重要作用。当 perilipin 未被磷酸化时,它阻止脂肪酶进入三酰甘油,当它被蛋白激酶 A 磷酸化后,激素敏感性脂肪酶转位到脂滴表面水解三酰甘油。有关三酰甘油代谢调节的小结见表 17.2。这种调节机制使脂肪酸在饥饿状态下被动员,而在进食状态下被沉积(见 17.5 节)。三酰甘油合成与水解的平衡有助于确保充足的能量储备,并避免肥胖(见临床相关知识 17.1 和 17.2)。另一个脂肪酶,**三酰甘油脂肪酶**(**adipose triglyceride lipase**)在调节三酰甘油的降解中也发挥重要作用。其他脂肪酶迅速完成水解,将脂肪酸与甘油释放入血。尽管脂肪酸与血清白蛋白结合,但仍被称作"游离脂肪酸"。每分子白蛋白可以结合 10 分子脂肪酸,因此其结合能力很强。但考虑到血浆脂蛋白中的脂质时,与白蛋白结合的 FFA 就只是血浆中总脂的一小部分(见 18.3 节)。由于 FFA 代谢迅速,与白蛋白结合的 FFA 就相当于很大一部分随时转运的脂质。三酰甘油的水解在脂肪组织中进行,血浆脂蛋白可生成游离甘油。由于肝中存在高水平的甘油激酶,可利用甘油和 ATP 合成 3-磷酸甘油(图 15.41,见 15.5 节)。其他组织由于缺乏这种酶而不能利用甘油。肝中的 3-磷酸甘油在 3-磷酸甘油脱氢酶的催化下转化成磷酸二羟丙酮,在进食状态下进入糖酵解途径,而在饥饿状态下,则经糖异生转化成葡萄糖。在长期饥饿状态下,当储存的脂肪成为能量的主要来源,脂肪组织中的三酰甘油水解生成的甘油则是肝脏中糖异生的重要底物。

表 17.2 三酰甘油代谢的调节

蛋白	作用	调节分子
	三酰甘油的动员	
激素敏感性脂肪酶和 perilipin	由 PKA 介导的磷酸化激活	糖原、肾上腺素、ACTH
	受去磷酸化抑制	胰岛素
脂蛋白脂肪酶	酶合成增加	胰岛素
	三酰甘油的合成	
磷脂酸磷酸酯酶	酶合成增加	类固醇激素

17.4　脂肪酸的合成:脂肪生成

葡萄糖是合成脂肪酸的主要前体

饮食中用于产能和合成糖原多余的糖在肝脏中被转化成脂肪酸,葡萄糖(通过乙酰 CoA)为合成脂肪酸提供碳原子和该过程所需的还原当量(NADPH)。氨基酸等其他底物也能用于脂肪生成。

脂肪酸的生物合成途径

利用葡萄糖或其他前体(如氨基酸的碳骨架)生成的乙酰 CoA 在细胞溶胶中合成脂肪酸。首先合成饱和的直链 16C 酸,即棕榈酸,其他脂肪酸则通过对棕榈酸的修饰而生成。在**脂肪酸合成酶(fatty acid synthase)**的作用下,在延伸链活化的羧基末端由乙酰 CoA 添加一系列二碳单位合成脂肪酸。细菌的脂肪酸合成酶是几个蛋白质的复合体,而哺乳动物的脂肪酸合成酶则是一个单独的多功能蛋白质。乙酰 CoA 或丁酰 CoA 是合成脂肪酸的前体单位,引物的甲基末端则成为棕榈酸的甲基。

合成丙二酰 CoA 是合成脂肪酸的限速步骤

乙酰 CoA 合成脂肪酸需要形成一个活化的中间产物。乙酰 CoA 的甲基碳在**乙酰 CoA 羧化酶(acetyl-CoA carboxylase)**的作用下羧化成丙二酰 CoA 而被活化(图 17.7),反应需要 ATP 和作为 CO_2 来源的二碳酸。第一步,CO_2 利用 ATP 水解产生的能量连接到酶的生物素部分。接下来,CO_2 被转移至乙酰 CoA 上。这个反应与丙酮酸在丙酮酸羧化酶的作用下羧化成草酰乙酸的反应类似(见 15.5 节)。

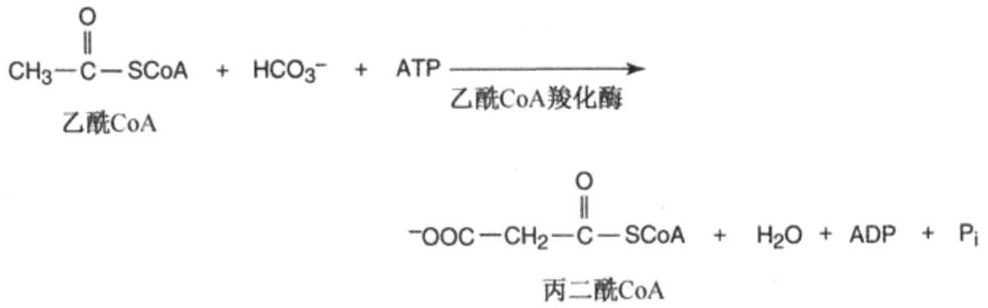

图 17.7　乙酰 CoA 羧化酶反应

乙酰 CoA 羧化酶是脂肪酸合成的限速酶,它有两种形式,一种是无活性的单体;另一种是有活性的多聚体,呈线性排列。在哺乳动物中,柠檬酸或异柠檬酸可激活之,提示脂肪酸合成受进食激活,因为柠檬酸被转运出线粒体,在细胞溶胶中生成乙酰 CoA,用于合成脂肪酸(见后面有关柠檬酸水解通路的章节)。长链脂酰 CoA 可抑制乙酰 CoA 羧化酶的活性,使脂肪酸合成受高水平产物的反馈抑制。此酶还受蛋白磷酸化的抑制,依赖 cAMP 的蛋白激酶 A 和依赖 AMP 的蛋白激酶均可抑制它。对该酶调控的重要性将在第

17.7 节讨论。

合成棕榈酸的反应顺序

细菌的脂肪酸合成酶催化的第一步反应是将引物分子乙酰基或丁酰基从 CoA 转移至多酶复合体的**酰基载体蛋白**(**acyl carrier protein**,**ACP**)上的 4′-磷酸泛酰巯基乙胺辅基,它与 CoA 的辅基相同,都来源于**泛酸**(**pantothenic acid**),哺乳动物的脂肪酸合成酶也包含一个同样的辅基。在重复的反应过程中将六个或七个二碳单位加至酶复合体上(取决于引物分子是乙酰 CoA 还是丁酰 CoA),直到最终合成棕榈酸。由乙酰 CoA 合成丁酰-ACP 的反应过程见图 17.8。

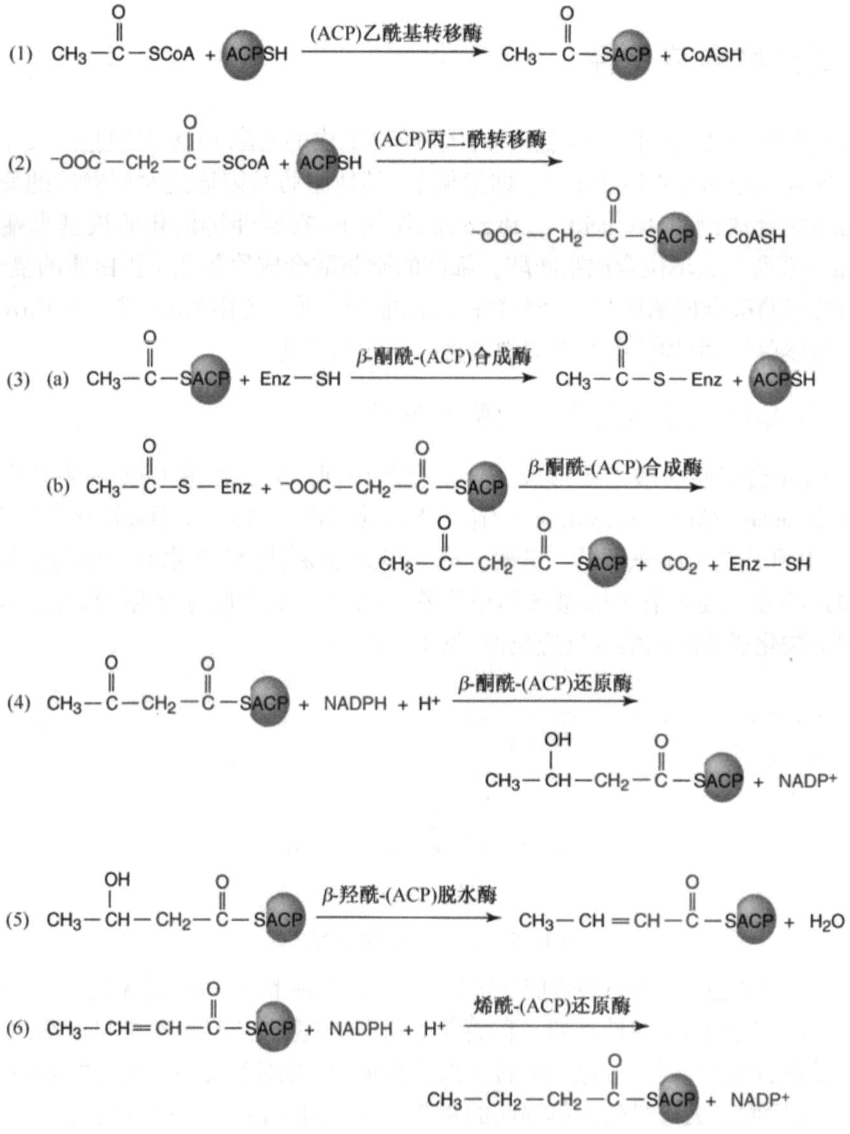

图 17.8 脂肪酸合成通路

合成的第一步是脂肪酸链从 ACP 的 4′-磷酸泛酰巯基乙胺辅基转移到有功能的 β-酮酰-ACP 合成酶的-SH 上(与 3a 反应相似)。ACP 的-SH 再从丙二酰 CoA 接受一个丙二酰单位(反应 2),生成 β-酮酰-ACP 和由丙二酰释放出的 CO_2,这正是乙酰 CoA 羧化酶添加的 CO_2,因此棕榈酸的碳原子全部来自乙酰 CoA。β-酮酰-ACP 由 NADPH 还原成饱和酰基 CoA。再经六次循环将脂肪酸延长,生成软脂酰-ACP,然后经硫酯酶水解,生成游离的棕榈酸(图 17.9)。酶的特异性决定了合成脂肪酸的长度。值得注意的是,在此阶段,ACP 的—SH 和合成酶都是游离的,以便开始脂肪酸合成的另一个循环。

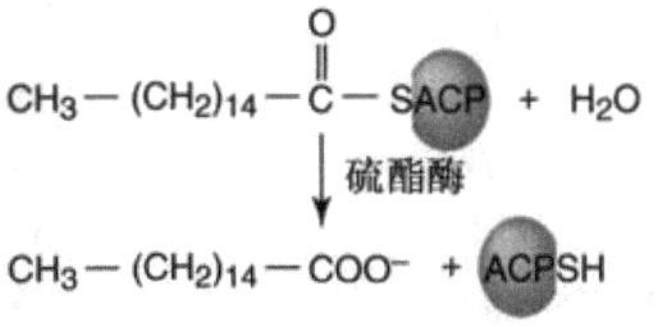

图 17.9　硫酯酶使棕榈酸从脂肪酸合成酶上解离

哺乳动物的脂肪酸合成酶是一种多功能多肽

上面列出的反应是生物系统合成脂肪酸的基本顺序。脂肪酸合成酶复合体催化所有反应,但其结构和性质在不同物种中差别很大。大肠杆菌的酶复合体由独立的酶构成,而哺乳动物的脂肪酸合成酶则由两个完全相同的亚单位构成,每个亚单位都是一个具有所有催化活性的多酶多肽。这个酶在哺乳动物中还有种属和组织差异。延长中的脂肪酸链一直与这个多酶多肽结合,在缩合反应中,脂肪酸链依次在酰基载体蛋白的 4′-磷酸泛酰巯基乙胺辅基和 β-酮酰-ACP 合成酶的半胱氨酸残基的—SH 之间转移(反应 3,图 17.8;图 17.10)。乙酰 CoA 经酰基转移酶的作用加至酶结合的酰基载体蛋白时会使丝氨酸残基的中间产物发生乙酰化。

组织中的脂肪酸合成酶水平受其合成和降解速度的调控。如表 17.3 所示,胰岛素通过刺激脂肪酸合成酶基因的转录,增加肝和其他组织中该酶的水平,从而加快脂肪酸的合成速度。参与调节此过程的因素详见 17.7 节。

表 17.3　脂肪酸合成的调控

酶		作用	调节分子
		棕榈酸的合成	
乙酰 CoA 羧化酶(ACC)	短期	别构激活	柠檬酸、异柠檬酸
		别构抑制	$C_{16\sim18}$酰基 CoA
		ACC 受 PKA 的磷酸化的抑制	糖原和肾上腺素
		ACC 受 AMPK 介导的磷酸化的抑制	AMP
		ACC 受去磷酸化的激活	胰岛素
	长期	酶合成增加	甲状腺激素、高糖饮食、胰岛素
		酶合成减少	饥饿、通过低胰岛素和高糖原的高脂饮食。多不饱和脂肪酸也抑制合成
脂肪酸合成酶	短期	变构激活	糖磷酸酶
	长期	酶合成增加	通过胰岛素的高糖饮食
		酶合成减少	饥饿、通过低胰岛素和高糖原的高脂饮食。多不饱和脂肪酸也抑制合成

续表

酶	作用	调节分子
	其他脂肪酸的生物合成	
脂肪酸合成酶	支链脂肪酸合成增加	甲基丙二酰 CoA/丙二酰 CoA 增加
	短链脂肪酸的合成	乳腺表达特异的硫酯酶
硬脂酰 CoA	酶合成增加	胰岛素、甲状腺激素、氢化可的松、膳食胆固醇
	酶合成减少	膳食多不饱和脂肪酸

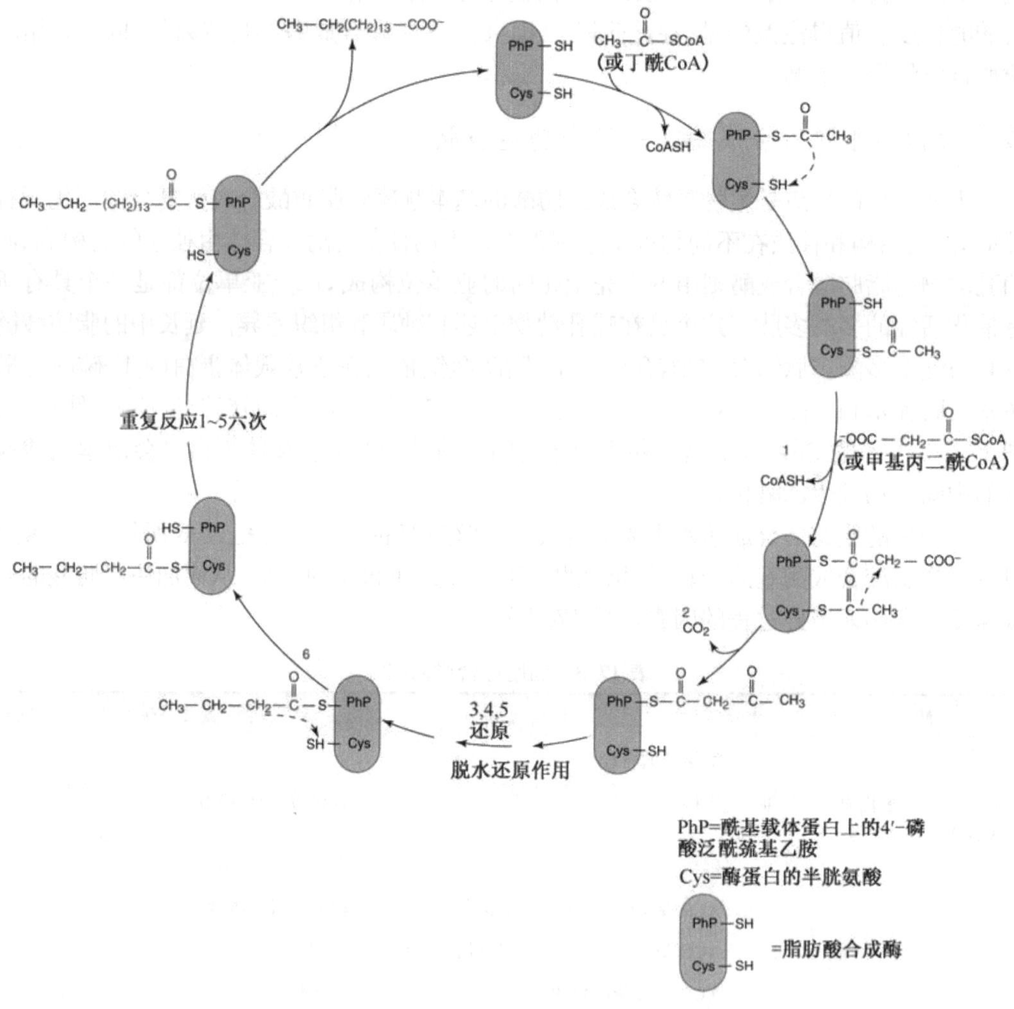

图 17.10 哺乳动物脂肪酸合成酶催化的脂肪酸延长机制

脂肪酸合成的化学计量学

以乙酰 CoA 作为棕榈酸合成的引物分子，其总反应式为

$$CH_3-\overset{\overset{O}{\|}}{C}-SCoA + 7\ {}^-OOC-CH_2-\overset{\overset{O}{\|}}{C}-SCoA + 14NADPH + 14H^+ \longrightarrow$$

$$CH_3—(CH_2)_{14}—COO^- + 7CO_2 + 14NADP^+ + 8CoASH + 6H_2O$$

为了计算乙酰 CoA 转化成棕榈酸所需的能量,必须加上用于合成丙二酰 CoA 的 ATP:

$$7CH_3—\overset{\overset{\displaystyle O}{\|}}{C}—SCoA + 7CO_2 + 7ATP \longrightarrow 7\ ^-OOC—CH_2—\overset{\overset{\displaystyle O}{\|}}{C}—SCoA + 7ADP + 7P_i$$

那么由乙酰 CoA 合成棕榈酸的化学计量学为:

$$8CH_3—\overset{\overset{\displaystyle O}{\|}}{C}—SCoA + 7ATP + 14NADPH + 14H^+ \longrightarrow$$

$$CH_3—(CH_2)_{14}—\overset{\overset{\displaystyle O}{\|}}{C}—O^- + 8CoASH + 7ADP + 7P_i + 6H_2O + 14NADP^+$$

柠檬酸裂解途径为细胞溶胶中的脂肪生成提供乙酰 CoA 和 NADPH

葡萄糖在肝脏中经糖酵解生成丙酮酸,在线粒体中经丙酮酸脱氢酶复合体转化成乙酰 CoA。但脂肪酸只能在细胞溶胶中合成,而乙酰 CoA 不能自由穿过线粒体内膜。**柠檬酸裂解途径**(**citrate cleavage pathway**)解决了这个问题。在三羧酸循环中经柠檬酸合成酶合成柠檬酸,通过线粒体内膜上的三羧酸载体转运(图 14.54,14.8 节)进入细胞溶胶中,被 **ATP 柠檬酸裂合酶**(**ATP citrate lyase**,又名**柠檬酸裂合酶**,**citrate cleavage enzyme**)裂解成乙酰 CoA 和草酰乙酸(图 17.11),由于该反应需要水解 ATP,因此该反应不是柠檬酸合成酶的逆反应。柠檬酸在脂肪酸合成中的另一个作用是充当脂肪酸合成的限速

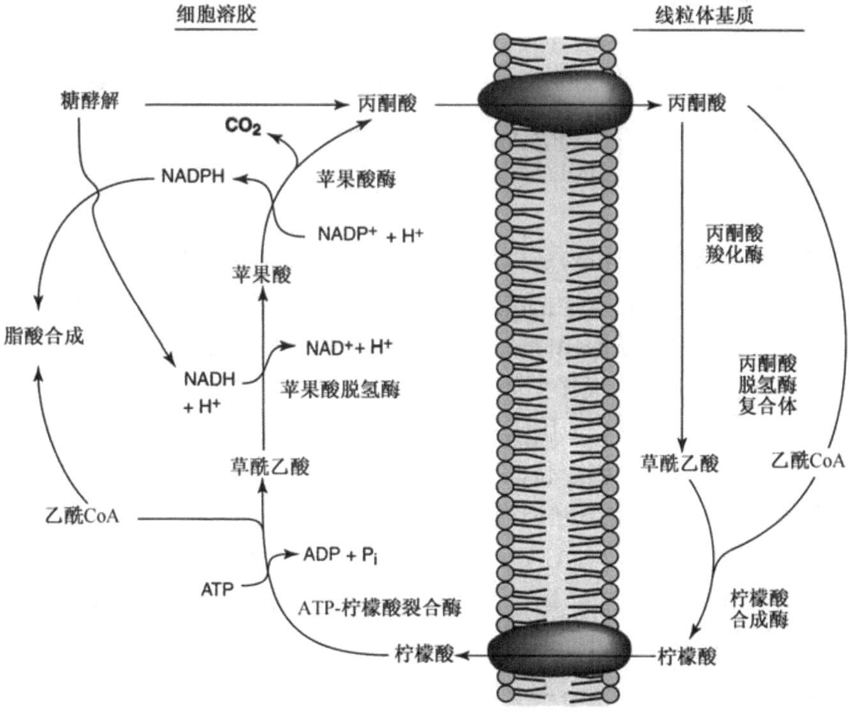

图 17.11 乙酰 CoA 从线粒体转运至细胞溶胶通过柠檬酸裂解途径合成脂肪酸

酶——乙酰 CoA 羧化酶的立体变构激活剂。

$$柠檬酸+ATP+CoA \longrightarrow 乙酰 CoA+ADP+P_i+草酰乙酸$$

柠檬酸在细胞溶胶中裂解生成的草酰乙酸由于无法穿过线粒体内膜而不能回到线粒体中，取而代之的是，在细胞溶胶中草酰乙酸经 **NAD 苹果酸脱氢酶**（**NAD malate dehydrogenase**）还原成苹果酸，再经 **NADP 苹果酸脱氢酶**（**NADP malate dehydrogenase**，又名**苹果酸酶**，**malic enzyme**）氧化脱羧生成丙酮酸，进入线粒体进一步代谢。为了维持三羧酸循环的持续进行，必须伴随有柠檬酸从线粒体中移出（**缺少**，**cataplerosis**）和替代（**补缺**，**anaplerosis**）。丙酮酸经线粒体中主要的补缺酶作用（见 15.5 节）转化成草酰乙酸即可实现这个平衡。

草酰乙酸通过柠檬酸裂解途径转化成丙酮酸，由 NADH 提供 1 对电子生成 NADPH，用于脂肪酸的合成。推动这个过程的 NADH 来源于糖酵解途径中的 3-磷酸甘油醛脱氢酶反应。因此，葡萄糖代谢为脂肪合成提供了所需的碳原子和还原当量。

用于脂肪酸合成的还原当量的产生过程可概括如下：每分子的乙酰 CoA 从线粒体转运至细胞溶胶需经柠檬酸裂解途径从 NADH 转移 1 对电子至 NADPH。转运 8 分子乙酰 CoA 用于合成 1 分子棕榈酸需提供 8 分子 NADPH。由于棕榈酸合成需要 14 个 NADPH，其余 6 分子 NADPH 则由磷酸戊糖途径提供。当然，由于柠檬酸以及其他二羧酸和三羧酸通过一对一的交换穿越线粒体内膜的体内机制相当复杂，这个化学计量学关系还有待证实。

脂肪酸的修饰

除了多不饱和脂肪酸以外，人体还可从棕榈酸合成所需的脂肪酸（表 17.1，见 17.2 节）。然后脂肪酸再通过延长、去饱和以及羟化作用这三个过程被修饰成 CoA 衍生物。

延长反应

哺乳动物的**脂肪酸延长**（**fatty acid elongation**）在内质网或线粒体中进行，在这两个细胞器中的反应过程略有不同。在内质网中，脂酰 CoA 的延长反应与细胞溶胶中脂肪酸合成酶催化的反应相似，丙二酰 CoA 是二碳单位的供体，NADPH 作为其还原当量。最适的延长底物是棕榈酰 CoA，一般在大部分组织中只转化成硬脂酸（18∶0）。但脑组织中含一种或更多的延长机制，可合成脑脂所需的更长的脂肪酸（多达 24C），这些延长过程也是利用丙二酰 CoA 作为其二碳单位的供体。在线粒体中，脂肪酸的延长利用的是乙酰 CoA，NADH 和 NADPH 都是其还原当量（图 17.12）。该过程与 β-氧化的逆反应基本相似（见 17.6 节），但需要的是与 NADPH 连接的烯酰 CoA 还原酶（延长的最后一步），而不是与 FAD 连接的酰基 CoA 脱氢酶（β-氧化的第一步）。该过程主要延长较短的分子，对 16 个碳以上的酰基 CoA 底物几乎没有活性。

在硬脂酰 CoA 去饱和酶的作用下生成单烯酸

哺乳动物的**脂肪酸去饱和作用**（**fatty acid desaturation**）在内质网中进行，引入顺式双键反应的酶与线粒体中的 β-氧化的酶系具有显著差别。去饱和作用由**单加氧酶**(**monooxygenase**)催化,底物是脂酰 CoA、NADH 和 O_2(见 11.2 节)。系统中的三个组成部分分别是**去饱和酶**(**desaturase enzyme**)、**细胞色素 b_5**(**cytochrome b_5**)和 **NADPH-细胞色素 b_5 还原酶**(**NADPH-cytochrome b_5 reductase**)。总反应式为

$$R—CH_2—CH_2—(CH_2)_7—COOH + NADPH + H^+ + O_2 \longrightarrow R—CH=CH—(CH_2)_7—COOH + NADP^+ + 2H_2O$$

合成不饱和脂肪酸的第一步是经**硬脂酰 CoA 去饱和酶**(**stearoyl-CoA desaturase**)分别在棕榈酸或硬脂酸形成 Δ^9 双键,生成棕榈油酸或油酸。不饱和脂肪酸的合成对调节三酰甘油和膜磷脂的流动性至关重要。在肝中合成的胆固醇酯以及皮肤分泌蜡也需要不饱和脂肪酸,且优先利用新合成的,而非膳食中的棕榈油酸。硬脂酰 CoA 去饱和酶的表达受膳食和激素的精密调控。胰岛素、三碘甲状腺氨酸、氢化可的松和膳食胆固醇可增加肝中硬脂酰 CoA 去饱和酶的基因表达水平,而膳食多不饱和脂肪酸则具有相反的作用。

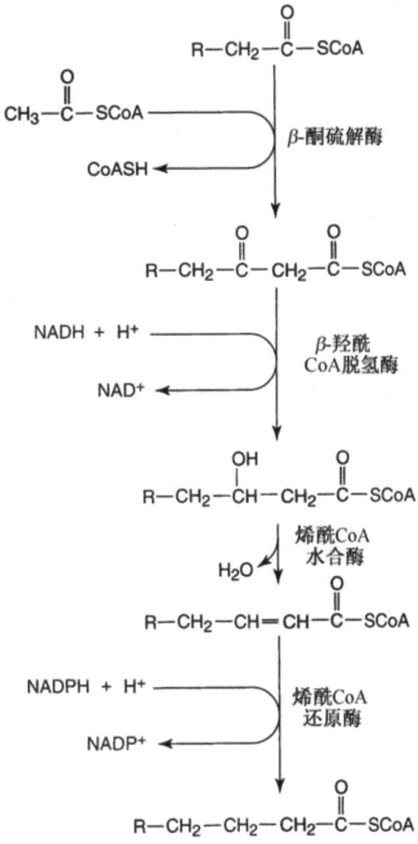

图 17.12 线粒体中的脂肪酸延长通路

多不饱和脂肪酸的合成与修饰

多不饱和脂肪酸(**polyunsaturated fatty acid**),尤其是花生四烯酸(20∶4),是前列腺素、血栓 烷和白三烯等重要信号转导分子的前体(见 18.5 节)。合成复合脂,尤其是在神经系统中,也需要多不饱和脂肪酸。这些脂肪酸可经非酶促氧化反应利用 O_2,具有重要的生理和(或)病理作用。

在哺乳动物体内,双键只能加在脂酰 CoA 的前半部分,而不能加在 C9 之后,因此,亚油酸(18∶2)和亚麻酸(18∶3)等多不饱和脂肪酸必须从膳食中摄取(图 17.13),这些**必需脂肪酸**(**essential fatty acid**)可从植物或冷水鱼等食物中获得。多不饱和脂肪酸有两个系列,亚油酸远端的双键来源于丙二酰基的 6 个碳,被认为是 η-6 或 ω-3;另一类是 η-3 或 ω-6,远端的双键有 3 个碳来自丙二酰基。

必需脂肪酸经延长和去饱和作用后用于合成哺乳动物体内的多不饱和脂肪酸。人体利用去饱和酶合成的大多数多不饱和脂肪酸的双键都在其第 4,5 或 6 位(图 17.14)。延长和去饱和作用可以按任何顺序进行。亚麻酸在脑组织中转化成顺式-4,7,10,13,16,19-二十二碳六烯酸就是这种反应顺序的一个特例。

$CH_3—(CH_2—CH=CH)_3—CH_2—CH_2—CH_2—CH_2—CH_2—CH_2—CH_2—COOH$

亚麻酸

"Δ^6-去饱和酶"

$CH_3—(CH_2—CH=CH)_3—CH_2—CH=CH—CH_2—CH_2—CH_2—CH_2—COOH$

延长

$CH_3—(CH_2—CH=CH)_3—CH_2—CH=CH—CH_2—CH_2—CH_2—CH_2—CH_2—CH_2—COOH$

"Δ^5-去饱和酶"

$CH_3—(CH_2—CH=CH)_3—CH_2—CH=CH—CH_2—CH=CH—CH_2—CH_2—CH_2—COOH$

延长

$CH_3—(CH_2—CH=CH)_3—CH_2—CH=CH—CH_2—CH=CH—CH_2—CH_2—CH_2—CH_2—CH_2—COOH$

"Δ^4-去饱和酶"

$CH_3—(CH_2—CH=CH)_3—CH_2—CH=CH—CH_2—CH=CH—CH_2—CH=CH—CH_2—CH_2—COOH$

全顺式-4,7,10,13,16,19-二十二碳六烯酸

$CH_3—(CH_2)_3—(CH_3—CH=CH)_n—(CH_2)_m—COOH$

亚油酸系列的基础分子式

$CH_3—(CH_2—CH=CH)_n—(CH_2)_m—COOH$

亚麻酸系列的基础分子式

图 17.13 亚油酸和亚麻酸系列

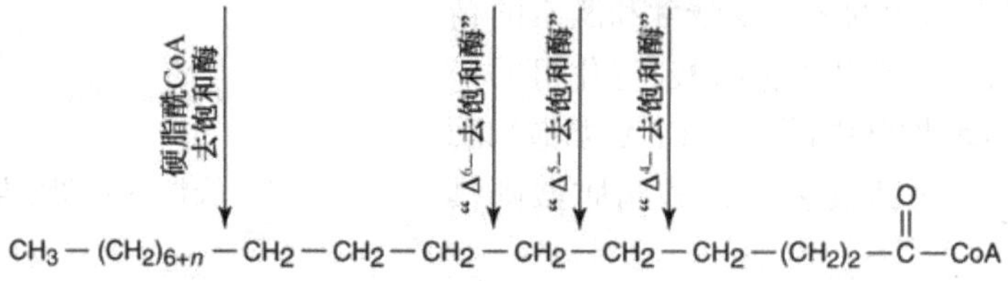

图 17.14 人体脂肪酸链发生去饱和作用的位置

在哺乳动物中,除去饱和键以外至少还有 6 个碳原子

在神经组织中合成羟基脂肪酸

在哺乳动物体内合成 α-**羟基脂肪酸**(α-**hydroxy fatty acid**)有两种不同的过程。一种发生在大部分组织中,作用于相对较短链的脂肪酸。另一种被证实仅发生于神经系统中,使长链脂肪酸的 C2 发生羟化,是合成髓磷脂所必需的。在脑组织中催化该反应的是单加氧酶,该酶需要 O_2 和 NADH 或 NADPH,并优先利用 22 碳和 24 碳脂肪酸。此过程与含有羟基脂肪酸的鞘脂的合成过程紧密偶联。

脂肪酸合成酶可生成除棕榈酸以外的其他脂肪酸

人体合成的储存能量的脂肪酸主要是棕榈酸及其修饰产物。但也合成少量其他另有它用的脂肪酸。这里有两个例子,分别是在**乳腺**(**mammary gland**)中合成比棕榈酸更短的脂肪酸,以及在某些内分泌腺体内合成支链脂肪酸。

乳汁中所含的脂肪酸比棕榈酸的链更短。乳腺产生的脂肪酸相对数量随种系和动物所处生理状态不同而变化多样。虽然许多研究都是在大鼠、兔和反刍动物中进行的,但人体很可能也是如此。脂肪酸合成途径在正常情况下合成棕榈酸,被修饰后可合成更短的脂肪酸。这是由可溶性的**硫酯酶(thioesterase)**的表达完成的。人乳中所含的脂肪酸不少于 10 个碳。

在哺乳动物体内还存在着少量的支链脂肪酸。直到最近主要还是在分枝杆菌中研究其代谢,因为它在分枝杆菌体内的数量和种类都较多。简而言之,支链脂肪酸是更高等的动物为了某些特殊目的合成的,如在皮脂腺和鸟啄腺中生成蜡,以及海豚回声定位系统的精细结构等。

高等动物体内的大多数支链脂肪酸都是脂肪酸合成酶合成的饱和支链脂肪酸的甲基化衍生物。当**甲基丙二酰 CoA(methylmalonyl CoA)**取代丙二酰 CoA 作为底物时,甲基侧链通过如下反应加入脂肪酸

$$CH_3—(CH_2)_n—\overset{\overset{\large O}{\|}}{C}—SACP + HOOC—\overset{CH_3}{CH}—\overset{\overset{\large O}{\|}}{C}—SCoA \longrightarrow$$

$$CH_3—(CH_2)_n—\overset{\overset{\large O}{\|}}{C}—\overset{CH_3}{CH}—\overset{\overset{\large O}{\|}}{C}—SACP + CO_2 + CoA$$

接下来是一般的还原过程。这些反应在许多组织中是有序地进行的,在脂肪酸合成中,其重要性不如丙二酰 CoA 的利用更重要。合成的支链脂肪酸的比例主要受两种前体相对量的调控。通过降低丙二酰 CoA/甲基丙二酰 CoA 的比例可增加支链脂肪酸的合成。在多种组织中都存在降低该比例的丙二酰 CoA 脱羧酶。目前认为,在病理状况下,如缺乏维生素 B_{12} 时,甲基丙二酰 CoA 浓度会增高,进而导致支链脂肪酸合成过量。

脂酰 CoA 可被还原成脂醇

许多磷脂在醚键而非酯键中含脂肪酸链。这些与醚键相连的脂肪酸链的前体是脂醇(图 17.15),而非脂肪酸。这些脂醇在哺乳动物体内通过在内质网中发生与 NADPH 连锁的两步脂酰 CoA 的还原反应而生成。在合成醚酯相对较多的组织中,脂肪酸和脂醇是共存的。

$$CH_3—(CH_2)_n—CH_2OH$$

图 17.15　脂醇

17.5　脂肪酸以三酰甘油的形式储存

哺乳动物体内的大部分组织都能将脂肪酸转化成三酰甘油,但主要在肝脏和脂肪组织中进行。脂肪组织专门合成、储存和水解三酰甘油,是机体长期储存能量的主要部位。三酰甘油以脂滴形式储存在细胞溶胶中,被单层膜脂和 perilipin 蛋白包裹。三酰甘油的半衰期平均仅有几天,因此脂肪组织中的三酰甘油不断地合成和分解。三酰甘油在骨骼肌和心肌中也存在一定的储存,但只供局部消耗。肝合成的三酰甘油主要用于生成血浆脂蛋白,而不用于能量储存。用于储存的脂肪酸可来自膳食,或经血液来自脂肪组织,也

可来自体内的从头合成，后者主要是饮食葡萄糖的分解代谢。

三酰甘油由脂酰 CoA 和 3-磷酸甘油合成

在大部分组织中，三酰甘油由脂酰 CoA 和甘油的前体 **3-磷酸甘油**(**glycerol 3-phosphate**)合成(图 17.16)。3-磷酸甘油有多种来源，在大部分组织中，它由磷酸二羟丙酮还原而来。进食后，磷酸二羟丙酮由葡萄糖酵解生成。饥饿时，由脂肪组织和肝中的 3-磷酸甘油异生(**glyceroneogenesis**)而来(见 17.5 节)。3-磷酸甘油在肝中还有其他来源，甘油可被**甘油激酶**(**glycerol kinase**)磷酸化，此酶在肝中高表达。

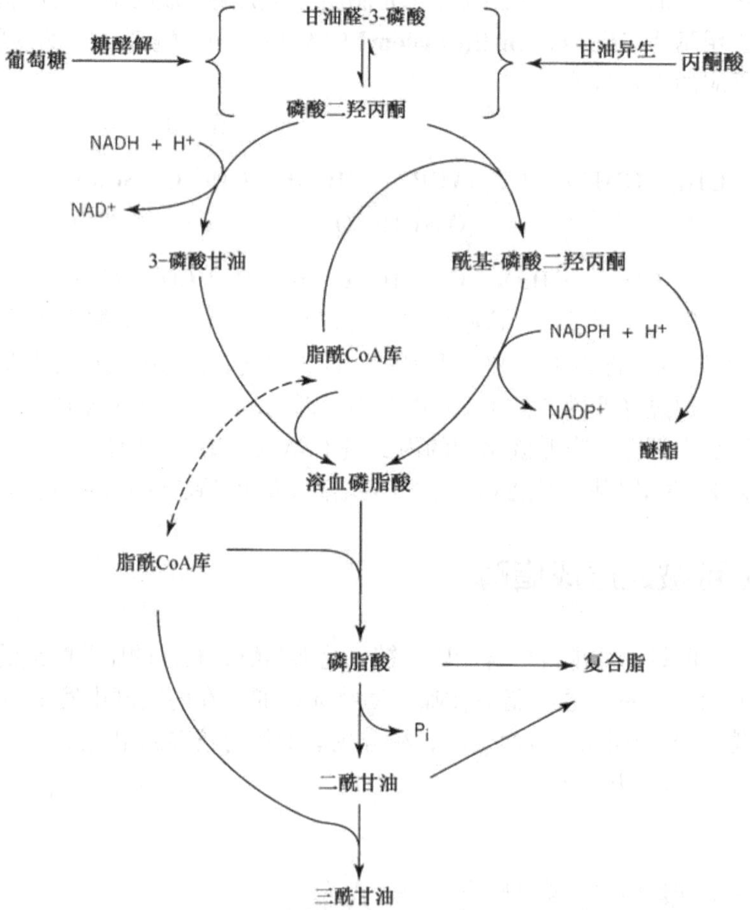

图 17.16　磷酸甘油合成通路
部分中间产物是合成膜脂的前体

脂肪酸经过以下的反应转化成它们的 CoA 酯而被激活，用于进一步的代谢：

$$R-\overset{\overset{\displaystyle O}{\|}}{C}-O^- + ATP + CoASH \xrightarrow{\text{酰基 CoA 合成酶}} R-\overset{\overset{\displaystyle O}{\|}}{C}-SCoA + AMP + PP_i + H_2O$$

这个两步反应有一个酰基腺苷酸作为中间产物，反应由焦磷酸水解生成磷酸来推动。

三酰甘油的合成涉及**磷脂酸**(**phosphatidic acid**)的合成,它也是其他甘油酯合成过程中的重要中间产物(见 18.2 节)。3-磷酸甘油经过两个连续的酰基化作用,先生成溶血磷脂酸,继而生成磷脂酸(图 17.17)。**磷脂酸磷酸酶**(**phosphatidate phosphatase**)水解磷脂酸的磷酸基团,生成**二酰甘油**(**diacylglycerol**),然后再被酰基化生成三酰甘油(图 17.18)。在另一个合成途径中,**二羟丙酮磷酸**(**dihydroxyacetone phosphate**)被乙酰化,还原成溶血磷脂酸,然后再次被乙酰化生成磷脂酸(图 17.16)。尽管这不是合成三酰甘油的主要途径,但它对含醚脂肪酸的膜脂合成至关重要。

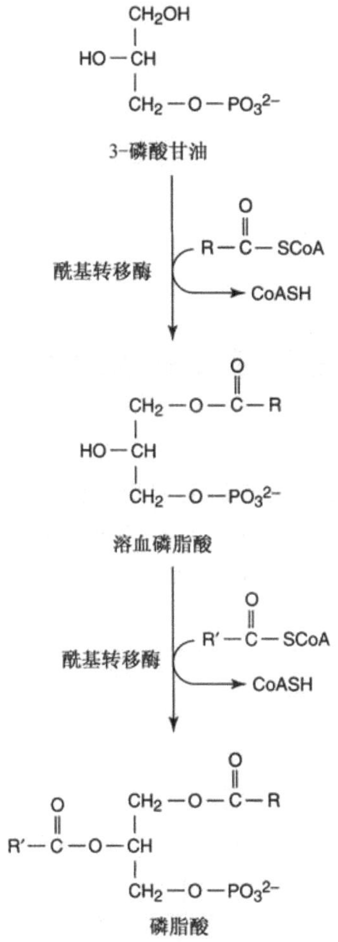

图 17.17　由 3-磷酸甘油合成磷脂酸

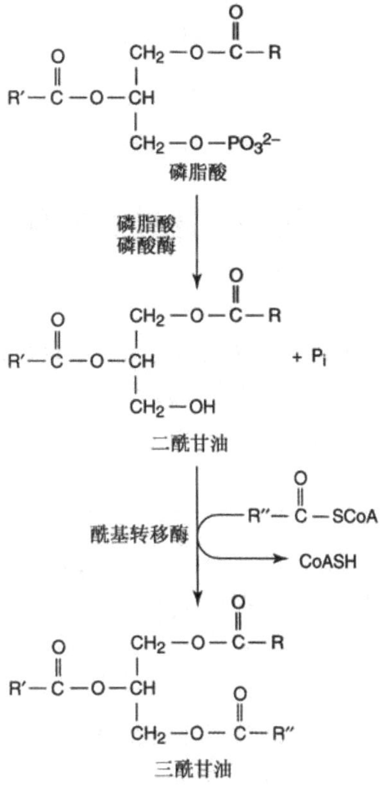

图 17.18　由磷脂酸合成三酰甘油

三酰甘油在小肠黏膜细胞中有不同合成途径。黏膜细胞从肠中摄取二酰甘油和游离脂肪酸,它们是饮食中三酰甘油经胰脂肪酶分解后的主要产物。黏膜细胞中的酶以酰基 CoA 为底物,使单酰甘油乙酰化生成二酰甘油,再乙酰化生成三酰甘油,后者被包裹入乳糜微粒中。

对人体三酰甘油的研究表明,不同脂肪酸在甘油的三个位置的分布既不是随意的,也不是绝对专一的。饱和脂肪酸倾向于集中在人体三酰甘油的 1 位,不饱和脂肪酸常在 2 位和 3 位。决定甘油上每个位置的脂肪酸构成的两个主要因素是:相关的酰基转移酶的特异性和脂酰 CoA 库中不同脂肪酸的可利用度。

三酰甘油的动员需要水解反应

动员储存的脂肪酸产能的第一步是水解三酰甘油。该反应由多种脂肪酶催化,3 个酰基链的水解顺序取决于相关脂肪酶的特异性。

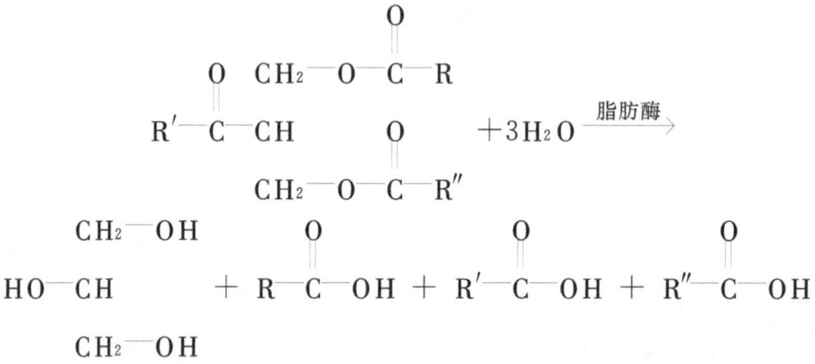

在饥饿状态下通过甘油异生合成三酰甘油是三酰甘油/脂肪酸循环的一部分

游离脂肪酸从脂肪组织中释放是对饥饿的主要代谢适应,但脂肪组织中释放的脂肪酸要多于被其他组织用于产能的部分。这些脂肪酸中约有 60% 以三酰甘油形式再沉积到脂肪组织中。这个过程主要在肝和脂肪组织中进行(见临床相关知识 17.3)。在进食状态下,合成三酰甘油的 3-磷酸甘油来自葡萄糖的糖酵解。而在饥饿状态下,由于胰岛素

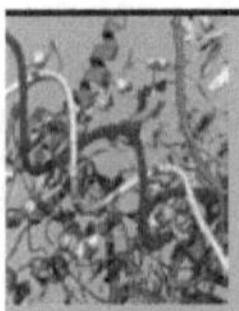

临床相关知识 17.3
三酰甘油/脂肪酸循环

在饥饿期,储存于脂肪组织中的三酰甘油水解成游离脂肪酸(FFA),为骨骼肌、心肌等组织供能,还通过酮体间接地为脑组织供能。胰岛素参与调节此过程。在饥饿期,当胰岛素水平下降,三酰甘油的水解速率加快,使游离脂肪酸从脂肪组织释放。该过程的惊奇之处在于游离脂肪酸的去路,因为饥饿时,多达 65% 的游离脂肪酸在肝和其他外周组织重新形成三酰甘油。肝摄取的约 60% 的游离脂肪酸被再度酯化为三酰甘油,以 VLDL 形式释放入血,转运到脂肪组织并以三酰甘油形式沉积。这个过程被称为三酰甘油/脂肪酸循环。

哺乳动物组织合成三酰甘油需要 3-磷酸甘油,在进食后,后者由膳食中的葡萄糖经糖酵解生成。在饥饿时,当低胰岛素水平抑制葡萄糖利用时,用于游离脂肪酸重新酯化的 3-磷酸甘油由甘油异生产生,是一种缩短版的糖异生。在这个途径中,丙酮酸或者可生成丙酮酸的化合物,如丙氨酸或乳酸,再经磷酸二羟丙酮被转化成 3-磷酸甘油(图 17.9)。甘油异生途径中的限速酶是烯醇丙酮酸磷酸羧激酶 (PEPCK), 在棕色

和白色脂肪组织中的活性很高。如果小鼠脂肪组织中的 PEPCK 基因表达下降,甘油异生会受抑制,三酰甘油储存减少。相反,在转基因小鼠的脂肪组织中过表达 PEPCK 基因可加快甘油异生,导致肥胖症。

三酰甘油/脂肪酸循环的意义很可能在于显现脂肪酸在饥饿时作为供能燃料的重要性。为了确保血中有充足的游离脂肪酸,从脂肪细胞中释放了比需求更多的游离脂肪酸,未被利用的游离脂肪酸再以最小的能耗重新酯化成三酰甘油并沉积在脂肪组织中。三酰甘油/脂肪酸循环消耗的能量是合成 1 分子三酰甘油的 3%～6%,这样既能充足供应所需的燃料,又能降低能耗。在三酰甘油/脂肪酸循环中游离脂肪酸重新酯化的速度可能是决定血液中游离脂肪酸稳态浓度的关键因素,同时也是与 2 型糖尿病的流行病学直接相关的参数。glitazone 是一种抗糖尿病药物,可诱导脂肪组织和肝脏中的 PEPCK 活性,增加 FFA 在这些组织中经甘油异生重新酯化成三酰甘油的速度,这也提示三酰甘油/脂肪酸循环在维持脂肪稳态中具有重要意义。

浓度低,且葡萄糖被其他组织利用,进入脂肪组织的葡萄糖非常有限,此时,肝和脂肪组织通过甘油异生合成 3-磷酸甘油。如图 17.19 所示,进入三羧酸循环的底物,如丙酮酸、谷氨酸盐或天冬氨酸,可支持甘油异生。此途径本质上是一种缩短版的糖异生,因为在三羧酸循环中生成的苹果酸穿出线粒体,在细胞溶胶中转化成草酰乙酸,再经烯醇丙酮酸磷酸

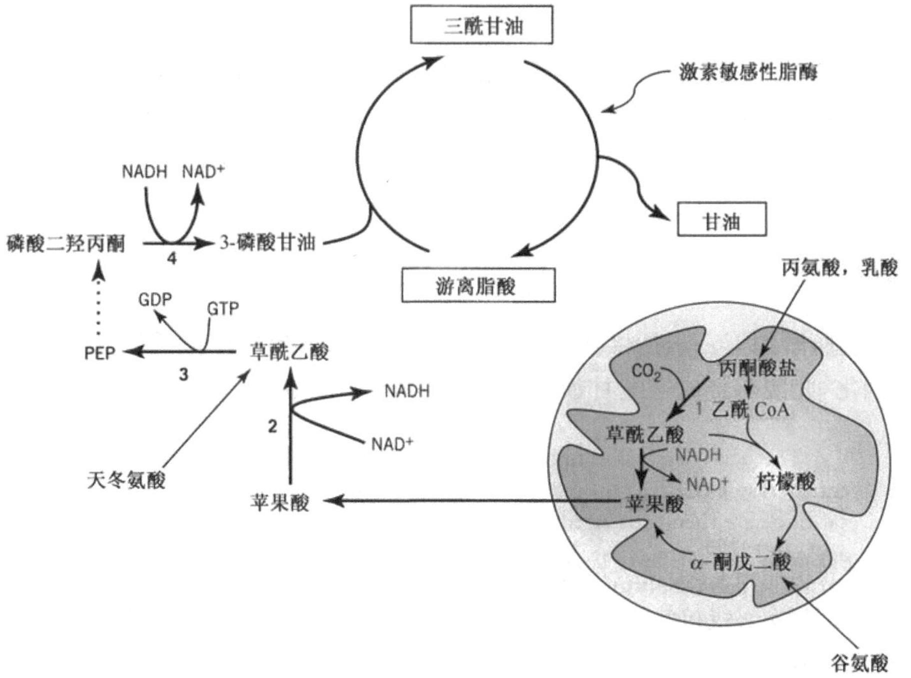

图 17.19 肝和脂肪组织中的甘油异生通路

饥饿期,该途径是一种缩短版的糖异生,为合成三酰甘油提供 3-磷酸甘油。甘油异生的关键酶是:(1)丙酮酸羧化酶;(2)线粒体型和细胞溶胶型 NAD 苹果酸脱氢酶;(3)烯醇丙酮酸磷酸羧激酶;(4)3-磷酸甘油脱氢酶

羧激酶的作用转化成磷酸烯醇型丙酮酸，进而转化成磷酸二羟丙酮，再生成 3-磷酸甘油，用于合成三酰甘油。这个过程中的关键酶是**烯醇丙酮酸磷酸羧激酶**(**phosphoenolpyruvate carboxykinase**)，在饥饿时，它在肝和脂肪组织中可被诱导合成。

17.6 利用脂肪酸产能

循环中的脂肪酸被细胞摄取，主要在线粒体中用于产能，与其他能源的产能过程相整合。脂肪酸在线粒体中分解成乙酰 CoA，并生成 NADH 和 $FADH_2$。这三种产物继而在线粒体基质中经三羧酸循环和氧化磷酸化用于产能。

利用脂肪酸产能在组织间差别很大，取决于机体所处的状态，如进食或饥饿，运动或静息。大多数组织能以脂肪酸为燃料，如心肌和骨骼肌以脂肪酸为主要能源，但由于脂肪酸穿过血-脑屏障受限，脑组织基本上不能利用氧化脂肪酸产能。红细胞由于没有线粒体，也不能氧化脂肪酸。在持续饥饿期间，肝将由脂肪酸氧化以及氨基酸分解生成的乙酰 CoA 转化成酮体，以酮体为主要燃料。包括脑组织在内的大多数组织都可利用**酮体**(**ketone body**)适应饥饿期。

直链脂肪酸的 β-氧化是主要的产能过程

脂酰 CoA 是 β-氧化的底物。对于大部分脂肪酸而言，脂肪酸氧化通路与棕榈酸合成的逆反应相似，但不完全相同。即经酶促**脱氢**(**dehydrogenation**)、**水合**(**hydration**)和**氧化**(**oxidation**)生成 β-酮酸，再**硫解**(**thiolysis**)，依次从脂肪酸的羧基末端移除二碳片段。

脂肪酸的活化——生成脂酰 CoA

利用脂肪酸的第一步是将其活化生成脂酰 CoA，该反应由内质网和线粒体外膜上的酶催化，此酶与合成三酰甘油的酶为同一个酶，生成的脂酰 CoA 被释放至细胞溶胶中。

肉碱携带酰基穿过线粒体内膜

大多数长链脂酰 CoA 在线粒体外生成，却在线粒体基质中氧化。由于 CoA 及其衍生物均不能直接穿过线粒体膜，因此脂肪酸必须以**肉碱**(**carnitine**，**4-三甲氨基-β-羟丁酸**，**4-trimethylamino-β-hydroxybutyrate**)作为其载体而被转运进入线粒体。转运过程见图 17.20。

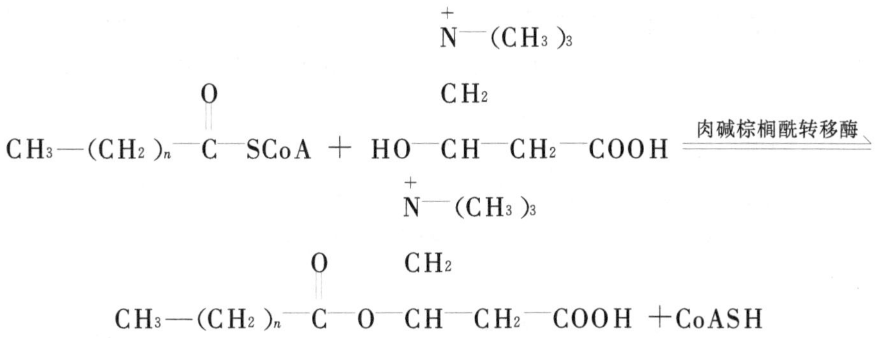

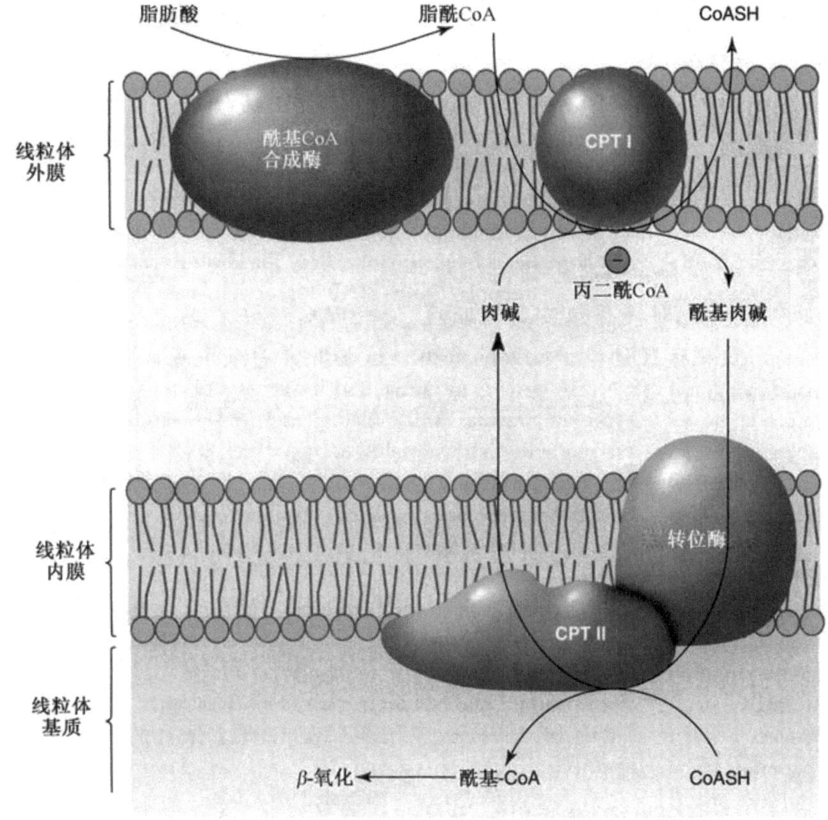

图 17.20　脂肪酸以酰基肉碱转运至线粒体内氧化

通过丙二酰 CoA 抑制 CPTⅠ来调节脂肪酸氧化速度

线粒体外膜上的**肉碱棕榈酰转移酶**Ⅰ(**carnitine palmitoyltransferase**Ⅰ,**CPT**Ⅰ)将 CoA 上的酰基转移至肉碱。脂酰肉碱在**肉碱-脂酰肉碱转位酶**(**carnitine-acylcarnitine translocase**)的作用下与游离肉碱交换穿过线粒体内膜。最后,线粒体内膜基质面上的**肉碱棕榈酰转移酶**Ⅱ(**carnitine palmitoyltransferase**Ⅱ,**CPT**Ⅱ)再将脂酰基转移回 CoA。这个过程主要转运含 12～18 个碳的脂酰 CoA,肉碱棕榈酰转移酶的先天性异常可导致严重的病变(见临床相关知识 17.4)。而较短的脂肪酸进入线粒体则与肉碱无关,它们可穿过线粒体内膜,在基质中生成活化的 CoA 衍生物。CPTⅠ是调节脂肪酸氧化的限速酶,因为它可控制脂肪酸进入线粒体的速率,为线粒体基质中的 β-氧化提供底物。**丙二酰**

CoA(**malonyl CoA**)是乙酰 CoA 羧化酶的产物,是脂肪酸合成中的重要中间产物,也是 CPT Ⅰ的抑制因子。丙二酰 CoA 在进食状态下抑制脂肪酸氧化,可避免无效循环(见 17.7 节)。

临床相关知识 17.4

先天性肉碱转运或肉碱棕榈酰转移酶缺乏

由于肉碱水平不足或酰基肉碱的合成和转运不足,造成长链脂肪酸转运穿过线粒体内膜的先天性异常,可引起多种疾病。突变可影响肉碱棕榈酰转移酶(CPT)或线粒体肉碱-脂酰肉碱转位酶。

目前已知的肉碱缺乏分为原发性肉碱缺乏和继发性肉碱缺乏。原发性肉碱缺乏是由于肌肉、肾、心脏、结缔组织细胞等缺乏高亲和力的肉碱转运载体(但不包括肝,因为在肝中是不同的转运载体在起作用),导致肉碱含量在受累及的组织和血浆中(由于肾脏不能重吸收肉碱)非常低。肉碱缺乏的临床表现从轻微的反复肌肉痉挛到严重的肌无力甚至死亡。心脏和骨骼肌中的肉碱水平低下会严重危及长链脂肪酸的氧化。肉碱饮食疗法常常有效,即提高血浆肉碱浓度,使之以非特异方式进入组织中。继发性肉碱缺乏常与β-氧化途径的遗传性缺陷有关。这些异常导致酰基肉碱堆积,从尿中排泄(见临床相关知识 17.5),从而使肉碱库减少。酰基肉碱还能妨碍组织摄取游离肉碱。

CPT 缺乏有多种不同的类型。最常见的类型是 CPT Ⅱ基因突变导致酶活性部分丧失。在长时间的运动过程中,当肌肉主要依赖脂肪酸作为能源时,患者常发生肌无力,肌球蛋白尿也很常见,这是由肌肉组织分解所致的。这种疾病通常被认为是"肌型"CPT Ⅱ活性缺乏。使 CPT Ⅱ活性损害更严重(90% 以上)的突变在婴儿早期就可导致严重后果。饥饿常会促进其恶化,包括低酮低糖血症、高氨血症、心功能不良,甚至可引起死亡。发病率和死亡率与肝 CPT Ⅰ基因突变相关。至今为止,仅报道了少数肝 CPT Ⅰ缺乏的病例,可能是因为这种病常是致命的。肌型 CPT Ⅰ缺乏的病例还尚未见有报道。

1992 年报道了第一例肉碱-酰基肉碱转位酶缺乏的病例,临床表现包括间歇性低血糖昏迷、高氨血症、肌无力和心肌病。患儿常在三岁左右死亡。

这些疾病可通过摄入不含长链脂肪酸的饮食并避免饥饿来治疗,避免组织需要氧化脂肪酸供能。饮食中可补充中链三酰甘油,因为这类脂肪酸以不依赖肉碱的机制进入线粒体。

β-氧化是一个连续的四步反应

β-氧化的四步反应见图 17.21。酰基 CoA 脱氢酶是一种黄素蛋白,以 FAD 作为其电子受体(反应 1),一旦在线粒体内膜的内表面形成脂酰 CoA,就可被酰基 CoA 脱氢酶所氧化,生成反式 Δ^2 烯酰 CoA 和与酶结合的 $FADH_2$。与三羧酸循环一样,$FADH_2$ 将电子转移至氧化磷酸化途径中的酶,从而使 FAD 再生。

β-氧化的第二步是反式 Δ^2 烯酰 CoA 水合生成 **L(+)-3-羟酰 CoA(3-L-hydroxyacyl CoA)**,后者接着在第三步被氧化成 3-**酮酰 CoA(3-ketoacyl-CoA)**,同时生成 NADH。最后一步是在酮硫解酶的作用下,裂解碳链生成乙酰 CoA 和少两个碳原子的脂酰 CoA。缩短的脂酰 CoA 进入下一轮 β-氧化,再从酰基 CoA 脱氢酶开始,如此循环。在大多数组织中,乙酰 CoA 被三羧酸循环利用,$FADH_2$ 和 NADH 则被电子传递链再氧化,并生成 ATP。

图 17.21 所示的四步反应中的每一步均由多种不同的酶催化,这些酶对不同链长的底物具有特异性。例如,催化第一步脱氢反应的至少有四种酶,分别是针对特长链、长链、中链和短链的酰基 CoA 脱氢酶(**VLCAD**、**LCAD**、**MCAD** 和 **SCAD**)。VLCAD 氧化 C12～C24 的直链酰基 CoA,由于它是与膜结合的,因而不同于其他家族成员。MCAD 对 C_6 和 C_8 底物的活性最高,而 SCAD 最适底物的顺序为 $C_4>C_6>C_8$。LCAD 则被认为参与支链脂肪酸的氧化(如 2-甲基棕榈酰 CoA)。

长链脂肪酸氧化的独特之处在于其烯酰 CoA 水合反应、3-羟酰 CoA 脱氢反应和 β-酮硫解反应均是由一种与膜结合的被称为**三功能蛋白(trifunctional protein)**的三酶复合体所催化的。这种复合体与催化中链及短链酰基 CoA 氧化的酶截然不同,因为后两类酶为线粒体基质中的可溶性蛋白。临床相关知识 17.5 概述了酰基 CoA 脱氢酶的先天性缺乏症。

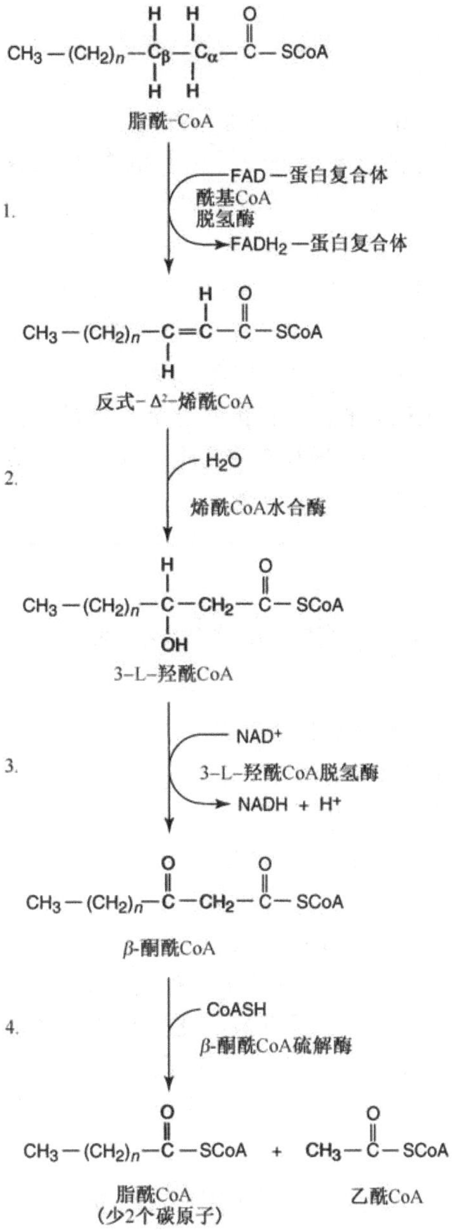

图 17.21　脂肪酸的 β-氧化通路

临床相关知识 17.5
先天性酰基 CoA 脱氢酶缺乏

酰基 CoA 脱氢酶缺乏是最近发现的一类疾病,可影响脂肪酸氧化的第一步。已有报道该酶发生突变的病例,突变可影响酰基 CoA 脱氢酶催化的链长特异性,包括 VLCAD、LCAD、MCAD 和 SCAD。这些常染色体隐性突变患者常有相同的临床表现。认识最多的是 MCAD 缺乏,1982 年首次被发现,目前被认为该病是最常见的新生儿代谢异常之一。

MCAD 缺乏通常在出生后 2 年之内出现临床表现,经过 12h 以上的饥饿出现典型症状,包括呕吐、嗜睡、反复昏迷,伴随低酮低血糖和二羧酸尿。不出现饥饿性酮症是由于肝脏脂肪酸氧化受阻,而这会导致糖异生减慢,再加上肌肉中的脂肪酸氧化受损,会促进葡萄糖利用,加重低血糖。中链酰基 CoA 在组织中堆积会使之通过其他途径代谢,包括 ω-氧化和将酯转移至甘氨酸或肉碱上。多余的反应产物(中链二羧酸以及甘氨酸或肉碱的中链酯)从尿中排泄给疾病诊断提供了线索。以往许多被粗略地诊断为"Reye 样综合征"或"婴儿猝死综合征"的病例实际上是因为缺乏 MCAD。这类患者可通过避免长时间饥饿并进食高糖膳食得到治疗。在膳食中补充肉碱可补充因酰基肉碱经尿排泄增加而丢失的肉碱。这与 MCAD 缺乏的代谢并发症只见于机体组织非常依赖脂肪酸作为其能量来源的事实相符合。

脂肪酸 β-氧化的能量生成

一次 β-氧化可生成 1 分子乙酰 CoA、1 分子 $FADH_2$ 和 1 分子 NADH。如在棕榈酰 CoA 的氧化过程中,先后进行 7 次裂解,最后一次裂解生成 2 分子乙酰 CoA。这样,棕榈酰的 β-氧化共可生成 8 分子乙酰 CoA、7 分子 $FADH_2$ 和 7 分子 NADH。根据目前我们对在氧化磷酸化过程中生成的 ATP 的估算(见 14.7 节),被电子传递链氧化时,每分子 $FADH_2$ 生成 1.5 分子 ATP,每分子 NADH 生成 2.5 分子 ATP。那么,7 分子 $FADH_2$ 和 7 分子 NADH 共生成 28 分子 ATP。1 分子乙酰 CoA 经三羧酸循环生成 10 分子 ATP(见 14.7 节),那么 1 分子棕榈酸生成的 8 分子乙酰 CoA 可产生 80 分子 ATP,共计 108 分子 ATP。但棕榈酸活化成棕榈酰 CoA 时需消耗 2 分子 ATP(1 分子 ATP 转化成 AMP 和 PP_i)。因此,1 分子的棕榈酸经完全氧化后可生成 106 分子的 ATP。脂肪酸为人体代谢提供能量的重要性将在 22.2 节中讨论。

脂肪酸合成与氧化的比较

脂肪酸的合成与氧化途径是相似的,与许多成对的合成代谢与分解代谢途径一样,脂肪酸的合成与氧化不是互逆反应,两个途径的主要区别列于表 17.4,包括不同的细胞部位,不同的辅基因子(合成中是 NADPH,氧化中是 NAD^+),以及在脂肪酸合成中生成丙二酰 CoA 需要利用 ATP 等。这些差异使两个途径都能向前进行,彼此协调,避免无效循环。

表 17.4　棕榈酸的生物合成与 β-氧化系统的比较

参数	生物合成	β-氧化
亚细胞定位	主要在细胞溶胶中	主要在线粒体中
含磷酸泛酰巯基乙胺的活性载体	酰基载体蛋白	CoA
添加或移除的小碳片段的特性	丙二酰 CoA	乙酰 CoA
氧化-还原辅酶的性质	NADPH	饱和链脱氢时是 FAD,羟基酸脱氢时是 NAD^+
β-羟基中间产物的立体构型	D-β-羟基	L-β-羟基
棕榈酸和乙酰 CoA 的相互转化中生成或利用的能量当量	7ATP + 14NADPH =49ATP 当量	$7FADH_2$+7NADH-2ATP=26ATP 当量

某些脂肪酸的代谢需要 β-氧化修饰

β-氧化途径使含偶数个碳原子的饱和脂肪酸氧化生成乙酰 CoA,而膳食中的其他脂肪酸,包括那些含顺式双键、支链和奇数个碳原子的脂肪酸,完全氧化还需要其他步骤。这些步骤使它们也能作为燃料,并避免它们堆积。其他反应催化脂肪酸的 α-氧化和 ω-氧化,**α-氧化**(**α-oxidation**)发生于 C2,而不是像 β-氧化一样位于 C3,ω-氧化则发生在脂肪酸的甲基端。

奇数链脂肪酸氧化生成丙酰 CoA

含奇数个碳原子的脂肪酸经 β-氧化,最后由硫解酶裂解生成乙酰 CoA 和**丙酰 CoA**(**propionyl CoA**),而非 2 分子乙酰 CoA(图 17.22)。丙酰 CoA 也是异亮氨酸、缬氨酸、蛋氨酸的代谢产物,它被羧化后生成甲基丙二酰 CoA,可再转化成琥珀酰 CoA(见 19.5 节)。

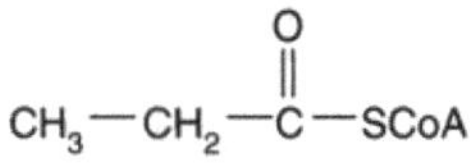

图 17.22　丙酰 CoA

不饱和脂肪酸的氧化需要其他酶

不饱和脂肪酸与饱和脂肪酸一样经 β-氧化而被利用。经氧化后,可生成在近羧基处含双键的中间产物。处理顺式双键和位于奇数和偶数个碳原子起始处的双键需要其他酶的参与。以亚油酰 CoA(18∶2)(图 17.23)的氧化为例来说明这个过程。β-氧化产生顺式 Δ^3 烯酰 CoA 中间产物,而非反式 Δ^2 中间产物。此时需要**烯酰-CoA 异构酶**(**enoyl-CoA isomerase**)才能将顺式 Δ^3 转变为 β-氧化酶系所需要的反式 Δ^2 烯酰 CoA。

当中间产物为顺式 Δ^4 烯酰 CoA 时,先由烯酰 CoA 脱氢酶催化生成反 Δ^2,顺 Δ^4 烯酰 CoA,在 2,4-二烯酰 CoA 还原酶的作用下,由 NADPH 供氢,生成反式 Δ^3 烯酰 CoA,再经烯酰 CoA 异构酶催化生成反式 Δ^2 烯酰 CoA,作为 β-氧化的底物。

部分脂肪酸发生 α-氧化

正如前文所述,**脂肪酸的羟化作用**(**hydroxylation of fatty acid**)有几种机制。一些长链脂肪酸被羟化后用于合成鞘脂,其他更短链的脂肪酸则在 α-碳发生羟化,以便被氧化。

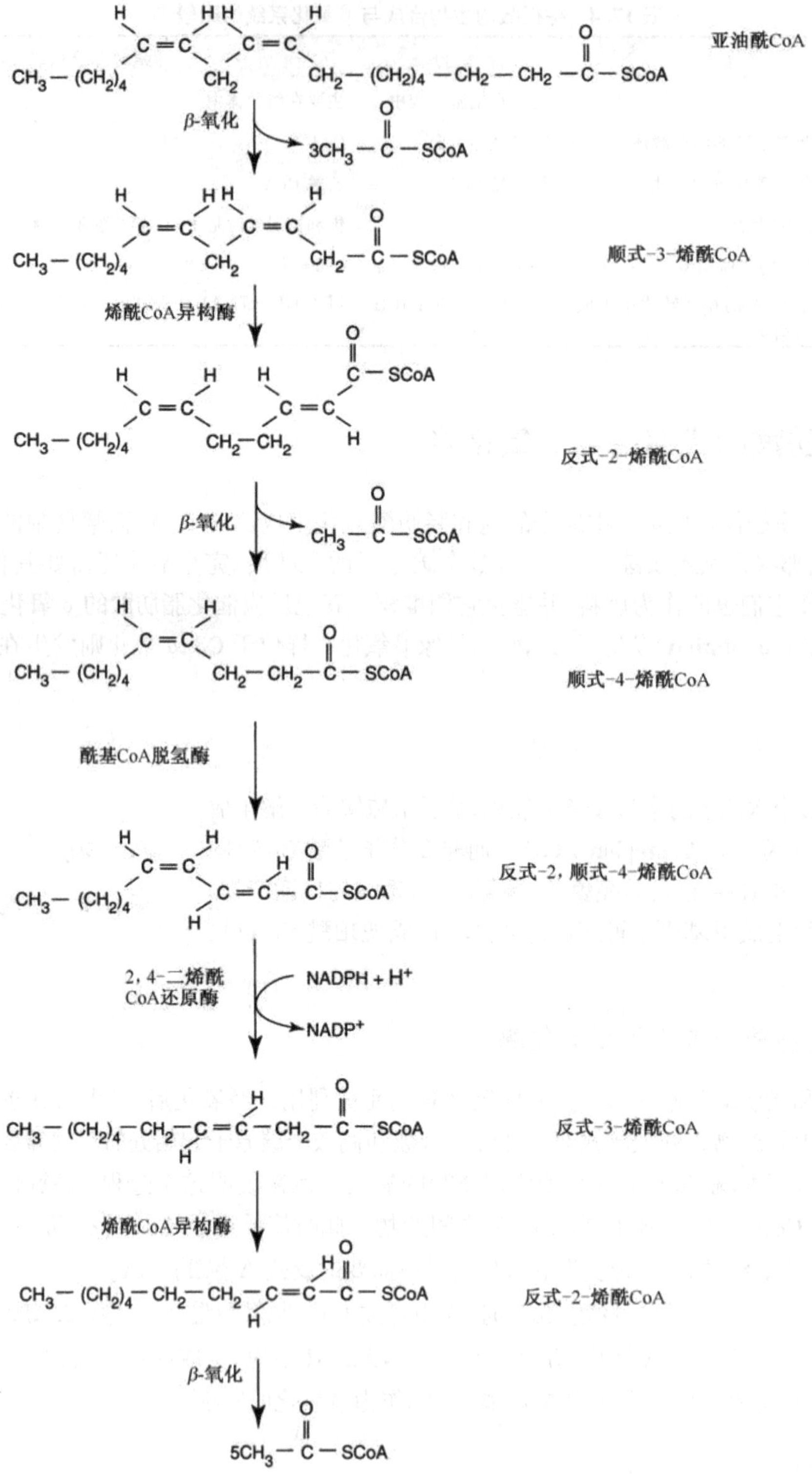

图 17.23　亚油酰 CoA 的氧化

反应过程如下

$$CH_3-(CH_2)_n-CH_2-\overset{O}{\overset{\|}{C}}-OH \rightarrow CH_3-(CH_2)_n-\overset{OH}{CH}-\overset{O}{\overset{\|}{C}}-OH \rightarrow$$

$$CH_3-(CH_2)_n-\overset{O}{\overset{\|}{C}}-\overset{O}{\overset{\|}{C}}-OH \rightarrow CH_3-(CH_2)_n-\overset{O}{\overset{\|}{C}}-OH + CO_2$$

这些羟化作用一部分在内质网和线粒体中进行,由**单加氧酶**(**monooxygenase,P450家族**)催化,需要 O_2 和 NADH 或 NADPH。脂肪酸的 α-羟化作用也可发生于过氧化物酶体中,后者对支链脂肪酸的代谢尤为重要(见临床相关知识 17.6)。支链脂肪酸,如来源于膳食中的叶绿素的植烷酰 CoA,可在羟化酶作用下,与酮戊二酸、Fe^{2+} 和抗坏血酸反应生成 2-羟植烷酰 CoA 和甲酰 CoA,后者经甲酸代谢生成 CO_2。2-羟植烷酰 CoA 则被进一步代谢生成降植烷酸,进入 β-氧化。

临床相关知识 17.6

Refsum 病

尽管脂肪酸的 α-氧化在整个产能中所占比例较少,但它对膳食中的支链脂肪酸的代谢具有重要意义。如植烷酸,它是植物醇的代谢产物,而植物醇是叶绿素的组成部分。植烷酸是乳汁和动物脂肪的重要成分。由于其含有 3-甲基,因此不能进行 β-氧化。经 α-羟化、脱氢和脱羧代谢,β-氧化便可完全降解该分子,生成 3 分子丙酰 CoA,3 分子乙酰 CoA 和 1 分子异丁酰 CoA。

罕见的先天性疾病 Refsum 病患者缺乏过氧化物酶体的 α-羟化酶,因此会在组织和血清中堆积大量植烷酸,导致严重的神经性病变,如色素性视网膜炎、外周神经病、小脑性共济失调、神经性耳聋等。限制饮食中的乳汁品和反刍动物的肉制品可降低血浆中的植烷酸,使神经病变症状消退。

$$CH_3-\underset{CH_3}{CH}-(CH_2)_3-\underset{CH_3}{CH}-(CH_2)_3-\underset{CH_3}{CH}-(CH_2)_3-\underset{CH_3}{CH}-CH_2-COOH$$

植烷酸

ω-氧化生成二羧酸

ω-氧化是脂肪酸氧化的另一条次要途径,在多数组织的内质网中进行。在此途径中,羟化作用发生在羧基相反一端的甲基碳或甲基端相邻的碳原子上。在单加氧酶的作用下,与 O_2 和 NADPH 反应。羟化的脂肪酸在细胞溶胶中经**醇脱氢酶**(**alcohol dehydrogenase**)和**醛脱氢酶**(**aldehyde dehydrogenase**)的一系列作用进一步被氧化为**二羧酸**(**dicarboxylic acid**),中链脂肪酸是该途径的主要底物。总反应过程为

$$CH_3-(CH_2)_n-\overset{O}{\overset{\|}{C}}-OH \rightarrow HO-CH_2-(CH_2)_n-\overset{O}{\overset{\|}{C}}-OH \longrightarrow HO-\overset{O}{\overset{\|}{C}}-(CH_2)_n-\overset{O}{\overset{\|}{C}}-OH$$

这些二羧酸可在任何一个羧基形成 CoA 酯，再进行 β-氧化生成更短链的二羧酸，如脂肪酸(C6)和琥珀酸(C4)。该过程主要在过氧化物酶体中进行。

由乙酰 CoA 生成酮体

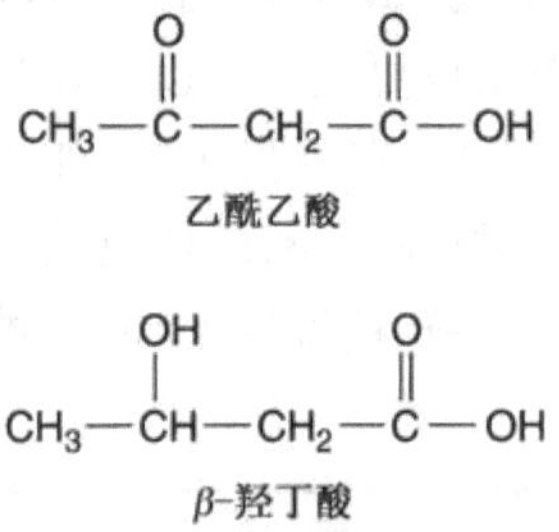

图 17.24　酮体的结构

酮体是脂肪氧化的水溶性产物，经过长时间的饥饿，可在肝和肾的线粒体中形成。丙酮、**乙酰乙酸**(**acetoacetic acid**)及其还原产物 **β-羟丁酸**(**β-hydroxybutyric acid**)均可由脂肪酸和氨基酸的代谢产物乙酰 CoA 生成(图 17.24)。酮体是对长期饥饿的一种重要适应，在血液中可达很高的浓度(>3mmol/L)，是长期饥饿时多种组织的重要能源(见临床相关知识 17.3)。

HMG-CoA 是乙酰 CoA 合成乙酰乙酸过程中的中间产物

酮体在线粒体基质中合成，2 分子乙酰 CoA 缩合形成乙酰乙酰 CoA，是 β-氧化最后一步的逆反应(图 17.25)。参与反应的酶是 **β-酮硫解酶**(**β-ketothiolasc**)，该酶为 β-氧化酶系的异构酶。乙酰乙酰 CoA 与 1 分子乙酰 CoA 在 **HMG-CoA 合成酶**(**HMG-CoA synthase**)的催化下缩合成 **β-羟基-β-甲基戊二酸单酰 CoA**(**β-hydroxy-β-methylglutaryl coenzyme A**，**HMG-CoA**)。而后再经 **HMG-CoA 裂合酶**(**HMG CoA lyase**)裂解为乙酰乙酸和乙酰 CoA。

乙酰乙酸生成 D-β-羟丁酸和丙酮

肝线粒体中的部分乙酰乙酸经 **D-β-羟丁酸脱氢酶**(**D-β-hydroxybutyrate dehydrogenase**)还原而生成 D-β-羟丁酸，该反应的速率取决于线粒体内[NADH]/[NAD^+]的比例。饥饿时，脂肪酸氧化生成的一部分 NADH 用于还原乙酰乙酸。β-羟丁酸和乙酰乙酸从肝脏和肾脏中释放并被其他组织利用。在生成 β-羟丁酸的过程中还从肝脏输出还原当量。β-氧化产生的约 25% NADH 用于合成 β-羟丁酸。值得注意的是，β-羟丁酸脱氢酶的产物是 D-β-羟丁酸，而 β-氧化过程中生成的 β-羟丁酰 CoA 是 L 异构体。由于肝脏中的 β-羟丁酸脱氢酶活性很高，因此其底物和产物的浓度维持在平衡状态。这样，血液中 β-羟丁酸/乙酰乙酸比例就反映了肝脏线粒体内[NADH]/[NAD^+]的比例。

部分乙酰乙酸经缓慢自发的非酶促脱羧反应可生成丙酮

$$CH_3-\overset{\overset{\displaystyle O}{\|}}{C}-CH_2-\overset{\overset{\displaystyle O}{\|}}{C}-O^- + H^+ \longrightarrow CH_3-\overset{\overset{\displaystyle O}{\|}}{C}-CH_3 + CO_2$$

正常情况下，丙酮的生成是微不足道的，但在重症糖尿病性**酮症酸中毒**(**ketoacidosis**)时(见临床相关知识 17.7)，乙酰乙酸浓度升高，丙酮可达很高水平，以至于可在患者的呼出气中检测到丙酮。

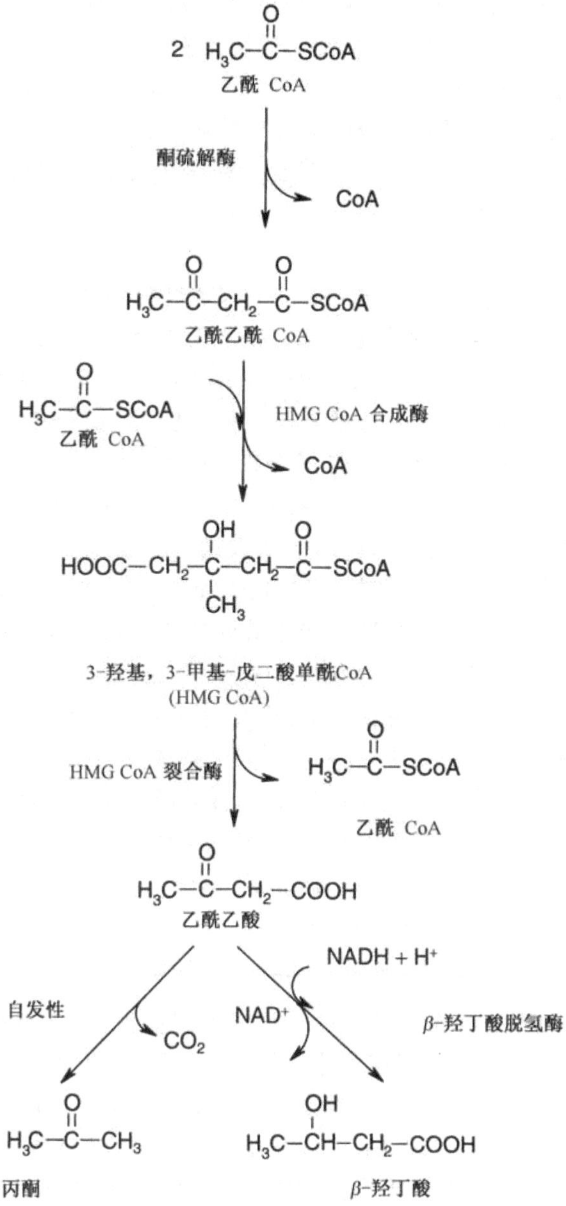

图 17.25　乙酰 CoA 在肝线粒体中合成酮体

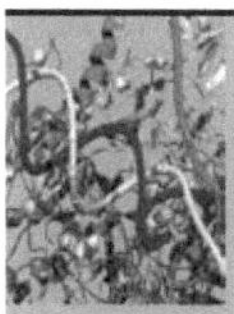

临床相关知识 17.7

以酮体为燃料:Atkins 饮食

目前流行低糖饮食减肥更显示了酮体作为燃料在人体代谢中的重要性。著名的低糖饮食是 Robert Atkins 博士在其新书《Atkins 博士的饮食革命》中推广的,这本书已经销售了六百多万本。Atkins 饮食富含脂肪和蛋白,糖含量很低(在初期少于 20g/天),

由于富含脂肪,在营养学家和医学机构之间引起了激烈的争论。有趣的是,尽管作者承诺可以"停止计算卡路里和称量每份食物",节食者往往仍能减掉相当量的体重。临床对照研究表明节食者进食高脂/低糖饮食能比进食相同卡路里的高糖饮食减掉更多体重。令人惊讶的是,进食高脂/低糖饮食的人群血液中的三酰甘油水平有显著下降。在这本书中,没有关于坚持这种饮食的节食者的总体健康状况的长期研究(长于一年)。但Atkins饮食导致体重显著下降很可能是因为高脂高蛋白饮食引起的饱满感使食物摄入减少。

Atkins饮食的关键是从脂肪组织动员脂肪酸并在肝脏转化成酮体(β-羟丁酸、乙酰乙酸和丙酮)。尿中出现酮体是检测节食过程中代谢状态的方法,因为即使是少量糖也会抑制酮体合成,主要是通过抑制脂肪组织中的脂肪分解。当血中酮体浓度上升时,一部分从尿中排泄,一部分经呼吸排出。这有可能是进食Atkins饮食者体重减轻得更多的原因吗?作为对照,禁食7天后,人体β-羟丁酸和乙酰乙酸的尿排泄率为110mmol/天,而在饥饿早期,其排泄率较低(饥饿2天后为60mmol/天)。尽管能量损失不超过100kcal/天,这种排泄仍有助于卡路里负平衡和体重下降,这便是Atkins饮食的特点。

总的来说,当葡萄糖氧化受到抑制,脂肪代谢加速时,出现酮症,酮症分两类:正常的饥饿性酮症和病理性的糖尿病性酮症酸中毒的高酮血症。人体血液中没有其他燃料能像酮体一样变化这么大,却仍能与生命和平共处。整晚禁食后,酮体浓度约为0.05mmol/L,但禁食2天后可上升至2mmol/L,禁食40天后可达7mmol/L,浓度变化140倍。在某研究小组的研究中,Owen及其同事证实,在长时间饥饿期间,β-羟丁酸和乙酰乙酸取代葡萄糖成为大脑的主要燃料,这就降低了机体对肌肉和肝脏蛋白的氨基酸异生为葡萄糖的需求。在禁食早期,肌肉也消耗酮体,但持续禁食时,会变成氧化脂肪酸,这样,节省的酮体可供大脑代谢。因此,酮体是多种组织的正常燃料,而在饥饿期间,还是复杂的能量代谢模式的一部分。

HMG-CoA也是胆固醇合成过程中的一个中间产物(见19.5节),但用于合成酮体和胆固醇的HMG-CoA位于不同的代谢库中。用于生成酮体的HMG-CoA在肝线粒体中由HMG-CoA合成酶的同工酶合成,在长期饥饿时,此酶的表达水平显著升高。而且将HMG-CoA转化成乙酰乙酸和乙酰CoA的HMG-CoA裂合酶只在肝的线粒体中表达。相反,合成胆固醇的HMG-CoA位于多种细胞的细胞溶胶中,且在HMG-CoA合成酶的细胞溶胶同工酶的作用下只是低水平合成。

非肝组织利用酮体必须生成乙酰乙酰CoA

肝产生的β-羟丁酸和乙酰乙酸是心肌、骨骼肌、脑等许多非肝组织的良好燃料,尤其是当葡萄糖供应短缺(长时间饥饿)或利用不充分时(胰岛素缺乏)。此时,这些组织就会氧化脂肪酸,而胰岛素下降,血中脂肪酸浓度就会上升。长时间饥饿时,酮体便替代葡萄糖作为燃料,尤其在脑组织中,禁食2天或3天后开始主要利用酮体为燃料。这在长期禁食期间减少了对糖异生生成的葡萄糖的需求,因而"节省"了肌肉蛋白在饥饿期间将氨基酸用于糖异生(见 22.2 节)。β-羟丁酸和乙酰乙酸在新生儿期还可充当合成脑脂的前体。

酮体在非肝组织的线粒体中代谢。β-羟丁酸脱氢酶经 NAD 相连的氧化将 β-羟丁酸转化成乙酰乙酸,继而在**乙酰乙酸:琥珀酰 CoA 转移酶**(**acetoacetate:succinyl-CoA transferase**)作用下生成乙酰乙酰 CoA,此酶分布在利用酮体的组织中,而在肝中没有。琥珀酰 CoA 充当 CoA 供体,该反应如 17.26 所示。乙酰乙酰 CoA 经 β-酮硫解酶的作用生成 2 分子的乙酰 CoA,后者再进入三羧酸循环供能。

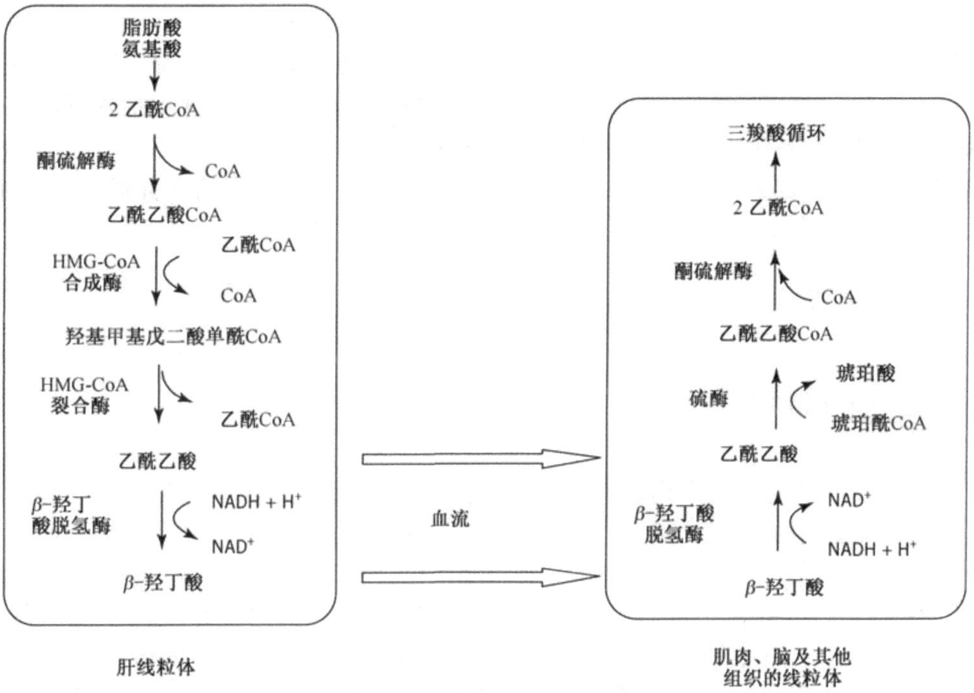

图 17.26　酮体的合成与利用

总之,酮体的合成和利用的途径有些步骤是相同的,而有些则不同。酮体合成的关键酶——HMG-CoA 合成酶和 HMG-CoA 裂合酶只存在于肝中,其他组织没有。酮体利用的关键酶乙酰乙酸:琥珀酰 CoA 转移酶存在于多种组织中,但肝中却没有。这种差异确保了酮体在肝中合成,而被肝外其他组织所利用。

过氧化物酶体的氧化脂肪酸具有多种功能

尽管大量脂肪酸氧化都在线粒体中进行,还是有相当一部分发生在肝、肾及其他组织的**过氧化物酶体**(**peroxisome**)中。过氧化物酶体是一类亚细胞器,具有不同的形态学和化学特性(见 1.3 节)。肝细胞中的过氧化物酶体含 β-氧化所需的酶。哺乳动物的**过氧化物酶体的脂肪酸氧化**(**peroxisomal fatty acid oxidation**)途径与植物的乙醛酸循环体相似,但与线粒体 β-氧化在三个重要方面有区别。首先,最初的脱氢作用是在氧合酶的作用下利用 O_2生成 H_2O_2(图 17.27),再由**过氧化氢酶**(**catalase**)分解,其余的步骤与线粒体 β-氧化相同。其次,过氧化物酶体与线粒体中酶的特异性不同,过氧化物酶体中的酶偏爱长于

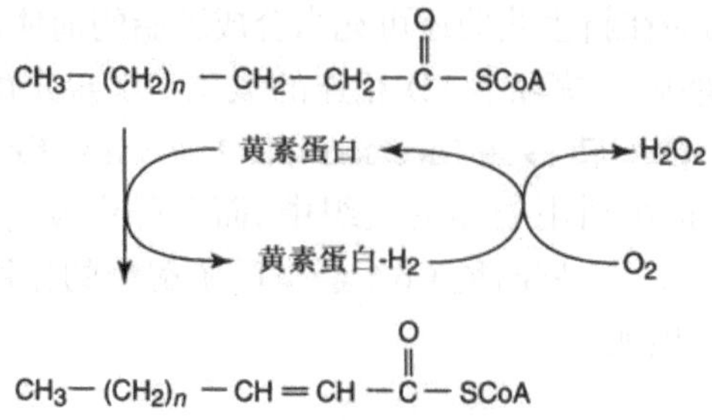

图 17.27　过氧化物酶体中的脂肪酸氧化的起始步骤

C_8的脂肪酸。尽管大鼠肝细胞线粒体可将脂酰 CoA 完全氧化成乙酰 CoA，但对短于庚酰 CoA（8 个碳）者，肝细胞过氧化物酶体中的 β-氧化不会继续进行。这样，过氧化物酶体便将长链脂肪酸缩短到能在线粒体中完成 β-氧化的长度。有趣的是，抗糖尿病药物 glitazone 通过降低外周胰岛素抵抗和患者的三酰甘油水平发挥作用，并可使过氧化物酶体显著增加。最后，过氧化物酶体的其他反应还包括：缩短二羧酸的碳链、将胆固醇转化成胆酸、合成醚酯等。正因为具有多种代谢功能，先天性缺乏功能性过氧化物酶体，也被称为 Zellweger 综合征的遗传性疾病有很大的危害就不足为奇了（见临床相关知识 1.5）。

17.7　脂肪代谢的调节

进食状态的调节

人体脂肪代谢通过一系列复杂的激素信号通路机制受个体饮食状态的调控。摄入中含脂肪、糖和蛋白的食物后，其中的脂肪以三酰甘油的形式沉积在脂肪组织中。而且，饮食中超出机体供能或蛋白合成所需的糖和氨基酸也会被转化成脂肪酸，同样以三酰甘油形式沉积在脂肪组织中。胰岛素是脂肪酸合成以及在脂肪组织中形成三酰甘油所需的主要激素。有关调控的小结见 17.4 节的表 17.2 和 17.5 节的表 17.3。胰岛素在两个水平上发挥作用：包括诱导编码脂肪合成及其储存过程中关键酶基因的转录（长期调节），以及调控葡萄糖的摄取与三酰甘油的水解等过程（短期调节）。

胰岛素通过诱导编码脂肪酸合成酶、NADP-苹果酸脱氢酶（苹果酸酶）和乙酰 CoA 羧化酶等关键酶的基因转录，提高它们在肝脏中的水平，从而刺激脂肪酸合成。胰岛素还能通过刺激 6-磷酸葡萄糖脱氢酶和 6-磷酸葡萄糖酸脱氢酶的合成（这两个酶在磷酸戊糖途径的氧化阶段能生成 NADPH），促进脂肪酸合成。另一方面，胰岛素通过激活特异的**磷蛋白磷酸酶**（**phosphoprotein phosphatase**）使乙酰 CoA 羧化酶去磷酸化而被激活，对肝的脂肪酸合成也发挥短期调节作用。糖酵解的增强对于为合成脂肪酸提供乙酰 CoA 也至关重要。

在进食状态下，脂肪组织通过 GLUT4 转运载体摄取葡萄糖时需要胰岛素。葡萄糖通过糖酵解为合成三酰甘油提供 3-磷酸甘油。胰岛素还通过抑制脂肪分解来阻断三酰甘油分解，从而避免无效循环。与肝一样，胰岛素通过激活磷蛋白磷酸酶发挥短期调节作用。

饥饿状态的调节

饥饿状态使得脂类代谢模式发生急剧变化。随着血糖浓度降低，血液中的胰岛素水平也相应下降。而肾上腺素和胰高血糖素相应升高,这使得 cAMP 水平升高,并激活蛋白激酶 A。脂肪组织中的激素敏感性脂肪酶和 perilipin 的磷酸化增强,使三酰甘油分解增加,游离脂肪酸和甘油从脂肪组织中释放出来(表 17.2,见 17.4 节,有关调控的小结)。

在肝中,这些激素的改变使脂肪酸的合成由于关键酶水平的下降而减少(表 17.3,见 17.5 节)。由于依赖 cAMP 的磷酸化,限速酶**乙酰 CoA 羧化酶**(**acetyl-CoA carboxylase**)受到抑制。糖酵解也受到抑制,使用于脂肪异生的乙酰 CoA 减少。随着禁食的继续,由于脂肪酸氧化加快,合成酮体的酶表达升高,肝开始合成酮体。在长时间禁食期间,进入肝脏的脂肪酸约一半被转化成酮体,释放入血供肌肉、心脏和脑组织(禁食 2 天后)利用,从而节省这些组织对葡萄糖的利用。

脂肪酸氧化的调节

通过调节底物进入线粒体来控制线粒体氧化脂肪酸的速度。其关键酶是**肉碱棕榈酰转移酶**Ⅰ(**carnitine palmitoyltransferase** Ⅰ,**CPT**Ⅰ),该酶将细胞溶胶的酰基 CoA 合成酰基肉碱(图 17.20)。在进食状态下,因为该酶水平高,依赖 cAMP 的磷酸化低,肝中的乙酰 CoA 羧化酶被柠檬酸激活。高浓度的丙二酰 CoA 不仅促进脂肪酸的合成,还通过抑制 CPTⅠ而阻断脂肪酸的氧化,从而避免了无效循环。相反,在饥饿时,肝中的乙酰 CoA 羧化酶的活性很低,因而该酶被磷酸化,柠檬酸也减少了。此时,由于丙二酰 CoA 水平低,CPTⅠ很活跃,脂肪酸的氧化快速进行。

尽管肌肉并不合成脂肪酸,但其中的脂肪酸氧化也受丙二酰 CoA 调节。肌肉中存在乙酰 CoA 羧化酶的同工酶,可生成丙二酰 CoA。该同工酶可被柠檬酸激活,受磷酸化抑制,可被蛋白激酶 A 和依赖 cAMP 的激酶磷酸化。进食时,高浓度的胰岛素导致该同工酶的低水平磷酸化,在乙酰 CoA 羧化酶的作用下生成丙二酰 CoA,抑制 CPTⅠ,阻断脂肪酸氧化。相反,饥饿时,高浓度的 cAMP 促进该同工酶的磷酸化,抑制其活性。结果,CPTⅠ促进脂肪酸进入线粒体被氧化。

第二个激酶受 AMP 调节,将脂肪酸的氧化速度与肌肉的能量状态相联系。AMP 水平在处于静息状态的肌肉中很低,此时依赖 AMP 的激酶失活,乙酰 CoA 羧化酶很活跃,生成的丙二酰 CoA 抑制 CPTⅠ的活性和脂肪酸的氧化。在处于运动状态的肌肉中,高水平的 AMP 可激活蛋白激酶,使乙酰 CoA 羧化酶受到抑制,使丙二酰 CoA 水平降低,从而激活 CPTⅠ的活性和脂肪酸的氧化。

脂肪酸作为调节分子

在肝脏、肌肉和脂肪组织中,脂肪酸自身也是一种调节分子。在肌肉中,长链酰基 CoA 可激活蛋白激酶 C 以及转录因子 PPARγ 和 NFκB,进而通过阻断胰岛素信号转导通路中的信号分子的活化来抑制胰岛素的作用。脂肪酸的这些作用对调节肌肉中的糖代谢具有重要意义(见临床相关知识 17.2)。

参考书目

Eaton, S., Bartlett, K., and Pourfarzam, M. Mammalian mitochondrial beta-oxidation. *Biochem. J.* 320(Pt 2):345, 1996.

Foster, D. W., and McGarry, J. D. Acute complications of diabetes: Ketogenesis, hyperosmolar coma, lactic acidosis. In: L. J. DeGroot (Ed.), *Endocrinology*, Vol. 2, 3rd ed. Philadelphia: Saunders, 1995, p. 1506.

Hanson, R. W. and Reshef, L. Glyceroneogenesis revisited. *Biochimie* 85:1199, 2003.

Hardie, D. G., Carling, D., and Carlson, M. The AMP-activated/SNF1 protein kinase subfamily: Metabolic sensors of the eukaryotic cell? *Annu. Rev. Biochem.* 67:821, 1998.

Hashimoto, T. Peroxisomal β-oxidation enzymes. *Neurochem. Res.* 24:551, 1999.

Hillgartner, F. B., Salati, L. M., and Goodridge, A. G. Physiological and molecular mechanisms involved in nutritional regulation of fatty acid synthesis. *Physiol. Rev.* 75:47, 1995.

Itani, S. I., Ruderman, N. B., Schmieder, F., and Boden, G. Lipid-induced insulin resistance in human muscle is associated with changes in diacylglycerol, protein kinase C, and IkappaB-alpha. *Diabetes* 51:2005, 2002.

Jump, D. B. The biochemistry of n-3 polyunsaturated fatty acids. *J. Biol. Chem.* 277:8755, 2002.

Kane, J. P. and Havel, R. J. Disorders of the biogenesis and secretion of lipoproteins containing the B apolipoproteins. In: C. R. Scriver, A. L. Beaudet, W. S. Sly, and D. Valle (Eds.), *The Metabolic and Molecular Bases of Inherited Disease*, Vol. II, 8th ed. New York: McGraw-Hill, 2001, p. 2717.

Kent, C. Eukaryotic phospholipid biosynthesis. *Annu. Rev. Biochem.* 64:315, 1995.

Kim, K. H. Regulation of mammalian acetyl-coenzyme A carboxylase. *Annu. Rev. Nutr.* 17:77, 1997.

McGarry, J. D., and Brown, N. F. The mitochondrial carnitine palmitoyltransferase system. From concept to molecular analysis. *Eur. J. Biochem.* 244:1, 1997.

Mitchell, G. A. and Fukao, T. Inborn errors of ketone body metabolism. In: C. R. Scriver, A. L. Beaudet, W. S. Sly, and D. Valle (Eds.), *The Metabolic and Molecular Bases of Inherited Disease*, Vol. II, 8th ed. New York: McGraw-Hill, 2001, p. 2327.

Nakamura, M. T., and Nara, T. Y. Structure, function, and dietary regulation of delta6, delta5, and delta9 desaturases. *Annu. Rev. Nutr.* 24:345, 2004.

Nilsson-Ehle, P., Garfinkel, A. S., and Schotz, M. C. Lipolytic enzymes and plasma lipoprotein metabolism. *Annu. Rev. Biochem.* 49:667, 1980.

Owen, O. E. and Hanson, R. W. Ketone bodies. *Encycl. Endocr. Dis.* 3:125, 2004.

Rinaldo, P., Matern, D., and Bennett, M. J. Fatty acid oxidation disorders. *Annu. Rev. Physiol.* 64:477, 2002.

Ruderman, N. B., Saha, A. K., Vavvas, D., Witters, L. A. Malonyl-CoA, fuel sensing, and insulin resistance. *Am. J. Physiol.* 276:E1, 1999.

Sampath, H. and Ntambi, J. M. Polyunsaturated fatty acid regulation of gene expression. *Nutr. Rev.* 62:333, 2004.

Vance, D. E. and Vance, J. E. *Biochemistry of Lipids, Lipoproteins and Membranes*, 2nd ed. Amsterdam: Elsevier, 1996.

Wakil, S. J. Fatty acid synthase, a proficient multifunctional enzyme. *Biochemistry* 28:4523 1989.

Wakil, S. J., Stoops, J. K., and Joshi, V. C. Fatty acid synthesis and its regulation. *Annu. Rev. Biochem.* 52:537, 1983.

Wanders, R. J. A., Vreken, P., Den Boer, M. E. J., Wijburg, F. A., Van Gennip, A. H., and Ijist, L. Disorders of mitochondrial fatty acyl-CoA β-oxidation. *J. Inher. Metab. Dis.* 22:442, 1999.

Willson, T. M., Lambert, M. H., and Kliewer, S. A. Peroxisome proliferator-activated receptor γ and metabolic disease. *Annu. Rev. Biochem.* 70:341, 2001.

Yeaman, S. J. Hormone-sensitive lipase—New roles for an old enzyme. *Biochem. J.* 379:11, 2004.

习题和参考答案

选择题

1. 以下关于乙酰 CoA 羧化酶的说法均正确，除了：
   A. 它催化脂肪酸合成的限速步骤
   B. 它需要生物素
   C. 它受 cAMP 介导的磷酸化的抑制
   D. 它受棕榈酰 CoA 活化
   E. 它在细胞中的含量与膳食中的脂肪含量变化有关

2. 在肝细胞合成棕榈酸的过程中：
   A. 向脂肪酸合成酶添加丙二酰 CoA 使正在延长的链增加三个碳原子
   B. 4′磷酸泛酰巯基乙胺上的 β-酮酰残基最终被 NADPH 还原成饱和残基
   C. 棕榈酰 CoA 从合成酶上释放
   D. 添加下一个丙二酰 CoA 后，正在延长的链从 ACP 转移至另一个-SH
   E. 加至脂肪酸合成酶的第一个化合物是丙二酰 CoA

3. 人体脂肪酸去饱和：
   A. 主要发生在线粒体
   B. 由利用 NADPH 和细胞色素的酶系统催化
   C. 引入的双键主要是反式构型
   D. 只发生在棕榈酸被延长成硬脂酸之后
   E. 在分子的甲基端引入第一个双键

4. 以下所有过程通常参与合成脂肪组织中的三酰甘油，除了：
   A. 向二酰甘油添加脂酰 CoA
   B. 向溶血磷脂添加脂酰 CoA
   C. 由甘油激酶催化的反应
   D. 磷脂酸经磷酸酶水解
   E. 还原磷酸二羟丙酮

5. 脂蛋白脂肪酶：
   A. 是一种细胞内的酶
   B. 由 cAMP 介导的磷酸化刺激
   C. 作用是从脂肪组织中动员储存的三酰甘油
   D. 由位于 VLDL 中的一个脱辅蛋白质刺激

E. 生成游离脂肪酸和单酰甘油

6. 饥饿时出现高糖原/胰岛素比例：

A. 促进脂肪酸从脂肪储备中动员

B. 通过抑制丙二酰 CoA 的生成刺激 β-氧化

C. 导致血中酮体浓度上升

D. 以上都对

E. 以上都不对

问题 7 和 8:严重感冒后引起食欲减退,某一岁男孩经医院检查为低糖血症、高氨血症、肌无力和心功能失调。这些症状与肉碱转运系统缺陷是相符的。尝试饮食肉碱疗法失败,但含微量长链脂肪酸并补充中链三酰甘油的饮食是有效的。

7. 肉碱缺乏可能会干扰：

A. β-氧化

B. 由乙酰 CoA 形成酮体

C. 棕榈酸合成

D. 从脂肪组织动员储备的三酰甘油

E. 细胞从血液中摄取脂肪酸

8. 患儿被诊断为肉碱-脂酰肉碱转位酶缺乏症。饮食治疗有效是因为：

A. 患儿可从碳水化合物中获取所需的全部能量

B. 缺乏位于过氧化物酶体系统,因此肉碱没用

C. 中链脂肪酸(C8～C10)在转化成 CoA 衍生物之前进入线粒体

D. 中链三酰甘油含大量羟化脂肪酸

E. 中链脂肪酸,如 C8 和 C10,在肝脏中更易转化成葡萄糖

问题 9 和 10:中链酰基 CoA 脱氢酶缺乏是一种 β-氧化过程中的疾病,通常在出生后的前两年因为一段时间的禁食出现症状。典型症状包括呕吐、嗜睡和低酮低糖血症。多余的中链二羧酸、甘氨酸的中链酯以及肉碱从尿中排泄有助于明确诊断。

9. 脂肪酸的 β-氧化：

A. 只有乙酰 CoA 后来被氧化才产生 ATP

B. 在饥饿期间通常受到抑制

C. 只利用偶数链的饱和脂肪酸作为底物

D. 利用 $NADP^+$

E. 通过重复的四步连续反应发生

10. 该病例出现低血糖时,并不常见酮体也缺乏,正是因为酮体浓度通常会随饥饿引起的低糖血症而升高。酮体：

A. 由 β-氧化相应的中间产物移除 CoA 而形成

B. 从胞质 HMG-CoA 合成

C. 主要在肌肉组织中合成

D. 包括 β-羟丁酸和乙酰乙酸,其比例反映了肝细胞线粒体中[NADH]/[NAD^+]的比例

E. β-氧化受阻断时合成

问题 11 和 12:一患者出现色素性视网膜炎、外周神经病、小脑性共济失调和神经性耳聋,被诊断为 Refsum 病。这是一种罕见的先天性疾病,由缺乏过氧化物酶体的 α-羟化酶所致。植烷酸是乳汁和动物脂肪中的一种成分,也是叶绿素的一种代谢产物,植烷酸的代谢有赖于这个系统。对此病的治疗需要限制反刍动物的乳制品和肉制品。

11. α-氧化：

A. 在支链脂肪酸的代谢中至关重要

B. 将脂肪酸完全代谢成乙酰 CoA

C. 生成过氧化氢

D. 阻止脂肪酸产能

E. 需要 NADPH

12. 脂肪酸氧化的另一次要途径,ω-氧化,同样可引起羟化。ω-氧化：

A. 在线粒体中进行

B. 在邻近羧基的碳上引入-OH

C. 主要氧化特长脂肪酸

D. 氧化末端甲基

E. 在最初的氧化中生成二羧酸

问答题

13. 糖异生在饥饿状态下有什么作用?

14. 17-碳脂肪酸(来自植物)氧化怎样生成丙酰 CoA? 在回答中具体说明。

参考答案

1. D 受柠檬酸激活,受长链脂酰 CoA 抑制。C:因为 cAMP 在需要能量时增加,这与利用能量的过程会受抑制是一致的。E:长期调控与酶的合成有关,随饮食改变而相应变化。

2. B A:从丙二酰 CoA 裂解 CO_2 推动缩合反应,因此链每次增加两个碳原子。C:在哺乳动物中,棕

榈酸以游离脂肪酸释放，由不同的酶转化成 CoA 酯。D：只有 ACP 与摄入的丙二酰 CoA 结合，因此必须在另一个添加之前被游离。E：最先添加乙酰 CoA 形成余链的基础。

3. B　A：去饱和作用在内质网中进行。C：自然界存在的脂肪酸是顺式的。D：延长和去饱和可以任何顺序进行。E：如果这是正确的，就可合成亚油酸了。

4. C　无论如何都不会发生在脂肪组织中。A，B，D：依次向 3-磷酸甘油添加脂酰 CoA 形成溶血磷脂酸，再生成磷脂酸，其磷酸根在添加第三个脂酰残基之前移除。E：这是在脂肪组织中生成 α-磷酸甘油。

5. D　ApoC-Ⅱ将脂蛋白连接在酶上。A～C：是激素敏感性脂肪酶的特点。E：是胰脂肪酶。

6. D　高糖原/胰岛素比例导致 cAMP 介导的磷酸化，在脂肪组织中激活激素敏感性脂肪酶，抑制肝脏中的乙酰 CoA 羧化酶，使脂肪组织中的脂肪酶动员，肝脏中的丙二酰 CoA 下降，从而抑制 CPTⅠ活性，在线粒体中加速从动员的脂肪酸生成乙酰 CoA，最终生成酮体。

7. A　肉碱的作用是将在细胞溶胶中生成的脂酰 CoA 酯转运至线粒体。B：生成酮体的乙酰 CoA 除了来源于脂肪酸以外，还有其他来源。C：脂肪酸合成在细胞溶胶中进行。D：动员受激素调控。E：脂肪酸穿过质膜。

8. C　因为中链脂肪酸直接穿过线粒体膜，不需要肉碱系统。A：不对。B：过氧化物酶体氧化不需要肉碱，但这不是过氧化物酶体系统。D：羟基脂肪酸不是常见的三酰甘油组成部分。E：肝脏不能利用奇数碳原子的脂肪酸合成葡萄糖。

9. E　A，D：β-氧化本身产生 $FADH_2$ 和 NADH，可再氧化生成 ATP。B：在饥饿状态下，脂肪酸氧化通常加强。C：β-氧化是一个普遍过程，几乎在细胞中氧化任何脂肪酸都只需很少的修饰。

10. D　A，E：β-氧化彻底进行，酮体由单独的过程生成。B，C：酮体在肝脏线粒体中生成，而不是利用，细胞溶胶 HMG-CoA 是一种胆固醇前体，酮体不在肌肉中合成。

11. A　存在甲基会将 β-氧化阻碍在那个位置。B：一旦过了甲基，β-氧化继续进行。C：反应由羟化酶添加一个-OH。D：在 β-氧化阶段生成能量。E：羟化酶利用抗坏血酸作为还原剂。

12. D　这就是被称作 ω-氧化的理由。A：在内质网中进行。B：是 α-氧化。C：中链脂肪酸是最适底物。E：需要醇脱氢酶或醛脱氢酶将羟基转化成酸。

13. 饥饿时，由脂肪组织释放的脂肪酸数量大于所需的量，因而脂肪酸又以三酰甘油形式重新沉积在脂肪组织中。此时，由于胰岛素水平低下，脂肪组织不能利用葡萄糖合成 3-磷酸甘油。“Neo”指的是新的合成。碳源是进入 TCA 循环的底物，并引起进入细胞溶胶的苹果酸的合成。关键酶是烯醇丙酮酸磷酸羧激酶，该酶在饥饿时被诱导。

14. β-氧化正常进行，但最后的硫酯酶裂解生成乙酰 CoA 和丙酰 CoA。丙酰 CoA 不是 SCAD 的底物，因此 β-氧化过程终止。

（胡良　译）

18

脂代谢Ⅱ:特殊脂肪酸的代谢通路

Robert H. Glew

18.1 概述

脂类分子是描述一种相对非水溶性物质并且可以使用非极性溶剂制备的物质的通用名称，人类的复杂脂类可以分为两大类：非极性脂类，例如三酰甘油和胆固醇酯；以及在同一分子中同时含有亲水和疏水基团的具有两亲性质的极性脂类。本章主要讨论极性脂类分子，包括磷脂、鞘脂类、类花生酸。在甘油磷脂分子中疏水和亲水基团通过甘油部分连接，而在鞘磷脂和鞘糖脂中则通过鞘氨醇连接。三酰甘油主要在脂肪组织中储存，而极性脂类则主要存在于细胞膜中，细胞膜的干重中脂肪占 40%，蛋白质占 60%。

细胞之间的识别、细胞吞噬作用、细胞接触抑制以及移植组织和器官的排斥，这些都是典型的医学现象，都涉及了相当特殊的细胞膜表面的识别位点，鞘糖脂在这些识别过程中发挥了重要作用。本章将详细描述它们的生物合成过程。各种鞘脂分子广泛存在于一些肝、脾、肾和神经系统中，同很多遗传疾病相关，统称为鞘脂类代谢障碍。从 ABO 血型抗原决定血型这种自然界最常见的事件就可以看出糖脂类非常值得研究。

同时我们还将讨论胆固醇的生物合成和它的调控方式，胆固醇作为胆盐和类固醇激素的前体是如何发挥作用的，以及高密度脂蛋白（HDL）和卵磷脂：胆固醇乙酰转移酶（LCAT）在控制血清胆固醇水平中的作用等问题。最后，我们还将讨论来源于花生四烯酸的两种重要的激素分子：前列腺素和白三烯。具体可查阅附录中脂类分类和化学式。

18.2 磷脂

乙酰甘油酯（**acylglycerolipid**）包括**三酰甘油**（**triacylglycerol**）和**甘油磷脂**（**glycerophospholipid**）两大类，它们都含有 C3 位羟基基团（C3 polyol）-甘油。两个基本的乙醇基团并不是甘油的特征性结构，就磷脂分子而言，通常都是相同的羟基基团，它们通过酯化结合到磷酸残基上。

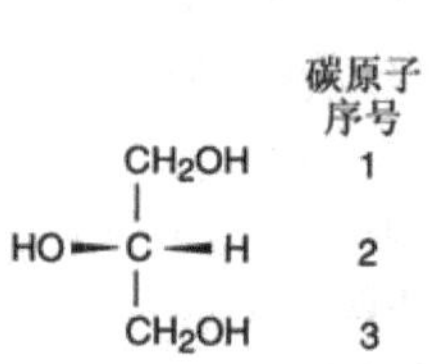

图 18.1　甘油的立体构象编号

立体构象编号系统是描述不同构象羟基基团的最好方法。在这个系统中甘油结构以 Fischer 投影式表述，当 C2 位的羟基投影到纸的左面时，其碳原子的序号如图 18.1 所示。前缀 *sn*-写在化合物名称的前面，表明使用**立体构象编号**（**stereospecific numbering**，***sn***）系统。甘油磷脂通常含有 *sn*-甘油 3-磷酸基团组分。虽然每种磷脂都有甘油基团作为基本结构，但是中性的三酰甘油和带电荷的磷脂却表现出完全不同的物理特性，并行使不同的功能。

磷脂上的磷脂酸与其他基团结合

磷脂(**phospholipid**)是极性的、离子化的脂类,包含 1,2-二酰甘油和**磷酸二酯桥**(**phosphodiester bridge**)。磷酸二酯桥将甘油骨架和一些基团相连接,通常是含氮基团

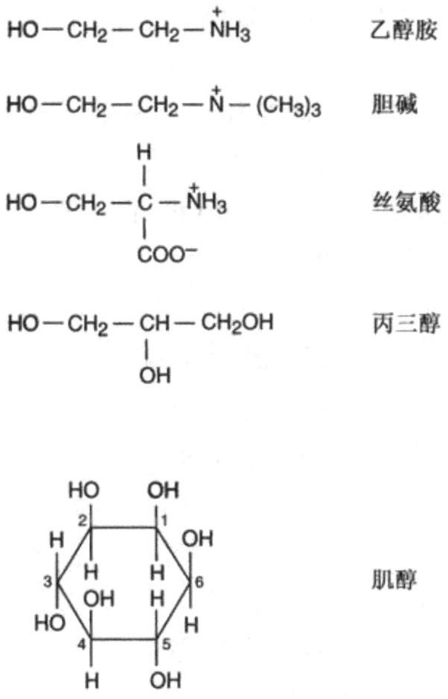

图 18.2 部分磷脂极性基团的结构

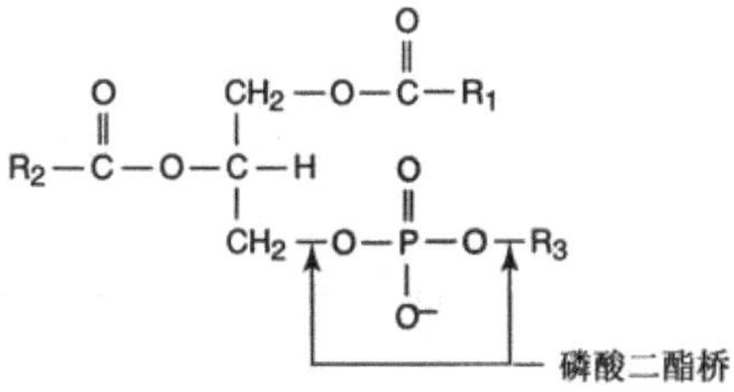

图 18.3 磷脂的通用结构
R_1,R_2 代表脂肪酸的脂链 R_3 代表极性基团

(nitrogenous one):胆碱(choline)、丝氨酸(serine)或乙醇胺(ethanoamine)等(图 18.2 和图 18.3)。人体组织中最丰富的磷脂是**磷脂酰胆碱**(**phosphatidylcholine**)(又称为卵磷脂)、**磷脂酰乙醇胺**(**phosphatidylethanolamine**)和**磷脂酰丝氨酸**(**phosphatidylserine**)(图 18.4)。在生理 pH 下磷脂酰胆碱和磷脂酰乙醇胺无净电荷,作为双极性(dipolar)的两性离子存在,而磷脂酰丝氨酸则具有一个单位的负性净电荷,所以它是一种酸性的磷脂分子。磷脂酰乙醇胺(PE)和磷脂酰胆碱有关,PE 可以通过三甲基化作用成为磷脂酰胆碱,大部分磷脂分子含有超过一种脂肪酸,所以对于从任何组织中分离出来的磷脂所给定的分类实际上代表了一个家族的该类分子。磷脂酰胆碱(PC)在 *sn*-1 位含有大量的棕榈酸(16∶0)或硬脂酸,在 *sn*-2 位主要是不溶的 18 碳脂肪酸油酸、亚油酸或亚麻酸。PE 和 PC 同样在 *sn*-1

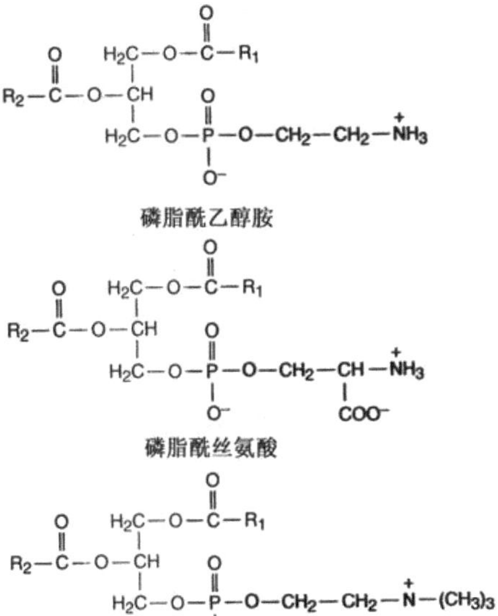

图 18.4 部分磷脂结构

位含有相同的饱和脂肪酸，但是在 *sn*-2 位却含有更多的长链多聚不饱和脂肪酸，也就是亚油酸(18∶2)、花生四烯酸(20∶4)和二十二碳六烯酸。

磷脂酰肌醇(**phosphatidylinositol**)是一种酸性磷脂，主要存在于哺乳动物的细胞膜上(图 18.5)，相对而言，并不是很常见，它在 *sn*-1 位含有绝大部分硬脂酸，在 *sn*-2 位则含有花生四烯酸。另外一种结构具有多聚极性头样基团的磷脂就是磷脂酰甘油，主要存在于线粒体膜和呼吸系统/肺泡表面，同时它还是心磷脂的前体。磷脂酰甘油和磷脂酰肌醇在中性 pH 下都含有一个标准单位的负电荷，因此是酸性的，而**心磷脂**(**cardiolipin**)是一种酸性更强的磷脂，带两个负电荷，由一分子甘油通过共价键与两分子磷酸偶联形成(图 18.6)，它主要存在于线粒体内膜和细菌的细胞膜上。

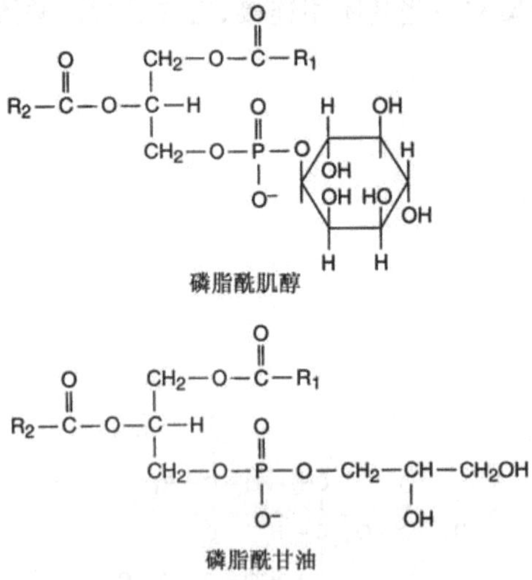

图 18.5　磷脂酰肌醇和磷脂酰甘油的结构

目前研究的磷脂通常仅有一个 *O*-acyl 残基连接在甘油上。磷酸甘油酯中 *sn*-甘油其 C1 位上有一个 *O*-(1-alkenyl)取代基，C2 位上有一个酯化的 *O*-acyl 残基，这类化合物被称为**缩醛磷脂**(**plasmalogen**)(图 18.7)，大量的乙醇胺醛缩磷脂(又称为缩醛乙醇胺)主要存在于髓磷脂，而在心脏组织中含量比较少，心脏中主要是胆碱缩醛磷脂比较丰富。

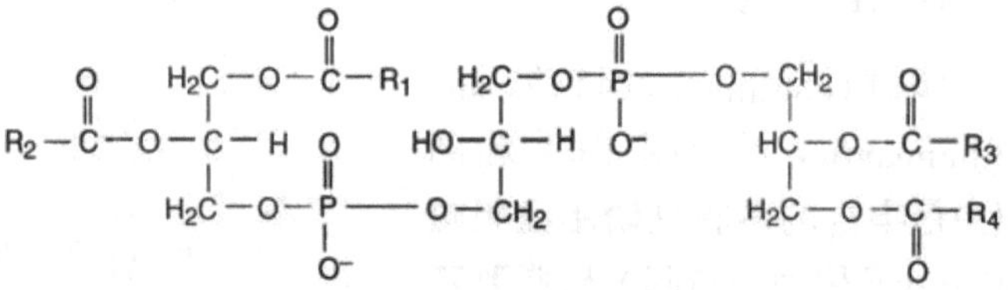

图 18.6　心磷脂的结构

另一种不常见的磷脂叫做**血小板激活因子**(**platelet activating factor**，**PAF**)(图 18.8)，是超敏反应、急性炎症反应、过敏反应和过敏性休克过程的主要介质。在过敏性体质的个体中，多形核粒细胞(PMN leukocyte)家族(嗜碱性、中性和嗜酸性)、巨噬细胞和单核细胞都包被这种 IgE 分子并针对特异的抗原(例如豚草花粉或者蜜蜂毒素)。当机体再次暴露于这类抗原时会在炎性细胞表面形成抗原-IgE 复合物，从而诱发 PAF 的合成和释放。PAF 在 *sn*-1 位上有一个 *O*-alkyl 结构，而甘油基团 2 位上的乙酰基取代了长链

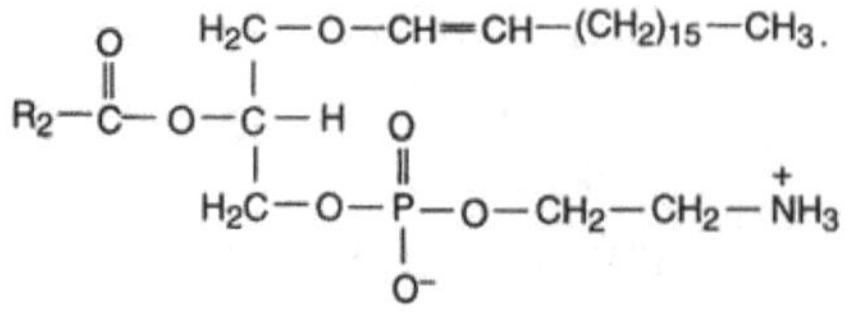

图 18.7　乙醇胺醛缩磷脂的结构

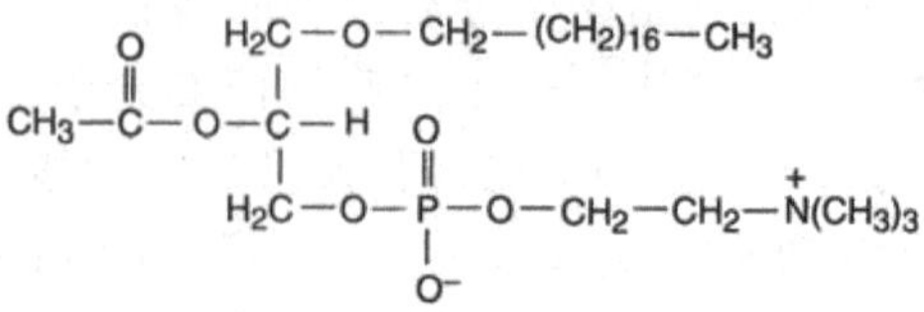

图 18.8　血小板激活因子的结构

脂肪酸。PAF 不能储存,只有当 PMN 细胞被刺激后才会合成并被释放出来。血小板聚集、心肺变化、水肿、高血压以及 PMN 细胞的趋化作用都受 PAF 影响。

细胞膜上的磷脂功能繁多

虽然磷脂在血浆和胆汁中含量比较丰富,但是细胞膜上磷脂的含量最高,它既是细胞膜的结构组分又是功能组分。红细胞膜的大约一半质量是各种不同的磷脂(见 12.2 节),它们能够激活各种特定的酶类,比如线粒体内膜上 β-羟丁酸盐脱氢酶的活性必须依赖于磷脂酰胆碱,而磷脂酰乙醇胺和磷脂酰丝氨酸却不能替代。

二棕榈酸卵磷脂对维持正常的肺功能是必需的

正常肺功能依赖于持续的二棕榈酸卵磷脂的补充,**二棕榈酸卵磷脂**(**dipalmitoyllecithin**)在 *sn*-1 和 *sn*-2 位置上都含有棕榈酸(16∶0)残基,覆盖在正常肺泡表面的细胞外液体中 80% 以上的磷脂都是二棕榈酸卵磷脂,这种**表面活性物质**(**surfactant**)由Ⅱ型上皮细胞生成,能够防止呼吸过程中的呼气相的终末期肺不张(肺膨胀不全,atelectasis)(图 18.9)。它可以降低肺泡液体层的表面张力,而单纯的卵磷脂分子由于不含两个棕榈酸残基使其无法减弱表面张力的作用。表面活性物质还含有磷脂酰甘油、磷脂酰乙醇胺以及分子质量为 18kDa 和 36kDa 的蛋白质(称为表面活性蛋白),这些物质都可以明显降低表面张力。表面活性蛋白改变了Ⅱ型肺泡细胞分泌的磷脂层的分子结构,这样可以有效稳定磷脂层并使其保持自身的可塑性。在怀孕期 28 周之前,胎儿的肺主要合成鞘磷脂,正常情况下,在第 28 周的时候储存在Ⅱ型上皮细胞中的糖原(glycogen)首先转变为脂肪酸,之后再转变为二棕榈酸卵磷脂。在肺成熟过程中,细胞内薄层包裹小体(代表磷脂酰胆碱储存细胞器,称为薄层小体)的增加和这些细胞中糖原的减少之间密切相关。在孕期的第 24 周,Ⅱ型颗粒状肺细胞出现在肺泡表面,并且开始制造薄层小体,它们的含量不断增加,直到第 32 周表面活性物质在肺和羊水中出现。因此,分娩前几周对羊水进行检查可以用来确定新生儿是否有发生呼吸窘迫综合征的危险(见临床相关知识 18.1)。这一点对于择期分娩很有用,它能够帮助决定孕妇是否需要接受糖皮质激素治疗以加快胎儿肺的发育成熟,或是新生儿是否需要接受预防性治疗。同时地塞米松也被用于治疗新生儿的慢性肺疾病(例如支气管肺发育异常)。而皮质激素虽然可以有效改善肺功能,但是在其他情况下也会引起大脑的脑室异常。

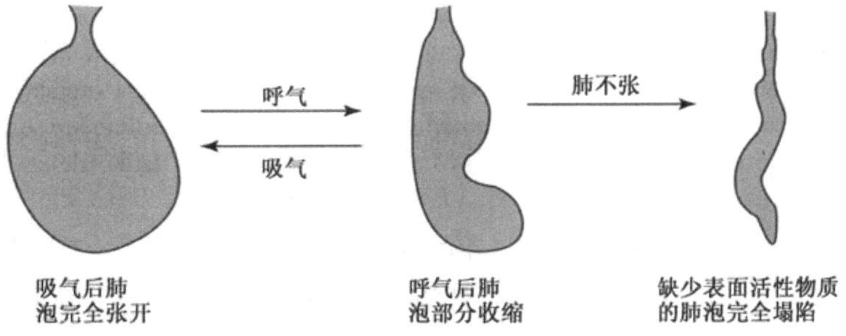

图 18.9　表面活性物质在防止肺不张中的作用

临床相关知识 18.1
呼吸窘迫综合征

呼吸窘迫综合征(RDS)是导致许多国家新生儿发病和死亡的主要原因。在发达国家大约占新生儿死亡率的 15% ～20% ,而在发展中国家这一比例则相应的低一些。该病只影响早产儿,同时其发病率又与早产的程度密切相关。早产儿发生 RDS 主要是由于未成熟的肺脏缺乏足够的表面活性物质。计算羊水中卵磷脂和鞘磷脂(L/S)的比值能够衡量胎儿肺脏的成熟度,L/S 值会随着妊娠的进行缓慢升高,直到第 31 或 32 周该值发生非常显著的增加后才停止上升。正常情况下大约在妊娠 34 周,L/S 值达到 2.0 时说明胎儿已经足月。而肺脏的成熟则是以该比值达到或超过 2.0 为标准的。当比值介于 1.5～1.9 之间时,发生 RDS 的概率大约为 40% ,而当比值小于 1.5 时,概率则会上升到 75% 。尽管检测 L/S 的比值已经广泛用于 RDS 的危险性预测,但是该结果经常会由于羊水被血液或胎粪污染而不稳定。检测饱和棕榈酰磷脂酰胆固醇(SPC)、磷脂酰胆碱和磷脂酰肌醇的浓度也能预测 RDS 发生的危险度。使用人源或动物源的表面活性物进行替换疗法能有效预防和治疗 RDS。

另外,免疫抑制药物或者化疗药物的副作用会诱发Ⅱ型细胞损伤,后者会导致表面活性物质不足,并进而引发成人的呼吸衰竭。

磷脂特别是磷脂酰胆碱的去垢剂作用在胆汁辅助溶解胆固醇过程中非常重要。胆汁中磷脂生成或者分泌障碍均会导致胆固醇结石和色素结石。其中膜磷脂是调节很多代谢途径和反应过程的脂类介质的主要来源。这些介质的释放由磷脂酶催化,磷脂酰肌醇和磷脂酰胆碱是花生四烯酸的主要来源,花生四烯酸又可以被用来合成前列腺素、凝血烷、白三烯和类脂化合物等相关化合物。

肌醇磷脂在细胞膜上的功能很重要

含肌醇的磷脂(inositol-containing phospholipid,又称为**肌醇磷脂**),特别是 4,5-二磷酸磷脂酰肌醇(PIP_2)(图 18.10)在信号转导过程中起着重要的作用。当细胞膜与相应的激素和受体结合后,位于细胞膜内侧的 PIP_2 被磷酸肌醇酶 C(phosphoinositidase C, PIC)水解为 1,4,5-三磷酸肌醇(IP_3)和 1,2-甘油二酰(DAG),前者可以促进内质网中的 Ca^{2+} 释放,而 DAG 可以增加蛋白激酶 C(PKC)的活性(图 18.11)。IP_3 上第 5 位磷酸基团的缺失阻断了细胞中正常的信号转导过程,导致胞内 Ca^{2+} 浓度的下降。1,2-甘油二酰可以在二酰甘油激酶的作用下转变为磷脂酸。磷脂酸是磷脂酶 D 作用于磷脂的产物,也是第二信使。这个涉及磷酸肌醇的代谢通路

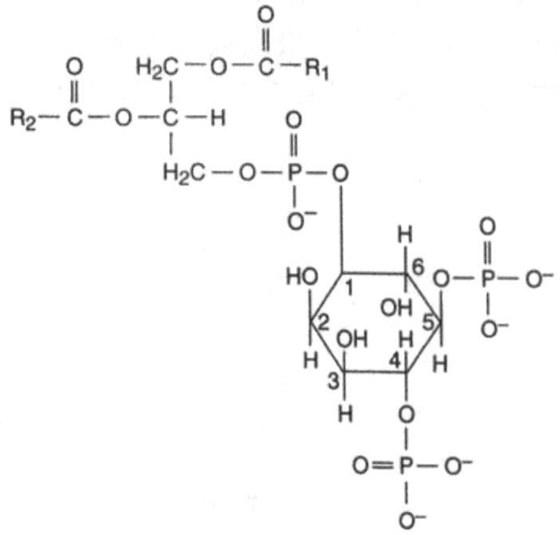

图 18.10　4,5-二磷酸磷脂酰肌醇的结构 [PIP_2 或 Ptdlns(4,5)P2]

的主要生物学功能是:①清除或灭活 IP_3;②保持肌醇含量;③合成多聚磷酸(如 $InsP_5$ 和 $InsP_6$ 等,这些分子的作用还不是很清楚)。IP_3 能够被 5-磷酸单酯酶分解为 1,4-二磷酸肌醇,或者与 3-激酶作用生成 1,3,4,5-四磷酸肌醇。磷酸酶家族成员均能催化 1,4-二磷酸肌醇生成肌醇,后者能够直接进入磷脂池(图 18.12)。

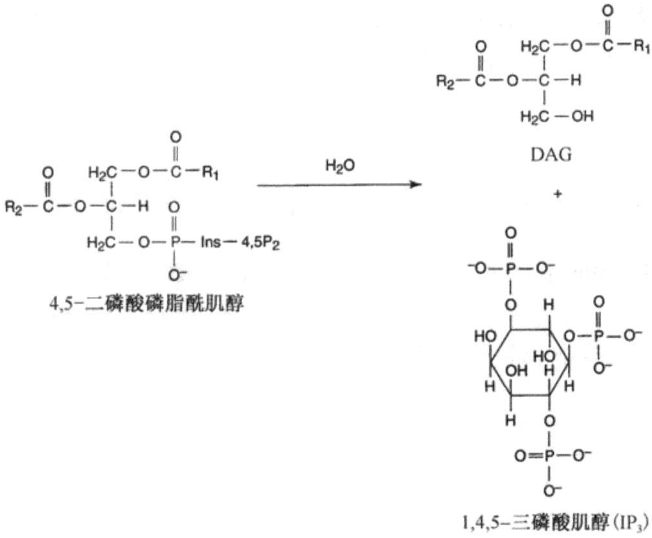

图 18.11　磷脂酶 C 活化 PIP_2 生成 DAG 和 IP_3

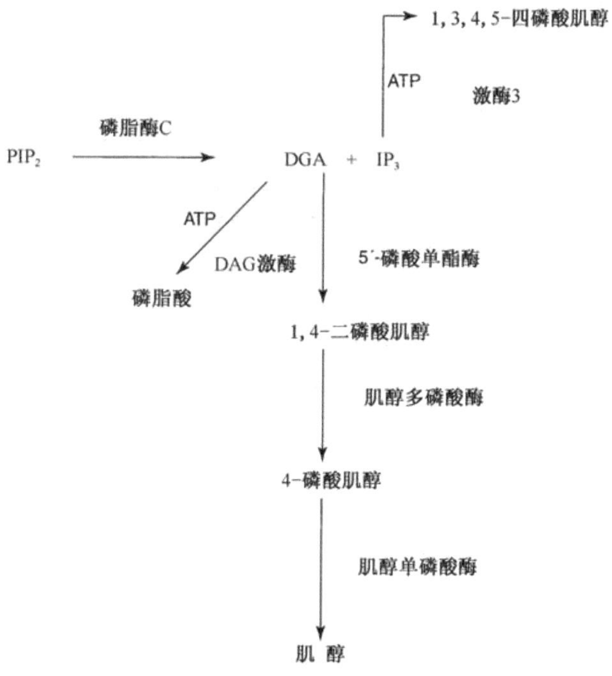

图 18.12　细胞内三磷酸肌醇和 DAG 的代谢

除了作为细胞膜组分和用于合成前列腺素及类脂化合物的花生四烯酸的来源之外,

磷脂酰肌醇还有一个重要功能，就是将一些糖蛋白通过一个称为 GPI 锚的结构锚定在细胞膜上(见 12.4 节)，其主要的医学问题涉及锥虫病(例如 trypanosomal brucci，可以导致睡眠障碍)。这种寄生虫能够通过改变自身表面抗原来获得抵抗免疫系统的能力。它们的细胞膜外表面覆盖着一层蛋白质，称为可变表面糖蛋白(VSG)，它通过一个磷脂酰肌醇锚连接在细胞膜上。细胞表面的 C 型磷脂酶可以剪切锚定蛋白，使锥虫脱去表面抗原，这样就可以改变外膜，从而逃避宿主免疫系统的识别。

磷脂的合成

磷脂酸是由 α-磷酸甘油和脂肪乙酰辅酶 A 相互作用合成的

1-α-磷脂酸(1-α-phosphatidic acid，通常被称为**磷脂酸**)和 1，2-二酰基(diacyl)-*sn*-甘油是磷脂和三酰甘油合成通路中常见的中间体(图 18.13)。除成熟的红细胞外，所有细胞都不同程度的合成磷脂，不过三酰甘油只在肝、脂肪和小肠组织中合成。在绝大部分组

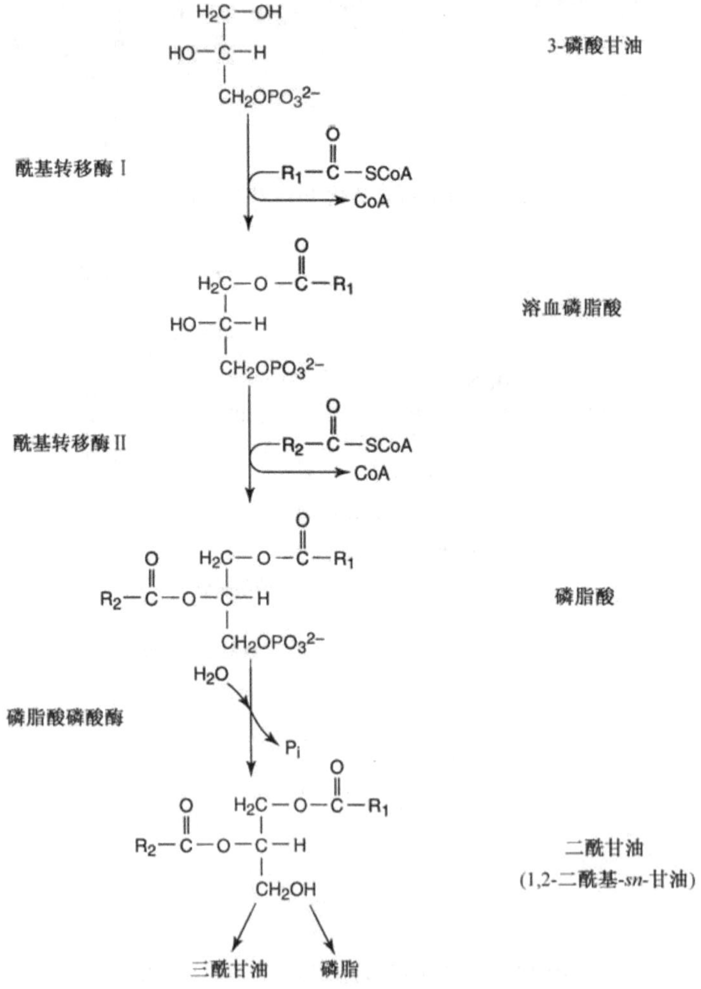

图 18.13　磷脂酸的生物合成以及磷脂酸磷酸酶在磷脂和三酰甘油合成中的作用

织中，磷脂酸的合成始于 **α-甘油 3-磷酸**（α-**glycerol 3-phosphate**，*sn*-**甘油 3-磷酸**）。后者主要来自于甘油中间体——**二羟丙酮磷酸**（**dihydroxyacetone**）被 α-甘油 3-磷酸脱氢酶还原后的产物，这一过程在脂肪组织中尤为常见。

化学式

$$\text{二羟丙酮磷酸} + NADH + H^+ \Longrightarrow \alpha\text{-甘油 3-磷酸} + NAD^+$$

在肝和肾中，α-甘油 3-磷酸则主要来自于**甘油激酶**（**glycerol kinase**）反应

$$\text{甘油} + ATP \xrightarrow{Mg^{2+}} \alpha\text{-甘油 3-磷酸} + ADP$$

磷脂酸合成开始于甘油磷酸乙酰转移酶，它主要与饱和脂肪酸或者油酸结合并与 α-甘油 3-磷酸协同催化合成 1-酰基甘油磷酸或 α-溶血磷脂酸（lysophosphatidic acid）。1-酰基甘油磷酸：酰基转移酶通常使不饱和脂肪酸 *sn*-2 位发生酰基化（图 18.13），该反应酰基的主要来源是辅酶 A 衍生的相应脂肪酸。

这些酰基转移酶的特异性使它们能够识别一些特殊细胞细胞膜磷脂上的不对称脂肪酸，下面将要讨论的重塑反应可以修饰甘油磷酸骨架上的 C1 和 C2 组分，细胞溶胶中磷脂酸磷酸酶（磷脂酸磷酸脱氢酶）水解内质网产生磷脂酸，生成的 1,2-二酰基-*sn*-甘油作为三酰甘油和磷脂合成的重要节点（图 18.13）。另外磷脂酸也可以由磷酸二羟基丙酮（DHAP）从头合成

$$\text{二羟丙酮磷酸} + NADH + H^+ \Longrightarrow \alpha\text{-磷酸甘油} + NAD^+$$

磷脂酸加上碱基合成磷脂

磷脂酰胆碱合成的主要途径涉及从胆碱→磷酸胆碱→CDP-胆碱→磷脂酰胆碱的一系列转化过程。游离的胆碱是包括人在内大部分哺乳动物的必需营养成分，是由胆碱激酶磷酸化得到的（图 18.14）。磷酸胆碱在磷酸胆碱胞苷酰转移酶的作用下转变为 CDP-胆碱，无机焦磷酸盐（PP_i）就是这个反应的产物。之后，磷酸胆碱基团在胆碱磷酸转移酶的作用下转移到 1,2-二酰甘油的 C3 位置上（图 18.15），这是肺中二棕榈酸卵磷脂合成的主要途径。

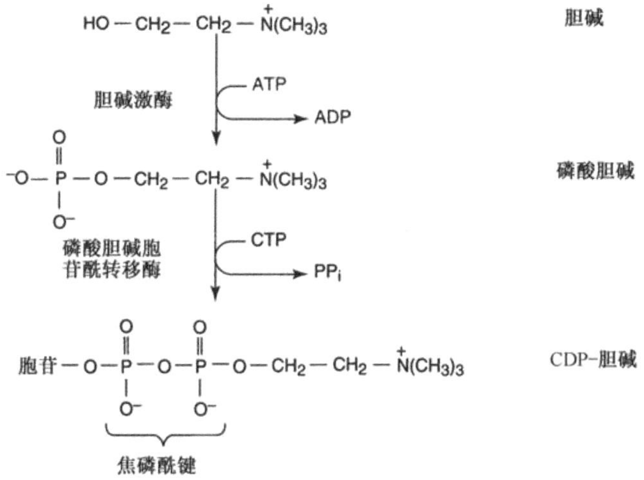

图 18.14　CDP-胆碱的生物合成

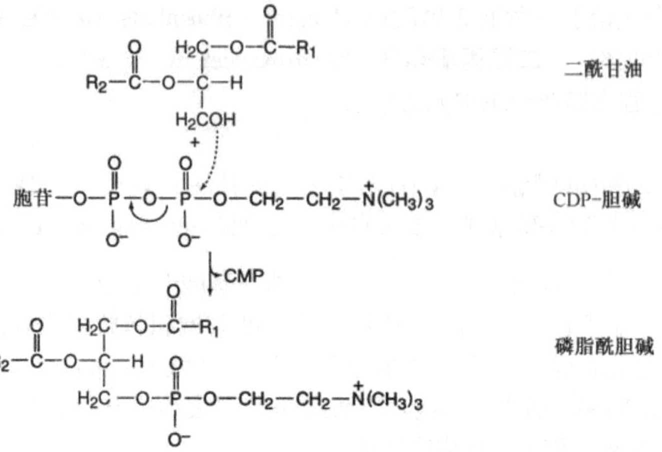

图 18.15　胆碱磷酸转移酶反应

磷脂酰胆碱合成的限速步骤是由**胞苷酰转移酶**(**cytidylyltransferase**)催化的(图 18.14)。对这个酶活性的调控涉及细胞溶胶和内质网之间的转位:该酶在细胞溶胶中处于失活状态,当与 cAMP 依赖的蛋白激酶结合则能可逆的磷酸化该酶,使其从膜上释放出来并失活。相反的,去磷酸化则使它结合在内质网膜上并处于激活状态。同样的,脂肪酰辅酶 A 也能使其结合在内质网上。在肝中,磷脂酰胆碱是通过磷脂酰乙醇胺反复甲基化形成的,内质网上的磷脂酰乙醇胺 *N*-甲基转移酶按顺序从 *S*-腺苷甲硫氨酸(AdoMet)转移甲基(图 18.16)。在肝和大脑中,内质网上的乙醇胺磷酸转移酶参与了磷脂酰乙醇胺的合成(图 18.17),而 CDP-乙醇胺则是由乙醇胺激酶:

$$乙醇胺 + ATP \xrightarrow{Mg^{2+}} 磷酸乙醇胺 + ADP$$

和磷酸乙醇胺胞苷酰转移酶共同催化得到的:

$$磷酸乙醇胺 + CTP \xrightarrow{Mg^{2+}} CDP\text{-}乙醇胺 + PP_i$$

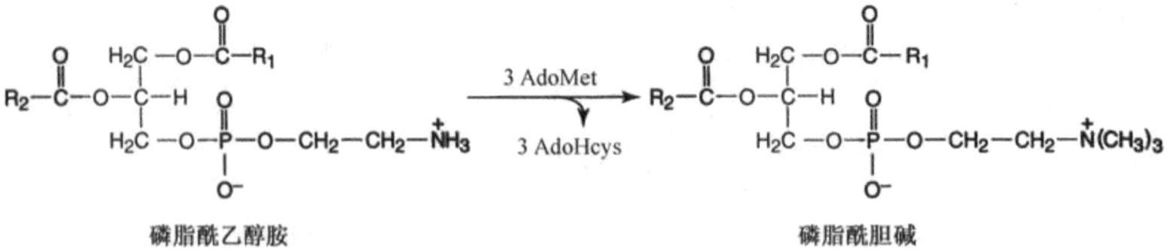

图 18.16　磷脂酰胆碱的生物合成

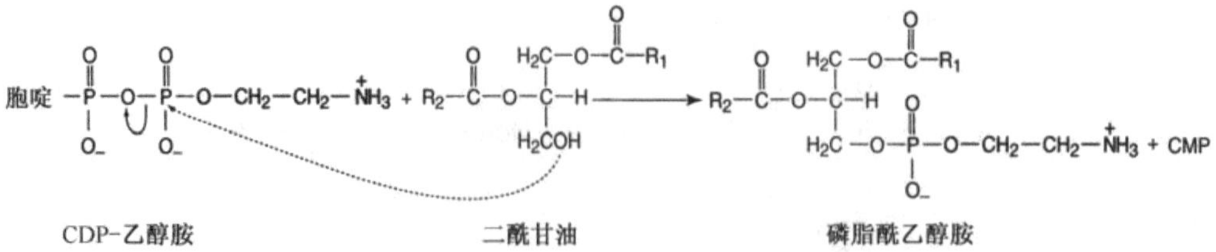

图 18.17　磷脂酰乙醇胺的生物合成(乙醇胺磷酸转移酶催化该反应)

肝的线粒体也能够通过磷脂酰丝氨酸的脱羧基反应生成磷脂酰乙醇胺,不过这只是个旁路途径(图 18.18)。磷脂酰丝氨酸在哺乳动物组织中的主要来源是“碱基置换”(图 18.19),通过将磷脂酰乙醇胺的极性头部基团置换为丝氨酸来实现。因为这个过程没有键的改变,所以整个反应是可逆的并且不需要 ATP 或者其他高能化合物提供能量。磷脂酰肌醇通过内质网上的磷脂酰肌醇合成酶催化生成 CDP-二酰甘油和游离的肌醇(图 18.20)。

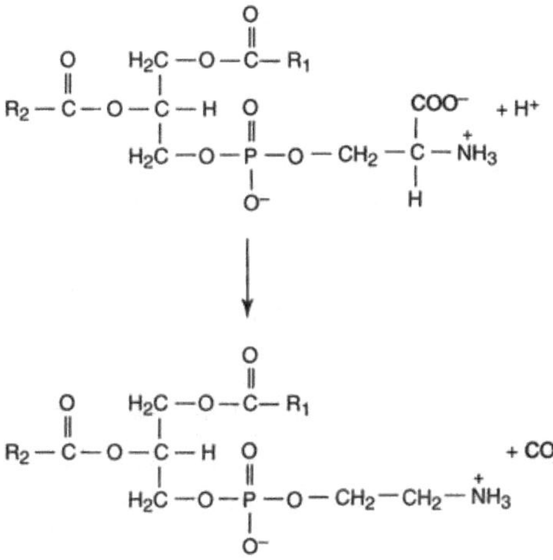

图 18.18　磷脂酰丝氨酸脱羧后形成磷脂酰乙醇胺

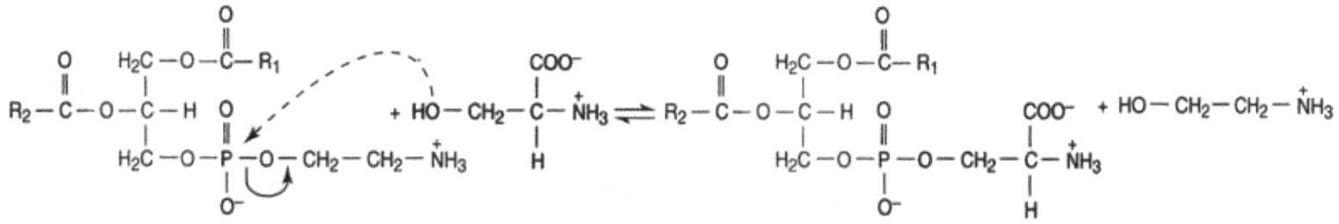

图 18.19　丝氨酸和磷脂酰乙醇胺通过交换碱基合成磷脂酰丝氨酸

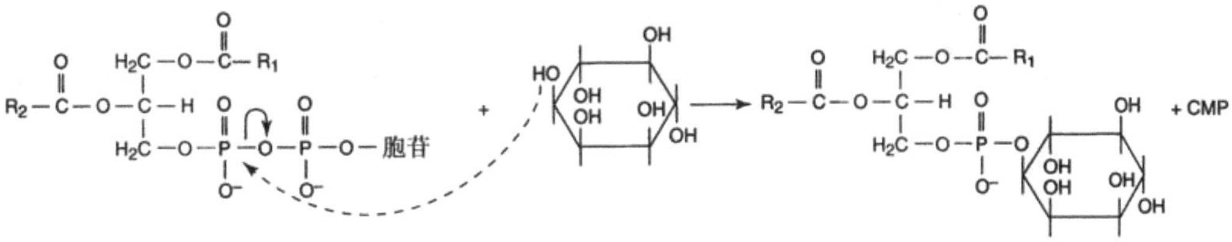

图 18.20　磷脂酰肌醇的生物合成

脂肪酸在磷脂分子上由于重塑反应形成不对称分布

磷脂酶 A_1 (phospholipase A_1)和**磷脂酶 A_2 (phospholipase A_2)**在很多组织中都有分布,并且在特殊磷脂分子结构 *sn*-1 和 *sn*-2 位置上的重塑过程中发挥作用。大部分脂肪酰

CoA 转移酶和磷脂合成酶缺乏分配磷脂中脂肪酸所需要的特异性，不同磷脂上 *sn*-1 和 *sn*-2 位置上的脂肪酸通常和在磷脂生物合成过程中最初的酰基转移酶反应中转移到甘油骨架上的脂肪酸并不相同。磷脂酶 A_1 和 A_2 催化的反应见图 18.21，其中 X 代表磷脂的极性头部基团，那些磷脂的产物称为**溶血磷脂**（**lysophosphatide，lysophospholipid**）。

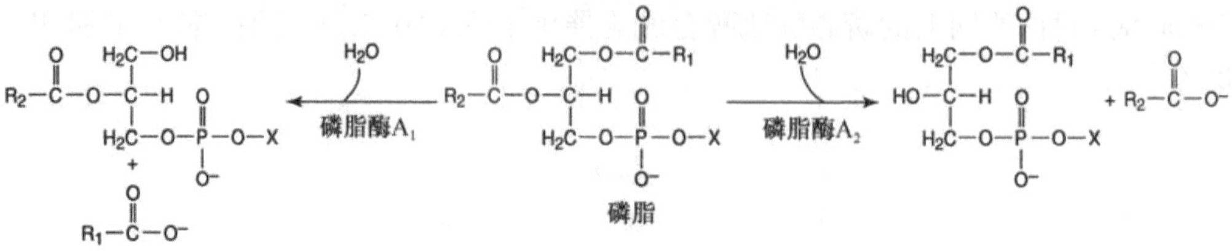

图 18.21　磷脂酶 A_1、A_2 的催化反应

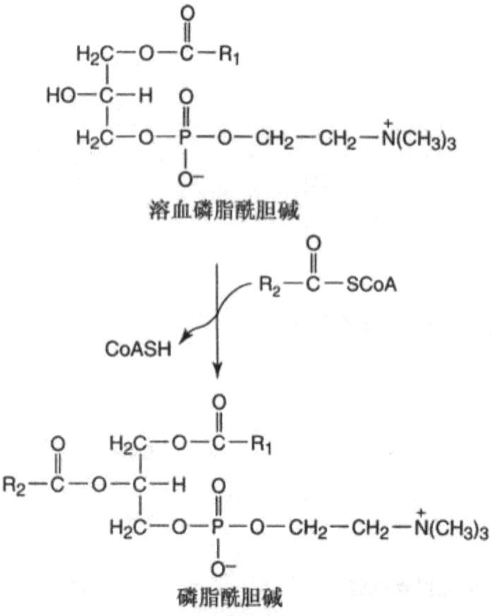

图 18.22　磷脂酰胆碱的合成

该反应由 1-酰基甘油-3-胆碱磷酸-*O*-酰基转移酶催化

如果细胞需要清除不需要的脂肪酸，例如来自磷脂酰胆碱 *sn*-2 位置上的硬脂酸，可以被更加不饱和的脂肪酸如花生四烯酸代替，然后再乙酰化反应后通过磷脂酶 A_2 的作用完成。花生四烯酸插入 *sn*-2 溶血磷脂酰胆碱 2 位上的过程，既可以通过**花生四烯酸辅酶 A 转乙酰基酶**（**arachidonyl-CoA transacylase**）直接酰基化花生四烯酸辅酶 A 得到（图 18.22），也可以通过溶血卵磷脂：卵磷脂酰基转移酶（LLAT）催化置换其他一些含有花生四烯酸的磷脂来实现（图 18.23）。因为产物和反应物中的化学键数目和性质没有变化，所以这类反应不需要 ATP 的参与。溶血磷脂酰胆碱被脂酰辅酶 A 再次酰基化是磷脂酰胆碱分子重塑的主要途径。

溶血磷脂，特别是 *sn*-1-溶血磷脂酰胆碱，也是重塑反应的主要脂肪酸来源。图 18.24 反映的是从 1-棕榈酰-2-油酰磷脂酰胆碱合成二棕榈

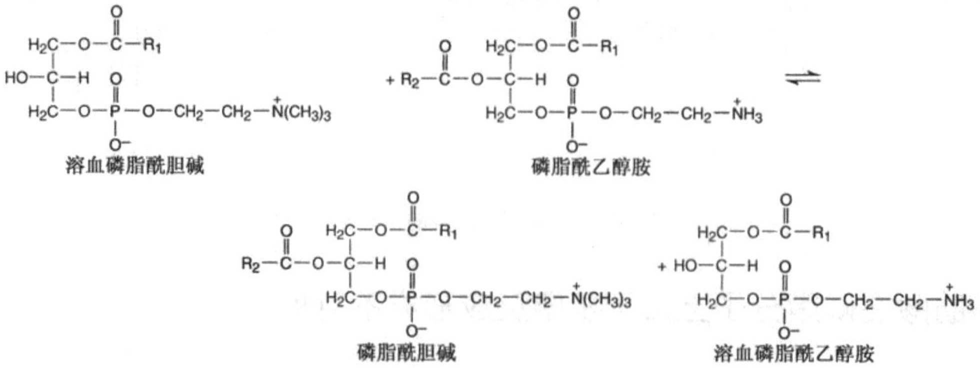

图 18.23　溶血卵磷脂交换形成磷脂酰胆碱

酰卵磷脂(表面活性剂)的反应，其中 *sn*-1-棕榈酰溶血卵磷脂是酰基转移酶置换反应中棕榈酸的来源。

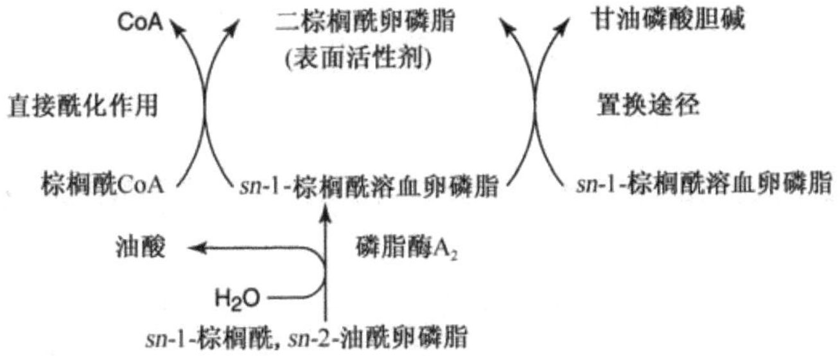

图 18.24　*sn*-1-棕榈酰溶血卵磷脂生物合成二棕榈酰卵磷脂的两条途径

缩醛磷脂的合成来自脂肪乙醇

DHAP、长链脂肪酸和长链脂肪乙醇合成**乙醚甘油酯(ether glycerolipid)**的反应可参见图 18.25。酰基二羟基丙酮磷酸是由脂酰辅酶 A：二羟基丙酮磷酸酰基转移酶(酶 1)作用形成的。乙醚键的插入是通过烷基二羟基丙酮磷酸合成酶(图 18.25，酶 2)用长链脂肪乙醇置换酰基二羟基丙酮磷酸的 1-*O*-酰基基团来实现的，该合成过程主要在过氧化物酶体中进行。而缩醛磷脂的合成则是将长链脂肪酸从供体辅酶 A 转移到 1-烷基-2-溶血-*sn*-甘油-3-磷酸的 *sn*-2 位上(图 18.25，反应 4)。Zellweger 病患者由于缺乏过氧化物酶体

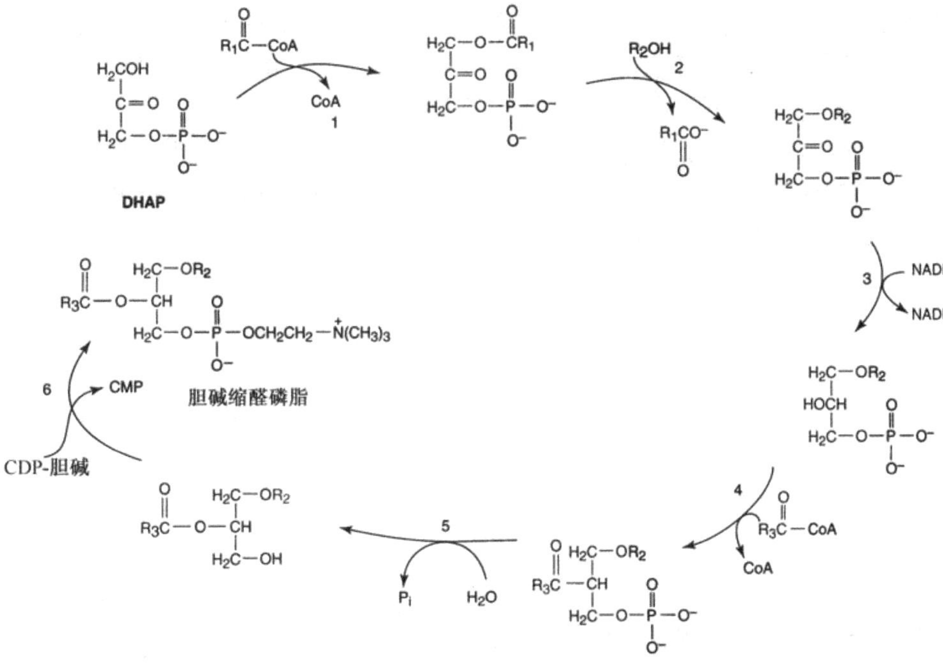

图 18.25　DHAP 合成胆碱缩醛磷脂

1. 乙酰辅酶 A：二羟基丙酮磷酸酰基转移酶；2. 烷基二羟基丙酮磷酸合成酶；3. NADPH：烷基二羟基丙酮磷酸氧化还原酶；4. 脂酰辅酶 A：1-烷基-2-溶血-*sn*-甘油-3-磷酸酰基转移酶；5. 1-烷基-2-酰基-*sn*-甘油-3-磷酸水解酶；6. CDP-胆碱：1-烷基-2-酰基-*sn*-甘油胆碱磷酸转移酶

而不能合成足够数量的缩醛磷脂(见临床相关知识 1.5)。

18.3 胆固醇

胆固醇是一种以游离和酯化形式广泛分布的脂环类化合物

胆固醇是一种脂环类化合物,其结构包括:①四个连在一起的环形全氢化环丙烷戊烯醇菲核心;②C3 位一个独立的羟基基团;③C5 和 C6 位之间的不饱和中心;④连接在 D 环 C17 位上的 8 个分支烃基;⑤在 C10 位上的甲基(编号为 C19)和 C13 位上的另外一个甲基(编号为 C18)(图 18.26 和图 18.27)。

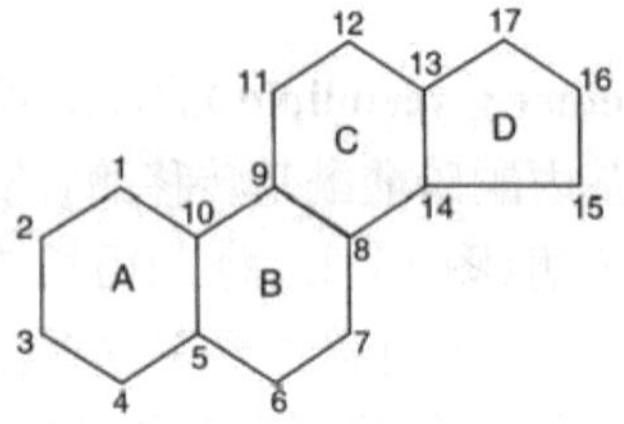

图 18.26　环戊烯菲环

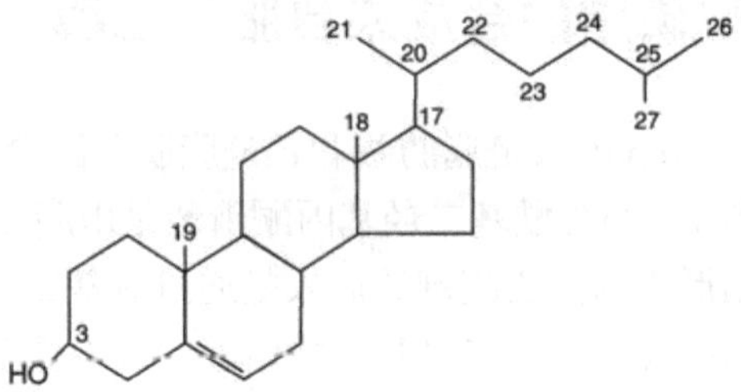

图 18.27　胆固醇结构

胆固醇的水溶性很低,在 25℃,最大溶解度为 0.2mg/100dL,相当于 4.7mmol/L。但在正常人血浆中实际胆固醇浓度可以达到 150～200mg/100dL,该值大约相当于血糖正常浓度的 2 倍,这主要是因为血中脂蛋白(主要是 LDL 和 VLDL)含有大量胆固醇的缘故(见 18.3 节)。血液中大约只有 30% 的胆固醇是游离(没有酯化)的,其余的都是胆固醇酯,它们分布在长链脂肪酸(常见的是油酸)发生酯化的 A 环 C3 位置上,这些长链脂肪酸上的残基增加了胆固醇的疏水性(图 18.28)。

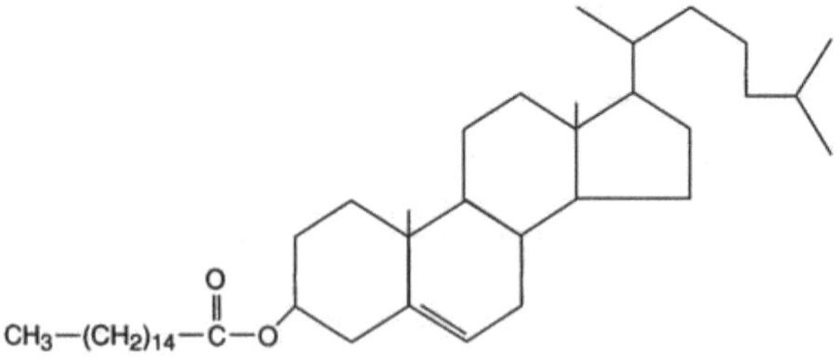

图 18.28　胆固醇脂结构

胆固醇是哺乳动物细胞膜常见和必需的组分,在胆汁中含量尤为丰富(正常浓度可以达到 390mg/100dL,其中只有 4% 是酯化形式),游离胆固醇的可溶性部分通过肝中胆汁磷脂的去垢剂特性来实现(见 26.6 节)。肝中磷脂代谢的慢性紊乱会导致胆固醇结石。胆盐是胆固醇的代谢产物,可以促进胆固醇溶解,而胆汁中的胆固醇则可以防止胆盐对胆囊膜的刺激和损伤。

临床检验中通过 Lieberman-Burchard 反应检测胆固醇的浓度,通过气相-液相色谱或者反向高压液相色谱(HPLC)鉴定游离和酯化胆固醇的比例。

胆固醇是细胞膜的组分,是胆盐和类固醇激素的前体

胆固醇主要来源于食物或者由机体细胞自发合成,它是人体中最主要的固醇,也是细胞膜的组分。在大脑和中枢神经系统的髓质结构中丰度很高,但在线粒体内膜的含量却比较少。与血浆中大部分胆固醇以酯化形式存在不同,细胞膜上胆固醇主要以游离形式存在。胆固醇的环形结构很难被机体代谢为二氧化碳和水,因此肝和胆囊中的胆固醇主要以胆盐的形式被排泄入肠道。肝中胆固醇是胆盐合成的直接前体,后者可以促进食源性三酰甘油和脂溶性维生素的吸收(见 26.6 节)。

另外胆固醇也是很多种不同**类固醇激素**(**steroid hormone**)的前体,包括孕酮,皮质类固醇(皮质酮、氢化可的松、可的松),醛固酮以及性激素、雌激素和睾丸酮。虽然所有的甾体激素结构和胆固醇相似并且都是从胆固醇生化合成而来,但是它们却具有完全不同的生理学特性。另外胆固醇的烃基骨架也出现在植物固醇中,例如麦角固醇,它是维生素 D 的前体(图 18.29),皮肤中的麦角固醇在紫外线的作用下可以转化为维生素 D_2。

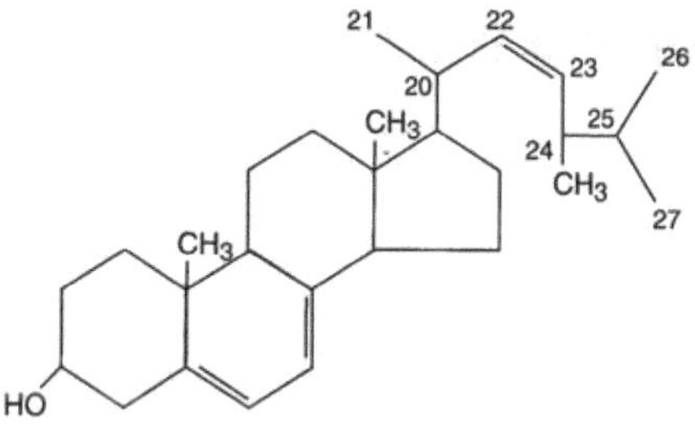

图 18.29　麦角固醇的结构

胆固醇是从乙酰辅酶 A 合成的

虽然所有细胞都合成胆固醇,但是肝、小肠、肾上腺皮质和一些再生性组织(卵巢、睾丸和胎盘)合成胆固醇的能力最高。胆固醇中所有的碳原子都来自于醋酸盐,NADPH 形式的能量递减(reducing power)主要由已糖单磷酸旁路(见 16.2 节)中的果糖 6-磷酸脱氢酶和 6-磷酸果糖脱氢酶引发。胆固醇合成发生在细胞溶胶和内质网中,反应主要靠乙酰辅酶 A 上的高能硫酯键和 ATP 上的高能磷酸键提供能量。

甲羟戊酸是关键的中间产物

胆固醇合成中第一个特殊化合物是来自于乙酰辅酶 A 的甲羟戊酸。乙酰辅酶 A 的来源很多:①脂肪酸的 β-氧化;②酮类氨基酸(如亮氨酸、异亮氨酸)的氧化;③丙酮脱氢酶反应。而醋酸可以在 ATP 存在的情况下由**乙酰激酶**(**acetokinase**)或者**乙酰硫激酶**(**acetate thiokinase**)转化成乙酰辅酶 A:

$$ATP + CH_3COO^- + CoASH \longrightarrow CH_3-\overset{\overset{\displaystyle O}{\|}}{C}-SCoA + AMP + PP_i$$

与生成酮小体(见 17.6 节)途径一样,两个分子乙酰辅酶 A 在**乙酰辅酶 A 硫解酶**(**acetoacetyl-CoA thiolase,乙酰辅酶 A:乙酰辅酶 A 酰基转移酶**)催化下缩合为乙酰乙酰辅酶 A:

$$CH_3-\overset{\overset{\displaystyle O}{\|}}{C}-SCoA + CH_3-\overset{\overset{\displaystyle O}{\|}}{C}-SCoA \longrightarrow CH_3-\overset{\overset{\displaystyle O}{\|}}{C}-CH_2-\overset{\overset{\displaystyle O}{\|}}{C}-SCoA + CoA-SH$$

乙酰乙酰辅酶 A 中碳碳键的形成在能量上有助于硫酯基的剪切和辅酶 A 的生成。

第三个乙酰辅酶分子在 **HMG-CoA 合成酶(3-羟基-3-甲基戊二酰辅酶 A：乙酰乙酰辅酶 A 裂合酶，HMG-CoA synthase)**作用下形成支链 **3-羟基-3-甲基戊二酰辅酶 A(3-hydroxy-3-methylglutaryl CoA，HMG-CoA)**(图 18.30)。肝实质细胞不仅含有细胞溶胶型 HMG-CoA 合酶(其参与了胆固醇合成)，而且还有线粒体型的 HMG-CoA(主要在酮小体合成中发挥作用)。这些酶通过乙酰辅酶 A 硫酯键的水解催化乙酰辅酶 A 上的甲基碳和乙酰乙酰辅酶 A 上的 β-羰基发生醛醇缩合，而乙酰乙酰辅酶 A 上最初的硫酯键却没有变化。另外，支链氨基酸亮氨酸氧化降解也能生成 HMG-CoA，反应的中间产物是 3-甲基巴豆酰 CoA 和 3-甲基戊烯二酸单酰 CoA。

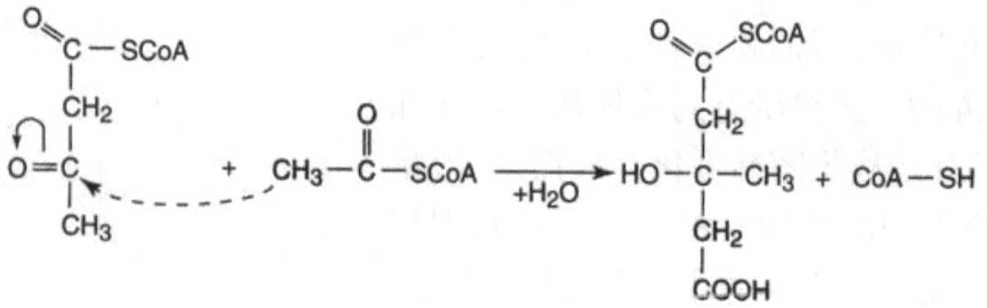

乙酰乙酰CoA　　乙酰CoA　　HMG-CoA

图 18.30　HMG-CoA 的合成

甲羟戊酸(mevalonic acid)由 HMG-CoA 合成，通过内质网 **HMG-CoA 还原酶**(甲羟戊酸：$NADP^+$ 氧化还原酶)催化，这一过程需要 NADPH 的参与(图 18.31)。整个过程需要消耗两分子的 NADPH，水解 HMG-CoA 的硫酯键，并形成甲羟戊酸的初级乙醇基团。这一还原过程不可逆，同时制造出(R)-(+)甲羟戊酸盐。HMG-CoA 还原酶催化的反应是胆固醇生物合成的限速反应。它是内质网内部蛋白，其具有催化作用的 C 端延伸到细胞溶胶中。磷酸化的 HMG-CoA 还原酶不仅丧失了催化活性，还由于自身对蛋白水解酶敏感性的增加而更易被降解。细胞内胆固醇浓度的增加能诱发 HMG-CoA 还原酶发生磷酸化。

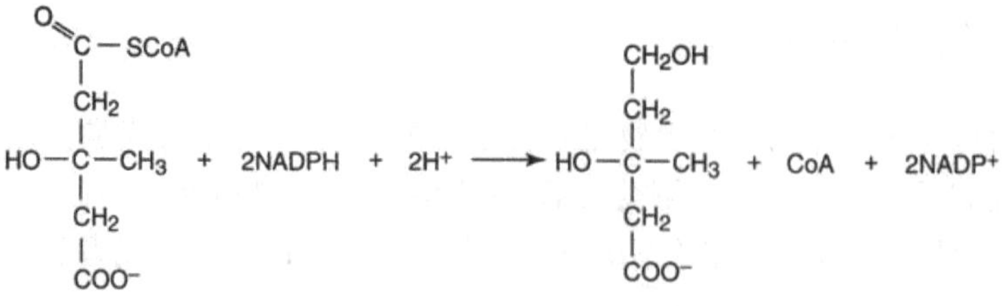

HMG-CoA　　甲羟戊酸

图 18.31　HMG-CoA 还原酶反应

HMG-CoA 还原酶在胆固醇平衡中的核心地位被一类称为抑制素(他汀)的降低血浆胆固醇浓度的药物所证实。他汀(例如洛活他汀、普伐他汀、弗活他汀、阿活他汀、斯活他汀等)能够抑制 HMG-CoA 还原酶活性，特别是在肝中抑制 HMG-CoA 还原酶的活性，通常能使血液中胆固醇和 LDL-胆固醇的浓度降低 50% 左右。

甲羟戊酸是焦磷酸法呢酯的前体

将甲羟戊酸转换为焦磷酸法呢酯的反应参见图 18.32,**甲羟戊酸激酶(mevalonate kinase)**(酶Ⅰ)和焦磷酸甲羟戊酸激酶(酶Ⅱ)将来自 ATP 的末端磷酸基团分步骤地转移到甲羟戊酸(A)上形成 5-焦磷酸甲羟戊酸(B)。之后焦磷酸甲羟戊酸脱羧酶催化 5-焦磷酸甲羟戊酸的脱羧基作用并生成 Δ^3-异戊烯焦磷酸 (D),这是个 ATP 依赖的反应,能产生 ADP、P_i 和二氧化碳。一般认为脱羧-脱氢过程是通过 3-磷酸甲羟戊酸-5-焦磷酸(C)来进行。异戊烯焦磷酸在磷酸甲羟戊酸焦磷酸异构酶作用下转换成烯丙型异构-3,3-二甲基烯丙焦磷酸盐(E)。后者与 3-异戊烯焦磷酸 (D)缩合产生牻牛儿(基)焦磷酸(F)。

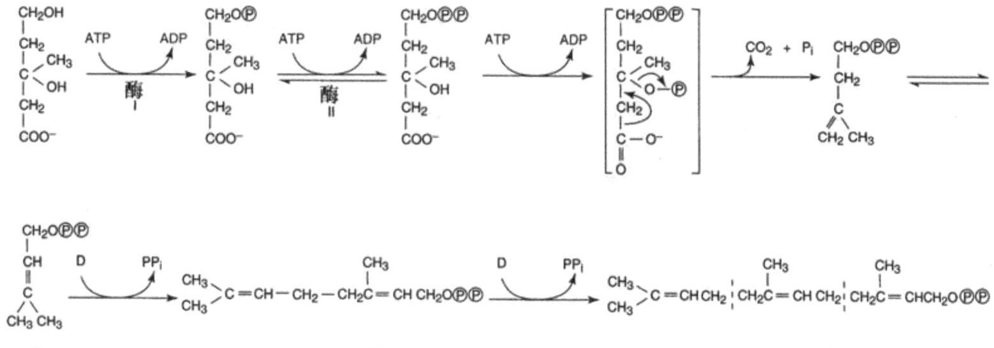

图 18.32　甲羟戊酸(F)形成焦磷酸法呢酯(A)

虚线用来区分类异戊二烯起源的基团。D 是 3-异戊烯焦磷酸

三个 C5 **异戊烯基团(isopentenyl unit)**在被称为**牻牛儿基转移酶(geranyltransferase)**的细胞溶胶异戊二烯基转移酶催化下逐步缩合形成 C_{15} **焦磷酸法呢酯(farnesyl pyrophosphate)**(G)。

焦磷酸法呢酯和角鲨烯形成胆固醇

胆固醇合成的最后一步涉及所谓的"头对头"方式连接两分子焦磷酸法呢酯形成角鲨烯的反应,后者环化并最终形成胆固醇。内质网中角鲨烯合成酶催化形成 30 个碳原子的角鲨烯(图 18.33),释放两分子的焦磷酸基团,并伴随产生许多中间产物。该反应需要 NADPH 的参与。通过碳碳键的旋转角鲨烯形成异构体的过程参见图 18.34。注意角鲨烯的上述形状都和胆固醇相似,但是角鲨烯没有氧原子。

角鲨烯合成胆固醇是通过角鲨烯环化酶催化中间产物羊毛固醇实现的,羊毛固醇含有闭合的四环系统并且有 8 碳的侧链:

$$角鲨烯 \longrightarrow 2,3\text{-}环氧角鲨烯 \longrightarrow 羊毛固醇$$

内质网酶催化的反应是双功能的,同时含有角鲨烯环氧酶或单加氧酶,以及**环化酶(羊毛固醇环化酶,lanosterol cyclase)**的活性。在角鲨烯环化过程中形成的许多碳碳键是以一种特定方式存在的(图 18.35)。羊毛固醇的羟基基团在 A 环的平面上方,也就是说是 β

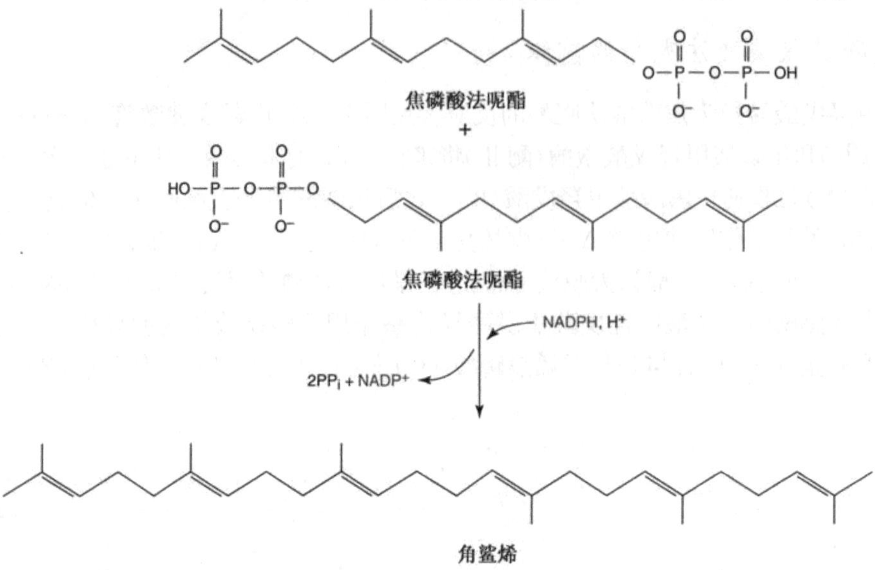

图 18.33　两分子的焦磷酸法呢酯形成 1 分子的角鲨烯

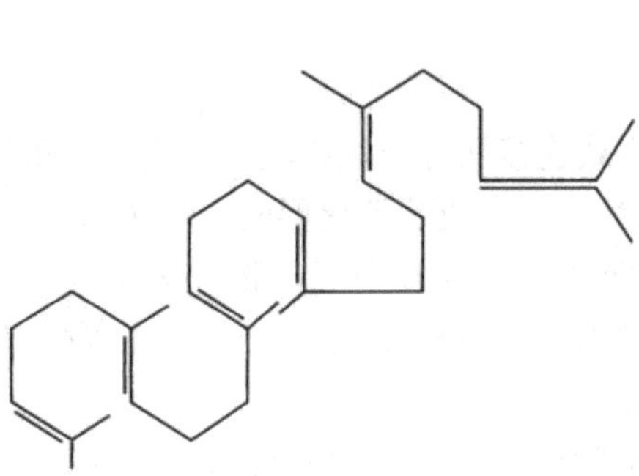

图 18.34　角鲨烯的结构(C30)

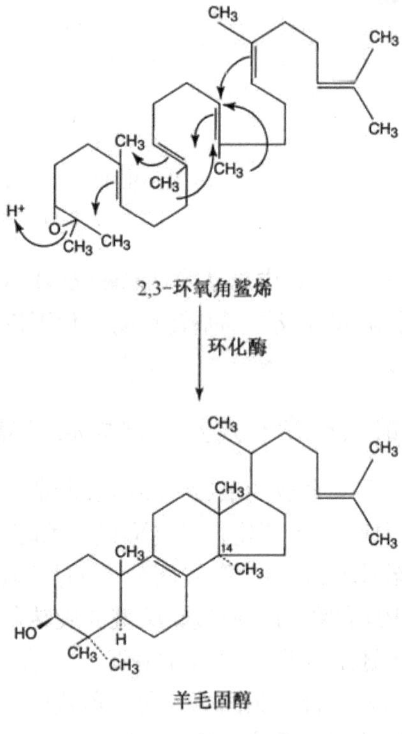

图 18.35　2,3-环氧角鲨烯转化成羊毛固醇

取向的。在这个反应过程中,羟基加在 C3 位上,两个甲基发生移位,同时释放出一个质子。

环化最初是在后来的胆固醇 C2 和 C3 位之间形成环氧化物,环氧化物的形成消耗

NADPH：

$$角鲨烯 + O_2 + NADPH + H^+ \longrightarrow$$
$$2,3\text{-}环氧角鲨烯 + H_2O + NADP^+$$

C3 位的羟基化诱发了角鲨烯到羊毛固醇的环化(图 18.35)。

羊毛固醇到胆固醇的转化还有很多步骤和酶没有完全研究清楚，这些反应包括：①C14 位上甲基的移除；②C4 位上两个甲基的移除；③从 C8 到 C5 位上两个双键的移动；④侧链上 C24 和 C25 位之间双键的还原(图 18.36)。

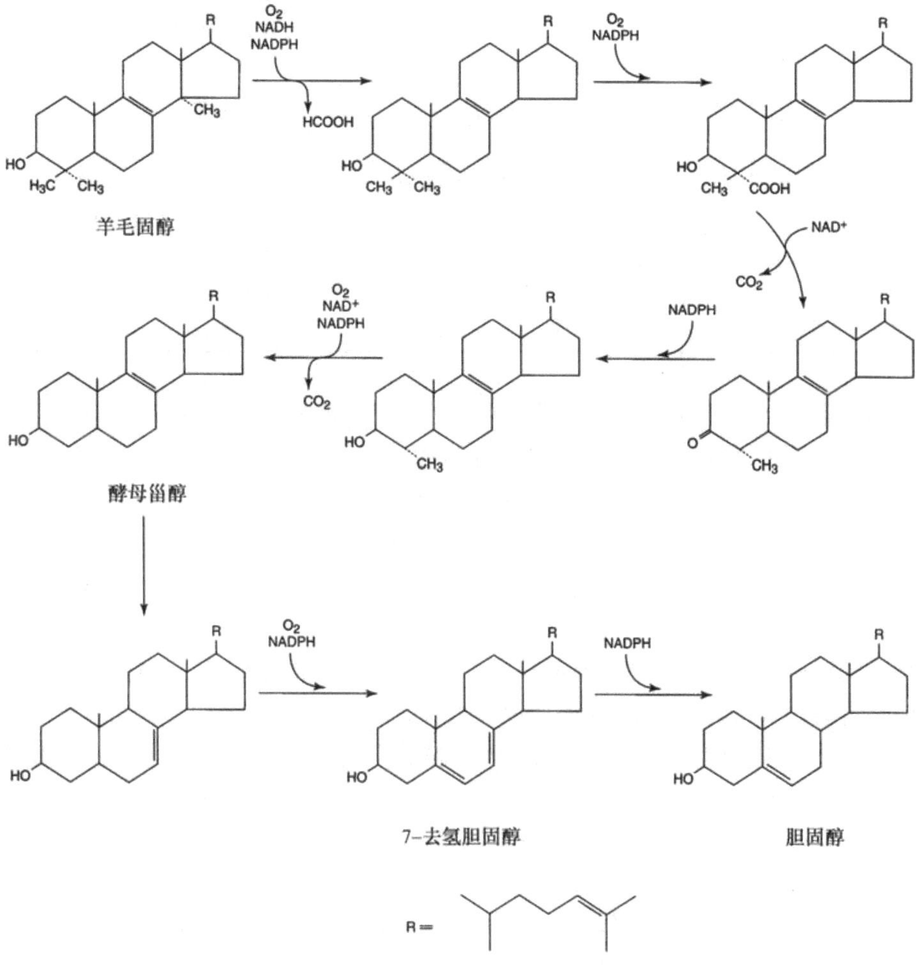

图 18.36　羊毛固醇到胆固醇的生物转化

血浆脂蛋白

血液中含有三酰甘油、胆固醇和胆固醇酯，这些脂质的浓度远远超过它们在水中的溶解度。血液脂质保持溶解度，或者至少完全的分散度，都是通过和被称为脂蛋白的大分子结构结合实现的，这些蛋白质能够促进脂质代谢和脂质在组织之间的转移。目前认为共有 5 大类脂蛋白：**高密度脂蛋白(high-density lipoprotein，HDL)**、**低密度脂蛋白(low-den-**

sity lipoprotein ,LDL)、**中密度脂蛋白**(**intermediate-density lipoprotein ,IDL**)、**极低密度脂蛋白**(**very-low-density lipoprotein ,VLDL**)和**乳糜微粒**(**chylomicron**),它们的理化性质见表 3.12,脂密度见表 3.14,所有脂蛋白均含有磷脂以及一个或多个称为**脱辅蛋白质**(**apoprotein**)的蛋白质,表 18.1 列出了最常见的 10 种载脂蛋白。

表 18.1　人血浆脂蛋白中的载脂蛋白

载脂蛋白	相对分子质量	血浆中浓度/($g \cdot L^{-1}$)	脂蛋白的分布
ApoA-I	28 000	1.0～1.2	乳糜微粒,HDL
ApoA-II	17 000	0.3～0.5	乳糜微粒,HDL
ApoA-IV	46 000	0.15～0.16	乳糜微粒,HDL
ApoB-48	264 000	0.03～0.05	乳糜微粒
ApoB-100	512 000	0.7～1.0	VLDL,IDL,LDL
ApoC-Ⅰ	7000	0.04～0.06	乳糜微粒,VLDL,HDL
ApoC-Ⅱ	9000	0.03～0.05	乳糜微粒,VLDL,HDL
ApoC-Ⅲ	9000	0.12～0.14	乳糜微粒,VLDL,HDL
ApoD	33 000	0.06～0.07	HDL
ApoE	38 000	0.03～0.05	乳糜微粒,VLDL,IDL,HDL

脂蛋白是球形分子,最疏水的脂类如胆固醇酯和三酰甘油位于其核心与水隔离,而游离(未酯化)胆固醇、磷脂和蛋白质则排列在表面(图 3.43,见 3.6 节)。两亲的磷脂分子和蛋白质分子保证了高度不溶的脂类维持在血液中的溶解度。颗粒表面的载脂蛋白既可以作为配体与细胞表面受体结合又能作为酶的共因子参与脂蛋白代谢。

脂蛋白是胆固醇和它们的酯化物、三酰甘油在体内运输的载体。例如,LDL 释放胆固醇给需要胆固醇形成细胞膜和合成甾体激素的各种组织。它从外周组织携带到肝脏的胆固醇和乳糜微粒中的胆固醇均能调控肝中胆固醇合成(图 18.37)。相反,HDL 富含胆固醇但是含有很少三酰甘油,它从外周组织携带胆固醇到肝,在肝中将胆固醇直接或转化成胆盐后分泌到胆汁中。而 VLDL 和乳糜微粒的作用则主要是运输三酰甘油用于能量代谢(例如肌肉)或者储存(例如脂肪细胞)。

血浆脂蛋白是血液中很多酶的底物。脂蛋白脂肪酶通过硫酸肝素糖蛋白结合在血管内皮细胞的管腔面表面,水解 VLDL 和乳糜微粒中的三酰甘油。肥大细胞和巨噬细胞/网状内皮系统细胞释放的载脂蛋白(apoC-Ⅱ)和肝素能激活这些脂蛋白脂肪酶。脂蛋白脂肪酶释放的脂肪酸被细胞摄取并且发生 β-氧化,后者能够整合到用于组装细胞膜的磷脂中,或者在脂肪细胞中以三酰甘油的形式被代谢或者储存。三酰甘油水解后释放出磷脂、游离胆固醇和可交换的载脂蛋白,这些组分又被转移到其他循环脂蛋白尤其是 HDL 中。在乳腺中,这些脂肪酸能够被整合到乳汁脂肪中。乳糜微粒水解后失去了三酰甘油核心,变成富含胆固醇酯的乳糜微粒残留物,后者可以和肝细胞膜上的特殊受体结合经过细胞内吞作用在肝中代谢(图 18.37),所以说脂蛋白在结构和组成上维持着动态平衡。

脱辅蛋白质合成的主要场所是肝和小肠,例如,apoB-48 主要在小肠中合成,而 apoB-100 则主要在肝中。apoB-48 蛋白长度大约只相当于 apoB-100 的 48%,而信使 RNA 的编码长度却与 apoB-100 相同。引起这种差异的主要原因是小肠 apoB 的 mRNA 中引入

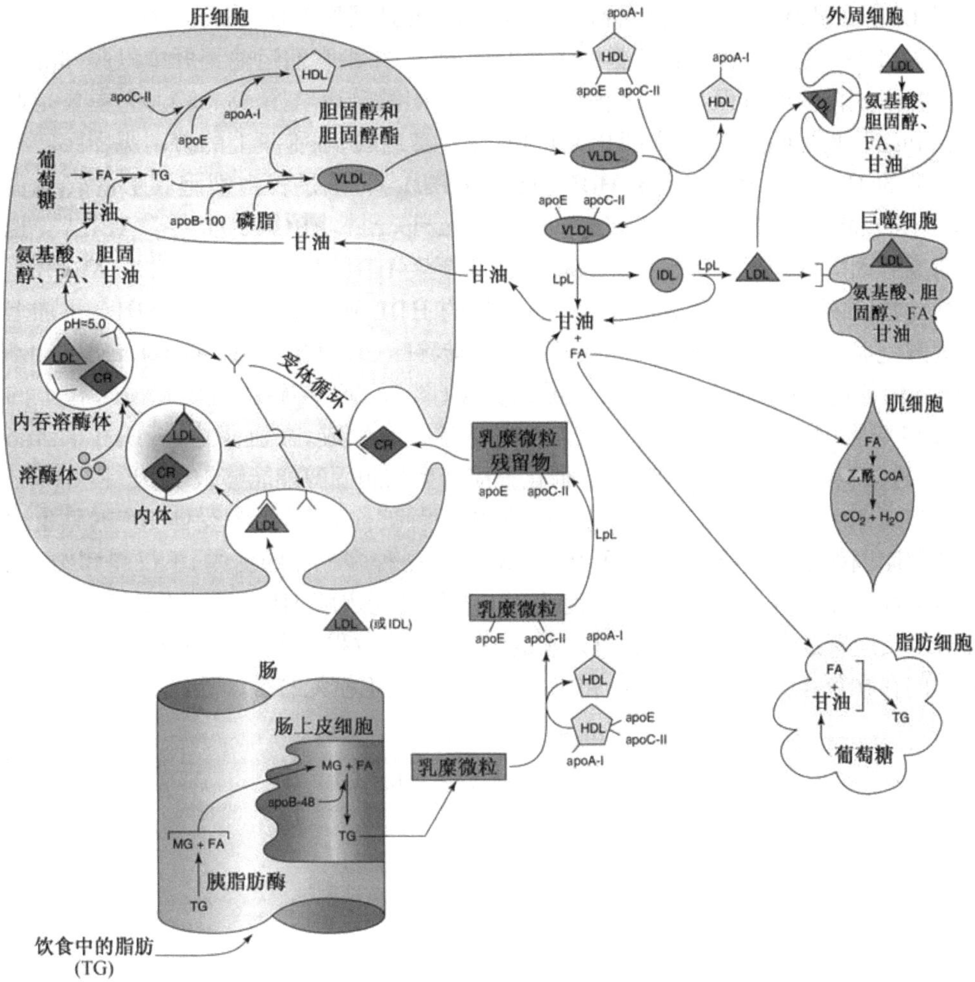

图 18.37　血浆脂蛋白代谢的途径与器官

FA，脂肪酸；TG，三酰甘油；HDL，高密度脂蛋白；LDL，低密度脂蛋白；IDL，中密度脂蛋白；VLDL，极低密度脂蛋白；LPL，脂蛋白脂肪酶；apo-，脱辅蛋白质。乳糜微粒包含 apoB-48；VLDL 和 LDL 含有 apoB-100

了一个终止密码子，因此翻译在进行到 48% 的位置时被异常终止。脂肪消化时会合成 apoB-48，并用其制造乳糜微粒，相应的 apoB-100 用来合成 VLDL。新合成的 VLDL 中三酰甘油的脂肪酸部分是糖和甘油合成的，尤其是当它们已经被氧化为乙酰辅酶 A，或者是来自乙醇氧化后产生的醋酸盐。在肝中，VLDL 需要新鲜合成的胆固醇酯，或者在循环中来自其他脂蛋白的胆固醇酯。在循环中，**胆固醇酯转运蛋白**（**cholesteryl ester transfer protein，CETP**）促进了 HDL、VLDL 和 LDL 各自之间三酰甘油和胆固醇酯的净转运。CETP 与血浆中 HDL 的浓度相关，饮食中的高胆固醇血症可以促进它的表达。脂蛋白脂肪酶能够将 VLDL 转换成中间密度脂蛋白，然后将三酰甘油加到 LDL 上(图 18.37)。

HDL 主要在肝中合成，只有一小部分在小肠内合成，它具有的一个特殊功能就是能够作为 **apoE** 和 **apoC-Ⅱ** 的储存库。apoE 和 apoC-Ⅱ 可以激活脂蛋白脂肪酶。HDL 调节血液中不同脂蛋白之间的脱辅蛋白质和脂肪的交换，HDL 颗粒提供 apoE 和 apoC-Ⅱ 给乳糜颗粒和 VLDL，一旦乳糜颗粒和 VLDL 中的三酰甘油发生大量水解，这些脂蛋白就转化成 LDL 和乳糜颗粒残留物，而 apoE 和 apoC-Ⅱ则回到 HDL(图 18.37)。

另外，HDL 也参与了清除细胞中多余的胆固醇、并将它们运输到肝中以胆固醇本身或者胆盐形式排泄的过程，这一过程称为“反向胆固醇转运”(图 18.38)。它主要是通过脂蛋白和细胞膜之间的游离(未酯化)胆固醇交换实现的，细胞膜上的游离胆固醇转移到缺乏脂质的 HDL 上，产生**“新生 HDL(nascent HDL)”**，该过程由细胞膜上的转运蛋白**“ATP 结合盒转运蛋白”(ATP-binding cassette transporter，ABCA-1)**介导。ABCA-1 也在转运游离胆固醇的同时将磷脂从细胞膜转运到新生 HDL 上并形成 HDL3。ABCA-1 转运蛋白的缺乏能够导致一种被称为 Tangier 病的 HDL 缺乏症的发生。HDL3 再加上酯化胆固醇就成为 HDL2。**卵磷脂：胆固醇酰基转移酶(lecithin：cholesterol acyl transferase，LCAT)**负责酯化胆固醇，这个自由可逆反应(图 18.39)将磷脂酰胆碱 *sn*-2 位上的脂肪酸转移到胆固醇的 3-羟基上。LCAT 主要在肝中生成，在血浆中与 HDL 结合，被 HDL 中的 apoA-1 组分激活。LCAT 催化反应产生的胆固醇酯能够被 HDL 和 CETP 转移到 VLDL 和 LDL 上，并最终被肝吸收。肝中一种被称为“清道夫受体-BI”的膜蛋白选择性摄取胆固醇酯并导致 HDL 的降解。SR-BI 是一种多配体的受体，不仅能和 HDL 结合还可以和 VLDL、LDL 结合。肝细胞表面的肝脂肪酶水解 HDL 颗粒中的三酰甘油，降解 HDL，反应释放的 apoA-1 重新进入新的 HDL 合成过程。血浆 HDL 浓度和冠状血管疾病之间存在负相关，而 LDL 浓度和冠心病之间则是正相关的。

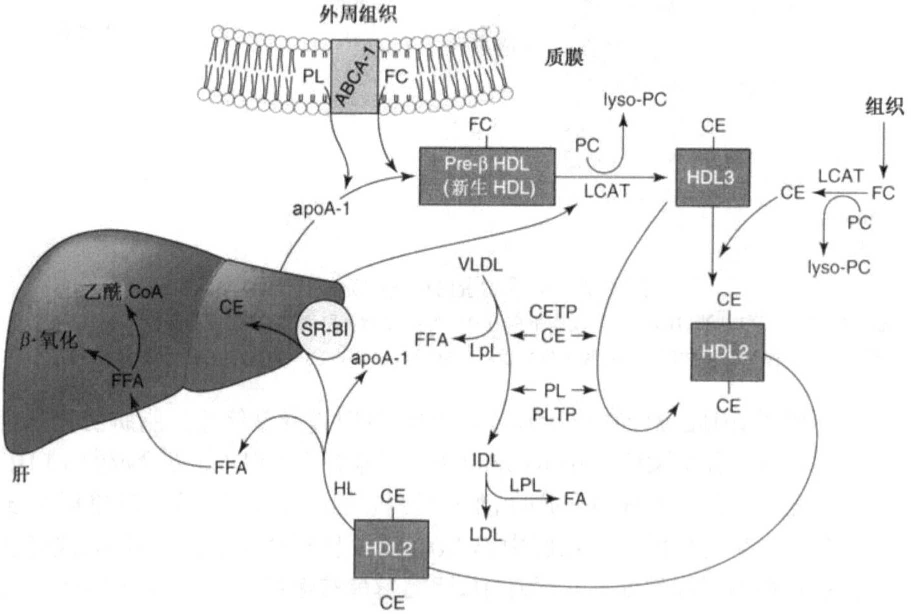

图 18.38　其他蛋白和酶参与的胆固醇反向转运

PL，磷脂；FC，游离胆固醇；ABCA-1，ATP 结合盒转运蛋白 1；HDL，高密度脂蛋白；LDL，低密度脂蛋白；IDL，中密度脂蛋白；VLDL，极低密度脂蛋白；PC，磷脂酰胆碱；lyso-PC，溶血磷脂酰胆碱；LCAT，卵磷脂：胆固醇酰基转移酶；CE，胆固醇酯；CETP，胆固醇酯转运蛋白；PLTP，磷脂转运蛋白；LPL，脂蛋白脂肪酶；apoA-1，载脂蛋白 A-1；FFA，游离脂肪酸；SR-BI，Ⅰ型清道夫受体 B 类；TG，三酰甘油；HL，肝细胞脂肪酶；FA，脂肪酸；apo-，脱辅蛋白质

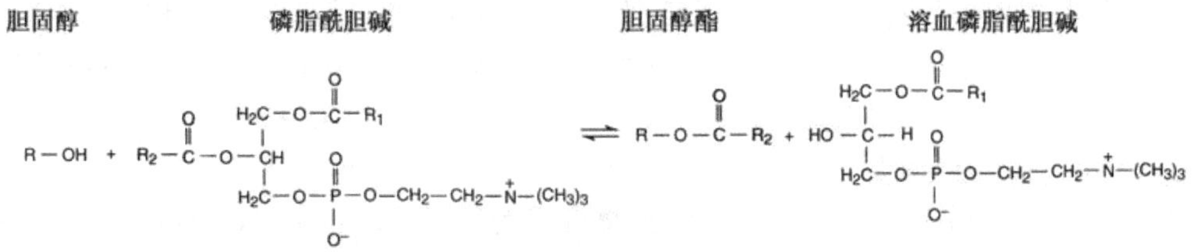

图 18.39　卵磷脂：胆固醇酰基转移酶(LCAT)反应
R-OH 代表胆固醇

肝细胞通过相似的机制代谢乳糜颗粒残留体。而巨噬细胞和许多其他细胞则含有特殊的受体用来识别乳糜颗粒残留体并内化它们,乳糜颗粒中的 apoE 能被这些特异受体识别。另外,部分 LDL 在特定细胞特别是在巨噬细胞中则通过非特异清道夫受体被摄取。

胆固醇合成受精确调控

血清胆固醇升高预示动脉粥样硬化。健康个体中,血清胆固醇水平靠肝维持在一个相对狭窄的浓度范围内。肝表达人体绝大部分 LDL 受体,并具有最高的 HMG-CoA 还原酶的活性,它是血浆胆固醇转化成胆汁酸的主要场所。人体的胆固醇主要来自饮食、肝和小肠。当饮食摄取的胆固醇量下降,肝和小肠中的胆固醇合成就会增强,之后分别被 VLDL 和乳糜颗粒从肝、小肠运输到全身组织。

胆固醇合成(图 18.40)中的关键和限速步骤是 HMG-CoA 还原酶催化的甲羟戊酸合成反应。另外胆固醇的表达还能负反馈抑制 HMG-CoA 还原酶,促进 HMG-CoA 还原酶的降解,但具体的机制目前还不清楚。

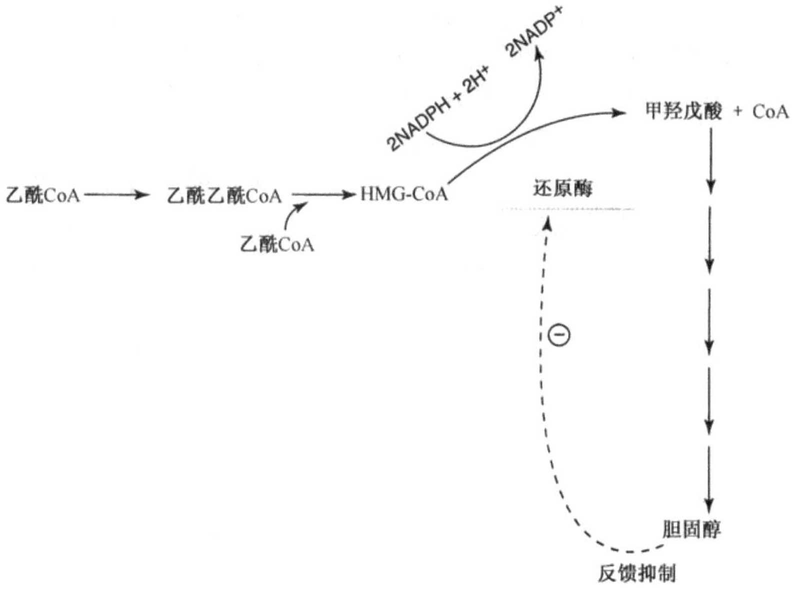

图 18.40　胆固醇的合成负反馈抑制 HMG-CoA 还原酶的活性

一个低胆固醇饮食的健康成人，每天大约有 1300mg 的胆固醇在肝中代谢，这些胆固醇来自饮食和外周组织，主要通过以下方式处理：①以大约 250mg 胆盐和 550mg 胆固醇的形式排泄入胆汁；②以胆固醇酯的形式储存；③整合到 VLDL 中进入血液循环。而健康成人的肝每天大约需要合成 800mg 胆固醇以补充胆盐和胆固醇。

大约 75% 的 LDL 在肝中通过 **LDL 受体介导的过程（LDL-receptor-mediated process）** 进行代谢。LDL 和受体的结合是饱和、高亲和性和高特异性的，受体可以识别 LDL 和 VLDL 上面的脱辅蛋白质 E（apoE）和脱辅蛋白质 B-100（apoB-100），结合发生在细胞膜上覆盖着网格蛋白的小坑上，进而引发配体-受体复合物作为网格蛋白覆盖小体被内化，这就是受体介导的细胞内吞。在细胞内部，内吞小体脱去它们的网格蛋白，成为内体，随后内体同溶酶体融合，溶酶体含有蛋白酶和胆固醇酯酶，在这个相对酸性（pH≈5.0）的环境里，受体与 LDL 解离，回到细胞表面，而胆固醇酯则被胆固醇酯酶水解为胆固醇和长链脂肪酸，蛋白质降解为氨基酸后进入氨基酸库，游离胆固醇弥散在细胞质中抑制 HMG-CoA 还原酶活性和 HMG-CoA 还原酶的合成。同时，内质网中的**脂肪酰辅酶 A：胆固醇酰基转移酶（CoA：cholesterol acyltransferase，ACAT）**被胆固醇激活后能促进胆固醇酯的形成，原则上是胆固醇基油酸：

$$\text{胆固醇}+\text{油酸辅酶 A}\longrightarrow\text{胆固醇基油酸}+\text{辅酶 A}$$

细胞内聚集的胆固醇通过抑制基因表达的方式抑制 LDL 受体的重新补充，从而阻断了胆固醇的进一步摄取和聚集。

LDL 受体是一种单链的糖蛋白，编码这个受体基因上的大量突变和家族性的高胆固醇血症有关。该受体一次跨膜，羧基端在细胞内，而氨基端在细胞外和 apoB-100 和 apoE-100 结合。

血清高胆固醇水平，尤其是 LDL 胆固醇，和心梗等心脏疾病相关，因此可以通过饮食和治疗手段降低血液中胆固醇（见临床相关知识 18.2）水平，预防和治疗相关心脏疾病。患有家族性（遗传性）高胆固醇血症的患者往往发生进行性的动脉粥样硬化（见临床相关知识 18.3）。大多数受体阴性病例中等位基因突变引起的 LDL 受体不表达或表达很少会造成功能性 LDL 受体的缺乏。而在另一些病例中，受体可以合成并且正常运输到细胞表面，但氨基酸残基被置换或者蛋白质结构方面的改变会导致受体无法正常结合 LDL。最终结果是，很少或者没有 LDL 与细胞结合，胆固醇合成不被抑制，血液中的胆固醇浓度升高。一些 LDL 缺乏患者虽然能够合成 LDL 受体，但是将糖蛋白转运到细胞膜的机制存在缺陷。还有一些患者则是 LDL 受体的细胞内 C 端有缺陷，不能将 LDL-LDL 受体复合物内化。

在一些特殊的组织，例如，肾上腺皮质和卵巢中，LDL 释放的胆固醇是甾体激素的前体，例如糖皮质激素和雌二醇。在肝中，来自 LDL 和 HDL 的胆固醇则被转化成胆盐用于小肠脂肪的消化。

临床相关知识 18.2

高胆固醇血症

许多权威机构建议通过检测血浆中胆固醇的浓度对全部无症状人群进行筛查,浓度低于 200mg% 被认为是合理的,而浓度超过 240mg% 时则有必要对其进行进一步的脂蛋白含量分析,特别是检测低密度脂蛋白胆固醇的水平。降低低密度脂蛋白的水平依赖于:①将每日摄取的胆固醇量控制在 300mg/天以下;②控制食物中卡路里的量以维持理想体重;③每日摄取的脂肪不要超过总卡路里的 30%。大约 2/3 的脂肪属于单聚或多聚不饱和形式。降低低密度脂蛋白的第二种办法就是服药。消胆胺和降脂宁属于胆盐结合类药物,它们通过促进胆盐的释放,加速肝中胆盐的合成和低密度脂蛋白的摄取。洛伐他汀通过抑制 HMG-CoA 还原酶的活性,抑制胆固醇的合成,进而刺激 LDL 受体对低密度脂蛋白的吸收。洛伐他汀和消胆胺连用有时也被用来治疗严重的高胆固醇血症。

临床相关知识 18.3

动脉粥样硬化

动脉粥样硬化在西方发达国家是导致人死亡的头号杀手。这种病的发生与 LDL 的水平呈正相关,与 HDL 的水平呈负相关。这就是为什么人们将 LDL 称为“有害”胆固醇,而将 HDL 称为“有益”胆固醇,尽管它们二者从化学的角度看没有任何差别。在动脉粥样硬化的患者动脉血管壁含有来源于单核-巨噬细胞的累积胆固醇脂的细胞,以及一些处于增殖状态并发生纤维化的平滑肌细胞。这些异常最早是由血液单核细胞迁移到内皮下膜动脉引起的。之后这些细胞就开始分化成巨噬细胞并将来源于血浆的 LDL 以胆固醇脂的形式累积起来。有些 LDL 的吸收并不依赖于 LDL 受体。比如有不同的受体分别用来吸收乙酰化的 LDL 或与硫酸葡聚糖形成复合物的 LDL,但是它们却不受细胞中胆固醇浓度的调节。内皮下膜的变性会导致血小板在内皮表面的聚集,以及血小板相关丝裂原的释放(比如血小板相关的生长因子,它能刺激平滑肌细胞的生长)。泡沫细胞的死亡会导致细胞中脂质的沉积和纤维化。最终动脉粥样硬化病灶会使血管狭窄,导致血栓形成,并诱发心肌梗死(心脏病发作)。

胆固醇主要以胆汁酸的形式排泄

胆汁酸是胆固醇代谢的最终产物。初级胆汁酸在肝细胞中直接由胆固醇合成,胆汁酸是去羟基胆酸的衍生物(图 18.41),**去羟基胆酸(cholic acid)**和**鹅去氧胆酸(chenodeoxycholic acid)**(图 18.42)是 C24 化合物,分别含有 3 个和 2 个羟基基团,一个 C5 侧链,

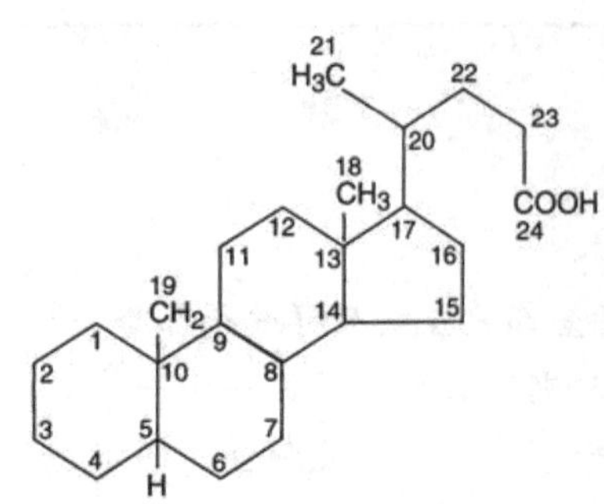

图 18.41　去羟基胆酸的结构

侧链的末端是一个能够在 pH7.0 的条件下离子化的羧基基团。羧基经常通过酰胺键共轭结合在甘氨酸（$NH_2—CH_2—COOH$）（图 18.43）或者牛磺酸（$NH_2—CH_2—CH_2—SO_3H$）上，分别形成甘氨胆酸或牛磺胆酸。

初级胆汁酸在肠道中被微生物修饰为次级胆汁酸：胆酸和鹅去氧胆酸，脱去羟基（图 18.42）后分别形成去氧胆酸和石胆酸。胆固醇转化成胆汁酸需要：①3β-OH 的差向异构化；②C5 双键的还原；③鹅去氧胆酸 C7 或者胆酸的 C7 和 C12 位加上 OH；④通过去除丙基将 C27 侧链转入 C24 羧酸。

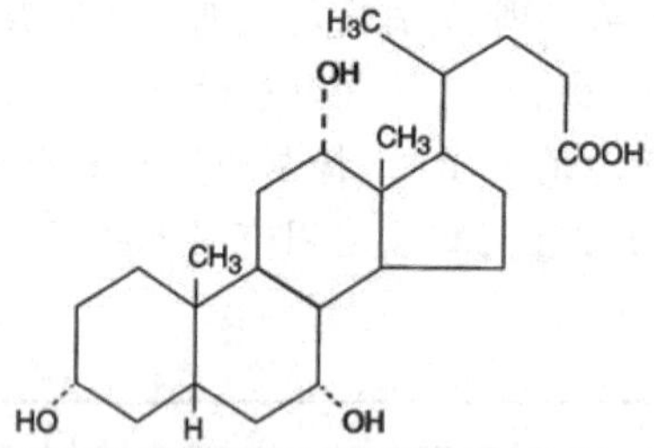

胆醇

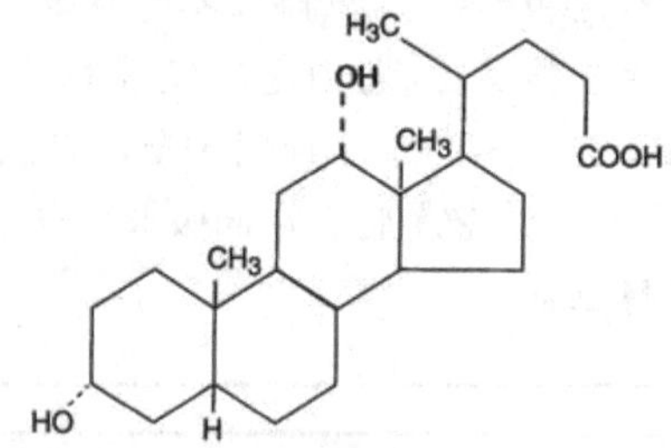

去氧胆酸

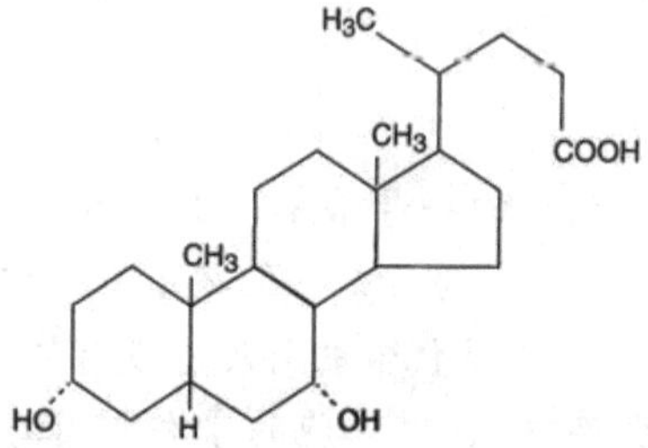

鹅去氧胆酸

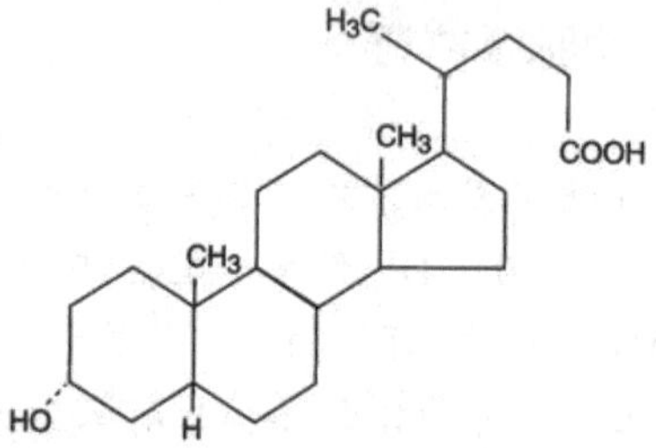

石胆酸

图 18.42　部分胆汁酸结构

胆汁酸分泌进入胆汁储存在胆囊，然后分泌入小肠。肝制造的胆汁酸不能满足生理需要，机体需要依靠肝肠循环补充，即每天数次从小肠中将部分胆汁酸运回肝。

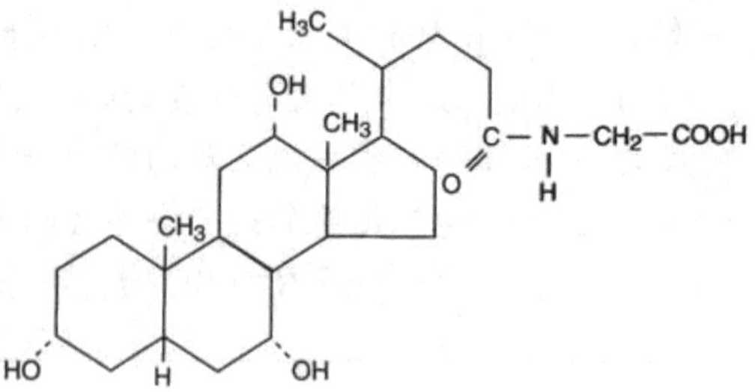

图 18.43　糖胆酸结构。一种共轭的胆汁酸

在胆汁中胆汁酸和磷脂溶解胆固醇，防止胆固醇在胆囊中沉淀。小肠中胆汁酸作为乳化剂乳化食物中的三酰甘油，并能直接激活胰腺脂肪酶使其水解三酰甘油（见 26.5 节）。同时胆汁酸还能促进肠道中脂溶性维生素的吸收，尤其是维生素 D。

维生素 D 的合成来自胆固醇合成的中间产物

胆固醇合成提供了皮肤光化学反应制造维生素 D_3 的底物(见 28.4 节中关于维生素 D_3 合成和功能的详细讨论,以及 28.4 节的维生素 D_3 对钙离子代谢的调控)。维生素 D_3 是一种开环甾类化合物,其胆固醇 B 环上的 9,10 碳碳键被打开(图 18.44)。维生素 D_3 的合成在皮肤中进行,皮肤中胆固醇合成的中间产物 7-脱氢胆固醇在阳光中紫外线(285～310nm)的照射下转变为前维生素 D_3。前维生素 D_3 具有生物学惰性和不稳定性,能够不依靠酶催化缓慢地(大约 36h)转变为有生物活性的维生素 D_3。每天手或脸部在

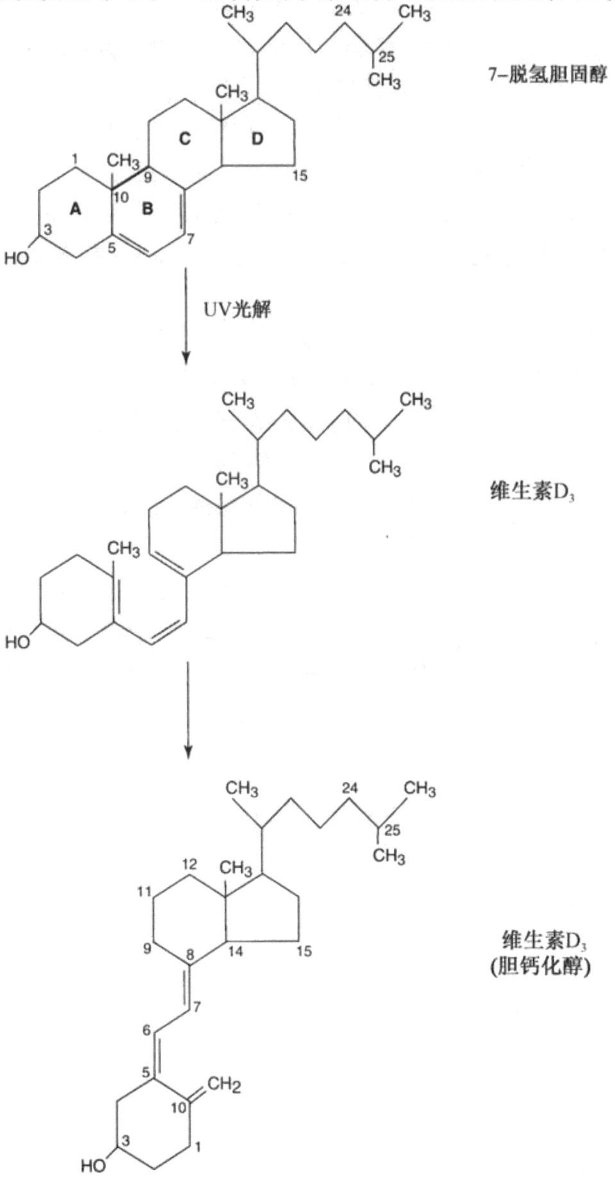

图 18.44　7-脱氢胆固醇通过光化学转化成维生素 D_3

日光下仅暴露 10min 就足以满足人体对维生素 D 的需要。植物中的固醇和麦角固醇依靠光化学反应也可以提供食源性的维生素 D_2 前体(麦角钙化醇)来满足人体需要。

18.4 鞘脂

鞘氨醇的合成

鞘脂类是复杂脂类,它们的核心结构是长链氨基酸乙醇鞘氨醇(图 18.45)[4-鞘氨醇或者反式-1,3-二羟基-2-氨基-4-十八(碳)烯-1-醇]。**鞘氨醇(sphingosine)**有两个不对称的碳原子(C2 和 C3),存在 4 种可能的光旋异构体,天然的鞘氨醇是 D-赤藓型,双键具有反式构型。C1 位的初级乙醇基团是亲质子核心,在鞘糖脂上和糖链相连。神经酰胺 C2 位上的氨基基团总是通过酰胺基携带一个长链脂肪酸(通常是 C20～C26),而 C3 位上的第二个乙醇分子总是游离的。注意鞘氨醇的这部分结构和酰基甘油的甘油基团相似(图 18.45)。鞘氨醇存在于血液和几乎所有细胞的细胞膜中,在中枢神经系统的白质中浓度最高。

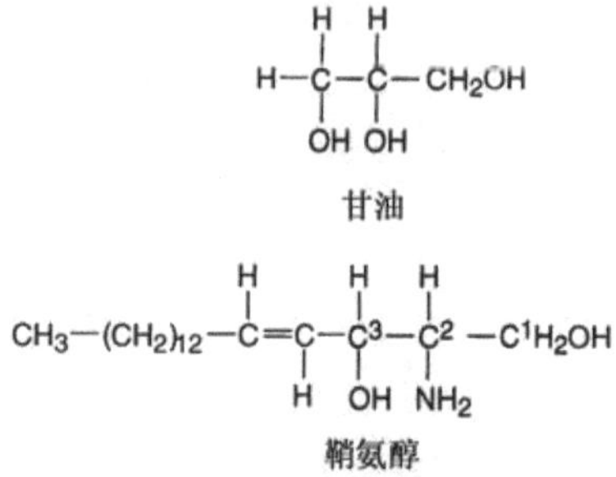

图 18.45 甘油和鞘氨醇的结构比较

鞘氨醇通过**二氢(神经)鞘氨醇**[**dihydrosphingosine(sphinganine)**]途径由丝氨酸和棕榈酰辅酶 A (palmitoyl CoA)合成。丝氨酸提供 C1 和 C2 位碳原子,鞘氨醇的氨基基团和棕榈酸提供剩余的碳原子。**丝氨酸棕榈酰转移酶(serine palmitoyltransferase)**是一种磷酸吡哆醛依赖酶,负责催化丝氨酸和棕榈酰辅酶 A 的缩合反应。催化反应的能量来自切割棕榈酰辅酶 A 上的高能活性硫酯键和从丝氨酸释放 CO_2(图 18.46)。3-酮基二氢鞘氨醇上的羰基基团被还原后生成二氢鞘氨醇(图 18.47),该反应消耗 NADPH。而(在神经酰胺水平)二氢鞘氨醇中插入双键就形成了鞘氨醇。

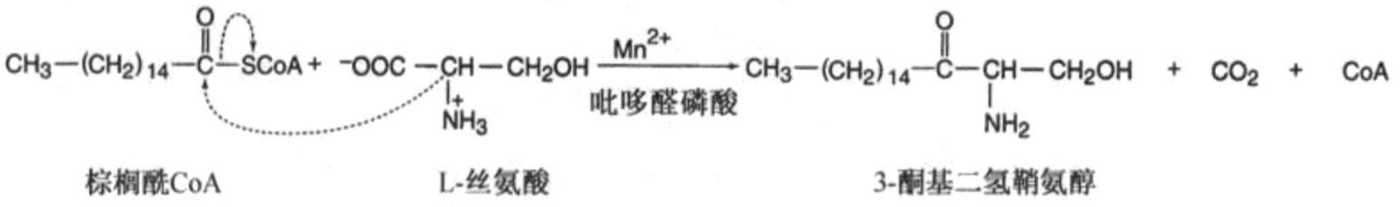

图 18.46 丝氨酸和棕榈酰 CoA 生成 3-酮基二氢鞘氨醇

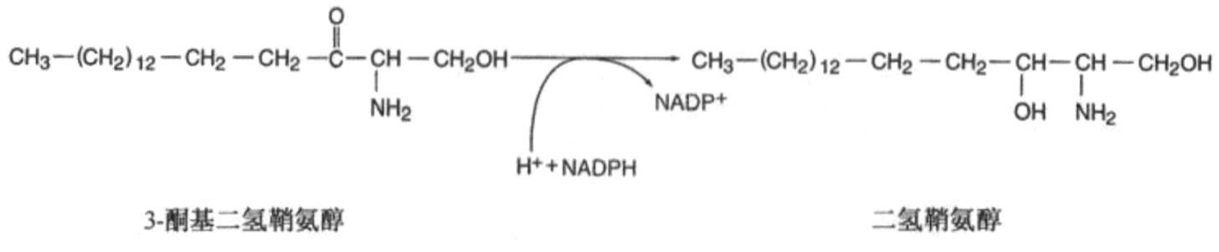

图 18.47 3-酮基二氢鞘氨醇转化成鞘氨醇

神经酰胺是鞘氨醇的脂肪酸氨基衍生物

鞘氨醇是神经酰胺的前体分子,神经酰胺是鞘氨醇的长链脂肪酸氨基衍生物,为鞘脂提供核心结构,脂肪酸通过氨基键结合在鞘氨醇的 2-氨基基团上(图 18.48)。最常见的酰基基团是山萮酸,山萮酸是一种饱和的二十二碳脂肪酸,但是其他的长链酰基基团也可以使用,神经酰胺分子上的两种长链烃基结构域决定了鞘脂的脂质特性。

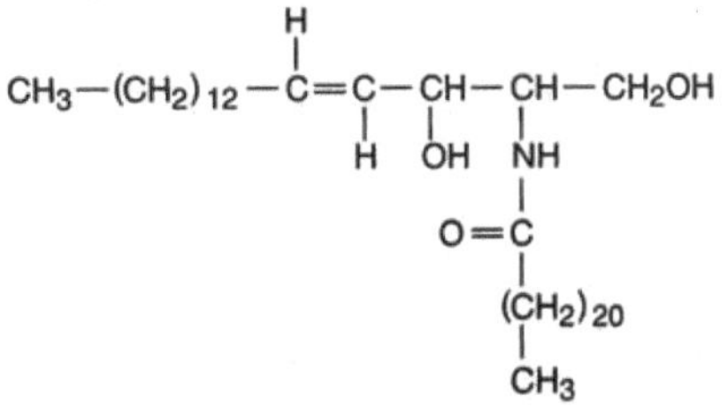

图 18.48　神经酰胺(*N*-脂酰鞘氨醇)的结构

神经酰胺是由内质网中的酶从二氢鞘氨醇和长链脂肪酰辅酶 A 合成的,二氢鞘氨醇是一种中间产物,可以在 C4 和 C5 位上脱氢(图 18.49)。神经酰胺不是细胞膜磷脂的组分,而是甘油鞘脂和鞘脂合成和代谢的中间产物,人体中主要鞘脂的结构参见图 18.50。

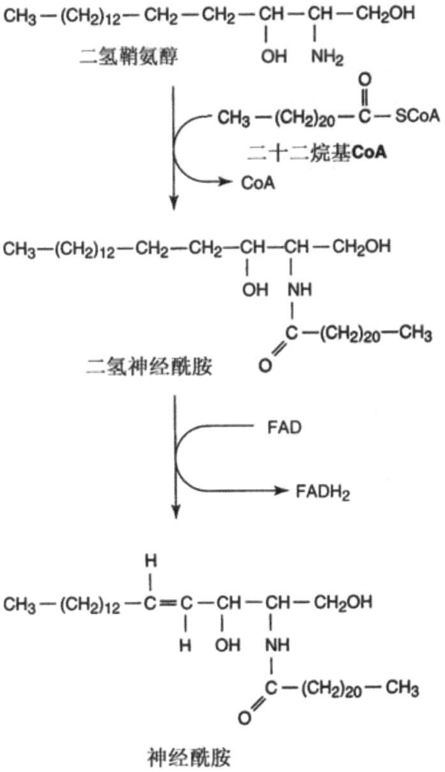

图 18.49　二氢鞘氨醇生成神经酰胺

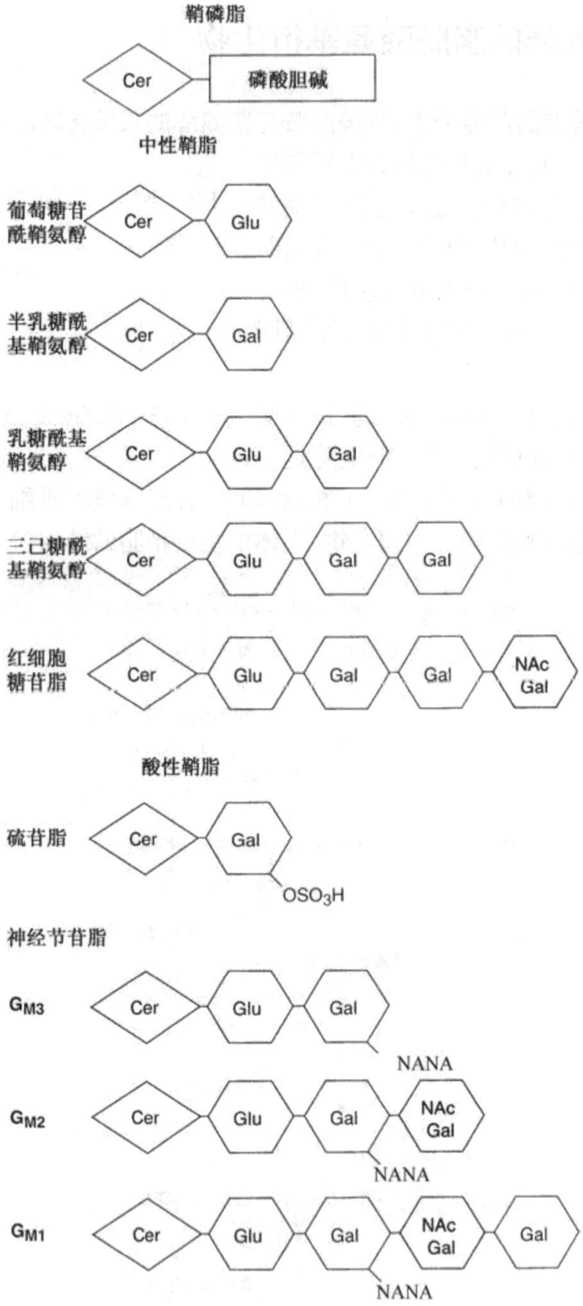

图 18.50 图解部分常见的鞘脂

Cer,神经酰胺;Glu,葡萄糖;Gal,半乳糖;NAcGal,*N*-乙酰半乳糖胺;NANA,*N*-乙酰神经氨酸(唾液酸)

鞘磷脂是含磷的鞘脂

鞘磷脂(**sphingomyelin**)是神经组织细胞膜的主要成分,是一种磷脂。由于这种神经酰胺磷酸胆碱含有一个负电荷和一个正电荷,所以它在生理 pH 条件下是中性的(图

18.51)。鞘磷脂中最常见的脂肪酸是棕榈酸(16∶10)、硬脂酸(18∶0)、木蜡酸(24∶0)和神经酸(24∶1)。髓鞘中的鞘磷脂主要含有**木蜡酸和神经酸(lignoceric acid** and **nervonic acid**),而灰质中的鞘磷脂主要含有硬脂酸。神经酰胺的过度聚集会导致 Niemann-Pick 病。鞘磷脂合成酶催化磷脂酰胆碱中的磷酸胆碱残基发生转移,将神经酰胺转化成鞘磷脂(图 18.52)。

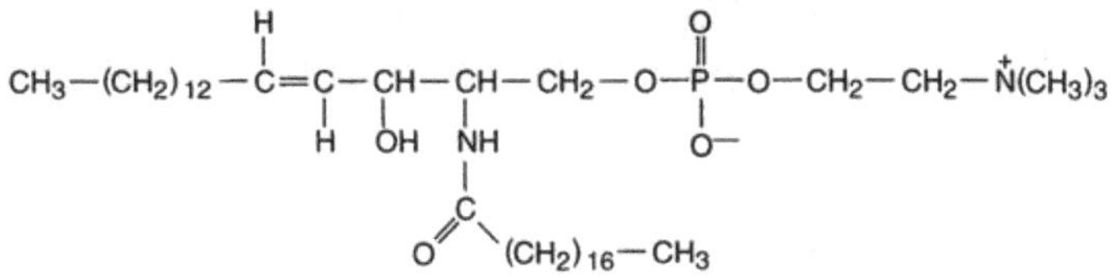

图 18.51 鞘磷脂的结构

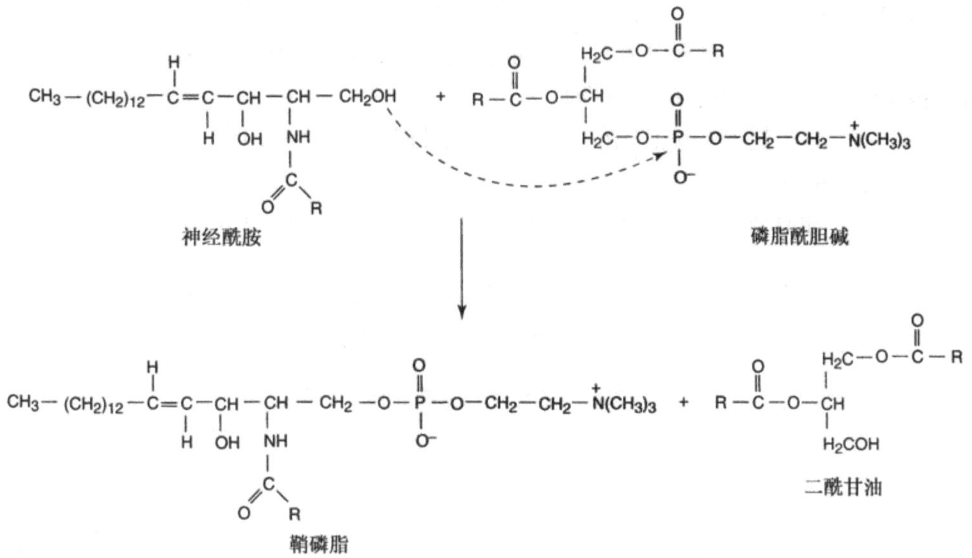

图 18.52 鞘磷脂的合成

鞘糖脂通常含有半乳糖或葡萄糖

原则上甘油鞘脂分为脑苷脂类、硫苷脂、红细胞糖苷脂和神经节苷脂,在糖脂中和鞘氨醇连接的极性头部基团是糖分子。

脑苷脂类是糖基神经酰胺

脑苷脂(cerebroside)是单六糖苷神经酰胺,最常见的形式是半乳糖脑苷脂和葡糖脑苷脂。在非特指情况下,脑苷脂通常指半乳糖脑苷脂,也称为"半乳糖脂"。在图 18.53 中,注意单唾液酸苷的 C1 连接在神经酰胺的 C1 上,半乳糖脑苷脂和葡糖脑苷脂中糖部分的异头物构型为 β。成年正常个体的大多数半乳糖脑苷脂都分布在大脑中。在 Krabbe 病或球样细胞性脑白质营养不良患者的白质中会发生中等程度的半乳糖脑苷脂聚集。球样细胞性脑白质营养不良是一种溶酶体半乳糖脑苷脂酶缺乏的疾病。

葡糖脑苷脂或**葡糖神经酰胺**(**glucocerebroside ,glucosylceramide**)(图 18.54)并不是细胞膜的正常组成部分,它是一些更加复杂的鞘糖酯合成和降解过程的中间产物,但是在被称为 Goucher 病的遗传性脂质储存障碍性疾病中,由于缺乏溶酶体葡糖脑苷脂酶,会造成在脾和肝中超过 100 倍的葡糖脑苷脂聚集。

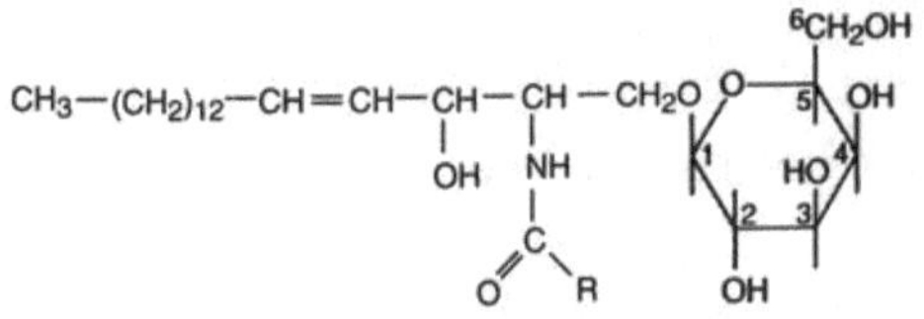

图 18.53　半乳糖脑苷脂的结构

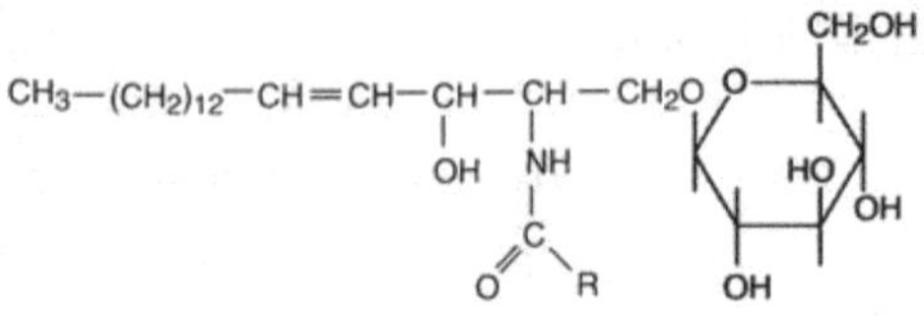

图 18.54　葡糖脑苷脂的结构

半乳糖脑苷脂(**galactocerebroside**)和葡糖脑苷脂都是分别从 UDP-半乳糖和 UDP-葡萄糖以及神经酰胺中合成的,葡萄糖苷转移酶和半乳糖苷转移酶催化的这些反应与内质网相关(图 18.55)。在一些组织中,葡糖脑苷脂的合成促进了**葡萄糖基转移酶**(**glucosyl-transferase**)催化的鞘氨醇的葡萄糖糖基化:

鞘氨醇＋UDP-葡萄糖 ⟶ 葡萄糖鞘氨醇＋UDP

接下来是脂肪的酰基化:

葡萄糖鞘氨醇＋硬脂酸辅酶 A ⟶ 葡糖脑苷脂＋CoASH

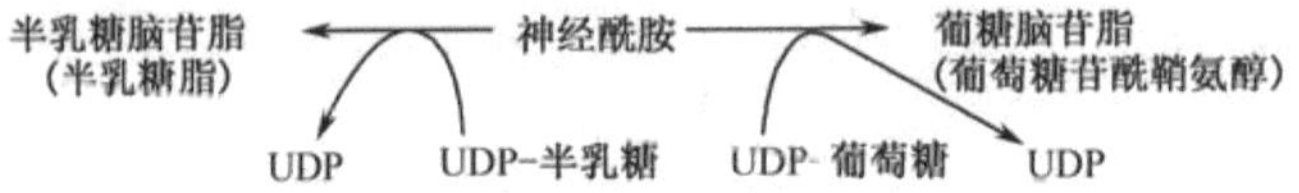

图 18.55　半乳糖和葡糖脑苷脂的合成

硫苷脂是半乳糖脑苷脂的硫酸酯化产物

硫苷脂又称为**硫酸半乳糖脑苷脂**(**sulfogalactocerebroside**),是半乳糖脑苷脂的硫酸酯化产物。半乳糖脑苷脂 3-硫酸是脑中的主要硫苷脂,大约占白质中脂类的 15%(图 18.56)。**碘基转移酶**(**sulfotransferase**)催化从半乳糖脑苷脂和 **3′-磷酸腺苷-5′-磷酰硫酸**(**3′-phosphoadenosine 5′-phosphosulfate ,PAPS**)合成半乳糖脑苷脂 3-硫酸的反应:

半乳糖脑苷脂＋PAPS ⟶ 半乳糖脑苷脂 3-硫酸＋PAP

PAPS 有时被称为"活性硫酸",其结构见图 18.57。异染性脑白质营养不良患者中枢神经系统中硫脑苷脂大量积聚就是由于溶酶体硫酯酶缺乏引起的。

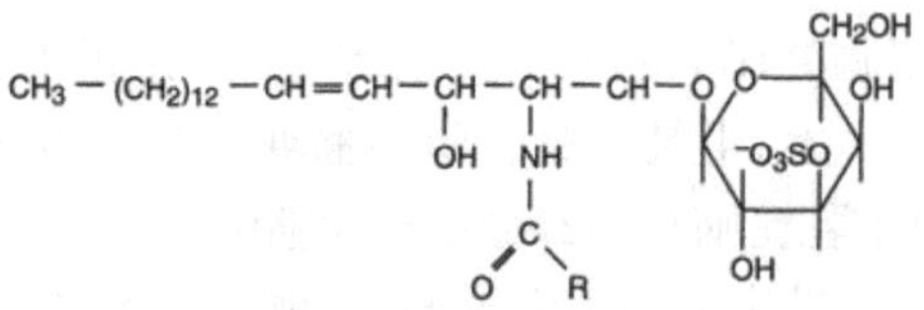

图 18.56　硫酸半乳糖脑苷脂(硫脂)的结构

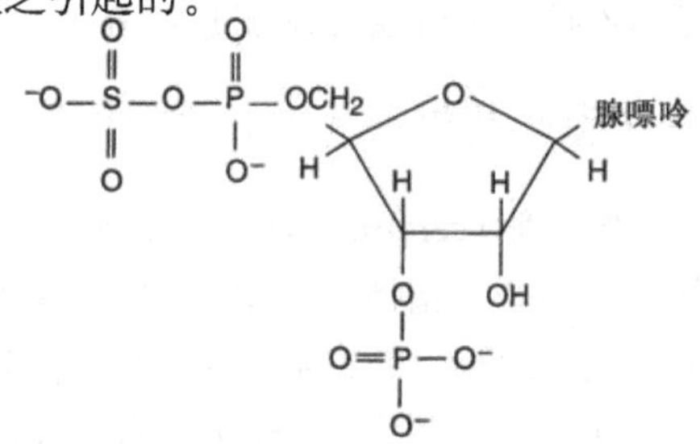

图 18.57　PAPS 结构

3-磷酸腺苷-5-磷酰硫酸

红细胞糖苷脂是神经酰胺寡糖

红细胞糖苷脂是含有两个或者更多单糖残基的脑苷脂,通常是半乳糖、葡萄糖或者 *N*-乙酰半乳糖胺,这些寡糖都不带电荷并且没有游离氨基基团。**乳糖神经酰胺(lactosyl-ceramide)**存在于红细胞膜上(图 18.58),神经系统的另外一种主要的红细胞糖苷脂是神经鞘氨醇己三糖苷或者半乳糖唾液酸脑苷脂:脑苷脂-β-glc(4→1)-β-gal(4→1)-α-gal。注意红细胞糖苷脂的最后一个乳糖残基具有 α-氨基结构。神经鞘氨醇己三糖苷会在 Fabry 病患者的肾脏中积聚,因为这种患者缺乏溶酶体 α-乳糖苷酶 A。

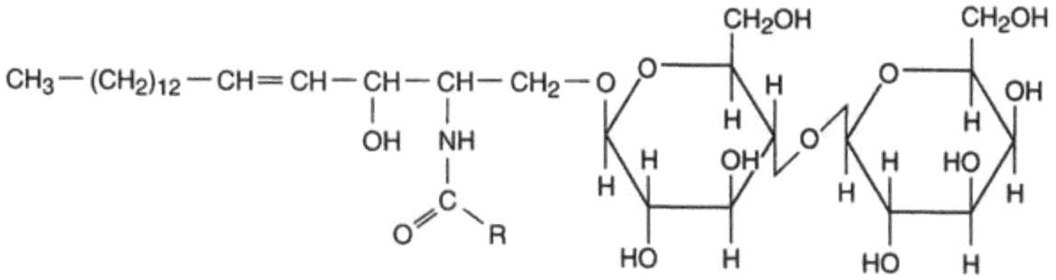

图 18.58　乳糖神经酰胺的结构

神经节苷脂含有唾液酸

神经节苷脂是含有**唾液酸(sialic acid)**的鞘糖脂,集中分布在中枢神经系统的神经节细胞中,特别是在神经终点处。中枢神经系统在人体组织中非常独特,因为超过一半的唾液酸在神经节苷脂中,而剩下的部分则在糖蛋白中。仅有很少量的神经节苷脂存在于外周神经组织的细胞膜上,这些神经节苷脂仅含有不超过 10% 的唾液酸。

神经氨酸(neuraminic,neu)存在于神经节苷脂、糖蛋白和黏蛋白中。它们的氨基基团绝大部分属于 *N*-乙酰的衍生物,能够合成 ***N*-乙酰神经氨酸(*N*-acetylneuraminic acid,** NANA)或唾液酸(图 18.59)。C2 位上的羟基基团最常见的结构是 α-氨基,通过 *N*-乙酰神经氨酸第 2 位上的羟基基团连接在寡糖脑苷脂上。一些常见的神经氨酸的结构见表

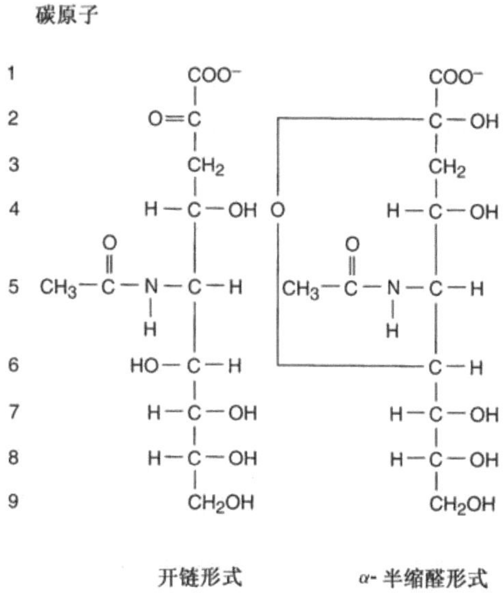

图 18.59　*N*-乙酰神经氨酸(NANA)

18.2。大脑中的主要神经氨酸是 G_{M1}、G_{D1a}、G_{D1b} 和 G_{T1b}。机体中几乎所有的神经节苷脂都是从葡萄糖基神经酰胺转化而来的。下标 M、D、T 和 Q 分别代表含有单、二、三和四唾液酸的神经节苷脂，下标 1、2 和 3 代表下列这些连接在脑苷脂上糖的顺序：1，Gal-GalNAc-Gal-Glc-脑苷脂；2，GalNAc-Gal-Glc-脑苷脂；3，Gal-Glc-脑苷脂。在 Tay-Sachs 神经节苷脂中，符号 G_{M2} 的结构参见图 18.60。

表 18.2　一些神经节苷脂的结构

代　码	化学结构
C_{M3}	Galβ→4Glcβ→Cer 3 αNANA
G_{M2}	GalNAcβ→4Galβ→2Glcβ→Cer 3 αNANA
G_{M1}	Galβ→3GalNAcβ→4Galβ→4Glcβ→Cer 3 αNANA
G_{D1a}	Galβ→3GalNAcβ→4Galβ→4Glcβ→Cer 3　　3 αNANA　　αNANA
G_{D1b}	Galβ→3GalNAcβ→4Galβ→4Glcβ→Cer 3 αNANA8←αNANA
G_{T1a}	Galβ→3GalNAcβ→4Galβ→4Glcβ→Cer 3　　3 αNANA8←αNANA　　αNANA
G_{T1b}	Galβ→3GalNAcβ→4Galβ→4Glcβ→Cer 3　　3 αNANA　　αNANA8→αNANA
G_{T1b}	Galβ→3GalNAcβ→4Galβ→4Glcβ→Cer 3　　3 αNANA8←αNANA　　αNANA8←αNANA

小肠黏膜细胞中神经节苷脂可以结合**霍乱毒素**(**cholera toxin**)。霍乱毒素是霍乱弧菌(*Vibrio cholerae*)分泌的一种大小为 84kDa 的蛋白质,能刺激氯离子分泌到肠腔中,是霍乱导致严重腹泻的原因。霍乱毒素含 1 个 A 亚基(28kDa)和 5 个 B 亚基(每个大约 11 000kDa),通过 B 亚基结合到细胞膜表面以后,A 亚基进入细胞内,作为一种 ADP-核糖基转移酶将 NAD^+ 的 ADP-核糖转移到细胞膜胞内面 G 蛋白的 $G_{\alpha s}$ 亚基上(见 13.8 节)。这就导致了腺苷酸环化酶的活化,从而刺激了氯离子的分泌并引发腹泻。而霍乱类毒素结构域,也就是 B 亚基,会与神经节苷脂 G_{M1} 结合(图 18.60)。

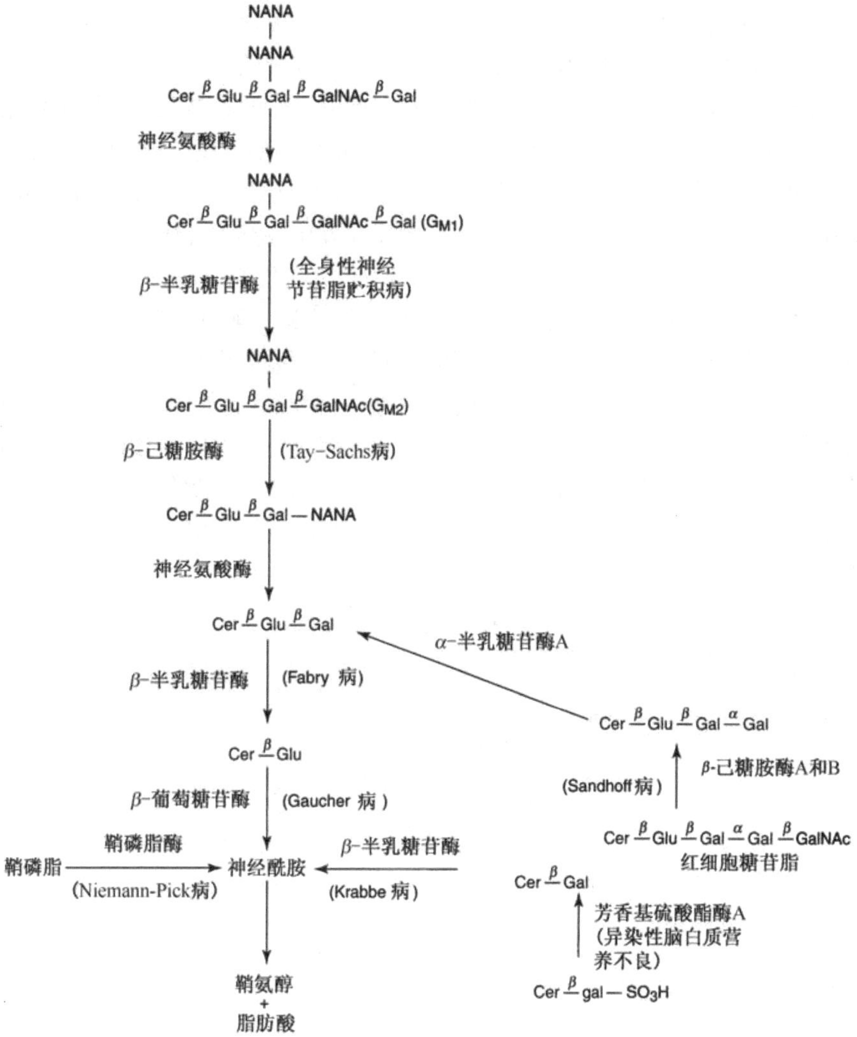

图 18.60　溶酶体酶参与的鞘脂代谢途径

括号指出的是公认的该类酶缺陷导致的疾病

神经节苷脂也可以和其他毒素结合,例如**破伤风毒素**(**tetanus toxin**)和一些特定的病毒,以及感冒病毒,它们可能通过提供特殊的细胞表面识别位点在细胞-细胞之间的相互通信中起作用。

许多脂类贮积障碍疾病都与含有唾液酸的鞘糖醇异常聚集相关。最常见的两种神经节苷脂是神经节苷脂 G_{M1}(G_{M1}神经节苷脂贮积病)和 G_{M2}(Tay-Sachs 病)。G_{M1}神经节苷脂贮积病是一种隐性常染色体代谢疾病,主要表现为精神障碍、智力迟钝、肝脾肿大,在幼年时死亡。该病主要由于缺乏 β-乳糖苷酶导致大脑和内脏中大量的 G_{M1}积聚。

鞘脂类代谢障碍属于溶酶体贮积疾病

鞘脂在细胞**溶酶体(lysosome)**中被降解,这些细胞主要指分布在肝脏、脾脏和骨髓中的网状内皮系统组织细胞或者巨噬细胞。降解首先从富含乳糖脑苷脂(Cer—Glc—Gal)和血糖苷脂(Cer—Glc—Gal—NANA)的白细胞和红细胞的吞噬开始。大脑中,大部分脑苷脂是神经节苷脂,尤其是新生儿期,神经节苷脂的循环非常广泛。鞘脂的代谢过程见图 18.60。这一通路需要切割一些特殊键的酶,包括 α-和 β-半乳糖苷酶、β-葡萄糖苷酶、神经氨酸酶、己糖胺酶、肌氨醇特异性磷酸酯酶(肌氨醇酶)、硫酸酯酶和脑苷脂特异性酰胺酶(神经酰胺酶)。代谢主要特征如下:①所有的反应发生在溶酶体中;②参与反应的酶都是水解酶;③酶的最适 pH 在酸性范围内,pH3.5~5.5;④所有的酶都相对稳定并且是异构酶,例如己糖胺酶 A(HexA)和己糖胺酶 B(HexB);⑤这些酶都是糖蛋白并且经常紧密结合在溶酶体膜上;⑥反应通路中每个相邻的中间物都相差一个糖分子、一个硫酸基团或一个脂肪酸残基,通过不可逆反应在同一时间去除一个残基(比如糖和硫酸酯)形成。

鞘脂代谢通常很正常,所有的鞘糖脂和肌氨醇都降解为它们的组成成分。但是当因为遗传原因代谢通路中某一个酶的活性明显下降时,这个酶的底物就会积聚,就会在代谢这种鞘脂的溶酶体中沉积。图 18.60 中简述了最常见的某类酶缺陷的疾病。这些疾病被统称为鞘脂病,详见表 18.3。

表 18.3 鞘脂贮积类疾病

病症名	主要标志和症状	主要贮存物质	异常缺失的酶
1. Tay-Sachs 病	智力迟钝,失明,樱桃红斑点,出生后两、三年死亡	神经节苷脂 G_{M2}	己糖胺酶 A
2.Gaucher 病	肝、脾巨大,长骨和骨盆糜烂,仅在婴儿期发生智力迟钝	葡糖脑苷脂	葡糖脑苷脂酶
3.Fabry 病	皮疹,肾衰,下肢末端疼痛	三己糖酰基鞘氨醇	α-半乳糖苷酶 A
4.Niemann-Pick 病	肝、脾巨大,智力迟钝	鞘磷脂	鞘磷脂酶
5.球样细胞性脑白质营养不良(Krabbe 病)	智力迟钝,髓鞘缺失	半乳糖脑苷脂	半乳糖(基)脑苷脂酶
6.异染性脑白质营养不良(metachromatic leukodystrophy)	智力迟钝,甲酚紫染料神经染色淡黄棕色	硫[脑]苷脂	芳香基硫酸酯酶 A
7.全身性神经节苷脂贮积病(generalized gangliosidosis)	智力迟钝,肝巨大,骨骼形成	神经节苷脂 G_{M1}	G_{M1}神经节苷脂:β-半乳糖苷酶
8. Sandhoff-Jatzkewitz 病	同 1,疾病有快速进展期	G_{M2}神经节苷脂,红细胞糖苷脂	己糖胺酶 A 和 B
9.岩藻糖苷(贮积)病(fucosidosis)	脑变性,肌肉痉挛,皮肤增厚	Pentahexosylfucoglycolipid	α-L-岩藻糖苷酶

常见的脂类贮积疾病特点包括:①通常只有一种单一的鞘脂在相关的器官中积聚;②一种脑苷脂成分见于不同的贮积脂类;③积聚的脂类的合成速度是正常的;④一种代谢

酶缺失;⑤所有组织中都缺乏相应的酶。

鞘脂病的诊断分析

鞘脂病的诊断可以通过相关器官组织活检后的形态学检测,这些组织通常是骨髓、肝脏或者脑组织,其特征通常是溶酶体内脂肪积聚,分析酶的活性可以进行更加确切的诊断。外周血白细胞、培养皮肤成纤维细胞和绒毛膜绒毛等可以正常表达相关酶类的组织或细胞均可用于诊断,在一些病例中(例如 Tay-Sachs 病),血清和眼泪也可以用于诊断。鞘脂病在多数情况下都是常染色体隐性遗传,也就是一对等位基因纯合缺失同一基因,酶活性的直接检测可以鉴别疾病的携带者或纯合子。

Niemann-Pick 病是缺乏鞘磷脂酶(图 18.61),^{14}C 标记在胆碱的甲基上,可以作为检测鞘磷脂酶活性的底物。正常对照人群白细胞抽提物制造的磷酸胆碱具有水溶性,采用像氯仿这样的有机溶剂孵育处理之后的抽提物会出现放射性的水相上层,而 Niemann-Pick 病患者的白细胞则只有很少或者没有放射性水相上清。

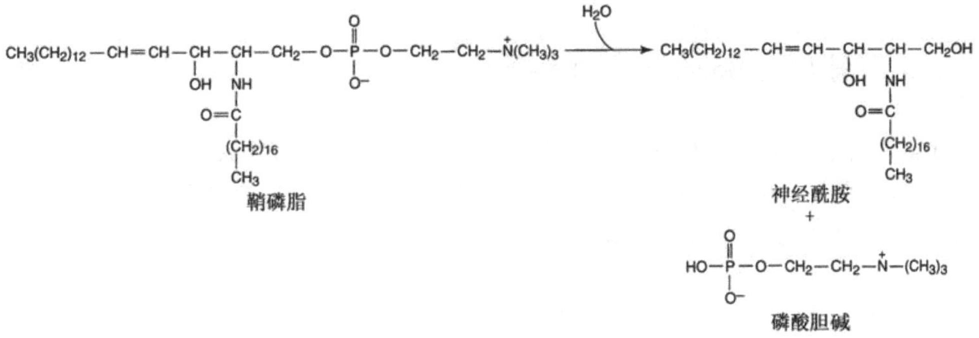

图 18.61　鞘磷脂酶反应

Tay-Sachs 病是最常见的 G_{M2} 神经节苷脂病,可以通过人工底物诊断。胎儿时期发病的患者其大脑白质中神经节细胞会变得肿胀,大量的溶酶体中充满酸性的 G_{M2} 神经节苷脂,表现为缺乏神经节细胞,而神经胶质细胞大量增生,外周神经脱髓鞘。病理学诊断可以发现眼中由于神经节肿胀和坏死造成的樱桃红染色斑。底物 4-甲基伞形基-β-*N*-乙酰葡萄糖胺可用于该病的鉴别诊断。已糖氨酶 A 水解底物后,会产生能够释放强烈荧光的 4-甲基伞形酮(图 18.62)。虽然该病的特点是缺乏这种酶,不过并不缺乏已糖氨酶 B,因

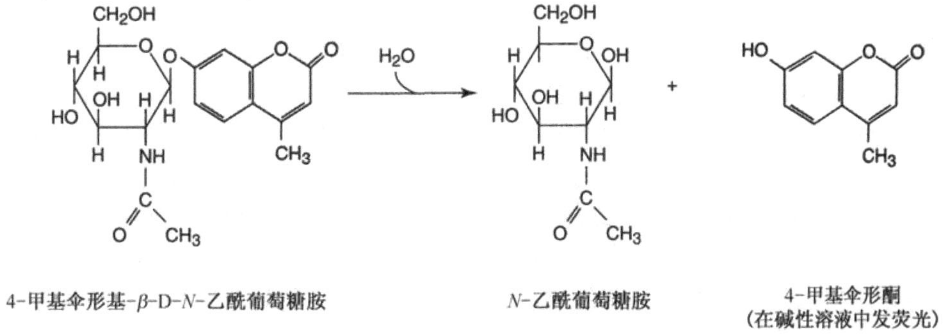

图 18.62　β-已糖胺酶反应

此这种方法并不能排除己糖氨酶 B 的干扰。解决问题的一个方法是根据己糖氨酶 A 的相对热不稳定性和己糖氨酶 B 的热稳定性，首先分析全酶活性；其次将部分组织提取物或者血清样品加热到 55℃，1h 后再分析酶活性，用两次酶活性分析的差别来衡量己糖氨酶 A 的活性并用于诊断。

一旦脂类贮存疾病携带者被诊断，或者家族中曾经有罹患的儿童，就有必要评价这些疾病妊娠的风险。绝大多数脂类贮积疾病是常染色体隐性遗传的，而 Fabry 病是 X 染色体连锁。在常染色体情况下，统计学上四个后代中一个后代可能是纯合子（对于 Fabry 病的概率是一半），二个是杂合子携带者，一个是完全正常的，通过对从羊膜穿刺术获得并培养的成纤维细胞中的酶进行分析可以检测区分孕期的患儿和携带者。

除了 Gaucher 病和 Fabry 病可以使用酶替代疗法治疗外，对于其他鞘脂病基本没有治疗方法，只能通过基因诊断和酶活分析来预防。Gaucher 病的诊断和治疗将在临床相关知识 18.4 中详细讨论。

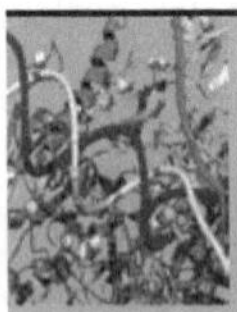

临床相关知识 18.4

成年人 Gaucher 病的诊断

Gaucher 病是一类遗传性的脂质代谢疾病，患者的葡糖脑苷脂异常堆积在巨噬细胞的内质网膜上。由于巨噬细胞大量存在于脾、骨髓、肝中，因此肝大、脾大以及其他后遗症（血小板减少或贫血）和骨疼是此类疾病的最常见症状。

Gaucher 病主要由葡糖脑苷脂的缺乏引起。部分患者会表现为新生儿期严重的神经系统缺陷，而有些患者直到成年都没有任何症状。通过检测淋巴细胞或者成纤维细胞水解人工底物或葡糖脑苷脂中 β-糖苷键的能力可以评价其中 β-糖苷酶或葡糖脑苷脂酶的活性。常规注射纯化的葡糖脑苷脂酶能够获得长期、较好的治疗效果。

18.5 前列腺素和血栓素

前列腺素和血栓素是一元羧酸的衍生物

在哺乳细胞中存在两条主要的用以制造维持细胞和机体重要功能的中间产物的**花生四烯酸**（**arachidonic acid**）代谢途径，它们分别是**环氧合酶**（**cyclooxygenase**）和**脂肪氧合酶**（**lipoxygenase**）途径，两条途径的底物都是游离的花生四烯酸。环氧合酶途径产生一系列化合物，包括前列腺素和血栓素。前列腺素被发现具有促进肠道和尿道肌肉收缩并且降低血压的能力。虽然前列腺素的结构复杂、功能多样而且功能上相互之间存在拮抗，但是它的中药药理学作用还是使它们在人体生物学和医学中占据非常重要的位置。除了成熟红细胞，人体中几乎所有的细胞都能制造和释放前列腺素，前列腺素并不在细胞中储存，而是合成后立即释放。

比较常见的**前列腺素 A**、**前列腺素 E** 和**前列腺素 F**（**prostaglandins A，E，F**）的结构参

见图 18.63，它们都与**前列腺烷酸**(**prostanoic acid**)的结构相关(图 18.64)。注意前列腺素都含有多样性的功能基团，例如 PGE_2 含有羧基、β-羟基-酮基环、二级乙醇和两个碳碳双键。三种前列腺素都能通过环戊烷功能性基团来区分，E 类含有 β-羟基-酮基环，F 类是 1,3-二醇，A 类是 α,β-不饱和酮，下标数字 1、2 和 3 代表侧链的双键数目，下标 α 代表 C9OH 基团构象，就是 α-羟基在环平面的"下方"。

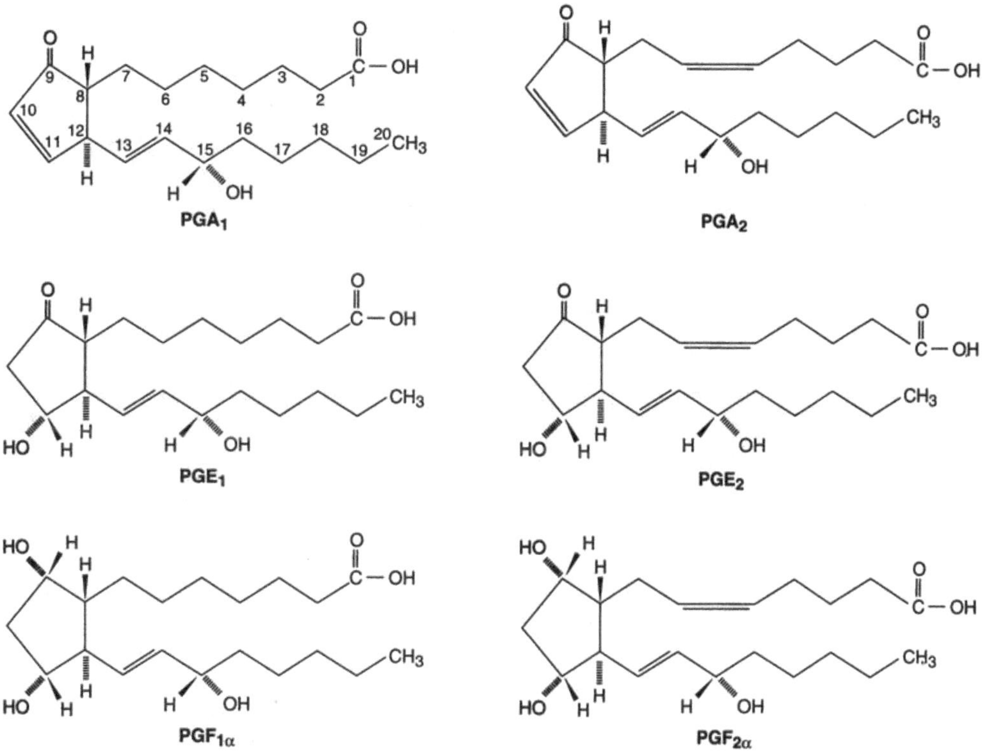

图 18.63　前列腺素结构

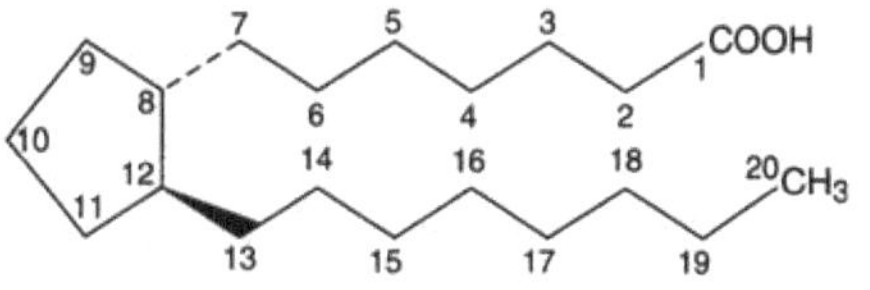

图 18.64　前列腺烷酸

饮食中最重要的前列腺素前体是油酸(18∶2)。油酸是一种基础脂肪酸，成年人每天大约摄取 10g 的油酸，这部分油酸的小部分在肝中通过加长和去饱和作用转化为花生四烯酸(二十碳四烯酸)和某种程度的双同-γ-亚油酸。由于每天分泌的全部前列腺素和它们的代谢产物仅 1mg，所以前列腺素的合成在数量上和整个脂肪酸代谢相比并不是重要的通路。但是前列腺素的代谢却完全依赖于油酸的稳定和持续供给。

前列腺素的合成涉及环氧合酶

前列腺素的直接前体是 C20 多聚不饱和脂肪酸，含有 3、4 或者 5 个碳碳双键，因为花生四烯酸和大部分它的代谢产物含有 20 个碳，所以它们也被称为二十(烷)类。在它们转化成前列腺素的过程中这些脂肪酸发生环化并引入氧原子。双同-γ-亚油酸，[20∶3(8，

11,14)]是 PGE_1 和 $PGF_{1\alpha}$ 的前体,花生四烯酸[20:4(5,8,11,14)]是 PGE_2 和 $PGF_{2\alpha}$的前体,二十碳五烯酸是 PGE_3 和 $PGF_{3\alpha}$的前体(图 18.65)。

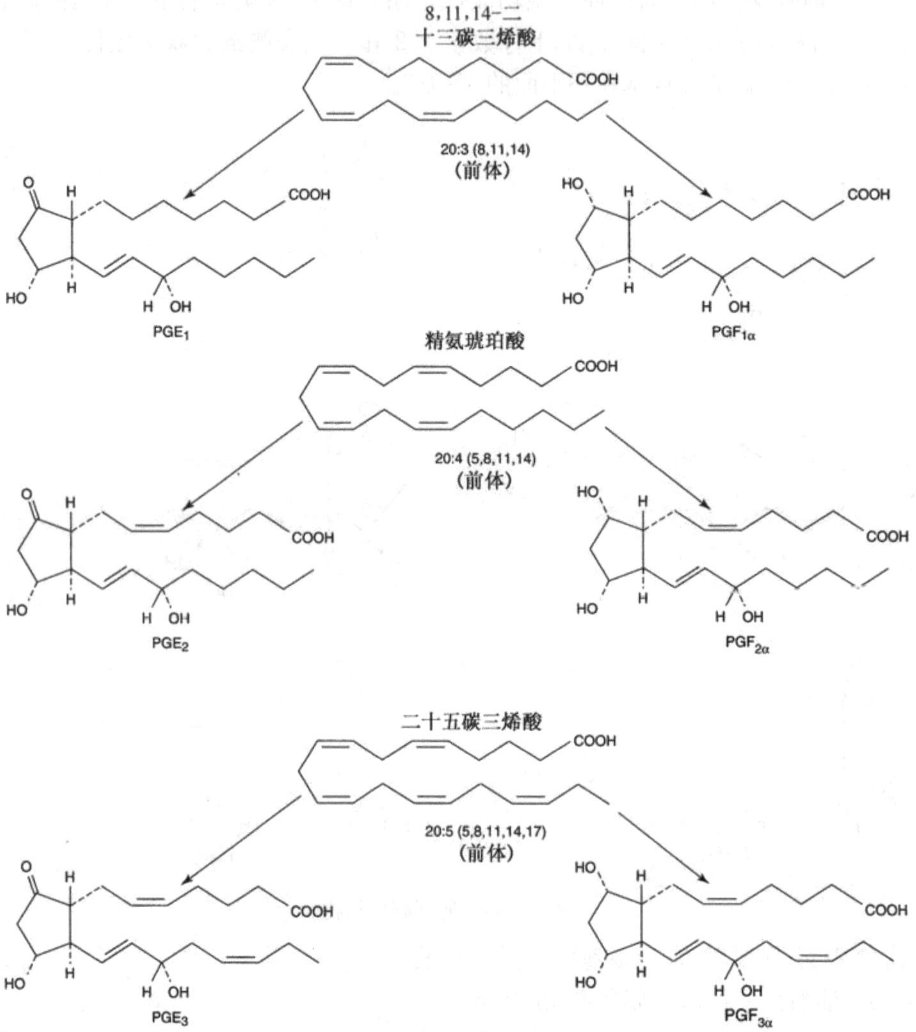

图 18.65 脂肪酸前体合成 E、F 前列腺素

两大类来自花生四烯酸的前列腺素是人体中主要的前列腺素,具有最重要的生物学作用。花生四烯酸通过**磷脂酶 A_2 (phospholipase A_2)**的作用从细胞膜磷脂中释放,这是前列腺素合成过程中的限速步骤,所以很多刺激前列腺素合成的物质都通过刺激磷脂酶 A_2 起作用。含有花生四烯酸的胆固醇酯也可以作为花生四烯酸的来源。前列腺素生物合成的关键酶是具有双向功能的**前列腺素 G/H 合成酶(prostaglandin G/H synthase,PGS)**,它负责催化多聚不饱和脂肪酸的氧合环化。

PGS 中的**环氧合酶(cyclooxygenase,COX)**成分催化花生四烯酸的 C8～C12 的环化,形成 9,11-环内过氧化物-15 过氧化氢(PGG_2)。这个反应需要两分子分子化氧参与(图 18.66),涉及花生四烯酸上 13-pro-S-hydrogen 的立体特异性移除,随后 PGG_2 通过还原性谷胱甘肽依赖的过氧化物酶(PG 氢过氧化物酶)转化为前列腺素 H_2 (PGH_2)(图 18.67)。多聚不饱和脂肪酸的环化反应发生在内质网膜,前列腺素生物合成的主要通路分析参见图 18.68。前列腺素 D、E 和 F,血栓素和前列环素(PGI_2)的形成在不同的细胞中是由不同的酶催化的,形成了根据前列腺素种类和数量的组织特异性。在肾和脾中,PGE_2 和 $PGF_{2\alpha}$ 是主要合成的前列腺素,血管壁主要是 PGI_2 和 $PGF_{2\alpha}$,心是 PGE_2、$PGF_{2\alpha}$ 和 PGI_2 并且合成相同数量,血栓素 A_2(TXA_2)是血小板形成的主要前列腺素环内过氧化物。

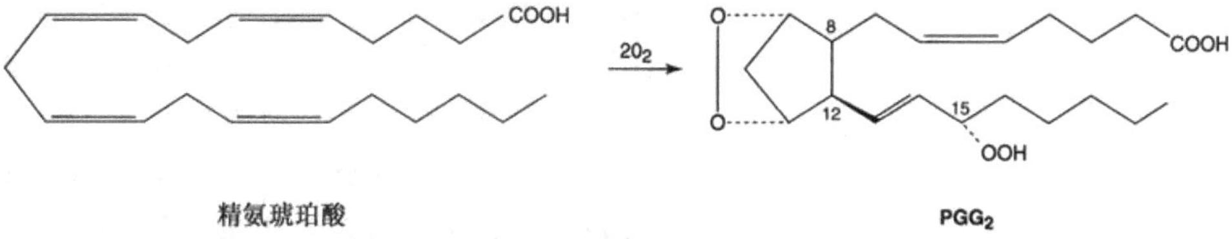

图 18.66　环氧合酶的反应

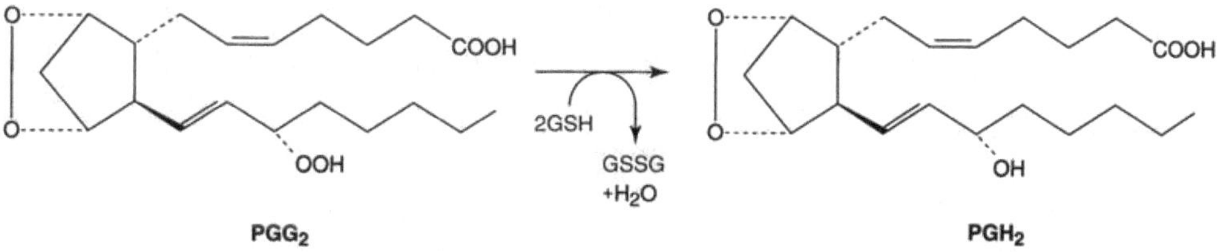

图 18.67　PGG_2 转化为 PGH_2;PG 氢过氧化物酶(PGH 合成酶)反应

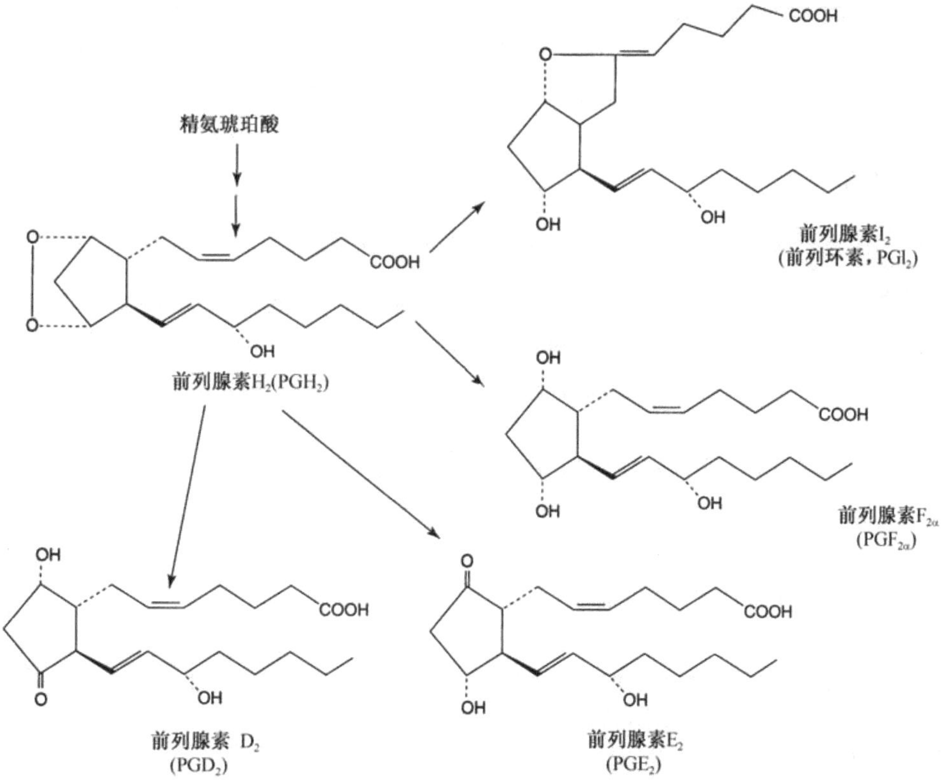

图 18.68　前列腺素的生物合成

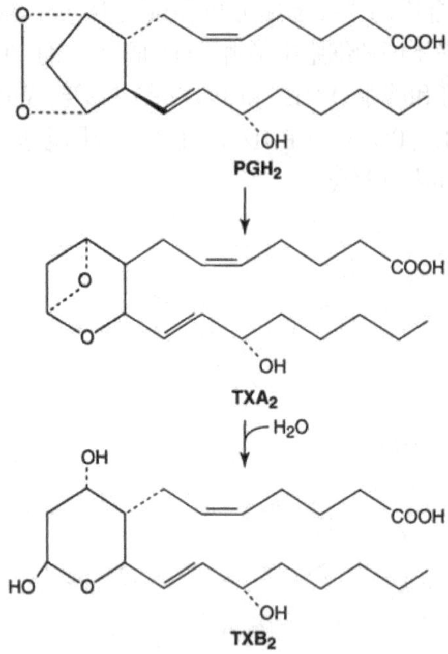

图 18.69　PGH_2 合成 TXB_2

人体中分别存在两种形式的环氧合酶(COX)和前列腺素 G/H 合成酶(PGS)。**COX-1** 或 **PGS-1** 是胃肠黏膜的、血小板、血管内皮和肾中的组成性酶,由炎症诱导产生。两种前列腺素合成酶都是同二聚体,每个亚基都有 PG 氢过氧化物酶结构域和环氧合酶结构域,这两个催化基团相邻很近。同时它还有第三个结构域即膜结合结构域,负责酶分子和内质网膜的结合。COX-2 主要在**血小板活化因子**(**platelet activating factor,PAF**)、**白介素-1**(**interleukin-1**)或者**细菌脂多糖**(**bacterial lipopolysaccharide,LPS**)刺激下的巨噬细胞和单核细胞中表达,在平滑肌细胞、上皮和内皮细胞以及神经元中也有刺激后的表达。另外 PGS-2 的表达受糖皮质激素的抑制。

前列腺素的半衰期很短,它们在释放后很快通过受体介导的过程被细胞摄取,15-羟基氧化或羧基端 β-氧化均能导致其失活,其中肺在前列腺素的失活中最重要。

血栓素(**thromboxane**)是 PGG_2-和 PGH_2-类前列腺素环内过氧化物的高度活性代谢产物,其环戊烷环被 6 个成员组成的含氧环所取代。血栓素得名于它能促进形成血栓。肺和血小板内质网中血栓素 A_2 合成酶的含量非常丰富,能将内氧化物 PGH_2 转化成 TXA_2。TXA_2 在水中的半衰期非常短($t_{1/2}\approx 1min$),将很快转换成无活性的血栓素 B_2(TXB_2)(图 18.69)。

前列腺素合成被皮质激素和非甾体类抗炎药物抑制

非甾体类抗炎药物(**nonsteroidal,anti-inflammatory drug,NSAID**),如阿司匹林(乙酰水杨酸)、吲哚美辛和苯丁唑酮均能通过不可逆地抑制环氧合酶阻断前列腺素合成。阿司匹林通过将环氧合酶乙酰化起到抑制作用,其他非甾体类抗炎药物更多的则是通过非共价结合环氧合酶起抑制作用,所以被称为“非阿司匹林类 NSAID”。阿司匹林对 COX-1 的抑制作用比对 COX-2 的抑制作用强,绝大部分 NSAID 抑制 COX-1 的作用比对 COX-2 的作用强,但是这些药物存在着副作用:保泰松治疗可导致再生障碍性贫血,甾体抗炎药物如氢化可的松、强的松、去氢可的松和倍他米松通过抑制磷脂酶 A_2 的活性和干扰花生四烯酸的释放来阻断前列腺素的释放(图 18.70)。糖皮质激素则通过**膜连蛋白 1**(**annexin1**)抑制 COX-2。

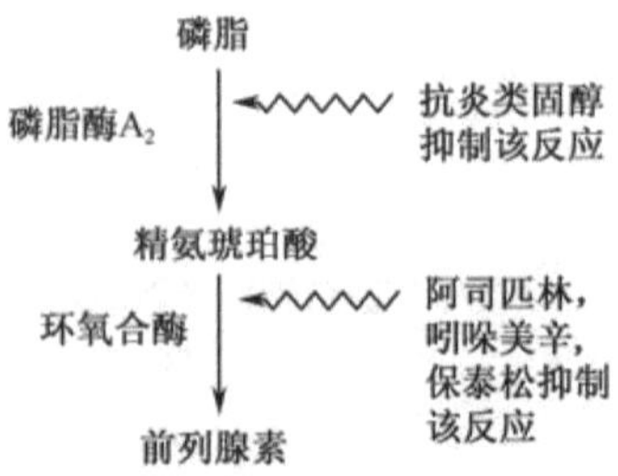

图 18.70　前列腺素合成抑制剂的作用位点

前列腺素合成的控制机制虽然还很不清楚,但是一般认为前列腺素的释放是由激素、神经兴奋或者肌肉活动诱发的,例如组胺可以增加胃灌注液中前列腺素浓度,而且体力劳动和细胞受损(例如血小板暴露在凝血酶或者肺被粉尘刺激)时前列腺素也会释放。

前列腺素具有很多生理作用

前列腺素是**炎症**(**inflammation**)的天然介质,炎性反应常见于关节(例如类风湿关节炎)、皮肤(牛皮癣)和眼睛,其治疗通常是使用抑制前列腺素合成的皮质激素。如用 PGE_2 和 PGE_1 可以诱发红肿和发热(由于动脉血管扩张),同时伴有由炎症特征性毛细血管通透性增加引起的肿胀和水肿,PGE_2 产生于免疫组织(例如巨噬细胞、肥大细胞和 B 细胞)并可以激发 T 细胞的趋化性。本来不会引起疼痛剂量的 PGE_2,在服用组胺和缓激肽后明显增强了这两种药物引起疼痛的强度和持续时间。一般认为致热原(发热物质)就是通过调控下丘脑体温调节中枢、激活前列腺素合成通路并释放 PGE_2 起作用的。阿司匹林作为降温药物则主要通过抑制环氧合酶的活性。另外 PGE_2 和 PGF_2 可以用于诱发分娩或者终止意外怀孕(特别是在第二个妊娠期 3 个月),也有证据表明 PGE 可以治疗男性不育。

合成的前列腺素对**消化性溃疡**(**peptic ulcer**)患者的**胃酸分泌**(**gastric acid secretion**)具有明显的抑制作用,它们可以抑制胃黏膜细胞的 cAMP 合成促进胃溃疡的愈合。PGE、PGA 和 PGI_2 是血管舒张剂,可以降低全身动脉压力,增加局部血流灌注,降低外周血管阻力。TXA_2 可以使血管平滑肌和肾小球血管收缩。在胎儿时期,PGE_2 维持出生前的**动脉导管**(**ductus arteriosus**)开放。如果出生后动脉导管依旧开放,环氧合酶抑制剂消炎痛则可以促进动脉导管闭合。先天发生此类问题的婴儿可以通过外科手术进行矫正,在外科手术前可以注射前列腺素维持动脉导管中的血流。

PGI_2 抑制**血小板聚集**(**platelet aggregation**),而 PGE_2 和 TXA_2 则能够促进这个血块聚集过程。TXA_2 由血小板合成,并决定了血小板接触到其他表面、胶原或者凝血酶后的聚集程度。而覆盖在血管上内皮细胞释放出的 PGI_2 则主要用来防止血小板和健康血细胞壁的黏连。PGE_2 和 PGD_2 舒张肾脏血管,同时还能调节钠排泄和肾小球的滤过率。

18.6 脂肪氧合酶和氧合花生四烯酸

环氧合酶直接将多聚不饱和脂肪酸转变为前列腺素的催化通路是以花生四烯酸为底物的。脂肪氧合酶是双氧合酶,同样作用于花生四烯酸,不同的脂肪氧合酶对花生四烯酸的双键具有特异性,氧攻击发生在内部(例如第 5、11 或者 15 位)。人体中最重要的白三烯是 5-环氧合酶产物,它能介导炎症反应。脂肪氧合酶除了在动物中,在植物和真菌中也广泛存在,但是在酵母和大部分原核生物中却没有,它们含有非血红素的铁,当铁在三价铁的状态时会被激活。

过氧羟基二十四碳四烯酸是脂肪氧合酶反应的产物

脂肪氧合酶在花生四烯酸上添加氢过氧基,生成**过氧羟基二十四碳四烯酸**(**monohydroperoxyeicosatetraenoic acid**,**HPETE**)(图 18.71)。与环氧合酶催化两次双氧化不饱和脂肪酸到内过氧化物的过程相反,脂肪氧合酶是将单过氧合不饱和脂肪酸催化成烯丙型过氧化氢。脂肪氧合酶催化花生四烯酸的过氧氢取代通常发生在 5、12 或者 15 位。一个 15-脂肪氧合酶(15-LOX)在碳-15 的位置上氧化花生四烯酸。5-HPETE 是嗜碱性粒细胞、多形核(PMN)粒细胞、巨噬细胞、肥大细胞和很多组织在炎症反应时的主要产物;12-HEPET主要存在于血小板、胰岛细胞、血管平滑肌细胞和肾小球细胞中;而 15-HEPET 则主要存在于视网膜细胞、嗜酸性粒细胞、T-淋巴细胞和气管上皮细胞。5-、12-、15-脂肪氧合酶主要存在于细胞溶胶中,因为 HPETE 中氧化的碳原子是不对称的,所以过氧化氢酸有两个可能的立体构象(*R*)或者(*S*),例如 12R-LOX 和 12S-LOX 是完全特异性的。有 3 种主要的 HPETE 是 *S* 构象。5-LOX 具有双氧化活性,可以将花生四烯酸转化成 5-HPETE,同时它还具有脱氢活性,可以将 5- HPETE 转换成 LTA_4。5-LOX 仅存在于少数种类的细胞中,包括 B 淋巴细胞,但是 T 淋巴细胞中就没有,T 细胞中这类反应是由一个称为 5-脂肪氧合酶活化蛋白(FLAP)的辅助蛋白激活的。人体白细胞中,FLAP 是一个花生四烯酸转移蛋白,能将脂肪酸递呈给核膜上的 5-LOX。

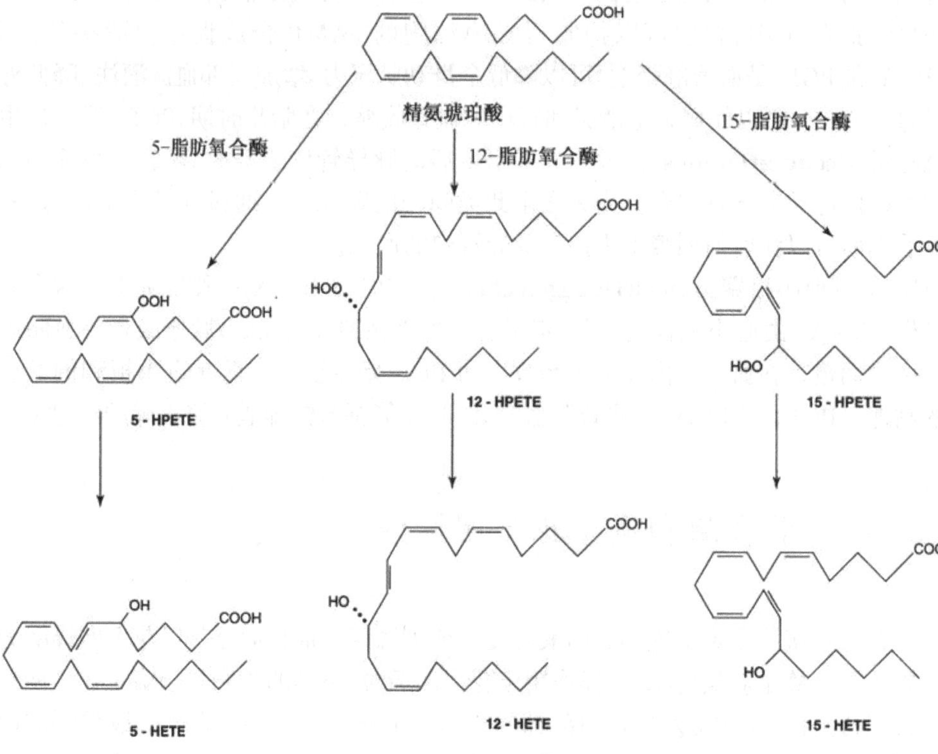

图 18.71 脂肪氧合酶反应

过氧羟基二十四碳四烯酸(HPETE)作为羟基二十碳四烯酸(HETE)合成的前体

白三烯和过氧化氢二十碳四烯酸是 HPETE 衍生的激素

HPETE-过氧化氢是高度活性和不稳定的中间物,要么通过过氧化物基团还原作用转化成为同工乙醇(羟化脂肪酸),要么转化为**白三烯(leukotriene)**。HPETE 则或自发或通过过氧化物酶反应还原为相应的**过氧化氢二十碳四烯酸**(**hydroperoxyeicosatetraenoic acid,HETE**)(图 18.71)。白三烯含有至少 3 个共轭双键,图 18.72 显示 5-HPETE 通过 LTA_4 合成酶重新组合成环氧化物 **LTA_4(leukotriene A4)**,然后 LTA_4 通过 LTB_4 合成酶(氢化酶)转化成为 LTB_4 或者 LTC_4,值得注意的是,5-HPETE 是**脂肪氧合酶通路**(**lipoxygenase pathway**)中的一个重要的节点。另外下标的数字代表双键的数目。当双键发生重组时,白三烯产物中双键的数目和最初花生四烯酸的数目相同。

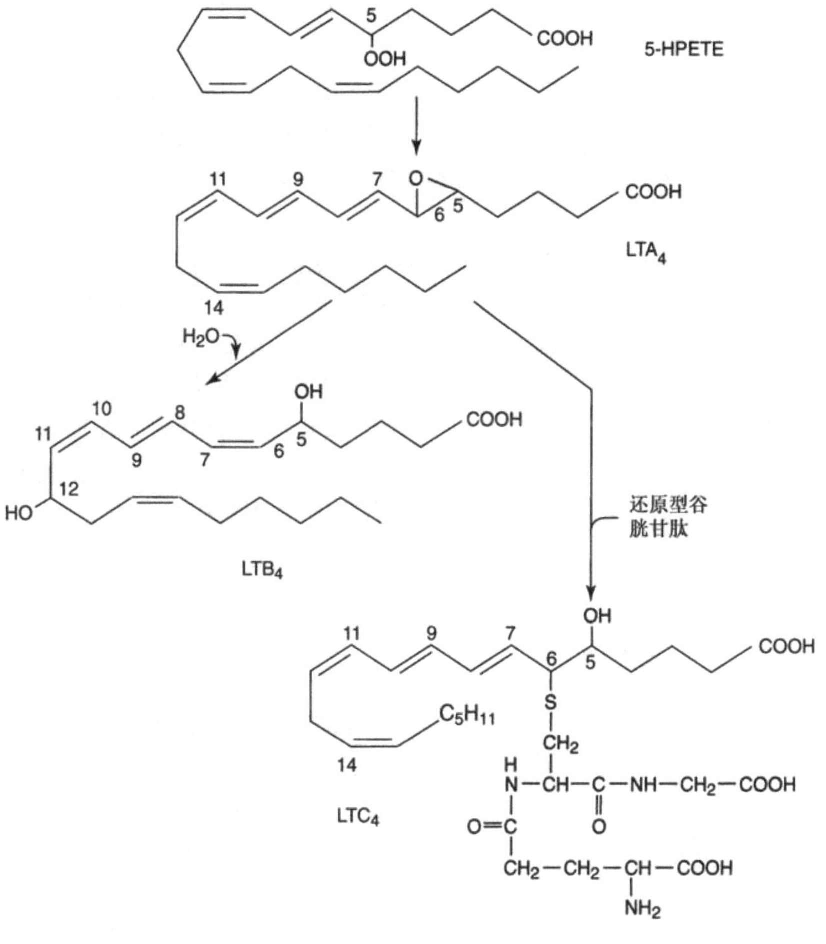

图 18.72　5-HEPE 通过 LTA_4 转化为 LTB_4 和 LTC_4

LTA_4 转化成 LTC_4、LTD_4 和 LTE_4 的过程还需要还原型谷胱甘肽的参与,还原型谷胱甘肽用来打开 LTA_4 上面的环氧化物环从而合成 LTC_4(图 18.72)。之后依次序通过特异性双肽酶移除谷氨酸和甘氨酸,生成 LTD_4 和 LTE_4(图 18.73)。

白三烯和 HETE 作用于多个生理过程

白三烯在人体中可以存在 4h,甲基末端的 Ω-氧化伴随着同一末端的 β-氧化可以使 LTB_4 和 LTE_4 失活,这些反应发生在线粒体和过氧化物酶体中。亚硫酰肽 LTC_4、LTD_4 和

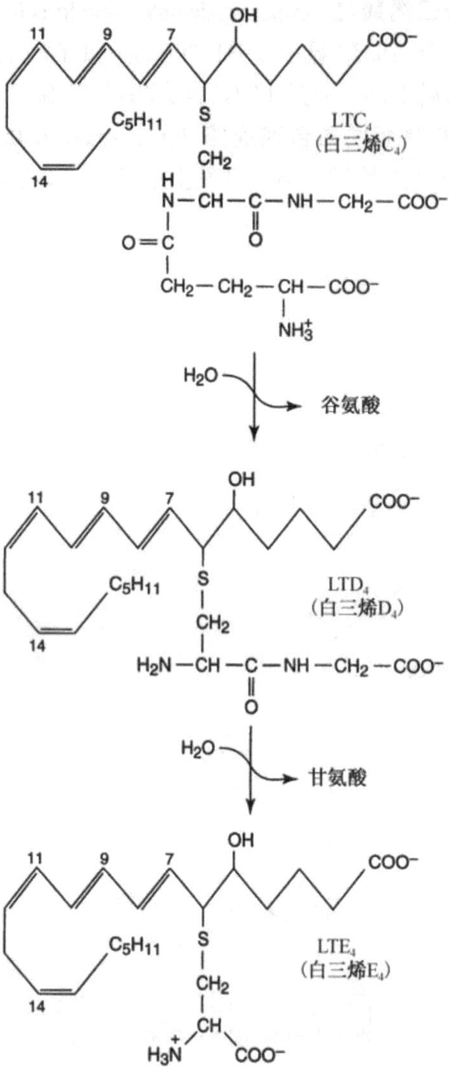

图 18.73　LTC_4 转化为 LTD_4 和 LTE_4 的反应

LTE_4 组成了**过敏反应**(**anaphylaxis**,**SRS-A**)中的**慢反应物质**(**slow-reacting substance**),它们可以缓慢且持续的使气管和胃肠道的平滑肌收缩,LTC_4 快速转化为 LTD_4,然后缓慢地转化为 LTE_4,这些反应式由细胞质中的酶催化。LTB_4 和亚硫酰肽 LTC_4、LTD_4 和 LTE_4 通过特异性的配体-受体反应行使功能。人体中,白细胞的 5-LOX 活化刺激白三烯合成,激活支气管痉挛和炎性反应。目前治疗哮喘的药物就包括 5-LOX 抑制剂和白三烯受体拮抗剂。通常,HETE(特别是 5-HETE)和 LTB_4 调节中性粒细胞和嗜酸性粒细胞的功能,它们调节趋化性、刺激腺苷酸环化酶,诱导多形核粒细胞脱颗粒和释放溶酶体水解酶。相反,LTC_4 和 LTD_4 是激素样物质,能够促进呼吸道、气管和小肠平滑肌收缩,增加毛细血管通透性(水肿)。HETE 似乎是通过掺入到靶细胞细胞膜磷脂分子中发挥作用,这主要是因为含有极性羟基基团的脂肪酰基链的存在扰乱了细胞膜脂类的排列从而干扰了细胞膜的功能和结构。LTB_4 是免疫抑制物质,能够抑制 $CD4^+$ 细胞增殖和促进 $CD8^+$ 细胞增殖,同时它也能促进中性粒细胞和内皮细胞黏附。

脂肪氧合酶途径的**过氧化氢二十碳四烯酸是过敏反应**(**hypersensitivity**)和炎症反应、分泌(例如胰岛素分泌)、细胞运动、细胞生长和钙内流过程中的重要介质。最初的过敏事件,也就是 IgE 和肥大细胞表面的受体结合,导致包括白三烯等所谓的快速过敏反应介质的物质释放。脂肪氧合酶产物通常在刺激之后几分钟生成,LTC_4、LTD_4 和 LTE_4 收缩呼吸道和肠道的非血管平滑肌的作用比组胺强,LTD_4 增加微循环的通透性,LTB_4 刺激中性粒细胞和嗜酸性粒细胞迁移(趋化作用),两者都是炎症反应中主要的多形核粒细胞浸润介质。

二十碳三烯酸(例如双同-γ-亚油酸)和二十碳五烯酸(图 18.65)同样是脂肪氧合酶的底物。组织中这些含有 3 和 5 个双键的 20 碳多聚不饱和脂肪酸的含量比花生四烯酸少,但是特殊饮食可以增加它们的水平。这些 3 和 5 烯酸的脂肪氧合酶产物的活性通常比 LTA_4 或 LTB_4 低。富含二十碳五烯酸的鱼油饮食是否有助于治疗过敏和自身免疫疾病仍有待于证实。目前,使用脂肪氧合酶和环氧合酶抑制剂以及白三烯的抑制剂和激动剂用于治疗炎症疾病(如哮喘、银屑病、类风湿关节炎和溃疡性结肠炎)的药理学研究非常活跃。

参考书目

Phospholipid Metabolism

Brites, P, Waterham, H. R., and Wanders, R. J. Functions and biosynthesis of plasmalogens in health and disease. *Biochim. Biophys. Acta* 1636:219, 2004.

Frasch, S. C., Henson, P. M, Nagaosa, K Fessler, MB, Borregaard, N, and Bratton, DL. Phospholipid flip-flop and phospholipids scramblase 1 (PLSCR1) co-localize to uropod rafts in formylated Met-Leu-Phe-stimulated neutrophils. *J. Biol. Chem.* 279:17625, 2004.

Kazzi, S. N., Schurch, S., McLaughlin, K. L., Romero, R., and Janisse, J. Surfactant phospholipids and surface activity among preterm infants with respiratory distress syndrome who develop bronchopulmonary dysplasia. *Acta Paediatr.* 89:1218, 2000.

Lie, J., de Crom, R., van Gent, T., van Haperen, R., Scheek, L., Sadeghi-Niaraki, F., and van Tol, A. Elevation of plasma phospholipid transfer protein increases the risk of atherosclerosis despite lower apolipoprotein B-containing lipoproteins. *J. Lipid Res.* 45:805, 2004.

Okeley, N. M. and Gelb, M. H. A designed probe for acidic phospholipids reveals the unique enriched anionic character of the cytosolic face of the mammalian plasma membrane. *J. Biol. Chem.* 279:21833, 2004.

Tjoelker, L. W., and Stafforini, D. M. Platelet-activating factor acetylhydrolases in health and disease. *Biochem. Biophys. Acta* 1488:102, 2000.

Zwaal, R. F., Comfurius, P., and Bevers, E. M. Scott syndrome, a bleeding disorder caused by defective scrambling of membrane phospholipids. *Biochim. Biophys. Acta Mol. Cell Biol. Lipids* 1636:119, 2004.

Lipoproteins

Agren, J. J., Ravandi, A., Kuksis, A., and Steiner, G. Structural and compositional changes in very low density lipoprotein triacylglycerols during basal lipolysis. *Eur. J. Biochem.* 269:6223, 2002.

Berriot-Varoqueaux, N., Aggerbeck, L. P., Samson-Bouma, M. E., and Wetterau, J. R. The role of the microsomal triglyceride transfer protein in abetalipoproteinemia. *Annu. Rev. Nutr.* 20:663, 2000.

Clader, J. W. The discovery of ezetimibe: a view from outside the receptor. *J. Med. Chem.* 47:1 2004.

de Beer, M. C., Castellani, L. W, Cai, L., Stromberg, A. J., de Beer, F. C., and van der Westhuyzen, D. R.. ApoA-II modulates the association of HDL with class B scavenger receptors SR-BI and CD36. *J. Lipid Res.* 45:706, 2004.

Hoffman-Kuczynski, B, Reo, N. V. Studies of myo-inositol and plasmalogen metabolism in rat brain. *Neurochem. Res.* 29:843, 2004.

McNamara, D. J. Dietary fatty acids, lipoproteins, and cardiovascular disease. *Adv. Food Nutr. Res.* 36:253, 1999.

Wang, M. and Briggs, M. R. HDL: The metabolism, function, and therapeutic importance. *Chem. Rev.* 104:119, 2004.

Cholesterol Synthesis

Cachefo, A, Boucher, P, Dusserre, E, Bouletreau, P, Beylot, M, and Chambrier, U. Stimulation of cholesterol synthesis and hepatic lipogenesis in patients with severe malabsorption. *J. Lipid Res.* 44:1349, 2003.

Goldstein, J. L., and Brown, M. S. Regulation of the mevalonate pathway. *Nature* 343:425, 1990.

Lung Surfactant

Abonyo, B. O., Gou, D., Wang, P., Narasaraju, T., Wang, Z., and Liu, L. Syntaxin 2 and SNAP-23 are required for regulated surfactant secretion. *Biochemistry* 43:3499, 2004.

Dani, C., Martelli, E., Buonocore, G., Longini, M., Di Filippo, A., Giossi, M., and Rubaltelli, F. F. Influence of bilirubin on oxidative lung damage and surface tension properties of lung surfactant. *Pediatr. Res.* 53:S574A, 2003.

Hallman, M. Lung surfactant, respiratory failure, and genes. *N. Engl. J. Med.* 350:1278, 2004.

Nadesalingam, J., Bernal, A. L., Dodds, A. W., Willis, A. C., Mahoney, D. J., Day, A. J., Reid, K. B., and Palaniyar, N. Identification and characterization of a novel interaction between pulmonary surfactant protein D and decorin. *J. Biol. Chem.* 278:25678, 2003.

Rau, G. A, Dombrowsky, H., Gerbert, A., Thole, H. H., von der Hardt, H., Freihorst, J., and Bernhard, W. Phosphatidylcholine metabolism of rat trachea in relation to lung parenchyma and surfactant. *J. Appl. Physiol.* 95:1145, 2003.

Schram, V., Anyan, W. R., and Hall, S. B. Non-cooperative effects of lung surfactant proteins on early adsorption to an air/water interface. *Biochim. Biophys. Acta.* 1616:165, 2003.

Shulenin, S., Nogee, L. M., Annilo, T., Wert, S. E., Whitsett, J. A., and Dean, M. ABCA3 gene mutations in newborns with fatal surfactant deficiency. *N. Engl. J. Med.* 350:1296, 2004.

Wang, Z., Schwan, A. L., Lairson, L. L., O'Donnell, J. S., Byrne et al. Surface activity of a synthetic lung surfactant containing a phospholipase-resistant phosphonolipid analog of dipalmitoyl phosphatidylcholine. *Am. J. Physiol. Lung Cell. Mol. Physiol.* 285:L550, 2003.

Prostaglandins Thromboxanes and Leukotrienes

Bos, C. L., Richel, D. J, Ritsema, T., Peppelenbosch, M. P., and Versteeg, H. H. Prostanoids and prostanoid receptors in signal transduction. *Int. J. Biochem. Cell Biol.* 36:1187, 2004.

Cipollone, F., Rocca, B., and Patrono, C. Cyclooxygenase-2 expression and inhibition in atherothrombosis. *Atheroscler. Thromb. Vasc. Biol.* 24:246, 2003.

De Caterina, R. and Zampolli, A. From asthma to atherosclerosis—5-lipoxygenase, leukotrienes, and inflammation. *N. Engl. J. Med.* 350:4, 2004.

Dwyer, J. H., Allayee, H., Dwyer, K. M., Fan, J., Wu, H. et al. Arachidonate 5-lipoxygenase promoter genotype, dietary arachidonic acid, and atherosclerosis. *N. Engl. J. Med.* 350:29, 2004.

Leslie, C. C. Regulation of the specific release of arachidonic acid by cytosolic phospholipase A2. *Prostaglandins Leukot. Essent. Fatty Acids* 70:373, 2004.

Mayatepek, E., Okun, J. G., Meissner, T., Assmann, B., Hammond, J. et al. Peroxidase activity, of cyclooxygenase-2 (COX-2) cross-links beta-amyloid (Abeta) and generates Abeta-COX-2 hetero-oligomers that are increased in Alzheimer's disease. *J. Biol. Chem.* 279:14673, 2004.

Takezono, Y., Joh, T., Oshima, T., Suzuki, H., Seno, K. et al. M. Role of prostaglandins in maintaining gastric mucus-cell permeability against acid exposure. *J. Lab. Clin. Med.* 143:52, 2004.

Bile Acids

Dawson, P. A, Haywood, J., Craddock, A. L., Wilson, M., Tietjen, M. et al. Targeted deletion of the ileal bile acid transporter eliminates enterohepatic cycling of bile acids in mice. *J. Biol. Chem.* 278:33920, 2003.

De Fabiani, E., Mitro, N., Gilardi, F., Caruso, D., Galli, G., and Crestani, M. Coordinated control of cholesterol catabolism to bile acids and of gluconeogenesis via a novel mechanism of transcription regulation linked to the fasted-to-fed cycle. *J. Biol. Chem.* 278:39124, 2003.

Higuchi, H. and Gores, G. J. Bile acid regulation of hepatic physiology: IV. Bile acids and death receptors. *Am. J. Physiol. Gastrointest. Liver Physiol.* 284:G734, 2003.

Knarreborg, A., Jensen, S. K., and Engberg, R. M. Pancreatic lipase activity as influenced by unconjugated bile acids and pH, measure *in vitro* and *in vivo*. *J. Nutri. Biochem.* 14:259, 2003.

O'Byrne, J., Hunt, M. C., Rai, D. K., Saeki, M., and Alexson, S. E. The human bile acid–CoA:amino acid *N*-acyltransferase functions in the conjugation of fatty acids to glycine. *J. Biol. Chem.* 278:34237, 2003.

Sphingolipids and the Sphingolipidoses

Cox, T. M. Gaucher disease:understanding the molecular pathogenesis of sphingolipidoses. *J. Inherit. Metab. Dis.* 24:S106, 2001.

Linke, T., Wilkening, G., Sadeghlar, F., Mozcall, H., Bernardo, K. et al. Interfacial regulation of acid ceramidase activity. Stimulation of ceramide degradation by lysosomal lipids and sphingolipid activator proteins. *J. Biol. Chem.* 276:5760, 2001.

Sandhoff, K., and Kolter, T. Biosynthesis and degradation of mammalian glycosphingolipids. *Philos. Trans. R. Soc. Lond. B. Biol. Sci.* 358:847, 2003.

Watts, R. W. A historical perspective of the glycosphingolipids and sphingolipidoses. *Philos. Trans. R. Soc. Lond. B. Biol. Sci.* 358:975, 2003.

习题和参考答案

选择题

1. 磷脂的作用不包括：
   A. 细胞-细胞识别
   B. 在肺脏作为表面活性剂
   C. 激活细胞膜上特定的酶
   D. 信号转导
   E. 变态反应和急性炎症反应的介质
2. CDP-X(X代表相应的醇基)在初始合成途径与1,2-二酰基甘油反应生成：
   A. 磷脂酰胆碱
   B. 磷脂酰肌醇
   C. 磷脂酰丝氨酸
   D. 以上全是
   E. 都不是
3. 磷脂酶 A_1 和 A_2：
   A. 不参与磷脂合成
   B. 负责在合成中将脂肪酸插入 *sn*-1 和 *sn*-2 位点
   C. 在磷脂酰乙醇胺和磷脂酰丝氨酸内部转化中负责碱基的置换
   D. 负责将磷脂酸水解为酰基甘油
   E. 在磷脂合成中将脂肪酸从 *sn*-1 或 *sn*-2 位移除
4. 胆酸不同于其前体胆固醇，主要是因为胆酸：
   A. 不是兼性的
   B. 含有一个离子化的羧基基团
   C. 含有少量氧
   D. 最初在小肠合成
   E. 含有许多双键
5. 神经节苷脂不包括：
   A. 神经酰胺结构
   B. 葡萄糖或半乳糖
   C. 磷酸盐
   D. 一个或多个唾液酸
   E. 鞘氨醇
6. 磷脂酰肌醇：
   A. 是中性的磷脂
   B. 最初发现位于线粒体膜上
   C. 能够从内质网膜上释放 Ca^{2+}
   D. 能作为锚定糖蛋白在细胞表面
   E. 作为主要的表面活性剂维持肺脏正常功能

问题7和8：前列腺素和白三烯是生理上的高反应活性的复合物，由类似于花生四烯酸等的多聚不饱和C20酸产生。它们二者都参与了部分炎症反应过程。阿司匹林等NSAIDs(非甾体类抗炎药)药能够有效抑制前列腺素的合成但对白三烯则没有类似的作用。

7. 前列腺素合成酶，使一个双功能酶：
   A. 能催化前列腺素合成的限速步骤
   B. 能被抗炎类甾体所抑制
   C. 含有环氧合酶和过氧化物酶的组分
   D. 终产物是 PGG_2
   E. 以细胞中游离的花生四烯酸作为反应底物
8. 过氧羟基二十四碳四烯酸(HEPET)：
   A. 由过氧化物酶催化花生四烯酸合成
   B. 是变态反应的介质
   C. 是白三烯合成的中间产物
   D. 是一个相对稳定的复合物(能存在4h)
   E. 是白三烯的失活形式

问题9和10：变态反应是心血管疾病的一个危险因素。LDL与HDL胆固醇在血液中的分布比总胆固醇水平对于评价疾病的风险性更为重要。两种办法能够降低血清中的胆固醇水平：饮食和药物(当单纯通过饮食或者体内饱和脂肪酸不足时使用)。抑制素是一种备选药物，它能抑制胆固醇合成反应限速酶的活性。如果有必要胆酸结合树脂也可以联合使用。

9. 在胆固醇的生物合成中：
   A. HMG-CoA由线粒体中的HMG-CoA合成酶合成
   B. HMG-CoA还原酶催化限速步骤
   C. 甲羟戊酸通过富集三分子的甲羟戊酸转化成焦磷酸法呢酯
   D. 二分子焦磷酸法呢酯形成角鲨烯的反应是自由可逆的
   E. 角鲨烯合成羊毛甾醇的反应始于融合环状系统的建立，并伴随着加氧的过程
10. LDL中的胆固醇：
   A. 与细胞表面受体相结合，分散在细胞膜表面
   B. 当它进入细胞能够抑制ACAT(酰基辅酶

A 胆固醇酰基转移酶)的活性

C. 一旦进入细胞即被 LCAT(卵磷脂胆固醇酰基转移酶)转化为胆固醇脂

D. 一旦在细胞中富集即能抑制 LDL 受体的再生

E. 代表从外周细胞中移除的初级胆固醇

问题 11 和 12:鞘脂类代谢障碍(脂类储存疾病)是一类由于溶酶体酶缺失导致的疾病。该病鞘脂的合成正常,但是未降解的物质会在溶酶体中积累。该病的严重性部分是由发病的器官决定的。像 Tay-Sachs 病,病发于脑部和神经组织中,会在出生几年后致死。由于酶的缺乏存在于所有细胞中,因此那些易于获得的组织(如皮肤成纤维细胞)可以用来进行相应酶表达与否的检测。大多数这类疾病目前没有任何治疗办法,唯一只能寄希望于基因工程的研究。然而对于 Gaucher 病,葡糖脑苷脂酶的替代疗法却是有效的。

11. 下列那些关于鞘脂类降解的表述是错误的:

A. 发生在含有水解酶的溶酶体中

B. 在神经酰胺的水平终止

C. 不同成分被有序、分布的移除

D. 可能有硫酸脂酶或神经氨酸酶参与

E. 被针对特定类型连接、而非特定复合物的酶所催化

12. 在 Niemann-Pick 病中,缺乏鞘磷脂酶。鞘磷脂与其他鞘脂不同这主要是因为它:

A. 没有神经酰胺的核心

B. 生理 pH 下是酸性的,而不是中性

C. 只有含 *N*-乙酰神经氨酸的形式

D. 只有磷脂的形式

E. 不是兼性的

问答题

13. 将高胆固醇血症和正常人的细胞分别与含有放射性标记胆固醇的 LDL 颗粒共孵育后,换去培养基并检测细胞的放射性水平。之后裂解细胞并检测细胞中胆固醇的含量。结果如下表。请分析 LDL 受体基因的什么突变会导致如下结果?

细胞类型	细胞的放射性	胆固醇浓度
正常	3000cpm/每 mg 细胞	低
高脂蛋白血症	3000cpm/每 mg 细胞	高

14. 胆盐结合树脂和 HMG-CoA 还原酶抑制剂联合使用能非常有效的降低大多数高胆固醇患者的血清胆固醇水平。但是为什么这类药物对于那些家族性高胆固醇血症的患者效果并不理想呢?

参考答案

1. A　这类功能主要与糖鞘脂类相关。B. 特别是双棕榈酰卵磷脂。C. 比如:β-羟丁酸脱氢酶。D. 特别是磷脂酰肌醇。E. 血小板激活因子起该作用。

2. A　这是胆碱的主要通路。B. CDP-二酰甘油与肌醇反应生成磷脂酰肌醇。C. 这个由碱基置换生成。

3. E　磷脂酶 A_1 和 A_2 能够水解磷脂中的脂肪酸,是磷脂降解的一部分。同时它们对磷脂的合成也非常重要,它们的存在保证了磷脂中脂肪酸的不对称分布。

4. B　羧基基团经常与甘氨酸或牛磺酸交联。A. 这个作用依赖于它的兼性特性。C. 羟基化是合成过程的主要部分。D. 肝是合成的器官。E. 初级胆汁是不饱和的。

5. C　糖鞘脂不包含磷酸。A,E. 神经酰胺由鞘胺醇合成,它是鞘糖脂的基本结构。B. 葡萄糖是第一个与神经酰胺结合的糖。D. 从定义上说,神经节苷脂包含唾液酸。

6. D　甘油-磷脂酰肌醇锚有其特殊的结构。A. 它们是酸性的,就像肌醇都被磷酸化了。B. 它们的功能性残基位于脂膜。C. PIP_2 必须被水解为 IP_3,并释放出 Ca^{2+} 例子。E. 这是双棕榈酰卵磷脂。

7. C　环氧合酶氧化花生四烯酸,过氧化物酶将 PGG_2 转化成 PGH_2。A,B.磷脂酶 A_2 介导的前体脂

肪酸释放是限速反应步骤，抗炎类甾体能够抑制该反应。D.过氧化物酶负责将 PGG_2 转化成 PGH_2。E.花生四烯酸在细胞中不是游离的，有时作为膜磷脂的一部分，有时又作为胆固醇脂的一部分。

8. C 花生四烯酸加氧后形成这些物质。A.这个酶是脂肪氧化酶。B-E.HPERE 本身不是激素，但它是一个非常不稳定的中间体，可以转化成 HETE 或白三烯。

9. B 胆固醇抑制该酶的活性。A.胆固醇的生物合成在细胞质中，HMG-CoA 在线粒体中的生物合成会引发酮体的形成。C.甲羟戊酸脱羧后形成焦磷酸异戊二烯(一个浓缩基团)。D.焦磷酸被水解以阻止反应逆转。E.环氧化物的形成初始该过程。

10. D 这是防止细胞超负荷的一种办法。A.LDL 与细胞表面受体相结合，内吞后在溶酶体中被降解并释放出胆固醇。B.ACAT 被激活以利于储存。C.LCAT 是一种血浆酶。E.LDL 的主要作用是将胆固醇释放到外周组织，HDL 的作用是清除外周组织中的胆固醇。

11. B 神经酰胺被水解成鞘氨醇和脂肪酸。D.硫酸半乳糖脑苷脂含有硫酸酯，神经节苷脂含有一个或多个 *N*-乙酰神经氨酸。E.许多鞘氨醇都具有同样的化学键，比如 β-半乳糖苷键，它能被半乳糖苷酶水解。

12. D 神经磷脂不是鞘糖脂，而是鞘磷脂。A，B，E.它们由神经酰胺形成，是兼性和中性的。C.它被称为神经节苷脂。

13. 因为结合到细胞表面的放射性物质量相同，说明高胆固醇血症细胞表面的 LDL 受体数量与正常细胞相同。由于胆固醇的合成在两类细胞中都没有被抑制，因此可以推断是受体-LDL 复合物的内化过程发生了问题。所以说这类突变最有可能发生在受体羧基端负责内化的部分。

14. 通过结合胆盐，强制胆盐的排泄，肝脏将被迫增加胆固醇转化为胆盐的量。如果肝脏合成胆固醇受到抑制，它将合成更多的 LDL 受体以移除血液中增加的 LDL 颗粒。高胆固醇血症患者要么不表达受体，要么表达没有功能的受体，因此肝将无法增加 LDL 从血液中的摄取。虽然合成减少了，但是这并没有显著影响血液胆固醇的水平。

(陈磊　译)

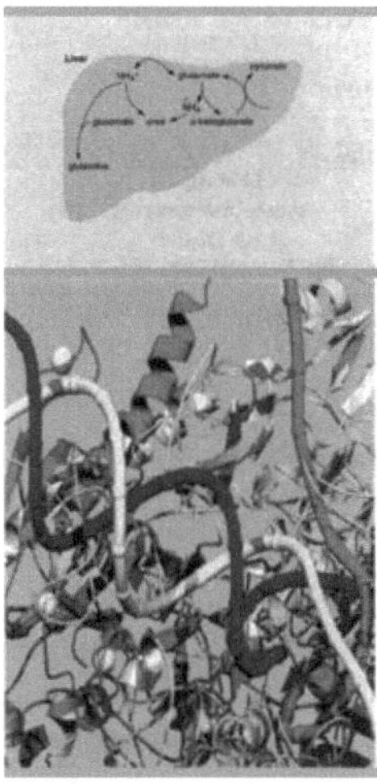

19

氨基酸代谢

Marguerite W. Coomes

19.1 概述

蛋白质中氨基酸的结构与功能已经在第3章中详细阐述，本章主要介绍氨基酸的代谢过程，着重是经食物摄取的蛋白质作为氨基酸主要来源对机体的重要作用。

N_2分子广泛存在于大气中。大部分生物不能直接利用空气中的分子氮，而是需要先将其固定为氨后利用。这类反应需要借助微生物、植物或某些自然现象(闪电)来实现。之后这些氨再被转化为氨基酸和蛋白质参与食物链的循环(图 19.1)。机体能够合成与20种蛋白质相关的氨基酸中的11种。那些不能被机体重新合成的氨基酸被称为“必需氨基酸”，它们只能通过摄取含有相应氨基酸

表 19.1 必需氨基酸和非必需氨基酸

必需氨基酸	非必需氨基酸
精氨酸[1]	丙氨酸
组氨酸	天冬氨酸
异亮氨酸	天冬酰胺
亮氨酸	半胱氨酸
赖氨酸	谷氨酸
甲硫氨酸[2]	谷氨酰胺
苯丙氨酸[3]	甘氨酸
苏氨酸	脯氨酸
色氨酸	丝氨酸
缬氨酸	酪氨酸

1. 精氨酸可以由机体合成，但合成不足以满足生理需要。2. 甲硫氨酸被大量用于合成半胱氨酸，以弥补食物摄取该类氨基酸的不足。3. 苯丙氨酸被大量用于合成酪氨酸，以弥补食物摄取酪氨酸的不足。

的食物来获得(表 19.1)。

本章主要包括氨基酸之间的相互转化、氨的分解和排泄以及机体中非必需氨基酸的合成三个部分。氨的代谢部分还讨论了谷氨酸、谷氨酰胺、天冬氨酸、天冬酰胺、丙氨酸以及精氨酸的合成与降解机制，阐述了非必需氨基酸的合成与降解、必需氨基酸的降解过程。另外还介绍了某些氨基酸衍生物的合成途径以及临床上与氨基酸代谢相关的疾病。

氨基酸中的碳原子能够从 7 个位置进入糖酵解途径和三羧酸循环。生糖氨基酸代谢成丙酮酸、3-磷酸甘油、α-酮戊二酸、草酰乙酸、延胡索酸或琥珀酰 CoA。生酮氨基酸能代谢成乙酰 CoA 或乙酰乙酸。有的氨基酸既可生成酮体又可生成糖，因此称为生酮和生糖氨基酸(图 19.2)。另外，还原当量(reducing equivalent)，比如 NADH，是许多氨基酸代谢的产物。

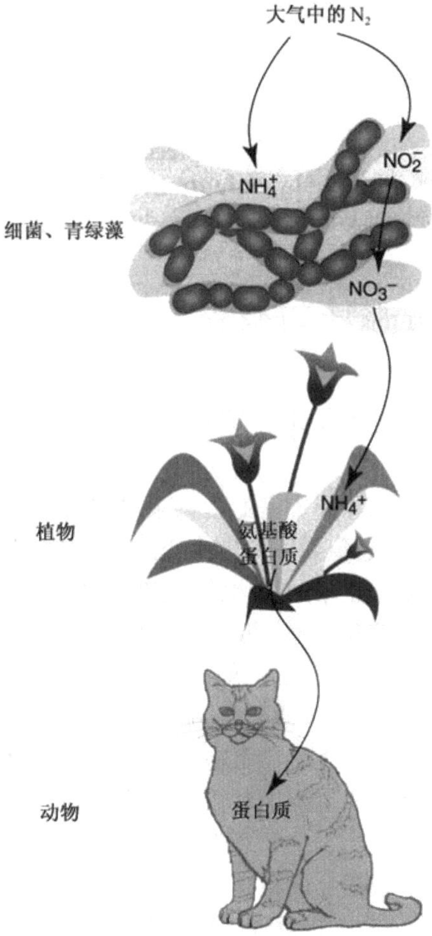

图 19.1　概述氮原子进入生物食物链的过程
起始过程是通过微生物和植物中的酶类将氮还原为氨

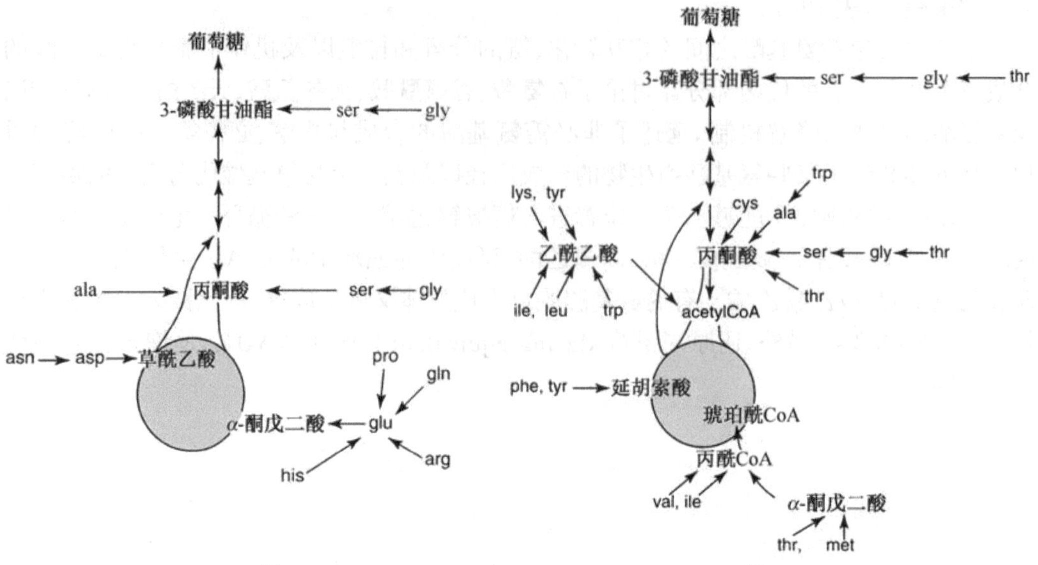

图 19.2　非必需氨基酸(a),必需氨基酸(b)和半胱氨酸以及酪氨酸的代谢

19.2　氮原子在氨基酸中的整合

绝大多数氨基酸可以从饮食中获得

健康成人每天能够通过摄取种类丰富的食物来维持机体氮摄取和排泄的动态平衡,使机体通常处于氮平衡状态,即总氮量不发生改变。在营养充足的条件下,机体排泄的氮主要来源于过量摄取的蛋白质或正常的生物转化过程。蛋白质转换过程指机体蛋白通过降解和合成发生的替换。在某些条件下,机体有可能处于负氮平衡或正氮平衡。负氮平衡状态是指机体中氮的排泄远大于摄取,一般出现于饥饿和某些特定疾病中。当发生饥饿时,蛋白质氨基酸上的碳链被用于糖原异生,游离氨则主要以尿素的形式排出体外而不再被蛋白质合成过程重新利用。缺乏必需氨基酸饮食通常会导致负氮平衡,这主要是由于机体蛋白质的降解会导致必需氨基酸绝对数量的下降,而这些氨基酸又不能在机体中重新合成。同时负氮平衡状态还会发生于衰老的过程中。相反,处于生长旺盛阶段的儿童由于体重迅速增加和氨基酸快速合成容易发生正氮平衡。另外半胱氨酸和精氨酸对于儿童是必要的,这主要是因为成年人能够通过甲硫氨酸和鸟氨酸的生物转化来合成这些氨基酸,而儿童则必须通过食物摄取。同时正氮平衡还会在妊娠以及饥饿后过度饮食的情况下发生。

氨基酸的转氨基作用

绝大多数用来合成蛋白质和氨基酸衍生物前体的氨基酸都来自于饮食和蛋白质的转化。其他氨基酸上的氨基能在一种**氨基转移酶**(又称为**转氨酶**)(**aminotransferase，transaminase**)的作用下转移到 α-酮基上生成非必需氨基酸(图 19.3)。这种氨基转移反应通常在氨基酸的降解过程中发生。图 19.4 描述的是丙氨酸上的氨基转移到 α-酮戊二酸上从而形成谷氨酸的过程。反应产生的丙酮酸能够为糖原异生和三羧酸循环的产能过程提供所需的碳原子。只有谷氨酸的氨基能够直接进入尿素循环，因此这步反应对于其他氨基酸的脱氨基是必需的。当机体需要利用丙氨酸合成蛋白质而通过食物或其他途径获取丙氨酸的量又不足时，转氨酶的这种催化反应又能可逆进行。另外，由于机体无法合成相应的 α-酮基，必需氨基酸的**转氨基反应**(**transamination**)通常是单向的。图 19.5 描述的是必需氨基酸——缬氨酸的转氨基反应。反应产生的 α-酮异戊酸被进一步代谢为琥珀酰 CoA。除苏氨酸和赖氨酸以外，转氨基作用广泛存在于绝大多数氨基酸中。谷氨酸和 α-酮戊二酸中的专一性氨基和酮基对于大多数转氨基反应都是必需的。比如丙氨酸向天冬氨酸的转氨基反应就需要谷氨酸的参与(图 19.6)。转氨酶催化的反应都是可逆的，它们的平衡常数接近 1。当发生肝损伤导致游离氮排泄并伴随**血氨过多**(**hyperammonemia**)时，食物中摄取的大部分氨基酸包括必需氨基酸都会被 α-酮酸及其类似物替代，这些类似物又能形成相应的氨基酸。但苏氨酸和赖氨酸无法发生类似的反应，因为前面我们提到这两种氨基酸不会发生转氨基反应。图 19.5 所示 α-酮异戊酸在血氨过多时能应激产生缬氨酸。

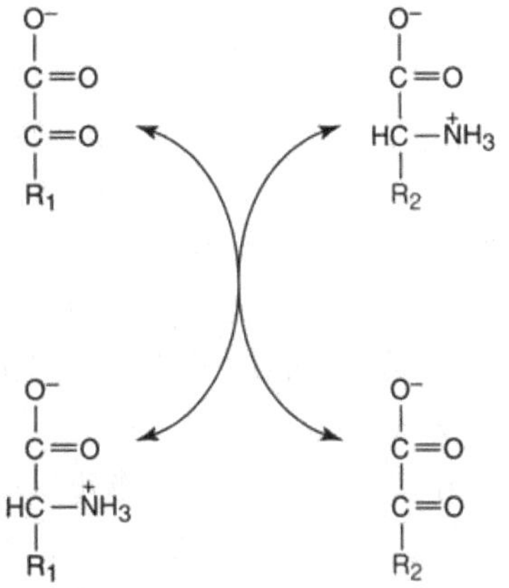

图 19.3　转氨酶反应

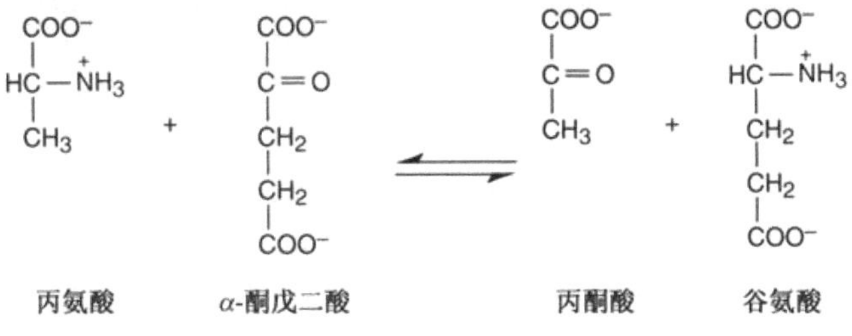

图 19.4　谷氨酸-丙酮酸转氨反应

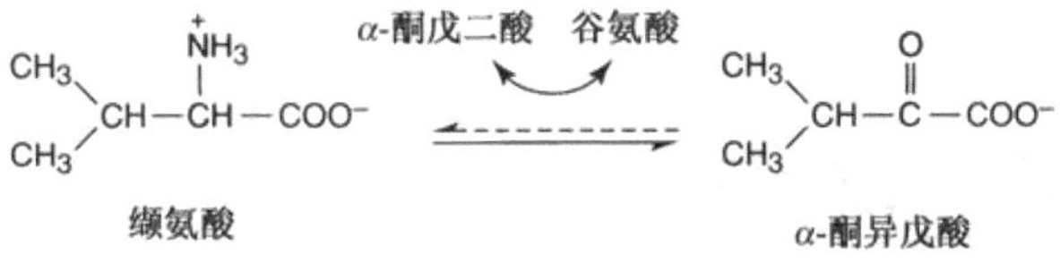

图 19.5　缬氨酸的转氨基

只有当 α-酮异戊酸用于治疗时，缬氨酸才能够由 α-酮异戊酸转变而来

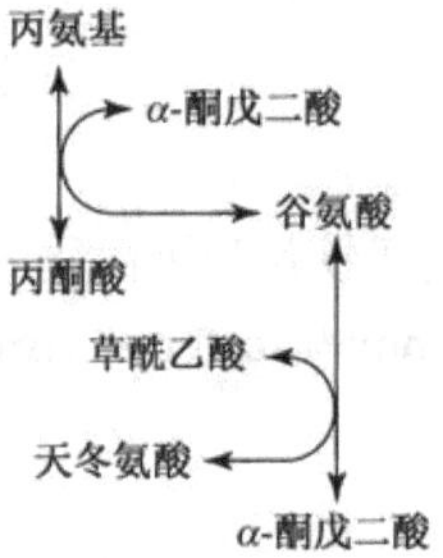

图 19.6　联合转氨反应

通过检测不同组织中特殊转氨酶的水平能够帮助诊断相应器官是否发生损伤，比如血浆中谷氨酸天冬氨酸转氨酶水平升高是肝发生损伤的标志。

磷酸吡哆醛是转氨酶的辅基

目前所发现的转氨酶都以**磷酸吡哆醛**(**pyridoxal phosphate**)作为辅基。磷酸吡哆醛本身又是**维生素 B_6**(**vitamin B_6**)的活性形式(图 19.7)。转氨酶上特殊赖氨酸的 ε-氨基和磷酸吡哆醛辅基以共价键形式结合，这种复合物的稳定性又进一步通过离子和疏水作用得到加强(图 19.8)。这种共价键(—CH ═ N—)又称为**希夫碱**(**Schiff's base**)。磷酸吡哆醛上的醛基提供碳原子，转氨酶上的赖氨酸残基提供共价键上的氮原子。当酶的活性位点与外来氨基酸结合时，它的氨基代替赖氨酸上的 ε-氨基与磷酸吡哆醛通过希夫碱共价结合(图 19.9)。但此时磷酸吡哆醛依旧能利用离子和疏水作用维持其与转氨酶活性位点的结合。同时底物氨基酸与磷酸吡哆醛反应形成的希夫碱以醛亚胺(—CH ═ N—CHR_2)和酮亚胺(—CH_2—N ═ CR_2)这两种互变异构体形式存在。一分子酮亚胺水解释放一分子 α-酮酸和一分子含有 α-氨基的磷酸吡哆胺。相反，一分子 α-酮酸与 α-氨基反应又能水解释放出一个氨基酸，此时磷酸吡哆醛重新与转氨酶形成牢固的共价键(图 19.8)。磷酸吡哆醛上希夫碱的这种促进电子在不同原子之间转移的能力使其得以参与多种氨基酸催化反应，包括转氨作用和脱羧作用。图 19.10 描述以磷酸吡哆醛为辅酶的脱羧酶的脱 α-,β-位羧基反应。体内磷酸吡哆醛的浓度在抗结核病药或异烟肼类物质的存在下会显著的降低，这主要是因为它们能够与吡哆醛形成希夫碱进而抑制了吡哆醛依赖的催化反应的发生。

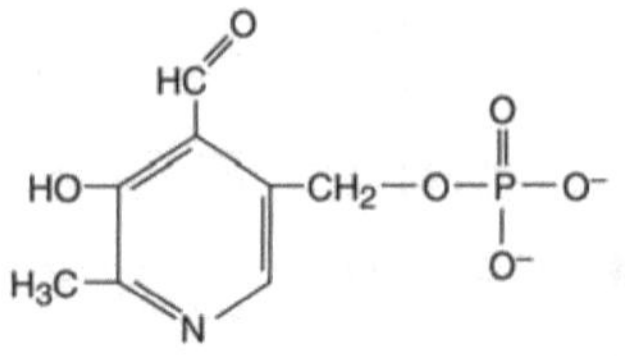

图 19.7　磷酸吡哆醛

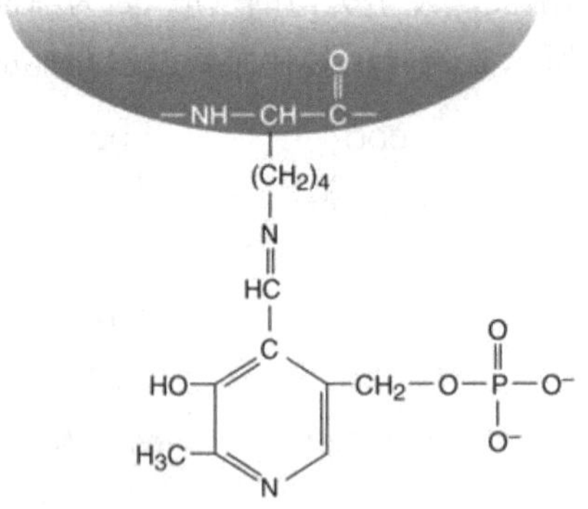

图 19.8　磷酸吡哆醛与蛋白赖氨酸残基形成醛亚胺键

谷氨酸脱氢酶的脱氨基作用

肝中**谷氨酸脱氢酶**(**glutamate dehydrogenase**)能够催化氨转换到谷氨酸上的可逆反应(图 19.11)。在这类反应中谷氨酸作为转氨作用的介质协助完成绝大多数氨基酸的

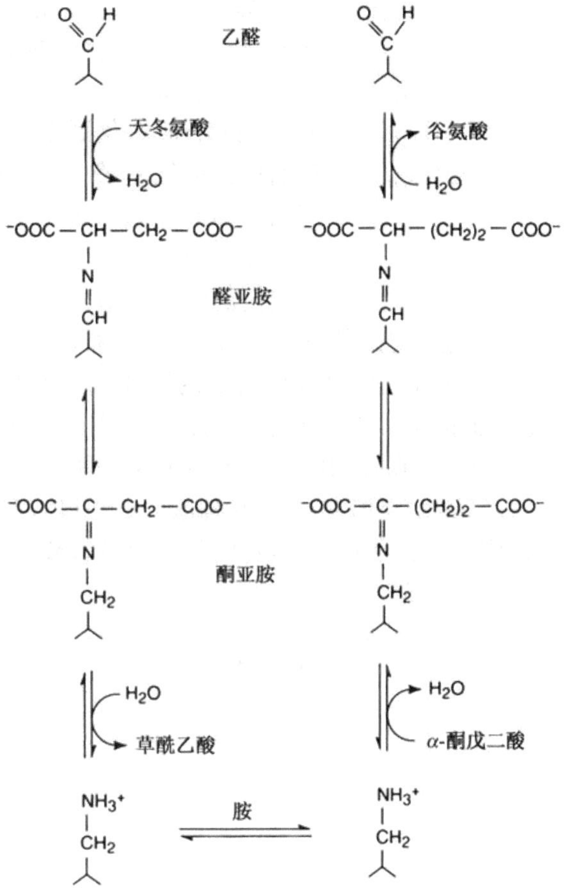

图 19.9　转氨基反应中不同形式的磷酸吡哆醛

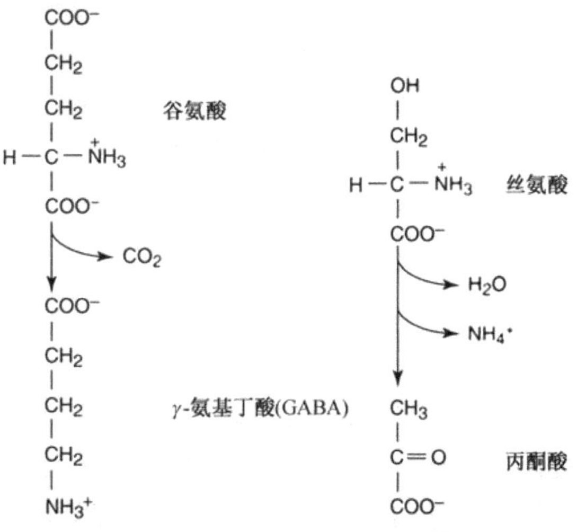

(a)　　(b)

图 19.10　谷氨酸脱羧酶(a)和丝氨酸脱羧酶(b)的反应都依赖磷酸吡哆醛

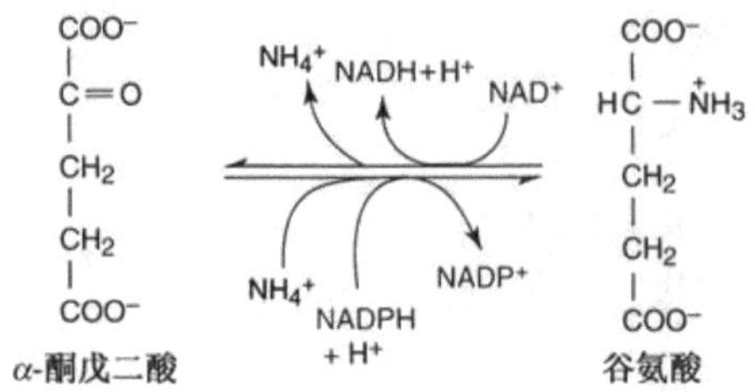

图 19.11 谷氨酸脱羧酶反应

脱氨基作用，是这些氨基酸氨基与**游离氨**(**ammonia**)之间转化的桥梁(图 19.12)。辅酶 NADPH 用来催化氨基化的过程，而辅酶 NAD^+ 则用来催化脱氨基过程。这些脱氨基酶通过脱掉氨基酸上的氨基来满足机体在葡萄糖前体与能量合成方面对氨基的需求。氧化脱氨基反应中产生的 NADH 非常重要，因为它们能够被呼吸链途径重新氧化用来合成 ATP。虽然脱氨酶催化的反应是可逆的，但是在体内这类催化反应则更倾向于产生游离氨。这主要是因为体内重新合成谷氨酸所需要的游离氨浓度非常高，并且有毒性，通常这种情况只会出现于肝静脉周围的部分区域。肝脏中的游离氨绝大多数源于肠腔内细菌的代谢。谷氨酸脱氢酶在肝细胞线粒体中主要行使脱氨基作用，而那里又是尿素循环反应的起点。谷氨酸脱氢酶是一种变构酶，ATP 和 GTP 起变构抑制作用，ADP 和 GDP 起变构激活作用。当 ATP 和 GTP 不足时，谷氨酸的氧化脱氨反应加速，促进氨基酸的分解供能(图 19.13)。

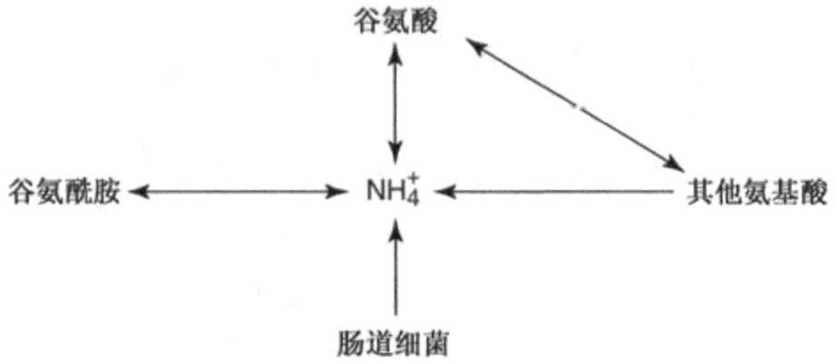

图 19.12 谷氨酸在氨基酸合成、分解、转化中的作用

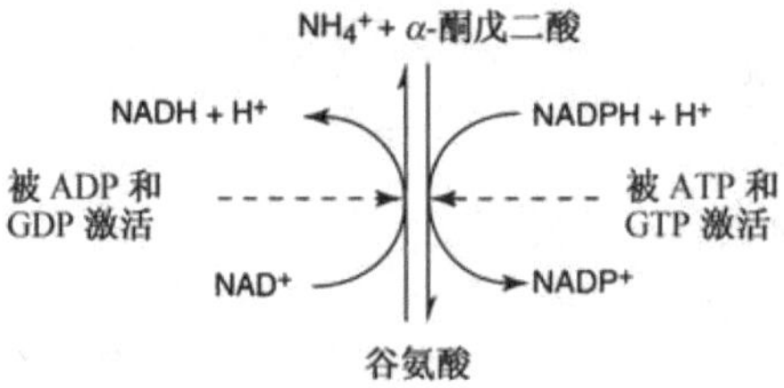

图 19.13 谷氨酸脱氢酶的变构调节

游离氨在谷氨酰胺中的转运

游离氨对生物体是有毒性的，它在血液中的转运主要以氨基或酰氨基两种形式来实现。**谷氨酰胺**(**glutamine**)是氨的主要运输形式，循环过程中 50% 的氨基酸都是**谷氨酰胺**。谷氨酰胺的酰氨基是多种分子的氮供体，这些分子包括嘌呤碱基和胞嘧啶的氨基。谷氨酸和游离氨是**谷氨酰胺合成酶**(**glutamine synthetase**)的底物(图 19.14)，ATP 提供磷酸基团活化 γ-位羧基使反应得以顺利进行。

酰胺基的移除需要**谷氨酰胺酶**(**glutaminase**)(图 19.15)的催化，谷氨酰胺酶有几种组织特异性的同工酶。肝或肾组织中的线粒体谷氨酰胺酶Ⅰ的活性需要磷酸盐的参与。虽然肝脏中同时含有谷氨酰胺合成酶与谷氨酰胺酶，但它既不是一个谷氨酰胺的净消耗者也不是净生产者。这两种酶分别存在于肝不同部位的实质细胞中。血液通过起源于门静脉的血窦进入肝小叶。门静脉周围的这些肝实质细胞含有谷氨酰胺酶(和尿素循环相关的酶类)，它们直接与来自骨骼肌的血液接触。这些血液通过血窦进入每个肝小叶的中央静脉，进而汇入腔静脉最后到达肾。中央静脉周围有大约 5% 的肝实质细胞，它们含有谷氨酰胺合成酶。这个细胞内**谷氨酰胺循环机制**(**glutamine cycle**)(图 19.16)可能主要是为了清除血液中未被尿素循环所转化的游离氨。尿素的合成主要发生在含有谷氨酰胺酶的门静脉周围，而谷氨酸和 α-酮戊二酸合成为谷氨酰胺的过程则主要在中央静脉周围完成。生物体通过自身的这种谷氨酰胺循环模式来实现对游离氨、尿素和谷氨酰胺浓度的调节，并进而控制肾在不同 pH 条件下对游离氨的排泄。

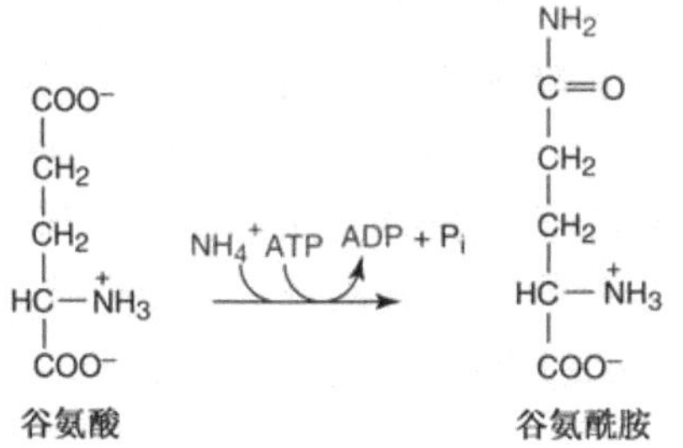

图 19.14　谷氨酰胺合成酶催化的反应

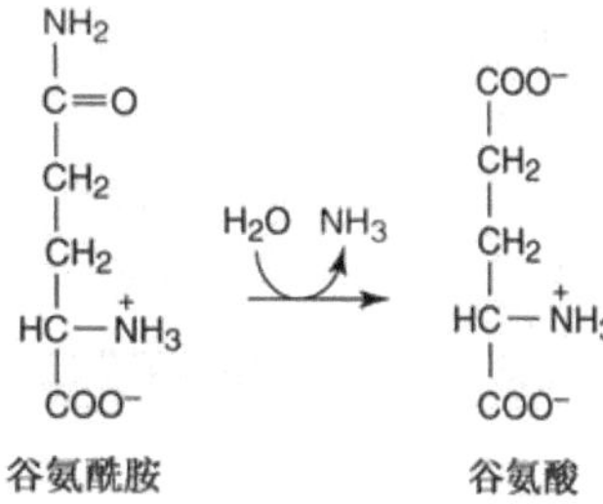

图 19.15　谷氨酰胺酶催化的反应

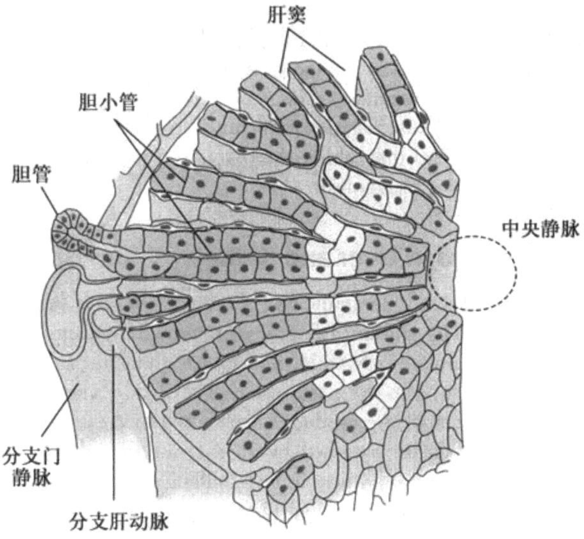

图 19.16　单个肝小叶

细胞内谷氨酸循环发生于门静脉周围(肝小叶的外部，粉色表示)与中央静脉周围(蓝色表示)的细胞中

天冬酰胺的酰胺基团来源于谷氨酰胺

与谷氨酰胺中的酰胺基来源于游离氨不同，**天冬酰胺**中的酰胺基则来源于谷氨酰胺

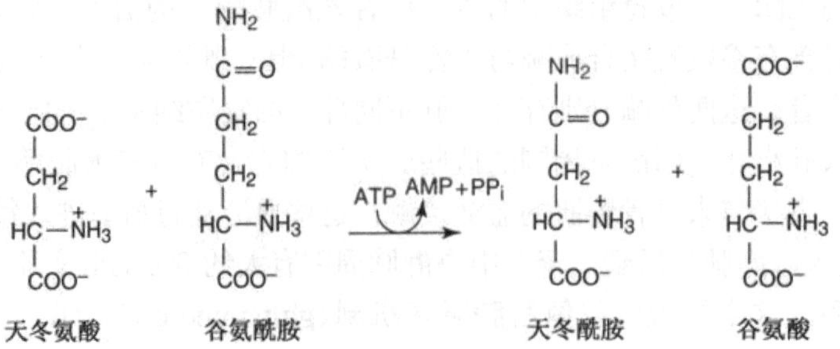

图 19.17　天冬酰胺的合成

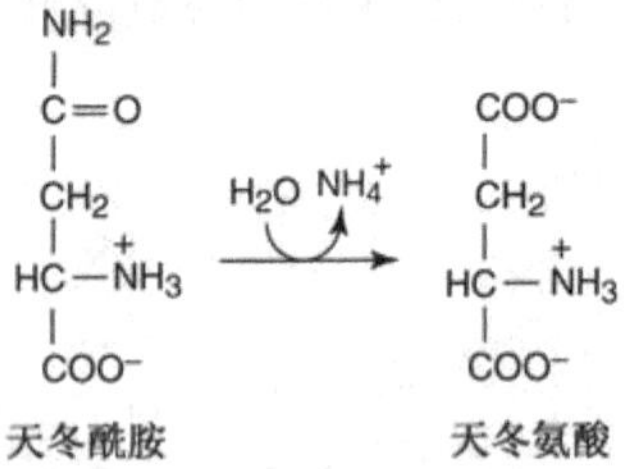

图 19.18　天冬酰胺酶的催化反应

(图 19.17)，这一反应需要 ATP 的参与来活化受体天冬氨酸上的 β位羧基。天冬酰胺的合成广泛存在于除某些类型的淋巴细胞以外的大多数细胞中。通过外源导入天冬酰胺酶能够水解血液中多余的天冬酰胺，这种方法已经在临床上被用于抑制那些自身缺乏天冬酰胺合成酶的肿瘤细胞的生长(图 19.18)。由于正常细胞自身能够合成或降解天冬酰胺，因此上述治疗方法不会对正常细胞造成伤害。

氨基酸氧化酶的脱氨基作用

L-氨基酸氧化酶(L-amino acid oxidase)能够催化许多氨基酸氧化脱氨(图 19.19)，但是它们在代谢中的重要性还不甚清楚。它含有黄素单核苷酸(FMN)辅基，能够催化氨基酸氧化为过氧化氢，后者又能够被过氧化氢酶降解为水和氧气。该反应的最终产物与谷氨酸脱氢酶催化的反应一样，都是 α-酮酸、游离氨和水，但它们之间的区别在于氨基酸氧化酶催化的反应不能生成 NADH 和 ATP。

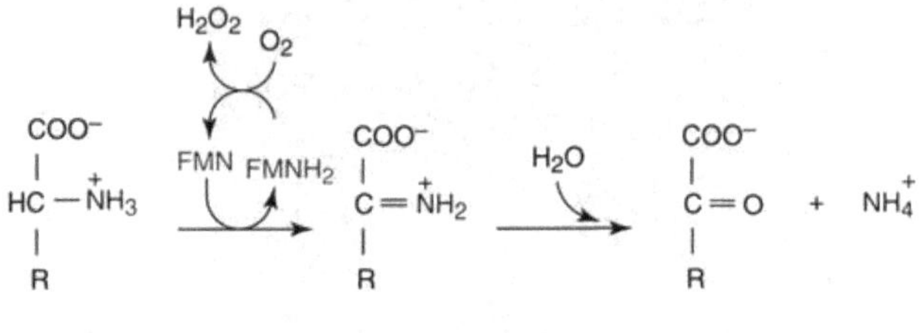

图 19.19　一种黄素蛋白，L-氨基酸氧化酶的反应

人体中还有一种 **D-氨基酸氧化酶(D-amino acid oxidase)**，它能降解体内由肠道细菌合成的微量 D-氨基酸。

19.3 氮在肝和肾中的转运

蛋白质的持续降解

细胞可控的程序化死亡被称为凋亡。正常条件下，凋亡过程中细胞的组分分子包括蛋白质也会进行分解代谢。尽管人们已经发现许多参与蛋白质降解过程的反应，但是我们对蛋白质降解过程的了解依旧非常浅显。不同蛋白质的降解半衰期千差万别，比如鸟氨酸脱羧酶、磷酸激酶 C 和胰岛素的半衰期为一个小时甚至更短；血红蛋白、胶原和组蛋白的半衰期是几个月；而圆锥形晶状体中的晶体蛋白的半衰期则长达一生。不过，大多数蛋白质的半衰期一般为几天。

氨基酸在蛋白质被水解后排出肌肉组织

机体中大多数蛋白质和氨基酸存在于骨骼肌中。在机体运动耗能时，这些蛋白质被降解为氨基酸，而氨基酸中的氨基则以谷氨酰胺和丙氨酸的形式转运到肝或肾中。尿素产生于肝，氨基(来源于谷氨酰胺)则产生于肾(图 19.20)。碳骨架主要被用来参与产能和肝中糖原异生的过程。另外肌肉蛋白在饥饿、外伤、烧伤以及败血症时也会被大量降解。而在所有的氨基酸中，肌肉中的支链氨基酸(包括缬氨酸、亮氨酸和异亮氨酸)首先被转氨基作用降解，后者是机体内最重要的能量来源。虽然蛋白质的降解在机体内无处不在，但肌肉组织却承担了绝大多数的为新陈代谢提供游离氨基酸的任务。

氨在肝和肾中的释放

血液中谷氨酰胺和丙氨酸的主要目的地是肝(图 19.20)，在那里**谷氨酰胺酶**(**glutaminase**)和**谷氨酸脱氢酶**(**glutamate dehydrogenase**)的协同作用将其降解为游离氨、NADH 和 α-酮戊二酸(生糖中间体)，这一点对产能非常有益。许多恶性肿瘤和慢性疾病会使机体处于一种称为**恶病质**(**cachexia**)的不断消耗肌肉的状态。恶病质主要是由于肝对游离氨基酸的快速代谢导致肌肉中蛋白质水解加速引起的。胰高血糖素水平的升高就可作为肝为加速糖原异生而增加氨基酸摄取的临床诊断标志。

部分谷氨酰胺和丙氨酸能够被肾脏代谢为质子化的铵离子并被排泄出去。当机体发生酸中毒时，为了避免机体对尿素类阴离子的过度利用和排泄，肝对谷氨酰胺的吸收作用被抑制，更多的谷氨酰胺被转运到肾中以质子化的铵离子形式排泄。

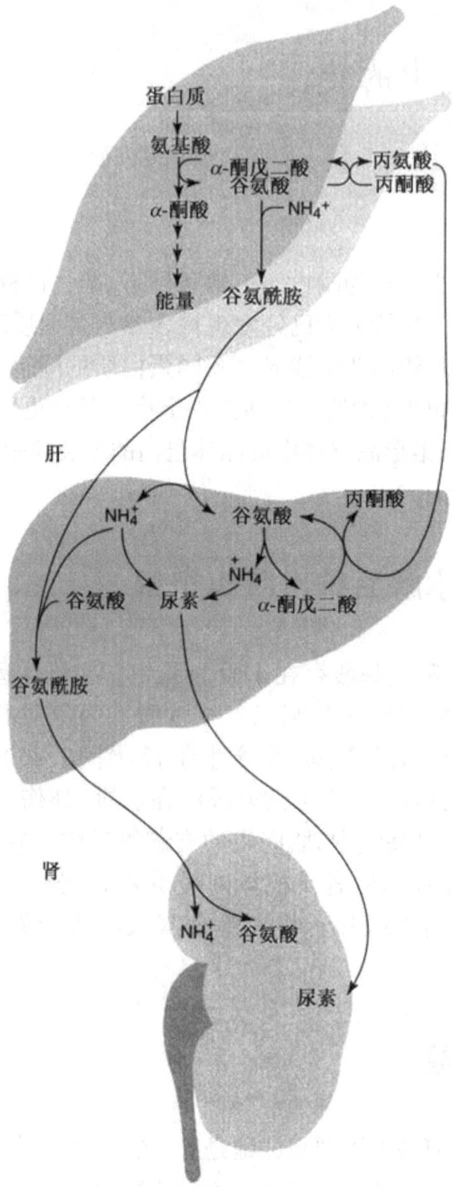

图 19.20　肌肉蛋白水解后组织内氮转运的主要机制

19.4 尿素循环

尿素中的氮原子来自于氨和天冬氨酸

尿素循环和柠檬酸循环都是由 Hans Kreb 爵士和他的同事发现的。尿素循环的发现要早于柠檬酸循环。在陆生哺乳动物中，**尿素循环(urea cycle)**是机体对排出氮元素的机制作出的选择。每次尿素循环中出现的两个氮原子(图 19.21)分别来自游离氨和天冬氨酸分子的氨基。尿素循环开始于鸟氨酸,也结束于**鸟氨酸**(**ornithine**)。在柠檬酸循环中,结束时天冬氨酸中的碳原子并不是开始时天冬氨酸中的碳原子。与柠檬酸循环不同,尿素循环中最后鸟氨酸中的碳原子就是开始时鸟氨酸中的碳原子。氨(提供尿素中的一个氮原子)同碳酸氢根缩合形成**氨甲酰磷酸**(**carbamoyl phosphate**),进入尿素循环(图 19.22)。然后,氨甲酰磷酸和鸟氨酸反应生成**瓜氨酸**(**citrulline**)。瓜氨酸再同天冬氨酸(提供尿素中另一个氮原子)反应生成精氨琥珀酸,之后裂解为精氨酸和延胡索酸。**精氨酸**(**arginine**)被水解成**尿素**(**urea**),并重新生成鸟氨酸。最后,尿素从肝脏被转运到肾脏,随尿排出。尿素循环每产生并排出一个尿素分子,需要消耗 4 个 ATP 分子。所以,从高效利用能量的角度来看,将氨结合入氨基酸比排出氨更好。整个循环中的关键调控步骤是氨甲酰磷酸的合成。另外,尿素循环也受酶诱导的调控。

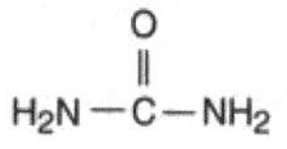

图 19.21　尿素

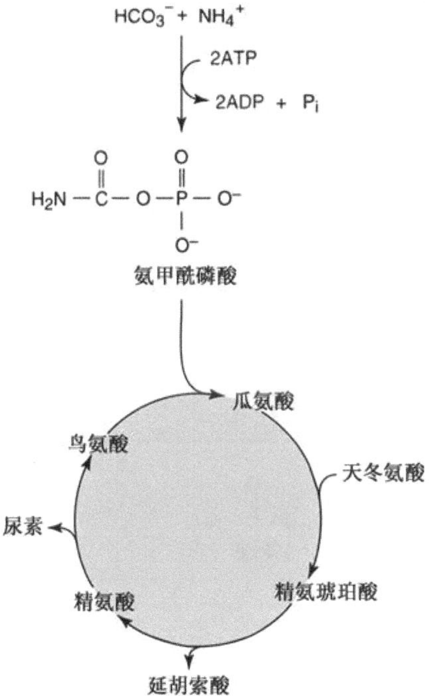

图 19.22　氨甲酰磷酸的合成及其参与尿素循环

尿素合成中需要五种酶

氨甲酰磷酸合成酶Ⅰ(**carbamoyl phosphate synthetaseⅠ,CPSⅠ**)尽管对尿素合成起了关键作用,但它实际上并不是尿素循环的一部分,在消耗 2 个 ATP 分子后,缩合铵离子和碳酸氢盐生成氨甲酰磷酸。其中,1 个 ATP 分子激活碳酸氢根,另 1 个提供氨甲酰磷酸中的磷酸根。CPSⅠ分布于线粒体基质,利用氨作为氮元素供体,其活性完全依赖于 *N*-乙酰谷氨酸(图 19.23)。**氨甲酰磷酸合成酶Ⅱ**(**carbamoyl phosphate synthetaseⅡ,CPSⅡ**)分布于细胞溶胶,利用谷氨酰胺的氨基,不受 ***N*-乙酰谷氨酸**(***N*-acetylglutamate**)作用的影响,参与嘧啶的生物合成(见 20.4 节)。

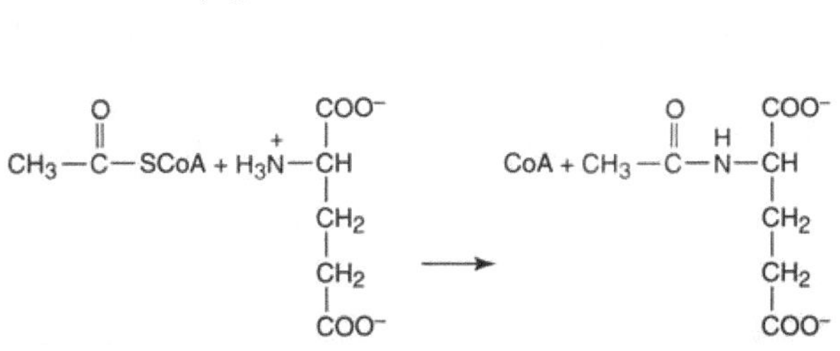

乙酰CoA　谷氨酸　*N*-乙酰谷氨酸

图 19.23　*N*-乙酰谷氨酸合成酶催化的反应

瓜氨酸的生成由位于线粒体基质的**鸟氨酸转氨甲酰酶**(**ornithine transcarbamoylase**)

催化(图 19.24)。然后,瓜氨酸被运出线粒体进入细胞溶胶,此后的反应就在细胞溶胶中进行。精氨琥珀酸合成合催化产生需要精氨琥珀酸 ATP 水解为 AMP 与 PP_i,相当于水解两个分子的 ATP。精氨琥珀酸裂合酶催化裂解精氨琥珀酸为延胡索酸和精氨酸,精氨酸再被精氨酸酶催化裂解为鸟氨酸和尿素。生成的鸟氨酸又进入线粒体基质参与另一轮尿素循环。在线粒体内膜上存在着一种瓜氨酸/鸟氨酸交换体。

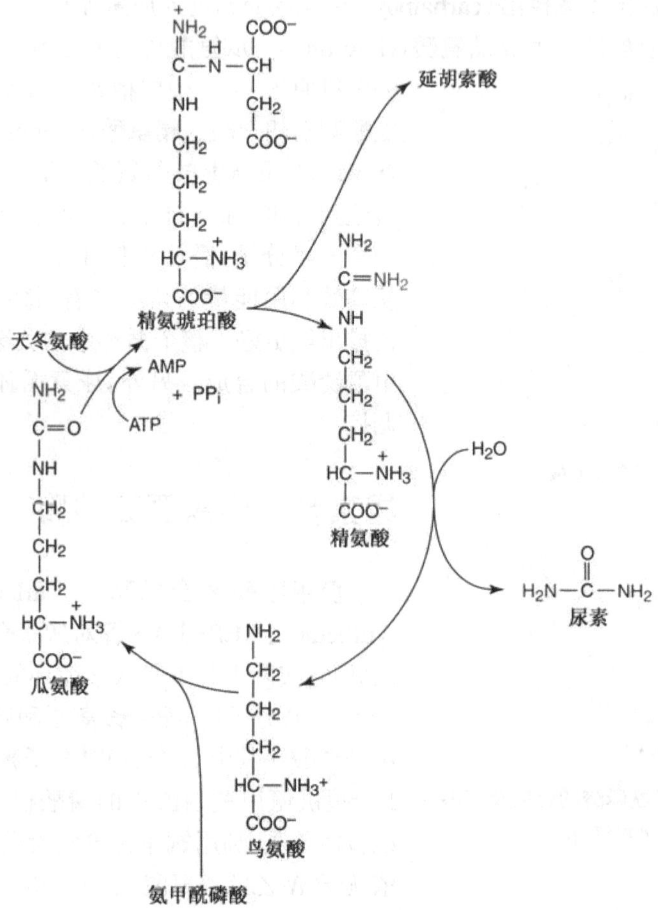

图 19.24　尿素循环

之后我们将讨论由谷氨酸合成额外的鸟氨酸进入尿素循环。由于精氨酸可以由鸟氨酸、氨和天冬氨酸中的碳原子、氮原子合成,它是一种非必需氨基酸。然而,生长中的儿童处于正氮平衡状态,净效应是氮元素整合入机体中,此时精氨酸的从头合成不能满足机体需要,因而精氨酸对他们来说是必需的。

碳原子以延胡索酸的形式从天冬氨酸中释放出来之后,可以进入线粒体,经柠檬酸循环中延胡索酸酶和苹果酸脱氢酶的作用,被转化成草酰乙酸,再以天冬氨酸的形式参与新一轮尿素循环。由延胡索酸生成的草酰乙酸中,大约有 2/3 经磷酸烯醇式丙酮酸转化为葡萄糖(图 19.25)。形成 ATP 所用的延胡索酸量与尿素循环、葡糖异生所需的延胡索酸量大致相等,这意味着肝本身既不产能也不耗能。

由于人体不能利用尿素,因此它被运输到肾脏进行滤过并排出体外。肠腔中含尿素酶细菌能够分解进入肠道的尿素，其产物游离氨会被肝脏吸收、再利用。

尿素合成受到别构效应物和酶诱导的调节

氨甲酰磷酸合成酶Ⅰ需要 *N*-乙酰谷氨酸别构激活(图 19.23)。该化合物由 ***N*-乙酰谷氨酸合酶**(***N*-acetylglutamate synthetase**)催化谷氨酸和乙酰辅酶 A 合成，而 *N*-乙酰谷氨酸合酶能够被精氨酸激活。乙酰辅酶 A、谷氨酸和精氨酸是尿素循环中所需要的物质，它们或是提供中间产物，或是提供能量。*N*-乙酰谷氨酸的存在则表明它们易于获取。尿素具有潜在的毒性，因而对于一个调控尿素的血浆浓度，并具有高度能量依赖性的代谢途径来说，必须有严格的调控机制加以调节。

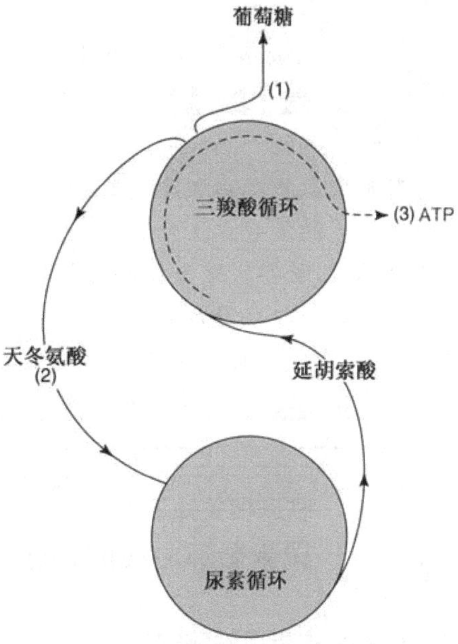

图 19.25　尿素循环产生的延胡索酸是葡萄糖(1)、天冬氨酸(2)及能量合成(3)的来源

当运输至肝的氨或氨基酸增加时，尿素循环酶系作用被诱导而增强(10～20 倍)，中间产物的浓度也可以通过质量作用定律调节酶的活动。高蛋白饮食(净过量氨基酸)和饥饿状态(机体需要通过代谢将机体蛋白质转化为糖类物质供能)将导致尿素循环酶系的活动受到诱导而增强。

尿素合成代谢紊乱将导致严重后果

尿素合成酶系功能异常引起的代谢紊乱具有潜在的致命性。当氨浓度过高时会导致昏迷，意识丧失可能是 ATP 耗竭引起的后果之一。ATP 的主要来源是氧化磷酸化，它与柠檬酸循环中电子转移到下游的电子传递链相互联系(见 14.7 节)。高浓度的氨使谷氨酸不能转化为 α-酮戊二酸，从而使柠檬酸循环的重要中间产物耗尽，减少了 ATP 生成。

目前已发现缺乏尿素循环酶系中某些酶导致的病例，针对这些缺乏症的治疗方法基于三个原则：①限制蛋白质摄入以控制可能的氨积聚；②除去多余氨；③添加尿素循环中缺乏的中间产物。第一点可由控制氨基酸摄入来完成，必要时用相关 α-酮酸的体内转氨代替。大肠酸化制剂(果糖)可用来减少肠道中细菌产生的氨，其原理为果糖是一种很难被吸收的合成双糖，它可被大肠细菌代谢产生酸性产物，使氨以铵基离子的形式从粪便中排出。采用抗生素杀灭产生氨的细菌，使用能够共价与氨基酸结合产生含氮分子，并随尿排出的化合物均可达到去除多余氨的目的。图 19.26 表示了苯甲酸与甘氨酸缩合产生马尿酸，苯乙酸与谷氨酸缩合形成苯乙酸谷氨酸的反应。这两个反应都需要能量以激活羧基，通常可加入辅酶 A 来满足此要求。临床相关知识 19.1，19.2 给出了一些关于特定酶缺乏治疗方案的例子，这些方案通常包括使用尿素循环中间产物等治疗方法。

临床相关知识 19.1
氨甲酰磷酸合成酶和 *N*-乙酰谷氨酸合成酶缺乏

肝脏中氨甲酰磷酸合成酶活性只有正常水平 0～50% 的婴儿会出现高氨血症。除了正文描述的治疗方法外，医疗人员还为这些婴儿使用精氨酸。因为根据假设，精氨酸激活 *N*-乙酰谷氨酸合成酶的效应可以增强残余的氨甲酰磷酸合成酶活性。*N*-乙酰谷氨酸合成酶缺乏通常会导致智力迟钝。先前曾报道过一个 *N*-乙酰谷氨酸合成酶缺乏的病例，医护人员通过施用氨甲酰谷氨酸（一种 *N*-乙酰谷氨酸的类似物）来激活氨甲酰磷酸合成酶，最终成功地治愈了该患者。

临床相关知识 19.2
尿素循环中酶的缺乏

鸟氨酸转氨甲酰酶缺乏

尿素循环酶缺乏最常见的是由于缺少鸟氨酸转氨甲酰酶，造成智力迟钝和智能丧失。但在偶然情况下，在接受治疗的患者身上看到的正常发育揭示了智力迟钝是由于治疗前过量的氨造成的。鸟氨酸转氨甲酰酶的基因位于 X 染色体上，男性与拥有不同来源 X 染色体的女性相比，更容易受到影响。除了血液中氨和氨基酸含量的增加，乳清酸也会随之增加。增加的原因可能是由于氨基甲酰磷酸不能被形成瓜氨酸，于是被扩散到细胞溶胶中，在那里瓜氨酸和天冬酰胺聚合，形成乳清酸。

精氨琥珀酸合成酶和裂合酶的缺乏

瓜氨酸不能和天冬酰胺聚集，从而导致血液中瓜氨酸的积累并排泄到尿液中（瓜氨酸血症）。治疗这种通常为良性的疾病需要特异性地添加精氨酸，以合成蛋白质和形成肌氨酸。精酰琥珀酸无法分解形成精氨酸与精酰琥珀酸合成酶缺乏的结果相类似，导致大量底物被排泄。该疾病的严重程度有很大不同，所以很难评估饮食中添加精氨酸治疗的效果。

精氨酸酶缺乏

精氨酸酶缺乏比较罕见，但会导致很多中枢神经系统发育和功能的异常。精氨酸累积然后被排泄，精氨酸的前体和精氨酸代谢产物也可以被排泄。出人意料的是，一部分尿素也会被排泄，这可能是由于肾脏中发现的另外一种精氨酸酶造成的。包括除精氨酸以外的其他必需氨基酸饮食已经被用于有效治疗该种疾病。

线粒体鸟氨酸转运器缺乏

这种疾病也被称为高鸟氨酸血症、高氨血症、同型瓜氨酸血症（HHH 综合征），其症状包括智力低下、小脑共济失调和短暂性休克。疾病由多种不同基因突变引起，包括无义、错义和移码突变。

早产儿的低精胺酸血症

皮质甾醇发生在妊娠后期，早产通常在这之前发生。皮质甾醇是精氨酸合成酶的诱导物，有建议指出肠和肠外给予早产儿皮质甾醇可以提高成活率和改善生长。

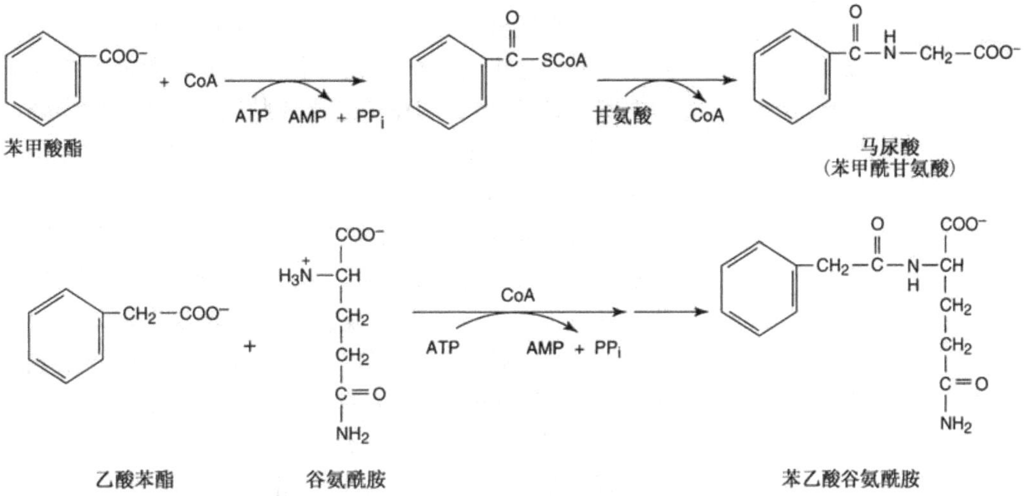

图 19.26　尿素循环还能够进行解毒反应

19.5　各种氨基酸的合成及降解

谷氨酸是谷胱甘肽和 γ-氨基丁酸的一种前体

谷氨酰胺是谷胱甘肽的一个组成成分，这点我们将在本章末尾处讨论(见 19.5 节)。谷氨酰胺也是 γ-氨基丁酸(GABA)、脯氨酸、鸟氨酸的前体，其中 GABA 是一种神经递质(图 19.10)(见 19.2 节)。

精氨酸的合成在肠和肾中进行

肾缺乏尿素循环中的精氨酸酶，所以肾中产生的精氨酸主要用来合成蛋白质，而不是作为尿素循环的中间物质。肠黏膜是合成作为精氨酸前体的瓜氨酸的主要场所。肠黏膜具有所有在谷氨酰胺到瓜氨酸转变过程(通过鸟氨酸)中起重要作用的酶。瓜氨酸在肾中被转换成精氨酸。精氨酸是 NO 的前体(见 11.9 节，24.4 节)；在大脑，**胍丁胺**(**agmatine**)是一种具有抗高血压性质的化合物，它通过精氨酸脱羧生成 (图 19.27)。

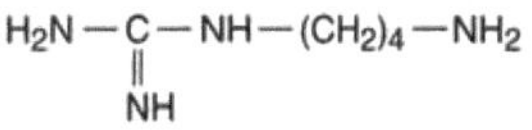

胍丁胺

图 19.27　胍丁胺

鸟氨酸和脯氨酸

鸟氨酸是瓜氨酸和精氨酸前体，鸟氨酸和脯氨酸都是从谷氨酰胺中合成而来，也会降

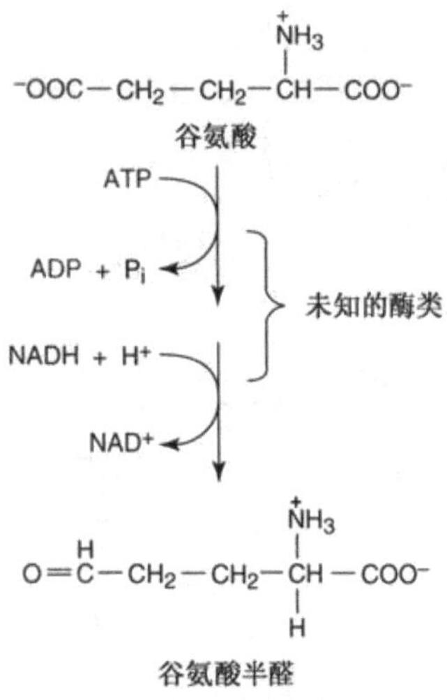

图 19.28　谷氨酸半醛

解成为谷氨酰胺，不过两者的降解途径略为不同。合成过程开始于谷氨酰胺利用 ATP 和 NADH（图 19.28）形成谷氨酸半醛。这个自发的环化过程形成了醛和氨基之间的希夫碱基，然后被 NADPH 还原成脯氨酸。谷氨酸半醛可以耐受醛基的转氨作用，从而阻止了环化的发生，于是产生鸟氨酸（图 19.29）。

脯氨酸被重新转化成为希夫碱中间物——δ-1-吡咯 5-羧基，此中间物与**谷氨酸半醛**（**glutamic semialdehyde**）处于动态平衡状态。鸟氨酸合成途径中的转氨作用是自由可逆的，可以从鸟氨酸合成谷氨酸半醛（图 19.29）。脯氨酸残基转录后通过羟基化修饰为 3-或 4-羟脯氨酸（图 19.30），这些残基在蛋白质降解中被释放，分别产生乙二醛、丙酮酸盐、4-羟基-2-酮戊二酸盐（见临床相关知识 19.3）。

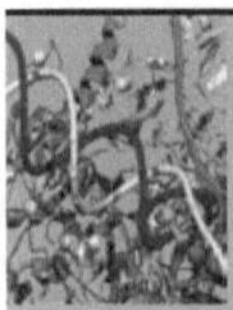

临床相关知识 19.3

脯氨酸代谢疾病

吡咯-5-羧酸脱氢酶（将脯氨酸转换为吡咯-5-羧酸）的缺乏会导致血清中含高浓度的脯氨酸、甘氨酸和鸟氨酸。这种疾病通常为良性，但是有时会并发癫痫。吡咯-5-羧酸合成酶通过转氨作用使谷氨酸半醛形成谷氨酰胺，这种酶的缺乏会产生严重的症状，表现为血脯氨过多症、低鸟氨酸血症和高氨血症，从而导致白内障、智力迟钝、关节易变形和皮肤过弹性。后一种缺乏叫做血脯氨过多症Ⅱ。吡咯-5-羧酸浓度上升会导致磷酸吡哆醛失活从而导致神经系统并发症。

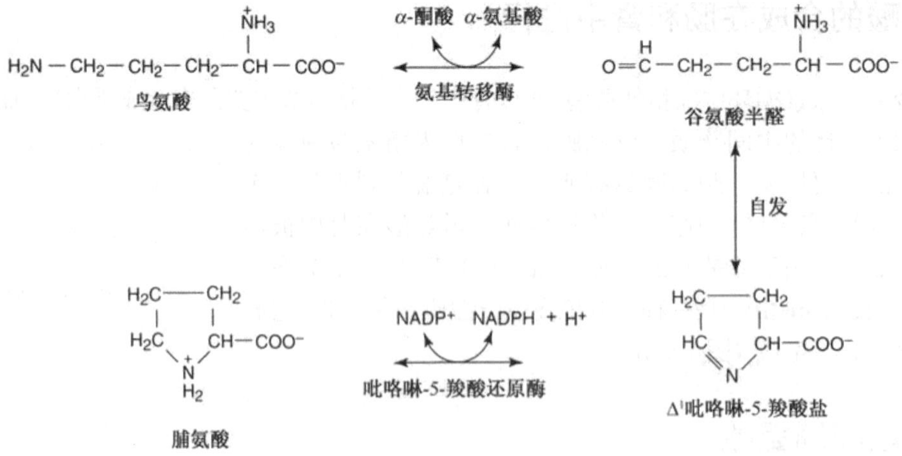

图 19.29　谷氨酸半醛合成鸟氨酸和脯氨酸的反应，两者的中间体相同

鸟氨酸是**腐胺**（**putrescine**）的前体，多聚氨的基本分子，是能够和 DNA 相互作用的带

有强正电荷的分子。**鸟氨酸脱羧酶**(**ornithine decarboxylase**)(图 19.31)通过多个位点的磷酸化被调控,推测其与特异激素、生长因子或细胞周期调控信号反应有关。鸟氨酸脱羧酶也是细胞分裂即将发生时能够最早被检测到的信号,因为只有多聚氨先合成,有丝分裂才能开始。其他常见多聚氨有**亚精胺**(**spermidine**)和**精胺**(**spermine**)(图 19.59),是在腐胺上加入丙胺得到的,丙胺是甲硫氨酸代谢的产物(见 19.5 节)。

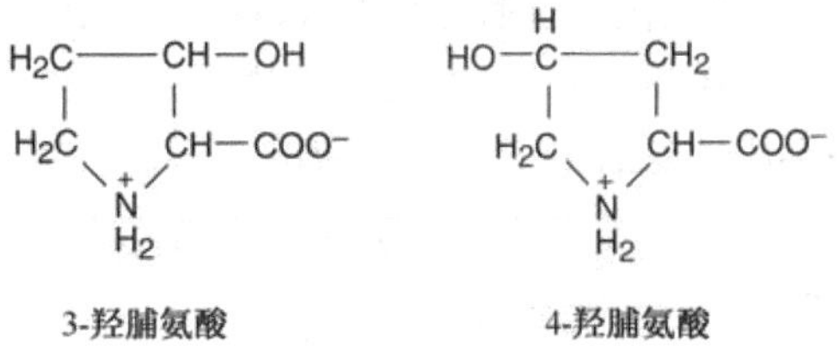

图 19.30　羟脯氨酸

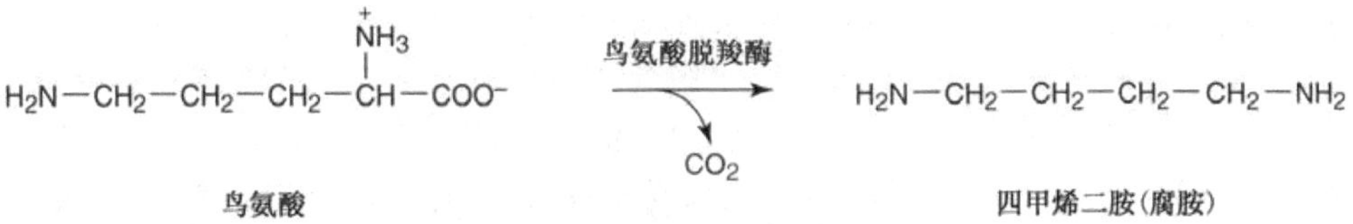

图 19.31　鸟氨酸到腐胺的脱羧反应

丝氨酸和甘氨酸

丝氨酸合成从 3-磷酸甘油酯开始(图 19.32),使用诸多磷酸化的中间产物,最后一步是去磷酸的过程。丝氨酸降解为 3-磷酸甘油酯是通过很多非磷酸化的中间产物,最后一步是加磷酸的过程。这两个过程需要的酶不同(图 19.33)。**丝氨酸脱水酶**(**serine dehydratase**)使丝氨酸以 NH_4^+ 的形式脱去氨基形成丙酮酸盐(图 19.34),同样的酶也催化了苏氨酸的类似反应。

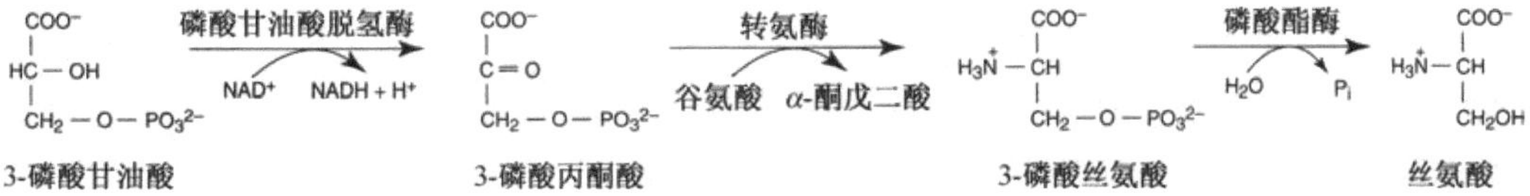

图 19.32　丝氨酸的合成

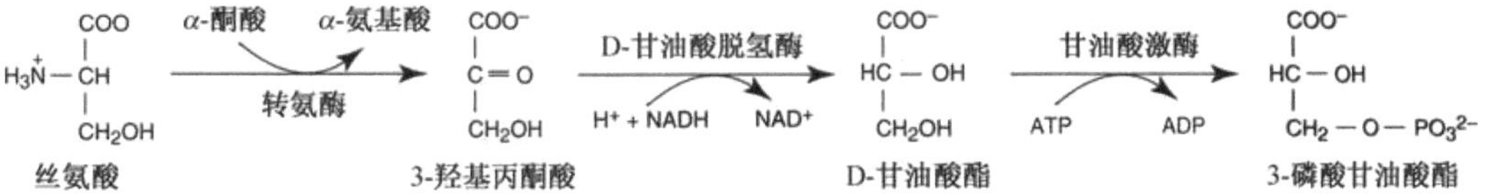

图 19.33　丝氨酸为进行糖原异生进行的代谢

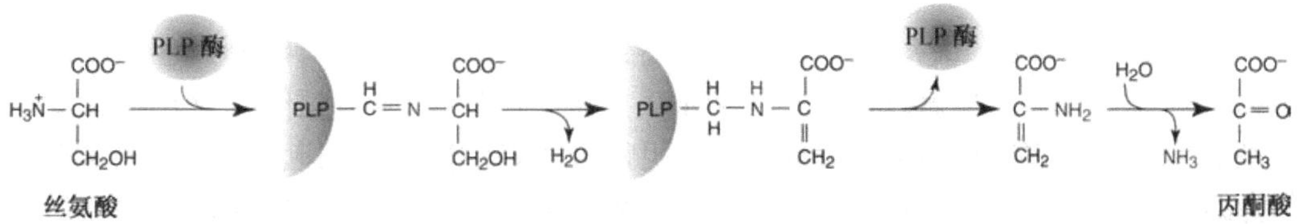

图 19.34　丝氨酸脱水酶反应需要磷酸吡哆醛参与

丝氨酸是一种不常见但很重要的氨基酸前体。某些蛋白质,特别是谷胱甘肽过氧化酶,含有**硒代半胱氨酸**(**selenocysteine**)(图 19.35)。UGA 通常作为终止密码子,但在硒蛋白的 mRNA 中,UGA 编码硒代半胱氨酸(见临床相关知识 19.4)。这种氨基酸是在丝氨酸形成丝氨酰 tRNA 后形成的。

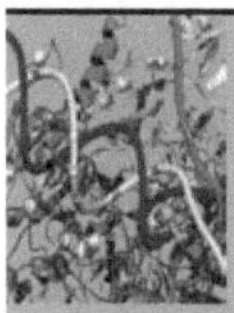

临床相关知识 19.4

硒蛋白

人体中被描述的第一例硒蛋白是谷胱甘肽过氧化酶。现已知有 25 种哺乳动物蛋白为硒蛋白,包括过氧化酶、硒蛋白 P。硒蛋白 P 包含 10 种硒蛋白残基。双功能的硒蛋白 P 为增殖细胞提供硒,且是依赖谷胱甘肽的卵磷脂氢过氧化物酶的还原剂。UGA 密码子从编码终止密码的功能转变为加入硒代半胱氨酸的信号时由至少 5 个不同组分调节。其中的两个是顺式序列:一个是 mRNA 的 3′UTR 区域,另一个是 UGA 密码子本身。三个是反式作用因子:硒代半胱氨酸翻译延长因子(eEFSec)、在 3′UTR 序列的结合蛋白(SBP2)和一个硒代半胱氨酰-tRNA。抑制素药物用作治疗血胆固醇过多症时,抑制了胆固醇合成途径,减少异戊基的形成。抑制素导致的肌病和其他副作用类似于硒缺乏的症状,这揭示了抑制素导致组织坏死的机理可能是阻遏了硒蛋白的合成。

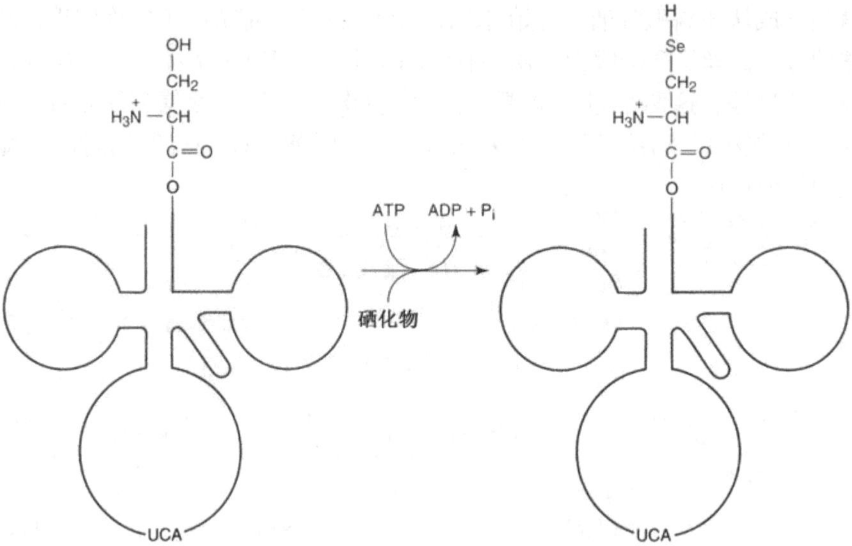

图 19.35　丝氨酰 tRNA 经由磷酸丝氨酸 tRNA 中间体形成硒代半胱氨酸

乙醇胺(**ethanolamine**)、**胆碱**(**choline**)、**甜菜碱**(**betaine**)(图 19.36)都是丝氨酸的衍生物。需要指出的是,胆碱现在被归类到维生素中。乙醇胺(脱羧丝氨酸)和胆碱(*N*-三甲基乙醇胺)都是磷脂的组成成分,甜菜碱(胆碱的氧化衍生物)是引起甲硫氨酸补救合成的旁路代谢途径的甲基供体(见 19.5 节)。丝氨酸为半胱氨酸提供碳骨架,硫从高半胱氨酸转移而来(见 19.5 节)。

一些酶的丝氨酸残基能够被修饰形成辅基。目前在人类中发现的唯一例子是 ***S*-腺苷甲硫氨酸脱羧酶**(***S*-adenosylmethionine decarboxylase**)。此酶先被合成前体形式,然后

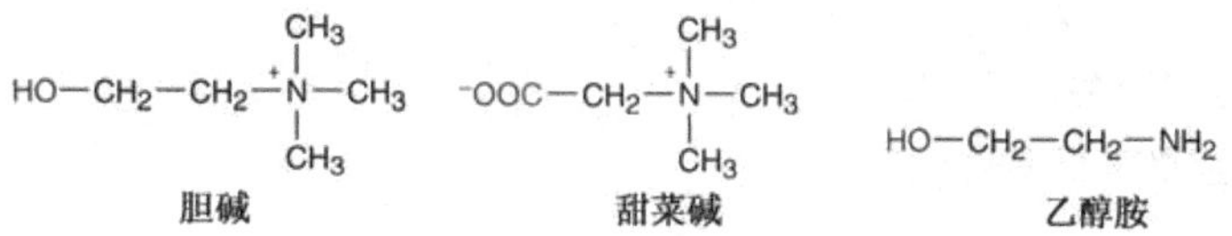

图 19.36　胆碱及其相关化合物

经自催化在谷氨酰胺和丝氨酸残基之间剪切，形成两个多肽。剪切过程中，新的 N 端丝氨酸被转换成一个丙酮酰基(图 19.37)，这个丙酮酰基在与 *S*-腺苷甲硫氨酸形成希夫碱的脱羧过程中发挥作用。

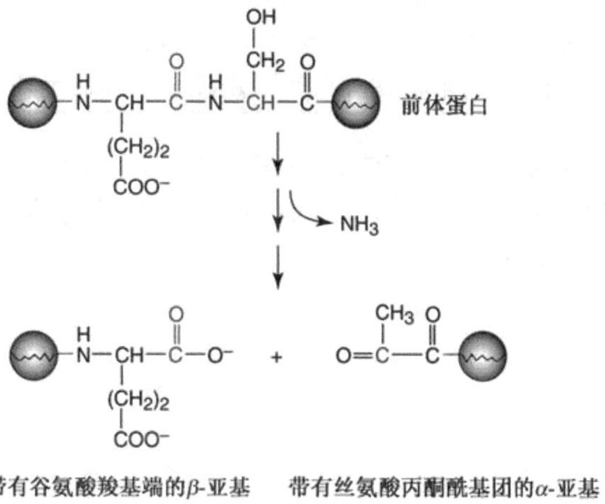

图 19.37　*S*-腺苷甲硫氨酸脱羧酶与丙酮酰假基团共价结合

甘氨酸剪切的酶系统(甘氨酸剪切系统)存在于线粒体中，由四种蛋白组分组成：P 蛋白(磷酸吡哆醛依赖的甘氨酸脱羧酶)、H 蛋白(含硫辛酸蛋白)、T 蛋白(四氢叶酸必需酶)和 L 蛋白(硫辛酰胺脱氢酶)。甘氨酸脑病，也被称为非酮性高甘胺酸血症(NKH)，可能是由于缺乏上述酶中的任何一种所导致的。

丝氨酸可以通过一个需要磷酸吡哆醛和四氢叶酸的反应被可逆转化成甘氨酸，产生 **N^5，N^{10}-亚甲基四氢叶酸**(**N^5，N^{10}-methylenetetrahydrofolate，N^5，N^{10}-THF**)(图 19.38)。可逆反应的方向由丝氨酸或甘氨酸和 N^5，N^{10}-THF 的含量决定。甘氨酸被甘氨酸切割复合物降解成二氧化碳和氨(图 19.39)。这个反应在体外是可逆的，但在体内不可逆，因为氨和 N^5，N^{10}-THF 的 K_m 值比它们各自生理条件下的浓度都高出许多(见临床相关知识 19.5)。

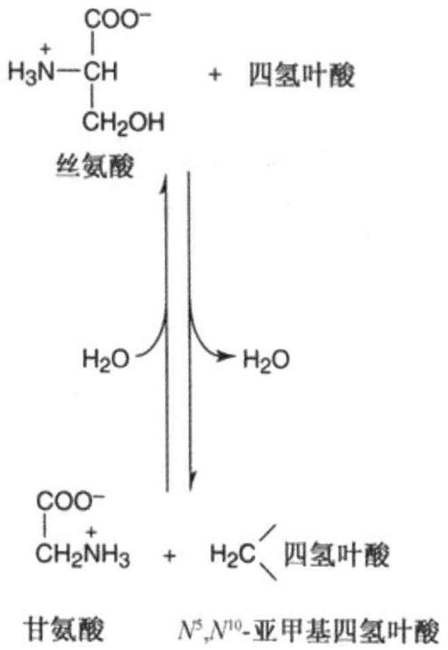

图 19.38　丝氨酸羟甲基转移酶

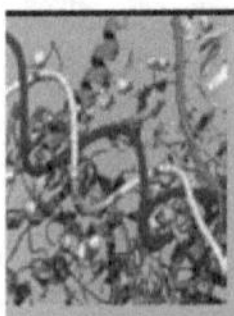

临床相关知识 19.5
非酮高氨酸血症

非酮高氨酸血症的特征是严重的智力缺陷，许多患者在婴儿期就会夭折。这种严重的疾病与酮酸中毒的区别之处在于支链氨基酸的代谢异常，这种情况下甘氨酸的浓度也会升高。甘氨酸切割复合体缺乏已经在许多患者肝匀浆中发现，体外同位素实验证实了这种酶的活性缺失。这个复合体包含了四个蛋白亚基，其中三个都被发现存在遗传性的异常。这种疾病的严重性暗示了甘氨酸切割在甘氨酸代谢中的作用非常重要。甘氨酸是主要的抑制性神经递质，这可以解释该疾病中一些神经并发症发生的原因。通过有力的治疗手段降低甘氨酸水平并不能控制疾病的发展。

甘氨酸是**乙二醛**(**glyoxalate**)的前体，乙二醛可以被转氨形成甘氨酸或者被氧化成草酸(图 19.40)，过量草酸的产生会形成不溶的草酸钙盐，导致肾结石的发生。甘氨酸作为神经递质的功能见 24.2 节所述。

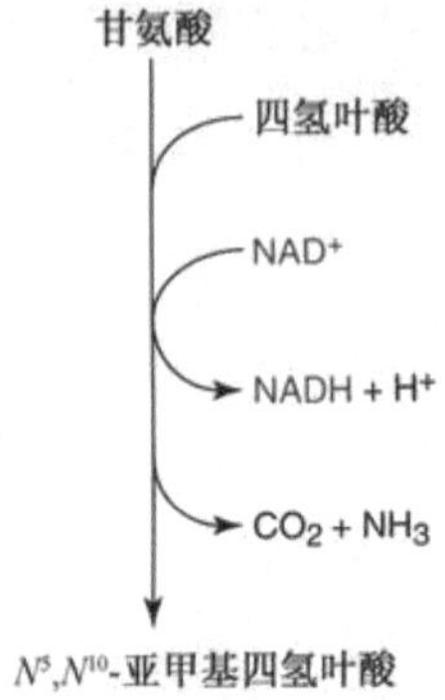

图 19.39 甘氨酸的剪切需要磷酸吡哆醛的参与

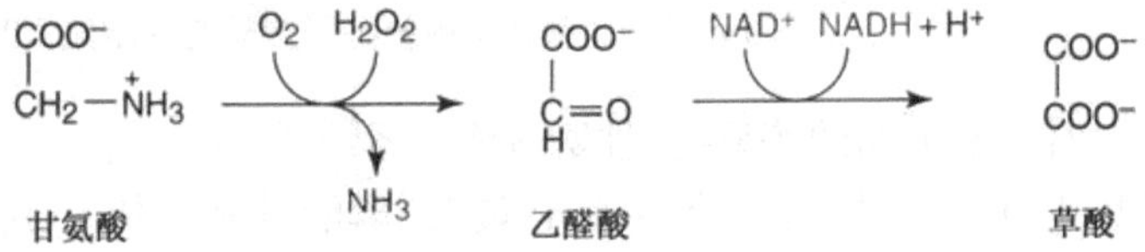

图 19.40 甘氨酸的氧化

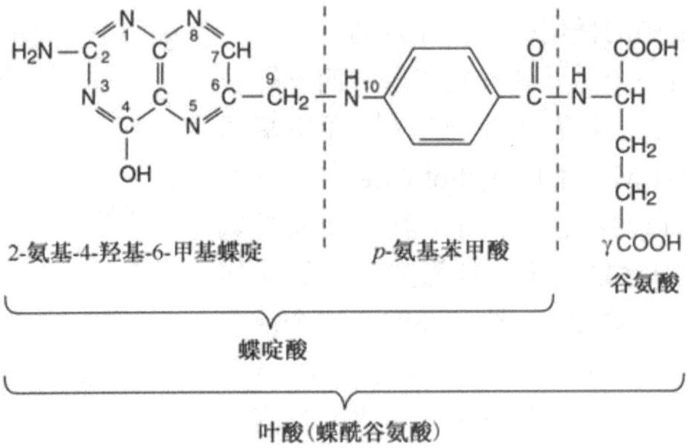

图 19.41 叶酸的组成

多聚 γ-谷氨酸通过在 γ-谷氨酰基键上连入多个谷氨酸基团形成

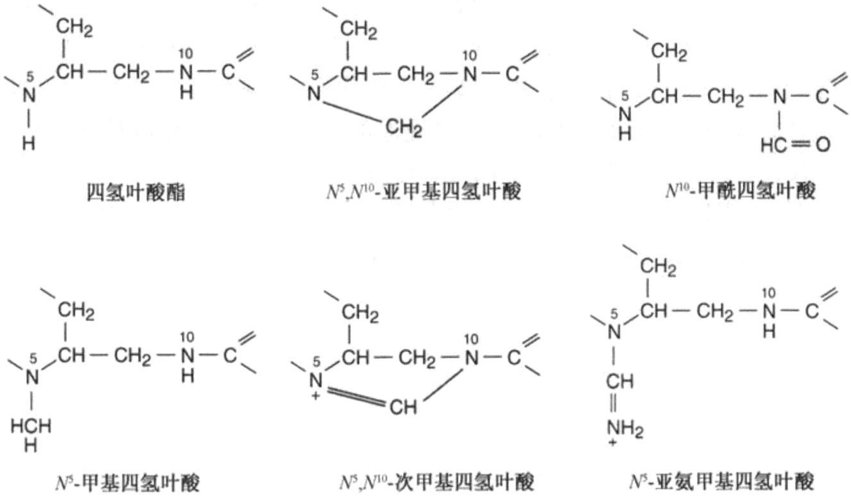

图 19.42　四氢叶酸的活性中心

N^5是甲基和亚氨甲基的结合位点，N^{10}是甲酸基结合位点，亚甲基和次甲基连接 N^5和 N^{10}

四氢叶酸在氨基酸的一些反应中起辅助因子的作用

四氢叶酸是叶酸的还原态形式，是一种水溶性维生素，常常以**多聚 γ 谷氨酰（poly-γ-glutamyl）**衍生物形式存在（图 19.41）。四氢叶酸是一碳载体，可以促进次甲基、甲酸基、亚胺甲基、亚甲基和甲基之间的相互转换（图 19.42）。这个转换过程需要完成吡啶核苷酸的氧化还原，同时将一部分碳连接到 THF 上（图 19.43）。在大多数的氧化形式中，甲酸基结合在蝶

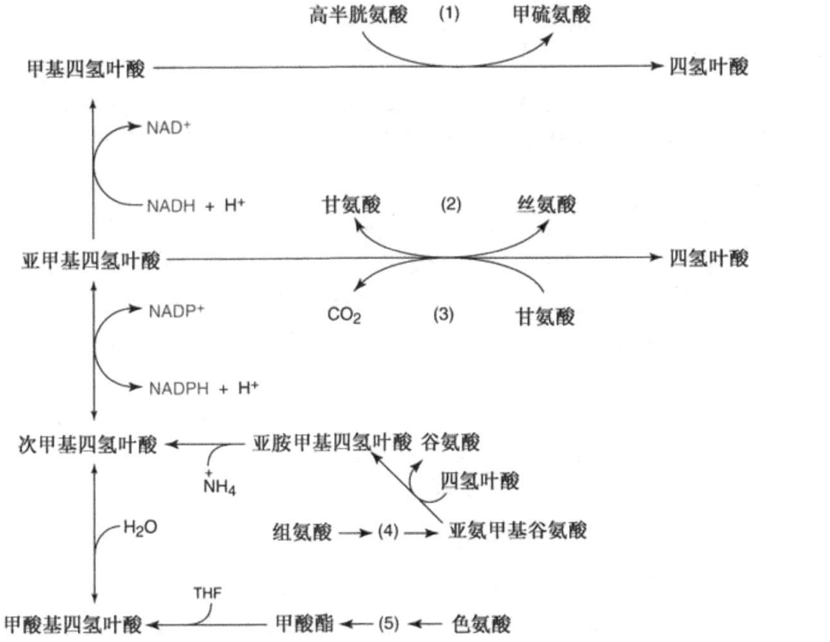

图 19.43　THF 衍生物的转化及其在氨基酸代谢中的作用

(1)甲硫氨酸再利用，(2)丝氨酸羟甲基转移酶，(3)甘氨酸切割复合物，(4)组氨酸降解，(5)色氨酸代谢

啶环的 N^{10} 上，亚甲基在 N^5 和 N^{10} 之间形成一个连接桥，甲基结合在 N^5 上。这种互相转换允许碳原子从一个分子的一种氧化态到另一个分子的另一种氧化态的转移（图 19.42）。

四氢叶酸的 N^5，N^{10}-亚甲基连接桥被还原成甲基，向嘧啶环转移（图 19.44）。这一过程在胸腺苷合成中被发现（见 20.5 节），其还原的能力不是来自吡啶核苷酸而是来自蝶啶环本身。反应产生的二氢叶酸没有生理作用，被 NADPH 依赖的二氢叶酸还原酶还原成四氢叶酸（见临床相关知识 19.6）。这两个反应的净结果就是 NADPH 的氧化和亚甲基桥还原成甲基桥，类似于图 19.43 所示反应的第一步。

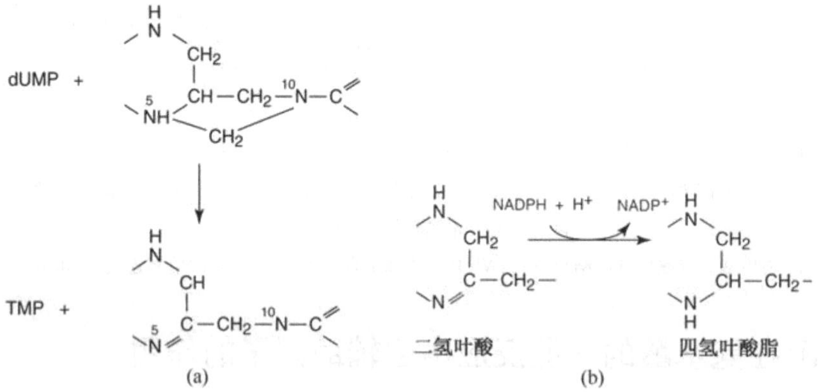

图 19.44　THF 参与的还原反应

(a)THF 上的亚甲基被还原为甲基，并由 dUMP 转到 TMP 上。(b)生成的二氢叶酸被还原为四氢叶酸

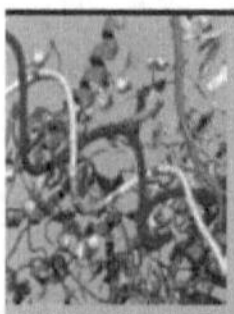

临床相关知识 19.6

叶酸缺乏

一个普通成年人每天需要摄取 100～200mg 的叶酸，这在理论上很容易通过传统的西方饮食摄入满足，但叶酸缺乏并非罕见。可能是由于食物限制，特别是当食物长时间高温加工，破坏了维生素。肠道疾病，特别是乳糜泄，特点就是由吸收不良导致的叶酸缺乏。叶酸吸收障碍是非常罕见的。叶酸缺乏通常见于新生儿和有巨红细胞贫血症的人身上。在少数的病例中，一些患者对于大剂量口服叶酸有反应，但有一些患者需要肠道外注射药物，这提示叶酸存在一个载体介导的吸收过程。尽管由于延迟或者不充分的治疗会导致永久性的损伤，但包括贫血、智力和中枢神经系统疾病在内的所有叶酸缺乏患者的症状都对持续性治疗有反应。一个内科医生做过一个经典的实验，在自己身上研究人类对叶酸的需要。他的食物只包含反复煮熟的食物提取出的水溶性维生素和其他除了叶酸外的维生素和矿物质。七周内都没有出现叶酸缺乏症状，但在 13 周时出现血细胞形状改变和亚胺甲级谷氨酰胺排泄，严重的症状（脾气暴躁、健忘、巨红细胞贫血）则在四个月后出现。神经症状在补充叶酸后两天减轻，血涂片在更长的时间后恢复正常。叶酸缺乏在正常食物摄食的时候很难发生，很明显，一个正常人摄入的这种维生素比正常需要量更多。对于孕妇来说情况略有不同，因为胎儿生长发育需要持续不断的供应辅酶（除了氨基酸和其他细胞组分）。最近的研究表明，叶酸缺乏提示与脊柱裂的发生有关。

苏氨酸

苏氨酸通常被代谢为丙酮酸(图 19.45)，但是这个通路中的一个中间产物可以同辅酶 A 经过硫解过程得到乙酰辅酶 A 和甘氨酸。因此苏氨酸的 α 碳原子可以在形成甘氨酸的过程中提供一个碳原子。在一个不是很常见的代谢通路中，丝氨酸脱水酶(见 19.5 节)将苏氨酸转变成 α-酮丁酸，进而通过一个类似于丙酮酸脱氢酶的复合物将其代谢得到丙酰辅酶 A。

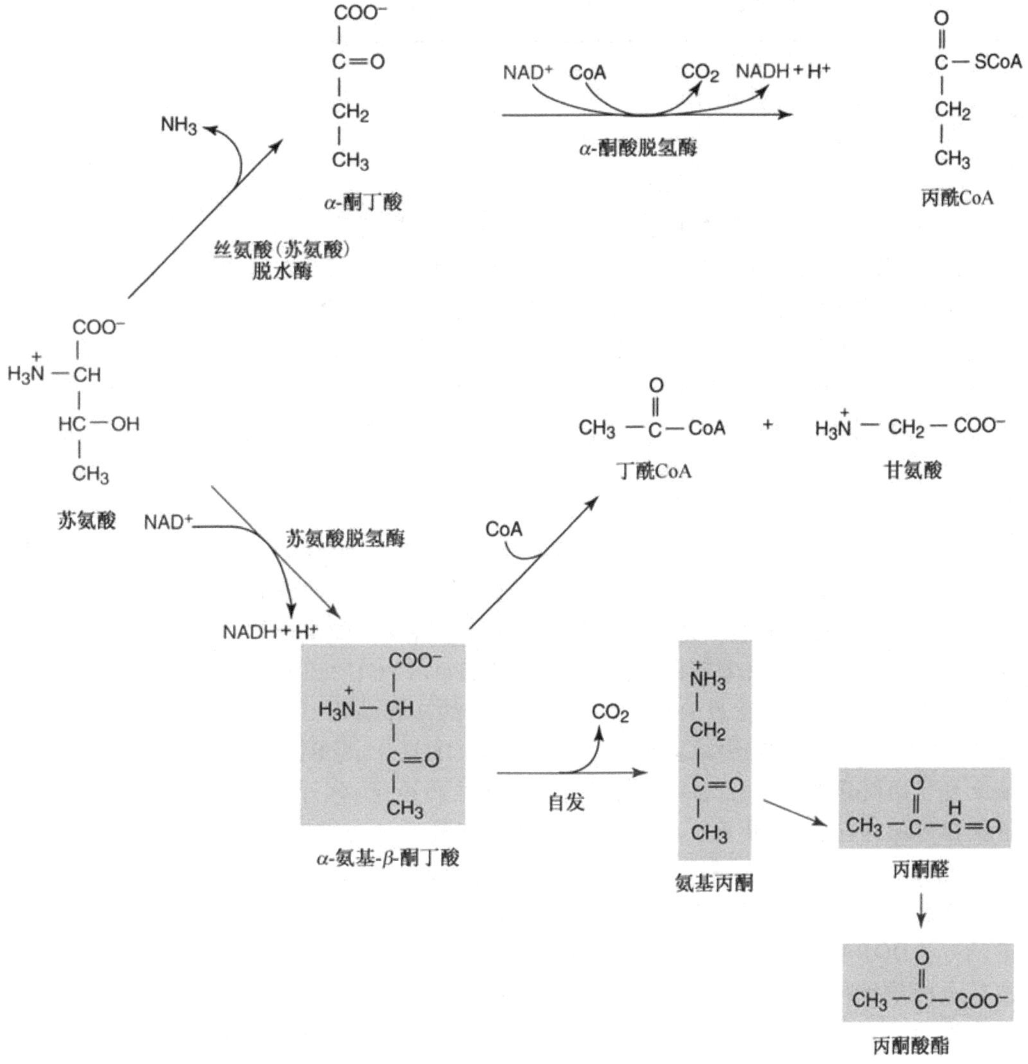

图 19.45　苏氨酸代谢概述

主要代谢途径用颜色标示

苯丙氨酸和酪氨酸

这里将酪氨酸和苯丙氨酸一起讨论是因为酪氨酸是从苯丙氨酸加羟基得来，并且酪氨酸也是苯丙氨酸降解的第一步产物。正因为如此，酪氨酸通常被认为是不必需的，而苯丙氨酸是必需的。摄入苯丙氨酸的3/4被**苯丙氨酸羟化酶**(**phenylalanine hydroxylase**)羟基化得到酪氨酸(图19.46，见临床相关知识19.7)，羟化酶依赖于**四氢蝶呤**(**tetrahydrobiopterin**)(图19.47)，反应仅朝着生成酪氨酸的方向进行。生物蝶呤与叶酸类似，都具有蝶呤环，但并不是维生素，生物蝶呤通过GTP合成得到。

临床相关知识19.7
苯丙酮尿症

苯丙酮尿症是最常见的由于氨基酸代谢酶缺乏导致的疾病。由于尿液中排泄出苯丙酮酸，因而被称为苯丙酮尿症。苯乳酸(苯丙酮酸的还原形式，图19.47)和苯丙酮酸一起被排泄出去，后者令尿液具有像老鼠的气味。在健康人身上，这三者仅以痕量存在。与这种疾病相关的智力迟钝可以通过低苯丙氨酸饮食来预防。该病的常规筛检在世界上很多国家都是必需的。典型的苯丙酮尿症是常染色体隐性缺失苯丙氨酸羟化酶，已报告的这个基因的突变超过417个。在一些案例上报道患者有严重的神经症状，智商很低。这都是由于苯丙氨酸的毒性效应引起的，原因可能为由于高浓度的苯丙氨酸竞争使大脑中其他芳香氨基酸转运和代谢水平降低。显著的皮肤和眼球颜色变浅是由于酪氨酸的缺乏导致色素沉着减少引起的。传统的治疗是低苯丙氨酸饮食的同时，添加酪氨酸治疗4～5年，接下来需多年甚至终身的限制蛋白饮食。

大约3%的高水平苯丙氨酸的婴儿有正常的羟化酶，但生物蝶呤合成缺乏或生物蝶呤还原缺乏。BH4缺乏可由GTP环化水解酶(GTPCH)、6-丙酮酰四氢生物蝶呤合成酶(PTPS)或墨蝶呤还原酶(SPR)突变造成，这三种酶将GTP转化成BH4。蝶呤-4a-甲醇氨脱水酶(PCD)和二氢生物蝶呤还原酶(DHPR)是BH4再生所必需的。BH4缺乏发生的概率是百万分之一。高苯丙氨酸血症筛检时，体外苯丙胺羟化酶活性不降低提示可能存在BH4缺乏。如果此时患者没有接受治疗，患者会表现为高苯丙氨酸血症的症状：红色的头发、精神运动迟缓和渐进性的神经恶化。后面这些症状是由于不能产生黑色素、儿茶酚胺和5-羟色胺造成的，这可以用BH4和神经递质前体添加物来治疗。DOPA反应性肌张力障碍(DRD)和SR缺乏不能通过苯丙酮尿症筛检发现。皮肤成纤维细胞可以有效的用于诊断这些疾病。SR缺乏导致发现了BH4的另外一条代谢通路，包括四氢叶酸还原酶(DHFR)的重要性。大脑中低水平的四氢叶酸还原酶使得二氢生物蝶呤积累并抑制酪氨酸和色氨酸羟化酶。DHP也可以解偶联NO合酶并引起神经原细胞死亡。

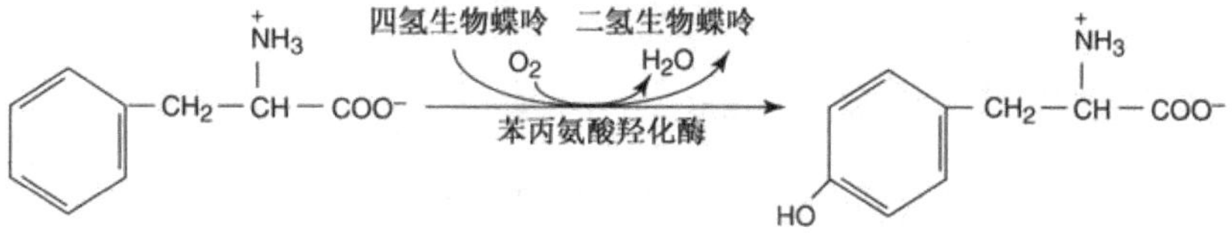

图 19.46　苯丙氨酸羟化酶

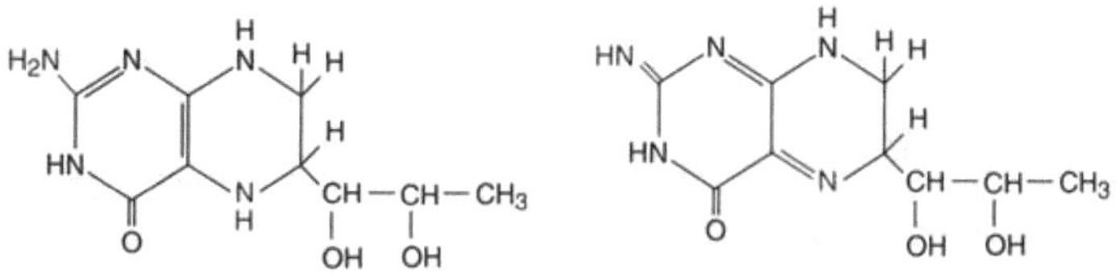

图 19.47　生物蝶呤

芳香族氨基酸氧化产生的二氢型(醌型)被脱氢酶在 NADH 存在的条件下还原为四氢型

酪氨酸代谢可以产生延胡索酸和乙酰乙酸

酪氨酸的代谢起始于酪氨酸转氨酶的转氨作用,产生了 ***p*-羟苯基丙酮酸**(***p*-hydroxyphenylpyruvate**)(图 19.48)。这个酶可以被糖皮质激素和进食摄入的酪氨酸所诱导。*p*-羟苯基丙酮酸氧化酶通过一个复合反应产生尿黑酸,反应过程包括去羧基、氧化、转移碳支链和羟基化。**抗坏血酸**(**ascorbic acid**)对于上述过程中的至少一步是必需的,而所有的四步反应都由相同的酶催化。随后,芳香环被含铁的尿黑酸氧化酶剪切得到马来酰乙酰乙酸。这是通过马来酰乙酰乙酸异构酶使延胡索酰乙酰乙酸从顺式到反式异构转变得到的,该异构酶的活性可能需要谷胱甘肽的存在。延胡索酸可以参与 TCA 循环分解供能,也可以进入糖异生途径。乙酰乙酸可以用作乙酰辅酶 A,用于磷脂合成和供能。积累的苯丙酮酸可以被代谢成苯基乳酸和乙酸苯酯(图 19.49)。

多巴胺、去甲肾上腺素和肾上腺素都是酪氨酸的衍生物

大多数没有整合进入蛋白质的酪氨酸被代谢成乙酰乙酸和延胡索酸(见临床相关知识 19.8),一些被用于产生儿茶酚胺。酪氨酸碳原子的最终代谢命运取决于每个代谢通路的第一步。**儿茶酚胺合成**(**catecholamine synthesis**)(图 19.50)起始于酪氨酸羟化酶,类似于苯丙氨酸和色氨酸羟化酶,依赖于四氢蝶呤,三者均受到生物蝶呤缺乏和**二氢蝶呤还原酶**(**dihydrobiopterin reductase**)缺乏的影响(图 19.47)。**酪氨酸羟化酶**(**tyrosine hydroxylase**)产生**二羟苯丙氨酸**(**dihydroxyphenylalanine,DOPA**)。**DOPA 脱羧酶**(**DOPA decarboxylase**)在以磷酸吡哆醛为辅因子的条件下产生多巴胺,一种活跃的神经递质。在黑质和大脑其他部分,这是这条代谢通路的终点(见临床相关知识 19.9)。而在肾上腺髓质处,多巴胺被转换成去甲肾上腺素和肾上腺素,肾上腺素的甲基来自于 *S*-腺苷甲硫氨酸(见 19.5 节)。

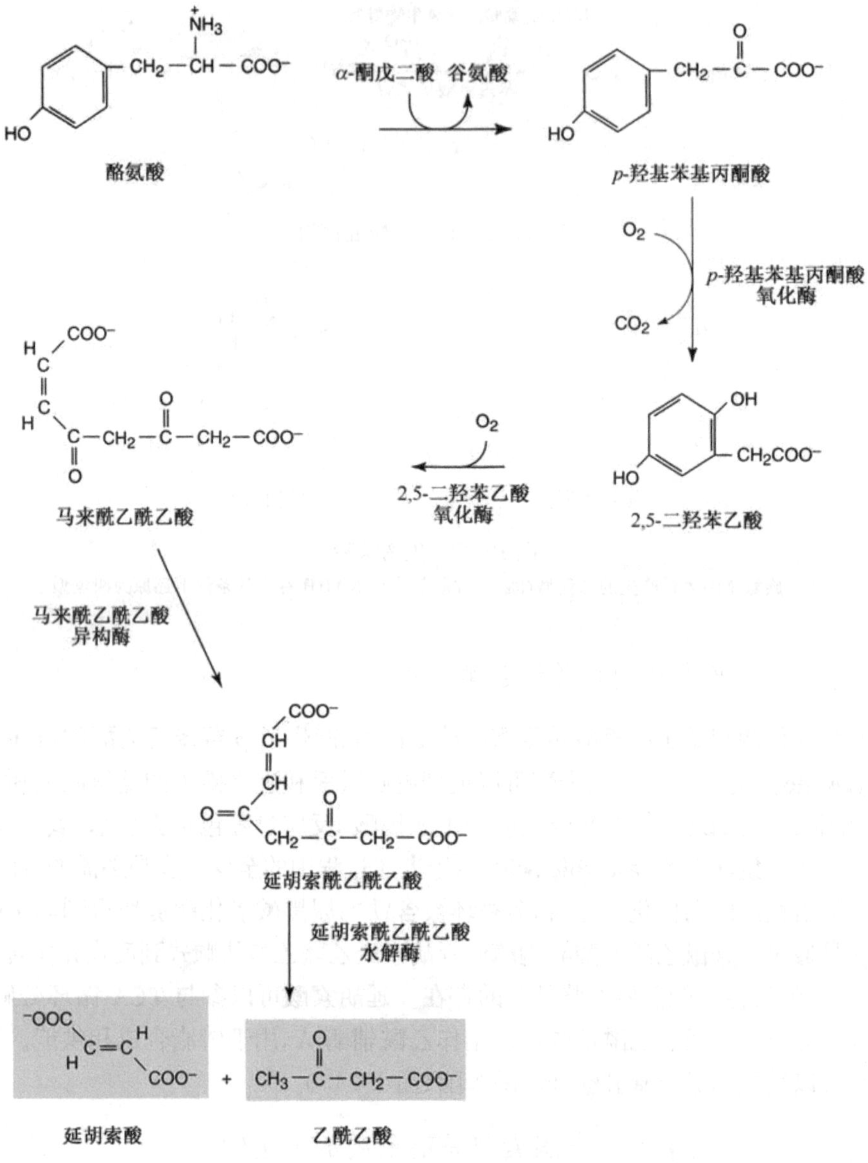

图 19.48　酪氨酸降解

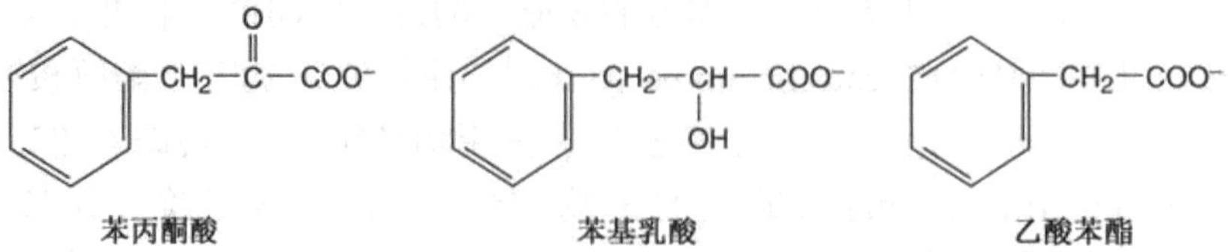

图 19.49　苯丙氨酸代谢的副产物

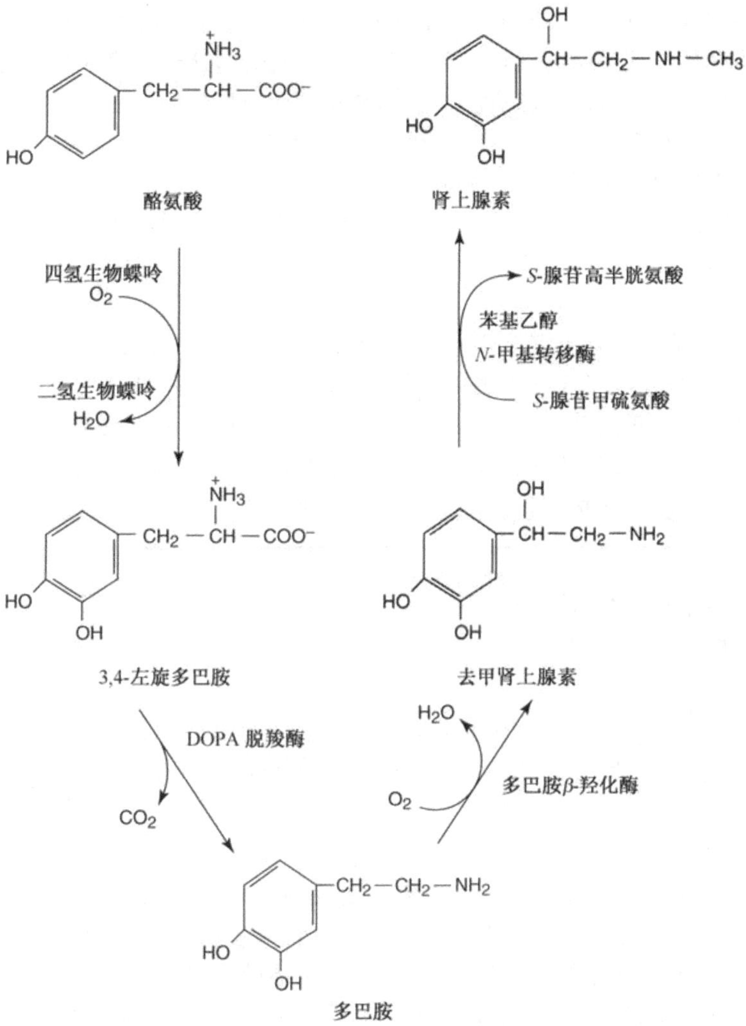

图 19.50　儿茶酚胺的合成

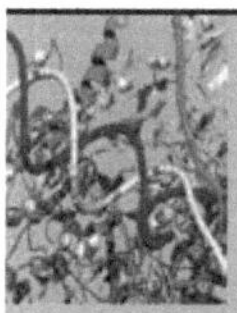

临床相关知识 19.8
酪氨酸代谢紊乱

酪氨酸血症

酪氨酸氨基转移酶的缺失会产生酪氨酸和代谢产物的积累和排泄。这种疾病，眼皮肤白化病或Ⅱ型酪氨酸血症，会导致眼睛和皮肤损伤和智力迟缓。Ⅰ型，肝肾酪氨酸血症更加严重，包括肝功能衰竭、肾小管功能丧失、软骨病和多神经病。这是由于延胡索酰乙酰水解酶缺乏导致的。延胡索酰乙酸和马来酰乙酸都是烷化剂，两者的积累可以导致 DNA 烷化和肿瘤发生。这两种疾病都是常染色体隐性疾病，都很罕见。

黑尿病

第一个被确定的先天性代谢缺陷的疾病是黑尿症。患者由于缺乏尿黑酸氧化酶会从尿液中以无色的尿黑酸的形式排泄出所有摄取的酪氨酸。尿黑酸自动氧化了相应的醌,醌多聚化形成深暗的颜色。尿液发黑是该病引起注意的唯一的早期现象。

体液中的尿黑酸慢慢被氧化成为色素,沉积在骨、结缔组织或其他地方,由于色素的颜色是赭石色的,所以该病又称为黄褐病。它被认为对于并发的关节炎是有联系的,尤其是在男性中。尿黑酸病通常是良性的,Archibald Garrod 最早指出尿黑酸是常染色体隐性遗传病,并且非同寻常地记载了具有历史意义的第一个接受治疗的尿黑酸病患者的痛苦症状。

白化病

人类皮肤和毛发的颜色是由许多遗传位点上的基因控制的,并存在无限的可变性。在小鼠中已经发现了 147 个与决定颜色的基因。许多人的皮肤很少或根本没有色素,除了经典的白化病外,他们的化学本质均尚未明确。白化病是由于酪氨酸酶缺乏引起的。皮肤中色素的缺少使得白化患者对阳光敏感,除了会引起灼伤外,皮肤癌的发病率也会增加;眼睛中也因为缺少色素会导致惧光。

临床相关知识 19.9

Parkinson 病

通常在超过 60 岁或者偶尔不足 60 岁人身上,震颤会逐渐发展到影响各种肌群的运动功能。这种情况在 1817 年被医生命名为"震动瘫痪",主要致病原因尚未明确。这种缺陷源自于大脑中黑质和蓝斑一些小核细胞的退行性变,这些细胞通常产生作为神经递质的多巴胺,其分泌量与存活细胞数量成正比。对一种嘧啶衍生物(甲基苯四氢吡啶-MPTP)上瘾的年轻成年人会突然爆发 Parkinson 病。MPTP(或者是生产中带来的污染物)对于产生多巴胺的黑质有直接的毒性。通过给予多巴胺的前体 DOPA 可明显缓解症状。临床上,随着许多患有 Parkinson 病的患者使用 DOPA(左旋多巴)治疗,逐渐出现了一些问题,比如恶心、呕吐、低血压、心律不齐和各种中枢神经系统疾病等副作用的发生。这些是由于多巴胺产生的中枢神经系统之外的效应引起的。通过给予能抑制 DOPA 脱羧酶但不能穿过血脑屏障的 DOPA 类似物,可以有效地减少副作用的发生,并能增加 DOPA 的有效性。众多脑神经递质的相互作用非常复杂,治疗后细胞继续发生退行性病变。对主要生化异常的认识水平还不能帮助我们找出完全控制该疾病的方法,但已经开始尝试通过移植婴儿肾上腺髓质进入大脑的治疗方法治疗这种疾病。肾上腺髓质组织能够合成多巴胺,改善运动紊乱状况。

脑浆中的酪氨酸调节去甲肾上腺素的合成。雌激素能降低酪氨酸浓度并提高酪氨酸转氨酶的活性,将酪氨酸转入分解途径。雌激素硫酸盐能够竞争 DOPA 脱羧酶上的磷酸吡哆醛位点。上述这些效应综合起来有助于解释月经周期中的情绪波动。在一些情绪低落和压抑的病例中,酪氨酸可以起到治疗作用。在精神分裂症患者的皮纤维元细胞上的酪氨酸转运有所减少,提示酪氨酸衍生物在精神异常方面的其他作用。儿茶酚胺通过**单胺氧化酶**(**monoamine oxidase**)和**儿茶酚胺 *o*-甲基转移酶**(**catecholamine *o*-methyltransferase**)代谢得到,主要的代谢物如图 19.51 所示。尿液中这些代谢物的缺乏可以作为诊断儿茶酚胺合成缺乏的标志，例如，5-羟色胺合成缺乏可以通过尿液中缺乏 5-羟吲哚乙酸检测得出。

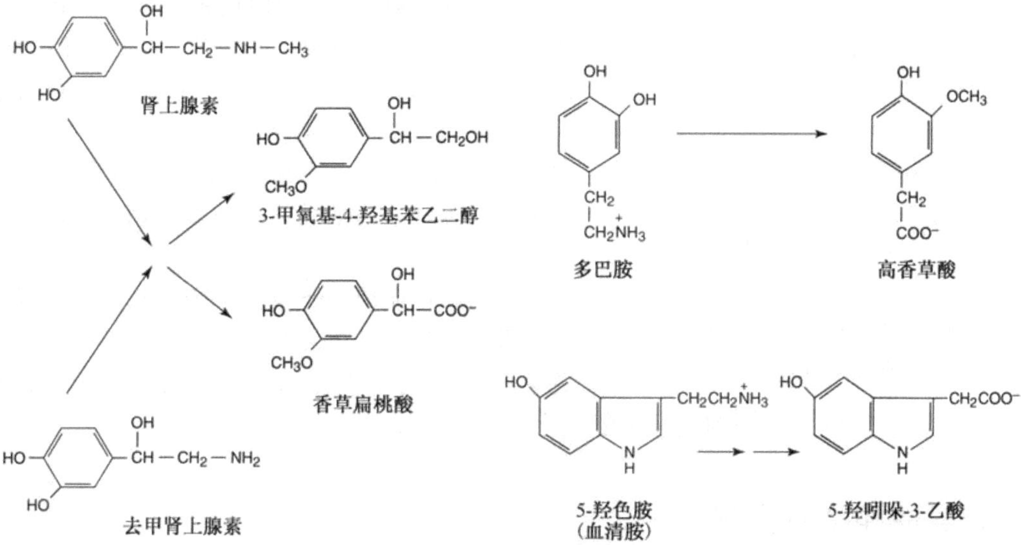

图 19.51　肾上腺素、去甲肾上腺素、多巴胺和血清胺的主要尿液排泄产物

黑色素、甲状腺激素和醌蛋白的合成需要酪氨酸

将酪氨酸转变成黑色素需要一种含铜蛋白质——酪氨酸酶(图 19.52a)。这个两步

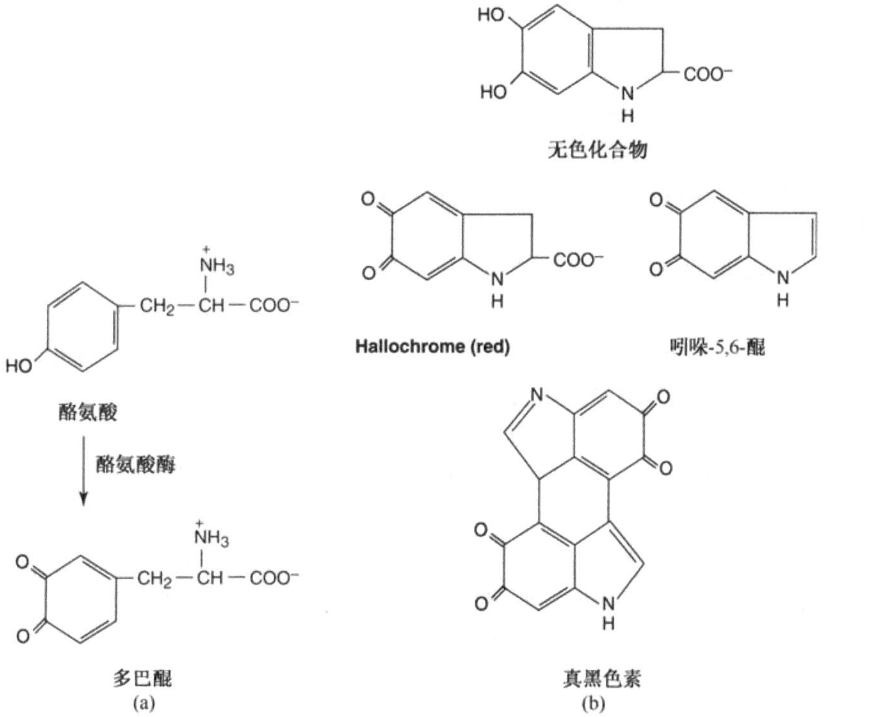

图 19.52　黑色素形成中的酪氨酸及中间产物

(a)酪氨酸酶利用多把座位共因子/中间产物。(b)黑色素合成中的一些中间产物及真黑色素家族的结构示例

反应使用 DOPA 作为内辅助因子，产生多巴醌。在黑色素生成过程中，暴露于 B 型紫外线后，酪氨酸酶和可能在酪氨酸酶翻译后修饰中起作用的酪氨酸酶相关蛋白被诱导。酪氨酸酶活性的缺乏会导致白化病。黑色素有多种类型(图 19.52b)，但都是芳香醌，具有共轭键系统，使该化合物显色。通常称作黑色素的深色色素是真黑素，来自于希腊语“好的黑色素”意思。其他的黑色素是黄色的或者无色。甲状腺激素合成中甲状腺球蛋白的酪氨酸残基作用在 23.3 节给予阐述。

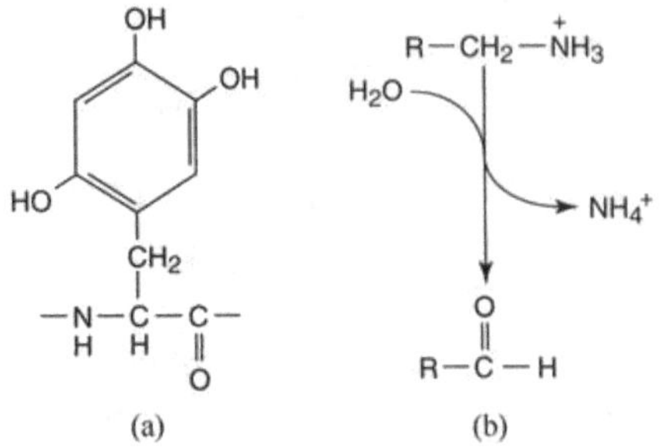

图 19.53　三羟基苯基丙氨酸(a)和氨氧化酶反应(b)

一些蛋白质使用修饰过的酪氨酸残基作为氧化还原反应的辅基。人类中报道的唯一一个例子是多巴醌(三羟基苯丙氨酰醌)或三羟基苯丙氨酸(TOPA)，它们存在于一些细胞质的氨氧化酶中(图 19.53)。

甲硫氨酸和半胱氨酸

甲硫氨酸是必需氨基酸，它不能在体内合成。而半胱氨酸可通过将甲硫氨酸中的硫原子转移到丝氨酸的羟基上合成。在甲硫氨酸供给充足的前提下，半胱氨酸是非必需的。单个原子如何分配生成甲硫氨酸或是半胱氨酸可以很好的表明细胞是如何调控代谢途径以满足即时的能量需要或是其他目的。在何种情况下，哪一种途径会优先进行将在下面讨论。

甲硫氨酸首先和 ATP 起反应

当存在过剩的甲硫氨酸时，其中的碳原子可供给能量，或是进行葡萄糖异生作用，其硫原子可留作半胱氨酸的巯基。图 19.54 描述了由**甲硫氨酸腺苷转移酶(methionine adenosyltransferase)**催化的第一步反应，其中 ATP 的全部磷酸基团都被消耗，生成 ***S*-腺苷甲硫氨酸(*S*-adenosylmethionine** 简称为 **AdoMet**，或 **SAM**)。硫离子具有高度活性，而甲基是一个很好的离去基团。作为一个甲基供体，AdoMet 将在后面讲述。甲基转移酶移去甲基之后，生成的 *S*-腺苷高半胱氨酸被腺苷高半胱氨酸酶分解(图 19.55)。需要注意的是高半胱氨酸比半胱氨酸多出一个碳原子。碳原子最终会参加中间代谢，而硫原子保持不变地转移到丝氨酸上形成半胱氨酸。这个过程需要磷酸吡哆醛依赖的胱硫醚合成酶和胱硫醚酶的参与(图 19.55；见临床相关知识 19.10)。由于形成胱硫醚的化学键位于硫原子的一侧，而分解是在硫原子的另一侧，所以净结果是发生转硫作用(见临床相关知识 19.11)。高半胱氨酸产生 α-酮丁酸和氨。α-酮丁酸经一个类似丙酮酸脱氢酶复合体的多酶复合物脱羧，产生丙酰辅酶 A。丙酰辅酶 A 再被转化成琥珀酰辅酶 A。

临床相关知识 19.10

高同型半胱氨酸血症和动脉粥样硬化形成

胱硫醚合成酶缺乏会引起高半胱氨酸积聚，其甲基化使甲硫氨酸水平升高。这些氨基酸的许多副产物形成后被排出。迄今为止，人们尚未提出任何机制可以解释为何高半胱氨酸积聚会引发一些病理改变。高半胱氨酸可能同胶原上的赖氨酰醛基相互作用并阻遏其功能。刚过 3 岁的孩童的晶状体会频发性地脱位，还会经常出现一些其他眼部症状。在孩童时期就会出现骨质疏松症。智力迟钝经常是该酶缺乏的第一表征。该病的治疗方案主要包括限制甲硫氨酸摄入，摄入甜菜碱(或其前体胆碱)。某些情况下，摄入吡哆醇(维生素 B_6)可以明显改善症状，这表明酶缺乏可能是由不止一种基因突变引起的：其中一种突变可能是影响对磷酸吡哆醇的反应常数，其他类型的突变可能导致对其他底物的反应常数、最大反应速度或是酶量的改变。有人曾经提出一个将高同型半胱氨酸血症与动脉粥样硬化联系起来的假说。过量的高半胱氨酸会形成高半胱氨酸硫代内酯，它是一种具有高度活性的中间产物，可以硫解低密度脂蛋白(LDL)的游离氨基，使它们相互聚集，被巨噬细胞吞噬，剩下的脂质沉积形成动脉粥样硬化。高半胱氨酸还有其他效应，包括脂类氧化和血小板聚集，这些又会引起动脉粥样硬化斑块的纤维化和钙化。在没有其他危险因素相伴(如吸烟或口服避孕药)的动脉粥样硬化患者中，大约 1/4 存在胱硫醚合成酶活力缺乏。

临床相关知识 19.11

含硫氨基酸相关的疾病

参与转硫作用的先天缺陷会引起含硫氨基酸的积聚。高甲硫氨酸血症被归因为甲硫氨酸腺苷转移酶活力缺乏，这可能是由一个反应常数 K_m 的突变造成的。突变后该酶在底物浓度较正常更高的情况下才会饱和。缺乏胱硫醚酶看来除了导致胱硫醚尿外不会造成其他的临床异常。首次报道的这种缺陷病例发生在一个智力迟钝的患者身上，而其智力迟钝可归结为缺乏胱硫醚酶。这种疾病是良性病变，智力迟钝只是偶然发生的。由于不清楚在这种酶缺乏下，合成的半胱氨酸量的改变，所以并没有必要通过低甲硫氨酸膳食来治疗高甲硫氨酸血症。

与胱氨酸有关的疾病

胱氨酸尿症是一种由胱氨酸和碱性氨基酸(赖氨酸、精氨酸和鸟氨酸)的膜转运缺陷导致其过量肾脏排泄引起的疾病。胞外的巯基化合物被迅速氧化成二硫化物。胱氨酸的溶解度低，会产生晶体，形成该病的一种严重症状：肾结石。这种病的治疗方法局限于移除结石，通过饮用大量水分阻止沉淀形成结石或者使尿液呈碱性以溶解胱氨酸，或者通过使胱氨酸与药物偶联形成可溶性的衍生物。较胱氨酸尿更为严重的是胱氨酸沉积于溶酶体的胱氨酸病。储积的胱氨酸在许多细胞内形成晶体，使得肾脏严重丧失功能，通常该病会在十年之内造成肾功能衰竭。此病被认为是在溶酶体膜上的胱氨酸转运体功能异常引起的。

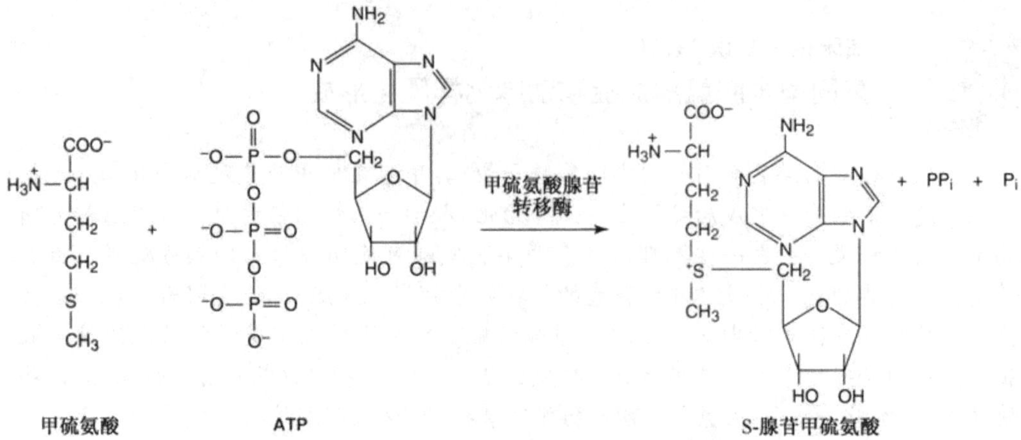

图 19.54　*S*-腺苷甲硫氨酸的合成

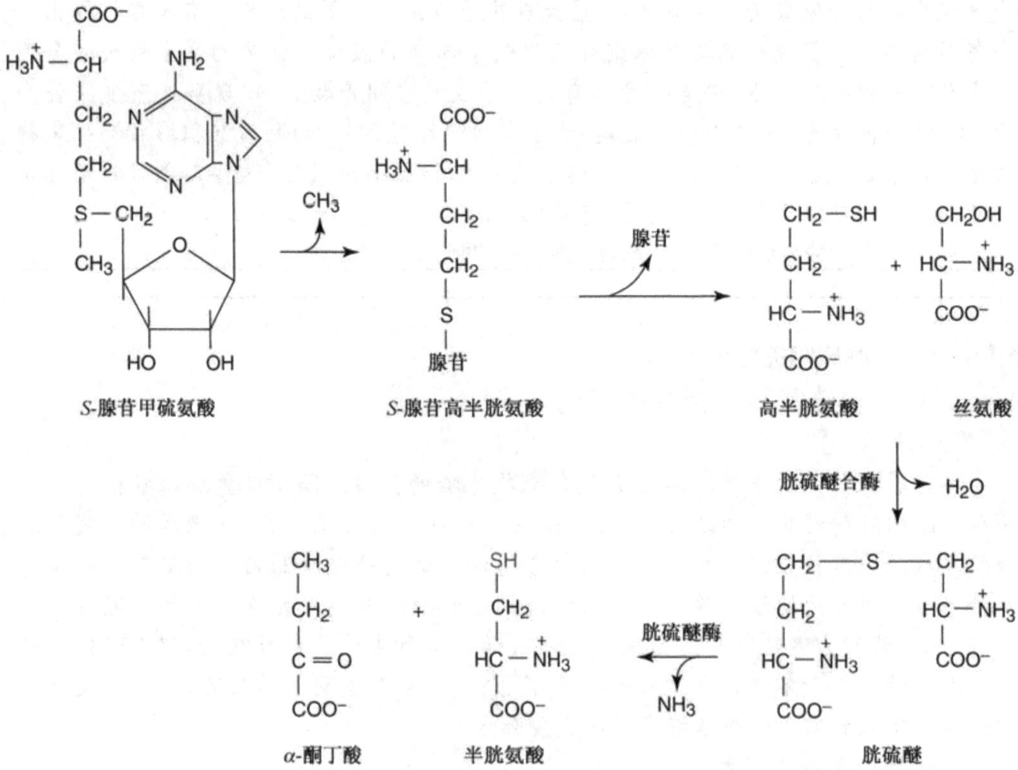

图 19.55　从 *S*-腺苷甲硫氨酸合成半胱氨酸

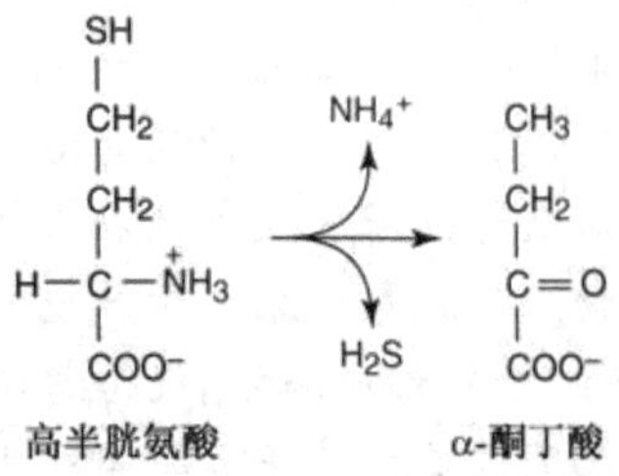

图 19.56　高半胱氨酸脱巯基酶

当机体需要能源而不需要半胱氨酸时，高半胱氨酸由高半胱氨酸脱巯基酶代谢生成 α-酮丁酸、氨和 H_2S(图 19.56)。

S-腺苷甲硫氨酸是甲基的供体

之前我们讲述了四氢叶酸作为一碳单位供体的作用(见 19.5 节)。尽管从理论上讲，这个辅因子可作为甲基供体，但大多数的甲基转移酶反应还是利用 S-腺苷甲硫氨酸作为底物。甲基从 AdoMet 转移到甲基受体是个不可逆过程。图 19.57 描述一个例子。甲基转移后剩下的 S-腺苷高半胱氨酸可代谢生成半胱氨酸、α-酮丁酸和氨。当细胞需要重新合成甲硫氨酸时(图 19.58)，高半胱氨酸甲基转移酶催化该反应。这种酶是已知的两种需要维生素 B_{12} 作为辅因子的酶之一(见 19.5 节)。甲基来自 N^5-甲基四氢叶酸，这是已知的唯一一个用该形式的四氢叶酸作为甲基供体的反应。图 19.57 和图 19.58 反应的净结果就是在缺乏甲硫氨酸的情况下提供甲基和重新合成甲硫氨酸。还存在一个次要的补救途径，可利用的甲基来自甜菜碱而非 N^5-甲基四氢叶酸。

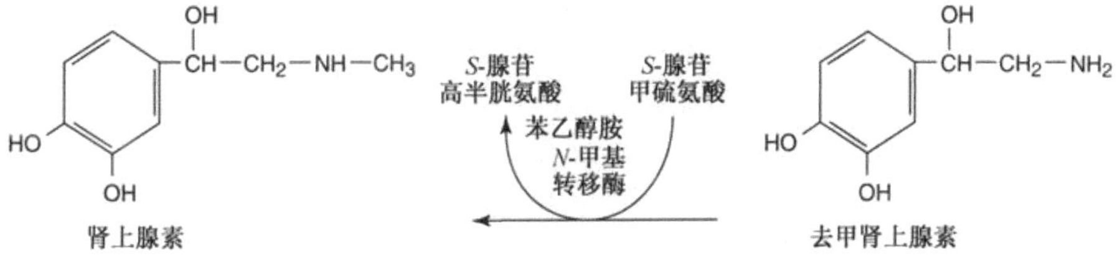

图 19.57　S-腺苷甲基转移酶反应

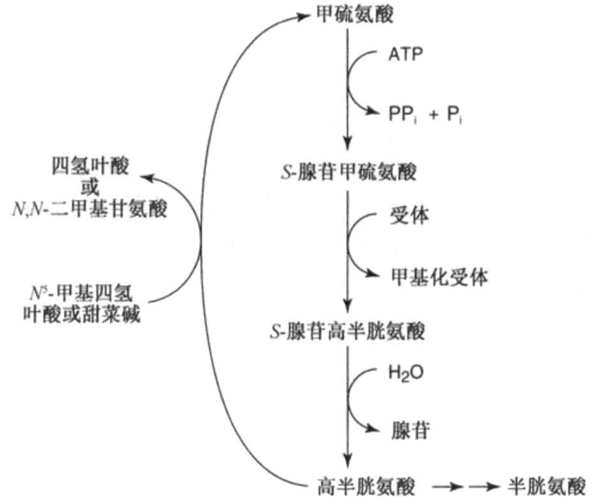

图 19.58　甲硫氨酸再合成

叶酸上的甲基通过维生素 B_{12} 依赖的反应转移到甲硫氨酸上

S-腺苷甲硫氨酸是亚精胺和精氨的前体物质

AdoMet 脱去甲硫腺苷，剩下的丙胺与腐胺合成亚精胺和精胺(见 19.5 节)。腐胺由鸟氨酸脱去羧基形成。加入丙胺后，腐胺生成亚精胺。再加入一分子丙胺则产生精胺(图

19.59)。余下的甲硫腺苷可用来重新合成甲硫氨酸。人体所需的大部分多胺由膳食或肠道中的微生物群提供,以肝肠循环方式运输。肉类含有较多腐胺,而其他食物含有更多的亚精胺和精胺。

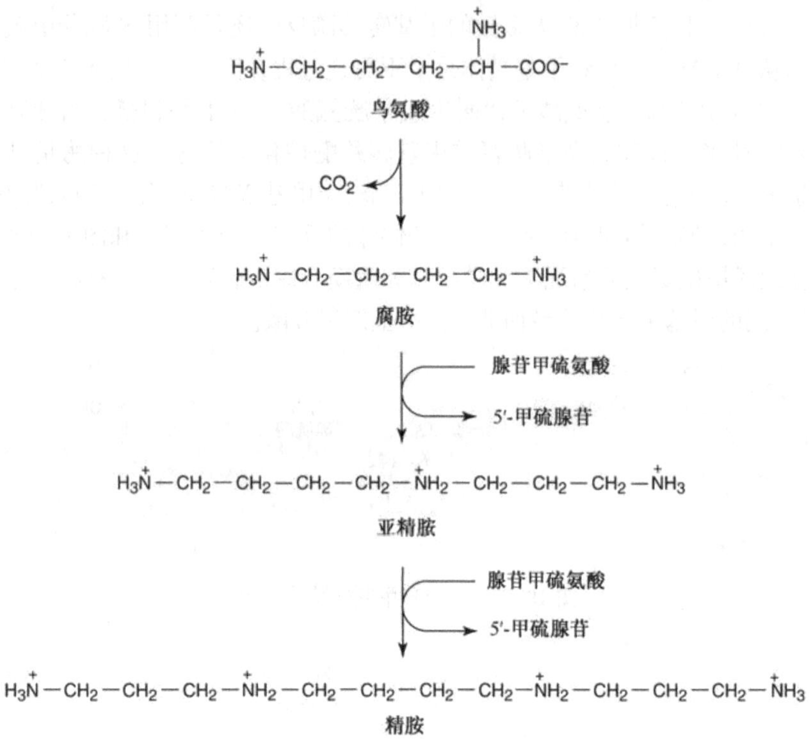

图 19.59　多胺合成

AdoMet 中的丁胺基被用于进行 eIF-4D 中特定赖氨酸残基的翻译后修饰。eIF-4D 是真核细胞蛋白质合成中的一个起始因子。丁胺基随后被羟基化,生成的修饰残基称为羟丁赖氨酸(图 19.60)。

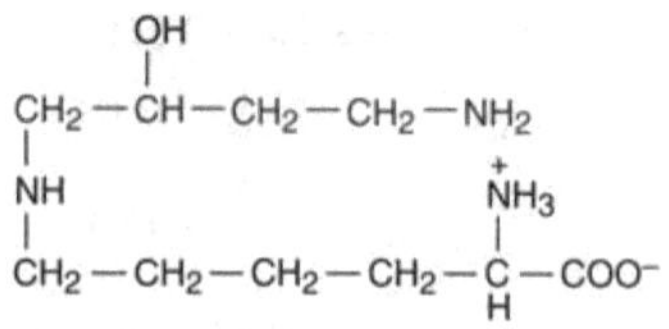

图 19.60　羟丁赖氨酸

颜色标示的原子来源于腺苷甲硫氨酸的丁胺,随后被羟基化。它们连接的赖氨酸是 eIF-4D 的残基

半胱氨酸代谢产生含硫化合物

细胞的需要决定了半胱氨酸代谢采用几种途径中的某一种。半胱氨酸的主要代谢产

物是半胱亚磺酸(图 19.61)。半胱亚磺酸被转化成亚硫酸和丙酮酸,或转化成**亚牛磺酸**(**hypotaurine**)和**牛磺酸**(**taurine**)。牛磺酸在细胞中是一种含量十分丰富的游离氨基酸,目前认为它在脑部发育中起关键作用。牛磺酸与胆汁酸形成共轭体(见 26.7),可以加快胆汁流动,增强肝脏清除胆固醇的作用。它也在回收有毒中间产物,调控胞内钙离子浓度和渗透压调节方面起作用。牛磺酸之所以能够在渗透压调节方面起作用是由于它在体内的丰富含量。

半胱氨酸代谢产生的亚硫酸盐被氧化成硫酸盐(图 19.61),并用于生成 **3′-磷酸腺苷-5′-磷酰硫酸**(**3′-phosphoadenosine-5′-phosphosulfate,PAPS**)。PAPS 是添加在生物分子上的硫酸基的来源(图 19.62)。

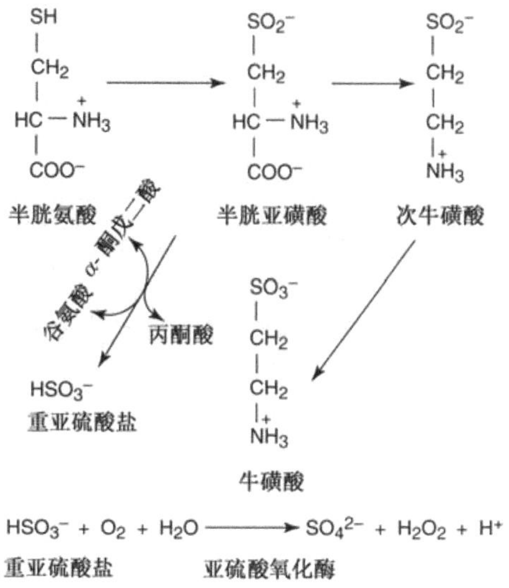

图 19.61　半胱氨酸形成牛磺酸和硫酸盐

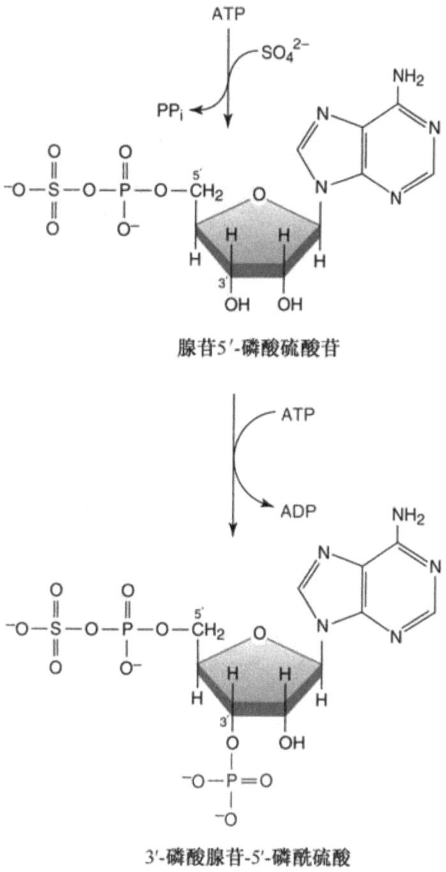

图 19.62　PAPS 的合成

另一个由胱硫醚酶催化的半胱氨酸代谢反应将硫从一个半胱氨酸分子转移到另一个半胱氨酸分子以形成硫代半胱氨酸(图 19.63)。图 19.64 显示了硫代硫酸盐由半胱氨酸形成的过程。一种叫**硫氰酸生成酶**(**rhodanese**)的酶可将一个来自于硫代硫酸盐或硫代半胱氨酸的硫原子结合到其他分子中,比如氰根离子(图 19.65)。

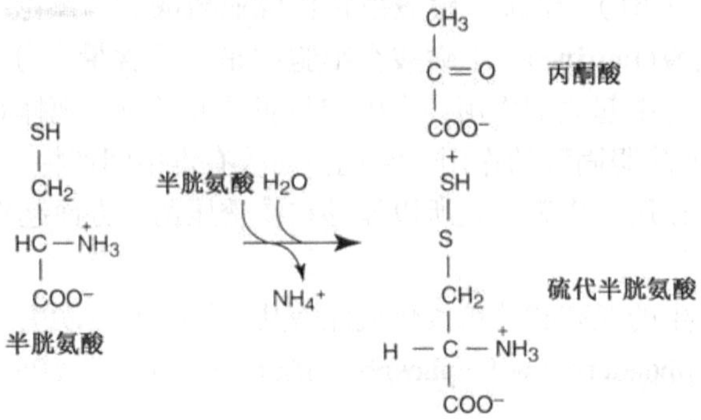

图 19.63　硫代半胱氨酸盐的合成

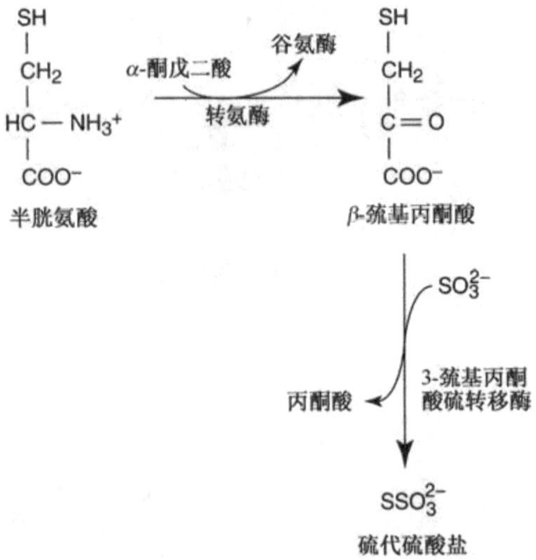

图 19.64　硫代硫酸盐的合成

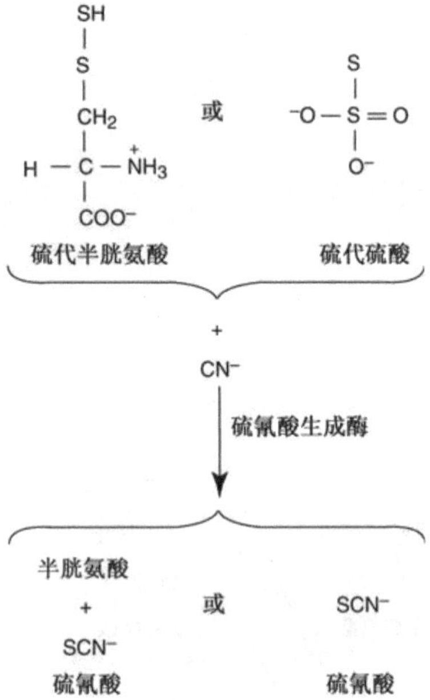

图 19.65　半胱氨酸代谢产物对氰化物有解毒作用

色氨酸

色氨酸代谢有许多分支点。在人体色氨酸代谢的主要途径或氧化途径(见图 19.66 着色箭头)中,色氨酸首先被一种含亚铁血红素的酶,即色氨酸双加氧酶[色氨酸加氧酶或**色氨酸吡咯酶(tryptophan pyrrolase)**]催化,氧化形成 *N*-醛基犬尿氨酸。在这个反应中,色氨酸的吡咯环被打断。**色氨酸双加氧酶(tryptophan dioxygenase)**在肝中受到糖皮质激素和高血糖素诱导而活性增强。在其他组织中,也存在一种类似的酶,称为吲哚胺双加氧酶,这种酶的底物特异性较差。然后,甲酰胺酶催化 *N*-醛基犬尿氨酸生成甲酸和犬尿氨酸。此时,该代谢途径开始分支。主要途径为经 3-羟犬尿氨酸,产生 3-羟邻氨基苯甲酸和丙氨酸,再生成氨基羧基黏糠酸半醛,以及通过脱羧作用形成氨基黏糠酸半醛。它还可通过几步反应进一步代谢成戊二酰辅酶 A,最终生成乙酰辅酶 A;或者不通过酶催化途径回复成吡啶甲酸，从尿中排出(见临床相关知识 19.12 和 19.13)。

临床相关知识 19.12
戊二酸尿症

戊二酰辅酶 A 由色氨酸和赖氨酸代谢生成，它可被线粒体酶戊二酰辅酶 A 脱氢酶进一步代谢为戊二酰辅酶 A。戊二酰辅酶 A 缺陷出现的最早症状是出生时的小脑大、头畸形，并伴随有硬脑膜下血肿和急性视网膜大出血。生命的最初两年会经常出现由感染引起的组织退化和行为停滞。戊二酸引起谷氨酸能和 GABA 能神经传递的调制，这或者能解释其造成神经损伤的原因。对无症状新生儿通过酶反应测试可以检查出这种缺陷。严格的监控和低赖氨酸/色氨酸饮食，发作时辅以肉毒碱补充，可以防止大约 2/3 的病患出现肌张力异常和动力障碍。现在认为脑炎后的大脑麻痹中的一些病例是由戊二酰辅酶 A 脱氢酶缺陷引起的。

临床相关知识 19.13
精神分裂症和其他色氨酸衍生神经递质相关疾病

犬尿氨酸可通过侧链缩合转氨反应生成一个双环化合物，犬尿酸(图 19.66)。该化合物，以及犬尿氨酸的主要代谢产物 3-羟犬尿氨酸，还有喹啉酸(来自烟酸单核苷酸代谢途径)都是神经递质。喹啉酸是 NMDA 敏感的谷氨酸受体的一种激动剂，而犬尿酸是谷氨酸受体家族中多数成员的拮抗剂。精神分裂症是一种表现为谷氨酰胺能神经递质传导减弱的疾病。在精神分裂症患者体内，谷氨酰胺能拮抗剂犬尿酸水平升高。科学家们已经把 3-羟犬尿氨酸生成的自由基与 Huntington 病的病因联系起来。AIDS-痴呆复合症的进程发展与喹啉酸/犬尿酸比例有关。有人认为 Alzheimer 病与 Parkinson 病也受色氨酸衍生神经递质的影响。

色氨酸是 NAD(烟酰胺腺嘌呤二核苷酸)的一种前体

色氨酸是人体内大约 50% 的吡啶核苷酸的前体，其他的吡啶核苷酸通过膳食获得。生成烟酸单核苷酸的分支点位于氨基羧基黏糠酸半醛(图 19.66)。吡啶甲酸羧化酶催化生成 2-氨基黏糠酸半醛，该酶 K_m 较低，很容易被底物饱和。由于吡啶甲酸羧化酶在肝脏中的活性较低，一些氨基羧基黏糠酸半醛自发地环化成喹啉酸。磷酸核糖焦磷酸提供一个核苷酸部分，最后一步是生成烟酸单核苷酸的脱羧反应。需要注意的是烟酸环是作为核苷酸的一部分被合成。由于犬尿氨酸羟化酶受雌激素抑制，女性更易患上由烟酸缺乏引起的糙皮病[pellarga，来源于意大利语中的皮肤(pelle)粗糙(agra)]。

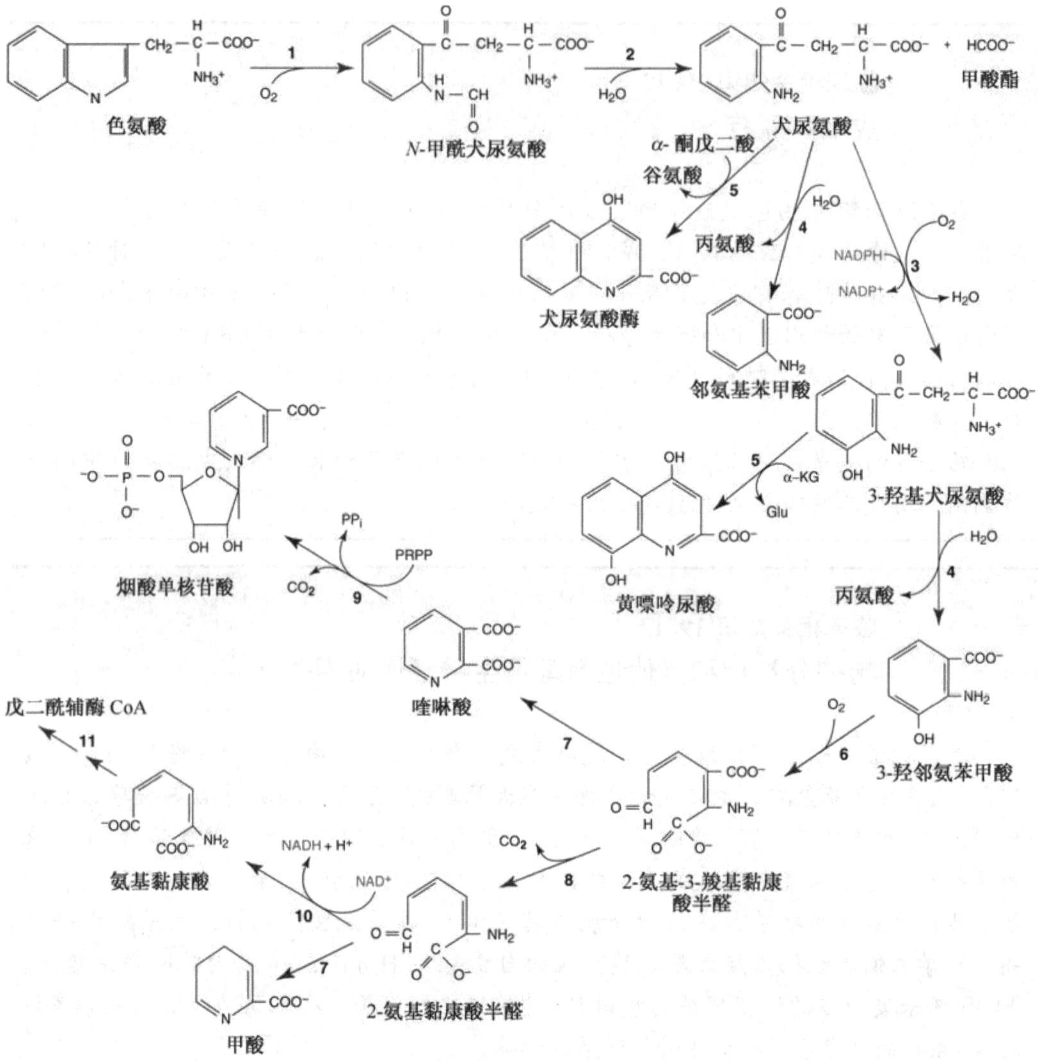

图 19.66　色氨酸代谢

(1)色氨酸氧化酶,(2)犬尿氨酸甲酰胺酶,(3)犬尿氨酸羟化酶,(4)犬尿氨酸酶,(5)转氨酶,(6)三羟邻氨苯甲酸氧化酶,(7)自发反应,(8)甲酸羟化酶,(9)喹啉酸磷酸核糖转移酶,(10)乙醛脱氢酶,(11)丝氨酸反应复合物

磷酸吡哆醛在色氨酸代谢中起重要作用

在这个冗长的途径中,许多酶都是磷酸吡哆醛依赖的。犬尿氨酸酶就是其中之一,它受维生素 B_6 缺乏的影响(图 19.66),导致犬尿氨酸和黄尿酸排出,使尿液呈现黄中带绿的色泽。这种症状有助于诊断维生素 B_6 缺乏。

血清素和褪黑激素都是色氨酸的衍生物

血清素(**5-hydroxytryptamine**,**5-羟色胺**)由一种四氢蝶呤依赖的酶催化色氨酸羟化,再由一种含有磷酸吡哆醛的酶(图 19.67a)催化脱羧而得到。它是脑中的一种神经递质，引起微动脉和细支气管平滑肌收缩。它在体内分布广泛，可能还具有其他生理作用。**褪黑激素(melatonin)**是一种诱导睡眠的分子，其化学组成是 5-甲氧基-*N*-乙酰色胺(图 19.67b)，其合成所需的乙酰转移酶在松果体和视网膜中均有分布。褪黑激素在调节昼夜节律中起作用，并且主要在晚间合成。现在看来，它主要通过抑制其他一些神经递质，如多巴胺和 GABA 的合成和分泌来发挥作用(见 24.2 节)。

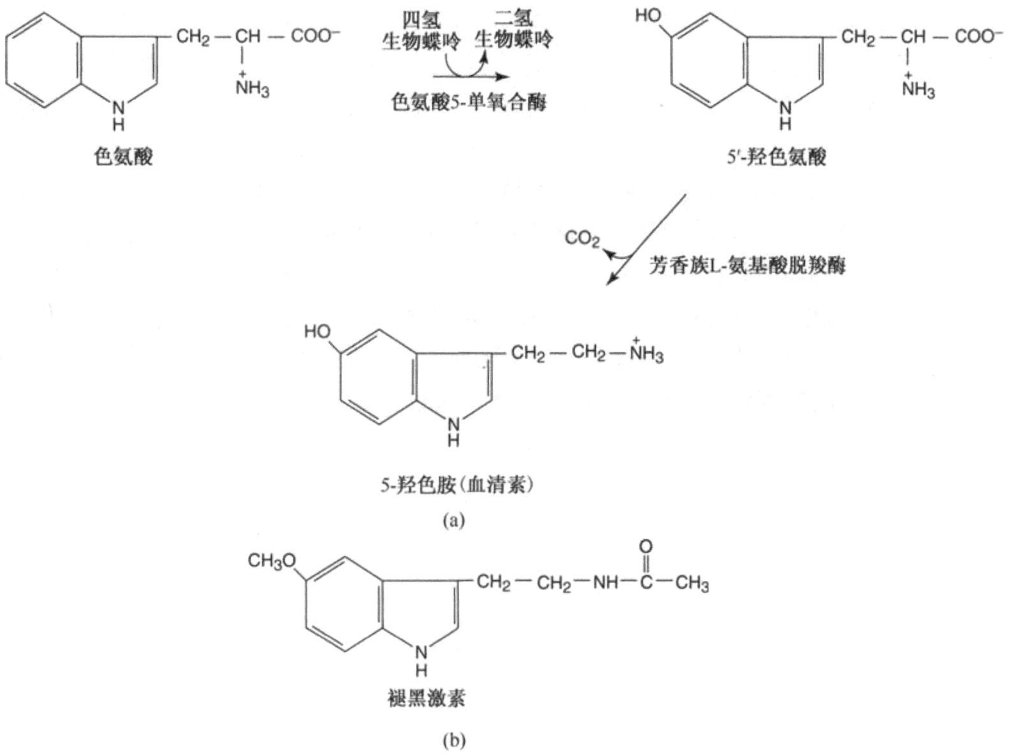

图 19.67　5-羟色胺的合成(a)和褪黑激素的结构(b)

色氨酸诱导睡眠

摄入富含色氨酸的食物会引起嗜睡，这是因为生成的血清素具有诱导睡眠的作用。脑中色氨酸含量下降会干扰睡眠。当其他氨基酸与色氨酸竞争通过血脑屏障的转运时，其水平会下降。高蛋白膳食后，血浆中其他氨基酸的浓度上升，会削弱色氨酸的转运，并使人难以入睡。碳水化合物具有诱导睡眠的效应是因为它能刺激胰岛素的释放，而胰岛素引起其他氨基酸被转移吸收入肌肉组织，使得血浆中其他氨基酸的浓度下降，这就减弱了竞争作用，使进入脑部的色氨酸量增多。有趣的是，过多的血清素会造成女性的嗜睡，但在男性中则只有镇静效用。

支链氨基酸

支链氨基酸(branched-chain amino acid，BCAA)包括：缬氨酸、异亮氨酸和亮氨酸，它

们的代谢不遵循一般规律，其代谢过程起始于肌肉。它们在代谢过程中产生 NADH 和 $FADH_2$，是很好的能量来源。**BCAA 转氨酶(BCAA aminotransferase)**的活性在肌肉中比肝脏中更高。尽管这些氨基酸产生不同的产物，但它们代谢的起始步骤都是类似的。

支链氨基酸代谢的起始途径是相同的

BCAA 转氨酶以三种同工酶形式存在于人体中，每种都有不同的组织分布。一些被发现存在于细胞质中，有时也分布于线粒体中(图 19.68)。其中两种同工酶能处理全部的三种 BCAA，另一种只能特异性处理亮氨酸。饥饿能够诱导肌肉中 BCAA 转氨酶的活性升高，但对肝脏中 BCAA 转氨酶不起作用。生成的 α-酮支链酸被一个类似于丙酮酸脱氢酶复合体的线粒体膜酶复合体催化发生氧化脱羧，并产生 NADH 和二氧化碳。当其中的脱氢酶组分处于磷酸化状态时，其活性很低；当被去磷酸化后其活性大大增强。三种 BCAA 都被同一种酶催化代谢。活性更高的酶分布于餐后状态下的肝脏和饥饿状态下的肌肉中，这反映出膳食中的 BCAA 由肝脏代谢，而在饥饿时则由肌肉代谢 BCAA 供能。生成的辅酶 A 化合物比相应的氨基酸少一个碳原子，接下来被一个类似于脂肪酸 β-氧化反应第一步脱氢酶的酶作用(见临床相关知识 19.14)。

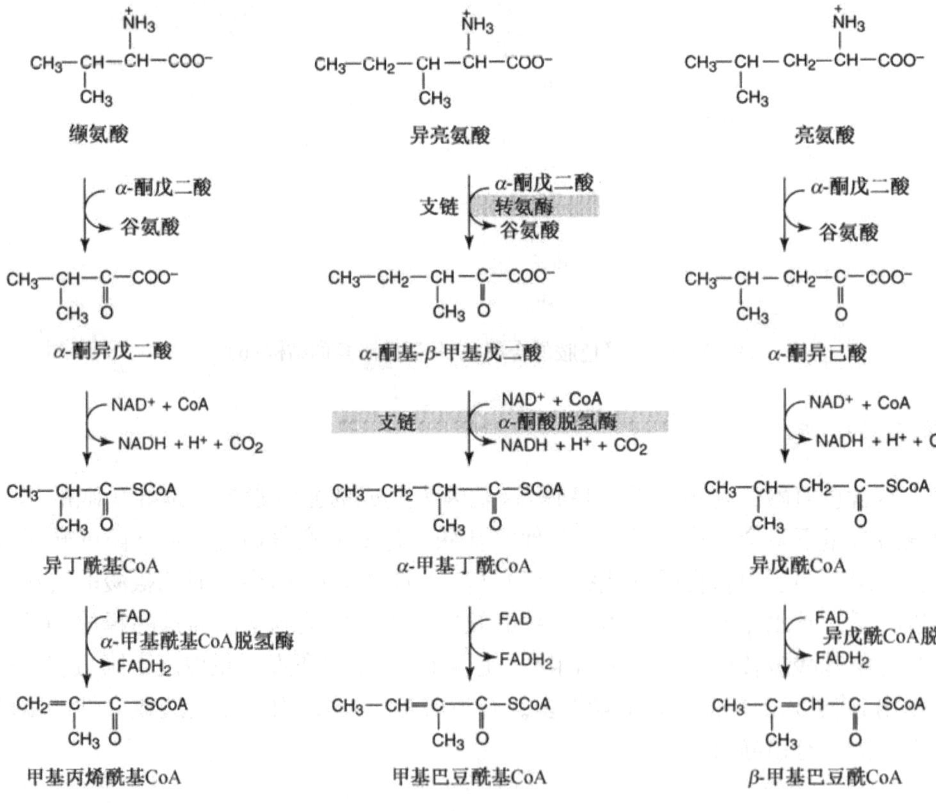

图 19.68 支链氨基酸降解中的共同反应

临床相关知识 19.14

支链氨基酸代谢相关疾病

支链氨基酸分解代谢酶缺乏并不多见，一旦发生可造成新生儿或幼儿酸中毒。很少有案例报道高缬氨酸血症同时伴有高亮氨酸/异亮氨酸血症。有人提出，以上两个情况表明，对于缬氨酸和亮氨酸/异亮氨酸，存在有不同特异性的转氨酶，突变可以导致单个酶的特异性的改变。最常见的异常是支链酮酸脱氢酶复合体活性缺乏。该病有数种变体，但所有的患者都排出 α-支链酮酸、相应的羟基酸和其他副产物。正如该病名称是枫树蜜汁尿病，患者排出一种不知名的产物使尿液具有一种特殊枫树蜜汁气味。一些病例使用大剂量的维生素 B_1 可有明显疗效。许多患者表现出严重的智力迟缓、酮酸中毒和短寿。对于一些病例来说，通过控制膳食减轻支链氨基酸酮酸血症是行之有效的。在支链氨基酸的后续步骤中出现的酶异常包括异缬氨基辅酶 A 氧化阻断产生的异缬氨酸积聚(这使患者尿液有汗脚的气味)，β-甲基丁烯酰辅酶 A 羧化酶异常(患者尿液闻起来有猫的气味)，β-羟基-β-甲基戊二酰辅酶 A 裂合酶异常，以及分解 β-甲基乙酰乙酰辅酶 A 的 β-酮硫解酶异常(在乙酰乙酸分解上没有问题)。在后种情况下，病程进展一般，症状只限于阵发的酮酸中毒。2-甲基-3-羟基丁酰辅酶 A 脱氢酶缺陷使机体排出底物和甘氨酰甘氨酸。大约在一岁左右，患者出现运动和智力恶化。如果没有限制膳食治疗，智力迟缓将变得十分严重。

缬氨酸和异亮氨酸的代谢途径相似

缬氨酸和异亮氨酸沿一共同途径代谢，其中由水加成到双键上以形成羟基化的中间产物(图 19.69)。异亮氨酸衍生物上的羟基被 NAD^+ 氧化，紧接着通过硫解生成乙酰辅酶 A 和丙酰辅酶 A。缬氨酸衍生物先失去辅酶 A，然后被 NAD^+ 氧化生成甲基丙二酸半醛，最后转变为丙酰辅酶 A。

亮氨酸代谢途径与其他支链氨基酸不同

亮氨酸代谢同其他两种 BCAA 代谢途径不同。3-甲基丁烯酰辅酶 A 通过羧化、羟化、剪切，生成乙酰乙酸和乙酰辅酶 A(图 19.70)。其中一个中间产物是 3-羟基-3-甲基戊二酰辅酶 A，它是细胞溶胶固醇合成的中间产物(见 18.3 节)。由于 BCAA 降解在线粒体中进行，这两个反应并不在同一处进行。当亮氨酸降解途径受阻时，亮氨酸还有一条次要替代途径，导致 3-羟基戊酸的排泄。

丙酰辅酶 A 代谢生成琥珀酰辅酶 A

丙酰辅酶 A(propionyl CoA)是异亮氨酸、缬氨酸和甲硫氨酸代谢，奇数碳原子脂肪酸氧化和胆固醇支链降解代谢的终产物。丙酰辅酶 A 转化为琥珀酰辅酶 A 的第一步反应由丙酰辅酶 A 羧化酶催化，该酶在一个赖氨酸残基的 ε-氨基上共价连有一个生物素分子

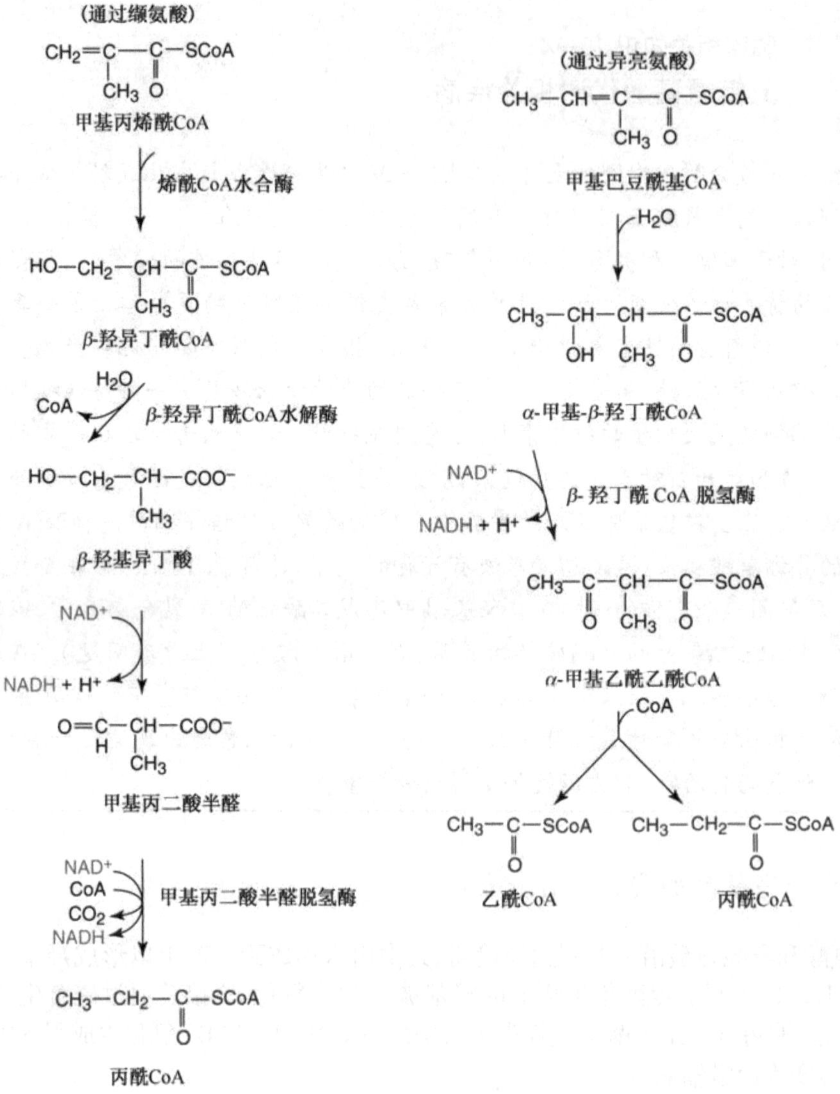

图 19.69　缬氨酸和异亮氨酸降解的最终反应

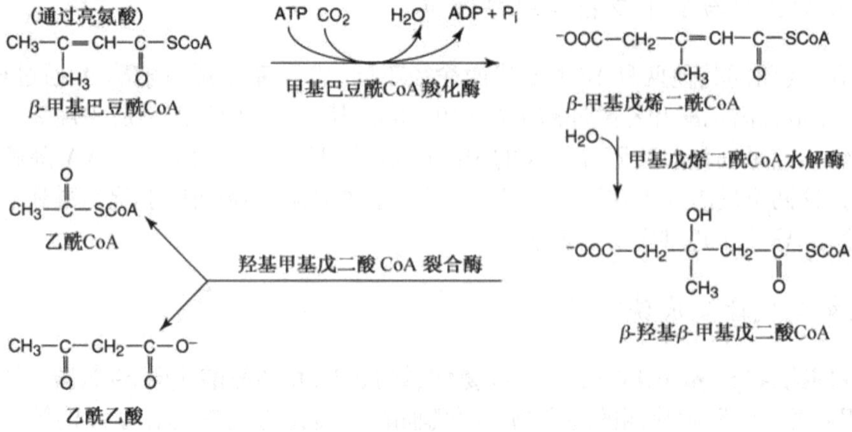

图 19.70　亮氨酸降解的最终反应

(图 19.71)，反应的产物是 D-甲基丙二酰辅酶 A。然后，消旋酶将 D-甲基丙二酰辅酶 A 转化为 D-，L-甲基丙二酰辅酶 A 混合物。甲基丙二酰辅酶 A 变位酶将 L-甲基丙二酰辅酶 A 转变为琥珀酰辅酶 A，该酶需要脱氧腺苷钴胺素(一种维生素 B_{12} 的衍生物)，是已知的第二种依赖维生素 B_{12} 的酶。这个反应非常特殊，因为它移除了一个甲基侧链，并将其以亚甲基的形式插入化合物的主链(见临床相关知识 19.15)。

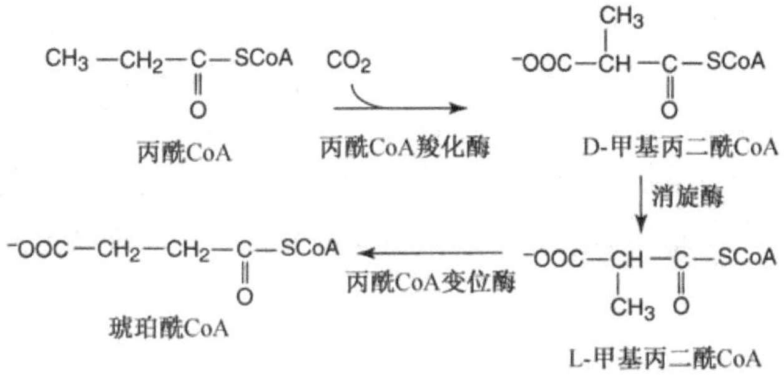

图 19.71　丙酰 CoA、甲基丙二酰 CoA 与琥珀酰 CoA 的相互转化
变位酶的活性需要 5′-脱氧腺苷钴胺素

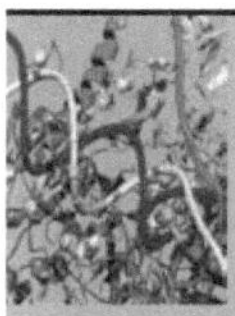

临床相关知识 19.15

丙酸和甲基丙二酸代谢相关疾病

图 19.71 中表示的三种酶中任何一种缺陷都会导致酮酸中毒。丙酸由缬氨酸、异亮氨酸、亮氨酸、苏氨酸降解，以及胆固醇侧链或奇数碳原子脂肪酸的降解形成。由于减少或消除膳食蛋白可以立即减轻酸中毒，氨基酸看来是最主要的丙酸前体物质。丙酰辅酶 A 羧化酶的缺陷可以造成丙酸积聚，再被转至替代途径，包括取代第一个乙酰基团参与脂肪酸合成，最后生成奇数碳原子脂肪酸。这些反应的程度是有限的。有报道说在一个病例中，采用大量生物素治疗产生了有益的效果，这表明不止一种缺陷会降低丙酰辅酶 A 的活力。其中可能的原因是肠道中缺乏将生物素从摄取的食物中释放出来的生物素化物酶，或者是缺乏将生物素结合到生物素依赖酶的生物素羧化全酶。儿童酸中毒可能是由甲基丙二酸水平过高引起的，而甲基丙二酸正常时在血液中无法检测到。在某些病例中，尸体解剖获得的肝脏或者培养的成纤维细胞显示存在甲基丙二酰辅酶 A 变位酶缺陷。某些试样在任何情况下都无法将甲基丙二酰辅酶 A 转化为琥珀酰辅酶 A，但其他一些当添加 5′-腺苷钴胺素时可以进行上述转化。显然，如果是酶的活性中心缺陷则无法代谢甲基丙二酸，但如果是处理维生素 B_{12} 的部位有缺陷，则对于大量的维生素 B_{12} 还是有反应的。其他一些甲基丙二酸尿症的病例根本无法利用维生素 B_{12}，导致甲基钴胺素缺陷(甲硫氨酸补救的辅酶)和 5′-腺苷钴胺素缺陷(甲基丙二酰辅酶 A 消旋的辅酶)。

赖氨酸

和亮氨酸一样,赖氨酸是完全生酮氨基酸。其碳链骨架以乙酰乙酰辅酶 A 形式进入中间代谢。赖氨酸具有一个 ε-氨基和一个 α-氨基,α-氨基受一个双功能酶作用,经过一个称为酵母氨酸的中间产物转化为 α-酮戊二酸(图 19.72)。这个反应生成谷氨酸和一个半醛化合物,半醛随后被氧化为二羧酸。α-氨基的转胺反应以一种吡哆醛依赖方式进行。进一步的反应生成乙酰乙酰辅酶 A。此外,还有一条次要途径,该途径从 α-氨基移除开始,经过环状化合物六氢吡啶羧酸(图 19.73),在半醛中间产物水平汇入主要代谢途径。即使在途径的起始处缺乏酶,主要途径也不会被次要途径取代(见临床相关知识 19.16)。

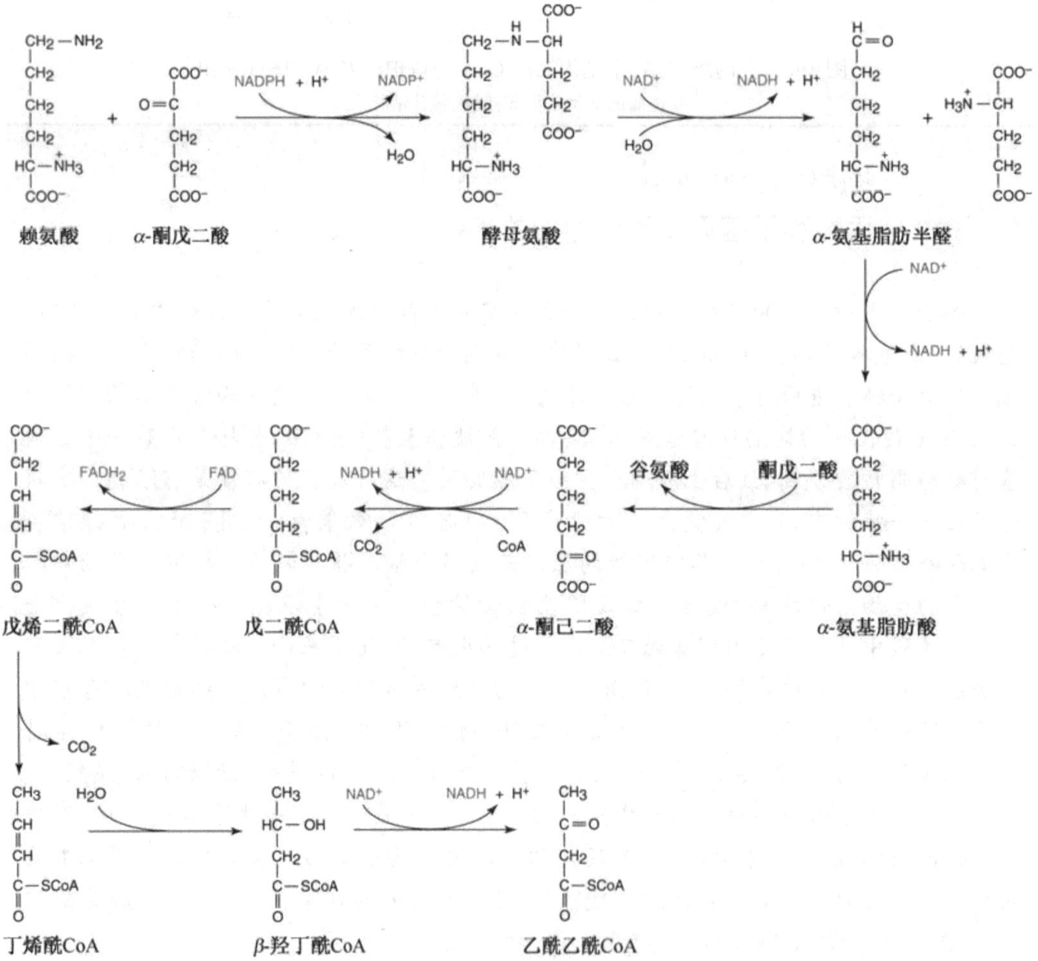

图 19.72 赖氨酸降解的主要途径

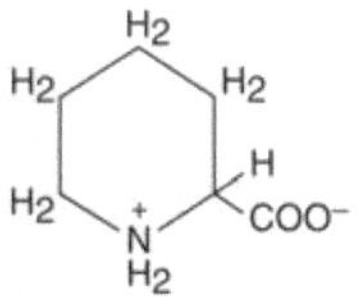

六氢吡啶羧酸

图 19.73　赖氨酸代谢的副产物

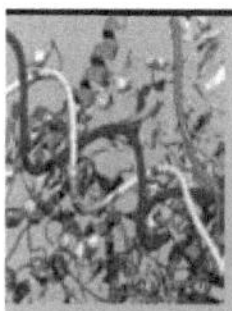

临床相关知识 19.16

涉及赖氨酸和鸟氨酸的疾病

赖氨酸

在少数排出赖氨酸和少量酵母氨酸的患者中，α-氨基己二酸半醛合成酶发生了缺陷。通过对其研究，科学家发现：该酶兼具赖氨酸-α-酮戊二酸还原酶和酵母氨酸脱氢酶活性。高赖氨酸血症被认为是良性的，较之更为严重的是家族性遗传赖氨酸尿蛋白非耐受，它是由于无法将二碱基氨基酸转运过肠黏膜和肾小管上皮引起的。该病中，血浆赖氨酸、精氨酸和鸟氨酸浓度会下降到正常时的 1/3 或 1/2。患者进食含蛋白质的食物后，会产生显著的高氨血症。现在认为，这是由于肝中尿素循环中间产物鸟氨酸和精氨酸缺陷，限制了循环进行速度而引起的。作为这个观点的一个佐证，口服补充瓜氨酸可以预防高氨血症。该病的其他一些表征包括发丝过细、肌肉无力和骨质疏松症。这些都反映了由赖氨酸和精氨酸缺陷引起的蛋白质营养不良。

鸟氨酸

鸟氨酸浓度升高通常是由鸟氨酸 δ-转氨酶缺陷引起的。脉络膜和视网膜回转萎缩的特征是进行性的视力丧失，最终在四十岁前导致失明，它是由鸟氨酸 δ-转氨酶这种线粒体酶缺陷引起的。眼部发生病变的机制尚未明确。该疾病的进程可以通过限制膳食精氨酸摄入和(或)吡哆醇疗法延缓。吡哆醇疗法可以减少体液中的鸟氨酸浓度。

肉毒碱从赖氨酸代谢得来

中链或长链氨基酸以肉毒碱偶联物的方式转运进入线粒体参与 β-氧化(见 17.6 节)。**肉毒碱(carnitine)**由特定蛋白质中的赖氨酸残基合成，第一步是由 AdoMet 充当甲基供体，对赖氨酸侧链的 ε-氨基进行三甲基化(图 19.74)。这些蛋白质的水解释放出游离的三甲基赖氨酸，再通过四步反应被转化为肉毒碱。

组氨酸

组氨酸酶(见临床相关知识 19.17)催化从组氨酸中释放游离氨的反应，留下一个带有双键的化合物，称为尿刊酸酶(图 19.75)。之后通过两步反应形成**亚胺甲基谷氨酸**

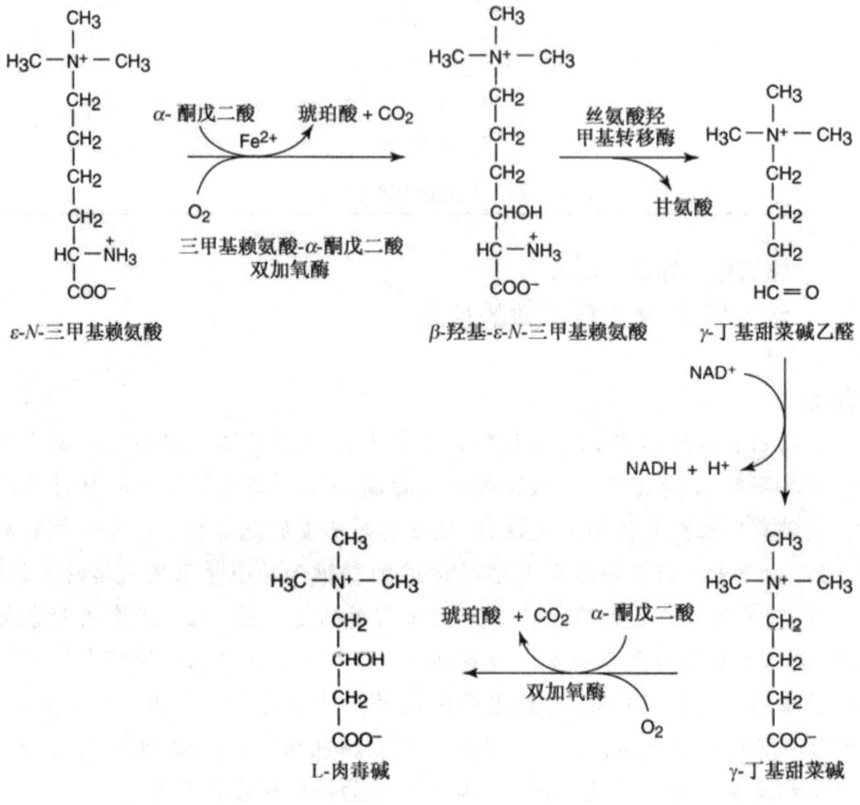

图 19.74　肉毒碱的生物合成

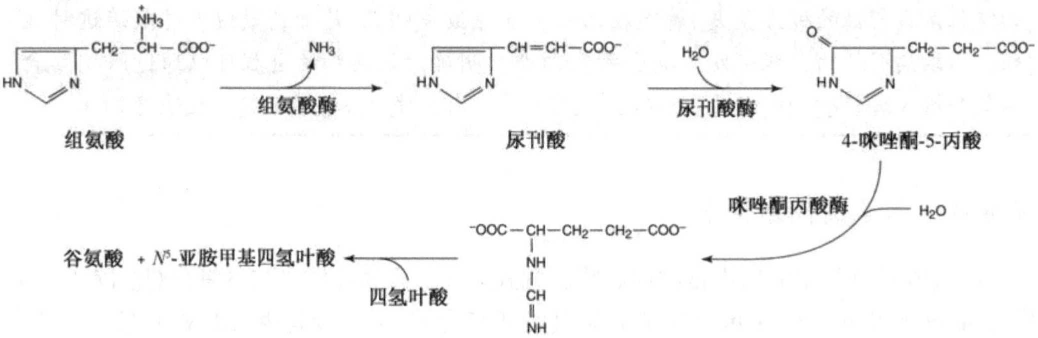

图 19.75　组氨酸的降解

(**formiminoglutamate,FIGLU**)。随后,亚胺甲基被转移到四氢叶酸上。

临床相关知识 19.17
组氨酸血症

组氨酸血症是由组氨酸酶缺陷造成的。一种非常简便的测试该酶活性的方法是通过皮肤进行的。皮肤可以产生尿刊酸，它是汗液的成分之一；尿刊酸酶和肝脏中其他组氨酸分解酶在皮肤上没有分布。组氨酸酶缺陷可通过皮肤活组织检查加以确认。该病发生的概率较高，大约每一万名被检新生儿中会出现一例。大多数被报道患有组氨酸血症的患者其智力发育正常。限制膳食中的组氨酸可以避免生化反应上的异常，但通常并不是必需的。

叶酸缺乏时尿中亚胺甲基谷氨酸会增加

在最终产物谷氨酸生成之前，FIGLU 的亚胺甲基必须先被转移至四氢叶酸。当四氢叶酸缺乏时，该反应速度减慢，FIGLU 从尿中被排出。所以，如果在测试者服下测试剂量的组氨酸后尿中排出 FIGLU，可以作为四氢叶酸缺乏的诊断依据（见临床相关知识 19.18）。

临床相关知识 19.18
叶酸代谢疾病

叶酸在作为辅酶起作用之前，要先被还原。叶酸缺陷的症状可能是由于二氢叶酸还原酶缺陷引起的。注射最稳定的还原态叶酸，N^5-甲基四氢叶酸，对这类叶酸代谢缺陷有疗效。在一些由亚甲基叶酸还原酶缺陷造成的中枢神经系统异常的病例中，存在有高半胱氨酸尿症。该酶活性下降使得生成的 N^5-甲基四氢叶酸减少，以至于用于将高半胱氨酸转化为甲硫氨酸的甲基来源变得十分有限。补充大量的叶酸、甜菜碱和甲硫氨酸逆转了生化上出现的异常情况，并且在至少一例中逆转了神经系统异常。具有说话跑题太远问题的患者在将亚胺甲基从 FIGLU 转移到四氢叶酸上存在缺陷。他们不同程度地排出 FIGLU，其中有些患者对大剂量叶酸治疗有反应。亚胺甲基转移酶缺陷是如何造成病理改变的过程至今尚不清楚，也不清楚该缺陷是否会造成疾病状态。有一位患者显示叶酸缺陷症状，并具有四氢叶酸甲基转移酶缺陷。与此相关的贫血并不随维生素 B_{12} 摄入而改善，而使用叶酸却有一定好转。有人认为该患者体内 N^5-甲基四氢叶酸合成不足，不能推动高半胱氨酸的去甲基化进行，这就使辅酶“陷于”甲基化形式而无法参与其他反应。

组胺、肌肽和鹅肌肽是组氨酸的衍生物

组胺（图 19.76）由组氨酸脱羧酶催化组氨酸生成，是一种细胞在过敏反应中释放的

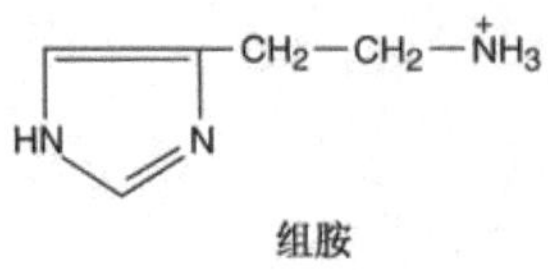

图 19.76 组胺

物质。组胺有许多生理作用,包括与血管内皮上不同类型的受体相互结合产生舒张或是收缩作用。人体对组胺的过度反应会导致哮喘和其他过敏反应。**肌肽(carnosine,β-丙氨酰组氨酸)**,**鹅肌肽(anserine,β-丙氨酰甲基组氨酸)**是肌肉中发现的两种二肽(图 19.77),它们的具体功能尚不清楚。

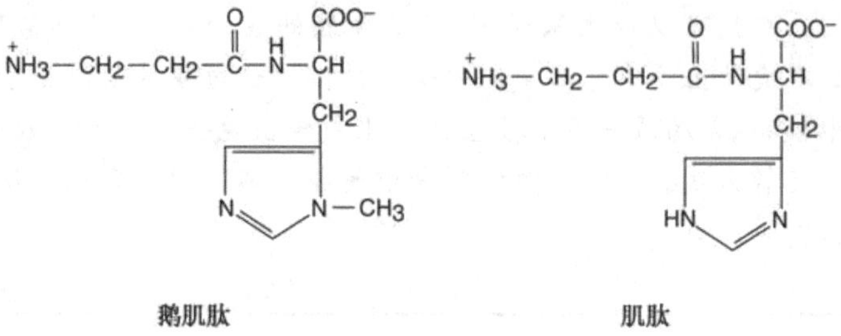

图 19.77 鹅肌肽和肌肽

肌酸

高能磷酸的储存,尤其是在心肌和骨骼肌中,是由 ATP 的高能磷酸基转移到**肌酸(creatine)**上实现的(见 24.4 节)。精氨酸的胍基转移到甘氨酸上,再由 AdoMet 加入一个甲基,可合成肌酸(图 19.78)。体内肌酸的含量与肌肉的数量相关,其比例每天都在改变。大约 1% ~2% 的先有肌酸磷酸会自发环化成**肌酸苷(creatinine)**(图 19.79),并随尿排出,同时也有等量的肌酸被合成以取代这一部分旧的肌酸。因此,个体每天排出的肌酸量维持在一个固定的水平上。当需要检测 24h 尿样时,样本中的肌酸含量可用来判断该样本是否真正是全天的排尿量。

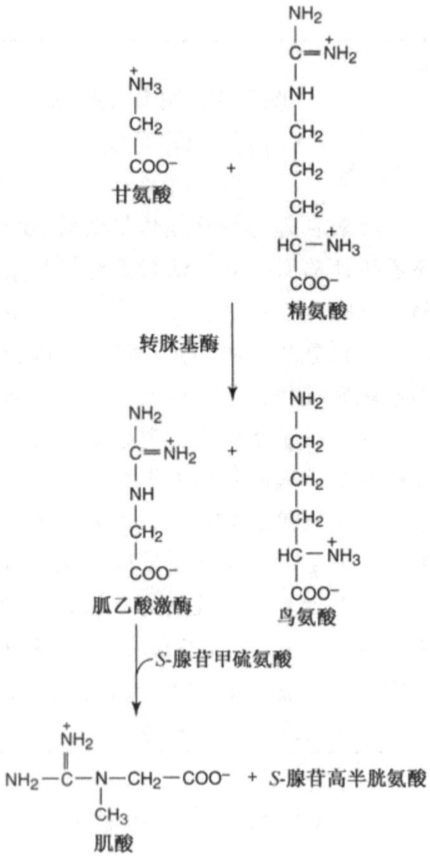

图 19.78 肌酸的合成

谷胱甘肽

谷胱甘肽(glutathione)是一种三肽,全称是 γ-谷氨酰半胱氨酰甘氨酸,它有几个重要的功能:它是一种还原剂,可与药物偶联以增加药物的可溶性;参与氨基酸的跨膜运输;是一些白三烯结构的一部分;是一些酶反应的辅因子;参与蛋白质二硫键的重排。作为还原剂,谷胱甘肽在维持红细胞膜的稳定性方面非常重要。它的巯基可用来防止氧气运送的过程中生成过氧化物。生成的氧化型谷胱甘肽含有两个由一个二硫键相连的谷胱甘

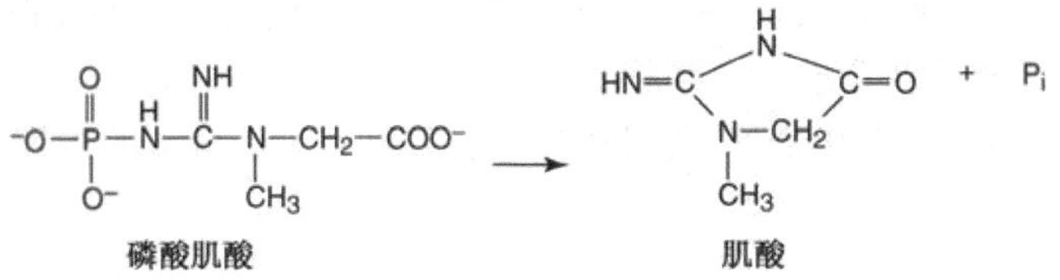

图 19.79　形成肌酸的自发反应

肽分子,它随即被谷胱甘肽还原酶催化生成两个谷胱甘肽分子,反应需要消耗 NADPH(图 19.80)。通常,红细胞中 GSH 与 GSSG 的比例为 100∶1。6-硫嘌呤等药物与谷胱甘肽偶联可增强它们的极性,使之易于排出(图 19.81)。

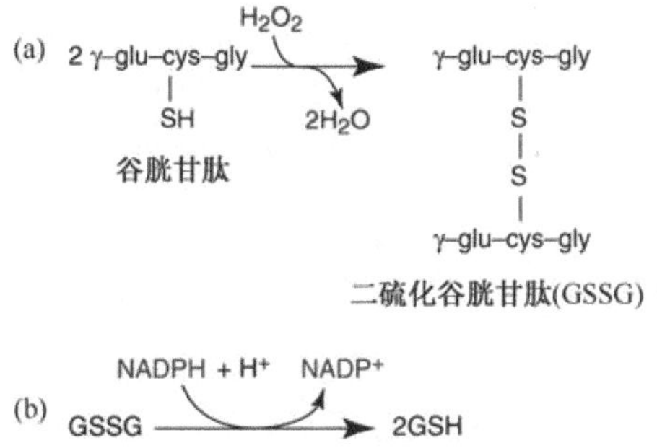

图 19.80　(a)谷胱甘肽过氧化物酶参与过氧化物清除,(b)通过谷胱甘肽还原酶实现还原型谷胱甘肽的再生

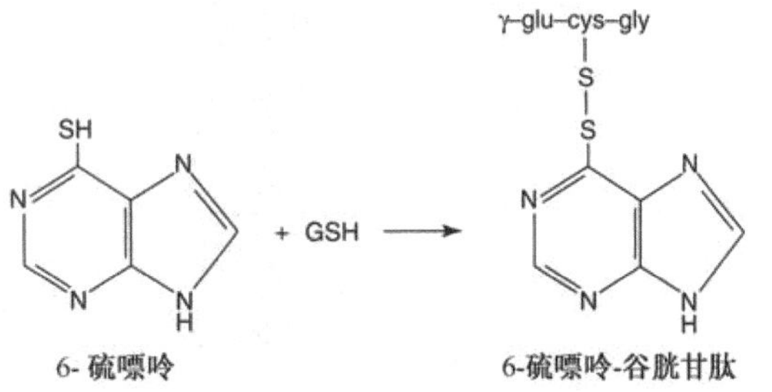

图 19.81　谷胱甘肽转移酶介导的药物偶联

谷胱甘肽的合成需要三种氨基酸

谷胱甘肽的合成步骤是先合成二肽 γ-谷氨酰半胱氨酸,再添上甘氨酸。这两个反应都需要 ATP 激活羧基(图 19.82)。

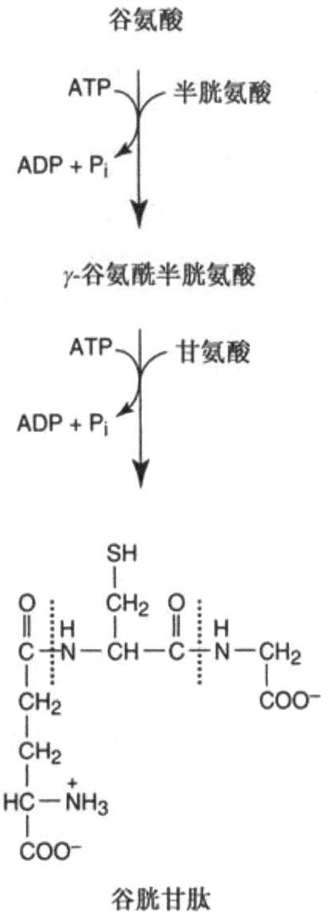

图 19.82　谷胱甘肽的合成

谷胱甘肽的合成主要由半胱氨酸的多寡决定

γ-谷氨酰循环转运氨基酸

氨基酸跨膜转运有多种机制,许多机制是与钠转运相偶联的同向转运或逆向转运。**γ-谷氨酰循环(γ-glutamyl cycle)**在肾脏和其他一些组织中起转运氨基酸作用,但是在肾上皮细胞中尤其重要。这种机制比其他机制更需要能量,但是速度快,而且容量大。此循环包含几种酶。位于质膜上的 **γ-谷氨酰转肽酶(γ-glutamyl transpeptidase)**将来自于谷胱甘肽的谷氨酸加到胞外的氨基酸上,生成的 γ-谷氨酰氨基酸被一种氨基酸转运体转运进入细胞。进入细胞后 γ-谷氨酰氨基酸被水解释放出氨基酸(图 19.83)和 5-羟脯氨酸。转肽酶反应生成的半胱胺酰甘氨酸被分解为其组成氨基酸。为了再生

成还原型谷胱甘肽，羟脯氨酸通过一个需要 ATP 的反应重新生成谷氨酸，还原型谷胱甘肽由其三个组成部分重新合成。由羟脯氨酸生成谷氨酸的反应消耗了 1 个 ATP 分子，形成肽键一共消耗了 2 个 ATP 分子，所以在整个谷胱甘肽重新合成的过程中共消耗了 3 个 ATP 分子。

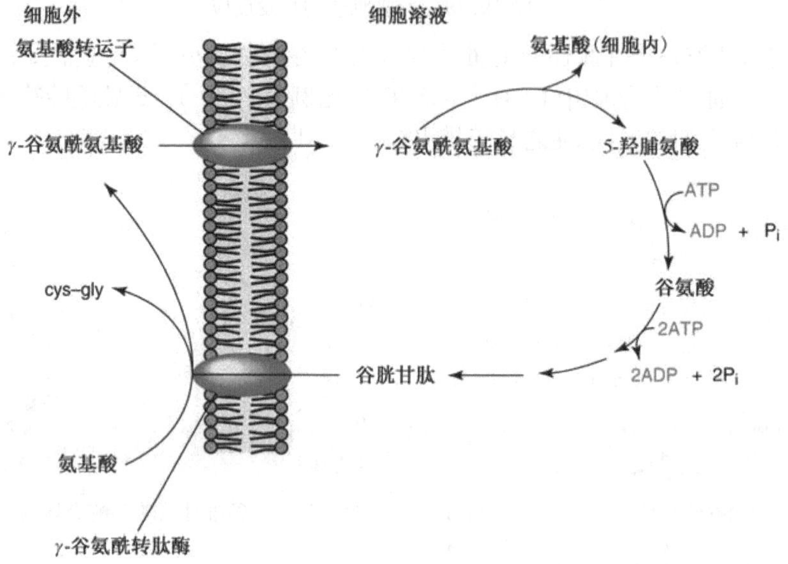

图 19.83　氨基酸转运中的 γ-谷氨酸循环

谷胱甘肽的浓度影响机体对毒物的反应

当身体遭受毒物侵害，比如过氧化物形成、电离辐射、碱性药物或者其他高活性的中间产物时，增加体内还原型谷胱甘肽水平是十分有益的。半胱氨酸和甲硫氨酸可被施用作为还原型谷胱甘肽的前体，但它们在代谢形成还原型谷胱甘肽的同时也具有采用耗能代谢途径的缺点。一个前景更为诱人的手段是使用一种可溶性的还原型谷胱甘肽二酯，例如 γ-(α-乙基)谷氨酰半胱胺酰乙基甘氨酸。高度早产儿由于肝脏胱硫醚酶的活性低，体内半胱氨酸的浓度很低，这就使得体内的还原型谷胱甘肽浓度也很低，使早产儿对氧化伤害，尤其是高压供氧后眼部形成的过氧化氢物特别敏感。在某些情况下，比如要使肿瘤细胞对放射或者使寄生虫对药物更加敏感，有必要降低体内还原型谷胱甘肽浓度。这可以通过摄入结构类似谷氨酸的**丁硫氨酸亚砜胺**(**buthionine sulfoximine**)(图 19.84)以竞争性地抑制还原型谷胱甘肽合成来实现。

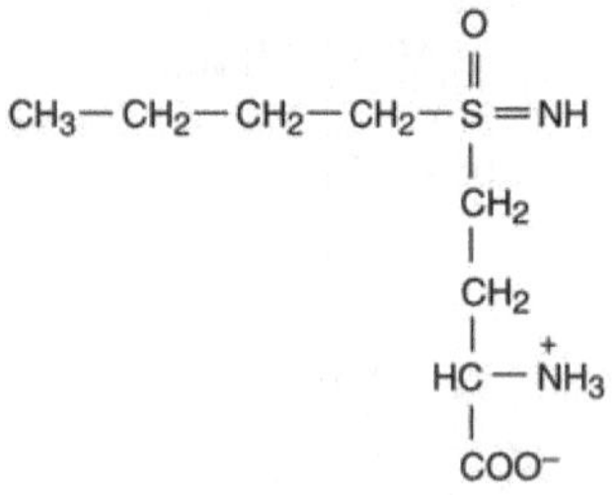

图 19.84　丁硫氨酸亚砜胺

参考书目

General

Meister, A. *Biochemistry of the Amino Acids*, 2nd ed. New York: Academic Press, 1965.

Pyridoxal Phosphate

Dolphin, P., Poulson, R., and Avramovic, O. (Eds.). *Vitamin B_6 Pyridoxal Phosphate*. NewYork: Wiley, 1986.

Glutamate and Glutamine

Bode, B. L., Kaminski, D. L., Souba, W. W., and Li, A. P. Glutamine transport in human hepatocytes and transformed liver cells. *Hepatology* 21: 511, 1995.

Fisher, H. F. Glutamate dehydrogenase. *Methods Enzymol.* 113: 16, 1985.

Haussinger, D. Nitrogen metabolism in liver: Structural and functional organization and physiological relevance. *Biochem. J.* 267: 281, 1990.

Kelly, A. and Stanley, C. Disorders of glutamate metabolism. *Ment. Retard. Dev. Disord. Res. Rev.* 7: 287, 2001.

Urea Cycle

Holmes, F. L. Hans Krebs and the discovery of the ornithine cycle. *Fed. Proc.* 39: 216, 1980; Mathias, R., Kostiner, D., and Packman, S. Hyperammonemia in urea cycle disorder; role of the nephrologists. *Am. J. Kidney Dis.* 37: 1069, 2001.

Jungas, R. L., Halperin, M. L., and Brosnan, J. T. Quantitative analysis of amino acid oxidation and related gluconeogenesis in humans. *Physiol. Rev.* 72: 419, 1992.

Branched-Chain Amino Acids

Shander, P., Wahren, J., Paoletti, R., Bernardi, R., and Rinetti, M. *Branched Chain Amino Acids*. New York: Raven Press, 1992.

Serine

Snell, K. The duality of pathways for serine biosynthesis is a fallacy. *Trends Biochem. Sci.* 11: 241, 1986.

Arginine

Reyes, A. A., Karl, I. E., and Klahr, S. Editorial review: role of arginine in health and renal disease. *Am. J. Physiol.* 267: F331, 1994.

Sulfur Amino Acids

Chen, J. and Berry, M. Selenium and selenoproteins in the brain and brain disease. *J. Neurochem.* 86: 1, 2003.

Lee, B. J., Worland, P. J., Davis, J. N., Stadtman, T. C., and Hatfield, D. L. Identification of a selenocysteyl-tRNASer in mammalian cells that recognizes the nonsense codon, UGA. *J. Biol. Chem.* 264: 9724, 1989.

Namy, O., Rousset, J., Napthine, S., and Brierly, I. Reprogrammed genetic decoding in cellular gene expression. *Mol. Cell* 13: 157, 2004.

Schuller-Levis, G. and Park, E. Taurine: New implications for an old amino acid. *FEMS Microbiol. Lett.* 226: 195, 2003.

Stepanuk, M. H. Metabolism of sulfur-containing amino acids. *Annu. Rev. Nutr.* 6: 179, 1986.

Wright, C. E., Tallan, H. H., Lin, Y. Y., and Gaull, G. E. Taurine: biological update. *Annu. Rev. Biochem.* 55: 427, 1986.

Yap, S. Classical homocystinuria: Vascular risk and its prevention. *J. Inherit. Metab. Dis.* 26: 259, 2003.

Polyamines

Perin, A., Scalabrino, G., Sessa, A., and Ferioloini, M. E. *Perspectives in Polyamine Research*. Milan: Watchdog Editors, 1988.

Tabor, C. W. and Tabor, H. Polyamines. *Annu. Rev. Biochem.* 53: 749, 1984.

Tabor, C. W. and Tabor, H. Inhibitors of polyamine metabolism: Review article. *Amino Acids* 26: 353, 2004.

Creatine

Schulze, A. Creatine deficiency syndromes. *Mol. Cell Biochem.* 244: 143, 2003.

Folates and Pterins

Blakley, R. L. and Benkovic, S. J. *Folate and Pterins*. New York: Wiley, Vol. 1, 1984, Vol. 2, 1985.

Quinoproteins

Davidson, V. L., (Ed.). *Principles and Applications of Quinoproteins*. New York: Marcel Dekker, 1993.

Carnitine

Bieber, L. L. Carnitine. *Annu. Rev. Biochem.* 57: 261, 1988.

Glutathione

Taniguchi, N., Higashi, T., Sakamoto, Y., and Meister, A. *Glutathione Centennial: Molecular Perspectives and Clinical Implications*. New York: Academic Press, 1989.

Tryptophan

Schwarcz, R. Metabolism and function of brain kynurenines. *Biochem. Soc. Trans.* 21: 77, 1993.

Stone, T. W. *Quinolinic Acid and the Kynurenines*. Boca Raton, FL: CRC Press, 1989.

Disorders of Amino Acid Metabolism

Rosenberg, L. E. and Scriver, C. R. Disorders of amino acid metabolism. In: P. K. Bondy and L. E. Rosenberg (Eds.), *Metabolic Control and Disease*, 8th ed. Philadelphia: Saunders, 1980.

Scriver, C. R., Beaudet, A. R., Sly, W. S., and Valle, D. (Eds.). *The Metabolic and Molecular Bases of Inherited Disease*, 8th ed. New York: McGraw-Hill, 2001.

Wellner, D. and Meister, A. A survey of inborn errors of amino acid metabolism and transport. *Annu. Rev. Biochem.* 50: 911, 1980.

OMIM

An excellent source of information on metabolic disorders of amino acid metabolism is "Online Mendelian Inheritance in Man" developed by The Johns Hopkins University and accessible at www.ncbi.nlm.nih.gov/Omim/searchomim.html

习题和参考答案

选择题

1. 氨基转移酶：
   A. 通常需要 α-酮戊二酸或谷氨酰胺参与反应
   B. 催化反应导致氨基酸的净含量增加或减少
   C. 催化不可逆反应
   D. 吡哆醛是反应必需的辅因子
   E. 不能催化必需氨基酸的氨基转移反应

2. 谷氨酸脱氢酶催化的产氨反应：
   A. 需要 NADH 或 NADPH 的参与
   B. 由希夫碱介导
   C. 当氨过多时发生逆向反应以消耗氨
   D. 高浓度的 ATP 或 GTP 能促进反应
   E. 糖质新生作用激活时吡反应受抑制

3. 以下所有关于鸟氨酸的选项均正确，除了：
   A. 可由谷氨酸半醛产生，亦可转化为谷氨酸半醛
   B. 可转化为吡咯氨酸
   C. 在尿素循环中起主要作用
   D. 是腐胺——一种多胺的前体
   E. 与亚精胺相平衡
4. *S*-腺苷甲硫氨酸：
   A. 携带的锍离子含有可转移的甲基
   B. 通过转甲基反应产生 α-酮戊二酸
   C. 在完全可逆反应中提供甲基
   D. 通过转硫作用产生 H_2S
   E. 为半胱氨酸的形成提供碳原子
5. 赖氨酸：
   A. 可由饮食中的 α-酮酸替代
   B. 分解过程中产生丙酮酸盐和乙酰乙酰基辅酶 A
   C. 可被 *S*-腺苷甲硫氨酸甲基化
   D. 是常见氨基酸中唯一的肉碱前体
   E. 以上所有选项均正确
6. 谷胱甘肽起以下作用，除了：
   A. 参与氨基酸的跨细胞膜转运
   B. 清除过氧化物
   C. 与某些药物作用形成共轭体，增加其水溶性
   D. 降低红细胞膜的稳定性
   E. 是某些酶的辅因子

问题 7 和 8：支链氨基酸代谢障碍较为少见，但很严重。其中以枫糖浆病(由其尿味命名)最为常见。该病由缺乏支链酮酸脱氢酶复合物引起，其特征为智力发育迟缓和寿命缩短。

7. 以下有关支链氨基酸的选项均正确，除了：
   A. 需由饮食补充
   B. 可分为生葡萄糖性、生酮性和混合性
   C. 其分解代谢方式与脂肪酸的 β-氧化相似
   D. 可被脱氢酶氧化为支链酰基辅酶 A，较其母体化合物少一个碳原子
   E. 最初在肝脏中代谢
8. 血管紧张肽与异亮氨酸可作用形成丙酰辅酶 A——琥珀酰辅酶 A 的前体。甲基丙二酸尿症即是由该转化过程的缺陷引起的，维生素 B_{12} 治疗对部分患者有效。有关丙酰辅酶 A 转化为琥珀酰辅酶 A 的选项正确的有：
   A. 转化的第一步是生物素依赖的羧化反应
   B. 由于将丙酰辅酶 A 转化为琥珀酰辅酶 A 的变位酶与辅因子结合不良，维生素 B_{12} 治疗对甲基丙二酸尿症部分患者有效
   C. 丙酰辅酶 A 转化为琥珀酰辅酶 A 的通路是奇数链氨基酸代谢的一部分
   D. 以上所有选项均正确
   E. 以上所有选项均不正确

问题 9 和 10：氨甲酰磷酸合成相关酶缺陷或尿素循环中任一酶缺陷均可引起的高血氨，其中以鸟氨酸甲酰基转移酶缺陷最为常见。该状况非常严重，若不进行治疗，会导致患者早逝或智力发育迟缓及其他发育畸形。临床上主要针对降低血氨采取治疗措施，有时也补充精氨酸。

9. 由氨形成尿素的过程中，以下所有均正确，除了：
   A. 天冬氨酸为尿素提供一个氮原子
   B. 此为高耗能过程，需消耗数个 ATP
   C. 循环速率随饮食状况而波动
   D. 产生延胡索酸
   E. 鸟氨酸甲酰基转移酶催化限速步骤：
10. 氨甲酰磷酸合成酶Ⅰ：
    A. 为一种黄素蛋白
    B. 主要由反馈抑制控制
    C. 对精氨酸的改变无反应
    D. 需要 *N*-乙酰谷氨酸作变构效应物
    E. 需要 ATP 作变构效应物

问题 11 和 12：苯丙酮尿症患者若不进行治疗，会出现智力发育迟缓，儿茶酚胺合成减少以及皮肤、毛发色素变浅。假如是由苯丙氨酸羟化酶本身的缺陷引起的，给予不含苯丙氨酸但含酪氨酸的饮食能缓解患者的症状。假如是由四氢生物蝶啶的合成缺陷引起的，那么该饮食疗法只能减轻智力发育迟缓和毛发色素变浅的症状，对儿茶酚胺合成减少引起的症状没有作用。

11. 苯丙氨酸羟化酶有缺陷时：
    A. 赖氨酸羟化酶能代替其作用，因此苯丙氨酸维持于正常水平
    B. 赖氨酸可经替代通路合成，而不必以苯丙氨酸为原料合成
    C. 由于该酶催化产生黑色素的第一步反应，因而当其存在缺陷时患者的皮肤与毛发色素会变浅

D. 苯丙氨酸的转氨基反应产物被排泄到体外

E. 单胺氧化酶催化苯丙氨酸分解

12. 儿茶酚胺：

A. 在脑中的终产物为多巴胺，在肾上腺中为肾上腺素

B. 其产生始于酪氨酸酶作用于酪氨酸

C. 被代谢为生糖性与生酮性片段

D. 为深色化合物

E. 全部含有 *S*-腺苷甲硫氨酸提供的甲基

问答题

13. 四氢生物蝶啶合成障碍会对苯丙氨酸、赖氨酸和色氨酸代谢产生什么影响？

14. 假如由 ^{14}C 标记的，接有羟基的丝氨酸提供单碳基团，那么该标记的碳原子是如何成为肾上腺素甲基上的标记碳原子的？

参考答案

1. D　该反应开始时产生含磷酸吡哆醛的希夫碱；A. 大部分哺乳动物的氨基转移酶都使用谷氨酸或 α-酮戊二酸为底物；B. 一种氨基酸转变为另一种氨基酸，其净量没有增加或减少；C. 此为完全可逆反应；E. 只有赖氨酸和苏氨酸没有氨基转移酶。

2. C　为降低氨浓度减少毒性作用的重要机制；A. 更倾向于消耗氨；B. 其辅因子为吡啶核苷酸而非吡哆醛磷酸；D. 均为抑制剂；E. 由于其作用之一是为糖质新生作用提供氨基酸碳链，因而此时处于活化状态。

3. E　亚精胺是由腐胺加丙胺形成的；AB. 两种氨基酸都可形成谷氨酸半醛，并且都由鸟氨酸产生；C. 尿素同时是该循环的底物与产物；D. 此为脱羧作用。

4. A　当其甲基转移时，携带正电荷的硫磺会转变为中性的硫醚；B. 其产物 *S*-腺苷甲硫氨酸被水解为高半胱氨酸；C. 从 *S*-腺苷基蛋氨酸上转移甲基的反应是不可逆的；D. 转硫作用：胱硫醚合酶和胱硫醚酶联合作用将甲硫丁氨酸的巯基转移给丝氨酸形成半胱氨酸；E. 甲硫丁氨酸仅提供巯基，碳原子由丝氨酸提供。

5 D　自由赖氨酸是未甲基化的，而蛋白质中的赖氨酰残基经翻译后修饰发生甲基化，肉碱合成的中间产物来自于蛋白水解作用释放的三甲基赖氨酸；A. 赖氨酸不参与转氨基作用，部分原因在于α-酮酸以循环的希夫碱形式存在；B. 此为两种纯生酮氨基酸之一；C. 如上所述。

6. D　上文所列的谷胱甘肽的大部分功能都依赖于巯基。它能提高膜稳定性。谷胱甘肽还原酶有助于将 GSH：GSSG 维持于 100：1。

7. E　A：氨基转移酶为反应通路中的第一个酶，其肌肉中的浓度远高于肝脏中的；B～D：其分解代谢比较相似，但由于氨基酸支链有差异，因而终产物也不同。某些步骤与 β-氧化相似，如氧化为 α，β-不饱和辅酶 A，双键的水合，以及羟基氧化为羰基的过程。

8. D　A：丙酮酸羧化酶催化的反应为典型的羧化反应；B. 假如结合过程存在障碍，很多疾病都采用补充辅因子来治疗；C. 奇数链氨基酸分裂最终产生丙酰辅酶 A。

9. E　氨甲酰磷酸合成酶Ⅰ催化限速步骤；A，B，D：其中一个氮原子以天冬氨酸的形式供给，其碳原子以延胡索酸形式释放；C. 当饮食中的蛋白质增加时，CPSI 水平升高，*N*-乙酰谷氨酸合成增加。

10. D　变构效应物 *N*-乙酰谷氨酸起主要的控制作用；B. 为激活剂而非抑制剂；C. 当精氨酸存在时，该效应物的合成增加，由此 CPSI 的活性也增加；E. ATP 是底物。

11. D　该现象通常并不重要；A. 它们为特异性酶，因而苯丙氨酸水平显著升高；B. 不存在替代通路，因而赖氨酸是必需氨基酸；C. 酪氨酸酶氧化酪氨酸，高苯丙氨酸与赖氨酸竞争，减少黑色素的生成；E. 该酶催化儿茶酚胺分解，而非苯丙氨酸。

12. A　反映了组织特异性；B. DOPA 是由赖氨酸羟化酶作用形成的；C. 苯丙氨酸有此作用，但儿茶酚胺无；D. 它们为黑色素；E. 仅肾上腺素有此作用。

13. 四氢生物蝶呤是苯丙氨酸、赖氨酸和色氨酸羟化酶的必要组成部分。由于苯丙氨酸和色氨酸的降

解过程始于各自羟化酶的作用，因而当四氢生物蝶呤缺乏时，其降解受抑制。儿茶酚胺的形成始于赖氨酸在赖氨酸羟化酶的作用下产生 DOPA，因而当四氢生物蝶呤缺乏时，儿茶酚胺合成受抑制。色氨酸转变为 5-羟色胺的第一步是由赖氨酸羟化酶催化的。

14. 丝氨酸为四氢生物蝶呤提供标记的碳原子而成为 N^5，N^{10}-亚甲基四氢叶酸酯。当维生素 B_{12} 存在时形成标记的 N^5-甲基四氢叶酸酯，它与高半胱氨酸作用产生含标记甲基的甲硫丁氨酸。当甲硫丁氨酸被活化为甲基多巴后，可将其标记的甲基转移给去甲肾上腺素而产生肾上腺素。

（杨文　译）

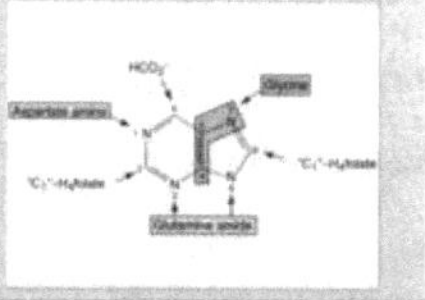

20

嘌呤和嘧啶核苷酸的代谢

Joseph G .Cory

20.1　概述

细菌和哺乳动物细胞内的核苷酸代谢有很大的不同，甚至人和动物之间的核苷酸代谢也不尽相同。下面章节将讨论适用于人类核苷酸代谢的哺乳动物细胞中的核苷酸代谢。嘌呤和嘧啶核苷酸参与细胞内诸多重要的功能。核苷酸在代谢中的作用相当广泛，既可以作为 DNA 和 RNA 的单体前体，又是重要的第二信使。细胞内嘌呤和嘧啶的水平通过从头合成途径、内源性和外源性核糖碱基及核苷的补救合成途径维持稳定。氨基酸、二氧化碳、提供一碳单位的四氢叶酸和核糖-5-磷酸提供碳、氮、氧原子的来源。

这些途径中受到异构调节酶类的精细调控，使细胞内核苷酸的浓度得到很好的调控。在这些途径中，核苷酸终产物作为效应物调节代谢通路中的重要步骤。DNA 复制所必需的 2′-脱氧核糖核苷酸直接来源于核糖核酸，其产量受到核苷 5′-三磷酸核苷酸的正性或负性的调控。除了通过变构调节调控核苷酸的代谢，代谢通路中关键酶的浓度在细胞周期中也会发生改变。在 DNA 复制之前，也就是 G1 期晚期和 S 期早期，许多酶的活性显著升高。从头合成和补救合成途径都很重要，因为他们的缺陷都会导致相应的临床疾病或者综合征。这些疾病包括痛风(由于嘌呤核苷酸从头合成缺乏)、自毁容貌综合征(由于嘧啶碱基补救合成缺乏)、乳清酸尿症(由于嘧啶核苷酸从头合成缺乏)和免疫缺陷疾病(由于嘌呤核苷降解异常)。由于核苷酸合成是细胞分裂时 DNA 复制和 RNA 合成所必需的，所以阻断核苷酸从头合成途径的药物已经成功用作抗肿瘤和抗病毒药物。

碱基、核苷和核苷酸的结构和化学特性在 2.2 节和附录加以介绍。

20.2　核苷酸的代谢功能

核苷酸及其衍生物在细胞代谢过程中起到重要而多样的作用。哺乳动物细胞中有许多不同的核苷酸。一些核苷酸，比如 ATP 和 NAD，以毫摩尔的浓度存在；而另外一些，比如 dATP 和 cAMP 的浓度就要低几个数量级。表 20.1 总结了一些核苷酸的功能，也给出了一些例子。

表 20.1　核苷酸的功能

功能	举　例
1. 能量代谢	ATP(肌肉收缩，能量转运，离子梯度，磷酸基团供体)
2. 核酸单体	NTP 和 dNTP(RNA 和 DNA 的组分)
3. 生理上的介质	腺苷(冠状血流)、ADP(血小板凝集)；cAMP 和 cGMP(第二信使)、GTP 偶联蛋白介导的信号转导
4. 功能性前体	GTP(mRNA 加帽子)；四氢生物蝶呤(芳香族氨基酸的羟基化)

续表

功能	举　例
5. 辅酶组分	NAD、FAD、FMN 和辅酶 A
6. 活性中间物	UDP 葡萄糖(糖原)、胞二磷胆碱(磷脂)、SAM(甲基化)、PAPS(硫酸盐化)
7. 变构效应	ATP(PFK-1 的负性效应分子)、AMP(磷酸酶 b 的正效应分子)、dATP(核糖核酸还原酶的负效应分子)

核苷酸在不同细胞类型之间的分布不同

细胞中主要嘌呤和嘧啶化合物是 5′-核苷酸衍生物,其中以 ATP 浓度最高。在不同种类的细胞中核苷酸在细胞中的分布也不相同。在红细胞中,腺苷酸的浓度远远超过鸟苷酸、胞嘧啶和尿嘧啶。在其他组织中,例如肝,核苷酸种类较为齐全,包含了 NAD^+、NADH、UDP-葡萄糖和 UDP-糖醛酸。在功能正常的细胞中,核苷-5′-三磷酸占主导地位;然而在缺氧细胞内,核苷-5′-单磷酸和核苷-5′-二磷酸大大增加。自由碱基、核苷、核苷-2′-/3′-单磷酸,和细胞质中出现的修饰碱基代表了内源或外源核苷酸和核酸的降解产物。

细胞内核糖核酸的浓度远远超过 2′-脱氧核糖核酸的浓度。例如,ATP 在欧比希癌细胞中的浓度大概是每 10^6 个细胞 3600pmol,而 dATP 的浓度是每 10^6 个细胞 4pmol。但是,在 DNA 复制期,dATP 和其他 5′-三磷酸脱氧核苷浓度会大大增加,以达到 DNA 复制所需的底物浓度要求。在正常细胞中,核苷酸的总浓度是基本稳定的。因此,AMP、ADP、ATP 的浓度之和基本维持不变。但是其单个成分的浓度会发生很大变化,所以 ATP/(ATP+ADP+AMP)的比例会随着细胞所处能量状态的改变发生显著变化。同样的分析也可以用于 NAD^+ 和 NADH。NAD^+ 和 NADH 浓度的总和通常被限制在一个狭小的范围内。因此,当说 NADH 水平上升时,也就是相应地说 NAD^+ 的水平在同一个细胞内减少了。核苷酸浓度基本固定是基于核苷酸、核苷、碱基的从头合成和补救合成途径在正常情况下受到严格调控的基础上的。

20.3 嘌呤核苷酸的代谢

哺乳动物细胞中嘌呤环的从头合成途径利用氨基酸提供碳和氮,四氢叶酸作为一碳供体,二氧化碳提供碳源。嘌呤核苷酸的从头合成途径通过 10 步反应产生了 **5-单磷酸肌苷(inosine 5′-monophosphate,IMP)**。其中若干步反应需要 ATP 水解提供能量。总体说来,以合成每摩尔 IMP 需要的 ATP 摩尔数来讲,嘌呤核苷酸的从头合成途径需要很多能量。

嘌呤核苷酸的合成

所有参与嘌呤核苷酸合成的酶都位于细胞质中。然而,并不是所有细胞(如红细胞)

都能进行嘌呤核苷酸的从头合成。在从头合成途径中，通过一系列的反应最后合成了IMP，作为5′-单磷酸腺苷（AMP）和5′-单磷酸鸟苷（GMP）的前体。这条代谢通路受到AMP、GMP和IMP的高度调控，尽管通常情况下细胞内不存在IMP。

IMP 的形成

IMP的形成如图20.1所示。这条通路上有几点值得强调。**5-磷酸核糖-1-焦磷酸（5-**

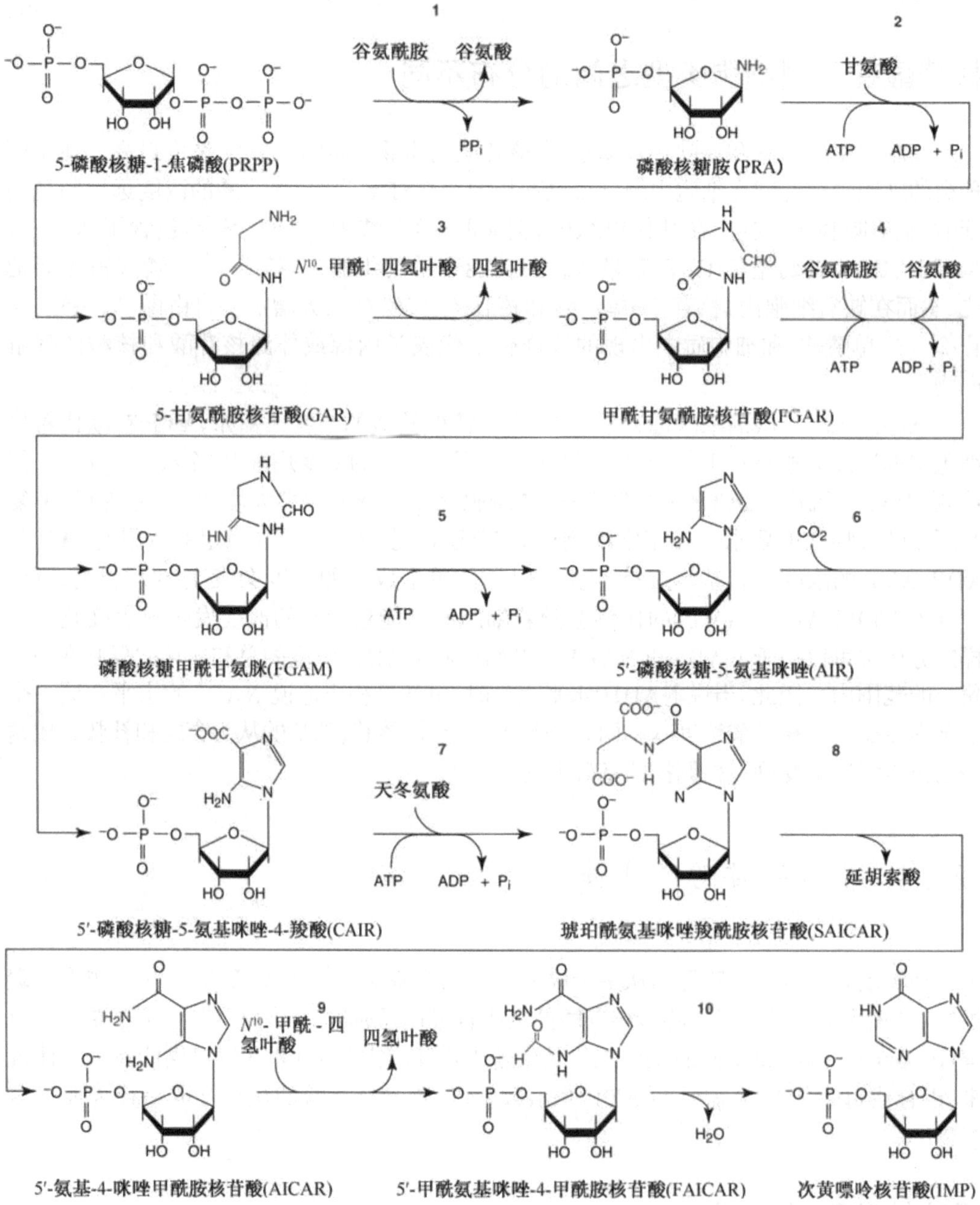

图20.1 嘌呤核糖核苷酸的从头合成

催化反应的酶有：1. 谷氨酰胺PRPP转氨酶；2. GAR合成酶；3. GAR转甲酰酶；4. FGAM合酶；5. AIR合酶；6. AIR羧化酶；7. SAICAR合成酶；8. 腺苷琥珀酸分解酶；9. AIACR转甲酰酶；10. IMP环水解酶

phosphoribosyl-1-pyrophosphate，PRPP）由 5-磷酸核糖通过戊糖磷酸途径合成而来。每摩尔 IMP 合成需要相当于 6 摩尔的 ATP。形成**5-磷酸核糖胺（5-phosphoribosylamine）**（第一步）的反应是限速步骤并且受到严格的调控。形成 5-磷酸核糖胺时，形成了氮碳键，其最终将形成嘌呤核苷酸的 *N*-糖苷键。在 5′-磷酸核糖胺和 IMP 之间还有一些未知的调控步骤。四氢叶酸（N^{10}-甲酰-四氢叶酸，图 20.2）在这条通路中作为一碳供体。需要强调的是，在步骤 3 和 9，四氢叶酸被重新生成。**磷酸核糖-5-氨基咪唑羧化酶（phosphoribosyl-5-aminoimidazole carboxylase**）催化了二氧化碳进入嘌呤环形成 C6 的反应，但该酶不是生物素依赖的羧化酶。

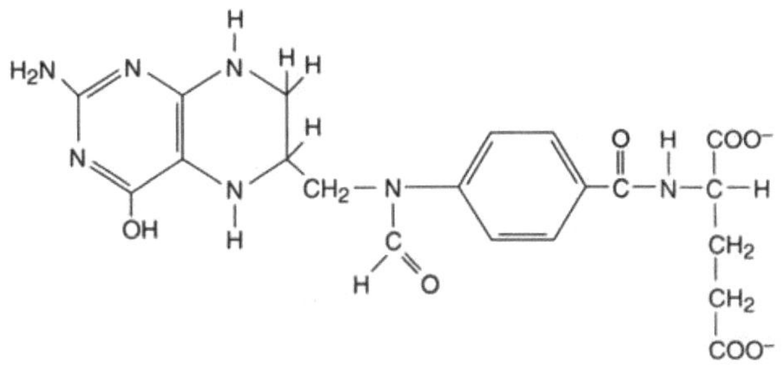

图 20.2　N^{10}-甲酰-四氢叶酸的结构

这条通路中催化很多步骤的酶位于多功能蛋白质的不同结构域上。①**5′-磷酸核糖甘酰胺合成酶（5′-phosphoribosylglycinamide synthetase**）（步骤 2），**5′-磷酸核糖甘酰胺异构酶（5′-phosphoribosylglycinamide transformylase**）（步骤 3）和 5′-磷酸核糖氨基咪唑合成酶（步骤 5）的活性形成了一个三功能蛋白质的一部分。②**5′-磷酸核糖氨基咪唑羧化酶（5′-phosphoribosylaminoimidazole carboxylase**）（步骤 6）和 **5′-磷酸核糖-4-（*N*-琥珀酰甲酰胺）-5-氨基咪唑合成酶（5′-phosphoribosyl-4-（*N*-succinocarboxamide）-5-aminoimidazole** synthetase）（步骤 7）的活性位于同一个双功能蛋白质上。③**5′-磷酸核糖-4-甲酰胺-5-氨基咪唑异构酶（5′-phosphoribosyl-4-carboxamide-5-aminoimidazole transformylase**）（步骤 9）和 **IMP 环化水解酶（IMP cyclohydrolase**）（步骤 10）的活性位于一个双功能蛋白质上。

总之，嘌呤核苷酸的从头合成需要氨基酸提供碳和氮，需要二氧化碳提供一个碳原子，需要从四氢叶酸转移一碳单位。嘧啶环上这些碳原子的来源如图 20.3 所示。一些氨基酸如丝氨酸、甘氨酸、色氨酸和组氨酸也可以提供一碳单位给四氢叶酸。因此它们也可

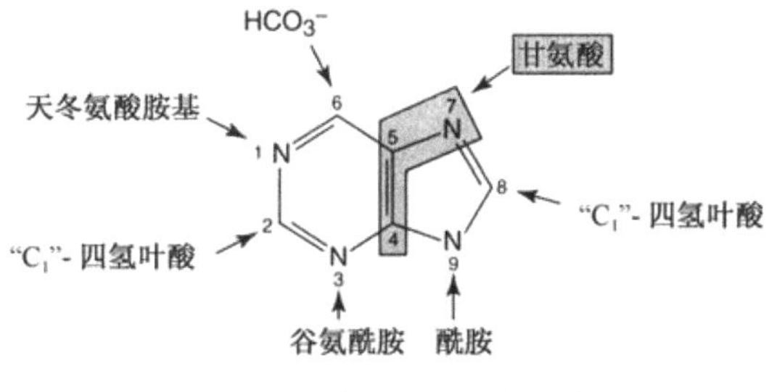

图 20.3　嘌呤环中碳和氮的来源

C4、C5、N7 来自甘氨酸；N3、N9 来自谷氨酰胺；C2、C8 来自"C_1"-四氢叶酸；

N1 来自天冬氨酸；C6 来自 CO_2

以为嘧啶环提供 C2 和 C8。

IMP 是 AMP 和 GMP 的共同前体

IMP 是从头合成途径的第一个核糖核酸产物，是 AMP 和 GMP 合成的共同前体(如图 20.4)。在**核苷 5′-单磷酸激酶(nucleoside 5′-monophosphate kinase)**和**核苷 5′-二磷酸激酶(nucleoside 5′-diphosphate kinase)**的作用下，AMP 和 GMP 能够不受限制的被分别转化成 ATP 和 GTP。IMP 转化成 AMP 和 GMP 则是受到调控的。IMP 形成 GMP 需要 ATP 作为能量，IMP 形成 AMP 需要 GTP 提供能量。这种相互关系保证了当细胞内

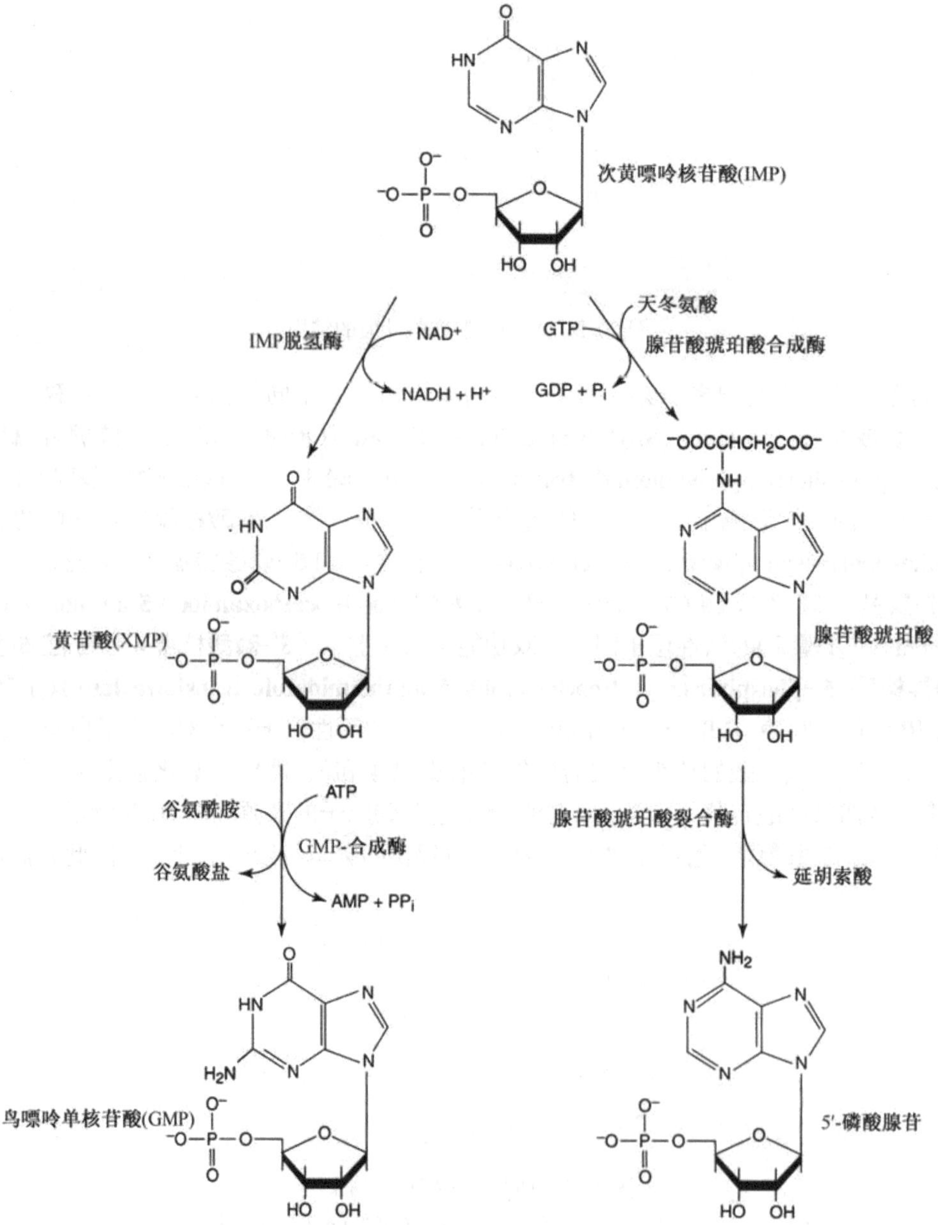

图 20.4　通过 IMP 分支点分别合成 AMP 和 GMP

有足够 ATP 时，IMP 就会形成 GMP；而当 GPT 充足时，IMP 就会形成 AMP。

嘌呤核苷酸的合成受到高度调控

代谢通路中的限速步骤往往是调控的主要位点。在嘌呤从头合成途径中，由谷氨酰胺和 5-磷酸核糖-1-焦磷酸合成 5-磷酸核糖胺是 IMP 合成的限速步骤。催化这步反应的酶，谷氨酰胺 PRPP 转氨酶，是反应的限速酶，受负性效应物 IMP、GMP、AMP 等该途径的终产物的变构调控。另一方面，PRPP 则是一个正性效应物。谷氨酰胺 PRPP 转氨酶是一个大小为 135kDa 的单体。当出现 IMP、AMP 或 GMP 时，酶就形成一个活性大大降低的二聚体；而当 PRPP 存在时，则促进酶形成有更高活性的单体形式(图 20.5)。

人组织中的酶具有不同的核苷酸结合位点。一个位点特异地结合羟基嘌呤(IMP，XMP，GMP)，另一个位点特异结合氨基嘌呤(AMP)。当 AMP 和 GMP(或 IMP)同时出现时，酶的活性被协同抑制。当底物是谷氨酰胺时，谷氨酰胺 PRPP 转氨酶动力学曲线显示为双曲线型；当底物为 PRPP 时，则显示为 S 型(图 20.6)。由于细胞内谷氨酰胺的浓度基本不变，而且接近于酶的 K_m，谷氨酰胺的浓度对 IMP 的合成基本没有调节作用。然而，细胞内 PRPP 的浓度可以比 PRPP 的 K_m 小 10～100 倍，因此，PRPP 的浓度在调节嘌呤核苷酸的合成中起到重要的作用。

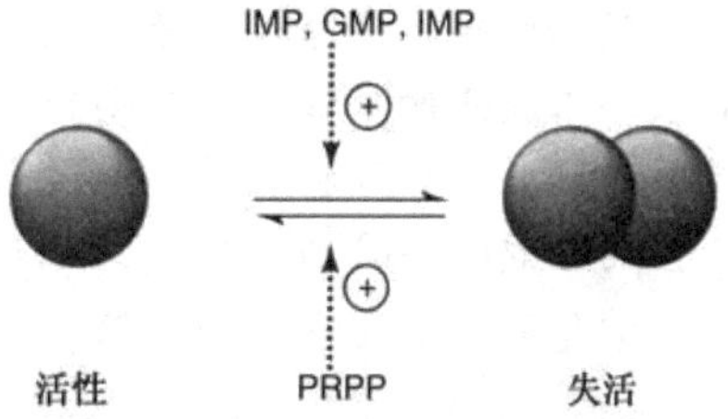

图 20.5　谷氨酰胺 PRPP 酰胺转移酶的变构调节

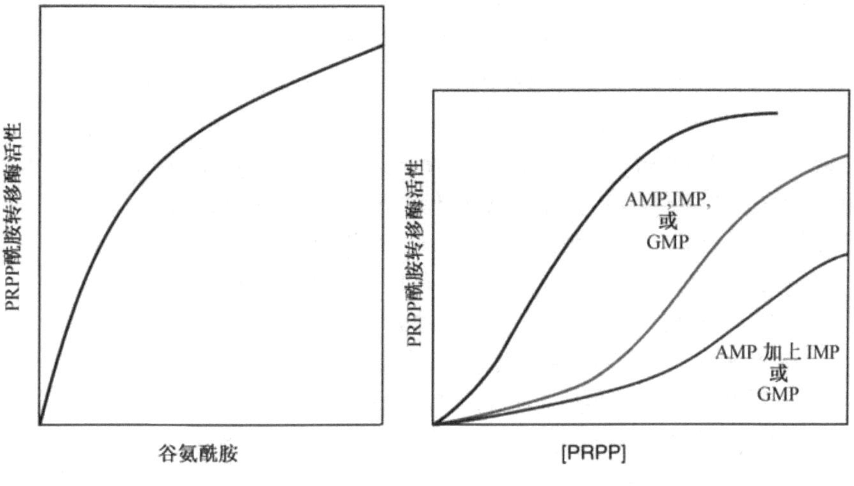

图 20.6　谷氨酰胺 PRPP 酰胺转移酶的活性受谷氨酰胺或 PRPP 浓度的调节

尽管四氢叶酸的水平改变会影响嘌呤核苷酸的从头合成途径，但是在从形成 5-磷酸核糖胺到 IMP 之间，哪些步骤受到调控仍不清楚。但是，在 IMP 到 AMP、IMP 到 GMP 的分支点上存在调控位点。从 IMP 到 GMP，IMP 脱氢酶(IMPDH)是限速酶，受到作为 IMPDH 竞争抑制剂的 GMP 的调控。IMPDH 有两个不同的基因：IMPDH-Ⅰ是酶的组成性成分，而 IMPDH-Ⅱ与细胞生长和增殖有关。腺苷琥珀酸合成酶是 IMP 向 AMP 转变的限速酶，AMP 是其竞争性抑制剂。

ATP/GTP 比例在不同细胞中相对稳定，因此在 IMP 分支点上可能存在其他机制的作用。细胞总腺苷核苷酸的浓度（ATP＋ADP＋AMP）通常是鸟苷酸（GTP＋GDP＋GMP）的 4～6 倍。嘌呤核苷酸的代谢调节如图 20.7 所示。代谢途径的缺失导致嘌呤核苷酸合成的失去控制，从而产生了过量的嘌呤核苷酸和终产物——尿酸。这导致了临床上相对常见的疾病——痛风（见临床相关知识 20.1）。

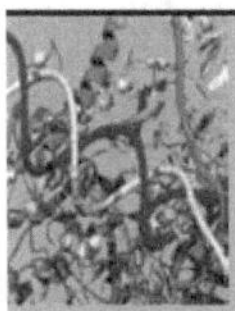

临床相关知识 20.1

痛风

痛风由包括嘌呤核苷酸产生过量、尿酸排泄减少等多种代谢异常引起，其特征是血液和尿液中的尿酸含量升高。由于尿酸难溶于水，尿酸浓度升高会引起许多临床症状。尿酸盐晶体沉积在手足的关节和肾间质组织会导致后遗症。由于从头合成途径产生的尿酸过多症与肾病或细胞死亡过多（由于放射性治疗导致的细胞核降解增加）导致的尿酸过多是不同的。给产生尿酸过多的患者进食^{15}N-甘氨酸，会在尿液中发现 N7 具有^{15}N 同位素标记的尿酸增加。对于没有尿酸产生过多的患者，^{15}N 在尿酸中不会被富集。

对痛风患者的研究发现多种不同来源的代谢缺陷是产生尿酸过多的原因。在一些病例中，并未发现存在生化缺陷。导致嘌呤核苷酸合成增加的生化缺陷包括：①PRPP合酶活性增加导致细胞内 PRPP 增加（PRPP 是谷氨酰胺 PRPP 转氨酶的正效应物，导致从头合成途径的限速步骤活性升高），从而引起从头合成途径增加；②部分次黄嘌呤-鸟嘌呤磷酸化核苷转移酶活性降低会产生两个效应，引起从头合成嘌呤核苷酸增加。一个是次黄嘌呤和鸟嘌呤的解救途径减少，使 PRPP 不能通过次黄嘌呤-鸟嘌呤磷酸化核苷转移酶反应被消耗，而 PRPP 可以激活谷氨酰胺 PRPP 氨基转移酶的活性，第二是次黄嘌呤和鸟嘌呤解救量的减少，IMP 和 GMP 不再通过这条通路合成，从而减弱了 IMP 和 GMP 作为负效应物对 PRPP 转氨酶反应的抑制作用。③葡萄糖-6-磷酸缺乏（方基盖氏病，I 型糖元过多症）通常和高尿酸血症、痛风相联系。葡萄糖-6-磷酸活性降低导致更多的葡萄糖-6-磷酸逃逸到戊糖磷酸途径，结果产生更多的核糖-5-磷酸，细胞内 PRPP 含量上升，刺激 PRPP 转氨酶活性。细胞 PRPP 含量上升可以减弱 IMP、AMP、GM 对嘌呤核苷酸合成的调节作用。

这些例子表明，使嘌呤核苷酸从头合成中限速步骤速度提高的因子会导致尿酸产生增加。在正常条件下，尿酸合成增加是为了满足 RNA 和 DNA 合成所需要的嘌呤核苷酸。

治疗痛风有很多种方法，例如秋水仙碱（抗有丝分裂药物），排尿酸药物（促进肾排泄尿酸）和别嘌呤。别嘌呤和它的代谢产物别黄嘌呤是有效的黄嘌呤氧化还原酶的抑制剂，可以引起尿酸含量降低。对于无严重的次黄嘌呤-鸟嘌呤磷酸化核苷转移酶活性缺失的尿酸过多症患者，别嘌呤醇治疗阻遏了黄嘌呤氧化还原酶，引起次黄嘌呤和黄嘌呤浓度增加。次黄嘌呤和黄嘌呤接下来在次黄嘌呤-鸟嘌呤磷酸化核苷转移酶作用下通过补救途径产生 IMP 和 XMP。这些反应消耗了 PRPP 并产生了嘌呤核苷酸，抑制了 PRPP 转氨酶的作用。总之，别嘌呤醇的治疗减少了尿酸的形成，并减弱了嘌呤核苷酸的从头合成能力。

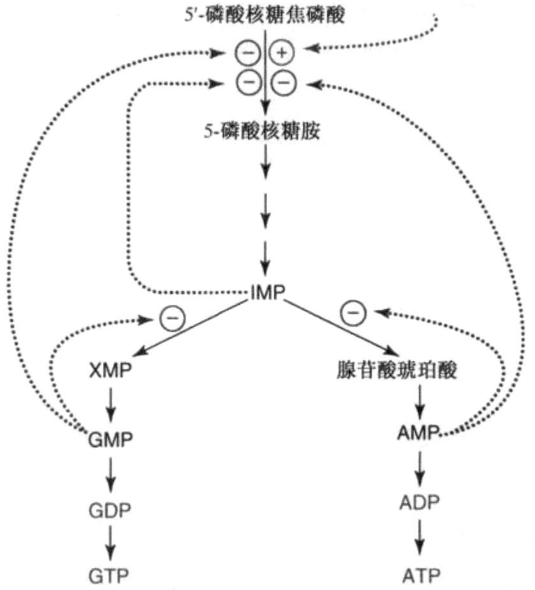

图 20.7　嘌呤核苷酸合成的调节

嘌呤碱基和核苷被补救合成重新形成核苷酸

正常代谢的效率通过两种不同的"补救途径(salvage pathway)"表现出来。一个途径利用碱基、次黄嘌呤、鸟嘌呤、腺嘌呤作为底物,另一个途径利用预先形成好的核苷作为底物。每个途径由于"补救"的底物碱基或者核苷不同而不同。"补救"碱基需要磷酸核糖转移酶的活性,PRPP 为核糖磷酸的供体。有两种不同的磷酸核糖转移酶,**次黄嘌呤-鸟嘌呤磷酸核糖转移酶(hypoxanthine-guanine phosphoribosyl transferase,HGPRTase)**催化了反应

$$\text{次黄嘌呤} + \text{PRPP} \rightleftharpoons \text{IMP} + \text{PP}_i$$

和

$$\text{鸟嘌呤} + \text{PRPP} \rightleftharpoons \text{GMP} + \text{PP}_i$$

而**腺嘌呤磷酸核糖转移酶(adenine phosphoribosyl transferase,APRTase)**催化了

$$\text{腺嘌呤} + \text{PRPP} \leftrightarrow \text{AMP} + \text{PP}_i$$

两种酶使用的底物各不相同,反应都受到他们终产物的调控。IMP 和 GMP 是 HGPRTase 使用的 PRPP 的竞争性抑制剂,AMP 是 APRTase 使用的 PRPP 的竞争性抑制剂。这样一来,嘌呤碱的补救合成途径就能够受到调控,反过来也影响了从头合成途径。

补救合成途径需要的次黄嘌呤和鸟嘌呤来自于内源或外源嘌呤核苷酸的降解。APRTase 反应中利用的腺苷酸主要是从多聚胺的合成中获得(见 19.5 节)。每合成 1mol 精胺,就合成 2mol 的 5′-甲硫腺苷,然后 5′-甲硫氨酰磷酸酶催化其降解为 5-甲硫核糖-1-磷酸和腺苷。腺嘌呤通过 APRTase 反应补救形成 AMP。

通过三个磷酸核糖转移酶反应产生 AMP 和 GMP,在 PRPP 氨基转移酶步骤有效地

抑制了从头合成途径。首先，PRPP 被消耗，降低了 5-磷酸核糖胺的合成速率。其次，在这一步，AMP、IMP、GMP 是反馈抑制剂(图 20.8)。

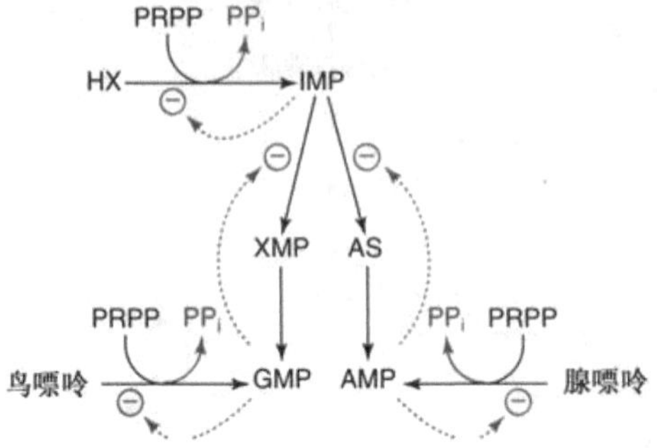

图 20.8　磷酸核糖基转移酶介导的嘌呤核苷酸的补救合成
产物对从 IMP 合成 AMP 和 GMP 的效应。虚线表示调控位点

在自毁容貌综合征中，HGPRTase 的活性明显受到抑制(见临床相关知识 20.2)，自毁容貌综合征的临床特征表现为高尿酸血症、智力迟缓、自残。相对于 HGPRTase 缺乏，智力迟缓或者自残等神经疾病与 APRTase 缺乏之间不存在联系。APRTase 缺乏的个体

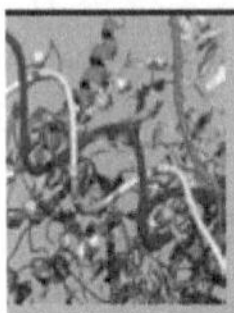

临床相关知识 20.2
自毁容貌综合征

自毁容貌综合征的特征是高尿酸血症，产生尿酸过多和痉挛、智力迟钝、自残等神经系统疾病。这种异常与次黄嘌呤-鸟嘌呤磷酸化核苷转移酶的严重缺乏或者酶活性完全缺失相关。次黄嘌呤-鸟嘌呤磷酸化核苷转移酶的基因位于 X 染色体上，因此，这种缺陷主要发生在男性身上。对现有患者的研究发现，次黄嘌呤-鸟嘌呤磷酸化核苷转移酶的活性低于正常人的 2%，会出现智力迟钝。如果次黄嘌呤-鸟嘌呤磷酸化核苷转移酶活性低于正常水平的 0.2%，奇怪的自残行为就会出现。次黄嘌呤-鸟嘌呤磷酸化核苷转移酶缺陷也会造成次黄嘌呤和鸟嘌呤的排泄。

自毁容貌综合征患者的次黄嘌呤-鸟嘌呤磷酸化核苷转移酶基因上有超过 200 个突变。这些突变可导致次黄嘌呤-鸟嘌呤磷酸化核苷转移酶蛋白缺失、酶活性丧失、K_m 突变、次黄嘌呤-鸟嘌半衰期变短等等。次黄嘌呤-鸟嘌呤磷酸化核苷转移酶催化了次黄嘌呤、黄嘌呤、鸟嘌呤转化成核苷酸的反应，该反应需要 PRPP 作为一个核糖-5-磷酸的供体。自毁容貌综合征患者身上出现的高尿酸血症和过量的尿酸产生可以很简单地通过次黄嘌呤-鸟嘌呤磷酸化核苷转移酶活性减少解释。次黄嘌呤和鸟嘌呤不能通过补救途径合成，导致细胞内的 PRPP 增加，IMP 和 GMP 减少。二者均促进了嘌呤核苷酸的从头合成过程，使 PRPP 转氨酶无法对反应的限速步骤进行调控。

目前尚不清楚为什么补救途径的严重缺乏会导致神经疾病。患者的腺苷酸磷酸核糖转移酶活性正常或略微升高。通过这种补救合成的酶，细胞在从头合成途径不能正常运行时，可以通过 AMP 转化成 IMP 后再转化成 GMP 来满足细胞对嘌呤核苷酸

的需要。次黄嘌呤-鸟嘌呤磷酸化核苷转移酶活性在正常组织中的不同分布可以用来解释神经症状发生的原因。大脑(额叶、神经中枢、小脑)中的酶活性是肝、脾、肾的10～20 倍,是红细胞的 4～8 倍。第一次发生痛风的患者有过多尿酸形成和高尿酸血症等症状,但不表现神经系统疾病,因此有人认为嘌呤降解的产物(次黄嘌呤、鸟嘌呤、黄嘌呤、尿酸)不会对中枢神经系统有毒害作用。但是,可能的原因是这些代谢产物对于中枢神经系统的发育有毒害作用,或者是酶的缺乏会导致腺苷酸和鸟苷酸浓度在发育的关键期出现不平衡。如果大脑中 IMP 脱氢酶活性极度低下,次黄嘌呤-鸟嘌呤磷酸化核苷转移酶的缺乏可能会导致细胞内 GTP 含量由于鸟嘌呤的补救合成减少而减少。由于 GTP 是四氢生物蝶呤的前体,是生物合成神经递质和一氧化氮必需的辅因子,也是其他途径例如通过 G 蛋白的信号转导和蛋白合成所必需的,所以发育期 GTP 的浓度低下可能是观察到的神经系统表现的诱发因素。一些数据显示自毁容貌综合征患者的多巴胺功能有损害。然后,对于为什么次黄嘌呤-鸟嘌呤磷酸化核苷转移酶活性缺失会导致出现综合征中的异常神经系统症状,目前尚没有明确的解释。

用别嘌呤来治疗能够减少尿酸的形成,减轻一些由于尿酸钠沉积引发的疾病。然而,由于自毁容貌综合征患者的次黄嘌呤-鸟嘌呤磷酸化核苷转移酶活性明显降低,次黄嘌呤和鸟嘌呤不能被补救合成,PRPP 不能被消耗,因此嘌呤核苷酸的从头合成并不能被关闭,这与痛风患者正好相反。痛风患者尿酸含量会降低,从头合成会减少。对于神经系统症状并没有有效的治疗方法。这些患者通常会死于大量尿酸钠沉淀引起的肾功能衰竭。

表现为腺嘌呤、8-羟基腺苷酸(8-HA)和 2,8-二羟腺苷酸(2,8-DHA)分泌增加。8-HA 和 2,8-DHA 是通过黄嘌呤氧化还原酶(黄嘌呤脱氢酶)催化的反应从腺嘌呤产生。2,8-DHA 的积累可以导致产生含有 2,8-DHA 的结石(有时被误以为是尿酸钠结石)。别嘌呤醇治疗可以用来减少 2,8-DHA 的形成,减轻相关肾脏损害。

腺苷酸通过**腺苷酸激酶**(**adenosine kinase**)被补救合成,5′-磷酸转移酶利用 ATP 作为磷酸供体。不同核苷激酶的 5′-磷酸转移酶的底物特异性也不相同。

总之,这些补救合成保存了能量,允许细胞从游离碱基或核苷形成核苷酸。例如,红细胞没有谷氨酰胺 PRPP 转氨酶,因此不能合成 5-磷酸核糖胺(嘌呤核苷酸合成中第一个独特的代谢产物)。因此,它们必须依赖嘌呤磷酸核糖转移酶和 5′-磷酸转移酶(腺嘌呤激酶)来补充它们的核苷酸库存。

嘌呤核苷酸之间通过相互转化维持细胞内腺苷酸和鸟苷酸的平衡

嘌呤核苷酸的从头合成分别受到谷氨酰胺 PRPP 转酰胺酶和位于分支点的腺苷琥珀酸合成酶(由 IMP 生成 AMP)及 IMP 脱氢酶(由 IMP 生成 GMP)的精细调控。哺乳动物细胞内的另外一些酶使得腺苷酸和鸟苷酸可以互相转化,以维持胞内这两种嘌呤核苷酸的浓度的平衡。由于并没有直接的一步反应可以将 GMP 转化为 AMP,或者将 AMP 转化为 GMP,这些转化反应都是间接进行的。不管是 GMP 还是 AMP,首先都转化成 IMP(图 20.9)。这些反应由不同的酶催化,受到不同机制的调控。GMP 到 IMP 的还原脱氨是由 GMP 还原酶催化的。这步反应可被 GTP 激活，而黄苷酸(XMP)是此反应的一个强有力的竞争性抑制剂。虽然 GMP 还原酶并不需要 GTP，但 GMP 可以通过降低对 GMP 的 K_m，提高 V_{max}，增强酶的活性。AMP 脱氨酶(5′-AMP 氨基水解酶)催化 AMP 脱氨形成 IMP，它能被 K^+ 和 ATP 激活，但受到磷酸基、GDP 和 GTP 抑制。在不存在 K^+ 时，对 AMP 浓度的反应速度曲线呈现 S 形。此酶达到最大活力并不依赖于 K^+ 存在，但是 K^+ 可通过降低酶对底物 AMP 的 K_m 作为正向的别构效应剂。

以上这些反应的净效应是，细胞能够通过腺苷酸和鸟苷酸的互相转化来满足其需要，并维持对这些反应的调控。

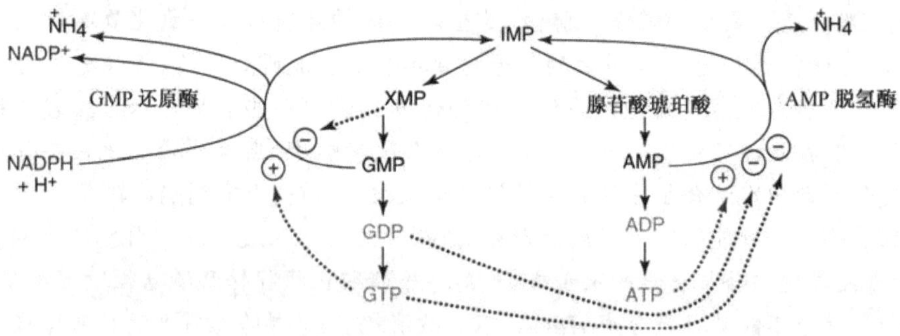

图 20.9　嘌呤核苷酸的互变

GTP 是四氢蝶呤的前体

GTP 是直接合成**四氢蝶呤**(**tetrahydrobiopterin**)的前体(图 20.10)。由 GTP 生成四氢蝶呤的反应是由 **GTP 环式水解酶 I**(**GTP cyclohydrolase I**)，6-丙酮酰四氢蝶呤合成酶和墨蝶呤还原酶催化的，其中 GTP 环式水解酶 I 催化的反应是限速步骤。许多类型的细胞能够合成四氢蝶呤，四氢蝶呤是众多羟基化反应(如苯丙氨酸，酪氨酸和色氨酸的羟基化反应)的必需辅因子，它也参与一氧化氮合成酶催化的一氧化氮合成。IMP 脱氢酶的抑制剂能使细胞内四氢蝶呤水平明显下降，这说明了 GTP 作为四氢蝶呤前体和 IMP 脱氢酶作为 GTP 合成限速酶的重要性。

尿酸是人类嘌呤代谢的终产物

嘌呤核苷酸、核苷和碱基通过一条共同的途径生成**尿酸**(**uric acid**)(图 20.11)。参与嘌呤核苷酸、核苷和碱基降解的数种酶的特异性各不不同。**核酸酶**(**nuclease**)特异性地作用于 RNA 或 DNA，对 3′，5′-磷酸二酯键剪切位点的碱基和位置也有特异性。核苷酸酶既包括特异性相对较高的 5′-AMP 核苷酸酶，也包括作用广泛的酶，如酸性和碱性磷酸酶，这两种酶可以水解任意的 3′-或 5′-核苷酸(见临床相关知识 20.3)。**AMP 脱氨酶**(**AMP deaminase**)特异性地以 AMP 为底物。腺苷脱氨酶的特异性稍差，它可以以腺苷、2′-脱氧腺苷和许多其他的 6-氨基嘌呤核苷酸为底物进行脱氨反应。嘌呤核苷磷酸化酶催化其逆反应，

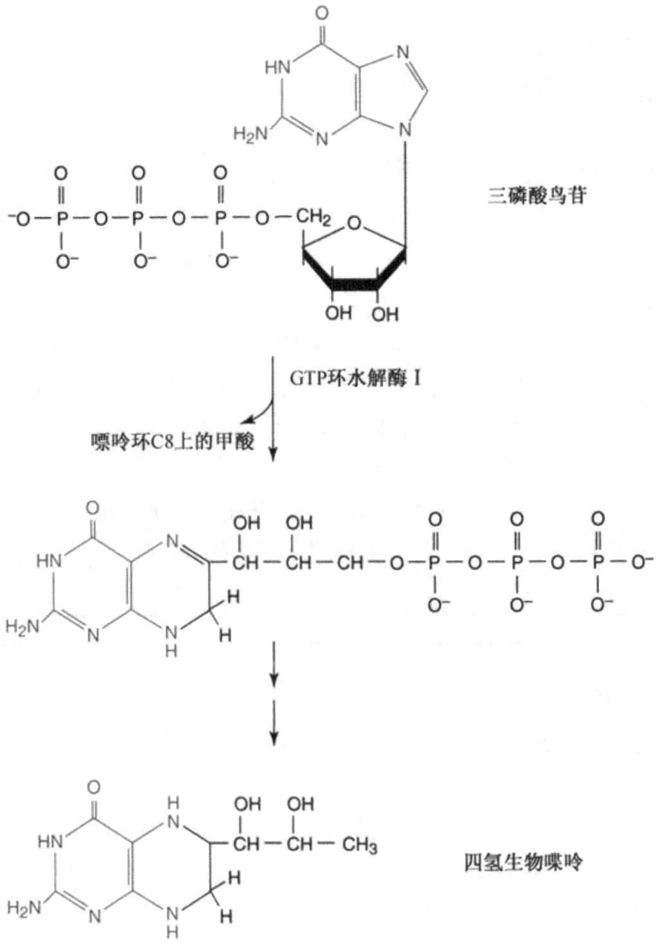

图 20.10　GTP 合成四氢生物蝶呤

肌苷＋磷酸基⇌次黄嘌呤＋核糖 1-磷酸

或者

鸟苷＋磷酸基⇌鸟嘌呤＋核糖 1-磷酸

或者

黄苷＋磷酸基⇌黄嘌呤＋核糖 1-磷酸

脱氧肌苷和脱氧鸟苷也是该酶的天然底物。其重要性在于去除脱氧鸟苷可以抑制 dGTP 不受控制地累积，而 dGTP 浓度过高会对细胞产生毒性。虽然**嘌呤核苷磷酸化酶**(**purine nucleoside phosphorylase**)催化反应的反应常数倾向于合成核苷，但是细胞中游离嘌呤碱基和核糖-1-磷酸的浓度过低，以至于在正常情况下无法支持核苷的合成。因此，细胞中该酶的主要功能是降解而不是合成。腺苷脱氨酶缺乏与严重的联合免疫缺陷有关。而嘌呤核苷磷酸化酶缺乏只会引起 T 细胞免疫缺陷，而 B 细胞免疫仍保持正常(见临床相关知识 20.4)。

临床相关知识 20.3
胞质 5′-核苷酸酶活性增加

有四名患者的成纤维细胞裂解物的 5′-核苷酸酶活性(以 5′-AMP 或 5′-UMP 为底物检测)被发现比对照组增高 6～10 倍。这四名不相关的儿童有如下问题:发育迟缓、癫痫、共济失调、感染、严重语言障碍和以多动、注意力不集中、社会交流差为特征的反常行为表现。由于可能是细胞 5′-核苷酸酶活性增加减少了核苷酸库储备,再加上这四位患者还患有贫血,医护人员采用口服尿嘧啶的方法治疗。四名患者接受尿嘧啶治疗后在生理表现和临床行为方面出现了明显改善。用来治疗这些儿童的尿嘧啶的浓度比用来治疗乳清酸尿症儿童的浓度要高得多。5′-核苷酸酶活性增加引发临床症状的机理仍不清楚。酶活性增加导致的细胞腺苷水平上升可能与临床症状有关,因为腺苷即便在低浓度下也参与生化反应的相互作用(腺苷受体、钾离子通道等)。这些发现再次证明,不管是核苷酸生成过量还是生成障碍,核苷酸/核苷的降解增加或是减少都会对人体健康带来很严重的后果。

临床相关知识 20.4
嘌呤核苷降解缺陷相关的免疫缺陷疾病

不同的免疫缺陷疾病分别与腺苷脱氨酶(ADA)和嘌呤核苷磷酸化酶(PNP)缺陷有关。这两种酶参与了最终生成尿酸的降解途径。腺苷脱氨酶的天然底物是腺苷和脱氧腺苷,而嘌呤核苷磷酸化酶的天然底物是肌苷、鸟苷、脱氧肌苷和脱氧鸟苷。ADA 缺陷与一种严重的、同时涉及 T 细胞和 B 细胞的联合免疫缺陷有关。PNP 缺陷则与一种只涉及 T 细胞而几乎不影响 B 细胞功能的免疫缺陷有关。无论是哪种免疫缺陷,至今我们仍不知道这两种酶的缺陷是通过什么机制引起免疫功能失调的。ADA 活性缺乏是由不同的外显子突变引起的,这些突变产生无义或错义效应。在 ADA 缺陷的患者中,胞内 dATP 和 *S*-腺苷高半胱氨酸浓度大大上升。现已有人提出了几种假说来解释 ADA 缺乏带来的生化上的后果:①高浓度的 dATP 抑制核糖核酸还原酶活性,结果抑制了 DNA 合成;②脱氧腺苷使 *S*-腺苷高半胱氨酸水解酶失活,导致 *S*-腺苷甲硫氨酸减少,难以满足 RNA 和 DNA 中碱基甲基化的需要;③腺苷浓度上升使得 cAMP 浓度上升。也可能以上三种机制都是造成免疫功能失调的原因。然而,并没有一个合适的假说可以解释为什么酶缺陷只对 T 细胞和 B 细胞产生效应。

治疗 ADA 缺陷儿童的方法包括输血、骨髓移植、以 ADA-聚乙烯乙二醇偶合物(ADA-PEG)进行酶替换治疗以及最近出现的基因疗法。这些疗法有它们各自的不足之处。输血带来的问题是“铁超负荷”和血源安全问题。骨髓移植虽然可从根本上起到治疗效果,但是需要找到合适配型的供体。酶替换治疗(ADA-PEG)是迄今为止最成功的,但是该疗法需要频繁地注射 ADA-PEG,并且需要持续不断地进行 ADA 水平监控,耗费巨大的财力。用从 SCID 患者的红细胞进行 ADA-PEG 疗法的研究显示,随着血清 ADA 浓度的上升,腺苷高半胱氨酸水解酶活性相应地升高,dATP 浓度下降到接近零。同时,血液中开始重新出现循环的 T 淋巴细胞和 B 淋巴细胞。基因疗法则为未来提供了希望。基因疗法试验表明 ADA 基因被成功地转染进 ADA 缺陷儿童的干细胞内。SCID 还有另外一种类型,这种类型与腺苷脱氨酶缺陷无关。这类 SCID 是由 γC 白介素受体突变体造成的,该突变体阻断了 T 淋巴细胞和自然杀伤细胞的发育过程。基因疗法能成功纠正这一类缺陷,治疗其免疫功能失调。然而,九名患儿中的两名在接受基因治疗后患有了一种罕见类型的白血病。人们认为基因转移采用的病毒载体引起的遗传干扰最终导致了白血病。在出现了这个预料之外的问题之后,基因治疗试验正更加小心谨慎地向前发展。

尿酸的形成

如图 20.11 所示,腺苷核苷酸被降解为次黄嘌呤而鸟苷核苷酸被降解为黄嘌呤。接着,次黄嘌呤和黄嘌呤被黄嘌呤氧化还原酶氧化,这种酶兼有脱氢酶和氧化酶的活性。黄嘌呤脱氢酶活性需要 NAD 作为电子受体,而氧化酶活性则利用分子氧,生成产物过氧化氢。黄嘌呤氧化还原酶含有 FAD、铁元素和钼元素,能以还原酶或是氧化酶的形式存在。尿酸是人体嘌呤核苷酸降解的唯一最终产物。整个反应过程如图 20.12。

由于尿酸在液体介质中的溶解性并不强,临床中存在着由尿酸水平升高引起的尿酸钠晶体主要沉积在关节的病例。**高尿酸血症(hyperuricemia)**是一种以血中尿酸浓度过高并伴随有尿中尿酸水平升高(高尿酸尿)为特征的临床疾病。由于尿酸是人类嘌呤降解的特有终产物,尿酸水平过高表明存在一些代谢问题,这些问题可能相当严重,也可能并不严重。在一些病例中,高尿酸血症/高尿酸尿的病因可以归结为与嘌呤核苷酸过多合成有关的代谢缺陷;而在另一些病例中,并没有发现代谢异常(临床相关知识 20.1、20.2、20.5 和 20.6)。

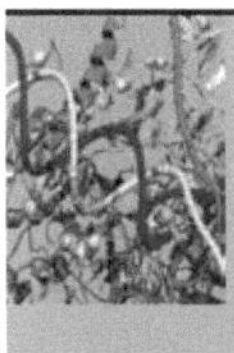

临床相关知识 20.5
接受癌症治疗的患者

体内长有较大肿瘤的癌症患者经受放疗和化疗后,也会表现出血清和尿液中尿酸浓度上升的现象。这些增多的尿酸不是来自于增加的嘌呤核苷酸合成,而是来自于肿瘤细胞被摧毁后释放出的降解的核酸和细胞核苷酸,他们被进一步代谢为尿酸。许多癌症治疗方案中使用了别嘌呤醇,其目的仅仅是为了限制尿酸在患者体内的聚积。一种新型的分解尿酸的药物(Rasburicase,一种经过基因重组的尿酸氧化酶)可以将尿酸转化为一种水溶性的物质,它在儿童和成人中可以用来控制肿瘤摧毁后增高的尿酸水平。尽管尿酸酶与别嘌呤醇相比具有一定的药理学优势,但它的缺点是价格昂贵。

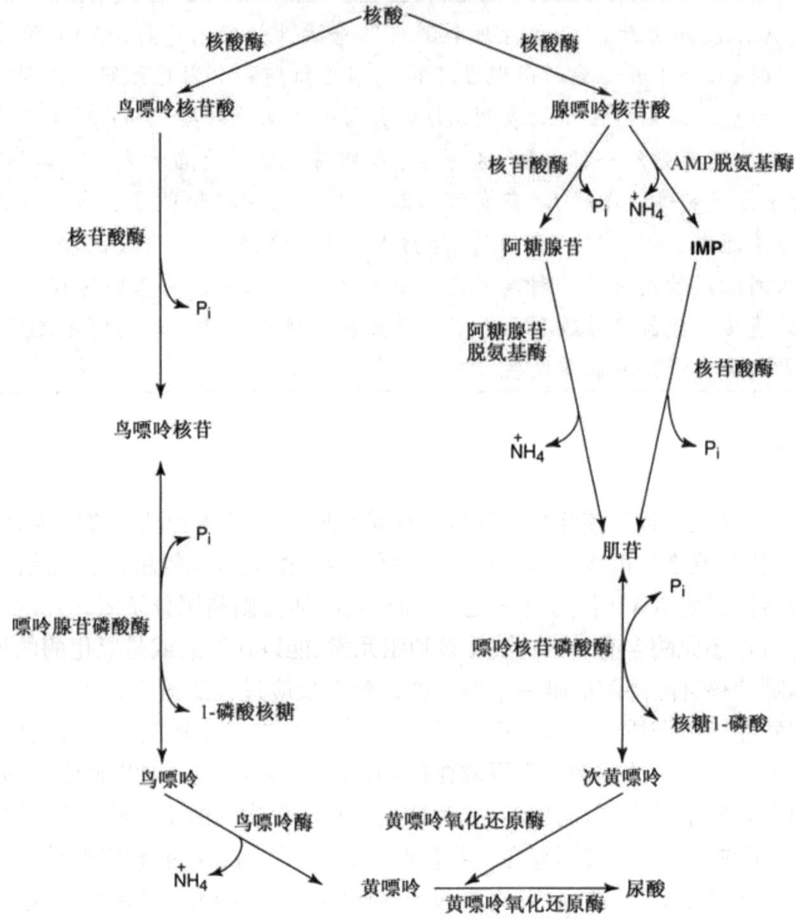

图 20.11　嘌呤核苷酸的降解

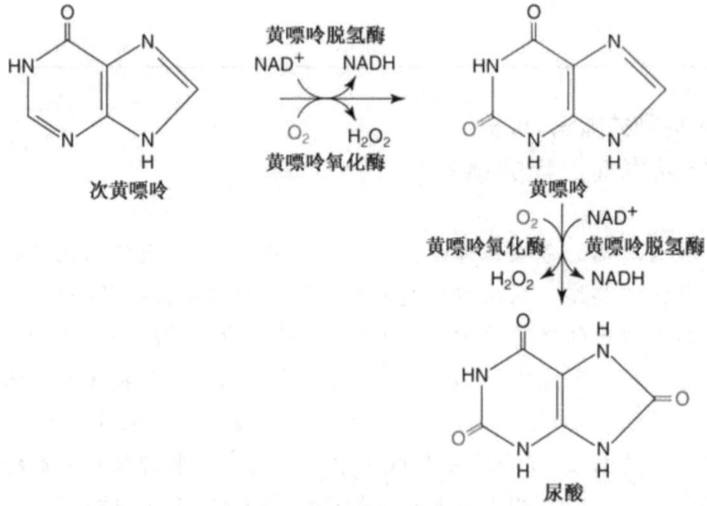

图 20.12　黄嘌呤氧化还原酶(XOR)催化的反应

XOR 既包括脱氢酶，又包括氧化酶的活性，这两种形式之间可以相互转化

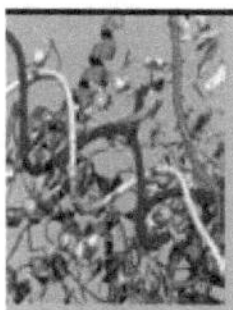

临床相关知识 20.6

患有自闭症的一类患者

最近一项研究发现一类患有婴儿期自闭症的儿童排出的尿酸高于正常均值两个标准差，这组儿童占整个自闭症患者的 20%。通过对来源于这些自闭症儿童的纤维母细胞进行培养，并采用具有标记性的^{14}C 参与嘌呤核苷酸的从头合成，发现其嘌呤核苷酸产生的数量是正常对照组成纤维细胞中嘌呤核苷酸产生量的四倍。在反应池中，腺嘌呤核苷酸与鸟嘌呤核苷酸的合成比发生改变，表明嘌呤核苷酸的合成通路中两者可以相互转变。到目前为止，这类自闭症儿童体内嘌呤核苷酸从头合成增多的分子机制仍未明确，而令人奇怪的是这类儿童排出的尿酸增多但血浆中的尿酸浓度却在正常范围。最近有研究报道，给予一名男性患者口服尿嘧啶两年后，这位患者在社交、认知、语言以及行为技巧方面均有明显提高。更值得惊讶的是，当这位患者停止口服尿嘧啶，其自闭症状又会复发；但是一旦恢复给予尿嘧啶治疗，其行为再次得到改善。

20.4　嘧啶核苷酸代谢

哺乳动物细胞中嘧啶环的从头合成利用氨基酸和二氧化碳作为碳和氮的供体。尿嘧啶-5′-单核苷酸(UMP)通过一个六步代谢途径合成。这个途径中的几步反应需要 ATP 水解(或等效反应)进行驱动。

嘧啶核苷酸的合成

与嘌呤核苷酸的从头合成相反，参与嘧啶核苷酸从头合成的酶并非都是细胞质性的。图 20.13 描述了 UMP 合成的整个过程，并注明了反应过程中的重要步骤：首先是合成嘧啶环，然后是 PRPP 与 5-磷酸核糖反应生成 5′端磷酸基的供体。**磷酸氨甲酰合成酶Ⅱ(carbamoyl phosphate synthetase Ⅱ，CPSⅡ)**，即催化细胞质磷酸氨甲酰合成的蛋白酶，是细胞质性的，与**磷酸氨甲酰合成酶Ⅰ(carbamoyl phosphate synthetase Ⅰ，CPSⅠ)**显著不同。CPSⅠ被发现存在于线粒体中，在尿素循环中发挥一定的功能。

N-氨甲酰天冬氨酸的合成是嘧啶核苷酸合成的关键步骤，但细胞质性的磷酸氨甲酰合成酶Ⅱ的合成是受到调控的步骤。线粒体中的**二氢乳清酸脱氢酶(dihydroorotate dehydrogenase)**可分解双氢乳清酸，合成乳清酸盐。这条通路中的其他合成过程被发现依赖于细胞中的多功能蛋白质。其中一种多功能蛋白质(CAD)被发现具备磷酸氨甲酰合成酶Ⅱ、**天冬氨酸甲氨酰转移酶(aspartate carbamoyl transferase)**和**二氢乳清酸酶(dihydroorotase)**的活性，而另一种双功能蛋白质——UMP 合成酶，被发现具备**乳清酸磷酸核糖基转移酶(orotate phosphoribosyltransferase)**和 **OMP 脱羧酶(OMP decarboxylase)**的活性。这种双功能蛋白质如果发生错误，会影响磷酸核糖基转移酶和 OMP 脱羧酶的活性，进而

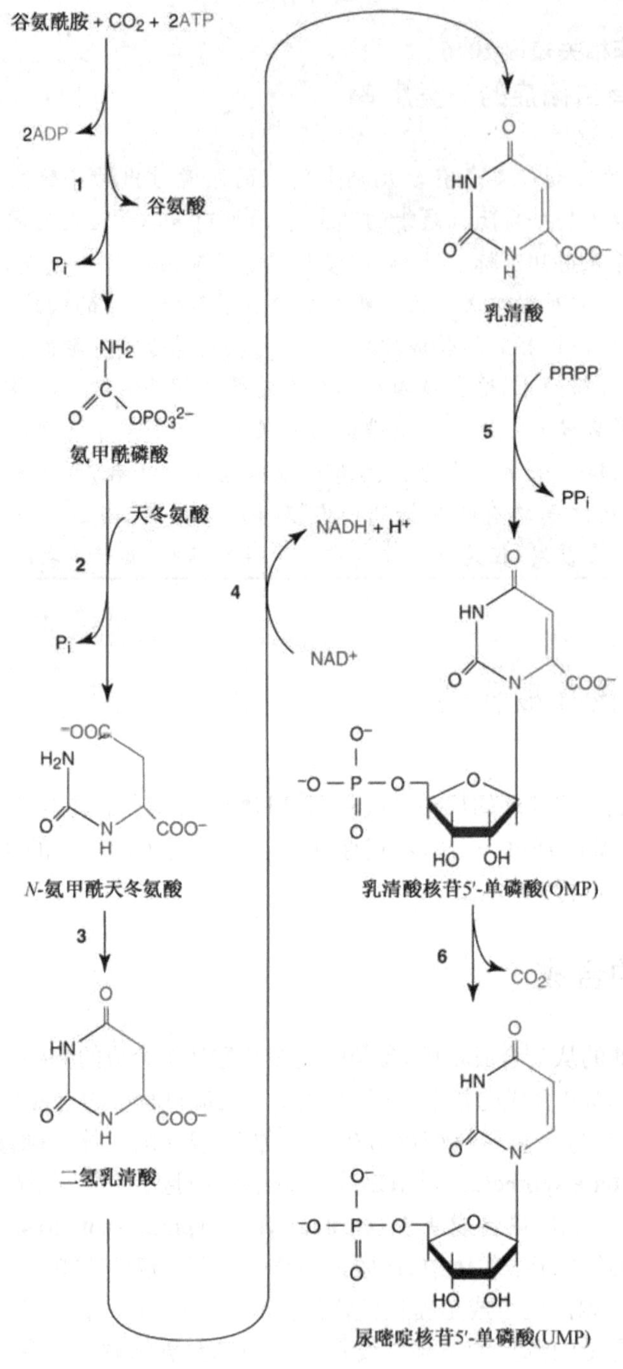

图 20.13　嘧啶核苷酸的从头合成

催化反应的酶有：1. 氨甲酰磷酸合成酶Ⅱ；2. 天冬氨酸甲氨酰转移酶；3. 二氢乳清酸酶；4. 二氢乳清酸脱氢酶；5. 乳清酸磷酸核糖基转移酶；6. OMP 脱羧酶。1、2、和 3 的活性在于一个三功能蛋白(CAD)；5、6 的活性在于一个双功能蛋白质(UMP 合酶)

导致临床上罕见的遗传性乳清酸尿症的发生(见临床相关知识 20.7)。**来氟米特(leflunomide)**是一种用于治疗类风湿性关节炎的免疫抑制剂，可以阻止嘧啶核苷酸的从头合成，尤其是影响双氢乳清酸酯脱氢酶的活性。

核苷酸激酶可将 UMP 转变成 UTP(图 20.14),其中 UTP 是 CTP 合成酶的底物。CTP 合成酶催化谷氨酰胺提供氨基基团与 UTP 结合(图 20.15)。CTP 合成酶相对于 UTP 表现出同位 S 形的动力学特征;而其产物 CTP,是这一反应的负性效应剂(图 20.16)。通过这种负反馈方式调节 CTP 合成酶,能够使细胞 UTP 和 CTP 的比例维持在适当水平,以满足细胞功能和 RNA 合成的需要。

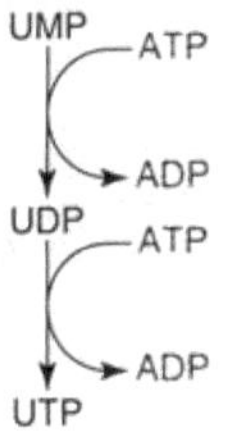

图 20.14　由 UMP 合成 UTP

总之,嘧啶核苷酸的从头合成需要天冬氨酸提供碳和氮,谷氨酰胺提供氮,二氧化碳提供碳(图 20.17)。这一过程六步反应中的五步发生于细胞质,另一步反应则发生于线粒体。细胞质中的酶活性源于多功能蛋白质,而 UTP 是 CTP 的间接前体。

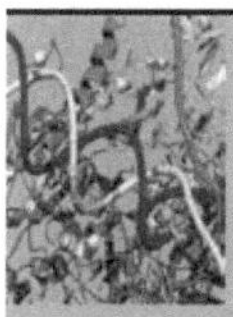

临床相关知识 20.7
遗传性乳清酸尿症

遗传性乳清酸尿症的发生源于嘧啶核苷酸从头合成过程的错误,这种遗传性疾病的临床症状表现为严重的贫血,生长迟缓以及乳清酸的大量排出。乳清酸尿症的分子生物学机制是一种双功能蛋白——UMP 合成酶活性(乳清酸盐磷酸核糖基转化酶或乳清酸核苷脱羧酶)中的某一项或全部有缺陷。这是一种很少见的疾病,但对乳清酸代谢机制的清楚了解有助于成功治疗这种疾病。给予患者口服尿嘧啶不仅可以逆转血液方面的问题,而且可以减少乳清酸的合成。尿嘧啶进入细胞后,在尿嘧啶转化酶的作用下转化成 UMP,接着转化成 UDP 和 UTP。外源性的尿嘧啶合成 UTP 后反过来抑制磷酸氨甲酰合成酶Ⅱ的活性,该酶是嘧啶从头合成通路中的重要调节酶,因此,依赖这条从头合成通路的乳清酸的合成会明显减少到正常水平。由于 UTP 也是合成 CTP 的底物,尿嘧啶治疗可以补充细胞内 UTP 和 CTP 的含量。事实上,外源性的尿嘧啶弥补了原本有误的 UMP 合成,并且提供了核酸合成及实现其他细胞功能所必需的 UTP 和 CTP。利用尿嘧啶成功治疗遗传性乳清酸尿症为证明磷酸氨甲酰合成酶Ⅱ是人体内嘧啶核苷酸合成重要步骤的调控点提供了体内资料。

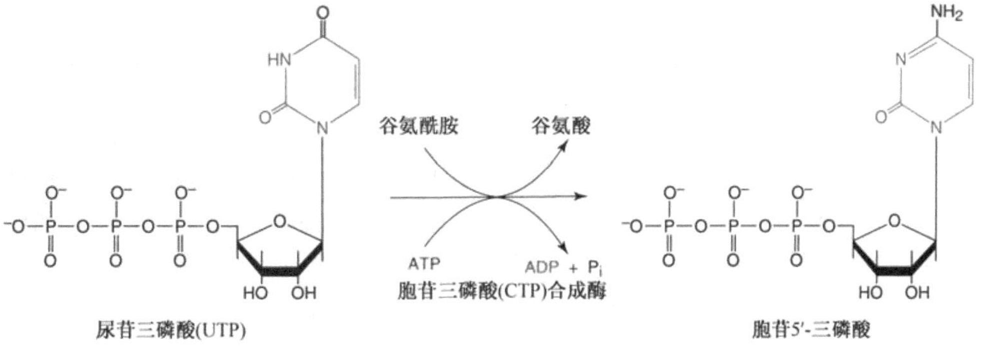

图 20.15　由 UTP 合成 CTP

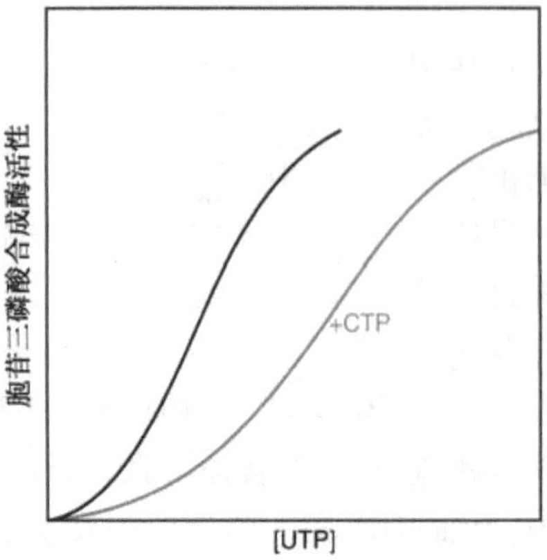

图 20.16 胞苷三磷酸合成酶的调控

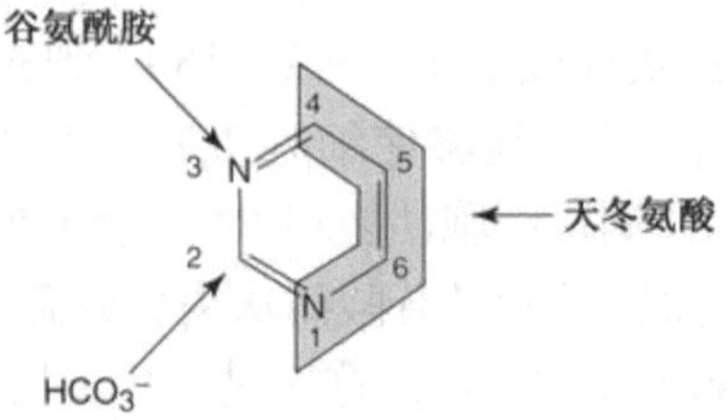

图 20.17 嘧啶中碳原子和氮原子的来源

C4、C5、C6 和 N1 来源于天冬氨酸；N3 来源于谷氨酰胺，C2 来源于 CO_2

嘧啶核苷酸的合成在磷酸氨甲酰合成酶Ⅱ水平受调节

哺乳动物细胞嘧啶核苷酸合成的调节发生于磷酸氨甲酰合成酶Ⅱ水平。磷酸氨甲酰合成酶Ⅱ是细胞质酶类，与线粒体中磷酸氨甲酰合成酶Ⅰ不同。磷酸氨甲酰合成酶Ⅰ利用氨作为氨基供体，而不是利用谷氨酰胺提供氨基，同时它还需要被 *N*-乙酰谷氨酸活化。磷酸氨甲酰合成酶Ⅱ受到这条通路中终产物 UTP 的抑制，能够被 PRPP 激活。UTP（在 CPSⅡ）的 K_i 和 PRPP（在 CPSⅡ）的 K_a 使细胞内 UTP 和 PRPP 的水平维持在能够调控嘧啶核苷酸合成的范围之内。在肝外组织中，氨甲酰磷酸只能通过磷酸氨甲酰合成酶Ⅱ合成。然而肝中，在提供过量氨基的条件下，氨甲酰磷酸还能通过磷酸氨甲酰合成酶Ⅰ在线粒体内合成后转移到细胞质充当乳清酸合成的底物，这一过程有助于除去氨基过多产生的毒性。人体中当发生氨基毒性时，乳清酸的排泄水平也会随之增加，这表明磷酸氨甲酰合成酶Ⅱ是嘧啶核苷酸代谢的主要调控位点。

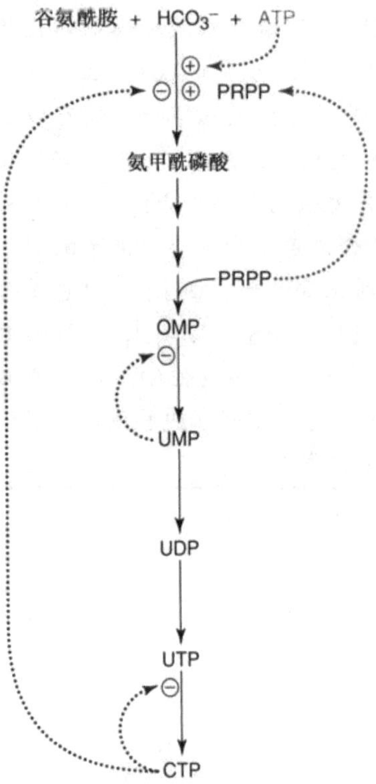

图 20.18 嘧啶核苷酸合成的调控

实箭头表示酶促反应，虚箭头表示受到反应产物的抑制

UMP 不能抑制磷酸氨甲酰合成酶Ⅱ的活性，但能与 OMP 竞争，抑制 OMP 脱羧酶的活性（图 20.18）。如先前讨论，UTP 向 CTP 的转变同样受到调控，以维持细胞内尿嘧啶核苷和胞嘧啶核苷的平衡。

嘧啶碱基通过补救合成重新生成核苷酸

嘧啶通过嘧啶磷酸核糖基转移酶进行补救合成，转变为核苷酸。反应过程如下：

$$嘧啶 + 磷酸核糖焦磷酸(PRPP) \longrightarrow 嘧啶核苷\ 5'\text{-}单磷酸 + PP_i$$

红细胞中的酶能利用乳清酸盐、尿嘧啶、胸腺嘧啶，但不能利用胞嘧啶；这些反应将嘧啶碱基从降解通路转向核苷酸生成途径。当细胞中存在可利用的嘧啶碱基时存在竞争性反应，或引起产物的降解和排泄，或引起碱基被重新利用合成核苷酸。例如，正常肝中尿嘧啶会被迅速降解为 β-丙氨酸；而在增殖的肿瘤细胞中，尿嘧啶会转变为 UMP。这取决于 PRPP、酶水平和细胞的代谢状态。

20.5 脱氧核糖核酸的形成

在非增殖细胞中，脱氧核糖核苷酸(dNTP)的浓度非常低。但是，在 DNA 复制(细胞周期的 S 期)和修复(伴随 DNA 损伤)时，由于核糖核苷酸还原酶活性升高，细胞内 dNTP 水平迅速升高。在这些过程中，dNTP 的相对和绝对浓度对于决定这些过程的保真性至关重要。dNTP 水平的失衡会引起广泛的遗传性疾病或导致细胞死亡。

脱氧核糖核酸通过核糖核酸的还原产生

5′-二磷酸核糖核酸还原酶(nucleoside 5′-diphosphate reductase，核糖核苷酸还原酶)在 5′-二磷酸核糖核酸转变为 5′-二磷酸 2′-脱氧核糖核酸的过程中起催化作用。这一反应受到细胞中酶量和精细的异构调控机制控制。图 20.19 概括了这一反应的过程。特殊底物的还原需要特异的 5′-三磷酸核苷酸作为正性效应剂。例如，CDP 或 UDP 分别还原为 dCDP 和 dUDP 的反应需要 ATP 作为正性效应剂，而 ADP 和 GDP 的还原分别需要 dGTP 和 dTTP 作为正性效应剂(表 20.2)。另外一种低分子质量蛋白质，硫氧还蛋白或谷氧还蛋白通过巯基的氧化参与 2′位置的还原反应。

表 20.2　5′-三磷酸核苷酸对核糖核苷酸还原酶活性的调节

底物	主要正性效应剂	主要负性效应剂
CDP	ATP	dATP，dGTP，dTTP[a]
UDP	ATP	dATP，dGTP，dTTP[a]
ADP	dGTP	dATP
GDP	dTTP	dATP

a.按照效应由强到弱顺序排列。

为完成催化循环，NADPH 被用来产生**硫氧还蛋白(thioredoxin)**或**谷氧还蛋白(glutaredoxin)**上新的巯基。在硫氧还蛋白参与反应时需要**硫氧还蛋白还原酶(thioredoxin reductase)**(一种黄素蛋白)；在谷氧还蛋白参与反应时则需要谷胱甘肽和谷胱甘肽还原

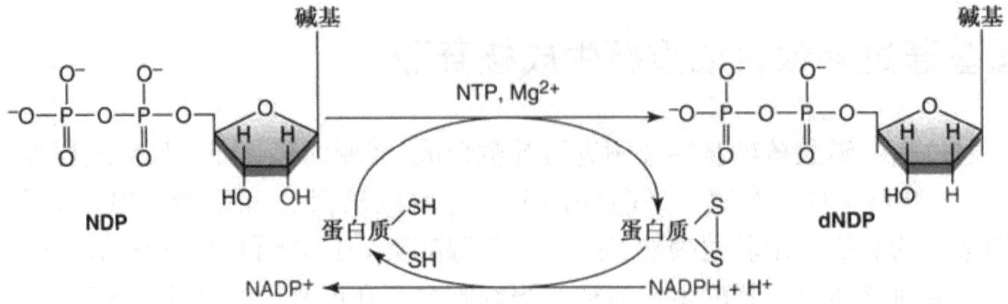

图 20.19 核糖核苷酸从头合成脱氧核糖核苷酸

酶。哺乳动物核糖核苷酸还原酶由两个不同的蛋白亚基组成，单独的亚基均没有催化活性。较大的亚基至少有两个不同的效应物结合位点，较小的亚基含有一个非血红素铁和一个稳定的酪氨酰自由基。这两个亚基由位于不同染色体上的基因编码，它们构成了酶的活性位点。这些亚基的 mRNA 及蛋白产物，在细胞周期转变中的表达也不相同。

核糖核苷酸还原酶的活性受到严格的别构调控。每一种底物的还原都需要特异性的正性激动剂(5′-三磷酸核苷酸)，而其 dNTP 产物可作为该酶有效的负性激动剂。5′-三磷酸核苷酸对核糖核苷酸还原酶活性的调节作用概述见表 20.2。脱氧 ATP 是所有四种底物 CDP、UDP、GDP 和 ADP 还原反应的潜在抑制剂；dGTP 抑制 CDP、UDP 和 GDP 的还原反应；dTTP 抑制 CDP、UDP 和 ADP 的还原反应。因此，dGTP 和 dTTP 既可以作为核糖核苷酸还原酶的正性激动剂，又可以是负性激动剂，这取决于反应底物。这就是说 dGTP 既是 ADP 还原的正性激动剂，也是 CDP 和 UDP 还原的负性激动剂；dTTP 既是 GDP 还原的正性激动剂，又是 CDP 和 UDP 还原的负性激动剂。正因为 dATP、dGTP 或 dTTP 对核糖核苷酸还原酶存在显著的抑制作用，所以脱氧腺苷、脱氧鸟苷和脱氧胸苷对许多种哺乳动物细胞均存在毒性。

核糖核苷酸还原酶特异性地催化 5′-三磷酸 2′-脱氧核糖核酸从头合成的限速步骤，以满足 DNA 复制的需要(图 20.20)。核糖核苷酸还原酶的抑制剂可有效的抑制 DNA 合成，因而对细胞增殖也有抑制作用。

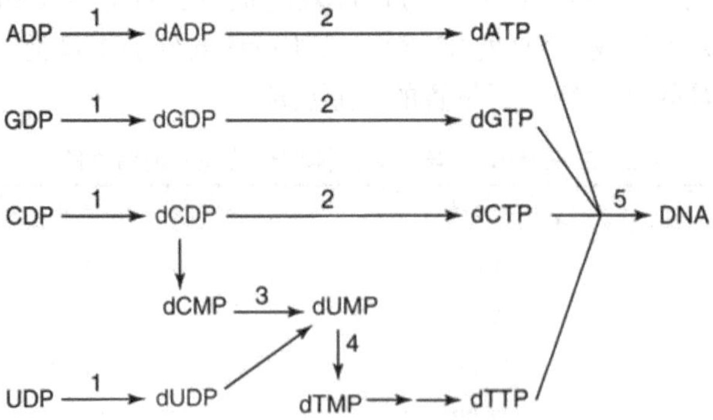

图 20.20 DNA 合成过程中核苷酸还原酶的作用

催化反应的酶为：1. 核苷酸还原酶；2. 5′-二磷酸核苷激酶；3. 脱氧胞苷酸脱氨酶；4. 胸腺嘧啶核苷酸合酶；5. DNA 聚合酶

脱氧胸苷酸的合成需要 N^5,N^{10}-亚甲基四氢叶酸

脱氧胸苷酸(deoxythymidylate, dTMP)只能通过 5′-单磷酸 2′-脱氧尿嘧啶核苷生成。**胸苷酸合成酶(thymidylate synthase)**催化一个一碳单位从 N^5,N^{10}-亚甲基四氢叶酸转移到 dUMP(图 20.21),同时被还原成为甲基(图 20.22)。在这个反应中,N^5,N^{10}-亚甲基四氢叶酸是一碳单位的供体和反应中的还原剂。四氢叶酸作为一碳单位的供体,同时在这个反应中被氧化成二氢叶酸,但反应的调控机制仍不清楚。

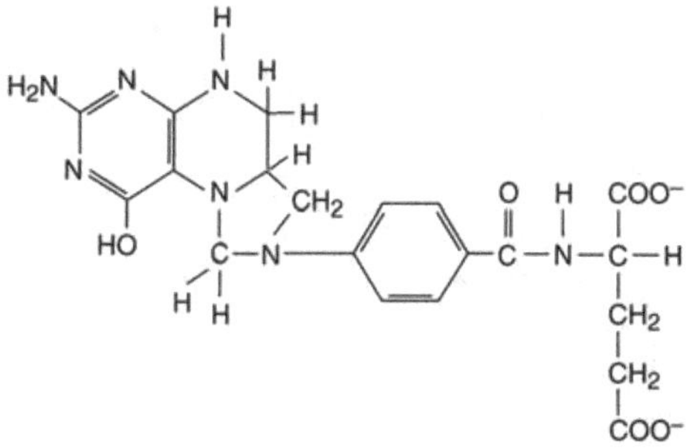

图 20.21　N^5,N^{10}-亚甲基四氢叶酸的结构

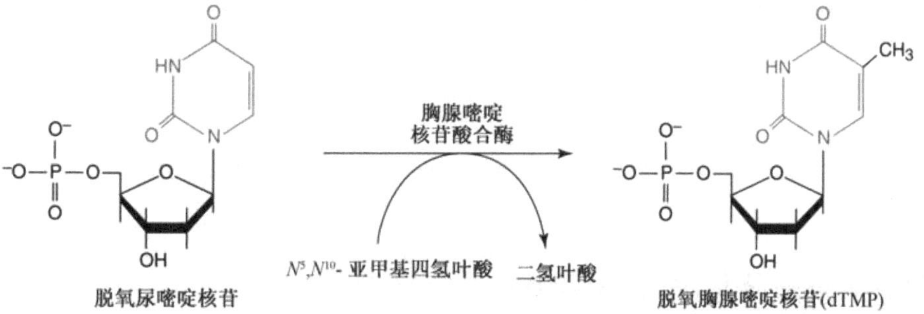

图 20.22　脱氧胸腺嘧啶核苷酸的合成

这一反应的底物来源于两种不同的途径,如下所示:

CDP→dCDP→dCMP
↘
UDP→dUDP→dUMP→dTMP

在这两种途径中,通过核糖核苷酸还原酶催化的反应都产生了一个脱氧核糖核酸,分别是 dCDP 或者是 dUDP。其中一条途径中,dUMP 来源于 dUDP;而另一条途径中,dCMP 脱氨基后形成 dUMP。通过标记研究发现,dUMP 形成的主要途径需要 dCMP 脱氨酶对 dCMP 的作用,这种酶受到 dCTP(正性)和 dTTP(负性)的别构调控(图 20.23)。dCTP 和 dTTP 对 dCMP 脱氨酶的调控维持了细胞正常 DNA 合成所需的 dCTP 和 dTTP 的平衡。

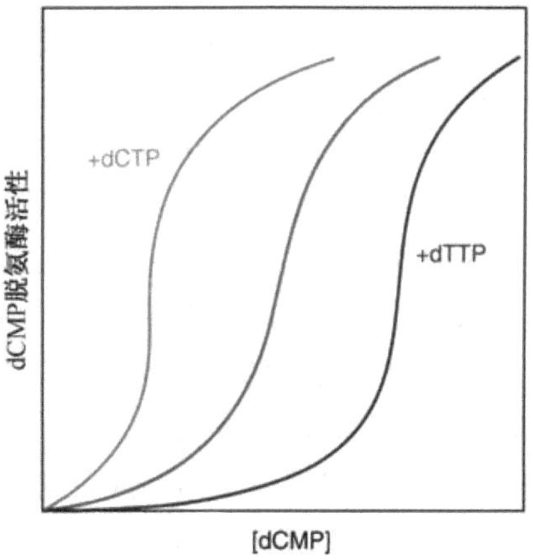

图 20.23　dCMP 脱氨酶的调控

嘧啶互变对脱氧嘧啶核苷和核苷酸的重要作用

如图 20.9 所示，AMP 和 GMP 在代谢通路中的互变使细胞内腺嘌呤和鸟嘌呤核苷酸维持在适当的水平。嘧啶核苷酸也存在着互变，如图 20.24 所述，这对嘧啶脱氧核糖核苷和脱氧核糖核苷酸尤其重要。需要注意的是 dCTP 和 dTTP 是脱氧核糖核苷互变和从头合成主要的正性和负性激动剂。

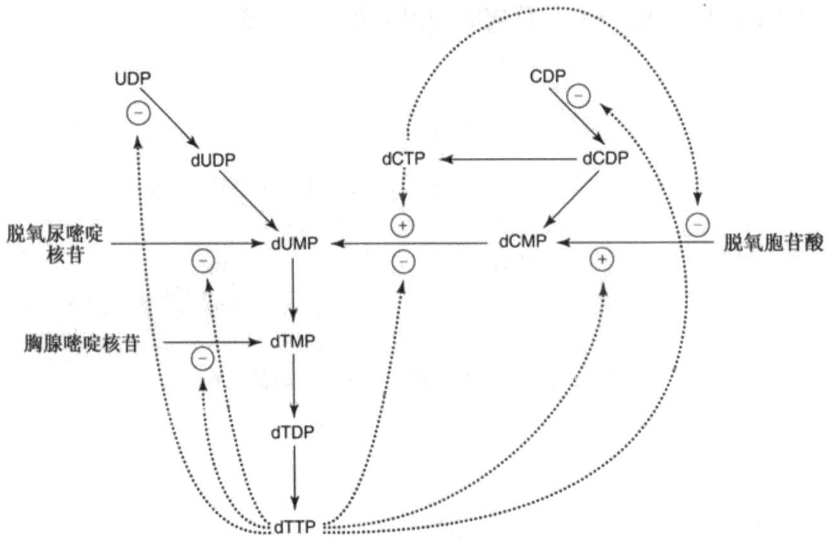

图 20.24　嘧啶核苷酸的互变对脱氧核苷酸代谢的重要作用

实箭头表示酶促反应，虚箭头表示负调控的位置

嘧啶核苷酸被降解为 β-氨基酸

核酸的转归导致了嘧啶和嘌呤核苷酸的释放，嘧啶核苷酸的降解如图 20.25 所示。嘧啶核苷酸在非特异性的磷酸酶的作用下转变为核苷，胞啶和脱氧胞苷酸在嘧啶核苷脱氨基酶的作用下脱氨基，分别成为尿嘧啶核苷和脱氧尿嘧啶核苷。尿嘧啶核苷磷酸酶催化尿嘧啶核苷、脱氧尿嘧啶核苷和脱氧胸腺嘧啶核苷的磷酸水解作用，使其转变为尿嘧啶和胸腺嘧啶。

如图 20.26 所示，尽管最终的产物各不相同，尿嘧啶和胸腺嘧啶被进一步降解时发生的反应相似。尿嘧啶被降解为 **β-丙氨酸**（**β-alanine**）、NH_4^+ 和 CO_2，这些产物都不是尿嘧啶降解所特有的。因此，通过这条通路的最终产物不能评估出胞嘧啶或尿嘧啶核苷酸的转归情况。胸腺嘧啶的降解产生 β-氨基异丁酸、NH_4^+ 和 CO_2。在人类，β-氨基异丁酸通过尿液排泄，胸腺嘧啶的降解是其唯一来源。因此，通过检测 β-氨基异丁酸可用来评估 DNA 或脱氧胸腺嘧啶核苷的转归情况。在接受化疗或放疗的癌症患者，由于大量的细胞被杀死，DNA 被降解，β-氨基异丁酸的排泄水平也会增高。

催化尿嘧啶和胸腺嘧啶降解的酶（二氢嘧啶脱氢酶、二氢嘧啶酶和脲基丙酸酶），对于尿嘧啶或胸腺嘧啶和它们的反应产物均没有选择性。

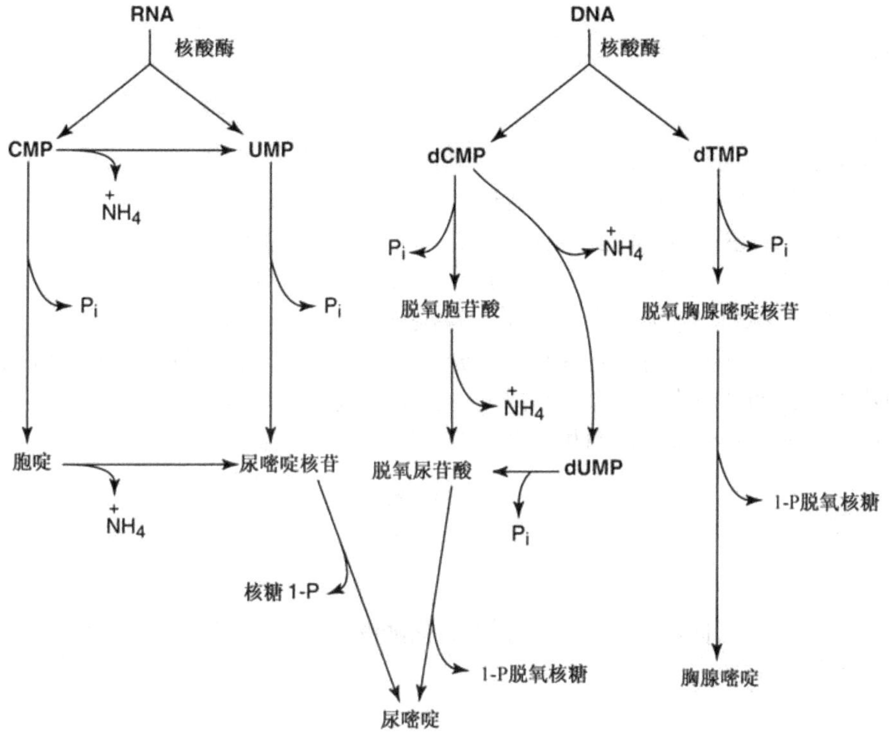

图 20.25　嘧啶核苷酸的降解途径

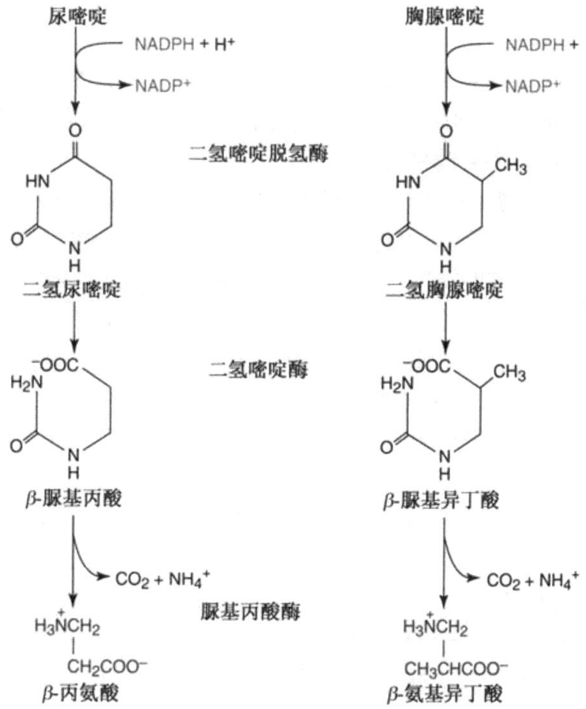

图 20.26　尿嘧啶和胸腺嘧啶降解为终产物

20.6 核苷和核苷酸激酶

嘌呤和嘧啶核苷酸的从头合成产生了单磷酸核苷(图 20.1、20.3、20.4)。同样,核酸碱基通过磷酸核糖基转移酶的补救合成或核苷通过核苷激酶的补救合成均能产生 5′-单磷酸核苷,这对于不能从头合成核苷酸的红细胞尤为重要。同时核苷激酶还能将 5′-单磷酸核苷转变为 5′-二磷酸核苷,或将 5′-二磷酸核苷转变为 5′-二磷酸核苷。这些反应都非常重要,因为在核酸发挥功能的大多数反应中,需要的是 5′-三磷酸核苷(主要的)或 5′-双磷酸核苷。

其中的一些核苷激酶对于碱基和糖部分具有高度的特异性。同样,核苷激酶也存在着底物特异性。哺乳动物细胞含有高浓度的二磷酸核苷激酶,该酶对于磷酸供体或是磷酸受体的嘌呤或嘧啶碱基以及糖相对没有特异性。该反应如下:

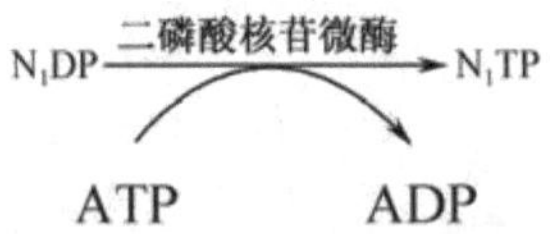

由于 ATP 浓度较高,且容易通过糖酵解或氧化磷酸化产生,因而 ATP 可能是这些反应的主要磷酸供体。

20.7 在细胞周期和细胞分裂速率中起作用的核苷酸代谢酶

核苷合成的精细调节需要在细胞内有帮助核糖核苷和脱氧核糖核苷前体参与增加 RNA 合成和 DNA 复制的可利用的机制。为了满足这些需要,细胞增加了在细胞周期特定时段中与核苷合成有关特定酶的水平。

在细胞周期 S 期含量增加并参与嘌呤核苷合成和互变的酶有 PRPP 腺苷酸基琥珀酸裂合酶和 IMP 脱氢酶,而腺苷酸(基)琥珀酸合成酶和腺苷酸(基)琥珀酸裂合酶的水平并没有增加。相应的,细胞周期 S 期含量增加并参与嘧啶核苷合成和互变的酶有天冬氨酸氨甲酰转移酶、二氢乳清酸酶、双氢乳清酸酯脱氢酶、乳清酸盐磷酸核糖转移酶、胞苷三磷酸合成酶。许多与脱氧核糖核苷酸合成与互变有关的酶也在细胞周期 S 期含量增加。这些酶有核(糖核)苷酸还原酶、脱氧胸腺嘧啶苷激酶、dCMP 脱氨酶、胸腺嘧啶核苷酸合酶和 TMP 激酶。

脱氧核苷池在"静息"细胞中相当少(少于 1μmol/L)。随着核(糖核)苷酸还原酶活性的增加,在 DNA 合成中脱氧核糖核苷酸的浓度可达 10～20μmol/L。然而,这个浓度只能维持数分钟的 DNA 合成,而完整的 DNA 复制需要数小时。因此,核糖核甘酸还原酶的活性必须不断增加,并维持在整个 S 期以提供 DNA 合成所必需的酶底物。未分化组织如生长中的肝组织、胚胎组织、肠黏膜细胞和红细胞干细胞内存在大量的 DNA 复制和 RNA 合成。这些组织中有大量与嘌呤和嘧啶核苷合成和互变有关的关键酶,同时参与催化分解这些前体的酶的数量相应减少。这些变化反映出细胞在 S 期的协调机制。

肿瘤细胞中的生化变化是以一种有序的模式发生的。从一系列肝、结肠和肾的肿瘤组织的各种各样的生长率中,这些变化可被认为是:①转化相关的(意思是不考虑生长率,所有的肿瘤都表现出特定增加的酶和特定减少的酶);②进展相关的(与肿瘤生长率相关的变更）；③同时发生的变更（与恶性度无关）。核（糖核）苷酸还原酶、胸腺嘧啶合酶和IMP 脱氢酶增加以行使提高肿瘤生长率的功能。同时 PRPP 酰胺转移酶、UDP 激酶和尿嘧啶核苷激酶在所有肿瘤中的水平都是增加的，不管这些肿瘤生长的是快还是慢。

肿瘤细胞基因表达的改变不仅仅是酶水平上的量变，也是性质上的改变（同工酶转变）。一些酶的水平在快速生长的正常组织（例如胚胎和再生的肝）和肿瘤中均升高，但总体的量变和性质上改变的方式在正常和肿瘤组织中是能够加以辨别的。

20.8 核苷酸辅酶合成

烟酰胺腺嘌呤二核苷酸（**nicotinamide adenine dinucleotide，NAD**）、**黄素腺嘌呤核苷酸**（**flavin adenine nucleotide，FAD**）和**辅酶 A**（**coenzyme A，CoA**）是中间代谢中重要的辅酶

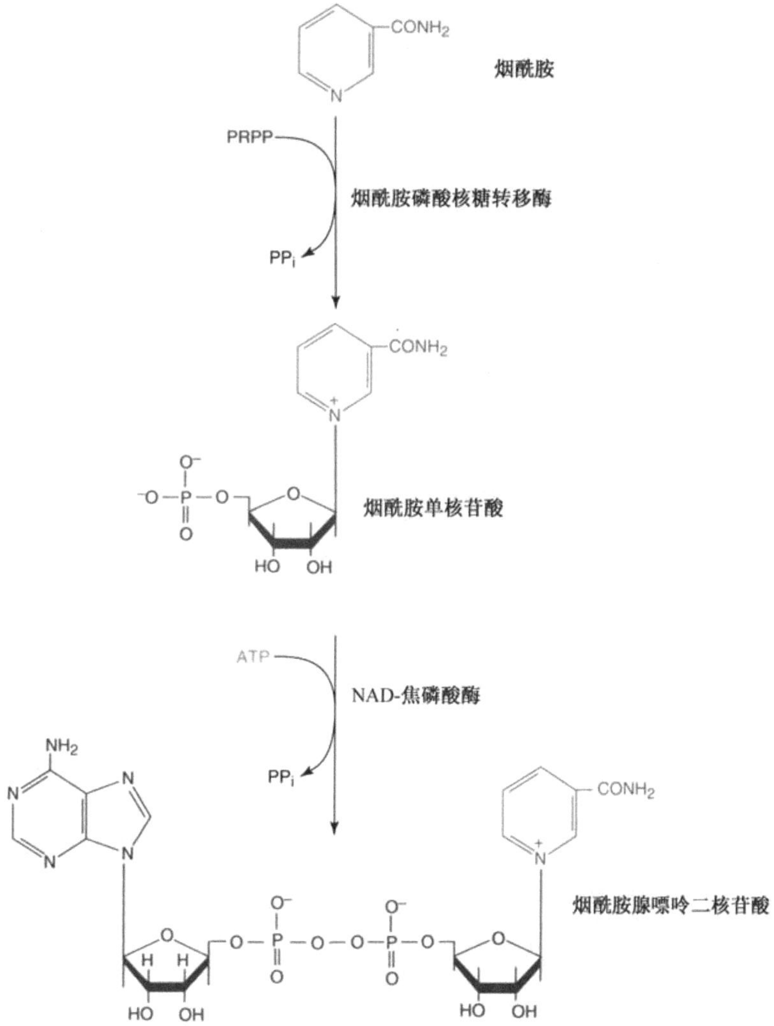

图 20.27　烟酰胺腺嘌呤核苷酸合成途径

或辅基。这些辅酶的结构中都有一个 AMP 部分，在它们行使功能过程中，这一 AMP 部分并不直接参与功能的发挥。在 NAD 或 NADP 中，尼克酰胺环参与氧化/还原反应，而在 FMN 或者 FAD 中，黄素环参与氧化/还原反应，辅酶 A 中巯基成分是分子中的功能部分。它们由多种哺乳动物细胞合成。图 20.27、20.28 和 20.29 描述了它们的生物合成过程。NAD 合成需要尼克酸，FAD 合成需要核黄素，辅酶 A 需要泛酸。NAD 由三条不同的途径合成，分别从色氨酸、烟酸脂或尼克酰胺开始。当色氨酸的量超过了蛋白质合成和 5-羟色胺合成的需要量时，它会被用来合成 NAD。在正常饮食状况下，这种状况不大可能发生，因此在饮食中需要尼克酸。

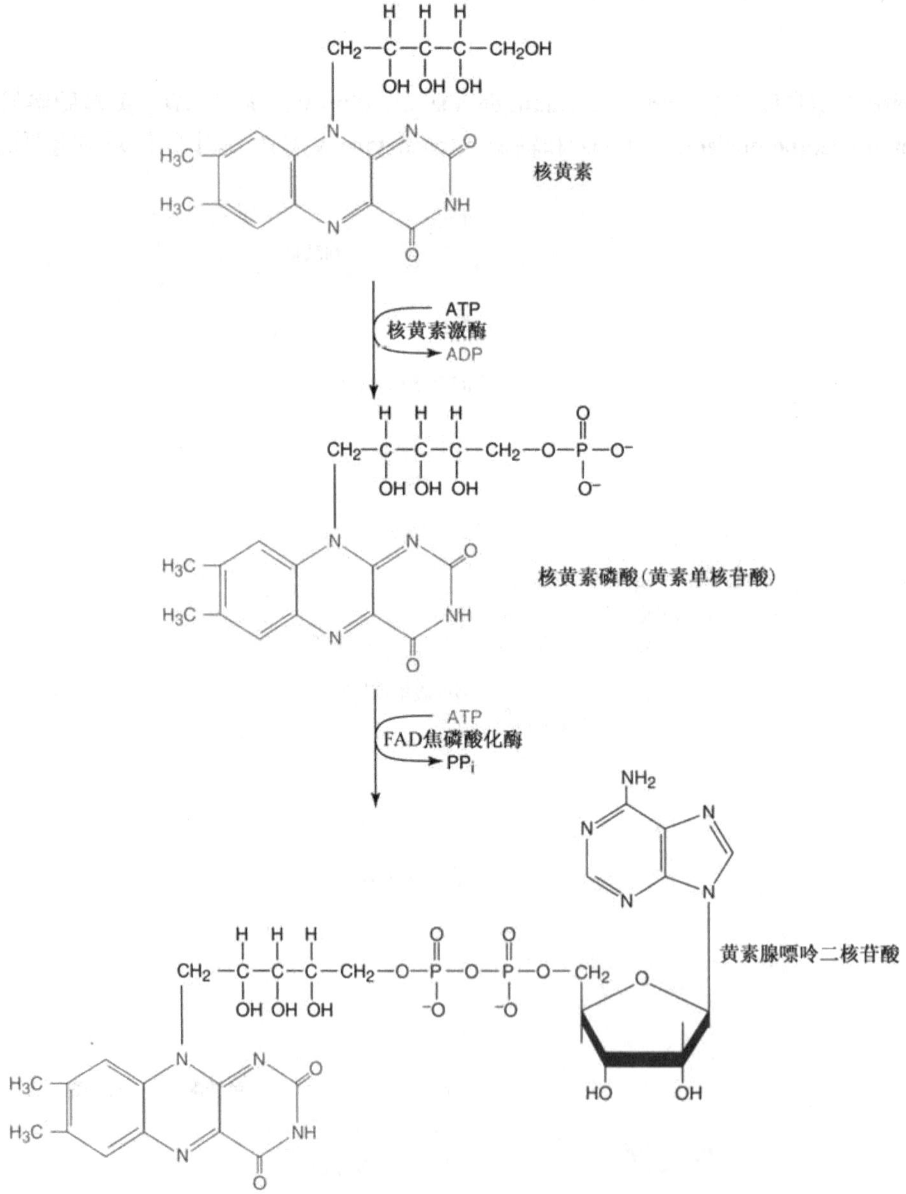

图 20.28　黄素腺嘌呤二核苷酸的合成

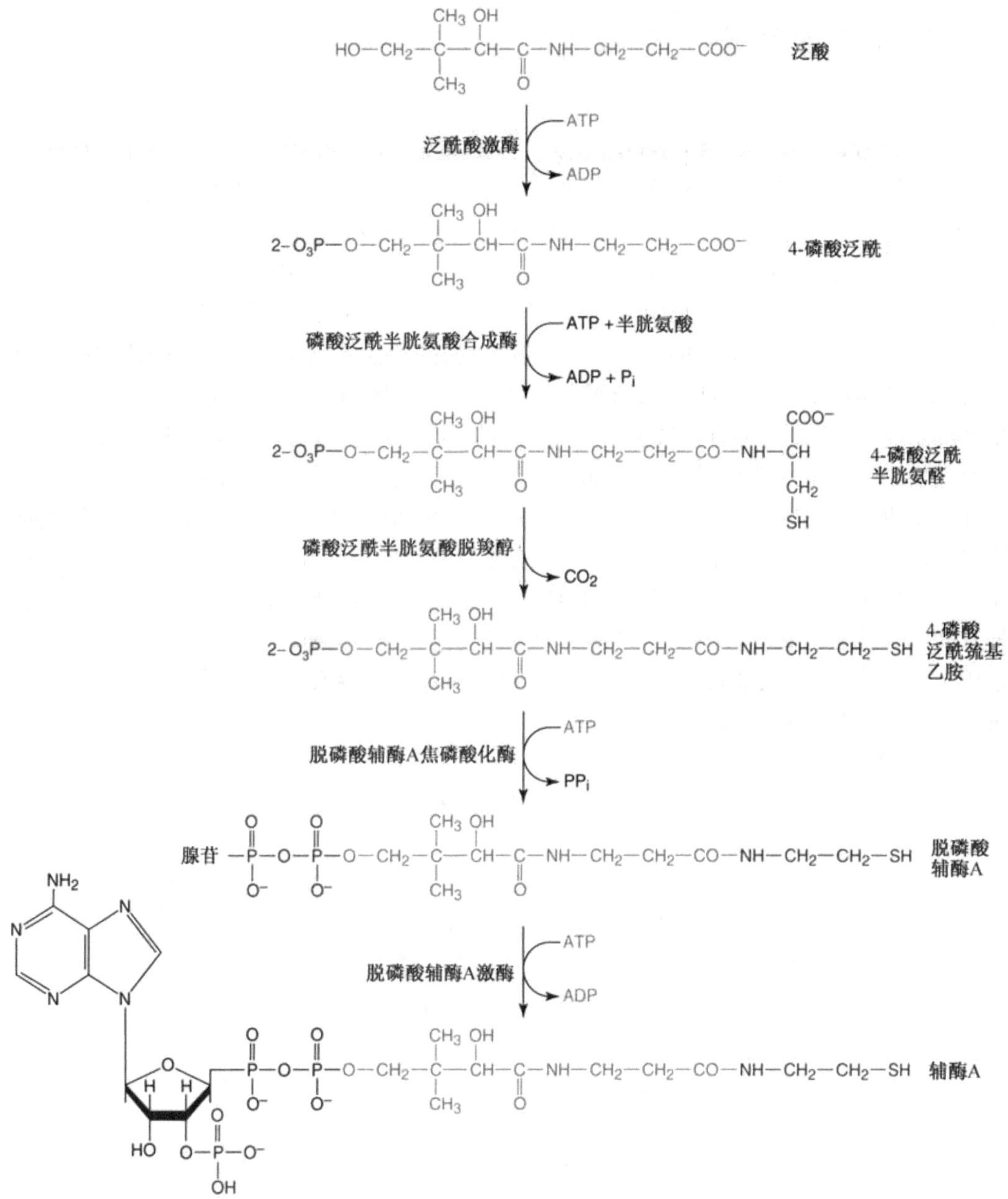

图 20.29　辅酶 A 的合成

NAD^+ 通过任意一条途径合成均需要 PRPP 来提供核糖 5-磷酸供体。烟酰胺腺嘌呤二核苷酸磷酸($NADP^+$)来源于 NAD^+ 磷酸化。NAD^+ 不仅仅是氧化还原反应的辅助因子，也是 ADP 核糖基化反应的底物(如 DNA 修复和百日咳毒素中毒)。这些反应导致 NAD^+ 的转归。NAD^+ 降解的最终产物是 2-羟基吡啶-5-羧酰胺，后者能通过尿液排泄。

核苷酸辅酶的合成受到调控，因此细胞中这些辅酶的浓度基本恒定。当出现在某种代谢状况下 NAD^+ 的浓度偏低时，NADH 的浓度就会反应性的升高。比如，在缺氧状况下为继续进行糖酵解，NAD^+ 必须在乳酸脱氢酶的作用下通过丙酮酸还原为乳糖产生。

20.9　5-磷酸核糖-1-焦磷酸的合成和利用

5-磷酸核糖-1-焦磷酸(5-phosphoribosyl-l-pyrophosphate, PRPP)是嘌呤和嘧啶核苷酸从头合成、嘌呤和嘧啶碱基补救合成以及 NAD^+ 合成中的关键分子。PRPP 合成酶催化如图 20.30 所示的反应。反应中需要的 5-磷酸核糖由通过磷酸戊糖途径的 6-磷酸葡萄糖代谢或通过核苷磷酸化酶催化的核苷磷酸化产生的 1-磷酸核糖产生。PRPP 合成酶需要无机磷酸,并且受到强有力的调控。PRPP 合成酶活性的速率对 P_i 浓度的曲线接近于 S 形,而不是双曲线;这就意味着在细胞内正常的 P_i 浓度下,酶的活性受到抑制。该酶的活性还受到 ADP、2,3-二磷酸甘油酸和其他核苷酸的调控。ADP 相对于 ATP,是 PRPP 合成酶的竞争性抑制剂;2,3-二磷酸甘油酸相对于 5-磷酸核糖是其竞争性抑制剂,而核苷酸相对于两个底物是非竞争性抑制剂。在红细胞中,2,3-二磷酸甘油酸可能在调节 PRPP 合成酶活性中发挥重要作用。在静息状态或汇合细胞中 PRPP 的浓度较低,但细胞迅速分裂时明显增加。通过磷酸戊糖途径产生的 6-磷酸葡萄糖量的增加导致细胞 PRPP 水平升高,从而合成更多的嘌呤和嘧啶核苷酸。PRPP 的重要性不仅在于它是谷氨酰胺 PRPP 酰胺转移酶和磷酸核糖基转移酶反应的底物,也在于它是嘌呤和嘧啶核苷酸合成的重要调控步骤——**PRPP 酰胺转移酶(PRPP amidotransferase)**和**氨甲酰磷酸合成酶Ⅱ(carbamoyl phosphate synthetase Ⅱ)**的正性效应剂。需要 PRPP 的反应和途径如下所示:

1. 嘌呤核苷酸的从头合成

$$\text{PRPP}+\text{谷氨酰胺}\rightleftharpoons\text{5-磷酸核糖胺}+\text{谷氨酸}+\text{PP}_i$$

2. 嘌呤碱基的补救合成

$$\text{PRPP}+\text{次黄嘌呤(鸟嘌呤)}\rightleftharpoons\text{IMP(GMP)}+\text{PP}_i$$

$$\text{PRPP}+\text{腺嘌呤}\rightleftharpoons\text{AMP}+\text{PP}_i$$

3. 嘧啶核苷酸的从头合成

$$\text{PRPP}+\text{乳清酸}\rightleftharpoons\text{OMP}+\text{PP}_i$$

4. 嘧啶碱基的补救合成

$$\text{PRPP}+\text{尿嘧啶}\rightleftharpoons\text{UMP}+\text{PP}_i$$

5. NAD^+ 的合成

$$\text{PRPP}+\text{烟酸脂}\rightleftharpoons\text{烟酸脂单核苷酸}+\text{PP}_i$$

$$\text{PRPP}+\text{尼克酰胺}\rightleftharpoons\text{烟酰胺单核苷酸}+\text{PP}_i$$

$$\text{PRPP}+\text{羟基喹啉}\rightleftharpoons\text{烟酸脂单核苷酸}+\text{PP}_i$$

需要注意的是细胞内的焦磷酸水平非常高,会导致焦磷酸盐水解为磷酸,从而导致反

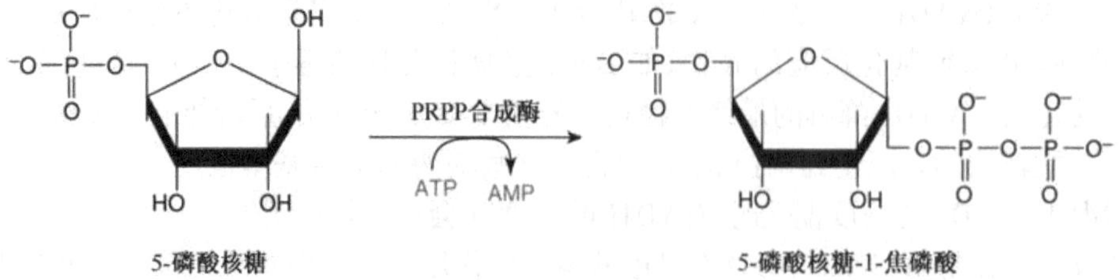

图 20.30　PRPP 的合成

应不可逆。

20.10 干扰嘌呤和嘧啶核苷酸代谢的化疗药物

嘌呤和嘧啶核苷酸的从头合成对于正常细胞的复制和维持正常功能至关重要。对这些途径的调控非常重要，在某些疾病状态下已经发现了调控这些反应酶存在异常。合成复合物，来源于植物、细菌或真菌的天然物质等与代谢反应利用的核酸碱基或核苷结构类似的物质，都具有细胞毒性。这些化合物是相对特异性的核酸合成或互变中所需酶的抑制剂，他们能够有效的解决临床上的种种难题。通常这些物质可以分为以下几类：抗代谢物、叶酸拮抗剂、谷氨酰胺拮抗药等。

嘌呤和嘧啶核苷酸代谢抑制剂

抗代谢物是碱基或核苷的结构类似物

抗代谢物通常是嘌呤和嘧啶碱基或核苷的结构类似物，能够非常特异的干扰代谢反应。他们包括：治疗急性白血病的 **6-巯基嘌呤（6-mercaptopurine）**和 **6-硫代鸟嘌呤（6-thioguanin）**，器官移植患者用于免疫抑制的硫唑嘌呤，治疗高尿酸血症的别嘌呤醇和治疗疱疹病毒感染的阿昔洛韦。对嘌呤核苷酸代谢的深入研究帮助了这些药物的开发。同时，对这些药物作用机制的研究也进一步加深了对人类正常核苷酸代谢的了解。

下面主要讨论三种抗代谢物，以说明以下几个问题：①正常细胞代谢中从头合成途径的重要性；②体内对这些途径的调控；③需要利用补救合成中的酶类来代谢活化这些药物；④这些化合物的灭活大大影响了疗效的发挥。

6-巯基嘌呤（6-mercaptopurine，6-MP）（图 20.31）是一种有效的抗肿瘤药物，其细胞毒性依赖于通过肿瘤细胞形成了 6-巯基嘌呤核苷酸。通过 PRPP 和次黄嘌呤鸟嘌呤磷酸核糖基转移酶，在细胞中形成 6-巯基嘌呤单磷酸核苷酸，发挥对从头合成途径关键步骤所需的 PRPP 酰胺转移酶的负性调节作用。这种核苷酸也在 IMP 向 GMP 转变中的 IMP 脱氢酶步骤和 IMP 向 AMP 转变中的腺苷酸琥珀酸合成酶步骤发挥抑制作用。由于 6-巯基嘌呤是黄嘌呤氧化还原酶的底物，被氧化为硫尿酸。因此，别嘌呤醇经常被用来抑制 6-MP 的降解，以变更好地发挥 6-MP 的抗肿瘤特性。

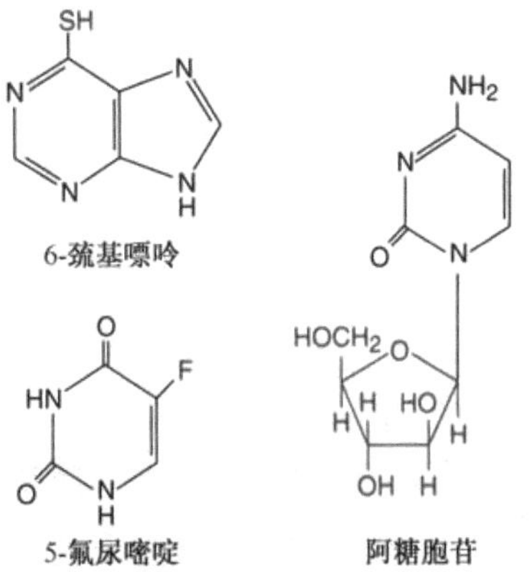

图 20.31　6-巯基嘌呤，5-氟尿嘧啶和阿糖胞苷的结构

5-氟尿嘧啶（5-fluorouracil，Fura）（图 20.31）是尿嘧啶的类似物。5-氟尿嘧啶不是活性形式，它必须被细胞的酶类转变为活性代谢物 5-氟脲嘧啶-5′-三磷酸（FUTP）和 5-氟-2′-脱氧尿苷-5′-单磷酸（FdUMP）才能发挥作用。FUTP 能有效地掺入 RNA，一旦掺入，就会抑制 RNA 前体 45S 变为 28S 和 18S 的成熟过程，影响前体 mRNA 剪切为功能性 mRNA 的过程。

FdUMP是有效和特异的胸腺嘧啶核苷酸合酶的抑制剂。在四氢叶酸、FdUMP和胸腺嘧啶核苷酸合酶存在时,形成三元复合物,其中FdUMP和胸腺嘧啶核苷酸合酶通过共价键结合,导致对胸腺嘧啶核苷酸合酶的不可逆抑制,抑制了dTMP合成,使细胞发生胸腺嘧啶缺乏进而导致死亡。

阿糖胞苷(cytosine arabinoside,araC)(图20.31)用于治疗多种肿瘤。它必须通过细胞内的酶类代谢为阿糖胞苷-5′-三磷酸(araCTP)才能发挥其细胞毒性作用。在DNA聚合酶反应中araCTP与dCTP竞争,被掺入DNA中抑制了DNA链的延伸。临床上,araC作为一种抗白血病药物,其有效性与白血病细胞中能达到的araCTP浓度相关,araCTP浓度又决定了掺入DNA中的araCMP数量。通过脱氧胞苷激酶形成araCMP是araCTP激活中的限速步骤。araC通过脱氨基反应转变为araU而失活。

叶酸拮抗剂抑制四氢叶酸酯参与的反应

叶酸类似物可通过其特异的结构干扰四氢叶酸酯作为底物或产物参与的代谢步骤。**甲氨蝶呤(methotrexate,MTX)**是一种合成的叶酸结构类似物,通过特异性地抑制二氢叶酸还原酶(DHFR)的活性,干扰从叶酸到二氢叶酸和四氢叶酸的反应。在肿瘤治疗中,MTX是一种抗肿瘤药物。MTX和叶酸仅仅在C4和N10位存在差异,C4上一个氨基取代了羟基,N10上一个甲基取代了氢原子。两者的结构比较见图20.32。MTX特异性地抑制二氢叶酸还原酶,K_i范围为0.1nmol/L,图20.33描述了该类抑制反应。

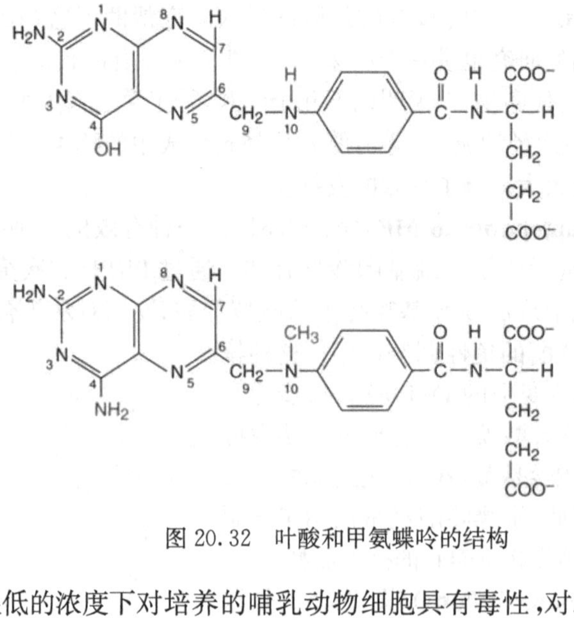

图20.32　叶酸和甲氨蝶呤的结构

MTX在很低的浓度下对培养的哺乳动物细胞具有毒性,对二氢叶酸还原酶的抑制导致细胞内5′-三磷酸核苷酸和5′-三磷酸2′-脱氧核苷酸总量的降低。通过向培养基中加入脱氧胸腺嘧啶核苷和次黄嘌呤可部分地抑制这一效应。脱氧胸腺嘧啶核苷和次黄嘌呤对MTX效应的抑制表明MTX在细胞中引起了脱氧胸腺嘧啶核苷和嘌呤核苷酸的缺失。图20.34显示了四氢叶酸,嘌呤核苷酸的从头合成和dTMP三者之间的关系。需要注意的是在胸腺嘧啶核苷酸合酶催化的反应中,产生了二氢叶酸,除非它通过二氢叶酸还原酶被重新还原成为四氢叶酸;否则,细胞由于缺乏四氢叶酸,不能从头合成嘌呤核苷酸或胸苷酸。

在人类白血病的治疗中，正常细胞通过 N^5-甲酰-四氢叶酸(亚叶酸)可免受高剂量 MTX 的毒性效应。这就提高了 MTX 在肿瘤治疗中的临床功效。尽管 MTX 发生效力的分子机制仍不清楚，但 MTX 在非常低的浓度下也已被成功地用来治疗类风湿性关节炎(RA)。在 RA 治疗中 MTX 的效应是否与其影响核苷酸代谢有关还不甚清楚。但是，另外一种用于治疗 RA 的药物来氟米特，其已知的作用位点包括抑制线粒体二氢乳清酸酯脱氢酶的活性。

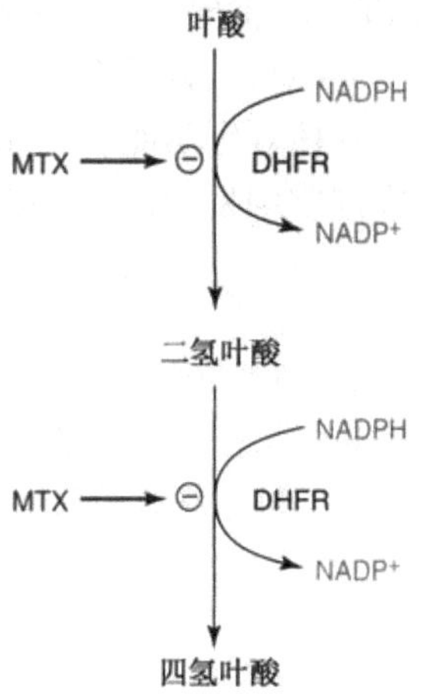

图 20.33　甲氨蝶呤的抑制位点

新合成的叶酸拮抗剂仅特异性地对胸腺嘧啶核苷酸合酶或嘌呤核苷酸从头合成有抑制作用。**化合物，ICI D1694**(图 20.35)特异性地抑制肿瘤细胞胸腺嘧啶核苷酸合酶，它对细胞生长的抑制作用可被 2′-脱氧胸腺嘧啶核苷或甲酰四氢叶酸阻止，而不能被次黄嘌呤阻止。5，10-dideazatetrahydrofolate

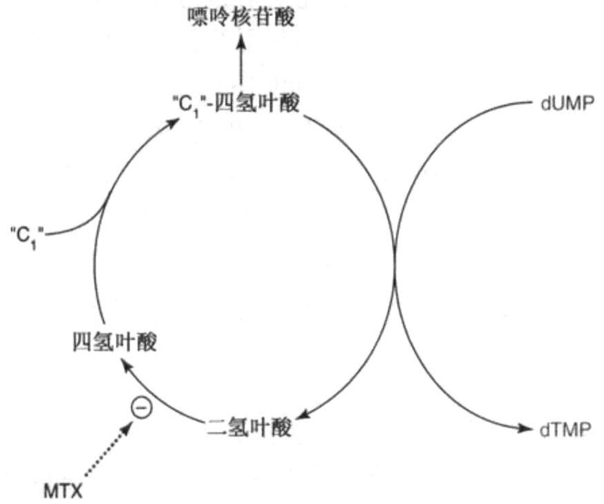

图 20.34　四氢叶酸，嘌呤核苷酸从头合成和 dTMP 合成的相互关系

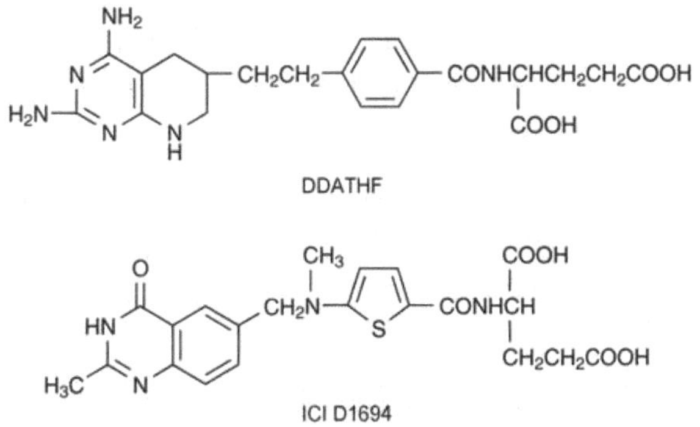

图 20.35　依赖叶酸反应的抑制剂 5，10-DDATHF 和 ICI D1694 的结构

ICI D1694，*N*-(5-[*N*-(3，4-二氢-2-甲基-4-氧代喹唑林-6-基甲基)-*N*-甲氨基-2-噻吩甲酰]-L-谷氨酸

(DDATHF)特异性抑制甘氨酰胺核苷酸甲酰基转移酶(GART，图 20.35)，因此抑制了嘌呤核苷酸从头合成途径。次黄嘌呤可保护细胞免受 DDATHF 的毒性作用，而 2′-脱氧胸腺嘧啶核苷则不能。与 MTX 类似，通过谷氨酸合成酶附加谷氨酸基团，可使这两种化合物在细胞中发挥最大的效应。

谷氨酰胺类似物抑制利用谷氨酰胺作为氮原子供体的酶

哺乳动物细胞中的许多反应都利用谷氨酰胺作为氨基供体。不同的是，细菌通过相似的反应利用氨作为氨基供体。这些酰胺化反应对于嘌呤核苷酸的从头合成(N3 和 N9)、IMP 合成 GMP、细胞质氨甲酰磷酸的合成，UTP 合成 CTP 以及 NAD^+ 的合成至关重要。

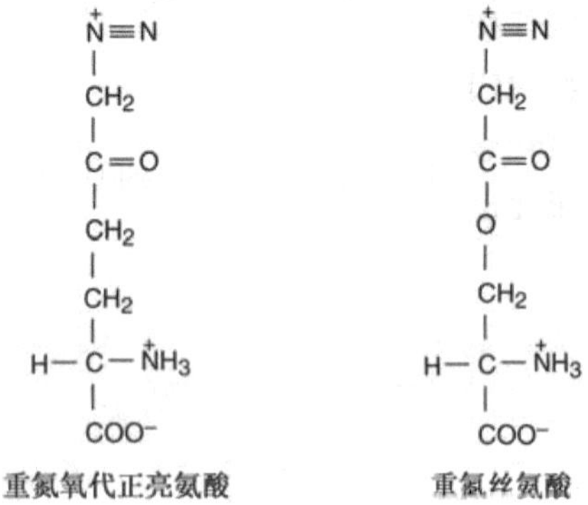

图 20.36 谷氨酰胺类似物的结构

抑制这些反应的化合物称为谷氨酰胺类似物。**重氮丝氨酸**(**重氮乙酰丝氨酸**(***O*-diazoacetyl-L-serine**))和 **6-重氮基-5-氧-L-正亮氨酸**(**6-diazo-5-oxo-L-norleucine，DON**)(图 20.36)，首先从培养的链霉菌中分离出来，能非常有效地抑制利用谷氨酰胺作为氨基供体的酶。重氮丝氨酸和 DON 使参与的酶失活，单独加入谷氨酰胺不能逆转这两种药物的效应，必须提供多种代谢物，例如鸟嘌呤、胞嘧啶、次黄嘌呤(或腺嘌呤)和尼克酰胺，才能绕过这些谷氨酰胺类似物阻断的众多反应位点。由于重氮丝氨酸和 DON 抑制了过多的关键步骤，致使这些药物毒性太大，不适于临床应用。

其他通过干扰核苷酸代谢抑制细胞生长的药物

羟基脲(**hydroxyurea**)治疗肿瘤过程中，能特异性的抑制肿瘤细胞 DNA 的合成，而对 RNA 或蛋白质的合成很少或几乎不发生抑制。羟基脲通过破坏核糖核苷酸还原酶小亚基的酪氨酰自由基来抑制核糖核苷酸还原酶的活性，从而抑制 CDP、UDP、GDP 和 ADP 还原为相应的 5′-二磷酸 2′-脱氧核糖核苷酸，使细胞由于缺乏 DNA 复制所需的 5′-二磷酸 2′-脱氧核糖核苷酸而产生毒性。羟基脲作为抗肿瘤药物在临床上的应用由于其清除率过快和发挥有效的抑制作用需要的药物浓度过高而受到限制。但是，羟基脲最近被用来治疗成人和儿童镰状细胞贫血。虽然机制尚不清楚，镰状细胞贫血患者用羟基脲治疗，会重新表达胚胎(γ)血红素基因，使红细胞中胚胎血红素表达升高。红细胞胚胎血红素浓度的升高降低了 HbS 沉淀，因而使患者在缺氧时镰状细胞危象发生的频率下降。但是羟基脲对镰状红细胞的效应似乎与其抑制核糖核苷酸还原酶的作用无直接的相关性。

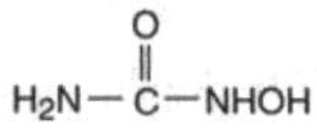

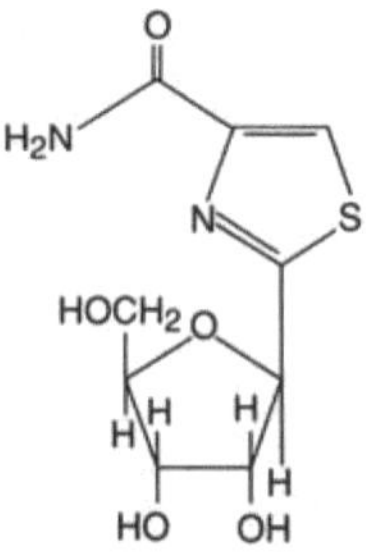

图 20.37 羟基脲和噻唑呋林的结构

噻唑呋林(**Tiazofurin**)(图 20.37)通过细胞内酶类转变为 NAD^+ 类似物，噻唑呋林腺嘌呤二核苷酸(TAD)。TAD 能够抑制 GTP 合成的限速酶 IMP 脱氢酶的活性，其 K_i 为 0.1μmol/L。IMP 脱氢酶被抑制后导致 GTP 浓度大大降低，从而导致 dGTP 的降低。尽管以 NAD^+ 为底物的脱氢酶很多，但是 IMP 脱氢酶受到的影响最大，这是因为它催化了一个途径的限速酶，而后者在细胞中的浓度有限。

对基础生物化学途径和机制的认识能够推动产生有效的药物，这些临床有效的药物便是最好的例证。

嘌呤和嘧啶类似物作为抗病毒药物

疱疹病毒（HSV）和导致艾滋病的人类免疫缺陷病毒（HIV）引发了很多临床问题。两种被用于控制/治疗（但不是治愈）HSV 和 HIV 感染的抗代谢物是**阿昔洛韦（无环鸟苷）**（**Acyclovir，acycloguanosine**），一种嘌呤类似物；和 **3′-叠氮基-3′-脱氧胸腺嘧啶核苷**（**3′-azido-3′-deoxythymidine，AZT**），一种嘧啶类似物（图 20.38）。这两种药物均需要磷酸化来产生活性形式。无环鸟苷通过只存在于感染细胞的特异性的 HSV-胸苷激酶（由 HSV 基因组编码）转变为单磷酸形式。宿主细胞的胸苷激酶不能利用阿昔洛韦作为底物。阿昔洛韦单磷酸之后被细胞内酶类磷酸化成二磷酸和三磷酸形式。阿昔洛韦三磷酸是 HSV 特异性的 DNA 聚合酶的底物，能够掺入生长中的病毒 DNA 链中，导致链的终止。阿昔洛韦的特异性和高效治疗指数是因为只有 HSV 感染的细胞才能产生阿昔洛韦单磷酸。

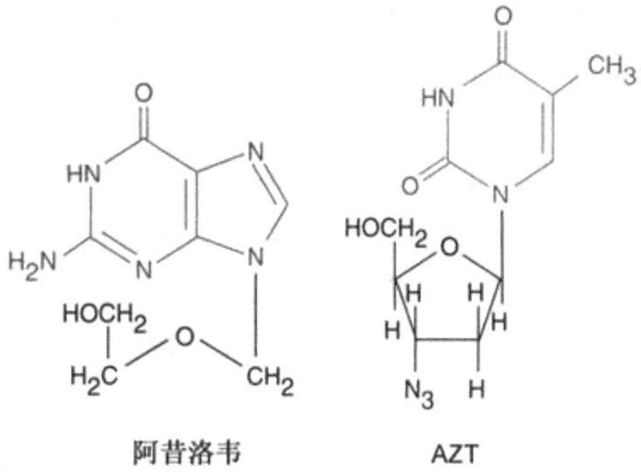

图 20.38　抗病毒药物阿昔洛韦和 AZT 的结构

AZT 被细胞激酶磷酸化成为 AZT 三磷酸，AZT 三磷酸通过抑制 HIV-DNA 聚合酶（一种依赖于 RNA 的聚合酶）抑制 HIV 复制。AZT 区分 HIV 感染细胞和正常细胞的选择性是由于 HIV 的 DNA 聚合酶对 AZT 三磷酸的敏感性至少是宿主细胞依赖于 DNA 的 DNA 聚合酶的 100 倍。这两种抗病毒药物治疗选择性的机制是不相同的：一个是病毒基因组编码的酶活性对于药物的活化是必需的（阿昔洛韦），另一个是尽管细胞内的酶激活了 AZT，但病毒基因产物（HIV-DNA 聚合酶）是选择性的作用靶点。

对化疗药物反应性的生物化学基础

患者对化疗反应性有两方面需要注意：第一，药物治疗会导致选择性出现药物抵抗的群体；第二，基因多态性导致药物代谢的改变，例如标准剂量化疗药物对患者的毒性增加或者出现严重的毒性反应。肿瘤化疗失败通常与发展或选择出对特定药物细胞毒性效应产生耐受的肿瘤细胞群体有关。肿瘤中包含了非均一的细胞群体，在很多种情况下这些对药物耐受的细胞已经存在。治疗时，对药物敏感的细胞被杀死，而对药物耐受的细胞逐渐被富集。在一些病例中，药物治疗产生了基因上的改变，导致药物耐受表型的出现。对药物的耐受可以分为对特定的药物耐受或者是多药耐受。

对多种药物耐受的生物化学和分子机制已经阐明。例如，对甲氨蝶呤耐受的发生就是因为多种不同的改变，这包括：①缺乏或缺失 N^5-甲酰四氢叶酸和 N^5-甲基四氢叶酸的转运子，导致细胞吸收 MTX 能力下降；②二氢叶酸还原酶基因扩增，导致二氢叶酸还原酶的表达量大大增加；③二氢叶酸还原酶基因改变导致出现突变的二氢叶酸还原酶，对 MTX 的抑制效应敏感性下降；④叶酰聚谷氨酸合酶水平降低，导致有诱饵效应的 MTX，多聚谷氨酰化 MTX 水平降低。对 MTX 耐受的细胞群可能有以上的一种或合并多种改变。这些耐受机制导致的结果就是降低了在临床可达到的浓度下 MTX 对二氢叶酸还原酶的抑制作用。其他化合物的耐受机制与阿糖胞苷、5-氟尿嘧啶、羟基脲及其他药物相似。

多药耐受是指耐药细胞对多种不相关的抗肿瘤药物，例如长春花碱、阿霉素、放线菌素 D、鬼臼毒素等产生交叉耐受。这些药物都是天然产物或来源于天然产物，它们在化学结构上互不相似。作为抗肿瘤药物，它们的作用机制各不相同，但可能是通过一些细胞核的活动来实现。

多药耐受的肿瘤细胞表达高水平（与药物敏感的肿瘤细胞相比）的膜转运蛋白（**P-糖蛋白和多药耐受相关蛋白，P-glycoproteins and multidrug resistance-associated protein，MRP**），这些蛋白质将药物转运出细胞。它们是依赖于 ATP 的药泵，能有效将细胞内药物浓度降低到毒性浓度之下。这些耐受药物的肿瘤细胞的出现是临床上的主要难题；但是，对这些药物耐受机制的研究大大加深了我们对肿瘤细胞的理解，有利于更好地设计化疗方案来治疗不同类型的肿瘤。

许多不同的例证表明基因多态性在包括不同基因产物的多种药物代谢/分布中发挥着重要作用。因此，患者对特定药物治疗在反应性上也存在差异。例如，遗传了无功能的**硫嘌呤甲基转移酶（thiopurine *S*-methyltransferase，TPMT）**（一种参与 6-巯基嘌呤代谢的酶，图 20.31）的等位基因，会对常规剂量的 6-巯基嘌呤产生严重的不良反应。这些患者能够通过减少常规 6-MP 剂量，在降低发病率的基础上获得所需的临床效果。药物基因组学是一个崭新的领域，可以运用分子技术确定候选基因，这将帮助医生对患者进行个体化治疗以获得最佳的治疗效果，并减少短期和长期不良反应。这不仅在肿瘤治疗上存在可行性，而且对于其他疾病的治疗也同样可行。

参考书目

Aletaha, D., Stamm, T., Kapral, T., Eberl, G., Grisar, J., Machold, K. P., and Smolen, J. S. Survival and effectiveness of leflunomide compared with methotrexate and sulfasalazine in rheumatoid arthritis: A matched observational study. *Ann. Rheum. Dis.* 62:944, 2003.

Arner, E. S. J. and Eriksson, S. Mammalian deoxyribonucleoside kinases. *Pharmacol. Ther.* 67:155, 1995.

Beardsley, G. P., Rayl, E. A., Gunn, K., Moroson, B. A., Seow, H., Anderson, K. S., Vergis, J., Fleming, K., Worland, S., Condon, B., and Davies, J. Structures and functional relationships in human pur H. Advan. *Exp. Med. Biol.* 43:221, 1998.

Bertino, J. R. and Hait, W. In: Goldman, L., and Ausiello, D. (Eds.), *Principles of Cancer Therapy in Textbook of Medicine*, 22nd ed. Philadelphia: Saunders, 2004, Chapter 191, p. 1137.

Boza, J. J., Moennoz, D., Bournot, C. E., Blum, S., Zbindeen, I., Finot, P. A., and Ballerve, O. Role of glutamine on the *de novo* purine nucleotide synthesis in Caco-2 cells. *Eur. J. Nutr.* 39:38, 2000.

Canyuk, B., Francisco, J., Eakin, A. E., and Craig, S. P., III. Interactions at the dimer interface influence the relative efficiencies for purine nucleotide synthesis and pyrophosphorolysis in phosphoribosyltransferase. *J. Mol. Biol.* 335:905, 2004.

Christopherson, R. I., Lyons, S. D., and Wilson, P. K. Inhibitors of *de novo* nucleotide biosynthesis as drugs. *Acc. Chem. Res.* 35:961, 2002.

Elion, G. B. The purine path to chemotherapy. *Science* 244:41, 1989 (classic paper by Nobel Laureate).

Elledge, S. J., Zhou, Z., and Allen, J. B. Ribonucleotide reductase: regulation, regulation, regulation. *Trends Biochem. Sci.* 17:119, 1992.

Evans, W. E. and Relling, M. V. Moving towards individualized medicine with pharmacogenomics. *Nature* 429:464, 2004.

Hatse, S., DeClercq, E., and Balzarini, J. Role of antimetabolites of purine and pyrimidine nucleotide metabolism in tumor cell differentiation. *Biochem. Pharmacol.* 58:539, 1999.

Huang, M. and Graves, L. M. *De novo* synthesis of pyrimidine nucleotides; emerging with signal transduction pathways. *Cell. Mol. Life Sci.* 60:321, 2003.

Jordan, A. and Reichard, P. Ribonucleotide reductases. *Annu. Biochem.* 67:71, 1999.

Kanz, B. A., Kohalmi, S. E., Kunkel. T. A., Matthews, C. K., McIntosh, E. W., and Reidy, J. A. Deoxyribonucleoside triphosphate levels: A critical factor in the maintenance of genetic stability. *Mutat. Res.* 318:1, 1994.

Kapport, T. J., Ealick, S. E., and Stubbe, J. Modular evolution of purine biosynthetic pathway. *Curr. Opin. Chem. Biol.* 4:567, 2000.

Kisliuck, R. L. Deaza-analogs of folic acid as antitumor agents. *Curr. Pharmaceut. Design* 9:2615, 2003.

Magni, G., Amici, A., Emanuelli, E. M., Orsomando, G., Raffaelli, N., and Ruggeiri, S. Enzymology of NAD homeostatis in man. *Cell. Mol. Life Sci.* 61:19, 2004.

Ruckerman, K., Fairbanks, L. D., Carrey, E. A., Hawrylowicz, C. M., Richards, D. F., Kirschbaum, B., and Simmonds, H. A. Leflunomide inhibits de vovo pyrimidine synthesis in mitogen-stimulated T-lymphocytes from healthy humans. *J. Biol. Chem.* 273:21682, 1998.

Sanghani, S. P. and Moran, R. G. Tight binding of folate substrates and inhibitors to recombinant mouse glycinamide ribonucleotide formyltransferase. *Biochemistry* 36:10506, 1997.

Scriver, C. R., Beaudet, A. L., Valle, D. and Sly, W. S. (eds.). *The Metabolic and Molecular Bases of Inherited Disease*, Vol. II, 8th ed. New York: McGraw-Hill, 2004, Chapters 106–113.

Sigoillot, F. D., Berkowski, J. A., Sigoillot, S. M., Kotsis, D. H. and Guy, H. I. Cell cycle-dependent regulation of pyrimidine biosynthesis. *J. Biol. Chem.* 278:3403, 2003.

Sigoillot, F. D., Evans, D. R., and Guy, H. I. Autophosphorylation of the mammalian multifunctional protein that initiates *de novo* pyrimidine biosynthesis. *J. Biol. Chem.* 277:24809, 2002.

Stubbe, J. Ribonucleotide reductases: The link between a RNA and DNA world? *Curr. Opin. Struct. Biol.* 10:731, 2000.

Tonkinson, J. L., Marder, P., Andid, S. L., Schultz, R. M., Gossett, L. S., Shih, C., and Mendelsohn, L. G. Cell cycle effects of antimetobilites: Implications for cytotoxicity and cytostasis. *Cancer Chemother. Pharmacol.* 39:521, 1997.

Turner, R. N., Aherne, G. W., and Curtin, N. J. Selective potentiation of lometrexol growth inhibition by dipyrimidamole through specific inhibition of hypoxanthine salvage. *Br. J. Cancer* 76:1300, 1997.

Wei, S., Reillaudou, M., Apiou, F., Perye, H., Petridis, F., and Luccioni, C. Purine metabolism in two human melanoma cell lines: Relation to proliferation and differentiation. *Melanoma Res.* 9:351, 1999.

Wolfe, F., Michand, K., Stephenson, B., and Doyle, J. Toward a definition and method of assessment of treatment failure and treatment effectiveness: The case of leflunomide versus methotrexate. *J. Rheumatol.* 30:1725, 2003.

Xu, X., Williams, J. W., Gong, H., Finnegan, A. and Chong, A. S. Two activities of the immunosuppressive metabolite of leflunomide, A771726. Inhibition of pyrimidine nucleotide synthesis and protein tyrosine phosphorylation. *Biochem. Pharmacol.* 52:527, 1996.

Yablonski, M. J., Pasek, D. A., Han, B. D., Jomes, M. E., and Traut, T. W. Intrinsic activity and stability of functional human UMP synthase and its two separate catalytic domains, orotate phosphoribosyltransferase and orotidine decarboxylase. *J. Biol. Chem.* 271:10704, 1996.

Zalkin, H. and Dixon, J. E. *De novo* purine nucleotide biosynthesis. *Prog. Nucleic Acid Res.* 42:259, 1992.

Zhao, R., Babani, S., and Goldmann I. D. Sensitivity to 5,10-dideazatetrahydrofolate is fully conserved in a murine leukemia cell line highly resistant to methotrexate due to impaired transport mediated by the reduced folate carrier. *Clin. Cancer Res.* 6:3304, 2000.

Zimmer, H. G. Significance of the 5-phosphoribosyl-1-pyrophosphate pool for cardiac purine and pyrimidine nucleotide synthesis: Studies with ribose, adenine, inosine, and orotic acid in rats. *Cardiovasc. Drugs Ther.* 12(Suppl. 2): 179, 1998.

习题和参考答案

选择题

1. RNA 中的两种嘌呤核苷酸：
   A. 通过共同的中间产物由分支途径合成
   B. 通过连续的途径合成
   C. 必须来源于外部原料
   D. 通过脱氧形式的氧化生成
   E. 通过两条完全不同的途径由非嘌呤前体合成
2. 以下过程不包括磷酸核糖转移酶的是：
   A.嘧啶碱基的补救合成
   B.嘧啶核苷酸的从头合成
   C.嘌呤核苷酸的从头合成
   D.嘌呤碱基的补救合成
3. 尿酸：
   A.在 O_2 存在下由黄嘌呤形成
   B.是胞啶的降解产物
   C.在痛风病中缺乏
   D.是黄嘌呤氧化还原酶的竞争性抑制剂
   E.在人体中，排泄前被氧化
4. 在核酸降解中，下列错误的是：
   A.存在 DNA 或 RNA 特异性的核酸酶
   B.核酸酶将核酸转变为核苷
   C.核苷到自由碱基的转变通过水解作用
   D.脱氨基酶的存在，生成的是次黄嘌呤，而不是腺嘌呤
   E.腺苷脱氨酶缺陷会导致免疫缺陷
5. 5′-单磷酸核苷到 5′-三磷酸核苷的转变：
   A.由核苷激酶催化
   B.是直接平衡反应
   C.需要相对特异性的核苷酸激酶和相对非特异性的核苷二磷酸激酶
   D.通常由 GTP 提供磷酸根
   E.只发生于细胞周期的 S 期
6. 下列化疗药物中通过抑制嘌呤的从头合成发挥作用的是：
   A.阿昔洛韦(无环鸟苷)
   B.5-氟尿嘧啶(抗代谢药)
   C.甲氨蝶呤(叶酸拮抗剂)
   D.羟基脲
   E.AZT（叠氮胸苷）

问题 7 和 8：遗传性乳清酸尿症的特征是：贫血，发育迟缓，和乳清酸排泄增多。病因可能是乳清酸磷酸核糖转移酶和乳清酸核苷脱羧酶的其中一种或两种缺陷。这种疾病可行的治疗方法是尿嘧啶核苷饮食疗法。

7. 饮食治疗有效的过程包括：
   A.通过尿嘧啶核苷磷酸转移酶将外源性尿嘧

啶核苷转变为 UMP

B.外源性尿嘧啶核苷中的 UTP 提供合成 CTP 的原料

C.通过 UTP 抑制氨甲酰磷酸合成酶

D.以上全是

E.以上都不是

8. 嘧啶核苷酸从头合成中：

A.反应只发生在细胞质中

B.一个游离碱基以中间体的形式生成

C.限速步骤需要 PRPP 参与

D.UMP 和 CMP 由同一个中间体生成

E.这一过程的主要控制点是 UMP 对 OMP-脱羧酶的抑制

问题 9 和 10：痛风病的特征是：嘌呤核苷酸从头合成途径的过度增加引起高尿酸血症。Lesch-Nyhan 综合征的特异性原因是次黄嘌呤鸟嘌呤磷酸核糖基转移酶的严重缺乏。别嘌呤醇用于痛风病的治疗，它可以减少尿酸的产生。在 Lesch-Nyhan 综合征中，尿酸的减少被血液中黄嘌呤和次黄嘌呤的增加所平衡。在其他类型的痛风病中，尿酸的减少比黄嘌呤和次黄嘌呤的增加更为明显。

9. 这两种不同类型痛风的区别在于：

A.这是实验性结果，非 Lesch-Nyhan 型痛风病中尿酸水平的降低和黄嘌呤及次黄嘌呤的增加是相同的

B.别嘌呤醇对于非 Lesch-Nyhan 型痛风病效果差一些

C.非 Lesch-Nyhan 型痛风病黄嘌呤和次黄嘌呤排泄增加

D.Lesch-Nyhan 综合征中 PRPP 水平降低

E.非 Lesch-Nyhan 型痛风黄嘌呤和次黄嘌呤补救合成为 IMP 和 XMP，并抑制 PRPP 酰胺转移酶的活性

10. 属于嘌呤核苷酸从头合成调控的有：

A.AMP、GMP 和 IMP 使 PRPP 酰胺转移酶由较小形式转变为较大形式

B.PRPP 酰胺转移酶对 PRPP 表现出高压动力学特征

C.AMP 抑制 IMP 向 GMP 的转变

D.谷氨酰胺浓度的变化是主要调控因素

E.AMP 向 GMP 的直接转换维持了二者之间的平衡

问题 11 和 12：类风湿性关节炎是一种自身免疫性疾病，由此引发的炎症反应会带来严重的问题。治疗的一线方案为抗炎药物，虽能控制症状，但却无法阻止疾病的进展。更强有力的治疗方法是低剂量的甲氨蝶呤，它是一种二氢叶酸还原酶抑制剂。另一种免疫抑制药物 Arava (来氟米特)，是二氢乳清酸脱氢酶的抑制剂，与甲氨蝶呤疗效相似，但副作用更少。

11. 下列说法正确的是：

A.甲氨蝶呤抑制 UMP 的从头合成

B.Arava 抑制嘧啶核苷酸的从头合成

C.Arava 抑制 dUMP 向 dTMP 的转变

D.甲氨蝶呤抑制四氢生物蝶呤的生产

E.这两种药物大大增加了 β-氨基酸类的产生

12. 脱氧核糖核苷酸：

A.不能被合成，只能由饮食提供

B.利用 dPRPP 从头合成

C.在硫氧还蛋白等酶系统催化下，由核糖核苷酸生成

D.在核苷酸激酶催化下，由核糖核苷酸生成

E.只能通过游离碱基的补救合成途径形成

问答题

13. 能够从头合成嘌呤核苷酸的细胞如果有充足的 AMP，但缺乏 GMP，细胞如何调控合成来增加 GMP 的浓度？如果 AMP 和 GMP 的浓度都合适，又会发生什么情况？

14. 如何检测 DNA 的循环？

参考答案

1. A GMP 和 AMP 均通过第一个核苷酸 IMP，在分支途径合成；B：嘧啶核苷酸 UMP 和 CTP 通过连续途径由乳清酸形成；C：人类能够合成嘧啶核苷酸；D：脱氧形式通过核糖形式的还原形成；E：IMP 是共同的前体。

2. C 在嘌呤核苷酸合成中，嘌呤环在 5-磷酸核糖的基础上分步合成，并不转移。A，B，D：磷酸核糖基转移酶是嘌呤和嘧啶补救合成中的重要酶，也是嘧啶合成的一部分，因为 OPRT 能够催化乳清酸向 OMP 的转变。

3. A　黄嘌呤的氧化还原反应产生尿酸;B，E：尿酸是嘌呤，而不是嘧啶的终产物;C：痛风的特征是过多的尿酸。

4. C　产物是 1-磷酸核糖，而不是游离蔗糖，属于一种磷酸水解作用。A：他们也对碱基和剪切位点有特异性;B：A 直接水解;D：AMP 脱氨酶和腺苷脱氨酶将 6-NH_2 转变为 NH_3。形成的 IMP 或次黄嘌呤核苷最终转变为次黄嘌呤。E：这被称为严重的联合免疫缺陷。

5. C　这两种酶在核苷酸的互变中有重要作用;A：将核苷酸转变为一磷酸核苷;B：需要两个步骤;D：ATP 浓度最高，是磷酸的供体;E：发生于 S 期，但这是细胞的常见反应。

6. C　叶酸拮抗剂降低了嘌呤合成两个步骤中所需的 THF 复合物的浓度;A，E：这是抑制 DNA 合成的抗病毒药物;B：5-氟尿嘧啶是嘧啶类似物，而不是嘌呤类似物;D：羟基脲抑制核糖核苷酸向脱氧核糖核苷酸的还原反应，因此不参与嘌呤的从头合成;E：别嘌呤醇增强了 6-巯基嘌呤的效应，但不是嘧啶合成的抑制剂。

7. D　许多外源性药物需要转变为活性形式才能发挥作用。在这种情况下，尿嘧啶核苷被补救合成为单磷酸形式，最终成为三磷酸形式;细胞由于乳清酸的转变被阻断使细胞缺乏 UTP 和 CTP，因此外源性的尿嘧啶核苷提供了一个旁路。由于 UTP 抑制限制型酶(氨甲酰磷酸合成酶Ⅱ)的活性导致乳清酸形成减少。

8. B　它与嘌呤从头合成不同。A：其中一个酶在线粒体内．C：在乳清酸向 OMP 转变中需要 PRPP，但这一步不是限速步骤;D：OMP 向 UMP 和 CTP 的转变是个连续的步骤;E：这不可能发生，因为限速步骤是 CPSⅡ催化的反应。

9. E　不仅尿酸合成被直接抑制，从头合成也被抑制，因此黄嘌呤和次黄嘌呤的合成减少。在 Lesch-Nyhan 综合征中，唯一的效应是黄嘌呤氧化酶的直接抑制。A：这是真实的效应．B：事实上，由于双重效应，它的效果更强。D：由于碱基补救合成缺乏，PRPP 的水平很高，导致调控异常或缺乏调控。

10. A　这是一种抑制机制，因为大量酶处于失活状态。B：PRPP 酰胺转移酶对 PRPP 的反应动力学曲线表现为 S 形，因此 PRPP 浓度的剧烈变化有可能会改变反应速度;C：AMP 抑制 IMP 向其自身的转变;D：谷氨酰胺浓度相对恒定;E：这种情况不会发生。

11. B　二氢乳清酸向乳清酸的转变是嘧啶核苷酸从头合成的关键步骤;A：甲氨蝶呤减少了四氢叶酸酯的总量，但四氢叶酸酯不参与嘧啶的从头合成;C：这是甲氨蝶呤通过减少四氢叶酸酯的总量所抑制的步骤;D：GTP 是四氢生物蝶呤的前体;E：β-氨基酸是降解产物，但合成没有明显增加。

12. C　脱氧核糖核苷酸通过二磷酸核糖核苷合成，由二磷酸核苷还原酶催化，硫氧还蛋白为氢电子的直接供体;A，B，E：合成的机制如前所述，但不是从头途径;D：核苷酸激酶是向碱基或核苷酸添加磷酸的酶。

13. AMP 通过对 PRPP 酰胺转移酶的变构抑制，部分抑制了 IMP 的从头合成。由于 AMP 是其自身从 IMP 合成的抑制剂，IMP 将直接形成 GMP。如果 AMP 和 GMP 都充足，两者协同对 PRPP 酰胺转移酶的抑制效应将严重抑制从头合成。

14. 胸腺嘧啶几乎完全来源于 DNA。胸腺嘧啶的降解产生特异性的 β-aminoisobutyrate，后者被排泄出来，并可以通过尿液检测。

(陈磊　译)

21

铁和血红素代谢

William M. Awad, Jr.

21.1 铁代谢:概述

铁参与氧的转运及其一系列生物化学过程,因而与氧代谢密切相关。通常铁的氧化状态为 2 价和 3 价。铁的高氧化状态见于某些氧化-还原过程中短暂存在的中间体,比如,假单胞菌来源的细胞色素 P450(见 11.2 节)催化的中间体之一的铁必须是 4 价铁。铁和能提供成键电子的负电性原子,如 O、N、S 有亲和力。当顺利地定位到大分子时,这些原子有相当高的亲和力。当形成复合体时,铁不提供成键电子。铁的结构存在着复杂性即金属外壳(不完全填满的 3*d* 轨道)的非成键电子存在着两种状态。在与铁的成键相互作用比较微弱的地方,外层非成键电子避免配对,它遍布于 3*d* 轨道上;而在与铁相互作用强的成键电子的地方,外层非成键电子成对,倾向位于 3*d* 轨道中的低能量区域。在铁的这两种氧化状态下,不同的电子分布由电子自旋共振决定。3*d* 电子分散到各个轨道将导致高自旋状态;反之,3*d* 电子局限于低能量轨道,由于电子配对,导致低自旋状态。在化学反应(通过血红蛋白结合和释放氧)过程中,一些铁蛋白复合体在氧化状态不发生改变时能够表现出自旋状态的变化。

在中性和碱性 pH 下,水溶液中铁的氧化还原电势倾向于 3 价状态;酸性 pH 时,平衡倾向于 2 价状态。在 3 价状态,铁与 H^+、H_2O 和其他可能存在的负电荷原子缓慢形成一个多核复合体。这些复合体会变得很大,以至于超出了它们的溶度积,导致聚集和沉淀进而引发病理损伤。

铁能够结合并影响多种大分子的结构和功能,进而导致对生物体的伤害。为了避免这种反应的发生,多种铁结合蛋白行使储存和转运铁的功能。这些蛋白质与金属的亲和力非常高,在正常生理状态下,有尚未完全结合的铁结合位点。铁及其配体的结合已经在一些蛋白质(例如,血红蛋白、肌红蛋白和转铁蛋白)中进行了详细阐述。

21.2 含铁蛋白

铁通过掺入**原卟啉Ⅸ环**(**protoporphyrin** Ⅸ)(见 21.10 节)或与其他蛋白配体相互作用而与蛋白质结合。亚铁和高铁-原卟啉复合物被分别命名为**血红素**(**heme**)和**血色素**(**hematin**)。含血红素的蛋白质包括那些和氧的转运(血红蛋白)、储存(肌红蛋白)相关的蛋白质,以及以血红素作为其辅基的酶(如过氧化氢酶、过氧化物酶、色氨酸吡咯酶、前列腺素合酶、鸟苷酸环化酶、NO 合酶和微粒体、线粒体细胞色素类)。有关血红素蛋白结构和功能的相关性见本书的第 9 和 14 章。

非血红素蛋白包括转铁蛋白、铁蛋白、许多在活性位点含铁的氧化还原酶类和铁硫蛋白,目前研究已经获得了其中一些分子的结构-功能相关性的重要信息。

转铁蛋白在血清中转运铁

血清中与铁转运相关的蛋白质是**转铁蛋白**(**transferrin**)。转铁蛋白是一种在肝脏合

成的 β1-糖蛋白，由含有两个不存在相互作用的铁结合位点的单条肽链(78kDa)组成。该蛋白质的基因来源于一种编码只含有一个铁结合位点蛋白的古老基因。多种金属可以和转铁蛋白结合，其中以 3 价铁亲和力最高，而 2 价铁则不能与之结合。3 价铁与转铁蛋白的结合完全依赖于阴离子的配对，这些阴离子在生理状态下为碳原子，如下所述：

$$\text{转铁蛋白} + Fe^{3+} + CO_3^{2-} \longrightarrow \text{转铁蛋白} \cdot Fe^{3+} \cdot CO_3^{2-}$$

$$Fe^{3+} + CO_3^{2-} + \text{转铁蛋白} \cdot Fe^{3+} \cdot CO_3^{2-} \longrightarrow \text{转铁蛋白} \cdot 2(Fe^{3+}\,CO_3^{2-})$$

不同物种中铁与转铁蛋白的结合常数从 10^{19} 到 10^{31} 不等。从某种意义上讲，转铁蛋白过量的区域就没有游离的铁离子。在正常生理状态下，大概 1/9 的转铁蛋白分子被铁饱和，4/9 半饱和，4/9 不含铁。未饱和的转铁蛋白有助于预防感染(见临床相关知识 21.1 和 21.2)。铁结合位点在序列上和亲和力上与结合其他金属的位点不同。同时转铁蛋白还能与介导其内化的特异性细胞表面受体结合。

转铁蛋白受体(**transferring receptor**)是一种跨膜蛋白，由二硫键连接两个 90kDa 亚基组成异源二聚体。每一个亚基都含有一个跨膜片段和大致 670 个残基的能和转铁蛋白分子结合(尤其是结合两分子高铁)的胞外区。受体-转铁蛋白复合物的内化依赖于 Ca^{2+}-钙调蛋白-蛋白激酶 C 复合物对受体的磷酸化。在酸性溶酶体基质中铁原子被释放，受体-脱辅转铁蛋白质复合物则返回细胞表面，在细胞表面脱辅转铁蛋白质被释放到血浆后被重新利用。

临床相关知识 21.1
铁超负荷和感染

如果个体由于任何一种原因导致铁负荷过量，血清转铁蛋白将会接近铁饱和，出现少量的血清游离铁。通常状态下，某些微生物并不致病，因为他们是铁依赖的，无法与正常个体中部分饱和的转铁蛋白竞争。但当存在上述铁超负荷情况时，这些微生物就存在致病性。例如，*Vibrio vulnificus*，一种嗜盐弧菌，属于海洋嗜盐微生物，存在于一少部分牡蛎和商业贝类。存在铁过负荷的个体在进食这些食物后，会发生迅速的进行性感染，继而在 24 小时内死亡；而正常个体进食同样的食物则不会有任何症状。

临床相关知识 21.2
微生物的致病性和铁

细菌的生长、分泌能紧密结合金属并将这些金属复合物带到微生物的低分子质量复合物的过程均需要铁的参与。但是，正如临床相关知识 21.1 中所述，除非转铁蛋白饱和并且存在过量的自由铁，否则，通常转铁蛋白对铁的紧密结合使铁不能被利用。然而，如果发生酸中毒，pH 降低会显著降低转铁蛋白对铁的亲和力，这是与糖尿病患者易发感染相关的众多特征之一。金黄色葡萄球菌可以利用一种不同来源的铁。这种微生物分泌一种溶血素，使少量红细胞膜破裂，血红蛋白释放产生的血红素被转运进入球菌中，通过存在的类似于血红素加氧酶的细菌酶类释放出游离铁。

乳铁蛋白在牛奶中与铁结合

牛奶中含有的铁几乎完全与**乳铁蛋白**(**lactoferrin**)结合。乳铁蛋白是一种和转铁蛋白具有非常高同源性的、有两个金属结合位点的糖蛋白。这种蛋白质与铁的结合永远不会饱和。乳铁蛋白有抗菌作用,能保护新生儿免受胃肠道感染。微生物需要铁来复制和行使功能,未完全饱和的乳铁蛋白通过结合游离铁,使不能有充足的铁进入到这些微生物体内,从而抑制其生长。其他微生物,例如大肠杆菌(*E. coli*),则能通过释放竞争性的铁螯合剂,特异性地将铁转运到他们体内,从而能够在乳铁蛋白存在的情况下增殖。

乳铁蛋白存在于粒细胞中,在细菌感染时被释放出来。分泌的黏液中也存在乳铁蛋白。除了抑制细菌的功能之外,乳铁蛋白还有利于牛奶中铁的转运和储存。乳铁蛋白也已被发现存在于人乳喂养的早产儿尿液中。

铁蛋白是参与储存铁的蛋白质

铁蛋白是参与铁储存的主要蛋白。由直径为 130Å 的外层多肽壳和直径为 60Å 的中央铁-氢氧化物-磷酸盐核心组成。脱辅蛋白质——**去铁铁蛋白**(**apoferritin**)由 H 亚基(178 个氨基酸)和 L 亚基(171 氨基酸)以不同混合形式组成的 24 个亚基构成。在有核的血细胞和心脏中以 H 亚基为主;在肝和脾中以 L 亚基为主。这些亚基的合成主要受细胞内自由铁浓度的调控。大量的铁储存于肝细胞、网状内皮细胞和骨骼肌中。铁与蛋白质的结合比率并不是恒定的。一分子蛋白质能结合 4500 个铁原子(但通常低于 3000 个),其表面的通道允许铁的聚集和释放。当铁超负荷时,会超过新合成的去铁铁蛋白的储存能力,导致在铁蛋白小球邻近区域出现铁沉积。在组织学上,这种铁沉积称为含铁血黄素(hemosiderin)。铁蛋白的 H 链将铁氧化为高价状态。同一物种的不同组织来源的铁蛋白电泳迁移率不同,和同工酶之间的差异大致相似。在一些组织中,通过电镜观察发现,铁蛋白小球呈格状排列。

血浆铁蛋白含铁少,但富含 L 亚基,半衰期为 50 小时,主要被网状内皮细胞和肝细胞清除。血浆铁蛋白的浓度虽然很低,但与机体铁存储量密切相关。

非血红素含铁蛋白参与酶促反应

许多含铁蛋白参与酶促反应,这其中大多与氧化机制相关。除了一小部分参与线粒体电子传递的部分外,大多数结合铁的配体的结构特征尚不清楚。**铁氧化还原蛋白**(**ferredoxin**)的特征是铁通常只与硫原子结合。已知的铁硫簇有以下几种(图 21.1):最小的是Ⅰ型,仅发现于微生物中,由 6kDa 的多肽和与 4 个半胱氨酸残基相连的铁原子组成。Ⅱ型铁氧化还原蛋白存在于植物和动物组织,含有两个铁原子,每个铁原子与 2 个半胱氨酸残基相连,共有 2 个硫原子。最复杂的Ⅲ型铁硫蛋白是细菌铁氧化还原蛋白,含有 4 个铁原子,每一个铁原子与一个单独的半胱氨酸残基相连,但共有 3 个硫原子,与邻近铁原子形成一个立方体样结构。在一些厌氧菌中,铁氧化还原蛋白的一个家族中每个大分子可能含有 2 个Ⅲ型铁硫蛋白。**Ⅳ型铁氧化还原蛋白(type Ⅳ ferredoxin)**,含有 3 个铁原子,每一个铁原子与两个半胱氨酸残基相连,共用 2 个硫原子,形成一个平面结构。在一种铁氧化还原蛋白中,半胱氨酸残基的硫原子被可溶性的氧原子替代时,铁原子只与一个硫原子相连。这些不同铁氧化还原蛋白提供的氧化还原电势差别很大,其中部分依赖于包围这些铁硫簇周围的多肽环境。当发生电子转移时,铁原子由 3 价转换为 2 价。在氧化状态下,Ⅱ型铁硫蛋白中的两个铁原子均为 3 价;还原状态下,只有一个铁原子变为 2 价。在Ⅲ型铁硫蛋白中,氧化状态可能为 $2Fe^{3+} \cdot 2Fe^{2+}$ 或 $3Fe^{3+} \cdot Fe^{2+}$,还原状态为 $Fe^{3+} \cdot 3Fe^{2+}$ 或 $2Fe^{3+} \cdot 2Fe^{2+}$。近来,有几种更复杂的铁硫簇已经被发现,进一步揭示了这些铁硫簇在氧化还原机制中的作用(见临床相关知识 21.3 和 21.4)。

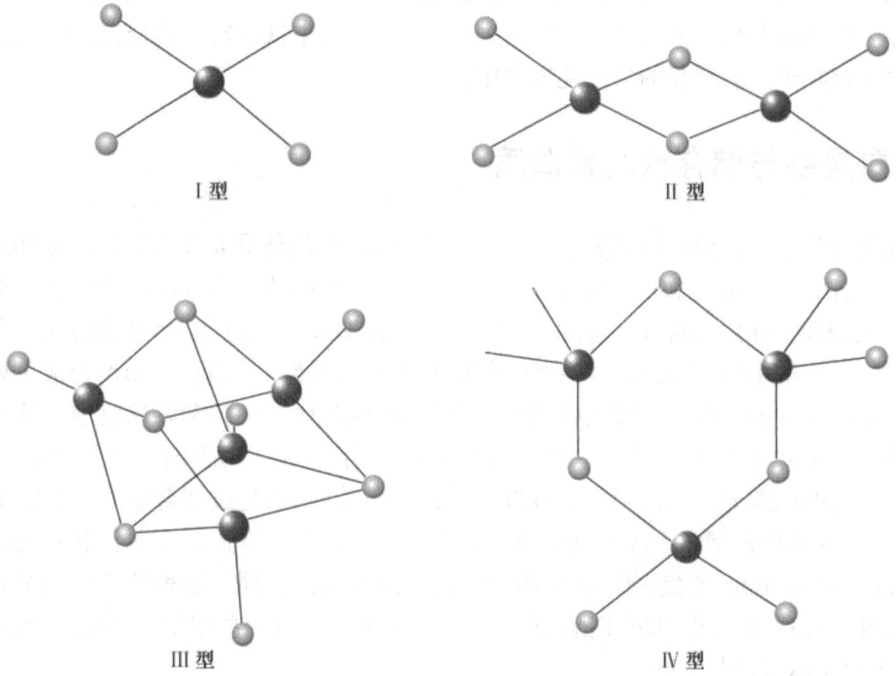

图 21.1　铁氧化还原蛋白中铁原子和硫原子的结构

黑色圆圈代表铁原子;粉红色圆圈代表无机硫原子;小的灰色圆圈代表来源于多肽链的半胱氨酰硫原子。Ⅳ型铁氧化还原蛋白可能存在差异性,其中一个半胱氨酰残基被一个 OH 基团的可溶性氧原子替代

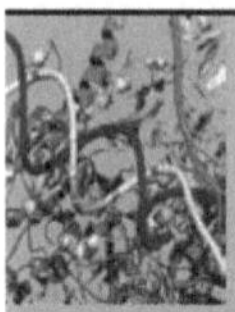

临床相关知识 21.3
铁硫簇合成和人类疾病

铁硫簇在线粒体内合成后输出到细胞质,这一线粒体伴侣分子和其他蛋白质(其中一些的功能尚未明确)参与的过程尚知之甚少。人类 ABC7 转运基因突变导致患者发生一种 X-连锁铁粒幼细胞贫血,表现为步态异常(小脑性共济失调)和细胞质铁硫蛋白发育受阻。

临床相关知识 21.4

弗里德赖希(氏)共济失调

frataxin 是一种功能未知的线粒体蛋白，它的突变导致弗里德赖希(氏)共济失调，并伴随该蛋白浓度的大大降低。frataxin 可能是铁硫簇形成所必需的。弗里德赖希(氏)共济失调的特征是：步态显著异常，心肌损伤和糖尿病。患者体内线粒体铁聚集显著提高，但这些铁难以螯合。大约 98% 的患者的病因为 frataxin 的第一个外显子中 GAA 三联体扩增，有时超过 1000 倍。但这种疾病不发生贫血。

21.3 铁在小肠的吸收

铁与大分子特异性和非特异性的高亲和力导致很少形成自由铁盐，因此这种金属不会在通常的排泄途径中丢失。铁的排泄只能通过不能再利用的组织(如表皮、胃肠黏膜)的腐烂完成。在健康成年男性，每天的损失量为 1mg。在绝经前的妇女，正常的生理性的月经、分娩和哺乳则丢失更多的铁。这种丢失量差别很大，取决于月经量和分娩的复杂性。在极端情况下，绝经前的妇女在相当长的时期内需要的铁可能是成年男性的 4～5 倍。不伴有铁缺乏的绝经后妇女所需的铁则与成年男性相仿。儿童和伴有失血的患者则需要更多的铁。

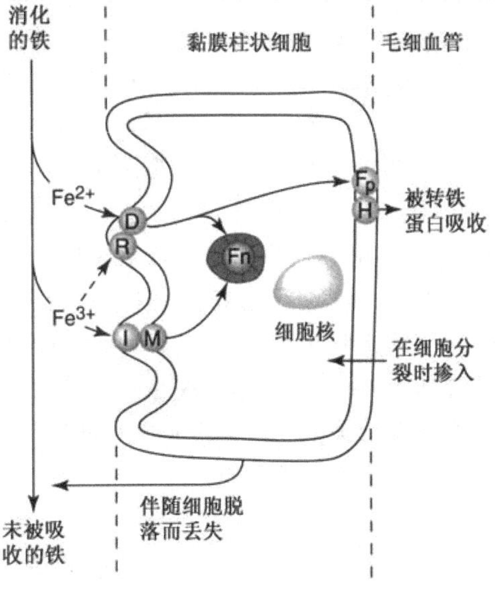

图 21.2 小肠黏膜对铁吸收的调控

十二指肠黏膜细胞铁的流量已经标明。一部分潜在可吸收的铁从小肠肠腔转运到上皮细胞。大部分消化的铁未被吸收，原因之一是他们以不易吸收的形式存在。一部分铁保留在细胞内，与去铁铁蛋白结合形成铁蛋白。这部分铁随着正常的细胞转归脱落到肠腔。黏膜细胞中的一部分铁被吸收，转运到毛细血管床与转铁蛋白结合。在小肠隐窝基底发生细胞分裂时，铁被吸收来满足细胞需要。在铁衰竭和铁过量的状态下，这些流量处于动态变化之中。图中所示结构：D. DMT 1；I. 整合素；M. mobilferrin 铁结合蛋白；Fn. 铁蛋白；Fp. 膜铁转运蛋白 1；H. 亚铁氧化酶；R. 一种与 DMT 1 作用的铁还原酶

食物的烹调有助于铁结合配体的分解，提高铁在消化道中的利用率。胃内的低 pH，可以将 Fe^{3+} 还原为 Fe^{2+}，也有助于铁与配体的解离。这一过程需要还原剂的存在，这些还原剂通常为饮食中的维生素 C。正常胃功能的缺失将使铁的吸收大大减少。一些含铁复合物与铁结合非常紧密，通过消化也无法吸收。与人们普遍认识不同的是，菠菜所能提供的铁很少，这一方面是因为先前铁含量的计算有误，另一方面是因为一部分铁与**肌醇六磷酸**(**phytate**)(**六磷酸植酸盐，inositol hexaphosphate**)结合，它们对胃肠道的化学作用无反应。胃或胰腺来源的一些特殊蛋白辅助因子被发现有助于小肠对铁的吸收。

铁主要的吸收部位是小肠，尤以十二指肠吸收量为最大(图 21.2)。铁以游离铁或血

红素的形式进入黏膜细胞。当以血红素的形式进入时，在黏膜细胞的细胞质中铁从卟啉环上被释放出来。胰腺分泌的大量碳酸氢盐中和了胃分泌的酸性物质，有利于 Fe^{2+} 被氧化为 Fe^{3+}。不管机体是否需要，都有充足的铁被运送到内腔，并有一部分铁进入黏膜细胞。在管腔表面、细胞质内、黏膜细胞之间和毛细血管床均存在调控铁转运的机制（图 21.2 和临床相关知识 21.5）。在正常状况下，铁的转运量受到严格调控。铁缺乏时，转运量提高；铁过量时，转运量会大大减少。黏膜细胞去铁铁蛋白的合成是调节铁通过黏膜-毛细血管表面转运的机制之一。当机体不需要铁时，会大量合成去铁铁蛋白与铁结合，阻止铁向毛细血管床转移。随着细胞代谢（一周内），这些铁被排入小肠肠腔，从而不被吸收。当铁缺乏时，则不合成去铁铁蛋白，也就不能阻止铁向体内转运。

临床相关知识 21.5

十二指肠铁吸收

铁从小肠肠腔到十二指肠黏膜的吸收可能有三种形式：亚铁离子、高铁离子和血红素，其中血红素的吸收机制未知。亚铁离子与跨膜蛋白——二价金属转运体 1（DMT1），也称为二价阳离子转运体 1（DCT1）或天然抵抗力相关巨噬细胞蛋白 2（Nramp 2）结合，对铁的转运依赖于质子配对机制。该蛋白质也能转运其他金属，如锌、镁、钴、镉和铅。这一蛋白质家族最早发现于巨噬细胞中，称为 Nramp。新近研究表明，Nramp 的功能是呈递铁给巨噬细胞，维持细胞在宿主抵抗力中经历的重要氧化还原反应的发生。*DMT 1* 基因含有 17 个外显子，mRNA 在 3′端拼接包括不同的 3′非翻译区。其中一种形式含有一个单一的铁反应元件，这提示其表达可能存在转录后调控。据推测，一种铁还原酶与 DMT 1 紧密结合。

在缺铁状态下，DMT 1 浓度会升高。对高价铁吸收的重要性，今天仍存在争议。十二指肠肠腔中的黏蛋白通过向金属呈递整联蛋白帮助溶解高价铁。整合素是由 230kDa 的异源二聚体组成的一种跨膜蛋白，其细胞质表面与一种叫做 mobilfettin 的可溶蛋白结合。整联蛋白将铁从肠腔转运到细胞的细胞质表面，而 mobilfettin 则是铁转运到细胞质铁蛋白或细胞另一极的运输工具。铁缺乏时，mobilferrin 的浓度并不升高，而是从细胞质向微绒毛移动，从而使其更加接近铁的流量。跨膜蛋白缺铁蛋白 1 存在于黏膜细胞的基底外侧面，将铁通过内皮细胞由细胞质转运到转铁蛋白，行使铁输送者的功能。这一蛋白质的 mRNA 在 5′非翻译区有一个 IRE。在巨噬细胞和库普弗细胞中该蛋白表达量较高。缺铁蛋白 1 转运亚铁离子，与另一种与血浆铜蓝蛋白类似的蛋白质——铜蓝蛋白 Ⅰ 膜铁转运辅助蛋白紧密关联。存在这样的假说：铜蓝蛋白 Ⅰ 膜铁转运辅助蛋白作为亚铁氧化酶，将亚铁离子转换为三价铁形式，使其与转铁蛋白结合。DMT 1 和膜铁转运蛋白 1 中不同位置的 IRE 似乎存在联系，他们的上调或下调存在协同性。这两种蛋白质的主要功能是控制铁向转铁蛋白的呈递。但是，在任何状态下，总有一种蛋白质的信使 RNA 稳定存在，而另一种蛋白质的信使 RNA 被抑制。能够证明这一观点的现象是，铁调素和膜铁转运蛋白质的相互作用利于后者的降解，而这也可能是其更重要的调控特点。

21.4 铁利用的分子调控

细胞内含有两种对铁浓度变化发生反应的蛋白质，他们是控制 mRNA 翻译的效应分子，在铁代谢中发挥着重要作用。这些**铁调控蛋白**(**iron regulatory protein，IRP**)能与某些 mRNA 的**茎环结构**(**stem-loop structure**)特异结合。当细胞铁浓度过高时，IRP-1 含有一个 Fe_4S_4 立方烷组(图 21.3)，这些辅基组使 IRP-1 具有**顺乌头酸酶**(**aconitase**)(见 14.4 节)活性。但是，由于细胞质中柠檬酸盐或异柠檬酸盐含量均不高，使其仅存在潜在的活性。在铁浓度较低时，立方烷结构崩解，成为一个没有催化活性的酶蛋白。但此时，它能够和称为**铁反应元件**(**iron responsive element，IRE**)的特异的 mRNA 茎环结构结合(图 21.4 和 21.5)。有 7 种在铁代谢中发挥作用的蛋白质的 mRNA 含有 IRE(表 21.1)，其中 5 种有单个 5′茎环结构，两种含有 3′ IRE。转铁蛋白受体有 5 个 3′茎环结构，而**二价金属转运子**(**divalent metal transporter 1，DMT1**)只含有一个。与 5′和 3′IRE 的侧面结合，会导致不同的翻译效果。在缺铁状态下，其与转铁蛋白受体 3′IRE 结合(图 21.4)，通过减少降解和增强受体蛋白的合成来稳定 mRNA。铁蛋白 mRNA 的单个 5′茎环结构(图 21.5)与转铁蛋白受体 mRNA 的 3′茎环结构同源，但对于前者，IRP 的结合导致其mRNA 翻译速率下降，铁蛋白的浓度降低。值得注意的是，调控转铁蛋白受体和去铁铁蛋白合成的分子机制并不相同(见临床相关知识 21.6)。

总之，铁浓度较低时导致 IRP 激活，与转铁蛋白受体和铁蛋白的 mRNA 结合，使转铁蛋白受体合成增多而去铁铁蛋白合成减少。共同作用的结果是使铁能够被增殖细胞利用。反之，铁浓度较高会导致 IRP 对 IRE 结合减少，使增殖细胞摄取的铁减少，铁转而储存于肝脏。

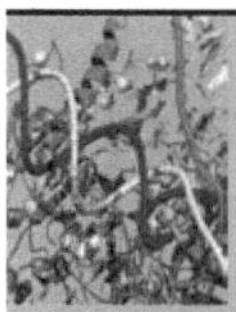

临床相关知识 21.6
铁反应元件突变

铁蛋白轻链 mRNA 铁反应元件环状部分存在单一突变，导致去铁铁蛋白合成增加，而体内铁总量并不升高。在一个病例中，这一突变使其对 IRP-1 的亲和力降低了 28 倍，晶状体中的 L-铁蛋白含量较之于对照个体增加了 9 倍，在晶状体中出现纯的铁蛋白轻链结晶，导致白内障的发生。晶状体中铁蛋白合成的增加可能导致铁催化反应增强，发生晶状体氧化性损伤。在一个日本人家系中，铁蛋白 H 链 mRNA 的 IRE 发生了突变，导致其与 IRP 亲和力增强。IRP 的诱饵效应导致 H 链合成降低，L 链合成增强。在这种情况下，体内铁含量显著增加，但没有白内障的症状发生。

表 21.1　含有 IRE 的 mRNA

mRNA	在 RNA 中的位置	IRE 个数	RNA 位置
L-铁蛋白	5′	1	细胞质
H-铁蛋白	5′	1	细胞质
红细胞 ALA 合成酶	5′	1	线粒体
线粒体顺乌头酸酶	5′	1	线粒体
缺铁蛋白 1	5′	1	细胞质
转铁蛋白受体	3′	多个	细胞质
二价金属转运子	3′	1	细胞质

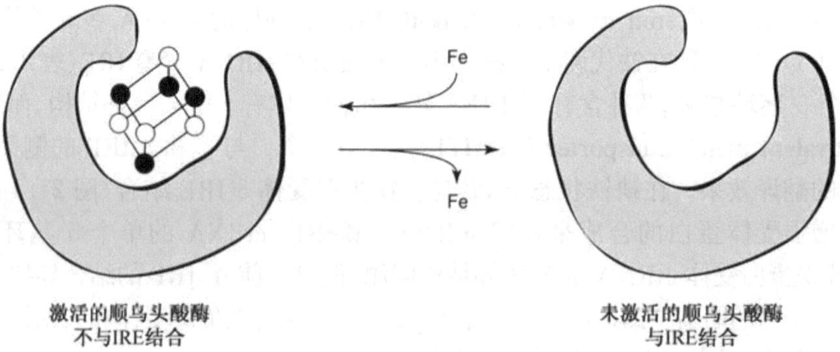

图 21.3　铁反应蛋白-1

黑色圆圈代表铁原子，开放圆圈代表无机硫原子

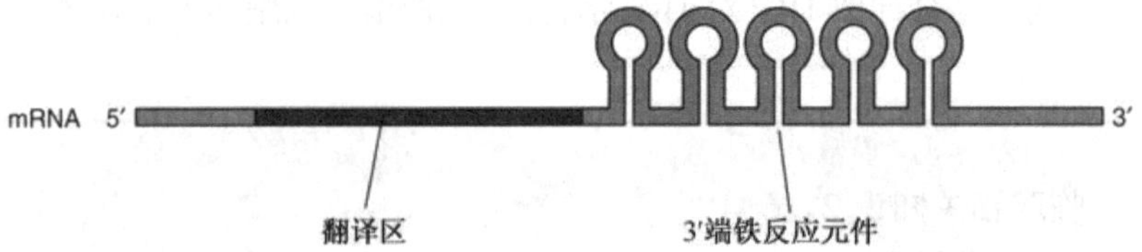

图 21.4　转铁蛋白受体 mRNA 的结构

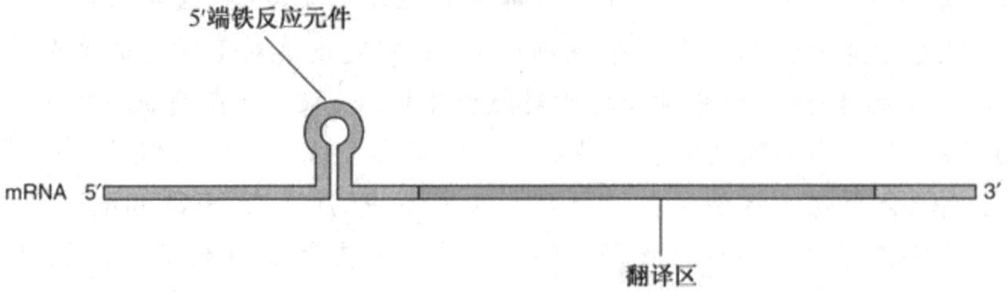

图 21.5　去铁铁蛋白 H 亚基 mRNA 的结构

如上所述，对 IRP-1 的调控依赖于其与 mRNA 结合时活性状态与非活性状态之间的转变。IRP-2 是另一种调控蛋白，也能对不同的铁浓度发生反应。铁浓度低时，合成增加；铁浓度高时，通过蛋白酶体降解增加。基因敲除小鼠的研究表明，相对于 IRP-2 而言，

IRP-1 并非是必需的。IRP-2 能够在低氧状态下发挥作用，IRP-1 却不能，这就提示了 IRP-2 在缺氧状态下的重要性。一氧化氮能促进 IRP-2 的降解，但却激活了 IRP-1，这种机制可能与磷酸化有关。

在对肝脏中抗菌复合物的研究过程中发现了一种多肽——**铁调素（hepcidin）**，来源于其前体羧基端部分的 84 个氨基酸。由于剪切位点不同，主要有 20 个残基和 25 个残基两种形式。在 20 个残基的形式中有 4 个二硫键，提示其含有 1 个紧密的节状结构。小鼠中敲除铁调素基因后，出现了明显的铁沉积和**血色素沉着病（hemochromatosis）**的早期表现（不同形式的铁过负荷综合征见表 21.2）。铁调素能够反映机体对铁的需求状况：体内铁水平低时铁调素表达增加，铁水平高时铁调素表达减少。在缺氧、贫血和炎症等情况下，铁调素表达也会增加。铁调素可能是体内铁平衡调节的中枢，它的表达受 HFE、**转铁蛋白受体-2（transferrin receptor-2）**和**铁调素调节蛋白（hemojuvelin）**（功能尚未明确）影响，这些蛋白质的缺陷会导致血色素沉积症（表 21.2）。但是其相互作用的机制尚未明确。相对于经由 IRE 对膜铁转运蛋白 mRNA 的调控机制而言，铁调素与膜铁转运蛋白结合导致的膜铁转运蛋白降解增加可能是膜铁转运蛋白调控的主要机制。

表 21.2　铁超负荷综合征

名称	基因	染色体	遗传特性	发病率	蛋白
柔弱综合征	BCS1L	2q33	隐性	非常罕见	线粒体伴侣蛋白
幼年血色素沉着症	HFE2	1q21	隐性	不常见	hemojuvelin
幼年血色素沉着症	HFE2B	19q13	隐性	不常见	铁调素
血色素沉着症	HFE1	6p21	隐性	常见	HFE 蛋白
血色素沉着症	HFE3	7q22	隐性	不常见	转铁蛋白受体-2
血色素沉着症	HFE4	2q32	显性	罕见	膜铁转运蛋白
铁超负荷	FTH1	11q13	显性	非常罕见	H-铁蛋白
aceruloplasminemia	CP	3q23	隐性	罕见	血浆铜蓝蛋白

注：进一步解释参见临床相关知识 21.6、21.7、21.9 和 21.10。

21.5　铁的分布和动力学

一名正常 70kg 男性体内含有 3～4g 铁，其中血浆中仅含有 0.1%（3.5mg），血红蛋白中大约含有 2.5g 铁。表 21.3 列出了铁在人体内的分布。通常情况下，转铁蛋白大约 33% 的位点结合有铁。小肠吸收的铁主要被输送到骨髓，以满足红细胞血红蛋白的合成。铁从小肠黏膜和储存状态被利用，部分是由于铁变为亚铁状态和被再氧化为高铁状态引起的铁的减少，而这种减少的具体机制尚不清楚。另一方面，如下所述，Fe^{2+} 重新变为 Fe^{3+} 受到血清中一种叫做亚铁氧化酶的调节：

$$Fe^{2+} + \text{亚铁氧化酶} \longrightarrow Fe^{3+} + \text{减少的亚铁氧化酶}$$

表 21.3　铁的大致分布(70kg 男性)

	质量/g	比例/%
血红蛋白	2.5	68
肌红蛋白	0.15	4
转铁蛋白	0.003	0.1
铁蛋白(组织)	1.0	27
铁蛋白(血清)	0.0001	0.004
酶	0.02	0.6
合计	3.7	100

亚铁氧化酶Ⅰ(**ferroxidase Ⅰ**)又称为**血浆铜蓝蛋白**(**ceruloplasmin**)(见临床相关知识 21.7)。另一种血清蛋白,**亚铁氧化酶Ⅱ**(**ferroxidase Ⅱ**),是血清中氧化亚铁离子的主要物质。当铁的丢失超过了铁的供应,便会发生生理性反应。最初机体不会产生症状,储存的铁被消耗,而功能不会受到影响。铁的消耗表现为肝脏和骨髓铁存量的减少或缺失,而正常存在于血浆中的铁蛋白只会发生微小的减少。血清铁蛋白水平可以通过放射免疫测定的方法检测,其水平反映了在肝脏发生的正常细胞转归中铁从储存位置释放的情况。血清中铁蛋白主要以去铁铁蛋白的形式存在,含铁很少。随着铁缺乏程度的不断加深,红细胞中血红蛋白水平开始下降,形态学也发生改变。同时随着血清铁水平的下降,血清总转铁蛋白水平也升高,这反映了机体为了适应这种缺铁状态试图从胃肠道吸收更多的铁。铁缺乏状态的一个很灵敏的指数是血清转铁蛋白的铁饱和度(正常为 21%～50%)。出现了这种情况,患者往往会到医院就医,被诊断为铁缺乏。在铁缺乏严重并且没有有效治疗措施的国家,铁缺乏会进展到严重的第三期。此时含铁酶类的缺乏会对代谢产生显著的影响(见临床相关知识 21.8)。

铁超负荷的情况也会发生,即铁含量升高到 100g。导致铁超负荷发生的原因很多(表 21.2,临床相关知识 21.6、21.7、21.9 和 21.10),一些患者因为患有隐性遗传病,使铁的吸收异常增多。在这种病例中,血清转铁蛋白能完全被铁饱和,这种状态又叫**原发性的血色素沉着病**(**idiopathic hemochromatosis**),在男性中更常见。因为有这种异常的女性往往会由于月经和生育而使症状得到减轻。肝、胰腺和心脏中铁的沉积会分别导致肝硬化、肝肿瘤、糖尿病和心脏衰竭。这种疾病的治疗措施包括定期抽取大量的外周血,以清除血红素的形式清除过量的铁。还有一些患者有严重的贫血,以"地中海贫血"(一种遗传性的**溶血性贫血**,**hemolytic anemias**)为最常见。这些患者需要终生输血,导致输注的血中的铁大量沉积。很显然,在这些患者中就不能采用出血的治疗方法,而是要使用铁螯合剂,比如**去铁胺**(**desferoxamine**),使结合的铁大量从尿液中排出。还存在一种罕见的吸收铁过量的情况,这是因为患者摄入了大量的铁和酒精,酒精会促进铁的吸收。这些患者中储存的过量铁也可以通过放血清除(见临床相关知识 21.9 和 21.10)。

临床相关知识 21.7
铜蓝蛋白缺陷

血浆铜蓝蛋白是一种含铜蛋白，其缺乏而非缺失，与 Wilson 病相关。Wilson 病以进行性肝衰竭、基底神经节退行性病变和特征性的角膜铜沉积（Kayser-Fleischer 环）为主要表现。由于在 Wilson 病中铁的动员没有明显的异常，先前认为血浆铜蓝蛋白的亚铁氧化酶活性没有重要的生理功能。但是，在血浆铜蓝蛋白生物合成存在非常罕见的遗传缺陷的一种疾病中，血清中几乎不存在血浆铜蓝蛋白，导致肝脏铁含量和血清铁蛋白水平显著升高。这些患者会发生糖尿病、视网膜变性和中枢神经系统异常改变。糖尿病和中枢神经系统异常分别与铁在胰腺和大脑中含量增加有关。在铁缺乏时，血浆铜蓝蛋白基因转录水平会增加 4 倍。因此，与以往认识不同的是，血浆铜蓝蛋白在铁代谢中发挥着重要作用。

临床相关知识 21.8
缺铁性贫血

缺铁性贫血患者的血涂片显微镜检查表现为特征性的小红细胞和血红蛋白过少引起的低色素性。其原因为无法获得血红素导致珠蛋白合成速率下降。骨髓穿刺检查显示：由于储存的铁缺失，血清铁蛋白含量几乎为零。患者血清转铁蛋白含量（表示总铁结合能力）将升高（超过正常上限：410mg/dL），血清铁饱和度低于 16%。缺铁的常见原因为：月经量过多、多胞胎和隐秘的胃肠道出血。胃肠道出血的常见原因包括引起胃黏膜溃疡或侵蚀的药物治疗（尤其是阿司匹林或肾上腺皮质激素类药物）、裂孔疝、消化性溃疡病、慢性酒精性胃炎和胃肠道肿瘤。这些患者的处理必须包括出血原因、出血部位的检查和补铁治疗。补铁治疗往往通过口服硫酸亚铁片，偶尔需要静脉内补铁。对于严重的缺铁患者，也可以考虑输注红细胞压积。缺铁性贫血患者的虚弱和疲劳等症状可能与 IRP 结合线粒体顺乌头酸酶 mRNA 的 IRE，导致其翻译受到抑制有关。

临床相关知识 21.9
Ⅰ型血色素沉着病：分子遗传学和铁增强饮食的观点

血色素沉着病基因在大概 9% 的美国人中表现为杂合子，该疾病主要发生于纯合状态，人群中大概有 0.25% 的个体存在发病危险。正常个体有一个主要组织相容性复合体-1 基因（*HFE*），该基因编码包含 3 个免疫球蛋白样结构域的 α 链。与之相关的 β 链是 β2 微球蛋白。基因产物正常时其结构不能呈递抗原。大多数血色素沉着症患者发生 Cys282Tyr 纯合突变，阻止一个免疫球蛋白样结构域正常构象的形成。还有一些个体在一个等位基因上有单一的 Cys282Tyr 突变，另一个等位基因含有其他位点的突变。正常的 HFE 复合体与转铁蛋白受体二聚体形成一个三聚体，包括两个受体单体和两个 HFE。结构-功能研究表明，受体上转铁蛋白和 HFE 的结合位点相互重叠。于是人们推测，HFE 的结合有助于调控某些细胞中铁的转运速率。如果 *HFE* 发生突变，阻止其与受体的结合，便会使转铁蛋白结合铁增多，导致某些细胞储存的铁增加。但这一机制尚未明确，在这种疾病中小肠黏膜铁吸收增加的机制也还无法解释。

缺铁性贫血普遍存在，尤其是在绝经前的妇女中，因而是否需要在食物中增强铁的供应依然存在争论。有人指出，如果饮食中每磅浓缩食物至少有 50mg 的铁，那么饮食性铁缺乏将会减少。而另一些人指出，增强铁摄取引起的过量铁吸收会有过大的产生毒性的危险。瑞典明令要求增加铁的供应已经有 50 年了，大概 42% 的平均每日摄取量正是源于这些途径。但是，已有 5% 的男性血清铁含量增高，2% 的铁的储存与血色素沉着症早期铁的分布相一致，这就提示饮食中过量摄入铁存在的危险性。但是，在铁缺乏广泛存在的国家，增加铁的供应仍然是最可行的措施。

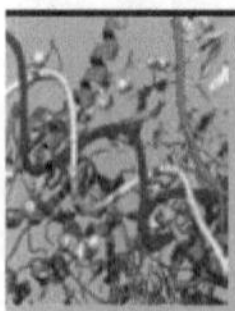

临床相关知识 21.10

Ⅲ型血色素沉着病

铁沉积的病理性增加存在其他原因，其中大多数仍需深入研究（见临床相关知识 21.9）。一种与转铁蛋白受体同源的蛋白质的特征已被明确，它与黏膜吸收铁有关。这种称为转铁蛋白受体 2 的蛋白质的突变与 *HFE* 基因正常下的血色素沉着症有关。与转铁蛋白受体 1 不同的是，这一受体既没有 mRNA 上的茎环结构，也不与 HFE 结合。

21.6　血红素生物合成

所有哺乳动物组织中均能合成血红素。血红素需要分别整合成血红蛋白和细胞色素，因而主要在肝和骨髓中合成。如图 21.6 所示，血红素是一个大的平面分子，由一个铁原子和四吡咯环——**原卟啉Ⅸ（protoporphyrin Ⅸ）**组成。铁原子的直径过大，不能被卟啉环的平面充分容纳；因而，铁在一面隆起，与四个吡咯组顶点的氮原子相配。由于这种协同性，血红素是最稳定的复合物之一。

图 21.7 描述了血红素生物合成的通路，其中以下几点需要注意：首先，起始和最后三个酶促反应由线粒体内的酶催化，其他中间步骤发生在细胞质。下面的讨论对于理解血红素生物合成第一个步骤的调控相当重要。第二，血红素的有机成分完全来源于八个甘氨酸和琥珀酰 CoA 的辅基。第三，反应在附着于四吡咯环的侧基发生，会生成一个无色的中间体**卟啉原（porphyrinogen）**。尽管每一个吡咯环都具有协同性，在吡咯组之间并不表现协同性。因此，卟啉原并不稳定，尤其在光存在的条件下，易被氧化，会通过非酶的方式转化为稳定的**卟啉（porphyrin）**产物。这一转化过程中，四个亚甲基桥的氧化使吡咯组

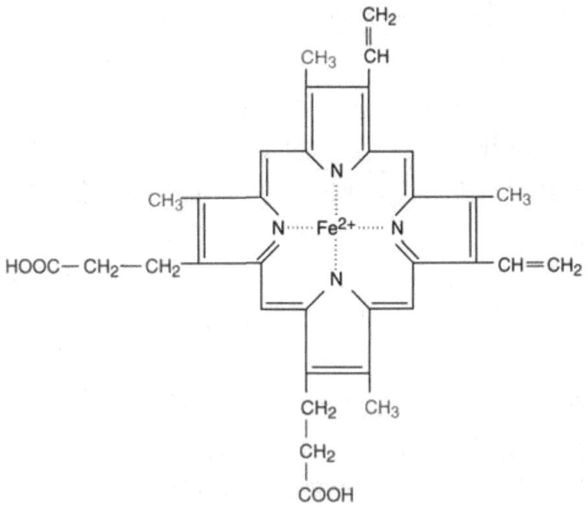

图 21.6　血红素的结构

具有协同性。图 21.8 描述了原卟啉原到原卟啉酶促转化的氧化机制。这是人类中唯一的卟啉原酶促催化氧化过程，其他所有的卟啉原到卟啉的转换都是非酶促反应，由光线催化。第四，四吡咯环一旦形成，R 基团的顺序便沿四吡咯环依顺时针方向移动，合成四种可能的**尿卟啉原**或**粪卟啉原**（**uro-**或 **coproporphyrinogen**）。后者有两个不同的取代基，每一个都对全部的吡咯有用。沿吡咯环顺时针方向，取代基可以排列成 ABABABAB（AB 为不同的取代基），形成Ⅰ型卟啉原；或者排列为 ABABABBA，形成Ⅲ型卟啉原。同样的原理，另外两种不同的排列方式能形成Ⅱ和Ⅳ型卟啉原，它们可以通过化学合成得到，但在自然界中并不存在。**原卟啉原**（**protoporphyrinogen**）和**原卟啉**（**protoporphyrin**）有三种取代基，也就使分类变得更加复杂，但Ⅸ型是唯一能够自然合成的类型。

卟啉代谢紊乱在临床上称为**卟啉病**（**porphyrias**）。这一疾病家族引人注目之处在于通过它可以反映出血红素生物合成是一个受到非常复杂调控的过程。不同卟啉病的临床表现揭示了血红素的生化调控障碍及其与病理生理学过程的联系。表 21.4 列举出了不同卟啉病的一些特征（见临床相关知识 21.11）。

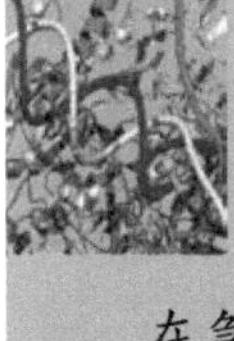

临床相关知识 21.11

急性间歇性卟啉病

在急诊室里，一位 40 岁的女性患者情绪激动，哭泣着诉说自己有严重的腹痛。患者已经便秘多日，四肢无力，"情况看起来不很正常"。体格检查发现心率稍快（100 次/分钟），中度高血压（血压 160/110mmHg）。患者先前也出现了严重的腹痛，但进行了两次手术却未发现异常。常规实验室检查未见异常，患者感觉的疼痛也无明确的解剖学定位。于是医生认为患者当前症状主要由心因性的功能异常引起，而无器质性病变。医生给予患者60mg苯巴比妥,并电话联系了一名心理医生,四小时内到达。但是,医护人员发现患者病情迅速恶化,出现全身虚弱,呼吸功能受迫。表现出这些不祥征兆后,医生迅速给予患者辅助通气,并将其转移至重症监护病房,监测生理功能。患者病情不断恶化,于48小时后死亡。随后的尿检报告显示患者卟吩胆色素原水平显著升高。这名患者所患疾病为急性间歇性卟啉病,由于血红素生物合成不明原因的紊乱引起。急性间歇性卟啉病是一种显性遗传病,与ALA和卟啉的前体——卟吩胆色素原合成过多相关。通过对病例的仔细研究,发现了3种酶的异常,包括:①ALA合酶的显著升高;②胆色素原脱氢酶活性下降一半;③类固醇5α-还原酶活性下降一半。其中第二种酶含量的改变与显性表达一致;第三种酶的含量的变化是获得性的,与这种疾病的遗传性没有明确的联系。胆色素原脱氢酶的减少会导致肝脏中血红素稍稍减少,血红素浓度的降低会导致其既不能够抑制ALA合酶的合成,也不能抑制ALA合酶的活性。这种疾病在青春期前几乎不发病,似乎仅在青春期5β-还原酶表达后才会发病。在没有充足的5α-还原酶的情况下,所观察到的5β类固醇的升高是由于类固醇向5β-还原酶途径的分流。后一种代谢途径异常在卟啉病发病机理中的重要性还存在争论。这一疾病带来了一个巨大的谜团:卟啉代谢紊乱只在肝脏发生,而肝脏在解剖学上却又是正常的,主要的病理表现却仅仅局限于神经系统。在本病例中,神经系统主要有以下表现:①脑部损害导致激动和紊乱状态,呼吸衰竭;②自主神经损害导致高血压,心率加快,便秘和腹痛;③外周神经系统和脊髓损害导致虚弱和感觉障碍。

在实验中,还没有发现血红素生物合成中存在能够导致急性间歇性卟啉病中的病理表现的代谢中间体;因而,患者早期表现出卟啉病的可能性值得怀疑。尿中的卟吩胆色素原分析是一种相对比较简单的检测方法。该种疾病的治疗措施包括:输注葡萄糖,避免一切能够导致ALA合酶水平升高的药物(例如:巴比妥类);如果上述措施对患者疗效不佳,可采用静脉注射血色素以抑制ALA合酶的合成及其活性。急性肝脏卟啉病有着特殊的历史和政治意义。国王乔治三世的两代后裔都曾被诊断为该病,提示在美国革命之前及其间,他的第二代后裔存在的性格异常可能与卟啉病有关。

表 21.4　卟啉代谢紊乱

疾病状态	遗传特征	组织	酶	活性	发生病理学改变的器官
急性间歇性卟啉病	显性	肝	1. ALA合酶	升高	神经系统
			2. 卟吩胆色素原脱氨基酶	降低	
			3. Δ-5α-还原酶	降低	
遗传性粪卟啉病	显性	肝	1. ALA合酶 2. 粪卟啉原氧化酶	升高 降低	神经系统;皮肤
多样性卟啉病	显性	肝	1. ALA合酶 2. 原卟啉原氧化酶	升高 降低	神经系统;皮肤
迟发性皮肤卟啉病	显性	肝	1. 尿卟啉原脱羧酶	降低	皮肤,肝疾病引起的
遗传性原卟啉症	显性	骨髓	1. 亚铁螯合酶	降低	胆结石,肝疾病,皮肤
红细胞生成性卟啉病	隐形	骨髓	1. 尿卟啉原Ⅲ共合成酶	降低	皮肤及其附属物;网状内皮系统
铅中毒	无	所有组织	1. ALA脱水酶 2. 亚铁螯合酶	降低 降低	神经系统;血液,其他

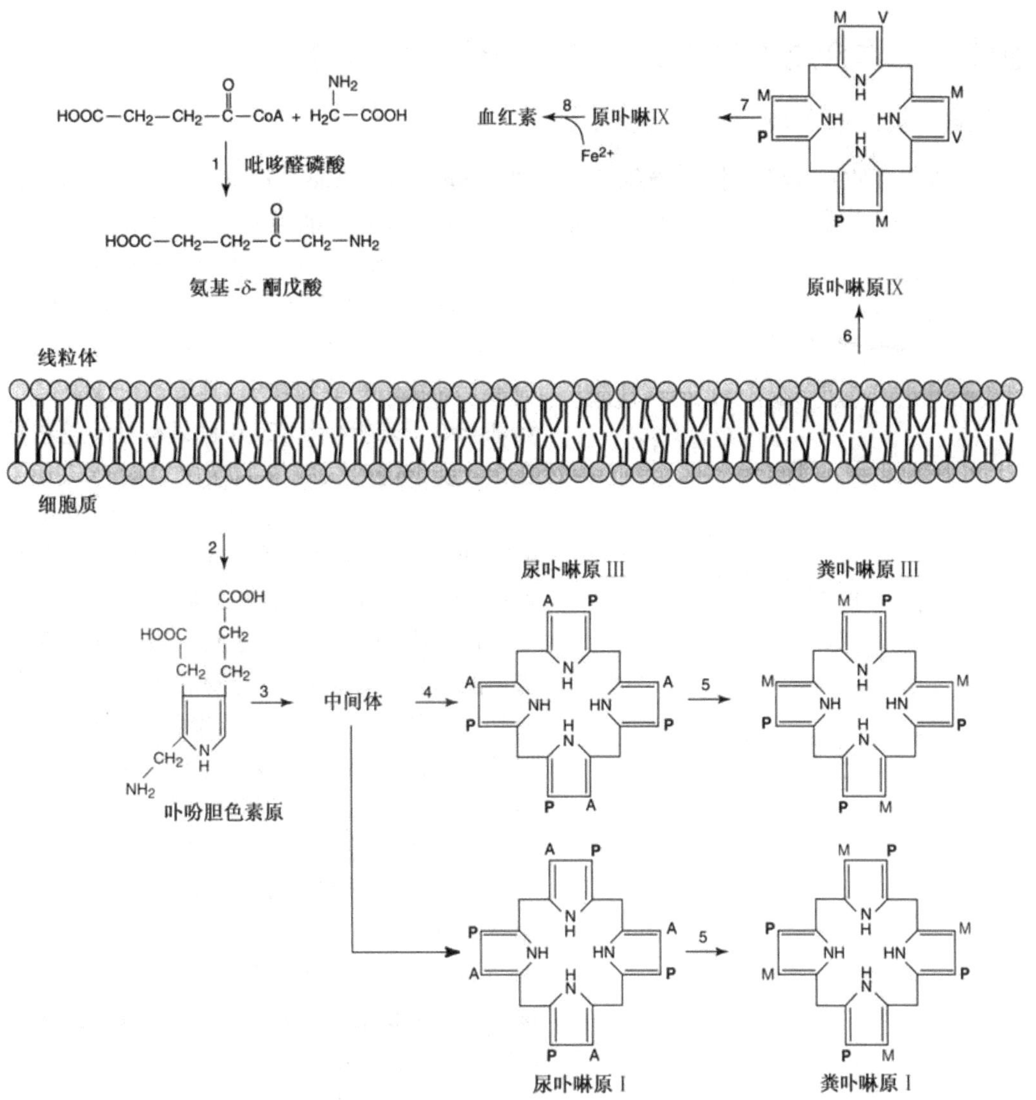

图 21.7　血红素生物合成通路

每一步骤包括的酶如下：1. Ala 合酶；2. Ala 脱水酶；3. 胆色素原脱氨酶；4. 尿卟啉原Ⅲ共合成酶；5. 尿卟啉原脱羧酶；6. 粪卟啉原Ⅲ氧化酶；7. 原卟啉原Ⅸ氧化酶；8. 亚铁螯合酶。吡咯配基如下所述：P. 丙酸的；A. 乙酸的；M. 甲基；V. 乙烯基。

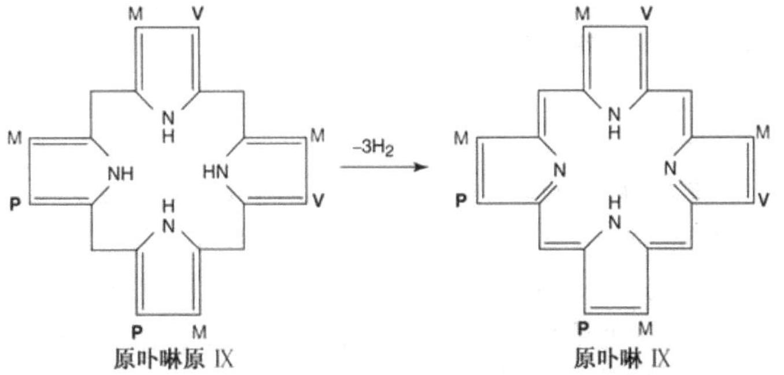

图 21.8　举例说明卟啉原到卟啉的转变：原卟啉原Ⅸ氧化酶的作用

血红素生物合成中的酶类分布在线粒体和细胞质

δ-氨基乙酰丙酸合酶

在研究过的所有组织中，**δ-氨基乙酰丙酸**（δ-**aminolevulinic acid**，**ALA**）**合酶**是调控血红素合成限速步骤的酶。该酶在细胞质中合成，受到来源于细胞核的 mRNA 的定向作用，转运到线粒体基质。琥珀酰辅酶 A 是三羧酸循环的一个中间产物，仅存在于线粒体中，是该酶的一个底物。该蛋白质已经在大鼠肝中得到纯化。在细胞质中，其每一个 71kDa 的亚基都处于未折叠状态（并且只有处于这种状态它才能够进入线粒体），碱性的 N 末端信号序列指引该酶进入线粒体。一个 ATP 依赖的、70kDa 的细胞质组分，被认为是一个伴侣蛋白，维持了酶的未折叠延伸状态。然后，N 末端信号序列在线粒体基质内被金属依赖的蛋白酶剪切，形成 ALA 合酶的每个 65kDa 的亚基。在基质中，另一种低聚物伴侣蛋白，由 14 个 60kDa 亚基组成，催化酶的正确折叠，这一催化过程也依赖 ATP（图 21.9）。ALA 合酶生物半衰期很短，只有 60 分钟。酶的合成和活性均受到多种物质的调控，5mmol/L 的血晶素可抑制 50% 的酶活性，当血晶素浓度达到 20mmol/L 时，酶的活性几乎完全被抑制。该酶催化**甘氨酸**（**glycine**）和**琥珀酰 CoA**（**succinyl CoA**）缩合产生 δ-氨基乙酰丙酸的反应，反应完全依赖于**磷酸吡哆醛**（**pyridoxal phosphate**）。ALA 合成酶有两种同工酶，只有红细胞中 ALA 合酶的 mRNA 含有 IRE。红细胞中 ALA 合酶的突变会导致另一种 X 连锁铁粒幼红细胞性贫血，但不发生共济失调。

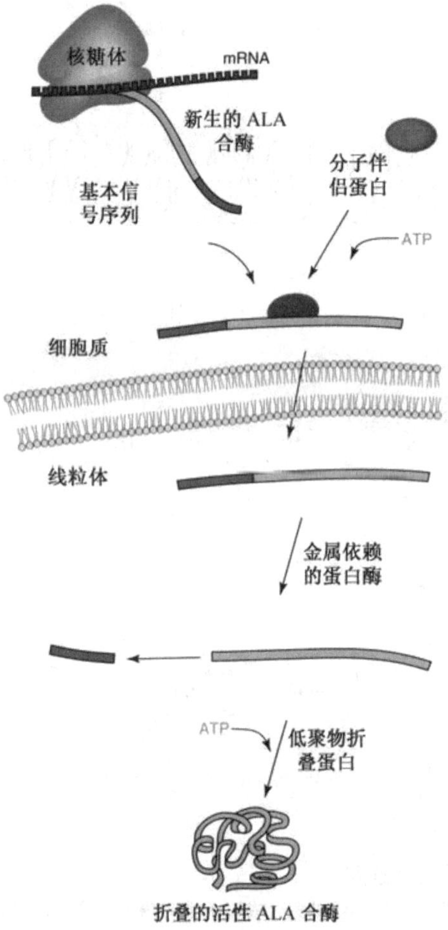

图 21.9　氨基-δ-酮戊酸合酶的合成

氨基乙酰丙酸脱水酶

氨基乙酰丙酸脱水酶（**aminolevulinic acid dehydratase**）位于细胞质中，大小为 280kDa，由八个亚基组成，但只有四个亚基与底物相互作用。该蛋白质与底物相互作用后，形成希夫碱，但赖氨酸残基的 ε-氨基酸与底物分子的酮性碳原子结合（图 21.10）。两个 ALA 不对称地聚合成为**卟吩胆色素原**（**porphobilinogen**）。ALA 脱水酶是一种含锌酶类，对重金属，尤其是铅的抑制作用相当敏感。**铅中毒**（**lead poisoning**）的一个特征就是 ALA 升高，而不伴有卟吩胆色素原升高。

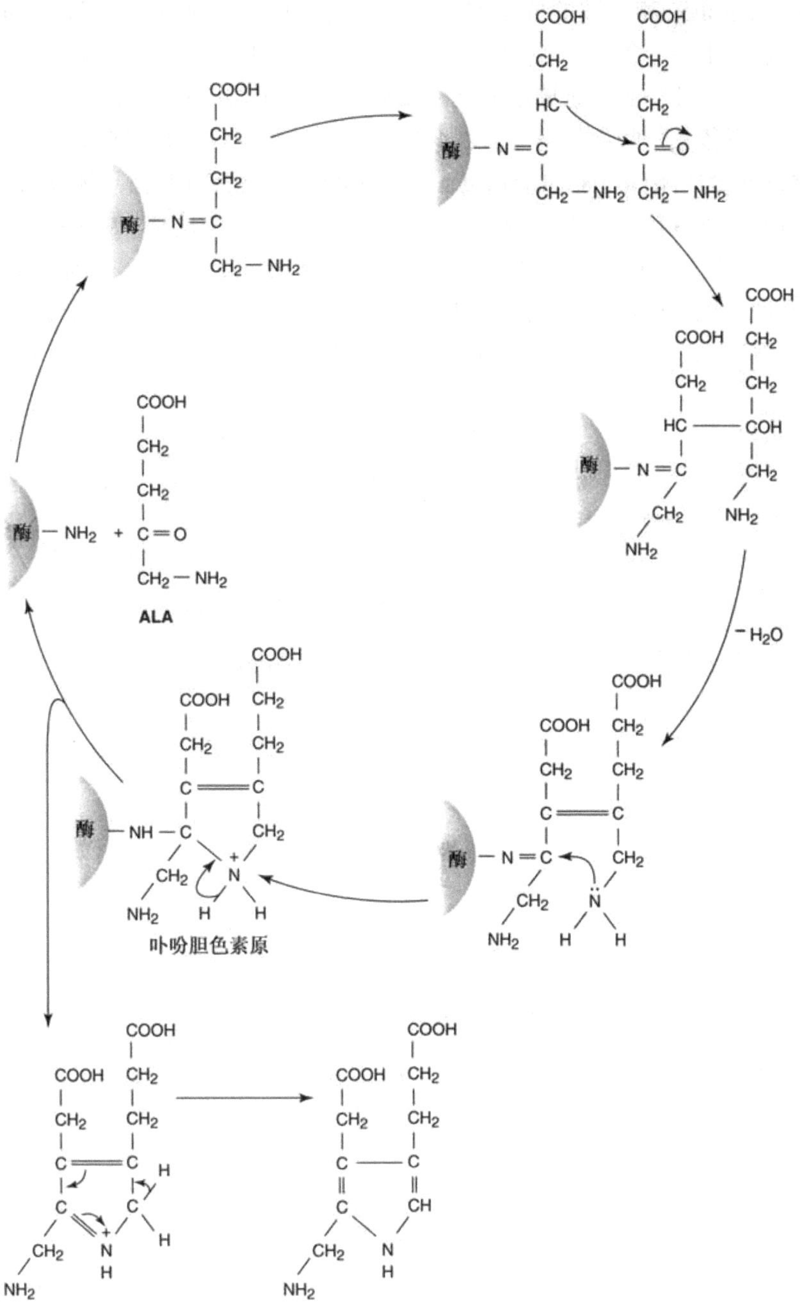

图 21.10　叶吩胆色素原的合成

叶吩胆色素原脱氨基酶和尿卟啉原Ⅲ合酶

卟啉环的合成是一个非常复杂的过程，近年才逐渐明确。**叶吩胆色素原脱氨基酶（porphobilinogen deaminase）**上的巯基与一个叶吩胆色素原残基通过脱氨基反应形成了硫醚键。此后，另外 5 个叶吩胆色素原残基接连被脱氨基，与该酶形成一个线性 hexapyrrole adduct。该产物被剪切水解，形成了**酶-dipyrrolomethane 复合物（enzyme-dipyr-**

rolomethane complex)和线性的四吡咯——羟甲基胆色烷。酶-dipyrrolomethane 复合物接下来能够进入下一个循环产生另外一个四吡咯。因此,dipyrrolomethane 是该酶的共价结合辅助因子。卟吩胆色素原脱氨基酶没有闭环功能,羟甲基胆色烷在没有其他因子存在的情况下不依赖于酶促步骤,自发闭合,形成尿卟啉原Ⅰ。但是脱氨酶与另一种蛋白质,**尿卟啉原Ⅲ合成酶**(**uroporphyrinogen Ⅲ synthase**)紧密作用,指导尿卟啉原Ⅲ异构体的合成。后者的形成包括来源于羟甲基胆色烷的一个螺旋中间体,这就容许其中一个吡咯基团的倒转(图 21.11)。在尿卟啉原Ⅲ合成酶缺乏的情况下,尿卟啉原Ⅰ合成缓慢;而当尿卟啉原Ⅲ合成酶存在时,尿卟啉原Ⅲ异构体迅速合成。在一种罕见的隐性遗传性疾病——红细胞生成性卟啉病中,伴有的显著表皮光敏反应,就是由于网织红细胞尿卟啉原

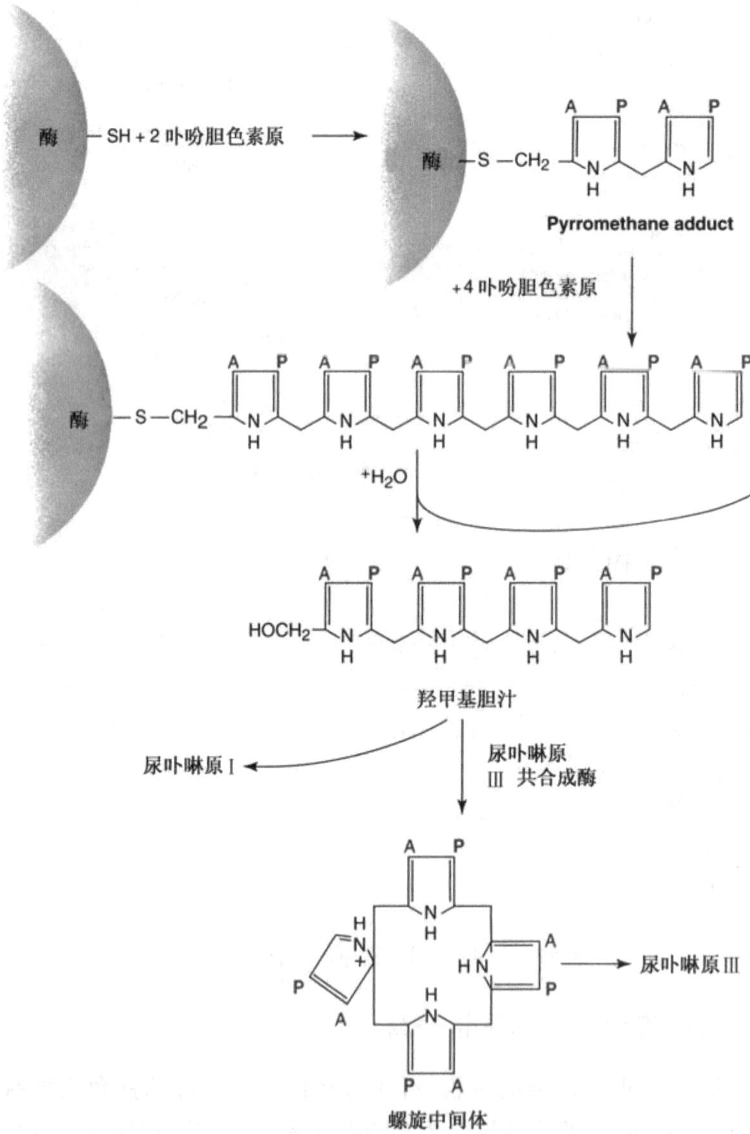

图 21.11　尿卟啉原Ⅰ和Ⅲ的合成

显示蓝色的酶为尿卟啉原Ⅰ合酶

Ⅲ合成酶异常所致。在骨髓中,有大量的尿卟啉原和粪卟啉原Ⅰ型异构体合成。由于对外显子 1 和外显子 2 的不同剪切,导致余下的 mRNA 不同,因而卟吩胆色素原脱氨基酶存在两种同工酶。

尿卟啉原脱羧酶

尿卟啉原脱羧酶(uroporphyrinogen decarboxylase)作用于尿卟啉原的侧链,形成粪卟啉原。这种酶催化尿卟啉原的Ⅰ和Ⅲ型异构体,使其转变为相应的粪卟啉原异构体。尿卟啉原脱羧酶受铁盐抑制。临床上,最常见的卟啉紊乱的病因与患者尿卟啉原脱羧酶的单基因异常导致的该酶活性降低 50% 有关。这种疾病被称为**迟发性皮肤卟啉症(porphyria cutanea tarda)**,主要表现为皮肤光敏感性增强导致的皮肤改变。只有当患者服用药物导致卟啉合成增加,或者大量饮酒导致铁聚集,抑制尿卟啉原脱羧酶的活性时才会发病。

粪卟啉原氧化酶

粪卟啉原氧化酶(coproporphyrinogen oxidase)是一种线粒体酶,只对Ⅲ型粪卟啉原有作用,而对粪卟啉原Ⅰ型异构体不起作用。粪卟啉原Ⅲ进入线粒体,被转变为原卟啉原Ⅸ。这一过程的机制尚不清楚。与这种酶缺陷有关的一种显性遗传性疾病会导致一种遗传性肝卟啉病,称为**遗传性粪卟啉病(hereditary coproporphyria)**。

初卟啉原氧化酶

初卟啉原氧化酶(protoporphyrinogen oxidase)是另一种线粒体酶,产生原卟啉Ⅸ。原卟啉Ⅸ与其他血色素前体不同,水溶性很差。不能转变为血红素的大量剩余原卟啉Ⅸ通过胆道系统被排泄入肠腔。**多样性卟啉病(variegate porphyria)**是一种常染色体显性疾病,与初卟啉原氧化酶缺陷有关。

亚铁螯合酶

亚铁螯合酶(ferrochelatase)在血红素合成的最后一个步骤中将铁插入原卟啉Ⅸ,这一活性过程需要还原性物质的存在。亚铁螯合酶对重金属,尤其是**铅(lead)**敏感,当然也对铁缺乏敏感。在这些情况下,锌取代铁被插入,形成一种锌-原卟啉Ⅸ复合体。与血红素不同,锌-原卟啉Ⅸ复合体有明亮的荧光,即使在很少量的情况下也能被检测到。原核动物的亚铁螯合酶不含辅基,而哺乳动物的亚铁螯合酶包含一个 Fe_2S_2 基团。

ALA 合酶催化血红素生物合成的限速步骤

ALA 合酶在所有组织中控制血红素合成的限速步骤,琥珀酰辅酶 A 和甘氨酸是多种反应的底物。ALA 合酶活性的调控由参加血红素合成的底物数量决定。血红素和血色素既是 ALA 合酶合成的抑制物,又是其活性的抑制剂。由于血红素与底物和酶作用产物均不相似,血红素可能以别构位点形式参与作用。大约 100 多种不同的药物和代谢产物会诱导 ALA 合酶表达,例如:大鼠给予 3,5-二羧酸甲酯-1,4-二氢可力丁会使 ALA 合酶表达水平升高 40 倍。药物因子的效应有着重要的临床意义,因为患有某种卟啉症的患者如果不恰当地使用了某些药物(如巴比妥类),会使病情进一步恶化。ALA 脱水酶也受血红素抑制,但由于 ALA 脱水酶的活性比 ALA 合酶高 80 倍,这没有太大的生理意义。因而,血红素的抑制效应首先反映在 ALA 合酶的活性上。

葡萄糖或一种与其相近的代谢产物通过未知的机制可以抑制血红素的生物合成。这种现象具有临床意义,因为一些患者在低热量饮食(主要是葡萄糖)后,会第一次表现出卟啉病状态。其他调控卟啉代谢的因素包括某些类固醇。类固醇激素(如**口服避孕药,oral contraceptive pill**)在 A 环 C4 和 C5 原子之间的双键能被两种不同的还原剂还原。5α-还原产物对血红素生物合成几乎没有效应,但是 5β-还原产物能促进 ALA 合酶的合成。

21.7　血红素的分解代谢

含血红素蛋白的代谢在哺乳动物中需要:①对卟啉环剪切产生的疏水性产物进行处理;②所含铁的保留和动用,使其重新被利用。红细胞的生存周期大约为 120 天,衰老细胞通过膜的改变被识别,并被血管外的网状内皮系统吞噬。珠蛋白链变性后,将血红素释放于细胞质中;珠蛋白被降解为其组成的氨基酸,重新被利用以满足一般代谢的需要。

图 21.12 描述了血红素代谢的过程。血红素主要通过网状内皮细胞中的内质网内的酶降解,这一过程需要氧分子和 NADPH 参与。**血红素加氧酶(heme oxygenase)**有两个异构体,Ⅰ型是底物诱导型,Ⅱ型是组成型。该酶催化一个亚甲基桥的剪切,这个亚甲基桥连接包含乙烯基取代基的两个吡咯基团。一个亚甲基碳转变为一氧化碳,这是人体内**一氧化碳(carbon monoxide)**唯一的内生性来源。一部分一氧化碳通过呼吸道释放,因此,通过测定呼出的一氧化碳可作为衡量个体血红素降解情况的指标。一氧化碳中的氧和新生衍生性内酰胺环中的氧均完全来源于氧分子。通过化学计量,每剪切一个环,反应需要 3mol 氧。血红素加氧酶只能以血红素作为底物,铁可能参与了剪切反应。因此,自由原卟啉Ⅸ不是其底物。线性四吡咯**胆绿素Ⅸ(biliverdinⅨ)**通过血红素加氧酶形成。胆绿素Ⅸ被**胆绿素还原酶(biliverdin reductase)**还原为胆红素Ⅸ。同时血红素加氧酶反应的产物被发现有细胞保护作用(见临床相关知识 21.12)。

临床相关知识 21.12
血红素加氧酶的细胞保护作用

一氧化碳(CO)和胆绿素不仅仅是血红素加氧酶的被动产物。胆绿素是一种抗氧化剂,它在应激引起的血红素加氧酶作用中发挥重要作用。一氧化碳与一氧化氮(NO)结构类似,功能上也像 NO 一样,作用于平滑肌。因此,一氧化碳是一种血管舒张剂,已表明对中风等患者具有保护作用。与 NO 类似,CO 也通过环磷鸟苷发挥作用。CO 与 NO 的相互作用比较复杂:在某些情况下,CO 对 NO 具有补偿效应;而在另外一些情况下,CO 对 NO 有拮抗作用。简而言之,CO 通常发挥保护效应,而 NO 在不同的情况下,既可能保护细胞,又可能损伤细胞。为了完成血红素加氧酶的功能,胆红素可以抑制诱生一氧化氮合酶的表达。

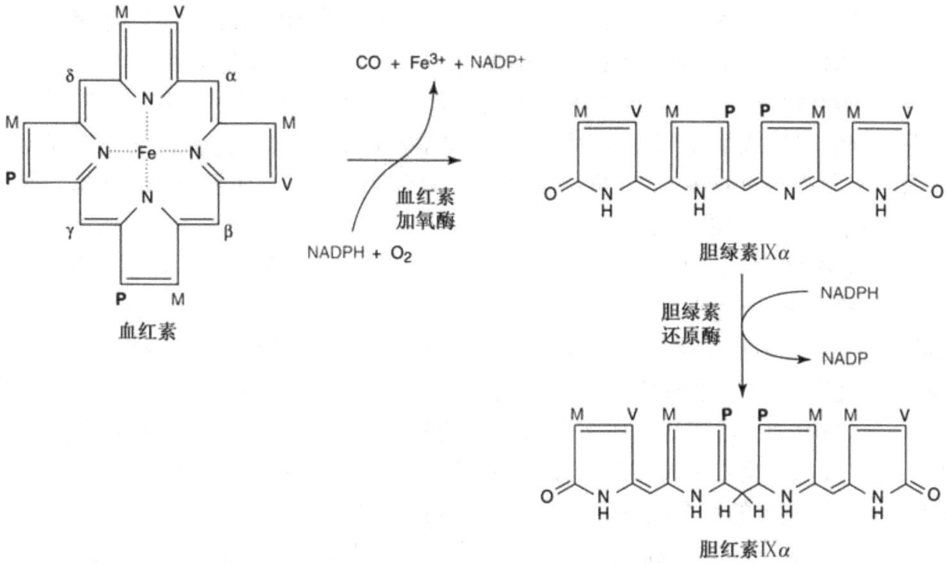

图 21.12　血红素到胆红素的形成

希腊字母代表血红素中的亚甲基碳原子

胆红素在肝中结合形成胆红素双葡萄糖醛酸酯

胆红素(**bilirubin**)来源于衰老红细胞,但也来源于其他含血红素的蛋白质,例如细胞色素类。通过将标记的甘氨酸作为前体的研究表明早期标记的胆红素在注射标记的前体后迅速出现,于 1～3 小时达到高峰。大量的胆红素出现很晚,约为 120 天,这反映了血细胞中血红素的转归情况。先前被标记的胆红素可分为两个部分:早期-早期部分,这反映了肝中血红素的转归;晚期-早期部分,包括含血红素的肝脏蛋白的转归和红细胞中掺入能力较差或释放较快的部分。后者是无效红细胞生成的指标,在恶性贫血和珠蛋白生成障碍性贫血等疾病中有重要意义。

在生理 pH 之下,胆红素在水溶液中溶解性很低。当被转运到血浆中,它与血清白蛋白结合,结合常数超过 10^6/M。白蛋白含有一个高亲和性位点和一个低亲和性位点。在正常的血红素浓度(4g/dL)下,大约 70mg/dL 的胆红素与这两个位点结合。但是,由于胆红素向膜脂转移引起的毒性,通常在胆红素超过 25 mg/dL 的浓度时会发生胆红素毒性(核黄疸)。这表明亲和力较低的第二个位点不能有效地转运胆红素。血清白蛋白上的胆红素能迅速被肝清除,在肝中,四吡咯可自由双向通过血窦-肝细胞接触面。进入肝细胞后,胆红素能够与几种细胞质蛋白结合,这其中只有一种研究得较为清楚。这种蛋白质是**配体素**(**ligandin**),一种占大鼠肝细胞质蛋白总量 6% 的小的碱性蛋白。配体素由两个亚基(22kDa 和 27kDa)组成,已经从大鼠肝脏中纯化得到。配体素的每一个亚基都有 *S*-环氧化物转移酶活性,这对于芳香基的解毒至关重要。配体素与胆红素结合的方式是每一个完整的配体素分子结合一个胆红素分子。

一进入肝细胞,胆红素的丙酰侧链就连接形成二葡萄糖苷酸(图 21.13),该反应使用来源于尿嘧啶二磷酸葡萄糖氧化产生的尿嘧啶二磷酸葡萄糖醛酸。在正常胆管中，二葡萄糖苷酸是胆红素的主要排泄形式，只有一小部分是单葡糖醛酸化物或其他糖苷产物。**胆红素二葡萄糖苷酸**(**bilirubin diglucuronide**)比游离胆红素水溶性更强，因此转移酶的作用有利于将胆红素排入胆管。胆红素二葡萄糖苷酸很少被小肠黏膜吸收。在末段回肠和大肠，葡萄糖醛酸苷残基被细菌水解酶释放出来，释放的胆红素被还原为无色的线型四吡咯，即**尿胆素原**(**urobilinogen**)，并进一步被氧化为有色产物——**尿胆素**(**urobilin**)，通过粪便排泄。一小部分尿胆素原在末段回肠和大肠被重新吸收，通过肝细胞清除，重新被分泌入胆汁。在某些疾病状态下，大量尿胆素原被重新吸收，肾脏成为主要的排泄器官。

在正常状态下，血浆胆红素浓度为 0.3～1 mg/dL，并且几乎完全处于未结合状态。结合胆红素又被称为**直接胆红素**(**direct bilirubin**)，因为在**范登博格反应**(**van den Bergh reaction**)中，它能迅速与重氮基盐结合，产生含氮染料。未结合胆红素以非共价的形式与白蛋白结合，只有加入乙醇等有机溶剂之后才能释放出来，发生反应，这就是间接范登博格反应，能够被用来检测**间接胆红素**(**indirect bilirubin**)或未结合胆红素。未结合胆红素与血清白蛋白和脂类的结合很紧密，在血浆中不能自由扩散，因此不出现在尿液中。未结合胆红素对膜脂类亲和力很高，会导致细胞膜功能损害，尤其是对于神经系统。不同的是，结合胆红素是相对水溶性的，结合胆红素浓度的升高导致尿中浓度的升高，使尿液呈现特征性的深黄褐色。黄疸患者结合和未结合胆红素在皮肤和巩膜的沉积，会使其颜色呈现为黄色到黄绿色。

第三种形式的血浆胆红素只出现于肝细胞疾病状态下。此时，一部分胆红素结合得非常紧密，被认为是通过共价键与白蛋白连接，用常规技术不能使其从血清白蛋白上释放出来。在这种病例中，达 90% 的胆红素可能以这种共价键的形式存在。

正常肝结合和分泌转运胆红素的能力非常强。因此，在溶血性疾病中，由于血红素破坏过多引起的高胆红素血症，除了在肝功能紊乱的情况下(见临床相关知识 21.13)之外，一般很少会引起胆红素水平超过 5mg/dL。非结合胆红素的显著升高主要反映了多种肝脏疾病，包括遗传性和获得性肝脏疾病(见临床相关知识 21.14)。

肝和(或)胆道疾病会引起血浆中结合胆红素升高。在单一非并发性胆管阻塞中，升高的胆红素主要成分为二葡萄糖苷酸，由肝释放入血管内。胆道疾病可能是肝外性的，也可能是肝内性的，后者包括**毛细胆管**(**canaliculi**)和**胆小管**(**biliary ductule**)(见临床相关知识 21.15)。

临床相关知识 21.13

新生儿同种免疫性溶血

Rh 阴性妇女怀有 Rh 阳性的胎儿时会产生 Rh 因子的抗体。这些抗体能够通过胎盘，使胎儿红细胞溶血。通常只有第三次怀有 Rh 阳性的胎儿时才会出现临床症状，这是因为此时母亲由于之前的胎儿已经产生了的抗原反应。出生前研究表明如果母体体内抗 Rh 阳性红细胞的 IgG 抗体水平升高，则提示胎儿是 Rh 阳性。出生前，胎儿胆红素经胎盘转移通过母体肝脏排泄。由于新生儿肝脏表达胆红素代谢的酶类很少，婴儿也许不能排泄可能由于红细胞分解产生的大量胆红素。出生时，这些婴儿通常表现正常；但是，由于母体抗体引发的溶血，脐带血中的游离胆红素会升高到 4mg/dL。在接下来的两天，血清胆红素升高，反映同种免疫性溶血在继续发生，进而导致黄疸、肝脾肿大、腹水和浮肿。如果不加以治疗，婴儿会出现中枢神经系统损伤，表现为嗜睡、张力减退、痉挛状态和呼吸困难等症状，这就是核黄疸。治疗措施包括全血置换，所用血液的血清学必须对胎儿血和母体血均配伍，以避免输注的血液细胞引发溶血。其他治疗措施包括体外光疗，以加速胆红素的分解。通过对 Rh 阴性的母亲使用抗 Rh 珠蛋白可以阻止这一问题的发生。这些抗体能够识别胎儿红细胞，阻断 Rh 抗原，在不引起母体免疫反应的情况下破坏这些细胞。

临床相关知识 21.14

胆红素 UDP-葡萄糖醛酸基转移酶缺陷

由于在 mRNA 的可变外显子 1 和通用外显子 2、3、4、5 之间的剪切不同，胆红素 UDP-葡萄糖醛酸基转移酶有两种同工酶形式。通用外显子编码与 UDP 葡萄糖醛酸结合的蛋白，而可变外显子决定了对胆红素或是其他受体，比如酚的特异性。两个外显子对胆红素有特异性，因而存在两种形式的胆红素 UDP-葡萄糖醛酸基转移酶。主要有两大类的疾病与该酶的缺陷有关。Crigler-Najjar 综合征在婴儿中发病，与外显子 2、3、4 或 5 的两个等位基因的常染色体隐性遗传突变导致的血清未结合胆红素异常升高有关。Gilbert 综合征也与酶活性的缺陷有关，但其只有正常活性的 25%。患者表现为黄疸，但没有其他临床症状。临床中遇到的最大问题是，内科医生通常会竭尽全力去试图寻找出一些严重的肝脏疾病，而不能认识到这种疾病是一种良性疾病。这种疾病的发生机制在不同的人群中可能会有两种不同的解释。在日本，主要表现为一种显性遗传模式，突变只发生于一个等位基因上。酶以一个寡聚体的形式存在，突变和正常的单体结合形成异源寡聚体，不仅仅突变的单体会失活，它也会改变正常亚基的构象，降低其活性，因而导致酶活性减少了 75%。不同的是，在西方国家，这一疾病主要是由于基因转录效率较低的启动子区域的碱基的纯合扩增引起。

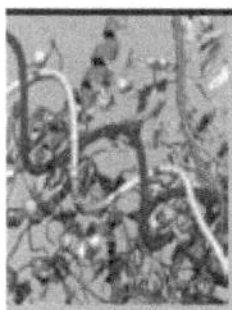

临床相关知识 21.15

血清结合胆红素升高

肝和（或）胆道疾病会引起血清结合胆红素升高。在单纯性无合并性胆道阻塞中，血清中升高的胆红素主要是二葡萄糖苷酸形式，由肝释放入血管。胆道疾病可能是肝外性或肝内性，后者包括毛细胆管和胆小管。

疏水化合物对膜有亲和力，因此能够进入细胞。为了清除这些化合物，ATP依赖的膜通道将它们泵出，进入循环中，并被血清白蛋白结合，转运到肝。这些泵在肿瘤化疗中研究较多，因为化疗药物通常是疏水性的，使用浓度较高。对这些化疗耐受的机制之一是由于肿瘤细胞这些泵活性升高，导致细胞内药物浓度降低。因此，这些泵又被叫作MRP（多药耐受蛋白），它们至少有六种。疏水性这一特点决定了不需要每一种物质都有一个特异性的泵，因为从稀薄的液相环境中获得这些物质相当容易，这与亲水化合物的转运均需要非常特异性的通道不同。MRP也能转运生理性的疏水物质，比如从肾上腺转运类固醇，将胆红素从肝细胞运至胆道。Dubin-Johnson综合征是一种常染色体隐性遗传疾病，表现为肝脏胆汁分泌有缺陷。肝细胞向毛细胆管的分泌依赖于MRP-2，在Dubin-Johnson综合征中，就是这种蛋白质(也被称作cMOAT，小管多特异性器官阴离子转运子)发生了突变。在这种疾病中，肝脏黑色素样沉积导致肝呈特征性灰黑色。另一种与血清结合胆红素升高有关的遗传疾病是Rotor综合征，这一疾病尚知之甚少，并且肝不发生色素沉着。

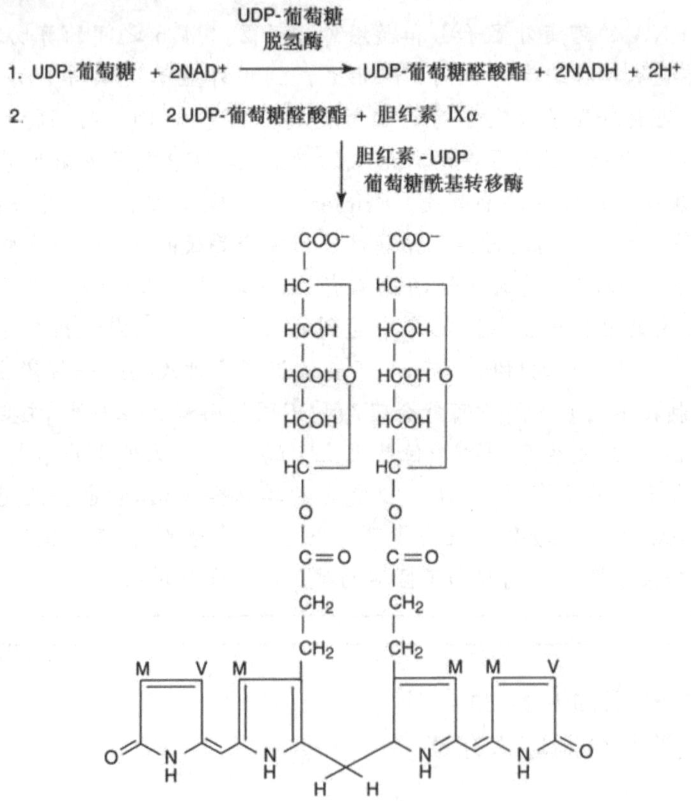

图 21.13 胆红素二葡萄糖醛酸酯的生物合成

血管内溶血需要清除铁

在某些疾病中，红细胞的破坏发生于血管内，而不是发生于血管外网状内皮细胞中。在前一种情况下，血浆中的游离血红蛋白和血红素的出现可能导致他们通过肾脏排泄，使铁持续丢失。为了抑制这一过程，特异性血浆蛋白参与了清除过程。转铁蛋白与游离铁结合，使其得到再利用。游离血红蛋白在肺毛细血管被氧化后，解离成为 α,β 二聚体，与循环血浆蛋白家族——**结合珠蛋白（haptoglobin）**结合。结合珠蛋白对氧合血红蛋白二聚体的亲和力更高。生理状况下，去氧血红蛋白不解离为二聚体，因而不与结合珠蛋白结合。一个分子的结合珠蛋白可结合两个 α,β-氧合血红蛋白二聚体。用兔抗人血红蛋白抗体研究了结合珠蛋白与血红蛋白的相互作用，发现人结合珠蛋白可与多个物种的不同血红蛋白相互作用。人结合珠蛋白与人血红蛋白的结合不受其与兔抗人血红蛋白抗体结合的影响。这些研究表明结合珠蛋白在血红蛋白上的结合位点在进化上高度保守，因此抗原性不足，无法产生抗体。结合珠蛋白和血红蛋白相互作用最可能的位点是解离产生 α,β二聚体的四聚体的 α-,β-珠蛋白交界面。序列分析也表明这些接触区域在进化上高度保守。

结合珠蛋白是 α_2-珠蛋白，在肝脏中合成。它们由两对多肽链组成（α 链较轻，β 链较重），α 链和 β 链来源于同一条多肽，被剪切后形成两条不同的链。β 链是 39kDa 的糖肽，结构恒定；α 链有多种。结合珠蛋白链通过 α 链和 β 链之间和两个 α 链之间的二硫键连接。

结合珠蛋白-血红蛋白复合物由于体积过大，不能通过肾小球滤过。在发生血管内溶血，只有超过了循环结合珠蛋白结合能力时，才会出现游离的血红蛋白（出现于肾小管和尿液中）。结合珠蛋白将血红蛋白转运到网状内皮细胞。游离血红蛋白中的血色素对血红素加氧酶的作用相对抵抗，而结合于结合珠蛋白的血红蛋白的 α,β 二聚体对血红素加氧酶的作用非常敏感。

临床上通过测定血清结合珠蛋白来指示血管内溶血的存在或其程度。伴有明显血管内溶血的患者由于网状内皮系统清除了结合珠蛋白-血红蛋白复合物，血浆中很少含有或不含结合珠蛋白。在血管外溶血时，结合珠蛋白水平也会变低，因为网状内皮系统大量的血红蛋白负荷导致游离血红蛋白向血浆转运。

血浆中的游离血红素和血色素与一种 β-珠蛋白——血红素蛋白（57kDa）结合，每分子结合一个血红素残基。血红素蛋白将血红素转移到肝，被血红素加氧酶进一步代谢。正常的血浆血红素蛋白几乎不含有结合的血红素，而在发生血管内溶血时，血红素蛋白几乎被血红素完全饱和，其清除半衰期大致为 7 小时。过量的血红素与白蛋白结合，新合成的血红素蛋白作为一种调节物，调节血红素由白蛋白向肝的转移。血红素蛋白也能与游离原卟啉结合。

参考书目

Anderson, K. E., Sassa, S., Bishop, D. F., and Desnick, R. J. Disorders of heme biosynthesis: X-linked sideroblastic anemia and the porphyrias. In: C. R. Scriver, A. L. Beaudet, W. S. Sly, and D. Valle (Eds.), *The Metabolic and Molecular Bases of Inherited Disease*, Vol. II, 8th ed. New York: McGraw-Hill, 2001, p. 2991.

Battersby, A. R. The Bakerian Lecture, 1984. Biosynthesis of the pigments of life. *Proc. R. Soc. London B* 225:1, 1985.

Beutler, E. "Pumping" iron: The proteins. *Science* 306:2051, 2004.

Beutler, E., Bothwell, T. M., Charlton, R. W., and Motulsky, A. G. Hereditary hemochromatosis. In: C. R. Scriver, A. L. Beaudet, W. S. Sly, and D. Valle (Eds.), *The Metabolic and Molecular Bases of Inherited Disease*, Vol. II, 8th ed. New York: McGraw-Hill, 2001, p. 3127.

Beutler, E., Hoffbrand, A. V., and Cook, J. D. Iron deficiency and overload. *Hematology (Am. Soc. Hematol. Educ. Program)* 40, 2003.

Chowdhury, J. R., Wolkoff, A. W., Chowdhury, N. R., and Arias, I. M. Hereditary jaundice and disorders of bilirubin metabolism. In: C. R. Scriver, A. L. Beaudet, W. S. Sly, and D. Valle (Eds.), *The Metabolic and Molecular Bases of Inherited Disease*, Vol. II, 8th ed. New York: McGraw-Hill, 2001, p. 3063.

Eisenstein, R. S. Iron regulatory proteins and the molecular control of mammalian iron metabolism. *Annu. Rev. Nutr.* 20:627, 2000.

Fenton, W. A., Kashi, Y., Furtak, K., and Horwich, A. L. Residues in chaperonin GroEL required for polypeptide binding and release. *Nature (London)* 371:614, 1994.

Ferreira, G. C. Ferrochelatase binds the iron-responsive element present in the erythroid δ-aminolevulinate synthase mRNA. *Biochem. Biophys. Res. Commun.* 214:875, 1995.

Fleet, J. C. A new role for lactoferrin: DNA binding and transcription activation. *Nutr. Rev.* 53:226, 1995.

Fleming, R. E. and Bacon, B. R. Orchestration of Iron Metabolism. *N. Engl. J. Med.* 352:1741, 2005.

Hartl, F. U. Secrets of a double-doughnut. *Nature (London)* 371:557,1994.

Kappas, A., Sassa, S., Galbraith, R. A., and Nordmann, V. The porphyrias. C. R. Scriver, A. L. Beaudet, W. S. Sly, and D. Valle (Eds.), *The Metabolic and Molecular Bases of Inherited Disease*, Vol. II, 7th ed. New York: McGraw-Hill, 1995, p. 2103.

Leong, W. I. and Lonnerdal, B. Hepcidin, the recently identified peptide that appears to regulate iron absorption. *J. Nutr.* 134:1, 2004.

Lustbader, J. W., Arcoleo, J. P., Birken, S., and Greer, J. Hemoglobin-binding site on haptoglobin probed by selective proteolysis. *J. Biol. Chem.* 258:1227, 1983.

Nemeth, E., Roetto, A., Garozzo, G., et al. Hepcidin is decreased in TFR2-hemochromatosis. *Blood* 105:1803, 2005.

Osterman, J., Horwich, A. L., Neupert, W., and Hartl, F. -U. Protein folding in mitochondria requires complex formation with hsp60 and ATP hydrolysis. *Nature (London).* 341:125, 1989.

Otterbein, L. E., Soares, M. P., Yamashita, K., et al. Heme oxygenase-1: unleashing the protective properties of heme. *Trends Immunol.* 24:449, 2003.

Pantopoulos, K. and Hentze, M. W. Nitric oxide signalling to iron-regulatory protein: Direct control of ferritin mRNA translation and transferrin receptor mRNA stability in transfected fibroblasts. *Proc. Natl. Acad. Sci. USA* 92:1267, 1995.

Perrella, M. A. and Yet, S. F. Role of heme oxygenase-1 in cardiovascular function. *Curr. Pharmacol. Des.* 9:2479, 2003.

Pietrangelo, A. Hereditary hemochromatosis—A new look at an old disease. *N. Engl. J. Med.* 350:2383, 2004.

Robson, K. I., Merryweather-Clarke, A. T., Cadet, E., et al. Recent advances in understanding hemochromatosis: A transition state. *J. Med. Genet.* 41:721, 2004.

Simovich, M., Hainsworth, L. N., Fields, P. A., et al. Localization of the iron transport proteins mobilferrin and DMT-1 in the duodenum: The surprising role of mucin. *Int. J. Hematol.* 74:32, 2003.

Theil, E. L., and Eisenstein, R. S. Combinatorial mRNA regulation: Iron regulatory proteins and Iso-iron responsive elements (isoIREs) *J. Biol. Chem:* 275:40659, 2000.

Weiss, G. and Goodnough, L. T. Anemia of Chronic Disease. *N. Engl. J. Med.* 352:1011, 2005.

Yamashiro, D. J., Tycko, B., Fluss, S. R., and Maxfield, F. R. Segregation of transferrin to a mildly acidic (pH 6.5) para-golgi compartment in the recycling pathway. *Cell* 37:789, 1984.

习题和参考答案

选择题

1. 在小肠吸收铁的过程中：
   A. 维生素 C 等还原剂的存在增强了对铁的摄取能力
   B. 对吸收的调控发生于肠内壁和黏膜细胞
   C. 黏膜细胞去铁铁蛋白的合成量与机体对铁的需求量直接相关
   D. 与肌醇六磷酸等配体紧密结合的铁比游离铁更容易吸收
   E. 胃中的低 pH 有利于 Fe^{3+} 存在，因而抑制铁的吸收
2. 血红素的生物合成不需要：
   A. 丙酸
   B. 琥珀酰 CoA
   C. 甘氨酸
   D. 亚铁离子
3. 铅中毒会导致下面那些物质水平升高：
   A. 氨基乙酰丙酸
   B. 卟吩胆色素原
   C. 原卟啉
   D. 血红素
   E. 胆红素
4. 亚铁螯合酶：
   A. 是一个螯合铁的复合物
   B. 在血红素的降解过程中，将铁从血红素释放出来
   C. 将铁结合与硫离子和半胱氨酸残基
   D. 受重金属抑制
   E. 参与血红素合成的细胞质部分
5. 血红素加氧酶：
   A. 能氧化血红素的任意两个吡咯环之间的亚甲基桥
   B. 需要氧分子
   C. 产生胆红素
   D. 产生二氧化碳

E. 以血红素或原卟啉Ⅸ为底物

6.结合珠蛋白：

A. 有助于减少血管内红细胞破坏引起的铁的丢失

B. 在严重的血管内溶血中其血清水平升高

C. 抑制血红素加氧酶

D. 结合血红素，血色素，血红蛋白

E. 结合 α,β-去氧血红蛋白二聚体

问题 7 和 8：在急诊室内，一名妇女情绪激动，伴有严重腹痛，四肢显著无力。常规实验室检查显示正常，未发现任何异常。给予患者苯巴比妥(巴比妥类)镇静，持续观察数小时。患者状况迅速恶化，进一步检查显示尿中卟吩胆色素原水平升高。患者被诊断为急性间歇性卟啉病。这种疾病的酶学异常为：ALA 合酶明显升高，卟吩胆色素原脱氨基酶减少 50%。

7. 氨基乙酰丙酸合酶：

A.其活性需要 NAD

B.通过血红素被别构激活

C.其合成受类固醇抑制

D.在线粒体中合成

E.多种药物可诱导其合成

8. 通常，卟吩胆色素原是血红素生物合成的中间产物。还有很多其他中间产物，尿卟啉原Ⅲ：

A. 在共合成酶存在下，迅速从卟吩胆色素原合成

B. 不包含四吡咯环

C. 通过粪卟啉原Ⅲ的脱羧作用形成

D. 直接转变为原卟啉原Ⅸ

E. 其形成是血红素合成的主要调控步骤

问题 9 和 10：如果 Rh 阴性妇女怀有 Rh 阳性胎儿，她就会产生抗 Rh 因子的抗体。大致在第三次 Rh 阳性妊娠时，抗体就会通过胎盘，导致胎儿红细胞溶解。因为新生儿胆红素代谢的肝脏酶类未发育完全，出生后的几天内婴儿会出现黄疸，肝脾大，腹水和水肿。如果不加以治疗，就会发生中枢神经系统损害。

9. 黄疸中在皮肤和巩膜中沉积的物质是：

A. 胆绿素

B. 只是未结合胆红素

C. 只是直接胆红素

D. 胆红素和胆红素二葡萄糖苷酸

E. 血色素

10. 结合胆红素：

A. 转运到血液中，与血清白蛋白结合

B. 在 Crigler-Najjar 综合征中缺乏，这一综合征中 UDP-葡萄糖苷酸基转移酶缺乏

C. 胆管阻塞时血清中含量减少

D. 在肝脏疾病中水平升高最多的胆红素形式

E. 在水溶液中溶解性低于未结合胆红素

问题 11 和 12：Cox-2 抑制剂药物(例如，Celebrex)一部分被用来拮抗多数非甾体抗炎药(例如，阿司匹林)可能引起的胃肠道出血倾向。这种出血会引起铁丢失，血红素水平低下，珠蛋白合成减少，导致缺铁性贫血的发生。当病情发展到临床症状明确，需要医疗干预时，血液中有明确的变化。

11. 可能发生的变化是：

A. 血清转铁蛋白升高

B. 去铁铁蛋白升高

C. 肝铁蛋白无变化

D. 血清转铁蛋白饱和度升高

E. 含铁血黄素升高

12. 铁缺乏时，血浆铜蓝蛋白基因转录升高 4 倍。血浆铜蓝蛋白：

A. 合成铁氧化还原蛋白

B. 抑制铁从储存位置的动用

C. 将 Fe^{2+} 转变为 Fe^{3+}

D. 刺激去铁铁蛋白的转录

E. 使铁结合于转铁蛋白

问答题

13. 在铁缺乏早期，尽管没有临床症状，但出现了生理变化。血清转铁蛋白水平和饱和度相对正常。随着铁缺乏的逐渐加重，这些值发生变化。在早期血清中铁的水平如何维持正常？在后期会发生什么改变？

14. 微生物的复制和功能需要铁。母乳中铁行使的功能保护婴儿免受胃肠道感染。在铁过量的个体，由于铁的正常功能的障碍，通常无致病性的微生物会变得有致病性。在这两种情况下，铁行使的机制是什么？

参考答案

1. A 维生素C促进铁还原为亚铁状态，因此利于其解离和吸收。B：实际上，铁进入黏膜细胞与需要量无关，但转移到毛细血管床的铁数量受到控制。C：在黏膜细胞中，铁与去铁铁蛋白结合，不转运给机体。D：铁必须与配体解离才能被吸收。这就是菠菜中的铁无法得到较好吸收的原因。E：高pH促进铁氧化为 Fe^{3+}。
2. A 血红素的有机部分完全来源于甘氨酸和琥珀酰CoA；丙酸侧链来源于琥珀酸盐。D：血红素合成的最后步骤是插入亚铁离子。
3. A 铅抑制ALA脱水酶，导致ALA聚集。B-D：卟吩胆色素原的合成和以后的物质被抑制。因为铅也会抑制亚铁螯合酶，所以血红素不会升高。E：胆红素是血红素的降解产物，而不是合成的中间产物。
4. D 该酶催化血红素合成的最后步骤——Fe^{2+} 的插入，对重金属的作用敏感。A，B：是合成的酶。C：这是铁硫蛋白的特征。E：血红素合成的最后步骤在线粒体内发生。
5. B 加氧酶通常使用 O_2。A：该酶对含有乙烯基(α-亚甲基桥)的两个环之间的亚甲基有特异性。C，D：产物为胆绿素和CO；测量呼吸中的CO可作为血红素降解的指标。E：铁对于其活性是必需的。
6. A 结合珠蛋白具有部分清除机制，该机制用以防止由血管内红细胞降解造成的血红素和血色素通过尿液的流失。B：由于清除复合体被网状内皮系统摄取，血清中结合珠蛋白水平较低。C：与结合珠蛋白二聚体结合的血红素残基，比游离血红素更易被血红素加氧酶氧化。D：血红素和血色素通过β-珠蛋白结合，而结合珠蛋白是一种α-珠蛋白。E：生理状况下，去氧血红蛋白不会解离为二聚体。
7. E 机体的需要，或药物和代谢产物可诱导该酶。给予卟啉症患者苯巴比妥会增加患者已经升高的ALA合酶。A：该机制涉及甘氨酸和希夫碱的相互作用，因此辅酶是磷酸吡哆醛。B：血红素不仅对酶有变构性抑制，而且抑制了酶的合成。C：类固醇的一种分解代谢的还原产物促进了合成。D：酶的基因在细胞核DNA上。
8. A 缺乏共合成酶时，尿卟啉原Ⅰ合成缓慢。B：这一步骤时四氢吡咯已经形成。C，D：尿卟啉原脱羧基转变为粪卟啉原，之后转变为原卟啉原。E：氨基乙酰丙酸的合成是限速步骤。
9. D 结合(直接)和未结合(间接)胆红素均会沉积。他们来源于红细胞的分解。
10. B 结合胆红素是胆红素二葡萄糖苷酸。A：未结合胆红素与白蛋白结合被转运。C：肝脏结合胆红素，但如果胆管阻塞，就无法排泄。D：肝脏负责结合，如果肝脏受到损伤，这种功能就会受损。E：结合的目的是提高水溶性。
11. A 它说明为了从胃肠道吸收更多的铁而发生的生理性适应。B：因为与铁向缺乏状态的机体转运之间存在竞争，因此去铁铁蛋白水平会降低。C：该蛋白反映了肝脏中铁的储存状况，因而在早期就会发生衰竭。D：铁过负荷时饱和度升高。E：含铁血黄素反映在铁过负荷时非结晶铁的沉积。
12. C 血浆铜蓝蛋白也被叫作亚铁氧化酶Ⅰ。A：铁氧化还原蛋白是一种铁硫蛋白。B：动用过程包括铁被还原，然后被血浆铜蓝蛋白重新氧化。D，E：血浆铜蓝蛋白是一种催化特异性反应的酶。
13. 缺铁状态下，肝和骨髓中储存的铁被用以维持血清铁。正常存在的少量血清铁蛋白下降，大多数去铁铁蛋白几乎不与铁结合。在后期，转铁蛋白增加以从胃肠道吸收更多的铁，但其饱和度低于正常。
14. 通常，因为铁结合蛋白未完全饱和，仅存在非常少量的游离铁。在牛奶中，这种蛋白是乳铁蛋白，迅速与游离铁结合。血清中，这种蛋白是转铁蛋白。通常，铁结合能力是过剩的，但在铁过负荷情况下，转铁蛋白几乎完全饱和。这就可能会出现少量游离铁。

（陈磊 译）

22

代谢之间的相互作用

Robert A. Harris and David W. Crabb

22.1 概述

本章将重点阐述机体主要组织代谢过程的相互依赖性。并非所有的组织,在任意时间内都在执行重要的代谢过程。由于患者的营养状况和激素水平不同,我们需要精确地知道有哪些代谢途径在起作用以及它们之间的相互关系如何。

我们所关心的代谢过程包括糖原生成和糖原分解、糖异生、糖酵解、脂肪酸的合成、脂类分解、脂肪酸的氧化、谷氨酰胺降解、三羧酸循环、酮体的生成、氨基酸氧化、蛋白质的合成和降解、尿素合成。认识在哪些组织中、在什么时候这些途径最活跃以及在不同代谢状态下这些过程是如何控制和如何相互协调具有重大意义。

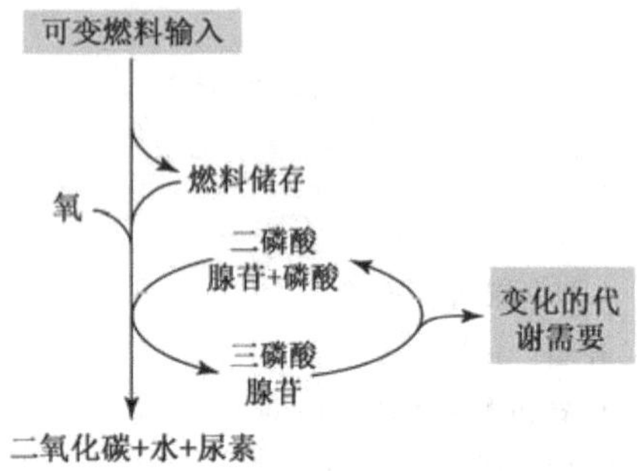

图 22.1　机体利用不同的能量输入满足不同的代谢需要

理解代谢途径间相互关系的最好方法就是认识**饥饿-进食循环**(**starve-feed cycle**)过程中代谢的变化(图 22.1),此循环使得变化的能源和氮摄入满足分解及合成代谢的需要。进食指的是食物的摄入(可变能量的输入)以及其后的能量存储(比如葡萄糖和三酰甘油)以满足禁食时的代谢需求。在饥饿-进食循环过程中,ATP 循环起着重要作用(图 22.1)。若不能持续供给能量合成 ATP 来满足机体的需要,细胞将会死亡。

人类能够以远比基础热量需求高的速率消耗食物以维持生存。不幸的是,无限制的食物消耗伴随着能量以三酰甘油的形式无限制地存储。在经济发达国家,过多的食物摄取导致了肥胖,而肥胖则是营养失调的最常见表现(见临床相关知识 22.1),其他营养失调的表现则多见于发展中国家(见临床相关知识 22.2 和 22.3)。食物消耗的调节非常复杂,且仍未完全阐明。瘦素是由脂肪细胞合成并分泌到血液的一种蛋白质,是其中一个重要的调节因子,它通过对下丘脑的作用来调节能量的消耗和食欲(见临床相关知识 22.1)。通过计算表明,若每天的摄入超过热量消耗量以外的两份额外的黄油(约 100 卡),将会导致每年体重增加 10 磅。尽管这听起来似乎不太可怕,但是 10 年后累积起来就相当于是严重的肥胖了。由此可见,严格控制摄入是必须的。

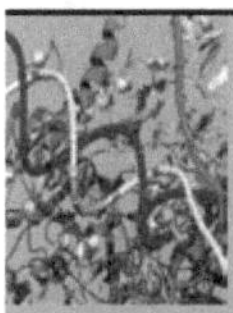

临床相关知识 22.1
肥胖

肥胖是美国最常见的营养性问题,也是糖尿病、高血压、子宫内膜癌、骨关节炎、肝硬化、胆结石和心血管疾病的危险因素。实际上,肥胖、胰岛素抵抗、血脂障碍和高血压四联症被称为 X 综合征或代谢综合征,这大大增加了西方国家心血管疾病的死亡率。肥胖可以简单地解释为:肥胖人摄入的热量超过了其消耗的热量,只有这样才造成机体大量脂肪的蓄积。由于某些未知原因，肥胖患者用来平衡能量消耗的对热量摄入的神经控制出现异常。在极少数情况下，肥胖作为其他疾病的伴随症状出现，比如甲状腺功能减退症或库欣综合征。库欣综合征是由于糖皮质激素分泌增加所致，糖皮质激素引起面部和躯干脂肪沉积、四肢脂肪消耗、葡萄糖耐受不良，这些表现是由于肌肉中蛋白降解增加以及氨基酸向葡萄糖和脂肪转化所致。肿瘤、血管意外或海马饥饿控制中枢神经系统发育不良引起的肥胖则更少见。

19世纪50年代发现了肥胖小鼠(*ob*/*ob*)，并于1994年克隆出其缺陷基因(*ob*)。*ob*基因编码一种大小为146个氨基酸的分泌蛋白质(也被称为OB蛋白或瘦素)，此蛋白由脂肪细胞产生并能够在血液里检测到。*ob*/*ob*小鼠该基因发生了无义突变导致不能产生瘦素。注射瘦素能够增加*ob*/*ob*小鼠的能量消耗并减少其进食量，因而引起体重明显下降。脑室内注射能模拟瘦素对食欲的影响。瘦素也能减少正常小鼠的食欲并使其体重减轻。肥胖人的*ob*基因并非都有缺陷，实际上他们血液中瘦素的水平都比较高，这提示他们的神经系统对瘦素不敏感，类似于许多糖尿病患者的胰岛素抵抗一样。

在最常见的肥胖类型中，患者的脂肪细胞并未增多，但是脂肪细胞由于充满三酰甘油而肿胀增大。如果在青春期前出现肥胖，脂肪细胞的数量就可能会增多。此时，脂肪细胞的过度增生(细胞数量增加)和肥大(细胞体积变大)导致了肥胖。男性肥胖趋向于以腹部和肠系膜脂肪为中心，而女性则似乎趋向于臀部。以高腰围和臀围比值为特征的男性肥胖模式过早发生冠心病的倾向更高。

治疗肥胖唯一有效的方法是减少消化或增加热量的消耗，这其实就是指节食，因为即使是像跑步这样剧烈的体育运动对热量的消耗也仅仅是10kcal/min，也就是说一小时的长跑(大约五到六英里)可能只会消耗两块方糖所提供的能量。但是，体育锻炼能够促使个体坚持执行节食计划。近来掀起了阿金饮食的热潮，也就是低碳水化合物、高脂高蛋白饮食。这种饮食将碳水化合物的摄入降低到了足以诱发酮症的水平。随着体重减轻，碳水化合物被再次引入，直到体重稳定为止。一些短期实验表明阿金饮食方案能比标准的热量限制方案更有效地减轻体重，而且能够较好地在不升高LDL胆固醇的基础上降低三酰甘油的水平，但是这种效应会随着时间的增加而减弱。

不幸的是，机体通过减少三碘甲状腺素的形成和降低基础代谢率来弥补能量摄入的减少。因此，人们对于体重的增加远比体重的下降容易这一广泛的抱怨是有生物学基础的。更糟糕的是，在减肥效果明显者当中，大约有95%的患者在一年内又重新回到原来的肥胖状态。

临床相关知识22.2

蛋白营养不良

蛋白营养不良是全球青少年中最为突出和普遍的营养性问题。这一临床综合征被称为kwashiorkor症，即小儿恶性营养不良症，主要发生于1～3岁的小孩，主要原因为婴儿断奶，即从喂养乳汁转变为喂养缺乏蛋白质的淀粉饮食。该综合征的名字源于加纳，意思是"下一个小孩的出生伴随着其兄长的消瘦"。这是给小孩喂养含有足够热量但是缺乏蛋白的饮食的后果。诸如疟疾、寄生虫感染或胃肠炎之类导致蛋白需要量增高的感染能使这一点变得更加明显。小儿恶性营养不良症以生长不良、血浆蛋白和氨基酸水平低下、肌肉萎缩、水肿、腹泻以及易患感染为特征，患者皮下脂肪的表现与单纯饥饿明显不同。高碳水化合物的摄取维持了脂肪的存储并导致了高胰岛素水平，事实上，高胰岛素水平干扰了机体对饥饿的适应性反应。脂肪不被作为能源动员，不发生生酮作用，而且氨基酸不能从骨骼肌转移到肝、肾脏、心脏和免疫细胞。摄入氨基酸的降低导致所有组织蛋白合成的降低，肝增大并被脂肪浸润表明机体需要合成肝脏蛋白以形成并释放极低密度脂蛋白(VLDL)。除此之外，蛋白营养不良损害了胃肠功能，导致对碳水化合物、蛋白质和维生素的吸收障碍，加速了疾病的进程。疾病的严重程度取决于蛋白缺乏发生时所处的发育时期。体重相对于身高偏低的小孩被称为消瘦，但是他们能够在得到适当喂养后恢复良好。而相对于体重身材矮小的称为生长阻滞，他们的身高和智力潜能无法恢复。

蛋白质热量营养不良是年纪较大的人在身体不适时面临的一个问题。随着年龄增长，健康老人对能量和食物摄入的需求逐渐下降，这就存在蛋白摄入不足和诸如铁离子、钙和维生素等营养成分摄入缺乏的危险。这些成分缺乏会加剧机体肌肉和力量的丧失(会导致摔倒)、贫血、骨骼强度下降，在少数情况下也会导致维生素缺乏。常见的老年性慢性病常常会降低食欲、减少食物摄入或营养的吸收，因此，老年患者较之于年轻患者更易发生蛋白质能量营养不良。

临床相关知识 22.3
饥饿

饥饿导致重度消瘦型营养不良综合征，即 marasmus。这一名称源于表示消瘦的希腊语，它在一岁以下的小孩中最常见。在发展中国家，婴儿过早断奶是导致重度消瘦型营养不良综合征的常见原因。过早断奶可能是因为孕妇生育间歇期过短、母亲希望回到工作岗位或者使用浓度过低的奶粉(以使昂贵的奶粉维持更长时间)，这些都会引起热量吸收不足。同样，喂养小孩时的用水不卫生和喂养过程不清洁引起小孩腹泻和吸收不良，也会导致营养不良的发生。

与蛋白营养不良综合征相比(见临床相关知识 22.2)，由于能够动员脂肪提供能量以及肌肉能暂时为肝脏合成葡萄糖和肝脏蛋白提供氨基酸，重度消瘦型营养不良综合征不会出现皮下脂肪、肝大和脂肪肝这些表现，较低的胰岛素水平也允许肝脏氧化脂肪酸并生成酮体供其他组织利用。最终，能量和蛋白质存储被耗竭，患病儿童会饥饿致死。死亡的直接原因通常是肺炎，这是由于孩子太虚弱而不能咳嗽所致。成年人会因为患有阻碍吞咽(喉癌或食管癌)或使机体不能正常获得食物(中风或痴呆)的疾病而发生重度消瘦型营养不良综合征。与之相关并且很常见的一种疾病是肿瘤恶病质，这是由于厌食症(食欲丧失，因而导致饥饿)和逐渐消耗所致。与简单的饥饿不同，肿瘤恶病质中肌肉和脂肪都用来提供所需的能量，不存在多余的骨骼肌(见临床相关知识 22.10)。

22.2　饥饿-进食循环

进食良好状态时饮食提供能量需要

图 22.2 表明了从食物中获得的葡萄糖、氨基酸和脂肪在体内的代谢过程。从肠道表皮细胞吸收而来的葡萄糖通过门静脉到达肝，氨基酸在释放到门静脉血之前在胃肠道发生部分代谢，含有三酰甘油的乳糜微粒由肠道上皮细胞分泌到淋巴系统，经淋巴循环汇入胸导管，乳糜微粒经胸导管运输到锁骨下小静脉，最终到达身体的其他部位。

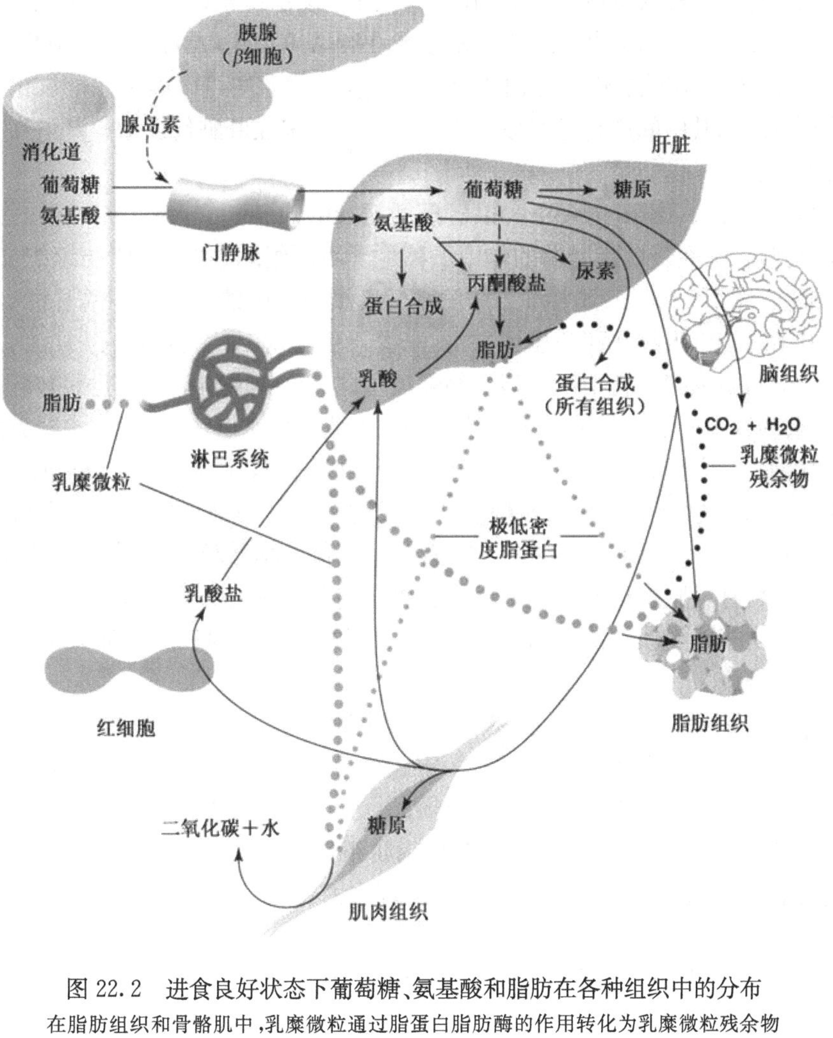

图 22.2　进食良好状态下葡萄糖、氨基酸和脂肪在各种组织中的分布

在脂肪组织和骨骼肌中，乳糜微粒通过脂蛋白脂肪酶的作用转化为乳糜微粒残余物

通过进食摄入的葡萄糖能在肝里经过糖原合成转化为肝糖原，经过糖酵解转化为丙酮酸和乳酸，或者通过磷酸戊糖途径合成 NADPH。丙酮酸可以氧化为乙酰辅酶 A，而乙酰辅酶 A 又能够经过三羧酸循环转化为三酰甘油或者氧化分解为二氧化碳和水。机体

摄入的葡萄糖大多经过肝脏到达脑、红细胞、肾髓质、脂肪组织等器官，脑组织几乎完全依赖于葡萄糖产生 ATP，红细胞只能依靠糖酵解产生能量，脂肪组织则主要将葡萄糖转化为甘油和三酰甘油。肌肉也可以通过肌糖原合成、糖酵解和三羧酸循环利用葡萄糖。肝吸收其他组织经糖酵解得到的丙酮酸和乳酸，并将其氧化为二氧化碳或是转化为三酰甘油。在营养摄入良好的状态下，肝利用葡萄糖提供能量而不会进行糖异生。因此，葡萄糖在外周组织被转化为乳酸而乳酸在肝中又被转化为葡萄糖的葡萄糖乳酸循环在此状态下是被阻断的。

肠道细胞利用一些摄入氨基酸作为能量来源，但大部分摄入的氨基酸通过门脉系统分配到机体的其他部位。在转运过程中，从门脉系统转运的氨基酸除了少部分被肝脏获取外(图 22.2)，大部分都能通过门脉系统转运，这对于所有细胞合成蛋白质都需要的必需氨基酸尤其重要。肝代谢氨基酸的酶的 K_m 很高，这意味着要发生明显的代谢，氨基酸必须有足够高的浓度；与此相反，产生氨基酰-tRNA 的 tRNA-charging 酶则有较低的 K_m，只要有氨基酸存在就能进行蛋白质合成。过多的氨基酸可以通过完全氧化而生成二氧化碳、尿素和水，其中间产物也可以用于脂肪合成。未在肝脏代谢的氨基酸在其他组织用于蛋白质合成或提供能量。

摄入的**三酰甘油(triacylglycerol)**以**乳糜微粒(chylomicron)**(见 26.8 节)的形式进入血液，而乳糜微粒在酯蛋白脂肪酶的作用下黏附于不同组织(主要是脂肪组织)的毛细血管腔内皮细胞(图 22.2)。三酰甘油脂肪酶水解乳糜微粒中的大部分三酰甘油，水解释放的脂肪酸被脂肪细胞吸收并和 3-磷酸甘油(来源于糖酵解)重新合成三酰甘油，并以脂滴的形式存储于脂肪细胞。乳糜微粒残余物经酯蛋白三酰甘油脂肪酶消化后被肝脏从血液清除，以残余物存在的三酰甘油被溶酶体三酰甘油脂肪酶水解清除，代谢中释放的脂肪酸和 3-磷酸甘油(来源于自由甘油和葡萄糖)重新合成三酰甘油。通过这种方式来源的三酰甘油和小部分经过葡萄糖和氨基酸从头合成的三酰甘油被包裹进入**极低密度脂蛋白(very-low-density-lipoprotein，VLDL)**并分泌入血。和乳糜微粒一样，极低密度脂蛋白也能在脂蛋白三酰甘油脂肪酶的作用下释放脂肪酸用于形成三酰甘油并以脂滴的形式存储于脂肪细胞。由于人类饮食富含脂肪，因此人类脂肪组织中的三酰甘油大多数来源于饮食而不是从头合成。

胰腺(pancreas)的 β 细胞对饮食摄入的葡萄糖和氨基酸具有很高的反应性，进入 β 细胞的葡萄糖经过氧化提高 ATP 的水平、关闭 **ATP 敏感的钾通道(ATP-sensitive potassium channel)**、使细胞去极化、增加细胞内**钙(calcium)**水平并导致胰岛素的释放。在进食之中和餐后 β 细胞释放的胰岛素对于肝、肌肉和脂肪组织代谢摄入营养成分是很重要的，在 22.3 中将更详细的讨论胰岛素在饥饿-进食循环中的作用。

禁食状态早期肝脏通过糖酵解维持血糖水平

肝细胞的糖酵解维持了禁食早期的血糖水平(图 22.3)。乳酸、丙酮酸和丙氨酸从氧化和合成脂肪酸转变为形成糖原，完成葡萄糖乳酸盐循环(见 15.5 节图 15.32)。碳和氮元素以丙氨酸的形式回到肝脏的丙氨酸循环(见 15.5 节图 15.32)也变得很重要。

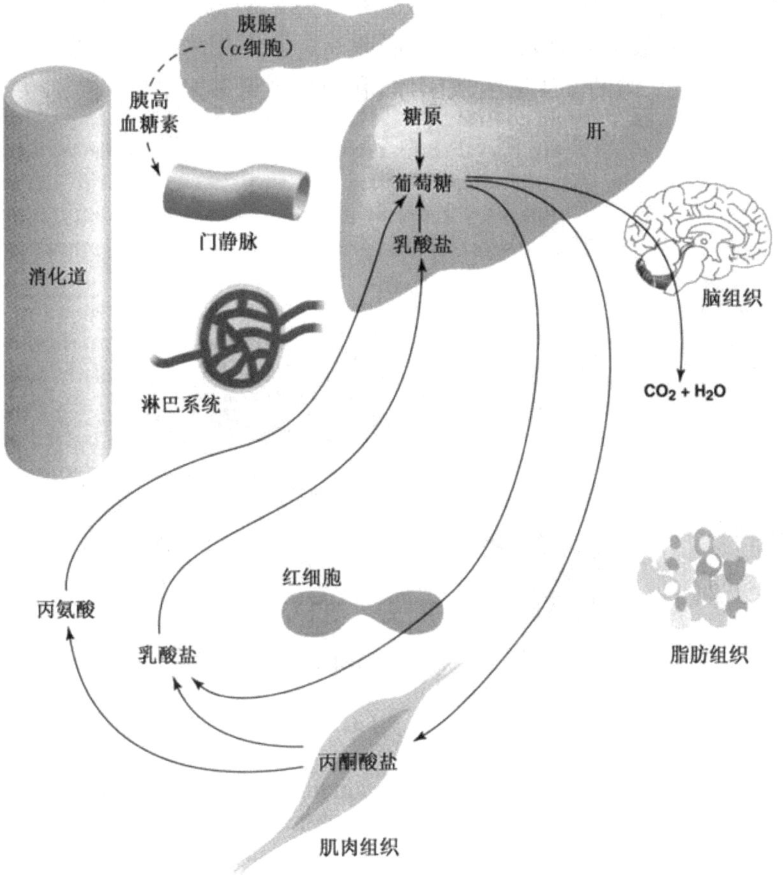

图 22.3　禁食早期机体主要组织间的代谢关系

禁食状态需要以氨基酸和甘油为原料的糖异生

禁食后 10～12 小时，由于消化道没有食物能源的摄入，肝也只剩余少量的葡萄糖(图 22.4)，机体就需要主要依赖于以乳酸、丙酮酸和丙氨酸为原料的肝糖异生作用提供能量。**葡萄糖乳酸盐循环**(**Cori**)和**丙氨酸循环**(**alanine cycle**)发挥着重要作用，但是它们并未给葡萄糖的净合成提供碳元素。这是因为在肝中通过乳酸和丙氨酸生成的葡萄糖仅仅是替换了通过外周组织转变而来的乳酸和丙氨酸。实际上肝氧化脂肪酸而来的能量传递到肝外组织的这些循环并不能氧化三酰甘油。脑组织中的葡萄糖彻底氧化为二氧化碳和水。因此，在禁食过程中从其他碳源性物质净合成葡萄糖是必须的。由于不存在把由脂肪酸氧化而来的二碳化合物乙酰 CoA 转化为葡萄糖的途径，所以脂肪酸不能用于葡萄糖的合成。脂肪组织酯解作用的副产物**丙三醇**(**glycerol**)是合成葡萄糖的重要底物，然而蛋白质(尤其是骨骼肌来源的蛋白质)为葡萄糖的净的合成提供了主要碳源。肌细胞中降解蛋白质的大多数氨基酸发生不完全代谢，其中丙氨酸和谷氨酰胺的释放量最大，其他氨基酸则多数代谢为中间产物(丙酮酸盐和 α-酮戊二酸盐)，这些中间产物可以生成丙氨酸和谷氨酰胺。带侧链的氨基酸是肌肉中生产丙氨酸和谷氨酰胺的主要氮源，通过转氨基作用生成的带侧链的 α-酮酸被释放入血并由肝吸收。肝脏利用来源于缬氨酸的 α-酮酸生成葡萄糖，利用亮氨酸来源的 α-酮酸生成酮体，利用异亮氨酸来源的 α-酮酸生成葡萄糖和酮体。

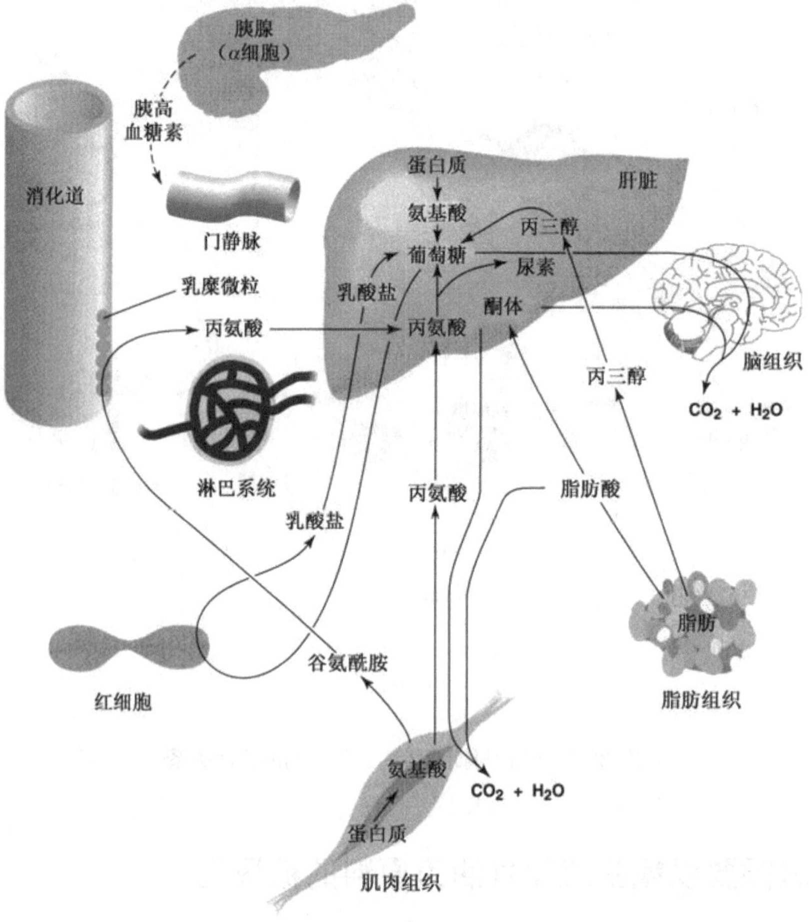

图 22.4　禁食时机体主要组织间的代谢关系

肌肉释放的部分**谷氨酰胺**(**glutamine**)被肠道上皮细胞、淋巴细胞和巨噬细胞所利用。谷氨酰胺是肠上皮细胞和淋巴细胞重要的能源，谷氨酰胺迅速分解并且此过程是嘌呤碱和嘧啶碱的合成所必需的。在这个过程中谷氨酰胺被转化为谷氨酸，谷氨酸和丙酮酸通过转氨基作用生成 α-酮戊二酸和丙氨酸，α-酮戊二酸经过三羧酸循环转化为苹果酸，苹果酸则被苹果酸酶转化为肠上皮细胞形成丙氨酸所需要的嘌呤碱。由于谷氨酰胺只是发生部分氧化，因此这条途径被称为**谷氨酰胺酵解**(**glutaminolysis**)(图 22.5a)。

淋巴细胞和巨噬细胞以天冬氨酸作为主要终产物的谷氨酰胺酵解来满足它们大部分能量需要(图 22.5b)，核酸的合成也需要天冬氨酸。

禁食过程中肝葡萄糖的合成和尿素的合成紧密相关。众多的氨基酸通过和 α-酮戊二酸转氨基作用将自身氨基氮用于谷氨酸和 α-酮酸的生成，而谷氨酸和 α-酮酸常常可以用

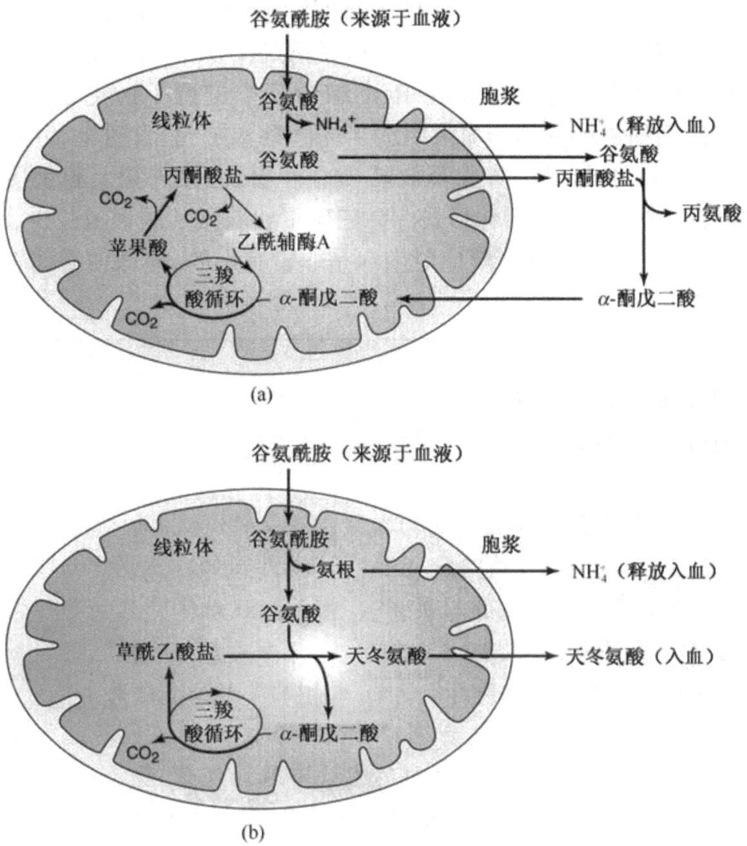

图 22.5　快速分裂的细胞对谷氨酰胺的代谢

(a)肠上皮细胞。(b)淋巴细胞

来合成葡萄糖。谷氨酸提供了用于尿素合成的两种氮形式：一种来源于**谷氨酸脱氢酶**(**glutamate dehydrogenase**)氧化脱氨基，另一种来源于草酰乙酸在**天冬氨酸氨基转移酶**(**aspartate aminotransferase**)作用下转氨基形成的天冬氨酸。肠道黏膜是鸟氨酸合成的氮源和前体(比如瓜氨酸)的一个重要物质来源(图 22.4)。

由于禁食时血中的胰岛素水平较低，脂肪组织中**酯解作用**(**lipolysis**)明显增强，导致血中脂肪酸水平升高，许多组织优先利用脂肪酸而不是葡萄糖。在心脏和肌肉组织中，脂肪酸的氧化抑制了糖酵解和丙酮酸氧化。肝中脂肪酸的氧化为糖异生提供了大量的 ATP，肝脂肪酸氧化产生的乙酰辅酶 A 只有很少一部分被完全氧化，而大部分则是在肝线粒体中生成酮体。**酮体**(**ketone body**)(乙酰乙酸和 β-羟丁酸)释放入血并作为许多组织的能量来源。正如脂肪酸一样，它们被许多组织优先利用。由于脂肪酸不能通过血脑屏障，因此脑组织不能氧化利用脂肪酸。当血液中酮体的浓度足够高时，它们便进入脑组织作为一种替代能源，但酮体不能完全替代脑组织对葡萄糖的需求。酮体也能抑制肌肉组织对蛋白质的水解和对支链氨基酸的氧化并降低丙氨酸的释放，这就减少了肌肉对能源的浪费和肝对葡萄糖的合成。只要通过肝脏脂肪酸氧化使酮体维持在高水平，机体对葡萄糖、糖异生氨基酸以及降解肌肉组织的需求就会下降。这可能是因为只要有足够高的葡萄糖水平刺激胰腺释放一定的胰岛素，胰岛素就会维持在足够高的水平从而部分抑制肌蛋白降解。图 22.4 表明了肝、肌肉和脂肪组织为脑组织提供葡萄糖的相互关系：肝合成葡萄糖，肌肉和胃肠道提供底物（丙氨酸），脂肪组织提供肝糖异生所需的 ATP（通过脂肪酸在肝中的氧化），这些关系在 **Reye 综合征**中进行了讨论（见临床相关知识 22.4）。重要组织间的协调依赖于血液中适当的激素水平，禁食时葡萄糖水平降低，导致胰岛素的分泌减少，但却促进胰腺释放胰高血糖素，也促进肾上腺髓质释放肾上腺素。禁食也会使甲状腺激素的活化形式——三碘甲状腺激素的形成减少。这就使每日的基础能量需求减少 25%。这个反应对生存是非常有用的，但却使得体重的减少远比体重增加困难。

临床相关知识 22.4

Reye 综合征

Reye 综合征具有高度破坏性，但目前其在儿童中的发病率很低。该综合征的特征为大脑功能失调，浮肿（易激惹、嗜睡和昏迷）和肝功能异常（血浆游离脂肪酸升高、脂肪肝、低血糖、高血氨和短链有机酸的聚积）。由于肝线粒体受到特异性损害，因而导致脂肪酸氧化、氨甲酰磷酸、鸟氨酸（氨的解毒）和草酰乙酸（糖异生）的合成发生障碍。有机酸的聚积表明它们的氧化代谢存在缺陷，其中的某些酯类辅酶 A 可能抑制诸如氨甲酰磷酸合成酶Ⅰ、丙酮酸脱氢酶、丙酮酸羧化酶和嘌呤核苷酸转运体等特异酶类。给水痘患儿使用阿司匹林和 Reye 综合征的发生有密切联系，现已对病毒感染的患儿慎用阿司匹林，这大大降低了 Reye 综合征的发病率。Reye 综合征的治疗措施包括减轻脑水肿和静脉补充葡萄糖。葡萄糖的补充阻止了低血糖的发生并诱导胰岛素水平的升高。胰岛素水平的升高能够导致下述效应：①抑制脂肪细胞中的酯解；②减少肌肉蛋白的降解和氨基酸的释放；③减少氨基酸脱氨基生氨作用。近年来的研究也认识了由肝线粒体损伤引起的其他综合征，这些导致损伤的原因包括实验性肝炎药物（非阿尿苷）和某些抗逆转录病毒核苷类似物的毒性。肝脏线粒体损伤引起乳酸性中毒、低血糖和脂肪肝，在一些患者中会导致肝功能衰竭。药物对线粒体的毒性也会导致周围神经病变、胰腺炎和心肌病。这些药物似乎通过抑制 DNA 合成酶 γ 干扰线粒体 DNA 的合成，从而引起关键蛋白和线粒体 DNA 编码的 RNA 的突变的累积。

再次进食早期糖原通过间接途径合成

三酰甘油的代谢正如营养良好状态所述，然而肝却很少提取葡萄糖，实际上在进食后几小时肝仍然保持着糖异生的模式。肝糖异生为糖原合成提供的是 6-磷酸葡萄糖而不是血糖，这意味着在禁食后肝糖原并非完全来源于由血糖来进行直接合成。葡萄糖在肝外组织代谢为乳酸，乳酸在肝脏通过糖异生间接转化为糖原：

糖原

$$\text{葡萄糖}\xrightarrow{\text{直接}}\text{6-磷酸葡萄糖}\xleftarrow{\text{间接}}\text{乳酸}$$

胃肠道吸收来的氨基酸通过间接途径进行的糖异生在肝糖原的重新储备中也起了重要的作用。在葡萄糖合成速率下降后，血糖直接合成糖原使肝糖原水平得以维持。

重要器官之间代谢的相互关系

肠道表皮细胞把谷氨酰胺转化为瓜氨酸(图 22.6)，肠道是唯一表达此转换反应必须的 ATP-依赖性谷氨酸还原酶的组织：

$$\text{谷氨酸}+NADPH+H^{+}+ATP\longrightarrow\text{谷氨酸半醛}+NAD^{+}+ADP+P_i$$

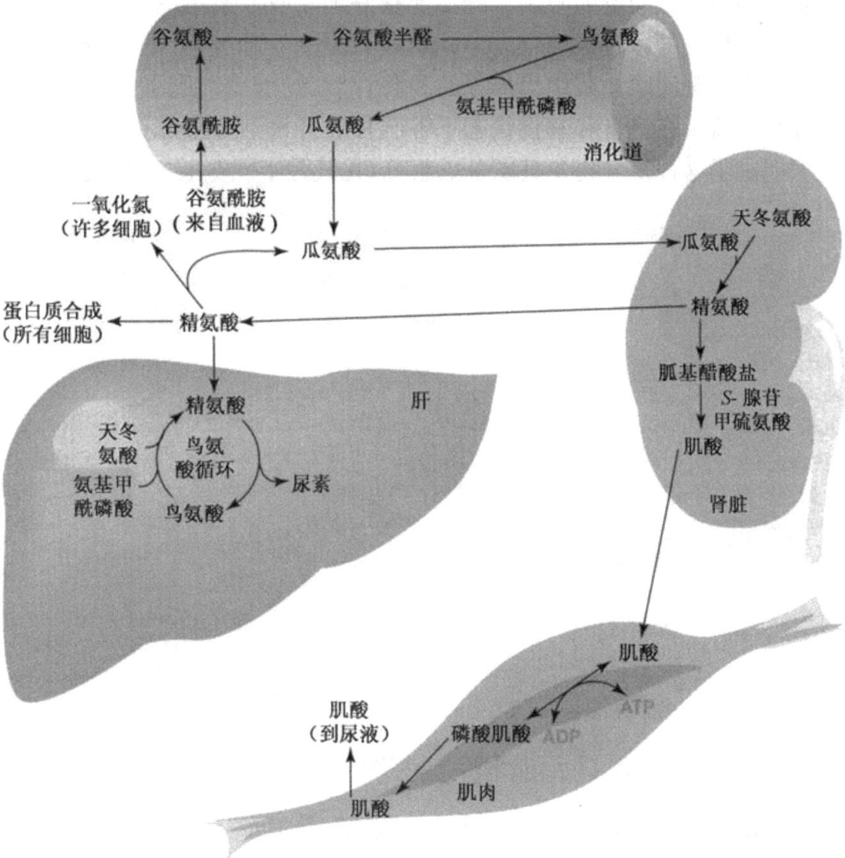

图 22.6　消化道和肾脏协作利用谷氨酸合成精氨酸

肠道释放的瓜氨酸在肾中转化为精氨酸，精氨酸既能转化为肌酸，也能释放入血，肝脏利用精氨酸生成鸟氨酸，这使得在蛋白质吸收增加时尿素循环的能力得到提高。肝将鸟氨酸不可逆地转化为谷氨酸：

$$\text{鸟氨酸}\xrightarrow{\text{转氨基作用}}\text{谷氨酸半醛}\xrightarrow{\text{氧化作用}}\text{谷氨酸}$$

此转换途径中鸟氨酸的去除抑制了尿素的合成，鸟氨酸的再补充完全依赖于精氨酸。因此，肝合成尿素依赖于肠道和肾来源的瓜氨酸和精氨酸，精氨酸还可以被许多细胞用来生产一氧化氮(图 22.6)。肾中瓜氨酸来源的精氨酸被用于合成肌酸(图 22.6)。精氨酸和甘氨酸在甘氨酸转脒基酶(GTA)的作用下生成胍基乙酸盐，甘氨酸转脒基酶主要存在于肾皮质、胰腺和肝，在被甲基供体 *S*-腺苷甲硫氨酸(SAM)甲基化之后就形成肌酸。从数量上来说这是机体最重要的利用 *S*-腺苷甲硫氨酸的反应。机体每天合成 1～2g 的肌酸，肌酸通过循环系统到达其他组织并聚集在肌肉，当肌酸被磷酸化为磷酸肌酸时它便充当了肌肉的高能量储备库。这个过程包括经非酶反应转变为肌酸酐，肌酸酐释放入血并且被肾清除。对肌酸酐排出的检测被临床用于衡量肌肉质量和肾功能。谷胱甘肽(GSH)在机体对内源性过氧化物和外源性化学复合物的解毒作用中具有重要地位(见 14.10 节)。肝是利用谷氨酸、半胱氨酸和甘氨酸合成谷胱甘肽的主要器官(图 22.7)，此合成受到可获得的半胱氨酸量的限制。肝不能很好地吸收血浆里的半胱氨酸，肝通过胱硫醚途径利用食物提供的甲硫氨酸合成半胱氨酸(见 19.5 节)。肝的**谷胱甘肽(GSH)**释放到血液和胆汁中。肾清除血浆中大部分的谷胱甘肽，肠上皮细胞也许能够从肠腔吸收胆汁释放的谷胱甘肽。在进食和禁食状态下谷胱甘肽释放到血浆都是一样的，这就为机体的许多组织提供了这种复合物及其氨基酸组分(尤其是半胱氨酸)的稳定来源。

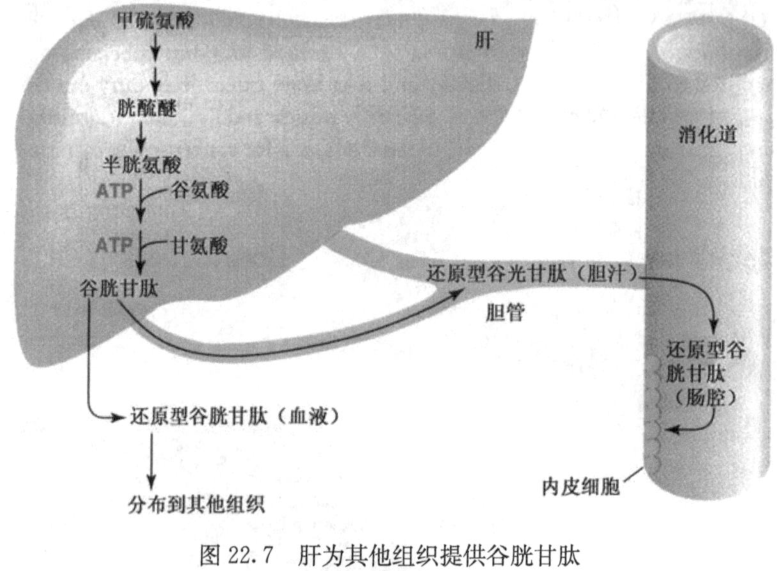

图 22.7 肝为其他组织提供谷胱甘肽

肉碱(carnitine)来源于多种蛋白质的赖氨酰残基，赖氨酰残基利用 *S*-腺苷甲硫氨酸进行氮端甲基化构成三甲基赖氨酰残基(图 22.8，见 19.5 节)。**三甲基赖氨酸(trimethyl-lysine)**在蛋白质降解时被释放，并被羟基化进而裂解释放甘氨酸和 γ-丁酰甜菜碱香荚兰醛，后者被氧化为 γ-丁酰甜菜碱进而羟基化形成肉碱。肾和肝在一定程度上通过完全途径为其他组织(尤其是肌肉和心脏)提供肉碱，骨骼肌能够形成 γ-丁酰甜菜碱，但是必须释放后通过肝或肾形成肉碱。

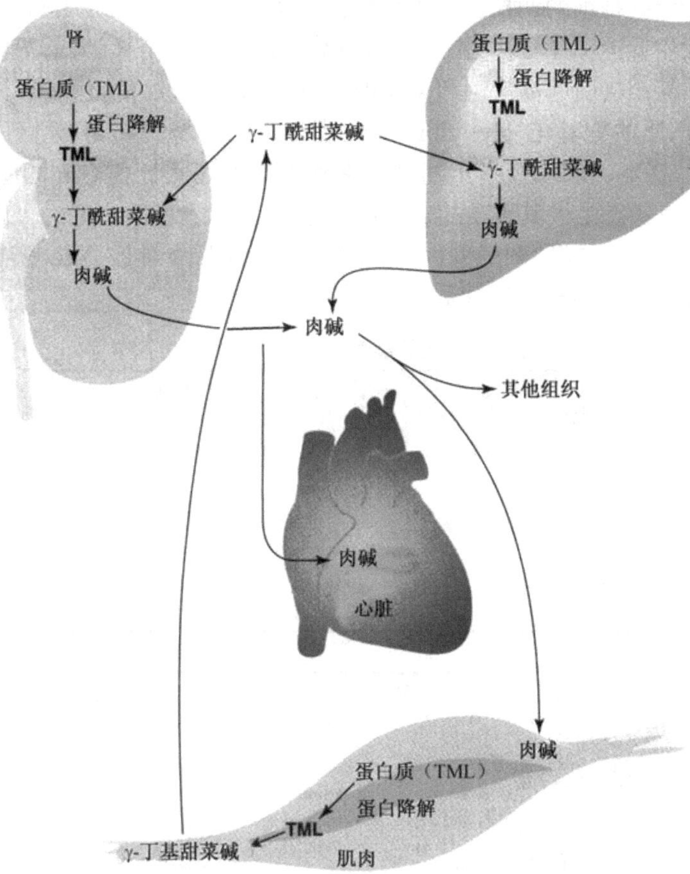

图 22.8　肾和肝为其他组织提供肉碱

能量的需求、储备以及热量的稳态

以静坐方式为主的个体平均每人每天需要消耗 180～280g 碳水化合物、70～100g 蛋白质和 70～100g 脂肪，相当于每天 1600～2400 千卡的能量要求。由表 22.1 可以看出一个中等身材的个体的能量储存是相当可观的，这些能量在进食少和夜晚时被动员，用以维持血糖水平。虽然机体可以很快动员糖原提供能量，但是相对脂肪来说糖原在肝脏的储备是比较小的(表 22.1)。只有在较长的禁食期间机体才会动员储存的脂肪，这些脂肪组织可达到 80kg，储存的能量达到 585 000 千卡。表 22.1 中包括了蛋白质，因为蛋白质能够通过氧化作用提供氨基酸，所以它们可以视为能量的储备。需要注意的是蛋白质并不像三酰甘油和葡萄糖具有可替代性，机体一般不会轻易动用蛋白质提供能量。

血液中能量的持续可获得性被称为**热量稳态**(**caloric homeostasis**)，如表 22.2 所示，这种稳态意味着无论机体进食好坏、禁食甚至是饥饿致死，血液都能够提供相当的 ATP 使能量供给不会低于一定的限制。值得注意的是血液葡萄糖浓度受到严格控制，然而脂肪酸和酮体在血液里的含量可以发生一到两个数量级的变化。由于脑组织对葡萄糖的绝对依赖性，所以葡萄糖受到精细的调控。如果血糖降得太低(<1.5mmol/L)而得不到重新储备的话，会迅速发生昏迷和死亡。另一方面，也必须避免高血糖，因为葡萄糖会通过尿液丧失并导致脱水，甚至会引起高渗性和高血糖性昏迷(见临床相关知识 22.5)。慢性高血糖会导致许多蛋白质的**糖基化(glycation)**和内皮组织的功能失调，引起糖尿病并发症(见临床相关知识 22.6)。表 22.2 指示的**胰岛素和胰高血糖素比值(insulin/glucagon ratio)**的变化对维持热量稳态是极其重要的。简而言之，就是饮食状态良好的个体的胰岛素/胰高血糖素比值较高，利于糖原和三酰甘油的储存；然而饥饿个体胰岛素/胰高血糖素比值较低，刺激糖原分解、脂肪分解、蛋白质降解和糖异生。

表 22.1　机体能量储存

存储能量	组织	能量储存	
		克	千卡
糖原	肝	70	280
糖原	肌肉	120	480
葡萄糖	体液	20	80
脂肪	脂肪组织	15 000	135 000
蛋白质	肌肉	6 000	24 000

临床相关知识 22.5
高血糖、高渗性昏迷

2 型糖尿病患者有时会发生高血糖、高渗性昏迷，这种情况在年纪较大的患者中尤为常见，而且也会在以前未发现患有糖尿病但发生了严重代谢应激的个体出现。高血糖(可能因为未服用胰岛素或降血糖药物而进一步加重)、感染或者并发心脏病会导致水分、葡萄糖、电解质(钠、氯、钾)从尿液丧失。这种渗透性利尿减少了循环血容量，进而释放激素导致胰岛素抵抗和高血糖加重。除此之外，年老患者也可能对饥渴不敏感或不能很好地饮水，几天下来，患者会出现极端高血糖(葡萄糖>1000mg/dL)、脱水和昏迷。这些患者并不发生酮症酸中毒，这可能是由于游离脂肪酸通常不升高或者是门脉血液中有足够的胰岛素，抑制了酮体生成(虽然它们的水平不足以抑制糖异生)。治疗的目标是重建水、电解质的平衡，用胰岛素纠正高血糖。高渗性昏迷的死亡率要比糖尿病酮症酸中毒的死亡率高得多。

临床相关知识 22.6
高血糖症和蛋白质糖基化

糖基化能改变酶蛋白的活性、溶解性和降解易感性。例如，血红蛋白 A 的非酶促糖基化反应发生在其 α 链氨基端的缬氨酸和葡萄糖之间，首先在葡萄糖和缬氨酸之间形成希夫碱基，进而导致分子构象重排使 1-脱氧果糖和缬氨酸靠近。高葡萄糖水平有利于此反应的发生,反应产物血红蛋白 A_{1C} 是反应机体之前几周平均血糖水平高低的一个良好指标。未予控制的糖尿病患者的血红蛋白 A_{1C} 升高,而严格控制血糖水平的患者的血红蛋白水平较低。

蛋白质糖基化导致了糖尿病并发症的发生(如冠状动脉性心脏病、视网膜病变、肾病和白内障)。晶状体蛋白的糖基化会导致患者发生糖尿病性白内障。胶原蛋白、层粘连蛋白、玻璃粘连蛋白质和其他基质蛋白也能发生糖基化,并伴随着自身组装和与其他基质分子结合的改变。糖基化的蛋白质和脂蛋白能够被巨噬细胞的受体所识别,而这是形成动脉粥样硬化斑块的核心,可能这些加剧了糖尿病患者动脉粥样硬化的形成。氨基胍复合物能抑制此过程中糖基化产物的形成,目前正在检测其是否能阻止糖尿病并发症的发生。

糖尿病的并发症还与另外三种代谢异常有关系,它们是山梨糖醇途径的激活(见临床相关知识 22.9)、蛋白激酶 C 的激活(经过三酰甘油水平)和氨基己糖途径的活化。这些途径异常都和葡萄糖通过线粒体诱导的活性氧形成相关,因而也为治疗糖尿病并发症提供了新的策略。

表 22.2 进食良好、禁食和饥饿时机体血液中的物质和激素水平

激素或底物	进食良好	吸收后 12h	禁食 3 天	饥饿 5 周
胰岛素/(μU/mL)	40	15	8	6
胰高血糖素/(pg/mL)	80	100	150	120
胰岛素/胰高血糖素/(μU/pg)	0.50	0.15	0.05	0.05
葡萄糖/(mmol/L)	6.1	4.8	3.8	3.6
脂肪酸/(mmol/L)	0.14	0.6	1.2	1.4
乙酰乙酸/(mmol/L)	0.04	0.05	0.4	1.3
β-羟丁酸(mmol/L)	0.03	0.10	1.4	6.0
乳酸/(mmol/L)	2.5	0.7	0.7	0.6
丙酮酸/(mmol/L)	0.25	0.06	0.04	0.03
丙氨酸/(mmol/L)	0.8	0.3	0.3	0.1
ATP 类似物/(mmol/L)	262	235	301	428

葡萄糖稳态包括五个阶段

图 22.9 总结了 Cahill 和其同事对经历长期饥饿以减轻体重的肥胖患者的研究工作,此研究表明了饥饿对**葡萄糖稳态**(**glucose homeostasis**)的影响,该稳态被人为划分为五个阶段。阶段Ⅰ是进食良好的状态,此阶段由饮食中的碳水化合物提供葡萄糖;一旦饮食碳水化合物供应耗竭,肝启动糖异生维持血糖水平,这就是阶段Ⅱ。当葡萄糖供应开始缩减时,肝通过利用乳酸、甘油和丙氨酸进行的糖异生作用的重要性逐渐增加,直到阶段Ⅲ糖异生是血糖的主要来源,这些变化发生在禁食的 20h 以内或更长,取决于个体在禁食前的

进食状况、肝糖原储备状况以及在禁食过程中机体的体力活动种类；几天的禁食就会进入阶段Ⅳ，此时对糖异生的依赖下降。到这一阶段，酮体聚集到足够高的浓度使其能够进入脑组织为脑提供一定的能量，此时肾的糖异生也很重要。阶段Ⅴ只有极端肥胖的个体在持续较长的饥饿之后才会出现，此阶段的特点是对糖异生的依赖性更小，几乎所有组织的能量需求绝大部分由脂肪酸或酮体氧化提供。

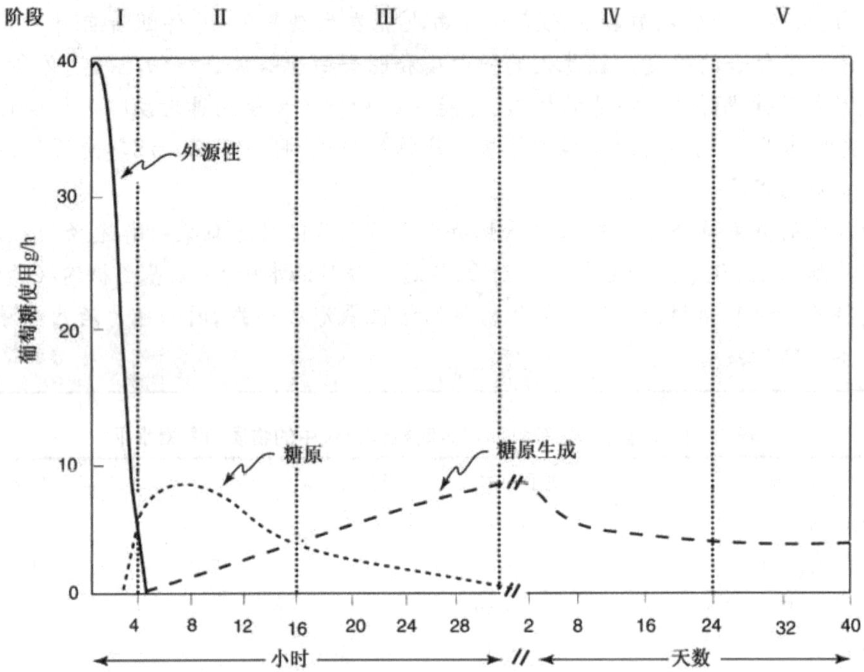

阶段	血液葡萄糖来源	组织利用葡萄糖	脑组织主要燃料
I	外源性	所有组织	葡萄糖
II	糖原 肝脏糖异生	除肝以外的组织 肌肉和脂肪组织利用下降	葡萄糖
III	肝糖异生 糖原	肌肉和脂肪组织利用率介于II和IV阶段之间	葡萄糖
IV	糖异生， 肝和肾	脑，红细胞，肾髓质 小部分肌肉	葡萄糖 酮体
V	糖异生， 肝和肾	脑利用率下降红细胞，肾髓质	酮体 葡萄糖

图 22.9　葡萄糖稳态的五个阶段

一旦酮体浓度比较高并且葡萄糖水平得到维持，可能是在胰腺仍然产生少量的胰岛素的作用下，蛋白质水解就会在一定程度上受到限制，从而维持了肌肉蛋白和酶的恒定。这种状态会一直持续，直到所有的脂肪被耗竭并且酮体水平下降。当脂肪耗竭后，机体不得不利用肌肉蛋白质来维持血糖浓度。在蛋白质耗竭之前机体便会死亡（见临床相关知识 22.3）。

22.3　饮食良好和饥饿状态下肝代谢转换的机制

饮食状态良好的个体的肝主动合成糖原和三酰甘油，进行糖原合成、糖酵解和脂肪生成。相反，禁食者的肝进行糖原分解、糖异生、酮体生成以及蛋白质水解。肝这种机制的目的在于当能够获得食物时储备热量，而当机体需要时便动员储备的能量。肝通过多种调节机制在上述两种代谢极端之间移动，这些机制包括：底物供给、变构效应、共价修饰以及酶的诱导反应。

底物的供给控制着许多代谢途径

代谢的控制机制常常被忽略，进入肝脏血液中的脂肪酸的浓度是酮体生成速率的主要控制因素，肝获得的糖异生底物影响着肝葡萄糖的合成。由于蛋白质水解速度的增加和不受控制，糖尿病患者输送到肝的氨基酸刺激了糖异生并加重了高血糖的程度。另一方面，某些个体不能为肝提供糖异生的底物可以解释某些类型的高血糖的发生原因，比如在怀孕期间或进一步的饥饿时的高血糖。尿素的合成也受底物供应的调控。肠道内的氨基酸的代谢为肝尿素合成提供了部分氨。如前所述，肠道释放的瓜氨酸是鸟氨酸的代谢前体。较大的鸟氨酸库允许在高蛋白饮食后增加尿素的合成，在蛋白质缺乏时鸟氨酸合成率下降。

由此可见底物的供应状态几乎是所有代谢速率的主要决定性因素，然而底物供应的变化并不能充分解释在饥饿-进食循环中必定出现的明显的代谢改变，这些代谢途径需要更为精细的调控。

变构效应对关键酶的调控

图 22.10 和图 22.11 分别概括了在进食良好和饥饿状态下，变构效应剂在肝脏代谢中的效应。如图 22.10 所示，葡萄糖激活葡萄糖激酶（通过促进其从胞核到细胞质的转位间接地作用），因而促进了葡萄糖的磷酸化。葡萄糖也使葡萄糖磷酸酶失活并间接地促进糖原的合成，因而抑制了糖原的降解并促进了糖原的合成。2,6-二磷酸果糖激活 **6-磷酸果糖-1-激酶（6-phosphofructo-1-kinase）**并抑制 **1,6-二磷酸果糖磷酸酶（fructose1,6-bisphosphatase）**，因此 2,6-二磷酸果刺激糖酵解并抑制糖异生。1,6-二磷酸果糖因激活丙酮酸激酶而刺激促进糖酵解，丙酮酸激活丙酮酸脱氢酶复合体（通过抑制丙酮酸脱氢酶激酶而间接激活）。**柠檬酸（citrate）**激活**乙酰辅酶 A 羧化酶（acetyl-CoA carboxylase）**，因而刺激脂肪酸的合成；丙二酰辅酶 A 抑制肉毒碱棕榈酰转移酶 Ⅰ 而抑制脂肪酸的氧化。如

图 22.11 所示，在禁食状态下乙酰辅酶 A 通过活化丙酮酸羟化酶和抑制丙酮酸脱氢酶复合体而促进糖异生(通过促进丙酮酸脱氢酶激酶而间接激活)。长链脂酰辅酶 A 抑制乙酰辅酶 A 羟化酶，乙酰辅酶 A 羟化酶能降低**丙二酰辅酶 A**(**malonyl CoA**)的水平并增强**肉毒碱棕榈酰转移酶**Ⅰ(**carnitine palmitoyltransferase** Ⅰ)的活性以及增强脂肪酸的氧化。6-磷酸果糖抑制**葡萄糖激酶**(**glucokinase**)(通过促进其从细胞质到胞核的转位间接起作用)。随着脂肪酸的氧化增加，柠檬酸浓度升高，而升高的柠檬酸抑制 6-磷酸果糖-1-激酶和 6-磷酸果糖-2-激酶；脂肪酸氧化产生的 NADH 也抑制三羧酸循环(TAC)。

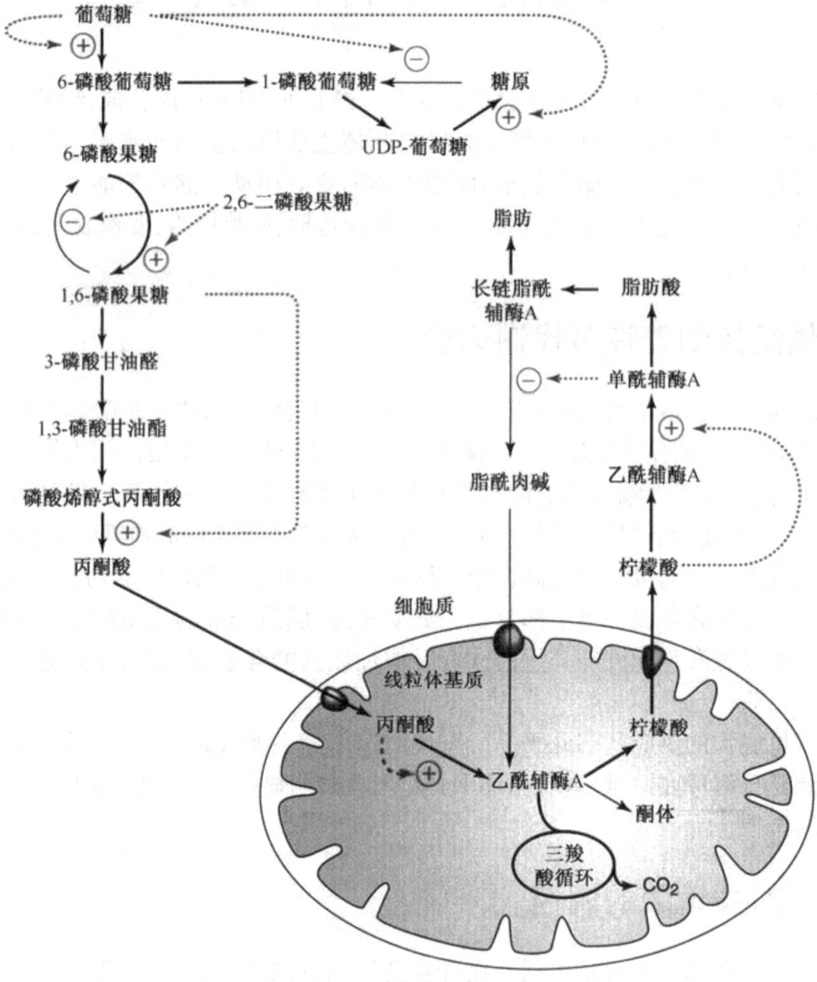

图 22.10　进食良好状态下异构效应剂对肝脏代谢的调控

在非肝脏组织，变构效应剂也通过代谢途径调节物质流，比如在许多组织中柠檬酸可作为能源可获得性过多时的感应器。作为 6-磷酸果糖-1-激酶的负性变构效应剂和乙酰辅酶 A 羧化酶的正性变构效应剂，柠檬酸通过糖酵解和脂肪酸氧化调节物质流，后一个效应是间接的，其中包括了柠檬酸激活乙酰辅酶 A 羧化酶，从而增加了肉毒碱棕榈酰转移酶Ⅰ抑制剂丙二酰辅酶 A 的水平。既然葡萄糖和脂肪酸代谢增加了柠檬酸水平，而葡萄糖和脂肪酸代谢又都能被柠檬酸抑制，因此细胞能够通过柠檬酸水平感受参与代谢的可获得能源的水平。

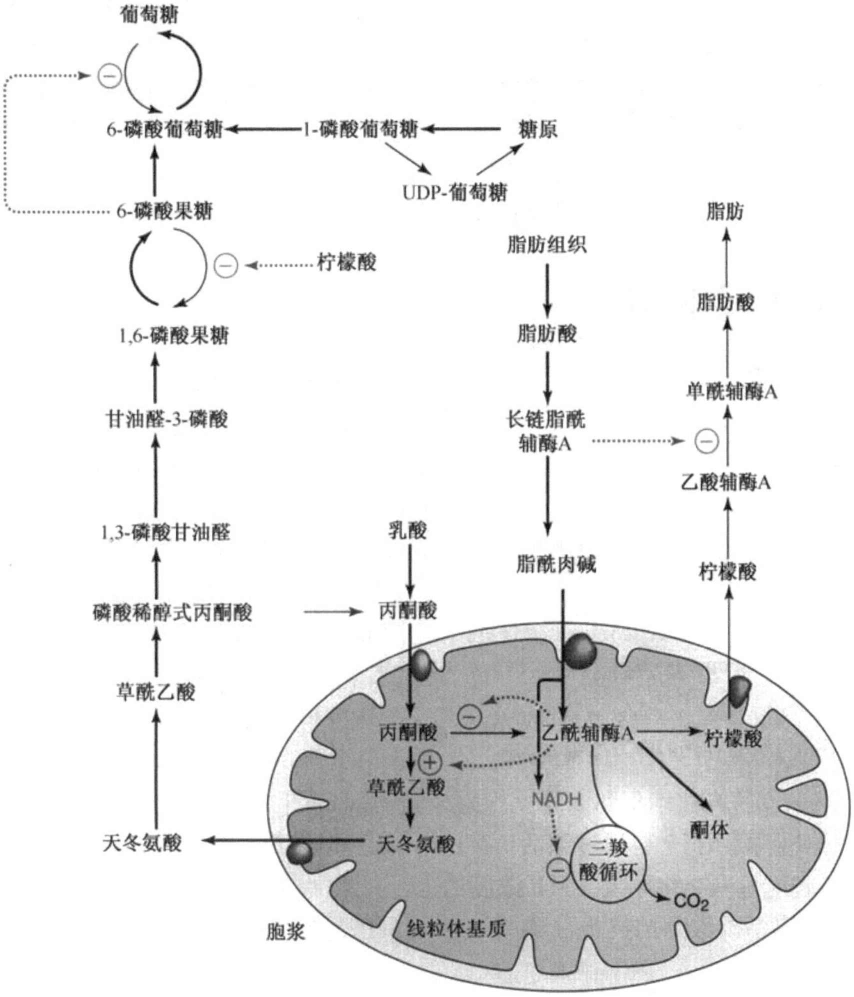

图 22.11　禁食状态下异构效应剂对肝代谢的调控

肝中的**丙二酰辅酶 A(malonyl CoA)**是脂肪酸合成的中间产物,它通过对肉毒碱棕榈酰转移酶Ⅰ的负调控在脂肪酸氧化中起调节作用(见 17.7 节)。其他组织也产生丙二酰辅酶 A(比如肌肉和心肌组织),但其功能仅仅是为了调控肉毒碱棕榈酰转移酶Ⅰ。乙酰辅酶 A 羧化酶(ACC)和丙二酰辅酶 A 脱羧酶(MDC)的相对活性决定了丙二酰辅酶 A 处在稳定的水平(图 22.12)。

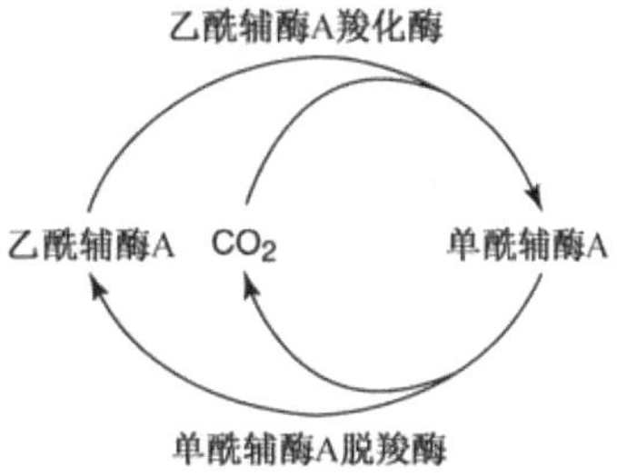

图 22.12　乙酰辅酶 A 和单酰辅酶 A 的相对活性决定单酰辅酶 A 的浓度

在饥饿时,肝中重要的变构效应分子 cAMP 的浓度明显增高。由于 cAMP 涉及信号传递过程中对磷酸化酶的共价修饰,所以图 22.10 和 22.11 没有涉及 cAMP。

AMP 是图 22.10 和 22.11 没有标出的另一个重要的变构效应分子。在进食和饥饿状态下，AMP 都维持非常低的水平。细胞中经常维持的 ATP 高水平通过驱动由腺苷酸激酶催化的质量反应：ATP＋AMP⇌2ADP 使 AMP 维持在低水平。然而，在细胞内诱导能量缺乏的环境（如运动时的缺氧、能量的过高需求和肌肉收缩），由于 ATP 降低，导致在腺苷酸激酶的催化下上述反应向左进行。升高的 AMP 通过变构机制引起葡萄糖磷酸化酶和 6-磷酸果糖-激酶-1 的激活和 1，6-二磷酸酶的抑制（见 15.4 节），因而促进糖原分解和糖酵解，同时伴有 ATP 产量增加。增高的 AMP 也活化 AMP 激活的蛋白激酶（AMPK），AMPK 通过对众多调节酶的磷酸化而恢复 ATP 的正常水平。

共价修饰调节关键酶

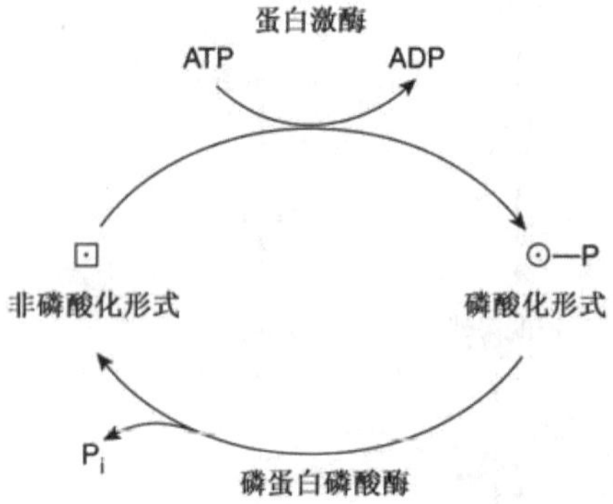

图 22.13　共价修饰对关键酶活性的调控
□和○分别表示酶的非磷酸化和磷酸化状态

许多酶的活性受到共价修饰的调节，尤其是通过对丝氨酸残基的磷酸化修饰（图 22.13，见 15.4 节）。此调节方式的一些重要调控点如下所述：①某些酶的丝氨酸或苏氨酸残基通过蛋白激酶而受到磷酸化的调节；②对应的磷酸酶执行对磷酸化蛋白的去磷酸化调节；③酶的磷酸化状态影响酶的催化活性；④某些酶在去磷酸化状态有活性，而另外一些则在磷酸化时有活性；⑤cAMP 通过激活蛋白激酶 A（PKA）而对许多酶进行磷酸化（图 22.14）；⑥胰高血糖素和 α-肾上腺素能激动剂（肾上腺素）通过增加 cAMP 而激活 PKA（图 22.14）；⑦AMP 也通过激活 AMPK 磷酸化许多酶（图 22.15）；⑧对细胞施加应激性因素引起能量剥夺将导致 AMP 浓度的上升并激活 AMPK（图 22.15）；⑨胰岛素（见 15.4 节）通过激活磷酸酶拮抗蛋白激酶 A 和 AMPK；⑩在进食状态下由于胰岛素/胰高

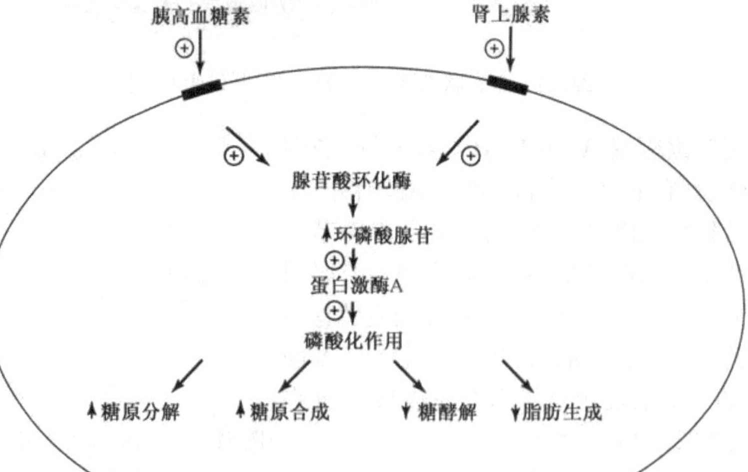

图 22.14　胰高血糖素和肾上腺素刺激肝脏中糖原分解糖原合成并抑制糖酵解和脂肪合成

血糖素比值高以及 cAMP 和 AMP 水平都低，所以代谢酶处于去磷酸化；⑪在禁食时由于胰岛素/胰高血糖素比值低以及 cAMP 和 AMP 水平都高，所以代谢酶处于磷酸化状态（图 22.14）；⑫在能量被剥夺时因 AMP 水平升高导致代谢酶磷酸化（图 22.15）。

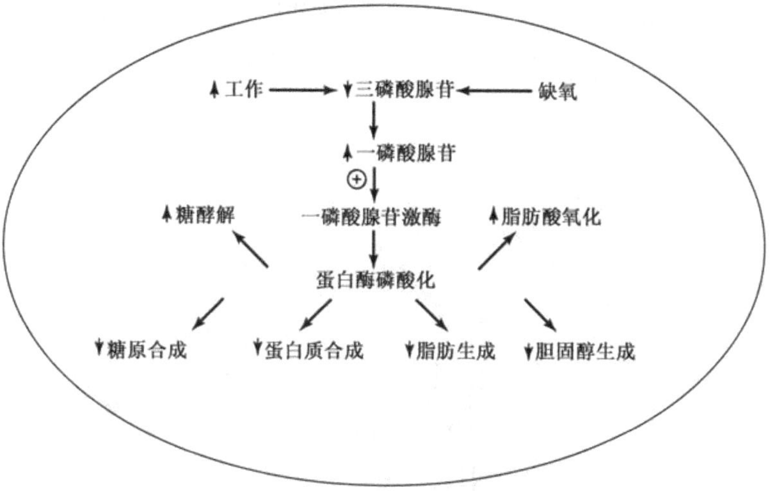

图 22.15　AMPK 的激活关闭 ATP 的消耗并刺激 ATP 的生成

在进食良好的动物中，受共价修饰调节的肝代谢酶都处于相对去磷酸化状态（图 22.16），血液中的高胰岛素、低胰高血糖素导致肝中 cAMP 水平较低。蛋白激酶 A 的低活性和磷蛋白磷酸酶的高活性导致肝中代谢酶（糖原合成酶、糖原磷酸化酶、磷酸化激酶、6-磷酸果糖激酶-2、2,6-二磷酸果糖磷酸酶、丙酮酸激酶、乙酰辅酶 A 羧化酶）的去磷酸化。丙酮酸脱氢酶虽然不受蛋白激酶 A 的调控，但是由于在进食良好状态下丙酮酸脱氢酶激酶活性低，所以丙酮酸脱氢酶的磷酸化状态与图 22.16 所示酶一起发生复杂性改变。胰高血糖素的合成、6-磷酸果糖激酶-2、丙酮酸激酶、丙酮酸脱氢酶和乙酰辅酶 A 羧化酶在去磷酸化状态是活化的，然而糖原磷酸化酶、磷酸化激酶和果糖-2,6-二磷酸酶磷酸化激酶在去磷酸化时都是失活的。由于上述酶的非磷酸化状态，进食良好的动物的肝中适于葡萄糖合成、糖酵解和脂肪合成，然而（糖异生、糖原合成和酮体生成）等相反的代谢途径则被抑制。

正如图 22.17 所示，肝中受共价修饰调节的酶在禁食动物处于相对磷酸化状态，血中低胰岛素和高胰高血糖素导致肝中 cAMP 水平升高，这引起蛋白激酶 A 的活化和磷蛋白磷酸化酶的失活，这形成的综合效应就是调节酶类的磷酸化程度比进食良好状态时要高。糖原磷酸化酶、磷酸化酶激酶和果糖-2,6-二磷酸酶由于磷酸化而活化，而其他受共价修饰的酶则失活。这就导致糖原分解、糖异生和酮体生成占优势，而糖原合成、糖酵解和脂肪合成则被关闭。

如图 22.15 和 22.18 所示，代谢酶也受到 **AMPK（AMP-activated protein kinase）**的磷酸化调控。AMPK 被浓度增高的 AMP 所激活，而细胞的能量状态决定着 AMP 的水平。高耗能时 ATP 的降低增加了 AMP 的含量，激活的 AMPK 关闭消耗 ATP 的合成代谢途径并打开产生 ATP 的分解代谢途径。如图 22.18 所示，AMPK 通过磷酸化乙酰辅酶 A 羧化酶抑制脂肪酸的合成，通过磷酸化甘油-3-磷酸乙酰转移酶抑制三酰甘油的合成，通

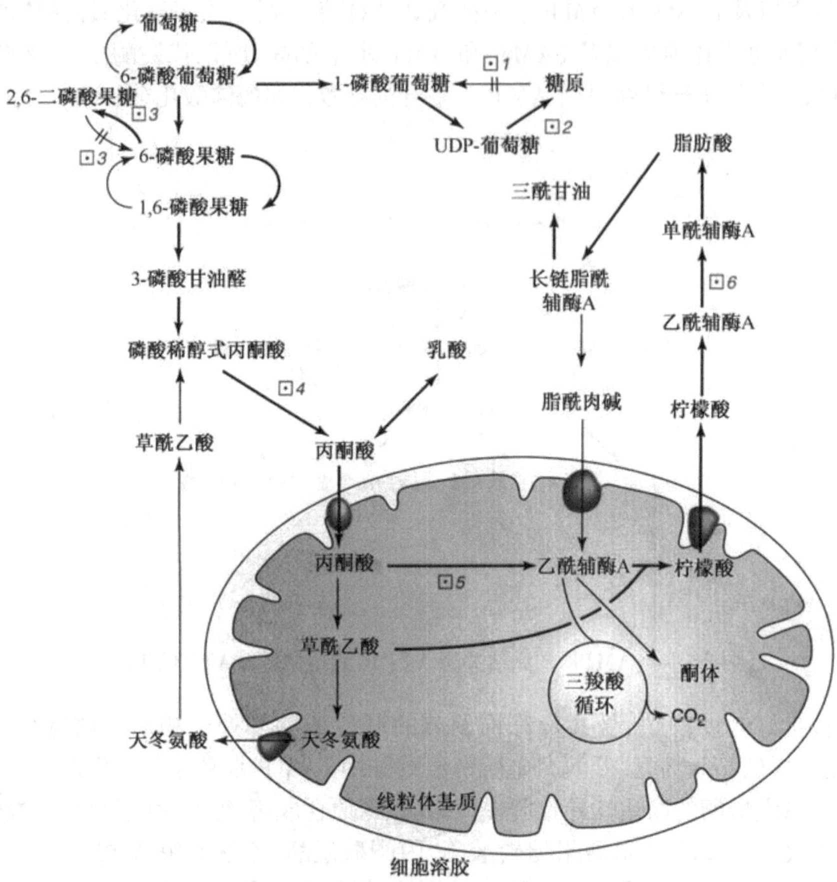

图 22.16　进食良好时共价修饰对肝脏代谢的控制

⊡表示去磷酸化修饰。受到共价修饰调节的酶包括糖原磷酸化酶、糖原合成酶、6-磷酸果糖-2-激酶/果糖-2,6-二磷酸酶、丙酮酸激酶、丙酮酸脱氢酶和乙酰辅酶 A 羧化酶

过磷酸化 3-羟基-3 甲基戊二酰-辅酶 A 还原酶抑制胆固醇的合成，通过磷酸化糖原合成酶抑制糖原合成，也通过磷酸化雷帕酶素（mTOR）信号通路中激活 mRNA 翻译的组分抑制蛋白质的合成。细胞的这些反应是为了通过各种途径将对细胞存活非必须的 ATP 消耗降到最低。与此同时，AMPK 通过降低丙二酸单酰辅酶 A（肉毒碱棕榈酰转移酶Ⅰ的变构抑制剂，见 17.6 节）的水平和脂肪酸氧化促进 ATP 的生成，这一效应是 AMPK 通过磷酸化修饰失活乙酰辅酶 A 羧化酶和激活丙二酸单酰辅酶 A 脱羧酶而实现的。

在饥饿禁食循环中，脂肪组织的反应和肝一样重要。在进食良好时脂肪组织的丙酮酸激酶、丙酮酸脱氢酶复合体、乙酰辅酶 A 羧化酶和激素敏感脂肪酶（此酶在肝中未发现）处于去磷酸化状态，此状态下前三个酶是激活的，而激素敏感脂肪酶则是失活的。血中的高胰岛素水平和脂肪组织中的低 cAMP 水平对上述酶的去磷酸化状态是尤其重要的，这使得在进食充分的情况下利于脂肪的合成。在禁食时，胰岛素水平的下降和肾上腺素水平的升高导致这些酶的磷酸化，因而关闭了脂肪的合成并激活脂肪的降解。通过这种方式，脂肪组织的功能从储存脂肪转变为提供其他组织氧化供能需要的脂肪酸和肝中糖异生需要的甘油。

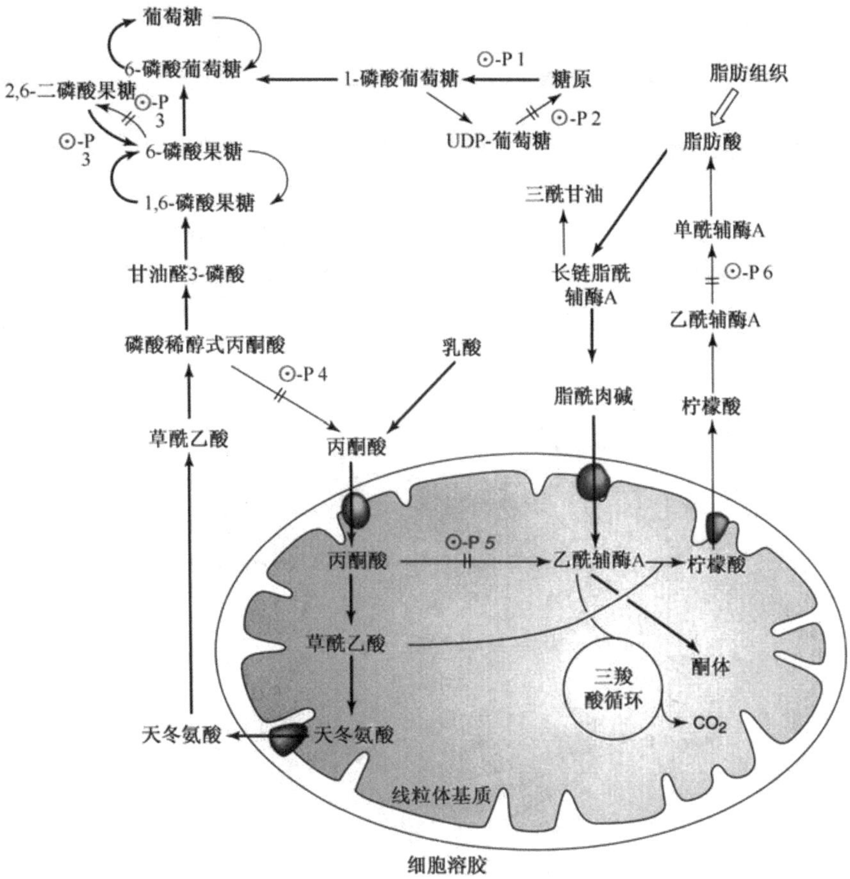

图 22.17　禁食时共价修饰对肝脏代谢的控制
⊙-P 表示磷酸化模式

骨骼肌酶的共价修饰在饥饿进食循环中也很重要。糖原合成酶、糖原磷酸化酶、丙酮酸脱氢酶复合体、乙酰辅酶 A 羧化酶和丙二酸单酰辅酶 A 脱羧酶在进食情况下都处于去磷酸化状态，再加上胰岛素介导的葡萄糖转运子 4(GLUT4)对葡萄糖吸收的促进作用，这些都适于骨骼肌对葡萄糖的吸收、糖原合成以及完全氧化。乙酰辅酶 A 羧化酶的活化和丙二酸单辅酶 A 脱羧酶的失活促进了丙二酸单辅酶 A 的升高，从而在肉毒碱棕榈酰转移酶Ⅰ水平上限制了脂肪酸的氧化。在禁食期间，葡萄糖、乳酸、丙氨酸和丙酮酸的保持对存活非常重要。机体组织能够利用替代型能源而停止对葡萄糖以及能用于葡萄糖合成的三碳复合物的使用。脂肪酸的获得增多以及其氧化酶活性的增强使得禁食期间的葡萄糖得以节省，氧化酶活性的增强是由于丙二酸单酰辅酶 A 的降低导致的对肉毒碱棕榈酰转移酶Ⅰ的抑制减弱所致，而肉毒碱棕榈酰转移酶Ⅰ的抑制减弱则是由于磷酸化介导的乙酰辅酶 A 羧化酶的失活和丙二酸单酰辅酶 A 脱羧酶的活化所致。脂肪酸代谢对葡萄糖利用的调节被称为葡萄糖-脂肪酸循环。磷酸化修饰引起的骨骼肌丙酮酸脱氢酶复合体的失活是禁食期间保存葡萄糖和肝脏糖异生需要的三碳复合物的关键环节。丙酮酸脱氢酶激酶(见 14.3 节)对此过程进行调控，此时它的表达水平增高，并且在脂肪酸氧化产物乙酰辅酶 A 和 NADH 的共价修饰调控下活性进一步增强。

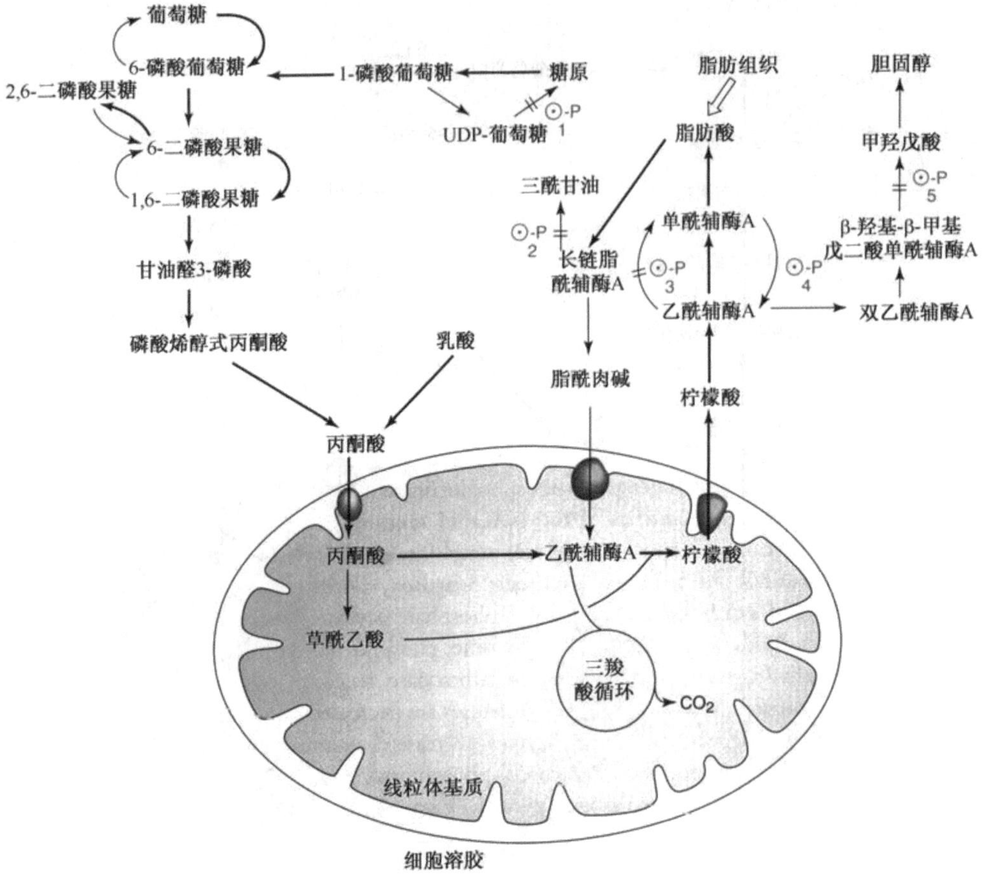

图 22.18 能量耗竭时 AMPK 介导的磷酸化对肝脏代谢的控制

⊙-P 表示磷酸化模式。AMPK 磷酸化的酶包括：1. 糖原合成酶；2. 甘油-3-磷酸酰基转移酶；3. 乙酰辅酶 A 羧化酶；4. 丙二酸单酰辅酶 A 羧化酶；5. 3-羟基-3-甲基戊二酸单酰辅酶 A 还原酶

运动(exercise)可以对骨骼肌代谢途径产生明显的影响。肌肉收缩所需的能量增加 AMP 的水平并活化 AMPK。AMPK 刺激携带 GLUT4 的小体转运到质膜，吸收更多的葡萄糖，增强产生 ATP 的代谢。AMPK 介导的磷酸化也通过使乙酰辅酶 A 羧化酶失活和激活丙二酸单酰辅酶 A 脱羧酶来降低丙二酸单辅酶 A 的水平(图 22.15 和 22.18)，丙二酸单辅酶 A 的降低引起肉毒碱棕榈酰转移酶Ⅰ的活性增高、脂肪酸的氧化增加，进而为肌肉收缩提供 ATP。

正如变构效应剂和底物供应一样，共价修饰也属于短期调控机制，其操纵时程以分钟计数。从较长的时间段看，酶活性的调节是通过表达水平(通常是基因转录效率)来实现的。

关键酶数量变化提供了长期的适应

变构效应剂和共价修饰影响了酶的 K_m 或 V_{max}，但酶活性也受到其合成或降解引起的酶量变化的调控。例如，当机体处于进食良好或者过度摄食的状态时，其肝脏中用于合成三酰甘油的酶的含量就会升高(图 22.19)。许多酶被血液中增高的胰岛素/胰高血糖素比值和葡萄糖所诱导,其中包括促进糖酵解的葡萄糖激酶、6-磷酸-果糖激酶-1 和丙酮酸激酶;提供合成脂肪酸和胆固醇所需的 NADPH 的葡萄糖-6-磷酸脱氢酶、6-磷酸果糖脱氢酶和苹果酸酶;脂肪酸合成相关的柠檬酸裂合酶、乙酰辅酶 A 羧化酶、脂肪酸合成酶和 Δ^9-去饱和酶;用于胆固醇合成的 3-羟基-3-甲基戊二酰-辅酶 A 还原酶以及用于三酰甘油和磷脂合成的甘油-3-磷酸酰基转移酶。与此同时,烯醇丙酮酸磷酸羧激酶、丙酮酸脱氢酶激酶、丙酮酸羧化酶、果糖 1,6-二磷酸酶、果糖 6-磷酸酶和某些氨基转移酶的数量降低。

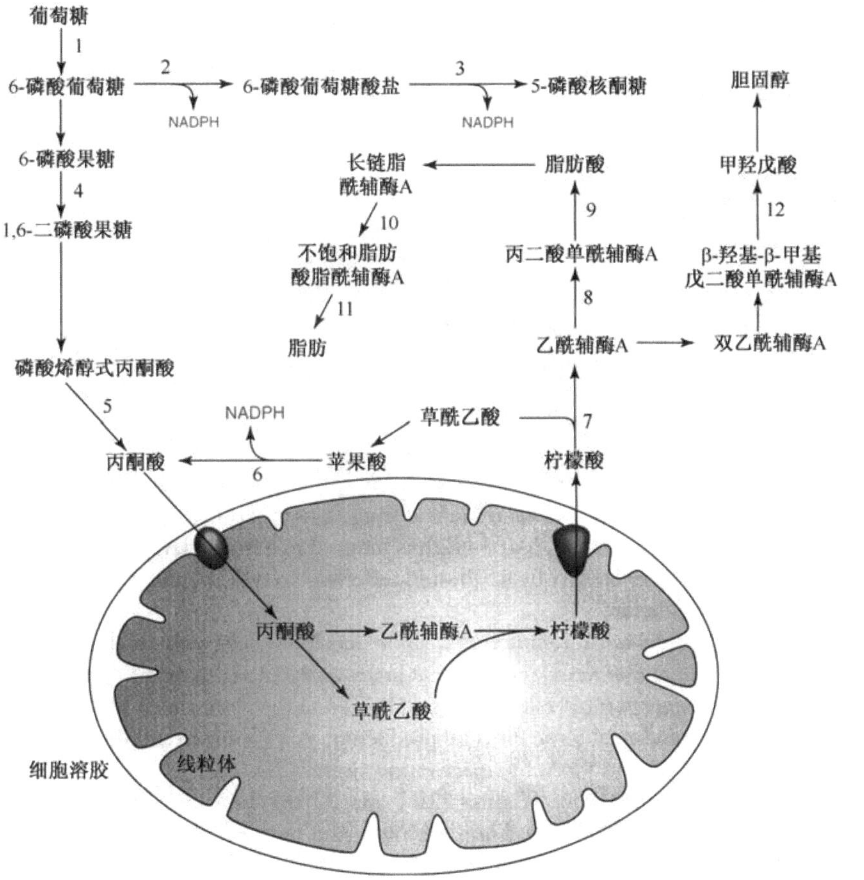

图 22.19　进食良好时肝脏代谢酶的诱导

肝可诱导的代谢酶包括:1. 葡萄糖激酶;2. 葡萄糖-6-磷酸脱氢酶;3. 6-磷酸葡萄糖酸脱氢酶;4. 6-磷酸果糖激酶-1;5. 丙酮酸激酶;6. 苹果酸酶;7. 柠檬酸裂合酶;8. 乙酰辅酶 A 羧化酶;9. 脂肪酸合成酶;10. Δ^9-去饱和酶;11. 甘油-3-磷酸酰基转移酶;12. 3-羟基-3-甲基戊二酸单酰辅酶 A 还原酶

在禁食期间,脂肪生成酶的数量急剧减少,而葡萄糖-6-磷酸酶、果糖-1,6-二磷酸酶、磷酸烯醇式丙酮酸羧化酶、丙酮酸羧化酶和各种氨基转移酶等利于糖异生的酶则增加(图 22.20)。饥饿也诱导丙酮酸脱氢酶激酶(此酶通过磷酸化使得丙酮酸脱氢酶复合体失活)的活化,阻止丙酮酸转化为乙酰辅酶 A,因此保存了用于葡萄糖合成的乳酸、丙酮和某些氨基酸的碳元素。肉毒碱棕榈酰转移酶Ⅰ和 3-羟基-3-甲基戊二酰-辅酶 A 合成酶的诱导同样也增加了肝脂肪酸氧化和酮体生成的能力。由于脂肪酸氧化是肝葡萄糖合成所需 ATP 的主要来源，因此这一点尤其重要。机体为了处理代谢产物氮（如利用氨基酸进行糖异生时产生的尿素），鸟氨酸循环相关酶和其他氨基酸代谢的酶（比如肝谷氨酰胺酶、酪氨酸氨基转移酶、丝氨酸脱氢酶、脯氨酸氧化酶和组氨酸酶）也被诱导。

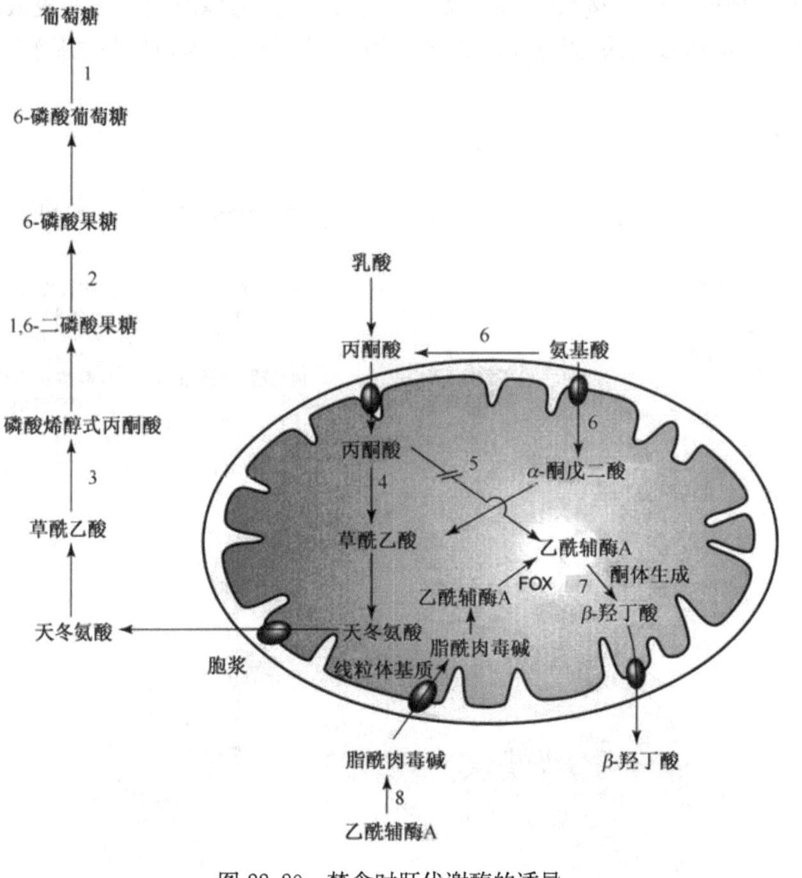

图 22.20　禁食时肝代谢酶的诱导

肝脏可诱导的代谢酶包括：1. 葡萄糖-6-磷酸酶；2. 果糖-1，6-二磷酸酶；3. 磷酸烯醇式丙酮酸羧激酶；4. 丙酮酸羧化酶；5. 丙酮酸脱氢酶激酶；6. 各种氨基转移酶；7. 线粒体 3-羟基-3-甲基戊二酸单酰辅酶 A 合成酶；8. 肉碱棕榈酰转移酶Ⅰ。由于丙酮酸脱氢酶激酶的诱导，从丙酮酸到乙酰辅酶 A 平行插入的箭头表示丙酮酸脱氢酶复合体的抑制（由于磷酸化导致）。缩写 FOX 表示脂肪酸氧化

基因转录（**gene transcription**）的调控是控制酶量的主要方式。在进食良好时，合成脂肪酸和胆固醇的基因受控于**固醇反应元件结合蛋白**（**sterol response element binding protein，SREBP**）。SREBP-1 的量受到胰岛素和摄入的碳水化合物的调节。进食良好时胰岛素水平升高刺激 SREBP-1 增加（图 22.21），而 SREBP-1 作为转录因子上调编码脂肪合成酶的基因转录。胰高血糖素的作用与胰岛素相反，通过 cAMP 激活蛋白激酶 A（PKA），PKA 磷酸化 cAMP 反应元件（CRE）结合蛋白，cAMP 反应元件结合蛋白作为转录因子抑制编码脂肪合成酶的基因转录。

SREBP-2 能够调节胆固醇的合成（见 18.3 节）。当细胞中的胆固醇水平下降时，锚

锭于内质网的 SREBP 转移到高尔基体并被蛋白酶裂解释放出氮端片段(SREBP-2),SREBP-2 是编码细胞质 3-羟基-3-甲基戊二酰-辅酶 A 合成酶、3-羟基-3-甲基戊二酰-辅酶 A 还原酶、鲨烯合成酶和低密度脂蛋白受体的基因的转录激活子。

胰高血糖素通过磷酸化激活转录因子 CREB(图 22.22)而促进包含 CRE 和编码糖异生酶的基因的转录,胰岛素的作用则相反。这其中包括了多种机制,但最重要的就是抑制含有胰岛素反应元件(IRE)的基因和编码糖异生酶的基因转录所需要的转录因子 forkhead 的活性(图 22.21)。能量缺乏导致肝细胞脂肪、胆固醇和葡萄糖合成受抑制。由于 AMP 对 AMPK 的激活不仅降低了 SREBP 的转录也抑制了其转录活性,因而抑制了脂肪和胆固醇的合成(图 22.21)。AMPK 的活化也抑制了肝核因子 4α(HNF4α)的转录活性,而 HNF4α 是糖异生酶基因转录所必需的。

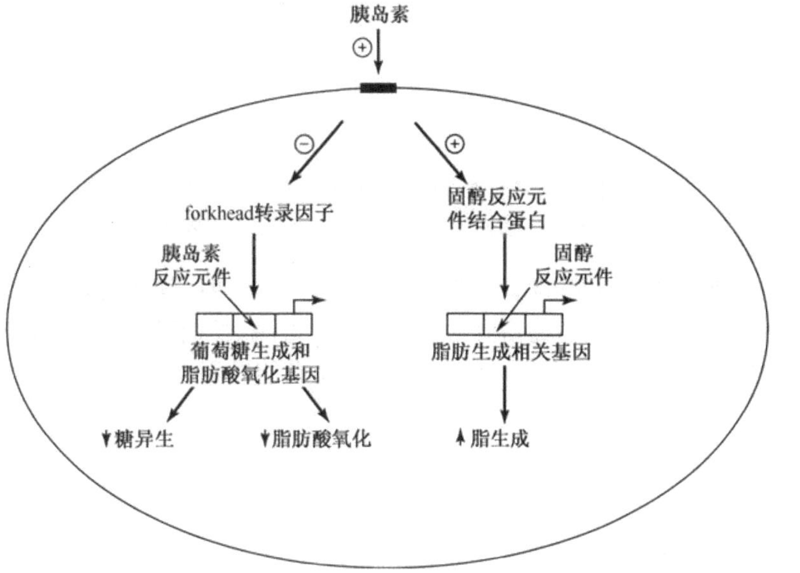

图 22.21　胰岛素对肝脏基因转录的调节

胰岛素通过激活胰岛素受体、磷酸化胰岛素受体底物(IRS)、激活磷脂酰肌醇-3-激酶(PI3K)、激活蛋白激酶 B 信号通路使转录因子 forkhead 失活

脂肪酸的受体——**过氧化物酶体增殖激活 α 受体**(**peroxisome proliferators-activated receptor α,PPARα**)是核受体家族成员之一,在进行脂肪酸氧化的组织中表达较高(肝、肾和心脏)。多不饱和脂肪酸通过该受体激活处理脂肪酸的相关基因(图 22.23),其中包括过氧化物酶体、微粒体和线粒体**脂肪酸氧化**(**fatty acid oxidation,FOX**)系统的酶蛋白,也包括运载以极低密度脂蛋白形式转运的肝三酰甘油所需要的载脂蛋白基因和酮体生成酶,这些基因的启动子含有**过氧化物酶体增殖反应元件**(**peroxisome proliferator response element,PPRE**)。脂肪组织表达 PPARα 的异构体 PPARγ。当被激活后(可能是脂肪酸的衍生物,如前列腺素),PPARγ 将前脂细胞转变为脂细胞,增强储存三酰甘油的能力。PPAR 两种异构体的活性都可以被 PPARγ 共作用因子 1(PGC-1)增强,PGC-1 由 cAMP 诱导产生。

这些适应性改变也影响短期调节机制的效果。例如,长期饥饿或者糖尿病未能控制

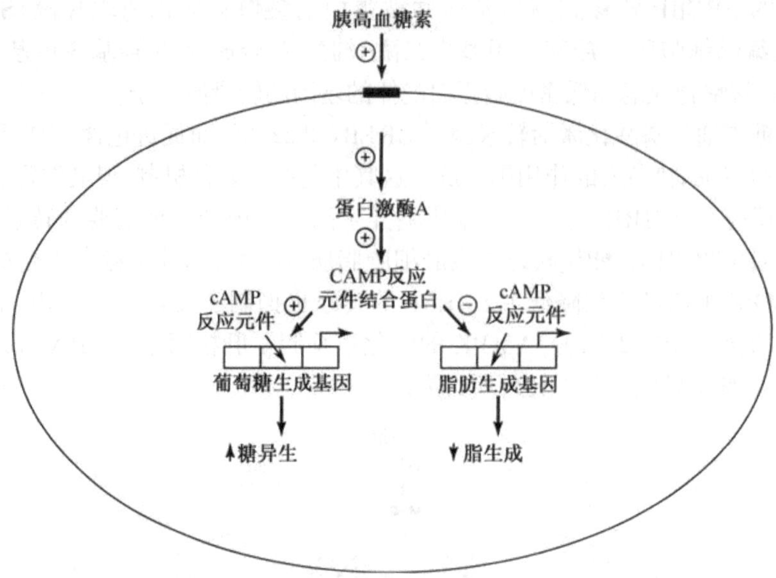

图 22.22 胰高血糖素对肝脏基因转录的调节

胰高血糖素通过图 22.14 所示信号途径激活蛋白激酶 A

时，当编码乙酰辅酶 A 羧化酶的基因表达下调使该酶缺乏时，其变构效应剂的浓度的改变几乎没有效果。由于缺少葡萄糖代谢中需要的关键酶，长期饥饿的人不能有效利用葡萄糖，这就是饥饿的葡萄糖不耐受。然而，葡萄糖负荷能够促进必要的适应和短期调节机制的重建。

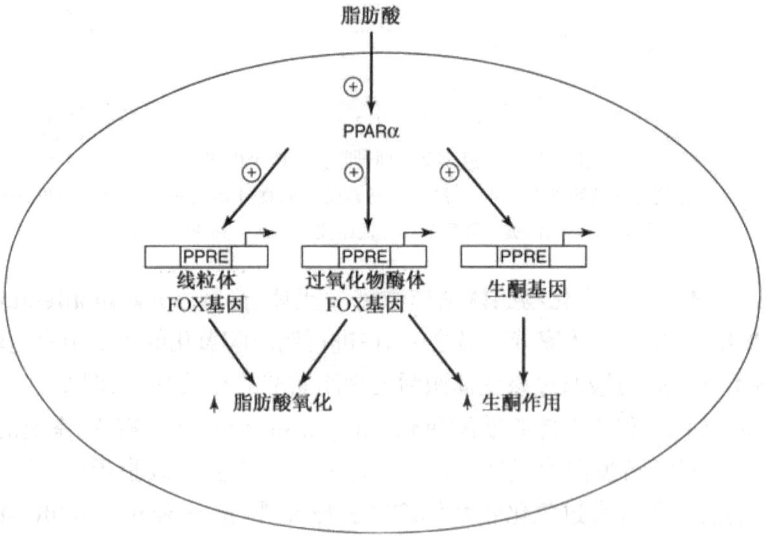

图 22.23 脂肪酸激活的 PPARα促使脂肪酸氧化和生酮基因的转录

22.4 组织营养和激素水平间的相互关系

在饥饿-饱食循环中，不同的营养和激素水平状况所发生的代谢变化各不相同，图 22.24 描述了一些例子。除此之外，其他的一些改变也很明显。例如，儿童在快速生长时期蛋白质代谢由分解代谢转为合成代谢。然而，我们对一些发生在重要生理时期的非常精细的变化还知之甚少。例如，在衰老过程中，人体大部分组织对激素的敏感度降低，相应组织对饥饿-饱食循环的反应能力下降。但我们仍不清楚这种现象是导致衰老的原因，还是衰老引起的后果。

肥胖症

图 22.24a 阐明了肥胖者的主要代谢关系。人体脂肪大部分直接来自饮食，只有一小部分在肝合成后运输到脂肪组织或者由脂肪细胞合成。过度饮食可导致**肥胖症**(**obesity**)。过度饮食使机体长时间内处于饱食状态，饥饿-饱食循环中的饥饿阶段太短，人体无法消耗完饱食阶段储存的脂肪(见临床相关知识 22.1)。

肥胖症多发生于发达国家，在那里有大量诱人并且价格便宜的食物。对于肥胖症

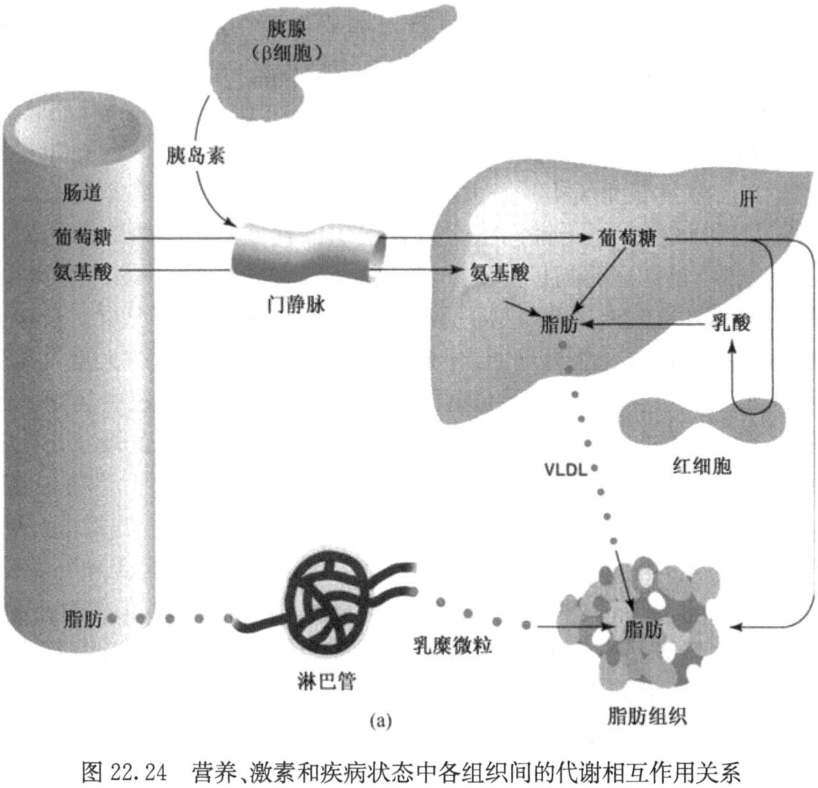

图 22.24 营养、激素和疾病状态中各组织间的代谢相互作用关系

(a) 肥胖

我们要及时采取正确的措施，以防止代谢综合征、2 型糖尿病和心血管疾病的发生。但是，除节食外还没有有效的干预手段。代谢综合征与早期动脉粥样硬化的发生高度相关，并与许多医学问题相互影响，这些医学问题包括腹部肥胖、高血压、高血脂和胰岛素抵抗。

肥胖症经常导致**胰岛素抵抗**(**insulin resistance**)。部分患者的胰岛素受体数目减少或亲和力下降；也有部分患者的胰岛素结合正常，但受体后反应发生异常，例如葡萄糖转运的活化异常。总体说来，机体脂肪的数量和胰岛素抵抗的程度是成比例的。一部分胰岛素抵抗是由脂肪细胞产生的肽类[如 **TNFα** 和**抵抗素**(**resistin**)]引起的，因为这些肽类能抑制胰岛素的作用。另外，脂肪移动和脂肪结合也可能是导致胰岛素抵抗的原因，它在肥胖症患者中是减少的。肥胖患者的血浆胰岛素水平大幅度升高，这是发生 2 型糖尿病的先兆。

节食

减肥需要负能量平衡，即每天消耗的能量多于摄取的能量。进食量少但含有相同营养素的食物对饥饿-饱食循环几乎没有影响，而只是减短了饱食状态的时间。饱食状态下，各组织的反应还是一样的(图 22.2)，只是储存的糖原和三酰甘油更少而且餐后各组织功能更快进入空腹状态(图 22.4)。还有一种减肥方法长期以来备受健康机构推崇，那就是通过特别的减少摄入脂肪量来减少卡路里。此外，除三酰甘油的储存减少外，组织的饱食状态没有变化。节食者普遍需要面对的问题是，除非增加糖的摄入量来补偿脂肪摄入量的减少，否则饭后向饥饿状态的转换会发生的更快。由 Robert Atkins 最初提出的另一种减肥方法是特别减少糖的摄入量。Atkins 糖控制饮食及其改进方案，通常被称为低糖生酮饮食，对组织产生非常有趣的影响。这种饮食蛋白含量高，脂肪适量而含糖量极低(＜50g/天；小于每天 2000 千卡饮食能量的 10%)。图 22.24b 概述了这种饮食方案下饱食状态时各组织的代谢功能。饥饿状态时和其他饮食几乎没有差别，但是饮食糖的极度缺乏使肝脏像饱食状态的生酮作用那样持续进行糖异生。餐后血糖几乎没有升高，胰岛素水平的升高也比正常情况少。合成蛋白质剩余的氨基酸在肝脏中被转化为肝糖原、血糖和酮体。消化道吸收的大量氨基酸最大程度减少了外周组织为进行肝脏糖异生而释放的氨基酸。乳糜微粒中运送到肝脏的脂肪酸主要被转化为酮体，为糖异生提供 ATP。所以说，在进食和饥饿状态都有葡萄糖和酮体生成。尽管酮体的产量过高和(或)利用偏少看起来会像 1 型糖尿病(见 22.4 节)一样引起酮症酸中毒，但由于外周组织对以酮体为形式的能量的需求，从而很大程度上使肝脏合成酮体的量维持平衡。短期(6～12 个月)的低糖饮食对照实验表明：和低脂低热量饮食相比，低糖饮食的减肥效果在某种程度上更迅速，但是减肥程度，食物的顺应性和反弹的趋势是一样的。有趣的是这种饮食并不升高血胆固醇或 VLDL 的水平，与低脂低能量饮食相比，它更显著地改善 VLDL 和 HDL 的水平。低糖饮食是否会引起一些长期风险(例如动脉粥样硬化形成)，还有待进一步观察。

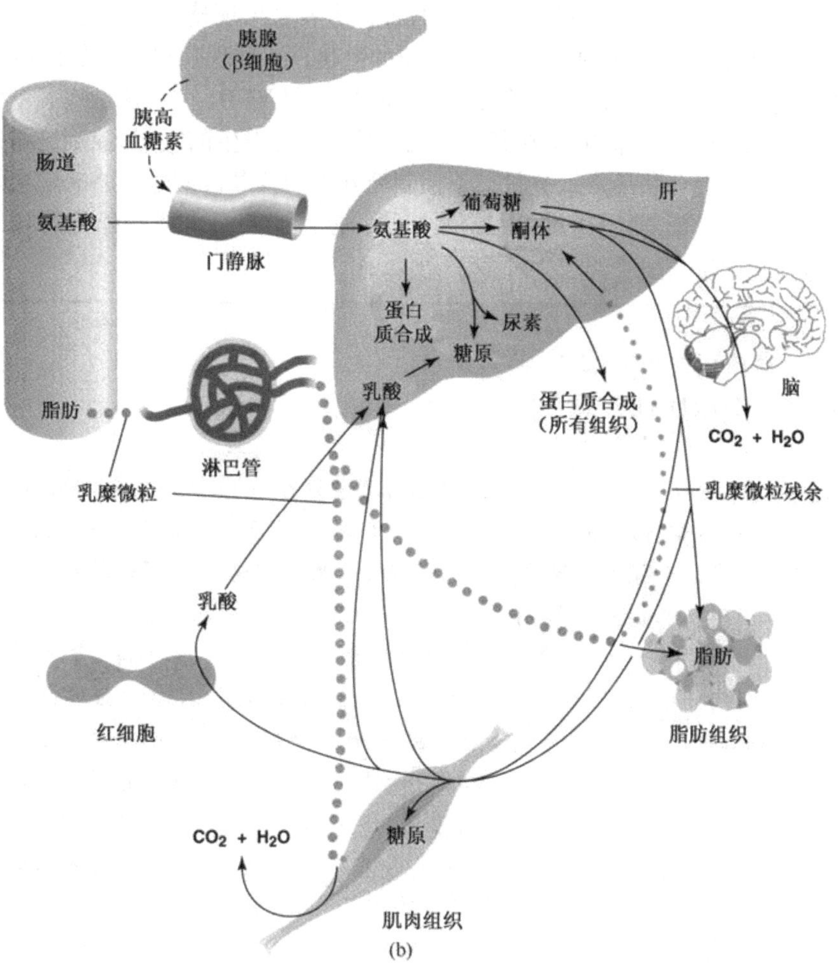

图 22.24　营养、激素和疾病状态中各组织间的代谢相互作用关系
(b) 节食

2 型糖尿病

图 22.24c 展示了 2 型糖尿病患者代谢相互关系的特征。这些患者对胰岛素抵抗，体内胰岛素产量不能克服这种抵抗(见临床相关知识 22.7)。大部分患者是肥胖的，并且虽然他们的胰岛素水平通常是高的，但不比普通肥胖者的高。因此，β细胞缺陷和胰岛素抵抗导致了这种糖尿病。外源性胰岛素可以降低血糖水平，而且这些患者通常必须依靠胰岛素来控制血糖水平。尽管 2 型糖尿病患者的机体仍然产生胰岛素，但不足以控制肝脏的葡萄糖产量或者促进骨骼肌对葡萄糖的吸收，这两点导致了高糖血症的发生。这些患者的机体不能像正常机体那样出现 2,6-二磷酸果糖的增加和磷酸烯醇丙酮酸羧基酶的减少，而且这些患者的骨骼肌和脂肪组织内在胰岛素应答中将 GLUT4 转运至细胞膜的**细胞内转位载体(translocation of intracellular vesicle)**减少。2 型糖尿病患者极少发生酮症酸中毒，这可能是因为存在足够的胰岛素以阻止脂肪细胞对脂肪酸无控制的释放和到

达肝脏的脂肪酸，或者直接从头合成的三酰甘油。患者会出现特征性的高三酰甘油血症，而不伴有高乳糜微粒血症，这通常由 VLDL 减少引起。这种现象最有可能的解释是肝脏脂肪酸的合成和转移到肝脏的脂肪酸转变为三酰甘油和 VLDL。在这种疾病中同时发生的还有酯类合成和糖异生作用，这在其他情况下是不可能发生的，因为控制这些过程的胰岛素信号通路处于混合胰岛素抵抗状态。控制糖异生的胰岛素信号通路缺陷会阻止高胰岛素水平对肝脏合成葡萄糖(通过 PI_3K)的抑制。控制脂肪酸合成和酯化的胰岛素信号通路反映过强会导致三酰甘油产生过多。

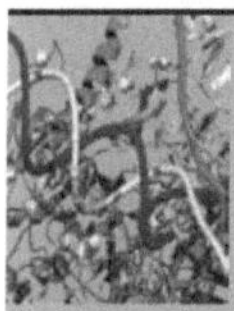

临床相关知识 22.7

2 型糖尿病

2 型糖尿病占糖尿病患者的 80%～90%，通常发生在中年到老年肥胖人群，以高糖血症为特征，还常常伴有高三酰甘油血症和 X 综合征(见临床相关知识 22.1)的其他特征。尽管有些患者会偶发短暂的酮症酸中毒，但像 1 型糖尿病那样特征性的酮症酸中毒通常不会出现。高糖血症和高胰岛素血症刺激肝脏合成三酰甘油的增加可能导致 VLDL 水平的升高。这种疾病中患者的胰岛素水平正常或者升高。肥胖症是 2 型糖尿病的主要病因，也会加快 2 型糖尿病的进展。肥胖症患者通常会有高胰岛素血症，游离脂肪酸水平也会升高；而游离脂肪酸又会削弱胰岛素的功能。最近的数据提示，肿瘤坏死因子 α(TNFα)和一种称为抵抗素的新蛋白以及脂肪细胞对乙二腈的释放也是导致胰岛素抵抗的原因。脂肪组织越大，产生的 TNFα 和抵抗素就越多，而这两种物质能减弱胰岛素受体的功能。血浆胰岛素基础水平越高，靶细胞胞膜上的受体就越少，而且胰岛素应答细胞内除了受体减少外还存在其他功能缺陷，例如，胰岛素将葡萄糖转运体(GLUT4)从细胞内转运到胞膜的功能缺陷。因此，虽然胰岛素水平很高，但血糖水平仍未能控制。尽管患者胰岛素水平很高，但仍未达到不伴有糖尿病的肥胖者的胰岛素水平。换句话说，这类患者 β 细胞提供的胰岛素相对不足。所以说，这种疾病不仅是由胰岛素抵抗所致，还因为 β 细胞功能受损导致胰岛素相对缺乏。单单通过饮食就能控制肥胖型糖尿病。如果这些患者能减轻体重，胰岛素受体的数目就会增加，受体后的异常也能得到改善，从而提高了组织对胰岛素的敏感度和葡萄糖耐受。现在已有多种药物用于治疗 2 型糖尿病，它们有些能使外周组织对胰岛素作用的更敏感(噻唑烷二酮类)，有些能减少肝脏的糖异生(盐酸二甲双胍)，还有些能刺激 β 细胞分泌胰岛素(磺脲类)。但是，最终许多 2 型糖尿病患者仍需要注射外源胰岛素来控制血糖。他们虽不易发生酮症酸中毒，但会像 1 型糖尿病患者那样发生很多并发症，例如，神经、眼睛、肾脏和冠状动脉疾病等。

1 型糖尿病

图 22.24d 描述了 1 型糖尿病中的代谢相互关系(见临床相关知识 22.8 和 22.9)。与 2 型糖尿病不同的是，这种疾病中胰腺的胰岛素完全缺失。由于胰岛素/糖原比值不会

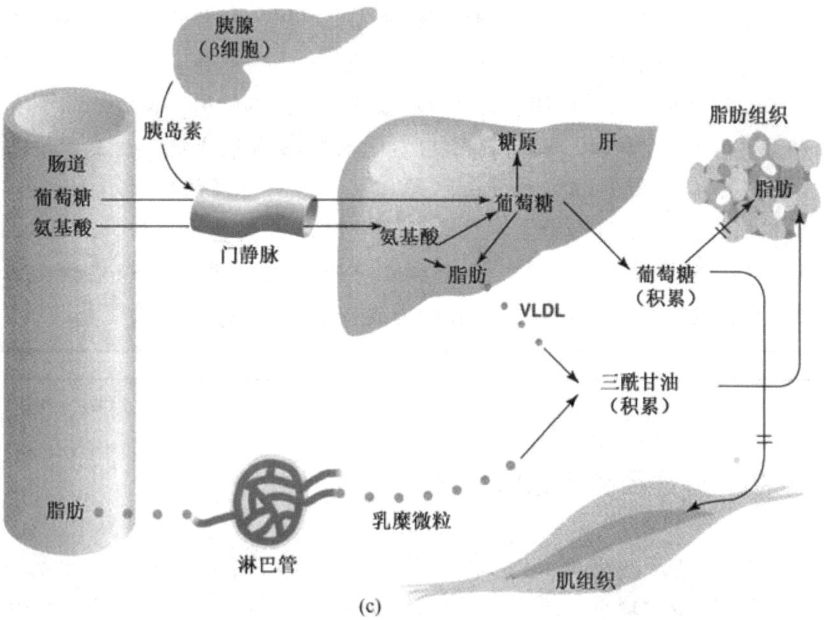

图 22.24　营养、激素和疾病状态中各组织间的代谢相互作用关系
(c) 2 型糖尿病

增加，肝脏总是在进行糖异生和生酮作用，不能适当的缓冲血糖水平。实际上，由于肝糖异生作用持续进行，导致饱食状态下出现高糖血症。在肌肉和脂肪组织，细胞内 GLUT4 处于解离状态。即使在饥饿状态，糖异生作用的加速和骨骼肌中无控制的蛋白水解作用也会维持高糖血症。脂肪组织中无控制的蛋白水解作用使血浆脂肪酸水平增加，使肝脏产生酮体增多。酮体和氢离子的累积引起酮症酸中毒。脂肪酸的氧化和生酮作用不能完全除去肝脏吸收的脂肪酸，多余的脂肪酸被酯化，用于 VLDL 的合成。**高三酰甘油血症(hypertriacylglycerolemia)**的发生是由于血液中的 VLDL 和乳糜微粒不能被脂蛋白脂肪酶清除，这种酶的表达依赖于胰岛素。因此，这些患者即使消化道中有足够甚至多余的能量，机体各组织还是会像饥饿状态下那样代谢。在效应上，1 型糖尿病患者总是处于饥饿状态，通常饥饿状态下由胰腺小量却持续分泌的胰岛素产生的制动效果在这些患者中并不起作用。除非给予胰岛素，否则以上这些变化将会引起机体组织的严重消耗最终导致死亡。

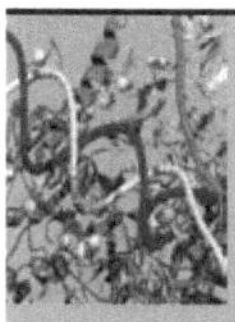

临床相关知识 22.8
1 型糖尿病

1 型糖尿病通常发生于儿童期或青少年，但也不局限于这些患者。由于自身免疫的发生，β 细胞功能缺陷，导致胰岛素分泌量非常少。如果不给予治疗，1 型糖尿病的典型症状是高糖血症、高三酰甘油血症(乳糜微粒和 VLDL)和严重酮症酸中毒的发作。患者的糖类、酯类和蛋白质的代谢间存在严重的紊乱。高糖血症由依赖胰岛素的

组织无法吸收葡萄糖的和肝脏糖异生作用加速(以来自肌蛋白的氨基酸为原料)引起。脂肪组织中脂解作用和肝脏中脂肪酸氧化增强导致酮症酸中毒。高乳糜微粒血症则是由于脂肪组织毛细血管中脂蛋白脂肪酶的活性低下引起,这种酶的合成依赖于胰岛素。

虽然胰岛素不能治愈1型糖尿病,但它能明显改善临床症状。胰岛素能促进葡萄糖的吸收,抑制糖异生、脂解作用和蛋白水解作用。针对不同的饮食摄入和体力活动,以及其他决定肌肉葡萄糖利用的主要因素来调整胰岛素剂量是一件非常困难的工作。要严格控制血糖,患者需要每天多次注射胰岛素并进行严密的血糖监测。但已经证实,对血糖的控制能够减少糖尿病微血管的并发症(肾脏和视网膜病变)。

临床相关知识 22.9
多元醇途径和糖尿病并发症

糖尿病的各种并发症的发病机理类似。晶状体、外周神经、肾乳头、施万(Schwann)细胞、肾血管球和视网膜毛细血管含有两种组成多元醇(多元醇指多羟基糖)途径的酶。醛糖还原酶利用 NADPH 将葡萄糖还原为山梨醇,山梨醇脱氢酶利用 NAD^+ 把山梨醇还原为果糖。醛糖还原酶和葡萄糖的 K_m 很高,这条通路只有在高血糖时才被激活。在糖尿病动物中,晶状体、神经和肾血管球中的山梨醇含量增加,这可能会引起肿胀,导致这些组织受到损伤。实验动物中,醛糖还原酶抑制剂阻止了这些组织中山梨醇的累积,进而延缓了这些并发症的发生。最近一个多元分析得出结论:这些药物可减缓对运动神经的损伤,但是加重对感觉神经的损伤。这一点很重要,因为这些神经损伤与疼痛性糖尿病神经病变有关。

肿瘤

肿瘤组织由肿瘤细胞组成,肿瘤细胞和所有细胞一样,需要给予营养。但是不同于大部分正常组织的是,肿瘤组织的功能独立于饥饿-饱食循环之外(见临床相关知识22.10)。它们持续不断地需要葡萄糖供能,需要氨基酸合成蛋白质。肿瘤组织更倾向于选择葡萄糖供能,而且极少会为了适应饥饿-饱食循环中的禁食阶段选择脂肪酸和酮体;虽然选择脂肪酸和酮体供能能使葡萄糖的用量最少,但对机体其他组织有利。大多数肿瘤对能改变正常组织中代谢进程的激素变化缺乏反应性。他们能与肝脏建立葡萄糖乳酸盐循环,但是仍然能够完全氧化大量的葡萄糖(图 22.24e)。处于肿瘤核心的细胞通常是缺氧的,因为肿瘤通常过度生长,超过了供应氧气的血管的生长。缺氧在任何细胞,包括正常细胞和肿瘤细胞中,都会引起低氧诱导因子 1α(hypoxia-inducible factor 1α,HIF1α)的增多。HIF1α是一个功能强大的转录因子,它激活编码葡萄糖转运体和糖酵解酶的基因。在一些肿瘤细胞中某些突变会使特定癌基因活化,从而导致 HIF1α组成性激活。HIF1α的活化使大多数癌性肿瘤具有罕见的通过糖酵解产生 ATP 的能力。糖酵解与葡萄糖的完全氧化相比是低效的,但是高效率利用机体能源不是癌症组织的特性。这种通过糖酵解生成

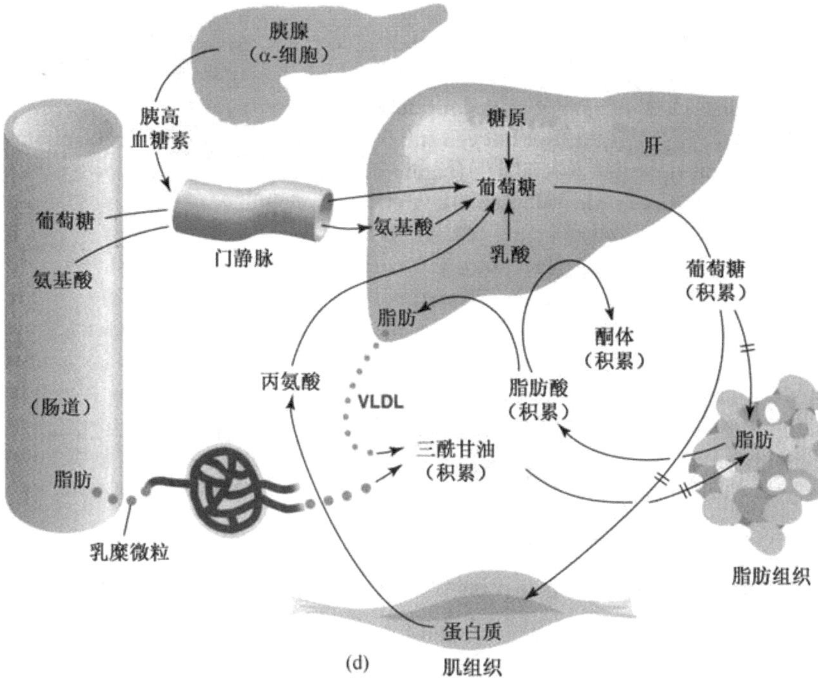

图 22.24 营养、激素和疾病状态中各组织间的代谢相互作用关系

(d) 1 型糖尿病

ATP 的罕见能力使得当癌症细胞扩展、转移到低氧的组织时仍然能够生存并生长。

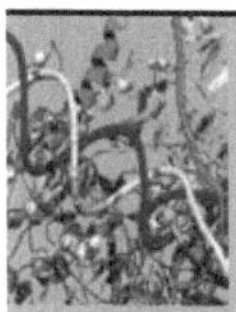

临床相关知识 22.10

癌症恶病质

无法解释的体重减轻可能是恶性疾病的先兆。在癌症晚期,患者的体重减轻是很普遍的现象。这种现象的出现不完全是因为食欲不振和食物吸收减少,大部分是由于骨骼肌和脂肪组织减少,而相应的内脏蛋白(例如肝脏、肾脏和心脏)减少并不明显。尽管通常肿瘤的糖酵解率很高,但肿瘤对能量的需要不能解释这种体重减轻现象,因为即使肿瘤很小的患者也会出现体重减轻。肿瘤患者还会出现内分泌紊乱,如胰岛素抵抗、皮质醇水平升高和基础代谢率升高。有些肿瘤合成和分泌生物活性蛋白,例如 ACTH、神经生长因子和胰岛素样生长因子,这些蛋白质能改变能量代谢。机体对肿瘤的反应类似于慢性炎症,包括促使免疫细胞释放白介素 1(IL-1)、白介素 6(IL-6)和肿瘤坏死因子 α(TNFα)。TNFα 也被称为恶病质素,因为它促进了消耗。TNFα 和 IL-1 可能通过旁分泌的方式发挥作用,因为它们的血浆水平并没有升高。恶病质患者血中 IL-6 水平则是升高的。这些细胞因子导致发热、蛋白水解作用、脂解作用增强和肝脏急性期反应物的分泌。最近,通过更深入的研究已经鉴别出蛋白水解诱导因子(PIF)和酯类活动因子(LMF)这两种肿瘤产物,它们分别刺激骨骼蛋白分解代谢和脂肪组织的消耗。

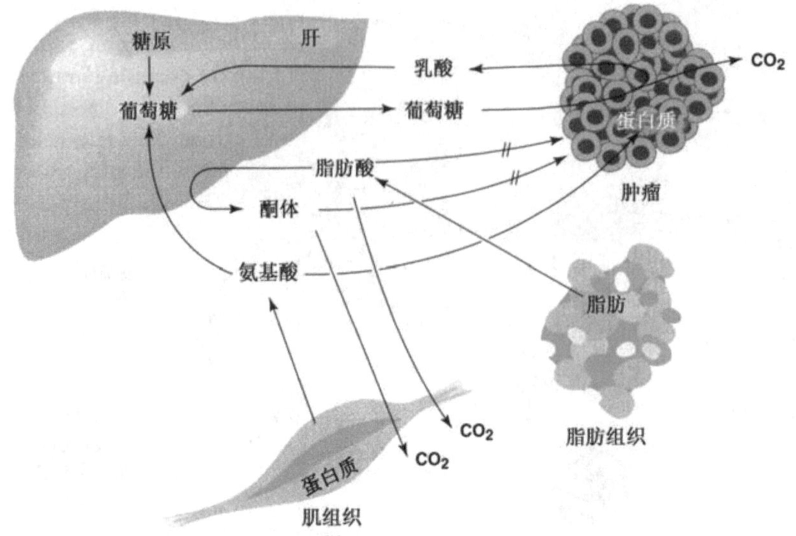

(e)

图 22.24 营养、激素和疾病状态中各组织间的代谢相互作用关系

(e) 肿瘤

有氧和无氧运动

有氧运动典型的例子是长跑，无氧运动则是短跑或者举重等。无氧运动时各器官间很少协调合作。在收缩高峰时，肌肉内血管被挤压，使得这些肌肉细胞与机体其他部分隔离，大部分依赖自身的糖原和磷酸肌酸供能。在糖原分解和糖酵解发生前，磷酸肌酸是合成 ATP 的高能量磷酸盐来源(图 22.6)。由于缺氧，糖酵解成为 ATP 的主要来源。在温和的有氧运动中，大量能量来自肌糖原的分解(图 22.4f)，而肌糖原是糖负载的基础。消耗性运动导致糖原减少，通过休息并摄入高糖食物可以增加肌糖原的含量。由于**胰岛素非依赖的 GLUT4 向质膜的转运(insulin-independent translocation of GLUT4)**，葡萄糖的吸收也增加，这一过程牵涉到 AMPK 的活化。肌肉收缩需要 ATP 并引起 ATP 减少。ATP 的减少导致 AMP 增加，AMP 变构激活正磷酸酯葡萄糖基转移酶、6-磷酸果糖-2-激酶和 AMPK。增加的葡萄糖吸收、糖原降解和糖酵解帮助提供肌肉收缩所需的 ATP。运动中的肌肉中还存在支链氨基酸的氧化、铵的生成和丙氨酸的释放。营养充足的机体储存的糖原也不足以满足长跑的需要。长跑时，呼吸商下降(呼吸商指呼出 CO_2 和消耗氧气的比值)，这表明运动中存在消耗糖原向氧化脂肪酸的转换。当糖原储备被耗尽时，脂解作用逐渐增强；并且像禁食状态那样，肌肉组织优先氧化脂肪酸而不是葡萄糖。AMP 的增多表明对 ATP 的需要也激活了 AMPK。AMPK 磷酸化乙酰辅酶 A 羧化酶而令其失活。这种变化还伴随着长链酰基辅酶 A 酯的增加，他们是乙酰辅酶 A 羧化酶的负性异构效应子，可降低丙二酰辅酶 A 的合成。AMPK 也激活丙二酰辅酶 A 脱羧酶活性，消除丙二酰辅酶 A。这样就允许通过更高的肉碱棕榈酰转移酶 I 活性和更多的脂肪酸氧化来为肌肉收缩提供 ATP。有趣的是，运动通过 AMPK 的活化对肝也可产生影响。AMPK

对乙酰辅酶 A 羧化酶、丙二酰辅酶 A 脱羧酶和 3-磷酸甘油酰基转移酶的磷酸化导致脂肪酸被氧化而不是酯化为三酰甘油。然而，和禁食不同的是，运动过程中血液中酮体的浓度几乎没有升高，这是因为肝中产生的酮体受到肌肉中酮体氧化水平的平衡。

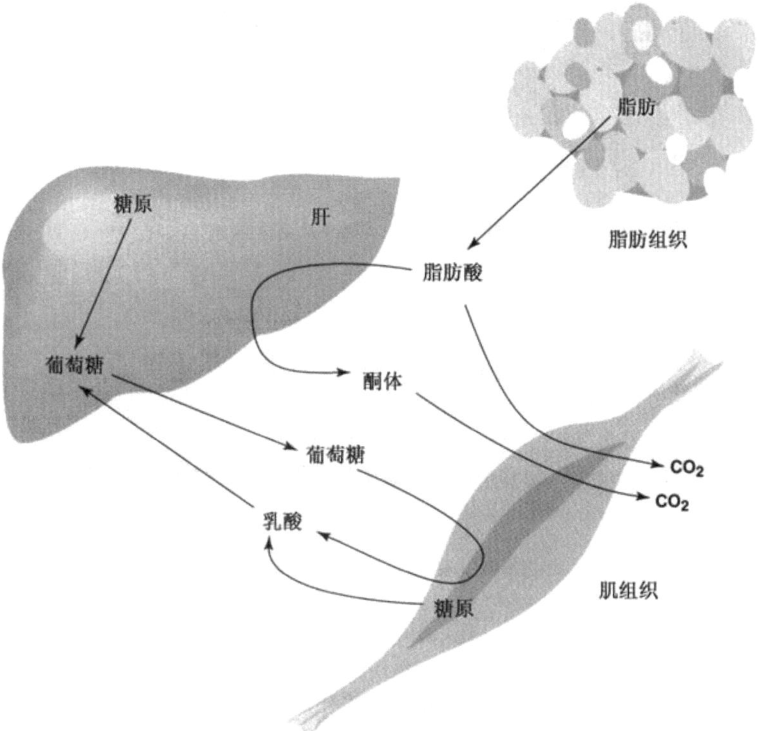

(f)

图 22.24　营养、激素和疾病状态中各组织间的代谢相互作用关系

(f) 运动

怀孕

胎儿是一个需要营养素的生物体(图 22.24g)，他主要利用葡萄糖产能，但也可以利用氨基酸、乳酸、脂肪酸和酮体。胎盘中通过糖酵解产生的乳酸部分供给胎儿，其余的则进入母体循环和肝脏建立葡萄糖乳酸盐循环。母体 LDL 胆固醇是胎盘类固醇(雌二醇和孕酮)的重要前体。怀孕期间，饥饿-饱食循环被打乱，胎盘分泌胎盘催乳素和两种类固醇激素：雌二醇和孕酮。胎盘催乳素刺激脂肪组织中的脂解作用，同时类固醇激素导致胰岛素抵抗。由于胎儿和孕妇对葡萄糖和氨基酸的消耗增加，餐后他们更快进入饥饿状态。血浆中葡萄糖、氨基酸和胰岛素水平的快速下降，胰高血糖素和胎盘催乳素水平的升高刺激脂解作用和生酮作用。胎儿对葡萄糖和氨基酸的消耗可能足以引起母体发生低糖血症。在饱食阶段，孕妇的胰岛素和葡萄糖水平升高，表明其对外源胰岛素抵抗。糖尿病孕妇的这些血浆激素和能量的波动更加明显，这使她们的血糖难以控制。而控制血糖对糖尿病孕妇非常重要，因为高糖血症可危害到胎儿的生长。

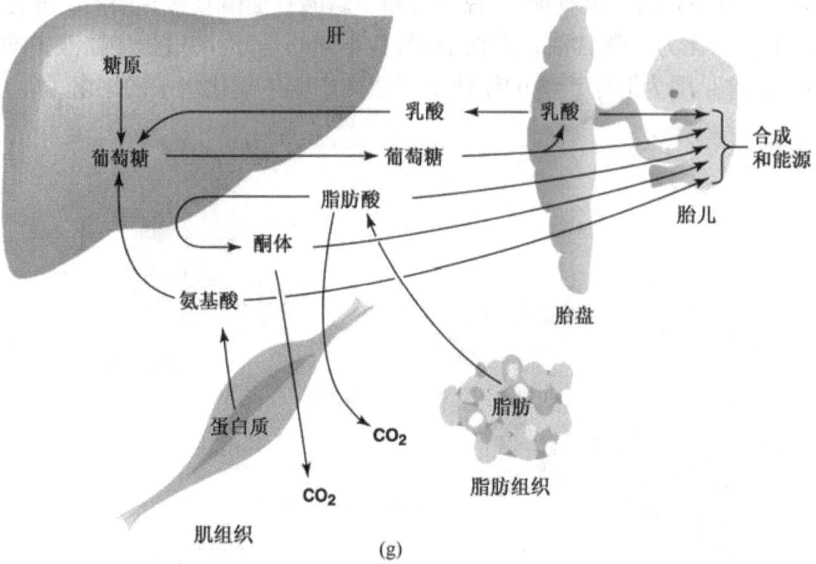

图 22.24　营养、激素和疾病状态中各组织间的代谢相互作用关系

(g) 怀孕

哺乳

妊娠晚期,胎盘(孕酮)和母体(催乳素)激素在乳腺中激活脂蛋白脂肪酶并且促进乳汁分泌细胞和导管的生长。在哺乳期(见图 22.24h),乳房利用葡萄糖合成乳糖和三酰甘油,并以它们作为主要能量来源。氨基酸被用于蛋白质合成,乳糜微粒和 VLDL 则提供合成三酰甘油所需的脂肪酸。如果这些物质不能从食物中获得,那么必须通过蛋白水解、糖异生和酯类分解获取,甚至会导致母体营养不良和泌乳量不足。哺乳期乳房分泌**甲状旁腺激素相关蛋白**(**parathyroid hormone-related protein ,PTHrP**),这种蛋白质可以模拟**甲状旁腺激素**(**parathyroid hormone ,PTH**),刺激消化道和骨对钙和磷的吸收。甲状旁腺对 PTH 的释放和乳房对 PTHrP 的分泌都受钙敏感受体的控制,这是一种感受细胞外钙离子的 G 蛋白偶联受体,可根据血浆钙离子水平调节钙诱发激素的释放。

应激与损伤

生理应激包括损伤、手术、肾功能衰竭、烧伤和感染(图 22.24i)。应激时会出现一些特征性的改变,包括血液皮质醇、胰高血糖素、儿茶酚胺和生长激素水平升高,胰岛素抵抗,基础代谢水平、血糖和自由脂肪酸水平升高。然而,生酮作用并不像禁食状态那样加速。同时,肌肉谷氨酰胺也减少,导致蛋白质合成减少分解增加,这其中的原因尚不清楚。而且这种蛋白质分解很难逆转,除非静脉内给予氨基酸、葡萄糖和三酰甘油。但是,由于稳定性和可溶性的限制,这种溶液中缺少谷氨酰胺、酪氨酸和半胱氨酸。通过应用稳定的二肽的补充氨基酸的方法或许能比现有方法更好的逆转代谢状态 。实际上,现在人们逐渐认识到肠道

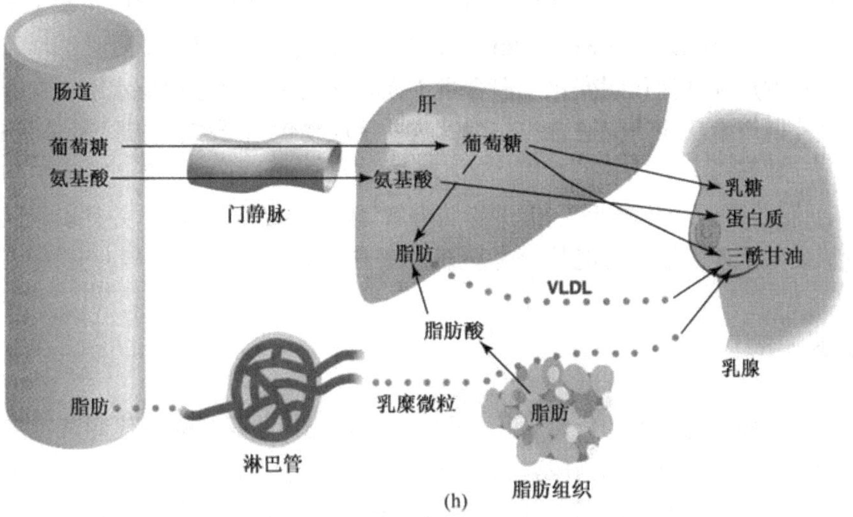

图 22.24　营养、激素和疾病状态中各组织间的代谢相互作用关系

(h) 哺乳

补充养分(通过胃管或肠管)与静脉补充养分相比能更好地减少或者逆转分解代谢。

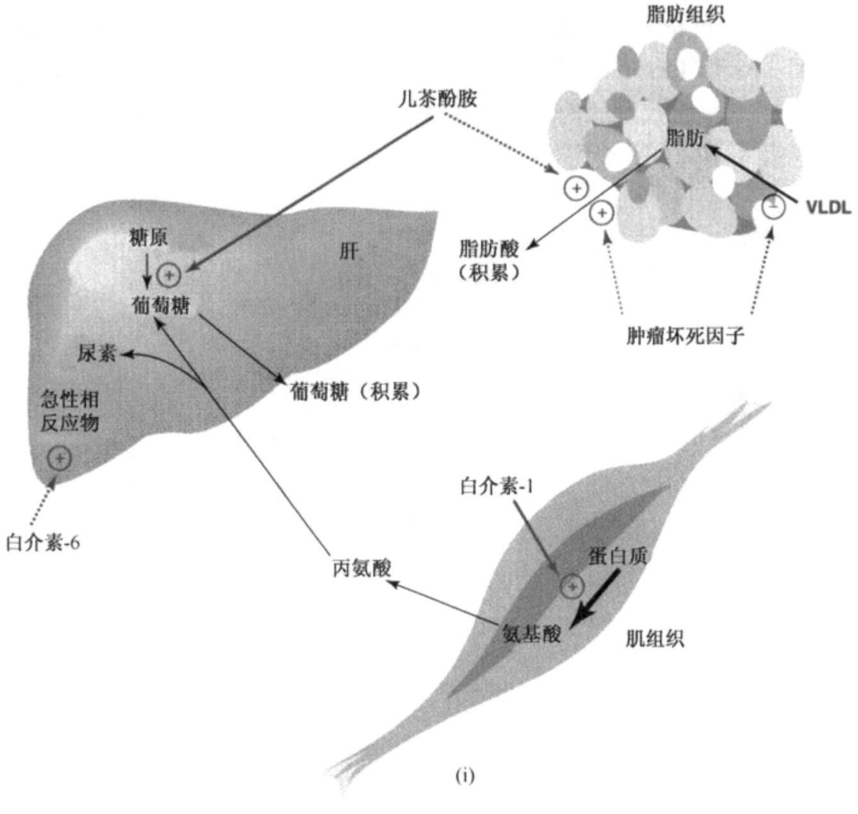

图 22.24　营养、激素和疾病状态中各组织间的代谢相互作用关系

(i) 应激与损伤

损伤或者感染患者的负营养平衡是由单核细胞和淋巴细胞产生的白介素 1、白介素 6 和**肿瘤坏死因子** α(**tumor necrosis factor** α,**TNF**α)介导的(见临床相关知识 22.10)。这些细胞因子引起发热和其他代谢变化。白介素 1 在骨骼肌中促进蛋白质水解。白介素 6 通过肝脏在急性期产生反应物促进合成作用。这些反应物包括纤维蛋白原、补体蛋白、某些凝血因子和巨球蛋白-α2 等,它们对损伤和感染有防御功能。TNFα 抑制肿瘤细胞合成三酰甘油,降低脂肪蛋白脂肪酶活性,促进脂肪分解,阻止胰岛素的释放,并且引起胰岛素抵抗。慢性感染中出现的消耗可能是由这些细胞因子引起的。

肝脏疾病

晚期肝脏疾病伴有严重的代谢紊乱(图 22.24j),尤其是氨基酸的代谢紊乱。肝硬化患者的肝脏不能及时把氨转化为尿素和谷氨酰胺,因而导致血氨水平升高。肝脏周围血液分流和细胞间谷氨酰胺循环(见 19.2 节)紊乱导致这一问题的发生。肠和肝脏内谷氨酰胺酶、谷氨酸脱氢酶和腺苷脱氨基酶的作用,以及肠腔内细菌尿素酶将尿素分解为氨和二氧化碳的作用导致氨水平升高。氨对中枢神经系统的毒性有时会使肝衰竭患者发生昏迷。肝脏疾病晚期,血浆芳香族氨基酸水平更高,超过支链氨基酸浓度。这两族氨基酸通过相同的转运系统运输到脑。脑对芳香族氨基酸吸收的增加可以增加 5-羟色胺等神经递质的合成,而 5-羟色胺能引起肝脏疾病中某些神经学的异常。肝脏是**胰岛素样生长因子**(**insulin-like growth factor** Ⅰ,**IGF-1**)的主要来源。由于 IGF-1 合成缺陷,无法对生长激素反应,肝硬化患者会出现肌肉消耗。这些患者通常有胰岛素抵抗和糖尿病。最后,当肝功能完全衰竭后,由于肝脏无法通过糖异生维持血糖水平,患者有时会死于低血糖。

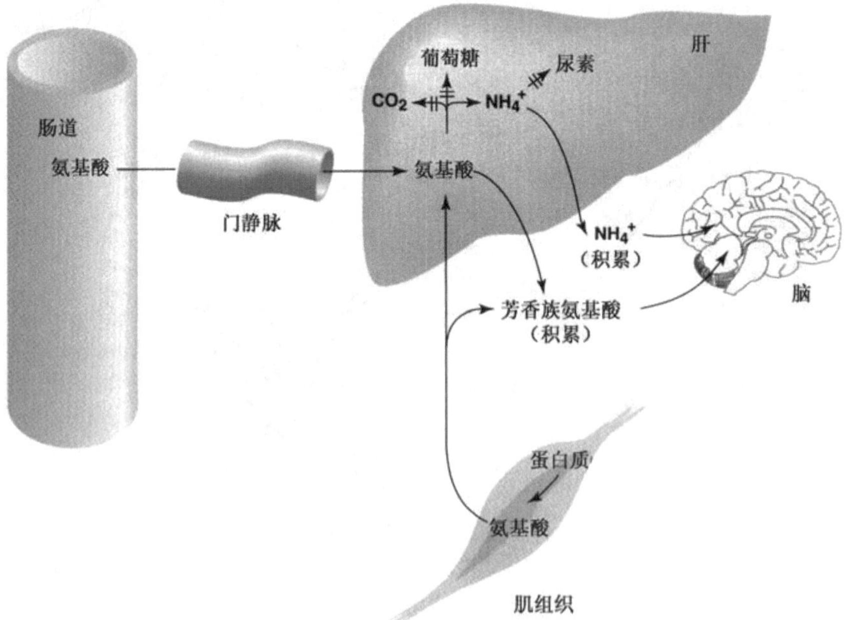

(j)

图 22.24 营养、激素和疾病状态中各组织间的代谢相互作用关系

(j) 肝脏疾病

肾脏疾病

慢性肾病中，通常会出现经肾脏代谢的氨基酸（谷氨酰胺、甘氨酸、脯氨酸和瓜氨酸）水平增加，氮的终产物（如尿素、尿酸和肌酐）蓄积（图 22.24k）。高蛋白饮食摄入或者加速的蛋白水解作用会使这种情况进一步加重。由于消化道细菌能把尿素裂解为氨，肝脏利用氨和 α-酮酸合成非必需氨基酸，高糖饮食和尽可能的限制氨基酸的摄入（尽可能只包括必需氨基酸），能够确保肝脏以 TCA 循环中间产物为原料合成非必需氨基酸。这种类型的饮食治疗可以推迟患者对透析的需要。透析患者的另外一点异常是肉碱缺乏，其原因为饮食中肉碱（在肉中）摄入量减少和肾脏供能群减少。由于肉碱缺乏会使心肌和骨骼肌氧化脂肪酸的能力下降，因而这种情况可能导致这些组织的病变。

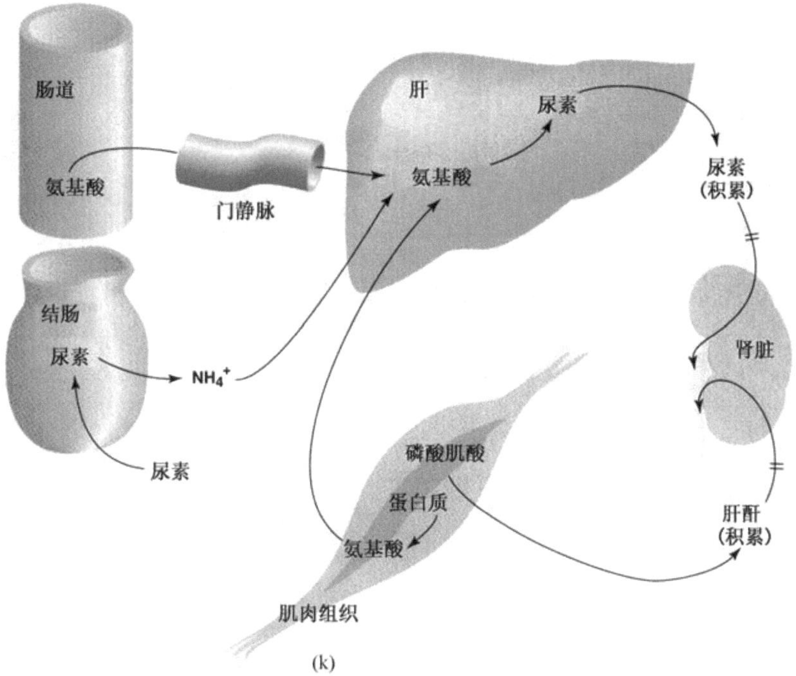

图 22.24　营养、激素和疾病状态中各组织间的代谢相互作用关系

(k)肾脏疾病

酒精

酒精代谢的最初步骤主要与肝有关：

$$酒精(CH_3CH_2OH)+NAD^+ \longrightarrow 乙醛(CH_3CHO)+NADH+H^+$$

$$乙醛(CH_3CHO)+NAD^+ + H_2O \longrightarrow 醋酸盐(CH_3COO^-)+NADH+H^+$$

首先，酒精由细胞质中的**乙醇脱氢酶**（**alcohol dehydrogenase**）催化产生 NADH；而后，在线粒体基质中由乙醛脱氢酶催化也产生 NADH。肝通过线粒体电子传递链处理生成

的 NADH。即使摄入中等量的酒精，也会产生过多的 NADH。糖异生作用中的酶(乳酸脱氢酶和苹果酸脱氢酶)和脂肪酸氧化中的酶(β羟基辅酶 A 脱氢酶)均需要 NAD^+ 作为底物。因此，这些路径都被吸收的酒精抑制(图 22.241)，而且可能发生低血糖和肝脏三酰甘油堆积(脂肪肝)。对乳酸向葡萄糖转化的抑制可能造成乳酸堆积，但极少引发明显的代谢性酸中毒。在酒精氧化过程中，由于 TCA 循环被高水平的 NADH 抑制，肝线粒体将醋酸盐氧化为 CO_2 的能力是有限的。大量来自乙醇的醋酸盐从肝脏逃逸到血液中。实际上其他各个组织都能通过 TCA 循环途径将其氧化为 CO_2。

乙醛也能从肝脏逃逸，并且迅速和重要生物复合体的功能集团共价结合。在饮酒的动物和人类中，已证实乙醛能与肝和血液中的蛋白质形成复合物。正如血红蛋白 A_{1c} 是糖尿病患者血糖控制的指标一样，这种复合物可以作为机体饮酒后的一种标志。

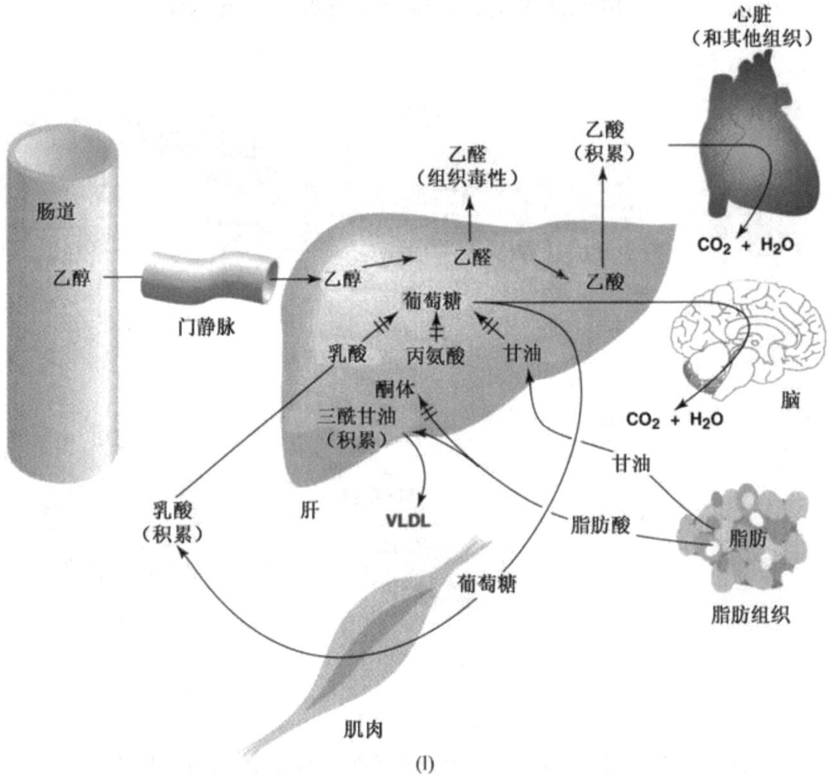

图 22.24　营养、激素和疾病状态中各组织间的代谢相互作用关系

(l) 酒精

酸碱平衡

机体对**酸碱平衡**(**acid-base balance**)的调节像对氮排泄的调节一样，由肝脏和肾脏共同承担。虽然大部分氨基酸的完全代谢产生中性产物(CO_2、H_2O 和尿素)，但是带正电的精氨酸、赖氨酸和组氨酸以及含硫氨基酸甲硫氨酸和半胱氨酸的氧化引起质子(酸)的净增长。例如，

$$精氨酸^{+}+5.5O_2 \longrightarrow 4CO_2+尿素(NH_2\overset{\overset{\large O}{\|}}{C}NH_2)+3H_2O+H^{+}$$

带负电的谷氨酸和天冬氨酸的完全代谢可以部分消耗这些质子，但不能完全清除：

$$谷氨酸^{-}+4.5H_2O+H^{+} \longrightarrow 4.5CO_2+0.5\,尿素(NH_2\overset{\overset{\large O}{\|}}{C}NH_2)+3.5H_2O$$

因此，要达到酸碱平衡，这些多余的质子必须有等量的碱中和。谷氨酰胺在肾中被迅速吸收，然后被谷氨酰胺酶转氨基生成谷氨酸，谷氨酸被谷氨酸脱氢酶氧化脱氨基生成 α-酮戊二酸，随后 α-酮戊二酸通过 TCA 循环转化为苹果酸，最后苹果酸转化为葡萄糖。以上各步骤总的效果是净生成葡萄糖，更重要的是产生了铵和碳酸氢根离子：

$$谷氨酰胺+1\frac{1}{2}O_2+3H_2O \longrightarrow \frac{1}{2}葡萄糖+2HCO_3^{-}+2NH_4^{+}$$

铵离子被排泄到血管小球滤液中，而碳酸氢根离子入血液中和氢离子：

$$HCO_3^{-}+H^{+} \rightleftharpoons H_2CO_3 \rightleftharpoons CO_2+H_2O$$

CO_2 由肺呼出，因此可以有效限制氨基酸氧化过程中产生的多余质子(酸)。**酮症酸中毒**(**metabolic acidosis**)(见图 22.24m)是指某些代谢过程(例如无氧糖酵解产生乳酸或者生酮作用产生 β-羟丁酸的过程)失控导致机体产生过多的酸。这些情况下，肾谷氨酰胺酶、谷氨酸脱氢酶、磷酸烯醇丙酮酸羧基酶和线粒体谷氨酰胺转运体增多，促进以谷氨酰胺为原料合成葡萄糖的过程(通过上述反应)。结果是通过尿液排泄更多的铵离子，并且产生更多的碳酸氢根离子中和酸。肝通过减少尿素的合成，为肾提供更多谷氨酰胺来适应代谢酸中毒。碱中毒时情况则相反，肝尿素合成增多，同时肾中葡萄糖的合成、铵离子

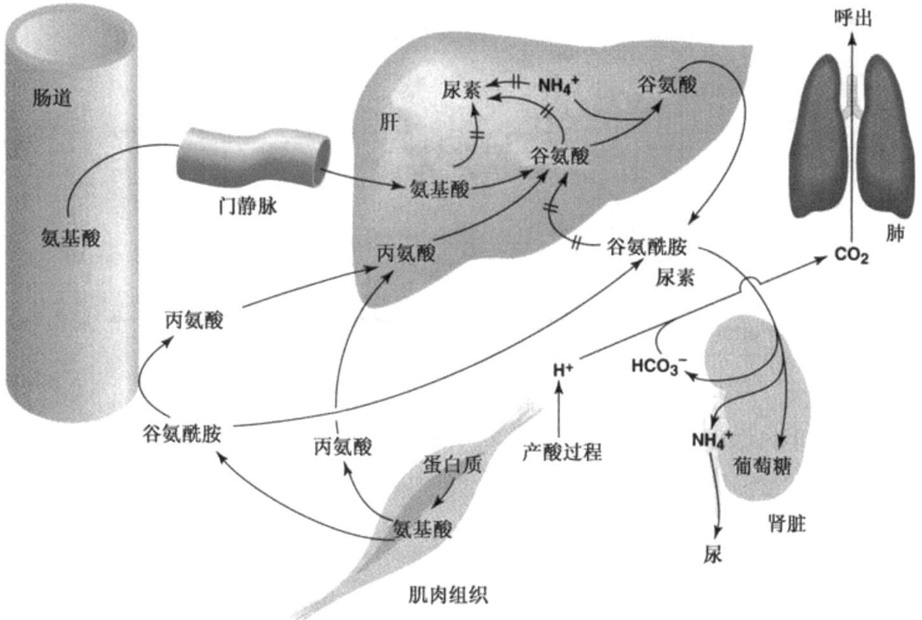

(m)

图 22.24　营养、激素和疾病状态中各组织间的代谢相互作用关系

(m) 酸中毒

的排泄和碳酸氢盐的生成减少。

肝脏通过细胞内循环调控谷氨酰胺的去向，这个循环牵涉到肝动脉和门静脉附近的门静脉周肝细胞和位于中央静脉附近的静脉周清道夫肝细胞（图 22.25）。血液经肝动脉和门静脉进入肝脏，然后经中央静脉流出肝脏。谷氨酰胺酶和尿素循环的酶类集中在门静脉周肝细胞，而谷氨酰胺合成酶只存在于静脉周清道夫肝细胞（见 19.2 节）。进入门静脉周细胞的谷氨酰胺水解生成铵离子，作为合成尿素的原料。因此，大多数进入肝脏的谷氨酰胺和铵中的氮以尿素的形式排出。没有转化为尿素的铵离子在静脉周肝细胞中由谷氨酰胺合成酶催化转化为谷氨酰胺。谷氨酰胺在再次回到静脉周肝细胞中的谷氨酰胺循环之前，被释放入血液循环。因此在肝中，谷氨酰胺酶合成尿素过程中释放的铵离子以及合成谷氨酰胺时消耗的铵离子对维持低的血氨水平很重要。酸中毒时，由于血液 pH 的降低会部分抑制肝细胞对谷氨酰胺的吸收和谷氨酰胺酶的活性，一部分血液谷氨酰胺能够逃避肝脏的水解。血液 pH 下降时，门静脉周肝细胞中的氨基甲酰磷酸合成酶Ⅰ的活性也会降低，从而限制尿素的合成。这样静脉周肝细胞能将更多的铵离子转化为谷氨酰胺，从而为肾脏合成碳酸氢根离子提供更多的谷氨酰胺。

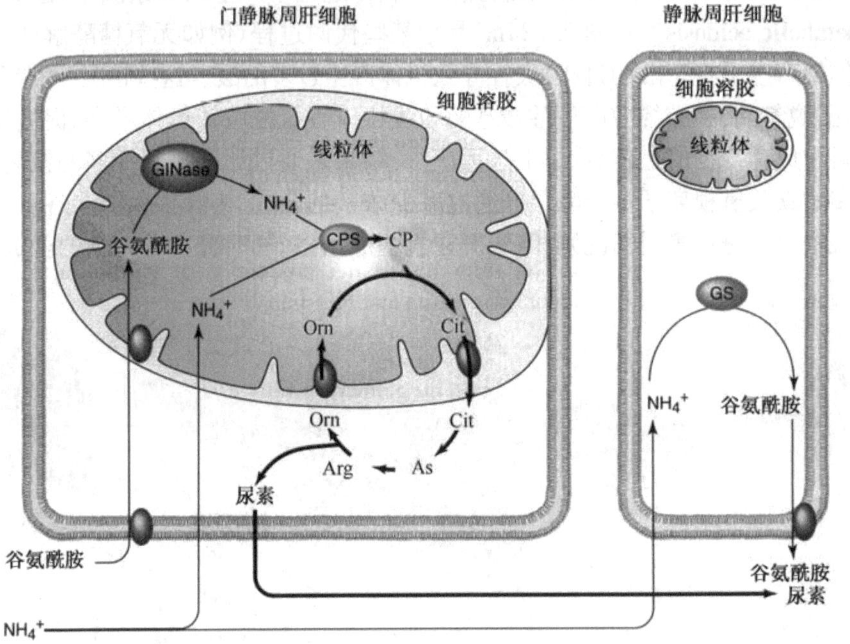

图 22.25 肝内谷氨酰胺的细胞内循环

GINase，谷氨酸胺酶；GS，谷氨酰胺合成酶；CPS，氨甲酰磷酸合成酶；CP，氨甲酰磷酸；Cit，瓜氨酸；AS，精氨琥珀酸；Arg，精氨酸；Orn 鸟氨酸

结肠

小肠（**small intestine**）以**谷氨酰胺**（**glutamine**）为主要能量来源，而**结肠**（**colon**）则利用**短链脂肪酸**（**short-chain fatty acid**），包括丁酸盐、丙酸盐、异丁酸盐和醋酸盐（图 22.26）。这些物质均来自结肠腔内细菌对未消化食物组分的发酵。结肠细胞对这些物质的利用是

从食物中吸收多余能量的一种方法；否则，这些物质将通过粪便丢失。结肠细胞产生的多余的短链脂肪酸进入门静脉为肝脏所用。有趣的是，结肠细胞能够利用丁酸盐合成酮体并把它释放入门静脉血液中，为肝外组织供能。进行结肠分流的手术(如回肠造口术)后，一些患者会罹患**转移性大肠炎(diversion colitis)**。在一些病例中，含有短链脂肪酸的灌肠剂治愈了这种大肠炎。

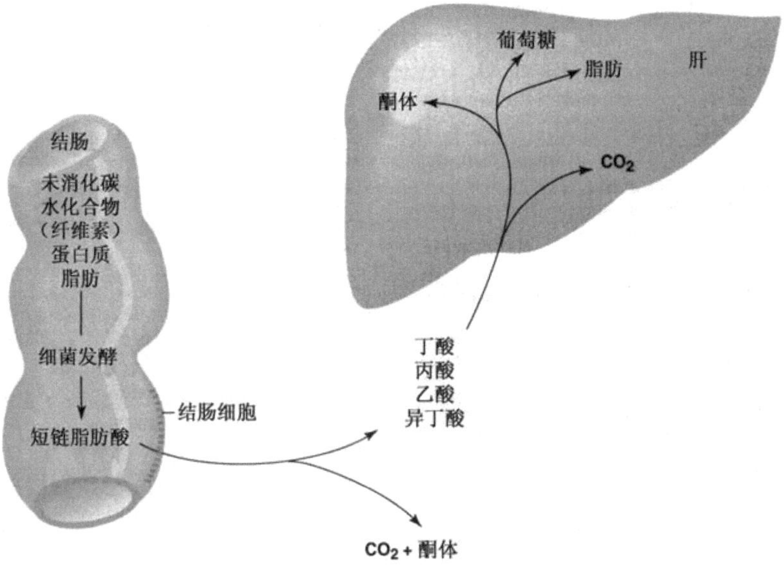

图 22.26　细菌发酵为结肠提供能量

参考书目

Amiel, S. A. Organ fuel selection: brain. *Proc. Nutr. Soc.* 54:151, 1995.

Barthel, A. and Schmoll, D. Novel concepts in insulin regulation of hepatic gluconeogenesis. *Am. J. Physiol. Endocrinol. Metab.* 285:E685, 2003.

Brosnan, J. T. Interorgan amino acid transport and its regulation. *J. Nutr.* 133:2068S, 2003.

Calder, P. C. Fuel utilization by cells of the immune system. *Proc. Nutr. Soc.* 54:65, 1995.

Clarke, S. D. Polyunsaturated fatty acid regulation of gene transcription: A molecular mechanism to improve the metabolic syndrome. *J. Nutr.* 131:1129, 2001.

Crabb, D. W., Matsumoto, M., Chang, D., and You, M. Overview of the role of alcohol dehydrogenase and aldehyde dehydrogenase and their variants in the genesis of alcohol-related pathology. *Proc. Nutr. Soc.* 63:49, 2004.

Curthoys, N. P. and Watford, M. Regulation of glutaminase activity and glutamine metabolism. *Annu. Rev. Nutr.* 15:133, 1995.

De Feo, P., Di Loreto, C., Lucidi, P., Murdolo, G., Parlanti, N., De Cicco, A., Piccioni, F., and Santeusanio, F. Metabolic response to exercise. *J. Endocrinol. Invest.* 26:851, 2003.

Du, X., Matsumura, T., Edelstein, D., Rossetti, L., Zsengeller, Z., Szabo, C., and Brownlee, M. Inhibition of GAPDH activity by poly(ADP-ribose) polymerase activates three major pathways of hyperglycemic damage in endothelial cells. *J. Clin. Invest.* 112:1049, 2003.

Duée, P. -H., Darcy-Vrillon, B., Blachier, F. and Morel, M. -T. Fuel selection in intestinal cells. *Proc. Nutr. Soc.* 54:83, 1995.

Elia, M. General integration and regulation of metabolism at the organ level. *Proc. Nutr. Soc.* 54:213, 1995.

Evans, R. M., Barish, G. D., and Wang, Y. X. PPARs and the complex journey to obesity. *Nat. Med.* 10:355, 2004.

Feinman, R. D. and Makowskie, M. Metabolic syndrome and low-carbohydrate ketogenic diets in the medical school biochemistry curriculum. *Metab. Syndrome Relat. Disorders* 1:189, 2003.

Frayn, K. N., Humphreys, S. M., and Coppack, S. W. Fuel selection in white adipose tissue. *Proc. Nutr. Soc.* 54:177, 1995.

Gibson, D. M. and Harris, R. A. *Metabolic Regulation in Mammals.* New York: Taylor & Francis, 2002.

Grimble, R. F. Nutritional modulation of immune function. *Proc. Nutr. Soc.* 60:389, 2001.

Grimble, R. F. Fasting in healthy individuals and adaption to undernutrition during chronic disease. *Curr. Opin. Clin. Nutr. Metab Care* 1:369, 1998.

Halperin, M. L. and Rolleston, F. S. *Clinical Detective Stories. A Problem-Based Approach to Clinical Cases in Energy and Acid–Base Metabolism.* London: Portland Press, 1993.

Hardie, D. G. AMP-activated protein kinase: The guardian of cardiac energy status. *J. Clin. Invest.* 114:465, 2004.

Harris, R. A., Huang, B., and Wu, P. Control of pyruvate dehydrogenase kinase gene expression. *Adv. Enzyme Regul.* 41:269, 2001.

Häussinger, D. Hepatic glutamine transport and metabolism. *Adv. Enzymol. Relat. Areas Mol. Biol.* 72:43, 1998.

Henriksson, J. Muscle fuel selection: Effect of exercise and training. *Proc. Nutr. Soc.* 54:125, 1995.

Holness, M. J. and Sugden, M. C. Regulation of pyruvate dehydrogenase complex activity by reversible phosphorylation. *Biochem. Soc. Trans.* 31:1143, 2003.

Homko, C. J., Sivan, E., Reece, E. A., and Boden, G. Fuel metabolism during pregnancy. *Semin. Reprod. Endocrinol.* 17:119, 1999.

Horton, J. D., Goldstein, J. L, and Brown, M. S. SREBPs: Activators of the complete program of cholesterol and fatty acid synthesis in the liver. *J. Clin. Invest.* 109:1125, 2002.

Kersten, S., Seydoux, J., Peters, J. M., Gonzalez, F. J., Desvergne, B., and Wahli, W. Peroxisome proliferator-activated receptor alpha mediates the adaptive response to fasting. *J. Clin. Invest.* 103:1489, 1999.

Krebs, H. A. Some aspects of the regulation of fuel supply in omnivorous animals. *Adv. Enzyme Regul.* 10:387, 1972.

Krebs, H. A., Williamson, D. H., Bates, M. W., Page, M. A., and Hawkins, R. A. The role of ketone bodies in caloric homeostasis. *Adv. Enzyme Regul.* 9:387, 1971.

Kurland, I. J. and Pilkis, S. J. Indirect and direct routes of hepatic glycogen synthesis. *FASEB J.* 3:2277, 1989.

Large, V., Peroni, O., Letexier, D., Ray, H., and Beylot, M. Metabolism of lipids in human white adipocyte. *Diabetes Metab.* 30:294, 2004.

Lecker, S. H., Solomon, V., Mitch, W. E., and Goldberg, A. L. Muscle protein breakdown and the critical role of the ubiquitin–proteasome pathway in normal and disease states. *J. Nutr.* 129:227S, 1999.

MacDonald, I. A. and Webber, J. Feeding, fasting and starvation: Factors affecting fuel utilization. *Proc. Nutr. Soc.* 54:267, 1995.

McGarry, J. D. and Brown, N. F. The mitochondrial carnitine-palmitoyl-CoA transferase system. *Eur. J. Biochem.* 244:1, 1997.

Newsholme, E. A. and Leech, A. R. *Biochemistry for the Medical Sciences.* New York: Wiley, 1983.

Newsholme, P. Why is L-glutamine metabolism important to cells of the immune system in health, postinjury, surgery or infection? *J. Nutr.* 131:2515S, 2001.

Nosadini, R., Avogaro, A., Doria, A., Fioretto, P., Trevisan, R., and Morocutti, A. Ketone body metabolism: A physiological and clinical overview. *Diabetes Metab. Rev.* 5:299, 1989.

Ookhtens, M. and Kaplowitz, N. Role of the liver in interorgan homeostasis of glutathione and cyst(e)ine. *Semin. Liver Dis.* 18:313, 1998.

Pedersen, O. The impact of obesity on the pathogenesis of non-insulin-dependent diabetes mellitus: A review of current hypotheses. *Diabetes/Metabolism Rev.* 5:495, 1989.

Pilkis, S. J., Claus, T. H., Kurland, I. J., and Lange, A. J. 6-Phosphofructo-2-kinase/fructose-2,6-bisphosphatase: A metabolic signaling enzyme. *Annu. Rev. Biochem.* 64:799, 1995.

Randle, P. J. Metabolic fuel selection: General integration at the whole-body level. *Proc. Nutr. Soc.* 54:317, 1995.

Rider, M. H., Bertrand, L., Vertommen, D., Michels, P. A., Rousseau, G. G., and Hue, L. 6-Phosphofructo-2-kinase/fructose-2,6-bisphosphatase: Head-to-head with a bifunctional enzyme that controls glycolysis. *Biochem J.* 381:561, 2004.

Roach, P. J. Glycogen and its metabolism. *Curr. Mol. Med.* 2:101, 2002.

Ruderman, N. B., Park, H., Kaushik, V. K., Dean, D., Constant, S., Prentki, M., and Shaha, A. K. AMPK as a metabolic switch in rat muscle, liver and adipose tissue after exercise. *Acta Physiol. Scand.* 178:435, 2003.

Ruderman, N. B., Saha, A. K., Vavvas, D., and Witters, L. A. Malonyl CoA, fuel sensing, and insulin resistance. *Am. J. Physiol. Endocrinol. Metab.* 276:E1, 1999.

Speigelman, B. M. and Heinrich, R. Biological control through regulated transcriptional coactivators. *Cell* 119:157, 2004.

Shulman, G. I. and Landau, B. R. Pathways of glycogen repletion. *Physiol. Rev.* 72:1019, 1992.

Steppan, C. M., Bailey, S. T., Bhat, S., Brown, E. J., Banerjee, R., Wright, C. M., Patel, H. R., Ahima, R. S., and Lazar, M. A. The hormone resistin links obesity to diabetes. *Nature* 409:307, 2001.

Stubbs, M., Bashford, C. L., and Griffiths, J. R. Understanding the tumor metabolic phenotype in the genomic era. *Curr. Mol. Med.* 3:485, 2003.

Taylor, S. I. Diabetes mellitus. In: C. R. Scriver, A. R. Beaudet, W. S. Sly, and D. Valle (Eds.), *The Metabolic and Molecular Bases of Inherited Disease*, 8th ed. New York: McGraw-Hill, 2001.

Williamson, D. H. and Lund, P. Substrate selection and oxygen uptake by the lactating mammary gland. *Proc. Nutr. Soc.* 54:165, 1995.

Zick, Y. Molecular basis of insulin action. *Novartis Found. Symp.* 262:36, 2004.

习题和参考答案

选择题

1. 因为氨基转移酶对氨基酸的 K_m 比氨酰 tRNA 合成酶高很多,所以:
   A. 当氨基酸浓度低时,蛋白质合成作用优于氨基酸代谢
   B. 肝脏不能积累氨基酸
   C. 氨基酸一运送到肝脏就进行转氨基作用
   D. 任何氨基酸要直接发挥功能都必须先转化为蛋白质
   E. 只有饮食中的氨基酸才能被代谢

2. 肉碱:
   A. 所有细胞都能合成以满足自身需要
   B. 直接由游离赖氨酸合成
   C. 合成时需要蛋白质中的赖氨酸残基被 *S*-腺苷甲硫氨酸甲基化
   D. 对过氧化物的解毒很重要
   E. 被分裂为 γ-丁酰甜菜碱

3. 下列各过程中不是由底物控制的是:
   A. 高蛋白饮食后尿素的合成增加
   B. 酮体生成率
   C. 严重饥饿引发的低血糖
   D. 2,6-二磷酸果糖的糖酵解
   E. 山梨醇的合成

4. 肝的酶由非磷酸化状态向磷酸化状态的转化:
   A. 总是激活该酶
   B. 更倾向于发生在消耗状态下
   C. 以胰岛素为信号
   D. 总是由 cAMP 依赖激酶催化
   E. 通常发生在蛋白质的苏氨酸残基上

5. 运动时肌肉代谢:
   A. 有氧运动和无氧运动时是一样的
   B. 有氧运动时主要能量来源由葡萄糖转为脂肪酸
   C. 有氧状态下主要利用糖原和磷酸肌酸
   D. 导致血液酮体浓度急剧上升
   E. 无氧状态下只利用磷酸肌酸

6. 谷氨酰胺酶:
   A. 在肾细胞中,不受血液 pH 的影响
   B. 在肝中,局限于静脉周的肝细胞

C. 催化反应需要 ATP

D. 酸中毒时，在肝中活性更强

E. 酸中毒时，肾细胞中含量增加

问题 7 和 8：蛋白质和卡路里营养不良是非常严重的营养问题，尤其是儿童。在发展中国家，断奶期儿童经常发生这两种情况。当饮食中含有足够能量(糖类为主)但缺乏蛋白质时，儿童经常发生蛋白质营养不良和小儿恶性营养不良症。能量摄入不足称为重度消耗型营养不良。小儿恶性营养不良症中，胰岛素水平是高的，而且存在皮下脂肪。患有重度消耗型营养不良症的儿童缺少皮下脂肪。

7. 脂肪组织通过______应答(胰岛素：胰高血糖素)比率的升高：

A. 变构酶的去磷酸化

B. 刺激脂肪沉积

C. 增加丙酮酸盐激酶的数量

D. 激活激素敏感连接酶

E. 释放谷氨酰胺

8. 下列有利于空腹状态下糖异生的是：

A. 1，6-二磷酸果糖激活丙酮酸盐激酶

B. 乙酰辅酶 A 激活丙酮酸盐羧化酶

C. 柠檬酸盐活化乙酰辅酶 A 羧化酶

D. 丙二酰辅酶 A 抑制肉碱软脂酰转移酶 I

E. 2，6-二磷酸果糖激活 6 磷酸果糖-1-激酶。

问题 9 和 10：Reye 综合征是一种严重的儿童疾病。这种疾病的发生和儿童患水痘时服用阿司匹林有关，而且现在父母们也已经被告知当孩子感染病毒时不要给他们服阿司匹林。Reye 综合征损伤肝脏线粒体，以脑功能异常(易激惹、嗜睡和昏迷)和肝功能损伤(血浆自由脂肪酸升高、脂肪肝、低糖血症和高氨血)为特征。受损的线粒体影响脂肪酸的氧化，影响氨解毒过程中所需的氨基甲酰磷酸盐和鸟氨酸的合成，以及糖异生所需的草酰乙酸盐的合成。可以利用静脉给予葡萄糖进行部分治疗，这样可以和其他治疗措施一起减少肌肉组织蛋白水解。

9. 精氨酸和鸟氨酸是氨利用及其他过程中的中间产物。下列选项中错误的是：

A. 尿素循环中的鸟氨酸是在肾脏中利用谷氨酰胺合成的

B. 瓜氨酸是肾脏中合成精氨酸的前体

C. 在肌酸合成过程中肾脏利用精氨酸分布到肌肉

D. 精氨酸是氧化亚氮的前体

E. 由肝脏清除的肌酐由肌肉中的磷酸肌酸转化生成

10. 肌肉蛋白水解作用释放的支链氨基酸：

A. 也能由丙氨酸转化生成

B. 能被肌肉代谢，但不能在肝脏中代谢

C. 是肠代谢的主要氨基酸

D. 绝大多数由肌肉组织释放

E. 是肌肉合成丙氨酸和谷氨酰胺的主要氮源

问题 11 和 12：糖尿病是一种葡萄糖代谢紊乱的疾病。2 型主要发生在中年到老年的肥胖人群，1 型则通常发生在儿童或者青少年。胰岛素控制血液葡萄糖水平的能力受胰岛素缺乏或者功能不足影响。

11. 2 型(非胰岛素依赖)糖尿病：

A. 不会发生高三酰甘油血症

B. 未治疗情况下，总会发生酮症酸中毒

C. 胰腺 β 细胞不能再产生胰岛素

D. 可能会伴随血液高胰岛素水平

E. 总会发生严重的体重减轻

12. 通常胰岛素具有以下功能，除了：

A. 将葡萄糖转运体 4(GLUT4)从细胞内位点添补到质膜

B. 激活蛋白激酶 A 和 AMP-依赖的蛋白激酶(AMPK)

C. 激活磷蛋白磷酸酶

D. 标志甾醇应答元件结合蛋白(SREBP-1)的升高

E. 将酮体生成水平抑制在低于需要的水平，以抑制糖异生作用。

问答题

13. 当人类葡萄糖稳态第Ⅳ阶段(饥饿 2～24 天)糖异生作用下降时，会发生哪些代谢和激素的变化?

14. 为什么在测定糖尿病患者血糖水平状况方面，血红蛋白 A_{1a} 的检测比日常血糖检测要好?

参考答案

1. A K_m 高意味着这个反应低浓度下会进行得很慢；反之，K_m 低意味着同样环境下，这个反应能迅速进行蛋白质合成，只需要所用氨基酸都存在。

2. C 蛋白质水解时，这些三甲基赖氨酸被释放。A：只有肝脏和肾脏有完整的合成途径。B：赖氨酸必须首先存在于细胞的蛋白质中。D：这是谷胱甘肽。E：这是前体。

3. D 2，6-双磷酸果糖是控制糖酵解的酶的一种变构效应物(激活激酶，抑制磷酸酶)。A：高蛋白饮食后，肠产生用于尿素合成的氨和鸟氨酸前体。B：酮体生成作用依赖于脂肪酸的利用率。C：这代表糖异生的底物缺乏。E：这引起糖尿病的并发症。

4. B 饱食状态下，(胰岛素：胰高血糖素)比率是高的，而CAMP水平是低的。A：有些酶磷酸化后被激活，其他则相反。C：胰高血糖素通过升高cAMP介导肝的酶的磷酸化。D. 这是磷酸化很普遍的机制，但并不是唯一机制。E. 代谢酶类最普遍的磷酸化位点是丝氨酸。

5. B 无氧运动的肌肉几乎只利用葡萄糖；有氧运动的肌肉利用脂肪酸和酮体。D：酮体是有氧运动的底物，所以它的血液浓度不会有大的升高。E：磷酸肌酸只是ATP的短期来源。

6. E 酸中毒时，肾脏中的谷氨酰胺酶活性增强。A：同上。C：谷氨酰胺合成酶需要ATP。D：酸中毒时，肝脏谷氨酰胺酶流量减少使谷氨酰胺从肝逃逸以满足肾脏的需要。

7. D 磷酸化使激素敏感脂肪酶活化，动员脂肪。A：低(胰岛素：胰高血糖素)比率表明cAMP增多；cAMP依赖的蛋白激酶活性增强以及蛋白质磷酸化水平升高。C：cAMP通过共价修饰激活酶类。E：这些发生在肌肉。

8. B 丙酮酸盐羧化酶是糖异生过程中的一个关键酶。A，E：这些酶的活化刺激糖酵解。C，D：丙二酰辅酶A阻止脂肪酸转运到线粒体进行β氧化，而这个过程是糖异生所需能量的重要来源。

9. A 肾脏缺少谷氨酸向谷氨酸半醛转化所需的酶。B：这个选项对肾脏和肝脏都是对的。C：这个反应需要 *S*-腺苷甲硫氨酸。E：肌酸酐是肌肉质量和肾功能的检测指标。

10. E 支链氨基酸的转氨酶把氮转移到丙氨酸或者谷氨酰胺。A：支链氨基酸是必需氨基酸，不能由其他氨基酸合成。B：肌肉将它们进行氨基转移，尔后支链α-酮酸被肝代谢。C：肠主要代谢谷氨酰胺。D：是丙氨酸和谷氨酰胺。

11. D 问题是胰岛素抵抗，而不是完全不能产生胰岛素。A：高三酰甘油血症是其特征。B：酮症酸中毒只是普遍发生在胰岛素依赖型。C：见正确答案。E：大部分患者是肥胖的，而且持续这种状态。

12. B 这些酶在磷酸化状态下有活性，而胰岛素促进去磷酸化。A：这促进葡萄糖的吸收。D：这增加编码脂肪合成酶的基因转录。E：这一点可能能够部分解释2型糖尿病很少发生酮症酸中毒的原因。

13. 在第Ⅳ阶段，大部分组织主要利用脂肪酸和酮体。酮体水平现在足够高，它能进入脑以减少对葡萄糖的需求。低(胰岛素：胰高血糖素)比率刺激糖酵解和糖异生作用。脂肪酸氧化的增加使乙酰辅酶A和NADH增多。NADH增多变构抑制三羧酸循环，累积的乙酰辅酶A被转化为酮体。低(胰岛素：胰高血糖素)比率也减少肌肉蛋白的代谢。糖异生作用的减少使蛋白质保持更长时间。

14. 单一检测只测量某一特定时间的血糖，但是随着摄食、运动和情绪状态的变化，人的血糖水平是不断变化的。血红蛋白 A_{1c} 是由葡萄糖和血红蛋白β链氨基端缬氨酸之间的非酶促反应生成的。血红蛋白 A_{1c} 的浓度与几星期时间内的平均血糖浓度有关。

(杨文　译)

第五篇　生理学过程

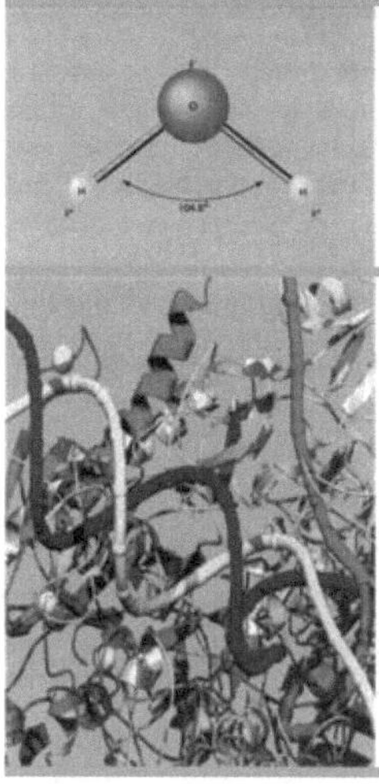

23

激素生物化学

Thomas J. Schmidt and Gerald Litwack

23.1 概述

本章所讨论的激素主要分为三类:**肽和蛋白类激素**(**peptide and protein hormone**),以酪氨酸为前体合成的胺类激素,包括**甲状腺激素**(**thyroid hormone**)、**儿茶酚胺**(**cate-**

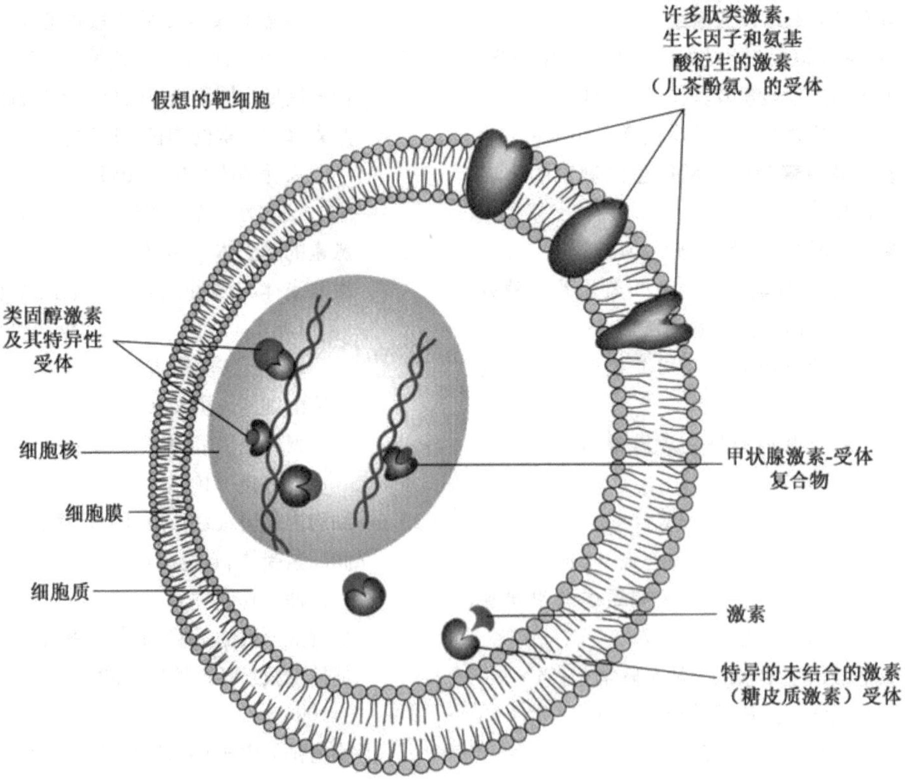

图 23.1 靶细胞上不同种类激素受体定位示意图

cholamine hormone)以及**类固醇激素**(steroid hormone)。总的来说,这些激素可以调节表达相应同源受体的靶细胞的生长、分化和功能。肽类激素和儿茶酚胺与**细胞膜受体**(cell surface receptor)作用,通过细胞内**第二信使**(second messenger)传递生物信息(图 23.1)。细胞内的第二信使系统包括 cAMP、PKA(potein kinase A)、IP_3、DG、PKC、cGMP 和 PKG 等。这些细胞内第二信使系统将在后面典型的激素作用中讨论。胰岛素与细胞表面受体结合后,可激活自发酪氨酸激酶及其后续的信号通路,从而实现胰岛素的功能。类固醇激素的前体是胆固醇,包括糖皮质激素(皮质醇)、盐皮质激素(醛固酮)和性激素(雄激素、雌激素和孕激素)。与肽类激素不同,类固醇激素可自由通过细胞膜并与相应的**细胞内受体**(intracellular receptor)特异性结合,这些细胞内受体的功能实质上就是**配体激活的转录因子**(ligand-activated transcription factor)(转录激活因子和转录阻遏因子)。所有类固醇激素以及部分非类固醇激素如甲状腺激素、活性维生素 D_3 和维甲酸的细胞内受体都属于**类固醇激素受体超家族**(steroid receptor supergene family)。该超家族的基因序列有很高同源性,而且其蛋白分子都有三个基本的结构域:C 端的配体结合域、中间的 DNA 结合域和 N 端的转录激活域。我们可以用一种基本的模型来描述类固醇激素分子与其靶细胞相互作用的过程:激素首先诱导受体蛋白的激活或变构;随后受体偶联的热激蛋白的解离;核转位;类固醇激素受体复合物与 DNA 上特定的激素反应元件结合,最终实现转录调控作用。

23.2 激素及其级联反应系统

在过去的几十年里,激素的范畴在逐步扩大。以往仅仅将激素理解为内分泌腺分泌的生物活性物质。现在,凡是能携带信息,可引起生物体在细胞水平发生改变的化学物质都可称为激素。按作用方式又可分为内分泌、旁分泌和自分泌激素。内分泌激素指由一种组织或腺体合成,通过血液循环作用于远距离靶细胞的一类激素;旁分泌激素是由一种细胞分泌后近距离作用于附近细胞的激素;而自分泌激素则是由一种细胞产生进而又作用于其自身的一类激素(临近细胞也可能是作用靶点)。内分泌激素通常比自分泌激素更加稳定,因此前者作用范围广而后者只能在很短的距离内发挥作用。

激素的级联反应系统的信号放大作用

在探讨各种激素的作用之前,我们首先了解一下激素级联反应系统的组织形式。对高等动物来说,激素系统的级联信号通路起源于大脑,终止于靶细胞。图 23.2 概括了这种级联反应的过程。激发激素级联反应的刺激物可来自于外界环境或体内,通常以动作电位或(和)化学信号的形式传递。多数情况下,这些信号先传至大脑边缘系统,经下丘脑、垂体最终到达分泌激素的靶腺。靶腺分泌的激素可作用于多种靶细胞,其作用强度取决于靶细胞上同源受体的表达量。这种反应可连续增加激素的水平(下丘脑、垂体、靶腺);还可使级联反应下游激素的半衰期延长,从这两方面来说这是真正的级联反应。以下丘脑-垂体-肾上腺轴为例,环境应激刺激如温度变化、噪音、外伤等都可刺激大脑的边缘系统，使下丘脑产生纳克级的促肾上腺皮质激素释放激素（CRH），其在血液中的半衰期仅有几分钟；CRH顺垂体门脉系统进入**垂体前叶（anterior pituitary）**，在那里与促肾上腺皮质激素细胞上的CRH受体结合，启动细胞合成分泌促肾上腺皮质激素（ACTH）和β-促脂解激素。ACTH的释放量在微克级且半衰期也比CRH长，它经血液循环最终与肾上腺束状带细胞的ACTH受体结合，引起靶细胞毫克级的皮质醇合成与释放，而皮质醇的半衰期又比ACTH长，最终由皮质醇作用到表达糖皮质激素受体的靶细胞，产生生物学效应。皮质醇作为最终的靶腺激素又可以**负反馈（negative feedback）**作用调节垂体前叶和下丘脑内分泌细胞合成分泌相应激素。在皮质醇的靶细胞内，皮质醇-受体复合物介导特异的转录反应，最终引起皮质醇一系列的生理作用。除了下丘脑-垂体-肾上腺轴以外，其他系统也是以相似的级联反应原理工作的，只是参与的靶腺与合成的激素不同而已。而最终受影响的靶细胞的数量取决于最终激素受体的表达量。除了下丘脑-垂体-靶腺这种作用模式外，还有另一种相关的系统，就是垂体后叶激素分泌。垂体后叶激素包括催产素和血管加压素（抗利尿激素，ADH），它们是由下丘脑神经元细胞体合成后储存于垂体后叶，并由垂体后叶释放的激素。这个系统在图23.3中描述（图23.2即为图23.3垂直中轴上的内容，垂体后叶激素系统则出现在图23.3的下丘脑右侧的分支上）。催产素和血管加压素由不同的下丘脑神经元细胞体合成，血管加压素主要由室上核合成，催产素则主要由室旁核合成。受到刺激后这两种激素则各自从垂体后叶释放。

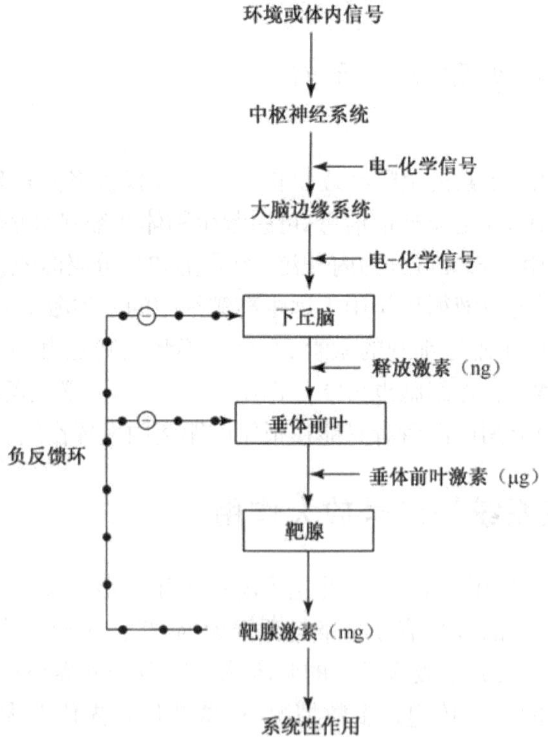

图23.2　从中枢神经系统到靶腺激素的激素信号级联反应

靶腺是激素级联反应中最终产生激素的组织，受特定垂体前叶激素的调节。甲状腺、肾上腺、卵巢、睾丸等都是靶腺。靶腺激素负反馈作用于级联反应的中间环节。图中激素的量（ng，ug，mg）代表相应激素大致的释放量

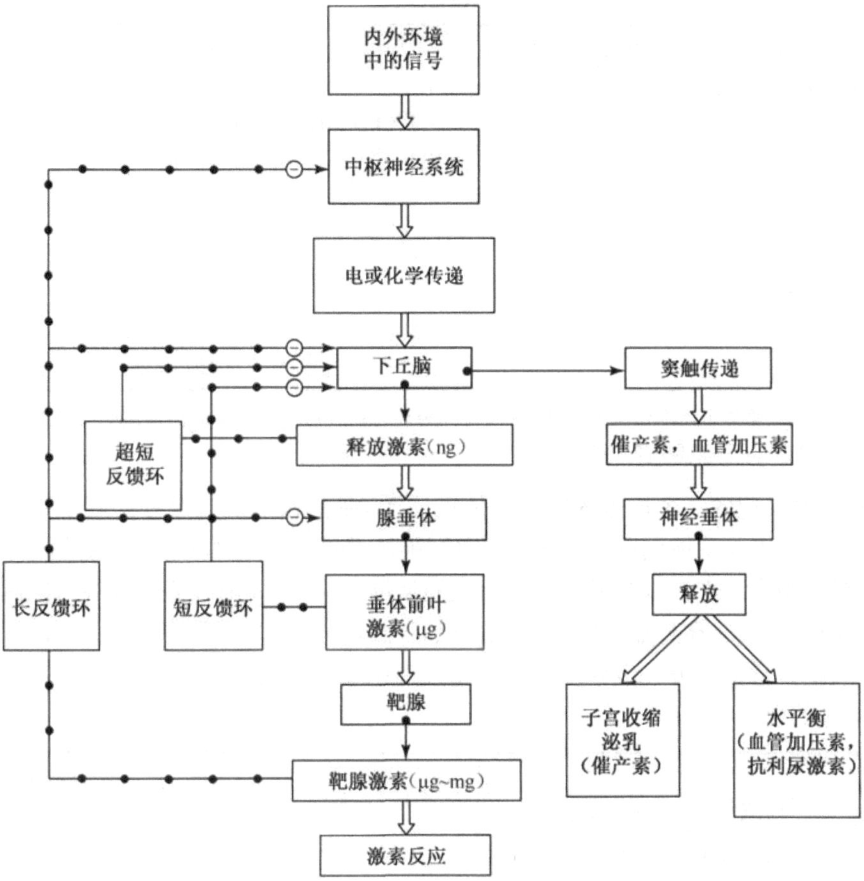

图 23.3　涉及下丘脑的激素系统

当接收到内外环境的信号时，激素级联反应系统产生应答。信号首先传至中枢神经系统，并且可能涉及包括海马和杏仁核在内的边缘系统。这些核团支配下丘脑的特定区域，使其释放 ng 级的释放激素。释放激素经垂体门脉系统运至垂体前叶，引起微克级的特定垂体前叶激素释放。垂体前叶激素进入血液循环，经毛细血管网进入靶腺，引起微克-毫克级的靶腺激素释放。靶腺激素最终与靶组织上的特异性受体结合发挥生物学效应。总的来说，这是一个级联放大系统，使机体与外部环境产生了联系。布满实心或空心的颗粒的箭头代表负反馈通路

多肽类激素的级联释放是由高度特异性的信号控制的。因此，**胺能神经元（aminergic neuron）**（分泌多巴胺和五羟色胺）与下丘脑合成分泌多种**释放激素（releasing hormone）**的神经元有密切关联。下丘脑释放激素汇总于表 23.1。胺能神经元的活动是由各种体内、体外信号启动的，可引起一些激素如促性腺激素释放激素（GnRH）的**脉冲式释放（pulsatile release）**，也可以使一些激素如皮质醇**周期节律性释放（rhythmic cyclic release）**。

表 23.1　下丘脑释放的激素

释放激素	结构中氨基酸数量	垂体前叶释放或抑制激素
促甲状腺激素释放激素	3	促甲状腺激素；也能释放催乳素（PRL）
促性腺激素释放激素	10	从相同细胞释放 LH 和 FSH；白细胞三烯也能通过不同机制释放 LH 和 FSH
促性腺激素释放激素抑制因子	—	

续表

释放激素	结构中氨基酸数量	垂体前叶释放或抑制激素
促肾上腺皮质激素释放激素	41	ACTH，β-LPH，β-内啡呔
精氨酸加压素	9	刺激 CRH 功能，促进 ACTH 释放
血管紧张素Ⅱ	8	刺激 CRH 功能，促进 ACTH 释放；较弱促进 ACTH 释放
生长激素释放激素	49	GH 释放
生长抑素生长素抑制激素	14	抑制 GH 释放
下丘脑胃泌素释放激素	—	抑制释放 GH 和 PRL
催乳激素释放激素	—	释放 PRL
催乳激素释放抑制激素	—	抑制 PRL 释放；多巴胺也能抑制 PRL 释放，可能是二级抑制因子；催产素可能抑制 PRL 释放

注：MSH 是大鼠垂体中间部的主要产物，由胺能神经元调控分泌。人类也能由垂体中间部类似细胞分泌 α-MSH，人类并没有独立的垂体中间叶解剖结构。

激素级联反应的一个显著的特征就是负反馈，在靶腺激素大量分泌后发生。在长反馈环中，靶腺激素与垂体前叶、下丘脑或中枢神经系统的细胞膜或细胞内的同源受体结合，抑制释放激素的进一步合成与分泌。在短反馈环中，垂体前叶激素也通过同源受体对下丘脑形成负反馈。在超短反馈环中，下丘脑释放因子通过血液循环负反馈到下丘脑本身，从而抑制其自身的进一步分泌。临床相关知识 23.1 描述了垂体前叶激素对下丘脑释放激素反应的研究方法。

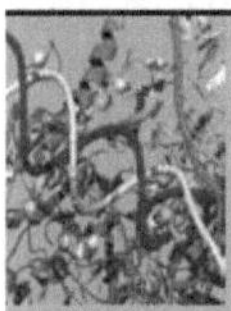

临床相关知识 23.1
垂体前叶活动的检测

现在下丘脑释放素及其化学类似物（特别是一些短肽）已可人工合成。促性腺激素释放激素（GnRH）是一个十肽，可用于测定垂体前叶的功能，特别是在不明确疾病病因的时候，就显得尤为重要。不育症就是这样的情况。

对于不育症，医生必须确定病因在激素级联系统的哪个环节：下丘脑、垂体还是性腺。首先需要检测的就是性腺，可通过注射垂体前叶激素 LH 或 FSH 实现。如果注射后性激素的分泌升高了则说明性腺功能正常。其次检测垂体前叶功能，可通过静脉注射人工合成的 GnRH 实现。GnRH 可使垂体前叶促性腺细胞分泌 LH 和 FSH。血清中 LH 可用放免分析法（RIA）检测，其原理是试剂中与 LH 结和蛋白结合的具有放射活性的 LH 或 hCG 被样本血清中的 LH 竞争替代，替代程度与样本血清中的 LH 量成正比。通过这种方法，就可判断垂体释放的 LH 是否处于正常水平，为垂体功能的判断提供了依据。如果 LH 在 GnRH 的作用下分泌不足，说明病因在垂体前叶；如果垂体对 GnRH 反应正常，则说明下丘脑功能失调，没能生成足量的释放激素。

很明显对激素结构的认识和特定激素的人工合成是诊断这类疾病的前提。

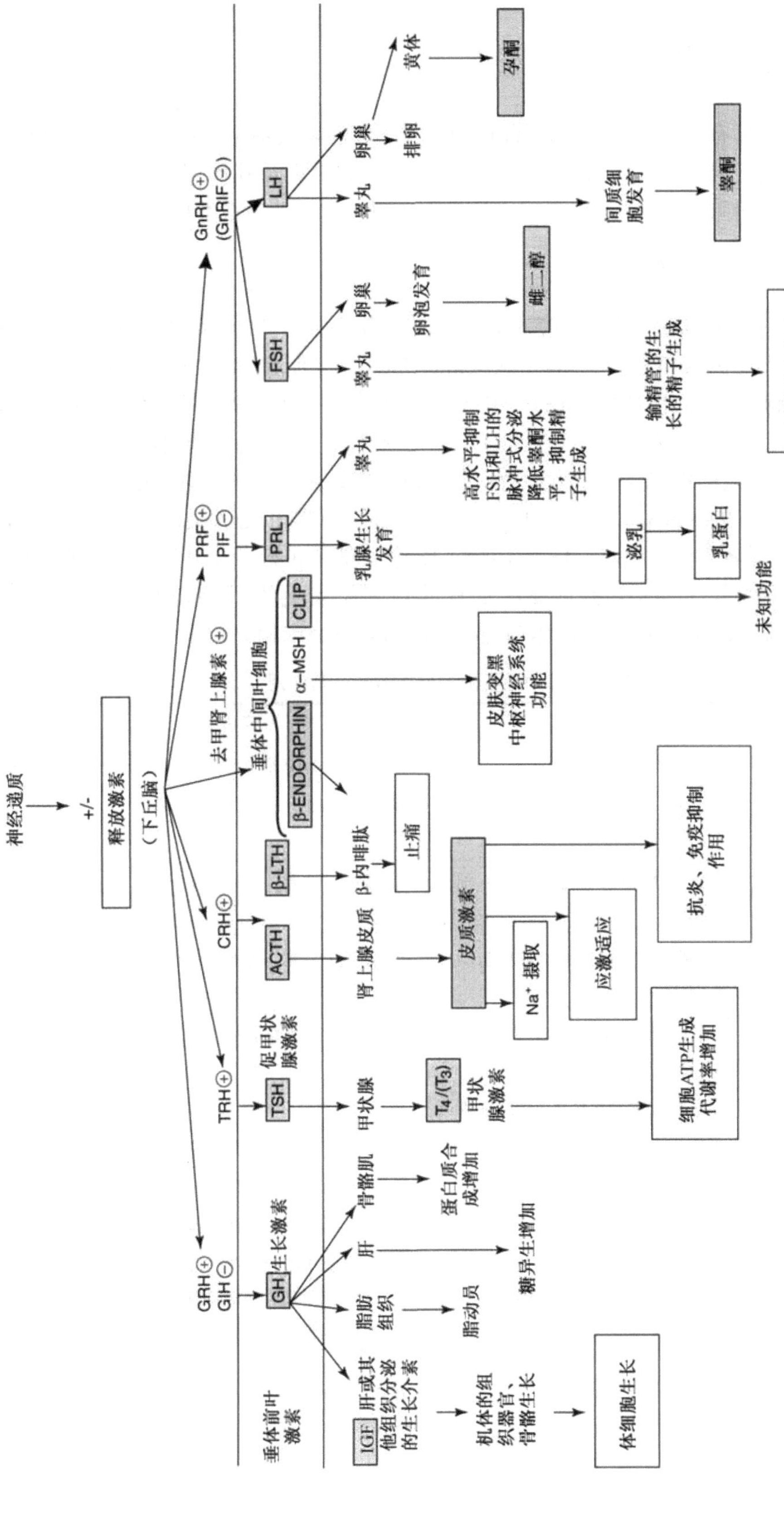

图 23.4　下丘脑释放激素和垂体前叶激素作用总览

主要的多肽激素及其作用

细胞间通讯具有很高的特异性，因此体内存在多种激素就不足为奇了，而且还有新的激素在不断地被发现。表 23.2 描述了一些主要的多肽激素及其作用。正如图 23.2 和 23.3 中所述的级联反应，这些多肽激素中许多还可以引起其他激素的释放。

垂体前叶的多肽类激素

垂体前叶的多肽类激素及其相应的下丘脑调节激素如图 23.4 所示，主要有：生长激素(GH)、促甲状腺激素(TSH)、促肾上腺激素(ATCH)、β-促脂解素(β-LTH)、β-内啡肽、α-促黑色素细胞激素(α-MSH)、β-MSH、中间叶促皮质样肽(CLIP)、催乳素(PRL)、促卵泡激素(FSH)、促黄体激素(LH)。除 TSH、FSH 和 LH 是由相似或相同的 α 亚单位构成的二聚体外，其余的垂体前叶激素都由一条肽链构成。由于人类的垂体中间叶已退化，所以血循环中游离的 α-MSH 和 β-MSH 的量相对较低。有趣的是人类的 MSH 受体可识别 ACTH 并被后者激活，原因是 ACTH 的前 13 个氨基酸包含了 α-MSH 的序列。正因如此，ACTH 可能是比 MSH 更重要的促皮肤色素沉着的因子，特别是在循环血中 ACTH 浓度较高的时候。临床上垂体功能减退的后果见临床相关知识 23.2。

表 23.2 体内重要的多肽类激素及其作用

来源	激素	作用
下丘脑	甲状腺激素释放激素 TRH	作用于促甲状腺细胞释放 TSH
	促性腺激素释放激素 GnRH	作用于促性腺细胞释放 LH 和 FSH
	生长激素释放激素或生长抑素 GRH	作用于促生长素细胞释放 GH
	生长激素释放抑制激素或生长抑素 GIH	作用于促生长素细胞抑制 GH 释放
	促肾上腺皮质激素释放激素 CRH	作用于促肾上腺素细胞释放 ACTH 和 β-促脂解素
	加压素对 CRH 释放 ACTH 是促进激素，血管紧张素 Ⅱ 也促进 CRH 功能	
	催乳激素释放激素 PRF	作用于垂体催乳素细胞释放 PRL
	催乳激素释放抑制因子	作用于垂体催乳素细胞抑制释放 PRL
垂体前叶	促甲状腺素(TSH)	作用于甲状腺滤泡释放 T_4(T_3)
	黄体化激素(LH)(人绒膜的绒促性素，hCG，是一个相似的来自于胎盘的激素)	作用于睾丸间质细胞提高睾酮合成释放；作用于黄体提高孕酮合成释放
	卵泡刺激激素(FSH)	作用于输精管 Sertoli 细胞提高分泌雄激素结合蛋白，提高由睾酮生成雌二醇。作用于卵泡促进卵子成熟产生雌二醇

续表

来源	激素	作用
	生长激素(GH)	作用于一系列细胞产生 IGF,促进细胞生长,骨生长
	肾上腺皮质激素(ACTH)	作用于肾上腺皮质提高皮质醇产生分泌
	β-内啡肽	作用于细胞和神经元产生痛觉和其他效应
	催乳素(PRL)	作用于乳腺引起分泌细胞分化,刺激合成乳汁成分
	黑素细胞刺激激素(MSH)	作用于皮肤引起黑色素分散
靶腺激素	胰岛素样生长因子(IGF)	对生长激素反应,刺激细胞分化产生生长效应
	甲状腺激素 T_4T_3	对 TSH 反应,刺激很多细胞的氧化
	阿片肽	可能促使裂解 γ-促脂解激素或 β-内啡肽或特定基因产物;能对 CRH 或多巴胺起反应,或产生痛觉和其他效应
卵巢颗粒细胞:睾丸 sertoli 细胞	抑制素	刺激卵巢睾丸类固醇生成;调节垂体前叶分泌 FSH。抑制素的二次合成可刺激 FSH 分泌
垂体中间叶	肾上腺皮质激素样介质肽(CLIP)	来自于垂体中间介质,主要通过降解 ACTH;具有 β 细胞阿托品活性,在存葡萄糖时刺激胰岛素从 β 细胞的释放
对垂体前叶以外的信号反应的肽类激素	精氨酸加压素	提高对渗透压感受器的敏感性,渗透压感受器能感受保外的 Na^+ 浓度;促进水经肾远端小管的重吸收
	催产素	对吸吮反射和雌激素反应;引起哺乳期女性乳汁射出,参与分娩期子宫收缩
胰腺 β 细胞对葡萄糖和血中其他组分有反应	胰岛素	提高组织利用葡萄糖
胰腺 α 细胞对低血糖有反应降低血钙	胰高血糖素	降低组织对葡萄糖的应用,提高血糖
来自于血管紧张素原,通过作用于肾素和转换酶	血管紧张素Ⅱ、Ⅲ	肾素最初在肾致密斑起作用降低血容量或降低 Na^+ 浓度;AⅡ/AⅢ刺激肾上腺皮质外层合成释放醛固酮
从心房释放对血容量减少有反应,被其他激素调节	心房钠尿因子	作用于肾皮质细胞降低醛固酮释放;也具有其他一些功能
从血浆、肠或其他组织产生	缓激肽	调节过度血管舒张,导致血压上升
下丘脑和肠黏膜	神经加压素	作用在肠道;可能具有神经递质作用

续表

来源	激素	作用
下丘脑,CNS 和肠	P 物质	痛觉递质,提高 GI 束平滑肌收缩
神经和肠内分泌细胞;下丘	蛙皮素	提高胃酸分泌
脑激素	胆囊收缩素(CCK)	刺激胆囊收缩胆汁流动;提高胰酶分泌
胃窦	胃泌素	提高分泌胃酸和胃蛋白酶
pH 低于 4.5 的十二指肠	胰泌素	刺激胰腺腺泡的细胞释放重碳酸盐和水以提高十二指肠的 pH
下丘脑和 GI 束	血管肠肽(VIP)	在外周自主神经系统作为神经递质;舒张血管平滑肌;提高胰腺和肠道水及电解质分泌
肾	促红细胞生成素	作用于骨髓终末分化,促进血红蛋白合成
卵巢黄体	松弛素	抑制子宫肌层收缩;放松骨盆韧带促进子宫颈扩张
	人催乳素	作用类似于 PRL 和 GH
唾液腺	人表皮生长因子	刺激来自于外胚层、中胚层的细胞增殖;抑制胃分泌
胸腺	胸腺生成素	刺激吞噬细胞;刺激祖细胞分化为功能性的 T 细胞
甲状腺滤泡旁细胞	降钙素	降血钙
甲状旁腺	甲状旁腺素	刺激骨重吸收;刺激磷酸外排;提高血钙水平
血管内皮细胞	内皮素	血管紧张

注:表中所列仅为人多肽激素中的一部分。TSH:促甲状腺激素;LH:促黄体激素;FSH:促卵泡激素;GH:生长激素;ACTH:促肾上腺皮质激素;PRL:催化素;T_4:甲状腺激素;IGF:胰岛素样生长因子。

临床相关知识 23.2
垂体功能减退

下丘脑的释放激素通过垂体门脉系统运至垂体前叶调节垂体前叶的分泌。垂体前叶的分泌细胞表面有特异的释放激素的受体,多数情况下,不同的细胞表达的受体是不同的。下丘脑与垂体前叶的通路可因创伤、肿瘤而被阻断,进而引起垂体前叶功能的减退。垂体前叶功能减退是一种终身的损害,医生必须明确垂体前叶激素损失的程度,尤其是 ATCH,后者在应激情况下发挥重要的作用。

通常对垂体前叶功能低下的治疗主要是注射靶腺激素,如甲状腺素、皮质醇、性激素、孕激素等。这些激素很容易口服吸收。

垂体后叶功能也可能受外伤、肿瘤的损害,导致催产素、血管加压素的缺乏,尿量过多就是血管加压素缺乏的表现之一。

23.3　多肽类激素和氨基酸衍生的激素的合成

多肽类激素：基因编码

多肽类激素的基因包括激素编码区及其上游的调控序列。有时一个基因可以编码一种以上的激素，如阿片-促黑素细胞皮质素原就是一个基因的产物，但它可以形成至少 8 种激素。催产素、血管加压素与其相应的**神经垂体素运载蛋白**（**neurophysin protein**）虽然一起分泌，但它们却是由不同的基因编码的（神经垂体素运载蛋白的具体的内分泌学作用尚不明确）。

阿片-促黑素细胞皮质素原是八种激素的前体物质

阿片-促黑素细胞皮质素原（**proopiomelanocortin**）是 ACTH、β-促脂解激素、γ-促脂解激素、α-MSH、γ-MSH、CLIP、β-内啡肽和可能的 β-MSH 及脑啡肽的前体（图 23.5）。由于不同的激素的生成需要特定的代谢环境、蛋白激酶和调节因子，所以它们并不是由同一细胞在同一时刻产生的，而是由多种细胞分别产生的。当阿片-促黑素细胞皮质素原在垂体前叶的促皮质激素细胞核垂体中间叶细胞表达的时候，这两种细胞受到的刺激信息是不同的，进而导致其生成不同的激素（表 23.3）。大鼠的垂体中间叶是位于垂体前叶与后叶之间独立的解剖结构（图 23.6）。然而人类没有独立的垂体中间叶，只在相应的部位有一些残留的垂体中间叶类似细胞存在。

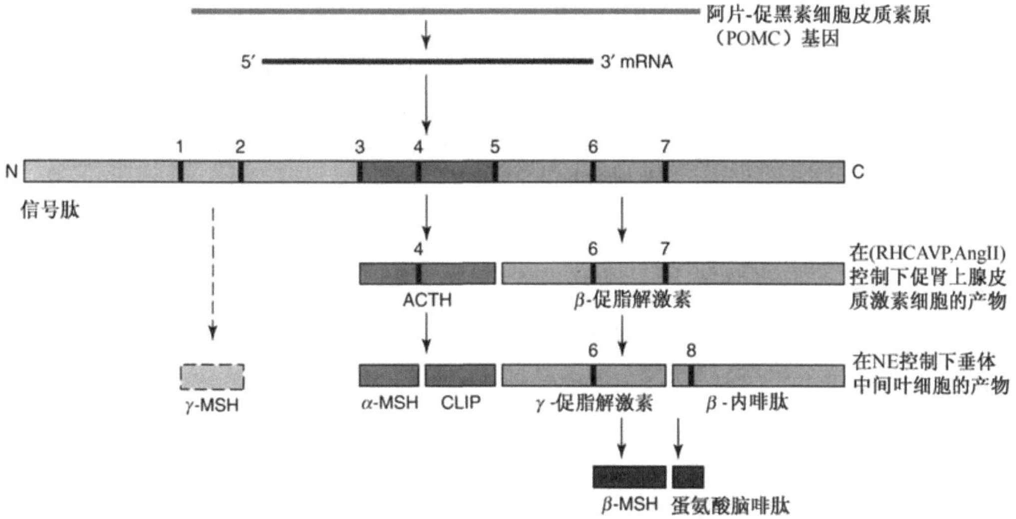

图 23.5　阿片-促黑素细胞皮质素原是由一个基因编码的多肽

黑色垂直条纹为蛋白的酶切位点，酶切位点为 Arg-Lys，Lys-Arg 或 Lys-Lys。酶切的特异性也可能来自于其附近到氨基酸残基。在垂体前叶，第 3、5 位点切割，产生两种产物：ACTH 和 β-促脂解激素。在垂体中叶，特别是相对人类低等的脊椎动物，产物进一步在 4、6、7 位点切割产生 α-MSH（α-melanocyte-stimulating hormone，促黑色素细胞激素），CLIP（corticotropin-like intermediate peptide，中间叶促皮质样肽），γ-促脂解激素和 β-内啡肽。一些 β-促脂解激素可进一步降解生成 β-内啡肽。垂体前叶受 CRH 及其辅助因子 AVP 和血管紧张素Ⅱ的正调控。AVP 本身并不能释放 ACTH，但可加强 CRH 的作用。垂体中叶受去甲肾上腺素的正调控。β-内啡肽也含一种五肽即脑啡肽

表 23.3　促进阿黑皮素分泌的因素及其产物

细胞类型	促肾上腺细胞	垂体中叶
刺激物	CRH(＋)(皮质醇(－))	多巴胺(－),去甲肾上腺素(＋)
辅刺激物	AVP,AⅡ	
主要产物	ACTH,β-促脂解激素(β-内啡肽)	α-MSH,CLIP,γ-促脂解激素,β-内啡肽

注:尽管人类有垂体中叶细胞,但这些细胞并不组成独立的结构。

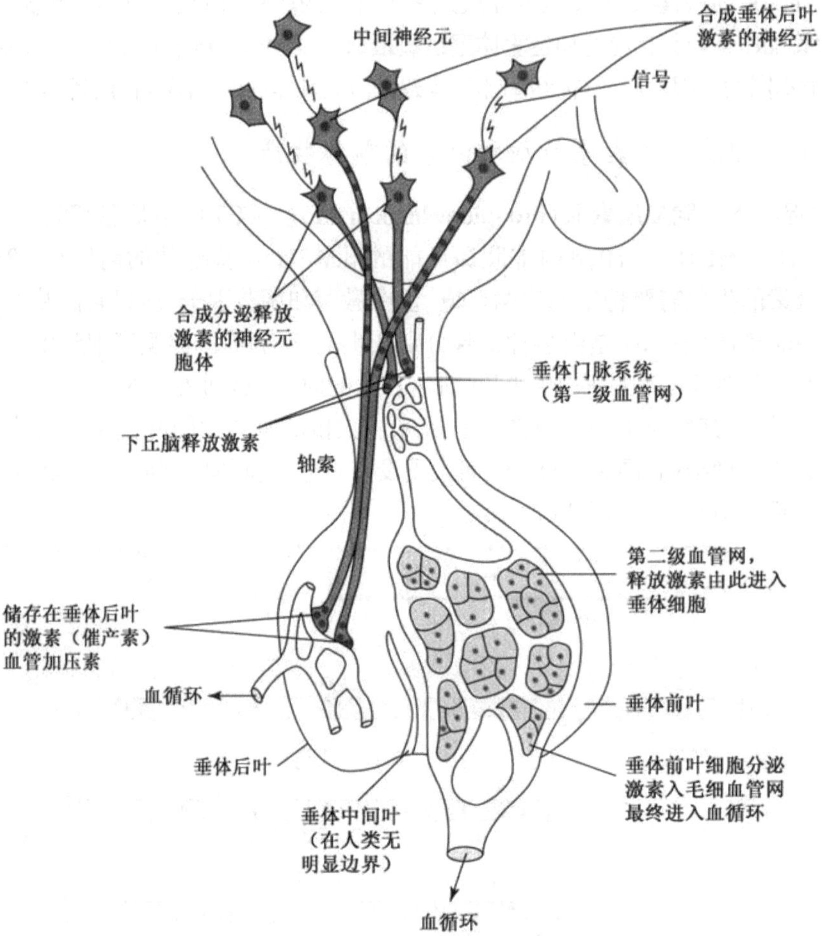

图 23.6　下丘脑与垂体的解剖关系

释放激素通过第一级血管网的细胞裂隙进入腺垂体。在腺垂体内的第二级血管网释放激素通过细胞裂隙与靶细胞相互作用。引起腺垂体分泌,后者进入血液循环

多肽类激素可编码其他的肽类物质

血管加压素、催产素及其相应的神经垂体素运载蛋白的基因也能编码多种肽。血管加压素、神经垂体素运载蛋白Ⅱ和一种功能不明的糖蛋白都是由血管加压素前体生成的。催产素和神经垂体素运载蛋白Ⅰ也是以类似的方式产生的(图 23.7)。**血管加压素(vaso-**

pressin)和**神经垂体素运载蛋白Ⅱ**(**neurophysin Ⅱ**)的共同分泌受动脉压力感受器和渗透压感受器的调节。当动脉血压下降或细胞外钠离子浓度升高时,动脉压力感受器和渗透压感受器会分别受到刺激,血管加压素和神经垂体素运载蛋白Ⅱ随之分泌。**催产素**(**oxytocin**)和**神经垂体素运载蛋白Ⅰ**(**neurophysinⅠ**)的共同分泌是由哺乳期女性的吸吮反射或特定的胆碱能神经机制引起的。催产素和神经垂体素运载蛋白Ⅰ的释放亦可由注射雌二醇触发;血管加压素和神经垂体素运载蛋白Ⅱ的释放可由摄入尼古丁触发。尽管催产素的分泌以“泌乳反射”著称,而在男性中则可能与睾丸内睾酮合成增加有关。

其他多肽激素是由单一基因编码的。例如,尽管 GnRH 的编码基因位于 GnRH 相关肽(GAP,一种可抑制催乳素释放的激素)基因的左侧,而且 GnRH 和 GAP 由同一个下丘脑分泌细胞分泌,但它们并不是一起编码的。多数情况下一个基因只编码一种激素的一个拷贝,如图 23.8 中 CRH 的编码信息包含于外显子Ⅱ。

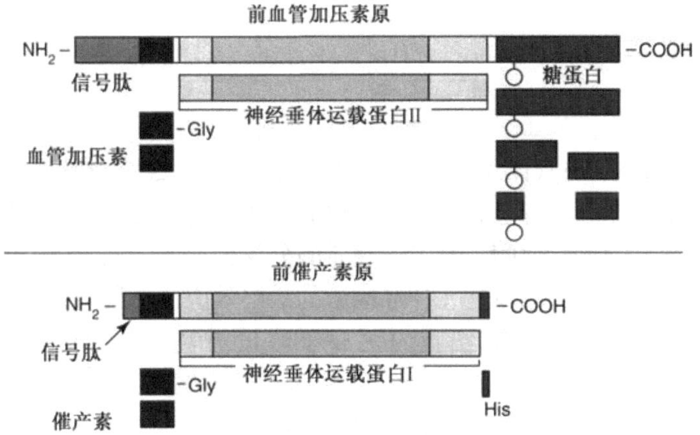

图 23.7　前血管加压素原和前催产素原

图中由上至下,每一种前体激素在蛋白水解酶的作用下逐渐成熟。两种激素的基因转录产物非常相似,区别仅在于血管加压素的 C 端有一个糖蛋白

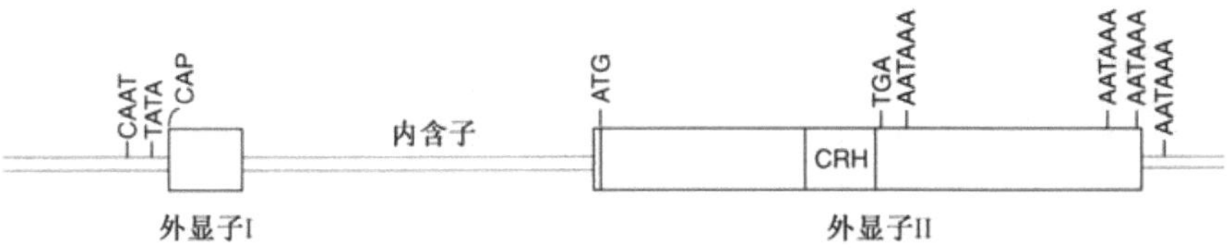

图 23.8　大鼠前 CRH 基因核酸序列

本图代表了大鼠前 CRH 基因,外显子由框表示,内含子由双线表示。图中标示了 TATA 和 CAAT 序列以及假想的 CAP 位点、转录起始点 ATG、转录终止点 TGA、polyA 信号。CRH 肽的位置用 CRH 表示

一个基因编码一种激素的多个拷贝

一个实例就是肾上腺髓质嗜铬细胞分泌的脑啡肽。**脑啡肽**(**enkephalin**)是有阿片样作用的五肽,甲硫氨酸脑啡肽(Met-ENK)和亮氨酸脑啡肽(Leu-ENK)都有类似的结构:

Thr-Gly-Gly-Phe-Met(Met-ENK)

Thr-Gly-Gly-Phe-Leu(Leu-ENK)

脑啡肽前体的模型如图 23.9 所示，它可以编码数分子的 Met-ENK 和一分子的 Leu-ENK。从蛋白质前体加工为 ENK 分子的处理位点包括 Lys-Arg、Arg-Arg 和 Lys-Lys。一个基因编码多拷贝激素分子的另一个例子就是三肽激素 TRH，人 TRH 前激素原中就含有 6 个 TRH 肽序列。

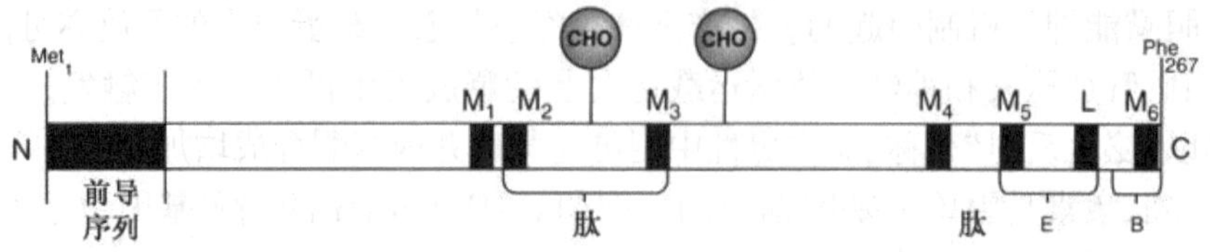

图 23.9 脑啡肽前体模型

甲硫氨酸脑啡肽(M_1-M_6)和亮氨酸脑啡肽(L)在小牛肾上腺髓质前体中的分布。CHO 是潜在的糖结合位点。

氨基酸衍生激素

肾上腺素由酪氨酸合成

肾上腺素(epinephrine)(详见 19.5 节)以苯丙氨酸/酪氨酸为原料合成(图 23.10)。肾上腺髓质嗜铬细胞在分泌肾上腺素的同时也分泌去甲肾上腺素、脑啡肽和多巴胺-β-羟化酶。肾上腺髓质的分泌信号来自神经系统的应激反应(图 23.11)。神经应激的最终效应使一种神经节前胆碱能神经元兴奋，细胞内钙离子浓度升高，触发**嗜铬颗粒(chromaffin granule)**胞吐，释出储存于颗粒中的化学物质(图 23.11b)。应激也引起糖皮质激素从肾上腺皮质释放，糖皮质激素在运

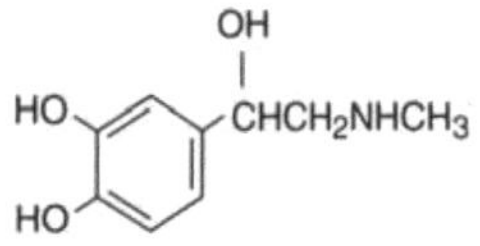

图 23.10 肾上腺素的结构

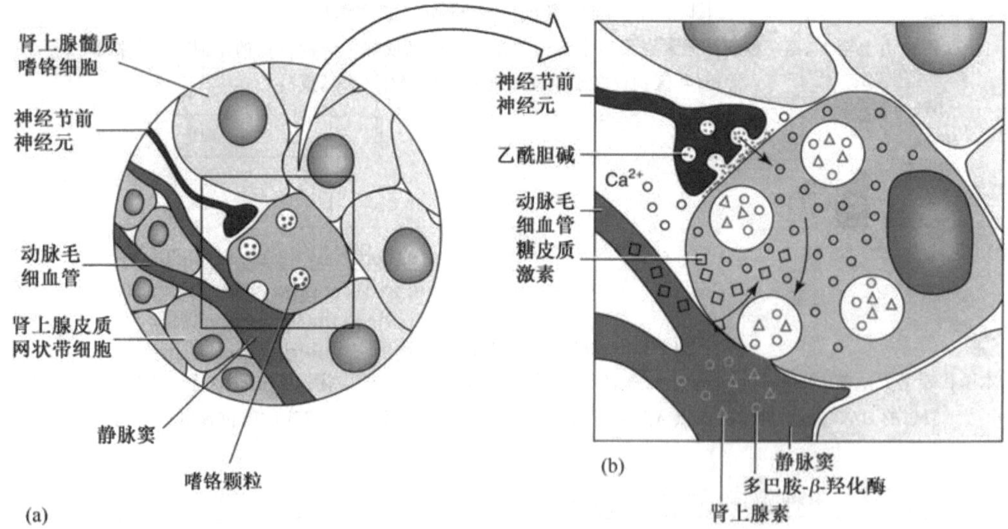

图 23.11 节前神经元与肾上腺髓质嗜铬细胞的神经支配关系及参与肾上腺素合成分泌的结构

(a)肾上腺髓质与皮质调节肾上腺儿茶酚胺合成的功能关系。糖皮质激素诱导 PNMT(phenylethanolamine-n-methyl transferase，苯乙醇胺-n-甲基转移酶)到达嗜铬细胞。(b)神经纤维释放 Ach，使储存于嗜铬细胞颗粒中的儿茶酚胺释放，钙离子进入细胞，导致颗粒与质膜融合，颗粒内容物胞吐

输中经过肾上腺髓质，并诱导其生成**苯乙醇胺-*N*-甲基转移酶**(**phenylethanolamine *N*-methyltransferase，PNMT**)。PNMT 可催化去甲肾上腺素转化为肾上腺素。因此在应激反应中，肾上腺皮质的生化反应促进了髓质生成肾上腺素(图 23.12)。肾上腺素在应激反应中发挥重要作用，可与肝细胞的 α 受体作用增加血糖水平，与血管平滑肌的 α 受体结合使血管收缩，血压升高。

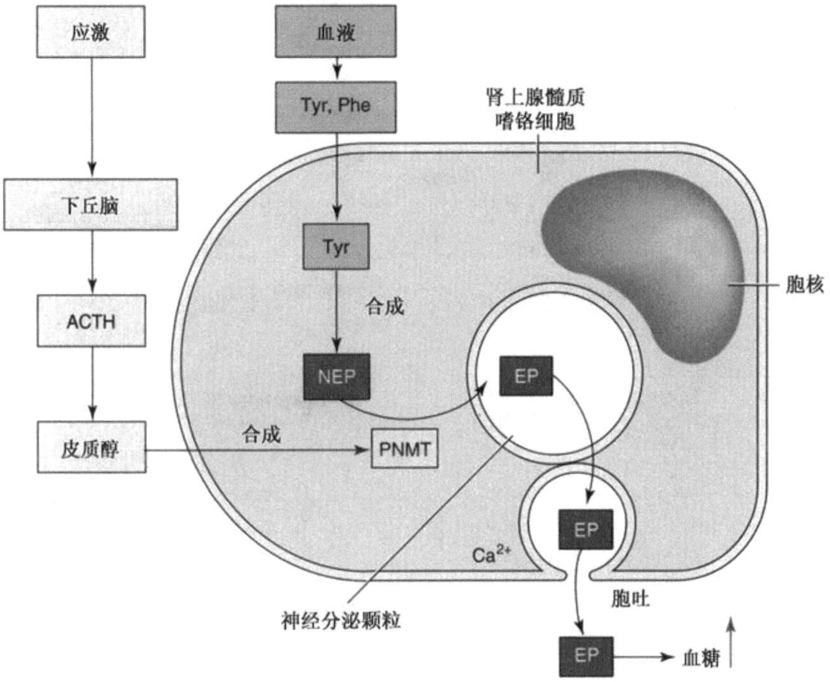

图 23.12　肾上腺髓质嗜铬细胞合成、包装、释放肾上腺素

神经分泌颗粒包含肾上腺素、多巴胺 β-羟化酶，ATP、Met 或 Leu-脑啡肽和包含去甲肾上腺素及其他肽类物质的脑啡肽。肾上腺素和去甲肾上腺素通常储存于不同的嗜铬细胞颗粒中。

甲状腺激素的合成需要碘与甲状腺珠蛋白结合

甲状腺激素包括两种类型：**四碘甲状腺原氨酸**(**tetraiodo-*L*-thyronine，T_4**)和**三碘甲状腺原氨酸**(**triiodo-*L*-thyronine，T_3**)，后者的生物学活性较强(如图 23.13，23.14)。甲状腺从血液中聚碘的反应过程如图 23.13，23.14 所示。一碘酪氨酸(MIT)、二碘酪氨酸(DIT)、T_3、T_4 和逆 T_3 生成后都与**甲状腺珠蛋白**(**thyroglobulin，TG**)结合。TG 是储存在甲状腺滤泡腔中的大分子糖蛋白。一分子 MIT 和一分子 DIT 的结合或两分子 DIT 的结合可以发生在同一个甲状腺珠蛋白分子上，也可以发生在两个相邻的甲状腺珠蛋白分子之间。T_3 和 T_4 的分泌需要甲状腺珠蛋白的胞吐和滤泡上皮细胞对甲状腺珠蛋白的水解，水解后释出的 MIT 和 DIT 随即脱碘，碘离子可以循环利用，以供甲状腺激素的再合成。碘循环非常重要，导致脱碘酶失活的基因突变可造成碘缺乏。

氨基酸衍生激素的失活与降解

多数肽类激素在溶酶体内被蛋白酶分解成氨基酸。一些激素含修饰过的氨基酸，如

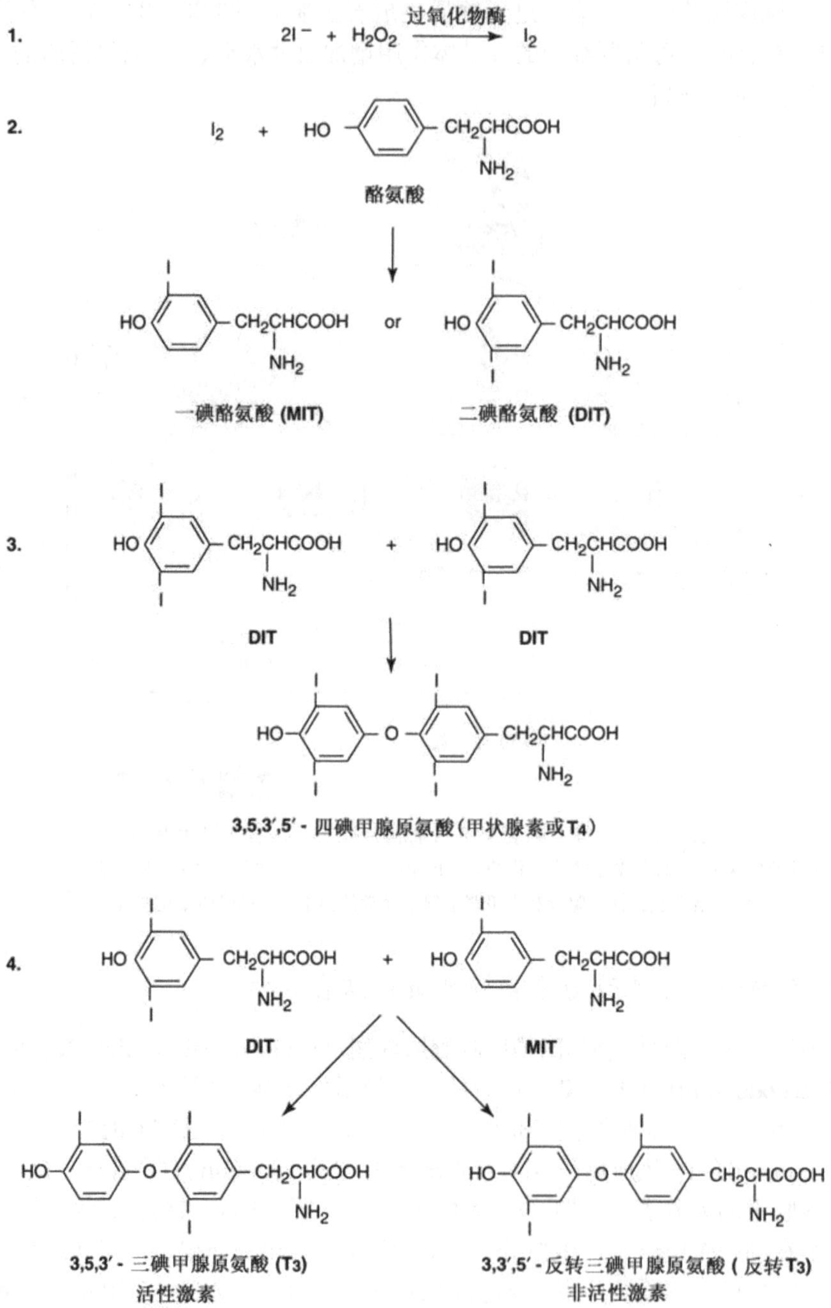

图 23.13　甲状腺素 T_3、T_4 及逆 T_3 的合成及结构

第一步:碘的氧化;第二步:酪氨酸残基碘化;第三步:DIT 与 DIT 聚合;第四步:DIT 与 MIT 聚合

N 端焦谷氨酸化和 C 端的乙酰化(表 23.4)。**焦谷氨酸环(cyclogltamic acid;pyroglutamic acid)**的断裂或 C 端的脱酰胺作用可使许多肽类激素失活。这种催化反应曾在血液中发现,并且可能是血浆中一些激素半衰期短的原因。

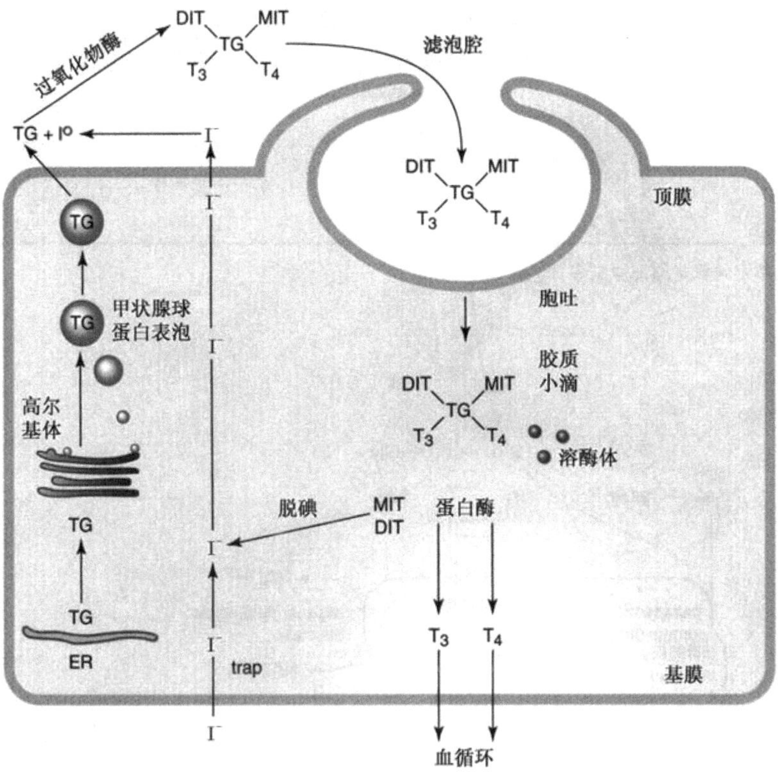

图 23.14　T_3、T_4 释放入血的分子机制

基侧膜捕获 I^-，使 I^- 浓聚 30 倍，分泌需要胞吐甲状腺珠蛋白及其后的蛋白质水解、DIT 和 MIT 脱碘，释放的碘离子可再次用于激素合成

表 23.4　包含有 N 端焦谷氨酸[a]、C 端酰胺化的下丘脑释放激素

激素	序列
促甲状腺激素释放激素 TRH	*pGlu*-H-NH_2
绒毛膜促性腺激素释放激素	*pGlu*-HWSYGLRP-*Gly*-NH_2
促肾上腺皮质激素释放激素	SQEPPISLDLTFHLLREVLEMTKADQLAQQAHSNRKLLDI-*Ala*-NH_2
生长激素释放激素	YADAIFTNSYRKVLGLSARKLLQDIMSRQQGESNQERGARAR-*Leu*-NH_2

[a] 焦谷氨酸的结构为：

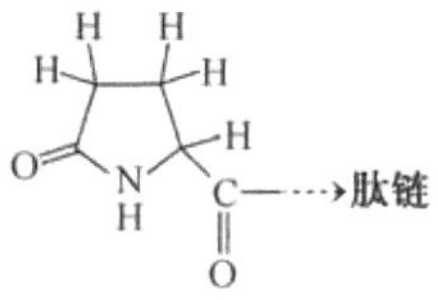

表中单字符缩写表示氨基酸：Ala，A；Arg，R；Asn，N；Asp，D；Cys，C；Glu，E；Gln，Q；Gly，G；His，H；Ile，I；Leu，L；Lys，K；Met，M；Phe，F；Pro，P；Ser，S；Thr，T；Trp，W；Tyr，Y；Val，V。

一些激素含有胱氨酸二硫键(表 23.5)，这些激素可被**胱氨酸氨基肽酶**(**cystine aminopeptidase**)和**谷胱甘肽转氢酶**(**glutathione transhydrogenase**)降解(图 23.15)。还有一些肽类激素经过部分蛋白质水解作用变成为短肽，其中有的短肽仍有激素活性。某些**激素原**(**prohormone**)的加工成熟需要选择性的蛋白质水解(图 23.5)。

表 23.5　含胱氨酸二硫键的激素结构

激素	序列[a]	激素	序列[a]	激素	序列[a]
生长抑素(GHIH)	FFNKCGA[1] W　S K　S TFTSC[14]	催产素	YC[1] I　S E　S NCPLG—NH_2	精氨酸血管加压素	YC F　S Q　S NCPRG—NH_2

[a] 字母表示单字符氨基酸缩写见表 23.4。

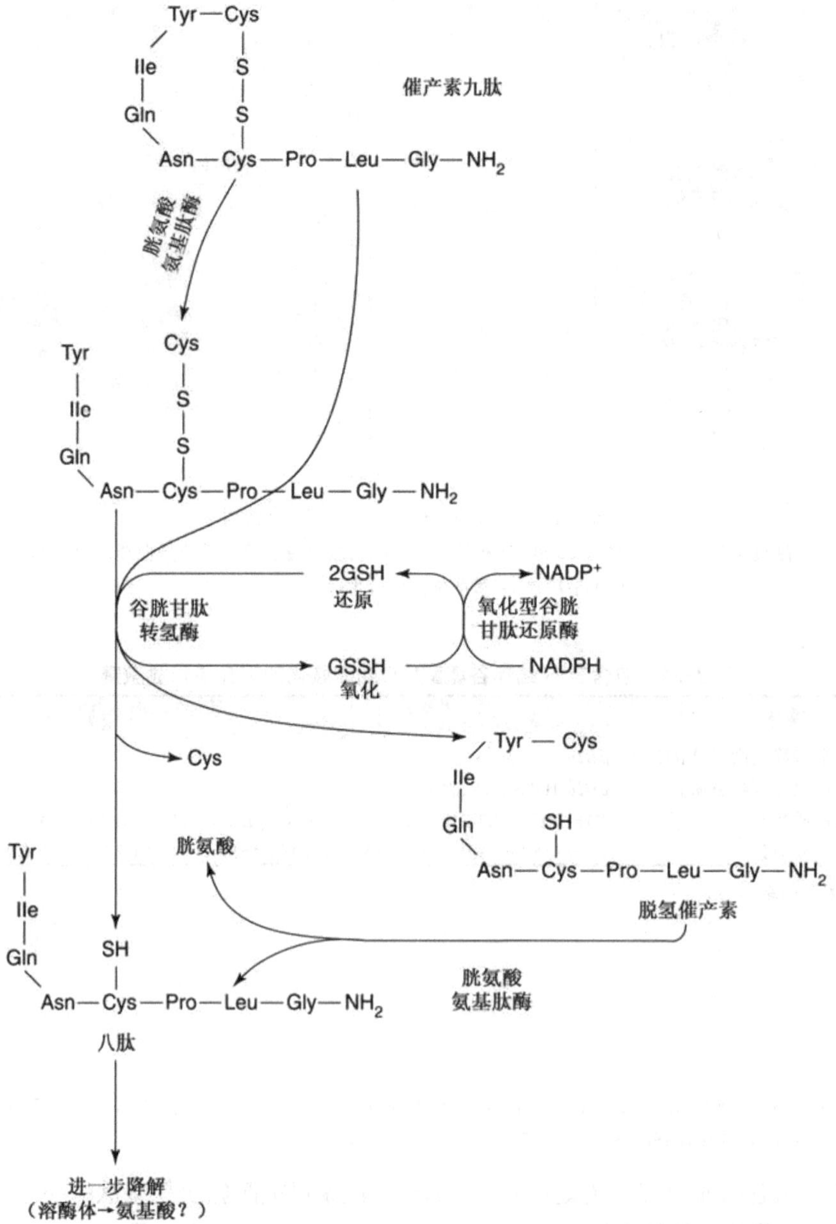

图 23.15　垂体后叶激素的降解

催产素转羟酶与分解胰岛素的酶相似，推测这些酶也降解血管加压素

23.4　蛋白类激素的信号转导

信号转导概述

细胞膜受体

如图 23.2 和 23.3 所示的级联系统，激素必须从上一级发出，作用到下一级，如此不断直至最终的靶腺。每一种刺激信息都可引起相应反应。肽类激素通常是与靶细胞膜上的受体结合发挥作用。受体根据结构特征对激素进行识别，其亲和系数在 $10^9 \sim 10^{11}\ M^{-1}$ 之间。激素与受体结合后可激活或抑制细胞膜上的转导蛋白；某些受体与激素结合后则被胞吞入细胞内；另有些受体结合激素后可以打开细胞膜上的某种离子通道（详见 23.2 节），从而将胞外信号传递到胞内。

细胞内信号级联反应：第二信使

许多肽类和蛋白激素与其细胞膜上的同源受体结合后，通过**第二信使**（**second messenger**）将其携带的信息传到细胞内，通过第二信使不仅可以传递激素信号而且还有放大作用（详见 13.4 节）。有的激素通过增加细胞内特定第二信使的浓度传递信息；有的则通过同时或相继增加多种第二信使分子的浓度起作用。第二信使包括 cAMP、cGMP、IP_3、DG、PIP_3 等。不同的激素与受体结合后可激活兴奋型 G 蛋白（G_s）或抑制型 G 蛋白（G_i），由 G 蛋白激活或抑制效应酶，导致相应的细胞内第二信使浓度增加或降低。细胞内第二信使激活特异的蛋白激酶，引起磷酸化/去磷酸化级联反应，最终使一些酶被激活，而另一些失活（详见 13.4 节）。G_s 蛋白偶联受体激活腺苷酸环化酶（AC）产生 cAMP，后者激活**蛋白激酶 C**（**potein kinase C，PKC**）；G_i 蛋白偶联受体激活鸟苷酸环化酶（GC）产生 cGMP，后者激活**蛋白激酶 G**（**potein kinase G，PKG**）；磷脂酶 C 激活可生成 DG、IP_3，后者引起钙离子浓度升高和 PKC 的激活。

激素通过第二信使传递信号的实例如图 23.16 所示。下丘脑神经元合成的促甲状腺激素释放激素到达垂体前叶刺激促甲状腺细胞分泌促甲状腺激素（TSH）。TSH 与甲状腺细胞膜上的 G 蛋白偶联受体结合，激活腺苷酸环化酶，产生 cAMP。cAMP 与无活性**蛋白激酶 A**（**potein kinase A，PKA**）的调节亚基结合，使 PKA 催化亚基解离并激活（详见 13.8 节）。PKA 启动一系列的蛋白质磷酸化反应，最终引起甲状腺激素分泌。

信号转导通路的每一环节都有放大作用，例如激活一分子的腺苷酸环化酶可引起 100 分子 cAMP 的生成，进而又导致 10 000 分子的酶被磷酸化。

cAMP 最终被磷酸二酯酶水解而失活。激素也可通过 G 蛋白调节**磷酸二酯酶**（**phosphodiesterase**）的活性，因此 cAMP 的水平是受到双重调节的。两种激素的作用可以是相互拮抗的，如一种激素激活腺苷酸环化酶，而另一种激活磷酸二酯酶。

激素激活的 PKA 也有调节细胞核基因转录的作用（详见 8.2 节）。cAMP 激活 PKA 后，PKA 的催化亚基可扩散到细胞核内，催化 **cAMP 反应元件结合蛋白**（**cAMP-response element binding protein，CREB**）丝氨酸残基的磷酸化，而 CREB 是细胞内广泛表达的转录调节因子。磷酸化激活的 CREB 与基因上的保守序列 **cAMP 反应元件**（**cAMP response

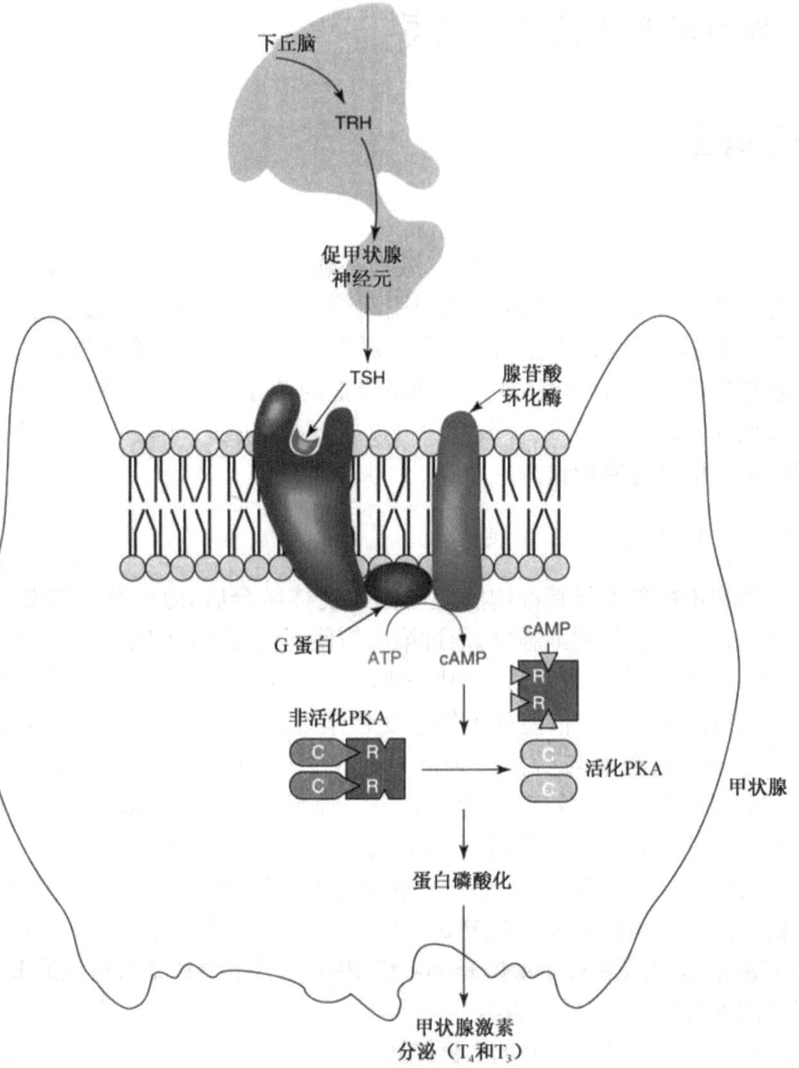

图 23.16　TSH 对甲状腺激素分泌的作用

TSH 可促进 T_3、T_4 合成分泌的各个环节。其作用通过 TSH 与甲状腺上皮细胞基侧膜的 TSH 受体结合介导。受体结合后可提高 cAMP 水平进而激活磷酸化级联反应

element, CRE）结合为二聚体调节基因转录。许多基因的启动子区域都发现有保守的 CRE 重复序列，而 CRE 受 cAMP 的调节。除了 CREB、CREM 和 ATF-1 也是受 PKA 磷酸化调节的转录因子。CREB 和 ATF-1 促进转录，而一些 CREM 则负调节 CRE 活性。因此，激素激活一种蛋白激酶后既可增加基因转录，也可减少基因转录。

周期性的激素系统

肾上腺皮质分泌皮质醇的昼夜节律性变化受觉醒和睡眠转化的调节；松果体**褪黑激素**（**melatonin**）的昼夜分泌节律受光照和黑暗调控；女性卵巢周期以中枢神经系统的周期变化为基础，受中枢神经系统调控。这些都是激素分泌变时性调控的表现。

褪黑激素和 5-羟色胺的合成受到光照/黑暗周期的调控

松果体分泌褪黑激素(图 23.17)的内在信号是肾上腺能神经元分泌的去甲肾上腺素。光线射入眼内即可抑制松果体分泌褪黑激素。黑暗中分泌的去甲肾上腺素与松果体细胞膜上的β肾上腺素受体结合后,促进 cAMP 合成,进而增加 ***N*-乙酰转移酶**(***N*-acetyltransferase**)的合成,将 5-羟色胺转化为 ***N*-乙酰血清素**(***N*-acetylserotonin**)。**羟基吲哚-*O*-甲基转移酶**(**hydroxyindole-*O*-methyltransferase,HIOMT**)随即将 *N*-乙酰血清素转化为褪黑激素,后者在黑暗时被分泌出来,起诱导睡眠的作用。褪黑激素诱导睡眠、调整昼夜节律的作用有益于人类活动的昼夜交替。此外,褪黑激素也是一种有效的抗氧化剂,可抵抗氧自由基导致的损伤。尽管在特定季节繁殖的动物中发现褪黑激素会抑制生殖功能,但尚无证据表明它会影响人类的生殖功能。

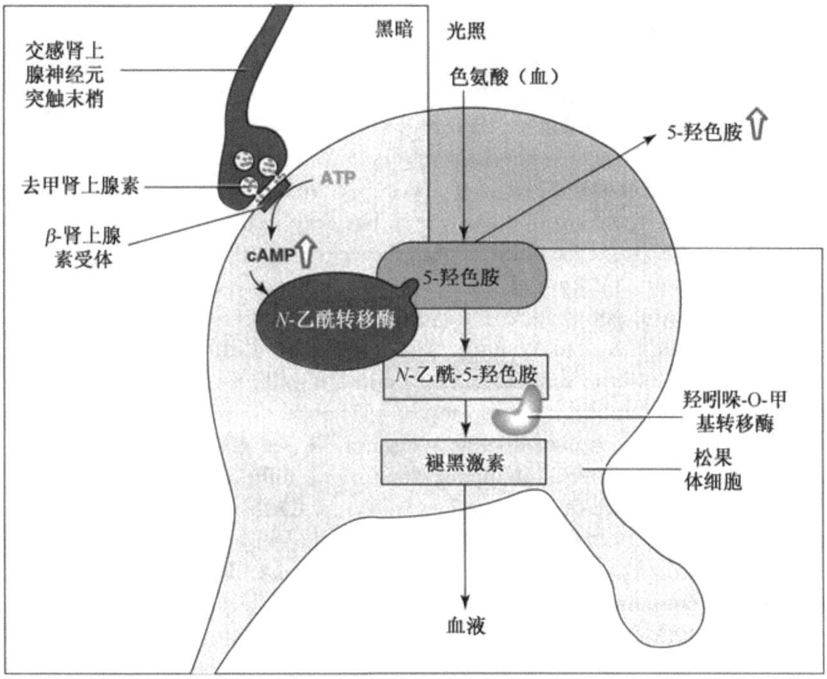

图 23.17　松果体褪黑激素的生物合成

卵巢周期受周期性、脉冲性分泌的促性腺激素释放激素的调控

在成年男性和女性,去甲肾上腺素能神经元引起下丘脑神经内分泌细胞脉冲式地分泌 GnRH。在女性中,GnRH 分泌的脉冲频率和 24 小时总量均会随月经周期的变化而变化。图 23.18 总结了 GnRH 的脉冲分泌对女性垂体前叶 FSH 和 LH 分泌的重要调节作用。GnRH 经垂体门脉系统到达垂体前叶的**促性腺物质**(**gonadotrope**),与细胞表面的膜受体结合,通过磷脂酰肌醇第二信使系统(见 13.12 节)引起促性腺细胞分泌 FSH 和 LH。**促卵泡激素**(**follicle-stimulating hormone,FSH**)又可通过 cAMP-PKA 途径促进 17-β-雌二醇和抑制素的合成分泌。雌二醇能促进卵泡和卵子的成熟;**抑制素**(**inhibin**)是一种糖蛋白激素,与雌二醇一起对垂体前叶促性腺细胞生成 FSH 起负反馈调节作用。卵泡

成熟后，LH、FSH 和**前列腺素**（**prostaglandinF2α，PGF2α**）的冲击可触发排卵。排除卵子后的残余卵泡在 LH 的调控下变为黄体（图 23.18）。LH 与黄体的 LH 受体结合后通过 PKA 途径增加孕酮的合成。**雌二醇**（**estradiol**）和**孕酮**（**progesterone**）与子宫内膜的特异性胞内受体结合，促进子宫内膜增生、新血管生成、分泌活动增强，为受精卵着床做准备。雌二醇在孕酮生成之前大量分泌，诱导孕酮受体表达，为随后分泌的孕酮发挥作用创造前提。

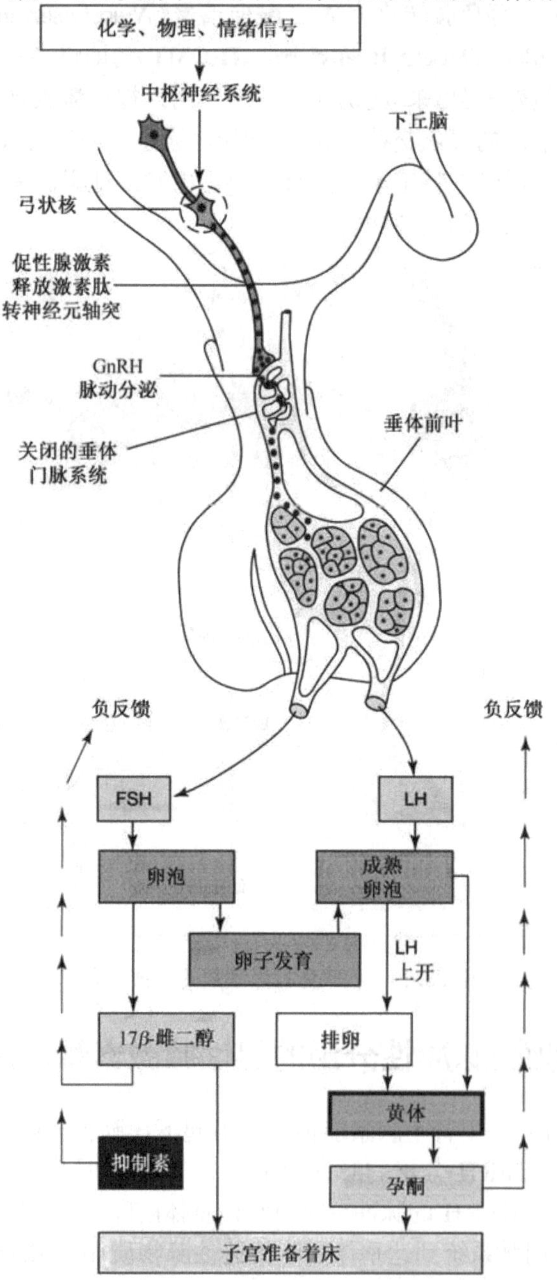

图 23.18 卵巢循环与下丘脑激素、垂体促性腺激素及性激素的生成

中枢神经系统的一些中枢与下丘脑相互作用使 GnRH（gonadotropin-releasing hormone，促性腺激素释放激素）以脉冲形式释放，引起 LH（luteinizing hormone，黄体化激素）、FSH（follicle-stimulating hormone，促卵泡激素）的释放，而后者影响卵泡的成熟与排卵及黄体形成。抑制素选择性地抑制 FSH 分泌，卵泡和黄体分别生成β-雌二醇和孕酮

未受孕的情况

如果排卵后未受孕，黄体会因 LH 供应不足而退化，雌、孕激素急剧下降。促进子宫内膜增生、血管生成的激素下降消失，子宫内膜随之脱落。月经的发生实际就是子宫内膜细胞坏死的结果。血清雌、孕激素的下降又导致对垂体前叶和下丘脑的负反馈减弱，使下丘脑-垂体-性腺的激素分泌周期重新启动。人月经周期的时间过程如图 23.19 所示。在月经第一天，下丘脑 GnRH 分泌开始增加，GnRH 以脉冲的形式分泌，促进垂体促性腺细

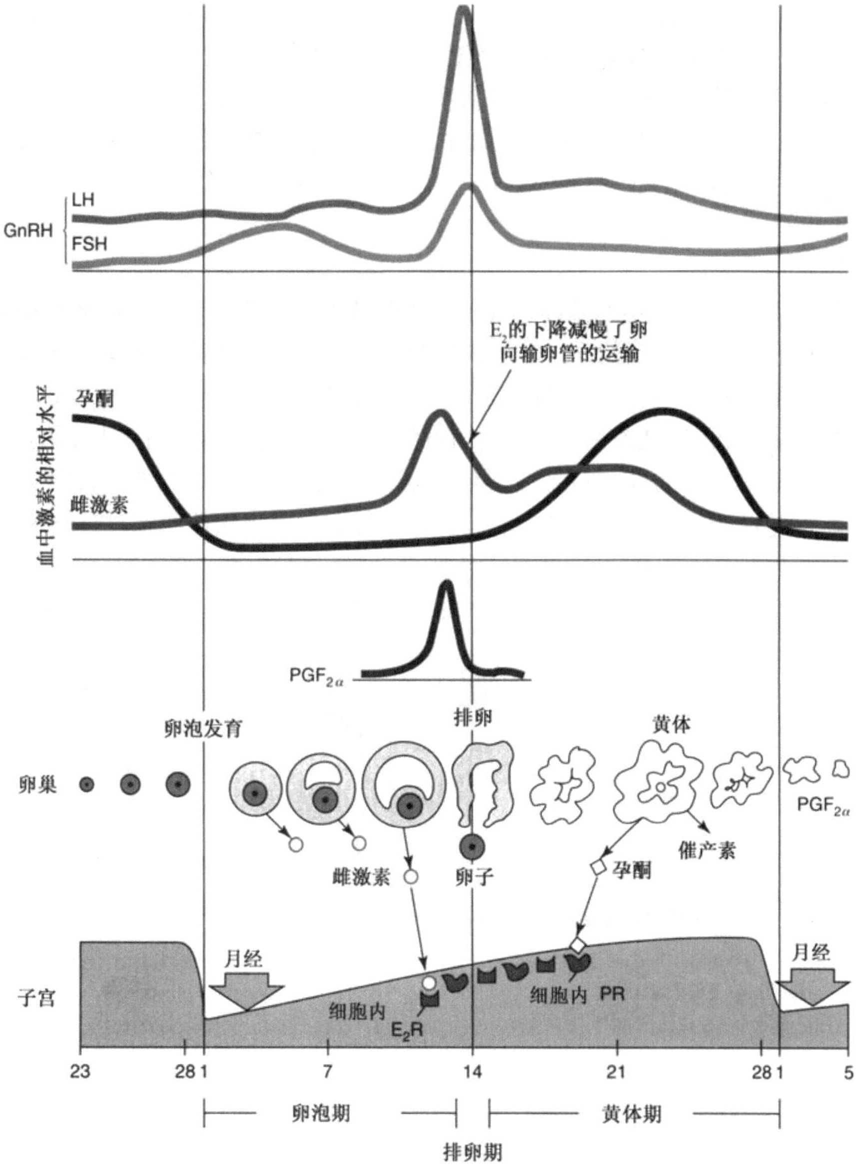

图 23.19　卵巢循环

上一个图表显示了血中 GnRH、LH、FSH、孕酮、雌激素和 PGF_{2a}的相对水平。下面的图显示了卵泡、黄体、子宫内膜在循环中的情形。GnRH：促性腺激素释放激素；LH：促黄体激素；FSH：促卵泡激素；PGF_{2a}：前列腺素 2a；E_2：雌二醇；E_2R：细胞内雌激素受体；PR：细胞内孕酮受体

胞释放 FSH 和 LH，这些激素的分泌在随后几天会逐渐地增加。在 FSH 的作用下，卵泡开始成熟(见图 23.19 的下半部)，雌激素也开始合成并作用于子宫内膜使之增生变厚。FSH 的持续作用使卵泡在月经周期的第 13 天完全成熟并产生高浓度的雌二醇，产生正反馈效应(并非前面提及的雌激素对下丘脑-垂体-性腺的负反馈)，使垂体促性腺细胞分泌大量 LH 及少量 FSH。原因在于 LH 促使卵巢分泌**抑制素 B**(**inhibin B**)，可抑制 FSH 分泌，但不能抑制 LH 分泌。此时的 LH 大量分泌即通常所说的“LH 峰”。在高浓度 LH 及其他因素如 PGF2α 的联合作用下，月经第 14 天(月经中期)排卵，之后 LH 又促进了残余卵泡分化形成黄体(见图 23.19 底部)。黄体具有很强的分泌功能，可产生大量的孕酮使子宫内膜进一步增生。黄体分泌雌、孕激素的同时也分泌**抑制素 A**(**inhibin A**)，三者在月经的黄体期共同反馈作用于下丘脑抑制垂体分泌 FSH 和 LH。未受孕时，黄体功能仅能维持 2 周，随 LH 水平的逐渐降低以及对 LH 的敏感度的下降而最终退化。之后，雌、孕激素水平极度降低，子宫内膜脱落，月经发生，并同时开始新的周期。

受孕的情况

受孕时(如图 23.20 所示)，滋养层细胞生成的**绒毛膜促性腺素**(**chorionic gonadotropin，CG**)将使黄体保持活性。CG 的分泌在上次月经的第 80 天达到高峰，随后急剧下降并维持在一个相对较低的水平，这些低水平的 CG 是由受孕的胎盘持续产生的。一旦 CG 水平降低黄体即开始退化，在孕 12 周左右已完全由胎盘合成分泌雌、孕激素。自孕七个月起，雌激素的分泌持续增高，而孕酮分泌维持不变甚至略有下降，雌/孕激素比例增加，直至孕期末，这种较高的雌/孕激素比例可能与增强宫缩有关。垂体后叶分泌的催产素对宫缩的作用最为重要。胎膜在分娩时释放 PGF2α，后者可增加宫缩强度。最后胎儿肾上腺分泌皮质醇，一方面诱导肺泡表面活性物质产生，刺激胎儿肺的成熟，另一方面也有加强宫缩的作用。

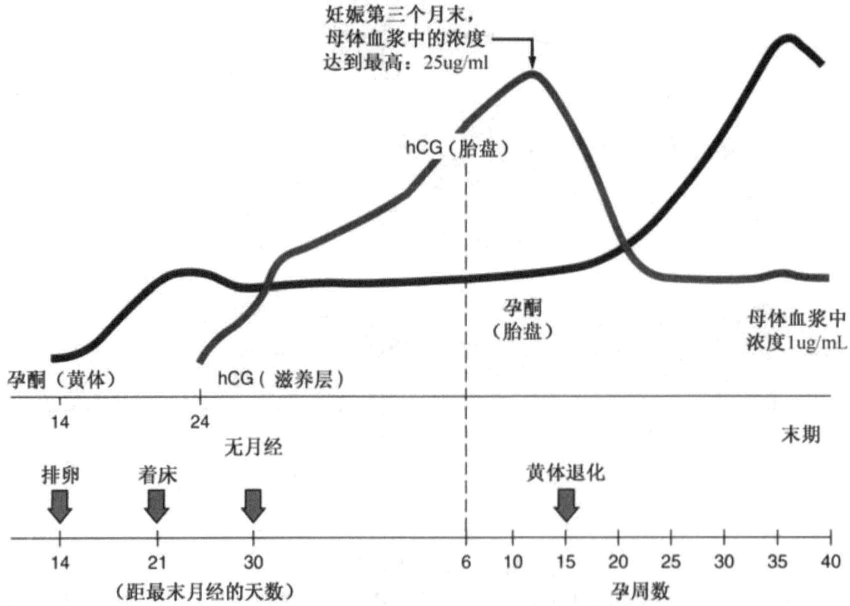

图 23.20　卵巢循环通过分泌孕酮和人绒毛膜促性腺激素对妊娠的作用

23.5 激素的膜受体

激素受体与多种激素的亚单位相互作用

TSH、LH 和 FSH 都含一个 α 亚单位和一个 β 亚单位。三种激素的 α 亚单位结构几乎相同，而 β 亚单位结构则各不相同。受体的特异性识别与 β 亚单位密切相关。LH 和 LH 受体的相互作用如图 23.21 所示。LH 受体既可识别 LH 的 α 亚单位，也可识别 β 亚单位，但 β 亚单位与受体的特异性结合才是引发激素效应的关键环节。TSH-受体复合物既能激活腺苷酸环化酶（AC）又能激活磷脂酰肌醇信号途径（图 23.22）。

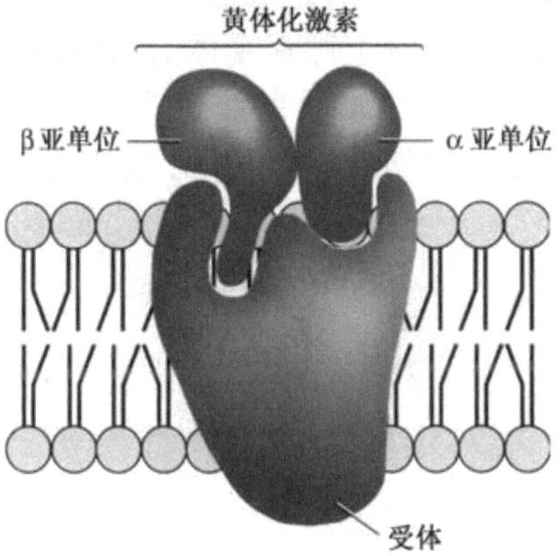

图 23.21　大鼠睾丸间质细胞内 LH 的 α、β 亚单位与 LH 受体的相互作用

α 亚单位和 β 亚单位都参与了与 LH 受体的结合

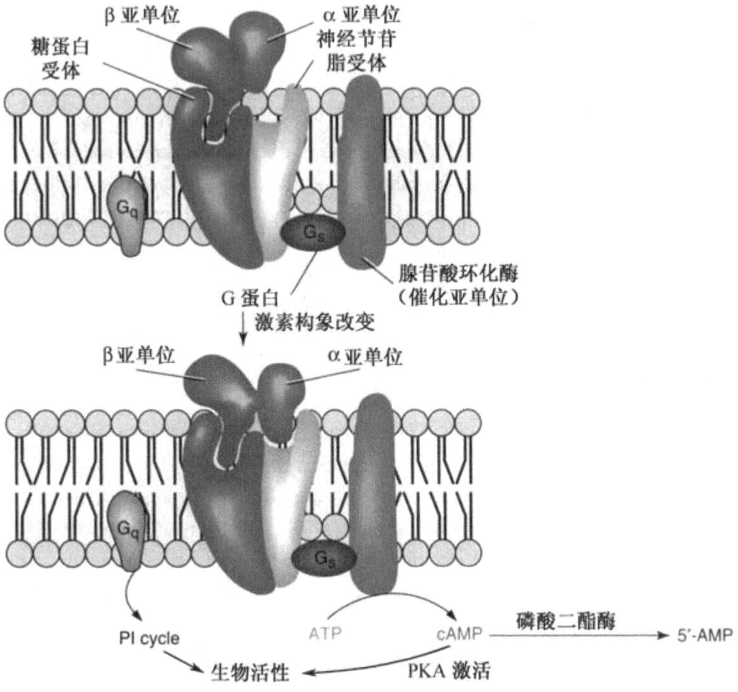

图 23.22　TSH 受体模型

受体由糖蛋白和神经节苷脂组成。当 TSH（thyrotropic-stimulating hormone，促甲状腺激素刺激激素）β 亚单位与受体作用后，激素构象改变，α 亚单位则与其他膜成分作用。TSH 的 β 亚单位识别受体的糖蛋白成分。TSH 可通过神经节苷脂把信号传递给腺苷酸环化酶。糖蛋白成分可更直接地与磷脂信号系统联系

β-肾上腺素受体

受体结构可用功能域的方式来阐述。对膜受体来说，可分为**配体结合域**（**ligand-bingding domain**）、**跨膜域**（**transmembrane domain**）和**细胞内域**（**intracellular domain**）。细胞内域可能具有蛋白激酶活性。特异的**免疫结构域**（**immunological domain**）含抗原表位。β-肾上腺素受体（β_1 和 β_2）识别儿茶酚胺，两种儿茶酚胺——肾上腺素和去甲肾上腺素都可与之结合并激活 AC。β_1 和 β_2 两种亚型的区别在于对去甲肾上腺素的亲和力不同以及人工合成的拮抗剂不同。β_1 受体与去甲肾上腺素的亲和力高于肾上腺素；β_2 受体则相反，与肾上腺素的亲和力较高。异丙肾上腺素是一种肾上腺素的类似物，也是 β 受体的激动剂，而且它与两种 β 受体的亲和力比肾上腺素和去甲肾上腺素都高。图 23.23 为 β_2 肾上腺素受体的氨基酸序列。β_1 肾上腺素受体与 β_2 肾上腺素受体的结构极其相似。肾上腺素受体共包含有七个跨膜 α 螺旋结构域，受体的 N 端从跨膜螺旋Ⅰ伸出到细胞外。受体的 C 端含丝/苏氨酸磷酸化位点，从跨膜螺旋Ⅶ伸入细胞内。C 端的这些磷酸化

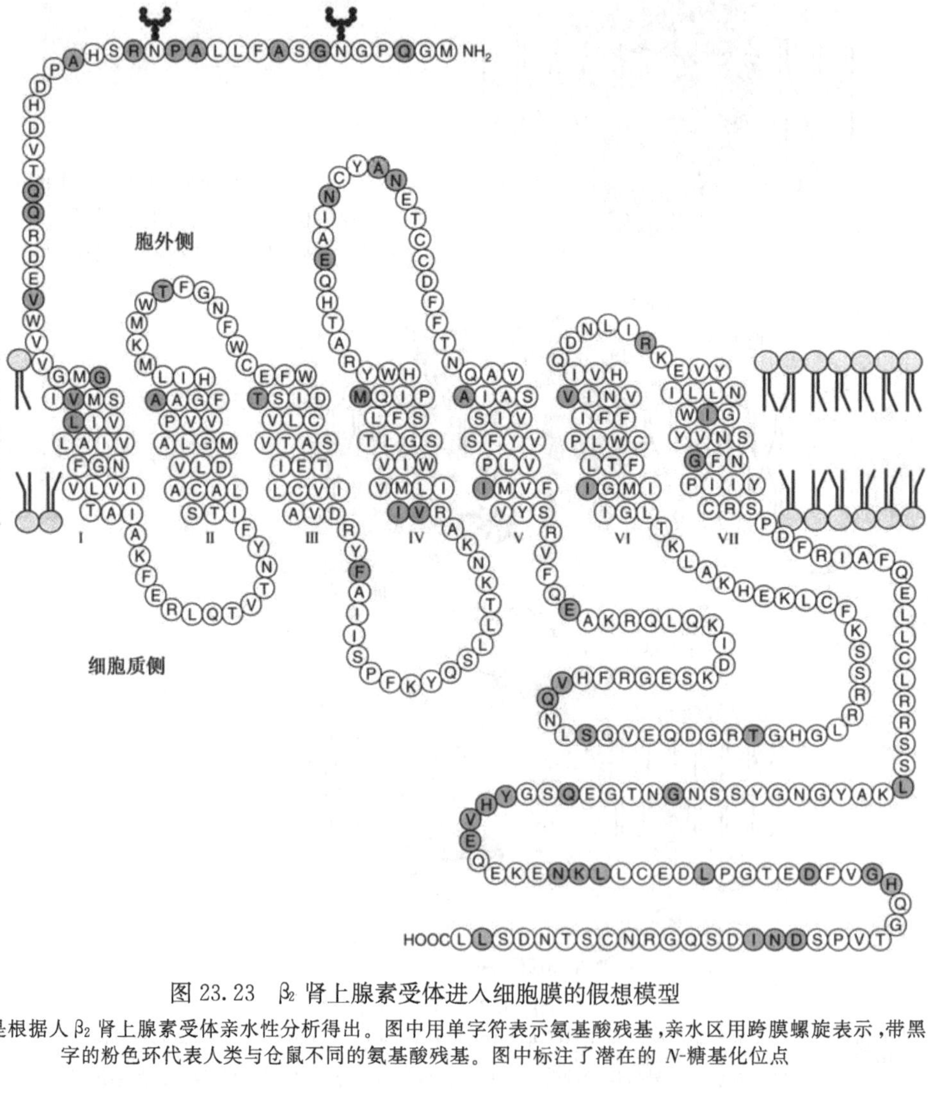

图 23.23　β_2 肾上腺素受体进入细胞膜的假想模型

该模型是根据人 β_2 肾上腺素受体亲水性分析得出。图中用单字符表示氨基酸残基，亲水区用跨膜螺旋表示，带黑字的粉色环代表人类与仓鼠不同的氨基酸残基。图中标注了潜在的 *N*-糖基化位点

位点对受体脱敏非常重要：磷酸化导致抑制蛋白 β-arrestin 的结合，阻断该受体激活 G_s（详见 13.3 节）。细胞内有肽链将Ⅰ-Ⅱ、Ⅲ-Ⅳ、Ⅴ-Ⅵ这六个跨膜螺旋连接起来，称细胞内环。细胞外有肽链将Ⅱ-Ⅲ、Ⅳ-Ⅴ、Ⅵ-Ⅶ这六个跨膜螺旋连接起来，称细胞外环。突变分析证实，细胞外环并不参与配体的结合。配体与受体的结合可能发生于由七个跨膜螺旋围成的柱子上（如图 23.24 顶部所示）。其中跨膜螺旋Ⅵ可能具有激活腺苷酸环化酶（AC）的功能，因为如用一个特定的半胱氨酸残基来替代这个结构域，配体仍能与受体正常结合，但激活 AC 的能力下降。

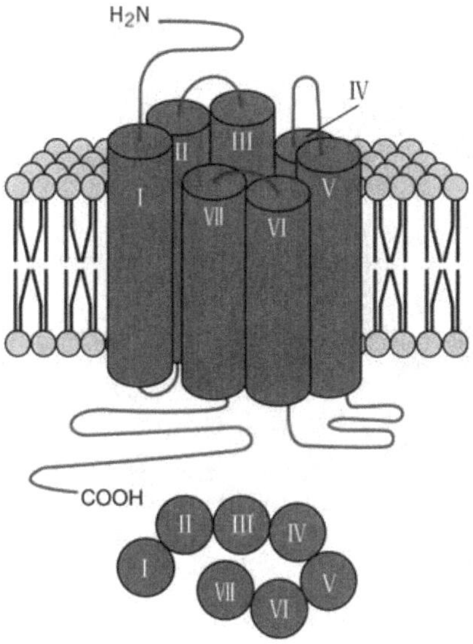

图 23.24　细胞膜 β 肾上腺素受体的组装模型

图的下半部分是从质膜平面上方观察到的受体蛋白。该假想模型认为Ⅳ、Ⅵ、Ⅶ螺旋形成配体结合袋，其中Ⅶ螺旋位于中央

受体的细胞内摄(internalization)

许多类型的配体-受体复合物是通过**胞吞作用**（**endocytosis**）被摄入细胞的（图 23.25）。胞吞的发生首先是配体-受体复合物进入**有被小窝**（**coated pit**），有被小窝内陷入细胞质，进而从细胞膜上脱离形成**有被小泡**（**coated vesicle**），再相互融合为**受体小体**（**receptosome**）。受体小体中的受体和配体有很多去向：受体可经过高尔基体（Golgi apparatus）重新循环到细胞表面；或者有被小泡与溶酶体（lysosome）融合，其中的激素被酶水解，而受体保持完整并重新返回细胞膜；受体也可在未结合外源配体的情况下集中于有被小窝，以非配体依赖的方式出入细胞。

网格蛋白指导激素-受体复合物细胞内摄

有被小泡的主要蛋白质成分是**网格蛋白**（**clathrin**），它是一种非糖基化蛋白质（180kDa），基因序列高度保守。有被小泡含 70% 的网格蛋白、5% 的 35kDa 多肽和 25% 的 50～100kDa 多肽，它有一种由六边形和五边形构成，类似于网格的表面结构（图 23.26）。这些在细胞膜浆膜面的网格蛋白分子形成了有被小泡的多面体结构的顶点，并且每两个网格蛋白分子构成多面体结构的一边。一个 20nm 直径的有被小泡共包含 1000 个网格蛋白分子，它们形成一种柔韧的网格结构或笼状结构作为囊泡出芽的支架。囊泡出芽后成熟的网格蛋白包被的囊泡可内吞进细胞质。

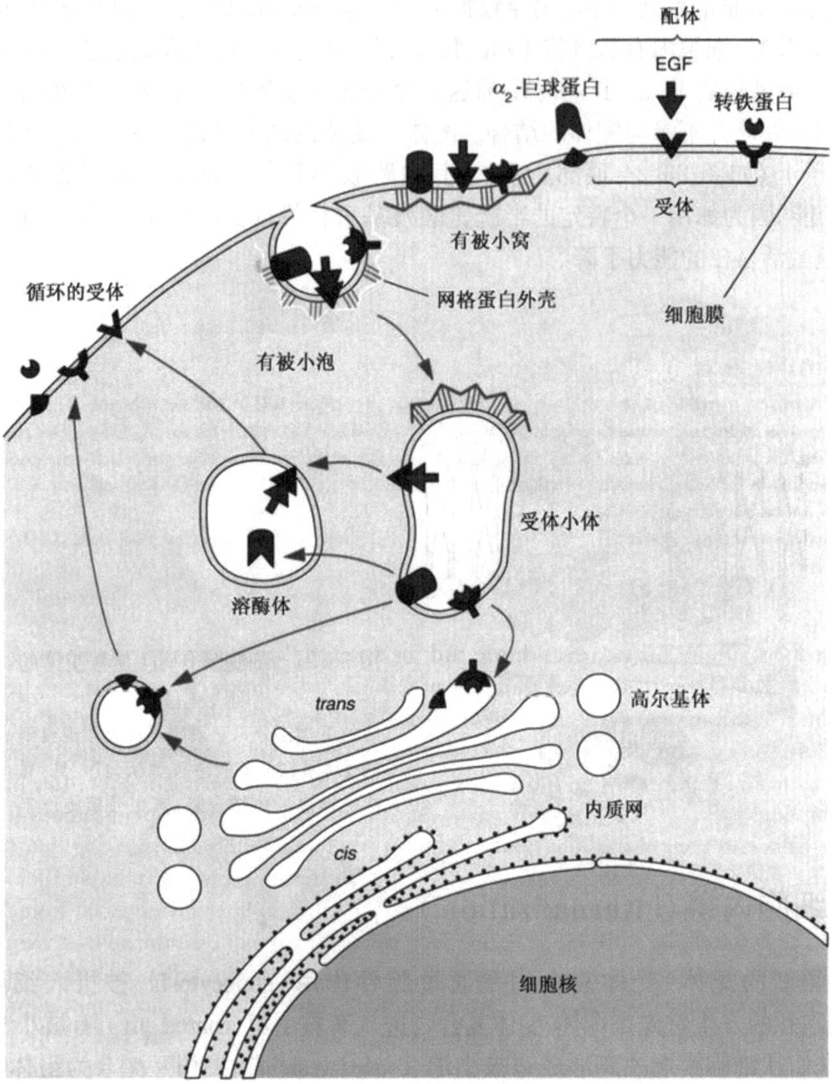

图 23.25　细胞的胞吞作用

胞吞作用的形态学特征并非按比例绘制。所示的配体包括 EGF、转铁蛋白和 α_2-巨珠蛋白。EGF 的配体与受体都运至溶酶体，转铁蛋白的配体和受体都循环至细胞膜表面；而 α_2-巨珠蛋白的配体运至溶酶体，但是受体通过高尔基体循环回到细胞表面

胞吞可使受体或配体完整地进入细胞，并可能与细胞内潜在的受体或配体的结合位点作用产生生物学效应。例如，生长因子与膜受体结合后引发细胞的有丝分裂，其信号传递可能就是通过特异的细胞质蛋白(转录因子)进入核内实现的。在细胞内摄中，完整的配体(或配体的一部分)可与核受体作用。尽管这种机制只是一种假设，但可为受体-配体复合物的胞吞与信号转导提供一个合理的解释：如果细胞表面受体数目减少会引起细胞对激素的反应性下降，那么受体的细胞内摄可使受体**下调**(**down regulation**)而降低激素的敏感性，从而防止靶细胞对激素过度反应。类固醇激素-受体复合物进入核内可能是通过与特定的 DNA 序列作用，在转录水平抑制受体本身的表达，这种类型的受体下调将在本章的后面探讨。

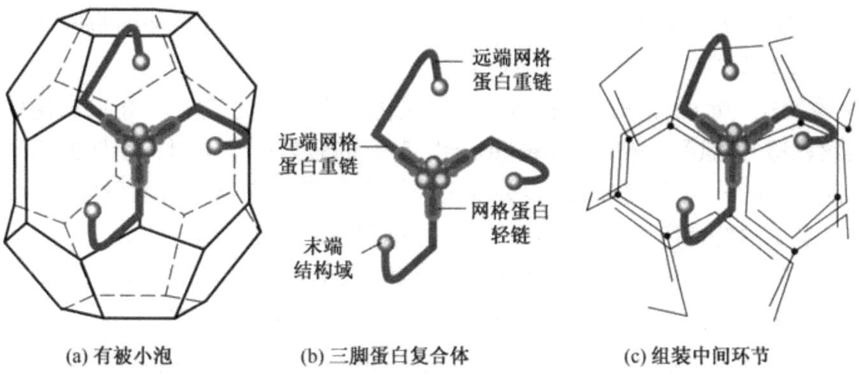

图 23.26　有被小泡的结构和组装

(a)典型的有被小泡直径 40nm 并被蛋白纤维网包裹。一个网格蛋白三脚蛋白复合体在 36 顶角包被的中央。(b)网格蛋白三脚蛋白复合体的精细结构：每个网格蛋白重链分为近端臂和远端臂，网格蛋白轻链依附于重链，并很可能位于重链的中央部。(c)有被小泡组装的中间环节

23.6　细胞内激素级联反应：蛋白激酶

如前所述(见 23.2 节)，许多激素与细胞膜受体结合后通过第二信使系统激活特定的蛋白激酶，如 cAMP 激活 PKA，DAG 激活 PKC，cGMP 激活 PKG，以及与磷脂酰胆碱和

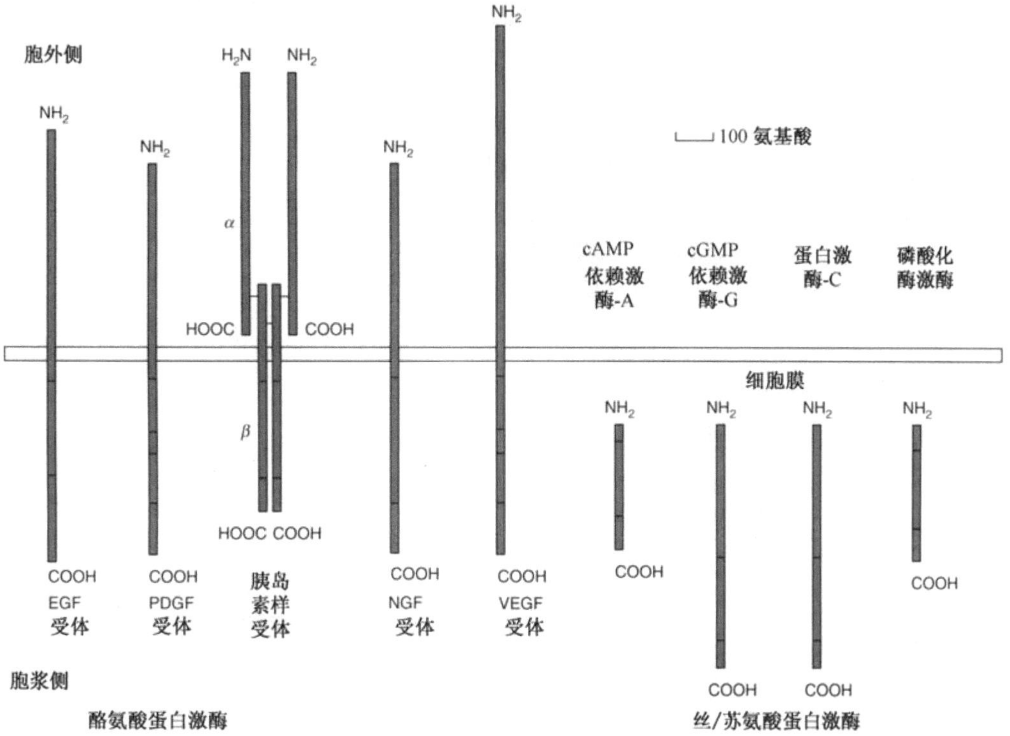

图 23.27　细胞膜或细胞质内蛋白激酶的大小及催化结构域的定位

所有催化结构域(红色区域)均约含 250 个氨基酸残基。EGF：表皮生长因子；NGF：神经生长因子；VEGF：血管内皮生长因子

鞘磷脂水解产物有关的系统等。此外，某些激素如 TSH 可通过多种细胞内第二信使传递信号(见 23.2 节)。

PKA 磷酸化特定的蛋白质，而 PKC 则磷酸化其他蛋白质，这两种蛋白激酶的磷酸化位点都是**丝氨酸/苏氨酸**(**serine/threonine**)残基；有的激素如生长因子受体的磷酸化位点则为**酪氨酸**(**tyrosine**)残基；胰岛素和 IGF-1 受体则是具有自身酪氨酸激酶活性的受体。图 23.27 显示了这些蛋白激酶的催化结构域在细胞膜上的定位。

蛋白激酶的催化结构域的氨基酸序列非常相似，提示它们是由共同的原始基因进化而来。图 23.27 所示的三种**酪氨酸特异的蛋白激酶**(**tyrosine-specific kinase**)都是能磷酸化细胞内酪氨酸残基(包括其自身的酪氨酸残基)的跨膜蛋白。胰岛素受体的 α 链(细胞外段)和 β 链(细胞内段)是由一个基因编码的，该基因产生的前体蛋白经剪接成为由二硫键连接起来的两条肽链。血小板来源的生长因子(PDGF)受体的细胞外域共有五个类似免疫球蛋白的结构域。一般来说，磷酸化/去磷酸化调节的蛋白质通常有多个磷酸化位点，这些位点可能受不止一种蛋白激酶的磷酸化调节。

胰岛素受体：通过酪氨酸激酶的跨膜信号传递

胰岛素受体(**insulin receptor**)的 α 亚单位位于细胞外，是胰岛素结合位点(图 23.28)。配体与受体的结合可诱导位于细胞质的 β 亚单位的酪氨酸残基**自身磷酸化**

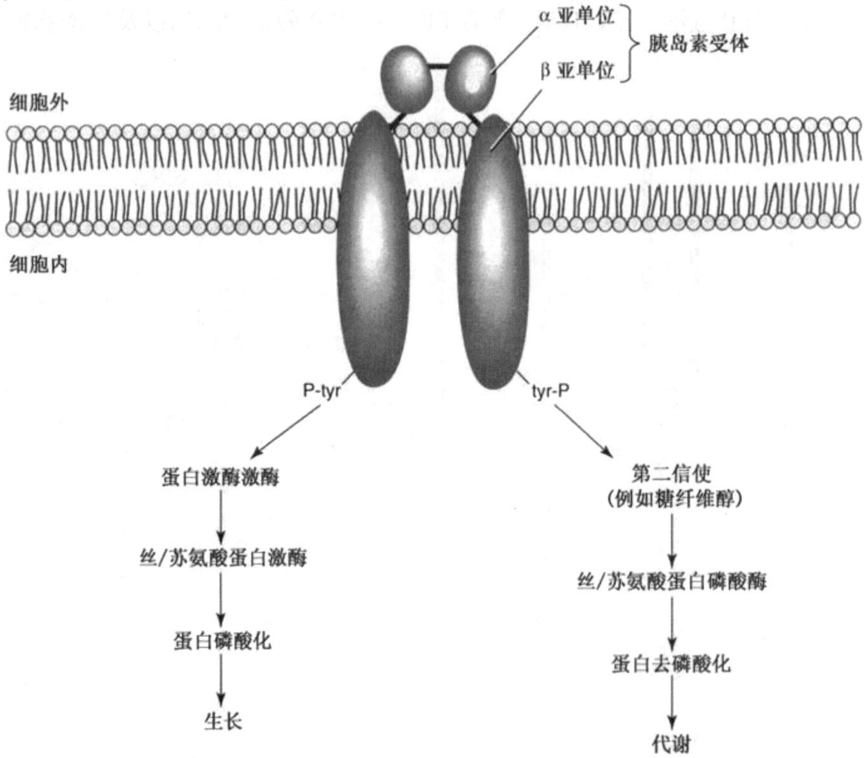

图 23.28 胰岛素对蛋白磷酸化作用的两条假想通路

胰岛素在增强一些蛋白质的丝/苏氨酸磷酸化的同时也降低另一些蛋白质的磷酸化。这种复杂的作用可能是它在激活蛋白激酶的同时也激活磷酸酶所致。可用模型解释：①产生可溶性第二信使，直接或间接激活丝/苏氨酸磷酸酶。②激活蛋白质激酶级联反应，导致细胞蛋白质磷酸化

(**autophosphorylation**)。这种自身磷酸化有利于细胞质内底物，如**胰岛素受体底物-1**(**insulin receptor substrate-1**，**IRS-1**)与受体的结合。底物磷酸化后就可作为船坞蛋白介导胰岛素活性。目前尚不清楚蛋白磷酸化是否为胰岛素仅有的作用机制。胰岛素的生物学作用包括促进葡萄糖摄取的短期代谢作用，和调节细胞生长分化的长期效应。尽管胰岛素受体的自身磷酸化和 IRS-1 的磷酸化发生于酪氨酸残基，但其作用通路其他环节的磷酸化反应都发生在丝/苏氨酸残基(图 23.28)。胰岛素使一些蛋白质磷酸化的同时也使一些蛋白质去磷酸化。激活或抑制特定的酶后发现胰岛素受体与多条信号通路有关，介导胰岛素短期代谢效应的第二信使可能来自于细胞膜，并且该信号分子可激活磷蛋白磷酸酶。具体的胰岛素相关信号通路如图 23.29 所示，图中胰岛素与受体的 α 亚单位结合可促进受体 β 亚单位上多个酪氨酸残基自身磷酸化，激活的受体的 β 亚单位随即催化细胞内蛋白质如 IRS 家族蛋白、Shc、Cbl 等磷酸化。这些蛋白质通过它们的 SH2 结构域与其他信号分子作用，激活 PI_3K、Ras、MAPK、TC10 等信号级联反应通路，而 TC10 的激活可促进葡萄糖转运体 4(GLUT4)囊泡向细胞膜转位。所有这些信号通路协同工作，最终的目的就是调节 GLUT4 囊泡的运输(使 GLUT4 结合到细胞膜)、蛋白质合成、酶的激活与抑制，以及基因的表达；作用的最终效果就调节糖、脂、蛋白质的代谢和细胞生长、分化。胰岛素与受体结合并激活信号通路的重要性在临床相关知识 23.3 叙述。

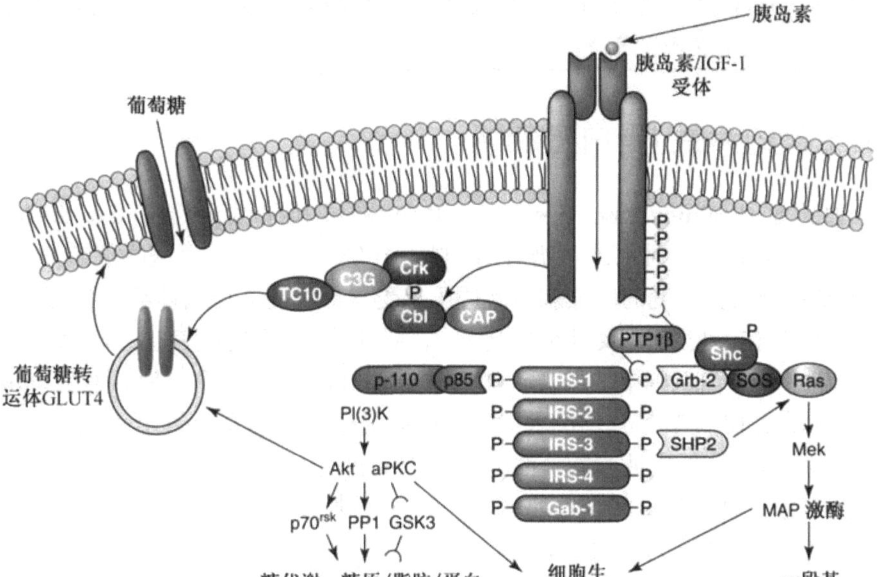

图 23.29　假想的胰岛素作用信号传递模式

胰岛素受体与激素结合后会经历酪氨酸自身磷酸化和蛋白激酶的激活。活化的受体可磷酸化 IRS-1、Shc 及 Cbl 等胞内底物。这些底物与含 SH2 的蛋白质如 p85，Grb2 等结合。IRS-1/ p85 复合物激活 PI(3)K；IRS-1/ Grb2 激活 MAPK

临床相关知识 23.3
胰岛素受体蛋白激酶活性下降与妊娠性糖尿病

妊娠期间，母体的一个重要的代谢适应反应就是对胰岛素的敏感性下降。这种适应性反应利于向发育中的胎儿提供充足的葡萄糖，然而3%～5%的孕妇却出现了妊娠性糖尿病(gestational diabetes mellitus，GDM)。GDM的特征就是机体对胰岛素敏感性的过度下降而超出胰岛素分泌的代偿增加。尽管怀孕期间发生的胰岛素抵抗和GDM在产后都可恢复正常，但是30%～50%有GDM史的妇女在日后会患2型糖尿病，特别是其中的肥胖者。尽管GDM胰岛素抵抗的具体细胞机制并不完全明确，但患GDM的孕妇与未患GDM的孕妇相比，胰岛素抵抗在骨骼肌的表现最为明显。最近的资料表明，GDM的病理机制主要在胰岛素的作用上，而不是胰岛素与受体的亲和力下降。GDM患者的骨骼肌细胞表现出细胞膜糖蛋白-1(PC-1)的过表达。有报道表明，PC-1的过表达会直接与胰岛素受体α亚单位相作用，阻断胰岛素介导的受体构象变化，而抑制受体酪氨酸蛋白激酶活性。此外，GDM患者的骨骼肌胰岛素受体丝/苏氨酸残基的过度磷酸化亦可降低酪氨酸激酶活性。因此，PC-1的过表达和受体蛋白激酶活性的下降及其相伴随的IRS-1的表达和酪氨酸残基磷酸化水平的降低可能是GDM胰岛素抵抗的主要原因。

血管加压素的活性：蛋白激酶 A

血管加压素(**arginine vasoprressin，AVP**)或称**抗利尿激素**(**antidiuretic hormone，ADH**)可促进肾远曲小管对水的重吸收，机制如图23.30所示。血压降低刺激动脉压力感受器，或细胞外液盐浓度的增加刺激渗透压感受器都可使下丘脑神经元分泌AVP。肾远曲小管、垂体前叶、肝细胞及其他细胞都有AVP的同源受体表达。在肾远曲小管，AVP与相应的G蛋白偶联受体结合后激活AC-cAMP-PKA通路，使**水通道**(**aquaporin**)蛋白磷酸化(详见12.2节)而开放，水就可通过渗透作用到达肾小管上皮细胞的基底部，随即进入血液循环，降低血液中的盐浓度。编码水通道的细胞内环和细胞外环的基因序列突变时会导致这种水的重吸收功能丧失，引起肾源性尿崩症，其特征为口渴和大量尿液产生。激活PKA的激素列于表23.6中。

表 23.6　通过 PKA 作用的激素

激素	功能定位
CRH	垂体前叶促肾上腺细胞
TSH	甲状腺滤泡
LH	睾丸间质细胞，成熟卵泡黄体
FSH	曲细精管 sertoli 细胞，卵泡
ACTH	肾上腺皮质内层细胞
阿片肽	CNS的抑制途径
AVP	肾远曲小管
PGI_2(prostaglandin I_2，前列腺素 I_2)	血小板膜
去甲肾上腺素/肾上腺素	β受体：在多种组织和细胞中表达

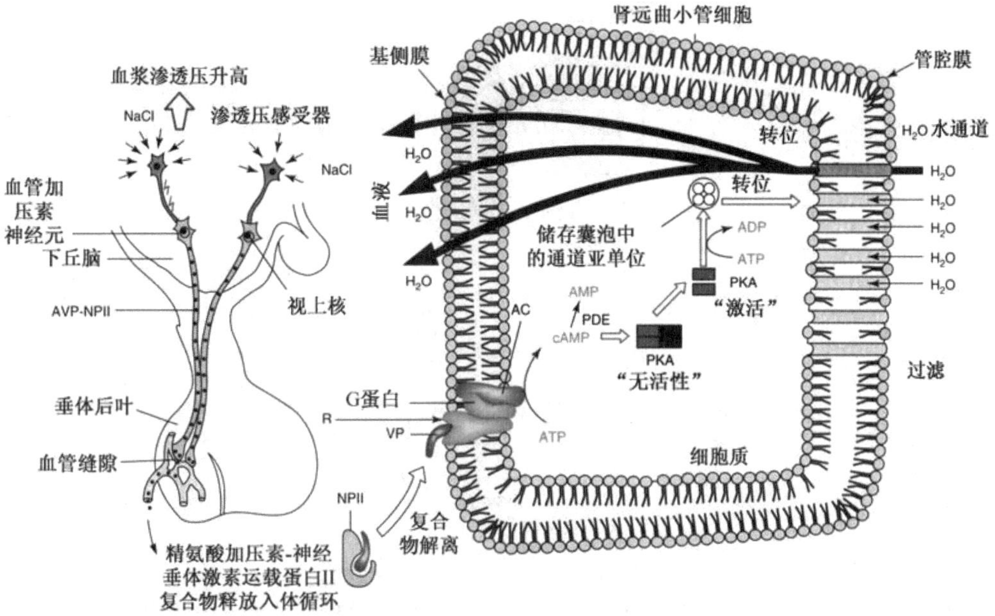

图 23.30　精氨酸加压素的分泌及其在肾远曲小管的作用

垂体后叶释放精氨酸加压素(arginine vasopressin，AVP)是由渗透压感受器或压力感受器(图中未显示)触发的。信号向下传至血管加压素神经元进而促进血管加压素-神经垂体素运载蛋白复合物从垂体后叶释放(垂体后叶是血管加压素的储存场所)。释放后 AVP 与神经垂体运载蛋白解离，游离的 AVP 随即与肾远曲小管的同源受体结合，通过 G 蛋白偶联受体激活腺苷酸环化酶(AC)，将 ATP 转化为 cAMP，进而磷酸化激活 PKA，由 PKA 激活包括水通道亚基在内的多种蛋白。磷酸化后的水通道亚基聚集形成有活性的水通道并嵌入细胞膜，促进肾远曲小管对水的重吸收

促性腺激素释放激素(GnRH)：蛋白激酶 C

表 23.7 列出几种能激活磷脂酰肌醇-PKC 通路的多肽类激素。AVP 在肾脏可激活 PKA，在其他组织器官又可激活 PKC。GnRH 通过激活 PKC 发挥生物学效应，其功能汇总于图 23.31。胺神经纤维能激活下丘脑 GnRH 神经元分泌 GnRH，后者通过垂体门脉系统进入垂体前叶，与促性腺细胞(见图 23.31)的 GnRH 受体结合激活**磷脂酶 C(phospholipase C)**。磷脂酶 C 水解 PIP_2 形成**二酰甘油(diacylglycerol，DAG)**和 IP_3。DAG 激活 PKC，PKC 磷酸化特定的蛋白质；IP_3 与内质网的受体结合使储存于内质网的 Ca^{2+} 放，释出的 Ca^{2+} 也能激活 PKC。GnRH 最终的效应是使该促性腺细胞分泌 LH 和 FSH。

表 23.7　激活磷脂酰肌醇和 PKC 通路的多肽激素

激素	作用定位
TRH	垂体前叶促甲状腺释放 TSH
GnRH	垂体前叶的绒毛膜促性腺释激素放的 LH 和 FSH
AVP	垂体前叶促肾上腺皮质激素；辅助 CRH 释放 ACTH
TSH	甲状腺滤泡；释放甲状腺素；引起磷脂酰肌醇循环并提高蛋白激酶 A 活性
血管紧张素Ⅱ/Ⅲ	肾上腺球状带细胞释放醛固酮
肾上腺素	表达 α_1 受体的平滑肌细胞

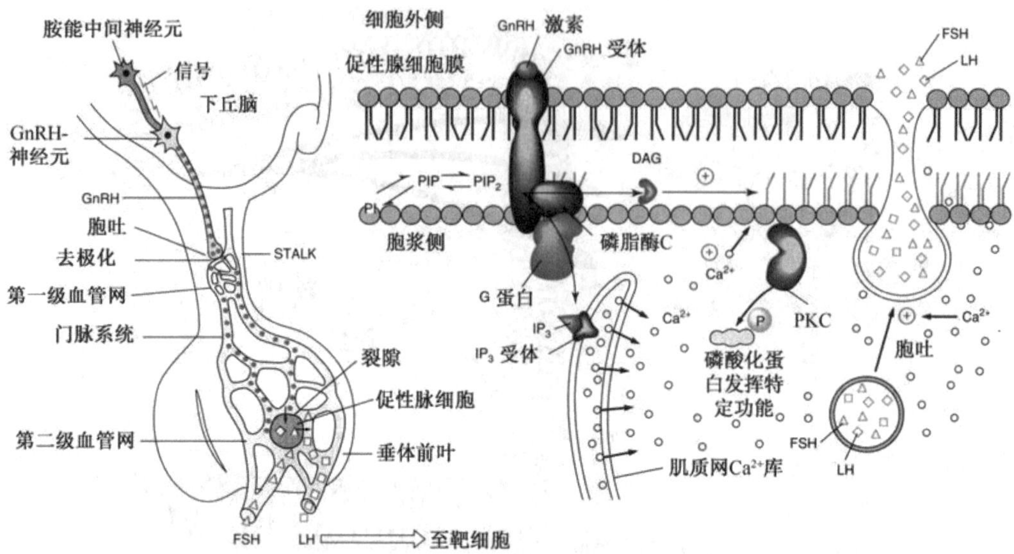

图 23.31　PKC 对 LH 及 FSH 分泌的调节

GnRH 促进垂体前叶释放促性腺激素的一般作用模型。GnRH：促性腺激素释放激素；FSH：促卵泡激素；LH：黄体化激素；DAG：二酰甘油

PKC 至少有 11 种亚型，其中 9 种由 DAG 激活。细胞质中的 PKC 通常以单体的形式存在（见 13.12 节）。可溶状态下，PKC 肽链折叠后其配体结合位点被遮盖。当 DAG 与 PKC 结合后，PKC 就转位到细胞膜的细胞质面与酸性的磷脂结合。细胞内 Ca^{2+} 升高也能促进 PKC 与细胞膜结合。结合到细胞膜的 PKC 随即解开折叠，暴露出蛋白底物的结合位点，从而使 PKC 能够与底物结合并催化磷酸化反应，而磷酸化的底物最终介导了各种细胞内反应。

心房钠尿因子（ANF）的活性：蛋白激酶 G

心房钠尿因子（atrial natriuretic factor，ANF）的受体是一个跨膜蛋白，其胞内端（C 端）具有鸟苷酸环化酶活性，胞外端（N 端）有 ANF 结合位点（图 23.32）。ANF 的信号转导模式如图 23.33 所示。ANF 是一个肽家族（图 23.34），由心肌细胞分泌，血容量增加、盐摄入增加、右心房压力升高以及心率加快都能刺激 ANF 的分泌。心脏 PKC 的激活能刺激 ANF 分泌；而心脏 PKA 的激活则抑制 ANF 的分泌。这种拮抗作用可能是由 α 和 β 肾上腺素受体分别介导的。ANF 的分泌及其作用如图 23.35 所示。ANF 以二聚体的形式分泌，并以单体的形式与受体结合。ANF 与细胞膜受体结合后产生的生物学效应包括：增加肾小球滤过率，导致尿量增加，Na^+ 排出增加；肾素和醛固酮分泌减少；血管紧张素Ⅱ的缩血管作用抑制，引起肾血管及其他大动脉和毛细血管扩张。ANF 通过与其膜受体的结合介导这些效应（图 23.35）。其膜受体的细胞内域具有鸟苷酸环化酶活性，生成的 cGMP 进而激活 PKG，PKG 磷酸化信号通路中其他蛋白质。很多 ANF 的类似物与肾中的受体结合，但不能诱导生理效应。表明这些受体可能是 ANF 特异性的外围清空结合位点，并调节其血浆水平。

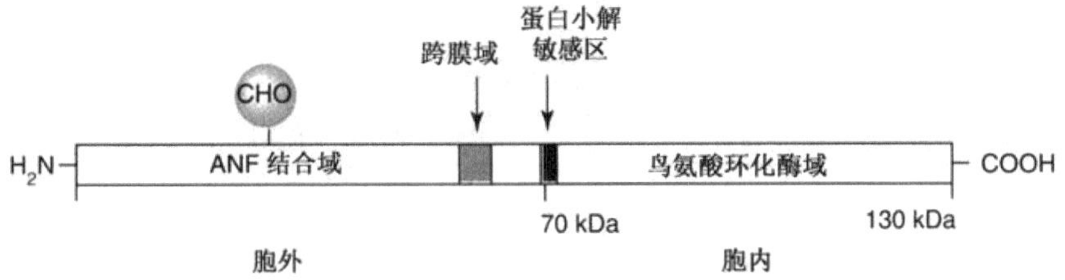

图 23.32　ANF-R1 受体的功能结构域

模型中显示了 ANF 结合域、跨膜域、蛋白水解敏感区、鸟氨酸环化酶域、葡糖基化位点，以及受体的氨基和羧基端

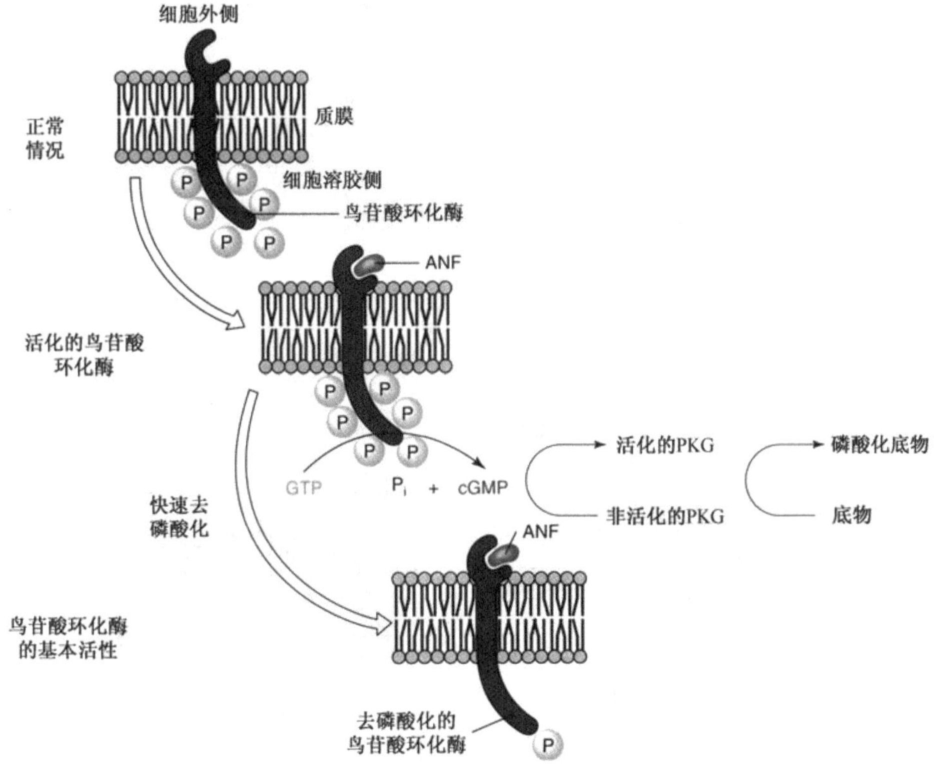

图 23.33　ANF 受体的信号转导模型

通常情况下鸟苷酸环化酶结构域高度磷酸化。激素与受体的结合极大地提高了酶活性并使鸟苷酸环化酶去磷酸化

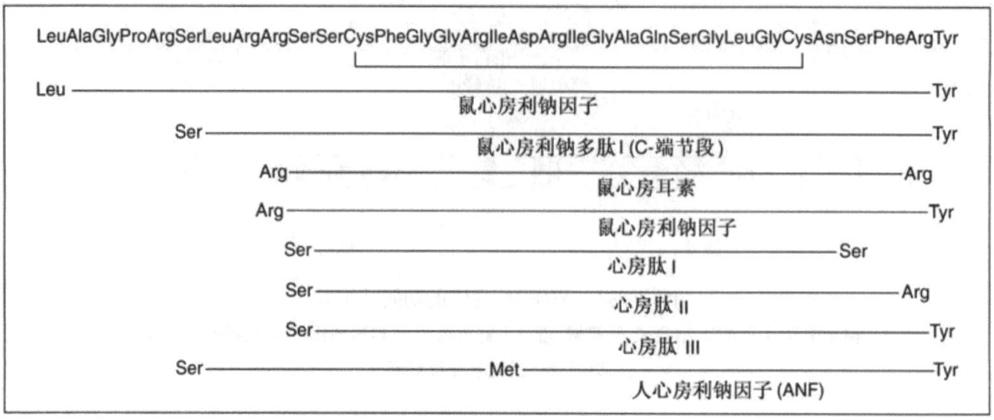

图 23.34　心房利钠尿肽

这些肽舒张血管平滑肌，使血管舒张，尿钠增多及其他一些作用在文中述及

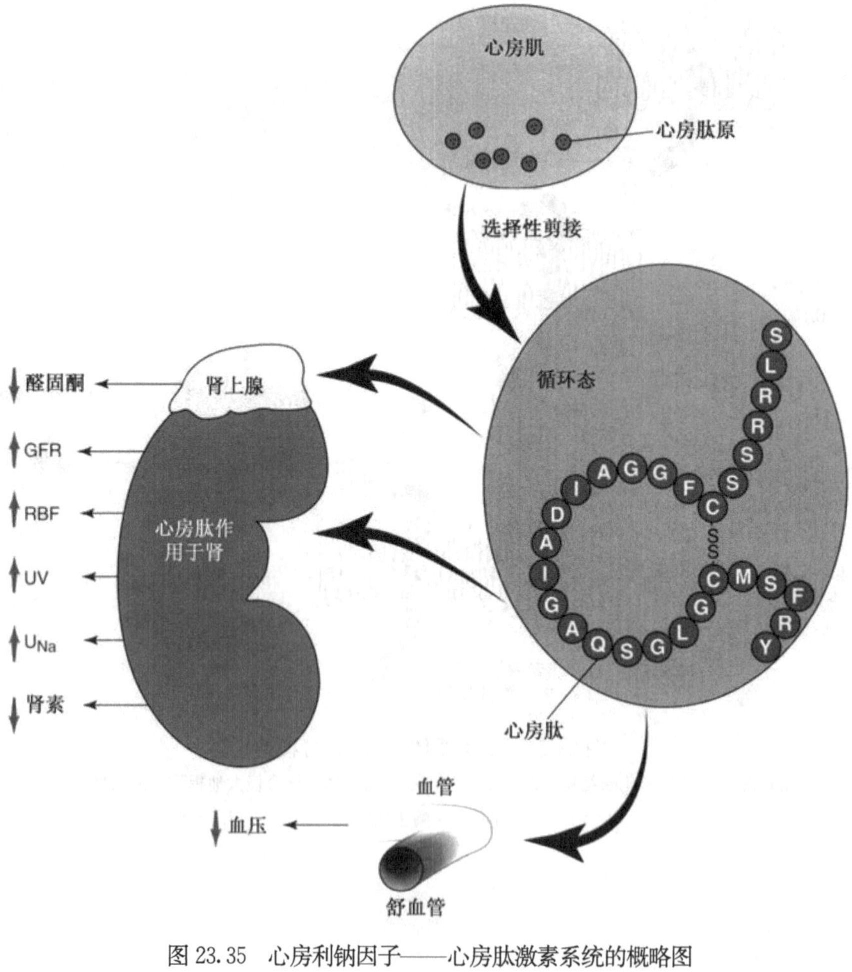

图 23.35　心房利钠因子——心房肽激素系统的概略图

前体激素储存在心房肌细胞核周围的颗粒中。血容量升高导致心房肽的裂解与释放，进而增加肾小球滤过率(GFR)、肾血流量(RBF)、尿量(UV)、钠排出(U_{Na})，并降低血浆肾素活性，醛固酮和精氨酸加压素的分泌，导致血管舒张，血压降低。相反，血容量下降则抑制血循环中的心房肽水平

23.7 类固醇激素

类固醇激素的结构与功能

类固醇激素分为两类：**性激素**(**sex and progestational hormone**)和**肾上腺皮质激素**(**adrenocortical hormone**)，分别由性腺(卵巢和睾丸)和肾上腺皮质以胆固醇为原料合成，合成过程中形成中间体——Δ^5-孕烯醇酮。类固醇激素的结构以**环戊烷多氢菲**(**cyclopentanoperhydrophenanthrene**)(图 23.36)为核心，改变取代基即可改变类固醇激素的活性，而环结构本身对激素活性影响不大。人类主要的类固醇激素及其作用汇总于表 23.8。类固醇激素的结构都非常相似，但其相应的受体却有很高的特异性。皮质醇和醛固酮各自的受体对两者都能结合。类固醇激素是根据其所含碳原子数进行分类的，因而 1,25-二羟维生素 D_3 是 27 碳(C27)的开环类固醇激素；**孕酮**(**progesterone**)、**皮质醇**(**cortisol**)和**醛固酮**(**aldosterone**)是 C21 类固醇激素；**睾酮**(**testosterone**)和**脱氢表雄酮**(**dehydroepiandresterone**)是 C19 类固醇激素；17-β 雌二醇是 C18 类固醇激素。很容易按其所含的碳原子数对性激素进行区分，且其环上的取代基也是特异的。例如，糖皮质激素和盐皮质激素的第 11 碳原子(C11)都含羟基，而性激素就不含 C11 羟基；雌激素没有 C19 甲基，但其 A 环含有三个双键。许多类固醇激素的受体主要识别相应配体的 A 环。例如雌激素受体可识别雌激素的 A 环，它伸出 B-C-D 环平面，而其他类固醇激素的 A 环与 B-C-D 环在同一平面上。A 环与 B-C-D 环的关系如图 23.37 所示。

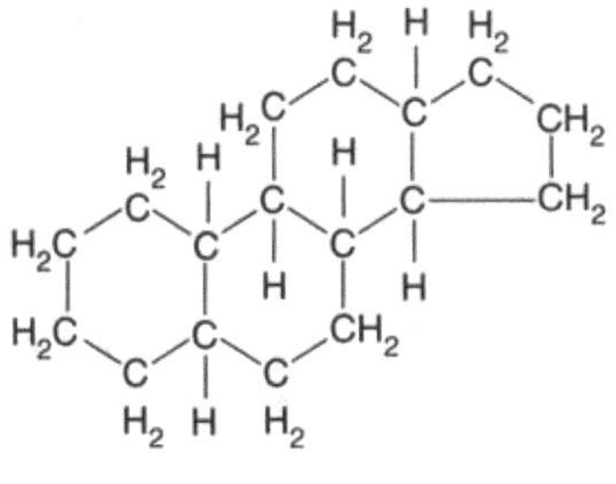

环戊烷多氢菲

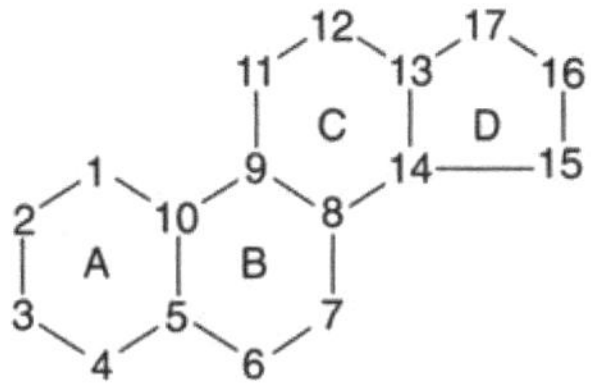

碳原子系统编号

图 23.36　类固醇核

表 23.8　人类主要的类固醇激素

激素	结构	分泌来源	分泌信号	功能
孕酮	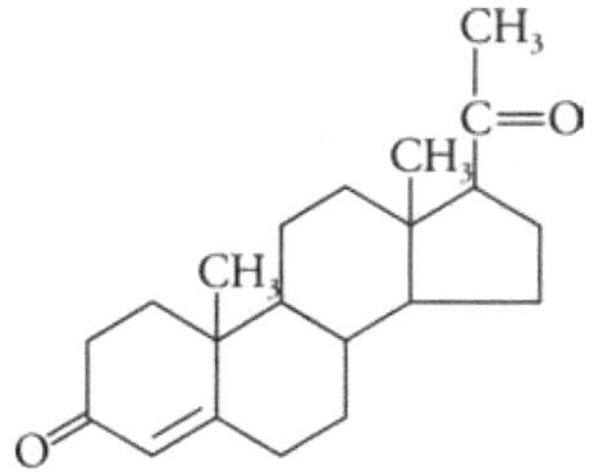	黄体	LH	维持子宫内膜处于适合受精卵发育的状态；使哺乳动物腺体分化

续表

激素	结构	分泌来源	分泌信号	功能
17β-雌二醇	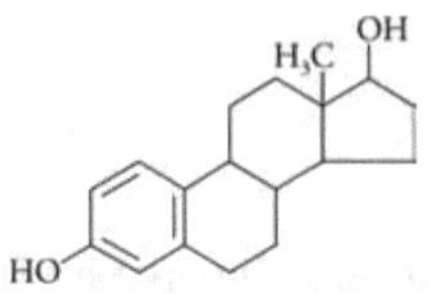	卵泡，黄体（间质细胞）	FSH	女性：调节绒毛膜促性腺激素在卵巢周期的分泌，维持子宫内膜；分化哺乳动物腺体。男性：负反馈抑制间质细胞合成睾酮
睾酮	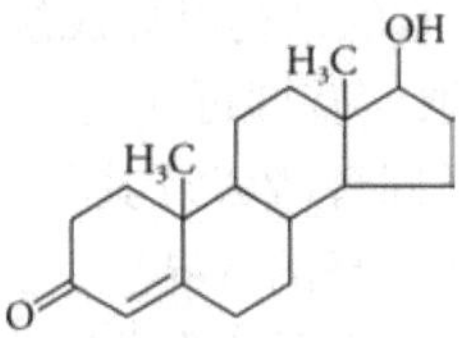	睾丸间质细胞（肾上腺；）卵巢	LH	男性：维持生精；生成更多雄激素，二氢睾酮，维持第二性征
脱氢表雄酮	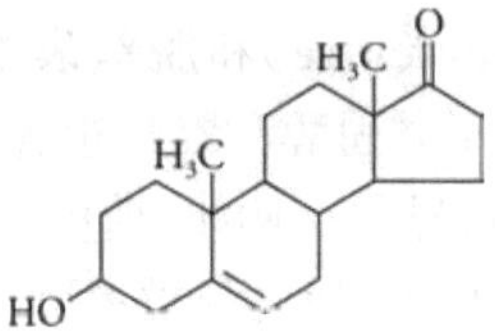	肾上腺皮质网状细胞	ACTH	肾上腺皮质多种保护效应（抗癌，抗衰老），弱雄激素作用；能转化为雌激素尚未分离出受体
皮质醇	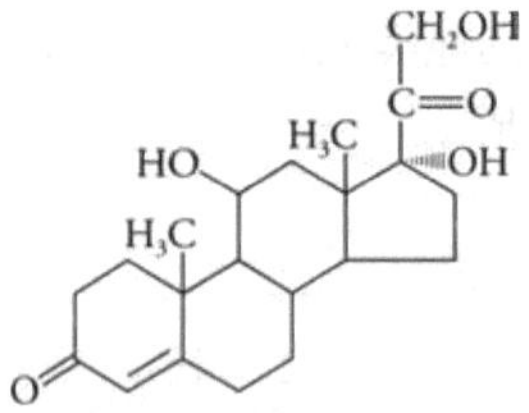	肾上腺皮质束状细胞	ACTH	通过多种细胞表型表达，肾上腺皮质应激适应；调节蛋白碳水化合物和脂肪代谢；免疫抑制效应。
醛固酮	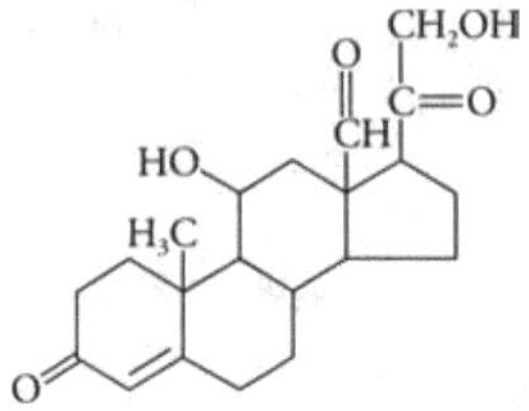	肾上腺皮质球状细胞	血管紧张素Ⅱ/Ⅲ	在肾脏引起钠离子重吸收；控制水盐平衡；通过提高循环容量提升血压
1,25-二羟维生素 D_3	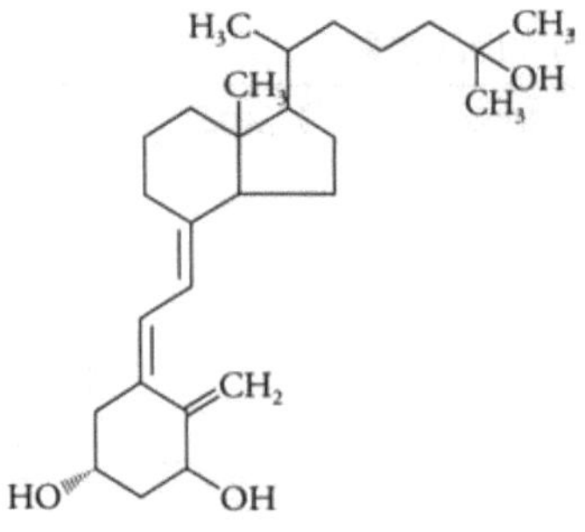	来自于皮肤细胞暴露在紫外线下，然后再在肝脏和肾脏进行羟化得到激活形式的激素	PTH（刺激肾脏远曲小管羟化系统）	促进钙和磷在小肠上皮细胞内吸收；诱导细胞内钙结合蛋白

注：LH：黄体化激素；FSH：促卵泡激素；ACTH：促肾上腺皮质激素；PTH：甲状旁腺激素。

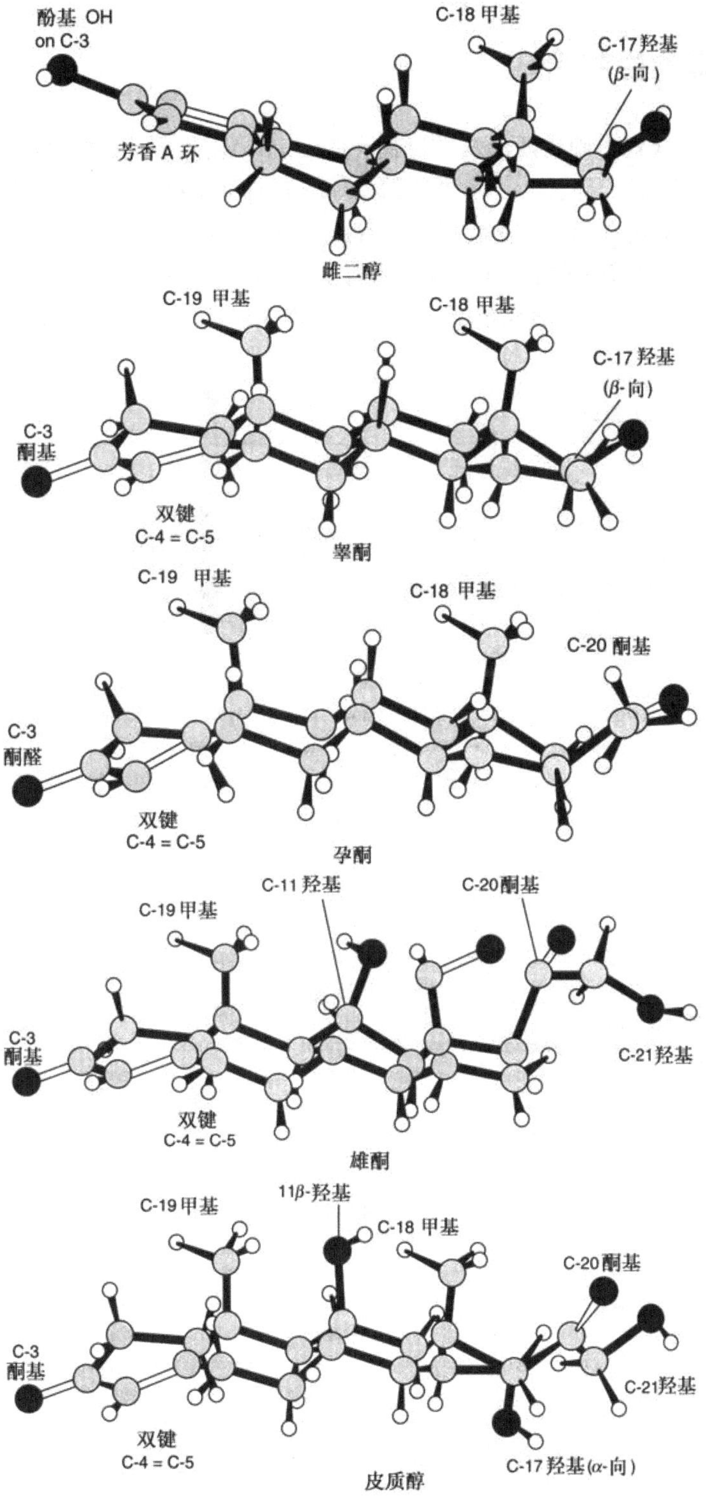

图 23.37 以 X 射线晶体衍射法测定的一些类固醇激素的三维结构(以球和棒表示)

每一种结构的细节用标注显示。醛固酮的缩醛基是 R-CH-OR$_1$OR$_2$，半缩醛基是 R$_1$R$_2$-C-OR$_3$OH，R$_1$、R$_2$、R$_3$ 指不同的取代基

类固醇激素的生物合成

由胆固醇合成肾上腺皮质激素的过程在图 23.38 阐述。胆固醇的侧链被切除后就形成了Δ^5-孕烯醇酮和异己醛。Δ^5-**孕烯醇酮**(Δ^5-**pregnenolone**)是所有类固醇激素合成必需的中间产物。孕烯醇酮经 **3β 脱氢酶**(**3β-oldehydrogenase**)和 **Δ4,5-异构酶**(**Δ4,5-isomerase**)的作用下直接转变为孕酮,其中脱氢酶将孕烯醇酮的 3-羟基转变为 3-酮基,而异构酶将双键从 B 环转移到 A 环形成孕酮。卵巢的黄体大量合成类固醇激素,以形成孕酮为终

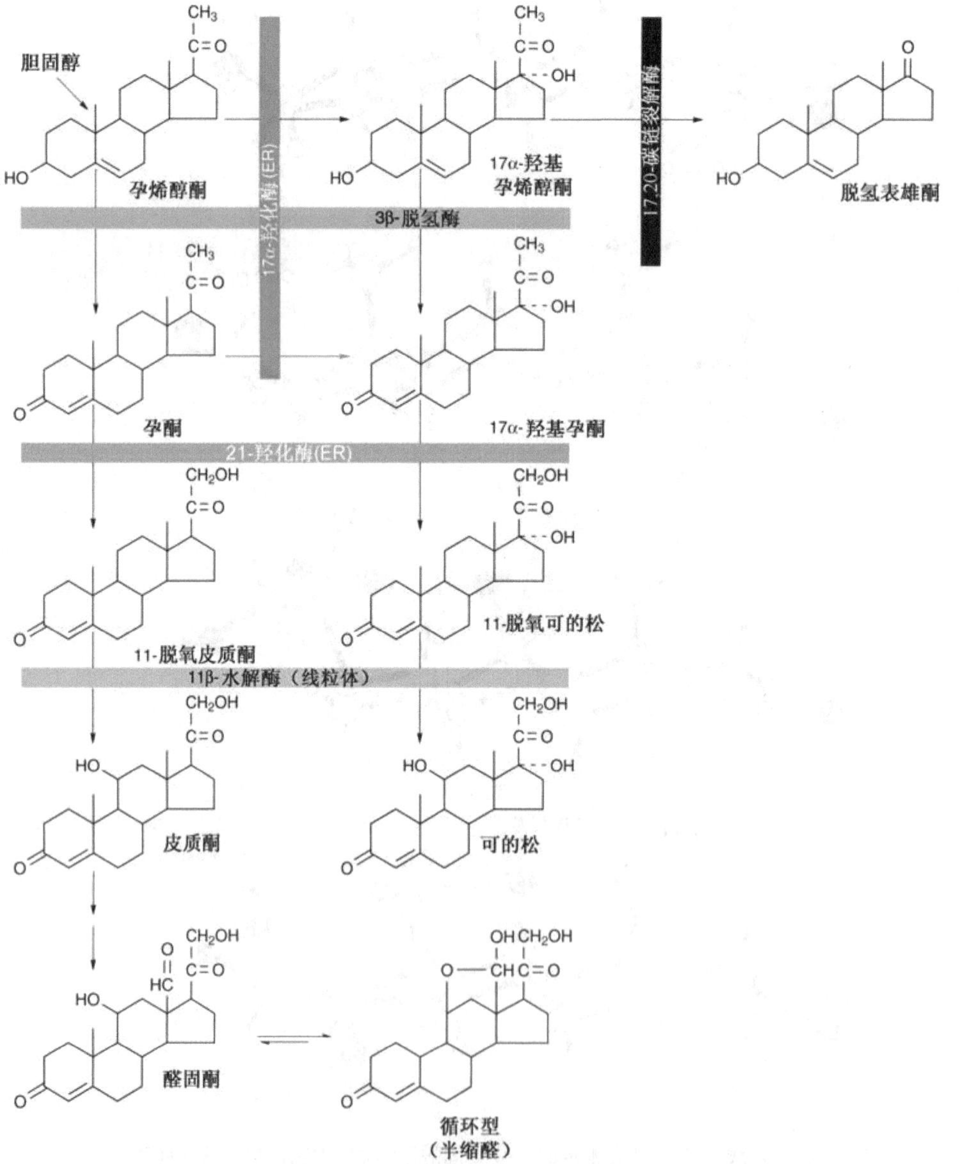

图 23.38 胆固醇向肾上腺皮质激素的转化

图中并未显示所有的中间产物,仅显示转化过程中起关键作用的酶

点。肾上腺皮质球状带将孕烯醇酮转化为醛固酮需要内质网的 21-羟化酶和线粒体的 11β-羟化酶和 18-羟化酶。肾上腺皮质束状带合成皮质醇则需要内质网的 **17-羟化酶**（**17-hydroxylase**）和 21-羟化酶以及线粒体的 **11β-羟化酶**（**11β-hydroxylase**）。内质网的羟化酶是细胞色素 P450（CYP）酶（见 11.1 节）。Δ^5-孕烯醇酮在肾上腺皮质网状带的内质网 17α-羟化酶的作用下转化成**羟基孕烯醇酸**（**dehydroepiandrosterone**），随后切除侧链形成脱氢表雄酮。胆固醇生成性激素要经过 Δ^5-孕烯醇酮和孕酮这两个中间产物（图 23.39）。孕酮在 17-脱氢酶和细胞质内的其他酶的作用下生成睾酮。**睾酮**（**testosterone**）是睾丸间

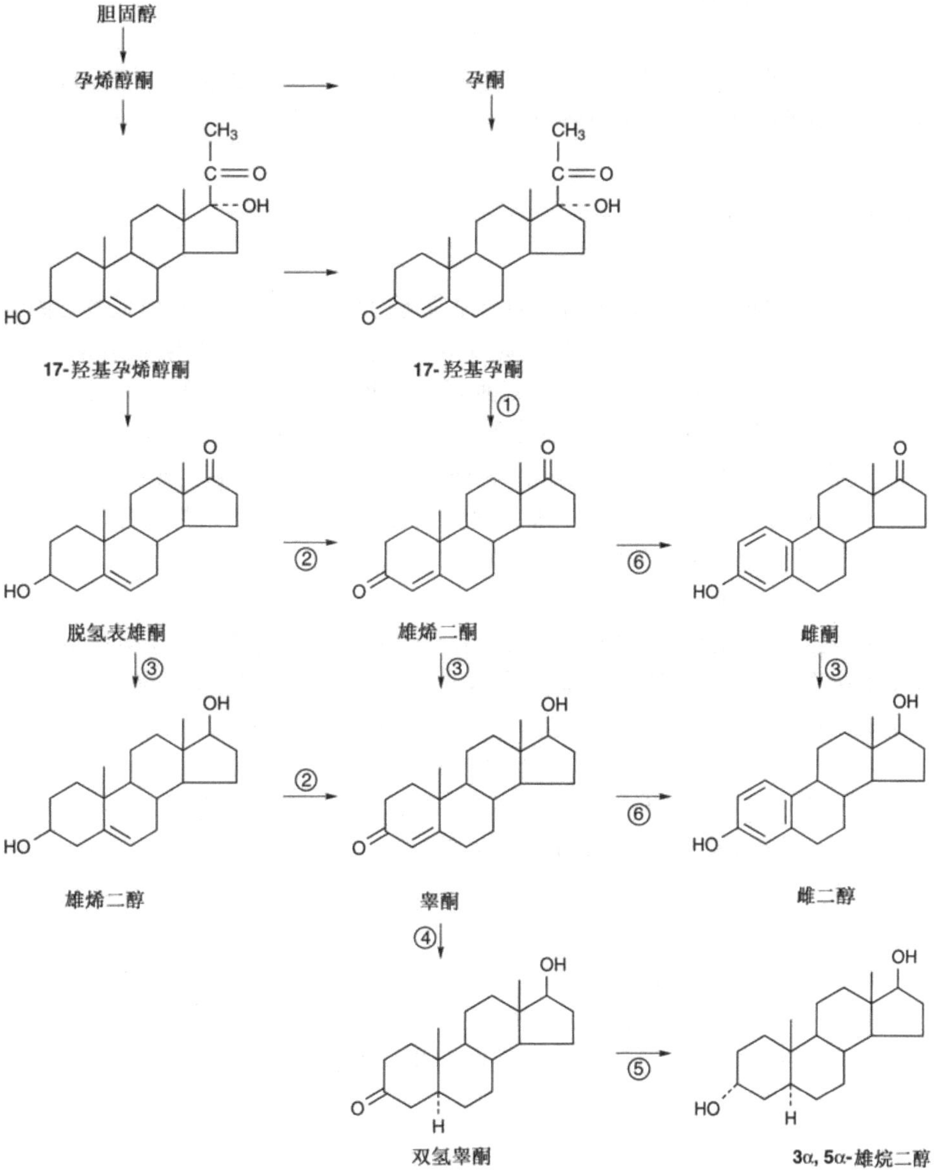

图 23.39　胆固醇转化为性激素

睾酮是睾丸分泌的主要激素。雌二醇和孕酮是卵巢分泌的主要激素。酶是：①17,20-碳链裂解酶，②脱氢酶和异构酶，③17β-OH-脱氢酶，④5α-还原酶，⑤3α-还原酶，⑥芳香酶

质细胞的主要分泌产物,在某些靶细胞睾酮在与受体结合前还被内质网和细胞核的**5α 还原酶**(**5α-reductase**)转化为双氢表雄酮。孕烯醇酮还可通过不同于前述的另一种途径形成脱氢表雄酮,后者再转化为雄酮,进而形成睾酮。雌二醇则是由睾酮在方向化酶的作用下形成的。

内质网羟化酶在类固醇激素的合成中起了重要作用,它通过向类固醇激素取代基加入一个氧原子形成羟基的方式参与激素的合成过程。在类固醇激素的合成过程中,NADH 和 NADPH 通过黄素蛋白产生的电子被转运到铁氧化还原蛋白或结构相似的非血红蛋白上。值得一提的是,类固醇激素合成过程中形成的中间产物要不断地进出线粒体间隔。

与肽类激素不同的是,类固醇激素不储存在分泌囊泡内,类固醇激素一旦合成就扩散出细胞膜,进入血液循环与转运蛋白结合。

类固醇激素的代谢

类固醇激素的代谢十分缓慢,因为它们与血浆蛋白结合,血浆蛋白可以保护类固醇激素以防其被降解。人类皮质醇与血浆皮质激素运载蛋白结合,其血浆半衰期约 60～70min,相应的醛固酮不与血浆蛋白结合,其血浆半衰期仅有 20min。肝脏是类固醇激素代谢的主要场所。经过代谢,每种类固醇激素都会生成大量的代谢产物。总的来说,类固醇激素代谢过程中的酶促反应主要就是降低激素的生物活性,增加它们的水溶性,进而从尿中排出。**共轭化**(**conjugation**)能够增加类固醇激素代谢产物的水溶性。**葡萄糖醛酸化**(**glucuronide**)和**硫酸化**(**sulfate**)是两种最常见的共轭化反应。根据尿中代谢产物量可以估计类固醇激素的分泌量。

因为肝脏是类固醇激素的代谢主要场所,故影响肝脏代谢功能的因子会影响类固醇激素在体内的清除率。年龄对肝功能影响非常明显,老人和新生儿肝功能低下,许多类固醇激素的清除都减慢。此外,甲亢患者类固醇激素的代谢率就相应增高,而甲状腺功能低下及各种肝病患者类固醇激素的代谢率就相应降低。

睾酮的代谢是类固醇激素代谢的典型例子(图 23.40)。睾酮的代谢并不一定导致激素的失活,它可在**芳香化酶**(**aromatase**)的作用下转变为有活性的雌二醇;睾酮在 5α-还原酶的作用下转变为**双氢表雄酮**(**dihydrotestosterone**),后者也是一种能与胞内雄激素受体结合,产生有生物效应的雄激素。雄酮是睾酮主要的无活性代谢产物,它已被共轭化并从尿中排出。肾上腺生成的雄激素是脱氢表雄酮(DHEA),后者是肾脏 17-酮类固醇的主要来源。尿中还有两种相对低浓度的雄激素代谢产物:二氢雄甾酮和雌激素代谢产物。前者是脱氢表雄酮去除 3-酮基形成的,而后者则是睾酮转变为雌二醇以后再经代谢产生的。

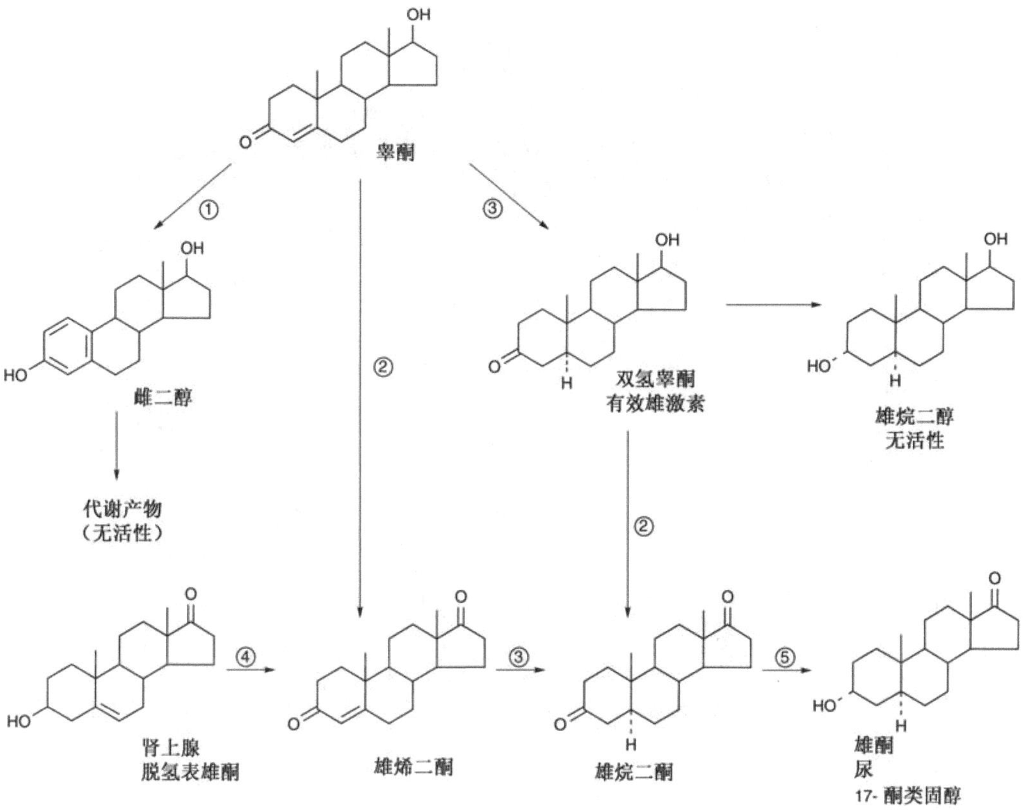

图 23.40 睾酮代谢形成有活性的类固醇和无活性的 17-酮甾类

酶：①芳香酶，②17β-羟基类固醇脱氢酶，③5β-还原酶，④3β-羟基类固醇脱氢酶异构酶，⑤3β-羟基类固醇脱氢酶

类固醇激素合成的调节

类固醇激素合成的激素调节是由细胞内 cAMP、Ca^{2+} 浓度增加所介导的，此外 IP_3 的生成也可能参与其中（图 23.41）。cAMP 对类固醇激素的合成既有快速效应（几秒至数分钟内起效），又有慢速效应（数小时起效）。快速效应作用于胆固醇动员和运输至线粒体内膜这两个环节。在线粒体内膜，胆固醇的侧链被酶切断生成孕烯醇酮。慢速效应主要是类固醇合成酶基因转录的增加，以长时间地维持类固醇激素的表达。30kDa 的磷蛋白——**类固醇合成快速调节**（**steroidgenic acute regulatory，StAR**）蛋白促进胆固醇从线粒体外膜转位到线粒体内膜。在人类 StAR mRNA 在睾丸和卵巢特异性表达。先天性肾上腺脂质增生症（lipoid congenital adrenal hyperplasia，LCAH）患者肾上腺和性腺类固醇合成明显受损，脂质沉着，表达被截短的、无功能的 StAR 蛋白。这说明 StAR 蛋白是介导类固醇激素快速合成的激素诱导蛋白。

促进类固醇激素合成分泌的多肽类激素汇总于表 23.9。这些多肽激素与同源受体结合后，通过 cAMP 和（或）磷脂酰肌醇信号系统起作用，但哪种第二信使起其主要作用

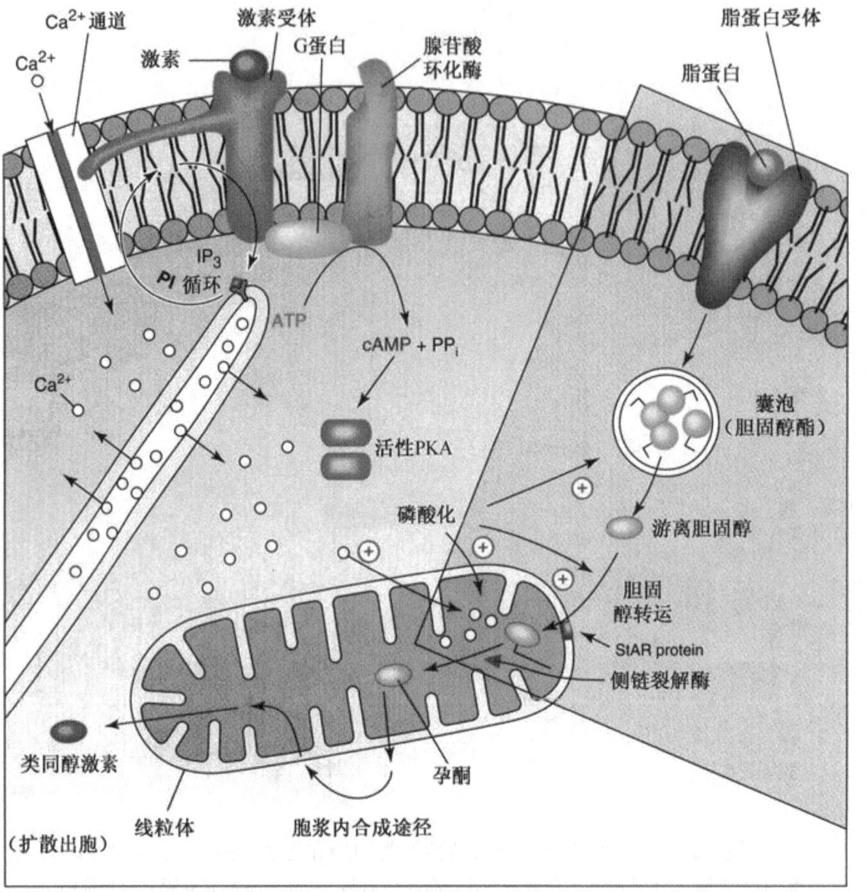

图 23.41　总揽类固醇激素生物合成的激素调节

激素的作用性质与细胞类型和受体有关(如 ACTH 促进皮质醇的合成、FSH 促进雌二醇的合成、LH 促进睾酮的合成,等可见表 23.9)。激素与受体结合后可通过 G 蛋白激活腺苷酸环化酶,亦可直接或间接通过磷脂酰肌醇(phosphatidylinositol,PI)循环作用于钙离子通道产生效应(PI 循环使 IP_3 增加,后者促进肌浆网钙库释放钙进入胞浆,增加胞浆钙离子水平)。cAMP 激活 PKA,后者通过磷酸化作用促进囊泡中的胆固醇酯水解为游离胆固醇并促进胆固醇转运进入线粒体。增高的钙离子和蛋白的磷酸化还能诱导 StAR 蛋白合成,进而促使胆固醇的侧链切除和类固醇激素的合成。这些反应克服了类固醇激素合成的限速步骤(囊泡中的胆固醇酯生成游离胆固醇,胆固醇进入线粒体内膜,胆固醇侧链切除),进而使更多的类固醇激素合成分泌

并不明确。醛固酮的合成分泌可能受到多种激素成分的调节(如乙酰胆碱 M 受体、心房肽受体),除了表 23.9 列出的第二信使外,还有其他第二信使参与其中。图 23.42 汇总了 ACTH 对皮质醇合成、分泌的调节作用。

表 23.9　直接刺激类固醇激素合成释放的激素

类固醇激素	分泌类固醇激素的细胞	信号	第二信使	信号系统
皮质醇	肾上腺束状带	ACTH	cAMP,PI,Ca^{2+}	下丘脑-垂体级联
醛固酮	肾上腺球状带	血管紧张素Ⅱ/Ⅲ	PI,Ca^{2+}	肾素-血管紧张系统
睾酮	间质细胞	LH	cAMP	下丘脑-垂体级联
17β-雌二醇	卵泡	FSH	cAMP	下丘脑-垂体-卵巢周期
孕酮	黄体	LH	cAMP	下丘脑-垂体-卵巢周期
1,25$(OH)_2D_3$	肾脏	PTH	cAMP	阳光,甲状旁腺

注:ACTH:促肾上腺皮质激素;PI:磷酸酰肌醇;FSH:促卵泡激素;LH:黄体化激素;PTH:甲状旁腺激素。

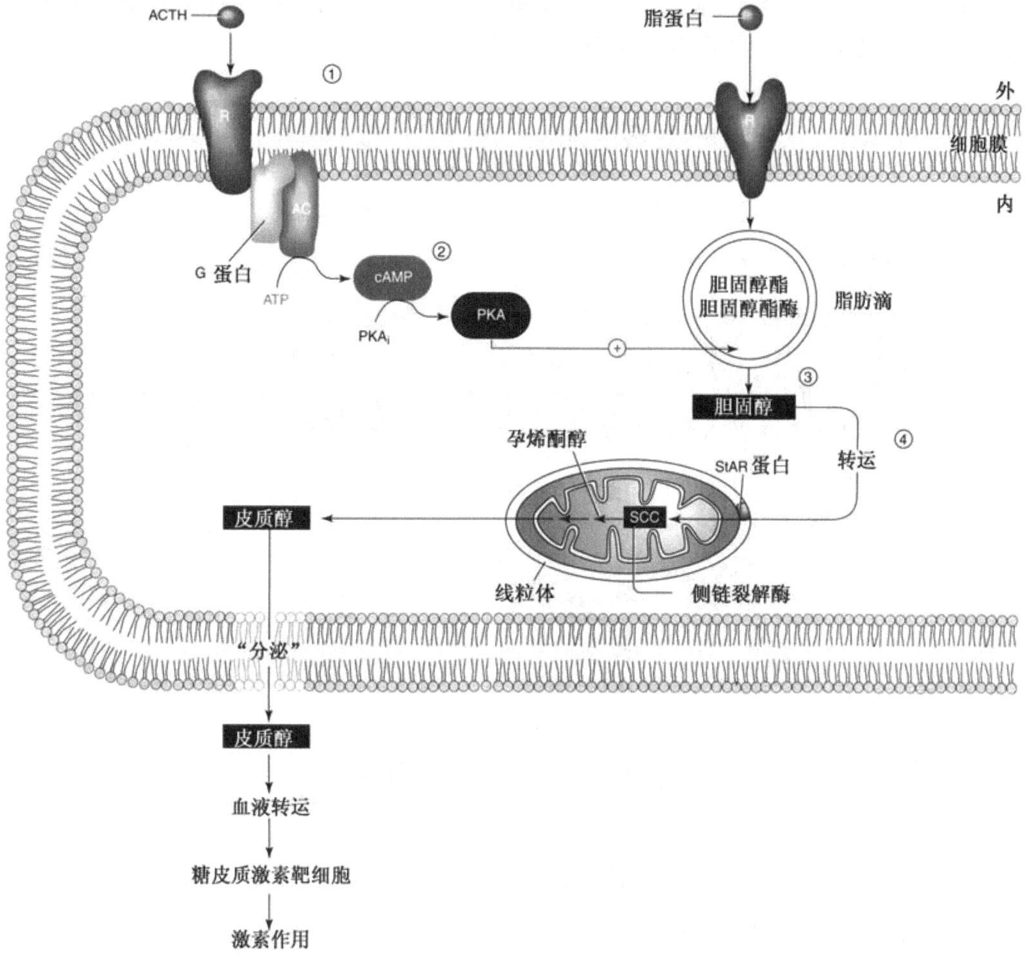

图 23.42　ACTH 作用于肾上腺束状带细胞增强皮质醇的合成分泌

AC:腺苷酸环化酶;CAMP:环磷酸腺苷;PKA:蛋白激酶 A(活性);PKAs:蛋白激酶 A(非活性);SCC:侧链裂解酶;StAR:类固醇激素合成急性调节蛋白,线粒体内外膜间的一种胆固醇运载体

醛固酮

图 23.43 阐述了肾上腺球状带细胞分泌醛固酮的反应。肾上腺皮质的最外层不能合成皮质醇,因为它不能表达 17α-羟化酶。醛固酮合成的主要驱动力是由肾素-血管紧张素系统生成的血管紧张素Ⅱ(图 23.44)。醛固酮分泌的信号是血 Na^+ 浓度的下降和动脉血压的降低,这种信号引起肾素的分泌。肾素可将血浆中的血管紧张素原的 N 端的十肽剪切下来。剪切下来的十肽就是无活性的血管紧张素Ⅰ,后者在**血管紧张素转化酶**(**angiotensin converting enzyme, ACE**)的作用下转化为有活性的八肽——**血管紧张素**Ⅱ(**angiotensin**)。ACE 存在于内皮细胞的表面,肺泡和肾血管内皮细胞是发挥其转化作用的重要部位。血管紧张素Ⅱ发挥作用以后,随即在氨基肽酶的作用下变成血管紧张素Ⅲ(七肽)。血管紧张素Ⅰ、Ⅱ都与血管紧张素受体结合(图 23.43),在与受体结合后激活磷脂酶 C,后者分解 PIP_2 生成 IP_3 和 DAG,IP_3 引起 Ca^{2+} 从细胞内的 Ca^{2+} 库释放;血管紧张素-受体复合物还能开放细胞膜的 Ca^{2+} 通道,促进细胞外 Ca^{2+} 内流,这些导致了细胞内 Ca^{2+} 大

量增加，与 DAG 一起激活 PKC。神经应激可使神经末梢释放 ACh，ACh 与 M 受体结合也可以增加细胞内 Ca^{2+} 水平，进而激活 PKC(见 23.2 节)。

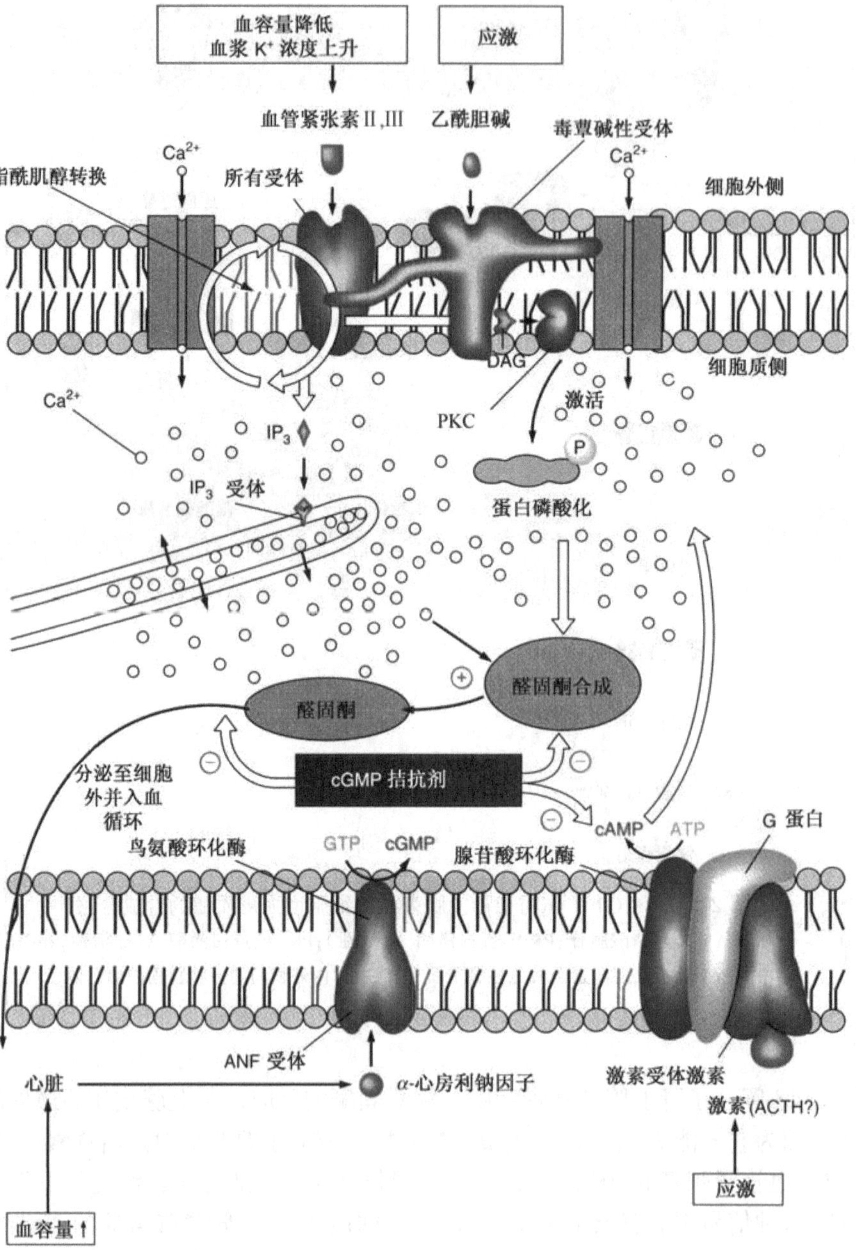

图 23.43　导致肾上腺球状带细胞分泌的反应

PKC 使醛固酮合成的限速酶磷酸化激活而促进了醛固酮的合成。在肾远曲小管，醛固酮与细胞内的受体结合可增加细胞膜 Na^+ 通道蛋白的表达，从而促进远曲小管对肾小球滤过液中 Na^+ 的重吸收。尽管 ATCH 并不是调节醛固酮合成的主要调节因子，但它对促进醛固酮分泌达到最大量可能起重要调节作用。相应的，ACTH 是促进肾上腺皮质束状带细胞合成分泌皮质醇的主要因子(图 23.42)。皮质醇也具有促进肾重吸收 Na^+ 的作用，其可能的机制是激活肾小管上皮细胞的 Na^+/H^+ 反向转运体。

当机体发生与促进血管紧张素Ⅰ、Ⅱ的合成和分泌相反的生理变化时，即血 Na^+ 浓度升高和动脉血压升高时，心房将生成 ANF（图 23.42，图 23.43）。在肾上腺皮质球状带细胞 ANF 与受体结合，激活鸟苷酸环化酶，引起 cGMP 增加。cGMP 抑制醛固酮的合成分泌以及腺苷酸环化酶生成 cAMP 的作用。

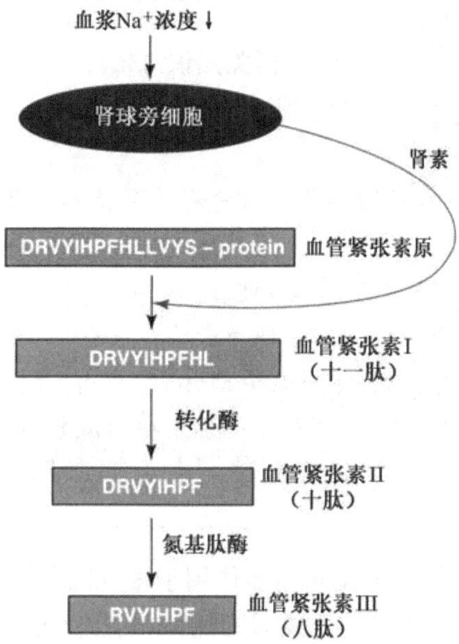

图 23.44 肾素-血管紧张素系统

雌二醇

17β-雌二醇（17β-estradiol）的合成和分泌的激素调控如图 23.45 所示。女性青春期 GnRH 的分泌显著增加，而 GnRH 的分泌又是受到高位脑的调控。成年后，GnRH 可刺激垂体前叶促性腺细胞释放 FSH 和 LH（见 23.3 节）。FSH 一旦分泌又可刺激卵巢合成分泌 17β-雌二醇。雌二醇对垂体前叶分泌 FSH 和下丘脑分泌 GnRH 都有负反馈作用，抑制它们分泌 FSH 和 GnRH。但也有例外，在卵巢循环的中期，17β-雌二醇非但不产生负反馈调节作用，恰恰相反，17β-雌二醇垂体前叶促性腺细胞有一个正反馈效应（图 23.45），这种正反馈引起 LH 的大量分泌（LH 峰），FSH 的分泌同时也因雌二醇的正反馈作用而增加（见 23.2 节，图 23.19）。这个 LH 峰对排卵的发生极为重要（见 23.2 节）。排卵后，卵泡变成黄体，黄体可以合成孕酮和一些雌激素。孕酮抑制 LH 的合成分泌，由于 LH 水平下降，最后黄体退化，血浆孕酮、雌二醇水平也相应急剧降低，月经发生。与此同时，雌孕激素水平的降低使它们对下丘脑、垂体的负反馈作用也减弱了，致使新一轮的周期又开始了。临床相关知识 23.4 阐述了口服避孕药影响月经周期的机制。

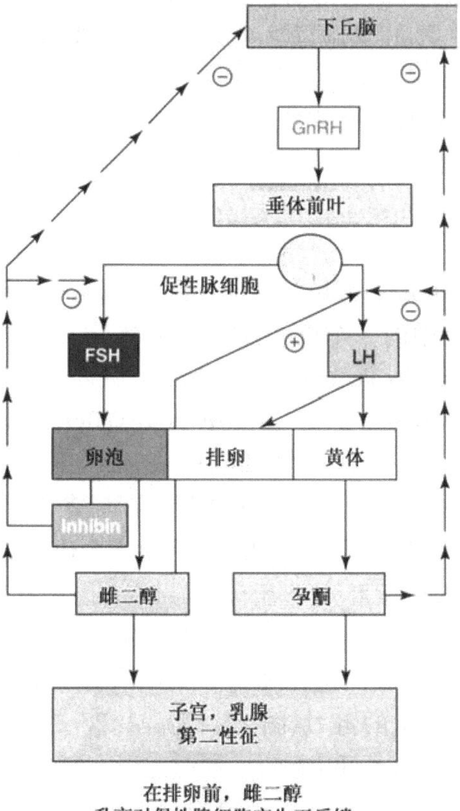

图 23.45 17β-雌二醇和孕酮的合成与分泌
在排卵前，雌二醇升高并刺激（正反馈）促性腺物质的释放，而非起抑制作用

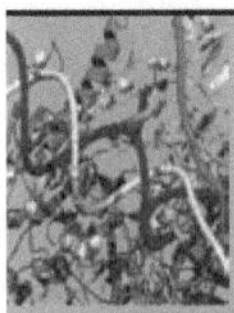

临床相关知识 23.4

口服避孕药

口服避孕药通常含有雌激素和黄体酮。雌、孕激素通过口服进入体内，抑制 FSH 和 LH 的分泌，卵泡因此就不会成熟，排卵也就不会发生，月经周期停止。由于雌孕激素水平升高，子宫内膜增厚，并维持在这一状态。如在月经第 28 天给予受试者安慰剂（不含激素），血中雌孕激素水平仍旧会明显降低，月经随之发生。如给予口服避孕药，血中的激素水平则会回升，子宫内膜增厚，从而使月经周期被扰乱，不再按原来的规律进行，卵泡循环和排卵都因雌孕激素对垂体的负反馈作用而被抑制。避孕药也可以皮下埋置的方式给予，这样激素缓慢释放，可维持长达 3～5 年的避孕效果。

在男性，LH 主要作用于睾丸间质细胞，刺激睾酮的合成。FSH 作用于 Sertoli 细胞，促进抑制素的合成，并促使睾酮转化为雌二醇，后者是**精子发生**（**spermatogenesis**）所必需的物质。FSH 还能刺激 Sertoli 细胞分泌一种雄激素集合蛋白，后者能与睾酮和雌二醇结合并将它们带入输精管腔的液体中，这样睾酮和雌二醇可持续作用促进精子的成熟。睾酮对 GnRH 的分泌也有负反馈调节作用。Sertoli 细胞分泌的抑制素还能选择性地抑制 FSH 的分泌。雄激素的这种负反馈作用减少了其自身的分泌，进而对精子的发生过程也起了负反馈调节作用。由胆固醇合成睾酮的过程汇总于图 23.39。

维生素 D_3

由生物活性的维生素 D 称为**钙三醇**（**calcitriol**）（1，25-二羟维生素 D_3），是一种开环类固醇化合物，即环戊烷多氢菲结构中四个环中的一个被打开（图 23.46）。在阳光照射下，皮肤内的 7-脱氢胆固醇生成**维生素 D_3**（**cholecalciferol**），后者先在肝脏羟基化成为 **25-羟维生素 D_3**（**25-羟胆钙化醇**）（**25-hydroxy vitamin D_3 25-hydroxycholecalciferol**），随后在肾脏形成 **1α，25-二羟维生素 D_3**（**1α，25- vitamin D_3，1α，25-dihydroxycholecaliciferol**）和 **24，25-二羟维生素 D_3**（**24，25-dihydroxycholecaliciferol**），前者有生物活性而后者无活性。小肠上皮细胞、骨细胞、肾小管上皮细胞都有 1，25-二羟维生素 D_3 的受体表达。1，25-二羟维生素 D_3 与受体结合后使受体磷酸化，随后激素-受体复合物与 DNA 上的维生素 D_3 反应元件结合增加维生素 D_3 反应基因的转录。维生素 D_3 反应基因编码多种产物，包括：钙结合蛋白、ATP 酶、细胞膜成分、囊泡形成促进因子等。钙结合蛋白可能是 Ca^{2+} 进入小肠的载体或者是缓冲细胞内 Ca^{2+} 入胞的阻力（图 23.47）。1，25-二羟维生素 D_3 的主要作用是促进小肠对逆浓度梯度吸收 Ca^{2+} 和磷酸盐，同时它还有其他作用。通过促进钙磷的吸收，1，25-二羟维生素 D_3 对骨的矿化起了重要作用。研究发现破骨细胞并不表达维生素 D_3 的核受体，但 1，25-二羟维生素 D_3 水平增加仍可以促进破骨细胞对骨质的吸收。其中可能的机制是成骨细胞表达维生素 D_3 的核受体，1，25-二羟维生素 D_3 与成骨细胞的维生素 D_3 受体结合后使成骨细胞产生旁分泌因子再作用于破骨细胞，促进骨质吸收。1，25-二羟维生素 D_3 还能通过旁分泌、自分泌的方式调节免疫反应。此外，1，25-二羟维生素 D_3 还能增加肾小管基侧膜上 Ca^{2+} 泵的数量，微弱地促进肾小管重吸收 Ca^{2+}。

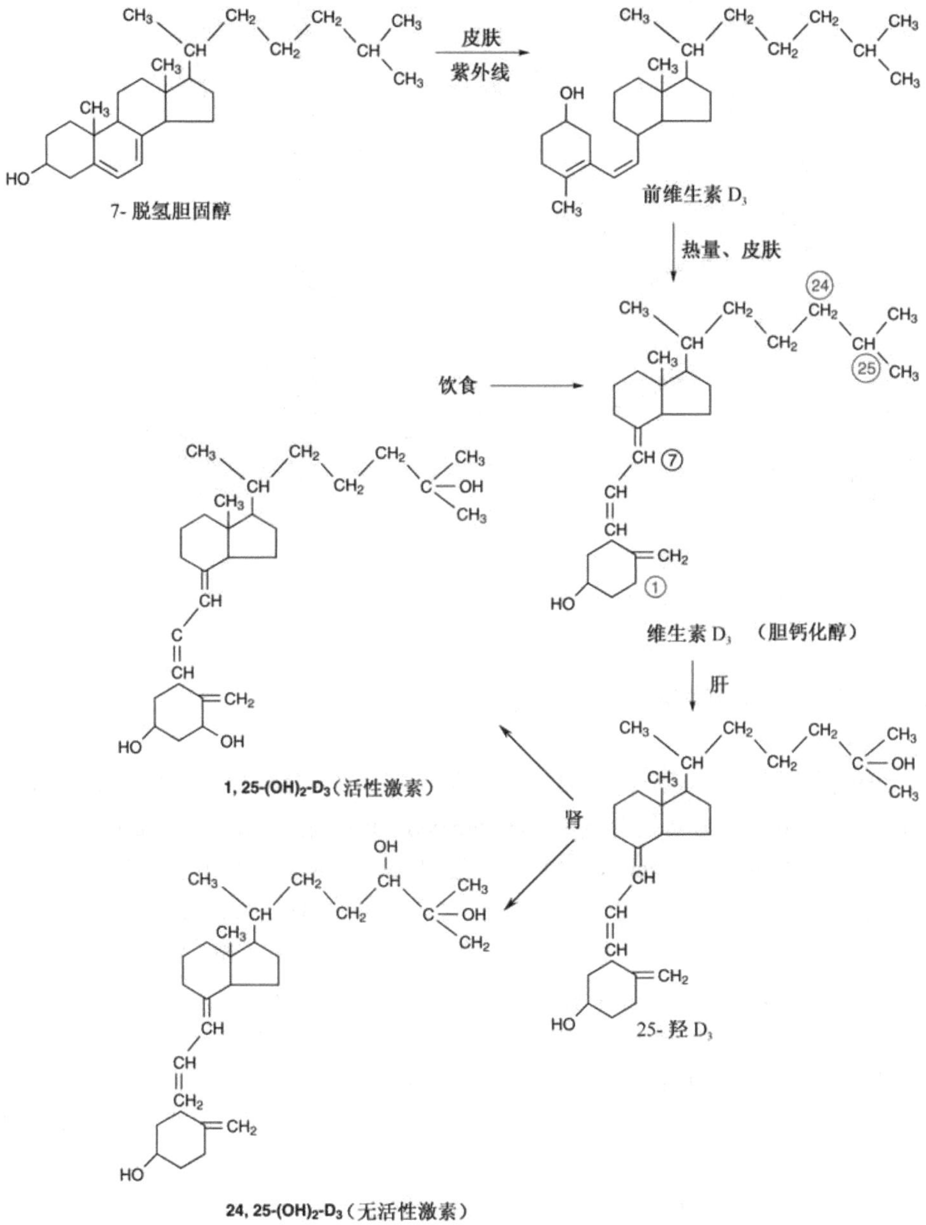

图 23.46　1α，25-二羟维生素 D_3 结构及活性维生素 D 形成

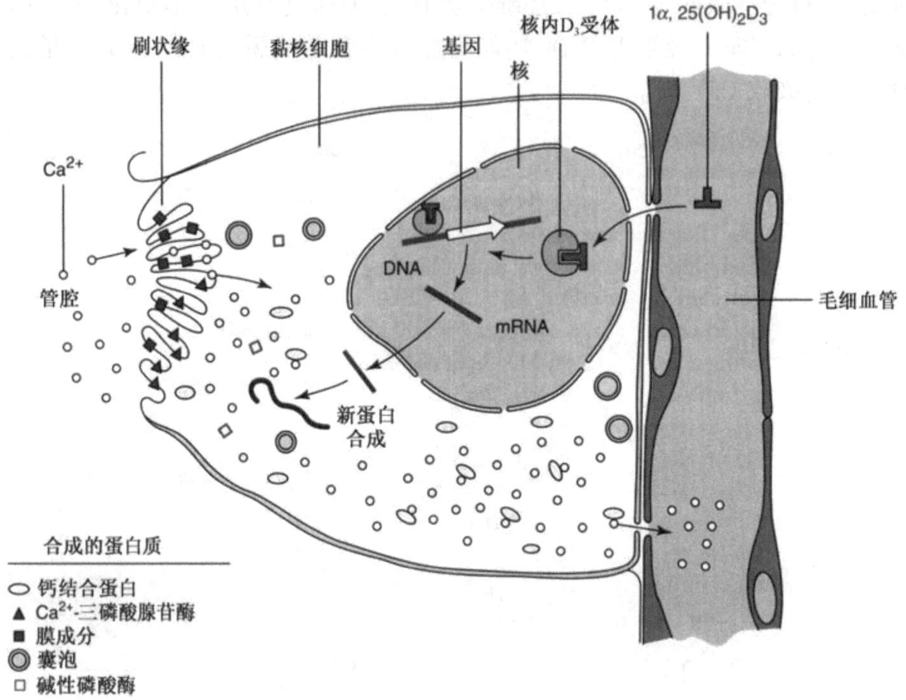

图 23.47 1,25(OH)$_2$D$_3$ 在肠黏膜促进钙离子吸收的大体模型

类固醇激素的运输:激素结合蛋白

主要有四种血浆蛋白与类固醇激素结合,分别为**皮质类固醇结合蛋白(corticosteroid-binding globulin, CBG)**、**性激素结合蛋白(sex hormone binding globulin, SHBG)**、**雄激素结合蛋白(androgen-binding protein, ABP)**、白蛋白(albumin)。血循环中多数皮质醇(75%~80%)与CBG结合,CBG又称为**皮质激素运载蛋白(transcortin)**。一分子CBG结合一分子皮质醇,其亲和系数 K_a 是 $2.4\times10^7 M^{-1}$。正常血浆的CBG浓度是3mg/dL,能结合皮质醇20μg/dL。约15%的血浆皮质醇以较低的亲和力($K_a=10^3 M^{-1}$)与白蛋白结合。尽管白蛋白的血浆浓度比CBG高1000倍,但是皮质醇还是先与CBG结合。CBG的浓度和总皮质醇浓度在应用孕酮或雌激素后都会增加。应激时,皮质醇水平很高,CBG的结合位点被饱和,过量的皮质醇与白蛋白质结合,剩余5%~10%的血浆皮质醇则保持游离状态(不结合蛋白)。游离的皮质醇可扩散通过细胞膜与细胞内的糖皮质激素受体结合产生生物效应。与皮质醇相对应,血循环中的醛固酮仅有50%~70%能以较低的亲和力与CBG和白蛋白结合,因此醛固酮的半衰期较短(20min),而皮质醇则相对较长(70min)。

性激素结合蛋白(SHBG)与雄激素结合的亲和系数约为 $10^9 M^{-1}$,约65%的睾酮与肝细胞生成的这种糖蛋白结合,血循环中的睾酮仅有1%~2%为游离状态,其余的则都与白蛋白及其他蛋白质结合,这样与SHBG结合的部分就成为睾酮的储存池。约60%的雄激素通过与SHBG结合而运输,20%与白蛋白结合,剩余20%呈游离状态。雌二醇与

SHBG 的亲和力相对睾酮较低，与 SHBG 结合的雌二醇被靶组织摄取后很快就解离下来。因此，SHBG 水平的变化可导致游离雄激素与雌激素的比例改变。男女两性在青春期前，血浆 SHBG 的浓度大致相同。在青春期，女性 SHBG 水平小量增加，而男性的 SHBG 水平则增明显降低，以确保男性血循环中有更多的游离睾酮。成年男性血循环中 SHBG 的含量仅有女性的一半，正因如此，男性体内游离的雄激素约为女性的 20 倍，而总雄激素浓度更达到了女性的 40 倍。睾酮本身有降低 SHBG 的作用（以增加游离睾酮），而雌二醇和甲状腺激素则可增加 SHBG 水平，故怀孕和甲亢时游离的睾酮和雌二醇都会减少。

雄激素结合蛋白（androgen-binding protein，ABP）是由 Sertoli 细胞在睾酮和 FSH 的刺激下产生的。ABP 也称为**睾酮-雌激素结合蛋白（testosterone-estrogen binding globulin，TeBG）**。它与 SHBG 很相似，其区别在于，ABP 位于睾丸内以使精液内的雄激素维持在一个较高水平，局部的高浓度雄激素对精子的发育成熟至关重要。孕酮仅能与皮质类固醇结合蛋白和白蛋白微弱地结合，故多数孕酮处于游离状态，这就导致孕酮在血中半衰期极短，大约 5min。

23.8　类固醇激素受体

类固醇激素结合细胞内受体

类固醇激素的受体和一些非类固醇激素（甲状腺激素、维甲酸、维生素 D_3）的受体位于细胞内，称为胞内受体。皮质醇受体和醛固酮受体位于细胞质，其他的胞内受体则位于细胞核内，并可能与染色质结合。细胞内受体是一个大分子复合物，结合了许多蛋白质，以糖皮质激素受体为例：未结合配体的糖皮质激素受体是一个约 300kDa 的复合物，它结合了 90kDa **热激蛋白（heat shock protein，Hsp）**二聚体——遮盖受体 DNA 结合域（图 23.48），56kDa 热激蛋白 Hsp56——一种亲免素（immunophilin），可与一些免疫抑制剂结合。

激素与胞内受体的作用过程如图 23.48 所示：类固醇激素与运载蛋白解离（第一步）。游离的类固醇激素扩散通过细胞膜脂质层进入细胞内（第二步）。当受体与激素结合后（第三步），就会引起构象变化使受体激活，具体来说就是：受体释出 Hsp90 二聚体，暴露 DNA 结合域（第四步）。随后，激素-受体复合物转位到细胞核（第五步），通常又以同源二聚体的形式与 DNA 上特异的结合位点（**激素反应元件，hormone response element，HSE**）结合（第六步），进而调节基因转录。转录生成的新 mRNA 随即进入细胞质形成翻译复合物，指导蛋白合成（第七步）。蛋白质合成后最终改变了靶细胞的代谢活动和功能。激素-受体复合物对基因转录的调节作用以增强转录为主，但也有抑制转录的情况，但比较少见。

雌激素、雄激素、孕酮、维生素 D_3 的受体位于细胞核内（图 23.48）。激素通过细胞质进入细胞核（这个过程可能需要运载蛋白的协助）。一旦进入细胞核，激素就与其受体结合，诱导受体结合蛋白（如 Hsp）的解离，并调节基因转录。在人类和啮齿类，17β-雌二醇的

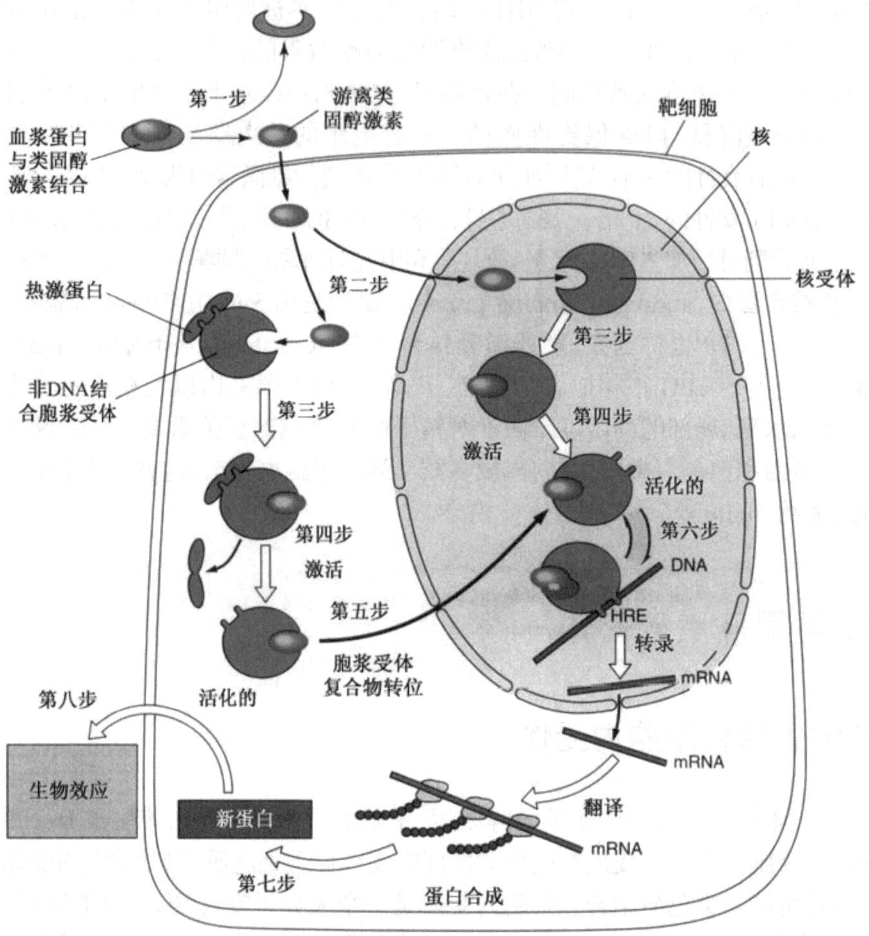

图 23.48 类固醇激素的作用模型

第一步：激素与转运蛋白解离；第二步：游离激素进入细胞质或进入细胞膜；第三步：激素与细胞质受体或核受体结合；第四步：受体激活形成激素-受体复合物；第五步：激素-受体复合物进入细胞核；第六步：激素-受体复合物与 DNA 上的特异的反应元件；第七步：激素反应基因编码合成新蛋白；第八步：通过诱导生成的蛋白改变靶细胞的代谢功能

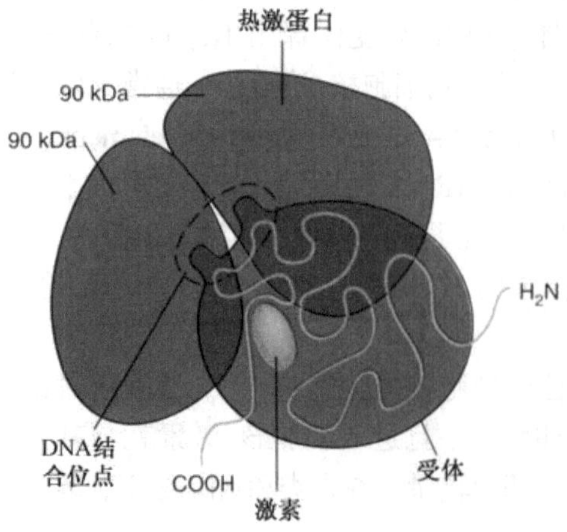

图 23.49 类固醇激素受体非受体结合态的假想模型

这种受体状态不能与 DNA 结合，因为受体的 DNA 结合位点被 90kDa HSP 蛋白所掩盖。这种复合物总的分子质量约为 300kDa

生物效应是通过结合**雌激素受体**(**estrogen receptor，ER**)实现的。ER又分为ERα和ERβ两种亚型，两者高度同源，雌二醇与两者亲和力相似，在与受体结合后都能与DNA上的雌激素反应元件结合。ERα包括两个独立的激活结构域AF-1和AF-2，两者的转录活性受到细胞内启动子环境的影响。ERβ只有AF-2结构域和一个抑制域。在激素未达到饱和状态时，ERβ是ERα转录活性的反式优势抑制剂，可降低细胞对雌二醇反应的敏感性。产生这种ERβ能抑制ERα的原因之一就是两者形成**异源二聚体**(**heterodimer**)。对小鼠进行ERα或ERβ基因敲除试验发现，这两种ER有不同的生物学作用。研究发现，当ERα和ERβ在神经元上一同表达时，它们分别启动不同的细胞内信号，引起不同的代谢反应：ERβ被认为可能与神经细胞分化有关；而ERα可能与突触的可塑性有关。内源的ERα和ERβ在子宫也表现出不同的作用。子宫包含不同种类的细胞，这些细胞的增殖、分化受到雌孕激素的作用，并与雌孕激素水平同步变化，而子宫组织ERα和ERβ水平也会随月经周期发生周期性改变。

17β-雌二醇调节**孕激素受体**(**pregesterone receptor，PR**)基因的表达。在子宫和乳腺组织，这种调节作用可以使组织做好接受孕酮作用的准备。ERα与诱导子宫间质和腺上皮细胞PR表达有关，而相对应的，ERβ则表现为下调网状上皮组织PR表达的作用。这样ERα和ERβ在不同组织细胞的差异表达就导致了雌激素在不同细胞产生不同的作用。

激素反应元件(**hormone response element，HRE**)是DNA上的一致性序列(表23.10)。糖皮质激素、盐皮质激素、孕酮和雄激素的受体都与同一个HRE结合。这样，一个特定细胞表达哪种受体，那么该细胞就对那种激素具有敏感性。性激素受体和孕酮受体只在很少几类细胞上表达，而糖皮质激素受体的表达范围则很广，很多细胞都是糖皮质激素的靶细胞。盐皮质激素受体和糖皮质激素受体是共表达的，但是相应细胞只以其中一种受体的表达为主，而另一种的表达则相对较少。然而也有例外，肾脏和结肠盐皮质激素和糖皮质激素表达量都很高，并且还表达**11β-羟基类固醇脱氢酶**(**11β-hydroxysteroid dehydrogenase，11β-HSD**)(见临床相关知识23.5)。11β-HSD可将皮质醇转化为11-脱氢皮质酮，降低了糖皮质激素对盐皮质激素受体的亲和力。糖皮质激素的这种失活作用促进了相应组织中醛固酮与盐皮质激素受体的结合。在表达盐皮质受体但又不是盐皮质激素作用靶点的组织中，11β-HSD不表达；在这些组织中的盐皮质激素受体可能只是介导循环中糖皮质激素的作用，后者在循环中的的水平比醛固酮约高100倍。因此，盐皮质激素受体和糖皮质激素受体可能调节多种靶组织中交错重叠的基因表达网络。值得一提的是，雌激素-受体复合物识别的相对特异的一种激素反应元件(表23.10)。糖皮质激素也能抑制一些基因的转录，如**阿片-促黑素细胞皮质素原**(**proopiomelanocortin，POMC**)基因(包含ATCH的基因序列)。糖皮质激素抑制POMC基因表达在调节ATCH及皮质醇的分泌的负反馈环中起关键性作用。**负性糖皮质激素反应元件**(**nagative glucocorticoid response element，nGRE**)介导了这种POMC基因的抑制。此外，nGRE也能介导其他一些基因表达的抑制。

表 23.10 类固醇激素受体反应元件:一致性序列

	反应元件	DNA 序列
正性	糖皮质激素反应元件	5'-GGTACAnnnTGTTCT-3'
	盐皮质激素反应元件	
	孕酮反应元件	
	雄激素反应元件	
	雌激素反应元件	5'-AGGTCAnnnTCACT-3'
负性	糖皮质激素反应元件	5'-ATYACNnnnTGATCW-3'

注:n 代表任何氨基酸;Y,嘌呤;W,嘧啶。

临床相关知识 23.5

表观性盐皮质激素过多综合征

一些患者(通常是儿童)表现为高血压、低血钾和醛固酮分泌增多,这往往是肾素-血管紧张素-醛固酮系统受到了抑制所致。然而检测患者的血浆和尿液,可能并不会发现盐皮质激素的升高,故这种疾病称为表观性盐皮质激素过多综合征(apparent mineralocorticoid excess syndrome, AME)。该综合征的病因主要是先天性 11β 羟基类固醇脱氢酶(11β-HSD)缺陷。11β-HSD 可将皮质醇转化为 11-脱氢皮质酮,降低了糖皮质激素对盐皮质激素受体的亲和力。血浆中的皮质醇水平比醛固酮高 100 倍,在 11β-HSD 失活的情况下,皮质醇可与醛固酮竞争结合盐皮质激素受体,并把盐皮质激素受体完全饱和,抑制盐皮质激素的结合,导致钠储留和肾素-血管紧张素-醛固酮系统的抑制。此外,甘草摄入过多也可能导致 AME。甘草的主要成分是甘草酸及其水解产物甘草次酸(GE)。GE 是一种有效的 11β-HSD 抑制剂,通过抑制 11β-HSD,GE 促进了皮质醇与盐皮质激素受体结合引发 AME。

目前已提出许多模型用来解释激素-受体复合物调节基因转录的机制。激素-受体复合物与 HRE 结合后,可能与转录激活因子协同作用促进基因转录;或者在空间上阻断转录激活因子与基因的结合而抑制基因转录。从理论上讲,激素-受体复合物与转录因子的直接相互作用(蛋白与蛋白作用)可以排除两者各自单独与 DNA 结合抑制转录的可能性。

类固醇激素复杂的生理作用不仅包括诱导基因表达,而且包括基因转录的抑制。例如,糖皮质激素具有抗炎作用,临床上应用糖皮质激素进行抗炎治疗已有数十年之久。其抗炎作用与抑制免疫反应有关,糖皮质激素可通过各种途径抑制免疫反应,抑制**前列腺素**(**prostaglandin**)合成就是其中之一。糖皮质激素-受体复合物(图 23.50)诱导**脂皮质蛋白**(**annexin-Ⅰ或 lipocortin**)的合成,后者抑制细胞膜磷脂酶 A_2 表达,进而抑制前列腺素合成所需的前体——花生四烯酸的释放。糖皮质激素也抑制**环氧合酶**(**cyclooxygenase, COX**)见 18.5 节的表达。在非炎条件下,COX1 组成性表达,催化前列腺素的合成。在炎症细胞,COX2 被诱导生成,而糖皮质激素可抑制 COX2 的合成,这是其抗炎的主要作用机制之一。

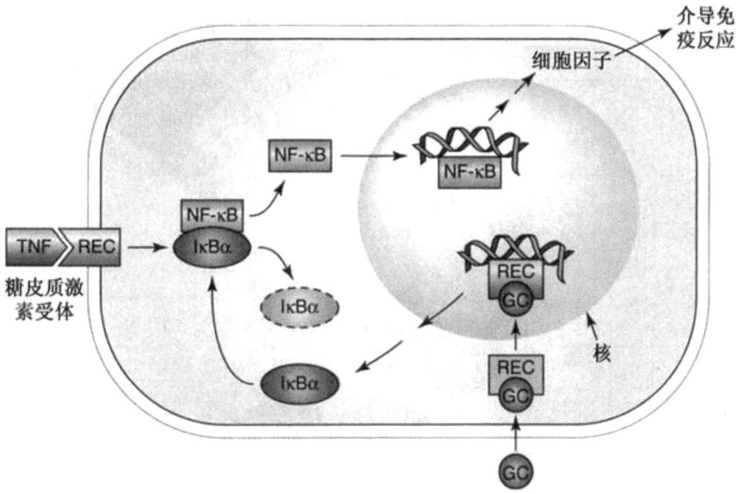

图 23.50　糖皮质激素抑制免疫和炎症反应是通过细胞因子介导的

REC:糖皮质激素受体;GC:糖皮质激素;TNF:肿瘤坏死因子;NF-κB:核因子 κB

糖皮质激素也能通过与转录因子相作用发挥抗炎作用。在未活化的免疫细胞,**转录因子 κB (nuclear factor kappa B,NF-κB)**固定于细胞质内,并与 IκBα 或 IκBβ 结合。在免疫信号,如肿瘤坏死因子(tumor necrosis factor,TNF)的作用下,IκBα 的 32 和 36 位丝氨酸残基发生磷酸化,进而引起的 IκBα 泛素化并被溶酶体降解。IκBα 的降解使 NF-κB 从细胞质释出,并迁移至细胞核内,诱导各种炎症反应细胞因子的表达。糖皮质激素通过诱导 IκBα 转录,使 NF-κB 保留在细胞质内维持失活状态;这样,在有免疫信号传来时,NF-κB 无法移至细胞核发挥诱导基因表达作用;由此糖皮质激素抑制了免疫细胞的激活。

一些类固醇激素受体基因超家族成员介导基因的剪接。DNA 上的沉默基因和增强子的作用与其位置和方向无关。特别是沉默基因,包含有非依赖性抑制基因活性的模块。未结合配体**甲状腺激素受体(thyroid hormone receptor,T_3R)**和**维甲酸受体(retinoic acid receptor,RAR)**能结合特异的沉默基因,抑制基因转录;受体一旦与激素结合,这些受体就会丧失与沉默基因结合的活性,并作为转录激活因子发挥作用。

受体二聚化是多数类固醇激素受体与 DNA 结合、激活转录的一个前提条件。单体间的相互作用由受体的配体结合域介导,具体的二聚化区域可能形成了亮氨酸拉链结构域或螺旋-转角-螺旋模序(见 8.9 节)。这种结构是一些转录因子二聚化非常必要的。大多数类固醇激素受体形成同源二聚体,然而**维甲酸 X 受体(retinoid X receptor,RXR)**则与维甲酸受体(RAR)、甲状腺激素受体或该受体超家族的其他成员形成异源二聚体。RXR/RAR 异源二聚体稳定转录起始复合物的作用模型在图 23.51 阐述。

类固醇激素受体的结构域

糖皮质激素受体包括三个主要的**功能结构域(functional domain)**(图 23.52)。C 端是配体结合域,该结构域与其他类固醇激素受体的**配体结合域(ligand-binding domain)**具

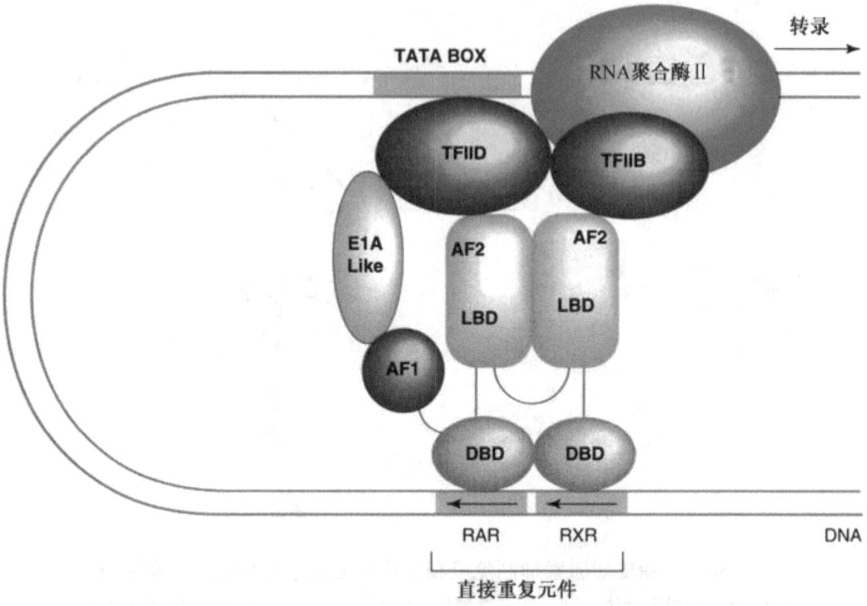

图 23.51 RXR/RAR 异二聚体稳定起始复合物的模型

TF:转录因子;LBD:配体结合结构域;DBD:DNA 结合结构域;AF1:位于受体氨基端激活功能,它可以提供与细胞特异性蛋白接触;AF2:定位于配体结合结构域,可直接与转录复合物相互作用

有 30%～60% 的同源性(见临床相关知识 23.6)。配体结合域结合有 90kDa 的 Hsp(Hsp90),后者有两种功能:①维持配体结合域的最佳构象,以备与配体结合;②防止未结合配体的受体与 DNA 结合。在配体结合域的左侧有一转录调节区,该区段包含一个核定位信号,后者表现为对核孔的识别。在转录调节区和配体结合域之间是 **DNA 结合结构域(DNA-binding domain)**,该结构域与其他类固醇激素受体有 60%～95% 的同源性。DNA 结合域有两个识别 HRE 的锌指结构,并能稳定 DNA 上的 HRE 序列。糖皮质激素受体 N 端的结构域在不同的类固醇激素受体间高度变异,包含有**抗原区(antigenic region)**和转录调节区。这些都是类固醇激素受体超家族的共同特征(图 23.53)。这些受体在基因上的祖先是 v-erbA 或 c-erbA。v-ErbA 是一种癌基因产物,能与 DNA 结合,但没有配体结合域。类固醇激素受体的 DNA 结合域同源性很高,因而不同的受体可与共同的激素反应元件结合(表 23.10)。**芳香烃受体(aryl hydrocarbon receptor, Ah)**可能也是这个超家族的成员,Ah 受体与致癌物结合,转位至细胞核。尽管甲状腺激素受体和维甲

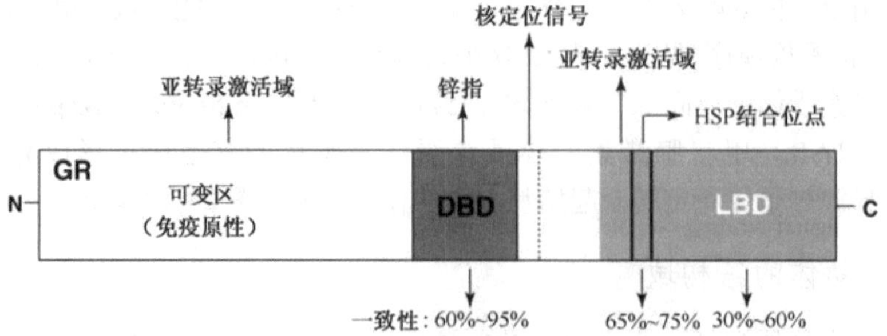

图 23.52 类固醇激素受体蛋白的主要功能结构域

酸受体的配体并不是类固醇，然而这些激素在分子结构上都包含有六元环，如图 23.54 所示。这两种受体也是该超家族的成员。多数类固醇激素与受体的结合是通过激素结构上的 A 环伸入受体的配体结合域的陷窝内实现的。

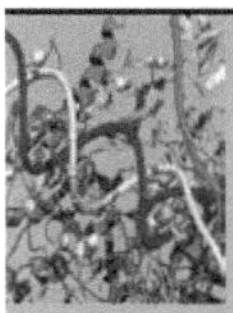

临床相关知识 23.6
盐皮质激素受体突变导致高血压和妊娠毒血症

肾素-血管紧张素系统和醛固酮受体与高血压的发病有关，特别是伴发妊娠毒血症的高血压。6% 的孕妇出现高血压，其中一些病例伴有盐皮质激素受体 810 位丝氨酸残基突变为亮氨酸残基(S810L 突变)。突变的丝氨酸残基正位于盐皮质激素受体的配体结合域。有趣的是，S810L 突变后，孕酮能与突变后的受体以很高的亲和力结合(与醛固酮对盐皮质激素受体的亲和力相当)，并作为受体激动剂发挥作用，促进肾脏对钠离子的重吸收。然而在正常的野生型盐皮质激素受体，孕酮只是以极低的亲和力与之结合，并起一定的受体阻断剂作用。在孕期，血浆孕酮水平明显增加(图 23.20)，使突变的 S810L 受体持续受到孕酮的结合。通过对 35 岁以下的孕妇研究发现，带有突变 S810L 受体的孕妇，动脉收缩压/舒张压为 167/110，而正常无突变 S810L 受体的孕妇则为 126/78(正常范围)。安体舒通作为一种利尿剂，主要通过与正常的盐皮质激素受体结合，拮抗醛固酮的作用；然而对于突变 S810L 受体，安体舒通则成为受体激动剂。因此，安体舒通不能应用于 S810L 突变的高血压患者。S810L 突变是导致重度高血压患者早发心衰的重要因素。

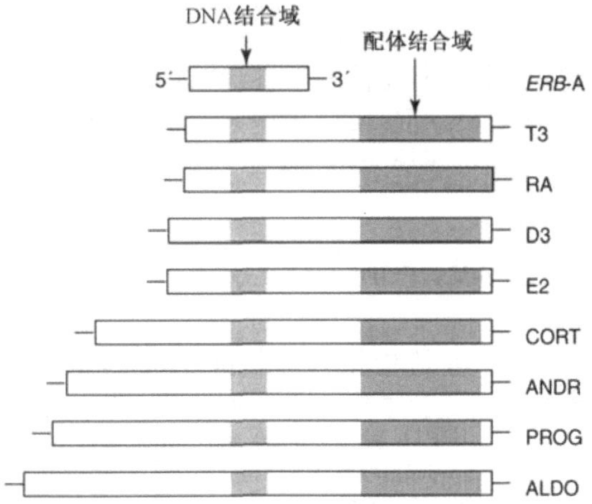

图 23.53　类固醇激素受体基因超家族

T_3：三碘甲腺原氨酸；RA：视黄酸；D_3：二羟维生素 D_3；E_2：雌二醇；CORT：氢化可的松；ANDR：雄激素；PROG：孕酮；ALDO：醛固酮；图中粗略显示了这些受体基因的相对大小

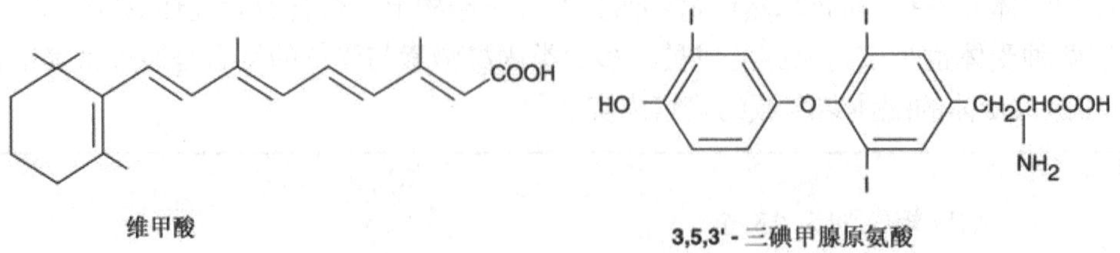

图 23.54　维甲酸和三碘甲腺原氨酸的结构

这个基因超家族的受体，无论是以同源二聚体还是异源二聚体形式起作用，其功能都是配体激活的转录因子，调节（激活或抑制）特定基因的转录。

孤儿受体

许多受体由于没有生理性的配体或激活物而被称为孤儿受体（orphan receptor）。在动物界，孤儿受体普遍存在。目前已知的孤儿受体主要有：苯甲酸酯 X 受体（benzoate X receptor，BXR）、维甲酸 X 受体（retinoid X receptor，RXR）、过氧化物酶体增殖子激活的受体（peroxisome proliferators-activated receptor，PPAR）、组成性雄烷受体 β（constitutive androstane receptor，CARβ）、孕烷 X 受体（pregnane X receptor，PXR）、类固醇和异生素受体（steroid and xenobiotic receptor，SXR）、法呢醇 X 受体（farnesoid X receptor，FXR）。PXR、SXR、CARβ 在肝脏表达量很高，特定的类固醇配体能与之结合形成配体-受体复合物，后者与 RXR 形成异二聚体与 DNA 结合，调节基因转录。最近发现的这些孤儿受体及其相应的配体具有重要的生理学作用，并且与人类的一些疾病有关。例如，不同的类固醇激动剂和拮抗剂激活人 SXR 后可诱导一些编码物质代谢关键酶的基因转录，进而促进解毒及一些内源性激素、外源性激素、药物的清除。因此对正在接受类固醇激素治疗的患者或口服避孕药的女性，如果再应用那些能结合 SXR 的药物（如利福平），就会因后者加速类固醇代谢的作用而降低所用的激素的药效。

配体对类固醇激素受体的下调

在一定浓度激素的作用下，细胞中相应激素的受体就会下调（down-regulation）。对于细胞内受体来说，下调通常意味着受体基因表达量的下降，受体分子在细胞内的浓度下降。受体基因的启动子区域可能拥有负反馈反应元件，它能与激素-受体复合物结合，抑制相应受体的转录。受体在其配体的作用下发生下调是一种很重要的生理反应。通过这种作用可降低靶细胞对激素的敏感性，防止细胞在激素水平升高时过度激活，以维持稳态。尽管这种调节方式很常见，但并不是每一个靶细胞上都有发生。此外，在许多细胞还发现了糖皮质激素使糖皮质激素受体上调的现象。这种配体同源受体上调（homologous up-regulation）的意义并不十分明确，但从理论上来看，这种调节方式可以增加靶细胞对激素的敏感性。雌激素增加孕酮受体的表达则是配体异源受体上调（heterologous up-regulation）的典型例子。

类固醇激素核受体、辅激活物、辅阻遏物

辅激活物与辅阻遏物是细胞核内多数类固醇激素-受体复合物调节基因转录的辅助因子。当受体被类固醇激素饱和后与辅激活物作用，如 p160 家族辅激活物、类固醇激素受体辅激活物 1、转录调节因子 2(TIF2)/糖皮质激素受体作用蛋白(GRIP1)，基因表达增加。反之，与辅阻遏物作用，如核受体辅阻遏物(NcoR)、维甲酸和甲状腺激素受体沉默介质(SMRT)，基因表达降低。配体与核受体的结合如同“分子开关”，使辅阻遏物从受体上解离下来，并使受体与辅激活物结合，促进基因表达。核受体结合辅阻遏物或辅激活物的位点在受体的配体结合域，两者可能是重叠的。

尽管，辅阻遏物不能与结合了配体的核受体(如甲状腺激素受体)结合，但它们之间却有着一定的相互作用。正是这种相互作用导致了不同类固醇激素受体(雄激素、糖皮质激素、盐皮质激素、孕激素受体)在产生作用时具有细胞特异性。类固醇激素都特异地与其相应的受体结合，但形成的配体-受体复合物却多与相同的激素反应元件结合。正是由于辅阻遏物与配体-受体复合物的相互作用使结合相同激素反应元件的配体-受体复合物产生各自特异性的作用。

类固醇激素的非基因组效应

类固醇激素的作用并不完全在基因转录水平实现。许多类固醇激素，包括醛固酮、雌二醇、孕酮、糖皮质激素、雄激素在内，也可以通过与靶细胞上的**膜受体**(**membrane receptor**)结合，激活细胞内信号分子(如 PKC、DG、IP_3)和信号通路，发挥快速效应(数分钟内)。这种膜受体不同于类固醇激素的经典核受体，它们既可能是在细胞膜表达的核受体亚群，又可能是与经典核受体完全不同的膜受体。支持这种膜受体存在的依据有：①参与类固醇激素快速效应的受体在药理学特性上与经典的细胞内受体有很大的差别；②产生类固醇激素快速效应的组织细胞并不表达经典的细胞内受体；③这种类固醇激素快速效应并不总能被该激素经典的阻断剂所阻断。类固醇激素膜受体的分子结构和功能正被逐渐阐明。能特异性作用于类固醇激素**非基因组效应**(**nongenomic effect**)的药物在今后可能广泛应用于临床各领域，以治疗心血管和中枢神经功能紊乱、电解质平衡紊乱和不育症。

参考书目

Alberts, B., Johnson, A., Lewis, L., Raff, M., Roberts, K., and Walter, P. (Eds.). *Molecular Biology of the Cell*, 4th ed. New York: Garland, 1994.

Baulieu, E. E. Steroid hormone antagonists at the receptor level: A role for heat-shock protein MW 90,000 (hsp 90). *J. Cell Biochem.* 35:161, 1987.

Beato, M. Gene regulation by steroid hormones. *Cell* 56:335, 1989.

Berne, R. M. and Levy, M. N. (Eds.). *Physiology*. St. Louis: Mosby, 1998.

Blumberg, B. and Evans, R. M. Orphan nuclear receptors—new ligands and new possibilities. *Genes Dev.* 12:3149, 1998.

Carson-Jurica, M. A., Schrader, W. T., and O'Malley, B. W. Steroid receptor family: Structure and functions. *Endocr. Rev.* 11:201, 1990.

Chen, J. D. Steroid/nuclear receptor coactivators. In: G. Litwack (Ed.), *Vitamins and Hormones*, Vol. 28. Orlando, FL: Academic Press, 2000, p. 391.

Chrousos, G. P., Loriaux, D. L., and Lipsett, M. B. (Eds.). *Steroid Hormone Resistance*. New York: Plenum, 1986.

Cuatrecasas, P. Hormone receptors, membrane phospholipids, and protein kinases. *The Harvey Lectures Ser.* 80:89, 1986.

DeGroot, L. J. (Ed.). *Endocrinology*. Philadelphia: Saunders, 1995.

Dostert, A. and Heinzel, T. Negative glucocorticoid response elements and their role in glucocorticoid action. *Curr. Pharm. Des.* 10:2807, 2004.

Evans, R. M. The steroid and thyroid hormone receptor superfamily.

Science 240:889, 1988.

Falkenstein, E., Tillmann, H. -C., Christ, M., Feuring, M., and Wehling, M. Multiple actions of steroid hormones—A focus on rapid, nongenomic effects. *Pharmacol Rev.* 52:513, 2000.

Giguere, V., Hollenberg, S. M., Rosenfeld, M. G., and Evans, R. M. Functional domains of the human glucocorticoid receptor. *Cell* 46:645, 1986.

Green, S., Kumar, V., Theulaz, I., Wahli, W., and Chambon, P. The N-terminal DNA-binding "zinc-finger" of the estrogen and glucocorticoid receptors determines target gene specificity. *EMBO J.* 7:3037, 1988.

Gustafsson, J. A., et al. Biochemistry, molecular biology, and physiology of the glucocorticoid receptor. *Endocr. Rev.* 8:185, 1987.

Krieger, D. T. and Hughes, J. C. (Eds.). *Neuroendocrinology*. Sunderland, MA: Sinauer Associates, 1980.

Larsen, P. R., Kronenberg, H. M., Melmed, S., and Polonsky, K. S. (Eds.). *Williams Textbook of Endocrinology*, 10th ed. Philadelphia; Saunders, 2003.

Litwack, G. (Ed.). *Biochemical Actions of Hormones*, Vols. 1–14. New York: Academic Press, 1973–1987.

Litwack, G. (Ed. in Chief). *Vitamins and Hormones*, Vol. 50. Orlando, FL: Academic Press, 1995.

Norman, A. W. and Litwack, G. *Hormones*. Orlando, FL: Academic Press, 1987.

Mester, J. and Baulieu, E. E. Nuclear receptor superfamily. In: L. J. DeGroot et al. (Eds.), *Endocrinology*, 3rd ed., Philadelphia: Saunders, 1995, p. 93.

Norman, A. W. and Litwack, G. *Hormones*, Orlando, FL: Academic, 1987.

O'Malley, B. W., Tsai, S. Y., Bagchi, M., Weigel, N. L., Schrader, W. T., and Tsai, M. -J. Molecular mechanism of action of a steroid hormone receptor. *Recent Prog. Horm. Res.* 47:1, 1991.

Richter, D. Molecular events in expression of vasopressin and oxytocin and their cognate receptors. *Am. J. Physiol.* 255:F207, 1988.

Saltiel, A. R. The paradoxical regulation of protein phosphorylation in insulin action. *FASEB J.* 8:1034, 1994.

Schmidt, T. J. and Meyer, A. S. Autoregulation of corticosteroid receptors. How, when, where and why? *Receptor* 4:229, 1994.

Spiegel, A. M., Shenker, A., and Weinstein, L. S. Receptor-effector coupling by G proteins: Implication for normal and abnormal signal-transduction. *Endocr. Rev.* 13:536, 1992.

Struthers, A. D. (Ed.). *Atrial Natriuretic Factor*. Boston: Blackwell Scientific Publications, 1990.

Wahli, W. and Martinez, E. Superfamily of steroid nuclear receptors—Positive and negative regulators of gene expression. *FASEB J.* 5:2243, 1991.

习题和参考答案

选择题

1. 如果单独的一个基因能够编码不只一个激素分子
   A. 任何组织只要表达该类基因便能产生所有类型的激素
   B. 所有激素分子都相同
   C. 基因产物剪切位点是典型的成对的基本氨基酸
   D. 基因产生的所有肽段都有相应的生物活性
   E. 各种激素具有相似功能
2. 以下对激素与它的受体相互作用描述是正确的，除了
   A. 激素必须的可能不止一条多肽链
   B. 可能产生不止一种第二信使
   C. 膜上螺旋排布可能为激素形成结合位点
   D. 与合成的激动或拮抗剂相比，受体对激素具有更强的亲和力
   E. 内吞后激素从受体上脱离，理论上能与核受体作用
3. 一些激素受体复合物通过吞噬而内化，这一过程可能包括
   A. 激素受体复合物形成笼形蛋白包裹的饼状体
   B. 受体循环再回到细胞表面
   C. 在溶酶体降解受体和激素
   D. 形成受体复合体
   E. 以上皆有
4. 视黄酸及其衍生物
   A. 通过消除受体蛋白沉默活性可能激活基因转录
   B. 与同源二聚体蛋白结合，随后与 DNA 结合
   C. 通过亮氨酸拉链与 DNA 直接结合
   D. 是维生素衍生物，因此对调节基因表达没有作用
   E. 与甲状腺素受体结合可以代替甲状腺素
5. 以下受体可能属于甾体类受体基因超家族，除了
   A. 芳烃受体
   B. *erbA* 蛋白
   C. 视黄酸受体
   D. 甲状腺素受体
   E. α-维生素 E 受体
6. 糖皮质激素位于细胞质。以下关于激素影响转录是正确的，除了
   A. 激素必须以自由状态跨过细胞膜
   B. 细胞质受体可能与热激蛋白结合
   C. 受体-激素复合体处于非活性状态直到它转移到核内
   D. 在核内，激活的受体-激素复合体寻找特定的 DNA 序列结合
   E. 激活的受体-激素复合体可能激活或抑制特定基因的转录

问题 7 和 8：醛固酮与它的受体结合促进钠离子

在肾远端肾单位重吸收。钠离子水平升高导致高血压，对于怀孕期来说是非常严重的问题。在一些病例，高血压在怀孕早期就出现并随时间加重，原因可能是盐皮质激素受体突变造成的。孕酮可以与突变的受体结合，并具有与醛固酮相同的亲和能力，对受体是一种激活剂。因为孕期孕酮水平是很高的，突变的受体始终处于饱和状态，血压就一直处于危险状态。螺内酯是醛固酮拮抗剂，而对于突变的受体来讲却是激动剂，所以不能用作此类高血压的治疗。

7. 以下都是正常情况导致肾上腺分泌醛固酮，除了
   A. 在血容量不足情况下肾素分泌
   B. 血管紧张素原与膜受体结合
   C. 磷脂酰肌醇被激活产生 IP_3 和 DAG
   D. 细胞钙离子水平升高
   E. 醛固酮分泌入血
8. 一旦排卵发生，接下来它的走向取决于是否受精。以下关于此过程的描述正确的是
   A. FSH 以 cAMP 为第二信使刺激滤泡释放 17β-雌二醇
   B. 随着孕期进展黄体酮消失，血中孕酮水平下降
   C. 滤泡产生抑制素可以阻止 LH 释放
   D. 主要影响黄体酮产生孕酮和雌二醇的是 FSH
   E. 所有以上全是

问题 9 和 10：创伤可引起垂体机能减退，例如车祸引起下丘脑与垂体前叶分离，或者由于肿瘤发生于垂体后叶。如果是创伤，通常所有下丘脑释放的激素都不能到达垂体前叶。如果是肿瘤，一些或所有的垂体激素将被隔断。垂体后叶激素也可能消失。垂体机能减退可能会威胁到生命。一般以口服激素治疗。

9. 如果下丘脑和前垂体前叶之间的连接被剪断，垂体将不能释放下列激素，除了
   A. ACTH
   B. 雌二醇
   C. 缩宫素
   D. 睾酮
   E. 甲状腺素
10. 垂体机能减退的女性患者非常有必要维持其卵巢周期。在卵巢周期
   A. GnRH 通过特定的膜载体进入血管系统
   B. 如果没有受精黄体将快速退化
   C. 抑制素通过抑制 FSH 的 α 亚单位合成发挥作用
   D. LH 被黄体摄入并与细胞质受体结合

问题 11 和 12：在孕期母体的胰岛素敏感性正常降低。在 3%～5% 怀孕女性对葡萄糖表现为不耐受性，发展成为妊娠糖尿病(GDM)。GDM 通常是可逆的，但是一部分女性将发展成为 2 型糖尿病。GDM 的病理机制可能是胰岛素功能障碍而不是与胰岛素受体结合的亲和力降低。

11. GDM 患者肌肉细胞过量表达一种细胞膜蛋白，它可以抑制胰岛素受体的活性。这种蛋白是
   A. PKA
   B. PKB
   C. PKC
   D. PKG
   E. 酪氨酸激酶
12. 胰岛素与其受体结合
   A. 发生在 β-亚单位
   B. 引起磷酸化
   C. 减少细胞质底物蛋白结合
   D. 只引起蛋白磷酸化
   E. 不会引起第二信使的释放

问答题

13. 如果对应激不能产生皮质醇，那么原因在于下丘脑还是垂体前叶或肾上腺皮质有问题？
14. 7-脱氢胆甾醇与 1α,25-二羟维生素 D_3 有什么关系？

参考答案

1.　C　一个或多个胰蛋白酶样蛋白酶催化此反应。A：POMC 基因产物在垂体前叶不同部位有不同剪切方式。B：单独一个激素可能存在多拷贝，但不是必须的。D：一些片段具有未知功能。E：例如 ACTH 与 β-内啡肽基本没有相似功能。

2. D　β-受体对异丙肾上腺素具有更高的结合能力。AB：这些是糖蛋白激素。C：这对于β1受体是正确的。E：这只是可能的，完全还是猜测，目前并无实例。

3. E　A和D经常出现。B或C有时出现。

4. A　在没有配体的时候，视黄酸受体与特定的沉默元件结合。一旦视黄酸与受体结合，抑制活性消失，激活转录。B：另外还有维甲酸类X受体，它可与视黄酸以二聚体形式结合影响转录。C：视黄酸与其受体结合。受体蛋白可能通过锌指拉链与DNA结合。E：与视黄酸受体相比，甲状腺素受体是例外一种蛋白。

5. E　B：需要注意 *c-erbA* 是一个原癌基因。

6. C　在细胞质热激蛋白与受体激素复合体的解离激活此复合体。A：类固醇激素与细胞质蛋白结合，但是一些是游离状态的。D：这些是DNA上共有序列。E：激活更常见，但是糖皮质激素抑制阿片-促黑素细胞皮质素原转录。

7. B　肾素剪切血管紧张素原成为血管紧张素Ⅰ，它还须经过酶进一步剪切成活性的血管紧张素Ⅱ。A：这是主要的信号。C D：这些导致提高钙离子浓度和激活蛋白激酶C。

8. A　激活cAMP依赖的蛋白激酶刺激合成和分泌雌二醇。B：这是在没有受精时发生的，在怀孕时，黄体最终消失但是胎盘产生高水平的孕酮。C：抑制素控制FSH释放。D：LH控制黄体。

9. C　缩宫素从垂体后叶释放，A B D和E都是从下丘脑释放，经垂体前叶释放。

10. D　A：GnRH通过开窗进入血管系统。B：如果受精，黄体被胎盘代替。C：糖蛋白激素具有共有的α亚单位。E：LH与受体在胞膜相互作用。

11. D　这是β亚单位的活性。

12. B　发生在β亚单位酪氨酸残基。A：与α亚单位结合。C：自动磷酸化促进结合。D：一些蛋白是去磷酸化的。E：第二信使可说明短期代谢效应

13. 终末器官是肾上腺皮质。如果注射ACTH皮质醇上升，那么肾上腺皮质功能是正常的。静脉注射CRH（促肾上腺皮质释放激素）应该能够到达垂体前叶。如果ACTH对此反应性升高，垂体功能是正常的，因此问题可能发生在下丘脑。如果ACTH对CRH没有反应，说明垂体前叶功能异常。

14. 1α,25-二羟维生素D_3是活性形式的维生素D。D. 紫外线作用在皮肤上可以转变7-脱氢胆甾醇成为维生素D_3。这一产物必须在肝内羟化成25-羟维生素D_3，而后再在肾内进一步加工成1,25-$(OH)_2D_3$。

（冯赟　译）

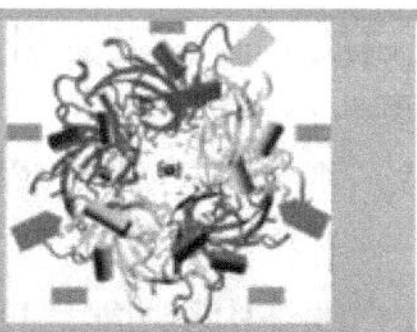

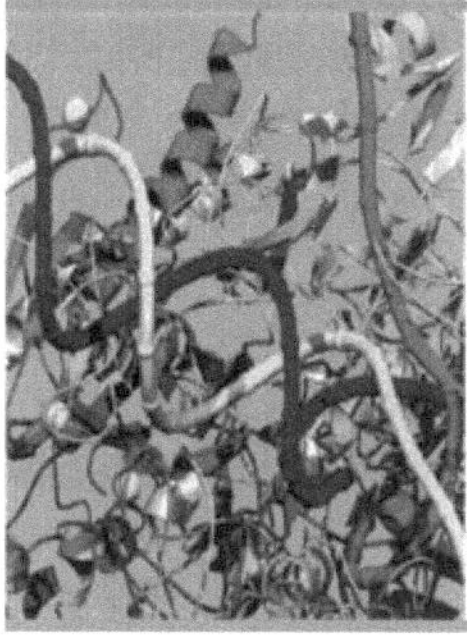

24

细胞分子生物

Thomas E. Smith

24.1　概述

动物是通过特定器官对周围刺激,如触摸、疼痛、热、冷、强度(光或噪音)、色彩、形状、位置、音调、质量、酸、甜、苦、咸、碱、香味等进行感知。这些反应一般是对作用于皮肤、眼睛、耳朵和鼻子的刺激做出的。其中一些信号位于刺激作用部位,而另外一些(声音、味道和景象)投射在空间中或存在于动物周围一定距离的环境中。

刺激位点信号的识别需要可刺激神经系统并能传入脑组织的第二信号。这种生理反应会导致自觉或不自觉的肌肉收缩,其背后共同的特点有:①伴随神经元信号传递的电活动;②伴随跨突触信号传递的化学活动。压力(皮肤,感觉)、光(视力,眼睛)、噪音(耳朵,听觉)、味道(舌)或气味(鼻子)等环境刺激都转换为电冲动和其他可影响反应的能量,可直接受大脑指挥。这些过程由一系列生化反应组成。

信号传递与扩增的一般生化机制将在神经传递、视觉和分子传感器等章节中详细讨论。血液凝固和止血作用是一种特殊的生化信号放大过程,参与从凝血到纤维蛋白溶解过程的酶和辅助蛋白将在后面讨论。本章中讨论的所有过程都是由刺激触发,通过某些生化反应扩散、扩大,接着终止、复位,从而为下一个反应做好准备。反应所需的能量和中间代谢物在此仅简要提及,在本书的其他章节详细介绍。

24.2　神经组织:代谢与功能

J. L. W. Thudichum 被称为“西方的第一位生化学家和世界上第一位病理生化学

家”。1884 年,他发表了被称为其“最伟大贡献”的论文,题为《关于大脑化学组成的专题论文》,文中对超过千例的人与动物的大脑进行了化学分析,人类由此开始了有关神经组织化学组成的研究。随后,人类在对脑的生化和分子机制,以及神经元功能方面出现了很多令人振奋的研究成果。人类已经能以较高的分辨率显示许多参与此过程的蛋白的晶体结构,其在疾病过程中的作用也得到了一定程度的揭示。

成人体重中 2.4% 为神经组织,其中约 83% 为脑组织。神经系统在感知环境和身体的各个部分中起到联系网的作用。脑组织是发布命令的中枢,通常功能活跃,需大量能量来维持。一般情况下,脑组织的能量来源于糖代谢。酮体可穿过**血-脑屏障**(**blood-brain barrier**)并为脑组织代谢,饥饿状态下尤甚,但它们不能代替脑组织对糖的需求。脑组织一般每天需 103g 糖。对一个重 1.4kg 的脑组织,相当于每克组织以每分钟 0.3μmol 的速率消耗能量,若单纯由三羧酸循环(TCA)产生 ATP 则相当于每克组织以每分钟 6.8μmol 的速率消耗能量。虽然 TCA 的工作能力已接近最大,并为神经组织提供了大部分 ATP,但其产生 ATP 的效率并非 100%。脑组织的大部分能量用于维持跨膜离子梯度,以影响储存、转运,以及神经递质和细胞组分的合成等。糖酵解以约 20% 的效率为脑组织提供 ATP。

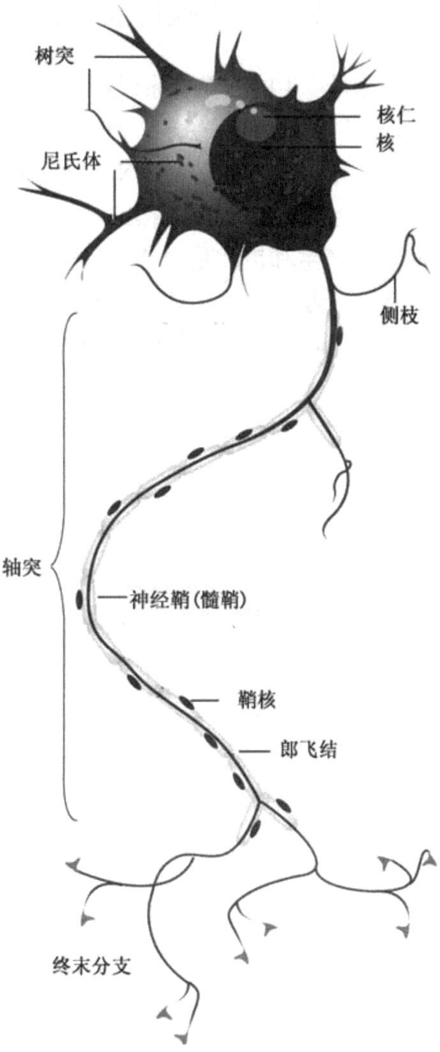

图 24.1　神经细胞模式图

脑组织有两大特征:①含特异且复杂的类脂物,主要用于维持细胞膜的完整,而非用于代谢;②虽然神经细胞在分化成熟后通常不再分裂,但与身体其他部位的蛋白相比,脑组织蛋白的**更新速率**(**turn over**)更快。

神经系统中负责搜集和传递信息的细胞为高度特异的**神经元**(**neuron**)(图 24.1)。每个神经元都包含细胞体、能从其他细胞接收信号的短树枝样的**树突**(**dendrites**),以及从胞体延伸至其他神经元或细胞,起传递信号作用的**轴突**(**axon**)。中枢神经系统(CNS)是一个高度完整的系统,单个神经元可接收来自不同环境的抑制和兴奋信号。正常成年人约有 10^{11}～10^{13} 个神经元,相互间通过电和化学信号进行交流。脑干细胞可分化成三类主要细胞:神经元、**星形神经胶质细胞**(**astrocyte**)和少突神经胶质细胞。星形胶质细胞是神经胶质细胞,与超过 90% 的血脑屏障内皮细胞有关,帮助确定血脑屏障的形态和功能。星形胶质细胞在

CNS 的外表面长出并与其他类型的细胞相互连接，在毛细管水平形成具复杂解剖结构的封闭屏障，使 CNS 与外界隔离。这种紧密连接可阻挡被动进入大脑的水溶性分子，形成我们熟知的血脑屏障。因此，水溶性化合物需要靠特定的载体才能进入大脑。少突神经胶质细胞似隔绝物样围绕于轴突周围，并帮助进行有效的信号传递。此外还有其他类型的神经胶质细胞，每种都具特定功能，但只有星形胶质细胞直接与神经元的代谢和生化功能相关[见以下有关 GABA（γ-aminobutyric acid，γ-氨基丁酸）的讨论]。一些神经胶质细胞利用除糖外的中间代谢物（如脂肪酸）作为能量来源。

神经元的 ATP 和跨膜电势能

糖代谢途径产生的三磷酸腺苷通常用于维持神经元膜内外约 −70mV 的稳定电势。此电势由 **Na^+/K^+ 交换 ATP 酶（Na^+/K^+ exchange ATPase）**维持（见 12.4 节）。该系统将 Na^+ 泵出胞外同时将 K^+ 逆向泵入胞内。Na^+/K^+ 离子通道开放时就会产生一个动作电位，这些离子的泵出或泵入会降低其化学（或浓度）梯度，Na^+/K^+ 离子交换 ATP 酶可维持这种静息状态。

电冲动的产生和扩散是由 Na^+ 进入胞内，引起电压门控离子通道去极化而产生的。当跨膜电势降低超过电位阈值20～30mV 时，电荷依赖的构象发生改变，通道蛋白开放。当膜去极化时，胞外 Na^+ 浓度高于胞内，Na^+ 进入胞内，而胞内的 K^+ 的浓度则高于胞外，因而流出；Na^+/K^+ 的浓度梯度均降低。胞膜上特定部位的通道只开放几毫秒（图

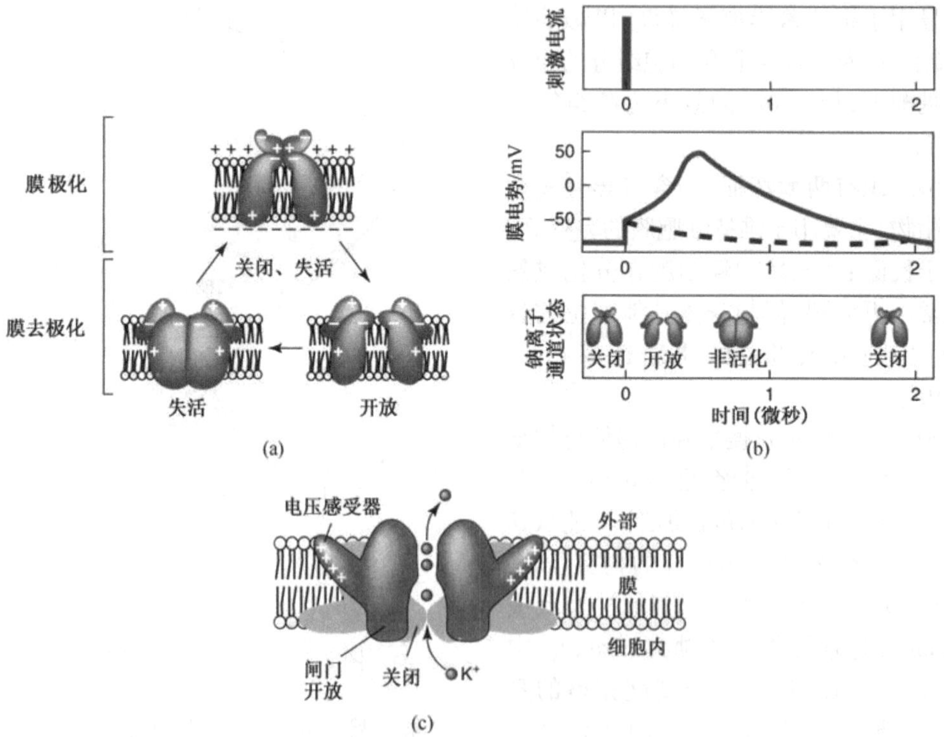

图 24.2　Na 离子通道

(a)、(b)神经冲动传递过程的 Na^+ 通道开放与关闭模式图；(c)电压感受器模式图。浅色表示处于关闭状态的感受器的位置。阳离子到达感受器部位时引起电荷间的相互排斥，导致感受器构象改变，离子通道打开

24.2)。局部去极化(归因于 Na^+ 的流出)会引起临近**"电压门控"离子通道**(**voltage-gated ion channel**)蛋白的构象改变(见 12.6 节)。这些通道在局部去极化的影响下瞬间开放并将此过程传至轴突。由于离子通道蛋白需要一定时间恢复,其间不能重新开放,电荷向一个方向传播。离子通道蛋白的恢复时间与重建一个低于激活阈值(由 Na^+/K^+ ATP 酶产生的动作电位)的膜电位,以及改变蛋白构象关闭通道的时间有关。因此,沿轴突递进的去极化和复极化使得电冲动被无限传递。图 24.2c 表示了作用于电压门控钾离子通道的信号是如何出现和运行的。当细胞内阳离子由于去极化而增多时,通道蛋白即发生构象变化,通道开放,K^+ 顺着离子梯度流出胞外。这有助于保持局部膜电压高于兴奋电压阈值。

主要的电压门控离子通道有 Na^+ / K^+ 和 Ca^{2+} 通道。它们在整体结构上存在很多不同,但在孔道形成部位高度保守。每种通道都有一个"滤器",用于确定哪些离子可通过孔道。这种选择滤器利用蛋白结构组分的化学特征模拟离子的水化作用,使离子去水化,并在出滤器时再水化。

神经元通过突触完成相互作用

神经元间的接触通过**电突触**(**electrical synapse**)或**化学突触**(**chemical synapse**)完成。电突触多完成细胞之间的快速信号传递。化学突触一般完成多种与化学多样性相关的神经元间的信息传递。目前已有影响化学突触功能的病理过程的药物干预疗法。

化学突触有两类:一种是神经递质直接与离子通道结合使离子通道开放或关闭,另一种是神经递质直接与受体结合引起第二信使释放(以平滑肌为例),导致离子通道的开放或关闭。电压门控通道开放时,冲动的化学递质通过配体门控通道跨突触传递。

化学递质在突触前轴突的末端发现,其合成需要酶的参与。突触前轴突的电或化学刺激可以引起其释放。快速终止其作用的关键在于突触接头处。在突触后末端直接应用适当的神经递质产生的神经动作与神经刺激引起的相似。修饰神经递质代谢的药物所具有的效应与体内修饰神经递质的作用一致。化学神经递质一般有两类:即兴奋性和抑制性神经递质。**兴奋性神经递质**(**excitatory transmitter**)包括乙酰胆碱和儿茶酚胺。**抑制性神经递质**(**inhibitory transmitter**)包括 γ-氨基丁酸(GABA 或 4-氨基丁酸)、甘氨酸和牛磺酸(表 24.1)。甘氨酸主要在脊髓和脑干起作用,而 GABA 则主要在脑组织的其他部位发挥作用。**士的宁(番木鳖硷)**(**strychnine**)(图 24.3)是一种来源于番木鳖和相关马钱属植物的剧毒生物碱,可与甘氨酸受体结合,可以极小的剂量用作中枢神经系统刺激剂。GABA 受体也可和多种重要的药理物质,如苯(并)二氮䓬类(图 24.4)和巴比妥酸盐结合。GABA 和苯(并)二氮䓬类在结构上相似性较小。表达烟碱、乙酰胆碱(见 12.4 节)、甘氨酸、谷氨酸和 GABA 受体的基因已经被克隆出来,其中一些

表 24.1 一些神经组织内的神经递质

兴奋性	抑制性
乙酰胆碱	氨基丁酸盐
天冬氨酸	甘氨酸
多巴胺	牛磺酸
组胺	
去甲肾上腺	
肾上腺素	
谷氨酸	
5-羟色胺	

的 X 射线晶体结构也已被确定。

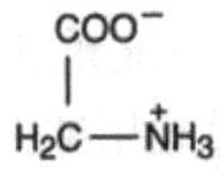

甘氨酸

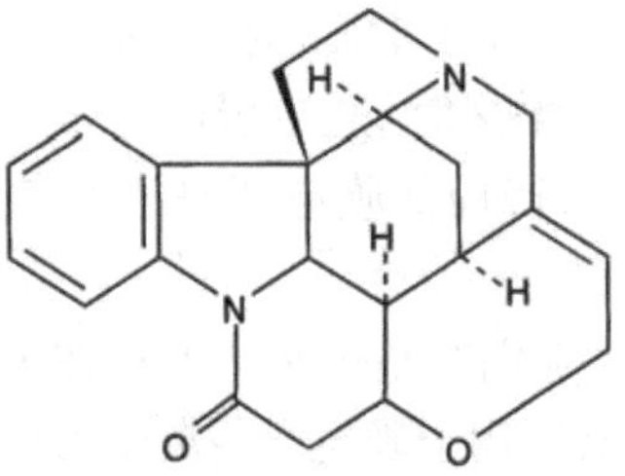

士的宁(中枢兴奋药)

图 24.3　甘氨酸和士的宁的结构

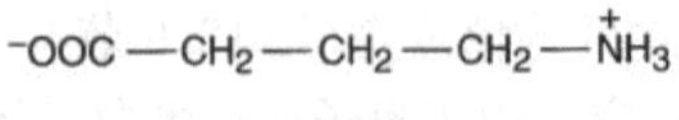

GABA

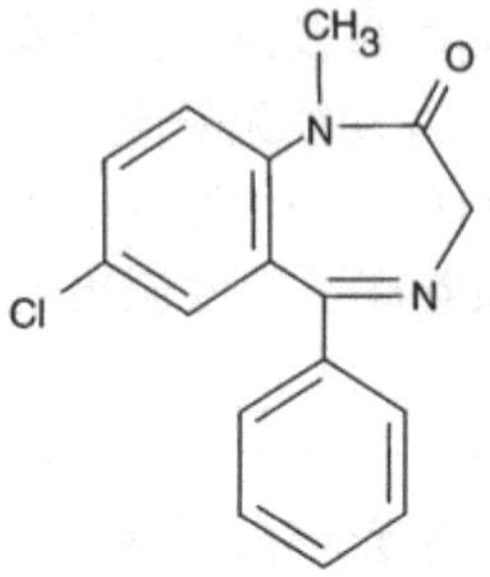

安定

图 24.4　GABA 和安定的结构

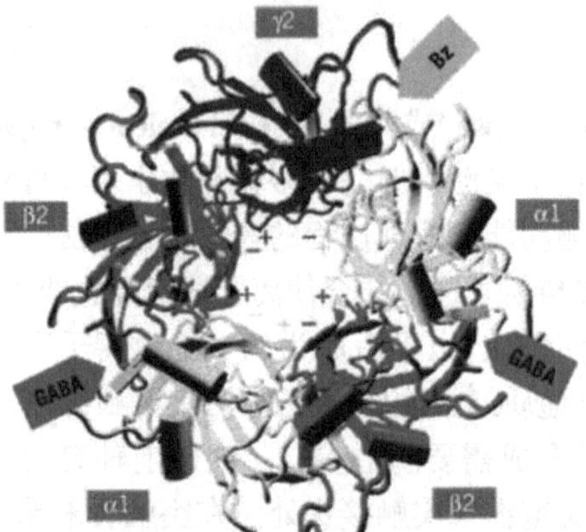

图 24.5　GABAA(γ-氨基丁酸 A)受体晶体结构模式图

其结构为 $\alpha_2\beta_2\gamma^2$ 型,形成运输 Cl^- 的通道。GABA 结合位点如图所示,它同时也是安定的结合位点

GABA 受体的模型为 $\alpha_2\beta_2\gamma^2$ 结构,图 24.5 表示了 GABA 的结合域和某些药理物质(如安定)的结合域。受体的亚单位形成离子通道,在 GABA 的刺激下一些小阴离子(如 Cl^-)通过此通道进入细胞,使细胞内阴离子浓度升高。由于必须有足够的 Na^+ 进入神经元才能克服 Cl^- 内流带来的胞内过多的负电荷,并产生一个高于阈电位的极化值,因此由抑制性神经递质导致去极化是相当困难的。

Cl^- 通道与阳离子通道(Na^+、K^+ 和 Ca^{2+})有很大差别。Cl^- 通道为双桶状反向平行结构,其选择性离子滤器结构多形成于单环的带电荷极化末端,其结构如图 24.6a 所示。图 24.6b 是滤器的 3-D 构象示意图,内有一个 Cl^-。由于强烈的正负离子间相互作用会阻碍 Cl^- 通过通道,所以一般认为该选择滤器含较少带正电荷的氨基酸残基。

神经元受刺激后兴奋性神经递质释放并经过突触,在突触后接头与特异受体结合,使突触后靶细胞发生反应。它们通过开放离子通道引起 Na^+ 内流而使膜去极化。它们与配体门控受体相互作用(见 12.2 节)。没有配体时,受体处于静息状态且离子通道关闭。与配体结合时,膜构象改变,离子通道开放。当配体与受体分开时,通道关闭并回复到静息状态。

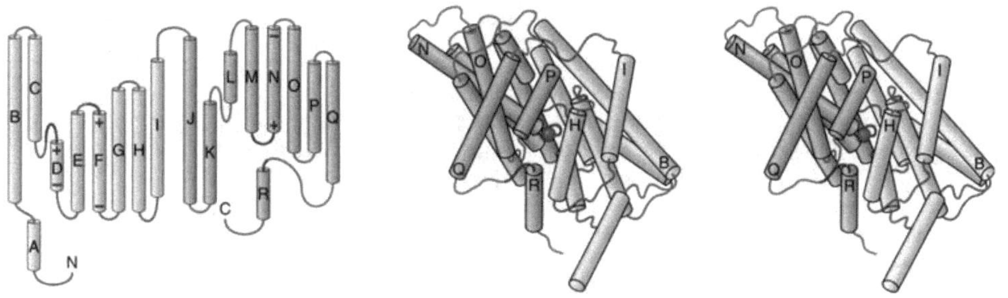

(a)　(b)

图 24.6　Cl^-通道结构示意图

图示双桶状结构一个标示为蓝绿色，另一个为蓝色。(a)螺旋的线性排列表示了阳性和阴性末端。(b)立体结构显示一个 Cl^- 在两个桶状物之间，与螺旋的阳性末端相互作用

神经递质的合成、储存和释放

多数非肽神经递质是氨基酸或氨基酸衍生物，它们几乎可以在神经元的所有部位合成，包括近核的细胞质区和轴突。

释放的神经递质快速通过**突触接头**(**synaptic junction**)(约 20nm)并与突触后受体结合，在突触后神经元引起电冲动。神经递质的储存和释放是一个多步骤的过程，其中一些已被阐明。已知一些神经元含不止一种类型的神经递质，该现象的生理意义尚不清楚。神经递质的释放是一个量子过程。神经冲动到达突触前末端引起固定数量的**突触小泡**(**synaptic vesicle**)释放神经递质。其中的重要步骤为突触小泡靠近突触前膜并将其内容物**胞吐**(**exocytosis**)至突触间隙。神经递质储存在突触前末端的囊泡内。小囊泡主要在两种池中存在并占优势；可自由存在或与骨架蛋白(主要是肌动蛋白)连接，主要含非肽的小分子神经递质。图 24.7a 是一个突触小泡的图示。大囊泡一般含有非肽和肽类神经递质，部分还含合成去甲肾上腺素的酶。构成突触小泡的一些蛋白列于表 24.2，图 24.8 简要描述了它们在突触小泡中的排列方式及其与突触前神经元的胞浆膜的可能作用方式。

表 24.2　一些突触小泡蛋白

突触蛋白	Ⅰa
	Ⅰb
	Ⅱa
	Ⅱb
突触素	
突触结合蛋白	
突触融合蛋白	
突触(小)泡蛋白	
Rab3 和 Rab 亲和蛋白	
SV-2	
空泡蛋白泵	

1. **突触蛋白**(**synapsin**)在确定突触小泡处于自由状态(图 24.9)或附着于骨架蛋白上起重要作用。突触蛋白是一个家族，主要由两个基因编码，其不同之处主要在 C 端(图 24.7b)。组成突触小泡膜的蛋白种有 9% 是突触蛋白，其 N 端可以被 **cAMP 依赖的蛋白激酶**(**cAMP-dependent protein kinase**)或 **CaM 激酶**Ⅰ(**calcium-calmodulin kinase**Ⅰ)磷酸化。突触蛋白Ⅰa 和Ⅰb 的 C 端还可被 CaM 激酶Ⅱ磷酸化，突触蛋白Ⅱa 和Ⅱb 的 C 端区缺失。

神经刺激可促使 Ca^{2+} 进入突触前神经元(图 24.1)，然后与钙调素结合并激活 CaM 激酶Ⅰ和激酶Ⅱ(形成 Ca^{2+}-CaM 激酶Ⅰ和激酶Ⅱ)磷酸化突触蛋白。该过程可促使突触

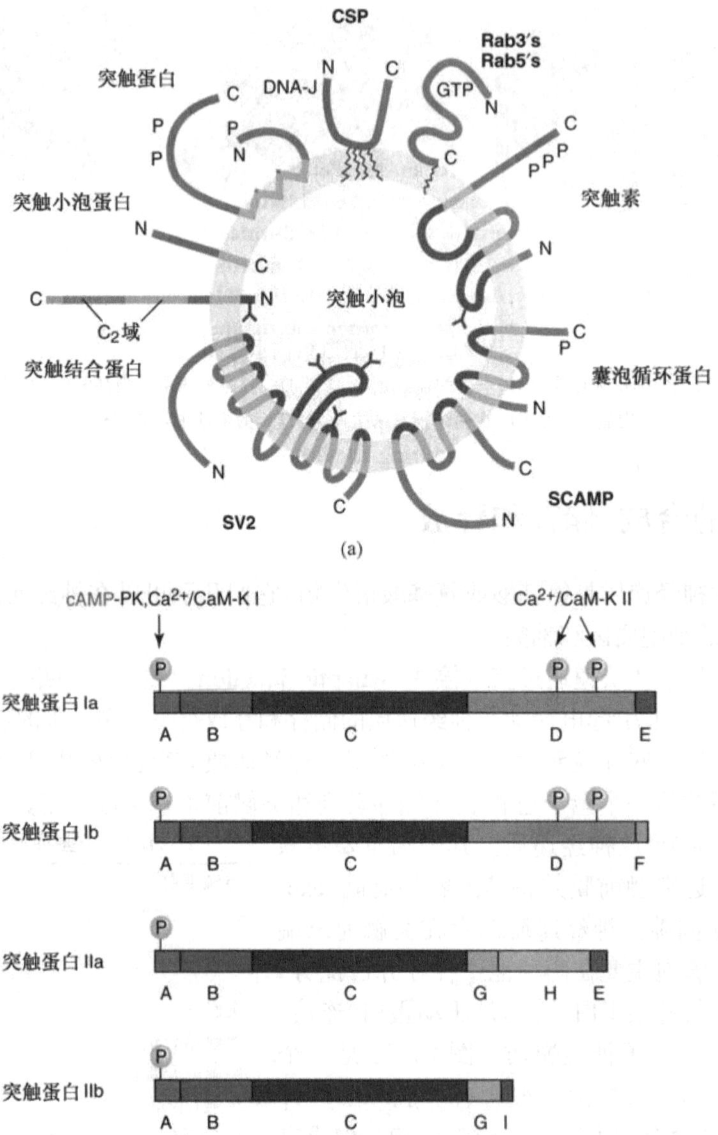

图 24.7　突触小泡和突触蛋白家族

(a)突触小泡蛋白相对位置排布。Rab 蛋白被异戊二烯和半胱氨酸蛋白固定。蛋白的 N 端和 C 端分别标上了 N 和 C，磷酸化位点标上了 P。(b)突触家族蛋白结构排列

小泡从骨架蛋白基质上释放出来，和(或)阻止未被磷酸化的小泡与基质结合。钙-钙调素也可以直接与突触结合并竞争性地阻止其与肌动蛋白和其他骨架蛋白的相互作用。因此钙-钙调素和突触蛋白的磷酸化可调节游离状态的突触小泡的数量。

2. **突触素(synaptophysin)**是一种完整的膜蛋白，结构上与裂隙连接蛋白很相似。它可能参与在突触小泡通过突触前膜至突触裂隙之间时形成通道以便神经递质通过。

3. **突触结合蛋白(synaptotagmin)**是一种完整的膜蛋白。它通过 Ca^{2+} 依赖方式与位于突触前膜的特定蛋白相互作用，可能参与突触小泡与膜的对接。

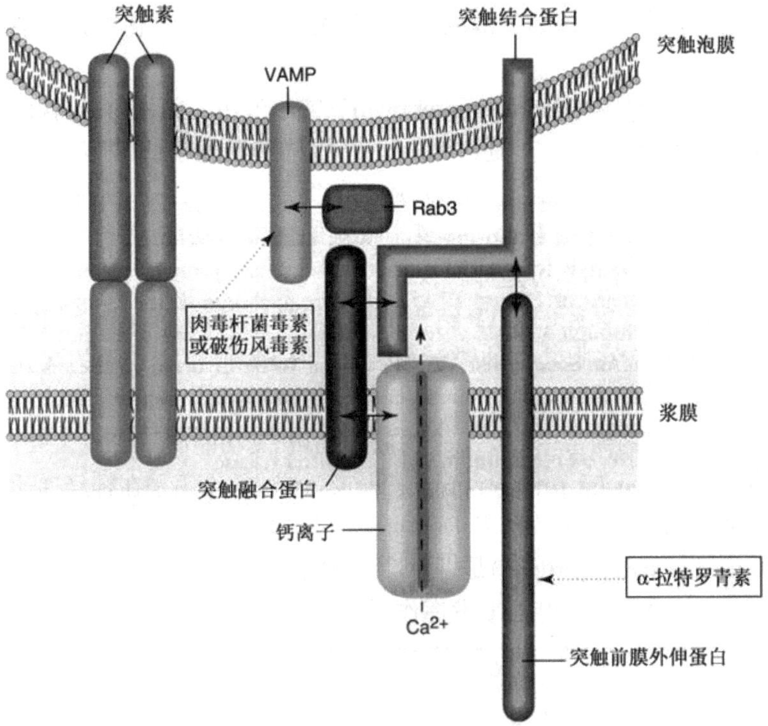

图 24.8 一些突触小泡蛋白与浆膜蛋白相互作用示意图

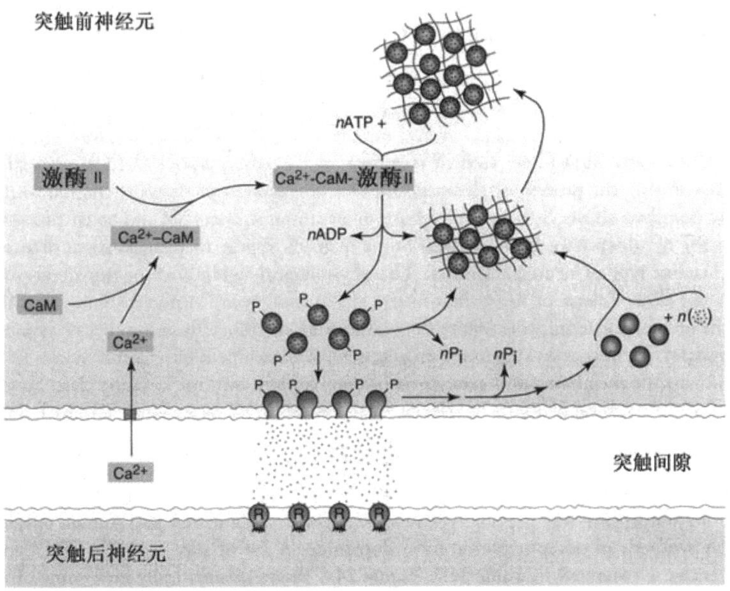

图 24.9 钙离子和钙调蛋白激酶Ⅱ调节突触小泡功能的机制模式

网眼中蓝圈代表结合状态的非磷酸化的突触小泡。带有 P 的蓝圈代表从网眼中脱离的自由小泡，这些小泡突触蛋白被磷酸化。它们能与突触前膜接触并向突触间隙释放神经递质。突触后膜上的受体可以与这些神经递质结合。突触小泡的再包装也一并示意表示

4. **突触融合蛋白(syntaxin)**是突触前神经元胞浆膜上的一种完整蛋白。它与突触结合蛋白结合并介导其在神经递质释放处与 Ca^{2+} 通道相互作用。它在胞吐中可能也有一定作用。

5. **突触小泡蛋白质(VAMP)(synaptobrevin)**(或小泡相关膜蛋白)包含两个同家族的18kDa和17kDa的小蛋白质,它们通过C端的结构锚定于胞浆侧的胞膜上,可能参与**小泡运输(vesicle transport)**或胞吐。VAMP还参与突触小泡从突触前神经元胞浆膜的释放。破伤风内毒素和肉毒杆菌毒素是锌离子依赖的蛋白内切酶,可结合和切割VAMP,导致神经递质释放的减慢和不可逆抑制。

6. Rab3属于大rab家族的**GTP-结合蛋白(GTP-binding protein)**。Rab3对突触小泡具特定作用,参与小泡在胞吐中的锚定和融合。Rab3通过其C端的聚异戊二烯基链锚定于膜上。

7. SV-2是一个大的糖蛋白,具12个跨膜结构域,其功能尚不清楚。

8. **空泡质子泵(vacuolat proton pump)**(见12.4节)的作用是在神经递质重构后将运回突触小泡和从突触前膜上释放出来。

9. **CSP(cysteine string protein)**是一种半胱氨酸串联蛋白,是伴侣蛋白家族的成员(见3.7节),在 Ca^{2+} 介导的胞吐后期发挥作用。

临床相关知识24.1
肌无力综合征(lambert-eaton myasthenic syndrom,LEMS)

LEMS是一种自身免疫性疾病,由机体抗突触前神经元末端的电压-门控钙离子通道(voltage-gated calcium channel,VGCC)的抗体水平升高引起。当突触前神经元去极化时,钙离子通道开放 Ca^{2+} 内流,胞内 Ca^{2+} 浓度升高,触发突触蛋白循环,使神经递质释放至突触接头处。当自身抗体在神经肌肉连接处拮抗VGCC反应时,Ca^{2+} 不能内流,导致释放入突触连接处的乙酰胆碱减少,不能诱导肌肉产生效应,引起重症肌无力症状。

LEMS也可见于小细胞肺癌等疾病中,部分患者还可伴有亚急性小脑退行性病变(subacute cerebellar degeneration,SCD)。血浆置换疗法(去除抗体)和免疫抑制疗法对LESM都有一定疗效,但免疫抑制疗法对SCD无效。

LESM的诊断依赖于血浆中检测到抗VGCC抗体。血浆中共有四种VGCC亚型,T、L、N和P型。在哺乳动物中,P亚型是唯一能够触发神经递质释放的亚型。锥型蜗牛会产生的一种毒素肽,^{125}I 标记研究发现它可在小脑与P型VGCC结合。将有临床和电生理症状患者的血清进行沉淀,若得到这种放射性标记复合物则可证实患者有LESM。该方法不仅能有效检测LESM,且为寻找更多抗VGCC抗体提供了一种有效的手段。

研究人员尝试用血浆置换,类固醇和免疫抑制剂对LESM患者进行治疗,但尚未取得良好疗效。

突触接头处的终止信号

神经递质的作用可通过以下几种方式终止：①重摄入突触前神经元；②代谢；③摄入其他细胞。其中一种或多种机制都可使神经递质失活。下面例举了参与一些代表性神经递质的合成与降解的信号通路。

乙酰胆碱

在突触参与乙酰胆碱代谢的反应如图 24.10 所示。乙酰胆碱由浓缩的胆碱和乙酰辅酶 A 在神经元溶质中，在**胆碱乙酰转移酶**(**choline acetyltransferase**)的催化下合成。胆碱主要来源于饮食，也有一部分来源于突触连接等处的代谢物重吸收(见 19.5 节)。乙酰辅酶 A 主要由线粒体内的丙酮酸脱氢酶催化丙酮酸脱羧基产生。乙酰辅酶 A 穿过线粒体内膜的机制与(见 17.2 节)柠檬酸通过突触前神经元相似。

$$(CH_3)_3\overset{+}{N}CH_2CH_2OH + CH_3CO-SCoA \longrightarrow (CH_3)_3\overset{+}{N}CH_2CH_2OCOCH_3 + CoASH$$

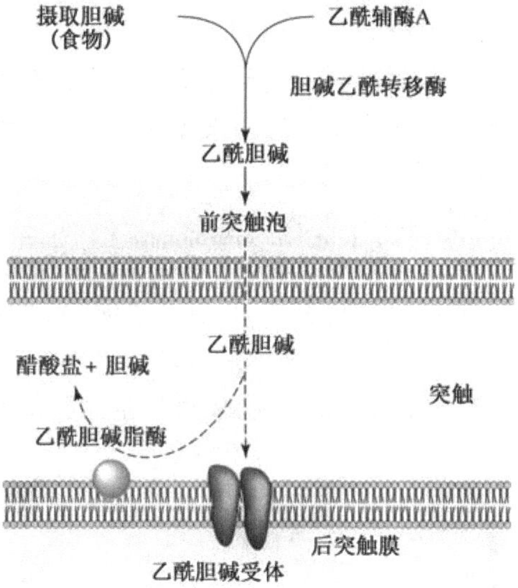

图 24.10　乙酰胆碱作为神经递质在突触的反应

乙酰胆碱释放后与突触后膜上的烟碱-乙酰胆碱受体结合(见临床相关知识 24.2)。当乙酰胆碱脂酶将其水解为醋酸盐和胆碱时，其作用终止。醋酸盐被其他组织吸收和代谢。X 线衍射的乙酰胆碱脂酶的晶体结构如图 24.11 所示。其作用机制类似于丝氨酸蛋白酶(见 9.3 节)。它含有一个具催化作用的三联体结构，但三联体 N 端到 C 端的氨基酸的排列与胰岛素和糜蛋白酶等丝蛋白酶的相反；此外，天冬氨酸还被谷氨酸取代。催化过程中与底物形成共价复合物的丝氨酸位于疏水链的底部(图 24.11)。谷氨酸是催化性三聚体中的另一个残基，亦可见于上述结构的孔道内。

临床相关知识 24.2
重症肌无力：一种神经肌肉机能紊乱

重症肌无力是一种获得性自身免疫性疾病，其特征为神经肌肉信号传递减弱而引起肌肉无力，与神经递质乙酰胆碱有关。90% 重症肌无力患者的血清中均含抗神经肌肉接头处突触后膜上的烟硷-乙酰胆碱受体(AChR)的抗体。抗 AChR 抗体可通过直接与乙酰胆碱结合抑制其功能，或通过改变其构型来影响离子转运，患者的有效 AChR 数量明显减少。研究人员已通过给动物免疫 AChR 或注射抗体建立了重症肌无力的动物模型。

该疾病的初始触发原因尚不清楚。一些环境抗原的抗原决定簇与 AChR 上的很相似。一种识别 AChR 的鼠单克隆抗体可以和来源于肠道大肠杆菌的两种蛋白相作用，这两种蛋白均为膜蛋白，分子质量分别为 38kDa 和 55kDa，较小者位于外膜。但这并不说明接触大肠杆菌就会引发肌无力。正常人和重症肌无力患者的血清中都有抗体，可以与很多感染大肠杆菌患者的血清发生反应。环境中一些其他来源的抗原也可以和 AChR 抗体反应。

胸腺可产生 AChR 抗体，和该疾病的发生有关。重症肌无力患者的胸腺产生的抗体既可以和 AChR 反应，又可以和环境中的抗原反应。但环境抗原和胸腺抗 AChR 抗体与重症肌无力发病之间的关系尚不清楚。

重症肌无力患者一般都会接受一种或多种疗法。吡斯的明溴化物是一种可逆性乙酰胆碱脂酶抑制剂，不能通过血脑屏障，已用于临床。在突触内抑制乙酰胆碱脂酶可延长其水解半衰期，使乙酰胆碱浓度升高，激活更多的 AChR，进而增加信号传递。其他疗法有免疫抑制剂、类固醇，或手术摘除胸腺减少抗体产生。未来可能的疗法包括针对 AChR 抗体的个体基因型抗体，和(或)使用小非抗原肽来与 AChR 抗原决定簇竞争结合 AChR 抗体。

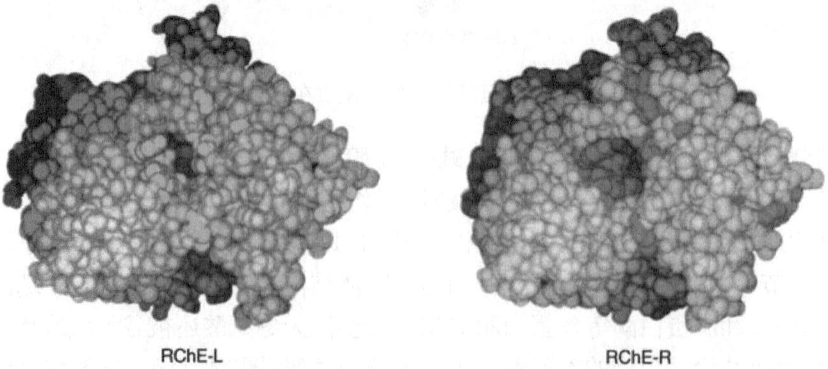

图 24.11　乙酰胆碱酯酶空间立体结构示意图

芳香族氨基酸残基为绿色，Ser^{200}为红色，Glu^{199}为蓝绿色，其他残基为灰色

儿茶酚胺类

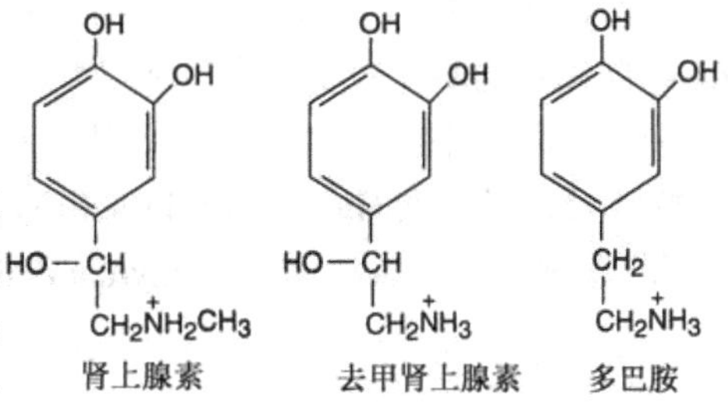

图 24.12　儿茶酚胺类神经递质

儿茶酚胺类神经递质(**catecholamine neurotransmitter**)包括**多巴胺**(**dopamine**)(3,4-二羟苯乙胺)、**去甲肾上腺素**(**norepinephrine**)和**肾上腺素**(**epinephrine**)(图 24.12)(见 19.5 节)。当特定的转运蛋白将其重新摄入突触前神经元时作用终止。例如可卡因可特异性地与多巴胺受体结合而阻止多巴胺重吸收,导致多巴胺长时间滞留在突触内,过度刺激突触后神经元受体。重吸收后,这些神经递质或进入突触小泡重新包装,或由儿茶酚胺-*O*-甲基转移酶将

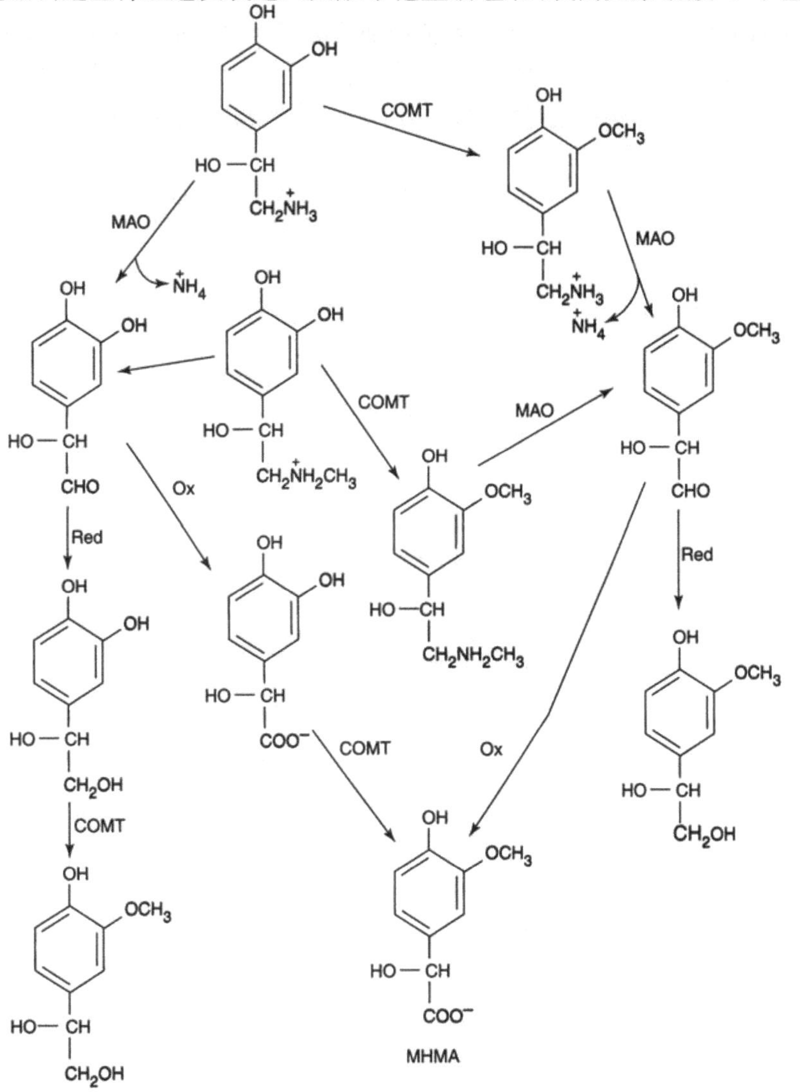

图 24.13　儿茶酚胺降解途径

肾上腺素和去甲肾上腺素代谢终产物是 3-甲氧基-4-对羟苯羟乙酸。

COMT(catechol-*o*-methyl transferase):儿茶酚胺-*O*-甲基转移酶;MAO(monoamine oxidase):单氨氧化酶;OX(oxidation):氧化;红色为还原反应。肾上腺素与去甲肾上腺素的代谢中产物是 3-甲氧基-4-羟基扁桃酸

其甲基基团从腺苷甲硫氨酸转移给酚的羟基而代谢，也可由**单胺氧化酶**(**monoamine oxidase**)催化胺的氧化脱氨反应生成已醛和铵离子。无论是否经单胺氧化酶作用，儿茶酚胺类神经递质均可被儿茶酚胺-*O*-甲基转移酶分解(图 24.13)。多巴胺分解的终产物是**3-甲氧-4-羟基苯乙酸**(**homovanillic acid**)，肾上腺素和去甲肾上腺素的终产物是**3-甲基-4-羟苯乙醇酸**(**3-methoxy-4-hydroxymandelic acid**)。

5-羟色胺(血清素)

5-羟色胺(**5-hydroxytryptamine**)来源于色氨酸(见 19.5 节)。与多巴胺一样，其作用的终止也是通过特定的转运蛋白将其**重新摄入**(**reuptake**)突触前神经元。某些类型的抑郁症与大脑内 5-羟色胺水平降低有关；帕罗西汀(氟苯哌苯醚盐酸化物)、氟西汀(氟西汀盐酸化物)和舍曲林(舍曲林盐酸化物)等抗抑郁药能特异性地抑制 5-羟色胺重吸收。5-羟色胺被重吸收入突触前神经元后，或在突触小泡中重新包装，或被单胺氧化酶氧化脱氨基生成已醛(图 24.14)，已醛在脱氢酶的作用下进一步生成 5-羟-3-醋酸。

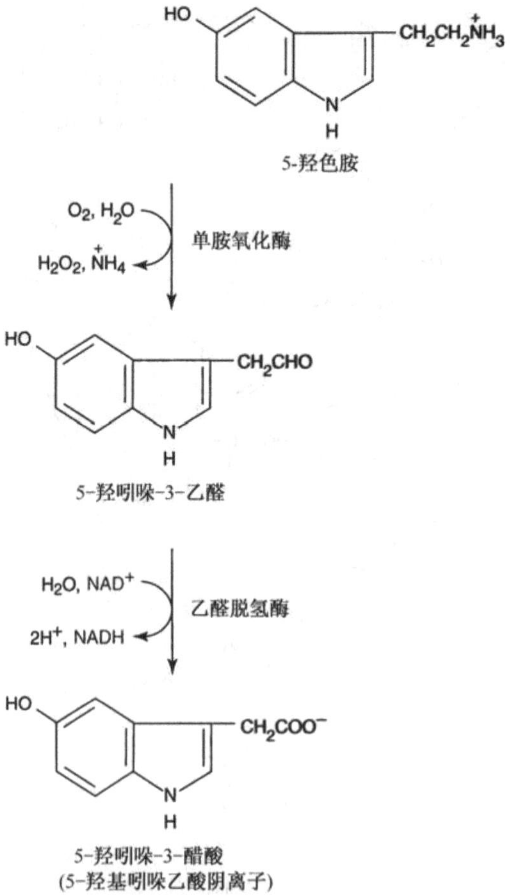

图 24.14 5-羟色胺的降解

γ-氨基丁酸(GABA)

γ-氨基丁酸是一种抑制性神经递质,通过经典的**GABA 旁路(GABA shunt)**合成和降解。在脑组织中,GABA 和兴奋性神经递质谷氨酸具有共同的代谢通路(图 24.15)。它们被星形胶质细胞吸收后转变成谷氨酰胺,然后转运到突触前神经元。在兴奋性神经元中,谷氨酰胺被转变成谷氨酸,并在突触小泡中重新组装;在抑制性神经元中,谷氨酰胺转变为谷氨酸后进一步转变成 GABA,并包装于突触小泡中。

过去认为一些癫痫患者脑内的 GABA 水平较低。**丙戊酸(valproic acid)**(2-丙基戊酸)可穿过血脑屏障使脑内 GABA 水平升高。其机制尚不清楚。丙戊酸主要在肝脏糖脂化并以葡糖苷酸的形式通过尿液排泄,或经线粒体 β-氧化和内质网酶氧化。

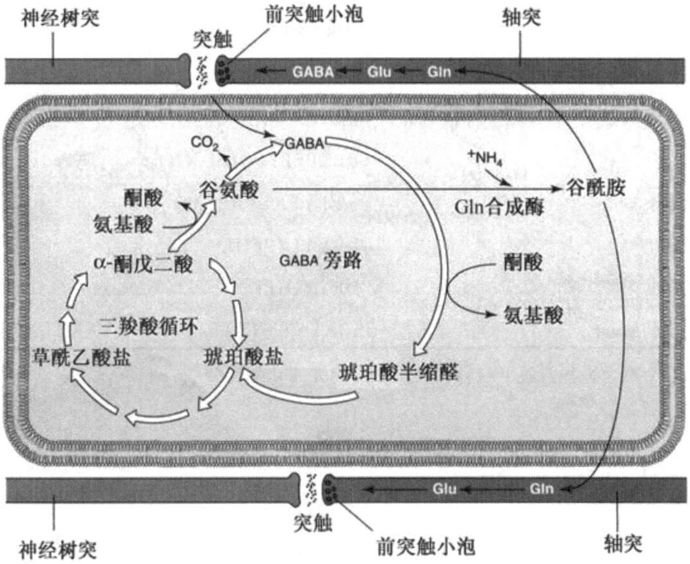

图 24.15　星形胶质细胞代谢 GABA 及谷氨酸盐过程

来源于前体蛋白的神经肽

肽类神经递质由大蛋白分子水解时释放出小分子神经肽而产生。该过程在细胞体而非轴突处进行。神经肽通过**快速突触转运(fast axonal transport)**或**慢速突触转运(slow axonal transport)**穿过轴突到达突触前区,前者的速率为每天 400mm,后者为每天 1~5mm。由于突触本身的长度在 1mm 到 1m 之间,理论上神经肽穿过突触的时间在 150 毫秒到 200 天之间不等。但正常生理状态下不可能出现 200 天,神经肽转运时间的上限是小时而非天。实验证明神经肽的转运时间以快速转运为主。驱动蛋白、肌球蛋白和分子传动蛋白一般以快速转运为主。

神经肽一般介导感觉和情感反应,如与饥饿、口渴、性、愉悦和疼痛等感觉相关的反应。相关的神经肽有**脑啡肽(enkephalin)**、**内啡肽(endorphin)**和 **P 物质(P substance)**。P 物质是一种兴奋性神经递质,在痛觉感知中起作用,属于神经肽中的神经激肽。其受体 NK-1(神经激肽 1)是一个含有七个跨膜区段的 G-蛋白。内啡肽和阿片类物质结合的受体也有七个跨膜区段。内啡肽在终止疼痛的感知中起作用。一些肽在脑组织中的位置见表 24.3。甲硫氨酸脑啡肽来源于β-内啡肽的 N 端区域。一些神经肽的 N 端或 N 端和 C 端的氨基酸一般都被修饰。

表 24.3 大脑组织中发现的肽类物质[a]

肽	结构
β-内啡肽	YGGFMTSEKSQTPLVT LFKNAIIKNAYKKGE
甲硫氨酸-脑啡肽	YGGFM
亮氨酸-脑啡肽	YGGFL
生长抑素	AGCKNFFW CSTFTK
黄体激素释放激素	p-EHWSYGLRPG-NH_2
促甲状腺素释放激素	p-EH P-NH_2
P 物质	RPKPEEFFGLM-NH_2
神经降压素	p-ELYENKPRRPYIL
血管紧张素Ⅰ	DRVYIHPFHL
血管紧张素Ⅱ	DRVYIHPF
作用于血管肠肽	HSDAVFTDNYTRLRKEMAVKKYLNSILN-NH_2

a. 左端"p"代表其 N 端为焦谷氨酸甲酯；右端的 NH_2 代表其 C 端为酰胺。

24.3 眼睛的代谢和视觉

眼睛是我们感受外面世界的窗户，使我们能看到自然的美丽、生命的美丽，以及这本书所展现的内容——生物化学的美丽。当视野自由无阻隔时，无论景象是通过窗户还是照相机镜头都会很清晰。研究表明眼睛的成像原理与照相机相似。该系统包括很多活组织，需要通过代谢持续提供营养以满足其特殊需要。线粒体细胞色素等色素结构或不存在于某些结构中，或通过特殊排布而不干扰视觉成像。此外脑组织还含有高性能的过滤系统，使眼睛内本身的物质不会成像，否则就会引起视觉失真。图 24.16 是眼球截面示意图。

光进入眼睛先后要穿过**角膜**(**cornea**)含房水的前房、晶状体以及玻璃体，内含玻璃体液，最后到达**视网膜**(**retina**)，这里有许多视觉感受装置。结膜的外侧与泪液接触，内侧则浸泡在眼房水中，这是一种等渗液，含盐、白蛋白、珠蛋白、葡萄糖及一些其他物质。眼房水为角膜和玻璃体带来营养并带走代谢产物。玻璃体液是一种凝胶状物质，帮助维持眼球形状并保持其柔韧性。

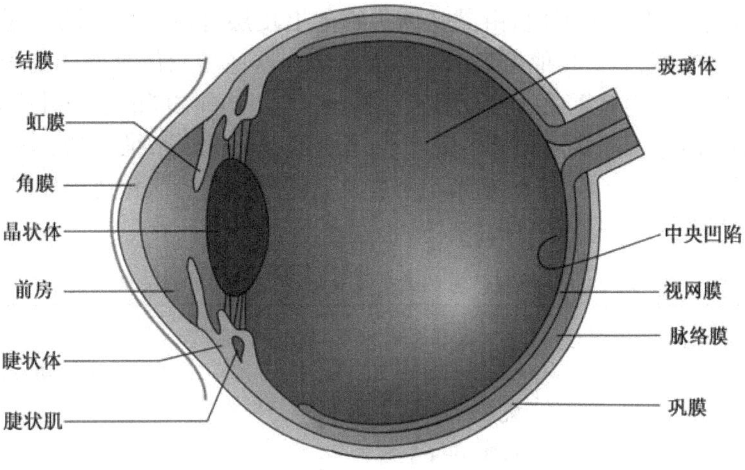

图 24.16　左眼水平切面示意图

角膜自有氧代谢途径获取 ATP

眼睛是神经系统的扩展和延伸，同中枢神经系统的其他组织一样，其主要能量来源是葡萄糖。角膜是一种非均一性组织，大部分 ATP 来源于有氧代谢，30% 的葡萄糖通过糖酵解代谢，65% 通过己糖单磷酸途径代谢。在哺乳动物的各种组织中，角膜的己糖单磷酸代谢途径相对来说最为活跃。它还含有高活力的**谷胱甘肽还原酶**（**glutathione reductase**），需要 NADPH（reduced form of nicotinamide-adenine dinucleotide phosphate，还原型烟酰胺腺嘌呤二核苷酸磷酸，一种己糖单磷酸途径的代谢产物）。角膜上皮可渗透氧气，是许多有氧反应所必需的。有氧反应可产生很多**活性氧物质**（**active oxygen species**），通过使巯基蛋白去巯基或使脂质体过氧化对组织产生有害效应（见 14.6 节）。减少的谷胱甘肽（GSH）一般被用于还原二硫键和使过氧化脂质体回复到原来的状态，而 GSH 也被转变成氧化态的 GSSG。GSSG 也可通过其他活性氧物质直接产生。谷胱甘肽还原酶利用 NADPH 使 GSSG 转变成 2GSH。戊糖途径和谷胱甘肽还原酶通过减弱活性氧的效应保护角膜。

$$\text{GSSG} + \text{NADPH} + \text{H}^+ \xrightarrow{\text{GSH 还原酶}} 2\text{GSH} + \text{NADP}^+$$

一些脂质体被过氧化时可以自发产生活性醛，与其他组织中的成分反应，引起多种病理状态。角膜还含有一种醛脱氢酶亚型（ALDH3A1），可通过 NAD^+ 或 $NADP^+$ 将活性醛氧化为相应的酸而抑制其活性。

晶状体主要由水和蛋白质组成

晶状体的一侧与眼房水接触，另一侧靠由玻璃体液支持。它没有血液供应，但代谢很活跃。其营养物及代谢废物都来自并最终排入玻璃体液。晶状体主要由水和蛋白质组成。组成脊椎动物晶状体的蛋白质主要为 α-、β-和 γ-**晶状体蛋白**（**crystallin**）（见表 24.4），此外还有类白蛋白、酶和膜蛋白，由晶状体边缘的上皮层合成。其他动物还含有不同蛋白，某些酶的功能和它们在其他组织中的可能相似。这些蛋白最重要的生理功能就是维持晶状体的清晰。它们对氧化-还原反应、渗透压、代谢产物浓度的过分升高，以及紫外线辐射等变化都很敏感。晶状体结构的完整性是通过以下机制来维持的：Na^{+}/K^{+}离子交换ATP酶维持渗透压平衡（见14.6节）；谷胱甘肽还原酶维持氧化还原反应平衡；通过蛋白合成等代谢过程来生长和维持机能。

表 24.4　晶状体蛋白类型及其与其他蛋白质的关系

晶体蛋白	分布	相关或相同
α	所有脊椎动物	小热激蛋白（αB）
β	所有脊椎动物	
γ	鸟类中没有胚胎 γ	
类群特异性酶晶体蛋白		
δ	大多数的鸟类和爬行动物	精氨酸琥珀酸裂合酶（δ2）
ε	鳄与一些鸟类	乳酸脱氢酶 B
ζ	豚鼠，骆驼，美洲骆驼	醌氧化还原酶 NADPH
η	象	乙醛脱氢酶 Ⅰ

晶状体蛋白的功能已得到阐明，而且它们在其他组织中也有广泛表达。α-，β-晶状体蛋白属于**小热激蛋白**（**small heat shock protein，HSP**）或**分子伴侣**（**chaperone**），其作用是帮助维持晶状体于天然的非凝集状态，晶状体中表达最多，但也表达于其他组织（如骨骼和心肌），所起作用与单纤维排列有关。若晶状体蛋白发生突变，不仅会引起白内障，而且可能出现肌无力和心衰。

表 24.5　视焦距随年龄的变化

年龄/年	焦距/in.
10	2.8
20	4.4
35	9.8
45	26.2
70	240.0

这些生理过程所需的能量来源于葡萄糖代谢，85%来自糖酵解，10%来自戊糖磷酸途径，3%来自三羧酸循环（可能来源于外周血细胞）。

晶状体核含有从出生时就存在的晶状体细胞。晶状体从外周开始生长（图 24.17），人晶状体随年龄的增长而变重变厚弹性降低，导致近视力丢失（表 24.5），通常称为**老花眼**（**presbyopia**）。从出生到80岁，晶状体体积一般会增长3倍，厚度会增加约1.5倍。

白内障（**cataract**）是唯一一种已知的晶状体疾病，由多种原因引起晶状体混浊所致。白内障有两种类型：①**老年性白内障**（**senile cataract**），随着年龄的增长，晶状体的晶体蛋白和其他一些蛋白分子自C端开始断裂，脱酰胺，天冬氨酰残基消旋，重排；②**糖尿病性白内障**（**diabetic cataract**），由多元醇代谢途径中的己糖还原酶和多元醇脱氢酶的活性增强导致晶状体渗透压升高所致。当晶状体内的糖浓度升高时，己糖还原酶会将其中一些转变成山梨醇（图 24.18）或果糖。在人晶状体中，这两种酶的活性比倾向于使山梨醇累积，特别是当山梨醇不被其他途径利用，弥散出晶状体非常缓慢时。

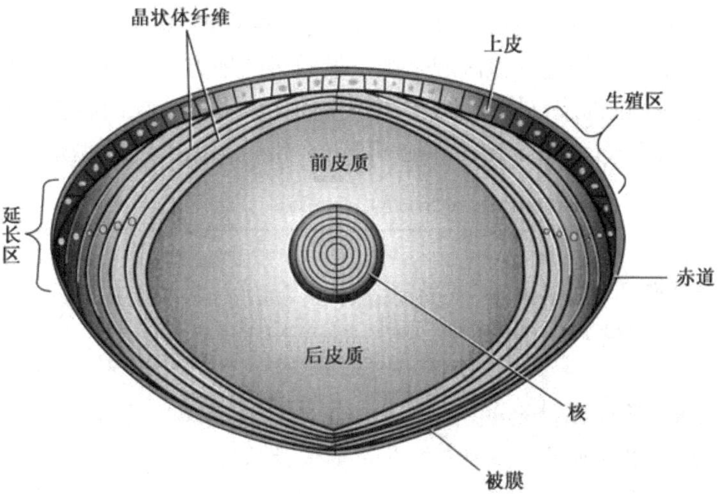

图 24.17　哺乳动物眼结构模式图

山梨醇的累积可导致晶状体渗透压升高，影响晶体蛋白结构的重排，并加速蛋白的聚集和变性。在蛋白变性的地方会出现光散射，这就是白内障。一般情况下，由于己糖还原酶生成葡萄糖的 K_m 约是 200mmol/L，且生成的山梨醇非常少，因而问题并不严重；但在糖尿病时，循环中的葡萄糖浓度升高，此时该酶的作用就显得非常重要。在美国，每年约有一百万人受白内障困扰，但还没有明确的治疗和预防措施，尤其是老年性白内障。最有效的方法是晶状体置换术，在美国、加拿大及英国都已普遍采用。青光眼是白内障及其手术的一个并发症。

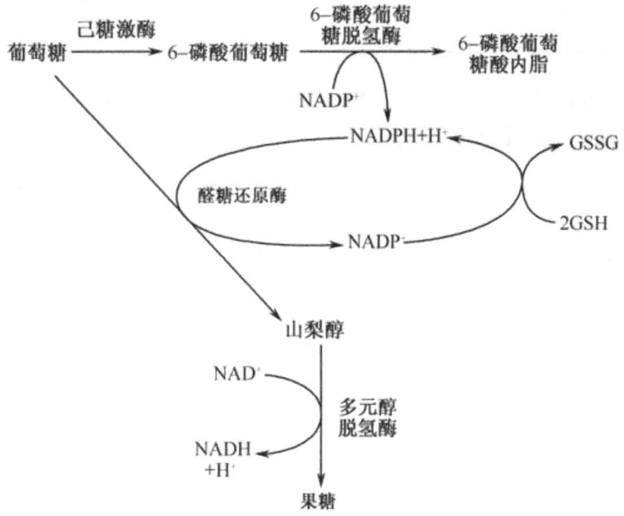

图 24.18　晶体代谢相互关系

视网膜 ATP 来自葡萄糖的无氧酵解

视网膜和晶状体的能量都主要来源于无氧糖酵解。和晶状体不同的是，视网膜是一个脉管样组织，其中心位置是黄斑，黄斑的中心则是**中央凹**(**fovea centralis**)，一个低压无血管区域，里面只有视锥细胞。该区域是视觉最敏感的地方(见临床相关知识 24.3)。线粒体存在于视杆和视锥细胞，外部区域含视色素而无线粒体。视网膜含乳酸脱氢酶，可利用 NADH(reduced form of nicotinamide-adenine dinucleotid，还原型烟酰胺腺嘌呤二核苷酸)或 NADPH。

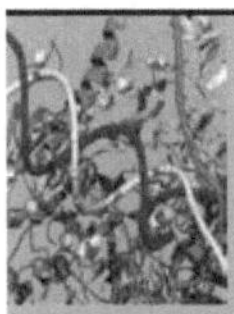

临床相关知识 24.3

视斑退化和视力减退

很多疾病都会影响眼睛的视力，但并不是所有疾病都有直接明确的生化反应原因。最严重的眼部疾病可导致失明，其中青光眼最为常见并常与糖尿病有关，其生化过程已相当明确。青光眼可治疗，失明也是可以避免的。

视斑退变会导致失明并且是不可治疗的。视斑是视网膜上的环形区，中心部分是中央凹，视觉灵敏度最高并且有最多的视锥细胞。视斑退变是导致超过 50 岁的人失明的主要原因之一，分为干、湿两型。干型的发展是渐进性的，而湿型进展迅速，很快导致失明。当视斑血管破裂引起营养供应缺失时，视觉消失。

血管破裂引起快速失明可能是暂时的。某些快速失明的情况可能与性生活有关，但并不是性传播疾病。视觉消失可能在高刺激性活动后几天发生。失明源于视斑部位的血管爆裂，多数患者不太愿意和眼科医生谈论失明出现时他们在做什么。一些患者能够通过吸收出血恢复视觉。一个病例是出血发生在玻璃体和视网膜中间，直接位于中央凹前面。在接下来的一个月里，只有很少量的出血被清除，视敏度也没有改观。该患者未进行随访检查，但是最初的情况并不能说明失明是永久性的。

鉴于这种情况，受害者大多超过 39 岁，所以相比学生而言，教授会有更多担忧，也再次应验了那句话："爱情是盲目的"。

视觉传递涉及光化学、生物化学和电活动

图 24.19 为视网膜的电子显微照片和膜结构示意图。光进入眼睛后穿过晶状体、视神经纤维、神经节神经元、两极神经元、视杆视锥细胞核，然后到视杆视锥细胞的外部区域，视觉信号传递过程开始。位于视网膜后的**色素上皮层**(**pigmented epithelial**)和脉络膜可吸收额外的光，阻止光反射回视杆和视锥细胞，避免影像失真或位移(见临床相关知识 24.4)。

眼睛可比作摄像机，可收集图像，将其转换成电冲动并录制在磁带上，解码磁带时可显像。眼睛可使图像在视网膜上成像，一系列的改变随之开始。首先是光化学改变，接着由生化过程放大信号，最后再转变成电冲动传入大脑，影像被重建于"大脑内的眼睛"。在此过程中，首先通过一系列生化反应将一个物理信号转变成化学信号，然后转变为电信号，最后转变为大脑对身体外部事物的一种有意识的显示。

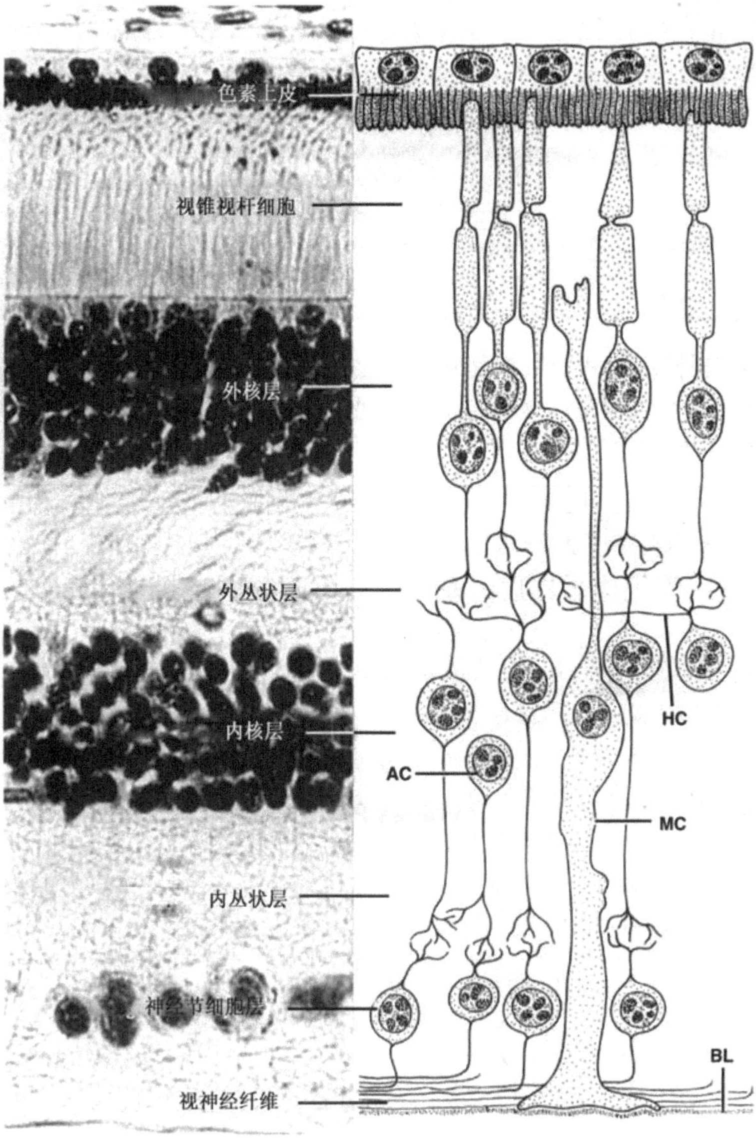

图 24.19　视网膜的电子显微照片

视杆视锥细胞的末稍埋在外面的色素上皮层中，它们与很多双极神经元形成突触接头，后者进一步与神经节层的细胞形成突触，神经节细胞的轴突通过视神经进入脑中

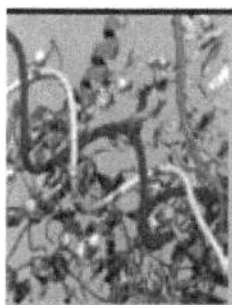

临床相关知识 24.4
Nemann-Pick 病和视网膜色盲

Nemann-Pick 病的中枢神经系统紊乱通常通过视觉改变显示出来。可表现为异常的灰色减退斑点和颗粒状的色素沉着，或视网膜凹处出现不透明颗粒。

在急性Ⅰ型患者中，由于脂肪沉积和鞘磷脂酶缺乏或原发鞘磷脂堆积，50%视网膜上都会出现樱桃红色的斑点。一些亚急性Ⅰ型患者会出现类晶体浑浊,称斑点光圈,其外直约为圆盘的一半并散布在视网膜各层,不影响视线。

一个 11 岁女孩为Ⅱ型患者,病变广泛累及了眼内结构。其角膜细胞、晶状体、视网膜神经节细胞、色觉表皮细胞、视网膜通道及视神经的纤维状星形胶质细胞中都有大量的鞘磷脂堆积。

因此,视网膜炎性色盲可能只是 Nemann-Pick 疾病的异常生物化学机制产生的副效应。

光子(光)被视杆细胞和视锥细胞外部的光受体吸收,使视色素异构化,**视黄醛**(**retinal**)由 11-顺转变成全反构型。该异构型会引起蛋白构象改变并影响细胞的静息膜电位,使电冲动通过视神经传输至大脑。

临床相关知识 24.5
编码膜周边蛋白质的基因突变引起视网膜炎性色盲

视网膜炎性色盲(retinitis pigmentosa,RP)是一种慢性进行性疾病,表现为夜间和周围视觉的丢失。这是一组由多种临床和基因起源引起的疾病,部分与脂质代谢异常有关。全世界约有一百五十万人受该病困扰。可通过常染色体显性、隐性或 X 染色体遗传。RP 病一直被认为与视紫红质蛋白部分和其相关蛋白——膜周边蛋白质/RDS(retinal degeneration slow,视网膜变性减慢)突变有关,这两种蛋白都是维持细胞完整性所必需的膜蛋白。膜周边蛋白质含 344 个氨基酸残基,位于视盘细胞膜的边缘。这两种蛋白的结构模式见下图。图中实心的圆圈和其他标记表示与 RP 病及视紫红质降解相关。

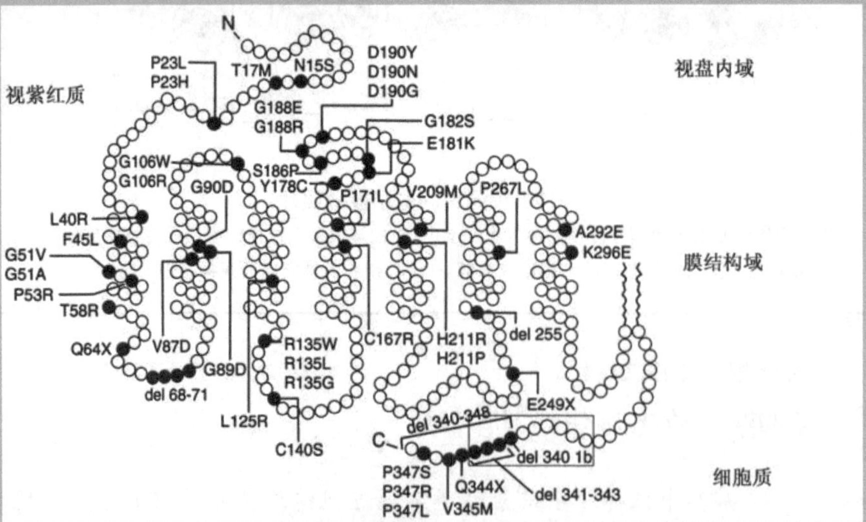

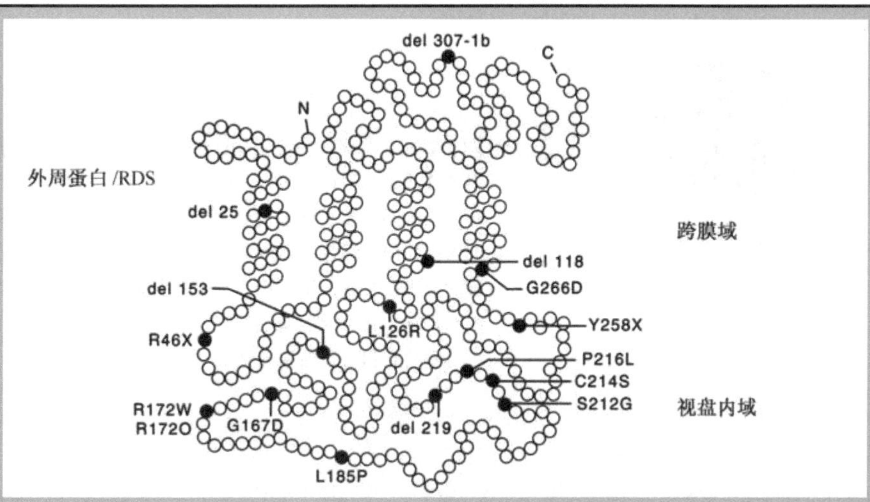

视紫红质和外周蛋白/RDS 的结构示意图
黑色圆形代表 RP 或其他视觉退行疾病中有突变的位点

编码膜周边蛋白质的基因的第一外显子突变会导致 RP 发生。它会引起 46 密码子的第一个核苷酸发生 C-T 的转变，导致由精氨酸变成终止密码子(R46X)。图中所示为该家族的谱系。父母没有基因突变，且基因表型分析(20 个不同的短的串联重复多态性)表明该患者与其父母没有生理血缘关系的可能性少于千万分之一，因而可确定这种突变是新形成。

R46X 突变还存在于另一种不相关的患者中，并且发现虽然不提倡使用 DNA 分析来研究大部分代谢异常，但该方法对 RP 进行基因分析具有重要意义。

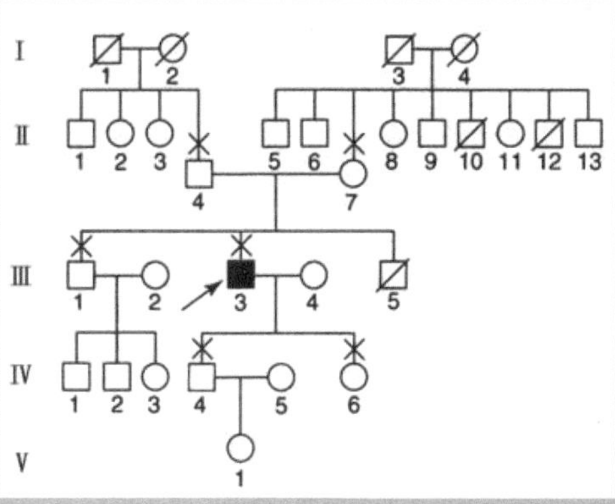

家谱分析
男性为方块，女性为圆圈。实心方块表示先证者。斜线表示已故。来源：Lam 等，1995

视杆细胞和视锥细胞均为光感受器细胞

眼睛的**光感受器细胞**(**photoreceptor cell**)为**视杆细胞**(**rod**)和**视锥细胞**(**cone**)(图 24.19)。每类光感受器细胞都含有光感受器色素，由蛋白质和一种辅基——11-顺视黄醛组成。视杆细胞的视色素是**视紫红质**(**rhodopsin**)，视锥细胞的为红色、绿色、蓝色视色

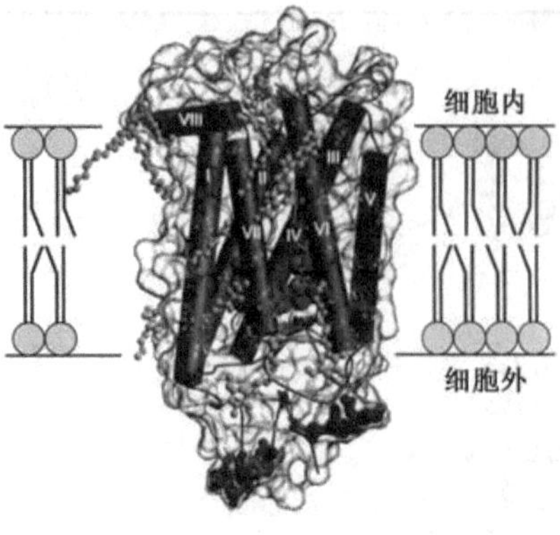

图 24.20　2.8Å 分辨率下牛视紫红质的晶体结构
视紫红质是一种跨膜蛋白。包埋它的膜的宽度约等于其螺距。膜内侧面几乎横切螺旋Ⅷ。β 链以绿色箭头标示。膜的内侧标记为绿色的是两个软脂酰基团,使疏水基团能够与膜的疏水区相互作用。位于分子底部的蓝色的球形和棒状结构是碳水化合物。黄色结构位于疏水蛋表面附近,是壬(烷)基糖苷和七碳饱和烃分子

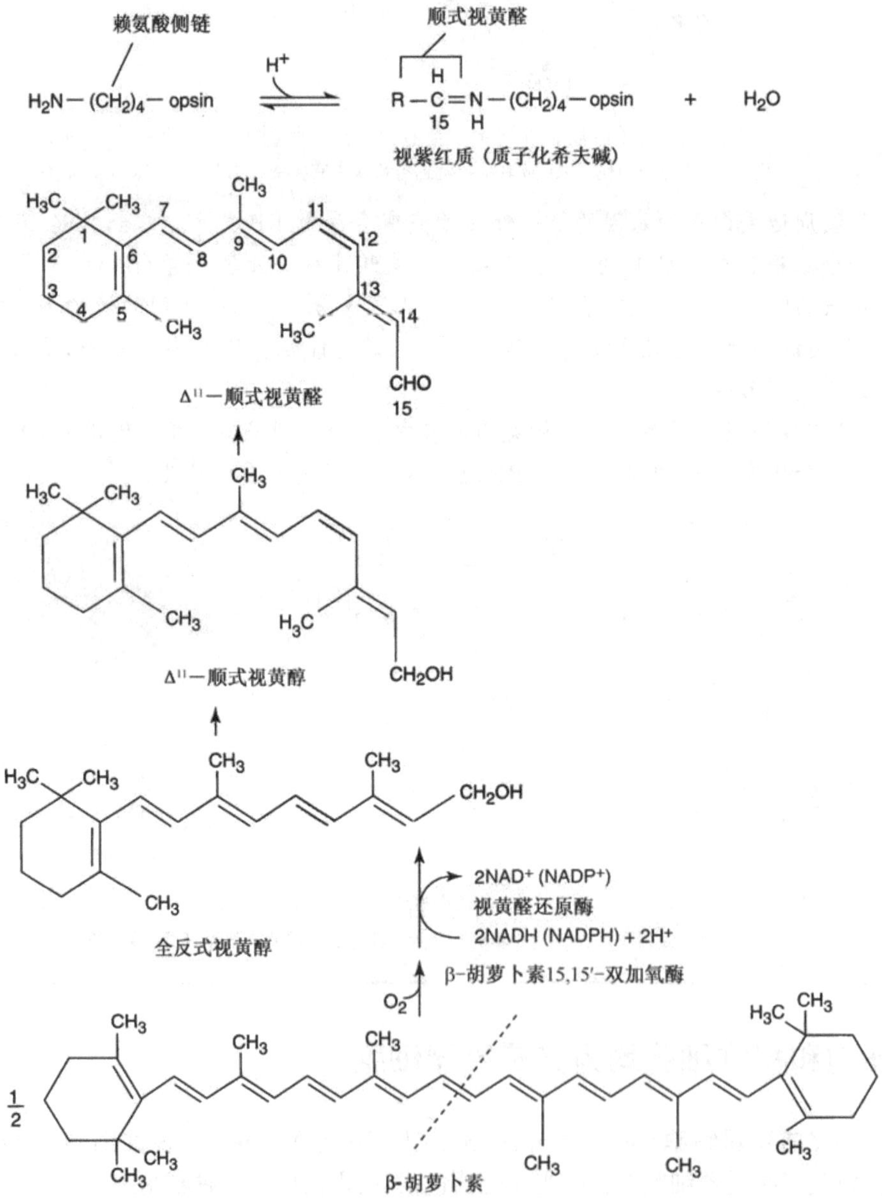

图 24.21　β-胡萝卜素合成 11-顺式视黄醇和视紫红质

素。视紫红质是一种跨膜蛋白，含 11-顺视黄醛，其蛋白部分称**视蛋白**(**opsin**)。形成视锥细胞中的红绿蓝视色素的三种蛋白质间有差别，且与视紫红质的视蛋白也不同。

视紫红质(约 40kDa)含七个跨膜 α 螺旋。11-顺视黄醛分子位于膜的内外两面之间，通过质子化的希夫碱与第七个螺旋的 Lys^{296} 上的 ε-氨基连接(图 24.20)。

图 24.21 是 β-胡萝卜素生成 11-顺式视黄醛，及视蛋白和 11-顺式视黄醛生成视紫红质的示意图。11-顺式视黄醛来源于饮食中的维生素 A 及 β-胡萝卜素。β-胡萝卜素断裂可产生两个全反式视黄醇，可被视网膜色素上皮细胞层的酶转变成 11-顺式视黄醇。11-顺式视黄醇在视杆细胞外部区域氧化成 11-顺式视黄醛并与视蛋白结合。

11-顺式视黄醛的吸收谱和四种视色素见图 24.22a 所示。由于化学环境的微小差异，当 11-顺式视黄醛与视蛋白或其他视觉色素蛋白结合时，其最大吸收波长是不同的(图 24.22b)。

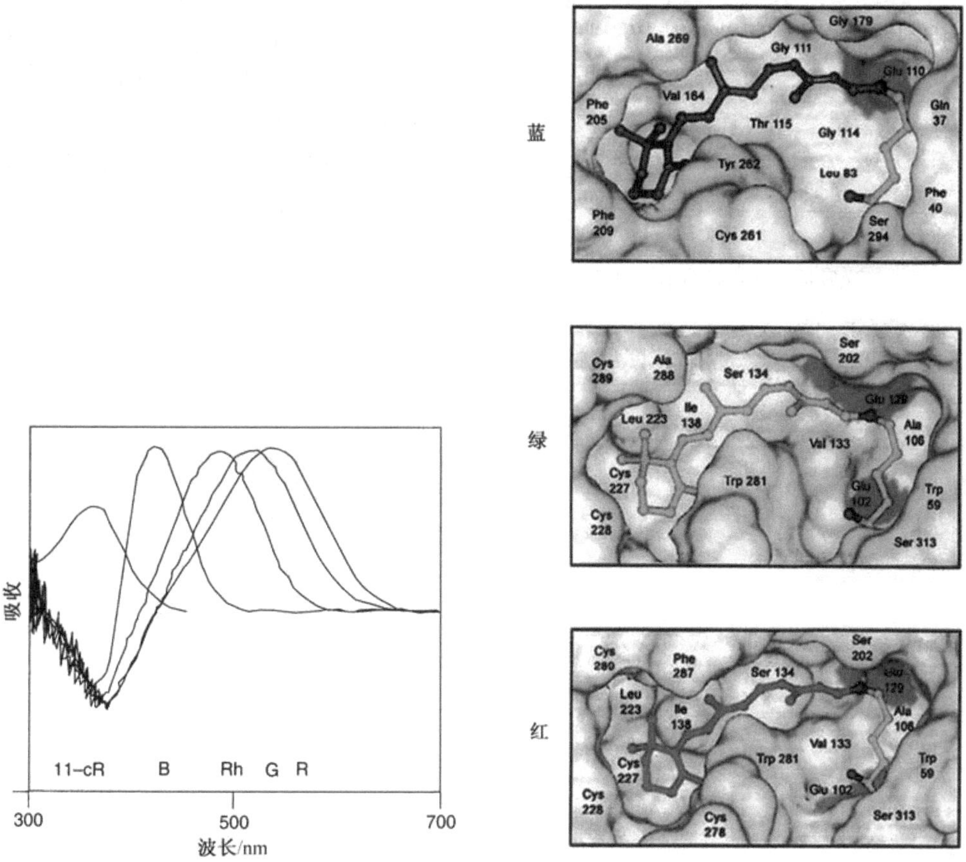

(a)　　　　　　　　　　　　　　　　(b)

图 24.22　11-顺式视黄醇的吸光谱和四种视色素

(a)图中所示为相对吸光度，通过减去重组体的脱辅蛋白光谱得到，11-顺式视黄醛吸光谱是在其脱蛋白时得到的，B：蓝色素；Rh：视紫红质；G：绿色；R：红色。(b)11-顺式视黄醛邻近的红绿蓝色素中的部分氨基酸。

光刺激引起光感受器细胞的电势能变化幅度与神经元去极化时不同。视杆细胞的静息膜电位约−30mV，神经元为−70mV。光刺激引起视杆细胞兴奋，使膜超极化，约从−30mV变为−35mV（图 24.23）。从膜静息电位达到最大超极化状态约需几百毫秒时间，其间伴随一些生化反应。

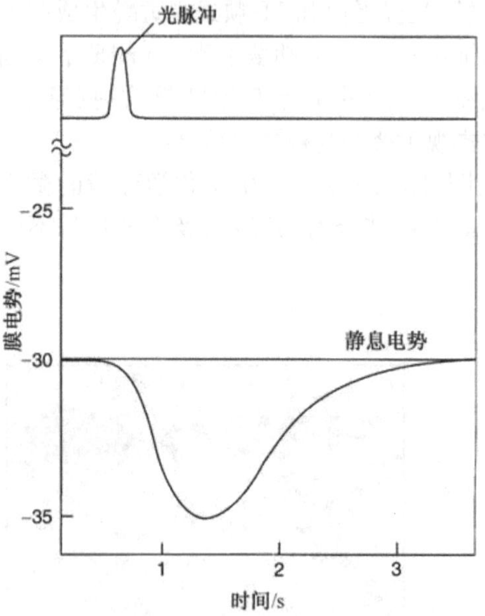

图 24.23　光脉冲刺激引起的视杆细胞电位变化

视紫红质内光子的吸收和 11-顺式视黄醛的异构化一般只需几微秒的时间。接着视紫红质发生一系列构型改变以适应 11-顺式视黄醛转变为全反式视黄醛。该过程是分阶段完成的，其间可形成多种短效物质，如图 24.24 所示。这些中间产物的确切结构尚不清楚，但很明显是由视紫红质异构导致周围环境改变而生成的。图 24.25a 是从细胞质侧观察的视紫红质环绕 11-顺式视黄醛的氨基酸侧链的 3 维结构图。当 11-顺式视黄醛在图 24.25b 的红色标记位置发生异构化变成全反式时，全反式视黄醛的 β-紫罗酮环与第Ⅳ螺旋的 169 位丙氨酸接触。第 169 位的丙氨酸不在图 24.25a 所示的反应范围中。图 24.24 中列出的一些中间产物代表视紫红质在最终解离成全反式视黄醛和视蛋白前所经过的一些中间构象。

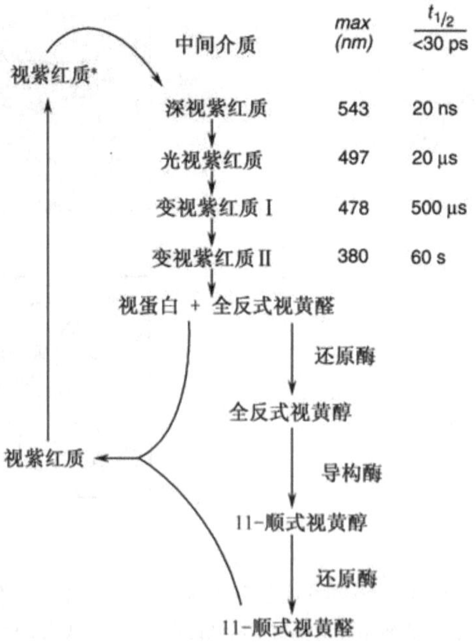

图 24.24　光活化引起视紫红质构象改变，形成变视紫红质Ⅱ——“活性视紫红质”

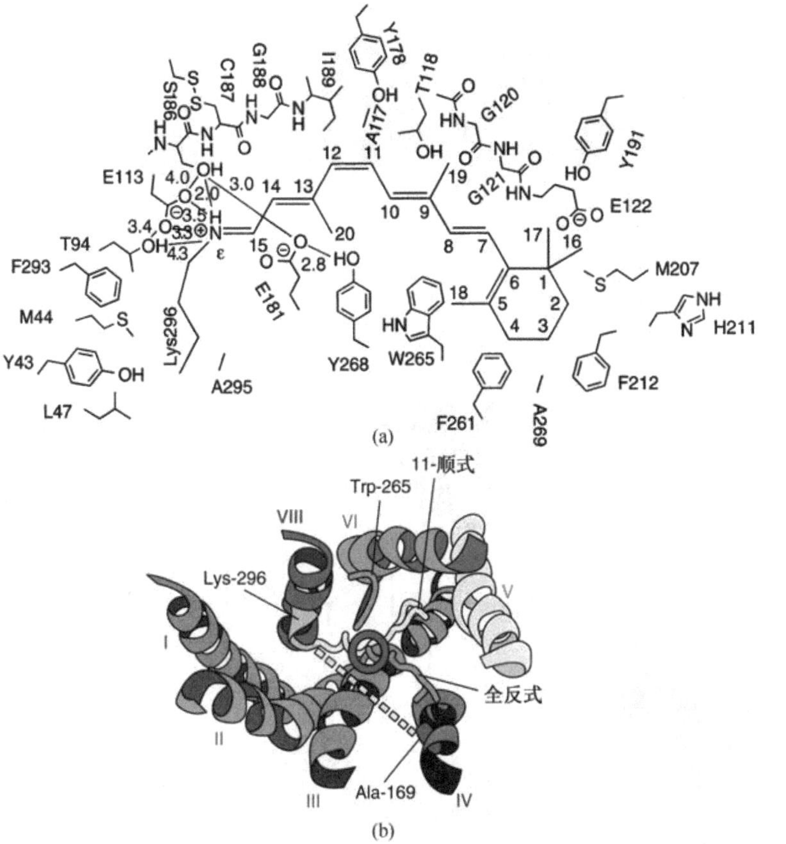

图 24.25　11-顺式视黄醇和全反式视黄醇在其蛋白环境中的结构图

(a)围绕 11-顺式视黄醇的氨基酸侧链。当 11-顺式视黄醇异构化成全反式(b)时，β-紫罗酮环与第Ⅳ螺旋的 169 位丙氨酸接触。

37℃时激活的视紫红质在 1 毫秒多的时间内，经过多种中间物转变成半衰期约 1 分钟的**变视紫红质Ⅱ**(**metarhodopsinⅡ**)。变视紫红质Ⅱ是活性视紫红质，R* 主要参与其中的生化反应。这些构型改变都是动力学过程，从反应开始到合成变视紫红质Ⅱ一般仅需几百微秒的时间。变视紫红质Ⅱ最终解离成视蛋白和全反式视黄醛。全反式视黄醛由视杆细胞外层的**全反式视黄醇脱氢酶**(**all-*trans*-retinol dehydrogenase**)催化生成全反式视黄醇，接着转运至色素上皮细胞并被特异性异构酶转化成 11-顺式视黄醇，然后氧化成醛并重新转运至视杆细胞外层，又可重新开始与视蛋白合成视紫红质循环了。以上反应的概略见图 24.26。视锥细胞合成红、黄、蓝色素的反应也相似。在从光能转化成神经冲动的生化反应循环中存在三个相互连接的生化循环(图 24.27)，分别为视紫红质、**转运素**(**transsucin**)和**磷酸二酯酶**(**phosphodiesterase**)反应。该网络作用的结果为使视杆细胞或视锥细胞的细胞质膜自 −30mV 到 −35mV 超极化。这一系列反应的重要性在于使视杆细胞和视锥细胞胞浆膜维持于 −30mV 的稳态。

视杆细胞具有完全暗适应能力，可感受仅有五个光子大小的闪光。视杆细胞是一类特殊的神经元细胞，其信号的产生并非全或无的过程，信号强度分级反映为细胞自静息电位 −30mV 开始的毫伏级的电势变化和受刺激的光感受器细胞的数量。由于光感受器细

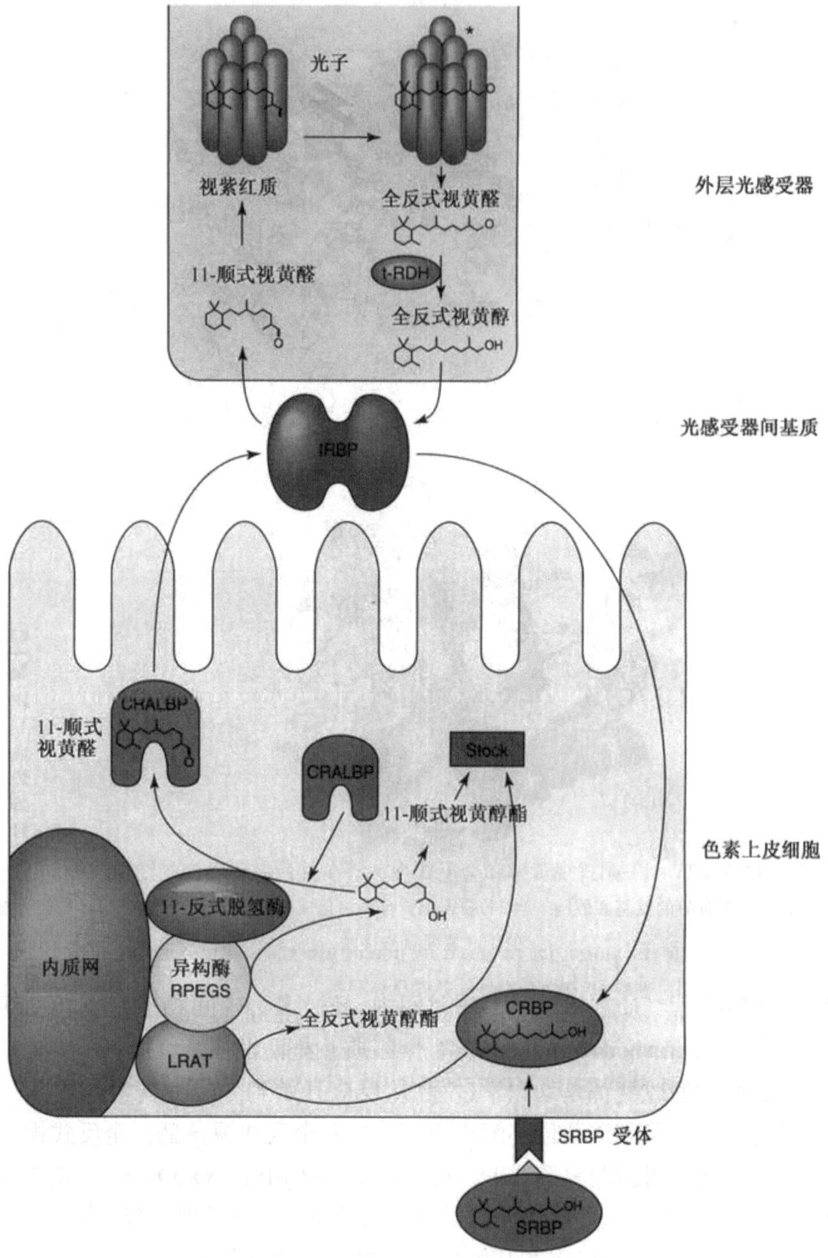

图 24.26　11-顺式和全反式视黄醇的运输和代谢

CRALBP:胞内视黄醛结合蛋白;CRBP:细胞视黄醇结合蛋白;IRBP:光感受器间维生素 A 类结合蛋白;LRAT:卵磷脂视黄醇酰基转移酶;RPE65:视网膜色素上皮蛋白;SRBP:血浆视黄醛结合蛋白

胞的 Na^+ 离子通道是配体-门控通道,且部分通道在开放状态下可保持 Na^+ 内流,因而能将稳态电位维持于 $-30mV$。保持 Na^+ 通道开放的配体是 cGMP,以浓度依赖的动态模式与受体结合。视杆细胞和视锥细胞内影响 cGMP 浓度的生化反应也可影响开放的 Na^+ 通道的数量和细胞内 Na^+ 离子的浓度,最终影响膜电位(图 24.27)。**活性视紫红质(active rhodopsin)**(R^* 也叫变视紫红质Ⅱ)可以和转运素形成复合物。**转运素(transsu-**

cin)是一种经典的三聚化 G-蛋白,其作用方式与书中 13.1 节描述的很相似。在 R^*-转运素复合物中,转运素要经过构型转变以适应从与 GDP 结合到与 GTP 结合的改变。当与 GTP 结合后,α 亚单位(Tα)与 β 和 γ 亚单位解离。Tα 激活**磷酸二酯酶**(**phsophodiesterase,PDE**),水解 cGMP 生成 5′-GMP。该反应可以降低 cGMP 浓度,减少开放的 Na^+ 离子通道的数量,最终减少 Na^+ 内流。Na^+ 外流不受上述反应的影响,细胞内 Na^+ 浓度降低导致膜电位负值更高(超极化)。

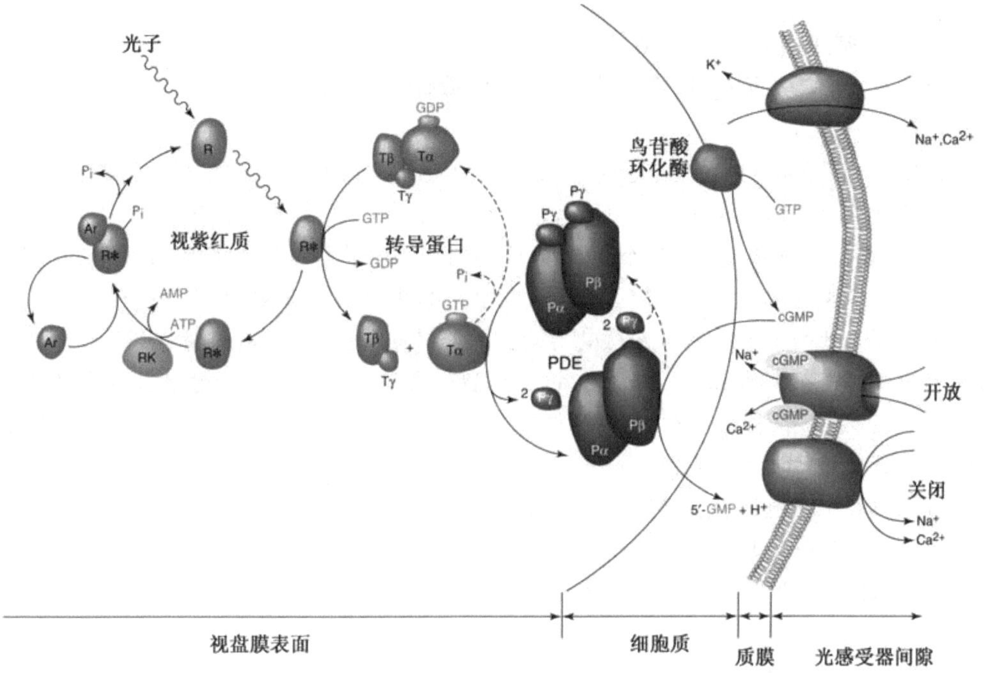

图 24.27　视循环生化级联反应

图 24.27 显示了膜上的两种通道,其中一种与 cGMP 结合后开放,另外一种没有 cGMP 结合,所以是关闭的。通过这种机制,细胞内的 Na^+ 浓度直接与 cGMP 的浓度相关连,因此也直接影响膜电位。

杆状细胞的 PDE 是一种异四倍体,包含一个 α 和一个 β 催化亚基,以及两个 γ 调节亚基。Tα-GTP 与 PDE 的 γ 调节亚基形成复合物,影响 PDE 的 α 和 β 催化亚基形成的二聚化单位的催化活性。Tα 具有 GTP 酶活性,可水解其结合的 GTP 生成 GDP 和无机磷酸盐(P_i),导致 Tα 与 PDE 的 γ 调节亚基解离,使其可再次与催化亚基结合并抑制 PDE 的活性。视锥细胞中也存在同样的反应,但视锥细胞中的 PDE 催化亚基与视杆状细胞中的不同,其 PDE 的两个催化亚基是两个 α 亚单位而不是一个 α 和一个 β 亚单位。

cGMP 的浓度受细胞内 Ca^{2+} 的调节。Ca^{2+} 在黑暗中通过钠通道进入细胞内,浓度可达 500nmol/L。该浓度下**鸟苷酸环化酶**(**guanylate cyclase**)的活性很低。钠通道关闭时,Ca^{2+} 进入胞内也受抑制,但经钠/钙-钾交换器的 Ca^{2+} 外流不受影响(图 24.27 中胞浆膜顶部的复合物),因而胞内 Ca^{2+} 浓度降低,导致鸟甘酸环化酶活性降低及从 GTP 生成 cGMP 增多。cGMP 的重新合成和 Tα-GTP 中的 GTP 水解在终止视觉循环的反应中具有重要作用。

活化视紫红质的失活在终止以上的一系列反应中也具重要作用。活化视紫红质 R^*

可被一种 ATP 依赖的视紫红质激酶磷酸化(图 24.27)。R^*-P_i 与细胞溶质蛋白-视紫红质抑制蛋白具有很强的结合能力，形成的复合物视紫红质-R^*-P_i 不能与转导素相互作用。体内具活性的磷酸化的视紫红质与抑制蛋白结合可快速终止系列反应的第一个循环。视紫红质降解后，反应链可再次被光子激活。

视循环中的主要蛋白质都可能发生突变，可导致视觉障碍，部分列于表 24.6 中。

临床相关知识 24.6

利伯先天性黑矇：视网膜营养障碍导致失明

利伯先天性黑矇(LCA)是导致先天失明的最严重疾病之一。Leber 最先在 1869 年描述了该疾病。LCA 的临床表现早期即可发现，但多数都被忽略了。自 1963 年以来，基因异质性已被接受，有三个基因被认为可能与 27% 的营养不良有关，它们是：①位于 17p13 染色体的 *retGC1*(akaGUCY2D)，编码光感受器特异性鸟苷酸环化酶；②位于 19q13.3 的 *CRX*，编码光感受器必需的一种同源框蛋白，对维持视锥/视杆细胞生物学功能都是必需的；③位于 1p31 的 *RPE65*，编码一特异性的视色素上皮蛋白，参与维生素 A 的代谢，特别是对视黄醇反式/顺式异构酶的作用。下图为 *RPE65* 基因结构示意图，LCA 中的位点突变也一并标示。

研究人员采用基因置换疗法对犬 LCA 模型进行了治疗，即把正常的 *RPE65* 基因导入实验动物的一只眼内，相对于另一只眼，治疗眼视觉得以恢复。此酶参与视觉的功能可以从图 24.24 和图 24.26 得到证实。

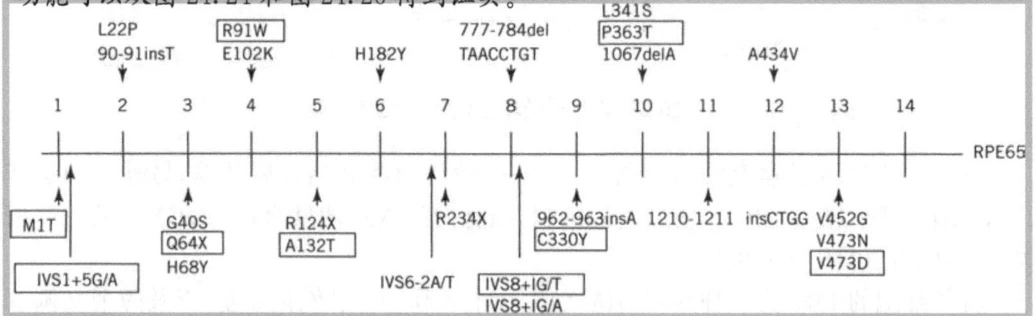

RPE65 基因结构模式图

表 24.6　主要参与光传导级联反应的蛋白质

蛋白质	与膜的关系	分子质量/kDa	胞内浓度/(μmol/L)
视紫红质	固有的	39	—
转导素(α+β+γ)	外周或可溶	80	500
磷酸二酯酶	外周	200	150
视紫红质激酶	可溶	65	5
抑制蛋白	可溶	48	500
鸟苷酸环化酶	与细胞骨架相连	?	?
cGMP 激活通道	固有的	66	?

视锥细胞产生视色觉

虽然摄影艺术家仅使用黑白两色也可使世界显得非常美丽，但色彩为自然和生命带来了另一种美丽，色彩甚至具有将组织和组织化学染色区分开来的能力。人对色彩的区分能力仅存在于视觉系统中一个很小的部分——视锥细胞。人眼中视锥细胞的数量少于视杆细胞。一些动物(如狗)的视锥细胞数量更少，而某些动物(如鸟)则有较多的视锥细胞。

光刺激视锥细胞的机制和刺激视杆细胞的机制是一样的，首先都是光诱导 11-反式视黄醛异构体形成。视锥细胞根据是否含蓝、绿或红视色素而分为三种类型(图 24.22b)。一些医学文献中也分别将它们称为短、中和长波幅特异性视蛋白。视锥细胞辨认颜色的能力是由其可与 11-反式视黄醛相结合的色觉蛋白的内在特性决定的。与视紫红质一样，11-顺式视黄醛通过质子化希夫碱与每一种蛋白质结合。11-反式视黄醛属共轭双键系统，其吸收波谱受化学环境影响(图 24.22b)。当 11-反式视黄醛与不同的视蛋白结合时，质子化碱基周围的氨基酸残基和连接处的 π 键系统都会影响能量水平，并发射出每一视色素都不同的最大吸收波谱。

编码视色素的基因已被克隆从而推断出了其氨基酸序列，研究人员对它们和视紫红质进行了比较，它们之间的同源性见图 24.28。空心圆圈代表相同的氨基酸，实心圆圈代

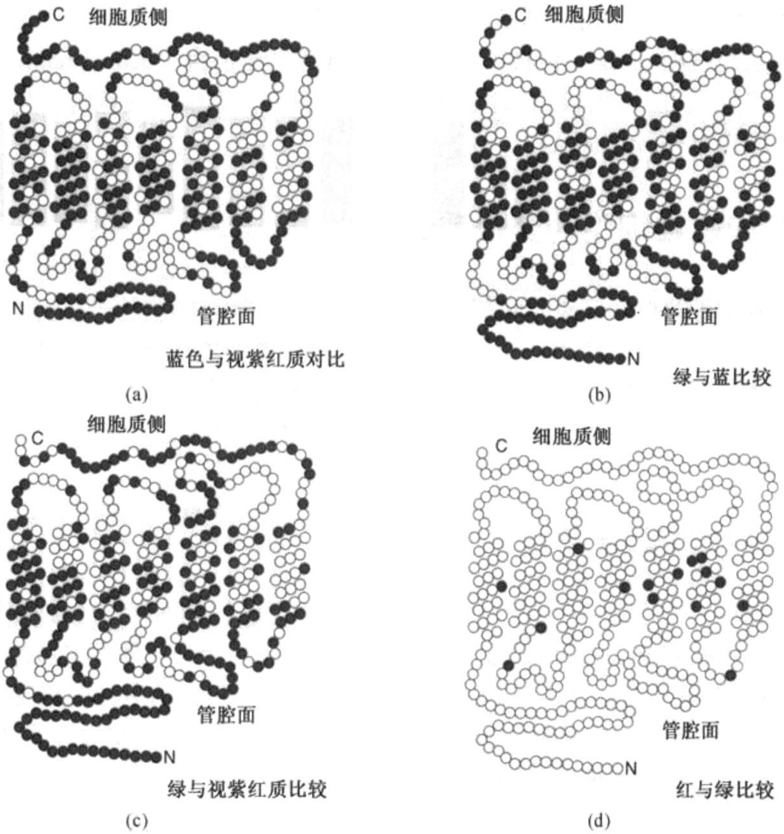

图 24.28　人类视色素氨基酸序列的比较

每一个实心点代表一个不同氨基酸残基

表不同的氨基酸。两端串联的黑色实心氨基酸链代表蛋白的延伸。红绿视色素的同源性最高约 96% ,而其他视色素之间的同源性是 40% 和 45% 。

一般来说每一细胞只能有一种类型的视色素。然而在婴儿的发育过程中,同种细胞中可存在多种视色素。蓝色视色素先出现,然后是绿色和红色。含多种视色素的视锥细胞在出生后即开始减少,成年后基本不存在。蓝色视色素的最佳吸收波幅为 420nm ,绿色为 535nm ,红色为 565nm(图 24.22a)。视色素最大吸收波幅反射外的颜色,通过分级刺激不同的视锥细胞,由大脑比较分析完成成像。

视色觉为三色

编码视色素的基因已定位在特定染色体上。视紫红质基因位于**3 号染色体**(**chromosome 3**),编码蓝色视色素的基因在 7 号染色体上,绿色和红色视色素基因位于 X 染色体。虽然绿色和红色视色素基因有很大相似性,但它们是完全不同的蛋白质。已证明个体遗传变异只能影响其中一种蛋白质,而不能同时影响两种。绿色视色素有超过一个基因,但只有一个可以表达。发明化学原子理论的 Joh Dalton(1766～1844)是色盲。1794 年,他在一次演讲中第一次描述了自己的视觉问题并于 1798 年发表了他的发现。他认为自己的色盲问题是由于玻璃体液变蓝,选择性地吸收了波长大的光。他还指示死后解剖其眼球以检验该理论是否正确。尸检后发现其玻璃体液完全清澈正常。利用 DNA 分析技术对 Dalton 保存在英国博物馆的眼睛进行分析后,发现其眼球缺少了蓝色视色素。因此 Dalton 并非三色视型,而是二色视型或**"第二原色盲或绿色盲"**(**deuteranopia**),同时由于他是第一个已知的红-绿色盲,有时也称"Dalton 色盲"。而缺乏红色视色觉的色盲称红色盲或**第一原色盲**(**protanopia**)。

视杆细胞和视锥细胞的其他差异

视杆细胞的敏感性和反应时间都和视锥细胞不同。视杆细胞的光感受器吸收一个光子约产生 1～3pA($1\times10^{-12}\sim3\times10^{-12}$)的电流,而在视锥体细胞产生的电流约为($10\times10^{-15}$ A),约为视杆细胞的 1/100。但视锥细胞的反应时间约比视杆细胞快四倍。因此,视锥细胞适于对快速事件作出反应,而视杆细胞较适合对暗视觉反应。

24.4 分子传感器及其相关蛋白

分子传感器共有三大家族:肌球蛋白、驱动蛋白和动力蛋白。肌球蛋白是一种基于肌动蛋白的传感器,其余两种都是基于微细管的传感器。基于肌动蛋白的传感器包括那些参与肌肉收缩的传感器,而后两种与细胞内运输有关。另有一些"非常规的"肌球蛋白也参与细胞内运输。参与运输功能的运动分子是一个独立的单位,不形成纤维,和参与肌肉收缩的传感器不同。其中还包括参与负荷运输的基于肌动蛋白的肌球蛋白。所有这些传感器的供能均来自 ATP。ATP 为肌球蛋白和驱动蛋白供能的机制是相似的。但动力蛋白可能由于结构完全不同,其供能机制也不同,但具体情况尚不完全清楚。蛋白质与

ATP 结合时构象改变，ATP 水解后释放出的物质对它们的作用动力是相同的。

肌肉收缩

骨骼肌和心肌都是横纹肌且都有分离带和纤维丝。平滑肌不是横纹肌，它们的粗肌丝和细肌丝的结构无明显区别。心肌的肌结不是以线性模式排列，而是有分支，并通过粘连接合的方式紧密连接在一起。这些接合是由跨膜蛋白、钙黏蛋白、穿过粘连细胞并与其他蛋白质相互作用的柱状蛋白，以及与邻近肌节的肌动蛋白和 α-辅肌动蛋白的连环蛋白组合而成的。

心肌的节律收缩来自心脏本身产生的冲动，以电冲动的形式在间隙连接间传递，可在肌结之间进行快速的信号传递。心肌的收缩间期比骨骼肌的长，但激素和某些其他物质可以改变该收缩间期。

平滑肌收缩一般比骨骼肌慢，但收缩幅度可以很大，且可产生很强的收缩力。平滑肌收缩也受激素影响。其他参与平滑肌收缩的蛋白质有：钙调素结合蛋白，起类似肌钙蛋白在骨骼肌收缩中的作用；钙-钙调蛋白与钙调素结合蛋白结合，阻止其与肌动蛋白的解离，使平滑肌收缩。由于平滑肌没有明确的肌浆网，所以收缩所需的钙离子来自于胞内的储存或胞外。

骨骼肌收缩

肌肉收缩的“**滑动肌纤维模型**”(**sliding filament model**)建立在通过电子显微镜对骨骼肌组织进行广泛分析的基础上。这个简单但极具说服力的理论经受了时间的检验。

骨骼肌的收缩包括位于神经肌肉接头处的肌结的横小管的去极化。信号传递至肌浆网后钙离子释放入肌结。钙离子与肌钙蛋白(Tn-C)——异三聚体肌钙蛋白的亚单位结合。异三聚体肌钙蛋白的另一个亚单位 Tn-T 与原肌球蛋白连接，而后者可以与细肌丝的肌动蛋白接合。Ca^{2+} 与 Tn-C 的结合可改变构型，影响肌钙蛋白的第三个亚单位 Tn-I，并导致原肌球蛋白构象旋转，伴随单纤维片段和肌动蛋白旋转，并暴露其肌球蛋白结合位点使其能与肌动蛋白相互作用，从而产生收缩反应。在 Ca^{2+} 转运 ATP 酶的作用下，Ca^{2+} 可快速从肌小结泵入肌浆网，并被收钙素解离，收缩反应终止。

骨骼肌的结构组成

图 24.29 是一个骨骼肌结构示意图。肌肉包含成束的纤维(c 图)，称为纤维束(b 图)。肌纤维由肌原纤维组成(d 图)，而肌原纤维是由肌细胞或单位即**肌小结**(**sarcomere**)串联而成的。肌细胞为多核细胞且不能分裂。多数肌细胞的寿命与动物的生存时间相同，但丢失或延长时它们可以被融合的**生肌细胞**(**myoblast cell**)替代。

图 24.30 是一个肌细胞，可见肌原纤维被一种叫**肌浆网**(**sarcoplasmic reticulum**)的膜结构环绕。沿纤维束的不连续间隔和与肌浆网连接的终末池都是横小管。它们都与环绕整个结构的外膜相连。胞核和线粒体位于胞浆膜内侧。

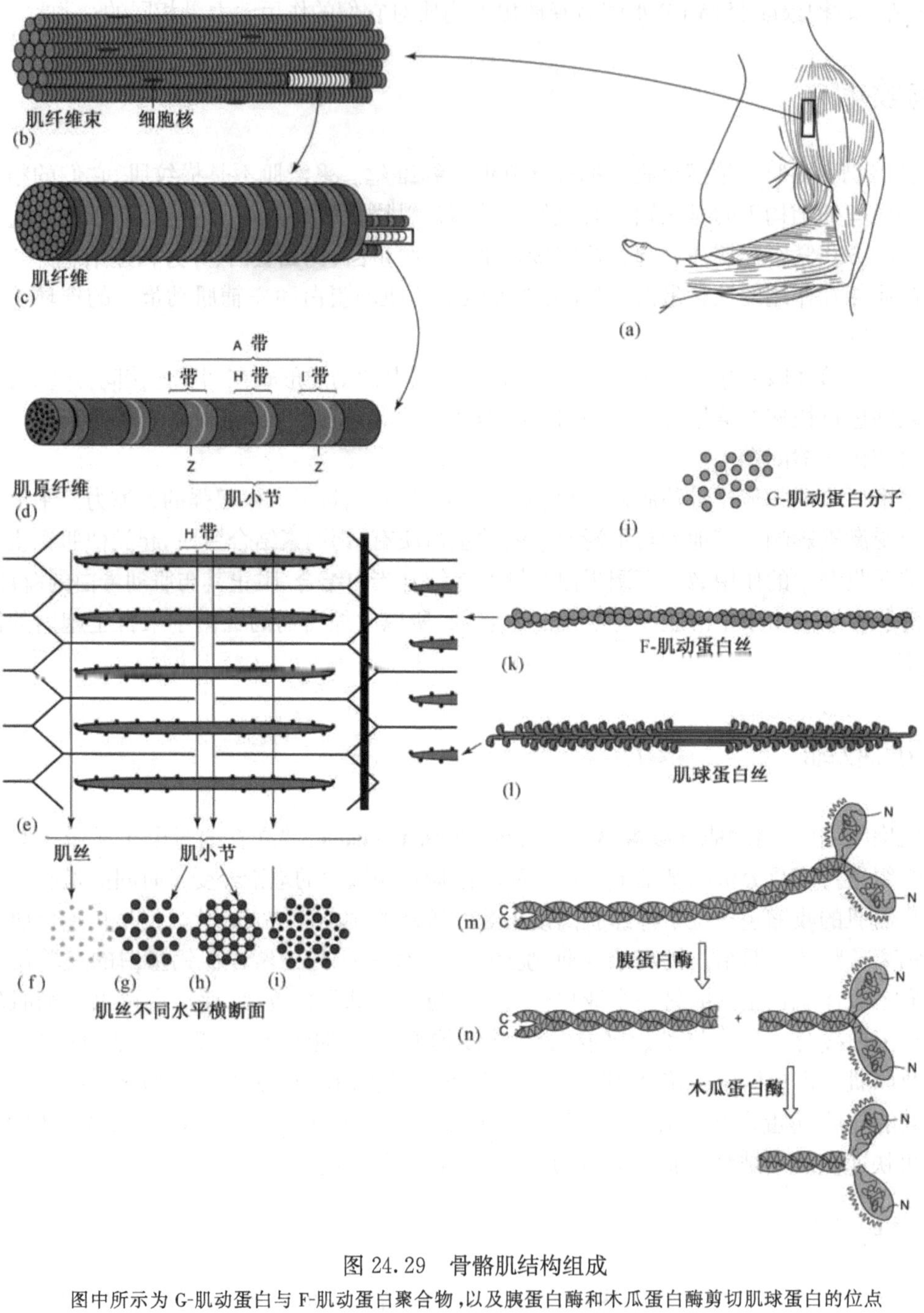

图 24.29　骨骼肌结构组成

图中所示为 G-肌动蛋白与 F-肌动蛋白聚合物，以及胰蛋白酶和木瓜蛋白酶剪切肌球蛋白的位点

肌小结是一个收缩单位，其所有结构位于两个 Z 带（或 Z-disc）之间（图 24.29d 和 24.30）。肌小结之间的环由特定蛋白质构成（图 24.29e）。有两种不同类型的纤维：两端带有突出的粗长纤维锚定在肌小结的中心，而细长纤维锚定于 **Z 带**（**Z-disc**）的蛋白质上。I 带（均质）从 Z 带（两个连接的肌小结）的两端各延伸出一段短距离，且其中包含一个**细肌丝**（**thin filament**）。**H 带**（**H band**）位于肌小结的中心，其中包含粗或重纤维，但不含细

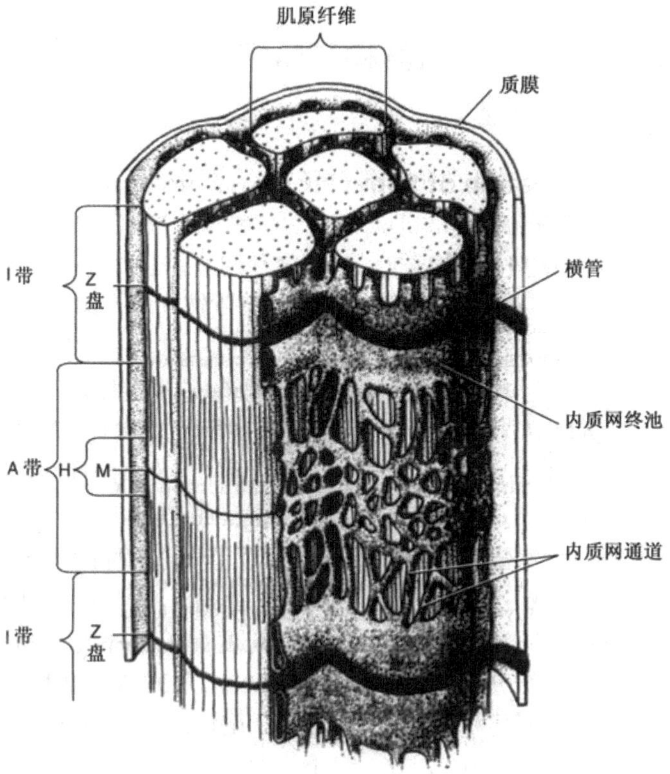

图 24.30 含六个肌原纤维的肌纤维结构模式图

横小管内腔与胞外介质相连，并在 Z 带与肌纤维相通

肌丝。在 H 带的中央还有一些弥散的**M 带**，其中含一些**粗肌丝**(**heavy filament**)锚定蛋白的辅助蛋白。**A 带**(非均质)含粗细两种纤维，位于 I 带的内缘之间。肌肉收缩时，H 和 I 带变短，但 Z 带和 H 带的近缘间距以及肌小结间的 I 带的最内侧距离也不变，表明粗细肌丝的长度在收缩时都保持不变，因此收缩是由纤维"滑动"引起的。

表 24.7 一些骨骼肌蛋白的相对分子质量

肌球蛋白	500
重链	200
轻链	20
肌动蛋白单体	42
原肌球蛋白	70
肌钙蛋白	76
Tn-C 亚单位	18
Tn-I 亚单位	23
Tn-T 亚单位	37
α-辅肌动蛋白	200
C-蛋白	150
β-辅肌动蛋白	60
M-蛋白	100

肌小结含多种蛋白，其中八种列于表 24.7。肌球蛋白(约 60%～70%)和肌动蛋白(20%～25%)的量最多。粗肌丝含有的多是肌球蛋白，而细肌丝含有的则多为肌动蛋白。粗肌丝由球形肌动蛋白亚基单体端到端聚合而成，称为 F-肌动蛋白和纤维肌动蛋白(图 24.29j)。原肌球蛋白和肌钙蛋白都与 F-肌动蛋白结合，且在收缩过程中具重要作用。列出的其他蛋白质多与形成和维持收缩单位的完整性有关。

参与收缩过程的一些蛋白的结构和特征

肌球蛋白组成肌肉的粗肌丝

肌球蛋白是一种两端为球状的长纤维分子，含有两个约230kDa的重链。与两端首基结合的是两条不同的轻链，约为20kDa。它们是“钙调素”样蛋白，与肌球蛋白头基附近含IQXXXRGXXXR序列的IQ基序结合，参与多种调节，部分机制尚不清楚。

每个肌球蛋白链的羧基端都位于其尾部，其两条重链互相盘绕(图24.29m)。**胰蛋白酶(trypsin)**的头端1/3处切割可产生**重酶解肌球蛋白**(头基与一个短尾)和**轻酶解肌球蛋白**(尾部)。只有轻链可以在体外状况下凝集，说明凝集是其在体内重链构型中的作用之一。头部还可由**木瓜蛋白酶(papain)**切割而与残留的尾端分离(图24.29n)，产生一个称为**亚碎片1(subfragment 1,S-1)**的头端片段。这些蛋白酶的作用证明该分子的头尾结合部位至少有两个铰合位点。

不同物种和类型的肌球蛋白的cDNA分析表明，不同物种的肌球蛋白间存在高度同源性，尤其是在头部区域，虽然其尾端区域同源性较低，但不同物种86～150nm不等长度的功能区域具有高度同源性，说明其功能与长度无关。哺乳动物肌球蛋白的头部包含的氨基酸残基约占整个分子的一半(839～850)。肌球蛋白在肌小结的H带的M线周围形成一种**对称的尾对尾样聚合(symmetrical tail-to-tail aggregate)**。尾端部分在M线两端呈平行线性排列，头部朝向Z带。每个粗肌丝约含400个肌球蛋白。C蛋白(表24.7)参与其排列，M蛋白也参与其中，其作用可能为参与尾部的聚合并使它们锚定于M线。

肌球蛋白的头部具ATP酶活性，为收缩和**肌动蛋白结合(actin binding)**提供能量。S-1片段也含有必需轻链结合的位点和能够与调节轻链结合的IQ基序。图24.31为肌球蛋白S-1片段的三维结构图。肌动蛋白结合域位于可见缝隙的右下角。S-1片段含有数个结构域样区域，分子质量分别为25kDa、50kDa和20kDa，分别以绿、红和蓝色标示。**必需轻链(ELC)**和**调节轻链(RLC)**表示为蓝色和紫红色(见临床相关知识24.8)。

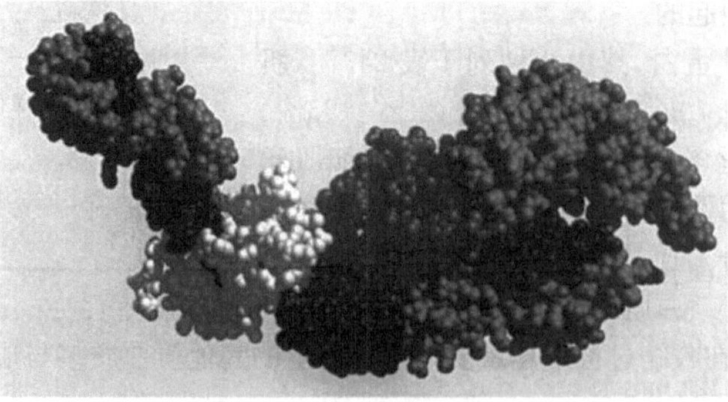

图24.31　肌球蛋白S-1片段的氨基酸残基空间充填模型

重链25kDa、50kDa和20kDa结构域分别为绿色、红色和蓝色。必需和调节轻链分别是黄色和紫红色

ATP 结合位点在可见缝隙上方，也是一个开放裂隙，约 13Å 深 13Å 宽，与肌动蛋白结合位点的距离约 35Å。肌球蛋白与肌动蛋白以立体特异性的方式结合。在 ELC 与单螺旋之间为弹性折叠留有一定空隙。肌球蛋白-ATP 复合体与肌动蛋白的亲和力是肌球蛋白或肌球蛋白-ADP 与肌动蛋白的亲和力的 1/10 000。随 ATP 结合、水解与释放，无机磷酸蛋白构象改变，化学能传递。

临床相关知识 24.7
糖基化和肌球蛋白的结构和功能

长期高血糖会影响多个系统的功能。葡萄糖可形成蛋白中有自由氨基的希夫碱，并改变其功能。质谱体外实验发现肌球蛋白也能被糖基化，该发现对衰老和糖尿病的意义尚待进一步研究。

临床相关知识 24.8
肌蛋白突变和家族肥大性心肌病

家族性肥大性心肌病以左和(或)右心室变大/增厚为特征，这些病理改变常常引起心律失常和夭折。家族性肥大性心肌病发生的病因为编码 β-肌球蛋白重链、心室肌球蛋白调节性轻链、肌钙蛋白 T、肌钙蛋白 I、α-原肌球蛋白和肌钙蛋白结合蛋白 C 的基因突变。其中一些基因亚型仅表达于心肌组织，因此某些效应在其他肌肉组织无法见到。突变会改变肌小节的结构和功能，导致心肌功能改变，如肌球蛋白与肌动蛋白作用产力降低、肌小节内肌球蛋白的错误锚定，和(或)原肌球蛋白和肌钙蛋白亚基的任何功能改变。

肌动蛋白、原肌球蛋白和肌钙蛋白均为细丝蛋白

肌动蛋白是主要的细丝蛋白，约占肌肉总蛋白的 20%～25%。由约 42kDa 的球型蛋白即 G-肌动蛋白聚集形成纤维肌动蛋白或称 F-肌动蛋白(图 24.29j)。不同种系的肌动蛋白中，超过 90% 的氨基酸序列是保守的(表 24.8)。肌动蛋白的亚型超过 30 个，序列最长者含 375 个氨基酸残基，其中发生替换的残基不超过 32 个。由于肌动蛋白转录后修饰大多发生于氨基端，因此大部分替换发生于此。氨基端残基可能经过一到两次乙酰化水解反应，最后才形成乙酰化产物。图 24.32 显示的是 G-肌动蛋白的晶体结构。肌动蛋白含两个大小相近但独立的结构域，图示左侧设计成较大，右侧略小，每一个结构域又都含两个亚结构域。N 端和 C 端氨基酸残基都位于小结构域的 1 号亚结构域中。肌动蛋白分子有极性，可在任一端与 F-肌动蛋白聚合。体外动力学实验证实单体优先聚集到大亚基端，其效率是由分子扩散速度控制的，即单体扩散到末端速度越快，聚集速率越高。

表 24.8 鸡胃平滑肌肌动蛋白、骨骼肌肌动蛋白和牛心肌肌动蛋白氨基酸序列异同总结

肌动蛋白类型	残基数量						
	1	2	3	17	89	298	357
骨骼肌[a]	Asp	Glu	Asp	Val	The	Met	Thr
心肌[b]		Asp	Glu			Leu	Ser
平滑肌[c]	Absent		Glu	Cys	Ser	Leu	Ser

[a] 来自于兔、牛和鸡骨骼肌；[b] 来自于牛心脏；[c]来自于鸡胃。

临床相关知识 24.9
扩张型心肌病与肌动蛋白突变

扩张型心肌病的特征是心壁变薄和泵血功能不足。其遗传学病因是肌动蛋白病变。虽然肌动蛋白的氨基酸序列高度保守，但仍有几个亚型由几个不同的基因表达。共有 6 个这样的基因，其中有 5 个表达于骨骼肌和心肌。成人心肌细胞中约有 80% 的肌动蛋白以特定的心肌亚型存在。突变发生在这些相对保守的心肌亚型时会导致严重的健康问题。例如一种遗传性单氨基酸置换(见下图)，如果发生 Arg312 被 His 置换或 Glu361 被 Gly 替换，那么这两类患者都将发生扩张型心肌病。其治疗只是在末期进行心脏移植，但效果有限。

心脏肌动蛋白单体示意图与特发性扩张型心肌病变异位置(Olson et al .1988)

与图 24.29 中的肌动蛋白结构相比可发现，氨基酸置换发生于肌动蛋白的两个不同的功能区域。

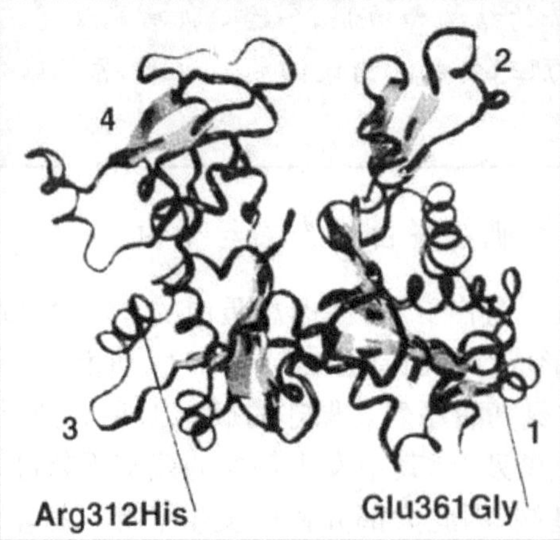

心肌肌动蛋白结构示意图及特发型扩张性心肌病变异位点

每个 G-肌动蛋白在两个主要的结构域中间都含有一特定的结合位点，可结合 ATP 和 Mg^{2+}，但 Ca^{2+} 可以与 Mg^{2+} 竞争结合此位点。G-肌动蛋白-ATP-Mg^{2+} 复合体的形成快于 F-肌动蛋白。在 F-肌动蛋白中 G-肌动蛋白两个亚结构域 1 和 2 位于外侧，而这里就是肌球蛋白的结合位点。F-肌动蛋白可以看作是①单链起始，左手单股螺旋，围绕单体旋转大约 166Å，上升 27.5Å；或②双链起始，右手双股螺旋，半螺距 350～380Å。

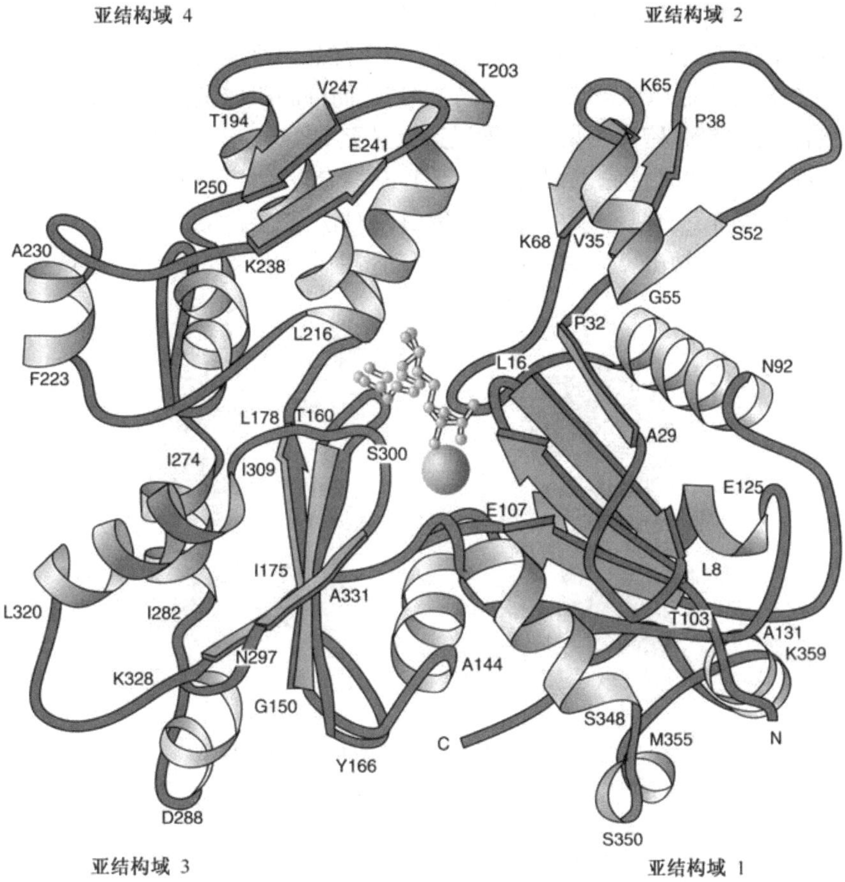

图 24.32　G-肌动蛋白二维晶体结构

ADP 和结合的金属离子位于两个大结构域中间的裂隙中

β-辅肌动蛋白(**β-actinin**)与 F-肌动蛋白结合,协助限制细丝蛋白的伸展长度。**α-辅肌动蛋白**(**α-actinin**)是由 90～110kDa 亚基组成的同源二聚体,结合在 F-肌动蛋白的一个单体肌动蛋白上,位置为 86～117 中一点和 350～375 中的一点。可增强肌纤维的韧性,也能帮助肌动蛋白纤维锚定于 Z 盘(Z-disc)上。与细丝结合的较重要的蛋白质还有**原肌球蛋白**(**tropomyosin**)和**肌钙蛋白**(**troponin**)。

原肌球蛋白(**tropomyosin**)呈杆状,含两个约 35kDa 的不同亚基,以首尾相连的形式聚集并与细丝全长结合。它与螺旋的沟相适配结合,参与 F-肌动蛋白单体的组装。每个原肌球蛋白分子与约七个肌动蛋白单体结合,结合位点为肌动蛋白亚结构域 1～3 之间。原肌球蛋白协助稳定细肌丝,并在 Ca^{2+} 与肌钙蛋白结合时可向细肌丝和其他组分传递构象改变信号。

肌钙蛋白含 3 个不同的亚基,分别为 TnC、TnI 和 TnT,分子质量依次为是 18kDa、23kDa 和 37kDa。TnT 亚基与原肌球蛋白结合,TnI 抑制肌动蛋白(actin)与肌球蛋白(myosin)结合,TnC 亚基是钙调蛋白(calmodulin)样蛋白,能与 Ca^{2+} 结合。

TnC 三维结构呈哑铃型,与钙调蛋白非常相似。钙饱和 TnC-TnI 结构模型如图 24.33 所示。TnI 亚基适应 TnC 中心区的形状而呈螺旋形,并在两端形成帽状结构覆盖其面。当 TnC 被钙离子饱和时,TnI 帽状结构与 TnC 紧密结合。TnC 含 4 个 2 价金属离子结合位点，2 个在 C 端并与钙离子有高亲和性（K_D 为 10^{-7} mol/L），并且被认为始终与 2 价金属离子（Ca^{2+}，Mg^{2+}）处于结合状态。由于静息时细胞内这些离子的浓度在相同范围，TnI 的构象可限制原肌球蛋白的正确方向，从而抑制肌球蛋白（myosin）与肌动蛋白（actin）的结合。兴奋时，胞内钙离子浓度迅速上升至 10～5mol/L，足以结合 TnC N 端的两个结合位点。此时 TnI 优先以帽状结构与 TnC 结合（图 24.33），肌动蛋白上的肌球蛋白结合位点得以暴露。原肌球蛋白与肌动蛋白相对松散的结合使它可以灵活地改变构象，对钙离子浓度上升做出反应，并帮助封闭肌动蛋白上的肌球蛋白结合位点。

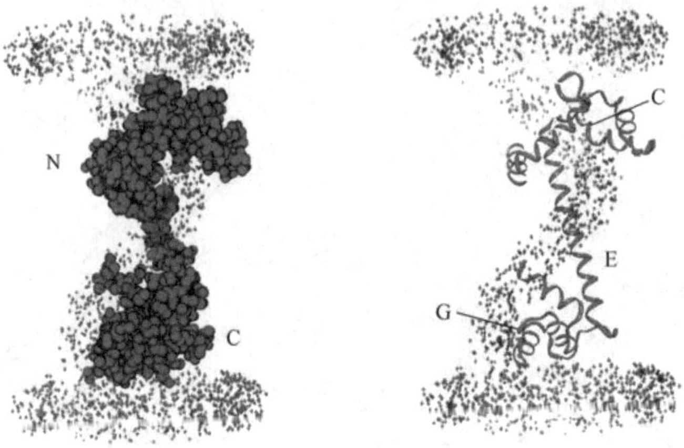

图 24.33　$4Ca^{2+}$-TnC-TnI 复合体最佳结合模型

图为根据中子散射研究得出的 $4Ca^{2+}$-TnC-TnI 复合物模型，右图为 TnI（绿色）围绕 $4Ca^{2+}$-TnC 形成的螺旋结构。$4Ca^{2+}$-TnC 以 α-碳架结构表示（红色带状），螺旋结构分别标为 C、E 和 G。左图内容与右图相同，$4Ca^{2+}$-TnC 以 CPK 模型表示

图 24.29i 是肌小节的示意图，大致表示了粗细肌丝的排列情况。每一粗肌丝周围有六条细肌丝围绕。这种排列形式和肌球蛋白头部的可塑性使每条粗丝可与多条细丝结合。粗细肌丝形成桥联的情况如图 24.34 所示，为粗肌丝与两条细丝结合的二维图示。

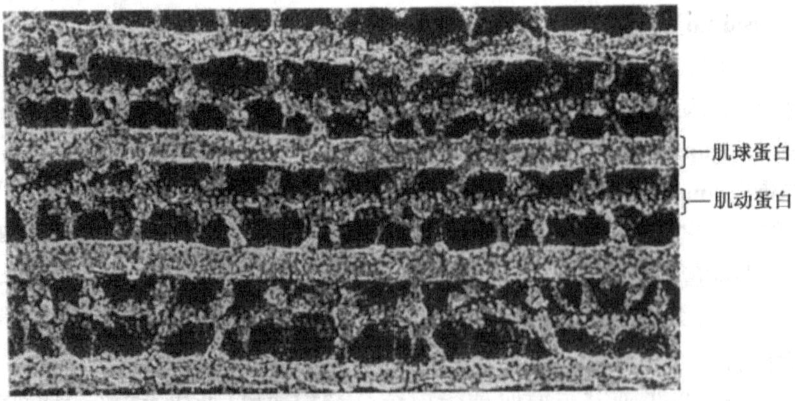

图 24.34　昆虫飞行肌的肌动蛋白-肌球蛋白桥连彩色电镜照片

肌肉收缩需要 Ca^{2+}

骨骼肌收缩依赖神经冲动向**神经-肌肉连接**(**neuromuscular junction**)传递,以及**乙酰胆碱**(**acetylcholine**)向突触的释放。乙酰胆碱受体是配体门控通道,位于突触后膜。乙酰胆碱与受体结合引起通道开放,Na^+ 进入引起肌小节,横小管去极化。图 24.35 为前突触神经与肌小节的解剖关系图。

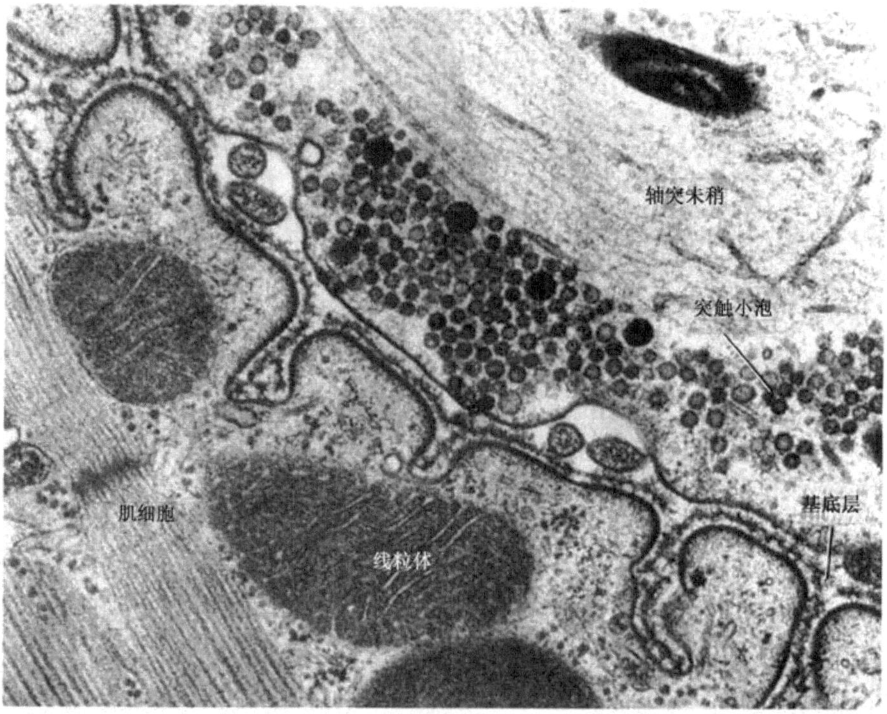

(a)

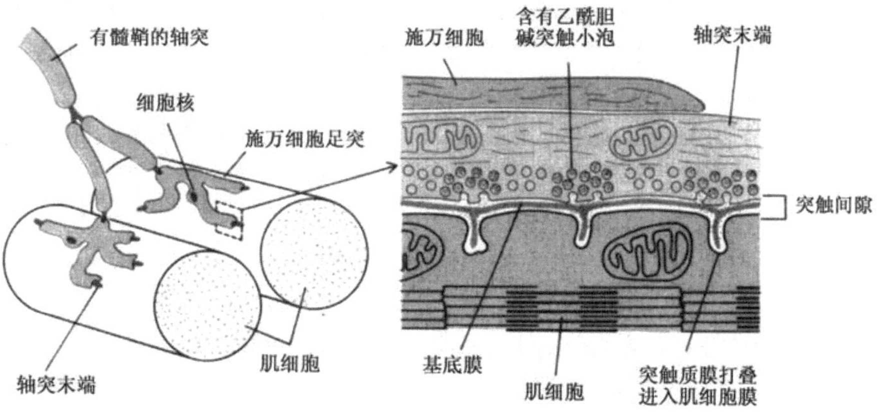

(b)

图 24.35

(a)神经肌肉接头电镜照片;(b)a 图中神经肌肉连接模式图

横小管在Z线附近与肌浆网的终末池相连。神经冲动传入，横小管去极化，肌浆网Ca^{2+}释放到肌小节，Ca^{2+}浓度上升100倍，使其能与低亲和力的TnC结合，从而触发收缩过程(见临床相关知识24.10、24.11和24.12)。当不需要收缩时，Ca^{2+}转运ATP酶可将Ca^{2+}快速地泵回肌浆网。

临床相关知识24.10
肌钙蛋白亚基——心肌梗塞诊断标志物

肌钙蛋白含三个亚单位(TnT、TnI和TnC)，且每一个亚单位的编码基因可超过一个。有两个基因编码骨骼肌TnI，一个编码快反应骨骼肌，另一个编码慢型，而心肌TnI由一个基因编码。编码TnT的基因有相同的分布类型。编码TnI的基因对心肌具有特异性。TnC由两个基因编码，但都不是心肌特异的。

人类心肌的TnI比骨骼肌型约长31个氨基酸。急性心肌梗死时，血清TnI水平在四小时内便可升高，并可在68%的患者中持续7天。骨骼肌损伤时，心肌型TnI可约在25%的人群轻微升高，提示它并不是一个很敏感的心梗指标。成人心肌组织中有两种TnT亚型：TnT1与TnT2，而胎心组织中的亚型超过两种。这些亚型可能由mRNA进行不同的剪接形成。血清TnT2在急性心梗时4小时即升高并可维持14天。血清TnT2对心梗的敏感性为100%，特异性为95%，因此TnT2被用于急性心肌梗塞的诊断。

临床相关知识24.11
电压门控离子通道

机体有三种重要类型的电压闸门离子通道：Na^+、Ca^{2+}与K^+通道。每一通道蛋白都是由α和β亚单位形成的异源多聚体。这些亚单位在膜上排列类似环形，并在α亚单位中间形成漏斗样的通道。β亚单位的功能尚需要进一步阐明，目前的研究提示其可能具有稳定或调节α亚单位活性的功能。

神经和肌肉电压闸门通道的很多跨膜结构域有很高同源性，但其胞内连接环的保守性都相对较低。Na^+通道突变通常表现为肌无力或麻痹。几种遗传性Na^+电压闸门离子通道疾病列于下表，其中的每一种疾病都是由α亚单位单氨基酸异常引起并呈常染色体显性遗传。研究表明如果膜电位轻微升高(例如从−70mV变为−60mV)，肌纤维更容易达到阈值，肌肉将处于过度兴奋状态。如果膜电位变得更高(例如到−40mV)，肌纤维就不能触发动作电位，导致麻痹。

疾病	临床特征
高钾血症周期性麻痹	由兴奋后间歇或摄入K^+引起
先天性肌强直	冷诱导性肌强直
钠离子通道肌强直	持续性肌强直

临床相关知识 24.12
离子通道与心肌病

心肌电压闸门离子通道如同其他组织内的电压闸门离子通道一样，兴奋期后需要一定时间的恢复期。心脏的收缩与舒张持续有节律并且一般不改变，除非心律失常、肌纤维震颤或死亡。心肌两次收缩之间的恢复期在心电图上显示为 QT 间期。兴奋期初始阶段 Na^+ 进入胞内引起去极化，K^+ 通道随即开放，K^+ 排出细胞，两者都是顺各自的化学梯度浓度进行的。K^+ 通道开放对于关闭动作电位非常重要。遗传性长 QT 间期综合征(或称 LQTS)就是由 K^+、Na^+ 通道蛋白编码基因异常造成的。心肌中这些离子通道异常可引起猝死，特别是处于生理旺盛期的年轻人，他们从未做过心电检查，也不知道自己有 LQTS。这种情况的发生率是 1/10 000。

肌肉收缩的能量储备

正常肌肉中的 ATP 含量相对恒定。由于代谢活动增强，以及**肌酸磷酸激酶**(**creatine phosphokinase**)和**腺苷酸激酶**(**adenylate kinase**)的作用，ATP 含量即使在紧张活动时亦能保持相对恒定水平。肌酸磷酸激酶能催化磷酸自磷酸肌酸转移到 ADP，产生能量。

$$\text{磷酸肌酸} + \text{ADP} \rightleftharpoons \text{ATP} + \text{肌酸}$$

如果代谢活动无法满足机体对 ATP 的需求，肌酸磷酸激酶帮助维持其细胞内的相对含量。腺苷酸激酶通过催化以下反应提供额外的 ATP：

$$2\text{ADP} \rightleftharpoons \text{ATP} + \text{AMP}$$

ATP 完全消耗时最明显病理生理表现为**僵直**(**rigor**)。ATP 消耗完全引起的后果有：①细胞内 Ca^{2+} 浓度失调；②肌球蛋白完全以肌球蛋白-ADP 复合物形式存在，并与肌动蛋白结合，引起僵直，肌动蛋白需要 ATP 才能与肌球蛋白分离。

骨骼肌的收缩模式：力量发作

肌球蛋白的头基与 ATP 结合，ATP 水解和产物释放时均会产生构象改变。与 ATP 结合时会引起活性位点关闭，肌动蛋白结合位点打开。ATP 水解可关闭其肌动蛋白活性结合位点，该位点在无机磷酸释放时重新打开。实验发现 Cys^{697} 到 Cys^{707} 的距离从 19Å 改变为 2Å，这两个含半胱氨酸螺旋产生了运动，证实发生了构象改变。实验中把这两个半胱氨酸交联可导致 ADP 与其结合位点很难解离。图 24.36a 显示了肌球蛋白活性半胱氨酸口袋的三维结构。肌球蛋白通过改变构象调节肌动蛋白结合区裂隙的开闭；使 ATP 水解释放无机磷酸盐的过程与**能量发作**(**power stroke**)关联，该过程中肌动蛋白肌丝能拉伸约 10nmol/L，当肌球蛋白处于开放构型时，ATP 即可与其结合位点结合，上述过程重新开始。

单个肌球蛋白单元以不同步的方式发挥功能，就像拔河时手放在绳子上，能够维持力

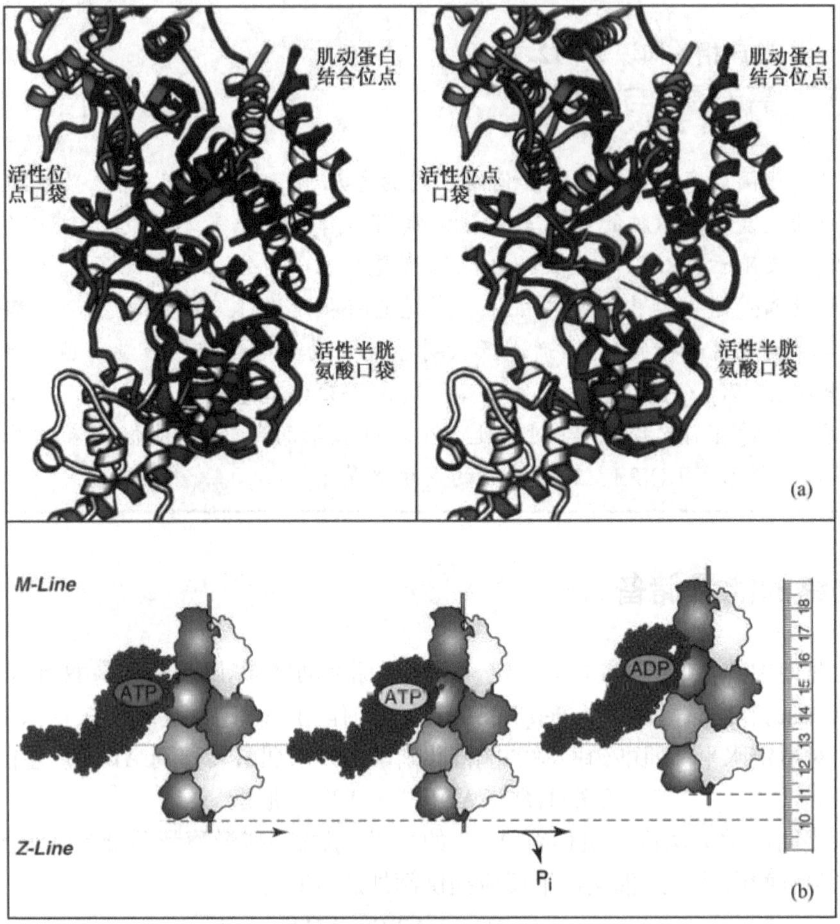

图 24.36　肌动蛋白-肌球蛋白相互作用模型

(a)肌球蛋白的立体结构显示其口袋内含有运动的反应性半胱氨酸残基；(b)ATP 水解释放无机磷酸后，肌球蛋白头基构象改变，臂部牵拉肌动蛋白肌丝离开 Z-盘的模式图

量或产生最大力量。因此，部分肌球蛋白的头基以高亲和力结合，而其余则处于低亲和力状态。随着肌球蛋白反复的结合、牵拉、释放与结合，肌小节缩短。

钙调节平滑肌收缩

钙离子在平滑肌收缩中发挥着十分重要的作用。图 24.37 为钙调节平滑肌收缩的示意图。关键调节组分有：① 磷酸化的肌球蛋白轻链激活肌球蛋白 Mg^{2+}-ATP 酶，后者为收缩过程提供能量；②**肌球蛋白轻链激酶（myosin light-chain kinase，MLCK）**肌球蛋白轻链磷酸化；③钙离子-钙调蛋白（Ca^{2+}-CaM）复合物激活 MLCK；④Ca^{2+}-CaM 复合物的形成依赖于细胞内钙离子浓度。细胞内钙库钙离子释放和钙离子跨膜流动是两个重要调节方式；⑤肌球蛋白的磷酸化或细胞内钙离子的向外转运调节收缩停止。参与调节平滑肌收缩的还有很多生化过程，它们受激素和 NO、cGMP 等其他化学物质的调节。多种化学物质的作用使平滑肌可以不同程度地收缩，也使得其不会过度拉伸。

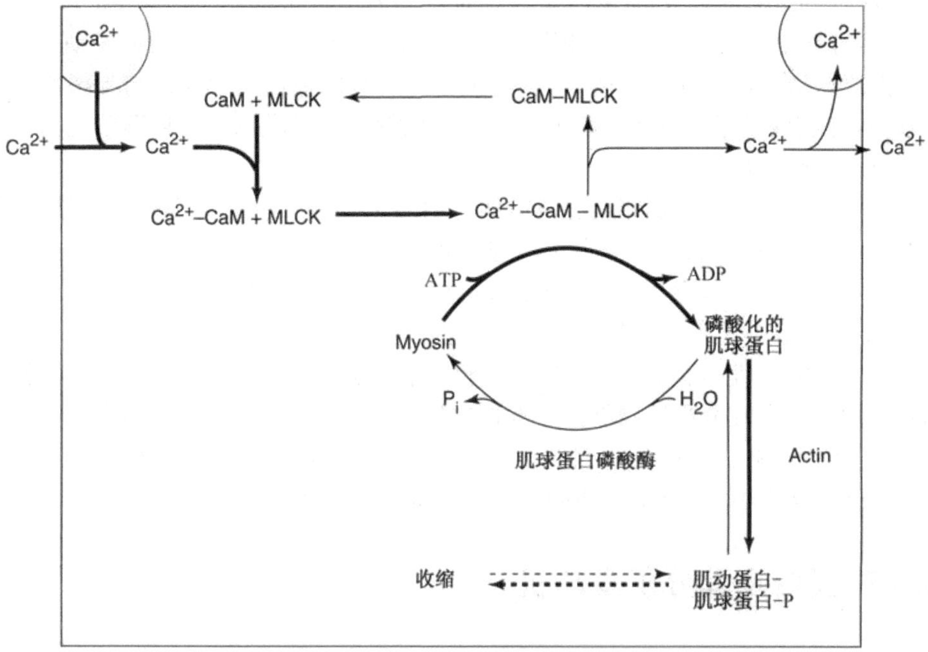

图 24.37　钙调节平滑肌收缩的示意图

粗箭头表示肌紧张过程，细箭头表示舒张过程。Mg^{2+}-ATP 酶活性在肌动蛋白-肌球蛋白-P 复合体中最高

CO 和 NO 参与肌肉收缩

参与肌肉收缩和神经冲动传导的分子还有 NO 和 CO（可能有相似作用）。CO 的调控作用已有一定研究，大部分通过敲除编码产 CO 的酶的基因的哺乳动物实验得到。目前已知在哺乳动物细胞中仅有血红素加氧酶能催化产生 CO。CO 在体内的作用还很难进一步确定。实验发现血红素加氧酶和可溶性鸟苷酸环化酶（sGC）共同存在于脑和神经组织的一些区域。血红素加氧酶催化原卟啉Ⅸ合成胆绿素和 Fe^{2+}、CO（见 21.7 节）。目前尚不清楚酶催化底物来源和产生 CO 的具体信号转导机制。CO 能作用于 Ca^{2+} 配体控制的 K^+ 通道，引起过度极化，转而影响电压控制的 Ca^{2+} 通道。但对胞内 Ca^{2+} 浓度没有显著影响。

NO 在肌肉收缩中的作用目前已研究得比较清楚。NO 是以精氨酸为底物，由 NOS 催化产生并直接作用于临近靶点。由于 NO 是气体且半衰期较短，该特点具有重要意义。NOS 分组成型和诱导型。诱导型（iNOS）通常在有炎症因子时表达。组成型分两类：多数神经组织中表达的 nNOS 和内皮中表达的 eNOS。nNOS 与突触后密度蛋白（PSD-95）和（或）NMDA 受体相结合；eNOS 与支架蛋白小窝蛋白结合，**小窝蛋白（caveolin）**是细胞膜穴样凹陷（caveolae）的主要组成部分。细胞膜穴样凹陷是用于区室作用的信号转导成分的特定膜性结构和（或）系统。细胞膜穴样凹陷的生化特点是具有高浓度的小窝蛋白，含有大量的鞘磷脂、胆固醇和脂质锚定膜蛋白（见 12.4 节）。小窝蛋白在所有的浆膜功能区都存在，人类中由 3 个基因编码，有 3 个亚型。

当 eNOS 和 nNOS 与上述蛋白质结合时它们的活性被抑制。一旦 Ca^{2+} 浓度上升 nNOS 就会与 PSD-95 分离，随后与**钙调蛋白（calmodulin）**或其他蛋白质如发动蛋白（dynamin）相结合。在刺激 NDMA 受体时，它也会与结合的蛋白质解离。与支架蛋白结合的 nNOS 处于持续磷酸化状态，解离时被 Ca^{2+} 依赖性的磷酸酶——**钙调磷蛋白磷酸酶（calcineurin）**去磷酸化，可将其进一步激活。

eNOS 与其支架蛋白小窝蛋白分离后即与 HSP90 或发动蛋白或其他蛋白结合，其活性增加。人类 eNOS 的 1177 位丝氨酸残基被丝/苏氨酸蛋白激酶磷酸化而活化。eNOS 至少有 5 个磷酸化位点，其中一个为酪氨酸位点。对磷酸化具高亲和力的位点以及最终在 eNOS 上产生效应的位点与多种生理因素有关，在此暂不讨论。

NO 作用的主要靶点为 sGC，与 NO 相互作用后其活性可提高数百倍，导致平滑肌胞内 cGMP 浓度上升，在介导肌肉舒张中发挥作用。NO 通过在肌浆网激活电压控制闸门 Ca^{2+} 释放通道而影响骨骼肌的收缩能力。NO 也会影响骨骼肌收缩过程中葡萄糖的摄取，且不受胰岛素影响。NO 对心肌的舒张与收缩也有一定作用。

其他肌球蛋白及其分子发动机

人类基因组已鉴定出 18 类肌球蛋白，其命名方法是在 myosin 后加上罗马数字Ⅰ～ⅩⅧ。骨骼肌、心肌和平滑肌归为Ⅱ类，骨骼肌与心肌基因命名为 MYH1-8，而平滑肌的基因命名为 MYH11。Ⅱ类中也存在一些非肌肉肌球蛋白。

非常规肌球蛋白及其功能

人类基因组分析发现，有 20～30 种肌球蛋白或相类似基因。部分基因的功能已经确定，并可能与一些疾病有关（见临床相关知识 24.13）。

临床相关知识 24.13

影响色素沉着的突变是否与感受器有关？

Elejalde 综合征以银发和严重中枢神经系统功能异常为特征。大的黑色素颗粒不均衡地分布于发丝中，异常的黑色素细胞和黑色素小体可能存在于成纤维细胞中。这些异常表现提示它们的运动和分布功能可能存在缺陷。

Chediak-Higashi 综合征表现为溶酶体、黑色素体与胞内其他颗粒的异常增大。人类和动物发生该情况时表现为眼睛低色素沉着。眼内黑色素颗粒的大小可有很大差别，有些可变得非常大。提示可能与 Elejalde 综合征有着相同的机制。

肌球蛋白Ⅰ是一种低分子质量运动蛋白，与细胞膜相互作用。其尾部的一个区域富含碱性氨基酸残基，能与带阴离子的磷脂结合。另一区域富含甘氨酸、脯氨酸和丙氨酸（GPA domain），能帮助与肌动蛋白结合。其尾部还含有一个 src 同源结构 3（SH3），可介导蛋白质相互作用。SH3 结构具有一段共有序列 LXXRPLXψP，其中的 ψ 指一疏水残基。这类肌球蛋白与膜-膜相互作用有关，并在小肠刷状缘起作用。这类蛋白还可能参与高尔基体起源的小泡的转运与运动。它们在靠近头部的颈部区域有几个 IQ 基序，提示其可能与钙调蛋白样分子有相互作用，并受其调控。

肌球蛋白Ⅴ主要参与细胞器，如突触小泡、黑色素小体、空泡和 mRNA 的转运。它有一个延长的颈部和一个具有球型末端的尾部，这一结构使其能二聚化但不能形成细丝。肌球蛋白Ⅴ轻链是 EF 手家族成员，与改变的 IQ 重复序列(LQXXXRGXXXR)结合。它的运输物可能结合在尾部区。所有的大脑神经元中都含有肌球蛋白Ⅴ，且是黑色素小体转运所必需的。肌球蛋白Ⅴ突变可造成神经生物学功能异常和去色素沉着，特别是头发。它在其运动上表现出与一些驱动蛋白类似的持续合成能力。当它解离要经过几步大概沿着肌动蛋白纤维运行 36mm。其运动受 ADP 的解离与 ATP 的结合限制，这使得 myosin Ⅴ运动的头部与肌动蛋白分离。

肌球蛋白Ⅵ在大部分组织与细胞中都有表达，其颈部是延长的，每个头部含一个钙调蛋白结合区(IQ motif)。它是二聚化分子，带有一个卷曲的尾部，每一单体带有一个球形末端。此基因的缺陷会引起内耳毛细胞听毛运动障碍，进而导致听觉异常。其参与细胞器运动的具体机制尚待进一步探索。

驱动蛋白

驱动蛋白(kinesin)是以微管结构为基础的运动分子。与肌球蛋白不同，它们不形成肌丝，而是通过结合与水解 ATP 引起构象改变产生动力，与肌球蛋白-肌动蛋白运动模式类似。驱动蛋白运动结构域的核心结构与肌球蛋白的有很高相似性，其二级结构也很类似，尤其是催化结构域周围的区域。核心区的几个区域含有几乎完全相同的二级结构元件，但它们并不连续，而是被数量不等的氨基酸残基分隔。驱动蛋白的运动结构域比肌球蛋白的小。这类运动蛋白的主要功能是运输细胞内的物质：空泡、细胞器、有丝分裂的部分元件、染色体、mRNA、蛋白质及其他细胞成分。

驱动蛋白分为 14 类，部分结构已经清楚。图 24.38 所示为几种驱动蛋白的最小结构元件，体现出这类运动蛋白结构的多样性。多种物种中都发现有驱动蛋白，通过在其他动物中的分析与诱导突变研究，已推断出部分驱动蛋白在人类中作用。多数情况下，驱动蛋白朝微管末端方向运输物质。

驱动蛋白-1 是一种快速轴突转运蛋白(见 24.2 节)。它转运的主要是含膜蛋白的囊泡，如轴突发育过程中形成的离子通道蛋白、突触小泡蛋白，以及那些在轴突末端与之相结合的蛋白质(突触融合蛋白和突触结合蛋白等)。该驱动蛋白在神经组织中广泛表达，其突变可导致人类神经功能缺陷，引起一系列症状。

驱动蛋白-2 参与轴突、轴丝和载黑色素细胞膜的相关运动。研究表明它参与鱼类的黑色素分散。到目前为止尚未在人身上发现驱动蛋白-2，但人类却有缺乏黑色素分散和(或)黑色素颗粒运动相关的疾病，推测这可能与缺乏肌球蛋白Ⅴ有关。

驱动蛋白-4 与维持纺锤体两极化和染色质运动相关。

驱动蛋白-5 与细胞有丝分裂元件运输和中心体及纺锤体极体分离相关。

驱动蛋白-6 在细胞分裂末期出现，推测可能介导纺锤体丝在分裂后期的滑动，这对于纺锤体延伸和染色体分离具有作用。

驱动蛋白-7 也与染色体相关，使染色体与纺锤体微管可直接作用。

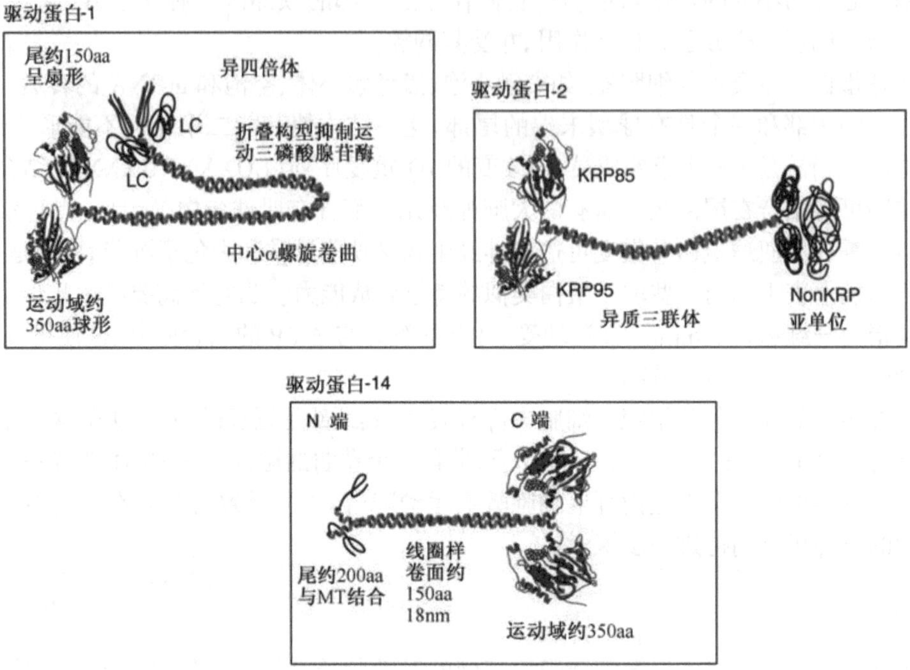

图 24.38　驱动蛋白结构

图示为驱动蛋白-1、-2 与-14 的结构

驱动蛋白-13 也是染色体驱动蛋白，可能参与有丝分裂过程中染色体的运动。

驱动蛋白-14 属于负性末端运动蛋白，与果蝇的 Ncd 有丝分裂驱动蛋白相似，在分裂早期发挥作用，定位于卵母细胞的纺锤体。

驱动蛋白-1 和驱动蛋白-2 与本章所讨论的问题关系较为密切，其他驱动蛋白更多地与细胞分裂及此过程中多种组分的运动有关，在此仅简单提及。

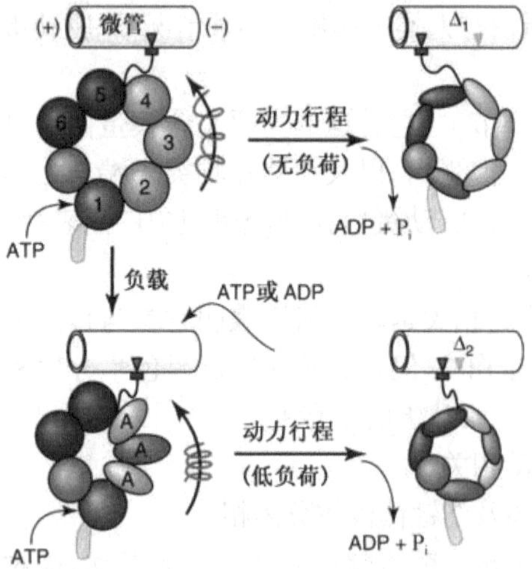

图 24.39　动力蛋白是运动分子

动力蛋白

动力蛋白(**dynein**)分为两类：①基因丝性，其功能为影响鞭毛及纤毛的运动；②细胞浆性，主要影响细胞质内结构的组织与分布。这些功能具体包括蛋白的分拣与运输，染色体在不同时期的组织；细胞器，如内体、溶酶体等的分布和(或)再分布，以及逆轴突运输——与驱动蛋白运输方向相反。

与前两种运动蛋白不同，动力蛋白的结构更加复杂。它含有一个由七个二维环组成的结构，其分子质量约为驱动蛋白的 10 倍，其结构示意图见图 24.39。

ATP 结合于结构域 1 的 AAA 基序上，其结合与水解可诱导构象改变，通过结构域2～4 的传导到轴部，与微管相互作用，引起空载动力蛋白 24～32nm 的运动。在重负载情况下动力蛋白以降档齿轮样方式运动，运行约 8nm。降档与其他几个结构域的构象变化，以及 ATP 的利用能力有关。在重负荷条件下，ATP 也能与结构域 3 的 AAA 基序结合。AAA 基序是一个保守域，含 220～230 个氨基酸残基，主要参与细胞内多种依赖水解 ATP 产生能量的细胞活动，主要包括蛋白水解、蛋白折叠与解折叠、金属离子代谢及其他动力蛋白参与的功能活动。AAA 基序是根据“ATPase associated with diverse cellar activities”命名的。

需要特别指出：①动力蛋白作为运动蛋白，其结构远比肌球蛋白和驱动蛋白复杂；②主要参与细胞内逆向物质运输；③参与其他多种结构的组织；④沿微管做负载型运动。

24.5　血液凝固机制

血液循环以相对封闭的体系存在，血容量也相对恒定。血液系统通过血液循环把溶液运输到各种组织以维持机体的基本功能。跟其他管腔结构系统相似，多种因素均可导致血液外漏。所以必须有及时的修复功能即止血，以达到生理平衡。

止血的生化过程

止血意味着血凝块形成（**前凝血期 procoagulation**，第一阶段），它与阻止血块形成（**抗凝血期 anticoagulation**，第二阶段）和血块溶解（**纤维蛋白溶解期 fibrinolysis**，第三阶段）的过程相互平衡。前凝血期可使纤维蛋白原转变为纤维蛋白，后者聚集成一个不溶性网或凝块，覆盖于血管破损区阻止血液的进一步流失。同时血小板开始在受损区聚集，形成物理斑块帮助阻止血液外漏。血小板还会发生形态改变或释放某些化学物质从其他方面帮助止血，如收缩血管减少受损区的血液输送；还可以通过释放出一些酶类直接参与血块形成。止血的启动过程如下图所示。

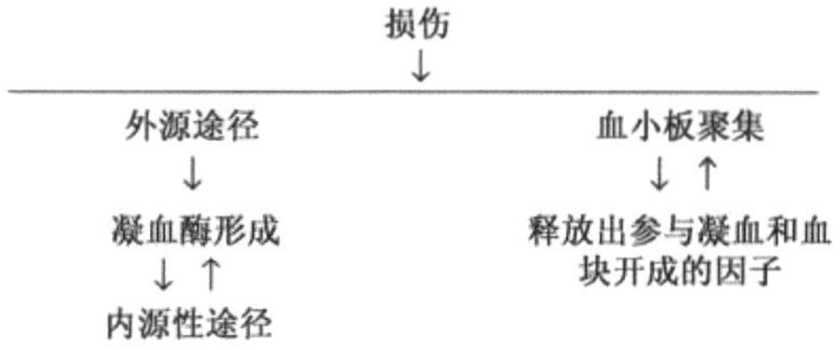

图中双箭头并不代表该过程可逆，而是可能参与

凝血过程的下一阶段是抗凝血期，很早即已开始，可防止血凝块过度形成。最后，当破损的血管成功修补血液不再流出时进入纤溶期。含**表皮生长因子（EGF）样结构域**的多种蛋白质通过直接或间接促进血管内皮再生而参与该过程。这一过程是动态的，受质量作用驱动。一阶段还未结束时下一阶段已开始。血块形成过程是动态的信号放大与整合过程。

参与该过程的一些主要的蛋白质列于表 24.9,不一定以出现的先后顺序排列。需要指出的是,其中任何一种蛋白质的重要区域结构异常或突变都可能影响血凝块的形成与溶解,从而引发疾病。血块形成包括两条途径:**内源**(**intrinsic**)或**接触因子途径**(**contact factor pathway**)和**外源**(**extrinsic**)或**组织因子途径**(**tissue factor pathway**)。两条途径都会激活因子 X,从这一点来看,两条途径可看成是单一途径。历史上,人们观察到把血液置于干净玻璃杯中会很快凝固,致使人们认为参与血块形成的所有成分都存在于循环血液中,因而将其称为内源性途径。玻璃容器具有**阴离子表面**(**anionic surface**),具有成核功能,可触发血液凝集。对哺乳动物而言,血管内皮破损后阴离子表面即暴露,一些蛋白质分子便可与之结合从而触发内源性凝血过程。与此相似,外源性一词来自于看到外源性因子进入循环血液使血凝固的现象,该因子被称为因子Ⅲ(factor Ⅲ)或组织因子,它内在膜蛋白,血管破损后暴露于循环血液中。不管内源还是外源途径,血凝都发生在血管内膜受损区域。本节中凝血因子在非激活状态表示为"F"后加罗马数字,如 FⅣ;激活形式加上"a",如 FⅣa。

表 24.9　参与凝血,控制血凝块溶解的一些蛋白质

因子	名称	途径	特征	浓度[a]
Ⅰ	纤维蛋白原	两条		9.1
Ⅱ	凝血酶原	两条	N 端含 Gla 残基	1.4
Ⅲ	组织因子	外源途径	跨膜蛋白	—
Ⅳ	钙离子	两条		—
Ⅴ	促凝血球蛋白原	两条	辅助因子	0.03[b]
Ⅶ	转变加速因子前体	外源途径	含有 Gla 残基内肽酶	0.01[c]
Ⅷ	抗血友病因子	内源途径	辅助因子	0.0003[b]
Ⅸ	抗血友病因子 B	内源途径	含有 Gla 残基内肽酶	0.089
Ⅹ	凝血因子 X	两条	含有 Gla 残基内肽酶	0.136
Ⅺ	凝血酶原激酶前体	内源途径	内肽酶	0.031
Ⅻ	哈格曼因子	内源途径	内肽酶	0.375
ⅫⅠ	谷氨酰胺酶原	两条	转肽酶	0.031[b]
	α_2-抗纤维蛋白酶		纤维蛋白酶阻抑物	0.953
	抗凝血酶Ⅲ	两条	凝血酶抑制剂	3.0
	肝素 Co-Ⅱ	两条	凝血酶抑制剂	1.364
	HMWK[d]	内源途径	受体蛋白	0.636
	α_2-巨珠蛋白		蛋白酶阻抑物	2.9
	纤维蛋白酶原		酶原/溶解血凝块	2.4
	前激肽释放酶	内源途径	酶原/Ⅻ因子激活子	0.581
	蛋白 C	(两条)	含有 Gla 残基内肽酶	0.065
	蛋白 C 抑制子		蛋白 C 阻抑物	0.070
	蛋白 S	(两条)	Gla 共因子	0.030
	蛋白 Z	两条	含有 Gla 残基共因子	0.08
	蛋白 Z 抑制子	两条	Ⅹa 因子阻抑物	0.018
	TFPI[e]		组织因子途径阻抑制	0.003

[a] 浓度是近似的,以 micromolar 表示;[b]这些值是近似的溶解浓度,因为一些分子与其他蛋白质在血小板中以复合体形式存在;[c]此因子可能以 FⅦ和 FⅦa 循环;[d] HMWK 是高分子质量激肽原;[e] TFPI 是组织因子途径阻抑物,以前称为脂蛋白相关凝血因子。

止血过程中的促凝血期(第一阶段)

对参与凝血级联反应的多种蛋白质和酶原的出现顺序和浓度及进行动力学分析后发现,外源途径起始于血块形成。外源性途径一步性激活 FⅩ为 FⅩa,从而激活**凝血酶原**(**prothrombin**)形成**凝血酶**(**thrombin**),它是血块形成的关键酶。凝血酶不仅对纤维蛋白形成有重要作用,还可激活凝血过程中的许多其他因子。前凝血期外源和内源途径的原理如图 24.40 所示。

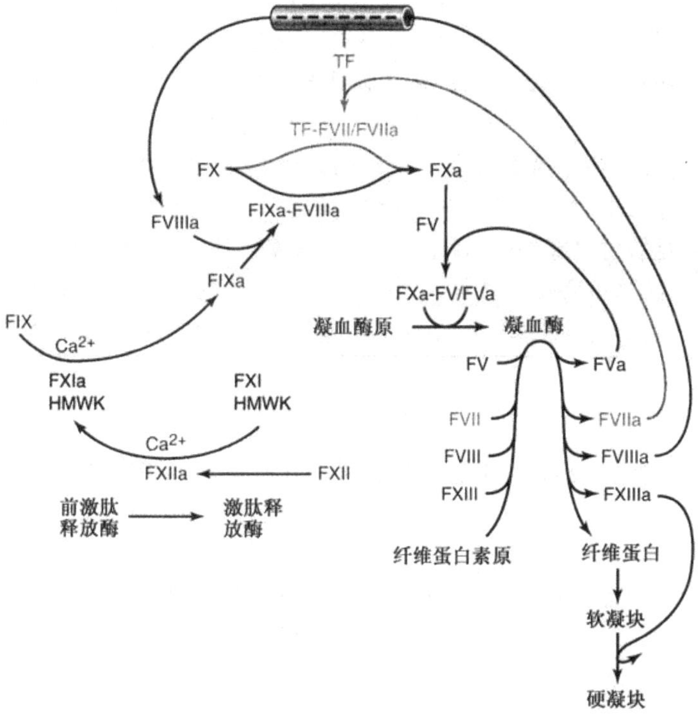

图 24.40　凝血第一阶段过程图示

外源途径反应以红色表示,内源性途径以蓝色表示,黑色是两途径共有反应。主要的终末反应产物以黄色突出显示

外源途径和凝血的触发

FⅢ或**组织因子**(**tissue factor**)是触发前凝血期的膜受体,是一种含 263 个氨基酸残基跨膜蛋白,一旦血管内皮受损便得以暴露,形成 FⅦ结合受体。氨基酸 1-219 是细胞膜外部分,在损伤时暴露。FⅦ是一种含 **γ-羧基谷氨酰基**(**carboxyglutamyl**)的蛋白质,仅在有 Ca^{2+} 存在时与组织因子结合。FⅦ-Ca^{2+}-TF 复合体是外源途径的起始酶,触发血块形成。FⅦ与 TF 是外源途径特有的。酶原形式的 FⅦ与 TF 结合后通过蛋白质相互作用激活。此外 FⅦ还可由凝血酶通过溶蛋白性裂解激活。FⅦa 在循环血液中具有较长的半衰期,正常情况下仅有少量存在。由于 FⅦa 与解离时没有催化活性,因而没有不良影响。

临床相关知识 24.14

内源途径缺陷:前激肽释放酶缺乏

凝血内源途径由包括FⅫ(Hageman因子)、FⅪ、前激肽释放酶及高分子质量激肽原在内的成分组成。与此相关的每一遗传性疾病都是常染色体隐性遗传,都会增加活化部分凝血激酶时间(activated partial thromboplastin time,APTT)。FⅪ缺乏会直接导致出血性疾病。

前激肽释放酶缺乏时,延长的APTT试验的预温育期时间会出现自动校正。这可能是由于自动催化激活了FⅫ,由于FⅫ与前激肽释放酶之间快速可逆的自动激活反应不能进行,该反应在前激肽释放酶缺乏时进行非常缓慢。前激肽释放酶缺乏可能因为:①蛋白质合成减少;②遗传性基因改变,影响其激活能力;③影响其激活FⅫ的能力。如果缺乏有关这些基因或蛋白质结构的知识将很难解释这些机制。如果进行适当的实验,内源途径中的某些缺陷可定位到特定分子,包括测定血浆中每一因子的水平,和有或没有延长前温育期的APTT试验。如果一个9岁的女孩APTT时间延长,她的前激肽释放酶水平将低于正常低值的1/50。应用ELISA免疫法检测表明她的抗原水平为20%~25%,提示其体内合成了功能异常的前激肽释放酶分子。

凝血酶形成

FⅩa与FⅤ形成的复合物称前凝血酶,可催化凝血素溶蛋白性水解成为凝血酶。初始阶段便有少量凝血酶形成(图24.40),除催化纤维蛋白原为纤维蛋白外,还可催化激活FⅤ、FⅦ、FⅧ和FⅩⅢ。

凝血酶的产生对于维持和加速外源途径,以及激活FⅧ这一重要蛋白共激活因子非常关键。

内源途径的反应过程

内源途径的反应过程列于图24.40。血管内皮损伤致使阴离子膜表面暴露。酶原FⅫ直接与这些阴离子膜表面结合后发生构象改变,可使酶催化活性提高10^4~10^5倍。**前激肽释放酶(prekallikrein)**、FⅪ和循环血液中的酶原形成复合体——**高分子质量激肽原(high-molecular-weight kininogen,HMWK)**、FⅪ-HMWK复合体或前激肽释放酶-HMWK复合体。FⅪ和前激肽释放酶通过和HMWK相互作用结合在暴露的阴离子膜的表面,使得多种酶原汇集到损伤部位,同时可直接与FⅫ靠近。膜结合激性形式的FⅫ可激活前激肽释放酶成为**激肽释放酶(kallikrein)**,随后通过溶蛋白性裂解激活FⅫ成为FⅫa(第一步),FⅫa激活HMWK复合体中FⅪ生成FⅪa(第二步),后者进一步激活FⅨ为FⅨa(第三步),在存在FⅧa时,新生成的FⅧa又可激活FⅩ为FⅩa(第四步)。如果经每一激活的酶分子都可激活下一级级联反应的100个酶原分子的话,那么,内源途径的激活放大系数可达1×10^6。如图所示,激活过程中存在几个反馈弧可以加速整体过程,迅速有效地产生纤维蛋白血凝块。FⅩⅢ为转谷氨酰胺酶,已被凝血酶激活,能催化纤维蛋白单体交联,促进软血凝块成为硬块。以上即血凝块形成的整体过程。

一些参与血凝块形成的蛋白的特点

组织因子(FⅢ):TF(图 24.41a)是含 263 个氨基酸的跨膜蛋白。243～263 位氨基酸定位于胞膜内侧细胞质区。220～242 位氨基酸具疏水性,是蛋白质的跨膜序列。残基 1～219 位于膜外侧,受损伤时暴露,成为 FⅦ结合受体。FⅦ与组织因子结合后便形成外源凝血途径起始复合体。胞外区段糖基化,含四个半胱氨酸残基。图 24.41b 为与 FⅦ结合有关的氨基酸位点的立体示意图。

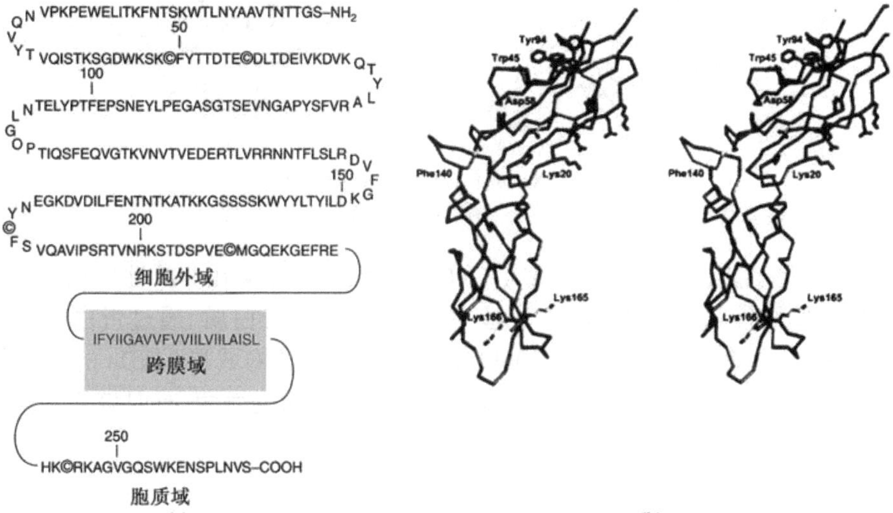

图 24.41　组织因子

(a)来源于 cDNA 的人组织因子氨基酸序列;(b)组织因子胞外结构域碳链立体观。结合Ⅶ因子的重要残基标记为黄色。芳香簇和带电残基表示为浅蓝色

FⅦ:带状结构的三维示意图见图 24.42。与 TF 相互作用的区域、与 Ca^{2+} 及底物结合的口袋已突出标识。

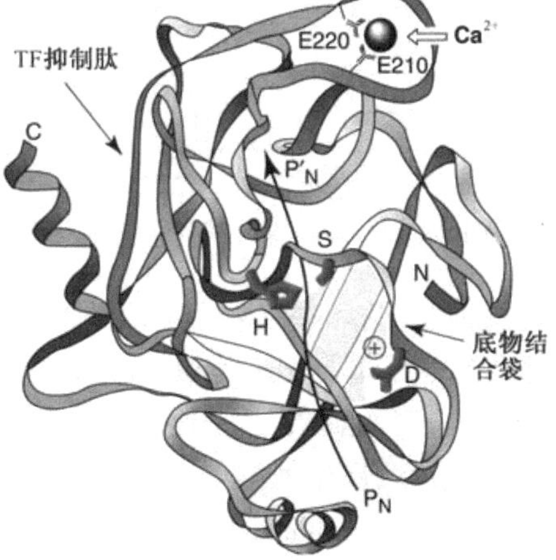

图 24.42　FⅢa 的带状结构示意图

深色条带表示“TF 抑制肽”,参与了组织因子结合。H,S 和 D 分别代表 His-193,Ser-344 和 Asp-338,他们组成了催化三联体区,构成了底物结合口袋。P_N 到 P'_N 的箭头表示一条可能的底物结合扩展区

FⅩ:FⅩa 立体结构见图 24.43。内源和外源途径都导致凝血素酶形成,并通过在 145 和 151 位点剪切 FⅩ去除六肽而生成 FⅩa。

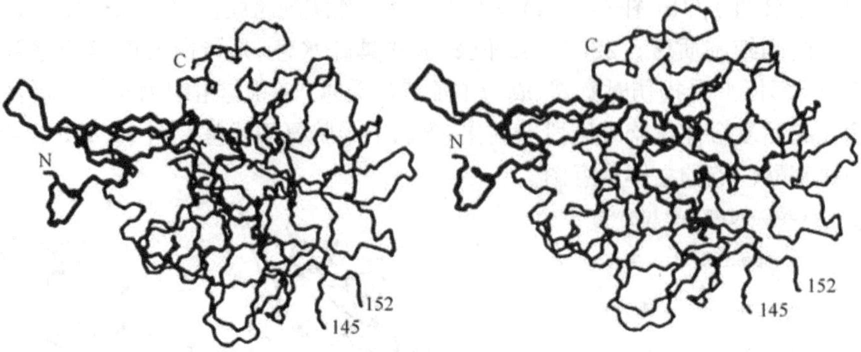

图 24.43 Xa 因子 CN-骨架结构的立体图

EGF 样域以粗线表示

FⅤ:FⅤ没有催化活性,但它是 FⅩa 的共激活因子。FⅤ在非活性形式下具有一定的共激活活性,活性状态下更强。FⅤ是一个 330kDa 的蛋白质,通过蛋白质水解剪切 Arg^{709} 与 Arg^{1545} 激活。FⅤa 是由约 105kDa 大小的 N 端结构域与 74kDa 的 C 端结构域由 Ca^{2+} 非共价结合形成。FⅩa∶FⅤa 复合体的底物是前凝血酶,有时该复合体即指凝血酶原酶。

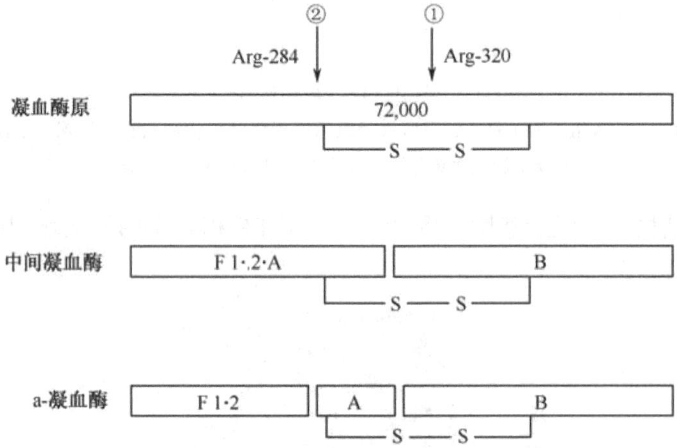

图 24.44 凝血素激活的示意图

凝血酶(thrombin):凝血酶在血液循环中以凝血酶原的形式存在。凝血酶原的分子质量为 72kDa,N 端含 10 个**羧基谷氨酸残基[carboxyglutamate (Gla) residus]**(图 24.44)。Ca^{2+} 与这些残基结合可中和负电荷,促进凝血酶原在受损区域与膜表面和凝血酶原酶复合体(FⅩa∶FⅤa)结合。凝血酶原激活经过两次精氨酸残基羧基端的溶蛋白性裂解:首先在 320 位,然后在 284 位。激活的凝血酶(α-thrombin)含两条链,大小分别为 6kDa 与 31kDa,由一个二硫键共价连接。激活的凝血酶分子的立体结构见图 24.45。与其功能有关的部分区域已突出显示。凝血酶有很多底物,但参与血块形成的主要底物是纤维蛋白原(fibrinogen)。

纤维蛋白原/纤维蛋白(fibrinogen/fibrin):纤维蛋白原分子质量约 340 kDa,由 α、β、

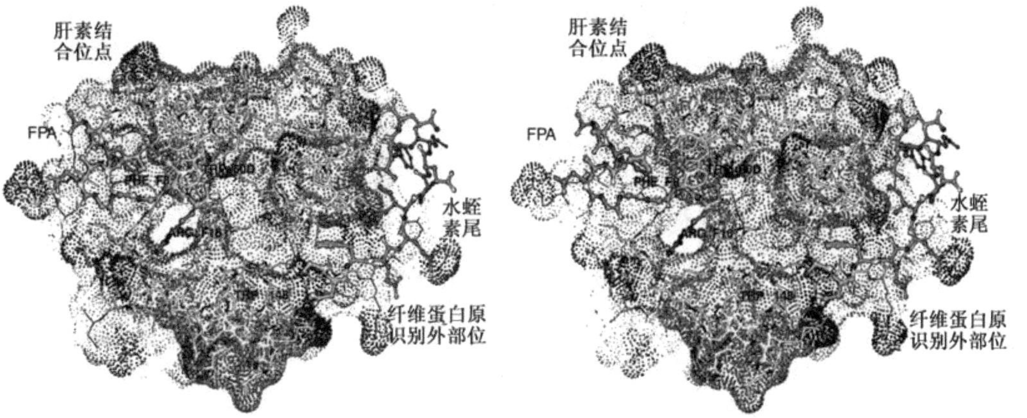

图 24.45　人 α-凝血酶活性位点的立体图

γ 亚单位组成，结构见图 24.46。纤维蛋白原有 3 个球状结构域，两个分别位于两侧，一个位于中间被中间杆状结构域结合。N 端区的 αα′和 ββ′亚单位富含负电荷，并通过电荷之间的相互排斥防止聚集。凝血酶就是通过消化这些 N 端肽结构使纤维蛋白分子聚集并形成**"软"凝块(sofe clot)**的。FⅩⅢa 可稳定软凝块，通过催化形成异构肽连接在一条链的谷氨酰胺残基 δ-酰胺与另一条链赖氨酸 ε-酰胺之间(图 24.47)，同时释放出氨，完成血凝块由"软"到"硬"的过程。

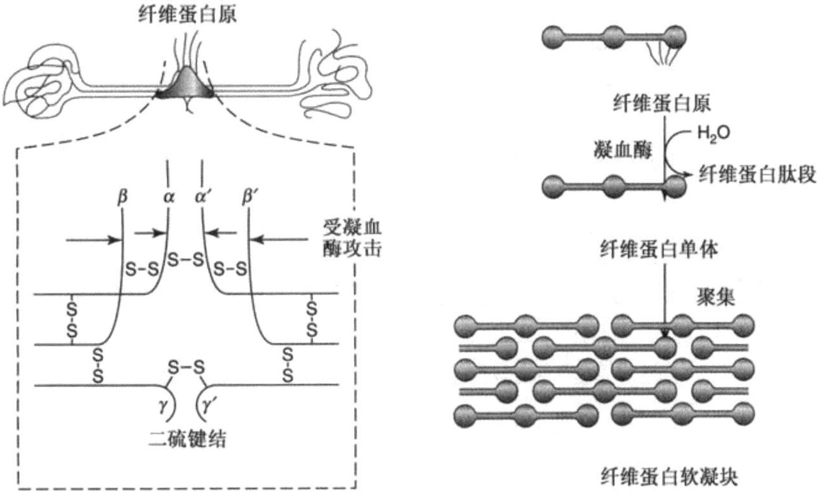

(a)　(b)

图 24.46　纤维蛋白原分子及其向软凝块纤维蛋白的转变

FⅧ：FⅧ因子在血中与 von Willebrand 因子(vWF)非共价结合。FⅧ为一个 285 kDa 的蛋白质，通过凝血酶剪切 Arg^{372}、Arg^{740}、Arg^{1648} 和 Arg^{1689} 激活。剪切完成后从 von Willebrand 因子释放出来。FⅧa 是一个异源三聚体(图 24.48)，N 端含 40kDa(A_2)和 50kDa(A_1)的肽段，C 端含一个 74 kDa 的肽段(A_3)。FⅧa 在 N 端与 C 端结构域之间也含有一个 Ca^{2+} 桥。典型的 A 型血友病就是由缺乏 FⅧ引起的(见临床相关知识 24.15 和 24.16)。

FⅩⅢ：凝血酶也能激活 FⅩⅢ-转谷氨酰胺酶(图 24.49)。

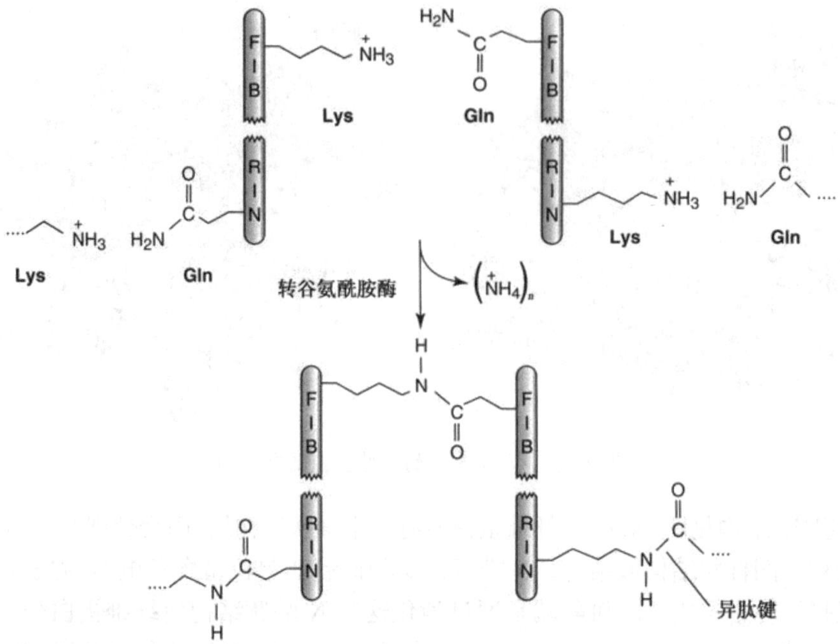

图 24.47　转谷氨酰胺酶催化的反应

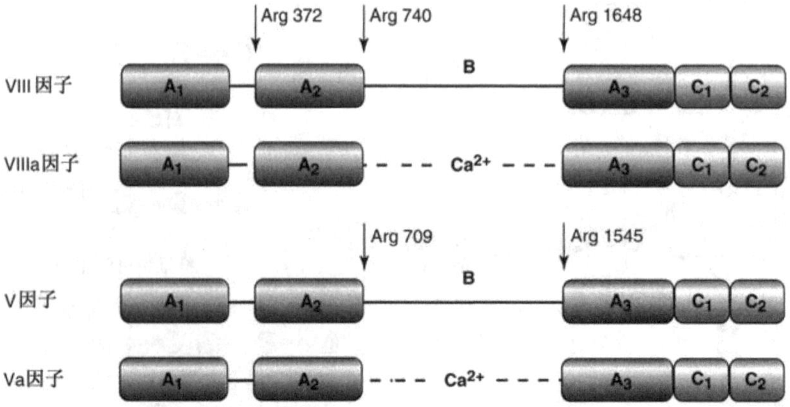

图 24.48　Ⅷ和Ⅴ因子组织结构

凝血酶剪切位点如图所示。结构域以字母 A 和 C 表示

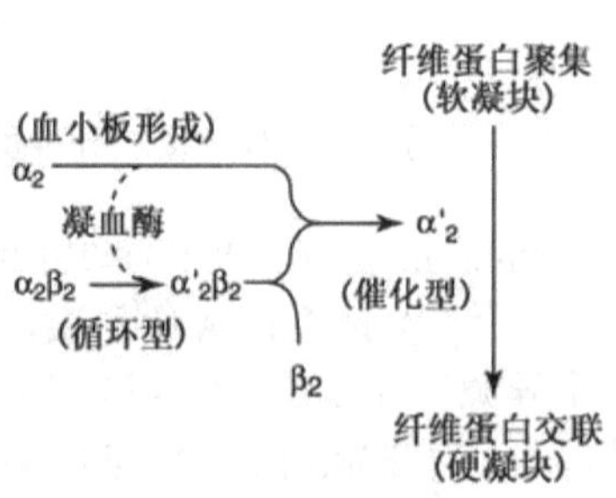

图 24.49　凝血酶激活转谷氨酰胺酶

临床相关知识 24.15

典型血友病

血友病是一种遗传性疾病，以自发或创伤后持续性出血倾向为特征。典型的血友病——血友病 A 是 X 染色体隐性遗传疾病，缺乏因子Ⅷ。男性中发生率为 1/10 000。美国的约 25 000 例血友病例中，超过 80% 是 A 型。B 型血友病是由因子Ⅸ功能异常引起。

如果组织因子水平较高，一些 A 型血友病患者的前凝血酶原时间可能正常。其中一个可能的原因是血浆中因子Ⅴ浓度远低于因子Ⅹ。激活一定量因子 X 为 Xa 即足以结合所有因子Ⅴa，进而通过外源途径触发血凝，从而使前凝血酶原时间正常。缺乏因子Ⅷ时内源途径不可能正常发挥作用。没有两条途径的协调运行，整体凝血过程将受到破坏。因子 Xa 和凝血酶都激活因子Ⅴ，并参与一些其他反应。如果由于凝血酶与因子 Xa 和正常低浓度因子Ⅴ在动力学上的相互影响导致内源途径的介入，整个凝血过程从一开始就未能快速进行，就会出现凝血障碍。严重 A 型血友病患者血中因子的Ⅷ水平低于正常人的 5%。这类患者通常需要输血治疗并须承担由此带来的一些风险：①患肝炎或 HIV/AIDS；②6% 患者会产生自身抗体。自从克隆表达因子Ⅷ后，血友病的治疗已经非常安全。纯化的因子Ⅷ可直接用于治疗并且没有任何上述危险。

临床相关知识 24.16

利用重组因子Ⅶa 止血

因子Ⅶa 是外源凝血途径中一个主要成分。由于它不与组织因子结合成复合体，因而没有活性，能正常存在于循环血液中而不产生不良作用。最初的重组因子Ⅶa (rFⅦa)用于血友病的治疗是联合其抑制剂一同应用的。rFⅦa 已经被商品化，用于治疗多种创伤性出血，特别是某些外科手术和出血性卒中。rFⅦa 联合应用磷脂能增进凝血酶的凝血效果。

转谷氨酰胺酶原（protransglutamidase）：存在于血浆和血小板中。血小板中为 α_2 构型，血浆中为 $\alpha_2\beta_2$ 构型。凝血酶通过剪切血小板和血浆中转谷氨酰胺酶 α 亚单位的一个肽键而激活 FⅩⅢ。血浆构型的亚单位剪切会引起 β 亚单位的分离，而 β 亚单位是没有催化活性的。该酶的血小板构型在纤维蛋白聚集处释放。

高分子质量激肽原（high-molecular-weight kininogen，HMWK），前激肽释放酶与FⅪ：前激肽释放酶和 FⅪ两个蛋白质参与内源途径，在血循环中与 HMWK 形成复合体。图 24.50 为 HMWK 功能区域的简图。前激肽释放酶与 HMWK 的结合位点约含 31 个氨基酸残基，相关位点已经列出。FⅪ约结合 58 个氨基酸残基，其中包括前激肽释放酶结合的 31 个位点。一个 HMWK 分子同一时间只能结合两个蛋白质中的一个。前激肽释放酶是一个含 619 个氨基酸的蛋白质，在 FⅫa 作用下前激肽释放酶剪切 Arg^{371} 与 Ile^{372}

之间的一个肽键，转变为激肽释放酶(kallikrein)，它有两条链，通过一个二硫键共价连接。C 端有 248 个氨基酸残基，有催化位点。

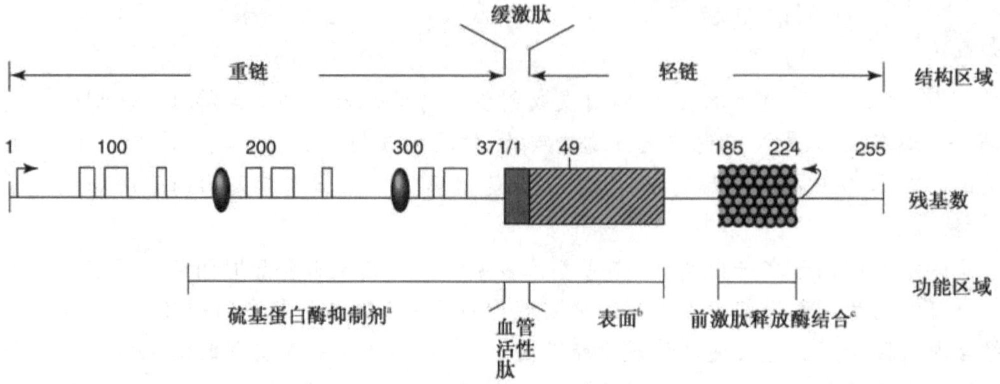

图 24.50　人 HMWK 功能区图示

缓激肽来源于 HMWK 水解。释放出的两条链以二硫键连接

血小板斑块形成

在凝血酶作用下，血小板在受损区聚集。内皮细胞带**凝血酶受体(thrombin receptor)**，属于七次跨膜受体家族成员。此受体在损伤时暴露并被 α-凝血酶激活。血小板通过凝血酶与受体结合而聚集，除了形成一个物理性斑块外，血小板还会发生形态改变并释放 ADP、5-羟色胺、某些磷脂类物质与另外一些蛋白质促进凝血与组织修复(图 24.51)。他们还同时释放糖蛋白 von Willebrand 因子(vWF)，该因子在损伤区聚集，并在暴露的受体和血小板之间形成连接。

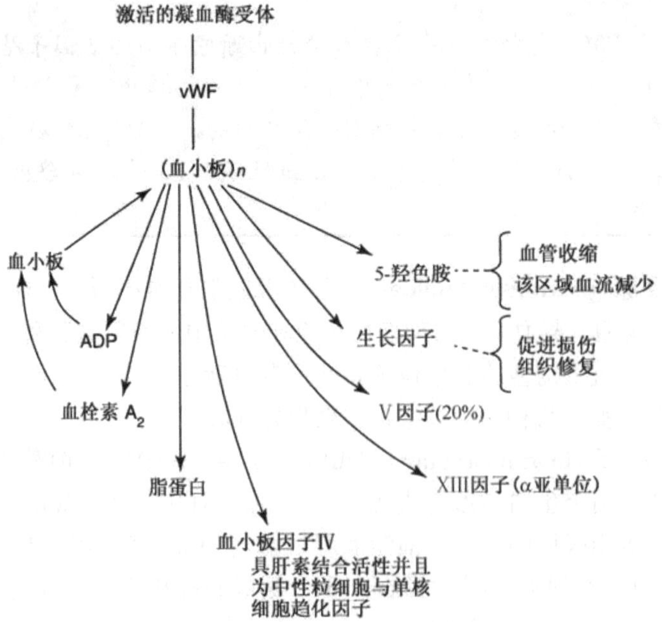

图 24.51　血小板在凝血中的作用

血小板聚集释放 ADP 和**血栓素 A_2**(**thromboxane A_2**)后实现自身催化。另一个从血小板释放的蛋白质是 FⅣ,也称**肝素结合蛋白**(**heparin-bingding protein**),可以防止过早形成肝素-抗凝血酶Ⅲ复合体,并使细胞在受损区具有抗炎活性。约 20% 的 FⅤ和转谷氨酰胺酶形式的 FⅩⅢ存在于血小板中。完整的血管内皮细胞不会结合血小板,原因为:①受体及其他成分未暴露;②ADP 等激活物快速降解或未达到有效血浓度;③内皮细胞分泌**前列环素**(**PGI_2**),它是血小板聚集的潜在抑制剂。

止血过程中的抗凝血期(第二阶段)

水解酶对凝血的抑制是一个动态过程,从凝血一开始便已启动。由于该酶的血浓度较低,最初形成抑制复合体过程较慢。当酶原在凝血过程中被不断激活,抑制作用也随之增强并且越来越突出,最终使凝血过程停止。一般情况下,**蛋白酶抑制复合体**(**protease-inhibitor complex**)不会很快解聚,而是通过血液由肝脏完整地清除。

外源途径的抑制

外源途径的抑制(例如 TF-FⅦa-Ca^{2+}-FⅩa复合体)是特有的,需要**组织因子途径阻抑物**(**tissue factor pathway inhibitor,TFPI**)参与。TFPI 以前又称**脂蛋白相关凝血阻抑物**(**lipoprotein-associated coagulation inhibitor,LACI**)或**抗转化素**(**anticonvertin**)。TFPI 为 32kDa 的蛋白质,含三个串联结构域(图 24.52),每个都是同源蛋白酶阻抑物(有时也称为 Kuniz 结构域),与牛胰蛋白酶抑制剂等蛋白酶抑制剂类似。TFPI 能与 TF-FⅦa-Ca^{2+}-FⅩa 复合体特异结合,对外源途径发挥抑制作用。其结构域 1 与 FⅩa 结合,结构域 2 与 FⅦa 结合。缺乏 FⅩa 时,TFPI 不会与 FⅦa 相互作用,因此 TFPI 是一个多酶复合体抑制剂,其不同结构域分别抑制外源途径多酶复合体中的不同酶。TFPI-FⅩa 复合体通过胞吞作用介导 FⅦa 内化。TFPI C 端(第三结构域)是对于胞吞作用必需的。胞内的 FⅦa 大多被降解,但是仍然有一小部分以完整的形式重新回到细胞表面,成为循环 FⅦa 的来源之一。如前所述,由于 FⅦa 只有当与 TF 结合成复合体时才具有蛋白酶活性,因而没有不良作用,丝氨酸蛋白酶抑制剂家族蛋白在血中与其他酶类相互作用,并且抑制其凝血活性。这类蛋白质具有相似的三维结构和相同的含 350 氨基酸的核心结构域。

抗凝血酶Ⅲ(**AT3**)是一种丝氨酸蛋白酶抑制剂,可抑制凝血系统中的几类水解酶,但对凝血酶和 FⅩa 特异性较高。AT3 与不同肝素寡糖形成复合体抑制凝血酶和 FⅩa。肝素是一类富含硫酸寡糖的葡糖胺聚糖,以寡聚糖的混合形式存在,分子质量差别很大。肝素与不同抑制性复合体作用是分子质量依赖性的,但至少需要 18 个糖单位才能形成有效的凝血酶抑制复合体。

$$\text{凝血酶}+\text{肝素}_{(>18)}+\text{AT3}\longrightarrow\text{AT3}:\text{肝素}_{(>18)}:\text{凝血酶}_{(\text{无活性})}$$

AT3 也能与特定的戊多糖形式的肝素形成复合体,其结构示意图见图 24.53。图 24.54是 AT3 与戊多糖肝素结合的结构模型。该复合物可抑制 FⅩa。

$$\text{AT3}+\text{肝素}_{(5)}\longrightarrow\text{AT3}:\text{肝素}_{(5)}\longrightarrow\text{AT3}:\text{肝素}_{(5)}:\text{FⅩ}_{\text{inh}}$$

虽然没有肝素时,AT3 可抑制凝血酶和 FⅩa,但肝素使其对凝血酶的抑制作用增强近 9000 倍,对 FⅩa 的抑制作用增强约 17 000 倍。

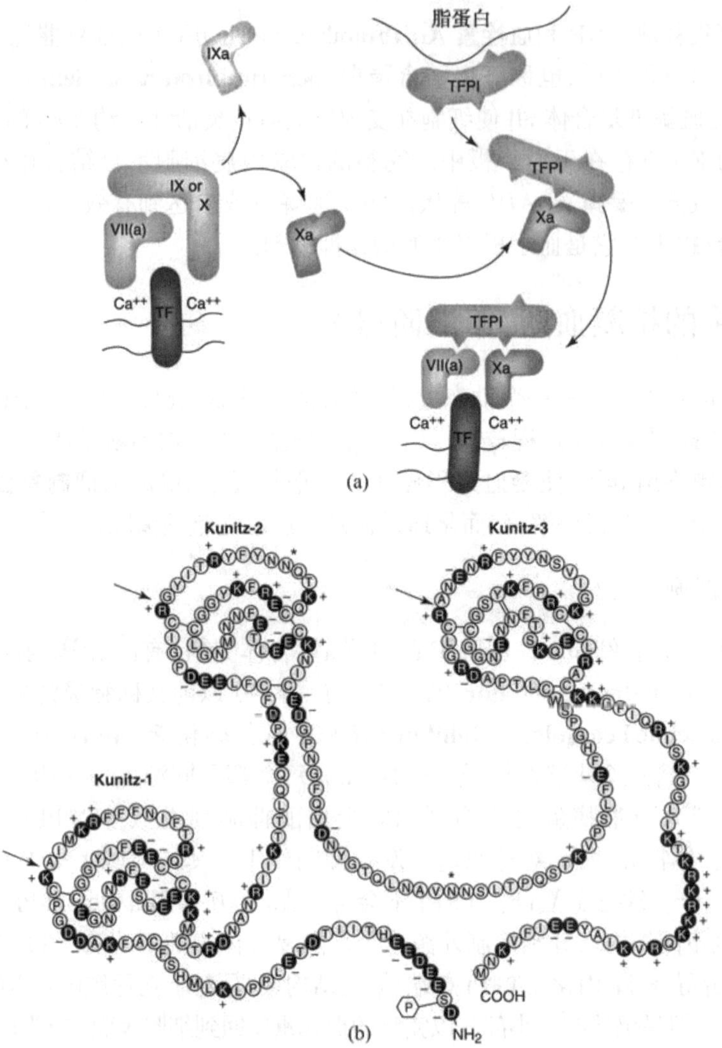

图 24.52　外源途径抑制机制

(a)TFPI 是组织因子途径阻抑物。其二级结构模式见图(b)。Kunitz 结构域 1 抑制Ⅶa 因子，Kunitz 结构域 2 抑制Ⅹa 因子。结构域 3 是复合体内吞所必需的。箭头所指为推测的每个结构域活性位点的抑制区域

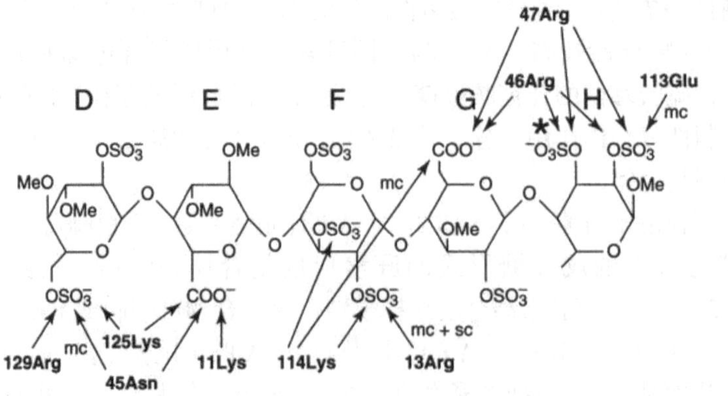

图 24.53　肝素戊多糖的化学结构及其与抗凝血酶相互作用特定位置

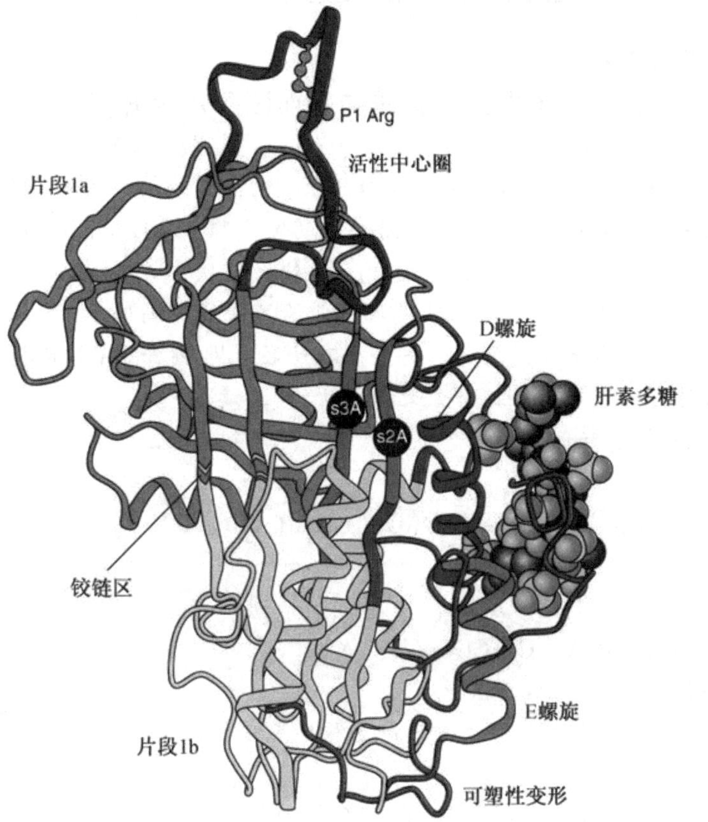

图 24.54　与肝素戊多糖结合的抗凝血酶片段

此外，尚有另一途径可抑制 FⅩa。血液中含一个 62kDa 的糖蛋白 **Z 蛋白**(**protein Z**，**PZ**)，它是一个辅助因子，在 Ca^{2+} 存在时能与膜结合，并与一 72 kDa 的胞浆蛋白——**Z 蛋白依赖的蛋白酶阻抑制物**(**protein Z-dependent protease inhibitor**，**ZPI**)作用形成复合物。该复合物可抑制 FⅩa。

$$F X a + Ca^{2+} + PZ + ZPI \longrightarrow (Ca^{2+} : PZ) : ZPI : F X_{inh}$$

在没有 PZ 时 ZPI 即可抑制 FⅪa，该作用可被肝素增强。PZ 对 ZPI 对凝血酶、FⅦa、FⅨ或**蛋白 C**(**protein C**，**PC**)等其他蛋白酶的抑制作用都没有显著影响。

FⅤa 与 FⅧa 的失活

蛋白 C(protein C，PC)与凝血酶、血栓调节蛋白和钙离子形成膜结合复合物时处于激活状态。PC 的激活需要另一个蛋白质辅助因子**蛋白 S**(**protein S**，**PS**)的存在。PS 约为 75kDa。PC∶PS 复合物通过在特定的精氨酸位点剪切肽键而抑制FⅤa和 FⅧa，从而抑制凝血。PC 或 PS 的缺陷和(或)突变将导致**血栓形成性疾病**(**thrombotic diseas**)(见临床相关知识 24.17)。$Va \text{ and } VIIIa \xrightarrow{PC:PS} V_{inh} \text{ and } VIII_{inh}$

临床相关知识 24.17
血栓形成：C蛋白途径缺陷和凝血因子水平升高

参与 PC 调节凝血功能的四个主要蛋白质是：PC、PC 辅助蛋白 S、FⅤa 和 FⅧa。后两个是 PC-PS 复合体催化底物。任一因子 D 的突变都会导致不同程度的静脉血栓。Ⅰ型蛋白 C 缺乏已被鉴定由突变引起，这是一种错义突变，T 变为 C 引起 270 位残基从丝氨酸变为脯氨酸(Ser270Pro)，直接导致 PC 活性降低。编码 PC 的基因位于 2 号染色体，有 9 个内含子和 8 个外显子。另一个在外显子Ⅵ-内含子 f 的连接处有 5bp 碱基的缺失(图中下划线标明)定位，导致此内含子的“连读”。

外显子 Ⅵ◇ 内含子 f

正常序列：

CAC CCC GCAG◇GTGAGAAGCCCCCAATAT....

His Pro Ala

变异序列：

CAC CCC GCA GGA GCC CCC AAT AT....

His Pro Ala Gly Ala Pro Asn

正常翻译的序列加粗表示。血栓的严重程度取决于患者的另一基因是否正常以及有无表达。

FⅤa 和 FⅧa 是的 PC 底物，其点突变可导致激活的 PC 对其产生抵抗性，使 PC 对它们的激活抑制或延迟。最常见的一种点突变发生于产生 R505Q 的因子Ⅴ，也称 FⅤ-Leiden。

第三个引起 PC 相关血栓形成的原因是蛋白 S 异常。目前对 PC 与 PS 的具体作用机制研究较少，有关 PC 与 PS 突变对功能的影响也所知不多。但较清楚的是，PS 缺乏也会导致血栓发生。如果没有足够有功能的 PS，几乎一半的患者都会在不同阶段发生静脉血栓。

FⅧ、FⅨ及 FⅪ水平较高的患者有易发血栓的倾向。这些因子异常引起血栓的风险比 PC 引起的要低，但多种因子水平升高会增加这种风险。其生化机制尚不完全清楚，但是尚未检测到的基因遗传突变可能是导致疾病的原因。

血栓调节蛋白是内皮细胞膜上完整的糖蛋白，含 560 个氨基酸残基，其序列与低密度脂蛋白受体有很高同源性，与组织因子几乎没有同源性，但在功能上与组织因子有很大相似性，都是受体或蛋白酶激活子。血栓调节蛋白是凝血酶的受体。在凝血酶-血栓调节蛋白-Ca^{2+}复合物中，凝血酶对纤维蛋白原敏感性降低而对 PC 敏感性增高。因此凝血酶可使促凝血向抗凝血转换。

凝血酶(图 24.55)在体外有两种构象：一种对纤维蛋白原转变为纤维蛋白有高度特异性，另一种对纤维蛋白原特异性较低，但是对血栓调节蛋白和 PC 的蛋白水解都具有高特异性。这两种形式分别被称为“快”与“慢”构象。这种动态反馈机制对于在凝血起始时终止该过程具有重要意义。血浆、血小板和巨核细胞中存在一种 PC 特异性的抑制蛋白，称**蛋白 C 阻抑物(protein C inhibitor,PCI)**。ADP、肾上腺素、凝血酶和其他分子可刺激血小板释放约 30% 的 PCI。和讨论过的多数反应一样,PCI 对 PC 的灭活也发生在膜表面。

止血过程中的纤维蛋白溶解期(第三阶段)

纤维蛋白溶解作用需要纤溶酶原和组织纤溶酶原激活蛋白(tPA)产生纤溶酶

纤溶过程中的反应列示于图 24.56。纤维凝块溶解在纤溶酶作用下完成的。纤溶酶是在**组织纤溶酶原激活子(tissue plasminogen activtor,tPA)**作用下产生的。纤溶酶原对纤维蛋白有很高亲和力,可以与纤维蛋白的多个区段结合形成复合体。tPA 也能与纤维蛋白凝块结合,通过剪切特定肽键激活纤溶酶原。纤溶酶水解纤维蛋白凝块产生可溶性肽。

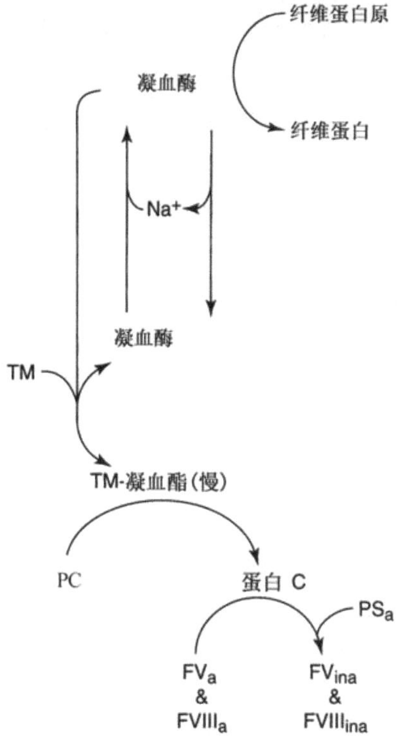

图 24.55　凝血酶的变构反应及其对纤维蛋白原和 PC 的作用

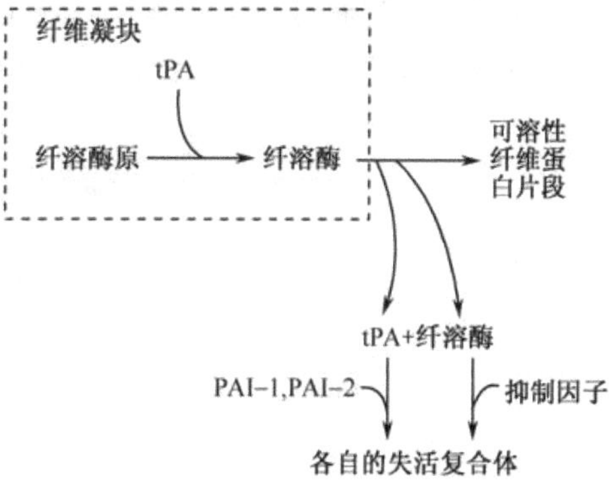

图 24.56　参与血凝块溶解的反应

方框中的反应发生在血凝块中,这些成分与纤维凝块间有相互作用

tPA 是 72kDa 大小的蛋白质,其 N 端附近有一生长因子域,与其毗邻的是两个 **Kringle 结构域(Kringle domain)**,可与纤维蛋白相互作用。靠近其 C 端有一个蛋白酶结构域。Kringle 结构域上一个保守序列,通过二硫键折叠成大的环形结构,在多种凝血因子中存在,对蛋白质间相互作用有重要意义。Arg-Ile 间肽键的剪切可激活 tPA,产生轻链和重链,轻链有丝氨酸蛋白酶活性。

tPA 在体内受几种蛋白抑制剂调节,已鉴定出四种不同免疫性质的抑制剂,其中两种对 tPA 有高度特异性,并可快速反应,它们分别是 **1 型纤溶酶原激活抑制剂(plaminogen activator-inhibitor type 1,PAI-1)**和 2 型纤溶酶原激活抑制剂(PAI-2)。人 PAI-2 含 415 个氨基酸残基。

凝血的启动和停止都是相同类型的过程:蛋白质相互作用、形成多酶复合体和蛋白质水解。反应是单向的,只能通过重新合成补充蛋白质。

γ-羧基谷氨酰残基在凝血因子中的作用

参与凝血的多种蛋白质通过转录后修饰都会形成 Gla(γ-carboxyglutamyl)残基,使

得它们成为良好的 Ca^{2+} 螯合剂。Gla 蛋白因子与 Ca^{2+} 形成复合体后，其构象与带电情况均会发生改变，这将有利于它们与膜受体结合。Ca^{2+} 也与 Gla 外的残基结合，使蛋白质发生构象改变增强其催化活性。这一结论来自于观察到至少一种酶激活才会引起含 Gla 残基的 N 端区域的剪切和断裂，但凝血过程中仍然需要 Ca^{2+} 的有效参与。

图 24.57 为表 24.9 列出的五种含 **Gla 蛋白**(**Gla-containing protein**)的结构简图。Gla 残基位于分子的 N 端区域，其后是一个类似表皮生长因子的结构。参与凝血的酶原激活通常发生在已形成二硫键的半胱氨酸残基间的肽键。激活过程可能导致二硫键之间的一小段肽段的丢失。FⅦ就是通过剪切 Arg-Ile 间的单键激活的。FⅨ的激活剪切了 Arg^{145}～Arg^{180} 之间约 11kDa 的肽段。FⅩ由两条链组成，中间通过二硫键桥联，Gla 残基位于轻链上。它的激活是通过裂解重链上的 Arg^{194}-Ile^{195} 肽键完成的。蛋白 C 也是由轻重两条链组成的，通过裂解 169 位 Arg-Ile 肽键激活。凝血酶原是唯一一个激活剪切二硫键外的肽键，并把 Gla 肽完全去除的酶原。

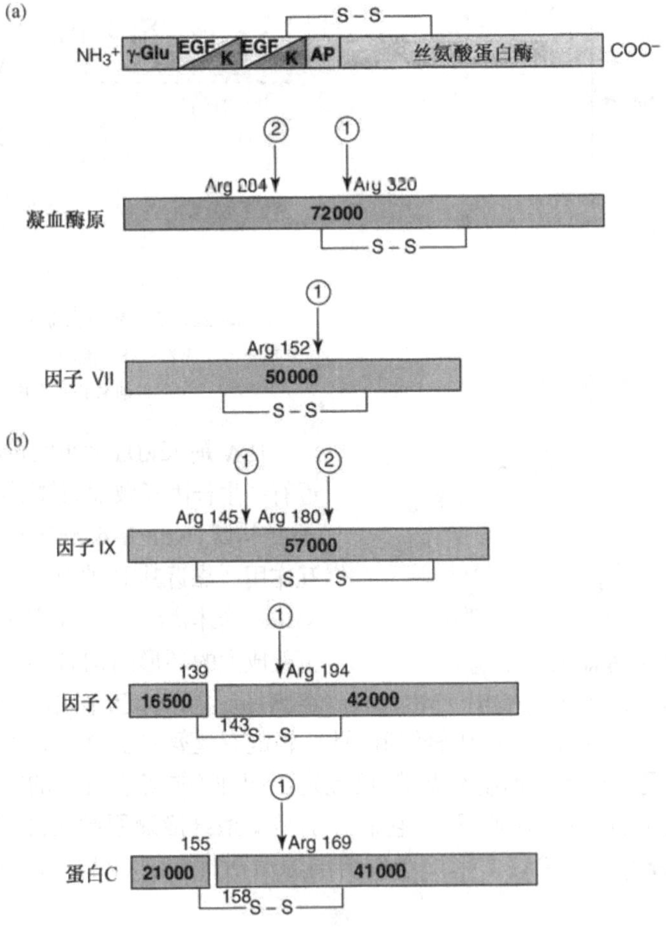

图 24.57 (a)含 γ-羧基谷氨酰蛋白的一般结构；(b)酶原及其激活剪切位点的结构分布

维生素 K 在蛋白羧化反应中的作用

凝血酶原、蛋白 C、蛋白 S、蛋白 Z 和凝血因子Ⅶ、Ⅸ、Ⅹ进行翻译后修饰成为 Gla 蛋白是由位于粗面内质网腔内侧的羧化酶完成的。**维生素 K(phytonadione)**是蛋白质羧化的必要辅助因子。双氢醌或还原形式的维生素 K 被 O_2 氧化成环氧化物(图 24.58)。一个可能的机制是在维生素 K 的 C1 位置添加了一氧分子,导致了分子重排成为 pK_a 约 20 的醇盐。该中间产物可作为强碱从谷氨酸盐 γ-亚甲基碳吸引一质子,产生负碳离子,CO_2 可通过亲核机制加于其上(图 24.58)。**环氧化物(epoxide)**重新成为**双氢醌(dihydroquinone)**需要二硫醇类共激活子,如**硫氧还蛋白(thioredoxin)**。维生素 K 类似物抑制双氢醌还原酶类,使所有可利用的维生素 K 成为环氧化物,它对羧化反应没有作用。羧化反应整体如下:

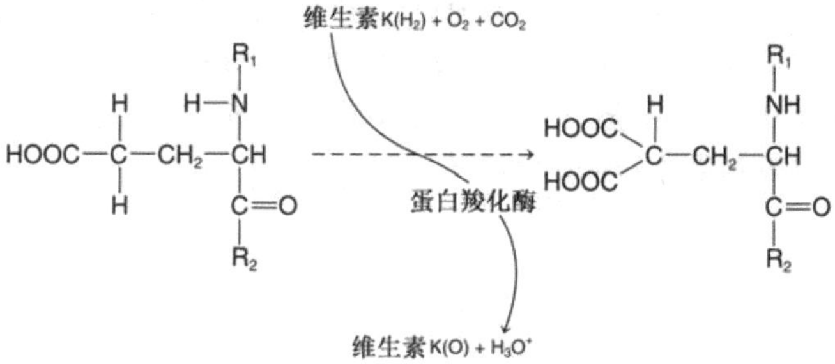

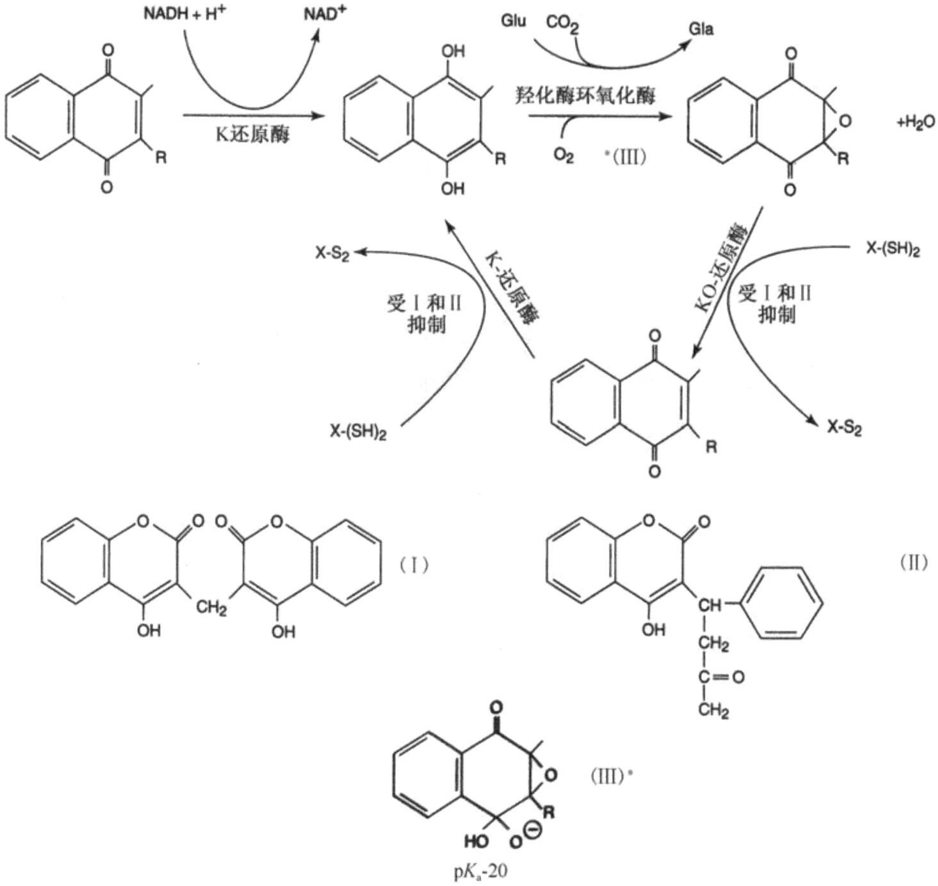

图 24.58　谷氨酰基羧化反应中的维生素 K 循环

X-(SH)$_2$ 和 XS_2 代表硫氧还蛋白还原和氧化形式。NADH 依赖维生素 K 还原酶和二巯基化物依赖性维生素 K 还原酶是不同的酶。二巯基化物依赖性的 K 和 KO 还原酶被双香豆素(Ⅰ)和华法林(Ⅱ)抑制。(Ⅲ)* 可能的中间过渡产物醇盐维生素 K 类似物双香豆素和华法林对维生素 K 作用的影响如图 24.58 所示。对动物应用高剂量的凝血酶原、蛋白 C、蛋白 S 和凝血因子Ⅶ、Ⅸ、Ⅹ及其他 Gla 蛋白不能进行转录后修饰，无法有效结合 Ca^{2+}，因而不能参与凝血。鉴于双香豆素与华法林(Warfarin)只能影响含 Gla 因子的合成，因而它们并不能影响试管内凝血反应。

Gla-蛋白合成的调控

凝血酶原激活后，N 端含 Gla 的肽段释放并被肝脏清除。它们可刺激凝血所需的含 Gla 的蛋白的重新合成(图 24.59)。在没有维生素 K 或存在维生素 K 的拮抗剂时，这些蛋白仍能合成，只是不含 Gla 残基，因而不能在血凝中发挥作用。并且不能被分泌到循环中。部分存留在肝脏中部分降解。当维生素 K 得以补充，或浓度增加超过拮抗剂的作用，那些蛋白就会被羧基化并分泌入血循环。

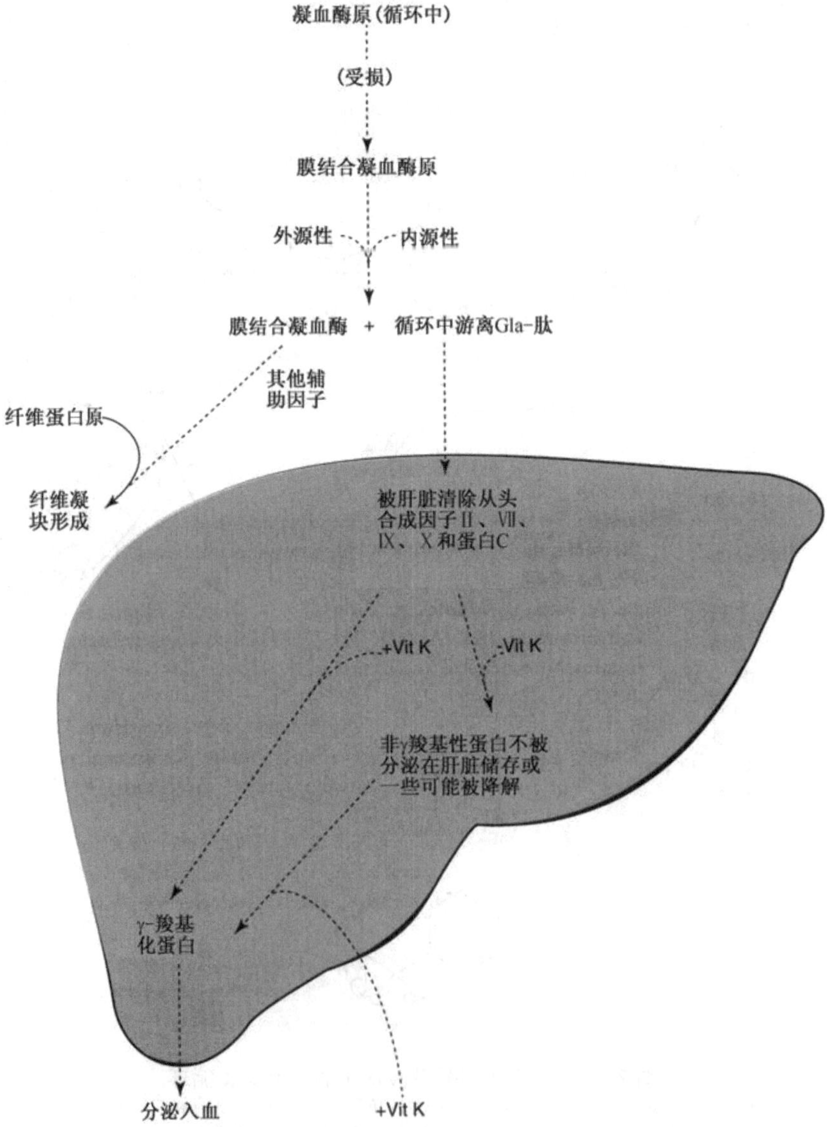

图 24.59　Gla 肽调节多种辅助因子的重新合成

凝血过程的激活是单向的。应用凝血酶原 Gla-肽刺激肝脏合成更多这类蛋白质,可维持其在血中的有效水平。有必要监测长期应用维生素 K 拮抗剂的患者,以保证其含 Gla 的蛋白质生成未完全停止。

当所有这些过程正常进行时,就能成功止血。

参考书目

Nerve

Bennett, M. K. and Scheller, R. H. The molecular machinery for secretion is conserved from yeast to neurons. *Proc. Natl. Acad. Sci. USA* 90: 2559, 1993.

Drabkin, D. *Thudichum, Chemist of the Brain*. Philadelphia: University of Pennsylvania Press, 1958.

Dutzler, R., Campbell, E. B., Cadene, M., Chalt, B. T., and MacKinnon, R. X-ray structure of a ClC chloride channel at 3.0 Åreveals the molecular basis of anion selectivity. *Nature* 415: 287, 2002.

Estévez, R. and Jentsch, T. J. CLC chloride channels: correlating structure with function. *Curr. Opin. Struct. Biol.* 12: 531, 2002.

Evans, G. J. O. and Morgan, A. Phosphorylation-dependent interaction of the synaptic vesicle proteins cysteine string protein and synaptotagmin I. *Biochem. J.* 364:343, 2002.

Fried, G. Synaptic vesicles and release of transmitters: New insights at the molecular level. *Acta Physiol. Scand.* 154:1, 1995.

Goodman, S. R., Zimmer, W. E., Clark, M. B., Zegon, I. S., Barker, J. E., and Bloom, M. L. Brain spectrin: Of mice and men. *Brain Res. Bull.* 36:593, 1995.

Greengard, P., Valtorta, F., Czernik, A. J., and Benfenati, F. Synaptic vesicle phosphoproteins and regulation of synaptic function. *Science* 259:780, 1993.

Jlang, Y., Lee, A., Chen, J., Cadene, M., Chalt, B. T., and MacKinnon, R. Crystal structure and mechanism of a calcium-gated potassium channel. *Nature* 417:515, 2002.

Kuner, T., Seeburg, P. H., and Guy, H. R. A common architecture for K^+ channels and ionotropic glutamate receptors? *Trends Neurosci.* 26:27, 2003.

Pleribone, V. A., Shupllakov, O., Brodin, L., Hilfiker-Rothenfluh, S., Czernik, A. J., and Greengard, P. Distinct pools of synaptic vesicles in neurotransmitter release. *Nature* 375:493, 1995.

Sudhof, T. The synaptic vesicle cycle: A cascade of protein-protein interactions. *Nature* 375:645, 1995.

Taylor, P. The cholinesterases. *J. Biol. Chem.* 266:4025, 1991.

Thudichum J. L. W. *A Treatise on the Chemical Constitution of the Brain.* London, Bailliere, Tindall, and Cox, 1884.

Vision

Farber, D. B. From mice to men: The cyclic GMP phosphodiesterase gene in vision and disease. *Invest. Ophthalmol. Vis. Sci.* 36:263, 1995.

Nathans, J., et al. Molecular genetics of human blue cone monochromacy. *Science* 245:831, 1989.

Nathans, J. Molecular biology of visual pigments. *Annu. Rev. Neurosci.* 10:163, 1987.

Palczewski, K. Is vertebrate phototransduction solved? New insights into the molecular mechanism of phototransduction. *Invest. Ophthalmol. Vis. Sci.* 35:3577, 1994.

Pappa, A., Estey, T., Manzer, R., Brown, D., Vasiliou, V. Human aldehyde dehydrogenase 3A1 (ALDH3A1): Biochemical characterization and immunohistochemical localization in the cornea. *Biochem. J.* 376:615, 2003.

Parry, J. W. L., Poopalasundaram, S., Bowman, J. K., and Hunt, D. M. A novel amino acid substitution is responsible for spectral tuning in a rodent violet-sensitive visual pigment. *Biochemistry* 43:8014, 2004.

Stenkamp, R. E., Filipek, S., Driessen, C. A. G. G., Teller, D. C., and Palczewski, K. Crystal structure of rhodopsin: A template for cone visual pigments and other G protein-coupled receptors. *Biochim. Biophys. Acta* 1565:168, 2002.

Stryer, L. Visual excitation and recovery. *J. Biol. Chem.* 266:10711, 1991.

Zigler, J. S., Jr. and Goosey, J. Aging of protein molecules: Lens crystallins as a model system. *Trends Biochem. Sci.* 7:133, 1981.

Molecular Motors and Nitric Oxide

Anderson, P. A. W., Malouf, N. N., Oakley, A. E., Pagani, E. D., and Allen, P. D. Troponin T isoform expression in humans: A comparison among normal and failing adult heart, fetal heart, and adult and fetal skeletal muscle. *Circ. Res.* 69:1226, 1991.

Barany, M. (Ed.) *Biochemistry of Smooth Muscle Contraction.* New York: Academic Press, 1996.

Bonnevier, J., Fassler, R., Somlyo, A. P., Somlyo, A. V., and Arner, A. Modulation of Ca^{2+} sensitivity by cyclic nucleotides in smooth muscle from protein kinase G-deficient mice. *J. Biol. Chem.* 279:5146, 2004.

Carlier, M. -F. Actin: Protein structure and filament dynamics. *J. Biol. Chem.* 266:1, 1991.

Denz, C. R., Narshi, A., Zajdel, R. W., and Dube, D. K. Expression of a novel cardiac-specific tropomyosin isoform in humans. *Biochem. Biophys. Research. Commun.* 320:1291, 2004.

dos Remedios, C. G. and Moens, P. D. J. Actin and the actomyosin interface: A review. *Biochim. Biophys. Acta* 1228:99, 1995.

Geeves, M. A. and Holmes, K. C. Structural mechanism of muscle contraction. *Annu. Rev. Biochem.* 68:687, 1999.

Hirose, K. Franzini-Armstrong, C., Goldman, Y. E., and Murray, J. M., Structural changes in muscle crossbridges accompanying force generation. *J. Cell Biol.* 127:763, 1994.

Huxley, H. E. The mechanism of muscular contraction. *Science* 164:1356, 1969.

Lorenz, M., Popp, D., and Holmes, K. C. Refinement of the F-actin model against X-ray fiber diffraction data by the use of a directed mutation algorithm. *J. Mol. Biol.* 234:826, 1993.

Mallik, R., Carter, B. C., Lex, S. A., King, S. J., and Gross, S. P. Cytoplasmic dynein functions as a gear in response to load. *Nature* 427:649, 2004.

Terrak, M., Wu, G., Stafford, W. F., Lu, R. C., and Dominguez, R. Two distinct myosin light chain structures are induced by specific variations within the bound IQ motifs—Functional implications. *EMBO J.* 22:362, 2003.

Vale, R. D. and Milligan, R. A. The way things move: Looking under the hood of molecular motor proteins. *Science* 288:88, 2000.

Blood Coagulation

Aggarwal, A., Malkovska, V., Catlett, J. P., and Alcorn, K. Recombinant activated factor VII (rVII) as salvage treatment for intractable hemorrhage. *Thrombosis J.* 2:9, 2004.

Brummel, K. E., Butenas, S., and Mann, K. G. An integrated study of fibrinogen during blood coagulation. *J. Biol. Chem.* 274:22862, 1999.

Butenas, S., van't Veer, C., and Mann, K. G. Evaluation of the initiation phase of blood coagulation using ultrasensitive assays for serine proteases. *J. Biol. Chem.* 272:21527, 1997.

Colombatti, A. and Bonaldo, P. The superfamily of proteins with von Willebrand factor type A-like domains: One theme common to components of extracellular matrix, hemostasis, cellular adhesion, and defense mechanisms. *Blood* 77:2305, 1991.

Cooper, D. N. The molecular genetics of familial venous thrombosis. *Blood Rev.* 5:55, 1991.

Crowther, M. A. and Kelton, J. G. Congenital thrombophilic states associated with venous thrombosis: A qualitative overview and proposed classification system. *Ann. Intern. Med.* 138:128, 2003.

Davie, E. W. A brief historical review of the waterfall/cascade of blood coagulation. *J. Biol. Chem.* 278:50819, 2003.

Dowd, P., Hershline, R., Ham, S. W., and Naganathan, S. Vitamin K and energy transduction: A base strength amplification mechanism. *Science* 269:1684, 1995.

Fressinaud, E., Mazurier, C., and Meyer, D. Molecular genetics of type 2 von Willebrand disease. *Int. J. Hematol.* 75:9, 2002.

Fujimaki, K., Yamazaki, T., Taniwaki, M., and Ichinose, A. The gene for human protein Z is localized to chromosome 13 at band q34 and is coded by eight regular exons and one alternative exon. *Biochemistry* 37:6838, 1998.

Han, X., Fiehler, R., Broze, G. J., Jr. Isolation of a protein Z-dependent plasma protease inhibitor. *Natl. Acad. Sci. USA* 95:9250, 1998.

Han, X., Huang, Z. F., Fiehler, R., Broze, G. J., Jr. The protein Z-dependent protease inhibitor is a serpin. *Biochemistry* 38:11073, 1999.

Iakhiaev, A., Pendurthi, U. R., Voigt, J., Ezban, M., and Rao, L. V. M. Catabolism of factor VIIa bound to tissue factor fibroblasts in the presence and absence of tissue factor pathway inhibitor. *J. Biol. Chem.* 274:36995, 1999.

Kalafatis, M., Sworde, N. A., Rand, M. D., and Mann, K. G., Membrane-dependent reactions in blood coagulation: Role of the vitamin K-dependent enzyme complexes. *Biochim. Biophys. Acta* 1227:113, 1994.

Kuliopulus, A., Hubbard, B. R., Lam, Z., Koski, I. J., Furie, B., Furie, B. C., and Walsh, C. T., Dioxygen transfer during vitamin K-dependent carboxylase catalysis. *Biochemistry* 31:7722, 1992.

McClure, D. B., Walls, J. D., and Grinnell, B. W. Post-translational processing events in the secretion pathway of human protein C, a complex vitamin K-dependent antithrombotic factor. *J. Biol. Chem.* 267:19710, 1992.

Nishioka, J., Ning, M., Hayashi, T., and Suzuki, K. Protein C inhibitor secreted from activated platelets efficiently inhibits activated protein C on phosphotidylethanolamine of platelet membrane and microvesicles. *J. Biol. Chem.* 273:11281, 1998.

Palston, P. A. and Gettings, P. G. W. A database of recombinant wild-type and mutant serpins. *Thromb. Haemost.* 72:166, 1994.

Reitsma, P. H. et al. Protein C deficiency: A database of mutations, 1995 update. *Thromb. Haemost.* 73:876, 1995.

Shriver, Z., Sundaram, M., Venkataraman, G., Fareed, J., Linhardt, R., Biemann, K., and Sasisekharan, R. Cleavage of the antithrombin III binding site in heparin by heparinases and its implication in the generation of low molecular weight heparin. *Proc. Natl. Acad. Sci. USA* 97:10365, 2000.

Usalan, C., Erdem, Y., Altum, B., Arici, M., Haznedaroglu, I. C., Yasavul, U., Turgan, C., Caglar, S. Protein Z levels in haemodialysis patients. *Int. Urol. Nephrol.* 31:541, 1999.

Van't Veer, C., Golden, N. J., Kalafatis, M., and Mann, K. G. Inhibitory mechanism of the protein C pathway on tissue factor-induced thrombin generation: Synergistic effect in combination with tissue factor inhibitor. *J. Biol. Chem.* 272:7983, 1997.

Vermeer, C. γ-Carboxyglutamate-containing proteins and the vitamin K-dependent carboxylase. *Biochem. J.* 266:625, 1990.

Yin, Z. -F., Huang, Z. -F., Cui, J., Fiehler, R., Lasky, N., Ginsburg, D., and Broze, G. J., Jr. Prothrombin phenotype of protein Z deficiency. *Proc. Natl. Acad. Sci. USA* 97:6734, 2000.

Zhang, B. and Ginsburg, D. Familial multiple coagulation factor deficiencies: New biologic insight from rare genetic bleeding disorder. *J. Thromb. Haemost.* 2:1564, 2004.

习题和参考答案

选择题

1. 电信号传递神经冲动：

A. Na^+/K^+交换 ATP 酶维持的跨膜电位变得更负性

B. 膜的局部去极化引起离子通道蛋白构象改变，使得 Na^+ 和 K^+ 顺浓度梯度流动

C. 电荷沿轴索双向运动

D. 电压门控离子通道的恢复时间有限，因此脉冲幅度随其沿轴索的运动而改变

E. 星形胶质细胞起天线样功能，自其他细胞接收信号

2. 以下关于肌动蛋白和肌球蛋白的陈述是正确的，除了：

A. 肌球蛋白球状头部具有 ATP 和肌动蛋白结合的功能域

B. 肌动蛋白是构成粗肌丝的主要蛋白

C. ATP 与肌动蛋白-肌球蛋白复合体结合，促进肌动蛋白与肌球蛋白解离

D. 原肌球蛋白与 F 肌动蛋白的结合能使后者稳定

E. 钙离子与肌钙蛋白的钙调蛋白样亚基结合可引起其构象改变，使肌球蛋白与肌动蛋白结合

3. 血小板凝集：

A. 通过使纤维蛋白原转变为纤维蛋白，在受损部位启动

B. 可在未受损的血管内为完整的血管内皮细胞产生的前列环素抑制

C. 引起形态学改变以及血管舒张剂——5 羟色胺的释放

D. 可被释放的 ADP 和血栓素 A_2 抑制

E. 可被 vWF 因子抑制

4. 血凝块的形成：

A. 是凝血酶原水解 γ-酰基谷氨酰残基，形成凝血酶所必需的

B. 在 FⅩⅢ和转谷氨酰胺酶作用下，纤维蛋白分子交联可稳定血凝块

C. 凝血酶唯一的作用是激活 FⅦ

D. 在凝血启动阶段，组织因子和 FⅢ或 TF 必须是失活的

E. 钙离子的主要作用是结合纤维素分子形成凝块

5. 纤维蛋白溶解：

A. 与血凝块的形成为一平衡过程

B. 始于纤维蛋白溶酶与血凝块的结合

C. 需将纤溶酶水解为重链和轻链

D. 受纤溶酶原抑制剂的调节

E. 需由 t-PA 将纤溶酶原转变为纤溶酶

6. 一氧化氮合酶：

A. 分为内建型与诱发型
B. 可能参与控制神经冲动传导但不参与肌肉收缩
C. 发现于内皮组织中，只对炎症有反应
D. 在一种组织中形成一氧化氮，对远处组织起作用
E. 与其他蛋白结合后活性增强

问题7和8：已知有三个家族的化合物参与肌肉收缩和细胞内物质运输。Elejalde综合征以银发和中枢神经系统功能严重障碍为特征。大的黑色素颗粒最终不能分布到发丝中，提示其运输和分布可能存在问题。

7. 以下哪类运动分子能参与收缩和运输：
A. 动力蛋白
B. 驱动蛋白
C. 肌球蛋白
D. 以上所有

8. 基于微管运动：
A. 不形成细丝
B. 通过构象改变产生运动
C. 消耗ATP
D. 参与染色体组织
E. 以上所有均正确

问题9和10：编码视色素蛋白的基因位于不同染色体上。视紫红质基因位于第3号染色体，蓝色视色素基因位于第7号染色体，红绿视色素基因位于X染色体上。女性有两个X染色体色盲发生较少，而男性只有一条X染色体。约8%的男性色觉不正常，导致影响红、绿颜色的辨认。

9. 视网膜视锥细胞：
A. 产生色觉
B. 数量远大于视杆细胞
C. 具有红、蓝和绿光敏感度的感受色素，其微小差别在于视网膜辅基
D. 不需要信号转导蛋白传递信号
E. 由于单光子在视锥细胞中产生的电流较在视杆细胞中强，因而适合于区分快速视觉图景的变换

10. 以下关于视紫红质基因的描述哪一个是正确的：
A. 视紫红质是视锥和视杆细胞的光感受器
B. 视网膜辅基是来源于β胡萝卜素的全反式视黄醇
C. 光脉冲将视紫红质转变为活性视紫红质的过程需要细胞去极化
D. 视紫红质位于细胞质内
E. 视紫红质吸收一个光子可引起11-顺式视黄醇转变为全-反式视黄醇

问题11和12：和其他组织中的离子通道一样，心肌离子通道兴奋后需要一定的恢复期。该期在心电图上表示为QT间期。Na^+进入胞内引起去极化而启动兴奋期，K^+通道随即开放，K^+排出细胞，此为关闭动作电位的关键步骤。遗传性长QT间期综合征(或称LQTS)就是由这些通道的遗传缺陷造成的。LQTS可引起猝死，特别是在从未有过心律不齐的健康年轻人中。

11. 神经冲动引起肌肉收缩：
A. 起始于乙酰胆碱与肌浆网受体的结合
B. 引起浆膜和横小管过度极化
C. 引起钙离子通道开放，导致钙离子在肌小节浓度升高
D. 阻止钠离子进入肌小节
E. 阻止钙离子与肌钙蛋白C结合

12. 肌肉收缩时：
A. 横小管变短，使肌原纤维和肌浆网靠近
B. 肌小节细丝和粗丝变短
C. 肌球蛋白轻链从重链解离
D. 由于粗细肌丝沿着彼此滑行，肌小节H带与I带缩短
E. 重肌丝蛋白交联增多

问答题

13. 在华法林——一种维生素K类似物存在时，凝血途径中的一些蛋白由于不能结合钙离子而失活。为什么？

14. 有机磷酸盐化合物是乙酰胆碱酯酶的不可逆抑制剂。那么有机磷酸盐抑制剂对神经冲动的传导会产生什么影响？

参考答案

1. B　这是冲动传递的机制。A：电势变得更负。C：应该是单向的。D：电压门控离子通道确实具有一定的恢复时间，因此幅度保持不变。E：描述的是树突。星形胶质细胞为神经胶质细胞，可使神经

原与其外环境绝缘。

2. B　肌球蛋白组成粗肌丝；肌动蛋白组成细肌丝。A：这些对肌球蛋白都很重要。C：ATP 在肌肉收缩中的作用倾向于解离肌动蛋白-肌球蛋白复合体，而非形成复合体。D、E：原肌球蛋白、肌钙蛋白和肌动蛋白是三种主要肌丝形成蛋白。

3. B　PGI_2 和 TXA_2 的“阴阳”性质能帮助控制血小板聚集，直至需要时。A：在受损部位与激活受体结合而启动。血凝块形成需要激活多种酶。C：5-羟色胺是血管收缩剂。D：TXA_2 促进聚集。E：vWF 在受体与血小板之间形成连接，促进聚集。

4. B　交联发生于谷氨酰胺和赖氨酸之间。A、E：γ-羧基谷氨酰残基存在于多种酶中。它们与钙离子结合促进这些蛋白与膜反应，形成反应的起始位点。C：凝血酶激活因子Ⅴ、Ⅶ、Ⅷ、ⅩⅢ和纤维蛋白原。D：TF 和因子Ⅲ是启动凝血的主要受体。

5. E　凝块可被纤维蛋白溶酶水解。A：凝块的形成和水解都是单向的。B：纤溶酶原和 tPA 都结合到血凝块。C、D：两者指的都是 tPA。

6. A　诱发型对炎症起反应，神经型和内皮型的是构成性的。B：都参与。C：见 A。D：NO 在其作用靶点产生。E：与结合的蛋白解离而变得有活性。

7. C　肌球蛋白参与肌肉收缩，而非常规的肌球蛋白参与运输。A、B：这些微管为基础的运动分子参与物质运输。

8. EA　与肌动蛋白运动分子进行对比。B、C：水解 ATP 后解离。D：某些类型的动力蛋白和驱动蛋白有此功能。

9. A　视杆细胞对弱光有感应。C：所有三种视色素均有 11-顺视黄醇。差别在于它们对不同光谱起反应。D：视锥视杆细胞的生化反应相同。E：视锥细胞更适合于快速变换的景象，因为它们的反应速率是视杆细胞的 4 倍，但它们对光线的敏感性较低。

10. E　引起蛋白构象改变，影响静息膜电位并启动后续过程。A：视锥细胞有相同的辅基，不同的蛋白，所以视紫红质只存在于视杆细胞。B：这是辅基 11-顺视黄醇的前体。C：辅基异构化导致过度极化。D：视紫红质是跨膜蛋白。

11. C　钙离子与钠离子一同进入。A：乙酰胆碱受体位于质膜上。B：冲动导致这些结构的去极化。D：离子通道打开时，钙离子与钠离子都进入肌小节。E：钙离子与 TnC 结合启动收缩。

12. D　由肌动蛋白与肌球蛋白的结合与分离引起。A：横小管去极化可能参与信号传递，但不直接参与收缩过程。B：肌丝不改变长度，而是沿彼此滑行。C：这不是生理性的。E：交联发生在肌小节的 H 带，但在收缩过程没有变化。

13. 受影响的是含 Gla 的蛋白，它们都是良好的钙离子螯合剂。Gla 残基是转录后修饰而成，由羧化酶催化，维生素 K 是其必需的辅助因子。华法林阻止羧化过程中形成的维生素 K 由环氧化形式还原为双氢醌形式。

14. 乙酰胆碱是兴奋性神经递质，引起离子通道开放，Na^+ 进入引起膜去极化。乙酰胆碱水解引起复极化。抑制剂可使通道持续开放阻止复极化，同时也阻止了神经冲动的继续传递。

（冯赟　译）

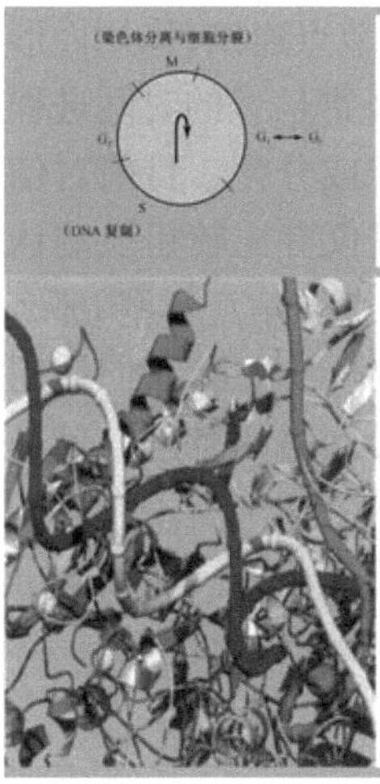

25 细胞周期、程序性细胞死亡与癌症

Richard M. Schultz

25.1 概述

调节细胞分裂与死亡的生化通路与细胞生物学和生物化学密切相关。这些通路通常涉及多种信号转导蛋白,它们一般具有酶活性(多为激酶、磷酸酶或蛋白酶),或者通过与其他蛋白质结合并诱导相关蛋白质的构象改变而传递信号。信号通路中的活性酶主要为激酶、磷酸酶与蛋白酶。虽然细胞信号是为人们所熟知的酶反应与蛋白质的构象改变,但是对细胞分裂和死亡的信号通路调节是非常复杂的,并非简单地将信号自一个分子传递

到下一个分子的线性过程，部分通路甚至是多个平行的信号通路通过节点连接、作用而形成的网络，相互间可进行串话。根据细胞类型、信号强度以及内部和外部信号的时间进程的不同，信号转导网络对传入信号进行特定翻译，引起细胞死亡、分裂或分化。目前对信号转导网络如何运作，以及如何翻译输入信号而产生特定效应的过程仅有比较粗浅的认识。如果不能模拟不同的细胞类型、环境条件以及不尽相同的多个节点的相互作用，那么信号转导网络的复杂性将使得很多传入信号最终产生的效应难以预测。在此，我们使用传统的方式来讲解一些主要的信号通路，它们是掌握整个复杂的信号网络的基础。信号通路的复杂性可在同时调节细胞分裂与死亡的 Ras 下游激酶略见一斑。

成熟器官细胞分裂与死亡处于平衡状态，因而两者的信号通路的活性相同。细胞分裂与死亡通路的异常会导致癌症发生，本章将从该方面论述癌细胞形成的生化基础。

25.2 细胞周期

细胞分裂一般分为四期(图 25.1)。**S 期(S phase)**复制染色体 DNA；**M 期(M phase)**进行有丝分裂，染色体、细胞器与细胞质被分配到两个子细胞中。G_1 与 G_2 间期分别将 M 期与 S 期，以及 S 期与 M 期之间分开。细胞分裂周期亦可更简单地分为有丝分裂期(M 期)与分裂间期(包括 G_1、S 与 G_2 期)。M 期虽然最短，但却非常复杂。如人成纤维细胞每 24 小时分裂一次，M 期仅占约 1h，而 S 期则长达 11～13h。M 期的具体步骤如表 25.1 所示。M 期变化最大也最重要。细胞必须在完成前一期的转变后才能进入下一期。每个期相都处于多个生化检查点的严密调控之下，在进入下一期前发出“停止”或“继续”的信号。

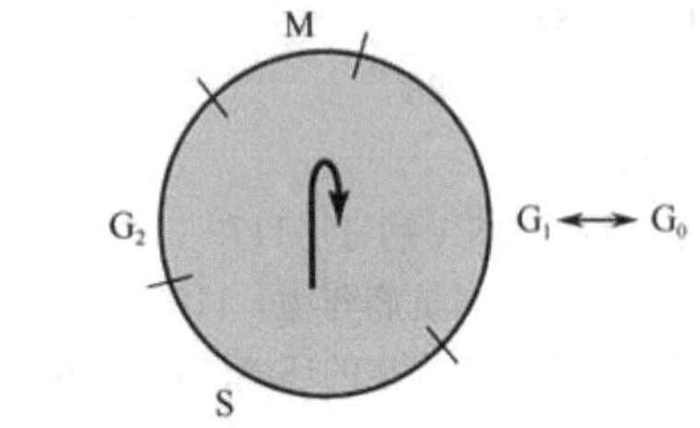

图 25.1　细胞周期的期相

S 期合成 DNA，M 期进行有丝分裂。分裂间期包括 G_1、S 与 G_2 期。G_0 期与 G_1 期相对应。细胞在 G_0 期休眠或早衰

表 25.1　显微镜观察的 M 期分裂步骤

1. DNA 浓聚为染色体(人类细胞有 46 个染色体)
2. 有丝分裂纺锤体在中心体外形成
3. 核膜分解
4. 纺锤体微管与染色体结合
5. 染色体沿着细胞赤道排列
6. 姐妹染色体分离，形成两套染色体
7. 在每套染色体周围形成核膜
8. 染色体解聚
9. 细胞质膜凹陷，母细胞成为两个子细胞(胞质分裂)

与 G_1 期相对应的是 G_0 期，在该期中，细胞或休眠或早衰。休眠细胞不参与细胞周期，但可通过生长刺激，如提高外环境中的生长因子浓度使其重新进入分裂周期。相反，早衰细胞即使在有生长因子的条件下也不能重新进入分裂周期。不同类型的细胞进行分裂的比例是不同的，因此其 G_0 期休眠时间的长短也不同。成纤维细胞与上皮细胞的 G_0 期很短或几乎没有，成人肝细胞大约每年分裂一次，而成人脑细胞几乎从不分裂。因此，

成人脑细胞与肝细胞大部分时间都处于 G_0 期。与 G_1 期相比，G_0 期细胞的代谢率，蛋白质转录与合成率都较低，并缺乏细胞周期相关的关键蛋白，包括周期蛋白依赖性激酶和其他调节蛋白。

细胞周期的调节

周期蛋白依赖性激酶(**cyclin-dependent kinase，Cdk**)调节细胞周期，催化 ATP 对底物蛋白丝氨酸或苏氨酸侧链的磷酸化。磷酸化的蛋白接着在细胞周期通路的特定阶段发挥功能。Cdk 的活性受其他蛋白激酶、蛋白磷酸酶、细胞周期蛋白间的相互作用以及 Cdk 抑制蛋白的严密调控。

在人类细胞中，M 期周期蛋白依赖性激酶(M-Cdk 或 Cdk1)与 M 期周期蛋白(cyclin-B)结合。Cdk1 的直系同源蛋白首先在酵母中发现，因而 Cdk1 在酵母命名系统中有时被称为 CDC2。Cdk1/CDC2 对 M 期的启动与进展都必不可少。M-Cdk 激活需要进行的修饰如图 25.2 所示。M-Cdk 必须与 M 期细胞周期蛋白 M-cyclin 结合才能形成活化的异源二聚体 M-Cdk/M-cyclin。M 期细胞周期蛋白仅存在于 G_2 期末，进入 M 期前合成，并在 M 期结束时立即降解，而 M-Cdk 在整个细胞周期中持续存在。由于 M-Cdk 激酶的激活需要形成异源二聚体 M-Cdk/M- cyclin，因此 M-Cdk/M-cyclin 必须在正确地磷酸化后才具有催化活性。

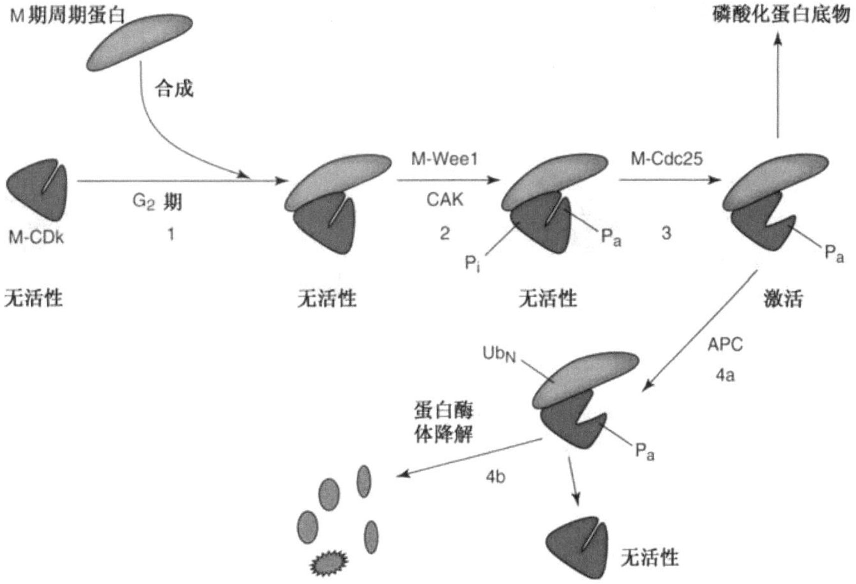

图 25.2　M 期细胞周期蛋白依赖性激酶(cdk)活性的调节

M-细胞周期蛋白(绿色)在 G_2 期合成，并与 M-Cdk(红色)结合形成无活性的二聚体。Weel 激酶在抑制位点将 M-Cdk/M-cyclin 二聚体磷酸化，使其保持无活性状态。当 CAK 在激活位点将其磷酸化，Cdc25 磷酸酶移除其抑制性磷酸基团时细胞进入 M 期。激活的 M-Cdk 将蛋白底物磷酸化，促进 M 期的进展。当 M-cyclin 被 Ub_N 这一 APC 泛素化酶复合物泛素化并降解后，M-Cdk 失活

Weel 是一种 G_2/M 期激酶，可在**抑制位点**(**inhibitory site**)P_i 磷酸化 M-Cdk，从而抑

制 M-Cdk/M-cyclin 的活性，并阻止细胞进入 M 期。敲除酵母的 *weel* 基因会产生小细胞或微小细胞。因而可认为 Weel 是激酶链的终止信号，在细胞过小时阻止其进入 M 期，至少在酵母中是如此。染色体不完全复制和 DNA 损伤可产生信号阻止细胞进入 M 期。当细胞即将进入 M 期时，抑制性的磷酸基团被蛋白磷酸酶 M-Cdc25 移除，Weel 终止信号释放。此外，M-Cdk/cyclin 必须被 M 期活化激酶 M-CAK（CDK 活化激酶）激活，它催化 M-Cdk 的**活化位点（activation site，Pa）**磷酸化。适当激活的 M-Cdk/cyclin 被 M-CAK 和 M-Cdc25 修饰。M 期末尾，M-cyclin 的泛素化（见 6.11 节）和细胞蛋白酶对其的降解终止了 M-Cdk/cyclin 的活性。调节 M-cyclin 的泛素化作用系统为**分裂后期促进复合物（anaphase-promoting complex，APC）**，如此命名是因为 M-cyclin 与 M-Cdk 的活性丧失是姐妹染色体分离（分裂后期）必不可少的条件。

在哺乳动物细胞中，M-Cdk/cyclin 独立调节 M 期的进展，但至少有四种不同的 G_1/S-Cdk/Cyclin 复合物参与了 G_1 期与 S 期的调节（图 25.3）。每种 G_1/S-Cdk 都由特定的 CAK 和 Weel 类似激酶调控，后者的调控机制类似于激酶对 M-Cdk 的调节。每种 Cdk 都有 Cdc25 磷酸酶来移除其抑制性的磷酸基团，并与特定的细胞周期蛋白形成异源二聚体。在数种 G_1/S-Cdk/Cyclin 复合物的作用下细胞才能从 G_1 期进入 S 期，并且至少有一个 G_1/S-Cdk/Cyclin 复合物在 S 期与 G_2 期都处于活化状态。部分 G_1/S-Cdk/Cyclin 复合物对细胞周期进展必不可少，但其余的在单基因缺失后未检测到细胞有异常表型。在泛素化作用和细胞周期蛋白降解时，所有 Cdk 都会失活（图 25.4）。调节 G1/S 期的泛素化作用系统称 SCF 复合物。

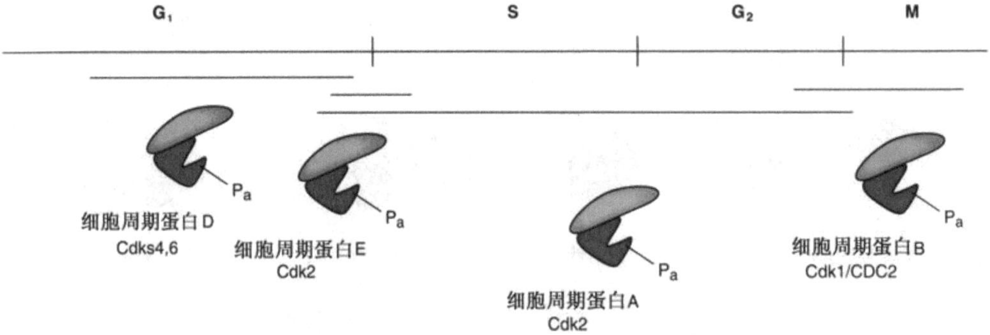

图 25.3 人细胞周期蛋白与细胞周期蛋白依赖性激酶复合物

上方横线代表细胞周期，中间横线代表特定 cyclin/cdk 的激活时间。Cdk4 与 Cdk6 都与细胞周期蛋白 D 结合。Cdk1 也称 CDC2。部分细胞周期蛋白，如 D2 与 D3 存在多种构型。

Rb 调节

在 G_1/S 早期，**Rb 蛋白（retinoblastoma sensitivity protein）**（即视网膜母细胞瘤蛋白，因其在视网膜母细胞瘤中缺失而命名）是 Cdk 的重要底物。Rb 蛋白在 G_1 与 G_0 期未磷酸化，并以该形式连接并隔离转录因子 E2F（图 25.5）。Rb 蛋白磷酸化时释放 E2F，它与目标基因的调控区域结合，增加了 S 期进展所需蛋白质，如 DNA 聚合酶、二氢叶酸还原酶、胸腺嘧啶核苷激酶以及 S 期细胞周期调节蛋白等的合成。因此，未磷酸化的 Rb 具有生物活性，能连接并抑制 E2F，而磷酸化的 Rb 则无活性。

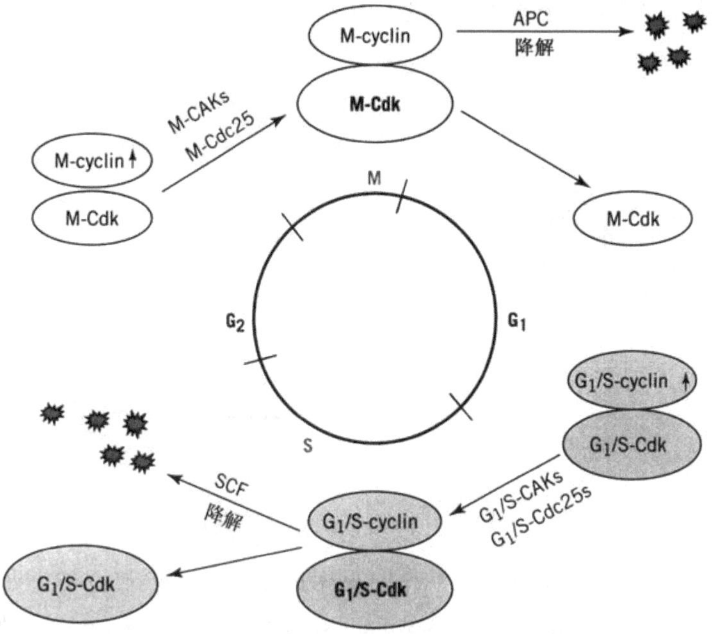

图 25.4　引起 G_1/S-与 M-Cdk 激活与失活的反应

Cdk 与细胞周期蛋白结合，在适宜的 CAK 和 CDC25 磷酸酶作用下激活。M 期的 APC 和 G_1/S 期的 SFC 将细胞周期蛋白泛素化，细胞周期蛋白随之降解，Cdk 失活。Cdk 在细胞分裂周期中并不降解，直到细胞进入 G_0 期

p53 调节

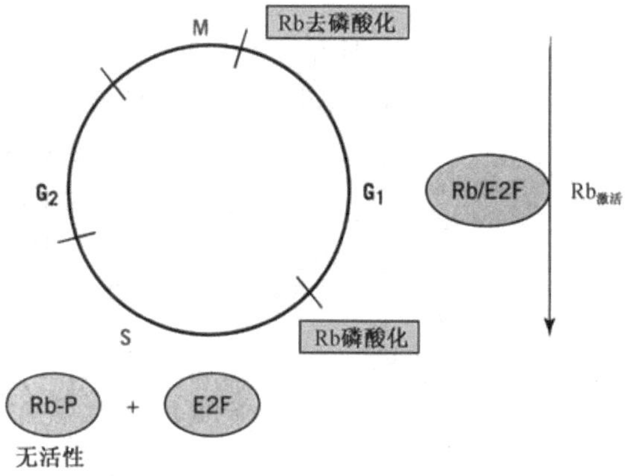

图 25.5　Rb 在细胞周期调控中的作用

Rb 与转录因子 E2F 在 G_1 期结合并活化。当 G_1/S Cdk 磷酸化 Rb 时 E2F 释放，S 期所需基因表达增加。而从 G_1 期进入 M 期时，磷酸 Rb 被磷酸酶去磷酸化

p53 蛋白是细胞周期进展的主要监控因子，为 DNA 损伤时激活的一种转录因子。某些特定的激酶监控 DNA 链有无断裂，一旦发现即活化（见 4.4 节）。该磷酸化信号可升高 p53 浓度，增加 p53 靶基因 *waf1*（也被称为 *cip1*）的转录。p21 蛋白是 *waf1*/*cip1* 的产物，起 G1-Cdk 抑制因子的作用。Cdk 抑制蛋白为 CKI，而 p21 是由 p53 调控升高的关键 CKI。p21 的作用是抑制 G1-Cdk 被 Rb 磷酸化，阻止细胞进入 S 期（图 25.6）。该机制（DNA 激酶→p53→p21→G1-Cdk）使细胞在进入 S 期前有充裕的时间修复受损 DNA。但如果 DNA 损伤过于严重无法修复，p53 水平会升高至超过停止细胞周期的浓度，启动细胞死亡或凋亡。p53 以此清除含损伤 DNA 功能不良的细胞来保护机体。p53 基因在超过 50% 的癌症中都有变异或缺失，其余癌细胞中调节 p53 的通路可存在缺陷。

有缺陷的 p53 可使含损伤 DNA 的细胞继续增殖。

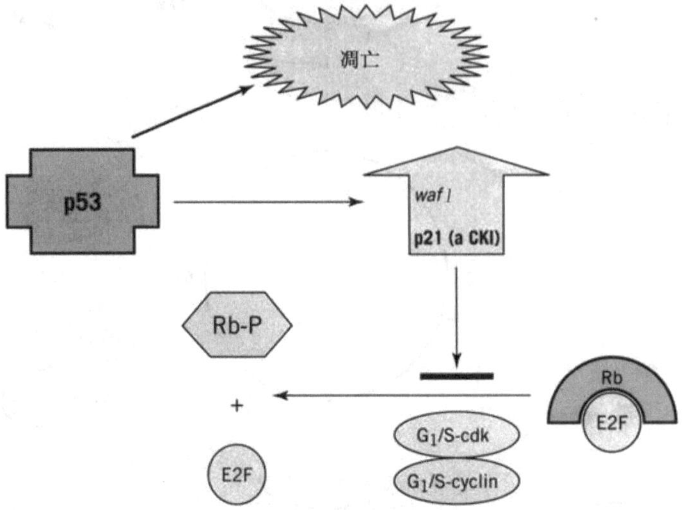

图 25.6　G_1 期到 S 期过渡中的 p53 调节

在 DNA 损伤、应激和其他细胞周期调节信号的刺激下，转录因子 p53 浓度升高。p21 为一种 CKI，通过与 G1/S Cdk 结合磷酸化 Rb，P53 可通过提高 *waf1* 基因转录为 p21 而使细胞周期停止。当 p53 浓度超过合成 p21 所需时启动细胞凋亡。

生长因子信号转导

哺乳动物细胞周期能否进入 S 期决定了细胞分裂或死亡，因此对其调控最为严密。该环节受细胞外环境中生长因子浓度的调控。生长因子由细胞自身分泌（自分泌），或周围与远处细胞分泌（旁分泌）以诱导细胞分裂。低浓度生长因子即可维持哺乳动物细胞生存，浓度过高则会诱导细胞分裂。

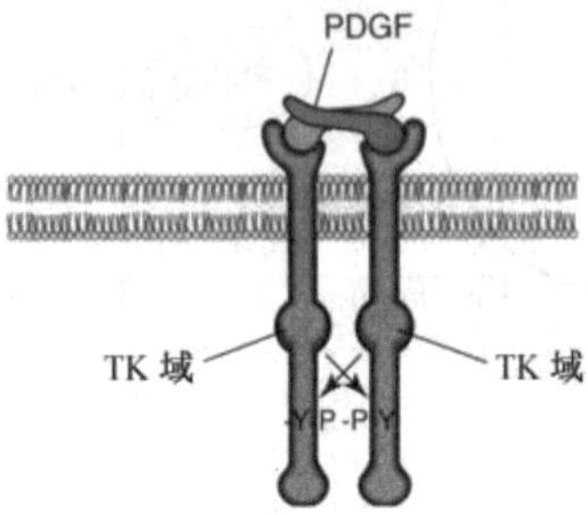

图 25.7　PDGF 受体胞质域酪氨酸残基的磷酸化

PDGF 聚合为二聚体时会使其膜受体也发生二聚反应。受体蛋白胞质域的酪氨酸激酶活性能将邻近受体蛋白胞质域的酪氨酸残基（Y）磷酸化

生长因子与质膜上的受体结合，使受体蛋白发生二聚或多聚反应。聚合反应有多种机制，对生长因子信号转导有重要意义。例如血小板衍生生长因子（PDGF）二聚体与两个原本分离的受体蛋白结合，使其在质膜上结合为二聚体（图 25.7）。也有一些生长因子可与辅助因子结合，促进生长因子与受体的结合以及受体蛋白的低聚化。

多数生长因子受体蛋白的胞质区都有酪氨酸激酶域。丝氨酸/苏氨酸激酶（如 PKC、PKA 和 Cdk）磷酸化丝氨酸/苏氨酸残基的侧链，而酪氨酸激酶磷酸化酪氨酸残基侧链。在激活过程中，生长因子受体的酪氨酸初次磷酸化发生在其质膜面。聚合反应中，受体蛋白的激酶域与邻近蛋白质相互作用构成低聚物（图 25.7）。受体质膜域酪氨酸残基的自身磷酸化能促使磷酸化的酪氨酸位点以高亲和力与胞质信号蛋白结合 。

一些生长因子受体缺乏酪氨酸激酶域，但活化时能与质膜上含酪氨酸激酶域的蛋白质(如 Scr)结合。此类受体与这些蛋白质结合后构象发生改变，促进其与酪氨酸激酶蛋白的结合。

生长因子信号通路中的质膜蛋白通常含 **SH2 域(Src homology domain 2，Src 同源域 2)**与 SH3 域，与通路中其他蛋白质形成相关复合物。SH2 域与磷酸化的酪氨酸结合，SH3 域与含聚脯氨酸螺旋的二级结构区域结合。因此，活化的生长因子受体上磷酸化的酪氨酸残基是与含 SH2 域的蛋白质的结合位点。PDGF 受体通过其 SH2 域，使不同的信号转导分子与特定的磷酸化的酪氨酸残基在质膜域结合(图 25.8)。

每一个 SH2 域都有一个特异性的二级结构，差异在于 P-Y 位点。因此，PI3K 不仅对磷酸化的酪氨酸有特异性，而且对 740 位磷酸化的酪氨酸周围的氨基酸也有特异性；而 PLCγ对 1021 位磷酸化的酪氨酸残基周围的氨基酸也有特异性。因而 PI3K 与 PLCγ都成为了受体酪氨酸激酶的作用底物，并在磷酸化后离开受体发挥活性作用。

Grb2 蛋白与 PDGF 受体上 716 位的磷酸化酪氨酸残基结合。Grb2 本身没有催化活

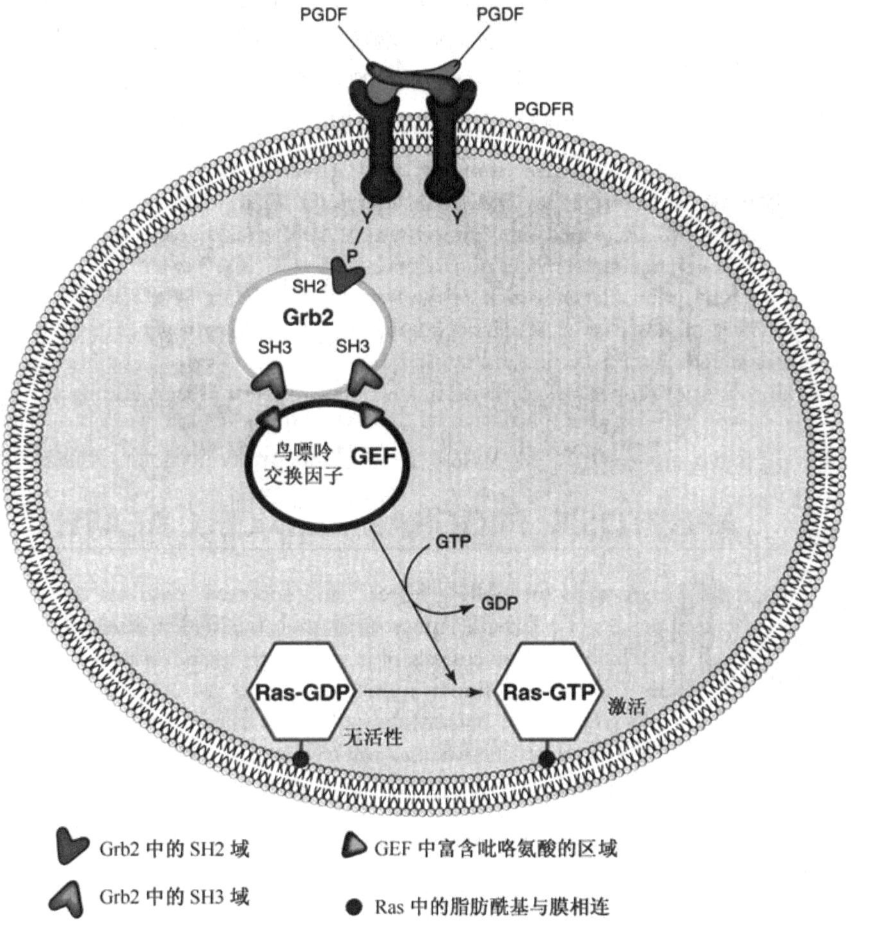

图 25.8　从 PDGF 受体到 Ras 的信号转导

质膜上的 PDGF 受体在酪氨酸残基上发生自磷酸化。Grb-2 的 SH2 域与受体上的 416 位磷酸化酪氨酸残基结合，能促进 Ras 上的 GDP 转变为 GTP。接着 Ras-GTP 转导下游信号

性,但它是一种接头蛋白,能通过诱导构像改变与蛋白质相互作用而传递信号。Grb2 同时含 SH2 与 SH3 域,并通过 SH2 域与 PDGF 受体结合,诱导构象改变——打开 SH3 结构域并与 GEF^{Ras} 蛋白的聚脯氨酸螺旋域结合,GEF^{Ras} 接着与 Ras 结合并催化其相连的 GDP 为 GTP(图 25.8)。GTP-Ras 是 Ras 的活性形式。Ras 是一鸟苷三磷酸酶,通过催化连接的 GTP 水解为 GDP 而使自身失活。

约 30% 的人类癌症中有 Ras 基因变异从而导致 Ras 的激活。Ras 变异多发生在 12、13 与 61 位氨基酸残基上,它们参与 Ras 的鸟苷三磷酸酶活性。因此变异的 Ras 无法使自身失活而持续处于 GTP-Ras 这一活化构象。

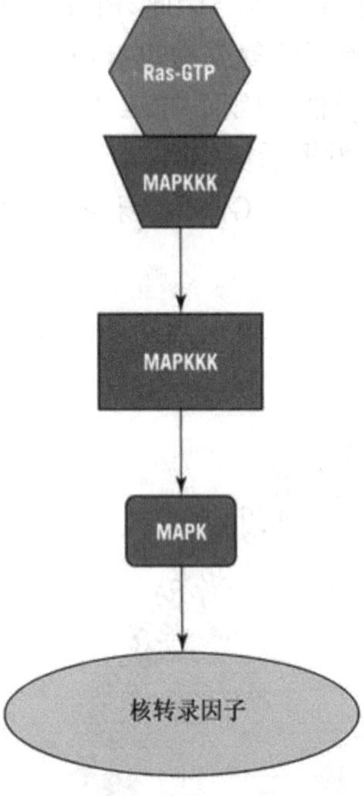

图 25.9　GTP-Ras 激活激酶级联反应
Ras-GTP 激活激酶级联反应,使得终末激酶 MAPK 磷酸化并激活。激活的 MAPK 进入细胞核并磷酸化调节 S 期相关蛋白表达的转录因子。MAPK 是氮激活的蛋白激酶,MAPKK 是 MAP 激酶之激酶,MAPKKK 是 MAP 激酶之激酶之激酶

正常情况下,GAP^{Ras}(GAP,鸟苷三磷酸酶激活蛋白)通过与 Ras 结合,其鸟苷三磷酸酶活性能提高 100～1000 倍。但变异的 Ras 没有鸟苷三磷酸酶活性,GAP^{Ras} 与之结合无效。

同时 Ras 还需要与质膜相连才能激活。这是通过翻译后修饰实现的,修饰方式包括由蛋白酶将 C 端四肽移除,新 C 端羧酸基团的甲基化,以及将脂肪酸基团加到 COOH 端的半胱氨酸侧链。Ras 的一些异构体的 COOH 端周围被加入了脂肪酰基。

人类有三种不同的 Ras 基因——*H-ras*、*N-ras* 与 *K-ras*,编码 21kDa 的同源蛋白。其前 85 位氨基酸序列相同,之后的 80 个位点中有 85% 同源,但 C 端差别很大。虽然 Ras 同源异构体的部分下游信号有所不同,但总的来说其信号有很大重叠性。这些同源异构体在特定细胞中表达,12、13 与 61 位变异能将它们全部激活。由于 Ras 激活可促进癌型转化,因而被称为原癌基因。**原癌基因(protooncogene)**经激活变异而转变为癌基因,促进癌细胞的生长或维持其生存。在没有上游基因激活的条件下,Ras 癌基因能持续发出生长因子信号而促进细胞分裂。

GTP-Ras 通过激活蛋白激酶的激酶之激酶(MAP-KKK)传递细胞分裂信号(图 25.9)。MAPKKK 启动包括 MAPKK 与 MAPK 在内的激酶级联反应。激活的(磷酸化的)MAPK 转移至核内,发生磷酸化并激活转录因子(如 Jun、Fos),提高细胞分裂有关基因(如 Myc 与 G1/S cyclin)的转录。Myc 能提高包括 S-cyclin 与转录因子 E2F(见 6.4 节)在内的 S 期相关基因的表达。但如果环境不适合细胞分裂,Myc 可能会启动细胞死亡程序。

25.3　凋亡：程序性细胞死亡

Apoptosis 是希腊语“落叶”的意思，通常指细胞自然死亡的生化过程。发育过程以及维持整个机体内环境稳定都需要细胞凋亡。人体不断产生新的细胞，同时就需要相当数量的细胞死亡以维持稳态。凋亡与坏死不同，坏死时细胞膜溶解，细胞内容物释放到胞外间隙并由此激发炎症反应，与外伤和细菌、病毒感染类似。相反，凋亡一般无法观察到，并且不会引起炎症反应或免疫应答。它可由一系列信号启动，包括 DNA 损伤、细胞在不适宜的环境下进入 S 期、与细胞外基质缺乏适宜接触、缺少必不可少的生长因子，或环境中存在死亡信号蛋白等。这些信号激活称为“**半胱天冬酶(caspase)**”的胞质蛋白酶。半胱天冬酶水解目标蛋白的特定肽键，通过使蛋白质激活或失活而促进细胞死亡。凋亡过程中，细胞膜、细胞骨架与核 DNA 可发生特征性改变。细胞膜包裹细胞内容物，变成水泡状与脱落膜颗粒。内切核酸酶激活后将染色体 DNA 降解为核小体大小的片段(长度约为 170bp)。凋亡细胞的其余部分被吞噬性细胞，如巨噬细胞吞噬与消化(图 25.10)。

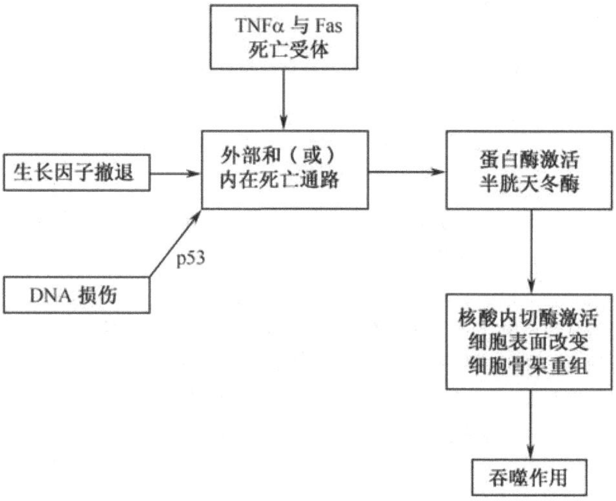

图 25.10　程序性细胞死亡通路的图示

半胱天冬酶通过蛋白酶级联反应激活，其机制类似血液凝固蛋白酶级联反应与免疫应答中的补体反应。每一半胱天冬酶前体都由上游半胱天冬酶引起肽键断裂而激活。激活的半胱天冬酶通过作用于蛋白质底物，由此引起细胞凋亡。

主要通路

死亡受体通路

激活半胱天冬酶级联反应并促进细胞死亡的两条主要通路分别为“**死亡受体通路(death receptor pathway)**”(外部通路)与“线粒体通路”(内部通路)(图 25.11)。细胞外环境中的死亡配体与质膜上的受体结合，启动死亡受体通路，促进细胞内接头蛋白与受体胞质域的结合。该接头蛋白为FADD(DD指与蛋白结合的“死亡结构域”)。DD域存在于死亡受体通路的很多蛋白质中。接头蛋白通过DD域相互作用形成的聚合物包括半胱天冬酶8前体，它能催化自身的一个肽键水解而成为激活的半胱天冬酶8。接着半胱天冬酶8离开聚合物并在半胱天冬酶级联反应中发挥功能。这一胞质受体聚合物称**死亡诱导信号转导复合物(death-inducing signaling complex，DISC)**。

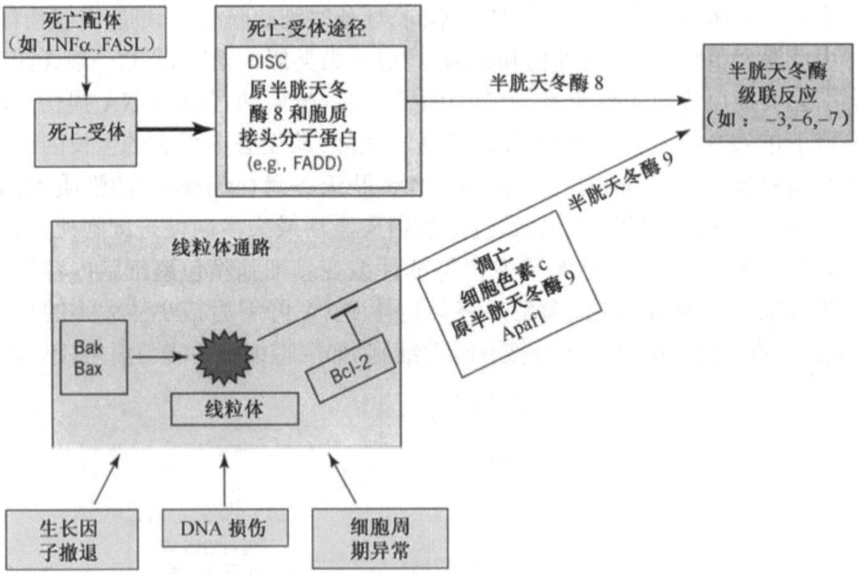

图25.11 死亡受体与线粒体通路激活半胱天冬酶级联反应

受体(外在)与线粒体(内在)通路都可激活半胱天冬酶级联反应。死亡配体激活其受体，并使其与接头蛋白和半胱天冬酶8前体连接，接着半胱天冬酶8前体激活为半胱天冬酶8并进而激活激酶级联反应。在线粒体通路中，Bak与Bax寡聚化而形成孔道，使细胞色素C进入细胞质，并在细胞质中形成有多个Apaf1和半胱天冬酶9分子的凋亡体(apoptosome)。活化的半胱天冬酶9进一步激活半胱天冬酶级联反应。Bcl-2抑制细胞色素C自线粒体进入细胞质。图中所示为受体通路与线粒体通路的激活因子(即TNF-α与DNA损伤)

线粒体通路

线粒体通路，即内部通路，由线粒体外膜的Bcl-2家族蛋白的相对浓度调控。在其调控下，某些蛋白质由线粒体膜间隙转移到胞质溶胶中。Bcl-2家族促凋亡蛋白Bax与Bak通过线粒体外膜孔将细胞色素c释放出，激活凋亡。人体大约有24种Bcl-2家族蛋白，分三类：①抗凋亡蛋白，如Bcl-2与Bcl-X_L；②促凋亡的穿孔素，如Bax与Bak；③促凋亡促进蛋白，如Bid、Bad、PUMA与Noxa。每一类都有自身的结构特征，并在细胞色素c的释放过程中起特定作用。Bcl-2家族蛋白包含BH域(Bcl-2 homology domain)，可自身连接或与其他含BH域的蛋白质异连接。所有Bcl-2家族蛋白都含BH3域。抗凋亡蛋白，如Bcl-2与Bcl-X_L含四种不同的结构域(BH1、BH2、BH3与BH4)。促凋亡蛋白Bax与Bak含前三种BH结构域(BH1-BH2-BH3)，但没有BH4。促凋亡促进蛋白，如Bid与Bad只含有BH3域。细胞色素c通过的孔洞由Bax和Bak的聚合物(二聚体或多聚体)形成。

抗凋亡蛋白 Bcl-2 与 Bcl-X_L 通过竞争性地与 Bax 和 Bak 结合而阻止细胞色素 c 漏出，防止细胞死亡。因此，这一死亡通路的活性由促凋亡与抗凋亡 Bcl-2 家族蛋白的相对浓度决定。当抗凋亡蛋白 Bcl-2 与 Bcl-X_L 的浓度较促凋亡蛋白 Bax 与 Bak 高，Bax 与 Bak 不会形成聚合物，细胞继续生存。但是假如 Bax 与 Bak 的相对浓度较 Bcl-2 与 Bcl-X_L 高，这些蛋白质就会发生自身聚合，继而线粒体膜形成孔洞，细胞色素 c 逸出线粒体，细胞死亡。一些促进凋亡蛋白通过竞争 Bcl-2/Bcl-X_L 的 Bax/Bak 结合位点，促进 Bcl-2 或 Bcl-X_L 与 Bax 或 Bak 异源二聚体的解聚，帮助它们自身聚合形成孔洞。其他促凋亡蛋白直接与 Bax/Bak 寡聚物结合，并促进其转变为活性更高的构像。Bax、Bak、Bcl-2、Bcl-X_L、Bid 与 Bad 是凋亡前线粒体死亡通路蛋白的主要代表。

细胞色素 c 在线粒体外与(apoptotic protease-activating factor 1，Apaf1)和半胱天冬酶 9 前体结合形成凋亡体，存在于细胞质内，其功能与死亡受体通路的 DISC(见 25.3 节)相似，能使半胱天冬酶 9 自身激活并释放，进而激活半胱天冬酶级联反应(图 25.12)。

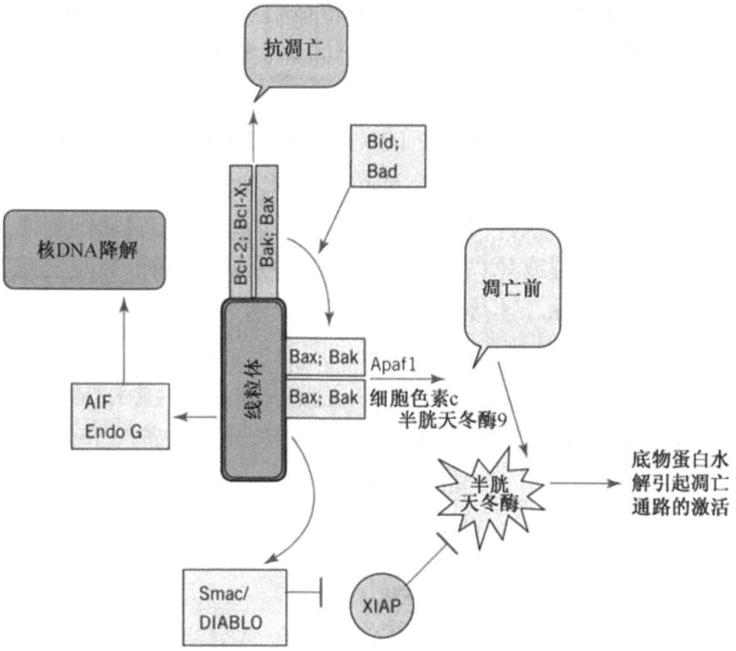

图 25.12　细胞色素 c 与其他线粒体蛋白对凋亡的调节作用

Bak 和(或)Bax 的寡聚反应可为细胞色素 c 自线粒体进入细胞质打开通道。Bcl-2 和 Bcl-X_L 能通过与 Bak 和 Bax 结合抑制其自身聚合而抑制孔道的形成。促凋亡蛋白，如 Bad 与 Bid 能通过促进 Bak 和 Bax 与 Bcl-2 和 Bcl-X_L 解联，或帮助 Bax/Bak 转变为活性构型而发挥促凋亡作用。在细胞质中，细胞色素 c 位于凋亡复合体中，使半胱天冬酶-9 激活。Smac/DIABLO 也可进入细胞质，并通过抑制 XIAP 而激活半胱天冬酶。AIF 与 EndoG 能自线粒体进入细胞核并促使 DNA 降解

除细胞色素 c 外的来自线粒体的蛋白质(图 25.12)能在特定条件下启动不依赖细胞色素 c 和半胱天冬酶的细胞凋亡。半胱天冬酶抑制蛋白 XIAP(X-linked inhibtor of apoptosis)能在没有激活信号时抑制半胱天冬酶。Smac/DIABLO 通过抑制 XIAP 而激活半胱天冬酶级联反应。线粒体蛋白 AIF 与 endoG 能进入细胞核，激活 DNA 降解并引起细胞凋亡。

p53 诱导凋亡

转录因子 p53 是 DNA 损伤时细胞凋亡的重要诱导因子(见 6.8 节)。Mdm2 是**泛素连接酶(ubiquitinase)**通路中的 E3 连接酶,它能与 p53 连接并促进其多泛素化作用,协助蛋白酶体对 p53 的降解,通常使 p53 维持于低浓度(图 25.13)。DNA 损伤引起 DNA 链断裂与染色体结构改变,可激活 ATM、ATR 等染色体连接蛋白激酶和其他 **DNA 蛋白激酶(DNA protein kinase, DNA-PK)**,它们通过直接或激活下游激酶磷酸化 p53。p53 磷酸化会抑制其与 Mdm2 的结合,并提高 p53 的活性。其他通路激活的酶包括**组蛋白乙酰基转移酶(histone acetyl transferase,HAT)**p300/CBP,它能在特定的赖氨酸残基位点乙酰化 p53,改变 p53 的构象,抑制其与 Mdm2 的结合。p53 活性适当增高能增加 *waf1/cip1* 基因转录产生 p21,抑制细胞进入 S 期(见 25.2 节)。但如果 p53 活性继续增高则会引起细胞凋亡,其机制为:①数种 Bcl-2 凋亡前体基因转录增加;②激活细胞质中的 Bax 使其与线粒体膜结合。两种机制都能升高线粒体膜上的凋亡前体 Bcl-2 家族蛋白浓度,从而促进细胞凋亡。

p53 水平还受转录因子 Myc 与 E2F 的调节,细胞周期激活后,它们的浓度在生长因子信号的刺激下增加(见 25.2 节)。虽然 Myc 与 E2F 能促进在细胞分裂 G_1 期与 S 期起作用的蛋白质的合成,但是当条件对细胞分裂不利时,它们也能启动细胞死亡。进入 S 期为一关键步骤,决定细胞分裂或死亡。当环境对细胞分裂不利时,Myc 与 E2F 水平升高,Arf 蛋白合成增加,它与 Mdm2 连接,抑制 p53 降解(图 25.13)。因此,Myc 与 E2F 能增加 p53 的浓度,使 p53 依赖的细胞周期停止或细胞凋亡,但尚不清楚细胞如何在分裂与死亡间选择。比较明确的是在多数癌细胞中 p53 通路失效,Myc 或 E2F 启动的 p53 依赖的细胞死亡不能发挥功能,因而此类细胞在导致正常细胞死亡的条件下会倾向于分裂。

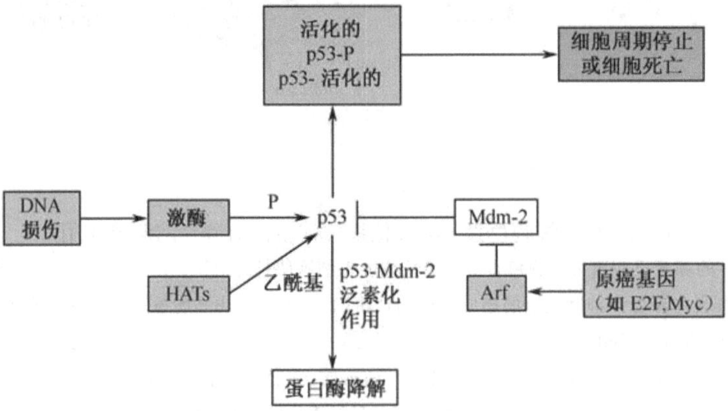

图 25.13　Rb 活性的调节

在正常情况下,Mdm2 可使 p53 维持于低浓度,促进 p53 的泛素化和蛋白酶体对其的降解。激酶和 HAT 酶在适当位置将 p53 磷酸化和乙酰化,可抑制 p53 降解并提高转录活性。某些"原癌基因"转录因子在正常情况下可促进细胞分裂所需蛋白的表达,异常情况下会增加 Arf 的表达。Arf 与 Mdm2 结合会抑制其与 p53 的相互作用,使 p53 浓度升高。Arf 诱导的机制可能是细胞的一个安全阀门,用于在细胞分裂启动后出现负性信号或条件时阻止细胞进一步分裂。p53 活性增高会导致细胞周期停止或细胞凋亡

MAPK 通路的凋亡调节功能

MAPK(nitrogen-activated protein kinase)通路由生长因子信号激活(见 25.2 节),在调节细胞分裂与死亡中起双重作用。图 25.9 所示为生长因子受体信号传递至 GTP-Ras,进而激活 MAPKKK-MAPKK-MAPK 通路。事实上 Ras 下游有多个 MAPK 通路,它是整个信号网络的关键点(图 25.14)。哪些通路激活,激活的强度与持续时间依细胞类型及其生理环境的不同而有所差别。除了 Ras 激活发出的信号外,其他信号也能激活单个的 MAPK 通路。因此在没有 Ras 激活信号时,一些 MAPK 通路可由紫外线、辐射、细胞因子或炎症分子激活。接下来,这些 MAPK 通路根据细胞对信号强度、周期与持续时间的翻译整合而调节细胞分裂、分化或凋亡。因此,MAPK 的激活,如 JNK 激活,通常促进凋亡,很少或仅在特

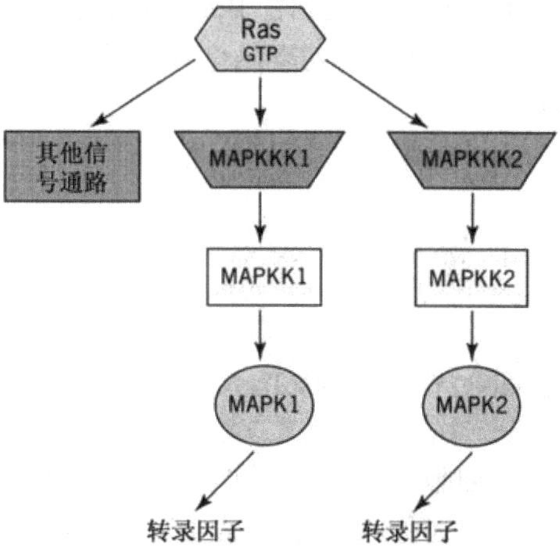

图 25.14　Ras 通过多种途径发挥调节功能

MAPKKK 是 MAPK 的激酶之激酶。MAPK 被 MAPKK 激活后可进入细胞核并磷酸化转录因子。除转录因子外,MAPK 亦可磷酸化 Bcl-2 蛋白和 p53

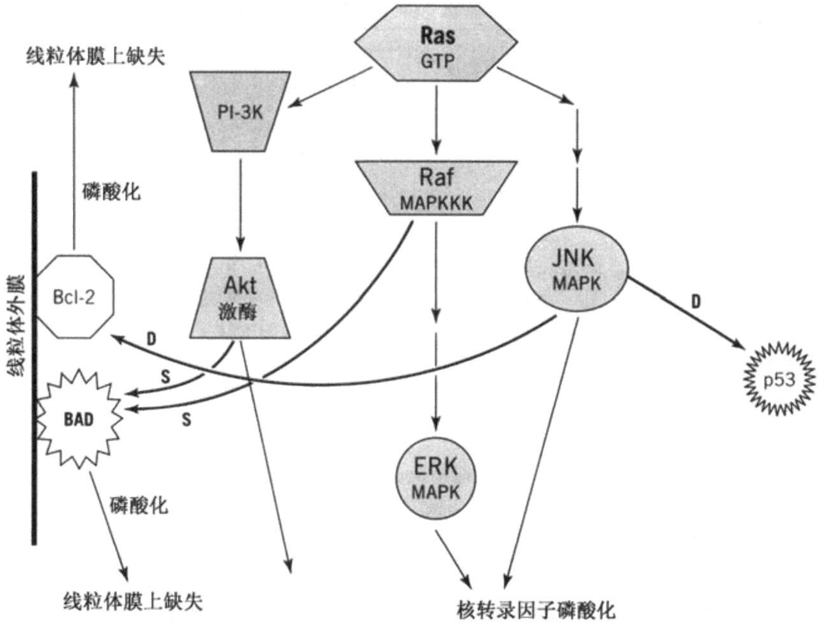

图 25.15　Ras 下游激酶与凋亡调节蛋白的相互作用

S,Survive(促进细胞存活的通路);D,Die(促使细胞凋亡的通路)。ERK、JNK、Raf 和 Akt 为激酶,Pi3k 为 1-磷脂酰肌醇-3 激酶

定类型的细胞中促进其存活。初始信号引起的最终结果依细胞类型而不同。在某些条件下，JNK 通过磷酸化 Bcl-2 而使其从线粒体膜上脱落（图 25.15），增加线粒体中自由 Bak 与 Bax 的浓度从而促进细胞死亡。JNK 也能磷酸化 p53，使其能抵制 Mdm2，引起 p53 浓度升高，细胞死亡。MAPK ERK、MAPKKK Raf 与 Akt 激酶也能通过磷酸化促凋亡前体蛋白 Bad 或激活抗凋亡 Bcl-2 类似基因的表达而使细胞存活（图 25.15）。因此，不同的 Ras 下游激酶可传递对立的生存与死亡信号，其结果因细胞环境与细胞类型的差异而有所不同。

25.4 癌症

癌基因与抑癌基因

掌握细胞周期与凋亡知识对了解癌症有重要意义。编码促进细胞分裂或抑制凋亡的蛋白质的基因称原癌基因（表 25.2）。它们的激活变异或过表达会使其产物活性增加，导致细胞分裂失控或抑制凋亡。原癌基因可因突变而转变为癌基因。每一常染色体基因（即位于除 X、Y 外的染色体上的基因）的两个拷贝（或等位基因）存在于体细胞的染色体组中（每一体细胞常染色体的两个等位基因分别来自父亲和母亲）。原癌基因中单个等位基因的激活变异足以引起细胞过度增殖或抗凋亡。因此这类变异对癌症的进展来说是常染色体显性遗传。

表 25.2 调节细胞分裂与凋亡的原癌基因产物

A. 细胞分裂激活因子	
生长因子	PDGF（*sisI*）、FGF 与其他生长与促分裂因子
生长因子受体	PDGFR 与其他生长因子受体
赖氨酸激酶细胞质蛋白	Src 蛋白家族
衔接蛋白	Grb-2
Ras GDP 结合蛋白	K-Ras、H-Ras、N-Ras
激酶与激酶辅因子	Cyclin、Cdk、CAK 与 MAPK
磷酸酶	Cdc25
转录因子	Myc、Jun、Fos 与 E2F
B. 抗凋亡激活因子	
Bcl-2 与 $Bcl\text{-}X_L$	
Mdm-2	
XIAP	
Akt 与 Raf（MAPKKK）	
NF-κB（转录因子）	

原癌基因包括编码生长因子、生长因子受体、Grb-类似接头分子、Src-类似酪氨酸激酶、MAPK 级联反应激酶、Cdk、cyclin、CAK、Cdc25s 与 Jun、Fos、Myc、E2F 等提高细胞周期蛋白表达的转录因子的基因，其产物能促进细胞分裂或抗凋亡。Bcl-2 与 Mdm-2 是抗凋亡蛋白，在很多癌症中表达上调以促进抗凋亡。*ras* 是最重要的原癌基因，约 30% 的

人类癌症中都有 Ras 的激活变异。

肿瘤抑制基因的产物可抑制细胞分裂或促进凋亡。癌基因在癌症中持续激活并促进癌症发展，与此相反，肿瘤抑制基因必须失活才能促进癌症发展。因此由包括 DNA 损伤在内的多种刺激因素启动的正常凋亡程序所需的 p53 在绝大多数癌细胞中都是失活的。当它们激活时，可通过调控 p21 的表达而诱导 DNA 损伤细胞的凋亡，从而抑制细胞周期进展。因此，p53 的功能为抑制癌细胞的进展与恶化。Rb 蛋白是重要的肿瘤抑制因子，它能隔离 E2F 并阻止细胞进入 S 期。CKI（例如由 *walf1/cip1* 编码的 p21）是肿瘤抑制因子，通过阻滞细胞周期而抑制肿瘤发展。Bak、Bax 与 Bad 也是肿瘤抑制因子，能促进 DNA 损伤导致的细胞凋亡，缺失时会提高癌细胞所需的抗凋亡能力（临床相关知识 25.1）。但只有当肿瘤抑制基因的两个等位基因全部失活或缺失时才会失去肿瘤抑制活性。因此，有一个野生型（正常）Rb 基因与一个变异 Rb 基因的细胞表型正常。同样，含有一个有功能的 p53 等位基因的细胞通常有正常的凋亡应答。与癌基因相反，肿瘤抑制基因变异对癌症的进展来说是常染色体隐性变异。

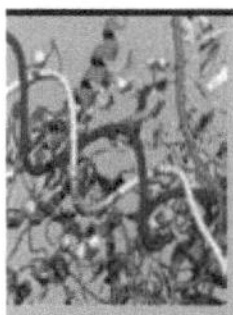

临床相关知识 25.1

致癌 DNA 病毒

致癌 DNA 病毒通过产生蛋白质，在宿主细胞内激活细胞分裂或抑制细胞死亡（凋亡）而发挥癌基因的作用。当病毒癌基因通过重组与宿主细胞 DNA 整合，并且在失去调控的状态下持续表达时就有了致癌性。乳头瘤病毒是超过 95% 的宫颈癌的致癌因素。它能产生癌蛋白 E6 与 E7。E7 代替 E2F 与 Rb 结合，使转录因子 E2F 上调病毒 DNA 复制所需的 S 期蛋白的合成。在没有病毒复制和病毒诱导宿主细胞死亡的情况下，E7 的表达具有致癌性。癌蛋白 E6 与 p53 结合并促使其降解，从而消除了 p53 在 DNA 损伤时抑制细胞分裂和促进细胞死亡的作用。E6 和 E7 都能促进蛋白酶体系统对 p53 和 Rb 的降解。其他致癌性人 DNA 病毒及其相关癌症包括伯基特淋巴瘤、某一亚型的鼻咽癌和淋巴瘤中的 EB 病毒，肝细胞癌中的乙肝病毒，以及成人 T 细胞白血病中的人 T 细胞亲淋巴病毒。当这些病毒的基因整合到宿主细胞的基因组中时，会直接或间接地产生蛋白导致细胞分裂失控或抑制凋亡。

癌细胞的特点

细胞分裂失控与抗凋亡是癌细胞的两个主要特点。恶性肿瘤细胞还有永生、诱导**血管生成**（**angiogenesis**）与转移的能力。与这些特点相关的基因也被认为是原癌基因，而抑制这些特点的基因为肿瘤抑制基因（图 25.16 与图 25.17）。

细胞永生即细胞无限传代的能力。培养过程中，永生细胞无限分裂；而短命细胞（如正常人上皮细胞）则培养分裂 40～50 代后便开始衰老。

此外恶性肿瘤细胞能诱导血管生成。血管生成指新生血管长入组织，为逐渐长大的肿瘤提供营养与氧气以维持生存促进生长。恶性肿瘤细胞还有转移能力。癌细胞多处转

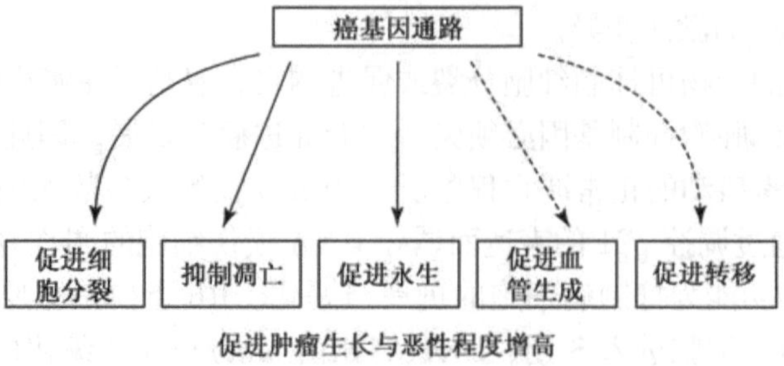

图 25.16　癌基因通路

癌基因通路能促进细胞分裂，抑制凋亡，帮助细胞永生，促进癌细胞转移和血管生长。虚线表示相关的正常细胞而非肿瘤细胞

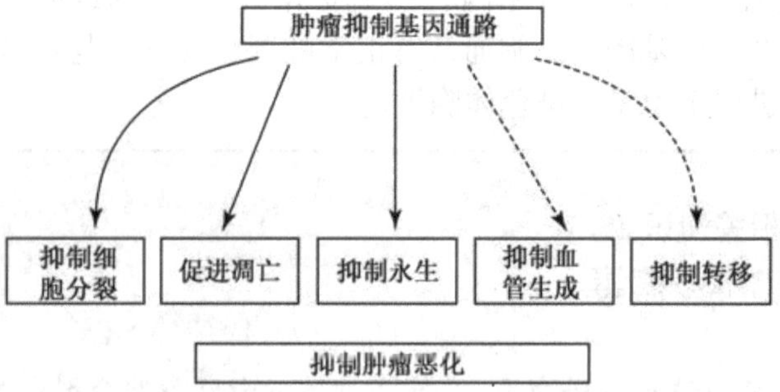

图 25.17　肿瘤抑制因子通路

肿瘤抑制因子通路能抑制细胞分裂、永生、癌细胞转移和肿瘤内血管生成，促进凋亡

移形成肿瘤通常是癌症患者的死因。肿瘤细胞首先脱离与肿瘤内其他细胞的接触，接着通过基底膜与其他细胞外基质进入毛细血管，由血流将其运送到靶组织，然后肿瘤细胞逸出血管，增殖形成转移瘤。

癌细胞的永生

癌细胞的永生与其提高端粒末端转移酶活性的能力有关。端粒末端转移酶活性增高可见于约 90% 的人肿瘤细胞。端粒末端转移酶在染色体末端维持端粒的长度。染色体每复制一次，其末端的核苷酸片段都会丢失，假如缺少端粒末端转移酶扩增调聚物，一定次数后子细胞便开始衰老以保护由于调聚物缩短引起的 DNA 损伤。然而，随着年龄的增长大部分正常细胞会失去端粒末端转移酶活性，而癌细胞却能继续表达该酶，维持染色体调聚物的长度，使细胞能继续分裂。

癌细胞转移

在转移时，肿瘤细胞会获得通过肿瘤周围基底膜，以及基底膜外细胞外基质的能力。该侵袭过程要求肿瘤细胞具有运动能力。正常稳定细胞需要通过细胞骨架与膜的一系列生化与结构改变才能获得运动能力。此外，肿瘤及其周围细胞需要分泌降解细胞膜和细胞周围基质的酶，为细胞迁移开道。基底膜由有序排列的Ⅳ型胶原、蛋白聚糖、大分子层粘连蛋白和其他蛋白质组成。转移性肿瘤细胞质膜上的层粘连蛋白受体浓度增高，它们与层粘连蛋白结合后产生的信号可启动细胞转移。许多癌细胞还能产生并分泌尿激酶纤维蛋白溶酶原激活剂（uPA）与Ⅳ型原胶原酶。

细胞侵袭基底膜时，其层粘连蛋白受体与细胞外基质中的配体结合，诱导分泌蛋白酶降解细胞周围基底膜，使细胞可通过蛋白酶降解形成的通路。该过程在细胞通过基底膜时多次重复。

肿瘤细胞通常能促进其他细胞分泌**纤溶酶原活化因子**（**plasminogen activator**），如 **uPA**（**urokinase plasminogen activator**）与Ⅳ型原胶原酶（图 25.18）。纤溶酶原活化因子能裂解细胞外的纤溶酶原，激活纤维蛋白溶酶。纤维蛋白溶酶具有一般的蛋白酶活性，能破坏细胞外基质中的蛋白质，并将Ⅳ型原胶原酶激活为胶原酶，在基底膜上打开通路使细胞能够通过。许多肿瘤细胞还能在质膜上过表达 uPA 受体（uPAR），与配体结合后可激活肿瘤细胞膜上的纤溶酶原活化因子。

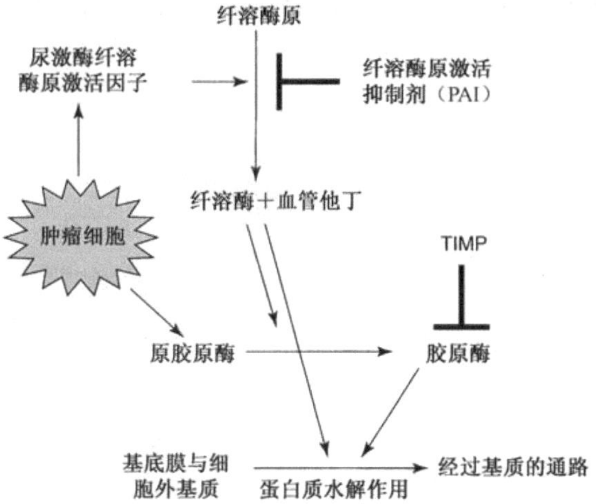

图 25.18　肿瘤细胞转移过程中分泌蛋白酶打开跨基底膜通道

肿瘤细胞或其周围的正常细胞分泌尿激酶纤维蛋白溶酶原激活剂（uPA）和Ⅳ型原胶原酶（matrix metalloproteinase，MMP，基质金属蛋白酶），降低蛋白酶抑制蛋白 TIMP（tissue inhibitor of metalloproteinase，金属蛋白酶组织抑制剂）的分泌。uPA 将纤溶酶原裂解为纤溶酶和血管紧张素（一种血管生成抑制剂，将在下一章中讨论）。纤溶酶将原胶原酶激活为胶原酶，同时也作用于其他基底膜蛋白促使其降解

uPA 是一种丝氨酸类蛋白酶，能将纤维蛋白溶酶裂解为具有丝氨酸蛋白酶活性的 C 端片段（纤溶酶）和一个 N 端片段。长期以来一直认为后者没有生物学功能，但近期研究表明它具有抗血管生成作用（如下所述）。纤溶酶原由肝细胞合成并分泌入血，分布于整个机体的细胞外基质中。

Ⅳ型胶原酶为蛋白酶，因其催化位点含 Zn 原子而被称为**基质金属蛋白酶**（**matrix metalloprotease，MMP**）。MMP2 与 MMP9 这两种人基因产物具有Ⅳ型胶原酶活性，癌细胞通常过表达其中一种或两种产物。在一些肿瘤中，肿瘤细胞诱导周围未转化的细胞合成并分泌 MMP 和纤溶酶原活化因子，以降解肿瘤周围的细胞外基质，有利于其生长。

正常情况下，细胞外基质的循环是由蛋白酶与蛋白酶抑制物的相对活性调控的。目前已知有两种纤溶酶原活化因子抑制物 PAI-1 与 PAI-2，以及数种胶原抑制蛋白或**金属**

蛋白酶组织抑制剂(tissue inhibitor metallo-protease ,TIMP)(图 25.18)。癌细胞或其周围细胞通过提高纤溶酶原活化因子和 MMP 的浓度,以及降低其抑制物的浓度来增加细胞外蛋白酶的活性。

癌细胞诱导血管生成

血管生成是胚胎、胎儿发育和创伤修复中的一个正常过程,但癌细胞亦可诱导血管生成。肿瘤细胞通过分泌内皮细胞化学诱导蛋白促进血管生成。**血管内皮细胞生长因子(vascular endothelial cell growth factor ,VEGF)**与**成纤维细胞生长因子(fibroblast growth factor ,FGF)**是两种常见的血管生成蛋白,能够诱导血管内皮细胞增殖,向肿瘤迁移并在肿瘤内生成新血管(图 25.19)。内皮细胞的侵袭与肿瘤细胞的转移过程非常相似。内皮细胞能增加纤溶酶原活化因子与 MMP(包括Ⅳ型前胶原)的分泌,降低 PAI 与 TIMP 的分泌。这增强了它们在增殖并形成血管的过程中通过基底膜和细胞外基质(ECM)的能力。

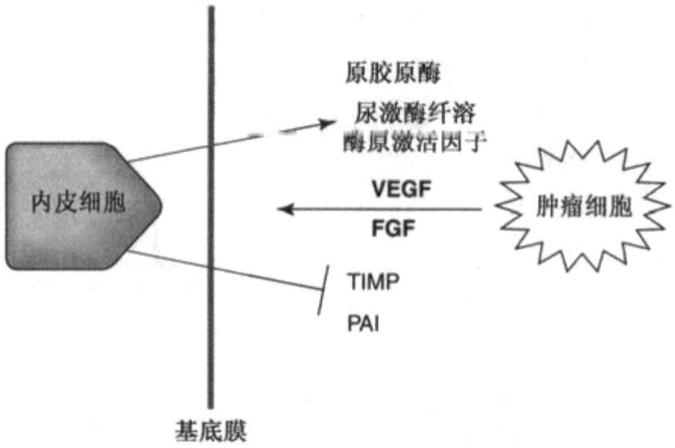

图 25.19 肿瘤细胞诱导血管内皮细胞的侵袭与生长

肿瘤细胞能分泌内皮细胞生长因子和趋化因子 VEGF 和(或)FGF,它们能促进内皮细胞增殖并向肿瘤迁移,其机制与肿瘤细胞转移相似。内皮细胞能增加 uPA 和原胶原酶的分泌,而减少分泌蛋白酶抑制剂 PAI 与 TIMP

uPA 作用产生的纤溶酶原的 N 端具有抗血管生成活性,称血管他丁(angiostatin)。由于蛋白酶起主导作用,转移性肿瘤细胞以及原发肿瘤侵袭性内皮细胞周围产生的血管他丁不足以抑制血管生成。但血管他丁的寿命较蛋白酶长,能抑制远处血管生成与肿瘤生长。血管他丁能在初始阶段减缓转移瘤的生长,但当其进一步发展时,血管他丁的抗血管生成作用被抑制。其他抗血管生成蛋白也是由原发瘤周围的 ECM 蛋白水解形成的,如内皮他丁由ⅩⅧ胶原的 C 端产生。研究发现,内皮他丁、血管他丁和其他细胞外基质中的抗血管生成蛋白能治愈鼠类的癌症,该发现大大推动了抗血管生成药物治疗人类癌症的研究。

癌症形成需要多次变异累积

多项研究发现，除非细胞已经存在癌基因变异，否则单次变异不足以将正常细胞转化为癌细胞。由于癌症通常发生于初次变异（如受强辐射或在工业环境中接触化学致癌物）后多年，并且癌症发病率随年龄增长而升高，表明其需要累积更多变异。此外，科学家们还观察到癌症的进展过程中，需要积累癌基因和肿瘤抑制基因的变异，同样证实了这一观点。在宫颈癌的发生过程中，一些上皮细胞最初仅表现为增殖率增高，可恢复到正常或进展形成腺瘤（一种良性肿瘤），大部分早期腺瘤不会发展为癌症，但仍有一小部分因变异的累积而转变为癌细胞并获得转移能力。

原代人上皮细胞的研究表明，上皮细胞的转化至少需要 4 次改变。在这些实验中，不同的癌基因、抑癌基因通过基因表达质粒进入细胞。要转化细胞最少需要影响 4 种生化活动的 3 种基因，包括过表达端粒酶的基因、*ras* 癌基因，以及编码 SV40 病毒 T 抗原蛋白的基因。T 抗原蛋白与感染细胞的 Rb 和 p53 结合并将其抑制。因此，Rb 和 p53 抑制，Ras 激活以及端粒酶过表达对于细胞转化都必不可少（见临床相关知识 25.2）。

癌症的遗传与生化异质性

肿瘤细胞的原癌基因和肿瘤抑制基因都有多种变异。肿瘤中数百万肿瘤细胞的变异谱都不尽相同。研究表明，取自肿瘤不同区域的细胞的转移能力是有差异的，这是由细胞间的遗传和后天差异引起的，但可通过遗传标记物追踪到最初发生变异的单个前体细胞。

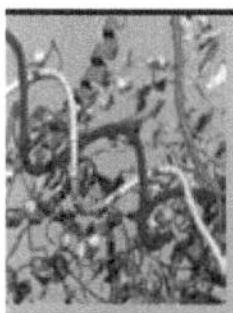

临床相关知识 25.2
分子靶向抗癌药物

Imatinib（以前称 STI-571，美国的商品名为 Gleevec）是首批研制成功的针对癌基因产物的分子靶向药物之一。它抑制慢性髓细胞性白血病（CML）中 Bcr-Abl 赖氨酸激酶蛋白嵌合体的赖氨酸激酶活性，以及很多胃肠道间质肿瘤中过表达的 c-Kit 生长因子受体。它已受美国食品与药品管理局认证，用于治疗这些癌症。赖氨酸激酶将 ATP 的磷酸基团转移到生长因子信号转导通路的蛋白底物上。Imatinib 能够与 ATP 的 Abl 与 Kit 激酶结合域结合，抑制 ATP 与底物的正常结合。（见附图）

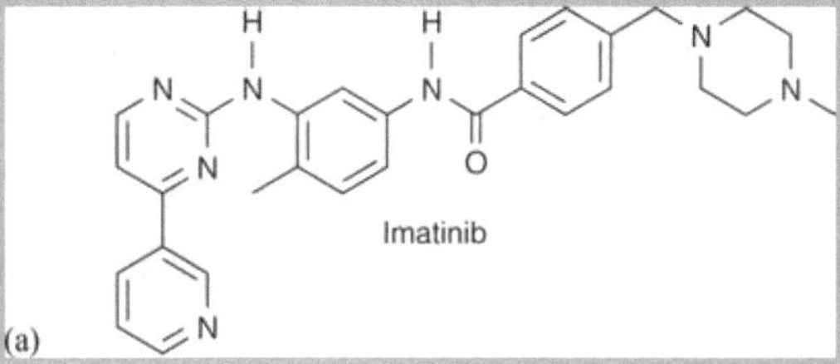

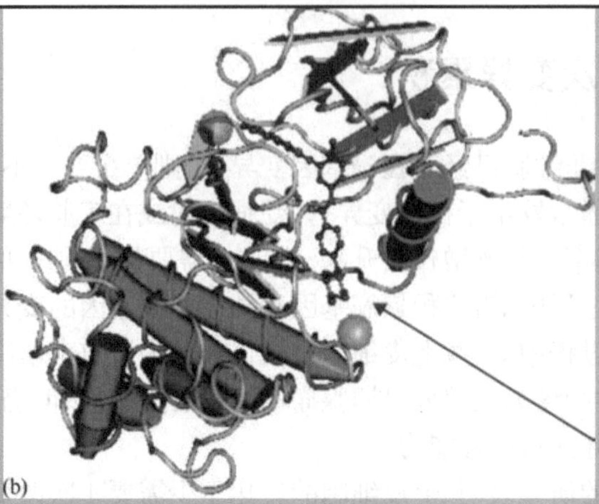

Imatinib 与 Abl 酪氨酸激酶结构域 ATP 结合位点结合。(a)Imatinib(STI-571)的结构。(b)Abl 酪氨酸激酶结构域与 Imatimib 在 ATP 结合位点结合的结构图。Imatinib 以杆-球模式表示(如箭头所指)。

CML 由多能造血干细胞的 9 号与 22 号染色体易位引起。两条异常染色体中的较短者 $22q^-$ 在白血病细胞中很容易辨认,称费城染色体。Bcr 基因 5′端的可读框在易位点与 Abl 基因的 3′端序列融合,产生嵌合蛋白 Bcr-Abl,导致 Abl 赖氨酸激酶活性异常增高并失调,引起白血病。

CML 进展中最初的慢性期以末端分化的中性粒细胞扩增为特征,持续约 5 年;接着为爆发期,以过量未分化的淋巴样原始细胞为特征,预后较差。Bcr-Abl 癌基因在所有阶段都有表达,但爆发期细胞通常含其他分子与细胞遗传改变。慢性期对 Imatinib (80%～90%的患者含费城染色体的细胞,可观察到完全或近乎完全的细胞遗传学缓解)的反应最为强烈;而在爆发期通常表现为部分缓解(报道称细胞遗传学反应率为 16%～24%)。爆发期由于 Bcr-Abl 的点突变,导致与 Imatinib 的亲和力降低与耐药。其他突变通过引起 Bcr-Abl 融合蛋白的扩增表达而导致对 Imatinib 的耐药。有人希望通过联合应用其他药物在爆发期获得更好的结果。

诱变剂和启动因子引起癌症的发生

大部分癌症都由环境因素引起(见临床相关知识 25.3),受诱变剂或启动因子的作用。启动因子不直接引起癌症,而是作为生长因子使缺陷细胞数量增加,从而扩增变异细胞的克隆数,为其发生额外变异提供更多的可能性。因此,启动因子促进癌症的发生是在初次变异以后。很多自然因素都具有引起肿瘤启动因子变化的作用。某些妇女的雌激素水平高于正常,其雌激素敏感组织的癌症发生率也相应增高。某些食物,尤其是水果和蔬菜能抑制诱变剂或肿瘤启动因子,或可提供抗氧化酶和 DNA 修复相关酶的辅因子。

临床相关知识 25.3
引起人类癌症的环境因素

环境与文化是引起癌症的主要因素。假如这些因素可得到调节，那么癌症的发病率可能会下降超过 75%。在美国，吸烟与大约 30% 癌症导致的死亡有关。此外，有人估计在美国饮食方式的改变可阻止约 30%（假设的数据从 10% 到 70% 不等）癌症的发展。这些数据是根据不同类型的癌症在不同的地理区域、文化和环境中的发病率估算的（见附表）。当从一种文化或地域迁移到另外一种时，随着个体或其后代的繁衍，某类癌症的发病率通常与新地域或文化逐渐接近。一个国家一段时间内饮食或生活方式的快速改变也显示了这些因素在癌症发生过程中的重要作用。

在美国摄入水果与蔬菜最高的四分之一人口中，多种癌症的发病率都降低 30%～40%。但是，尚不知晓是哪些成分抑制了癌症形成。饮食中叶酸不足是美国人患结肠癌和乳腺癌的危险因素。亚甲基四氢叶酸还原酶是一种与叶酸代谢有关的酶，对基因具有多态性的个体来说，叶酸摄入不足会引起过多的尿嘧啶整合到 DNA 与染色体断裂处，导致该酶活性降低。叶酸缺乏在酗酒者中较为常见，可能是该人群中某些癌症发病率较高的原因之一。青春期前的饮食和生活方式会影响月经初潮的到来，而月经初潮过早及月经初潮与绝经间持续时间过长与妇女乳癌危险性增高有关。在绝经前妇女中，肥胖与乳癌危险性呈负相关，而在绝经后妇女中呈正相关。高动物脂肪摄入与结肠癌危险性增高有关，但各家报道的数据并不完全一致。资料表明，与结直肠癌危险性相关的并非食物中的总动物脂肪含量，而可能是多不饱和脂肪酸与饱和脂肪酸的比例。同时，结肠癌发病率还与缺乏运动和锻炼呈负相关。

癌症发病率差异的两地比较

	地点	地点 1 发病率	地点 2 发病率	发病率倍数差异
肺	新奥尔良（黑人）—印度（马德拉斯）	110	5.8	19
乳腺	夏威夷（夏威夷人）—以色列（非犹太人）	94	14	7
前列腺	亚特兰大（黑人）—中国（天津）	91	1.3	70
子宫颈	巴西（racife）—以色列（非犹太人）	83	3.0	18
肝	中国（上海）—加拿大（新斯科舍）	34	0.7	49
结肠	美国（康涅狄格，黑人）—印度（马德拉斯）	34	1.8	19
黑色素瘤	澳大利亚（昆士兰）—日本（大阪）	31	0.2	155

注：表中数据为每年每 100 000 人中的新发病例，校准了年龄差异。

对环境和饮食研究都非常困难，因为必须在长达一代的时间内对大量人口进行研究，而且须控制多个变量。但这方面知识的进步和对这些因素的控制，在降低癌症发病率上起到了重要作用。

据估计，每年全球死于肺癌的人数高达 1 100 000，其中 85% 是由烟草引起的。虽然香烟的消耗量已开始下降，但癌症发展的滞后效应会导致未来 20 到 30 年中吸烟导致的肺癌发病率增加到每年 2 百万。

环境和生活方式对癌症发病率的影响可通过遗传背景解释。个体对环境因素的易感性受遗传多态性和控制代谢、调节和激素通路获得变异影响。高危情况有：①环境因素刺激，导致产生前致癌物和肿瘤启动子的通路过于活跃；②无法将环境致癌物解毒。

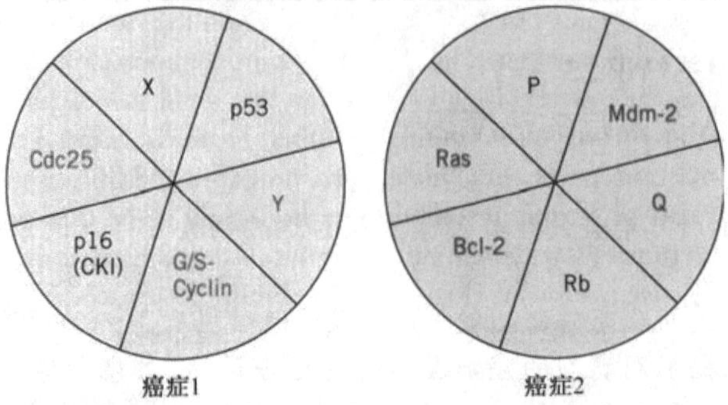

图 25.20　每一癌症都有其特定的原癌基因激活类型和肿瘤抑制基因失活类型

红色为癌基因，黑色为肿瘤抑制基因。X、Y、P 为特定肿瘤中尚未鉴别的癌基因或肿瘤抑制基因

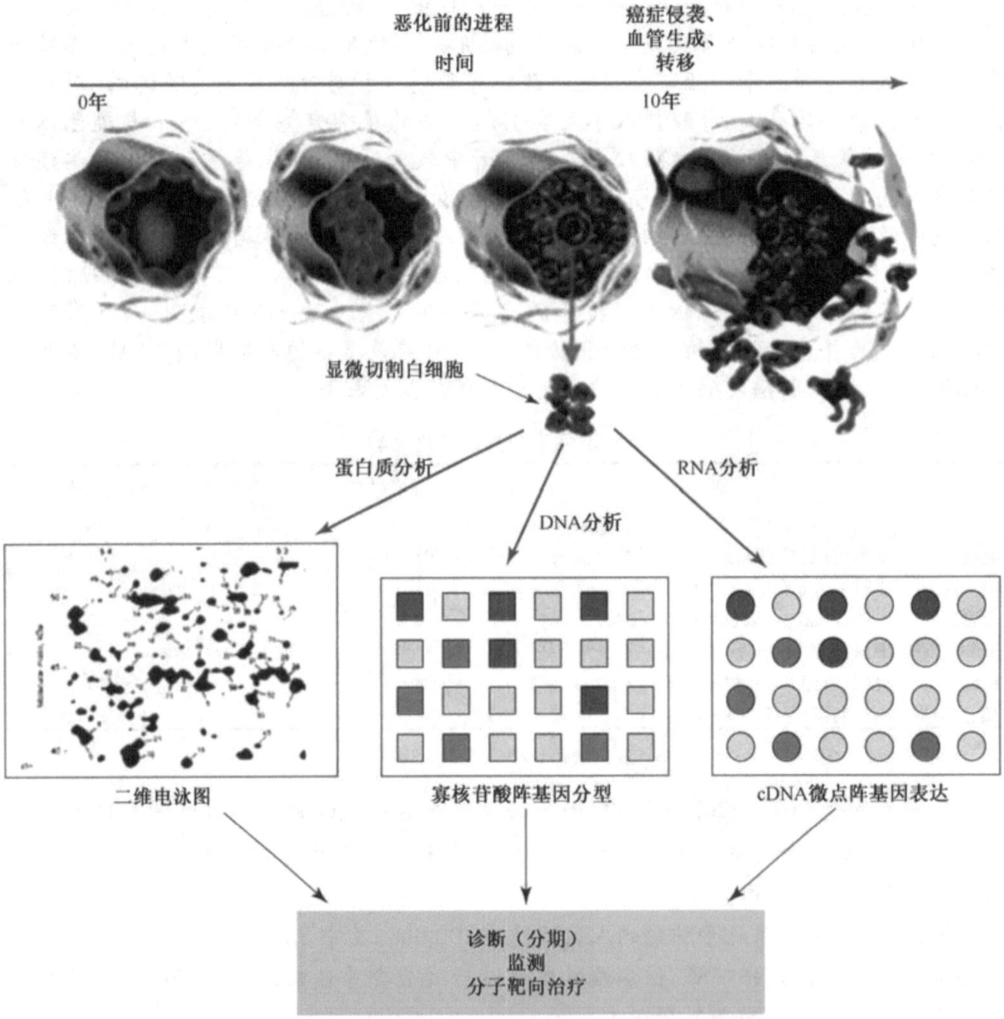

图 25.21　激光显微切割细胞的分子分析可用于鉴别特定肿瘤

激光显微切割细胞萃取物的分子分析可用于研究恶性肿瘤不同发展阶段的遗传特点和表达类型(最上方)。使用二维凝胶电泳分析表达的蛋白质、染色体组和 cDNA 分析研究 mRNA。根据生化和遗传分析结果，对特定癌症进行分期、监测并采取相应的治疗措施。

癌症的生化分析

虽然某些常见变异可发生于多种类型的癌症中，但每一癌症都有特定的癌基因激活和肿瘤抑制基因失活类型(图 25.20)，因此总的来说大部分癌症，包括同一类型的肿瘤间都可有一定的遗传差异。基因突变通常发生于同一通路的不同基因中。此外一些通路的功能有互补作用，因此提高一条通路的活性或抑制另一条通路的活性可能会产生相同的结果。但由于不同肿瘤间存在差异，正确的分类对于预后和治疗都至关重要。科学家们正在研究使用基因微阵列和蛋白质组学技术对肿瘤进行个体化分类以明确其分子与生化成分，并进行相应的选择性治疗(图 25.21)。未来的药理学治疗可在癌症精确分子分型的基础上，针对维持肿瘤的特定通路设计选择性治疗方案。

参考书目

Cell Cycle

King, K. L. and Cidlowski, J. A. Cell cycle regulation and apoptosis. *Annu. Rev. Pharmacol. Toxicol.* 39:295, 1999.

Morgan, D. O. Cyclin-dependent kinases: engines, clocks, and microprocessors. *Annu. Rev. Cell Dev. Biol.* 13:261, 1997.

Nurse, P. A long twentieth century of the cell cycle and beyond. *Cell* 100:71, 2000.

Weinberg, R. A. The retinoblastoma protein and cell cycle control. *Cell* 81:323, 1995.

Growth Factor Receptors and Signaling Pathway

Claesson-Welsh, L. Platelet-derived growth factor receptor signals. *J. Biol. Chem.* 269:32026, 1994.

Fambrough, D., McClure, K., Kazlauskas, A., and Lander, E. S. Diverse signaling pathways activated by growth factor receptors induce broadly overlapping, rather than independent, sets of genes. *Cell* 97:727, 1999.

Schlessinger, J. and Lemmon, M. A. SH2 and PTB domains in tyrosine kinase signaling. *Sci. STKE 2003* 191:12, 2003.

Weng, G., Bhalla, U. S., and Iyengar, R. Complexity in biological signaling systems. *Science* 284:92, 1999.

Apoptosis

Cheng, E. H. -Y. A., Wei, M. C., Weiler, S., Flavell, R. A., Mak, T. W., Lindsten, T., and Korsmeyer, S. J. Bcl-2, Bcl-Xl sequester BH3 domain only molecules preventing Bax and Bak mediated mitochondrial apoptosis. *Mol. Cell* 8:705, 2001.

Green, D. R. and Reed, J. C. Mitochondria and apoptosis. *Science* 281:1309, 1998

Saelens, X., Festjens, N., Vande Walle, L., van Gurp, M., van Loo, G., and Vandenabeele, P. Toxic proteins released from mitochondria in cell death. *Oncogene* 23:2861, 2004.

Scorrano, L. and Korsmeyer, S. J. Mechanisms of cytochrome c release by preapoptotic BCL-2 family members. *Biochem. Biophys. Res. Commun.* 304:437, 2003.

vander Heiden, M. G. and Thompson, C. B. Bcl-2 proteins: regulators of apoptosis or of mitochondrial homeostatsis? *Nature Cell Biol.* 1:E209, 1999.

Huang, D. C. S. and Strasser, A. BH3-only proteins-essential initiators of apoptotic cell death. *Cell* 103:839, 2000.

Thompson, C. B. Apoptosis in the pathogenesis and treatment of disease. *Science* 267:1456, 1995.

Cancer

Ames, B. N., Gold, L. S., and Willett, W. C. The causes and prevention of cancer. *Proc. Natl. Acad. Sci. USA* 92:5258, 1995.

Hanahan, D. and Weinberg, R. A. The hallmarks of cancer. *Cell* 100:57, 2000.

Mendelsohn, J., Howley, P. M., Israel, M. A., and Liotta, L. A. (Eds.). *Molecular Basis of Cancer*, 2nd ed. Philadelphia: Saunders, 1995.

Vogelstein, B., Kinzler, K. W. (Eds.). *The genetic basis of human cancer*, 2nd ed. New York: McGraw-Hill, 2002.

Oncogenes and Tumor Suppressor Genes

Futreal, P. A., et al. A census of human cancer genes. *Nature Rev. Cancer* 4:177, 2004.

Hahn, W. C., et al. Creation of human tumour cells with defined genetic elements. *Nature* 400:464, 1999.

Kinzler K. W, and Vogelstein B. Lessons from hereditary colorectal cancer. *Cell* 87:159, 1996.

Kinzler, K. W., and Vogelstein, B. Colorectal tumors. In: Vogelstein, B., Kinzler K. (Eds.), *The Genetic Basis of Human Cancer*. New York: McGraw-Hill Book, p. 583, 2002.

Biochemical Analysis of Cancer

Brown, P. O. A gene expression database for the molecular pharmacology of cancer. *Nat. Genet.* 24:236, 2000.

Oh, P., Li, Y. Yu, J., Durr E., Krasinska, K. M., Carver, L. A., Testa, J. E., and Schnitzer, J. E. Substractive proteomic mapping of the endothelial surface in lung and solid tumours for tissue-specific therapy. *Nature* 429:629, 2004.

Pao, W., et al. EGF receptor gene mutations are common in lung cancers from "never smokers" and are associated with sensitivity of tumors to gefitinib and erlobinib. *Proc. Natl. Acad. Sci. USA* 101:13306, 2004.

van't Veer, L. J., et al. Gene expression profiling predicts clinical outcome of breast cancer. *Nature* 415:530, 2002.

Liotta, L. A., Ferrari, M., and Petricoin, E. Written in blood; clinical proteomics. *Nature* 425:905, 2003.

Perou, C. M., et al. Molecular portraits of human breast tumors. *Nature* 406:747, 2000.

Angiogenesis

Bergers, G. and Benjamin, L. E. Tumorigenesis and the angiogenic switch. *Nature Rev. Cancer* 3:401, 2003.

Boehm, T., Folkman, J., Browder, T., and O'Reilly, M. S. Antiangiogenic therapy of experimental cancer does not induce acquired drug resistance. *Nature* 390:404, 1997.

Carmeliet, P. Angiogenesis in health and disease. *Nature Med.* 9:653, 2003.

Folkman, J. and Kalluri, R. Cancer without disease; do inhibitors of blood-vessel growth found anturally in our bodies defend most of us against progression of cancer to a lethal stage? *Nature* 427:787, 2004.

Cellular Migration and Metastasis

Cairns, R. A., Khokha, R., and Hill, R. P. Molecular mechanisms of tumor invasion and metastasis: an integrated view. *Curr. Mol. Med.* 3:659, 2003.

Curran, S., and Murray, G. I. Matrix metalloproteinases in tumour invasion and metastasis. *J. Pathol.* 189:300, 1999.

Chang, C. and Werb, Z. The many faces of metalloproteases: Cell growth, invasion, angiogenesis and metastasis. *Trends Cell Biol.* 11:S37, 2001.

Mignatti, P. and Rifkin, D. B. Biology and biochemistry of proteinases in tumor invasion. *Physiol. Rev.* 73:161, 1993.

Signaling Networks in Cancer

Irish, J. M., Hovland, R., Krutzik, P. O., Perez, O. D., Bruserud, Ø., Gjertsen, B. T., and Nolan, P. P. Single cell profiling of potentiated phospho-protein networks in cancer cells. *Cell* 118:217, 2004.

Campbell, S. L., Khosravi-Far, R., Rossman, K. L., Clark, G. J., and Der, C. J. Increasing complexity of Ras signaling. *Oncogene* 17:1395, 1998.

McCormick, F. Signalling networks that cause cancer. *Trends Biochem. Sci.* 24:M53, 1999.

Finkel, T. and Gutkind, J. S.(Eds.). *Signal Transduction and Human Disease*. New York: Wiley-Liss, 2003.

Downward, J. Targeting Ras signalling pathways in cancer therapy. *Nature Rev. Cancer* 3:11, 2003.

p53

Oren, M. Regulation of the p53 tumor suppressor protein. *J. Biol. Chem.* 274:36031, 1999.

Prives, C. Signaling to p53: Breaking the MDM-2-p53 circuit. *Cell* 95:5, 1998.

Rich, T., Allen, R. L., and Wyllie, A. H. Defying death after DNA damage. *Nature* 407:777, 2000.

Vousden, K. H., and Prives, C. p53 and prognosis: New insights and further complexity. *Cell* 120:7, 2005.

Vousden, K. H. p53: death star. *Cell* 103:691, 2000.

习题和参考答案

选择题

1. 在细胞周期中
   A. M 期在细胞周期中最为复杂，持续时间也最长
   B. 与 G_1 期相对应的是 G_0 期
   C. 老化的细胞无法经诱导重新进入细胞分裂周期
   D. 纺锤体微管在 S 期形成
   E. 细胞周期的顺序为 G_1 期、G_2 期、S 期与 M 期
2. 细胞周期蛋白依赖性激酶(Cdk)
   A. 仅存在于 M 期
   B. 始终通过磷酸化而被抑制
   C. 通常在酪氨酸残基上磷酸化蛋白
   D. 除了结合细胞周期蛋白外，尚需其他修饰才能激活
   E. 磷酸化 Rb 蛋白可抑制 S 期蛋白的合成
3. 细胞周期的生长因子调节通路的组成不包括
   A. 细胞质膜受体蛋白的二聚或多聚作用
   B. ATP 与生长因子受体蛋白的酪氨酸激酶域的结合
   C. SH2 或 SH3 结构域与任何未磷酸化的酪氨酸的非特异性结合
   D. 蛋白质构象改变是信号转导过程的一部分
   E. 生长因子受体蛋白在细胞质膜上的位置
4. 信号通路中的 Ras 蛋白
   A. 处于 GDP-Ras 构象时为失活状态
   B. 通过启动激酶级联反应而传递信号
   C. 在很多癌症中由变异的基因产生，抑制 GTPase 的活性，从而抑制下游信号的分裂
   D. 由癌基因产生
   E. 作为信号传递蛋白通过磷酸化转录因子而失活
5. 细胞凋亡不包括
   A. 细胞膜的炎性溶解
   B. 激活 caspase
   C. 吞噬作用
   D. 细胞外配体与质膜受体的结合
   E. 经蛋白孔道将毒性分子自线粒体转运到细胞质
6. DNA 损伤时通过 p53(一种转录因子)诱导凋亡，p53
   A. 由染色质中的激酶激活
   B. 增加数种凋亡前体基因的转录 Bcl-2 蛋白
   C. 由于泛素化作用，其浓度一般较低
   D. 其浓度可因乙酰化作用而增加
   E. 以上所有选项均正确
7. 原癌基因
   A. 产生蛋白产物促进细胞分裂
   B. 产生蛋白产物促进细胞凋亡
   C. 变异后转变为癌基因，其表达受抑制
   D. 需要两个等位基因全部变异才能起促进增殖作用
   E. 其结构被活化
8. 肿瘤抑制基因
   A. 与原癌基因有相同的作用
   B. 当一个等位基因发生变异而受抑制时就能

促进癌症的发生
C. 产生蛋白产物促进细胞凋亡
D. 产生蛋白产物促进癌症形成
E. 以上所有选项均正确

9. 以下属于原癌基因的是
A. p53
B. Rb 蛋白
C. p21(一种 Cdk 抑制蛋白)
D. Bcl-2 家族蛋白的基因
E. Ras

10. 恶性肿瘤细胞具有以下所有特点,除了
A. 细胞分裂失调控
B. 血管生成受抑制
C. 抗凋亡
D. 细胞永生
E. 转移能力

11. 细胞永生指的是
A. 生成新血管
B. 经由基底膜侵袭组织
C. 抗凋亡
D. 持续无限分裂
E. 在多个位置生成肿瘤

12. 端粒末端转移酶
A. 随个体年龄增长活性逐渐增加
B. 催化调聚物的再合成
C. 在肿瘤形成的所有阶段都具有高活性
D. 在凋亡,而非永生中起作用
E. 高水平时会导致细胞老化

问答题

13. Ⅳ型胶原在肿瘤细胞转移过程中起什么作用?

14. 为什么癌症在老年人中更为多见?

参考答案

1. B　A:虽然 M 期最为复杂,但持续时间最短;C:老化细胞无法被诱导重新进入细胞分裂周期;D:发生于 M 期;E:G_1 期与 G_2 期将 M 期与 S 期分隔开。

2. D　例如,M-Cdk-cyclin 必须被正确磷酸化;A:其他期同样存在 Cdk;B:激活性与抑制性磷酸化位点均存在;C:丝氨酸与苏氨酸是磷酸化位点;E:Rb 磷酸化会引起 E2F 的释放,从而促进合成

3. C　每一 SH2 域均有次级结构特异性,可用于区分不同的磷酸化酪氨酸;A:对信号转导至关重要;B:很多受体通过与含酪氨酸激酶域的蛋白结合而不发生二聚作用;C:为常见现象

4. B　GTP-Ras 磷酸化 MAPKKK,而后者能磷酸化下一级激酶;A:GTP-Ras 是活性形式;C:抑制 GTPase 活性能阻止其转变为 GTP-Ras,因而信号仍具有活性;D:Ras 是原癌基因,需要激活变异而成为癌基因;E:转录因子位于反应链末端,不直接对 Ras 起反应

5. A　见于细胞坏死;B:这些蛋白酶降解细胞蛋白;C:发生于经多次消化后细胞的残余部分;D:此为细胞的外部通路或死亡受体通路;E:此为细胞的内部通路,由 Bcl-2 类似蛋白形成孔道

6. E　A:DNA 链断裂或染色体结构改变可启动该变化;B:非转录法也可激活内部通路;C:与 Mdm-2 结合催化多泛素化作用;D:乙酰化作用会抑制 p53 与 Mdm-2 的结合

7. A　为定义的一部分;B:其产物能增强抗凋亡能力;C:癌基因的基因活性较高;D:一个已足够;E:发生于变异时

8. C　其产物可抑制细胞周期;A:其作用与原癌基因相对;B:两个等位基因都须被抑制;D:其正常产物可促进凋亡,与癌细胞所需的相反。

9. E　Ras 是信号通路蛋白;A、B、C、D 均为肿瘤抑制基因

10. B　肿瘤细胞必须具有诱导血管生成的能力,由此肿瘤才能生长;A、C、D、E 均促进肿瘤生长

11. D　由于此类细胞端粒末端转移酶水平较高,可能发生;A:使癌细胞生长为肿瘤;B、E:均为转移的组成部分;C:凋亡与永生是两个独立的特征

12. B　细胞分裂过程中,染色体每复制一次其末端的核酸片段都会丢失并必须被替代;A、E:随着细胞年龄的增长,端粒末端转移酶逐渐减少,导致细胞老化;C:在肿瘤形成的早期与中期,端粒末端转移酶水平较低,导致染色体不稳定与变异;D:此为导致细胞永生的主要原因

13. Ⅳ型胶原是基底膜的一部分。肿瘤细胞通常促进纤溶酶原激活因子和Ⅳ型原胶原酶的分泌,促使

纤溶酶形成，可清除细胞外基质，并激活原胶原酶为胶原酶，Ⅳ型胶原降解。这两种作用能为肿瘤细胞入血打开通路。

14. 正常细胞需要原癌基因与肿瘤抑制基因的多次变异才可成为癌细胞。在初次变异与癌细胞形成中间需要发生多次变异，间期很长。在此间期中，很多高增殖率细胞可恢复正常，而其他细胞最终形成肿瘤。

（董立巍　译）

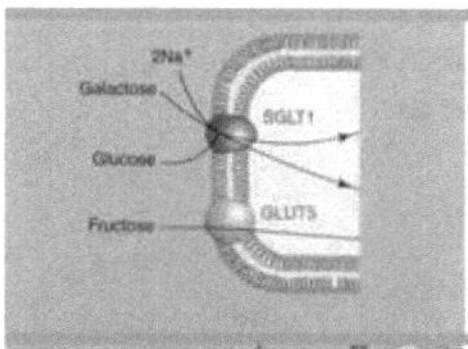

26 基本营养成分的消化与吸收

Ulrich Hopfer

26.1 概述

食物的消化与消化液的分泌是现代科学起源时期最早研究的生化现象之一。胃酸的发现可以追溯到1822年，美国医师 William Beaumont（1785～1853）诊治了一名胃创伤患者，当患者逐渐恢复时，其胃部仍有瘘管（通向皮肤的异常开口），因此 Beaumont 获得了获取和研究胃液的机会。出乎化学家和生物学家们的意料，分析显示胃酸中存在盐酸这一无机酸。该发现建立了由特定腺体专门分泌胃酸的规则。1836年，德国解剖学与生理学家 Theodor Schwann（1810～1882）发现，胃液在有稀酸存在时能分解蛋白质，他认为这与酶消化有关，是一全新的化学法则，根据希腊语 pepsis 将其命名为 pepsin，意为消化。

人体所需的营养物质可分为三大类，即蛋白质、碳水化合物与脂肪。尽管很多食物所含的各种营养物质中可消化与不可消化者的比例存在差异，但它们都能满足人体的营养需求。未加工的植物制品中纤维含量特别丰富，多为碳水化合物的聚合物，如纤维素（β-1,4-glucan）或果胶（多聚半乳糖醛酸甲酯、聚半乳糖与聚阿拉伯糖的混合物），它们不能被人体的酶消化也不易被肠道细菌降解。由于高纤维饮食能增加大便容量并可阻止结肠癌的发生，因而当下非常流行。

表26.1列出了北美人平均每日摄入食物的营养含量。但是由于个人口味与食物来源的差别，个体摄入的营养物质可能与平均值有较大差别。食物的利用能力反映了胃肠道强大的适应能力与消化储备能力。

表 26.1　美国人日常主要食物中的营养含量

营养物质类型	日消耗量/g	奶制品(除黄油外)	肉、家禽、鱼	蛋/%	水果、坚果、蔬菜/%	面粉、谷类/%	糖、增甜剂/%	脂肪油/%
蛋白质	100	22	42	6	12	18	0	0
碳水化合物	381	7	0.1	0.1	19	36	37	0
脂肪	155	13	35	3	4	1	0	42

从临床角度看，了解食物中的蛋白质与碳水化合物的性质非常重要。某些蛋白质与碳水化合物虽然对大部分人是很好的营养物质，但一些人却不能很好地消化，反而引起胃肠道疾病，不摄入此类食物可避免问题发生。举例来说，很多人，尤其是非高加索人种，在儿童期后失去了消化双乳糖的能力，摄入奶类后会引起腹泻与胃气胀（乳糖不耐症）。谷蛋白是小麦的一种蛋白质片段，其消化产物之一会在某些人中引起免疫与炎症反应，导致肠道黏膜表面积减少，消化/吸收能力降低，进而引起腹泻（非热带性口炎性腹泻或乳糜泻）。

多个胃肠道器官参与食物消化

人类摄入的营养物质由大分子多聚物组成，这些多聚物须先降解为单体，然后才吸收并运送到全身组织。从摄入食物到消化营养物质吸收入血的全过程（图26.1）包括：①食

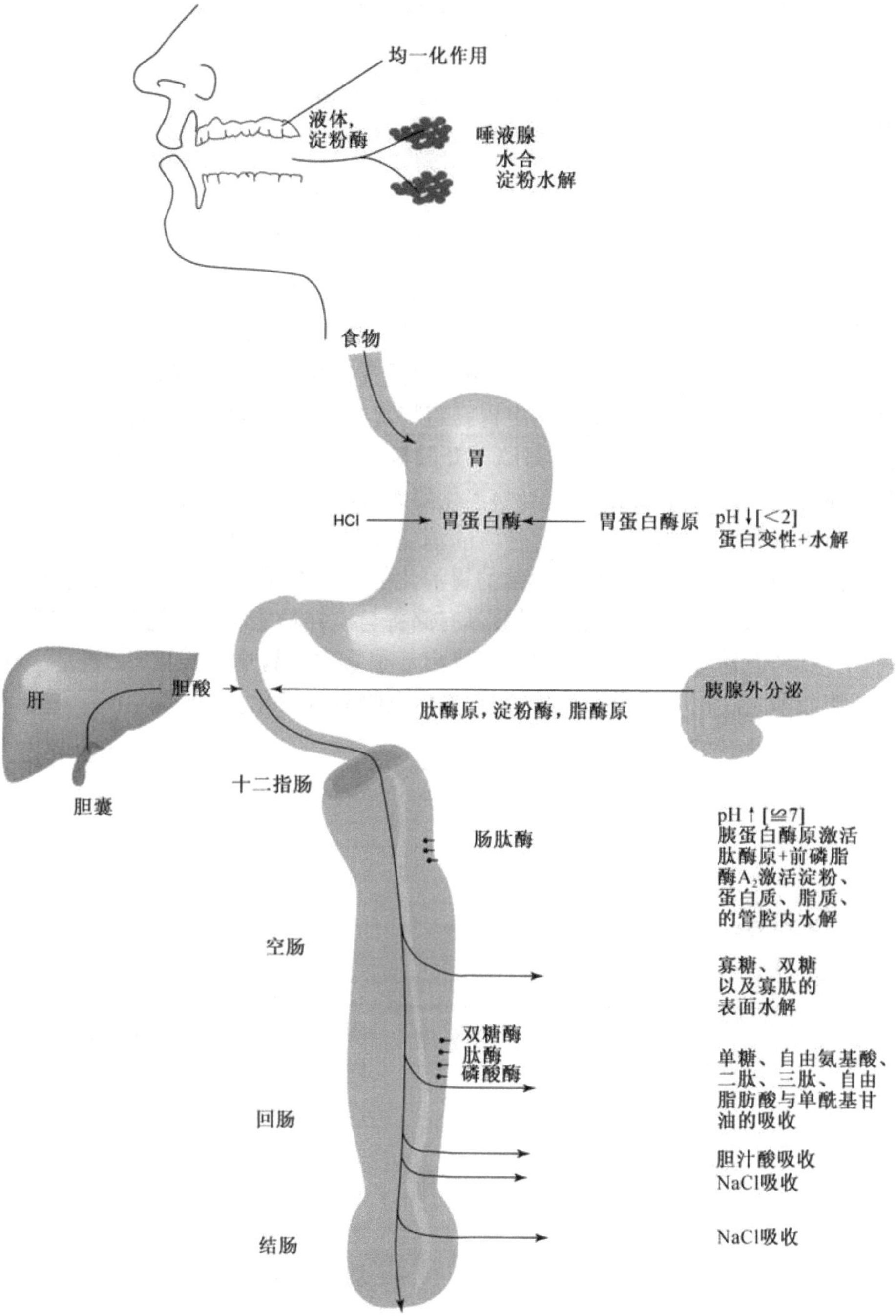

图 26.1　胃肠道器官与其功能

器官	在消化与吸收中的主要功能
唾液腺	产生体液与消化酶
胃	产生 HCl 与消化酶
胰腺	产生 $NaHCO_3$ 与管腔内的消化酶
肝脏	合成胆汁酸
胆囊	储存与浓缩胆汁
小肠	食物的终末消化，营养物质与电解质的吸收
大肠	电解质的吸收

物的均一化以及摄入的固体和胃肠道腺体分泌液的混合；②分泌消化酶，将多聚物水解为低聚物、二聚体或单体；③分泌电解质、酸或碱，为酶消化提供适宜的环境；④分泌胆汁酸溶解脂质并促进其吸收；⑤通过肠道表面的酶水解低聚物和二聚体；⑥肠上皮细胞吸收管腔内的营养分子与电解质。这些功能均由胃肠道特定的腺体与表皮来实现。

所有基本营养物质的消化和吸收都离不开**胰腺**(**pancreas**)与**小肠**(**small intestine**)。这两个器官都有强大的储备功能，只有当胰消化酶的分泌率降低到正常的十分之一时，才会出现胰腺功能不全引起的消化不良。脂质的消化和吸收均依赖胆汁酸，因此肝脏分泌胆汁(bile)对其非常重要。相反，虽然正常的胃消化能使整个消化过程更为顺利有效，但并非必需，胰腺和小肠可弥补其功能。胃酸具有储备与搅拌功能，可启动蛋白质与脂质水解，虽然作用微弱，但是对促进胰液与胆汁的排出却很重要。胃中释放的肽、氨基酸和脂肪酸能刺激胰液和胆汁相应地释入小肠管腔，确保食物有效消化。

26.2 总论

不同部位的消化

表 26.2　小肠表面的消化酶

酶(常用名)	底物
麦芽糖酶	麦芽糖
蔗糖酶	蔗糖/α-极限糊精
葡萄糖淀粉酶	直链淀粉
海藻糖酶	海藻糖
β-葡萄糖苷酶	葡糖苷酰鞘氨醇
乳糖酶	乳糖
内肽酶	蛋白质(裂解其内部的疏水氨基酸)
羧肽酶 A	有酸性 NH_2末端的寡肽
羧肽酶 N	有中性 NH_2末端的寡肽
丙氨酸氨基肽酶Ⅳ	NH_2末端有 X-Pro 或 X-Ala 的寡肽
亮氨酸羧肽酶	NH_2末端有中性氨基酸的肽链
γ-谷氨酰转移酶	谷胱甘肽＋氨基酸
肠肽酶	胰蛋白酶原
碱性磷酸酶	磷酸酯

食物分解的第一步在胃和小肠内进行，由水溶性酶催化。唾液腺、胃和胰腺分泌消化酶，其中胰腺的作用最为重要。一个健康成人每天至少分泌 30g 酶。**胰酶**(**pancreatic enzyme**)和胆汁一起进入十二指肠第二段(降段)。因而食物的**管腔内消化**(**intraluminal digestion**)主要发生于其远端。但食物与水溶性胃胰消化酶充分作用后，仍会残留大量碳水化合物和氨基酸的二聚体与低聚物，需由肠上皮细胞的消化酶进一步降解。

微绒毛使肠上皮细胞的管腔表

面积增大，并由于外观如刷状而得名为“**刷状缘**(**brush border**)”，它使肠上皮细胞与双糖酶、**寡糖酶**(**oligosaccharidase**)、氨基酸酶、二肽酶以及**酯酶**(**dipeptidase**)的接触面增大(表 26.2)。多种酶经锚定多肽与质膜相连，可向肠腔突出达 100Å，进行有效的表面消化，产生能被肠上皮细胞吸收的营养分子。一个有趣的问题是，表面酶本身也为蛋白，它们自身又是如何逃避可溶性蛋白酶的消化的呢？这可能与其糖基化重链能阻止蛋白酶接近相关肽键有关。

肠上皮细胞将管腔内消化与表面消化产生的二肽与三肽吸收入内，并由细胞质肽酶将其催化降解为自由氨基酸，完成完整的蛋白质消化。

消化酶以酶原形式分泌

可溶性消化酶是由唾液腺、胰腺(腺泡细胞)与胃黏膜(主细胞)的特定细胞分泌的。由于分泌物直接进入管腔内，该过程被称为**外分泌**(**exocrine**)(图 26.2)。能成为可溶性消化酶的蛋白质在粗面内质网的多核糖体上合成(膜与分泌蛋白的合成与糖基化)，由高尔基体转运到细胞质顶部的储存囊泡中。储存囊泡(**酶原颗粒 zymogen granule**)的直径约 1μm，由特有的细胞膜包裹。大部分消化酶都是以未活化的**酶原**(**proenzyme**)形式产生并储存的(图 26.3)(见 6.7 节)。当接收到适宜的分泌信号时，酶原颗粒移动至质膜的管腔面并与质膜融合，内容物释放入管腔(**胞吐作用 exocytosis**)，酶原激活。

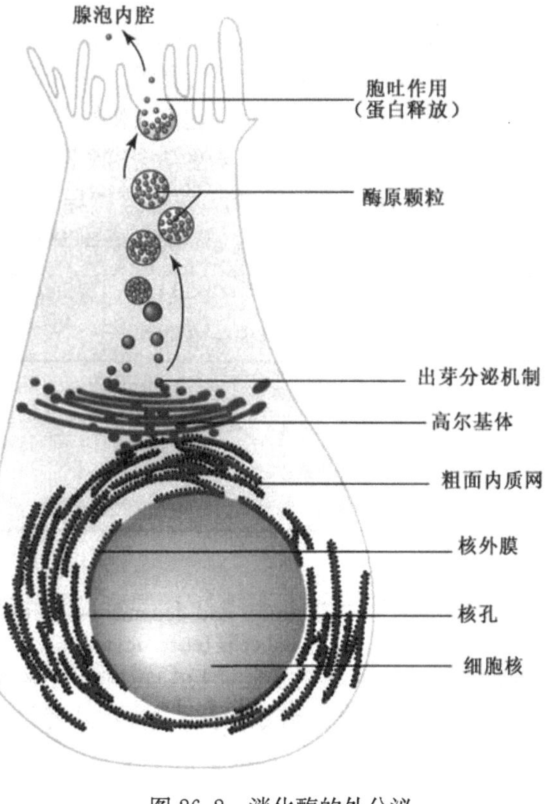

图 26.2　消化酶的外分泌

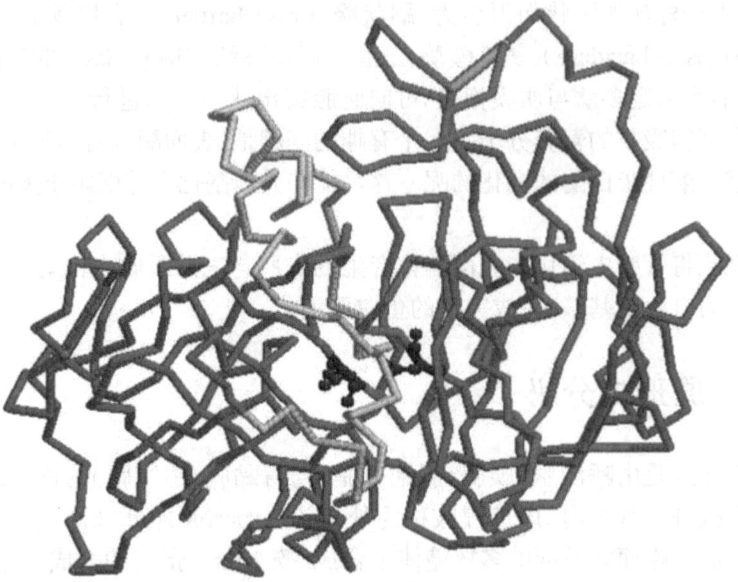

图 26.3 猪胃蛋白酶原的 NH_2 末端在中央沟和门冬氨酸残基

酶分泌受多种促分泌因子调控

酶分泌受电解质分泌调控并与之相协调。电解质自血液进入腺体管道系统的过程可带入水分,接着水将酶溶解并将其冲出腺体进入消化管道。促分泌因子与外分泌细胞的表面受体相互作用,实现分泌调控(表 26.3)。神经递质、激素、药物及某些细菌毒素都可成为促分泌因子,它们与腺体细胞表面的受体特异性结合,激活细胞内信号通路,释放酶原颗粒。主要的分泌信号通路有(图 26.4):①磷脂酰肌醇特异性磷脂酶 C 激活,1,4,5-三磷酸肌醇和三酰甘油释放(见 13.5 节),触发 Ca^{2+} 从内质网释放到细胞质并激活蛋白激酶 C;②腺嘌呤或鸟嘌呤环化酶激活,cAMP 或 cGMP 水平升高(见 13.5 节)。

表 26.3 生理性促分泌因子

器官	分泌	促分泌因子
唾液腺	NaCl、淀粉酶	乙酰胆碱、儿茶酚胺?
胃	HCl、胃蛋白酶原	乙酰胆碱、组胺、胃泌素
胰腺腺泡	NaCl、消化酶	乙酰胆碱、胆囊收缩素、促胰液素
胰管	$NaHCO_3$、NaCl	促胰液素
小肠	NaCl	乙酰胆碱、5-羟色胺、血管活性肠肽(vasoactive intestinal peptide,VIP)、鸟苷蛋白

乙酰胆碱(acetylcholine)(图 26.5)是刺激整个胃肠道酶和电解质分泌的主要神经递质。在消化早期(胃分泌的腹腔期),乙酰胆碱介导自主神经系统对唾液腺和胃的分泌调控;之后介导肠道神经系统对胰腺和肠道的分泌调控。外分泌细胞的乙酰胆碱受体为毒蕈碱型,可受毒蕈碱酸刺激并被阿托品(atropine)阻滞(图 26.6)。在口腔医学中,牙医使用阿托品来干燥口腔。

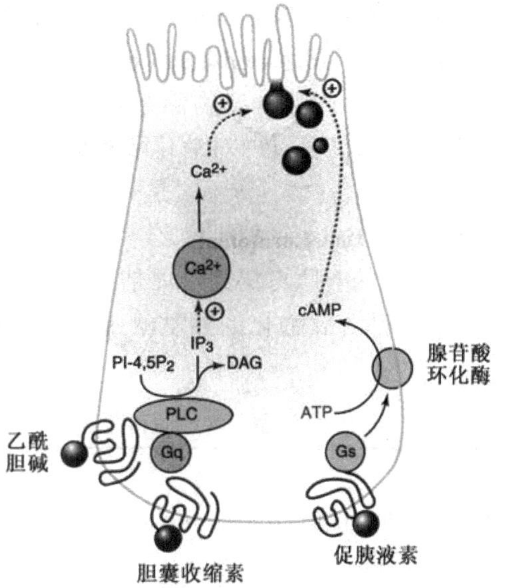

图 26.4　胰腺外分泌的细胞调节

PI-4,5P_2:磷脂酰肌醇-4,5-二磷酸盐;DG:二酰甘油;IP_3:肌醇-1,4,5-三磷酸盐;PLC:磷脂酶 C。

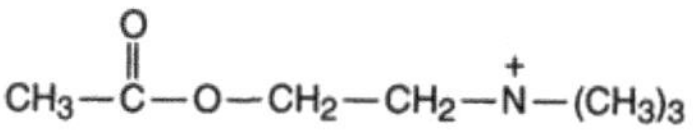

图 26.5　乙酰胆碱

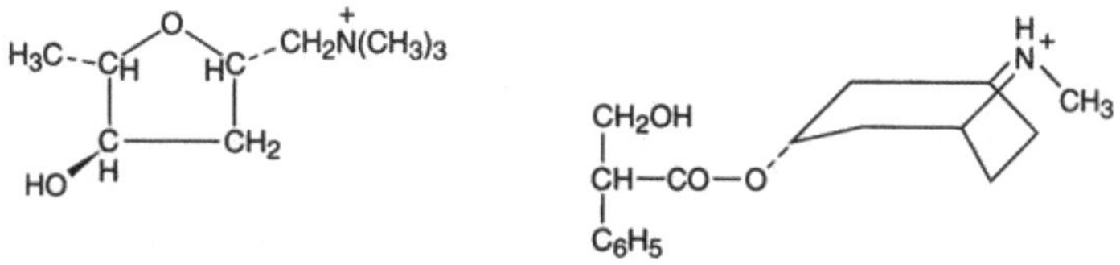

(a)　　(b)

图 26.6　(a)L(＋)-毒蕈碱;(b)阿托品

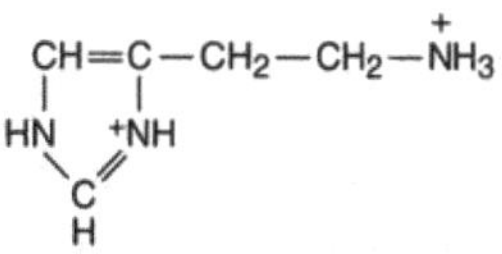

图 26.7　组胺

生物胺组织胺与 **5-羟色胺(5-hydroxytryptamine)**都是促分泌因子,主要在旁分泌中起作用。组织胺由胃黏膜上特定的调节细胞(**enterochromaffin-like or ECL cell,肠嗜铬细胞**)分泌。5-羟色胺由弥漫分布于胃肠道被覆上皮上特定的上皮细胞分泌。胺储存于小囊泡中,当细胞接收到适宜的刺激信号时释放。由于 5-羟色胺大部分释放入血,其分泌细胞被称为内分泌上皮细胞。

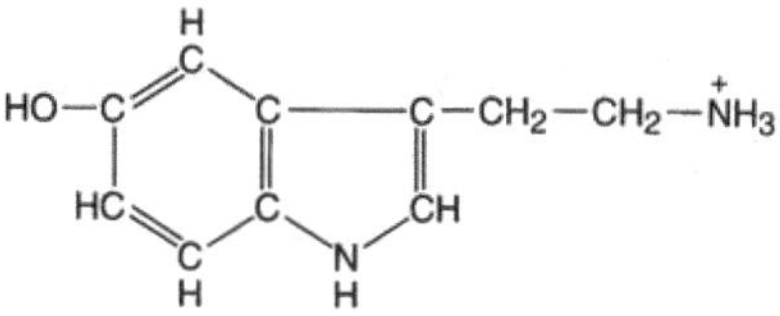

图 26.8　5-羟色胺

组胺(图 26.7)与胃壁细胞管腔面上的 H2 受体作用,能有效刺激 HCl 分泌。H2 受体拮抗剂(H2 阻滞剂)在医学上被用作制酸剂。5-羟色胺(图 26.8)能刺激肠道 NaCl 分泌并起神经递质作用,可帮助感知恶心等。

第三类分泌刺激因子为肽类,有些主要起激素作用,有些起神经递质作用,其余两种作用兼而有之(表 26.4)。**上皮内分泌细胞(epithelial endocrine cell)**产生肠肽激素,其中很大一部分同时制造 5-羟色胺,并将这两种产物储存在细胞内的小囊泡中。在肽激素中,胃泌素、胆囊收缩素、促胰液素与鸟苷蛋白对消化酶和体液的分泌尤其重要。自然状态下,**胃泌素(gastrin)**以两种形式存在:"大"胃泌素是一种有 34 个氨基酸的多肽(G-34),可裂解为 C 端有 17 个氨基酸残基(G-17)的"小"胃泌素。胃泌素残基的功能结构主要位于五肽的 C 端,静脉注射人工合成的五肽胃泌素可评估患者的胃酸储备功能和胃蛋白酶分泌情况。胃泌素和胆囊收缩素都含**硫酸化的酪氨酸(sulfated tyrosine)**,可大大促进这两种激素的作用。

表 26.4 分泌型肠神经肽和激素

血管活性肠肽(VIP) His-Ser-Asp-Val-Phe-Thr-Asp-Asn-Tyr-Thr-Arg-Leu-Arg-Lys-Gln-Met-Ala-Val-Lys-Lys-Tyr-Leu-Asn-Ser-Ile-Leu-Asn
胰泌素(secretin) His-Ser-Asp-Gly-Thr-Phe-Thr-Ser-Glu-Leu-Ser-Arg-Leu-Arg-Glu-Gly-Ala-Arg-Leu-Gln-Arg-Leu-Leu-Gln-Gly-Leu-Val-NH_2
鸟苷蛋白(guanylin) Pro-Gly-Thr-Cys-Glu-Ile-Cys-Ala-Tyr-Ala-Cys-Thr-Gly-Cys
胃泌素(gastrin) G-34-II[a] [b]Glp-Leu-Gly-Pro-Gln-Gly-Pro-Pro-His-Leu-Val-Ala-Asp-Pro-Ser-Lys-Lys-Gln-Gly-Pro-Trp-Leu-(Glu $)_5$-Ala-Tyr(H_2SO_3)-Gly-Trp-Met-Asp-Phe-NH_2[c]
胆囊收缩素(cholecystokinin) Lys-Ala-Pro-Ser-Gly-Arg-Met-Ser-Ile-Val-Lys-Asn-Leu-Gln-Asn-Leu-Asp-Pro-Ser-His-Arg-Ile-Ser-Asp-Tyr(H_2SO_3) Met-Gly-Trp- Met-Asp-Phe-NH_2[c]

a. 还原型的胃泌素。

b. Glp 为烟酸,是 Glu 内部加一NH_2 的衍生物。

c. NH_2 代表该肽的 C 端为酰胺。

胆囊收缩素(cholecystokinin)和**促胰酶素(pancreozymin)**为同一种肽分子,因其能促进胆囊收缩(因而被称为缩胆囊素)和胰酶的分泌(因而被称为促胰酶素)而得名,但缩胆囊素更为常用。当摄入食物或者胰腺与肠道细胞将胆囊收缩素释放因子分泌入肠腔时,小肠,尤其是十二指肠被覆上皮中的内分泌上皮细胞将胆囊收缩素释放入血。释放因子本身为蛋白质,是胰蛋白酶的底物(见下文所述),降解时可反馈促进胆囊收缩素和胰酶的分泌。胆囊收缩素与胃泌素的 C 端有相同的氨基酸序列,在进化上有一定相关性。

促胰液素(secretin)是一种有 27 个氨基酸的多肽,由小肠中另一类内分泌细胞分泌。肠腔内 pH 小于 5 时刺激促胰液素释放,其主要生物学活性是刺激富含 $NaHCO_3$ 的胰液分泌,这对中和十二指肠中的胃酸有重要意义。此外促胰液素与胆囊收缩素协同作用也能促进胰酶释放。

鸟苷蛋白(guanylin)是一种由杯状细胞(分泌黏蛋白)产生的肽分子,主要释放入消化道内。它通过与刷状缘受体/鸟苷蛋白环化酶结合促进 NaCl 分泌,从而提高细胞质内的 cGMP 水平。鸟苷蛋白环化酶因与热稳定 *E. coli* 肠毒素(旅行者腹泻的一种致病因素)激活同一受体而被发现。

在神经肽中,**血管活性肠肽(vasoactive intestinal peptide,VIP)**是肠液、胰液和 NaCl 的强促分泌因子,具有重要的生理意义。由于肠上皮细胞有 VIP 受体,肠道神经可通过释放 VIP 来调节神经和体液分泌。

26.3 上皮细胞转运

细胞溶质转运可为跨细胞或细胞旁转运

由于细胞膜和细胞间**紧密联结(tight junction)**(图 26.9)的存在,上皮细胞具有一定的屏障作用。紧密联结复合物呈带状环绕上皮细胞并与邻近细胞结合,构成细胞外间隙的部分屏障,是上皮细胞质膜**管腔面(luminal)**和**基底外侧面(contraluminal)**的边界。

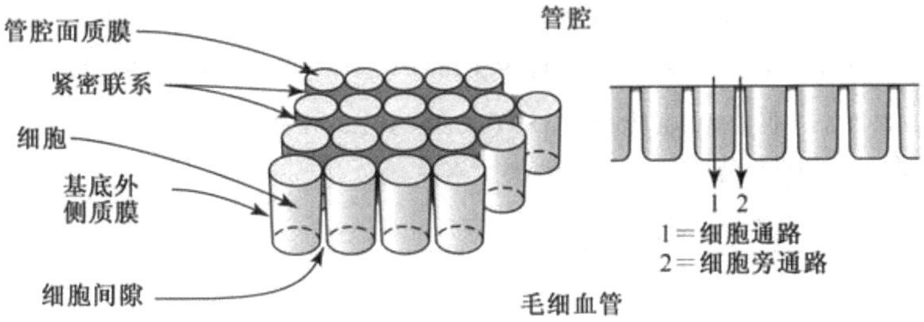

图 26.9　跨上皮细胞转运通路

在跨上皮细胞的溶质转运中,有两条平行的通路在起作用:一条是**跨细胞(transcellular)**通路,另一条是通过细胞间紧密联结复合物的**细胞旁(paracellular)**通路(图 26.9)。当营养物质或电解质溶液通过任一通路时,都会因改变驱动力而影响另一条通路的流量。细胞间通路主要包含两个屏障,依次由管腔面质膜和基底外侧质膜构成。

胃肠道不同区域的紧密联结复合物的渗透力是不同的。在如胃和远端结肠等上皮细胞两侧溶质浓度梯度大的区域中,紧密联结复合物对 Na^+ 和其他离子的通透性较低。由于营养物吸收和 NaCl 分泌都需要细胞旁溶质通路,因而相关区域的紧密联结复合物的通透性较高。

小肠上皮细胞的主要功能是主动吸收营养物质、电解质和维生素。这一**向量性运动(vectorial solute movement)**的细胞基础在于管腔面和基底外侧质膜上有不同的载体。这两种质膜在形态表现、化学构成,以及酶和载体上均有各自的特点(表 26.5),小肠上皮细胞就是一个例子。管腔面质膜与食糜(食物部分消化后形成的半固体)中的营养物质相接触,其外表面上有水解酶,可完全消化营养物质,膜上有特定的载体和通道,可吸收单糖、氨基酸、肽、脂肪酸、胆固醇和电解质等营养物质。相反,基底外侧质膜与间隙内的液体接触，进而间接与毛细血管和淋巴管接触。它与大部分细胞的质膜相似，含有神经与激素受体，可调节细胞功能；通过 Na^+/K^+ 交换三磷酸腺苷酶将 Na^+ 转运到细胞外；经载体将营养物质转运入细胞，维持细胞生存；并通过特殊载体将营养物质转运到细胞外，使消化的食物能够被整个机体利用。基底外侧质膜上的很多营养物质载体都具有双向转运功能，可在餐后将营养物质释放入血或淋巴，并在两餐间歇为肠上皮细胞提供营养。

表 26.5 管腔与管腔相对面质膜的差异

指标	管腔面	管腔相对面
形态学表现	微绒毛以刷状缘排列	极少有微绒毛
酶	双糖酶与寡糖酶	Na^+/K^+-交换三磷酸腺苷酶
	羧肽酶	腺苷酸环化酶
	二肽酶	
	γ-谷氨酰转移酶	
	碱性磷酸酶	
	鸟苷酸环化酶	
载体/通道	Na^+-葡萄糖协同转运体(SGLT1、SLC5A1)	促进性葡萄糖载体(GLUT2、SLC2A2)
	促进性果糖载体(GLUT5、SLC2A5)	
	Na^+-中性氨基酸协同转运体(ASBT、SLC10A2)	促进性中性氨基酸载体(SLC3A2/SLC7A8)
	顶部的 Na^+-胆汁酸协同转运体(ASBT、SLC10A2)	钠-钾-2-氯协同转运体(NKCC1、SLC12A2)
	H^+-肽协同转运体(PEPT1、SLC15A1)	
	纤维囊性病跨膜调节蛋白(CFTR、ABCC7)	

NaCl 的主动与被动转运吸收

Na^+ 转运不仅在上皮细胞的 NaCl 吸收与分泌中起重要作用，其在将摄取的营养物质转化为能量方面的作用也同样不容忽视。机体主要通过 Na^+/K^+ 交换三磷酸腺苷酶(见 12.4 节)将 ATP 中的化学能转换为浓度渗透能(化学能)或跨膜浓度与电离子梯度结合的能量(电化学能)。在胃肠道上皮细胞中，该酶大部分位于基底外侧膜上(图 26.10)，帮助保持细胞质内高 K^+ 低 Na^+ 浓度，使细胞内外维持约 −60mV 的电势能。

Na^+/K^+ 交换三磷酸腺苷酶与质膜上其他被动载体共同作用，使 NaCl 跨上皮细胞运动，Na^+ 或 Cl^- 进入细胞。Na^+ 从管腔进入细胞，NaCl 吸收，Na^+ 在基底外侧膜上由 Na^+/K^+ 交换三磷酸腺苷酶压出细胞。少量肠道上皮细胞在管腔面有 Na^+ 通道——**上皮 Na^+ 通道(epithelial Na^+ channel，ENaC，或 SCNN1)**(注意首字母缩写表明该通道或载体正在改动中，因此应尽可能将新旧表达法同时附上)，它使解偶联的 Na^+ 顺电化学梯度运动(图 26.11)，它与细胞电状态有关并可改变电势能。该通道在微摩尔浓度水平即可被利尿剂盐酸阿米洛利(amiloride)阻滞(图 26.12)。该转运系统及其 NaCl 吸收作用是由肾上腺皮质的盐皮质激素调控的。

小肠上皮细胞在刷状缘膜上有载体，催化电中性的 Na^+/H^+ 交换，**Na^+/H^+ 载体-3**

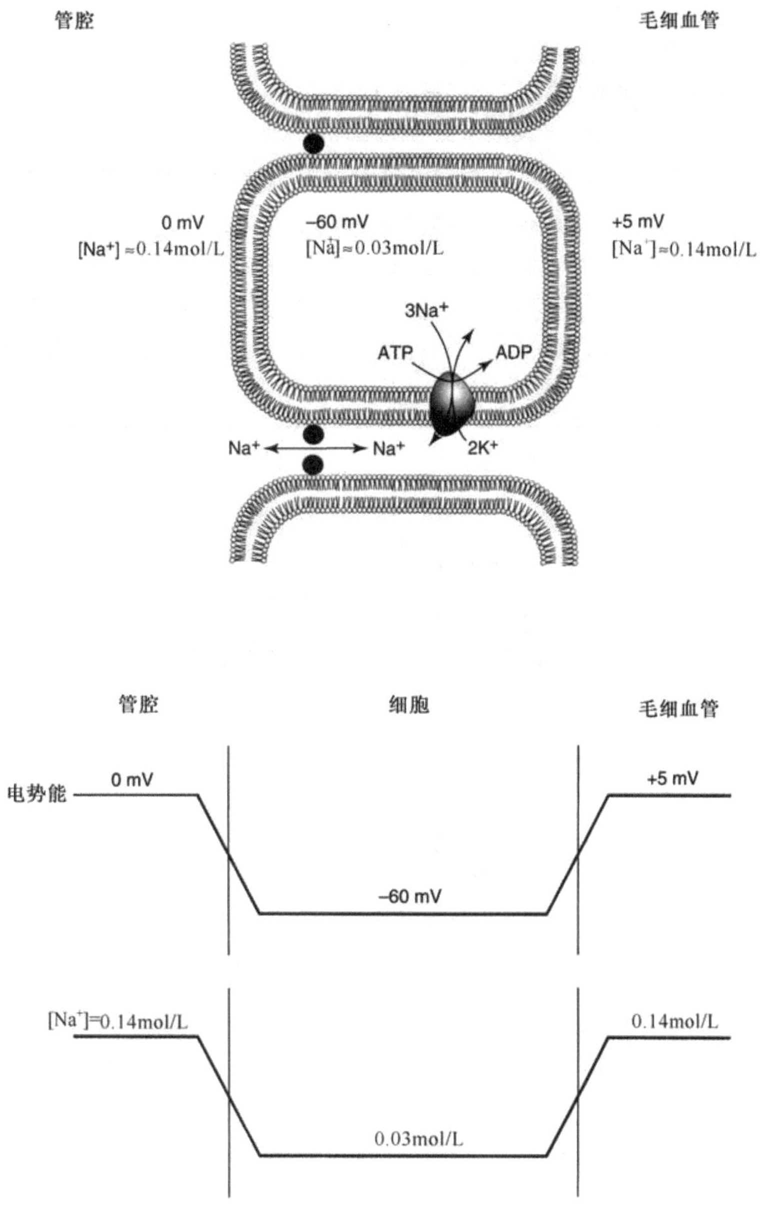

图 26.10　Na^+ 与肠上皮细胞的电势能

(**NHE3 或 SLC9A3**)是其在肠上皮中的主要构型(图 26.13)。该载体不受盐酸阿米洛利和盐皮质激素的影响。细胞通过 Na^+/H^+ 交换建立 H^+ 梯度，继而经刷状缘膜上特异性的 Cl^-/HCO_3^- 载体吸收 Cl^-，如图 26.13 所示。肠 Cl^-/HCO_3^- 载体是由“**腺瘤中下调(down-regulated in adenoma)**”或 ***DRA*** 基因(SLC26A3)(见临床相关知识 26.1)编码的。由于上段与下段肠道有不同的生理功能，要求有两种不同的 NaCl 吸收与调控机制。上段肠道吸收大量来自食物和外分泌腺的 NaCl，而下段肠道根据总的 NaCl 平衡来“清除”剩余的 NaCl。

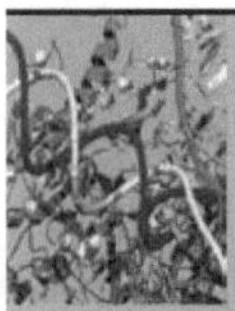

临床相关知识 26.1

家族性氯腹泻引起代谢性碱中毒

人 *DRA*(在腺瘤中下调)基因(SLC26A3)的功能失常会引起家族性氯腹泻。患者可有中度腹泻并酸性便,导致代谢性碱中毒(二氧化碳浓度正常,血浆呈碱性)。正常的 *DRA* 基因产物是下段回肠与结肠上皮细胞上的不依赖 Na^+ 的 Cl^-/HCO_3^- 交换器,可从粪便中吸收 Cl^- 并将碳酸氢盐排泄入粪便。可中和经由 Na^+/H^- 交换器 NHE3(SLC9A3)交换 Na^+ 的质子。此外粪便中其他电解质可通过渗透作用增加其液体含量。

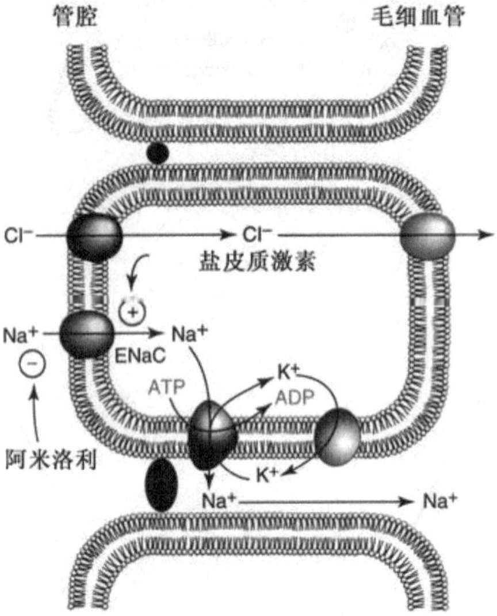

图 26.11 低位大肠中的生电性 NaCl 吸收模型

在上皮细胞的管腔面,Na^+ 经钠通道吸收,在基底外侧面由 Na^+/K^+ 交换三磷酸腺苷酶吸收。Cl^- 通道的性质尚不清楚

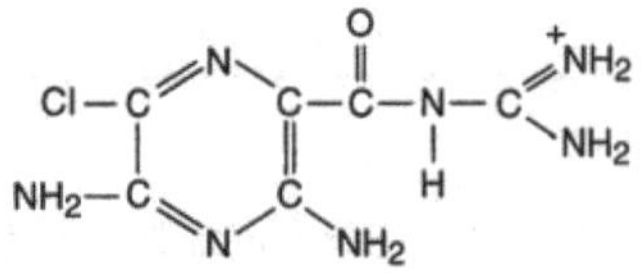

图 26.12 阿米洛利

NaCl 分泌依赖基底外侧膜上的 Na^+/K^+ 交换三磷酸腺苷酶

腺体与肠隐窝每天分泌大量的电解质和液体入胃肠道(至少等于人体 1/3 的细胞外液)。这一电解质主动转运,水被动运输的过程需耗能。水运动是由分泌的电解质产生的渗透压驱动的。也就是说,所有初始分泌的液体的渗透压都较血浆和细胞质要高,称为高渗液。但由于质膜上存在水通道(见 12.6 节),使大部分胃肠道上皮对水具有很高的渗透

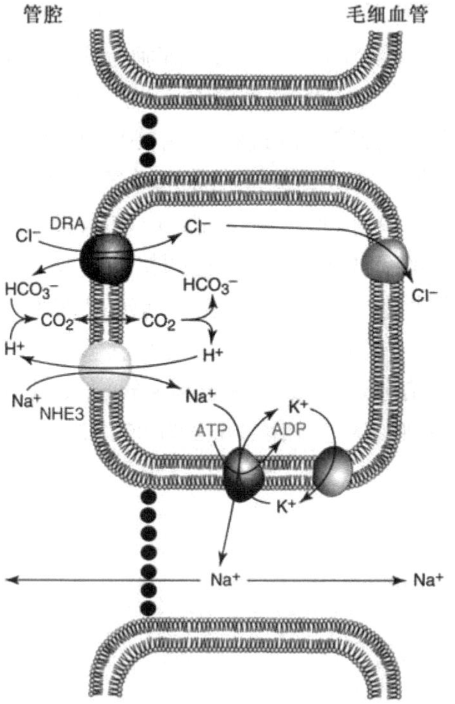

图 26.13　小肠中的电中性 NaCl 吸收模型

Na^+ 经由 Na^+/H^+ 交换体 3 (NHE3) 与 Na^+/K^+ 交换三磷酸腺苷酶吸收。Cl^- 经“腺瘤中下调”蛋白质吸收。基底外侧膜上 Cl^- 通道的性质尚不清楚

力,能很快达到渗透平衡。因此来自腺体腺泡或肠隐窝的分泌液事实上是等渗的(渗透压与细胞质相同)。胃肠道分泌的离子成分如图 26.14 所示。

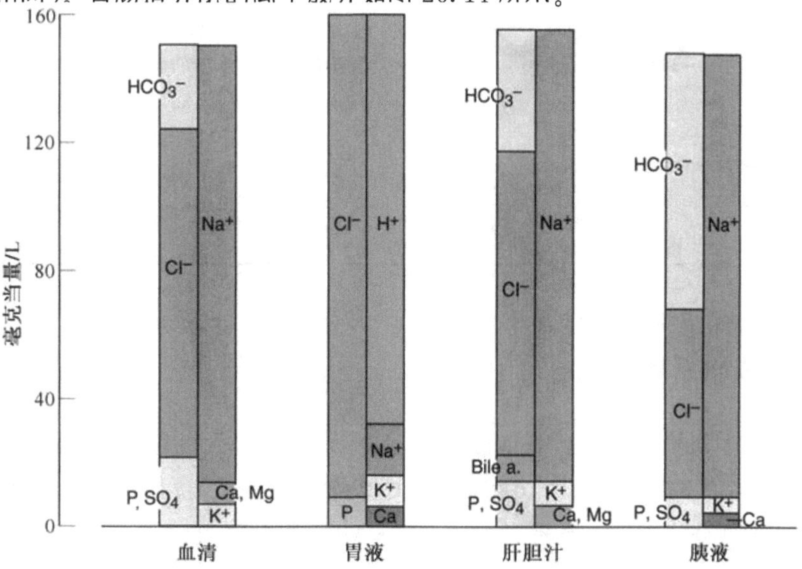

图 26.14　胃肠道分泌的离子成分

血清也用于比较。胃液中 H^+ 浓度较高(pH=1),而胰液中 HCO_3^- 的浓度很高。P:有机与无机磷酸盐;SO_4:有机与无机硫酸盐;Ca:钙;Mg:镁;Bile a:胆汁酸。

Na^+ 和 Cl^- 是分泌的主要离子,掌握其分泌机制有利于我们了解上皮细胞主动转运的能量偶联。NaCl 的分泌是一个耗能的过程,需要基底外侧膜上的 Na^+/K^+ 交换三磷酸腺苷酶(图 26.15),因此该酶的抑制剂强心苷可阻止 NaCl 分泌。Na^+/K^+ 交换三磷酸腺

苷酶是如何为 Na^+ 从毛细血管运动到管腔以及 K^+ 从管腔运动到毛细血管提供能量的呢？这一逆向转运是通过跨管腔质膜的 Cl^- 分泌与 Na^+ 通过细胞旁通路运动的电偶联实现的，如图 26.15 所示。Cl^- 跨基底外侧膜分泌依赖于两个 Cl^- 与 Na^+ 和 K^+ 的偶联，Na^+、K^+ 跨基底外侧膜运动，Cl^- 经通道出管腔。该过程是由协同转运蛋白 $Na^+/K^+/2Cl^-$（NKCC1 或 SLC12A2）介导的，其药理特点是能被利尿剂呋塞米（furosemide）阻滞（图 26.16），在达到电化学平衡前依靠 Na^+ 梯度使 Cl^- 在细胞质内积累。由于 Na^+/K^+ 交换三磷酸腺苷酶帮助建立并维持 Na^+ 的跨质膜梯度，它也间接地为将 Cl^- 从毛细血管摄取入细胞，以及从细胞进入管腔提供能量。Cl^- 经由管腔面通道出细胞，负电荷丢失，进而建立起电梯度，驱使 Na^+ 通过细胞旁路径进入管腔。肠道与胰管上主要的 Cl^- 通道是**囊性纤维化跨膜转导调节因子（cystic fibrosis transmembrane regulatory，CFTR）**蛋白，该通道功能不良会引起囊性纤维化病（见临床相关知识 26.2 与 26.3）。

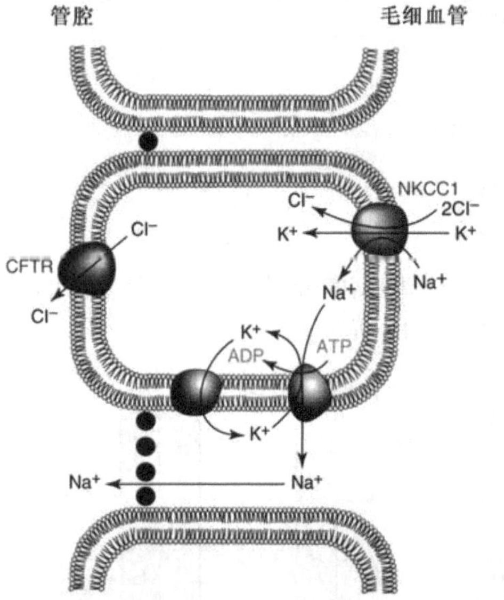

图 26.15　上皮细胞的 NaCl 分泌模型

Cl^- 通过 Na^+-K^+-$2Cl^-$ 协同转运体（NKCC1）在胞质中浓聚，并经纤维囊性病跨膜调节蛋白（cystic fibrosis transmembrane regulator，CFTR）释放入管腔

临床相关知识 26.2
囊性纤维化病

囊性纤维化病是一种常染色体隐性遗传疾病。患者的囊性纤维化跨膜转导调节（CFTR）蛋白质变异。CFTR 是 ABC 载体家族的成员（ABCC7 亚科），含 1480 个氨基酸，构成两个跨膜域，各含 6 个跨膜片段，两个 ATP 结合域，和 1 个由 cAMP 依赖的蛋白激酶催化磷酸化的调节域。自 1989 年该基因被克隆以来，已经发现了超过 800 种变异。最常见者缺乏一种氨基酸，可阻止蛋白成熟及到达质膜。

囊性纤维化病影响气道、胰管、肠道、输精管、汗腺管组织，CFTR 是其上皮细胞管腔面质膜上主要的 Cl^- 通道。该通道通常是关闭的，在被蛋白激酶 A 磷酸化并有 ATP 存在时打开。在 Cl^- 电化学梯度（由其他载体建立，并且在分泌与吸收细胞中是不同的）的驱动下，Cl^- 通过 CFTR 流动。在大部分组织中 CFTR 控制 Na^+ 的流动（见临床相关知识 26.3 CFTR Cl^- 通道的激活)；但在吸收性汗腺管细胞中，CFTR 对 NaCl(由汗腺腺泡分泌)的有效重吸收非常重要。CFTR 功能缺失可解释汗液中 Cl^- 过量损失(囊性纤维化病的发汗试验)，以及肺、胰腺与肠道 NaCl 和液体分泌不足。由于液体分泌不足，囊性纤维化病会导致管道部分或完全堵塞，以及整个器官的功能不全和(或)感染，从而引起相关的临床症状。

胰腺腺泡细胞分泌富含 Na^+ 和 Cl^- 的液体，为消化酶从腺泡分泌入十二指肠管腔提供了媒介。由于 $NaHCO_3$ 的分泌，该液体在胰管中得到稀释(图 26.17)。人体的碳酸氢盐浓度可高达 120mmol/L。

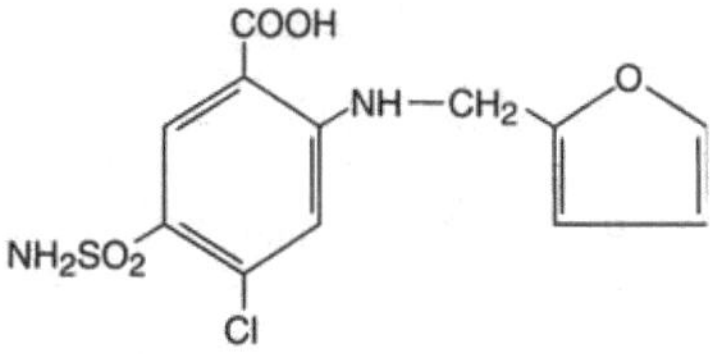

图 26.16　呋塞米

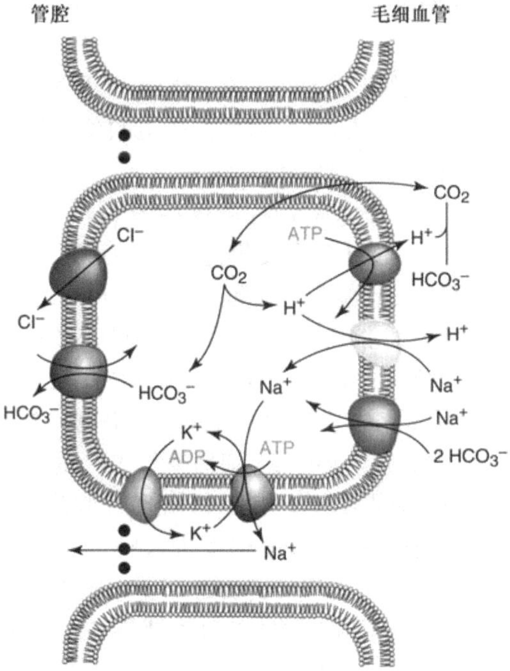

图 26.17　胰管细胞分泌 $NaHCO_3$ 的模型

管腔面的 Cl^- 流出和 Na^+ 流入与 NaCl 分泌相似(图 26.15)。注意碳酸氢盐经由管腔面质膜流入细胞(或其等价的质子分泌)有三种机制：①Na^+/H^+ 交换；②H^+/三磷酸腺苷酶；③Na^+-$2HCO_3^-$ 协同转运

临床相关知识 26.3
细菌中毒性腹泻与电解质替代治疗

霍乱是一种由霍乱弧菌引起的肠道感染，患者肠道分泌大量电解质和体液，可威胁生命。大肠杆菌的某些菌株同样也会引起(旅行者)腹泻，在婴儿中非常严重。细菌产生的内毒素可影响分泌状态，某些内毒素的生化机制已较清楚。霍乱毒素通过将 $G_{\alpha s}$-蛋白的 ADP-核糖基化而激活腺苷酸环化酶，进而激活腺嘌呤核苷酸(见 13.8 节)，

cAMP 水平升高接着激活蛋白激酶 A，打开分泌细胞中的 CFTR Cl^- 通道，并抑制吸收细胞中的 Na^+/H^- 交换器(NHE3)，引起 NaCl 的大量分泌。鸟苷酸环化酶 C 有一细胞外结合域与一细胞内催化域，它与大肠杆菌的热稳定毒素或肠道杯状细胞的鸟苷酸肽结合，可激活鸟苷酸环化酶升高 cGMP 水平。与 cAMP 类似，cGMP 升高也可抑制 NaCl 重吸收并刺激 Cl^- 分泌。

肠道中存在 Na^+-葡萄糖共同载体，不受 cAMP 升高的影响，在该病患者中仍维持完整的活性，可在葡萄糖存在条件下摄取 Na^+ 以补充机体的 NaCl。现代治疗霍乱的口服药就是据此原理设计的，其组成为：葡萄糖 110mmol/L、Na^+ 99mmol/L、Cl^- 74 mmol/L 、HCO_3^- 29mmol/L、K^+ 4mmol/L。与静脉注射相比，口服治疗价格低廉，使用方便。

浓度梯度或电势能驱动营养物质转运

很多溶质都是逆浓度梯度吸收入肠上皮细胞的。主动转运的能量来自于 Na^+ 或 H^+ 的浓度梯度，管腔质膜两侧的电势能，亦可间接来自 ATP 的水化。肠道的葡萄糖就是在 Na^+ 的电化学梯度驱动下逆浓度梯度转运的(图 26.18)。

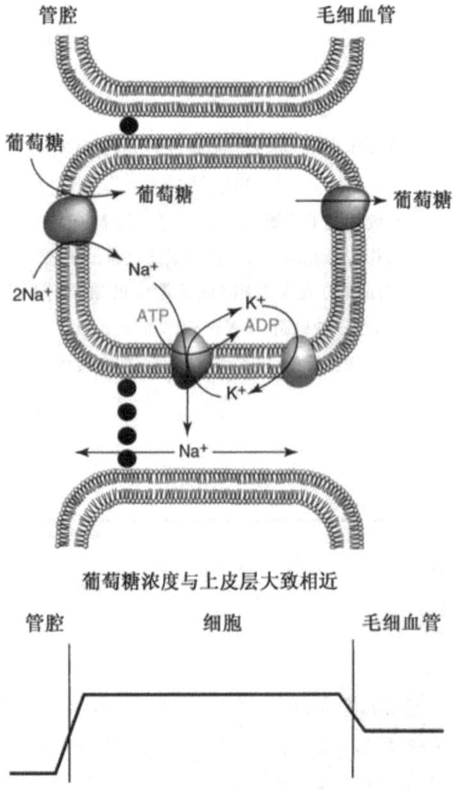

图 26.18 上皮细胞的葡萄糖吸收模型
注意 Na^+/K^+-交换三磷酸腺苷酶的间接作用

血浆葡萄糖浓度约为 5mmol/L，因此只能通过跨上皮细胞主动转运来从食糜中吸收葡萄糖，其过程(图 26.19)为：①Na^+ 依靠 ATP 的能量主动转运到基底外侧膜外，在膜两侧建立 Na^+ 的电化学梯度，形成原动力；②K^+ 经通道流出基底外侧膜，进一步建立跨膜电势能；③葡萄糖与 Na^+ 的继发性主动协同转运驱使葡萄糖自管腔进入细胞；④葡萄糖顺浓度梯度进入肠道和毛细血管间隙，完成葡萄糖的跨上皮细胞吸收。由于管腔面质膜上存在**葡萄糖与 Na^+ 的协同转运蛋白(sodium glucose transporter1，SGLT1 或 SLC5A1)**(见 12.9 节)，基底外侧膜上有一种促进葡萄糖转运蛋白（GLUT2 或 SLC2A2)，以及具有渗透性的紧密联合复合体，使基底外侧膜两侧的 Na^+ 电化学梯度能扩散到整个细胞膜。

SGLT1 可协助 2 个 Na^+ 与 1 个 D-葡萄糖分子(或结构上相似的糖)紧密结合的协同转运。虽然对转运方向不具有选择性，但由于细胞中 Na^+ 浓度低，电势为负值，因而生理状态下 Na^+ 都是从管腔进入到细胞，

$$2X \quad 3Na^{+}_{cell} + 2K^{+}_{interstitium} + ATP_{cell} \xrightarrow{Na^{+},\ K^{+}\text{-ATPase}} 3Na^{+}_{interstitium} + 2K^{+}_{cell} + ADP_{cell} + P_{cell}$$

$$4X \quad K^{+}_{cell} \xrightleftharpoons{K^{+}\ \text{channel}} K^{+}_{interstitium}$$

$$3X \quad 2Na^{+}_{lumen} + Glc_{lumen} \xrightleftharpoons{SGLT1} 2Na^{+}_{cell} + Glc_{cell}$$

$$3X \quad Glc_{cell} \xrightleftharpoons{GLUT2} Glc_{interstitium}$$

$$6X \quad Na^{+}_{interstitium} \xrightleftharpoons{\text{Tight junction}} Na^{+}_{lumen}$$

$$\text{Sum} \quad 3Glc_{lumen} + 2ATP_{cell} \longrightarrow 3Glc_{interstitium} + 2ADP_{cell} + 2P_{cell}$$

图 26.19　葡萄糖的跨上皮细胞转运是跨质膜和紧密联结复合物的易位反应

SGLT1 和 GLUT2 载体可分别介导 Na^{+}-葡萄糖协同转运和促进性葡萄糖转运。左栏中的数字表示为平衡整体反应所需的单个反应的最小数量

并同时使葡萄糖在细胞中浓聚。在体外细胞葡萄糖外流被阻滞的条件下,可观察到细胞内外的葡萄糖浓度比高达 20。某些情况下,该转运过程中 Na^{+} 摄取的生理意义较葡萄糖吸收更为重要(见临床相关知识 26.3)。

基底外侧膜上的 GLUT2(见 12.7 节)是促进性葡萄糖载体家族的一员,能转运包括葡萄糖在内的多种单糖。转运的净通量方向是由单糖的浓度梯度决定的。SGLT1 与 GLUT2 这两个葡萄糖转运系统的底物都为葡萄糖,但在氨基酸序列、蛋白质二级结构、有无 Na^{+} 协同底物、对其他糖类的特异性,对抑制物的敏感性以及生理调控上差别很大。SGLT1 与 GLUT2 转运都没有固定的方向,葡萄糖的跨上皮细胞主动转运依赖 Na^{+}/K^{+} 交换三磷酸腺苷酶不断地将 Na^{+} 运出细胞以维持 Na^{+} 的电化学梯度。这种方式的优点在于 Na^{+}/K^{+} 交换三磷酸腺苷酶能够为以 Na^{+} 为协同底物的多种营养物质的转运提供能量。

胃壁细胞分泌盐酸

胃壁细胞将盐酸分泌入胃,胃内的 H^{+} 浓度可高达 0.14mol/L(pH 0.8)(图 26.14)。血浆 pH=7.4 时,壁细胞需逆 $10^{6.6}$ 的浓度梯度转运盐酸,此时**盐酸分泌(HCl secretion)**所需的最小自由能为 9.1kcal/mol。盐酸的主动分泌是通过与 **K^{+}/H^{+} 交换三磷酸腺苷酶(K^{+}/H^{+}-exchange ATPase)**(或胃质子泵)催化的 K^{+}/H^{+} 主动交换,管腔面质膜上的 K^{+} 和 Cl^{-} 通道,以及基底外侧膜上的 Cl^{-}/HCO^{3-} 交换相结合而实现的。K^{+}/H^{+} 交换三磷酸腺苷酶是壁细胞特有的,并在盐酸活动性分泌时进入管腔面质膜。该酶与 ATP 水解偶联,可进行分泌 H^{+} 和摄取 K^{+} 的电中性交换。化学计量为转运 1mol 的 K^{+}、H^{+} 需 1mol ATP。

$$ATP_{cell} + H^{+}_{cell} + K^{+}_{lumen} \rightleftharpoons ADP_{cell} + P_{i,cell} + H^{+}_{lumen} + K^{+}_{cell}$$

由于三磷酸腺苷酶作用形成酸性很强的溶液,酸激活的蛋白反应原可成为该酶的特异性抑制剂。图 26.20 示作为制酸剂的**质子泵抑制剂(proton pump inhibitor)**的作用机制。

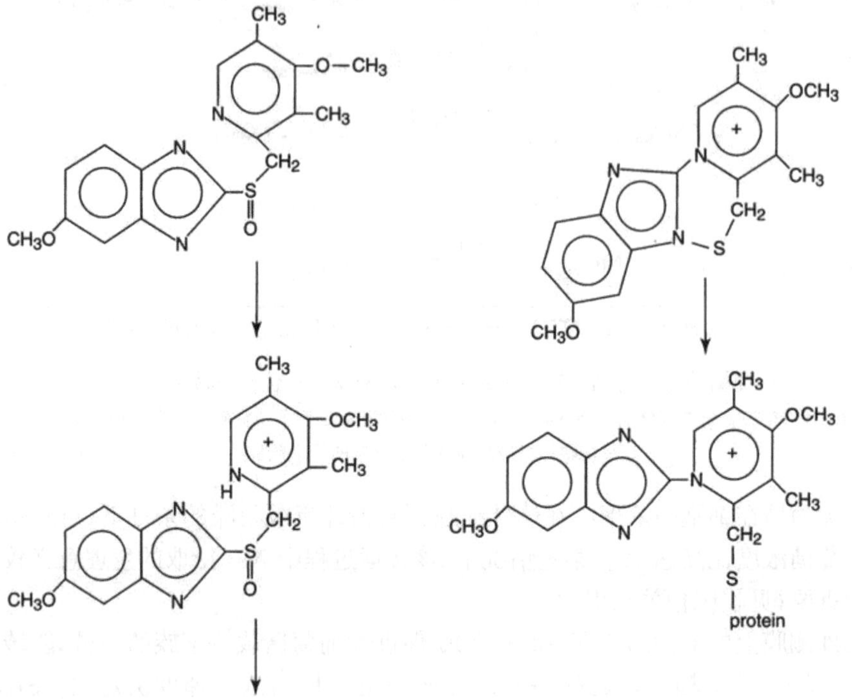

图 26.20　奥美拉唑(omeprazole),一种 K^+/H^+ 交换三磷酸腺苷酶抑制剂
此药在酸性环境下(pK_a 约为 4)累积并转变为次磺酰胺,与半胱氨酸的巯基起反应

在稳态时,仅当管腔面质膜对 K^+ 与 Cl^- 具渗透性,基底外侧膜催化 Cl^- 与 HCO_3^- 交换时,K^+/H^+ 交换三磷酸腺苷酶才作用于盐酸(图 26.21),补充细胞内 Cl^- 并防止细胞内碱性物质堆积。因而稳态下盐酸分泌是与 HCO_3^- 进入血浆偶联的。

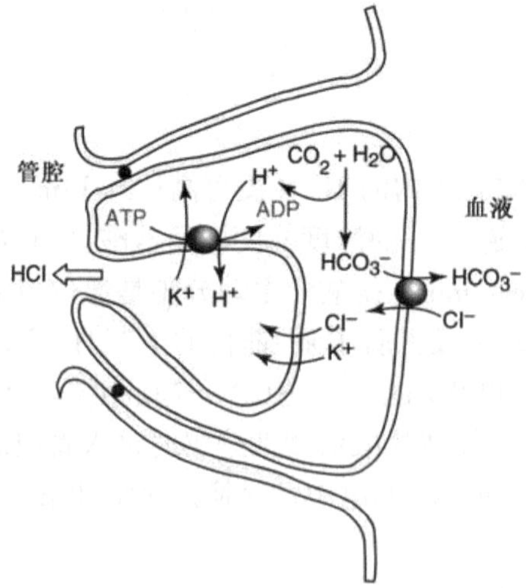

图 26.21　HCl 的分泌模式

26.4 蛋白质的消化与吸收

肽酶确保蛋白质的高效消化

每天的总蛋白负荷包括约 70～100g 食物蛋白与 35～200g 来自消化酶和脱落细胞的内源性蛋白。健康人体的蛋白质消化与吸收效率很高，仅有 1～2g 氮(约等于 6～12g 蛋白质)经粪便丢失。

除了出生后很短的一个时期，寡肽与多肽一般都不是完整地被肠道吸收的。一系列肽酶将蛋白质水解，每一肽酶都针对特异性的肽键。**内肽酶(endopeptidase)**(蛋白酶)攻击内部的肽键，可将两个大肽片段分开；而外肽酶依次从 C 端或 N 端切除氨基酸。内肽酶对启动多肽裂解非常重要，之后这些小片段可更有效地与内肽酶作用，其终产物自由氨基酸、二肽与三肽可由肠上皮细胞吸收(图 26.22)。

根据肽酶来源，可将蛋白质的消化分成胃期、胰腺期与肠道期。

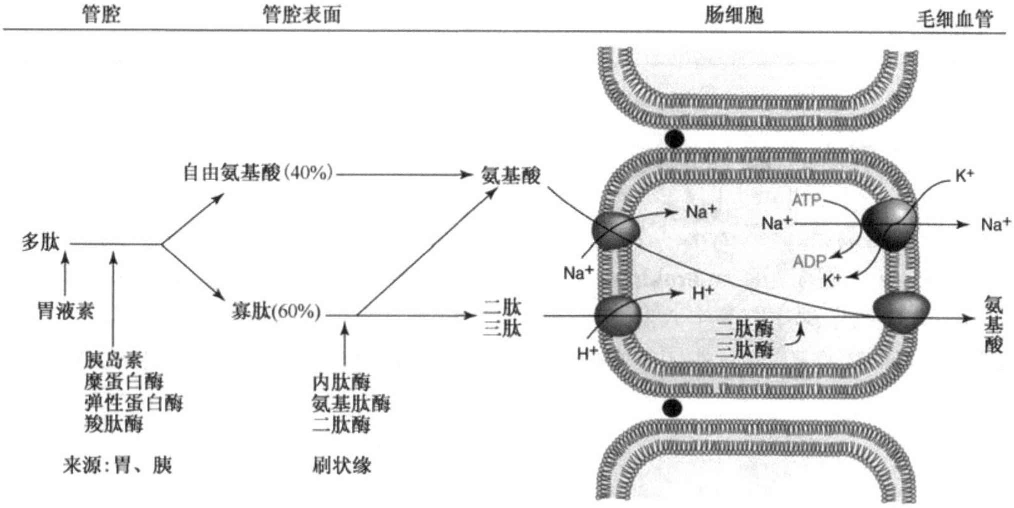

图 26.22　蛋白质的消化与吸收

胃蛋白酶催化胃对蛋白的消化

胃液中含 pH 小于 2 的盐酸与胃蛋白酶家族的蛋白酶。胃酸可杀死微生物并使**蛋白质变性(denature protein)**，使其更易被蛋白酶水解。由于肽酶比较稳定并在酸性环境中仍有活性，因而比较常见。催化过程依赖于活性位点的两个天冬氨酸的羧基。肽酶 A 是主要的胃蛋白酶，裂解由疏水芳香氨基酸(苯丙氨酸、酪氨酸、色氨酸与亮氨酸)形成的肽键(表 26.6)。

活性肽酶由胃蛋白酶原去除其 NH_2 末端的 46 位氨基酸而形成。46 与 47 位氨基酸间肽键的断裂可发生于 pH 小于 5 时的自体活化，或由肽酶作用形成。裂解的肽链仍与肽酶相连，并在 pH 大于 2 时抑制肽酶。当 pH 低于 2 或肽链进一步裂解时失去抑制作用。因此一旦胃液变为酸性，胃蛋白酶原就会以指数级的速率活化。肽酶将蛋白质裂解为大的肽片段，但也产生一些小肽与氨基酸，后者对启动胰腺蛋白质消化非常重要。

表 26.6　胃胰肽酶

酶	酶原	激活因子	分裂点	R
羧基蛋白酶				
胃蛋白酶 A	胃蛋白酶 A	自动激活，胃蛋白酶	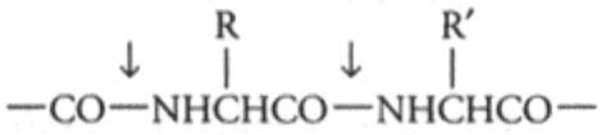	Tyr，Phe，Trp，Leu Arg，Lys
丝氨酸蛋白酶				
胰蛋白酶	胰蛋白酶原	内肽酶，胰蛋白酶	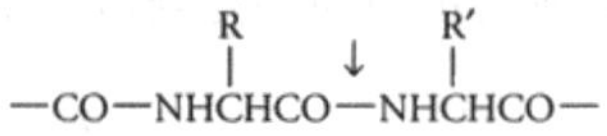	Tyr，Trp，Phe，Met，Leu
糜蛋白酶	糜蛋白酶原	胰蛋白酶		
弹性蛋白酶	弹性蛋白酶原	胰蛋白酶	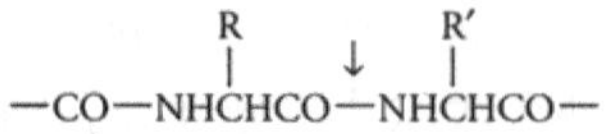	Ala，Gly，Ser
锌肽酶				
羧肽酶 A	羧肽酶原 A	胰蛋白酶	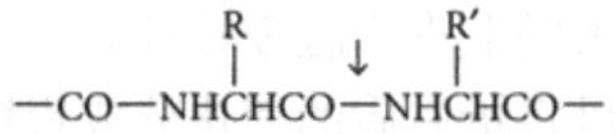	Val，Leu，Ile，Ala
羧肽酶 B	羧肽酶原 B	胰蛋白酶	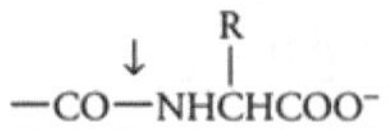	Arg，Lys

胰蛋白酶原在小肠被激活

胰液富含**酶原**（**proenzyme**），这些酶原在到达小肠后被激活（图 26.23）。**肠肽酶**（**enteropeptidase**）（或**肠激酶 enterokinase**）是一种由十二指肠上皮细胞产生的蛋白酶，可在胰蛋白酶原的 NH_2 端切断一个六肽而将其激活为胰蛋白酶。胰蛋白酶可将更多的胰蛋白酶原激活为胰蛋白酶，并且作用于其他酶原产生肠肽酶、糜蛋白酶、弹性蛋白酶与**羧肽酶**

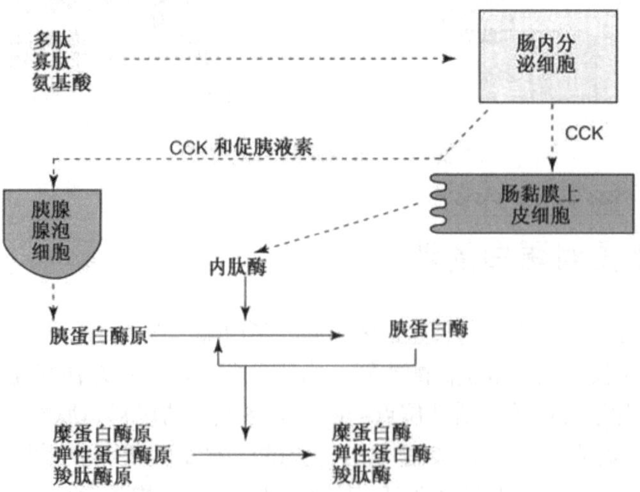

图 26.23　胰酶的分泌与激活

CCK 为胆囊收缩素

(**carboxypeptidase**)A 和 B。胰液通常含有一个 6kDa 的胰岛素抑制蛋白，抑制胰腺细胞和胰管中未成熟的胰岛素。

胰岛素、糜蛋白酶与弹性蛋白酶的特异性如表 26.6 所示。它们只在中性 pH 下才有活性，需依赖胰腺分泌的 $NaHCO_3$ 来中和胃酸。催化过程中需要丝氨酸残基(见 9.3 节)，与丝氨酸酯酶(如乙酰胆碱酯酶)相似。某些抑制剂通过对丝氨酸蛋白酶与酯酶的活性位点进行修饰而发挥作用。其代表为磷酸氟二异丙酯，可与乙酰胆碱酯酶竞争(见 24.2 节)。

来源于食物蛋白的肽在小肠中由胰羧肽酶 A 与 B(需要 Zn^{2+})进一步降解。胰蛋白酶与肽酶联合作用可产生自由氨基酸与含 2～8 个氨基酸残基的小肽，其中肽的氨基氮含量约 60%。

刷状缘与胞质肽酶消化小分子肽

由于胰液没有明显的氨基肽酶活性，二肽与寡肽的终末消化依赖于小肠。上皮细胞的刷状缘富含内肽酶、氨基肽酶和二肽酶(表 26.2)，产生二肽与三肽，经特异性的**氨基酸**(**amino acid**)与**肽转运系统**(**peptide transport system**)吸收，并通常在肠上皮细胞内水解。这就解释了为什么餐后门脉血液中只能检测到自由氨基酸。以前认为蛋白质在吸收前已经在肠管内完全为自由氨基酸，但是现在认为大部分食物氨基氮是以小肽的形式吸收，然后在细胞内水解。但含脯氨酸、羟脯氨酸以及少见氨基酸的二肽与三肽(例如肌肽中的 β-丙氨酸或 β-丙氨酰-1-甲基组氨酸)例外，它们被完整地吸收并释放入门脉血中。值得指出的是，β-丙氨酸虽较少见，但某些食物，如鸡肉中也含有。

氨基酸与二肽、三肽的转运

小肠具有强大的吸收氨基酸和二肽、三肽的能力。大部分 L-氨基酸能逆浓度梯度跨上皮细胞转运，但由于肠管内的浓度通常较细胞内高 0.1～0.2mmol/L，因而需要逆浓度梯度转运的机会并不多。吸收过程由管腔面质膜上多个不同载体介导，而释放入血的过程则由基底外侧膜上其他载体介导(表 26.7)。

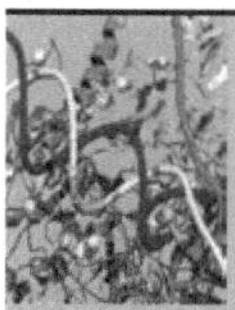

临床相关知识 26.4

中性氨基酸尿症：Hartnup 病

Hartnup 病是一种遗传缺陷性疾病，是根据最先发现的患者家族命名的，近期已经克隆出其鼠同系物(SCL6 基因家族)。患者的 Na^+ 偶联载体有缺陷，导致从小肠和肾近端小管吸收中性氨基酸异常：无法从肾的超滤液中重吸收中性氨基酸致使其从尿中排出(中性氨基酸尿)，无法从肠道食物中吸收中性氨基酸。其临床症状与色氨酸缺乏、烟酰胺生成减少引起的类似糙皮病相似(见 28.6 节)。但是患者间的症状差别很大，并且较中性氨基酸重吸收完全阻滞为轻。研究显示肠与肾脏存在二肽与三肽载体，与自由氨基酸载体不同，其中 PEPT1(SLC15A1)是小肠中吸收小肽的主要载体。

表 26.7　氨基酸载体

载体	别名	特异性底物	机制	失功能时引起的疾病
管腔面质膜上的氨基酸载体				
SLCA1	EAAT3	Asp,Glu	继发性主动转运:Na^+同向转运,K^+逆向转运	二羧基氨基酸尿
SLC3A1/SLC7A9	Rbat/$b^{0,+}$AT	Lys, Arg, Cys-Cys	促进性浓聚:正电荷同向转运	胱氨酸尿症
SLC6 鼠同系物家族	鼠 B^0AT,NBB	Phe, Tyr, Met, Val, Leu,Ile	继发性主动转运:Na^+同向转运	色氨酸加氧酶缺乏症,中性氨基酸尿症
SLC1A5	ASCT2,ASC	Ala,Ser,Cys	交换:Na^+同向转运	—
	IMINO	Pro,hydroxy-pro,gly	继发性主动转运:Na^+同向转运,Cl^-同向转运(在某些物种中)	
	BETA	β-ala,牛磺酸	继发性主动转运:Na^+同向转运,Cl^-同向转运(在某些物种中)	
SLC36A1	PAT1	Gly, Ala, Pro, GABA,D-Ala, MeAIB	继发性主动转运:H^+同向转运	
SLC15A1	PEPT1	二肽、三肽、青霉素	继发性主动转运:H^+同向转运	
基底外侧膜上的氨基酸载体				
SLC3A2/SLC7A9	$b^{0,+}$	Lys,arg	中性氨基酸交换的基础,中性氨基酸浓聚	赖氨酸尿性蛋白耐受不良
SLC3A2/SLC7A8	LAT2,L 系统	大小中性氨基酸	促进性	

值得注意的是,氨基酸载体可发生数种失功能变异,因为小肠和肾近曲小管有着共同类型的载体,而肾缺失任何一个特异性氨基酸载体,都很容易从尿中检测到相应氨基酸,称尿氨基酸排泄(氨基酸尿)。同样,在二肽与三肽的吸收过程中,主要的中性氨基酸载体发生功能变异(中性氨基酸尿症)不会引起相应的氨基酸缺乏,表明至少有另外一个载体在介导摄取(见临床相关知识 26.4)。

中性 L-氨基酸的主动吸收机制与 D-葡萄糖相似(表 26.8)。SLC 家族(也被称为中性氨基酸刷状缘,neutral amino acid, NBB 或 B^0AT)中的一个 Na^+ 依赖的协同氨基酸载体,以及一个不依赖 Na^+ 的促进载体(SLC3A2/SLC7A8 或 L 系统,亮氨酸优先)已经分别在管腔与基底对侧膜上被确定了功能。除中性氨基酸外的氨基酸刷状缘载体是由多种途径供能的。例如,酸性氨基酸可以通过两个 Na^+ 和一个 K^+ 的反向协同转运(SLC12A2)浓聚。而必需氨基酸则依赖正电荷与细胞内面的负电势的协同转运(SLC3A1/SLC7A9)。与丙氨酸、丝氨酸、半胱氨酸吸收相关的载体仍存在不确定性,因为这些氨基酸是数个载体的底物,而其中一个载体能够催化特定的氨基酸/氨基酸交换(SLC1A5)。

氨基酸载体的分子分析显示存在一种杂聚肽载体,通过一个"重"亚单位(SLC3家族)与一个"轻"亚单位(SLC7 家族)的结合而呈现多样性(图 26.24)。重亚单位的作用主要在于确定细胞位置,而轻亚单位主要用于确定氨基酸的特异性与功能。例如,SLC3A1 基因(重亚单位)与SCL7A9 基因(轻亚单位)编码形成的杂聚肽载体位于小肠上皮细胞管腔面质膜和近曲小管上皮细胞中,可介导碱性氨基酸与胱氨酸的摄取。任一亚单位的失功能变异都会导致相应的氨基酸从尿中排泄(胱氨酸尿症)以及肠道摄取减少。

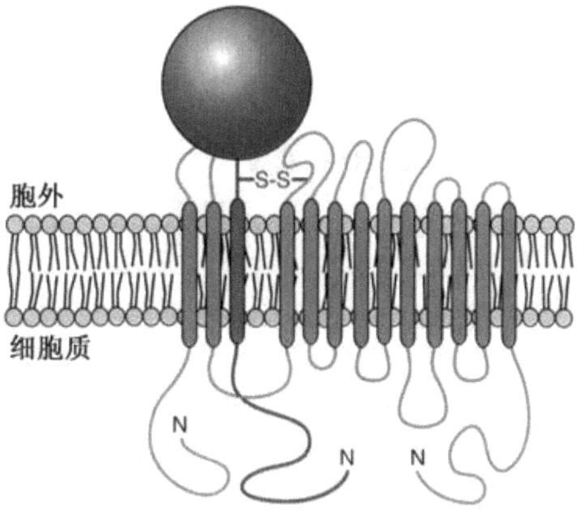

图 26.24　杂聚肽氨基酸载体模型

重亚单位(红色)有 1 个跨膜域,轻亚单位(绿色)有 12 个跨膜域,两者通过二硫键(蓝色)相连

二肽、三肽与 H^+ 协同转运,由跨膜质子电化学梯度供能(PEPT1 或 SLC15A1)。H^+ 的电化学梯度是通过 Na^+/H^+ 交换建立的,因而间接地从 Na^+/K^+ 交换三磷酸腺苷酶获能。二肽载体也能转运 β-内酰胺的抗生素(氨基青霉素),对这类口服抗生素的吸收非常重要。

26.5　碳水化合物的消化与吸收

二糖与多糖的水解

食物中的碳水化合物提供人体每日所需的大部分热量。碳水化合物主要由单糖、二糖与多糖组成(表 26.8),西方饮食中主要为**蔗糖**(**sucrose**)、淀粉与乳糖。单糖,如葡萄糖与果糖是直接吸收的;二糖需要经小肠表面的酶水解为单糖后才能吸收;而多糖则需依赖胰淀粉酶与肠表面的消化酶(图 26.25)。

淀粉(**starch**)是一种主要的营养物质,是植物储存超过 100kDa 多糖的形式,由葡萄糖经 α-1,4-糖苷键结合的直链混合物(直链淀粉)与 α-1,6-糖苷键在分支点结合的支链混合物(支链氨基酸)。分支点与 α-1,4-糖苷键的比例约为 1∶20。糖原主要在动物中储存,除了其分支点更多外,其结构与支链淀粉相似。

水解的淀粉与糖原被唾液中的内糖酶 α-淀粉酶与胰液消化(图 26.26)。多糖的水解在加热过程中进行,对有效消化有重要意义。淀粉酶对内部的 α-1,4-糖苷键具有特异性;而 α-1,6-糖苷键和葡萄糖单元中作为分支点的 α-1,4-糖苷键均不受影响。胰淀粉酶较唾

表 26.8　食物碳水化合物

碳水化合物	典型来源		结构式
果糖	水果、蜂蜜	α-Fru	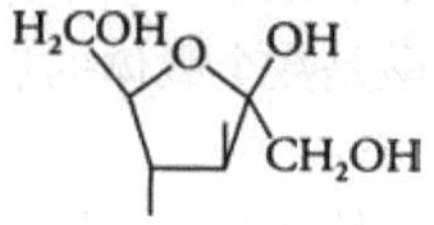
葡萄糖	水果、蜂蜜、葡萄	β-Glc	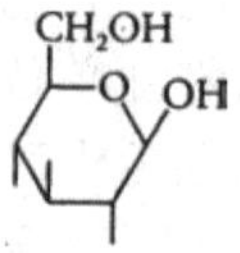
支链淀粉	马铃薯、大米、玉米、面包	α-Glc(1→4)$_n$Glc 含 α-Glc(1→6)分支	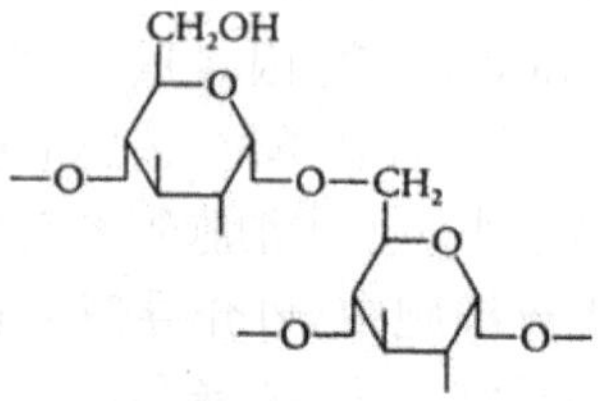
直链淀粉	马铃薯、大米、玉米、面包	α-Glc(1→4)$_n$ Glc	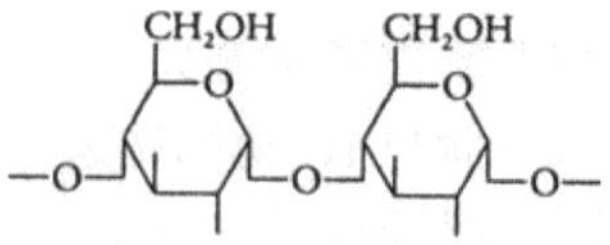
蔗糖	方糖、点心	α-Glc(1→2)β-Fru	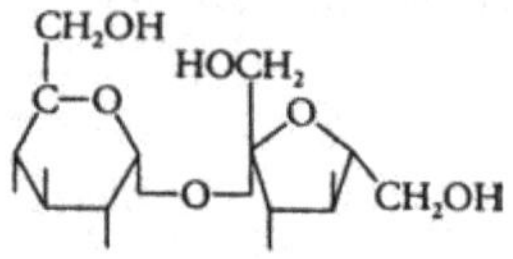
海藻糖	新生磨菇	α-Glc(1→1)α-Glc	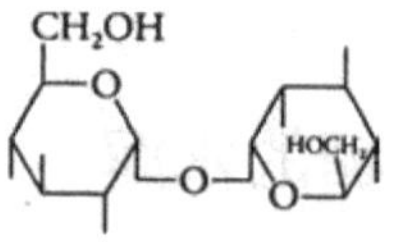
乳糖	奶、奶制品	β-Gal(1→4)Glc	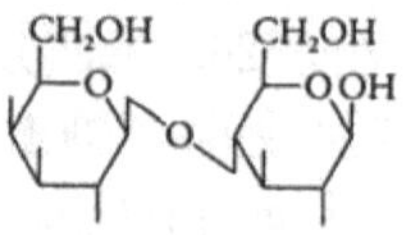
棉子糖	豆	α-Gal(1→6)α-Glc(1→2)β-Fru	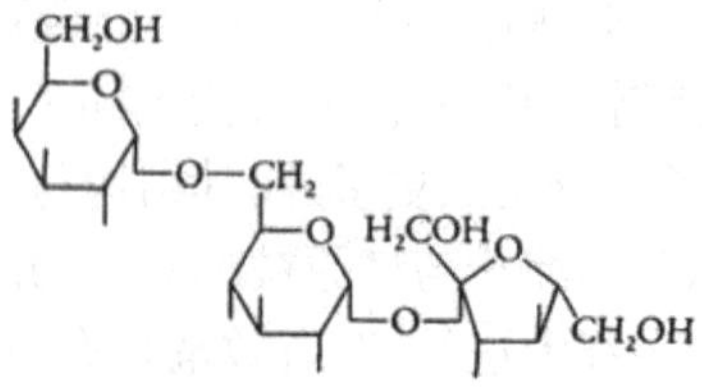

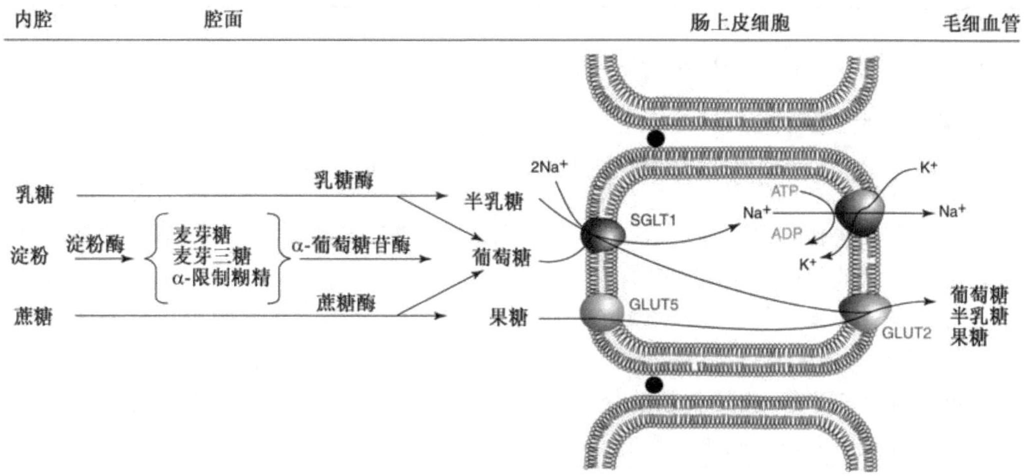

图 26.25　碳水化合物的消化与吸收

液酶更为重要，其分泌量相对于淀粉是过量的，作用产物主要为二糖麦芽糖、三糖麦芽三糖，以及 α-**限制性糊精**（α-**limit dextrin**）（平均含 8 个葡萄糖单元和一个及一个以上的 α-1,6-糖苷键）。

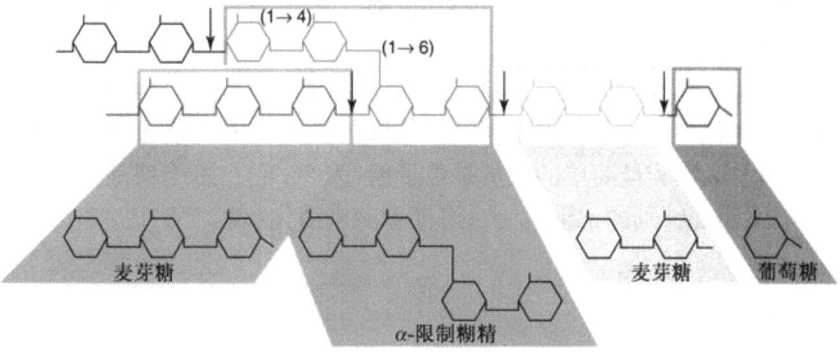

图 26.26　唾液和胰 α-淀粉酶对支链淀粉的消化

二糖与寡聚糖最终消化水解为单糖的过程是由小肠管腔上皮细胞的酶催化的（表 26.9）。表面寡聚糖酶是胞外酶，可每次从非还原端裂解一个单糖。α-葡萄糖苷酶对于消化淀粉和蔗糖（table sugar）绰绰有余。相反，β-半乳糖苷酶（乳糖酶）是乳糖（奶中的主要碳水化合物）水解过程中的限速酶（见临床相关知识 26.5）。

表 26.9　小肠表面的糖酶

酶	特异性	自然底物	产物
exo-1,4-α-葡萄糖苷酶（葡萄糖淀粉酶）	α-(1→4)葡萄糖	直链淀粉	葡萄糖
Oligo-1,6 葡萄糖苷酶（异麦芽糖酶）	α-(1→6)葡萄糖	异麦芽糖、α-糊精	葡萄糖
α-葡萄糖苷酶（麦芽糖酶）	α-(1→4)葡萄糖	麦芽糖、麦芽三糖	葡萄糖
蔗糖-α-葡萄糖苷酶（蔗糖酶）	α-葡萄糖	蔗糖	葡萄糖、果糖
α,α-海藻糖酶	α-(1→1)葡萄糖	海藻糖	葡萄糖
β-葡萄糖苷酶	β-葡萄糖	葡萄糖苷酰鞘氨醇	葡萄糖、神经酰胺
β-半乳糖苷酶	β-半乳糖	乳糖	葡萄糖

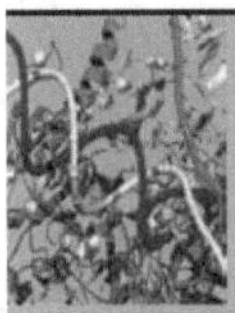

临床相关知识 26.5

二糖缺乏

肠二糖缺乏在人体中相对常见，可由多种原因(遗传缺陷、随年龄增长而形成的生理退化或黏膜损伤)导致一种或数种酶缺乏所致，其中乳糖酶缺乏最为常见，完全或部分缺乏都会导致奶制品不耐。

上段肠道中未水解的乳糖水解吸收不良，随后在低位肠道中被细菌发酵并产生气体(肠道膨胀与胀气)，升高渗透压方面使肠道液体增多(腹泻)。由于酸奶酪中的乳糖在发酵过程中已水解，因此乳糖酶缺乏者对酸奶酪的耐受性通常较未发酵的奶制品为高。某些经过预处理的奶中有乳糖酶，其乳糖已被水解。

未经 α-淀粉酶和(或)肠表面酶水解的二糖、寡聚糖与多糖是无法吸收的，因此它们到达低位肠道，而肠道在末段回肠以后含细菌。由于细菌较人类含有种类更多的糖酶，因而能利用很多存留下来的碳水化合物，释放的单糖主要被其自身的厌氧作用代谢，产生短链脂肪酸、乳糖、氢气(H_2)、甲烷(CH_4)与二氧化碳(CO_2)。另外，由于降解产物可使肠道渗透压增高，气体膨胀，或肠道细菌降解产物直接刺激肠道黏膜，引起体液分泌，使得肠道渗透性增高、引起肠痉挛。

摄入豆荚(大豆、豌豆与黄豆)后引起的胃肠胀气是由不能被人肠道酶水解的低聚糖引起的。这些豆类包含有一个或多个半乳糖修饰的蔗糖。半乳糖的糖苷键呈 α-构型，只能被细菌酶裂解。该家族最简单的成员是棉子糖(表 26.8)。海藻糖是一种二聚糖，存在于新生的蘑菇中，需要特别的二糖酶——海藻糖酶来消化(表 26.8)。

单糖载体

二糖与低聚糖消化后产生的主要单糖是 D-葡萄糖、D-半乳糖、D-果糖。至少有两种单糖载体催化单糖从肠管中吸收到线性上皮细胞：①**Na^+ 单糖载体**(**Na^+-monosaccharide cotransporter SGLT1**)介导 D-葡萄糖和 D-半乳糖的主动吸收；②**不依赖 Na^+ 的促进性单糖载体**(**Na^+-independent, facilitative monosaccharide transporter**)对 D-果糖有特异性(GLUT5)(见 12.7 节)。另一个促进性的单糖载体(GLUT2)位于基底外侧膜上，能转运所有这三种单糖。GLUT2 的生理功能是帮助单糖从细胞进入肠道和血管间隙，完成吸收过程。GLUT2 是 GLUT 载体家族的成员，存在于诸如肠道、肝脏、肾脏这些吸收或产生葡萄糖，并将其释放入血的组织中(见 15.2 节)。肠道 SGLT1 与 GLUT2 的特征比较见表 26.10，而它们在跨上皮细胞葡萄糖转运中的作用如图 26.25 所示。

表 26.10 肠上皮细胞上的葡萄糖载体的特点

特点	管腔面	基底外侧面
标志	SLC5A1(SGLT1)	SLC2A2(GLUT2)
亚单位 H 分子质量/kDa	75	57
Na^+的作用	与 Na^+同向转运	无
良好底物	D-Glc、D-Gal、α-甲基-D-Glc	D-Glc、D-Gal、D-Man、2-脱氧-D-Glc、D-Fru

26.6 脂质的消化与吸收

脂质的消化需要克服其低水溶性

成人每天约摄取 60～150g 脂质，其中三酰甘油占 90% 以上，其余为磷脂、胆固醇、胆固醇酯与自由脂肪酸。此外肝脏每天分泌 1～2g 胆固醇与 7～22g 磷酸卵磷酯，随胆汁排入肠道。

脂质的低水溶性使水溶性消化酶无法接近，给消化带来了困难。另外，脂质消化的大部分产物本身也是脂质，水溶性较低，倾向于形成凝聚物而不利于有效消化。解决方法有：①产生/分泌表面分子，提高脂质与水的接触面；②利用**去垢剂**(**detergent**)溶解脂质。因此，消化与吸收过程中脂质的物理变化最终依赖于化学改变。

脂质消化至少可分为 5 期(图 26.27)：①三酰甘油在肠道中水解为自由脂肪酸与单酰基甘油；②去垢剂(胆汁酸)溶解脂质，并从管腔转运到线性上皮细胞表面；③将自由氨基酸与单酰基甘油摄取入上皮细胞内，合成三酰甘油；④将新合成的三酰甘油形成脂质球，即乳糜微粒；⑤乳糜微粒通过胞吐作用从肠道上皮细胞进入淋巴。

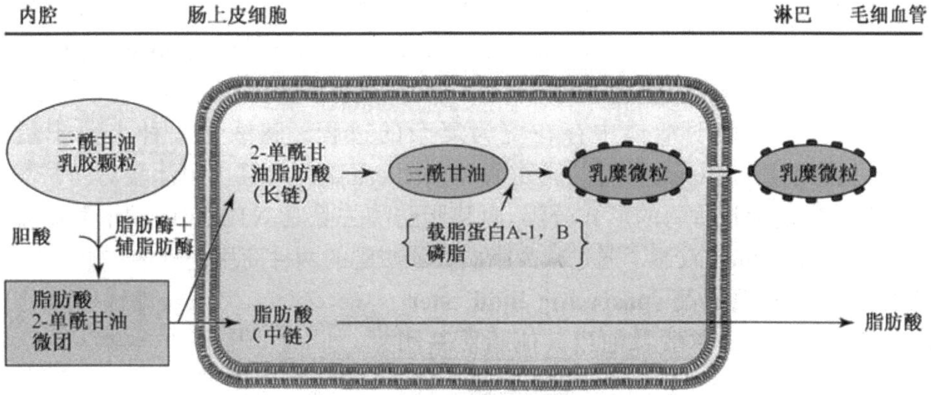

图 26.27　脂质的消化与吸收

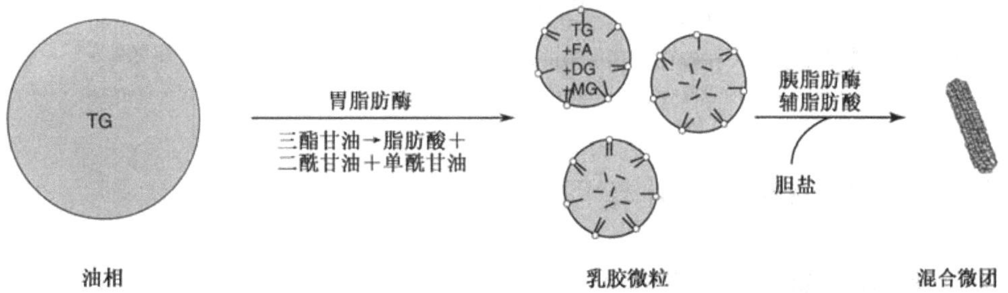

图 26.28　三酰甘油消化过程中物理状态的改变

TG，三酰甘油；DG，二酰甘油；MG，单酰甘油；FA，脂肪酸

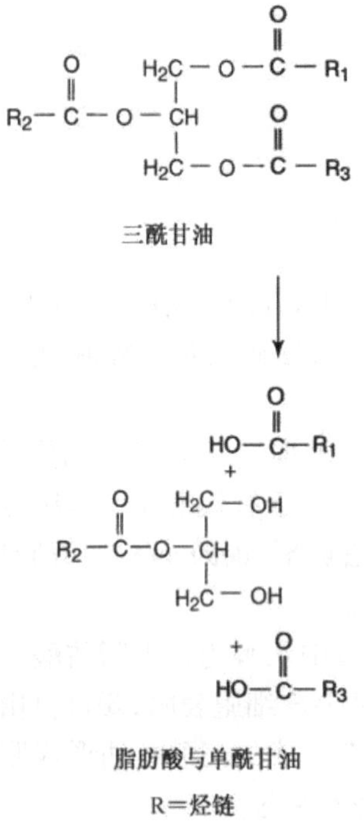

图 26.29　脂肪酶的反应机制

胃胰脂肪酶消化脂质

三酰甘油的水解是在胃内由**舌和胃脂肪酶**(**lingual and gastric lipase**)启动的。胃消化占三酰甘油总水解量的 30%。但由于三酰甘油形成脂质球,使接触面减少,故水解较慢。而一些脂肪酶可将三酰甘油消化与吸收为自由脂肪酸与二酰甘油(图 26.28),可将疏水化合物转变为同时具极性与非极性基团的产物,可自动吸附于水脂界面,为脂滴提供亲水表面,从而增加接触面。由于脂滴的容量是恒定的,接触面的增加会使其分散为更小的脂滴(**乳化作用 emulsification**),为脂肪酶的吸附提供更多位点。该过程同时需胃蠕动和搅拌运动的帮助。最终释放入十二指肠的胃食糜中的乳糜微粒的直径通常小于 2mm。

胰腺脂肪酶(**pancreatic lipase**)是三酰甘油水解的主要的酶(图 26.29)。它水解甘油,尤其是含长链脂肪酸(长度大于 10 个碳原子)的 α-位基团,形成自由**脂肪酸**(**free fatty acid**)与 **β-单酰甘油**(**β-monoacylglycerol**)。水解过程发生于乳糜微粒或胆汁酸微团(见下)的水-脂界面。但胆汁酸存在于肠腔内,可抑制纯化的脂肪酶,表明活体中存在更为复杂的过程。胰液含一种小分子蛋白质(12kDa)称**辅脂肪酶**(**colipase**),可与脂肪酶和微团表面结合,阻止胆汁酸对脂肪酶的抑制。辅脂肪酶以前辅脂肪酶的形式分泌,由胰脂肪酶去除其 NH_2 末端的十肽菌素而激活。临床相关知识 26.6 叙述了通过减少脂质吸收减肥的两种商用途径。

胰液含**非特异性脂酶**(**unspecific lipid esterase**),作用于胆固醇基、单酰甘油或其他脂质基团(如含羧酸的维生素 A)。与三酰甘油脂肪酶不同,该酯酶需要胆汁酸激活。

磷脂由特异性的磷脂酶水解。胰液富含前磷脂酶 A_2(图 26.30)。和其他胰酶原一样,它也由胰蛋白酶激活。**磷脂酶 A_2**(**prophospholipase A_2**)需胆汁酸激活。

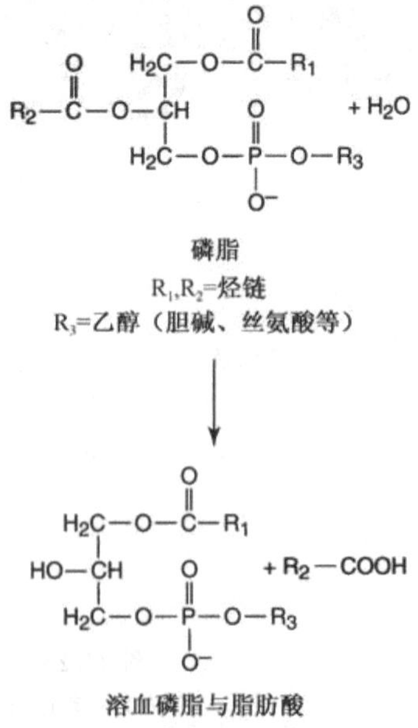

图 26.30　磷脂酶 A_2 的反应机制

胆汁酸微团在消化过程中溶解脂质

胆汁酸(**bile acid**)是肝脏合成的去垢剂,以甘氨酸或牛磺酸共轭物的形式与胆汁一起分泌入十二指肠,并在生理 pH 下离子化,因而胆汁酸与**胆盐**(**bile salt**)这两个词经常交互使用(图 26.31)。

当浓度大于 2～5mmol/L，pH 高于 pK（表 26.11）时，胆汁酸可逆地形成热力学上稳定的形成凝聚物即**微团**（**micelle**）（见 12.3 节），也即微团中的胆汁酸分子与溶液中的自由分子相同。形成微团的最小胆汁酸浓度为其**临界微胞浓度**（**critical micellar concentration**）（图 26.32）。微团界限清楚（直径≤4nm），由于存在平衡，微团的形成与胆汁酸和其他脂质的浓度均有关，但与机械分散力无关。十二指肠内容物超速离心后，微团与乳糜微粒的差异可明显呈现：乳糜微粒作为油性层浮于上方，而微团位于其下方，可清晰或微浑。

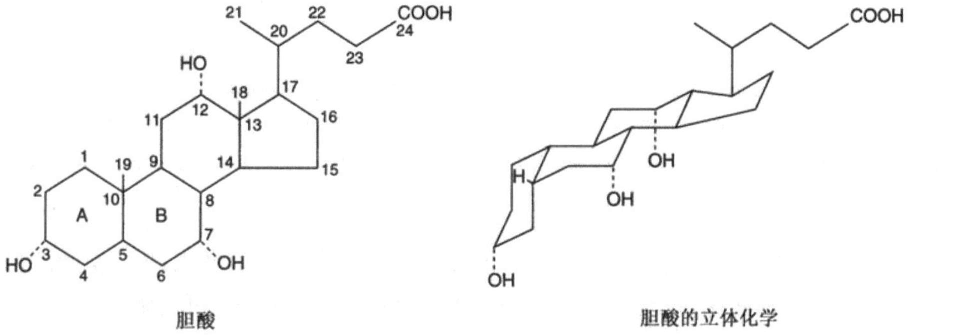

图 26.31　胆汁酸

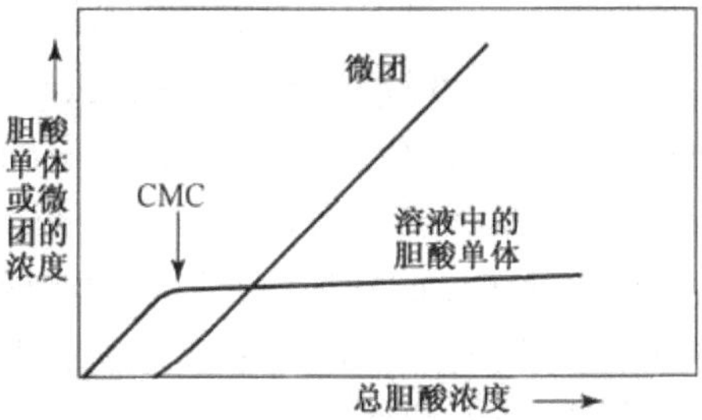

图 26.32　胆汁酸在水性溶液中的溶解性
CMC 为临界胶团浓度

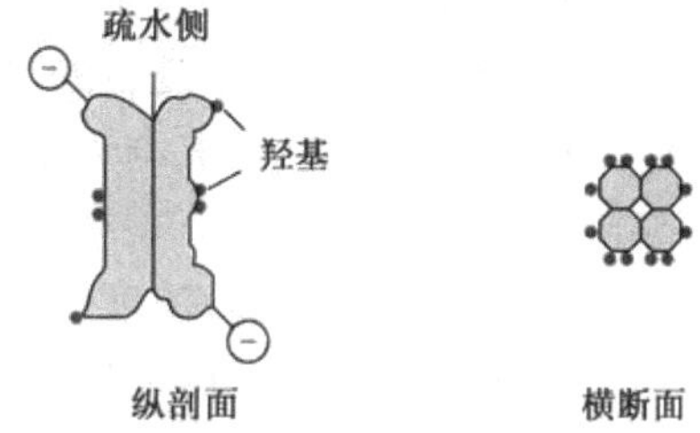

图 26.33　Na^+ 胆酸盐微团的图示

微团形成的主要作用力为非极性疏水基团与水的分隔作用，以及极性基团与水分子的相互作用。胆汁酸有闭合环状结构，一侧疏水而另一侧亲水，此外还有一个极性很强的首基。胆汁酸的极性与非极性区域的几何形态，与离子化的脂肪酸（肥皂）或磷脂差别很大，因此它们形成的微团的几何形态也有很大差别。例如脂肪酸与磷脂微团是球形的，而纯胆汁酸微团是“三明治”结构的（图 26.33）。微团（包括胆汁酸微团）可溶解磷脂和脂肪酸等脂质形成**“混合”微团**（**mixed micelle**）。事实上，肝脏与磷脂（主要为磷脂酰胆碱）和胆固醇一起分泌胆汁酸。胆汁酸与磷脂形成的混合微团呈杆状，磷脂沿着杆状缘呈放射状排列，其极性基团指向胆汁酸，胆汁酸在磷脂首基团之间起楔子的作用，其极性基团也同样外指。杆状体头部带有胆汁酸与磷脂基团帽，并且随磷脂与胆汁酸的比例增高而变长（图 26.34）。磷脂-胆汁酸混合微团可收纳并“溶解”其他不溶于水的磷脂，如胆固醇。在生理浓度下，胆汁酸只能溶解有限的磷脂与胆固醇，过剩的磷脂形成单层的小囊（直径 20～60nm），也可收纳部分磷脂，而剩余的胆固醇通过结晶作用析出（见临床相关知识 26.7）。

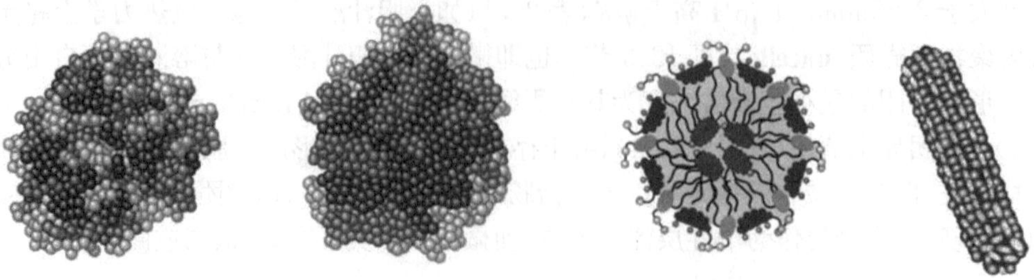

(a) (b) (c) (d)

图 26.34 混合性胆汁酸-磷脂酰胆碱微团的建议结构

混合性微团平衡结构的分子动力模型。(a)从外部看;(b)从内部看;(c)横断面图示;(d)杆状微团的图示;注意磷脂酰胆碱分子与胆汁酸呈放射状排列,相互呈楔形嵌插,占据顶部与底端(放射状壳模型)。浅蓝色代表磷脂的头基,浅蓝色代表磷脂的尾部,红色代表胆汁酸的羟基,粉色代表胆汁酸的离子基团,紫色代表胆汁酸的疏水部分,绿色代表胆固醇

在三酰甘油的消化过程中,自由脂肪酸与单酰甘油在脂肪乳糜微球与微团表面释放。与三酰甘油不同,自由脂肪酸与单酰甘油的水溶性稍大,表面分子可与溶液中和胆汁酸微团中的分子相平衡。因此,三酰甘油的水解产物不断地从乳糜微球转移到微团(图26.28)。

微团是脂质从消化管道转移到黏膜表面的主要形式。由于细胞表面的液体层混合较差,液流顺浓度梯度跨过该**"未缝合的"的液体层(unstirred fluid layer)**扩散。细胞表面通过扩散作用转运的溶质的比例,与管腔和细胞表面的浓度差对应。由于达不到要求的浓度梯度与转运比例,一些溶解度很小或不溶的营养物质很难跨该层面扩散。胆汁酸微球通过在其表面增加脂质的有效浓度解决了这一问题。有效浓度的增加与转运率的增加基本成比例,并且可以达到脂肪酸单独溶解时的1000倍,与脂肪酸微球和单独分子的水溶性相一致。由于微团的扩散常数仅比溶液中的脂质分子略小,因而形成了该液流与有效浓度间的关系。在缺乏胆汁酸的情况下,三酰甘油的吸收不会完全停止,但是有效性显著降低。残余脂质的吸收有赖于自由脂肪酸与单酰甘油的微弱水溶性,未吸收者到达低位肠道,其中一小部分被细菌代谢,其余通过粪便排泄(脂肪泻)。

微团同时也转运胆固醇与脂溶性维生素A、D、E与K经过未缝合液体层。胆汁酸分泌对其吸收至关重要。

吸收的大部分脂质都被混合入乳糜微粒

肠上皮细胞对脂质的摄取是通过跨细胞膜扩散完成。此外,载体(FATP4或SLC27A4)可增加长链脂肪酸的吸收;而管腔质膜上的通道(Niemann-Pickc1-like protein或NPC1L1)可增加固醇的摄取。固醇可被由两个半载体(ABCG5与ABCG8)组成的ABC载体泵回肠道,而事实上部分胆固醇回到管腔间隙。ABC载体将固醇运出的机制对于减少植物固醇尤其重要;正常情况下,植物固醇也可以出现于血浆中。任何一半载体的功能异常都会导致血浆植物固醇——谷固醇升高(植物固醇血症或谷固醇血症)。

脂肪酸与单酰甘油有微弱的水溶性,基本可完全吸收。不溶于水的脂质的吸收效率

较低，如食物胆固醇的吸收率只有 30%～40%。

在吸收上皮细胞中，所吸收的脂肪酸的命运与其链长有关。短链与中链**脂肪酸**(**fatty acid**)(≤10 个碳原子)不经修饰即进入门脉血液；而长链脂肪酸(>12 个碳原子)或其单酰甘油与细胞质中的脂肪酸连接蛋白(肠 FAB 或 I-FABP)相连后转运入内质网，然后转变为三酰甘油。其中所需的甘油主要来自于吸收的二酰甘油，少量来自于葡萄糖。胆固醇被胆固醇酰基转移酶酯化。新合成的三酰甘油与胆固醇酯形成脂质小球，磷脂与**载脂蛋白**(**apolipoprotein**)吸附其上，由于这些脂质小球可长大至数微米(直径)并通过淋巴管离开肠道(乳糜即乳化的淋巴液，来自于希腊语 chylos，意为液)，因而被称为**乳糜微粒**(**chylomicron**)。乳糜微粒在内质网内合成后转移到高尔基体，然后随小囊泡运动到基底外侧膜，当囊泡与细胞膜融合时，它们被释放入细胞间隙。有趣的是，乳糜微粒经肠淋巴管和胸导管进入体静脉，而非毛细血管间隙与门静脉。肠载脂蛋白被命名为 A-1 与 B48(见临床相关知识 26.8)；它们与肝脏中有相似功能的载脂蛋白有所不同(见 18.3 节)。

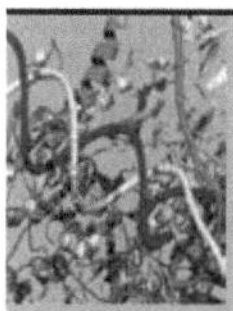

临床相关知识 26.6

采用药理学手段阻止脂肪吸收，防止肥胖

由于食物过剩，肥胖已成为现代社会的重要问题。因此，世界各地对减肥的兴趣与日俱增。两种根据肠道脂肪吸收原理开发的产品可满足此需求。Olestra(瑞士注册商标)是商业脂质产品，由自然脂肪酸与蔗糖而非甘油的酯化形成(图 a)。有 6～8 个脂肪酸与蔗糖的逐步结合，其口感与自然脂质相似，但它不能被水解，只能原封不动地排泄。

胰脂肪酶是将食物三酰甘油水解为可吸收的脂肪酸与甘油的主要的酶。Orlistat(图 b)是三酰甘油不能水解的类似物，并且是胰脂肪酶的强抑制剂。摄入 Orlistat 可减慢脂质的消化与吸收。其益处来自于一些脂质的排泄，以及脂质到达末端小肠与结肠时的激素释放(多肽 YY 激素)。多肽 YY 激素被认为可增加饱胀感并延长食物通过胃肠道的时间。

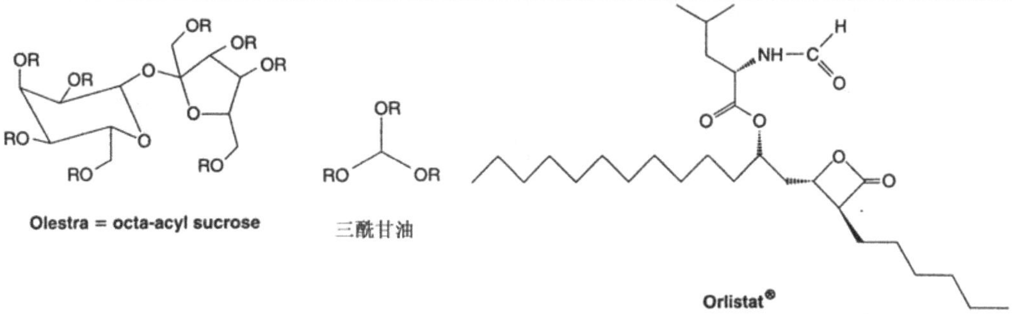

(a)　　(b)

食物中的中链脂肪酸直接随门静脉进入肝脏；而长链脂肪酸先到达脂肪组织与肌肉，再经体循环到达肝脏。脂肪细胞与肌细胞摄取大量的食物脂质，将其储存或代谢。分流

作用可能是进化过程中对肝脏的保护，避免其餐后脂质负担过重而形成的。

由于肠细胞对长链与中链脂肪酸的吸收有区别，可据此开发以脂肪酸的形式为肝脏提供高热量的营养物质。短链与中链脂肪酸的气味与口感有腐败感，但含这些脂肪酸的三酰甘油非常美味，可以作为食物的一部分。短链脂肪酸在生理过程中产生，尤其是在结肠，由残余碳水化合物中的细菌产生。这些脂肪酸被吸收入门脉血中。

26.7 胆汁酸代谢

胆汁酸的合成与化学特性

胆汁酸在肝脏中以胆固醇为原料合成，与磷脂一起分泌入胆道，并在肠管中被细菌酶修饰。肝脏中合成的一级胆酸为**胆酸**(**cholic**)与**鹅脱氧胆酸**(**chenodeoxycholic**)。细菌还原一级胆酸环状结构中的第 7 位原子而形成二级胆酸，分别为**脱氧胆酸**(**dexycholate**)与**石胆酸**(**lithocholate**)(表 26.11，图 18.42，18.3 节)。

表 26.11 胆酸、脱氧胆酸与鹅脱氧胆酸结合对酸度的影响

胆酸	离子化基因	pK_a
未结合胆酸	$—COO^-$	≃5
糖结合物	甘氨酸的$—COO^-$	≃3.7
牛磺酸结合物	牛磺酸的$—SO_3^-$	≃1.5

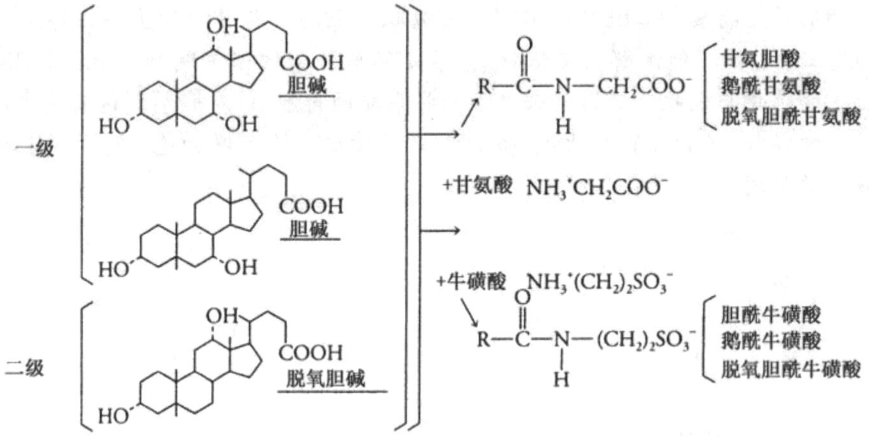

肠道(低位回肠)将一级胆酸与二级胆酸重吸收入门脉血中，由肝细胞摄取后，一级与二级胆酸通过异肽键与甘氨酸或牛磺酸相连，最后以糖-牛磺酸结合物的形式分泌入胆道。糖-牛磺酸结合的形式可使弱酸性的羧基的极性与酸性更高，表现为 pK 低并可在很大的 pH 范围内离子化。在肠腔中，异肽键的水解部分结合物可发生转变。

胆汁酸的转运

成人每天分泌 20～30g 的结合与非结合胆酸，但机体却只含 3～5g 的胆酸。原因在于胆酸有去垢剂的特性（如溶解细胞的能力），浓度过高时会产生毒性。因此胆汁酸每天重吸收，重复循环到肝脏，并重复分泌达 4～10 次。该过程被称为**肝肠循环（enterohepatic circulation）**（图 26.35）。胆酸的重吸收效率高，每日仅有 0.8g 的胆汁酸随着排泄物排出。血清胆酸通常随着其重吸收率波动，因而进餐过程中最高。胆酸盐、脱氧胆酸、鹅脱氧胆酸及其结合物反复参与肝肠循环。相反，大部分由细菌酶产生的**石胆酸（lithocholic acid）**再次通过肝脏时被**硫化（sulfate ester）**，无法重吸收而排出。

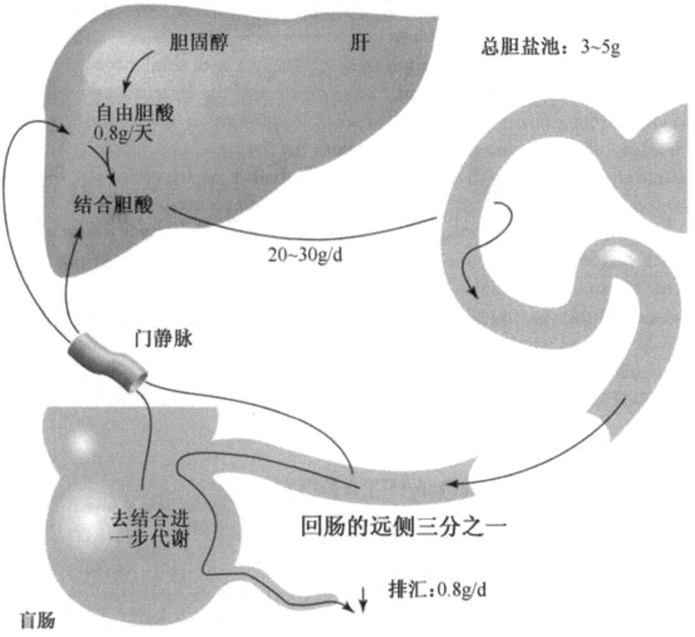

图 26.35　胆汁酸的肝肠循环

介导胆酸肝肠循环的载体如图 26.36 所示。回肠的 **Na^+-胆汁酸共转运系统（apical sodium-dependent bile acid transporter，ASBT 或 SLC10A2）**的继发性主动转运介导胆酸重吸收，其化学计量为 Na^+ ∶胆汁酸＝2 ∶ 1。胆酸通过阴离子（如碳酸氢根离子）交换，或由 ABC 型泵（MRP3 或 ABCC3）主动转运而从回肠细胞转移入血，接着主要通过 Na^+-胆汁酸协同的继发性主动转运（**Na^+ 牛磺胆酸盐协同转运多肽，taurocholate cotransporting polypeptide，NTCP 或 SLC10A1**）由肝细胞从血中摄取。未结合胆酸也可以被 Na^+ 不依赖的，多器官特异性载体（SLC21A）从血中摄取。相反，肝细胞通过初级主动转运（**胆汁酸盐运出泵，bile salt export pump**，BSEP 或 ABCB11，ABC 载体家族的另一个成员见 12.4 节）将胆酸跨小管质膜分泌入胆道。磷脂与胆汁酸同时分泌，是由 MDR2 泵（ABCC3）转运的。为了达到适合的细胞内总胆酸浓度，而维持血清中的低浓度以阻止溶解作用，胆汁酸与特定的连接蛋白相连，白蛋白在血浆中就起着这种连接蛋白的功能。

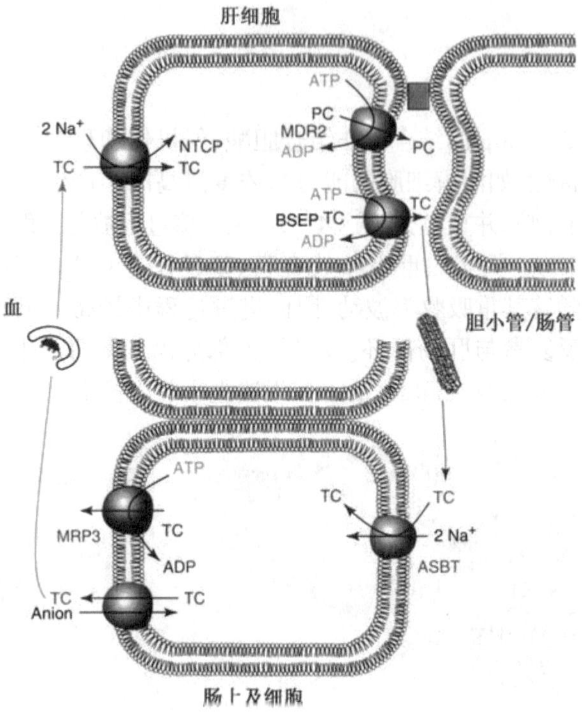

图 26.36 肝肠循环中磷脂酰胆碱与牛磺胆酸酯的转运

临床相关知识 26.7

胆固醇结石

肝脏将磷脂、胆固醇与胆酸分泌入胆道。由于胆固醇的溶解度较低，胆囊内易形成胆固醇结石。结石形成相对常见，北美高达 20% 的人口会形成结石。胆固醇在水溶液中的溶解度很低，但它可形成脂质-胆酸微团而“溶解”(附图)。肝脏可分泌胆固醇过饱和的胆汁，过量的胆固醇会从溶液中结晶析出。过饱和胆汁可致结石形成。由于胆汁与结晶核的接触时间的关系，结晶体通常形成于胆囊而非肝胆管。此外，由于电解质与水的吸收，胆汁在胆囊中浓缩。可口服鹅去氧胆酸盐(表 26.11)及其异构体乌索脱氧胆酸盐(β 位 7-羟基)，通过降低胆汁中的胆固醇并溶解结石中的胆固醇以溶解结石。分泌胆固醇过饱和的胆汁的倾向具有遗传性，女性多于男性，并与肥胖有关。

10% 脂质包含胆汁酸、磷脂酰胆碱与胆固醇，图中的三角形代表这三种脂质所有可能的组成比例。三角形内的每一点代表其特定组成比例，可通过箭头指示而从图中读出；三角形边上的每一点代表两种成分的组成比例。左边的三角形代表从无结石(红圈)和有胆固醇结石(蓝色正方形)的患者的胆囊中取得的胆汁样本的成分。致结石胆汁的成分位于“单一液态”区域的左下角。

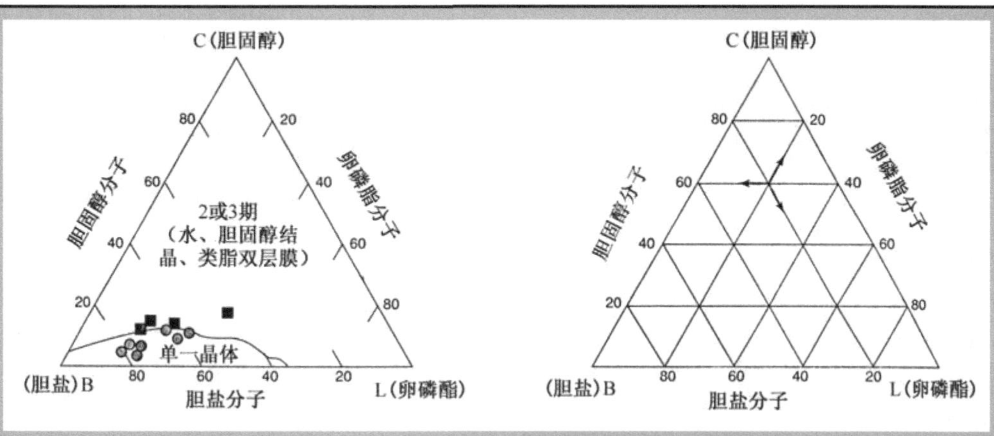

90% 水与 10% 脂质混合物的物理状态图解

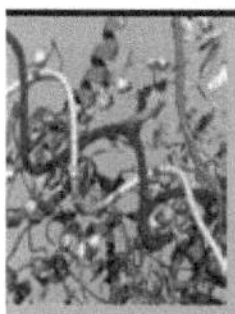

临床相关知识 26.8
A-β-脂蛋白血症

载脂蛋白 B(apoB)是脂蛋白的关键组分，48kDa 剪接变体被肠上皮细胞用以乳糜微粒的集合，而 100kDa 变体对肝脏极低密度脂蛋白(VLDL)的富集非常重要。ApoB 是新合成的三酰甘油(由微粒体的三酰甘油转运蛋白转运)的受体，后一种酶的基因变异是 A-β-脂蛋白血症的基础，该病以血清中缺乏肝肠脂蛋白为特征。血清胆固醇极低。A-β-脂蛋白血症与三酰甘油、脂溶性维生素(特别是维生素 E)严重吸收不良，以及 apoB 在肠细胞和肝细胞中积聚有关。

参考书目

General

Chang, E. B, Sitrin, M. D, and Black, D. D. *Gastrointestinal, Hepatobiliary, and Nutritional Physiology*. Philadelphia: Lippincott-Raven, 1996.

Johnson, L. R. (Ed.-in-Chief). *Physiology of the Gastrointestinal Tract*, Vols. 1 and 2, 2nd and 3rd eds. New York: Raven, 1987, 1994.

Pandol, S. and Raybauld, H. E. Integrated response to a meal. *The Undergraduate Teaching Project in Gastroenterology and Liver Disease*. Unit #29. *American Gastroenterological Association*. Timonium, M. D. (Ed.). Milner-Fenwick, Inc., 1995.

Porter, R. and Collins, G. M. *Brush Border Membranes. Ciba Foundation Symposium*, Vol. 95. London: Pitman, 1983.

Schultz, S. G. (Section Ed.) *Handbook of Physiology. Section 6: The Gastrointestinal System*, Vol. IV. *Intestinal Absorption and Secretion*. (Eds. M. Field and R. A. Frizzell). Bethesda, MD: American Physiological Society, 1991.

Gastric Acid Secretion

Richter, C., Tanaka, T., and Yada, R. Y. Mechanism of activation of the gastric aspartic proteinases: pepsinogen, progastricsin, and prochymosin. *Biochem. J.* 335:4810, 1998.

Samuelson, L. C,, Hinkle, K, L. Insights into the regulation of gastric acid secretion through analysis of genetically engineered mice. *Annu. Rev. Physiol.* 65:383, 2003.

Yao, X. and Forte, J. G. Cell biology of acid secretion by the parietal cell. *Annu. Rev. Physiol.* 65:103, 2003.

Lipid Digestion

Christophe, A. B. and DeVriese, S. (Eds.). *Fat Digestion and Absorption*. Champaign, IL: AOCS Press, 2000.

Hofmann, A. F. Bile acids: The good, the bad, and the ugly. *News Physiol. Sci.* 14:24. 1999.

Marrink, S. J. and Mark, A. E. Molecular dynamics simulations of mixed micelles modeling human bile. *Biochemistry* 41:5375, 2002.

Thomson, A. B. R., Schoeller, C., Keelan, M., Smith, L., and Clandinin, M. T. Lipid absorption: Passing through the unstirred layers near the brush border membrane, and beyond. *Can. J. Physiol. Pharmacol.* 71:531, 1993.

Topping, D. L. and Clifton, P. M. Short-chain fatty acids and human colonic function: Roles of resistant starch and nonstarch polysaccharides. *Physiol. Rev.* 81:1031, 2001.

Carbohydrate Digestion/Absorption

Cristofaro, E., Mottu, F., and Wuhrmann, J. J. Involvement of the raffinose family of oligosaccharides in flatulence. In: H. L. Sipple and K. W. McNutt (Eds.), *Sugars in Nutrition*. New York: Academic Press, 1974, p. 314.

Van-Loo, J., Cummings, J., Delzenne, N., Englyst, H., Franck, A., et al. Functional food properties of non-digestible oligosaccharides: A consensus report from the ENDO project. *Br. J. Nutr.* 81:121, 1999.

Transporters

Barbry, P. and Hofman, P. Molecular biology of Na^+ absorption. *Am. J. Physiol.* 273:G571, 1997.

Chillaron, J., Roca, R., Valencia, A., Zorzano, A. and Palacin, M. Heteromeric amino acid transporters: Biochemistry, genetics, and physiology. *Am. J. Physiol. Renal Physiol.* 281:F995, 2001.

Hediger, M. A., Romero, M. F., Peng, J. B., Rolfs, A., Takanaga, H., and Bruford, E. A. The ABCs of solute carriers: Physiological, pathological and therapeutic implications of human membrane transport proteins. Introduction. *Pflügers Arch.* 447:465. 2004.

Kullak-Ublick, G. A., Stieger, B. and Meier, P. J. Enterohepatic bile salt transporters in normal physiology and liver disease. *Gastroenterology* 126:322, 2004.

Rao, M. C. Oral rehydration therapy: New explanations for an old remedy. *Annu. Rev. Physiol.* 66:385, 2004.

Wittenburg, H. and Carey, M. C. Biliary cholesterol secretion by the twinned sterol half-transporters ABCG5 and ABCG8. *J. Clin. Invest.* 110:605, 2002.

Wood, I. S. and Trayhurn, P. Glucose transporters (GLUT and SGLT): Expanded families of sugar transport proteins. *Br. J. Nutr.* 89:3, 2003.

Web Sites

ABC transporters: http://nutrigene.4t.com/humanabc.htm

Aminoaciduria:http://cnserver0.nkf.med.ualberta.ca/cn/Schrier/Volume2/chapt12/ADK2_12_4-6.pdf

Superfamily of carriers: http://www.bioparadigms.org/slc/menu.asp

Peptidase specificity: http://au.expasy.org/tools/peptidecutter/peptidecutter_enzymes.html

http://arbl.cvmbs.colostate.edu/hbooks/pathphys/digestion/stomach/parietal.html

Gluten Enteropathy: http://www.nlm.nih.gov/medlineplus/ency/article/002443.htm#visualContent

Epithelial endocrine cells: http://www.siumed.edu/~dking2/erg/gicells.htm

General: http://gastroenterology.medscape.com

习题和参考答案

选择题

1. 以下哪些不是消化酶的活性形式：
   A. 胃腔内的可溶性形式
   B. 在唾液中
   C. 与肠上皮细胞肠腔面质膜相连
   D. 溶于肠上皮细胞质中
   E. 在胰腺外分泌细胞的酶原颗粒中
2. 组胺是以下哪些选项的促分泌剂：
   A. 唾液腺分泌淀粉酶
   B. 胃分泌 HCl
   C. 胃分泌胃泌素
   D. 胰腺分泌水解酶
   E. 胰腺分泌 $NaHCO_3$
3. 小肠上皮细胞的质膜包含：
   A. 氨基肽酶
   B. Na^+ /K^+ 交换三磷酸腺苷酶
   C. 双糖酶
   D. GLUT5
   E. Na^+-单糖载体(SGLT1)
4. 微团：
   A. 与乳胶微滴相同
   B. 在任意胆酸浓度下都可形成
   C. 不会显著增加食物中脂质的利用率
   D. 呈球形，含胆酸与磷脂
   E. 对维生素 A、K 的吸收必不可少
5. 低位回肠的上皮细胞表达 Cl^- /$HCO3^-$ DRA 交换编码基因，这些细胞：
   A. 介导管腔内的 2 个 Na^+ 与细胞质内的 1 个 H^+ 的电交换
   B. 吸收 Cl^- 入细胞，而 $HCO_3{}^-$ 作为交换进入管腔
   C. 由于 HCl 的丢失，可抑制代谢性酸中毒
   D. 介导 Na^+ 出细胞而 Cl^- 进入细胞
   E. 介导 Na^+ 经过 Na^+ 通道进入细胞
6. 特定组织经由 Cl^- 通道影响 Cl^- 分泌(CFTR-囊性纤维病跨膜调节蛋白)。霍乱会异常地打开该通道导致 NaCl 的丢失。治疗霍乱用的液体治疗和运动后补充的电解质饮料都含有较高浓度的 Na^+ 和葡萄糖，葡萄糖的存在能增强 NaCl 的补充，原因在于：
   A. 任何营养物质的吸收都会引起 Na^+ 的摄取
   B. 葡萄糖能抑制 Na^+ 的分泌
   C. Na^+ 与葡萄糖的转运方向相反
   D. 葡萄糖经由 Na^+ 依赖性协同转运体跨肠上皮细胞吸收
   E. 葡萄糖能抑制 Na^+ /K^+ 交换三磷酸腺苷酶

问题 7 与 8：一青年女性发现每次食用奶制品后都会感觉很不舒服。胃膨胀、嗳气，经常还有腹泻。一朋友建议她改食用酸乳酪以补充钙，她对此能忍受。当她使用出奶制品外的其他食物时不会出现类似情况。和很多成人一样，她缺乏碳水化合物消化所需的一种酶。

7. 她最有可能缺乏的一种酶是：
   A. α-淀粉酶
   B. β-半乳糖苷酶
   C. α-葡萄糖苷酶
   D. 蔗糖-α-葡萄糖苷酶

E. α,α-海藻糖酶

8. 单糖自肠道吸收：
   A. 由 Na^+ 依赖的葡萄糖、半乳糖协同转运体转运
   B. 由 Na^+ 依赖的果糖促进载体转运
   C. 由 Na^+ 依赖性载体(GLUT2)跨基底外侧面转运
   D. 加入为 Na^+ 依赖性载体则逆浓度梯度运动
   E. 以上选项均正确

问题 9 与 10：一女性来到急诊室，诉右上腹和背部剧痛。疼痛开始于她食用炸鸡和涂奶酪的炸马铃薯片后数小时，症状提示“胆石症”并经超声证实，虽然后期可能需要手术，但首先考虑保守治疗。她被要求限制食用油炸食品和高脂奶制品。医师还给她口服鹅去氧胆酸，以溶解胆石。

9. 胆固醇石：
   A. 通常在胆汁通过肝胆管时形成
   B. 在磷脂中磷脂-胆汁酸微团浓度较高时形成
   C. 可被过量的胆汁酸溶解，它能将不溶于水的胆固醇溶解为微团
   D. 由于胆固醇并非胆汁的正常组分，因而很少出现
   E. 是磷脂消化的必要组成部分

10. 在胆汁酸代谢中：
   A. 肝脏合成胆酸和脱氧胆酸，它们是初级胆汁酸
   B. 次级胆汁酸是由初级胆汁酸与甘氨酸或牛磺酸共轭连接而成
   C. 肠道细菌对胆汁酸的 7-脱羟基作用产生次级胆汁酸，与初级胆汁酸有着相似的去垢和生理特征
   D. 肝脏日常分泌的胆汁酸大致与每日合成的胆汁酸量相等
   E. 共轭作用能降低胆汁酸的极性，增强了与磷脂的相互作用

问题 11 与 12：Hartnup 病(色氨酸加氧酶缺乏症)是氨基酸载体系统的遗传性缺陷，患者的肠道和肾上皮细胞缺乏中性氨基酸载体。该病的症状主要由缺乏必须氨基酸和烟酰胺(由于缺乏色氨酸的特定载体)引起。

11. 除了色氨酸，Hartnup 病患者可能还缺乏哪些氨基酸：
   A. 天冬氨酸
   B. 亮氨酸
   C. 赖氨酸
   D. 脯氨酸
   E. 以上选项均正确

12. Hartnup 病患者能从食用的蛋白质中得到一些益处，因为：
   A. 仅缺乏中性氨基酸载体
   B. 蛋白质消化而来的二肽与三肽由其他载体(PepT1)转运
   C. 他们的内肽酶和外肽酶均正常
   D. 以上所有选项均正确
   E. 以上所有选项均不正确

问答题

13. 使用已知的奶肽酶和外肽酶，写出所示肽链完全消化的通路。
   His-Ser-Lys-Ala-Trp-Ile-Asp-Cys-Pro-Arg-His-His-Ala

14. 在什么情况下，缺乏辅脂肪酶时会抑制脂肪消化？

参考答案

1. E　酶原颗粒含有未活化的酶原或前酶，直到被释放到细胞外才会激活(由胰腺和唾液腺分泌的淀粉酶除外)

2. B　它能与胃的 H_2 受体结合，促使 HCl 分泌。A、D：乙酰胆碱为其促分泌剂；C：胃泌素为其促分泌剂；E. 受促胰液素刺激

3. B　只有基底外侧面含有 Na^+/K^+ 交换三磷酸腺苷酶，其他所有酶都位于肠腔脂膜上

4. E　脂溶性维生素必须溶解于微团中才能被吸收；A. 微团具有分子结构，为平衡结构，而乳胶微粒体积较大；B. 微团仅在临街胶粒浓度以上才会形成；低于此浓度时其组分仅为简单的溶液；C. 由于微团的存在，酶才能接近三酰甘油；D. 混合微团呈卵圆形，磷脂呈放射状排列，胆汁酸构成其尖端

5. B 电中性的 Na^+ /H^+ 交换产生的质子梯度驱动这一过程；A. 经 NHE3 载体的 Na^+ /H^+ 交换是电中性的；C. 持续损失 HCl 会导致代谢性酸中毒；D. Na^+ 的运动方向是进入细胞内，接着又在 Na^+ /K^+ 交换三磷酸腺苷酶的作用下运动到细胞外；E. 此过程发生于大肠而非低位回肠
6. D 此方法能提高细胞内电解质浓度，且较静脉输液更为便宜与方便；A. 仅有某些特定的营养物质经由 Na^+ 依赖的协同转运体吸收；B. 两者无关；C. Na^+ 依赖的协同转运体向同一方向转运两个底物；E. 葡萄糖对该酶没有作用
7. B 奶制品含乳糖。未消化的乳糖的发酵产物引起症状。酸乳酪发酵水解乳糖。A、C、D：缺乏其中任何一种都会引起与多数碳水化合物相关的症状；E. α，α-海藻糖酶见于蘑菇而非奶制品中
8. E 所有这些载体都在吸收消化后的单糖中起作用。D：对于大部分食物葡萄糖的摄取尤为重要
9. C 当胆汁过饱和(胆固醇/磷脂＞1：1)时会形成结石。摄入的胆盐可提高微团的溶解度。A. 结石通常在胆道中形成；B. 问题在于磷脂相对于胆固醇过少；D. 事实上，结石是比较常见的；E. 胆盐对于脂质的消化必不可少，但结石不是
10. C 初级胆汁酸(胆酸与脱氧胆酸)在肝脏中合成。它们在肠道中可被细菌转变为次级胆汁酸、脱氧胆酸盐和石胆酸。D. 只有少量的胆汁酸不被重吸收，需重新合成补充。初级和次级胆酸都进行重吸收和再循环(胆肠循环)；E. 两者都共轭为甘氨酸或牛磺酸以增加极性
11. B Trp 与 tyr、phe、val、leu、ile、met 共用同一载体；A. Asp 是酸性的；C. 赖氨酸是碱性的；D. 脯氨酸是亚氨基酸；所有选项都有单独的载体
12. D 机体至少有 7 种载体来转运不同类型的氨基酸，二肽与三肽也有相应的载体。C. 由于机体不能吸收完整的蛋白质，因而需要有内肽酶与外肽酶
13. 胰蛋白酶消化形成(a)His-Ser-Lys＋，(b)Ala-Trp-Ile-Met-Cys-Gly-Pro-Arg＋，(c)His-His-Ala。(a)的进一步消化由弹性蛋白酶和二肽酶完成；(b)的进一步消化始于糜蛋白酶，接着需要二肽酶、三肽酶和羧肽酶 B；(c)的降解羧肽酶 A 和二肽酶已足够。关键在于需要数种有着不同特异性的肽酶。
14. 三酰甘油可在胃中由胃脂肪酶部分水解。在小肠中，乳糜微粒可由胆盐稳定，但是起主要水解作用的胰脂肪酶在没有辅脂肪酶的条件下是失活的。提供其他的脂质原料没有影响。

(董立巍　译)

27

营养原则Ⅰ:常量营养素

Stephen G. Chaney

27.1 概述

营养的最佳定义为摄入食物的构成与数量，以及生命体对食物的利用。由于食物利用是一个生化过程，以下两章主要从生物化学角度探讨基本的营养学问题。营养问题已经成为了当今社会生活中的讨论焦点，仅仅简单地了解营养知识是远远不够的，还需要透彻了解其复杂的机理。以下几章将阐述一些重要的营养学问题的生化基础。

总的来说，人类的营养学研究可以分成三部分：营养不良、营养过剩以及合理营养。在美国，**营养不良(undernutrition)**性疾病现已非常少见，已不再是关注的焦点。事实上在发达国家，营养过剩已经成为一个非常严重的问题。据估计，目前美国超过30%的人口患有肥胖症，并处于由此带来的多种严重疾病的高危状态下。最后，理想营养或**合理营养(optimal nutrition)**的观点正在引起越来越多的关注。只有在富足的社会才会出现这类观点，因为只有食物供应充足，营养缺乏疾病稀少，才有可能考虑营养物质对健康的长期影响。这可能是现今营养学研究最为活跃的领域。

27.2 能量代谢

以卡路里来衡量食物中的能量

我们所吃的大部分食物都被转化为ATP与其他高能复合物，这些能量被利用以驱动生物合成通路，产生神经冲动，以及为肌肉收缩供能(图27.1)。食物中的能量多以卡路里(calory)为单位来计算。从技术上来讲，亦即食物在体内“燃烧”时释放的千焦耳(机械能量的衡量标准)能量。但由于美国人的习惯问题，本文沿用卡路里为单位。蛋白质、脂肪、碳水化合物与酒精的卡路里值分别约为4、9、4与7kcal/g。根据这些值和食物中各种营养成分的含量，就很容易计算食物中的卡路里。在美国，计算食物的卡路里含量不是主要问题，重点在于如何平衡卡路里摄入与消耗。那么，这些能量到底到哪里去了呢？

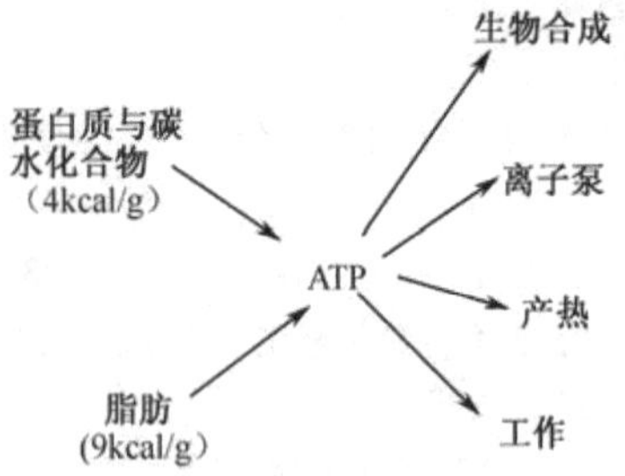

图27.1 食物的代谢转归

影响能量消耗的四种因素

影响个体能量消耗的因素主要有四种，如表27.1所示。一般认为体表面积与人体丢失的热量具有相关性：表面积越大，热量消耗率也越大。在体重相同的情况下，无脂肪者的体表面积较肥胖者大，其能量需求也更大。年龄可反映生长情况与净肌肉量这两大因

表 27.1　影响能量消耗的因素

表面积	性别
年龄	活动水平

素。婴儿与儿童处于快速生长期，需要更多的能量，表现为**基础代谢率**(**basal metabolic rate**，**BMR**)高(平静状态下能量利用率大)。而成人(即使是无脂肪的成人)随着年龄的增长，肌肉组织逐渐被脂肪与水代替，导致基础代谢率每 10 年下降 2%。由于女性净肌肉量少，以及性激素对代谢的影响，其基础代谢率大多较男性为低。运动对能量需求的影响是显而易见，但是大多过分强调即时效应而非长期锻炼的影响。例如，消耗掉一个苹果派中的卡路里可能需要慢跑超过 1 小时。

经常性的锻炼(exercise)能提高基础代谢率，使卡路里能更快速地燃烧。需要设计常规锻炼计划才能提高净肌肉量，而提高基础代谢率则需每周运动 3～5 天(非有氧运动)。对于年龄较大或虚弱者，即使每天走路也能轻度提高基础代谢率。

由于甲状腺素、性激素、生长激素，以及少量的肾上腺素和皮脂醇都能提高基础代谢率，因而激素水平同样非常重要。肾上腺素与皮质醇的作用能够部分解释为什么严重应激与创伤时能量需求会显著增高。最后，由于饥饿(starvation)与半饥饿状态下基础代谢率会降低 50%，因而能量摄入本身与能量消耗之间也存在负关联，在真性饥饿状态下，这对生存有重要意义，但对通过限制卡路里饮食来减肥的人没有多少帮助。

27.3　蛋白质代谢

食物蛋白具有包括提供能量在内的多种作用

长期以来，蛋白质(protein)一直被誉为“构筑人体”的食物。蛋白质对人体所有细胞的构成都必不可少，对于维持必要的分泌(如消化酶、肽、蛋白激素)也很重要。血浆蛋白在维持渗透压平衡、经由血液转运物质以及维持免疫中都起着重要作用，它们的合成也需要蛋白质。但是，北美人的平均蛋白质消耗量远高于需求量，过剩的蛋白质被用于提供能量，其产物葡萄糖氨基酸被转变为葡萄糖，生酮氨基酸被转变为脂肪酸和酮酸。假如脂肪与碳水化合物已足够满足能量需求，这两种氨基酸(amino acid)最终都被转变为脂肪组织中的三酰甘油。因此对大部分人来说，高蛋白饮食仅产生脂肪组织。

一种比较常见的说法是机体没有储存蛋白质的场所，因此每次进餐都必须摄入足够的蛋白质。事实上，这一观点不十分确切。机体虽然没有单独一类用以储存的蛋白质，但仍有一定量的蛋白质在不断地进行着分解与再合成。在禁食状态下，蛋白质的分解加强，产生的氨基酸用于制造葡萄糖，合成非蛋白质含氮化合物，以及上文提到的必要的分泌物和血浆蛋白。即使在进食状态下，一些氨基酸仍然用于产生能量以及生物合成的前体。因此，人体的蛋白质转化是一个常规过程，是氮平衡的必要特征。

氮平衡涉及氮的摄入与排出

氮平衡(**nitrogen balance**)(图 27.2)涉及氮的摄入(主要以蛋白质的形式)与排出(主

要以大便中未消化的蛋白质和尿中的尿素与氨的形式)间的关系。正常成人处于氮平衡状态,失去的氮正好由摄入补充。负氮平衡由蛋白质摄入不足引起,因为氨基酸用于能量和生物合成反应的作用是不能被替代的。负氮平衡也发生在组织损伤、严重创伤与疾病时,此时机体的适应反应引起蛋白质分解代谢加强。正氮平衡时机体蛋白质的净含量增加,如生长中的儿童、孕妇或恢复期的成人。

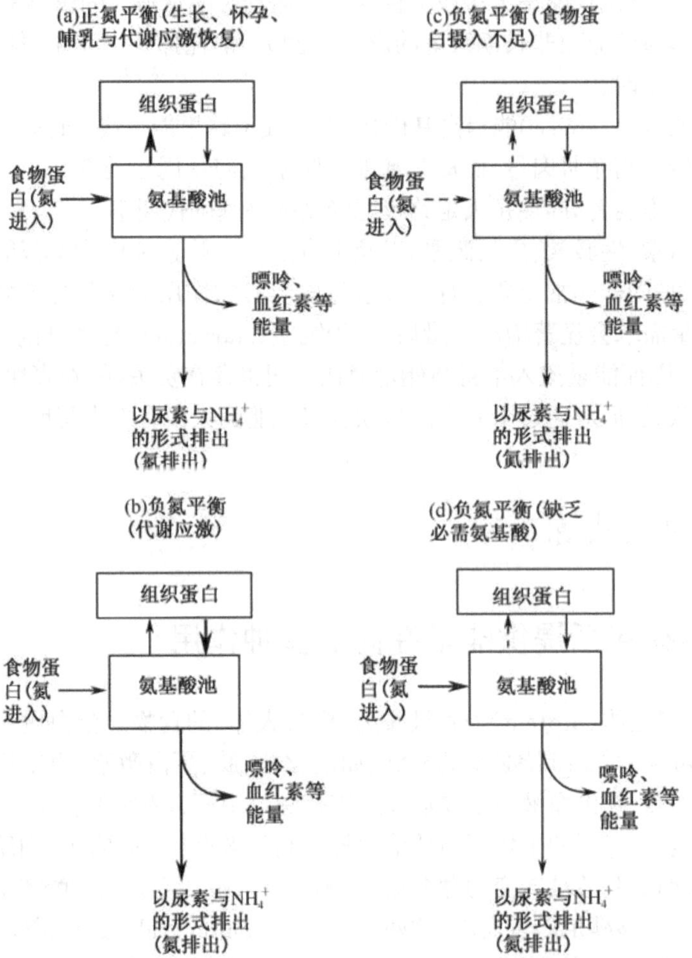

图 27.2 影响氮平衡的因素

氮平衡中代谢相互作用的图示。(a)正氮平衡(生长、怀孕、哺乳与代谢应激的恢复过程);(b)负氮平衡(代谢应激);(c)负氮平衡(食物蛋白摄入不足);(d)负氮平衡(缺乏必需氨基酸)。每幅图都代表特定代谢条件下的氮平衡状态。每一条件下的主要通路都用深红色箭头标示。

必需氨基酸须由食物提供

饮食过程中,除了蛋白质的量外,还需要考虑多个因素。其一是摄入物中**必需氨基酸**(**essential amino acid**)的补充。必需氨基酸不能由机体自身合成(表 27.2)。若饮食中缺乏其中一种必需氨基酸,机体就无法合成新的蛋白质以补充正常循环中的损失,从而导致负氮平衡(图 27.2)。

大部分动物蛋白都含有所有必需氨基酸,其量基本能满足人体需要。而植物蛋白经常缺乏一种或多种必需氨基酸,有时还可能会较难消化。但是考虑到机体还会额外摄入蛋白质,其消化时能提供足量的必需氨基酸;两种或两种以上蛋白质一起消化时可相互补充氨基酸,因而即便如此,素食仍然能提供足够的蛋白质。例如,假如玉米(缺乏赖氨酸)与豆类(缺乏蛋氨酸但富含赖氨酸)一起消化,这两种植物蛋白的利用效率能与动物蛋白的相似。儿童摄入素食是否能提供足够的蛋白质与能量的问题将在临床相关知识 27.1 中讨论;肾病患者食用含有高质量蛋白质的低蛋白饮食的问题将在临床相关知识 27.2 中讨论。

表 27.2　必需氨基酸

组氨酸	蛋氨酸
异亮氨酸	苏氨酸
亮氨酸	色氨酸
赖氨酸	缬氨酸

临床相关知识 27.1
儿童的素食饮食与蛋白质-能量需求

纯素饮食(如 lacto-ovo 素食反对的)的最重要的问题之一是如何获得足够的蛋白质与热量。由于蔬菜与水果的蛋白质的热量密度较肉类少(30～50cal/100g 对 150～300cal/100g),因而素食可能会引起能量摄入不足。在蛋白质方面,这一问题有三重性:①大部分植物制品蛋白质含量较少(1～2g/100g 比 15～20g/100g);②大部分植物蛋白的生理价值较低;③部分植物蛋白不能完全消化。准确地说,设计良好的素食通常也能为成人提供足够的热量与蛋白。而且事实上减少卡路里摄入量可能还有一定益处,因为严格的素食者的体重通常较非素食者轻。

成年男性每天需要 0.8g 与 40cal/kg 体重的蛋白质,但是儿童的需求量却是其 2～3 倍。同样,怀孕妇女每天额外需要 10g 蛋白质与 300cal 热量,哺乳期妇女需要 15g 蛋白质与 500cal 热量。因此,儿童与怀孕和哺乳期妇女容易发生蛋白质-能量营养不良。素食主义女性的孩子出生体重通常偏低。同样,素食主义的儿童在前 5 年中生长率也较低,但在 10 岁时通常能赶上其他儿童。

高危人群的膳食需要进行周密的设计,从而为其提供足够的热量与蛋白质。在为儿童设计高卡路里-蛋白质饮食时必须遵循三大原则:①尽可能加入蛋和牛奶,因为它们是高质量蛋白质与能量的良好来源;②包含大量的高卡路里密度的素食,如坚果、谷物、干豆,以及干果;③包含大量具有相互补充作用的高蛋白素食。曾经认为相互补充的蛋白质必须存在于同一次进食中,但近期的动物研究表明,必需氨基酸含量低的饮食可能通过下一顿一次进食中加入所缺的氨基酸而得到补充。

临床相关知识 27.2
食物蛋白质摄入与肾脏疾病

慢性肾衰以蛋白质的代谢终产物(主要为尿素)积累为特征。由于这些毒性代谢终产物与肾衰的很多症状相关,因而通常需要限制慢性肾衰患者的蛋白质摄入,限制程度与疾病的严重程度有关。当每日饮食中含有足够的热量,并且蛋白质量仅为 40g

时,患者易于长期维持氮平衡。当每日蛋白质摄入少于 40g 时会引发一些问题。蛋白质转化在继续,应在提供足够的蛋白质以避免负氮平衡与尽可能少地供给以避免垃圾产物积聚二者之间寻找平衡。

设计此类膳食时采取的策略为:①提供足够的蛋白质(主要为高生物价值的蛋白质)以满足生理需求;②提供足够碳水化合物与脂肪以满足日常的热量需求,其目标为提供恰好足够的必需氨基酸以维持正氮平衡,因此机体需要从其他含氮代谢物中合成非必需氨基酸。为了使蛋白质不必用于能量代谢,需要提供足够的碳水化合物与脂肪。这种饮食使患者能在较长时间内每日只摄入 20g 蛋白质,在如此低的蛋白质摄入水平上维持氮平衡是非常困难的,因而需要通过测定血清白蛋白和转铁蛋白对患者的蛋白质情况进行监测。

但是这类饮食非常单调,通常很难长期坚持。典型的 20g 蛋白质饮食包含:①1 个鸡蛋加 3/4 杯牛奶,或再加一个鸡蛋或 1oz 肉;②半磅低蛋白的全麦面包,但必须避免所有其他面包与谷物——几乎包括所有烘烤的食物;③少量低蛋白、低钾的水果与蔬菜;④利用糖与脂肪来满足剩余的热量需求,但必须避免蛋糕、派与饼干。

相反,血液透析会导致蛋白质处于净分解状态,引起肌肉量减少并使发病率与病死率增高。因此,经常进行血透的慢性肾衰患者的蛋白需求量会增加。近期研究表明,血透期间通过静脉注射或口服补充蛋白质能够帮助维持内环境稳定。由于分解代谢与败血症、休克、创伤和烧伤等密切相关,因此这些原因引起的急性肾衰通常也会引起蛋白质的需求量增加。

蛋白质的节省与饮食中的碳水化合物和脂肪含量有关

决定蛋白质需求的另一个因素是饮食中的脂肪与碳水化合物含量。假如饮食摄入量不足,食物中的部分蛋白质被用于产生能量,而无法用于合成组织。因此,随着来自碳水化合物和脂肪的能量的增多,蛋白质的需求量会降低,称为**蛋白质节省**(**protein sparing**)。在此过程中,碳水化合物的效能较脂肪的高,可能是因为碳水化合物能被几乎所有组织利用产生能量,而脂肪不能。

正常成人蛋白需要量

在美国人的平均饮食中,蛋白质混合物的卡路里量充足,并且有 75% 的利用率。**推荐蛋白摄取量**(**recommonded protein intake**)为 0.8g/(kg · d)。72kg 体重的男性每天应摄取 58g 蛋白质,而 55kg 的女性则应达到 44g/d。当进食为素食并且总的蛋白质利用率小于 75% 时,这些数值应适当提高。

生长期与患病期间蛋白质需求量增加

由于食物中的蛋白质对于合成、维持和修复人体组织都必不可少。在快速生长期,如怀孕期、婴儿期、儿童期以及青少年期蛋白质的需求量都会显著增加。随着年龄的增长，蛋白质的需求量会有轻微下降，但与生长需求相比，年龄的影响很小。但是，由于年龄大的人消耗的蛋白质通常较少，因此其饮食中高质量蛋白质的比例应较高。由于吸收不良，一些年龄大的人可能有特殊的蛋白质需求。

疾病、严重创伤与外科手术会引起**分解代谢应答**（**catabolic response**）。此时，机体分泌糖皮质激素、肾上腺素与细胞因子增加，能量与蛋白质的需求量增大，蛋白质分解加速，若无蛋白质摄入增加会导致负氮平衡（图 27.2）。虽然蛋白质需求增加对短期疾病患者影响不大，但对恢复期的住院患者影响却很大，如下章所述（亦可见临床相关知识 27.3）。

27.4 蛋白质-能量营养不良

蛋白质-能量营养不良（**protein energy malnutrition，PEM**）是最常见的营养不良。在发展中国家，尤其是在婴儿与儿童中，蛋白质与能量的摄入不足都很常见。由于不同病例的症状差别很大，通常将其分为消瘦或恶性营养不良。消瘦由蛋白质和能量摄入不足引起。引起消瘦或恶性营养不良的饮食具有相似性。恶性营养不良由诸如感染等蛋白质需求量突然增加而引起。消瘦的婴儿具有单薄、消瘦的外貌，与同年龄正常者相比较小。假如长期存在 PEM，儿童会出现发育障碍。由于水肿，恶性营养不良症患者通常会出现假性的丰满外貌。与恶性营养不良相关的其他征象有头发干枯、易碎，腹泻，多种类型的皮炎，以及智力发展迟缓。这两种状况最具有破坏性的结果是引起抗感染能力下降，患者的 T 淋巴细胞数量减少（因此细胞免疫应答减弱），吞噬细胞缺乏，免疫球蛋白、干扰素和其他免疫成分减少，致使很多患者死于继发性感染而非饥饿。

在美国，PEM 最常见于医院，其典型过程为：患者由于严重创伤伴感染，或为行重大手术而入院，但由于慢性疾病或身体虚弱，患者入院前已数月或数周没有很好地进食，而且患者通常还伴有进食困难，或由于手术及诊断需要而禁食，最终导致 PEM。表现为血清珠蛋白和其他蛋白质降低，或细胞免疫降低。PEM 住院患者创伤愈合较慢，抗感染能力降低，死亡率升高，住院时间延长。在美国，大部分主要医院都能够监测患者的营养水平，当需要维持正氮平衡或热量平衡时及时采取措施（见临床相关知识 27.3）。

临床相关知识 27.3

住院患者需要足够的蛋白质与热量供应

感染、创伤与手术的正常代谢应答是一种复杂的、受精密调控的分解代谢状态。白细胞介素-6（IL-6）与其他细胞因子释放，大大加快了脂肪、蛋白质与糖类的分解代谢。使得重大应激状态下需要更多的脂肪酸与糖类以满足热量需求。高血糖引起循环胰岛素的增加，超过了糖皮质激素与细胞因子的抗衡能力。骨骼肌仅使用很少的血糖，而以自由脂肪酸与自身蛋白质分解为主要能量来源。同时。它还将氨基酸、原丙氨酸运送到需要的地方，导致机体的蛋白质储存很快耗尽。

高代谢状态的住院患者需要35～45kcal/(kg·d)的热量与2～3g/(kg·d)的蛋白质。严重烧伤患者的需求量可能更多。可通过数种方法为此类术后患者提供足够的热量与蛋白质，使其较快得到恢复。当患者无法摄入足够的食物时，需要给患者补充高能量、高蛋白质的营养，通常为均质化的玉蜀黍淀粉、蛋、牛奶蛋白和调味料。当患者不能摄入固体食物或无法较好地消化复合型的混合食物时，通常通过鼻胃管给予要素饮食，其中包含小分子肽或氨基酸、葡萄糖与糊精、一些脂肪、维生素与电解质。这些方法能够在短期内满足大部分处于分解代谢状态的患者的热量与蛋白质需求。

当患者处于严重分解代谢状态或无法正常消化与吸收食物时，需要给予静脉营养。创伤最小的方法是外周静脉滴注，虽然由于液体的高渗透性，此法存在一定限制，但是5%葡萄糖与4.25%氨基酸溶液是安全的，该溶液通常能提供足够的蛋白质以维持正氮平衡，但其热量很难长期维持严重代谢状态的患者，因而通常通过静脉输注脂质来增加热量供应，并提供足够的必需脂肪酸。其中任何一种方法都能阻止外科手术与创伤引起的负氮平衡或将其最小化。具体采用何种方法视患者情况而定，优先选择创伤最小的方法。

27.5 过量的蛋白质-能量摄入

近年来，关于美国人日常摄入大量蛋白质问题已经做了很多报道。美国人平均每天摄入99g蛋白质，其中68%为动物蛋白。确实已远超过维持正氮平衡的需求量。虽然高蛋白饮食对健康成人不会产生明显损害，但有研究表明，它可能会增加尿钙损失，加速年龄相关的骨质疏松。当然，这一问题还远未解决。

肥胖症与饮食和遗传因素的关系

在美国，热量消耗过剩可能已成为最常见且最严重的营养问题。事实上，肥胖(obesity)在美国正在变得越来越流行。在过去20年中，成人肥胖症的患病率已经增加了30%，在儿童中已升高量超过两倍。由于基因不会在短期内改变，这些数据反映出美国人近年来生活方式发生了较大变化。但是，将肥胖症完全归咎于过量饮食是不确切的，遗传因素的作用也非常重要，到目前为止，其生化机制尚不明了，但科学家们正在对控制食欲与调节内环境中热量稳定的基因进行研究。例如，近期研究表明脂肪细胞能产生一种名为瘦素(leptin)的激素，可抑制食欲(见图27.3与临床相关知识17.1，17.2节)。由于遗传原因导致肥胖的鼠(*ob*/*ob*)无法合成瘦素，因而最初瘦素食欲抑制通路被认为是很有前景的药靶。但后续研究表明，大部分超重个体的瘦素合成是过量的，只有不超过2%～4%的超重个体的食欲抑制通路有缺陷。但当热量摄入过多时，遗传缺陷会使患者更易发生肥胖症。在美国，仅有15%的人口为PPAR-γ的变异体Pro12Ala的杂合子(过氧化物酶体增殖子激活的受体 γ)。但是这些杂合个体超重的可能性较小,而且在超重后,其发展为糖尿病的可能性较人口中 85% 的纯合个体要小。

肥胖症对健康的严重影响

完整论述肥胖症的处理方法超越了本章的范围,在此仅探讨肥胖症的一些代谢结果。超重个体一个重要临床特征为与脂肪摄入无关的血清自由脂肪酸、胆固醇和三酰甘油显著升高。为何会产生这种现象呢?肥胖症与脂肪组织的细胞数量和(或)体积有关。它们能产生过量的激素(如瘦素)、抵抗素与细胞因子(如 TNFα。某些细胞因子可通过胰岛素受体的自磷酸化作用,以及接下来的 IRS-1 的磷酸化而引起胰岛素抵抗(见 23.5 节)。同时,充满脂质的脂肪细胞会降低某些激素,如能增高对胰岛素的反应性的脂联素的合成。脂肪组织的胰岛素抵抗增强了激素敏感性脂肪酶的活性,从而引起循环中的自由脂肪酸升高。反过来,高血清自由脂肪酸也会引起肌肉和肝脏的胰岛素抵抗。最初阶段,胰腺由过表达胰岛素来控制血糖。因而很多患有肥胖症但血糖正常的个体表现为外周组织的胰岛素抵抗以及血液循环中胰岛素浓度升高(见临床相关知识 17.1)。高胰岛素血症会刺激交感神经系统,导致水钠潴留和血管收缩,使血压升高。

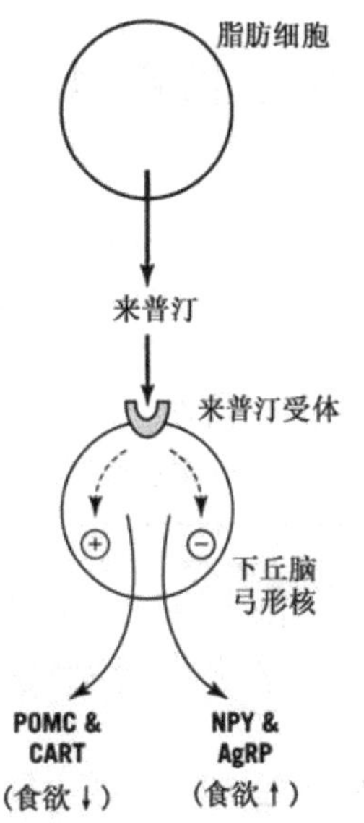

图 27.3　瘦素的食欲抑制通路

图示代表了瘦素的食欲抑制通路。脂肪细胞产生瘦素,瘦素与下丘脑的弓状核上的受体结合,刺激神经元产生食欲抑制激素 POMC(阿片黑素促皮质激素原)和 CART(可卡因-苯丙胺),并阻滞神经元产生食欲刺激神经肽 NPY(神经肽 Y)和 AgRP(南美豚鼠相关蛋白)。正常情况下,瘦素的分泌会随着脂肪细胞中脂肪存储量的增多而增多

过多的脂肪酸被运送到肝脏,转变为三酰甘油与胆固醇。过量的三酰甘油进一步与胆固醇形成极低密度脂蛋白颗粒释放,导致血液循环中三酰甘油与极低密度脂蛋白升高(见 18.3 节),并进而导致高密度脂蛋白的减少,其原因尚不十分清楚。

以上变化的最终结果是胰腺表达胰岛素的能力降低,血糖升高,葡萄糖耐受力降低。80% 的 2 型糖尿病患者都超重。由于这些代谢上的改变,肥胖症是冠心病、高血压和糖尿病的危险因素。肥胖症还与一些非感染性疾病、某些癌症、骨关节功能紊乱以及呼吸功能紊乱有关。由于代谢改变具有可逆性,这些发现在营养学上具有重要意义。通常,营养疗法的唯一最重要目的是使体重下降到理想水平,之后,饮食在维持正常的血脂和葡萄糖浓度中的重要性就会降低。

由于肥胖症会导致水钠潴留(如上所述),因而脂肪库代谢产生的水(密度比脂肪高)很大一部分会潴留于体内。所以即使饮食疗法能有效帮助脂肪组织分解,短期内患者体重也会升高。这一现象会对期望短期见效的节食者造成心理的打击。

27.6 碳水化合物

碳水化合物在代谢中主要起产生热量的作用。所有超过供能所需的碳水化合物都被转变为糖原与三酰甘油储存。机体能够适应很大范围内的碳水化合物水平(见临床相关知识 27.7)。高碳水化合物使葡萄糖激酶和部分与戊糖磷酸化通路和三酰甘油合成相关的酶处于高稳态水平。低碳水化合物会使与糖原合成、脂肪酸氧化和氨基酸代谢相关的酶水平升高。糖原库也受饮食中碳水化合物水平的影响(见临床相关知识 27.4)。

临床相关知识 27.4

碳水化合物负荷试验与运动耐量

早在 19 世纪 60 年代,有人发现剧烈运动耐量主要受肌糖原储存量的影响,从而开始了碳水化合物负荷试验。当然,糖原不是肌肉唯一的能量来源,剧烈运动时血中的自由脂肪酸增加,可被肌肉与储存的糖原一起利用产能。但当糖原耗尽时,肌肉无法完全依赖自由脂肪酸供能而很快疲劳。原因可能在于糖原在有氧与无氧运动中都能很好地供能,而脂肪酸只能在有氧状态下利用,剧烈运动过程中肌肉的含氧量越来越低,脂肪酸无法快速提供 ATP,其数量也不足以独立供能。

碳水化合物负荷训练是为田径和其他耐力运动员设计的。最初 3~4 天进行大强度训练,接下来的 1~2 天改为小强度锻炼,进高碳水化合物饮食。在最初的低碳水化合物-高热量需求阶段会消耗肌糖原的储备;接着高碳水化合物饮食可促使机体产生大量胰岛素和人生长激素,糖原储备达到正常量的两倍。该训练能够显著提高受试者的耐受力。试验表明,高脂肪与高蛋白质饮食的受试者每 100g 肌肉仅含有 1.6g 糖原,只能进行 60 分钟的标准负荷工作。当同一受试者进了 3 天的高碳水化合物饮食后,糖原储存量增加到了每 100g 肌肉 4g,在相同负荷下能工作 4 小时。

由于该疗法效果显著,运动员在低碳水化合物期通常会有嗜睡与过敏,而高脂饮食会起反作用。近期研究表明,在训练过程中长期进高复合碳水化合物低脂肪饮食而无突然改变可增加糖原储备。目前建议耐力型运动员在训练期间进高碳水化合物饮食(强调复合碳水化合物),在接下来的 2~3 天中(比赛进行前)进一步增加碳水化合物摄入(到 70% 的能量),而逐渐减小训练量。该法能够将肌糖原储备水平提高到与前面描述的碳水化合物负荷疗法相比拟的水平。

胰岛素分泌减少与缺乏胰岛素受体引起**碳水化合物不耐受**(**carbohydrate intolerance**),这是糖尿病的最常见形式,导致患者对葡萄糖和可转变为葡萄糖的糖类耐受力降低。糖尿病的饮食治疗在临床相关知识 27.5 中讨论。乳糖酶不足(见 26.5 节)在碳水化合物代谢中同样常见,仅美国就有超过 300 患者,在黑人、亚洲人和西班牙人中最为流行。没有肠乳糖酶,食物中的乳糖因无法很好地水解或吸收而滞留于肠道中,使渗透压升高,水进入肠道。滞留的乳糖被肠道细菌转变为乳酸与二氧化碳,导致胃气胀与腹泻。避免奶和奶制品的摄入可以防止此情况的发生。

临床相关知识 27.5

糖尿病患者的高碳水化合物与高脂肪饮食

数年来，美国糖尿病联合会一直建议肥胖者进低脂肪含量、高复合碳水化合物与纤维的饮食，其原因显而易见。糖尿病患者都有高脂血症倾向，心脏病的危险性也会增高，而低脂饮食似能降低心脏病与高脂血症的危险性。此外，大量临床研究表明高纤维饮食能控制血糖。但对此建议有一定争议，并且在普及推广上存在困难。大部分高碳水化合物-高纤维饮食的临床试验最后都出现明显的体重下降，或是设计中的，或由食物热量密度过低引起。由于降低体重也能帮助控制糖尿病，因而很难区分处理组的改善是由饮食结构改变引起的，还是因体重降低带来的。此外，糖尿病患者对这类饮食的反应的个体差异很大。在一些肥胖症患者中，高碳水化合物-高纤维饮食的控制效果较高单不饱和脂肪酸者差（以血糖水平、VLDL 和(或)LDL 水平升高，HDL 水平下降为依据）。但是，高单不饱和脂肪酸饮食的热量密度较高，并且不适于患 2 型糖尿病的超重者食用。而且由于个体差异，血糖指数这一标准也很难应用于整个肥胖人群。1994 年，美国糖尿病联合会抛弃了单一的糖尿病饮食观点，相反，他们建议患者通过减肥以及在个人喜好的基础上选择能最有效控制代谢的饮食，使葡萄糖、脂质与血压达到理想水平。

27.7 脂肪

三酰甘油与脂肪能直接被很多组织利用产生热量。磷脂是细胞膜的重要组成部分。过量的食物脂肪只能以三酰甘油的形式储存在脂肪组织中。与碳水化合物一样，人体也能在很大范围内适应脂肪摄入。但脂肪的代谢终产物——必需脂肪酸不足可能成为问题。人体不能合成亚油酸、亚麻酸，必须由饮食提供。它们可用于维持细胞膜结构和功能的完整，用于脂肪代谢和转运，用于前列腺素和相关化合物的合成。必需脂肪酸缺乏在美国非常罕见，其最主要特征为鳞状皮炎，主要发生于以缺乏必需脂肪酸的人工配方喂养的低体重婴儿，以及长期完全依靠肠外营养为生的住院患者。另一方面，脂肪摄入过量会导致血清脂质上升，增加患心脏病的危险。近期研究表明，高脂肪饮食会增加结肠癌、乳腺癌与前列腺癌的危险。但尚不清楚癌症风险升高究竟是与高脂肪饮食本身，还是与由此引起的高热量摄入有关。动物研究表明，ω-6 多不饱和脂肪酸较其他多不饱和脂肪酸具有更高的成瘤性，有人认为来自于 ω-6 脂肪酸的前列腺素会刺激肿瘤生成，但确切原因尚不清楚。

27.8 纤维

人消化酶不能分解食物中的纤维，但肠道细菌能分解其中一部分，因而不能简单地认为膳食纤维无法消化。膳食纤维有以下三大特点：①有多种类型；②每种类型均有各自的物理、化学特征；③对人体代谢有不同的作用。

主要纤维类型与特征如表 27.3 所示。**纤维素**（**cellulose**）与大部分**半纤维素**（**hemicelluloses**）能够增加大便容量，减少运送时间，并与纤维的调节作用直接相关。它们能降低结肠内压力，对憩室类疾病有一定帮助。通过稀释可能的致癌物质，并使其加速通过肠道，能在一定程度上降低结肠癌的危险。**木脂素**（**lignin**）能增加大便容量，吸收有机物（如胆固醇，可降低血清胆固醇浓度）。**黏液纤维**（**mucilaginous fiber**），如果胶（pectin）与胶质（Gum）能在胃和小肠道中形成黏稠的凝胶，降低胃排空速率，从而降低多种营养物质的吸收速率。其最重要的临床作用是降低碳水化合物消化与吸收速率。因此，在摄入碳水化合物的同时补充纤维，可降低血糖与血清胰岛素的升高幅度。**水溶性纤维**（**water-soluble fiber**）（果胶、胶质、部分半纤维素以及储存的多糖）也能降低大部分人的血清胆固醇，其原因尚不知晓。蔬菜、小麦和大部分谷物纤维是不溶性纤维素、半纤维素和木脂素的最好来源。而水溶性纤维的最好来源是水果、燕麦和豆类。平衡的饮食结构须同时包含可溶性与不溶性的纤维来源。

表 27.3 主要的纤维类型及其特点

纤维类型	主要食物来源	化学特点	生理作用
纤维素	未加工的谷物	不可消化	增加大便容量
	麦麸	水溶性	缩短肠道内的运送时间
	全麦	吸收水分	降低结肠内压
半纤维素	未加工的谷物	可部分消化	增加大便容量
	某些水果和蔬菜	通常不溶于水	缩短肠道内的运送时间
	全麦	吸收水分	降低结肠内压
木质素	蔬菜的木质部	不可消化	增加大便容量
		不溶于水	结合胆固醇
		吸收有机物	结合致癌物质
果胶	水果	可消化	降低胃排空率
		可溶于水	降低糖摄取率
		黏液	降低血清胆固醇
树胶	干豆	可消化	降低胃排空率
	燕麦	可溶于水	降低糖摄取率
		黏液	降低血清胆固醇

27.9 膳食中的常量营养素成分

由于美国人的饮食中很少缺乏常量营养成分，故而近年来的研究主要集中于对健康最为有利的理想膳食。

影响血清胆固醇的膳食成分

关于心脏病,本文主要论述两个问题:①血清三酰甘油和胆固醇浓度与饮食是否有关;②血清低三酰甘油与胆固醇水平能否保护患者不发生心脏病。在饮食控制胆固醇水平的问题上,过于强调单独研究食物中胆固醇与三酰甘油的含量而忽视了饮食的整体性,因而犯了“只见树木不见森林”的错误。食物中至少有四种成分可影响血清胆固醇水平:胆固醇本身、多不饱和脂肪酸、饱和脂肪酸与纤维。似乎食物胆固醇摄入越多,其血清水平也越高。但事实上胆固醇的合成是受严密调控的,饮食中胆固醇的减少对血清胆固醇水平仅有轻微影响(见 18.3 节)。通过提高膳食中**多不饱和脂肪酸**(**polyunsaturated fatty acid,PUFA**)/**饱和脂肪酸**(**saturated fatty acid,SFA**)的比例,可以更显著降低血清胆固醇与三酰甘油。最后,一些植物纤维,尤其是水溶性纤维,也能显著降低血清胆固醇。虽然食物中的很多脂质对其有显著影响,但它们的生化作用仍不确定。饱和脂肪酸能抑制受体介导的 LDL 摄入,但其机制很复杂。棕榈酸(饱和,C_{16})可升高血清胆固醇水平,而硬脂酸(饱和,C_{18})无此作用。多不饱和脂肪酸能降低 LDL 与 HDL 胆固醇,油酸(单不饱和脂肪酸,C_{16})可降低 LDL 而不影响 HDL。ω-3 与 ω-6 多不饱和脂肪酸对脂质的影响有所不同(见临床相关知识 27.6)。但这些复杂作用都不能影响膳食推荐。大部分含饱和脂肪酸高的食物都含有棕榈酸、硬脂酸,易导致动脉粥样硬化。由于油酸能降低 LDL 水平,因而橄榄油(可能还有花生油)可能与多不饱和脂肪酸一样有益。

临床相关知识 27.6
多不饱和脂肪酸与心脏病危险因素

由于降低高血清胆固醇可以减少患心脏病的危险,人们对饮食对血清胆固醇和其他心脏病危险因素的影响产生了极大兴趣。影响血清胆固醇的一个重要因素是饮食中多不饱和脂肪酸与饱和脂肪酸的比例。近期研究表明,不同类型的多不饱和脂肪酸对脂质代谢和其他心脏病危险因素有着不同的影响。必需多不饱和脂肪酸可分为 ω-3 与 ω-6 两类。临床研究表明,ω-6 多不饱和脂肪酸(主要膳食来源为植物于蔬菜油的亚油酸)主要降低血清胆固醇,对三酰甘油仅有轻度降低作用;ω-3 多不饱和脂肪酸仅能轻度调节血清胆固醇,但却能显著降低三酰甘油,其机制尚不明了。

另外,ω-3 多不饱和脂肪酸还能通过其他作用降低心脏病的危险性。它们能降低血小板的聚合反应,限制炎症反应,控制心律失常,增加内皮的松弛性。其降低血小板聚合反应的机制尚不明了。花生四烯酸(ω-6 家族)是血栓素 A_2(TXA_2)——一种前聚合因子的前体;以及前列环素 I_2(PGI_2)——一种弱抗聚合因子的前体。ω-3 多不饱和脂肪酸被转变为仅有弱前聚合作用的血栓素 A_3(TXA_3);以及具有强抗聚合作用的前列环素 I_3(PGI_3)。因此,假如 ω-3 多不饱和脂肪酸代替 ω-6 多不饱和脂肪酸作为血栓素与前列环素的前体,前聚合与抗聚合之间的平衡会向抗聚合方向移动。近期研究表明,富含 ω-3 脂肪酸的饮食能够显著降低心肌梗塞患者心源性猝死的危险性。

这些观点得到了多数人的认同。那么,根据这些信息可以做些什么呢?主要的分歧来自于孤立看待每种营养元素这一倾向。例如,有没有必要将患者的饮食限制于300mg胆固醇(1个鸡蛋大约包含213g胆固醇),假如他的血清胆固醇水平仅降低5%～10%。同样,将PUFA/SFA比例从0.3提高到1.0需要去除饮食中的饱和脂肪(主要为肉和脂肪),或加入大量的多不饱和脂肪。对很多美国人来说这是很不现实的。纤维是另一个很好的例子。通过在饮食中合理地加入纤维,血清胆固醇最多可以降低5%。血清胆固醇降低15%需要每天吃15个苹果,但很少有人能做到。那么,是否可以认为通过饮食来降低血清胆固醇是无用的呢?仅孤立看待每种营养元素时才会得出此结论。例如近期研究表明,素食者胆固醇摄入低,PUFA/SFA比例高,纤维摄入多,其平均胆固醇水平较非素食者低25%～30%。根据长期研究结果,普通美国人能够接受的膳食调整有可能使血清胆固醇水平降低10%～15%。美国国家健康研究所的一项7年的临床试验表明,男性低血清胆固醇者的心脏病风险降低,但必须谨记血清胆固醇水平仅为冠心病众多危险因素之一。

碳水化合物、食物血糖指数与血糖负荷

有关碳水化合物的很多营养学争论都来自于碳水化合物对血糖和三酰甘油的影响。过去认为,与复合糖相比单糖能更明显地升高血糖与三酰甘油,但这一观点未免将问题过于单纯化了。食物中碳水化合物的作用是由其消化与吸收率和食物中的其他成分决定的。可溶纤维、蛋白质和脂肪都能减弱碳水化合物对血糖的影响。因此人们引入了**血糖指数**(**glycemic index**)这一指标,以更好地描述碳水化合物对血糖的影响。血糖指数是根据经验确定的,定义为特定食物中50g碳水化合物与50g葡萄糖对血糖的影响的比值。总的来说,馅饼皮、精制谷物、稻谷,以及植物淀粉血糖指数高,而非植物淀粉、水果、豆类和坚果的较低(表27.4)。但是,由于食物中碳水化合物含量差别很大,血糖指数有时也会起误导作用,如胡萝卜的血糖指数较冰淇淋的高(表27.4)。因此,近期引入了血糖负荷这一概念。血糖负荷为血糖指数与标准碳水化合物含量的乘积,因而胡萝卜的血糖负荷较冰淇淋的低。

表27.4　特定食物的升糖指数

谷物与谷类加工制品		蔬菜	
面包(白)	69±5	甜玉米	59±11
面包(全麦)	72±6	冰冻豌豆	51±6
米饭(白)	72±9	奶制品	
海绵蛋糕	46±6	冰淇淋	36±8
早餐谷物		牛奶(全奶)	34±6
全麦麸	51±5	酸奶	36±4
玉米片	80±6	根用蔬菜	
燕麦片	49±8	甜菜	64±16
碾碎的小麦	67±10	胡萝卜	92±20

续表

根用蔬菜		水果	
马铃薯(白)	70±6	香蕉	62±9
马铃薯(甜)	48±6	橘子	40±3
干豆荚		糖	
菜豆	29±8	果糖	20±5
大豆	15±5	葡萄糖	100
豌豆	33±4	蜂蜜	87±8
水果		蔗糖	59±10
苹果(金冠)	39±3		

植物蛋白与动物蛋白混合才能满足人体对蛋白质的需求

流行病学与动物研究均表明,动物蛋白的消耗量与心脏病和多种癌症的发病有关。但产生影响的可能并非蛋白质本身,而是相关的脂肪与胆固醇。那么,应该食用哪一类的蛋白质呢?目前的饮食状况不甚理想,而大部分美国人又无法接受严格的素食,所以最好选择中间状态,而且尚无报道称摄入低于目前美国标准动物蛋白含量的混合饮食对健康有害。

人体需要多种来源的纤维

考虑到纤维对人体代谢的影响,多数研究者都建议增加膳食纤维。目前美国人的膳食中约含 14～15g/d 的纤维。大部分专家认为至少需要增加到 25～30g 才比较安全有益。由于不同纤维有各自的生理作用,人体需要多种来源的纤维,包括新鲜水果、蔬菜、豆类以及谷物纤维(主要为纤维素与半纤维素)等。

推荐膳食

已有多个机构制订了美国人的理想膳食标准。在人类营养参议院选择委员会积极倡导下,于 1997 年发表了针对美国人的膳食改进目标,建议美国公众将总热量、脂肪、饱和脂肪、胆固醇、单糖和盐的摄入量减少至对健康更为有利的理想水平(图 27.4)。近年来,USDA、美国心脏联合会、美国肥胖联合会、国家研究委员会与外科主任也公布了相似的建议,USDA 经过综合发表了平衡膳食与谨慎膳食建议(图 27.5)。但是,其理论基础可靠与否,能不能提高公众的健康水平,个体差异有多大影响,仍然存在争议。

近期有关低碳水化合物饮食和低脂肪饮食的讨论表明了其复杂性。Atkins 出版的 *Diet Revolution* 和 *New Diet Revolution* 两本书使该讨论更为热烈,他认为低碳水化合物饮食能够更好地减肥,而脂肪,即使是饱和脂肪都不能有效影响血清胆固醇。事实上,短期研究也倾向于证实低碳水化合物饮食能快速减肥并更有效控制血糖。与低脂肪饮食者

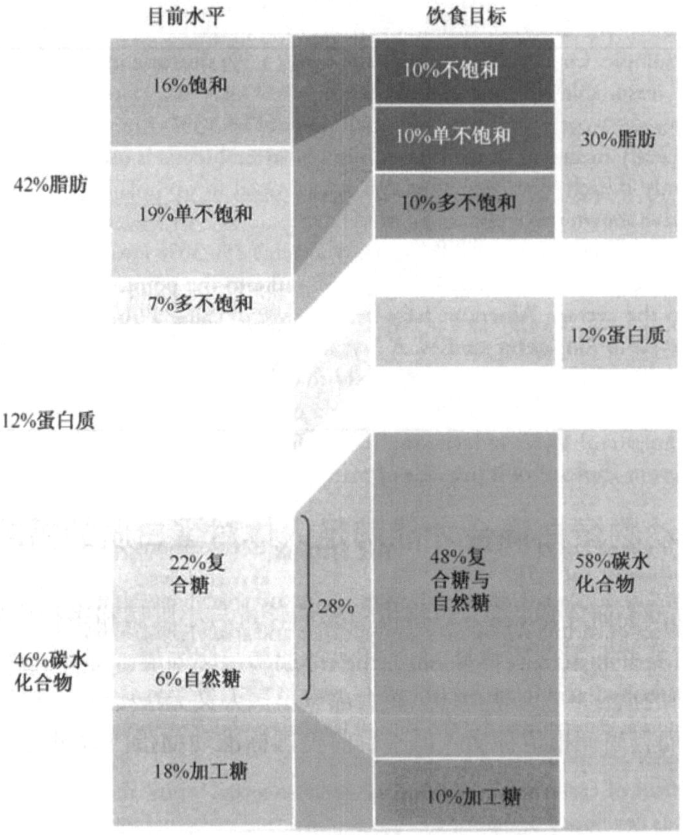

图 27.4　美国人的饮食目标

目前美国人的饮食组成与美国参议院人类营养委员会的建议目标的图示比较

图 27.5　USDA 膳食宝塔

相比,他们的 LDL 胆固醇水平不增加,三酰甘油水平较低,HDL 胆固醇水平较高,部分原因可能在于膳食成分的巨大改变而引起低代谢反应(见临床相关知识 27.7),此现象在此长期研究中消失。例如,为期一年的研究表明,等热量的低碳水化合物饮食与低脂肪饮食的减肥量相等。而其他研究表明,低脂肪饮食能更为有效地控制体重,可能是由于每克脂肪提供 9kcal 的热量而碳水化合物仅提供 4kcal。

此外,膳食中碳水化合物和脂肪的种类与数量同样重要。低血糖负荷的高碳水化合物饮食与低碳水化合物饮食能起到同样的减肥与控制血糖的作用。同样,含有益心脏健康的单不饱和脂肪与 ω-3 多不饱和脂肪的饮食与含饱和脂肪者具有同样的效果。最后,必须注意到此类推荐饮食标准针对的是整个人群而非个体。控制体重、血糖、健康脂蛋白类型最为有效的饮食类型是由个体基因决定的(见临床相关知识 27.5)。营养基因组学正是根据基因组研究制定个性化的饮食与治疗方案。

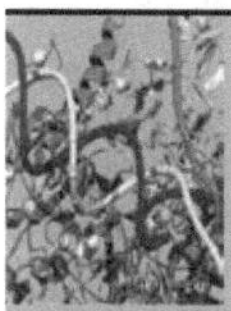

临床相关知识 27.7
代谢适应:碳水化合物摄入与血清三酰甘油间的关系

研究人员在评估营养成分时必须充分意识到,大部分临床试验的时间都很短(2～6 周),而机体可能需要很长的时间才能达到代谢适应。因此,即使设计良好的试验也会导致错误的结论,并在以后的一段时间内被广为宣传。19 世纪 60 年代到 70 年代进行的多项评估碳水化合物摄入对血清三酰甘油水平影响的试验就是如此。试验通常持续 2～3 周,给予年轻男性一种特殊饮食,其中高达 50% 的脂肪来源的热量被替代为蔗糖或单糖来源的热量。大部分人的血清三酰甘油明显上升(高达 50%),于是便得出结论,摄入单糖,尤其蔗糖越多,患心脏病的危险性越高,该观点被 *Sugar Blues* 与 *Sweet and Dangerous* 这些曾居营养学销售冠军榜的书籍广为宣传。但不幸的是,最初的结论频繁出现在出版物时,试验本身也存在疑点。后来的研究表明,假如这些试验延长持续时间(3～6 月)就会发现,受试者三酰甘油水平通常会恢复正常,这一缓慢的代谢适应机制尚不清楚。了解饮食中碳水化合物的类型也非常重要。对很多美国人来说,进食碳水化合物饮食即意味着高单糖饮食。当以脂肪、复合碳水化合物和纤维代替单糖作为碳水化合物来源时,受试者的三酰甘油会有显著下降。

参考书目

Protein Energy Malnutrition in Hospitalized Patients

Biffl, W. L., Moore, E. E. and Haenel, J. B. Nutrition support of the trauma patient. *Nutrition* 18:960, 2002.

Wilmore, D. W. Metabolic response to severe surgical illness: An overview. *World J. Surg.* 24:705, 2000.

Wolfe, R. R. and Martini, W. Z. Changes in intermediary metabolism in severe surgical illness. *World J. Surg.* 24:639, 2000.

Metabolic Consequences of Obesity

Boden, G. Free fatty acids, insulin resistance, and type 2 diabetes mellitus. *Proc. Assoc. Am. Physicians* 111:241, 1999.

Hotamisligii, G. S. The role of TNFα and TNF receptors in obesity and insulin resistance, *J. Intern. Med.* 245:621, 1999.

Le Roith, R. and Zick, Y. Recent advances in our understanding of insulin action and insulin resistance. *Diabetes Care* 24:588, 2001.

Pi-Sunyer, F. X. Health implications of obesity. *Am. J. Clin. Nutr.* 53:15955,1991.

Genetic Predisposition to Obesity

Fliers, J. S. Obesity wars: Molecular progress confronts an expanding epidemic. *Cell* 116:337, 2004.

Evans, R. M., Barish, G. D., and Wang Y. X. PPARs and the complex journey to obesity. *Nat. Med.* 10:355, 2004.

Ochoa, M. C., Marti, A., Azcona, C., Cheuca, M., Oyaizabal, M., Pelach, R. et al. Gene–gene interactions between PPAR gamma 2 and ADR beta 3 increases obesity risk in children and adolescents. *Int. J. Obes. Relat. Metab. Disord.* 28(Suppl. 3): S37, 2004.

Pihlajamaki, J., Vanhala, M., Vanhala, P. and Laakso, M. The Pro12Ala polymorphism of the PPAR gamma 2 gene regulates weight from birth to adulthood. *Obes. Res.* 12:187, 2004.

Saper, C. B., Chou, T. C., and Elmquist, J. K. The need to feed: Homeostatic and hedonic control of eating. *Neuron* 36:199, 2002.

Zigman, J. M. and Elmquist, J. K. Minireview: From anorexia to obesity—The yin and yang of body weight control. *Endocrinology* 144:3749, 2003.

Diet and Cardiovascular Disease

Holub, D. J., and Holub, B. J. Omega-3 fatty acids from fish oils and cardiovascular disease. *Mol. Cell. Biochem.* 263:217, 2004.

Krauss, R. M., Eckel, R. H., Howard, B., Appel, L. J., Daniels, S. R., Deckelbaum, R. J., et al. AHA Dietary Guidelines Revision 2000: A statement for healthcare professionals from the nutrition committee of the American Heart Association. *Circulation* 102:2284, 2000.

Kris-Etherton, P. M., Harris, W. S., and Appel, L. J. Omega-3 fatty acids and cardiovascular disease. New recommendations from the American Heart Association. *Arterioscler. Thromb. Vasc. Biol.* 23:151, 2003.

Tanasecu, M., Cho, E., Manson, J. E., and Hu, F. B. Dietary fat and cholesterol and the risk of cardiovascular disease among women with type 2 diabetes. *Am. J. Clin. Nutr.* 79:999, 2004.

Mozaffarian, D., Rimm, E. B., and Herrington, D. M. Dietary fats, carbohydrate, and the progression of atherosclerosis in postmenopausal women. *Am. J. Clin. Nutr* 80:1175, 2004.

Third Report of the Expert Panel on Detection, Evaluation, and Treatment of High Blood Cholesterol in Adults (Adult Treatment Panel III), www.nhlbi.nih.gov/guidelines/cholesterol

Dietary Fiber and Health

Higgins, J. A., Resistant starch: Metabolic effects and potential health benefits. *J. AOAC Int.* 87:761, 2004.

Kendall, C. W., Emam, A., Augustin, L. S., and Jenkins, D. J. Resistant starches and health. *J. AOAC Int.* 87:769, 2004.

Shankar, S. and Lanza, E. Dietary fiber and cancer prevention. *Hematol. Oncol. Clin. North Am.* 5:25,1991.

Glycemic Index and Glycemic Load

Brand-Miller, J. C., Thomas, M., Swan, V., Ahmad, Z. I., Petocz, P., and Colagiuri, S. Physiological validation of the concept of glycemic load in lean young adults. *J. Nutr.* 133:2728, 2003.

Brand-Miller, J. C. Glycemic load and chronic disease. *Nutr. Rev.* 61:S49, 2003.

Miller, J. C. B. Importance of glycemic index in diabetes. *Am. J. Clin. Nutr.* 59(Suppl.): 747S, 1994.

Schulze, M. B. Glycemic index, glycemic load, and dietary fiber intake and the incidence of type 2 diabetes in younger and middle-aged women. *Am. J. Clin. Nutr.* 80:348, 2004.

Wolever, T. M. S., Jenkins, D. J. A., Jenkins, A. L., and Josse, R. G. The glycemic index: Methodology and clinical implications. *Am. J. Clin. Nutr.* 54:846, 1991.

Dietary Recommendations

Davis, C. A., Britten, P., and Myers, E. F. Past, present, and future of the Food Guide Pyramid. *J. Am. Diet. Assoc.* 101:881, 2001.

Food and Nutrition Board of the National Academy of Sciences. *Towards Healthful Diets*. Washington, DC: U.S. Government Printing Office, 1980.

National Research Council. *Diet, Nutrition and Cancer*. Washington, DC: National Academy Press, 1982.

Senate Select Committee on Human Nutrition. *Dietary Goals for the United States*, 2nd ed., Stock No. 052-070-04376-8. Washington, DC: U.S. Government Printing Office, 1977.

Truswell, A. S. Evolution of dietary recommendations, goals, and guidelines. *Am. J. Clin. Nutr.* 45:1060, 1987.

U.S. Department of Agriculture. *Nutrition and Your Health, Dietary Guidelines for Americans*, Stock No. 017-001-00416-2. Washington, DC: U.S. Government Printing Office, 1980.

U.S. Department of Agriculture. *The Food Guide Pyramid*, Stock No. HSG-252. Hyatsville, MD: Human Nutrition Information Service, 1992.

U.S. Department of Health and Human Services. *The Surgeon General's Report on Nutrition and Health*, Stock No. 017-001-00465-1. Washington, DC: U.S. Government Printing Office, 1988.

Effects of Diet Composition on Weight Control, Blood Glucose Levels, and Blood Lipid Levels

Anderson, J. W., Randles, K. M., Kendall, C. W., and Jenkins, D. J. Carbohydrate and fiber recommendations for individuals with diabetes: a quantitative assessment and meta-analysis of the evidence. *J. Am. Coll. Nutr.* 23:5, 2004.

Assman, G., Sacks, F., Awad, A., Ascherio, A., Bonanome, A., Berra, B. et al. 2000 consensus statement on dietary fat, the Mediterranean diet, and lifelong good health. *Am. J. Med.* 113(9B): 5S, 2002.

Gardener, C. D. and Kraemer, H. C. Monounsaturated versus polyunsaturated dietary fat and serum lipids, *Arterioscler. Thromb. Vasc. Biol.* 15:1917, 1995.

Gerhard, G. T., Ahmann, A., Meeuws, K., McMurray, M. P., Duell, P. B., and Conner, W. E. Effects of a low-fat diet compared with those of high-monounsaturated fat diet on body weight, plasma lipids and lipoproteins, and glycemic control in type 2 diabetes. *Am. J. Clin. Nutr.* 80:668, 2004.

Meckling, K. A., O'sullivan, C., and Saari, D. Comparison of a low-fat diet to a low-carbohydrate diet on weight loss, body composition, and risk factors for diabetes and cardiovascular disease in free-living, overweight men and women. *J. Clin. Endocrin. Metab.* 89:2717, 2004.

Opperman, A. M., Venter, C. S., Oosthuizen, W., Thompson, R. L., and Vorster, H. H. Meta-analysis of the health effects of using the glycaemic index in meal-planning. *Br. J. Nutr.* 92:367, 2004.

Pelkman, C. L., Fishell, V. K., Maddox, D. H., Pearson, T. A., Mauger, D., and Kris-Etherton, P. M. Effects of moderate fat (from monounsaturated fat) and low-fat weight-loss diets on the serum lipid profile in overweight and obese men and women. *Am. J. Clin. Nutr.* 79:204, 2004.

Rasmussen, O. W., Thomsen, C., Hansen, K. W., Vesterland, M., Winther, E., and Hermansen, K. Effects on Blood pressure, glucose, and lipid levels of a high monounsaturated fat diet compared with a high-carbohydrate diet in NIDDM subjects. *Diabetes Case* 16:156S, 1993.

Stern, L., Iqbal, N., Seshadri, P., Chicano, K. L., Daily, D. A. McGrory, J. et al. The effects of low-carbohydrate versus conventional weight loss diets in severely obese adults: One year follow-up of a randomized trial. *Ann. Intern. Med.* 18:140: 778, 2004.

习题和参考答案

选择题

1. 两个体重几乎相同的人，基础热量需求大的那个可能会：
   A. 个子更高
   B. 女性，假如另一个为男性
   C. 压力较小
   D. 以上所有选项

2. 基础代谢率：
   A. 不受热量摄入的影响
   B. 饥饿反应增强
   C. 在饥饿状态下可能会下降 50%
   D. 与日常热量消耗呈负相关
   E. 不受激素水平的影响

3. 当摄入的蛋白质超过机体的直接需求时，其主要作用为：
   A. 以蛋白质的形式直接从尿中排出
   B. 增加蛋白质的储存量
   C. 增加肌蛋白的合成
   D. 增加循环中的血清蛋白量
   E. 增加脂肪组织
4. 肥胖：
   A. 通常不会产生负代谢
   B. 通常会引起不可逆的代谢改变
   C. 经常导致血清脂肪酸、胆固醇与三酰甘油升高
   D. 通常与胰岛素受体敏感性增加有关
   E. 由热量消耗单独引起
5. 食物脂肪：
   A. 普遍存在，而机体对其并无特殊需求
   B. 过量时可以糖原或三酰甘油的形式储存
   C. 应含亚油酸与亚麻酸
   D. 耐力训练时应增加食物脂肪摄入以提高机体的热量储存
   E. 过量时通常不会导致健康问题
6. 以下有关膳食纤维的表述确切的有：
   A. 在大部分人中，可溶性纤维可帮助降低血清胆固醇
   B. 胶质纤维能降低碳水化合物的消化与吸收率
   C. 不溶性纤维可增加大便容量并缩短其运送时间
   D. 以上所有表述均正确
   E. 以上所有表述均不正确

问题 7 与 8：一青年男性因全身大面积三度烧伤而住院，处于严重的分解代谢状态。在此状态下，患者每天约需 40kcal/kg 的热量与 2g/kg 的蛋白质以维持正热量与正氮平衡。该患者体重 64kg，以 20% 葡萄糖和 4.25% 氨基酸(蛋白质的提供形式)溶液给予全胃肠外营养

7. 假如每天注入 3000g 该液体：
   A. 患者无法获得足够的蛋白质
   B. 热量供给不足
   C. 蛋白质与热量供给均不足
   D. 蛋白质过量
8. 有时也会给胃肠外营养患者补充脂质溶液。给该患者滴注脂质溶液的目的是：
   A. 提供额外热量以满足热量需求
   B. 提供必需脂肪酸
   C. 提高混合物的适口性
   D. 提供纤维
   E. 保证充足的胆固醇供应以合成细胞膜

问题 9 和 10：多年来，美国糖尿病协会(American Diabetic Association，ADA)一直建议糖尿病患者采用高碳水化合物、高纤维、低脂肪的饮食方式。但后来发现，在部分个体身上，其效果不如高单不饱和脂肪酸的好。自 1994 年以来，ADA 已经抛弃了单一的糖尿病饮食观点，现在的观点强调将葡萄糖、脂质和血压降到理想目标，并在必要时降低体重。

9. 以下表述确切的有：
   A. 由于高碳水化合物-高纤维饮食的热量密度较高脂肪饮食的低，通常会导致体重明显下降
   B. 高单不饱和脂肪酸饮食对超重的糖尿病患者最为适宜
   C. 有关脂质的理想目标是降低血中所有脂蛋白的水平
   D. 由于肥胖会抑制胰腺产生胰岛素，因而会导致糖尿病加剧
   E. 以上选项均正确
10. 对糖尿病患者：
   A. 饮食中唯一需要去除的碳水化合物是蔗糖
   B. 纤维能提高碳水化合物的消化与吸收率
   C. 由于不同食物有不同的升糖指数(glycemic index)，因而不是所有的含碳水化合物食物都会以同样的速率升高血糖
   D. 对于正常状况下血糖控制良好的人，应激对其血糖水平不会有影响
   E. 素食是唯一适当的选择

问题 11 和 12：近期研究证实，降低高血清胆固醇可减少患心脏病的危险。肥胖是另一危险因素。流行病学研究表明，动物蛋白的摄入与心脏病发病率增高有关，虽然真正起作用的可能是动物性食物中的脂肪和胆固醇而非动物蛋白本身。大部分美国人可能都无法接受严格的素食。

11. 以下方法中，能最有效地降低血清胆固醇的是：
   A. 限制胆固醇摄入

B. 提高多不饱和脂肪酸与饱和脂肪酸的比例
C. 增加纤维含量
D. 限制胆固醇摄入并增加纤维含量
E. 限制胆固醇摄入，提高 PUFA/SFA 的比例，增加食物中的纤维含量

12. 完全用植物蛋白替代动物蛋白：
A. 可能对整体饮食没有任何影响
B. 在获得相同热量的前提下，可减少食物量
C. 可能会减少铁和维生素 B_{12} 的量
D. 不管其植物蛋白性质如何，都会有良好效果
E. 无法满足蛋白质需求

问答题

13. 某人的食物中含有 2300cal 热量，请计算其中需要包含多少克碳水化合物、脂质和蛋白质才能符合"Senate Select Committee on Human Nutrition" 的推荐标准。假定该个体体重 180 lb，而蛋白质为动物性与植物性混合来源，有效利用率为 75%，请问摄入的蛋白质是否符合推荐量？

14. 一名妇女体重为 120 lb，其日常饮食中包含充足的热量与 44g 植物源性(主要来自于谷物)蛋白质。请问该妇女的氮平衡状态如如何？

参考答案

1. A 相同体重，身高较高者的体表面积更大；B：男性的热量需求较女性大；C：热量需求随着年龄的增大而降低；D：应激可能由肾上腺素、皮质醇作用以及热量需求增加引起

2. C 为饥饿状态下的一种生存机制；A、B：当热量摄入减少时，BMA 会相应降低；D：BMR 与能量消耗无关；E：很多激素都会提高 BMR

3. E 与过量的热量一样，过剩的蛋白质最终以脂肪组织中的脂质形式储存；A：虽然有时尿中也会有很少量的蛋白质，但一般情况下是不存在的，过量的氮以 NH_4^+ 和尿素的形式排泄，而氨基酸的碳架则用于产生热量；B～D：蛋白质没有独立的储存形式，虽然部分肌蛋白与结构蛋白是可消耗的，但尚无证据表明增加蛋白质摄入可使其合成增多

4. C 可能是由于脂肪细胞数量增多和(或)体积增大，它们对胰岛素的敏感性较低；A：肥胖症可有多种效应；B：减肥后大部分改变都是可逆的；D：由于受体自身磷酸化的影响，敏感性会降低；E：运动不足和遗传因素都有影响

5. CA C：亚油酸与亚麻酸都是必需脂肪酸，需由食物提供；B、D：过量的蛋白质可转变为脂肪储存，但该转变不可逆；D：碳水化合物负荷可增加耐受力；E：高脂饮食会增加很多疾病的危险性

6. D 每一选项都说明了不同种类纤维的作用；

7. C 该溶液能提供 128g 蛋白质与 2900kcal 热量(2400 来自葡萄糖，512 来自氨基酸)，两者都能符合该状态下的需求。

8. B 必须为 TPN 患者提供必需脂肪酸；A：虽然热量过多并不会对该患者造成损害，但原先的溶液已能提供足够热量；C：患者并不食用这一混合物，所以不必考虑适口性；D：纤维由碳水化合物提供；E：机体自身能合成胆固醇

9. A 由于碳水化合物的热量密度不到脂肪的一半，而纤维不能提供热量，该饮食的热量密度较低；B：高脂肪可能会增加体重；C：目标为降低 LDL 与 VLDL，而非 HDL；D：问题在于脂肪细胞释放的因子会引起胰岛素抵抗

10. C 各种食物的升糖指数差别很大，面包与米饭的升糖速率较蔗糖快得多；A：见 C、B，纤维的作用之一是降低碳水化合物的吸收率；D：由于肾上腺素与糖皮质激素的释放，应激会升高血糖；E：素食只要设计合理完全可以，但并非唯一选择

11. E 任一方法单独应用都能轻度降低血清胆固醇，但需要三种方法联合应用才能使其降低超过 15%；

12. CA C：能降低脂肪尤其是饱和脂肪含量，但也会减少主要为动物来源的必需营养物质的含量；B：蔬菜的蛋白质含量很低，因此需要食用更大量的蔬菜；D、E：假如饮食中各种蔬菜的氨基

酸能够互补，并且含量亦恰当，素食完全能够满足所有的必需氨基酸需求

13. 根据 SSCHN 指南，2300kcal 的饮食需要包含 333.5g 碳水化合物(以单糖计算不超过 57.5g)，69g 蛋白质，76.7g 脂肪(饱和脂肪酸不超过 25.6g)。一个体重 180 lb 的男性每天需要的蛋白质为 81.8kg×0.8g/kg=66.5g。2300kcal 中的 12% 能够提供足够的蛋白质。

14. 44g 蛋白质/120 lb 即 0.8g 蛋白质/(kg·d)。但是由于植物蛋白的有效利用率小于 75%，此量是不足的。同时，对一种蛋白质的严重依赖(如玉米缺乏赖氨酸)可能会导致一种或多种必需氨基酸的缺乏。因此，该妇女处于负氮平衡状态。

(董立巍　译)

28

营养原则Ⅱ:微量营养素

Stephen G. Chaney

28.1 概述

微量营养素几乎与所有的生化反应通路均相关,因而在人体代谢中起到非常重要的作用。但是,营养学关注的不仅是营养物质的生化改变,还有它们在饮食中是否足量的问题。目前美国人的饮食无疑已达到了其自身历史上的最高水平。各种各样的食物全年源源不断地供应,营养不良疾病已非常罕见。但饮食水平离理想目标还相差甚远。古语说,人们可以从平衡的饮食中得到所需的一切,但遗憾的是很多美国人的饮食并不平衡,许多高热量低营养的食品非常流行,由于错误的选择人们的营养状态令人不甚满意。杞人忧天与高枕无忧都是不正确的态度,我们需要知道的是如何提高饮食的营养水平。

28.2 营养不良的评估

评估营养不良有三条标准需要遵循:

1. **饮食摄入调查**(**dietary intake study**):通常是根据受试者对 24 小时内摄入食物的回忆进行的,易导致过高估计营养不良人群的数量。此外,除非由于需求量增加,单纯的营养不良在美国已很少出现,因而其重要性最低。
2. **生化测定**(**biochemical assay**):无论直接还是间接测定都能很好地显示营养状态。它们能提示**亚临床期的营养不良**(**subclinical nutritional deficiency**),在疾病出现前及时采取措施。但并非所有的生化检测都同样有效,但这一点尚未得到足够认识。应激状态下,如疾病、创伤和怀孕时,很多营养物质在体内的分布明显改变。一种组织中(通常是血)某种营养物质含量下降不一定表示营养不良或需求量增加,仅为机体对应激的正常代谢适应。因而检测时需要将应激引起的生化改变考虑其中。
3. **临床症状**(**clinical symptom**)的出现是最为紧迫的标准,但在症状显现之前就可采取措施。

问题是何时需要进行饮食调查或生化检测,以确定是否需要营养干涉。除非整个人群某种或数种营养成分的平均摄入水平明显低于平均需求量,饮食调查很少能成为人群营养不良的有力证据。但是,通过调查整个人群中营养不良的人口比例,可确定需要密切随访人群。生化检测能明确亚临床型病例,需要营养干涉的标准是:①检测可靠;②重复检测仍然显示营养不足;③不存在可改变微量营养物分布的应激状态。在评估时,必须注意高危人群,用最可靠手段来监测其营养状态,密切关注有无营养不良症状出现。

28.3 营养物质参考摄入量

营养物质参考摄入量(**dietary reference intake**,**DRI**)根据营养物质的不同称为 RAD

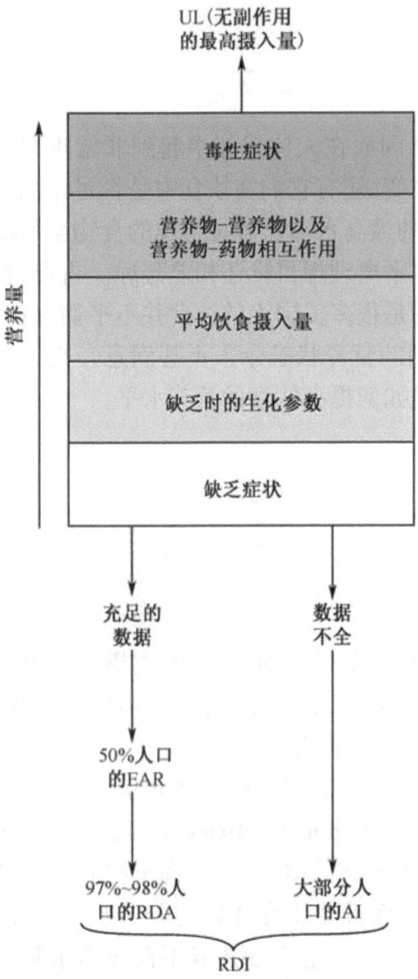

图 28.1　膳食参考摄入

EAR、RDA、AI、DRI 与 UL 间相互关系的图示

或 AI,可在评估和设计健康人群的饮食时将指标量化(图 28.1)。在评估摄入的营养素的定量标准时,美国国家研究委员会的食物与营养学部评估食物成分与营养物质含量的明确数据,以预防营养不良促进健康。第一步是确定**平均营养物质需求量(estimated average requirement,EAR)**,即在一个特定的性别与年龄段,能满足 50% 的健康人群的营养素需求的营养物质量。推荐膳食供给量(recommended dietary allowance,RDA)通常设为平均营养素需求量加两个标准差,可满足一个群体中几乎所有(97%～98%)健康个体的营养需求。如果一种营养物质为机体必需但具体需求量不明,就确定其适宜摄入量而不是推荐膳食供给量。**适宜摄入量(adequate intake,AI)**可满足人群中所有个体的需要,但是该数据的不确定性使得我们无法确定它能够满足的人群的百分比。适宜摒入量通常是根据群体摄入量来估计的。例如,婴儿的适宜摄入量是根据全母乳喂养的健康婴儿平均每日的母乳摄入量估算的。最后,食品与营养学部对大部分营养物质都设定了可耐受最高摄入量(UL),定义为日常营养素的最高摄取量,对整个人群中几乎所有个体都不会产生负面效应。RDA、AI 与 UL 都被设计用于计划与评估个体膳食。EAR 设计用于确定营养物质的摄入量,在特定人群中评估营养物质摄入不足的流行性。

缺乏时会产生明显临床表现的营养物质,确定标准相对容易。例如,维生素 C 缺乏引起坏血病。否则就需要使用间接手段,例如测定组织饱和度与动物实验外推法。食品与营养协会通常每 6～10 年就会重新测定,以获得最新信息并更新饮食推荐标准。

在评估个体饮食时常以 DRI 为指导标准,但有一定缺陷。

1. DRI 是用来满足健康人的营养需要的,未考虑感染、代谢紊乱或慢性疾病产生的特殊需要。

2. 目前对营养需求的认识并不完善,可能还存在未知的营养需求。为满足这些需要,DRI 应尽可能满足多种食物的需要。即使某种食物能满足 DRI 中所有已知营养物质需求,也不能完全依赖它,这一点非常重要,尤其是在使用强化食物补充低营养时。

3. 目前 DRI 尚无法确定所有营养物质的最佳水平。有研究表明合理摄入某些微量元素可降低心脏病和癌症的危险,因而其 DRI 推荐剂量略有提高;但是,仍有一些专家认为目前的 DRI 不能很好地促进健康。

28.4 脂溶性维生素

维生素 A 来自植物类胡萝卜素

维生素 A 的活性形式是**视黄醛**(**retinol**)与**维甲酸**(**retinoic acid**)。它们的前体**类胡萝卜素**(**carotenoid**)是由植物合成的(图 28.2),接着被大部分动物裂解为视黄醛,并以棕榈酸维生素 A 储存在肝脏中。肝脏、蛋黄、黄油与全脂奶是视黄醛的良好来源。深绿色和黄色的蔬菜是类胡萝卜素的良好来源。类胡萝卜素转变为视黄醛的转变率很少能达到 100%,因此很多食物的维生素 A 效价都是以视黄醛等价物的形式来表达的(1RE 等于 1mg 视黄醛,6mg β-**胡萝卜素**(β-**carotene**)与 12mg 其他类胡萝卜素)。在美国人的饮食中,维生素 A 主要来源于 β-胡萝卜素和其他类胡萝卜素。类胡萝卜素在体内裂解为视黄醛与其他维生素 A 代谢产物(图 28.2)。

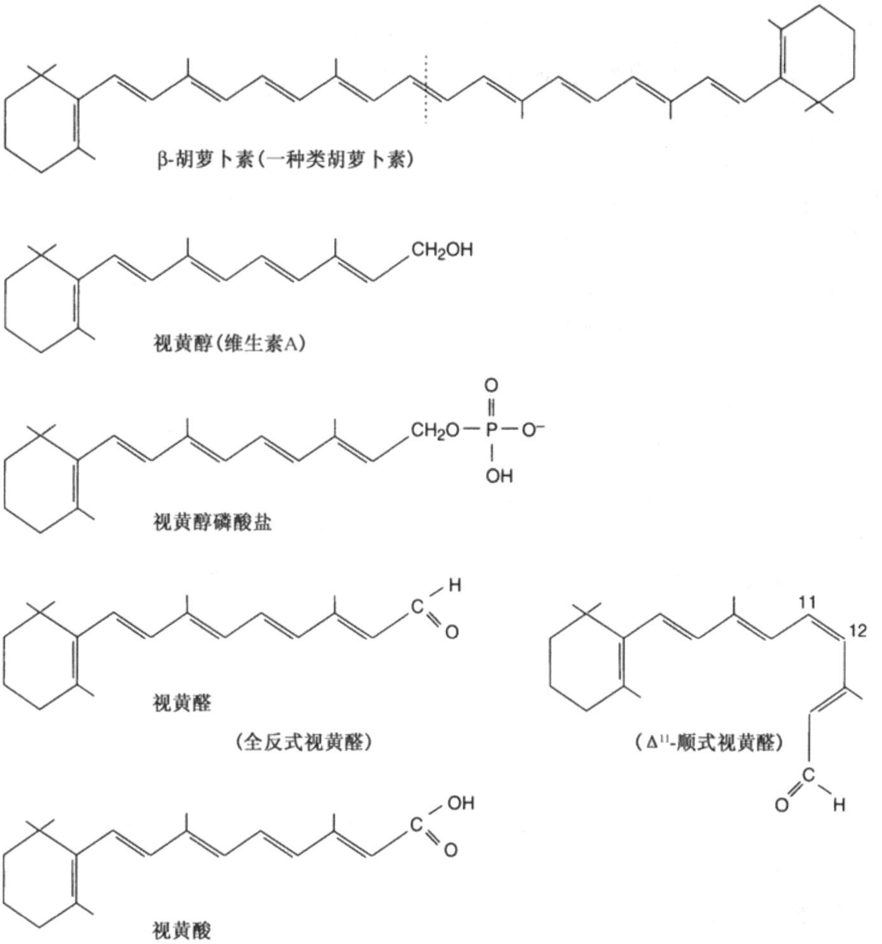

图 28.2　维生素 A 与相关化合物的结构

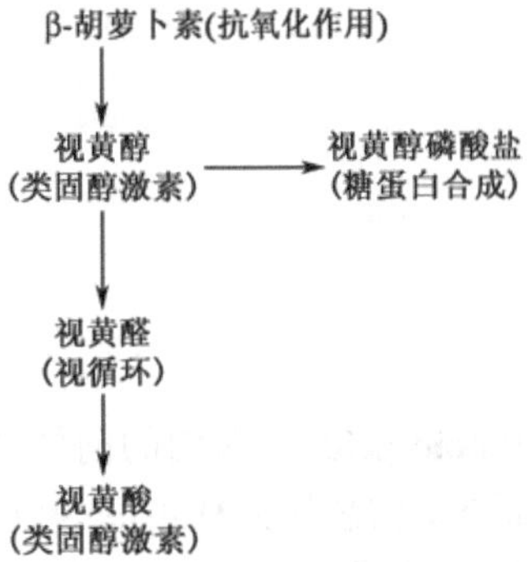

图 28.3 维生素 A 的代谢与功能

仅近几年人们才对维生素 A 的生化过程有了较好的了解(图 28.3)。β-胡萝卜素与其他类胡萝卜素是重要的**抗氧化剂**(**antioxidant**)。体内的氧张力低，β-胡萝卜素的强抗氧化作用可降低一些由自由氧化基和其他强氧化剂的致癌性。一些流行病学调查显示，饮食中补充足够的 β-胡萝卜素对降低肺癌的危险性非常重要，吸烟人群尤其如此。但其实额外补充 β-胡萝卜素并无任何可见的益处，事实上两项多中心回顾性研究提示可能会增高吸烟者的癌症危险性。这显现了单独根据流行病学研究进行饮食推荐的危险性。与多萜醇磷酸非常相似，视黄醛被转变为视黄基磷酸盐，并在一些糖蛋白和黏多糖的合成过程中提供糖基(见 16.8 节)。因而是合成某些调控正常生长和黏液分泌的糖蛋白必需的。维甲酸跟维甲酸受体和视黄醇类 X 受体结合，接着又与 DNA 结合，起调控细胞生长与分化调节蛋白合成的作用。因此可认为维甲酸在调节生长与分化方面具有类固醇激素的作用。

当以 **Δ^{11}-顺式视黄醛**(**Δ^{11}-*cis*-retinal**)形式存在时，维生素 A 可逆性地与**视蛋白**(**visual protein**)结合。光线射到视网膜，产生神经冲动，顺式视黄醛转变为全反式(all-*trans*)形式，并与视蛋白分离(见 24.6 节)。而功能性视色素再生则需要将全反式形式重新异构化为 Δ^{11}-顺式视黄醛形式。维生素 A 在视循环中起直接作用，此外有临床研究表明类胡萝卜素、叶黄素与玉米黄质能够降低黄斑退化的危险(图 28.4)。

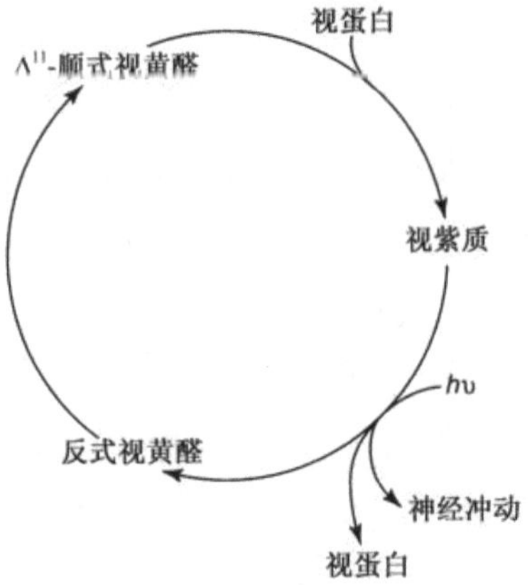

图 28.4 维生素 A 在视力中的作用

根据维生素 A 的生化机制，可以很容易地理解它的生物效应。例如，糖蛋白(黏液的重要成分)的合成需要视黄醛磷酸盐，而黏液分泌缺乏会导致上皮组织干燥。视黄醇和(或)维甲酸下调角蛋白的合成，而角蛋白合成过多会导致正常湿润柔软的上皮变得粗糙角质化。因此，维持健康的上皮组织需要维生素 A。另外，视黄醇和(或)维甲酸可用于转铁蛋白的合成。因此，维生素 A 不足会导致铁转运缺陷引起的贫血。

动物维生素 A 缺乏容易发生感染与癌症。呼吸道、胃肠道和泌尿生殖道得黏膜细胞的角质化使微生物容易入侵，抗感染能力差。维生素 A 缺乏也会导致免疫系统受损。同时由于胡萝卜素的抗氧化作用，以及视黄醇与视黄酸的细胞生长调节作用，它还对多种肿瘤具有防护作用。

由于维生素 A 储存在肝脏中，仅在长时间摄入不足后才会出现缺乏症状。轻度的维生素 A 缺乏表现为**滤泡过度角质化**(**follicular hyperkeratosis**)(粗糙的角质化的皮肤，像“鸡皮”)，**贫血**(**anemia**)(在生化上与缺铁性血症相同，但是患者铁摄入充足)，易发生感染和癌症。**夜盲症**(**night blindness**)是维生素 A 缺乏的早期症状。严重缺乏会导致进展性的角膜角化，最严重的阶段称为**干眼症**(**xerophthalmia**)，通常会引起感染、出血并导致永久性失明。

对大部分人(除非食用肝脏)来说,深绿色与黄色的蔬菜是维生素 A 最重要的食物来源。但美国人的饮食中通常缺乏这些食物。饮食调查表明,40%～60%的人的维生素 A 摄入量不足 RDA 的 2/3。严重的肝损害和脂肪吸收不良疾病常会引起维生素 A 缺乏,但在整个人群中较少见(见临床相关知识 28.1)。

维生素 A 在肝脏中积聚,长期摄入过量会产生毒性。每日摄入 25 000～50 000RE 持续超过数月或数年对儿童与成人均会产生毒性。常见的症状包括骨痛、鳞状皮炎、肝脾增大、恶心与腹泻。除非食用极地熊肝脏(6000RE/g),几乎不可能从常规食物中摄入毒性剂量的维生素 A。大部分情况下,维生素 A 毒性都是由大剂量摄入维生素 A 补充物引起。幸运的是,公众已意识到了**维生素 A 的毒性**(**vitamin A toxicity**)问题,这一现象相对少见。

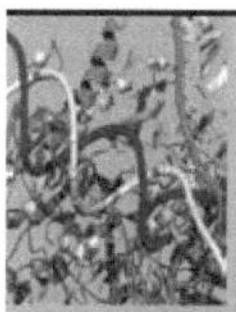

临床相关知识 28.1

囊性纤维病的营养学问题

吸收不良患者通常会有营养不良。囊性纤维病时外分泌腺功能不良,导致分泌的黏液呈半固体状,堵塞导管。支气管与细支气管的堵塞可引起肺感染,通常直接导致死亡。但在很多情况下,胰腺的外分泌细胞也会受影响,致使胰酶功能不良,有时还导致胆总管部分堵塞。

胰腺脂肪酶和胆盐功能不良会引起脂肪与脂溶性维生素的严重吸收不良,使钙容易与长链脂肪酸形成不溶性的盐在肠道中累积。淀粉与蛋白被包埋于部分消化的食物脂肪球中,该作用与胰淀粉酶和胰蛋白酶功能不良一起,会导致严重的蛋白质-热量营养不良。肠腔表面过多的黏液分泌会干扰包括铁在内的多种营养物质的吸收。

幸运的是,目前已制成胰酶微球,可明显减轻很多吸收不良症状。它们能使蛋白质与碳水化合物吸收恢复至接近正常,脂肪吸收明显改善,但由于胆盐缺乏和黏液分泌过多持续存在而不能恢复正常。由于食物脂肪是主要的热量来源,患者无法通过正常饮食获得足够热量。同时这类患者还多有慢性感染,进一步增加了蛋白质和热量需求。因此,很多专家建议将能量摄入增加到 120%～150% RDA。目前推荐患者采用高热量-高蛋白质饮食,对脂肪摄入没有限制(50%碳水化合物、15%蛋白质、35%脂肪)。当热量摄入不足时,可通过食物和肠内营养补充。补充的食物中通常含易消化的碳水化合物与牛奶蛋白混合物。由于中链三酰甘油可在没有胆盐和胰脂肪酶的条件下直接由肠黏膜消化,因而有时被用于部分替代脂肪。

由于一些脂肪吸收疾病的存在,脂溶性维生素缺乏常有发生。2～8 岁的儿童需要成人标准的多种维生素制剂,内含 400IU/d 的维生素 D 与 5000IU/d 的维生素 A。年龄较大的儿童、青少年与成人需要成人标准的多种维生素制剂 1～2 倍/d。血清维生素 A 与维生素 E 降低时,需要使用水合维生素制剂。维生素 K 缺乏研究尚未完全,但通常推荐补充,尤其是使用抗生素与胆汁阻塞性疾病时。铁缺乏很常见,但是由于血清铁过高会引起系统性感染,通常不推荐补充。血钙水平通常正常,但由于可能存在钙吸收不良,需要确保饮食提供 RDA 剂量的钙。

维生素 D 的合成需要阳光

维生素 D 其实应被称为激素前体,而非维生素。**维生素 D_3 (cholecalciferol D_3)** 由 UV 辐射 7-脱氢胆甾醇在皮肤中形成。因此,假如光照充足,饮食需求就会很低或没有。咸水鱼(尤其是鲑鱼、沙丁鱼和鲱鱼)、肝脏和蛋黄是维生素 D_3 最好的食物来源。牛奶、黄油通常富含维生素 D_2,由麦角固醇在酵母中受辐射产生。维生素 D 效价通常以 mg 维生素 D_3 的形式表示(1mg 维生素 D_3 或麦角固醇＝40IU)。

维生素 D_3 与麦角固醇都在肝脏中代谢,产生 **25-羟胆骨化醇(25-hydroxycholecalciferol)**,为循环中维生素 D 的主要衍生形式,在肾近曲小管中转变为具有生物活性的 1-α,25-二羟胆钙化醇(dihydroxycholecalciferol)(见临床相关知识 28.2)。1,25-$(OH)_2$D 可与同样由血清低钙反应产生的甲状旁腺素协同作用。高甲状旁腺素刺激产生 1,25-$(OH)_2$D,而低甲状旁腺素促进 24,25-$(OH)_2$D 的形成。1,25-$(OH)_2$D 在肠黏膜细胞中起着典型的类固醇激素的作用,诱导产生钙转运所需的钙结合蛋白。1,25-$(OH)_2$D 与甲状旁腺素在骨中协同作用,刺激破骨细胞形成与激活,促进骨的重吸收(去矿化作用)。最后 1,25-$(OH)_2$D 与甲状旁腺素通过刺激远曲小管重吸收而抑制肾脏的钙分泌。曾经认为 24,25-$(OH)_2$D 没有活性,但是近期在基因敲除缺乏 24 羟化酶小鼠上的研究表明,24,25-$(OH)_2$D 在骨代谢中的作用至关重要,但是尚不明确。高血钙(通常在餐后)时可促进降钙素的产生,通过阻滞骨的重吸收以及刺激肾脏的钙分泌降低血钙。

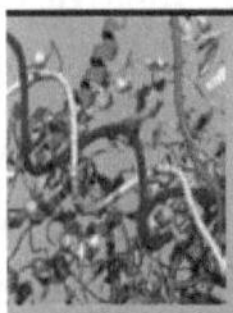

临床相关知识 28.2
肾性骨营养不良

慢性肾衰的患者会发生一系列改变,最终导致肾性骨营养不良。由于肾衰时无法合成 1,25-$(OH)_2$D,骨钙成为了血钙的唯一重要来源。肾衰后期,由于磷潴留引起高磷血症,使情况更为复杂。血磷水平通常会升高到引起代谢性钙化(即软组织钙化),使血钙水平进一步降低(血中钙磷的溶解性很低,一种成分浓度升高必然会导致另一种成分浓度降低)。高磷血症与低钙血症刺激甲状旁腺激素分泌,进一步加速骨损失,导致骨损失与代谢性钙化。由于高磷血症与高钙血症会导致更广泛的代谢性钙化,所以不能仅仅摄入大剂量的维生素 D 或其活性代谢物,必须同时进行降磷治疗。最常用的是能与磷酸盐结合的抗酸剂,它能使磷酸盐无法吸收。口服 1,25-$(OH)_2$D 能有效促进黏膜吸收钙,但是不能大量进入外周循环。因此有必要为甲状旁腺功能亢进患者静脉注射 1,25-$(OH)_2$D。科学家们正在研究能与钙制剂结合的甲状旁腺细胞膜外的钙传感器,以降低甲状旁腺激素的产生与释放。

数种不同生理状态下的钙代谢反应如图 28.5 所示。降血钙应答以甲状旁腺素和 1,25-$(OH)_2$D 升高为特征,可增强钙吸收与骨的重吸收并抑制钙分泌(图 28.5a)。高血钙可阻滞产生 PTH。低 PTH 促使 25-(OH)D 转变为 1,25-$(OH)_2$D。在无 1,25-$(OH)_2$D 与 PTH 时,骨重吸收受抑制,钙分泌增强。高血钙也会刺激产生降钙素,抑制骨重吸收,增强钙分泌。最后,高血钙与血磷刺激提高骨矿化率(图 28.5b)。因此,骨是钙磷的重要保存场所,帮助维持其血浓度的稳定。当饮食中维生素 D 与钙充足时,骨钙无净损失。但当摄入钙偏少时,PTH 升高,$1,25\text{-}(OH)_2D$ 与 PTH 可促使骨脱矿(图 28.5c)。

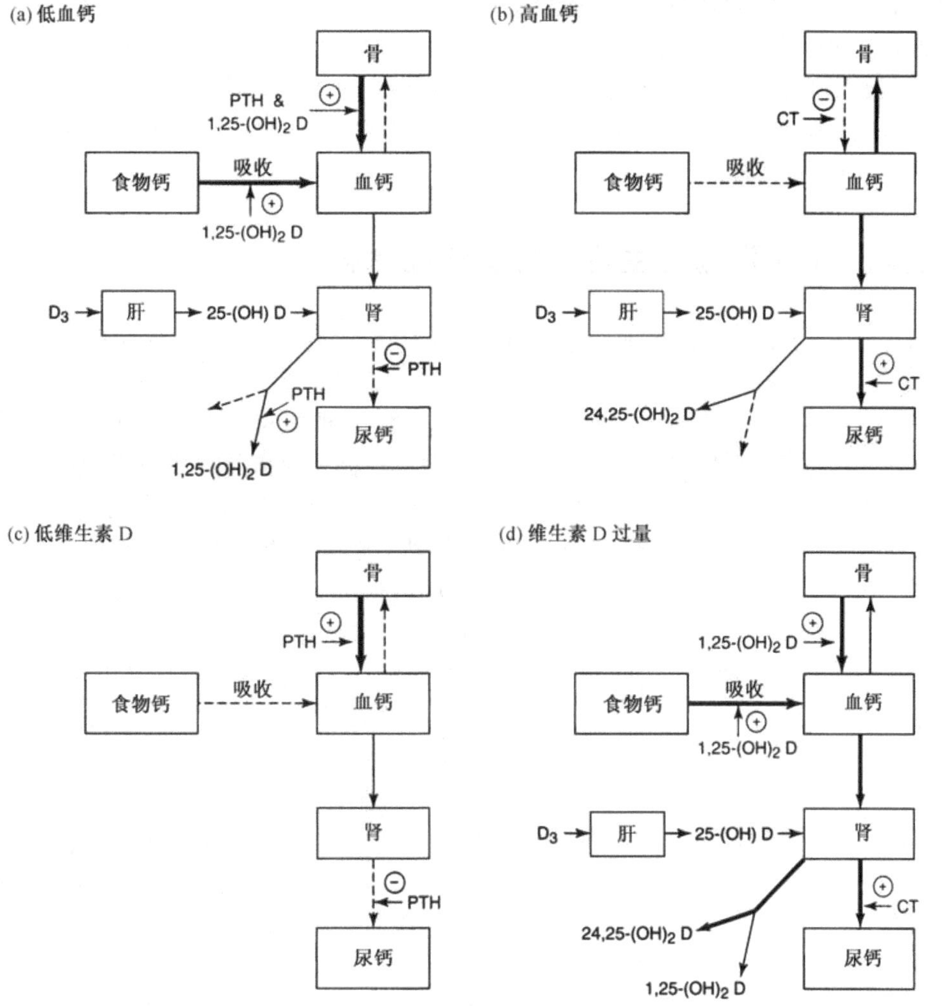

图 28.5　维生素 D 与钙稳态

每种代谢环境下的主要钙代谢通路标示为粗箭头,各种激素的刺激作用表示为绿箭头,阻遏作用标示为红箭头。PTH:甲状旁腺素;CT:降钙素;D:维生素 D3;25(OH)D:25-羟胆骨化醇;$1,25(OH)_2D$:1-α-25-二羟胆钙化醇;$24,25(OH)_2D$:24,25-二羟胆钙化醇

维生素 D 缺乏(vitamin D deficiency)最常见的症状是儿童的**佝偻病(ricket)**与成人的**骨软化症(osteomalacia)**。佝偻病的特点为持续性的类骨质基质和软骨形成,矿化不全致骨骼变软易折。由于骨软化症时软骨基质仍保持完整,而在骨质疏松症中不完整,可借此鉴别。除了维持血钙稳定外,维生素 D 还有多种作用。包括甲状旁腺、胰岛细胞、皮肤的角质化细胞以及骨髓中的骨髓干细胞在内的很多组织都有 $1,25\text{-}(OH)_2D$ 受体。近期研究表明,充足的维生素 D 摄取可降低部分自身免疫性疾病的危险性。

由于奶制品中富含维生素 D,因而饮食摄入不足比较少见,主要存在于低收入人群与老年人(通常光照不足)、严格的素食者(尤其摄入低钙高纤维者)和慢性酗酒者中。大部分维生素 D 缺乏都是由脂肪吸收不良与严重的肝肾疾病引起的(见临床相关知识 28.1 与 28.2),此外某些药物也会干扰维生素 D 代谢。如长期使用皮质类固醇会刺激维生素 D 转变为无活性的代谢物并引起骨脱矿。

高剂量维生素 D 具有毒性。成人的最高耐受剂量(UL)为 2000IU/d。维生素 D 的毒性机制如图 28.5d 所示。钙吸收增强与骨重吸收增加可引起高钙血症,导致代谢性钙化。骨重吸收强化会导致与维生素 D 缺乏相似的骨脱矿质。最后,高血钙会直接导致尿钙过多,易引起肾结石。

维生素 E 是生育酚与生育三烯酸的混合物

维生素 E 与饮食中的数种化合物有密切关联,被称为生育酚与生育三烯酸(图 28.6)。所有生育酚与生育三烯酸都是重要的天然**抗氧化剂**(**antioxidant**)。由于它们具有亲脂性,在循环的脂蛋白、细胞膜、脂肪沉淀物中积聚,可起净化自由基的作用,防止不饱和脂肪酸(尤其是膜上的)过氧化。α-**生育酚**(**α-tocopherol**)是强的活性氧清除剂,而 γ-生育酚是最强的活性氮清除剂。γ-生育酚在细胞的水相环境中抑制脂溶性亲电子致突变因子的活性,起到与谷胱甘肽相同的作用。生育酚通过稳定辅酶 Q 或帮助将电子转运给辅酶 Q 而在细胞修复中起作用(见 14.6 节)。生育酚与生育三烯酸也能抑制 **LDL 氧化**(**oxidation of LDL**),由于氧化的 LDL 会致动脉粥样硬化,因而能降低心血管疾病的危险性。生育酚的很多生理特性都来自于抗氧化作用,某些生理益处来自于它对酶活性和转录的作用。例如,它们通过提高 δ-丙氨酸合酶和丙氨酸脱水酶水平而增加血红素的合成。近期研究表明,维持正常的免疫功能也需要维生素 E,尤其是在老年人中,而且在阻止黄斑变性和认知力退化上也起重要作用。最后,有报道称吸收不良相关的长期维生素 E 摄入不足可产生神经系统症状。

生育酚

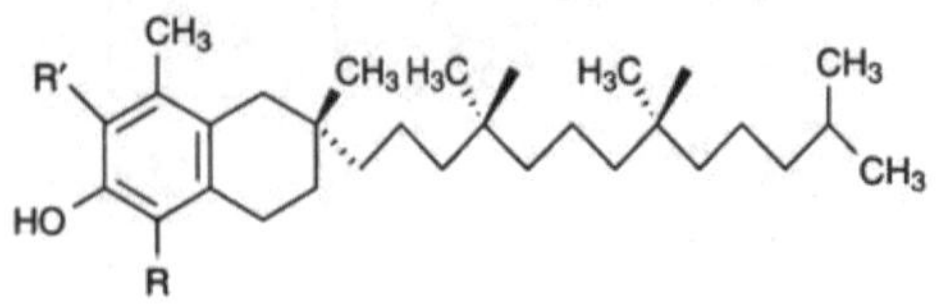

生育三烯酸

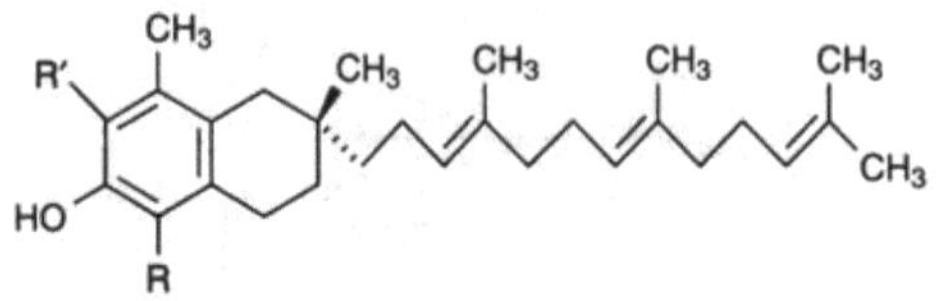

自然发生的同系物	R	R′
α	CH_3	CH_3
β	CH_3	H
γ	H	CH_3
δ	H	H

图 28.6　维生素 E 与生育三烯酸的结构

使人产生严重维生素 E 缺乏有一定困难,阻碍了维生素 E 推荐摄入量的确定。由于未发现很多维生素 E 缺乏性疾病,因而一般认为美国人的维生素 E 饮食摄入量是足够的。但是,多不饱和脂肪酸摄入增多会相应提高维生素 E 的需求。近阶段强调增加多不饱和脂肪酸摄入以降低血清胆固醇水平以控制心脏病,但多不饱和脂肪酸接触氧后可形成自由基。相应增加维生素 E 摄入时需谨慎。

维生素 E 与心血管疾病危险性的关系表明,单纯根据生化与流行病学研究推断饮食推荐摄入量是很危险的。维生素 E 可以阻止 LDL 氧化成为易引起动脉粥样硬化的形式,因而认为补充维生素 E 可降低动脉粥样硬化的危险性。流行病学研究表明每日摄取 100mg 维生素 E 能降低心肌梗塞的危险性。但是,补充 α-生育酚的实验却没有发现心血管疾病死亡率明显降低。这表明,α-生育酚能在早期阻止动脉粥样硬化,但在严重的阶段无效。由于大剂量补充 α-生育酚会干扰其他的维生素 E 的利用,因此与 α-生育酚相比,γ-生育酚和部分其他生育酚能更有效地阻止动脉粥样硬化。

由于肝脏中的 α-生育酚转运蛋白特异性地与自然的 *RRR*-α-生育酚连接,它在机体中的保存时间较 rac 或 d,1 形式的 α-生育酚长 4～6 倍。这一蛋白质对 α-生育酚的特异性也能够解释为何高剂量摄取 α-生育酚会干扰 γ-生育酚的利用。维生素 E 是毒性最低的脂溶性维生素。维生素 E 的 UL 设为 1000mg/d(1500IU 的 *RRR*-α-生育酚)。

维生素 K 是一种苯醌衍生物

自然界中的维生素 K 主要是在深绿色植物中的 K_1(phytylmenaquinone),和肠道细菌合成的 K_2(**多异戊烯甲萘醌 multiprenylmenaquinone**)。机体可将合成的维生素 K_2 与大量水溶性类似物转变为具有生物活性形式的维生素 K。

多种前体蛋白的谷氨酸残基转变为 γ-羧基谷氨酸残基的过程中需要维生素 K 的作用(图 28.7)。**γ-羧基谷氨酸**(**γ-carboxyglutamic**)残基是很好的螯合剂,它使蛋白质能与

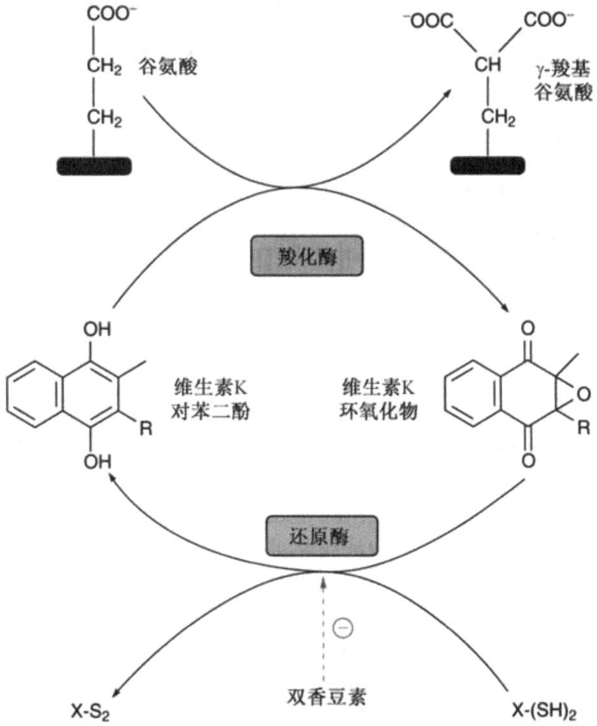

图 28.7　维生素 K 的功能

维生素 K 依赖的羧化酶催化谷氨酸残基转变为 γ-羟基谷氨酸的过程需要维生素 K。在此过程中,维生素 K 的氢醌构型被转变为无活性的 2,3-环氧化物构型。2,3-环氧化物构型重新转变为有活性的氢醌构型需要可由双香豆素抑制的双硫醇依赖的还原酶

Ca^{2+}结合，是为其发挥生理活性所必需的。在羧基酶反应中，维生素K的活性形式对苯二醌被转变为无活性的2,3-环氧化物(图28.7)。维生素K的重新活化需要双硫醌依赖的还原酶，能够被**双香豆素(dicumarol)**之类的药物抑制。与凝血过程有关的多种蛋白质都需要维生素K依赖的激活作用，因此，维生素K对于血液凝固必不可少。凝血酶原的激活机制已经比较清楚，γ-羧基谷氨酸残基使凝血酶原与Ca^{2+}结合，凝血酶原-Ca^{2+}复合物在损伤处与血小板和内皮细胞结合，凝血酶原水解为凝血酶。

合成骨中三种蛋白质的γ-羧基谷氨酸残基也需要维生素K。例如，**鲑鱼降钙素(osteocalcin)**构成骨中15%～20%的非胶原蛋白，它需要γ-羧基谷氨酸残基才能和骨中的羟基磷灰石结晶结合。鲑鱼降钙素和其他γ-羧基谷氨酸骨蛋白的生理功能尚不清楚，可能在骨的正常钙化中期起作用。未羧基化的鲑鱼降钙素与骨密度低和骨折危险性高有关。最后，一种称为Gas6的蛋白质，是多种受体蛋白激酶的配体，与细胞周期调控有关，也需要维生素K依赖的γ-羧基化作用才能激活，其生理作用尚不知晓。

维生素K缺乏人群易出现凝血时间延长。但食物摄入过低时，维生素K优先在肝脏中形成凝血因子，需要剂量增大才能为骨细胞利用，因而维生素K的AI近期已被提高。由于维生素K由肠道细菌合成，长期以来维生素K缺乏一直很少见。但有时肠道合成的维生素K无法有效吸收，导致临界性维生素K缺乏，干扰骨质矿化，此现象可能较原先认为的更常见。维生素K缺乏最常见于婴儿中(见临床相关知识28.3)，尤其是其母亲接受过抗惊厥治疗的(见临床相关知识28.4)。维生素K缺乏也可发生于阻塞性黄疸和其他易导致严重脂肪吸收不良的患者中(见临床相关知识28.1)，以及长期接受抗生素治疗(可能会破坏肠道中的维生素K合成生物)的患者。维生素K缺乏有时也出现在有脂肪吸收不良倾向的成人中。

临床相关知识28.3

新生儿营养

由于生长快速，营养物质的需求量大，新生儿发生营养不良的危险性特别大。由于一些微量元素(例如维生素K与E)无法很好地透过胎膜，新生儿的组织储存很低；胃肠道发育不完全，吸收不良(尤其是脂溶性维生素)。新生儿出生时，胃肠道是无菌的，数天后才能建立肠道菌群，为机体提供某些维生素(尤其是维生素K)。假如婴儿出生时尚未发育完全，由于胃肠道发育不全和组织储存少，发生营养不良的危险性会大大增高。

维生素K缺乏导致的最严重的问题是出血。新生儿，尤其是发育不完全的婴儿维生素K组织储存少，缺乏肠道菌群，母乳不能很好地提供，因而大约每400个活婴中就有一个有出血性疾病的征象，可在出生时注射0.5～1g的维生素K。

大部分新生儿的铁储备可维持3～4个月。由于牛奶与母乳的含铁量较少，强调早期开始食用富含铁的谷物。母乳中的维生素D水平也较低，通常推荐每日摄入200IU的维生素D。当婴儿需要高浓度氧疗时，补充维生素E可降低支气管肺发育不良、晶状体后纤维组织增生症,以及氧治疗综合征的危险性。早产儿贫血时可用叶酸盐和维生素 B_{12} 治疗。

总的来说,新生儿从出生起就应补充维生素 K 以预防出血性疾病。母乳喂养的婴儿应补充维生素 D,而铁需与其他固体食物一起补充。人工喂养的婴儿需额外补铁。若婴儿通过氧疗维生,补充维生素 E 会有一定帮助。

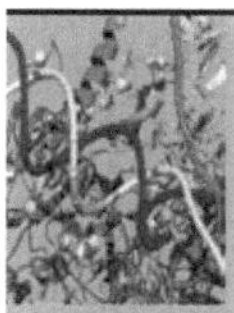

临床相关知识 28.4

抗惊厥药物与维生素需求间的关系

抗惊厥药物,如苯巴比妥或苯妥英钠(DPH)药物-营养物质交互作用的典型例子,应引起临床医师的关注。长期使用抗惊厥药物最严重的副作用是代谢性骨病,但无论是儿童还是成人均很少发生佝偻病或严重的骨软化症。高达 65% 的长期使用抗惊厥药物的患者有低钙、低磷血症、高碱性磷酸盐血症和骨损失。补充维生素 D 可以纠正低钙血症与骨损失。抗惊厥药会增加维生素 K 的需求量,导致使用药物的母亲所生婴儿的出血性疾病的发生率增高。抗惊厥药物还会增加叶酸和维生素 B_6 的需求量。75% 的抗惊厥药使用者血清叶酸降低,如果不额外补充,50% 的人都会发生巨幼红细胞血症。这一问题在育龄期妇女中尤其应当重视。若婴儿在母体子宫内接触过抗癫痫药,其患先天畸形,尤其是神经管缺陷的几率会加倍。孕妇的叶酸推荐耐受剂量是 600μg/d,抗惊厥药物使用者的需求量会增加。但由于叶酸盐可加速部分抗惊厥药物的代谢,叶酸补充亦不能过多。

28.5　水溶性维生素

水溶性维生素与脂溶性维生素有所不同。正常情况下一旦维生素浓度超过肾阈值就会被排出,因此少有毒性现象产生。但它们的代谢储存较少,在数周或数月内就会耗尽,因此假如饮食摄入过少,短时间内就会出现维生素缺乏症状。由于水溶性维生素是很多常见生化反应的辅酶,可通过测定分离红细胞内一种或多种酶的活性评估维生素状态。当用于测定内源性活性,并通过加入来自于维生素的活性辅酶激活时,这些方法非常有效。

大部分水溶性维生素都被转变为辅酶,并用于产能通路与造血。释能维生素缺乏的症状首先出现于快速生长的组织中。典型症状包括皮炎、舌炎(舌肿大与发红)、唇炎和腹泻。由于高能量消耗与维生素的特定效应,神经组织也经常受累。常见的神经系统症状包括外周神经病变(神经末梢麻刺感)、压抑、精神错乱、运动失调以及不适感。脱髓鞘作用以及神经组织退化亦偶有出现。这些症状也很常见并相互重叠,可认为是释能维生素缺乏的特征，但对其中任何一种都不具有特异性。

28.6 水溶性释能维生素

维生素 B_1 形成焦磷酸硫胺素的辅酶

维生素 B_1（图 28.8）可快速转变为**焦磷酸硫胺素**（**thiamine pyrophosphate，TPP**）与三磷酸硫胺素，其中 TPP 是丙酮酸脱氢酶与 α-酮戊二酸脱氢酶的辅酶（图 28.9），而三磷酸硫胺素位于外周神经膜上，在神经冲动传导中起作用。丙酮酸脱氢酶功能的缺失可减少能量的产生，并导致丙酮酸和乳酸的堆积。α-酮戊二酸脱氢酶活性的缺失会引起 α-酮酸的氧化脱羧降低（见 14.4 节）。由于三磷酸硫胺素在神经传递中的直接作用，以及丙酮酸和乳酸在神经组织中的堆积，硫胺素缺乏会引起神经系统症状。同时，戊糖磷酸盐通路的酮糖移转酶和转二羟丙酮基酶也需要三磷酸硫胺素。可通过测定红细胞酮糖移转酶评估体内的硫胺素状态。

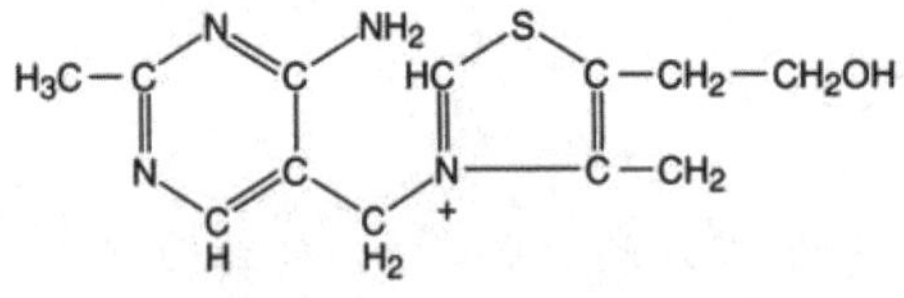

硫胺素

图 28.8 硫胺素的结构

硫胺素轻度缺乏时可出现食欲不良、便秘、恶心、精神抑制、外周神经症状、应激和疲劳。这些症状在限制饮食的老年人与低收入人群中尤为明显。硫胺素缺乏较严重时可有**精神错乱**（**mental confusion**）、**共济失调**（**ataxia**）（行走时步态不稳，主动控制不良）与**眼肌麻痹**（**ophthalmoplegia**）（眼协调缺失）等症状。这一系列的症状被称为 Wernicke-Korsakoff 综合征，在慢性酗酒者中最为常见（见临床相关知识 28.5）。严重的硫胺素缺乏被称为脚气病。干性脚气病以高级神经肌肉症状为特征，包括肌肉萎缩与无力；合并水肿时称湿性脚气病。两类脚气病都与高心输出量心衰相关。虽然心衰也可见于酗酒者中，但脚气病主要发生于完全依赖精炼米为食物的人群中。咖啡与茶含有能破坏硫胺素的物质，但正常条件下不会引起问题。常规强化食用谷物能保证大部分美国人摄入足够的硫胺素。

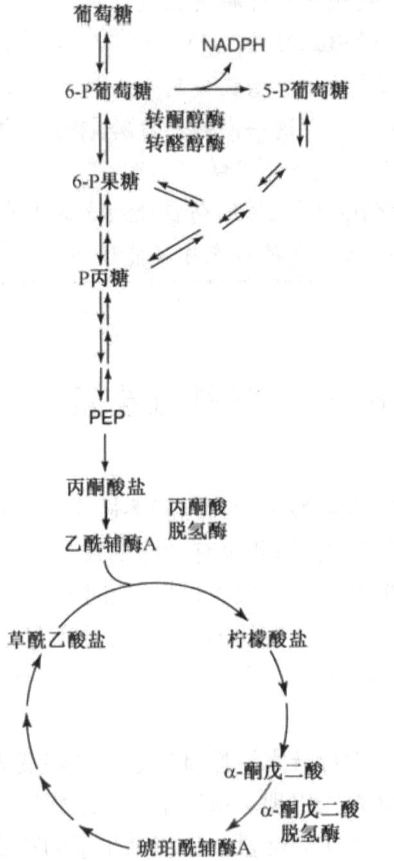

图 28.9 涉及焦磷酸硫胺素的重要反应

涉及焦磷酸硫胺素的反应标为红色。

临床相关知识 28.5
酗酒者的营养问题

慢性酗酒者出现与硫胺素相关的神经系统症状，与叶酸或维生素 B_6 相关的血液问题的危险性增高。虽然饮食不良经常是重要因素，但不一定是唯一原因。酒精可引起胃肠道的病理性改变，直接影响某些营养物质的吸收。慢性酒精中毒相关的严重肝损害会影响营养物质和维生素的储存与活化。

由于酒精可干扰叶酸吸收，酒精性肝纤维化又会破坏叶酸的储存，导致酗酒者体内缺乏叶酸，高达 40% 的住院酗酒者都有巨幼红细胞生成。另外 30% 的住院酗酒者有铁粒幼细胞性贫血，或红系骨髓细胞中有可辨认的铁粒幼细胞，此为维生素 B_6 缺乏的特征。一些酗酒者因补充维生素 B_6 而出现了外周神经病变，这是由维生素 B_6 激活受损或降解增加引起的。尤其是乙醛（酒精的一种代谢产物）在血浆载体蛋白中替代了磷酸吡哆醛，使其快速降解为无活性成分并排泄到体外。

酗酒者最严重的代谢紊乱为 Wernicke-Korsakoff 综合征。其症状包括精神不安、共济失调（行走时步态不稳，主动控制不良），以及眼球运动不协调，有时还会发生与脚气病相似的充血性心衰。虽然该综合征只占酒精相关性神经系统紊乱的 1%～3%，但对补充硫胺素会有强烈反应。硫胺素缺乏主要由吸收不良引起，虽然酒精性肝硬化也会影响硫胺素在肝脏中的储存。

在酗酒者中，大部分水溶性维生素都会出现不足，酒精性坏血病与糙皮病亦偶有报道。长期使用乙醇会引起维生素 A 在体内重新分布。乙醇的肝动员增加，肝维生素 A 在细胞色素 P450 系统的作用下被加速分解为无活性的成分，致使肝脏储备快速减少，而血清和其他组织中的浓度正常或轻度升高。酗酒者的骨密度可降低，骨质疏松的危险性增加。这可能与维生素 D 在肝脏中 25-羟基化缺陷，以及细胞色素 P450 系统将其分解为无活性产物的速率加快有关。由于饮食摄入不足与尿损失增多，酗酒者的血清锌、钙和镁水平均较低。除非有胃肠道出血或慢性感染，缺铁性贫血非常少见。事实上，由于很多酒精饮料含铁量较高，同时酒精会加强铁吸收，因而铁过量其实更为常见。

维生素 B_2 形成 FAD 与 FMN 辅酶

维生素 B_2 是黄素腺嘌呤二核苷酸（FAD）与黄素单核苷酸（FMN）的前体，它们都是一系列产能氧化还原反应的辅酶。铁代谢也需要维生素 B_2，当铁摄入不足时，维生素 B_2 缺乏会促使贫血的发生。维生素 B_2 缺乏的特征性症状是口角唇炎、舌炎和鳞皮炎（尤其是鼻唇沟周围和阴囊区域）。检测红细胞谷胱甘肽还原酶可用于评估维生素 B_2 状态。富含维生素 B_2 的食物包括奶、肉、蛋与谷物制品。在美国，维生素 B_2 缺乏非常少见，常见于慢性酗酒者。在甲状腺功能减退患者中，维生素 B_2 转变为 FAD 与 FMN 的速率减慢，但尚不知晓这是否会影响维生素 B_2 的需求量。

烟酸形成 NAD 与 NADP 辅酶

由于烟酸(niacin)可以由色氨酸合成(图 28.10),因而严格来讲烟酸并不是一种维生素。但色氨酸转变为烟酸的效率较低(产生 1mg 的烟酸需要 60mg 的色氨酸),并且只在整个机体的色氨酸需求均已得到满足时才会进行(蛋白质合成,5-羟色胺与褪黑激素产生,以及产能)。由于烟酸的合成需要维生素 B_6、维生素 B_2 与铁(图 28.10),在边缘饮食时效率很低。食物中的烟酸与烟酰胺都被转变为常见的氧化-还原反应的辅酶 NAD 与 NADP(图 28.10)。它们在很多氧化还原反应与细胞呼吸中都是电子受体或氢原子供体。多聚腺苷二磷酸聚合酶反应也需要 NAD,它是细胞 DNA 损伤识别系统的一部分,调节 DNA 复制、修复与细胞周期的进展。

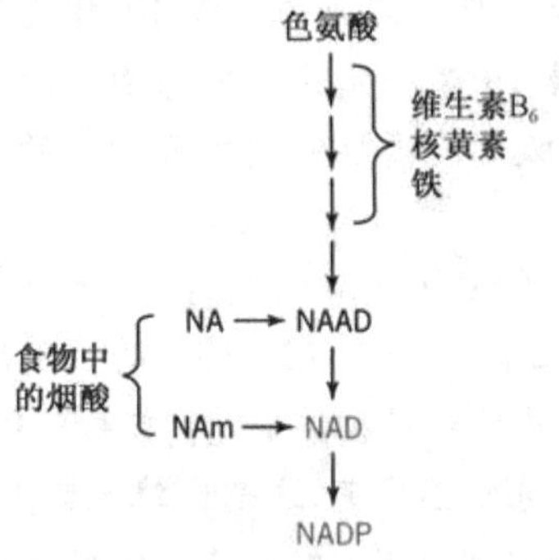

图 28.10 NAD 与 NADP 的形成

形成 NAD 与 NADP 的通路。NA,烟酸;Nam,烟酰胺;NADD,烟酸与烟酰胺腺嘌呤二核苷酸。

临界性烟酸缺乏时会出现舌炎(发红),与维生素 B_2 缺乏较相似。烟酸缺乏会引起糙皮病,有三大特点:皮炎、腹泻与痴呆,且皮炎通常只见于接触阳光的区域,并呈对称性分布。神经系统症状与神经组织退化有关。由于食物中富含烟酸,所以糙皮病在发达国家很少见,主要见于酗酒者、严重吸收不良患者,以及限制饮食的老年人。怀孕、哺乳以及慢性疾病会增加烟酸需求量,但是种类丰富的食物通常能提供足够的烟酸,其中含量最多的食物是肉、花生与其他豆荚以及浓缩的谷物。

药理剂量的烟酸(1.4～4g/d)通常用于降低 LDL 胆固醇与三酰甘油,提高 HDL 胆固醇水平。其副作用有皮肤发红、高尿酸血症以及肝酶升高。皮肤发红可通过使用烟酰胺或烟酸的缓释制剂来避免,但仍需检测患者的肝脏改变。

维生素 B_6 形成磷酸吡哆醛的辅酶

吡哆醇(pyridoxine)、**吡哆胺(pyridoxamine)**与**吡哆醛(pyridoxal)**是维生素 B_6 在自然界中的存在形式(图 28.11)。它们可被有效地转变为**吡哆醛磷酸(pyridoxal phosphate)**,用于氨基酸的合成、分解和相互转变中。部分关键的吡哆醛磷酸依赖的反应如图 28.12 所示。氨基酸产能需要吡哆醛磷酸的辅助(见 19.2 节),因而被视为能量释放维生素。维生素 B_6 严重缺乏时的一些症状与其他释能维生素缺乏时相同。此外,合成神经递质 5-羟色胺、去甲肾上腺素、肾上腺素与 γ-氨基丁酸,以及构成髓鞘的鞘脂也需要吡哆醛磷酸(图 28.12)。

这可用于解释维生素 B_6 轻度缺乏时的应激、紧张与压抑,以及严重缺乏时的抽搐症状。合成 δ-氨基乙酰丙酸——血红素的前体也需要维生素 B_6(图 28.12),一旦缺乏有时会引起铁粒幼红细胞性贫血。吡哆醛磷酸与正磷酸酯葡糖基转移酶的赖氨酸残基以共价

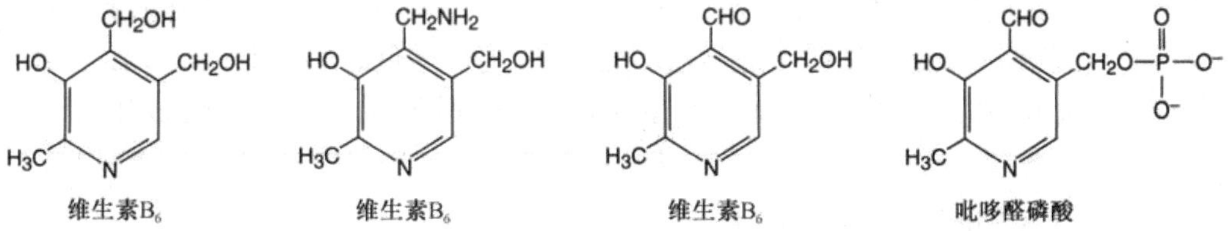

图 28.11　维生素 B_6 的结构

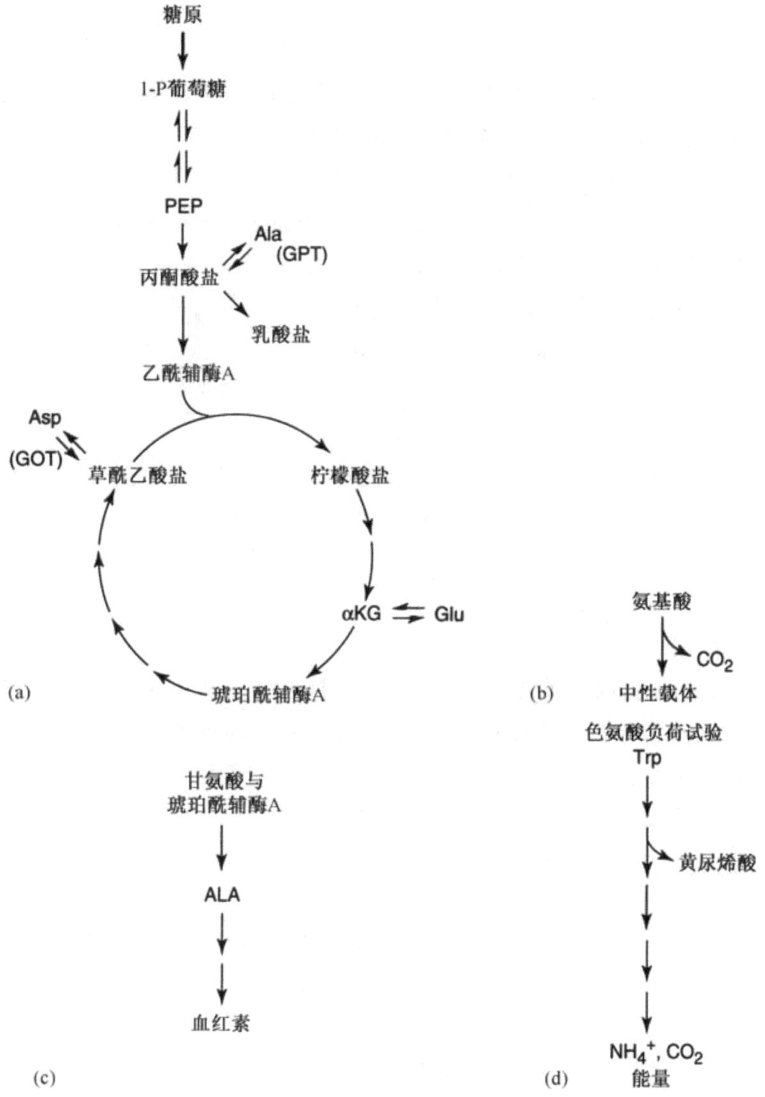

图 28.12　磷酸吡哆醛部分重要代谢作用

需要磷酸吡哆醛的反应标示为红色。ALA:δ-氨基乙酰丙酸;αKG:α-酮戊二酸;GPT:谷丙转氨酶;GOT:谷草转氨酶。

键相连,该酶结构稳定。由此可解释吡哆醛磷酸缺乏时为何葡萄糖耐受力降低,虽然维生素 B_6 对糖皮质激素受体也有一定的直接影响。高半胱氨酸转变为半胱氨酸也需要吡哆醛磷酸。由于高同型半胱氨酸血症是心血管疾病的一个危险因素，因而具有重要的临床意义。最后，色氨酸转变为 NAD 也需要吡哆醛磷酸。色氨酸负荷试验(图 28.12)虽然并不直接与维生素 B_6 缺乏症状相关，但却是维生素 B_6 状态的敏感指标(见临床相关知识 28.6)。

临床相关知识 28.6
维生素 B_6 需求量与口服避孕药

口服避孕药与维生素 B_6 需求量间关系的争论很好地提出生化检测相关的一系列问题。多年来，评估维生素 B_6 状态的最常用方法为检测色氨酸负荷。其原理在于当组织吡哆醛磷酸水平低时，正常的色氨酸分解代谢受损，大部分的色氨酸通过次要通路分解，合成 4,8-二羟基喹啉甲酸。注射一定量的色氨酸后观察 24 小时尿样中 4,8-二羟基喹啉甲酸是否恢复，多数情况下评估是维生素 B_6 状态的可靠指标。但在用色氨酸负荷试验评估口服避孕药者的维生素 B_6 状态时，文献中出现了令人担忧的报告。口服避孕药不仅会大大增加 4,8-二羟基喹啉甲酸的排泄量，而且需要 10 倍于 RDA 的吡哆醛才能使 4,8-二羟基喹啉甲酸的排泄恢复到正常，20 倍于对照组的剂量才能维持正常的维生素 B_6 状态。虽然口服避孕药者并未出现大部分维生素 B_6 缺乏症状，这一现象仍然得到了极大关注。

使用其他方法测定维生素 B_6 状态的研究得出了不同结论。例如，红细胞谷氨酸-丙酮酸酯氨基转移酶和谷氨酸-草酰乙酸盐氨基转移酶含吡哆醛磷酸，也可以通过测定这些酶的内源性活性，以及测定加入吡哆醛磷酸的刺激程度评估维生素 B_6 的状态。口服避孕药者与非使用者之间差别不大。由这些方法测定的维持正常维生素 B_6 的最低吡哆醛水平为 2.0mg/d，仅为色氨酸负荷试验的十分之一。

为什么会有如此大的差异呢？一方面，酶活性可受激素和维生素辅因子影响。尿素酶是色氨酸分解通路中关键的含吡哆醛磷酸的酶，同时受吡哆醛磷酸与雌激素代谢物的影响。既使维生素 B_6 正常，大部分的酶都以无活性的酶蛋白形式存在。但这并不影响色氨酸代谢，因为色氨酸加氧酶——该通路的第一个酶，是限速酶。因此，少量有活性的全酶已足以处理该通路的第一部分产生的代谢物。但尿素酶可被雌激素代谢物抑制。因此，口服避孕药时其活性被降低到限速水平，过量的色氨酸代谢物被分流到 4,8-二羟基喹啉甲酸。升高维生素 B_6 将更多的酶原转变为全酶，从而解决这一问题。虽然雌激素对本法中用于评估维生素 B_6 状态的酶有特异性作用，但这并不一定意味着吡哆醛需求会因为体内其他代谢过程而改变。

这意味着维生素 B_6 与口服避孕药无关吗？口服避孕药会轻度增加维生素 B_6 的需求量。数项膳食调查显示，在 18～24 岁这一年龄组，相当大比例的妇女的饮食摄入吡哆醛小于推荐的 1.3mg/d。假如她们同时使用口服避孕药，易发展为临界性维生素 B_6 缺乏。因此，色氨酸负荷试验在定量上的误导作用，向医学领域提出了一个以前从未认识到的危险问题。

饮食维生素 B_6 需求基本上与食物中的蛋白质含量成比例。怀孕与哺乳期间需求量上升,并可随着年龄的增长而升高。食物中广泛存在维生素 B_6,但以肉、蔬菜、全米谷物和蛋黄含量最为丰富。以前一直认为普通美国人的饮食中已含有足够的维生素 B_6,因而面粉与其他强化食物中常规都不添加维生素 B_6。但近期的营养学调查显示美国人口中有很大一部分的维生素 B_6 摄入量小于 ERA。

泛酸与生物素构成能量代谢有关的辅酶

泛酸(**pantothenic acid**)是**辅酶 A**(**coenzyme A**)和脂肪酸合酶的磷酸泛酰巯基乙胺部分的构成部分。蛋白质、脂肪和碳水化合物的三羧酸循环,以及脂肪酸和胆固醇的合成都需要泛酸。目前发现的需要辅酶 A 或其衍生物的酶已超过 70 种。因此,机体缺乏泛酸时会出现严重问题。但事实并非如此,原因在于:①自然界的食物中广泛存在泛酸,一定程度上反映了它广泛的代谢作用;②泛酸与多种营养物质的缺乏并存,使得泛酸缺乏的特异性症状很难辨别。

生物素(**biotin**)与丙酮酸盐的赖氨酸残基的 ε-氨基基团、乙酰辅酶 A 羧化酶、丙酰辅酶 A 羧化酶与 β-甲基巴豆酰-CoA 羧化酶以共价键相联。生物素存在于花生、巧克力和蛋中,并可由肠道细菌合成。但肠道细菌合成的生物素的存在位置与构型不能给已吸收的生物素提供很大帮助。

28.7 水溶性造血维生素

叶酸在一碳代谢中以四氢叶酸酯的形式起作用

叶酸(**folic acid**)最简单的构型是蝶酰谷氨酸,并通常以**聚谷氨酸盐**(**polyglutamate**)衍生物的形式存在,有 2~7 个谷氨酸残基,以 γ-肽键相联(图 28.13)。这些成分被肠黏膜细胞摄取,表面的谷氨酸盐被谷氨酸盐螯合酶去除。自由叶酸被**二氢叶酸还原酶**(**dihydrofolate reductase**)转变为**四氢叶酸酯**(**tetrahydrofolate**),并且主要以 N^5-甲基四氢叶酸酯的形式在血液中循环(图 28.13)。细胞内的四氢叶酸酯主要以多聚谷氨酸盐的形式存在,这是其生物活性构型。四氢叶酸酯多聚谷氨酸盐也储存在肝脏中。

多种四氢叶酸酯的单碳衍生物参与胆碱、丝氨酸、甘氨酸、嘌呤和 dTMP 的合成(见图 28.14)。高半胱氨酸转变为蛋氨酸也需要四氢叶酸酯与维生素 B_{12}。除了合成蛋白质,蛋氨酸还可转变为 *S*-腺苷蛋氨酸,用于包括 DNA 甲基化在内的多种甲基化反应。

叶酸盐缺乏(**folate deficiency**)时,嘌呤与 dTMP 减少,DNA 合成受抑制,导致细胞滞留在 S 期,细胞核大小与形状呈典型的“巨幼红细胞型”样变,红细胞成熟减慢,形成异常的“大红细胞”,胞膜易碎。因此,巨红细胞血症与骨髓中的红细胞改变是叶酸盐缺乏的典型表现。另外,高同型半胱氨酸血症在老年人中非常常见,这可能是由叶酸、维生素 B_6、维生素 B_{12} 摄入不足和(或)利用率降低引起的。最后,叶酸盐缺乏与数种癌症,尤其是结肠癌和宫颈癌有关。

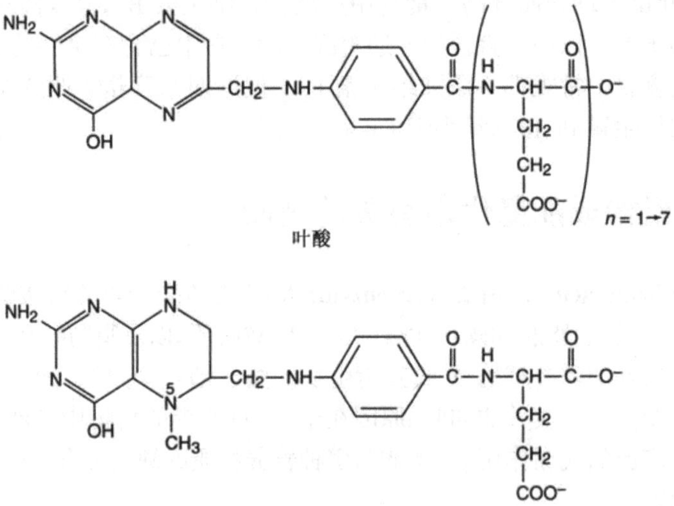

图 28.13　叶酸与 N^5-甲基四氢叶酸的结构

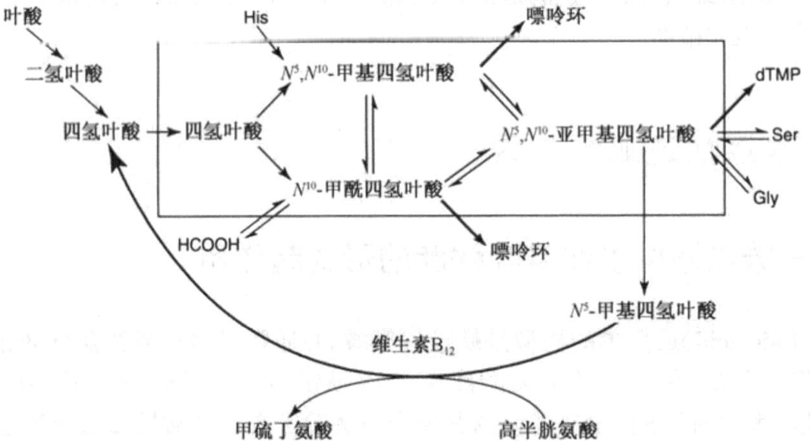

图 28.14　叶酸与维生素 B_{12}在单碳代谢中的作用

叶酸及其衍生物的互换用黑色箭头表示。完全依赖于叶酸的通路用红箭头表示。将甲基四氢叶酸转变为四氢叶酸这一维生素 B_{12}依赖的重要反应用蓝箭头表示。框中为四氢叶酸单碳衍生物集合

叶酸盐缺乏由摄入不足、需求增加、吸收不良和代谢不良引起。某些膳食调查表明，摄入不足可能较以前认为的普遍。与大部分维生素一样，若没有需求量增加或利用率降低，单纯的摄入不足一般不会引起叶酸盐缺乏症状。例如，常见的基因多态性以及怀孕和哺乳期引起叶酸盐需求增加(见临床相关知识 28.7)，到妊娠第三个月，叶酸盐需求量几乎翻倍。在美国，20%～25%其他方面均正常的孕妇的血清叶酸盐偏低，但大红细胞血症较少见，通常只见于多次怀孕后。但怀孕早期叶酸盐摄入不足会增加神经管发育不全的危险性，这是一种先天缺陷。常规饮食很少能提供怀孕期间所需的 600mg 的叶酸盐。补充富含叶酸(浓度为 1.4mg/gram)的浓缩谷物产品能将叶酸摄入水平提高到 100mg/d。由于饮食强化补充，神经管缺陷的发病率已经降低了 19%，每天额外补充 200mg 叶酸能

够有效避免神经管缺陷和高同型半胱氨酸血症的发生,但同时会掩盖维生素 B_{12} 的缺乏症状(如下所述)。因此,多数医师通常会推荐育龄期妇女与老年人补充叶酸。叶酸缺乏在酗酒者和吸收不良患者中也很常见。

临床相关知识 28.7
基因多态性和叶酸需求

充足的叶酸可以降低患神经管缺陷和心脏病的风险,后者是因为叶酸可以降低血浆中高半胱氨酸(homocysteine)的水平。这些研究结果提示,我们应该摄入充足的叶酸及谷物等富含叶酸的食物。然而,常吃谷物的饮食习惯并不能降低所有成年人高半胱氨酸的水平,也不能使所有新生儿都免于患神经管缺陷性疾病。那么是什么因素造成了这种类型的叶酸吸收不足呢?研究表明有一个基因的遗传多态性可能与之相关。这个基因就是编码 5,10-甲基四氢叶酸还原酶(5,10-methyltetrahydrofolate reductase,MTHFR)的基因,它可以催化 5-甲基四氢叶酸的产生,而这个产物是高半胱氨酸转化成甲硫氨酸所必需的(图 28.15)。MTHFR 的第 677 位 A/C 向 T 的置换使原来的 Val 变成了 Ala,这使该酶的特异催化活性和稳定性都降低了。在这个多态性位点上,约 12% 的白种人和亚洲人是纯合的(T/T),约 50% 是杂合的(C/T)。在低叶酸饮食的个体中,血浆中的叶酸浓度明显降低,而高半胱氨酸的浓度显著上升。这些因素均可引发 T/T 人群中的神经管畸形。此外,T/T 基因型的老年个体如摄入叶酸不足将发生结肠癌的风险显著上升。

关于叶酸代谢相关基因遗传多态性的研究还在不断深入。甲硫氨酸合成酶(methionine synthetase)和 5-甲基四氢叶酸吸收所必需的叶酸受体 α 也都有遗传多态性,而且对机体都是有益的。然而,一项对曾生过神经管畸形患儿的怀孕母亲的研究表明,叶酸在其小肠中的吸收水平也低于正常的母亲。这个遗传学现象的分子机制目前尚不清楚。

抗惊厥药与口服避孕药可能会干扰叶酸吸收,抗惊厥药还会提高叶酸的分解代谢(见临床相关知识 28.4)。除非额外补充足够剂量,长期服用这些药物会导致叶酸缺乏。例如,20% 口服避孕药者的子宫颈阴道上皮有巨幼红细胞,20% ~30% 血清叶酸低于正常。

维生素 B_{12}(钴维生素)的四吡咯环中含钴

恶性贫血(pernicious anemia),是一种与神经组织进展性的脱髓鞘改变引起的神经生理衰退有关的巨幼红细胞血症,曾经可致命,直到发现肝脏萃取物可用于治疗此病。后来的研究表明真正需要的是肝脏的一种外因子和机体产生的一种内在因子——维生素 B_{12}。维生素 B_{12} 在 6 配位状态下含有钴,4 个位置与四吡咯环连接,1 个位置与苯并咪唑氮,第 6 个位置与共价键相连(图 28.15)。通常用维生素 B_{12} 的结晶体(多为氰钴胺或氰钴维生素)来进行补充。食物中的维生素 B_{12} 通常以甲基或 5′-辅酶 B_{12} 的形式与蛋白质相连,必须在胃中被胃酸水解,或在肠道中由胰蛋白酶消化从而与蛋白质分离。接着,它与内因子——一种由胃分泌的蛋白质结合,并将其带到回肠进行吸收。

维生素 B_{12} 只参与人体内两种化学反应(图 28.16)。蛋氨酸合酶可将高半胱氨酸甲

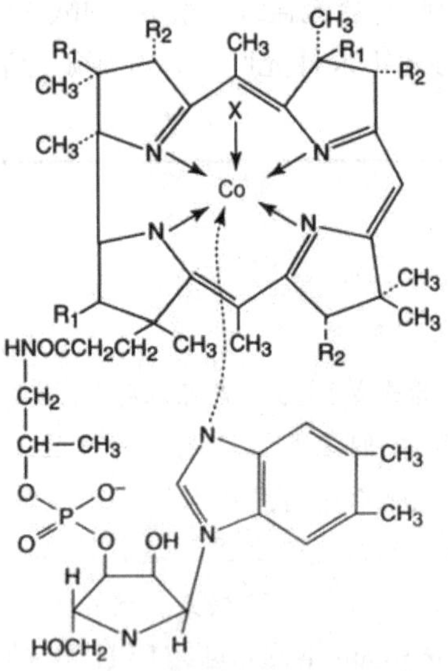

图 28.15　维生素 B_{12} 的结构

基化为蛋氨酸，此过程需要维生素 B_{12} 的甲基衍生物。甲基丙二酰辅酶 A 变位酶需要 5′-辅酶 B_{12} 衍生物，将甲基丙二酰辅酶转变为琥珀酰辅酶 A，这是缬氨酸、异亮氨酸、蛋氨酸、苏氨酸、奇数链脂肪酸、胸腺嘧啶以及胆固醇侧链的分解代谢中的关键反应。由此可推想，维生素 B_{12} 缺乏会引起高半胱氨酸和甲基丙二酸的堆积。

维生素 B_{12} 相关的巨幼红细胞血症可反映维生素 B_{12} 在叶酸盐代谢中的作用。维生素 B_{12} 依赖的蛋氨酸合成是 N^5-甲基四氢叶酸回到四氢叶酸池的唯一途径（图 28.16）。因此，维生素 B_{12} 缺乏时，所有的叶酸都被阻滞于 N^5-甲基四氢叶酸，导致 N^5-甲基四氢叶酸累积，嘌呤和 dTMP 合成所需的四氢叶酸酯衍生物缺乏。大量补充的叶酸盐可治疗巨幼红细胞血症，但无法解决神经生理问题。临床上患者常因巨幼红细胞血症而就诊。补充富含叶酸的食物会掩盖贫血，妨碍维生素 B_{12}

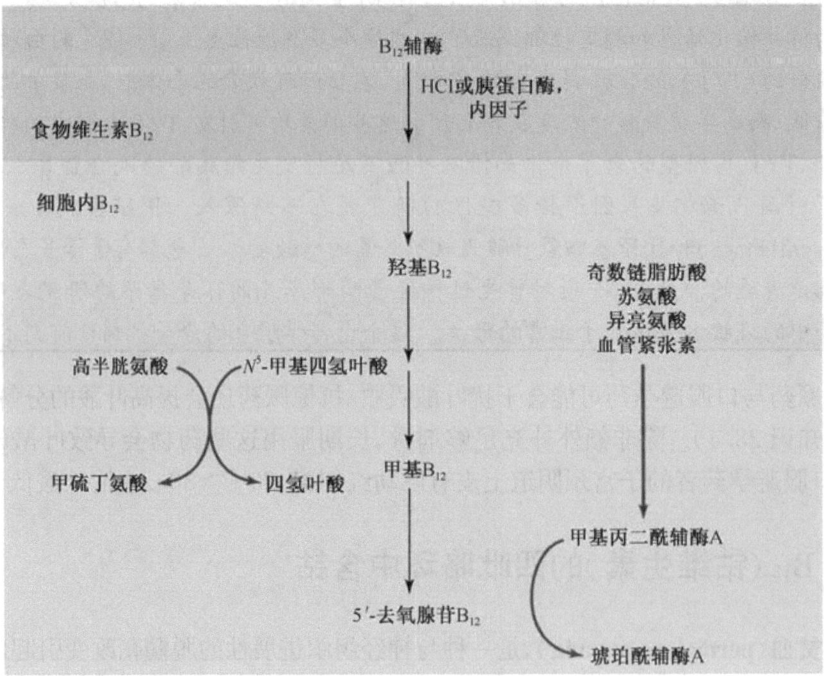

图 28.16　维生素 B_{12} 的代谢

维生素 B_{12} 的代谢转变用细箭头表示，需要维生素 B_{12} 的反应用红箭头表示。其他相关通路用蓝箭头表示

缺乏的发现，直到神经生理破坏已经无法逆转。这一问题引发了食物补充叶酸的最佳剂量的争论。

有人认为维生素 B_{12} 缺乏相关的脱髓鞘改变是由甲基丙二酰辅酶 A 的累积造成的，其主要机制为：①甲基丙二酰辅酶 A 在脂肪酸合成中是丙二酰的竞争性抑制剂，由于髓磷脂鞘转变在持续进行，因此严重抑制的脂肪酸合成会导致其退化；②甲基丙二酰辅酶 A

可在脂肪酸合成中代替丙二酰辅酶 A,合成支链氨基酸,破坏膜结构。但由于脱髓鞘作用同时需要甲基丙二酸和高半胱氨酸,维生素 B_{12} 缺乏时的神经系统症状不能单纯由其中任何一种机制解释。

维生素 B_{12} 在动物源性食物,尤其是肉中广泛存在。由于肝脏储备量能维持 6 年,因而维生素 B_{12} 缺乏非常少见,除非是老年人,其胃中产生的内因子和(或)盐酸不足,以及严重吸收不良者与长期的素食者。

28.8 其他水溶性维生素

维生素 C 在还原与羟化反应中的作用

维生素 C 或称**抗坏血酸**(**ascorbic acid**),是多种功能的氧化酶的辅因子,与赖氨酸和脯氨酸的羟化以及类胡萝卜素和去甲肾上腺素的合成有关。原胶原蛋白交联为胶原纤维需要赖氨酸与脯氨酸的羟化。正常结缔组织的维持与创伤的修复需要维生素 C。骨的有机基质大部分由胶原构成,因而骨的形成也需要维生素 C。胶原同时也是毛细血管壁周围的基质,因此维生素 C 缺乏可引起**毛细血管脆性增加**(**capillary fragility**)。由于长链脂肪酸需要在类胡萝卜素的辅助下才能转运入线粒体(如下所述),类胡萝卜素降低可能与维生素 C 缺乏相关的疲劳有关。维生素 C 在肾上腺中积聚,一些皮质类固醇和合成中的羟化反应,尤其是应激时可能需要维生素 C。

维生素 C 还能起非酶还原剂的作用。例如,它可通过减少铁转变为亚铁状态而促进铁的吸收;通过保护维生素 A、E 和一些维生素 B 不发生氧化反应而使其富集;通过促使叶酸转变为四氢叶酸酯或形成四氢叶酸酯的多聚谷氨酸衍生物而促进叶酸的利用。

轻度**维生素 C 缺乏**(**vitamin C deficiency**)症状为毛细血管脆性增加,导致容易碰伤和瘀点(皮肤上小点状的出血)形成。**坏血病**(**scurvy**),维生素 C 缺乏的一种较严重的形式,与创伤修复减慢、骨质疏松、出血和贫血有关。由于无法维持骨的有机基质,骨质脱矿,引起骨质疏松。广泛的出血伴铁吸收和叶酸代谢不良引起贫血。

维生素 C 易吸收,所以维生素 C 缺乏常由摄入过少和(或)需求增加引起。严重应激或创伤时,血清维生素 C 快速下降,机体的大部分维生素供应都被动员到肾上腺和(或)创伤区域。尚不清楚这是否代表着维生素 C 的需求量增加,或仅仅是将维生素 C 重新分配到需求量最大的区域,亦不知血清维生素 C 降低是否会使其在其他组织中的功能受损。目前一致认为血清维生素 C 降低表示需求量增加,但究竟增加多少尚未达成共识。

吸烟(**smoking**)会引起血清维生素 C 降低。事实上,吸烟者的维生素 RDA 为 110～125mg/d,而非吸烟的成人为 75～90mg/d。**阿司匹林**(**aspirin**)似能阻止白细胞摄取维生素 C,**口服避孕药**(**oral contraceptive**)和**皮质类固醇**(**corticosteroid**)也能降低血清维生素 C,所有这些药物的长期使用者,尤其是饮食摄入不理想者都需考虑临界性维生素 C 缺乏。

使用大剂量维生素 C 来控制和治疗**普通感冒**(**common cold**)已经引起了大量争议。虽然补充维生素 C 不能预防普通感冒,但能减轻症状并缩短病程。有人提出维生素 C 可维持白细胞的正常功能,或可降低组胺。虽然大剂量的维生素 C 的毒副作用并不比非处方感冒药大，但须考虑到其潜在副作用。例如草酸盐是维生素 C 的主要代谢产物，因此摄入大剂量维生素 C 理论上会导致易感者形成草酸盐肾结石。但是，大部分研究表明过量的维生素 C 主要以原形而非草酸盐的形式分泌。孕妇摄入大量维生素 C 会导致新生儿的维生素 C 需求量异常地高，但这很容易处理。维生素 C 的 UL 设为 2000mg/d，如果再高就会导致部分个体出血。

胆碱与肉碱起多种作用

由于**胆碱(choline)**和肉碱可由机体合成，因而传统认为是非必需的。但最近胆碱和肉碱分别被归为必需和有时必需成分。乙酰胆碱是一种与记忆储存、运动控制等多种功能相关的**神经递质(neurotransmitter)**，它的合成与释放均需要胆碱。胆碱同时也是合成磷脂、磷酸卵磷脂和鞘磷脂的前体，它们对膜功能、细胞外信号转导和肝脏运送极低密度脂蛋白均有重要作用，而且由于磷酸卵磷酯在胆固醇逆向转运中是卵磷脂-胆固醇酰基转移酶的底物，它还能帮助从组织中移除胆固醇(见 18.3 节)。此外，胆碱也是甜菜碱甲基供体的前体。

啮齿动物研究表明，胆碱缺乏会引起老年动物肝癌危险性增高，而且肝脏极易受损，但是人类尚未出现此类情况。补充胆碱与甜菜碱能降低人体的血清高半胱氨酸。但目前的资料尚不足以肯定补充胆碱和(或)甜菜碱可降低心血管病的危险性。

由于机体可重新合成胆碱，而且食物中含量丰富，胆碱缺乏非常少见。给完全依赖缺乏胆碱的胃肠外营养者，小肠旁路和肝硬化患者补充胆碱后会出现肝脏并发症(脂肪肝、血清丙氨酸转氨酶水平升高)。脂肪酸转运出线粒体膜需要甜菜碱，但由于甜菜碱可重新合成，它对正常健康成人是非必需的。但由于发现了人遗传性甜菜碱代谢紊乱，且部分个体对甜菜碱补充有反应，因而总的来说传统上习惯将甜菜碱归为必需营养物质。甜菜碱是运动员常用的饮食补充物，但少有证据表明补充甜菜碱可影响运动员的表现。

28.9 常量矿物元素

钙的多种生理作用

钙(calcium)是体内最丰富的矿物元素，大部分存在于骨中，但骨外的少量 Ca^{2+} 起多种重要的生理作用。很多酶都需要钙离子，可介导激素反应，而且血液凝固、肌肉收缩和正常神经肌肉应激都需要钙离子。人体正常的血清钙离子浓度范围非常窄，而使其维持于正常水平又极其重要，机体已进化出一个精密的激素调控系统(图 28.5)。低血钙可刺激 1,25-二羟胆钙化醇形成，促进肠道钙吸收，并与甲状旁腺激素一起刺激骨钙重吸收。因此饮食中长期缺乏钙离子通常会引起骨钙的净损失。

由于众多影响因素的存在，个体间的饮食钙需求差别很大。例如，钙的优化利用需要维生素 D；饮食蛋白摄入过量会导致钙离子快速排泄；运动可促进钙离子成骨。秘鲁印第安人光照充足，进行大量的锻炼，以低蛋白的素食为生，每天仅需 300～400mg 的钙离子。

但在美国,研究显示钙离子需求量要高得多,其 RDA 设为 1000～1300mg/d。

钙缺乏(Ca^{2+} deficiency)的症状与维生素 D 缺乏相似,但某些症状,如肌肉痉挛仅见于临界缺乏者。在美国,很大一部分低收入家庭的儿童和成年女性钙摄入不足,而这一人群尤其需要高钙摄入,该问题已引起了较大重视。美国专业大会启动了 WIC(Women and Infant Child)计划以确保贫困家庭的怀孕/哺乳妇女和婴幼儿能获得足够的蛋白质、钙和铁。

膳食调查表明,60 岁以上人群中有 34%～47% 的钙摄入量低于 EAR。这一人群发生骨质疏松的危险性很大,其特点为骨有机基质的损失和骨质进展性脱钙。骨质疏松原因很多且多不清楚,但部分与钙代谢有关(见临床相关知识 28.8)。近期研究表明,钙摄入不足可引起血压升高。这与大部分低盐饮食严格限制了奶制品这一大部分美国人的主要钙源的摄入有关。

很多酶都需要镁

多种酶活动(尤其是与 ATP-Mg^{2+} 复合物有关者)和神经肌肉接头信号传递都需要**镁(magnesium)**。在食品加工过程中,镁含量急剧减少,近期的膳食调查表明西方国家平均镁摄入量低于 ERA。**镁缺乏(Mg^{2+} deficiency)**多见于酗酒和使用特定利尿剂的代谢性酸中毒患者,主要症状为虚弱、震颤和心律失常。补镁能阻止肾草酸钙结石形成,降低血压,此外饮食镁摄入量与中风危险性间也存在负关联。

临床相关知识 28.8
膳食与骨质疏松

人体骨密度一般在 10～35 岁达到最高,很多人认为该阶段对降低骨质疏松的危险性有重要意义。通过钙摄入与运动,这一年龄段骨密度达到最高,使绝经期后密质骨钙的清除率降低。遗憾的是大部分美国妇女在这些年中摄入的钙远远不够。妇女的钙 RDA 为 1300mg/d(每天 4 杯及以上牛奶),11～18 岁为 1000mg/d(每天 3 杯及以上牛奶),50 岁以上为 1200mg/d(每天 4 杯牛奶)。一些科学家认为绝经期后妇女应摄入更多。1994 年,美国国立卫生研究院就骨质疏松建议绝经期后妇女每日摄入 1500mg 的钙。但事实上 19 岁及以上女性的中位钙摄入水平仅为 500mg/d,且近期有关奶制品中的脂肪含量的研究表明,钙摄入是在降低而非升高。因此必须鼓励这一人群摄入更多的钙。即使用药物或雌激素替代疗法来治疗骨质疏松时也不应忽视钙摄入。近期研究表明每天 1000～1500mg 的钙摄入可使药物或雌激素治疗更有效地维持骨量。

在骨质疏松问题上,人们把大部分注意力都集中到了钙摄入上,但是,骨质并不仅仅是由钙组成的。假如饮食中缺乏其他营养物质,钙成骨会受损。例如骨基质的形成需要维生素 C;镁与磷是骨的重要组成部分;维生素 K 和很多微量元素,包括铜、锌、镁和硼对骨的构成都有重要意义。因此,假如饮食摄入总体不足,单纯补钙的利用率不佳。钙的吸收与利用需要维生素 D。这一问题对老年非常重要,需要特别关注(见临床相关知识 28.9)。一些专家认为目前成人的维生素 D 推荐摄入量可能过低。另外,足量运动、药物治疗与饮食补充对阻止骨密度降低同样重要。

28.10 微量元素

铁缺乏导致贫血与免疫活性降低

铁(iron)代谢已在21章中做了论述。作为血红蛋白与肌红蛋白的成分,氧气与二氧化碳的转运需要铁;在细胞色素与非血红蛋白中,氧化磷酸化需要铁;在溶酶体酶髓过氧化酶中,中性粒细胞同样需要铁来吞噬与杀死细菌。

假定铁的吸收效率为10%～15%,正常成年男性的RDA为8mg/d,月经期女性的RDA设为18mg/d。正常膳食中很容易获得8mg/d的铁,18mg充其量为临界状态,而27mg则很少能达到。铁的最好饮食来源为肉、干豆、干果和强化的谷物产品。

铁缺乏最常见的症状为小细胞低色素性贫血。铁缺乏与免疫活性降低也有关。膳食调查表明95%以上的儿童和月经期女性铁摄入不足。生化测定显该人群中缺铁性贫血的发病率为10%～25%。由于饮食摄入不足和无胃酸症发生率高,缺铁性贫血在老年人中也很严重。

由于缺铁性贫血广泛存在,政府性的营养介入计划如WIC计划都强调补充含铁食物。但近期研究表明,铁摄入过量会增加心血管病的危险性,补充铁或含铁食物对成年男性和绝经期女性都不适宜。过量的铁会导致血色素沉着这一少见病,多种组织中铁的沉着水平异常增高,导致肝、胰和心脏功能不良以及皮肤色素沉着。色素沉着病有时也见于溶血性贫血和肝脏疾病患者。

碘被结合入甲状腺激素

食物碘(iodine)被有效吸收并转运到甲状腺储存,用于合成三碘甲腺原氨酸和四碘甲状腺原氨酸。这些激素起调节成人**基础代谢率(basal metabolic rate)**和儿童生长发育的作用。咸水鱼是碘最好的自然食物来源;过去内陆地区的群众常患地方性甲状腺肿和甲状腺肿大。现在由于碘已被常规加入食盐中,甲状腺肿已经相对少见。但在一些内陆地区,轻度甲状腺肿的发病率仍然达到5%。

很多蛋白质需要锌

锌(zinc)是包括RNA和DNA聚合酶、碱性磷酸酶和碳酸酐酶在内的超过300种金属酶的催化中心。此外它形成锌指(锌离子进入四条氨基酸侧链中),为其他300～700种蛋白质提供结构稳定性。锌指促进蛋白质与DNA结合,并且在转录因子和核激素受体中也是常见的基序。锌指对蛋白质间的相互作用也很重要,存在于多种信号转导蛋白中。儿童锌缺乏通常表现为生长不良和性征发育不良。在儿童与成人中,锌缺乏会导致创伤愈合不良和皮炎。锌存在于涎液素中,它是一种唾液多肽,是味蕾正常发育所必需的,因而锌缺乏会导致味敏度下降。单核细胞和 T 细胞都需要在锌的辅助下产生细胞因子，因此锌缺乏还与免疫功能不全有关。胆色素原合酶的活性需要锌。铅中毒时铅代替了锌，导致贫血与 δ-氨基乙酰丙酸积聚（见 21.11 节）。

膳食调查表明，很多个体的锌摄取量都处于临界状态，补充锌能提高老年人的免疫功能。严重锌缺乏主要见于酗酒者（尤其是伴肝硬化者），慢性肾疾病或严重吸收不良患者，有时也见于长期胃肠外营养者。后者最具特征性的早期表现是皮炎。锌有时被治疗性地用于促进创伤愈合，在处理胃溃疡中也有一定用途。

铜是很多重要酶的辅因子

重要的含**铜**（**copper**）酶包括血浆铜蓝蛋白（将铁氧化以促进其与转铁蛋白的结合）、细胞色素 C 氧化酶（电子转运装置）、多巴胺 β-羟化酶（合成去甲肾上腺素）、赖氨酰氧化酶（胶原交联）、过氧化物歧化酶（过氧化物的歧化作用）与 C_{18}，Δ^9-去饱和酶（给长链脂肪酸加入双键）。C_{18}，Δ^9-去饱和酶可将硬脂酸（一种 C_{18} 饱和脂肪酸）转变为油酸（一种单不饱和脂肪酸），可部分解释为何硬脂酸不会像其他饱和脂肪酸一样升高血清胆固醇。铜缺乏症状包括贫血、**高胆固醇血症**（**hypercholesterolemia**）、骨质脱矿、白细胞减少、大动脉脆性增加以及神经组织的脱髓鞘作用。贫血可以反映血浆铜蓝蛋白活性降低。骨质脱矿与血管脆性增加可直接归因于胶原缺乏与弹性硬蛋白形成。高胆固醇血症可能与 C_{18}，Δ^9-去饱和酶活性降低导致 C_{18} 系列饱和脂肪酸与单不饱和脂肪酸比例升高有关。

铜缺乏相对少见，通常只见于锌摄入过多（锌与铜竞争吸收）和门克斯综合征。后者是一种比较少见的 X 染色体相关遗传性疾病，与铜转运缺陷有关。Wilson 病是一种常染色体隐性疾病，与铜在多种组织中异常积聚有关，可用铜螯合青霉胺治疗。

铬是 chromodulin 的组成部分

铬（**chromium**）是低分子蛋白 chromodulin 的组成部分，它通过促进胰岛素与其受体结合和受体激酶信号转导而使胰岛素更为有效。铬缺乏的主要症状为**葡萄糖耐量**（**glucose tolerance**）降低，为胰岛素有效性降低的结果。铬缺乏在健康成人中比较少见。但是，糖尿病会引起铬的尿损失增加，一段时间后引起铬缺乏。补充铬有可能加强 2 型糖尿病患者的甘油酯控制。

硒见于含硒蛋白

硒（**selenium**）存在于含硒蛋白，例如**谷胱甘肽过氧化物酶**（**glutathione peroxidase**）、磷脂氢谷胱甘肽过氧化物酶、**硫氧还蛋白还原酶**（**thioredoxin reductase**）、碘化甲腺氨酸脱碘酶、**精子被膜含硒蛋白**（**sperm capsule selenoprotein**）GPx4 骨骼肌硒蛋白 W 中。这些蛋白含一个或多个硒代半胱氨酸残基，用于一独特的共转录过程。谷胱甘肽过氧化物酶可破坏胞质溶胶中的过氧化物（见 19.5 节，图 19.80），而维生素 E 主要局限于膜上，因而谷胱甘肽可补充维生素 E 的作用。磷脂氢谷胱甘肽过氧化物酶催化低密度脂蛋白中的磷脂与胆固醇酯过氧化氢的还原反应。碘化甲腺氨酸脱碘酶催化 T_4 转变为活化的甲状腺激素 T_3。硒蛋白 GPx4 对维持精子的活性;硒蛋白 W 对促进骨骼肌代谢都是必不可少的。硒是少数不会因面粉研磨而损失的几种营养物质之一,食物中含量充足。美国部分地区土壤中的硒含量非常低,幸运的是,由于食物分配,每一地区的上市食品都来源于很多不同区域,其影响被降到了最低。临床研究表明补充硒还可降低某些癌症的危险性。

镁、钼、氟化物与硼都是必需微量元素

镁是精氨酸酶与丙酮酸羧化酶的组成部分,并可激活很多其他酶。**钼(molybdenum)**存在于黄嘌呤氧化酶中(见 20.3 节)。**氟化物(fluoride)**可强化骨骼与牙齿,并通常被加入饮用水中。硼在骨骼形成中起重要作用。

28.11 美国人的饮食:事实与谬论

有人认为美国人的饮食发生了退步,并对此进行了很多讨论。美国人较他们的祖先摄入了更多处理后的食物。他们的食物中的热量密度更高,营养物质密度更低。但是他们均加强了铁、硫胺素、核黄素、烟酸的摄入,减少了叶酸摄入。很多时候他们甚至强化了 11～15 种维生素和矿物质的摄入。然而这不能替代处理过程中所有损失的营养物质,尤其是微量元素和植物营养素(如类胡萝卜素)。由于模拟食品的营养通常不完全,因而带来了一个特殊的问题。例如,模拟奶酪和奶昔在美国广泛出售,它们通常含有与传统食品相同的蛋白质与钙,但核黄素含量通常不足。方便食品的热量与脂肪含量通常较高,而某些维生素与微量元素含量较低。例如,标准快餐含有大于 50% 的成人平均全天所需热能,而维生素 A 小于 5% ,生物素、叶酸与泛酸小于 30% 。然而目前的大部分争议都集中于该潮流究竟是好是坏。这把即将产生的问题简单地模糊了。其实如果能选择性地食用一些热量密度低,营养物质含量高的食物来弥补处理后食品,模拟食品和方便食品,仍然可能达到饮食平衡。但如果没有其他食物的补充,饮食平衡将成为泡影。

28.12 在临床实践中评估营养状态

在调查了主要微量营养物质及其生化作用后,评价个体患者的**营养状态(nutritional status)**将会是一个艰巨的过程。与营养物质缺乏相关的三大因素为摄入不良、吸收不良与需求增加。当某一患者同时出现两到三个问题时才会出现明显的症状(图 28.17)。例如:婴幼儿的铁、钙和蛋白质的需求增加,调查表明其中很多人铁摄入不足,部分饮食钙含量过低。除非儿童是严格的素食者,很少出现蛋白质缺乏。因此,大部分儿童的主要营养

问题在于铁和钙。青少年的饮食中钙、镁、维生素 A、维生素 B_6 和维生素 C 的含量通常过低,在该年龄段,他们对钙、镁的需求量尤其大,因而这些营养物质得到了极大关注。年轻妇女的饮食中铁、钙、镁、维生素 B_6、叶酸和锌的含量通常偏低,在怀孕和哺乳期间,所有这些营养物质的需求量都会变得很大。成年妇女饮食中的钙含量通常偏低,但为了阻止快速钙损失,她们的钙需求量尤其大。最后,老年人的营养需求有其自身特点(见临床相关知识 28.9)。由于收入较低、胃口不佳、没有能力制作多种食物,他们的饮食情况通常不佳,同时也更容易产生吸收不良问题,并不得不使用多种会增加营养需求的药物(表 28.1)。

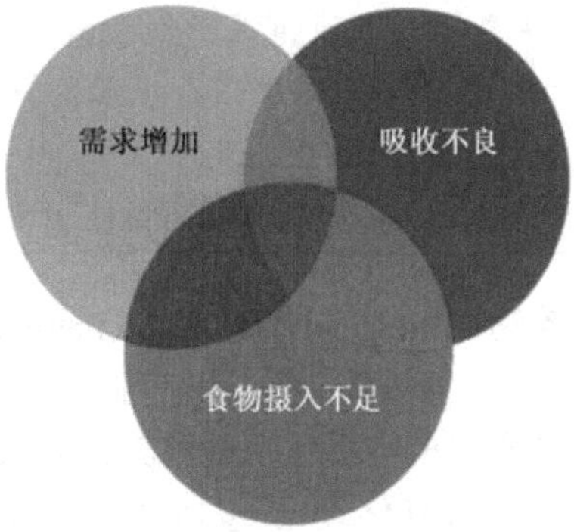

图 28.17　影响个体营养状态的因素

影响营养状态的三大因素的图示。外围个体发生营养缺乏的危险性非常小,然而位于红、橙、紫或中央区域者更容易出现营养缺乏症状

临床相关知识 28.9
老年人的营养需求

假如老龄化趋势继续,2030 年每 5 个美国人中就有一位超过 65 岁的老人。在人口老龄化过程中,确定老年人的营养需求正在引起越来越多的关注。近期研究表明,数种必需营养物质的需求在老年人中会产生改变。例如,维生素 B_6 的吸收与利用率随着年龄的增高而降低。膳食调查一致表明,对很多美国人来说维生素 B_6 经常引起营养问题,老年人也不例外。在美国,很多老年人的维生素 B_6 摄入量小于 RDA 的 50%。维生素 B_{12} 缺乏在老年人中也更为常见。年龄较大者易发生萎缩性胃炎(胃酸产生减少),内因子产生减少,导致维生素 B_{12} 吸收不良。血清中高半胱氨酸可能是动脉粥样硬化、痴呆和 Alzheimer 病的危险因素,而老年人的血清半胱氨酸通常会升高。高半胱氨酸是 DNA 甲基化的副产品,通常在需要叶酸、维生素 B_{12} 和 B_6 的反应中被转变为蛋氨酸或半胱氨酸(图 28.14)。简单地补充这些 B 族维生素足以将高半胱氨酸降至正常。维生素 D 也是一个问题。很多老年人接触阳光的时间不够。7-脱氢胆甾醇在皮肤中转变为维生素 D,25-(OH)D 在肾脏中转变为 1,25-$(OH)_2$D,这两种转变都随着年龄的增加而减少。这些因素均导致老年人 1,25-$(OH)_2$D 严重缺乏,引起负钙平衡。这些改变与骨质疏松有关。

一些证据表明老年人的铬、锌需求量会增加。很多老年人在将饮食中的铬转变为具有生理活性的低分子铬聚合物上有困难。低分子铬聚合物缺乏会导致 2 型糖尿病。同样,很多老年人的饮食锌摄入仅为 RDA 的 1/2～2/3。诸如萎缩性胃炎之类的状态也可影响锌的吸收。锌缺乏症状包括味敏度缺失、皮炎和免疫力降低。所有这些症状在老年人中都很常见,锌缺乏可能在其中起到一定作用。

> 但并不是所有情况都在变坏。随着年龄的增长，维生素 A 吸收增加，肝清除减少，维生素 A 可在循环中保存很长时间，因此随着年龄的增长，维生素 A 的需求量不仅会减少，还需特别防止维生素 A 中毒。由于这不会影响他们对食物的选择或多元维生素补充，他们必须避免单独的维生素补充。

疾病(**illness**)与**代谢应激**(**metabolic stress**)通常会引起某些营养物质需求增加和利用率降低。例如，疾病会引起脂肪吸收不良，导致钙和脂溶性维生素的吸收困难。其他吸收不良疾病也会引起多种营养物质缺乏，因疾病的类型而有所不同。肝肾疾病可阻止维生素 D 的羟基化，以及包括维生素 A、维生素 B_{12} 和叶酸在内的多种其他营养物质的储存和利用。很多疾病和创伤都会增加热量、蛋白质、维生素 C(可能)和某几种维生素 B 的需求。在慢性疾病治疗过程中长期使用多种药物会影响某些微量营养物质的需求，部分如表 28.1 所示。

表 28.1 药物-营养相互作用

药物	可能缺乏的营养物质	药物	可能缺乏的营养物质
酒精	硫胺素	皮质类固醇	维生素 D 与钙
	叶酸		锌
	维生素 B_6		钾
抗惊厥药	维生素 D	利尿剂	钾
	叶酸		锌
	维生素 K	异烟肼	维生素 B_6
消胆胺	脂溶性维生素	口服避孕药与雌激素	维生素 B_6
	铁		叶酸与维生素 B_{12}

哪些人会产生营养问题呢？当然，答案与很多情况有关。营养辅导是婴儿、幼儿和怀孕/哺乳妇女的营养处理的重要组成部分。在处理高危患者时，简要了解患者的饮食史，分析其未来营养辅导非常重要。

参考书目

Dietary Reference Intakes

Food and Nutrition Board, Institute of Medicine of the National Academy of Sciences: www.iom.edu/board.asp?id=3788

Vitamin A

Goodman, D. S. Vitamin A and retinoids in health and disease. *N. Engl. J. Med.* 310:1023, 1984.

Soprano, D. R., Qin, P., and Soprano, K. J. Retinoic acid receptors and cancers. *Annu. Rev. Nutr.* 24:201, 2004.

Thurnham, D. I. and Northrop-Clews, C. A. Optimal nutrition: Vitamin A and the carotenoids, *Proc. Nutr. Soc.* 58:449, 1999.

Vitamin D

Darwish, H. and DeLuca, H. F. Vitamin D-Regulated Gene Expression. *Crit. Rev. Eukaryot. Gene Expr.* 3:89, 1993.

DeLuca, H. F. Overview of general physiologic features and functions of vitamin D. *Am. J. Clin. Nutr.* 80:1689S, 2004.

Langman, C. B. New developments in calcium and vitamin D metabolism. *Curr. Opin. Pediatr.* 12:135, 2000.

Vitamin E

Brizeluis-Flohe, R. and Traber, M. G. Vitamin E: Function and metabolism. *FASEB J.* 13:1145, 1999.

Hensley, K., Benaksas, E. J., Bolli, R., Comp, P. Grammas, P., Hamdheydari, L., et al. New perspectives on vitamin E: γ-Tocopherol and carboxyethylhydroxychroman metabolites in biology and medicine. *Free Rad. Biol. Med.* 36:1, 2004.

Schneider, C. Chemistry and biology of vitamin E. *Mol. Nutr. Food Res.* 49:7, 2005.

Stampfer, M. J. and Rimm, E. B. Epidemiologic evidence for vitamin E in prevention of cardiovascular disease. *Am. J. Clin. Nutr.* 62:1365S, 1995.

Vitamin K

Binkley, N. C. and Suttie, J. W. Vitamin K nutrition and osteoporosis. *J. Nutr.* 125:1812, 1995.

Bugel, S. Vitamin K and bone health. *Proc. Nutr. Soc.* 62:839, 2003.

Nelsestuen, G. L., Shah, A. M., and Harvey, S. B. Vitamin K-dependent proteins. *Vitam. Horm.* 58:355, 2000.

Thiamine

Bates, C. J. Thiamin. In: B. A. Bowman and R. M. Russell (Eds.), *Present*

Knowledge in Nutrition, 8th ed. Washington, DC: ILSI Press, 2001, p. 184.

Singleton, C. K. and Martin, P. R. Molecular mechanisms of thiamine utilization, *Curr. Mol. Med.* 1:197, 2001.

Riboflavin

Powers, H. J. Riboflavin (vitamin B-2) and health. *Am. J. Clin. Nutr.* 77:1352, 2003.

Niacin

Carlson, L. A. Niaspan, the prolonged release preparation of nicotinic acid (niacin), the broad-spectrum lipid drug. *Int. J. Clin. Pract.* 58:706, 2004.

Jacob, R. A. Niacin. In: B. A. Bowman and R. M. Russell (Eds.), *Present Knowledge in Nutrition*, 8th ed. Washington, DC: ILSI Press, 2001, p. 199.

Malik, S. and Kashyap, M. L. Niacin, lipids and heart disease. *Curr. Cardiol. Rep.* 5:470, 2003.

Meyers, C. D. and Kashyap, M. L. Management of metabolic syndrome-nicotinic acid. *Endocrinol. Metab. Clin. North Am.* 33:557, 2004.

Pyridoxine

Merril, A. H., Jr. and Henderson, J. M. Diseases associated with defects in vitamin B_6 metabolism or utilization. *Annu. Rev. Nutr.* 7:137, 1987.

Tully, D. B., Allgood, V. E., and Cidlowski, J. A. Modulation of steroid receptor-medicated gene expression by vitamin B_6. *FASEB J.* 8:343,1994.

Pantothenic Acid

Miller, J. A., Rogers, L. M., and Rucker, R. R. Pantothenic acid. In: B. A. Bowman and R. M. Russell (Eds.), *Present Knowledge in Nutrition*, 8th ed. Washington, DC: ILSI Press, 2001, p. 253.

Biotin

McMahon, R. J. Biotin in metabolism and molecular biology. *Annu. Rev. Nutr.* 22:221, 2002.

Rodriguez-Melendez, R. and Zempleni, J. Regulation of gene expression by biotin, *J. Nutr. Biochem.* 14:680, 2003.

Folic Acid

Bailey, L. B. Folate and B_{12} recommended intakes and status in the United States. *Nutr. Rev.* 62:S14, 2004.

Landgren, F., Israelsson, B., Lindgren, A., Hultsberg, B., Anderson, A., Brettstrom, L. Plasma homocysteine in acute myocardial infarction: Homocysteine-lowering effects of folic acid. *J. Int. Med.* 237:381, 1995.

McNulty, H., Cuskelly, G. J., and Wood, M. Response of red blood cell folate to intervention: Implications for folate recommendations for the prevention of neural tube defects. *Am. J. Clin. Nutr.* 71(Suppl.): 13085, 2000.

Milunsky, A., Jick, H., Jick, S. S., Bruell, C. L., MacLaugin, D. S., Rothman, K. J., and Willet, W. Multivitamin/folic acid supplementation in early pregnancy reduces the prevalence of neural tube defects. *JAMA* 262:2847, 1989.

Stover, P. J. Physiology of folate and vitamin B_{12} in health and disease. *Nutr. Rev.* 62:S3, 2004.

Zanibbi, G. A. Homocysteine and cognitive function in the elderly. *CMAJ* 171:897, 2004.

Vitamin B_{12}

Banerjee, R. and Ragsdale, S. W. The many faces of vitamin B_{12}: Catalysis by cobalamin-dependent enzymes. *Annu. Rev. Biochem.* 72:209, 2003.

Seethoram, B., Bose, S., and Li, N. Cellular import of cobalamine (vitamin B_{12}). *J. Nutr.* 129:1761, 1999.

Weir, D. G. and Scott, J. M. Brain function in the elderly: Role of vitamin B_{12} and folate. *Br. Med. Bull.* 55:669, 1999.

Vitamin C

Hemila, H. and Douglas, R. M. Vitamin C and acute respiratory infections. *Int. J. Tuberc. Lung Dis.* 3:756–761, 1999.

Bsoul, S. A. and Terezhalmy, G. T. Vitamin C in health and disease. *J. Contemp. Den. Pract.* 15:1, 2004.

Simon, J. A. Vitamin C and cardiovascular disease: A review. *J. Am. Coll. Nutr.* 11:107, 1992.

Choline

Zeisel, S. H. Choline: An essential nutrient for humans. *Nutrition* 16:669, 2000.

Zeisel, S. H. Choline: Needed for normal memory development. *J. Am. Coll. Nutr.* 19(5 Suppl): 528S, 2000.

Calcium

Flynn, A. The role of dietary calcium in bone health. *Proc. Nutr. Soc.* 62:851, 2003.

Hatton, D. C. and McCarron, D. A. Dietary calcium and blood pressure in experimental models of hypertension. *Hypertension* 23:513, 1994.

Magnesium

Gums, J. G. Magnesium in cardiovascular and other disorders. *Am. J. Health Syst. Pharmacol.* 61:1569, 2004.

Saris, N. E., Mervaala, E., Karppanen, H., Khawaja, J. A., and Lewenstam, A. Magnesium. An update on physiological, clinical and analytical aspects. *Clin. Chim. Acta* 294:1, 2000.

Vormann, J. Magnesium: Nutrition and metabolism. *Mol. Aspects Med.* 24:27, 2003.

Iron

Boccio, J., Salgueiro, J., Lysionek, A., Zubillaga, M., Well, R., Goldman, C. and Caro, R. Current knowledge of iron metabolism. *Biol. Trace Element Res.* 92:189, 2003.

Zinc

Prasad, A. S. Zinc deficiency: Its characteristic and treatment. *Met. Ions. Biol. Syst.* 41:103, 2004.

Copper

Schumann, K., Classen, H. G., Dieter, H. H., Konig, J., Multhaup, G., Rukgauer, M., et al. Hohehheim consensus workshop: Copper. *Eur. J. Clin. Nutr.* 56:469, 2002.

Chromium

Anderson, R. A. Chromium in the prevention and control of diabetes. *Diabetes Metab.* 26:22, 2000.

Vincent, J. B. The biochemistry of chromium. *J. Nutr.* 130:715, 2000.

Vincent, J. B. Recent advances in the nutritional biochemistry of trivalent chromium. *Proc. Nutr. Soc.* 63:41, 2004.

Selenium

Ganther, H. E. Selenium metabolism, selenoproteins and mechanisms of cancer prevention: Complexities with thioredoxin reductase. *Carcinogenesis* 20:1657–1666, 1999.

Schrauzer, G. N. Anticarcinogenic effects of selenium. *Cell. Mol. Life Sci.* 57:1864, 2000.

Brown, K. M. and Arthur, J. R. Selenium, selenoproteins and human health: A review. *Public Health Nutr.* 4:593, 2001.

Other Trace Minerals

Nielson, F. H. Boron, manganese, molybdenum and other trace elements. In: *Present Knowledge in Nutrition*, 8th ed. B. A. Bowman and R. M. Russell (eds.), Washington, DC: ILSI Press, 2001, p. 253.

Turnland, J. R. Molybdenum metabolism and requirements in humans. *Met. Ions Biol. Syst.* 39:727, 2002.

Dietary Surveys

Block, G. Dietary guidelines and the results of food consumption surveys. *Am. J. Clin. Nutr.*, 53:3565,1991.

Kritchevsy, D. Dietary guidelines. The rationale for intervention. *Cancer*, 72:1011, 1993.

习题和参考答案

选择题

1. 膳食营养素供给量：
   A. 适用于所有人的标准
   B. 能够满足慢性疾病引起的特殊膳食需要
   C. 包含所有的营养需求
   D. 确定了用营养物质的最佳水平
   E. 可用作普遍指南来评估膳食是否充足
2. 营养物质的平均需要量是：
   A. 与膳食营养素供给量相同
   B. 满足特定人群中半数健康个体的需求量
   C. 对特定人群不会产生危险或副作用的最高剂量
   D. 高于膳食营养素供给量两个标准差
3. 维生素 A 的作用不包括：
   A. 阻止贫血的发生
   B. 抗氧化剂
   C. 细胞分化
   D. 视循环
   E. 诱导某些癌症的发生
4. 维生素 C 与以下哪些无关：
   A. 铁吸收
   B. 骨形成
   C. 摄入剂量过大时会引起急性肝病
   D. 创伤修复
   E. 参与羟基化反应
5. 在评估某个体的饮食是否充足时：
   A. 通常与个体年龄相关性不大
   B. 创伤会使个体活动减少，因而会减少热量和某些微量营养素的需求量
   C. 根据 24 小时膳食摄入可做出比较可靠的判断
   D. 必须考虑到当时的药物治疗
   E. 肠道是唯一与营养物质状态有重大关联的器官
6. 过量的食物蛋白摄入会导致什么的快速分泌：
   A. 钙
   B. 铜
   C. 碘
   D. 铁
   E. 硒

问题 7 与 8：纤维囊性病主要是由外分泌腺功能不良导致黏液过于黏稠，并进一步堵塞导管。肺部感染非常常见，通常是主要死因。但是，由于胰酶缺乏和胆总管部分堵塞，纤维囊性病患者通常也会产生严重的吸收不良问题。脂肪、脂溶性维生素和钙吸收不良最为常见，不仅如此，由于慢性感染患者的蛋白质与热量需求也通常增高。

7. 虽然钙吸收不良，维生素 D 缺乏，但血清钙水平通常正常。维持血清钙的是：
   A. 低甲状旁腺素水平抑制钙排出
   B. 降钙素升高
   C. PTH 升高，骨重吸收增加
   D. 肾从尿中重吸收钙增加
   E. 缺乏 1,25-二羟基维生素 D，抑制骨从血液中摄取钙
8. 纤维囊性病患者通常因感染而使用抗生素。抗生素由于使哪种维生素潴留导致脂肪吸收不良加重：
   A. 维生素 A
   B. 维生素 C
   C. 维生素 D
   D. 维生素 E
   E. 维生素 K

问题 9 与 10：由于饮食不良，胃肠道病理改变导致吸收不良，以及严重肝损害与部分营养物质的激活与储存相互作用，慢性酗酒者存在多种营养不良的危险。与硫胺素和维生素 B_6 缺乏相关的神经系统症状，以及与叶酸和维生素 B_6 相关的血液系统症状都很常见。

9. 硫胺素缺乏时，热量产生严重减少，原因在于 TPP 是：
   A. 氧化反应的重要辅助因子
   B. 丙酮酸脱氢酶和 α-酮戊二酸脱氢酶的必需辅因子
   C. 转酮醇酶的辅助因子
   D. 氨基酸经转氨基作用产生热量的过程所必需
   E. 乙醇氧化所必需
10. 酒精使叶酸吸收和储存发生障碍。由于 DNA 合成受抑制，细胞停滞于 S 期，引起幼巨红细胞生成障碍。叶酸缺乏时 DNA 合成受抑制，原因为哪些过程需要四氢叶酸：

A. 合成嘌呤核苷酸与 TPP

B. 高半胱氨酸转变为甲硫氨酸

C. 维生素 B_{12} 的利用

D. 以上所有选项均正确

E. 以上所有选项均不正确

问题 11 与 12:由于美国人口老龄化,老年人的营养需求正在得到越来越多的关注。萎缩性胃炎会导致胃酸生成减少。吸收障碍以及将部分维生素转化为其活性形式的能力减弱加重了老年人的营养缺乏。饮食中缺少铬,导致老年人很难将其转化为低分子铬聚合物的活性形式。

11. 铬缺乏的主要症状为葡萄糖耐受不全,低分子铬聚合物能:

A. 增加胰岛素受体的数量

B. 促进胰岛素与其细胞受体的结合

C. 通过保护过氧化氢而保护细胞受体

D. 促进铜与锌的吸收

E. 促进高半胱氨酸的代谢

12. 萎缩性胃炎会影响锌的吸收。锌在哪些过程中不起作用:

A. 儿童的生长

B. 创伤修复

C. 味觉敏感度

D. 抑制甲状腺肿

E. 免疫功能

问答题

13. 维生素 B_{12} 缺乏时的神经生理紊乱是由神经组织进展性的脱髓鞘变引起的,维生素 B_{12} 缺乏是如何影响髓鞘形成的?

14. 维生素 K 参与哪一化学反应?此反应与血液凝固和骨形成有何关联?

参考答案

1. E　RAD 必须满足 97% 人口的需要,但不考虑特殊需求;A: RADs 是为大部分人设计的,但会有例外;B:疾病通常会改变饮食需求;C:部分营养物的需求尚不知晓,所有已知营养物质的需求也不甚清楚;D:营养物质的优化水平较难界定,有赖于标准的建立

2. B　这是确定营养指南的第一步;A、E: RDA 高于 EAR 两个标准差;C:称为适宜摄入量;D:此为最高摄入量

3. E　保护机体不产生癌症;A:转铁蛋白的合成需要维生素 A_1 和(或)维甲酸;B:各种类胡萝卜素是抗氧化剂;C:维生素 A_1 和维甲酸能起到类固醇激素的作用;D:维生素 A_1 在 Δ^{11} 顺式与反式构型间转换

4. C　过量的维生素 C 会被排泄掉;A:维生素 C 通过降低铁而促进铁的吸收;B:胶原是骨的重要组成部分,而胶原的合成需要维生素 C;D、E:原胶原的赖氨酸和脯氨酸残基的羟基化作用需要维生素 C,因而创伤修复也需要维生素 C

5. D　皮质类固醇会刺激维生素 D 的去活化,异烟肼和口服避孕药都会影响维生素 B_6;A:不同年龄段会有很大差异;B:创伤会增加热量需求,可能还会增加某些特定微量营养素的需求;C:无法保证任意 24 小时的膳食摄入是可靠的,或者能代表该个体的日常饮食;E:需要肠道发挥功能吸收营养元素,接着进一步进行代谢改变。肝和肾进行维生素 C 代谢,β-胡萝卜素在肝脏中转变为维生素 A,这些都是器官间相互联系的例子。

6. A　此问题涉及蛋白质摄入量远高于需求量的情况

7. C　PTH 能抑制骨的重吸收并抑制钙的排泄;A:维生素 D 浓度低时 PTH 升高;B:血钙升高时降钙素会反应性升高;D:肾脏无此功能;E:1,25-二羟基维生素 D 能促进骨的重吸收,但缺乏时不一定会影响骨从血液中摄取钙的能力

8. E　部分维生素 K 由肠道细菌合成,抗生素会清除这些细菌;A、C、D:都需要充足的脂肪吸收,但来源于食物而非肠道;B:维生素 C 是水溶性的

9. B　丙酮酸脱氢酶对硫胺素缺乏非常敏感,此反应位于碳水化合物和数种氨基酸产生能量过程的关键路径上;A、E:氧化还原反应需要来自于烟酸或核黄素的辅因子;C:TPP 是转酮醇酶的辅因子,但该酶位于已糖单磷酸通路上,并非主要的热量通路;D:此辅因子来自于维生素 B_6

10. A　从头合成嘌呤核苷，以及脱氧尿嘧啶转变为三磷酸脱氧核苷的过程需要四氢叶酸，这些成分用于 DNA 的合成；B：虽然此过程需要四氢叶酸，但与 DNA 合成无关；C：N^5-甲基四氢叶酸释放四氢叶酸需要维生素 B_{12}，但与 DNA 合成无关

11. B　它能促进葡萄糖的摄取；A：无此作用；C：此为硒的作用；D：金属硫蛋白会影响铜与锌的吸收；E：高半胱氨酸代谢需要叶酸、维生素 B_6 与维生素 B_{12}

12. D　此为碘的作用；A：DNA、RNA 聚合酶为锌蛋白；B：此项正确；C：锌为唾液多肽的一部分，与味蕾发育有关；E：单核细胞与 T 细胞产生细胞因子需要锌

13. 维生素 B_{12}参与的其中一个反应是将甲基丙二酰辅酶 A 转变为琥珀酰辅酶 A（血管紧张素和异亮氨酸的代谢步骤）。在脂肪酸的生物合成中，甲基丙二酰辅酶 A 是丙二酰辅酶 A 的竞争性抑制剂，用于维持神经鞘。第二，在脂肪酸的合成中，甲基丙二酰辅酶 A 可引导合成支链氨基酸，可能破坏正常的膜结构。

14. 某些蛋白质特定的谷氨酸残基羧基化，成为 γ-羧基谷氨酸残基的过程需要维生素 K。在血液凝固过程中，前凝血酶原转变为凝血酶需要此步骤。在骨形成中，钙与 Gla 蛋白残基的结合也需要此步骤。

（董立巍　译）

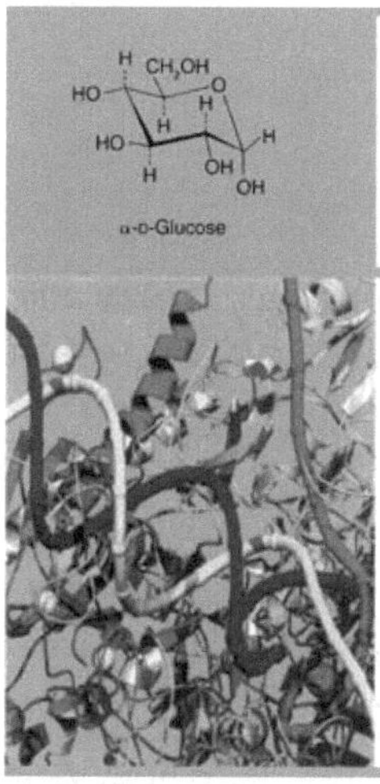

附录

有机化学回顾

Carol N. Angstadt

功能基团

醇

醇的通用表达式为 **R-OH**,其中 **R** 代表烷基或芳香基,根据含羟基碳原子结合一个、两个或三个其他碳原子而分为初级、次级或三级醇。

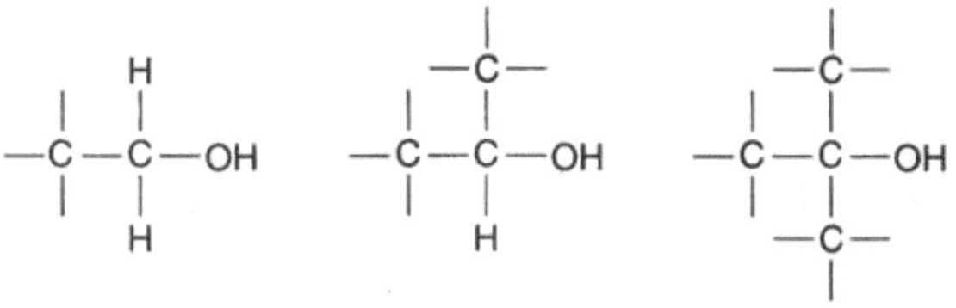

初级　次级　三级

醛与酮

醛与酮都含羰基：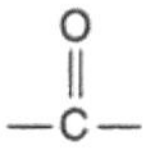；醛为 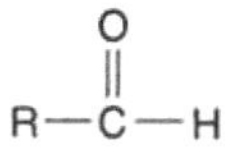；而酮在羰基上含两个基团(烷基和(或)芳香基) 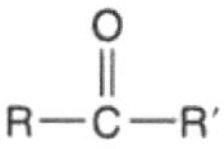

酸与酸酐

羧酸含功能基团 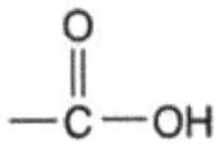 (—**COOH**),二羟酸与三羧酸含有两个或三个羧基。羧酸在水中解离为带负电荷的羧酸盐离子：

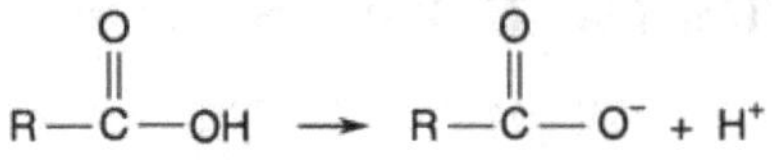

羧酸　羧酸盐离子

羧酸的英文名通常以-**ic** 结尾,而羧酸盐离子通常以-**ate** 结尾,当两个酸分子作用失去一分子水时形成酸酐。两个有机酸分子、两个无机酸或一个有机酸与一个无机酸均可形成酸酐。

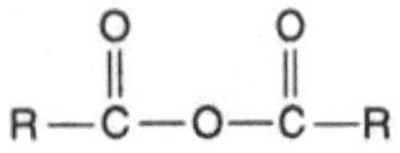

有机酐

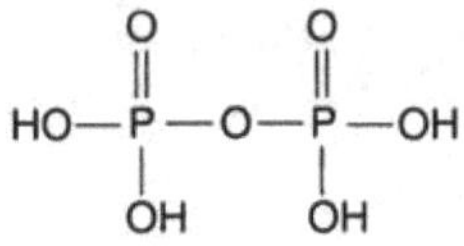

无机酐

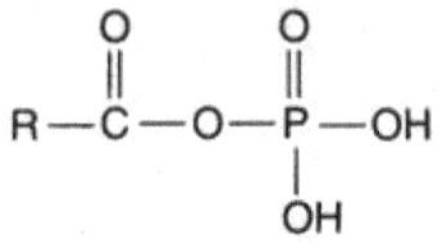

有机-无机酐

酯

羧酸与醇作用可形成酯： 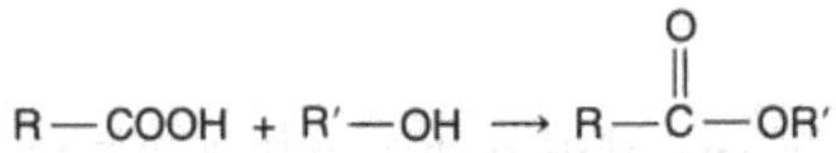

无机酸与有机乙醇也可形成酯,如 6-磷酸葡萄糖。

半缩醛、缩醛与内酯

醛与醇作用可形成半缩醛,它接着与另一分子醇作用形成缩醛：

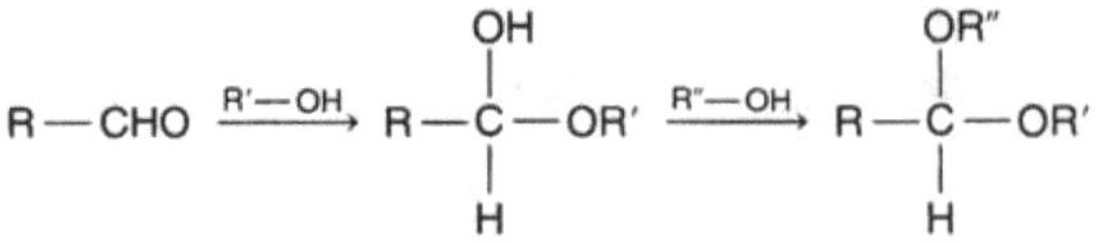

半缩醛　缩醛

内酯为环状的酯,由同一分子中的酸与醇基团作用形成,通常需要形成五到六元环。

不饱和化合物

不饱和化合物为碳原子间含有一个或多个重键(如双键—**C**═**C**—)。

胺与酰胺

胺，**R—NH**$_2$为**NH**$_3$的有机衍生物，根据与氮相连的烷基数分为伯胺、仲胺与叔胺，第四个取代基连于氮可使其含正电，称为季铵离子：

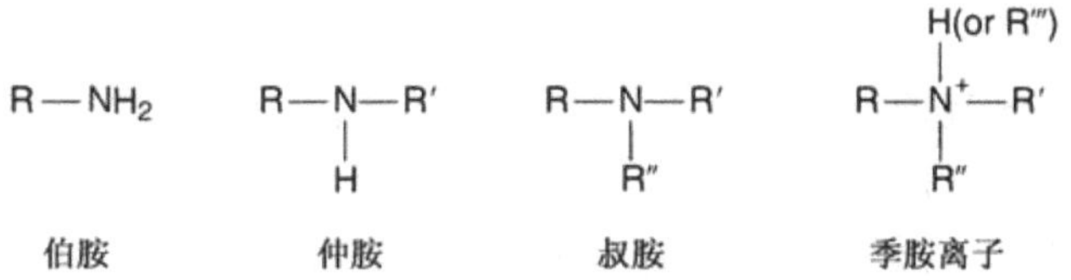

酰胺含功能基团 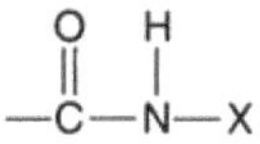

X可为**H**或**R**(*N*取代基)。羰基来自酸，而*N*来自胺。若两个功能基团都来自氨基酸，酰胺键则被称为肽键。

反应类型

酰基碳的亲核底物

若酰基碳连于羰基，水分子被去除。羧酸上的亲核底物作用通常需催化剂或转变为反应性更高的中间物，生理状态下这是通过酶催化实现的。X—H 可为醇(R—OH)、氨、胺(R—NH_2)或其他酰基化合物。亲核底物的类型包括酯化物、肽键结构与酸酐。

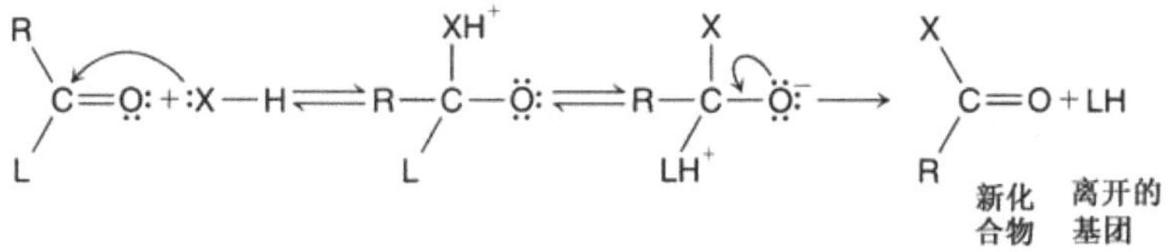

水解与磷酸解反应

水解作用即由水裂解一个化学键：

$$R—\overset{O}{\overset{\|}{C}}—OR' + H_2O \longrightarrow R—\overset{O}{\overset{\|}{C}}—OH + R'—OH$$

水解作用通常由酸或碱催化。

磷酸解作用是由无机磷酸裂解一个化学键：

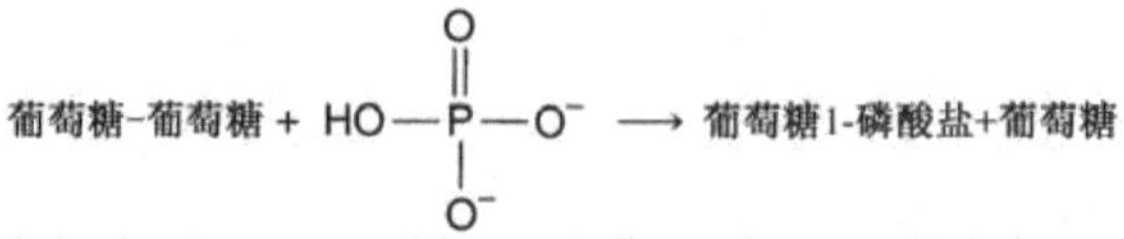

氧化-还原反应

氧化反应失电子，还原反应得电子。氧化反应的例子如下：

1. Fe^{2+} ＋受体 ⟶ Fe^{3+} ＋受体 · e^-
2. S(底物)＋O_2＋DH_2 ⟶ S—OH＋H_2O＋D
3. S—H_2＋受体 ⟶ S＋受体 · H_2

氧化还原反应中发生改变的基团有：

1. $—CH_2OH \rightleftharpoons —\overset{H}{C}{=}O$
2. $>C—OH \rightleftharpoons >C{=}O$
3. $—\overset{H}{C}{=}O \rightleftharpoons —\overset{O}{\overset{\|}{C}}—OH$
4. $—CH_2NH_2 \rightleftharpoons —\overset{H}{C}{=}O + NH_3$
5. $—CH_2—CH_2— \rightleftharpoons —CH{=}CH—$

立体化学

立体异构体为有着相同的分子式和原子排列顺序，但原子空间分布不同的化合物。

对映异构物是互为镜像的立体异构体，需有手性原子。手性碳(也称不对称碳)连有四种不同的基团：

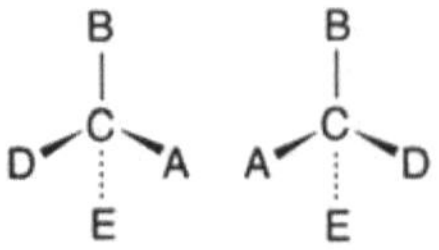

对映异构物通过标记为 R 与 S，或 D 与 L 来相互区分。立体异构体最大的可能数量为 2^n，n 为手性碳原子数。如含有超过一个手性中心的分子有对称点或对称平面，有可能成为非手性分子。

非对映体为不成镜像的立体异构体。差向异构体为含有超过一个手性碳原子的立体异构体，其差异仅在于一个不对称碳原子。

端基异构体为碳水化合物差向异构体的一种特殊类型，其差异在于异头物碳原子。

C—C 键旋转受限的分子也有可能成为对映异构体。双键可形成顺反式异构体。含双键的最长链的两个端基位于同侧时形成顺式构型，若位于对侧则为反式。闭合环状系统也可形成顺反式异构体，如类固醇。

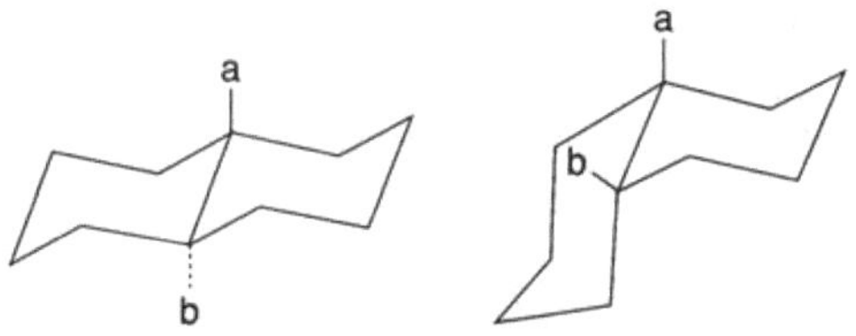

反式环　　　顺式环

大分子结构的作用力类型

氢键是一种连于负电原子上的氢原子与另一负电原子上的非键合电子对间的偶极子-偶极子吸引力：

$$\underset{\delta^-}{:\ddot{X}}—\underset{\delta^+}{H}\cdots\cdots\underset{\delta^-}{:\ddot{X}}—\underset{\delta^+}{H}$$

氢键在大分子结构的形成中具有重要作用，可见于两个氮原子间，两个氧原子间，或一个氧原子与一个氮原子间。

疏水作用是非极性基团在极性介质中的作用。范德华力包括两个非极性基团间的偶极与诱导偶极作用。非极性基团溶于水会诱导高度有序的，热力学上不稳定的容积壳。排除水的影响，非极性残基间的相互作用可增加系统熵值，提高热力学稳定性。

假如带电基团间的电荷相反，则其静电作用力可为引力，如电性相同则为斥力。蛋白质分子内部的静电作用力可以很大。蛋白质分子表面的大部分带电基团都与水分子作用而非相互作用。二硫键(S-S)是由两个巯基(SH)氧化形成的共价键。

碳水化合物

碳水化合物是多羟基醛、酮或其衍生物。单糖不能水解为更简单的化合物。单糖的专属名称包括其功能类型，由希腊语前缀表明其碳原子数并以-ose 结尾，例如己醛糖是一种六碳醛，而戊酮糖是一种五碳酮。单糖可相互作用形成更大的分子。当单糖数少于六个时，可用希腊语前缀表明其碳原子数，也可简单称为寡聚糖。多糖为超过八个单糖的聚合体。寡糖与多糖可为同系物或混合物。

大部分单糖的结构都不对称，而酶通常只作用于一种异构体。最简单的碳水化合物是甘油醛和二羟基丙酮，它们的结构以费歇尔投影式表示如下：

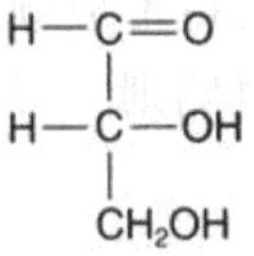
D-甘油醛

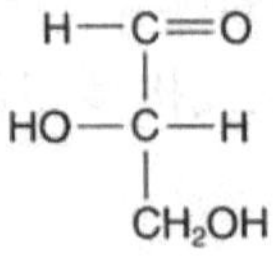
L-甘油醛

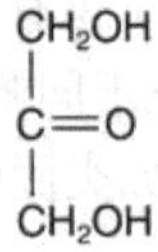
二羟基丙酮

而 D-葡糖醛酸亦可表示为

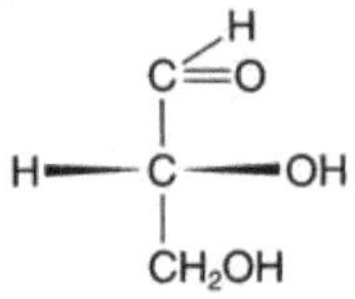

在 Chan-Ingold-Prelog 系统中表示为(R)(*rectus*;right)与(S)(*sinister*;left)。

单糖的构型是由离羰基碳最远的不对称碳的立体构型决定的(醛为 1 号,酮的最小数字)。假如数字最大的不对称碳的 OH 指向右,单糖为 D 型,如指向左为 L 型。名称相同的 D 型与 L 型单糖为对映体,所有不对称碳上的取代基都是反向的,如下所示:

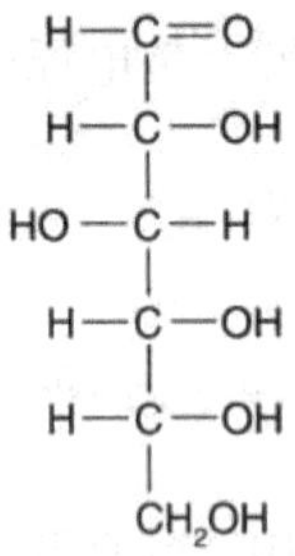
D-葡萄糖

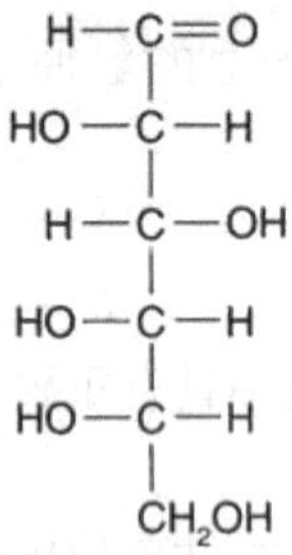
L-葡萄糖

差向异构体(如葡萄糖与甘露糖)都是立体异构体,仅一个碳原子的构型有差异。OH 间的差异决定了单糖的特点。三种重要的己醛糖与三种戊糖如下所示:

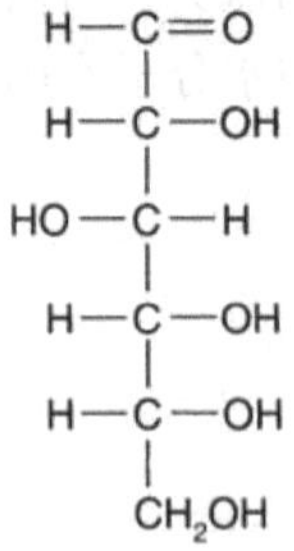
D-葡萄糖

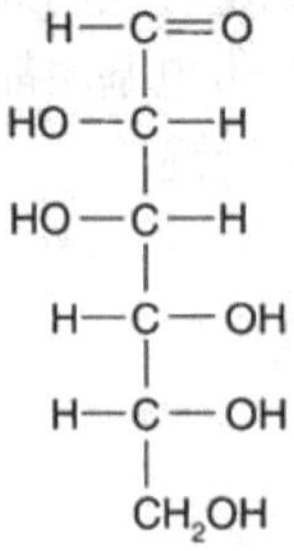
D-甘露糖

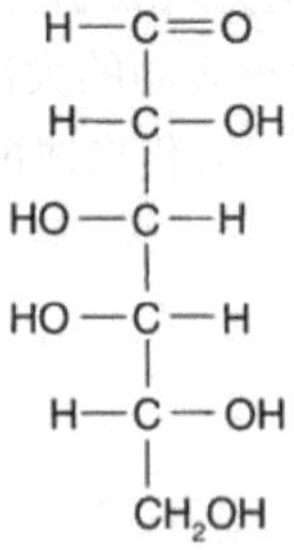
D-半乳糖

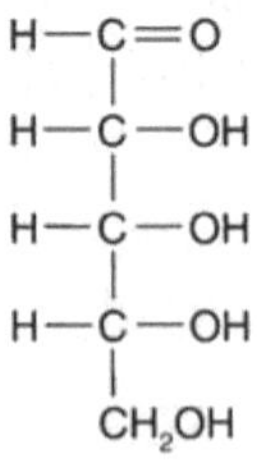
D-核糖

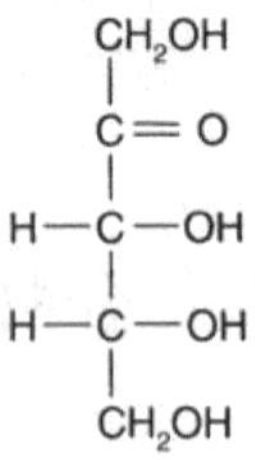
D-核酮糖

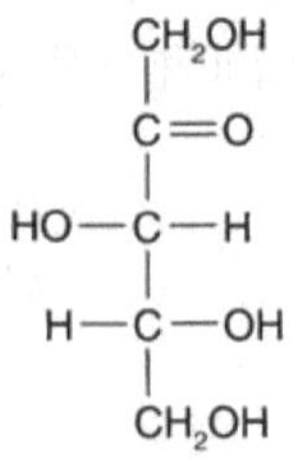
D-木酮糖

果糖是一种己酮糖,其与葡萄糖的差异仅在于 1 和 2 碳原子:

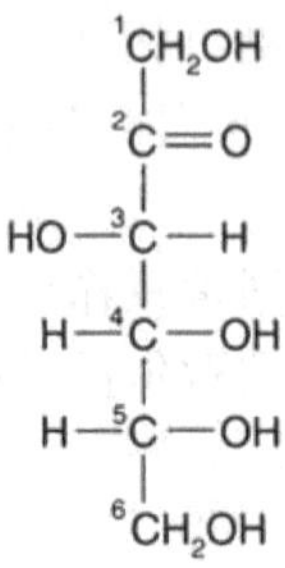

C5(戊糖)与 C6(己糖)单糖在溶液中形成环状半缩醛或半缩醛。由于产生了一个新的不对称碳原子,可能形成两种异构体:

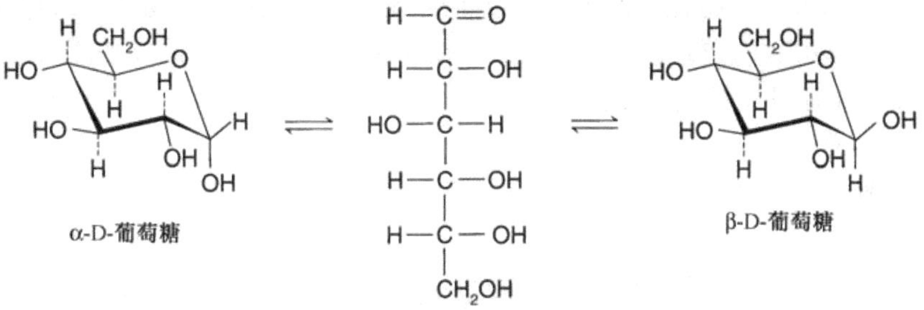

α-D-葡萄糖　　D-葡萄糖　　β-D-葡萄糖

五糖(呋喃糖)与六糖(吡喃糖)都可形成环状结构,而环状吡喃糖更为常见。下图所示为一种环状呋喃糖:

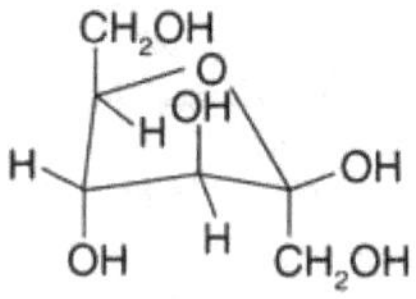

β-D-果糖

当氧相连的两个碳原子上的 OH 与 CH_2OH 基团为顺式构型时,异构体为 α 型,为反式构型则异构体为 β 型。半缩醛与半缩酮也可以改良的费歇尔投影式表示:羟基与环状结构位于同侧的为 α 型,位于异侧为 β 型。

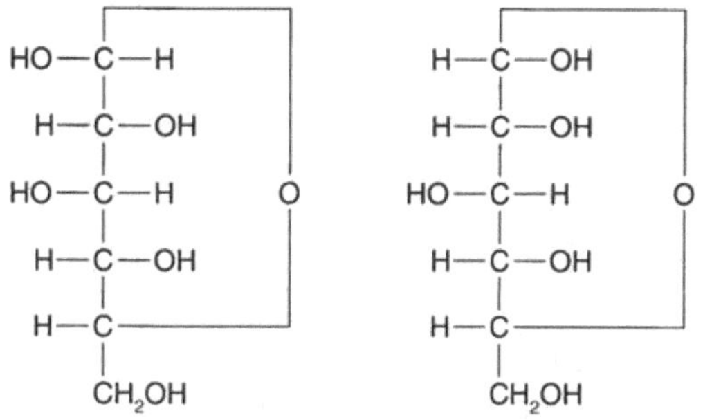

β-D-葡萄糖　　α-D-葡萄糖

Haworth 表示法最为常用:

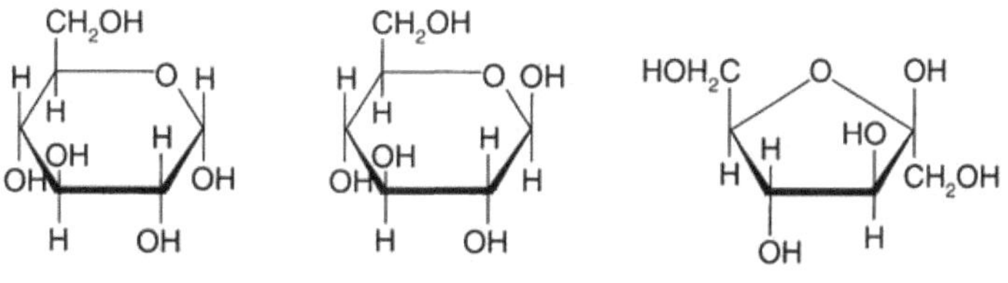

α-D-葡萄糖　　β-D-葡萄糖　　β-D-果糖

环与纸平面垂直,氧表示于右下方,C1 在右侧,取代基位于环平面上方或下方。在 α 异构体中,缩醛或缩酮碳原子上的羟基位于下方,而在 β 异构体中位于上方。费歇尔投影式中位于右侧的内容在 Haworth 表示法中全部写到下方。

同一单糖的 α 与 β 构型是差向异构体的特殊类型，称为端基异构体，仅异头(缩醛或缩酮)碳原子有差异。单糖在溶液中主要以半缩醛(或半缩酮)混合物的形式存在，但以醛或酮的形式起化学反应。变旋现象是 α 与 β 构型通过自由醛或酮达成平衡的方式。异头羟基的 H 取代能阻止变旋现象，使其固定于 α 或 β 构型。

单糖衍生物

在生理系统中，除非特别指出，脱氧单糖的 OH 被取代为 H 均见于 C2。氨基单糖的 OH 被取代为 NH_2 也一般见于 C2。氨基糖的氨基可能为乙酰化物：

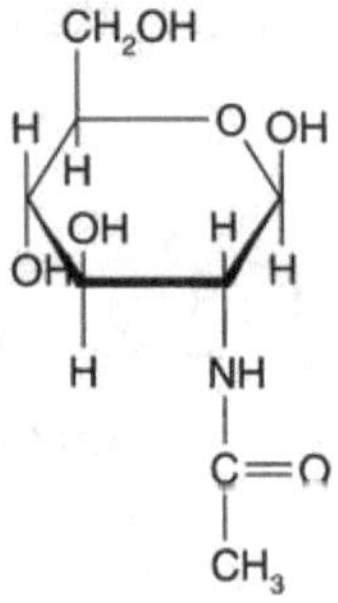

β-*N*-乙酰葡萄糖胺

醛可还原为初级单糖醇(糖醇)，酮还原为次级单糖醇。醇的名字为糖的名字加-itol 结尾或为完全无关的名字(glucitol＝sorbitol)。前三个碳原子中仅有约两个有差别的单糖可还原为同样的糖醇。如 D-甘油醛与二羟基丙酮都形成甘油：

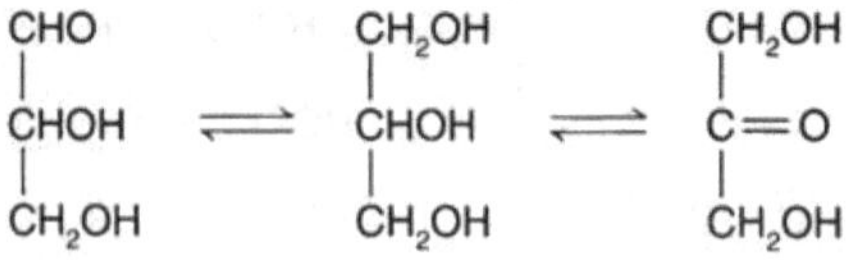

D-葡萄糖与 D-果糖都形成 D-山梨糖醇，而 D-果糖与 D-甘露糖都形成 D-甘露醇。末端 CH_2OH(非 CHO)氧化成一种单糖酸——糖醛酸：

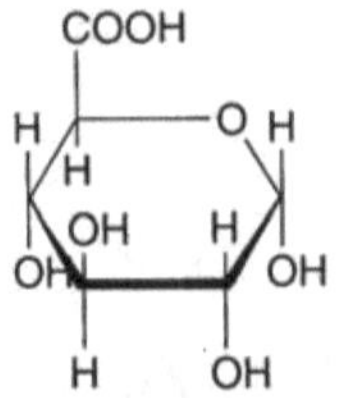

D-葡萄糖醛酸

CHO(非 CH_2OH)的氧化可形成-onic acid：

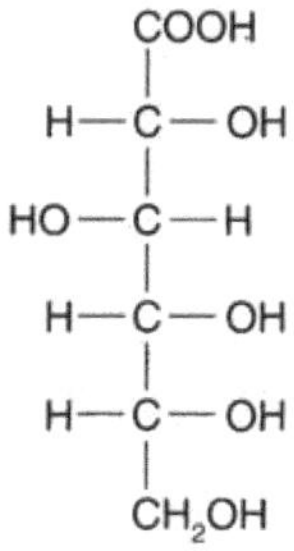

D-葡萄糖酸

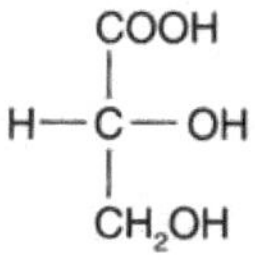

D-甘油酸

CHO 与 CH_2OH 同时氧化可产生-aric acid：

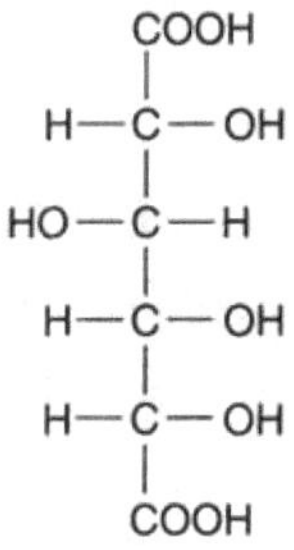

D-葡萄糖二酸

酮不会形成酸。-onic acid 与-aric acid 可与同一分子中的羟基作用形成内酯。

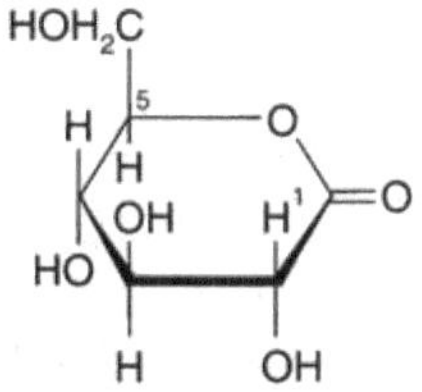

D-葡萄糖-5-内酯

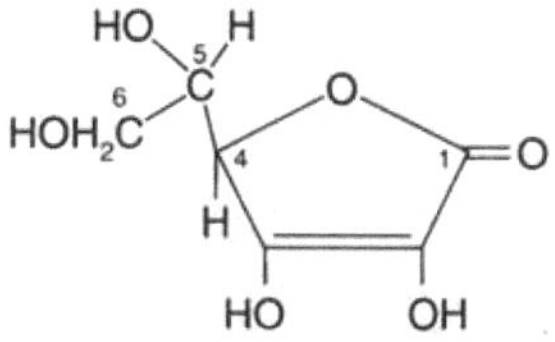

L-维生素C

单糖的反应

最常见的单糖酯为 1 或 6 磷酸酯：

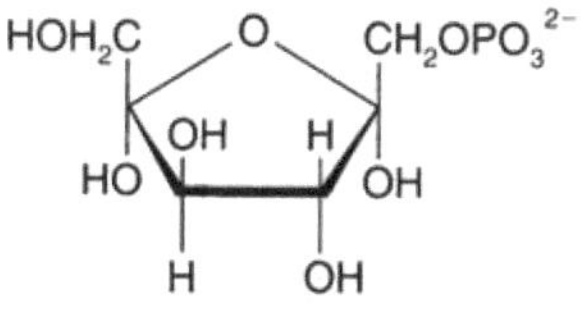

果糖1-磷酸盐

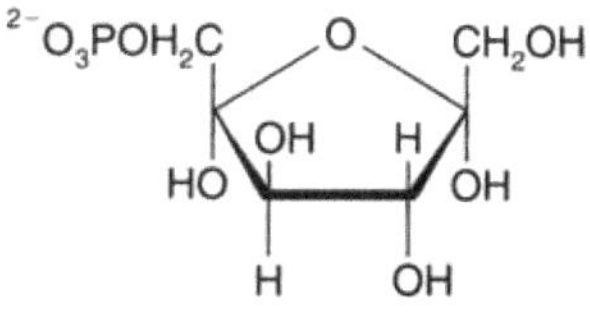

果糖6-磷酸盐

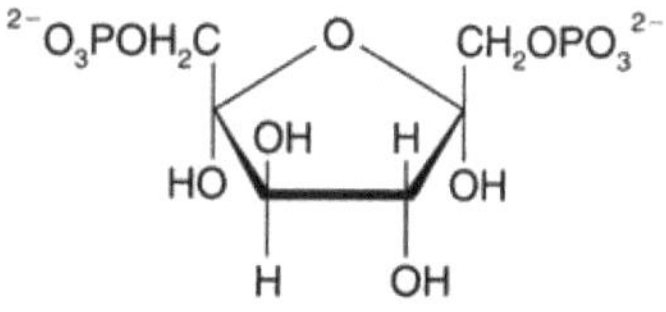

果糖1.6双磷酸盐

需要通过变旋作用才能形成还原糖。在碱中，烯二醇可转移至 2,3 或 3,4 位置。

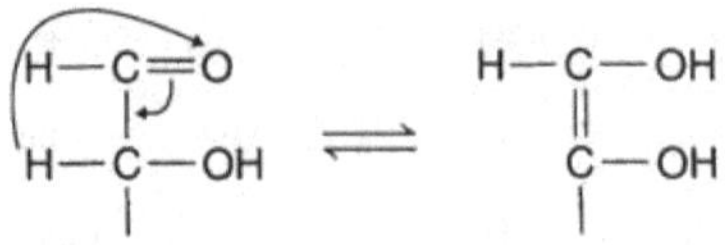

烯二醇可被氧气、Cu^{2+}、Ag^{+}与Hg^{2+}氧化。还原能力在实验室中较生理状态下更为重要。半缩醛或半缩酮可与其他单糖分子的羟基作用形成二糖(缩醛:糖苷):

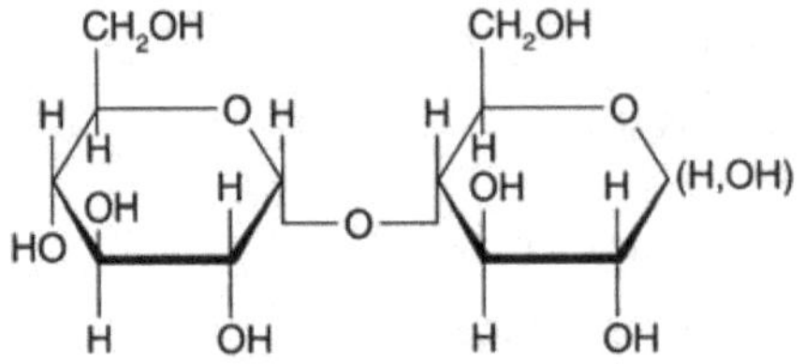

(可为α或β型)

α-1,4-糖苷键

单糖仍有一自由异头碳原子,可进一步反应。异头物上的羟基可与其他单糖上的任意羟基反应,包括异头物。反应后的异头物固定为α或β构型,不能变旋或还原。若糖苷键不在两个异头碳原子之间,其中一个仍可变旋或还原。

寡糖与多糖

二糖由两个不同或相同的单糖组成。若糖苷键位于两个异头碳原子之间,则该二糖不能还原:

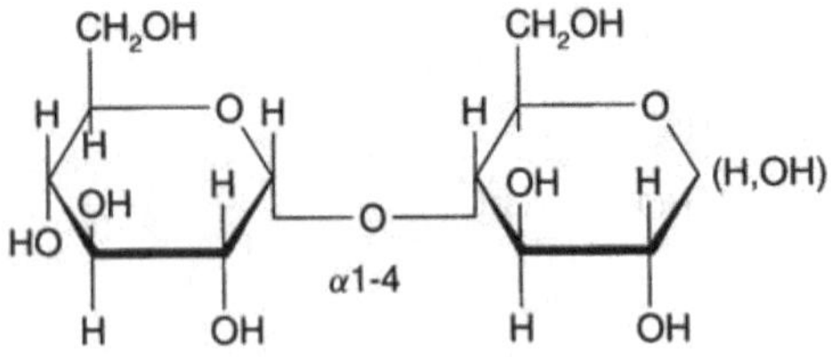

麦芽糖

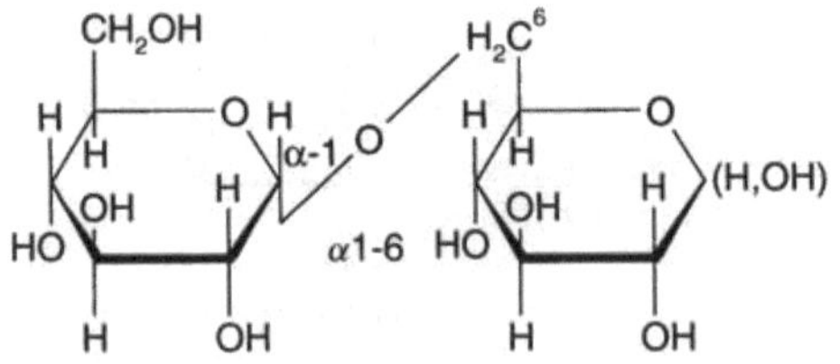

异麦芽糖

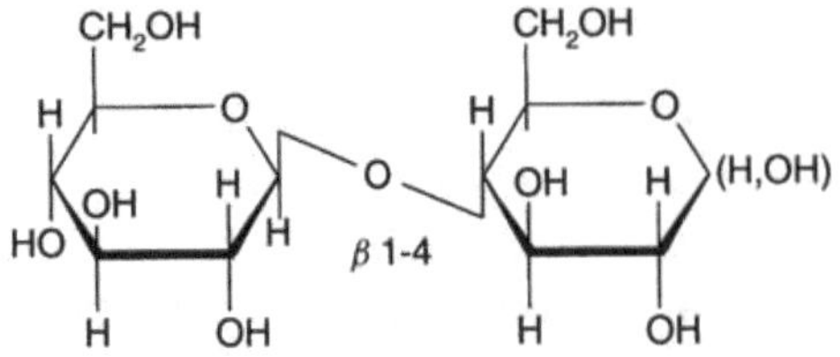

纤维二糖

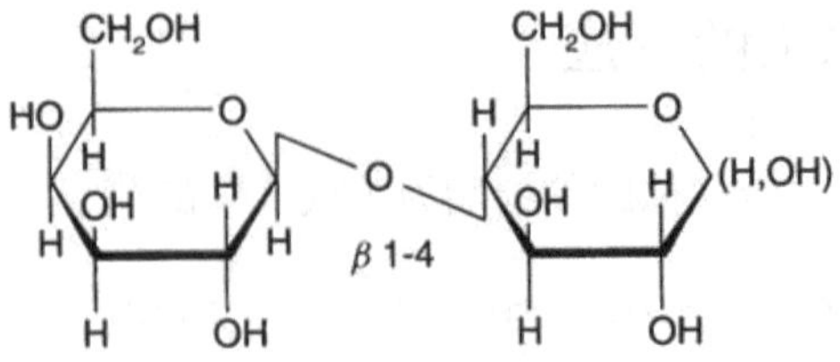

乳糖

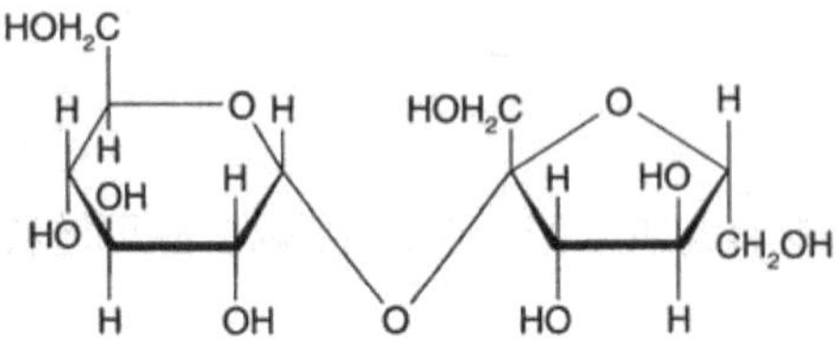

α1, β2

蔗糖

麦芽糖＝4-O-(α-D- Glucopyranosyl)D-吡喃(型)葡萄糖；还原的

异麦芽糖＝6-O-(α-D-Glucopyranosyl)D-吡喃(型)葡萄糖；还原的

纤维二糖＝4-O-(β-D- Glucopyranosyl)D-吡喃(型)葡萄糖；还原的

乳糖＝4-O-(β-D- Glucopyranosyl)D-吡喃(型)葡萄糖；还原的

蔗糖＝α-D- Glucopyranosyl-β-D-呋喃果糖苷；未还原的

多达数千个相同或不同的单糖可通过糖苷键结合而形成多糖。一个单元的异头碳通常与下一单元的 C4 或 C6 连接。多糖的末端通常不同(还原末端＝自由异头碳原子；非还原末端＝异头碳原子与下一单元连接；支链多糖＝超过一个非还原末端)。最常见的碳水化合物为葡萄糖的均聚物，如淀粉、糖原与纤维素。植物淀粉是直链淀粉(麦芽糖单元的线性聚合物)与支链淀粉(其直链中重复的麦芽糖单元通过异麦芽糖键结合)的混合物。糖原是碳水化合物在动物中储存的形式，它与支链淀粉相似，但支链更短更多。细胞壁上的纤维素是纤维二糖(葡萄糖-葡萄糖以 β-1,4 糖苷键结合)的聚合物。杂多糖含有超过一种的单糖。

除单糖外，黏多糖还含氨基糖、自由糖醛酸、乙酰糖醛酸、硫酸酯与唾液酸。*N*-乙酰神经氨(糖)酸是一种糖醛酸，其结构式为：

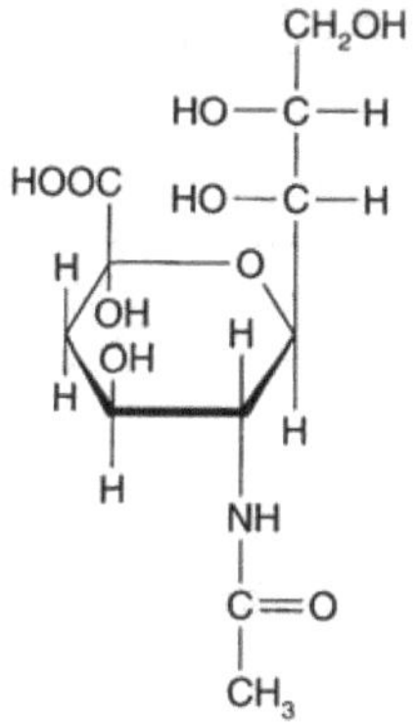

脂质

脂质包含多种紧密相关的化合物，它们不溶于水但溶于非极性溶剂，可见于动植物组织中。

可皂化脂类为可在碱性环境中水解的脂肪酸盐。酰基甘油＝甘油＋脂肪酸；磷酸酰基甘油＝甘油＋脂肪酸＋$HPO4^{2-}$＋醇；鞘脂＝鞘氨醇＋脂肪酸＋极性基团(phosphorylalcohol 或碳水化合物)；蜡类＝长链醇＋脂肪酸。不可皂化脂类(萜、类固醇、前列腺素与相关化合物)通常不能水解。兼性脂质同时含有极性头基与非极性尾端。兼性分子能稳定乳剂，构成细胞膜的双层脂质结构。

脂肪酸是一元羧酸，含长(＞14 个碳原子)、中(8～14 个碳原子)、短(＜6 个碳原子)脂肪链。其中线性结构并平均含 16～20 个碳原子者通常具有重要的生理意义。脂肪酸可以阿拉伯数字(COOH 为 1)或希腊字母表计数(COOH 没有标记，邻近的碳原子为 α、 β、γ 等)。饱和脂肪酸的通用化学式为 $CH_3(CH_2)_nCOOH$。(软脂酸＝C_{16};硬脂酸＝C_{18})。它们倾向于增加链长,并在室温下呈固态(除非链长很短)。特殊与系统性名称(前缀表示碳原子数＋anoic acid)均可使用。$CH_3(CH_2)_{14}COOH$＝软脂酸或棕榈酸。

不饱和脂肪酸有一个或多个双键。大部分自然界的脂肪酸都有顺式双键,在室温下通常呈液态。含反式双键的脂肪酸的熔点相对较高。双键以 Δ^n 的形式表示,n 代表双键的第一个碳原子的序号。棕榈油酸为 Δ^9-十六碳烯酸;油酸为 Δ^9-十八碳烯酸;亚油酸为 $\Delta^{9,12}$-十八碳烯酸;亚麻酸为 $\Delta^{9,12,15}$-十八碳烯酸;花生四烯酸为 $\Delta^{5,8,11,14}$-二十碳四烯酸。由于脂肪酸在羧基端都有延长,生化上使用其他命名法来命名:终末碳原子数减去 x,其中 x 为从甲基端开始的第一个双键的碳原子序数。棕榈油酸与油酸为 ω-9 酸,亚油酸为 ω-6 酸,而亚麻酸为 ω-3 酸。增加碳原子数不会改变不饱和脂肪酸所属的家族。

由于脂肪酸在生理溶液中的 pK 约为 4～5,它们主要以离子形式存在,称为盐或"肥皂"。长链脂肪酸不溶于水,但肥皂可形成微团。脂肪酸可与醇形成酯,与乙酰胆碱形成硫脂。

有显著生化意义的不饱和脂肪酸反应有:

1. 还原: **$—CH=CH—+XH_2 \longrightarrow —CH_2CH_2—+X$**
2. 水解: **$—CH=CH—+H_2O \longrightarrow —CH(OH)—CH_2—$**
3. 氧化: **$R—CH=CH—R' \longrightarrow R—CHO+R'—CHO$**

前列腺素、血栓素与白三烯均为 C_{20} 多不饱和脂肪酸(尤其是花生四烯酸)的衍生物。前列腺素的结构式为:

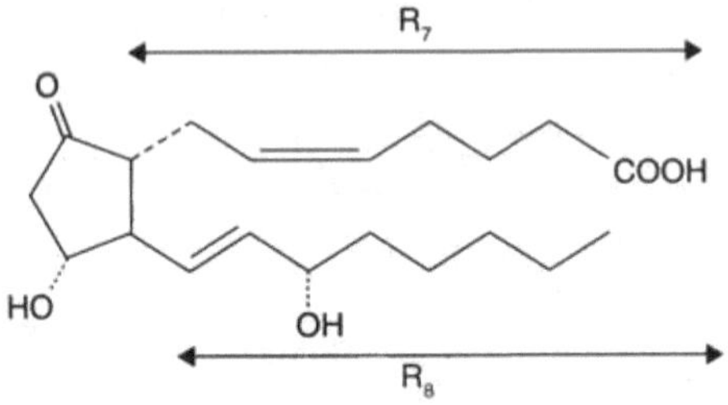

PGE2

每一系列因环上的取代基和 C15 是否含 OH 或 O · OH 基团而有所不同。下标表示侧链中的双键数。β 表示的取代基位于环平面上方,而 α 位于下方:

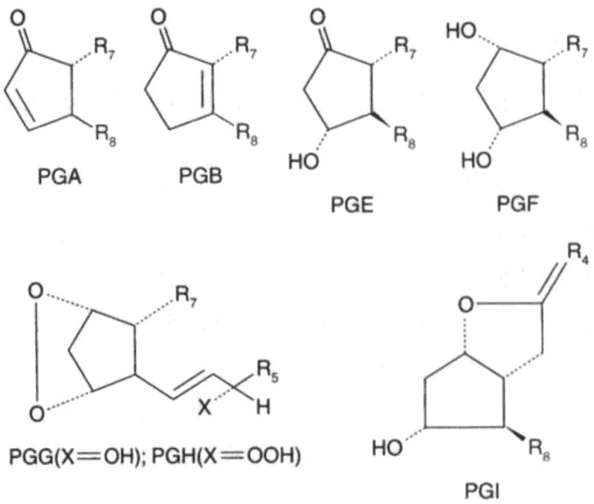

血栓素结构中有氧原子加入而形成六元环：

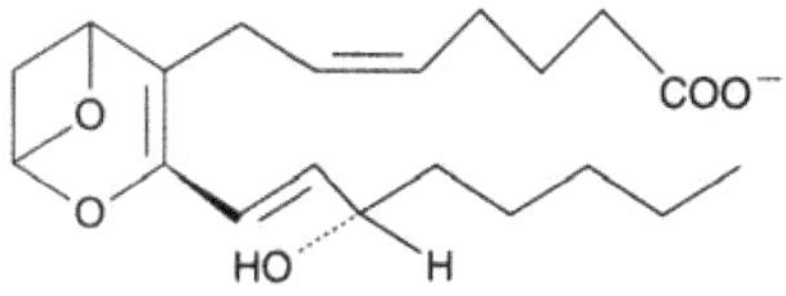

TXA₂

白三烯是花生四烯酸的取代基衍生物，无内环形成，R 可有差异：

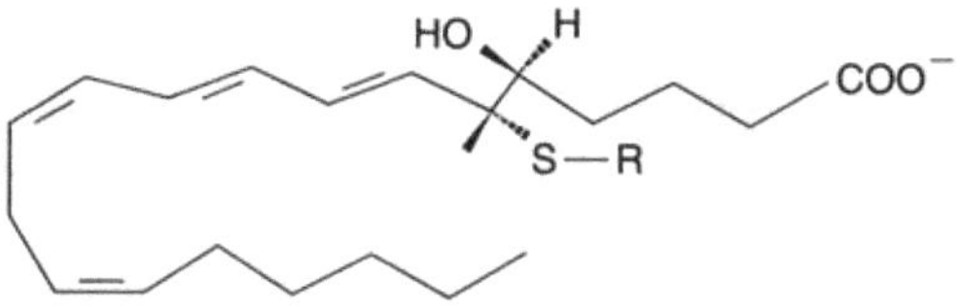

白三烯 C、D 或 E

酰基甘油的三个羟基中有一个或多个被酯化。三酰甘油的三个酰基都被酯化为脂肪酸。三个取代基中通常至少有两个是不同的。假如 R1 不同于 R3，则分子不对称，为 L 构型：

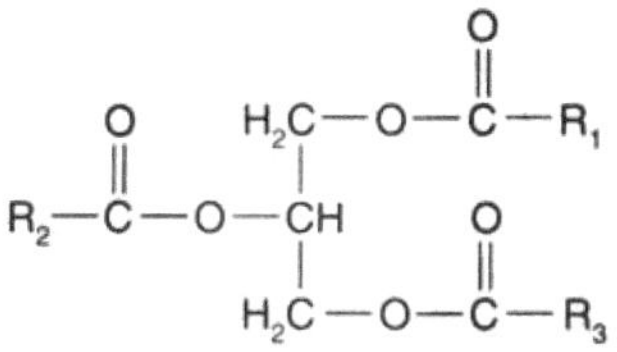

三酰甘油的特性是由其所含的脂肪酸决定的：油脂在室温下呈液态（短链和（或）顺式不饱和酸的特点）；而脂肪呈固态（长链和（或）反式不饱和酸的特点）。

三酰甘油为疏水性物质，不能形成稳定的微团。它们可以由强碱或酶（脂肪酶）水解为甘油和三个脂肪酸。有少量单酰甘油（脂肪酸多位于 β(2) 位）与二酰甘油作为代谢中间产物存在。单酰甘油与二酰甘油的极性较三酰甘油稍强。磷酰甘油为 L-α-甘油磷酸（L-3-磷酸甘油）的衍生物：

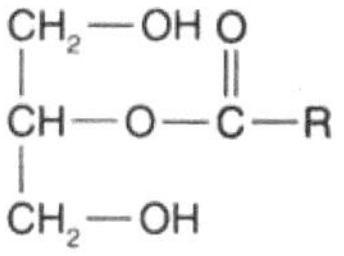

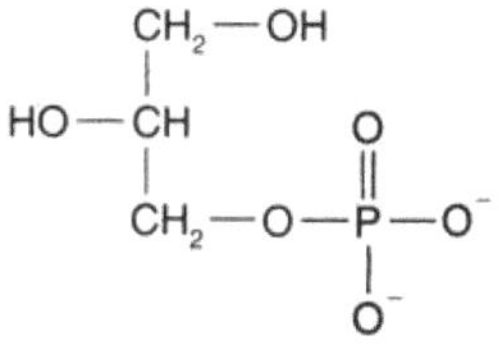

母体化合物磷脂酸（L-α-甘油磷酸的两个羟基被酯化为脂肪酸）的磷酸基被酯化为醇（X—OH）而形成数个不同系列的磷酰甘油。这些分子是兼性的，但是在 pH 为 7.4 时，其酸碱性依赖于 X—OH 的性质。

X—OH	磷酰甘油
$HO—CH_2—CH_2—\overset{+}{N}—(CH_3)_3$	磷酸卵磷酯(磷酯酰胆碱)
$HO—CH_2—CH_2—\overset{+}{N}H_3$	乙醇胺磷酸酯酸甘油酯(脑磷酯)
$HO—CH_2—CH(\overset{+}{N}H_3)—COO^-$	磷酸酰丝酰酸
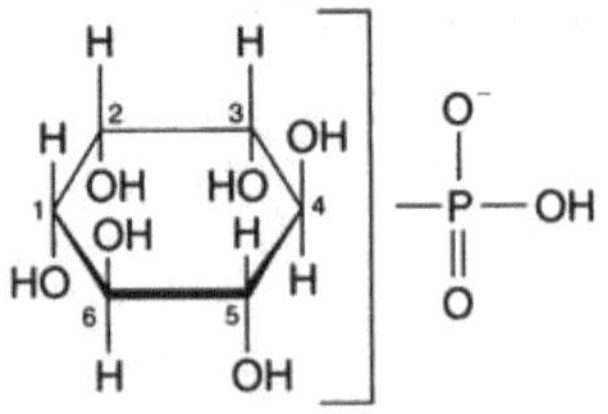	磷酯酰肌醇 磷酸盐在 4,或 4 和 5 位

缩醛磷脂 C1 位的 OH 与烷基结合形成醚而非酯。如果一个脂肪酸(多为 β 位)已从磷酰甘油中水解,该化合物为溶-化合物(可溶成分),如溶血磷脂胆碱(溶血卵磷脂):

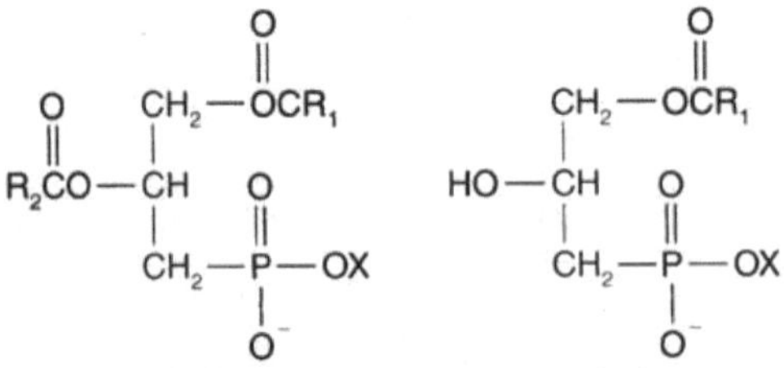

磷酰甘油　　　　可溶成分

鞘酯为 C18、不饱和醇和鞘氨醇的脂质复合物。在神经酰胺中,长链脂肪酸以酰胺键与鞘氨醇结合:

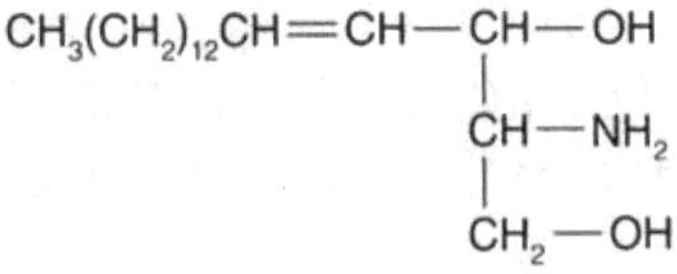

鞘酯

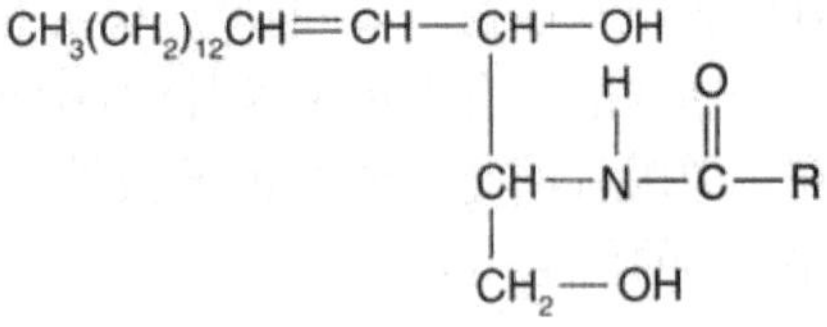

神经酰胺

鞘磷脂是最常见的鞘酯,其所属的家族中神经酰胺的伯羟基被酯化为磷脂酰胆碱(磷酰基-乙醇胺):

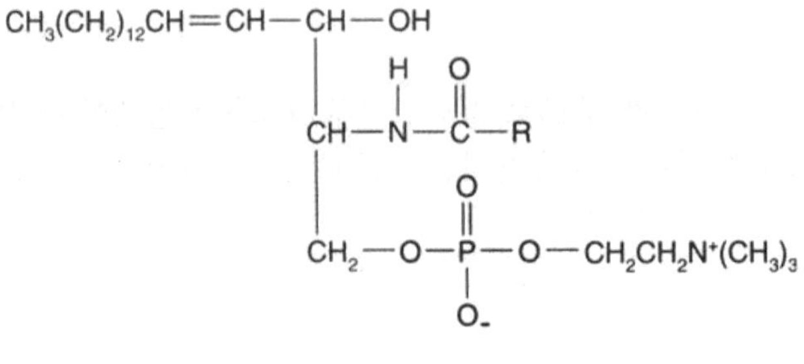

它们为两性分子，在 pH7.4 时以两性离子的形式存在，并且是唯一含磷的鞘酯。鞘糖脂不含磷，但含有碳水化合物，通过糖苷键与神经酰胺的伯醇结合。它们是两性分子，当其碳水化合物部分含酸性基团时可为中性或酸性。脑苷酯有单个的葡萄糖或半乳糖与神经酰胺结合。硫苷脂由半乳糖酰基鞘氨醇的半乳糖在 C3 位与磷酸酯化而成：

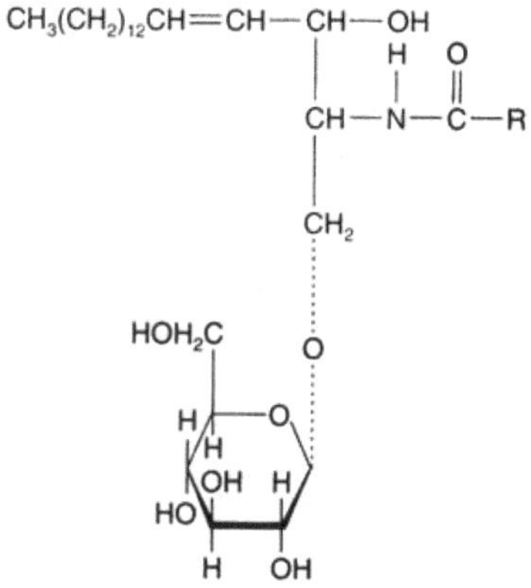

葡糖神经酰胺(葡糖脑苷脂)

红细胞糖苷脂神经酰氨寡糖苷为含有两个或多个中性单糖的神经酰胺，而在神经节苷脂中寡糖含一个或多个唾液酸。

类固醇(sterids)来源于环戊烷多氢菲。甾核是一个刚性平面的结构，上面带有一个 b 环，下方带有一个 a 环：

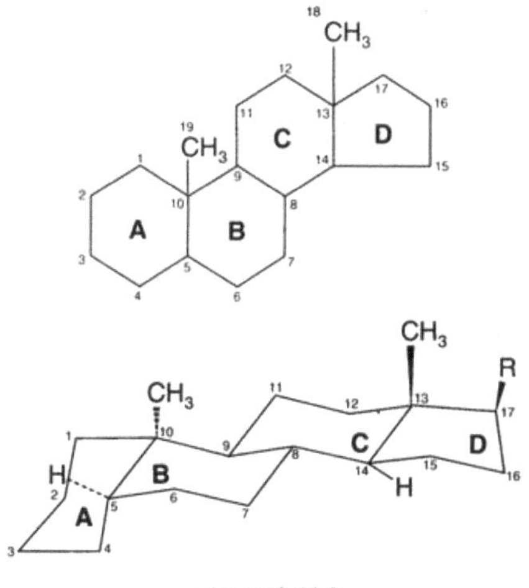

A和B环为顺式；
其他环为反式

大多数人类类固醇在 10 和 13 位具有甲基群，在 17 位置经常带有一个侧链。甾醇含有一个或多个羟基，自由或脂化一个脂肪酸。大多数类固醇没有极性。在脂质体或细胞膜，胆固醇与羟基方向一致指向任何极性基团，而胆固醇脂类则没有。胆酸有一个急性侧链所以是兼性的：

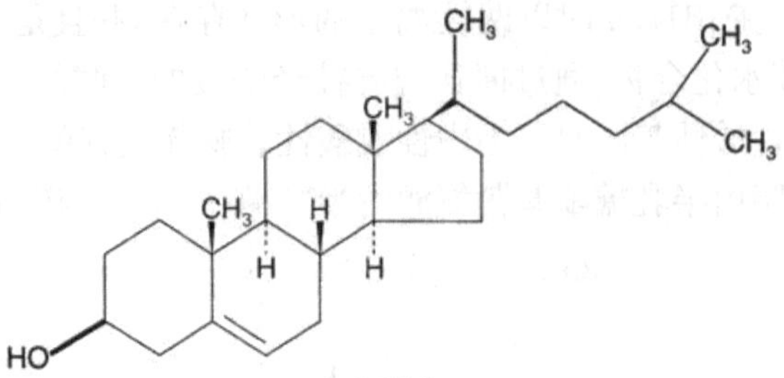

胆固醇

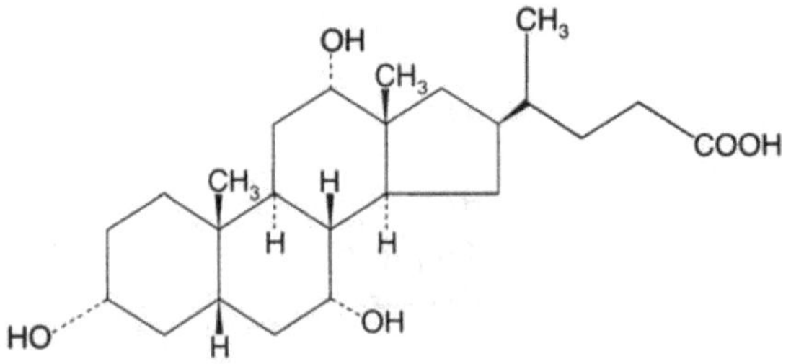

胆酸

类固醇激素（steroid hormones）是氧化类固醇 C18、C19、C21 得到。雌激素氧化 C18、一个芳香环 A 和为甲基化的 C10。雄激素具有 C19，在 C17 没有侧链。糖皮质激素和盐皮质激素具有氧合的 C21，包括一个 C2 及 C17 位氧合侧链。维生素 D 不是甾醇但是来源于 7-去氢胆甾醇：

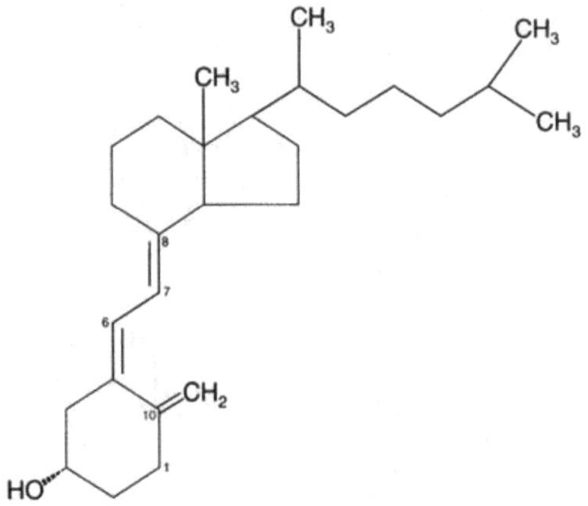

胆钙化醇(维生素D_3)

萜类是两个或多个异戊二烯组成的多聚体。异戊二烯机构：

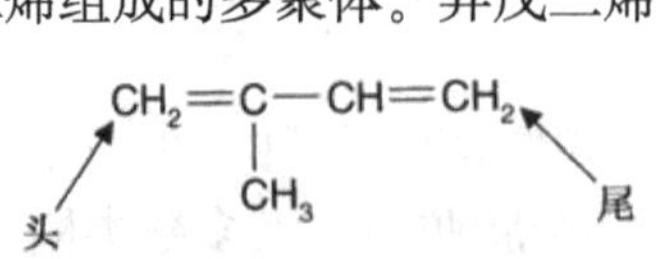

萜类可能呈线性或环形，由异戊二烯首尾相连形成。鲨烯为胆固醇的前体，是一个线性的萜，由六个异戊二烯单位组成。脂溶性维生素（A、D、E 和 K）都包含异戊二烯单位：

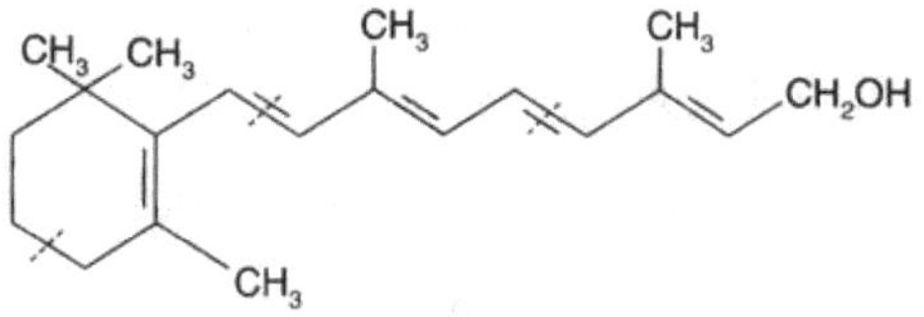

维生素A

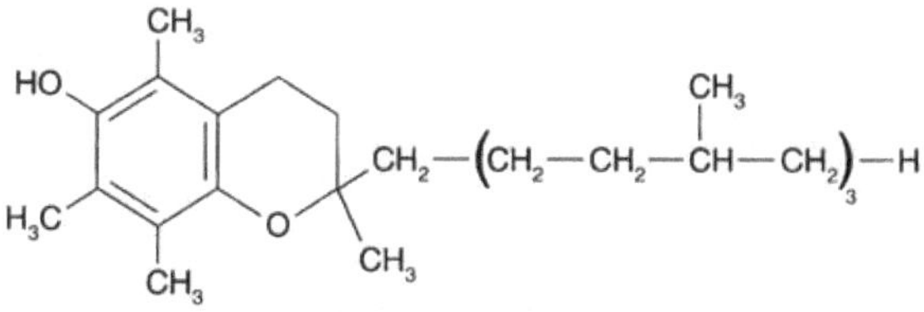

维生素E(α-生育酚)

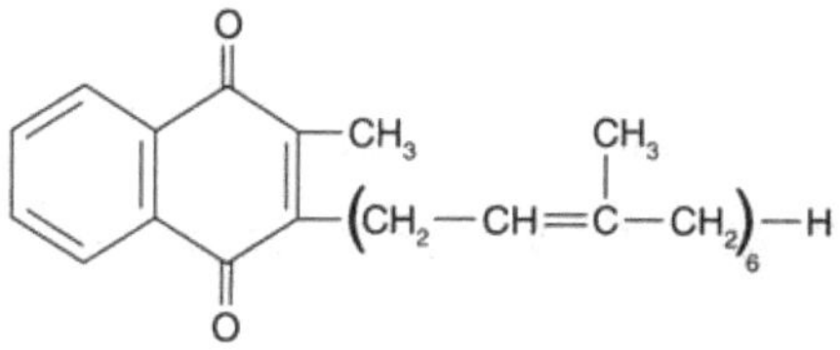

素生素 K_2

氨基酸

氨基酸含有氨基(NH_2)与羧基(COOH)基团。具有重要生理意义的氨基酸通常可表达为：

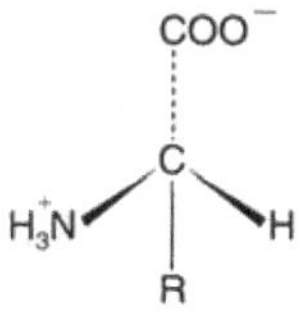

L-α-氨基酸

氨基含一非共享电子对，呈碱性(p*K* 约 9.5)，在近中性条件下通常呈碱性。羧基(p*K* 约 2.3)主要以离子形式存在，R 若不是 H 则分子不对称，在自然界中多以*L*构型存在(与*L*甘油醛同样的构型)。

氨基酸的极性受其侧链影响(R 基)。非极性氨基酸包括大的脂肪族、芳香族或结合硫的氨基酸(脂肪族为 Ala、Ile、Leu；芳香族为 Phe、Trp；结合硫的为 Cys、Met)氨基酸。中性氨基酸包括 Gly、Pro、Ser、Thr 与 Tyr(未解离的)。

含离子化侧链的氨基酸具有极性。精氨酸、赖氨酸、谷氨酸与天冬氨酸由于其侧链 p*K* 的缘故，生理 pH 下几乎都会带电荷；而组氨酸(p*K*=6.0)、半胱氨酸(p*K*=8.3)在 pH 为 7.4(酸性=Glu、Asp、Cys；碱性=Lys、Arg、His)时同时以带电与不带电的形式存在。虽然未解离的半胱氨酸无极性，但其解离状态有极性。虽然天门冬酰胺与谷氨酰胺的侧链不带电荷，但它们为极性分子。

由于同时存在 α-氨基与 α-羧基，所有的氨基酸都至少是二元酸，其离子状态因 pH 而有所不同。其他离子基团可使其成为三元酸，如半胱氨酸：

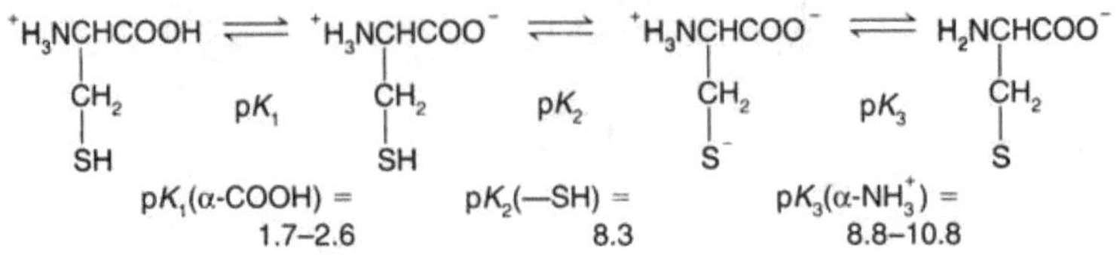

两性离子的净电荷为零，其等电点为两个 pK 的平均值，上例中即为 pK_1＋pK_2 的平均值。

嘌呤与嘧啶

嘌呤与嘧啶通常称碱基，是含氮的杂环，其结构式为：

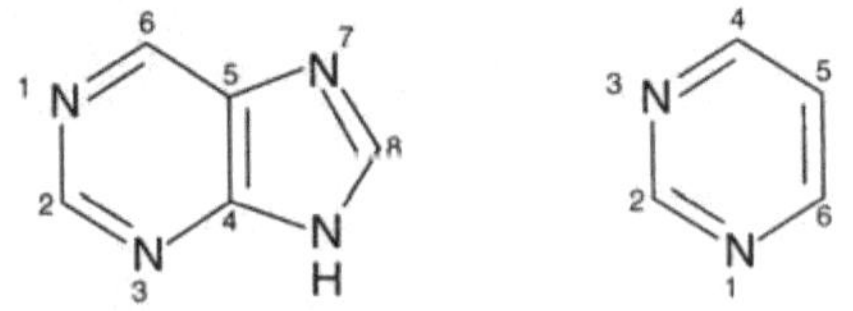

嘌呤　　　　嘧啶

核酸中作为细胞核苷酸的主要碱基有：

嘌呤	嘧啶
腺嘌呤：6-氨基	胞嘧啶：2-氧、4-氨基
鸟嘌呤：2-氨基，6-氧	尿嘧啶：2，4-二氧
	胸腺嘧啶：2，4-二氧、5-甲基
其他重要的碱基主要以合成和（或）分解的中间产物存在	
次黄嘌呤：6-氧	乳清酸：2，4-二氧、6-羧基
黄嘌呤：2，6-二氧	

氧合嘌呤与嘧啶以互变异构的形式存在，主要为酮式，并与核酸碱基中的氢键有关：

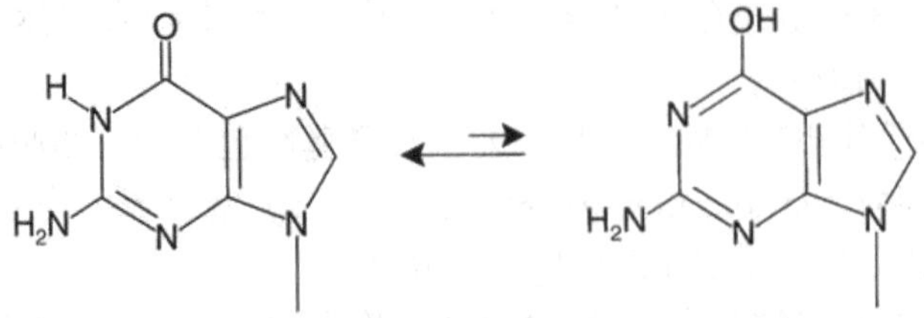

酮式　　　　烯酮式

在与糖的 C1、嘌呤的 N9 以及嘧啶的 N1 以 N-糖苷键结合时，核苷有 β-D-核糖或 β-D-2-脱氧核糖。

核苷酸有一个或多个与糖酯化的磷酸基。当磷酸基超过一个时，通常经由磷苷键互

相联结。单磷酸盐通常命名为单磷酸碱基或-ylic acid(AMP:腺苷酸):

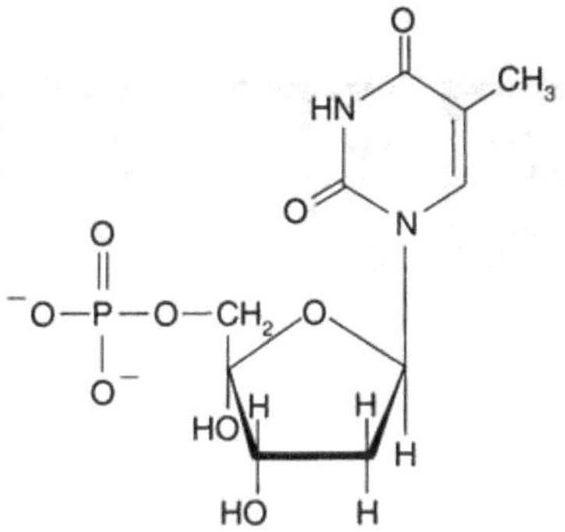

根据常规命名法则,嘌呤碱基中的原子数标记为1～9,嘧啶中标记为1～6,糖中的碳原子标记为1′-5′。脱氧构型以前缀d表示(dAMP=脱氧腺苷酸)。假如磷酸盐在除5′以外的位置酯化,需命名为(3′-AMP3′-5′-AMP,cyclic AMP,cAMP)。核苷与核苷酸(核糖型)命名为:

碱基	核苷	核苷酸
腺嘌呤	腺苷	AMP、ADP、ATP
鸟嘌呤	鸟苷	GMP、GDP、GTP
次黄嘌呤	肌苷	IMP
黄嘌呤	黄苷	XMP
胞嘧啶	胞啶	CMP、CDP、CTP
尿嘧啶	鸟啶	UMP、UDP、UTP
胸腺嘧啶	脱氧胸苷	dTMP、dTTP
乳清酸	乳清苷	OMP

稀有碱基与核苷也存在于核酸中。甲基化碱基在氨基(*N*-甲基鸟嘌呤)、环上的原子(1-甲基腺嘌呤)或糖的羟基(2′-*O*-甲基腺苷)上含有甲基。二氢尿嘧啶有饱和的5-6双键。在假尿(嘧啶核)苷中,核糖与C5而非N1相连。

在多核苷酸中,单核苷酸通过一个糖的3′-OH(核糖或脱氧核糖)和下一个糖的5′-OH经磷酸二酯键结合。

词汇表

Francis Vella

ABC 转运蛋白:完整的细胞膜转运蛋白由 2 个结构域(每个结构域含 6 个跨膜片段)和 2 个环(每个环含 1 个 ATP 结合位点)组成,它利用 ATP 提供的能量将各种疏水的天然产物及合成药物运出胞浆。也称作 ATP 结合盒蛋白。

吸收:消化后的产物经消化道细胞膜进入胞内的过程。

吸收光谱:由分光仪或光谱仪观测到的入射光的光谱。

抗体酶:催化性抗体,天然的或由某种抗原引起的抗体,在特定反应中具备催化该反应的过渡态酶活性,也称为催化抗体。

接纳茎:在 tRNA 中,5′和 3′端互补成对,3′端以一个不匹配的 CCA 序列结束,是氨基酸的结合部位。

酸碱催化:质子从酸中转移出来或由碱引起的质子解离过程中的催化作用。

酸中毒:体内氢离子浓度异常增加,导致血浆 pH 低于 7.35。

顶体:在精子细胞的顶端部位含有大量酶,在受精过程中能够消化卵子表面的保护层,此部位称顶体。

肌动蛋白:构成细胞支架的微丝及骨骼、心肌细胞细肌丝的球状蛋白,它与粗肌丝顶部的相互作用产生肌肉的收缩。

活化能:一个特定化学反应得以发生所需要的临界能量。

活性位点:通常位于酶表面的裂口处,可结合特定底物并催化其转变为产物。

主动转运:通过消耗能量将溶质转运通过细胞膜的运输方式,能量由 ATP 提供。

活化素:由生殖腺分泌的糖蛋白激素,能够刺激雌激素的分泌。它由 2 条 B_A 或 B_B 链构成(分别存在于抑制素 A 和 B 中),或者一条 B_A 和一条 B_B 链,由二硫键连接在一起。

酰基载体蛋白(ACP):在原核生物中,该蛋白结合磷酸泛酰巯基乙胺构成脂肪酸合酶复合物的中心部分。在高等动物中它表现为多催化脂肪酸合酶蛋白的一个结构域。

衔接蛋白:笼形蛋白包裹的小泡内主要的多亚基蛋白,结合各种膜内细胞质蛋白,构成笼形蛋白表层,也称接头蛋白。

腺苷酸环化酶:镶嵌于细胞膜上的一种酶。它的活性位点位于细胞膜内侧表面,能将 ATP 转化为 AMP。英文为:adenylyl cyclase 或 adenylate cyclase。

腺苷酸环化酶系统:一种信号转导途径,通过某种激素作用于相应受体,活化 G 蛋白,从而激发或抑制腺苷酸环化酶,影响作为第二信使的环化 AMP 产生。

黏着连接:细胞膜上含钙黏着蛋白的特定部位,参与细胞间连接,钙黏着蛋白胞内区经联蛋白及其他蛋白质连接于肌动蛋白微丝。

脂肪组织:由脂肪细胞构成的疏松结缔组织,主要成分为中性脂肪(三酰甘油)。目前发现两种类型:白色脂肪和棕色脂肪。

A-DNA:双螺旋 DNA,每个右手螺旋含 11 个碱基对,直径为约 26Å,完全由脱水 DNA 构成。

肾上腺素:N-甲基去甲肾上腺素,主要从酪氨酸衍生而来,由肾上腺髓质和某些神经元合成,在应激时分泌,可促进糖原分解(肌肉和肝),糖异生(肝),糖酵解(肌肉),及脂肪分解(脂肪细胞)等过程。

肾上腺:在肾脏顶部各有 1 个体积较小的内分泌腺。它由(a)分泌类固醇激素的皮质部和(b)分泌儿茶酚胺类激素(特别是肾上腺素)的髓质部组成。也称 suprarenal gland。

肾上腺皮质激素:任何由肾上腺皮质分泌的糖皮质激素,盐皮质激素,性激素均称为肾上腺皮质激素。

促肾上腺皮质激素(ACTH):腺垂体分泌的多肽类激素,由下丘脑分泌的促肾上腺皮质激素释放激素激发其释放。它作用于肾上腺束状带,促进其分泌糖皮质激素。英文为:corticotropin 或 cortin。

需氧菌:只在有氧环境中存活的菌类。

有氧代谢:在含有足量氧分子的情况下完全降解葡萄糖、脂肪酸,转化为乙酰辅酶 A,进而生成二氧化碳、水。耗氧部分所释放的大量能量转移到 ATP 或存于线粒体内。

凝集反应:由于红细胞表面特定抗原与血浆中特异性抗体相互作用,导致红细胞聚集。

凝集素:指血浆中特定的抗体,当供体和受体血型不同时,其与红细胞表面的特定抗原相互反应。

凝集原:指红细胞表面特定抗原,其存在方式和结构由基因决定。

蛋白聚糖聚合物:在软骨内,硫酸软骨素和硫酸角质素富含蛋白多糖,连接构成大分子蛋白称蛋白聚糖聚合物。

激动剂:激素、神经递质、药物或其他复合物,作用于特定受体能引发功能性反应,称为激动剂。

醛亚胺:由一个伯胺和一个乙醛聚集形成的复合物,也称希夫碱。

醛固酮:球状带分泌的盐皮质激素,血管紧张素Ⅱ引发其分泌,它促进肾小管对 Na^+ 和水的重吸收。过度分泌会引起醛固酮增多症。

醛固醇增多症:血压上升或者因球状带分泌醛固酮过多引起低血 K^+、高血 Na^+,促进醛固醇的分泌。

碱中毒:由于氢离子不足或碳酸氢根过量超过正常生理学指标,导致 pH 超过 7.45。

尿黑酸症:常染色体隐性遗传病,在苯丙氨酸和酪氨酸的分解代谢过程中产生尿黑酸盐,该病患者由于活性尿黑酸氧化酶的缺乏导致尿黑酸盐积累过量。

全 α 蛋白:完全或者大部分由 α 螺旋片段组成的蛋白质。

全 β 蛋白:完全或者大部分由 β 单链组成的蛋白质。

变构位点：位于调节酶内远离活性位点的某一位置，同特定效应物或调质结合后可以增加或降低酶同底物之间的亲和力。

变构效应：酶或其他蛋白质上的一个位点通过非共价键与配体结合，引起构象改变并影响另一位点结合配体的效应。

α **螺旋**：多肽常见的二级结构，呈螺旋状，主要由肽链螺旋各相邻部分间氢键的结合形成，每 3.6 个氨基酸残基螺旋上升一圈。

α/β **环**：由 α 螺旋和 β 单链交互作用形成的蛋白质结构，形态为内部平行的 β 单链，周围包绕一圈 α 环组成。

α+β **蛋白**：由 α 螺旋和 β 单链按非随机的形式组成的蛋白质。

α/β **蛋白**：由 α 螺旋和 β 单链分散或交替结合构成的蛋白质。

可变 RNA 剪接：在前 mRNA 剪接过程中，通过缺失特定外显子或选择性拼装外显子，从一个原始转录物产生 1 个以上的 mRNA 并生成 1 个以上的蛋白质的过程，也称差别 RNA 剪接。

氨酰 tRNA：在多肽合成中，此 tRNA 可以携带一个氨基酸添加到正在合成的肽链中。

氨酰基部位：多肽合成过程中，核糖体蛋白结合氨酰 tRNA 的特定部位，也称 A 部位。

转氨酶：该酶催化 α-氨基团中一个氨基转移给一个 α-酮酸，产生一个新的 α-酮酸和一个 α-氨基酸，并以 5-磷酸吡哆醛为辅酶。英文为：transaminase 或 aminotransferase。

双亲性：同时具有亲水基和疏水基。

酸碱兼性：既具有酸化作用(释放氢离子)，又具有碱化作用(结合氢离子)。

β-**淀粉样蛋白**：在许多脑部神经系统疾病中出现的不溶性蛋白，可高度抵抗蛋白酶水解作用。它由许多富含 β 片层结构的原纤维聚合物组成。β 淀粉状蛋白多出现在 Alzheimer 病病灶中，是由 β 淀粉状蛋白的前体蛋白转变而来的多肽 (39～43 个氨基酸残基)。

合成代谢：利用代谢反应所产生的能量将简单的前体分子合成大分子或生物活性分子的过程，是中间代谢过程之一。

无氧代谢：发生于剧烈运动时，肌肉缺乏足够的氧分子，而将葡萄糖降解为乳酸的过程。

分裂后期：有丝分裂一个阶段，此阶段成对染色单体相互分离并移向纺锤体的末端。

添补反应：在代谢反应或循环中补充反应所需的媒介物的过程。

雄激素：一种主要由睾丸间质细胞分泌的类固醇激素；此外男性及女性肾上腺均能分泌少量雄激素。它促进生殖系统的发育并维持其正常功能，同时维持男性第二性征。女性分泌过多可导致男性化表现。

血管发生：新生血管的形成或在现有血管基础上产生新血管并逐步生长的过程。

血管紧张素Ⅰ：由肾素作用于血浆内血管紧张素原生成的 N 端十肽菌素。

血管紧张素Ⅱ：由血管紧张素转换酶作用于肺内毛细血管血管紧张素Ⅰ生成的 N 端辛肽化合物。它的作用是使微动脉收缩，血压升高，并使人产生口渴感，释放血管升压素及醛固酮。

血管紧张肽转变酶(ACE)：存在于肺内毛细血管和血浆内的跨膜糖蛋白。它是一种含锌的肽酶，可以将血管紧张素Ⅰ的二肽 C 末端分开，使其转化为血管紧张素Ⅱ。

血管紧张素原：由肝脏分泌的血浆糖蛋白，是血管紧张素Ⅰ的前体。

埃(Å):一种长度单位,1Å=10^{-10}m。

酐:2 分子酸经缩聚作用失去 1 个水分子,形成酐。也称酸酐。

锚蛋白:较大的球状蛋白质,与细胞膜上反向运输 Cl^- 和 HCO_3^- 的通道相关联,结合于红细胞细胞骨架的细胞膜内蛋白上。

异头物:由醛糖或酮糖经环化作用形成的立体异构体,两者只在围绕羰基的构型上存在差异。

缺氧症:组织缺氧的状态。

拮抗剂:能与相应受体结合,从而抑制特定激动剂与该受体的结合的化合物。

顺向转运:向轴突末梢转运物质称顺向转运。

抗体免疫:当抗原进入体内后,由 B 细胞分泌针对性循环抗体介导的免疫反应。也称体液免疫。

反密码子:tRNA 上存在 3 个碱基能和相应 mRNA 上的密码子互补结合,这 3 个碱基序列称反密码子。

反密码子臂:tRNA 上包含反密码子域的环状或茎状结构。

血管升压素(ADH):由下丘脑产生,垂体后叶分泌的九肽激素。它作用于肾小管和集合管的顶膜,补充恢复水通道,从而促进水分子的重吸收,并升高血压。分泌不足导致尿崩症。也称抗利尿激素。

抗原:能诱导体内 B 细胞产生特异性抗体的物质或化学基团。

抗原决定簇:抗原的特异性结构,作用是诱导产生相应抗体并与之相互作用。

抗原递呈细胞(APC):能加工抗原并递呈至细胞表面,使抗原与 MHC 蛋白结合,从而启动正常免疫应答。

反向平行:方向相对的 2 条β链,可以存在于同 1 条或 2 条多肽上 (N 至 C 和 C 至 N)或者同 1 条或 2 条 DNA 上 (5′至 3′和 3′至 5′)。

逆向转运:同时将 2 种不同的物质按相反的方向各自转运过细胞膜称逆向转运。

反义 RNA:特定 RNA,通过基因工程,由 DNA 非编码链合成或转录而成,能互补并抑制由基因转录生成 RNA 的过程。

APC 蛋白:能促进β-连环蛋白降解的抑癌蛋白。此蛋白缺失或功能障碍将引起腺瘤性结肠息肉病。

酶蛋白:由于脱离必需的辅助因子、辅酶或辅基,从而失去催化活性的酶中蛋白部分。

载脂蛋白(apoLp):能与类脂结合构成血浆脂蛋白的蛋白质成分。

载脂蛋白质:络合蛋白脱离非氨基成分后的蛋白成分。

细胞凋亡:细胞死亡的一种形式,细胞缩聚、细胞骨架崩裂、细胞核裂解、DNA 分解为碎片。细胞被迅速吞噬,细胞膜通透性增加,其胞内容物不进入周围环境,不引起炎症反应。此过程依赖级联半胱天冬酶的激活,由遗传基因调控。也称编程性细胞死亡。

AP 位点(无嘌呤嘧啶位点):见无嘧啶碱基位点。

无嘌呤/无嘧啶内切核酸酶(AP 内切核酸酶):在切补修复中起作用的内切核酸酶,能移除 DNA 中包含无嘧啶碱基位点或无嘌呤嘧啶位点的片段。

无嘌呤碱基位点(AP site):DNA 链中缺失嘌呤碱位点的部位。

无嘧啶碱基位点(AP site):DNA 链中缺失嘧啶碱位点的部位。

水通道：由完整的膜蛋白构成的1条亲水通道，使水利用浓度梯度快速通过通道，每个单位包括6个跨膜片段。

抑制蛋白：该蛋白能与盘旋状受体的胞内区结合，阻止此受体与G蛋白三聚体的相互作用。

氨酰基部位(A site)：与2个核糖体亚单位同时结合，使携带氨基酸的tRNA能加入正在进行的多肽合成中。也称minoacyl site。

ATM蛋白：在运动失调性毛细血管扩张症中发生突变的大分子蛋白激酶，它是p53激活所必需的，后者参与因电离或氧化作用导致的双链DNA损伤修复。

心房钠尿肽(ANP)：当静脉回心血量增加会引起心房心肌细胞分泌一种肽类激素，它的作用为降低血压，减少静脉回心血量，增加肾脏排水。此激素受体的胞内片段含有活性鸟苷酸环化酶。也称心房肽。

衰减子：新生mRNA前导区包含的序列，调节原核细胞与酶相关的特定基因的表达，在特定氨基酸充足情况下终止其转录，减少酶的生成。

自身抗体：机体对自身细胞和组织表面抗原产生免疫应答的抗体称自身抗体。

自身催化作用：某个反应生成的产物对此反应起进一步催化作用(如胃蛋白酶对胃蛋白酶原的激活作用)。

自分泌激素：由细胞分泌的生物活性分子，能作用于该细胞自身或临近同类型细胞。

自身免疫性疾病：免疫系统出现功能障碍，对自身细胞或组织上正常存在的结构进行免疫应答，导致系统紊乱(如重症肌无力)。

自溶：蛋白水解酶发生自体消化，或使细胞、组织因自身酶的作用而分解。

自身磷酸化：特定蛋白激酶对相同类型的蛋白激酶产生磷酸化作用的过程。

轴突转运：神经细胞内细胞器及其他颗粒顺着神经元轴突的微管转运，在驱动蛋白的作用下顺方向移动(远离胞体)，而在动力蛋白的作用下逆方向移动(移向胞体)。

主链：由多肽含有的氨基酸组成的原子链(N-Cα-C)或核1含有的磷酸多糖构成的原子链($C_{4'}$-$C_{3'}$-O-P-O-$C_{5'}$)。

基底层：位于上皮细胞底部的薄层细胞外基质，或包绕在特定肌肉、脂肪组织及施万(氏)细胞周围，使它们同所连接的底部组织分隔。

基础代谢率(BMR)：在特定时间内一个正常人保持静止、禁食状态所需要的千卡量。

碱基切除修复：对单链DNA上异常碱基进行修复的过程，通过转葡糖基酶将此碱基除去，通过AP内切核酸酶将剩余的脱氧核糖核酸醛缩酶及毗邻的核苷酸除去，并依靠DNA多聚酶和DNA连接酶将此缺口连接起来。

基底膜：为一层纤维组织，在结缔组织上方与上皮组织相连接。

碱基配对：在双链核苷酸或单链折叠核苷酸中，互补碱基之间以最大的氢键结合(一嘧啶和一嘌呤)。

亮氨酸拉链：为一种特殊蛋白质基序，与α螺旋DNA结合，通常出现在转录因子中。

嗜碱性粒细胞：能被碱性染色剂染色的白细胞，含有洋地黄类血管活性胺，对局部炎症反应起重要作用。

B细胞：骨髓内淋巴细胞经生长分化可以形成2种细胞，即能生成抗体的浆细胞，以及对前一次引起免疫应答的特定抗原保留识别记忆功能的B细胞。

B-DNA：双螺旋形 DNA 每一圈右手螺旋包含 10.5 碱基对，直径 20Å，是生理条件下最稳定的构象。

本周(氏)蛋白：骨髓瘤过分表达产生的免疫球蛋白游离轻链，在血浆和尿液中均可出现。

β-α-β 环：蛋白质结构基序，包含 2 条 β 单链，并由 1 条 α 螺旋分隔而成。

β 淀粉样蛋白：见淀粉样蛋白。

β 淀粉样蛋白前体蛋白(βAPP)：细胞膜内在糖蛋白质，跨膜 1 次，含有 695 残基的亚型在神经元中表达，而含 751 和 770 的亚型主要表达在非神经元性组织中。α 分泌酶可在 β APP 695 穿膜区将其裂解，释放 β 淀粉样蛋白，积聚形成淀粉样蛋白斑，损伤神经细胞，与阿尔茨海默病的发病有关。

β 环：蛋白质超二级结构，一个 β 片层按反向平行卷成圆柱状形成此结构。

β 弯曲：见回折。

β 构象：见 β 片层。

β 发夹：为蛋白质基序，由 2 个反向平行的 β 链通过圈状或短环形态连接形成。

β 氧化：脂肪酸新陈代谢过程中通过氧化 β 碳(或 C2)，生成乙酰辅酶 A 的方式。

β 折叠：见 β 片层。

β 片层：常见蛋白质基序，在单 1 或 2 个多肽中此基序的 β-链处于不同的位点，相互形成并联或反向平行的关系，并由它们肽键上的氮和氧原子形成氢键。也称 β 折叠。

β 链：常见二级结构，在多肽链中以扩展的曲折形态分布，也称 β 构象。

良性肿瘤：非侵袭性生长的肿瘤，且生长一般较缓慢。

双分子层：具有亲水和疏水兼性的双脂质层，其分子的极性末端朝向两侧溶液，非极性末端朝向中央并结合在一起。

胆汁：由肝产生的碱性分泌物，含有胆色素、胆汁酸盐、胆固醇及磷脂，储存并在胆囊中进一步浓缩。在进食脂类食物时释放，具有乳化脂类的作用，便于机体消化。

胆色素：包括四吡咯、胆红素、胆绿素，均由亚铁血红素分解而来，在葡萄糖二次循环中生成胆汁。

胆汁酸盐：甘氨酸或牛磺酸分子中的 Na 或 K 离子与胆固醇生成的胆汁酸(如胆酸)相结合生成胆汁酸盐。它对脂质食物起乳化作用，由胰脂肪酶分解消化。

结合位点：通常呈折状或袋状的结构域，与配基结合于蛋白质分子表面。

生物胞素：ε-*N*-生物素酰-L-赖氨酸，作为一个辅基存在于维生素 H 依赖性羧化酶的蛋白质结构中。

生物能学：分析研究新陈代谢过程中能量的生成及利用的相互关系的学科。

活性分子：有机化合物，通常构成或存在于活性有机体。

生物多聚物：通过共价键连接相同或类似的小分子单位形成的生物大分子，头尾相接，形成长链。例如：多糖、多肽、多聚核苷酸。

生物转化：将体内的药物及其他外源性化学物质转化为代谢产物的过程，代谢产物具有更好的水溶性以利于排泄。包括 I 相反应和(或)II 相反应。

血凝块：当血液流出或血管损伤时纤维蛋白及募集的血细胞形成的凝结物，当其存在于血管内称血栓。

体重指数 (BMI)：衡量肥胖程度的指标，BMI＝体重/身高^2 (kg /m^2)。指标在 25 以下为正常。

玻尔效应:当血液中 H^+ 和 CO_2 增加,会导致血红蛋白结合 O_2 能力下降的现象。

键能:打开或形成某个化学键所必需的能量,也称键合强度。

肉毒杆菌毒素:由肉毒梭状芽孢杆菌产生的神经毒性含锌蛋白酶,是肉毒杆菌中毒的致病源(一种严重食物中毒)。它能强烈抑制胆碱能神经元释放乙酰胆碱。

附着核糖体:内质网外侧附着的核糖体,综合处理特定蛋白质以用于合成内质网管腔,高尔基体,溶酶体,分泌小泡或细胞膜等。

BRCA:包括两种基因(BRCA1,BRCA2),当其中任一种发生突变时将极大增加乳腺癌的发病率。2 种基因均编码与 DNA 结合及蛋白质相互作用有关的大分子蛋白。

棕色脂肪:富含线粒体的脂肪组织,其内部的氧化作用主要用于产热而不是生成 ATP。褐色脂肪是非战栗产热基本场所。

刷状上皮细胞:由胞膜形成的密集微绒毛覆盖于特定细胞的顶部,如肠黏膜和肾小管细胞。

缓冲液:由基本等量的弱酸和其弱酸盐组成的混合物,通过释放或移除溶液中的氢离子可以保持溶液稳定的 pH。

钙黏着蛋白:在细胞膜表面黏着连接的单次跨膜糖蛋白。它介导 Ca^{2+} 依赖性细胞间黏附,存在多种类型(分别位于 E 上皮;N 神经和肌肉;P 胎盘和表皮;VE 内皮血管)。

降钙素:由甲状腺滤泡细胞或 C 细胞分泌的多肽激素,包含 32 个亚基,循环中 Ca^{2+} 浓度增加可促进其分泌,作用为增加骨中钙含量并促进肾脏对 Ca^{2+} 的排泄。

钙三醇:1,25-二羟维生素 D_3,维生素 D_3 活化形式。

钙调蛋白(CaM):存在于胞质中的哑铃型蛋白,含 148 亚基和 4 个 Ca^{2+} 结合位点。它可以激活多种钙调蛋白依赖性蛋白激酶(CaM 激酶)。

卡路里(卡):将 1g 水从 14.5℃升高到 15.5℃所需要的能量,等于 4.184 焦耳。营养学中由体内食物氧化产生的能量通常用千卡(1000 卡)计算。

CaM 激酶:Ca^{2+}-钙调蛋白依赖性蛋白激酶。

5′帽:7-甲基鸟苷通过 5′,5′-三磷酸桥接连接于 mRNA 的核苷酸 5′端。在核内加工处理前 mRNA 时形成该结构,作用是抑制 mRNA 的降解并促进其转录。

加帽复合物(CBC):包含 4F 启动因子的复合蛋白,与 mRNA 的 5′帽相结合。

壳体:包绕病毒染色体的蛋白质外鞘,由多个亚基(壳粒)组成。

壳粒:组成壳体的蛋白质亚单位。

氨甲酰血红蛋白:血红蛋白通过其氨基的 N 端结合碳酐形成糖化血红蛋白。

糖负荷试验:(运动员)进行一段时间的剧烈运动,消耗肌糖原后再进行高糖饮食,以增加糖原储备的试验。

羧基端:多肽链的末尾包含一个 α 羧基,此羧基为游离或胺化(较少见)状态。也称 C 端。

癌:恶性肿瘤在体内最常见的形式,起源于上皮细胞。

心肌:心脏中由特定横纹肌组成的肌肉,富含线粒体,与肌原纤维交错结合在一起。其尾端的膜部广泛结合构成闰盘,边缘在很大范围融合在一起形成缝隙连接从而使心肌细胞象整体运动。也称 myocardium。

心肌病:以心肌组织的进行性损伤为特征的一类疾病。

肉碱:即 4-*N*-三甲基-3-羟丁酸,由特定蛋白 ε-氨甲基化的赖氨酸代谢衍生得来,主要存在于肌肉和肝。它参与脂酰辅酶 A 穿越线粒体内膜的运输过程。

肉碱穿梭:脂酰辅酶 A 与肉碱合成脂酰肉碱穿越线粒体内膜进入基质的过程。该过程中脂酰肉碱通过脂酰肉碱/肉碱转换体置换出游离的脂酰肉碱。

胡萝卜素:黄-橙不饱和四萜类碳氢化合物,存在于胡萝卜及其他绿色或橙色蔬菜中,是体内视黄醇(维生素 A),视黄醛和维生素 A 酸的前体。

软骨:是缺乏血管和神经的柔韧结缔组织,由软骨细胞和间质胶原纤维细胞构成,能分泌富含硫酸软骨素的蛋白多糖聚合物。它大部分存在于构成关节表面的长骨末端以及椎间盘中。在个体发育过程中它是长骨的前体。

级联效应:接收特定信号后该信号系统的组成成分连续被激活,从而使该信号的作用被放大。

胱天蛋白酶:细胞溶质的蛋白水解酶,在其活性位点包含 1 个半胱氨酸,可作用于底物天冬氨酸的 C 端将其水解,来源于胱天蛋白酶前体,与细胞凋亡有关。

胱天蛋白酶级联效应:胞质内蛋白水解的放大效应,由细胞凋亡的启动因子激活胱天蛋白酶前体,并级联激活其他胱天蛋白酶前体,直至形成细胞凋亡。

分解代谢:中间代谢一个阶段,营养素被降解并释放能量的过程。

三联催化:组氨酸、丝氨酸、天冬氨酸以氢键相连,存在于糜蛋白酶及其他丝氨酸蛋白酶的活性位点。

儿茶酚:芳香类二元醇,是儿茶酚胺类特征性化学基团。

儿茶酚胺:酪氨酸衍生而来的儿茶酚类,例如多巴胺、去甲肾上腺素、肾上腺素,是机体应激时分泌的主要激素成分。

联蛋白:包括两种亚型(α 和 β),可与钙黏着蛋白结合,附着于细胞骨架肌动蛋白微丝的接点上。

组织蛋白酶:存在于溶酶体内的蛋白水解酶。

CCAAT 盒:在许多真核基因转录启动因子中共有的 CCAAT 序列,位于启动子。

细胞黏附分子(CAM):跨膜蛋白,介导细胞-细胞或细胞-胞外基质的结合方式,分为 Ca^{2+} 依赖性型(如钙黏着蛋白)或 Ca^{2+} 非依赖性型(如神经性细胞黏附因子)。

细胞分裂周期基因(cdc 基因):在细胞周期中控制一个或数个阶段的基因。

细胞连接:细胞膜的特定结构,用于细胞与细胞间或与胞外基质的连接。

细胞免疫:淋巴组织或循环内由 T 细胞介导的免疫方式,抵御微生物(包括胞内病毒)和外界组织的侵入。

中心粒:胞内细胞器,由 9 组短微管基团组成,每组含 3 个,作用是在细胞分裂过程中构成纺锤体的微管。

着丝粒:子染色单体与已经复制的母染色体连接的部位,由纺锤体纤维使其相互连接。

中心体:包含两个相互垂直的中心粒的结构,位于胞质之中。

神经酰胺:神经鞘脂类的代谢前体,通过酰胺键将一个脂肪酸同神经鞘氨醇的 C_2 氨基团相连接而成。

脑苷脂:含有一个葡萄糖或半乳糖的鞘糖脂,等量连接于神经酰胺的 C_1。

脑脊液(CSF):浸润中枢神经系统内侧及外测的液体,由脉络丛细胞膜上的通道分泌和重吸收。

引导途径:将酶反应的产物直接转移到另一个将其作为底物的酶的活性位点的方式。

促溶剂:离子或小型功能性分子,使非极性物质在水中的溶解性增加,主要用于溶解胞膜、特殊溶性蛋白、变性蛋白以及核苷酸。

伴侣蛋白:防止其他蛋白质发生错误折叠或产生失活的蛋白质的一类蛋白质。也称热休克蛋白或分子伴侣。

同性斥力:性状相似的基团间存在的相互排斥力。

化学渗透:细胞内特定膜利用电子转移的能量将质子转运过膜,由此产生的膜两侧 H^+ 浓度梯度所储备的能量可用于细胞生理活动,包括 ATP 合成。

主细胞:胃黏膜上分泌胃蛋白酶的细胞。也称胃酶细胞。

手性原子:碳原子具有 4 种替代结构形成 2 种构型,此构型具有旋光性,也称不对称碳原子或手性中心。

氯转移:由红细胞内二氧化碳分解生成的 HCO_3^- 同血浆 Cl^- 相互交换的过程。

胆囊收缩素(CCK):包含 39 个基团的多肽激素,由十二指肠黏膜分泌,促进胆囊的收缩和排空,以及胰腺酶的分泌,也称促胰酶素。

胆石病:存在胆囊结石或胆管结石的疾病。

胆碱:*N-Trimethylethanolamine*,构成乙酰胆碱、磷脂酰、浆磷脂及血小板活化因子的必需组成成分。

硫酸软骨素:软骨内主要的葡萄糖胺聚糖。它包括葡萄糖醛酸的重复单位 β1-3 *N*-乙酰半乳糖胺,是蛋白多糖聚合物的组成部分。

绒毛膜促性腺激素(CG):是与生长激素和催乳素同源的蛋白质激素,由胎盘分泌,促进生长激素分泌,在妊娠的前 1/3 时期内维持黄体功能。也称绒毛膜生长催乳激素、胎盘催乳素。

绒膜绒毛取样:获取胎盘中胎儿一部分组织的技术,当胎儿在子宫内时就能确定是否存在遗传异常。

嗜铬细胞:在肾上腺髓质及其他部位成簇存在的细胞,含有生物合成性洋地黄毒苷,具有储存、分泌儿茶酚胺的作用。

染色单体:在核蛋白的作用下完整复制染色体的双链 DNA,从而形成染色单体。

染色质:真核细胞的细胞核内中由 DNA、组蛋白及其他蛋白质组成的复合体。

染色体:包含部分基因组和相关蛋白质连接而成的 DNA 复合物。正常人体内有 23 对染色体。

染色体浓缩:染色质缩聚形成同源染色体的过程,发生在细胞有丝分裂期(M 期)之前。

染色体去凝缩作用:处于细胞有丝分裂期的同源染色体的紧密结构发生松解,并在后期形成染色质。

乳糜微粒:在消化吸收脂类食物时出现在血浆中的物质,它包含三酰甘油、磷脂、胆固醇酯、脂溶性维生素和载脂蛋白 B_{48},由肠黏膜细胞合成分泌,经淋巴管进入血液。

食糜:在消化早期,酸性半流质和摄入的食物以及助消化的分泌物形成混合物,经胃进入小肠,称食糜。

肝硬化:肝脏内肝细胞坏死,被相互连接的纤维组织所取代,导致肝功能障碍。

顺式作用元件:在染色体上特定的DNA序列,可以调节某个基因的表达(如启动子或增强子)。

顺高尔基体网:在内质网小体、接收蛋白、容脂囊泡附近,高尔基体内部小泡与小管互相连接形成。它是溶酶体特定蛋白的低聚糖磷酸化的位点。

潴泡:由高尔基体和内质网小体的扁平膜相结合形成的膜性囊泡结构。

网格蛋白:此蛋白由三个大型和三个小型的多肽构成的三角结构(三脚蛋白复合体),在蛋白膜内部形成篮状骨架结构,从而以被膜小泡的形式释放入细胞质。

网格蛋白被膜小泡:从细胞膜或高尔基体间接转运的小囊泡。它的外部表面覆盖网格蛋白三脚复合体结构,经衔接蛋白结合于跨膜蛋白。

克隆:由重组DNA分子构成,经载体介导进入细胞,在该细胞子代中表达而成倍复制。

克隆载体:基因工程中用于转移DNA的介质,如质粒或经修饰的病毒。

被膜小泡:在网格蛋白质或其他蛋白质表面由膜包围并形成网状结构的微粒。它可以在细胞膜、内质网及高尔基体元件上合成。

编码链:同转录的RNA具有相同序列的DNA链,与转录此RNA的DNA链互补结合。

密码子:多肽合成过程中,mRNA上3个1组的嘌呤或嘧啶碱基对,能结合相应氨基酸分子。

辅酶:非蛋白性的复合有机辅助因子,为某些酶激活所必需的。许多维生素是辅酶的前体。

辅酶A(CoA):包含泛酰胺乙硫醇的核苷酸辅酶,在多种反应中以它末端的巯基群作为酰基载体。

辅酶B_{12}:5′-脱氧腺苷钴胺素,钴胺素(维生素B_{12})的钴原子结合一个辅酶B_{12}亚基衍生而来,并作用于甲基丙二酰辅酶A转化为琥珀酰CoA的过程。而甲基丙二酰基由钴胺素(维生素B_{12})的钴原子结合亚基得到,参与高半胱氨酸和甲硫丁氨酸的转化。

辅酶Q(Q):辅酶Q(泛醌),在线粒体电子传递系统中结合复合体I、II、III及细胞色素C的苯醌类异戊二烯,可作为亲脂电子载体。

辅因子:结合于特定酶蛋白催化位点,使其产生活性的离子或分子。

成对分子:能够发生正常相互作用的两个生物分子(如受体和其对应配体)。

卷曲螺旋:存在于纤维状蛋白质内的特定结构(例如角质素原肌凝蛋白,肌球蛋白),由2条多肽链组成,含有7个包含α螺旋的重复亚基(abcdefg),其中"a"和"d"为疏水性或"g"为1个亮氨酸亚基(亮氨酸拉链蛋白)。

区室作用:将真核细胞酶类细分归入功能不同、由膜包裹的区域或细胞器中。

补体:由肝脏分泌的血浆蛋白系统,能与活化的抗体相互作用或结合于特定病原体表面,促进细胞的溶解、吞噬及免疫应答反应。

反转录DNA(cDNA):在反转录酶的作用下,以RNA为模板反转录生成的DNA。

寡糖复合物:寡糖通过*N*-连接结合糖蛋白,在高尔基体内进一步修饰,保留3条在内质网接入的甘露糖亚基。在寡糖末端结合了1个或数个终止于唾液酸的三糖。

缩合反应:2个分子通过共价键结合,通常失去1个水分子。

构型:有机分子由1个或数个手性中心或双键形成的特定结构,只能通过打开或转换其共价键才能改变构型。

构象:有机分子的特定结构,其取代基可以在各种不同位置结合于单键周围。

结合蛋白:与1种或多种非氨基酸物质相结合的蛋白质,如金属蛋白质、磷蛋白、血红蛋白、糖蛋白脂蛋白、核蛋白和黄素蛋白。也称复合蛋白。

结合反应:通过等量的葡萄糖醛酸、醋酸盐、硫酸盐、甘氨酸、谷氨酰胺或谷光苷肽的加成作用,以增加非极性代谢产物或进入体内的外界物质的极性,以促其排泄。通常发生在肝脏,也称II相反应。

结缔组织:连接其他组织的支持组织。它包括成纤维细胞、软骨细胞、破骨细胞、脂肪细胞或平滑肌细胞以及它们产生的胞外分泌物。

连接蛋白:4次跨膜的镶嵌蛋白,6个连接蛋白组成1个连接子。

连接子:细胞膜上由6个连接蛋白亚基组成的通道结构。当连接子结合一个临近细胞时形成间隙结合,允许2个细胞间物质转运。

共有序列:2个或数个核苷酸或多肽之间相关部位上经常出现的核苷酸或氨基酸残基序列。

保守置换:由相似类型的氨基酸残基取代多肽中某个氨基酸(如苏氨酸取代丝氨酸)。

结构蛋白:其数量相对持续稳定的存在于合成它的细胞内的蛋白。

协同结合:配体与同类分子的前端位点结合(同向效应)或与不同分子位点结合(异向效应),从而改变亲和力(增加或正性协同反应,减少或负性协同反应)。

协同效应:在多聚体蛋白中,由一个亚基的构象变化引起其他亚基发生变化的过程。

Cori 循环:见葡萄糖乳酸盐循环。

黄体:卵巢排卵之后存在的大量雌激素细胞群,分泌黄体酮。

肾上腺皮质类固醇:由肾上腺皮质分泌的,经胆固醇合成得到的类固醇激素,包括糖皮质激素,盐皮质激素和性激素。

促肾上腺皮质激素释放激素(CRH):下丘脑分泌的含41个亚基的多肽激素,促进腺垂体释放促肾上腺皮质激素(ACTH)。也称 corticoliberin。

偶联反应:通过放能和储能反应的连接,使能量发生转移的过程。

共价催化:在底物转化之前,催化部分或全部底物分子通过共价键与底物酶活性位点结合。

嵴:线粒体内膜折叠形成的结构。

串话:激素信号转导通路间的相互作用方式,如通过共同的信号分子或共同的第二信使而使目的蛋白发生类似的磷酸化等。

C端残基:多肽中含1个α-羧基团,被单独或偶然胺化而来。

发绀:由于体表附近毛细血管的血液内还原血红蛋白增加所引起的皮肤出现淡蓝色区域。

细胞周期蛋白:在细胞分裂周期浓度升高的蛋白质,使周期蛋白依赖性激酶活化,从而有效调控周期的进行。

周期蛋白依赖性激酶(cdk):由细胞周期蛋白激活控制的蛋白激酶。

半胱胺:去碳酸基半胱氨酸,辅酶A中泛酰胺乙硫醇的组成部分(含泛酸)。

细胞色素:电子传递系统中的血红素蛋白,位于内质网或线粒体内膜。

细胞因子:免疫系统分泌的微量蛋白质,介导局部细胞-细胞通信。

细胞因子受体：质膜上细胞因子对应的受体，与细胞溶胶中酪氨酸蛋白激酶相连，能调节特定基因的活性。

细胞骨架：由胞浆中微管、微丝、中间丝构成的网状结构。

道尔顿(Da)：原子质量单位，1 道尔顿等于 1 个^{12}C原子质量的十二分之一。

D 形臂：tRNA 内含有 2～3 个二氢尿嘧啶的茎环状结构。

缺失：由于断裂、不等交换导致染色体片段的丢失或者由于突变引起基因相邻核苷酸的丢失。

变性：由于 pH、盐浓度或温度的变化导致蛋白质高级结构的破坏称变性。

从头(合成)途径：由前体逐步合成活性分子复合物(比如核苷酸)的过程。

去极化：跨膜电位由负性向正性的转变过程。

去毒作用：去除体内有害物质。常通过肝脏光面内质网细胞色素 P450 催化的羟化反应，以促进亲脂毒物更具水溶性而排出机体。

尿崩症：由于血管升压素(抗利尿激素)分泌较少或拮抗增加，导致过度口渴、饮水以及排稀释性尿液的症状。

分化：在个体发育过程中，由于差异基因的活化或抑制，细胞间开始表现各种特征性差异。

二倍体：成对的两组同源染色体，分别遗传自双亲体细胞染色体组。

二硫键：2 个半胱氨酸的巯基相互形成共价键，可以是在同一多肽中(链内)或 2 条多肽间(链间)。

DNA 糖基化酶：在碱基切除修复第一步过程中，负责水解 DNA 上碱基和脱氧核糖之间形成的 *N*-糖苷键的特定酶。

DNA 解螺旋酶：在 DNA 再次复制之前催化其双链分离的酶，所需能量来自 ATP。

DNA 文库：收集包含 cDNA 克隆的细菌或噬菌体，用以代表生物体、特定细胞或组织的 mRNA 构成。

DNA 连接酶：通过在临近 2 个核糖之间生成磷酸二酯键的方式修补封闭 DNA 主链上出现的缺口的酶。

DNA 解链：当加热达到解链温度后，DNA 双链被解旋及分离开来，解链温度由 DNA 自身的碱基组成决定。

DNA 甲基化：催化 *S*-腺苷甲硫氨酸的甲基团转移到 DNA 的腺嘌呤或胞嘧啶的酶，使基因处于非活动状态。

DNA 微阵列：经化学合成或由 PCR 片段得来的许多 DNA 短序列紧密排列，固定于基质上，能被其他经荧光标记的核苷酸探针杂交结合。

DNA 探针：天然或人工合成的标记寡核苷酸，通过互补序列探测目的基因的组成序列。

域：在多肽或核苷酸链中可以折叠的单位，具特定功能，并与分子中其他结构相对独立。

显性：只需从 1 个亲代遗传得到(即杂合形式)该基因 (或等位基因)即可呈表现型。也用于描述该基因的特性。

启动蛋白：具有活性 GTPase 的胞溶质蛋白，与网格蛋白被膜小窝颈部结合，将其从胞膜分离出来形成胞内囊泡。

动力蛋白：不同于驱动蛋白的运动蛋白，由包含 1 个发动域的 2～3 条重链和数条轻链组成，胞质动力蛋白包含 2 条重链，常位于真核细胞内，对囊泡运输起重要作用。基因动力蛋白包含2～3条重链，主要负责使纤毛和鞭毛产生搏动的滑动效应。

强啡肽：含有和亮氨酸脑啡肽相同N端胸腺喷丁的多肽，具有强烈的止痛作用，存在于下丘脑、脑干和十二指肠内。

营养不良素：心肌和骨骼肌的细胞骨架蛋白质，是含反向平行的纤维同质二聚体的大分子多肽，其中心区域由24个特定β-血影蛋白重复序列构成，能连接质膜和肌动蛋白丝。它的缺乏会导致进行性假肥大性肌营养不良症，缺少和结构的变化导致贝克肌营养不良症。

效应酶：膜相关酶，胞外信号结合膜受体后此酶产生特定胞内信号，将胞外信号转入胞内。

电位转运：通过膜电位发生变化使离子在细胞膜两侧转运。

乳化作用：肠道内将摄入的脂类食物分解的过程，通过胆汁酸盐和其他乳化剂混合形成更细小的颗粒，利于脂类消化酶的接近和发生作用。

吸能：非自发过程，需要消耗能量才能发生反应。

内质网(ER)：细胞质内形成广泛网状结构的膜通道，在内质网上可布满核糖体(粗面内质网)或者缺乏核糖体(光滑内质网)，参与蛋白质合成、脂类代谢以及相关的储存、包装或分泌。

内啡肽：具有止痛作用的神经调节物，它的构成成分含亮氨酸脑啡肽或甲硫啡肽的胸腺喷丁，大部分由中枢神经系统和胃肠道产生，与阿片受体结合。也称阿片样物质。

内体：内吞作用形成的胞内小囊泡，将其内容物转运给溶酶体，促进其降解。

肠肝循环：肝分泌的胆汁酸盐由肠黏膜吸收之后经门静脉重吸收回肝脏的过程。

焓(H)：热力学中一个系统的热含量。

熵(S)：热力学中一个系统的无序程度或混乱程度称熵。

酶级联反应：一系列的酶原或低活性酶，其中第一个被激活后进一步激活其余同类酶。激活可通过溶蛋白性裂解(如血液凝固)和磷酸化(如胰岛素受体途径)等方式，从而将初始信号显著放大。

酶偶联受体：细胞膜的镶嵌蛋白受体，具有胞内催化区(如蛋白激酶、蛋白质磷酸酶、鸟苷酸环化酶)或与某些胞浆酶偶联，经特定配体结合激活。

酶病：由于某种酶活性的缺乏与功能紊乱导致的疾病。

抗原表位：抗原表面的特定区域，引起特异性抗体的分泌并与之结合。也称抗原决定簇。

ER固定蛋白：位于内质网的功能蛋白，通过C端的赖氨酸-天冬氨酸-谷氨酸-亮氨基(KDEL)序列固定在内质网上。

ER固定信号：特定蛋白C端含有的赖氨酸-天冬氨酸-谷氨酸-亮氨基(KDEL)序列，蛋白通过此序列固定并运作于内质网上。

ER信号序列：是特定氨基末端的疏水序列，使多肽移向溶酶体、内质网、高尔基体、分泌小泡或细胞膜上，进入内质网后此序列被信号肽酶裂解。

促红细胞生成素：在低氧浓度的情况下产生的糖蛋白激素，主要由肾分泌，作用为刺激红细胞的生成。

必需脂肪酸：动物体内必需的多不饱和脂肪酸，无法由自身合成。

常染色质：染色质的松解状态，可以进行转录。

真核生物：由1个或1个以上的真核细胞组成的生物，每个细胞含1个细胞核及其他胞膜细胞器。

切割核酸酶：复合酶系统，在核苷酸切除修复过程中可以切除异常 DNA 片段，也称切除修复内切核酸酶。

放能：伴随能量释放的自发过程。

出口位点：一般存在于核蛋白体大亚基的位点，在蛋白质合成的延长阶段之后，释放未组装 tRNA 的部位，也称 E 位点。

胞吐作用：胞内小囊泡的膜与细胞膜经融合作用，释放或分泌囊泡内含物质排出细胞的过程。

外显子：真核基因 DNA 编码片段，反映在 mRNA 及其翻译蛋白质的氨基酸编码序列，或成熟的 tRNA 或 rRNA 中。也称表达序列。

细胞外基质(ECM)：由结缔组织胞间成分分泌，大部分由糖蛋白和蛋白聚糖组成。

易化扩散：在特定膜转运蛋白帮助下，溶质依靠浓度梯度迅速穿越细胞膜。也称被动转运。

家族性高胆固醇血症：由于缺乏功能性 LDL 受体，血浆 LDL 中出现异常高浓度胆固醇。属于常染色体显性遗传病。

前馈激活：由特定酶催化的代谢反应中前一阶段的中间产物增加该酶活性，进一步催化后面阶段的反应。

FeS 中心：一个铁-硫簇单位。

胶原原纤维：如 IX 型和 XII 型胶原，形成三螺旋和无螺旋区域，分别结合于纤维胶原 I 型或 II 型。

纤维胶原：结缔组织中包含原纤维的胶原，如 I、II、III、V 或 XI 型胶原。

原纤维蛋白：微纤维中大分子糖蛋白成分，在许多组织细胞外基质中存在；由成纤维细胞分泌，构成弹力蛋白聚集物的支架。此蛋白结构出现遗传性异常将导致 Marfan 综合征。

成纤维细胞：疏松结缔组织中常见的细胞类型，能分泌胶原和其他细胞外基质大分子，易于在创伤组织中增殖。

成纤维细胞生长因子(FGF)：蛋白质家族，分为酸性(源自脑部或视网膜)或碱性(源自脑部、视网膜或软骨)家族。它们能促有丝分裂和血管生成，在组织成熟中起生长因子的作用，通过与作为受体的酪氨酸激酶结合发挥作用。某种 FGF 受体的变异将导致软骨发育不全症(侏儒症最常见形式)。

热力学第一定律：在任何反应体系中，所有能量的总和保持不变。

鞭毛：精子细胞膜向外的延伸物，在动力蛋白的驱动下可以运动移位。它的中心为 2 个单独的微管，外周包绕 9 个环形微管形成此结构。

翻转酶：促进膜脂从磷脂双分子层的一侧转移到另一侧的蛋白质。

物质流：物质通过代谢途径或溶质穿膜的运动形式。

移码：在蛋白质合成过程中编码密码子的框架发生改变，在外显子的 DNA 序列中插入或移除 1 个或数个核苷酸，导致序列的变化。

活性自由能：将某底物从基态转变到能发生反应的过渡状态所需要的能量。也称活化能。

游离核糖体：细胞质内游离于胞膜的核糖体，用于合成特定蛋白，包括胞质溶胶、线粒体、过氧化物酶体或细胞核中的蛋白质。

F 型 ATPase：线粒体内膜中的 F_0F_1-ATPase。也称 ATP 复合酶 V。

无效循环：两种酶催化过程相反的两个反应同时进行，结果为水解 ATP 并释放出热能。

门控离子通道：离子通道的开放或关闭引起细胞膜电位的变化。其形式可以是电压门控，机械门控或配体门控(胞外或者胞内)。

基因：染色体上编码功能蛋白或 RNA 分子的 DNA 序列，包括外显子、内含子和调节序列。

基因扩增：某个基因或一组基因选择性的合成过多拷贝，在一些物种常见，也发生在特定肿瘤中的某些癌基因。

基因克隆：以细菌携带外源基因的形式，经重组体载体导入目的细胞，复制生成含有此基因的克隆细胞群。

基因敲除：运用基因工程的方法使实验动物的基因发生缺失或失活。

基因组 DNA 文库：收集特定细菌或噬菌体克隆基因序列组成文库系统，它们包含与生物体染色体组相同的基因片段。

基因组学：研究染色体组 DNA 序列和特性的学科。

基因型：个体基因的组成或结构成分。

种系细胞：能生成配子(精子或卵子)的细胞谱系。

肠高血糖素：由高血糖素原前体转化而来的多肽，存在于下消化道的特定细胞中。它的结构为高血糖素两端和 N 端均加入肠高血糖素相关多肽亚基。其活性和胰高血糖素类似。

珠蛋白：肌红蛋白或血红蛋白的载体蛋白。

球状蛋白：此蛋白质的三级结构紧密包绕并形成球状。

糖原异生：肝中将非糖类前体合成葡萄糖的代谢过程。

葡萄糖-丙氨酸循环：由于较长时间的禁食饥饿引起体内骨骼肌生成的丙氨酸代谢转化为葡萄糖的过程，由肝产生并分泌入血液。也称丙氨酸循环或 Randle 循环。

葡萄糖-乳酸循环：肝将体内因劳累等生成的乳酸转化为葡萄糖分泌入血的过程。也称乳酸循环或 Cori 循环。

葡萄糖耐量：机体对葡萄糖的利用能力，在人体摄入定量的葡萄糖后得到的血糖浓度曲线。在糖尿病和肝细胞损害患者中，葡萄糖耐量通常降低。

糖萼：位于细胞表面的细胞毛壳，由糖蛋白的糖类部分和细胞膜的糖脂以及分泌的糖蛋白、蛋白聚糖结合附着于细胞表面。也称细胞外壳。

糖形：只存在糖类基团的定位和(或)结构差异的糖蛋白。

糖脂：含有 1 个单糖(如葡萄糖基脑苷脂类)或 1 个寡糖(如神经节苷脂)的脂类。

糖酵解：1 分子葡萄糖转化成 2 分子丙酮酸的代谢途径，净生成 2 个 ATP 和 2 个 NADH。

糖蛋白：通过共价键连接糖基的结合蛋白。

糖尿：在尿液中出现异常高浓度葡萄糖(常见)或其他糖类(如半乳糖、果糖、戊糖)的现象。

高尔基复合体：真核细胞胞质中的一系列的膜状聚集槽(原位、中间、反向)，从内质网转运来的蛋白在此修饰、分拣，也是细胞外基质葡萄糖胺聚糖的合成部位。

高尔基体叠层：通常包含 3 个槽，位于原位高尔基体网络和外侧高尔基体网络间；此位点是加工处理 N-连接寡糖和 *O*-糖基化,以及生成蛋白聚糖的场所。

G_0 期:细胞在 G_1 期的限制点离开细胞周期,处于非分裂状态。

G_1x 期:包括细胞周期中的分裂间期生长阶段,位于 DNA 复制开始之前。

G 蛋白:具有内在 GTPase 活性的 GTP 结合蛋白,只有结合 GTP 而非 GDP 时才具活性。它可以是单体形式 (如 ras)或异源三聚体形式(包括 α、β 和 γ 亚基),在胞内信号传导过程中发挥重要作用。

G 蛋白偶联受体:细胞膜上 S 型受体,与配体结合后激活鸟苷酸三聚物。

粒细胞:在光学显微镜下可见的包含微粒的白细胞,经适当染色后可呈嗜碱、嗜酸或嗜中性。

生长因子:促进蛋白及其他细胞成分合成的特定蛋白,能增大细胞的体积但不增加其数量。它通常包括促有丝分裂因子和存活因子。

指导 RNA:参与编辑前体 mRNA 和前体 rRNA(称作 snoRNA)的小 RNA。

半衰期($t^{1/2}$):系统某一特定成分完全降解或消失所需时间的一半称该成分的半衰期。也称 half-time。

单倍体:在微生物细胞中单独一份染色体的形式。

hb S:含有突变 β 珠蛋白的血红蛋白,导致形成镰刀状红细胞。

H 链:见重链。

重链:蛋白中 2 类多肽链的较大 1 类。也称 H 链。

螺旋帽:由天冬酰胺或谷氨酰胺作为支链形成的结构,在 α 螺旋的侧面以氢键-肽键的形式结合,此肽键通常位于螺旋的第一或最后一圈。

辅助 T 细胞:特定的淋巴细胞,它的分泌激活可以同时触发并协助细胞免疫和体液免疫。

血红蛋白病:一种遗传性疾病,血红蛋白出现结构变异导致生成血红蛋白 A(如镰状细胞性贫血),地中海贫血或持续性胎儿血红蛋白症。

七次重复:在多肽中重复出现的前后排列的 7 个残基序列(abcdefg),其中"d"和"g"为疏水性,或"g"为亮氨酸(如在亮氨酸转运体中)。这些七次重复使多肽链形成螺旋卷曲状。

异染色质:不参与转录的染色质聚集浓缩形成高密度区,通过光学显微镜观察静止期细胞见这些区域。

不均一核 RNA (hnRNA):细胞核中的 RNA,通常作为基因转录多肽的初始转录本。包含 1 个或多个内含子序列。也称前体 mRNA。

核的不均一核糖核蛋白(hnRNP):存在于真核细胞核内的 hnRNA 与蛋白的复合物。

杂合多糖:由 1 种以上单糖组成的多糖(如葡萄糖胺聚糖)。

杂合子:在相同位点存在 2 个不同等位基因的染色体对。

富甘露糖寡糖:一个 N-连接糖蛋白的寡糖,带有在内质网移入的 9 个甘露糖残基中所有或大部分,而几乎不在高尔基体中进行修饰。

组蛋白核心:核小体的蛋白核心,由组蛋白 H_2A、H_2B、H_3 和 H_4 各 2 个构成。

HLA 蛋白:人类白细胞抗原蛋白或主要组织相容性复合体蛋白。

同源异形框:编码特定蛋白序列(同源结构域)的 DNA 保守序列 (长度 100bp),在生物生长发育过程中起调节分化的作用。

同源结构域：特定蛋白质结构域(长为 60 残基)，构成螺旋-环-螺旋结构基序，由同源异形盒编码。

稳态：机体内环境保持相对稳定的状态。

同源异形基因：控制细胞簇命运的基因，从而在生长发育过程中控制整体的生长状况。

同源：由于共同的进化起点而部分相似的大分子，尤其在多肽链和核苷酸的一级结构上存在很多类似。

同源染色体：体细胞内的一对同源染色体有着相似的长度、着丝粒的位置以及具有共同特性的等位基因位点，2 个染色体分别来自父系和母系。在生殖细胞配体中只有其中 1 个存在。

同聚多糖：由单一类型的单糖组成的多糖(如淀粉、糖原)。

纯合：在一对同源染色体上的相应位点存在相同的等位基因。

体液免疫：见抗体免疫。

透明质酸酶：催化透明质酸糖苷键水解的酶，是某些细菌分泌的延伸因子，也存在于精子的顶体上。

杂交瘤淋巴细胞：由可分泌抗体的淋巴细胞和淋巴瘤细胞融合而得到的细胞株，用于生成单克隆抗体。

氢键：氢原子与负性微粒形成的弱静电键，通常和另一个负性微粒相连。

水解酶：催化水解分裂反应的酶。

亲水性：能与水分子自由结合的能力。

高氨血症：由于尿素合成过程中氨代谢不足使血氨浓度异常增高，常伴随神经性或其他异常症状。病因多为肝脏疾病、先天性尿素合成障碍和有机酸血症。

增色效应：当温度升高引起 DNA 解链，导致 DNA 溶液对紫外线吸收增加的效应。

高血糖症：禁食情况下血糖浓度异常升高。通常在饭后 2～3 小时出现生理性血糖浓度升高，浓度超过正常值的时候提示糖尿病的可能。

增生：组织或器官的细胞数量异常增加。

肥大：组织或器官的细胞体积异常增大。

高变区：免疫球蛋白轻链或重链可变区内任意三个短环之一，具有低保守性，构成抗原结合区。也是不同种类生物间具有高度序列差异性的多肽结构域。

高变基：高变区的亚基。

降糖氨酸：未成熟果实内含有的毒性非蛋白多糖类 α-氨基酸，它经脱氨基和脱羧基生成的衍生物具有强烈的抑制短链脂肪酸 β 氧化的作用，导致牙买加呕吐病。

Ig 超基因家族(免疫球蛋白超基因家族)：含有 1 个或数个具有类似免疫球蛋白特性的结构域的蛋白家族。它包括 Ca^{2+}-依赖性细胞黏附分子，T 和 B 细胞受体，组织相容性蛋白和跨膜 IgM。

免疫球蛋白区：由三链和四链 β-片层反向平行组成的夹层结构域(约 100 残基)，代表免疫球蛋白 H 和 L 链上可变区及恒定区的特性。也称免疫球蛋白，或 Ig 域。

免疫球蛋白折叠：见免疫球蛋白区。

诱导契合：通过酶作用于底物，或其他大分子与配体结合的方式引起底物构象的改变。

诱导物：促进特定基因活化的复合物，也是引起特定生理反应的刺激物。

诱导蛋白:由周围环境因素决定其存在数量的蛋白。

炎症:机体局限的非特异性防御机制,具体表现为红、肿、热、痛。

抑制素:由性腺分泌的糖蛋白激素,可以抑制促卵胞激素的分泌。它由一个糖基化 α 链通过二硫键结合一个 β_A 链 (抑制素 A)或一个 β_B 链 (抑制素 B)构成。

抑制 G 蛋白(Gi):可以抑制腺苷酸环化酶或调整离子通道的异源三聚体 G 蛋白。

抑制性神经递质:可以开放靶细胞细胞膜 Cl^- 或 K^+ 离子通道的神经递质(如 GABA 和甘氨酸),使动作电位更难产生。

起始密码子:密码子 AUG 编码的氨基酸作为肽链合成的起始氨基酸残基,编码的氨基酸在真核细胞中为甲硫氨酸,在原核细胞、线粒体和叶绿体中为 N-甲酰甲硫氨酸。

先天性免疫:与病原体侵入体内发生的早期反应阶段有关的非特异性免疫机制。该免疫反应不会随病原体的反复刺激而增加,参与该免疫的包括巨噬细胞、补体蛋白和分泌的细胞因子等。

插入突变:在编码 DNA 中插入 1 个或数个多余核苷酸引起的突变。

镶嵌蛋白:1 次或数次穿越细胞膜的蛋白,只有膜破裂后才能将其释放出来。也称跨膜蛋白或内在蛋白。

整联蛋白:一种细胞膜内在蛋白的异二聚体,将细胞与细胞外基质蛋白(如胶原层粘连蛋白)或其他细胞,包括白细胞和血小板相连接。

嵌入剂:染料或其他复合物,包含一个芳香环或其他二维平面结构,可以结合在 DNA 两个连续碱基之间,引起插入或缺失突变。

链间作用:生物聚合体中 2 条链之间的交互作用或链合作用。

互变酶:由可逆性修饰调节活性的酶(如磷酸化)。

干扰素(IFN):细胞受到细菌感染或其他诱导剂作用而释放出特定的蛋白。IFN-α 由粒细胞分泌,IFN-β 由成纤维细胞分泌,IFN-γ 由巨噬细胞、B 细胞分泌,干扰素具有非特异的抗病毒和抗肿瘤活性。

中间丝(IF):细胞骨架内的绳状纤维(直径 10nm),由各种 IF 蛋白其中的一种构成,后者取决于其细胞类型。核纤层的中间丝由核纤层蛋白组成。

中间丝蛋白:细胞骨架或核纤层上中间丝的蛋白成分。

分裂间期:细胞周期中的大部分时期,介于前后两个 M 期(有丝分裂期)之间。在此期同源染色体解螺旋并生成染色质。

内因子:胃黏膜糖壁细胞分泌的糖蛋白,结合钴维生素(维生素 B_{12}),使后者易于吸收。胃黏膜萎缩引起内因子的缺乏将导致恶性贫血。

内含子:真核基因中非编码的 DNA 序列,随基因转录后从原始转录物中被剪切去除。也称插入序列。

不变基团:不同生物种类间相对应多肽链上存在的位置相同的氨基酸残基。

离子通道:膜内在蛋白质,为特定离子穿过胞膜提供可调节的通道。

离子载体:属于胞膜蛋白,可作为特定离子或离子跨膜移动的可调节通道。

同工 tRNA:数种能结合相同氨基酸的 tRNA,但其反密码子不同。

同工酶:属于同一类型、催化相同的反应的数种不同蛋白,也称同功酶。

异构酶:催化一分子内某基团在其内部的转移从而产生该分子异构态的特定酶。

异构肽键:一个氨基酸的氨基团和另一个氨基酸的羧基团形成酰胺键,其中 1 个或 2 个酰胺键同时占据某一位置(α(C_2)除外)。

类异戊二烯:结构上来源于异戊二烯的脂类(如甾类或脂溶性维生素)。

异源同功酶:作用在相同的核苷酸序列位点上使其分裂的不同种类限制性内切核酸酶。

黄疸:由于胆汁色素产生过量或排泄不足等原因,使得血浆和组织内胆红素浓度升高引起皮肤和结膜出现黄染的临床症状。

无功能 DNA:基因组中尚未发现其特定功能的 DNA 片段。

KDEL:用于固定内质网蛋白质的四肽(Lys-Asp-Glu-Leu)C 端信号。

角蛋白:卷曲螺旋的纤维状蛋白质,包括 I(酸性)和 II 型(中性或碱性)多肽,二者由二硫键联结。它们由上皮组织的角质化细胞合成,构成中间丝蛋白家族。人类上皮组织中存在超过 20 种角蛋白类型,至少有 10 种特定存在于毛发和指甲中。

酮亚胺:伯胺和甲酮形成的复合物。也称希夫碱。

酮酸:指丙酮酸或草酰乙酸等有机酸,其结构中 1 个酮类基团与 1 个比邻的羧基团(1 个 α-酮酸)或其他部位相结合。

生酮作用:禁食或过度饥饿后机体产生过量的乙酰 CoA,伴随此代谢过程在肝线粒体基质中生成过量的乙酰乙酸及其衍生物 β-羟丁酸、丙酮(如过多的脂肪酸分解代谢)。

杀伤 T 细胞:参与细胞免疫的一类淋巴细胞,可分泌穿孔蛋白杀死靶细胞。

千碱基对(kb):DNA 长度单位,1kb 为 1000 个碱基对长度。

驱动蛋白:胞浆内连接一个细胞器的动力蛋白,该蛋白可利用 ATP 产生的能量推动细胞器移向微管。

着丝粒:在细胞分裂中期,将每个姐妹染色单体连接到纺锤体微管的复合蛋白结构。

乳酸循环:见葡萄糖-乳酸循环。

乳糜管:延伸入小肠黏膜绒毛中心的淋巴管,摄入的脂类食物消化形成的乳糜微粒经此结构穿过胞膜。

乳酸中毒症:乳酸堆积过多导致血液 pH 降低所引起的临床综合征。见于剧烈运动、休克、缺氧、心血管功能不全、特殊药物中毒等情况,也出现在一些遗传性代谢缺陷疾病中。

乳糖耐受不良:肠乳糖酶缺乏的患者由于对乳糖消化能力的减退出现酸性腹泻和肠胃胀气等症状。也称乳糖酶缺乏症。

后随链:在 DNA 复制过程中间断合成的远离复制叉的 DNA 链。

核纤层蛋白:构成核纤层中间丝的蛋白成分。它可以被异戊二烯化连接到核膜内侧面。

层粘连蛋白:基底膜主要的柔韧成分,由 3 条长肽链(α、β 和 γ)通过二硫键以交叉的形式相结合。它结合于细胞表面和基底膜处。层粘连蛋白的某些结构变异可致表皮溶解性大疱病。

引导序列:位于 mRNA 起始密码子上游,编码或不编码的一段核苷酸序列,具有调控和靶向作用。也是附着核糖体合成的蛋白质的信号序列。

前导链:复制过程中沿复制叉进行连续不断合成的 DNA 链。

凝集素:存在于质膜、高尔基体外侧网或血浆中具有高度特异性的糖结合蛋白。

亮氨酸拉链:许多 DNA 结合蛋白中存在的结构基序,通过亮氨酸侧链残基之间相互作用形成的卷曲螺旋结构。

亮氨酸拉链蛋白:2个亮氨酸拉链经卷曲螺旋相互作用形成的二聚化蛋白,在其前端为大量碱性氨基酸残基组成的α螺旋或螺旋-环-螺旋结构。

白三烯:由白细胞、巨噬细胞和血小板生成的类花生酸,来源于花生四烯酸;含有4个双键,其中3个为成对双键,并经S原子与谷胱甘肽、半胱氨酰甘氨酸或半胱氨酸相结合。白三烯可诱导活化粒细胞,增加毛细血管通透性,并与炎症或速发型过敏反应有关。

配体:以特定的非共价键形式结合于另一大分子的小分子。

连接酶:通过ATP或其他高能化合物的水解作用,催化2个底物相结合的酶。也称合成酶。

轻链:蛋白中2类多肽链中的较小型多肽链。也称L链。

脂类锚定蛋白:见脂类连接蛋白。

脂类连接蛋白:通过脂肪酰(十四酰或十六酰),类异戊二烯(法呢基或GGA)或糖基磷脂酰肌醇连接在膜上的周边蛋白质,也称脂类锚定蛋白。

硫辛酸:以氧化或还原形式存在的6,8-二硫辛酸,连接酰胺键和复合脱氢酶赖氨酸的侧链,特别是丙酮酸盐、α-酮戊二酸或支链α-酮酸脱氢酶。

亲脂性:易溶于脂类,而难溶于水的性状。

脂蛋白:由蛋白质、磷脂和胆固醇组成的多分子复合物,是构成三酰甘油、胆固醇酯或其他脂类的核心结构。

脂质体:由1个或多个闭合同心磷脂双层组成的人工合成囊泡。

脂氧素:由花生四烯酸转化而来、粒细胞产生的类花生酸,含4个成对双键,在自分泌或旁分泌中发挥作用。

基因座:具有特定性状的基因在某染色体上的特定位点。

裂合酶:催化基团与分子之间二价键裂解,从而使该基团脱离该分子的酶。

淋巴细胞:具有较大细胞核和稀疏细胞质的球状白细胞,是淋巴组织的主要构成细胞,分为负责体液免疫的B细胞和负责细胞免疫的T细胞。

淋巴因子:活性淋巴细胞分泌的细胞因子。

溶酶体:富含水解酶、具有胞膜的胞质细胞器,参与降解和重吸收细胞内的无功能成分。

溶菌酶:存在于蛋清和人体体液内的酶,可以水解某些细菌细胞壁内的多糖成分,具有抗菌特性。

M期:细胞周期的一个阶段,细胞核和细胞质被分隔并形成2个子细胞。

M蛋白:骨髓瘤患者血液中出现的异常蛋白。也称骨髓瘤蛋白。

高分子:由多个小分子亚基聚合形成的具有生物活性的大分子基团,如多糖、多肽和核苷酸。

巨噬细胞:可移入组织内吞噬外源微生物和死亡细胞等特殊物质的活跃的单核吞噬细胞,富含溶菌酶和溶酶体,是激活后具有微生物杀伤性的氧化系统。

主要组织相容性复合体(MHC)蛋白:构成抗原递呈细胞完整胞膜的糖蛋白,其胞外区携带MHC蛋白合成过程中消化抗原蛋白而得到的肽链。也称人白细胞抗原(HLA)。

恶性:生长迅速且具有侵袭性的肿瘤或细胞。

肥大细胞:通过释放组胺、5-羟色胺、肝素等成分激发炎症反应的组织间细胞。

基质:细胞质、细胞核或其他细胞内间隔的液体成分。

M-细胞周期素:能调节细胞周期,使细胞由 G_2 期进入 M 期的细胞周期蛋白。

跨膜电位:由于细胞内外离子分布不均匀,细胞膜两侧存在的电位变化(内负外正)。

记忆 B 细胞:保存了过去对某特定抗原免疫应答反应的记忆信息的非增殖性淋巴细胞,寿命很长。

代谢更新:活体细胞内活性分子不断生成和分解的过程。

代谢产物:代谢过程中生成的产物。

金属离子催化:金属离子结合酶参与催化的反应过程,使底物结构呈不稳定状态。

分裂中期:细胞分裂的一个阶段,此期细胞核膜分解,同源染色体在赤道板附近前后排列,着丝粒生成微管并连接纺锤体。

胶粒:由两亲性化合物组成的球状微粒,化合物包括胆汁酸,脂肪酸和单酰基甘油,它们形成亲水表面和不含水的疏水内部。

微丝:作为细胞骨架成分的纤维(直径 5～9nm),形成骨骼肌和心肌收缩部分。微丝由肌动蛋白构成,在细胞形态构建和运动中发挥作用。也称肌动蛋白丝。

微粒体:在真核细胞均一化作用中由大部分内质网断裂生成的小型膜状囊泡。

微管:细胞骨架的长圆柱状空心结构(直径 25nm)。它由微管蛋白组成,存在于纤毛、鞭毛、中心粒和纺锤丝中。

微绒毛:位于肠黏膜或肾小管上皮细胞胞膜上小型手指状延伸物,有促进吸收功能。密集覆盖的微绒毛构成刷状绒毛结构。

盐(肾上腺)皮质激素:肾上腺皮质分泌的类固醇激素(如醛固酮),通过增加肾脏对 Na^+ 的吸收和 K^+、H^+ 的排泄调节无机盐的代谢。

错配修复:当某段 DNA 上出现无法与互补 DNA 链正确配对的碱基时,在酶的作用下对该段 DNA 进行修复的过程。

错义突变:密码子三联密码中某个核苷酸被替换而导致该密码子的突变,从而被另一种氨基酸所取代的突变类型。

线粒体 DNA(mtDNA):每个线粒体内包含数个 DNA 闭合双链分子。人 mtDNA 包含 16 600碱基对,编码相关多肽,其中 13 个基因编码与电子传递链相关的多肽,2 个基因编码线粒体 rRNA,22 个基因编码线粒体 tRNA。

线粒体信号序列:一些多肽链的 N 端序列,可形成两亲性螺旋,指导这些多肽链的合成,并引导其进入线粒体膜,进入之后此序列立刻被信号肽酶移除。

促分裂原:主要作用于细胞分裂周期限制点,从而刺激细胞分裂的蛋白(如血小板衍生的生长因子)。

模块蛋白:特异性结合蛋白中包含 2 个或 2 个以上模块的多肽,此结构在其他单个多肽或多个多肽复合物中均可存在。

调质:能结合酶的变构位点的分子,可增强或减弱酶的活性。也称变构效应剂。

模块:自动折叠单位或多肽的特定结构域,通常作为特异性结合位点。

摩尔浓度溶液:1000ml 溶液中含有 1mol 该溶质的水溶液。

摩尔:以该物质的质量(g)除以分子质量来计算其数量。

单克隆抗体:在实验室人工条件下克隆杂交瘤细胞合成的抗体,其遗传性状完全相同,并生成对抗相同抗原表位的抗体。

单核因子:单核细胞分泌的细胞因子。

单次蛋白:只穿越膜一次的膜内在蛋白质。也称单次跨膜蛋白。

成形素:沿着胚胎轴呈现浓度梯度分布的物质,是决定细胞后续命运的一个位置信号。

基序:出现在不同肽链的超二级结构或折叠(如 β-α-β,锌指)。也可以是不同肽链的一组氨基酸序列,或核苷酸的核苷序列,具有特定的功能(分别如 ER-残基蛋白的 KDEL,启动基因的 TATA)。

运动域:动力蛋白中具有 ATP 酶活性的球形顶端,如肌球蛋白。

动力蛋白:细胞溶质的二聚蛋白,由 2 个或多个具有 ATP 酶活性的球形顶端及 1 个卷曲螺旋体组成,使自己能沿着纤丝或微管前进。

黏液:由糖蛋白和水混合形成的黏稠分泌物,由呼吸道、胃肠道及生殖泌尿道黏膜细胞生成,以其黏性捕捉外来颗粒和微生物,形成保护屏障。

多催化肽:具有 2 个或多个催化位点的多肽 (如哺乳动物脂肪酸合酶)。

多抗病性蛋白(MDR 蛋白):ABC 传递蛋白,将疏水天然产物或合成药物经细胞膜运出细胞质。

多酶复合体:整体分离出来的催化蛋白(酶)群,可催化数个相关的代谢反应(如丙酮酸脱氢酶复合物)。

多次跨膜蛋白:2 次或多次跨越胞膜的镶嵌蛋白,也称多源蛋白。

毒蕈碱受体:细胞膜上的 S 型受体,结合乙酰胆碱或毒蕈碱,活化 G 蛋白三聚体,从而以神经冲动的形式调节腺苷酸环化酶、K^+ 通道或磷脂酶 C。

诱变剂:物理或化学试剂,可以诱发 DNA 上等位基因的突变,通常具致癌作用。

髓鞘:包绕轴突的特殊细胞,形成脊髓神经纤维,既存在于周围神经(由施万细胞分泌)又存在于中枢神经系统(由少突胶质细胞分泌)。髓鞘富含糖脂和特定蛋白。

骨髓瘤:癌性 B 细胞大量增生,生成 1 个或数个肿瘤,分泌一种特定免疫球蛋白或其多肽成分。血液或尿液中检测出异常蛋白 (本周蛋白)有利于该病诊断。

肌原细胞:未分化的单核细胞,生长成为骨骼肌细胞的纤维结构。

肌原纤维:肌细胞中有收缩性的丝状体,由肌丝、肌球蛋白和其他相关蛋白组成。

30nm 纤维:染色质的纤维(直径 30nm),每一圈由 6 个核小体、连接 DNA 以及相关组蛋白 H_1 组成,并相互叠加呈螺线管结构。

伴肌动蛋白:大的多肽纤维同肌小节的细肌丝相伴随,从 Z 线延伸到 M 线。它几乎全部由肌动蛋白重复结合基序所构成。

坏死:机体由于受伤或疾病导致部分细胞组织死亡。细胞膨胀破裂,其内容物流入细胞周围环境,可引起炎症反应。

负反馈:代谢反应的产物对催化此反应前面阶段的酶产生抑制作用,从而抑制此代谢反应。也称反馈抑制。

N 端法则:胞质蛋白的半衰期取决于其 N-末端残基。也称 Varshavsky 法则。

网状胶原:在上皮组织基底膜上形成网状结构的胶原类型(如 IV 型胶原)。

神经微丝:神经细胞或轴突中出现的细胞支架中间丝,是神经丝蛋白 NF-L,NF-M 或 NF-

H 的异源二聚体。

神经胶质:中枢神经系统中起支持作用的非神经细胞(小胶质细胞,少突胶质细胞,星形胶质细胞)。此类细胞为神经元提供营养,维持谷氨酸和 GABA 平衡,形成髓鞘。也称神经胶质细胞。

神经调质:分泌性神经肽(通常结合 1 个或数个神经递质),用于调节神经元对特定神经递质的敏感性。

神经肽:由神经元突触或其他部位分泌的肽类,能对临近细胞产生影响。

神经内分泌细胞:特殊神经细胞(如在下丘脑或胃肠道神经丛),其轴突与血管或血管窦相连,主要分泌激素而不传导电冲动。

烟碱受体:细胞膜镶嵌蛋白,结合乙酰胆碱或烟碱引起去极化,以此传导神经冲动。它由 α、β、γ、δ 型亚基组成。

N-连接糖蛋白:包含一个甘露糖或复合寡糖的糖蛋白,该糖与天冬酰胺的酰胺基侧链相连接。

N-糖基化:酶催化作用下多肽链的天冬酰胺的酰胺基侧链结合一个寡糖,寡糖在 ER 膜上的多萜醇基础上合成,该反应在 ER 腔内进行。

非保守替换:多肽上某个残基被不同特性的残基替换(如血管紧张素Ⅱ替换谷氨酸)。

无义密码子:代表 mRNA 翻译终止的三联体密码子,不编码任何氨基酸,也称终止密码子。

非战栗产热:褐色脂肪组织线粒体内脂肪酸氧化产生热能,而不合成 ATP。

RNA 印迹法:测定 RNA 特定碱基序列的技术,该技术利用电泳将混合物分离,在通过标记核苷酸探针与 RNA 互补结合而呈现一条印迹。

核输出受体:核基质的可溶蛋白,与大分子输出信号结合,使后者从细胞核转移到细胞质。该受体也和核膜孔复合体结合并经复合体转移出细胞核。

核输出信号:大分子(如核糖体亚基、tRNA、mRNA)的特殊结构,须与核输出受体结合才能经核膜孔复合体进入细胞质。

核输入受体:为胞质可溶性蛋白,结合特定蛋白的核定位信号,使该蛋白从细胞质转入细胞核。此受体也和核膜孔复合体结合并经复合体转移入细胞核。

核纤层:核纤层蛋白组成的中间丝网状系统,锚定于核膜内面,提供同源染色体和核膜孔复合体的附着位点。

核定位信号:为 1 或 2 个寡肽域,可位于核蛋白序列的任意位置,此信号使蛋白经核膜孔复合体由细胞质进入细胞核,属于耗能运输。也称核输入信号。

核膜孔复合体:由核膜内的蛋白(核孔蛋白)组成的大分子结构,允许蛋白和核苷酸选择性的出入细胞核和细胞质。

核受体超家族:疏水性激素(如甲状腺激素、类固醇激素、1,25-二羟维生素 D_3)和其他信号分子的胞内受体家族。它们包含锌指基序,结合特定 DNA 反应元件,具有转录因子功能。家族中有些受体(孤儿受体)尚未发现其配体。

成核现象:在多肽折叠、DNA 或 RNA 复性、多聚体汇聚等过程中形成初始胞核结构的现象。

拟核:原核细胞 DNA 高度密集的区域,也指线粒体或叶绿体中类似 DNA 簇结构。

核仁:细胞核内特定结构,核仁中包含大量由 rRNA 基因转录生成的 rRNA,并将 rRNA 和由胞质转运进来的特殊蛋白组成核糖体亚单位。

核孔蛋白:组成核膜孔复合体的所有蛋白的统称。

核小体:组成染色质的基本结构单位,由 DNA 片段 2 次包绕组蛋白核心,以及连接 DNA 及临近核小体的组蛋白 H_1 组成。

核苷酸结合折叠:存在于许多 ATP 结合酶或核苷酸辅酶内(如 NAD)的蛋白质结构基序。它由一个 β-α-β-α-β 折叠构成。其中 1 个折叠存在于 ATP 结合酶中,2 个结合于辅酶 I。在这 2 类情况下 β-链均形成平行片层结构。也称辅酶 I 折叠或 Rossmann 折叠。

核苷酸辅酶:类似于核苷酸(如 FMN)或包含一个核苷酸(如 FAD、NAD、NADP、CoA)的辅酶。

核苷酸切除修复:异常片段的存在使 DNA 链的螺旋结构破坏,通过 DNA 聚合酶和 DNA 连接酶的作用将其切除,修复并连接切除后的断裂点的过程。

冈崎片段:延迟链中由引物 RNA 延伸得到的不连续的 DNA 片段(真核细胞中长度 100～200 核苷酸)。

寡聚物:由氨基酸、单糖或核苷酸组成的短小聚合物。或者包含 1 个以上亚基的蛋白质。

寡肽:最多包含 10 个氨基酸残基的肽链。

***O*-糖蛋白**:包含 1 个单糖或寡糖的糖蛋白,该糖通常与丝氨酸或苏氨酸侧链的羟基相结合。

***O*-糖基化**:将 1 个羟基添加到单糖或逐步添加到寡糖上的过程。此羟基通常位于肽链的丝氨酸或苏氨酸残基上。

致癌基因:由原癌基因活化而来,与癌症的发生发展密切相关。

可读框(ORF):基因组 DNA 的结构片段,包含 100 或更多的三联体密码子,头部为起始密码子,尾部为终止密码子,此片段可以编码特定多肽链。

有序反应:酶与底物按照特定顺序结合及释放产物的反应过程。

细胞器:有膜包被(如细胞核)或无膜包被(如核糖体)的胞内结构,具有一种或多种特定的功能。

有机酸尿症:在尿液中有机酸含量异常升高的症状(如多种氨基酸,甲基丙二酸维生素 B_{13},尿酸等)。

器质化:甲状腺球蛋白内的酪氨酸通过碘化作用生成一碘酪氨酸和二碘酪氨酸残基的过程。

器官发生:通过特定基因的表达或抑制,在胚胎和胎儿成形时期形成特定器官的过程。

复制起始复合物(ORC):多亚基蛋白质复合物,在细胞周期中始终结合同源染色体复制起始区,可在 G_1 期募集其他调节蛋白。

孤儿受体:属于核受体超家族,其功能特性及其配体尚未确定。

渗透压:溶液产生的压力,使半透膜两侧溶液由低浓度侧流向高浓度侧。

成骨细胞:骨成形细胞,生成并分泌胶原及其他骨基质。

破骨细胞:巨噬细胞样细胞,通过消化、溶解作用侵蚀骨基质。

骨软化症:成人体内由于缺乏矿物质以及钙、磷酸盐排泄过多导致骨骼的软化。致病原为饮食缺陷或维生素 D 吸收不良。

氧化剂:在氧化还原反应中接收1个或数个电子的反应物,随反应进行逐渐减少。

氧化磷酸化(oxphos):伴随代谢反应产生的电子传递过程的磷酸化作用,使ADP转化为ATP。此过程可不依赖电子传递链(底物水平磷酸化)也可依赖电子传递链以及线粒体膜内质子梯度(呼吸偶联磷酸化)。

氧化还原酶:催化氧化-还原反应的酶,以NAD、NADP、FMN或FAD作为它的辅酶。

泌酸细胞:胃黏膜上分泌盐酸和内因子的细胞。也称壁细胞。

p53:因DNA损伤而激活的蛋白调节基因(编码蛋白为53 kDa),同细胞周期控制,细胞凋亡及遗传稳定性的维持相关。在半数人类癌症中均存在其突变体。

回文结构:为双链DNA特定片段,2条链的碱基序列分别反向重复,其碱基序列呈回文对称。

泛酰胺乙硫醇:N-泛酰半胱氨酸,由泛酸和去碳酸半胱氨酸相互作用生成,是辅酶A的组成成分。

旁分泌激素:由特定细胞分泌的激素,进入细胞外间隙并作用于临近细胞。

甲状旁腺:甲状腺背侧面的小腺体(通常4个),分泌甲状旁腺素,增加对骨的破坏性,升高血钙浓度,降低血中磷酸盐浓度。

途径:代谢反应的特定顺序。

肽位:蛋白质合成过程中核糖体上结合肽酰tRNA的位点。也称P位。

转肽酶:催化肽链合成中肽酰tRNA和氨酰tRNA的氨基相结合的过程。此活性存在于细菌核糖体大亚基的23S rRNA上。

肽酰tRNA:多肽合成过程中携带延长中的肽链的tRNA。

膜周边蛋白质:位于膜表面不跨膜的蛋白,无需破坏胞膜即可将其释放出。也称外源性蛋白。

基底膜蛋白聚糖:基底膜上的蛋白多糖,由硫酸肝素结合大型多肽构成。

过氧化物酶体信号序列:由许多游离核蛋白体合成的多肽C端的Ser-Lys-Leu (SKL)序列,指引多肽进入过氧化物酶体。

PEST序列:富含脯氨酸、谷氨酸、丝氨酸和苏氨酸残基的基序,在细胞内促进含该基序的多肽快速降解。

吞噬细胞:专门吞噬、摄取特定颗粒和微生物的细胞(如巨噬细胞或中性粒细胞)。

吞噬作用:巨噬细胞或中性粒细胞对特定颗粒和微生物的内吞作用。

吞噬小体:吞噬细胞内含有摄入颗粒的大型包膜囊泡。经溶酶体作用降解或不降解此颗粒,形成溶酶后体。

I相反应:生物转化反应(如氧化、还原、水解反应)中引入或暴露功能基团,使产物更具水溶性。

II相反应:随I相反应后的生物转化反应(如酰化作用、硫酸盐化作用、葡萄糖醛酸结合作用),灭活产物、增加其水溶性以促进其排泄。

表型:通过环境与基因型相互作用产生并决定的个体可见的性状。

磷酸肌酸:结合高能磷酸的肌酸,在需要时可合成ATP。

磷脂酰肌醇途径:信号转导的一种形式,该途径中激素与受体结合活化三聚G蛋白,进而水解磷脂酰肌醇-4,5-二磷酸盐(PIP_2),得到第二信使1,4,5-三磷脂酰肌醇(IP_3)和二酰基甘油(DAG)。

乒乓反应:基团转移反应,底物的特定功能基团转移到对应酶上并释放产物,然后此功能基团转移到第二个底物并生成第二个产物。也称双重置换反应。

噬斑:组织中不溶性物质的沉积区域。如动脉粥样硬化中动脉中间层的脂肪变性以及阿尔茨海默病中脑部β-淀粉状原纤维斑。

血浆:全身血液中富含蛋白的液体成分,可防止血液凝固。

浆细胞:B淋巴细胞完全分化而成的分泌抗体的细胞。成人由骨髓产生,胎儿由肝脏产生。

细胞膜:包绕于细胞外周的薄膜结构。

血小板:由骨髓巨核细胞分裂后衍生构成的小细胞,大量存在于血液中,在血管损伤后的血液凝固过程中起重要作用。

血小板衍生生长因子(PDGF):血小板及其他组织分泌的蛋白成分,由2个相似的肽链经二硫键结合而成,能促进间质细胞和胶质细胞的有丝分裂。它通过结合受体酪氨酸激酶发挥作用。

点突变:以其他碱基对取代正常互补碱基对位置的突变类型。也称碱基对替换。

极性键:不均匀共享电子的共价键。

极性:电子或电荷在一个分子中的不均匀分布,也代表核苷酸5′端和3′端的区别。

polyA尾:在前mRNA合成过程中加入mRNA 3′端的多聚腺苷酸(长250核苷酸)。

多克隆抗体:在对同一抗原进行免疫应答过程中不同B细胞分泌的抗体混合物。其中每种抗体分别识别该抗原的某个特定位点。

多聚激素:可分解产生多个肽类激素拷贝或多种肽类激素的多肽。

多聚蛋白:可分解产生1个或数个不同肽链片段的多肽。

多聚核糖体:参与mRNA翻译过程并结合于此mRNA分子上的核糖体簇。也称聚合核蛋白体。

多源蛋白:见多次跨膜蛋白。

卟啉症:亚铁血红素合成过程中生成的卟啉和(或)其他中间物在尿中大量蓄积的症状。此病可继发于肝硬化或铅中毒,也可由遗传疾病或此代谢过程中酶的缺乏直接导致。

吸收完毕状态:生理情况下进食3~4小时内的状态,直到代谢储存物的动员开始。

转录后加工:对初始RNA进行共价修饰,使之加工为有功能的mRNA、tRNA或rRNA。

翻译后修饰:多肽合成后对其1个或数个残基进行共价修饰,并限制此蛋白的水解。也称翻译后加工。

前mRNA(pre-mRNA):编码多肽的基因原始转录物。

异戊烯化:在酶的催化作用下,将异戊二烯基转移至多肽链C端的半胱氨酸的反应。

前蛋白原:前蛋白结合N端信号肽,是分泌的前蛋白前体。

一级结构:多肽中的氨基酸序列或DNA中的核苷酸序列组成。

原始转录物:基因转录而成的RNA,用来合成多肽或有功能的RNA,本身尚未经任何修饰加工。

引物酶:合成特定RNA的酶,该RNA是DNA合成过程的引物。

引物:指特定的寡糖或寡核糖核苷酸,其他核苷酸单体在相关酶的作用下可以加入这些结构中合成DNA。

引发体:由引物酶和DNA解旋酶组成的复合体,合成引物RNA,启动DNA的复制。

普里昂:存在2种立体构象的蛋白,正常构象不具传染性,而变异构象具传染性。后者在宿主体内诱导正常构象转变为有传染性的变异构象。

探针:经标记的多聚核苷酸,与目标DNA的基因或其他片段互补,通过杂交探测目标DNA。

加工酶:连续作用于特殊底物的酶。

原核生物界:缺乏被膜细胞核的单体细胞生物。

启动子:靠近基因的特殊DNA片段,RNA聚合酶与之结合从而启动该基因的转录,也是促进肿瘤生长的因素。

前肽:位于多肽N端或其内部的肽段,只有将此肽段去除才可生成1个或多个有功能性的多肽。

裂解素:补体系统旁路途径中的血浆糖蛋白,可增加补体与细菌胞壁的结合,该作用不依赖抗体的结合。

前期:细胞分裂的开始阶段,此期同源染色体出现,核膜开始分解,纺锤体逐渐形成。

前蛋白:包含一个前肽的多肽,去除此前肽后可生成1个或多个功能性多肽。

蛋白酶体:圆柱状ATP依赖性的蛋白水解复合物,用于降解经泛素化作用或其他方法标记的待降解的细胞蛋白。

蛋白质家族:在一级结构及其主体构象上彼此相似的一类蛋白质。

蛋白质导向:正确选择新合成的多肽并将其转移到适当目的地的机制。

蛋白转位器:介导转运某蛋白使其穿过细胞器膜的内在性蛋白(如TIM或TOM复合体)。

生蛋白氨基酸:用于蛋白质生物合成的α-氨基酸。

蛋白质组学:研究不同条件下细胞、组织、器官或生物体的蛋白质组成的科学。

原纤丝:头尾相接聚集的蛋白质亚基群,以相似结构横向相连,形成原纤维结构,比如细胞支架组成成分。

质子泵:用于质子快速跨膜转运的离子通道,此过程伴随ATP的水解或合成反应。

假基因:与特定基因序列类似的DNA片段,但包含数个终止密码子,在转录之后无法生成有功能的产物。

P-型ATP酶:动物细胞膜的ATP酶,其功能受天冬氨酸残基的磷酸化可逆性调节。(如Na^+-K^+-ATP酶Ca^{2+}-ATP酶和H^+/K^+-ATP酶)(在胃部)。通常由2个α和β跨膜单位构成。

嘌呤-核苷酸循环:肌肉中的代谢循环,在该循环中AMP脱氨基形成IMP,然后经天冬氨酸的氨基及其产物延胡索酸重新生成AMP。

Q循环:电子在电子传递链复合物III、细胞色素C和辅酶Q之间传递的模式。

四级结构:由各亚基之间相互作用形成的蛋白质总体结构。

粗糙红纤维:包含异常变大的线粒体的肌肉纤维,其线粒体内含有大量有机物,经特殊染色呈现红色。这种纤维通常与线粒体疾病相关。

Ran:具有GTP酶活性的单体G蛋白,参与将大分子主动转运出核膜孔复合体的过程。

随机反应:对于结合底物或释放产物无选择顺序的反应。

Ras:具有 GTP 酶活性的单体 G 蛋白,结合于细胞膜内面,参与多种生长因子受体信号转导途径。约 25% 的人类癌症中出现其高活性的突变体。

限速步骤:在一个代谢反应或酶促反应中最慢的一步,也称限速阶段。

读框:连续的 mRNA 密码子序列,以起始密码子开头,终止密码子结尾。

受体酪氨酸激酶:作为激素受体的细胞膜镶嵌蛋白,在其内部具有酪氨酸激酶结构域。

隐性:必须同时来源于父母双方的基因才出现其表现型,即纯合基因。此概念也用于描述这类基因的性状特征。

氧化还原反应:一种反应物的氧化伴随另一反应物的还原的反应。

还原剂:氧化还原反应中提供 1 个或多个电子而自身被氧化的反应物。

调节基因:编码特定蛋白的基因,此蛋白可调控另一个或一群基因的表达。

松弛素:与胰岛素类生长因子结构相关的蛋白质激素,它在妊娠期间由黄体分泌,松弛骨盆韧带,软化子宫。

释放激素:由下丘脑神经分泌细胞分泌的多肽激素,能引起腺垂体相关激素的分泌。

肾素:当肾脏的血流量降低时肾小球旁器分泌特定蛋白水解酶,使血管紧张素原转化为血管紧张素 I。

凝乳酶:幼小哺乳动物胃中分泌的蛋白水解酶,它将奶中酪蛋白原转化为酪蛋白,使其凝固并在胃中保留较长时间。

复制体:包含 DNA 多聚酶的多功能复合物,合成复制叉中领头链和延迟链 DNA。

抑制子:抑制基因转录的蛋白,通过与启动子或调控序列相结合发挥作用。

残基:多肽、多糖或多核苷酸中的单体单元。

呼吸偶联磷酸化:电子传递链上电子的传递,在线粒体内膜两侧形成质子梯度的过程与 ADP 经磷酸化生成 ATP 的过程相偶联。

限制片段:由限制性内切核酸酶分解 DNA 得到的片段。

限制点:细胞周期中由 G_1 期进入 S 期或回到 G_0 期的限制时间点。

限制酶切位点:DNA 上被限制性内切核酸酶识别并切开的特定序列。

逆向转运:将物质转运出轴突末梢的方式。

逆转录病毒:具有 RNA 基因组的病毒,通过自身逆转录酶反转录生成 DNA,并将其整合入宿主细胞基因组内。

反向遗传学:研究编码特定多肽的 DNA 基因功能,并构建此基因的突变体。

逆转录酶:逆转录病毒-锌-包含酶,催化 RNA 依赖的 DNA 合成、RNA 定向降解和 DNA 依赖的 DNA 合成。它通常由 2 个同源亚基构成。

回折:通常是多肽链中的四肽片段,其链的方向发生突然改变。也称 β 转折。

核糖体蛋白:大小不同的核糖体亚单位蛋白。它们广泛存在于亚基表面缺口和折叠 rRNA 的缝隙间(稳固存在)。

核酶:催化性 RNA。

Rieske 铁硫蛋白:线粒体电子传递链复合物 III 的跨膜蛋白成分,具有 1 个 2Fe2S 中心,其中 1 个 Fe 原子结合 2 个组氨酸,另 1 个 Fe 原子结合 2 个半胱氨酸。

Rossmann 折叠:见 核苷酸结合折叠。

补救途径：降解某活性分子(如核苷酸)过程中生成的中间产物（如嘌呤或嘧啶)，在再次合成此类中间产物被重复利用的途径。

肌质网(SR)：内质网网状系统，包绕横纹肌和心肌纤维并储存 Ca^{2+}，在兴奋后释放 Ca^{2+} 并触发肌肉收缩。与 T 管一起形成肌管系统。

肌管系统：横纹肌内由肌质网和 T 管共同组成的系统。

卫星 DNA：由高度重复序列组成的具有特征性的 DNA，大部分连接于着丝粒，经密度梯度离心后脱离其他 DNA 形成带状(卫星现象)。

饱和脂肪酸：含有饱和烃链的脂肪酸。

希夫碱：见醛亚胺。

热力学第二定律：在任何物理或化学反应过程中，其总体熵趋于逐步增大。

二级结构：多聚体经规则局限折叠形成的结构；在蛋白中表现形式为 α-螺旋和(或)β-折叠。

分泌酶：特定蛋白水解酶，分解某种膜内在蛋白质(如 β-APP)的跨膜片段，使其胞外部分释放出来。

选择蛋白：完整的糖结合蛋白(或凝集素)，存在于粒细胞(L)，血小板(P)和上皮细胞(E)内，间接短效延长血流中 Ca^{2+} 依赖性细胞间相互作用。

序列反应：所有底物按特定顺序结合在酶上，反应才可以进行。

蛇形受体：7 次跨越细胞膜的镶嵌蛋白，结合激素、神经递质或其他配体，分别激活腺苷酸环化酶、离子通道或磷脂酶 C。

血清：全血在自然凝固后留下的液体部分，相当于缺乏纤维蛋白原及其他凝固蛋白的血浆。

伴性：位于决定性别的染色体(通常为 X 染色体)上的基因。也表示此类基因的性状特点。

镰形细胞贫血：以严重的溶血性贫血和存在镰状红细胞为特征的疾病。它由 β-珠蛋白等位基因的同合子性引起，其中位于 6 点的正常谷氨酸被缬氨酸所替换。

镰形细胞性状：由于 hbS 等位基因的杂合状态引起的征象，一般为良性。

信号斑：多肽中不相邻的基团簇形成的特殊二级或三级结构，以此作为运入线粒体或运出细胞核的信号。

信号识别颗粒(SRP)：由 7SL-RNA（长度 300 核苷酸)和 6 个蛋白亚单位组成的核糖核蛋白复合体，结合 1 个内质网信号序列，可以引导核糖体和部分多肽结合在粗面内质网上。

信号序列：多肽上特定肽序列，可引导多肽到达细胞特定部位。

沉默突变：基因上某段序列的改变，但不会引起编码的蛋白或 RNA 的变化。

单纯蛋白质：仅由 α-氨基酸组成的蛋白质。

核微小核糖核蛋白(snRNP)：由 snRNA 和一些蛋白亚基组成的复合体，用于构成剪接体的核心部分。

核内小 RNA(snRNA)：snRNP 的 RNA 成分，参与 RNA 的剪接过程。

核仁小 RNA(snoRNA)：核仁内的小 RNA，与前 rRNA 碱基互补，指导核糖部分甲基化或尿嘧啶转化成假尿苷的异构化作用。也称指导 RNA。

DNA 印迹法:检测混合物中 1 个或数个 DNA 片段序列的方法,通过互补的标记核苷酸探针与之杂交,使 DNA 形成印迹带,检测其序列结构。

血影蛋白:红细胞主要的细胞骨架蛋白,由 2 条大型的同源多肽构成,每条多肽均包含大量的约 106 个残基的重复拷贝,从而形成三链螺旋结构。

S 期:细胞周期中 DNA 和染色体进行复制的时期。

纺锤体:细胞分裂前期末形成的微管排列结构。它从每个极的中心粒出发,连接于染色体的着丝粒,作用是分离姐妹染色体。也称为有丝分裂纺锤体。

脾:充满血液的腹腔淋巴样器官,主要作用包括淋巴细胞的产生和去除衰老、损坏或异常的红细胞和血小板。

剪接体:snRNA 和蛋白组成的复合物,与前 mRNA 的内含子末端相互作用引起内含子的释放,并使临近的外显子游离末端相连接。

Src:细胞膜内侧面的蛋白酪氨酸激酶家族,与缺乏内在催化活性的特定受体的内部结合。每个细胞包含 2 个重要的同源区,分别称为 SH_2 和 SH_3 域。

Src 同源区 2 (SH2):存在于 Src 和其他蛋白内的序列(约 100 个残基),结合含磷酸化酪氨酸的寡肽序列。此序列存在于许多胞内信号系统蛋白中。

Src 同源区 3(SH3):存在于 Src 和其他蛋白内的序列(50～75 个残基),结合富含脯氨酸的寡肽序列。此序列存在于许多胞内信号系统蛋白中。

SRP 受体:粗面内质网上完整的异二聚体蛋白,与内质网多肽信号序列的信号识别蛋白相结合。

干细胞:尚未最终分化的细胞类型,可分化为干细胞或其他细胞,取决于细胞外环境不同的分化因子。

激活性 G 蛋白:激活腺苷酸环化酶的异源三聚体 G 蛋白。

结构基因:编码有功能 RNA 或多肽的基因。

置换突变:基因编码序列的某个碱基被其他碱基替换引起的突变,可以是错义或无义突变。

底物水平磷酸化:将代谢中间产物的高能磷酸基直接转移给 ADP 或其他腺苷 5′-三磷酸盐,与氧化磷酸化作用不同。

自杀抑制剂:使特定酶不可逆失活的分子,只在该酶的活性位点发生化学变化被激活后产生作用。也称自杀底物或结构抑制剂。

抑制性 T 细胞:淋巴细胞特定类型,具有抑制 B 细胞合成分泌性抗体的活性。

表面活性物质:肺泡表面分泌物,通过降低表面压力防止肺泡塌陷。它包含磷脂(主要为双棕榈酰-磷脂酰胆碱酶)和数种特定蛋白。

共运输:在运输蛋白的协助下将 2 种不同溶质以相同的方向转运过细胞膜的方式。也称同向转运。

突触小体相关蛋白受体(SNARE):互补的跨膜蛋白家族,与囊泡转运体的分泌和吞噬作用相关。它们成对发挥功能,v-位于囊泡,t-位于目标膜,引导囊泡移向目标。在神经末梢中此受体介导突触泡融合于突触前膜。

综合征:在特定疾病中出现的各种体征和症状,对该病有诊断意义。

合酶:催化缩合反应的酶,无需 5′-三磷酸腺苷提供能量。

合成酶:催化缩合反应的酶,需要5′-三磷酸腺苷提供能量。

T细胞:来源于胸腺的淋巴细胞,负责体内细胞免疫和调节免疫应答。它包括调节性T细胞(辅助体或抑制体)和杀伤性T细胞(细胞毒素)。

T系统(横管系统):骨骼肌和心肌内的微管状系统,由横向连接肌原纤维的肌纤维膜内陷形成,作为肌管系统的组成部分传递兴奋信号致肌小节,从而产生快速同步收缩。

TATA盒:富含A和T的保守DNA序列,存在于许多真核基因的启动子元件内,位于转录起始位点上游约25～30核苷酸处。

端粒末端转移酶:核糖核蛋白复合体,它的RNA作为端粒重复DNA合成的模板,由具有逆转录酶功能的蛋白催化反应。

分裂末期:细胞分裂最后阶段,纺锤体消失,每个染色体周围形成核膜,凝结后形成染色质,由肌动蛋白丝构成主体的卵裂沟收缩生成2个子细胞。

模板:DNA或RNA链,其核苷酸序列决定互补链的序列,对于mRNA来说是决定编码多肽链的序列。

模板链:作为前mRNA转录模板的DNA链,其序列与前mRNA互补。

致畸因子:引起先天性畸形的因素。

三级结构:聚合链的立体结构,尤指多肽或RNA分子的空间结构,由相隔的几部分相互作用形成。

胸腺素:胸腺分泌的多肽激素,对T细胞的生长和分化起决定作用。

TIM复合物:线粒体膜内侧面的多蛋白复合体,将蛋白转入基质中,有时可将它们插入膜内。

肌联蛋白:与肌小节粗肌丝部分相连的大型纤维蛋白,从Z膜延伸至M线。它包含Ig类似域系列,作用为防止肌小节过度牵张。也称连接蛋白。

TOM复合物:线粒体膜外侧的多蛋白复合体,介导蛋白穿越线粒体膜的过程。

反式作用调节元件:调节1个或数个基因表达的DNA序列,存在于多种染色体内。

转移酶:催化从一个分子转移到另一分子反应的酶。

转化:由正常细胞转变为癌性细胞,也指由于外源DNA的导入使细胞表型发生改变。

高尔基体外侧网络:高尔基复合体的槽和小管相互交织而成,远离内质网,释放出包含蛋白质和脂类的囊泡,运至溶酶体、分泌小泡或胞膜。

易位:在核糖体mRNA翻译过程中肽酰tRNA和脱酰tRNA位置的变换,也指将蛋白转运过细胞膜或运至细胞特定位点,或者染色体的部分片段移至非同源染色体。

横小管(T小管):在骨骼肌和心肌细胞中肌纤维膜呈管形延伸的部分,组成肌管系统。

三联体:三联核苷酸,位于DNA外显子、mRNA编码区或tRNA反密码子,某三联体指定多肽链上的某特定氨基酸。

抑癌基因:生成物能阻止细胞增殖的基因,而基因突变或缺失导致此基因失活将增加患癌症的几率。

泛素:胞内76个残基单体蛋白,高度保守并广泛存在于真核生物中。当其C端与某多肽的赖氨酸侧链以共价键结合后,能诱导该多肽被蛋白酶体降解。

泛素途径:需要泛素活化酶、泛素结合酶和泛素连接酶的反应途径,形成泛素化肽链或多聚泛素肽链。前者改变多肽活性,后者诱导多肽被蛋白酶体降解。

泛素化:通过异构肽链接作用使多肽赖氨酸的侧链与泛素单体或单体系列相结合。

解偶联剂:比如 2,4-二硝基苯酚类的复合物,可以通过线粒体内电子转移分解 ADP 的磷酸键并以热能的形式释放,阻断氧化与磷酸化的偶联过程。

单向转运:在转运蛋白作用下将特定溶质转运过细胞膜的过程。

可变残基:不同种类来源的多肽在此残基位点可以出现不同氨基酸残基。也称高变位点。

V(D)J 连接:骨髓干细胞分化为成熟 B 细胞过程中轻链片段相互拼接的方式,包括 V 和 J 拼接,或 V、D 和 J 片段拼接等,从而构成免疫球蛋白轻链和重链的相关功能基因。

V(D)J 重组酶:催化 V(D)J 连接的酶复合体。

素食者:只食用植物的人群。

V 型 ATP 酶:存在于溶酶体、内涵体和膜分泌小泡内的 ATP 酶,能够在间隔中创造酸性 pH 环境。它的结构和 F 型 ATP 酶类似。

F 型 ATP 酶:H^+ 转运 F_0F_1-ATP 合酶,位于线粒体膜内侧,在电子从代谢底物转移至氧气的过程中催化合成 ATP。

摆动:mRNA 密码子的 3′端和 tRNA 反密码子 5′端的非特异性互补配对现象。

Z-DNA:包含 12 碱基对的双螺旋 DNA 结构,符合左手螺旋,直径 18Å,呈锯齿状,由嘧啶或嘌呤碱基交替排列构成。

锌指:DNA 结合蛋白中常见的蛋白基序,包含 4 个半胱氨酸残基或半胱氨酸、组氨酸各 2 个,与锌原子相配对。

两性离子:包含极性相反基团的分子,也称偶极离子。

酶原:经有限切割后可转变为有活性酶的无催化活性蛋白,也称前酶。

(胡良 译)

临床检验指标参考值:血液*

无机物质		肌酐	<1.5mg/dl	转铁蛋白	230～390mg/dl
氨	10～80μg/dl	血糖	75～115mg/dl	**酶**	
碳酸	22～26mEq/L	乳酸	0.6～1.7mEq/L	丙氨酸氨基转移酶	0～35U/L
钙	9.0～10.5mg/dl	总胆固醇	120～200mg/dl		
二氧化碳	21～30mEq/L	高密度脂蛋白	>40mg/dl	醛缩酶	0～6U/ml
氯	98～106mEq/L	低密度脂蛋白	<100mg/dl	淀粉酸	60～180U/L
铜	70～140μg/dl	游离脂肪酸	8～25mg/dl	天冬氨酸氨基转移酶	0～35U/L
铁	50～150μg/dl	三酰甘油	<160mg/dl		
铅	<10～20μg/dl	苯丙氨酸	0～2mg/dl	胆碱酯酶	5～12 U/ml
镁	1.8～3.0mg/dl	丙酮酸	60～170μEq/L	肌酸激酶	
CO_2 分压	35～45mmHg	尿素氮	10～20mg/dl	女	40～150U/L
	4.7～5.9kPa	尿酸(女)	1.5～60mg/dl	男	60～400U/L
pH	7.38～7.44	(男)	2.5～8.0mg/dl	乳酸脱氢酶	100～190U/L
磷	3.0～4.5mg/dl	维生素 A	20～100μg/dl	脂酶	0～160U/L
氧分压	80～100mmHg	**蛋白质**		核酸酶	1～11U/L
	11.0～13.0kPa	总蛋白	5.5～8.0g/dl	磷酸酯酸	0～5.5U/L
钾	3.5～5.0mEq/L	白蛋白	3.5～5.5g/dl	(酸/碱)	30～120U/L
钠	136～145mEq/L	铜蓝蛋白	27～37mg/dl	**物理性质**	
有机分子		珠蛋白	2.0～3.5g/dl	血压	120/80mmHg
乙酸乙酯	<1mg/dl	胰高血糖素	20～100pg/ml	血容量	占体重的8.5%～9.0%
抗坏血酸	0.4～1.0mg/dl	血红蛋白(全血中)			
胆红素(直接)	0.1～0.3mg/dl	女	12～16g/dl	渗透压	280～296 mOsm/kg H_2O
(间接)	0.2～0.7mg/dl	男	13.5～17.5g/dl		
胡萝卜素	0.8～4.0mg/ml	胰岛素	0～20μU/ml	红细胞比积	37%～52%

临床检验指标参考值:尿液*

乙酸乙酯	0	肌酐	1.0～1.6g/24hr	胆色素原	
淀粉酶	4～400U/L	葡萄糖	50～300mg/24hr	点蛋白	<150mg/24hr
钙	<300mg/24hr	尿素氮	6～17g/24hr	可滴定酸	20～40mEq/24hr
粪卟啉	50～250mg/24hr	pH	5.0～9.0	尿胆原	高于1.0 Ehrlich U
肌酸	<100mg/24hr	无机磷	平均1g/24hr	尿卟啉	0～30mg/24 hr

* 所选数据来自马萨诸塞综合医院检验正常指标参考数据库,并由新英格兰医学杂志刊载(Kratz A ,et al. 2004)。除非特别注明,以上数据均通过血清及血浆实验得到。

U:实验指定单位量,P:皮,dl 分升(100ml),L:升,hr:小时。

索　　引